建筑工程构造与施工手册

上 册

曲昭嘉　国振喜　主编

中国建筑工业出版社

图书在版编目（CIP）数据

建筑工程构造与施工手册/曲昭嘉，国振喜主编．—北京：
中国建筑工业出版社，2009
ISBN 978-7-112-10807-7

Ⅰ．建… Ⅱ．①曲…②国… Ⅲ．①建筑构造—技术手册
②建筑工程—工程施工—技术手册 Ⅳ．TU22-62 TU74-62

中国版本图书馆 CIP 数据核字（2009）第 033500 号

本手册是一本工程构造与施工工艺综合性手册。目的是将房屋工程构造与其施工工艺相互结合，详细列出它们的做法，使设计与施工在技术上能相互沟通，施工人员与设计人员都能加深对两者的认识，达到交流、交底，精确施工，以提高工程质量，加快工程进度。

全书以混凝土结构为重点，包括土方与基坑工程、地基基础工程、混凝土结构模板工程、混凝土结构钢筋工程、混凝土结构混凝土浇筑工程、屋面工程、建筑地面工程、建筑装饰装修工程共八章。

本手册可供广大建筑施工人员、施工管理人员、施工监理人员以及土建设计人员使用与参考，也可供土建类中等技术学校和职业学校教学参考。

* * *

责任编辑：黎　钟
责任设计：赵明霞
责任校对：王雪竹　陈晶晶

建筑工程构造与施工手册
曲昭嘉　国振喜　主编
*
中国建筑工业出版社出版、发行（北京西郊百万庄）
各地新华书店、建筑书店经销
霸州市顺浩图文科技发展有限公司制版
北京建筑工业印刷厂印刷
*
开本：787×1092 毫米　1/16　印张：98½　字数：2466 千字
2009 年 10 月第一版　2009 年 10 月第一次印刷
定价：**196.00** 元（上、下册）
ISBN 978-7-112-10807-7
（18051）

前　　言

　　近几年来，我国执行改革开放政策，建筑业蓬勃发展。新材料、新工艺不断涌现，建筑施工技术也有了很大进步。同时在管理上，也更加市场化、制度化和标准化，这对保证工程质量和加速施工进度起到有利的作用。为了将房屋工程构造与其施工工艺相互结合，详细列出它们的做法，使设计与施工在技术上能相互沟通，施工人员与设计人员都能加深对两者的认识，达到交流、交底，精确施工、设计，我们编写了这本工程构造和施工工艺合一的手册，包括土方与基坑工程、地基基础工程、混凝土结构模板工程、混凝土结构钢筋工程、混凝土结构混凝土浇筑工程、屋面工程、建筑地面工程、建筑装饰装修工程共八章。

　　为了充分发挥本手册的综合性和多功能作用，内容取材不但有工程构造规定、构造措施、工艺流程、操作方法，还有有关构造的设计要点、质量标准等等；构造上尽量采用工程图表达，使图形既直观又实用；编排上则以验收规范的分部（子分部）工程为依据。全书根据国家现行建筑施工质量验收规范、建筑结构设计规范、材料标准，以及有关建筑工程施工工艺标准等编写，可作为施工工艺规程的参考读物。

　　本手册由曲昭嘉和国振喜主编，在编写过程中万秀华、刘彦东、曲圣刚、朱文学、付文光、李振江、万常吉、崔明云、王铁、王群、李桂芳、万军、尚慧、曲圣强、王素琴、任风琴、张来宾、徐文吉、黄巍、贾颐余、孙谌、国伟、赵明、王瑾、曲圣伟等参加了部分编写工作。

　　本手册在编写过程中参考和引用了有关单位和个人的技术资料，在此，谨向这些单位和个人表示衷心感谢。由于编者水平有限，时间仓促，书中肯定会有不妥和错误之处，恳请广大读者批评和指正。

编　者

目　录

上　册

1　土方与基坑工程

2　地基基础工程

3　混凝土结构模板工程

4　混凝土结构钢筋工程

5　混凝土结构混凝土浇筑工程

下　册

6　屋面工程

7 建筑地面工程

8 建筑装饰装修工程

1 土方与基坑工程

1.1 设计要点及构造措施

1.1.1 场地平整要点

1.1.1.1 场地平整目的及程序
场地平整目的及程序，如表 1.1.1 所示。

场地平整目的及程序　　　　　　　　　　　表 1.1.1

序号	项目	内容
1	场地平整目的	场地平整是将需进行建筑范围内的自然地面,通过人工或机械挖填平整改造成为设计所需要的平面,以利现场平面布置和文明施工。在工程总承包施工中,三通一平工作常常是由施工单位来实施,成为工程开工前的一项重要内容。
2	施工程序	场地平整的一般施工工艺程序安排是: 现场勘察 → 清除地面障碍物 → 标定整平范围 → 设置水准基点 → 设置方格网 → 测量标高 → 计算土方挖填工程量 → 平整土方 → 场地碾压 → 验收
3	施工要求	平整场地的施工要求如下: 　(1)平整场地应做好地面排水。平整场地的表面坡度应符合设计要求,如设计无要求,一般应向排水沟方向作成不小于 0.2% 的坡度。 　(2)平整后的场地表面应逐点检查,检查点为每 100~400m² 取 1 点,但不少于 10 点;长度、宽度和边坡均为每 20m 取 1 点,每边不少于 1 点,其质量检验标准应符合表 1.1.26 的要求。 　(3)场地平整应经常测量和校核其平面位置、水平标高和边坡坡度是否符合设计要求。平面控制桩和水准控制点应采取可靠措施加以保护,定期复测和检查;土方不应堆在边坡边缘。 　(4)场地平整要考虑满足总体规划、生产施工工艺、交通运输和场地排水等要求,并尽量使土方的挖填平衡,减少运土量和重复挖运。 　(5)平整前必须把场地平整范围内的障碍物,如树木、电线、电杆、管道、房屋、坟墓等清理干净,然后根据总图要求的标高,从水准基点引进基准标高作为确定土方量计算的基点

1.1.1.2 场地平整设计标高
确定场地平整设计标高,综合考虑的因素如表 1.1.2 所示。

1.1.2 土方工程量计算规定

1.1.2.1 场地土方量计算
场地土方量的计算方法,通常有方格网法和截面法两种。方格网法适用于地形较为平坦,面积较大的场地,截面法则多用于地形起伏变化较大或地形狭长的地形。计算方法,如表 1.1.3 所示。

确定场地平整设计标高 表 1.1.2

序 号	项 目	内 容
1	确定设计标高 综合因素	设计标高(平土标高)必须综合考虑的因素是: (1)要与已有建筑标高相适应; (2)要能满足生产工艺和运输要求; (3)要尽量利用地形、减少挖方数量; (4)要求场地内的挖方和填方基本平衡,以降低土方运输费用; (5)要有一定的泄水坡度,以满足排水需要等等。 一般情况是在总体规划设计时,确定设计标高。如总体规划没有确定场地设计标高时,按场地内挖填平衡降低运输费用为原则来确定设计标高,并由此而计算场地平整的土方量。
2	计算场地 设计标高	场地设计标高 H_0 可采用"挖填土方平衡法"计算如下: 如图 1.1.1(a),将地形图划分方格网(或利用地形图的方格网),每个方格的角点标高,一般可根据地形图上相邻两等高线的标高,用插入法求得。当无地形图时,亦可在现场打设木桩定好方格网,然后用仪器直接测出。 场地设计标高 H_0 计算如下: $$H_0=\frac{\sum H_1+2\sum H_2+3\sum H_3+4\sum H_4}{4N} \quad (1.1)$$ 式中 N——方格网数(个); H_1——一个方格共有的角点标高(m); H_2——二个方格共有的角点标高(m); H_3——三个方格共有的角点标高(m); H_4——四个方格共有的角点标高(m)。 图中 $H_{11}\cdots H_{22}$——任一方格四个角点的标高(m)。
3	调整场地 设计标高	(1)设计标高的调整值 按式(1.1)计算的 H_0,为一理论数值,实际尚需考虑以下因素: 1)土的可松性; 2)设计标高以下各种填方工程用土量,或设计标高以上的各种挖方工程量; 3)边坡填挖土方量不等; 4)部分挖方就近弃土于场外,或部分填方就近从场外取土等因素。 考虑这些因素所引起的挖填土方量的变化后,可适当提高或降低设计标高。 (2)排水坡度对设计标高的影响 式(1.1)计算的 H_0 未考虑场地的排水要求(即场地表面均处于同一个水平面上),实际均应有一定排水坡度。如场地面积较大,应有 2‰ 以上排水坡度,尚应考虑排水坡度对设计标高的影响。故场地内任一点实际施工时所采用的设计标高 H_n(m)可由下式计算: 单向排水时 $\qquad H_n=H_0\pm l\cdot i \qquad (1.2)$ 双向排水时 $\qquad H_n=H_0\pm l_x\cdot i_x\pm l_y i_y \qquad (1.3)$ 式中 l——该点至 H_0 的距离(m); $\quad i$——x 方向或 y 方向的排水坡度(不少于 2‰); $\quad l_x$、l_y——该点于 x—x、y—y 方向距场地中心线的距离(m); $\quad i_x$、i_y——分别为 x 方向和 y 方向的排水坡度; $\quad \pm$——该点比 H_0 高取"+"号,反之取"-"号

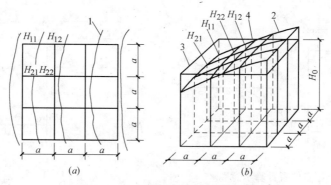

图 1.1.1　场地设计标高计算简图

(a) 地形图上划分方格；(b) 设计标高示意图

1—等高线；2—自然地坪；3—设计标高平面；4—自然地面与设计标高平面的交线（零线）

场地土方工程量计算方法　　　　　　　　　　　　表 1.1.3

序　号	项　　目	内　　容
1	方格网法	用于地形较平缓或台阶宽度较大的地段。计算方法较为复杂，但精度较高，其计算步骤和方法如下： (1) 划分方格网 根据已有地形图（一般用 1：500 的地形图）将欲计算场地划分成若干个方格网，尽量与测量的纵、横坐标网对应，方格一般采用 20m×20m 或 40m×40m，将相应设计标高和自然地面标高分别标注在方格点的右上角和右下角。将自然地面标高与设计地面标高的差值，即各角点的施工高度（挖或填），填在方格网的左上角，挖方为（一），填方为（十）。 (2) 计算零点位置 在一个方格网内同时有填方或挖方时，应先算出方格网边上零点的位置，并标注于方格网上，连接零点即得填方区与挖方区的分界线（即零线）。 零点的位置按下式计算（图 1.1.2）： $$x_1 = \frac{h_1}{h_1 + h_2} \times a; \quad x_2 = \frac{h_2}{h_1 + h_2} \times a \qquad (1.4)$$ 式中　x_1、x_2——角点至零点的距离（m）； 　　　h_1、h_2——相邻两角点的施工高度（m），均用绝对值； 　　　a——方格网的边长（m）。 为省略计算，亦可采用图解法直接求出零点位置，如图 1.1.3 所示，方法是用尺在各角上标出相应比例，用尺相接，与方格相交点即为零点位置。这种方法可避免计算（或查表）出现的错误。 (3) 计算土方工程量 按方格网底面积图形和表 1.1.4 所列体积计算公式计算每个方格内的挖方或填方量，或用查表法计算。
2	横截面法	横截面法适用于地形起伏变化较大地区，或者地形狭长、挖填深度较大又不规则的地区采用，计算方法较为简单方便，但精度较低。其计算步骤和方法如下： (1) 划分横截面 根据地形图、竖向布置或现场测绘，将要计算的场地划分横截面 AA'、BB'、CC'……（图 1.1.4），使截面尽量垂直于等高线或主要建筑物的边长，各截面间的间距可以不等，一般可用 10m 或 20m，在平坦地区可用大些，但最大不大于 100m。 (2) 画横截面图形 按比例绘制每个横截面的自然地面和设计地面的轮廓线。自然地面轮廓线与设计地面轮廓线之间的面积，即为挖方或填方的截面。 (3) 计算横截面面积 按表 1.1.5 横截面面积计算公式，计算每个截面的挖方或填方截面面积。 (4) 计算土方量 根据横截面面积按下式计算土方量： $$V = \frac{A_1 + A_2}{2} \times s \qquad (1.5)$$ 式中　V——相邻两横截面间的土方量（m³）； 　　　A_1、A_2——相邻两横截面的挖（一）或填（十）的截面积（m²）； 　　　s——相邻两横截面的间距（m）。 (5) 土方量汇总 按表 1.1.6 格式汇总全部土方量

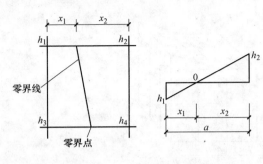

图 1.1.2　零点位置计算示意图

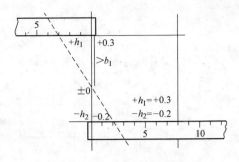

图 1.1.3　零点位置图解法

常用方格网点计算　　　　　　　　　表 1.1.4

序 号	项 目	图 式	计 算 公 式
1	一点填方或挖方 （三角形）		$V=\dfrac{1}{2}bc\dfrac{\sum h}{3}=\dfrac{bch_3}{6}$ 当 $b=c=a$ 时，$V=\dfrac{a^2h_3}{6}$
2	二点填方或挖方 （梯形）		$V_+=\dfrac{b+c}{2}a\dfrac{\sum h}{4}=\dfrac{a}{8}(b+c)(h_1+h_3)$ $V_-=\dfrac{d+e}{2}a\dfrac{\sum h}{4}=\dfrac{a}{8}(d+e)(h_2+h_4)$
3	三点填方或挖方 （五角形）		$V=\left(a^2-\dfrac{bc}{2}\right)\dfrac{\sum h}{5}$ $=\left(a^2-\dfrac{bc}{2}\right)\dfrac{h_1+h_2+h_4}{5}$
4	四点填方或挖方 （正方形）		$V=\dfrac{a^2}{4}\sum h=\dfrac{a^2}{4}(h_1+h_2+h_3+h_4)$

注：1. a——方格网的边长（m）；b、c——零点到一角的边长（m）；h_1、h_2、h_3、h_4——方格网四角点的施工高程（m），用绝对值代入；$\sum h$——填方或挖方施工高程的总和（m），用绝对值代入；V——挖方或填方体积（m^3）；

2. 本表公式是按各计算图形底面积乘以平均施工高程而得出的。

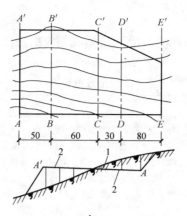

图 1.1.4 画横截面示意图
1—自然地面；2—设计地面

常用截断面计算公式   表 1.1.5

序 号	横截面图式	截面积计算公式
1		$A = h(b + nb)$
2		$A = h\left[b + \dfrac{h(m+n)}{2}\right]$
3		$A = b\dfrac{h_1 + h_2}{2} + nh_1h_2$
4		$A = h_1\dfrac{a_1 + a_2}{2} + h_2\dfrac{a_2 + a_3}{2} + h_3\dfrac{a_3 + a_4}{2} + h_4\dfrac{a_4 + a_5}{2}$
5		$A = \dfrac{a}{2}(h_0 2h + h_n)$ $h = h_1 + h_2 + h_3 + h_4 + h_5$

土方量汇总表   表 1.1.6

截 面	填方面积(m²)	挖方面积(m²)	截面间距(m)	填方体积(m³)	挖方体积(m²)
A—A′					
B—B′					
C—C′					
合 计					

1.1.2.2   边坡土方量计算

为了维持土体的稳定,场地的边沿均需做成相应的边坡。边坡土方量计算如表 1.1.7 所示。

边坡土方量计算

表 1.1.7

序 号	项 目	内 容
1	图示法	(1)平整场地、修筑路基、路堑的边坡挖、填土方量计算,常用图算法。 (2)图算法系根据地形图和边坡竖向布置图或现场测绘,将要计算的边坡划分为两种近似的几何形体(图 1.1.5),一种为三角棱体(如体积①~③、⑤~⑪);另一种为三角棱柱体(如体积④),然后应用表中式(1.6)和式(1.7)几何公式分别进行土方计算,最后将各块汇总即得场地总挖土(一)、填土(十)的量。
2	计算公式	(1)边坡三角棱体体积 V 可按下式计算(例如,图 1.1.5 中的①) $$V_1=\frac{1}{3}F_1l_1 \qquad (1.6)$$ 其中 $$F_1=\frac{h_2(mh_2)}{2}=\frac{mh_2^2}{2}$$ V_2、V_3、V_5~V_{11} 计算方法同上。 (2)边坡三角棱柱体体积 V_4 可按下式计算(例如图 1.1.5 中的④) $$V_4=\frac{F_1+F_2}{2}l_4 \qquad (1.7)$$ 当两端横截面面积相差很大时,则 $$V_4=\frac{l_4}{6}(F_1+4F_0+F_2) \qquad (1.8)$$ F_1、F_2、F_0 计算方法同上 V_1、V_2、V_3、V_5~V_{11} 为边坡①、②、③、④、⑤~⑪三角棱体体积(m^3); 式中 l_1——边坡①的边长(m); $\quad\quad F_1$——边坡①的端面积(m^2); $\quad\quad h_2$——角点的挖土高度(m); $\quad\quad m$——边坡的坡度系数; $\quad\quad V_4$——边坡④三角棱柱体体积(m^3); $\quad\quad l_4$——边坡④的长度(m); F_1、F_2、F_0——边坡④两端及中部的横截面面积

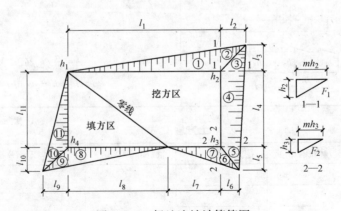

图 1.1.5   场地边坡计算简图

1.1.2.3   基坑、基槽土方量计算

基坑、基槽土方量计算,如表 1.1.8 所示。

基坑、基槽土方量计算　　　　　　　　　　　　　　　表 1.1.8

序 号	项　　目	内　　　容
1	基坑土方量	基坑土方量可按立体几何中的棱柱体（由两个平行的平面做底的一种多面体），如图 1.1.6 所示，计算公式为 $$V=\frac{H}{6}(A_1+4A_0+A_2) \qquad (1.9)$$ 式中　H——基坑深度(m)； 　　　A_1、A_2——基坑上、下的底面面积(m^2)； 　　　A_0——基坑中截面的面积(m^2)。
2	基槽土方量	基槽和路堤的土方量可以沿长度方向分段后，再用序号 1 同样的方法计算，如图 1.1.7 所示，计算公式为 $$V_1=\frac{L_1}{6}(A_1+4A_0+A_2) \qquad (1.10)$$ 式中　V_1——第一段的土方量(m^3)； 　　　L_1——第一段的长度(m)。 将各段土方量相加，即得总土方量为 $$V=V_1+V_2+\cdots+V_n \qquad (1.11)$$ 式中　$V_1,V_2,\cdots,V_n$——分段的土方量

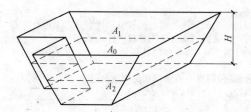
　　　　图 1.1.6　基坑土方量计算

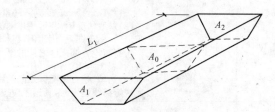
　　　　图 1.1.7　基槽土方量计算

1.1.2.4　土方的平衡及调配

计算出土方的施工标高、挖填区面积、挖填区土方量，并考虑各种变动因素（如土的松散率、压缩率、沉降量等）进行调整后，应对土方进行综合平衡与调配，如表 1.1.9 所示。

土方的平衡与调配　　　　　　　　　　　　　　　表 1.1.9

序 号	项　　目	内　　　容
1	平衡与调配目的	在使土方运输量或土方运输成本为最低的条件下，确定填、挖方区土方的调配方向和数量，从而达到缩短工期和提高经济效益的目的。
2	平衡与调配原则	土方的平衡与调配原则： (1)挖方与填方基本达到平衡，减少重复倒运。 (2)挖(填)方量与运距的乘积之和尽可能为最小，即总土方运输量或运输费用最小。 (3)好土应用在回填密实度要求较高的地区，以避免出现质量问题。 (4)取土或弃土应尽量不占农田或少占农田，弃土尽可能有规划地造田。 (5)分区调配应与全场调配相协调，避免只顾局部平衡，任意挖填而破坏全局平衡。 (6)调配应与地下构筑物的施工相结合，地下设施的填土，应留土后填。 (7)选择恰当的调配方向、运输路线、施工顺序，避免土方运输出现对流和乱流现象，同时便于机具调配、机械化施工。

序 号	项 目	内 容
3	划分调配区	土方平衡与调配需编制相应的土方调配图,其步骤如下: (1)划分调配区。在平面图上先划出挖填区的分界线,并在挖方区和填方区适当划出若干调配区,确定调配区的大小和位置。划分时应注意以下几点: 1)划分应与房屋和构筑物的平面位置相协调,并考虑开工顺序、分期施工顺序; 2)调配区大小应满足土方施工用主导机械的行驶操作尺寸要求; 3)调配区范围应和土方工程量计算用的方格网相协调。一般可由若干个方格组成一个调配区; 4)当土方运距较大或场地范围内土方调配不能达到平衡时,可考虑就近借土或弃土,此时一个借土区或一个弃土区可作为一个独立的调配区。 (2)计算各调配区的土方量并标明在图上。
4	运距计算	(1)计算各挖、填方调配区之间的平均运距,即挖方区土方重心至填方区土方重心的距离,取场地或方格网中的纵横两边为坐标轴,以一个角作为坐标原点(图1.1.8),按下式求出各挖方或填方调配区土方重心坐标 x_0 及 y_0: $$x_0 = \frac{\sum(x_i V_i)}{\sum V_i} \qquad (1.12)$$ $$y_0 = \frac{\sum(y_i V_i)}{\sum V_i} \qquad (1.13)$$ 式中 x_i、y_i——i 块方格的重心坐标; $\qquad V_i$——i 块方格的土方量。 填、挖方区之间平均运距 L_0 为: $$L_0 = \sqrt{(x_{0T} - x_{0w})^2 + (y_{0T} - y_{0w})^2} \qquad (1.14)$$ 式中 x_{0T}、y_{0T}——填方区的重心坐标; $\qquad x_{0w}$、y_{0w}——挖方区的重心坐标。 (2)一般情况下,亦可用作图法近似地求出调配区的形心位置0以代替重心坐标。重心求出后,标于图上,用比例尺量出每对调配区的平均运输距离(L_{11}、L_{12}、L_{13}……)。 所有填挖方调配区之间的平均运距均需一一计算,并将计算结果列于土方平衡与运距表内(表1.1.10)。 (3)当填、挖调配区之间的距离较远,采用自行式铲运机或其他运土工具沿现场道路或规定路线运土时,其运距应按实际情况进行计算。
5	最优调配	(1)确定土方最优调配方案。使总土方运输量 $W = \sum\limits_{i=1}^{m} \sum\limits_{j=1}^{n} L_{ij} - x_{ij}$ 为最小值,即为最优调配方案。 上式中 L_{ij}——各调配区之间的平均运距(m); $\qquad x_{ij}$——各调配区的土方量(m^3)。 (2)绘出土方调配图。根据以上计算,标出调配方向、土方数量及运距(平均运距再加施工机械前进、倒退和转弯必需的最短长度)

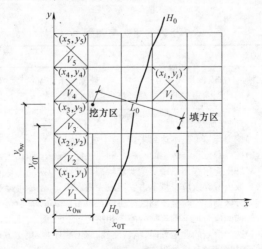

图 1.1.8 土方调配区间的平均运距

表 1.1.10

土方平衡与运距表

挖方区 ＼ 填方区	B_1		B_2		B_3		B_j		……		B_n		挖方量（m³）
A_1		L_{11}		L_{12}		L_{13}		L_{1j}	……			L_{1n}	a_1
	x_{11}		x_{12}		x_{13}		x_{1j}			x_{1n}		
A_2		L_{21}		L_{22}		L_{23}		L_{2j}	……			L_{2n}	a_2
	x_{21}		x_{22}		x_{23}		x_{2j}			x_{2n}		
A_3		L_{31}		L_{32}		L_{33}		L_{3j}	……			L_{3n}	a_3
	x_{31}		x_{32}		x_{33}		x_{3j}			x_{3n}		
A_i		L_{i1}		L_{i2}		L_{i3}		L_{ij}				L_{in}	a_i
	x_{i1}		x_{i2}		x_{i3}		x_{ij}			x_{in}		
⋮	……		……		……		……		……		……		⋮
A_m		L_{m1}		L_{m2}		L_{m3}		L_{mj}	……			L_{mn}	a_m
	x_{m1}		x_{m2}		x_{m3}		x_{mj}			x_{mn}		
填方量(m³)	b_1		b_2		b_3		b_j		……		b_n		$\sum\limits_{i=1}^{m} a_i = \sum\limits_{j=1}^{n} b_j$

注：L_{11}、L_{12}、L_{13}……挖填方之间的平均运距。

　　x_{11}、x_{12}、x_{13}……调配土方量。

1.1.2.5　土方量计算实例

【例 1.1】　厂房场地平整，方格网如图 1.1.9 所示，方格边长为 20m×20m，试计算挖填总土方工程量。

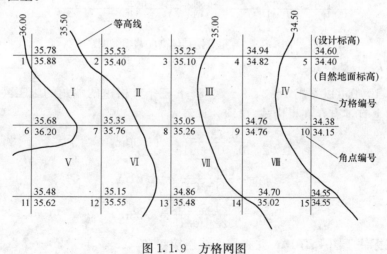

图 1.1.9　方格网图

【解】

(1) 施工高度计算

根据图 1.1.9 方格各点的设计标高和自然地面标高，计算方格各点的施工高度，标注于图 1.1.10 中各点的左角上。

角点 1 施工高度 $h_1 = 35.78 - 35.88 = -0.10$m，即该点应挖土高 0.10m；

角点 2 施工高度 $h_2 = 35.53 - 35.40 = +0.13$m，即该点应填土高 0.13m；

角点 3 施工高度 $h_3 = 35.25 - 35.10 = +0.15m$，即该点应填土高 0.15m；

角点 4 施工高度 $h_4 = 34.94 - 34.82 = +0.12m$，即该点应填土高 0.12m；

角点 5 施工高度 $h_5 = 34.60 - 34.40 = +0.20m$，即该点应填土高 0.20m；

角点 6 施工高度 $h_6 = 35.68 - 36.20 = -0.52m$，即该点应挖土高 0.52m；

角点 7 施工高度 $h_7 = 35.35 - 35.76 = -0.41m$，即该点应挖土高 0.41m；

角点 8 施工高度 $h_8 = 35.05 - 35.26 = -0.21m$，即该点应挖土高 0.21m；

角点 9 施工高度 $h_9 = 34.76 - 34.76 = 0m$，即该点为零；

角点 10 施工高度 $h_{10} = 34.38 - 34.15 = +0.23m$，即该点应填土高 0.23m；

角点 11 施工高度 $h_{11} = 35.48 - 35.62 = -0.14m$，即该点应挖土高 0.14m；

角点 12 施工高度 $h_{12} = 35.15 - 35.55 = -0.40m$，即该点应挖土高 0.40m；

角点 13 施工高度 $h_{13} = 34.86 - 35.48 = -0.62m$，即该点应挖土高 0.62m；

角点 14 施工高度 $h_{14} = 34.70 - 35.02 = -0.32m$，即该点应挖土高 0.32m；

角点 15 施工高度 $h_{15} = 34.55 - 34.55 = 0m$，即该点为零。

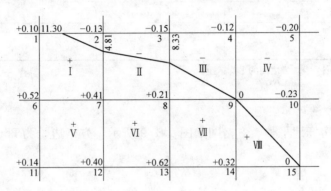

图 1.1.10　角点挖、填高度，零线图

（2）零点位置计算

从图 1.1.10 中可以看出 1~2、2~7、3~8 三条方格边两端角的施工高度符号不同，表明此方格边上有零点存在，由式（1.4）计算：

1~2 线　　　　　　$x_1 = \dfrac{0.13 \times 20}{0.10 + 0.13} = 11.30m$

2~7 线　　　　　　$x_1 = \dfrac{0.13 \times 20}{0.41 + 0.13} = 4.81m$

3~8 线　　　　　　$x_1 = \dfrac{0.15 \times 20}{0.21 + 0.15} = 8.33m$

将各零点标注于图 1.1.10，并将零点线连接起来。

（3）土方量计算

1）方格 I 底面为三角形和五角形，由表 1.1.4 第 1、3 项公式：

三角形 200 土方量　$V_+ = \dfrac{0.13}{6} \times 11.30 \times 4.81 = 1.18m^3$

五角形 16700 土方量　$V_- = -\left(20^2 - \dfrac{1}{2} \times 11.30 \times 4.81\right) \times \left(\dfrac{0.10 + 0.52 + 0.41}{5}\right)$

$$= -76.80m^3$$

2) 方格Ⅱ底面为二个梯形，由表1.1.4第2项公式：

梯形 2300 土方量　　$V_+ = \dfrac{20}{8}(4.81+8.33)(0.13+0.15)$

$$= 9.20\text{m}^3$$

梯形 7800 土方量　　$V_- = \dfrac{20}{8}(15.19+11.67)(0.41+0.21)$

$$= -41.63\text{m}^3$$

3) 方格Ⅲ底面为一个梯形和一个三角形，由表1.1.4第1、2项公式：

梯形 3400 土方量　　$V_+ = \dfrac{20}{8}(8.33+20)(0.15+0.12)$

$$= 19.12\text{m}^3$$

三角形 800 土方量　　$V_- = -\dfrac{11.67\times20}{6}\times0.21 = -8.17\text{m}^3$

4) 方格Ⅳ、Ⅴ、Ⅵ、Ⅶ底面均为正方形，由表1.1.4第4项公式：

正方形 45910 土方量　　$V_+ = \dfrac{20\times20}{4}(0.12+0.20+0+0.23)$

$$= 55.0\text{m}^3$$

正方形 671112 土方量　　$V_- = -\dfrac{20\times20}{4}(0.52+0.41+0.14+0.40)$

$$= -147.0\text{m}^3$$

正方形 781213 土方量　　$V_- = -\dfrac{20\times20}{4}(0.41+0.21+0.40+0.62)$

$$= -164.0\text{m}^3$$

正方形 891314 土方量　　$V_- = -\dfrac{20\times20}{4}(0.21+0+0.62+0.32)$

$$= -115.0\text{m}^3$$

5) 方格Ⅷ底面为二个三角形，由表1.1.4第1项公式：

三角形 91015 土方量　　$V_+ = \dfrac{0.23}{6}\times20\times20 = 15.33\text{m}^3$

三角形 91415 土方量　　$V_- = -\dfrac{0.32}{6}\times20\times20 = -21.33\text{m}^3$

6) 汇总全部土方工程量

全部挖方量　$\sum V_- = -76.80-41.63-8.17-147-164-115-21.33$

$$= -573.93\ (\text{m}^3)$$

全部填方量　$\sum V_+ = 1.18+9.20+19.12+55.0+15.33$

$$= 99.83\ (\text{m}^3)$$

【例1.2】　场地整平工程，长80m、宽60m，土质为粉质黏土，取挖方区边坡坡度为1：1.25，填方边坡坡度为1：1.5，已知平面图挖填分界线尺寸及角点标高如图1.1.11所示。试求边坡挖、填土方量。

【解】

（1）边坡角点挖、填方宽度

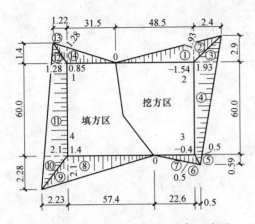

图 1.1.11　场地边坡平面轮廓尺寸图

角点 1 填方宽度　　$0.85 \times 1.50 = 1.28 \mathrm{m}$

角点 2 挖方宽度　　$1.54 \times 1.25 = 1.93 \mathrm{m}$

角点 3 挖方宽度　　$0.4 \times 1.25 = 0.5 \mathrm{m}$

角点 4 填方宽度　　$1.4 \times 1.50 = 2.10 \mathrm{m}$

按照场地四个控制角点的边坡宽度，采用作图法可得出边坡平面尺寸（如图 1.1.11 所示），边坡土方工程量，可划分为三角棱体和三角棱柱体两种类型，按表 1.1.7 公式计算：

（2）挖方区边坡土方量

$$V_1 = \frac{1}{3} \times \frac{1.93 \times 1.54}{2} \times 48.5 = -24.03 \mathrm{m}^3$$

$$V_2 = \frac{1}{3} \times \frac{1.93 \times 1.54}{2} \times 2.4 = -1.19 \mathrm{m}^3$$

$$V_3 = \frac{1}{3} \times \frac{1.93 \times 1.54}{2} \times 2.9 = -1.44 \mathrm{m}^3$$

$$V_4 = \frac{1}{2} \left(\frac{1.93 \times 1.54}{2} + \frac{0.4 \times 0.5}{2} \right) \times 60 = -47.58 \mathrm{m}^3$$

$$V_5 = \frac{1}{3} \times \frac{0.5 \times 0.4}{2} \times 0.59 = -0.02 \mathrm{m}^3$$

$$V_6 = \frac{1}{3} \times \frac{0.5 \times 0.4}{2} \times 0.5 \approx -0.02 \mathrm{m}^3$$

$$V_7 = \frac{1}{3} \times \frac{0.5 \times 0.4}{2} \times 22.6 = -0.75 \mathrm{m}^3$$

挖方区边坡的土方量合计：

$$V_{挖} = -(24.03 + 1.19 + 1.44 + 47.58 + 0.02 + 0.02 + 0.75) = -75.03 \mathrm{m}^3$$

（3）填方区边坡的土方量

$$V_8 = \frac{1}{3} \times \frac{2.1 \times 1.4}{2} \times 57.4 = 28.13 \mathrm{m}^3$$

$$V_9 = \frac{1}{3} \times \frac{2.1 \times 1.4}{2} \times 2.23 = 1.09 \mathrm{m}^3$$

$$V_{10} = \frac{1}{3} \times \frac{2.1 \times 1.4}{2} \times 2.28 = 1.12 \mathrm{m}^3$$

$$V_{11} = \frac{1}{2} \left(\frac{2.1 \times 1.4}{2} + \frac{1.28 \times 0.85}{2} \right) \times 60 = 60.42 \mathrm{m}^3$$

$$V_{12} = \frac{1}{3} \times \frac{1.28 \times 0.85}{2} \times 1.4 = 0.25 \mathrm{m}^3$$

$$V_{13} = \frac{1}{3} \times \frac{1.28 \times 0.85}{2} \times 1.22 = 0.22 \mathrm{m}^3$$

$$V_{14} = \frac{1}{3} \times \frac{1.28 \times 0.85}{2} \times 31.5 = 5.71 \mathrm{m}^3$$

填方区边坡的土方量合计：

$$V_{填} = 28.13 + 1.09 + 1.12 + 60.42 + 0.25 + 0.22 + 5.71 = +96.94 \mathrm{m}^3$$

【例 1.3】 矩形广场各调配区的土方量和相互之间的平均运距如图 1.1.12 所示，试求最优土方调配方案和土方总运输量及总的平均运距。

【解】

（1）先将图 1.1.12 中的数值标注在填、挖方平衡及运距表 1.1.11 中。

（2）初始调配

初始调配方案（最小元素法），即根据对应于最小的 L_{ij}（平均运距）取尽可能最大的 x_{ij} 值的原则进行调配。

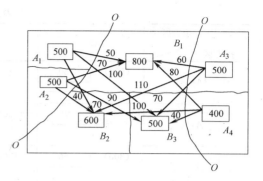

图 1.1.12 各调配区的土方量和平均运距

填、挖方平衡及运距表 表 1.1.11

挖方区 ＼ 填方区	B_1	B_2	B_3	挖方量（m³）
A_1	50	70	100	500
A_2	70	40	90	500
A_3	60	110	70	500
A_4	80	100	40	400
填方量（m³）	800	600	500	1900 / 1900

1）首先在运距表内的小方格中找一个 L_{ij} 最小值，如表中 $L_{22}=L_{43}=40$，任取其中一个，如 L_{43}。

2）对应 L_{43} 确定调配量 x_{43} 的值，使其尽可能的大，即 $x_{43}=\max(400、500)=400$，由于 A_4 挖方区的土方全部调到 B_3 填方区，所以 $x_{41}=x_{42}=0$，将 400 填入表 1.1.12 中 x_{43} 格内，加一个括号，同时在 x_{41}、x_{42} 格内打个 "×" 号。

3）按上述步骤，依次确定其余 x_{ij} 数值，最后得出初始调配方案（表 1.1.12）。

（3）最优调配

在表 1.1.12 基础上，再进行调配、调整，用 "乘数法" 比较不同调配方案的总运输量，取其最小者，求得最优调配方案（表 1.1.13）。

该土方最优调配方案的土方总运输量为：

$$W = 400\times50 + 100\times70 + 550\times40 + 400\times60 + 50\times70 + 400\times40$$
$$= 92500\text{m}^3 \cdot \text{m}$$

其总的平均运距为：

$$L_0 = \frac{W}{V} = \frac{92500}{1900} = 48.68\text{m}$$

最后将表 1.1.13 中的土方调配数值绘成土方调配图，如图 1.1.13 所列。

4. 在无地下水的情况下，基坑（槽）开挖不加支撑时的允许深度可以参考表 1.1.17。挖深在 5m 之内不加支撑的最陡坡度应执行表 1.1.18 的规定。

基坑（槽）和管沟不加支撑时的允许深度   表 1.1.17

项　次	土 层 类 别	允许深度(m)
1	密实、中密的砂土和碎石类石（充填物为砂土）	1.00
2	硬塑、可塑的黏质粉土及粉质黏土	1.25
3	硬塑、可塑的黏性土和碎石类石（充填物为黏性土）	1.50
4	坚硬的黏性土	2.00

深度在 5m 内的基坑（槽）、管沟边坡的最陡坡度（不加支撑）   表 1.1.18

项　次	岩 石 类 别	边坡坡度（高宽比）		
		坡顶无荷载	坡顶有静载	坡顶有动载
1	中密的砂土	1：1.00	1：1.25	1：1.50
2	中密的碎石类土（充填物为砂土）	1：0.75	1：1.00	1：1.25
3	硬塑的粉土	1：0.67	1：0.75	1：1.00
4	中密的碎石类土（充填物为黏性土）	1：0.50	1：0.67	1：0.75
5	硬塑的粉质黏土、黏土	1：0.33	1：0.50	1：0.67
6	老黄土	1：0.10	1：0.25	1：0.33
7	软土（经井点降水后）	1：1.00		

注：1. 静载指堆土或材料等，动载指机械挖土或汽车运输作业等；静载或动载应距挖方边缘 0.8m 以外，堆土或材料高度不宜超过 1.5m；
　　2. 当有成熟经验时，可不受本表限制。

1.1.3.2 开挖规定

开挖前，应根据工程结构形式、基坑深度、地质条件、周围环境、施工方法、施工工期和地面荷载等资料，确定基坑开挖方案和地下水控制施工方案。一般规定如表 1.1.19 所示。

放坡开挖一般规定   表 1.1.19

序　号	项　　目	内　　容
1	开挖程序	基坑开挖程序一般是： (1) 测量放线 → 切线分层开挖 → 排降水 → 修坡 → 整平 → 留足预留土层 等 (2) 相邻基坑开挖时，应遵循先深后浅或同时进行的施工程序。 (3) 挖土应自上而下水平分段分层进行，每层 0.3m 左右，边挖边检查坑底宽度及坡度，不够时及时修整，每 3m 左右修一次坡，至设计标高，再统一进行一次修坡清底，检查坑底宽和标高，要求坑底凹凸不超过 2.0cm。
2	基坑挖土	(1) 基坑边缘堆置土方和建筑材料，或沿挖方边缘移动运输工具和机械，一般应距基坑上部边缘不少于 2m，堆置高度不应超过 1.5m。在垂直的坑壁边，此安全距离还应适当加大。软土地区不宜在基坑边堆置弃土。 (2) 基坑周围地面应进行防水、排水处理，严防雨水等地面水浸入基坑周边土体。 (3) 基坑开挖时，应对平面控制桩、水准点、基坑平面位置、水平标高、边坡坡度等经常复测检查。

续表

序 号	项 目	内 容
2	基坑挖土	（4）在地下水位以下挖土，应在基坑（槽）四侧或两侧挖好临时排水沟和集水井，或采用井点降水，将水位降低至坑、槽底以下500mm，以利挖方进行。降水工作应持续到基础（包括地下水位下回填土）施工完成。 （5）雨季施工时，基坑槽应分段开挖，挖好一段浇筑一段垫层，并在基坑两侧围以土堤或挖排水沟，以防地面雨水流入基坑槽，同时应经常检查边坡和支撑情况，以防止坑壁受水浸泡造成塌方。 （6）基坑开挖应尽量防止对地基土的扰动。若用人工挖土，基坑挖好后不能立即进行下道工序时，应预留15～30cm一层土不挖，待下道工序开始再挖至设计标高。若采用机械开挖基坑时，为避免破坏基底土，应在基底标高以上预留一层由人工挖掘修整。使用铲运机、推土机时，保留土层厚度为15～20cm；使用正铲、反铲或拉铲挖土时为20～30cm。 （7）基坑开挖完成后，应及时清底、验槽，减少暴露时间，防止暴晒和雨水浸刷破坏地基土的原状结构。 （8）基坑挖完后应进行验槽（方法见1.1.3.6一节），作好记录，如发现地基土质与地基勘探报告、设计要求不符时，应与有关人员研究及时处理。关于局部地基和特殊地基的处理方法参见2.2.4节。
3	边坡挖土	（1）场地边坡开挖应采取沿等高线自上而下，分层、分段依次进行，在边坡上采取多台阶同时进行机械开挖时，上台阶应比下台阶开挖进深不少于30m，以防塌方。 （2）边坡台阶开挖，应作成一定坡势，以利泄水。边坡下部设有护脚及排水沟时，应尽快处理台阶的反向排水坡，进行护脚矮墙和排水沟的砌筑和疏通，以保证坡脚不被冲刷和在影响边坡稳定的范围内不积水，否则应采取临时性排水措施。 （3）边坡开挖对软土土坡或易风化的软质岩石边坡在开挖后应对坡面、坡脚采取喷浆、抹面、嵌补、护砌等保护措施，并作好坡顶、坡脚排水，避免在影响边坡稳定的范围内积水

1.1.3.3 基坑（槽）管沟支撑措施

当开挖基坑（槽）的土体含水量大而不稳定，或基坑较深，或受到周围场地限制而需用较陡的边坡或直立开挖而土质较差时，应采用临时性支撑加固。

1. 一般沟槽的土壁支撑

一般沟槽的土壁支撑的选用如表1.1.20所示；沟槽的土壁支撑方法如表1.1.21所示。

一般沟槽的土壁支撑的选用　　　　　　　　　　表1.1.20

序 号	土 的 情 况	沟槽开挖浓度	支 撑 形 式
1	天然湿度的黏土类，地下水很少	3m以内	断续支撑
2	天然湿度的黏土类，地下水很多	3～5m	连续支撑
3	松散和湿度很高的土，地下水很少	不论深度	连续支撑
4	松散和湿度很高的土，地下水很多	不论深度	采用集水坑降水，并用板桩支撑

一般沟槽的支撑方法　　　　　　　　　　表1.1.21

序 号	项 目	简 图	支撑方法及适用条件
1	间断式水平挡土板支撑		两侧挡土板水平放置，用工具式横撑借木楔顶紧，挖一层土，支顶一层。 适于能保持立壁的干土或天然湿度的黏土类土，地下水很少，深度在2m以内。

序 号	项 目	简 图	支撑方法及适用条件
2	断续式水平挡土板支撑		挡土板水平放置,中间留出间隔,并在两侧同时对称立竖枋木(即立楞木),再用工具式横撑上下顶紧。 适于能保持直立壁的干土或天然湿度的黏土类土,地下水很少,深度在 3m 以内。
3	连续式水平挡土板支撑		挡土板水平连续放置,不留间隙,然后两侧同时对称立竖枋木,上下各顶一根撑木,端头加木楔顶紧。 适用于较松散的干土或天然湿度的黏土类土,地下水很少,深度为 3~5m。
4	连续或间断式垂直挡土板支撑		挡土板垂直放置,连续或留适当间隙,然后每侧上下各水平顶一根枋木(即横楞木),再用横撑顶紧。 适于土质较松散或湿度很高的土,地下水较少,深度不限。
5	水平垂直混合挡土板支撑		沟槽上部设连续或水平支撑,下部设连续或垂直支撑。 适于沟槽深度较大,下部有含水土层的情况

注:1—水平挡土板;2—工具式横撑;3—木楔;4—立楞木;5—垂直挡土板;6—横楞木。

2. 一般基坑的土壁支撑

一般基坑的土壁支撑方法如表 1.1.22 所示。

一般基坑的土壁支撑方法　　　　　　　　　　　　　　　　　　　表 1.1.22

序 号	项 目	简 图	支撑方法及适用条件
1	斜柱支撑		水平挡土板钉在柱桩内侧,柱桩外侧用斜撑支顶,斜撑底端支在木桩上,在挡土板内侧回填土。 适于开挖大型、深度不大的基坑或使用机械挖土。

续表

序号	项 目	简 图	支撑方法及适用条件
2	锚拉支撑		水平挡土板支在柱桩的内侧,柱桩一端打入土中,另一端用拉杆与锚桩接紧,在挡土板内侧回填土。 适于开挖较大型、深度不大的基坑或使用机械挖土,而不能安设横撑时使用。
3	短柱横隔支撑		打入小短木桩,部分打入土中,部分露出地面,钉上水平挡土板,在背面填土。 适于开挖宽度大的基坑,当部分地段下部放坡不够时使用。
4	临时挡土墙支撑		沿坡脚用砖、石叠砌或用草袋装土砂堆砌,使坡脚保持稳定。 适于开挖宽度大的基坑,当部分地段下部放坡不够时使用

注:1—斜撑;2—柱桩;3—短桩;4—挡板;5—回填土;6—拉杆;7—横隔板;8—填土;9—装土、砂草袋或干砌、浆砌毛石。

1.1.3.4 基坑边坡护面措施

当基坑放坡高度较大,施工期和暴露时间长,或岩土质较差,易于风化、疏松或滑坍。为防止基坑边坡因气温变化,或失水过多而风化或松散;或防止坡面受雨水冲刷而产生溜坡现象,应根据土质情况和实际条件采取边坡保护措施,以保护基坑边坡的稳定。常用基坑坡面保护方法,如表 1.1.23 所示。

基坑边坡护面措施   表 1.1.23

序 号	项 目	护面简图	护面措施及适用条件
1	薄膜覆盖或砂浆覆盖法		(1)在边坡上铺塑料薄膜,在坡顶及坡脚用草袋装土或用砖压住;或在边坡上抹水泥砂浆 20~25mm 厚保护。为防止薄膜脱落,在上部及底部均应搭盖不少于 800mm,同时在土中插入适当锚筋连接。在坡脚设排水沟。 (2)用于基础施工工期较短的临时性基坑边坡。
2	挂网或挂网抹面法		(1)垂直坡面楔入直径 10~12mm、长 400~600mm 插筋,纵横间距 1m,上铺 20 号钢丝网,上下用草袋(装土或砂)压住,或再在钢丝网上抹 25~35mm 厚的 M5 水泥砂浆(配合比为水泥:白灰膏:砂子=1:0.5:2.5~3)。在坡顶坡脚设排水沟。 (2)用于基础施工工期短、土质较差的临时性基坑边坡。

序　号	项　　目	护面简图	护面措施及适用条件
3	喷射混凝土或混凝土护面法		（1）在坡面垂直楔入直径 10～12mm、长 40～50cm 插筋，纵横间距 1m，上铺 20 号钢丝网，在表面喷射 40～60mm 厚的 C15 细石混凝土直到坡顶和坡脚；亦可不铺钢丝网，而在坡面铺 $\phi4\sim6mm@250\sim300mm$ 钢筋网片，浇筑 50～60mm 厚的细石混凝土，表面抹光。（2）用于邻近有建筑物的深基坑边坡。
4	土袋或砌石压坡法		（1）对深度在 5m 以内的临时基坑边坡，在边坡下部用草袋或聚丙烯扁丝编织袋装土堆砌或砌石压住坡脚。边坡高 3m 以内可采用单排顶砌法；5m 以内，水位较高，用二排顶砌或一排一顶构筑法，保持坡脚稳定。（2）在坡顶设挡水土堤或排水沟，防止冲刷坡面；在底部作排水沟，防止冲坏坡脚

注：1—塑料薄膜；2—草袋或编织袋装土；3—插筋 $\phi10\sim12mm$；4—抹 M5 水泥砂浆；5—20 号钢丝网；6—C15 喷射混凝土；7—C15 细石混凝土；8—M5 砂浆切石；9—排水沟；10—土堤；11—$\phi4\sim6mm$ 钢筋网片，纵横间距 250～300mm。

1.1.3.5　土方开挖和支撑施工注意事项

土方开挖和支撑施工注意事项，如表 1.1.24 所示。

土方开挖和支撑施工注意事项　　　　　　表 1.1.24

序　号	内　　容
1	大型挖土及降低地下水位时，应经常注意观察附近已有建筑物或构筑物、道路、管线，有无下沉和变形。如有下沉和变形，应与设计和建设单位研究采取防护措施。
2	土方开挖中如发现文物或古墓，应立即妥善保护并及时报请当地有关部门来现场处理，待妥善处理后，方可继续施工。
3	挖掘发现地下管线（管道、电缆、通信）等应及时通知有关部门来处理，如发现测量用的永久性标桩或地质、地震部门设置的观测孔等亦应加以保护。如施工必须毁坏时，亦应事先取得原设置或保管单位的书面同意。
4	基坑槽、管沟支撑宜选用质地坚实、无枯节、透节、穿心裂折的松木或杉木，不宜使用杂木。
5	支撑应挖一层支撑好一层，并严密顶紧，支撑牢固，严禁一次将土挖好后再支撑。
6	挡土板或板桩与坑壁间的填土要分层回填夯实，使之严密接触。
7	埋深的拉锚需用挖沟方式埋设，沟槽尽可能小，不得采取将土方全部挖开在埋设拉锚后再回填的方式，这样会使土体固结状态遭受破坏。拉锚安装后要预拉紧，预紧力不应小于设计计算值的 5%～10%，每根拉锚松紧程度应一致。
8	施工中应经常检查支撑和观测邻近建筑物的情况，如发现支撑有松动、变形、位移等情况，应及时加固或更换。加固办法可打紧受力较小部分的木楔或增加立柱及横撑等。如换支撑时，应先加新支撑后再拆旧支撑。
9	支撑的拆除应按回填顺序依次进行。多层支撑应自下而上逐层拆除，拆除一层经回填夯实后，再拆上层。拆除支撑时，应注意防止附近建筑物或构筑物产生下沉和破坏，必要时应采取加固措施

1.1.3.6 土方开挖质量要点及检验标准

土方开挖质量要点及检查标准，见表 1.1.25 所示。

质量要点及检验标准 表 1.1.25

序号	项目	内容
1	定位放线的控制	控制内容主要是复核建筑物的定位桩、轴线、方位和几何尺寸。 (1)根据规划红线或建筑物方格网，按设计总平面图复核建筑物的定位桩。 1)工程轴线控制桩的设置，离建筑物的距离一般应大于两倍的挖土深度。 2)水准点标高可引测在已建成的沉降已稳定的建(构)筑物上，或在建筑物稍远的地方设置水准点并妥加保护。挖土过程中要定期进行复测，校验控制桩的位置和水准点标高。 (2)按设计基础平画图对基坑、槽的灰线进行轴线和几何尺寸的复核，并检查方向是否符合图纸的朝向。
2	土方开挖的控制	控制内容主要为检查挖土标高、截面尺寸、放坡和排水。 (1)土方开挖一般应按从上往下分层分段依次进行，随时做成一定的坡势。如用机械挖土，深 5m 以内的浅基坑可一次开挖。在接近设计坑底标高或边坡边界时应预留 200~300mm 厚的土层，用人工开挖和修整，边挖边坡度，以保证不扰动土和标高符合设计要求。 (2)遇标高超深时，不得用松土回填，应用、砂、碎石或低强度等级混凝土填压(夯)实到设计标高；当地基局部存在软弱土层，不符合设计要求时，应与勘察、设计、建设部门共同提出方案进行处理。 (3)挖土边坡值应按表 1.1.14 和表 1.1.15 确定。截面尺寸应按照龙门板上标出的中心轴线和边线进行，经常检查挖土的宽度，检查可用经纬仪或挂线吊线坠进行。 (4)挖土必须做好地表和坑内排水、地面截水和地下降水，地下水位应保持低于开挖面 500mm 以下。
3	基坑(槽)验收	(1)基坑开挖完毕应由施工单位、设计单位、监理单位或建设单位、质量监督部门等有关人员共同到现场进行。 (2)检查内容： 1)检查、鉴定验槽； 2)核对地质资料； 3)检查地基土与工程地质勘察报告、设计图纸要求是否相符合； 4)有无破坏原状土结构或发生较大的扰动现象。 (3)验收程序 1)一般用表面检查验槽法，必要时采用钎探检查，或洛阳铲探检查； 2)经检查合格，填写基坑槽验收、隐蔽工程记录，及时办理交接手续。
4	质量检验标准	土方开挖工程质量检验标准，如表 1.1.26 所示

1.1.4 支护结构

支护结构是指在城市中心地带、建筑物稠密地区，由于不具备放坡开挖的条件，而采用的由支护结构保护下进行垂直开挖的一种施工方法。此时，对支护结构的要求，一方面是创造条件便于基坑土方的开挖，但在建(构)筑物稠密地区更重要的是保护周围的环境。

土方开挖工程质量检验标准（mm）　　　　　　　　表 1.1.26

项目	序号	项　目	允许偏差或允许值					检验方法
			柱基、基坑、基槽	挖方场地平整		管沟	地（路）面基层	
				人工	机械			
主控项目	1	标高	−50	±30	±50	−50	−50	水准仪
	2	长度、宽度（由设计中心线向两边量）	+200 −50	+300 −100	+500 −150	+100	—	经纬仪、用钢尺量
	3	边坡	设计要求					观察或用坡度尺检查
一般项目	1	表面平整度	20	20	50	20	20	用 2m 靠尺和楔形塞尺检查
	2	基底土性	设计要求					观察或土样分析

注：地（路）面基层的偏差只适用于直接在挖、填方做地（路）面的基层。

1.1.4.1　支护结构设计要点

1. 场地勘察

在建筑地基详细勘察阶段，对需要支护的工程宜按下列要求进行勘察工作，见表1.1.27。

勘 查 工 作　　　　　　　　表 1.1.27

序　号	项　目	内　　　容
1	一般要求	（1）勘察范围应根据开挖深度及场地岩土工程条件确定，并宜在开挖边界外按开挖深度的1～2倍范围内布置勘探点，当开挖边界外无法布置勘探点时，应通过调查取得相应资料。对于软土，勘察范围尚宜扩大。 （2）基坑周边勘探点的深度应根据基坑支护结构设计要求确定，不宜小于1倍开挖深度，软土地区应穿越软土层。 （3）勘探点间距应视地层条件而定，可在15～30m内选择，地层变化较大时，应增加勘探点，查明分布规律。
2	水文地质	场地水文地质勘察应达到以下要求： （1）查明开挖范围及邻近场地地下水含水层和隔水层的层位、埋深和分布情况，查明各含水层（包括上层滞水、潜水、承压水）的补给条件和水力联系。 （2）测量场地各含水层的渗透系数和渗透影响半径。 （3）分析施工过程中水位变化对支护结构和基坑周边环境的影响，提出应采取的措施。
3	岩土参数	岩土工程测试参数宜包含下列内容： （1）土的常规物理试验指标； （2）土的抗剪强度指标； （3）室内或原位试验测试土的渗透系数； （4）特殊条件下应根据实际情况选择其他适宜的试验方法测试设计所需参数。

序　号	项　目	内　　容
4	周边环境	基坑周边环境勘查应包括以下内容： （1）查明影响范围内建（构）筑物的结构类型、层数、基础类型、埋深、基础荷载大小及上部结构现状； （2）查明基坑周边的各类地下设施，包括上、下水、电缆、煤气、污水、雨水、热力等管线或管道的分布和性状； （3）查明场地周围和邻近地区地表水汇流、排泻情况，地下水管渗漏情况以及对基坑开挖的影响程度； （4）查明基坑四周道路的距离及车辆载重情况。
5	有关建议	在取得勘察资料的基础上，针对基坑特点，应提出解决下列问题的建议： （1）分析场地的地层结构和岩土的物理力学性质； （2）地下水的控制方法及计算参数； （3）施工中应进行的现场监测项目； （4）基坑开挖过程中应注意的问题及其防治措施

2. 设计原则

支护结构的设计原则，如表 1.1.28 所示。

设　计　原　则　　　　　　　　表 1.1.28

序　号	项　目	内　　容
1	设计原则	（1）基坑支护结构应采用以分项系数表示的极限状态设计表达式进行设计。 （2）基坑支护结构极限状态可分为下列两类： 1）承载能力极限状态：对应于支护结构达到最大承载能力或土体失稳、过大变形导致支护结构或基坑周边环境破坏； 2）正常使用极限状态：对应于支护结构的变形已妨碍地下结构施工或影响基坑周边环境的正常使用功能。 （3）根据承载能力极限状态和正常使用极限状态的设计要求，基坑支护应按下列规定进行设计和验算： 1）基坑支护结构均应进行承载能力极限状态的计算，计算内容应包括： ①根据基坑支护形式及其受力特点进行土体稳定性计算； ②基坑支护结构的受压、受弯、受剪承载力计算； ③当有锚杆或支撑时，应对其进行承载力计算和稳定性验算。 2）对于安全等级为一级及对支护结构变形有限定的二级建筑基坑侧壁，尚应对基坑周边环境及支护结构变形进行验算。 3）地下水控制计算和验算： ①抗渗透稳定性验算； ②基坑底突涌稳定性验算； ③根据支护设计要求进行地下水位控制计算。 （4）基坑支护设计内容应包括对支护结构计算和验算、质量检测，以及施工监控的要求。 （5）支护结构设计应考虑其结构水平变形、地下水的变化对周边环境的水平与竖向变形的影响，对于安全等级为一级和对周边环境变形有限定要求的二级建筑基坑侧壁，应根据周边环境的重要性、对变形的适应能力及土的性质等因素确定支护结构的水平变形限值。 （6）当场地内有地下水时，应根据场地及周边区域的工程地质条件、水文地质条件、周边环境情况和支护结构与基础形式等因素，确定地下水控制方法。当场地周围有地表水汇流、排泻或地下水管渗漏时，应对基坑采取保护措施。
2	安全等级	基坑支护结构设计应根据表 1.1.29 选用相应的侧壁安全等级及重要性系数

基坑侧壁安全等级及重要性系数

表 1.1.29

安全等级	破坏后果	γ_0
一级	支护结构破坏、土体失稳或过大变形对基坑周边环境及地下结构施工影响很严重	1.10
二级	支护结构破坏、土体失稳或过大变形对基坑周边环境及地下结构施工影响一般	1.00
三级	支护结构破坏、土体失稳或过大变形对基坑周边环境及地下结构施工影响不严重	0.90

注：有特殊要求的建筑基坑侧壁安全等级可根据具体情况另行确定。

1.1.4.2 支护结构形式

基坑的支护结构除承受基坑周围土体的天然土、水压力外，还主要承受基坑开挖时，由于基坑中土体的挖除而产生的卸荷所引起的土压力和水压力的变化，并将这些压力传递到支撑，与支撑构件一起形成基坑施工时的支护体系。支护结构形式，如表 1.1.30 所示。

支护结构形式

表 1.1.30

序号	项目	内容
1	钢板桩支护结构	(1)槽钢钢板桩 槽钢钢板桩是一种简易的钢板桩围护墙，由槽钢正反扣搭接或并排组成。打入地下后顶部接近地面处设一道拉锚或支撑。由于其截面抗弯能力弱，一般用于深度不超过 4m 的基坑。由于搭接处不严密，一般不能完全止水。如地下水位高，需要时可用轻型井点降低地下水位。一般只用于一些小型工程。其优点是材料来源广，施工简便，可以重复使用。 (2)热轧锁口钢板桩 热轧锁口钢板桩的形式有 U 形、L 形、一字形、H 形和组合型。建筑工程中常用前两种，基坑深度较大时才用后两种。 钢板桩由于一次性投资大，施工中多以租赁方式租用，用后拔出归还。 钢板桩的优点是材料质量可靠，在软土地区打设方便，施工速度快而且简便；有一定的挡水能力（小趾口者挡水能力更好）；可多次重复使用；一般费用较低。 缺点是一般的钢板桩刚度不够大，用于较深的基坑时支撑（或拉锚）工作量大，否则变形较大；在透水性较好的土层中不能完全挡水；拔除时易带土，如处理不当会引起土层移动，可能危害周围的环境。 常用的 U 形钢板桩，多用于周围环境要求不甚高的深 5～8m 的基坑，视支撑（拉锚）加设情况而定。 钢板桩支护结构形式，如图 1.1.14 所示。
2	型钢横挡板支护结构	型钢横挡板（图 1.1.15）围护墙亦称桩板式支护结构。这种围护墙由工字钢（或 H 型钢）桩和横挡板（亦称衬板）组成，再加上围檩、支撑等则形成一种支护体系。施工时先按一定间距打设工字钢或 H 型钢桩，然后在开挖土方时边挖边加设横挡板。施工结束拔出工字钢或 H 型钢桩，并在安全允许条件下尽可能回收横挡板。 横挡板直接承受土压力和水压力，由横挡板传给工字钢，再通过围檩传至支撑或拉锚。横挡板长度取决于工字钢桩的间距和厚度由计算确定，多用厚度 60mm 的木板或预制钢筋混凝土薄板。 型钢横挡板围护墙多用于土质较好、地下水位较低的地区，我国北京地下铁道工程和某些高层建筑的基坑工程曾使用过。
3	钻孔灌注桩支护结构	钻孔灌注桩通常采用直径 $\phi500～1000mm$、桩长 15～20m 的钢筋混凝土钻孔灌注桩，组成间隔排列式挡墙（图 1.1.16）。 由于目前很难做到相切，桩间留有 100～200mm 的间隙，挡水效果差，需另做挡水帷幕，目前我国应用较多的是厚 1.2m 的水泥土搅拌桩。用于地下水位较低地区则不需做挡水帷幕。

序号	项目	内容
3	钻孔灌注桩支护结构	钻孔灌注桩施工无噪声、无振动、无挤土,刚度大,抗弯能力强,变形较小,几乎在全国都有应用。多用于基坑侧壁安全等级为一、二、三级,坑深7~15m的基坑工程,在土质较好地区已有8~9m悬臂桩,在软土地区多加设内支撑(或拉锚),悬臂式结构不宜大于5m。 有的工程为不用支撑简化施工,采用相隔一定距离的双排钻孔灌注桩与桩顶横梁组成空间结构围护墙,使悬臂桩围护墙可用于-14.5m的基坑(图1.1.17)。如基坑周围狭窄,不允许在钻孔灌注桩后再施工1.2m厚的水泥土桩挡水帷幕时,可考虑在水泥土桩中套打钻孔灌注桩。
4	人工挖土桩	挖孔桩围护墙也属桩排式围护墙,其成孔是人工挖土,多为大直径桩,宜用于土质较好地区。 挖孔桩由于人下孔开挖,便于检验土层,亦易扩孔;可多桩同时工作,施工速度可保证;大直径挖孔桩用作围护桩可不设或少设支撑。但挖孔桩劳动强度高;施工条件差;如遇有流砂还有一定危险。
5	加筋水泥土桩(SMW工法)	加筋水泥土桩即在水泥土搅拌桩内插入H型钢,使之成为同时具有受力和抗渗两种功能的支护结构围墙(图1.1.18)。坑深大时亦可加设支撑。国外已用于坑深20m基坑,我国已开始用于8~10m基坑。 加筋水泥土桩施工机械应为三根搅拌轴的深层搅拌机,全断面搅拌,H型钢靠自重可顺利下插至设计标高。加筋水泥土桩法围护墙的水泥掺入比达20%,因此水泥土的强度较高,与H型钢粘结好,能共同作用。
6	地下连续墙	地下连续墙是于基坑开挖之前,用特殊挖槽设备、在泥浆护壁之下开挖深槽,然后下钢筋笼浇筑混凝土,形成的地下土中的混凝土墙。 目前常用的厚度为600mm、800mm、1000mm,多用于-12m以下的深基坑。 地下连续墙用作围护墙的优点是:施工时对周围环境影响小,能紧邻建(构)筑物等进行施工;刚度大、整体性好,变形小,能用于深基坑;处理好接头能较好地抗渗止水;如用逆作法施工,可实现两墙合一,能降低成本。 由于具备上述优点,我国一些重大、著名的高层建筑的深基坑,多采用地下连续墙作为支护结构围护墙。适用于基坑侧壁安全等级为一、二、三级者;在软土中悬臂式结构不宜大于5m。目前已成为深基坑的主要挡土支护结构之一。
7	土钉墙	土钉墙(图1.1.19)是一种边坡稳定式的支护,其作用与被动起挡土作用的上述围护墙不同,它是起主动嵌固作用,增加边坡的稳定性,使基坑开挖后坡面保持稳定。 施工时,每挖深1.5m左右,挂细钢筋网,喷射细石混凝土面层厚50~100mm,然后钻孔插入钢筋(长10~15m左右,纵、横间距1.5m×1.5m左右),加垫板并灌浆,依次进行直至坑底。基坑坡面可有较陡的坡度。 土钉墙用于基坑侧壁安全等级宜二、三级的非软土场地,基坑深度不宜大于12m;当地下水位高于基坑底面时,应采取降水或截水措施。目前在软土场地亦有应用。
8	土层锚杆	锚杆支护结构是挡土结构与外拉系统相结合的一种深基坑组合式支护结构(图1.1.20)。其挡土结构与悬臂式或内撑式支护结构相同,诸如:钻孔灌注桩、钢板桩、预制混凝土桩、地下连续墙等。 锚杆由锚固段、自由段、锚头组成的,一端与支护挡土结构相连,一端与土层相锚固的细长杆件。依靠其锚固段与土体的摩阻力,加固或锚固现场土体。一般采取先在土层中钻孔,然后置入钢筋,在锚固段注浆,利用锚头紧固的方法制成;亦可采用置入钢管、角钢、钢绞线,在锚固段注浆的方法制成。
9	水泥土墙	水泥土墙支护结构是指水泥土搅拌桩(包括加筋水泥土搅拌桩),用高压喷射方法灌注水泥浆成桩所构成的支护结构。

序　号	项　目	内　容
9	水泥土墙	(1)深层搅拌水泥土墙 　　深层搅拌水泥土桩墙围护墙是用深层搅拌机就地将土和输入的水泥浆强制搅拌,形成连续搭接的水泥土柱状加固体的挡墙(图1.1.21)。 　　水泥土墙截面呈格栅形,相邻桩搭接长度不小于200mm,截面置换率通常为0.6~0.8。其优点是:一般坑内无支撑,便于机械化挖土;具有挡土、止水的双重功能;缺点是位移相对较大。一般情况下,当红线位置和周围环境允许,基坑深度≤7m时,在软土地区应优先考虑采用。水泥土围护墙未达到设计强度前不得开挖基坑。 　　水泥土围护墙宜用于基坑侧壁安全等级为二、三级者;地基土承载力不宜大于150kPa。 (2)高压旋喷注浆桩 　　高压旋喷桩所用的材料也为水泥浆,只是施工机械和施工工艺不同。它是利用高压经过旋转的喷嘴将水泥喷入土层与土体混合形成水泥土加固体,相互搭接形成桩排,用来挡土和止水。高压旋喷桩的施工费用要高于深层搅拌水泥土桩,但它可用于空间较小处。施工时要控制好上提速度,喷身压力和水泥浆喷射量。
10	逆作拱墙	当基坑平面形状适合时,可采用拱墙作为围护墙。拱墙有圆形闭合拱墙、椭圆形闭合拱墙和组合拱墙。对于组合拱墙,可将局部拱墙视为两铰拱。 　　拱墙截面宜为Z字型(图1.1.22),拱壁的上、下端宜加肋梁(图1.1.22a);当基坑较深,一道Z字型拱墙不够时,可由数道拱墙叠合组成(图1.1.22b),或沿拱墙高度设置数道肋梁(图1.1.22c),肋梁竖向间距不宜小于2.5m。亦可不加设肋梁而用加厚肋壁(图1.1.22d)的办法解决。 　　圆形拱墙壁厚不宜小于400mm,其他拱墙厚不宜小于500mm。混凝土强度等级不宜低于C25。拱墙水平方向应通长双面配筋,钢筋总配筋率不小于0.7%。 　　拱墙在垂直方向应分道施工,每道施工高度视土层直立高度而定,不宜超过2.5m。待上道拱墙合拢且混凝土强度达到设计强度的70%后,才可进行下道拱墙施工。上下两道拱墙的竖向施工缝应错开,错开距离不宜超过2m。拱墙宜连续施工,每道拱墙施工时间不宜超过36h。 　　逆作拱墙宜用于基坑侧壁安全等级为三级者;淤泥和淤泥质土场地不宜应用;拱墙轴线的矢跨比不宜小于1/8;基坑深度不宜大于12m;地下水位高于基坑底面时,应采取降水或截水措施

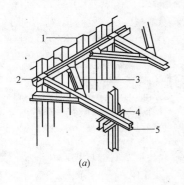
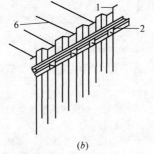
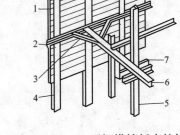

(a)　　　　　　　　　　(b)

图1.1.14　钢板桩支护结构　　　　图1.1.15　H型钢横挡板支护结构
(a)内撑方式;(b)锚拉方式　　　　1—横挡板;2—围檩;3—角撑;4—型钢;
1—钢板桩;2—围檩;3—角撑;4—立柱与　　　5—立柱;6—支撑;7—横向支撑
支撑;5—支撑;6—锚拉杆

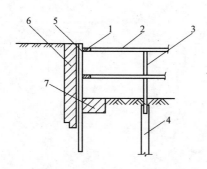

图 1.1.16　钻孔灌注桩排围护墙

1—围檩；2—支撑；3—立柱；4—工程桩；5—钻孔灌注桩围
护墙；6—水泥土搅拌桩挡水帷幕；7—坑底水泥土搅拌桩加固

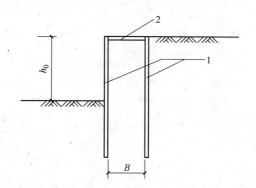

图 1.1.17　双排桩围护墙

1—钻孔灌注桩；2—联系横梁

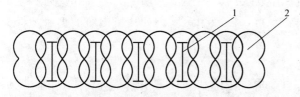

图 1.1.18　SMW 工法（劲性水泥土搅拌桩）挡墙

1—插在水泥土桩中的 H 型钢；2—水泥土桩

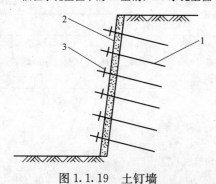

图 1.1.19　土钉墙

1—土钉；2—喷射细石混凝土面层；3—垫板

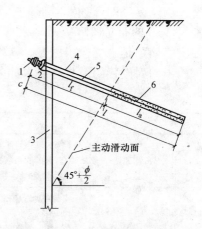

图 1.1.20　土层锚杆

1—锚头；2—锚头垫座；3—挡土墙；4—钻孔；
5—锚拉杆；6—锚固体；l_a—锚固段长
度；l_f—自由段长度；l—锚杆长度

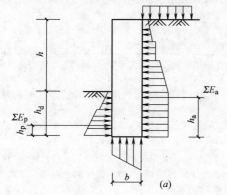

(a)

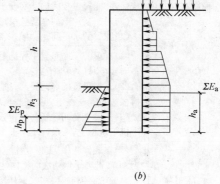

(b)

图 1.1.21　水泥土围护墙

(a) 砂土及碎石土；(b) 黏性土及粉土

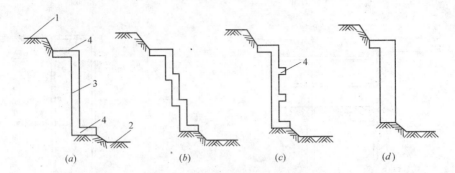

图 1.1.22　拱墙截面示意图
1—地面；2—基坑底；3—拱墙；4—肋梁

1.1.4.3　支撑系统形式

对于排桩、板墙式支护结构，当基坑深度较大时，为使围护墙受力合理和受力后变形控制在一定范围内，需沿围护墙竖向增设支承点，以减小跨度。如在坑内对围护墙加设支承称为内支撑；如在坑外对围护墙设拉杆，则称为拉锚（土锚）。

1. 支撑的布置要求

支撑体系是由支撑、围檩、立柱三部分组成，围檩和立柱是根据基坑具体规模、变形要求的不同而设置的。具体要求如表 1.1.31 所示。

支撑的布置要求　　　　　　　　　　　　　　　　　　表 1.1.31

序　号	项　　目	内　　容
1	布置原则	(1)支撑布置不应妨碍主体工程地下结构的施工。 (2)支撑的布置应尽可能便利土方开挖，相邻支撑之间的水平距离，在结构合理的前提下，尽可能扩大其间距，以便挖土机运作。
2	考虑因素	支撑的布置要综合考虑下列因素： (1)基坑平面形状、尺寸和开挖深度； (2)基坑周围的环境保护要求和邻近地下工程的施工情况； (3)主体工程地下结构的布置； (4)土方开挖和主体工程地下结构的施工顺序和施工方法。
3	支撑的 平面布置	(1)一般情况下，对于平面形状接近方形且尺寸不大的基坑，宜采用角撑，使基坑中间有较大的空间，便于组织挖土。 (2)对于形状接近方形但尺寸较大的基坑，采用环形或桁架式、边框架式支撑，受力性能较好，亦能提供较大的空间便于挖土。 (3)对于长片形的基坑宜采用对撑或对撑加角撑，安全可靠，便于控制变形。 (4)支撑的水平间距一般控制在 10～12m，以便土方开挖和主体的施工。
4	支撑的 竖向布置	(1)支撑的竖向布置主要满足支护结构的稳定与变形要求，同时还要考虑浇筑主体结构各层楼板时的换撑措施。 (2)支撑设置的标高要避开地下结构楼盖的位置，以便于支模浇筑地下结构时换撑，支撑多数布置在楼盖之上和底板之上，其间净距离 B 最好不小于 600mm。 (3)支撑竖向间距还与挖土方式有关，如人工挖土，支撑竖向间距 A 不宜小于 3m，如挖土机下坑挖土，A 最好不小于 4m，特殊情况例外。见图 1.1.23。
5	立柱的布置	(1)在顺作法中，支撑立柱应避开梁、柱、墙，尽量利用工程桩。立柱的材料和截面通常为 H 型钢和角钢构成的格构柱，这便于穿过底板和楼板，便于防水处理。考虑到承台施工时便于穿钢筋，格式式钢柱较好，应用较多。 (2)立柱的下端最好插入作为工程桩作用的灌注桩内，插入深度不宜小于 2m，如立柱不对准工程桩的灌注桩，立柱就要作专用的灌注桩基础。

续表

序 号	项 目	内　　容
6	换撑拆除	(1)在支模浇筑地下结构时,在拆除上面一道支撑前,先设换撑,换撑位置都在底板上表面和楼板标高处。如靠近地下室外墙附近楼板有缺失时,为便于传力,在楼板缺失处要增设临时钢支撑。 (2)换撑时需要在换撑(多为混凝土板带或间断的条块)达到设计规定的强度、起支撑作用后才能拆除上面一道支撑。换撑工况在计算支护结构时亦需加以计算

2. 支撑的布置形式

支撑体系在平面上的布置形式,有角撑、对撑、桁架式、框架式、环形等。有时在同一基坑中混合作用,如角撑加对撑、环梁加边桁(框)架、环梁加角撑等。主要是因地制宜,根据基坑的平面形状和尺寸设置最适合的支撑。支撑布置形式及其特点,见表1.1.32。

3. 支撑材料的选用

支撑材料的选用,如表1.1.33所示。

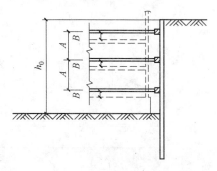

图 1.1.23　支撑竖向布置

支撑布置形式及特点　　　　　　　　　　表 1.1.32

序　号	布 置 形 式	内　　容
1	斜角撑	平面尺寸不大,且长短边长相差不多的基坑宜布置角撑。其开挖土方的空间较大,但控制变形能力不是很高。
2	直撑	钢支撑和钢筋混凝土支撑均可布置;支撑受力明确,安全稳定,有利于墙体的变形控制,但开挖土方较为困难。
3	桁架	多采用钢筋混凝土支撑;中间形成大空间,有利于开挖土方和主体结构施工。
4	圆撑	多采用钢筋混凝土支撑;支撑体系受力条件好;开挖空间大,便于施工。

序　号	布置形式	内　容
5	斜撑	面积大、深度小的基坑宜采用;在软弱土层中,不易控制基坑的稳定和变形。
6	斜拉锚	便于土方开挖和主体结构施工,但仅适用于周边场地具有设置锚杆的环境和地质条件。
7	对撑	用于长方形的基坑,采用对撑或对撑加角撑,安全可靠,便于控制变形,便于挖土

支撑材料的选用　　　　　　　　　　　　　　　　表 1.1.33

序　号	内　容
1	支撑系统的材料应根据周边的环境要求,基坑的变形要求,施工技术条件和施工设备的情况来确定。
2	支撑系统按材料的种类可以分为两大类,即钢筋混凝土支撑系统和钢支撑系统。这两类支撑体系是在目前工程中最常见的支撑。它们之间的比较见表 1.1.34。
3	钢筋混凝土支撑体系多为现浇式,常用围檩(第一道为圈梁)、支撑及角撑、立柱和围檩托架或吊筋、立柱、托架锚固件等其他附属构件组成。
4	钢支撑系统多为装配式,常由内围檩、角撑、支撑、千斤顶(包括千斤顶自动调压或人工调压装置)、轴力传感器、支撑体系监测监控装置、立柱桩及其他附属装配式构件组成。
5	在软土地区有时在同一个基坑中,上述两种支撑同时应用。为了控制地面变形、保护好周围环境,上层支撑用混凝土支撑;基坑下部为了加快支撑的装拆、加快施工速度,采用钢支撑

钢筋混凝土、钢支撑系统的比较表　　　　　　　　表 1.1.34

序　号	材料	截面形式	布置形式	特　点
1	现浇钢筋混凝土	断面的形状和尺寸灵活,可根据不同的设计要求确定。	竖向布置有水平撑、斜撑;平面布置有对撑、边桁架、环状梁结合边桁架等,布置形式灵活多样	混凝土达到强度后支撑结构的刚度大、变形小,强度的安全可靠性大,施工方便。但支撑浇筑的时间和养护的时间长,软土中被动区土体的位移大,施工工期长,且不能重复使用,属一次性的,不易拆除。
2	钢	单钢管、双钢管、单工字钢、双工字钢、H 型钢、槽钢及以上各种钢材的组合	竖向布置有水平撑、斜撑;平面布置一般为对撑、井字撑和角撑。当与钢筋混凝土支撑联合使用时,应在节点处理好位移的协调问题	安装、拆除方便,可周转使用,支撑中可以预加轴力,可主动调整轴力从而有效地控制支护结构的变形,但施工工艺的要求高,在平面布置中也不如钢筋混凝土支撑体系灵活。能尽快发挥支撑作用,减小时间效应

1.1.4.4 支护结构选型

支护结构形式的选择是支护结构设计的重要环节,应对各种方案进行分析比较,优选最合理的方案。选择支护结构时,需考虑以下因素,见表1.1.35。

支护结构选型 　　　　　　　　　　　　　　　　　　　　　表1.1.35

序　号	项　　目	内　　容
1	选型因素	(1)基坑的平面尺寸、开挖深度、防水抗渗要求和基础施工要求。 (2)地基土质的工程地质情况,包括土层的物理、力学性质及地下水质条件。 (3)邻近建筑物的结构情况、基础形式、距离基坑的远近及邻近建筑物受影响程度的限制要求。 (4)邻近道路、地下管线及其他设施和施工季节等条件对施工限制的要求。 (5)施工作业设备、施工技术和材料对选用支护结构的可能性。 (6)造价、工期的优化方案选择。 (7)支护结构选型应考虑结构的空间效应和受力特点,采用有利支护结构材料受力性状的形式。
2	结构选型	在进行支护结构选型时必须综合考虑上述因素,可按表1.1.36选用排桩、地下连续墙、水泥土墙、逆作拱墙、土钉墙、原状土放坡或采用上述形式的组合

支护结构选型表 　　　　　　　　　　　　　　　　　　　　表1.1.36

序　号	结构形式	适用条件
1	排桩或地下连续墙	(1)适用于基坑侧壁安全等级一、二、三级。 (2)悬臂式结构在软土场地中不宜大于5m。 (3)当地下水位高于基坑底面时,宜采用降水、排桩加截水帷幕或地下连续墙。
2	水泥土墙	(1)基坑侧壁安全等级宜为二、三级。 (2)水泥土桩施工范围内地基土承载力不宜大于150kPa。 (3)开挖深度不宜大于6m。
3	土钉墙	(1)基坑侧壁安全等级宜为二、三级的软土场地。 (2)基坑深度不宜大于12m。 (3)当地下水位高于基坑底面时,宜采用降水或截水措施。
4	逆作拱墙	(1)基坑侧壁安全等级宜为二、三级,淤泥和淤泥质土场地不宜采用。 (2)施工场地应满足拱墙矢跨比大于1/8。 (3)基坑深度不宜大于12cm。 (4)地下水位高于基坑底面时,宜采用降水或截水措施。
5	放坡	(1)基坑侧壁安全等级宜为三级。 (2)施工场地应满足放坡条件。 (3)可独立或与上述其他结构结合作用。 (4)当地下水位高于坡脚时,宜采取降水措施

注:排桩墙支护结构包括灌注桩、预制桩、板桩等类型构成的支护结构。

1.1.4.5 支护结构实例

1. 钻孔灌注桩支护结构

工程概况及施工要求,如表1.1.37所示。

工程概况及施工要求　　　　表 1.1.37

序 号	项　目	内　容
1	工程概况	(1)地下消防水池基坑长 17.7m,宽 15.5m,深 6.7～7.2m。 (2)根据软土性质采用钻孔灌注桩和树根桩进行支护挡土和止水(局部区域采用钢板桩和压密注浆),见图 1.1.24～图 1.1.27。坑内设一道钢筋混凝土水平支撑,支撑顶面与泵房基础底面齐平,相对标高为−1.600m(相对标高±0.000 相当于绝对标高 4.550m)。 (3)施工时,本工程图必须与水池及泵房之建筑、结构等有关工种图纸配合使用。 (4)本工程施工的最主要问题是严防支护壁渗漏水,做好坑内降水,从而使坑底干燥,以利保证施工质量。 (5)地面附加荷载应严格控制不超过 20kPa。 (6)其他未尽事宜,均按国家现行施工及验收规范之有关规定执行。
2	材料	(1)混凝土强度等级为 C30。 (2)钢筋采用 HPB235 钢筋(Ⅰ级钢筋)(φ)和 HRB335 钢筋(Ⅱ级钢筋)(Φ)。 (3)型钢采用 Q235F 钢。 (4)压密注浆采用普通硅酸盐水泥浆,水灰比 0.6,浆液注入率不小于 20%。
3	施工步骤	(1)施工支护壁。 (2)坑内井点降水至最终基坑开挖面以下 1m 左右。 (3)开挖表层土至支撑底标高,施工钢筋混凝土支撑。 (4)土方开挖至坑底,并立即浇筑混凝土垫层。 (5)施工水池地下二层结构,并加设周边传力带。 (6)拆除支撑。 (7)施工水池地下一层结构

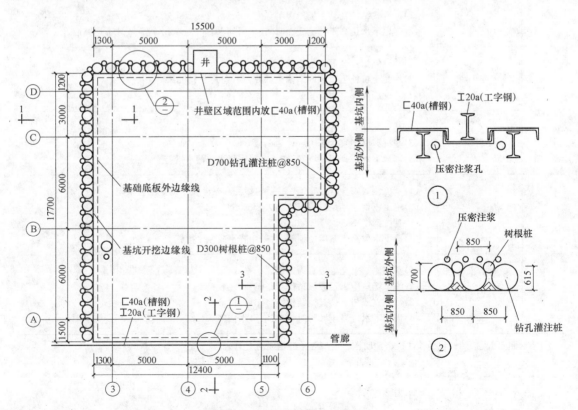

图 1.1.24　支护桩平面布置

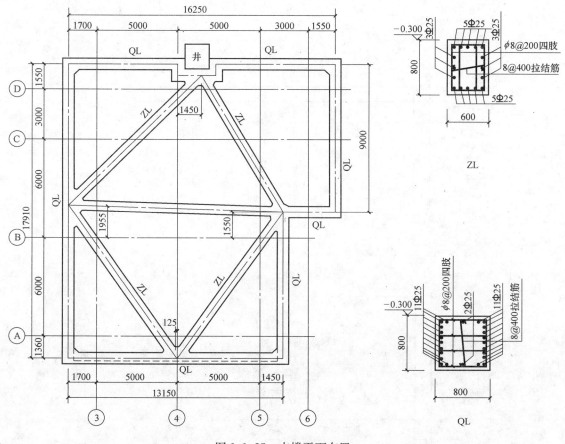

图 1.1.25 支撑平面布置

2. 加筋水泥土桩支护

加筋水泥土桩支护结构，如图 1.1.28 所示。

3. 人工挖孔桩支护结构

人工挖孔桩支护结构，如图 1.1.29 所示。

1.1.4.6 沉井

1. 沉井特点及沉井分类

沉井特点及沉井分类，如表 1.1.38 所示。

沉井特点及沉井分类   表 1.1.38

序号	项目	内容
1	沉井特点	沉井是深基础施工的一种常用方法，也是深基础工程的一种结构形式。其特点是：将位于地下一定深度的建筑物基础或构筑物，先在地面以上制作，形成一个筒状结构，然后在筒内不断挖土，借助井体自重使筒逐步下沉，下沉到预定设计标高后，进行封底，构筑筒内底板、梁、楼板、内隔墙、顶板等构件，最终形成一个地下建筑物基础或构筑物。
2	沉井分类	沉井类型很多，以制作材料分类，有混凝土、钢筋混凝土、钢、砖、石等多种类型。应用最多的为钢筋混凝土沉井。沉井一般可按以下两方面分类： 1. 沉井按平面形状分类 沉井的平面形状有圆形、方形、矩形、椭圆形、端圆形、多边形及多孔井字形等，如图1.1.30所示。由于圆形沉井受力性能好，易于控制下沉，应用最多。 2. 沉井按竖向剖面形状分类 沉井竖向剖面形式有圆柱形、阶梯形及锥形等，如图1.1.31所示。为了减少下沉摩阻力，刃脚外缘常设 20~30cm 间隙，井壁表面作成 1/1000 坡度

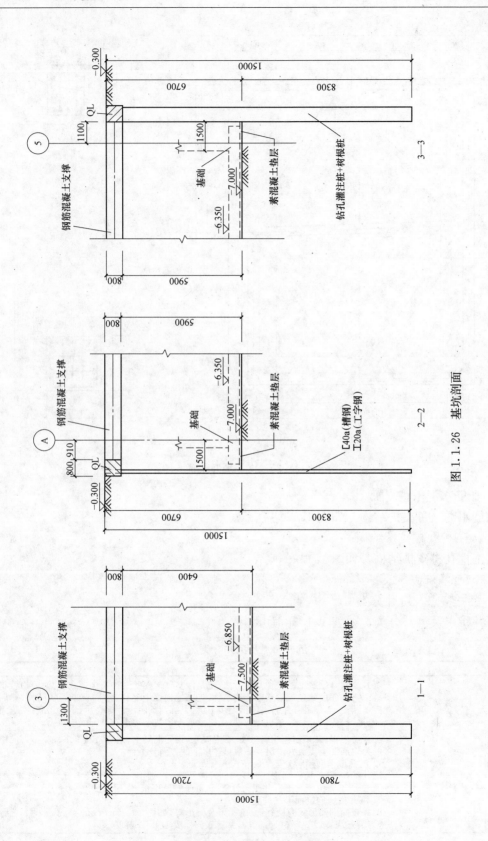

图 1.1.26 基坑剖面

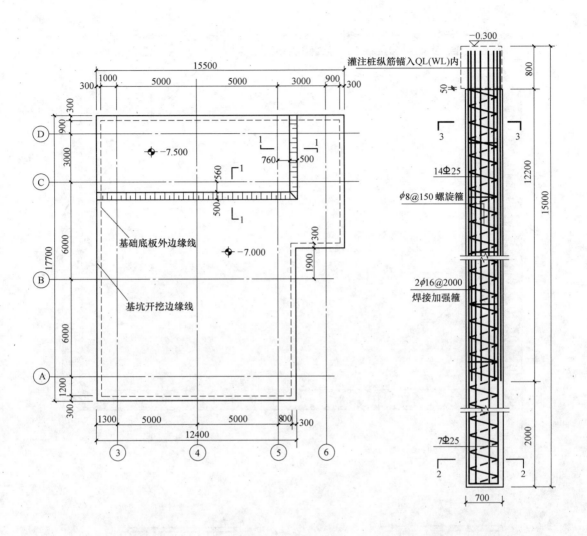

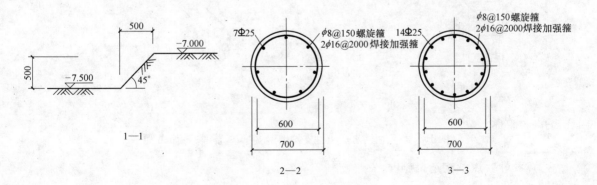

图 1.1.27 基坑最终开挖面

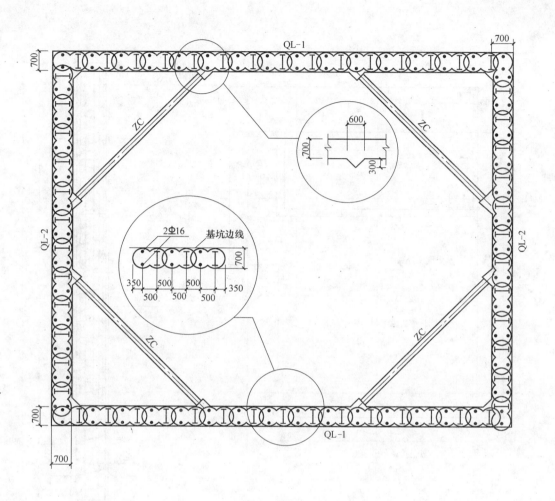

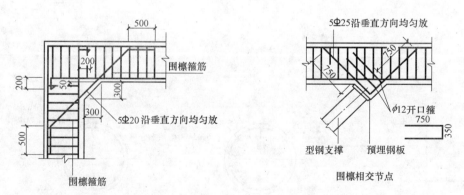

图 1.1.28　加筋水泥土桩支护型钢支撑基坑围护平面布置

2. 设计要点及构造措施

(1) 设计要点

沉井设计要点，如表 1.1.39 所示。

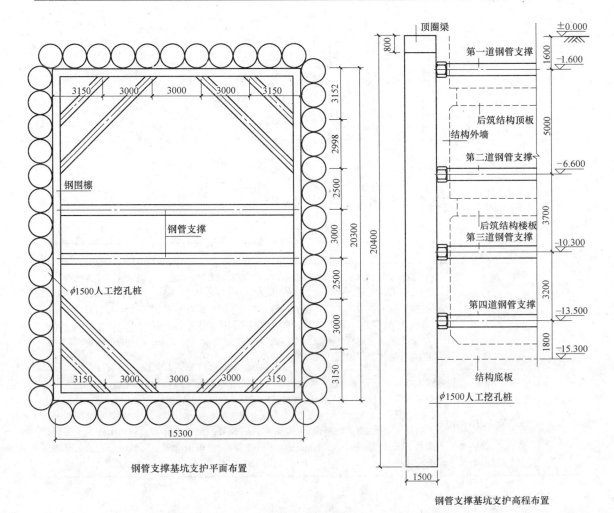

钢管支撑基坑支护平面布置

钢管支撑基坑支护高程布置

图 1.1.29　人工挖孔桩支护钢管支撑基坑围护平面布置

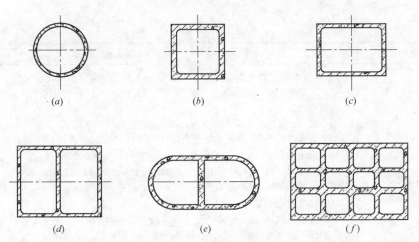

图 1.1.30　沉井平面图

(a) 圆形单孔沉井；(b) 方形单孔沉井；(c) 矩形单孔沉井；

(d) 矩形双孔沉井；(e) 椭圆形双孔沉井；(f) 矩形多孔沉井

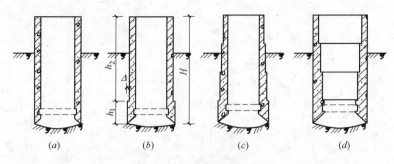

图 1.1.31　沉井剖面图

(a) 圆柱形；(b) 外壁单阶梯形；(c) 外壁多阶梯形；(d) 内壁多阶梯形

沉井设计要点　　　　　　　　　　　　　　　　　　　表 1.1.39

序号	项目	内容
1	地质勘查	(1)工程地质和水文地质资料是制定沉井施工方案、编制施工组织设计的重要依据。 (2)在沉井施工处需进行钻探，钻孔设在井外，距外井壁距离宜大于 2m，需有一定数量和深度的钻孔，以提供土层变化、地下水位、地下障碍物及有无承压水等情况，对各土层要提供详细的物理力学指标，为制订施工方案提供技术依据。 (3)除此还应做好现场查勘工作，查清和排除地面及地面下 3m 以内的障碍物(如房屋、构筑物、管道、树根、电缆线路等)。
2	编制施工方案	施工方案是指导沉井施工的核心技术文件，要根据沉井结构特点、地质水文条件、已有的施工设备和过去的施工经验，经过详细的技术、经济比较，编制出技术上先进、经济上合理、切实可行的施工方案。在方案中要重点解决沉井制作、下沉、封底等技术措施及保证质量的技术措施，对可能遇到的问题和解决措施要做到心中有数。如选用排水下沉还是不排水下沉，如果采用排水下沉，要考虑排水设备，再根据土质情况确定采用井点降水还是集水井抽水

（2）沉井构造

沉井一般由井壁（侧壁）、刃脚、内隔墙、横梁、框架、封底和顶盖板等组成。构造要求，如表 1.1.40 所示。

沉井构造　　　　　　　　　　　　　　　　　　　表 1.1.40

序号	项目	内容
1	井壁	(1)井壁为沉井的外壁，是沉井的主要部分，井壁应具备下述条件： 1)应有足够的厚度与承载力，以承受在下沉过程中各种最不利荷载组合(水土压力)所产生的内力。 2)在混凝土井壁中一般应配置内外两层竖向钢筋及水平钢筋，以承受弯曲应力。 3)要有足够的重量，使沉井能在自重作用下顺利下沉到设计标高。井壁厚度一般为 0.4～1.2m 左右。 (2)井壁的竖向断面形状有上下等厚度的直墙形井壁，如图 1.1.31(a)所示；阶梯井壁，如图 1.1.31(b)、(c)、(d)所示。外表面一般作成 1/1000 坡度。 1)直墙形井壁 ①当土质松软、摩擦力不大，下沉深度不深时可采用直墙形。 ②周围土层能较好地约束井壁，易于控制垂直下沉。 ③接长井壁简单，模板能多次使用。 ④周围土的扰动影响范围小，可以减少对四周建筑物的影响。 ⑤特别适用于市区较密集的建筑群中间。

序　号	项　　目	内　　　容
1	井壁	2）内侧阶梯形井壁 　　当土质松软，下沉深度较深时，考虑到水土压力随着深度的不断增大，井壁在不同高程受力的差异较大，故往往将井壁外侧仍做成直线形，内侧做成阶梯形（图 1.1.31(d)），以减小沉井截面尺寸，节省材料。 　　3）外侧阶梯形井壁 　　当土层密实，且下沉深度很大时，为了减少井壁间的摩擦力而不使沉井过分加大自重，常在外壁做成一个（或几个）台阶的阶梯形井壁。台阶设在每节沉井接缝处，台阶宽 Δ 一般为 10～20mm。最下面一级台阶宜设于 $h_1=(1/4～1/3)H$ 高度处，如图 1.1.31(b) 所示，或 $h_1=1.2～2.2m$ 处。h_1 过小不能起导向作用，容易使沉井发生倾斜。施工时一般应在阶梯面所形成的槽孔中灌填黄沙或护壁泥浆，以减少摩擦力并防止土体破坏过大。
2	刃脚	（1）井壁最下端一般都做成刀刃状的"刃脚"。其主要功用是减少下沉阻力。 　　（2）刃脚的形式（图 1.1.32）应根据沉井下沉时所穿越土层的软硬程度和刃脚单位长度上的反力大小决定。刃脚应有一定的强度，以免在下沉过程中损坏。 　　（3）刃脚底的水平面称为踏面，踏面宽度一般为 10～30cm。斜面高度视井壁厚度而定，并考虑在沉井施工中便于挖土和抽除刃脚下的垫木，如图 1.1.33(a) 所示。刃脚内侧的倾角一般为 40°～60°。当沉井湿封底时，刃脚的高度取 1.5m 左右；干封底时，取 0.6m 左右。沉井重、土质软时，踏面要宽些。相反，沉井轻，又要穿过硬土层时，踏面要窄些，有时甚至要采用角钢加固的钢刃脚。 　　当沉井在坚硬土层中下沉时，刃脚踏面可减少至 10～15cm。为防止障碍物损坏刃脚，还可用钢刃脚，如图 1.1.33(b) 所示。 　　当采用爆破法清除刃脚下障碍物时，刃脚应用钢板包裹，如图 1.1.33(c) 所示。 　　当沉井在松软土层中下沉时，刃脚踏面又应加宽至 40～60cm。 　　（4）刃脚的长度也是很重要的，当土质坚硬时，刃脚长度可以小些。当土质松软，沉井越重，刃脚插入土中越深，有时可达 2～3m。如果刃脚高度不足，就会给沉井的封底工作带来很大困难。 　　（5）刃脚与井壁外缘应有 2～3cm 的间隙，以避免沉井产生悬吊。为使封底（底板）与井壁间有更好的连接，在刃脚上部常设有凹槽，凹槽底面一般距刃脚踏面 2.5m 左右，槽高约 1.0m，深 0.15～0.25m。
3	内隔墙	（1）根据使用和结构上的需要，在沉井井筒内设置内隔墙。内隔墙的主要作用是增加沉井在下沉过程中的刚度，减小井壁受力计算跨度。内隔墙因不承受水土压力，其厚度较沉井外壁要薄一些。 　　（2）内隔墙的底面一般应比井壁刃脚踏面高出 0.5～1.0m，以免土体顶住内墙妨碍沉井下沉。但当穿越软土层时，为了防止沉井"突沉"，也可与井壁刃脚踏面齐平。 　　（3）内隔墙的厚度一般为 0.5m 左右。沉井在硬土层及砂类土层中下沉时，为了防止隔墙底面受土体的阻碍，阻止沉井纠偏或出现局部土反力过大，造成沉井断裂，故隔墙底面高出刃脚踏面的高度，可增加到 1.0～1.5m。 　　（4）隔墙下部应过过人孔，供施工人员在各取土井间往来之用。人孔的尺寸一般为 0.8m×1.2m～1.1m×1.2m 左右。 　　（5）内隔墙把整个沉井分隔成多个施工井孔（取土井），使挖土和下沉可以较均衡地进行，也便于沉井偏斜时的纠偏。
4	上、下横梁及框架	在沉井内设置过多隔墙，对沉井的使用和下沉都会带来较大的影响，因此，常常用上、下横梁与井壁组成框架来代替隔墙。框架有下列作用： 　　（1）可以减少井壁底、顶板之间的计算跨度，增加沉井的整体刚度，使井壁变形减小。 　　（2）便于井内操作人员往来，减轻工人劳动强度。在下沉过程中，通过调整各井孔的挖土量来纠正井身的倾斜，并能有效地控制和减少沉井的突沉现象。 　　（3）有利于分格进行封底，特别是在水下进行混凝土封底时，分格能减少混凝土在单位时间内的供应量，并改善封底混凝土的质量。

续表

序 号	项 目	内 容
5	井孔	沉井内设置了纵横隔墙或纵横框架形成的格子称为井孔,井孔尺寸应满足工艺要求。因为在沉井施工中,常用容量为 0.75m³ 或 1.0m³ 的抓斗,抓斗的张开尺寸分别为 2.38m×1.06m 和 2.65m×1.27m。所以井孔宽度一般不宜小于 3m。从施工角度看,采用水力机械和空气吸泥机等机械进行施工时,井孔尺寸宜适当放大。
6	封底	(1)当沉井下沉到设计标高,经过技术检验并对井底清理整平后,即可封底,以防止地下水渗入井内。封底可分为湿封底(水下灌筑混凝土)和干封底两种。 1)干封底时,可先铺垫层,然后浇筑钢筋混凝土底板,必要时在井底设置集水井排水; 2)湿封底时,待水下混凝土达到强度,抽干积水后再浇筑钢筋混凝土底板。 (2)为使封底混凝土和底板与井壁间有更好的连接,以传递基底反力,使沉井成为空间结构受力体系,常在刃脚上方的井壁内侧预留凹槽,以便在该处浇筑钢筋混凝土底板和楼板及井内结构。 凹槽的高度应根据底板厚度决定,它主要是为传递底板反力而采取的构造措施

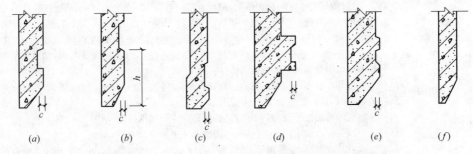

图 1.1.32   沉井刃脚形式及井壁凹槽与凸榫

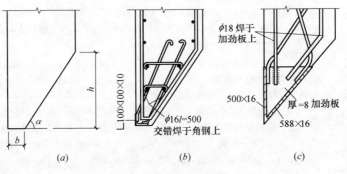

图 1.1.33   沉井刃脚

3. 施工要点

沉井制作可在修建构筑物的地面上进行,亦可在基坑中进行,如在水中施工还可在人工筑岛上进行。应用较多的是在基坑中制作。如表 1.1.41 所示。

沉井制作要点   表 1.1.41

序 号	项 目	内 容
1	不开挖基坑制作	当沉井制作高度较小或天然地面较低时可以不开挖基坑,只需将场地平整夯实以免在浇筑沉井混凝土过程中或撤除支垫时发生不均匀沉陷。如场地高低不平应加铺一层厚度不小于 50mm 的砂层,必要时应挖去原有松软土层,然后铺设砂层。

续表

序 号	项 目	内 容
2	开挖基坑制作	（1）应根据沉井平面尺寸决定基坑底面尺寸、开挖深度及边坡大小，定出基坑平面的开挖边线，整平场地后根据设计图纸上的沉井坐标定出沉井中心桩以及纵、横轴线控制桩，并测设控制桩的攀线桩作为沉井制作及下沉过程的控制桩，亦可利用附近的固定建筑物设置控制点。以上施工放样完毕，须经技术部门复核后方可开工。 （2）刃脚外侧面至基坑底边的距离一般为 1.5～2.0m，以能满足施工人员绑扎钢筋及立外模板。 （3）基坑开挖的深度视水文、地质条件和第一节沉井要求的浇筑高度而定。为了减少沉井的下沉深度也可加深基坑的开挖深度，但若挖出表土硬壳层后坑底为很软弱的淤泥，则不宜挖除表面硬土，应通过综合比较决定合理的深度。 （4）基坑底部若有暗浜、地质松软的土层应予以清除。在井壁中心线的两侧各 1m 范围内回填砂性土整平振实，以免沉井在制作过程中发生不均匀沉陷。开挖基坑应分层按顺序进行，底面浮泥应清除干净并应保持平整和疏干状态。 （5）基坑及沉井内挖土一般应外运，如条件许可在现场堆积时，距离基坑边缘的距离一般不宜小于沉井下沉深度的两倍，并不得影响现场交通、排水及下一步施工。用钻吸法下沉沉井时从井下吸出的泥浆须经过沉淀池沉淀和疏干后，用封闭式车斗外运。 （6）排水沟和集水井的施工及井点的设置。基坑底部四周应挖出一定坡度的排水沟与基坑四周的集水井相通。集水井比排水沟低 500mm 以上，将汇集的地面水和地下水及时用潜水泵、离心泵等抽除。基坑中应防止雨水积聚，保持排水通畅。 1）基坑面积较小，坑底为渗透系数较大的砂质含水土层时可布置土井降水。土井一般布置在基坑周围，其间距根据土质而定。一般用 800～900mm 直径的渗水混凝土管，四周布置外大内小的孔眼，孔眼直径一般为 40mm，用木塞塞住，混凝土管下沉就位后由内向外敲去木塞，用旧麻袋布填塞。在集水井内填 150～200mm 厚的石料和 100～150mm 厚的砾石砂，使抽汲时细砂不被带走。 2）采用井点降水时井点距井壁的距离按井点入土深度确定，当井点入土深度在 7m 以内时，一般为 1.5m；井点入土深度 7～5m 时，一般为 1.5～2.5m。
3	地基处理后制作	制作沉井的场地应预先清理、平整和夯实，使地基在沉井制作过程中不致发生不均匀沉降，制作沉井的地基应具有足够的承载力。以免沉井在制作过程中发生不均匀沉陷，以致倾斜甚至井壁开裂。在松软地基上进行沉井制作，应先对地基进行处理，以防止由于地基不均匀引起井身裂缝。处理方法一般采用砂、砂砾、混凝土、灰土垫层或人工夯实、机械碾压等措施加固。
4	人工筑岛制作	如沉井在浅水（水深小于 5m）地段下沉，可填筑人工岛制作沉井，岛面应高出施工期的最高水位 0.5m 以上，四周留出护道，其宽度：当有围堰时，不得小于 1.5m；无围堰时，不得小于 2.0m，如图 1.1.34 所示。筑岛材料应采用低压缩性的中砂、粗砂、砾石。不得用黏性土、细砂、淤泥、泥炭等。也不宜采用大块砾石。当水流速度超过表 1.1.42 所列数值时，须在边坡用草袋堆筑或用其他方法防护。水深在 1.5m、流速在 0.5m/s 以内时，亦可直接用土填筑，不用设围堰。 各种围堰的选择条件见表 1.1.43，筑岛施工要求见表 1.1.44

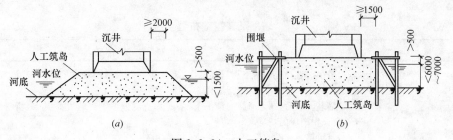

图 1.1.34 人工筑岛

(a) 无围堰的人工筑岛；(b) 有围堰人工筑岛

筑岛土料与允许流速　　　　　　　　　表 1.1.42

土料种类	允许流速(m/s)	
	土表面处流速	平均流速
粗砂(粒径 1.0～2.5mm)	0.65	0.8
中等砾石(粒径 25～40mm)	1.0	1.2
粗砾石(粒径 40～75mm)	1.2	1.5

各种围堰筑岛的选择条件　　　　　　　　表 1.1.43

围堰名称	适用条件		
	水深(m)	流速(m/s)	说　明
草袋围堰	<3.5	1.2～2.0	淤泥质河床或沉陷较大的地层未经处理者,不宜使用
笼石围堰	<3.5	≤3.0	
木笼围堰			水深流急,河床坚实平坦,不能打桩;有较大流冰,围堰外侧无法支撑者用之
木板桩围堰	3～5		河床应为能打入板桩的地层
钢板桩围堰			能打入硬层,宜于作深水筑岛围堰

筑岛施工中的各项要求　　　　　　　　表 1.1.44

项　目	要　求
筑岛填料	应以砂、砂夹卵石、小砾石填筑。不应采用黏性土,淤泥、泥炭及大块砾石填筑
岛面标高	应高出最高施工水位或地下水位至少 0.5m
水面以上部分的填筑	应分层夯实或碾压密实,每层厚度控制为 30cm 以下
岛面容许承压应力	一般不宜小于 0.1MPa,或按设计要求
护道最小宽度	土岛为 2m;围堰筑岛为 1.5m,当需要设置暖棚或其他施工设施时,须另行加宽
外侧边坡	为 1:1.75～1:3 之间
冬期筑岛	应清除冰层,填料不应含冰块
水中筑岛	须妥善防护
倾斜河床筑岛	围堰要坚实,防止筑岛滑移

1.1.5　基坑工程开挖

1.1.5.1　塔吊及其基础布置

基坑工程的塔吊布置位置,有三种情况:一是布置在基坑外;二是布置在基坑边;三是布置在基坑内。塔吊的基础可做成桩基、混凝土块体基础,也可设在地下室底板上,见表 1.1.45。

塔吊及其基础布置　　　　　　　　表 1.1.45

序号	项　目	内　容
1	一般规定	(1)塔吊的选择应根据工程具体情况、施工条件以及塔吊自身的相关参数(幅度、起重量、起重力矩和吊钩高度)进行选择。 (2)塔身安装后,在无荷载的情况下,塔身垂直度偏差不得超过 3/1000,塔身自由高度应符合原生产厂的规定。 (3)基坑塔吊基础的设置主要有三种方式:坑外、坑边和坑内设置塔吊基础,应根据不同的工程情况进行选择。

序 号	项 目	内 容
2	坑外布置	(1)基坑外布置塔吊基础一般采取桩基加塔基承台的形式,桩基形式常用与工程桩或支护桩一致的桩型。 (2)塔吊基础设置在基坑外,一般采取附着式进行顶升,并附着撑杆调节垂直度使其满足规定值。每道附着支撑的布置方式、相互间距及附墙间距应按原生产厂的规定,如果有特殊情况,须进行塔吊结构及撑杆的强度和稳定性校核。 (3)顶升时须使吊臂和平衡臂处于平衡状态,并制动回转部分。顶升到一定高度后要先将塔身附着在建筑物上方可继续顶升。 (4)风力达到四级以上时不得进行顶升、安装、拆卸的作业,如突遇大风则立即停止并将塔身固定。
3	坑边布置	(1)塔吊基础设置在基坑边,一般利用支护桩(壁)作为部分塔吊基础,另外在支护桩(壁)外补桩形成塔吊基础(图1.1.35)。 (2)基坑边布置塔吊,基坑外的补桩可以采用与支护桩一致的桩型同时施工,以便塔吊在深基础工程中及时投入使用。 (3)基坑边布置塔吊一般也采用附着式顶升,顶升要求,与基坑外塔吊的施工规定相同。
4	坑内布置	(1)基坑内布置塔吊基础一般采取内爬式进行顶升,塔吊搁置部位的结构强度要达到100%设计强度后方可顶升。 (2)基坑内布置塔吊基础,可以采取钻孔灌注桩加钢格构式支撑立柱的形式。在钢格构式支承立柱间焊上系杆以保证稳定(图1.1.36)。 (3)支承立柱与系杆安装构造,见表1.1.46

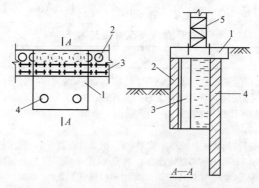

图 1.1.35 塔吊桩基布置

1—塔吊基础；2—支护墙；3—止水帷幕；4—塔吊桩基；5—塔吊

1.1.5.2 行车通道及设备停放

行车通道及设备停放,如表1.1.47所示。

1.1.5.3 施工平台

基坑工程中常常遇到坑边场地狭窄,施工用地紧张的情况,在基坑支护结构的内侧搭设施工平台,是解决用地紧张的一个方法。见表1.1.48。

1.1.5.4 施工栈桥及坡道

1. 施工栈桥

施工栈桥应符合表1.1.49的有关规定。

2. 挖土坡道

挖土坡道的构造要求,如表1.1.50所示。

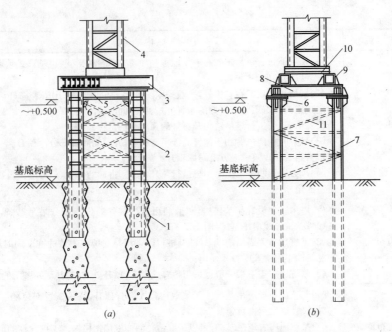

图 1.1.36 基坑中央塔吊的设置

(*a*) 灌注桩及钢筋混凝土承台；(*b*) 钢桩及钢结构承台

1—灌注桩；2—格构式支承立柱；3—混凝土承台；4—塔吊塔身；5—钢梁；6—牛腿；7—H 型
钢桩（与支承柱合一）；8—钢主梁；9—箱形钢次梁；10—塔吊十字底座；11—系杆

支承立柱与系杆安装构造 表 1.1.46

序 号	项 目	内 容
1	塔吊桩基与支承立桩	(1)由于在地下结构施工前就需将塔吊安装完成，然后开挖基坑，故基坑中央设置的塔吊需采用桩基并用支承立柱将其托起(图 1.1.36)。支承柱上端设置塔吊承台，因此桩基一般采用钻孔灌注桩，在浇筑混凝土前插入支承立柱。也可采用 H 型钢等桩柱合一的形式。 (2)钻孔灌注桩桩基一般为 4 根，桩顶设在基底标高处，桩长应根据计算确定。桩径不宜小于 $\phi700$，需考虑支承立柱的插入，配筋可采用半桩长配置方法。支承立柱一般采用格构式，也可采用 H 型钢。常用的格构式截面为 $400mm \times 400mm$ 或 $450mm \times 450mm$，主肢采用 4∟125×10 或 4∟140×10。 (3)桩基也可采用 H 型钢等打入，把桩基与支承立柱合为一体，下端插入基坑底下，上端搁置塔吊承台。
2	基坑开挖与系杆安装	(1)塔吊安装经验收后即可投入使用，但在基坑开挖过程中，应随基坑开挖自上而下逐层安装系杆，将 4 个支承立柱连成整体以保证支承立柱的稳定性。 (2)一般情况下塔吊立柱应自成体系，尽可能不与支护结构的支撑体系连接，以免支撑体系受力复杂化，特别是钢支撑，其刚度较小，不可作为塔吊立柱的水平系杆；对于钢筋混凝土立柱，也应谨慎处置

3. 施工栈桥实例

(1) 施工栈桥平面布置图（一），见图 1.1.39。

(2) 施工栈桥平面布置图（二），见图 1.1.40。

(3) 施工栈桥结合支撑体系布置形式，见图 1.1.41。

(4) 施工栈桥剖面图，见图 1.1.42。

行车通道及设备停放

表 1.1.47

序 号	项 目	内 容
1	行车通道	（1）基坑开挖时有大量运输车辆开行，特别是土方机械及运土卡车运输开行十分繁忙。考虑施工方案时，应使主干道尽可能远离基坑的位置，但由于施工场地的限制或施工方法的需要，在基坑边免不了有车辆频繁开行，因此应做好坑边的行车通道。 （2）行车通道上荷载较大，且属动荷载，设计支护结构时应充分考虑。 （3）对于重力式支护结构，水泥土墙外侧的动荷载对墙体稳定及侧向位移不利，可以采用加宽围护宽度，使之成为行车通道，使车辆直接开行在水泥土墙顶上。 （4）对于悬臂式支护结构，支护结构外侧可铺设路基箱或浇筑一定厚度（200～300mm）的刚性路面，以分散荷载，减小对悬臂桩的影响。 （5）对于有支撑的支护结构，由于支撑的作用，一般位移可得到有效的控制，如设计中考虑了车辆行驶的荷载，在支护墙后铺设一般的混凝土路面即可。 （6）土方运输车辆在挖土过程中需进出基坑，对车辆进出该区段的支护结构应相对加强，在钢板桩支护墙上可铺设路基箱，在水泥土墙、灌注桩等顶面则可铺设加厚的路面，并设置斜坡，防止车辆上下的撞击。
2	设备停放	（1）大型设备如混凝土泵车、混凝土搅拌运输车、履带式起重机、发动机等，一般应尽量远离坑边停放；如停放位置距围护墙背的水平距离大于基坑深度的 2 倍，则可不采取特殊措施，否则，应采取一定措施。 （2）如荷载较大、有振动或相对固定的荷载，宜对其下土层进行加固，采用水泥加固土是较有效的方法。对荷载较小或经常移动的设备，也可采用混凝土路面或铺设路基箱的方法加固

施工平台

表 1.1.48

序 号	项 目	内 容
1	悬挑式平台	（1）当基坑外边的场地或道路偏小，需向基坑内拓宽，拟拓宽的宽度不大时，可采用悬挑式平台（图 1.1.37）。 （2）悬挑式平台可用钢结构或钢筋混凝土结构。悬挑梁宜与冠梁、路面等连成整体，以防止倾覆。 （3）由于施工堆载及车辆等荷载较大，悬挑平台外挑不宜过大，一般不宜大于 1.5m，如外挑较大，应采取搁置式平台（图 1.1.38）。
2	搁置式平台	（1）搁置式平台具有结构可靠、荷载量大、平台面积大等优点，在工程中得到广泛运用。有些场地非常紧张的工地，还在搁置平台上搭设二层的临时办公用房。 （2）搁置式平台多采用钢结构，其一端搁置在冠梁上，另一端则搁置在支承立柱顶部的横梁上。支承立柱可采用格构式或 H 型钢等，可置于基础底板面上，也可插入坑底的立柱桩内，如支承立柱采用 H 型钢的，可直接插入坑底土层中（图 1.1.38）。 （3）支承立柱置于地下室底板上，施工较方便。在立柱位置处理设预埋铁板，立柱即直接固定在其上，上端搁置横梁，在横梁与冠梁间即可铺设平台。这种方法的缺点是，必须在基础底板施工完并达到一定强度后方可架设平台，底板施工前则无法使用平台。 （4）支承立柱插入柱桩内或直接插入坑底层中，其施工较复杂，但从基坑工程挖土开始便可使用平台。 （5）支承立柱可采用格构式钢结构，截面应进行验算，通常材料可适用 4∟100×10 或 4∟120×10，截面为 300mm×300mm 或 400mm×400mm。 （6）立柱桩也采用钻孔灌注桩，桩顶标高与坑底标高相同，桩径 $\phi600～\phi700$，桩长应根据平台荷载计算确定，软土中一般为 15m 左右，支承柱采用 H 型钢的则可直接插入坑底土层中，但需用打入法施工

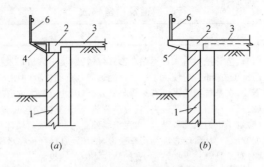

图 1.1.37　悬挑式平台示意图

(a) 钢平台；(b) 钢筋混凝土平台

1—围护墙；2—冠梁；3—路面；4—悬挑钢结构；

5—混凝土悬挑梁；6—栏杆

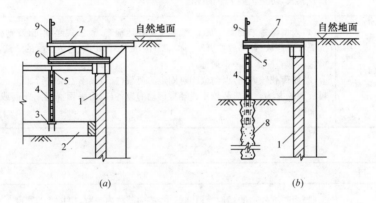

图 1.1.38　搁置式钢平台

(a) 支承立柱设于底板面；(b) 支承立柱插入坑底土层

1—支护墙；2—地下室底板；3—预埋铁板；4—支承立桩；5—横梁；

6—平台梁；7—施工平台；8—灌注桩；9—栏杆

施 工 栈 桥　　　　　　　　　　　　　　　　　表 1.1.49

序　号	项　　目	内　　容
1	设计与构造	(1)大型基坑挖土施工时,合理地设置栈桥,对解决施工场地紧张,便于挖土机械及运土车辆的开行是十分有效的。当采用抓铲施工时,栈桥的作用更为显著。 (2)挖土栈桥一般与上道支撑合二为一,这样可充分利用支撑结构,既可缩短工期,又降低造价。 (3)栈桥的受力路径为:挖土机械、满载的车辆及路基箱自重等传递至水平支撑,由支撑传到立柱,再传至立柱桩和下卧地基土。 (4)计算荷载应考虑动荷载的效应系数,但不必考虑移动荷载及各跨荷载分布的不利组合,这是因为施工中是按限定施工顺序进行开挖的。 (5)栈桥的宽度应考虑机车的最大宽度并增加 1~2m 的行车间隙,一般可取 5m左右。这样的宽度对路基箱的受力较为有利,栈桥的纵向跨度应根据立柱设置状况确定,一般可取 6~9m。主支撑间宜设置联系梁,使其连成整体。 (6)专为栈桥设计的立柱桩应进行验算,如利用工程桩,则一般可不作验算,因为栈桥施工阶段作用于立柱桩的荷载比作用于主体结构上的荷载要小得多。

续表

序号	项目	内容
2	栈桥施工	（1）栈桥的布置方式以及施工方案要综合考虑深基坑施工过程中的各个要求，择优选用栈桥施工方案。 （2）栈桥施工一般顺序为：基础→立柱→栈桥梁→桥面。 （3）基础一般均利用工程桩，其施工工艺同钻孔灌注桩。 （4）钢格构立柱的垂直度误差不大于 1‰，插入钻孔灌注桩的有效深度不小于3m，坑底标高以上 6m 范围内必须有混凝土握裹（可采用钻孔灌注桩浇注时溢出的劣质混凝土），以保证立柱的稳定。 （5）栈桥梁可以伴随着支撑结构的施工和土方的开挖同时进行，施工流程为：测量放线→基槽施工→钢格构柱顶清理→栈桥梁素混凝土底模施工（土方开挖后底模拆除）→绑扎钢筋→安装侧面模板及固定检测沉降钉埋设→混凝土浇注→混凝土养护→拆模清理。 （6）栈桥面如为现浇钢筋混凝土则可以和栈桥梁一起施工，如果采用预制路基箱作为桥面，需等到栈桥梁强度达到 80％ 后再铺设，路基箱和栈桥梁之间加一层木板和草包衬垫，路基箱之间用 φ20 钢筋固定

挖 土 坡 道　　　　　　　　　　　　　　　　　表 1.1.50

序号	内容
1	在多道支撑条件下开挖土方，由于受支撑的影响，下层土方运输十分困难，有时需用多台反铲挖土机驳运，大大影响施工效率。设置挖土坡道，使运土车辆下坑，既便于运土，又大大提高运输效率。
2	挖土坡道多采用钢结构。在坡道两侧设置支承立柱，其上架设钢桁架，再铺设路基箱，由此组成一个挖土坡道。在土方开挖过程中，支承立柱间加设系杆，以保证坡道的整体稳定。
3	支承立柱的设置与栈桥立柱相同，也可采用格构式或 H 型钢等，前者则需另设立柱桩
4	坡道的坡度不宜大于 10°，一般取 6°～8°，坡道过陡，会使卡车爬坡困难，甚至爬不上坡。为便于卡车上坡，应在坡面上焊接棍肋防滑，此外，在两侧安装防护栏杆。
5	坡道的宽度应保证车辆正常行驶，可取车身宽度加 2m。坡道底端应有平台，以便挖土机械及卡车回转

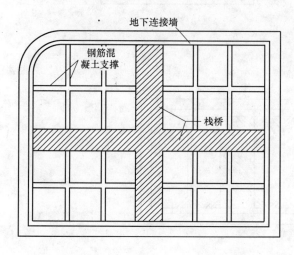
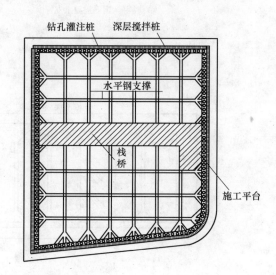

图 1.1.39　施工栈桥平面布置图（一）

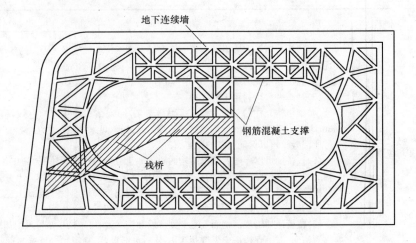

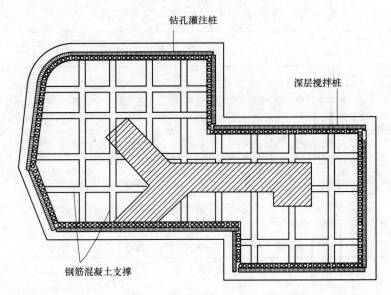

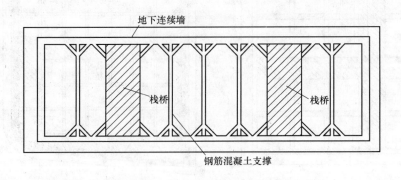

图 1.1.40　施工栈桥平面布置图（二）

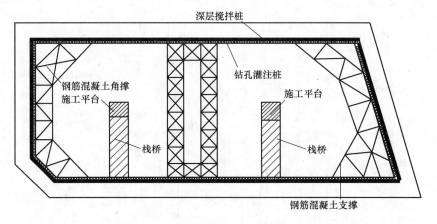

图 1.1.40　施工栈桥平面布置图（二）（续）

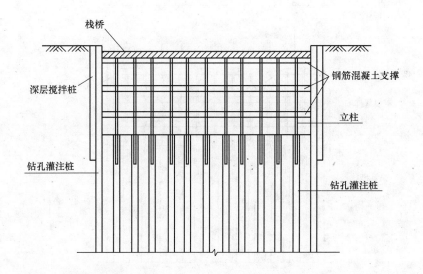

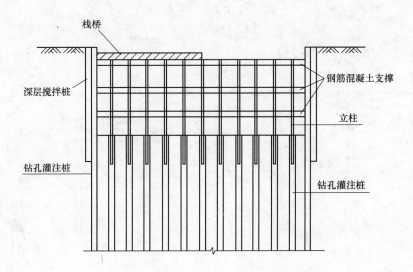

图 1.1.41　施工栈桥结合支撑体系布置形式

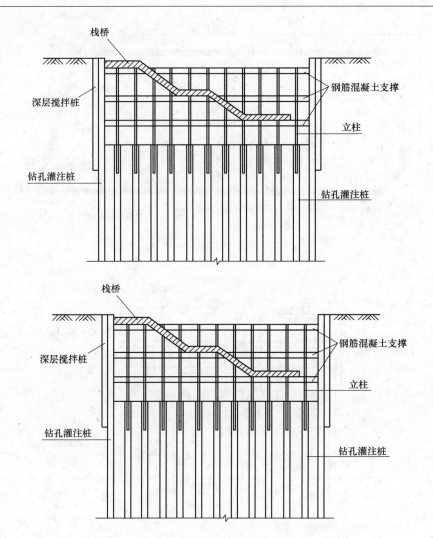

图 1.1.41   施工栈桥结合支撑体系布置形式（续）

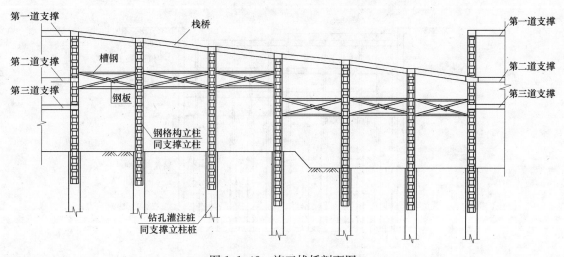

图 1.1.42   施工栈桥剖面图

1.1.5.5　基坑开挖注意事项

基坑开挖注意事项，如表1.1.51所示。

基坑开挖注意事项　　　　　　　　　　表 1.1.51

序号	项目	内容
1	开挖原则	土方开挖顺序、方法必须与设计要求一致，并遵循"开槽支撑，先撑后挖，分层开挖，严禁超挖"的原则。
2	防止土体回弹变形过大	(1)深基坑土体开挖后，地基卸载，土体中压力减少，土的弹性效应将使基坑底面产生一定的回弹变形(隆起)。回弹变形量的大小与土的种类、是否浸水、基坑深度、基坑面积、暴露时间及挖土顺序等因素有关。 (2)对于软土地基更应注意土体的回弹变形，回弹变形过大将加大建筑物的后期沉降。 (3)施工中减少基坑回弹变形的有效措施，是设法减少土体中有效应力的变化，减少暴露时间，并防止地基土浸水。因此，在基坑开挖过程中和开挖后，均应保证井点降水正常进行，并在挖至设计标高后，尽快浇筑垫层和底板。必要时，可对基础结构下部土层进行加固。
3	防止边坡失稳	(1)深基础的土方开挖，要根据地质条件(特别是打桩之后)、基础埋深、基坑暴露时间挖土及运土机械、推土等情况，拟定合理的施工方案。 (2)目前挖土机械多用斗容量 1m³ 的反铲挖土机，其实际有效挖土半径 5~6m，挖土深度为 4~6m，习惯上往往一次挖到深度，这样挖土形成的坡度约 1:1。由于快速卸荷、挖土与运输机械的振动，如果再在开挖基坑的边缘 2~3m 范围内堆土，则易于造成边坡失稳。 (3)挖土速度即卸载快，迅速改变了原来土体的平衡状态，降低了土体的抗剪强度，呈流塑状态的软土对水平位移极敏感，易造成滑坡。 (4)边坡堆载(堆土、停机械等)给边坡增加附加荷载，如事先未经详细计算，易形成边坡失稳。
4	防止桩的位移和倾斜	(1)打桩完毕后基坑开挖，应制订合理的施工顺序和技术措施，防止桩的位移和倾斜。 (2)由于打桩的挤土和动力波的作用，使原处于静平衡状态的地基土遭到破坏。对砂土甚至会形成砂土液化，地下水大量上升到地表面，原来的地基强度遭到破坏。对黏性土由于形成很大的挤压应力，孔隙水压力升高，形成超静孔隙水压力，土的抗剪强度明显降低。 (3)如果打桩后紧接着开挖基坑，由于开挖时的应力释放，再加上挖土高差形成一侧卸荷的侧向推力，土体易产生一定的水平位移，使先打设的桩易产生水平位移。 (4)在群桩基础的桩打设后，宜停留一定时间，并用降水设施预抽地下水，待土中由于打桩积聚的应力有所释放，孔隙水压力有所降低，被扰动的土体重新固结后，再开挖基坑土方。而且土方的开挖宜均匀、分层，尽量减少开挖时的土压力差，以保证桩位正确和边坡稳定。
5	挖土与支护	(1)深基坑的支护结构，随着挖土加深侧压力加大，变形增大，周围地面沉降亦加大。及时加设支撑(土锚)，尤其是施加预紧力的支撑，对减少变形和沉降有很大的作用。为此，在制订基坑挖土方案时，一定要配合支撑(土锚)加设的需要，分层进行挖土，避免片面只考虑挖土方便而妨碍支撑的及时加设，造成有害影响。 (2)在深基坑支护结构中混凝土支撑应用渐多，如采用混凝土支撑，则挖土要与支撑浇筑配合，支撑浇筑后要养护至一定强度才可继续向下开挖。挖土时，挖土机械应避免直接压在支撑上，否则要采取有效措施。 (3)加支护结构设计如采用盆式挖土时，则先挖去基坑中心部位的土，周边留有足够厚度的土，以平衡支护结构外面产生的侧压力，待中间部位挖土结束、浇筑好底板，并加设斜撑后，再挖除周边支护结构内面的土。 (4)挖土方式影响支护结构的荷载，要尽可能使支护结构均匀受力，减少变形。为此，要坚持采用分层、分块、均衡、对称的方式进行挖土

1.1.5.6   基坑开挖应急措施

土方开挖有时会引起围护墙或临近建筑物、管线等产生一些异常现象。此时需配合有关人员及时进行处理，以免出现重大事故。见表1.1.52。

基坑开挖应急措施   表 1. 1. 52

序 号	项 目	内 容
1	围护墙渗水与漏水	土方开挖后支护墙出现渗水或漏水，对基坑施工带来不便，如渗漏严重时则往往会造成颗粒流失，引起支护墙背地面沉陷甚至支护结构坍塌。 在基坑开挖过程中，一旦出现渗水或漏水应及时处理，常用的方法有： （1）对渗水量较小，不影响施工也不影响周边环境的，可采用坑底设沟排水的方法。 （2）对渗水较大，但没有泥砂带出，造成施工困难，而对周围影响不大的，可采用"引流修补"方法。 1）在渗漏较严重的部位先在围护墙上水平（略向上）打入一根钢管，内径20～30mm，使其穿透支护墙体进入墙背土体内，由此将水从该管引出，而后将管边围护墙的薄弱处用防水混凝土或砂浆修补封堵，待修补封堵的混凝土或砂浆达到一定强度后，再将钢管出水口封住。如封住管口后出现第二处渗漏时，按上面方法再进行"引流修补"。 2）如果引流出的水为清水，周边环境较简单或出水量不大，则可不作修补，只将引入基坑的水设法排出。 （3）对渗、漏水量很大的，应查明原因，采取相应的措施： 1）如漏水位置离地面不深处，可将支护墙背开挖至漏水位置下500～1000mm，在支护墙后用密实混凝土进行封堵。 2）如漏水位置埋深较大，可在墙后采用压密注浆方法，浆液中应掺入水玻璃，使其能尽早凝结，也可采用高压喷射注浆方法。采用压密注浆时应注意，其施工对支护墙会产生一定压力，有时会引起支护墙向坑内较大的侧向位移，这在重力式或悬臂支护结构中更应注意，必要时应在坑内局部回填土后进行，待注浆达到止水效果后再重新开挖。
2	围护墙侧向位移发展	基坑开挖后，支护结构发生一定的位移是正常的，但如位移过大，或位移发展过快，则往往会造成较严重的后果。如发生这种情况，应针对不同的支护结构采取相应的应急措施。 （1）重力式支护结构 1）对水泥土墙等重力式支护结构，其位移一般较大，如开挖后位移量在基坑深度的1/100以内，应属正常，如位移发展渐趋缓和，可不必采取措施。 2）如果位移超过1/100或设计估计值，则应予重视。 ①首先，应做好位移的监测，绘制位移-时间曲线，掌握发展趋势。重力式支护结构一般在开挖后1～2天内位移发展迅速，来势较猛，以后7天内仍会有所发展，但位移增长速率明显下降。 ②如果位移超过估计值不太多，以后又趋于稳定，一般不必采取特殊措施，但应注意尽量减小坑边堆载，严禁动荷载作用于围护墙或坑边区域。 a. 加快垫层浇筑与地下室底板施工的速度，以减少基坑敞开时间； b. 应将墙背裂缝用水泥砂浆或细石混凝土灌满，防止雨水、地面水进入基坑及浸泡支护墙背土体。 ③对位移超过估计值较多，且数天后仍无减缓趋势，或基坑周边环境较复杂的情况，同时还应采取一些附加措施，常用的方法有： a. 水泥土墙背后卸荷，卸土深度一般2m左右，卸土宽度不宜小于3m。 b. 加快垫层施工，加厚垫层厚度，尽早发挥垫层的支撑作用。 c. 加设支撑，支撑位置宜在基坑深度的1/2处，加设腰梁加以支撑（图1.1.43）。 （2）悬臂式支护结构 1）悬臂式支护结构发生位移主要是其上部向基坑内倾斜，也有一定的深层滑动。 2）防止悬臂式支护结构上部位移过大的应急措施较简单，加设支撑或拉锚都是十分有效的，也可采用支护墙背卸土的方法。 3）防止深层滑动也应及时浇筑垫层，必要时也可加厚垫层，以形成下部水平支撑。

序　号	项　　目	内　　　容
2	围护墙侧向位移发展	（3）支撑式支护结构 1）由于支撑的刚度一般较大，带有支撑的支护结构一般位移较小，其位移主要是插入坑底部分的支护桩墙向内变形。 2）对于支撑式支护结构，如发生墙背土体的沉陷，主要应设法控制围护桩（墙）嵌入部分的位移，着重加固坑底部位，具体措施有： ①增设坑内降水设备，降低地下水。如条件许可，也可在坑外降水； ②进行坑底加固，如采用注浆、高压喷射注浆等提高被动区抗力； ③垫层随挖随浇，对基坑挖土合理分段，每段土方开挖到底后及时浇筑垫层； ④加厚垫层，采用配筋垫层或设置坑底支撑。 3）对于周围环境保护很重要的工程，如开挖后发生较大变形，可在坑底加厚垫层，并采用配筋垫层，使坑底形成可靠的支撑，同时加厚配筋垫层对抑制坑内土体隆起也非常有利。减少了坑内土体隆起，也就控制了支护墙下段的位移。 也可在坑底设置支撑，如：采用型钢，或在坑底浇筑钢筋混凝土暗支撑（其顶面与垫层相同），以减少位移。此时，在支护墙根处应设置围檩，否则单根支撑对整个支护墙的作用不大。 4）如果是由于支护墙的刚度不够而产生较大侧向位移，则应加强支护墙体，如其后加设树根桩或钢板桩，或对土体进行加固等。
3	流砂及管涌	（1）流砂处理 1）在细砂、粉砂层土中往往会出现局部流砂或管涌的情况，对基坑施工带来困难。如流砂等十分严重则会引起基坑周围的建筑、管线的倾斜、沉降。 2）对轻微的流砂现象，在基坑开挖后可采用加快垫层浇筑或加厚垫层的方法"压注"流砂。 3）对较严重的流砂应增加坑内降水措施，使地下水位降至坑底以下 0.5～1m 左右。降水是防治流砂最有效的方法。 （2）管涌处理 1）管涌一般发生在围护墙附近，如果设计支护结构的嵌固深度满足要求，则造成管涌的原因一般是由于坑底下部的支护排桩中出现断桩，施打的桩未到标高，地下连续墙出现较大的孔、洞，排桩净距较大而其后的止水帷幕又出现漏桩、断桩或孔洞等等造成管涌通道所致。 2）如果管涌十分严重，可在支护墙前再打一排钢板桩，在钢板桩与支护墙之间进行注浆，钢板桩底应与支护墙底标高相同，顶面与坑底标高相同，钢板桩的打设宽度应比管涌范围宽 3～5m。
4	临近建筑与管线位移	基坑开挖后，坑内土方被大量挖去，土体平衡发生很大变化，对坑外建筑或地下管线往往也会引起较大的沉降或位移，有时还会造成建筑的倾斜，并由此引起房屋裂缝，管线断裂、泄漏。基坑开挖时必须加强观察，当位移或沉降值达到报警值后，应立即采取措施。 （1）对建筑沉降的控制一般可采用跟踪注浆的方法。 1）注浆孔布置可在围护墙背及建筑物前各布置一排，两排注浆孔间则适当布置。 2）注浆深度应在地表至坑底以下的 2～4m 范围内，具体可根据工程条件确定。 3）注浆压力控制不宜过大，否则不仅对围护墙会造成较大侧压力，对建筑本身也不利。 4）注浆量可根据支护墙的估算位移量及土的空隙率来确定。 采用跟踪注浆时，应严密观察建筑的沉降状况，防止因注浆引起土体搅动而加剧建筑物的沉降或将建筑物抬起。 对沉降很大，用压密注浆又不能控制的建筑，如基础是钢筋混凝土的，可考虑采用静力锚杆压桩的方法。 如果条件许可，在基坑开挖前对临近建筑物下的地基或支护墙背土体先进行加固处理，如采用压密注浆、搅拌桩、静力锚杆压桩等加固措施，施工较为方便，效果更佳。 （2）对基坑周围管线保护的应急措施一般有两种： 1）打设封闭桩或开挖隔离沟

续表

序　号	项　目	内　容
4	临近建筑与管线位移	①对地下管线离开基坑较远，但开挖后引起的位移或沉降又较大的，可在管线靠基坑一侧设置封闭桩，为减小打桩挤土，封闭桩宜选用树根桩，也可采用钢板桩、槽钢等，施打时应控制打桩速度，封闭板桩离管线的距离应保持一致，以免影响管线。 ②在管线边开挖隔离沟也对控制位移有一定作用，隔离沟应与管线有一定距离，其深度宜与管线埋深接近或略深，在靠管线一侧还应做出一定坡度。 2）管线架空 　地下管线离基坑较近的，设置隔离桩或隔离沟既不容易也无明显效果，此时可采用管线架空的方法。管线架空后与围护墙后的土体基本分离，土体的位移与沉降对它影响很小，即使产生一定位移或沉降后，还可对支承架进行调整复位。 　管线架空前应先将管线周围的土挖空，在其上设置支承架，支承架的搁置点应可靠牢固，能防止过大位移与沉降，并应便于调整它的搁置位置。然后将管线悬挂于支承架上，如管线发生较大位移或沉降，可对支承架进行调整复位，以保证管线的安全。图 1.1.44 是某高层建筑边管道保护支承架的示意图

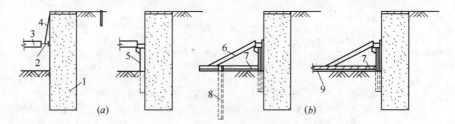

图 1.1.43　水泥土墙加临时支撑

（a）对撑；（b）竖向斜撑

1—水泥土墙；2—围檩；3—对撑；4—吊索；5—支承型钢；

6—竖向斜撑；7—铺地型钢；8—板桩；9—混凝土垫层

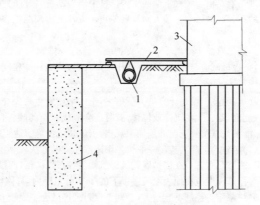

图 1.1.44　管道支承架

1—管道；2—支承架；3—临近高层建筑；4—支护结构

1.1.5.7　基坑工程监测

1. 监测目的、内容及方法

基坑工程监测目的、内容及方法，如表 1.1.53 所示。

2. 支护结构监测

支护结构的应力与变形监测，如表 1.1.55 所示。

监测目的、内容及方法 表 1.1.53

序　号	项　目	内　容
1	监测理由	（1）由于土层的复杂性和离散性，勘探提供的数据常难以代表土层的总体情况，土层取样时的扰动和试验误差亦会产生偏差； （2）荷载和设计计算中的假定和简化会造成误差； （3）挖土和支撑装拆等施工条件的改变，突发和偶然情况等随机困难亦会造成误差。 　由于上述原因，支护结构设计计算的内力值与结构的实际工作状况往往难以准确一致。所以，在基坑开挖与支护结构使用期间，对较重要的支护结构需要进行监测。
2	监测目的	通过对支护结构和周围环境的监测，能随时掌握土层和支护结构内力的变化，以及邻近建筑物、地下管线和道路的变形，将观测值与设计计算值进行对比和分析，随时采取必要的技术措施，以保证在不造成危害的条件下安全地施工。
3	监测内容及方法	基坑和支护结构的监测项目，根据支护结构的重要程度、周围环境的复杂性和施工的要求而定。要求严格则监测项目增多，否则可减少，表 1.1.54 所列之监测项目为重要的支护结构所需监测的项目，对其他支护结构可参照增减

支护结构监测项目与监测方法 表 1.1.54

序　号	监测对象	监测项目	监测方法	备　注
1	围护墙	侧压力、弯曲应力、变形	土压力计、孔隙水压力计、测斜仪、应变计、钢筋计、水准仪等	验证计算的荷载、内力、变形时需监测的项目
2	支撑（锚杆）	轴力、弯曲应力	应变计、钢筋计、传感器	验证计算的内力
3	腰梁（围檩）	轴力、弯曲应力	应变计、钢筋计、传感器	验证计算的内力
4	立柱	沉降、抬起	水准仪	观测坑底隆起的项目之一

支护结构监测 表 1.1.55

序　号	项　目	内　容
1	变形监测	支护结构的监测，主要分为应力监测与变形监测。应力监测主要用机械系统和电气系统的仪器；变形监测主要用机械系统、电气系统和光学系统的仪器。 　变形监测仪器除常用的经纬仪、水准仪外，主要是测斜仪。 　（1）测斜仪是一种测量仪器轴线与沿垂线之间夹角的变化量，测量围护墙或土层各点水平位移的仪器（图 1.1.45）。 　（2）使用时，沿挡墙或土层深度方向埋设测斜管（导管），让测斜仪在测斜管内一定位置上滑动，就能测得该位置处的倾角，沿深度各个位置上滑动，就能测得围护墙或土层各标高位置处的水平位移。 　（3）测斜仪最常用者为伺服加速度式和电阻应变片式。伺服加速度式测斜仪精度较高，但造价亦高；电阻应变片式测斜仪造价较低，精度亦能满足工程的实际需要。BC 型电阻应变片式测斜仪的性能如表 1.1.56 所示。 　（4）测斜管可采用工程塑料、聚乙烯塑料或铝质圆管。内壁有两对互成 90°的导槽，如图 1.1.46 所示。 　（5）测斜管的埋设视测试目的而定。测试土层位移时，是在土层中预钻 $\phi139$ 的孔，再利用钻机向钻孔内逐节加长测斜管，直到所需深度，然后，在测斜管与钻孔之间的空隙中回填水泥和膨润土拌合的灰浆；测试支护结构挡墙的位移时，则需与围护墙紧贴固定。

序　号	项　　目	内　　　　容
2	应力监测	（1）土压力观测仪器 　1）在支护结构使用阶段，有时需要观测随着挖土过程的进行，作用于围护墙上土压力的变化情况，以便了解其与土压力设计值的区别，保证支护结构的安全。 　2）测量土压力主要采用埋设土压力计（亦称土压力盒）的方法。土压力计有液压式、气压平衡式、电气式（有差动电阻式、电阻应变式、电感式等）和钢弦式，其中应用较多的为钢弦土压力计。 　3）钢弦式土压力计有单膜式、双膜式之分。单膜式者受接触介质的影响较大，由于使用前的标定要与实际土介质完全一致往往难以做到，故测量误差较大。所以目前使用较多的仍是双膜式的钢弦式土压力计。 　4）钢弦式双膜土压力计的工作原理是：当表面刚性板受到土压力作用后，通过传力轴将作用力传至弹性薄板，使之产生挠曲变形，同时也使嵌固在弹性薄板上的两根钢弦柱偏转、使钢弦应力发生变化，钢弦的自振频率也相应变化，利用钢弦频率仪中的激励装置使钢弦起振并接收其振荡频率，使用预先标定的压力-频率曲线，即可换算出土压力值。钢弦式双膜土压力计的构造如图1.1.47所示。 　5）钢弦式土压力计的规格如表1.1.57所示。它同时配有SS-2型袖珍数字频率接收仪。 （2）孔隙水压力计 　1）测量孔隙水压力用的孔隙水压力计，其形式、工作原理皆与土压力计相同，使用较多的亦为钢弦式孔隙水压力计。其技术性能如表1.1.58所示。 　2）孔隙水压力计宜用钻孔埋设，待钻孔至要求深度后，先在孔底填入部分干净的砂，将测头放入，再于测头周围填砂，最后用黏土将上部钻孔封闭。 （3）支撑内力测试 　支撑内力测试方法，常用的有下列几种： 　1）压力传感器　压力传感器有油压式、钢弦式、电阻应变片式等多种。多用于型钢或钢管支撑。使用时把压力传感器作为一个部件直接固定在钢支撑上即可。 　2）电阻应变片　亦多用于测量钢支撑的内力。选用能耐一定高温、性能良好的箔式应变片，将其贴于钢支撑表面，然后进行防水、防潮处理并做好保护装置，支撑受力后产生应变，由电阻应变仪测得其应变值进而可求得支撑的内力。应变片的温度补偿宜用单点补偿法。电阻应变仪宜用抗干扰、稳定性好的应变仪，如YJ-18型、YJD-17型等电阻应变仪。 　3）千分表位移量测装置　测量装置如图1.1.48所示。量测原理是：当支撑受力后产生变形，根据千分表测得的一定标距内支撑的变形量和支撑材料的弹性模量等参数，即可算出支撑的内力。 　4）应力、应变传感器　该法适用于量测钢筋混凝土支撑系统中的内力。对一般以承受轴力为主的杆件，可在杆件混凝土中埋入混凝土计，以量测杆件的内力。对兼有轴力和弯矩的支撑杆件和围檩等，则要同时埋入混凝土计和钢筋计，才能获得所需的内力数据。为便于长期量测，多用钢弦式传感器，其技术性能如表1.1.59、表1.1.60所示。 　应力、应变传感器的埋设方法，钢筋计应直接与钢筋固定，可焊接或用接驳器连接。混凝土计则直接埋设在要测试的截面内

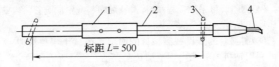

图1.1.45　测斜仪

1—敏感部件；2—壳体；3—导向轮；4—引出电缆

BC型电阻应变片式测斜仪的性能　表1.1.56

规　格		BC-5	BC-10
尺寸参数	连杆直径(mm)	36	36
	标距(mm)	500	500
	总长(mm)	650	650
量程		$\pm5°$	$\pm10°$
输出灵敏度($\mu v/v$)		$\approx\pm1000$	$\approx\pm1000$
率定常数($1/\mu\varepsilon$)		$\approx9''$	$\approx18''$
线性误差(FS)		$\leqslant\pm1\%$	$\leqslant\pm1\%$
绝缘电阻(MΩ)		$\geqslant100$	$\geqslant100$

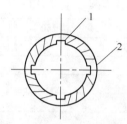

图1.1.46　测斜管断面
1—导向槽；2—管壁

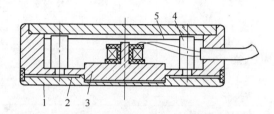

图1.1.47　钢弦式双膜土压力计的构造
1—刚性板；2—弹性薄板；3—传力轴；4—弦夹；5—钢弦

钢弦式土压力计的技术性能　表1.1.57

型　号		JXY-2　LXY-2 （单膜式）	JXY-4　LXY-4 （双膜式）
规格(N/mm²)		0.1,0.2,0.3,0.4,0.5,0.6,0.8,1.0, 1.5,2.0,2.5,3.0,4.0,5.0,6.0	0.1,0.2,0.3,0.4,0.5,0.6,0.8,1.0, 1.5,2.0,2.5,3.0,4.0,5.0,6.0,8.0
主要技术指标	零点漂移	3~5Hz/3个月	3~5Hz/3个月
	重复性	<0.5%FS	<0.5%FS
	得合误差	<2.5%FS	<2.5%FS
	温度-频率特性	3~4Hz/10℃	3~4Hz/10℃
	使用环境温度	$-10\sim+50℃$	$-10\sim+50℃$
	外形尺寸	$\phi114mm\times28mm$	$\phi114mm\times35mm$

钢弦式孔隙水压力计的技术性能　表1.1.58

型　号	JXS-1	JXS-2
量程	0.1~1.0N/mm²	
频带	450Hz	
长期观测零点最大漂移	<$\pm1\%$FS	
滞后性	<$\pm0.5\%$FS	
满负荷徐变	<-0.5%FS	
使用环境温度	4~60℃	
温度-频率特性	0.15Hz/℃	
封闭性能	在使用量程内不泄漏	
外形尺寸	$\phi60mm\times140mm$	$\phi60mm\times260mm$

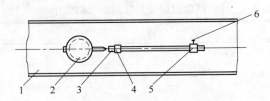

图 1.1.48   千分表位移量测装置

1—钢支撑；2—千分表；3—标杆；4、5—支座；6—紧固螺钉

JXG-1 型钢筋计的技术性能   表 1.1.59

规格	$\phi12$	$\phi14$	$\phi16$	$\phi18$	$\phi20$	$\phi22$	$\phi25$	$\phi28$	$\phi30$	$\phi32$	$\phi36$
最大外径(mm)	$\phi32$	$\phi32$	$\phi32$	$\phi32$	$\phi34$	$\phi35$	$\phi38$	$\phi42$	$\phi44$	$\phi47$	$\phi55$
总长(mm)	783	783	783	785	785	785	785	795	795	795	795
最大拉力(kN)	22	30	40	50	60	80	100	120	140	160	200
最大压力(kN)	11	15	20	25	30	40	50	60	70	80	100
最大拉应力(MPa)	200										
最大压应力(MPa)	100										
分辨率(%FS)	≤0.2										
零漂(Hz/3 个月)	3～5										
温度漂移(Hz/10℃)	3～4										
使用环境温度(℃)	−10～+50										

JXH-2 型混凝土应变计的技术性能   表 1.1.60

规格(MPa)	10	20	30	40
等效弹性模量(MPa)	1.5×10^4	3.0×10^4	4.5×10^4	6.0×10^4
总应变($\mu\varepsilon$)	800～1000			
分辨率(%FS)	≤0.2			
零漂(Hz/3 个月)	3～5			
总长(mm)	150			
最大外径(mm)	$\phi35.68$			
承压面积(mm²)	1000			
温度漂移(Hz/10℃)	3～4			
使用环境温度(℃)	−10～+50			

3. 周围环境监测

受基坑挖土等施工的影响，基坑周围的地层即发生不同程度的变形，会对周围环境（建筑物、地下管线等）产生不利影响。因此，在进行基坑支护结构监测的同时，还必须对周围的环境进行监测。监测的内容主要有：坑外地形的变形；临近建筑物的沉降和倾斜；地下管线的沉降和位移等。

（1）坑外地层变形

基坑工程对周围环境的影响范围大约有 1～2 倍的基坑开挖深度，因此监测测点就考虑在这个范围内进行布置。对地层变形监测的项目有：地表沉降、土层分层沉降和土体测斜以及地下水位变化等，如表 1.1.61。

坑外地层变形　　　　　　　　　　　　　　　　　　　　　表 1.1.61

序　号	项　目	内　容
1	地表沉降	地表沉降监测虽然不是直接对建筑物和地下管线进行测量,但它的测试方法简便,可以根据理论预估的沉降分布规律和经验,较全面地进行测点布置,全面地了解基坑周围地层的变形情况。有利于建筑物和地下管线等进行监测分析。 　　(1)监测测点的埋设要求是,测点需穿过路面硬层,伸入原状土 300mm 左右,对测点顶部做好保护,避免因外力产生人为沉降。图 1.1.49 为地表沉降测点埋设示意图。 　　(2)地表沉降测点可以分为纵向和横向。纵向测点是在基坑附近,沿基坑延伸方向布置,测点之间的距离一般为 10～20m;横向测点可以选在基坑边长的中央,垂直基坑方向布置,各测点布置间距为,离基坑越近,测点越密(取 1m 左右),远一些的地方测点可取 2～4m,布置范围约 3 倍的基坑开挖深度。 　　(3)每次量测提供各测点本次沉降和累计沉降报表,并绘制纵向和横向的沉降曲线,必要时对沉降变化量大而快的测点绘制沉降速率曲线。 　　(4)基坑开挖前设点,并记录初读数。各测点观测应为闭合或附和路线,水准每站观测高差中误差 M_0 为 0.5mm,闭合差 F_w 为 $\pm\sqrt{N}$mm(N 为测站数)
2	地下水位监测	如果围护结构的截水帷幕质量没有完全达到止水要求,则在基坑内部降水和基坑挖土施工时,有可能使坑外的地下水渗漏到基坑内。渗水的后果会带走土层的颗粒,造成坑外水、土流失。这种水、土流失对周围环境的沉降危害较大。因此,进行地下水位监测就是为了预报由于地下水位不正常下降而引起的地层沉陷。 　　(1)测点布置在需进行监测的(建)构筑物和地下管线附近。水位管埋设深度和透水头部位依据地质资料和工程需要确定,一般埋深 10～20m 左右,透水部位放在水位管下部。 　　(2)水位管可采用 PVC 管,在水位管透水头部位用手枪钻钻眼,外绑铝网或塑料滤网。埋设时,用钻机钻孔,钻至设计埋深,逐节放入 PVC 水位管,放完后,回填黄砂至透水头以上 1m,再用膨润土泥丸封孔至孔口。水位管成孔垂直度要求小于 5/1000。埋设完成后,应进行 24h 降水试验,检验成孔的质量。 　　(3)测试仪器采用电测水位仪,仪器由探头、电缆盘和接收仪组成。仪器的探头沿水位管下放,当碰到水时,上部的接收仪会发生蜂鸣声,通过信号线的尺寸刻度,可直接测得地下水位距管的距离

　　(2)临近建(构)筑物沉降和倾斜监测

　　建筑物变形监测主要内容有 3 项:即建筑物的沉降监测;建筑物的倾斜监测和建筑物的裂缝监测。在实施监测工作和测点布置前,应先对基坑周围的建筑进行周密调查,再布置测点进行监测。见表 1.1.62。

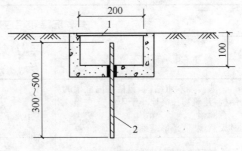

图 1.1.49　地表沉降测点埋设示意
1—盖板;2—ϕ20 钢筋(打入原状土)

临近建(构)筑物沉降和倾斜监测　　　　　　　　　　　　表 1.1.62

序　号	项　目	内　容
1	周围建筑物情况调查	对建筑物的调查主要是了解地面建筑的结构形式、基础型式、建筑层数和层高、平立面形状以及建筑物对不同沉降差的反应。 　　(1)各类建筑物对差异沉降的承受能力可参阅表 1.1.63 和表 1.1.64 的规定,确定相应的控制标准。对重要、特殊的建筑结构应作专门的调研,然后决定允许的变形控制标准。 　　(2)在对周围建筑物进行调查时,还应对各个不同时期的建筑物裂缝进行现场踏勘;在基坑施工前,对老的裂缝进行统一编号、测绘、照相,对裂缝变化的日期、部位、长度、宽度等进行详细记录。

序　号	项　目	内　容
2	建筑物沉降观测	（1）根据周围建筑物的调查情况，确定测点布置部位和数量。房屋沉降量测点应布置在墙角、柱身（特别是代表独立基础及条形基础差异沉降的柱身）、外形突出部位和高低相差较多部位的两侧，测点间距的确定，要尽可能充分反映建筑物各部分的不均匀沉降。 （2）沉降观测点标志和埋设： 1）对钢筋混凝土柱或砌体墙，用钢錾在柱子±0.000标高以上100～500mm处錾洞，将直径20mm以上的钢筋或铆钉制成弯钩形，平向插入洞内，再以1:2水泥砂浆填实。 2）对钢柱，将角钢的一端切成使脊背与柱面成50°～60°的倾斜角，再将此端焊在钢柱上，或者将铆钉弯成钩形，将其一端焊在钢柱上。
3	建筑物沉降观测技术要求	（1）建筑物沉降观测的技术要求同地表沉降观测要求，使用的观测仪器一般也为精密水准仪，按二等水准标准。 （2）每次量测提交建筑物各测点本次沉降和累计沉降报表；对连在一线的建筑物沉降测点绘制沉降曲线；对沉降量变化大又快的测点，应绘制沉降速率曲线。
4	建筑物倾斜监测	测定建筑物倾斜的方法有两类：一类是直接测定建筑物的倾斜；另一类是通过测量建筑物基础相对沉降的方法来确定建筑物倾斜。下面介绍建筑物倾斜直接观测的方法。 （1）进行观测之前，首先要在进行倾斜观测的建筑上设置上、下两点线或上、中、下三点标志，作为观测点，各点应位于同一垂直视准面内。如图1.1.50所示，M、N为观测点。 （2）如果建筑物发生倾斜，MN将由垂直线变为倾斜线。观测时，经纬仪的位置距离建筑物应大于建筑物的高度，瞄准上部观测点M，用正倒镜法向下投点得N'，如N'与N点不重合，则说明建筑物发生倾斜，以a表示N'、N之间的水平距离，a即建筑物的倾斜值。若以H表示其高度，则倾斜度为 $$i=\frac{a}{H}$$ （3）高层建筑物的倾斜观测，必须分别在互成垂直的两个方向上进行。 （4）将通过倾斜观测得到的建筑物倾斜度，同建筑物基础倾斜允许值进行比较，以判别建筑物是否在安全范围内。
5	建筑物裂缝监测	（1）在基坑施工中，对已详细记录的老的裂缝进行追踪观测，及时掌握裂缝的变化情况，并同时注意在基坑施工中有无新的裂缝产生，如发现新的裂缝，应及时进行编号、绘制、照相。 （2）裂缝观测方法用厚10mm、宽约50～80mm的石膏（长度视裂缝大小而定），在裂缝两边固定牢固。当裂缝继续发展时石膏板将随之开裂，从而应观察裂缝继续发展的情况

差异沉降和相应建筑的反应　　　　　　　　　　　　　　表1.1.63

序　号	建筑结构类型	$\frac{\delta}{L}$（L为建筑物长度，δ为差异沉降）	建筑物反应
1	一般砖墙承重结构，包括有内框架的结构：建筑物长高比小于10；有圈梁；天然地基（条形基础）	达1/150	分隔墙及承重砖墙发生相当多的裂缝即可能发生结构性破坏
2	一般钢筋混凝土框架结构	达1/150	发生严重变形
		达1/500	开始出现裂缝
3	高层刚性建筑（箱型基桩、桩基）	达1/250	可观察到建筑物倾斜
4	有桥式吊车的单层排架结构的厂房，天然地基或桩基	达1/300	桥式吊车运转困难，不调整轨面水平难运行，分隔墙有裂缝
5	有斜撑的框架结构	达1/600	处于安全极限状态
6	对沉降差异反应敏感的机器基础	达1/850	机器使用可能发生困难，处于可运行的极限状态

注：1. 框架结构有多种基础形式，包括：现浇单独基础，现浇条形基础，现浇筏形基础、现浇箱形基础、装配式单独基础、装配条形基础以及桩基。不同基础形式的框架对沉降差的反应也不同。上表只提出了一般框架结构对差异沉降的反应，因此对重要框架在差异沉降下的反应，还要仔细调研其基础型式和使用要求，以确定允许的差异沉降量。
　　2. 各种基础型式的高耸烟囱、化工塔罐、气柜、高炉、塔桅结构（如电视塔）、剧院、会场空旷结构等特别重要的建筑设施要做专门调研，以明确允许差异沉降值。
　　3. 内框架（特别是单排内框架）和底层框架（条形或单独基础）的多层砌体建筑结构，对不均匀沉降很敏感，亦应专门调研。

建筑物的基础倾斜允许值   表 1.1.64

序 号	建筑物类别		允 许 倾 斜
1	多层和高层建筑的整体倾斜	$H \leqslant 24m$	0.004
		$24m < H \leqslant 60m$	0.003
		$60m < H \leqslant 100m$	0.0025
		$H > 100m$	0.002
2	高耸结构基础的倾斜	$H \leqslant 20m$	0.008
		$20m < H \leqslant 60m$	0.006
		$60m < H \leqslant 100m$	0.005
		$100m < H \leqslant 150m$	0.004
		$150m < H \leqslant 200m$	0.003
		$200m < H \leqslant 250m$	0.002

（3）临近地下管线沉降与位移监测

城市的地下市政管线主要有：煤气管、上水管、电力电缆、电话电缆、雨水管和污水管等。地下管道根据其材性和接头构造可分为刚性管道和柔性管道。其中煤气管和上水管是刚性压力管道，是监测的重点，但电力电缆和重要的通讯电缆也不可忽视。见表1.1.65。

4. 监测方案编制

基坑工程监测方案的编制内容如下，见表1.1.66。

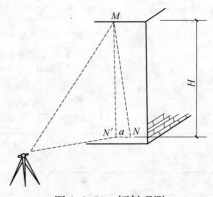

图 1.1.50 倾斜观测

地下管线沉降与位移监测   表 1.1.65

序 号	项 目	内 容
1	周围地下管线情况调查	首先向有关部门索取基坑周围地下管线分布图，从中了解基坑周围地下管线的种类、走向和各种管线的管径、壁厚和埋设年代，以及各管线距基坑的距离。然后进行现场踏勘，根据地面的管线露头和必要的探挖，确认管线图提供的管线情况和埋深。必要时还需向有关部门了解管道的详细资料，如管的材料结构、管节长度和接头构造等。
2	测点布置和埋设	（1）优先考虑煤气管和大口径上水管。它们是刚性压力管，对差异沉降较敏感，接头处是薄弱环节； （2）根据预估的地表沉降曲线，对影响大的管线加密布点，影响小的管线兼顾； （3）测点间距一般为10～15m。最好按每节管的长度布点，能真实反映管线（地基）沉降曲线； （4）测点埋设方式有两种：直接测点和间接测点，直接测点是用抱箍把测点做在管线本身上；间接测点是将测点埋设在管线轴线相对应的地表。直接测点，具有能真实反映管线沉降和位移的优点，但这种测点埋设施工较困难，特别在城市干道下的管线难做直接测点。有时可以采取两种测点相结合的办法，即利用管线在地面的露头做直接测点，再布置一些间接测点； （5）地下管线测点的编号应遵守有关部门的规定，如上海市管线办公室制定的统一编号为：煤气管M，上水管S，电力电缆D，电话电缆H等。

续表

序　号	项　目	内　容
3	测试技术要求	(1)沉降观测用精密水准仪,按二等水准要求: 1)基准点与国家水准点定期进行联测; 2)各测点观测为闭合或附合路线,水准每站观测高差误差 M_0 为±5mm,闭合差 F_w 为±$\sqrt{N}$mm,(N 为测站数)。 (2)水平位移观测用 2″级经纬仪,技术要求如下: 平面位移最弱点观测中误差 M(平均)为2.1mm,平面位移最弱点观测变形量中误差 M(变)为±3.0mm。 (3)为了保证测量观测精度,平面位移和垂直位移监测应建立监测网,由固定基准点、工作点及监测点组成。
4	监测资料	(1)管线测点沉降、位移观测成果表(本次累计变化量); (2)时间——沉降、位移曲线,或时间——合位移曲线; (3)上述报表必须及时交送业主、监理和施工总包单位,同时函递管线部门。若日变量出现报警,应当场复测,核实后立即汇报业主及监理并电话通知管线部门。
5	报警处理	地下管线是城市的生命线,因此对管线的报警值控制比较严格,上海地区的要求是: 当监测中达到下列数据时应及时报警: (1)沉降日变量3mm,或累计10mm; (2)位移日变量3mm,或累计10mm。 实际工程中,地下管线的沉降和位移达到此报警值后,并不一定就破坏,但此时业主、监理、设计、施工总包单位应会同管线部门一起进行分析,商定对策

监测方案编制内容　　　　　　　　　　　　　表 1.1.66

序　号	内　容
1	工程概况。
2	监测目的及监测项目。
3	各监测项目的测点布置。
4	各种监测测点的埋设方法。
5	测试仪器(测试技术)及精度。
6	监测进度、频率、人员安排和监测资料。
7	监测项目的报警值。
8	(1)编制监测方案时,要根据工程特点、周围环境情况、各地区有关主管部门的要求,对上述内容详细加以阐述,并取得建设单位和监理单位的认可。 (2)工程监测多由有资质的专业单位负责进行。 (3)有关监测数据要及时交送有关单位和人员,以便及时研究处理监测中发现的问题

1.1.6　填土及压实

1.1.6.1　填土土料及基底处理

1. 填土土料的选择

填土土料的选择如表1.1.67所示。

填土土料的选择   表 1.1.67

序　号	项　　目	内　　容
1	一般规定	(1)填土应分层进行,填筑工程宜尽量选用同类土填筑。如采用不同透水性的土填筑时,必须将透水性较大的土层置于透水性较小的土层之下。 (2)土料应接近水平地分层填筑。对于倾斜的地面,应先将斜坡挖成阶梯状,然后才分层填筑,以防填土横向移动。
2	填方土料的要求	(1)填方土料应符合设计规定。 (2)当设计无规定时,填方土料按现行规范执行。 (3)土料含水量:土料含水的大小,直接影响到夯实(碾压)遍数和夯实(碾压)质量,在夯实(碾压)前应预试验,以得到符合密实度要求条件下的最优含水量和最少夯实(或碾压)遍数。含水量过小,夯实(碾压)不实;含水量过大,则易成橡皮土。各种土的最优含水量和最大干密度参考数值见表1.1.68。
3	填方土料的选择	为保证填筑工程质量,必须正确选择填方土料。 (1)碎石类土、砂土和爆破石渣,可用作表层以下的土料。 (2)含水量符合压实要求的黏性土,可用作各层土料。 (3)碎块草皮和有机质含量大于8%的土,仅能用于无压实要求的填筑工程。 (4)淤泥和淤泥质土一般不能用作填方土料,但在软土或沼泽地区经过处理使含水量符合压实要求后,可用于填筑工程中的次要部位

土的最优含水量和最大干密度参考表   表 1.1.68

项　　次	土的种类	变动范围	
		最优含水量(%)(重量比)	最大干密度(g/cm³)
1	砂土	8~12	1.80~1.88
2	黏土	19~23	1.58~1.70
3	粉质黏土	12~15	1.85~1.95
4	粉土	16~22	1.61~1.80

注:当有成熟经验时,可不受本表限制。

2. 基底处理

基底处理,如表 1.1.69 所示。

基底处理   表 1.1.69

序　号	内　　容
1	场地回填应先清除基底上垃圾、草皮、树根,排除坑穴中积水、淤泥和杂物,并应采取措施防止地表滞水流入填方区,浸泡地基,造成基土下陷。
2	当填方基底为耕植土或松土时,应将基底充分夯实和碾压密实。
3	当填方位于水田、沟渠、池塘或含水量很大的松散土地段,应根据具体情况采取排水疏干,或将淤泥全部挖出换土、抛填片石、填砂砾石、翻松、掺石灰等措施进行处理。
4	当填方场地地面陡于1/5时,应先将斜坡挖成阶梯形,阶高0.2~0.3m,阶宽大于1m,然后分层填土,以利结合和防止滑动

1.1.6.2 填土坡度

1. 填方的边坡坡度应根据填方高度、土的种类和其重要性在设计中加以规定,当设计无规定时,可按表 1.1.70 和表 1.1.71 采用。

2. 对使用时间较长的临时性填方边坡坡度,当填方高度小于 10m 时,可采用 1:1.5;超过 10m,可作成折线形,上部采用 1:1.5,下部采用 1:1.75。

永久性填方边坡的高度限值　　　　　表 1.1.70

项　次	土 的 种 类	填方高度(m)	边坡坡度
1	黏土类土、黄土、类黄土	6	1：1.50
2	粉质黏土、泥灰岩土	6～7	1：1.50
3	中砂或粗砂	10	1：1.50
4	砾石和碎石土	10～12	1：1.50
5	易风化的岩土	12	1：1.50
6	轻微风化、尺寸 25cm 内的石料	6 以内	1：1.33
		6～12	1：1.50
7	轻微风化、尺寸大于 25cm 的石料,边坡用最大石块、分排整齐铺砌	12 以内	1：1.50～1：0.75
8	轻微风化、尺寸大于 40cm 的石料,其边坡分排整齐	5 以内	1：0.50
		5～10	1：0.65
		＞10	1：1.00

注：1. 当填方高度超过本表规定限值时,其边坡可做成折线形,填方下部的边坡坡度应为 1：1.75～1：2.00;
　　2. 凡永久性填方,土的种类未列入本表者,其边坡坡度不得大于 $\varphi+45°/2$,φ 为土的自然倾斜角。

压实填土的边坡允许值　　　　　表 1.1.71

填料类别	压实系数 λ_c	边坡允许值(高宽比) 填料厚度 H(m)			
		$H≤5$	$5<H≤10$	$10<H≤15$	$15<H≤20$
碎石、卵石	0.94～0.97	1：1.25	1：1.50	1：1.75	1：2.00
砂夹石(其中碎石、卵石占全重30%～50%)		1：1.25	1：1.50	1：1.75	1：2.00
土夹石(其中碎石、卵石占全重30%～50%)	0.94～0.97	1：1.25	1：1.50	1：1.75	1：2.00
粉质黏土、黏粒含量 $\rho_c≥10\%$ 的粉土		1：1.50	1：1.75	1：2.00	1：2.25

注：当压实填土厚度大于 20m 时,可设计成台阶进行压实填土的施工。

1.1.6.3　填土方法

填土方法有人工填土方法和机械填土方法之分,如表 1.1.72 所示。

填 土 方 法　　　　　表 1.1.72

序　号	项　目	内　容
1	人工填土法	用手推车送土,以人工用铁锹、耙、锄等工具进行回填土。 (1)由场地最低部位开始,由一端向另一端自而上分层铺填,每层虚铺厚度,砂质土不大于 30cm,黏性土 20cm,用人工木夯夯实;用打夯机械夯实时不大于 30cm。 (2)深、浅坑相连时,应先填深坑,夯实、拍平后与浅坑全面分层夯。若分段填筑,交接处应填成阶梯形。墙基、管道回填,在两侧用细土同时回填、夯实,防止中心线位移。 (3)人工夯填土用 60～80kg 的木夯或铁、石夯,由 4～8 人拉绳,2 人扶夯,举高不小于 0.5m,一夯压半夯,按次序进行。 (4)较大面积人工回填用打夯机械夯实,两机平行时其间距不得小于 3m,在同一夯行路线上,前后间距不得小于 10m。
2	机械填土法	(1)推土机填土 1)由下而上分层铺填,每层厚度不大于 0.3m。大坡度堆填土,不得居高临下,不分层次,一次堆填。 2)推土机回填,可采取分堆集中,一次运送方法,分段距离约为 10～15m,以减少运土损失量。

序 号	项 目	内 容
2	机械填土法	3)土方推至填方部位时,应提起一次铲刀,成堆卸土,并向前行驶 0.5~1.0m,利用推土机后退时将土刮平。 4)用推土机来回行驶进行碾压,履带应重叠一半。 5)填土程序宜采用纵向铺填顺序,从挖土区段至填土区段,以 40~60m 距离为宜。 (2)铲运机填土 1)铲运机铺土,铺填土区段,长度不宜小于 20m,宽度不宜小于 8m。 2)铺土分层进行,每次铺土厚度不大于 30~50cm;每层铺土后利用空车返回时将地表面刮平。 3)填土程序尽量采取横向或纵向分层卸土,以利行驶时初步压实。 (3)自卸汽车填土 1)自卸汽车为成堆卸土,须配以推土机推开摊平。 2)每层的铺土厚度不大于 30~50cm。 3)填土可利用汽车行驶作部分压实工作。 4)汽车不能在虚土上行驶,卸土推平和压实工作须采取分段交叉进行

1.1.6.4 压实方法

压实是指对被压实材料施加外力以提高其密实度的一种作业。土以及与其相类似的松散材料中,在颗粒之间存在充满空气的孔隙,部分孔隙还为水所充填。压实时,土颗粒产生运动并重新组合,孔隙中的空气和水被强迫挤出,孔隙体积减小,于是土的密实度得到提高,压缩系数大大降低,抗剪强度显著提高。

1. 一般要求

填土压实的一般要求,如表 1.1.73 所示。

填土压实一般要求 表 1.1.73

序 号	项 目	内 容
1	一般要求	(1)填土应尽量采用同类土填筑,并宜控制土的含水率在最优含水量范围内。当采用不同的土填筑时,应按土类有规则地分层铺填,将透水性大的土层置于透水性较小的土层之下,不得混杂使用,边坡不得用透水性较小的土封闭,以利水分排除和基土稳定,并避免在填方内形成水囊和产生滑动现象。 (2)填土应从最低处开始,由下向上整个宽度分层铺填碾压或夯实。 (3)在地形起伏之处,应做好接槎,修筑 1:2 阶梯形边坡,每台阶高可取 50cm、宽 100cm。分段填筑时每层接缝处应作成大于 1:1.5 的斜坡,碾迹重叠 0.5~1.0m,上下层错缝距离不应小于 1m。接缝部位不得在基础、墙角、柱墩等重要部位。 (4)填土应预留一定的下沉高度,以备在行车、堆重或干湿交替等自然因素作用下,土体逐渐沉落密实。预留沉降量根据工程性质、填方高度、填料种类、压实系数和地基情况等因素确定。当土方用机械分层夯实时,其顶留下沉高度(以填方高度的百分数计);对砂土为 1.5%;对粉质黏土为 3%~5%。
2	压实排水	(1)填土层如有地下水或滞水时,应在四周设置排水沟和集水井,将水位降低。 (2)已填好的土如遭水浸,应把稀泥铲除后,方能进行下一道工序。 (3)填土区应保持一定横坡,或中间稍高两边稍低,以利排水。当天填土,应在当天压实。
3	密实系数	填方的密实度要求和质量指标通常以压实系数 λ_c 表示。压实系数为土的控制(实际)干土密度 ρ_d 与最大干土密度 ρ_{dmax} 的比值。最大干土密度 ρ_{dmax} 是当最优含水量时,通过标准的击实方法确定的。密实度要求一般由设计根据工程结构性质、使用要求以及土的性质确定,如未作规定,可参考表 1.1.74 数值。

续表

序 号	项 目	内 容
4	压实遍数	填土每层铺土厚度和压实遍数视土的性质、设计要求的压实系数和使用的压(夯)实机具性能而定,一般应进行现场碾(夯)压试验确定。表1.1.75为压实机械和工具每层铺土厚度与所需的碾压(夯实)遍数的参考数值,如无试验依据,可参考应用。
5	含水量控制	含水量控制参见表1.1.68

填土的密实系数(密实度)要求   表 1.1.74

序 号	结 构 类 型	填 土 部 位	压实系数 λ_c
1	砌体承重结构和框架结构	在地基主要受力层范围内	≥0.97
		在地基主要受力层范围以下	≥0.95
2	排架结构	在地基主要受力层范围内	≥0.96
		在地基主要受力层范围以下	≥0.94
3	一般工程	基础四周或两侧一般回填土	0.9
		室内地坪、管道地沟回填土	0.9
		一般堆放物件场地回填土	0.85

注:1. 压实系数 λ_c 为压实填土的控制干密度 ρ_d 与最大干密度 ρ_{dmax} 的比值。
2. 控制含水量为 $w_{op} \pm 2$。

填土施工时的分层厚度及压实遍数   表 1.1.75

序 号	压实机具	分层厚度(mm)	每层压实遍数
1	平碾	250~300	6~8
2	振动压实机	250~350	3~4
3	柴油打夯机	200~250	3~4
4	人工打夯	不大于200	3~4
5	蛙式打夯机	200~250	3~4
6	推土机	200~300	6~8
7	拖拉机	200~300	8~10
8	羊足碾	200~350	8~16

2. 压实方法

压实方法,如表1.1.76所示。

压 实 方 法   表 1.1.76

序 号	项 目	内 容
1	人工打夯方法	(1)人力打夯前应将填土初步整平,打夯要按一定方向进行,一夯压半夯,夯夯相接,行行相连,两遍纵横交叉,分层夯打。夯实基槽及地坪时,行夯路线应由四边开始,然后再夯向中间。 (2)用柴油打夯机等小型机具夯实时,一般填土厚度不宜大于25cm,打夯之前对填土应初步平整,打夯机依次均匀打打,不留间隙。 (3)基坑(槽)回填应在相对两侧或四周同时进行回填与夯实。 (4)回填管沟时,应用人工先在管子周围填土夯实,并应从管道两侧同时进行,直至管顶0.5m以上。在不损坏管道的情况下,方可采用机械填土回填夯实。
2	机械压实方法	(1)为保证填土压实的均匀性及密实度,避免碾轮下陷,提高碾压效率,在碾压机械碾压之前,宜先用轻型推土机和拖拉机推平,以低速轮压4~5遍,使表面平实;采用振动平碾压实爆破石渣或碎石类土,应先静压,而后振压。 (2)碾压机械压实填方时,应控制行驶速度,一般平碾、振动碾不超过2km/h,并要控制压实遍数。碾压机械与基础或管道应保持一定的距离,防止将基础或管道压坏或使位移。

序 号	项 目	内 容
2	机械压实方法	（3）用压路机进行填方压实，应采用"薄填、慢驶、多次"的方法，填土厚度不应超过25～30cm；碾压方向应从两边逐渐压向中间，碾轮每次重叠宽度约15～25cm，避免漏压。运行中碾轮边距填方边缘应大于500mm，以防发生溜坡倾倒。边角、边坡边缘压实不到之处，应辅以人力夯或小型夯实机具夯实。压实的密实度，除另有规定外，应压至轮子下沉量不超过1～2cm为度。 （4）平碾碾压一层完后，应用人工或推土机将表面拉毛。土层表面太干时，应洒水湿润后，继续回填，以保证上、下层接合良好。 （5）用铲运机及运土工具进行压实，铲运机及运土工具的移动须均匀分布于填筑层的全部平面，逐次卸土碾压

1.1.6.5 质量标准及检验措施

质量标准及检验措施，如表1.1.77所示。

质量标准及检验措施　　　　　　　　　　　　表 1.1.77

序 号	内 容
1	填土施工过程中应检查排水措施，每层填筑厚度、含水量控制和压实程序。
2	对有密实度要求的填方，在夯实或压实之后，要对每层回填土的质量进行检验，一般采用环刀法（或灌砂法）取样测定土的干密度，求出土的密实度，或用小的轻便触探仪直接通过锤击数来检验干密度和密实度；符合设计要求后，才能填筑上层土。
3	基坑和室内填土，每层按100～500m² 取样1组；场地平整填方，每层按400～900m² 取样1组；基坑和管沟回填每20～50m 取样1组，但每层均不少于1组，取样部位在每层压实后的下半部。用灌砂法取样应为每层压实后的全部深度。
4	填土压实后的干密度应有90%以上符合设计要求，其余10%的最低值与设计值之差，不得大于0.08t/m³，且不应集中。
5	填方施工结束后应检查标高、边坡坡度、压实程度等，检验标准参见表1.1.78

填土工程质量检验标准（mm）　　　　　　　　　表 1.1.78

项目	序号	检验项目	允许偏差或允许值					检查方法
			桩基、基坑、基槽	场地平整 人工	场地平整 机械	管沟	地(路)面基础层	
主控项目	1	标高	−50	±30	±50	−50	−50	水准仪
	2	分层压实系数	设计要求					按规定方法
一般项目	1	回填土料	设计要求					取样检查或直观鉴别
	2	分层厚度及含水量	设计要求					水准仪及抽样检查
	3	表面平整度	20	20	30	20	20	用靠尺或水准仪

1.1.7 土方机械化施工

土方机械化施工应根据工程规模、基础形式、开挖深度、地质、地下水情况、土方量、运距、现场和机具设备条件、工期要求以及土方机械的特点等合理选择挖土机械，以充分发挥机械效率，节省机械费用，加速工程进度。

1.1.7.1   土方机械的选择

土方机械化施工常用的机械有：推土机、铲运机、挖掘机（包括正铲、反铲、拉铲、抓铲……）、装载机等，一般常用土方机械的选择可参考表 1.1.79。

常用土方机械的选择   表 1.1.79

机械名称	特性	作业特点及辅助机械	适用范围
推土机	操作灵活，运转方便，需工作面小，可挖土，运土，易于转移，行驶速度快，应用广泛。	1. 作业特点 (1)推平； (2)运距 100m 内的堆土(效率最高为 60m)； (3)开挖浅基坑； (4)推送松散的硬土、岩石； (5)回填、压实； (6)配合铲运机助铲； (7)牵引； (8)下坡坡度最大 35°，横坡最大为 10°，几台同时作业，前后距离应大于 8m。 2. 辅助机械 土方挖后运出需配备装土，运土设备；推挖三～四类土，应用松土机预先翻松。	(1)推一～二类土； (2)找平表面，场地平整； (3)短距离移挖作填，回填基坑(槽)、管沟并压实； (4)开挖深度不大于 1.5m 的基坑(槽)； (5)堆筑高 1.5m 以内的路基、堤坝； (6)拖羊足碾； (7)配合挖土机从事集中土方、清理场地、修路开道等。
铲运机	操作简单灵活，不受地形限制，不需特设道路，准备工作简单，能独立工作，不需其他机械配合能完成铲土、运土、卸土、填筑、压实等工序，行驶速度快，易于转移；需用劳力少，动力少，生产效率高。	1. 作业特点： (1)大面积整平； (2)开挖大型基坑、沟渠； (3)运距 800～1500m 内的挖运土(效率最高为 200～350m)； (4)填筑路基、堤坝； (5)回填压实土方； (6)坡度控制在 20°以内。 2. 辅助机械 开挖坚土时需用推土机助铲，开挖三、四类土宜先用松土机预先翻松 20～40cm；自行式铲运机用轮胎行驶，适合于长距离，但开挖亦须用助铲。	(1)开挖含水率 27%以下一～四类土； (2)大面积场地平整、压实； (3)运距 800m 以内的挖运土方； (4)开挖大型基坑(槽)、管沟，填筑路基等，但不适于砾石层、冻土地带及沼泽地区使用。
正铲挖掘机	装车轻便灵活，回转速度快，移位方便；能挖掘坚硬土层，易控制开挖尺寸，工作效率高。	1. 作业特点 (1)开挖停机面以上土方； (2)工作面应在 1.5m 以上，开挖合理高度见表 1.1.86； (3)开挖高度超过挖土机挖掘高度时，可采取分层开挖； (4)装车外运。 2. 辅助机械 土方外运应配备自卸汽车，工作面应有推土机配合平土、集中土方进行联合作业。	(1)开挖含水量不大于 27%的一～四类土和经爆破后的岩石与冻土碎块； (2)大型场地整平土方； (3)工作面狭小且较深的大型管沟和基槽路堑； (4)独立基坑； (5)边坡开挖。
反铲挖掘机	操作灵活，挖土、卸土均在地面作业，不用开运输道。	1. 作业特点 (1)开挖地面以下深度不大的土方； (2)最大挖土深度 4～6m，经济合理深度为 1.5～3m； (3)可装车和两边甩土、堆放； (4)较大较深基坑可多层接力挖土。 2. 辅助机械 土方外运应配备自卸汽车，工作面应有推土机配合推到附近堆放。	(1)开挖含水量大的一～三类的砂土或黏土； (2)管沟和基槽； (3)独立基坑； (4)边坡开挖。

续表

机械名称	特 性	作业特点及辅助机械	适 用 范 围
拉铲挖掘机	可挖深坑,挖掘半径及卸载半径大,操纵灵活性较差。	1. 作业特点 (1)开挖停机面以下土方; (2)可装车和甩土; (3)开挖截面误差较大; (4)可将土甩在基坑(槽)两边较远处堆放。 2. 辅助机械 土方外运需配备自卸汽车、推土机,创造施工条件。	(1)挖掘一~三类土,开挖较深较大的基坑(槽)、管沟。 (2)大量外借土方; (3)填筑路基、堤坝; (4)挖掘河床; (5)不排水挖取水中泥土。
抓铲挖掘机	钢绳牵拉灵活性较差,工效不高,不能挖掘坚硬土;可以装在简易机械上工作,使用方便。	1. 作业特点 (1)开挖直井或沉井土方; (2)可装车或甩土; (3)排水不良也能开挖; (4)吊杆倾斜角度应在 45°以上,距边坡应不小于 2m。 2. 辅助机械 土方外运时,按运距需配备自卸汽车,作业面需经常用推土机平整并推松土方。	(1)土质比较松软,施工面较狭窄的深坑、基槽; (2)水中挖取土,清理河床; (3)桥基、桩孔挖土; (4)装卸散装材料。
装载机	操作灵活,回转移位方便、快速,可装卸土方和散料,行驶速度快。	1. 作业特点 (1)开挖停机面以上土方; (2)轮胎式只能装松散土方,履带式可装较实土方; (3)松散材料装车; (4)吊运重物,用于铺设管道。 2. 辅助机械 土方外运需配备自卸汽车,作业面需经常用推土机平整并推松土方	(1)外运多余土方; (2)履带式改换挖斗时,可用于开挖; (3)装卸土方和散料; (4)松散土的表面剥离; (5)地面平整和场地清理等工作; (6)回填土; (7)拔除树根

1.1.7.2 常用土方机械的技术性能

1. 推土机(图 1.1.51)

常用推土机型号及技术性能见表 1.1.80。

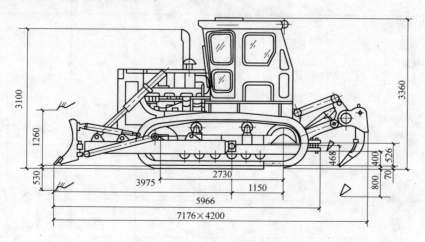

图 1.1.51 T-180 型推土机外形

常用推土机型号及技术性能   表 1.1.80

项目 \ 型号	T₃-100	T-120	上海-120A	T-180	TL180	T-220
铲刀(宽×高)(mm)	3030×1100	3760×1100	3760~1000	4200~1100	3190×990	3725~1315
最大提升高度(mm)	900	1000	1000	1260	900	1210
最大切土深度(mm)	180	300	330	530	400	540
移动速度：前进(km/h)	2.36~10.13	2.27~10.44	2.23~10.23	2.43~10.12	7~49	2.5~9.9
后退(km/h)	2.79~7.63	2.73~8.99	2.68~8.82	3.16~9.78		3.0~9.4
额定牵引力(kN)	90	120	130	188	85	240
发动机额定功率(hP)	100	135	120	180	180	220
对地面单位压力(MPa)	0.065	0.059	0.064			0.091
外形尺寸(长×宽×度)(m)	5.0×3.03 ×2.992	6.506×3.76 ×2.875	5.366×3.76 ×3.01	7.176×4.2 ×3.091	6.13×3.19 ×2.84	6.79×3.725 ×3.575
总重量(t)	13.43	14.7	16.2		12.8	27.89
生产厂	山东推土机总厂	四川建筑机械厂	上海彭浦机械厂	黄河工程机械厂	郑州工程机械厂	黄河工程机械厂

2. 铲运机（图 1.1.52、图 1.1.53）

常用铲运机型号及技术性能见表 1.1.81。

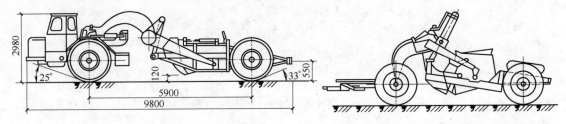

图 1.1.52 CL7 型自行式铲运机   图 1.1.53 G6-2.5 型拖式铲运机

铲运机的技术性能和规格   表 1.1.81

项目	拖式铲运机			自行式铲运机		
	C6~2.5	C5~6	C3~6	C3~6	C4~7	CL7
铲斗：几何容量(m³)	2.5	6	6~8	6	7	7
堆尖容量(m³)	2.75	8	—	8	9	9
铲刀宽度(mm)	1900	2600	2600	2600	2700	2700
切土深度(mm)	150	300	300	300	300	300
铺土厚度(mm)	230	380	—	380	400	—
铲土角度(°)	35~68	30	30	30		—
最大转弯半径(m)	2.7	3.75	—	—	6.7	—
操纵形式	液压	钢绳	—	液压及钢绳	液压及钢绳	液压
功率(hP)	60	100	—	120	160	180
卸土方式	自由	强制式	—	强制式	强制式	—
外形尺寸(长×宽×高)(m)	5.6×2.44 ×2.4	8.77×3.12 ×2.54	8.77×3.12 ×2.54	10.39×3.07 ×3.06	9.7×3.1 ×2.8	9.8×3.2 ×2.98
重量(t)	2.0	7.3	7.3	14	14	15

3. 正铲挖掘机（图 1.1.54）

常用液压正铲挖掘机的型号及技术性能见表 1.1.82。

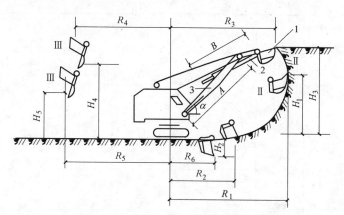

图 1.1.54　正（向）铲工作装置与工作参数

1—土斗；2—斗柄；3—支杆

R_1—最大挖土半径；R_2—停机平面最大挖土半径；R_3—最大挖土高度的挖土半径；R_4—最大卸土
高度时卸土半径；R_5—最大卸土半径；R_6—停机平面以下最小切土半径；H_1—最大挖土半径时
挖土高度；H_2—停机平面以下挖土深度；H_3—最大挖土高度；H_4—最大卸土高度；
H_5—最大卸土半径时卸土高度；A—支杆长度；B—斗柄长度；α—支杆倾角

4. 反铲挖掘机（图 1.1.55）

常用液压反铲挖掘机的型号及技术性能见表 1.1.82。

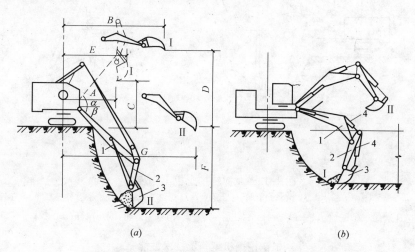

(a)　　　　　　　　　　　　　　　　(b)

图 1.1.55　反（向）铲工作装置与工作参数

(a) 钢索传动反向铲；(b) 液压传动反向铲

1—支杆；2—斗柄；3—土斗；4—液压缸

A—开始卸土半径；B—最终卸土半径；C—开始卸土高度；D—最终卸土高度；
E—往运输工具卸土半径；F—最大挖土深度；G—最大挖土半径；
α—支杆倾斜度；$\alpha=45°$或 $60°$；$\beta=45°$或 $30°$

5. 抓铲挖掘机（图 1.1.56）。

常用抓铲挖掘机型号及技术性能见表 1.1.83。

液压挖掘机主要技术性能及规格　　　　　　　表 1.1.82

项　目	机　型							
	WY10	WLY40	WY60	WY60A	WY80	WY100	WY160	WY250
正铲								
铲斗容量(m³)		0.4	0.6	0.6	0.8	1.0	1.6	2.5
最大挖掘半径(m)		7.95	7.78	6.71	6.71	8.0	8.05	9.0
最大挖掘高度(m)		6.12	6.34	6.60	6.60	7.0	8.1	9.5
最大卸载高度(m)		3.66	4.05	3.79	3.79	2.5	5.7	6.55
反铲								
铲斗容量(m³)	0.1	0.4	0.6	0.6	0.8	0.7~1.2	1.6	—
最大挖掘半径(m)	4.3	7.76	8.17	8.46	8.86	9.0	10.6	—
最大挖掘高度(m)	2.5	5.39	7.93	7.49	7.84	7.6	8.1	—
最大卸载高度(m)	1.84	3.81	6.36	5.60	5.57	5.4	5.83	—
最大挖掘深度(m)	2.4	4.09	4.2	5.14	5.52	5.8	6.1	—
发动机:功率(kW)	—	58.8	58.8	69.1	—	95.5	132.3	220.5
液压系统工作压力(MPa)	—	30	25	—	—	32	28	28
行走接地比压(MPa)	0.03	—	0.06	0.03	0.04	0.05	0.09	0.1
行走速度(km/h)	1.54	3.6	1.8	3.4	3.8	1.6~3.2	1.77	2.0
爬坡能力(%)	45	40	45	47	47	45	80	35
回转速度(r/min)	10	7.0	6.5	8.65	8.65	7.9	6.9	5.35
总重量(t)	—	9.89	14.2	17.5	19.0	25.0	38.0	60.0
制造厂	北京工程挖掘机厂	江苏建筑机械厂	贵阳矿山机械厂	合肥矿山机械厂	合肥矿山机械厂	上海建筑机械厂	长江挖掘机厂	杭州重型机械厂

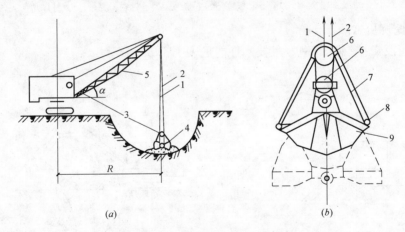

图 1.1.56　抓铲挖土机工作装置

(a) 抓斗挖土与卸土；(b) 抓斗结构

1—起升索；2—闭合索；3—稳定索；4—土斗；5—支杆；6—滑轮；7—拉杆；8—铰；9—合瓣

抓铲挖掘机型号及技术性能　　　　　　　表 1.1.83

项　目	型　号							
	W-501				W-1001			
抓斗容量(m³)	0.5				1.0			
伸臂长度(m)	10				13		16	
回转半径(m)	4.0	6.0	8.0	9.0	12.5	4.5	14.5	5.0
最大卸载高度(m)	7.6	7.5	5.8	4.6	1.6	10.8	4.8	13.2
抓斗开度(m)	—				2.4			
对地面的压力(MPa)	0.062				0.093			
重量(t)	20.5				42.2			

（6）拉铲挖掘机（图 1.1.57）

常用拉铲挖掘机型号及技术性能见表 1.1.84 所示。

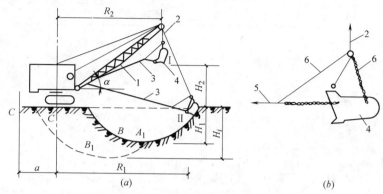

图 1.1.57 拉铲挖掘机工作装置与工作参数

（a）钢索传动反向铲；（b）液压传动反向铲

1—支杆；2—起重索；3—牵引索；4—土斗；5—链条；6—卸载索

R_1—最大切土半径；R_2—最大卸土半径；H_1、H_i—土斗落点在地面的挖掘深度；

α—支杆倾作；R_1、R_2—土斗抛出后增加的距离；H_2—最大卸土高度；B、B_1—挖土面

一般常用拉铲挖掘机技术性能　　　　表 1.1.84

项　　目	机　　型							
	W501				W1001			
铲斗容量(m³)	0.5				1.0			
铲臂长度(m)	10		13		13		16	
铲臂倾斜角度(°)	30	45	30	45	30	45	30	45
最大卸土高度(m)	3.5	5.5	5.3	8	4.2	6.9	5.7	9.0
最大卸土半径(m)	10	8.3	12.5	10.4	12.8	10.8	15.4	12.9
最大挖掘深度(m)	11.1	10.2	14.3	13.2	14.4	13.2	17.5	16.2
侧面挖掘深度(m)	4.4	3.8	6.6	5.9	5.8	4.9	8.0	7.1
正面挖掘深度(m)	7.3	5.6	10	7.8	9.5	7.4	12.2	9.6
对地面的平均压力(MPa)	0.06		0.064		0.10		0.10	
机重(t)	19.1		20.7		44.7		45.0	

（7）装载机（图 1.1.58）

常用铰接式轮胎装载机型号及技术性能见表 1.1.85。

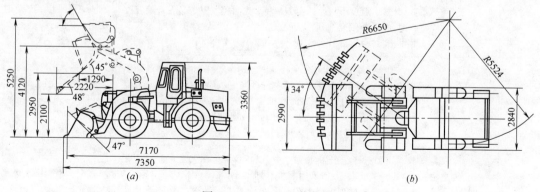

图 1.1.58　ZL-50 装载机

（a）外形尺寸；（b）转变半径

国产铰接式轮胎装载机主要技术性能及规格   表 1.1.85

项 目	型 号						
	WZ2A	ZL10	ZL20	ZL30	ZL40	ZL50	ZL50K
铲斗容量(m³)	0.7	0.5	1.0	1.5	2.0	3.0	2.7
装载量(t)	1.5	1	2	3	4	5	5
卸料高度(m)	2.25	2.25	2.6	2.7	2.8	2.85	2.78
发电机功率(hp)	55	55	81	100	135	220	
行走速度(km/h)	18.5	10~28	0~30	0~32	0~35	10~35	7.8~55
最大牵引力(t)	—	3.2	6.4	7.5	10.5	16	
爬坡能力(°)	18	30	30	25	28~30	30	25
回转半径(m)	4.9	4.48	5.03	5.5	5.9	6.5	6.24
离地间隙(m)		0.29	0.393	0.4	0.45	0.305	
转向方式	铰接液压缸	铰接液压缸	铰接液压缸	铰接液压缸	铰接液压缸	铰接液压缸	铰接液压缸
外形尺寸(m)	7.88×2 ×3.23	4.4×1.8 ×2.7	5.7×2.2 ×2.8	6×2.4 ×2.8	6.4×2.5 ×3.2	6.7×2.8 ×2.7	7.61×2.94 ×3.22
总重(t)	6.4	4.5	7.6	9.2	11.5	16.8	17

注：WZ2A 型带反铲，斗容量 0.2m³，最大挖掘深度 4.0m，挖掘半径 5.25m，卸料高度 2.99m。

1.1.7.3 常用土方机械作业方法

1. 推土机推土方法

推土机推土方法，如表 1.1.86 所示。

推土机推土方法   表 1.1.86

序 号	项 目	内 容	适用范围
1	一般规定	推土机开挖的基本作业是铲土、运土和卸土三个工作行程和空载回驶行程。 (1)铲土时应尽量采用最大切土深度在最短距离(6~10m)内完成，以便缩短低速运行时间，然后直接推运到预定地点。 (2)回填土和填沟渠时，铲刀不得超出土坡边沿。 (3)几台推土机同时作业，前后距离应大于 8m。 (4)上下坡坡度不得超过 35°，横坡不得超过 10°。	
2	下坡推土法 (图 1.1.59)	在斜坡上，推土机顺下坡方向切土与推运，借机械向下的重力作用切土，增大切土深度和运土数量，可提高生产率 30%~40%，但坡度不宜超过 15°，避免后退时爬坡困难。无自然坡度时，亦可分段推土，形成下坡送土条件。下坡推土有时与其他推土方法结合使用。	适用于半挖半填地区推土丘，回填沟，渠时使用。
3	槽形挖土法 (图 1.1.60)	推土机重复多次在一条作业线上切土和推土，使地面逐渐形成一条浅槽，再反复在沟槽中进行推土，以减少土从铲刀两侧漏散，可增加 10%~30% 的推土量。槽的深度以 1m 左右为宜，槽与槽之间的土坑宽约 500mm，当推出多条槽后，再从后面将土推入槽内，然后运出。	适于运距较远，土层较厚时使用
4	并列推土法 (图 1.1.61)	用 2~3 台推土机并列作业，以减少土体漏失量。铲刀相距 150~300mm，一般采用两机并列推土，可增大推土量 15%~30%，三机并列可增大推土量 30%~40%，但平均运距不宜超过 50~75m，亦不宜小于 20m。	适于大面积场地平整及运送土用

续表

序 号	项 目	内 容	适用范围
5	分堆集中,一次推送法(图1.1.62)	在硬质土中,切土深度不大,将土先积聚在一个或数个中间点,然后再整批推送到卸土区,使铲刀前保持满载。堆积距离不宜大于30m,推土高度以2m内为宜。本法可使铲刀的推送数量增大,有效地缩短运输时间,能提高生产率15%左右。	适于运送距离较远,而土质又比较坚硬,或长距离分段送土时采用
6	斜角推土法(图1.1.63)	将铲刀斜装在支架上或水平位置,并与前进方向成一倾斜角度(松土为60°,坚实土为45°)进行推土。本法可减少机械来回行驶,提高效率,但推土阻力较大,需较大功率的推土机。	适于管沟推土回填,垂直方向无倒车余地或在坡脚及山坡下推土用。
7	之字斜角推土法(图1.1.64)	推土机与回填的管沟或洼地边缘成"之"字或一定角度推土。本法可减少平均负荷距离和改善推集中土的条件,并可使推土机转角减少一半,提高台班生产率,但需较宽的运行场地	适于回填基坑、槽、管沟时采用

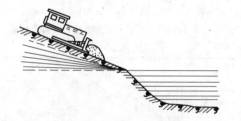

图1.1.59 下坡推土法

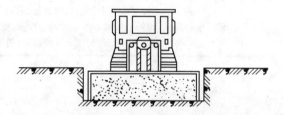

图1.1.60 槽形挖土法

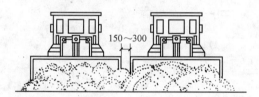

图1.1.61 并列推土法

图1.1.62 分堆集中,一次推送法

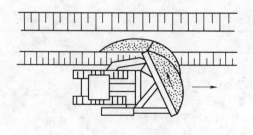

图1.1.63 斜角推土法

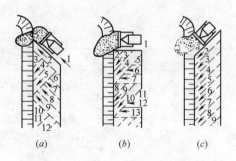

图1.1.64 之字斜角推土法
(a)、(b) 之字形推土法;(c) 斜角推土法

2. 铲运机铲土方法

铲运机的基本作业是铲土、运土、卸土三个工作行程和一个空载回驶行程。在施工中,由于挖填区的分布情况不同,为了提高生产效率,应根据不同施工条件(工程大小、运距长短、土的性质和地形条件等),选择合理的开行路线和施工方法。见表1.1.87,表1.1.88。

铲运机作业运行路线方法   表 1.1.87

序 号	名　　称	作业运行方法	适用范围
1	环形运行路线	从挖方到填方均按封闭的环形路线回转。当挖土和填土交替，且刚好填土区在挖土区的两端时，可采用大环形路线，使一个循环能完成多次铲土和卸土，减少铲运机的转弯次数，提高生产效率。本法亦应常调换方向行驶，以避免机械行使部分的单侧磨损。环形运行路线如图 1.1.65(a)、(b)。	适于工作面很短（50～100m）和填方不高（0.1～1.5m）的路堤、路堑、基坑以及场地平整等工程。
2	"8"字形运行路线	装土运土和卸土时按"8"字形运行，一个循环完成两次挖土和卸土作业。装土和卸土沿直线开行时进行，转弯时刚好把土装完或倾卸完毕，但两条路线间的夹角 α 应小于 60°，本法可减少转弯次数和空车行驶距离，提高生产率，同时一个循环中两次转弯方向不同，可避免机械行驶部分单侧磨损，运行路线图如图 1.1.65(d)。	适于开挖管沟、沟边卸土或取土坑较长（300～500m）的侧向取土，填筑路基以及场地平整等工程。
3	连续式运行路线	铲运机在同一直线连续地进行铲土和卸土作业。本法可消除跑空车现象，减少转弯次数，提高生产率，同时可使整个填方面积得到均匀压实，运行路线图见图 1.1.65(c)。	适于大面积场地整平填方和挖方交替出现的地段

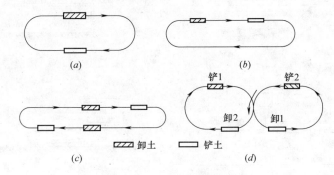

图 1.1.65 铲运机开行路线

(a)、(b) 环形运行路线；(c) 连续式运行路线；(d) 8 字形运行路线

铲运机铲土方法   表 1.1.88

序 号	名　　称	作业运行方法	适用范围
1	下坡铲土法（图 1.1.66）	铲运机顺地势（坡度一般 3°～9°）下坡铲土，借机械往下运行重量产生的附加牵引力来增加切土深度和充盈数量，可提高生产率 25% 左右，最大坡度不应超过 20°，铲土厚度以 200mm 为宜，平坦地可将取土地段的一端先铲低，保持一定坡度向后延伸，创造下坡铲土条件，一般保持铲满铲斗的工作距离为 15～20m，在大坡度上，应放低铲斗，低速前进。	适用于斜坡地形大面积场地平整或推土回填沟渠用。
2	助铲法（图 1.1.67）	在坚硬的土体中，自行铲运机再另配一台推土机在铲运机的后拖杆上进行顶推，协助铲土，可缩短每次铲土时间，装满铲斗，可提高生产率 30% 左右；推土机在助铲的空余时间，可作松土和零星的平整工作。助铲法取土场宽不宜小于 20m，长度长宜小于 40m，采用一台推土机配合 3～4 台铲运机助铲时，铲运机的半周程距离不应小于 250m，几台铲运机要适当安排铲土次序和运行路线，互相交叉进行流水作业，以发挥推土机效率。	适用于地势平坦、土质坚硬、宽度大、长度长的大型场地平整工程。

续表

序号	名 称	作业运行方法	适用范围
3	双联铲运机 (图 1.1.68)	铲运机运土时所需牵引力较小,当下坡铲土时,可将两个铲斗前后串在一起,形成一起一落依次铲土、装土(称双联单铲)。当地面较平坦时,采取将两个铲斗串成同时起落、同时进行铲土,又同时起斗运行(称为双联双铲)。前者可提高工效 20%～30%,后者可提高工效约 60%。	适用于较松软的土,进行大面积场地平整及筑堤。
4	跨铲法 (图 1.1.69)	跨铲法就是预留土埂,间隔铲土的方法。这样,可使铲运机在挖两边土槽时减少向外撒土量,挖土埂时增加了两个自由面,使阻力减小,缩短铲土时间和减少向外撒土,铲土也容易。土埂高度应不大于 30cm,宽度以不大于拖拉机两履带间净距为宜	适于较坚硬的土铲土回填或场地平整

图 1.1.66　下坡铲土法

图 1.1.67　助铲法
1—铲运机铲土;2—推土机助铲

图 1.1.68　双联铲运法

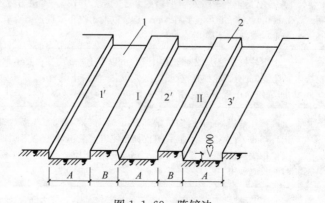

图 1.1.69　跨铲法
1—沟槽;2—土埂
A—铲斗宽;B—不大于拖拉机履带净距

3. 挖掘机挖土方法

挖掘机是一种常用的挖土机械，常用于基坑开挖。单斗挖土机按其工作结构分为正向铲、反向铲、拉铲和抓铲挖土机。按其动力装置可分为机械单斗挖土机和液压单斗挖土机，在建筑工程中广泛使用。

（1）正铲挖掘机挖土方法

正铲挖掘机挖土方法，一般有以下几种，如表 1.1.89 所示。

正铲挖掘机挖土方法

表 1.1.89

序号	项目	内容
1	正铲挖土基本方法	（1）正铲挖掘机的挖土特点是："前进向上，强制切土"，正向铲挖土机是开挖停机平面以上的土。根据开挖路线与运输汽车相对位置的不同，一般有以下两种： 1）正向开挖，侧向装土法 正铲向前进方向挖土，汽车位于正铲的侧向装车（图 1.1.70a、b）。本法铲臂卸土回转角度最小（＜90°）。装车方便，循环时间短，生产效率高。用于开挖工作面较大，深度不大的边坡、基坑（槽）、沟渠和路堑等，为最常用的开挖方法。 2）正向开挖，后方装土法 正铲向前进方向挖土，汽车停在正铲的后面（图 1.1.70c）。 本法开挖工作面较大，但铲臂卸土回转角度较大（在 180°左右），且汽车要侧向行车，增加工作循环时间，生产效率降低（回转角度 180°，效率约降低 23%，回转角度 130°，约降低 13%）。用于开挖工作面较小、且较深的基坑（槽）、管沟和路堑等。 （2）正铲经济合理的挖土高度见表 1.1.90。 （3）挖土机挖土装车时，回转角度对生产率的影响数值，参见表 1.1.91。
2	分层开挖法	分层开挖法，将开挖面按机械合理的高度分为多层开挖（图 1.1.71）；当开挖面高度不能成为一次挖掘深度的整数倍时，则可在挖方的边缘或中部先开挖一条浅槽作为第一次挖土运输的线路（图 1.1.71），然后再逐次开挖直至基坑底部。用于开挖大型基坑或沟渠，工作面高度大于机械挖掘的合理高度时采取。
3	多层开挖法	多层开挖法，将开挖面按机械的合理开挖高度，分为多层同时开挖，以加快开挖速度，土方可以分层运出，亦可分层递送，至最上层（或下层）用汽车运出（图 1.1.72）。但两台挖土机沿前进方向，上层应先开挖，与下层保持 30～50m 距离。适于开挖高边坡或大型基坑。
4	中心开挖法	中心开挖法，正铲先在挖土区的中心开挖，当向前挖至回转角度超过 90°时，则转向两侧开挖，运土汽车按八字形停放装土（图 1.1.73）。本法开挖移位方便，回转角度小（＜90°）。挖土区宽度宜在 40m 以上，以便于汽车靠近正铲装车。适用于开挖较宽的山坡地段或基坑、沟渠等。
5	上下轮换开挖法	上下轮换开挖法，先将土层上部 1m 以下土挖深 30～40cm，然后再挖土层上部 1m 厚的土，如此上下轮换开挖（图 1.1.74）。本法挖土阻力小，易装满铲斗，卸土容易。适于土层较高，土质不太硬，铲斗挖掘距离很短时使用。
6	顺铲开挖法	顺铲开挖法，正铲挖掘机铲斗从一侧向另一侧，一斗挨一斗地顺序进行开挖（图 1.1.75a），每次挖土增加一个自由面，使阻力减小，易于挖掘。也可依据土质的坚硬程度使每次只挖 2～3 个斗牙位置的土。适于土质坚硬，挖土时不易装满铲斗，而且装土时间长时采用。
7	间隔开挖法	间隔开挖法，即在扇形工作面上的第一铲与第二铲之间保留一定距离（图 1.1.75b），使铲斗接触土体的摩擦面减少，两侧受力均匀，铲土速度加快，容易装满铲斗，生产效率高。适于开挖土质不太硬、较宽的边坡或基坑、沟渠等

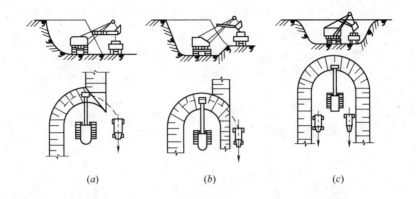

图 1.1.70　正铲挖掘机开挖方式

(a)、(b) 正向开挖，侧向装土；(c) 正向开挖，后方装土

正铲开挖高度参考数值（m）　　　　　　　表 1.1.90

土的类别	铲斗容量(m³)			
	0.5	1.0	1.5	2.0
一～二	1.5	2.0	2.5	3.0
三	2.0	2.5	3.0	3.5
四	2.5	3.0	3.5	4.0

影响生产效率参考数　　　　　　　　表 1.1.91

土的类别	回 转 角 度		
	90°	130°	180°
一～四	100%	87%	77%

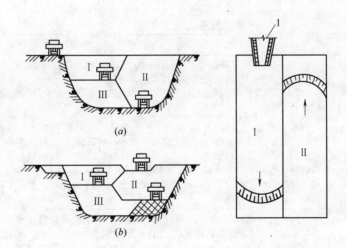

图 1.1.71　分层开挖法

(a) 分层开挖法；(b) 设先锋槽分层开挖法

1—下坑通道；Ⅰ、Ⅱ、Ⅲ—一、二、三层

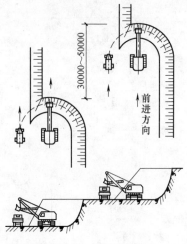

图 1.1.72　多层开挖法

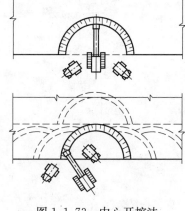

图 1.1.73　中心开挖法

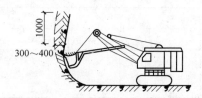

图 1.1.74　上下轮换开挖法

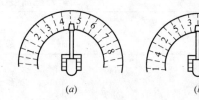

图 1.1.75　顺铲和间隔开挖法
(a) 顺铲开挖法；(b) 间隔开挖法

(2) 反铲挖掘机挖土方法

反铲挖掘机的挖土特点是："后退向下，强制切土"，反向铲挖土机是用来开挖停机平面以下的土。根据挖掘机的开挖路线与运输汽车的相对位置不同，一般有以下几种，见表 1.1.92。

反铲挖掘机挖土方法　　　　　表 1.1.92

序 号	项 目	内 容
1	一般规定	(1) 反向铲系用来开挖停机平面以下的土，在开挖基坑时不必下坑工作，工作条件较好，可以开挖湿土，因此配合简易排水法即可。 (2) 由于挖土机的构造限制，其强制力和灵活性不如正向铲，只能开挖砂土、黏质粉土以及轻黏土
2	沟端开挖法	沟端开挖法，反铲停于沟端，后退挖土，同时往沟一侧弃土或装汽车运走 (图 1.1.76a)。挖掘宽度可不受机械最大挖掘半径的限制，臂杆回转半径仅 45°~90°，同时可挖到最大深度。对较宽的基坑可采用 (图 1.1.76b) 的方法，其最大一次挖掘宽度为反铲有效挖掘半径的两倍，但汽车须停在机身后面装土，生产效率较低。或采用几次沟端开挖法完成作业。适于一次成沟后退挖土，挖出土方随即运走时采用，或就地取土填筑路基或修筑堤坝等
3	沟侧开挖法	沟侧开挖法，反铲停于沟侧沿沟边开挖，汽车停在机旁装土或往沟一侧卸土 (图 1.1.76c)。本法铲臂回转角度小，能将土弃于距沟边较远的地方，但挖土宽度比挖掘半径小，边坡不好控制，同时机身靠沟边停放，稳定性较差。用于横挖土体和需将土方甩到离沟边较远的距离使用。
4	沟角开挖法	沟角开挖法，反铲位于沟前端的边角上，随着沟槽的掘进，机身沿着沟边往后作"之"字形移动 (图 1.1.77)。臂杆回转角度平均在 45°左右，机身稳定性好，可挖较硬的土体，并能挖出一定的坡度。适于开挖土质较硬，宽度较小的沟槽(坑)。

序　号	项　　目	内　　　容
5	多层接力开挖法	多层接力开挖法,用两台或多台挖土机设在不同作业高度上同时挖土,边挖土,边将土传递到上层,由地表挖土机边挖土带装土(图1.1.78);上部可用大型反铲,中、下层用大型或小型反铲,进行挖土和装土,均衡连续作业。一般两层挖土可挖深10m,三层可挖深15m左右。本法开挖较深基坑,一次开挖到设计标高,一次完成,可避免汽车在坑下装运作业,提高生产效率,且不必设专用垫道。适于开挖土质较好、深10m以上的大型基坑、沟槽和渠道

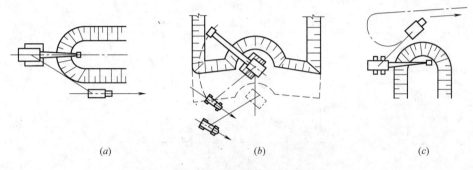

图 1.1.76　反铲沟端及沟侧开挖法

(*a*)、(*b*) 沟端开挖法;(*c*) 沟侧开挖法

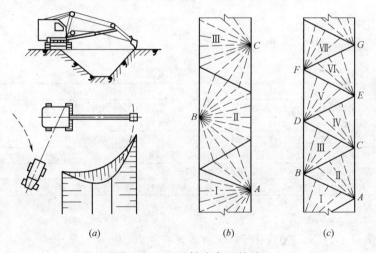

图 1.1.77　反铲沟角开挖法

(*a*) 沟角开挖平剖面;(*b*) 扇形开挖平面;(*c*) 三角开挖平面

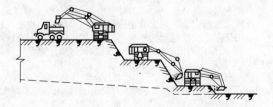

图 1.1.78　反铲多层接力开挖法

(3) 抓铲挖掘机挖土方法

抓铲挖掘机挖土方法，如表 1.1.93 所示。

抓铲挖掘机挖土方法 表 1.1.93

序 号	内 容
1	抓铲挖掘机的挖土特点是："直上直下，自重切土"。抓铲能在回转半径范围内开挖基坑上任何位置的土方，并可在任何高度上卸土(装车或弃土)。
2	对小型基坑，抓铲立于一侧抓土；对较宽的基坑，则在两侧或四侧抓土。抓铲应离基坑边一定距离，土方可直接装入自卸汽车运走(图1.1.79)，或堆弃在基坑旁或用推土机推到远处堆放。
3	抓铲挖土用于开挖土坡较陡的基坑，可挖砂土、黏质粉土或水下淤泥等。当基坑需要水下开挖时，抓铲挖土机最为适合，且可以装在简易机械上工作，故在工程中广泛使用。
4	挖淤泥时，抓斗易被淤泥吸住，应避免用力过猛，以防翻车。抓铲施工，一般均需加配重

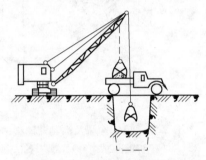

图 1.1.79 抓铲挖掘机挖土

(4) 拉铲挖掘机挖土方法

拉铲挖掘机挖土方法，如表 1.1.94 所示。

拉铲挖掘机挖土方法 表 1.1.94

序 号	内 容
1	拉铲挖土机适用于开挖停机面以下一～三类土，主要用于开挖较深较大的基坑(槽)、沟渠，挖取水中泥土以及填筑路基，修筑堤坝等。
2	开挖方式。拉铲挖土机开挖基坑时，也有沟端开行与沟侧开行两种方式。
3	挖斗容量有 0.35m³、0.5m³、1m³、1.5m³、2m³ 等数种。
4	最大挖土深度由 7.6m(W3-30)到 16.3m(W1-200)。
5	拉铲大多将土弃在土堆上，也可卸到运输工具上，但技术要求高、效率较低

1.1.7.4 常用压实机具的选择

常用压实机具的选择，如表 1.1.95 所示。

常用压实机具的选择 表 1.1.95

序 号	项 目	内 容
1	平碾压路机	(1)平碾压路机又称光碾压路机，分类如下： 1)按重量等级分轻型(3～5t)、中型(6～10t)和重型(12～15t)三种； 2)按装置形式的不同又分单轮压路机、双轮压路机及三轮压路机等几种； 3)按作用于土层荷载的不同，分静作用压路机和振动压路机两种。 (2)平碾压路机具有操作方便，转移灵活，碾压速度较快等优点，但碾轮与土的接触面积大，单位压力较小，碾压上层密实度大于下层。 (3)静作用压路机适用于薄层填土或表面压实、平整场地、修筑堤坝及道路工程；振动平碾适用于填料为爆破石渣、碎石类土、杂填土或粉土的大型填方工程。 (4)常用平碾压路机的型号及技术性能见表1.1.96。 常用振动压路机的型号及技术性能见表1.1.97。

续表

序 号	项 目	内 容
2	小型打夯机	小型打夯机有冲击式和振动之分,由于体积小,重量轻,构造简单,机动灵活、实用,操纵、维修方便,夯击能量大,夯实工效较高,在建筑工程上使用很广。但劳动强度较大,常用的有蛙式打夯机、柴油打夯机、电动立夯机等,其技术性能见表1.1.98,适用于黏性较低的土(砂土、粉土、粉质黏土)基坑(槽)、管沟及各种零星分散、边角部位的填方的夯实,以及配合压路机对边缘或边角碾压不到之处的夯实。
3	平板式振动器	平板式振动器为现场常备机具,体形小,轻便,适用,操作简单,但振实深度有限。适于小面积黏性土薄层回填土振实、较大面积砂土的回填振实以及薄层砂卵石、碎石垫层的振实。
4	其他机具	对密实度要求不高的大面积填方,在缺乏碾压机械时,可采用推土机、拖拉机或铲运机结合行驶、推(运)土、平土来压实。对已回填松散的特厚土层,可根据回填厚度和设计对密实度的要求采用重锤夯实或强夯等机具方法来夯实

常用静作用压路机技术性能与规格　　　　表 1.1.96

项　目		两轮压路机 2Y 6/8	两轮压路机 2Y 8/10	三轮压路机 3Y 10/12	三轮压路机 3Y 12/15	三轮压路机 3Y 15/18
重量(t)	不加载	6	8	10	12	15
	加载后	8	10	12	15	18
压轮直径(mm)	前轮	1020	1020	1020	1120	1170
	后轮	1320	1320	1500	1750	1800
压轮宽度(mm)		1270	1270	530×2	530×2	530×2
单位压力(kN/cm)						
前轮:不加载		0.192	0.259	0.332	0.346	0.402
加载后		0.259	0.393	0.445	0.470	0.481
后轮:不加载		0.290	0.385	0.632	0.801	0.503
加载后		0.385	0.481	0.724	0.930	1.150
行走速度(km/h)		2~4	2~4	1.6~5.4	2.2~7.5	2.3~7.7
最小转弯半径(m)		6.2~6.5	6.2~6.5	7.3	7.5	7.5
爬坡能力(%)		14	14	20	20	20
牵引功率(kW)		29.4	29.4	29.4	58.9	73.6
转速(r/min)		1500	1500	1500	1500	1500
外形尺寸(mm) 长×宽×高		4440×1610× 2620	4440×1610× 2620	4920×2260× 2115	5275×2260× 2115	5300×2260× 2140

注:制造单位洛阳建筑机械厂、邯郸建筑机械厂。

常用振动压路机技术性能与规格　　　　表 1.1.97

项　目	YZS0.6B手扶式	YZ2	YZJ7	YZ10P	YZJ14 拖式
重量(t)	0.75	2.0	6.53	10.8	13.0
振动轮直径(mm)	405	750	1220	1524	1800
振动轮宽度(mm)	600	895	1680	2100	2000
振动频率(Hz)	48	50	30	28/32	30
激振力(kN)	12	19	19	197/137	290
单位线压力(N/cm)					
静线压力	62.5	134	—	257	650
动线压力	100	212	—	938/652	1450
总线压力	162.5	346	—	1195/909	2100

续表

项 目	型 号				
	YZS0.6B 手扶式	YZ2	YZJ7	YZ10P	YZJ14 拖式
行走速度(km/h)	2.5	2.43~5.77	9.7	4.4~22.6	
牵引功率(kW)	3.7	13.2	50	73.5	73.5
转速(r/min)	2200	2000	2200	1500/2150	1500
最小转弯半径(m)	2.2	5.0	5.13	5.2	
爬坡能力(%)	40	20	—	30	
外形尺寸(mm) 长×宽×高	2400×790× 1060	2635×1063× 1630	4750×1850× 2290	5370×2356× 2410	5535×2490× 1975
制造厂	洛阳建筑机械厂	邯郸建筑机械厂	三明重型机械厂	洛阳建筑机械厂	洛阳建筑机械厂

蛙式打夯机、振动夯实机、内燃打夯机技术性能与规格 表 1.1.98

项 目	型 号				
	蛙式打夯机 HW-70	蛙式打夯机 HW-201	振动压实机 Hz-280	振动压实机 Hz-400	柴油打夯机 ZH_7-120
夯板面积(cm²)	—	450	2800	2800	550
夯击次数(次/min)	140~165	140~150	1100~1200(Hz)	1100~1200(Hz)	60~70
行走速度(m/min)	—	8	10~16	10~16	—
夯实起落高度(mm)	—	145	300(影响深度)	300(影响深度)	300~500
生产率(m³/h)	5~10	12.5	33.6	336(m²/min)	18~27
外形尺寸(长×宽× 高)(mm)	1180×450× 905	1006×500× 900	1300×560× 700	1205×566× 889	434×265× 1180
重量(kg)	140	125	400	400	120

1.1.7.5 土方机械施工要点

土方机械施工要点,如表 1.1.99 所示。

土方机械施工要点 表 1.1.99

序 号	内 容
1	土方开挖应绘制土方开挖图(图 1.1.80),确定开挖路线、顺序、范围、基底标高、边坡坡高、排水沟、集水井位置以及挖出的土方堆放地点等。绘制土方开挖图应尽可能使机械多挖,减少机械超挖和人工挖方。
2	大面积基础群基坑底标高不一,机械开挖次序一般采取先整片挖至一平均标高,然后再挖个别较深部位。当一次开挖深度超过挖土机最大挖掘高度(5m 以上)时,宜分 2~3 层开挖,并修筑 10%~15% 坡道,以便挖土及运输车辆进出。
3	基坑边角部位,机械开挖不到之处,应用少量人工配合清坡,将松土清至机械作业半径范围内,再用机械掏取运走。人工清土所占比例一般为 1.5%~4%,修坡以 cm(厘米)作限制误差。大基坑宜另配一台推土机清土、送土、运土。
4	挖掘机、运土汽车进出基坑的运输道路,应尽量利用基础一侧或两侧相邻的基础(以后需开挖的)部位,使它互相贯通作为车道,或利用提前挖除土方后的地下设施部位作为相邻的几个基坑开挖地下运输通道,以减少挖土量。
5	机械开挖应由深而浅,基底及边坡应预留一层 150~300mm 厚土层用人工清底、修坡、找平,以保证基底标高和边坡坡度正确,避免超挖和土层遭受扰动
6	做好机械的表面清洁和运输道路的清理工作,以提高挖土和运输效率。
7	基坑土方开挖可能影响邻近建筑物和管线的安全使用时,必须有可靠的保护措施。

续表

序号	内　　容
8	机械开挖施工时,应保护井点、支撑等不受碰撞或损坏,同时应对平面控制桩、水准点、基坑平面位置、水平标高、边坡坡度等定期复测检查。
9	雨期开挖土方,工作面不宜过大,应逐段分期完成。如为软土地基,进入基坑行走需铺垫钢板或铺路基箱垫道。坑面、坑底排水系统应保持良好;汛期应有防洪措施,防止雨水浸入基坑。冬期开挖基坑时,如挖完土后需隔一段时间,再进行基础施工则应预留适当厚度的松土,以防基土遭受冻结。
10	当基坑开挖局部遇露头岩石,应先用控制爆破方法,将基岩松动、爆破成小于铲斗宽的2/3的碎块,再用挖土机挖出,可避免破坏邻近基础和地基;对大面积较深的基坑,宜采用打竖井的方法进行松爆,使一次爆破即能基本上达到要求的深度。此项工作一般在工程平整场地时预先完成。在基坑内爆破,宜采用打眼放炮的方法,采用多炮眼、少装药、分层松动爆破,分层清渣,每层厚度为1.2m左右

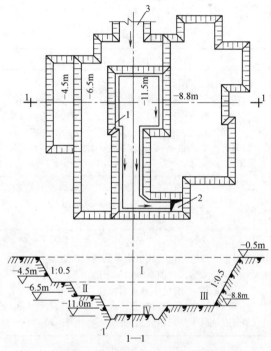

图 1.1.80　土方开挖图
1—排水沟;2—集水井;3—土方机械进出口
Ⅰ、Ⅱ、Ⅲ、Ⅳ为开挖次序

1.1.7.6　土方开挖与回填安全技术措施

土方开挖与回填安全技术措施,见表1.1.100。

土方开挖与回填安全技术措施　　　表 1.1.100

序号	内　　容
1	基坑开挖时,两人操作间距应大于2.5m。多台机械开挖,挖土机间距应大于10m。在挖土机工作范围内,不许进行其他作业。挖土应由上而下,逐层进行,严禁先挖坡脚或逆坡挖土。
2	挖土方不得在危岩、孤石的下边或贴近未加固的危险建筑物的下面进行。
3	基坑开挖应严格按要求放坡。操作时应随时注意土壁的变动情况,如发现有裂纹或部分坍塌现象,应及时进行支撑或放坡,并注意支撑的稳固和土壁的变化。当采取不放坡开挖,应设置临时支护,各种支护应根据土质及基坑深度经计算确定。
4	用机械多台阶同时开挖,应验算边坡的稳定,挖土机离边坡应有一定的安全距离,以防坍方,造成翻机事故。

序 号	内 容
5	在有支撑的基坑槽中使用机械挖土时,应防止碰坏支撑。在坑槽边使用机械挖土时,应计算支撑强度,必要时应加强支撑。
6	基坑槽和管沟回填土时,下方不得有人,所使用的打夯机等要检查电器线路,防止漏电、触电。停机时要关闭电闸。
7	拆除护壁支撑时,应按照回填顺序,从下而上逐步拆除;更换支撑时,必须先安装新的,再拆除旧的

1.1.8 降低地下水

1.1.8.1 降水作用及降水方法

降水作用及降水方法,如表1.1.101所示。

降水作用及降水方法 表 1.1.101

序 号	项 目	内 容
1	降水作用	降水作用如下(图1.1.81) (1)防止地下水因渗流而产生流砂、管涌等渗透破坏作用。 (2)消除或减少作用在边坡或坑壁围护结构上的静水压力与渗透力,提高边坡或坑壁围护结构的稳定性。 (3)避免水下作业,使基坑施工能在水位以上进行,为施工提供方便,也有利于提高施工质量。
2	降水方法	地下水控制方法有多种,其适用条件大致如表1.1.102所示,选择时根据土层情况、降水深度、周围环境、支护结构种类等综合考虑后优选。当因降水而危及基坑及周边环境安全时,宜采用截水或回灌方法。
3	适用范围	(1)地下水位较高的砂石类或粉土类土层。对于弱透水性的黏性土层,可采取电渗井点、深井井点或降排结合的措施降低地下水位。 (2)周围环境容许地面有一定的沉降。 (3)止水帷幕密闭,坑内降水时坑外水位下降不大。 (4)采取有效措施,足以使邻近地面沉降控制在容许值以内。 (5)具有地区性的成熟经验,证明降水对周围环境不产生大的影响

降低地下水方法适用条件 表 1.1.102

序 号	方法名称		土 类	渗透系数 (m/d)	降水深度 (m)	水文地质特征
1	集水明排			7~20.0	<5	
2	降水	真空井点	填土、粉土、黏性土、砂土	0.1~20.0	单级<6 多级<20	上层滞水或水量不大的潜水
		喷射井点		0.1~20.0	<20	
		管井	粉土、砂土、碎石土、可溶岩、破碎带	1.0~200.0	>5	含水丰富的潜水、承压水、裂隙水
3	截水		黏性土、粉土、砂土、碎石土、岩溶土	不限	不限	
4	回灌		填土、粉土、砂土、碎石土	0.1~200.0	不限	

1.1.8.2 集水明排法

集水明排是在基坑开挖过程中,在坑底设置集水井,并沿坑底的周围或中央开挖排水

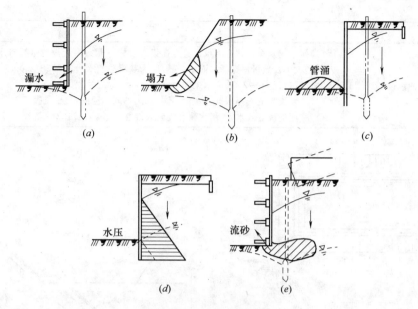

图 1.1.81　降水作用

(a) 防止涌水；(b) 使边坡稳定；(c) 防止土的上冒；
(d) 减少横向荷载；(e) 防止流砂

沟，使水流入集水井内，然后用水泵抽出坑外（图 1.1.82）。抽出的水应予引开，以防倒流。布置要求如表 1.1.103 所示。

排水沟、集水井布置要求　　　　　　　　　　　　　　表 1.1.103

序　号	项　　目	内　　　　容
1	排水沟	在施工时，于开挖基坑的周围一侧或两侧，有时在基坑中心设置排水沟。 （1）排水明沟宜布置在拟建建筑基础边 0.4m 以外，沟边缘离开边坡坡脚应不小于 0.3m。排水明沟的底面应比挖土面低 0.3～0.4m。 （2）水沟截面要考虑基坑排水量及对邻近建筑物的影响，一般排水沟深度为 0.4～0.6m，最小 0.3m，宽等于或大于 0.4m，水沟的边坡为 1∶1～1∶0.5，边沟应具有不小于 2‰的最小纵向坡度，使水流不致阻滞而淤塞。 （3）较大面积基础施工排水沟截面可参考表 1.1.104，排降水影响半径 R，可近似参见表 1.1.105。 （4）在下列情况下，为避免上层地下水冲刷下层土体边坡造成塌方，并减少边坡高度和水泵的扬程，可采用分层排降水的方式。即在基坑边坡上设置 2～3 层排水沟及集水井，分层排除上部土体中的地下水，如图 1.1.83。 1）对于基坑深度较大，地下水位较高； 2）多层土中上部有透水性较强的土； 3）上下层土体虽为相同的均质土，但上部地下水较丰富的情况。 （5）为保证沟内流水通畅，避免携砂带泥，排水沟的底部及侧壁可根据工程具体情况及土质条件采用素土、砖砌或混凝土等形式。
2	集水井	（1）沿排水沟纵向每隔 30～40m 可设一个集水井，使地下水汇流于集水井内，便于用水泵将水排出基坑以外。 （2）挖土时，集水井应低于排水边沟 1m 左右并深于抽水泵进水阀的高度。 （3）集水井井壁直径一般为 0.6～0.8m，井壁用竹木或砌干砖、水泥管、挡土板等作临时简易加固。井底反滤层铺 0.3m 厚左右的碎石、卵石。 （4）排水沟和集水井应随挖土随加深，以保持水流通畅。

续表

序 号	项 目	内 容
3	抽水设备选用	(1)排水沟及集水井排降水是通过在集水设施一侧或附近设置水泵将水排出。水泵容量的大小及数量根据涌水而定,一般应为基坑总涌水量的 1.5～2.0 倍。在一般的集水井设置口径 50～200mm 水泵即可。 (2)水泵类型的选择根据涌水量不同,选用不同类型的水泵,见表 1.1.106。 (3)常用的离心式水泵、潜水泵和泥浆泵性能,见表 1.1.107～表 1.1.112

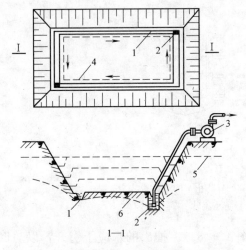

图 1.1.82 明沟、集水井排水方法
1—排水明沟;2—集水井;3—离心式水泵;
4—设备基础或建筑物基础边线;5—原地
下水位线;6—降低后地下水位线

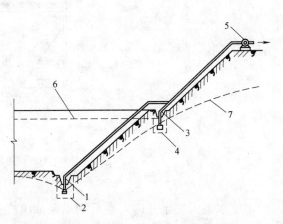

图 1.1.83 分层明沟、集水井排水法
1—底层排水沟;2—底层集水井;3—二层排水沟;
4—二层集水井;5—水泵;6—原地下水位线;
7—降低后地下水位线

基坑排水沟常用截面表   表 1.1.104

图 示	基坑面积 (m²)	截面 符号	粉质黏土			黏土		
			地下水位以下的深度(m)					
			4	4～8	8～12	4	4～8	8～12
	1000 以下	a	0.5	0.7	0.9	0.4	0.5	0.6
		b	0.5	0.7	0.9	0.4	0.5	0.6
		c	0.3	0.3	0.3	0.2	0.3	0.3
	5000～ 10000	a	0.8	1.0	1.2	0.5	0.7	0.9
		b	0.8	1.0	1.2	0.5	0.7	0.9
		c	0.3	0.4	0.4	0.3	0.3	0.3
	10000 以上	a	1.0	1.2	1.5	0.6	0.8	1.0
		b	1.0	1.5	1.5	0.6	0.8	1.0
		c	0.4	0.4	0.4	0.3	0.3	0.4

排水沟及集水井排降水影响半径   表 1.1.105

土 层 成 分	渗透系数 k(m/d)	影响半径 R(m)
裂隙多的岩层	>60	>500
碎石、卵石类地层,纯净无细颗粒混杂、均匀的粗砂和中砂	>60	200～600

续表

土 层 成 分	渗透系数 k(m/d)	影响半径 R(m)
稍有裂缝的岩石	20～60	150～250
碎石、卵石类地层,混有大量细颗粒物质	20～60	100～200
不均匀的粗颗粒、中粒和细粒砂	5～20	80～90

涌水量与水泵选择 表 1.1.106

涌水量	水泵类型	备 注
$Q<20m^3/h$	隔膜式水泵、潜水泵	
$20m^3/h<Q<60m^3/h$	隔膜式或离心式水泵、潜水泵	隔膜式水泵可排除泥浆水
$Q>60m^3/h$	离心式水泵	

潜水泵技术性能 表 1.1.107

型号	流量(m³/h)	扬程(m)	电机功率(kW)	转速(r/min)	电流(A)	电压(V)
QY-3.5	100	3.5	2.2	2800	6.5	380
QY-7	65	7	2.2	2800	6.5	380
QY-15	25	15	2.2	2800	6.5	380
QY-25	15	25	2.2	2800	6.5	380
JQB-1.5-6	10～22.5	28～20	2.2	2800	5.7	380
JQB-2-10	15～32.5	21～12	2.2	2800	5.7	380
JQB-4-31	50～90	8.2～4.7	2.2	2800	5.7	380
JQB-5-69	80～120	5.1～3.1	2.2	2800	5.7	380
7.5JQB8-97	288	4.5	7.5	—		380
1.5JQB2-10	18	14	1.5	—		380
2Z6	15	25	4.0	—		380
JTS-2-10	25	15	2.2	2900	5.4	—

B 型离心水泵主要技术性能 表 1.1.108

水泵型号	流量(m³/h)	扬程(m)	吸程(m)	电机功率(kW)	重量(kg)
$1\frac{1}{2}$B-17	6～14	20.3～14.0	6.6～6.0	1.5	17.0
2B-31	10～30	34.5～24.0	8.2～5.7	4.0	37.0
2B-19	11～25	21.0～16.0	8.0～6.0	2.2	19.0
3B-19	32.4～52.2	21.5～15.6	6.2～5.0	4.0	23.0
3B-33	30～55	35.5～28.8	6.7～3.0	7.5	40.0
3B-57	30～70	62.0～44.5	7.7～4.7	17.0	70.0
4B-15	54～99	17.6～10.0	5.0	5.5	27.0
4B-20	65～110	22.6～17.1	5.0	10.0	51.6
4B-35	65～120	37.7～28.0	6.7～3.3	17.0	48.0
4B-51	70～120	59.0～43.0	5.0～3.5	30.0	78.0
4B-91	65～135	98.0～72.5	7.1～40.0	55.0	89.0
6B-13	126～187	14.3～9.6	5.9～5.0	10.0	88.0
6B-20	110～200	22.7～17.1	8.5～7.0	17.0	104.0
6B-33	110～200	36.5～29.2	6.6～5.2	30.0	117.0
8B-13	216～324	14.5～11.0	5.5～4.5	17.0	111.0
8B-18	220～360	20.0～14.0	6.2～5.0	22.0	—
8B-29	220～340	32.0～25.4	6.5～4.7	40.0	139.0

泥浆泵主要技术性能　　　　　　　　　　表 1.1.109

| 泥浆泵型号 | 流量
(m³/h) | 扬程
(m) | 电机功率
(kW) | 泵口径(mm) | | 外形尺寸(m)
(长×宽×高) | 重量
(kg) |
				吸入口	出口		
3PN	108	21	22	125	75	0.76×0.59×0.52	450
3PNL	108	21	22	160	90	1.27×5.1×1.63	300
4PN	100	50	75	75	150	1.49×0.84×1.085	1000
$2\frac{1}{2}$NWL	25～45	5.8～3.6	1.5	70	60	1.247(长)	61.5
3NWL	55～95	9.8～7.9	3	90	70	1.677(长)	63
BW600/30	(600)	300	38	102	64	2.106×1.051×1.36	1450
BW200/30	(200)	300	13	75	45	1.79×0.695×0.865	578
BW200/40	(200)	400	18	89	38	1.67×0.89×1.6	680

注：流量括号中数量单位为 L/min。

BA 型离心水泵主要技术性能　　　　　　表 1.1.110

水泵型号	流量 (m³/h)	扬程 (m)	吸程 (m)	电机功率 (kW)	外形尺寸(mm) (长×宽×高)	重量 (kg)
$1\frac{1}{2}$BA-6	11.0	17.4	6.7	1.5	370×225×240	30
2BA-6	20.0	38.0	7.2	4.0	524×337×295	35
2BA-9	20.0	18.5	6.8	2.2	534×319×270	36
3BA-6	60.0	50.0	5.6	17.0	714×368×410	116
3BA-9	45.0	32.6	5.0	7.5	623×350×310	60
3BA-13	45.0	18.8	5.0	4.0	554×344×275	41
4BA-6	115.0	81.0	5.5	55.0	730×430×440	138
4BA-8	109.0	47.6	3.8	30.0	722×402×425	116
4BA-12	90.0	34.6	5.8	17.0	725×387×400	108
4BA-18	90.0	20.0	5.0	10.0	631×365×310	65
4BA-25	79.0	14.8	5.0	5.5	571×301×295	44
6BA-8	170.0	32.5	5.9	30.0	759×528×480	166
6BA-12	160.0	20.1	7.9	17.0	747×490×450	146
6BA-18	162.0	12.5	5.5	10.0	748×470×420	134
8BA-12	280.0	29.1	5.6	40.0	809×584×490	191
8BA-18	285.0	18.0	5.5	22.0	786×560×480	180
8BA-25	270.0	12.7	5.0	17.0	779×512×480	143

sh 型单级双吸离心水泵性能表　　　　　　表 1.1.111

水泵型号	流量(m³/h)	扬程(m)	吸程(m)	电机功率(kW)	重量(kN)
6sh-6	126～198	84～70	5	55	1.50
6sh-9	130～220	52～35.0	5	40	1.45
8sh-6	180～288	100～82.5	4.5	100	3.09
8sh-9	216～351	69～50	5.0～3.0	75	2.65
8sh-13	216～342	48～35	5～1.8	55	2.19
10sh-6	360～612	71～56	6	135	5.98
10sh-9	360～612	42.5～62.5	6	75	4.28
10sh-13	360～576	27～19	6	55	4.20

DA 型、D 型多级分段式离心泵主要性能 表 1.1.112

水泵型号	流量（m³/h）	扬程（m）	吸程（m）	电机功率（kW）	重量（kN）
3DA-8×7	25.2～39.6	87.5～66.5	7.5	17	3.86
3DA-8×8	25.5～39.6	100.0～76.0	7.5	17	4.30
3DA-8×9	25.2～39.6	112.5～85.5	7.5	22	4.74
4DA-8×5	36.0～72.0	86.0～71.0	7.0	30	4.37
4DA-8×6	36.0～72.0	103.0～85.2	7.0	30	4.98
4DA-8×7	36.0～72.0	120.4～99.4	7.0	40	5.56
4DA-8×8	36.0～72.0	137.6～113.6	7.0	40	6.14
6DA-8×3	144.0～180.0	84.0～70.5	6.0	55	6.00
100D-24×2	36.0～72.0	53.0～40.0	7.5～6.5	13	
100D-24×3	36.0～72.0	80.0～60.0	7.5～6.5	22	
100D-24×4	36.0～72.0	106.0～80.0	7.5～6.5	30	
100D-24×5	36.0～72.0	132.0～100.0	7.5～6.5	40	
100D-24×6	36.0～72.0	159.0～120.0	7.5～6.5	40	
100D-24×7	36.0～72.0	185.0～140.0	7.5～6.5	55	
100D-24×8	36.0～72.0	212.0～160.0	7.5～6.5	55	

1.1.8.3 降水措施

人工降低地下水位常用井点降水的方法，如图 1.1.84。它是在基坑的周围埋下深于基坑底的井点管或管井，以总管连接抽水（或每个井单独抽水），使地下水位下降形成一个降落漏斗，并降低到坑底以下 0.5～1.0m，从而保证可在干燥无水的状态下挖土，不但可防止流砂、基坑边坡失稳等问题，且便于施工。

井点降水一般有：轻型井点、喷射井点、管井井点、电渗井点和深井井点等。可按土的渗透系数、要求降低水位的深度、设备条件以及工程特点见表 1.1.113 所列范围选用。

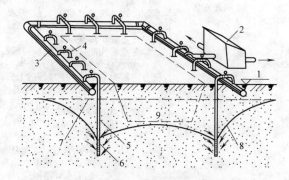

图 1.1.84 轻型井点降低地下水位全貌图
1—地面；2—水泵房；3—总管；4—弯联管；5—井点管；6—滤管；7—原有地下水位线；8—降低后地下水位线；9—基坑

各种井点的适用范围 表 1.1.113

序 号	降水方法	降水深度（m）	土体渗透系数（m/d）	土 体 种 类
1	轻型井点	3～6	0.1～80	粉质黏土、砂质粉土、粉砂、细砂、中砂、粗砂、砾砂、砾石、卵石（含砂粒）
2	多级轻型井点	6～12	0.1～80	同上
3	电渗井点	6～7	<0.1	淤泥质土
4	喷射井点	8～20	0.1～50	粉质黏土、砂质粉土、粉砂、细砂、中砂、粗砂
5	管井井点	3～5	20～200	粗砂、砾砂、砾石
6	深井井点	>10	10～80	中砂、粗砂、砾砂、砾石

1. 轻型井点降水

轻型井点降水是指在基坑外围或一侧、二侧埋设井点管深入含水层内，井点管的上端通过连接弯管与集水总管连接，集水总管再与真空泵和离心水泵相连，启动抽水设备，地下水便在真空泵吸力的作用下，经滤水管进入井点管和集水总管，排出空气后，由离心水泵的排水管排出，使地下水位降低到基坑底下。本法具有机具设备简单，使用灵活、装拆方便，降水效果好，可提高边坡的稳定，防止流砂现象的发生，降水费用较低等优点。

（1）轻型井点布置

轻型井点布置，如表 1.1.114 所示。

轻型井点布置   表 1.1.114

序　号	项　　目	内　　　　容
1	平面布置	轻型井点系统的平面布置,主要取决于基坑的平面形状和要求降低水位的深度。并应尽可能将要施工的建筑物基坑面积内各主要部分都包围在井点系统之内。 　　(1)开挖窄而长的沟槽时,可按线状井点布置。 　　(2)沟槽宽度不大于 6m,且降水深度不超过 5m 时,可用单排线状井点,布置在地下水流的上游一侧,两端适当加以延伸,延伸长度以不小于槽宽为宜,如图 1.1.85 所示。 　　(3)开挖宽度大于 6m 或土质不良,则可用双排线状井点,如图 1.1.86 所示。 　　(4)当基坑面积较大时宜采用环状井点,有时亦可布置成"U"形,以利挖土机和运土车辆出入基坑。如图 1.1.87 所示。 　　(5)井点管、集水总管布置要求: 　　1)井点管距离基坑壁一般可取 0.7~1m,以防局部发生漏气。 　　2)井点管间距一般用 0.8~1.6m,由计算或经验确定。 　　3) 集水总管标高,为了充分利用泵的抽水能力,宜尽量接近地下水位线,并沿抽水水流方向留有 0.25%~0.5% 的上仰坡角。 　　4)在确定井点管数量时应考虑在基坑四角部分适当加密
2	高程布置	轻型井点的降水深度,在管壁处一般可达 6~7m。 　　(1)井点管需要的埋设深度 H(不包括滤管),可按下式进行计算(图 1.1.87(b)): $H \geqslant H_1 + h + iL$　　　　　(1.15)　　式中　H_1——井点管埋设面至基坑底的距离; 　　　　　h——降低后的地下水位至基坑中心底的距离,一般不应小于 0.5m; 　　　　　i——地下水降落坡度,环状井点为 1/10,单排井点为 1/4~1/5; 　　　　　L——井点管至群井中心的水平距离。 　　此处,确定井点管埋设深度时,应注意计算得到的 H 应小于水泵的最大抽吸高度,还要考虑到井管一般要露出地面 0.2m 左右。 　　(2)如果算出的 H 小于降水深度 6m 时,则可用一级轻型井点;H 值稍大于 6m 时,如果设法降低井点总管的埋设面后可满足降水要求,仍可采用一级井点。 　　当一级井点系统达不到降水深度要求时,可采用二级井点,即先挖去第一级井点所疏干的土,然后再在其底部装置第二级井点,如图 1.1.88 所示。
3	注意事项	为保证轻型井点降水的成功,在进行井点布置时还需注意: 　　(1)对于平面布置: 　　1)应尽可能将建筑物、构筑物的主要部分纳入井点系统范围,确保主体工程的顺利进行; 　　2)尽可能压缩井点降水范围,总管设在基坑外围或沟槽外侧,井点则朝向坑内; 　　3)总管线型随基坑形状布置,但尽可能直线、折线铺设,不应弯弯曲曲,安装困难,易漏气; 　　4) 总管平台宽度一般为 1~1.5m,平面布置要充分考虑排水的出路,一般应引向离基坑越远越好,以防引水。 　　(2)对于高程布置: 　　1)井点系统集水总管的高程,最好是布设在接近地下水位处,或略高于天然地下水位以上 200mm 左右; 　　2)井点泵(离心泵)轴心高度应尽可能与集水总管在同一高程上,要防止地面雨水径流,坑四周围堰阻水; 　　3) 在同一井点系统中,无论为线状、环形布置中的各根井管长度须相同,使各井管下滤管顶部能在同一高程上(最大相差一般不允许大于 100mm),以防高差过大,影响降水效果; 　　4)井点泵系统、集水总管都应设置在比较可靠的地点、平台上,一般井点泵装置地点要以垫木或夯实整平

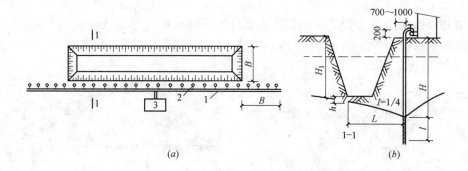

图 1.1.85　单排线状井点的布置图

(a) 平面布置；(b) 高程布置

1—总管；2—井点管；3—抽水设备

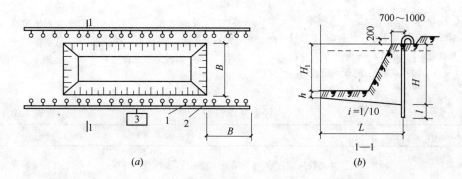

图 1.1.86　双排线状井点布置

(a) 平面布置；(b) 高程布置

1—井点管；2—总管；3—抽水设备

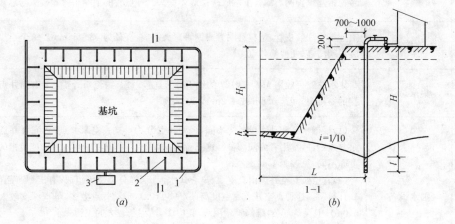

图 1.1.87　环状井点

(a) 平面布置；(b) 高程布置

1—总管；2—井点管；3—泵站

（2）轻型井点设备

轻型井点系统由井点管、连接管、集水总管及抽水设备等组成，见表 1.1.115。轻型井点降低地下水位全貌如图 1.1.89 所示。

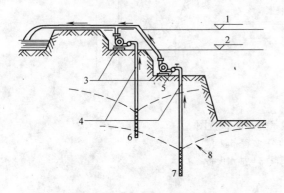

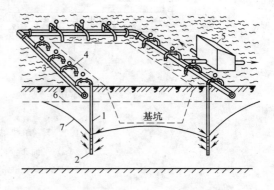

图 1.1.88　二级轻型井点降水
1—原地面线；2—原地下水位线；3—抽水设备；
4—井点管；5—总管；6—第一级井点；
7—第二级井点；8—降低水位线

图 1.1.89　轻型井点降低地下水位全貌
1—井点管；2—滤管；3—总管；4—弯联管；5—水泵房；
6—原有地下水位线；7—降低后地下水位线

轻型井点设备　　　　　　　　　　　　　　　　　　表 1.1.115

序　号	项　　目	内　　　容
1	井点管	（1）井点管采用直径 38～55mm 的钢管，长度为 5～7m。井点管的下端装有滤管，其构造如图 1.1.90 所示。 （2）滤管直径常与井点管直径相同，长度为 1.0～1.7m，管壁上钻直径 12～18mm 的孔呈梅花形分布。滤管管壁外包两层滤网，内层为细滤网，采用 30～50 孔/cm 的黄铜丝布或生丝布；外层为粗滤网，采用 8～10 孔/cm 的钢丝布或尼龙丝布。 （3）为避免滤孔淤塞，在管壁与滤网间用钢丝绕成螺旋形隔开，滤网外面再围一层 8 号粗钢丝保护网。滤管下端放一锥形铸铁头。井点管的上端用弯管接头与总管相连。
2	连接管	连接管用胶皮管、塑料透明管或钢管弯头制成，直径为 38～55mm。每个连接管均宜装设阀门，以便检修井点。
3	集水总管	集水总管一般用 $\phi100～\phi127$ 的钢管分节连接，每节约长 4m，其上装有与井点管相连接的短接头，间距 0.8m 或 1.2m 或 1.6m。
4	抽水设备	（1）根据水泵和动力设备的不同，轻型井点分为干式真空泵井点、射流泵井点和隔膜泵井点三种，常用者为前两种。这三者用的设备不同，其所配用功率和能负担的总管长度亦不同，见表 1.1.116。 （2）真空泵真空井点由真空泵、离心式水泥、水气分离器等组成，有定型产品供应（表1.1.117）。这种真空井点真空度高（67～80kPa），带动井点数多，降水深度较大（5.5～6.0m）；但设备复杂，维修管理困难，耗电多，适用于较大的工程降水。 （3）射流泵真空井点设备由离心水泵、射流器（射流泵）、水箱等组成，配套设备如表1.1.118，系由高压水泵供给工作水，经射流泵后产生真空，引射地下水流；设备构造简单，易于加工制造，操作维修方便，耗能少，应用日益广泛

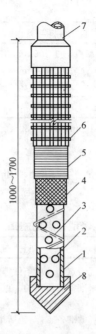

图 1.1.90 滤管构造

1—钢管；2—管壁上的小孔；3—缠绕的塑料管；4—细滤网；
5—粗滤网；6—粗钢丝保护网；7—井点管；8—铸铁头

各种轻型井点的配用功率和井点根数与总管长度 表 1.1.116

序 号	轻型井点类别	配用功率(kW)	井点根数(根)	总管长度(m)
1	真空泵井点	18.5～22	80～100	96～120
2	射流泵井点	7.5	30～50	40～60
3	隔膜泵井点	3	50	60

真空泵型真空井点系统设备规格与技术性能 表 1.1.117

序 号	名称	数量	规格技术性能
1	往复式真空泵	1台	V_5 型(W_6 型)或 V_6 型；生产率 4.4m³/min，真空度 100kPa，电动机功率 5.5kW，转速 1450r/min。
2	离心式水泵	2台	B 型或 BA 型；生产率 30m³/h，扬程 25m，抽吸真空高度 7m，吸口直径 50mm，电动机功率 2.8kW，转速 2900r/min。
3	水泵机组配件	1套	井点管 100 根，集水总管直径 75～100mm，每节长 1.6～4.0m，每套 29 节，总管上节间距 0.8m，接头弯管 100 根，冲射管用冲管 1 根；机组外形尺寸 2600mm×1300mm×1600mm，机组重 1500kg

ϕ50 型射流泵真空井设备规格及技术性能 表 1.1.118

序 号	名称	型号技术性能	数量	备 注
1	离心泵	3BL-9 型，流量 45m³/h，扬程 32.5m	1台	供给工作水
2	电动机	JQ_2-42-2，功率 7.5kW	1台	水泵的配套动力

续表

序 号	名 称	型号技术性能	数量	备 注
3	射流泵	喷嘴 $\phi50$mm,空载真空度 100kPa,工作水压 $0.15\sim0.3$MPa,工作水流 45m³/h,生产率 $10\sim35$m³/h	1个	形成真空
4	水箱	1100mm×600mm×1000mm	1个	循环用水

注：每套设备带 9m 长井点 25～30 根，间距 1.6m，总长 180m，降水深 5～9m。

(3) 轻型井点施工

轻型井点的施工，大致可分为下列几个过程，即准备工作、井点系统的埋设、使用及拆除，如表 1.1.119 所示。

轻型井点的施工　　　　　　　　　　　　　　　　表 1.1.119

序 号	项 目	内 容
1	准备工作	(1)根据工程情况特点和地质条件等进行轻型井点的设计计算； (2)根据计算结果准备好所需的井点设备、动力装置、井点管、滤管、集水总管及必要的材料； (3)搞好施工现场的准备工作，包括排水沟的开挖、临时施工道路的铺设、泵站处的处理等； (4)对于周围在抽水影响半径范围内需要保护的建筑物及地下管线等建立好标高观测系统，并准备好防止沉降的措施及其实施等等。
2	埋设程序及方法	(1)埋设井点管的程序是：先排放总管，再沉设井点管，用弯联管将井点管与总管接通，然后安装抽水设备。 (2)井点管的埋设方法可用射水法、钻孔法和冲孔法成孔。
3	水冲法	井点管的沉设一般用水冲法进行，并分为冲孔与埋管填料两个过程。 (1)冲孔时先用起重设备将直径 50～70mm 的冲管吊起并插在井点的位置上，然后开动高压水泵(一般压力为 0.6～1.2MPa)，将土冲松(图 1.1.91)。 (2)冲孔直径一般为 300mm，以保证井管周围有一定厚度的砂滤层。 (3)冲孔深度宜比滤管底深 0.5～1.0m，以防冲管拔出时，部分土颗粒沉淀于孔底而触及滤管底部。 (4)冲孔时冲水压力不宜过大或过小。当冲孔达到设计深度时，须尽快减低水压。表 1.1.120 所列为一般情况下冲孔时的冲水压力。 (5)井孔冲成后，应立即拔出冲管，插入井点管，并在井点管与孔壁之间迅速填灌砂滤层，以防壁塌土(图 1.1.91)。一般宜选用干净粗砂，填灌均匀，并填至滤管顶上 1～1.5m，以保证水流通畅。 (6)井点填砂滤料时，在地面以下 1m 范围内须用黏土封好井点管与孔壁上部空隙，以防漏气。
4	套管法	(1)为保证在施工时井点周围砂滤层的质量达到设计要求，可采用套管法施工，如图 1.1.92。 (2)施工时用吊车先将套管就位，然后开泵冲孔，当套管下沉时，逐渐加大高压水泵的压力，并须控制下沉速度。 (3)当冲孔深度达到设计标高时，需继续冲洗一段时间，视土质情况可以减小工作水压力或维持原来的压力。一般孔深比井点埋设标高深 1m 左右。 (4)在井点未放入套管前，先倒入少量砂，其作用为带泥砂沉淀并防止井点插入黏性土中，然后再将井点放入套管内，砂分 2～3 次填完，最后拔出套管。 不宜一次填到设计标高，否则在套管提升时会将井点一起带出，井点就会高于设计标高。

续表

序 号	项 目	内　　容
5	井点使用	(1)井点使用前应进行试抽水,确认无漏水、漏气等异常现象后,应保证连续不断抽水。应备用双电源,以防断电。一般抽水 3~5d 后水位降落漏斗渐趋稳定。出水规律一般是"先大后小、先浑后清"。 (2)在抽水过程中,应定时观测水量、水位、真空度,并应使真空泵保持在 55kPa 以上。
6	井点拆除	(1)地下室或地下结构物竣工后并将基坑进行回填土后,方可拆除井点系统。拔出井点管多借助于倒链、起重机等。所留孔洞用砂或土填塞,对地基有防渗要求时,地面下 2m 可用黏土填塞密实。 (2)井点的拔除应在基础及已施工部分的自重大于浮力的情况下进行,且底板混凝土必须要有一定的强度。防止因水浮力引起地下结构浮动或破坏底板

冲孔所需的水流压力　　　　　　　　　　　　　　　　　　　表 1.1.120

土的名称	冲水压力(MPa)	土的名称	冲水压力(MPa)
松散的细砂	0.25~0.45	中等密实的黏土	0.60~0.75
软黏土、软质粉土质黏土	0.25~0.50	砾石土	0.85~0.90
密实的腐殖土	0.50	塑性粗砂	0.85~1.15
原状的细砂	0.50	密实黏土,密实粉质黏土	0.75~1.25
松散中砂	0.45~0.55	中等颗粒的砾石	1.0~1.25
黄土	0.60~0.65	硬黏土	1.25~1.50
原状的中粒砂	0.60~0.7	原状粗砾	1.35~1.50

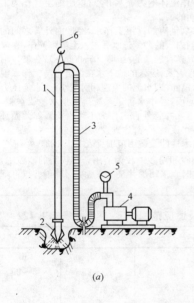 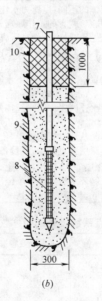

图 1.1.91　水冲法井点管的埋设

(a)冲孔;(b)埋管

1—冲管;2—冲嘴;3—胶皮管;4—高压水泵;5—压力表;

6—起重机吊钩;7—井点管;8—滤管;9—填砂;10—黏土封口

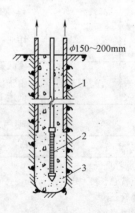

图 1.1.92　套管法埋设井点管

1—套管;2—井点管;3—粗砂砾

2. 喷射井点降水

喷射井点降水是在井点管内部装设特制的喷射器,用高压水泵或空气压缩机通过井点管中的内管向喷射器输入高压水(喷水井点)或压缩空气(喷气井点),形成水气射流,将地下水经井点外管与内管之间的间隙抽出排走。本法设备简单，排水深度大，可达 8～20m，比多层轻型井点降水设备少，基坑土方开挖量少，施工快，费用低。本工艺标准适用于基坑开挖较深、降水深度大于 6m、土渗透系数为 3～50m/d 的砂土或渗透系数为 0.1～3m/d 的粉土、粉砂、淤泥质土、粉质黏土中的降水工程。

(1) 喷射井点组成及工作原理

喷射井点组成及工作原理，如表 1.1.121 所示。

喷射井点组成及工作原理   表 1.1.121

序 号	项 目	内 容
1	喷射井点组成	(1)喷射井点系统主要是由喷射井点、高压水泵(或空气压缩机)和管路系统组成，如图 1.1.93 所示。喷射井管由内管和外管组成，在内管的下端装有喷射扬水器与滤管相连，如图 1.1.94 所示。 (2)井点管的外管直径宜为 73～108mm，内管直径宜为 50～73mm，滤管直径为 89～127mm。 (3)滤管的构造与真空井点相同。 (4)扬水装置(喷射器)的混合室直径可取 14mm，喷嘴直径可取 6.5mm。 (5)工作水箱不应小于 10m³。 (6)井孔直径不宜大于 600mm，孔深应比滤管底深 1m 以上。 (7)井点管与孔壁之间填灌滤料(粗砂)。孔口到填灌滤料之间用黏土封填，封填高度为 0.5～1.0m。 (8)井点使用时，水泵的起动泵压不宜大于 0.3MPa，正常工作水压为 $0.25P_0$(扬水高度)。
2	工作原理	(1)根据工作流体的不同，以压力水作为工作流体的为喷水井点；以压缩空气作为工作流体的是喷气井点，两者的工作原理是相同的。 (2)当喷射井点工作时，由地面高压离心水泵供应的高压工作水，经过内外管之间的环形空间直达底端，在此处高压工作水由特制内管的两侧进水孔进入至喷嘴喷出，在喷嘴处由于过水断面突然收缩变小，使工作水流具有极高的流速(30～60m/s)，在喷口附近造成负压(形成真空)，因而将地下水经滤管吸入，吸入的地下水在混合室与工作水混合，然后进入扩散室，水流从动能逐渐转变为位能，即水流的流速相对变小，而水流压力相对增大，把地下水连同工作水一起扬升出地面，经排水管道系统排至集水池或水箱，一部分用低压泵排走，另一部分供高压水泵压入井管外管内作为工作水流。如此循环作业，将地下水不断从井点管中抽走，使地下水逐渐下降，达到设计要求的降水深度。 (3)对于喷气式深层井点系统，其设备的技术性能及适用范围见表 1.1.122。
3	适用范围	喷射井点用作深层降水，应用在粉土、极细砂和粉砂中较为适用。在较粗的砂粒中，由于出水量较大，循环水流就显得不经济，这时宜采用深井泵。一般一级喷射井点可降低地下水位 8～20m，甚至 20m 以上

喷气式深层井点系统设备的技术性能及适应范围   表 1.1.122

项 目		单位	指 标				
井点管直径		mm	38	50	63	100	150
井点管总长度		m	12.5	15.3	15	15～25	15～25
滤管长度		m	1.5	2.0	1.5	3～5	3～5
喷嘴直径		mm	3.5	5	7	10	15
工作压力		MPa	0.3	0.3	0.125～0.25	0.1～0.6	0.1～0.6
抽水高度		m	13	16	12～18	17～22	20～28
每个井点出水量		m³/d	0.4	0.6	0.4～0.8	5.5～10	7～22
空气压缩机形式			国产电动双缸四级风冷式				
电动机功率		kW	40	40	52	52	52
适用范围	渗透系数要求	m/d			0.1～5	8～10	20～25
	降低水位深度	m			7～8	8～10	15～20

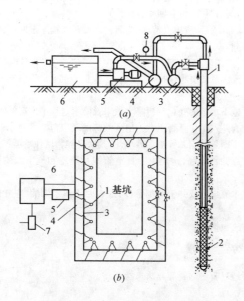

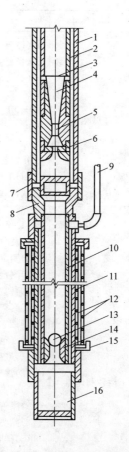

图 1.1.93 喷射井点布置图

(a) 喷射井点设备简图；(b) 喷射井点平面布置图

1—喷射井管；2—滤管；3—供水总管；4—排水总管；
5—高压离心水泵；6—水池；7—排水泵；8—压力表

图 1.1.94 喷射井点管构造

1—外管；2—内管；3—喷射管；4—扩散管；
5—混合管；6—喷嘴；7—缩节管；8—连接座；
9—真空测定管；10—滤管芯管；11—滤管有孔
套管；12—滤管外缠滤网及保护网；13—止回
球阀；14—止回阀座；15—护套；16—沉泥管

(2) 喷射井点布置及井点施工

喷射井点布置及井点施工，如表 1.1.123 所示。

喷射井点布置及井点施工　　　　　　　　　　表 1.1.123

序号	项目	内容
1	井点布置	(1)喷射井点在设计时其管路布置和高程布置与轻型井点基本相同。基坑面积较大时，采用环状布置(图 1.1.87(a))；基坑宽度小于 10m 时采用单排线状布置；大于 10m 时作双排布置。 (2)喷射井管间距一般为 2～3.5m。当采用环形布置时，进出口(道路)处的井点间距可扩大为 5～7m。 (3)每套喷射井点的井点数不宜超过 30 根。总管直径宜为 150mm，总长不宜超过 60m。每套井点应配备相应的水泵和进、回水总管。如果由多套井点组成环圈布置，各套进水总管宜用阀门隔开，自成系统。

序 号	项 目	内 容
2	井点施工	(1)喷射井点井点管埋设方法与轻型井点相同。宜用套管法冲孔加水及压缩空气排泥,当套管内含泥量经测定小于5%时下井管及灌砂,然后再拔套管。 (2)对于10m以上喷射井点管,宜用吊车下管(图1.1.95)。下井管时,水泵应先开始运转,以便每下好一根井点管,立即与总管接通(不接回水管),然后及时进行单根试抽排泥,让井管内出来的泥浆从水沟排出,并测定真空度,待井管出水变清后地面测定真空度不宜小于93.3kPa。 (3)全部井点管沉没完毕后,再接通回水总管全面试抽,然后使工作水循环,进行正式工作。各套进水总管均应用阀门隔开,各套回水管应分开。 (4)工作水应保持清洁,试抽2d后,应更换清水,此后视水质污浊程序定期更换清水,以减轻对喷嘴及水泵叶轮的磨损。
3	运转和保养	(1)喷射井点运转期间需要注意的事项包括: 1)及时观测地下水位变化。 2)测定井点抽水量,通过地下水量的变化分析降水效果及降水过程中出现的问题。 3)测定井点管真空度,检查井点工作是否正常。出现故障的现象包括: ①真空管内无真空,主要原因是井点芯管被泥砂填住,其次是异物堵住喷嘴; ②真空管内无真空,但井点抽水通畅,这是由于真空管本身堵塞和地下水位高于喷射器; ③真空出现正压(即工作水流出),或井管周围翻砂,这表明工作水倒灌,应立即关闭阀门,进行维修。 (2)常见的故障及检查方法包括: 1)喷嘴磨损和喷嘴夹板焊缝裂开; 2)滤管、芯管堵塞; 3)除测定真空度外,也可通过听、摸、看等方法来检查。 (3)排除故障的方法包括: 1)反冲法:遇有喷嘴堵塞、芯管、过滤器淤积,可通过内管反冲水疏通,但水冲时间不宜过长; 2)提起内管,上下左右转动、观测真空度变化,真空度恢复了则正常; 3)反浆法:关住回水阀门,工作水通过滤管冲上,破坏原有滤层,停冲后,悬浮的滤砂层重新沉淀,若反复多次无效,应停止井点工作; 4)更换喷嘴:将内管拔出,重新组装

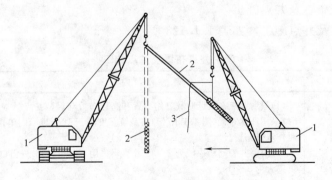

图 1.1.95   用吊车安装长井点管示意
1—履带式起重机;2—喷射井点管;3—拉绳

3. 管井井点降水

管井井点系沿基坑每隔一定距离设置一个管井，每个管井单独用一台水泵不断抽水降低地下水位。本法具有设备较为简单，排水量大，可代替多组轻型井点作用，水泵设在地面，易于维护等特点。本工艺标准适用于渗透系数较大（20～200m/d），降水深在 5m 以内，地下水丰富的土层、砂层，或明沟排水法易造成土粒大量流失，引起边坡坍方及用轻型井点难以满足降水要求的情况下，可采用本工艺标准。

（1）管井井点布置及井点构造

管井井点布置及井点构造，如表 1.1.124 所示。

管井井点布置及井点构造　　　　　　　　　　　　　　　　表 1.1.124

序 号	项 目	内 容
1	管井井点布置	基坑总涌水量确定后，再验算单根井点极限涌水量，然后确定井的数量。管井井点布置可采用以下两种形式： 　　(1)坑(槽)外布置 　　1)采用基坑外降水时，根据基坑的平面形状或沟槽的宽度，沿基坑外围四周呈环形或沿基坑或沟槽两侧或单侧呈直线形布置。 　　2)井中心距基坑或沟槽边壁的距离根据管井成孔所用钻机的钻孔方法而定，当用冲击式钻机并用泥浆护壁时为 0.5～1.5m，用套管法时不小于 3m。 　　3)管井的埋设深度和间距，根据需降水的范围和深度以及土层的渗透系数而定，埋设深度可为 5～10m，间距为 10～50m。 　　(2)坑(槽)内布置 　　1)当基坑开挖面积较大或者出于防止降低地下水对周围环境的不利影响的目的而采用坑内降水时，可根据所需降水深度、单井涌水量以及抽水影响半径 R 等确定管井井点间距，再以此间距在坑内呈棋盘状点状布置，如图 1.1.96 所示。 　　2)管井间距 D 一般 10～15m，同时应不小于 $\sqrt{2}R$ 以保证基坑内全范围地下水位降低。
2	井点构造与设备	(1)滤水井管 　　下部滤水井管过滤部分用钢筋焊接骨架，外包孔眼为 1～2mm 滤网，长 2～3m，上部井管部分用直径 200mm 以上的钢管、塑料管或混凝土管，或用竹、木制成的管，如图 1.1.97 所示。 　　(2)吸水管 　　用直径 50～100mm 的钢管或胶皮管，插入滤水井管内，其底端应沉到管井吸水时的最低水位以下，并装逆止阀，上端装设带法兰盘的短钢管一节。 　　(3)水泵 　　当水位降深要求在 7m 以内时，可采用 BA 型或 B 型、流量 10～25m³/h 离心式水泵；若水位降深大于 7m 时，可采用不同扬程和流量的深井潜水泵或深井泵。每个井管装置一台，当水泵排水量大于单孔滤水井涌水量数倍时，可另加设集水总管将相邻的相应数量的吸水管连成一体，共用一台水泵。 　　水泵的设置标高根据要求的降水深度和所选用的水泵最大真空吸水高度而定，当吸程不够时，可将水泵设在基坑内

（2）管井井点埋设及井点使用

管井井点埋设及井点使用，如表 1.1.125 所示。

4. 深井井点降水

深井井点降水是在深基坑的周围埋置深于基底的井管，通过设置在井管内的潜水泵将地下水抽出，使地下水位低于坑底。该法具有排水量大，降水深（>15m）；井距大，对平面布置的干扰小；不受土层限

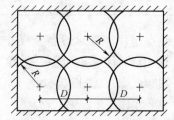

图 1.1.96　坑内管井井点布置示意图

R—抽水影响半径；D—井点间距

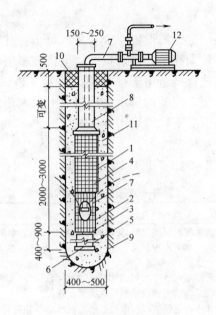

图 1.1.97 管井井点构造

1—滤水井管；2—ϕ14mm 钢筋焊接骨架；3—6×30mm 铁环@250mm；

4—10 号钢丝垫筋@250mm 焊于管骨架上，外包孔眼 1～2mm 钢丝网；

5—沉砂管；6—木塞；7—吸水管；8—ϕ100～200mm 钢管；

9—钻孔；10—夯填黏土；11—填充砂砾；12—抽水设备

管井井点埋设及井点使用   表 1.1.125

序号	项目	内容
1	管井埋设	(1)管井埋设可采用泥浆护壁冲击钻成孔或泥浆护壁钻孔方法成孔。 (2)钻孔底部应比滤水井管深 200mm 以上。 (3)井管下沉前应进行清洗滤井，冲除沉渣，可灌入稀泥浆用吸水泵抽出置换或用空压机洗井法，将泥渣清出井外，并保持滤网的畅通，然后下管。 (4)滤水井管应置于孔中心，下端用圆木堵塞管口，并管与孔壁之间用 3～15mm 砾石填充作过滤层，地面下 0.5m 水内用黏土填充夯实。
2	管井的使用	(1)管井使用时，应经试抽水，检查出水是否正常，有无淤塞等现象。 (2)抽水过程中应经常对抽水设备的电动机、传动机械、电流、电压等进行检查，并对井内水位下降和流量进行观测和记录。 (3)井管使用完毕，井管可用倒链、或卷扬机将井管徐徐拔出，将滤水井管洗去泥砂后储存备用，所留孔洞用砂砾填实，上部 50cm 深用黏性土填充夯实

制；井点制作、降水设备及操作工艺、维护均较简单，施工速度快；井点管可以整根拔出重复使用等优点；但一次性投资大，成孔质量要求严格。适于渗透系数较大（10～250m/d），土质为砂类土，地下水丰富，降水深，面积大，时间长的情况，降水深可过 50m 以内。

（1）深井井点布置及井点构造

深井井点布置及井点构造，如表 1.1.126 所示。

深井井点布置及井点构造 表 1.1.126

序 号	项 目	内 容
1	深井布置	(1)深井井点一般沿工程基坑周围离边坡上缘 0.5～1.5m 呈环形布置; (2)当基坑宽度较窄,亦可在一侧呈直线形布置; (3)当为面积不大的独立的深基坑,亦可采取点式布置; (4)井点宜深入到透水层 6～9m,通常还应比所需降水的深度深 6～8m,间距一般相当于埋深,达 10～30m。
2	井点构造	井点系统由深井井管和潜水泵等组成(图 1.1.98)。 (1)井管 井管由滤水管、吸水管和沉砂管三部分组成。可用钢管、塑料管或混凝土管制成,管径一般为 300mm,内径宜大于潜水泵外径 50mm。 1)滤水管(图 1.1.99) ①在降水过程中,含水层中的水通过该管滤网将土、砂过滤在网外,使地下清水流入管内。滤水管长度取决于含水层厚度、透水层的渗透速度和降水的快慢,一般为 3～9m。 ②通常在钢管上分三段轴条(或开孔),在轴条(或开孔)后的管壁上焊 $\phi6mm$ 垫筋,与管壁点焊,在垫筋外螺旋形缠绕 12 号钢丝(间距 1mm),与垫筋用锡焊焊牢,或外包 10 孔/cm² 和 14 孔/cm² 镀锌钢丝网两层或尼龙网。 ③当土质较好,深度在 15m 内,亦可采用外径 380～600mm、壁厚 50～60mm、长 1.2～1.5m 的无砂混凝土管作滤水管,或在外再包棕树皮二层作滤网。 2)吸水管 连接滤水管,起挡土、贮水作用,采用与滤水管同直径的实钢管制成。 3)沉砂管 在降水过程中,起砂粒的沉淀作用,一般采用与滤水管同直径的钢管,下端用钢板封底。 (2)水泵 常用长轴深井泵(表 1.1.127)或潜水泵。每井一台,并带吸水铸铁管或胶管,配上一个控制井内水位的自动开关,在井口安装 75mm 阀门以便调节流量的大小,阀门用夹板固定。每个基坑井点群应有 2 台备用泵。 (3)集水井 用 $\phi325～500mm$ 钢管或混凝土管,并设 3‰的坡度,与附近下水道接通。

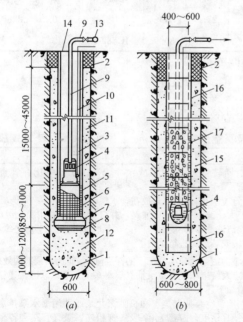

图 1.1.98 深井井点构造

(a) 钢管深井井点; (b) 无砂混凝土管深井井点

1—井孔;2—井口(黏土封口);3—$\phi300～375mm$井管;
4—潜水电泵;5—过滤段(内填碎石);6—滤网;7—导向段;
8—开孔底板(下铺滤网);9—$\phi50mm$出水管;10—电缆;
11—小砾石或中粗砂;12—中粗砂;13—$\phi50～70mm$
出水总管;14—20mm 厚钢板井盖;15—小砾石;16—沉砂管
(混凝土实管);17—混凝土过滤管

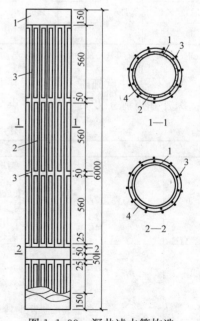

图 1.1.99 深井滤水管构造

1—钢管;2—轴条后孔;3—$\phi6mm$ 垫筋;
4—缠绕 12 号钢丝与钢筋锡焊焊牢

常用深井水泵主要技术性能   表 1.1.127

型号	流量 (m³/h)	扬程 (m)	转速 (r/min)	比转数	扬水管入井的最大长度(m)	轴功率 (kW)	重量 (kg)	配带电机		叶轮直径 D(mm)	效率 (%)
								型号	功率 (kW)		
4JD10×10	10	30	2900	250	28	1.41	585	JLB₂	5.5	72	58
4JD10×20		60			55.5	2.82	900	JLB₂	5.5	72	
6JD36×4	36	38	2900	200	35.5	5.56	1100	JLB₂	7.5	114	67
6JD36×6		57			55.5	8.36	1650	JLB₂	11	114	
6JD56×4	56	32	2900	280	28	7.27	850	DMM402-2	11		68
6JD56×6		48			45.5	10.8	1134		15		
8JD80×10	80	40	1460	280	36	12.04	1685	DMM452-4	18.5	160	70
8JD80×15		60			57	18.75	2467	DMM451-4	22	160	
SD8×10	35	35	1460			5.8	883	JLB62-4	10	138.9	63
SD8×20		70				10.6	1923	JLB63-4	14	138.9	
SD10×3	72	24	1460			7.05	991	JLB62-4	10	186.8	67
SD10×5		40	1460			11.75	1640	JLB63-4	14	186.8	
SD10×10		80	1460			23.5	3380	JLB73-4	28	186.8	
SD12×2	126	26	1460			12.7	1427	JLB72-4	20	228	70
SD12×3		39				19.1	1944	JLB73-4	28	228	
SD12×4		52	1460			25.5	2465	JLB82-4	40	228	
SD12×5		65				31.8	3090	JLB82-4	40		

注：SD、JLB2（深井泵专用三相异步电动机）型的轴功率单位为 kW。

（2）深井井点施工及真空深井井点

深井井点施工及真空深井井点，如表 1.1.128 所示。

深井井点施工及真空深井井点   表 1.1.128

序号	项目	内容
1	井点施工	(1)成孔方法可冲击钻孔、回转钻孔、潜水钻或水冲成孔。孔径应比井管直径大300mm，成孔后立即安装井管。 (2)井管安放前应清孔，井管应垂直，过滤部分放在含水层范围内。 (3)井管与土壁间填充粒径大于滤网孔径的砂滤料。井口下 1m 左右用黏土封口。 (4)在深井内安放水泵前应清洗滤井，冲洗沉渣。安放潜水泵时，电缆等应绝缘可靠，并设保护开关控制。抽水系统安装后应进行试抽。
2	真空井点	真空深井井点主要适应土壤渗透系数较小情况下的深层降水，能达到预期的效果。 真空深井井点即在深井井点系统上增设真空泵抽气集水系统。所以它除去遵守深井井点的施工要点外，还需再增加下述几点： (1)真空深井井点系统分别用真空泵抽气集水和长轴深井泵或井用潜水泵排水。井管除滤管外应严密封闭以保持真空度，并与真空泵吸气管相连。吸气管路和各个接头均应不漏气。 (2)孔径一般为 650mm，井管外径一般为 273mm。孔口在地面以下 1.5m 的一段用黏土夯实。单井出水口与总出水管的连接管路中，应装置单向阀。 (3)真空深井井点的有效降水面积，在有隔水支护结构的基坑内降水，每个井点的有效降水面积约为 250m²。由于挖土后井点管的悬空长度较长，在有内支撑的基坑内布置井点管时，宜使其尽可能靠近内支撑。在进行基坑挖土时，要设法保护井点管，避免挖土时损坏

5. 电渗井点降水

一般轻型井点和喷射井点降水，在饱和黏土中，特别是淤泥在淤泥质黏土中，由于土的透水性较差，持水性较强，降水效果较差，此时宜增加电渗井点来配合轻型或喷射井点降水，以便对透水性差的土起疏干作用，使水排出。

电渗井点工作原理及施工要点，如表 1.1.129 所示。

电渗井点工作原理及施工要点 表 1.1.129

序号	项目	内容
1	工作原理	(1)电渗井点排水是利用井点管(轻型或喷射井点管)本身作阴极，沿基抗外围布置，以钢管(ϕ50～75mm)或钢筋(ϕ25mm 以上)作阳极，垂直埋设在井点内侧，阴阳极分别用电线等连接成通路，并对阳极施加强直流电电流，如图 1.1.100 所示。 (2)应用电压比降使带负电的土粒向阳极移动(即电泳作用)，带正电荷的孔隙水则向阴极方向集中产生电渗现象。 (3)在电渗与真空的双重作用下，强制黏土中的水在井点管附近积集，由井点管快速排出，使井点管连续抽水，地下水位逐渐降低。而电极间的土层，则形成电帷幕，由于电场作用，从而阻止地下水从四面流入坑内。
2	井点埋设	(1)电渗井点埋设程序一般是先埋设轻型井点或喷射井点管，预留出布置电渗井点阳极的位置，待轻型井点降水不能满足降水要求时，再埋设电渗阴极，以改善降水性能。 (2)电渗井点阴极埋设与轻型井点、喷射井点相同，阳极埋设可用 75mm 旋叶式电钻钻孔埋设，钻进时加水和高压空气循环排泥，阳极就位后，利用下一钻孔排出泥浆倒灌填孔，使阳极与土接触良好，减少电阻，以利电渗。如深不大，亦可用锤击法打入。 (3)钢筋埋设必须垂直，严禁与相邻阳极相碰，以免造成短路，损坏设备。
3	井点构造	(1)阳极用 ϕ50～70mm 的钢管或 ϕ20～25mm 的钢筋或铝棒，埋设在井点管内侧 1.2～1.5m 处并成平行交错排列。阴阳极的数量宜相等，必要时阳极数量可多于阴极数量。 (2)井点管与金属棒，即阴、阳极之间的距离，当采用轻型井点时，为 0.8～1.0m；当采用喷射井点时，为 1.2～1.5m。用 75mm 旋叶或电动钻机成孔埋设，阳极外露在地面上约 200～400mm，入土深度比井点管深 500mm，以保证水位能降到要求深度。 (3)阴、阳极分别用 BX 型铜芯橡皮线、扁钢、ϕ10 钢筋或电线连成通路，接到直流发电机或直流电焊机的相应电极上。
4	井点使用	(1)通电时，工作电压不宜大于 60V。土中通电的电流密度宜为 0.5～1.0A/m² 。为避免大部分电流从土表面通过，降低电渗效果，通电前应清除井点管与金属棒间地面上的导电物质，使地面保持干燥，如涂一层沥青绝缘效果更好。 (2)通电时，为消除由于电解作用产生的气体积聚于电极附近，使土体电阻增大，而增加电能的消耗，宜采用间隔通电法。每通电 24h，停电 2～3h。 (3)在降水过程中，应对电压、电流密度、耗电量及预设观测孔水位等进行量测，并记录。
5	电渗功率	直流发电机可用直流电焊机代用，其电渗功率按下式计算： $$N=\frac{UJF}{1000} \qquad (1.16)$$ 式中 N——电渗功率(kW)； $\quad\quad U$——设计电渗电压(V)，一般为 45～65V； $\quad\quad J$——设计电流密度(A/m²)，宜为 0.5～1A/m²； $\quad\quad F$——电渗幕面积(m²)，按下式确定： $$F=Lh$$ 式中 F——电渗幕面积(m²)； $\quad\quad L$——井点系统周长(m)； $\quad\quad h$——阳极埋设深度(m)

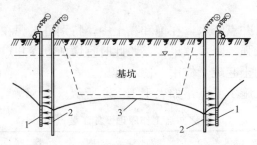

图 1.1.100   电渗井点
1—井点管；2—金属棒；3—地下水降落曲线

1.1.8.4   截水

截水即利用截水帷幕切断基坑外的地下水流入基坑内部。一般规定如表 1.1.130 所示。

截水一般规定   **表 1.1.130**

序　号	内　　　　容
1	截水帷幕的厚度应满足基坑防渗要求，截水帷幕的渗透系数宜小于 1.0×10^{-6} cm/s。
2	落底式竖向截水帷幕，应插入不透水层，其插入深度按下式计算： $$l = 0.2 h_\mathrm{w} - 0.5b \qquad (1.17)$$ 式中　l——帷幕插入不透水层的深度； 　　　h_w——作用水头； 　　　b——帷幕宽度。
3	当地下含水层渗透性较强、厚度较大时，可采用悬挂式竖向截水与坑内井点降水结合或采用悬挂式竖向截水与水平封底相结合的方案。
4	截水帷幕目前常用注浆、旋喷法、深层搅拌水泥土桩挡墙等

1.1.8.5   回灌井点降水

回灌井点降水是指为防止或减少降水对周围环境的影响，避免产生过大的地面沉降，而影响邻近建筑物的安全，目前国内外均采用降水与回灌相结合的办法，具体要求，如表 1.1.131 所示。

回灌井点降水   **表 1.1.131**

序　号	项　　目	内　　　　容
1	工作原理	回灌井点降水施工原理是在降水区与邻近建筑物之间的土层中埋置一道回灌井点，采用补充地下水的方法(图 1.1.101)，使降水井点的影响半径不超过回灌井点的范围，形成一道隔水屏幕，防止回灌井点外侧建筑物下的地下水流失，使地下水位保持不变。
2	施工要点	(1)回灌井点可采用一般真空井点降水的设备和技术，仅增加回灌水箱、闸阀和水表等少量设备，一般施工单位皆易掌握。 (2)采用回灌井点时，回灌井点与降水井点的距离不宜小于 6m。回灌井点的间距应根据降水井点的间距和被保护建(构)筑物的平面位置确定。 (3)回灌井点宜进入稳定降水曲面下 1m，且位于渗透性较好的土层中。回灌井点滤管的长度应大于降水井点滤管的长度。 (4)回灌水量可通过水位观测孔中水位变化进行控制和调节，通过回灌宜不超过原水位标高。回灌水箱的高度，可根据灌入水量决定。回灌水宜用清水。实际施工时应协调控制降水井点与回灌井点。 (5)回灌水量要适当，过小无效，过大会从边坡或钢板桩缝隙流入基坑。 (6)降水井点和回灌井点应同步起动或停止。

续表

序　号	项　　目	内　　　容
2	施工要点	(7)回灌井点的滤管部分,应从地下水位以上 0.5m 处开始直到井管底部。也可采用与降水井点管相同的构造,但必须保证成孔和灌砂的质量。 (8)回灌与降水井点之间应保持一定距离。回灌井点管的埋设深度应根据透水层的深度来决定,以确保基坑施工安全和回灌效果。 (9)应在降灌水区域附近设置一定数量的沉降观测点及水位观测井,定时进行观测和记录,以便及时调整降灌水量的平衡。
3	工程实例	降水对周围环境的影响,是由于土壤内地下水流失造成的。回灌技术即在降水井点和要保护的建(构)筑物之间打设一排井点,在降水井点抽水的同时,通过回灌井点向土层内灌入一定数量的水(即降水井点抽出的水),形成一道隔水帷幕,从而阻止或减少回灌井点外侧被保护的建(构)筑物地下的地下水流失,使地下水位基本保持不变,这样就不会因降水使地基自重应力增加而引起地面沉降。 　　许多工程实例证明,用回灌井点回灌水能产生与降水井点相反地下水降落漏斗,能有效地阻止被保护建(构)筑物下的地下水流失,防止产生有害的地面沉降

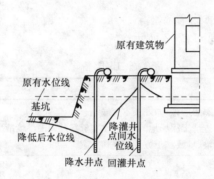

图 1.1.101　回灌井点布置示意

1.1.8.6　施工排水与降水的质量检验标准

降水与排水的施工质量检验标准见表 1.1.132。

降水与排水的施工质量检验标准与方法　　　　　　　表 1.1.132

序　号	检查项目	允许值或允许偏差		检查方法
		单位	数值	
1	排水沟坡度	‰	1~2	目测:坑内不积水,沟内排水通畅
2	井管(点)垂直度	%	1	插管时目测
3	井管(点)间距(与设计相比)	%	≤150	尺量
4	井管(点)插入深度(与设计相比)	mm	≤200	水准仪
5	过滤砂砾料填满(与计算值相比)	mm	≤5	检查回填料用量
6	井点真空度:轻型井点 　　　　　　喷射井点	kPa kPa	>60 >93	真空度表 真空度表
7	电渗井点阴阳极距离:轻型井点 　　　　　　　　　喷射井点	mm mm	80~100 120~150	尺量 尺量

1.2 工艺流程及施工方法

1.2.1 土方开挖施工要点

1.2.1.1 人工挖土

1. 一般规定

人工挖土一般规定，如表1.2.1所示。

一般规定　　　　　　　　　　　　　表1.2.1

序号	项目	内容
1	基本概念	人工挖土是指采用人力方式对基坑(槽)进行分层开挖,以达到基础或地下设施施工要求的尺寸和标高,并保证基土符合设计规定,施工作业安全。
2	适用范围	本工艺标准适用于一般工业及民用建筑物、构筑物的基坑(槽)和管沟等人工挖土

2. 施工准备

人工挖土施工准备，如表1.2.2所示。

施工准备　　　　　　　　　　　　　表1.2.2

序号	项目	内容
1	技术准备	(1)熟悉图纸,做好技术交底。 (2)查清工程场地的地质、水文资料及周围环境情况,根据施工具体条件,制定土方开挖、运输、堆放和土方调配平衡方案。
2	机具准备	(1)机械设备 机动翻斗车、皮带输送机、水泵等。 (2)主要工具 十字镐、铁锹、大锤、钢纤、钢撬棍、手堆车等。
3	作业条件	(1)土方开挖前,应摸清地下管线等障碍物,并应根据方案的要求,将施工区域内的地上、地下障碍物清除和处理完毕。对靠近基坑(槽)的原有建筑物、电杆、塔架等采取防护或加固措施。 (2)场地表面要清理平整,做好排水坡度,在施工区域内,要挖临时性排水沟,保证基土不被地面水浸泡破坏。同时修筑好运输道路。 (3)开挖低于地下水位的基坑(槽)、管沟时,应根据当地工程地质资料,采取措施降低地下水位,一般要降至低于开挖底面的50cm,然后再开挖。 (4)建筑物或构筑物的位置或场地定位控制线(桩),标准水平桩及基槽的灰线尺寸,必须经过检验合格,并办完预检手续。 (5)夜间施工时,应合理安排工序,防止错挖或超挖。施工场地应根据需要安装照明设施,在危险地段应设置明显标志

3. 施工工艺

（1）工艺流程

人工挖土工艺流程，如下所示。

确定开挖的顺序和坡度 → 沿灰线切出槽边轮廓线 → 分层开挖 → 修整槽边 → 清底

（2）操作方法

人工挖土操作方法，如表 1.2.3 所示。

操作方法　　　　　　　　　　表 1.2.3

序　号	项　　目	内　　容
1	坡度确定	（1）在天然湿度的土中，开挖基坑（槽）和管沟时，当挖土深度不超过表 1.1.17 数值的规定，可不放坡，不加支撑。 （2）超过上述规定深度，在 5m 以内时，当土具有天然湿度，构造均匀，水文地质条件好，且无地下水，不加支撑的基坑（槽）和管沟，必须放坡。边坡最陡坡度应符合表 1.1.18 的规定。 （3）使用时间较长的临时性挖方边坡坡度，应根据工程地质和边坡高度，结合当地同类土体的稳定坡度值确定。如地质条件好，土（岩）质较均匀，高度在 10m 以内的临时性挖方边坡坡度应按表 1.1.16 确定。 （4）挖方经过不同类别土（岩）层或深度超过 10m 时，其边坡可做成折线形或台阶形。 （5）城市挖方因邻近建筑物限制，而采用护坡桩时，可以不放坡，但要有护坡桩的施工方案。
2	土方开挖	（1）根据基础和土质以及现场出土条件，要合理确定开挖程序，然后再分段分层平均下挖。基坑（槽）开挖程序一般是： 　测量放线 → 切线分层开挖 → 排降水 → 修坡 → 整平 → 留足预留土层 相邻基坑开挖时，应遵循先深后浅或同时进行的施工程序。 （2）开挖条形浅基坑（槽）不放坡时，应沿灰线里面切出基槽的轮廓线。一般黏性土可自上而下分层开挖，每层深度以 60cm 为宜，从开挖端部逆向倒退按踏步型挖掘。碎石类土先用镐翻松，正向挖掘，每层深度，视翻土厚度而定，每层应清底和出土，然后逐步挖掘。 （3）开挖放坡的坑（槽）和管沟时，应先按施工方案规定的坡度，粗略开挖，再分层按坡度要求做出坡度线，每 3m 左右做出一条，以此线为准进行铲坡。深管沟挖土时，应在沟帮中间留出 1～2 个宽度 80cm 左右的倒土台。然后按浅基坑（槽）或管沟放坡分阶开挖，从下阶弃到上阶土台后，再从倒土台弃至槽边，完成流水作业。 （4）开挖基坑（槽）或管沟，在挖到距槽底 50cm 以内时，测量放线人员应配合抄出距槽底 50cm 平线；自每条端槽部 20cm 处每隔 2～3m，在槽帮上钉水平标高小木橛。在挖至接近槽底标高时，用尺或事先量好的 50cm 标准尺杆，随时以小木橛上平，校核槽底标高。最后由两端轴线（中心线）引桩拉通线，检查距槽边尺寸，确定槽宽标准，据此修整槽帮，最后清除槽底土方，修底铲平。 （5）开挖大面积浅基坑时，沿坑三面同时开挖，挖出的土方装入手推车或翻斗车，由未开挖的一面运至弃土地点。 （6）开挖基坑（槽）、管沟时当接近地下水位时，应先完成标高最低处的挖方，以便在该处集中排水。 （7）基坑（槽）管沟的直立帮和坡度，在开挖过程和敞露期间应防止塌方，必要时应加以保护。 （8）基坑（槽）开挖应尽量防止对地基土的扰动。当基坑用人工挖土，挖好后不能立即进行下道工序时，应预留 15～30cm 一层土不挖，待下道工序开始再挖至设计标高。 （9）在地下水位以下挖土，应在基坑（槽）四侧或两侧随挖随挖好临时排水沟和集水井，将水位降至坑底以下 500mm，以利挖方进行。降水工作应持续到基础（包括地下水位下回填土）施工完成。 （10）在基坑（槽）边缘上侧堆土或堆放材料时，应与基坑边缘保持 1m 以上距离，以保证坑边直立壁或边坡的稳定。当土质良好时，堆土或材料应距挖方边缘 0.8m 以外，高度不宜超过 1.5m，并在已完基础一侧不应过高堆土，以免使基础、墙、柱产生歪斜裂缝。 （11）开挖基坑（槽）的土方，在场地有条件堆放时，一定留足回填需用的好土，多余的土方应一次运至弃土处，避免二次搬运。

续表

序 号	项 目	内　　　容
3	雨期挖土	(1)土方开挖一般不宜在雨期进行。否则工作面不宜过大。应分段、逐片的分期完成。 (2)雨期开挖基坑(槽)或管沟时,应注意边坡稳定。必要时可适当放缓边坡或设置支撑。同时应在坑(槽)外侧围以土堤或开挖水沟,防止地面水流入。施工时,应加强对边坡、支撑、土堤等的检查。
4	冬期挖土	(1)土方开挖不宜在冬期施工。如必须在冬期施工时,其施工方法应按冬施方案进行。 (2)采用防止冻结法开挖土方时,可在冻结前用保温材料覆盖或将表层土翻耕耙松,其翻耕深度应根据当地气候条件确定,一般不小于0.3m。 (3)开挖基坑(槽)或管沟时,必须防止基础下的基土遭受冻结,如基坑(槽)开挖完毕后,有较长的停歇时间,应在基底标高以上预留适当厚度的松土,或用其他保温材料覆盖,地基不得受冻。如遇开挖土方引起邻近建筑(构筑物)的地基和基础暴露时,应采用防冻措施,以防产生冻结破坏
5	异常情况	(1)如开挖的基坑(槽)深于邻近建筑基础时,开挖应保持一定的距离和坡度(图1.2.1),以免影响邻近建筑基础的稳定,一般应满足下列要求: $\frac{h}{l}\leqslant 0.5\sim 1.0$。如不能满足要求,应采取在坡脚设挡墙或支撑进行加固处理。 (2)开挖基坑(槽)或管沟时,不得超过基底标高,如个别地方超挖时,应用基土相同的土料补填,并夯实至要求的密实度,或用灰土或砂砾石填补

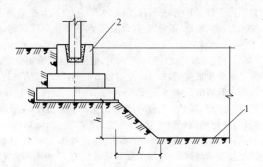

图 1.2.1　基坑(槽)与邻近基础应保持的距离
1—开挖深基坑(槽)底部；2—邻近基础

4. 质量标准与检验方法

（1）质量标准

人工挖土质量标准与检验方法，除应符合表1.2.4要求外，还应符合建筑地基基础工程施工质量验收规范（GB 50202—2002）中之6的有关规定。

人工土方开挖工程质量检验标准（mm）　　　　　　　　　表 1.2.4

项 目	序号	项　　目	允许偏差或允许值				检验方法
			柱基、基坑(槽)	场地平整	管沟	地(路)面基层	
主控项目	1	标高	−50	±30	−50	−50	水准仪
	2	长度、宽度(由设计中心线向两边量)	−200 −50	+300 −100	+100	—	经纬仪,用钢尺量
	3	边坡	设计要求				观察或用坡度尺检查

续表

项 目	序 号	项 目	允许偏差或允许值				检验方法
			柱基、基坑(槽)	场地平整	管沟	地(路)面基层	
一般项目	1	表面平整度	20	20	20	20	用2m靠尺和楔形塞尺检查
	2	基底土性	设计要求				观察或土样分析

注：地(路)面基层的偏差只适用于直接在挖、填方上做地(路)面的基层。

（2）质量记录

人工挖土工程应具备的质量记录，如表1.2.5所示。

质量记录 表 1.2.5

序 号	内 容	序 号	内 容
1	工程地质勘察报告	2	工程定位测量记录

5. 成品保护

人工挖土工程成品保护，如表1.2.6所示。

成品保护 表 1.2.6

序 号	内 容
1	对定位标准桩、轴线引桩、标准水准点、龙门板等，挖运土时不得碰撞，也不得坐在龙门板上休息。并应经常测量和校核其平面位置、水平标高和边坡坡度是否符合设计要求。定位标准桩和标准水准点，也应定期复测检查是否正确。
2	土方开挖时，应防止对邻近已有建筑物或构筑物、道路、管线等发生下沉或变形。必要时，与设计单位或建设单位协商采取防护措施，并在施工中进行沉降和位移观测。
3	施工中如发现有文物或古墓等，应妥善保护，并应立即报请当地有关部门处理后，方可继续施工。如发现有测量用的永久性标桩或地质、地震部门设置的长期观测点等，应加以保护。在敷设地上或地下管道、电缆的地段进行土方施工时，应事先取得有关管理部门的书面同意，施工中应采取措施，以防损坏管线。
4	基坑(槽)开挖设置的支撑或支护，在施工的全过程要做好保护，不得随意损坏或拆除。
5	基坑(槽)、管沟的直立壁和边坡，在开挖后要防止扰动或被雨水冲刷，造成失稳。
6	基坑(槽)、管沟开挖后，如不能很快浇筑垫层或安装管道，应预留150～250mm厚土层，在施工下道工序前再挖至设计标高

6. 安全措施

人工挖土工程施工安全措施，如表1.2.7所示。

安全措施 表 1.2.7

序 号	内 容
1	基坑开挖时，两人操作间距应大于3.0m，不得对头挖土；挖土面积较大时，每人工作面不应小于6m²。挖土应由上而下、分层分段按顺序进行，严禁先挖坡脚或逆坡挖土，或采用底部掏空塌土方法挖土。
2	基坑开挖应严格按规定放坡，操作时应随时注意土壁的变动情况，如发现有裂缝或部分坍塌现象，应及时进行支撑或放坡，并注意支撑的稳固和土壁的变化。当采取不放坡开挖，应设置临时支护。冬期不设支撑的挖土作业，只许在土体冻结深度内进行。

序 号	内　　容
3	深基坑上下应先挖好阶梯或支撑靠梯,或开斜坡道,并采取防滑措施,禁止踩踏支撑上下。坑四周应设安全栏杆。
4	人工吊运土方时,应检查起吊工具、绳索是否牢靠。吊斗下面不得站人,卸土堆应离开坑边一定距离,以防造成坑壁塌方。
5	用手推车运土,应先平整好道路,并尽量采取单行道,以免来回碰撞;用平板车、翻斗车运土时,两车间距不得小于10m,装土和卸土时,两车间距不得小于1m。
6	基坑(槽)、管沟的直立壁和边坡,在开挖过程中和敞露期间应防止塌陷,必要时加以保护;在桩基周围,墙基一侧,不得堆土过高。
7	重物距土坡安全距离:汽车不小于3m;起重机不小于4m;堆土高不超过1.5m。
8	当基坑较深或晾槽时间很长时,为防止边坡失水松散或地面水冲刷、浸润影响边坡稳定,应采用边坡保护方法

1.2.1.2　机械挖土

1. 一般规定

机械挖土一般规定,如表1.2.8所示。

一般规定　　　　　　　　　　　　　　　　　　　表1.2.8

序 号	项　目	内　　容
1	基本概念	机械挖土系指采用推土机、铲运机、挖掘机、装载机等设备以及配套自卸汽车等进行土方开挖和运输。具有操作机动灵活、运转方便、生产效率高、施工速度快等特点。
2	适用范围	本工艺标准适用于工业与民用建筑的机械开挖土石方工程,包括平整场地,基坑(槽)、管沟以及路堑、路堤等挖土工程

2. 施工准备

机械挖土施工准备,如表1.2.9所示。

施工准备　　　　　　　　　　　　　　　　　　　表1.2.9

序 号	项　目	内　　容
1	技术准备	(1)制定好现场场地平整、基坑开挖施工方案,绘制施工总平面布置图和基坑土方开挖图,确定开挖路线、顺序,基底标高、边坡坡度、排水沟、集水井位置及土方堆放地点,深基坑开挖还应提出支护、边坡保护和降水方案。 (2)完成测量控制网的设置,包括控制基线、轴线和水准基点。场地平整进行方格网桩的布置和标高测设,计算挖填土方量,对建筑物做好定位轴线的控制测量和校核,进行土方工程的测量定位放线,并经检查复核无误后,作为施工控制依据。 (3)选择土方机械,应根据施工区域的地形与作业条件、土的类别与厚度、总工程量和工期综合考虑,以能发挥施工机械的效率来确定,编制施工方案。 (4)施工区域运行路线的布置,应根据作业区域工程的大小、机械性能、运距和地形起伏等情况加以确定。 (5)建筑物或构筑物的位置或场地的定位控制线(桩)、标准水平桩及开槽的灰线尺寸,必须经过检验合格,并办完预检手续。 (6)熟悉图纸,做好技术交底。
2	机具准备	(1)一般机具有:铁锹(尖、平头两种)、手推车、小白线或20号铅丝和钢卷尺,以及坡度尺等。

续表

序号	项目	内容
2	机具准备	(2)机械挖土常用机具设备有:推土机、铲运机、挖掘机、装载机以及配套自卸汽车等,其设备特性、作业特点及选用参见1.1.7土方的机械化施工,一般情况如下: 1)当深度不大的大面积基坑开挖,宜采用推土机或装载机推土和装车; 2)对长度和宽度均较大的大面积土方一次开挖,可用铲运机铲土; 3)对面积大且深的基坑,多采用0.5m³、1.0m³斗容量的液压正铲挖掘; 4)如操作面狭窄,且有地下水,土的湿度大,可采用液压反铲挖掘; 5)在地下水位以下不排水挖土,可采用拉铲或抓铲挖掘,效率较高。
3	作业条件	(1)土方开挖前,应根据施工方案的要求,将施工区域内的地下、地上障碍物清除和处理完毕。 (2)开挖有地下水位的基坑槽、管沟时,应根据当地工程地质资料,采取措施降低地下水位。一般要降至开挖面以下0.5m,然后才能开挖。 (3)施工机械进入现场所经过的道路、桥梁和卸车设施等,应事先经过检查,必要时要进行加固或加宽等准备工作。 (4)在施工区域内做好临时性或永久性排水设施,或疏通原有排水系统,场地向排水沟方向应做成不小于0.002的坡度,使场地不积水,必要时设置截水沟、排洪沟或截洪坝,阻止山坡雨水流入开挖基坑区域内。 (5)完成必需的临时设施,包括生产设施、生活设施及机械的进出和土方运输道路,临时供水供电线路。 (6)机械设备运进现场,进行维护检查、试运转,使处于良好的工作状态。 (7)夜间施工时,应有足够的照明设施;在危险地段应设置明显标志,并要合理安排开挖顺序,防止错挖或超挖

3. 施工工艺

（1）工艺流程

机械挖土工艺流程，如下所示。

$$\boxed{\text{确定开挖的顺序和坡度}} \rightarrow \boxed{\text{分段分层平均下挖}} \rightarrow \boxed{\text{修边和清底}}$$

（2）操作方法

机械挖土操作方法，如表1.2.10所示。

操作方法　　　　　　　　　　　　表1.2.10

序号	项目	内容
1	开挖顺序、路线及深度	开挖基坑(槽)或管沟时,应合理确定开挖顺序、路线及开挖深度。 (1)采用推土机开挖大型基坑(槽)时,一般应从两端或顶端开始(纵向)推土,把土堆向中部或顶端,暂时堆积,然后再横向将土推离基坑(槽)的两侧。 (2)采用铲运机开挖大型基坑(槽)时,应纵向分行、分层按照坡度线向下铲挖,但每层的中心线地段应比两边稍高一些,以防积水。 (3)采用反铲、拉铲挖土机开挖基坑(槽)或管沟时,其施工方法有两种: 1)端头挖土法:挖土机从基坑(槽)或管沟的端头以倒退行驶的方法进行开挖。自卸汽车配置在挖土机的两侧装运土,见图1.1.76(a)。 2)侧向挖土法:挖土机一面沿着基坑(槽)或管沟的一侧移动,自卸汽车在另一侧装运土,见图1.1.76(c)。 (4)挖土机沿挖方边缘移动时,机械距离边坡上缘的宽度不得小于基坑(槽)或管沟深度的1/2。如挖土深度超过5m时,应按专业性施工方案确定。
2	土方开挖	(1)土方开挖宜从上到下分层分段依次进行,随时作成一定坡势,以利泄水。 1)在开挖过程中,应随时检查槽壁和边坡的状态。深度大于1.5m时,根据土质变化情况,应做好基坑(槽)或管沟的支撑准备,以防坍陷。 2)开挖基坑(槽)和管沟,不得挖至设计标高以下,如不能准确地挖至设计基底标高时,可在设计标高以上暂留一层土不挖,以便在抄平后,由人工挖出。

续表

序　号	项　目	内　　容
2	土方开挖	暂留土层：一般用铲运机、推土机挖土时，为20cm左右；用挖土机反铲、正铲和拉铲挖土时，为30cm左右。 　　3）在机械施工挖不到的土方，应配合人工随时挖掘，并用手推车把土运到机械挖到的地方，以便及时用机械挖走。 　　（2）大面积基础群基坑底板标高不一，机械开挖次序一般采取先整片挖至一适当的标高，然后再挖个别较深部位。当一次开挖深度超过挖土机最大挖掘高度（5m以上）时，宜分二、三层开挖，在一面修筑10%～15%坡道，作为机械和运土汽车进出通道。挖出之土方运至弃土场堆放，最后将斜坡道挖掉，坑边应留部分土作基坑回填之用，以减少土方二次搬运。 　　（3）对大型软土基坑，为减少分层挖运土方的复杂性，可采用"接力挖土法"（图1.1.78）；利用两台或三台挖土机分别在基坑的不同标高处同时挖土。一台在地表，两台在基坑不同标高的台阶上，边挖土边向上传递，到上层由地表挖土机装车，用自卸汽车运至弃土地点。上部可用大型挖土机，中、下层可用液压中、小型液压挖土机，使挖土、装车均衡作业，机械开挖不到之处，配以人工开挖修坡、找平。在基坑纵向两端设有道路出入口，上部汽车单向行驶。用本法开挖基坑，可一次挖到设计标高，达到成型。一般两层挖土可挖到－10m，三层挖土可挖到－15m左右，避免将载重汽车开进基坑装土、运土作业，工作条件好，效率高，降低成本。 　　（4）挖土机、运土汽车进出基坑运输道路，应尽量利用基础一侧或两侧相邻的基础以后需开挖部位，使它互相贯通作为车道，或利用提前挖除土方后的地下设施部位作为相邻的几个基坑开挖地下运输通道，以减少挖土量。
3	修帮和清底	（1）修帮和清底。在距槽底设计标高50cm槽帮处，抄出水平线，钉上小木橛，然后用人工将暂留土层挖走。同时两端轴线（中心线）引桩拉通线（用小线或铅丝），检查距槽边尺寸，确定槽宽标准，以此修整槽边。最后清除槽底土方。 　　（2）槽底修理铲平后，进行质量检查验收。 　　（3）开挖基坑（槽）的土方，在场地有条件堆放时，一定留足回填需用的好土；多余的土方，应一次运走，避免二次搬运。
4	雨冬期施工	（1）土方开挖一般不宜在雨期进行，否则工作面不宜过大，应逐段、逐片分期完成。 　　（2）雨期施工在开挖基坑（槽）或管沟时，应注意边坡稳定。必要时可适当放缓边坡度，或设置支撑。同时应在坑（槽）外侧围以土堤或开挖水沟，防止地面水流入。经常对边坡、支撑、土堤进行检验，发现问题要及时处理。 　　（3）土方开挖不宜在冬期施工。如必须在冬期施工时，其施工方法应按冬施方案进行。 　　（4）采用防止冻结开挖土方时，可在冻结以前，用保温材料覆盖或将表层土翻耕耙松，其翻耕深度应根据当地气温条件确定。一般不小于30cm。 　　（5）开挖基坑（槽）或管沟时，必须防止基础下基土受冻。应在基底标高以上预留适当厚度的松土。或用其他保温材料覆盖。如遇开挖土方引起邻近建筑物或构筑物的地基和基础暴露时，应采取防冻措施，以防受冻破坏

4. 质量标准与检验方法

（1）质量标准

机械挖土质量标准与检验措施，除应符合表1.2.11要求外，还应符合建筑地基基础工程施工质量验收规范（GB 50202—2002）中之6有关规定。

机械土方开挖工程的质量检验标准（mm）　　　　　　表 1.2.11

项　目	序　号	项　目	允许偏差或允许值				检验方法
			柱基、基坑（槽）	场地平整	大型管沟	地（路）面基层	
主控项目	1	标高	－50	±50	－50	－50	水准仪
	2	长度、宽度（由设计中心线向两边量）	+200 －50	+500 －150	+100	—	经纬仪，用钢尺量
	3	边坡	设计要求				观察或用坡度尺检查

续表

项 目	序 号	项 目	允许偏差或允许值				检验方法
			柱基、基坑（槽）	场地平整	大型管沟	地（路）面基层	
一般项目	1	表面平整度	20	50	20	20	用2m靠尺和楔形塞尺检查
	2	基底土性	设计要求				观察或土样分析

注：同表1.2.4。

（2）质量记录

机械挖土工程应具备的质量记录，如表1.2.12所示。

质 量 记 录 表 1.2.12

序 号	内 容	序 号	内 容
1	工程地质勘察报告	2	工程定位测量记录

5. 成品保护

机械挖土工程成品保护，如表1.2.13所示。

成 品 保 护 表 1.2.13

序 号	内 容
1	对定位标准桩、轴线引桩、标准水准点、龙门板等，挖运土时不得撞碰，也不得在龙门板上休息。并应经常测量和核校其平面位置、水平标高和边坡坡度是否符合设计要求。定位标准桩和标准水准点也应定期复测和检查是否正确。
2	土方开挖时，应防止邻近建筑物或构筑物，道路、管线等发生下沉和变形。必要时应与设计单位或建设单位协商，采取防护措施，并在施工中进行沉降或位移观测。
3	施工中如发现有文物或古墓等，应妥善保护，并应及时报请当地有关部门处理，方可继续施工。如发现有测量用的永久性标桩或地质、地震部门设置的长期观测点等，应加以保护。在敷设有地上或地下管线、电缆的地段进行土方施工时，应事先取得有关管理部门的书面同意，施工中应采取措施，以防止损坏管线，造成严重事故。
4	基坑四周应设排水沟、集水井，场地应有一定坡度，以防雨水浸泡基坑和场地。
5	夜间施工应设足够的照明，防止地基、边坡超挖。
6	深基坑开挖的支护结构，在开挖全过程中要做好保护，不得随意拆除或损坏

6. 安全措施

机械挖土工程安全措施，如表1.2.14所示。

安 全 措 施 表 1.2.14

序 号	内 容
1	开挖边坡土方，严禁切割坡脚，以防导致边坡失稳；当山坡坡度陡于1/5，或在软土地段，不得在挖方上侧堆土。
2	机械行驶道路应平整、坚实；必要时，底部应铺设枕木、钢板或路基箱垫道，防止作业时下陷；在饱和软土地段开挖土方，应先降低地下水位，防止设备下陷或基土产生侧移。
3	机械挖土应分层进行，合理放坡，预防塌方、溜坡等造成机械倾翻、淹埋等事故。用推土机回填时，铲刀不得超出坡沿，以防倾覆。陡坡地段堆土需设专人指挥，严禁在陡坡上转弯。正车上坡和倒车下坡的上下坡度不得超过35°，横坡不得超过10°。推土机陷车时，应用钢丝绳缓缓拖出，不得用另一台推土机直接推出。

序 号	内 容
4	多台挖掘机在同一作业面进行开挖时,挖掘机间距应大于 10m;多台挖掘机械在不同台阶同时开挖,应验算边坡稳定,上下台阶挖掘机前后应相距 30m 以上,挖掘机离下部边坡应有一定的安全距离,以防造成翻车事故。
5	在有支撑的基坑中挖土时,必须防止碰坏支撑,在坑沟边使用机械挖土时,应计算支撑强度,危险地段应加强支撑
6	机械施工区域禁止无关人员进入场地内。挖掘机工作回转半径范围内不得站人或进行其他作业。土石方爆破时,人员及机械设备应撤离危险区域。挖掘机、装载机卸土,应待整机停稳后进行,不得将铲斗从运输汽车驾驶室顶部越过;装土时任何人都不得停留在装土车上。
7	挖掘机操作和汽车装土行要听从现场指挥;所有车辆必须严格按规定的开行路线行驶,防止撞车。
8	挖掘机行走和自卸汽车卸土时,必须注意上空的电线,不得在架空输电线路下工作;如在架空输电线一侧工作时,垂直与水平距离分别不得小于 2.5m 与 4~6m(110~220kV 时)。
9	夜间作业,机上及工作地点必须有充足的照明设施,在危险地段应设置明显的警示标志和护栏。
10	冬期、雨期施工,运输机械和行驶道路应采取防滑措施,以保证行车安全

1.2.1.3 基土钎探

1. 一般规定

基土钎探一般规定,如表 1.2.15 所示。

一 般 规 定 表 1.2.15

序 号	项 目	内 容
1	基本概念	钎探是指基坑(槽)挖完后进行验槽的措施,一般是用锤把钢钎打入坑(槽)底的基土内,根据每打入一定深度的锤击数,来判断地基土质情况。
2	适应范围	本工艺标准适用于建筑物或构筑物的基础、坑(槽)底基土质量钎探检查

2. 施工准备

基土钎探施工准备,如表 1.2.16 所示。

施 工 准 备 表 1.2.16

序 号	项 目	内 容
1	技术准备	钎孔布置和钎探深度,应根据地基土质的复杂情况和基槽宽度、形状而定,可参考表 1.2.17。
2	材料准备	准备中砂。
3	主要机具	(1)人工打钎:一般钢钎,用直径 ϕ22~25mm 的钢筋制成,钎头呈 60°尖锥形状,钎长 1.8~2.0m;8~10 磅大锤。 (2)机械打钎:轻便触探器(北京地区规定必用)。 (3)其他:麻绳或钢丝、梯子(凳子)、手推车、撬棍(拔钢纤用)和钢卷尺等。
4	作业条件	(1)基土已挖至基坑(槽)底设计标高,表面应平整,轴线及坑(槽)宽、长均符合设计图纸要求。 (2)钎杆上预先划好 30cm 横线。 (3)夜间施工时,应有足够的照明设施。并要合理地安排钎探顺序,防止错打或漏打

钎 孔 布 置　　　　　　　　　　　　　　表 1.2.17

槽宽(cm)	排列方式及图示		间距(m)	钎探深度(m)
小于80	中心一排		1～2	1.2
80～200	两排错开		1～2	1.5
大于200	梅花形		1～2	2.0
柱基	梅花形		1～2	≥1.5m,并不浅于短边宽度

注：对于较软弱的新近沉积黏性土和人工杂填土的地基，钎孔间距应不大于1.5m。

3. 施工工艺

(1) 工艺流程

基土钎探施工工艺流程，如下所示。

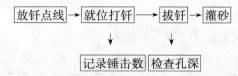

(2) 操作方法

基土钎探施工操作方法，如表 1.2.18 所示。

操 作 方 法　　　　　　　　　　　　表 1.2.18

序 号	项 目	内 容
1	放钎点线	按钎探孔位置平面布置图放线；孔位钉上小木桩或洒上白灰点。
2	就位打钎	(1)人工打钎：将钎尖对准孔位，一人扶正钢钎，一人站在操作凳上，用大锤打钢钎的顶端；锤举高度一般为50～70cm，将钎垂直入土层中。 (2)机械打钎：将触探杆尖对准孔位，再把穿心锤套在钎杆上，扶正钎杆，拉起穿心锤，使其自由下落，锤距为50cm，把触探杆垂直入土层中。
3	记录锤击数	记录锤击数。钎杆每入土层30cm时，记录一次锤击数。钎探深度如设计无规定时，一般按表1.2.17执行。
4	拔钎	拔钎：用麻绳或钢丝将钎杆绑好，留出活套，套内插入撬棍或铁管，利用杠杆原理，将钎拔出。每拔出一段将绳套往下移一段，依此类推，直到完全拔出为止。
5	移位	移位：将钎杆或触探器搬到下一孔位，以便继续打钎。

续表

序 号	项 目	内 容
6	灌砂	灌砂:打完的钎孔,经过质量检查人员和有关工长检查孔深与记录无误后,即可进行灌砂。灌砂时,每填入 30cm 左右可用木棍或钢筋棒捣实一次。灌砂有两种形式,一种是每孔打完或几孔打完后及时灌砂;另一种是每天打完后,统一灌砂一次。
7	整理记录	整理记录:按钎孔顺序编号,将锤击数填入统一表格内。同时将锤击数显著过多或过少的钎孔,在记录表上用色笔或符号分开。在平面布置图上注明特硬或特软点的位置,供设计、勘察等有关部门验槽时分析处理。完全符合设计要求后,参加各方应签证隐蔽工程记录,作为竣工资料保存。
8	冬、雨期施工	(1)基土受雨后,不得进行钎探。 (2)基土在冬季钎探时,每打几孔后及时掀盖保温材料一次,不得大面积掀盖,以免基土受冻

4. 质量控制与检验方法

(1) 质量控制要点

基土钎探质量控制要点,如表 1.2.19 所示。

质量控制要点   表 1.2.19

序 号	内 容
1	遇钢钎打不下去时,应请示有关工长或技术员:取消钎孔或移位打钎。不得不打即任意填写锤数。
2	记录和平面布置图上探孔位置的填写错误: (1)将钎平面布置图上的钎孔与记录表上的钎孔先行对照,有无错误。发现错误及时修改或补打。 (2)在记录表上用色铅笔或符号将不同的钎孔(锤击数的大小)分开。 (3)在钎孔平面布置图上,注明过硬或过软的孔号位置,把枯井或坟墓等尺寸画上,以便设计勘察人员或有关部门验槽时分析处理

(2) 质量检验标准

基土钎探质量检验标准,如表 1.2.20 所示。

质量检验标准   表 1.2.20

序 号	项 目	内 容
1	主控项目	(1)钎位基本准确,探孔不得遗漏。 (2)钎孔灌砂应密实。
2	一般项目	钎探深度必须符合要求,锤击数记录要准确,不得作假

(3) 质量记录

基土钎探质量记录,如表 1.2.21 所示。

质量记录   表 1.2.21

序 号	内 容
1	本工艺标准应具备以下质量记录: 工程地质勘察报告

5. 成品保护

基土钎探施工成品保护,如表 1.2.22 所示。

成品保护　　　　　　　　表 1.2.22

序　号	内　　容
1	对不符合要求的松软土层、坑坑、孔洞等，应作好保护，并应会同设计、勘察、建设单位以及质量监督等部门，认真进行处理。
2	钎探完成后，应作好标记，保护好钎孔，未经质量检查人员和有关工长复验，不得堵塞或灌砂

1.2.1.4 深基坑放坡挖土

放坡开挖是最经济的挖土方案。当基坑开挖深度不大（软土地区挖深不超过 4m；地下水位低的土质较好地区挖深亦可较大）、周围环境又允许时，经验算能确保土坡的稳定性时，均可采用放坡开挖。

1. 一般规定

深基坑放坡挖土一般规定，如表 1.2.23 所示。

一般规定　　　　　　　　表 1.2.23

序号	项　目	内　　容
1	挖土机械	基坑机械挖土，常用的单斗液压挖掘机如表 1.2.24。
2	边坡验算	（1）放坡开挖要验算边坡稳定，可采用圆弧滑动简单条分法进行验算。对于正常固结土，可用总应力法确定土体的抗剪强度，采用固结快剪峰值指标。 （2）安全系数，可根据土层性质和基坑大小等条件确定，上海的基坑工程设计规程规定，对一级基坑安全系数取 1.38～1.43；二、三级基坑取 1.25～1.30。快速卸荷的边坡稳定验算，当采用直剪快剪试验的峰值指标时，安全系数可相应减小 20%。 （3）采用简单条分法验算边坡稳定时，对土层性质变化较大的土坡，应分别采用各土层的重度和搞剪强度。当含有可能出现流砂的土层时，宜采用井点降水等措施。 （4）对土质较差且施工工期较长的基坑，对边坡宜采用钢丝网水泥喷浆或用高分子聚合材料覆盖等措施进行护坡。
3	质量验收	深基坑放坡挖土的质量验收，应符合建筑地基基础工程施工质量验收规范（GB 50202—2002)有关规定

国产单斗液压挖掘机的主要技术性能参数　　　　　表 1.2.24

项　　目		单位	上海建筑机械厂	北京建筑机械厂	合肥矿山机械厂	上海建筑机械厂	抚顺挖掘机制造厂	上海建筑机械厂	长江挖掘机厂
			WY15	WY50	WY60A	WY100	WY100B	R942HD	WY160A
主参数	斗容量	m³	0.15	0.5	0.6	1.0	1.0	0.4～2.0	1.6
	整机质量	t	4.2	10.6	17.8	45	29.4	31.1	38.5
	电动机功率/转速	kW/r/min	20.59/2000	66/2000	69.17/2150	110.33/1800	117.68/1800	125.04/2150	128.71/1800
液压系统	系统形式		定量	二级变量	全功率变量	定量	全功率变量	全功率变量	全功率变量
	系统工作压力	MPa	13	16	25	最大 32	28	30	28
	最大流量	L/min	2×50	2×100+100	2×125	2×109	2×180	2×200	2×220
	主油泵形式		双联齿轮泵	齿轮泵	轴向柱塞泵	双列径向柱塞泵	斜轴式变量泵	双联轴向变量泵	斜轴式轴向柱塞泵
回转机构	驱动方式、转角		液压马达、全回转、动臂摆动土 50～10	液压马达、全回转	液压马达、全回转	液压马达、全回转	液压马达、全回转	液压马达、全回转	液压马达、全回转
	最大回转速度	r/min		8.9	8.65	7.88	6.7	0～7.8	6.9

续表

项　　目		单位	上海建筑机械厂 WY15	北京建筑机械厂 WY50	合肥矿山机械厂 WY60A	上海建筑机械厂 WY100	抚顺挖掘机制造厂 WY100B	上海建筑机械厂 R942HD	长江挖掘机厂 WY160A
行走装置	履带式 行走速度	km/h	1.5~2.2	3	3.4	1.6/3.2	2.2	0~2.6	1.77
	爬坡能力	%	≥40	70	45	45	45	80	80
	接地比压	kPa	35	40	50,31,28	66,52,42	60	67	88
	轮胎式 驱动方式								
	行走速度	km/h							
	爬坡能力	%							
	离地间隙	mm	330	410	452	475	514	520	528
工作装置、工作尺寸	工作装置		反铲	反铲	反铲、正铲装载	反铲、正铲、抓斗	反铲	正铲、反铲、抓斗	正铲、反铲、抓斗
	反铲 最大挖掘深度		3000	4500	5140	5703	5855	8100	6100
	最大挖掘半径	mm	4800	7380	8460	9030/1200	10535	11600	10600
	最大挖掘高度		3640	7300	7490	7570	9015	9500	8100
	最大卸载高度		2400	5040	5600	5390	7345	7550	5830
	最大挖掘力	kN	17	51	100	120	113.4	斗杆 155, 铲斗 146	压铲 180, 正铲 200
	正铲 最大挖掘高度					6350	7000	7800	8100
	最大挖掘半径	mm				6540	7900	8600	8050
	最大挖掘深度					2960	2850	2800	3250
	最大卸载高度					3960	4200	3900	5700
理论生产率		m³/h	38	90~120	120	200	200		280
外形尺寸	全长		5030	7160	9280	9530		10265	反铲 10900, 正铲 7600
	全宽	mm	1687	2430	2650	3100	3000	3258	3500
	全高		2200	2670	3220	3400	3148	3330	4050

2. 施工要点

深基坑放坡挖土施工要点，如表 1.2.25 所示。

施工要点　　　　　　　　　　　　　　　　表 1.2.25

序　号	内　　　　容
1	坑顶不宜堆土或存在堆载(材料或设备)，遇有不可避免的附加荷载时，在进行边坡稳定性验算时，应计入附加荷载的影响。
2	开挖深度较大的基坑，当采用放坡挖土时，宜设置多级平台分层开挖，每级平台的宽度不宜小于 1.5m。
3	基坑采用机械挖土，坑底应保留 200~300mm 厚基土，用人工清理整平，防止坑底土扰动。待挖至设计标高后，应清除浮土，经验槽合格后，及时进行垫层施工。
4	在地下水位较高的软土地区，应在降水达到要求后再进行土方开挖，宜采用分层开挖的方式进行开挖。分层挖土厚度不宜超过 2.5m。挖土时要注意保护工程桩，防止碰撞或因挖土过快、高差过大使工程桩受侧压力而倾斜。
5	如有地下水，放坡开挖应采取有效措施降低坑内水位和排除地表水，严防地表水或坑内排出的水倒流回渗入基坑。
6	按选用的挖土机械操作工艺要求进行挖土，如图 1.2.2 所示

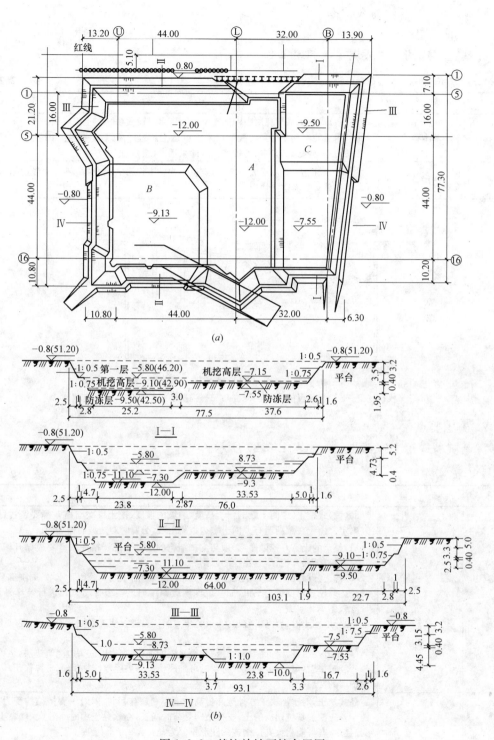

图 1.2.2 基坑放坡开挖布置图

注：1. 总的施工顺序是：A、B、C部分的第一层→A、C部分的第二层→A部分的第三层→B部分的第二层。

为使挖土机能下槽开挖，留设1：6坡度的坡道。

2. 施工中共用3台反铲挖土机，总挖土量为60096m³。

1.2.1.5 深基坑岛式挖土

1. 一般规定

深基坑岛式挖土一般规定,如表 1.2.26 所示。

一 般 规 定   表 1.2.26

序 号	项 目	内 容
1	基本概念	岛(墩)式挖土系指利用中间的土墩作为支点搭设栈桥。挖土机可利用栈桥下到基坑挖土,运土的汽车亦可利用栈桥进入基坑运土。这样可以加快挖土和运土的速度(图1.2.3)。上海梅龙镇广场工程施工时即采用岛(墩)式挖土方案。
2	适用范围	岛(墩)式挖土,宜用于大型基坑,支护结构的支撑形式为角撑、环梁式或边桁(框)式,中间具有较大空间情况下

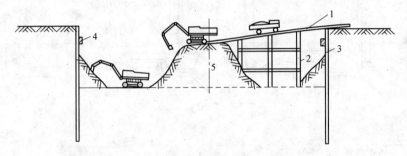

图 1.2.3 岛(墩)式挖土示意图

1—栈桥;2—支架(尽可能利用工程桩);3—围护墙;4—腰梁;5—土墩

2. 施工要点

深基坑岛式挖土施工要点,如表 1.2.27 所示。

施 工 要 点   表 1.2.27

序 号	项 目	内 容
1	岛式构造	岛(墩)式挖土,中间土墩的留土高度、边坡的坡度、挖土层次与高差都要经过仔细研究确定。由于在雨期遇有大雨土墩边坡易滑坡,必要时对边坡尚需加固。
2	开挖顺序	(1)整个的土方开挖顺序,必须与支护结构的设计工况严格一致。要遵循开槽支撑、先撑后挖、分层开挖、严禁超挖的原则。 (2)挖土分层开挖,多数是先全面挖去第一层,然后中间部分留置土墩,周围部分分层开挖。开挖多用反铲挖土机,如基坑深度大则用向上逐级传递方式进行装车外运(图1.2.4、图1.2.5)。 (3)分层挖土时,层高不宜过大,以免土方侧压力过大使工程桩变形倾斜,在软土地区尤为重要。 (4)土方挖至设计标高后,对有钻孔灌筑桩的工程,宜边破桩头边浇筑垫层,尽可能早一些浇筑垫层(必要时加厚作配筋垫层)对围护墙起支撑作用,以减少围护墙的变形。
3	时效作用	岛式挖土,对于加快土方外运和提高挖土速度是有利的,但对于支护结构受力不利,由于首先挖去基坑四周的土,支护结构受荷时间长,在软黏土中时间效应(软黏土的蠕变)显著,有可能增大支护结构的变形量。为此: (1)为减少时间效应的影响,挖土时应尽量缩短围护墙无支撑的暴露时间。一般对一、二级基坑,每一工况挖至规定标高后,钢支撑的安装周期不宜超过一昼夜,混凝土支撑的完成时间不宜超过两昼夜。 (2)对面积较大的基坑,为减少空间效应的影响,基坑土方宜分层、分块、对称、限时进行开挖,土方开挖顺序要为尽可能早的安装支撑创造条件。

序 号	项 目	内 容
4	深浅处理	(1)同一基坑内当深浅不同时，土方开挖宜先从浅基坑处开始，如条件允许可待浅基坑处底板浇筑后，再挖基坑较深处的土方。 (2)如两个深浅不同的基坑同时挖土时，土方开挖宜先从较深基坑开始，待较深基坑底板浇筑后，再开始开挖较浅基坑的土方。 (3)如基坑底部有局部加深的电梯井、水池等，如深度较大宜先对其边坡进行加固处理后再进行开挖。
5	安全要点	(1)挖土时，除支护结构设计允许外，挖土机和运土车辆不得直接在支撑上行走和操作。 (2)挖土机挖土时严禁碰撞工程桩、支撑、立柱和降水的井点管。
6	质量验收	质量验收应符合建筑地基基础工程施工质量验收规范(GB 50202—2002)的有关规定

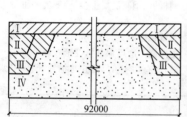

图 1.2.4　墩式土方开挖顺序

Ⅰ—第一次挖土；Ⅱ—第二次挖土；
Ⅲ—第三次挖土；Ⅳ—第四次挖土

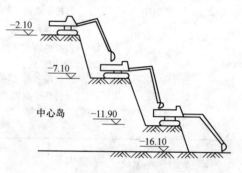

图 1.2.5　挖除中心土墩时挖土机布置

1.2.1.6　深基坑盆式挖土

深基坑盆式挖土施工要点，如表 1.2.28 所示。

施 工 要 点　　　　　　　　　　　　　　　　表 1.2.28

序号	项 目	内 容
1	基本概念	盆式挖土是先开挖基坑中间部分的土，周围四边留土坡，土坡最后挖除。如图 1.2.6。
2	优缺点	(1)优点是周边的土坡对围护墙有支撑作用，有利于减少围护墙的变形。 (2)缺点是大量的土方不能直接外运，需集中提升后装车外运。
3	施工要点	(1)盆式挖土周边留置的土坡，其宽度、高度和坡度大小均应通过稳定验算确定。如留的过小，对围护墙支撑作用不明显，失去盆式挖土的意义。如坡度太陡边坡不稳定，在挖土过程中可能失稳滑动，不但失去对围护墙的支撑作用，影响施工，而且有损于工程桩的质量。 (2)盆式挖土需设法提高土方上运的速度，对加速基坑开挖起很大作用。
4	质量验收	质量验收应符合建筑地基基础工程施工质量验收规范(GB 50202—2002)的有关规定

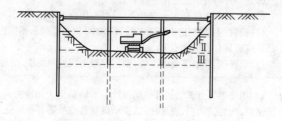

图 1.2.6　盆式挖土

1.2.2 支护结构施工要点

1.2.2.1 排桩墙支护结构工程

1. 适用范围及基本规定

排桩墙支护结构适用范围及基本规定，如表1.2.29所示。

适用范围及基本规定　　　　　　　　　　　表1.2.29

序　号	项　　目	内　　　　　容
1	基本概念	排桩墙，即置于地层中各种形式，按一定方式排列的桩，组合后构成的地下墙，如钢板桩排桩墙、钢筋混凝土板桩排桩墙等。
2	适用范围	(1)排桩墙支护结构适用于基坑侧壁安全等级为一、二、三级的工程基坑支护。 (2)排桩墙可以根据工程情况做成悬臂式支护结构、拉锚式支护结构、内撑式和锚杆式支护结构。
3	基本规定	(1)排桩墙支护结构包括灌注桩、预制桩、板桩(钢板桩、预制混凝土板桩)等类型桩形成的支护结构。 (2)采用悬臂式排桩墙支护结构，在软土场地中悬臂长度不宜大于5m。 (3)排桩墙支护的基坑，应支护后再予开挖。内支撑施工应确保基坑变形在设计要求的控制范围内。在含水层范围内的排桩墙支护基坑，应有切实可靠的止水措施，确保基坑施工及邻近建筑物的安全

2. 施工准备及工程要点

(1) 施工准备

排桩墙施工准备，如表1.2.30所示。

施　工　准　备　　　　　　　　　　　表1.2.30

序　号	项　　目	内　　　　　容
1	技术准备	(1)施工区域的岩土工程勘察报告； (2)排桩墙桩的设计文件； (3)施工区域内地下管线、设施、障碍资料； (4)相邻建筑基础资料； (5)施工区域的测量资料； (6)桩工艺性试验； (7)施工组织设计。
2	材料准备	(1)水泥：宜使用硅酸盐、普通硅酸盐水泥。水泥重量允许偏差≤±2%。 (2)粗骨料：宜使用材质坚硬、级配良好、5～40mm的卵碎石。粗骨料重量允许偏差≤±3%。 (3)细骨料：宜使用含泥量≤3%的中、粗砂。细骨料重量允许偏差≤±3%。 (4)外加剂：可使用速凝、早强、减水剂、塑化剂。外加剂溶液允许偏差≤±2%。 (5)外掺料：可酌情使用外掺料。 (6)水：混凝土拌合用水应符合《混凝土拌合用水标准》(JGJ 63-89)的有关规定。 (7)钢材：主筋宜使用 HRB335、HRB400 级热轧带肋钢筋。箍筋宜使用φ6～φ8 圆钢。型钢应满足有关标准要求。 (8)钢板桩、预制混凝土方桩，预制混凝土板桩的规格、型号按设计要求选用。
3	机具准备	(1)钢筋混凝土灌注桩可根据设计要求的桩型选用冲击式钻机、冲抓锥成孔机、长螺旋钻机、回转式钻机、潜水钻机、振动沉管打桩机等打桩机械及其配套的其他机具设备。

续表

序　号	项　目	内　容
3	机具准备	(2)预制钢筋混凝土桩(方桩、板桩)、钢板桩可根据设计的桩型及地质条件选用柴油打桩机、蒸汽打桩机、振动拔桩机、静力压桩机等打桩机械及其配套的其他机具设备。 (3)打桩机械的选择,可参考表1.2.31提供的各类打桩机械适用情况予以考虑,必要时,如大型工程或缺乏经验时,可进行试打,最终确定机型。
4	作业条件	(1)作业面施工前应具备的基本条件; (2)施工现场水电应满足施工要求; (3)施工道路通畅; (4)施工现场应具备临时设施搭设场地; (5)施工现场应具备作业施工空间; (6)施工现场应平整、具备泥浆排放条件; (7)施工现场应具备满足施工要求的测量控制点

各类打桩机的适用情况　　　　　　　　　表1.2.31

机械类别		冲击式打桩机			振动锤	油压式压桩机
		柴油锤	蒸汽锤	落锤		
钢板桩	形式	除小型板桩外所有板桩	除小型板桩外所有板桩	所有形式板桩	所有形式板桩	除小型板桩外所有板桩
	长度	长度大	长度大	适宜短桩	很长桩不合适	长度大
地层条件	软弱粉土	不适	不适	合适	合适	可以
	粉土、黏土	合适	合适	合适	合适	合适
	砂层	合适	合适	不适	可以	不适
	硬土层	可以	可以	不可以	不可以	不适
施工条件	辅助设施	规模大	规模大	简单	简单	规模大
	噪声	高	较高	高	小	很小
	振动	大	大	少	大	无
	贯入能量	大	一般	小	一般	一般
	施工速度	快	快	慢	一般	一般
费用		高	高	便宜	一般	高
工程规模		大工程	大工程	简易工程	大工程	大工程
其他	优点	燃料费用低、运行简单	打击时可调整	故障少、改变落距即可调整锤击力	打拔都可以	打拔都可以
	缺点	软土起动难、油雾飞溅	烟雾较多	容易偏心锤击	瞬时电流较大、电耗大	只适用于直线段

(2) 工程要点

排桩墙工程要点,如表1.2.32所示。

工程要点　　　　　　　　　表1.2.32

序　号	项　目	内　容
1	技术要点	(1)桩位偏差、轴线和垂直轴线方向均不宜超过表1.2.33规定。垂直度偏差不宜大于1.0%。 (2)桩顶标高应满足设计标高的要求。

续表

序号	项目	内　容
1	技术要点	(3)悬臂桩其嵌固长度必须满足设计要求。 (4)锚拉桩锚杆位置、长度、抗拔力应满足设计要求。 (5)内支撑支撑点位置应符合设计要求。 (6)等效矩形配筋、按弯矩大小配筋桩其钢筋布置方向、位置必须满足设计要求。 (7)冠梁施工前,应将支护桩桩头凿除清理干净,桩顶露出的钢筋长度应达到设计锚固长度要求;腰梁施工时其位置及梁与桩连接应符合设计要求。 (8)排桩墙正式施工前必须进行试桩工作。检验施工工艺的适宜性,确定施工技术参数。 (9)施工现场应平整、夯实,施工期间不产生危及施工安全的沉降变形。 (10)施工现场应具备满足施工要求的测量控制点。
2	质量要点	(1)灌注桩排桩墙 1)成孔,必须保证设计桩长。 2)水下混凝土应满足设计要求; ① 桩身混凝土施工强度应满足设计要求; ② 水泥应与外加剂做相容性试验。 3)钢筋笼 钢筋笼安装应满足设计规定的方向要求。弯矩配筋位置应准确。 4)成桩 成桩不应有断桩现象。且嵌固桩长应保证设计要求。 (2)预制桩排桩墙 1)桩长度应满足设计要求。一般不应采用接桩的方法达到其长度要求。必须接桩时,应采用焊接法,不宜采用浆锚法。且在排桩同一标高位置接头数量不应大于总桩数的50%,并应交错布置。 2)当桩下沉困难时,不应随意截桩。 3)预制桩排桩墙内支撑点位置应准确,支撑应及时。 4)预制桩排桩墙应与冠梁、腰梁连接紧密牢固。
3	材料要点	各种桩原材料质量应满足设计和规范要求;外加剂应与水泥相适应。
4	安全要点	有高血压、恐高症、肺矽病者禁止进行排桩墙施工作业。
5	环保要点	排桩墙施工噪声、隆起、污染、不得危及周边建筑安全,影响居民生活

桩位允许偏差　　　　　　　　　　　表 1.2.33

序号	项　　目		允许偏差(mm)
1	有冠梁的桩	垂直梁中心线	$100+0.01H$
2		沿梁中心线	$150+0.01H$

注:H:施工现场地面标高与桩顶设计标高之差。

3. 施工工艺

(1) 施工顺序

排桩墙施工顺序,如表 1.2.34 所示。

施工顺序　　　　　　　　　　　　表 1.2.34

序号	项目	内　容
1	施工顺序	(1)排桩墙一般应采用间隔法组织施工。当一根桩施工完成后,桩机移至隔一桩位进行施工。 (2)疏式排桩墙宜采用由一侧向单一方向隔桩跳打的方式进行施工。

续表

序 号	项 目	内 容
1	施工顺序	（3）密排式排桩墙宜采用由中间向两侧方向隔桩跳打的方式进行施工。 （4）双排式排桩墙采用先前排桩位一侧向单一方向隔桩跳打，再由后排桩位中间向两侧方向隔桩跳打的方式进行施工。 （5）当施工区域周围有需保护的建筑物或地下设施时，施工顺序应自被保护对象一侧开始施工。逐步背离被保护对象。
2	冠梁施工	（1）破桩：桩施工时应按设计要求控制桩顶标高。待桩施工完成后，按设计要求位置破桩。破桩后桩中主筋长度应满足设计锚固要求。水泥土桩排桩墙一般不设钢筋。若设筋时，破桩后桩中主筋长度应满足设计要求。 （2）冠梁施工：排桩墙冠梁一般在土方开挖时施工。采用在土层中开挖土模，铺设钢筋、浇注混凝土的方法进行。腰梁、围檩、内撑均应按设计要求与土方开挖配合施工。
3	锚杆施工	锚拉桩的锚杆一般应与土方开挖配合施工

（2）工艺流程

排桩墙工艺流程，如表1.2.35所示。

工 艺 流 程 表 1.2.35

序 号	项 目	内 容
1	钢板桩工艺流程	（1）钢板桩施工工艺流程，如下所示： 测量放线 → 导架安装 → 钢板桩打设 → 基础施工 → 钢板桩拔除 （2）钢板桩的打设虽然在基坑开挖前已完成，但整个板桩支护结构需等地下结构施工后，在许可的条件下将板桩拔除才算完全结束。因此，对于钢板桩的施工应考虑打设、挖土、支撑（如果有）、地下结构施工、支撑拆除及板桩的拔除。 一般多层支撑钢板桩的施工顺序如图1.2.7所示。
2	灌注桩工艺流程	灌注桩排桩墙基本工艺流程如下： 混凝土灌注桩施工（同本手册 2.2.2）→ 桩机移位 → 桩养护 → 破桩 → 冠梁施工
3	预制桩工艺流程	预制桩（方桩、板桩）排桩墙基本工艺流程如下： 测量 → 桩机就位 → 立桩 → 沉桩 → 送桩（接桩）→ 桩机移位 → 破桩 → 冠梁施工

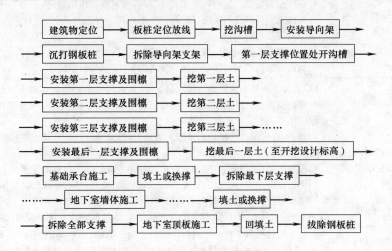

图 1.2.7 钢板桩施工程序图

（3）操作方法

1）钢板桩排桩墙操作方法

① 一般规定

钢板桩排桩墙一般规定，如表1.2.36所示。

一 般 规 定　　　　　　　　　　　　　　表 1.2.36

序　号	项　目	内　　　容
1	钢桩形式	钢板桩具有强度高、接合紧密、不易漏水、施工简便、速度快、可减少基坑土方开挖量、可全部机械施工、对临时工程拔出后可多次重复使用等特点，适用于软弱地基和地下水位高且多的地区，用作地下构筑物或深基础施工的临时支护挡土、防水结构或在水中建造构筑物作围堰。 　常用的钢板桩有 U 形和 Z 形，其他还有 H 形和直腹板式，见表 1.2.37～表 1.2.41。
2	钢桩布置	（1）钢板桩的设置位置应便于基础施工，即在基础结构边缘之外留有支、拆模板的余地。 　（2）钢板桩的平面布置形状，应尽量平直整体，避免不规则的转角，以便充分利用标准钢板和便于设置支撑。 　（3）钢板桩施工前，应将桩尖处的凹槽底口封闭，锁口应涂油脂。用于永久性工程应涂红丹防锈漆。
3	检验与矫正	（1）钢板桩检验。 　用于基坑临时支护的钢板桩，主要进行外观检验，包括表面缺陷、长度、宽度、厚度、高度、端头矩形比、平直度和锁口形状等，新钢板桩必须符合出厂质量标准，重复使用的钢板应符合表 1.2.42 的检验标准要求，否则在打设前应予以矫正。 　（2）钢板桩矫正。 　钢板桩的矫正有以下六种方法： 　1）表面缺陷矫正。先清洗缺陷附近表面的锈蚀和油污，然后用焊接修补的方法补平，再用砂轮磨平。 　2）端部矩形比矫正。一般用氧乙炔切割桩端，使其与轴线保持垂直，然后再用砂轮对切割面进行磨平修整。当修整量不大时，也可直接采用砂轮进行修理。 　3）桩体挠曲矫正。腹向弯曲矫正是将钢板桩弯曲段的两端固定在支承点上，用设置在龙门式顶梁架上的千斤顶顶在钢板桩凹凸处进行冷弯矫正；侧向弯曲矫正通常在专门的矫正平台上进行，将钢板桩弯曲段的两端固定在矫正平台的支座上，用设置在钢板桩的弯曲段侧面矫正平台上的千斤顶顶压钢板桩弯凸处，进行冷弯矫正。 　4）桩体扭曲矫正。这种矫正较复杂，可根据钢板桩扭曲情况，采用 3）中的方法矫正。 　5）桩体截面局部变形矫正。对局部变形处用千斤顶顶压、大锤敲击与氧乙炔焰热烘相结合的方法进行矫正。 　6）锁口变形矫正。用标准钢板作为锁口整形胎具，采用慢速卷扬机牵拉调整处理，或采用氧乙炔焰热烘和大锤敲击胎具推进的方法进行调直处理。
4	吊运及堆放	（1）装卸钢板桩宜采用两点吊。吊运时，每次起吊的钢板桩根数不宜过多，并应注意保护锁口免损伤。吊运方式有成捆起吊和单根起吊。成捆起吊通常采用钢索捆扎，而单根吊运常用专用的吊具。 　（2）钢板桩应堆放在平坦而坚固的场地上，必要时对场地地基土进行压实处理。在堆放时要注意： 　1）堆放的顺序、位置、方向和平面布置等应考虑到以后的施工方便； 　2）钢板桩要按型号、规格、长度、施工部位分别堆放，并在堆放处设置标牌说明； 　3）钢板桩应分层堆放，每层堆放数量一般不超过 5 根，各层间要垫枕木，垫木间距一般为 3～4m，且上、下层垫木应在同一垂直线上，堆放的总高度不宜超过 2m。
5	抄平放线	在打桩及打桩机开行范围内清除地面及地下障碍、平整场地、做好排水沟、修筑临时道路，并根据支护结构设计图纸放线定位，同时做好测量控制网和水准基点

表 1.2.37

U 形钢板桩

型号	尺寸 b (mm)	h (mm)	t (mm)	重量 单根 (kg/m)	每米宽 (kg/m²)	断面积 单根 (cm²)	每米宽 (cm²/m)	表面积 单根 (m²/m)	每米宽 (m²/m²)	重心位置 c (cm)	惯性矩 单根 (cm⁴)	每米宽 (cm⁴/m)	回转半径 i (cm)	截面抵抗矩 单根 (cm³)	每米宽 (cm³/m)
YSP-1	400	75	8.0	36.5	91.2	46.49	116.2	1.15	1.44	2.64	429	3820	3.04	66.4	509
YSP-U₅	400	80	7.6	35.5	88.8	45.21	113.0	1.17	1.47	2.78	454	4220	3.17	64.7	527
FSP-1ₐ	400	85	8.0	35.5	88.8	45.21	113.0	1.21	1.51	3.45	598	4500	3.64	88.0	529
YSP-Ⅱ	400	100	10.5	48.0	120	61.18	153.0	1.24	1.55	3.62	986	8690	4.01	121	869
FSP-Ⅱ	400	100	10.5	48.0	120	61.18	153.0	1.33	1.66	4.04	1240	8740	4.50	152	874
YSP-U₉	400	110	9.3	43.2	108	55.01	137.5	1.29	1.61	3.86	1070	9680	4.42	120	880
FSP-Ⅱₐ	400	120	9.2	43.2	108	55.01	137.5	1.34	1.68	4.72	1460	10600	5.15	160	880
YSP-Ⅲ	400	125	13.0	60.0	150	76.42	191.0	1.33	1.66	4.72	1920	16400	5.01	196	1310
FSP-Ⅲ	400	125	13.0	60.0	150	76.42	191.0	1.44	1.80	4.90	2220	16800	5.39	223	1340
YSP-U₁₅	400	150	12.2	58.4	146	74.40	186.0	1.43	1.78	5.71	2700	22800	5.13	238	1520
FSP-Ⅲₐ	400	150	13.1	58.4	146	74.40	186.0	1.44	1.80	5.84	2790	22800	6.12	250	1520
YSP-Ⅳ	400	155	15.5	76.1	190	96.99	242.5	1.47	1.84	5.85	3690	31900	6.15	311	2060
FSP-Ⅳ	400	170	15.5	76.1	190	96.99	242.5	1.61	2.01	6.45	4670	38600	6.94	362	2270
YSP-U₂₃	400	175	14.7	74.0	185	94.12	235.5	1.56	1.94	6.51	4380	39400	6.81	330	2250
FSP-Ⅳₐ	400	185	16.1	74.0	185	94.21	235.1	1.57	1.96	7.45	5300	41600	7.50	400	2250
YSP-Ⅴ	420	175	22.0	105	250	134.0	319.0	1.59	1.99	6.15	5950	55200	6.67	433	3150
FSP-Ⅴ_L	500	200	24.3	105	210	133.8	267.6	1.75	1.75	6.94	7960	63000	7.71	520	3150
FSP-Ⅵ_L	500	225	27.6	120	240	153.0	306.0	1.83	1.83	8.09	11400	86000	8.63	680	3820

热轧普通槽钢   表 1. 2. 38

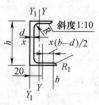

I——截面惯性矩

W——截面模量

i——截面回转半径

S——截面面积矩

型号	尺寸(mm)						截面面积 (cm^2)	重量 (kg/m)	$x-x$				$y-y$			y_1-y_1	z_0 (cm)
	h	b	d	t	R	R_1			I_x (cm^4)	W_x (cm^3)	S_x (cm^3)	i_x (cm)	I_y (cm^4)	W_y (cm^3)	i_y (cm)	I_{y1} (cm^4)	
28a	280	82	7.5	12.5	12.5	6.25	40.02	31.42	4752.5	339.5	200.2	10.90	217.9	35.7	2.33	393.2	2.09
28b	280	84	9.5	12.5	12.5	6.25	45.62	35.81	5118.4	365.6	219.8	10.59	241.5	37.9	2.30	428.4	2.02
28c	280	86	11.5	12.5	12.5	6.25	51.22	40.21	5484.3	391.7	239.4	10.35	264.1	40.0	2.27	467.3	1.99
32a	320	88	8.0	14.0	14.0	7.00	48.50	38.07	7510.6	469.4	276.9	12.44	304.7	46.4	2.51	547.4	2.24
32b	320	90	10.0	14.0	14.0	7.00	54.90	43.10	8056.8	503.5	302.5	12.11	335.6	49.1	2.47	592.8	2.16
32c	320	92	12.0	14.0	14.0	7.00	61.30	48.12	8602.9	537.7	328.1	11.85	365.0	51.6	2.44	642.6	2.13
36a	360	96	9.0	16.0	16.0	8.00	60.89	47.80	11874.1	659.7	389.9	13.96	455.0	63.6	2.73	818.4	2.44
36b	360	98	11.0	16.0	16.0	8.00	68.09	53.45	12651.7	702.9	422.3	13.63	496.7	66.9	2.70	880.4	2.37
36c	360	100	13.0	16.0	16.0	8.00	75.29	59.10	13429.3	746.1	454.7	13.36	536.6	70.0	2.67	947.9	2.34
40a	400	100	10.5	18.0	18.0	9.00	75.04	58.91	17577.7	878.9	524.4	15.30	592.0	78.8	2.81	1057.7	2.49
40b	400	102	12.5	18.0	18.0	9.00	83.04	65.19	18644.4	932.2	564.4	14.98	640.46	82.6	2.78	1135.6	2.44
40c	400	104	14.4	18.0	18.0	9.00	91.04	71.47	19711.0	985.6	604.4	14.71	687.8	86.2	2.75	1220.1	2.42

拉森式（U形）钢板桩   表 1. 2. 39

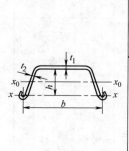

型号	断面尺寸(mm)				每延米面积 (cm^2/m)	每米长板桩重量(kg/m)	每延米 W (cm^3/m)
	宽度 b	高度 h	腹板厚 t_1	翼缘厚 t_2			
ⅢK-Ⅰ	400	140	10.0	10.0	160	50	285
拉森Ⅲ	400	290	13.0	8.5	198	62	1600
拉森Ⅳ	400	310	15.5	11.0	236	75	2037
拉森Ⅴ	420	360	20.5	12.0	303	100	3000
拉森Ⅵ	420	440	22.0	14.0	370	121.8	4200
鞍Ⅳ	400	310	15.5	10.5	247	77	2042

表 1.2.40

Z 形钢板桩

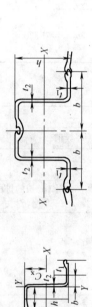

型号	尺寸				重量		断面积		表面积		重心位置		惯性矩		回转半径	截面模量	
	b (mm)	h (mm)	t_1 (mm)	t_2 (mm)	单根 (kg/m)	每米宽 (kg/m²)	单根 (cm²)	每米宽 (cm²/m)	单根 (m²/m)	每米宽 (m²/m²)	c_x (cm)	c_H (cm)	单根 (cm⁴)	每米宽 (cm⁴/m)	i (cm)	单根 (cm³)	每米宽 (cm³/m)
YSP-Z₁₄	400	235	9.4	8.2	51.9	130	66.03	165.2	1.42	1.77	11.7	20.0	6480	16200	9.90	552	1380
FSP-Z₂₅ YSP-Z₂₅	400	305	13.0	9.6	74.0	185	94.32	235.8	1.61	2.01	15.3	20.0	15300	38300	12.74	1000	2510
FSP-Z₃₂ YSP-Z₃₂	400	344	14.2	10.4	84.5	211	107.7	269.2	1.70	2.13	17.2	19.5	22000	55000	14.26	1280	3200
FSP-Z₃₈ YSP-Z₃₈	400	364	17.2	11.4	96.0	240	122.2	305.5	1.72	2.16	18.2	19.5	27700	69200	15.05	1520	3800
YSP-Z₄₈	400	360	21.5	12.5	116	290	148.2	370.5	1.68	2.10	18.0	20.9	32900	82200	14.89	1820	4550
FSP-Z₄₅	400	367	21.9	13.2	116	290	148.2	370.5	1.76	2.20	18.4	20.00	33400	83500	15.00	1820	4550

H 形钢板桩　　　　　　　　　　　　表 1.2.41

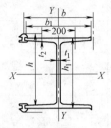
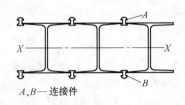

A、B—连接件

形式	尺寸(mm)						断面积		重量		惯性矩		截面模量	
	b	h	b_1	h_1	t_1	t_2	单根 (cm²)	每米宽 (cm²/m)	单根 (kg/m)	每米宽 (kg/m)	单根 (cm⁴)	每米宽 (cm⁴/m)	单根 (cm³)	每米宽 (cm³/m)
H 形钢	—	—	403	410	10.0	13.5	165.0	409.37	130	—	54800	—	2670	—
YSP B₇₄ (H 形钢带连接件)	486	420	—	—	10.0	13.5	211.0	502.18	166	394	75700	180000	3120	7420

重复使用的钢板桩检验标准　　　　　　表 1.2.42

序　号	检查项目	允许偏差		检查方法
		单位	数值	
1	桩垂直度	%	<1	尺量
2	桩身弯曲度		<2%L	L 为桩长,尺量
3	齿槽平直度及光滑度	无电焊渣或毛刺		用1m长的桩段作通过试验
4	桩长度	不小于设计长度		尺量

② 操作方法

钢板桩排桩墙操作方法,如表 1.2.43 所示。

钢板桩排桩墙操作方法　　　　　　　表 1.2.43

序　号	项　目	内　　容
1	测量放线	排桩墙测量、应按照排桩墙设计图在施工现场,依据测量控制点进行。测量时应注意排桩墙形式(疏水、密排式、双排式)和所采用的施工方法及顺序。桩位放样误差10mm。见表 1.2.33。
2	桩机就位	桩机就位前、施工现场地下障碍物应予排除或采取有效保护措施。施工场地地面应平整稳固。空中不应存在安全隐患。桩位应予复核。
3	导架安装	(1)为保证沉桩轴线位置的正确和桩的竖直,控制桩的打入精度,防止板桩的屈曲变形和提高桩的贯入能力,需设置一定刚度的坚固导架。 (2)导架通常由导梁和围檩桩等组成,在平面上有单面和双面之分,在高度上有单层和双层之分。一般常用的是单层双面导架,围檩桩的间距一般为 2.5~3.5m,双面围檩之间的间距一般比板桩厚度大 8~10mm。围檩支架(图 1.2.8)一般均采用型钢组成,如 H 型钢、工字钢、槽钢等,围檩桩的入土深度一般为 6~8m。 (3)打桩时导架的位置不应与钢板桩相碰,围檩桩不随着钢板桩的打设而下沉或变形,导架的高度要适宜,应有利用于控制钢板桩的施工高度和提高工效。需用经纬仪和水准仪控制导架的位置和标高。
4	打入方法	(1)单桩打入法:这种方法是以一块或两块钢板桩为一组,从一角开始逐块(组)插打,直至工程结束,如图 1.2.9 所示。这种打入方法施工简便,可不停顿地打,桩机行走路线短,速度快。但单块打入易向一边倾斜,误差积累不易纠正;墙面平直度难控制。

序 号	项 目	内 容
4	打入方法	(2)双层围檩法:在地面上一定高度处离轴线一定距离,先筑起双层围檩架,而后将板桩依次在围檩中全部插好,待四角封闭合拢后,再逐渐按阶梯状将板桩逐块打至设计标高的方法,如图1.2.10所示。这种打入法能保证桩墙的平面尺寸、垂直度和平整度。但施工复杂,不经济,施工速度慢,封闭合拢时需异形桩。 (3)屏风法:用单层围檩每10～20块钢板桩组成一个施工段,插入土中一定深度形成较短的屏风墙;然后先将两端1～2块钢板桩打入,严格控制其垂直度,用电焊固定在围墙上,其余钢板桩按顺序分1/2或1/3板桩高度呈阶梯状打设;如此逐组进行,直至工程结束的打入方法。 这种方法能防止板桩过大的倾斜和扭转;能减少打入的累计倾斜误差,可实现封闭合拢;由于分段施打,不影响邻近钢板桩施工。但插桩的自立高度大,要采取措施保证墙的稳定和操作安全。
5	接桩	由于钢板桩的长度是定长的,因此在施工中常需焊接。为了保证钢板桩自身强度,接桩位置不可在同一平面上,必须采用相隔一根上下颠倒的接桩方法。
6	钢桩打入	(1)钢板桩的打入方式可根据板桩与板桩之间的锁扣方式,或选择大锁扣扣打施工法及小锁扣扣打施工法。 1)大锁扣扣打施工法是从板桩墙的一角开始,逐块打设,每块之间的锁扣并没有扣死。大锁扣扣打施工法打设简便迅速,但板桩有一定的倾斜度、不止水、整体性较差、钢板桩用量较大,仅适用于强度较好透水性差、对围护系统要求精度低的工程; 2)小锁扣扣打施工法也是从板桩墙的一角开始,逐块打设,且每块之间的锁扣要求锁好,能保证施工质量,止水较好、支护效果较佳,钢板桩用量亦较少。但打设速度较缓慢。 (2)钢板桩打入 1)选用吊车将钢板桩吊至插桩点处进行插桩,插桩时锁口要对准,每插一块即套上桩帽,并轻轻地加以锤击。在打桩过程中,为保证钢板桩的垂直度,用两台经纬仪在两个方向加以控制。为防止锁口中心线平面位移,同时在围檩上预先计算出每一块板桩的位置,以便随时检查校正。 2)钢板桩应分几次打入,如第一次由20m高打至15m,第二次则打至10m,第三次打至导梁高度,待导架拆除后再打至设计标高。开始打设的第一、第二块钢板桩的打入位置和方向要确保精度,它可以起样板导向作用,一般每打入1m就应测量一次。打至预定深度后应立即用钢筋或钢板与围檩支架焊接固定。
7	钢板桩的转角和封闭	钢板桩墙的设计水平总长度,有时并不是钢板桩的标准宽度的整数倍,或者板桩墙的轴线较复杂,钢板桩的制作和打设有误差等,均会给钢板桩墙的最终封闭合拢施工带来困难,这时候可采用:异型板桩法、连接件法、骑缝搭接法、轴线调整法等方法进行调整。
8	钢桩拔除	在进行基坑回填时,要拔除钢板桩,以便修整后重复使用,拔除时要确定钢板桩拔除顺序,拔除时间及坑孔处理方法等。 (1)拔桩方法: 1)静力拔桩法。静力拔桩一般可采用独脚把杆或人字把杆,并设置缆风绳以稳定把杆。把杆顶端固定滑轮组,下端设导向滑轮,钢丝绳通过导向滑轮引至卷扬机,也可采用倒链用人工进行拔出。把杆常采用钢管或格构式钢结构,对较小、较短的板桩也可采用木把杆。 静力拔桩技术要求较高,特别是在拔桩开始阶段,由于静摩阻力与吸附力很大,初始起拔时往往会发生卷扬机负荷过大或钢丝绳绷断的现象,因此宜将卷扬机间歇起动,减小拔桩阻力,渐渐将钢板桩拔出,起动后则尽可能保持匀速拔升。 2)振动拔桩法。振动拔桩是利用振动锤对板桩施加振动力,扰动土体,破坏其与板桩间的摩阻力和吸附力并施加吊升力将桩拔出。这种方法效率高、操作简便,是广泛采用的一种拔桩方法。 振动拔桩主要选择拔桩振动锤,一般拔桩振动锤均可作打、拔桩之用。 (2)拔桩顺序:对于封闭式钢板桩墙,拔桩的开始点离开桩角5根以上,必要时还可间隔拔除。拔桩顺序一般与打桩顺序相反。

续表

序号	项目	内容
8	钢桩拔除	(3)拔桩要点： 1)拔桩时，可先用振动锤将锁口振活以减小土的阻力，然后边振边拔。对较难拔出的板桩可先用柴油锤将桩振打下 100～300mm，再与振动锤交替振打、振拔。有时，为及时回填拔桩后的土孔，在把板桩拔至此基础底板略高时(如 500mm)暂停引拔，用振动锤振动几分钟。尽量让土孔填实一部分。 2)起重机应随振动锤的起动而逐渐加荷，起吊力一般略小于减振器弹簧的压缩极限。 3)供振动锤使用的电源应力为振动锤本身电动机额定功率的 1.2～2.0 倍。 4)对引拔阻力较大的钢板桩，采用间歇振动的方法，每次振动 15min，振动锤连续工作不超过 1.5h。
9	桩孔处理	(1)钢板桩拔除后留下的土孔应及时回填处理，特别是周围有建筑物、构筑物或地下管线的场合，尤其应注意及时回填，否则往往会引起周围土体位移及沉降，并由此造成临近建筑物等的破坏。 (2)土孔回填材料常用砂子，也有采用双液注浆(水泥与水玻璃)或注入水泥砂浆。 (3)回填方法可采用振动法、挤密法填入法及注入法等，回填时应做到密实并无漏填之处

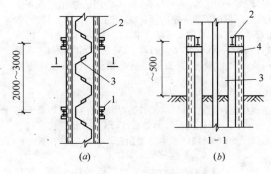

图 1.2.8　打桩围檩支架

(a) 平面布置；(b) 剖面

1—围檩桩；2—围檩；3—钢板桩；4—连接板

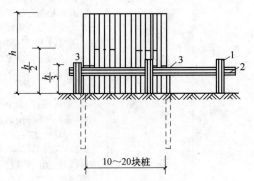

图 1.2.9　单桩打入法

1—围檩桩；2—围檩；3—两端先
打入的定位钢板桩

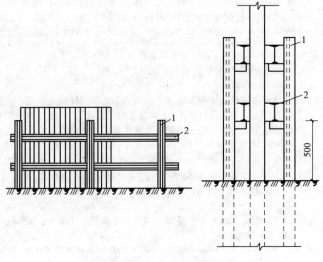

图 1.2.10　双层围檩法

1—围檩桩；2—围檩

2) 钢筋混凝土板桩排桩墙操作方法，如表1.2.44所示。

钢筋混凝土板桩排桩墙操作方法

表 1.2.44

序 号	项 目	内 容
1	板桩形式	(1)钢筋混凝土板桩具有施工简单、现场作业周期短、截面形状及配筋对板桩受力较为合理等特点，曾在基坑工程中广泛应用。 　目前可制作厚度较大(如厚度达500mm以上)的板桩，并有液压静力沉桩设备，故在基坑工程中仍是支护墙板的一种适用形式。 　(2)常用钢筋混凝土板桩截面的形式有四种：矩形、T形、工字形及口字形，如图1.2.11所示。 　1)矩形截面板桩制作较方便，桩间采用槽榫接合方式，接缝效果较好。矩形截面的厚度一般为150～500mm，由基坑对板桩强度及变形要求确定，其宽度一般为500～800mm，取决于打桩设备能力及槽口宽度。 　2)T形截面由翼缘和加劲肋组成，其抗弯能力较大，但施打较困难。翼缘主要起挡土作用，厚度一般150～200mm，宽度较大，常用1000～1200mm，最大可达1600mm；加劲肋作用是加强翼缘的抗弯能力，并将板桩上的侧压力传至地基土，其厚度均应通过计算确定。由于T形截面的翼缘厚度较小，板桩间的搭接一般采用踏步式企口。 　3)工字形薄壁板桩的截面形状较合理，因此受力性能好、刚度大、材料省、易于施打，挤土也少。工字形板桩可先预制而后现浇连接，如先预制翼缘(或腹板)，再在现场现浇腹板(或翼缘)，然后打入。通常可组成较大的截面尺寸，组合成的截面可达500mm×500mm甚至更大。翼缘及腹板的厚度一般在100mm左右；预制薄板可采用预应力长线台座生产。这种板桩无槽、榫连接，故施打时尤应注意平齐与垂直，尽量减小接缝处的渗漏。 　4)口字形截面一般由两块槽形板现浇组合成整体，在未组成口字形前，槽形板的刚度较小，也可采用预应力长线台座法生产，以便发挥薄壁特性。打入后其接头也是贴合连接，因此应确保施工质量。
2	板桩验收	钢筋混凝土板桩必须达到设计强度的100%，并达到龄期28d以上方可施打，仅达到强度要求而龄期不足的桩采用锤击打入法往往会打坏桩头或打裂桩身。施打前还应严格检查桩的截面尺寸，特别是槽榫或踏步式企口部位。桩的运输、起吊、堆放均应采取措施，保证桩身不受破坏，不产生裂缝。
3	测量放线	参见表1.2.43序号-1
4	桩机就位	参见表1.2.43序号-2
5	导架安装	打桩导向架的设置。钢筋混凝土板桩施打前也应设置打桩围檩支架作导向架、打桩围檩架的设置与钢板桩相同(详见表1.2.43序号-3)，由于钢筋混凝土板桩制作的截面尺寸偏差较钢板桩大，故围檩间净距可适当放大，一般取大于板桩厚度30～50mm。
6	打入方法	打桩可采用单桩打入法或围檩插桩法及分段复打法施打(详见表1.2.43序号-4)。当采用屏风法施打时，每排桩插桩数量应控制在10～20根为宜，由于钢筋混凝土板桩的截面面积较大，打入时板桩间挤土压力较大，插入拔桩过多会造成打桩困难也易把桩打坏。
7	转角与封闭	(1)钢筋混凝土板桩的转角处及最后封闭位置均应采取异形板桩。 　(2)异形板桩可根据设计做成矩形角桩[图1.2.12(a)]或扇形角桩[图1.2.12(b)]，也可采用钢材制成，如H型钢。 　(3)有时不采用转角异形桩而将转角或封闭处做成T形封闭，使转角或封闭处的板桩相互垂直贴合[图1.2.12(c)]，在接头处注浆止水。
8	打桩倾斜纠正方法	打桩时由于施打时桩的两侧阻力往往不同，靠近先打入桩的一侧阻力较大，靠近未打桩或插入较小的桩的一侧阻力较小，因此，经常会发生垂直度的偏差，这种情况在采用逐根打入法施工中更为严重，在施工中应经常测量，发现过大的倾斜应及时纠正。纠正可参照表1.2.45所示方法进行

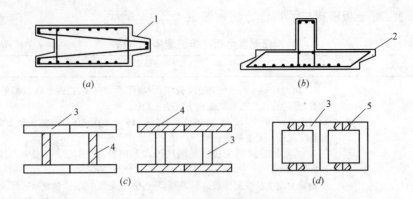

图 1.2.11　钢筋混凝土板桩的形式

(*a*) 矩形；(*b*) T 形；(*c*) 工字形；(*d*) 口字形

1—槽榫；2—踏步式接头；3—预制薄板；4—现浇板；5—现浇接头

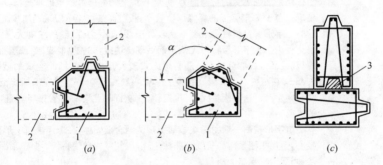

图 1.2.12　转角与封闭

(*a*) 矩形转角桩；(*b*) 扇形转角桩；(*c*) T 形封闭

1—转角桩；2—邻桩；3—注浆止水

打桩倾斜纠正法　　　　　　　　　　　　　　　　表 1.2.45

序　号	简　图	说　明
1		两端导桩倾斜歪曲时，应用卷扬机拉正。
2		板桩倾斜时用钢绳导向，但注意钢绳不宜绷得太紧，以免绷断发生危险。
3		板桩下端可削成倾斜（斜向已打板桩），利用土压力将板桩挤紧。
4		逐步调整，一边施打一边调整，施打方向应与倾斜方向反向。

续表

序 号	简 图	说 明
5	误 正	板桩倾斜时可调整锤击角度施打。
6	楔形板桩	板桩倾斜较大时(如超过1/400),可塞入楔形板桩调整

3)灌注桩排桩墙施工要点,如表1.2.46所示。

灌注桩排桩墙施工要点　　　　　　　　表1.2.46

序 号	项 目	内 容
1	干作业成孔排桩墙	(1)螺旋钻孔桩排桩墙 螺旋钻孔桩排桩墙施工应按2.2.2.6螺旋钻成孔灌注桩施工要求进行,但施工尚应满足本节表1.2.32中的有关规定。 (2)人工挖孔桩排桩墙 人工挖孔桩排桩墙施工应按2.2.2.8人工成孔灌注桩施工要求进行,但施工尚应满足本节表1.2.32中有关规定。
2	湿作业成孔排桩墙	(1)回转钻孔桩排桩墙 回转钻孔桩排桩墙施工可参照2.2.2.7泥浆护壁钻孔灌注桩中有关规定进行,但施工应尚满足本节表1.2.32中有关规定。 (2)冲击钻孔排桩墙 冲击钻孔排桩墙施工可参照2.2.2.7泥浆护壁钻孔灌注桩中有关规定进行,但施工尚应满足本节表1.2.32中有关规定

4)预制桩排桩墙施工要点

预制桩排桩墙施工要点,如表1.2.47。

预制桩排桩墙施工要点　　　　　　　　表1.2.47

序 号	项 目	内 容
1	静力压桩排桩墙	静力压桩排桩墙施工应按2.2.2.2静力压桩施工要求进行,但施工尚应满足本节表1.2.32中有关规定。
2	预应力管桩排桩端	预应力管桩排桩墙施工应按2.2.2.4预应力管桩打桩施工要求进行。预制方应参照该标准进行,但施工尚应满足本节表1.2.32中有关规定。
3	钢管桩排桩墙	钢管桩排桩墙施工应按2.2.2.5钢桩打桩施工要求进行。施工尚应满足本节表1.2.32中有关规定

4. 质量控制及检验方法

(1)排桩墙质量标准

1)钢板桩质量标准

钢板桩均为工厂成品,新桩可按出厂标准检验见表1.2.48,钢桩施工质量检验标准见表1.2.49,重复使用的钢板桩应符合表1.2.50的规定,排桩墙并应符合建筑地基基础工程施工质量验收规范(GB 50202—2002)中之7的有关规定。

成品钢桩质量检验标准 表 1.2.48

项 目	序 号	检查项目		允许偏差或允许值		检查方法
				单位	数值	
主控项目	1	钢桩外径或断面尺寸	桩端部		±0.5%D	用钢尺量,D 为外径或边长
			桩身		±1D	
	2	矢高			≤1/1000L	用钢尺量,L 为桩长
一般项目	1	长度		mm	+10	用钢尺量
	2	端部平整度		mm	≤2	用水平尺量
	3	端部平面与桩身中心线的倾斜值		mm	≤2	用水平尺量
	4	H 型钢桩的方正度 h>300 h<300 		mm mm	T+T'≤8 T+T'≤6	用钢尺量, h、T、T'见图示

钢桩施工质量检验标准 表 1.2.49

项 目	序 号	检查项目	允许偏差或允许值		检查方法
			单位	数值	
主控项目	1	桩位偏差	见本手册表 2.2.60		用钢尺量
	2	承载力	按《建筑基桩检测技术规范》		按《建筑基桩检测技术规范》
一般项目	1	电焊接桩焊缝: (1)上下节端部错口 钢管桩外径≥700mm 钢管桩外径<700mm (2)焊缝咬边深度 (3)焊缝加强层高度 (4)焊缝加强层宽度 (5)焊缝电焊质量外观 (6)焊缝探伤检验	 mm mm mm mm mm	 ≤3 ≤2 ≤0.5 2 2 无气孔、无焊瘤、无裂缝 满足设计要求	 用钢尺量 用钢尺量 焊缝检查仪 焊缝检查仪 焊缝检查仪 直观 按设计要求
	2	电焊结束后的停歇时间	min	>1	秒表测定
	3	节点弯曲矢高		<1/1000l	用钢尺量,l 为两节桩长
	4	桩顶标高	mm	±50	水准仪
	5	停锤标准	设计要求		用钢尺量或沉桩记录

重复使用的钢板桩检验标准 表 1.2.50

序 号	检查项目	允许偏差或允许值		检查方法
		单位	数值	
1	桩垂直度	%	<1	用钢尺量
2	桩身弯曲度		<2%L	用钢尺量,L 为桩长
3	齿槽平直光滑度	无电焊渣或毛刺		用 1m 长的桩段做通过试验
4	桩长度	不小于设计长度		用钢尺量

2) 钢筋混凝土板桩质量标准

钢筋混凝土板桩制作标准,应符合表 1.2.51 的规定。打桩施工质量标准,见表 1.2.52。

混凝土板桩制作标准　　　　　　　　　　　　　　　　　　表 1.2.51

项目	序号	检查项目	允许偏差或允许值		检查方法
			单位	数值	
主控项目	1	桩长度	mm	+10 0	用钢尺量
	2	桩身弯曲度		<0.1%L	用钢尺量,L 为桩长
一般项目	1	保护层厚度	mm	±5	用钢尺量
	2	横截面相对两面之差	mm	5	用钢尺量
	3	桩尖对桩轴线的位移	mm	10	用钢尺量
	4	桩厚度	mm	+10 0	用钢尺量
	5	凹凸槽尺寸	mm	±3	用钢尺量

打桩施工质量标准　　　　　　　　　　　　　　　　　　表 1.2.52

施工阶段	项目	允许偏差
桩位	桩轴线位置 (1)板桩(mm) (2)单排桩(mm)	20 10
打桩	桩平面位移(mm) 桩垂直度 钢筋混凝土板桩间的缝隙 (1)用于防渗时(mm) (2)用于挡土时(mm)	100 1/100 ≤20 ≤25
送桩	桩顶标高	±100

3）灌注桩、混凝土预制桩、钢桩和预应力管桩等排桩墙的质量标准，详见本手册"2.2.2桩基础施工要点"中有关规定。

（2）排桩墙质量记录

排桩墙工程的质量记录，如表1.2.53所示。

质量记录　　　　　　　　　　　　　　　　　　　　表 1.2.53

序号	内容	序号	内容
1	排桩墙施工质量记录。	5	干作业成孔灌注桩排桩墙施工记录。
2	钢筋混凝土预制桩排桩墙打桩施工记录。	6	湿作业成孔灌注桩排桩墙施工记录。
3	钢筋混凝土灌注排桩墙施工记录。	7	钢筋混凝土预制桩排桩墙压桩施工记录。
4	振动冲击沉管灌注桩排桩墙施工记录。	8	钢板桩排桩墙打桩施工记录

5. 成品保护

排桩墙成品保护，如表1.2.54所示。

成品保护　　　　　　　　　　　　　　　　　　　　表 1.2.54

序号	内容
1	排桩墙施工过程中应注意保护周围道路、建筑和地下管线的安全。
2	基坑开挖施工过程对排桩墙及周围土体的变形、周围道路、建筑物及地下水位情况进行监测。
3	基坑、地下工程在施工过程中不得伤及排桩墙墙体

6. 安全措施

排桩墙工程安全环保措施，如表1.2.55所示。

安全环保措施   表 1.2.55

序 号	内 容
1	施工场地坡度<0.01。地基承载力>85kPa。
2	桩机周围 5m 范围内应无高压线路。
3	桩机起吊时,吊物上必须栓溜绳。人员不得处于桩机作业范围内。
4	桩机吊有吊物情况下,操作人员不得离机。
5	桩机不得超负荷进行作业。
6	钢丝绳的超使用及报废标准应按有关规定执行。
7	遇恶劣天气时应停止作业,必要时应将桩机卧放地面。
8	施工现场电器设备必须保护接零,安装漏电开关。
9	当排桩墙施工所造成的地层挤密、污染对周边建筑物有不利影响时,应制定可行、有效的施工措施后,才可进行施工

1.2.2.2 水泥土桩墙支护结构工程
1. 适用范围及基本规定

水泥土桩墙支护结构工程适用范围及基本规定,如表 1.2.56 所示。

适用范围及基本规定   表 1.2.56

序 号	项 目	内 容
1	基本概念	水泥土桩墙支护结构是利用水泥系材料为固化剂,通过特殊的拌合机械(深层搅拌机或高压旋喷机等)在地基土中就地将原状土和固化剂强制拌合,经过土和固化剂或掺合料产生一系列物理化学反应,形成具有一定强度、整体性和水稳定性的加固土圆柱体桩(包括加筋水泥土搅拌桩)。 　　施工时将桩相互搭接,连续成桩,形成具有一定强度和整体结构性的水泥土壁墙或格栅状墙,用以维持基坑边坡土体的稳定,保证地下室或地下工程的施工及周边环境的安全。
2	适用范围	水泥土桩墙支护结构适用于加固淤泥、淤泥质土和含水量高的黏土、粉质黏土、粉土等土层,直接作为基坑开挖重力式围护结构;用于较软土的基坑支护时支护深度不宜大于 6m,对于非软土的基坑支护,支护深度不宜大于 10m。
3	基本规定	(1)水泥土桩墙采用格栅布置时,水泥土的置换率对于淤泥不宜小于 0.8,淤泥质土不宜小于 0.7,一般黏性土及砂土不宜小于 0.6;格栅长宽比不宜大于 2。 　　(2)水泥土桩与桩之间的搭接宽度应根据挡土及截水要求确定,考虑截水作用时,桩的有效搭接宽度不宜小于 200mm。 　　(3)当变形不能满足要求时,宜采用基坑内侧土体加固或水泥土墙插筋加混凝土面板及加大嵌固深度等措施。 　　(4)水泥土桩墙应采取切割搭接法施工,并应在前桩水泥土尚未固化时进行后序搭接桩施工。施工开始和结束的头尾搭接处,应采取加强措施,消除搭接沟缝。 　　(5)深层搅拌水泥土墙施工前,应进行成桩工艺及水泥掺入量或水泥浆的配合比试验,以确定相应的水泥掺入比或水泥浆水灰比,浆喷深层搅拌的水泥掺入量宜为被加固土质量的 15%~18%;粉喷深层搅拌的水泥掺入量宜为被加固土质量的 13%~16%。 　　(6)高压喷射注浆施工前,应通过试喷试验,确定不同土层旋喷固结体的最小直径、高压喷射施工技术参数等。高压喷射水泥浆的水灰比宜为 1.0~1.5。高压喷射注浆切割搭接宽度应符合下列规定: 　　1)旋喷固结体不宜小于 150mm; 　　2)摆喷固结体不宜小于 150mm; 　　3)定喷固结体不宜小于 200mm。 　　(7)当水泥土桩墙需设置插筋时,桩身插筋应在桩顶搅拌完成后及时进行。插筋材料、插入长度和露出长度等均应符合设计要求。 　　(8)水泥土桩墙工程施工前,必须具备完整的地质勘察资料及工程附近管线、建筑物、构筑物和其他公共设施的构造情况,必要时应作施工勘察和调查以确保工程质量及附近建筑的安全。 　　(9)施工单位必须具备相应专业资质,并应建立完善的质量管理体系和质量检验制度。 　　(10)施工过程中出现异常情况时,应停止施工,由监理或建设单位组织勘察、设计、施工等有关单位共同分析,消除质量隐患,并应形成文件资料后方可继续施工

2. 施工准备及工程要点

(1) 施工准备

施工准备，如表 1.2.57 所示。

施 工 准 备　　　　　　　　表 1.2.57

序 号	项　　目	内　　　　容
1	技术准备	(1)基坑支护挡墙施工前,会同有关设计人员进行设计图纸会审和技术交底。 (2)编制施工组织设计,内容包括: 1)场区工程地质、水文地质概况; 2)基坑周边环境、地下障碍物情况,施工场地总平面布置图; 3)根据成桩试验结果确定搅拌桩施工工艺和施工参数; 4)基坑支护挡墙搅拌桩施工方案和施工顺序; 5)机械设备的型号、数量、动力;各工种材料的数量、质量、规格、品种、使用计划;工程技术人员、管理人员和关键岗位人员的配置; 6)施工中的关键问题和技术难点的技术质量要求标准和保证措施等; 7)施工工期、质量、安全控制方案; 8)施工期间的质量监控、抢险应急措施等。 (3)深层搅拌机或钻机定位时,必须经过技术复核确保定位准确,必要时请监理人员进行轴线定位验收,同时设置桩位标志。 (4)施工前应标定搅拌机械的灰浆输送量、灰浆输送管到达搅拌机喷浆口的时间和起吊设备提升速度等施工工艺参数,并根据设计通过试验确定搅拌桩材料的配合比。 (5)采用旋喷法施工时必须事先确定水泥浆的水灰比。
2	材料要点	(1)水泥:用强度等级为32.5普通硅酸盐水泥,要求新鲜无结块。 (2)砂子:用中砂或粗砂,含泥量小于5%(水泥土搅拌)。 (3)外加剂:塑化剂采用木质素磺酸钙,促凝剂采用硫酸钠、石膏,应有产品出厂合格证。表1.2.58为常用外掺剂的作用及其掺量,可供参考。
3	主要机具	(1)水泥土搅拌施工主要机具:SJB-1型深层搅拌机(图1.2.13及图1.2.14),履带式起重机,灰浆搅拌机,灰浆泵,冷却泵,机动翻斗车。导向架,集料斗,磅秤,提速测定仪,电气控制柜,铁锹,手推车等。其中SJB-1型深层搅拌机主要性能要求如表1.2.59。 (2)高压喷射注浆法主要机具设备包括:高压泵、钻机、浆液搅拌器等;辅助设备包括操纵控制系统、高压管路系统、材料储存系统以及各种管材、阀门、接头安全设施等。
4	作业条件	(1)施工场地应先整平,清除桩位处地上、地下一切障碍物,场地低洼处用黏性土料回填夯实,不得用杂填土回填。 (2)设备开机前应经检修、调试,检查桩机运行和输料管畅通情况。 (3)开工前应检查水泥及外加剂的质量、桩位、搅拌机工作性能及各种计量设备完好程度(主要是水泥浆流量计和其他计量装置)

水泥土外掺剂及掺量　　　　　　　　表 1.2.58

外掺剂	作　　用	掺量[①](%)
粉煤灰	早强、填充	50~80
木质素磺酸钙	减水、可泵、早强	0.2~0.5
碳酸钠	早强	0.2~0.5
氯化钙	早强	2~5
三乙醇胺	早强	0.05~0.2
石膏	缓频、早凝	2
水玻璃	早强	2

① 外掺剂掺量系外掺剂用量与水泥用量之比。

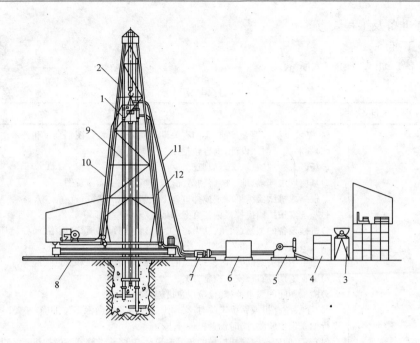

图 1.2.13 SJB 型深层搅拌桩机机组

1—深层搅拌桩；2—塔架式机架；3—灰浆拌制机；4—集料斗；5—灰浆泵；
6—贮水池；7—冷却水泵；8—道轨；9—导向管；10—电缆；
11—输浆管；12—水管

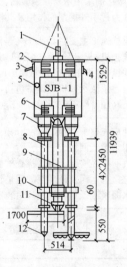

图 1.2.14 SJB-1 型深层搅拌机

1—输浆管；2—外壳；3—出水口；4—进水口；5—电动机；
6—导向滑块；7—减速器；8—搅拌轴；9—中心管；
10—横向系杆；11—球形阀；12—搅拌头

（2）工程要点

工程要点，如表 1.2.60 所示。

SJB-1 型深层搅拌机主要性能 表 1.2.59

项 次	项 目		规格性能	数量
1	深层搅拌机	搅拌轴数量	$\phi 127 \times 10mm$	2 根
		搅拌轴长度	每节长 2.5m	2 节
		搅拌外径	$\phi 700 \sim 800mm$	
		电动机功率	$2 \times 30kW$	1 台
2	起吊设备及导向系统	履带式起重机	CH500 型,起重高度大于 14m,起重量大于 10t	1 台
		提升速度	$0.3 \sim 1.0m/min$	
		导向架	$\phi 88.5mm$ 钢管制	1 座
3	固化剂制配系统	灰浆泵	HB6-3 型,输浆量 $3m^3/h$,工作压力 1.5MPa	1 台
		灰浆搅拌机	HL-1 型 200L	2 台
		集料斗	400L	1 个
		磅秤	计量	1 台
		提升速度测定仪	量测范围 $0 \sim 2m/min$	1 台
4	技术指标	一次加固面积	$0.7 \sim 0.9m^3$	
		最大加固深度	10m	
		加固效率	$40 \sim 50m/台班$	
		总重量(不含起重机)	6.5t	

工 程 要 点 表 1.2.60

序 号	项 目	内 容
1	材料要点	(1)施工所用水泥,必须经强度试验和安定性试验合格后才能使用。 (2)所用砂子必须严格控制含泥量,外加剂必须无变质。
2	技术要点	(1)水泥土搅拌桩施工时必须严格控制配合比,当用水泥砂浆作固化剂,其配合比为 1:1~2(水泥:砂),为增强流动性,可掺入 0.2%~0.25%的木质素磺酸钙减水剂与 1%硫酸钠和 2%石膏,水灰比为 0.43~0.5。 (2)施工中固化剂应严格按预定的配比拌制,并应有防离析措施。起吊应保证起吊设备的平整度和导向架的垂直度。成桩要控制搅拌机的提升速度和次数,使连续均匀,以控制注浆量,保证搅拌均匀,同时泵送必须连续。 (3)旋喷所用的水泥浆水灰比为 1:1~1.5:1,为消除离析,一般加入水泥用量 3%的陶土、0.09%的碱,浆液宜在旋喷前 1h 以内配制。
3	质量要点	(1)搅拌机预搅下沉时,不宜冲水,当遇到较硬土层下沉太慢时,方可适量冲水,但应考虑冲水成桩对桩身强度的影响。 (2)深层搅拌桩的深度、截面尺寸、搭接情况整体稳定和桩身强度必须符合设计要求,检验方法在成桩后 7d 内用轻便触探器钻取桩身加固土样,观察搅拌均匀程度,同时根据轻便触探击数,用对比法判断桩身强度。 (3)施喷注浆深度、直径、抗压强度和透水性必须符合设计要求。质量检验应在旋喷注浆 4 周后进行,检查点数量为注浆孔数的 2%~5%,不合格者应进行补喷

3. 施工工艺

(1) 施工工艺选择

水泥土桩墙施工工艺可从下述三种方法进行选择,见表 1.2.61。

施工工艺选择   表 1.2.61

序 号	项 目	内 容
1	喷浆式深层搅拌（湿法）	在水泥土墙中采用湿法工艺施工时注浆量较易控制,成桩质量较为稳定,桩体均匀性好。迄今为止,绝大部分水泥土墙都采用湿法工艺,无论在设计与施工方面都积累了丰富的经验,故一般应优先考虑湿法施工工艺。
2	喷粉式深层搅拌（干法）	干法施工工艺虽然水泥土强度较高,但其喷粉量不易控制,搅拌难以均匀,桩身强度离散较大,出现事故的概率较高,目前已很少应用。
3	高压喷射注浆法（也称高压旋喷法）	水泥土桩也可采用高压喷射注浆成桩工艺,它采用高压水、气切削土体并将水泥与土搅拌形成水泥土桩。该工艺施工简便,喷射注浆施工时,只需在土层中钻一个50～300mm的小孔,便可在土中喷射成直径0.4～2mm的加固水泥土桩。因而能在狭窄施工区域或贴近已有基础施工,但该工艺水泥用量大,造价高。一般当场地受到限制,湿法机械无法施工时,或一些特殊场合下可选用高压喷射注浆成桩工艺

（2）工艺流程

1）水泥土搅拌桩施工的工艺流程,如下所示。

深层搅拌机定位 → 预搅下沉 → 配制水泥浆（或砂浆） → 喷浆搅拌、提升 → 重复搅下沉 →

重复搅拌提升直至孔口 → 关闭搅拌机、清洗 → 移至下一根桩,重复以上工序。

2）旋喷法施工的工艺流程,如下所示。

机具就位 → 贯入注浆管 → 试喷射 → 喷射注浆 → 拔管及冲洗等

3）一般施工工艺流程,如图 1.2.15 所示。

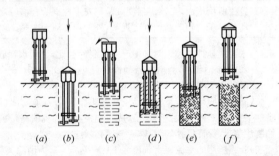

(a) (b) (c) (d) (e) (f)

图 1.2.15 深层搅拌桩施工流程
(a) 定位; (b) 预搅下沉; (c) 提升喷浆搅拌; (d) 重复下
沉搅拌; (e) 重复提升搅拌; (f) 成桩结束

（3）操作方法

搅拌桩成桩工艺可采用"一次喷浆、二次搅拌"或"二次喷浆、三次搅拌"工艺,主要依据水泥掺入比及土质情况而定。一般水泥掺量较小,土质较松时,可用前者,反之可用后者。具体操作方法如下:

1）喷浆式深层搅拌（湿法）操作方法（图 1.2.15）,如表 1.2.62 所示。

2）喷粉式深层搅拌（干法）操作方法

喷粉式深层搅拌（干法）的操作方法,如表 1.2.63 所示。

喷浆式深层搅拌操作方法　　　　　　　　　　　　　　表 1.2.62

序号	项目	内容
1	就位	深层搅拌桩机开行达到指定桩位、对中。当地面起伏不平时应注意调整机架的垂直度。
2	预搅下沉	深层搅拌机运转正常后,启动搅拌机电机。放松起重机钢丝绳,使搅拌机沿导向架切土搅拌下沉,下沉速度控制在 0.8m/min 左右,可由电机的电流监测表控制。工作电流不应大于 10A。如遇硬粘土等下沉速度太慢,可以输浆系统适当补给清水以利钻进。
3	配制水泥浆	深层搅拌机预搅下沉到一定深度后,开始拌制水泥浆,待压浆时倾入集料斗中。
4	提升喷浆搅拌	深层搅拌机下沉到达设计深度后,开启灰浆泵将水泥浆压入地基中,此后边喷浆、边旋转、边提升深层搅拌机,直到设计桩顶标高。此时应注意喷浆速率与提升速度相协调,以确保水泥浆沿桩长均匀分布,并使提升至桩顶后集料斗中的水泥浆正好排空。搅拌提升速度一般应控制在 0.5m/min。
5	重复搅拌下沉	再次沉钻进行复搅,复搅下沉速度可控制在 0.5~0.8m/min。 如果水泥掺入比较大或因土质较密在提升时不能将应喷入土中的水泥浆全部喷完时,可在重复下沉搅拌时予以补喷,即采用"二次喷浆、三次搅拌"工艺,但此时仍应注意喷浆的均匀性。第二次喷浆量不宜过少,可控制在单桩总喷浆量的 30%~40%,由于过少的水泥浆很难做到沿全桩均匀分布。
6	重复提升搅拌	边旋转、边提升,重复搅拌至桩顶标高,并将钻头提出地面,以便移机施工新的桩体。至此,完成一根桩的施工。
7	移位	开行深层搅拌桩机(履带式机架也可进行转向、变幅等作业)至新的桩位,重复 1~6 步骤,进行下一桩的施工。
8	清洗	当一施工段成桩完成后,应即时进行清洗。清洗时向集料斗中注入适量清水,开启灰浆泵,将全部管道中的残存水泥浆,冲洗干净并将附于搅拌头上的土清洗干净

喷粉式深层搅拌操作方法 (干法)　　　　　　　　　　表 1.2.63

序号	内容
1	喷粉施工前应仔细检查搅拌机械、供粉泵、送气(粉)管路、接头和阀门的密封性和可靠性。送气(粉)管道的长度不宜大于 60m。
2	水泥土搅拌法(干法)喷粉施工机械必须配置经国家计量部门确认的具有能瞬时检测并记录出粉量的粉体计量装置及搅拌深度自动记录仪。
3	搅拌头每旋转一周,其提升高度不得超过 16mm。
4	搅拌头的直径应定期复核检查,其磨耗量不得大于 10mm。
5	当搅拌头到达设计桩底以上 1.5m 时,应即开启喷粉机提前进行喷粉作业。当搅拌头提升至地面下 500m 时,喷粉机应停止喷粉。
6	成桩过程中因故停止喷粉,应将搅拌头下沉停灰面以下 1m 处,待恢复喷粉时再喷粉搅拌提升。
7	需在地基土天然含水量小于 30% 土层中喷粉成桩时,应采用地面注水搅拌工艺

3) 高压旋喷注浆法操作方法

高压旋喷注浆法操作方法,如表 1.2.64 所示。

高压旋喷注浆法操作方法　　　　　　　　　　　　　　表 1.2.64

序号	项目	内容
1	定位	施工前先进行场地平整,挖好排水沟,做好钻机定位。要求钻机安放保持水平,钻杆保持垂直,其倾斜度不得大于 1.5%。
2	成孔	成孔宜根据地质条件及钻机功能确定成孔工艺,在标准贯入 N 值小于 40 的土层中进行单管喷射作业时,可采用振动钻机直接将注浆管插入;一般情况下可采用地质钻机预先成孔,成孔直径一般为 75~130mm;孔壁易坍塌时,应下套管。

序　号	项　目	内　容
3	插管	将注浆管插入钻孔预定深度,注浆管连接接头应密封良好。
4	喷射	喷射作业前应检查喷嘴是否堵塞,输浆(水)、输气管是否存在泄漏等现象,无异常情况后,开始按设计要求进行喷射作业。施工过程中应随时检查各压力表所示压力是否正常,出现异常情况,应立即停止喷射作业,待一切恢复正常后,再继续施工。
5	拔管清洗	(1)完成喷射作业后,拔出注浆管。 (2)拔出注浆管后、立即使用清水清洗注浆泵及注浆管道。连续注浆时,可于最后一次进行清洗。
6	回灌	注浆体初凝下沉后,应立即采用水泥浆液进行回灌,回灌高度应高出设计标高

(4) 水泥土桩墙施工要点

水泥土桩墙施工要点,如表 1.2.65 所示。

施工要点   表 1.2.65

序　号	项　目	内　容
1	正确使用搅拌机	(1)当搅拌机的入土切削和提升搅拌负荷太大、电动机工作电流超过额定时,应降低提升或下降速度或适当补给清水。万一发生卡钻、停转现象,应立即切断钻机电源将搅拌机强制提出地面重新启动,不得在土中启动。 (2)电网电压低于 350V 时,应暂停施工以保护电机。 (3)对水冷型主机在整个施工过程中冷却循环水不能中断,应经常检查进水、出水温度,温差不能过大。 (4)塔架式或桅杆式机架行走时必须保持路基平整,行走稳定。
2	开挖样槽及仃浆面	(1)由于水泥土墙是由水泥土桩密排(格栅型)布置的,桩的密度很大,施工中会出现较大涌土现象,即在施工桩位处土体涌出高于原地面,一般会高出 1/8～1/15 桩长。这为桩顶标高控制及后期混凝土面板施工带来麻烦。因此在水泥土墙施工前应先在成桩施工范围开挖一定深度的样槽,样槽宽度可比水泥土墙宽 b 增加 300～500mm,深度应根据土的密度等确定,一般可取桩长的 1/10。 (2)施工时设计停浆面一般应高出基础底面标高 0.5m,在基坑开挖时,应将高出部分挖去。
3	清除障碍	施工前应清除搅拌桩施打范围内的一切障碍,如旧建筑基础、树根、枯井等,以防止施工受阻或成桩偏斜。当清除障碍范围较大或深度较深时,应做好覆土压实,防止机架倾斜。清障工作可与样槽开挖同时进行。
4	垂直度及复喷	机架垂直度是决定成桩垂直度的关键。因此必须严格控制,垂直度偏差应控制在 1% 以内。桩位的偏差不得大于 50mm,成桩直径和桩长不得小于设计值。当桩身强度及尺寸达不到设计要求时,可采用复喷的方法。搅拌次数以一次喷浆,一次搅拌或两次喷浆,三次搅拌为宜,且最后一次提升搅拌宜采用慢速提升。
5	工艺试桩	在施工前应作工艺试桩。通过试桩,熟悉施工区的土质状况,确定施工工艺参数,如确定灰浆泵输浆量、灰浆经输浆管到达搅拌机喷浆口的时间和起吊设备提升速度,以及钻进深度、灰浆配合比、喷浆下沉及提升速度、灰浆速率、喷浆压力及钻进状况等。
6	成桩施工	(1)控制下沉及提升速度:一般预搅下沉的速度应控制在 0.8m/min,喷浆提升速度不宜大于 0.5m/min,重复搅拌升降可控制在 0.5～0.8m/min。 (2)严格控制喷浆速率与喷浆提升(或下沉)速度的关系:确保水泥浆沿全桩长均匀分布,并保证在提升开始时同时注浆,在提升至桩顶时,该桩全部浆液均注完毕,控制好喷浆速率与提升(下沉)速度的关系是十分重要的,喷浆和搅拌提升速度的误差不得大于 ±0.1m/min。对水泥掺入比较大,或桩顶需加大掺量的桩的施工,可采用二次喷浆、三次搅拌工艺。

序 号	项 目	内 容
6	成桩施工	搅拌机提升的速度和次数必须符合施工工艺的要求,并应有专人记录。 当水泥浆液到达出浆口后应喷浆搅拌 30s,在水泥浆与桩端土充分搅拌后,再开始提升搅拌头。 (3)防止断桩:施工中发生意外中断注浆或提升过快现象,应立即暂停施工,重新下钻至停浆面或少浆桩段以下 0.5m 位置,重新注浆提升,保证桩身完整,防止断桩。 若停机时间超过 3h 应清洗管路。 (4)邻桩施工:连续的水泥土墙中相邻桩施工的时间间隔一般不应超过 24h。因故停歇时间超过 24h,应采取补桩或在后施工桩中增加水泥掺量(可增加 20%～30%)及注浆等措施。前后排桩施工应错位成踏步式,以便发生停歇时,前后施工桩体成错位搭接形式,有利墙体稳定及止水效果。 (5)钻头及搅拌叶检查:经常性、制度性地检查搅拌叶磨损情况,当发生过大磨损时,应及时更换或修补钻头、钻头直径偏差应不超过 3%。 对叶片注浆式搅拌头,应经常检查注浆孔是否阻塞;对中心注浆管的搅拌头应检查球阀工况,使其正常喷浆。 每天加固完毕,应用水清洗贮料灌、砂浆泵、深层搅拌机及相应管道,以备再用。
7	试块制作	一般情况每一台班应做一组试块(3 块),试模尺寸为 70.7mm×70.7mm×70.7mm,试块水泥土可在第二次提升后的搅拌叶边提取,按规定的养护条件进行养护。
8	养护	搅拌桩施工完毕应养护 14d 以上才可开挖。基坑基底标高以上 300mm,应采用人工开挖。
9	成桩记录	施工过程中必须及时做好成桩记录,不得事后补记或事前先记,成桩记录应反映真实施工状况。 成桩记录主要内容包括:水泥浆配合比、供浆状况、搅拌机下沉及提升时间、注浆时间、停浆时间等

4. 质量控制及检验方法

(1)质量标准

1)水泥土搅拌桩质量检验标准

水泥土搅拌桩质量检验标准,除应符合表 1.2.66 要求外,还应符合建筑地基基础工程施工质量验收规范(GB 50202—2002)中之 7 的有关要求。

水泥土搅拌桩地基质量检验标准 表 1.2.66

项 目	序 号	检查项目	允许偏差或允许值		检 查 方 法
			单位	数值	
主控项目	1	水泥及外掺剂质量	设计要求		查产品证书或抽样送检
	2	水泥用量	参考指标		查看流量计
	3	桩体强度或完整性检验	设计要求		按规定办法
一般项目	1	机头提升速度	m/min	≤0.5	量机头上升距离及时间
	2	桩底标高	mm	±200	测机头深度
	3	桩顶标高	mm	+100；−50	水准仪(最上部 500mm 不计入)
	4	桩位偏差	mm	<50	用钢尺量
	5	桩径		<0.04D	用钢尺量,D 为桩径
	6	垂直度	%	≤1.5	经纬仪
	7	搭接	mm	>200	用钢尺量

注:1. 水泥土桩应在施工后一周内进行开挖检查或采用钻孔取芯等手段检查成桩质量,若不符合设计要求,应及时调整施工工艺。

2. 水泥土墙应在设计开挖龄期采用钻芯法检测墙身完整性,钻芯数量不宜少于总桩数的 2%,且不少于 5 根;并应根据设计要求取样进行单轴抗压强度试验。

2) 高压旋喷注浆法质量检验标准

高压旋喷注浆法施工质量检验标准必须符合表 1.2.67 的规定。

高压旋喷注浆法施工质量检验标准   表 1.2.67

项　目	序　号	检查项目	允许偏差或允许值		检 查 方 法
			单位	数值	
主控项目	1	水泥及外掺剂质量	设计出厂要求		查产品证书或抽样送检
	2	水泥用量	设计要求		查看流量计及水泥浆水灰比
	3	桩体强度	设计要求		按规定办法
一般项目	1	钻孔位置	mm	≤50	用钢尺量
	2	钻孔垂直度	%	≤1.5	经纬仪测钻杆或实测
	3	孔深	mm	±200	用钢尺量
	4	注浆压力	按设定参数指标查看压力表		
	5	桩体搭接	mm	>200	用钢尺量
	6	桩体直径	mm	<50	开挖后用钢尺量
	7	桩身中心允许偏差		≤0.2D	开挖后桩顶下 500mm 处用钢尺量,D 为桩径

（2）质量记录

水泥土搅拌桩工程质量记录,如表 1.2.68 所示。

质量记录   表 1.2.68

序　号	内　　　　容
1	材料的质量合格证和质量鉴定文件。
2	施工记录及隐蔽工程验收文件。
3	检验试验及见证取样文件。
4	其他必须提供的文件和记录

5. 成品保护

水泥土搅拌桩支护结构,成品保护,如表 1.2.69 所示。

成品保护   表 1.2.69

序　号	内　　　　容
1	雨期或冬期施工,应采取防雨防冻措施,防止水泥土受雨水淋湿或冻结。
2	深层搅拌机和钻机周围必须作好排水工作,防止泥浆或污水灌入已施工完的桩位处

6. 安全环保措施

水泥土搅拌桩工程安全环保措施,如表 1.2.70 所示。

安全环保措施   表 1.2.70

序　号	内　　　　容
1	施工场地内一切电源、电路的安装和拆除,应由持证电工专管,电器必须严格接地、接零和设置漏电保护器,现场电线、电缆必须按规定架空,严禁拖地和乱拉、乱搭。
2	所有机器操作人员必须持证上岗。

续表

序　号	内　　　容
3	施工场地必须做到场地平整、无积水,挖好排浆沟,深层搅拌机钻机行进时必须顺畅。
4	水泥堆放必须有防雨、防潮措施,砂子要有专用堆场,不得污染。
5	施工机械、电气设备、仪表仪器等在确认完好后方准使用。并由专人负责使用。
6	深层搅拌机的入土切削和提升搅拌,当负载荷太大及电机工作电流超过预定值时,应减慢升降速度或补给清水,一旦发生卡钻或停钻现象,应切断电源,将搅拌机强制提起之后,才能启动电机

1.2.2.3 土钉墙支护结构工程

1. 适用范围及基本规定

土钉墙支护结构适用范围及基本规定,如表 1.2.71 所示。

适用范围及基本规定　　　　　　　　　　　　　　表 1.2.71

序　号	项　　目	内　　　容
1	基本概念	土钉加固技术是在土体内放置一定长度和分布密度的土钉体,与土共同作用,用以弥补土体自身强度的不足。它不仅提高了土体整体刚度,而且弥补了土体的抗拉和抗剪强度低的弱点,通过相互作用,土体自身结构强度的潜力得到充分发挥,还改变了边坡变形和破坏性状,显著提高了整体稳定性,是一种原位加固土的技术。
2	土钉墙特点	土钉墙具有以下特点: 　(1)形成的土钉墙复合体,显著提高了边坡整体稳定性和承受坡顶超载的能力; 　(2)施工设备简单;施工时不需单独占用场地;不占或少占单独作业时间,施工效率高,一旦开挖完成,土钉墙也就建好; 　(3)土钉墙与其他支护桩形式相比费用较低; 　(4)土钉是用低强度钢材制作的,与永久性锚杆相比,大大地减少了防腐的麻烦; 　(5)施工噪声和振动小; 　(6)土钉墙本身变形小,因而对土钉墙邻近建筑物和地下管线影响不大。
3	适用范围	(1)土钉墙适用于地下水位以上或经人工降低地下水位后的人工填土、黏性土和弱胶结砂土的基坑支护或边坡加固。土钉墙宜用于深度不大于 12m 的基坑支护或边坡加固,当土钉墙与有限放坡、预应力锚杆联合使用时,深度可增加;不宜用于含水丰富的粉细砂层、砂砾卵石层和淤泥质土;不得用于没有自稳能力的淤泥和饱和软弱土层。 　(2)当采用喷射混凝土面层或坡面浅层注浆等稳定坡面措施,能够保证每一边坡台阶的自立稳定时,也可采用土钉支护体系作为稳定砂土边坡的方法。
4	基本规定	(1)土钉墙支护工程的设计、施工与监测宜统一由支护工程的施工单位负责,以便于及时根据现场测试与监控结果进行反馈设计;当设计、施工与监测不为一个单位时,三者应相互配合,密切合作,确保安全施工。 　(2)土钉墙支护的设计计算按《建筑基坑支护技术规程》(JGJ 120-99)中有关规定执行。施工中应特别重视地表水和地下水对支护工作的影响,应设置良好的排水系统并在施工前进行降低地下水位;一般情况下,应遵循分段开挖、分段支护的原则,不宜按一次挖就再行支护的方式施工。同时,应考虑施工作业周期和降雨、振动等环境因素对开挖面体稳定性的影响,做到随开挖随支护,以减少边坡变形。 　(3)施工中应对土钉位置,钻孔直径、深度及角度,土钉插入长度,注浆配比、压力及注浆量,喷锚墙面厚度及强度、土钉应力等进行检查。 　(4)每段支护体施工完成后,应检查坡顶及坡面位移,坡顶沉降及周围环境变化,如有异常情况应采取措施,恢复正常后方可继续施工

2. 施工准备及工程要点

(1) 施工准备

土钉墙支护结构施工准备，如表 1.2.72 所示。

施工准备　　　　　　　　　　　　　　表 1.2.72

序号	项目	内容
1	技术准备	锚杆与土钉支护施工前必须具备下列文件： (1) 工程周边环境调查及工程地质勘察报告； (2) 支护施工图纸齐全，包括支护平、剖面图及总体尺寸；挡土结构的类型、详细设计图纸及设计说明，如已施工完毕应有施工详细记录；标明锚杆、土钉位置、尺寸(直径、孔径、长度)、倾角和间距；喷射混凝土面层厚度及钢筋网尺寸，土钉及喷射混凝土面层的连接构造方法和混凝土强度等级； (3) 排水及降水方案设计； (4) 施工方案或施工组织设计，规定基坑分层、分段开挖的深度及长度，边坡开挖面的裸露时间限制等； (5) 现场测试监控方案，以及为防止危及周围建筑物、道路、地下设施安全而采取的措施及应急方案；了解支护坡顶的允许最大变形量，对邻近建筑物、道路、地下设施等环境影响的允许程度； (6) 确定基坑开挖线、轴线定位点、水准基点、变形观测点等，并在设置后加以妥善保护。
2	材料要求	(1) 各种材料应按计划逐步进场，钢材、水泥及化学添加剂必须有相关产品合格证。 (2) 土钉所用的钢材需要焊接连接时，其接头必须经过试验，合格后方可使用。 (3) 土钉钢筋使用前应调直、除锈、除油。 (4) 优先选用强度等级 32.5MPa 普通硅酸盐水泥。 (5) 采用干净的中粗砂，含水量应小于 5%。 (6) 采用干净的圆砾，粒径 2~4mm。 (7) 使用速凝剂，应做与水泥的相容性试验及水泥浆凝结效果试验。
3	机具选用	(1) 施工机具选用应符合下列规定： 1) 成孔机具和工艺视场地土质特点及环境条件选用，要保证进钻和抽出过程中不引起坍孔，可选用冲击钻机、螺旋钻机、回转钻机、洛阳铲等，在易坍孔的土体中钻孔时宜采用套管成孔或挤压成孔工艺； 2) 注浆泵规格、压力和输浆量应满足设计要求； 3) 混凝土喷射机应密封良好，输料连续均匀，输送水平距离不宜小于 100m、垂直距离不宜小于 30m； 4) 空压机应满足喷射机工作风压和风量要求，一般选用风量 9m³/min 以上、风压大于 0.5MPa 的空压机； 5) 搅拌混凝土宜采用强制式搅拌机； 6) 输料管应能承受 0.8MPa 以上的压力，并应有良好的耐磨性； 7) 供水设施应有足够的水量和水压(不小于 0.2MPa)。 (2) 施工机具 1) 钻孔机具 一般宜选用体积较小、重量较轻、装拆移动方便的机具。常用有如下几类： ①锚杆钻机 锚杆钻机能自动退钻杆、接钻杆，尤其适用于土中造孔。可选型有 MGJ-50 型锚杆工程钻机、YTM-87 型土锚钻机、QC-100 型气动冲击式锚杆机等，这几种机械主要性能参数见表 1.2.73。 ②地质钻机 可选用 GX-1T 型和 GX-50 型等轻型地质钻机，主要性能参数见表 1.2.74。 ③洛阳铲

续表

序 号	项 目	内 容
3	机具选用	洛阳铲是传统的土层人工造孔工具,它机动灵活、操作简便,一旦遇到地下管线等障碍物能迅速反应,改变角度或孔位重新造孔。并且可用多个洛阳铲同时造孔,每个洛阳铲由 2~3 人操作。洛阳铲造孔直径为 80~150mm,水平方向造孔深度可达 15m。 2)空气压缩机 作为钻孔机械和混凝土喷射机械的动力设备,一般选用风量 9m³/min 以上、压力大于 0.5MPa 的空压机。若 1 台空压机带动 2 台以上钻机或混凝土喷射机时,要配备储气罐。土钉支护宜选用移动式空压机。空压机的驱动机分为电动式和柴油式两种,若现场供电能力限制时可选用柴油驱动的空压机。常用型号空压机主要技术参数参见表 1.2.75 和表 1.2.76。 3)混凝土喷射机 输送距离应满足施工要求,供水设施应保证喷头处有足够水量和水压(不小于 0.2MPa)。 常用混凝土喷射机的型号及主要技术参数见表 1.2.77。 4)注浆泵 宜选用小型、可移动、可靠性好的注浆泵,压力和输送量应满足施工要求。工程中常用有 UBJ 系列挤压式灰浆泵和 BMY 系列锚杆注浆泵,主要技术参数见表 1.2.78 及表 1.2.79。 5)混凝土搅拌机 宜选用小型便于移动的机型,如 JFC100 型、XYW-3 型混凝土搅拌机等。
4	作业条件	(1)有齐全的技术文件和完整的施工组织设计或方案,并已进行技术交底。 (2)进行场地平整,拆迁施工区域内的报废建(构)筑物和挖除工程部位地面以下 3m 内的障碍物,施工现场应有可使用的水源和电源。在施工区域已设置临时设施,修建施工便道及排水沟,各种施工机具已运到现场,并安装维修试运转正常。 (3)已进行施工放线,锚杆孔位置、倾角已确定;各种备料和配合比及焊接强度经试验可满足设计要求。 (4)当设计要求必须事先做锚杆施工工艺试验时,试验工作已完成并已证明各项技术指标符合设计要求

锚杆钻机性能参数   表 1.2.73

项 目	钻 机 型 号		
	MGJ-50	YTM87	QC-100
钻孔直径(mm)	110~180	150(可调)	卵石层:65 其他土层:65~100
钻孔深度(m)	30~60	60	中密卵石层:6~8 其他土层:11~21
转速(r/min)	低速:32~187 高速:59~143		冲击速度:14.5Hz
发动机功率(kW)	Y160M-4 电动机:11 1100 柴油机:11	电动机:37	气动 耗气量:9~10m³/min
进给力(kN)	22	45	工作风压:0.4~0.7MPa
机重(kg)	850	3750	186
外形尺寸(长×宽×高)(mm)	3525×1000×1225	4510×2000×2300	3508×232×285

轻型地质钻机性能参数   表 1.2.74

项 目	钻 机 型 号	
	GX-1T	GX-50
钻孔直径(mm)	75~150	75~150
钻孔深度(m)	30~150	20~100
立轴转速(r/min)	60,180,360,600	99,236,378
发动机功率(kW)	Y160-4 电动机:11 S1100A 柴油机:11	Y132M-4 电动机:7.5 195 型柴油机:8.82
进给力(kN)	19	10
机重(kg)	500	360
外形尺寸(长×宽×高)(mm)	1568×620×1205	1360×620×1080

电动机驱动的空压机主要技术参数   表 1.2.75

项 目	型 号					
	P900E	XP750E	VHP600E	L-10/7-Ⅱ	ZL-10/8-Ⅰ	ZJW-1418
排气量(m³/min)	25.5	21.5	17	10	10	14
排气压力(MPa)	0.7	0.86	1.2	0.7	0.8	0.8
驱动机型号	Y315-4 电动机			XKY-55-6	Y280M-6	
驱动机功率(kW)	160			55	55	115
驱动机转速(r/min)	1480			980	980	1500
重量(kg)	4300			1800	1700	3600
外形尺寸(长×宽×高)(mm)	4100×1900×1950			1644×961×1273	1592×1840×1491	2100×1150×2320

柴油机驱动的空压机主要技术参数   表 1.2.76

项 目	型 号				
	VHP700	XP900	P1050	VHP400	P600
排气量(m³/min)	20	25.5	29.7	11.5	17
排气压力(MPa)	1.2	0.86	0.7	1.2	7
驱动机型号	CAT3306 柴油机			B/F6L913C 柴油机	
驱动机功率(kW)	209			131	
驱动机转速(r/min)	1800			2500	
重量(kg)	4100			3000	2700
外形尺寸(长×宽×高)(mm)	410×1900×1950			4490×1900×1860	

混凝土喷射机主要技术参数   表 1.2.77

项 目	型 号						
	HPJ-Ⅰ	HPJ-Ⅱ	PZ-5B	PZ-7	PZ-10C	HPZ6	HPZ6T
生产能力(m³/h)	5	5	5	7	1~10	6	2,4,6
输料管内径(mm)	50	50	50	65	75	50	50~75
粒料直径(mm)	20	20	20	20	25	<25	<30
输送距离(m)	潮喷 200,湿喷 50					20~50	20~40
耗气量(m³/h)	7~8			7~9		5~7	10

续表

项　目	型　号						
	HPJ-Ⅰ	HPJ-Ⅱ	PZ-5B	PZ-7	PZ-10C	HPZ6	HPZ6T
电动机功率(kW)	喷射部分:5.5 搅拌部分:3		5.5	5.5	5.5	3	7.5
重量(kg)	1000	1000	700	750	750	920	800
外形尺寸(长×宽×高) (mm)	2200×960 ×1560	2200×780 ×1600	1300×800 ×1200	1300×800×1300		1332×774 ×1110	1500×1000 ×1600

UBJ 系列挤压式灰浆泵主要技术参数　　　　表 1.2.78

项　目	型　号			
	0.8	1.2	1.8	3
灰浆流量(m³/h)	0.8	1.2	0.4,0.6,1.2,1.8	1,2,3
电源电压(V)	380	380	380	380
主电机功率(kW)	1.5	2.2	2.2/2.8	4
最高输送高度(m)	25	25	30	40
最大水平输送距离(m)	80	80	100	150
额定工作压力(MPa)	1	1.2	1.5	2.45
重量(kg)	175	185	300	350
外形尺寸(长×宽×高) (mm)	1220×662 ×960	1220×662 ×1035	1270×896 ×990	1370×620 ×800

BMY 系列锚杆注浆泵主要技术参数　　　　表 1.2.79

型　号	0.6	18
灰浆流量(m³/h)	0.6	1.8
电源电压(V)	127	220/380
电动机功率(kW)	1.2	2.2
电动机型号		YB100L-4(KB)
最高输送高度(m)	15	20
最大水平输送距离(m)	40	60
额定工作压力(MPa)	1.0	1.5
整机重量(kg)	115	225
外形尺寸(长×宽×高)(mm)	640×320×640	900×540×740

（2）工程要点

工程要点，如表 1.2.80 所示。

工 程 要 点　　　　表 1.2.80

序号	项目	内　容
1	材料要点	（1）土钉:用作土钉的钢筋(HRB335 级或 HRB400 级热轧螺纹钢筋)、钢管、角钢、钢丝束、钢铰线必须符合设计要求,并有出厂合格证和现场复试的检验报告。 （2）钢材:用于喷射混凝土面层内的钢筋网片及连接结构的钢材必须符合设计要求,并有出厂合格证和现场复试的试验报告。 （3）水泥浆锚固体:水泥用强度等级为 32.5、42.5 的普通硅酸盐水泥,并有出厂合格证;砂用粒径小于 2mm 的中细砂;水用 pH 值小于 4 的水;所用的化学添加剂、速凝剂必须有出厂合格证。

序号	项　目	内　　容
2	技术要点	(1)灌浆是土钉施工中的一道关键工艺,必须认真进行,并作好记录。灌浆材料宜采用水泥浆或水泥砂浆,其强度等级不宜低于 M10;当灌浆材料用水泥浆时,水灰比为 0.4～0.5 左右,为防止泌水、干缩,可掺加 0.3%的木质素黄酸钙;当灌浆材料用水泥砂浆时灰砂比为 1:1 或 1:2(重量比),水灰比为 0.38～0.45,砂用中砂并过筛。如需早强,可掺加水泥用量 3%～5%的混凝土早强剂;水泥浆液试块的抗压强度应大于 25MPa,塑性流动时间应在 22s 以下,可用时间应为 30～60min;整个灌浆过程应在 5min 内结束。 灌浆压力一般不得低于 0.4MPa,亦不宜大于 2MPa;宜采用封闭式压力灌浆和二次压力灌浆,可有效提高锚杆抗拔力(20%左右)。 (2)土钉墙的构造要求 1)土钉墙墙面坡度不宜大于 1:0.1;土钉的长度为开挖深度的 0.5～1.2 倍,间距宜为 1～2m,与水平面夹角宜为 5°～20°; 2)土钉钢筋宜采用 HRB335、HRB400 和 RRB400 级钢筋,钢筋直径宜为 16～32mm,钻孔直径宜为 70～120mm;土钉必须和面层有效连接,应设置承压板或加强钢筋等构造措施,承压板或加强钢筋应与土钉螺栓连接或钢筋焊接; 3)喷射混凝土面层宜配置钢筋网,钢筋直径宜为 6～10mm,间距宜为 150～300mm,混凝土强度等级不宜低于 C20,面层厚度不宜小于 80mm,钢筋网片搭接长度应大于 300mm; 4)当地下水位高于基坑底面时,应采取降水措施或截水措施,坡顶应采用砂浆或混凝土护面,其宽度应不小于 800mm,并高于地面,以防止地表水灌入基坑,坡脚应设排水沟和集水坑,坡面可根据具体情况设置泄水管。
3	质量要点	(1)根据设计要求、水文地质情况和施工机具条件,认真编制施工组织设计,选择合适的钻孔机具和方法,精心操作,确保顺利成孔和安装锚杆并顺利灌注。 (2)在钻进过程中,应认真控制钻进参数,合理掌握钻进速度,防止埋钻、卡钻、塌孔、掉块、涌砂和缩颈等各种通病的出现,一旦发生孔内事故,应尽快进行处理,并配备必要的事故处理工具。 (3)钻机拔出钻杆后要及时安置锚杆(土钉),并随即进行注浆作业。
4	安全要点	(1)施工人员进入现场,必须正确佩带安全帽; (2)电工和机械操作工必须经过安全培训并持证上岗; (3)基坑四周必须设置不低于 1.5m 的维护设施,沿道路侧夜间必须有红色灯光示警。
5	环保要点	应加强混凝土喷射机械的维护保养,在作业过程中,不得出现漏风、漏气现象,最大限度的控制粉尘污染

3. 施工工艺

(1) 工艺流程

1) 土层锚杆工艺流程,如下所示:

土方开挖 → 修整边壁 → 测量、放线 → 钻机就位 → 接钻杆 → 校正孔位 → 调整角度 → 打开水源 →
钻孔(接钻杆) → 钻至设计深度 → 冲洗 → 插锚杆 → 压力灌浆 → 养护 → 裸露主筋除锈 →
上横梁(或预应力锚件) → 焊锚具 → 张拉(仅限于预应力锚杆) → 锚头(锚具)锁定

土层锚杆作业施工程序与水作业钻进法基本相同,只是钻孔时不用水冲泥渣成孔,而是将土体顺钻杆排出孔外而成孔。

2) 喷射混凝土面层施工工艺流程,如下所示:

立面平整 → 绑扎钢筋网片 → 干配混凝土料 → 依次打开电、风、水开关 → 进行喷射混凝土作业 →
混凝土面层养护

（2）操作方法

土钉墙操作方法，如表 1.2.81 所示。

操 作 方 法　　　　　　　　　　　　　　　　　　　　　表 1.2.81

序号	项　目	内　　　容
1	基坑开挖	土钉支护应按设计规定分层、分段开挖，做到随时开挖，随时支护，随时喷混凝土，在完成上层作业面的土钉与喷射混凝土以前，不得进行下一层土的开挖。当基坑面积较大时，允许在距离四周边坡 8～10m 的基坑中部自由开挖，但应注意与分层作业区的开挖相协调；当用机械进行土方开挖时，严禁边壁出现超挖或造成边壁土体松动或挡土结构的破坏。为防止基坑边坡土体发生塌陷，对于易塌的土体可采用以下措施： （1）对修整后的边壁立即喷上一层薄的砂浆或混凝土，待凝结后再进行钻孔； （2）在作业面上先安装钢筋网片喷射混凝土面层后，再进行钻孔并设置土钉； （3）在水平方向分小段间隔开挖； （4）先将开挖的边壁作成斜坡，待钻孔并设置土钉后再清坡； （5）开挖时沿开挖面垂直击入钢筋和钢管或注浆加固土体。
2	排水措施	（1）土钉支护宜在排除地下水的条件下进行施工，应采取恰当的降、排水措施排除地下水（包括地表、支护内部、基坑排水），以避免土体处于饱和状态并减轻作用于面层上的静水压力。 （2）基坑四周支护范围内应预修整，构筑排水沟和水泥砂浆或混凝土地面，防止地表水向地下渗透。靠近基坑坡顶 2～4m 的地面应适当垫高，并且里高外低，便于径流远离边坡。 （3）在支护面层背部应插入长度为 400～600mm、直径不小于 40mm 的水平排水管，其外端伸出支护面层，间距可为 1.5～2m，以便将喷射混凝土面层后的积水排出。 （4）为了排除积聚在基坑内的渗水和雨水，应在坑底设置排水沟和集水坑，坑内积水应及时抽出。排水沟应离开边壁 0.5～1m，排水沟和积水坑宜用砖砌并用砂浆抹面以防止渗漏。
3	土钉及注浆	（1）土钉的设置可以采用专门设备将土钉钢筋击入土体，但是通常的做法是先在土体中成孔，然后置入土钉钢筋并沿全长注浆。 1）成孔 ①成孔前，应根据设计要求定出孔位并作出标记及编号。当成孔过程中遇到障碍物需调整孔位时，不得损害支护结构设计原定的安全程度。 ②采用的机具应符合土层特点，满足设计要求，在进钻和抽出钻杆过程中不得引起土体坍孔。而在易坍孔的土体中钻孔时宜采用套管成孔或挤压成孔。成孔过程中应由专人做成孔记录，按土钉编号逐一记载取出土体的特征、成孔质量、事故处理等，并将取出的土体及时与初步设计所认定的土质加以对比，若发现有较大的偏差要及时修改土钉的设计参数。 ③土钉成孔的质量应符合下列规定： A 孔距允许偏差为 ±100mm； B 孔径允许偏差为 ±5mm； C 孔深允许偏差为 ±30mm； D 倾角允许偏差为 ±1°。 2）插入土钉钢筋 ①插入土钉钢筋前要进行清孔检查，若孔中出现局部渗水、塌孔或掉落松土应立即处理。 ②土钉钢筋置入孔中前，要先在钢筋上安装对中定位支架，以保证钢筋处于孔位中心且注浆后其保护厚度不小于 25mm。支架沿钉长的间距可为 2～3m 左右，支架可为金属或塑料件，以不妨碍浆体自由流动为宜。 ③在正常条件下，对临时性支护工程，一般仅由砂浆做锈蚀防护层，有时可在钢筋表面涂一层防锈涂料；对永久性工程，可在钢筋外加环状塑料保护层或涂多层防腐涂料，以提高钢筋锈蚀防护的能力。 ④设置的钢筋一般采用 HRB335 级钢筋。 （2）注浆 1）注浆前要验收土钉钢筋安设质量是否达到设计要求。

续表

序号	项　目	内　　容
3	土钉及注浆	2)注浆前,应采用压力为 0.5~0.6MPa 的压缩空气将孔内残留或松动的杂土清除干净。 3)对于向下倾角的土钉,注浆采用重力或低压注浆时宜采用底部注浆方式,注浆导管底端应插至距孔底 250~500mm 处,在注浆同时将导管匀速缓慢地撤出。注浆过程中注浆导管口始终埋在浆体表面以下,以保证孔中气体能全部逸出。 4)土钉注浆材料应符合下列规定: ①注浆材料宜选用水泥浆或水泥砂浆。水泥浆的水灰比宜为 0.5;水泥砂浆配合比宜为 1:1~1:2(重量比),水灰比宜为 0.38~0.45。 ②水泥浆、水泥砂浆应拌合均匀,随拌随用。一次拌合的水泥浆、水泥砂浆应在初凝前用完。 5)为防止水泥浆或水泥砂浆在硬化过程中干缩裂缝,提高其防腐蚀性能,保证浆体与周围土壁的紧密粘合,可掺入一定量的膨胀剂,具体掺入量可由试验确定,以满足补偿收缩为准。 6)为提高水泥浆和水泥砂浆的早期强度,加速硬化,可掺入速凝剂或早强剂。 7)注浆开始或中途停止超过 30min 时,应用水或稀水泥浆润滑注浆泵及其管路。 8)用于注浆的砂浆强度用 70mm×70mm×70mm 立方体试块经标准养护后测定。每批至少留取 3 组(每组 3 块)试件,给出 3d 和 28d 强度。
4	网片及护面	(1)钢筋网片 1)在喷混凝土之前,先按设计要求绑扎、固定钢筋网。面层内的钢筋网片应牢固固定在边壁上,并符合设计规定的保护层厚度要求。钢筋网片可用插入土中的钢筋固定,但在喷射混凝土时不应出现振动。 2)钢筋网片可焊接或绑扎而成,网格允许偏差为±10mm。铺设钢筋网时每边的搭接长度应不小于一个网格边长或 200mm,如为搭焊则焊接长度不小于网片钢筋直径的 10 倍。网片与坡面间隙不小于 20mm。 3)土钉与面层钢筋网的连接可通过垫板、螺帽及土钉端部螺纹杆固定。垫板钢板厚 8~10mm、尺寸为 200mm×200mm~300mm×300mm。垫板下空隙需先用高强水泥砂浆填实,待砂浆达一定强度后可旋紧螺帽以固定土钉。土钉钢筋也可通过井字加强钢筋直接焊接在钢筋网上,焊接强度要满足设计要求。 (2)喷射混凝土 1)喷射混凝土前,应对机械设备、风、水管路和电路进行全面检查和试运转。 2)为保证喷射混凝土厚度达到均匀的设计值,可在边壁上隔一定距离打入垂直短钢筋段作为厚度标志。 3)喷射混凝土的射距宜保持在 0.6~1.0m 范围内,并使射流垂直于壁面。 4)喷射混凝土的路线可从壁面开挖层底部逐渐向上进行,但底部钢筋网搭接长度范围以内先不喷混凝土,待与下层钢筋网搭接绑扎之后再与下层壁面同时喷混凝土。混凝土面层接缝部分做成 45°角的斜面搭接。 5)在有钢筋的部位可先喷钢筋的后方以防止钢筋背面出现空隙。 6)喷射混凝土的配合比应通过试验确定,粗骨料最大粒径不宜大于 12mm,水灰比不宜大于 0.45,并应通过外加剂来调节所需工作度和早强时间。 7)当采用干法施工时,应事先对操作手进行技术考核,以保证喷射混凝土的水灰比和质量达到设计要求。 8)当设计面层厚度超过 100mm 时,混凝土应分两层喷射,一次喷射厚度不宜小于 40mm,且接缝错开。混凝土接缝在继续喷射混凝土之前应清除浮浆碎屑,并喷少量水润湿。 9)面层喷射混凝土终凝后 2h 应喷水养护,养护时间宜 3~7d,养护视当地环境条件采用喷水、覆盖浇水或喷涂养护剂等方法。 10)喷射混凝土强度可用边长为 100mm 的立方体试块进行测定。制作试块时,将试模底面紧贴边壁,从侧向喷入混凝土,每批至少留取 3 组(每组 3 块)试件

（3）土钉试验

土钉支护必须进行土钉现场抗拔试验,如表 1.2.82 所示。

土 钉 试 验 表 1.2.82

序号	项 目	内 容
1	试验目的	土钉支护施工必须进行现场抗拔试验,应在专门设置的非工作土钉上进行抗拔试验直至破坏,用来确定极限荷载,并据此估计土钉的界面极限黏结强度。
2	测钉要求	每一典型土层中至少应有 3 个专门用于测试的非工作钉。测试钉的总长度、黏结长度和施工方法原则上应与工作钉一致。 测试钉的注浆黏结长度不小于工作钉的二分之一且不短于 5m,在满足钢筋不发生屈服并最终发生拔出破坏的前提下宜取较长的黏结段,必要时适当加大土钉钢筋直径。为消除加载试验时支护面层变形对黏结界面强度的影响,测试钉在距孔口处应保留不小于 1m 长的非黏结段。在试验结束后,非黏结段再用浆体回填。
3	测试安装	土钉的现场抗拔试验时,土钉、千斤顶、测力杆三者应在同一轴线上,千斤顶的反力架应置于混凝土面层或土钉上、下部,安设两道工字钢或槽钢作横梁,并与护坡墙紧贴;当张拉到设计荷载时,拧紧锁定螺母完成锚定工作;张拉时宜采用跳拉法或往复式拉法,以保证土钉和钢梁受力均匀;张拉力的设定应根据实际所需的有效张拉力和张拉力的可能松弛程度而定,一般按设计张拉力的 75%~85% 进行控制。
4	加载试验	测试钉进行抗拔试验时的注浆抗压强度不应低于 6MPa。试验应采用连续分级加载,首先施加少量初始荷载(不大于土钉设计荷载的 20%)使加载装置保护稳定,以后的每级荷载增量不超过设计荷载的 20%。每级荷载施加完毕后应立即记下位移读数并保持荷载稳定不变,继续记录以后 1min、6min、10min 的位移读数。若同级荷载下 10min 与 1min 的位移增量小于 1mm,即可施加下级荷载,否则应保持荷载不变继续读渎 15min、30min、60min 时的位移。此时若 60min 与 6min 的位移增量小于 2mm,可进行下级加载,否则即认为达到极限荷载,根据试验得出的极限荷载必须大于设计荷载得 1.25 倍,否则应反馈修改设计

(4) 施工监测

土钉支护的施工监测要求,如表 1.2.83 所示。

施 工 监 测 表 1.2.83

序号	内 容
1	土钉支护的施工监测至少应包括下列内容: (1)支护位移、沉降的量测; (2)地表开裂状态(位置、裂宽)的观察; (3)附近建筑物和重要管线等设施的变形测量和裂缝观察; (4)基坑渗、漏水和基坑内外的地下水位变化。
2	在支护施工阶段,每天监测不少于 3 次;在支护施工完成后、变形趋于稳定的情况下每天 1 次。监测过程中应持续至整个基坑回填结束为止。
3	观测点的设置:观测点的总数不宜少于 3 个,间距不宜大于 30m。其位置应选在变形量最大或局部条件最为不利的地段。观测仪器宜用精密水准仪和精密经纬仪。
4	应特别加强雨天和雨后的监测,以及对各种可能危及支护安全的水害来源(如场地周围生产、生活的排水,上下水管、贮水池罐、化粪池的漏水,人工井点降水的排水,因开挖后土体变形造成管道漏水等)进行仔细观察。
5	在施工开挖过程中,基坑顶部的侧向位移与当时的开挖深度之比超过 3‰(砂土中)和 3‰~5‰(一般黏土中)时应密切加强观察、分析原因并及时对支护采取加固措施,必要时增用其他支护方法

4. 质量控制及检验方法
(1) 质量检验要点

质量检验要点，如表 1.2.84 所示。

质量检验要点   表 1.2.84

序号	项目	内 容
1	材料要点	所使用的原材料(钢筋、水泥、砂、碎石等)的质量应符合有关规范规定标准和设计要求,并要具备出厂合格证及试验报告书。材料进场后还要按有关标准进行抽样质量检验。
2	测试要点	土钉支护设计与施工必须进行土钉现场抗拔试验,包括基本试验和验收试验。 通过基本试验可取得设计所需的有关参数,如土钉与各层土体之间的界面粘结强度等,以保证设计的正确、合理性,或反馈信息以修改初步设计方案;验收试验是检验土钉支护工程质量的有效手段。土钉支护工程的设计、施工宜建立在有一定现场试验的基础上。
3	面层要点	混凝土面层的质量检验: (1)混凝土应进行抗压强度试验。试块数量为每 500m² 面层取一组,且不少于三组; (2)混凝土面层厚度检查可用凿孔法。每 100m² 面层取一点,且不小于三个点。合格条件为全部检查孔处的厚度平均值不小于设计厚度,最小厚度不宜小于设计厚度的 80%; (3)混凝土面层外观检查应符合设计要求,无漏喷、离鼓现象

(2) 质量标准

土钉墙支护工程质量标准,除应符合表 1.2.85 规定外,还应符合建筑地基基础工程施工质量验收规范（GB 50202—2002）中之 7 的有关要求。

锚杆及土钉墙支护工程质量检验标准   表 1.2.85

项 目	序号	检查项目	允许偏差或允许值		检查方法
			单位	数值	
主控项目	1	锚杆、土钉长度	mm	±30	钢尺量
	2	锚杆锁定力	设计要求		现场实例
一般项目	1	锚杆或土钉位置	mm	±100	钢尺量
	2	钻孔倾斜度	0	±1	测钻机倾角
	3	浆体强度	设计要求		试样送检
	4	注浆量	大于理论计算浆量		检查计量数据
	5	土钉墙面厚度	mm	±10	钢尺量
	6	墙体强度	设计要求		试样送检

(3) 质量记录

土钉墙支护工程质量记录,如表 1.2.86 所示。

质 量 记 录   表 1.2.86

序号	内 容	序号	内 容
1	各种原材料出厂合格证和试验报告。	3	锚杆或土钉试验记录。
2	锚杆或土钉施工记录。	4	支护结构监测记录

5. 成品保护

土钉墙成品保护,可参见表 1.2.87 的要求。

成品保护 表 1.2.87

序号	内容
1	锚杆的非锚固段及锚头部分应及时作防腐处理。
2	成孔后立即及时安插锚杆,立即注浆,防止塌孔。
3	锚杆施工应合理安排施工顺序,夜间作业应有足够的照明设施,防止砂浆配合比不准确。
4	施工过程中,应注意保护定位控制桩、水准基点桩,防止碰撞产生位移

6. 安全环保措施

土钉墙支护工程安全环保措施,可参考表 1.2.88 要求。

安全环保措施 表 1.2.88

序号	内容
1	施工人员进入现场应戴安全帽,高空作业应挂安全带,操作人员应精神集中,遵守有关安全规程。
2	各种设备应处于完好状态,机械设备的运转部位应有安全防护装置。
3	锚杆钻机应安设安全可靠的反力装置,在有地下承压水地层中钻进时,孔口应安设可靠的防喷装置,以使突然发生漏水涌砂时能及时封住孔口。
4	锚杆外端部的连接应牢靠,以防在张拉时发生脱扣现象。
5	张拉设备应经检验可靠,并有防范措施,防止夹具飞出伤人。
6	注浆管路应畅通,防止塞管、堵泵,造成爆管。
7	电气设备应可靠接地、接零,并由持证人员安全操作。电缆、电线应架空设置

1.2.2.4 地下连续墙支护结构工程

1. 基本规定及适用范围

地下连续墙支护结构工程基本规定及适用范围,如表 1.2.89 所示。

基本规定及适用范围 表 1.2.89

序号	项目	内容
1	基本概念	地下连续墙是指在地面上用专门的挖槽设备,沿着地下建筑物或构筑物的周边,在泥浆护壁的情况下,开挖一条狭长的深槽,在槽内放置钢筋笼并浇灌水下混凝土,筑成一段钢筋混凝土墙段。将若干墙段连接成整体,形成一条连续的钢筋混凝土墙体。作为基坑支护结构,在基坑工程中一般兼有截水防渗或挡土承重之用,同时往往还"二墙合一",即与地下主体结构合一作为建筑承重结构。
2	形式分类	(1)地下连续墙按成槽方式可分为壁板式和组合式; (2)按挖槽方式大致可分为抓斗式、冲击式和回转式; (3)按施工方法可分为现浇式、预制板式及二者组合成墙等。
3	适用范围	地下连续墙具有防渗、止水、承重、挡土、抗滑等各种功能,故 (1)地下连续墙适用于深基坑开挖和地下建筑的临时性和永久性的挡土围护结构; (2)地下水位以下的截水、防渗; (3)还可作为承受上部建筑的永久性荷载兼有挡土墙和承重基础的作用。

续表

序号	项目	内 容
4	基本规定	(1)地下连续墙均应设置导墙,导墙形式有预制及现浇两种,现浇导墙形式有"L"形或倒"L"形,可根据不同土质选用。 (2)地下墙施工前宜先试成槽,以检验泥浆的配比、成槽机的选型并可复核地质资料。 (3)作为永久结构的地下连续墙,其抗渗质量标准可按现行国家标准《地下防水工程质量验收规范》(GB 50208—2002)执行。 (4)地下墙槽段间的连续接头形式,应根据地下墙的使用要求选用,且应考虑施工单位的经验,无论选用何种接头,在浇筑混凝土前,接头处必须刷洗干净,不留任何泥沙或污物。 (5)地下墙与地下结构顶板、楼板、底板及梁之间连接可预埋钢筋或接驳器(锥螺纹或直螺纹),对接驳器也应按原材料检验要求,抽样复验。数量为每500套为一个检验批,每批应抽查3件,复验内容为外观、尺寸、抗拉试验等。 (6)施工前应检验进场的钢材、电焊条。已完工的导墙应检查其净空尺寸,墙面平整度与垂直度。检查泥浆用的仪器、泥浆循环系统应完好。地下连续墙应用商品混凝土。 (7)施工中应检查成槽的垂直度、槽底的淤积物厚度、泥浆相对密度、钢筋笼尺寸、浇筑导管位置、混凝土上升速度、浇筑面标高、地下墙连接面的清洗程度、商品混凝土的坍落度、锁口管或接头箱的拔出时间及速度等。 (8)成槽结束后应对成槽的宽度、深度及倾斜度进行检验,重要结构每段槽段都应检查,一般结构可抽查总槽段数的20%,每槽段应抽查1个段面。 (9)永久性结构的地下墙,在钢筋笼沉放后,应做二次清孔,沉渣厚度应符合要求。 (10)每50m³地下墙应做1组试件,每幅槽段不得少于1组,在强度满足设计要求后方可开挖土方。 (11)作为永久性结构的地下连续墙,土方开挖后进行逐段检查,钢筋混凝土底板也应符合现行国家标准《混凝土结构工程施工质量验收规范》(GB 50204—2002)的规定

2. 施工准备及工程要点

在进行地下连续墙设计和施工之前,必须认真对施工现场情况和工程地质、水文地质情况进行调查研究和准备,以确保施工的顺利进行。

(1) 施工准备

地下连续墙施工准备,如表1.2.90所示。

施 工 准 备   表 1.2.90

序号	项目	内 容
1	技术准备	(1)具有施工现场的地质勘察和地下水勘测资料,据此以确定挖槽机械种类,槽段划分、地基加固和泥浆配备计划。 (2)具有地下埋设物的资料,以确定各种地下管线及障碍物的处理方案。 (3)具有施工场地及邻近结构物的调查资料,以确定施工场地布置、施工场地平整和施工防护措施。 (4)编制施工组织设计,其内容包括: 1)地下连续墙的总平面布置; 2)总体单元施工进度计划; 3)挖槽机械和配套设备; 4)单元槽段的尺寸、分段次序编号、节点的构造形式; 5)泥浆制作应用和循环系统的现场布置,弃土、沉淀方式; 6)成墙穿越不同地质状况对策; 7)排除障碍措施; 8)导墙的平面布置和截面结构设计; 9)钢筋笼分段尺寸、接头、制作、安装方法; 10)混凝土配制、搅拌、运输、浇筑方法; 11)施工场地内地面排水; 12)保证质量的技术措施; 13)质量检测; 14)安全技术措施等。

序号	项 目	内 容
2	材料准备	材料准备包括:钢筋、钢材、水泥、砂和碎石、膨润土(优质黏土)、CMC 等附加剂等。
3	机具准备	地下连续墙施工成槽及配套泥浆制配、处理、混凝土浇筑、槽段接头所需要主要机具设备见表 1.2.91。 (1)多头钻(图 1.2.16)是利用两台潜水电钻带动行星减速机和传动分配箱的齿轮,驱动钻机下部 5 个钻头等速对称旋转切割土体,并带动两边的 8 个侧刀(每边 4 个侧刀)上下运动,以切除钻头工作圆周间所余的三角形土体,所以它能一次钻成平面为长圆形的槽段,而与其他单头钻机不同,不是钻成一个圆孔。 多头钻具有以下的独特优点: 1)多头钻钻机是多轴钻; 2)采用反循环管方式排渣; 3)垂直钻削; 4)钻削壁面平整; 5)备有纠偏装置; 6)操作人员少。 (2)钻抓式挖槽机 我国制造和采用的钻抓式成槽机。它是将索式导板抓斗与导向钻机组合成钻抓式成槽机进行挖槽。施工时先用潜水电钻根据抓斗的开斗宽度钻两个导孔,孔径与墙厚相同,然后用抓斗抓除两导孔间的土体,其效果较好。 (3)导杆液压抓斗 这种抓斗的液压开闭装置装在导杆下端,挖土时通过导杆自重抓斗向下推压,使斗体切入土中挖掘土壤。导杆液压抓斗的载运机械是履带式起重机,其上安装有导向滑槽,导杆就在滑槽内上下运动,导杆和导向滑槽的长度按挖槽深度的需要进行组装。用这种抓斗挖槽不需要钻导孔。导杆抓斗的构造,如图 1.2.17。 (4)冲击式挖槽机 冲击式挖槽机包括钻头冲击式和凿刨式两类。 钻头冲击式挖槽机通过各种形式钻头的上下运动,将地基土壤冲击破碎,并借助泥浆循环把土渣携出槽外。
4	作业准备	(1)具备施工设备的运输条件和进退场条件。 (2)具备施工用水电的供给条件。 (3)具备钢筋加工和运输条件。 (4)具备混凝土生产、运输和灌注条件。 (5)具备泥浆配制、存储和再生处理的条件。 (6)具备弃土和废弃泥浆处理方法和位置。 (7)具备对于噪声、振动和废泥浆污染等公害的防止措施

地下连续墙施工成槽机具　　　　　　　　　　表 1.2.91

种类	名称	性能指标	单位	数量	用 途
多头钻成槽机	多头钻机	SF-60-80 或组合多头钻机	台	1	挖槽用
	多头钻机架	钢组合件,带配套装置	件	1	吊多头钻机用
	卷扬机	3t 或 5t 慢速	台	1	提升钻机头用
	卷扬机	0.5t 或 1t	台	1	吊胶皮管、拆装钻机用
	电动机	4kW	台	2	钻机架行走动力
	液压千斤顶	15t	台	4	机架就位、转向顶升用
液压抓斗成槽机	挖掘装置	斗容量 0.48~1.68m³	套	1	挖槽用
	导架	31m	件	1	导杆抓斗支撑、导向用
	起重机	91t	台	1	吊导架、挖掘装置用
钻挖成槽机	潜水电钻	22kW	台	1	钻导孔用
	导板抓斗	60cm	台	1	挖槽及清除障碍物
	钻抓机架	钢组合件,带配套装置	台	1	吊钻机、导板抓斗用
冲击成槽机	冲击式钻机	CZ30 型或 CZ22 型	台	1	冲击成槽用
	卷扬机	3t 或 5t	台	1	升降冲击锤用
泥浆制备及处理机具设备	旋流器机架	钢组合件	件	1	
	泥浆搅拌机	0.8m³×8kW	台	1	制备泥浆用
	软轴搅拌机	2.2kW	台	1	搅拌泥浆用

续表

种类	名称	性能指标	单位	数量	用途
泥浆制备及处理机具设备	振动筛	5.5kW	台	1	泥渣处理分类与旋流器配套
	灰渣泵	4PH、40kW	台	2	和吸泥用
	砂泵	50PS、22kW	台	1	供浆用
	泥浆泵	SLN-33、2kW	台	1	输送泥浆用
	真空泵	SZ-4、1.5kW	台	1	吸泥引水用
	孔压机	10m³/min、75kW	台	1	多头钻吸泥用
混凝土浇筑机具设备	混凝土浇筑架卷扬机	钢组合件	台	1	提升混凝土
	混凝土料斗	1t 或 2t	台	1	漏斗及导管
	混凝土导管	1m³	个	2	装运混凝土
	（带受料斗）	直径 200~300mm	套	1	浇筑水下混凝土
接头管及其顶升提拔设备	接头管	直径 580mm	套	2	混凝土接头用
	接头管顶升架	钢组合件	套	1	顶升接头管用
	油压千斤顶	50t 或 100t	台	2	与顶升架配套与油压千斤顶配套
	高压油泵	LYB-44、2.2kW	台	2	吊放接头管和钢筋笼、
	吊车	1004 型	台	1	混凝土浇筑、料斗

注：采用自成泥浆护壁工艺时，不需泥浆制备与处理机具设备，只需污水泵一台作排泥浆用。

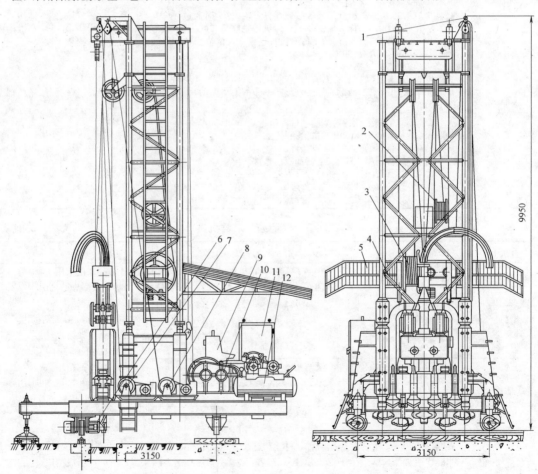

图 1.2.16 多头钻成槽机

1—小台灵起重机；2、3—电缆收线盘；4—多头钻钻头；5—雨篷；6—控制行走用电动机；7、8—卷扬机；
9—操作台；10—卷扬机；11—配电箱；12—空气压缩机

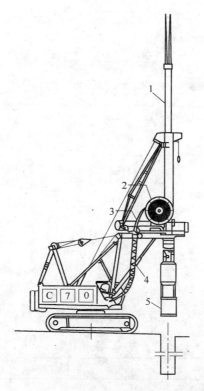

图 1.2.17　导杆抓斗的构造示意图
1—导杆；2—液压管线回收轮；3—平台；
4—调整倾斜度用的千斤顶；5—抓斗

（2）工程要点

地下连续墙工程要点，如表 1.2.92 所示。

工 程 要 点　　　　　　　　　　　　　　表 1.2.92

序　号	内　　容
1	水：一般应为自来水或可饮用水，水质不明的水应经过化验，符合要求后，方可使用。
2	水泥、砂和碎石：应按设计要求或水下混凝土标准选用。
3	钢筋及钢材：应按设计要求选用。
4	膨润土或优质黏土：其基本性能应符合成槽护壁要求。
5	CMC 等附加剂：应按护壁泥浆的性能要求选用

3. 施工工艺

（1）工艺流程

地下连续墙支护结构工程工艺流程。如图 1.2.18 所示。

（2）操作方法

1）修筑导墙

导墙是地下连续墙挖槽之前修筑的临时结构物，它对挖槽具有重要作用。具体要求如表 1.2.93 所示。

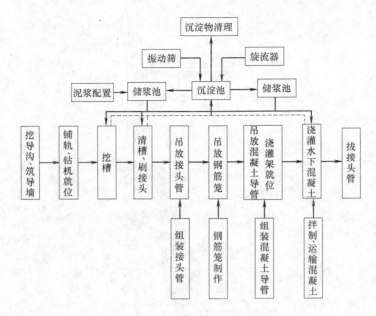

图 1.2.18   连续墙施工工艺流程

修 筑 导 墙   表 1.2.93

序号	项　目	内　　　容
1	导墙作用	(1)作为测量的基准 导墙与地下墙中心相一致,规定了沟槽的位置走向,可作为量测挖槽标高,垂直度的基准,导墙顶面又作为挖土机械向导钢轨的架设定位。 (2)作为挡土作用。由于地表土层受地面超载影响,容易塌陷,导墙起到挡土作用。为防止导墙在侧向土压作用下产生移位,一般应在导墙内侧每隔1~2m加设上下两道木支撑。 (3)作为重物的支撑,它既是挖槽机械轨道的支撑,又是钢筋笼、接头管等搁置的支点,有时还承受其他施工设备的荷载。 (4)存蓄泥浆。导墙可存蓄泥浆,稳定槽内泥浆液面。泥浆液面应始终保持在导墙面以下200mm,并高于地下水位1.0m以稳定槽壁。
2	导墙形式	(1)导墙一般为现浇的钢筋混凝土结构,但亦有钢制的或顶制的钢筋混凝土的装配式结构,可多次重复使用。不论采用哪种结构,都应具有必要的强度、刚度和精度,而且一定要满足挖槽机械的施工要求。导墙形式简图。如图1.2.19所示。 (2)在确定导墙形式时,应考虑下列因素: 1)表层土的特性。表层土是密实的还是松散的,是否为回填土,土体的物理力学性能如何,有无地下埋设物等; 2)荷载情况。挖槽机械的重量与组装方法,钢筋笼的重量,挖槽与浇筑混凝土时附近存在的静载与动载情况; 3)地下连续墙施工时对邻近建(构)筑物可能产生的影响; 4)地下水的情况。地下水位的高低及其水位变化情况; 5)当施工作业面在地面以下时(如在路面以下施工),对先施工的临时支护结构的影响。 (3)图1.2.20所示是适用于各种施工条件的现浇钢筋混凝土导墙的形式: 1)形式(a)、(b)断面最简单。它适用于表层土良好(如紧密的黏性土等)和导墙上荷载较小的情况。 2)形式(c)、(d)为应用较多的两种,适用于表层土为杂填土、软黏土等承载力较弱的土层,因而将导墙做成倒"L"行或上、下部皆向外伸出的"["形。 3)形式(e)适用于作用在导墙上的荷载很大的情况,可根据荷载的大小计算确定其伸出部分的长度。 4)形式(f)适用于地下连续墙距离现有建(构)筑物很近,对相邻结构需要加以保护,此时其邻近建(构)筑物的一肢适当加强,在施工期间可阻止相邻结构变形。 5)形式(g)适用于地下水位很高而又不采用井点降水时,为确保导墙内泥浆液面高于地下水位1m以上,需将导墙面上提而高出地面。在这种情况下,需在导墙周边填土。 6)当施工作业面在地下(如在路面以下)时,导墙需要支撑已施工的结构作为临时支撑用的水平导梁,可采用形式(h)的导墙。此时导墙需适当加强,而且导墙内测的横撑宜用丝杠千斤顶代替。 7)金属结构的可拆装导墙的形式很多,形式(i)是其中的一种,它由H型钢(常用者300×300)和钢板组成。这种导墙可重复使用。

续表

序号	项目	内 容
3	导墙构造	(1)现浇钢筋混凝土导墙的施工顺序为: 平整场地 → 测量定位 → 挖槽及处理弃土 → 绑扎钢筋 → 支模板 → 浇筑混凝土 → 拆模并设置横撑 → 导墙外侧回填土(如无外测模板,可不进行此项工作)。 (2)导墙厚一般为 150~250mm,深度为 1.5~2.0m 底部应坐落在原土层上,其顶面高出施工地面 50~100mm,并应高出地下水位 1.5m 以上。两侧墙净距中心线与地下连续墙中心线重合,每个槽段内的导墙应设一个以上的溢浆孔。 (3)导墙的施工允许偏差为: 1)两片导墙的中心线应与地下墙纵向轴线相重合,允许偏差为±10mm。 2)导墙内壁面垂直度允许偏差为 0.5%。 3)两导墙间间距应比地下墙设计厚度加宽 30~50mm,其允许偏差为±10mm。 4)导墙顶面应平整。 (4)导墙的配筋多为 $\phi12@200$,水平钢筋必须连接起来,使导墙成为整体。 (5)现浇钢筋混凝土导墙拆模以后,应沿其纵向每隔 2.0~2.5m 左右加设上、下两道木支撑,将两片导墙支撑起来,在导墙的混凝土达到设计强度并加好支撑之前,禁止任何重型机械和运输设备在旁边行驶,以防导墙受压变形。 (6)导墙的混凝土强度等级多为 C20,浇筑时要注意捣实质量。 (7)导墙的基底应和土面密贴,以防槽内泥浆渗入导墙后面

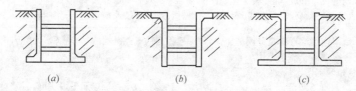

图 1.2.19 导墙形式

(a) ∟形；(b) ⌐形；(c) ⊏形

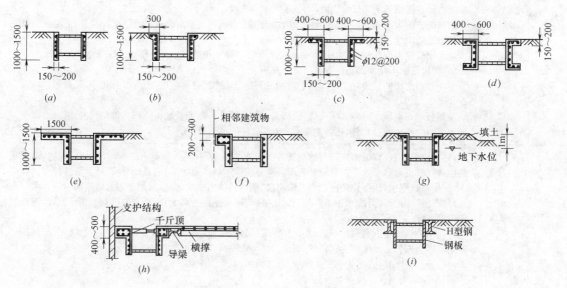

图 1.2.20 各种形式的导墙

2)槽段开挖

地下连续墙的挖槽工作,包括单元槽段划分；挖槽机械的选择与正确使用；制订防止槽壁坍塌的措施与工程事故和特殊情况的处理等。具体要求,如表 1.2.94 所示。

槽 段 开 挖　　　　　　　　　　　　　　　　　　表 1.2.94

序号	项 目	内　　容
1	挖槽机械	(1)应根据成槽地点的工程地质和水文地质条件、施工环境、设备能力、地下墙的结构尺寸及质量要求等选用挖槽机械。 (2)地下连续墙用的挖槽机械,按其工作原理分为下列几类: 挖槽机械 　抓斗式 　　蚌式抓斗 　　　吊索式 　　　导杆式 　　铲斗 　冲击式 　　钻头冲击式 　　凿刨式 　回转式 　　单头钻 　　多头钻 我国在地下连续墙施工中,目前应用最多的是吊索式蚌式抓斗、导杆式蚌式抓斗、多头钻和冲击式挖槽机,尤以前面三种最多。 (3)对于软质地基,宜选用抓斗式挖槽机械;对于硬质地基,宜选用回转式或冲击式挖槽机械。
2	槽段划分及形状	地下连续墙通常是分段施工的,每一段称为地下连续墙的一个槽段(又称为一个单元),一个槽段是一次混凝土灌筑单位。 (1)确定槽段长度时要综合考虑下述因素: 1)地质条件,当土层不稳定时,为防止槽壁倒塌,应缩短单元槽段长度,以缩短挖土时间和减少槽壁暴露时间,可较快挖槽结束浇筑混凝土; 2)地面荷载,如附近有高大建(构)筑物或有较大地面荷载,亦应缩短单元槽段长度; 3)起重机的起重能力,一个单元槽段的钢筋笼多为整体吊装(过长的在竖向可分段),起重机的起重能力限制了钢筋笼的尺寸,亦即限制单元槽段长度; 4)混凝土的供应能力,一个单元槽段内的混凝土宜较快地浇筑结束,为此单位时间内混凝土的供应能力亦影响单元槽段的长度; 单元槽长度多取 3～8m,也有取 10m 甚至更长,厚度一般为 600～1000mm,最大为 1200mm。 (2)槽段平面形状及接头位置。 1)一般多为纵向连续一字形。为了增加地下连续墙的抗挠曲刚度,也可采用工字形、L 形、T 形、Z 形及 U 形等。 2)划分单元槽段应考虑其接头位置,接头宜避免设在转角处及地下墙与内部结构的连接处,以保证地下墙的整体性。此外,还与接头形式有关。
3	挖槽要点	(1)挖槽前,应制订出切实可行的挖槽方法和施工顺序,并严格执行。挖槽时,应加强观测,确保槽位、槽深、槽宽和垂直度符合设计要求。遇有槽壁坍塌事故发生,应及时分析原因,妥善处理。 (2)挖槽过程中,应保持槽内始终充满泥浆,泥浆的使用方式,应根据挖槽方式的不同而定: 1)使用抓斗挖槽时,应采用泥浆静止方式,随着挖槽深度的增大,不断向槽内补充新鲜泥浆,使槽壁保持稳定; 2)使用钻头或切削刀具挖槽时,应采用泥浆循环方式,用泵把泥浆通过管道压送到槽底,土渣随泥浆上浮至槽顶面排出称为正循环;泥浆自然流入槽内,土渣被泵管抽吸到地面上称为反循环。反循环的排渣效率高,宜用于容积大的槽段开挖。 (3)槽段的终槽深度应符合下列要求: 1)非承重墙的终槽深度必须保证设计深度,同一槽段内,槽底深度必须一致且保持平整。 2)承重墙的槽段深度应根据设计入岩深度要求,参照地质剖画图及槽底岩屑样品等综合确定,同一槽段开挖深度宜一致。遇有特殊情况应会同设计单位研究处理。 (4)槽段开挖完毕,应检查槽位、槽深、槽宽及槽壁垂直度,合格后应尽快清底换浆及安装钢筋笼灌注槽段混凝土

3）泥浆作用及泥浆制备

在地下连续墙挖槽过程中，泥浆的作用是护壁、携渣、冷却机具和切土滑润。故泥浆的正确使用，是保证挖槽成败的关键。见表 1.2.95。

泥浆作用及泥浆制备 表 1.2.95

序号	项 目	内 容
1	泥浆作用	泥浆的作用在于维护槽壁的稳定、防止槽壁坍塌、悬浮岩屑和冷却、润滑钻头。泥浆质量的优劣直接关系着成槽速度的快慢，也直接关系着墙体质量，墙底与基岩接合质量以及墙段间接缝的质量。具体如下： （1）护壁作用。泥浆具有一定的密度，槽内泥浆液面高出地下水位一定高度，泥浆在槽内就对槽壁产生一定的侧压力，相当于一种液体支撑，可以防止槽壁倒塌和剥落，并防止地下水渗入。 另外，泥浆在槽壁上会形成一层透水性很低的泥皮能防止槽壁剥落，还可减少槽壁的透水性。 （2）携渣作用。泥浆具有一定的黏度，它能将钻头式挖槽机挖槽时挖下来的土渣悬浮起来，即便于土渣随同泥浆一同排出槽外。 （3）冷却和润滑作用。泥浆可降低钻具连续冲击或回转而引起升温，又具有润滑作用从而减轻钻具的磨损。
2	泥浆成分	（1）所谓泥浆成分是指备泥浆的成分，护壁泥浆除通常使用膨润土泥浆外，还有聚合物泥浆，CMC 泥浆和盐水泥浆，其主要成分和外加剂如表 1.2.96。 （2）为了使泥浆的性能适合于地下连续墙挖槽施工的要求，通常要在泥浆中加入适当的外加剂。外加剂的种类和使用目的如表 1.2.97 所示。外加剂有时具有多种功能。
3	泥浆性能及调节	（1）施工前应对造浆黏土进行认真选择，一般应选用膨润土造浆，并在施工前进行造浆率和造浆性能试验。 （2）配制泥浆前，应根据地质条件、成槽方法和用途等进行泥浆配合比设计，试验合格后方可使用。其性能指标应符合表 1.2.98 的规定。新拌制的泥浆应存放 24h 或加分散剂，使膨润土充分水化后方可使用。 （3）不同施工阶段的泥浆性能指标的测定项目应按下列要求进行： 1）在鉴定黏土的造浆性能和确定泥浆配合比时，均应测定泥浆的黏度、相对密度、含砂量、稳定性、胶体率、静切力、失水量、泥皮厚度和 pH 值； 2）清槽后，测定槽底以上 0.2～1.0m 处泥浆的相对密度、含砂率和黏度。 （4）施工过程中，应经常测定和调节泥浆性能，使其适应不同地层的钻进要求。 1）对于覆盖层（即人工填土部分）泥浆黏度要适当大些，可达 25～30s 甚至更大，失水量和泥皮厚度要小一些。 2）对黏土层，泥浆黏度可小一些，浓度也可稀一些。当黏度过高时，可用分散剂和加水稀释，但应禁止直接向槽内加清水，而应将水加进池内，经充分搅拌后再用。 3）对于砂层，泥浆黏度应大些，深度也可大些，失水量和泥皮厚度要小一些，在地下水特别丰富的地层中要采用高黏度高浓度泥浆。 4）对于渗透性极高的地层，泥浆可能漏失，可用高黏度泥浆，或在泥浆中添加堵漏材料，如锯末和其他纤维物质，也可以直接往槽内投黏土球，在制作黏土球时，可往土中加适量的 Na-CMC。 （5）施工期间，槽内泥浆面必须高于地下水位 1.0m 以上，并且不低于导墙顶面 0.5m。
4	泥浆制备	（1）泥浆制备方法 地下连续墙挖槽用护壁泥浆（膨润土泥浆）的制备，有下列几种方法： 1）制备泥浆——挖槽前利用专用设备事先制备好泥浆，挖槽时输入沟槽； 2）自成泥浆——用钻头式挖槽机挖槽时，向沟槽内输入清水，清水与钻削下来的泥土拌合，边挖槽边形成泥浆。泥浆的性能指标要符合规定的要求； 3）半自成泥浆——当自成泥浆的某些性能指标不符合规定要求时，在形成自成泥浆的过程中，加入一些需要的成分。 （2）泥浆的拌制配合比

序号	项 目	内 容
4	泥浆制备	1)新拌制的泥浆的配合比可参考表1.2.99提供的配方。 2)对一般软土地基,新拌泥浆及使用过的循环泥浆性能可按表1.2.100所示指标进行控制。 (3)泥浆制备 1)泥浆制备包括泥浆搅拌和泥浆贮存。泥浆搅拌常用高速回转式搅拌机和喷射式搅拌机。高速回转式搅拌机主要性能如表1.2.101所示。 2)制备泥浆的投料顺序一般为水、膨润土、CMC、分散剂、其他外加剂。 3)泥浆搅拌时间,取决于搅拌机的搅拌能力(搅拌筒大小、搅拌叶片回转速度等)、膨润土浓度、泥浆搅拌后贮存时间长短和加料方式,一般应根据搅拌试验的结果确定,常用的搅拌时间为4~7min,即搅拌后贮存时间较长者搅拌时间为4min,搅拌后立即使用者搅拌时间为7min。 4)施工现场应有足够的泥浆储备量,以满足成槽、清槽的需要以及失浆时的应急需要。泥浆池的数量至少要放置4个,总容量应能满足1~2d挖槽和清槽用浆量。 5)施工场地应设置足够施工使用的泥浆配制、循环和净化系统场地。泥浆池应加设防雨棚,施工场地应设集水井和排水沟,防止雨水和地表水污染泥浆,同时也防止泥浆污染场地,做到文明生产。
5	泥浆处理	在地下连续墙施工过程中,泥浆与地下水、砂、土、混凝土接触、膨润土、外加剂等成分会有所消耗,而且也会混入一些土渣和电解质离子等,使泥浆受到污染而性质恶化。泥浆的恶化程度与挖槽方法、土体种类、地下水性质和混凝土浇筑方法等有关。这些被污染而恶化了的泥浆应进行处理。 (1)被污染后性质恶化了的泥浆,经过处理后仍可重复使用。如污染严重难以处理或处理不经济者则舍弃。 (2)泥浆处理的对象因挖槽方法而异:对于泥浆循环挖槽方法,要处理挖槽过程中含有大量土渣的泥浆和浇筑混凝土所置换出来的泥浆;对于直接出渣挖槽方法,在挖槽过程中无需进行泥浆处理,而只处理浇筑混凝土置换出来的泥浆。所以泥浆处理分为土渣的分离处理(物理再生处理)和污染泥浆的化学处理(化学再生处理)。 (3)土渣的分离处理(物理再生处理) 泥浆中混入大量的土渣,会给地下连续墙施工带来下述问题: 1)由于泥浆中混入土渣,所以形成的泥皮厚而弱,槽壁的稳定性较差; 2)浇筑混凝土时易卷入混凝土中; 3)槽底的沉渣多,将来地下连续墙建成后的沉降大; 4)泥浆的黏度增大,循环较困难,而且泵、管道等磨损严重。 分离土渣可用机械处理和重力沉降处理,两种方法共同使用效果最好。 (4)污染泥浆的化学处理(化学再生处理) 浇筑混凝土置换出来的泥浆,因混入土渣和与混凝土接触而恶化。因为当膨润土泥浆中混入阳离子时,阳离子就吸附于膨润土颗粒的表面,土颗粒就易互相凝聚,增强泥浆的凝胶化倾向。如水泥浆中含有大量钙离子,浇筑混凝土时亦会使泥浆产生凝胶化。泥浆产生凝胶化后,泥浆的泥皮形成性能减弱,槽壁稳定性较差,黏性增高,土渣分离困难;在泵和管道内的流动阻力增大。 (5)当泥浆受水泥污染时,黏度会急剧升高,可用Na_2CO_3和FCL(铁铬盐)进行稀释。如果泥浆过分凝胶化时,就要把泥浆废弃。 1)当泥浆受海水污染时,可用海水造浆,并加入抗盐CMC。 2)当泥浆受其他盐类污染时,可用腐植酸钠或FCL处理。 3)当钻进页岩时,页岩会遇水膨胀剥落,要用CMC降低失水量和泥皮厚度

护壁泥浆的种类及其主要成分

表 1.2.96

泥 浆 种 类	主 要 成 分	常用的外加剂
膨润土泥浆	膨润土、水	分散剂、增黏剂、加重剂、防漏剂
聚合物泥浆	聚合物、水	
CMC泥浆	CMC、水	膨润土
盐水泥浆	膨润土、盐水	分散剂、特殊黏土

泥浆中外加剂的种类和使用目的　　表 1.2.97

外加剂类型	使 用 目 的
分散剂	1. 防止盐类、水泥等对泥浆的污染； 2. 经盐类、水泥等污染之后，用于泥浆的再生； 3. 防止槽壁坍陷； 4. 提高泥水的分离性能。
增黏剂	1. 防止槽壁坍陷； 2. 提高挖槽效率； 3. 在盐类、水泥污染时能保护膨润土的凝胶性能。
加重剂	增加泥浆比重，提高槽壁的稳定性。
防漏剂	防止泥浆在沟槽中经土壤流失

制配泥浆的性能指标　　表 1.2.98

项 目	性 能 指 标	检 验 方 法	备 注
相对密度	1.1~1.3	泥浆比重计	
黏度	18~25S	500/700mL 野外黏度计	
含砂量	$<5\%$	含砂量仪	
胶体率	$>95\%$	试管法	
失水量	$<30mL/30min$	失水量仪	
泥皮厚度	$1~3mm/30min$	失水量仪	
静切力	1min 2~3N/m² 10min 5~10N/m²	静切力仪	
稳定性	$<0.004\ 30g/mm^3$	比重计	
pH 值	7~9	pH 试纸	

新拌制泥浆配合比　　表 1.2.99

序 号	材料名称	规格	配合比(%)	备 注
1	酸性陶土粉	粉泥	7~8	一般情况下二氧化硅含量达 68% 为佳
2	纯碱(Na_2CO_3)	工业用	0.3~0.4	
3	CMC	高黏度	0.025~0.05	
4	硝基腐植酸碱	溶液	0.1	一般情况下可不采用
5	水	自来水	100	

软土地基泥浆质量控制指标　　表 1.2.100

测定项目	新拌泥浆	使用过的循环泥浆	试验方法
黏度	19~21s	19~25s	500mL/700mL 漏斗法
相对密度	<1.05	<1.20	泥浆密度秤
失水量	$<10mL/30min$	$<20mL/30min$	失水量仪
泥皮	$<1mm$	$<2.5mm$	同上
稳定性	100%	—	500mL 量筒
pH 值	~9	<11	pH 试纸

高速回转式搅拌机的主要性能　　　　　　　　　　表 1.2.101

型号	结构形式	搅拌筒容量（m³）	搅拌筒尺寸（尺寸×高度）（mm）	搅拌叶片回转速度（r/min）	电动机功率（kW）	尺寸（高×宽×长）（mm）	重量（kg）
HM-250	单筒式	0.20	700×705	600	5.5	1100×920×1250	195
HM-500	双筒并列式	0.40×2	780×1100	500	11	1720×990×1720	550
HM-8	双筒并列式	0.25×2	820×720	280	3.7	1250×1000×2000	400
GSM-15	双筒并列式	0.50×2	1400×900	280	5.5×2	2400×1700×1600	900
MH-2	双筒并列式	0.39×2	800×910	1000	3.7	1470×950×2000	450
MCE-200A	单筒式	0.20	762×710	800～1000	2.2	1000×800×1250	180
MCE-600B	单筒式	0.60	1000×1095	600	5.5	1600×990×1720	400
MCE-2000	单筒式	2.0	1550×1425	550～650	15	2100×1550×1940	1200
MS-600	双筒并列式	0.48×2	950×900	400	7.5×2	1500×1200×2200	550
MS-1000	双筒并列式	0.88×2	1150×1000	600	18.5×2	1850×1350×2600	850
MS-1500	双筒并列式	1.2×2	1200×1300	600	18.5×2	2100×1350×2600	850

4）清底换浆

清底换浆的具体要求，如表 1.2.102 所示。

清 底 换 浆　　　　　　　　　　表 1.2.102

序　号	内　　容
1	在槽段开控结束后,灌注槽段混凝土前,应进行槽段的清底换浆工作,以清除槽底沉碴,直至沉碴厚度符合设计要求为止。
2	在清槽过程中应不断置换泥浆。清槽后,槽底以上 0.2～1.0m 处的泥浆相对密度应小于 1.2,含砂量不大于 8%,黏度不大于 28s。
3	泥浆应进行净化回收重复使用。泥浆净化回收可采用振动筛、旋流器、流槽、沉淀池或强制脱水等方法。废弃泥浆和残渣,应按环境保护的有关规定处理。
4	清底换浆作业可在挖槽结束后立即进行,也可在灌注槽段混凝土之前进行,不管在什么时候进行清底换浆作业,均应在浇注槽段混凝土之前,测定槽内泥浆的指标及沉渣厚度,达到设计要求后,才允许灌注槽段混凝土。
5	清底换浆时,应注意保持槽内始终充满泥浆,以维持槽壁的稳定。
6	清除沉渣的方法,常用的有: 1）砂石吸力泵排泥法; 2）压缩空气升液排泥法; 3）带搅动翼的潜水泥浆泵排泥法; 4）抓斗直接排泥法。 前三种应用较多,其工作原理如图 1.2.21 所示

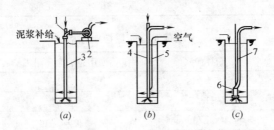

图 1.2.21　清底方法

(a) 砂石吸力泵排泥；(b) 压缩空气升液排泥；(c) 潜力泥浆泵排泥

1—结合器；2—砂石吸力泵；3—导管；4—导管或排泥管；5—压缩空气管；6—潜水泥浆泵；7—软管

5〕钢筋笼加工与吊放

钢筋笼加工与吊放，如表 1.2.103 所示。

钢筋笼加工与吊放 表 1.2.103

序号	项 目	内 容
1	钢筋笼制作	(1)钢筋 　地下连续墙的受力钢筋一般采用 HRB335,直径不宜小于 16mm,构造筋可采用 HPB235,直径不宜小于 12mm。 (2)钢筋笼制作 　1)钢筋笼的制作按设计配筋图和单元槽段的划分来制作,一般每一单元槽段做成一个整体。如果地下连续墙很深或受起重设备起重能力的限制可分段制作,吊放时焊接成整体,且宜用绑条焊。纵向钢筋搭接长度应按设计要求,如无明确规定可取 $60d_0$(d_0 为钢筋直径)。 　2)钢筋笼宽度应比槽段宽度小 300～400mm,钢筋笼端部与接头管或混凝土留有 150～200mm 的空隙。 　3)制作钢筋笼时要预先确定浇筑混凝土用导管的位置,由于这部分空间要上下贯通,因而周围需增设箍筋和连接筋进行加固。 　4)由于横向钢筋有时会阻碍导管插入,所以纵向主筋应放在内侧,横向钢筋放在外侧(图 1.2.22)。纵向钢筋的底端应距离槽底面 100～200mm。纵向钢筋底端应稍向内弯折,以防止吊放钢筋笼时擦伤槽壁,但内弯折的程度亦不应影响浇灌混凝土的导管的插入。 　5)钢筋笼应具有必要的刚度,以确保在吊装和插入时不至于变形或破坏,在钢筋笼内布置一定数量(一般 2～4 榀)的纵向桁架及横向架立桁架,对宽度较大的钢筋笼在主筋面上增设 $\phi25$ 水平筋和斜拉条,如图 1.2.23 所示。 　6)制作钢筋笼时,要根据配筋图确保钢筋的正确位置、间距及根数。纵向钢筋接长宜采用气压焊接、搭接焊等。钢筋连接除四周两道钢筋的交点需全部点焊外,其余的可采用 50% 交叉点焊。成型用的临时绑扎铁丝焊后应全部拆除。 　7)分节制作的钢筋笼,应在制作台上试装配,接头处纵向钢筋的预留搭接长度应符合设计要求。 (3)钢筋保护层 　1)主筋净保护层厚度通常为 70～80mm,保护层垫块厚 50mm,在垫块和墙面之间留有 20～30mm 的间隙。 　2)由于用砂浆制作的垫块容易在吊放钢筋笼时破碎,又易擦伤槽壁面,所以一般用薄钢板制作垫块,焊于钢筋笼上。 　3)设置垫块位置时,在每个槽段前后两个面应各设两块以上,其竖向间距约为 5m。
2	钢筋笼吊放	(1)钢筋笼的吊点位置、起吊方式和固定方法应符合设计和施工要求。 (2)在吊放钢筋笼时,应对准槽段中心,并注意不要碰伤槽壁壁面,不应强行插入钢筋笼,以免钢筋笼变形或导致槽壁坍塌。 (3)为了不使钢筋笼在起吊时产生弯曲变形,常用二台吊车同时操作(也可用一台吊车的两个吊钩进行工作),其中一钩吊住顶部,另一钩吊住中间部位,如图 1.2.23 所示。为了不使钢筋笼在空中晃动,钢筋笼下端可系绳索用人力控制。起吊时不能使钢筋笼下端在地面上拖引,以防造成下端钢筋弯曲变形。 (4)为了防止灌注混凝土时钢筋笼上浮,应在导墙上埋设钢板,与钢筋笼焊接在一起作临时锚固。 (5)钢筋笼插入槽内后,检查其顶端高度是否符合设计要求,然后将其搁置在导墙上。如果钢筋笼是分段制作,吊放时需接长,下段钢筋笼要垂直悬挂在导墙上,然后将上段钢筋笼垂直吊起,上下两段钢筋成直线连接。 (6)如果钢筋笼不能顺利插入槽内,应该重新吊出,查明原因加以解决,如果需要则在修槽之后再吊放。不能强行插放,否则会引起钢筋笼变形或使槽壁坍塌,产生大量沉渣

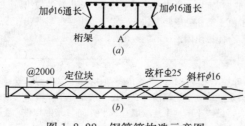

图 1.2.22 钢筋笼构造示意图

(*a*) 横剖面图；(*b*) 纵向桁架纵剖面图

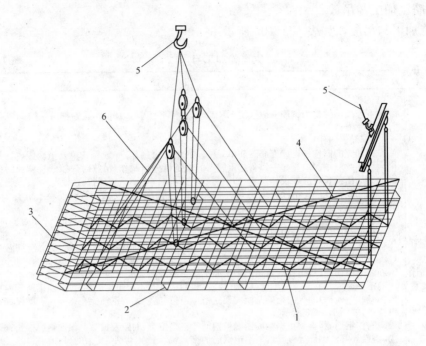

图 1.2.23   钢筋笼构造及起吊方法

1—纵向桁架；2—横向桁架；3—底部向内弯折；4—斜拉条；5—吊钩；6—钢丝绳

6）施工接头

施工接头一般规定，如表 1.2.104 所示。

一 般 规 定   表 1.2.104

序号	项 目	内 容
1	一般规定	（1）地下墙的接头施工质量直接关系到其受力性能和抗渗能力,应在结构设计和施工中予以高度重视。 （2）施工接头应能承受混凝土的侧压力,倾斜度应不大于 0.4%,不致于妨碍下一槽段的开挖,且能有效地防止混凝土绕过接头管外流。 （3）施工接头可用钢管、钢板、型钢、预制混凝土、化学纤维、气囊、橡胶等材料制成,其结构形式应便于施工。 （4）单元槽段挖槽作业完毕,应使用清扫工具或高压射水清除粘附于接头表面上的沉碴或凝胶体,以保证混凝土的灌注质量,防止接头漏水。 （5）使用接头管接头时,要把接头管打入到沟槽底部,完全插入槽底。接头管宜用起重机吊放就位。起拔接头管时,宜用起重机或起拔千斤顶。接头管的拔出,应根据混凝土的硬化速度,依次适时地拔动,待混凝土灌注完毕经 2~3h 后完全拔出。过早拔出接头管,会使混凝土坍塌或开裂;过晚拔出接头管,会使拔出困难或不能拔出。
2	接头形式分类	目前所采用的地下连续墙接头形式很多,简明地可分为两大类:施工接头和结构接头。 （1）施工接头是浇筑地下连续墙时纵向连接两相邻单元墙段的接头,见表 1.2.105。 （2）结构接头是已竣工的地下连续墙在水平方向与其他构件(地下连续墙内部结构的梁、柱、墙、板等)相连接的接头。见表 1.2.106 所示

施工接头 表 1.2.105

序号	项目	内容
1	接头管接头	常用的施工接头为接头管(又称锁口管)接头。这是当前地下连续墙应用最多的一种接头。 (1)施工时,一个单元槽段挖好后于槽段的端部用吊车放入接头管(图1.2.25),然后吊放钢筋笼并浇筑混凝土,待混凝土浇筑后强度达到0.05~0.20MPa(一般在混凝土浇筑开始后3~5h,视气温而定)开始提拔接头管,提拔接头管可用液压顶升架或吊车。 (2)开始时约每隔20~30min提拔一次,每次上拔30~100cm,上拔速度应与混凝土浇筑速度、混凝土强度增长速度相适应,一般为2~4m/h,应在混凝土浇筑结束后8h以内将接头管全部拔出。为了今后便于起拔,管身外壁必须光滑,还应在管身上涂抹黄油。 (3)接头管接头的施工过程,如图1.2.24所示。 (4)这种连接法是目前最常用的,其优点是用钢量少、造价较低,能满足一般抗渗要求。接头管多用钢管,每节长度15cm左右,采用内销连接,既便于运输,又可使外壁平整光滑,易于拔管,如图1.2.25。
2	接头箱接头	(1)接头箱接头可以使地下连续墙形成整体接头,接头的刚度较好。 (2)接头箱接头的施工方法与接头管接头相似,只是以接头箱代替接头管。一个单元槽段的挖土结束后,吊放接头箱,再吊放钢筋笼。 (3)由于接头箱在浇筑混凝土的一面是开口的,所以钢筋笼端部的水平钢筋可插入接头箱内。浇筑混凝土时,由于接头箱的开口面被焊在钢筋笼端部的钢板封住,因而浇筑的混凝土不能进入接头箱。 (4)混凝土初凝后,与接头管一样逐步吊出接头箱,待后一个单元槽段再浇筑混凝土时,由于两相邻单元槽段的水平钢筋交错搭接,而形成刚性接头,其施工过程如图1.2.26所示。
3	隔板式接头	(1)隔板式接头按隔板的形状分为平隔板、榫形隔板和V形隔板,如图1.2.27所示。这种接头适用于不易拔出接头管(箱)的深槽。 (2)由于隔板与槽壁之间难免有缝隙,为防止新浇筑的混凝土渗入,要在钢筋笼的两边铺贴维尼龙等化纤布。吊入钢筋笼时要注意不要损坏化纤布。 (3)带有接头钢筋的榫形隔板式接头,能使各单元墙段连成一个整体,是一种较好的接头方式。但插入钢筋笼较困难,且接头处混凝土不易密实,施工时须特别加以注意。
4	预制构件接头	(1)用预制构件作为接头的连接件,按材料可分为钢筋混凝土和钢材。 (2)在完成槽段挖土后将其吊放槽段的一端,浇注混凝土后这些预制构件不再拔出,利用预制构件的一面作为下一槽段的连接点。 (3)这种接头施工造价高,宜在成槽深度较大、起拔接头管有困难的场合应用

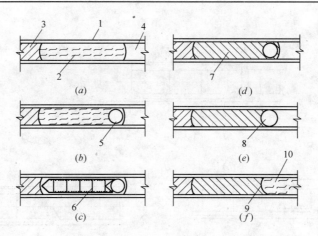

图 1.2.24 接头管接头的施工过程

(*a*) 开挖槽段;(*b*) 在一端放置管接头(第一槽段应在两端均应放长);(*c*) 吊放钢筋笼;

(*d*) 灌注混凝土;(*e*) 拔出接头管;(*f*) 后面槽段挖土,形成弧形接头

1—导墙;2—开挖的槽段;3—已浇混凝土的槽段;4—未开挖槽段;5—接头管;6—钢筋笼;

7—浇筑的混凝土;8—拔管后的圆孔;9—形成的弧形接头;10—新开挖槽段

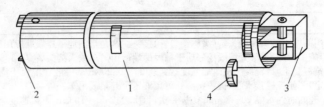

图 1.2.25   钢管式接头管

1—管体；2—下内销；3—上外销；4—月牙垫块

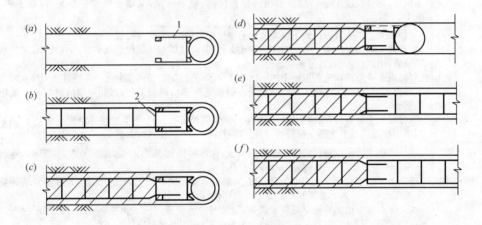

图 1.2.26   接头箱接头的施工过程

（a）插入接头箱；（b）吊放钢筋；（c）浇筑混凝土；（d）拔出接头箱；（e）吊放后一个
槽段的钢筋笼；（f）浇筑后一个槽段的混凝土形成刚性接头

1—接头箱；2—焊在钢筋笼端部的封口钢板

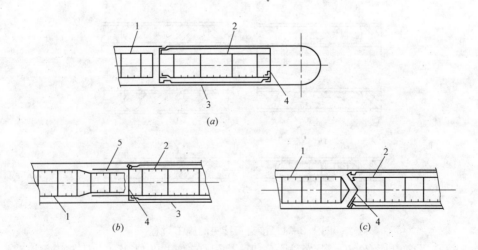

图 1.2.27   隔板式接头

（a）平隔板；（b）榫形隔板；（c）V 形隔板

1—钢筋笼（正在施工地段）；2—钢筋笼（完工地段）；3—用化纤布铺盖；4—钢制隔板；5—连接钢筋

结构接头 表 1.2.106

序号	项目	内容
1	直接接头	地下连续墙与内部结构的楼板、柱、梁连接的结构接头,常用的有下列几种: (1)在浇筑地下连续墙体以前,在连接部位预先埋设连接钢筋(如图 1.2.28)。即将该连接筋一端直接与槽段主筋连接(焊接式搭接),另一端弯折后与地下连续墙墙面平行且紧贴墙面。 (2)待开挖地下连续墙内侧土体,露出此墙面时,凿去该处的墙面混凝土面层,露出预埋钢筋,然后再弯成所需的形状与后浇主体结构受力筋连接,如图 1.2.28 所示。 (3)预埋连接钢筋一般选用 HPB235 级钢筋,且直径不宜大于 22mm。考虑到连接处往往是结构薄弱环节故钢筋数量可比计算增加 20%的余量。 (4)采用预埋钢筋的直接接头,施工容易,受力可靠,是目前用得最广泛的结构接头。
2	间接接头	间接接头是通过钢板或钢构件作媒介,连接地下连续墙和地下工程内部构件的接头。 一般有预埋连接钢板(图 1.2.29)和预埋剪力块(图 1.2.30)。 (1)预埋连接钢板法是将钢板事先固定于地下连续墙钢筋笼的相应部位。待浇筑混凝土以及内墙面土方开挖后,将面层混凝土凿去露出钢板,然后用焊接方法将后浇的内部构件中的受力钢筋焊接在该预埋钢板上。 (2)预埋剪力块法与预埋钢板法是类似的。剪力块连接件也事先预埋在地下连续墙内,剪力钢筋弯折放置于紧贴墙面处。待凿去混凝土外露后,再与后浇构件相连。剪力块连接件一般主要承受剪力

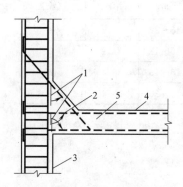

图 1.2.28 预埋连接钢筋法
1—预埋的连接钢筋;2—焊接处;
3—地下连续墙;4—后浇结构
中受力钢筋;5—后浇结构

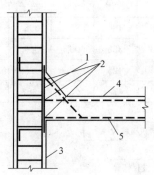

图 1.2.29 预埋连接钢板法
1—预埋连接钢板;2—焊接处;
3—地下连续墙;4—后浇结构;
5—后浇结构中的受力钢筋

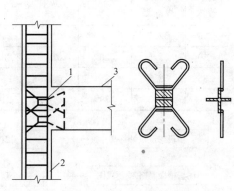

图 1.2.30 预埋剪力块法
1—预埋剪力块;2—地下连续墙;
3—后浇结构

7) 水下混凝土灌注

① 水下混凝土浇筑一般规定,如表 1.2.107 所示。

一般规定 表 1.2.107

序号	项目	内容
1	一般规定	(1)地下连续墙的混凝土是在护壁泥浆下灌注,需按水下混凝土的方法配制和灌注。且应采用商品混凝土。 (2)为保证水下混凝土的灌注顺利进行,灌注前应拟定灌注方案,内容包括槽孔纵剖面图,计划灌注量,混凝土供应能力,终灌高度,导管位置,导管组合方式,灌注方法及顺序,主要材料用量等。 (3)灌注前应有严密的施工组织设计及辅助设施,一旦发生机具故障或停电以及导管堵塞,进水等事故时,应立即采取有效措施,并同时作好记录。 (4)混凝土浇筑之前,除有关混凝土制备,运输,浇筑,运输道路安排,劳动力配备等方面的准备工作之外,有关槽段的准备工作如图 1.2.31 所示。 (5)灌注混凝土的隔水栓宜用预制混凝土塞,钢板塞泡沫塑料等材料制成。

续表

序号	项目	内 容
2	混凝土配合比	混凝土的配合比应通过试验确定,并应符合下列规定: (1)满足设计要求和抗压强度等级;抗渗性能及弹性模量等指标,水灰比不应大于0.6。 (2)用导管法灌注的水下混凝土应有良好的和易性,坍落度宜为180~220mm,扩散度宜为340~380mm,每立方米混凝土中水泥用量不宜小于370kg,粗骨料最大粒径不应大于25mm,宜选用中、粗砂,混凝土拌和物中的含砂率不小于45%。 (3)水泥宜选用普通硅酸盐水泥或矿渣硅酸盐水泥,并可根据需要掺加外加剂,其品种和数量应通过试验确定。 (4)混凝土应富有黏性和良好的流动性。如缺乏应有的流动性,混凝土浇筑时会围绕导管堆积成一个尖顶的锥形,泥渣会被滞留在导管中间(多根导管浇筑时)或槽段接头部位(1根导管浇筑时),易卷入混凝土内形成质量缺陷(图1.2.32),甚至形成空洞。尤其在槽段端部连接钢筋密集处更易出现严重质量缺陷。 (5)地下连续墙施工中,已经使用过的几种配合比如表1.2.108所示

混凝土配合比   表 1. 2. 108

混凝土等级	水泥强度等级	砂率(%)	水灰比	1m³ 材料用量(kg/m³)				坍落度(cm)	R₂₈(MPa)	木质素掺量(‰)
				水	水泥	砂	石子			
C25	52.5	38	0.60	240	400	599.5	1028.9	18~22	28.5	2
C30	52.5	38	0.60	233	388	609.7	1046.5	15~18	31.1	2
C35	52.5	38	0.55	234	425	597.6	1025.6	16~18	36.4	2
—	52.5	39	0.42	210	472	636	963	18~20	30~40	1.3(con-A 型)

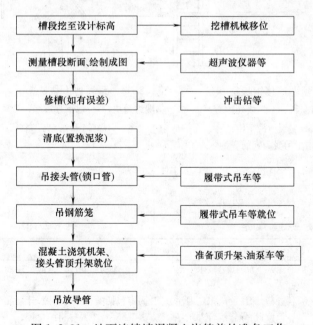

图 1.2.31 地下连续墙混凝土浇筑前的准备工作

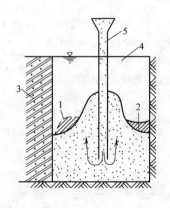

图 1.2.32 混凝土流动性小围绕
导管形成的锥形

1—易卷入混凝土内的泥渣;2—滞留
的泥渣;3—已浇筑混凝土的槽段;
4—泥浆;5—导管

② 水下混凝土浇筑要求，如表 1.2.109 所示。

水下混凝土浇筑要求　　　　　　　表 1.2.109

序号	项　目	内　　容
1	导管构造及使用	导管的构造和使用应符合下列要求： （1）导管壁厚不宜小于 3mm，直径宜为 200~250mm。直径制作偏差不得超过 2mm。导管必需顺直，密封，装拆方便。导管总长度应大于槽深加槽孔上升高度。导管的分节长度应按工艺要求确定。两管之间可用法兰接头，穿绳接头或双螺纹扣快速接头连接，底管长度不宜小于 4m。 （2）导管使用前应试拼试压，试压压力一般为 0.6~1.0MPa。 （3）导管的数量与槽段长度有关，槽段长度小于 4m 时，可使用一根导管；大于 4m 时，应使用 2 根或 2 根以上导管。 （4）导管间距根据导管直径决定，使用 150mm 导管时，间距为 2m；使用 200mm 导管时，间距为 3m，一般可取 $(8~10)d$（d 为导管直径）。导管距槽段两端不宜大于 1.5m。
2	水下混凝土灌筑规定	（1）地下连续墙混凝土是用导管在泥浆中灌筑的。由于导管内混凝土密度大于导管外的泥浆密度，利用两者的压力差使混凝土从导管内流出，在管口附近一定范围内上升替换掉原来泥浆的空间。图 1.2.33 为导管法混凝土浇筑的示意图。 （2）灌注水下混凝土应遵守下列规定： 1）开始灌注时，隔水栓吊放的位置应邻近水面，导管底端到孔底的距离应以能顺利排出隔水栓为宜，一般为 0.3m~0.5m。 2）开灌前储料斗内必须有足以将导管的底端一次性埋入水下混凝土中 0.8m 以上深度的混凝土储存量。 3）混凝土灌注的上升速度不得小于 2m/h，每个单元槽段的灌注时间不得超过下列规定： ①灌注量为 10~20m³，≤3h； ②灌注量为 20~30m³，≤4h； ③灌注量为 30~40m³，≤5h； ④灌注量为 >40m³，≤6h。 4）随着混凝土的上升，要适时提升和拆卸导管，导管底端埋入混凝土面以下一般保持 2~4m，不宜大于 6m，并不得小于 1m，严禁把导管底端提出混凝土面。 5）在水下混凝土灌注过程中，应有专人每 30min 测量一次导管埋深及管外混凝土面高度，每 2h 测量一次导管内混凝土面高度。混凝土应连续灌注不得中断，不得横移导管，提升导管时应避免碰挂钢筋笼。 （3）灌注过程中槽段口宜设盖板，以免混凝土散落槽内污染泥浆；所置换出来的泥浆应送入沉淀池处理，不得让泥浆溢出地面。不能重复使用的泥浆应直接废弃处理。 （4）在一个槽段内同时使用两根导管灌注时，其间距不应大于 3m，混凝土面应均匀上升，各导管处的混凝土表面的高差不宜大于 0.3m，混凝土应在终凝前灌注完毕，终浇混凝土面高程应高于设计要求 0.5m

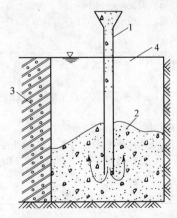

图 1.2.33　槽段内混凝土浇筑示意图
1—导管；2—正在浇筑的混凝土；3—已浇筑混凝土的槽段；4—泥浆

4. 质量控制及检验方法

（1）质量控制措施

质量控制措施，除应符合表 1.2.110～表 1.2.113 规定外，还应符合建筑地基基础工程施工质量验收规范（GB 50202—2002）中之 7 的有关规定

质量控制措施   表 1.2.110

序号	项　目	内　　　容
1	地下连续墙漏水	单元槽段接头不良或存在冷缝，常是地下连续墙出现漏水的主要原因。一旦出现漏水，不仅影响周围地基的稳定性，而且会对开挖后的内砌施工带来困难，给主体结构带来渗水隐患，通常可采取以下措施。 （1）选择防渗性能好的接头连接形式，如采用接头箱等连接形式，其防渗效果好。 （2）保证槽段接头质量。在槽段成槽施工中，端部应保持垂直，并对已完成的槽段混凝土接头处清洗干净。一般用接头刷连续清洗 15～20min，至接头刷无泥渣为止。 （3）防止混凝土冷缝出现。建议灌注混凝土的导管直径采用 200mm，并合理布置导管位置，导管离槽段两端接头处一般不超过 1.5m，两导管间距不大于 3m。
2	墙体壁面不平整度	墙体壁面不平直往往是因挖槽机械选用不当，或因壁面局部坍塌所致。为此，应注意选用合适的挖槽机械，采用合理的施工方法，配制合格的护壁泥浆，才能避免上述缺陷的发生。
3	墙体混凝土质量不合格	挖槽时，护壁泥浆质量不合格，清底时，清除沉渣及换浆不彻底，灌注混凝土时，导管布置不合理，导管埋入深度不够，混凝土的灌注不够连续等原因，均可导致墙体混凝土的质量缺陷。为此，应注意保证护壁泥浆的质量，彻底进行清底换浆，严格按规定灌注水下混凝土，以确保墙体混凝土的质量。
4	槽底沉碴过厚	护壁泥浆不合格，或清底换浆不彻底，均可导致大量沉渣积聚于槽底，在灌注水下混凝土前，应测定沉渣厚度，符合设计要求后，才能灌注水下混凝土。
5	导墙破坏或变形	在挖槽过程中，导墙的强度及刚度不足、导墙的地基坍塌、导墙内侧没有支撑、作用在导墙上的荷载过大等原因都可导致导墙破坏或变形，应采用切实措施，防止这些事故的发生。
6	挖槽机具卡在槽内	防止挖槽机具卡在槽内： 槽壁坍塌，挖槽机具停留在槽内太久，在黏土层中挖槽，挖槽方向偏差太大，挖槽中遇有地下障碍物等原因，都可造成挖槽机具卡在槽内的事故，为此，应在施工中加强观测，密切注意地质条件的变化，改善护壁泥浆的质量，以防止这类事故的发生。
7	槽壁坍塌	护壁泥浆不合格，漏浆或泥浆液面下降，地下水位上升、地下水流速大、挖槽穿过极软弱的粉砂层或松砂层，地面荷载过大或承受偏大土压力等因素，均可导致槽壁坍塌，应针对施工现场的条件，采取相应措施。
8	接头管拔出	对于槽段采用的圆形接头管形式的地下连续墙，为防止接头管拔断或拔不出的事故，可采取如下措施： （1）槽段端部要垂直，接头管吊放时要放至槽底（或比槽底略深些），防止混凝土由管下绕至对侧，或由管下涌进管内； （2）可在管底部焊一钢板，防止混凝土涌入； （3）接头管事先要清洗及检查好，拼接后要垂直，防止由于挠曲变形； （4）采用普通硅酸盐水泥拌制的混凝土，浇注 3.5～4h 后，用顶升架启动顶升锁口管，以后每 20～30min，使锁口管顶升一次，这样，一直使接头管处于常动的状态； （5）至混凝土浇完后 8h，锁口管全部拔除

（2）质量允许偏差

1）导墙修筑的允许偏差，见表 1.2.111。

导墙修筑的允许偏差 表 1. 2. 111

项　目	允许偏差(mm)	项　目	允许偏差(mm)
导墙轴线	±10	顶面标高	±10
导墙净距	±5	局部高差	±5

2) 槽段开挖的允许偏差,见表 1.2.112。

槽段开挖的允许偏差 表 1. 2. 112

项　目	允许偏差	注
倾斜度	≤1/150	
槽段长度(沿轴线方向)(mm)	±50	
槽段厚度(mm)	±10	
相邻槽段中心线偏差	≥1/3墙厚	任一均同深度
槽底(设计标高)上 200mm 处泥浆密度	≥1.2	
沉渣厚度(mm)	≥200	

(3) 地下连续墙的质量检验标准:

1) 地下连续墙的钢筋笼检验标准应符合《建筑地基基础工程施工质量验收规范》(GB 50202—2002) 表 5.6.4-1 的规定。

2) 地下连续墙的质量检验标准应符合表 1.2.113。

地下连续墙质量检验标准 表 1. 2. 113

项	序	项　目		允许偏差或允许值		检查方法
				单位	数值	
主控项目	1	墙体结构		设计要求		查试块记录或取芯试压
	2	垂直度:永久结构 临时结构			1/300 1/150	测声波测槽仪或成槽机上的监测系统
一般项目	1	导墙尺寸	宽度	mm	W+40	用钢尺量,W 为地下连续墙设计厚度
			墙面平整度	mm	<5	用钢尺量
			导墙平面位置	mm	±10	用钢尺量
	2	沉渣厚度:永久结构 临时结构		mm mm	≤100 ≤200	重锤测或沉积物测定仪测
	3	槽深		mm	+100	重锤测
	4	混凝土坍落度		mm	180~220	坍落度测定器
	5	钢筋笼尺寸		见《建筑地基基础工程施工质量验收规范》 (GB 50202—2002)表 5.6.4-1		
	6	地下墙表面平整度	永久结构 临时结构 插入式结构	mm mm mm	<100 <150 <20	此为均匀黏土层,松散及易坍土层由设计决定
	7	永久结构时的预埋件位置	水平向 垂直向	mm mm	≤10 ≤20	用钢尺量 水准仪

（4）地下连续墙的质量记录，如表 1.2.114 所示。

质量记录　　　　　　　　　表 1.2.114

序　号	内　　　　容
1	施工前应检验进场钢材、电焊条等原材料质量，并做好记录。
2	施工中应检查成槽垂直度、槽底的淤积物厚度、淤泥相对密度、钢筋笼尺寸、浇注导管位置、混凝土上升速度、浇注高度、地下墙连接面的清洗高度、商品混凝土的坍落度、锁口管或接头箱的拔出时间及速度等，并做好记录

5. 成品保护
地下连续墙的成品保护，具体要求如表 1.2.115 所示。

成品保护　　　　　　　　　表 1.2.115

序　号	内　　　　容
1	施工过程中，应注意保护现场的轴线桩和高程桩。
2	在钢筋笼制作、运输和吊放过程中，应采取措施防止钢筋笼变形。
3	钢筋笼在吊放入槽时，不得碰伤槽壁。
4	钢筋笼入槽内之后，应在 4h 内灌注混凝土，在灌注过程中，应固定导管位置，并采取措施防止泥浆污染。
5	注意保护外露的主筋和预埋件不受损坏

6. 安全环保措施
地下连续墙的安全环保措施，如表 1.2.116 所示。

安全环保措施　　　　　　　　　表 1.2.116

序　号	内　　　　容
1	施工场地内一切电源、电路的安装和拆除，应由持证电工专管，电器必须严格接地接零和设置漏电保护器，现场电线、电缆必须按规定架空，严禁拖地和乱拉、乱搭。
2	所有机器操作人员必须持证上岗。
3	施工场地必须做到场地平整、无积水，挖好排浆沟。
4	水泥堆放必须有防雨、防潮措施，砂子要有专用堆场，不得污染。
5	施工机械、电气设备、仪表器等在确认完好后方准使用。并由专人负责使用

1.2.2.5　锚杆支护结构工程
1. 适用范围及基本规定
锚杆支护结构工程适用范围及基本规定，如表 1.2.117 所示。

适用范围及基本规定　　　　　　　　　表 1.2.117

序号	项　目	内　　　　容
1	基本概念	土层锚杆简称土锚杆，它是在深开挖的地下室墙面（排桩墙、地下连续墙或挡土墙）或地面，或已开挖的基坑立壁土层钻孔（或掏孔），达到一定设计深度后，或再扩大孔的端部，形成柱状或其他形状，在孔内放入钢筋、钢管或钢丝束、钢绞线或其他抗拉材料，灌入水泥浆或化学浆液，使之与土层结合成为抗拉（拔）力强的锚杆。

序号	项　目	内　　容
2	适用范围	(1)锚杆支护结构适用于较密实的砂土、粉土、硬塑到坚硬的黏性土层或岩层中的大型、较深、邻近有建(构)筑物而不允许有较大变形的基坑和不允许设内支撑的基坑。 (2)存在有地下埋设物而不允许损坏的场地不宜采用。 对于软弱土层需注意土体流变造成的锚杆位移,必要时需多次张拉以控制挡土墙的变形和位移。 (3)本工艺标准适用于深基坑支护、边坡加固、滑坡整治、水池、泵站抗浮、挡土墙锚固及结构抗倾覆等采用土层锚杆工程。
3	基本规定	基本规定同 1.2.2.3 土钉墙支护结构工程见表 1.2.71

2. 施工准备

土层锚杆工程施工准备,如表 1.2.118 所示。

施　工　准　备　　　　　　　　　　　　　　　　**表 1.2.118**

序号	项　目	内　　容
1	材料要求	(1)锚杆——用钢筋、钢管、钢丝束或钢绞线,多用钢筋;有单杆和多杆之分,单杆多用 HPB235 或 HRB335 热轧螺纹粗钢筋,直径由 22～32mm;多杆直径为 16mm,一般为 2～4 根,承载力很高的土层锚杆多采用钢丝束或钢绞线。应有出厂合格证及试验报告。 (2)水泥浆锚杆体——水泥用强度等级 32.5 或 42.5 普通硅酸盐水泥;砂用粒径小于 2mm 的中细砂;水用 pH 值小于 4 的水。
2	机具设备	(1)成孔机具设备——有螺旋式钻孔机、旋转冲击式钻孔机或 YQ-100 型潜水钻机,亦可采用普通地质钻孔改装的 HGY100 型或 ZT100 型钻机,并带套管和钻头等。各种钻机的适应性见表 1.2.119。 (2)灌浆机具设备——有灰浆泵、灰浆搅拌机等。 (3)张拉设备——用 YG-60 型穿心式千斤顶,配 SY-60 型油泵、油压表等。
3	作业条件	(1)根据地质勘察报告,摸清工程区域地质水文情况,同时查明锚杆设计位置的地下障碍物情况,以及钻孔、排水对邻近建(构)筑物的影响。 (2)编制施工组织设计,根据工程结构、地质、水文情况及施工机具、场地、技术条件,制定施工方案,进行施工布置及平面布置;划分区域,选定并准备钻孔机具和材料加工设备;委托安排锚杆及零件制作。 (3)进行场地平整,拆迁施工区域内的报废建(构)筑物、水、电、通讯线路,挖除工程部位地面以下 3m 的地下障碍物。 (4)开挖边坡,按锚杆尺寸取 2 根进行钻孔、穿筋、灌浆、张拉、锚定等工艺试验并作抗拔试验,检验锚杆质量,以检验施工工艺和施工设备的适应性。 (5)在施工区域内设置临时设施,修建施工便道及排水沟,安装临时水电线路,搭设钻机平台,将施工机具设备运进现场,并安装维修试运转,检查机械、钻具、工具等是否完好齐全。 (6)进行技术交底,搞清锚杆排数、孔位高低、孔距、孔深、锚固件形式。清点锚杆及锚固件数量。 (7)进行施工放线,定出挡土墙、桩基线和各个锚杆孔的孔位,锚杆的倾斜角。 (8)做好钻杆用钢筋、水泥、砂子等的备料工作,并将使用的水泥、砂子按设计规定配合比作砂浆强度试验;锚杆对焊或帮条焊应做焊接强度试验,验证能否满足设计要求

各类锚杆钻机的适用性　　　　　　　　　　　　　　　**表 1.2.119**

钻机类型	适　用　土　层	钻机类型	适　用　土　层
回转式钻机	黏性土、砂性土。	旋转冲击式钻机	黏土类、砂砾、卵石类、岩石及涌水地基。
螺旋式钻机	无地下水的黏土、粉质黏土及较密的砂层。	潜孔冲击钻	孔隙率大、含水率低的土层。

3. 施工工艺

（1）工艺流程

土层锚杆的工艺流程如下所示：

钻孔 → 安放拉杆 → 灌浆 → 养护 → 安装锚头 → 张拉锚固和挖土

施工程序示意图，如图1.2.34所示。

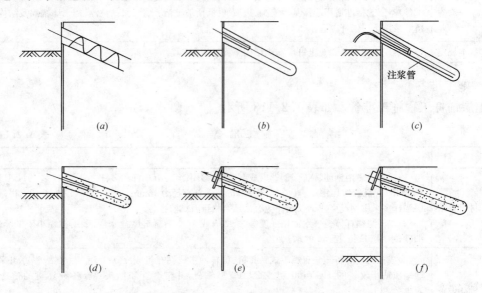

图1.2.34　土层锚杆施工程序示意图

（a）钻孔；（b）安放拉杆；（c）灌浆；（d）养护；（e）安装锚头、张拉锚固；（f）挖土

（2）操作方法

土层锚杆的操作方法如表1.2.120所示。

操作方法　　　　　　　　　　　　　表1.2.120

序号	项目	内　　容
1	钻孔	（1）钻孔方法 　　土层锚杆的钻孔工艺，直接影响土层锚杆的承载能力、施工效率和整个支护工程的成本。因此，正确选择钻孔技术，对保证土层锚杆的质量和降低工程成本至关重要。根据土层锚杆钻孔方法的不同，可分为干作业法和湿作业法（压水钻进法）。 　　1）干作业法。当土层锚杆处于地下水位以上，呈非浸水状态时，可选用不护壁的螺旋钻孔干作业法成孔。适用于黏土、亚黏土和密实性、稳定性较好的砂土等土层。 　　干作业法即先由螺旋钻杆钻进到设计规定的深度，然后退出孔洞，再插入钢拉杆灌浆锚固。 　　采用干作业法钻孔时，应随时注意钻进速度，避免"别钻"。应把土充分倒出后再拔钻杆，这样可减少孔内虚土，方便钻杆拔出。 　　2）湿作业法（压水钻进法）。压水钻进法是国内外应用较多的土层锚杆成孔法，可把成孔过程中的钻进、出渣、清孔等工序一次完成，可防止塌孔，不留残土，能适用于多种软硬土层，但施工现场积水较多。在钻进过程中随时注意速度、压力及钻杆的平直，待钻至规定深度（大于土层钻杆长度0.5～1.0m）后继续用水反复冲洗钻孔中泥砂，直至溢出清水为止，然后拔出钻杆。 　　（2）钻孔质量 　　1）钻机就位后，要按设计要求校正孔位的垂直、水平和角度偏差，并须垂直于挡土墙。 　　2）孔壁要求平直，以便安放拉杆和注浆。 　　3）为使锚固端发挥最大的锚固作用，孔壁不得坍陷和松动，否则会影响拉杆的安放和土层锚杆的承载力。

序号	项　目	内　　　容
1	钻孔	4)钻孔时避免使用膨润土循环泥浆护壁,以免在孔壁上形成泥皮,降低承载力。 5)钻孔容许偏差:水平偏差 50mm,垂直偏差 20mm,角度偏差 0.5°。 为了达到上述要求,需要根据不同成孔方法采取不同的相应措施,必要时应采用套管跟进成孔。 (3)扩孔。在需要增大锚固段锚固力时,可采用锚固段扩孔措施。一般有以下四种方法。 1)机械扩孔。利用专门的机械扩孔装置,在锚固段形成几倍于钻孔直径的扩大头。 2)爆炸护孔。将计算好的炸药置于钻孔内引爆而将土体向四周抗压形成球形扩大头。 3)水力扩孔。钻孔钻到锚固段时换上水力扩孔钻头,利用射水压力扩展孔径。 4)压浆扩孔。在第二次灌浆时增大灌浆压力并保持一段时间,使浆液向四周土体渗透并挤压土体从而扩大孔径。 (4)钻孔完毕后应立即安插锚杆以防塌孔,为保证非锚固段锚杆可以自由伸长,可在锚固段和非锚固段之间设置堵浆器或在非锚固段涂以润滑油脂,以保证在该段自由变形。
2	安放拉杆	土层锚杆用的拉杆一般为粗钢筋、钢丝束及钢绞线。当土层锚杆承载力较小时,采用粗钢筋;当承载力较大时,采用钢丝束、钢绞线。 (1)钢筋拉杆 1)钢筋拉杆由一根或数根粗钢筋组合而成,如为数根粗钢筋则需用绑扎或电焊连接成一体。其长度应按锚杆设计长度加上张拉长度(等于支撑围檩高度加锚座厚度加螺母高度)。钢筋拉杆防腐蚀性能好,易于安装,当锚杆承载能力不很大时应优先考虑选用。 2)对有自由段的锚杆,钢筋拉杆的自由段要做好防腐和隔离处理。防腐层施工时,宜清除拉杆上的铁锈,再涂一度环氧防腐漆冷底子油,待其干燥后,再涂一度环氧玻璃铜(或玻璃聚氨酯预聚体等),待其固化后,再缠绕两层聚乙烯塑料薄膜。 3)为了将拉杆安置在钻孔的中心,防止自由段产生过大的挠度和插入钻孔时不搅动土壁;对锚固段,还为了增加拉杆与锚固体的握裹力,所以在拉杆表面需设置定位器(或撑筋环)。钢筋拉杆的定位器用细钢筋制作,在钢筋拉杆轴心按 120°夹角布置(图 1.2.35),间距一般为 2~2.5m。定位器的外径宜小于钻孔直径 1cm。 4)粗钢筋拉杆如过长,为了安装方便可分段制作,用对焊和搭接焊等方法进行连接,电焊要符合《钢筋焊接及验收规程》(JGJ 18—84)有关规定。 (2)钢丝束拉杆 1)钢丝束拉杆可能制成通长一根,它的柔性较好,往钻孔中沉放较方便。但施工时应将灌浆管与钢丝束绑扎在一起同时沉放,否则放置灌浆管有困难。 2)钢丝束拉杆的自由段需理顺扎紧,然后进行防腐处理。防腐方法可用玻璃纤维布缠绕两层,外面再用粘胶带缠绕,亦可将钢丝束拉杆的自由段插入特制护管内,护管与孔壁间的空隙可与锚固段同时进行灌浆。 3)钢丝束拉杆的锚固段亦需用定位器,该定位器为撑筋环,如图 1.2.36 所示。钢丝束的钢丝为内外两层,外层钢丝绑扎在撑筋环上,撑筋环的间距为 0.5~1.0m,这样锚固段就形成一连串的菱形,使钢丝束与锚固体砂浆的接触面积增大,增强了粘结力,内层钢丝则从撑筋环的中间穿过。 4)钢丝束拉杆的锚头要能保证各根钢丝受力均匀,常用者有镦头锚具等,可按预应力结构锚具选用。 5)沉放钢丝束时要对准钻孔中心,如有偏斜易将钢丝束端部插入孔壁内,既破坏了孔壁引起坍孔,又可能堵塞灌浆管。为此,可用一长 25cm 的小竹筒将钢丝束下端套起来。 (3)钢绞线拉杆 1)钢绞线拉杆的柔性更好,向钻孔中沉放更容易,因此在国内外应用的比较多,用于承载能力大的锚杆。 2)锚固段的钢绞线要仔细清除其表面的油脂,以保证与锚固体砂浆有良好的粘结。自由段的钢绞线要套以聚丙烯防护套等进行防腐处理。 3)当使用钢绞线作锚杆时,使用前应检查有无油污、锈蚀、缺股断丝等情况,端部要用钢丝绑扎牢,不得参差不齐或散架。 4)钢绞线拉杆需用特制的定位架。

序号	项　目	内　容
3	灌浆	（1）灌浆的作用 　压力灌浆是锚杆施工中的一个重要工序。施工时，应将有关数据记录下来，以备将来查用。灌浆作用是： 　1）形成锚固段，将锚杆锚固在土层中； 　2）防止钢拉杆腐蚀； 　3）充填土层中的孔隙和裂缝。 （2）材料及配合比 　1）灌浆的浆液为水泥砂浆（细砂）或水泥浆。水泥宜用强度等级 32.5 普通硅酸盐水泥，一般不宜用高铝水泥。为防止水泥浆泌水、干缩和降低水灰比，可掺加 0.3% 的木质素碳酸钙。如要提高其早期强度，可加食盐（水泥重量的 0.3%）和三乙醇胺（水泥重量的 0.03%）。 　2）拌合水泥浆或水泥砂浆所用的水，一般应避免采用含高浓度氯化物的水，因为它会加速钢拉杆的腐蚀。若对水质有疑问，应事先进行化验。 　3）一次灌浆法宜选用灰砂比 1∶1～1∶2，水灰比 0.38～0.45 的水泥砂浆，或水灰比 0.45～0.50 的水泥浆；二次灌浆法中的二次高压灌浆，宜用水灰比 0.45～0.55 的水泥浆。 （3）灌浆方法。灌浆方法有一次灌浆法和二次灌浆法两种 　1）一次灌浆法是用压浆泵将水泥浆由注浆管进行灌浆。灌浆时，将一根 ϕ30mm 左右的钢管或胶皮管作为导管，一端与压浆泵相连，另一端与拉杆同时送入孔底，注浆管端保持距孔底 150mm。随着水泥砂浆的灌入，应逐步把灌浆管往外拔出，但管口要始终埋在砂浆中，直到孔口，这样可把孔内的水和空气全部挤出孔外，以保证灌浆质量。 　待浆液回流到孔口时，用水泥袋纸等捣入孔口，再用湿黏土封堵孔口，严密捣实，再以 2～4MPa 的压力进行补灌，稳压数分钟后即可。 　2）二次灌浆法要用两根灌浆管（直径 3/4in 镀锌铁管），第一次灌浆用灌浆管的管端距离锚杆末端 50cm 左右（图 1.2.37），第二次灌浆用灌浆管的管端距离锚杆末端 100cm 左右，第一次灌浆压力为 0.3～0.5N/mm²，流量为 100L/min；待第一次灌筑的浆液强度达到 5N/mm² 后，进行第二次灌浆，利用 BW200-40/50 型泥浆泵，控制压力为 2.5～5.0N/mm² 左右，要稳压 2min，浆液冲破第一次灌浆体。向锚固体与土体接触面之间扩散，使固体直径扩大（图 1.2.38），增加径向压应力。由于挤压作用，使锚固体周围的土体受到压缩，孔隙比减小，含水量减少，提高了土体的内摩擦角。因此，二次灌浆法可显著提高土层锚杆的承载力。 （4）灌浆应注意以下几点 　1）浆液需按配合比搅拌； 　2）必须保证锚固段连续密实； 　3）在浆液硬化前，锚杆不能承受外力； 　4）用压浆泵灌浆时，压力不宜过大，以免吹散浆液； 　5）浆管在使用前应检查有无破裂和堵塞，接口处要牢固，防止灌浆压力加大时开裂跑浆； 　6）灌浆管应随锚杆同时插入，干成孔时在灌浆前封闭孔口，湿成孔时在灌浆过程中看见孔口出浆时再封闭孔口。 　7）灌浆前要用水引路、润湿输浆管道；灌浆后要及时清洗输浆管道、灌浆设备； 　8）灌浆后自然养护不少于 7d，待强度达到设计强度的 70% 时方可进行张拉工艺；在灌浆体硬化之前，不能承受外力或由外力引起的锚杆移动。
4	张拉锚固	（1）张拉 　1）锚杆压力灌浆后，待锚固段的强度大于 15N/mm² 并达到设计强度等级的 75% 后方可进行张拉； 　2）锚杆宜张拉至设计荷载的 0.9～1.0 倍后，再按设计要求锁定。锚杆张拉控制应力，不应超过拉杆强度标准值的 75%； 　3）张拉宜采用隔二拉一； 　4）锚杆正式张拉前，应取设计拉力的 10%～20%，并对锚杆预张拉 1～2 次； 　5）锚杆正式张拉宜分级加载，每级加载后应稳载 3min，并记录伸长值；

序号	项目	内容
4	张拉锚固	6)逐级加载直至设计锚固力值的 80%，最后一级荷载应稳载 5min，并记录伸长值； 7)当拉杆预应力没有明显衰减时，可锁定拉杆。 (2)锚固 1)钢筋锚杆在其端部焊一螺丝端杆，用螺母锚固。张拉设备可选用拉杆式千斤顶，如 YL-60 型等。 2)钢束拉杆，锚具可选取用夹片式锚头或锥形螺杆锚头，前者可配以锥锚式千斤顶，后者可用拉杆式千斤顶，也可用穿心式千斤顶，如 YC-60 等。 3)钢绞线锚杆利用 QM、JM12 系列锚具和其配套的千斤顶 YCQ-100、YCQ-200 等进行张拉锚固。
5	锚杆试验	(1)应在锚杆锚固段浆体强度达到 15N/mm² 或达到设计强度的 75% 时方可进行。 (2)锚杆试验应按中华人民共和国现行行业标准《建筑基坑支护技术规程》(JGJ 120—99)附录 E 的规定，在试验前做试验方案，并经批准后执行

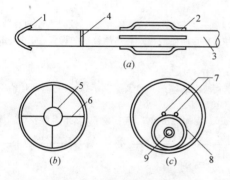

图 1.2.35　粗钢筋拉杆用的定位器

(a) 中国国际信托投资公司大厦用的定位器；(b) 美国用的定位器；(c) 北京地下铁道用的定位器

1—挡土板；2—支承滑条；3—拉杆；4—半圆环；5—ϕ38 钢管内穿 ϕ32 拉杆；6—35×3 钢带；7—2ϕ32 钢筋；8—ϕ65 钢管 $l=60$，间距 1~1.2m；9—灌浆胶管

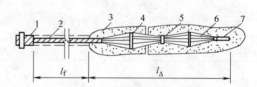

图 1.2.36　钢丝束拉杆的撑筋环

1—锚头；2—自由段及防腐层；3—锚固体砂浆；4—撑筋环；5—钢丝束结；6—锚固段的外层钢丝；7—小竹筒

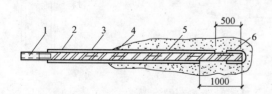

图 1.2.37　二次灌浆法灌浆管的布置

1—锚头；2—第一次灌浆用灌浆管；3—第二次灌浆用灌浆管；4—粗钢筋锚杆；5—定位器；6—塑料瓶

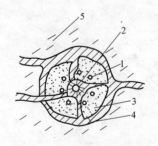

图 1.2.38　第二次灌浆后锚固体的截面

1—钢丝束；2—灌浆管；3—第一次灌浆体；4—第二次灌浆体；5—土体

(3) 施工监测

锚杆施工监测同 1.2.2.2 土钉墙支护结构，详见表 1.2.83。

(4) 锚杆拆除

锚杆拆除，如表1.2.121所示。

锚 杆 拆 除 表 1.2.121

序号	项 目	内 容
1	拆除措施	土层锚杆在基坑支护结构中多为临时性结构，当地下工程全部完成后，最好将其拆除，以免给该区域将来地下施工造成障碍。需要拆除的锚杆在制作时就应考虑，使其做成可拆式锚杆。可拆式锚杆有两种做法： (1)采用粗钢筋作为拉杆，在它与锚固体之间设置一种可以脱开的机械装置； (2)采用钢索作为拉杆时，用某种手段破坏它与锚固体的连接。
2	拆除方法	可拆式锚杆的拆除方法可用机械，化学或物理处理的方法，以下是几种实用的方法： (1)螺旋拆除法 该法采用带有螺纹的预应力钢筋作拉杆，它末端安放若干传荷板，钢筋放在套管内插入孔中，注浆后形成锚固体(图1.2.39)。拆除时先用千斤顶卸荷，然后再旋转钢筋，使拉杆从传荷板上旋出，撤出钻孔。 (2)熔化切断法 该法是在锚杆的锚固段及自由段的连接处设置有高热燃烧的容器，拆除时，通过引燃的容器，拆除时，通过引燃导线点火，使锚杆在容器处熔化切断，而后拔出。高热燃烧剂的设置，如图1.2.40所示。 (3)夹具拔出法 夹具拔出法是采用预应力钢绞线作拉杆，利用装在末端的夹具及端部承压板，将荷载传给锚固体，如图1.2.41所示。该夹具在一定的拉力下可脱落。 土方开挖后，锚杆受力，但小于夹具的滑脱拉力，因而可正常工作，拆除拉杆时，对钢绞线施加更大的拉力使其达到滑脱拉力，使夹具脱落，从而可拔出拉杆

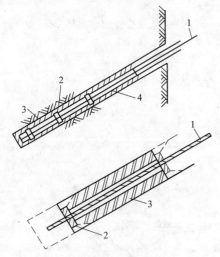

图 1.2.39 螺旋拆除法
1—拉杆（带螺旋的钢筋）；2—传荷板；
3—锚固体；4—套管

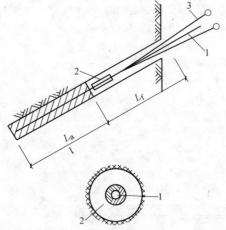

图 1.2.40 燃烧剂的设置
1—钢拉杆；2—燃烧剂容器；3—引燃导线
L_f—自由段；L_a—锚固段

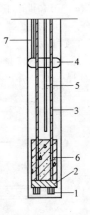

图 1.2.41 夹具
拔出法
1—夹具；2—端部
承压板；3—钢绞线
拉杆；4—堵浆器；
5—堵浆器管；
6—水泥砂浆；
7—二次注浆管

4. 质量控制及检验方法

(1) 质量控制及施工注意事项

质量控制及施工注意事项，如表 1.2.122 所示。

质量控制及施工注意事项　　　　　　　　　　表 1.2.122

序号	项　目	内　容
1	质量控制措施	(1) 锚杆工程所用材料,钢材、水泥、水泥浆、水泥砂浆强度等级,必须符合设计要求,锚具应有出厂合格证和试验报告。 (2) 锚固体的直径、标高、深度和倾角必须符合设计要求。 (3) 锚杆的组装和安放必须符合《土层锚杆设计与施工规范》(CECS22—90)的要求。 (4) 锚杆的张拉、锁定和防锈处理,必须符合设计和施工规范的要求。 (5) 土层锚杆的试验和监测,必须符合设计和施工规范的规定。 (6) 施工中应对锚杆位置、钻孔直径、深度及角度,锚杆插入长度,注浆配比、压力及注浆量、锚杆应力等进行检查。
2	施工注意事项	(1) 根据设计要求、地质水文情况和施工机具条件,认真编制施工组织设计,选择合适的钻孔机具和方法,精心操作,确保顺利成孔和安装锚杆并顺利灌注。 (2) 在钻进过程中,应认真控制钻进参数,合理掌握钻进速度,防止埋钻、卡钻、坍孔、掉块、涌砂和缩颈等各种通病的出现,一旦发生孔内事故,应尽快进行处理,并配备必要的事故处理工具。 (3) 干作业钻机拔出钻杆后要立即注浆,以防塌孔;水作业钻机拔出钻杆后,外套留在孔内不会坍孔,但亦不宜间隔时间过长以防流砂涌入管内,造成堵塞。 (4) 锚杆安装应按设计要求,正确组装,正确绑扎,认真安插,确保锚杆安装质量。 (5) 锚杆灌浆应按设计要求,严格控制水泥浆、水泥砂浆配合比,做到搅拌均匀,并使注浆设备和管路处于良好的工作状态。 (6) 施加预应力应根据所用锚杆类型正确选用锚具,并正确安装台座和张拉设备,保证数据准确可靠

(2) 质量检验标准

土层锚杆质量检验标准除应符合表 1.2.123 要求外,还应符合建筑地基基础工程施工质量验收规范 (GB 50202—2002) 中之 7 的有关要求。

土层锚杆施工质量检验标准　　　　　　　　　　表 1.2.123

项　目	序号	检查项目	允许偏差或允许值		检查方法
			单位	数量	
主控项目	1	锚杆长度	mm	±30	用钢尺量
	2	锚杆锁定力	设计要求		现场实测
一般项目	1	锚杆位置	mm	±100	用钢尺量
	2	钻孔倾斜度		±1	测钻机倾角
	3	浆体强度	设计要求		试样送检
	4	注浆量	大于理论计算浆量		检查计量数据
	5	墙体强度	设计要求		试样送检

（3）质量记录

土层锚杆的质量记录同 1.2.2.2 土钉墙的质量记录，见表 1.2.86。

5. 成品保护

土层锚杆的成品保护，如表 1.2.124 所示。

成品保护　　　　　　　　　　　　　　　　　　　　　　　表 1.2.124

序号	内　　容
1	锚杆的非锚固段及锚头部分应及时作防腐处理。
2	成孔后应立即安设锚杆,立即注浆,防止塌孔。
3	锚杆施工应合理安排施工顺序,夜间作业应有足够的照明设施,防止砂浆配合比不准确。
4	施工全过程中,应注意保护定位控制桩、水准基点桩,防止碰撞产生位移

6. 安全环保措施

土层锚杆的安全环保措施，如表 1.2.125 所示。

安全环保措施　　　　　　　　　　　　　　　　　　　　表 1.2.125

序号	内　　容
1	施工人员进入现场应戴安全帽,高空作业应挂安全带,操作人员应精神集中,遵守有关安全规定。
2	各种设备应处于完好状态,机械设备的运转部位应有安全防护装置。
3	锚杆钻机应安设安全可靠的反力装置,在有地下承压水地层中钻进,孔口应安设可靠的防喷装置,以便突然发生漏水涌砂时能及时封住孔口。
4	锚杆的连接应牢靠,以防在张拉时发生脱扣现象。
5	张拉设备应经检验可靠,并有防范措施,防止夹具飞出伤人。
6	注浆管路应畅通,防止塞管、堵泵,造成爆管。
7	电气设备应设接地、接零,并由持证人员安全操作。电缆、电线应架空

1.2.2.6　加筋水泥土桩（SMW 工法挡土墙）

1. 一般规定

加筋水泥土桩（SMW 工法挡土墙）的一般规定，如表 1.2.126 所示。

一　般　规　定　　　　　　　　　　　　　　　　　　　表 1.2.126

序号	项　目	内　　容
1	基本概念	加筋水泥土桩法是在水泥土桩中插入大型 H 型钢,由 H 型钢承受土侧压力,而水泥土则具有良好的抗渗性能,因此 SMW 墙具有挡土与止水双重作用。除了插入 H 型钢外,还可插入钢管、拉森板桩等。由于插入了型钢,故也可设置支撑。 　型钢插入深度一般小于搅拌桩深度,施工速度快,型钢可回收重复使用,成本较低。
2	一般规定	加筋水泥土桩是在水泥土桩的基础上加入钢筋而成。故有关规定,基本上同水泥土桩规定。本节仅就有关不同之处进行讲述

2. 施工准备

加筋水泥土桩（SMW 工法挡土墙）的施工准备，如表 1.2.127 所示。

施 工 准 备　　　　　　　　　　　　　　　　表 1. 2. 127

序号	项　目	内　　　容
1	水泥土配合比	水泥土配合比的确定 用水泥作固化剂时，水泥与水反应生成水化生成物，再与黏土矿物反应，从而胶结了黏土颗粒形成强度较高的水泥土。所用水泥和外掺剂的掺入量必须以现场土做试验确定其合理的配合比及其强度值。可按以下几种水泥掺入量做试验：7％、9％、11％、13％、15％。
2	施工机具	(1)水泥土搅拌桩机 加筋水泥土桩法施工用搅拌桩机(表 1.2.128)与一般水泥土搅拌桩机无大区别，主要是功率大，使成桩直径与长度更大，以适应大型型钢的压入。 (2)压桩(拔桩)机 大型 H 型钢压入与拔出一般采用液压压桩(拔桩)机，H 型钢的拔出阻力较大，比压入力大好几倍，主要是由于水泥结硬后与 H 型钢黏结力大大增加，此外，H 型钢在基坑开挖后受侧土压力的作用往往有较大变形，使拔出受阻。水泥土与型钢的黏结力可通过在型钢表面涂刷减摩剂来解决，而型钢变形就难以解决，因此设计时应考虑型钢受力后的变形不能过大。
3	作业条件	参见 1.2.2.2 水泥土桩墙见表 1.2.57 有关要求

适用于 SMW 工法的国产搅拌桩机　　　　　　表 1. 2. 128

序号	项目　　型号	SJBF45 型	SJBD60 型	JJ 型
1	电机功率(kW)	2×45	2×30	2×60
2	搅拌轴转速(r/min)	40	35	35
3	额定扭矩(kN·m)	2×10	15	2×15
4	搅拌轴数	2	1	2
5	一次处理面积(m²)	0.85	0.5～0.78	0.90
6	搅拌头直径(mm)	2ϕ760	800～1000	2×800
7	搅拌深度(m)	18～25	20～28	20～28

3. 设计要点

本节仅就加筋水泥土桩的强度计算，叙述如下，见表 1.2.129。

加筋水泥土桩的设计要点　　　　　　　　　　表 1. 2. 129

序号	项　目	内　　　容
1	基本规定	在 SMW 工法中需确定两部分入土深度：一是水泥土搅拌桩的入土深度，另一是型钢的入土深度。 (1)型钢的入土深度 1)为了基坑施工结束后型钢能顺利回收，一般型钢的入土深度可比水泥土搅拌的入土深度小一些。型钢的入土深度主要由基坑的抗隆起稳定性和挡土墙的内力、变位不超过允许值，以及能顺利拔出等条件决定。 2)在进行挡土墙结构内力、变位和基坑抗隆起稳定分析时，挡土墙结构的深度仅计算到型钢底端，不计型钢底面以下水泥土搅拌桩对抗弯、抗隆起的作用。 (2)水泥土搅拌桩的入土深度 SMW 工法中水泥土搅拌桩的入土深度主要由三方面条件决定： 1)确保坑内降水不影响到基坑外环境； 2)防止管涌发生； 3)防止底鼓发生。

序号	项 目	内　　　容
2	截面形式	按照型钢的配置方式不同,可划分五种截面形式,如图1.2.42所示。 (1)"半位"具有充分利用两种材料的特性,即型钢的抗拉性和水泥土的抗压性,受力机理较合理,水泥土部分参与抵抗变形的贡献大,但截面的整体刚度小,比较适合于负弯矩较小的场合。 (2)"全位"具有整体刚度大,结构对称,抗弯能力大,但用钢量较多。截面形式在同等条件下宜优先选择"半位"形式。
3	加筋水泥土桩强度验算	SMW工法所筑成的挡土墙结构是由型钢和水泥土共同组成,水泥土除了需满足水力条件外,尚必须保证有足够的强度,特别是型钢之间的水泥土。水泥土在侧向水土压力作用下,以型钢为支点,基本上是水平向受力构件。当型钢间距离较大时,型钢间的水泥土除了受到剪力、轴力外,还受到弯曲作用。因为水泥土的抗拉强度很小,所以应避免水泥土处于弯曲应力状态,这就要求型钢间距不能过大,保证水泥土的强度由受剪、受压控制。 　　(1)型钢净间距的确定(图1.2.43) 　　为保证型钢间的水泥土在侧向水土压力作用下不发生弯曲,可按下式确定型钢的净间距l_2。 $$l_2 \leqslant B_c + h + 2e \qquad (1.18)$$ 式中　B_c——水泥土墙体厚度; 　　　　h——型钢高度; 　　　　e——型钢形心轴与截面对称轴的距离,规定型钢形心轴近基坑内侧为正。 　　(2)水泥土强度校核 　　1)型钢"连续"布置。仅需验算型钢翼缘边的水泥土抗剪强度,如图1.2.44所示。取深度1m为计算单元。 剪力　　　　　　　　$$Q_1 = \frac{ql_2}{2} \qquad (1.19)$$ 剪应力　　　　　　　$$\tau_1 = \frac{Q_1}{d_{e1}} \leqslant \tau_s \qquad (1.20)$$ 式中　q——侧压力(kN/m^2); 　　　d_{e1}——墙体有效厚度(m); 　　　τ_s——水泥土设计抗剪强度(kPa),可取$q_{u28}/6$,其中q_{u28}为水泥土28d的无侧限抗压强度。 　　2)型钢"间隔"布置。除进行上述截面的验算外,还要进行水泥土搭接处的抗剪强度校核,如图1.2.45所示。 $$\tau_x \frac{Q_2}{A_e} = \frac{ql_3}{d_{e2}} \leqslant \tau_s \qquad (1.21)$$ 式中　d_{e2}——水泥土搭接处厚度(m)。
4	型钢埋入长度	为确保型钢的回收,在SMW工法设计时,需进行型钢抗拔验算。即从较完好地回收型钢出发,求型钢埋入水泥土中的深度。 　　(1)最大抗拔力P 　　型钢形式确定后,可计算最大抗拔为P。考虑型钢回收重复使用,应使拔出的型钢保持完好,建议型钢最大拔出应力不超过型钢屈服强度的70%,以使钢保持在弹性状态。 $$\sigma_H = \frac{P}{A_H} = 0.7\sigma_s$$ 式中　P——型钢抗拔力(kN); 　　　A_H——型钢截面积(m^2); 　　　σ_s——型钢的屈服强度(kPa)。 则:　　　　　　　　$$P = 0.7\sigma_s A_H \qquad (1.22)$$ 　　(2)型钢埋入深度L_H的计算 　　1)H型钢的起拔力P_m主要由静摩擦阻力P_f变形阻力P_d及自重G等三部分组成,即: $$P_m = P_f + P_d + G \qquad (1.23)$$

续表

序号	项　目	内　　容
4	型钢埋入长度	2)工程拔出试验表明,自重 G 一般相对起拔力很小,可以忽略,当变位 $\Delta m/L_H \le 0.5\%$(Δm 为墙体最大水平变位,L_H 为型钢在水泥土搅拌中的总长度)时,其最大变形阻力 $P_d \approx P_f$,则式(1.23)简化为: $$P_m \approx 2P_f \qquad (1.24)$$ $$P_m = 2P_f = 2\mu_f A_{co} = 2\mu_f S_H L_H \qquad (1.25)$$ 3)型钢埋入长度由式(1.25)计算如下: $$L_H \le \frac{P_m}{2\mu_f S_H} \qquad (1.26)$$ 式中　μ_f——型钢与水泥土之间的单位面积静摩阻力(上海隧道施工技术研究所研制的减摩剂涂层平均为 0.04N/mm^2); 　　　A_{co}——H 型钢与水泥土之间的接触表面积; 　　　S_H——H 型钢横截面的周长; 　　　L_H——型钢插入水泥土中的长度。 4)为保证 H 型钢拔出后能重复使用,起拔力还必须满足式(1.22)的要求: 即　　　$$P_m \le P \qquad (1.27)$$ 若不满足,可通过增加 H 型钢厚度或提高 H 型钢强度,这同时也提高了墙体的刚度,对工程有利。 (3)型钢底端水泥土强度校核 在型钢底端截面为一变刚度截面,须校核水泥土的剪切强度: $$\tau_1 = \frac{Q_e}{A_1} \le \tau_s \qquad (1.28)$$ 式中　Q_e——型钢底截面处计算单元的剪力(kN); 　　　A_1——水泥土墙计算单元面积(m^2)。

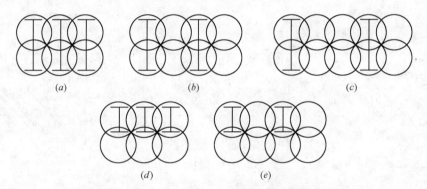

图 1.2.42　SMW挡土墙截面布置形式

(*a*) 全位"满堂";(*b*) 全位"1隔1";(*c*) 全位"1隔2";
(*d*) 半位"满堂";(*e*) 半位"1隔1"

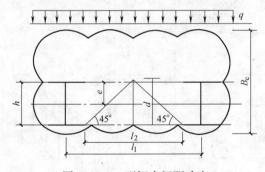

图 1.2.43　型钢净间距确定

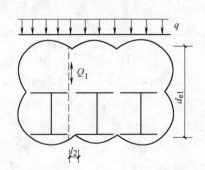

图 1.2.44　"连续"截面剪力

4. 施工工艺

加筋水泥土桩(SMW工法)是用三轴型或多轴型搅拌桩在现场向一定深度钻掘,同时在钻头处喷出水泥固化剂而与地基土反复搅拌，在各施工单元间采取重叠搭接施工，然后在水泥土混合体未结硬之前插入 H 型钢或钢筋笼作为其加劲材料，至水泥土结硬，便形成一道有一定强度和刚度的、连续完整的挡土墙体。

（1）工艺流程

加筋水泥土桩墙（SMW 工法）施工工艺流程，如图 1.2.46 所示。

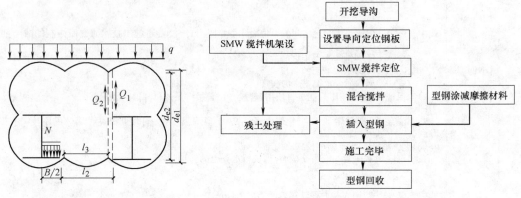

图 1.2.45　"间隔"截面　　　　图 1.2.46　SMW 工法工艺流程图

（2）施工顺序

SMW 工法的施工顺序见图 1.2.47。

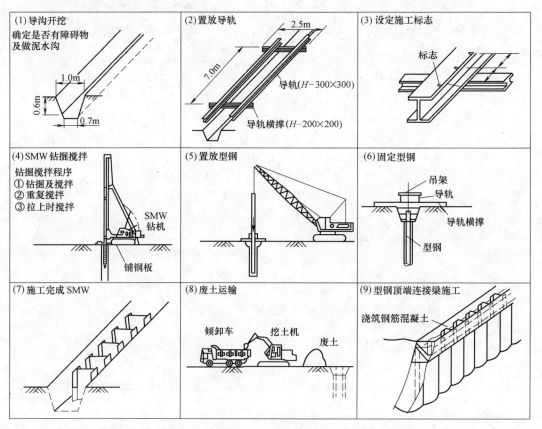

图 1.2.47　SMW 工法施工顺序

（3）施工要点

加筋水泥土桩墙（SMW 工法挡墙）施工要点   如表 1.2.130 所示。

施工重点 表 1.2.130

序号	项目	内容
1	开挖导沟围檩导向架	开挖导沟、设置围檩导向架 　　在沿 SMW 墙体位置是需开挖导沟，并设置围檩导向架。导沟可使搅拌机施工时的涌土不致冒出地面，围檩导向则是确保搅拌桩及 H 型钢插入位置的准确，这对设置支撑的 SMW 墙尤为重要。 　　围墙导向架应采用型钢做成（图 1.2.48），导向围檩间距比型钢宽度增加 20～30mm，导向桩间 4～6m，长度 10m 左右。围檩导向架施工时应控制好轴线与标高。
2	搅拌桩施工	搅拌桩施工工艺与水泥土墙施工法相同，但应注意水泥浆液中宜适当增加木质素磺酸钙的掺量，也可掺入一定量的膨润土，利用其吸水性提高水泥土的变形能力，不致引起墙体开裂，对提高 SMW 墙的抗渗性能很有效果。 　　日本在工程中采用的水泥浆配合比为表 1.2.131 所示，可根据不同土质及工程特点选用。
3	型钢的压入与拔出	(1)型钢的压入采用压桩机并辅以起重设备。自行加工的 H 型钢应保证其平直光滑，无弯曲、无扭曲，焊缝质量应达到要求。扎制型钢或工厂定型型钢在插入前应校正其平直度。 　　(2)拔出时，当拔出力作用于型钢端部时，首先是型钢与水泥土之间的黏结发生破坏，这种破坏由端部逐渐向下部扩展，接触面间微量滑移，减摩材料剪切破坏，拔出阻力转变为静止摩擦阻力为主。在拔出力到达总静止摩擦阻力之前，拔出位移很小；拔出力大于总静止摩擦阻力后，型钢拔出位移加快，拔出力迅速下降。此后摩擦阻力由静止摩擦力转化滑动摩擦力和滚动摩擦力，水泥土接触面破碎，产生小颗粒，充填于破裂面中，这有利于减小摩阻力；当拔出力降至一定程度，摩擦阻力转变以滚动摩擦为主。 　　(3)针对不同工程，在施工前应做好拔出试验，以确保型钢顺利回收。涂刷减摩材料是减少拔出阻力的有效方法，国外有不少适用的减摩剂，国内也研制出一些

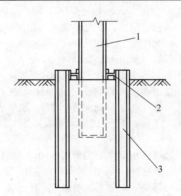

图 1.2.48　围檩导向架

1—大型 H 型钢；2—导向围檩；3—导向桩

日本工程中采用的水泥浆配合比 表 1.2.131

每立方米土体	水泥(kg)	膨润土(kg)	水灰比
	75～200	10～30	0.3～0.8

5. 质量标准

加筋水泥土桩的质量检验标准如表 1.2.132 所示。

加筋水泥土桩质量检验标准　　　　　　　　　　　　表 1. 2. 132

序　号	检查项目	允许偏差		检查方法
		单位	数值	
1	型钢长度	mm	±10	钢尺量
2	型钢垂直度	‰	<1	经纬仪测量
3	型钢插入标高	mm	±30	水准仪测量
4	型钢插入平面位置	mm	10	钢尺量

6. 成品保护

加筋水泥土桩的成品保护，参见 1.2.2.2 表 1.2.69。

7. 安全环保措施

加筋水泥土桩的安全环保措施，参见 1.2.2.2 表 1.2.70。

1.2.2.7　沉井结构工程

1. 适用范围及基本规定

沉井结构适用范围及基本规定，如表 1.2.133 所示。

适用范围及基本规定　　　　　　　　　　　　表 1. 2. 133

序号	项　目	内　　　容
1	适用范围	(1)沉井一般适用于工业建筑的深坑(料坑、铁皮坑、翻车机室等)、设备基础、水泵、桥墩、顶管的工作井、深地下室、取水口等工程施工。 (2)适用的土层条件为：比较均匀平整、无影响下沉的大块石、漂石及障碍物；土层的透水性较小，如软黏土层，采用一般的排水措施可进行开挖。若在砂土中下沉，则要采取降水措施或在水中下沉。
2	基本规定	(1)沉井是下沉结构，必须掌握确凿的地质资料，钻孔可按下述要求进行： 1)面积在 200m² 以下(包括 200m²)的沉井(箱)，应有一个钻孔(可布置在中心位置)。 2)面积在 200m² 以上的沉井(箱)，在四角(圆形为相互垂直的两直径端点)应各布置一个钻孔。 3)特大沉井(箱)可根据具体情况增加钻孔。 4)钻孔底标高应深于沉井的终沉标高。 5)每座沉井(箱)应有一个钻孔提供土的各项物理力学指标、地下水位和地下水含量资料。 (2)沉井(箱)的施工应由具有专业施工经验的单位承建。 (3)沉井施工除应符合本节规定外，尚应符合现行国家标准《混凝土结构工程施工质量验收规范》(GB 50204—2002)和《地下防水工程施工质量验收规范》(GB 50208—2002)的规定，及气压沉箱安全技术的有关规定。 (4)沉井(箱)制作时，承垫木或砂垫层的采用，与沉井(箱)的结构情况、地质条件、制作高度等有关。无论采用何种形式，均应有沉井(箱)制作时的稳定计算及措施。 (5)多次制作和下沉的沉井(箱)，在每次制作接高时，应对下卧层作稳定复核计算，并确定确保沉井接高的稳定措施。 (6)沉井采用排水封底，应确保终沉时，井内不发生管涌、涌土及沉井止沉稳定。如不有保证时，应采用水下封底。 (7)沉井(箱)在施工前应对钢筋、电焊条及焊接成形的钢筋半成品进行检验。如不用商品混凝土，则应对现场的水泥、骨料做检验。 (8)混凝土浇注前，应对钢筋、模板尺寸、预埋件位置、模板的密封性进行检验。拆模后应检查浇注质量(外观及强度)，符合要求后方可下沉。浮运沉井尚需做起浮可能性检查。下沉过程中应对下沉偏差做过程控制检查。下沉后的接高应对地基强度、沉井的稳定做检查。封底结束后，应对底板的结构(有无裂缝)及渗漏做检查。有关渗漏验收标准应符合现行国家标准《地下防水工程施工质量验收规范》(GB 50208—2002)的规定。

序号	项 目	内 容
2	基本规定	(9)沉井(箱)竣工后的验收应包括沉井(箱)的平面位置、终端标高、结构完整性、渗水等进行综合检查。 (10)气闸、升降筒、贮气罐等承压设备应按有关规定检验合格后,方可使用。 (11)沉箱上部箱壁的模板和支撑系统,不得支撑在升降筒和气闸上。 (12)沉放到水下基床的沉箱,应校核中心线,其平面位置和压载径核算符合要求后,方可排出作业室内的水。 (13)沉箱施工应有备用电源,压缩空气站应有不少于工作台数 1/3 的备用空气压缩机,其供气量不小于使用中最大一台的供气量。

2. 施工准备

沉井工程施工准备,如表 1.2.134 所示。

施工准备 表 1.2.134

序号	项 目	内 容
1	技术准备	(1)施工区域的岩土勘察报告; (2)沉井(箱)的技术文件; (3)施工区域内地下管线、设施、障碍资料; (4)相邻建筑基础资料;施工区域的测量资料; (5)测量控制和沉降观察; 按沉井平面设置测量控制网,进行抄平放线,并布置水准基点和沉降观测点。在原有建筑物附近下沉的沉井,应在沉井周边的原有建筑物上设置变形(位移)和沉降观测点,对其进行定期沉降观测。 (6)施工组织设计。
2	材料准备	(1)水泥品种应按设计要求选用,其强度等级不应低于 32.5 级,不得使用过期或受潮结块水泥; (2)碎石或卵石的粒径宜为 5~40mm,含泥量不得大于 1.0%;泥块含量不得大于 0.5%; (3)砂宜用中砂,含泥量不得大于 3.0%,泥块含量不得大于 1.0%; (4)拌制混凝土所用的水,应采用不含有害物质的洁净水; (5)外加剂的技术性能,应符合国家或行业标准一等品及以上的质量要求; (6)粉煤灰的级别不应低于二级,掺量不宜大于 20%;硅粉掺量不应大于 3%,其他掺合料的掺量应通过试验确定; (7)钢筋及钢材按设计选用,钢筋进场时,应按现行国家标准《钢筋混凝土用热轧带肋钢筋》(GB 1499—1998)等的规定抽取试件,做力学性能检验,其质量必须符合有关标准的规定。
3	机具设备	沉井、沉箱施工主要机具设备见表 1.2.135、表 1.2.136。
4	作业条件	(1)有齐全的技术文件和完整的施工组织设计方案,并已进行技术交底。 (2)进行场地整平至要求标高,按施工要求拆迁区域内的障碍物,如房屋、电线杆、树木及其他设施,清除地面下的埋设物,如地下水管道、电缆线及基础、设备基础、人防设施等。 施工场地进行平整处理;达到设计标高,按施工图进行平面布置,施工现场设置临时仓库、钢筋车间、简易试验室和办公室。 (3)施工现场有可使用的水源和电源,已设置临时设施,修建临时便道及排水沟,同时敷设输浆管、排泥管、挖好水沟,筑好围堤,搭设临时水泵房等,选定适当的弃土地段,设置沉淀池。 (4)已进行施工放线,在原建筑物附近下沉的沉井(箱)应在原建筑物上设置沉降观测点,定期进行沉降观测。 (5)各种施工机具已运到现场并安装维修试运转正常,现场电源及供气系统应设双回路或备用设备,防止突然性停电、停气造成沉箱事故。 (6)对进入沉箱内工作人员进行体格检查,并在现场配备医务人员

沉井、沉箱施工主要机具设备表　　　　　　　表 1.2.135

机具名称	规格、性能	单位	数量	用途
挖掘机	WY40 型	台	1	基坑、沉井挖土
翻斗汽车	3.5t	台	6	运输土方、混凝土、工具、材料
混凝土搅拌机	J_1-400 型	台	2	搅拌混凝土
灰浆搅拌机	HJ-200 型	台	1	拌制砂浆、灰浆
推土机	T_1-100 型	台	1	整平场地、集中土方、推送砂石
机动翻斗车	JS-1B 型	台	6	运送混凝土及小型工具材料
振动器	HZ_6X-50 型,插入式	台	10	振捣混凝土
振动器	HZ_2-5 型,平板式	台	2	振捣混凝土
混凝土吊斗	1.2m^3	台	4	吊运混凝土
履带式起重机	W_1-100 型	台	2	吊运土方、混凝土、吊装构件
混凝土搅拌运输车	JC6Q 型	台	6	搅拌运输混凝土
混凝土输送泵车	IPF-185B 型	台	2	输送浇灌混凝土
水泵	4BA-6A 型,105m^3/h	台	4	基坑、沉井排水
水泵	3BA-9 型,45m^3/h	台	1	临时供水
潜水泵	QS32×25-4 型 25m^3/h	台	4	基坑、沉井排水
钢筋调直机	GJ_4-14/4 型	台	1	钢筋调直
钢筋切断机	GJ_5-40-1 型	台	1	钢筋切断
钢筋弯曲机	QJ_7-40 型	台	1	钢筋成形
钢筋对焊机	UN_1-75 型	台	1	钢筋对接
轮锯机	MJ104 型,ϕ400mm	台	1	木材加工
平刨机	MB503A,300mm	台	1	模板加工
电焊机	BX1-330 型	台	5	现场焊接
卷扬机	JJM-5 型	台	1	吊运土方、辅助起重
卷扬机	JJM-3 型	台	1	吊运土方、辅助起重
变压器	320kVA	台	1	变压用
蛙式打夯机	H-201 型	台	1	回填土夯实

沉井、沉箱施工水力机械挖土需用机械设备　　　　　表 1.2.136

名称	规格、型号	单位	数量	备注
水泵	8BA-12 型,流量 280m^3/h,扬程 29.1m,压力 1.2N/mm^2 以上	台	1	
水泵	8BA-18 型,流量 285m^3/h,扬程 18m,压力 1.25N/mm^2 以上	台	1	
水力冲泥机		台	6	2 台备用
水力吸泥机		台	3	1 台备用
进水管	ϕ150(硬管或软管)	m	16	
排泥管	ϕ150(硬管或软管)	m	280	
	ϕ250	m	280	
泥浆管	3PN 型,流量 108m^3/h,扬程 21m,带空气抽除器	台	3	1 台备用

3. 施工工艺

沉井（箱）的制作有一次制作和多节制作，地面制作及地坑制作等方案，如沉井（箱）高度不大时宜采用一次制作，可减少接高作业，加快施工进度；高度较大时可分节制作，但尽量减少分节节数。

（1）工艺流程

沉井工艺流程如下所示：

平整场地 → 测量放线 → 开挖基坑 → 铺砂垫层和垫木或砌刃脚砖座 → 沉井制作 → 布设降水井点或挖排水沟、集水井 → 抽出垫木、挖土下沉 → 封底、浇筑底板混凝土 → 施工内隔墙、梁、楼板、顶板及辅助设施

（2）沉井制作

1）分节制作及基坑开挖

分节制作及基坑开挖，如表 1.2.137 所示。

分节制作及基坑开挖 表 1.2.137

序号	项 目	内 容
1	分节制作	沉井按其制作与下沉的关系而言，有三种形式：一次制作，一次下沉；分节制作，多次下沉；分节制作，一次下沉。 （1）一次制作，一次下沉。一般中小型沉井，高度不大，地基条件好或者经过人工加固后获得较大的地基承载力时，最好采用一次制作，一次下沉方式。一般来说，以该方式施工的沉井在 10m 以内为宜。 （2）分节制作，多次下沉。将井墙沿高度分成几段，每段为一节，制作一节，下沉一节，循环进行。该方案的优点是沉井分段高度小，对地基要求不高。缺点是工序多，工期长，而且在接高井壁时易产生倾斜和突沉，需要进行稳定验算。 （3）分节制作，一次下沉。这种方式的优点是脚手架和模板可连续使用，下沉设备一次安装，有利于滑模。缺点是对地基条件要求高，高空作业困难。我国目前采用该方式制作的沉井，全高已达 30m 以上。 （4）根据地基土的承载力验算是否能承受沉井重量或分节的重量。如不能，应对地基进行处理，处理方法一般采用砂、砂砾、碎石、灰土垫层，用打夯机夯实或机械碾压等措施使其能够承受沉井重量或分节的重量。
2	基坑开挖	（1）沉井（箱）一般采用地坑制作，采用地坑制作法可减少沉井下沉的高度，同时也减小了沉井的施工高度，给施工带来便利。 （2）地坑开挖的深度根据地质报告，地下水位，开挖的土方量综合考虑，确定施工方便，经济合理的开挖深度。 （3）根据基坑的大小来确定机械开挖或人工开挖，机械开挖时一般预留 200mm 厚土方，用人工清除，以免扰动地基土体。外围应留出 2000～2500mm 工作面，以便搭设脚手架及混凝土灌注施工，也便于沉井（箱）接节施工。如地下水位较高则还应设置排水沟及集水井，基坑上口设置挡水坝。如图 1.2.49。 （4）基坑开挖放坡系数，根据土质类别而定，对黏土、粉质黏土放坡系数宜取 0.33～0.75；对砂卵石类土放坡系数宜取 0.5～0.75；对软质岩石放坡系数宜为 0.1～0.35

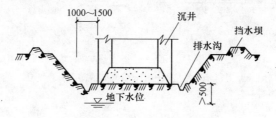

图 1.2.49 沉井制作的基坑

2）刃脚支设

刃脚支设，如表 1.2.138 所示。

刃脚支设   表 1.2.138

序号	项 目	内 容
1	刃脚分类	刃脚的支设，可视沉井（箱）重量、施工荷载和地基承载力情况，采用垫架法、半垫架法、砖胎模或土底模等。如图 1.2.50 所示。
2	刃脚支设	（1）较大较重的沉井，在较软弱地基上制作，常采用垫架或半垫架法，此法先在刃脚处整平地基夯实，或再铺设砂垫层，然后在其上铺承垫木或垫架，垫木常用 16cm×20cm（或 15cm×15cm）枕木，根数由沉井或每节的重量和地基（或砂垫层）的承载力计算求得。枕木应对称铺设。 （2）对重量较轻，土质较好地基承载力能够满足要求，可采用砖胎模和土底模。砖胎模采用 MU7.5 砖（或 MU30 毛石）、M10 的水泥砂浆，沿周长分成 6～8 段，中间留 20mm 空隙，以便拆除。土底模按刃脚的形状成型后，土底模及砖胎模内壁用 1：3 水泥砂浆抹平并压光，在浇筑混凝土前涂刷隔离剂，保证刃脚光滑，以减少摩擦便于下沉。 （3）垫架数量根据第一节沉井的重量和地基（或砂垫层）的容许承载力计算确定，间距一般为 0.5～1.0m。垫架应对称，一般先设 8 组定位垫架，每组由 2～3 个垫架组成。 　　矩形沉井多设 4 组定位垫架，其位置在距长边两端 0.15L 处（L 为长边边长），在其中间支设一般垫架，垫架应垂直井壁。圆形沉井垫架应沿刃脚圆弧对准圆心铺设。 （4）在枕木上支设刃脚和井壁模板。枕木应使顶面在同一水平面上，用水准仪找平，高差宜不超过 10mm，在枕木间用砂填实，枕心中心应与刃脚中心线重合。如地基承载力较低，经计算垫架需要量较多时，应在枕木下设砂垫层，将沉井重量扩散到更大面积上

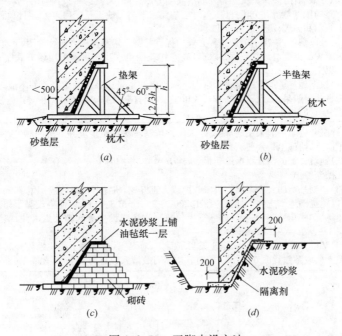

图 1.2.50 刃脚支设方法

（a）垫架施工；（b）半垫架施工；（c）砖座施工；（d）土模施工

3）井壁制作

沉井井壁制作，如表 1.2.139 所示。

井 壁 制 作

表 1.2.139

序号	项 目	内 容
1	模板支设	(1)井(箱)壁模板采用钢组合式定型模板或木定型模组装而成,为便于后序工程钢筋绑扎先支内模,待钢筋验收完毕后再封外模。内外模均采取竖向分节支设,每节高 1.5～2.0m,用 $\phi12～16$mm 对拉螺栓拉槽钢圈固定,如图 1.2.51 所示。当有防渗要求或地下水位较高时,在对拉螺栓中间设 $100\times100\times3$mm 钢板止水片,止水片与对拉螺栓必须满焊。 (2)第一节沉井筒壁应按设计尺寸周边加大 10～15mm,第二节相应缩小一些,以减少下沉摩阻力。对高度大的大型沉井,亦可采用滑模方法制作。 (3)分节制作时,水平接缝需做成凸凹型,以利防水。如沉井内有隔墙,隔墙底面比刃脚高,与井壁同时浇筑时需在隔墙下立排架或用砂堤支设隔墙底模。隔墙、横梁底面与刃脚底面的距离以 500mm 左右为宜。 (4)为防止在浇捣混凝土时模板发生位移,保证模板整体稳定,应与内部的脚手架及外部脚手架、基坑边坡连接牢固。模板拼缝要严密,避免漏浆形成蜂窝麻面,模板应涂刷脱模剂,使混凝土表面光滑,减小阻力便于下沉。 (5)模板及其支架安装和拆除的顺序及安全措施应按施工技术方案执行。
2	钢筋绑扎	(1)在支好沉井一面模板即可进行钢筋绑扎,每节竖筋可一次绑到顶部,在顶部用几道环向钢筋固定,水平筋可分段绑扎。竖筋与上一节井壁连接处伸出的插筋采用焊接或搭接连接,接头错开,在 35d 并不小于 500mm 区域内或 1.3 倍的搭接长度区域内,接头面积的百分比不应超过 50%。 (2)为确保钢筋位置和保护层厚度正确,内外钢筋之间加设 $\phi14$ 支撑钢筋,每 $1.0m^2$ 不少于 1 个,梅花形布置。在钢筋外侧垫置水泥砂浆保护层垫块或塑料卡。 (3)沉井内隔墙可采取与井壁同时浇筑或在井壁与内隔墙连接部位预留插筋,下沉完后,再施工隔墙。 (4)钢筋用挂线控制垂直度,用水平仪测量并控制水平度。 (5)钢筋安装时受力钢筋的品种、级别、规格和数量必须符合设计要求。
3	浇筑混凝土	(1)材料要求 1)一般采用防水混凝土:在 $h/b\leqslant10$ 时,用抗渗等级 0.6N/mm² 混凝土;在 $10<h/b\leqslant15$ 时,用抗渗等级 0.8N/mm² 混凝土;在 $h/b>15$ 时,用抗渗等级 1.2N/mm² 混凝土。其中 h 为井壁深入到地下水以下的深度,b 为壁厚。 2)水灰比 W/C 一般为 0.6,不得超过 0.65。每立方米混凝土的水泥用量约为 300～350kg,砂率采用 35%～45%,应按照水泥和砂、石材试配,进行试块的强度和抗渗试验。 3)井壁混凝土坍落度一般为 3～5cm,底板混凝土坍落为 2～3cm。井壁混凝土用插入式振动器捣实,底板混凝土用平板振动器振实。为减少用水量,可掺入如木质素磺酸盐、NNO 等减水剂。 (2)根据沉井(箱)的大小选择混凝土拌和物输送机械,可采用塔吊或汽车吊吊运,最好选用臂长能完全覆盖整个浇筑面的混凝土泵车进行浇筑。浇筑前应在沉井四周搭设操作平台,便于混凝土浇筑作业。 (3)混凝土浇筑应分层进行,每层厚度 300～500mm(表 1.2.140)。为防止模板变形或地基不均匀下沉,浇筑时应从沉井(箱)两侧对称进行、匀衡下料,外壁和隔墙同时上升。每节沉井(箱)的混凝土应一次连续完成,不留施工缝。待下一节混凝土强度达到 70% 时方可浇筑上一节混凝土。当井壁有抗渗要求时,上下节井壁的水平施工缝应留成凸形或加止水带。支设下一节模板前,应将施工缝处剔除水泥薄膜和松动的石子以及软弱混凝土层,并冲洗干净,但不得积水。继续浇筑下节混凝土前,宜先在施工缝处铺一层与混凝土内成分相同的水泥砂浆。 (4)混凝土养护:混凝土浇筑完毕后 12h 内对混凝土表面覆盖和浇水养护,井壁侧模拆除后应悬挂草袋并浇水养护防止水分蒸发,每天浇水次数应能保持混凝土处于湿润状态。浇水养护时间,当混凝土采用硅酸盐水泥,普通硅酸盐水泥或矿渣硅酸盐水泥时不得少于 7d,当混凝土内掺用缓凝型外加剂或有抗渗要求时不得少于 14d。 冬季可用防雨帆布悬挂于模板外侧,使之成密闭气罩,通蒸汽加热养护。 (5)拆模时对混凝土强度要求:当达到设计强度的 25% 以上时,可拆除不承受混凝土重量的侧模;当达到设计强度的 70% 或设计强度的 90% 以上时可拆除刃脚斜面的支撑及模板

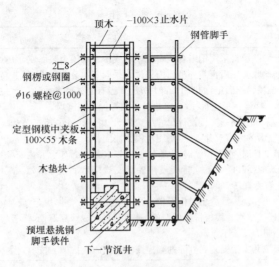

图 1.2.51   沉井井壁钢模板支设

浇筑混凝土分层厚度   表 1.2.140

项　　目	分层厚度 h 应小于
使用插入式振捣器	振捣器作用半径的 1.25 倍
人工振捣	15～25mm
灌注一层的时间不应超过水泥初凝时间 t	$h \leqslant Qt/A$（m）

注：Q 为每小时混凝土量（m^3）；t 为水泥初凝时间（h）；A 为混凝土浇筑面积（m^2）。

（3）沉井下沉

1）工艺流程

沉井下沉工艺流程，如下所示。

下沉准备工作 → 设置垂直运输机械、排水泵，挖排水沟、集水井 → 挖土下沉 → 观测 → 纠偏 →
沉至设计标高、核对标高 → 降水 → 设集水井、铺设封底垫层 → 底板防水 → 绑底板钢筋、隐检 →
底板浇筑混凝土 → 施工内隔墙、梁板、顶板、上部建筑及辅助设施 → 回填土

2）沉井下沉常用方法

根据地下水和土质情况及施工条件，沉井下沉常用方法有排水下沉和不排水下沉等如
表 1.2.141 所示。

沉井下沉常用方法   表 1.2.141

序号	项目	内　　容
1	排水下沉法	当沉井、沉箱所穿过的土层透水性较低，地下涌水量不大，不会因排水而产生流砂，或因排水造成井周地面过大沉降时，可采用排水挖土下沉法施工。 排水下沉可以在干燥的条件下施工，挖土方便，容易控制均衡下沉，土层中孤石等障碍物易于发现和清除，下沉时一旦发生倾斜也容易纠正。详见表 1.2.142。
2	不排水下沉法	当土层不稳定、涌水量很大时，在井内排水挖土很容易产生流砂，此时可采用水下挖土不排水下沉。 采用不排水下沉，井内水位应始终保持高出井外水位 1～2m，井内出土可视土质情况采用机械抓斗水下挖土或用高压水泵破土，再用吸泥机排出泥浆。但此方法需一定的冲土吸泥设备。详见表 1.2.143。

序号	项目	内容
3	辅助下沉法	辅助下沉法,人工挖土下沉法,见表1.2.144。
4	下沉标准	大型沉井(箱)第一节混凝土应达到设计强度100%,小型沉井达到70%以上,便可拆除垫木,进行下沉施工。抽除刃脚下的垫木应分区、分组、依次、对称、同步进行

排水下沉法 表 1.2.142

序号	项目	内容
1	排水方法	(1)明沟、集水井排水:在沉井(箱)内离刃脚2~3m挖一圈排水明沟,设3~4个集水井,深度比地下水位深1~1.5m,沟和井底深度随沉井挖土而不断加深,在井内或井壁上设水泵,将地下水排出井外。 为不影响井内挖土操作和避免经常搬动水泵,一般采取在井壁上预埋铁件,焊钢操作平台安设水泵,或设水泵架安放水泵,水泵下加草垫或橡皮垫,避免振动。水泵抽吸高度控制不大于5m。如果井内渗水量很少,则可直接在井内设高扬程潜水电泵将地下水排出井外。 本法简单易行,费用很低,适于地质条件较好时使用。见图1.2.52。 (2)井点排水:在沉井周围设置轻型井点、电渗井点或喷射井点以降低地下水位,如图1.2.53所示,使井内保持干挖土。 (3)井点与明沟排水相结合的方法:在沉井上部周围设置井点降水,下部挖明沟集水井设泵排水,如图1.2.54。 (2)、(3)适于地质条件较差,有流砂发生的情况下使用。如采用此方法应编制详细的降水施工方案。
2	挖土方法	挖土应分层、均匀、对称地进行,使沉井能均匀竖直下沉。有底架、隔墙分格的沉井,各孔挖土面高差不宜超过1m。如下沉系数较大,一般先挖中间部分,沿沉井刃脚周围保留土堤,使沉井挤土下沉;如下沉系数较小,应事先根据情况分别采用泥浆润滑套、空气幕或其他减阻措施,使沉井连续下沉,避免长时间停歇。井孔中间宜保留适当高度的土体,不得将中间部分开挖过深。 常用人工或风动工具,或在井内用小型反铲土机,在地面用抓斗挖土机分层开挖,挖土必须对称,均匀进行,使沉井均匀下沉,挖土方法随土层情况而定。 (1)普通土层。从沉井中间开始逐渐挖向四周,每层挖土厚0.4~0.5m,在刃脚处留1~1.5m台阶,然后沿沉井壁每2~3m一段,向刃脚方向逐层全面,对称、均匀的开挖层,每次挖去5~10cm,当土层经不住刃脚的挤压而破裂,沉井便在自重作用下均匀破土下沉,如图1.2.55(a)所示。当沉井下沉很少或不下沉时,可再从中间向下挖0.4~0.5m,并继续按图1.2.55(a)向四周均匀掏挖,使沉井平稳下沉。当在数个井孔内挖土时,为使其下沉均匀,孔格内挖土高差不得超过1.0m。刃脚下部土方应边挖边清理。 (2)砂夹卵石或硬土层。可按图1.2.55(a)所示方法挖土,当土拢挖至刃脚,沉井仍不下沉或下沉不平稳,则须按平面布置分段的次序逐段对称地将刃脚下挖空,并挖出刃脚外壁约10cm,每段挖完用小卵石填塞夯实,待全部挖空回填后,再分层去掉回填的小卵石,可使沉井均匀减少承压面而平衡下沉,如图1.2.55(b)所示。 (3)岩层。风化或软质岩层可用风镐或风铲等按图1.2.55(a)的次序开挖。较硬的岩层可按图1.2.55(c)所示顺序进行,在刃脚口打炮孔,进行松动爆破,炮孔深1.3m,以1×1m梅花形交错排列,使炮孔伸出刃脚口外15~30cm,以便开挖宽度可超出刃脚口5~10cm,下沉时,按刃脚分段顺序,每次挖1m宽即用小卵石进行回填,如此逐段进行,至全部回填后,再除去小卵石,使沉井平稳下沉。
3	排水下沉注意事项	(1)沉井下沉开始5m以内,要特别注意保持水平与垂直度,以免继续下沉时,不易调整。为减少下沉的摩擦力和以后的清淤工作,最好在沉井的外壁采用随下沉随填砂的方法,以减轻下沉困难。 (2)挖土应分层进行,防止中部锅底挖得太深,或刃脚挖土太快,突沉伤人。在挖土时,刃脚处,隔墙下不准有人操作或穿行,以避免刃脚切土过多或突沉伤人。 (3)在沉井开始下沉和将沉至设计标高时,周边每层开挖深度应小于30cm或更薄些,避免发生倾斜,在离设计标高20cm左右应停止取土,依自重下沉到设计标高。 (4)沉井下沉过程中,如井壁外侧土体发生塌陷,应及时采取回填措施,以减少下沉时四周土体开裂、塌陷对周围环境的影响。 (5)沉井下沉过程中,每8h至少测量2次。当下沉速度较快,应加强观测,如发现偏斜、位移时,应及时纠正

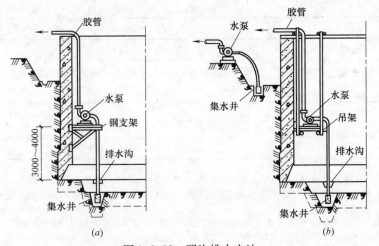

图 1.2.52　明沟排水方法

(a) 钢支架上设水泵排水；(b) 吊架上设水泵排水

图 1.2.53　井点系统降水

图 1.2.54　井点与明沟排水相结合的方法

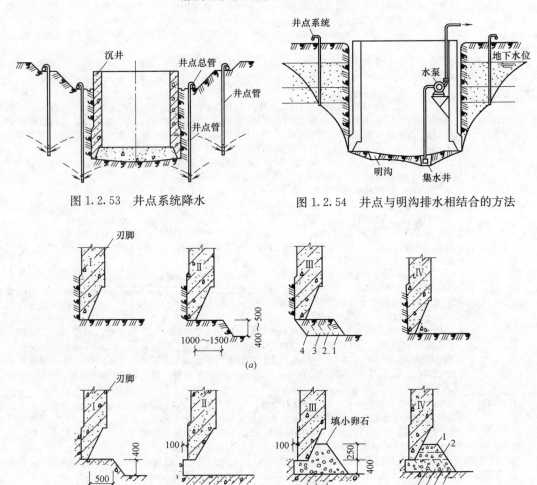

图 1.2.55　沉井下沉挖土方法

(a) 普通土挖土；(b) 砂夹卵石层或硬土层

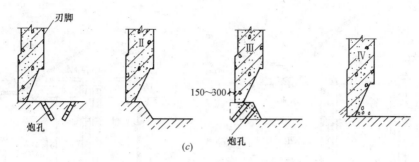

图 1.2.55　沉井下沉挖土方法（续）

(c) 岩土放炮开挖

图中 1、2、3……为刷坡次序

不排水下沉法　　　　　　　　　　　　　　　　　　　　表 1.2.143

序号	项　目	内　　容
1	使用机械	一般采用抓斗、水力吸泥机或水力冲射空气吸泥等方法在水下挖土。
2	抓斗挖土	用吊车吊抓斗挖掘井底中央部分的土，使之形成锅底。在砂或砾石类土中，一般当锅底比刃脚低 1～1.5m 时，沉井即可靠自重下沉。而将刃脚下土挤向中央锅底，再从井孔中继续抓土，沉井即可继续下沉。在黏质土或紧密土中，刃脚下土不易向中央坍落，则应配以射水管冲土（图 1.2.56）。沉井由多个井孔组成时，每个井孔宜配备一台抓斗。如用一台抓斗抓土时，应对称逐孔轮流进行，使其均匀下沉，各井孔内土面高差不宜大于 0.5m。
3	水力机械冲土	（1）水力机械冲土。使用高压水泵将高压水流通过进水管分别送进沉井内的高压水枪和水力吸泥机，利用高压水枪射出的高压水流冲刷土层，使其形成一定稠度的泥浆汇流至集泥坑，然后用水力吸泥机（或空气吸泥机）将泥浆吸出，从排泥管排出井外，如图 1.2.57 所示。冲黏性土时，宜使喷嘴接近 90°角冲刷立面，将立面底部冲成缺口使之塌落。取土顺序为先中央后四周，并沿刃脚留出土台，最后对称分层冲刷，不得冲空刃脚踏面下的土层。施工时，应使高压水枪冲入井底的泥浆量和渗入的水量与水力吸泥机吸出的泥浆量保持平衡。 （2）水力机械冲土的主要设备包括吸泥器（水力吸泥机或空气吸泥机）、吸泥管、扬泥管和高压水管、离心式高压水泵、空气压缩机（采用空气吸泥时用）等。 （3）水力吸泥机冲土，适用于粉质黏土、粉土、粉细砂土中；使用不受水深限制，但其出土效率则随水压、水量的增加而提高，必要时应向沉井内注水，以加高井内水位。在淤泥或浮土中使用水力吸泥时，应保持沉井内水位高出井外水位 1～2m。 （4）水力机械冲土施工 水力冲土从中间开始，先在水力吸泥机水龙头下方冲 1 个直径 2～5m 的集泥坑，其深度应使吸泥管吸口下方有足够的容积，以便泥浆来源暂时中断时，其存量仍足以维持 2～3min，同时吸泥龙头又可伸至浆面下 0.5～0.75m，避免带入空气。然后用水枪成辐射形开拓通向集泥坑的土沟 4～6 条，沟坡度为 8％～10％，最后向四周用"顺向挖土方法"拓宽开挖井（箱）底土体使其成锅底形，用高压水柱切割箱底土层与土体混合成为相应稠度的泥浆，顺土沟流向集泥坑内，经水力机械排出沉井（箱）外，泥浆含量一般在 10％～30％之间，浓度愈大则效率愈高。为不使集泥坑和排泥沟内的泥砂沉淀，应经常用水枪轮流冲射搅动，如此循环作业分层冲土使锅底达到一定深度。为了便于控制沉降偏斜，减少附近土体扰动破坏，必要时在刃脚部位可辅以适当人工作业，为了防止沉井（箱）突然下沉引起过大的偏斜和发生安全事故，减少井（箱）外土体扰动，在靠近工作室四周刃脚 1.0～1.5m 应保留一土堤。 （5）注意事项 挖土时应注意创造自由面提高效率；几台冲泥机在同一地点工作时，应密切配合协同动作；水力必须集中使用不要分散，特别应防止水锋交织，抵消力量；泥浆流运送时，要注意经常清除和冲洗沟槽底部淤泥，避免堵塞和泥浆外溢；沉井（箱）底面以上应保留 0.3～0.5m 厚土层，采用其他机械或人工方法挖除，以保持土体的天然结构和承载力；每次下沉以后的高度应能保持工作室内的自由高度不小于 1.6m

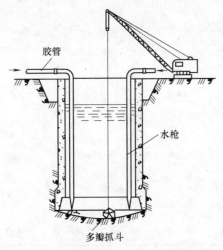

图 1.2.56 用水枪冲土、抓斗在水中抓土

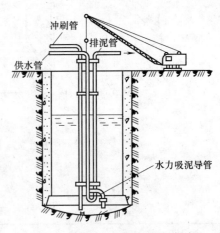

图 1.2.57 用水力吸泥器水中冲土

辅助下沉法   表 1.2.144

序号	项　目	内　　容
1	辅助下沉法	(1)射水下沉法。一般作为以上两种方法的辅助方法,它是用预先安设在沉井外壁的水枪,借助高压水冲刷土层,使沉井下沉。射水所需水压:在砂土中,冲刷深度在 8m 以下时,需要 0.4～0.6N/mm²;在砂砾石层中,冲刷深度在 10～12m 以下时,需要 0.6～1.2N/mm²;在砂卵石层中,冲刷深度在 10～12m 时,则需要 8～20N/mm²。冲刷管的出水口口径为 10～12mm,每一根管的喷水量不得小于 0.2m³/s,如图 1.2.58 所示。但本法不适用于黏土中下沉。 　　(2)触变泥浆护壁下沉法。沉井外壁制成宽度为 10～20cm 的台阶作为泥浆槽。泥浆是用泥浆泵、砂浆泵或气压罐通过预埋在井壁体内或设在井内的垂直压浆管压入,如图 1.2.59 所示,使外井壁泥浆槽内充满触变泥浆,其液面接近于自然地面。为了防止漏浆,在刃脚台阶上宜钉一层 2mm 厚的橡胶皮,同时在挖土时注意不使刃脚底部脱空。在泥浆泵房内要储备一定数量的泥浆,以便下沉时不断补浆。在沉井下沉到设计标高后,泥浆套应按设计要求进行处理,一般采用水泥浆、水泥砂浆或其他材料来置换触变泥浆,即将水泥浆、水泥砂浆或其他材料从泥浆套底部压入,使压进的水泥浆、水泥砂浆等凝固材料挤出泥浆,待其凝固后,沉井即可稳定。 　　触变泥浆是以 20%膨润土及 5%石碱(碳酸钠)加水调制而成。采用本法可大大减少井壁的下沉摩阻力,同时还可起阻水作用,方便取土,并可维护沉井外围地基的稳定,保证其邻近建筑物的安全。 　　(3)抽出下沉法。不排水下沉的沉井,抽水降低井内水位,减少浮力,可使沉井下沉,如有翻砂涌泥时,不宜采用此法。 　　(4)井外挖土下沉法。若上层土中有砂砾或卵石层,井外挖土下沉就很有效。 　　(5)压重下沉法。可利用铁块,或用草袋装沙土,以及接高混凝土筒壁等加压配重,使沉井下沉,但特别要注意均匀对称加重。 　　(6)炮震下沉法。当沉井内土已经挖出掏空而沉井不下沉时,可在井中央的泥土面上放药起爆,一般用药量为 0.1～0.2kg。同一沉井,同一地层不宜多于 4 次。
2	沉箱人工挖土下沉法	沉箱人工挖土下沉方法,在开始进行时,气压沉箱和开口沉井完全相同,直到水压力增加到必须施加压缩空气时,才在气压下挖土。人工挖土下沉方法,也采用开口沉井挖土相类似的方法,采取分段、分层开挖,碗形挖土,自重破土方式,从中间开始向四周,在刃脚部位则沿刃脚方向全面、均匀、对称地进行,使均衡平稳下沉,刃脚下部土方边挖边清理,对各种土层具体挖土方法按沉井排水下沉法施工方法。 　　沉箱挖出的土体放在吊桶内吊出,在下沉时,宜每次将气压适当降低,促进沉箱下沉,但不得将气压降低到施工时气压的一半以上。初次下沉每次不得超过 30cm,以后每次不超过 50cm。 　　如果挖的是砂,则可用"吹出法",利用工作室中和外界压力之差除去泥砂,只需在沉箱内装一根柔性蛇管到箱外即可。 　　如遇到基岩,刃脚周边的沟道被挖至设计标高,并使空气压力始终等于或略大于沟槽底面处的静水压力,同时在四角及中部沿沉箱保留地段的全宽度设枕木支柱,使沉箱支在枕木支柱上。待刃脚下面等于沟槽深度的岩石全部挖掉后,遂将支柱取去,并且稍稍降低工作室内的空气压力,使沉箱分 3～4 次下沉,使降落到设计标高处。 　　人工挖土下沉方法需用工具设备简单,操作方便,费用较低,但需较多的劳动力,施工速度较慢,再者工人在高气压条件下作业,条件差,如注意不够,则影响健康

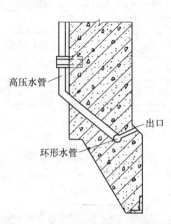

图 1.2.58 沉井预埋冲刷管组

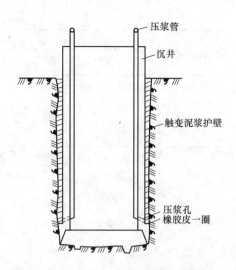

图 1.2.59 触变泥浆护壁下沉方法

(4) 沉井封底

1) 沉井封底

当沉井下沉到距设计标高 0.1m 时，应停止井内挖土和抽水，使其靠自重下沉至设计或接近设计标高，再经 2～3d 下沉稳定，或经观测在 8h 内累计下沉量不大于 10mm 时，即可进行沉井封底。封底方法有排水封底和不排水封底两种，宜尽可能采用排水封底。见表 1.2.145。

沉 井 封 底　　　　　　　　　表 1.2.145

序号	项　目	内　　容
1	干封底	当沉井下沉到设计标高后，井内继续降水保持较低的地下水位，使地下水涌入井中流速小于 6mm/min 时采用干封底，如图 1.2.60。 (1)整平基土使基土面由沉井内壁四周向中部倾斜，在中部设 2～3 个集水井，深 1～2m，插 $\phi600～800$ 的带孔眼钢管或混凝土管，或钢筋笼外缠绕 12 号钢丝，间隙 3～5mm，外包两层尼龙窗纱，上口低于底板混凝土表面 100mm，四周填以卵石。 由集水井向井壁四周辐射 300mm×200mm 排水沟，沟底铺 100mm 细碎石，然后在沟内放 $\phi80$ 带孔 PVC 管外裹两层纱滤网，最后用细碎石填满形成排水盲沟，使与集水井相互连通。井底的水通过排水盲沟汇集到集水井，用泵排出，保持地下水位低于基底面 0.5m 以下，然后浇筑封底混凝土。 (2)封底一般铺一层 150～500mm 厚碎石或卵石层，再在其上浇一层约 0.5～1.5m 的混凝土垫层，在刃脚下切实填严，振捣密实，以保证沉井的最后稳定。达到 50% 设计强度后，在垫层上绑钢筋，两端伸入刃脚或凹槽内，浇筑上层底板混凝土。封底混凝土与老混凝土接触面应冲刷干净；浇筑应在整个沉井面积上分层、不间断地进行，由四周向中央推进，每层厚 30～50cm，并用振捣器捣实；当井内有隔墙时，应前后左右对称地逐孔浇筑。混凝土采用自然养护，养护期间应继续抽水。待底板混凝土强度达到 70% 并经抗浮验算后，对集水井逐个停止抽水，逐个封堵。 封堵方法是将滤水井中水抽干，在套管内迅速用干硬性的高强度混凝土进行堵塞并捣实，然后上法兰盘用螺栓拧紧或四周焊接封闭，上部用混凝土垫实捣平。
2	湿封底	(1)井底向井中较大规模的涌水、涌砂、涌泥不可用干封底时，采用不排水封底(即在水下进行封底)。要求将井底浮泥清除干净，新老混凝土接触面用水冲刷干净，并铺碎石垫层，封底混凝土用导管法灌注，如图 1.2.61。 (2)待水下封底混凝土达到所需的强度后，即一般养护为 7～14d，方可从沉井中抽水，检查封底情况，进行检漏补修，按干封底法施工上部钢筋混凝土底板。 (3)导管法灌注沉井水下封底混凝土： 1)导管的作用半径大约为 2.5～4m，混凝土流动坡度不宜陡于 1:5。 2)导管位置高低的要求，见表 1.2.146

导管位置高低表

表 1.2.146

导管的作用半径(m)	管底混凝土柱的最小超压力 $P=0.25h_1+0.15h_2$ (kPa)	管顶高出水面的最小高度 $h_1=4P-0.6h_2$ (m)	管底埋入灌注混凝土的深度 (m)
3.0	100	$4-0.6h_2$	0.9~1.2
3.5	150	$6-0.6h_2$	1.2~1.5
4.0	250	$10-0.6h_2$	1.5~1.8

注：h_2——导管周围混凝土面距离水面的深度（m）。

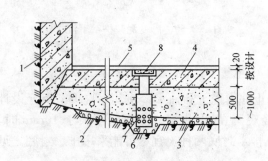

图 1.2.60 沉井封底

1—沉井；2—卵石盲沟；3—封底混凝土；4—底板；
5—砂浆面层；6—集水井；7—$\phi600\sim800$mm
带孔钢或混凝土管，外包尼龙网；8—法兰盘盖

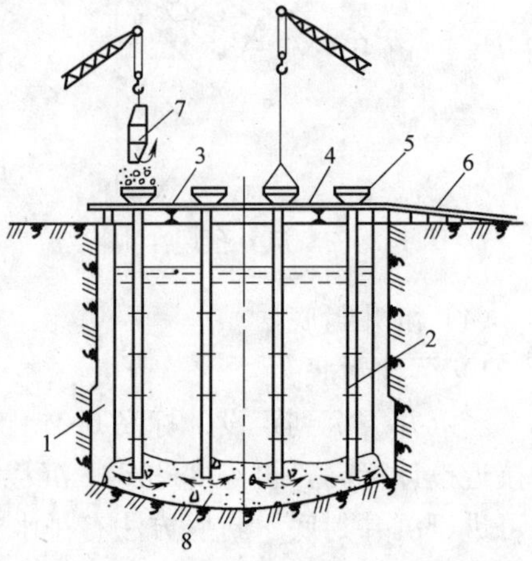

图 1.2.61 不排水封底导管法浇筑混凝土

1—沉井；2—导管；3—大梁；4—平台；
5—下料漏斗；6—机动车跑道；7—混凝土
浇筑料斗；8—封底混凝土

2）沉箱封底

沉箱封底要求，如表 1.2.147 所示。

沉 箱 封 底

表 1.2.147

序号	内 容
1	沉箱下沉至设计深度，经 2~3d 稳定后，即可进行封底。封底前应将基底浮泥用人工挖除，送至吸泥机旁加以稀释成泥浆排往箱外，部分无法清除的软土，可掺加块石或砂砾夯实，使其稳定，然后再在整个沉箱底面铺设一层厚 200mm 的碎石并振实。
2	刃脚内壁、墙内面及顶板底，均应事先用水冲洗干净，以保证与封底混凝土良好的结合。
3	在浇筑时应分层浇筑，混凝土振捣密实。对于工作室大体积混凝土浇筑，要求不出现温度收缩裂缝，应采取降低混凝土内部温度的措施，如采用水化热较低的水泥、混凝土搅拌时用碎冰屑代替部分搅拌用水等措施。
4	在浇筑混凝土时箱内气压须继续维持至混凝土达到足以抵抗静水上托浮力的强度后，方可停止供气

4. 质量控制及检验方法

（1）质量控制与观测措施

质量控制与观测措施，如表 1.2.148 所示。

质量控制与观测措施　　　　　　　　　　　　表 1.2.148

序号	项目	内　容
1	沉井标高控制	沉井(箱)位置标高的控制,是在沉井(箱)外部地面及井壁顶部四面,设置纵横十字中心控制线和固定的观测点及水准点与沉降观测点,以控制位置和标高
2	沉井垂直度控制	沉井(箱)垂直度的控制,是在井筒内壁按 4 或 8 等分标出垂直轴线,各吊线逐个对准下部标板来控制,并定时用两台经纬仪进行垂直偏差观测,挖土时,随时观测垂直度,当线坠离墨线达 50mm,或四面标高不一致时,即应纠正。如图 1.2.62。
3	沉井下沉控制	沉井(箱)下沉的控制,系在井(箱)筒外壁周围弹水平线,或在井(箱)外壁上四侧用红铅油画出标尺,每 10mm 一格,用水准仪观测沉降。
4	测量与观测	沉井(箱)下沉中应加强位置、垂直度和标高(沉降值)的观测,每班至少测量两次(于班中及每次下沉后检查一次),同时每层不小于一次,接近设计标高时,每 2h 一次,预防超沉,由专人负责并做好下沉施工记录,发现有倾斜、位移扭转,应移扭转,应及时通知值班技术人员,指挥操作人员随沉随纠正,使偏差控制在允许范围以内

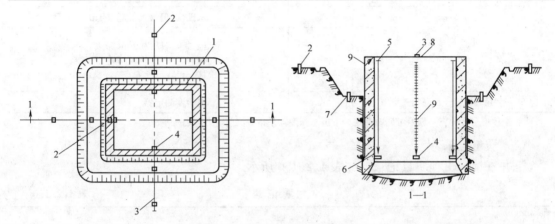

图 1.2.62　沉井下沉测量控制方法
1—沉井;2—中心线控制点;3—沉井中心线;4—钢标板;5—铁件;6—线坠;
7—下沉控制点;8—沉降观测点;9—壁外下沉标尽

（2）质量检验标准

沉井质量检验标准,除符合表 1.2.149 规定外,还应符合建筑地基基础工程施工质量验收规范（GB 50202—2002）中之 7 的有关要求。

沉井的质量检验标准　　　　　　　　　　　　表 1.2.149

项目	序号	检查项目	允许偏差或允许值		检查方法
			单位	数值	
主控项目	1	混凝土强度	满足设计要求(下沉前必须达到 70%设计强度)		查试块记录或抽样送检
	2	封底前,沉井(箱)的下沉稳定	mm/8h	<10	水准仪,h 为小时
	3	封底结束后的位置: 刃脚平均标高(与设计标高比) 刃脚平面中心线位移 四角中任何两角的底面高差 注:上述三项偏差可同时存在,下沉总深度,系指下沉前、后刃脚之高差	mm	<100 <1%H <1%L	水准仪 经纬仪,H 为下沉总深度,H<10m 时,控制在 100mm 之内 水准仪;L 为两角的距离,但不超过 300mm,L<10m 时,控制在 100mm 之内

续表

项目	序号	检查项目	允许偏差或允许值		检查方法
			单位	数值	
一般项目	1	钢材、对接钢筋、水泥、骨料等原材料检查	满足设计要求		查出厂质保书或抽样送检
	2	结构体外观	无裂缝，无风窝、空洞，不露筋		直观
	3	平面尺寸：长与宽 曲线部分半径 两对角线差 预埋件	％ ％ ％ mm	±0.5 ±0.5 1.0 20	尺量，最大控制在100mm之内 尺量，最大控制在50mm之内 尺量 尺量
	4	下沉过程中的偏差	高差 ％	1.5～2.0	水准仪，但最大不超过1m
			平面轴线	<1.5％H	经纬仪，H为下沉深度，最大应控制在300mm之内，此数值不包括高差引起的中线位移
	5	封底混凝土坍落度	mm	18～22	坍落度测定器

注：主控项目3的三项偏差可同时存在，下沉总深度，系指下沉前后刃脚之高差。

（3）质量记录

沉井（箱）工程质量记录，如表1.2.150所示。

质量记录   表1.2.150

序号	内　　容
1	水泥、钢材的出厂合格证以及见证取样复验报告。
2	砂、石检验报告。
3	钢筋焊接检验报告。
4	混凝土配合比通知单。
5	钢筋隐蔽工程验收记录。
6	混凝土试块强度等级、抗渗等级测试报告。
7	测量放线记录。
8	沉井（箱）施工记录等

5. 成品保护

沉井（箱）工程成品保护，如表1.2.151所示。

成品保护   表1.2.151

序号	内　　容
1	沉井（箱）下沉前第一节应达到100％的设计强度，其上各节必须达到70％设计强度。
2	施工过程中妥善保护好场地轴线桩、水准点，加强复测，防止出现测量错误。
3	加强沉井过程中的观测和资料分析，分区、依次、对称、同步地抽除垫架、垫木，发现倾斜及时纠正。
4	沉至接近设计标高应加强测量观测、校核分析工作，下沉至距设计标高0.1m时，停止挖土和井内抽水，使其完全靠自重下沉至设计标高或接近设计标高。
5	沉至设计标高经2～3d下沉已稳定，即可进行封底

6. 安全、环保措施

沉井（箱）工程安全、环保措施，如表 1.2.152 所示。

安全、环保措施 表 1.2.152

序号	项 目	内 容
1	沉井安全要求	(1)严格执行国家颁布的有关安全生产制度和安全技术操作规程。认真进行安全技术教育和安全技术交底，对安全关键部位进行经常性的检查，及进排除不安全因素，以确保全过程安全施工。 (2)做好地质详勘，查清沉井范围内的地质、水位，采取有效措施，防止沉井（箱）下沉施工中出现异常情况，以保证顺利和安全下沉。 (3)做好沉井（箱）垫架拆除和土方开挖程序，控制均匀挖土和刃脚处破土速度，防止沉井发生突然下沉和严重倾斜现象，导致人身伤亡事故。 (4)做好沉井下沉排降水工作，并设置可靠电源，以保证沉井挖土过程中不出现大量涌水、涌泥和流砂现象，造成淹井事故。 (5)沉井（箱）口周围设安全杆，井下作业应戴安全帽，穿胶皮鞋，半水下作业穿防水衣裤。 (6)采用不排水下沉，井（箱）内操作人员应穿防水服、下井应设安全爬梯，并应有可靠应急措施。 (7)认真遵守用电安全操作规程，防止超负荷作业，电动工具、潜水泵等应装设漏电保护器，夜班作业，沉井（箱）内外应有足够照明，井（箱）内应采用36V低压电。
2	沉箱安全要求	(1)沉箱内气压不应超过0.35MPa(约合水深35m)，在特殊情况不得超过0.4MPa，超过此值，则应改用开口沉井施工。 (2)沉箱内的工作人员应先经医生体格检查，凡患心脏病、肺结核、有酗酒嗜好以及其他经医生认为有妨碍沉箱作业的疾病患者，均不得在沉箱内工作。 (3)为保证工作人员的健康，应根据工作室内气压，控制在沉箱内工作时间。 (4)沉箱工作人员离开工作室，经过升降管进入空气闸之后，先把从空气闸通到升降管的门关好，然后开放阀门，使气压慢慢降低，减压时必须充分，经相当长的时间，减压的速率不得大于0.007MPa/min，可防止得"沉箱病"，以保障人身健康。一旦得此病应将工人即送入另备的空气闸，加到工作室气压或接近沉箱的气压，然后慢慢减压即可。 (5)高压水系统在施工前应进行试压，试压压力应为计算压力的1.5倍，吸泥系统施工前应试运转。施工时应经常查、维修、妥当保养。 (6)沉箱内与水泵间应安设讯号装置，以便及时联系供水或停水。当发生紧急情况时，应迅速停泵。当停止输送高压水时，应立即关闭操纵水力冲泥机的阀门。水力冲泥机停止使用时应对着安全方向。 (7)水力冲泥机工作时，应禁止站在水柱射程范围内，或用手接触喷嘴附近射出水柱，或将水柱射向沉箱或岩层造成射水伤人；或急剧地转动水力冲泥机，或使用中的水力冲泥机无人看管，或未关闭阀门而更换喷嘴，以免高压水柱射向人体，造成严重人身伤害。 (8)冲挖土层的上面及附近，不论在冲挖时或冲挖后，均不得站人，防止土方坍塌伤人。冲土作业工人应备有适当的劳动保护用品。 (9)输电线路应架设在安全地点，并绝缘可靠，操作人员应有良好的防护，因水有导电性，电压可能通过水柱到水力冲泥机再传至人体，造成触电事故。
3	环保措施	(1)易于引起粉尘的细料或松散料运输时应用帆布等遮盖物覆盖； (2)施工废水、生活废水不得直接排入耕地、灌溉渠和水库； (3)食堂保持清洁，腐烂变质的食物及时处理，食堂工作人员应有健康证； (4)对驶出施工现场的车辆进行清理，设置汽车冲洗台及污水沉淀地； (5)安排工人每天进行现场卫生清洁

1.2.3 内支撑体系施工要点

1.2.3.1 一般规定

1. 内支撑分类及适用条件

内支撑分类及适用条件，如表 1.2.153 所示。

内支撑分类及适用条件

表 1.2.153

序号	项　目	内　容
1	内支撑分类	内支撑体系包括腰(冠)梁(亦称围檩)、支撑和立柱。内支撑主要分两类： (1)钢支撑； (2)钢筋混凝土支撑。
2	适用条件	(1)钢支撑多为工具式支撑，装、拆方便，可重复使用，可施加预紧力，一些大城市多由专业队伍施工。 (2)钢筋混凝土支撑现场浇筑，可适应各种形状要求，刚度大，支护体系变形小，有利于保护周围环境；但拆除麻烦，不能重复使用，一次性消耗大

2. 钢支撑结构形式

钢支撑的结构形式种类繁多，它取决于基坑所处的地质及环境条件、平面尺寸、深度和基坑内结构物的层高尺寸和施工要求等诸多因素，常见的有下述几种形式：见表 1.2.154 及表 1.1.32。

钢支撑结构形式

表 1.2.154

序号	项　目	内　容
1	单跨压杆式支撑	当基坑平面呈窄长条状、短边的长度不很大时，所用支撑杆件在该长度下的极限承载力尚能满足围护系统的需要，则采用这个形式具有受力特点明确，设计简洁，施工安装灵活方便等优点。
2	多跨压杆式支撑	当基坑平面尺寸较大，所用支撑杆件在基坑短边长度下的极限承载力尚不能满足围护系统的要求时。需要在支撑杆件中部加设若干支点，给水平支撑杆加设垂直支点，组成多跨压杆式的支撑系统。这种形式的支撑受力也较明确，施工安装较单跨压杆式来得复杂。 多跨压杆式支撑系统与单跨压杆式支撑系统均存在着短边方向二个侧面的围护系统如何支撑的问题，对于短边长度较小的基坑，可采用搭角斜撑的方法。但如果短边长度并不很短，则这二个支撑系统就暴露出它们明显的缺陷，要解决短边侧面的支撑，必须在与长边平行的方向上也建立支撑系统。因此就有了支撑系统的第三种形式。
3	对撑式双向多跨压杆式支撑	当基坑平面的长、宽尺寸都很大而又对坑周土体位移有较严格控制要求时，为对四边的围护系统迅速加以支撑以减少围护墙体无支撑暴露时间，必须在基坑内建立两个方向的对撑。 对施加预加支撑压力的空间钢结构杆件系统，这个空间结构受力情况较为复杂，施工中对各个节点的安装、焊接都有较高的要求。

3. 钢筋混凝土支撑结构形式

钢筋混凝土支撑系统具有布置灵活，可靠性好，整体稳定性及强度、刚度能够保证等特点，同时也具有不能重复利用，自重大、施工麻烦、周期长等缺点，因此应扬长避短，综合采用。见表 1.2.155 及表 1.1.32。

钢筋混凝土支撑结构形式

表 1.2.155

序号	项　目	内　容
1	对撑与角撑	(1)对撑主要用于支顶基坑的长边，以控制基坑在长边上较容易发生的较大位移，此时对撑可充分发挥其受力明确，构造简单等特点； (2)在基坑的角部和短边方面，则可以通过布置角撑来起到支撑作用，一方面还可以留出较大的空间实施土方开挖作业，这时便可体现出角撑所具有的布置灵活，方便挖土作业的特点。

续表

序号	项目	内容
2	水平封闭框架支撑	围护结构在开挖支撑施工中,允许较长的无支撑暴露时间时,可采用钢筋混凝土水平封闭框架支撑结构。现浇钢筋混凝土封闭桁架达到强度后,具有较高的整体刚度和稳定性。由于基坑支撑是一种临时结构,在满足强度,刚度和稳定性的前提下,应尽可能地优化支撑结构形式,以求达到节省投资,方便开挖施工的目的。
3	水平桁架支撑	基坑的平面形状复杂、面积大,给支撑结构布置带来了一定的困难,为了满足大型基坑对支撑的强度、刚度和稳定要求,同时又能方便基坑施工采用钢筋混凝土的水平桁架结构,用桁架结构作围檩,增大了围檩的跨度和刚度,扩大了施工空间,并能有效地控制基坑的变形。必要时,可采用钢筋混凝土与钢结构混合的水平桁架结构。在混合结构中,钢杆件用于拉杆、钢筋混凝土杆件用作压杆,这样可以减少拆除的工作量

1.2.3.2 基本规定

1. 支撑体系基本规定

支撑体系基本规定,如表1.2.156所示。

支撑体系基本规定   表 1.2.156

序号	项目	内容
1	钢筋混凝土支撑	(1)钢筋混凝土支撑构件的混凝土强度等级不应低于C20; (2)钢筋混凝土支撑体系在同一平面内应整体浇注,基坑平面转角处的腰梁连接点应按钢节点设计。
2	钢结构支撑	钢结构支撑适用于各种不同的支护墙体,如钢板桩、预制混凝土板桩、灌注桩排桩、地下连续墙等等。 (1)钢结构支撑构件的连接可采用焊接或高强螺栓连接; (2)腰梁连接节点宜设置在支撑点的附近,且不应超过支撑间距的1/3; (3)钢腰梁与排桩、地下连续墙之间宜采用不低于C20细石混凝土填充;钢腰梁与钢支撑的连接节点应加设劲板。 (4)钢支撑受力构件的长细比不宜大于75,联系构件的长细比不宜大于120。
3	传力构件	支撑拆除前应在主体结构与支护结构之间设置可靠的换撑传力构件或回填夯实。
4	围檩构件	围檩也可采用钢结构或钢筋混凝土结构。常用钢围檩的截面形式如图1.2.63所示,一般要求截面宽度不小于300mm

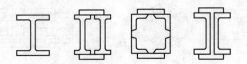

图 1.2.63 常用钢围檩截面形式

2. 支撑构造

支撑构造要求,如表1.2.157所示。

支 撑 构 造　　　　　　　　　　　　　　　　　　　　表 1. 2. 157

序号	项　目	内　　容
1	钢支撑构造	(1)支撑连接 钢支撑一般均做成标准节段,在安装时根据支撑长度再辅以非标准节段。非标准节段通常在工地上切割加工。标准节段长度为6m左右,节段间连接多为法兰(钢板)高强螺栓连接,也有采用焊接方式(图1.2.64)。螺栓连接施工方便,尤其是坑内的拼装,但整体性不如焊接好,为减小节点变形,宜采用高强螺栓。 (2)节点构造 1)钢管支撑 图1.2.65为钢管支撑及围檩、立柱连接节点的详图。 ①图1.2.65(a)为钢管支撑与型钢格构型立柱连接节点构造详图,包括单肢钢管支撑和双肢钢管支撑; ②图1.2.65(b)为钢管支撑与H型钢围檩连接节点的构造详图; ③图1.2.65(c)为双肢钢管支撑与八字撑连接节点的构造详图。 2)H型钢支撑 图1.2.66为H型钢支撑及围檩连接节点的详图。 ①图1.2.66(a)为斜撑与围檩连接节点牛腿详图;图1.2.66(b)为八字撑与围檩连接节点; ②图1.2.66(c)为钢围檩连接节点; ③图1.2.66(d)为钢围檩异形连接节点详图; ④图1.2.66(e)、(f)为钢围檩转角处连接节点的两种作法。
2	钢筋混凝土支撑构造	(1)钢筋混凝土围檩与支护壁与支撑连接构造,见图1.2.67。 (2)钢筋混凝土支撑节点图之一,见图1.2.68。 (3)钢筋混凝土支撑节点图之二,见图1.2.69。 (4)钢筋混凝土支撑节点图之三,见图1.2.70。 (5)钢筋混凝土支撑节点图之四,见图1.2.71

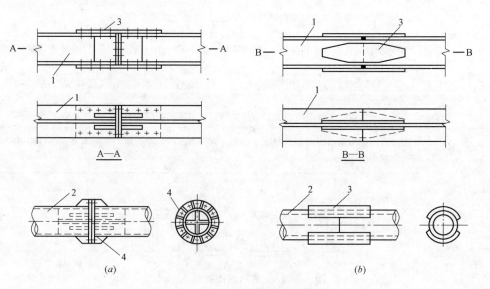

图 1.2.64　钢支撑的连接

(a) 螺栓连接; (b) 焊接

1—H型钢; 2—钢管; 3—钢板; 4—法兰

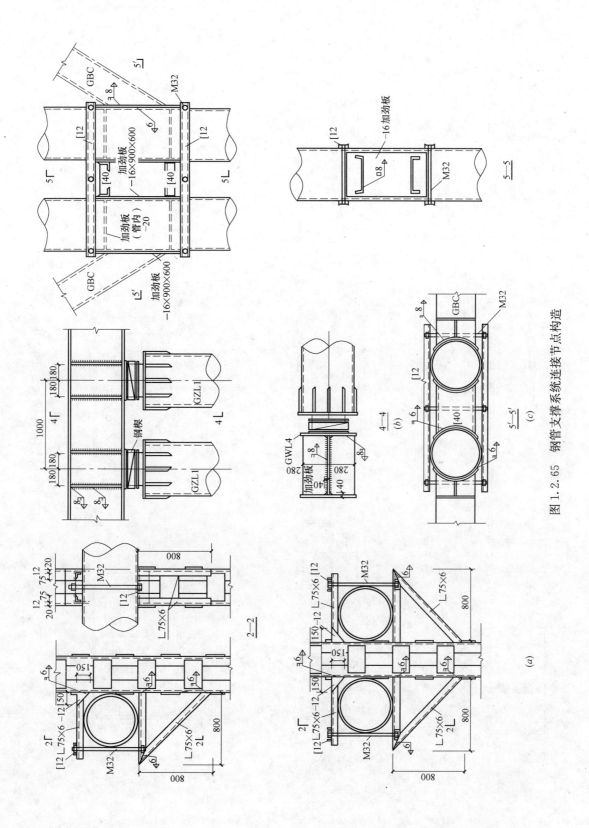

图 1.2.65 钢管支撑系统连接节点构造

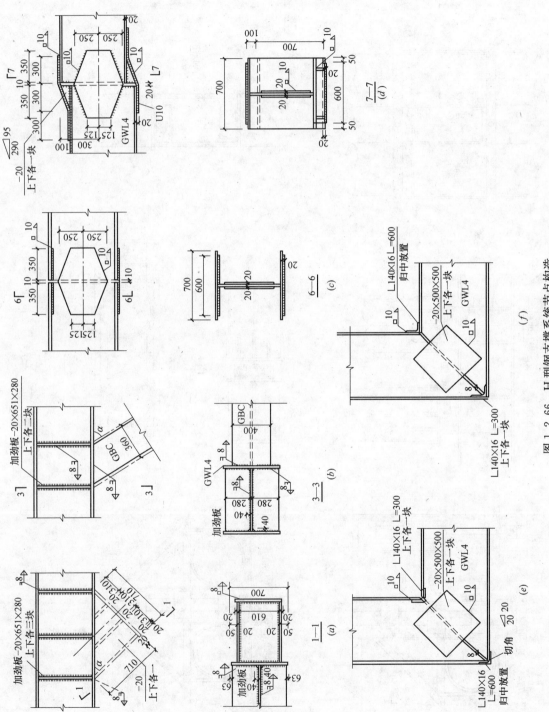

图 1.2.66　H 型钢支撑系统节点构造

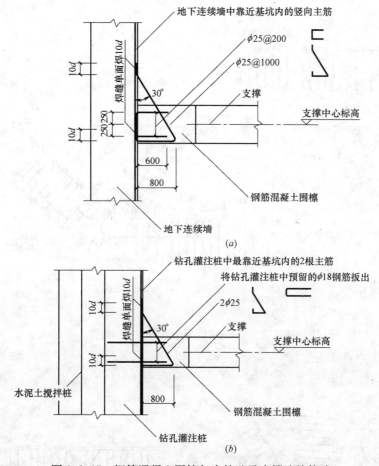

图 1.2.67 钢筋混凝土围檩与支护壁及支撑连接构造

(a) 钢筋混凝土围檩与地下连续墙的连接节点；(b) 钢筋混凝土围檩与钻孔灌注桩的连接节点

注：

(1) 凿去该部分地下连续墙的混凝土保护层，将图中两种 $\phi25$ 的钢筋与地下连续墙的竖向筋焊接。若遇水平筋须截断时，应将截断的钢筋与 $\phi25$ 的钢筋焊接。

(2) 每根钻孔灌注桩去除泡沫塑料板，扳出预埋的 $\phi18$ 钢筋，每隔一根钻孔灌注桩凿去该部分混凝土保护层，$2\phi25$ 钢筋与钻孔灌注桩中最靠近基坑内的 2 根主筋焊接。

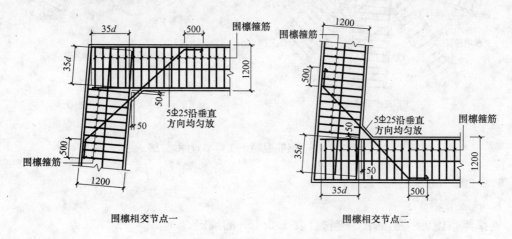

图 1.2.68 钢筋混凝土支撑节点图之一

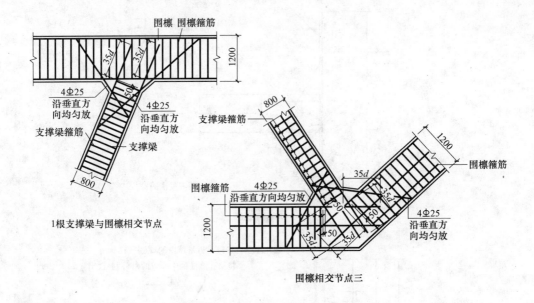

图 1.2.69　钢筋混凝土支撑节点图之二

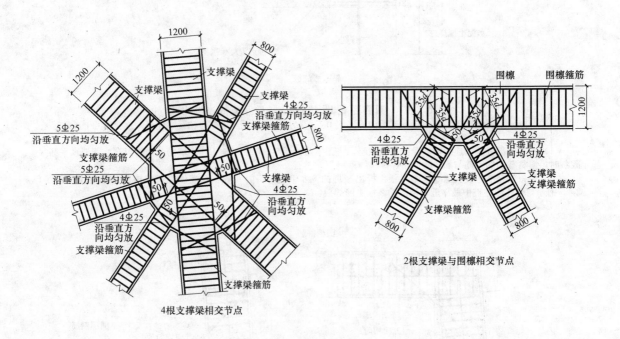

图 1.2.70　钢筋混凝土支撑节点图之三

1.2.3.3　施工要点

1. 一般要求

支撑体系施工一般要求，应符合表 1.2.158 的规定。

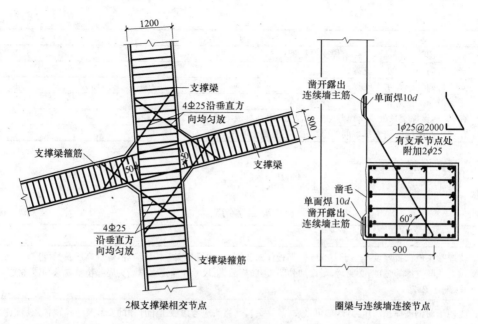

图 1.2.71 钢筋混凝土支撑节点图之四

一般要求   表 1.2.158

序号	内　容
1	支撑结构的安装与拆除顺序,应同基坑支护结构的设计计算工况相一致。必须严格遵守先支撑后开挖的原则;
2	立柱穿过主体结构底板以及支撑结构穿越主体结构地下室外墙的部位,应采用止水构造措施。
3	(1)当基坑平面尺较大时,支撑长度超过15m时,需设立柱来支承水平支撑,防止支撑弯曲,缩短支撑的计算长度,防止支撑失稳破坏。 (2)立柱通常用钢立柱,长细比一般小于25,由于基坑开挖结束浇筑底板时支撑立柱不能拆除,为此立柱最好做成格构式,以利底板钢筋通过。钢立柱不能支承于地基上,而需支承在立柱桩上,目前多用混凝土灌筑桩作为立柱支承桩,灌筑桩混凝土浇至坑底面为止,钢立柱插在灌筑桩内,插入长一般不小于4倍立柱边长,在可能情况下尽可能利用工程桩为立柱支承桩。立柱通常设于支撑交叉部位,施工时立柱桩应准确定位,以防偏离支撑交叉部位。
4	钢支撑预压力的施工应符合下列要求: (1)支撑安装完毕后,应及时检查各节点的连接状况,经确认符合要求后方可施加预压力,预压力的施加应在支撑的两端同步对称进行; (2)预压力应分级施加,重复进行,加至设计值时,应再次检查各连接点的情况,必要时应对节点进行加固,待额定压力稳定后锁定

2. 钢结构支撑施工

(1) 钢支撑安装工艺流程

钢支撑安装工艺流程,如表 1.2.159 所示。

钢支撑安装工艺流程   表 1.2.159

序号	内　容
1	根据支撑布置图在基坑四周支护墙上定出围檩轴线位置;
2	根据设计要求,在支护墙内侧弹出围檩轴线标高基准线;
3	按围檩轴线及标高,在支护墙上设置围檩托架或吊杆;
4	安装围檩;

序号	内　容
5	根据围檩标高在基坑立柱上焊支撑托架；
6	安装短向（横向）水平支撑；
7	安装长向（纵向）水平支撑；
8	对支撑预加压力；
9	在纵、横支撑交叉处及支撑与立柱相交处，用夹具或电焊固定；
10	在基坑周边围檩与支护墙间的空隙处，用混凝土填充

（2）钢支撑施工要点

钢支撑施工要点，如表 1.2.160 所示。

施　工　要　点　　　　　　　　　表 1.2.160

序号	内　容
1	支撑端头应设置厚度不小于 10mm 的钢板作封头端板，端板与支撑杆件满焊，焊缝高度及长度应能承受全部支撑力或与支撑等强度，必要时，增设加劲肋板，肋板数量，尺寸应满足支撑端头局部稳定要求和传递支撑力的要求（图 1.2.72）。
2	为便于对钢支撑预加压力，端部可做成（活络头），活络头应考虑液压千斤顶的安装及千斤顶顶压后钢锲的施工。"活络头"的构造见图 1.2.72(b)。
3	钢支撑轴线与围檩轴线不垂直时，应在围檩上设置预埋铁件或采取其他构造措施以承受支撑与围檩间的剪力（图 1.2.73）。
4	钢支撑皆用钢腰梁，钢腰梁多用 H 型钢或双拼槽钢等，通过设于围护墙上的钢牛腿或锚固于墙内的吊筋加以固定（图 1.2.74）。钢腰梁分段长度不宜小于支撑间距的 2 倍，拼装点尽量靠近支撑点。如支撑与腰梁斜交，腰梁上应设传递剪力的构造。腰梁安装后与围护墙间的空隙，要用细石混凝土填塞。
5	安装节点尽量设在纵、横向支撑的交汇处附近。水平纵横向支撑的交汇点应尽可能设置同一标高上，宜采用定型的十字节头连接，这种连接整体性好，节点可靠。采用重叠连接，虽然施工安装方便，但支撑结构的整体性较差，应尽量避免采用。图 1.2.75 是上述两种连接的构造示意。
6	纵横向水平支撑采用重叠连接时，相应的围檩在基坑转角处不在同一平面内相交，也需采用叠交连接，此时应在围檩的端部采取加强的构造措施，防止围檩的端部产生悬臂受力状态，可采用图 1.2.76 的连接形式。
7	立柱设置。立柱间距应根据支撑的稳定及竖向荷载大小确定，但一般不大于 15m。常用的截面形式及立柱底部支承桩的形式如图 1.2.77、图 1.2.78 所示，立柱穿过基础底板时应采用止水构造措施。
8	钢支撑预加压力。对钢支撑预加压力是钢支撑施工中很重要的措施之一，它可大大减少支护墙体的侧向位移，并可使支撑受力均匀。 施加预应力的方法有两种：一种是用千斤顶在围檩与支撑的交接处加压，在缝隙处塞进钢锲锚固，然后就撤去千斤顶；另一种是用特制的千斤顶作为支撑的一个部件，安装在支撑上，预加压力后留在支撑上，待挖土结束支撑拆除前卸荷。
9	钢支撑预加压力的施工应符合下列要求： （1）千斤顶必须有计量装置。施加预压力的机具设备及仪表应由专人使用和管理，并定期维护校验，正常情况下每半年校验一次，使用中发现有异常现象应重新校验。 （2）支撑安装完毕后，应及时检查各节点的连接状况，经确认符合要求后方可施加预压力，预压力的施加宜在支撑的两端同步对称进行。 （3）预压力应分级施加，重复进行，加至设计值时，应再次检查各连接点的情况，必要时应对节点进行加固，待额定压力稳定后予以锁定。 预压力宜控制在支撑力设计值的 40%～60%。如超过 80% 时，应防止支护结构的外倾、损坏及对坑外环境的影响。 （4）支撑端部的八字撑应在主支撑施加压力后安装

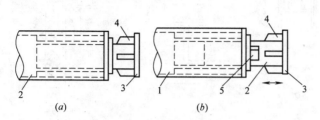

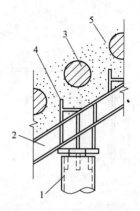

图 1.2.72 钢支撑端部构造

(a) 固定端头；(b) 活络端头

1—钢管支撑；2—活络头；3—端头封板；4—肋板；5—钢锲

图 1.2.73 支撑与围檩斜交

时的连接构造

1—钢支撑；2—围檩；3—支护墙；

4—剪力块；5—填嵌细石混凝土

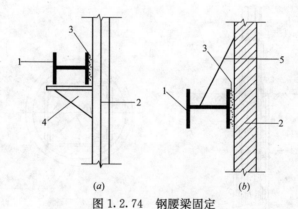

图 1.2.74 钢腰梁固定

(a) 用牛腿支承；(b) 用吊筋支承

1—腰梁；2—支护墙体；3—填塞细石混凝土；4—钢牛腿；5—吊筋

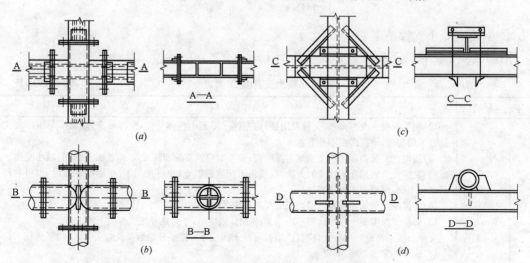

图 1.2.75 水平纵横向支撑连接示意图

(a) H 型钢十字节头平接；(b) 钢管十字接头平接；(c) H 型钢叠接；(d) 钢管叠接

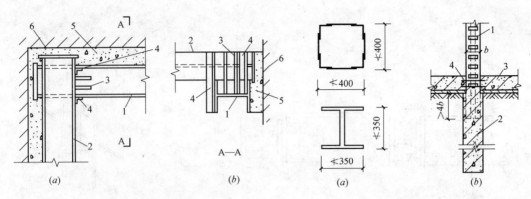

图 1.2.76　围檩叠接示意图

(a) 平面图；(b) 剖面图

1—下围檩；2—上围檩；3—连接肋板；4—连接角钢；
5—填嵌细石混凝土；6—支护桩

图 1.2.77　立柱的设置

(a) 立柱截面形式；(b) 立柱支承

1—钢立柱；2—立柱支承桩；3—地下
室底板；4—止水片

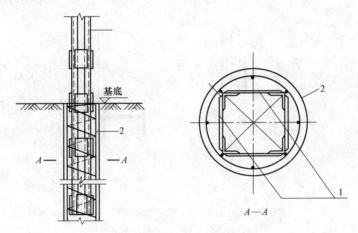

图 1.2.78　钢格构立柱与灌筑桩支承

1—钢格构立桩；2—灌筑桩

3. 钢筋混凝土支撑施工要点

钢筋混凝土支撑施工要点，如表 1.2.161 所示。

钢筋混凝土支撑施工要点　　　　表 1.2.161

序号	项　目	内　　　容
1	一般要求	(1)钢筋混凝土支撑体系(支撑及围檩)应在同一平面内整体整浇，支撑与支撑、支撑与围檩相交处宜采用加腋，使其形成刚性节点。 (2)按设计工况当基坑挖土至规定深度时，要及时浇筑支撑和腰梁，以减少时效作用，减小变形。 (3)支撑施工宜用开槽浇筑的方法，底模板可用素混凝土，也可采用木、小钢模等铺设，也可利用槽底作土模，侧模多用木、钢模板。 (4)支撑受力钢筋在腰梁内锚固长度要不小于 35d。 (5)要待支撑混凝土强度达到不小于 80％设计强度时，才允许开挖支撑以下的土方。 支撑和腰梁浇筑时的底模(模板或细石混凝土薄层等)，挖土开始后要及时去除，以防坠落伤人。 (6)支撑如穿越外墙，要设止水片。 (7)在浇筑地下室结构时如要换撑，亦需底板、楼板的混凝土强度达到不小于设计强度的 80％以后才允许换撑。

续表

序号	项 目	内 容
2	立柱	混凝土支撑亦多用钢立柱,钢筋混凝土支撑与立柱的连接在顶层支撑处可采用钢板承托方式,在顶层以下的支撑位,一般可由立柱直接穿过支撑,如图1.2.79所示。其立柱的设置与钢支撑立柱相同。
3	腰梁	(1)腰梁与支撑整体浇筑,在平面内形成整体。腰梁与支护墙间应浇筑密实。 (2)位于围护墙顶部的冠梁,多与围护墙体整浇,位于桩处的腰梁亦通过桩身预埋筋和吊筋加以固定。如图1.2.80所示。悬吊钢筋直径不宜小于20mm,间距一般1～1.5m,两端应弯起,插入冠梁及腰梁不少于40d。 (3)混凝土腰梁的截面宽度要不小于支撑截面高度;腰梁截面水平向高度由计算确定,一般不小于1/8腰梁水平面计算跨度。腰梁与围护墙间不留间隙,完全密贴

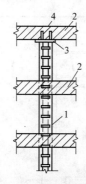

图 1.2.79 钢筋混凝土支撑
与立柱的连接

1—钢立柱;2—钢筋混凝土支撑;3—承
托钢板(厚10);4—插筋(4φ20)

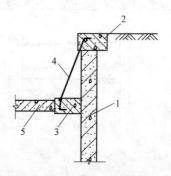

图 1.2.80 腰梁的吊点

1—支护墙;2—冠梁;3—腰梁;
4—悬吊钢筋;5—支撑

1.2.3.4 质量标准

钢、混凝土支撑系统工程质量检验标准,除应符合表1.2.162要求外,还应符合建筑地基基础工程施工质量验收规范(GB 50202—2002)中之7的有关要求。

钢、混凝土支撑系统工程质量检验标准　　　　　　　表 1.2.162

项 目	序号	检查项目		允许偏差或允许值		检查方法
				单位	数值	
主控项目	1	支撑位置:	标高	mm	30	水准仪
			平面	mm	100	钢尺量
	2	预加应力		kN	±50	油泵读数或传感器
一般项目	1	腰梁(围檩)标高		mm	30	水准仪
	2	立柱桩		见桩基部分		
	3	立柱位置:	标高	mm	30	水准仪
			平面	mm	50	钢尺量
	4	开挖超深(开槽放支撑不在此范围)		mm	<200	水准仪
	5	支撑安装时间		设计要求		用钟表估测

注:当对钢筋混凝土支撑结构或对钢支撑焊缝施工质量有怀疑时,宜采用超声探伤等非破损方法检测,检测数量根据现场情况确定。

1.2.3.5 支撑拆除

1. 拆除程序

在支撑拆除过程中，支护结构受力发生很大变化，支撑拆除程序应考虑支撑拆除后对整个支护结构不产生过大的受力突变，一般可遵循以下原则，见表1.2.163。

拆 除 程 序   表 1.2.163

序号	内　　　　容
1	分区分段设置的支撑,也宜分区分段拆除。
2	整体支撑宜从中央向两边分段逐步拆除,这对最上一道支撑拆除尤为重要,它对减小悬臂段位移较为有利。
3	先分离支撑与围檩,再拆除支撑,最后拆除围檩。 图1.2.81是一个二道支撑的工程支撑在竖向的平面上的拆除顺序: (1)基坑开挖至基底标高; (2)地下室底板及换撑完成后,拆除下道支撑; (3)地下室中楼板及换撑完成,拆除上道支撑; (4)拆除钢立柱,完成地下室全部结构及室外防水层

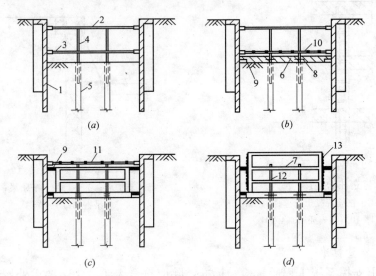

图 1.2.81　支撑拆除过程

1—支护墙；2—上道支撑；3—下道支撑；4—立柱；5—立柱支承桩；6—地下室底板；7—中楼板；8—止水片；
9—换撑混凝土梁（板）；10—拆除下道支撑；11—拆除上道支撑；12—拆除钢立柱；13—外墙防水层

2. 钢支撑拆除

钢支撑拆除工作要点如表1.2.164所示。

钢支撑拆除要点   表 1.2.164

序号	项　目	内　　　　容
1	起重设备	(1)基坑工程的特点是:一般面积较大,周围环境狭窄,但支撑重量不太大,要求的起重高度很小,因此,起重半径及起重机操作面往往是选择时主要考虑因素。 (2)钢支撑拆除应选择合适的起重机,如利用塔吊,则其臂长大,不需开行,较为有利,如采用汽车式或履带式起重机,则往往开行不便,作业面不够,要求较长起重臂方能满足拆除起吊的要求。
2	支撑拆除	(1)单根钢支撑拆除一般也分段进行,通常以两支承点(围檩或立柱)间的支撑作为一段,逐段拆除。 (2)拆除时用起重机将钢支撑吊紧,用气割或解除螺栓等方法拆除支撑节点及与支承点的连接,起吊装车运离工地。 (3)当支撑底与地下室底板面或中楼板顶面之间距离很小时,也可在支撑下垫放、旧轮胎等,再拆除支承,使其"软着落",而后起吊装车。当起重机起重半径不能满足时,可采用这种方法,此时,将拆除的支撑可用卷扬机拖至起重机作业半径内,再行起吊。
3	围檩拆除	钢围檩在支撑拆除后进行,拆除方法与支撑类似

3. 钢筋混凝土支撑拆除

钢筋混凝土支撑的拆除可采用人工凿除及爆破拆除两种方法。

(1) 人工凿除

钢筋混凝土支撑人工凿除，如表1.2.165所示。

人 工 凿 除　　　　　　　　　　　表1.2.165

序号	内　　　容
1	人工凿除一般采用分段凿开，起吊运出工地，分段的长度根据起重机起重能力，一般为1～2m。
2	凿开钢筋保护层后需将纵钢筋切断，箍筋也可拆去。
3	成段的钢筋混凝土块运出后也应凿碎，或置于填埋场，否则会影响环境。
4	如起重机的起重量较小，也可将凿断的混凝土块在现场凿碎再运出

(2) 爆破拆除

爆破拆除应由专业单位进行。在爆破前还必须对周围环境及主体结构采取有效的安全防护措施。

1) 防护措施

爆破前防护措施，如表1.2.166所示。

爆破前防护措施　　　　　　　　　　表1.2.166

序号	项　目	内　　　容
1	水平防护架	水平防护架即在进行爆破拆除的支撑及围檩的上方设置的飞石防护架，其上铺设防护层，具体要求如下： (1)下道支撑拆除时，防护架可搭设在上道支撑上，通常用钢管、扣件等脚手架材料作防护架，防护架钢管间距800mm左右。并应架空、全封密。钢管铺设间距不宜大于500mm，上铺双层竹笆，搭接300mm，防护架应搭至基坑边，不留缝隙，钢管相交处均应用扣件连接。图1.2.82(a)是防护架的示意图。 (2)最上面一道支撑的防护架需用立杆支撑，一般也可用钢管搭设，立杆间距约1.5m。由于最上一道支撑离地面很近，爆破爆炸后碎石易飞出，因此防护架应采用双层，在坑边应设置垂直防护架，使其成为封闭式，如图1.2.82(b)所示。 (3)爆体上铺设若干层湿麻袋，以减小碎石飞出速度。
2	垂直防护架	垂直防护架即当基坑的支撑系统采用分段爆炸拆除时或最上一层支撑拆除时在分段处及基坑四周要设置垂直防护架。 垂直防护架的搭设方法与水平防护架类似，亦应做成双层竹笆，特别应注意防护架的密封及垂直竹笆与钢管的连接，防止竹笆下坠产生空洞

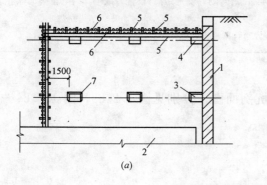
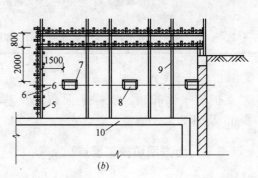

图1.2.82　爆炸防护架的设置

(a) 下道支撑防护架；(b) 最上一道支撑防护架

1—支护墙体；2—基础底板；3—下道支撑；4—上道支撑；5—钢管；6—竹笆；7—麻袋；

8—最上一道支撑；9—立杆；10—地下结构楼板面

2) 爆破拆除

爆破拆除其施工过程为：留孔（钻孔）→埋药→爆炸→清理等，如表 1.2.167 所示。

爆 破 拆 除　　　　　　　　　　　　　　表 1.2.167

序号	项目	内　容
1	钻孔(留孔)	(1)支撑及围檩爆破的装药孔一般为竖孔,便于装药。根据支撑及围檩的宽度,可设置一排或多排,孔深离底面 100～500mm,炮眼间距取 1～1.25 倍抵抗线长度,炮孔深度为 0.6～0.7 倍支撑(围檩)高度。 (2)钻孔可采用手持式风动凿岩机、电动凿岩机、风稿等,其中风动凿岩机运用较广泛。 在浇筑钢筋混凝土支撑体系时,根据爆破要求预留炮眼,可大大减少凿孔的工作量,加快施工速度,但在留孔时应防止孔道遗漏,在成孔后应防止杂物掉到孔内造成堵塞,做好孔道保护。预留孔对支撑截面会有所削弱,这在支撑体系的设计时应予以注意。
2	埋药	(1)装药及引爆。在炸药的装填常采用非密装方式,或称为不耦合装药。非密装式装药时,在药卷与炮眼孔壁之间留有孔隙,其目的是要减少炸药在爆炸瞬间所产生强大冲击波的初始压力。 冲击波传播支炮眼壁上的最大动压力值,随不耦合系数(炮眼内径与药卷直径之比)的增大而降低。一般炮眼直径为 34～45mm,不耦合系数为 2～4。 (2)当炮眼深度较大时,为了避免爆破力集中,也可分层装药,但以不超过 3 层为宜。
3	爆炸	(1)宜采用分段连续起爆,使用延期雷管,控制起爆顺序及时差。 (2)减小由爆炸引起的振动波对周围环境的影响。 1)在靠近地下管线、临近建筑等处进行爆炸拆除施工,可以支撑与围檩相交处,先进行人工凿断,分离支撑与围檩,这样,支撑的爆破拆除对外面的影响就很小。 2)或在该处采用小药量爆炸,使节点处混凝土松动,然后用人工打凿。也可在支撑与围檩相交处采用密孔布置、小药量预裂爆炸,以减小支撑拆除时振动波向外传播影响周围环境。
4	安全措施	爆破拆除工程,应特别重视安全施工。爆破作业每一道工序,要认真贯彻执行爆破安全方面的有关规定,特别应注意下列问题: (1)爆破器材的领取、运输和贮存,应有严格的规章制度。雷管和炸药不得同车装运、同库贮存。爆破器材仓库离工厂或住宅区等应有一定的安全距离,并严加警卫。 (2)爆破施工前,应做好安全爆破的准备工作,划好安全距离,设置警戒哨。闪电雷鸣时禁止装药、接线。 (3)爆破时发现拒爆,必须先查清原因,然后再进行处理

1.2.3.6　支撑实例

支护桩平面布置、支撑平面布置及基坑剖面图,分别见图 1.2.83,图 1.2.84～图 1.2.86 及图 1.2.87。

1.2.4　土方回填施工要点

1.2.4.1　人工回填土施工要点

1. 一般规定

人工回填土一般规定,如表 1.2.168 所示。

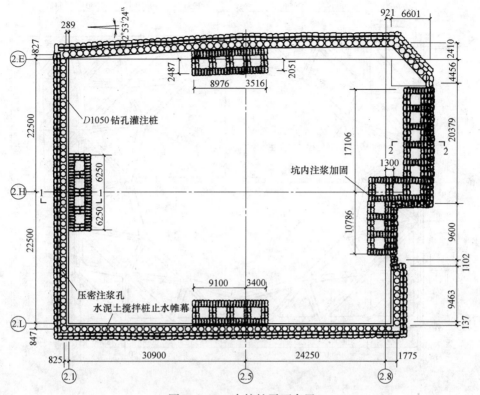

图 1.2.83 支护桩平面布置

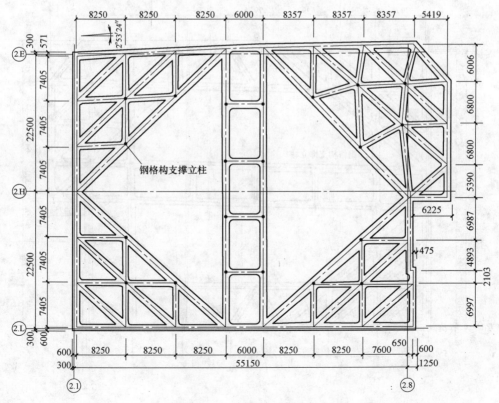

图 1.2.84 支撑平面布置之一

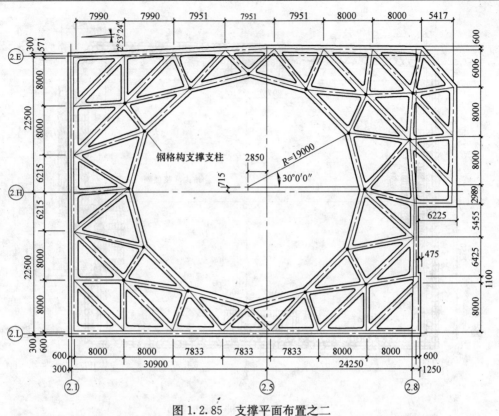

图 1.2.85　支撑平面布置之二

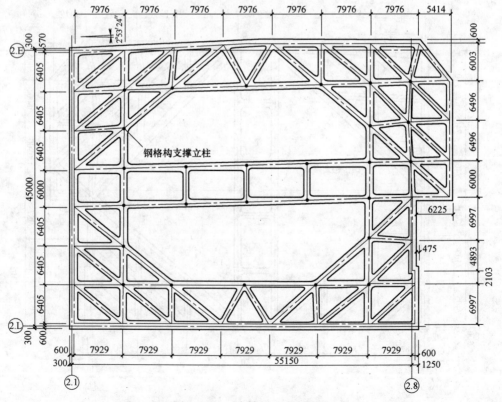

图 1.2.86　支撑平面布置之三

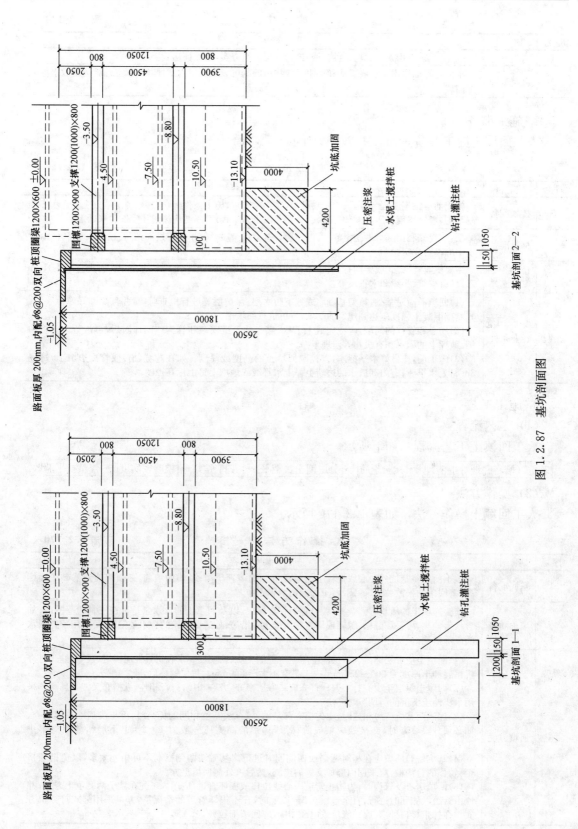

图 1.2.87 基坑剖面图

一般规定　　　　　　　　　　　　　　　　表 1.2.168

序号	项　目	内　　　容
1	基本概念	人工回填,系用人力对场、基坑(槽)进行分层回填夯实,以保证达到要求的密实度。
2	适用范围	本工艺标准适用于一般工业和民用建筑物中的基坑、基槽、室内地坪、管沟、室外肥槽及散水等人工回填工

2. 施工准备

人工回填土施工准备,如表 1.2.169 所示。

施工准备　　　　　　　　　　　　　　　　表 1.2.169

序号	项　目	内　　　容
1	技术准备	施工前应根据工程特点,填方土料种类,密实度要求,施工条件等,合理地确定填方土料含水率控制范围、虚铺厚度和压实遍数等参数;重要回填土方工程,其参数应通过压实试验来确定。
2	材料准备	土:宜优先利用基槽中挖出的土,但不得含有有机杂质。使用前应过筛,其粒径不大于 50mm,含水率应符合规定。
3	机具准备	主要机具有:蛙式或柴油打夯机、手推车、筛子(孔径 40～60mm)、木耙、铁锹(尖头与平头)、2m靠尺、胶皮管、小线和木折尺等。
4	作业条件	(1)回填前应对基础、箱型基础墙或地下防水层、保护层等进行检查验收,并且要办好隐检手续。其基础混凝土强度应达到规定的要求,方可进行回填土。 (2)房心和管沟的回填,应在完成上下水、煤气的管道安装和管沟墙间加固后,再进行。并将沟槽、地坪上的积水和有机物等清理干净。 (3)施工前,应做好水平标志,以控制回填土的高度或厚度。如在基坑(槽)或管沟边坡上,每隔3m 钉上水平橛;室内和散水的边墙上弹上水平线或地坪上钉上标高控制木桩

3. 施工工艺

(1) 工艺流程

人工回填土工艺流程,如下所示。

基坑(槽)底地坪上清理 → 检验土质 → 分层铺土、耙平 → 夯打密实 → 检验密实度 → 修整找平验收

(2) 操作方法

人工回填土操作方法,如表 1.2.170 所示。

操作方法　　　　　　　　　　　　　　　　表 1.2.170

序号	项　目	内　　　容
1	基底准备	填土前应将基坑(槽)底或地坪上的垃圾等杂物清理干净;基槽回填前,必须清理到基础底面标高,将回落的松散垃圾、砂浆、石子等杂物清除干净。
2	填土质量	检验回填土的质量有无杂物,粒径是否符合规定,以及回填土的含水量是否在控制的范围内;如含水量偏高,可采用翻松、晾晒或均匀掺入干土等措施;如遇回填土的含水量偏低,可采用预先洒水润湿等措施。
3	回填方法	(1)回填土应分层铺摊。每层铺土厚度应根据土质、密实度要求和机具性能确定。一般蛙式打夯机每层铺土厚度为 200～250mm;人工打夯不大于 200mm。每层铺摊后,随之耙平。 (2)回填土每层至少夯打三遍。打夯应一夯压半夯,夯夯相接,行行相连,纵横交叉。并且严禁采用水浇使土下沉的所谓"水夯"法。 (3)深浅两基坑(槽)相连时,应先填夯深基础;填至浅基坑相同的标高时,再与浅基础一起填夯。如必须分段填夯时,交接处应填成阶梯形,梯形的高宽比一般为 1:2。上下层错缝距离不小于 1.0m。 (4)基坑(槽)回填应在相对两侧或四周同时进行。基础墙两侧标高不可相差太多,以免把墙挤歪;较长的管沟槽,应采用内部加支撑的措施,然后再外侧回填土方。 (5)回填房心及管沟时,为防止管道中心线位移或损坏管道,应用人工先在管子两侧填土夯实;并应由管道两侧同时进行,直至管顶 0.5m 以上时,在不损坏管道的情况下,方可采用蛙式打夯机夯实。在抹带接口处,防腐绝缘层或电缆周围,应回填细粒料。

续表

序号	项　目	内　　容
4	质量密度	回填土每层填土夯实后,应按规范规定进行环刀取样,测出干土的质量密度;达到要求后,再进行上一层的铺土。
5	修整找平	修整找平,填土全部完成后,应进行表面拉线找平,凡超过标准高程的地方,及时依线铲平;凡低于标准高程的地方,应补土夯实。
6	冬、雨期施工	(1)基坑(槽)或管沟的回填土应连续进行,尽快完成。施工中注意雨情,雨前应及时夯完已填土层或将表面压光,并做成一定坡势,以利排除雨水。 (2)施工时应有防雨措施,要防止地面水流入基坑(槽)内,以免边坡塌方或基土遭到破坏。 (3)冬期回填土每层铺土厚度应比常温施工时减少20%~50%;其中冻土块体积不得超过填土总体积的15%;其粒径不得大于150mm。铺填时,冻土块应均匀分布,逐层压实。 (4)填土前,应清除基底上的冰雪和保温材料;填土的上层应用未冻土填铺,其厚度应符合设计要求。 (5)管沟底至管顶0.5m范围内不得用含有冻土块的土回填,室内房心、基坑(槽)或管沟不得用含冻土块的土回填。 (6)回填土施工应连续进行,防止基土或已填土层受冻,应及时采取防冻措施

4. 质量标准

(1) 质量控制措施

土方回填质量控制措施,如表1.2.171所示。

质 量 控 制　　　　　　　　　　　　　　　　表 1.2.171

序号	内　　容
1	土方回填前应清除基底的垃圾、树根等杂物,抽除坑穴积水、淤泥,验收基底标高。如填方在耕植土或松土上进行,应对基底压实后再进行。
2	对填方土料应按设计要求验收后方可填入。
3	填方施工过程中应检查排水措施,每层填筑厚度、含水量控制、压实程度。填筑厚度及压实遍数应根据土质,压实系数及所用机具经试验确定。如无试验依据,可参见表1.2.172。

填土施工时的分层厚度及压实遍数　　　　　　　表 1.2.172

压实机具	分层厚度(mm)	每层压实遍数	压实机具	分层厚度(mm)	每层压实遍数
平碾	250~300	6~8	柴油打夯机	200~250	3~4
振动压实机	250~350	3~4	人工打夯	不大于200	3~4

(2) 质量检验标准

填方施工结束后应检查标高、边坡坡度、压实程度等,检验标准参见表1.2.173。并应符合建筑地基基础工程施工质量验收规范(GB 50202—2002)中之6的有关要求。

填土工程质量检验标准　　　　　　　　　　　　表 1.2.173

项目	序号	检查项目	允许偏差(mm)					检 查 方 法
			桩基基坑基槽	场地平整		管沟	地(路)面基础层	
				人工	机械			
主控项目	1	标高	+0 -50	±30	±50	+0 -50	+0 -50	水准仪
	2	分层压实系数	设计要求					按规定方法
一般项目	1	回填土料	设计要求					取样检查或直观鉴别
	2	分层厚度及含水量	设计要求					水准仪及抽样检查
	3	表面平整度	20	20	30	20	20	用靠尺或水准仪

（3）质量记录

人工回填土质量记录，如表 1.2.174 所示。

质量记录　　　　　　　　　　　　　　表 1.2.174

序号	内　容	序号	内　容
1	地基钎探记录。	3	回填土的试验报告
2	地基隐蔽验收记录。		

5. 成品保护

人工回填土成品保护，如表 1.2.175 所示。

成品保护　　　　　　　　　　　　　　表 1.2.175

序号	内　容
1	施工时,对定位标准桩、轴线引桩、标准水准点、龙门板等,填运土时不得撞碰,也不得在龙门板上休息。并应定期复测和检查这些标准桩点是否正确。
2	夜间施工时,应合理安排施工顺序,设有足够的照明设施,防止铺填超厚,严禁汽车直接倒土入槽。
3	基础或管沟的现浇混凝土应达到一定强度,不致因填土而受损坏时,方可回填。
4	管沟中的管线,肥槽内从建筑物伸出的各种管线,均应妥善保护后,再按规定回填土料,不得碰坏。
5	基坑(槽)回填应分层对称进行,防止一侧回填造成两侧压力不平衡,使基础变形或倾倒。
6	已完填土应将表面压实,做成一定坡向或做好排水设施,防止地面雨水流入坑(槽)浸泡地基

6. 安全措施

人工回填安全措施，如表 1.2.176 所示。

安全措施　　　　　　　　　　　　　　表 1.2.176

序号	内　容
1	基坑(槽)和管沟回填前,应检查坑(槽)壁有无塌方迹象,下坑(槽)操作人员要戴安全帽。
2	在填土夯实过程中,要随时注意边坡土的变化,对坑(槽)、沟壁有松土掉落或塌方的危险时,应采取适当的支护措施。基坑(槽)边上不得堆放重物。
3	坑(槽)及室内回填,用车辆运土时,应对跳板、便桥进行检查,以保证交通道路畅通安全。车与车的前后距离不得小于 5m。车辆上均应装设制动闸,用手推车运土回填,不得放手让车自动翻转卸土。
4	基坑(槽)回填土时,支撑(护)的拆除,应按回填顺序,从下而上逐步拆除,不得全部拆除后再回填,以免使边坡失稳,更换支撑时必须先装新的,再拆除旧的。
5	非机电设备操作人员不准擅自动用机电设备。使用蛙式打夯机时,要两人操作,其中一人负责移动胶皮线。操作夯机人员,必须戴胶皮手套,以防触电。打夯时要精神集中,两机平行间距不得小于 3m;在同一夯行路线上,前后距离不得小于 10m。
6	压路机制动器必须保持良好,机械碾压运行中,碾轮边距填方边缘应大于 500mm,以防发生溜坡倾倒。停车时应将制动器制动住,并楔紧滚轮,禁止在坡道上停车

1.2.4.2　机械回填土施工要点

1. 一般规定

机械回填土施工一般规定，如表1.2.177。

一般规定　　　　　　　　　　　　　　　表1.2.177

序号	项目	内　容
1	基本概念	机械回填，系用机械对场地、基坑（槽）进行分层回填夯实，以保证达到要求的密实度。
2	适用范围	本工艺标准适用于工业及民用建筑物、构筑物大面积平整场地、大型基坑和管沟等回填土

2. 施工准备

机械回填土施工准备，如表1.2.178所示。

施工准备　　　　　　　　　　　　　　　表1.2.178

序号	项目	内　容
1	技术准备	（1）施工前应根据工程特点、填方土料种类、密实度要求、施工条件等，合理地确定填方土料含水量控制范围、虚铺厚度和压实遍数等参数；重要回填土方工程，其参数应通过压实试验来确定。 （2）确定好土方机械、车辆的行走路线，应事先经过检查，必要时要进行加固加宽等准备工作。同时要编好施工方案。
2	材料准备	（1）碎石类土、砂土（使用细砂、粉砂时应取得设计单位同意）和爆破石碴，可用作表层以下填料。其最大粒径不得超过每层铺填厚度的2/3或3/4（使用振动碾时），含水率应符合确定。 （2）黏性土应检验其含水率，必须达到设计控制范围，方可使用。 （3）盐渍土一般不可使用。但填料中不含有盐晶、盐块或含盐植物的根茎，并符合《土方与爆破工程施工及验收规范》附表1.8的规定的盐渍土则可以使用。 （4）土料宜优先利用基坑（槽）中挖出的原土，并清除其中有机杂质和粒径大于50mm的颗粒，含水量应符合要求。 （5）石屑不含有机杂质，粒径不大于50mm。
3	机具准备	（1）装运土方机械有：铲土机、自卸汽车、推土机、铲运机及翻斗车等。 （2）碾压机械有：平碾、羊足碾和振动碾等。 （3）一般机具有：蛙式或柴油打夯机、手推车、铁锹（平头或尖头）、2m钢尺、20号铅丝、胶皮管等。
4	作业条件	（1）回填土前应清除基底上草皮、杂物、树根和淤泥，排除积水，并在四周设排水沟或截洪沟，防止地面水流入填方区或基坑（槽），浸泡地基，造成基土下陷。 （2）施工完地面以下基础、构筑物、防水层、保护层、管道（经试水合格），填写好地面以下工程的隐蔽工程记录，并经质量检查验收，签证认可。混凝土或砌筑砂浆应达到规定强度。 （3）大型土方回填，应根据工程规模、特点、填料种类、设计对压实系数的要求、施工机具设备条件等，通过试验确定填料含水量控制范围，每层铺土厚度和打夯或压实遍数等施工参数。 （4）施工前，应做好水平高程标志布置。如大型基坑或沟边上每隔1m钉上水平桩橛或在邻近的固定建筑物上抄上标准高程点。大面积场地上或地坪每隔一定距离钉上水平桩。室内和散水的边墙上，做好水平标记

3. 施工工艺

（1）工艺流程

机械回填土工艺流程，如下所示。

基坑底地坪上清理 → 检验土质 → 分层铺上 → 分层碾压密实 → 检验密实度 → 修整找平验收

（2）操作方法

机械回填土操作方法，如表1.2.179所示。

操 作 方 法　　　　　　　　　　　　　　　　　　表 1.2.179

序号	项 目	内　　容
1	基底清理	填土前,应将基土上的洞穴或基底表面上的树根、垃圾等杂物都处理完毕,清除干净。
2	检验土质	检验土质。检验回填土料的种类、粒径,有无杂物,是否符合规定,以及土料的含水量是否在控制范围内;如含水量偏高,可采用翻松、晾晒或均匀掺入干土等措施;如遇填料含水量偏低,可采用预先洒水润湿等措施。各种压实机具的压实影响深度与土的性质、含水量和压实遍数有关,回填土的最优含水量和最大干密度,应按设计要求经试验确定,其参考数值见表 1.2.180。
3	分层铺土	回填土应分层摊铺和夯打压实,每层铺土厚度和压实遍数应根据土质、压实系数和机具性能而定。一般铺土厚度应小于压实机械压实的作用深度,应能使土方压实而机械的功耗最小。通常应进行现场夯(压)实试验确定。常用夯(压)实工具机械每层最大铺土厚度和所需要的夯(压)实遍数参考数值见表 1.2.181。
4	机械回填压实	(1)采用推土机填土时,应由下而上分层铺填,不得采用大坡度推土,以推代压,居高临下,不分层次和一次推填方法。推土机运土回填,可采取分堆集中,一次运送方法,以减少土方漏失量。填土程序宜采用纵向铺填的顺序,从挖土区段至填土区段,以 40～60m 距离为宜,用推土机来回行驶进行碾压,履带应重叠一半。 (2)采用铲运机大面积铺填土时,铺填土区段长度不宜小于 20m,宽度不宜小于 8m。铺土应分层进行,每次铺土厚度不大于 300～500mm;每层铺土后,利用空车返回时将地表面刮平,填土程序一次尽量采取横向或一次采取纵向分层卸土,以利行驶时初步压实。 (3)大面积回填宜用机械碾压,在碾之前宜先用轻型推土机、拖拉机推平,低速预压 4～5 遍,使表面平实,避免碾轮下陷;采用振动平碾压实爆破石渣或碎石类土,应先静压,而后振压。 (4)用羊足碾碾压时,碾压方向应从填土区的两侧逐渐压向中心。每次碾压应有 15～20cm 重叠,同时应随时清除粘着于羊足之间的土料。为提高上部土层密实度,羊足碾压过后,宜再辅以拖式平碾或压路机压平。 (5)用压路机进行填方压实,应采用"薄填、慢驶、多次"的方法。碾压方向应从两边逐渐压向中间,碾轮每次重叠宽度约 15～25cm,边坡、边角边缘压实不到之处,应辅以人力夯或小型夯实机具夯实。碾压墙、柱、基础处填方,压路机与之距离不应小于 0.5m。每碾压一层完后,应用人工或机械(推土机)将表面拉毛,以利接合。 (6)碾压机械压实填方时,应控制行驶速度,一般不应超过以下规定: 平碾:2km/h;羊足碾:3km/h;振动碾:2km/h 1)碾压时,轮(夯)迹应相互搭接,防止漏压或漏夯。长宽比较大时,填土应分段进行。每层接缝处应作成斜坡形,碾迹重叠 0.5～1.0m 左右,上下层错缝距离不应小于 1m。 2)碾压机械与基础或管道应保持一定距离,防止将基础或管道压坏或使其位移。 (7)用铲运机及运土工具进行压实,其移动均须均匀分布于填层的全面,逐次卸土碾压。 (8)填土层如有地下水或滞水时,应在四周设置排水沟和集水井,将水位降低。已填好的土层如遭水浸,应把稀泥铲除后,方能进行上层回填;填土区应保持一定横坡,或中间稍高两边稍低,以利排水;当天填土应在当天压实。 (9)在机械施工碾压不到的填土部位,应配合人工推土填充,用蛙式或柴油打夯机分层夯打密实。
5	检测验收	(1)回填土方每层压实后,应按规范规定进行环刀取样,测出干土的质量密度,达到要求后,再进行上一层的铺土。 (2)填方全部完成后,表面应进行拉线找平,凡超过标准高程的地方,及时依线铲平;凡低于标准高程的地方,应补土找平夯实。
6	雨、冬期施工	(1)雨期施工的填方工程,应连续进行尽快完成;工作面不宜过大,应分层分段逐片进行。重要或特殊的土方回填,应尽量在雨期前完成。 (2)雨期时,应有防雨措施或方案,要防止地面水流入基坑和地坪内,以免边坡塌方或基土遭到破坏。 (3)填方工程不宜在冬期施工,如必须在冬期施工时,其施工方法需经过技术经济比较后确定。 (4)冬期填方前,应清除基底上的冰雪和保温材料;距离边坡表层 1m 以内不得用冻土填筑;填方上层应用未冻、不冻或透水性好的土料填筑,其厚度应符合设计要求。 (5)冬期施工室外平均气温在 -5℃ 以上时,填方高度不受限制;平均温度在 -5℃ 以下时,填方高度不宜超过表 1.2.182 的规定。但用石块和不含冰块的砂土(不包括粉砂)、碎石类土填筑时,可不受表内填方高度的限制。 (6)冬期回填土方,每层铺筑厚度应比常温施工时减少 20%～25%,其中冻土块体积不得超过填方总体积 15%;其粒径不得大于 150mm。铺冻土块要均匀分布,逐层压(夯)实。回填土方的工作应连续进行,防止基土或已填方土层受冻。并且要及时采取防冻措施。
7	填方要点	填方要点见表 1.2.183

土的最优含水量和最大干密度参考表　　　　　　表 1.2.180

项次	土的种类	变动范围		项次	土的种类	变动范围	
		最优含水量(%)（重量比）	最大干密度（t/m³）			最优含水量(%)（重量比）	最大干密度（t/m³）
1	砂土	8～12	1.80～1.88	3	粉质黏土	12～15	1.85～1.95
2	黏土	19～23	1.58～1.70	4	粉土	16～22	1.61～1.80

注：1. 表中土的最大干密度应以现场实际达到的数字为准；

　　2. 一般性的回填可不作此项测定。

填方每层铺土厚度和压实遍数　　　　　　表 1.2.181

压实机具	每层铺土厚度（mm）	每层压实遍数（遍）	压实机具	每层铺土厚度（mm）	每层压实遍数（遍）
平碾(8～12t)	200～300	6～8	振动压路机(2t,振动力 98kN)	120～150	10
羊足碾(5～16t)	200～350	8～16	推土机	200～300	6～8
蛙式打夯机(200kg)	200～250	3～4	拖拉机	200～300	8～16
振动碾(8～15t)	60～130	6～8	人工打夯	不大于 200	3～4

注：人工打夯时，土块粒径不应大于 5cm。

冬期填方高度限制　　　　　　表 1.2.182

平均气温(℃)	填方高度(m)
−5～−10	4.5
−11～−15	3.5
−16～−20	2.5

填方操作要点　　　　　　表 1.2.183

序号	内　容
1	填方应从最低处开始，由下而上整个宽度水平分层均匀铺填土料和夯(压)实。底层如为耕土或松土时，应先夯实，然后再全面填筑。在水田、沟渠或地塘上填方，应先排水疏干，挖去淤泥，换填砂砾或抛填块石等压实后再行填土。
2	填方应在边缘设一定坡度，以保持填方的稳定。填方的边坡坡度根据填方高度、土的种类和其重要性，在设计中加以规定，当无规定时，可按表 1.2.184 采用。
3	深浅坑(槽)相连时，应先填深坑(槽)，相平后与浅坑全面分层填夯。如分段填筑，交接填成阶梯形，分层交接处应错开，上下层接缝距离不小于 1.0m。每层碾迹重叠应达到 0.5～1.0m。墙基及管道回填应在两侧用细土同时回填夯实。
4	在地形起伏之处填土，应做好接槎，修筑 1∶2 阶梯形边坡，每台阶可取 50cm，宽 100cm。分段填筑时，每层接缝处应作成大于 1∶1.5 的斜坡。接缝部位不得在基础、墙角、柱墩等重要部位

永久性填方的边坡坡度　　　　　　表 1.2.184

项次	土 的 种 类	填方高度(m)	边坡坡度
1	黏土类土、黄土、类黄土	6	1∶1.50
2	粉质黏土、泥灰岩土	6～7	1∶1.50
3	中砂和粗砂	10	1∶1.50
4	黄土或类黄土	6～9	1∶1.50
5	砾石和碎石土	10～12	1∶1.50
6	易风化的岩土	12	1∶1.50

注：1. 当填方高度超过本表规定限值时，其边坡可做成折线形，填方下部的边坡坡度应为 1∶1.75～1∶2.00；

　　2. 凡永久性填方，土的种类未列入本表者，其边坡坡度不得大于 $\phi+45°/2$，ϕ 为土的自然倾斜角；

　　3. 对使用时间较长的临时性填方（如使用时间超过一年的临时工程的填方）边坡坡度，当填方高度小于 10m 时，可采用 1∶1.50；超过 10m 可作成折线形，上部采用 1∶1.50，下部采用 1∶1.75。

4. 质量标准

（1）机械回填土施工质量标准，同人工回填土见表1.2.173。

（2）质量记录

本工艺标准应具备以下质量记录，如表1.2.185。

质量记录   表 1.2.185

序号	内 容	序号	内 容
1	地基处理记录。	3	地基隐蔽验收记录。
2	地基钎控记录。	4	回填土的试验报告

5. 成品保护

机械回填土成品保护，如表1.2.186所示。

成品保护   表 1.2.186

序号	内 容
1	施工时，对定位标准桩、轴线控制桩、标准水准点及龙门板等，填运土方时不得碰撞，也不得在龙门板上休息。并应定期复测检查这些标准桩点是否正确。
2	夜间施工时，应合理安排施工顺序，要有足够的照明设施。防止铺填超厚，严禁用汽车直接将土倒入基坑（槽）内。但大型地坪不受限制。
3	基础或管沟的现浇混凝土应达到一定强度，不致因回填土而受破坏时，方可回填土方

6. 安全措施

机械回填土安全措施，同表1.2.176人工回填土安全措施。

1.2.5 降水施工要点

1.2.5.1 一般规定

降水工程一般规定，如表1.2.187所示。

一般规定   表 1.2.187

序号	项 目	内 容
1	概述	在地下水位较高的透水土层中进行基坑开挖施工时，由于基坑内外的水位差较大，较易产生流砂、管涌等渗透破坏现象，有时还会影响到边坡或坑壁的稳定。因此，除了配合围护结构设置止水幕幕外，往往还需要在开挖之前，采用人工降水方法，将基坑内或基坑内外的水位降低至开挖面以下。
2	降水作用	(1)防止地下水因渗流而产生流砂、管涌等渗透破坏作用。 (2)消除或减少作用在边坡或坑壁围护结构上的静水压力与渗透力，提高边坡或坑壁围护结构的稳定性。 (3)避免水下作业，使基坑施工能在水位以上进行，为施工提供方便，也有利于提高施工质量。
3	适用条件	(1)地下水位较高的砂石类或粉土类土层。对于弱透水性的黏性土层，可采取电渗井点、深井井点或排结合的措施降低地下水位。 (2)周围环境容许地面有一定的沉降。 (3)止水帷幕密闭，坑内降水时坑外水位下降不大。 (4)采取有效措施，足以使邻近地面沉降控制在容许值以内。 (5)具有地区性的成熟经验，证明降水对周围环境不产生大的影响。

序号	项 目	内 容
4	基本规定	(1)降水施工前应有降水设计,当在基坑外降水时,应有降水范围估算,对重要建筑物或公共设施在降水过程中应监测。 (2)施工完后,应试运转,如发现井管失效,应采取措施使其恢复正常,如无可能恢复则应报废,另行设置新的井管。 (3)降水系统运转过程中应随时检查观测孔中的水位

1.2.5.2 施工准备及工程要点

降水工程施工准备及工程要点,如表 1.2.188 所示。

施 工 准 备　　　　　　　　　　　　表 1.2.188

序号	项 目	内 容
1	技术准备	(1)降水方案编制 在降水工程施工前,应根据基坑开挖深度、基坑周围环境、地下管线分布、工程地质勘察报告和基坑壁、边坡支护设计等进行降水方案设计,并经审核和批准。 (2)技术交底 降水施工作业前,应进行技术、质量和安全交底,交底要有记录,并有交底人和接受交底人签字。
2	材料准备	主要包括井点管、砂滤层(黄砂和小砾石)、滤网、黏土(用于井点管上口密封)和绝缘沥青(用于电渗井点)等。
3	主要机具	(1)轻型井点降水系统主要设备:由井点管、连接管、集水总管及抽水设备等组成。 (2)喷射井点降水系统主要设备:由喷射井点、高压水(气)泵和管路系统等组成。 (3)管井井点降水系统主要设备:由滤水井管、吸水管和水泵等组成。 (4)电渗井点降水系统主要设备:由作阴极用的井点管、作阳极用的钢筋或钢管和直流发电机或直流电焊机等组成。 (5)深井井点降水系统主要设备:由井管、水泵等组成。 (6)井点成孔设备:主要包括起重设备、冲管和冲击或钻机等。
4	作业条件	(1)建筑物的控制轴线、灰线尺寸和标高控制点已经复测。 (2)井点位置的地下障碍物已清除。 (3)基坑周围受影响的建筑物和构筑物的位移监测已准备就绪。 (4)防止基坑周围受影响的建筑物和构筑物的措施已准备就绪。 (5)水源电源已准备。 (6)排出的地下水应经沉淀处理后方可排放到市政地下管道或河道。 (7)所采用的设备已维修和保养,确保能正常使用。
5	工程要点	降水工程要点,如表 1.2.189 所示

工 程 要 点　　　　　　　　　　　　表 1.2.189

序号	项 目	内 容
1	材料要点	(1)砂滤层 用于井点降水的黄砂和小砾石砂滤层,应洁净,其黄砂含泥量应小于 2%,小砾石含泥量应小于1%,其填砂粒径应符合 $5d_{50} \leqslant D_{50} \leqslant 10d_{50}$ 要求,同时应尽量采用同一种类的砂粒,其不均匀系数应符合 $C_u = D_{60}/D_{10} \leqslant 5$ 要求。 式中　d_{50}——为天然土体颗粒 50% 的直径; 　　　D_{50}——为填砂颗粒 50% 的直径; 　　　D_{60}——为颗粒小于土体总重的 60% 的直径; 　　　D_{10}——为颗粒小于土体总重 10% 的直径; 对于用于管井井点的砂滤层,其填砂粒径以含水层土颗粒 $d_{50} \sim d_{60}$(系筛分后留置在筛上的重量为 50%~60% 时筛孔直径)的 8~10 倍为最佳。 (2)滤网 1)常用滤网类型有方织网、斜织网和平织网,其类型选择按下表 1.2.190 所示。 2)在细砂中适宜于采用平织网,中砂中宜用斜织网,粗砂、砾石中则用方格网。 3)各种滤网均应采用耐水锈材料制成,如铜网、青铜网和尼龙丝布网等。 (3)黏土 用于井点管上口密封的黏土应呈可塑状,且黏性要好。 (4)绝缘沥青 用于电渗井点阳极上的绝缘沥青应呈液体状,也可用固体沥青将其熬成液体。
2	质量要点	各种原材料进场应有产品合格证,对于砂滤层还应进行原材料复试,合格后方可采用

常用滤网类型　　　　　　　　　　　　表 1.2.190

滤网类型	最适合的网眼孔径(mm)		说　　明
	在均一砂中	在非均一砂中	
方织网	$2.5\sim3.0d_{cp}$	$3.0\sim4.0d_{50}$	d_{cp}——平均粒径;
斜织网	$1.25\sim1.5d_{cp}$	$1.5\sim2.0d_{50}$	d_{50}——相当于过筛量50%的粒径
平织网	$1.50\sim2.0d_{cp}$	$2.0\sim2.5d_{50}$	

1.2.5.3　施工工艺

1. 工艺流程

降水工程工艺流程,如表1.2.191所示。

工 艺 流 程　　　　　　　　　　　　表 1.2.191

序号	项目	内　　容
1	轻型井点 喷射井点	轻型井点、喷射井点工艺流程: 施工准备 → 井点管布置 → 井点管埋设 → 井点管系统运行 → 井点管拆除
2	管井井点	管井井点工艺流程: 施工准备 → 井点管布置 → 井点管埋设 → 水泵设置 → 井点管系统运行 → 井点管拆除
3	深井井点	深井井点工艺流程: 施工准备 → 做井口、安护筒 → 钻机就位、钻孔 → 回填井底砂垫层 → 吊放井管 → 回填 管壁与井壁间砂滤层 → 安装抽水控制电器 → 试抽 → 正常降水运行 → 拆除
4	电渗井点	电渗井点工艺流程: 施工准备 → 阴极井点埋设施工准备 → 阳极埋设施工准备 → 接通电路 → 阳极通电 → 正常 降水运行 → 拆除

2. 轻型井点降水

(1) 井点管施工工艺程序

井点管施工工艺程序如下所示:

井点管施工工艺程序是: 放线定位 → 铺设总管 → 冲孔 → 安装井点管、填砂砾滤料、上部填黏土密封 → 用弯联管将井点管与总管接通 → 安装集水箱和排水管 → 开动真空泵排气,再开动离心水泵抽水 → 测量观测井中地下水位变化

(2) 轻型井点降水操作要点

轻型井点降水施工操作要点,如表1.2.192所示。

轻型井点降水　　　　　　　　　　　　表 1.2.192

序号	项目	内　　容
1	井点布置	轻型井点降水系统的布置,应根据基坑的平面形状与大小、土质、地下水位高低与流向、降水深度要求而定。 (1)平面布置 当基坑或沟槽宽度小于6m,降水深度小于5m时,可用单排井点,井点管布置在地下水流上游一侧;当基坑或基槽的宽度大于6m时,或土质不良、渗透系数较大时,则宜采用双排线状井点,布置在基坑或基槽的两侧;当基坑或基槽的面积较大时,宜采用环状井点布置。 (2)高程布置 当地下降水深度小于6m时,应采用一级轻型井点布置;当降水深度大于6m、一级轻型井点不能满足降水深度时,可采用明沟排水和井点降水相结合的方法,将总管安装在原有地下水位线以下,以增加降水深度,当采用明沟排水和一级井点相结合的方法不能满足要求时,则应采用二级轻型井点降水方法,即先挖去一级井点排干的土方,然后再在坑内布置第二排井点。

序号	项　目	内　　容
2	井点管埋设	(1)井点管埋设程序 总管排放 → 井点管埋设 → 弯连管连接 → 抽水设备安装 (2)井点管埋设 1)井点管埋设一般采用水冲法,包括冲孔和埋管两个过程。 2)冲孔时,先用起重设备将直径 50～70mm 的冲管吊起,并插在井点位置上,然后开动高压水泵,将土冲松,冲孔时,冲管应垂直插入土中,并做上下左右摆动,以加剧土体松动,边冲边沉,冲孔直径应不小于 300mm,以保证井管四周有一定数量的砂滤层,冲孔深度应比滤管底深 500mm 左右,以防冲管拔出时,部分土颗粒沉于坑底而触及滤管底部。各层土冲孔所需水流压力详见表 1.2.193。 3)井孔冲成后,立即拔出冲管,插入井点管,并在井点管和孔壁间迅速填灌砂滤层,以防孔壁坍塌,砂滤层的填灌质量是保证轻型井点顺利工作的关键,一般应采用洁净的粗砂,填灌要均匀,当填灌到滤管顶上 1～1.5m,以保证水流畅通,井点填砂后,井点管上口须用黏土封口,以防漏气。
3	井点管联网	井点管埋设完毕应接通总管。总管设在井点管外侧 50cm 处,铺前先挖沟槽,并将槽底整平,将配好的管子逐根放入沟内,在端头法兰盘上螺栓,垫上橡胶密封圈,然后拧紧法兰螺栓,总管端部,用法兰封牢。一旦井点干管铺好后,用吸水胶管将井点管与干管连接,并用 8 号铁丝绑牢。一组井点管部件连接完毕后,与抽水设备连通,接通电源,即可进行试抽水。
4	井点管运行	井点管系统运行,应保证连续抽水,并准备双电源,正常出水规律为"先大后小,先浑后清"。如不上水,或水一直较浑,或出现清后又浑等情况,应立即检查纠正,真空度是判断井点系统良好与否的尺度,应经常观察,一般真空度应不低于 55.3～66.7kPa,如真空度不够,通常是因为管路漏气,应及时修好,井点管淤塞,可通过听管内水流声,手扶管壁感到振动,手扶管子较热等简便方法进行检查,如井点管淤塞太多,严重影响降水效果时,应逐个用高压水反冲洗井点管或拔除重新埋设。
5	井点管拆除	地下建、构筑物竣工并进行回填土后,方可拆除井点系统,井点管拆除一般多借助于倒链、起重机等,所留孔洞用土或砂填塞,对地基有防渗要求时,地面以下 2m 应用黏土填实

各层土冲孔所需水流压力　　　　　　　　　　　　表 1.2.193

土层名称	冲水压力(MPa)	土层名称	冲水压力(MPa)
松散砂土	0.25～0.45	可塑的黏土	0.60～0.75
软塑状态的黏土、粉质黏土	0.25～0.50	砾石夹黏性土	0.85～0.90
密实的腐植土	0.5	硬塑状态的黏土、粉质黏土	0.75～1.25
密实的细砂	0.5	粗砂	0.80～1.15
松散的中砂	0.45～0.55	中等颗粒的砾石	1.0～1.25
黄土	0.60～0.65	硬黏土	1.25～1.50
密实的中砂	0.60～0.70	密实的粗砾	1.35～1.50

注:1. 埋设井点冲孔水流压力,最可靠的数字是通过试冲,以上表列值供施工预估配备高压泵及必要时的空气压缩机性能之用。

　　2. 根据国产轻型井点的最小间距 800mm,要求冲孔距离不宜过近,以防两孔冲通,轻型井点间距宜采用 800～1600mm。

3. 喷射井点降水

(1) 喷射井点降水施工工艺程序

喷射井点降水施工工艺程序,如下所示:

设置泵房、安装进排水总管 → 水冲法或钻孔法成井 → 安装喷射井点管、填滤料 → 接通进水、排水总管,并与高压水泵或空气压缩机接通 → 将各井点管的外管管口与排水管接通,并通到循环水箱 → 启动高压水泵或空气压缩机抽取地下水 → 用离心泵排除循环水箱中多余的水 → 测量观测井中地下水位。

（2）喷射井点降水操作要点

喷射井点降水操作要点，如表 1.2.194 所示。

喷射井点降水操作要点　　　　　　　　　　　　　　　表 1.2.194

序号	项 目	内 容
1	喷射井点布置与埋设	（1）喷射井点布置与埋设方法与轻型井点基本相同。 基坑面积较大时，采用环形布置；基坑宽度小于 10m 时，采用单排线型布置；大于 10m 时作双排布置。 （2）井管间距一般为 2～3m，采用环形布置，进出口（道路）处的井点间距为 5～7m。冲孔直径为 400～600mm，深度应比滤管底深 1m 以上，为防止喷射器损坏，成孔宜采用套管法，加气及压缩空气排泥，当套管内含泥量经测定小于 5% 时，方可下井管，井点孔口地面以下 500～1000mm 深度范围内应采用黏土封口。 （3）下井管时水泵应先运转，每下好一根井管，立即与总管接通（不接回水管），并及时进行单根试抽排泥，并测定其真空度（地面测定不应小于 93.3kPa），待井管出水变清后停止。 （4）全部井管下沉完毕，再接通回水总管，经试抽使工作水循环进行后再正式工作。 （5）扬水装置（喷嘴、混合室、扩散室等）的尺寸、轴线等，应加工精确。各套进水总管应用阀门隔开，各套回水管也应分开，为防止产生工作水反灌，在滤管下端应设逆止球阀。
2	喷射井点运行	（1）开泵时，压力要小些（小于 0.3MPa），以后再逐渐正常。 （2）抽水时，如发现井管周围有泛砂冒水现象，应立即关闭井点管进行检修。 （3）工作水应保持清洁，试抽两天后应更换清水，以防止工作水磨损喷嘴和水泵叶轮

4. 管井井点降水

管井井点降水操作要点，如表 1.2.195 所示。

管井井点降水操作要点　　　　　　　　　　　　　　　表 1.2.195

序号	项 目	内 容
1	管井布置	（1）基坑总涌水量确定后，再验算单根井点极限涌水量，然后确定井的数量，采取沿基坑边每隔一定距离均匀设置管井，管井之间用集水总管连接。 （2）管井中心距地下构筑物边缘距离，应依据所用钻机的钻孔方法而定，当采用泥浆护壁套管法时，应不小于 3m，当用泥浆护壁冲击式钻机成孔时，为 0.5～1.5m。 （3）井管埋设深度和距离，应根据降水面积和深度及含水层的渗透系数而定，最大埋深可达 10m，间距 10～50m。
2	管井埋设	（1）管井埋设可用泥浆护壁套管的钻孔方法成孔，也可用泥浆护壁冲击钻成孔，钻孔直径一般为 500～600mm，当孔深到达预定深度后，应将孔内泥浆掏净，然后下入 300～400mm 由实管和花管组成的铸铁管或水泥砾石管，滤水井管置于孔中心，用圆木堵塞管口，为保证井的出水量，且防止粉细砂涌入井内，在井管周围应回填粒料作过滤层，其厚度不得小于 100mm，管井上口地面下 500mm 内，应用黏土填充密实。 （2）管井回填料后，如使用铸铁井管时，应在管内用活塞拉孔进行洗井或采用空压机洗井，如用其他材料的井管时，应用空压机洗井至水清为止。
3	水泵设置	水泵的设置标高应根据降水深度和估计水泵最大真空吸水高度而定，一般为 5～7m，高度不够时，可设在基坑内。
4	管井运行	管井井点系统在运行过程中，应经常对电机、传动机械、电流、电压等进行检查，并对管井内水位和流量进行观测和记录。
5	井管拔除	井管使用完毕合，滤水井管可拔除，拔除的方法是在井口周围挖深 300mm，用钢丝绳将管口套紧，然后用人工拔杆借助倒链或绞磨将井管徐徐拔除，孔洞用砂粒填实，上部 500mm 用黏土填实

5. 深井井点降水

(1) 深井井点降水施工工艺程序

深井井点降水施工工艺程序，如下所示。

井点测量定位 → 挖井口、安护筒 → 钻机就位 → 钻孔 → 回填井底砂垫层 → 吊放井管 → 回填井管与孔壁间的砂砾过滤层 → 洗井 → 井管内下设水泵、安装抽水控制电路 → 试抽水 → 降水井正常工作 → 降水完毕拔井管 → 封井

(2) 深井井点降水操作要点

深井井点降水操作要点，如表 1.2.196 所示。

深井井点降水操作要点　　　　　　　　　表 1.2.196

序号	项 目	内 容
1	深井管布置	深井井点一般沿工程基坑周围离边坡上缘 0.5～1.5m 呈环形布置；当基坑宽度较窄，亦可在一侧呈直线形布置；当为面积不大的独立基坑，亦可采取点式布置。深井井点涌水量计算后，一般沿基坑周围每隔 15～30m 设置一个深井井点。井点宜深入到透水层 6～9m，通常还应比所需降水的深度深 6～8m。
2	深井管埋设	(1)深井成孔方法可根据土质条件和孔深要求，采用冲击钻孔、回转钻孔、潜水电钻钻孔或水冲法成孔，用泥浆或自成泥浆护壁，孔口设置护筒，一侧设排泥浆和泥浆坑，孔径应比井管直径大 300mm 以上，钻孔深度根据抽水期内可能沉积的高度适当加深。 (2)深井井管沉放前，应进行清孔，一般用压缩空气或用吊桶反复上下取出洗孔，井管安装力求垂直，井管过滤部分应放置在含水层适当范围内，井管与孔壁间填充砂滤料，粒径应大于滤孔的孔径，砂滤层填灌后，在水泵安放前，应按规定先清洗滤井，冲除沉渣。 (3)深井内安放潜水电源，可用绳吊入滤水层部位，潜水电机、电缆及接头应有可靠绝缘，并配备保护开关控制，设置深井泵时，应安放平稳牢固，转向严禁逆转，防止转动轴解体，安放完毕后应进行试抽，满足要求后再进入正常工作。
3	深井井点运行	与管井井点的运行要求相同。
4	深井井点拔除	与管井井点的拔除方法相同

6. 电渗井点降水

电渗井点降水施工操作要点，如表 1.2.197 所示。

电渗井点降水操作要点　　　　　　　　　表 1.2.197

序号	项 目	内 容
1	电渗井点布置	(1)电渗井点降水是利用井点管(轻型或喷射井点)本身作阴极，沿基坑外围布置，以钢管($\phi50～\phi70$)。或钢筋($\phi25$ 以上)作阳极，垂直埋设在井内侧，阴阳极分别用电线等连接成通路，并对阳极施加强直流电流。 (2)电渗井点管埋设采用套管冲枪成孔埋设，阳极埋设应垂直，严禁与相邻阴极相碰，阳极入土深度应比井点管深 500mm，外露地面以上约 200～400mm。阴阳极间距一般为 800～1500mm，当采用轻型井点时为 800～1000mm，当采用喷射井点时为 1200～1500mm，并成平行交错排列，阴阳极数量应相等，必要时阳极数量可多于阴极。 (3)为防止电流从土表面通过，通电前应将阴阳极间地面上的金属和其他导电物体处理干净，有条件时涂一层沥青绝缘，另外，在不需要通电流的范围内(如渗透系数较大的土层)的阳极表面涂两层沥青绝缘，以减少电耗。

序号	项　目	内　　容
2	电渗井点运行	在电渗降水时,应采用间隙通电,即通电 24h 后停电 2~3h,再通电,以节约电能和防止土体电阻加大。
3	电渗井点拔除	在基坑土方回填不需要降水后,再拆除电渗井点降水,在拆除前,应先关闭电源,拆除直流发电机或直流电焊机,然后再按轻型井点管或喷射井点管的拆除方法,拆除电渗井点。

7. 基坑降水回灌

基坑降水回灌施工操作要点,如表 1.2.198 所示。

基坑降水回灌操作要点　　　　　　　　　　　**表 1.2.198**

序号	项　目	内　　容
1	回灌井点埋设	(1)回灌井点应埋设在降水区和邻近受影响的建(构)筑物之间的土层中,其埋设方法与降水井点相同。 (2)回灌井点滤管部位应从地下水位以上 500mm 处开始直到井管底部,也可采用与降水井点管相同的构造,但必须保证成孔与灌砂的质量。 (3)回灌井点与降水井点之间应保持一定距离,其埋设深度应根据滤水层的深度来决定,以确保基坑施工安全和回灌效果。 (4)在降灌水区域附近应设置一定数量的沉降观测点和水位观测井。
2	回灌井点使用	(1)回灌水宜采用清水,其水量应根据地下水位变化及时调节保持抽降平衡。 (2)在降灌过程中,应根据所设置的沉降观测点和水位观测井进行沉降和水位观测,并作好记录。
3	回灌井点拆除	当降水井点拆除后,方可进行回灌井点拆除,其拆除方法与其他降水井点相同

1.2.5.4　质量标准

1. 质量控制要点

质量控制要点,如表 1.2.199 所示。

质量控制要点　　　　　　　　　　　**表 1.2.199**

序号	项　目	内　　容
1	轻型井点降水质量控制要点	(1)集水总管、滤管和泵的位置及标高应正确。 (2)井点系统各部件均应安装严密,防止漏气。 (3)隔膜泵底应平整稳固,出水的接管应平接,不得上弯,皮碗应安装准确,对称,使工作时受力平衡。 (4)降水过程中,应定时观测水流量、真空度和水位观测井内的水位。
2	喷射井点降水质量控制要点	(1)井点管组装前,应检验喷嘴混合室、支座环和滤网等,井点管应在地面做泵水试验和真空度测定,其测定真空度不宜小于 93.3kPa。 (2)准确控制进水总管和滤管位置和标高。 (3)高压水泵的出水管应装有压力表和调压回水管路,以控制水压力。 (4)为防止喷射器磨损,应用套管冲枪成孔,加水及压缩空气排泥,套管内含泥量应小于 5%。 (5)冲孔直径不应小于 400mm,深度应比滤管底深 1m 以上。 (6)工作水应保持清洁,全面试抽两天后,应用清水更换,防止水质浑浊。 (7)在降水过程中,应定时观测工作水压力、地下水流量、井点的真空度和水位观测井的水位。 (8)观测孔孔口标高应在抽水前测量一次,以后则定期观测,以计算实际降深。

续表

序号	项 目	内 容
3	管井井点降水质量控制要点	(1)管井井点成孔直径应比井管直径大 200mm。 (2)井管与孔壁间应用 5～15mm 的砾石填充作过滤层,地面下 500mm 内应用黏土填实密实。 (3)井管管井直径应大于 200mm,吸水管底部应装逆止阀。 (4)应定时观测水位和流量。
4	深井井点降水质量控制要点	(1)深井井管直径一般为 300mm,其内径一般宜大于水泵外径 50mm。 (2)深井井点成孔直径应比深井管直径大 300mm 以上。 (3)深井孔口应设置护套。 (4)孔位附近不得大量抽水。 (5)设置泥浆坑,防止泥浆水漫流。 (6)孔位应取土,核定含水层的范围和土的颗粒组成设置。 (7)各管段及抽水设备的连接,必须紧密、牢固,严禁漏水。 (8)排水管的连接、埋深、坡度、排水口均应符合施工组织设计的规定。 (9)排水过程中,应定时观测水位下降情况和排水流量。
5	电渗井点降水质量控制要点	(1)用金属材料制成的阳极应考虑电蚀量。 (2)阴阳极的数量应相等,阳极数量可多于阴极数量,阳极的深度应较阴极深约 500mm,以露出地面 200～400mm 为宜。 (3)阳极埋设应垂直,严禁与阴极相碰,阳极表面可涂绝缘沥青或涂料。 (4)工作电流不宜大于 60V,土中通电时的电流密度宜为 0.5～1.0A/m²。 (5)降水期间隙通电时间,一般为工作通电 24h 后,应停电 2～3h,再通电作业。 (6)降水过程中,应定时观测电压、电流密度、耗电量和地下水位

2. 质量检验标准

降水施工的质量检验标准除应符合表 1.2.200 规定外,还应符合建筑地基基础工程施工质量验收规范(GB 50202—2002)中之 7 的有关要求。

降水施工质量检验标准　　　　　　　　　　　　　　　　　　表 1.2.200

序号	检 查 项 目	允许偏差或允许值		检 查 方 法
		单位	数量	
1	排水沟坡度	‰	1～2	目测:坑内不积水,沟内排水畅通
2	井管(点)垂直度	%	1	插管时目测
3	井管(点)间距(与设计相比)	%	≤150	用钢尺量
4	井管(点)插入深度(与设计相比)	mm	≤200	水准仪
5	过滤砂砾料填灌(与计算值相比)	mm	≤5	检查回填料用量
6	井点真空度:轻型井点 喷射井点	kPa kPa	>60 >93	真空度表 真空度表
7	电渗井点阴阳极距离:轻型井点 喷射井点	mm mm	80～100 120～150	用钢尺量 用钢尺量

3. 质量记录

在降水过程中,应定人、定时做好表 1.2.201 所示的降水记录。

降水记录 表 1.2.201

降排水方法	轻型井点降水	喷射井点降水	管井井点降水	深井井点降水	电渗井点降水	回灌井点
记录内容	排水流量 真空度 地下水位	水流量 真空度 工作水压力 地下水位	排水流量 地下水位	排水流量 地下水位	电压、电流 密度、耗电量 排水量 地下水位	地下水位
注:当降水基坑周围有受影响的建(构)筑物时,应对其进行位移监测和记录						

1.2.5.5　成品保护

降水工程成品保护,如表 1.2.202 所示。

成品保护 表 1.2.202

序号	内　　容
1	井点成孔后,应立即下井点管并填入豆石滤料,以防塌孔。不能及时下井点管时,孔口应盖盖板,防止物件掉入井孔内堵孔。
2	井点管埋设后,管口要用木塞堵住,以防异物掉入管内堵塞。
3	井点使用应保持连续抽水,并设备用电,以避免泥渣沉淀淤管。
4	冬期施工,井点联结总管上要覆盖保温材料,或回填 30cm 厚以上干松土,以防冻坏管道。
5	为防止滤网损坏,在井管放入前,应认真检查,以保证滤网完好

1.2.5.6　安全环保措施

降水工程安全环保措施,如表 1.2.203 所示。

安全环保措施 表 1.2.203

序号	内　　容
1	施工场地内一切电源、电路的安装和拆除,应由持证电工专管,电器必须严格接地接零和设置漏电保护器,现场电线、电缆必须按规定架空,严禁拖地和乱拉、乱搭。
2	所有机器操作人员必须持证上岗。
3	施工场地必须做到场地平整、无积水,挖好排浆沟。
4	排出的地下水应经沉淀处理后方可排放到市政地下管道或河道。
5	施工机械、电气设备、仪器仪表等在确认完好后方准使用,并由专人负责使用。
6	冲、钻孔机操作时应安放平稳,防止机具突然倾倒或钻具下落,造成人员伤亡或设备损坏。
7	已成孔尚未下井点前,井孔应用盖板封严,以免掉土或发生人员安全事故。电气必须一机一闸,水泵和部件检修时必须切断电源,严禁带电作业

2 地基基础工程

2.1 设计要点及构造措施

2.1.1 一般规定

2.1.1.1 基础材料选用

基础的材料选用，如表 2.1.1 所示。另应考虑混凝土结构设计规范（GB 50010—2002）有关规定。

基础材料选用 表 2.1.1

序号	项 目	内 容
1	钢筋混凝土基础	（1）混凝土强度等级 1）钢筋混凝土柱下独立基础和墙下钢筋混凝土条形基础采用混凝土强度等级不应低于 C20，一般宜采用 C25、C30。 2）柱下条形基础采用的混凝土强度等级不应低于 C20，一般宜采用 C25、C30。 3）高层建筑箱形基础的混凝土强度等级不应低于 C20，一般宜采用 C25、C30。 4）高层建筑筏形基础和桩箱、桩筏基础的混凝土强度等级不应低于 C30，一般宜采用 C35、C40。 5）壳体基础混凝土强度等级不应低于 C20，但作为构筑物基础时，混凝土强度等级不应低于 C30。 6）桩基础： ①预制桩，混凝土强度等级不应低于 C30，一般宜采用 C35、C40。 ②灌筑桩，混凝土强度等级不应低于 C20，一般宜采用 C25、C30。 ③预应力桩，混凝土强度等级不应低于 C40，一般宜采用 C45、C50。 ④承台，混凝土强度等级不应低于 C20，一般宜采用 C25。 （2）钢筋种类 钢筋混凝土基础受力钢筋应采用 HRB335 级钢筋。 （3）基础垫层 钢筋混凝土基础垫层混凝土强度等级可采用 C10，一般宜采用 C15。
2	素混凝土基础	素混凝土基础的混凝土强度等级不小于 C15。
3	杯口充填材料	预制钢筋混凝土柱与基础杯口之间的空隙，应采用比基础混凝土强度等级高 10N/mm² 的细石混凝土充填密实。一般采用 C20 细石混凝土充填

2.1.1.2 钢筋混凝土基础保护层厚度

钢筋混凝土基础保护层厚度，如表 2.1.2 所示。另应考虑混凝土结构设计规范（GB 50010—2002）有关规定。

保护层厚度   表 2.1.2

序 号	内 容
1	基础底板受力钢筋的保护层厚度,当基础有垫层时,基础的保护层厚度不小于 35mm;当无垫层时不小于 70mm。
2	桩基承台受力钢筋的保护层厚度应不小于桩顶嵌入承台底板内的长度。
3	桩的纵向受力钢筋最小保护层厚度: (1)预制钢筋混凝土桩:有地下水无侵蚀性时 30mm;有地下水有侵蚀性时 50mm。 (2)预制预应力混凝土管桩为 30mm。 (3)灌筑桩:非水下灌筑时 35mm;水下灌筑时 50mm。
4	地下工程采用防水混凝土结构时,其主体结构迎水面受力钢筋保护层厚度不应小于 50mm

2.1.1.3　基础标高及底板尺寸

基础标高及底板尺寸,应符合表 2.1.3 的规定。

基础标高及底板尺寸   表 2.1.3

序 号	项 目	内 容
1	基础顶面标高	(1)基础顶面标高或基础梁顶面的标高一般应低于室外设计地面 50～100mm;在任何情况下,外墙基础顶面不应高于室外设计地面。 (2)内墙基础顶面也不应高于室内设计地面。 (3)确定基础顶面标高时,尚应考虑地下管沟或管道的影响。
2	基础底板尺寸	(1)轴心受压基础的底板一般应采用正方形,其边长应为 100mm 的倍数。 (2)偏心受压基础的底板一般采用矩形,其长边与短边之比一般为 2,最大不应大于 3,长边和短边的边长应为 100mm 的倍数

2.1.2　浅基础构造

2.1.2.1　基础分类

浅基础可按材料、结构形式和受力特点进行分类。

1. 按材料分类

基础按材料分类,如表 2.1.4 所示。

基础按材料分类   表 2.1.4

序 号	项 目	构 造
1	砖基础	(1)砖砌体具有一定的抗压强度,但抗拉强度和抗剪强度较低,砖基础所用材料的最低强度等级应符合表 2.1.5 的要求。 (2)地下水位以下或地基土潮湿时应采用水泥砂浆砌筑。 (3)砖基础底面以下一般设垫层,其剖面做成阶梯形,通常称大放脚,大放脚一般为二间隔收,即一皮一收与两皮一收相间(基底必须保证两皮砖厚)或两皮一收,每收一次两边各收 1/4 砖长(图 2.1.1)。
2	毛石基础	(1)毛石基础是选用未经风化和未经加工整平的硬质岩石砌筑而成的。 (2)毛石和砂浆的强度等级应符合表 2.1.5 的要求。 (3)为了保证锁结力,每一阶梯宜用三排或三排以上的毛石砌筑,阶梯形毛石基础每一阶伸出宽度不宜大于 200mm—台阶高度不小于 400mm(图 2.1.2)。

续表

序号	项目	构造
3	灰土基础	（1）为了节约砖石材料，常在砖石大放脚下面做一层灰土垫层。这个垫层习惯上称为灰土基础（图2.1.3）。灰土是用经过消解后的石灰粉和黏性土按一定比例加适量的水拌和夯实而成。其配合比为3∶7或2∶8，一般多采用3∶7，即3分石灰粉7分黏性土（体积比），通常称"三七灰土"。 （2）灰土基础适用于六层和六层以下，地下水位比较低的混合结构房屋和墙承重的轻型厂房。根据建筑经验，三层以及三层以上的混合结构和轻型厂房多采用三步灰土，厚450mm（灰土需分层夯实，每层夯实后为150mm厚，通称三步），三层以下混合结构房屋多采用两步，厚300mm。 （3）优点：施工简便，造价便宜，可以节约水泥和砖石材料。 缺点：地下水位较高的地基不宜采用，此外，灰土的抗冻性能较差，所以灰土基础应设置在冰冻线以下。
4	三合土基础	（1）三合土是由石灰、砂和骨料（碎石、碎砖或矿渣等）按体积比1∶2∶4—1∶3∶6配成，经适量水拌合后均匀铺入槽内，并分层夯实而成（每层虚铺220mm，夯至150mm）。然后在它上面砌大放脚，三合土铺至设计标高后，最后一遍夯打时，宜浇浓灰浆。待表面灰浆风干后，再铺上很薄一层砂了，最后整平夯实。 （2）三合土基础的优点是施工简单，造价低廉，但其强度较低，故一般用于地下水位较低的4层及4层以下的民用建筑，在我国南方地区应用较为广泛。
5	混凝土和毛石混凝土基础	（1）混凝土基础的强度、耐久性、抗冻性都较好，当荷载大或位于地下水位以下时，常采用混凝土基础。由于其水泥用量较大，故造价较砖、石基础高。 （2）为了节约水泥用量，在混凝土内掺入一些毛石，就称为毛石混凝土基础（图2.1.4）。毛石尺寸不宜超过300mm，其掺入量可达基础体积的25%～30%。使用前需冲洗干净。
6	钢筋混凝土基础	钢筋混凝土基础具有混凝土基础的优点，同时，还具有良好的抗弯和抗剪性能，故在相同条件下可减小基础的高度，当建筑物的荷载较大或土质较软弱时，常采用这类基础

基础用砖、石料及砂浆最低强度等级　　　　　　　表 2.1.5

基土的潮湿程度	黏土砖		混凝土砌块	石材	混合砂浆	水泥砂浆
	严寒地区	一般地区				
稍潮湿的	MU10	MU10	MU5	MU20	M5	M5
很潮湿的	MU15	MU10	MU7.5	MU20	—	M5
含水饱和的	MU20	MU15	MU7.5	MU30	—	M7.5

注：1. 石料的重度不应低于 $18kN/m^3$。
　　2. 地面以下或防潮层以下的砌体，不宜采用空心砖。当采用混凝土空心砌块砌体时，其孔洞应采用强度等级不低于C15的混凝土灌实。
　　3. 各种硅酸盐材料及其他材料制作的块体，应根据相应材料标准的规定选择采用。

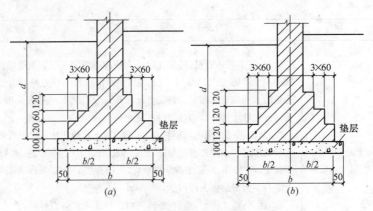

图 2.1.1　砖基础

(*a*)"二一间隔收"；(*b*)"两皮一收"

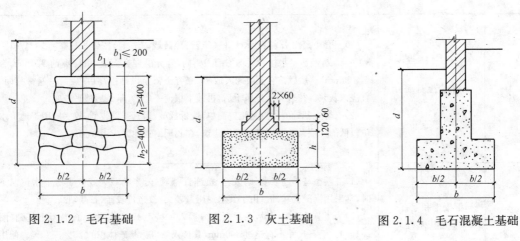

图 2.1.2　毛石基础　　　　图 2.1.3　灰土基础　　　　图 2.1.4　毛石混凝土基础

2. 按结构形式分类

基础按结构形式分类，如表 2.1.6 所示。

按结构形式分类　　　　　　　　　　　　表 2.1.6

序　号	项　　目	构　　造
1	单独基础	单独基础是指与相邻基础分开而独立工作的基础，可分为墙下单独基础和柱下单独基础。 　(1)墙下单独基础是当土层土质松散而在不深处有较好的土层时，为了节省基础材料和减少开挖而采取的一种基础形式。通常是在单独基础之间架设钢筋混凝土过梁，以承受上部结构传来的荷载。单独基础应布置在墙的转角、两墙交叉和窗间墙处，其间距一般不应超过 4m。 　(2)柱下单独基础是柱下基础的主要类型。在基础中预留安放柱子的孔洞，孔洞尺寸要比柱子横断面尺寸大一些，柱子放入孔洞后，在柱子周围用细石混凝土浇筑，这种基础叫杯形基础，所用材料依柱的材料和荷载大小而定。常采用砖、石、混凝土和钢筋混凝土等。 　现浇柱下常采用钢筋混凝土单独基础，基础截面可做在阶梯形(图 2.1.5*a*)或锥形(图 2.1.5*b*)；装配式钢筋混凝土柱常采用杯形基础(图 2.1.5*c*)，杯形基础结构与构造应符合《地基基础规范》的有关要求，常用于单层厂房柱的基础。

序　号	项　目	构　　造
2	条形基础	条形基础是指基础长度远大于其宽度和高度的一种基础形式,可分为墙下条形基础和柱下条形基础。 　(1)墙下条形基础是指为了把墙的荷载均匀地传给地基,加强墙的整体刚度,以适应地基的变形,将墙下基础做成连续的条形结构。条形基础是承重墙基础的主要形式。 　墙下条形基础常采用砖、毛石、三合土和灰土建造。当上部结构荷载较大而土质较差时,也常采用混凝土或钢筋混凝土建造(图 2.1.7)。 　(2)柱下钢筋混凝土条形基础是指当荷载很大或地基土层软弱时,如采用柱下单独基础,基础底面积必然很大且相互靠近,为增加基础的整体性并方便施工,可将同一排的柱基础连在一起做成条形基础(图 2.1.6)。
3	柱下十字形基础	十字形基础适用于荷载较大的高层建筑,如土质较弱,为了增加基础的整体刚度,减少不均匀沉降,可在柱网下纵横方向设置钢筋混凝土条形基础,形成图 2.1.8 所示的十字形基础。
4	片筏基础	(1)当地基软弱而上部结构的荷载又较大时,采用十字形基础仍不能满足要求或相邻基槽距离很小时,可采用钢筋混凝土做成整块的片筏基础,以扩大基底面积,增强基础的整体刚度。对于设有地下室或贮仓的结构物,片筏基础还可兼作地下室的底板。 　(2)片筏基础的设计,可视为一个倒置的钢筋混凝土平面楼盖,当柱网间距小时,可做成平板式(图 2.1.9a)。 　(3)当柱网间距大时,可加肋梁以增加基础刚度,做成梁板式。梁板式片筏基础按梁板的位置不同又可分为两类,图 2.1.9b 是在底板上做梁,柱子支承在梁上称上梁式。 　(4)如将梁放在底板的下方称下梁式(图 2.1.9c),其底板表面平整,可作建筑物底层地面。
5	箱形基础	(1)箱形基础由片筏基础演变而成,它是由钢筋混凝土顶板、底板和纵横交叉的隔墙组成的空间整体结构(图 2.1.10)。基础内空可用作地下室,与实体基础相比可减少基底压力。 　(2)箱形基础较适用于地基软弱、平面形状简单的高层建筑物基础。某些对不均匀沉降有严格要求的设备或构筑物,也可采用箱形基础。 　(3)箱形基础、柱下条形基础、十字形基础、片筏基础都需用钢筋混凝土,尤其是箱形基础,钢筋和混凝土用量更大,施工复杂,故用这类基础时,应与其他类型的基础(如桩基等)作经济、技术比较后确定

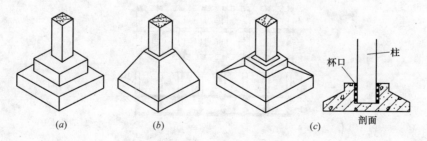

图 2.1.5　柱下单独基础
(a) 阶梯形;(b) 锥形;(c) 杯形

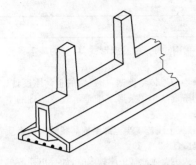

图 2.1.6　柱下钢筋混凝土条形基础

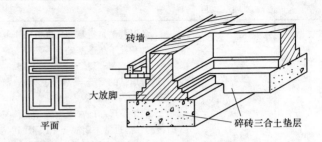

平面

图 2.1.7　墙下条形基础

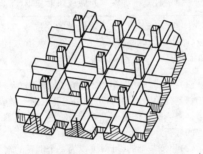

图 2.1.8　柱下十字形基础

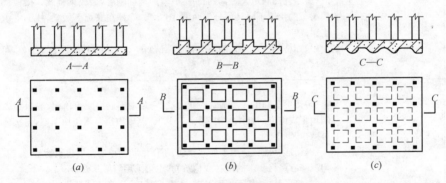

图 2.1.9　片筏基础

(a) 平板式；(b) 上梁式；(c) 下梁式

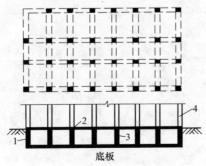

底板

图 2.1.10　箱形基础

1—外墙；2—顶板；3—内墙；4—上部结构

3. 按受力分类

基础按受力分类，如表2.1.7所示。

按受力分类　　　　　　　　　　　表2.1.7

序号	内　容
1	刚性基础　刚性基础是指采用抗压强度较好,而抗拉、抗弯性能较差的材料所建造的基础,如砖、灰土、混凝土基础等都属这类基础。
2	扩展基础(柔性基础)　采用钢筋混凝土建造的基础称为扩展基础(柔性基础)。由于钢筋混凝土抗弯、抗拉强度都很高,因此它适用于地基比较软、上部结构荷载较大或刚性基础不能满足要求的情况

2.1.2.2 基础选型

基础选型视结构形式的不同要求,如表2.1.8所示。

基础选型　　　　　　　　　　　表2.1.8

序号	项目	内　容
1	选型原则	(1)基础的选型应根据上部结构类型,有无地下室、工程地质水文地质情况、施工条件、荷载大小性质、场地类别与环境等因素综合考虑确定。 (2)当地基土质较差时,采用各种类型基础仍不能满足设计要求时,可选用桩基或其他有效的人工地基。
2	民用建筑	(1)一般民用建筑选用刚性条形基础,如条件许可(地下水位较深)时,可采用刚性灰土条形基础;当地下水位较高或冬季施工时,可采用刚性混凝土条形基础。如基础宽度等于或大于2.5m时,宜采用墙下钢筋混凝土条形基础。 (2)如遇软弱地基或需要抗震设防时,应在室内地面下设置基础圈梁。基础圈梁应纵横拉通,其间距离7度不宜大于15m;8度不宜大于11m。
3	多层内框架结构	多层内框架结构,当地基较差时,中柱宜选用柱下钢筋混凝土条形基础或墙下钢筋混凝土条形基础。
4	框架或剪力墙结构	(1)框架结构,无地下室、地基较好、荷载较小、柱网分布较均匀时,可采用柱下钢筋混凝土独立基础。对需要抗震设防的建筑,其纵横方向应设连系梁,连系梁可按柱荷载的10%引起的拉力验算。 (2)框架或剪力墙结构,当无地下室、地基较差、荷载较大,为了增强整体性、减小不均匀沉降,可选用十字交叉钢筋混凝土条形基础;如选用上述基础不能满足变形条件要求,又不宜采用桩基或其他人工地基时,可选用墙下钢筋混凝土筏形基础。 (3)框架或剪力墙结构,有地下室,上部结构对不均匀沉降限制较严,防水要求较高时,宜选用箱形基础。
5	框架—剪力墙结构	(1)框架—剪力墙结构,无地下室,宜采用十字交叉钢筋混凝土条形基础或钢筋混凝土筏形基础。 (2)框架—剪力墙结构,有地下室,无特殊防水要求,柱网、荷载及墙轴分布比较均匀,地基较好时,可选用十字交叉墙下钢筋混凝土条形基础。当有抗震设防要求时,宜用箱形基础。

续表

序　号	项　　目	内　　　容
6	高层建筑	(1)对于建在属于一般工程地质条件地基上的高层建筑基础类型,可按建筑物层数参照表2.1.9选用。 (2)高层建筑如遇下列情况,与深基或其他人工地基相比较为经济且施工条件又可能时,宜采用桩基。 1)地基较弱,作为天然地基,其承载力或沉降量不能满足设计要求时。 2)相邻建筑物之间,或建筑物各单元之间,地基压力相互影响而引起过大不均匀沉降差,难以满足容许值时。 3)对倾斜有特殊要求时。 4)限于现场已有建筑物条件,新建筑物的基础必须采用深基而又影响已有建筑物,施工时既不允许开挖,又无其他施工手段等情况时。 5)土层变化较大、厚度不均匀、荷载较大或下卧基岩岩面起伏相差较大而引起过大的不均匀沉降时。 6)采用深埋天然地基,在经济上不合理,施工有困难时

高层建筑基础选用　　　　　　　　　　　　　　表 2.1.9

序　　号	建筑物层数	可选用的基础类型
1	8～12	筏形基础、箱形基础、桩基础
2	12～20	箱形基础、桩基础
3	20 以上	桩基础

2.1.2.3　无筋扩展基础

无筋扩展基础如表 2.1.10 所示。

无筋扩展基础　　　　　　　　　　　　　　表 2.1.10

序　号	项　　目	内　　　容
1	包括内容与适用范围	(1)无筋扩展基础系指由砖、毛石混凝土或毛石混凝土、灰土和三合土等材料组成的墙下条形基础或柱下独立基础。 (2)无筋扩展基础适用于多层民用建筑和轻型厂房。
2	基础高度	(1)基础高度应在基础底板尺寸满足规定的地基承载力情况下,应符合下式要求(图 2.1.11) $$H_0 \geqslant \frac{b-b_0}{2\tan\alpha} \qquad (2.1)$$ 式中　b——基础底面宽度; 　　　b_0——基础顶面的墙体宽度或柱脚宽度; 　　　H_0——基础高度。 　　　$\tan\alpha$——基础台阶的宽高比 $b_2：H_0$,其允许值可按表 2.1.11 选用;b_2 为基础台阶宽度。 (2)采用无筋扩展基础的钢筋混凝土柱,其柱脚高度 h_t 不得小于 b_1(图 2.1.11),并不应小于 300mm 且不小于 $20d$(d 为柱中的纵向受力钢筋的最大直径)。当柱纵向钢筋在柱脚内的竖向锚固长度不满足锚固要求时,可沿水平方向弯折,弯折后的水平锚固长度不应小于 $10d$ 也不应大于 $20d$

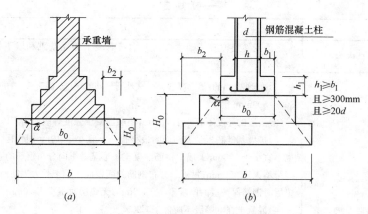

图 2.1.11 无筋扩展基础构造示意

(a) 承重砖墙；(b) 钢筋混凝土柱

d—柱中纵向钢筋直径

无筋扩展基础台阶宽度比的允许值 表 2.1.11

序 号	基础材料	质量要求	台阶宽高比的允许值		
			$p_k \leqslant 100$	$100 < p_k \leqslant 200$	$200 < p_k \leqslant 300$
1	混凝土基础	C15 混凝土	1:1.00	1:1.00	1:1.25
2	毛石混凝土基础	C15 混凝土	1:1.00	1:1.25	1:1.50
3	砖基础	砖不低于 MU10、砂浆不低于 M5	1:1.50	1:1.50	1:1.50
4	毛石基础	砂浆不低于 M5	1:1.25	1:1.50	—
5	灰土基础	体积比为 3:7 或 2:8 的灰土,其最小干密度: 粉土 1.55t/m³ 粉质黏土 1.50t/m³ 黏土 1.45t/m³	1:1.25	1:1.50	—
6	三合土基础	体积比1:2:4～1:3:6(石灰:砂:骨料),每层约虚铺 220mm,夯至 150mm	1:1.50	1:2.00	—

注：1. p_k 为荷载效应标准组合时基础底面处的平均压力值（kN/m²）；

2. 阶梯形毛石基础的每阶伸出宽度，不宜大于 200mm；

3. 当基础由不同材料叠合组成时，应对接触部分作抗压验算；

4. 基础底面处的平均压力值超过 300kN/m² 的混凝土基础，尚应进行抗剪验算。

2.1.2.4 钢筋混凝土扩展基础

1. 一般规定

钢筋混凝土扩展基础一般规定，如表 2.1.12 所示。

一般规定　　　　　　　　　　　　　　　　　　表 2.1.12

序　号	项　目	内　容
1	包括内容	钢筋混凝土扩展基础系指柱下钢筋混凝土独立基础和墙下钢筋混凝土条形基础。
2	构造要求	(1)锥形基础的边缘高度,不宜小于 200mm;阶梯形基础的每阶高度,宜为 300~500mm。 (2)垫层的厚度不宜小于 70mm;垫层混凝土强度等级应为 C10。 (3)扩展基础底板受力钢筋的最小直径不宜小于 10mm;间距不宜大于 200mm,也不宜小于 100mm。墙下钢筋混凝土条形基础纵向分布钢筋的直径不小于 8mm;间距不大于 300mm;每延米分布钢筋的面积应不小于受力钢筋面积的 1/10。当有垫层时钢筋保护层的厚度不小于 40mm;无垫层时不小于 70mm。 (4)混凝土强度等级不应低于 C20。 (5)当柱下钢筋混凝土独立基础的边长和墙下钢筋混凝土条形基础的宽度大于或等于 2.5m 时,底板受力钢筋的长度可取边长或宽度的 0.9 倍,并宜交错布置(图 2.1.12a)。 (6)钢筋混凝土条形基础底板在 T 形及十字形交接处,底板横向受力钢筋仅沿一个主要受力方向通长布置,另一方向的横向受力钢筋可布置到主要受力方向底板宽度 1/4 处(图 2.1.12b)。在拐角处底板横向受力钢筋应沿两个方向布置(图 2.1.12c)。
3	锚固长度	钢筋混凝土柱和剪力墙纵向受力钢筋在基础内的锚固长度 l_a 应根据钢筋在基础内的最小保护层厚度按本手册 4 混凝土结构钢筋工程的有关规定确定。 有抗震设防要求时,纵向受力钢筋的最小锚固长度 l_{aE} 应按式(2.2)、式(2.3)和式(2.4)的规定计算。 一、二级抗震等级:$l_{aE}=1.15l_a$　　　　　　　　　(2.2) 三级抗震等级:$l_{aE}=1.05l_a$　　　　　　　　　(2.3) 四级抗震等级:$l_{aE}=l_a$　　　　　　　　　(2.4) 式中　l_a——纵向受拉钢筋锚固长度

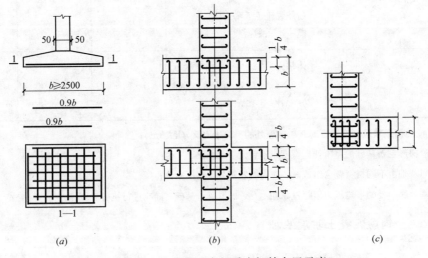

图 2.1.12　扩展基础底板受力钢筋布置示意

2. 现浇柱独立基础

现浇柱独立基础，如表 2.1.13 所示。

现浇柱独立基础 表 2.1.13

序 号	项 目	内 容
1	基础形式	(1)钢筋混凝土柱下独立基础，一般设计成阶梯形，如图 2.1.13(a)，或锥形，如图 2.1.13(b)。 (2)承受轴心荷载的基础，底板一般采用正方形，其边长宜为 100mm 的倍数。承受偏心荷载的基础，底板一般采用矩形，其长边与短边之比一般不大于 2，最大不大于 3；其边长宜为 100mm 的倍数。 基础底板中心线一般与柱中心线重合，如图 2.1.13(c)所示。当作用在底板上荷载的偏心距 $e_0 = \dfrac{M_k}{F_k}$ 很大时，可设计成不对称的基础，如图 2.1.13(d)。 (3)阶梯形基础在长宽两个方向的阶数一般相等，如图 2.1.13(c)所示，当长短边之比较大，构造上有困难时，在短边方向可减少一阶，即长短边方向阶数不同，如图 2.1.14 所示。 (4)当基础埋置深度较大(例如埋深 $H \geqslant 3m$)时，宜设置短柱，如图 2.1.15(a)。当埋深不很大，或仅个别基础稍深时，可采用加厚垫层的办法解决，如图 2.1.15(b)。 (5)当柱基础与相邻的设备基础相碰时，可参照图 2.1.16 的方法处理。
2	基础高度	钢筋混凝土基础高度 h 应按受冲切承载能力及剪切承载能力和柱内纵向钢筋在基础内的锚固长度的要求确定，一般为 100mm 的倍数。
3	阶形基础	钢筋混凝土阶梯基础的阶高一般为 300~500mm，阶数按下列规定采用，且不多于三阶，如图 2.1.17。 $h \leqslant 500mm$ 时，为一阶； $500mm < h \leqslant 900mm$ 时，为二阶； $h > 900mm$ 时，为三阶。
4	锥形、梯形基础	锥形及阶梯形基础截面尺寸要求： (1)锥形基础的边缘高度 h_1 不应小于 200mm，锥形基础顶面的坡度 α 一般应小于或等于 30°，如图 2.1.18。 (2)阶梯形基础的外边线应在 45°线以外，其阶高 h 及阶宽 b 一般按下述要求选用(图 2.1.19)： $$\frac{b_3}{h_3} \geqslant 1 ; \frac{b_2 + b_3}{h_2 + h_3} \geqslant 1 ; \frac{b_1 + b_2 + b_3}{h} \geqslant 1$$ 钢筋混凝土基础的阶高 h 及阶宽 b，应采用 100mm 的倍数。
5	柱与基础连接	(1)基础顶面尺寸 为便于模板搁置，基础顶面的每边应比柱的截面尺寸大于或等于 50mm，如按构造需要，一般取用 50mm，如图 2.1.18 所示。 (2)现浇柱基础的插筋构造 现浇柱的基础中应伸出插筋与柱内的纵向钢筋连接宜优先采用焊接或机械连接的接头。插筋应符合下列要求：

续表

序　号	项　目	内　　容
5	柱与基础连接	1)插筋的直径,钢筋种类、根数及其间距应与柱内的纵向受力钢筋相同。插筋的下端可做成直钩放在基础的网片上,或下端不做直钩直接放在垫层上(此时应满足竖向锚固长度的要求)。 2)基础中插筋与箍筋共同组成骨架,竖立于基础底板钢筋网上,如图 2.1.20 所示。当基础高度 $h \geqslant 1200$mm 且柱为轴心受压或小偏心受压或 $h \geqslant 1400$mm 柱为大偏心受压时,可仅将四角的插筋伸至基础底板钢筋网上,其余插筋只锚固于基础顶面下 $0.8l_a$ 或 $0.8l_{aE}$,如图 2.1.20(b)所示。 3)基础中的插筋与柱中纵向钢筋搭接位置,搭接长度的要求,应符合下列规定: ①当基础台阶顶面至设计地面高度 $H_1 < 1500$mm 时,柱与基础插筋搭接位置应设在基础顶面处,如图 2.1.21(a)所示。如设置基础梁时,应将基础梁搁置在 C15 混凝土柱墩上,如图 2.1.21(b)所示。 ②当 1500mm$\leqslant H_1 \leqslant 3000$mm 时,插筋搭接位置应在地面标高下 150mm 处,如图 2.1.22(a)所示。 ③当 $H_1 > 3000$mm 时,插筋搭接位置应在基础顶面处和地面标高下 150mm 处,如图 2.1.22(b)所示。 ④在搭接长度范围内,箍筋间距不应大于 100mm,也不应大于 $5d$(d 为纵向受力钢筋中的最小直径)。 ⑤基础内需按构造要求放置两个箍筋,箍筋形式与柱内箍筋形式相同,分别设在基础顶面下 100mm 处和插筋下端处。 4)基础内伸出的插筋与柱内纵向钢筋的搭接根数,应符合下列规定: ①当柱截面内的每边纵向钢筋根数不多于 4 根时,插筋与柱内所有纵向钢筋的搭接可在同一个平面上,如图 2.1.23(a)所示。 ②当柱截面内的每边纵向受力钢筋根数为 5~8 根时,插筋与柱内纵向钢筋应在两个平面上进行搭接,如图 2.1.23(b)所示。 ③当柱截面内的每边纵向受力钢筋根数为 9~12 根时,其搭接位置应设在三个平面上,如图 2.1.24 所示。 5)l_l 值应符合本手册"4 混凝土结构钢筋工程"的有关规定

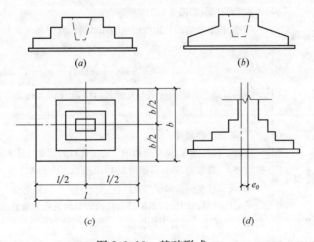

图 2.1.13　基础形式一

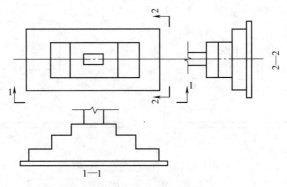

图 2.1.14 基础形式二

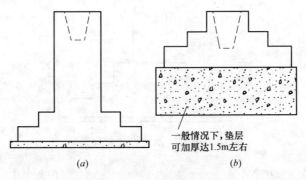

图 2.1.15 基础形式三

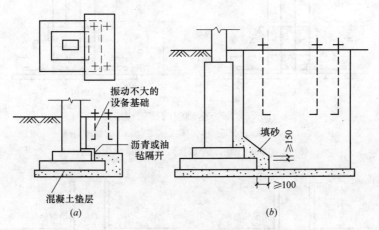

图 2.1.16 柱基础与设备基础相碰时的处理方法

(a) 沥青或油毡隔开; (b) 填砂隔开

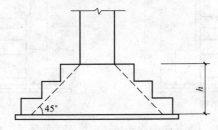

图 2.1.17 阶梯形基础的阶数

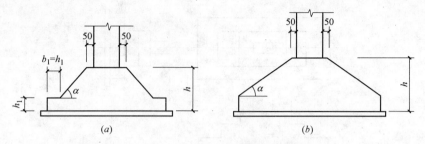

图 2.1.18　现浇柱的锥形基础

（a）类型一；（b）类型二

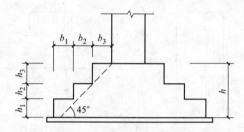

图 2.1.19　基础阶高及阶宽

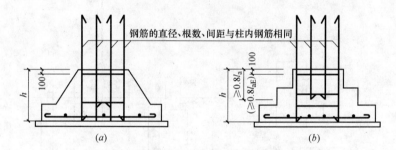

图 2.1.20　基础中的插筋构造

（a）$h<1200$（轴压、小偏压），$h<1400$（大偏压）；

（b）$h \geqslant 1200$（轴压、小偏压），$h \geqslant 1400$（大偏压）

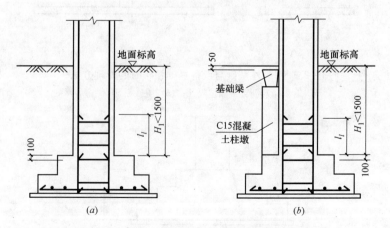

图 2.1.21　基础中插筋与柱中纵向钢筋搭接位置一

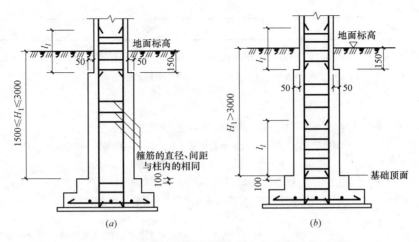

图 2.1.22　基础中插筋与柱中纵向钢筋搭接位置二

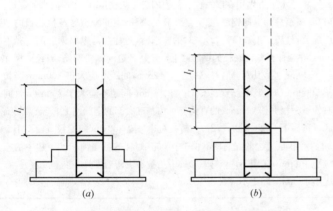

图 2.1.23　基础中插筋与柱中纵向钢筋搭接位置三

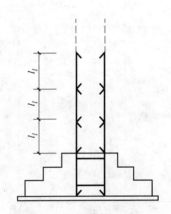

图 2.1.24　基础中插筋与柱中纵向钢筋搭接位置四

3. 预制柱与杯口基础

预制柱与杯口基础，如表 2.1.14 所示。

预制柱与杯口基础 　　　　　　　　　　　　　　　　　　表 2.1.14

序号	项 目	内 容
1	杯口基础	预制钢筋混凝土柱与杯口基础的连接，应符合下列要求(图 2.1.25)： (1)柱的插入深度(基础杯口深度取预制柱的插入深度 h_1 加 50mm)，可按表 2.1.15 选用，并应满足柱内纵向受力钢筋在基础内的锚固长度要求及吊装柱的稳定性要求(h_1 不应小于吊装时柱长的 0.05 倍)。 (2)基础的杯底厚度和杯壁厚度，可按表 2.1.16 选用。 (3)当柱为轴心受压或小偏心受压且 $t/h_2 \geqslant 0.65$ 时，或大偏心受压且 $t/h_2 \geqslant 0.75$ 时，杯壁可不配筋；当柱为轴心受压或小偏心受压 $0.5 \leqslant t/h_2 < 0.65$ 时，杯壁可按表 2.1.17 构造配筋；其他情况下，应按计算配筋。
2	高杯口基础	预制钢筋混凝土柱(包括双肢柱)与高杯口基础的连接(图 2.1.26)，应符合表 2.1.15 插入深度的规定。杯壁厚度符合表 2.1.18 的规定且符合下列条件时，杯壁和短柱配筋，可按图 2.1.27 的构造要求进行设计。

续表

序　号	项　目	内　容
2	高杯口基础	(1)起重机起重量小于或等于75t,轨顶标高小于或等于14m,基本风压小于0.5kN/m²的工业厂房,且基础短柱的高度不大于5m。 (2)起重机起重量大于75t,基本风压大于0.5kN/m²,且符合下列表达式: $$E_2 I_2 / E_1 I_1 \geqslant 10 \qquad (2.5)$$ 式中　E_1——预制钢筋混凝土柱的弹性模量; 　　　I_1——预制钢筋混凝土柱对其截面短轴的惯性矩; 　　　E_2——短柱的钢筋混凝土弹性模量; 　　　I_2——短柱对其截面短轴的惯性矩。 (3)当基础短柱的高度大于5m,并符合下列表达式: $$\Delta_2 / \Delta_1 \leqslant 1.1 \qquad (2.6)$$ 式中　Δ_1——单位水平力作用在以高杯口基础顶面为固定端的柱顶时,柱顶的水平位移; 　　　Δ_2——单位水平力作用在以短柱底面为固定端的柱顶时,柱顶的水平位移。 (4)高杯口基础短柱的纵向钢筋,除满足计算要求外,在非地震区及抗震设防烈度低于9度地区,且满足上述(1)、(2)、(3)的要求时,短柱四角纵向钢筋的直径不宜小于20mm,并延伸至基础底板的钢筋网上。短柱长边的纵向钢筋,当长边尺寸小于或等于1000mm时,其钢筋直径不应小于12mm,间距不应大于300mm;当长边尺寸大于1000mm时,其钢筋直径不应小于16mm,间距不应大于300mm,且间隔一米左右伸下一根并作150mm的直钩支承在基础底部的钢筋网上,其余钢筋锚固至基础底板顶面下 l_a 处(图2.1.27)。短柱短边每隔300mm应配置直径不小于12mm的纵向钢筋,且每边的配筋率不少于0.05%短柱的截面面积。短柱中的箍筋直径不应小于8mm,间距不应大于300mm;当抗震设防烈度为8度和9度时,箍筋直径不应小于8mm,间距不应大于150mm

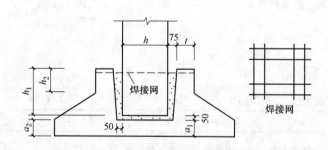

图2.1.25　预制钢筋混凝土柱独立基础示意
注：$a_2 \geqslant a_1$

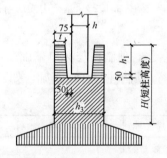

图2.1.26　高杯口基础

柱的插入深度 h_1 （mm）　　　　　　　　　表2.1.15

矩形或工字形柱				双肢柱
$h<500$	$500 \leqslant h<800$	$800 \leqslant h \leqslant 1000$	$h>1000$	
$h \sim 1.2h$	h	$0.9h$ 且$\geqslant 800$	$0.8h$ 且$\geqslant 1000$	$(1/3 \sim 2/3)h_a$ $(1.5 \sim 1.8)h_b$

注：1.　h 为柱截面长边尺寸；h_a 为双肢柱全截面长边尺寸；h_b 为双肢柱全截面短边尺寸。
　　2.　柱轴心受压或小偏心受压时,h_1 可适当减小,偏心距大于 $2h$ 时,h_1 应适当加大。

基础的杯底厚度和杯壁厚度 表 2.1.16

序 号	柱截面长边尺寸 h(mm)	杯底厚度 a_1(mm)	杯壁厚度 t(mm)
1	$h<500$	≥150	150～200
2	$500≤h<800$	≥200	≥200
3	$800≤h<1000$	≥200	≥300
4	$1000≤h<1500$	≥250	≥350
5	$1500≤h<2000$	≥300	≥400

注：1. 双肢柱的杯底厚度值，可适当加大；
2. 当有基础梁时，基础梁下的杯壁厚度，应满足其支承宽度的要求；
3. 柱子插入杯口部分的表面应凿毛，柱子与杯口之间的空隙，应用比基础混凝土强度等级高一级细石混凝土充填密实，当达到材料设计强度的 70% 以上时，方能进行上部吊装。

杯壁构造配筋 表 2.1.17

柱截面长边尺寸(mm)	$h<1000$	$1000≤h<1500$	$1500≤h≤2000$
钢筋直径(mm)	8～10	10～12	12～16

注：表中钢筋置于杯口顶部，每边两根（图 2.1.25）。

高杯口基础的杯壁厚度 t 表 2.1.18

h(mm)	t(mm)	h(mm)	t(mm)
$600<h≤800$	≥250	$1000<h≤1400$	≥350
$800<h≤1000$	≥300	$1400<h≤1600$	≥400

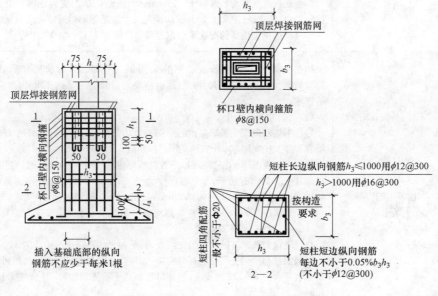

图 2.1.27 高杯口基础构造配筋示意

2.1.2.5 钢筋混凝土条形基础

钢筋混凝土条形基础，如表 2.1.19 所示。

钢筋混凝土条形基础

表 2.1.19

序　号	项　　目	内　　容
1	墙下钢筋混凝土条形基础	(1)基础的外形尺寸 1)墙下钢筋混凝土条形基础按外形不同可分为无纵肋板式条形基础和有纵肋的板式条形基础,如图 2.1.28 所示。 2)墙下条形基础的高度 h 应按受冲切计算确定。构造要求一般为 $h \geqslant \dfrac{b}{7} \sim \dfrac{b}{8}$,且 $h \geqslant 300\mathrm{mm}$,式中 b 为基础宽度。当悬挑长度 $\dfrac{b}{2}$ 小于或等于 750mm 时,基础高度可做成等厚度;当 $\dfrac{b}{2} > 750\mathrm{mm}$ 时,可做成变厚度,且板的边缘厚度应 $\geqslant 200\mathrm{mm}$,坡度 $i \leqslant 1:3$。 3)当墙下的地基土质不均匀或沿地基纵向荷载分布不均匀时,为了抵抗不均匀沉降和加强条形基础的纵向抗弯能力,可做成有纵肋板式条形基础。纵肋的宽度为墙厚加 100mm。翼板厚度宜以不配箍筋或弯起钢筋的条件按受弯承载力计算确定,当悬挑长度小于或等于 750mm 时,基础的翼板可做成等厚度;当悬挑长度大于 750mm 或翼板厚度大于 250mm 可做成变厚度,此时翼板边缘厚度不应小于 200mm,且坡度 $i \leqslant 1:3$,如图 2.1.28(b)所示。 (2)基础的配筋 1)墙下条形基础的横向受力钢筋:当混凝土强度等级为 C20 时,采用 $\phi 8 \sim \phi 16$ 的 HPB235 级钢筋;当为 C20 以上时,采用 $\Phi 8 \sim \Phi 16$ 的 HRB335 级钢筋;钢筋间距不大于 200mm,且配筋率不应小于 0.15%。墙下条形基础的纵向钢筋一般按构造配置,宜采用 $\phi 8 \sim \phi 10$,间距不大于 250mm。当基础下的地基局部软弱时,可在底板内设置暗梁局部加强,如图 2.1.29 所示。 2)有纵肋的板式条形基础,当肋宽大于 350mm 时,肋内应配置四肢箍筋;当肋宽大于 800mm 时,应配置六肢箍筋。箍筋一般为 $\phi 6 \sim \phi 8$,间距为 200～400mm。纵肋内的纵向受力钢筋,按构造要求配置上下相间的双筋,其配筋率应满足受弯构件最小配筋率要求。 3)当底板宽度 b 大于或等于 2500mm 时,底板的横向受力钢筋长度 l 可按 0.9(b−50)交错布置(图 2.1.29),并应满足关于截断钢筋对延伸长度的要求。 4)底板纵横交接处的配筋平面布置可参见图 2.1.12(b)、(c)设置。
2	柱下钢筋混凝土条形基础	钢筋混凝土柱下条形基础一般采用倒 T 形截面,由肋梁和翼板组成(图 2.1.30)。柱下条形基础的构造,除满足表 2.1.12 序号 2 的要求外,尚应符合下列的规定: (1)基础的外形尺寸 1)柱下钢筋混凝土条形基础的肋高 h 宜为柱距(小于等于 6m)的 1/4～1/8;肋梁宽 b 等于柱宽加 100mm,且 $b \geqslant b_f/4$,如图 2.1.30 所示。 2)翼板厚度不应小于 200mm。当翼板厚度为 200～250mm 时,宜用等厚度翼板,如图 2.1.30(a)所示,当翼板厚度大于 250mm 时,宜采用变厚度翼板,其坡度 $\leqslant 1:3$,其边缘厚度不应小于 200mm,如图 2.1.30(b)所示。 3)一般情况下,条形基础的端部应有向外悬臂伸出,其长度宜为第一跨距的(0.25～0.3)倍,如图 2.1.31 所示。 4)现浇柱与条形基础肋梁的交接处,其平面尺寸不应小于图 2.1.32 的规定。 5)预制柱与肋梁交接处的杯口构造:当杯口顶面与肋梁顶面标高相同时,其平面尺寸宜符合图 2.1.33 的要求;当杯口顶面高于肋梁顶面时,要求与柱下独立基础相同。 6)柱下条形基础的混凝土强度等级,一般应采用 $\geqslant$C20 级混凝土。 (2)基础的配筋 1)条形基础梁顶部和底部的纵向受力钢筋除满足计算要求外,顶部钢筋按计算

序　号	项　目	内　容
2	柱下钢筋混凝土条形基础	配筋全部贯通,底部通长钢筋不应少于底部受力钢筋截面总面积的1/3。纵向受力钢筋的直径不应小于12mm。 2)条形基础梁的纵向受力钢筋应按计算确定,并沿梁上下配置,其配筋率均不得小于0.2%,钢筋直径不应小于12mm,如图2.1.30所示。 3)肋宽 b 小于或等于350mm时,采用双肢箍筋;350mm<b≤800mm时,采用四肢箍筋;b>800mm时,采用六肢箍筋。 4)箍筋应采用封闭式,其直径不应小于8mm,间距按计算确定,但不应大于15d(d为纵向受力钢筋直径),也不应大于400mm;在距支座0.25～0.3柱距范围内应加密配置。 5)当肋梁腹板高 h_w≥450mm 时,应在腹板的中部两侧配置直径不小于14mm的纵向构造钢筋。该纵向构造钢筋的上下间距不宜大于200mm,其截面面积不应小于腹板截面面积 bh_w 的0.1%。 6)翼板的横向受力钢筋由计算确定,但直径不应小于12mm,间距为100～200mm。分布钢筋的直径为8～10mm,间距不大于250mm。 7)在柱下钢筋混凝土条形基础的T形和十字形交接处,翼板横向受力钢筋仅沿一个主要受力轴方向通长放置,而另一轴向的横向受力钢筋,伸入受力轴方向底板宽度1/4即可。如图2.1.12(b)所示。 8)当条形基础底板在L形拐角处,其底板横向受力钢筋应沿两个轴向通长放置,如图2.1.12(c)所示,分布钢筋在主要受力轴向通长放置,而另一轴向的分布钢筋可在交接边缘处断开。 9)柱下钢筋混凝土条形基础的肋梁箍筋在中段0.4l范围内,间距可适当增大,但不宜大于400mm,如图2.1.34所示。 10)预制柱列下钢筋混凝土条形基础的构造,应符合下列要求: ①全部柱下单独基础连接在一起,且在杯口壁上配置连续钢筋,如图2.1.35所示。 ②在每隔20～40m长留800mm宽的后浇带,在浇灌前必须清洗干净后,并刷高强度等级水泥浆一道。 ③配筋要求与现浇柱下钢筋混凝土条形基础相同。 11)柱与条形基础肋梁的连接及配筋要求如表2.1.20所示

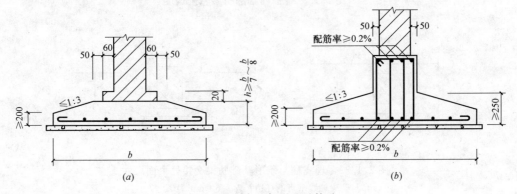

图2.1.28　墙下条形基础构造

(a) 无纵肋;(b) 有纵肋

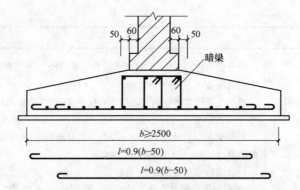

图 2.1.29 底板横向钢筋交错布置

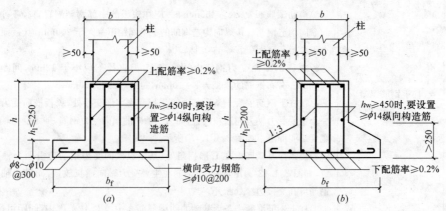

图 2.1.30 柱下钢筋混凝土条形基础构造

(a) 翼板厚≤250；(b) 翼板厚>250

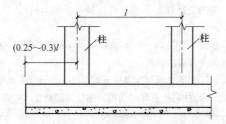

图 2.1.31 柱列端部肋梁悬挑长度

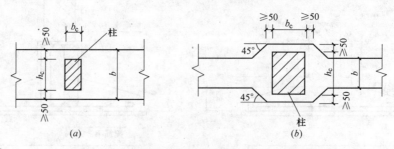

图 2.1.32 现浇柱与条形基础肋梁交接处平面尺寸

(a) 与肋梁轴线垂直的柱边长 h_c<600mm 且 h_c<b 时；

(b) 与肋梁轴线垂直的柱边长 h_c≥600mm 且 h_c≥b 时

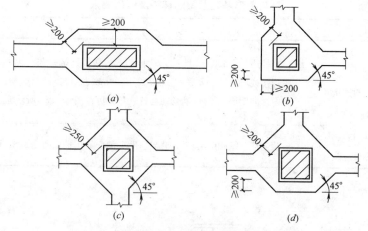

图 2.1.33 预制柱与肋梁交接处杯口尺寸

（a）柱与直线形肋梁相连；（b）柱与角形肋梁相连；（c）柱与十字形肋梁相连；（d）柱与 T 形肋梁相连

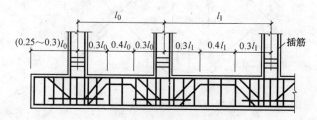

图 2.1.34 肋梁钢筋构造

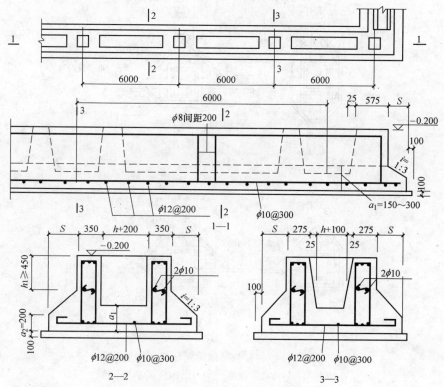

图 2.1.35 预制柱列下条形基础

柱与条形基础肋梁的连接及配筋要求

表 2. 1. 20

序 号	项 目	内 容
1	现浇柱与肋梁的连接	当柱边长<600mm 且 h_c<b 时,肋梁内应伸出插筋与柱内纵向钢筋连接,宜采用焊接或机械连接方法;当柱边长≥600mm 且 h_c≥b 时,肋梁内除应伸出插筋与柱内纵向钢筋连接外,肋梁在与柱连接处可按图 2.1.36 所示配筋。
2	预制柱与基础肋梁杯口连接处	预制柱与基础肋梁杯口连接处,肋梁的配筋构造如图 2.1.37 所示

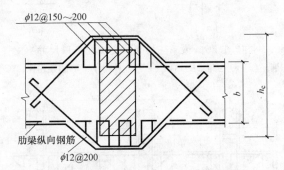

图 2.1.36　现浇柱与肋梁连接处构造配筋(h_c≥b 时)

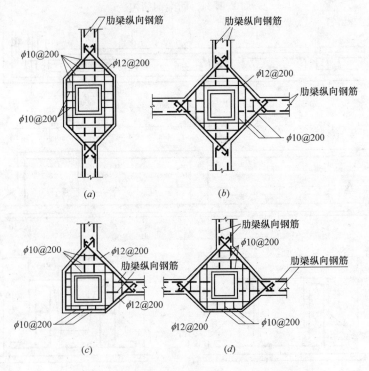

图 2.1.37　预制柱与基础肋梁杯口连接处配筋

(a) 柱与直线形肋梁相连;(b) 柱与十字形肋梁相连;

(c) 柱与角形肋梁相连;(d) 柱与 T 形肋梁相连

2.1.2.6 筏形基础

筏形基础如表2.1.21所示。

序 号	项 目	内 容
1	墙下筏形基础	(1)简述 筏形基础一般可选用平板式(筏板基础)或梁板式筏形基础,地下水位较高时,宜设置架空隔水层,并做好排水处理。 墙下浅埋筏板基础(包括不埋式筏板)可适用于具有硬壳层(包括人工处理形成的)比较均匀的软弱地基,六层及六层以下横墙较密的民用建筑。其构造要求应符合有关的规定。 (2)墙下筏板基础与砖墙交接处的构造要求: 1)筏板悬挑墙外的长度,从轴线算起横向不宜大于 1500mm,纵向不宜大于 1000mm。 2)墙脚应放大,当墙厚为240mm时,墙脚每侧宜挑出 180mm,分为三个台阶,如图 2.1.38 所示;墙厚为 370mm 时,墙脚每侧宜挑出 120mm,分为二个台阶,如图 2.1.39 所示;墙厚为 490mm 时,墙脚每侧宜挑出 60mm,为一个台阶,如图 2.1.40 所示。墙脚的台阶高度宜为 60mm 或 120mm。 (3)墙下筏板基础的厚度 墙下筏板基础的底板宜为等厚度的钢筋混凝土平板。其厚度除按计算确定外,平板厚度与计算区段的最小跨度比不宜小于 1/20。多层民用建筑的板厚可根据楼层层数按每层 50mm 计算,但不得小于 200mm。当边跨有悬臂伸出的筏板,其悬臂部分可做成坡度,边缘厚度不应小于 200mm。 (4)墙下筏板基础的配筋 1)墙下筏板基础当采用 HPB235 级钢筋配筋时混凝土强度等级不宜低于 C20;当采用 HRB335 级钢筋配筋时不应低于 C20。 2)筏板基础底板厚度小于 300mm 时,可配置单层钢筋,板厚大于或等于 300mm 时,应配置双层钢筋。筏板基础的配筋除应符合计算要求外,纵横方向支座钢筋尚应分别有 0.20%、0.10%配筋率连通,跨中钢筋应按实际配筋率全部连通。 3)筏板基础的受力钢筋的最小直径不宜小于 12mm,间距不应大于 1.5 倍板厚,且不应大于 200mm;分布钢筋为 8~10mm,间距为 200~300mm。 4)筏板基础的四角应配置放射状的附加钢筋。
2	高层建筑筏形基础	(1)确定选型 筏形基础分为梁板式和平板式两种类型,其选型应根据工程地质、上部结构体系、柱距、荷载大小以及施工条件等因素确定。 (2)平面尺寸 筏形基础的平面尺寸,应根据地基土的承载力、上部结构的布置及荷载分布等因素按设计的有关规定确定。对单幢建筑物,在地基土比较均匀的条件下,基底平面形心宜与结构竖向永久荷载重心重合。当不能重合时,在荷载效应准永久组合下,偏心距 e 宜符合下式要求: $$e \leqslant 0.1W/A \qquad (2.7)$$ 式中　W——与偏心距方向一致的基础底面边缘抵抗矩; 　　　A——基础底面积。 (3)材料选用 筏形基础的混凝土强度等级不应低于 C30。当有地下室时应采用防水混凝土,防水混凝土的抗渗等级应根据地下水的最大水头与防渗混凝土厚度的比值,按表 2.1.24 选用,其抗渗等级不应小于 0.6N/mm²。必要时宜设架空排水层。

序　号	项　目	内　容
2	高层建筑筏形基础	（4）地下室 1）采用筏形基础的地下室，在沿地下室四周布置钢筋混凝土外墙，外墙厚度不应小于250mm，内墙厚度不应小于200mm。墙的截面设计除满足承载力要求外，尚应考虑变形、抗裂及防渗等要求。墙体内应设置双排钢筋，竖向和水平钢筋的直径不应小于12mm，间距不应大于300mm。 2）地下室底层柱、剪力墙与梁板式筏基的基础梁连接的构造要求： ①柱、墙的边缘至基础梁边缘的距离不应小于50mm，如图2.1.41所示。 ②当交叉基础梁的宽度小于柱截面的边长时，交叉基础梁连接处应设置八字角，柱角和八字角之间的净距不宜小于50mm，见图2.1.41(a)。 ③单向基础梁与柱的连接，可按图2.1.41(b)、(c)采用。 ④基础梁与剪力墙的连接，可按图2.1.41(d)采用。 （5）筏基底板 梁板式筏基底板除计算正截面受弯承载力外，其厚度尚应满足受冲切承载力、受剪切承载力的要求。对12层以上建筑的梁板式筏基，其底板厚度与最大双向板格的短边净跨之比不应小于1/14，且板厚不应小于400mm。 （6）其他要求 1）筏板与地下室外墙的接缝、地下室外墙沿高度处的水平接缝应严格按施工缝要求施工，必要时可设通长止水带。 2）高层建筑筏形基础与裙房基础之间的构造应符合下列要求： ①当高层建筑与相连的裙房之间设置沉降缝时，高层建筑的基础埋深应大于裙房基础的埋深至少2m。当不满足要求时必须采取有效措施。沉降缝地面以下处应用粗砂填实（图2.1.42）。 ②当高层建筑与相连的裙房之间不设置沉降缝时，宜在裙房一侧设置后浇带，后浇带的位置宜设在距主楼边柱的第二跨内。后浇带混凝土宜根据实测沉降值并计算后期沉降差能满足设计要求后方可进行浇筑。 ③当高层建筑与相连的裙房之间不允许设置沉降缝和后浇带时，应进行地基变形验算，验算时需考虑地基与结构变形的相互影响并采取相应的有效措施。 3）筏形基础地下室施工完毕后，应及时进行基坑回填工作。回填基坑时，应先清除基坑中的杂物，并应在相对的两侧或四周同时回填并分层夯实

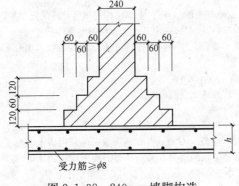

图2.1.38　240mm墙脚构造

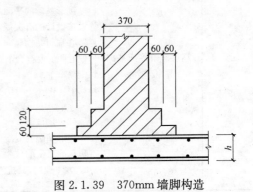

图2.1.39　370mm墙脚构造

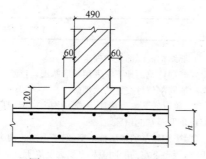

图 2.1.40　490mm 墙脚构造

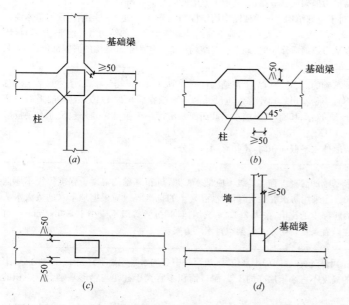

图 2.1.41　地下室底层柱或剪力墙与基础梁连接的构造要求

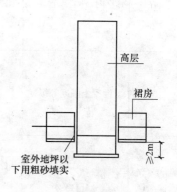

图 2.1.42　高层建筑与裙房间的沉降缝处理

2.1.2.7　箱形基础

1. 一般规定

箱形基础一般规定，如表 2.1.22 所示。

一般规定　　　　　　　　　　　　　表 2.1.22

序　号	项　　目	内　　　容
1	平面尺寸	(1)箱形基础的平面尺寸,应根据地基土的承载力、上部结构的布置及荷载分布等因素确定。当为满足地基承载力的要求而扩大底板面积时,扩大部位宜设在建筑物的宽度方向。 (2)对单幢建筑物,在均匀地基的条件下,箱形基础的基底平面形心宜与结构竖向永久荷载重心重合。当不能重合时,在荷载准永久值组合下,偏心距 e 宜符合式(2.7)的要求。
2	高度及埋深	(1)箱形基础的高度应满足结构承载力和刚度的要求,其值不宜小于箱形基础长度的 1/20,并不宜小于 3m。箱形基础的长度不包括底板悬挑部分。 (2)高层建筑同一结构单元内,箱形基础的埋置深度宜一致,且不得局部采用箱形基础。

序 号	项 目	内 容
3	确定嵌固部位	上部结构嵌固部位的确定 当高层建筑的地下室采用箱形基础,且地下室四周回填土为分层夯实时,上部结构的嵌固部位可按下列原则确定: (1)单层地下室为箱基,上部结构为框架、剪力墙或框剪结构时,上部结构的嵌固部位可取箱基的顶部。 (2)采用箱基的多层地下室,对于上部结构为框架、剪力墙或框剪结构的多层地下室,当地下室的层间侧移刚度大于等于上部结构层间侧移刚度的1.5倍时,地下一层结构顶部可作为上部结构的嵌固部位,否则认为上部结构嵌固在箱基的顶部。上部结构为框架或框剪结构,其地下室墙的间距尚应符合表2.1.23的要求。 (3)对于上部结构为框筒或筒中筒结构的地下室,当地下一层结构顶板整体性较好,平面刚度较大且无大洞口,地下室的外墙能承受上部结构通过地下一层顶板传来的水平力或地震作用时,地下一层结构顶部可作为上部结构的嵌固部位。
4	内、外墙布置	箱形基础的内、外墙应沿上部结构柱网和剪力墙纵横均匀布置,墙体水平截面总面积不宜小于箱形基础外墙外包尺寸的水平投影面积的1/10。对基础平面长宽比大于4的箱形基础,其纵墙水平截面面积不得小于箱基外墙外包尺寸水平投影面积的1/18。 计算墙体水平截面面积时,不扣除洞口部分。
5	混凝土强度等级	箱形基础的混凝土强度等级不应低于C20;桩箱基础的混凝土强度等级不应低于C30。当采用防水混凝土时,防水混凝土的抗渗等级应根据地下水的最大水头与混凝土厚度的比值,按表2.1.24选用,且其抗渗等级不应小于0.6N/mm²。对重要建筑宜采用自防水并设架空排水层方案。
6	洞口设置	(1)门洞宜设在柱间居中部位,洞边至柱中心的水平距离不宜小于1.2m,洞口上过梁的高度不宜小于层高的1/5,洞口面积不宜大于柱距与箱形基础全高乘积的1/6。 (2)墙体洞口周围应设置加强钢筋,洞口四周附加钢筋面积不应小于洞口内被切断钢筋面积的一半,且不少于两根直径为16mm的钢筋,此钢筋应从洞口边缘外延长40倍钢筋直径(图2.1.45)

地下室墙的间距   表 2.1.23

非抗震设计	抗震设防烈度		
	6度、7度	8度	9度
≤4B 且≤60m	≤4B 且≤50m	≤3B 且≤40m	≤2B 且≤30m

注:B 为地下一层结构顶板宽度。

箱形和筏形基础防水混凝土的抗渗等级   表 2.1.24

最大水头(H)与防水 混凝土厚度(h)的比值	设计抗渗等级(N/mm²)	最大水头(H)与防水 混凝土厚度(h)的比值	设计抗渗等级(N/mm²)
$\frac{H}{h}<10$	0.6	$25\leqslant\frac{H}{h}<35$	1.6
$10\leqslant\frac{H}{h}<15$	0.8	$\frac{H}{h}\geqslant35$	2.0
$15\leqslant\frac{H}{h}<25$	1.2		

2. 箱形基础构造及配筋

箱形基础构造及配筋，如表 2.1.25 所示。

构造及配筋

表 2.1.25

序　号	项　目	内　容
1	各部截面尺寸要求	(1)简述 1)箱形基础是指由底板、顶板、外侧墙及一定数量纵横较均匀布置的内隔墙构成的整体刚度较好的钢筋混凝土箱式结构。 2)箱形基础的平面形状及尺寸应根据地基强度,建筑物地基的容许变形值,上部结构的布局等条件确定。 (2)顶板、底板及墙体厚度 1)当考虑上部结构嵌固在箱形基础的顶板上或地下一层结构顶部时,箱基或地下一层结构顶板除满足正截面受弯承载力和斜截面受剪承载力要求外,其厚度尚不应小于 200mm。 2)箱形基础的底板厚度应根据实际受力情况、整体刚度及防水要求确定。底板厚度可参照表 2.1.26 选用,但不应小于 300mm。 3)箱形基础的墙体应符合下列要求: ①墙身厚度应根据实际受力情况及防水要求确定。当符合上述 1)和本表序号 1 之(3)的要求时,上部结构传至箱基顶部的总弯矩设计值,总剪力设计值可分别按受力方向的墙身弯曲刚度、剪切刚度分配至各道墙上。 ②外墙厚度不应小于 250mm;内墙厚度不应小于 200mm。 (3)底层柱与箱形基础交接处构造 现浇底层柱与箱形基础交接处,墙边和柱边之间或柱角和墙的八字角之间的净距不宜小于 50mm(图 2.1.43),并应验算交接面处墙体的局部受压承载力,当不满足时,应增加箱形基础墙体的受压面积或采用其他有效措施。 (4)预制柱与箱形基础连接 预制柱与箱形基础采用杯口连接时,对于四面与顶板连接的杯口,杯口壁顶部厚度不应小于 150mm,对于两面或三面与顶板连接的杯口,其临空面的杯口壁顶部厚度,应符合有关杯口的要求,且不应小于 200mm;杯口深度不应小于吊装柱长的 0.05 倍加 50mm,且不得小于柱主筋直径的 35 倍及锚固长度 l_a。柱与杯口连接的构造如图 2.1.44 所示。杯口配筋除按计算确定外,并应符合构造要求。 (5)后浇带 当箱形基础长度超过 40m 时,若不采用特殊措施则应设置贯通施工后浇带。施工后浇带间距为 20~40m,带宽不宜小于 800mm。在施工后浇带处钢筋必需贯通。施工后浇带宜设在柱距三等分的中间范围内。后浇施工带处的底板及外墙宜采用附加卷材防水。施工后浇带两侧宜采用钢筋支架铅丝网或单层钢板网隔断。施工后浇带可在顶板浇筑混凝土 14d 后,采用比设计强度等级提高 10N/mm² 的无收缩水泥配制的混凝土浇筑密实,并加强养护。当采用刚性防水方案时,同一结构单元的箱形基础应避免设置变形缝。 (6)悬挑长度 箱形基础底板纵向悬挑长度一般不宜超过 1m。
2	箱形基础的配筋	(1)配筋原则 当地基压缩层深度范围内的土层在竖向和水平方向较均匀、且上部结构为平立面布置较规则的剪力墙、框架、框架—剪力墙体系时,箱形基础的顶、底板可仅按局部弯曲计算,计算时底板反力应扣除板的自重。顶、底板钢筋配置量除满足局部弯曲的计算要求外,纵横方向的支座钢筋尚应有 1/2~1/3 贯通全跨,且贯通钢筋的配筋率分别不应小于 0.15%、0.10%;跨中钢筋应按实际配筋全部连通。

序 号	项 目	内 容
2	箱形基础的配筋	(2)底层柱纵向钢筋伸入基础的长度 1)柱下三面或四面有箱形基础墙的内柱,除四角钢筋应直通基底外,其余钢筋可终止在顶板底面以下 40 倍钢筋直径处。 2)外柱、与剪力墙相连的柱及其他内柱的纵向钢筋应直通到基底。 (3)箱基外墙设有窗井 当箱基的外墙设有窗井时,窗井的分隔墙应与内墙连成整体。窗井分隔墙可视作由箱形基础内墙伸出的挑梁。窗井底板应按支承在箱基外墙、窗井外墙和分隔墙上的单向板或双向板计算。 (4)底板及顶板的配筋 箱形基础底板及顶板的钢筋,如有接头宜优先采用焊接接头,当采用搭接接头时,应按受拉搭接长度考虑。底板及顶板均采用双层和双向配筋,受力钢筋直径不宜小于 $\phi 12$ mm,钢筋间距不应大于 300mm。 (5)墙体的配筋 墙体一般采用双层、双向配筋。横向及竖向钢筋均不宜小于 $\phi 10@200$,但外墙竖向钢筋不宜小于 $\phi 12@200$。除上部为剪力墙结构外,内外墙的墙顶处宜配置两根不小于 $\phi 20$ 的水平纵向通长构造钢筋,其钢筋接头和内外墙钢筋锚固均按受拉钢筋考虑。 (6)墙体洞口 墙体洞口削弱处,上下过梁的配筋及洞口两侧和角部的加强钢筋应按计算确定。且洞口每侧加强钢筋的截面面积不应小于洞口宽度内被切断受力钢筋截面面积的一半,也不少于两根直径为 $\phi 16$ 的钢筋,洞口钢筋应深入墙内 $40d$(d 为加强钢筋直径),洞口角部墙体两面各配置不少于两根 $\phi 12$ 的斜筋,其长度不小于 1.3m,如图 2.1.45 所示。 (7)基础与柱内纵向钢筋的搭接 伸出箱形基础顶面与柱内纵向钢筋搭接的钢筋,其搭接长度、搭接位置等,详见柱的有关要求

底板厚度参考　　　　　　　　　　　　　　　　　　　　　表 2.1.26

序号	基底平均反力(kN/m²)	底板厚度	序号	基底平均反力(kN/m²)	底板厚度
1	150～200	$L_0/14 \sim L_0/10$	3	300～400	$L_0/8 \sim L_0/6$
2	200～300	$L_0/10 \sim L_0/8$	4	400～500	$L_0/6 \sim L_0/5$

注：L_0 为最大房间短跨净跨尺寸。

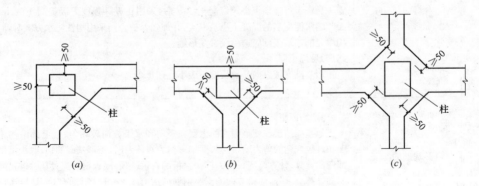

图 2.1.43　现浇底层柱与箱形基础交接

(*a*) 角柱；(*b*) 边柱；(*c*) 中柱

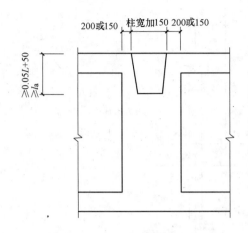

图 2.1.44 杯口构造

(L 为吊装柱长)

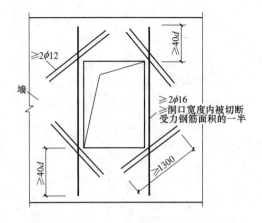

图 2.1.45 洞口两侧及每角的加强钢筋

注：未示出无上下过梁处的洞口加强钢筋

2.1.2.8 满堂红平板式基础

满堂红平板式基础，如表 2.1.27 所示。

满堂红平板式基础　　　　　　表 2.1.27

序　号	项　目	内　容
1	适用条件	平板式钢筋混凝土基础多用于地基承载力特征值≤100kN/m² 的软弱地基土层。
2	墙下平板式满堂红基础	(1)材料选用与截面尺寸 1)混凝土强度等级不应低于 C20。 2)钢筋采用 HRB335 级钢筋。 3)平板式基础厚度除按计算确定外,五层以下的多层民用建筑物的基础板厚应大于或等于 250mm,六层民用建筑物的基础板厚应大于或等于 300mm。 4)墙厚为 240mm、370mm、490mm 时,墙下端每层挑出的要求如图 2.1.38、图 2.1.39 及图 2.1.40 所示。 (2)配筋规定 1)板厚小于 300mm 时,构造要求配置单层钢筋;板厚大于或等于 300mm 时,应配置双层钢筋。 2)当平板的区格符合双向板时,受力筋应双向配置;当平板区格符合单向板时,可允许在两墙轴线之间的中点处出现裂缝。此时,墙下平板基础可视为两侧悬挑板进行配筋,计算的受力钢筋的一半应按构造要求连续通长配置,其余一半应在悬挑边缘处断开,如图 2.1.46 所示。 3)构造要求:受力钢筋不应小于 $\phi14$mm,间距为 100～200mm;分布钢筋为 $\phi8$～$\phi10$mm,间距为 150～200mm。
3	柱下平板式满堂红基础	(1)截面尺寸及混凝土强度等级 1)板厚应按受冲切计算确定,一般为 300～400mm。 2)采用的混凝土强度等级不小于 C20。 (2)配筋要求 1)柱下平板式基础按无梁楼盖进行计算配筋。 2)受力钢筋应采用 HRB335 级钢筋。 3)当板厚 $h \geqslant 300$mm 时,配双层钢筋;板厚 $h < 300$mm 时,配单层钢筋。 4)受力钢筋直径一般不应小于 12mm,间距为 100～200mm;分布钢筋直径为 8～10mm,间距为 150～200mm

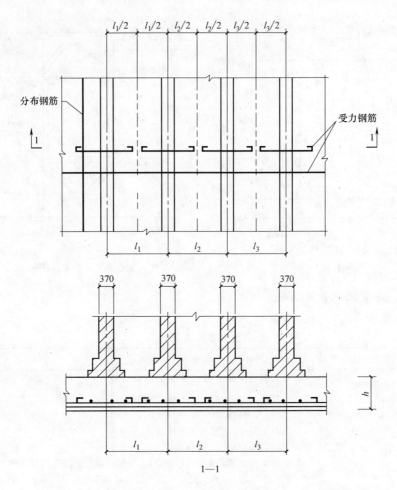

图 2.1.46　墙下平板基础单向板配筋构造（单层钢筋）

2.1.3　桩基础

当浅层地基土无法满足建筑物对地基变形和强度的要求时，可利用深层较坚硬的土层作为持力层，从而设计成深基础。常用的深基础有桩基础、墩基础、沉井、地下连续墙等，其中桩基础应用较多。

桩基础由基桩和连接于桩顶的承台共同组成，根据承台的位置高低，可分为低承台桩基础和高承台桩基础两种。若桩身全部埋入土中，承台底面与土体接触则称为低承台桩基础，建筑桩基础通常为低承台桩基础（图 2.1.47）。而码头、桥梁等构筑物经常采用高承台桩基础。

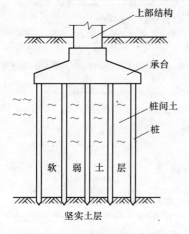

图 2.1.47　桩基础示意图

2.1.3.1　桩的功能及分类

桩的功能及分类，如表 2.1.28 所示。

桩的功能及分类 表 2.1.28

序 号	项 目	内 容
1	桩基础的功能	桩基础的主要功能是将上部结构的荷载传至地下较深的密实和低压缩性的土层中，以满足承载力和沉降的要求。有时桩基础可用来承受上拔力、水平力，或承受垂直、水平、上拔荷载的共同作用以及机器产生的振动和动力作用等。
2	适用条件	桩基础的适用条件根据场地的工程地质条件、设计方案的技术经济比较以及施工条件而定。与其他深基础相比，桩基础的适用范围最广，一般来说，在下列情况下可考虑选用桩基础方案。 (1)高、重建筑物下的浅层地基土承载力与变形不能满足要求时。 (2)地基软弱，而采用地基加固措施技术上不可行或经济上不合理时，或地基土性特殊，如液化土、湿陷性黄土、膨胀土、季节性冻土等。 (3)除了存在较大的垂直荷载外，还有较大的偏心荷载、水平荷载、动力荷载及周期性荷载作用时。 (4)上部结构对基础的不均匀沉降相当敏感，或建筑物受相邻建筑物或大面积地面荷载的影响时。 (5)软弱地基或某些特殊土上的各类永久性建筑物，或以桩基作为地震区结构抗震措施时。 (6)对精密或大型的设备基础需要减少基础振幅，减弱基础振动对结构的影响，或应控制基础沉降和沉降速率时。 (7)地下水位很高，采用其他深基础形式施工时排水有困难的场合。 (8)位于水中的构筑物基础，如桥梁、码头等
3	按承载性状分类	(1)摩擦型桩 1)摩擦桩 在极限承载力状态下，桩顶荷载由桩侧阻力承受的桩。桩尖部分承受的荷载很小，一般不超过10%。如打在饱和软黏土地基，在数十米深度内均无坚硬的桩尖持力层。这类桩基的沉降较大。 2)端承摩擦桩 在极限承载力状态下，桩顶荷载主要由桩侧阻力承受。即在外荷载作用下，桩的端阻力和侧壁摩擦力都同时发挥作用。如穿过软弱地层嵌入较坚实的硬黏土的桩。这类桩的桩侧阻力大于桩尖阻力。 (2)端承型桩 1)端承桩 在极限荷载作用状态下，桩顶荷载由桩端阻力承受的桩。如通过软弱土层桩尖嵌入基岩的桩，外部荷载通过桩身直接传给基岩，桩的承载力由桩的端部提供，不考虑桩侧摩阻力的作用。 2)摩擦端承桩 在极限承载力状态下，桩顶荷载主要由桩端阻力承受的桩。如通过软弱土层桩尖嵌入基岩的桩，由于桩的细长比很大，在外部荷载作用下，桩身被压缩，使桩侧摩阻力部分地发挥作用。这类桩的桩侧阻力小于桩尖阻力。
4	按成桩方法分类	一般分为非挤土桩、部分挤土桩和挤土桩三类，见图2.1.48。 (1)非挤土桩 在成桩过程中，将与桩体积相同的土挖出，因而桩周围的土很少受到扰动，但有

序　号	项　　目	内　　容
4	按成桩方法分类	应力松弛现象。这类桩主要有各种形式的挖孔或钻孔桩、井筒管桩和预钻孔埋桩等,采用干作业法、泥浆护壁法和套管护壁法等施工。 （2）部分挤土桩 　　在成桩过程中,桩周围的土仅受到轻微的扰动,土的原状结构和工程性质没有明显变化。这类桩主要有部分挤土灌注桩、预钻孔打入式预制桩和打入式敞口桩等。 （3）挤土桩 　　在成桩过程中,桩周围的土被挤密或挤开,因而使桩周围的土受到严重扰动,土的原始结构遭到破坏,土的工程性质发生很大变化。这类桩主要有挤土灌注桩、预钻孔打入式预制桩和打入式敞口桩等。
5	按桩身材料分类	根据桩身材料,要分为混凝土桩、钢桩和组合材料桩等。 （1）混凝土桩 　　混凝土桩是目前应用最广泛的桩,具有制作方便、桩身强度高、耐腐蚀性能好、价格较低等优点。它又可分为预制混凝土桩和灌注混凝土桩两大类。 　　1）预制混凝土桩 　　预制混凝土桩多为钢筋混凝土桩,断面尺寸一般为 400mm×400mm 或500mm×500mm,单节长十余米。若桩基要求用长桩时,可将单节桩连接成所需桩长。为减少钢筋用量和桩身裂缝,也有用预应力钢筋混凝土桩,其断面为圆形,外径为 400mm 和 500mm 两种,标准节长为 8m 和 10m,法兰盘接头。 　　2）灌注混凝土桩 　　灌注混凝土桩是用桩机设备在施工现场就地成孔,在孔内放置钢筋笼,其深度和直径可根据受力的需要,根据设计确定。 （2）钢桩 　　由钢板和型钢组成,常见的有各种规格的钢管桩、工字钢和 H 型钢桩等。由于钢桩桩身材料强度高,所以搬运和堆放方便且不易损坏,截able容易,且桩身表面积大而截面积小,在沉桩时贯透能力强而挤土影响小,在饱和软黏土地区为减少对邻近建筑物的影响,多采用此类钢桩。工字钢和 H 型钢也可用作支承桩。钢管桩由各种直径和壁厚的无缝钢管制成。 （3）组合材料桩 　　组合材料桩是指一根桩由两种以上材料组成的桩。较早采用的水下桩基,就是在泥面以下用木桩而水中部分用混凝土桩。
6	按桩的使用功能分类	桩在基础工程中,可能主要承受轴向垂直荷载,或主要承受拉拔荷载,或主要承受横向水平荷载,或承受竖向、水平均较大的荷载。因此,按使用功能可分为竖向抗压桩、竖向抗拔桩、水平受荷桩和复合受荷桩。 （1）竖向抗压桩 　　竖向抗压桩,简称抗压桩。一般工业与民用建筑物的桩基,在正常工作条件下(不考虑地震作用),主要承受上部结构的垂直荷载。根据桩的荷载传递机理,抗压桩又可分为摩擦型桩和端承型桩。 （2）竖向抗拔桩 　　竖向抗拔桩,简称抗拔桩。主要抵抗作用在桩上的拉拔荷载,如板桩墙后的锚桩。拉拔荷载主要靠桩侧摩阻力承受。 （3）水平受荷桩 　　水平受荷桩是指主要承受水平荷载的桩,如在基坑开挖前打入土体中的支护桩、港口码头工程用的板桩等。桩身要承受弯矩力,其整体稳定则靠桩侧土的被动土压力,或水平支撑和拉锚来平衡。 （4）复合受荷桩 　　复合受荷桩是指承受竖向和水平向荷载均较大的桩,如高耸塔形建筑物的桩基,既要承受上部结构传来的垂直荷载,又要承受水平方向的风荷载。

续表

序号	项目	内容
7	按桩的截面形状分类	按桩的截面形状可分为实腹型和空腹型桩两大类。 (1)实腹型桩 　实腹型桩有三角形、正方形、六角形、八角形和圆形等。这类桩多由钢筋混凝土制成,具有桩身整体刚度大、重量大等特点,沉桩时挤土较严重。 (2)空腹型桩 　空腹型桩有空心三角形、空心正方形、圆环型(管形)、工字形和 H 形等。这类桩有较大的截面积,重量轻,节省材料,且具有必需的刚度。尤其是环形(管形)、工字形和 H 形的钢桩,截面面积小,又呈空腹形,沉桩时挤土影响小。因此,在饱和软粘土地区,在建筑物密集的情况下,采用此类桩可减少对邻近既有建筑物的影响

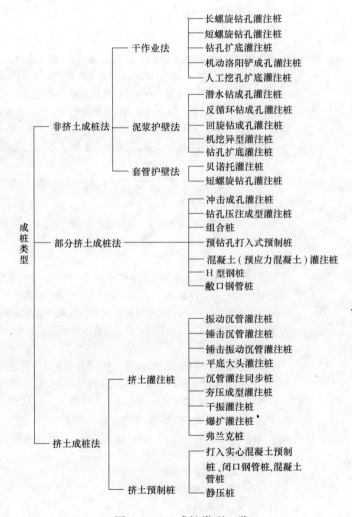

图 2.1.48　成桩类型一览

2.1.3.2　桩的选型

桩的选型如表 2.1.29 所示。

桩 的 选 型

表 2.1.29

序　号	项　目	内　容
1	预制混凝土桩	(1)钢筋混凝土桩 钢筋混凝土预制桩制作方便,桩身质量易于保证,材料强度高,耐腐蚀性强,桩的单位面积承载力较高。但由于钢筋混凝土预制桩是挤土桩,沉桩时有明显的挤土影响,不易穿透较厚的坚硬地层,截桩困难,桩的截面有限。 (2)预应力钢筋混凝土桩 预应力钢筋混凝土桩材料强度高,桩身混凝土密度大,抗腐蚀能力强,桩的单位面积承载力高,桩身质量易于保证和检查,节省钢材。但制作工艺复杂,需专门设备生产,需要高强度预应力钢筋。 (3)综上所述,预制混凝土桩适用于: 1)对噪声污染、挤土和振动影响没有严格限制的地区; 2)穿透的中间层较弱或没有坚硬的尖层,且持力层埋置深度和变化不大的地区; 3)地下水位较高或水下工程; 4)大面积打桩工程。
2	灌注桩	灌注桩的类型按其施工工艺可分为钻孔灌注桩、沉管式灌注桩等。 灌注桩与预制桩相比,用钢量少,比预制桩经济。工序简便,使用机具较少,场地也可小些,所需工期也较短。根据成孔机械的能力,可做成大直径和大深度的桩,没有接头,具有很大的单桩承载能力。目前我国灌注桩直径已达 2.5m,深度达 80余米。一般不受土质条件限制,适用于各种地层。但桩的质量不易控制和保证,检测工作麻烦;桩身强度比预制桩低;采用泥浆护壁时,废泥浆处理麻烦,一般情况下,不宜用于水下工程。
3	钢桩	工程上常用的钢桩有钢板桩、型钢桩和钢管桩三大类。 (1)钢板桩 钢板桩的形式很多,成本较高,但可多次使用,且较易打入各类地层,对地层扰动、邻近建筑物的影响小,因而常被用作临时支挡。 (2)型钢桩 最常用的型钢桩截面形状是工字形和 H 形。型钢桩贯入各类地层的能力强,且属部分挤土桩,对地层扰动小,可用于承受水平荷载或垂直荷载。为避免在打桩过程中引起地面隆起和侧向移动,可采用 H 型钢代表预制混凝土桩。H 型钢桩还可作为基坑支护的立柱桩,而且可以拼成组合桩以承受更大的荷载。 (3)钢管桩 钢管桩重量轻,刚性好,搬运、堆放方便,不易受损。与其他两类钢桩相比,钢管桩的贯入能力、抗弯曲刚度、单桩承载能力和加长焊接等方面都有较大优越性。 (4)综上所述,钢桩材料强度很高,贯入土层能力强,沉桩挤土影响最小,桩长接截方便。但价格昂贵,耐腐蚀性差,锤击沉桩时噪声很大。 钢桩的适用范围: 1)严格限制沉桩挤土影响的地区; 2)地下无腐蚀性液体或气体的地区; 3)持力层起伏较大的地区; 4)桩基投资较大的工程。
4	成桩工艺选择参考表	桩型与工艺选择应根据建筑结构类型、荷载性质、桩的使用功能、穿越土层、桩端持力层土类、地下水位、施工设备、施工环境、施工经验、制桩材料供应条件等,选择经济合理、安全适用的桩型和成桩工艺。选择时,可参考表 2.1.30

表 2.1.30

成桩工艺选择参考表

桩类		桩身 (mm)	扩大端 (mm)	桩长 (mm)	一般黏性土及其填土	淤泥和淤泥质土	粉土	砂土	碎石土	季节性冻土膨胀土	非自重湿陷性黄土	自重湿陷性黄土	中间有硬夹层	中间有砂夹层	中间有砾石夹层	硬黏性土	密实砂土	碎石土	软质岩石和风化岩石	水位以上	水位以下	振动和噪音	排浆	孔底有无挤密
		桩径 (mm)			穿 越 土 层						黄土					桩端进入持力层				地下水位		对环境影响		
非挤土成桩法	干作业法 长螺旋钻孔灌注桩	300~600	/	≤12	○	×	○	△	×	○	○	△	×	△	×	○	○	×	×	○	×	无	无	无
	短螺旋钻孔灌注桩	300~800	/	≤30	○	×	○	△	×	○	○	△	×	△	×	○	○	×	×	○	×	无	无	无
	钻孔扩底灌注桩	300~600	800~1200	≤30	○	×	○	△	×	○	○	×	△	△	×	○	○	×	×	○	×	无	无	无
	机动洛阳铲成孔灌注桩	300~500	/	≤20	○	×	△	△	×	○	△	×	△	△	×	○	△	×	×	○	×	无	无	无
	人工挖孔扩底灌注桩	1000~2000	1600~4000	≤40	○	×	△	△	△	○	○	○	△	△	△	○	○	○	○	○	△	无	无	无
	泥浆护壁法 潜水钻钻孔灌注桩	500~800	/	≤50	○	△	○	○	×	○	△	×	△	○	×	○	○	△	△	○	○	无	有	无
	反循环钻钻孔成孔灌注桩	600~1200	/	≤80	○	△	○	○	△	○	△	×	△	○	△	○	○	○	△	○	○	无	有	无
	回旋钻成孔成孔灌注桩	600~1200	/	≤80	○	△	○	○	△	○	△	×	△	○	△	○	○	○	△	○	○	无	有	无
	机挖异型灌注桩	400~600	/	≤20	○	△	○	○	△	○	△	×	△	○	△	○	○	△	△	○	○	无	有	无
	钻孔扩底灌注桩	600~1200	1000~1600	≤20	○	△	○	○	×	○	△	×	△	○	×	○	○	△	△	○	○	无	有	无
	套管护壁法 贝诺托灌注桩	800~1600	/	≤50	○	△	○	○	△	○	△	×	△	○	△	○	○	○	△	○	○	无	有	无
	短螺旋钻孔灌注桩	300~800	/	≤20	○	×	△	△	×	○	△	×	△	△	×	○	○	×	×	○	×	无	无	无
部分挤土成桩法	冲击成孔灌注桩	600~1200	/	≤50	○	△	△	△	△	○	△	×	△	△	△	○	○	○	△	○	○	有	有	无
	钻孔压注成型灌注桩	300~1000	/	≤30	○	△	△	△	×	○	△	×	△	△	×	○	○	△	△	○	○	无	无	无
	组合桩	≤600	/	≤30	○	△	△	△	×	○	△	×	△	△	×	○	○	△	△	○	○	有	无	无
	顶钻孔打入式预制桩	≤500	/	≤60	○	△	△	△	×	○	△	△	△	△	△	○	○	△	△	○	○	有	无	有
	混凝土(预应力混凝土)管桩	≤600	/	≤60	○	△	△	△	×	○	△	△	△	△	△	○	○	△	△	○	○	有	无	有

续表

桩类（成桩方法）	桩类	桩身(mm)	扩大端(mm)	桩长(mm)	一般黏性土及其填土	淤泥和淤泥质土	粉土	砂土	碎石土	季节性冻土膨胀土	非自重湿陷性黄土	自重湿陷性黄土	中间有硬夹层	中间有砂夹层	中间有砾石夹层	硬黏性土	密实砂土	碎石土	软质岩石和风化岩石	地下水位以上	地下水位以下	振动和噪音	排浆	孔底有无挤密
部分挤土成桩法	H型钢桩	按规格	/	≤50	○	○	○	○	○	△	×	×	○	○	○	△	△	○	○	○	○	有	无	无
	敞口钢管桩	600~900	/	≤50	○	○	○	○	○	○	○	○	○	○	○	○	○	○	○	○	○	有	无	有
挤土成桩法（挤土灌注桩）	振动沉管灌注桩	270~400	/	≤24	○	○	○	△	×	○	○	○	○	○	×	△	○	×	×	○	○	有	无	有
	锤击沉管灌注桩	300~500	/	≤24	○	○	○	△	×	○	○	○	△	△	△	△	○	△	△	○	○	有	无	有
	锤击振动沉管灌注桩	270~400	/	≤20	○	○	○	△	×	○	△	△	○	△	△	△	△	△	×	○	○	有	无	有
	平底大头灌注桩	350~400	450×450~500×500	≤15	○	○	△	×	×	○	△	△	△	△	×	△	△	×	×	○	○	有	无	有
	沉管灌注同步桩	≤400	/	≤20	○	○	○	△	×	○	○	○	○	△	×	○	△	×	×	○	○	有	无	有
	夯压成型灌注桩	325,377	460~700	<24	○	○	○	△	×	○	○	○	△	△	×	△	△	×	×	×	×	有	无	有
	干振灌注桩	350	/	≤10	○	○	○	×	×	○	○	○	○	△	×	△	△	×	×	○	×	有	无	无
	爆扩灌注桩	≤350	≤1000	≤12	○	○	○	△	△	○	○	○	○	○	○	○	○	△	×	○	○	有	无	有
	弗兰克桩	≤600	≤1000	≤20	○	○	○	△	△	○	○	○	○	○	○	○	○	△	×	○	○	有	无	有
挤土预制桩	打入实心混凝土预制桩、桩闭口钢管桩、混凝土管桩	≤500×500,≤600	/	≤50	○	○	△	△	△	△	△	△	△	△	○	△	△	△	△	○	○	有	无	有
	静压桩	100×100	/	≤40	○	○	○	△	×	△	△	△	△	△	×	○	○	×	×	○	○	无	无	有

注：表中符号○表示比较合适；△表示有可能采用；×表示不宜采用。

2.1.3.3 桩的布置及构造

桩的布置及构造如表 2.1.31 所示。

桩的布置及构造　　　　　　　　　　　　　表 2.1.31

序　号	项　目	内　容
1	桩的布置	桩的布置需符合下列要求： (1)桩基排列时，应注意使桩顶受荷尽量均匀，布置桩位时宜使桩基承载力合力点与竖向永久荷载合力作用点重合，并使桩基在受横向力和弯矩较大方向有较大的截面抵抗矩。 (2)对于桩箱基础，宜将桩布置于墙下；对于带梁(肋)桩筏基础，宜将桩布置于梁(肋)下。 (3)建筑物的四角、转角、内外墙和纵横墙交叉处应布桩，但横墙较密的多层建筑，纵墙也可在与内横墙交叉处两侧布桩，门洞口范围内应尽量避免布桩。 (4)框架结构体系，当地下室内外墙均为钢筋混凝土墙，且内外墙无洞口或洞口较小时，应均匀布桩；内外墙门窗洞较多且洞大时，应按各柱荷载大小分别集中布桩。 (5)当框架—剪力墙结构采用条形承台或独立柱下承台时，在抗震设计中应注意采取措施解决剪力墙下的承台中桩数因考虑地震作用设置过多而可能导致建筑物沉降不均匀的问题。 (6)室内外管沟和室内设备池、坑等不宜紧贴桩设置，如平面受限制而不能避免时，局部区段的桩(特别是灌筑桩)必须相应加深或采取其他可靠措施(如有管沟时，承台可做在管沟底等)。 (7)同一建筑物宜避免采用不同类型的桩(用沉降缝分开者除外)。 (8)确定桩长时，桩端进入持力层的深度，对黏性土、粉土不宜小于 $2d$；砂土不宜小于 $1.5d$；碎石类土不宜小于 $1d$。当存在软弱下卧层时，桩基以下硬持力层厚度不宜小于 $4d$。 当硬持力层较厚且施工条件许可时，桩端全断面进入持力层的深度宜达到桩端阻力的临界深度。 (9)对于大直径桩(桩身直径或边长≥800mm)宜采用一柱一桩。 (10)桩的中心距： 1)桩的最小中心距应符合表 2.1.32 中的规定。对于大面积桩群，尤其是挤土桩，桩的最小中心距宜按表列值适当加大。 2)扩底灌注桩除应符合表 2.1.32 的要求外，尚应满足表 2.1.33 的规定。
2	桩的构造	(1)摩擦型桩的中心距不宜小于桩身直径的 3 倍；扩底灌筑桩的中心距不宜小于扩底直径的 1.5 倍，当扩底直径大于 2m 时，桩端净距不宜小于 1m。在确定桩距时尚应考虑施工工艺中挤土等效应对邻近桩的影响。 (2)扩底灌筑桩的扩底直径，不应大于桩身直径的 3 倍。 (3)桩底进入持力层的深度，根据地质条件、荷载及施工工艺确定，宜为桩身直径的 1～3 倍。在确定桩底进入持力层深度时，尚应考虑特殊土、岩溶以及震陷液化等影响。嵌岩灌筑桩周边嵌入完整和较完整的未风化、微风化、中风化硬质岩全的最小深度，不宜小于 0.5m。 (4)布置桩位时宜使桩基承载力合力点与竖向永久荷载合力作用点重合。 (5)预制桩的混凝土强度等级不应低于 C30；灌筑桩不应低于 C20；预应力桩不应低于 C40。 (6)桩的主筋应经计算确定。打入式预制桩的最小配筋率不宜小于 0.8%；静压预制桩的最小配筋率不宜小于 0.6%；灌筑桩最小配筋率不宜小于 0.2%～0.65%(小直径桩取大值)。

续表

序号	项目	内容
2	桩的构造	(7)配筋长度： 1)受水平荷载和弯矩较大的桩,配筋长度应通过计算确定。 2)桩基承台下存在淤泥、淤泥质土或液化土层时,配筋长度应穿过淤泥、淤泥质土层或液化土层。 3)坡地岸边的桩、8度及8度以上地震区的桩、抗拔桩、嵌岩端承桩应通长配筋。 4)桩径大于600mm的钻孔灌筑桩,构造钢筋的长度不宜小于桩长的2/3。 (8)桩顶嵌入承台内的长度不宜小于50mm。主筋伸入承台内的锚固长度不宜小于钢筋直径的30倍(HPB235级钢筋)或35倍(HRB335级钢筋和HRB400级钢筋)。对于大直径灌筑桩,当采用一柱一桩时,可设置承台或将桩和柱直接连接。桩和柱的连接可按表2.1.14序号2高杯口基础的要求选择截面尺寸和配筋,柱纵筋插入桩身的长度应满足锚固长度的要求。 (9)在承台及地下室周围的回填中,应满足填土密实性的要求。

桩的最小中心距　　　　　　　　　　　　　　表2.1.32

土类与成桩工艺		排数不少于3排且桩数不少于9根的摩擦型桩基	其他情况
非挤土和部分挤土灌注桩		3.0d	2.5d
挤土灌注桩	穿越非饱和土	3.5d	3.0d
	穿越饱和软土	4.0d	3.5d
挤土预制桩		3.5d	3.0d
打入式敞口管桩和H型钢桩		3.5d	3.0d

注：d—圆柱直径或方桩边长。

灌注桩扩底端最小中心距　　　　　　　　　　表2.1.33

成桩方法	最小中心距	成桩方法	最小中心距
钻、挖孔灌注桩	1.5D或$D+1$m(当$D>2$m时)	沉管夯扩灌注桩	2.0D

注：D—扩大端设计直径。

2.1.3.4　预制混凝土桩

预制混凝土桩制作要求，如表2.1.34所示。

预制混凝土桩　　　　　　　　　　　　　　表2.1.34

序号	项目	内容
1	截面尺寸	(1)三角形桩截面的边长为200～500mm。 (2)方形桩的截面边长不应小于200mm,常用截面尺寸及桩长见表2.1.35。 钢筋混凝土预制方桩,根据沉桩方法,整桩或接桩的不同情况,有不同的构造要求。整根桩可分为三段:桩尖、桩顶及桩身。
2	桩的配筋	(1)桩的纵向钢筋数量按计算确定,其最小配筋率一般不宜小于0.8%;如采用静压法沉桩时,其最小配筋率不宜小于是0.6%。纵向钢筋数量:三角形桩不宜小于3φ14,方形桩不宜少于4φ14。 (2)箍筋一般采用φ8,其间距不应大于200mm,也不应小于50mm。在桩顶及桩尖约1m范围内箍筋应加密,见图2.1.49及图2.1.50,且这部分箍筋应焊接成封

续表

序　号	项　　目	内　　容
2	桩的配筋	闭环形或采用螺旋箍筋。 　(3)沿桩长每 2m 左右,于纵向钢筋内宜设 ϕ10～ϕ12mm 加劲箍筋一个。 　(4)桩的纵向受力钢筋在下料前应采用闪光接触焊焊好,不宜采用搭接接头。焊接接头面积,在同一焊接接头区段内不得超过纵向钢筋总面积的 1/2,且有焊接接头的截面之间的距离不得小于 45d(d 为纵向钢筋的直径)。 　(5)桩顶直接承受锤击时,必须配置三层或四层钢筋网以增强桩顶强度,钢筋网的钢筋直径不应小于 6mm,钢筋网之间的距离为 50～70mm。桩顶第一层钢筋网(钢筋网之一)应下弯不少于 200mm(图 2.1.51)。 　(6)方形桩和三角形桩的桩尖应设置 ϕ20～ϕ32mm 钢筋芯棒,并与桩内纵向钢筋互相焊牢,芯棒长度不宜小于 600mm,应露出桩尖外 30～50mm(图 2.1.52)。
3	接桩构造	(1)由于施工和运输条件所限,当桩长不能满足设计长度时,可采用接桩,接头数量不宜超过两个。接桩应保证传力可靠、构造简单、施工方便。 　(2)接桩一般有以下两种作法: 　第一种:在上桩下端和下桩上端预埋角钢或钢板连接,连接焊缝长度不应少于250mm,焊缝厚度不应小于 8mm(图 2.1.53)。桩内预埋角钢或钢板应与纵向钢筋焊接,焊缝长度不应小于 140mm,焊缝厚度不应小于 6mm。 　第二种:对方形桩可采用硫磺胶泥浆接桩。这种接桩构造简单,操作方便,安装可靠,适用于在软土层中的接桩,但对一级建筑桩基或承受拔力的桩宜慎重选用。 　接桩的具体做法:在下桩顶预留 4 个螺旋状锚筋孔,孔径不宜小于锚筋直径的2.5 倍,孔深比锚筋长 30～50mm;在上桩底预埋 4 根 ϕ16～ϕ22mm 锚筋,锚筋伸入孔内长度不小于 15d,锚筋预埋在上桩内的长度不小于 l_a。为了使下桩顶不致因锤击损坏,可在下桩顶部配置钢帽。接桩时先吊起上桩,垂直对准已打入地下的下桩,使锚筋插入下桩预留孔内,保持上桩与下桩接触端的间距为 250mm;然后浇筑硫磺胶泥浆,先孔内后桩顶面层(厚度约 10～20mm);缓慢放下上桩,使上下桩胶接,待其冷凝后即可继续打桩,见图 2.1.54 及图 2.1.55。硫磺胶泥浆浇筑温度控制在 140～145℃之间,灌筑时间不得超过两分钟

方形桩常用截面尺寸及桩长　　　　表 2.1.35

截面尺寸(mm×mm)	300×300	350×350	400×400	450×450	500×500
桩长(m)	≤12	≤18	≤24	≤27	≤30

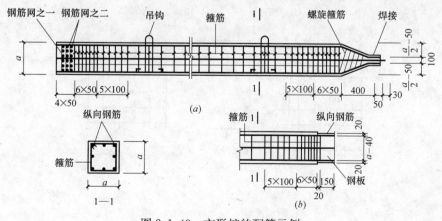

图 2.1.49　方形桩的配筋示例

(*a*) 方形桩;(*b*) 方形桩接桩

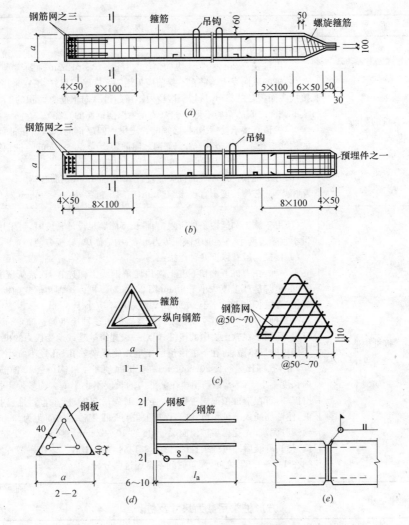

图 2.1.50　三角形桩的配筋示例

(a) 三角形桩；(b) 三角形桩接桩；(c) 钢筋网之三；

(d) 预理件之一；(e) 接桩处构造

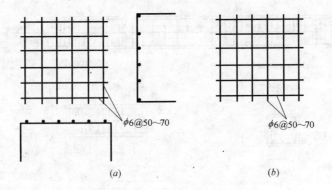

图 2.1.51　方桩桩顶钢筋网

(a) 钢筋网之一；(b) 钢筋网之二

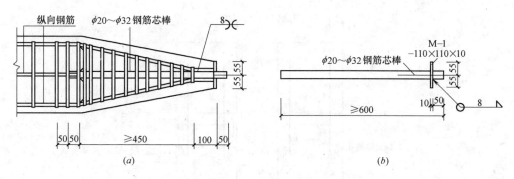

图 2.1.52　桩尖构造示例

(*a*) 桩尖配筋构造；(*b*) 钢筋芯棒

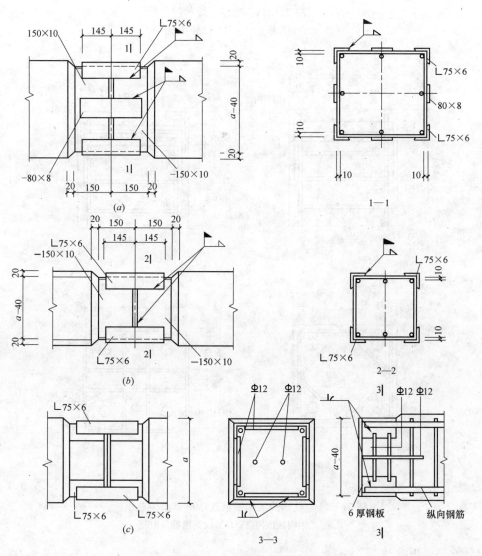

图 2.1.53　接桩构造示例

(*a*) 方桩接桩之一；(*b*) 方桩接桩之二；(*c*) 方桩接桩之三

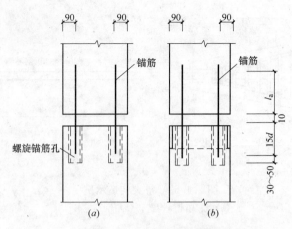

图 2.1.54   锚筋连接示例

(a) 无钢帽锚筋连接；(b) 设钢帽锚筋连接

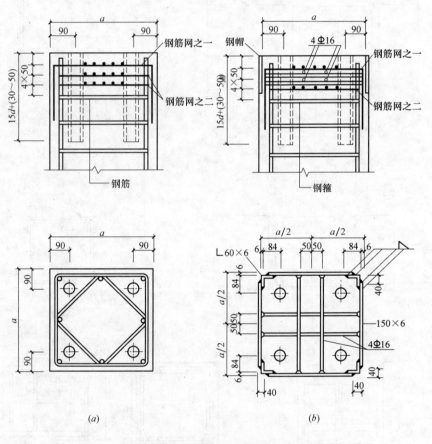

图 2.1.55   硫磺胶泥浆锚筋连接桩节点构造示例

(a) 无钢帽桩顶构造；(b) 设钢帽桩顶构造

2.1.3.5   灌注桩

灌注桩制作要求，如表 2.1.36 所示。

灌 注 桩　　　　　　　　　　　　　　　　　　　　　表 2.1.36

序 号	项 目	内 容
1	桩径及桩长	灌筑桩的常用桩径及桩长应符合表 2.1.37 的规定。
2	桩顶受力计算	桩身构造配筋的条件 (1)桩顶轴向压力符合下式： $$\gamma_0 N \leqslant f_c A \qquad (2.8)$$ 式中　N——桩顶轴向压力设计值； 　　　γ_0——建筑桩基重要性系数,对安全等级为一、二、三级分别取 $\gamma_0=1.1$,1.0,0.9； 　　　　　对于柱下单桩按提高安全等级一级考虑,验算受地震作用时取 $\gamma_0=1.0$； 　　　f_c——混凝土轴心抗压强度设计值,对于作业非挤压灌筑桩应乘以 0.9 折减系数,其余灌筑桩乘 0.8 折减系数； 　　　A——桩身横截面面积。 (2)桩顶横向力 $$\gamma_0 H_1 \leqslant \alpha_H d^2\left(1+\frac{0.5 N_G}{\gamma_m f_t A}\right)\sqrt[5]{1.5 d^2+0.5 d} \qquad (2.9)$$ 式中　H_1——桩顶横向力设计值(kN)； 　　　α_H——综合系数(kN),按表 2.1.38 采用； 　　　d——桩身直径(m)； 　　　N_G——按基本组合计算的桩顶永久荷载效应轴向力设计值(kN)； 　　　f_t——混凝土轴心抗拉强度设计值(kN/m^2)； 　　　γ_m——桩身截面抵抗矩的塑性系数,圆截面 $\gamma_m=2$,矩形截面 $\gamma_m=1.75$,并应考虑截面尺寸的影响； 　　　A——按 m^2 计算的桩身横截面面积。
3	配筋要求	(1)安全等级为一级的建筑桩基应配置桩顶与承台的连接钢筋,其主筋采用 6~10 根 $\phi 12\sim\phi 14$,截面配筋率不小于 0.2%,锚入承台内的长度不小于 30 倍主筋直径,伸入桩身长度不小于 10 倍桩身直径,且不小于承台下软弱土层层底深度。 (2)安全等级为二级的建筑桩基应根据桩径大小配置 4~8 根 $\phi 10\sim\phi 12$ 桩顶与承台的连接钢筋,锚入承台内的长度不小于 30 倍主筋直径,伸入桩身长度不小于 5 倍桩身直径,对于沉管灌筑桩,配筋长度不小于承台下软弱土层层底深度。 (3)安全等级为三级的建筑桩基可不配置桩顶与承台连接的构造钢筋及其他桩身构造钢筋。 (4)不符合构造配筋条件的配筋要求 1)纵向钢筋配筋量:当桩身直径为 300~2000mm 时,截面配筋率可取 0.65%~0.20%(小桩径取高值,大桩径取低值);对受横向荷载特别大的桩、抗拔桩和嵌岩端承桩应根据计算确定配筋量。对受横向荷载的桩,主筋不宜小于 $8\phi10$;对抗压桩和抗拔桩,主筋不应小于 $6\phi10$。 2)纵向钢筋配筋长度: 端承桩宜沿桩身通长配筋。 受横向荷载的摩擦型桩(包括受地震作用的桩基),配筋长度一般采用 $4/\alpha(\alpha$ 为桩的横向变形系数,以 m^{-1} 计,详见现行《建筑桩基技术规范》)。 对单桩竖向承载力较高的摩擦端承桩宜沿深度分段改变截面配筋。 对承受负摩阻力和位于坡地岸边的基桩应通长配筋。 专用抗拔桩一般应通长配筋;因受地震作用、冻胀或膨胀力作用而受拔力的桩,按计算配置通长或局部长度的抗拉钢筋。

续表

序　号	项　目	内　容
4	配筋布置	(1)桩的纵向钢筋应沿桩身周边均匀布置,其净距不应小于60mm,并尽量减少钢筋接头。水下灌筑混凝土桩宜采用光面钢筋。 (2)桩的箍筋直径采用$\phi 6 \sim \phi 8$,间距一般为$200 \sim 300$mm,宜采用螺旋式箍筋,受横向荷载较大的桩基和受地震作用的桩基,在桩顶$3 \sim 5$倍桩径范围内的箍筋应适当加密。当钢筋笼长度超过4m时,应每隔2m左右在主筋外侧设一道焊接加劲箍筋,其直径为$\phi 12 \sim \phi 18$,以加强钢筋笼的刚度和整体性。
5	扩大端尺寸	扩底灌筑桩扩大端尺寸要求 (1)扩大端直径d_1与桩身直径d的比值,应根据承载力要求及扩大端部侧面和桩端持力层土性确定,最大不超过3.0。 (2)扩大端侧面的斜率应根据实际成孔及支护条件确定,a/h_c一般取约$1/3 \sim 1/2$,砂土取约$1/3$,粉土、黏性土取约$1/2$,如图2.1.56所示。 (3)扩大端底面一般呈锅底形,矢高h_b取$(0.1 \sim 0.15)d_1$。
6	施工要求	桩的钢筋笼在设计时应满足的施工要求 (1)对沉管灌筑桩,在沉管内设置的钢筋笼外径至少比沉管内径小60mm。 (2)对采用导管水下灌筑混凝土的桩,其钢筋笼内径应比导管连接处的外径大100mm以上。 (3)分段制作的钢筋笼,每段长度以$5 \sim 8$m为宜

灌筑桩的常用桩径与桩长　　　　　　　表2.1.37

序　号	灌筑桩名称	钻孔灌筑桩	冲孔灌筑桩	沉管灌筑桩	挖孔灌筑桩
1	成孔工艺	钻孔(泥浆护壁)	冲孔(泥浆护壁)	打入式沉管	人工挖孔
2	桩径d(mm)	$300 \sim 1400$	$500 \sim 1400$	480	$800 \sim 3000$
3	桩长l(m)	$\leqslant 80$	$\leqslant 50$	$\leqslant 24$	$\leqslant 50$

综合系数α_H（kN)　　　　　　　表2.1.38

类别	上部土层类别	桩身混凝土强度等级		
		C15	C20	C25
Ⅰ	淤泥,淤泥质土、饱和湿陷性黄土	$32 \sim 37$	$39 \sim 44$	$46 \sim 52$
Ⅱ	流塑、软塑状一般粘性土,高压缩性粉土,松散粉细砂,松散填上	$37 \sim 44$	$44 \sim 52$	$52 \sim 62$
Ⅲ	可塑状一般粘性土,中压缩性粉土,稍密砂土,稍密、中密填土	$44 \sim 53$	$52 \sim 64$	$62 \sim 76$
Ⅳ	硬塑、坚硬状一般黏性土,低压缩性粉土,中密中、粗砂,密实老填土	$53 \sim 65$	$64 \sim 79$	$76 \sim 94$
Ⅴ	中密、密实砾砂、碎石类土	$65 \sim 81$	$79 \sim 98$	$94 \sim 116$

注：1. 当桩基受长期或经常出现的横向荷载时,α_H值按表中土层分类降低一类取用;
　　2. 上部土层系指承台底部以下$2(d+1)$(m)深度范围内的土层。

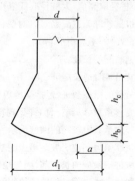

图2.1.56　扩底灌筑桩构造

2.1.3.6 桩基础承台

桩基础承台构造要求，如表 2.1.39 所示。

桩基础承台 表 2.1.39

序号	项目	内容
1	承台尺寸	(1) 承台的尺寸应满足抗冲切、抗剪切、抗弯强度和上部结构的要求。 (2) 承台最小宽度不应小于 500mm。承台边缘至桩中心的距离不宜小于桩的直径或边长，且桩外缘至承台边缘距离一般不应小于 150mm。对于条形承台梁桩，外边缘至承台梁边缘距离不应小于 75mm。 (3) 墙下条形承台梁的厚度不应小于 300mm。柱下独立桩基承台当为阶梯形或锥形承台时，承台边缘的厚度不应小于 300mm，如图 2.1.57 所示，其余构造要求与柱下钢筋混凝土独立基础相同。 (4) 筏形、箱形承台板的厚度尚应满足整体刚度、施工条件及基础防水的要求。对于桩布置于墙下或梁(肋)下的情况，承台板厚度不宜小于 300mm，且板厚与计算区段最小跨度之比不宜小于 1/20。
2	承台形式	(1) 墙下条形承台梁的布桩可沿墙轴线单排布置或双排成对或双排交错布置(图 2.1.58)。空旷、高大的建筑物，如食堂、礼堂等，不宜采用单排布桩条形承台。 (2) 独立柱下的承台平面可为方形、矩形、圆形或多边形。当承受轴心荷载时，布桩可用行列式或梅花式，桩距为等距离；承受偏心荷载时，布桩可采用不等距，但须与重心轴对称，如图 2.1.59 所示。柱下桩基承台中桩数，当采用一般直径桩(非大直径桩)时，一般宜不少于三根。 (3) 独立柱下的承台，当桩为大直径桩($d \geqslant 800mm$)时，可采用一柱一桩的单桩承台，并宜设置双向连系梁连接各桩。
3	构造配筋	(1) 承台梁的纵向主筋直径不宜小于 $\phi12$，架立筋直径不宜小于 $\phi10$，箍筋直径不宜小于 $\phi6$，如图 2.1.60 所示。 (2) 柱下独立桩基承台的受力钢筋应通长配置。圆形、多边形、方形和矩形承台配筋宜按双向均匀布置，钢筋直径不宜小于 $\phi10$，间距不宜大于 200mm，也不宜小于 100mm。对三角形三桩承台，应按三向板带均匀配置，最里面三根钢筋相交围成的三角形应位于柱截面范围以内，如图 2.1.61 所示。 桩与承台的连接配筋构造： 1) 桩顶嵌入承台底板的长度：桩径 250～800mm 时，不宜小于 50mm，对大直径桩及主要承受横向力的桩，不宜小于 100mm。 2) 桩顶主筋应伸入承台内，其锚固长度不宜小于 l_a。 3) 预应力混凝土管桩应在桩顶约 1m 范围内灌入混凝土，其强度等级不低于 C25，并在混凝土内埋设不少于 $4\phi16$ 钢筋，如图 2.1.62 所示。 (3) 梁板式筏形桩基承台板的分布钢筋不宜小于 $\phi10$，间距可采用 150～200mm；筏形承台板配筋当仅考虑局部弯曲作用按倒楼盖结构计算内力时，考虑到整体弯曲的影响，在纵横两方向的支座钢筋尚应有 1/2～1/3，且配筋率不小于 0.15%、0.10% 的钢筋连通配置；跨中钢筋应按计算配筋率全部连通，主筋的间距不应大于 1.5 倍承台板厚度且不应大于 300mm。 (4) 箱形承台顶板和底板配筋，应综合考虑承受整体弯曲的钢筋与局部弯曲钢筋的配置部位，以充分发挥各截面钢筋的作用，当仅按局部弯曲作用计算内力时，考虑到整体弯曲的影响，钢筋配置量除符合局部弯曲计算要求外，纵横两方向支座钢筋尚应有 1/2～1/3，且配筋率不小于 0.15%、0.1% 的钢筋连通配置，跨中钢筋应按实际配筋率全部连通，主筋的间距不应大于 1.5 倍箱形承台的顶板或底板厚度且不应大于 300mm。 (5) 框架柱下的大直径灌筑桩，当一柱一桩时可做成单桩承台(桩帽)，其配筋示意如图 2.1.63 所示。

续表

序 号	项 目	内 容
4	承台连接	(1)柱下单桩承台宜在桩顶处纵横两个方向上设置连系梁。当桩与柱的截面面积比值较大(一般不小于 2),且柱底部剪力和弯矩较小时,可不设连系梁。 (2)柱下两桩的桩基承台,只在承台短向设置连系梁。当短向的柱底部剪力和弯矩较小时可不设连系梁。 (3)承受地震作用的柱下独立桩基承台,在纵横两方向宜设置连系梁。 (4)连系梁顶在宜与承台顶面位于同一标高,连系梁的宽度不应小于 250mm,其高度可取承台中心距的 1/10~1/15。 (5)连系梁的纵向受拉钢筋最小截面面积可按所连接柱最大轴力的 10%作为拉力来确定,且不宜小于上下各两根 φ14 钢筋,纵向钢筋按受拉要求锚入承台。连系梁的箍筋直径不宜小于 8mm,间距不宜大于 300mm。 (6)有条件时可利用承墙的基础梁或按抗震设计的基础梁兼作连系梁。 (7)连系梁设计时应考虑由于桩的位置因施工误差产生的偏心弯矩或扭矩影响。 (8)工业厂房桩基承台间的连系梁应沿厂房纵向设置,当有墙梁时,可将墙梁兼起连系梁作用

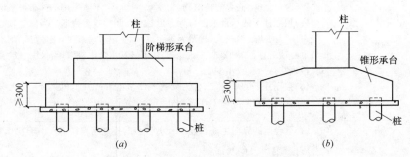

图 2.1.57 柱下独立桩基承台厚度要求

(a) 阶梯形承台;(b) 锥形承台

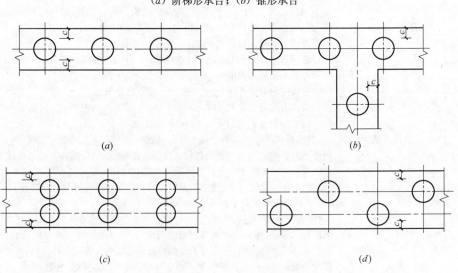

图 2.1.58 墙下条形承台梁布桩

(a) 沿墙轴线单排布置;(b) 横墙较多的多层建筑在纵横交叉处单排布置;(c) 双排成对布置;

(d) 双排交错布置;c—桩外边缘至承台梁边缘距离,不应小于 75mm

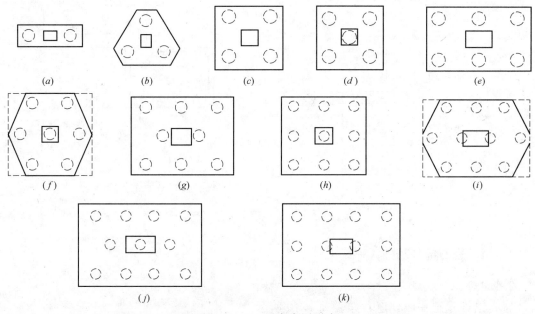

图 2.1.59　承台常用形式

（a）二桩承台；（b）三桩承台；（c）四桩承台；（d）五桩承台；（e）六桩承台；（f）七桩承台；（g）八桩承台；

（h）九桩承台；（i）十桩承台；（j）十一桩承台；（k）十二桩承台

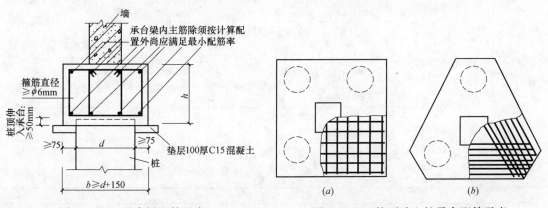

图 2.1.60　承台梁配筋示意

图 2.1.61　柱下独立桩承台配筋示意

（a）方形或矩形承台；（b）三角形三桩承台

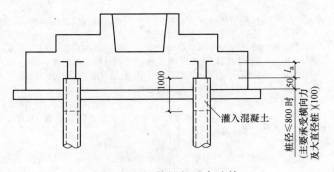

图 2.1.62　管桩与承台连接

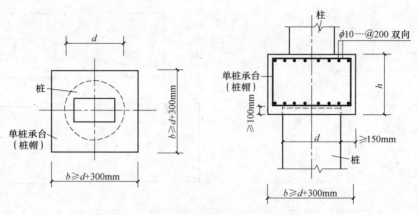

图 2.1.63　单桩承台配筋示意

2.1.4　岩石锚杆基础

2.1.4.1　一般规定

岩石锚杆基础一般规定，如表 2.1.40 所示。

岩石锚杆基础　　　　　　　　　　　　　　表 2.1.40

序　号	项　　目	内　　容
1	适用条件	岩石锚杆基础适用于直接建在基岩上的柱基，以及承受拉力或水平力较大的建筑物基础。
2	构造要求	锚杆基础应与基岩连成整体，并应符合下列要求： （1）锚杆孔直径，宜取锚杆直径的 3 倍，但不应小于一倍锚杆直径加 50mm。锚杆基础的构造要求，可按图 2.1.64 采用。 （2）锚杆插入上部结构的长度，应符合钢筋的锚固长度要求。 （3）锚固筋宜采用热轧带肋钢筋，水泥砂浆强度不宜低于 30N/mm²，细石混凝土强度不宜低于 C30。灌浆前，应将锚杆孔清理干净

2.1.4.2　锚杆拔力

单根锚杆所承受的拔力应符合表 2.1.41 规定。

锚杆拔力　　　　　　　　　　　　　　表 2.1.41

序　号	内　　容
1	锚杆基础中单根锚杆所承受的拔力，应按下列公式验算： $$N_{ti}=\frac{F_k+G_k}{n}-\frac{M_{xk}y_i}{\sum y_i^2}-\frac{M_{yk}x_i}{\sum x_i^2} \qquad (2.10)$$ $$N_{t\max}\leqslant R_t \qquad (2.11)$$ 式中　F_k——相应于荷载效应标准组合作用在基础顶面上的竖向力； 　　　G_k——基础自重及其上的土自重； 　　　$M_{xk}、M_{yk}$——按荷载效应标准组合计算作用在基础底面形心的力矩值； 　　　$x_i、y_i$——第 i 根锚杆至基础底面形心的 y、x 轴线的距离； 　　　N_{ti}——按荷载效应标准组合下，第 i 根锚杆所承受的拔力值； 　　　R_t——单根锚杆抗拔承载力特征值。
2	对设计等级为甲级的建筑物，单根锚杆抗拔承载力特征值 R_t 应通过现场试验确定；对于其他建筑物可按下式计算： $$R_t\leqslant 0.8\pi d_1 lf \qquad (2.12)$$ 式中　f——砂浆与岩石间的粘结强度特征值（N/mm²），可按建筑地基基础设计规范（GB 50007—2002）表 6.7.6 选用

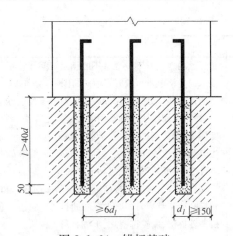

图 2.1.64　锚杆基础

d_l—锚杆孔直径；l—锚杆的有效锚固长度；d—锚杆直径

2.1.5　地基处理

2.1.5.1　一般要求

地基处理一般要求，如表 2.1.42 所示。

一般要求　　　　　　　　　　　　　　　　　表 2.1.42

序　号	项　目	内　容
1	地基处理定义	当天然地基不能满足建筑物对地基的要求时，需要对天然地基进行处理，形成人工地基，以满足建筑物对地基的要求，保证其安全与正常使用。
2	地基处理目的	地基处理的目的主要是解决以下几个方面的问题： (1)提高地基强度或增加其稳定性； (2)降低地基的压缩性，以减少其变形； (3)改善地基的渗透性，减少其渗漏或加强其渗透稳定性； (4)改善地基的动力特性，以提高其抗震性能； (5)改良地基的某种特殊不良特性，以满足工程的要求。
3	地基处理对象	根据《地基基础规范》规定，软弱地基是指主要由淤泥、淤泥质土、冲填土、杂质土或其他高压缩性土层构成的地基。 在土木工程建设中经常遇到的软弱土除上面所述以外，还有部分砂土和粉土、湿陷性土、有机质土和泥炭土、膨胀土、多年冻土、岩溶等。 (1)淤泥与淤泥质土 淤泥和淤泥质土在工程上统称为软土。软土具有强度低、压缩性高、渗透性小，且具有高灵敏度和流变性等特点。因而，软土地基上的建筑物沉降量大，沉降稳定时间长，如不认真对待，常会因沉降差过大而导致建筑物开裂破坏，甚至产生地基整体滑动的危险。因此，在软土地基上建造建筑物，往往要对软土地基进行加固处理。 (2)杂填土 杂填土是由人类活动产生的建筑垃圾、工业废料和生活垃圾任意堆填而形成的。杂填土性质随堆填的龄期而变化，其承载力一般随堆填的时间增长而增高，主要特性是强度低、压缩性高，尤其是均匀性差。同时，某些杂填土内含有腐植质及亲水和水溶性物质，会使地基产生更大的沉降及浸水湿陷性。 (3)冲填土 冲填土是因水力冲填泥砂而形成的，其成分和分布规律与冲填时的泥砂来源及水力条件有密切关系。在冲填土地基上建造房屋时，应具体分析它的状态，考虑它的不均匀性和欠固结影响。

续表

序　号	项　目	内　容
4	地基处理方法	当软弱地基或不良地基不能满足沉降或稳定的要求,且采用桩基础等深基础在技术或经济上不可取时,往往采用地基处理。 通常按地基处理的加固原理可对地基处理方法分为下面几类: (1)排水固结法　排水固结法是指土体在一定荷载作用下固结,孔隙比减小,强度提高,以达到提高地基承载力,减少施工后沉降的目的。它主要包括加载预压法、超载预压法、砂井法(包括普通砂井、袋装砂井和塑料板排水法)、真空预压法、联合法、降低地下水位法和电渗法等。 (2)振密、挤密法　振密、挤密法是采用振动和挤密的方法使未饱和土密实以达到提高地基承载力和减少沉降的目的。它主要包括压实法、强夯法、振冲挤密法、挤密砂桩法、爆破挤密法、土桩和灰土桩法。 (3)置换及拌入法　置换及拌入法是以砂、碎石等材料置换软弱地基中部分软弱土体,形成复合地基,或在软弱地基中部分土体内掺入水泥、水泥砂浆等形成加固体,与未加固部分形成复合地基,以达到提高地基承载力,减少压缩量的目的。它主要包括垫层法、换土垫层法、振冲置换法(又称碎石桩法)、高压喷射注浆法、深层搅拌法、石灰桩法、褥垫法、EPS超轻质料填土法等。 (4)灌浆法　灌浆法就是用气压、液压或电化学方法把某些能固化的浆液注入各种介质的裂缝或孔隙中,以达到地基处理的目的。它可用于防渗、堵漏、加固和纠正结构物偏斜,适用于砂及砂砾石地基以及湿陷性黄土地基等,主要包括渗入性灌浆法、劈裂灌浆法、压密灌浆法和电动化学灌浆法等。 (5)加筋法　加筋法是通过在土层中设置强度较高的土工格栅及织物、拉筋、钢筋混凝土等以达到提高地基承载力,减小沉降的目的。它主要包括加筋土法、土钉墙法、锚固法、树根桩法、低强度混凝土桩复合地基法和钢筋混凝土桩复合地基法等。 (6)冷热处理法　冷热处理法是通过冻结土体,或焙烧,或加热地基土体改变土体物理力学性质以达到地基处理的目的。它主要包括冻结法和烧结法。 (7)托换技术　托换技术是指对原有建筑物地基和基础进行处理和加固。它主要包括基础加宽法、墩式托换法、桩式托换法、地基加固法以及综合加固法等。 (8)纠偏　纠偏是指对由于沉降不均匀造成倾斜的建筑物进行矫正的手段。它主要包括加载纠偏法、掏土纠偏法、顶升纠偏法和综合纠偏法等

2.1.5.2　基本规定

地基处理的基本规定,如表2.1.43所示。

基 本 规 定 表 2.1.43

序　号	内　容
1	在选择地基处理方案前,应完成下列工作: (1)搜集详细的工程地质、水文地质及地基基础设计资料等; (2)根据工程的设计要求和采用天然地基存在的主要问题,确定地基处理的目的、处理范围和处理后要求达到的各项技术经济指标等; (3)结合工程情况,了解本地区地基处理经验和施工条件以及其它地区相似场地上同类工程的地基处理经验和使用情况等。
2	在选择地基处理方案时,应考虑上部结构、基础和地基的共同作用,并经过技术经济比较,选用地基处理方案或加强上部结构和处理地基相结合的方案。

序　号	内　　　　容
3	地基处理方法的确定宜按下列步骤进行： （1）根据结构类型、荷载大小及使用要求，结合地形地貌、地层结构、土质条件、地下水特征、环境情况和对邻近建筑的影响等因素，初步选定几种可供考虑的地基处理方案； （2）对初步选定的各种地基处理方案，分别从加固原理、适用范围、预期处理效果、材料来源及消耗、机具条件、施工进度和对环境的影响等方面进行技术经济分析和对比，选择最佳的地基处理方法，必要时也可选择两种或多种地基处理措施组成的综合处理方法； （3）对已选定的地基处理方法，宜按建筑物安全等级和场地复杂程度，在有代表性的场地上进行相应的现场试验或试验性施工，并进行必要的测试，以检验设计参数和处理效果，如达不到设计要求时，应查找原因采取措施或修改设计。
4	经处理后的地基，当按地基承载力确定基础底面积及埋深而需要对本规范确定的地基承载力标准值进行修正时，基础宽度的地基承载力修正系数应取零，基础埋深的地基承载力修正系数应取 1.0。
5	地基处理技术人员应掌握所承担工程的地基处理目的、加固原理、技术要求和质量标准等。施工中应有专人负责质量控制和监测，并做好施工记录。当出现异常情况时，必须及时会同有关部门妥善解决。
6	施工过程中应有专人或专门机构负责质量监理。施工结束后应按国家有关规定进行工程质量检验和验收。
7	经地基处理的建筑，应在施工期间进行沉降观测，对重要的或对沉降有严格限制的建筑，尚应在使用期间继续进行沉降观测

2.1.5.3　换填地基

1. 一般规定

换填地基一般规定，如表 2.1.44 所示。

一般规定　　　　　　　　　　　　　表 2.1.44

序　号	项　　目	内　　　　容
1	定义	换垫法就是将基础底面下处理范围内的软弱土层部分或全部挖去，然后分层换填强度较大的砂、灰土及其他性能稳定和无侵蚀性的材料，并夯压或振实至要求的密实度为止。
2	分类	换垫法是浅层处理地基的方法。根据不同材料形成的垫层，可分为砂和砂石垫层、灰土垫层、土工合成材料垫层和粉煤灰垫层等。
3	作用	换填地基主要作用： （1）提高地基承载力，将建筑物基底压力扩散到垫层以下的软弱地基，使软弱地基中所受应力减小到该软弱地基土容许承载力范围，从而满足强度要求，避免地基破坏。 （2）以垫层置换软弱土层，减少地基的沉降量。 （3）调整地基的刚度。 （4）砂垫层能加速软弱土层的排水固结，并提高其强度。 （5）砂垫层可防止寒冷地区土中结冰造成冻胀，也可消除膨胀土的胀缩作用。
4	材料	换垫法垫层常用材料为砂、砂石、素土、灰土、煤渣及干渣等无黏性土，因为这类材料的强度大，压缩性小，透水性良好，比较容易使之密实，且在不少地区料源丰富。

续表

序　号	项　目	内　容
5	适用范围	换填法常用于轻型建筑、地坪、堆料场地和道路工程等地基处理,适用于淤泥、淤泥质土、湿陷性黄土、素填土、杂填土地基及暗塘、暗沟等的浅层处理。处理深度一般控制在3m以内,但不宜小于0.5m,因为垫层太薄,则换土垫层的作用不显著。应根据建筑体型、结构特点、荷载性质和地质条件,并结合施工机械设备与地方材料来源等综合分析进行换垫层的设计,选择换垫材料和夯压施工方法

2. 设计要点及使用材料

换填地基设计要点及使用材料,如表 2.1.45 所示。

设计要点及使用材料　　　　　　　　　表 2.1.45

序　号	项　目	内　容
1	设计要点	(1)垫层的厚度 z 应根据下卧土层的承载力确定,并符合下式要求: $$p_z + p_{cz} \leqslant f_z \qquad (2.13)$$ 式中　p_z——垫层底面处的附加压力; 　　　　p_{cz}——垫层底面处土的自重压力; 　　　　f_z——垫层底面处土层的地基承载力。 垫层的厚度不宜大于 3m。 垫层底面处的附加压力值 p_z 可分别按(2.14)和(2.15)式简化计算: 条形基础　　　　$$p_z = \frac{b(p-p_c)}{b+2z\mathrm{tg}\theta} \qquad (2.14)$$ 矩形基础　　　　$$p_z = \frac{bl(p-p_c)}{(b+2z\mathrm{tg}\theta)(l+2z\mathrm{tg}\theta)} \qquad (2.15)$$ 式中　b——矩形基础或条形基础底面的宽度; 　　　　l——矩形基础底面的长度; 　　　　p——基础底面压力; 　　　　p_c——基础底面处土的自重压力; 　　　　z——基础底面下垫层的厚度; 　　　　θ——垫层的压力扩散角,可按表 2.1.46 采用。 (2)垫层的宽度应满足基础底面应力扩散的要求,可按下式计算或根据当地经验确定。 $$b' \geqslant b + 2z\mathrm{tg}\theta \qquad (2.16)$$ 式中　b'——垫层底面宽度; 　　　　θ——垫层的压力扩散角,可按表 2.1.46 采用;当 $z/b < 0.25$ 时,仍按表中 $z/b = 0.25$ 取值。 整片垫层的宽度可根据施工的要求适当加宽。 垫层顶面每边宜超出基础底边不小于 300mm,或从垫层底面两侧向上按当地开挖基坑经验的要求放坡。 (3)垫层的承载力宜通过现场试验确定,对一般工程,当无试验资料时,可按表 2.1.47选用,并应验算下卧层的承载力。 (4)对于重要的建筑或垫层下存在软弱下卧层的建筑,还应进行地基变形计算。对超出原地面标高的垫层或换填材料的密度高于天然土层密度的垫层,宜早换填并应考虑其附加的荷载对建筑及邻近建筑的影响。

续表

序号	项　目	内　　容
2	使用材料	（1）垫层可选用下列材料： 1）砂石。应级配良好，不含植物残体、垃圾等杂质。当使用粉细砂时，应掺入25%～30%的碎石或卵石。最大粒径不宜大于50mm。对湿陷性黄土地基，不得选用砂石等渗水材料。 2）素土。土料中有机质含量不得超过5%，亦不得含有冻土或膨胀土。当含有碎石时，其粒径不宜大于50mm。用于湿陷性黄土地基的素土垫层，土料中不得夹有砖、瓦和石块。 3）灰土。体积配合比宜为2：8或3：7。土料宜用黏性土及塑性指数大于4的粉土，不得含有松软杂质，并应过筛，其颗粒不得大于15mm。灰土宜用新鲜的消石灰，其颗粒不得大于5mm。 4）工业废渣。应质地坚硬、性能稳定和无侵蚀性。其最大粒径及级配宜通过试验确定。 （2）对于工程量较大的垫层，应根据选用的换填材料或场地的土质条件进行现场试验，以确定压实效果。 （3）重锤夯实的现场试验应确定最少夯击遍数、最后两遍平均下沉量和有效夯实深度等。一般重锤夯实的有效夯实深度可达1m左右，并可消除1.0～1.5m厚土层的湿陷性。 （4）土工合成材料加筋垫层是分层铺设土工合成材料及地基土的换填垫层。用于垫层的土工合成材料包括机织土工织物、土工网、土工格栅、土工垫、土工格室等。其选型应根据工程特性、土质条件与土工合成材料的原材料类型、物理力学和水理性质、耐久性及抗腐蚀性等确定。 　土工合成材料在垫层中受力时延伸率不宜大于4%～5%，且不应被拔出。当铺设多层土工合成材料时，层间应填以中、粗、砾砂，也可填细粒碎石类土等能增加垫层内摩阻力的材料。在软土地基上使用加筋垫层时，应考虑保证建筑的稳定性和满足容许变形的要求

压力扩散角 θ （°）　　　　表2.1.46

换填材料 z/b	中砂、粗砂、砾砂、圆砂、角砾、卵石、碎石	黏性土和粉土 （$8<I_p<14$）	灰　土
0.25	20	6	30
$\geqslant0.50$	30	23	

注：1. 当 $z/b<0.25$ 时，除灰土仍取 $\theta=30°$ 外，其余材料均取 $\theta=0°$；
　　2. 当 $0.25<z/b<0.50$ 时，θ 值可内插求得。

各种垫层的承载力　　　　表2.1.47

施工方法	换填材料类别	压实系数 λ_c	承载力标准值 f_k（kPa）
碾压或振密	碎石、卵石	0.94～0.97	200～300
	砂夹石（其中碎石、卵石占全重的30%～50%）		200～250
	土夹石（其中碎石、卵石占全重的30%～50%）		150～200
	中砂、粗砂、砾砂		150～200
	黏性土和粉土（$8<I_p<14$）		130～180
	灰土	0.93～0.95	200～250
重锤夯实	土或灰土	0.93～0.95	150～200

注：1. 压实系数小的垫层，承载力标准值取低值，反之取高值；
　　2. 重锤夯实土的承载力标准值取低值，灰土取高值；
　　3. 压实系数 λ_c 为土的控制干密度 ρ_d 与最大干密度 ρ_{dmax} 的比值；土的最大干密度宜采用击实试验确定，碎石或卵石的最大干密度可取 $2.0～2.2t/m^3$。

3. 施工要点及质量检验

换填地基的施工要点及质量检验，如表 2.1.48 所示。

施工要点及质量检验　　　　　　　　　　　　　　表 2.1.48

序　号	项　目	内　容
1	施工要点	(1)垫层施工应根据不同的换填材料选择施工机械。素填土宜采用平碾或羊足碾，砂石等宜用振动碾和振动压实机。当有效夯实深度内土的饱和度小于并接近 0.6 时，可采用重锤夯实。 (2)垫层的施工方法、分层铺填厚度、每层压实遍数等宜通过试验确定。除接触下卧软土层的垫层底层应根据施工机械设备及下卧层土质条件的要求具有足够的厚度外，一般情况下，垫层的分层铺填厚度可取 200~300mm。 (3)素土和灰土垫层土料的施工含水量宜控制在最优含水量 $w_{op}\pm20\%$ 的范围内，最优含水量可通过击实试验确定，也可按当地经验取用。 (4)当垫层底部存在古井、古墓、洞穴、旧基础、暗塘等软硬不均的部位时，应根据建筑对不均匀沉降的要求予以处理，并经检验合格后，方可铺填垫层。 (5)严禁扰动垫层下卧层的淤泥或淤泥质土层，防止其被践踏、受冻或受浸泡。在碎石或卵石垫层底部宜设置 150~300mm 厚的砂垫层，以防止淤泥或淤泥质土层表面的局部破坏。如淤泥或淤泥质土层厚度较小，在碾压荷载下抛石能挤入该层底面时，可采用抛石挤淤处理。先在软弱土面上堆填块石、片石等，然后将其压入以置换和挤出软弱土。 (6)垫层底面宜设在同一标高上，如深度不同，基坑底土面应挖成阶梯或斜坡搭接，并按先深后浅的顺序进行垫层施工，搭接处应夯压密实。 素土及灰土垫层分段施工时，不得在柱基、墙角及承重窗间墙下接缝。上下两层的缝距不得小于 500mm。接缝处应夯压密实。灰土应拌合均匀并应当日铺填夯实。灰土夯实后 3 天内不得受水浸泡。 垫层竣工后，应及时进行基础施工与基坑回填。 (7)重锤夯实的夯锤宜采用圆台形。锤重宜大于 2t，锤底面单位静压力宜为 15~20kPa。夯锤落距宜大于 4m。 重锤夯实宜一夯挨一夯顺序进行，在独立柱基坑内，宜按先外后里的顺序夯击。同一基坑底面标高不同时，应按先深后浅的顺序逐层夯实。夯击宜分 2~3 遍进行，累计夯击 10~15 次，最后两击平均夯沉量，对砂土不应超过 5~10mm，对细颗粒土不应超过 10~20mm。 (8)当夯击或碾压振动对邻近既有或正在施工中的建筑产生有害影响时，必须采取有效预防措施。 (9)铺设土工合成材料时，土层表面应均匀平整，防止土工合成材料被刺穿、顶破。铺设时端头应固定或回折锚固。且避免长时间曝晒或暴露；连结宜用搭接法、缝接法和胶结法。搭接法的搭接长度宜为 300~1000mm，基底较软者应选取较大的搭接长度。当采用胶结法时，搭接长度不应小于 100mm，并均应保证主要受力方向的连结强度不低于所采用材料的抗拉强度。
2	质量检验	(1)对素土、灰土和砂垫层可用贯入仪检验垫层质量；对砂垫层也可用钢筋检验。并均应通过现场试验以控制压实系数所对应的贯入度为合格标准。压实系数的检验可采用环刀法或其他方法。 (2)垫层的质量检验必须分层进行。每夯压完一层，应检验该层的平均压实系数。当压实系数符合设计要求后，才能铺填上层。 当采用环刀法取样时，取样点应位于每层 2/3 的深度处。 (3)当采用贯入仪或钢筋检验垫层的质量时，检验点的间距应小于 4m。当取土样检验垫层的质量时，对大基坑每 50~100m² 应不少于 1 个检验点；对基槽每 10~20m 应不少于 1 个点；每个单独柱基应不少于 1 个点。 (4)重锤夯实的质量检验，除按试夯要求检查施工记录外，总夯沉量不应小于试夯总夯沉量的 90%

2.1.5.4 预压地基

1. 一般规定

预压地基一般规定，如表 2.1.49 所示。

一 般 规 定　　　　　　　表 2.1.49

序 号	内　　　容
1	预压法分为加载预压法和真空预压法两类,适用于处理淤泥质土、淤泥和冲填土等饱和黏性土地基。
2	对预压法处理地基应预先通过勘察查明土层在水平和竖直方向的分布和变化、透水层的位置及水源补给条件等。应通过土工试验确定土的固结系数、孔隙比和固结压力关系、三轴试验抗剪强度以及原位十字板抗剪强度等。
3	对重要工程,应预先在现场选择试验区进行预压试验,在预压过程中应进行竖向变形、侧向位移、孔隙水压力等项目的观测以及原位十字板剪切试验。根据试验区获得的资料分析地基的处理效果,与原设计预估值进行比较,对设计作必要的修正,并指导全场的设计和施工。
4	对主要以沉降控制的建筑,当地基经预压消除的变形量满足设计要求且受压土层的平均固结度达到80%以上时,方可卸载;对主要以地基承载力或抗滑稳定性控制的建筑,在地基土经预压增长的强度满足设计要求后,方可卸载

2. 设计要点

预压地基设计要点，如表 2.1.50 所示。

设 计 要 点　　　　　　　表 2.1.50

序 号	项　目	内　　　容
1	加载预压法	(1)加载预压法处理地基的设计应包括下列内容: 1)选择砂井或塑料排水带等竖向排水体,确定其直径、间距、排列方式和深度;若软土层厚度不大或软土层含较多薄粉砂夹层,预计固结速率能满足工期要求,可不设置竖向排水体。 2)确定加载的数量、范围、速率和预压时间。 3)计算地基的固结度、强度增长、抗滑稳定和变形。 (2)预压荷载的大小应根据设计要求确定,通常可与建筑物的基底压力大小相同。对于沉降有严格限制的建筑,应采用超载预压法处理地基,超载数量应根据预定时间内要求消除的变形量通过计算确定,并宜使预压荷载下受压土层各点的有效竖向压力等于或大于建筑荷载所引起的相应点的附加压力。 加载的范围不应小于建筑物基础外缘所包围的范围。 加载速率应与地基土增长的强度相适应,在加载各阶段应进行地基的抗滑稳定计算,以确保工程安全。 (3)砂井分普通砂井和袋装砂井。普通砂井直径可取 300~500mm,袋装砂井直径可取 70~100mm。塑料排水带的当量换算直径可按下式计算: $$D_p = \alpha \frac{2(b+\delta)}{\pi} \qquad (2.17)$$ 式中　D_p——塑料排水带当量换算直径; 　　　α——换算系数,无试验资料时可取 $\alpha=0.75~1.00$; 　　　b——塑料排水带宽度; 　　　δ——塑料排水带厚度。 (4)砂井的平面布置可采用等边三角形或正方形排列。一根砂井的有效排水圆柱体的直径 d_e 和砂井间距 s 的关系按下列规定取用:

序　号	项　　目	内　　　容
1	加载预压法	等边三角形布置　　　　　$d_e = 1.05s$ 正方形布置　　　　　　$d_e = 1.13s$ （5）砂井的间距可根据地基土的固结特性和预定时间内所要求达到的固结度确定。通常砂井的间距可按井径比 $n(n=d_e/d_w, d_w$ 为砂井直径）确定。普通砂井的间距可按 $n=6\sim8$ 选用；袋装砂井或塑料排水带的间距可按 $n=15\sim20$ 选用。 （6）砂井的深度应根据建筑物对地基的稳定性和变形的要求确定。 对以地基抗滑稳定性控制的工程，砂井深度至少应超过最危险滑动面 2m。 对以沉降控制的建筑物，如压缩土层厚度不大，砂井宜贯穿压缩土层；对深厚的压缩土层，砂井深度应根据在限定的预压时间内应消除的变形量确定，若施工设备条件达不到设计深度，则可采用超载预压等方法来满足工程要求。 （7）一级或多级等速加载条件下，t 时间对应总荷载的地基平均固结度可按下式计算： $$U_t = \sum_{i=1}^{n} \frac{q_i}{\sum \Delta p} \left[(T_i - T_{i-1}) - \frac{\alpha}{\beta} e^{-\beta t} (e^{\beta T_i} - e^{\beta T_{i-1}}) \right] \qquad (2.18)$$ 式中　U_t——t 时间地基的平均固结度； 　　　q_i——第 i 级荷载的加载速率； 　　$\sum \Delta p$——各级荷载的累加值； 　T_{i-1}, T_i——分别为第 i 级荷载加载的起始和终止时间（从零点起算），当计算第 i 级荷载加载过程中某时间 t 的固结度时，T_i 改为 t； 　　α, β——参数，按表 2-1.1.51 采用。 （8）对长径比（长度与直径之比）大、井料渗透系数又较小的袋装砂井或塑料排水带，应考虑井阻作用。当采用挤土方式施工时，尚应考虑土的涂抹和扰动影响。考虑井阻、涂抹和扰动影响后，按式(2.18)计算的砂井地基平均固结度应乘以折减系数，其值通常可取 $0.80\sim0.95$。 （9）预压荷载下，正常固结饱和黏性土地基中某点任意时间的抗剪强度可按下式计算： $$\tau_{ft} = \eta(\tau_{fo} + \Delta \tau_{fc}) \qquad (2.19)$$ $$\Delta \tau_{fc} = \Delta \sigma_z U_t tg \varphi_{cu} \qquad (2.20)$$ 式中　τ_{ft}——t 时刻，该点土的抗剪强度； 　　　τ_{fo}——地基土的天然抗剪强度，由十字板剪切试验测定； 　　$\Delta \tau_{fc}$——该点土由于固结而增长的强度； 　　$\Delta \sigma_z$——预压荷载引起的该点的附加竖向压力； 　　　U_t——该点土的固结度； 　　φ_{cu}——三轴固结不排水试验求得的土的内摩擦角； 　　　η——土体由于剪切蠕动而引起强度衰减的折减系数，可取 $0.75\sim0.90$，剪应力大取低值，反之则取高值。 （10）预压荷载下地基的最终竖向变形量可按下式计算： $$s_f = \varepsilon \sum_{i=1}^{n} \frac{e_{oi} - e_{1i}}{1 + e_{oi}} h_i \qquad (2.21)$$ 式中　s_f——最终竖向变形量； 　　　e_{oi}——第 i 层中点土自重压力所对应的孔隙比，由室内固结试验所得的孔隙比 e 和固结压力 p（即 $e\sim p$）关系曲线查得； 　　　e_{1i}——第 i 层中点土自重压力和附加压力之和所对应的孔隙比，由室内固结试验所得的 $e\sim p$ 关系曲线查得； 　　　h_i——第 i 层土层厚度； 　　　ε——经验系数，对正常固结和轻度超固结黏性土地基可取 $\varepsilon=1.1\sim1.4$，荷载较大，地基土较软弱时取较大值，否则取较小值。

序 号	项 目	内 容

1	加载预压法	变形计算时,可取附加压力与自重压力的比值为 0.1 的深度作为受压层深度的界限。
		  (11)预压法处理地基必须在地表铺设排水砂垫层,其厚度宜大于 400mm。
		  砂垫层砂料宜用中粗砂,含泥量应小于 5%,砂料中可混有少量粒径小于 50mm 的石粒。砂垫层的干密度应大于 1.5t/m³。
		  在预压区内宜设置与砂垫层相连的排水盲沟,并把地基中排出的水引出预压区。
		  (12)砂井的砂料宜用中粗砂,含泥量应小于 3%。

2	真空预压法	(1)真空预压法处理地基必须设置砂井或塑料排水带。设计内容包括:砂井或塑料排水带的直径、间距、排列方式和深度的选择;预压区面积和分块大小;要求达到的膜下真空度和土层的固结度;真空预压和建筑荷载下地基的变形计算;真空预压后地基土的强度增长计算等。
		  (2)砂井或塑料排水带的间距可按本表序号 1 之(5)选用。
		  砂井的砂料应采用中粗砂,其渗透系数宜大于 1×10^{-2} cm/s。
		  (3)真空预压的总面积不得小于建筑物基础外缘所包围的面积,每块预压面积宜尽可能大且相互连接。
		  (4)真空预压的膜下真空度应保持在 600mmHg 以上,压缩土层的平均固结度应大于 80%。
		  (5)对真空预压处理地基,应进行真空预压和建筑荷载下地基的变形计算。
		  (6)对于表层存在良好的透气层以及在处理范围内有充足水源补给的透水层等情况,应采取有效措施切断透气层及透水层

α、β 值   表 2.1.51

序号	排水固结条件 参数	竖向排水固结 $U_z > 30\%$	向内径向排水固结	竖向和向内径向排水固结(砂井惯穿受压土层)	砂井未贯穿受压土层之固结
1	α	$\dfrac{8}{\pi^2}$	1	$\dfrac{8}{\pi^2}$	$\dfrac{8}{\pi^2}Q$
2	β	$\dfrac{\pi^2 C_v}{4H^2}$	$\dfrac{8C_h}{F_n d_e^2}$	$\dfrac{8C_h}{F_n d_e^2} + \dfrac{\pi^2 C_v}{4H^2}$	$\dfrac{8C_h}{F_n d_e^2}$

注:C_v——土的竖向排水固结系数;

  C_h——土的水平向排水固结系数;

  H——土层竖向排水距离,双面排水时 H 为土层厚度的一半,单面排水时 H 为土层厚度;

$$Q \approx \frac{H_1}{H_1 + H_2}$$

  H_1——砂井深度;

  H_2——砂井以下压缩土层厚度;

$$F_n = \frac{n^2}{n^2 - 1} \ln(n) - \frac{3n^2 - 1}{4n^2}$$

  n——井径比。

3. 施工要点及质量检验

预压地基的施工要点及质量检验,如表 2.1.52 所示。

施工要点及质量检验 表 2.1.52

序 号	项 目	内 容
1	加载预压法施工	(1)砂井的灌砂量,应按井孔的体积和砂在中密时的干密度计算,其实际灌砂量不得小于计算值的 95%。 灌入砂袋的砂宜用干砂,并应灌制密实,砂袋放入孔内至少应高出孔口 200mm,以便埋入砂垫层中。 (2)袋装砂井施工所用钢管内径宜略大于砂井直径,以减小施工过程中对地基土的扰动。 袋装砂井或塑料排水带施工时,平面井距偏差应不大于井径,垂直度偏差宜小于1.5%。拔管后带上砂袋或塑料排水带的长度不宜超过 500mm。 (3)塑料排水带应有良好的透水性,应有足够的湿润抗拉强度和抗弯曲能力。 塑料排水带需要接长时,应采用滤膜内芯板平搭接的连接方式,搭接长度宜大于 200mm。 (4)对加载预压工程,应根据设计要求分级逐渐加载,在加载过程中应每天进行竖向变形、边桩位移及孔隙水压力等项目的观测,根据观测资料严格控制加载速率,竖向变形每天不应超过 10mm,边桩水平位移每天不应超过 4mm。
2	真空预压法施工	(1)真空预压的抽气设备宜采用射流真空泵,真空泵的设置应根据预压面积大小、真空泵效率以及工程经验确定,但每块预压区至少应设置两台真空泵。 (2)真空管路的连接点应严格进行密封,为避免膜内真空度在停泵后很快降低,在真空管路中应设置止回阀和截门。 水平向分布滤水管可采用条状、梳齿状或羽毛状等形式。滤水管一般设在排水砂垫层中,其上宜有 100～200mm 砂覆盖层。滤水管可采用钢管或塑料管,滤水管在预压过程中应能适应地基的变形。滤水管外宜围绕铅丝,外包尼龙纱或土工织物等滤水材料。 (3)密封膜应采用抗老化性能好、韧性好、抗穿刺能力强的不透气材料。密封膜热合时宜用两条热合缝的平搭接,搭接长度应大于 15mm。 密封膜宜铺设 3 层,覆盖膜周边可采用挖沟折铺、平铺并用黏土压边、围堤沟内覆水以及膜上全面覆水等方法进行密封。当处理区内有充足水源补给的透水层时,应采用封闭式板桩墙、封闭式板桩墙加沟内覆水或其他密封措施隔断透水层。
3	质量检验	(1)对于以抗滑稳定控制的重要工程,应在预压区内选择代表性地点预留孔位,在加载不同阶段进行不同深度的十字板抗剪强度试验和取土进行室内试验,以验算地基的抗滑稳定性,并检验地基的处理效果。 (2)在预压期间应及时整理变形与时间、孔隙水压力与时间等关系曲线,推算地基的最终固结变形量、不同时间的固结度和相应的变形量,以分析处理效果并为确定卸载时间提供依据。 (3)真空预压处理地基除进行地基变形和孔隙水压力观测外,尚应量测膜下真空度和砂井不同深度的真空度,真空度应满足设计要求。 (4)预压后的地基应进行十字板抗剪强度试验及室内土工试验等,以检验处理效果

2.1.5.5 强夯地基

1. 一般规定

强夯地基一般规定,如表 2.1.53 所示。

一 般 规 定　　　　　　　　　　　　　　　　表 2.1.53

序 号	内 容
1	强夯法适用于处理碎石土、砂土、低饱和度的粉土与黏性土、湿陷性黄土、杂填土和素填土等地基。对高饱和度的粉土与黏性土等地基,当采用在夯坑内回填块石、碎石或其他粗颗粒材料进行强夯置换时,应通过现场试验确定其适用性。
2	强夯施工前,应在施工现场有代表性的场地上选取一个或几个试验区,进行试夯或试验性施工。试验区数量应根据建筑场地复杂程度、建设规模及建筑类型确定

2. 设计要点

强夯地基设计要点,如表 2.1.54 所示。

设 计 要 点　　　　　　　　　　　　　　　　　　表 2.1.54

序 号	内 容
1	强夯法的有效加固深度应根据现场试夯或当地经验确定。在缺少试验资料或经验时可按表 2.1.55 预估。
2	强夯的单位夯击能,应根据地基土类别、结构类型、荷载大小和要求处理的深度等综合考虑,并通过现场试夯确定。在一般情况下,对于粗颗粒土可取 $1000 \sim 3000 kN \cdot m/m^2$;细颗粒土可取 $1500 \sim 4000 kN \cdot m/m^2$。
3	夯点的夯击次数,应按现场试夯得到的夯击次数和夯沉量关系曲线确定,且应同时满足下列条件: (1)最后两击的平均夯沉量不大于 50mm,当单击夯击能量较大时不大于 100mm; (2)夯坑周围地面不应发生过大的隆起; (3)不因夯坑过深而发生起锤困难。
4	夯击遍数应根据地基土的性质确定,一般情况下,可采用 2~3 遍,最后再以低能量满夯一遍。对于渗透性弱的细颗粒土,必要时夯击遍数可适当增加。
5	两遍夯击之间应有一定的时间间隔。间隔时间取决于土中超静孔隙水压力的消散时间。当缺少实测资料时,可根据地基土的渗透性确定,对于渗透性较差的粘性土地基的间隔时间,应不少于 3~4 周;对于渗透性好的地基可连续夯击。
6	夯击点位置可根据建筑结构类型,采用等边三角形、等腰三角形或正方形布置。第一遍夯击点间距可取 5~9m,以后各遍夯击点间距可与第一遍相同,也可适当减小。对处理深度较深或单击夯击能较大的工程,第一遍夯击点间距宜适当增大。
7	强夯处理范围应大于建筑物基础范围。每边超出基础外缘的宽度宜为设计处理深度的 1/2 至 2/3,并不宜小于 3m。
8	根据初步确定的强夯参数,提出强夯试验方案,进行现场试夯。应根据不同土质条件待试夯结束一至数周后,对试夯场地进行测试,并与夯前测试数据进行对比,检验强夯效果,确定工程采用的各项强夯参数

强夯法的有效加固深度 (m)　　　　　　　　　　表 2.1.55

单击夯击能 (kN·m)	碎石土、砂土等	粉土、粘性土、 湿陷性黄土等	单击夯击能 (kN·m)	碎石土、砂土等	粉土、粘性土、 湿陷性黄土等
1000	5.0~6.0	4.0~5.0	4000	8.0~9.0	7.0~8.0
2000	6.0~7.0	5.0~6.0	5000	9.0~9.5	8.0~8.5
3000	7.0~8.0	6.0~7.0	6000	9.5~10.0	8.5~9.0

注:强夯法的有效加固深度应从起夯面算起。

3. 施工要点及质量检验

强夯地基的施工要点及质量检验，如表 2.1.56 所示。

施工要点及质量检验　　　　　　　　　　表 2.1.56

序　号	项　　目	内　　容
1	施工要点	（1）一般情况下夯锤重可取 10～25t。其底面形式宜采用圆形。锤底面积宜按土的性质确定，锤底静压力值可取 25～40kPa。对于细颗粒土锤底静压力宜取较小值。锤的底面宜对称设置若干个与其顶面贯通的排气孔，孔径可取 250～300mm。 （2）强夯施工宜采用带有自动脱钩装置的履带式起重机或其他专用设备。采用履带式起重机时，可在臂杆端部设置辅助门架，或采取其他安全措施，防止落锤时机架倾覆。 （3）当地下水位较高，夯坑底积水影响施工时，宜采用人工降低地下水位或铺填一定厚度的松散性材料。夯坑内或场地积水应及时排除。 （4）强夯施工前，应查明场地范围内的地下构筑物和各种地下管线的位置及标高等，并采取必要的措施，以免因强夯施工而造成损坏。 （5）当强夯施工所产生的振动，对邻近建筑物或设备产生有害的影响时，应采取防振或隔振措施。 （6）强夯施工可按下列步骤进行： 1）清理并平整施工场地； 2）标出第一遍夯点位置，并测量场地高程； 3）起重机就位，使夯锤对准夯点位置； 4）测量夯前锤顶高程； 5）将夯锤起吊到预定高度，待夯锤脱钩自由下落后，放下吊钩，测量锤顶高程，若发现因坑底倾斜而造成夯锤歪斜时，应及时将坑底整平； 6）重复步骤五，按设计规定的夯击次数及控制标准，完成一个夯点的夯击； 7）重复步骤三至六，完成第一遍全部夯点的夯击； 8）用推土机将夯坑填平，并测量场地高程； 9）在规定的间隔时间后，按上述步骤逐次完成全部夯击遍数，最后用低能量满夯，将场地表层松土夯实，并测量夯后场地高程。 （7）强夯施工过程中应有专人负责下列监测工作： 1）开夯前应检查夯锤重和落距，以确保单击夯击能量符合设计要求； 2）在每遍夯击前，应对夯点放线进行复核，夯完后检查夯坑位置，发现偏差或漏夯应及时纠正； 3）按设计要求检查每个夯点的夯击次数和每击的夯沉量。 （8）施工过程中应对各项参数及施工情况进行详细记录。
2	质量检验	（1）检查强夯施工过程中的各项测试数据和施工记录，不符合设计要求时应补夯或采取其他有效措施。 （2）强夯施工结束后应间隔一定时间方能对地基质量进行检验。对于碎石土和砂土地基，其间隔时间可取 1～2 周；低饱和度的粉土和粘性土地基可取 2～4 周。 （3）质量检验的方法，宜根据土性选用原位测试和室内土工试验。对于一般工程应采用两种或两种以上的方法进行检验；对于重要工程应增加检验项目，也可做现场大压板载荷试验。 （4）质量检验的数量，应根据场地复杂程度和建筑物的重要性确定。对于简单场地上的一般建筑物，每个建筑物地基的检验点不应少于 3 处；对于复杂场地或重要建筑物地基应增加检验点数。检验深度应不小于设计处理的深度

2.1.5.6　振冲地基

1. 一般规定

振冲地基一般规定，如表 2.1.57 所示。

一 般 规 定　　　　　　　　　　　　　　　　　　表 2.1.57

序　号	内　容
1	振冲法分为振冲置换法和振冲密实法两类。振冲置换法适用于处理不排水抗剪强度不小于 20kPa 的黏性土、粉土、饱和黄土和人工填土等地基。振冲密实法适用于处理砂土和粉土等地基。不加填料的振冲密实法仅适用于处理黏粒含量小于 10% 的粗砂、中砂地基。
2	对大型的、重要的或场地复杂的工程,在正式施工前应在有代表性的场地上进行试验

2. 设计要点

振冲地基的设计要点应符合表 2.1.58 的规定。

设 计 要 点　　　　　　　　　　　　　　　　　　表 2.1.58

序　号	项　目	内　容
1	振冲置换法	(1)处理范围应根据建筑物的重要性和场地条件确定,通常都大于基底面积。对一般地基,在基础外缘应扩大 1~2 排桩;对可液化地基,在基础外缘应扩大 2~4 排桩。 (2)桩位布置,对大面积满堂处理,宜用等边三角形布置;对独立或条形基础,宜用正方形、矩形或等腰三角形布置。 (3)桩的间距应根据荷载大小和原土的抗剪强度确定,可用 1.5~2.5m。荷载大或原土强度低时,宜取较小的间距;反之,宜取较大的间距。对桩端未达相对硬层的短桩,应取小间距。 (4)桩长的确定,当相对硬层的埋藏深度不大时,应按相对硬层埋藏深度确定;当相对硬层的埋藏深度较大时,应按建筑物地基的变形允许值确定。桩长不宜短于 4m。在可液化的地基中,桩长应按要求的抗震处理深度确定。 (5)在桩顶部应铺设一层 200~500mm 厚的碎石垫层。 (6)桩体材料可用含泥量不大的碎石、卵石、角砾、圆砾等硬质材料。材料的最大粒径不宜大于 80mm。对碎石,常用的粒径为 20~50mm。 (7)桩的直径可按每根桩所用的填料量计算,常为 0.8~1.2m。 (8)复合地基的承载力标准值应按现场复合地基载荷试验确定,也可用单桩和桩间土的载荷试验确定。(建筑地基处理技术规范 JGJ 79—91) (9)地基在处理后的变形计算应按国家标准《建筑地基基础设计规范》GB 50007—2002 的有关规定执行。复合土层的压缩模量可按下式计算: $$E_{sp}=[1+m(n-1)]E_s \qquad (2.22)$$ 式中　E_{sp}——复合土层的压缩模量; 　　　E_s——桩间土的压缩模量。 　　式(2.22)中的桩土应力比 n 在无实测资料时,对黏性土可取 2~4,对粉土可取 1.5~3,原土强度低取大值,原土强度高取小值。
2	振冲密实法	(1)处理范围应大于建筑物基础范围,在建筑物基础外缘每边放宽不得少于 5m。 (2)当可液化土层不厚时,振冲深度应穿透整个可液化土层;当可液化土层较厚时,振冲深度应按要求的抗震处理深度确定。 (3)振冲点宜按等边三角形或正方形布置。间距与土的颗粒组成,要求达到的密实程度、地下水位、振冲器功率、水量等有关,应通过现场试验确定,可取 1.8~2.5m。 (4)每一振冲点所需的填料量随地基土要求达到的密实程度和振冲点间距而定,应通过现场试验确定,填料宜用碎石、卵石、角砾、圆砾、砾砂、粗砂、中砂等硬质材料。 (5)复合地基的承载力标准值应按现场复合地基载荷试验确定,也可用单桩和桩间土的载荷试验,按本表序号 1-(8)进行确定。 (6)振冲密实处理地基的变形计算,应按本表序号 1-(9)的规定执行。其中桩土应力比 n 在无实测资料时,对砂土可取 1.5~3。原土强度低取大值,原土强度高取小值

3. 施工要点及质量检验

振冲地基的施工要点及质量检验，如表 2.1.59 所示。

施工要点及质量检验 表 2.1.59

序 号	项 目	内 容
1	振冲置换法施工	(1)振冲施工通常可用功率为 30kW 的振冲器。在既有建筑物邻近施工时，宜用功率较小的振冲器。 (2)升降振冲器的机具可用起重机、自行井架式施工平车或其他合适的机具设备。 (3)振冲施工可按下列步骤进行： 1)清理平整施工场地，布置桩位； 2)施工机具就位，使振冲器对准桩位； 3)启动水泵和振冲器，水压可用 400～600kPa，水量可用 200～400L/min，使振冲器徐徐沉入土中，直至达到设计处理深度以上 0.3～0.5m，记录振冲器经各深度的电流值和时间，提升振冲器至孔口。 4)重复上一步骤 1～2 次，使孔内泥浆变稀，然后将振冲器提出孔口； 5)向孔内倒入一批填料，将振冲器沉入填料中进行振密，此时电流随填料的密实而逐渐增大，电流必须超过规定的密实电流，若达不到规定值，应向孔内继续加填料，振密，记录这一深度的最终电流量和填料量； 6)将振冲器提出孔口，继续制作上部的桩段； 7)重复步骤五、六，自下而上地制作桩体，直至孔口； 8)关闭振冲器和水泵。 (4)施工过程中，各段桩体均应符合密实电流、填料量和留振时间三方面的规定。这些规定应通过现场成桩试验确定。 (5)在施工场地上应事先开设排泥水沟系，将成桩过程中产生的泥水集中引入沉淀池。定期将沉淀池底部的厚泥浆挖出运送至预先安排的存放地点。沉淀池上部较清的水可重复使用。 (6)应将桩顶部的松散桩体挖除，或用碾压等方法使之密实，随后铺设并压实垫层。
2	振冲密实法施工	(1)振冲施工可用功率为 30kW 的振冲器，有条件时也可用较大功率的振冲器。升降振冲器的机具可用起重机、自行井架式施工平车或其他合适的机具设备。 (2)加填料的振冲密实施工可按下列步骤进行： 1)清理平整场地，布置振冲点； 2)施工机具就位，在振冲点上安放钢护筒，使振冲器对准护筒的轴心； 3)启动水泵和振冲器，使振冲器徐徐沉入砂层，水压可用 400～600kPa，水量可用 200～400L/min，下沉速率宜控制在每分钟约 1～2m 范围内； 4)振冲器达设计处理深度后，将水压和水量降至孔口有一定量回水，但无大量细颗粒带出的程度，将填料堆于护筒周围。 5)填料在振冲器振动下依靠自重沿护筒周壁下沉至孔底，在电流升高到规定的控制值后，将振冲器上提 0.3～0.5m； 6)重复上一步骤，直至完成全孔处理，详细记录各深度的最终电流值、填料量等； 7)关闭振冲器和水泵。 (3)不加填料的振冲密实施工方法与加填料的大体相同。使振冲器沉至设计处理深度，留振至电流稳定地大于规定值后，将振冲器上提 0.3～0.5m。如此重复进行，直至完成全孔处理。 在中粗砂层中施工时，如遇振冲器不能贯入，可增设辅助水管，加快下沉速率。 (4)振冲密实的施工顺序宜沿平行直线逐点进行。

续表

序　号	项　　目	内　　容
3	质量检验	（1）检查振冲施工和各项施工记录，如有遗漏或不符合规定要求的桩或振冲点，应补做或采取有效的补救措施。 （2）振冲施工结束后，除砂土地基外，应间隔一定时间方可进行质量检验。对黏性土地基，间隔时间可取 3～4 周；对粉土地基，可取 2～3 周。 （3）振冲桩的施工质量检验可用单桩载荷试验。试验用圆形压板的直径与桩的直径相等。可按每 200～400 根桩随机抽取一根进行检验，但总数不得少于 3 根。 （4）对砂土或粉土层中的振冲桩，除用单桩载荷试验检验外，尚可用标准贯入、静力触探等试验对桩间土进行处理前后的对比检验。 （5）对大型的、重要的或场地复杂的振冲置换工程应进行复合地基的处理效果检验。检验方法宜用单桩复合地基载荷试验或多桩复合地基载荷试验。检验点应选择在有代表性的或土质较差的地段，检验点数量可按处理面积大小取 2～4 组。复合地基载荷试验应符合建筑地基处理技术规范（JGJ 79—91）附录一的有关规定。 （6）对不加填料的振冲密实法处理的砂土地基，处理效果检验宜用标准贯入、动力触探或其他合适的试验方法。检验点应选择在有代表性的或地基土质较差的地段，并位于振冲点围成的单元形心处。检验点数量可按每 100～200 个振冲点选取 1 孔，总数不得少于 3 孔

2.1.5.7　挤密桩地基

1. 一般规定

挤密桩地基一般规定，如表 2.1.60 所示。

一般规定　　　　　　　　　　　　　　　　表 2.1.60

序　号	内　　容
1	土或灰土挤密桩法适用于处理地下水位以上的湿陷性黄土、素填土和杂填土等地基。处理深度宜为 5～15m。 当以消除地基的湿陷性为主要目的时，宜选用土挤密桩法。 当以提高地基的承载力或水稳性为主要目的时，宜选用灰土挤密桩法。 当地基土的含水量大于 23％及其饱和度大于 0.65 时，不宜选用上述方法。
2	对重要工程或在缺乏经验的地区，施工前应按设计要求，在现场选点进行试验。如土性基本相同，试验可在一处进行，如土性差异明显，应在不同地段分别进行试验

2. 设计要点

挤密桩地基的设计要点，如表 2.1.61 所示。

设计要点　　　　　　　　　　　　　　　　表 2.1.61

序　号	内　　容
1	（1）土或灰土挤密桩处理地基的宽度应大于基础的宽度。 （2）局部处理时，对非自重湿陷性黄土、素填土、杂填土等地基，每边超出基础的宽度不应小于 0.25b（b 为基础短边宽度），并不应小于 0.5m；对自重湿陷性黄土地基不应小于 0.75b，并不应小于 1m。 （3）整片处理宜用于 Ⅲ、Ⅳ 级自重湿陷性黄土场地，每边超出建筑物外墙基础外缘的宽度不宜小于处理土层厚度的 1/2，并不应小于 2m。

序 号	内 容
2	土或灰土挤密桩处理地基的深度,应根据土质情况、工程要求和成孔设备等因素确定。对湿陷性黄土地基,应符合国家标准《湿陷性黄土地区建筑规范》GBJ 25—90 的有关规定。
3	桩孔直径宜为 300～600mm,并可根据所选用的成孔设备或成孔方法确定。桩孔宜按等边三角形布置,其间距可按下式计算: $$s=0.95d\sqrt{\dfrac{\bar{\lambda}_c\rho_{dmax}}{\bar{\lambda}_c\rho_{dmax}-\bar{\rho}_d}}\qquad(2.23)$$ 式中 s——桩的间距; 　　 d——桩孔直径; 　　 $\bar{\lambda}_c$——地基挤密后,桩间土的平均压实系数,宜取 0.93; 　　 ρ_{dmax}——桩间土的最大干密度; 　　 $\bar{\rho}_d$——地基挤密前土的平均干密度。
4	桩孔内的填料,应根据工程要求或处理地基的目的确定,并应用压实系数 $\bar{\lambda}_c$ 控制夯实质量。 当用素土回填夯实时,压实系数 $\bar{\lambda}_c$ 不应小于 0.95; 当用灰土回填夯实时,压实系数 $\bar{\lambda}_c$ 不应小于 0.97,灰与土的体积配合比宜为 2∶8 或 3∶7。
5	土或灰土挤密桩处理地基的承载力标准值,应通过原位测试或结合当地经验确定。当无试验资料时,对土挤密桩地基,不应大于处理前的 1.4 倍,并不应大于 180kPa,对灰土挤密桩地基,不应大于处理前的 2 倍,并不应大于 250kPa。
6	土或灰土挤密桩处理地基的变形计算应按国家标准《建筑地基基础设计规范》GB 50007—2002 的有关规定执行。其中复合土层的压缩模量应通过试验或结合当地经验确定

3. 施工要点及质量检验

挤密桩地基施工要点及质量检验,如表 2.1.62 所示。

施工要点及质量检验　　　　　　　　　　　　　　　　表 2.1.62

序 号	项 目	内 容
1	施工要点	(1)土或灰土挤密桩的施工,应按设计要求和现场条件选用沉管(振动、锤击)、冲击或爆扩等方法进行成孔,使土向孔的周围挤密。 (2)成孔和回填夯实的施工应符合下列要求: 1)成孔施工时地基土宜接近最优含水量,当含水量低于 12% 时,宜加水增湿至最优含水量; 2)桩孔中心点的偏差不应超过桩距设计值的 5%; 3)桩孔垂直度偏差不应大于 1.5%; 4)桩孔的直径和深度,对沉管法,其直径和深度应与设计值相同;对冲击法或爆扩法,桩孔直径的误差不得超过设计值的 ±70mm,桩孔深度不应小于设计深度 0.5m; 5)向孔内填料前,孔底必须夯实,然后用素土或灰土在最优含水量状态下分层回填夯实,其压实系数应符合表 2.1.61 序号 4 的规定,填料(土或灰土)质量应符合

序　号	项　目	内　容
1	施工要点	表 2.1.45 序号 2-(1)的规定； 　6)成孔和回填夯实的施工顺序,宜间隔进行,对大型工程可采取分段施工。 　(3)基础底面以上应预留 0.7~1.0m 厚的土层,待施工结束后,将表层挤松的土挖除或分层夯压密实。 　(4)施工过程中,应有专人监测成孔及回填夯实的质量并做好施工记录。如发现地基土质与勘察资料不符,并影响成孔或回填夯实时,应立即停止施工,待查明情况或采取有效措施处理后,方可继续施工。 　(5)雨季或冬季施工,应采取防雨、防冻措施,防止土料和灰土受雨水淋湿或冻结。
2	质量检验	(1)施工结束后,对土或灰土挤密桩处理地基的质量,应及时进行抽样检验。 　对一般工程,主要应检查桩和桩间土的干密度、承载力和施工记录。 　对重要或大型工程,除应检测上述内容外,尚应进行载荷试验或其他原位测试。也可在地基处理的全部深度内取土样测定桩间土的压缩性和湿陷性。土或灰土挤密桩复合地基的载荷试验应符合建筑地基处理技术规范(JGJ 79—91)附录一的有关规定。 　(2)抽样检验的数量不应少于桩孔总数的 2%。不合格处应采取加桩或其他补救措施

2.1.5.8　砂石桩基

1. 一般规定

砂石桩基一般规定，如表 2.1.63 所示。

一 般 规 定　　　　　　　　　　　　　　表 2.1.63

序　号	内　容
1	砂石桩法适用于挤密松散砂土、素填土和杂填土等地基。对在饱和黏性土地基上主要不以变形控制的工程也可采用砂石桩置换处理。
2	采用砂石桩法处理地基应补充设计、施工所需的有关技术资料,包括砂土的相对密实度、砂石料特性、可采用的施工机具及性能等。
3	用砂石桩挤密素填土和杂填土等地基的设计及质量检验,尚应符合本手册 2.1.5.7 中的有关规定

2. 设计要点

砂石桩基的设计要点，如表 2.1.64 所示。

设 计 要 点　　　　　　　　　　　　　　表 2.1.64

序　号	内　容
1	砂石桩孔位宜采用等边三角形或正方形布置。 砂石桩直径可采用 300~800mm,根据地基土质情况和成桩设备等因素确定。对饱和黏性土地基宜选用较大的直径。

序　号	内　　容
2	(1)砂石桩的间距应通过现场试验确定,但不宜大于砂石桩直径的 4 倍。在有经验的地区,砂石桩的间距也可按下式计算: 1)松散砂土地基: 等边三角形布置　　　$s=0.95d\sqrt{\dfrac{1+e_0}{e_0-e_1}}$　　　(2.24) 正方形布置　　　$s=0.90d\sqrt{\dfrac{1+e_0}{e_0-e_1}}$　　　(2.25) 　　　$e_1=e_{\max}-D_{r1}(e_{\max}-e_{\min})$　　　(2.26) 式中　s——砂石桩间距; 　　　d——砂石桩直径; 　　　e_0——地基处理前砂土的孔隙比,可按原状土样试验确定,也可根据动力或静力触探等对比试验确定; 　　　e_1——地基挤密后要求达到的孔隙比; $e_{\max}$、$e_{\min}$——分别为砂土的最大、最小孔隙比,可按国家标准《土工试验方法标准》HBJ 123—88 的有关规定确定; 　　　D_{r1}——地基挤密后要求砂土达到的相对密实度,可取 0.70~0.85。 　　2)黏性土地基: 等边三角形布置 　　　$s=1.08\sqrt{A_e}$　　　(2.27) 正方形布置　　　$s=\sqrt{A_e}$　　　(2.28) 式中　A_e——1 根砂石桩承担的处理面积; 　　　$A_e=\dfrac{A_p}{m}$　　　(2.29) 式中　A_p——砂石桩的截面积; 　　　m——面积置换率,见按建筑地基处理技术规范(JGJ 79—91)中第 6.2.8 条。 　　(2)当地基中的松软土层厚度不大时,砂石桩宜穿过松软土层;当松软土层厚度较大时,桩长应根据建筑地基的允许变形值确定。 　　对可液化砂层,桩长应穿透可液化层,或按国家标准《建筑抗震设计规范》GBJ 11—89 的有关规定执行。 　　(3)砂石桩挤密地基的宽度应超出基础的宽度,每边放宽不应少于 1~3 排;砂石桩用于防止砂层液化时,每边放宽不宜小于处理深度的 1/2,并不应小于 5m。当可液化层上覆盖有厚度大于 3m 的非液化层时,每边放宽不宜小于液化层厚度的 1/2,并不应小于 3m。 　　(4)砂石桩孔内的填砂石量可按下式计算: 　　　$S=\dfrac{A_p l d_s}{1+e_1}(1+0.01w)$　　　(2.30) 式中　S——填砂石量(以重量计); 　　　A_p——砂石桩的截面积; 　　　l——桩长; 　　　d_s——砂石料的相对密度(比重); 　　　w——砂石料的含水量(%)。 　　　e_1——同式(2.26) 　　桩孔内的填实宜用砾砂、粗砂、中砂、圆砾、角砾、卵石、碎石等。填料中含泥量不得大于 5%,并不宜含有大于 50mm 的颗粒。 　　(5)砂石桩复合地基的承载力标准值,应按现场复合地基载荷试验确定,也可通过下列方法确定: 　　1)对于砂石桩处理的复合地基,可用单桩和桩间土的载荷试验按建筑地基处理技术规范(JGJ 79—91)中第 6.2.8 条计算;

序　号	内　　容
2	2)对于砂桩处理的砂土地基,可根据挤密后砂土的密实状态,按国家标准《建筑地基基础设计规范》GB 50007—2002 的有关规定确定。 (6)砂石桩处理地基的变形计算:对于砂石桩处理的黏性土地基,应按本手册表 2.1.58 序号 1-(9)的规定执行;对于砂石桩处理的砂土地基,应按本手册表 2.1.58 序号 2-(6)执行;对于砂桩处理的砂土地基,应按国家标准《建筑地基基础设计规范》GB 50007—2002 的有关规定执行

3. 施工要点及质量检验

砂石桩基的施工要点及质量检验，如表 2.1.65 所示。

施工要点及质量检验　　　　　　　　　　　　　　　**表 2.1.65**

序　号	项　　目	内　　容
1	施工要点	(1)砂石桩施工可采用振动成桩法(简称振动法)或锤击成桩法(简称锤击法)。 (2)施工前应进行成桩挤密试验,桩数宜为 7～9 根。如发现质量不能满足设计要求时,应调整桩间距、填砂石量等有关参数,重新试验或改变设计。 (3)振动法施工应根据沉管和挤密情况,控制填砂石量、提升高度和速度、挤压次数和时间、电机的工作电流等,以保证挤密均匀和桩身的连续性。施工中应选用适宜的桩尖结构,保证顺利出料和有效地挤密。 (4)锤击法施工可采用双管法或单管法。锤击法挤密应根据锤击的能量,控制分段的填砂石量和成桩的长度。 (5)以挤密为主的砂石桩施工顺序应间隔进行,孔内实际填砂石量(不包括水重)不应少于设计值的 95%。 砂石桩施工应保证桩位准确,其纵向偏差应不大于桩管直径,桩身应保持连续和垂直,垂直度偏差不应大于 1.5%。 施工中应有专人记录各项施工参数。 (6)施工结束后,应将基底标高下的松土层夯压密实。
2	质量检验	(1)检查砂石桩的沉管时间、各段的填砂石量、提升及挤压时间和桩位偏差等各项施工记录和试验结果。如不符合设计要求,应采取补救措施。 (2)砂石桩处理地基可采用标准贯入、静力触探或动力触探等方法检测桩及桩间土的挤密质量。桩间土质量的检测位置应在等边三角形或正方形的中心。 对于重要或大型工程,宜进行载荷试验,或采用其他有效手段综合评定地基的处理效果。复合地基的载荷试验应符合建筑地基处理技术规范(JGJ 79—91)附录一的有关规定。 (3)砂石桩挤密效果的检测可通过抽查进行,检测数量应不少于桩孔总数的 2%,检查结果如有占检测总数 10% 的桩未达到设计要求时,应采取加桩或其他措施。 (4)施工后应间隔一定时间方可进行质量检验,对饱和黏性土应待超孔隙水压力基本消散后进行,间隔时间宜为 1～2 周;对其他土可在施工后 3～5d 进行

2.1.5.9 深层搅拌桩基

1. 一般规定

深层搅拌桩基一般规定，如表 2.1.66 所示。

一般规定   表 2.1.66

序 号	内 容
1	深层搅拌法适用于处理淤泥、淤泥质土、粉土和含水量较高且地基承载力标准值不大于 12kPa 的黏性土等地基。当用于处理泥炭土或地下水具有侵蚀性的，宜通过试验确定其适用性。冬季施工时应注意负温对处理效果的影响。
2	工程地质勘察应查明填土层的厚度和组成，软土层的分布范围、含水量和有机质含量，地下水的侵蚀性质等。
3	深层搅拌设计前必须进行室内加固试验，针对现场地基土的性质，选择合适的固化剂及外掺剂，为设计提供各种配比的强度参数。加固土强度标准值宜取 90d 龄期试块的无侧限抗压强度

2. 设计要点

深层搅拌桩基设计要点，如表 2.1.67 所示。

设 计 要 点   表 2.1.67

序 号	内 容
1	深层搅拌法处理软土的固化剂可选用水泥，也可用其他有效的固化材料。固化剂的掺入量宜为被加固土重的 7%～15%。外掺剂可根据工程需要选用具有早强、缓凝、减水、节省水泥等性能的材料，但应避免污染环境。
2	搅拌桩复合地基承载力标准值应通过现场复合地基载荷试验确定，也可按下式计算： $$f_{sp,k} = m\frac{R_k^d}{A_p} + \beta(1-m)f_{s,k} \qquad (2.31)$$ 式中 $f_{sp,k}$——复合地基的承载力标准值； $\quad m$——面积置换率； $\quad A_p$——桩的截面积； $\quad f_{s,k}$——桩间天然地基土承载力标准值； $\quad \beta$——桩间土承载力折减系数，当桩端土为软土时，可取 0.5～1.0，当桩端土为硬土时，可取 0.1～0.4，当不考虑桩间软土的作用时，可取零； $\quad R_k^d$——单桩竖向承载力标准值，应通过现场单桩载荷试验确定。 在设计时，可根据要求达到的地基承载力，按式(2.31)求得面积置换率 m。
3	深层搅拌桩平面布置可根据上部建筑对变形的要求，采用柱状、壁状、格栅状、块状等处理形式。可只在基础范围内布桩。 柱状处理可采用正方形或等边三角形布桩形式，其桩数可按下式计算： $$n = \frac{mA}{A_p} \qquad (2.32)$$ 式中 n——桩数； $\quad A$——基础底面积。
4	当搅拌桩处理范围以下存在软弱下卧层时，可按国家标准《建筑地基基础设计规范》GB 50007—2002 的有关规定进行下卧层强度验算。
5	搅拌桩复合地基的变形包括复合土层的压缩变形和桩端以下未处理土层的压缩变形。其中复合土层的压缩变形值可根据上部荷载、桩长、桩身强度等按经验取 10～30mm。桩端以下未处理土层的压缩变形值可按国家标准《建筑地基基础设计规范》GB 50007—2002 的有关规定确定。
6	深层搅拌壁状处理用于地下临时挡土结构时，可按重力式挡土墙设计。为了加强其整体性，相邻桩搭接宽度宜大于 100mm

3. 施工要点及质量检验

深层搅拌桩基施工要点及质量检验，如表 2.1.68 所示。

施工要点及质量检验

表 2.1.68

序 号	项 目	内 容
1	施工要点	(1)深层搅拌法施工的场地应事先平整，清除桩位处地上、地下一切障碍物(包括大块石、树根和生活垃圾等)。场地低洼时应回填黏性土料，不得回填杂填土。 基础底面以上宜预留 500mm 厚的土层，搅拌桩施工到地面，开挖基坑时，应将上部质量较差桩段挖去。 (2)深层搅拌施工可按下列步骤进行： 1)深层搅拌机械就位； 2)预搅下沉； 3)喷浆搅拌提升； 4)重复搅拌下沉； 5)重复搅拌提升直至孔口； 6)关闭搅拌机械。 (3)施工前应标定深层搅拌机械的灰浆泵输浆量，灰浆经输浆管到达搅拌机喷浆口的时间和起吊设备提升速度等施工参数，并根据设计要求通过成桩试验，确定搅拌桩的配比和施工工艺。 (4)施工使用的固化剂和外掺剂必须通过加固土室内试验检验方能使用。固化剂浆液应严格按预定的配比拌制。制备好的浆液不得离析，泵送必须连续，拌制浆液的罐数，固化剂与外掺剂的用量以及泵送浆液的时间等应有专人记录。 (5)应保证起吊设备的平整度和导向架的垂直度，搅拌桩的垂直度偏差不得超过1.5%，桩位偏差不得大于 50mm。 (6)搅拌机预搅下沉时不宜冲水，当遇到较硬土层下沉太慢时，方可适量冲水，但应考虑冲水成桩对桩身强度的影响。 (7)搅拌机喷浆提升的速度和次数必须符合施工工艺的要求，应有专人记录搅拌机每米下沉或提升的时间，深度记录误差不得大于 50mm，时间记录误差不得大于 5s，施工中发现的问题及处理情况均应注明。
2	质量检验	(1)施工过程中应随时检查施工记录，并对每根桩进行质量评定。对于不合格的桩应根据其位置和数量等具体情况，分别采取补桩或加强邻桩等措施。 (2)搅拌桩应在成桩后 7d 内用轻便触探器钻取桩身加固土样，观察搅拌均匀程度，同时根据轻便触探击数用对比法判断桩身强度，检验桩的数量应不少于已完成桩数的 2%。 (3)在下列情况下尚应进行取样，单桩载荷试验或开挖检验： 1)经触探检验对桩身强度有怀疑的桩应钻取桩身芯样，制成试块并测定桩身强度； 2)场地复杂或施工有问题的桩应进行单桩载荷试验，检验其承载力； 3)对相邻桩搭接要求严格的工程，应在桩养护到一定龄期时选取数根桩体进行开挖，检查桩顶部分外观质量。 4)基槽开挖后，应检验桩位，桩数与桩顶质量，如不符合规定要求，应采取有效补救措施

2.1.5.10 高压喷射注浆法

1. 一般规定

高压喷射注浆法一般规定，如表 2.1.69 所示。

2. 设计要点

高压喷射注浆法的设计要点如表 2.1.70 所示。

3. 施工要点及质量检验

高压喷射注浆法施工要点及质量检验如表 2.1.71 所示。

一 般 规 定 表 2.1.69

序 号	内 容
1	高压喷射注浆法适用于处理淤泥、淤泥质土、黏性土、粉土、黄土、砂土、人工填土和碎石等地基。 当土中含有较多的大粒径块石、坚硬黏性土、大量植物根茎或有过多的有机质时,应根据现场试验结果确定其适用程度。
2	高压喷射注浆法可用于既有建筑和新建筑的地基处理、深基坑侧壁挡土或挡水、基坑底部加固、防止管涌与隆起、坝的加固与防水帷幕等工程。 对地下水流速过大和已涌水的工程,应慎重使用。
3	高压喷射注浆法的注浆形式分旋喷注浆、定喷注浆和摆喷注浆等三种类别。根据工程需要和机具设备条件,可分别采用单管法、二重管法和三重管法。加固形状可分为柱状、壁状和块状。
4	在制定高压喷射注浆方案时,应掌握场地的工程地质、水文地质和建筑结构设计资料等。对既有建筑尚应搜集竣工和现状观测资料、邻近建筑和地下埋设物等资料。
5	高压喷射注浆方案确定后,应进行现场试验、试验性施工或根据工程经验确定施工参数及工艺

设 计 要 点 表 2.1.70

序 号	内 容
1	用旋喷桩处理的地基,宜按复合地基设计。当用作挡土结构或桩基时,可按加固体独立承担荷载计算。
2	旋喷桩的强度和直径,应通过现场试验确定。当无现场试验资料时,亦可参照相似土质条件下其他旋喷工程的经验。
3	旋喷桩与复合地基承载力标准值应通过现场复合地基载荷试验确定。也可按下式计算且结合当地情况及与其土质相似工程的经验确定。 $$f_{sp \cdot k} = \frac{1}{A_e}\left[R_k^d + \beta f_{s,k}(A_e - A_p)\right] \qquad (2.33)$$ 式中 f_{sp}——复合地基承载力标准值; 　　A_e——1 根桩承担的处理面积; 　　A_p——桩的平均截面积; 　　$f_{s,k}$——桩间天然地基土承载力标准值; 　　β——桩间天然地基土承载力折减系数,可根据试验确定,在无试验资料时,可取 0.2~0.6,当不考虑桩间软土的作用时,可取零; 　　R_k^d——单桩竖向承载力标准值,可通过现场载荷试验确定。
4	桩长范围内复合土层以及下卧层地基变形值应按国家标准《建筑地基基础设计规范》GB 50007—2002 的有关规定计算。其中,复合土层的压缩模量可按下式确定: $$E_{pa} = \frac{E_s(A_e - A_p) + E_p A_p}{A_e} \qquad (2.34)$$ 式中 E_{pa}——旋喷桩复合土层压缩模量; 　　E_s——桩间土的压缩模量,可用天然地基上的压缩模量代替; 　　E_p——桩体的压缩模量,可采用测定混凝土割线弹性模量的方法确定。
5	高压喷射注浆用于深基坑底部加固时,加固范围应满足按复合地基计算圆弧滑动或抵抗管涌的要求。
6	高压喷射注浆用于深基坑挡土时,应根据所承受的土压力进行相应的计算。
7	高压喷射注浆用作防水帷幕时,应根据防渗要求进行设计计算

施工要点质量检验 表 2.1.71

序 号	项 目	内 容
1	施工要点	（1）施工前应根据现场环境和地下埋设物的位置等情况，复核高压喷射注浆的设计孔位。 （2）高压喷射注浆单管法及二重管法的高压水泥浆液流和三重管法高压水射流的压力宜大于 20MPa，三重管法使用的低压水泥浆液流压力宜大于 1MPa，气流压力宜取 0.7MPa，提升速度可取 0.1～0.25m/mim。 （3）高压喷射注浆的主要材料为水泥，对于无特殊要求的工程，宜采用 325 号或 425 号普通硅酸盐水泥。根据需要可加入适量的速凝、悬浮或防冻等外加剂及掺合料。所用外加剂和掺合料的数量，应通过试验确定。 （4）水泥浆液的水灰比应按工程要求确定，可取 1.0～1.5 常用 1.0。 水泥在使用前需作质量鉴定。搅拌水泥浆所用的水，应符合《混凝土拌合用水标准》JGJ 63—89 的规定。 （5）高压喷射注浆的施工工序为机具就位、贯入注浆管、喷射注浆、拔管及冲洗等。 （6）钻机与高压注浆泵的距离不宜过远。钻孔的位置与设计位置的偏差不得大于 50mm。实际孔位、孔深和每个钻孔内的地下障碍物、洞穴、涌水、漏水及与工程地质报告不符等情况均应详细记录。 （7）当注浆管贯入土中，喷嘴达到设计标高时，即可喷射注浆。在喷射注浆参数达到规定值后，随即分别按旋喷、定喷或摆喷的工艺要求，提升注浆管，由下而上喷射注浆。注浆管分段提升的搭接长度不得小于 100mm。 （8）对需要扩大加固范围或提高强度的工程，可采取复喷措施，即先喷一遍清水再喷一遍或两遍水泥浆。 （9）在高压喷射注浆过程中出现压力骤然下降、上升或大量冒浆等异常情况时，应查明产生的原因并及时采取措施。 （10）当高压喷射注浆完毕，应迅速拔出注浆管。为防止浆液凝固收缩影响桩顶高程，必要时可在原孔位采用冒浆回灌或第二次注浆等措施。 （11）当处理既有建筑地基时，应采取速凝浆液或大间距隔孔旋喷和冒浆回灌等措施，以防旋喷过程中地基产生附加变形和地基与基础间出现脱空现象，影响被加固建筑及邻近建筑。同时，应对建筑物进行沉降观测。 （12）施工中应如实记录高压喷射注浆的各项参数和出现的异常现象。
2	质量检验	（1）高压喷射注浆可采用开挖检查、钻孔取芯、标准贯入、载荷试验或压水试验等方法进行检验。 （2）检验点应布置在下列部位： 1）建筑荷载大的部位； 2）帷幕中心线上； 3）施工中出现异常情况的部位； 4）地质情况复杂，可能对高压喷射注浆质量产生影响的部位。 （3）检验点的数量为施工注浆孔数的 2%～5%，对不足 20 孔的工程，至少应检验 2 个点。不合格者应进行补喷。 （4）质量检验应在高压喷射注浆结束 4 周后进行

2.2 工艺流程及施工方法

2.2.1 基础工程施工要点

基础工程可按使用的材料不同，分别见本手册各章及有关规范和手册的规定进行施工。本章仅就基础的一般施工要点，阐述如下：

2.2.1.1 灰土和三合土基础

灰土和三合土基础施工要点，如表2.2.1所示。

灰土和三合土基础施工要点   表 2.2.1

序号	项目	内容
1	灰土基础	(1)灰土基础是用熟石灰与黏性土拌合均匀，然后分层夯实而成。灰土的体积配合比一般用 2∶8 或 3∶7(石灰∶土)，其 28d 强度可达 1MPa。一般适用于地下水位较低，基槽经常处于较为干燥状态的基础。 (2)灰土的土料应尽量采用原土，或用有机质含量不大的黏性土，表面耕植土不宜采用。土料过筛，粒径不大于 15mm。 用作灰土的熟石灰应过筛，其粒径不宜大于 5mm，并不得夹有未熟化的生石灰块和含有过多的水分。 (3)灰土施工时应适当控制其含水量，以用手紧握土料成团，两指轻捏能碎为宜。含水量过大或过小均不易夯实。因此，最好实地测量其最佳含水量，使在一定夯击能量下达到最大密实度(干密度不小于 1.5t/m³)。 (4)施工时，基坑应保持干燥，防止灰土早期浸水。灰土拌合要均匀，温度要适当，颜色一致，拌好后应及时铺好夯实。 (5)铺土应分层进行，每层铺土厚度可参照表 2.2.2。每层灰土夯打遍数，应根据设计要求的干密度在现场试验确定。一般夯打(或碾压)不少于 4 遍。当每层虚铺厚度为 150～250mm，夯实至 100～150mm。质量要求，见表 2.2.3。 (6)灰土基础若分段施工时，不得在墙角、柱墩及承重窗下接缝，上下相邻两层灰土的接缝间距不得小于 50cm，接缝处的灰土应充分夯实。当灰土基础高度不同时，应作成阶梯形，每阶宽度不少于 50cm。
2	三合土基础	(1)三合土基础是由石灰、砂、碎砖(石)和水拌匀后分层铺设夯实而成。其配合比应按设计规定，一般用 1∶2∶4 或 1∶3∶6(消石灰∶砂∶碎砖，体积比)。 (2)石灰用未粉化的生石灰块，使用时临时加水化开；砂用中、粗砂或泥砂；碎砖一般用黏土砖碎块，粒径为 20～60mm。 (3)施工时先将石灰和砂用水在池内调成浓浆，将碎砖材料倒在拌板上加浆拌透或将这些材料都倒在拌板上浇水拌匀。 (4)虚铺厚度第一层为 220mm，以后每层 200mm，分别夯至 150mm，直到设计为止。 (5)最后一遍夯打时，宜加浇浓灰浆一层，经 24h 待表面略晾干后，再铺上薄层砂子或煤屑，进行最后的整平夯实。
3	质量要求及检验方法	(1)灰土和三合土基础质量要求及检验方法，见表 2.2.4。 (2)灰土和三合土基础的允许偏差及检验方法，见表 2.2.5。 (3)灰土和三合土基础质量要求，尚应符合建筑地基基础工程施工质量验收规范(GB 50202—2002)中之 4 有关规定

灰土虚铺厚度   表 2.2.2

夯实机具各类	夯重(kg)	虚铺厚度(mm)	说明
小木夯	5～10	150～250	人力送夯，落高 400～500mm，一夯压半夯
石夯、木夯	40～80	200～300	蛙式打夯机，柴油打夯机 双轮压路机
轻型夯实机械	120～400	200～250	
压路机	机重 6～10t	200～300	

灰土质量标准 表 2.2.3

序　号	土料种类	灰土最小干密度(g/cm^3)
1	粉土	1.55
2	粉质黏土	1.50
3	黏土	1.45

灰土和三合土基础质量要求及检验方法 表 2.2.4

项　次	项　目	质量等级	质量要求	检验方法、数量
1	配料、分层虚铺厚度及夯压程度	合格	配料正确、拌合均匀、虚铺厚度符合规定,夯压密实。	观察检查; 柱坑按总数抽查10%;但不少于5个;基坑每10m^{2}抽查1处,但均不少于5处。
		优良	配料正确,拌合均匀,虚铺厚度符合规定,夯压密实,灰土与三合土表面无松散和起皮。	
2	留槎和接槎	合格	分层留槎位置正确,接槎密实。	观察和尺量检查; 检查不少于5个接槎处,不足5处时逐个检查
		优良	分层留槎位置、方法正确,接槎密实平整。	

灰土和三合土基础的允许偏差及检验方法 表 2.2.5

项　次	项　目		允许偏差(mm)	检验方法
1	顶面标高		±15	用水准仪或拉线和尺量检查
2	表面平整度	灰土	15	用2m靠尺和楔形塞尺检查
		砂、砂石、三合土	20	

2.2.1.2　毛石基础

毛石基础的断面有阶梯形和梯形等形状,如图 2.2.1 所示。毛石基础的施工要点如表 2.2.6 所示。

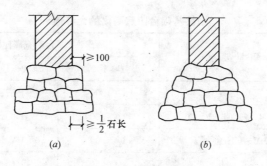

图 2.2.1　毛石基础的形式
(a)阶梯形;(b)梯形

毛石基础施工要点　　　　　　　　　　　　　　　　表 2.2.6

序　号	项　　目	内　　容
1	一般要求	(1)毛石基础是用毛石与砂浆砌筑而成。毛石用平毛石和乱毛石，其强度等级不低于MU20。砂浆一般采用水泥砂浆或水泥混合砂浆。 (2)毛石基础的顶面宽度应比墙厚大 200mm，即每边宽出 100mm。台阶的高度一般控制在 300～400mm，每阶内至少砌二皮毛石。每砌完一阶，退台时应注意退台的尺寸要符合设计高宽比(无设计要求时，要符合表 2.2.7 的规定)。对于阶梯形毛石基础，上一级台阶最外边的石块至少压砌下面石块的 1/2。
2	材料要求	(1)石材应质地坚实、无风化剥落和裂缝； (2)毛石应呈块状，其中部厚度不宜小于 150mm； (3)毛石表面的污垢，水锈等杂质，在砌筑前应清除干净； (4)砂浆按配合比进行搅拌，随拌随用。砂浆稠度为 3～5cm。
3	操作要点	(1)砌筑前，应先检查基槽的尺寸、标高，观察是否有受冻、水泡等异常情况。然后在基底弹出毛石基础底宽边线，在基础转角处、交接处上立皮数杆。皮数杆上应标明石块规格及灰缝厚度，砌阶梯形基础还应标明每一台阶高度。在皮数杆间拉准线。 (2)砌筑时，应先砌转角处及交接处，再依线砌中间部分。毛石基础的第一皮石块，应选用较大的平毛石砌筑、坐浆，并将大面朝下，先砌里、外石，后砌中间石。要分批卧砌，并注意上、下错缝，内外搭砌，不得采用外面侧立石块中间填心的砌筑方法。每层灰缝的厚度宜为 20～30mm，砂浆应饱满。石块间较大的空隙应先填塞砂浆，后用石块嵌实，不能先摆碎石块后填砂浆或不填砂浆先塞碎块。 (3)基础外墙转角处、横纵墙交接处及基础最上一层，应选用较大的平毛石砌筑。每0.7m² 墙面须砌一块拉结石，上、下两皮拉结石的位置要错开，立面砌成梅花形。毛石基础每天砌筑高度，不应超过 1.2m。 (4)每天砌完应在当天砌的砌体上铺一层灰浆，表面应粗糙。夏季施工时，对刚砌完的砌体，应用草袋覆盖养护 5～7d，避免风吹、日晒、雨淋。毛石基础全部砌完，要及时在基础两边均匀分层回填，分层夯实。 (5)毛石基础轴线位置允许偏差 20mm；基础顶面标高允许偏差±25mm。
4	质量控制	(1)石料的质量、规格必须符合设计要求和施工规范规定。 (2)砂浆品种必须符合设计要求；强度要求对同强度砂浆，各组试块的平均强度不小于 $f_{m,k}$；任意一组试块的强度不小于 $0.75f_{m,k}$。 (3)砌体转角处必须同时砌筑，交接处不能同时砌筑时必须留斜槎。 (4)石砌体的质量要求及检验方法见表 2.2.8。 (5)石砌体尺寸、位置的允许偏差及检验方法见表 2.2.9

刚性基础台阶宽高比的允许值　　　　　　　　　　　表 2.2.7

基础材料	质 量 要 求		台阶宽高比的允许值		
			$P\leqslant100$	$100\leqslant P\leqslant200$	$200\leqslant P\leqslant300$
混凝土基础	C10 混凝土		1：1.00	1：1.00	1：1.25
	C7.5 混凝土		1：1.00	1：1.25	1：1.50
毛石混凝土基础	C7.5～C10 混凝土		1：1.00	1：1.25	1：1.50
砖基础	砖不低于 MU7.5	M5 砂浆	1：1.50	1：1.50	1：1.50
		M2.5 砂浆	1：1.50	1：1.50	—

续表

基础材料	质量要求	台阶宽高比的允许值		
		$P \leqslant 100$	$100 \leqslant P \leqslant 200$	$200 \leqslant P \leqslant 300$
毛石基础	M2.5~M5 砂浆	1:1.25	1:1.50	—
	M1 砂浆	1:1.50	—	—
灰土基础	体积比为 3:7 或 2:8 的灰土,其最小干密度: 粉土 1.55t/m³; 粉质黏土 1.50t/m³; 黏土 1.45t/m³。	1:1.25	1:1.50	
三合土基础	体积比 1:2:4~1:3:6(石灰:砂:骨料),每层约虚铺 220mm,夯至 150mm	1:1.50	1:2.00	

注:1. P 为基础底面处的平均压力（kPa）；

2. 阶梯形毛石基础的每阶伸出宽度,不宜大于 200mm。

3. 当基础由不同材料叠合组成时,应对接触部分作抗压验算。

4. 对混凝土基础,当基础底面处的平均压力超过 300kPa 时,尚应按下式进行抗剪验算:

$$V \leqslant 0.07 f_c A$$

式中 V——剪力设计值；

f_c——混凝土轴心抗压强度设计值；

A——台阶高度变化处的剪切断面。

毛石基础质量要求及检验方法　　　　　　　　　　　　表 2.2.8

项次	项目	质量等级	质量要求	检验方法、数量
1	石砌体组砌形式	合格	内外搭砌,上下错缝,拉结石及丁砌石交错设置;毛石基础拉结石每 0.7m² 墙面不少于 1 块;料石灰缝厚度基本符合施工规范要求。	观察检查; 外墙基础每 20m 抽查 1 处,每处 3 延长米,但不少于 3 处;内墙基础按有代表性的自然间抽查 10%,但不少于 3 间。
		优良	内外搭砌,下上错缝,拉结石、丁结石交错设置,分布均匀,毛石分皮卧砌,无填心砌法,拉结石每 0.7m² 墙面不少于一块,料石放置平衡,灰缝厚度符合施工规范规定。	
2	石砌体墙面勾缝	合格	勾缝密实,粘结牢固,墙面洁净。	观察检查; 外墙基础每 20m 抽查 1 处,每处 3 延长米,但不少于 3 处;内墙基础按有代表性的自然间抽查 10%,但不少于 3 间
		优良	勾缝密实,粘结牢固,墙面洁净,缝条光洁、整齐、清晰美观	

2.2.1.3 砖基础

砖基础施工要点如表 2.2.10 所示。

2.2.1.4 混凝土和毛石混凝土基础

混凝土和毛石混凝土基础,其断面为阶梯形和锥形两种,如图 2.2.5 所示。混凝土和毛石混凝土基础施工要点如表 2.2.13 所示。

毛石基础砌体尺寸、位置的允许偏差和检验方法　　　　表 2.2.9

项次	项　目	允许偏差（mm）			检验方法
		毛面砌体	料石砌体		
			毛料石	粗料石	
1	轴线位置位移	20	20	15	用经纬仪或拉线和尺量检查
2	基础和墙砌体顶面标高	±25	±25	±15	用水准仪和尺量检查
3	砌体厚度	+30,−0	+30,−10	+15,−0	尺量检查

注：检查数量：外墙基础每 20m 抽查 1 处，每处 3 延长米，但不少于 3 处；内墙基础按有代表性的自然间抽查 10%，但不少于 3 间，每间不少于 2 处。

砖基础施工要点　　　　表 2.2.10

序号	项目	内　容
1	一般要求	（1）砖基础以其形式不同有条形基础和独立基础。砖基础用普通黏土砖与水泥混合砂浆砌成。 （2）砖基础多砌成台阶形状称为"大放脚"，有等高式和不等高式两种砌法，如图 2.2.2 所示。 等高式大放脚是两皮一收，两边各收进 1/4 砖长；不等高式大放脚是两皮一收与一皮一收相间隔，两边各收进 1/4 砖长。 （3）大放脚的底宽应根据计算确定，各层大放脚的宽度应为半砖宽的整数倍。在大放脚的下面一般设置垫层。垫层材料可用 3∶7 或 2∶8 灰土，也可用 1∶2∶4 或 1∶3∶6 碎砖三合土。 （4）为了防止土中水分沿砖块中毛细管上升而侵蚀墙身，应在室内地坪以下一皮砖处设置防潮层。防潮层一般用 1∶2 水泥防水砂浆，厚约 20mm，如图 2.2.3 所示。
2	材料要求	（1）砖的品种、强度等级必须符合设计要求，并应规格一致。 （2）普通粘土砖应提前浇水湿润，含水率为 10%～15%。含水率以水重占干砖重的百分数计。 （3）砂浆的品种、强度等级必须符合设计要求，砂浆的稠度为 7～10cm。砂浆拌成和使用时，均应盛入贮灰斗内。如砂浆出现泌水现象应在砌筑前再次拌合。
3	操作要点	（1）砖基础砌筑前，应先检查垫层施工是否符合质量要求，然后清扫垫层表面，将浮土及垃圾清除干净。然后从相对设立的龙门板上基础大放脚处拉上准线，在各准线交点处挂下线锤，锤尖在垫层面上接触，依此点在垫层面上弹上墨线，即成为基础大放脚边线。 （2）在垫层转角、交接及高低踏步处预先立好基础皮数杆，控制基础的砌筑高度，如图 2.2.4 所示。首先根据施工图标高，在皮数杆上划出每皮砖及灰缝尺寸，然后依照皮数杆逐皮砌筑大放脚。砌基础时可依皮数杆先砌几层转角及交接处部分的砖，然后在其间拉准线砌中间部分。内外墙基础应同时砌起，如因其他情况不能同时砌筑时，应留置斜槎，斜槎的长度不应小于高度的 2/3。 （3）一般大放脚都采用一皮顺砖和一皮丁砖砌法，上、下层应错开缝，错缝宽度应不小于 60mm。要注意十字及丁字接头处砖块的搭接，在这些交接处，纵横墙要隔皮砌通。砌筑宜采用"三一"砌砖法，即一铲灰、一块砖、一挤揉，保证砖基础水平灰缝的砂浆应饱满，饱满度应不低于 80%。大放脚的最下一皮和每个台阶的上面一皮应以丁砖为主，这样传力较好，砌筑及回填时，也不易碰坏。 （4）有高低台的砖基础，应从低台砌起，并由高台向低台搭接，搭接长度不小于基础大放脚的高度。 （5）砖基础中的洞口、管道、沟槽等，应在砌筑时正确留出，宽度超过 500mm 的洞口，其上方应砌筑平拱或设置过梁。 （6）抹防潮层前应将基础墙顶面清扫干净，浇水湿润，随即抹平防水砂浆。 （7）基础砌筑完后应立即进行回填土，应在基础两侧同时回填，并分层夯实。若不能时，则必须保证基础不致破坏或变形。 （8）基础轴线位置偏移不大于 10mm；基础顶面标高允许偏差为 ±15mm。

续表

序号	项目	内容
4	质量控制与检验	(1)砖的品种、强度等级必须符合设计要求。 (2)砂浆品种必须符合设计要求。强度要求:对同品种、同强度等级砂浆各组试块的平均强度不小于 $f_{m,k}$;任意一组试块的强度不小于 $0.75f_{m,k}$。 (3)砌体砂浆必须密实饱满,实心砖砌体水平灰缝的砂浆饱满度不小于80%。 (4)外墙基础的转角处严禁留直槎,其他临时间断处,留槎的做法必须符合施工规范的规定。 (5)砖基础砌体尺寸、位置的允许偏差及检验方法见表2.2.11。 (6)砖基础的质量要求及检查方法见表2.2.12

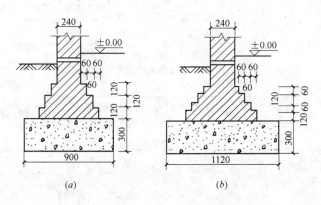

图 2.2.2　砖基础

(*a*) 等高式；(*b*) 不等高

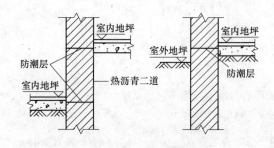

图2.2.3　基础防潮层

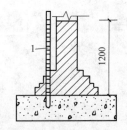

图2.2.4　大放脚小皮数杆

砖基础砌体尺寸、位置的允许偏差和检验方法　　　　　　　　表 2.2.11

项次	项目	允许偏差(mm)	检验方法
1	轴线位置偏移	10	用经纬仪或拉线和尺量检查
2	基础顶面标高	±15	用水准仪和尺量检查
3	表面平整度	8	用长靠尺和楔形塞尺检查
4	水平灰缝平直度	10	拉10m线和尺量检查
5	水平灰缝厚度(10皮砖累计数)	±8	与皮数杆比较尺量检查

注：检查数量外墙基础每20m抽查1处,每处3延长米,但不少于3处;内墙基础按有代表性的自然间抽查10%,但不少于3间,每间不少于2处。

2.2.1.5　钢筋混凝土基础一般要求

钢筋混凝土基础一般要求,如表2.2.14所示。

砖基础质量要求及检查方法   表 2.2.12

项次	项目	质量等级	质量要求	检验方法、数量
1	砖砌体上下错缝	合格	砌体无包心砌体;立面无通缝,每间(处)4～6皮砖的通缝不超过3处。	观察或尺量检查; 外墙基础每20m抽查1处,每处3延长米,但不少于3处;内墙基础有代表性的自然间抽查10%,但不少于3间。
		优良	砌体无包心砌法;立面无通缝,每间(处)无4皮砖的通缝。	
2	砖砌体接缝	合格	接槎处灰浆密实,缝砖平直,每处接槎部位水平灰缝厚度小于5mm或透亮的缺陷不超过10个。	观察或尺量检查; 外墙基础每20m抽查1处,每处3延长米,但不少于3处;内墙基础有代表性的自然间抽查10%,但不少于3间。
		优良	接缝处灰浆密实,砖缝平直,每处接槎部位水平灰缝厚度小于5mm或透亮的缺陷不超过5个。	
3	顶埋拉结筋	合格	数量、长度均符合设计要求和施工规范规定,留置间距偏差不超过3皮砖。	观察或尺量检查; 外墙基础每20m抽查1处,每处3延长米,但不少于3处;由墙基础有代表性的自然间抽查10%,但不少于3间
		优良	数量、长度均符合设计要求和施工规范规定,留置间距偏差不超过1皮砖。	

注:通缝系指上下二皮砖搭接长度小于25mm。

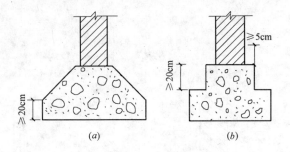

图 2.2.5 混凝土和毛石混凝土基础

(a) 锥形基础;(b) 阶梯形基础

混凝土和毛石混凝土基础施工要点   表 2.2.13

序号	项目	内容
1	材料要求	(1)毛石要选用坚实、未风化的石料,其强度等级不低于 MU20; (2)毛石表面污泥、水锈应在填充前应用水冲洗干净,并剔去尖条和扁块; (3)毛石尺寸以不超过所浇部位最小宽度的 1/3 为宜。 (4)混凝土一般用 C7.5 或 C10。在严寒地区应用不低于 C10 的混凝土。
2	操作要点	(1)先检查基坑底,清除杂物。弹出基础的轴线及边线,并按设计尺寸支设模板。模板要撑牢,以免浇筑混凝土时发生变形。 (2)浇筑时,应先铺一层 100～150mm 厚的混凝土打底,再铺上毛石。毛石铺放应均匀排列,使大头向下,小头向上,且毛石的纹理应与受力方向垂直。毛石间距一般不小于100mm,毛石与模板或槽壁距离不应小于 150mm,以保证每块毛石均被混凝土包裹。 (3)毛石铺放后,继续浇筑混凝土,每层厚约 200～250mm,用振捣棒进行振捣。振捣时应避免触及毛石和模板。如此逐层铺放毛石及浇筑混凝土,直至基础顶面,保持毛石顶面有不少于 100mm 厚的混凝土覆盖层,所掺用的毛石数量不应超过基础体积的 25%。

序　号	项　目	内　　容
2	操作要点	（4）对于阶梯形基础，每一阶高内不再划分浇筑层，也即不在一次浇筑中上下阶高各占一半。每阶顶面要基本抹平。对于锥形基础，应注意保持锥形面坡度的正确与平整。 （5）对于独立毛石混凝土基础要连续浇捣一次完毕。对于条形毛石混凝土基础，如不能连续浇筑完，应在混凝土与毛石交接处，使毛石露出混凝土面一半处留设施工缝。继续浇筑时，应将施工缝处清洗干净，铺上一层与混凝土成分相同的水泥砂浆，再继续浇筑混凝土及铺放毛石。施工缝不宜留设在基础转角、内外墙基础交接以及受力较大的部位。 （6）混凝土浇筑完毕，待混凝土终凝后，应用草帘等覆盖，并定时浇水养护。在正常温度下养护 7d 后，除去覆盖，并用土回填

一般要求　　　　　　　　　　　　　　　　　　　　　　表 2.2.14

序　号	内　　容
1	钢筋混凝土基础是指采用钢筋、混凝土等材料建造的柱下独立或条形基础、墙下条形基础以及壳体基础和折板基础。
2	钢筋混凝土基础与刚性基础相比，具有良好的抗弯和抗剪能力，基础尺寸不受限制。在荷载较大，且存在弯矩和水平力等荷载组合作用下，地基承载力又较低时，应选用钢筋混凝土基础，由此可扩大基础底面积而不必增加基础埋深，以满足地基承载力要求。
3	钢筋混凝土基础的钢筋安装允许偏差符合表 2.2.15 的规定。
4	现浇混凝土基础允许偏差和检验方法，应符合表 2.2.16 规定

钢筋安装允许偏差　　　　　　　　　　　　　　　　表 2.2.15

项　目		允许偏差（mm）	项　目		允许偏差（mm）
网片长度、宽度		±10	箍筋、构造筋间距	焊接	±10
网片尺寸	焊接	±10		绑扎	±20
	绑扎	±20	钢筋弯起点位移		20
骨架的宽度、高度		±5			
骨架的长度		±10	受力钢筋保护层		±10
受力钢筋	间距	±10	焊接预埋件	中心线位段	5
	排距	±5		水平高差	+3,0

现浇混凝土基础的允许偏差和检验方法　　　　　　表 2.2.16

项　次	项　目		允许偏差（mm）	检验方法
1	轴线位置	独立基础	10	尺量检查
		其他基础	15	
2	标高		±10，±30	用水准仪或尺量检查
3	截面尺寸		+15，−10	尺量检查
4	表面平整度		8	用 2m 靠尺和楔形塞尺检查
5	预留洞中心线位置偏移		15	尺量检查

注：本表适用于单层、多层、高层框架基础及多层大板、高层大板施工的各类基础。

2.2.1.6　钢筋混凝土独立基础

钢筋混凝土独立基础按其构造形式，可分为现浇柱锥形基础、阶梯形基础和预制柱杯口基础，如图 2.2.6、2.2.7、2.2.8 所示。独立基础施工要点如表 2.2.17 所示。

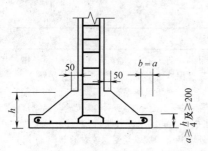

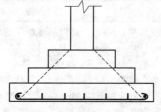

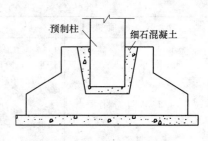

图 2.2.6　现浇柱锥形基础　　　图 2.2.7　现浇柱阶梯形基础图　　　图 2.2.8　预制柱杯口基础

钢筋混凝土独立基础施工要点　　　　　　　　　　　表 2.2.17

序　号	项　目	内　容
1	现浇柱基础	(1)在混凝土浇灌前应先进行验槽,轴线、基坑尺寸和土质应符合设计规定。坑内浮土、积水、淤泥、杂物应清除干净。局部软弱土层应挖去,用灰土或砂砾回填并夯实至与基底相平。 (2)在基坑验槽后应立即浇灌垫层混凝土,以保护地基,混凝土宜用表面振动器进行振捣,要求表面平整。当垫层达到一定强度后,在其上弹线、支模、铺放钢筋网片,底部用与混凝土保护层同厚度的水泥砂浆块垫塞,以保证钢筋位置正确。 (3)在基础混凝土浇灌前,应将模板和钢筋上的垃圾、泥土和油污等杂物清除干净;对模板的缝隙和孔洞应予堵严;木模板表面要浇水湿润,但不得积水。对于锥形基础,应注意锥体斜面坡度的正确,斜面部分的模板应随混凝土浇捣分段支设并顶压紧,以防模板上浮变形,边角处的混凝土必须注意捣实。严禁斜面部分不支模,用铁锹拍实。 (4)基础混凝土宜分层连续浇灌完成。对于阶梯形基础,每个台阶高度应为一个浇捣层,每浇完一台阶应停 0.5~1.0h,以便使混凝土获得初步沉实,然后再浇灌上层。每一台阶浇完,表面应基本抹平。 (5)基础上有插筋时,要将插筋加以固定以保证其位置的正确,以防浇捣混凝土时产生位移。 (6)基础混凝土浇灌完,应用草帘等覆盖并浇水加以养护。
2	预制柱杯口基础	预制柱杯口基础的施工,除按上述施工要求外,还应注意以下几点: (1)杯口模板可采用木模板或钢定型模板,可作成整体的,也可作成两半形式,中间各加楔形板一块,拆模时,先取出楔形板,然后分别将两半杯口模取出。为拆模方便,杯口模外可包一层薄铁皮。支模时杯口模板要固定牢固并压浆。 (2)按台阶分层浇灌混凝土。对高杯口基础的高台阶部分,按整段分层浇灌混凝土。 (3)由于杯口模板仅在上端固定,浇捣混凝土时,应四周对称均匀进行,避免将杯口模板挤向一侧。 (4)杯口基础一般在杯底均留有 50mm 厚的细石混凝土找平层,在浇灌基础混凝土时要仔细留出。基础浇捣完,在混凝土初凝后终凝前用捯链将杯口模板取出,并将杯口内侧表面混凝土凿毛。 (5)在浇灌高杯口基础混凝土时,由于其最上一台阶较高,施工不方便,可采用后安装杯口模板的方法施工。也就是说,当混凝土浇捣接近杯口底时,再安装杯口模板,然后浇灌杯口混凝土。

2.2.1.7　钢筋混凝土条形基础

墙下条形基础的构造,如图 2.2.9 所示。柱下条形基础构造,如图 2.2.10 所示。条形基础施工要点如表 2.2.18 所示。

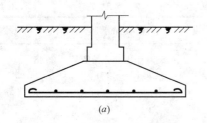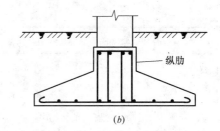

图 2.2.9　钢筋混凝土墙下条形基础

(a) 板式条形基础；(b) 带肋的板式条形基础

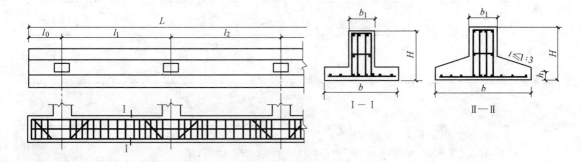

图 2.2.10　钢筋混凝土柱下条形基础

钢筋混凝土条形基础施工要点　　　　　　　　表 2.2.18

序　号	内　容
1	在混凝土浇灌前应先行验槽,基坑尺寸应符合设计要求,对局部软弱土层应挖去,用灰土或砂砾回填夯实与基底相平。 在地基或基土上浇筑混凝土时,应清除淤泥和杂物,并应有排水和防水措施。对干燥的黏性土,应用水湿润;对未风化的岩石,应用水清洗,但其表面不得留有积水。
2	垫层混凝土在验槽后应立即浇灌,以保护地基。当垫层素混凝土达到一定强度后,在其上弹线、支模、铺放钢筋。
3	钢筋上的泥土、油污,模板内的垃圾、杂物应清除干净。木模板应浇水湿润,缝隙应堵严,基坑积水应排除干净。
4	混凝土自高处倾落时,其自由倾落高度不宜超过 2m,如高度超过 2m,应设料斗、漏斗、串筒、斜槽、溜管,以防止混凝土产生分层离析。
5	混凝土宜分段分层灌筑,每层厚度应符合表 2.2.19 的规定。各段各层间应互相衔接,每段长 2～3m,使逐段逐层呈阶梯形推进,并注意先使混凝土充满模板边角,然后浇灌中间部分。
6	混凝土应连续浇灌,以保证结构良好的整体性,如必须间歇,间歇时间不应超过表 2.2.20 的规定。如时间超过规定,应设置施工缝,并应待混凝土的抗压强度达到 1.2N/mm² 以上时,才允许继续灌筑,以免已浇筑的混凝土结构因振动而受到破坏。施工缝处在继续浇筑混凝土前,应将接槎处混凝土表面的水泥薄膜(约 1mm)和松动石子或软弱混凝土清除,并用水冲洗干净,充分湿润,且不得积水,然后铺15～25mm 厚水泥砂浆或先灌一层减半石子混凝土,或在立面涂刷 1mm 厚水泥浆,再正式继续浇筑混凝土,并仔细捣实,使其紧密结合

混凝土灌筑层的厚度   表 2.2.19

捣实混凝土的方法	灌筑层的厚度(mm)
插入式振捣	振动器作用部分长度的 1.25 倍
表面振捣	200
人工捣固：	
(1)在基础、无筋混凝土或配筋稀疏的结构中	250
(2)在配筋密列的结构中	150
轻骨料混凝土：	
(1)插入式振捣	300
(2)表面振捣(振动时需加荷)	200

浇筑混凝土的允许间歇最长时间（min）   表 2.2.20

混凝土强度等级	气温(℃)	
	不高于 25	高于 25
不高于 C30	210	180
高于 C30	180	150

注：1. 本表数值包括混凝土的运输和浇筑时间；
　　2. 当混凝土中掺有促凝和缓凝型外加剂时，其允许时间应根据试验结果确定。

2.2.1.8 片筏式基础

片筏式钢筋混凝土基础由底板、梁等整体组成。当上部结构荷载较大、地基承载力较低时，可以采用片筏基础。片筏基础在外形和构造上像倒置的钢筋混凝土楼盖，分为梁板式和平板式两种，如图 2.2.11 所示。片筏式基础的施工要点如表 2.2.21 所示。

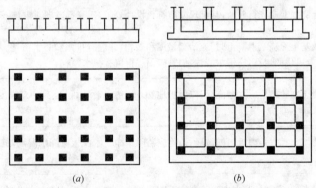

图 2.2.11　片筏式基础
(a) 平板式；(b) 梁板式

片筏式基础施工要点   表 2.2.21

序　号	内　　容
1	基坑开挖时，若地下水位较高，应采取人工降低地下水位法使地下水位降至基坑底下不少于 500mm，保证基坑在无水情况下进行开挖和本体施工。
2	片筏基础浇筑前，应清扫基坑、支设模板、铺设钢筋。木模板要浇水湿润，钢模板面要涂隔离剂。
3	混凝土浇筑方向应平行于次梁长度方向，对于平板式片筏基础则应平行于基础长边方向。

序　号	内　容
4	混凝土应一次浇灌完成,若不能整体浇灌完成,则应留设垂直施工缝,并用木板挡住。施工缝留设位置:当平行于次梁长度方向浇筑时,应留在次梁中部1/3跨度范围内;对平板式可留设在任何位置,但施工缝应平行于底板短边且不应在柱脚范围内,如图2.2.12所示。在施工缝处继续浇灌混凝土时,应将施工缝表面清扫干净,清除水泥薄层和松动石子等,并浇水湿润,铺上一层水泥浆或与混凝土成分相同的水泥砂浆,再继续浇筑混凝土。 　　对于梁板式片筏基础,梁高出底板部分应分层浇筑,每层浇灌厚度不宜超过200mm。当底板上或梁上有立柱时,混凝土应浇筑到柱脚顶面,留设水平施工缝,并预埋连接立柱的插筋。水平施工缝处理与垂直施工缝相同。
5	混凝土浇灌完毕,在基础表面应覆盖草帘和洒水养护,并不少于7d。待混凝土强度达到设计强度的25%以上时,即可拆除梁的侧模。
6	当混凝土基础达到设计强度的30%时,应进行基坑回填。基坑回填应在四周同时进行,并按基底排水方向由高到低分层进行

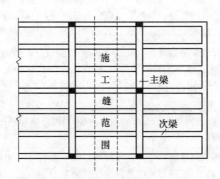

图 2.2.12　片筏基础施工缝位置

2.2.1.9　箱形基础

　　箱形基础主要是由钢筋混凝土底板、顶板、侧墙及一定数量纵横墙构成的封闭箱体,如图2.2.13所示。它是多层和高层建筑中广泛采用的一种基础形式,以承受上部结构荷载,并把它传递给地基。箱形基础中部可在内隔墙开门洞作地下室。箱形基础的施工要点如表2.2.22所示。

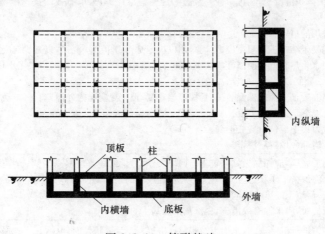

图 2.2.13　箱形基础

箱形基础施工要点

表 2.2.22

序　号	内　容
1	箱形基础深基坑开挖工程应在认真研究建筑场地工程地质和水文地质资料的基础上进行施工组织设计。施工操作必须遵照有关规范执行。
2	箱基施工中,首先一环是基坑开挖。基坑开挖应验算边坡稳定性,并注意对基坑邻近建筑物的影响。验算时,应考虑坡顶堆载、地表积水和邻近建筑物影响等不利因素,必要时要采取支护。过去支护结构常用钢板桩或槽钢打入土中一定深度或设置围檩,由立柱、挡板构成一个体系替代钢板桩和槽钢的支护。现在常采用地下连续墙作为支护结构,还有采用深层搅拌桩或钻孔桩组成排桩式的挡墙作为支护,常用在埋置相对浅一些的箱基坑中。
3	基坑开挖如有地下水,应采用明沟排水或井点降水等方法,保持作业现场的干燥。当地下水量很丰富、地下水位很高,且基坑土质为粉土、粉砂或细砂时,采用明沟排水易造成流砂或涌土,甚至使边坡坍塌,基坑周围地面下沉等严重后果。此时宜采用井点降水措施。 　　井点类型的选择、井点系统的布置及深度、间距、滤层质量和机械配套等关键问题应符合规定,并宜设置水位降低观测孔。在箱形基础基坑开挖前地下水位应降至设计坑底标高以下至少 500mm。停止降水时应验算箱形基础的抗浮稳定性。地下水对箱形基础的浮力,不考虑折减,抗浮安全系数宜取 1.2。停止降水阶段的抗浮力包括已建成的箱形基础自重、当时的上层结构静重以及箱基上的施工材料堆重。水浮力应考虑相应施工阶段期间的最高地下水位,当不能满足时,必须采取有效措施。
4	箱基的基底是直接承受全部建筑物的荷载,必须是土质良好的持力层。因此要保护好地基土的原状结构,尽可能不要扰动它。在采用机械挖土时,应根据土的软硬程度,在基坑底面设计标高以上,保留 200~400mm 厚的土层,采用人工挖除。基坑不得长期暴露,更不得积水。在基坑验槽后,应立即进行基础施工。
5	箱形基础的底板、顶板及内外墙的支模和浇筑,可采用内外墙和顶板分次支模浇筑方法施工。外墙接缝应设榫接或设止水带。
6	(1)箱基的底板、顶板及内外墙宜连续浇灌完毕。对于大型箱基工程,当基础长度超过 40m 时,宜设置一道不小于 700mm 的后浇带,以防产生温度收缩裂缝。 　　(2)后浇带应设置在柱距三等分的中间范围内,宜四周兜底贯通顶板、底板及墙板。 　　(3)后浇带的施工须待顶板浇捣后至少两周以上,使用比原设计强度等级提高一级的混凝土。 　　(4)在混凝土继续浇筑前,应将施工缝及后浇带的混凝土表面凿毛,清除杂物,表面冲洗干净,注意接缝质量,然后浇筑混凝土,并加强养护。
7	(1)箱基底板的厚度,一般都超过 1.0m,其整个箱基的混凝土体积常达数千立方。因此,箱形基础的混凝土浇筑属于大体积钢筋混凝土的浇灌问题。由于混凝土体积大,浇筑时积聚在内部的水泥水化热不易散发,混凝土内部的温度将显著上升,产生较大的温度变化和收缩作用,导致混凝土产生表面裂缝和贯穿性或深进裂缝,影响结构的整体性、耐久性和防水性,影响正常使用。 　　(2)对大体积混凝土,在施工前要经过一定的理论计算,采取有效的技术措施,以防止温差对结构的破坏。 　　一般采用的措施有: 　　1)对混凝土结构进行温度应力计算,用以决定是否可以分块浇捣,以减少混凝土的收缩徐变内应力。 　　2)采用水化热较低的矿渣硅酸盐水泥和掺磨细粉煤灰掺合料,以减少水泥水化热、增加和易性及减少泌水性。 　　3)加强混凝土表面的保温养护,延缓降温速度,控制混凝土内外温差。 　　4)降低混凝土的入仓温度。 　　5)在应力集中部位设置变形缝。 　　6)在适当部分设置后浇带。
8	箱基施工完毕,应抓紧做好基坑土方回填工作,尽量缩短基坑暴露时间。回填前要做好排水工作,使基坑内始终保持干燥状态。回填土方,应用经脱水的干土,并对称均匀进行,通常采取相对的两侧或四周同时进行,填土厚度也要同步,并分层夯实。 　　拔钢板桩时,应采取有效措施,尽量减少地基土的破坏。
9	高层建筑进行沉降观测,水准点及观测点应根据设计要求及时埋设,并注意保护

2.2.2 桩基础施工要点

2.2.2.1 打入式桩

1. 适用范围及基本规定

打入式桩的适用范围及基本规定，如表 2.2.23 所示。

表 2.2.23

适用范围及基本规定

序号	项目	内容
1	定义	打入式桩是指采用各类桩锤或振动锤对钢筋混凝土预制桩施加冲击力或振动力，把桩打入土中成桩。
2	特点	桩可在工厂或现场就地预制，质量易于保证，单桩承载力大，施工设备较简单，移动灵活，操作方便，可用于多种土层，沉桩效率高速度快的特点。
3	适用范围	本工艺标准适用于工业与民用建筑基础采用钢筋混凝土预制方桩，圆桩或管桩的打入工程。
4	基本规定	(1)预制桩必须提前定货加工，打桩时预制桩强度必须达到设计强度的 100%，并应增加养护期一个月后方准施打。 (2)施工前应先打试桩，试桩数量不少于 2 根，以确定贯入度及桩长，并校验打桩设备和施工工艺及技术措施是否符合要求

2. 施工准备

打入式桩的施工准备如表 2.2.24 所示。

表 2.2.24

施工准备

序号	项目	内容
1	技术准备	(1)查明施工现场的地形、地貌、气候及其他自然条件； (2)查阅地质勘察报告，了解施工现场一定深度范围内土层的分布情况、形成年代以及各层土的物理力学指标(包括静力触探和标准贯入器的锤击数)； (3)了解施工现场地下水的水位、水质及其变化情况等； (4)了解施工现场区域内人为和自然地质现象，地震、溶岩、矿穴、古塘、暗浜以及地下构筑物、障碍物等； (5)了解邻近建筑物位置、距离、结构性质、现状，以及目前使用情况； (6)了解沉桩区域附近地下管线(煤气管、上水管、下水管、电缆线等)的分布及距离，埋置深度、使用年限、管径大小、结构情况等。 (7)编制施工组织设计。
2	材料准备	(1)预制钢筋混凝土桩：规格质量必须符合设计要求和施工规范的规定，并有出厂合格证。 (2)焊条(接桩用)：型号、性能必须符合设计要求和有关标准的规定，一般宜用 E4303 牌号。 (3)钢板(接桩用)：材质、规格符合设计要求，宜用低碳钢。

续表

序　号	项　目	内　容
3	机具准备	(1)打桩机械： 打桩机械可根据桩尺寸、土质情况和设备条件采用柴油打桩机、振动打桩机、蒸气打桩机或落锤打桩机。 (2)主要设备： 桩锤、桩架和动力装置三部分。送桩、吊运桩一般另配一台履带式起重机或轮胎起重机。 (3)其他辅助机具： 电焊机、氧割工具、索具、扳手、撬棍和钢丝刷、桩帽、运桩小车、钢垫板或槽钢以及木折尺等。
4	作业条件	(1)桩基的轴线和标高均已测定完毕，并经过检查办了预检手续。桩基的轴线和高程的控制桩，应设置在不受打桩影响的地点，并应妥善加以保护。 (2)处理完高空和地下的障碍物。如影响邻近建筑物或构筑物的使用或安全时，应会同有关单位采取有效措施，予以处理。 (3)根据轴线放出桩位线，用木橛或钢筋头钉好桩位，并用白灰作标志，以便于施打。 (4)场地应碾压平整，排水畅通，保证桩机的移动和稳定垂直。 (5)打试验桩。施工前必须打试验桩，其数量不少于2根。确定贯入度并校验打桩设备、施工工艺以及技术措施是否适宜。 (6)要选择和确定打桩机进出路线和打桩顺序，(表2.2.25)制定施工方案，作好技术交底

打 桩 顺 序　　　　　　　　　　　　　　　　　　　　　　表 2.2.25

序　号	内　容
1	(1)根据地基土质情况，桩基平面布置，桩的尺寸、密集程度、深度，桩移动方便以及施工现场实际情况等因素确定，图2.2.14(a)、(b)、(c)、(d)为几种打桩顺序对土体的挤密情况。当基坑不大时，打桩应逐排打设或从中间开始分头向周边或两边进行。 (2)对于密集群桩，自中间向两个方向或向四周对称施打，当一侧毗邻建筑物时，由毗邻建筑物处向另一方向施打。当基坑较大时，应将基坑分为数段，而后在各段范围内分别进行(图2.2.14e、f、g)但打桩应避免自外向内，或从周边向中间进行，以避免中间土体被挤密，桩难以打入，或虽勉强打入，但使邻桩侧移或上冒。
2	对基础标高不一的桩，宜先深后浅，对不同规格的桩，宜先大后小，先长后短，可使土层挤密均匀，以防止位移或偏斜；在粉质黏土及黏土地区，应避免按着一个方向进行，使土体一边挤压，造成入土深度不一，土体挤密程度不均，导致不均匀沉降。若桩距大于或等于4倍桩直径，则与打桩顺序无关

3. 施工工艺

（1）工艺流程

打入式桩的工艺流程如下所示。

就位桩机 → 起吊预制桩 → 稳桩 → 打桩 → 接桩 → 送桩 → 中间检查验收 → 移桩机至下一个桩位

（2）操作方法

打入式桩的操作方法如表2.2.26所示。

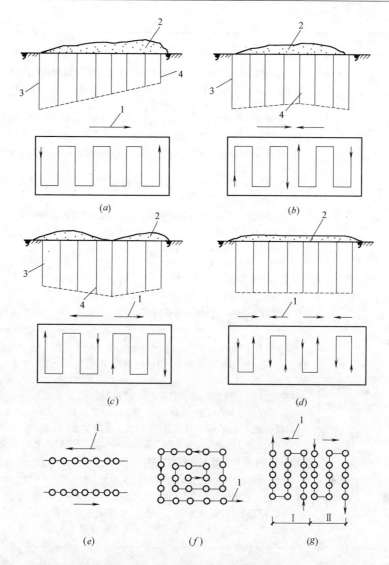

图 2.2.14 打桩顺序和土体挤密情况

(a) 逐排单向打设；(b) 两侧向中心打设；(c) 中部向两侧打设；(d) 分段相对打设；

(e) 逐排打设；(f) 自中部向边沿打设；(g) 分段打设

1—打设方向；2—土的挤密情况；3—沉降量大；4—沉降量小

操作方法　　　　　　　　　　　　　　　　　　　　　　　表 2.2.26

序 号	项 目	内 容
1	桩机就位	就位桩机：打桩机就位时，应对准桩位，保证垂直稳定，在施工中不发生倾斜、移动。
2	吊桩定位	(1)起吊预制桩：先拴好吊桩用的钢丝绳和索具，然后应用索具捆住桩上端吊环附近处，一般不宜超过 30cm，再起动机器起吊预制桩，使桩尖垂直对准桩位中心，缓缓放下插入土中，位置要准确；再在桩顶扣好桩帽或桩箍，即可除去索具。 (2)稳桩。桩尖插入桩位后，先用较小的落距冷锤 1～2 次，桩入土一定深度，再使桩垂直稳定。10m 以内短桩可目测或用线坠双向校正；10m 以上或打接桩必须用线坠或经纬仪双向校正，不得用目测。桩插入时垂直度偏差不得超过 0.5%。桩在打入前，应在桩的侧面或桩架上设置标尺，以便在施工中观测、记录。

序号	项目	内容
3	打桩操作	(1)打桩时,应用导板夹具,或桩箍将桩嵌固在桩架两导柱中,桩位置及垂直度经校正后,始可将锤连同桩帽压在桩顶,开始沉桩。桩锤、桩帽与桩身中心线要一致,桩顶不平,应用厚纸板垫平或用环氧树脂砂浆补抹平整。 (2)开始沉桩应起锤轻压并轻击数锤,观察桩身、桩架、桩锤等垂直一致,始可转入正常。桩插入时的垂直度偏差不得超过 0.5%。 (3)打桩:用落锤或单动锤打桩时,锤的最大落距不宜超过 1.0m;用柴油锤打桩时,应使锤跳动正常。 (4)打桩宜重锤低击,锤重的选择应根据工程地质条件、桩的类型、结构、密集程度及施工条件来选用。 (5)打桩顺序根据基础的设计标高,先深后浅;依桩的规格宜先大后小,先长后短。由于桩的密集程度不同,可自中间向两个方向对称进行或向四周进行;也可由一侧向单一方向进行。(图 2.2.14) (6)打桩过程中,遇见下列情况应暂停,并及时与有关单位研究处理: 1)贯入度剧变; 2)桩身突然发生倾斜、位移或有严重回弹; 3)桩顶或桩身出现严重裂缝或破碎。
4	接桩	(1)在桩长不够的情况下,采用焊接接桩,其预制桩表面上的预埋件应清洁,上下节之间的间隙应用铁片垫实焊牢;焊接时,应采取措施,减少焊缝变形;焊缝应连续焊满。(图 2.2.15) (2)接桩时,一般在距地面 1m 左右时进行。上下节桩的中心线偏差不得大于10mm,节点折曲矢高不得大于 1‰桩长。 (3)接桩处入土前,应对外露铁件,再次补刷防腐漆。 (4)焊接接桩,钢板宜用低碳钢,焊条宜用 E43,焊接时应先将四角点焊固定,然后对称焊接,并确保焊缝质量和设计尺寸。
5	送桩	送桩:设计要求送桩时,则送桩的中心线应与桩身吻合一致,才能进行送桩。若桩顶不平,可用麻袋或厚纸垫平。送桩留下的桩孔应立即回填密实。 钢制送桩(图 2.2.16)放于桩头上,锤击送桩将桩送入土中。
6	检查验收	(1)检查验收:每根桩打到贯入度要求,桩尖标高进入持力层,接近设计标高时,或打至设计标高时,应进行中间验收。在控制时,一般要求最后三次十锤的平均贯入度,不大于规定的数值,或以桩尖打至设计标高来控制,符合设计要求后,填好施工记录。如发现桩位与要求相差较大时,应会同有关单位研究处理。然后移桩机到新桩位。 (2)待全部桩打完后,开挖至设计标高,做最后检查验收。并将技术资料提交总包。
7	冬期施工	冬期在冻土区打桩有困难时,应先将冻土挖除或解冻后进行

4. 质量标准及检验方法

(1) 质量控制

打入式桩的质量控制除应符合表 2.2.27 所示要求外,尚应满足建筑地基基础工程施工质量验收规范(GB 50202—2002)中之 5 有关规定。

(2) 质量检验标准

钢筋混凝土预制桩的质量检验标准见表 2.2.30。

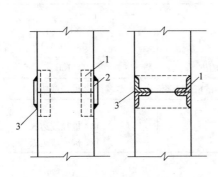

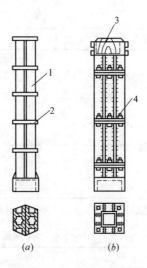

图 2.2.15 桩的接头

1—角钢与主筋焊接；2—钢板；3—焊接

图 2.2.16 钢送桩构造

（*a*）钢轨送桩；（*b*）钢板送桩

1—钢轨；2—15mm 厚钢板箍；3—硬木垫；4—连接螺栓

质 量 控 制   表 2.2.27

序 号	内 容
1	由工厂生产的预制桩应逐根检查,工厂生产的钢筋笼应抽查总量的 10%,但不少于 5 根。
2	现场预制成品桩时,应对原材料,钢筋骨架(表 2.2.28)、混凝土强度进行检查;采用工厂生产的成品桩时,进场后应作外观及尺寸检查,并应附相应的合格证、复验报告。
3	施工中应对桩体垂直度、沉桩情况、桩顶完整状况、桩顶质量等进行检查,对电焊接桩、重要工程应作 10% 的焊缝探伤检查。
4	对长桩或总锤击数超过 500 击的锤击桩,必须满足桩体强度及 28d 龄期的两项条件才能锤击。
5	施工结束后,应对承载力及桩体质量做检验。
6	施工结束后应对承载力进行检查。桩的静载荷试验根数应不少于总桩数的 1%,且不少于 3 根;当总桩数少于 50 根时,应不少于 2 根;当施工区域地质条件单一,又有足够的实际经验时,可根据实际情况由设计人员酌情而定。
7	桩身质量应进行检验,对多节打入桩不应少于桩总数的 15%,且每个柱子承台不得少于 1 根。
8	打(沉)桩验收要求: 打(沉)入桩的桩位偏差按表 2.2.29 控制,桩顶标高的允许偏差为 −50mm,+100mm;斜桩倾斜度的偏差不得大于倾斜角正切值的 15%(倾斜角系桩的纵向中心线与铅垂线间夹角)

预制桩钢筋骨架质量检验标准   表 2.2.28

项 目	序 号	检 查 项 目	允许偏差或允许值		检 查 方 法
			单位	数值	
主控项目	1	主筋距桩顶距离	mm	±5	用钢尺量
	2	多节桩锚固钢筋位置	mm	5	用钢尺量
	3	多节桩预埋铁件	mm	±3	用钢尺量
	4	主筋保护层厚度	mm	±5	用钢尺量
一般项目	1	主筋间距	mm	±5	用钢尺量
	2	桩尖中心线	mm	10	用钢尺量
	3	箍筋间距	mm	±20	用钢尺量
	4	桩顶钢筋网片	mm	±10	用钢尺量
	5	多节桩锚固钢筋长度	mm	±10	用钢尺量

预制桩（PHC桩、钢桩）桩位的允许偏差　　　　　　　　表 2.2.29

项　次	项　目	允许偏差（mm）
1	盖有基础梁的桩： 1. 垂直基础梁的中心线 2. 沿基础梁的中心线	100＋0.01H 150＋0.01H
2	桩数为 1～3 根桩基中的桩	100
3	桩数为 4～16 根桩基中的桩	1/2 桩径或边长
4	桩数大于 16 根桩基中的桩： 1. 最外边的桩 2. 中间桩	1/3 桩径或边长 1/2 桩径或边长

注：H 为施工现场地面标高与桩顶设计标高的距离。

钢筋混凝土预制桩的质量检验标准　　　　　　　　表 2.2.30

项　目	序号	检查项目	允许偏差或允许值		检查方法
			单位	数值	
主控项目	1 2 3	桩体质量检验 桩位偏差 承载力	按基桩检测技术规范 见表 2.2.29 按基桩检测技术规范		按基桩检测技术规范 用钢尺量 按基桩检测技术规范
一般项目	1	砂、石、水泥、钢筋等材料（现场预制时）	符合设计要求		查出厂质保文件或抽样送检
	2	混凝土配合比及强度（现场预制时）	符合设计要求		检查称量及查试块记录
	3	成品桩外形	表面平整，颜色均匀，掉角深度＜10mm，蜂窝面积小于总面积 0.5%		直观
	4	成品桩裂缝（收缩裂缝或起吊、装运、堆放引起的裂缝）	深度＜20mm，宽度＜0.25mm，横向裂缝不超过边长的一半		裂缝测定仪，该项在地下水有侵蚀地区及锤击数超过 500 击的长桩不适用
	5	成品桩尺寸：横截面边长 　　　　　桩顶对角线差 　　　　　桩尖中心线 　　　　　桩身弯曲矢高 　　　　　桩顶平整度	mm mm mm mm	±5 ＜10 ＜10 ＜L/1000 ＜2	用钢尺量 用钢尺量 用钢尺量 用钢尺量（L 为桩长） 水平尺量
	6	电焊接桩：焊缝质量 　　电焊结束后停歇时间 　　上下节平面偏差 　　节点弯曲矢高	见表 2.2.67 min min	＞1.0 ＜10 ＜L/1000	见表 2.2.67 秒表测定 用钢尺量 尺量（L 为两桩节长）
	7	硫磺胶泥接桩：胶泥浇筑时间 　　　　　　浇筑后停歇时间	min min	＜2 ＞7	秒表测定 秒表测定
	8	桩顶标高	mm	±50	水准仪
	9	停锤标准	设计要求		现场实测或查沉桩记录

（3）质量记录

打入式桩的质量记录，如表 2.2.31 所示。

质量记录 表 2.2.31

序 号	内 容
1	钢筋混凝土预制桩的出厂合格证。
2	试桩或试验记录。
3	补桩平面示意图

5. 成品保护

打入式桩的成品保护如表 2.2.32 所示。

成品保护 表 2.2.32

序 号	内 容
1	桩应达到设计强度的 70% 方可起吊,达到 100% 才能运。
2	桩在起吊和搬运时,必须做到吊点符合设计要求,应平稳并不得损坏。
3	桩的堆放应符合下列要求: (1)场地应平整、坚实,不得产生不均匀下沉。 (2)垫木与吊点的位置应相同,并应保持在同一平面内。 (3)同桩号的桩应堆放在一起,而桩尖应向一端。 (4)多层垫木应上下对齐,最下层的垫木应适当加宽,堆放层数一般不宜超过 4 层。
4	妥善保护好桩基的轴线和标高控制桩,不得由于碰撞和振动而位移。
5	打桩时如发现地质资料与提供的数据不符时,应停止施工,并与有关单位共同研究处理。
6	在邻近有建筑物或岸边、斜坡上打桩时,应会同有关单位采取有效的加固措施。施工时应随时进行观测,确保避免因打桩振动而发生安全事故。
7	打桩完毕进行基坑开挖时,应制定合理的施工顺序的技术措施,防止桩的位移和倾斜

6. 安全措施

打入式桩的安全措施如表 2.2.33 所示。

安全措施 表 2.2.33

序 号	内 容
1	打桩前,应对邻近施工范围内的原有建筑物、地下管线等进行检查,对有影响的工程,应采取有效的加固防护措施或隔振措施,施工时加强观测,以确保施工安全。
2	打桩机行走道路必须平稳、坚实,必要时宜铺设道渣,经压路机碾压密实。场地四周应挖排水沟以利排水。保证移动桩机时的安全。
3	现场操作人员要戴安全帽,高空作业佩安全带,高空拆修桩机,不得向下乱丢物件。
4	机械司机在打入桩时,要精力集中,服从指挥信号,并应经常注意机械运转情况,发现异常,立即检查处理,以防止机械倾斜、倾倒、或桩锤不工作时,突然下落等事故的发生。
5	打桩时桩头垫料严禁用手拔正,不得在桩锤未打到桩顶就起锤或过早刹车,以免损坏桩机设备。
6	夜间施工,必须有足够的照明设施,雷雨天、大风、大雾天,应停止打桩作业。
7	打桩机架安设应该铺垫平稳、牢固。吊桩就位时,起吊要慢,并拉住留绳,防止桩头冲击桩架,撞坏桩身。吊立后要加强检查,发现不安全情况,及时处理。
8	打桩前应先全面检查机械,各个部件及润滑情况,钢丝绳是否完好,发现有问题时应及时解决;检查后要进行试运转,严禁带病作业。打桩机械设备应由专人操作,并经常检查机架部分有无脱焊和螺栓松动,注意机械的运转情况,加强机械的维护保养,以保证机械正常使用。
9	在打桩过程中遇有地坪隆起或下陷时,应随时对机架及路轨调平或垫平

2.2.2.2　静力压桩

1. 适用范围及基本规定

静力压桩适用范围及基本规定如表 2.2.34 所示。

适用范围及基本规定

表 2.2.34

序　号	项　目	内　容
1	定义	静压法沉桩是通过静力压桩机的压桩机构,以压桩机自重和桩机上的配重作反力而将预制钢筋混凝土桩分节压入地基土层中成桩。
2	特点	桩机全部采用液压装置驱动,压力大,自动化程度高,纵横移动方便,运转灵活;桩定位精确,不易产生偏心,可提高桩基施工质量;施工无噪声、无振动、无污染;效率高,施工速度快等特点。
3	适用范围	静力压桩适用于软土、填土及一般黏性土层中应用,特点适合于居民稠密及危房附近环境要求严格的地区沉桩,但不宜用于地下有较多孤石、障碍物或有厚度大于 2m 的中密以上砂夹层的情况,以及单桩承载力超过 1600kN 的情况。
4	基本规定	(1)静力压桩包括锚杆静压桩及其他各种非冲击力沉桩。施工前应对成品桩做外观及强度检验,接桩用焊条或半成品硫磺胶泥应有产品合格证书,或送有关部门检查,压桩用压力表、锚杆规格及质量也应进行检查。硫磺胶泥半成品应每 100kg 做一组试件(3 件)。 (2)压桩过程中应检查压力、桩垂直度、接桩间歇时间、桩的连接质量及压入深度。重要工程应对电焊接桩的接头做 10% 的探伤检查。对承受反力的结构应加强观测。 (3)施工结束时,应做桩的承载力及桩体质量检验。 (4)压桩时压力不应超过桩身所能承受的强度。同一根桩的压桩过程应连续进行。压桩时操作员应时刻注意压力表上压力值。并在压桩前排出合理的压桩顺序

2. 施工准备及工程要点

（1）施工准备

静力压桩施工准备，如表 2.2.35 所示。

施 工 准 备

表 2.2.35

序　号	项　目	内　容
1	技术准备	(1)认真熟悉图纸,理解设计意图,做好图纸会审及设计交底工作。 (2)编制施工组织设计或施工方案,确定施工工艺标准。 (3)针对工程基本情况,收集工程所需的相关规定、标准、图集及技术资料。收集工程相关的水文地质资料及场区地下障碍物、管网等其他资料。 (4)对现场施工人员进行图纸和施工方案交底,专业工种应进行短期专业技术培训。 (5)组织现场管理人员和施工人员学习有关安全、文明施工和环保的有关文件和规定。 (6)进行测量基准交底、复测及验收工作。 (7)其他技术准备工作。
2	材料要求	(1)预制桩材料要求 1)钢筋:静压法沉桩时最小配筋率不宜小于 0.6%,主筋直径不宜小于 $\phi14$。 2)混凝土:混凝土强度等级不应低于 C30。 (2)静压预制桩施工材料要求 1)钢板:应符合设计要求,一般宜用低碳钢。 2)电焊条:电焊条应符合设计及施工规范要求,一般宜采用 E43。 3)硫磺胶泥:配合比应通过试验确定。 4)法兰的钢板和螺栓宜用低碳钢。

续表

序 号	项 目	内 容
3	机具准备	(1)全液压静力压桩机主要技术参数见表 2.2.36。 (2)其他机具:吊车、经纬仪、水准仪、钢卷尺、电焊机。
4	作业条件	(1)施工现场具备三通一平。 (2)施工人员到位,机械设备已进场完毕。 (3)测量基准已交底、复测、验收完毕。 (4)混凝土预制桩已从具备资质的预制构件厂定购,部分进场并验收合格。 (5)临建工程搭设完毕

液压静力压桩机主要技术参数　　　　　表 2.2.36

技术参数　　　型号		YZY80	YZY120	YZY160	YZY280	YZY300-Z
最大压入力(kN)		80	120	160	280	300
压桩截面(m^2)		0.3~0.4	0.35~0.45	0.35~0.50	0.35~0.50	0.35~0.50
行走速度	伸程	0.039	0.0875	0.0325	0.033	0.033
	回程	0.067	0.127	0.0615	0.058	0.058
压桩速度(m/s)		0.032	0.0282	0.03	0.03	0.025
每次回转角度(°)		13	13	15	15	15
工作吊机起重力矩(kN·m)		180	360	460		
总功率(kW)		43	70.5	92	105	110
拖运尺寸(m)	宽度	3.32	3.32	3.38	3.5	3.5
	高度	4.2	4.2	4.2	4.5	4.5

（2）工程要点

静力压桩工程要点，如表 2.2.37 所示。

工 程 要 点　　　　　表 2.2.37

序 号	项 目	内 容
1	材料要点	(1)混凝土强度等级评定应符合《混凝土强度检验评定》(GB 107—87)和《普通混凝土力学性能试验方法标准》(GB/T 50081—2002)的要求。 (2)硫磺胶泥的主要物理力学性能指标见表 2.2.38。
2	技术要点	(1)桩机就位:静压桩机就位时,应对准桩位,将静压桩机调至水平、稳定,确保在施工中不发生倾斜和移动。 (2)预制桩起吊和运输时,必须满足以下条件: 1)混凝土预制桩的混凝土强度达到强度设计值的 70% 方可起吊。 2)混凝土预制桩的混凝土强度达到强度设计值的 100% 才能运输和压桩施工。 3)起吊就位时:将桩吊至静压桩机夹具中夹紧并对准桩位,将桩尖放入土中,位置要准确,然后除去吊具。 (3)稳桩:桩尖插入桩位后,移动静压桩机时桩的垂直度偏差不得超过 0.5%,并使静压桩机处于稳定状态。 (4)测桩记录:桩在沉入时,应在桩的侧面设置标尺,根据静压桩机每一次的行程,记录压力变化情况。

续表

序　号	项　目	内　容
2	技术要点	(5)压桩:压桩顺序应根据地质条件、基础的设计标高等进行,一般采取先深后浅、先大后小、先长后短的顺序。密集群桩,可自中间向两个方向或四周对称进行,当毗邻建筑物时,在毗邻建筑物向另一方向进行施工。 压桩施工应符合下列要求: 1)静压桩机应根据设计和土质情况配足额定重量; 2)桩帽、桩身和送桩的中心线应重合; 3)压同一根桩应缩短停歇时间; 4)为减小静压桩的挤土效应,可采取下列技术措施: ①对于预钻孔沉桩,孔径约比桩径(或方桩对角线)小 50～100mm;深度视桩距和土的密实度、渗透性而定,一般宜为桩长的 1/3～1/2,应随钻随压桩。 ②限制压桩速度等。 (6)接桩: 1)桩的一般连接方法有焊接、法兰接和硫磺胶泥锚接三种,焊接和法兰接桩适用于各类土层桩的连接,硫磺胶泥锚接适用于软土层,但对一级建筑桩基或承受拔力的桩宜慎重选用。 2)避免桩尖接近硬持力层或桩尖处于硬持力层中接桩。 3)采用焊接接桩时,应先将四周点焊固定,然后对称焊接,并确保焊缝质量和设计尺寸。焊接的材质(钢板、焊条)均应符合设计要求,焊接件应做好防腐处理。焊接接桩,其预埋件表面应清洁,上下节之间的间隙应用铁片垫实焊牢。接桩时,一般在距地面 1m 左右进行,上下节桩的中心线偏差不得大于 10mm,节点弯曲矢高不得大于1%桩长。 4)硫磺胶泥锚接桩应按下列要求作业: ①锚筋应调直并清除污垢,油迹和氧化铁层。 ②锚筋孔内应有完好螺纹,无积水、杂物和油污。 ③接点的平面和锚筋孔内应灌满胶泥。 ④硫磺胶泥溶剂灌注及停歇时间应符合表 2.2.41 的规定。 ⑤胶泥试块每工作班不得少于 1 组。 5)法兰连接桩上下节桩之间宜用石棉或纸衬垫,拧紧螺帽,经过压桩机施加压力时再拧紧一次并焊死螺帽。 (7)送桩:设计要求送桩时,送桩的中心线与桩身吻合一致方能进行送桩。若桩顶不平可用麻袋或厚纸垫平。送桩留下的孔应立即回填。
3	质量要点	(1)施工中应密切关注压桩的压力变化,确保工程质量。 (2)按标高控制的桩,桩顶允许偏差为±50mm。 (3)压桩时压力不得超过桩身强度。
4	安全要点	(1)施工人员必须持证上岗。 (2)施工属于露天作业,必须做好作业人员夏季防暑、冬季防冻工作。 (3)遵守《劳动保障法》规定的相关职业健康及安全要求。
5	环境要点	(1)现场生活区、施工区、办公区等应分区布置,降低影响或干扰。 (2)施工垃圾、生活垃圾等分类收集,定期定场所处理,减少垃圾对周围环境的影响。 (3)施工中因施工而修建的临时设施完工后应及时清除。 (4)防止或减少扰民。 (5)现场按照要求施工,做到现场清洁整齐,完工场清

硫磺胶泥的主要物理力学性能指标   表 2. 2. 38

项 目	物理力学性能
物理性能	(1)热变性:60℃以内强度无变化,120℃变液态,140~145℃密度最大和易性最好,170℃开始沸腾,超过180℃开始焦化,且遇明火即燃烧。 (2)重度:2.28~2.328g/cm³。 (3)吸水率:0.12%~0.24%。 (4)弹性模量:$5×10^5$kPa。 (5)耐酸性:常温下能耐盐酸、硫酸、磷酸、40%以下的硝酸、25%以下的铬酸、中等浓度乳酸和醋酸。
力学性能	(1)抗拉强度:$4×10^3$kPa。 (2)抗压强度:$4×10^4$kPa。 (3)握裹能力:与螺纹钢为 $1.1×10^4$kPa,与螺纹孔混凝土为 $4×10^3$kPa。 (4)疲劳强度:对照混凝土的实验方法,当疲劳应力比值 P 为 0.38 时,疲劳修正系数 $r>0.8$

3. 施工工艺

（1）工艺流程

静力压桩工艺流程如下所示。

测量定位 → 压桩机就位 → 吊桩、插桩 → 桩身对中调直 → 静压沉桩 → 接桩 → 再静压沉桩 → 送桩 → 终止压桩 → 切割桩头

（2）施工程序

静力压桩的施工程序如图 2.2.17 所示。

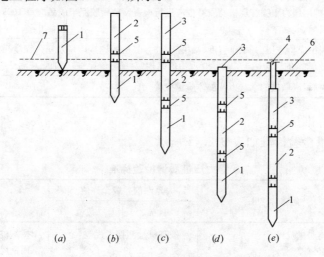

图 2.2.17 压桩工艺程序示意图

(*a*) 准备压第一段桩；(*b*) 接第二段桩；(*c*) 接第三段桩；
(*d*) 整根桩压平至地面；(*e*) 采用送桩压桩完毕

1—第一段桩；2—第二段桩；3—第三段桩；4—送桩；5—桩接头处；6—地面线；7—压桩架操作平台线

（3）操作方法

静力压桩的操作方法如表 2.2.39 所示。

4. 质量标准及检验方法

（1）质量控制

静力压桩的质量控制如表 2.2.40 所示。

操作方法　　　　　　　　　　　　　　　　　　　　　　　表 2.2.39

序　号	项　目	内　容
1	测量放线	在打桩施工区域附近设置控制桩与水准点,不少于 2 个,其位置以不受打桩影响为原则(距操作地点 40m 以外),轴线控制桩应设置在距外墙桩 5～10m 处,以控制桩基轴线和标高。
2	桩机就位	按照打桩顺序将静压桩机移至桩位上面,并对准桩位。同时静压桩机应水平、稳定、桩尖与桩身保持在同一轴线上。
3	吊桩	起吊预制桩后,将预制桩吊至静压桩机夹具中,并对准桩位,夹紧并放入土中,移动静压桩机调节桩垂直度,符合要求后将静压桩机调至水平并稳定。
4	垂直度	在开始压桩前,应调好桩身垂直度,使其垂直度轴线与桩顶平面垂直度的轴线一致。
5	压桩	压桩时注意压力表变化并记录,下压过程中,如桩尖遇到硬物,应及时处理后方可再压。
6	接桩	待桩顶压至距地面 1m 左右时接桩,接桩采用焊接、法兰、硫磺胶泥等方法。
7	送桩	如设计要求送桩时,应将桩送至设计标高。
8	移位	移动至下一根桩位处,重复以上操作

质量控制　　　　　　　　　　　　　　　　　　　　　　　表 2.2.40

序号	内　容
1	施工前应对成品桩做外观及强度检验,接桩用焊条或半成品硫磺胶泥应有产品合格证书,或送有关部门检验,压桩用压力表锚杆规格及质量也应进行检查。硫磺胶泥半成品应每 100kg 做一组试体(3 件),进行强度试验。
2	压桩过程中应检查压力、桩垂直度、接桩间歇时间、桩的连接质量及压入深度。重要工程应对电焊接桩的接头做 10% 的探伤检查。对承受反力的结构(对锚杆静压桩)应加强观测。
3	施工结束后,应做桩的承载力及桩体质量检验

(2) 质量检验标准

静力压桩的质量检验标准如表 2.2.41 所示。

静力压桩质量检验标准　　　　　　　　　　　　　　表 2.2.41

项　目	序号	检查项目	允许偏差或允许值		检查方法
			单位	数值	
主控项目	1	桩体质量检验	按基桩检测技术规范		按基桩检测技术规范
	2	桩位偏差	见表 2.2.29		用钢尺量
	3	承载力	按基桩检测技术规范		按基桩检测技术规范
一般项目	1	成品桩质量:外观	表面平整,颜色均匀,掉角深度<10mm,蜂窝面积小于总面积 0.5%		直观
		外形尺寸	见表 2.2.30		见表 2.2.30
		强度	满足设计要求		查出厂保证书或钻芯试压
	2	硫磺胶泥质量(半成品)	设计要求		查出厂质保证明或抽样送检
	3	接桩 电焊接桩:焊缝质量	见表 2.2.67		见表 2.2.67
		电焊结束后停歇时间	min	>1.0	秒表测定

续表

项　目	序号	检查项目	允许偏差或允许值		检查方法
			单位	数值	
一般项目	3	接桩　硫磺胶泥接桩：胶泥浇筑时间　浇筑后停歇时间	min	<2　>7	秒表测定　秒表测定
	4	电焊条质量	设计要求		查产品合格证书
	5	压桩压力（设计有要求时）	%	±5	查压力表读数
	6	接桩时上下节平面偏差　接桩时节点弯曲矢高	mm	<10　<L/1000	用钢尺量　用钢尺量（L 为两节桩长）
	7	桩顶标高	mm	±50	水准仪

（3）质量记录

静力压桩的质量记录，如表 2.2.42 所示。

质量记录　　　　　　　　　表 2.2.42

序　号	内　容
1	桩的结构图及设计变更通知单。
2	材料的出场合格证和试、化验报告。
3	焊件和焊接记录及焊件试验报告。
4	桩体质量检验记录。
5	混凝土试件强度试验报告。
6	压桩施工记录。
7	桩位平面图

5. 成品保护

静力压桩的成品保护如表 2.2.43 所示。

成品保护　　　　　　　　　表 2.2.43

序　号	内　容
1	现场测量预制桩、控制网的保护工作。
2	已进现场的预制桩堆放整齐、注意防止施工机械碰撞。
3	送桩后的孔洞应及时回填，以免发生意外伤人事件

6. 安全环保措施

静力压桩的安全环保措施如表 2.2.44 所示。

安全环保措施　　　　　　　　表 2.2.44

序　号	内　容
1	施工应按顺序有系统的进行，保持现场文明施工、安全施工。
2	施工垃圾、生活垃圾应定期清理，以免污染环境。
3	制定安全生产措施，定期对施工人员进行安全知识培训，提高安全意识，确保安全生产

2.2.2.3　预应力管桩

1. 适用范围及基本规定

预应力管桩的适用范围及基本规定如表 2.2.45 所示。

适用范围及基本规定　　　　　　　　　　　　　表 2.2.45

序　号	项　　目	内　　容
1	管桩分类	先张预应力管桩,简称管桩,系采用先张法预应力工艺和离心成型法,制成的一种空心圆柱体细长混凝土预制构件。主要由圆筒型桩身、端头板和钢套箍等组成。 　　管桩按桩身混凝土强度等级分为预应力混凝土管桩(代号 PC 桩)和预应力高强度混凝土管桩(代号 PHC 桩),前者强度等级不低于 C60,后者不低于 C80。 　　管桩规格按外径分为 300mm、400mm、500mm、550mm、600m、800mm 和 1000mm 等,壁厚由 60～130mm。每节长一般不超过 15m,常用节长 8～12m,有时也生产长达 25～30m 的管桩。
2	特点	预应力管桩具有单桩承载力高,桩端承载力可比原状土提高 80%～100%;设计选用范围广,单载承载力可从 600kN 到 4500kN,既适用于多层建筑,也可用于 50 层以下的高层建筑;桩运输吊装方便,接桩快速;桩长度不受施工机械的限制,可任意接长;桩身耐打,穿透力强,抗裂性好,可穿透 5～6m 厚的密实砂夹层;造价低廉,其单位承载力价格仅为钢桩的 1/3～2/3,并节省钢材。但也存在施工机械设备投资大,打桩时振动、噪声和挤土量大等问题。
3	适用范围	适用于各类工程地质条件为黏性土、粉土、砂土、碎石类土层以及持力层为强风化岩层、密实的砂层(或卵石层)等土层应用,但不适用于石灰岩、含孤石和障碍物多、有坚硬夹层的岩土层中应用。
4	基本规定	(1)桩位放样允许偏差如下: 　　1)群桩:20mm; 　　2)单排桩:10mm; 　　(2)桩基工程的桩位验收,除设计有规定外,应按下述要求进行: 　　1)当桩顶设计标高与施工场地标高相同时,或桩施工结束后,有可能进行检查时,桩基工程的验收应在施工结束后进行。 　　2)当桩顶设计标高低于施工场地标高,送桩后无法对桩位进行检查时,可在每根桩桩顶沉至场地标高时,进行中间验收,待全部桩施工结束,承台或底板开挖至设计标高后,再做最终验收。 　　(3)先张法预应力管桩的桩位偏差必须符合表 2.2.46 的规定。斜桩倾斜度的偏差不得大于倾斜角正切值的 15%(倾斜角系桩的纵向中心线与铅垂线间夹角)。 　　(4)工程桩应进行承载力检验。对于地基基础设计等级为甲级或地质条件复杂,应采用静载荷试验的方法进行检验,检验桩数不应少于总数的 1%,且不应少于 3 根,当总桩数少于 50 根时,不应少于 2 根。 　　(5)桩身质量应进行检验。预应力混凝土管桩,检数量不应少于总数的 10%,且不应小于 10 根;每个柱子承台下不得少于 1 根。 　　(6)管桩基础工程施工前必须具备完备的地质勘察资料及工程附近管线、建筑物、构筑物和其他公共设施的构造情况,必要时应作施工勘察和调查,并采取措施以确保工程质量及邻近建筑的安全。 　　(7)管桩生产厂家、打桩施工单位必须具备相应专业资质,并应建立完善的质量管理体系和质量检验制度。 　　(8)主要施工机具、仪器已经过有关单位的检验和校核。 　　(9)施工过程中出现异常情况时,应停止施工,由监理或建设单位组织勘察、设计、施工等有关单位共同分析,消除质量隐患,并应形成文件,方可继续施工

桩位允许偏差（mm） 表 2.2.46

序　号	项　目	桩位允许偏差
1	盖有基础梁的桩： (1)垂直基础梁的中心线 (2)沿基础梁的中心线	$100+0.01H$ $150+0.01H$
2	桩数为 1～3 根桩基中的桩	100
3	桩数为 4～16 根桩基中的桩	1/2桩径或边长
4	桩数为大于 16 根桩基中的桩： (1)最外边的桩 (2)中间桩	1/3桩径或边长 1/2桩径或边长

注：H 为施工现场地面标高与桩顶设计标高的距离。

2. 施工准备及工程要点

(1) 施工准备

预应力管桩的施工准备，如表 2.2.47 所示。

施工准备 表 2.2.47

序　号	项　目	内　容
1	技术准备	(1)建立由项目经理领导,技术负责执行控制,施工员、质检员、班组检查的三级管理系统,形成横向由施工员、质检员和班组长分别监控,纵向由项目经理到生产班组长的质量管理体系。 (2)会同有关单位进行图纸会审和打试验桩工作确定打桩施工标准,并采取有效措施保证地下管线和周边建筑物的安全。 (3)根据建设单位及监理单位提供的规划及设计图纸进行轴线控制网点和标高控制点的移交、检验和校核工作。 (4)编制切实可行的施工组织设计,组织施工管理人员熟悉图纸和打桩施工标准并对进场的工人进行技术及安全交底。
2	材料要求	(1)预应力管桩的品种规格: 混凝土强度等级分为预应力混凝土管桩(代号为 PC)和预应力高强混凝土管桩(代号为 PHC)。 按管桩的抗弯性能或混凝土有效预压应力值分为 A 型、AB 型、B 型和 C 型。 按管桩的外径分为 300～1000mm 等规格,壁厚为 60～130mm。 按管桩的外观质量和尺寸偏差分为优等品,一等品和合格品。 管桩标记符号: <div align="center">管桩品种－类型外径－壁厚－长度 生产日期</div>例如： <div align="center">$\dfrac{PHC-AB800-130-12}{2002116}$</div>注:外径、壁厚单位为 mm,长度单位为 m。 (2)预应力管桩的质量要求: 预应力管桩质量必须符合国家标准和施工质量验收规范的规定,进场时应附有出厂合格证。 预应力管桩的外观质量应符合表 2.2.48 的规定。 预应力管桩的尺寸允许偏差及检查方法应符合表 2.2.49 的规定。 (3)焊条(接桩用):型号、性能必须符合设计要求和有关标准的规定,一般采用国产 E43 焊条,其质量应符合《碳钢焊条》(GB/T 5117—1995)的规定;采用保护焊专用焊丝时按相应规程执行。

序 号	项 目	内 容
3	机具准备	根据施工组织设计,组织机械、设备及仪器进场,一个工作班组打桩所需主要施工机具计划见表 2.2.50。 (1)打桩机 三点支撑式履带打桩机或步履式打桩机。 打桩机的桩架由支架、导向杆、起吊设备、动力设备、移动装置等组成,桩架由钢制成,高度按桩长分节组装,选择桩架高度应按桩长+滑轮组高+桩锤帽高度+起移位高度的总和另加 0.5~1m 的富余量。 打桩机的桩架必须具有足够的承载力、刚度和稳定性,并应与所挂桩锤相匹配。 (2)桩锤 桩锤分为落锤、气动锤、柴油锤、液压锤等类型。 以上几种桩锤中,柴油锤爆发力强,锤击能量大,工效高,锤击作用时间比自由落锤作用时间长,因此锤击应力相对低一些,冲击体冲击距离(原距)随桩阻力的大小而自动调整,比较适合于管桩的施打。 目前我国各地施打预应力管桩以筒式柴油锤为主,选择筒式柴油打桩锤参考表 2.2.51。 (3)桩帽 桩帽应有足够的强度、刚度和耐打性。 桩帽宜做成圆筒型,套桩头用的筒体深度宜为 35~40cm。 内径应比管桩外径大 2~3cm,并设有导向脚与桩架导轨相连,保证与柴油锤的中心线重合。 桩帽应设有桩垫层和锤垫层两部分,"锤垫"设在桩帽的上部,与柴油锤的下冲击体接触,保护柴油锤和桩头的作用。"锤垫"一般用竖纹硬木或盘圆层叠的钢丝绳制作,厚度宜取 15~20cm。"桩垫"设在桩帽的下部套筒的里面,与管桩顶面相接触,一般是用麻袋、硬纸板,水泥纸袋,胶合板等材料制作。 (4)送桩器 1)送桩器宜做成圆筒形,并有足够的强度,刚度和耐打性。 2)送桩器长度宜做成送桩深度的 1.5 倍。 3)送桩器应与管桩匹配,一般应采用套筒式送桩器,套筒深度宜取 250~350mm,内径应比管桩外径大 20~30mm。 4)送桩器上下两端面应平整,且与送桩器中心轴线垂直。 5)送桩器下端面应开孔,使管桩内腔与外界连通。 (5)履带式或轮胎式起重机 打桩施工现场宜采用履带式起重机,起重吨位为 15t。 (6)施工现场还应配备有电焊机,管桩切割器、经纬仪、水准仪等施工机具和仪器。
4	作业条件	(1)现场三通一平完成,场地内地坪应碾压平整,保证可以承受桩机及单节桩起吊的重量,一般要求场地表层土的地基承载力大于 0.2~0.3MPa,保证桩机移动和打桩时稳定垂直。 (2)对邻近原有建筑物和地下管线,应认真细致地查清结构和基础情况并会同有关单位研究采取适当的隔振、减振、防挤、监测和预加固措施。 (3)做好现场总平面的规划,修建现场临时道路和管桩的堆放场地,做到布局合理,规划有序。 (4)清除现场影响打桩施工的高空、地面及地下障碍物。 (5)布置测量控制网,水准基点,按设计图纸放线定位,并会同有关部门做好预检手续。桩基的轴线控制点和水准点的数量应不少于 2 个,并设在受打桩影响范围之外。 (6)根据桩基设计图纸及地质钻探资料,选择有代表性的工程桩或试验桩进行试桩工作,一般数量不少于 2 根,核查地质资料是否准确,打桩机及桩锤选用的合理性,并确定工程桩大面积施工时应控制的各项指标及施工标准。 (7)根据试桩情况,合理编制施工方案,工程桩号图,打桩顺序图,保证桩机的行走路线和打桩顺序的合理,避免施工过程中挤桩和压桩,施工时宜考虑采用退打。

预应力管桩的外观质量表　　　　　表 2.2.48

项　目	产品质量等级		
	优等品	一等品	合格品
粘皮和麻面	不允许	局部粘皮和麻面累计面积不大于桩身总面积的 0.2%;每处粘皮和麻面的深度不得大于 5mm,且应修补	局部粘皮和麻面累计面积不大于桩身总外表面积的 0.5%;每处粘皮和麻面的深度不得大于 10mm,且应修补
桩身合缝漏浆	不允许	漏浆深度不大于 5mm,每处漏浆长度不大于 100mm,累计长度不大于管桩长度的 5%,且应修补	漏浆深度不大于 10mm,每处漏浆长度不大于 300mm,累计长度不大于管桩长度的 10%,或对漏浆的搭接长度不大于 100mm,且应修补
局部磕损	不允许	磕损深度不大于 5mm,每处面积不大于 20cm²,且应修补	磕损深度不大于 10mm,每处面积不大于 50cm²,且应修补
内外表面露筋	不允许		
表面裂缝	不得出现环向或纵向裂缝,但龟裂、水纹及浮浆层裂纹不在此限		
端顶面平整度	管桩端面混凝土和预应力钢筋镦头不得高出端板平面		
断筋、脱头	不允许		
桩套箍凹陷	不允许	凹陷深度不大于 5mm	凹陷深度不大于 10mm
内表面混凝土坍落	不允许		
接头及桩套箍与桩身结合面　漏浆	不允许	漏浆深度不大于 5mm,漏浆长度不大于周长的 1/8,且应修补	漏浆深度不大于 5mm,漏浆长度不大于周长的 1/4,且应修补
接头及桩套箍与桩身结合面　空洞和蜂窝	不允许		

预应力管桩的尺寸允许偏差及检查方法　　　　　表 2.2.49

项　目		允许偏差值			质检工具及量度方法
		优等品	一等品	合格品	
长度 L		$\pm 0.3\% L$	$+0.5\% L$ $-0.4\% L$	$+0.7\% L$ $-0.5\% L$	采用钢卷尺
端部倾斜		$\leqslant 0.3\% D$	$\leqslant 0.4\% D$	$\leqslant 0.5\% D$	用钢尺量
顶面平整度		10			将直角靠尺的一边紧靠桩身,另一边端板紧靠,测其最大间隙。
外径 d	$\leqslant 600$	$+2\ -2$	$+4\ -2$	$+5\ -4$	用卡尺或钢尺在同一断面测定相互垂直的两直径,取其平均值。
外径 d	>600	$+3\ -2$	$+3\ -2$	$-7\ -4$	
壁厚 t		$+10\ \ 0$	$+15\ \ 0$	正偏差不计 0	用钢直尺在同一断面相互垂直的两直径上测定四处壁厚,取其平均值。

续表

项　目		允许偏差值			质检工具及量度方法
		优等品	一等品	合格品	
保护层厚度		+5　0	+7　+3	+10　+5	用钢尺,在管桩断面处测量
桩身弯曲度		≤L/1500	≤L/1200	≤L/1000	将拉线紧靠桩的两端部,用钢直尺测其弯曲处最大距离
端头板	外侧平面度	0.2			用钢直尺一边紧靠端头板,测其间隙处距离
	外径	0~−1			用钢卷尺或钢直尺
	内径	−2			
	厚度	正偏差值不限负偏差为0			

注:1. 表内尺寸以管桩设计图纸为准,允许偏差值单位为 mm。
　　2. 预应力筋和螺旋箍筋的混凝土保护层应分别不小于 25mm 和 20mm。

主要施工机具计划表　　　　　　　　　　　　　　　　表 2.2.50

序　号	机械设备名称	型号规格	数量	生产能力
1	打桩机	履带式和步履式	1	良好
2	打桩锤	见表2.2.51	1	良好
3	起重机	履带式 15t	1	良好
4	电焊机	交流或气体保护焊电焊机	3	良好
5	送桩器	与桩径相匹配	1	良好
6	桩帽	与桩径相匹配	1	良好
7	管桩切割机		1	良好
8	经纬仪	J2	2	良好
9	水准仪	S3	1	良好

筒式柴油打桩锤参考表　　　　　　　　　　　　　　　　表 2.2.51

柴油锤型号	25 号	32 号~36 号	40 号~50 号	60 号~62 号	72 号	80 号
冲击总质量（t）	2.5	3.2 3.5 3.6	4.0 4.5 4.6 5.0	6.0 6.2	7.2	8.0
锤体总质量(t)	5.6~6.2	7.2~8.2	9.2~11.0	12.5~15.0	18.4	17.4~20.5
常用冲程(m)	1.5~2.2	1.6~3.2	1.8~3.2	1.9~3.6	1.8~2.5	2.0~3.4
适用管桩规格	φ300	φ300 φ400	φ400 φ500	φ500 φ550 φ600	φ550 φ600	φ600 φ800
单桩竖向承载力设计值适用范围(kN)	600~1200	800~1600	1300~2400	1800~3300	2200~3800	2600~4500
桩尖可进入的岩土层	密实砂层坚硬土层全风化岩	密实砂层坚硬土层强风化岩	强风化岩	强风化岩	强风化岩	强风化岩
常用控制入贯度(mm/10 击)	20~40	20~50	20~50	20~50	30~70	30~80

(2) 工程要点

预应力管桩的工程要点，如表 2.2.52 所示。

工 程 要 点   表 2.2.52

序 号	项 目	内 容
1	材料要求	(1)混凝土质量控制应符合《混凝土质量控制标准》《GB 50164—92)的规定。 (2)PC桩的混凝土强度等级不得低于 C50,PHC桩的混凝土强度等级不得低于 C80。 (3)管桩的各部位尺寸偏差符合表 2.2.49 的规定。
2	技术要点	(1)场地应辗压平整,地基承载力不小于 0.2~0.3MPa,打桩前应认真检查施工设备,将导杆调直。 (2)按施工方案合理安排打桩路线,避免压桩及挤桩。 (3)桩位放样应采用不同方法二次核样。桩身倾斜率应控制在:底桩倾斜率 ≤0.5%,其余桩倾斜率≤0.8%。 (4)桩间距小于 3.5d(d:桩径)时,宜采用跳打,应控制每天打桩根数,同一区域内不宜超过 12 根桩,避免桩体上浮,桩身倾斜。 (5)施打时应保证桩锤、桩帽、桩身中心线在同一条直线上,保证打桩时不偏心受力。 (6)打底桩时应采用锤重或冷锤(不挂挡位)施工,将底桩徐徐打入,调直桩身垂直度,遇地下障碍物及时清理后再重新施工。 (7)接桩时焊缝要连续饱满,焊渣要清除;焊接自然冷却时间应不少于 1min,地下水位较高的应适当延长冷却时间,避免焊缝遇水如淬火易脆裂;对接后间隙要用不超过 5mm 钢片嵌填,保证打桩时桩顶不偏心受力;避免接头脱节。
3	质量要点	(1)PC桩一般采用常压蒸汽养护,一般要经过 28d 才可以运输使用。PHC桩一般脱模后进高压釜经 10 个大气压,180℃左右的高温高压蒸汽养护,从成型到运输使用的时间只需 3~4d。因此,可根据实际工程的需要选择管桩类型,保证预应力管桩强度达到设计强度的 100%后才开始打桩。 (2)严格管桩生产制作及养护工艺,认真按标准检查管桩各项指标,符合要求的才能使用,避免因管桩制作及养护工艺不当,混凝土龄期不够,导致桩顶破碎以及桩身断裂。 (3)对照地质资料及按设计及规范要求合理选用施工机具,采用"重锤低击"的原则选用桩锤并控制打桩总锤击数,避免桩身混凝土产生疲劳破坏,桩身断裂。 (4)根据施工的管桩尺寸按要求制作桩帽及送桩器,避免因桩帽和送桩器尺寸不合要求使桩顶破碎及桩身断裂。 (5)管桩在运输,吊桩及堆放过程中应正确叠放,轻起轻吊,避免使用前桩身就已经断裂,桩顶破碎。 (6)施工管桩时要保证桩体的垂直度,避免桩身倾斜;保证桩锤、桩帽、桩身中心线在同一条直线上,避免因打桩时的偏心受力导致桩顶破碎,桩身断裂。
4	安全要点	(1)工人进入工地必须佩戴统一的安全帽,穿工作服和胶鞋。 (2)打桩时现场工人必须佩戴耳塞或耳罩,防止噪声污染。 (3)电焊作业时工人必须使用防护面罩,戴防护手套,穿绝缘鞋。 (4)工人上高空作业时必须佩带安全带。 (5)雨天时不宜进行打桩施工,施工时必须穿雨衣,绝缘雨鞋。暴雨及台风天气要暂停施工。

续表

序 号	项 目	内 容
5	环保要点	(1)根据施工总平面图在施工现场四周设置一封闭的围墙和大门,将现场与外界隔离。 (2)遵守当地有关环卫、市容管理的有关规定,现场出口应设洗车台,每辆汽车出场时对其轮胎进行冲洗,防止汽车轮胎带土污染市容。 (3)打桩施工时应严格遵守在当地环保时间内施工,尽量减少打桩噪声对周围环境产生的影响。防噪声的措施有:对桩锤加隔声罩;采用无噪声施工工艺,如:静压桩、钻孔灌注桩;同时,在大城市闹区不适用打入桩施工。 (4)打桩对邻近原有建筑物和地下管线产生影响的,应根据施工方案采取必要的隔振、减振、防挤、监测和预加固措施。对在40m之内的房层,如需防振保护,可以采用防振沟或防振槽(必要时可在沟、槽内充填泥浆),沟、槽深度一般为4~5m,如再深可采用减振壁,如:地下连续墙、砂桩、旋喷桩。 (5)施工现场应尽可能的将表层土硬化,减少打桩和刮风时带来的粉尘污染

3. 施工工艺

(1) 工艺流程

预应力管桩打桩工艺流程如下所示。

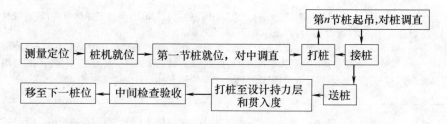

(2) 施工程序

预应力管桩打桩的施工程序如图 2.2.18 所示。

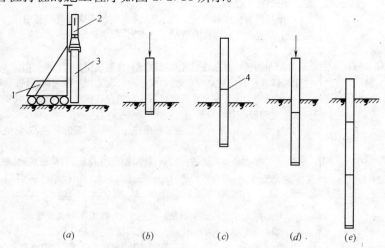

图 2.2.18 预应力管桩施工工艺流程

(a) 测量放样、桩机和桩就位对中调直;(b) 锤击下沉;(c) 电焊接桩;
(d) 再锤击、再接桩,再锤击;(e) 收锤,测贯入度
1—打桩机;2—打桩锤;3—桩;4—接桩

(3) 操作方法

预应力管桩打桩的操作方法如表 2.2.53 所示。

操作方法 表 2.2.53

序 号	项 目	内 容
1	测量定位	(1)根据设计图纸编制工程桩测量定位图,并保证轴线控制点不受打桩时振动和挤土的影响,保证控制点的准确性。 (2)根据实际打桩线路图,按施工区域划分测量定位控制网,一般一个区域内根据每天施工进度放样 10～20 根桩位,在桩位中心点地面上打入一支 φ6.5 长约 30～40cm 的钢筋,并用红油漆标示。 (3)桩机移位后,应进行第二次核样,核样根据轴线控制网点所标示工程桩位坐标点(X、Y 值),采用极坐标法进行核样,保证工程桩位偏差值小于 10mm,并以工程桩位点中心,用白灰按桩径大小画一个圆圈,以方便插桩和对中。 (4)工程桩在施工前,应根据施工桩长在匹配的工程桩身上划出以米为单位的长度标记,并按从下至上的顺序标明桩的长度,以便观察桩入土深度及记录每米沉桩锤击数。
2	桩机就位	(1)为保证打桩机下地表土受力均匀,防止不均匀沉降,保证打桩机施工安全,采用厚度约 2～3cm 厚的钢板铺设在桩机履带板下,钢板宽度比桩机宽 2m 左右,保证桩机行走和打桩的稳定性。 (2)桩机行走时,应将桩锤放置于桩架中下部以桩锤导向脚不伸出导杆末端为准。 (3)根据打桩机桩架下端的角度计初调桩架的垂直度,并用线坠由桩帽中心点吊下与地上桩位点初对中。
3	管桩起吊对中调直	(1)管桩应由吊车将转运至打桩机导轨前,管桩单节长≤20m 转运采用专用吊钩钩住两端内壁直接进行水平起吊,两点钩吊法见图 2.2.19。管桩单节长>20m 应采用四点吊法转运,吊点位置见图 2.2.20。管桩摆放宜采用两点支法见图 2.2.21。 (2)管桩摆放平稳后,在距管桩端头 0.21L 处,将捆桩钢丝绳套牢,一端拴在打桩机的卷扬机主钩上,另一端钢丝绳挂在吊车主钩,打桩机主卷扬向上先提桩,吊车在后端辅助用力,使管桩与地面基本成 45°～60°角向上提升,将管桩上口喂入桩帽内,将吊车一端钢丝绳松开取下,将管桩移至桩位中心。 (3)对中:管桩插入桩位中心后,先用桩锤自重将桩插入地下 30～50cm,桩身稳定后,调正桩身、桩锤、桩帽的中心线重合,使之于打入方向成一直线。 (4)调直:用经纬仪(直桩)和角度计(斜桩)测定管桩垂直度和角度。经纬仪应设置在不受打桩机移动和打桩作业影响的位置,保证两台经纬仪与导轨成正交方向进行测定,使插入地面时桩身的垂直度偏差不得大于 0.5%。
4	打桩	(1)打第一节桩时必须采用桩锤自重或冷锤(不挂挡位)将桩徐徐打入,直至管桩沉到某一深度不动为止,同时用仪器观察管桩的中心位置和角度,确认无误后,再转为正常施工,必要时,宜拔出重插,直至满足设计要求。 (2)正常打桩宜采用重锤低击,锤重根据设计图纸及地质钻探资料参照表 2.2.51 选择。 (3)打桩顺序应根据桩的密集程度及周围建(构)筑物的关系: 1)若桩较密集且距周围建(构)筑物较远,施工场地开阔时宜从中间向四周进行。 2)若桩较密集场地狭长,两端距建(构)筑物较远时,宜从中间向两端进行。 3)若桩较密集且一侧靠近建(构)筑物时,宜从毗邻建(构)筑物的一侧开始,由近及远地进行。 4)根据桩入土深度,宜先长后短。 5)根据管桩规格,宜先大后小。 6)根据高层建筑物塔楼(高层)与裙房(低层)的关系,宜先高后低。

序　号	项　目	内　容
5	接桩	(1)当管桩需接长时,接头个数不宜超过3个且尽量避免桩尖落在厚黏性土层中接桩。 (2)管桩接桩,采用焊接接桩,其入土部分桩段的桩头宜高出地面0.5~1.0m。 (3)下节桩的桩头处宜设导向箍以方便上节桩就位,接桩时上下节桩应保持顺直,中心线偏差不宜大于2mm,节点弯曲矢高不得大于1‰桩长。 (4)桩对接前,上下端板表面应用钢丝刷清理干净,坡口处露出金属光泽,对接后,若上下桩接触面不密实,存有缝隙,可用厚度不超过5mm的钢片嵌填,达到饱满为止,并点焊牢固。 (5)焊接时宜由三个电焊工在成120°角的方向同时施行,先在坡口圆周上对称点焊4~6点,待上下桩节固定后拆除导向箍再分层施焊,每层焊接厚度应均匀。 (6)焊接层数不得少于三层,采用普通交流焊机的手工焊接时第一层必须用$\phi3.2mm$电焊条打底。确保根部焊透,第二层方可用粗电焊条($\phi4mm$或$\phi5mm$)施焊;采用自动及半自动保护焊机的应按相应规程分层连续完成。 (7)焊接时必须将内层焊渣清理干净后再焊外一层,坡口槽的电焊必须满焊,电焊厚度宜高出坡口1mm,焊缝必须每层检查,焊接应饱满连续,不宜有夹渣、气孔。 (8)焊接完成后,需自然冷却不少于1min后才可继续锤击,夏天施工时温度较高,可采用鼓风机送风,加速冷却,严禁用水冷却或焊好即打。 (9)对于抗拔及高承台桩,其接头焊缝外露部分应作防锈处理。
6	送桩	(1)根据设计桩长接桩完成并正常施打后,应根据设计及试打桩时确定的各项指标来控制是否采取送桩。 (2)送桩前应保证桩锤的导向脚不伸出导杆末端,管桩露出地面高度宜控制在0.3~0.5m。 (3)送桩前在送桩器上以米为单位,并按从下至上的顺序标明长度,由打桩机主卷扬吊钩采用单点吊法将送桩器喂入桩帽。 (4)在管桩顶部放置桩垫,厚薄均匀,将送桩器下口套在桩顶上,采用仪器调正桩锤、送桩器和桩三者的轴线在同一直线上。 (5)送桩完成后,应及时将空孔回填密实。
7	检查验收	(1)在桩帽侧壁用笔标示尺寸,以cm为单位,高度宜为试桩标准制定最后每阵贯入度的4~5倍。将经纬仪架设在不受打桩振动影响的位置上对管桩贯入度进行测量。最后,用收锤回弹曲线测绘出纸绘出管桩的回弹曲线,再从回弹曲线上量出最后三阵贯入度。 (2)当采用送桩时测试的贯入度应参考同一条件的桩不送桩时的最后贯入度予以修正。 (3)根据设计及试打桩标准确定的标高和最后三阵贯入度来确定可否成桩,满足要求后,做好记录,会同有关部门做好中间验收工作。 (4)实际控制成桩标准中的标高和最后三阵贯入度与设计及试桩标准出入较大时,应会同有关部门采取相应措施,研究解决后移至下一桩位。 (5)打桩过程中,遇下列情况之一应暂停打桩,及时会同有关部门解决: 1)贯入度突变; 2)桩头混凝土剥落、破碎、桩身出现裂缝; 3)桩身突然倾斜、跑位; 4)地面明显隆起,邻桩上浮或位移过大; 5)PC桩总锤击数超过2000,PHC桩总锤击数超过2500; 6)桩身回弹曲线不规则。
8	验收程序	管桩基础工程验收程序 (1)当桩顶设计标高与施工现场标高基本一致时,可待全部管桩施工完毕后一次性验收。 (2)当桩顶设计标高低于施工现场标高需要送桩时,在送桩前应进行质量评定;待全部管桩施工完毕并开挖到设计标高后,再进行竣工验收,绘制打桩工程竣工图

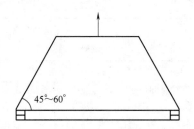

图 2.2.19　两点吊法

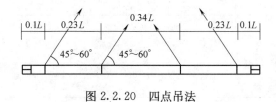

图 2.2.20　四点吊法

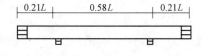

图 2.2.21　两点支法

4. 质量标准

（1）质量控制

预应力管桩打桩时的质量控制，如表 2.2.54 所示。

质 量 控 制　　　　　　　　　　　　　　　　表 2.2.54

序号	内　　容
1	施工前应检查进入现场的成品桩，接桩用电焊条等产品质量。
2	施工过程中应检查桩的贯入情况、柱顶完整状况、电焊接桩质量、桩体垂直度、电焊后的停歇时间。重要工程应对电焊接头作 10％ 的焊缝探伤检查。
3	施工结束后应作载荷试验，以检验设计承载力，同时应作桩体质量检验。载荷试验及桩体质量检验数量要求同 2.2.2.1 打入式混凝土预制桩施工

（2）质量检验

先张法预应力管桩的质量检验如表 2.2.55 所示。

成品桩均在工厂生产，随产品出厂有质量保证资料，一般在现场仅对外形进行检验。

先张法预应力管桩质量检验标准　　　　　　　　　　表 2.2.55

项　目	序号	检查项目		允许偏差或允许值		检查方法
				单位	数值	
主控项目	1	桩体质量检验		按基桩检测技术规范		按基桩检测技术规范
	2	桩位偏差		见表 2.2.29		用钢尺量
	3	承载力		按基桩检测技术规范		按基桩检测技术规范
一般项目	1	成品桩质量	外观	无蜂窝、露筋、裂缝、色感均匀、桩顶处无孔隙		直观
			桩径	mm	±5	用钢尺量
			管壁厚度	mm	±5	用钢尺量
			桩尖中心线	mm	<2	用钢尺量
			顶面平整度	mm	10	水平尺量
			桩体弯曲		<1/1000L	用钢尺量，L 为桩长

续表

项 目	序号	检查项目	允许偏差或允许值		检查方法
			单位	数值	
一般项目	2	接桩:焊缝质量 电焊结束后停歇时间 上下节平面偏差 节点弯曲矢高	见表 2.2.67 min mm	见表 2.2.67 ＞1.0 ＜10 ＜1/1000L	见表 2.2.67 秒表测定 用钢尺量 用钢尺量,L 为两节桩长
	3	停锤标准	设计要求		现场实测或查沉桩记录
	4	桩顶标高	mm	±50	水准仪

(3) 质量记录

预应力管桩打桩的质量记录,如表 2.2.56 所示。

质 量 记 录   表 2.2.56

序 号	内　容
1	预应力管桩的出厂合格证。
2	电焊条的出厂合格证。
3	试打桩记录及标准。
4	预应力管桩的施工记录及汇总表。
5	预应力管桩接头隐蔽验收记录。
6	桩位测量放线图,标高引测记录。
7	桩基设计图纸,图纸会审记录及设计变更通知书。
8	打桩平面桩位图,桩基竣工图

5. 成品保护

预应力管桩打桩的成品保护,如表 2.2.57 所示。

成 品 保 护   表 2.2.57

序 号	内　容
1	预应力管桩应达到设计强度的 70% 方可起吊,达到 100% 才能运输和打桩。
2	单节管桩采用专用吊钩钩住管桩两端内壁直接进行水平起吊,装卸要轻起轻放,严禁抛掷、碰撞、滚落。
3	管桩堆放应符合下列要求: (1)应根据总平面及每日施工根数控制进场管桩数量,避免出现管桩的多次转运。 (2)管桩堆放场地应坚实平整。 (3)管桩应按不同规格,长度及施工流水顺序分别堆放。 (4)当场地条件许可时,宜单层堆放。叠层堆放时,外径为 500～1000mm 的管桩不宜超过 4 层,外径为 300～400mm 的不宜超过 5 层。 (5)叠层堆放管桩时,最下层宜在垂直于管桩长度方向的地面上设置 2 道垫木,垫木应分别位于距桩端 0.21 倍桩长处,底层最外缘的管桩应在垫木处用木楔塞紧以防滚动。 (6)垫木宜选用耐压的长木枋或枕木,不得用有棱角的金属构件替代。
4	妥善保护好桩基轴线控制网点和标高控制桩,不受打桩挤土、运桩车辆及人为的破坏,有条件的可以将轴线控制点及标高控制点引至场外不受打桩影响的永久性建(物)筑物边上。

序　号	内　容
5	对地下管线及周边建(构)筑物应采取减少震动和挤土影响的措施,并设点观测,必要时采取加固措施;在毗邻边坡打桩时,应随时注意观测打桩对边坡的影响。
6	打桩过程中,有代表性地发现打桩情况与地质资料不相吻合时,应停止施工,会同有关部门对地质重新进行补钻等措施。
7	管桩桩头需要截断时,宜采用锯桩器截割,严禁采用大锤横向敲击截桩或强行扳拉截桩。
8	管桩工程的基坑土方开挖时应制订合理的方案和程序,控制挖土宜分层均匀进行且桩周土体高差不宜大于1m,严禁用挖掘机对管桩硬碰、硬拽,对于桩间距较密的土方宜采用小型挖掘机或人工进行开挖土方,防止在基坑开挖过程中,将管桩产生位移,倾斜和断桩

6. 安全环保措施

预应力管桩打桩时安全环保措施如表 2.2.58 所示。

安全环保措施　　　　　　　　　　　　　　　　表 2.2.58

序　号	内　容
1	工人进入工地后应进行三级安全教育,按照本节表2.2.52序号(4)要求做好职业健康安全教育。各工种结合培训进行安全操作规程教育后方能上岗,桩机及起重机机长、电焊工等特殊工种必须持证上岗,新工人应进行上岗教育,严禁使用童工。
2	桩机及起重机等机械及设备组装和使用前应根据《建筑机械使用安全技术规程》检查各部件工作是否正常,确认运转合格后方能投入使用。使用后应检查并停放合格后才可下班。
3	施工现场的临时用电必须按照施工方案布置完成并根据《施工现场临时用电安全技术规范》(JCJ 46—88)检查合格后才可以投入使用。
4	根据施工总平面图在施工现场四周设置一封闭的围墙和大门,围墙要按当地建委文件规定进行施工。
5	施工现场大门处设置统一的"五牌一图",施工现场办公室应在醒目处挂设安全、质量、消防保卫,场容卫生环保等制度牌。
6	在现场出入口处设置汽车冲洗台及污水沉淀池,对开出车辆进行冲洗,做到车辆不带泥沙出场。安排工人每天进行现场卫生清理,做到整洁有序,无污水、污物出口畅通、不积水、不发臭、不污染周围环境。
7	工地临时食堂,应严格执行食品卫生法等有关制度,炊事员应有健康证。
8	打桩施工时应严格遵守在当地环保时间内施工,尽量减少打桩对周围环境产生的影响

2.2.2.4　钢桩

1. 适用范围及基本规定

钢桩打桩的适用范围及基本规定, 如表 2.2.59 所示。

适用范围及基本规定　　　　　　　　　　　　　　表 2.2.59

序　号	项　目	内　容
1	分类	(1)钢桩也是预制桩中的一种,工程中采用的钢桩有钢管桩、型钢桩和钢板桩。 (2)由于型钢桩和钢板桩多为工厂轧制生产的型钢,截面尺寸受工艺和运输的限制,不可能做得很大。另外,由于截面抗弯刚度不如钢管桩,因此在实际工程中使用并不十分广泛。 (3)钢管桩,一般采用螺旋缝钢管或直缝钢管,按设计要求的规格加工而成,钢管桩的下口有开口和闭口两种形式。

序　号	项　目	内　容
2	特点	钢管桩的特点是： (1)重量轻、刚性好、装卸、运输、堆放方便、不易损坏； (2)承载力高。由于钢材强度高，能够有效地打入坚硬土层，桩身不易损坏，并能获得极大的单桩承载力； (3)桩长易于调节。可根据需要采用接长或切割的办法调节桩长； (4)排土量小，对邻近建筑物影响小。桩下端为开口，随着桩打入，泥土挤入桩管内与实桩相比挤土量大为减少，对周围地基的扰动也较小，可避免土体隆起；对先打桩的垂直变位、桩顶水平变位，也可大大减少； (5)接头连接简单。采用电焊焊接，操作简便，强度高，使用安全； (6)工程质量可靠，施工速度快。但钢管桩也存在钢材用量大，工程造价较高；打桩机具设备较复杂，振动和噪声较大；桩材保护不善，易腐蚀等问题，在选用时应有充分的技术经济分析比较。
3	适用范围	在我国沿海及内陆冲积平原地区，土质常为很厚(深达 50～60m)的软土层，当上部结构荷载较大时，这类地基不能直接作为持力层，而低压缩性持力层又很深，采用一般桩基，沉桩时须采用冲击力很大的桩锤，用常规桩钢筋混凝土和预应力混凝土桩，将很难以适应，为此多选用钢管桩加固地基。因此，钢管桩在国内外都得到了广泛地应用。 　　钢桩一般适用于港口码头、水中高桩平台、桥梁、超高层建筑和特重型工业厂房等。
4	基本规定	(1)桩位放样允许偏差如下： 1)群桩：20mm； 2)单排桩：10mm。 (2)桩基工程的桩位验收，除设计有规定外，应按下述要求进行： 1)当桩顶设计标高与施工场地标高相同时，或桩基施工结束后，有可能进行检查时，桩基工程的验收应在施工结束后进行。 2)当桩顶设计标高低于施工场地标高，送桩后无法对桩位进行检查时，可在每根桩桩顶沉至场地标高时，进行中间验收，待全部桩施工结束，承台或底板开挖至设计标高后，再做最终验收。 (3)钢桩的桩位偏差必须符合表 2.2.60 的规定。斜桩倾斜度的偏差不得大于倾斜角正切值的 15%(倾斜角系桩的纵向中心线与铅垂线间夹角)。 (4)工程桩应进行承载力检验。对于地基基础设计等级为甲级或地质条件复杂，应采用静载荷试验的方法进行检验，检验桩数不应少于总数的 1%，且不应少于 3 根，当总桩数少于 50 根时，不应少于 2 根。 (5)建筑钢桩工程必须进行水文地质勘察，并出具详细的岩土工程勘察报告。 (6)建筑钢桩工程除进行水文地质勘察外，还应对周边环境条件进行详细的调查，作为设计和施工的依据。 (7)建筑钢桩工程必须进行设计，并出具完整的施工图设计文件。 (8)承担勘察和设计的单位应具备相应的资质，并应建立质量管理体系，由于勘察和设计原因造成的质量问题应由勘察和设计单位负责。 (9)承担钢桩施工的单位应具备相应的专业施工资质，并应建立质量管理体系。施工单位应编制桩基施工组织设计或施工方案，并应经过审查批准。施工单位应按照有关的施工工艺标准或经审定的施工技术方案施工，并应对施工全过程进行质量控制。 (10)钢桩工程的施工组织设计或施工方案的审核、审批应按照本单位或企业的相关技术管理规定进行。 (11)安全文明施工应按国家现行有关规定执行。 (12)文物和环境保护应按国家现行有关规定执行

桩位允许偏差 (mm) 表 2.2.60

序 号	项 目	桩位允许偏差
1	盖有基础梁的桩: (1)垂直基础梁的中心线 (2)沿基础梁的中心线	100＋0.01H 150＋0.01H
2	桩数为 1～3 根桩基中的桩	100
3	桩数为 4～16 根桩基中的桩	1/2 桩径或边长
4	桩数为大于 16 根桩基中的桩: (1)最外边的桩 (2)中间桩	1/3 桩径或边长 1/2 桩径或边长

注:H 为施工现场地面标高与桩顶设计标高的距离。

2. 施工准备

钢桩打桩施工准备如表 2.2.61 所示。

施工准备 表 2.2.61

序 号	项 目	内 容
1	技术准备	(1)组织有关单位进行桩基施工图会审,会审纪要连同施工图等作为施工依据。 (2)编制施工组织设计或施工方案,并报有关部门和人员审查批准。 (3)钢桩基础工程施工前,应具备下列文件和资料。 1)建筑场地的工程地质和水文地质资料。 2)钢桩基础工程的施工图和图纸会审纪要。 3)钢桩基础施工组织设计或施工方案。 4)建筑场地地下管线图和毗邻区域内的市政管线及建筑物的调查资料。 5)打桩设备(桩架和桩锤)的技术性能资料。 6)钢桩的出厂合格证及产品施工说明资料。 7)钢桩施工工艺的试验参考资料。
2	材料准备	(1)钢桩工程所用的材料品种、规格和质量应符合设计要求,并应有出厂材质证明书。钢桩按断面形状划分有钢管桩、H 型钢桩和其他异型钢桩,钢管桩应用最多,H 型钢桩次之,其他异型钢桩应用较少。常用钢管桩规格如表 2.2.62 所示。 (2)钢桩的制作应符合设计要求,其材质应符合设计和现行有关规范规定。 (3)钢桩的焊接接头应采用等强度连接,钢管桩应采用上下节桩对焊连接,H 型钢桩接头可采用对焊或采用连接板贴角焊,焊接使用的焊条、焊丝和焊剂应符合设计和现行有关规范的规定。 (4)钢桩的端部形式应根据桩所穿越的土层、桩端持力层性质、桩的尺寸、挤土效应等因素综合考虑确定。 1)钢管桩可采用下列桩端形式 ①敞口 带加强箍(带内隔板、不带内隔板); 不带加强箍(带内隔板、不带内隔板)。 ②闭口 平底 锥底。 2)H 型钢桩可采用下列桩端形式。 ①带端板; ②不带端板: 锥底; 平底(带扩大翼、不带扩大翼)。

续表

序号	项目	内容
2	材料准备	(5)钢桩的所用的防腐材料和防腐方法应根据钢桩所处环境按设计要求进行处理。 (6)钢桩防腐处理可采用外表面涂防护层,增加腐蚀余量及阴极保护,当钢管桩内壁同外界隔绝时,可不考虑内壁防腐。 (7)当钢桩焊接接头因焊接将防腐层破坏时,焊接后应重新做防腐处理。 (8)对于抗拔桩及高承台桩,其接头焊缝外露部分应作防腐处理。
3	机具准备	(1)沉桩机械应根据地质条件、设计条件和周边环境条件等因素综合考虑后确定,打桩机宜选用三点支撑履带自行式柴油打桩机,打桩机的桩架必须具有足够的强度、刚度和稳定性,并应与打桩锤相匹配。 (2)柴油锤宜选用筒式柴油锤,柴油锤的型号可按下列方法之一确定。 1)根据工程地质条件、桩的规格、入土深度、竖向承载力,并遵循重锤低击的原则综合考虑后确定。 2)根据高应变测试法配合测试的试打桩结果进行确定。 (3)桩帽及垫层的设置,应符合下列规定。 1)桩帽应有足够的强度、刚度和耐打性。 2)钢管桩桩帽宜做成筒型,套入桩头用的筒体深度宜取 200～300mm,外径应比钢管桩内径小 20～30mm。 3)打桩时桩帽与桩头之间应设置弹性衬垫。衬垫可采用麻袋、硬纸板、胶合板等材料制作,衬垫厚度应均匀且经锤击压实后的厚度不宜小于 100mm,在打桩期间应经常检查,及时更换或补充。 4)桩帽与桩锤之间应用竖纹硬木或盘圆层叠的钢丝绳做锤垫,其厚度宜取150～200mm。 (4)送桩器及衬垫的设置应符合下列规定。 1)送桩器宜做成圆筒形,并应有足够的强度、刚度和耐打性。送桩器的长度应满足送桩深度的要求。 2)送桩器上下两端面应平整,且与送桩器中心线垂直。 3)送桩器与钢管桩应匹配。套筒式送桩器下端的套筒长度宜取 250～300mm,外径应比钢管桩内径小 20～30mm。 4)送桩作业时,送桩器与桩头之间应设置1～2层麻袋或硬纸板做衬垫。 (5)施工现场尚应配备电焊机、气割工具、索具、撬棍、钢丝刷、送桩器等工具。还应配备经纬仪、长条水准尺、钢卷尺等测量工具。
4	作业条件	(1)调查场地及毗邻区域内的地下及地上管线、可能受打桩影响的建筑物和构筑物,并提出相应的安全防护措施和环境保护措施。 (2)处理场地内影响打桩的高空地下障碍物。 (3)回填、碾压和平整场地,场地的承压能力应满足打桩机行走和稳定的要求。 (4)在不受打桩施工影响的地方设置轴线定位点和高程控制点。 (5)准备桩基施工用的临时设施,如施工用水、用电、排水、照明、道路、临时办公及生活用房屋等应满足施工需要

常用钢管桩规格　　　　　　　　　　　　　　　　表 2.2.62

钢管桩尺寸			重量		面积			断面特性		
外径 (mm)	厚度 (mm)	内径 (mm)	(kg/m)	(m/t)	断面积 (cm²)	外包面积 (m²)	外表面积 (m²/m)	断面系数 (cm³)	惯性矩 (cm⁴)	惯性半径 (cm)
406.4	9	388.4	88.2	11.34	112.4	0.130	1.28	109×10	222×10²	14.1
	12	382.4	117	8.55	148.7			142×10	289×10²	14.0

续表

钢管桩尺寸			重量		面积			断面特性		
外径 (mm)	厚度 (mm)	内径 (mm)	(kg/m)	(m/t)	断面积 (cm²)	外包面积 (m²)	外表面积 (m²/m)	断面系数 (cm³)	惯性矩 (cm⁴)	惯性半径 (cm)
508	9	490	111	9.01	141			173×10	439×10^2	17.6
	12	484	147	6.8	187.0	0.203	1.60	226×10	575×10^2	17.5
	14	480	171	5.85	217.3			261×10	663×10^2	17.5
609.6	9	591.6	133	7.52	169.8			251×10	766×10^2	21.2
	12	585.6	177	5.65	225.3	0.292	1.92	330×10	101×10^3	21.1
	14	581.6	206	4.85	262.0			381×10	116×10^3	21.1
	16	577.6	234	4.27	298.4			432×10	132×10^3	21.0
711.2	9	693.2	156	6.41	198.5			344×10	122×10^3	24.8
	12	687.2	207	4.83	263.6	0.397	2.23	453×10	161×10^3	24.7
	14	683.2	241	4.15	306.6			524×10	186×10^3	24.7
	16	679.2	274	3.65	349.4			594×10	212×10^3	24.6
812.8	9	794.8	178	5.62	227.3			452×10	184×10^3	28.4
	12	788.8	237	4.22	301.9	0.519	2.55	596×10	242×10^3	28.3
	14	784.8	276	3.62	351.3			690×10	280×10^3	28.2
	16	780.8	314	3.18	400.5			782×10	318×10^3	28.2
914.4	12	890.4	267	3.75	340.2			758×10	346×10^3	31.9
	14	886.4	311	3.22	396.0	0.567	2.87	878×10	401×10^3	31.8
	16	882.4	351	2.85	451.6			997×10	456×10^3	31.8
	19	876.4	420	2.38	534.5			117×10^2	536×10^3	31.7
1016	12	992	297	3.37	378.5			939×10	477×10^3	35.5
	14	988	346	2.89	440.7	0.811	3.19	109×10^2	553×10^3	35.4
	16	984	395	2.53	502.7			124×10^2	628×10^3	35.4
	19	978	467	2.14	595.4			146×10^2	740×10^3	35.2

3. 施工工艺

（1）工艺流程

钢桩打桩工艺流程如图 2.2.22 所示。

（2）钢桩制作要点

钢桩制作要点如表 2.2.63 所示。

（3）钢桩施打要点

钢桩施打要点如表 2.2.64 所示。

4. 质量标准及检验方法

（1）质量控制

钢桩打桩时的质量控制如表 2.2.65 所示。

（2）质量检验

钢桩施工质量检验标准如表 2.2.66 所示。

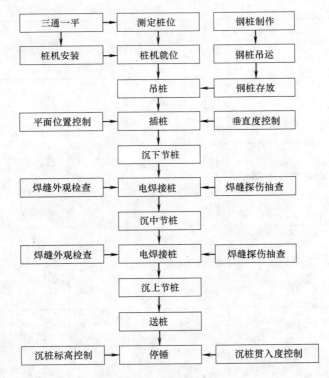

图 2.2.22　钢桩打桩工艺流程

钢桩制作要点　　　　　　　　　　　　　　　　　表 2.2.63

序　号	项　目	内　容
1	钢桩制作	钢桩制作应符合下列规定： (1)钢桩制作应在工厂进行,所使用的材料应符合设计要求,并应有出厂合格证。 (2)钢桩制作的场地应坚实平整,并应有挡风防雨措施。 (3)钢桩的分段长度应符合下列规定： 1)应满足桩架的有效高度和钢桩的运输吊装能力。 2)应避免钢桩的桩端接近或处于持力层中接桩。 3)桩的单节长度不宜大于 15m。 (4)成品钢桩的质量检验标准应符合表 2.2.66 的规定。
2	钢桩吊运	钢桩的吊运应符合下列规定： (1)钢桩出厂前应作出厂检查,其质量、规格应符合设计和订单的要求。 (2)钢桩在吊运过程中应轻吊轻放,避免强烈碰撞。 (3)钢桩运至施工现场时应按表 2.2.66 进行检查验收,严禁使用质量不合格及在吊运过程中损坏的钢桩。
3	钢桩堆放	钢桩的堆放应符合下列规定： (1)堆放场地应平整坚实。 (2)钢桩应按不同规格、长度及施工流水顺序分别堆放。 (3)当场地条件许可时,宜单层堆放;叠层堆放时,对钢管桩,外径 800～1000mm 时不超过 3 层,外径 500～800mm 时不超过 4 层,外径 300～500mm 时不超过 5 层,对 H 型钢桩最多 6 层。支点设置应合理,钢管桩的两侧应用木楔塞紧,防止滚动。 (4)垫木宜选用耐压的长方木或枕木,不得用带有棱角的金属构件代替

钢桩施打要点　　　　　　　　　　　　　　表 2.2.64

序　号	项　目	内　容
1	准备工作	打桩前应完成下列准备工作： (1)认真检查打桩机各部件的工作性能，以保证打桩机的正常运行。 (2)核对装桩的规格、长度及送桩深度，以保证所打桩的类别准确无误。 (3)根据施工图绘制整个工程的桩位编号图。 (4)由专职测量人员测定并复核桩位，其偏差不得大于 20mm。 (5)在桩身和送桩器上划出以米为单位的长度标记，并按从下至上的顺序标明桩的长度，以便观察桩的入土深度和记录每沉桩锤击数。
2	打桩顺序	打桩顺序应综合考虑下列原则确定： (1)根据桩的密集程度及周围建(构)筑物的关系。 1)若桩较密集且距周围建(构)筑物较远，施工场地较开阔时，宜从中间向四周进行。 2)若桩较密集，场地狭长、两端距建(构)筑物较远时，宜从中间向两端进行。 3)若桩较密集且一侧靠近建(构)筑物时，宜从建(构)筑物一侧由近及远地进行。 (2)根据桩的入土深度，宜先长后短。 (3)根据桩的规格，宜先大后小。 (4)根据高层建筑塔楼与裙房的关系，宜先高后低。
3	打桩规定	打桩时应符合下列规定： (1)第一节桩起吊就位插入地面时的垂直度偏差不得大于 0.5%，用经纬仪或长条水平尺校正，必要时应拔出重新就位。 (2)钢桩施打过程中，桩锤、桩帽和桩身的中心线应重合。当桩身倾斜度超过 0.8%时，应找出原因并采取措施纠正。当桩端进入硬土层后，严禁用移动桩架的方法纠偏。 (3)打桩时应有专职记录员及时准确地填写钢桩施工记录表，并应交当班监理人员或建设单位代表签认。
4	异常处理	(1)打桩过程中遇下列情况之一时，应暂停打桩，并及时与设计、监理和建设单位现场代表等有关人员研究处理： 1)贯入度突变。 2)桩身突然倾斜、移位。 3)地面明显隆起、邻桩上浮或位移过大。 4)桩身不下沉。 (2)钢管桩如锤击沉桩有困难，可在管内取土以助沉。 (3)H 型钢桩断面刚度较小，锤重不宜大于 4.5t(柴油锤)，且在锤击过程中桩架前应有约束装置，防止横向失稳，持力层较硬时，H 型钢桩不宜送桩。
5	环保措施	(1)为避免或减小沉桩挤土效应和对邻近建筑物、地下管线和已打桩等的影响，施打大面积密集群桩时，可采取下列辅助措施。 1)预钻孔沉桩，孔径约比桩径小 50~100mm，深度视桩距和土的密实度、渗透性而定，深度宜为桩长的 1/3~1/2，施工时应随钻随打。 2)设置袋装砂井或塑料排水板，以消除部分超孔隙水压力，减小挤土现象。袋装砂井直径一般为 70~80mm，间距 1~1.5m，深度 10~12m；塑料排水板的深度和间距与袋装砂井相同。 3)设置隔离板桩或地下连续墙。 4)开挖地面防振沟可消除部分地面振动，可与其他措施结合使用，沟宽 0.5~0.8m，深度按土质情况以边坡能自立为准。 5)限制打桩速度和日打桩量。 6)合理确定打桩顺序。 7)沉桩过程中加强邻近建筑物、地下管线等的观测和监护。 8)对先打桩按其可能出现的位移变形曲线提前预留位移变形量。

续表

序号	项目	内　容
5	环保措施	9)对后打桩施打前,重新复核桩轴线和桩位,以确保桩位准确。 (2)当打桩的振动和噪声受到周边环境条件限制时,可采用静力压桩,静力压桩适用于软弱土层,当存在厚度大于 3m 的中密以上砂夹层时,不宜采用静力压桩,采用静力压桩时,可采取预钻孔、水冲或管内取土等辅助措施。
6	焊杆接桩	焊接接桩除应符合现行国家和行业标准的有关规定外,尚应符合下列规定: (1)端部的浮锈、油污等脏物必须清除,保持干燥,下节桩顶经锤击后的变形部分应割除。 (2)焊接采用的焊丝(自动焊)或焊条应符合设计要求,使用前应烘干。 (3)气温低于 0℃ 或雨雪天,无可靠措施确保焊接质量时,不得焊接。 (4)当桩需要接长时,其入土桩段的桩头宜高出地面 0.5～1m。 (5)接桩时上下节桩段应校正垂直度使上下节保持顺直,错位偏差不宜大于 2mm,对口的间隙为 2～3mm。 (6)焊接应由两个焊工对称进行,焊接层数不得少于两层,内层焊渣清理干净后方可施焊外层,钢管桩各层焊缝的接头应错开,焊渣应清除,焊缝应连续饱满。 (7)焊好的桩接头应自然冷却后方可继续沉桩,自然冷却的时间不得小于 2min。 (8)每个焊接接头除应按规定进行外观质量检查外,还应按设计要求进行探伤检查,当设计无要求时,探伤检查应按接头总数的 5% 做超声或 2% 做 X 拍片检查,在同一工程内,探伤检查不得少于 3 个接头。 (9)接头焊好后应按本手册表 2.2.67 的有关规定进行检查验收。
7	送桩	送桩应符合下列规定: (1)当桩顶打至接近地面需要送桩时,应测出桩的垂直度并检查桩顶质量,合格后立即送桩。 (2)送桩时桩身与送桩器的中心线应重合。 (3)应严格控制送桩深度,以标高控制为主的桩,桩顶标高允许偏差为 ±50mm。以贯入度控制为主的桩,按设计确定的停锤标准停锤。
8	停锤	停锤标准应按下列规定执行: (1)除设计明确规定以桩端标高控制的摩擦桩应保证设计桩长外,其他桩应按设计、监理、施工等单位共同确认的停锤标准收锤。 (2)停锤标准应根据场地工程地质条件、单桩承载力设计值、桩的规格和长短、锤的大小和落距等因素综合考虑最后贯入度、桩端持力层的岩土类别以及桩端进入持力层的深度等指标由设计、监理、施工等单位共同研究确定

质 量 控 制　　　　　　　　　　　　　　　表 2.2.65

序　号	内　容
1	施工前应对进入现场的成品钢桩、电焊条作质量检验,成品桩的质量标准见表 2.2.66。
2	施工中应检查钢桩的垂直度、沉入过程情况、电焊连接质量、电焊后的停歇时间,桩顶锤击后的完整状况。电焊质量除常规检查外,应作 10% 的焊缝探伤检查。
3	施工结束后应作承载力检验。低应变整体性检验按需要确定

成品钢桩质量检验标准　　　　　　　　　　表 2.2.66

项目	序号	检验项目		允许偏差或允许值		检 验 方 法
				单位	数值	
主控项目	1	外径或断面尺寸	桩端部		±0.5%D	用钢尺量,D 为外径或边长
			桩身		±1D	
	2	矢高			<1/1000l	用钢尺量,l 为桩长

项目	序号	检验项目	允许偏差或允许值		检验方法
			单位	数值	
一般项目	1	长度	mm	+10	尺量
	2	端部平整度	mm	≤2	水平尺量
	3	H 钢桩的方正度 $h>300$ 	mm	$T+T'\leqslant 8$	用钢尺量,h、T、T' 见图示
		$h<300$	mm	$T+T'\leqslant 6$	
	4	端部平面与桩中心线的倾斜值	mm	≤2	水平尺量

钢桩施工质量检验标准　　　　　表 2.2.67

项目	序号	检验项目	允许偏差或允许值		检验方法
			单位	数值	
主控项目	1	桩位偏差	见表 2.2.29		用钢尺量
	2	承载力	按基桩检测技术规范		按基桩检测技术规范
一般项目	1	电焊接桩焊缝: (1)上下节端部错口(外径≥700mm)	mm	≤3	用钢尺量
		(外径<700mm)	mm	≤2	用钢尺量
		(2)焊缝咬边深度	mm	≤0.5	焊缝检查仪
		(3)焊缝加强层高度	mm	2	焊缝检查仪
		(4)焊缝加强层宽度	mm	2	焊缝检查仪
		(5)焊缝电焊质量外观	无气孔、无焊瘤、无裂缝		直观
		(6)焊缝探伤检验	满足设计要求		按设计要求
	2	电焊结束后停歇时间	min	>1.0	秒表测定
	3	节点弯曲矢高		<1/1000l	用钢尺量(l 为两节桩长)
	4	桩顶标高	mm	±50	水准仪
	5	停锤标准	设计要求		用钢尺量或沉桩记录

（3）质量记录

钢桩打桩时质量记录如表 2.2.68 所示。

质量记录　　　　　表 2.2.68

序　号	内　　容
1	桩基设计文件和施工图,包括图纸会审纪要、设计变更等。
2	桩位测量放线成果和验线表。
3	工程地质和水文地质勘察报告。
4	经审定的施工组织设计或施工方案包括实施中的变更文件和资料。
5	钢桩出厂合格证及钢桩技术性能资料。

续表

序 号	内 容
6	打桩施工记录,包括桩位编号图。
7	桩基竣工图。
8	成桩质量检验报告和承载力检验报告。
9	质量事故处理资料

5. 成品保护

钢桩打桩时成品保护,如表2.2.69所示。

成品保护 表 2.2.69

序 号	内 容
1	钢桩进入现场应单排平放,下面垫枕木,防止桩变形。
2	钢桩起吊时应合理选择吊点,防止桩起吊过程中变形。
3	钢桩工程的基坑开挖应符合下列规定: 基坑开挖应制定合理的基坑开挖方案,宜在打桩全部完成并相隔15d后进行,宜分层均匀开挖,桩周土体高差不宜大于2m,基坑开挖时挖土机械不得碰撞桩头,截桩头时应用截桩器,不得用倒链硬拉,基坑开挖过程中应加强围护结构、边坡的监测

6. 安全环保措施

钢桩打桩时安全环保措施可参见节表2.2.58。

2.2.2.5 螺旋钻成孔灌注桩

1. 适用范围及基本规定

螺旋钻成孔灌注桩的适用范围及基本规定,如表2.2.70所示。

适用范围及基本规定 表 2.2.70

序 号	项 目	内 容
1	定义	螺旋钻成孔灌注桩是指用电动机带动带有螺旋叶片的钻杆转动,使钻头螺旋叶片旋转削土,土块随螺旋叶片上升排出孔口,至设计深度后,进行孔底清理,然后下钢筋笼、浇灌混凝土成桩。
2	特点	螺旋钻成孔灌注桩是干作业成孔灌注桩的一种,干作业成孔灌注桩是指不用泥浆或套管护壁的情况下用人工或钻机成孔,下钢筋笼、浇灌混凝土的基桩。
3	适用范围	螺旋钻成孔灌注桩适用于地下水位以上的一般黏性土、粉土、黄土、以及密实的黏性土、砂土层中使用。
4	基本规定	(1)桩位放样允许偏差如下: 1)群桩:20mm; 2)单排桩:10mm。 (2)桩基工程的桩位验收,除设计有规定外,应按下述要求进行: 1)当桩顶设计标高与施工场地标高相同时,或桩基施工结束后,有可能进行检查时,桩基工程的验收应在施工结束后进行。 2)当桩顶设计标高低于施工场地标高,送桩后无法对桩位进行检查时,灌注桩可对护筒位置做中间验收。 (3)螺旋钻成孔灌注桩的桩位偏差必须符合表2.2.71的规定,桩顶标高至少比设计标高高出0.5m。每浇注50m³ 必须有1组试件;小于50m³的单柱单桩的桩,每根桩必须有1组试件;每个柱子承台下的桩至少应有1组试件。

序　号	项　目	内　容
4	基本规定	（4）对砂子、石子、钢材、水泥等原材料的质量、检验项目、批量和检验方法,应符合国家现行有关标准的规定。 （5）工程桩应进行承载力检验。对于地基基础设计等级为甲级或地质条件复杂,成桩质量可靠性低的灌注桩,应采用静载荷试验的方法进行检验,检验桩数不应少于总数的1%,且不应少于3根,当总桩数少于50根时,不应少于2根。 （6）桩身质量应进行检验。对设计等级为甲级或地质条件复杂,成桩质量可靠性低的灌注桩,抽检数量不应少于总数的30%,且不应少于20根;其他桩基工程的抽检数量不应少于总数的20%,且不应少于10根;对地下水位以上终孔后经过检验的灌注桩,检验数量不应少于桩总数的10%,且不应少于10根,每个柱子承台下不得少于1根

螺旋钻成孔灌注桩施工允许偏差　　　表 2.2.71

成孔方法	桩径允许偏差（mm）	垂直度允许偏差（%）	桩位允许偏差(mm)	
			1~3 根、单排桩基垂直于中心线方向和群桩基础的边桩	条形桩基沿中心线方向和群桩基础的中间桩
干作业成孔灌注桩	−20	<1	70	150

注：桩径允许偏差的负值是指个别断面。

2. 施工准备及工程要点

（1）施工准备

螺旋钻成孔灌注桩的施工准备如表 2.2.72 所示。

施 工 准 备　　　表 2.2.72

序　号	项　目	内　容
1	技术准备	（1）熟悉图纸,消除技术疑问。 （2）详细的工程地质资料。 （3）经审批后的桩基施工组织设计、施工方案。 （4）根据图纸定好桩位点、编号、施工顺序、水电线路和临时设施位置。
2	材料准备	（1）水泥:宜用强度等级为 32.5 的矿渣硅酸盐水泥。 （2）细骨料:中砂或粗砂。 （3）粗骨科:卵石或碎石,粒径 5~32mm。 （4）钢筋:根据设计要求选用。 （5）垫块:用 1：3 水泥砂浆和 22 号火烧丝提前预制成型或用塑料卡。 （6）火烧丝:规格 18~20 号铁丝烧成。 （7）外加剂:选用高效减水剂。
3	机具准备	（1）螺旋钻孔机:常用的主要技术参数见表 2.2.73。 （2）机动小翻斗车或手推车,装卸运土或运送混凝土。 （3）长、短棒式振捣器。部分加长软轴、混凝土搅拌机、平尖头铁锹、胶皮管等。 （4）串筒、盖板、测绳、手把灯、低压变压器及线坠等。
4	作业条件	（1）地上、地下障碍物都处理完毕,达到"四通一平"。施工用的临时设施准备就绪。 （2）场地标高一般应为承台梁的上皮标高,并经过夯实或碾压。 （3）分段制作好钢筋笼,其长度以 5~8m 为宜。 （4）根据图纸放出轴线及桩位点,抄水平标高,并经过预检。 （5）施工前应作成孔试验,数量不少于两根。 （6）要选择和确定钻孔机的进出路线和钻孔顺序,制定施工方案,做好技术交底

常用长螺旋钻孔机的主要技术参数　　表 2.2.73

型　号	电机功率 (kW)	钻孔直径 (mm)	钻杆扭矩 (kN·m)	钻孔深度 (m)	钻进速度 (m/min)	钻杆转速 (r/min)	桩架型式
BQZ400	22	300～400	1.47	8～10.5	1.5～2	140	步履式
KLB600	40	300～600	3.30	12.0	1.0～1.5	88	步履式
ZKL400B	30	300～400	2.67	12.0		98	步履式
LZ600	30	300～600	3.60	13.0	1.0	70～110	履带吊 W1001
ZKL650Q	40	350～600	6.71	10.0		39、64、99	汽车式
ZKL400	30	400	3.7、4.85	12～18	1.0	63.81、116	履带吊 W1001
ZKL600	55	600	12.07	12～18	1.0	39、54、71	履带吊 W1001
ZKL800	55	800	14.55	12～18	1.0	21、27、39	履带吊 W1001
KW-40	40	350～450	1.53	7～18	1.0～1.2	81	
LKZ400	22	400	1.47	8～10.5		140	轨道式
GZL400	15	400	1.47	12.0	1.0	88	

(2) 工程要点

螺旋钻成孔灌注桩的工程要点，如表 2.2.74 所示。

工程要点　　表 2.2.74

序　号	项　目	内　容
1	材料要点	(1)水泥:可采用火山灰水泥、粉煤灰水泥、普通硅酸盐水泥或硅酸盐水泥,使用矿渣水泥时应采取防离析措施。水泥强度等级不宜低于 32.5,水泥的初凝时间不宜早于 2.5h。水泥性能必须符合现行国家有关标准的规定,水泥的进场验收应符合以下要求: 1)出厂合格证,内容包括:水泥牌号、厂标、水泥品种、强度等级、出场日期、批号、合格证编号、抗压强度、抗折强度、安定性等试验指标;合格证应加盖厂家质量检查部门印章,转抄(复印)件应说明原件存放处、原件编号、转抄人应加盖转抄单位印章(以红印为准,复印件无效);合格证的备注栏由施工单位填写单位工程名称及使用部位。 2)水泥进场取样方法应按《水泥取样方法》(GB 12573—90)进行,通常复试内容包括:安定性、凝结时间和胶砂强度三项。 3)进场水泥有下列情况之一者,应进行复试,复试应由法定检测单位进行并应提出试验报告,合格后使用。 ①水泥出厂日期超出三个月(快硬性水泥超出一个月); ②水泥发生异常现象,如受潮结块等; ③使用进口水泥者; ④设计有特殊要求者。 (2)粗骨料:宜优先选用卵石,如采用碎石宜适当增加混凝土配合比的含砂率。粗集料的最大粒径不应大于导管内径的 1/8～1/6 和钢筋最小净距的 1/4,且不宜大于 40mm,其性能及质量要求如下: 1)颗粒级配一般采用连续级配 5～31.5mm、单粒级配 16～31.5mm 或 20～40mm,有条件时优先选用连续级配。 2)含泥量限制见表 2.2.75。 3)有害物质含量见表 2.2.76。 4)针、片状颗粒的含量限制见表 2.2.77。 5)强度指标:采用压碎指标值见表 2.2.78。

续表

序　号	项　目	内　容
1	材料要点	(3)细骨科(砂):采用级配良好的中砂,细度模数为3.4～2.3,其性能及质量要求如下: 1)砂的主要技术性能见表 2.2.79。 2)含泥量:砂的含泥量指砂中粒径小于 0.080mm 的颗粒含量;砂中泥的粒径大于1.25mm,经水洗并用手捏后变成小于 0.630mm 颗粒的,称为泥块。砂的含泥量泥块含量见表 2.2.80。 3)有害物含量见表 2.2.81。 (4)水:搅拌混凝土宜采用饮用水。当采用其他来源的水时,水质必须符合国家现行标准的规定。一般情况下应符合以下规定: 1)水中不应含有影响水泥正常凝结与硬化的有害物质或油脂、糖类及游离酸类等。 2)污水、pH 值小于 5 的酸性水及含硫酸盐量按 SO_4^{2-} 计超过水的 0.27mg/cm^3 的水不得使用。 3)不得用海水拌制混凝土。 4)供饮用的水,一般能满足上述条件,使用时可不经试验。 (5)外加剂:采用水下混凝土灌注时,混凝土中一般掺加减水缓凝剂,用于延长混凝土的初凝时间,提高混凝土的和易性,外加剂的质量应符合国家现行标准的规定。 (6)钢筋:钢筋进场时应检查产品合格证,出厂检验报告和进场复验报告。复验内容包括:拉力试验(屈服、抗拉强度和伸长率)、冷弯试验。具体要求如下: 1)出厂合格证应由钢厂质检部门提供或供销部门转抄,内容包括:生产厂家名称、炉罐号(或批号)、钢种、强度、级别、规格、重量及件数、生产日期、出厂批号;力学性能检验数据及结论;化学成分检验数据及结论;并有钢厂质量检验部门印章及标准编号。出厂合格证(或其转抄件、复印件)备注栏内应由施工单位写明单位工程名称及使用部位。 2)试验报告应有法定检测单位提供,内容包括:委托单位、工程名称、使用部位、钢筋级别、钢种、钢号、外形标志、出厂合格证编号、代表数量、送样日期、原始记录编号、报告编号、试验日期、试验项目及数据、结论。 3)钢筋进场后应进行外观检查,内容包括:直径、标牌、外形、长度、劈裂、弯曲、裂痕、锈蚀等项目,如发现有异常现象时(包括在加工过程中有脆断、焊接性能不良或力学性能显著不正常时)应拒绝使用。
2	质量要点	(1)钢筋加工前,应对所采用的钢筋进行外观检查,钢筋表面必须洁净,无损伤、油渍、漆污和铁锈等,带有颗粒状或片状老锈的钢筋严禁使用。 (2)钢筋加工前,应先行调直,使钢筋无局部曲折。 (3)混凝土搅拌按以下规定执行: 1)原材料计量应建立岗位责任制,计量方法力求简便易行、可靠,允许偏差见表 2.2.82。 2)外加剂应用台秤计量。 3)当拌制混凝土受到外界因素的影响时(如砂石含水量的变化),应及时调整和修正配合比,使拌制的混凝土达到设计的要求。 4)混凝土搅拌的最短时间:强制式搅拌机不少于 90s,自落式不少于 120s。 5)混凝土拌和物搅拌必须均匀,且色泽一致。 6)应在拌制地点和灌注地点分别检查混凝土的坍落度和温度。 (4)护筒埋入土中的深度必须满足要求,护筒四周用黏性土回填并分层夯实。 (5)桩机就位后,必须平正、稳固,确保在施工中不发生倾斜和移动;为准确控制成孔深度,在桩架或钻具上应设置控制深度的标尺,以便在施工中观测记录。 (6)从开始成孔至水下混凝土浇筑完毕,应始终保持护筒内泥浆面高出地下水位1.0m 以上,受水位涨落影响时,应高出最高水位 1.5m 以上。 (7)成孔过程中应注意地层的变化,随时调整钻进工艺,防止塌孔、缩颈、倾斜等质量缺陷。 (8)钢筋骨架在存放、起吊过程中应采取措施防止变形;在安放入孔时,位置要居中,不得碰撞孔壁;安放至设计高程后,应采取措施固定,确保在混凝土灌注过程中不移动。 (9)导管在使用前应作水密性试验,安装时要放密封圈并上紧丝扣,在孔中的位置要居中,导管底距孔底 300～500mm,上部高出泥浆面不少于 300mm

含泥量和泥块含量指标   表 2.2.75

混凝土强度等级	≥C30	<C30
含泥量,按重量计不大于(%)	1.0	2.0
泥块含量,按重量计不大于(%)	0.50	0.70

碎石和卵石中有害物质含量指标   表 2.2.76

项　　目	质　量　标　准
硫化物和硫酸盐含量折算为 SO_3,按重量计不大于(%)	1
卵石中有机物质含量(用比色法试验)	颜色不应深于标准色,如深于标准色,则应以混凝土进行强度对比试验,予以复核

针、片状颗粒的含量指标   表 2.2.77

混凝土强度等级	≥C30	<C30
针、片状颗粒含量,按重量计不大于(%)	15	25

碎石、卵石的压碎指标值   表 2.2.78

骨料品种	混凝土强度等级	压碎指标值(%)
水成岩	C55~C40	≤10
	≤C35	≤16
变质岩或深层火成岩	C55~C40	≤12
	≤C35	≤20
火成岩	C55~40	≤13
	≤C35	≤30
卵石	C55~C40	≤12
	≤C35	16

砂的主要性能   表 2.2.79

序　号	项　　目		技　术　指　标
1	粒径		≤5mm
2	表观密度		2.6~2.7g/cm³
3	堆积密度		1350~1650kg/m³
4	紧密密度		1600~1700kg/m³
5	空隙率	干燥松散	35%~45%
		颗粒级配	35%~37%

砂中含泥量、泥块含量指标   表 2.2.80

混凝土强度等级	≥C30	<C30
含泥量,按重量计不大于(%)	3.0	5.0
泥块含量,按重量计不大于(%)	1.0	2.0

砂中有害物含量　　　　　　　　　　　表 2.2.81

项　目	质量指标
云母含量,按重量计不大于(%)	2
轻物质含量,按重量计不大于(%)	1
硫化物和硫酸盐含量折算为 SO_3,按重量计不大于(%)	1
有机物质含量(用比色法试验)	颜色不应深于标准色,如深于标准色,则应配成砂浆进行强度对比试验,予以复核

配料数量允许偏差　　　　　　　　　　表 2.2.82

材料类别	允许偏差(%)	
	现场拌制	集中搅拌站拌制
水泥	±2	±1
粗、细骨料	±3	±2
水、外加剂	±2	±1

3. 施工工艺

(1) 工艺流程

1) 成孔工艺流程,如下所示:

钻孔机就位 → 钻孔 → 检查质量 → 孔底清理 → 孔口盖板 → 移钻孔机

2) 浇筑混凝土工艺流程,如下所示:

移盖板测孔深、垂直度 → 放钢筋笼 → 放混凝土串筒 → 浇筑混凝土（随浇随振）→ 插桩顶钢筋

(2) 操作方法

螺旋钻成孔灌注桩操作方法如表 2.2.83 所示。

操作方法　　　　　　　　　　表 2.2.83

序号	项　目	内　容
1	成孔操作方法	(1)钻孔机就位:钻孔机就位时,必须保持平稳,不发生倾斜、位移,为准确控制钻孔深度,应在机架上作出控制标尺,以便在施工中进行观测、记录。 (2)钻孔:调直机架挺杆对好桩位(用对位圈),开动机器钻进、出土,达到控制深度后停钻、提钻。 (3)检查成孔质量 1)孔深测定。用测绳(锤)或手提灯测量孔深及虚土厚度。虚土厚度等于钻孔深度与测量深度的差值。虚土厚度一般不应超过 100mm。 2)孔径控制。钻进遇有含石块较多的土层,或含水量较大的软塑黏土层时,必须防止钻杆晃动引起孔径扩大,致使孔壁附着扰动土和孔底增加回落土。 (4)孔底清土。钻到预定的深度后,必须在孔底处进行空转清土,然后停止转动;提钻杆,不得回转钻杆。孔底的虚土厚度超过质量标准时,要分析原因,采取措施进行处理。进钻过程中散落在地面上的土,必须随时清除运走。 (5)移动钻机到下一桩位。经过成孔检查后,应填好桩孔施工记录。然后盖好孔口盖板,并要防止在盖板上行车或走人。最后再移走钻机到下一桩位。

序 号	项 目	内 容
2	混凝土浇注方法	(1)移走钻孔盖板,再次复查孔深、孔径、孔壁、垂直度及孔底虚土厚度。有不符合质量标准要求时,应处理合格后,再进行下道工序。 (2)吊放钢筋笼:钢筋笼放入前应先绑好砂浆垫块(或塑料卡);吊放钢筋笼时,要对准孔位,吊直扶稳,缓慢下沉,避免碰撞孔壁。钢筋笼放到设计位置时,立即固定。遇有两段钢筋笼连接时,应采取焊接,以确保钢筋的位置正确,保护层厚度符合要求。 (3)放串筒浇筑混凝土。在放串筒前应再次检查和测量钻孔内虚土厚度。浇筑混凝土时应连续进行,分层振捣密实,分层高度以捣固的工具而定。一般不得大于0.5m。 (4)混凝土浇筑到桩顶时,应适当超过桩顶设计标高,以保证在凿除浮浆后,桩顶标高符合设计要求。 (5)撤串筒和桩顶插钢筋。混凝土浇到距桩顶1.5m时,可拔出串筒,直接浇灌混凝土。桩顶上的插筋一定要保持垂直插入,有足够的保护层和锚固长度,防止插偏和插斜。 (6)混凝土的坍落度一般宜为80～100mm;为保证其和易性及坍落度,应注意调整砂率和掺入减水剂、粉煤灰等。
3	冬雨期施工要点	(1)冬期当温度低于0℃以下浇筑混凝土时,应采取加热保温措施。浇筑时,混凝土的温度按冬施方案规定执行。在桩顶未达到设计强度50%以前不得受冻。 (2)雨期严格坚持随钻孔随浇筑混凝土的规定,以防遇雨成孔后灌水造成塌孔。雨天不应进行钻孔施工。现场必须有排水措施,防止地面水流入孔内。
4	注意事项	(1)钻孔完毕,应及时盖好孔口,并防止在盖板上过车和行走。操作中应及时清理虚土。必要时可二次投钻清土。 (2)注意土质变化,遇有砂卵石或流塑淤泥、上层滞水层渗漏等情况,应会同有关单位研究处理,防止塌孔缩孔。 (3)要严格按操作工艺边浇筑混凝土边振捣的规定执行。严禁把土和杂物混入混凝土中一起浇筑。 (4)钢筋笼在堆放、运输、起吊、入孔等过程中,应严格按操作规定执行。必须加强对操作工人的技术交底,严格执行加固的质量措施,防止钢筋笼变形。 (5)当出现钻杆跳动、机架晃摇、钻不进尺等异常现象,应立即停车检查。 (6)混凝土浇筑到接近桩顶时,应随时测量顶部标高,以免过多截桩和补桩

4. 质量标准及检验方法

(1) 质量控制

螺旋钻成孔灌注桩质量控制如表 2.2.84 所示。

质 量 控 制　　　　　　　　　　　　　　　　表 2.2.84

序 号	内 容
1	桩的检验,应按现行有关规定、质量验收规定、设计文件的质量要求进行。
2	施工前应对水泥、砂、石子(如现场搅拌)、钢材等原材料进行检查、对施工组织设计中制定的施工顺序、监测手段(包括仪器、方法)也应检查。
3	施工中应对成孔、清渣、放置钢筋笼、浇筑混凝土等进行全过程检查,应复验孔底持力层土(岩)性。嵌岩桩必须有桩端持力层的岩性报告。
4	施工结束后,应检查混凝土强度,并应做桩体质量及承载力的检验

(2) 质量检验

螺旋钻成孔灌注桩质量检验报告必须符合表 2.2.85、表 2.2.86 的规定。

钢筋笼质量检验标准 (mm)   表 2.2.85

项 目	序号	检 查 项 目	允许偏差或允许值	检 查 方 法
主控项目	1	主筋间距	±10	用钢尺量
	2	钢筋骨架长度	±100	用钢尺量
一般项目	1	钢筋材质检验	设计要求	抽样送检
	2	箍筋间距	±20	用钢尺量
	3	直径	±10	用钢尺量

人工成孔混凝土灌注桩质量检验标准   表 2.2.86

项 目	序号	检 查 项 目	允许偏差或允许值 单位	允许偏差或允许值 数值	检 查 方 法
主控项目	1	桩位	见本节表2.2.71		基坑开挖前量护筒,开挖后量桩中心
	2	孔深	mm	+300	只深不浅,用重锤测,或测钻杆,套管长度,嵌岩桩应确保进入设计要求的嵌岩深度
	3	桩体质量检验	按《建筑基桩检测技术规范》。如钻芯取样,大直径嵌岩桩应钻至桩尖下50cm		按《建筑基桩检测技术规范》
	4	混凝土强度	设计要求		试件报告或钻芯取样送检
	5	承载力	按《建筑桩基检测技术规范》		按《建筑基桩检测技术规范》
一般项目	1	垂直度	见本节表2.2.71		测套管或钻杆,或用超声波探测
	2	桩径	见本节表2.2.71		井径仪或超声波检测
	3	混凝土坍落度	mm	70～100	坍落度仪
	4	钢筋笼安装深度	mm	±100	用钢尺量
	5	混凝土充盈系数	>1		检查每根桩的实际灌注量
	6	桩顶标高	mm	+30,-50	水准仪,需扣除桩顶浮浆层及劣质桩体

(3) 质量记录

螺旋钻孔成灌注桩的质量记录,如表 2.2.87 所示。

质 量 记 录   表 2.2.87

序　号	内　容
1	水泥的出厂证明及复验证明。
2	钢筋的出厂证明或合格证以及钢筋试验单。
3	试桩的试压记录。
4	补桩的平面示意图。
5	灌注桩施工记录。
6	混凝土试配申请单和试验室签发的配合比通知单。
7	混凝土试块 28d 标养抗压强度试验报告。
8	商品混凝土的出厂合格证。

5. 成品保护

螺旋钻成孔灌注桩的成品保护如表 2.2.88 所示。

成品保护　　　　　　　　　　　　表 2.2.88

序号	内　　容
1	钢筋笼在制作、运输和安装过程中,应采取措施防止变形。吊入钻孔时,应有保护垫块、或垫管和垫板。
2	钢筋笼在放入孔时,不得碰撞孔壁。灌注混凝土时,应采取措施固定其位置。
3	灌注桩施工完毕进行基础开挖时,应制定合理的施工顺序和技术措施,防止桩的位移和倾斜。并应检查每根桩的纵横水平偏差。
4	成孔内放入钢筋笼后,要在 4h 内浇筑混凝土。在浇筑过程中,应有不使钢筋笼上浮和防止泥浆污染的措施。
5	安装钻孔机、运输钢筋笼以及浇筑混凝土时,均应注意保护好现场的轴线和高程桩。
6	桩头外留的主筋插铁要妥善保护,不得任意弯折或压断。
7	桩头混凝土强度,在没有达到 5MPa 时,不得碾压,以防桩头损坏

6. 安全环保措施

螺旋钻成孔灌注桩的安全环保措施如表 2.2.89 所示。

安全环保措施　　　　　　　　　　　　表 2.2.89

序号	内　　容
1	钻孔机就位时,必须保持平稳,防止发生倾斜、倒塌。
2	桩成孔检查后,盖好孔口盖板,用钢管搭架子护栏围挡,防止在盖板上行车或走人。
3	施工现场地面应适当进行混凝土硬化,并有撒水等降尘措施。
4	现场搅拌混凝土应搭设搅拌棚,防止水泥飞扬污染环境。
5	散落混凝土应及时清理。
6	施工机械易发生滴油部位应用塑料薄膜包裹,防止侵入地面污染环境

2.2.2.6　泥浆护壁钻孔灌注桩

1. 适用范围及基本规定

泥浆护壁钻孔灌注桩的适用范围及基本规定,如表 2.2.90 所示。

适用范围及基本规定　　　　　　　　　　　　表 2.2.90

序号	项　目	内　　容
1	定义	(1)灌注桩:先用机械或人工成孔,然后再下钢筋笼、灌注混凝土的基桩。 (2)泥浆护壁:用机械进行贯注桩成孔时,为防止塌孔,在孔内用相对密度大于 1 的泥浆进行护壁的一种成孔施工工艺。
2	适用范围	泥浆护壁钻孔灌注桩按成孔工艺和成孔机械的不同,可分为如下几种,其适用范围如下: (1)冲击成孔灌注桩:适用于黄土、黏性土或粉质黏土和人工杂填土层中应用,特别适合于有孤石的砂砾石层、漂石层、坚硬土层、岩层中使用,对流砂层亦可克服,但对淤泥及淤泥质土,则应慎重使用。 (2)冲抓成孔灌注桩:适用于一般较松软黏土、粉质黏土、砂土、砂砾层以及软质岩层应用,孔深在 20m 内。 (3)回转钻成孔灌注桩:适用于地下水位较高的软、硬土层,如淤泥、黏性土、砂土、软质岩层。 (4)潜水钻成孔灌注桩:适用于地下水位较高的软、硬土层,如淤泥、淤泥质土、黏土、粉质黏土、砂土、砂夹卵石及风化页岩层中使用,不得用于漂石。

序　号	项　目	内　容
3	基本规定	(1)桩位放样允许偏差如下： 1)群桩：20mm； 2)单排桩：10mm。 (2)桩基工程的桩位验收，除设计有规定外，应按下述要求进行： 1)当桩顶设计标高与施工场地标高相同时，或桩基施工结束后，有可能进行检查时，桩基工程的验收应在施工结束后进行。 2)当桩顶设计标高低于施工场地标高，送桩后无法对桩位进行检查时，灌注桩可对护筒位置做中间验收。 (3)泥浆护壁钻孔灌注桩的桩位偏差必须符合表2.2.91的规定，桩顶标高至少比设计标高高出 0.5m，桩底清孔质量要求见表 2.2.107。每浇注 50m³ 必须有 1 组试件；小于 50m³ 的单柱单桩，每根桩必须有 1 组试件；每个柱子承台下的桩至少应有 1 组试件。 (4)工程桩应进行承载力检验。对于地基基础设计等级为甲级或地质条件复杂，成桩质量可靠性低的灌注桩，应采用静载荷试验的方法进行检验，检验桩数济源少于总数的 1%，且不应少于 3 根，当总桩数少于 50 极时，不应少于 2 根。 (5)桩身质量应进行检验。对设计等级为甲级或地质条件复杂，成桩质量可靠性低的灌注桩，抽检数量不应少于总数的 30%，且不应少于 20 根；其他桩基工程的抽检数量不应少于总数的 20%，且不应少于 10 根；对地下水位以上终孔后经过核验的灌注桩，检验数量不应少于总桩数的 10%，且不应少于 10 根。每个柱子承台下不得少于 1 根。 (6)对砂子、石子、钢材、水泥等原材料的质量、检验项目、批量和检验方法应符合国家现行有关标准的规定。 (7)粗骨料可选用卵石或碎石，其最大粒径对于沉管灌注桩不宜大于 50mm，并不得大于钢筋间最小净距的 1/3；对于素混凝土桩，不得大于桩径的 1/4，并不宜大于 70mm。 (8)为核对地质资料、检验设备、工艺以及技术要求是否适宜，桩在施工前，宜进行"试成孔"

泥浆护壁灌注桩施工允许偏差　　　　　　　　表 2.2.91

桩　径	桩径允许偏差 (mm)	垂直度允许偏差 (%)	桩位允许偏差(mm)	
			1～3 根、单排桩基垂直于中心线方向和群桩基础的边桩	条形桩基沿中心线方向和群桩基础的中间桩
$d \leqslant 1000mm$	±50	≯1	$d/6$ 且不大于 100	$d/4$ 且不大于 150
$d > 1000mm$	±50		$100 + 0.01H$	$150 + 0.01H$

注：1. 桩径允许偏差的负值是指个别断面；
　　2. 采用复打、反插法施工的桩径允许偏差不受本表限制；
　　3. H 为施工现场地面标高与桩顶设计标高的距离；d 为设计桩径。

2. 施工准备及工程要点

泥浆护壁灌注桩施工准备及工程要点，如表2.2.92所示。

3. 施工工艺

(1) 工艺流程

泥浆护壁钻孔灌注桩的工艺流程，如图2.2.23所示。

施工准备及工程要点　　　　表 2.2.92

序　号	项　目	内　容
1	技术准备	(1)认真熟悉现场的工程地质和水文地质资料,收集场区内地下障碍物、管网等相关资料。 (2)结合场区内的具体情况,编制施工组织设计或施工方案。 (3)对现场施工人员进行图纸和施工方案交底,专业工种应进行短期专业技术培训。 (4)组织现场所有管理人员和施工人员学习有关安全、文明施工规程,增强职工安全、文明施工和环保意识。 (5)进行测量基准交底、复测及验收工作。 (6)其他技术准备工作。
2	材料准备	(1)钢筋、水泥、砂、石、水等原材料经质量检验合格; (2)混凝土拌合所需原材料全部进场,并至少备有1个工作班用量的储备。 (3)钢筋骨架加工所需原材料已全部进场,并具备成批加工能力,开钻前宜加工成型1个工作班用量的套数; (4)配置泥浆用的黏土或膨润土已进场。泥浆池和排浆槽已挖好。
3	机械准备	成孔机械根据土质情况进行选用,见表2.2.93。潜水钻机技术参数见表2.2.94,国产回转钻机技术参数见表2.2.95、表2.2.96,国产冲击钻机技术参数见表2.2.97,冲抓钻机技术参数见表2.2.98,抓斗与套管配套表见表2.2.99、表2.2.100。
4	作业准备	(1)施工平台应坚实稳固,并具备机械、人员操作空间。 (2)施工用水、用电接至施工场区,并满足机械及成孔要求。 (3)混凝土搅拌站、混凝土运输、混凝土浇筑机械试运转完毕,钢筋进场检验合格,钢筋骨架安放设备满足要求。 (4)测量控制网(高程、坐标点)已建立,桩位放线工作完成,或复测验收合格。
5	工程要点	泥浆护壁灌注桩工程要点同2.2.2.5,见表2.2.74

成孔机械选用表　　　　表 2.2.93

成孔机械	土质情况
潜水钻	黏性土、粉土、淤泥、淤泥质土、砂土、强风化岩、软质岩
回转钻	碎石类土、黏性土、粉土、淤泥、淤泥质土、砂土、强风化岩、软质及硬质岩
冲击钻	各类土层及风化岩、软质岩
冲抓锥成孔机	较松软黏土、粉质黏土、砂土、砂砾层以及软质岩层等

潜水钻机主要技术参数　　　　表 2.2.94

参数 型号		KQ-800	KQ-1250A	KQ-1500	KQ-2000	KQ-2500	KQ-3000
钻孔直径(mm)		450~800	450~1250	800~1500	800~2000	1500~2500	2000~3000
钻孔深度(m)	潜水钻法	80	80	80	80	80	80
	钻斗钻法	35	35	35			
主轴转速(r/min)		200	45	38.5	21.3		
最大扭矩(kN·m)		1.90	4.60	6.87	13.72	36.0	72.0
钻进速度(m/min)		0.3~1	0.3~1	0.06~0.16	0.06~0.10	74	111
电机功率(kW)		22	22	37	44	16	12

续表

参数＼型号	KQ-800	KQ-1250A	KQ-1500	KQ-2000	KQ-2500	KQ-3000
电机转速(r/min)	960	960	960	960		
钻头转速(r/min)	86	45	42		16	12
主机重量(kg)	550	700	1000	1000		
整机重量(kg)	7280	10460	15430	20180		
外型尺寸 (mm) 长度	4306	5600	6850	7500		
外型尺寸 (mm) 宽度	3260	3100	3200	4000		
外型尺寸 (mm) 高度	7020	8742	10500	11000		

国产回转钻机主要性能 (一)　　表 2.2.95

参数＼型号	GPS-15	SPJT-300	SPC-500	QJ250	ZJ150-1	G-4	BRM-08	BRM-1
钻孔直径(mm)	800～1500	500	500～350	2500	1500	1000	1200	1250
钻孔深度(m)	50	300	600	100	70～100	50	40～60	40～60
转盘扭矩(kN·m)	17.7	17.7		68.6	3、5、4.9、7.2、19.5	20	4.2～8.7	3.3～12.1
转盘转速(r/min)	13、23、42	40、70、128	正 42、70、110、203 反 51、84、132、243	12、8、21、41	22、59、86、120	10、40、80	15～41	9～52
钻孔方式	泵吸反循环	正反循环	正循环	正反循环	正反循环	正反循环	正反循环	正反循环
加压给进方式				自重	自重		配重	配重
驱动功率(kW)	30	40	75	95	55	20	22	22
重量(kg)	15000	11000	25000	13000	1000		6000	9200
外形尺寸 (m) 长度	4.7	11.7	12.3	3.0				
外形尺寸 (m) 宽度	2.2	2.5	2.5	1.6				
外形尺寸 (m) 高度	8.3	3.7	3.7	2.7				

国产回转钻机主要性能 (二)　　表 2.2.96

参数＼型号	BRM-2	BRM-4	BRM-4A	GJD1500	红星 400	SPC-300H	SPC-600
钻孔直径(mm)	1500	3000	1500～3000	1500～2000	1500	500、700	500～1900
钻孔深度(m)	40～60	40～100	40～80	50	50	200～300、80	400～600
转盘扭矩(kN·m)	7～28	15～80	15、20、30、40、55、80	39.2	40		15、24、39、64、11.5
转盘转速(r/min)	5～34	6～35	6、9、13、17、25、35	6.3、14.4、30.6	12	52、78、123	25、45、74、120、191

续表

参数＼型号	BRM-2	BRM-4	BRM-4A	GJD1500	红星400	SPC-300H	SPC-600
钻孔方式	正反循环	正反循环	气举反循环	正反循环、冲击	正反循环	正反循环、冲击	正循环
加压给进方式	配重	配重	配重		自重		
驱动功率(kW)	28	75	75	63	40	118	75
重量(kg)	13000	32000	61877	20500	7000	15000	23900
外形尺寸(m) 长度			7.9	5.1	3.0	10.9	14.2
外形尺寸(m) 宽度			4.5	2.4	1.6	2.5	2.5
外形尺寸(m) 高度			13.3	6.38	2.7	3.6	3.6

国产冲击钻机主要技术性能　　　　　　　　　表 2.2.97

技术参数＼型号	SPC-300H	GJC-40H	CZ-30	CZ-22	KCL-100	GJD-1500
钻孔最大直径(mm)	700	700	1200	559	1000	2000 土层 1500 岩层
钻孔最大孔深(m)	80	80	180	300	50	50
冲击行程(mm)	500、650	500、650	500～1000	350～1000	350～1000	100～1000
冲击频率(次/min)	25、50、72	20～72	40、45、50	40、45、50	40、45、50	0～30
钻头重量(kg)			2500	1500	1500	2940
卷筒提升力(kN) 冲击钻卷筒	30	30	30	30	20	39.2
卷筒提升力(kN) 淘渣筒卷筒			20	20	13	
卷筒提升力(kN) 滑车卷筒	20	20	30	15		
电机功率(kW)	118	118	40	22	30	63
桅杆负荷能力(kN)	150	150	250	150	120	
桅杆工作高度(m)	11	11	16	11	7.5	
钻机尺寸(m) 拖动时 长度			10.0			
钻机尺寸(m) 拖动时 高度			2.66			
钻机尺寸(m) 拖动时 宽度			3.50			
钻机尺寸(m) 工作时 长度	10.85	10.85	6.00		2.8	5.04
钻机尺寸(m) 工作时 高度	2.47	2.47	2.66		2.3	2.36
钻机尺寸(m) 工作时 宽度	3.60	3.55	16.30		7.8	6.38
钻机重量(kg)	15000	15000	13670	7000	6100	20500

冲抓式成孔机技术参数　　　　　　　　　表 2.2.98

性能指标	A-3 型	A-5 型
成孔直径(mm)	480～600	450～600
最大成孔深度(m)	10	10
抓斗长度(mm)	2256	2356

续表

性　能　指　标	A-3 型	A-5 型
抓瓣张开直径(mm)	450	430
抓瓣数	4	4
提升速度(m/min)	15	18
卷扬机起重能力(kN)	20	25
平均功效(孔/台班)	5～6(深5～8m)	5～6(深5～8m)
适应土质条件	黏土夹石或砂卵石类土	黏土夹石或砂卵石类土

抓斗与套管匹配表（一）　　　　　表 2.2.99

出 厂 单 位			日 本 三 菱 重 工						
钻孔直径			1000	1100	1200	1300	1500	1800	2000
型号			GS-13	GS-13	GS-13	GS-13	GS-20	GS-20	GS-20
锤式抓斗	抓斗片直径(mm)		8850	9950	11050	11150	11340	11610	11800
	全长(mm)		22860	22910	22960	33010	33655	33755	33855
	容量(mm³)		0.08	0.10	0.12	0.14	0.24	0.29	0.40
	质量(kg)		11500	11690	11750	11850	33350	33750	33990
套管不含固定销	直径(mm)	外径	9900	11080	11180	11280	11480	11780	11980
		内径	8890	9990	11090	11190	11390	11690	11890
	质量(kg)	6m管	33060	33370	44100	44400	55160	77880	88810
		4m管	22090	22300	22800	33020	33510	55370	66000
		3m管	11580	11740	22100	22280	22650	44080	44550
		2m管	11130	11240	11480	11610	11870	22850	33190
	第二节管 1.8m		11170	11290	11420	11540	11780	22590	22910

抓斗与套管匹配表（二）　　　　　表 2.2.100

出 厂 单 位			德 国 LEFFER 公司						
钻孔直径			900	1200	1300	1500	2000	2200	2500
型号			L770	L1070	L1190	L1360	L1840	L2000	L2250
锤式抓斗	抓斗片直径(mm)		6630	9930	9930	11200	11600	11150	11150
	下部最大尺寸(mm)		7750	11050	11050	11340	11820	11960	11960
	容量(mm³)		0.095	0.165	0.165	0.240	0.520	0.92	0.92
	质量(kg)		22460	33890	33950	44900	66620	88300	88930
套管(不含固定销)	直径(mm)	外径	9900	11200	11300	11500	22000	22200	22500
		内径	8820	11120	11220	11420	11910	22100	22400
	质量(kg)	6m管	22927	44390	44710	55545	99415	110730	112190
		5m管	22473	33694	33956	44673	77891	99015	110240
		4m管	22019	22986	33228	33797	66368	77300	88290
		3m管	11550	22775	22432	22903	44840	55580	66340
		2m管	11100	11584	11714	22034	33337	33865	44390
	第二节管 (1.8m)		6627	8852	9925	11133	11802	22150	22440

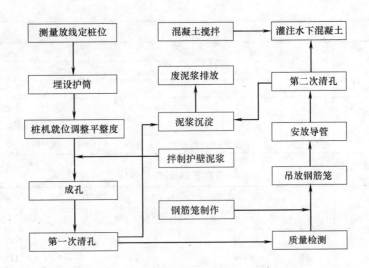

图 2.2.23　泥浆护壁灌注桩施工工艺流程图

（2）操作方法

1）泥浆制作

泥浆护壁钻孔灌注桩的泥浆制作，如表 2.2.101 所示。

泥　浆　制　作　　　　　　　　　　表 2.2.101

序　号	项　目	内　容
1	施工平台	（1）场地内无水时，可稍作平整、碾压以能满足机械行走移位的要求。 （2）场地为浅水且水流较平缓时，采用筑岛法施工。桩位处的筑岛材料优先使用黏土或砂性土，不宜回填卵石、砾石土，禁止采用大粒径石块回填。筑岛高度应高于最高水位1.5m，筑岛面积应按采用的钻孔机械、混凝土运输浇筑等的要求决定。 （3）场地为深水时，可采用钢管桩施工平台、双壁钢围堰平台等固定式平台，也可采用浮式施工平台。平台须牢靠稳定，能承受工作时所有静、动荷载，并能满足机械施工、人员操作的空间要求。
2	护筒	（1）护筒一般由钢板卷制而成，钢板厚度视孔径大小采用 4～8mm，护筒内径宜比设计桩径大 100mm，其上部宜开设 1～2 个溢流孔。 （2）护筒埋置深度一般情况下，在黏性土中不宜小于1m，砂土中不宜小于1.5m，其高度尚应满足孔内泥浆面高度的要求。淤泥等软弱土层应增加护筒埋深，护筒顶面宜高出地面300mm。 （3）旱地、筑岛处护筒可采用挖坑埋设法，护筒底部和四周回填黏性土并分层夯实；水域护筒设置应严格注意平面位置、竖向倾斜，护筒沉入可采用压重、振动、锤击并辅以护筒内取土的方法。 （4）护筒埋设完毕后，护筒中心竖直线应与桩中心重合，除设计另有规定外，平面允许误差为 50mm，竖直线倾斜不大于 1‰。 （5）护筒连接处要求筒内无突出物，应耐拉、压、不漏水。应根据地下水位涨落影响，适当调整护筒的高度和深度，必要时应打入不透水层。

序　号	项　目	内　　容
3	护壁泥浆的调制和使用	(1)护壁泥浆一般由水、黏土(或膨润土)和添加剂按一定比例配制而成,可通过机械在泥浆池、钻孔中搅拌均匀。 (2)泥浆的配置应根据钻孔的工程地质情况、孔位、钻机性能、循环方式等确定,调制好的泥浆应满足表2.2.102的要求。 (3)泥浆原料和外加剂的性能要求及需要量计算方法 1)泥浆原料黏性土的性能要求 一般可选用塑性指数大于25,粒径小于0.074mm的黏粒含量大于50%的黏性土制浆。当缺少上述性能的黏性土时,可用性能略差的黏性土,并掺入30%塑性指数大于25的黏性土。 当采用性能较差的黏性土调制的泥浆其性能指标不符合要求时,可在泥浆中掺入Na_2CO_3(俗称碱粉或纯碱)、氢氧化钠(NaOH)或膨润土粉末,以提高泥浆性能指标。掺入量与原泥浆性能有关,宜经过试验决定。一般碳酸钠的掺入量约为孔中泥浆土量的0.1%~0.4%。 2)泥浆配料膨润土的性能和用量 膨润土分为钠质膨润土和钙质膨润土两种。前者质量较好,大量用于炼钢、铸造中,钻孔泥浆中用量也很大。膨润土泥浆具有相对密度低、黏度低、含砂量少、失水量少、泥皮薄、稳定性强、固壁能力高、钻具回转阻力小、钻进率高、造浆能力大等优点。一般用量为水的8%,即8kg的膨润土可掺100L的水。对于黏性土地层,用量可降低到3%~5%,较差的膨润土用量为水的12%左右。 3)泥浆外加剂及其掺量 ①CMC(Carboxy Methyl Celluose)全名羧甲基纤维素,可增加泥浆黏性,使土层表面形成薄膜而防护孔壁剥落并有降低失水量的作用。掺入量为膨润土的0.05%~0.01%。 ②FCI,又称铁木质素磺酸钠盐,为分散剂,可改善因混杂有土、砂料、碎、卵石及盐分等而变质的泥浆性能,可使上述钻渣等颗粒聚集而加速沉淀,改善护壁泥浆的性能指标,使其继续循环使用。掺量为膨润土的0.1%~0.3%。 ③硝基腐植碳酸钠(简称煤碱剂)分散剂,其作用与FCI相似。它具有很强的吸附能力,在黏性土表面形成结构性溶剂水化膜,防止自由水渗透,能使失水量降低,使黏度增加,若掺入量少,可使黏度不上升,具有部分稀释作用,掺入量与FCI相同。两种分散剂可任选一种。 ④碳酸钠(Na_2CO_3)又称碱粉或纯碱。它的作用可使pH值增大到10。泥浆中pH值过小时,黏土颗粒难于分解,黏度降低,失水量增加,流动性降低;小于7时,还会使钻具受到腐蚀;若pH值过大,则泥浆将渗透到孔壁的黏土中,使孔壁表面软化,黏土颗粒之间凝聚力减弱,造成裂解而使孔壁坍塌。pH值以8~10为宜,这时可增加水化膜厚度,提高泥浆的胶体率和稳定性,降低失水量。掺入量为膨润土的0.3%~0.5%。 ⑤PHP,即聚丙烯酰胺絮凝剂。它的作用为,在泥浆循环中能清除劣质钻屑,保存造浆的膨润土粒;它具有低固相、低相对密度、低失水、低矿化、泥浆触变性能强等特点。掺入量为孔内泥浆的0.003%。 ⑥重晶石细粉($BaSO_4$),可将泥浆的相对密度增加到2.0~2.2,提高泥浆护壁作用。为提高掺入重晶粉后泥浆的稳定性,降低其失水性,可同时掺入0.1%~0.3%的氢氧化钠(NaOH)和0.2%~0.3%的橡胶粉。掺入上述两种外加剂后,最适用于膨胀的黏质塑性土层和泥质页岩土层。重晶石粉掺量根据原泥浆相对密度和土质情况检验决定。

序　号	项　目	内　容
3	护壁泥浆的调制和使用	⑦纸浆、干锯末、石棉等纤维质物质，其掺量为水量的 1%～2%，其作用是防止渗水并提高泥浆循环效果。 　　以上各种外加剂掺入量，宜先做试配，试验其掺入外加剂后的泥浆性能指标是否有所改善，并符合要求。 　　各种外加剂宜先制成小剂量溶剂，按循环周期均匀加入，并及时测定泥浆性能指标，防止掺入外加剂过量。每循环周期相对密度差不宜超过 0.01。 　　4)调制泥浆的原料用量计算 　　在黏性土层中钻孔，钻孔前只需调制不多的泥浆。以后可在钻进过程中，利用地层黏性土造浆、补浆。 　　在砂类土、砾石土和卵石土中钻孔时，钻孔前应备足造浆原料，其数量可按公式 2.35 计算： $$m=V\rho_1=(\rho_2-\rho_3)\times\rho_1\cdot V_1/(\rho_1-\rho_3) \qquad (2.35)$$ 式中　m——造泥浆所需原料的总质量(t)； 　　　　V——造泥浆所需原料的总体积(m^3)； 　　　　V_1——泥浆的总体积(m^3)； 　　　　ρ_1——原料的密度(t/m^3)； 　　　　ρ_2——要求的泥浆密度(t/m^3)； 　　　　ρ_3——水的密度，取 $\rho_3=1t/m^3$。 　　若造成的泥浆的黏度为 20～22s 时，则各种原料造浆能力为：黄土胶泥 1～3t/m^3，白土、陶土、高领土 3.5～8m^3/t，次膨润土为 9m^3/t，膨润土为 15m^3/t。 　　(4)泥浆池一般分循环池、沉淀池、废浆池三种，从钻孔中排出的泥浆首先经过沉淀池沉淀，再通过循环池进入钻孔，沉淀池中的超标废泥浆通过泥浆泵排至废浆池后集中排放。 　　(5)泥浆池的容量宜不小于桩体积的 3 倍。 　　(6)混凝土灌注过程中，孔内泥浆应直接排入废浆池，防止沉淀池和循环池中的泥浆被污染破坏

泥浆性能指标　　　　　　　　　　　　　　　　　　　　　表 2.2.102

钻孔方法	地层情况	泥浆性能指标							
		相对密度	黏度 (Pa·s)	含砂率 (%)	胶体率 (%)	失水率 (mL/30min)	泥皮厚度 (mm/30min)	静切力 (Pa)	酸碱度 (pH)
正循环	一般地层	1.05～1.20	16～22	8～4	≥96	≤25	≤2	1.0～2.5	8～10
	易塌地层	1.20～1.45	19～28	8～4	≥96	≤15	≤2	3～5	8～10
反循环	一般地层	1.02～1.06	16～20	≤4	≥95	≤20	≤3	1.0～2.5	8～10
	易塌地层	1.06～1.15	18～28	≤4	≥95	≤20	≤3	1.0～2.5	8～10
	卵石层	1.10～1.15	20～35	≤4	≥95	≤20	≤3	1.0～2.5	8～10
冲击	一般地层	1.10～1.20	18～24	≤4	≥95	≤20	≤3	1.0～2.5	8～11
	易塌地层	1.20～1.40	22～30	≤4	≥95	≤20	≤3	3～5	8～11

注：1.地下水位高或其流速大时，指标取高限，反之取低限；
　　2.地质状态较好，孔径或孔深较小的取低限，反之取高限。

2) 钻孔施工

泥浆护壁钻孔灌注桩的钻孔施工，如表 2.2.103 所示。

钻 孔 施 工   表 2.2.103

序号	项目	内 容
1	一般要求	(1)钻孔前,应根据工程地质资料和设计资料,使用适当的钻机种类、型号,并配备适用的钻头,调配合适的泥浆。 (2)钻机就位前,应调整好施工机械,对钻孔各项准备工作进行检查。 (3)钻机就位时,应采取措施保证钻具中心和护筒中心重合,其偏差不应大于20mm。钻机就位后应平整稳固,并采取措施固定,保证在钻进过程中不产生位移和摇晃,否则应及时处理。 (4)钻孔作业应分班连续进行,认真填写钻孔施工记录,交接班时应交待钻进情况及下一班注意事项。应经常对钻孔泥浆进行检测和试验,不合要求时应随时纠正。应经常注意土层变化,在土层变化处均应捞取渣样,判明后记入记录表中并与地质剖面图核对。 (5)开钻时,在护筒下一定范围内应慢速钻进,待导向部位或钻头全部进入土层后,方可加速钻进。 (6)在钻孔、排渣或因故障停钻时,应始终保持孔内具有规定的水位和要求的泥浆相对密度和黏度。
2	潜水钻机成孔	潜水钻机适用于小直径桩、较软弱土层,在卵石、砾石及硬质岩层中成孔困难,成孔时应注意控制钻进速度,采用减压钻进,并在钻头上设置不小于 3 倍直径长度的导向装置,保证成孔的垂直度,并根据土层变化调整泥浆的相对密度和黏度。
3	回转钻机成孔	(1)回转钻机适用于各种直径、各种土层的钻孔桩,成孔时应注意控制钻进速度,采用减压钻进,保证成孔的垂直度,根据土层变化调整泥浆的相对密度和黏度。 (2)在黏土、砂性土中成孔时宜采用疏齿钻头,翼板的角度根据土层的软硬在30°～60°之间,刀头的数量根据土层的软硬布置,注意要互相错开,以保护刀架。在卵石及砾石层中成孔时,宜选用平底楔齿滚刀钻头;在较硬岩石中成孔时,宜选用平底球齿滚刀钻头。 (3)桩深在30m 以内的桩可采用正循环成孔,深度在30～50m 的桩宜采用砂石泵反循环成孔,深度在50m 以上的桩宜采用气举反循环成孔。 (4)对于土层倾斜角度较大,孔深大于50m 的桩,在钻头、钻杆上应增加导向装置,保证成孔垂直度。 (5)在淤泥、砂性土中钻进时宜适当增加泥浆的相对密度;在卵石、砾石中钻进时应加大泥浆的相对密度,提高携渣能力;在密实的黏土中钻进时可采用清水钻进。 (6)在卵石、砾石及岩层中成孔时,应增加钻具的重量即增加配重。
4	冲击钻机成孔	(1)开孔时应低锤密击,表土为淤泥、细砂等软弱土层时,可加黏土块夹小石片反复冲击造壁; (2)在护筒刃脚以下 2m 以内成孔时,采用小冲程 1m 左右,提高泥浆相对密度,软弱层可加黏土块夹小石片; (3)在砂性土、砂层中成孔时,采用中冲程 2～3m,泥浆相对密度 1.2～1.4,可向孔中投入黏土。 (4)在密实的黏土层中成孔时,采用小冲程 1～2m,泵入清水和稀泥浆,防粘钻可投入碎石、砖; (5)在砂卵石层中成孔时,采用中高冲程 2～4m,泥浆相对密度 1.2～1.3,可向孔中投入黏土。 (6)软弱土层或塌孔回填重钻时,采用小冲程 1m 左右,加黏土块夹小石片反复冲击,泥浆相对密度 1.3～1.5; (7)遇到孤石时,可采用预爆或高低冲程交替冲击,将孤石击碎挤入孔壁。

续表

序　号	项　目	内　容
5	冲抓锥成孔	冲抓锥成孔与冲击钻成孔方法基本相同,只是起落冲抓锥高度随土质而不同,对一般松软散土层为1.0～1.5m;对坚实的砂卵石层为2～3m。
6	钻孔注意事项	(1)钻进时应时刻注意钻具和钻头连接的牢固性、钢丝绳的磨损等如有异常应及时处理。 (2)大直径桩孔成孔可分级成孔,一般情况下第一级成孔直径为设计桩径的0.6～0.8倍。 (3)在钻进过程中出现钻杆跳动、机架晃动、钻不进尺等异常情况,应立即停车检查,排除故障;如钻杆或钻头不符合要求时,应及时更换,试钻达到正常后,方可施钻。 (4)钻孔完毕,应及时将混凝土浇筑完毕,或及时盖好孔口,并防止在盖板上过车、行人;钻进过程中应及时清理虚土,提钻时应事先把孔口积土清理干净。 (5)钻进成孔过程中应时刻记得注意土层变化,调整泥浆性能,采用合理的进尺方法,确保不塌孔、不缩颈。
7	清孔	(1)清孔分两次进行,钻孔深度达到设计要求,对孔深、孔径、孔的垂直度等进行检查,符合要求后进行第一次清孔;钢筋骨架、导管安放完毕,混凝土浇筑之前,应进行第二次清孔。 (2)第一次清孔根据设计要求,施工机械采用换浆、抽浆、掏渣等方法进行,第二次清孔根据孔径、孔深、设计要求采用正循环、泵吸反循环、气举反循环等方法进行。 (3)第二次清孔后的沉渣厚度和泥浆性能指标应满足设计要求,一般应满足下列要求;沉渣厚度摩擦桩≤300mm,端承桩≤50mm,摩擦端承、端承摩擦桩≤100mm;泥浆性能指标在浇注混凝土前,孔底500mm以内的相对密度≤1.25,黏度≤28s,含砂率≤8%。 (4)不论采用何种清孔方法,在清孔排渣时,必须注意保持孔内水头,防止塌孔。 (5)不应采取加深钻孔深度的方法代替清孔

3)钢筋骨架制作、安放

泥浆护壁钻孔灌注桩的钢筋骨架制作、安放,如表2.2.104所示。

钢筋骨架制作、安放 　　　　　　　　　　　　　　表2.2.104

序　号	内　容
1	钢筋骨架的制作应符合设计与规范要求。
2	长桩骨架宜分段制作,分段长度应根据吊装条件和总长度计算确定,应确保钢筋骨架在移动、起吊时不变形,相邻两段钢筋骨架的接头需按有关规范要求错开。
3	应在钢筋骨架外侧设置控制保护层厚度的垫块,可采用与桩身混凝土等强度的混凝土垫块或用钢筋焊在竖向主筋上,其间距竖向为2m,横向圆周不得少于4处,并均匀布置。骨架顶端应设置吊环。
4	大直径钢筋骨架制作完成后,应在内部加强箍上设置十字撑或三角撑,确保钢筋骨架在存放、移动、吊装过程中不变形。
5	骨架入孔一般用吊车,对于小直径桩无吊车时可采用钻机钻架、灌注塔架等。起吊应按骨架长度的编号入孔,起吊过程中应采取措施确保骨架不变形。
6	钢筋骨架的制作和吊放的允许偏差为:主筋间距±10mm;箍筋间距±20mm;骨架外径±10mm;骨架长度±50mm;骨架倾斜度0.5%;骨架保护层厚度水下灌注±20mm,非水下灌注±10mm;骨架中心平面位置20mm;骨架顶端高程±20mm,骨架底面高程±50mm。钢筋笼除符合设计要求外,尚应符合下列规定:

续表

序　号	内　　容
6	（1）分段制作的钢筋笼，其接头宜采用焊接并应遵守《混凝土结构工程施工质量验收规范》（GB 50204—2002）的规定。 （2）主筋净距必须大于混凝土粗骨料粒径3倍以上。 （3）加劲箍宜设在主筋外侧，主筋一般不设弯钩，根据施工工艺要求所设弯钩不得向内圆伸露，以免妨碍导管工作。 （4）钢筋笼的内径比导管接头处外径大100mm以上。
7	搬运和吊装时，应防止变形，安放要对准孔位，避免碰撞孔壁，就位后应立即固定。钢筋骨架吊放入孔时应居中，防止碰撞孔壁，钢筋骨架吊放入孔后，应采用钢丝绳或钢筋固定，使其位置符合设计及规范要求，并保证在安放导管、清孔及灌注混凝土过程中不发生位移。

4）混凝土灌注

泥浆护壁钻孔灌注桩的混凝土灌注，如表2.2.105所示。

混凝土灌注　　　　　　　　　　　　　　表2.2.105

序号	项　目	内　　容
1	一般规定	（1）灌注水下混凝土时的混凝土拌和物供应能力，应满足桩孔在规定时间内灌注完毕；混凝土灌注时间不得长于首批混凝土初凝时间。 （2）混凝土运输宜选用混凝土泵或混凝土搅拌运输车；在运距小于200m时，可采用机动翻斗车或其他严密坚实、不漏浆、不吸水、便于装卸的工具运输，需保证混凝土不离析，具有良好的和易性和流动性。 （3）灌注水下混凝土一般采用钢制导管回顶法施工，导管内径为200～250mm，视桩径大小而定，壁厚不小于3mm；直径制作偏差不应超过2mm；导管接口之间采用丝扣或法兰连接，连接时必须加垫密封圈或橡胶垫，并上紧丝扣或螺栓。导管使用前应进行水密承压和接头抗拉试验（试水压力一般为0.6～1.0MPa），确保导管口密封性。导管安放前应计算孔深和导管的总长度，第一节导管的长度一般为4～6m，标准节一般为2～3m，在上部可放置2～3根0.5～1.0m的短节，用于调节导管的总长度。导管安放时应保证导管在孔中的位置居中，防止碰撞钢筋骨架。
2	水下混凝土配制	（1）水下混凝土必须具备良好的和易性，在运输和灌注过程中应无显著离析、泌水现象，灌注时应保持足够的流动性。配合比应通过试验，坍落度宜为180～220mm。 （2）混凝土配合比的含砂率宜采用0.4～0.5，并宜采用中砂；粗骨料的最大粒径应<40mm；水灰比宜采用0.5～0.6。 （3）水泥用量不少于360kg/m³，当掺有适宜数量的减少缓凝剂或粉煤灰时，可不小于300kg。 （4）混凝土中应加入适宜数量的缓凝剂，使混凝土的初凝时间长于整根桩的灌注时间。
3	灌注混凝土数量要求	首批灌注混凝土数量的要求 首批灌注混凝土数量应能满足导管埋入混凝土中0.8m以上，见图2.2.24。 所需混凝土数量可参考公式2.36计算： $$V \geqslant \pi R^2(H_1+H_2)+\pi r^2 h_1 \qquad (2.36)$$ 式中　V——灌注首批混凝土所需数量（m³）； 　　　R——桩孔半径（m）； 　　　H_1——桩孔底至导管底端间距，一般为0.3～0.5m； 　　　H_2——导管初次埋置深度，不小于0.8m； 　　　r——导管半径（m）； 　　　h_1——桩孔内混凝土达到埋置深度H_2时，导管内混凝土柱平衡导管外泥浆压力所需的高度（m）。混凝土灌注时，可在导管顶部放置混凝土漏斗，其容积大于首批灌注混凝土数量，确保导管埋入混凝土中的深度。

续表

序　号	项　目	内　容
4	灌注水下混凝土技术要求	(1)混凝土开始灌注时,漏斗下的封水塞可采用预制混凝土塞、木塞或充气球胆。 (2)混凝土运至灌注地点时,应检查其均匀性和坍落度,如不符合要求应进行第二次拌合,二次拌合后仍不符合要求时不得使用。 (3)第二次清孔完毕,检查合格后应立即进行水下混凝土灌注,其时间间隔不宜大于30min。 (4)首批混凝土灌注后,混凝土应连续灌注,严禁中途停止。 (5)在灌注过程中,应经常测探井孔内混凝土面的位置,及时地调整导管埋深,导管埋深宜控制在2～6m。严禁导管提出混凝土面,就要有专人测量导管埋深及管内外混凝土面的高差,填写水下混凝土灌注记录。 (6)在灌注过程中,应时刻注意观测孔内泥浆返出情况,倾听导管内混凝土下落声音,如有异常必须采取相应处理措施。 (7)在灌注过程中宜使导管在一定范围内上下窜动,防止混凝土凝固,增加灌注速度。 (8)为防止钢筋骨架上浮当灌注的混凝土顶面距钢筋骨架底部1m左右时,应降低混凝土的灌注速度,当混凝土拌和物上升到骨架底口4m以上时,提升导管,使其底口高于骨架底部2m以上,即可恢复正常灌注速度。 (9)灌注的桩顶标高应比设计高出一定高度,一般为0.5～1.0m,以保证桩头混凝土强度,多余部分接桩前必须凿除,桩头应无松散层。 (10)在灌注将近结束时,应核对混凝土的灌入数量,以确保所测混凝土的灌注高度是否正确。 (11)开始灌注时,应先搅拌0.5～1.0m³同混凝土强度的水泥砂浆放在料斗的底部

4. 质量标准及检验方法

（1）质量标准

泥浆护壁钻孔灌注桩的质量标准,如表2.2.106、表2.2.107所示。

（2）质量记录

泥浆护壁钻孔灌注桩的质量记录,如表2.2.108所示。

5. 成品保护

泥浆护壁钻孔灌注桩的成品保护,如表2.2.109所示。

6. 安全措施

泥浆护壁钻孔灌注桩的安全环保措施,如表2.2.110所示。

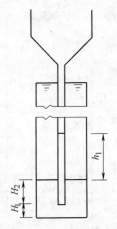

图2.2.24　首批混凝土数量计算

钢筋笼质量检验标准（mm）　　　表2.2.106

项　目	序号	检查项目	允许偏差或允许值	检查方法
主控项目	1	主筋间距	±10	用钢尺量
	2	钢筋骨架长度	±100	用钢尺量
一般项目	1	钢筋材质检验	设计要求	抽样送检
	2	箍筋间距	±20	用钢尺量
	3	直径	±10	用钢尺量

混凝土灌注桩质量检验标准　　　　　　　　表 2.2.107

项目	序号	检验项目	允许偏差或允许值		检验方法
			单位	数值	
主控项目	1	桩位	见本节表 2.2.91		基坑开挖前量护筒,开挖后量桩中心
	2	孔深	mm	+300	只深不浅,用重锤测,或测钻杆、套管长度,嵌岩桩应确保进入设计要求的嵌岩深度
	3	桩体质量检验	按基桩检测技术规范。如钻芯取样,大直径嵌岩桩应钻至桩尖下 50cm		按桩基检测技术规范
	4	混凝土强度	设计要求		试件报告或钻芯取样送检
	5	承载力	按《建筑基桩检测技术规范》		按《建筑基桩检测技术规范》
一般项目	1	垂直度	见本节表 2.2.91		测套管或钻杆,或用超声波探测
	2	桩径	见本节表 2.2.91		井径仪或超声波检测
	3	泥浆相对密度(黏土或砂性土中)	1.15~1.2		用比重计测,清孔后在距孔底 50cm 处取样
	4	泥浆面标高(高于地下水位)	m	0.5~1.0	目测
	5	沉渣厚度: 端承桩 摩擦桩	mm	≤50 ≤150	用沉渣仪或重锤测量
	6	混凝土坍落度	mm	160~220	坍落度仪
	7	钢筋笼安装深度	mm	±100	用钢尺量
	8	混凝土充盈系数	>1		检查每根桩的实际灌注量
	9	桩顶标高	mm	+30 -50	水准仪,需扣除桩顶浮浆层及劣质桩体

质 量 记 录　　　　　　　　表 2.2.108

序　号	内　容
1	混凝土配合比报告单
2	水泥检验报告、出场合格证
3	碎石、砂检验报告、出场合格证
4	水质分析报告
5	钢筋检验报告、出场合格证
6	钢筋焊接检验报告
7	灌注桩钻进记录
8	泥浆测试记录
9	灌注桩隐蔽工程验收记录
10	水下混凝土灌注记录
11	钢筋焊接验收记录
12	钢筋加工安装验收记录
13	测量放线记录

成　品　保　护　　　　　　　　　　　　　　　表 2. 2. 109

序　号	内　　容
1	桩基就位后,应复测钻具中心,确保钻孔中心位置的准确性
2	成孔过程中,应随地层变化调整泥浆性能,控制进尺速度,避免塌孔及缩径
3	成孔过程中,应时刻注意钻具连接的牢固性,避免掉钻头
4	护筒埋设完毕、灌注混凝土完毕后的桩坑应加以保护,避免人或物品掉入
5	钢筋骨架制作完毕后,应按桩分节编号存放;存放时,小直径桩堆放层数不能超过两层,大直径桩不允许堆放,防止变形,存放时,骨架下部用方木或其他物品铺垫,上部覆盖
6	钢筋骨架安放完毕后,应用钢筋或钢丝绳固定,保证其平面位置和高程满足规范要求
7	混凝土灌注完成后的 24h 内,5m 范围内相邻的桩禁止进行成孔施工

安全环保措施　　　　　　　　　　　　　　　表 2. 2. 110

序　号	项　目	内　　容
1	安全措施	(1)机械设备操作人员(或驾驶员)必须经过专门训练,熟悉机械操作性能,经专业管理部门考核取得操作证或驾驶证后上机(车)操作。 (2)机械设备操作人员和指挥人员严格遵守安全操作技术规程,工作时集中精力,谨慎工作,不擅离职守,严禁酒后驾驶。 (3)机械设备发生故障后及时检修,决不带故障运行,不违规操作,杜绝机械和车辆事故。 (4)专业电工持证上岗。电工有权拒绝执行违反电器安全规程的工作指令,安全员有权制止违反用电安全的行为,严禁违章指挥和违章作业。 (5)所有现场施工人员佩戴安全帽,特种作业人员佩戴专门的防护用具。 (6)所有现场作业人员和机械操作手严禁酒后上岗。 (7)护筒埋设完毕、灌注混凝土完毕后的桩坑应加以保护,避免人或物品掉入。 (8)登高作业超过 2m 必须穿防滑鞋,带安全带。 (9)钢筋骨架起吊时要平稳,严禁猛起猛落,并拉好尾绳。 (10)灌注桩施工现场所有设备、设施、安全装置、工具配件以及个人劳保用品必须经常检查,确保完好和使用安全。 (11)施工现场的一切电源、电路的安装和拆除必须由持证电工操作;电器必须严格接地、接零和使用漏电保护器。各孔用电必须分闸,严禁一闸多用。孔上电缆必须架空 2.0m 以上,严禁拖地和埋压土中,孔内电缆、电线必须有防磨损、防潮、防断等保护措施。照明应采用安全矿灯或 12V 以下的安全灯。并遵守《施工现场临时用电安全技术规范》(JGJ 46—88)的规定。
2	环保措施	(1)易于引起粉尘的细料或松散料运输时用帆布、盖套等遮盖物覆盖。 (2)施工废水、生活污水不直接排入农田、耕地、灌溉渠和水库,不排入饮用水源。 (3)食堂保持清洁,腐烂变质的食物及时处理,食堂工作人员定期体检。 (4)受工程影响的一切公用设施与结构物,在施工期间应采取适当措施加以保护。 (5)使用机械设备时,要尽量减少噪声、废气等的污染;施工场地的噪声应符合《建筑施工场地界噪声限值》(GB 12523—1990)的规定。 (6)运转时有粉尘发生的施工场地,如水泥混凝土拌和机站等投料器应有防尘设备。在这些场地作业的工作人员配备必要的劳保防护用品。 (7)驶出施工现场的车辆应进行清理,避免携带泥土

2.2.2.7 人工成孔灌注桩

1. 适用范围及基本规定

人工成孔灌注桩的适用范围及基本规定，如表2.2.111所示。

适用范围及基本规定   表 2.2.111

序号	项目	内　容
1	定义	人工成孔灌注桩：又称人工挖孔灌注桩，即是采用人工挖土成孔、灌注混凝土成桩的一种基桩。
2	适用范围	(1)人工成孔灌注桩适用于桩直径800mm以上，无地下水或地下水较少的黏土、粉质黏土，含少量的砂、砂卵石、姜结石的黏土层采用，特别适于黄土层使用，深度一般20m左右，可用于高层建筑、公用建筑、水工结构(如泵站、桥墩作支承、抗滑、挡土、锚拉桩之用。) (2)对有流砂、地下水位较高、涌水量大的冲积地带及近代沉积的含水量高的淤泥、淤泥质土层不宜使用。
3	基本规定	(1)桩位放样允许偏差同表2.2.90序号3-(1)。 (2)桩基工程的桩位验收同表2.2.90序号3-(2)。 (3)人工成孔灌注桩的桩位偏差必须符合表2.2.112的规定，桩顶标高至少比设计标高高出0.5m。每浇注50m³必须有1组试件；小于50m³的单柱的桩，每根桩必须有1组试件；每个柱子承台下的桩至少应有1组试件。 (4)工程桩应进行承载力检验同表2.2.90序号3-(4)。 (5)桩身质量应进行检验同表2.2.90序号3-(5)。 (6)对砂子、石子、钢材、水泥等原材料的质量、检验项目、批量和检验方法，应符合国家现行有关标准的规定。 (7)为核对地质资料、检验设备、工艺以及技术要求是否适宜，桩在施工前，宜进行"试成孔"。并应复验孔底持力层土(岩)性，嵌岩桩必须有桩端持力层的岩性报告。 (8)人工挖孔灌注桩在地下水位较高，特别是有承压水的砂土层、滞水层、厚度较大的高压缩性淤泥层和流塑淤质土层中施工时，必须有可靠的技术措施和安全措施。 (9)孔径(不含护壁)不得小于0.8m。当桩净距小于2倍桩径且小于2.5m时，应采用间隔开挖。排桩跳挖的最小施工净距不得小于4.5m，孔深不宜大于40m。 (10)人工挖孔桩混凝土护壁的厚度、拉结钢筋、配筋、混凝土强度等级均应符合设计要求。上下节护壁的搭接长度不得小于50mm，混凝土强度等级不得低于桩身混凝土强度等级，采用多节护壁时，上下节护壁间宜用钢筋拉结

人工成孔灌注桩施工允许偏差   表 2.2.112

护壁方法	桩径允许偏差(mm)	垂直度允许偏差(%)	桩位允许偏差(mm)	
			1～3根、单排桩基垂直于中心线方向和群桩基础的边桩	条形桩基沿中心线方向和群桩基础的中间桩
混凝土护壁	+50	<0.5	50	150
钢套管护壁	+50	<1	100	200

注：桩径允许偏差的负值是指个别断面。

2. 施工准备及工程要点

人工成孔灌注桩的施工准备及工程要点，如表2.2.113所示。

施工准备及工程要点　　　　　　　　　　　表 2.2.113

序　号	项　　目	内　　容
1	技术准备	(1)熟悉施工图纸及场地的地下土质、水文地质资料,编制施工组织设计交有关技术部门审批,并将批准的施工组织设计向施工人员进行技术交底和安全交底。 (2)根据地下水位高低,水量大小,编制水下施工方案,对地下水位高,含有流砂的场地,应采取周密的降低地下水位或排水、止水措施。 (3)按基础平面图,设置桩位轴线、定位点;桩孔四周撒灰线。测定高程水准点。放线工序完成后,办理预检手续。 (4)按设计要求分段制作钢筋笼。 (5)全面开挖之前,有选择地先挖试验桩孔,试孔数量不少于 2 个,分析土质、水文等有关情况,以此修正施工方案。 (6)在地下水位比较高的区域,先降低地下水位至桩底以下 0.5mm 左右。 (7)开挖前应对施工人员进行全面的安全技术交底;操作前对吊具进行安全可靠的检查和试验,确保施工安全。
2	材料准备	(1)按配合比要求,对所需原材料进行采购、检查、验收、入库; (2)对水泥、钢筋、石子、砂子,由持证材料员和试验员按规定对其进行抽样检验,确保原材质量符合相应标准的规定。
3	机具准备	(1)一般需备有三木搭、卷扬机组或电动葫芦、手推车或翻斗车、镐、锹、手铲、钢钎、线坠、定滑轮组、导向滑轮组、混凝土搅拌机、吊桶、溜槽、导管、振捣棒、插钎、粗麻绳、钢丝绳、安全活动盖板、防水照明灯(低压 36V、100W)、电焊机、通风及供氧设备、扬程水泵、木辘轳、活动爬梯、安全帽、安全带等; (2)灌注桩施工现场所有设备、设施、安全装置、工具配件及个人劳保品必须经常检查,确保完好和使用安全。
4	作业条件	(1)开挖前场地应完成三通一平。地上、地下的电缆、管线、旧建筑物、设备基础等障碍物均已排除或处理完毕。各项临时设施,如照明、动力、通风、安全设施准备就绪。 (2)建立混凝土搅拌站,并对混凝土强度等级、配合比、搅拌制度、操作规程等进行挂牌。 (3)施工人员作业要求 1)试验员:须持证上岗,要求熟知材料及混凝土试块的取样规定,熟知混凝土试块的制作、养护规定,操作熟练; 2)材料员:须持证上岗,要求熟知材料进场的检验、验收、入库规定; 3)计量员:应熟知计量器具的校检周期、计量精度、使用方法等规定,并掌握配合比单及其配料精度; 4)搅拌机操作人员:须持证上岗,要求熟知操作规程和搅拌制度,操作熟练; 5)操作工人:应经过培训,并掌握井下作业、投料、搅拌、运输、浇筑、振捣等技术、安全交底内容,操作熟练。
5	工程要点	人工成孔灌注桩的工程要点同 2.2.2.5,见表 2.2.74

3. 施工工艺

(1) 工艺流程

人工成孔灌注桩的工艺流程,如下所示。

放线定桩位及高程 → 开挖第一节桩孔土方 → 支护壁模板放附加钢筋 → 浇筑第一节护壁混凝土 →

检查桩位(中心)轴线 → 加设垂直运输架 → 安装电动葫芦(卷扬机或木辘轳) →

安装吊桶、照明、活动盖板、水泵、通风机等 → 开挖吊运第二节桩孔土方(修边) →

先拆第一节支第二节护壁模板(放附加钢筋) → 浇筑第二节护壁混凝土 → 检查桩(中心)轴线 →

逐层往下循环作业 → 开挖扩底部分 → 检查验收 → 吊放钢筋笼 → 放混凝土串筒(导管) →

浇筑桩身混凝土(随浇随振) → 插桩顶钢筋

(2) 操作方法

人工成孔灌注桩的操作方法，如表 2.2.114 所示。

操 作 方 法 表 2.2.114

序 号	项 目	内 容
1	放线定位	放线定桩位及高程，在场地三通一平的基础上，依据建筑物测量控制网资料和基桩平面布置图，测定桩位轴线方格控制网和高程基准点。确定好桩位中心，以中心为圆心，以桩身半径加护壁厚度为半径画出上部（即第一步）的圆周。撒石灰线作为桩孔开挖尺寸线。桩位线定好之后，必须经有关部门进行复查，办好预检手续后开挖。
2	开挖第一节土方	开挖第一节桩孔土方，开挖桩孔应从上到下逐层进行，先挖中间部分的土方，然后向周边扩挖，有效控制开挖桩孔的截面尺寸。每节的高度应根据土质条件根据设计而定，一般以 0.9～1.2m 为宜。每挖完一节，必须根据桩孔口上的轴线吊直、修边，使孔壁圆弧保持上下顺直一致。
3	支护模板	(1) 为防止桩孔壁坍方，确保安全施工，成孔后应设置井圈，其种类有素混凝土和钢筋混凝土两种。以现浇钢筋混凝土井圈为优，与土壁能紧密结合，稳定性和整体性均佳，且受力均匀，可以优先选用。当桩孔直径不大，深度较浅而土质较好，地下水位以上的土层，也可以采用喷射混凝土护壁。护壁的厚度和混凝土强度等级必须满足设计要求。 (2) 护壁模板采用拆上节、支下节重复周转使用。模板之间用卡具、扣件连接固定，也可以在每节模板的上下端各设一道圆弧形的、用槽钢或角钢做成的内钢圈作为内侧支撑，防止内模因受涨力而变形。不设水平支撑，以方便操作。 (3) 第一节护壁以高出地坪 150～200mm 为宜，壁厚比下面护壁厚度增加 100～150mm，便于挡土、挡水。桩位轴线和高程均应标定在第一节护壁上口。
4	浇注混凝土	浇筑第一节护壁混凝土：桩孔护壁混凝土每挖完一节以后应立即浇筑混凝土。人工浇筑，人工捣实，坍落度控制在 100mm 以内，确保孔壁的稳定性。护壁混凝土应根据气候条件，浇灌完毕须经过 24h 后方可拆模。
5	桩位检查架设支架	(1) 检查桩位（中心）轴线与标高：每节桩孔护壁做好以后，必须将桩位十字轴线和标高测设在护壁的上口，然后用十字线对中，吊线坠向井底投设，以半径尺杆检查孔壁的垂直平整度。随之进行修整，井深必须以基准点为依据，逐根进行引测。保证桩孔轴线位置、标高、截面尺寸满足设计要求。 (2) 架设垂直运输架：第一节桩孔成孔以后，即着手在桩孔上口架设垂直运输支架。支架有：木搭、钢管吊架、木吊架或工字钢导轨支架几种形式；要求搭设稳定、牢固。
6	设置安全设施	(1) 安装电动葫芦或卷扬机：在垂直运输架上安装滑轮组和电动葫芦或穿卷扬机的钢丝绳，选择适当位置安装卷扬机。如果是试桩和小型桩孔，也可以用木吊架、木辘轳或人工直接借助粗麻绳作提升工具。地面运土用手推车或翻斗车。 (2) 在安装滑轮组及吊桶时，注意使吊桶与桩孔中心位置重合，作为挖土时能直观控制桩位中心和护壁支模的中心线。 (3) 井底照明必须用低压电源（36V、100W）、带罩防水安全灯具。桩口上设围护栏。 (4) 当桩孔深大于 20m 时，应向井下通风，加强空气对流。必要时输送氧气，防止有毒气体的危害。操作时上下人员轮换作业，桩孔上人员密切观察桩孔下人员的情况，互相呼应，切实预防安全事故的发生。 (5) 当地下水量不大时，随挖随将泥水用吊桶运出。地下渗水量较大时，吊桶已满足不了排水，先在桩孔底挖集水坑，用高程水泵沉入抽水，边降水边挖土，水泵的规格按抽水量确定。应日夜三班抽水，使水位保持稳定。地下水位较高时，应先采用统一降水的措施，再进行开挖。 (6) 桩孔口安装水平推移的活动安全盖板，当桩孔内有人挖土时，应掩好安全盖板，防止杂物掉下砸伤人。无关人员不得靠近桩孔口边。吊运土时，再打开安全盖板。

续表

序号	项目	内 容
7	开挖第二节土方	(1)开挖吊运第二节桩孔土方(修边):从第二节开始,利用提升设备运土,桩孔内人员应戴安全帽,地面人员应系好安全带。吊桶离开孔上方1.5m时,推动活动安全盖板,掩蔽孔口,防止卸土的土块、石块等杂物坠落孔内伤人。吊桶在小推车内卸土后,再打开活动盖板,下放吊桶装土。桩孔挖至规定的深度后,用支杆检查桩孔的直径及井壁圆弧度,修整孔壁,使上下垂直平顺。 (2)先拆除第一节再支第二节护壁模板,放附加钢筋,护壁模板采用拆上节支下节依次周转使用。如下面孔径缩小,应另配模板。拆模强度应达到1MPa以上。模板上口留出高度为100mm的混凝土浇筑口。 (3)浇筑第二节护壁混凝土:混凝土用串桶运送,人工浇筑,人工插捣密实。混凝土可由试验室确定掺入早强剂,以加速混凝土的硬化。 (4)检查桩体中心轴线及标高:以桩孔口的定位线为依据,逐节校测。
8	逐层作业	逐层往下循环作业,将桩孔挖至设计深度,清除虚土,检查土质情况,桩底应支承在设计所规定的持力层上。
9	扩底开挖	(1)开挖扩底部分:桩底可分为扩底和不扩底两种情况。挖扩底桩应先将扩底部位桩身的圆柱体挖好,再按设计扩底部位的尺寸、形状自上而下削土;如设计无明确要求,扩底直径一般为$1.5d\sim3.0d$。扩底部位的变径尺寸为1:4。 (2)检查验收:成孔以后必须对桩身直径、扩头尺寸、孔底标高、桩位中线、井壁垂直度、虚土厚度进行全面测定。做好施工记录,办理隐蔽验收手续,并经监理工程师或建设单位项目负责人组织勘察设计单位检查签字后方可进行封底施工。
10	吊放钢筋笼	钢筋笼按设计要求配置,运输及吊装应防止扭转弯曲变形,根据规定加焊内固定筋。钢筋笼放入前应先绑好砂浆垫块,按设计要求一般为70mm(钢筋笼四周,在主筋上每隔3~4m左右设一个$\phi20$耳环,作为定位垫块);吊放钢筋笼时,要对准孔位,直吊扶稳、缓慢下沉,避免碰撞孔壁。钢筋笼放到设计位置时,应立即固定。遇有两段钢筋笼连接时,应采用焊接(搭接焊或帮条焊),双面焊接,接头数按50%错开,以确保钢筋位置正确,保护层厚度符合要求。
11	浇筑桩身混凝土	(1)桩身混凝土可使用粒径不大于50mm的石子,坍落度80~100mm,机械搅拌。用溜槽向桩孔内浇筑混凝土。当高度超过3m时应用串筒,串筒末端离孔底高度不宜大于2m。桩孔深度超过12m时,宜采用混凝土导管浇筑。浇筑混凝土时应连续进行,分层振捣密实。一般第一步宜浇筑到扩底部位的顶面,然后浇筑上部混凝土。分层高度以捣固的工具而定,但不宜大于1.5m。水下浇灌应按水下浇灌混凝土的规定施工。 (2)混凝土浇筑到桩顶时,应适当超过桩顶设计标高,以保证在剔除浮浆后,桩顶标高符合设计要求。桩顶上的插筋应保证设计尺寸,垂直插入。
12	冬、雨期施工	(1)冬期当温度低于0℃以上浇筑混凝土时,应采取加热保温措施。浇筑入模的温度应由冬施方案确定。在桩顶未达到设计强度50%以前不得受冻。当夏季气温高于30℃时,应根据具体情况对混凝土采取缓凝措施 (2)雨天不宜进行人工挖桩孔的施工。如确需施工时,现场必须做好排水的措施,严防地面雨水流入桩孔内,致使桩孔塌方

4. 质量标准

(1) 一般规定

挖孔桩的检验,一般应按现行有关规范、质量验收规范、设计文件的质量要求进行,具体要求如表 2.2.115 所示。

一 般 规 定　　　　　　　　　　　　　　　　　表 2.2.115

序　号	内　　容
1	施工前应对水泥、砂、石子(如现场搅拌)、钢材等原材料进行检查,对施工组织设计中制定的施工顺序、监测手段(包括仪器、方法)也应检查。
2	施工中应对成孔、清渣、放置钢筋笼、灌注混凝土等进行全过程检查;应复验孔底持力层土(岩)性。嵌岩桩必须有桩端持力层的岩性报告。
3	施工结束后,应检查混凝土强度,并应做桩体质量及承载力的检验

（2）质量检验

人工成孔灌注桩质量必须符合表 2.2.116、表 2.2.117 的规定。

钢筋笼质量检验标准（mm）　　　　　　　　　表 2.2.116

项　　目	序　号	检查项目	允许偏差或允许值	检查方法
主控项目	1	主筋间距	±10	用钢尺量
	2	钢筋骨架长度	±100	用钢尺量
一般项目	1	钢筋材质检验	设计要求	抽样送检
	2	箍筋间距	±20	用钢尺量
	3	直径	±10	用钢尺量

人工成孔混凝土灌注桩质量检验标准　　　　　　　表 2.2.117

项　目	序号	检查项目	允许偏差或允许值		检查方法
			单位	数值	
主控项目	1	桩位	见本节表 2.2.112		基坑开挖前量护筒,开挖后量桩中心
	2	孔深	mm	+300	只深不浅,用重锤测,或测钻杆、套管长度,嵌岩桩应确保进入设计要求的嵌岩深度
	3	桩体质量检验	按《建筑基桩检测技术规范》。如钻芯取样,大直径嵌岩桩应钻至桩尖下 50cm		按《建筑桩基检测技术规范》
	4	混凝土强度	设计要求		试件报告或钻芯取样送检
	5	承载力	按《建筑基桩检测技术规范》		按《建筑基桩检测技术规范》
一般项目	1	垂直度	见本节表 2.2.112		测套管或钻杆,或用超声波探测
	2	桩径	见本节表 2.2.112		井径仪或超声波检测
	3	混凝土坍落度	mm	70～100	坍落度仪
	4	钢筋笼安装深度	mm	±100	用钢尺量
	5	混凝土充盈系数	>1		检查每根桩的实际灌注量
	6	桩顶标高	mm	+30,-50	水准仪,需扣除桩顶浮浆层及劣质桩体

（3）质量记录

人工成孔灌注桩质量记录,如表 2.2.118 所示。

质 量 记 录　　　　　　　　　　　　　表 2.2.118

序号	内　　容	序号	内　　容
1	水泥的出厂合格证及复验证明。	6	混凝土试块 28d 标养抗压强度试验报告。
2	钢筋的出厂证明、合格证、以及钢筋试验单。	7	桩位测量放线图、桩位竣工平面图。
3	试桩的试压记录。	8	钢筋及桩孔隐蔽验收记录单。
4	灌注桩的施工记录。	9	设计变更通知单。
5	混凝土试配申请单和试验室签发的配合比通知单。	10	分项工程自检表

5. 成品保护

人工成孔灌注桩的成品保护，如表 2.2.119 所示。

成 品 保 护　　　　　　　　　　　　　表 2.2.119

序　号	内　　　　　容
1	已挖好的桩孔必须用木板或脚手板、钢筋网片盖好，防止土块、杂物、人员坠落。严禁用草袋、塑料布虚掩。
2	已挖好的桩孔及时放好钢筋笼，及时浇筑混凝土，间隔时间不得超过 4h，以防塌孔。有地下水的桩孔应随挖、随检、随放钢筋笼、随时将混凝土灌好，避免地下水浸泡。
3	桩孔上口外圈应做好挡土台，防止灌水及掉土。挖出的泥土应集中堆放或及时运走，孔口周边 1m 范围内严禁堆放泥土。
4	保护好已成型的钢筋笼，不得扭曲、松动变形。吊入桩孔时，不要碰坏孔壁。串桶应垂直放置，防止因混凝土斜向冲击孔壁，破坏护壁土层，造成夹土。
5	钢筋笼不应被泥浆污染；浇筑混凝土时，在钢筋笼顶部固定牢固，限制钢筋笼上浮。
6	桩孔混凝土浇筑完毕，应复核桩位和桩顶标高。将桩顶的主筋或插铁扶正，用塑料布或草帘围好，防止混凝土发生收缩、干裂。
7	施工过程中妥善保护好场地的轴线桩、水准点。不得碾压桩头，弯折钢筋

6. 安全环保措施

人工成孔灌注桩的安全环保措施，如表 2.2.120 所示。

安 全 环 保 措 施　　　　　　　　　　　　　表 2.2.120

序号	项　目	内　　　　　容
1	安全措施	(1)开挖前应掌握现场土质情况，错开桩位开挖，缩短每节高度，随时观察土体松动情况，必要时可在塌孔处用砌砖、钢板桩、木板桩封堵；操作进程要紧凑，不留间隔空隙，避免塌孔。 (2)孔内应设置应急软爬梯供人员上下井，使用的电动葫芦、吊笼等应安全可靠并配有自动卡紧保险装置，不得使用麻绳和尼龙绳吊挂或脚踏井壁缘上下。电动葫芦宜用按钮式开关，使用前必须检验其安全起吊能力。 (3)每日开工前必须检测井下有无有毒、有害气体，并应有足够的安全防护措施。桩孔开挖深度超过 10m 时，应设专门向井下送风的设备，风量不得少于 25L/s。 (4)孔口四周必须设置护栏，一般加 0.8m 高围栏围护。 (5)挖出的土方应及时运离孔口，不得堆放在孔四周 1m 范围内，机动车辆的通行不得对井壁的安全造成影响。 (6)施工现场的一切电源、电路的安装和拆除必须由持证电工操作；电器必须严格接地、接零和使用漏电保护器。各孔用电必须分闸，严禁一闸多用。孔上电缆必须架空 2.0m 以上，严禁拖地和埋压土中，孔内电缆、电线必须有防磨损、防潮、防断等保护措施。照明应采用安全矿灯或 12V 以下的安全灯。并遵守《施工现场临时用电安全技术规范》(JGJ 46—88)的规定。

序号	项　目	内　　　容
2	环保措施	(1)砂、石、水泥的投料人员应配戴口罩,防止粉尘污染; (2)振动器的操作人员应穿绝缘胶鞋和配戴绝缘胶皮手套; (3)砂、石、水泥应统一堆放,并应有防尘措施; (4)因混凝土搅拌而产生的污水应经过滤后排入指定地点; (5)混凝土搅拌机的运行噪声应控制在当地有关部门的规定范围内; (6)混凝土搅拌、使用现场及运输途中遗漏的混凝土应及时回收处理

2.2.2.8 桩承台施工要点

1. 适用范围及基本规范

桩承台施工适用范围及基本规定,如表 2.2.121 所示。

适用范围及基本规定　　　　　　　　　　　　　　表 2.2.121

序　号	项　目	内　　　容
1	承台作用	承台应有足够的强度和刚度,以便将各基桩连接成整体、能够将上部结构的荷载安全可靠地传递到各个基桩。
2	承台形式	承台形式较多,如柱下独立桩基承台、箱形承台、筏形承台、柱下梁式承台、墙下条形承台等等。
3	适用范围	本工艺标准适用于工业与民用建筑中桩基承台梁。
4	基本规定	(1)构造要求承台最小宽度不应小于 500mm,承台边缘至桩中心的距离不宜小于桩的直径或边长,且边缘挑出部分不应小于 150mm。 (2)承台厚度不应小于 300mm。承台混凝土强度等级不宜小于 C15,采用 Ⅱ 级钢筋时,承台混凝土强度等级不宜小于 C20。 (3)承台底面钢筋的混凝土保护层厚度不宜小于 70mm。当设素混凝土垫层时,保护层厚度可适当减小;垫层厚度宜为 100mm,强度等级宜为 C7.5。 (4)承台的受力钢筋应通长配置。矩形承台板宜双向均匀布置,钢筋直径不宜小于 $\phi10$,间距应满足 100～200mm。三桩承台,应按三向板带均匀配置,最里面的三根钢筋相交围成的三角形应位于桩截面范围以内。 (5)桩顶嵌入承台的长度对于大直径桩,不宜小于 100mm;对于中等直径桩不宜小于 50mm。桩顶主筋应伸入承台内,其锚固长度不宜小于 30 倍主筋直径。 (6)桩承台工程允许偏差如下: 1)桩承台模板安装和预埋件允许偏差,如表 2.2.122 所示。 2)桩承台钢筋安装及预埋件位置允许偏差,如表 2.2.123 所示。 3)桩承台混凝土工程允许偏差,如表 2.2.124 所示。
5	注意事项	(1)蜂窝、露筋:由于模板拼接不严,混凝土漏浆造成蜂窝;振捣不按工艺操作,造成振捣不密实而露筋。 (2)缺棱、掉角,配合比不准,搅拌不均匀或拆模过早,养护不够,都会导致混凝土棱角损伤。 (3)偏差过大:模板支撑、卡子、拉杆间距过大或不牢固;混凝土局部浇筑过高或振捣时间过长,都会造成混凝土胀肚、错台、倾斜等缺陷。 (4)插铁钢筋位移:插铁固定不牢固,振捣棒或塔吊料斗碰撞钢筋,致使钢筋位移。 (5)对于地震设防区,当承台梁采用支模浇筑时,承台梁侧面应按设计要求回填土并夯实

桩承台模板安装和预埋件允许偏差   表 2.2.122

项次	项 目		允许偏差（mm）	检验方法
1	轴线位移		5	尺量检查
2	标高		±5	用水准仪或拉线检查
3	截面尺寸		±10	尺量检查
4	相邻两板表面高低差		2	用直尺和尺量检查
5	表面平整度		5	用 2m 靠尺和塞尺检查
6	预埋钢板中心线位移		3	拉线和尺量检查
7	预埋管预留孔中心线位移		3	拉线和尺量检查
8	预埋螺栓	中心线位移	2	拉线和尺量检查
		外露长度	+10 0	
9	预留孔洞	中心线位移	10	拉线和尺量检查
		截面内部尺寸	+10 0	

桩承台钢筋安装和预埋件位置允许偏差   表 2.2.123

项次	项 目		允许偏差（mm）	检验方法
1	骨架的宽度、高度		±5	尺量检查
2	骨架的长度		±10	尺量检查
3	箍筋、构造筋间距	焊接	±10	尺量连续三档取其最大值
		绑扎	±20	
4	受力钢筋	间距	±10	尺量两端,中间各一号取其最大值
		排距	±5	
5	钢筋弯起点位移		20	尺量检查
6	焊接预埋件	中心线位移	5	尺量检查
		水平高差	+3 −0	
7	受力钢筋保护层	基础	±10	尺量检查

桩承台混凝土工程允许偏差   表 2.2.124

项次	项 目	允许偏差（mm）	检验方法
1	轴线位移	10	尺量检查
2	标高	±10	用水准仪或拉线尺量检查
3	截面尺寸	+15，−10	尺量检查
4	表面平整度	8	用 2m 靠尺和塞尺检查
5	预埋钢板中心线偏移	10	尺量检查
6	预埋螺栓中心线偏移	5	尺量检查
7	预留管,预留孔中心线偏移	5	尺量检查
8	预留洞中心线偏移	15	尺量检查

2. 施工准备

桩承台施工准备，如表 2.2.125 所示。

施工准备　　　　　　　　　　　　　　　　　　　表 2.2.125

序　号	项　　目	内　　　　容
1	材料准备	(1)水泥:宜用 32.5～42.5 等级矿渣硅酸盐水泥或普通硅酸盐水泥。 (2)砂:中砂或粗砂,含泥量不大于 5%。水:应用自来水或不含有害物质的洁净水。 (3)石子:卵石或碎石,粒径 5～32mm,含泥量不大于 2%。 (4)钢筋:钢筋的级别、直径必须符合设计要求,有出厂证明书及复试报告,表面无老锈和油污。 (5)垫块:用 1:3 水泥砂浆埋 22 号大烧丝提前预制成或用塑料卡垫。 (6)火烧丝:规格 18～20 号铁丝烧成。 (7)外加剂、掺合料,根据施工需要通过试验确定。
2	机具准备	(1)浇筑混凝土:应备有磅秤、混凝土搅拌机、插入式振捣器、平尖头铁锹、胶皮管、手推车、木抹子和铁盘等。 (2)绑扎钢筋:应备有钢筋钩子、扳手、小撬棍、铡刀(切断火烧丝用)、弯钩机、木折尺以及组合钢模板等。
3	作业条件	(1)桩基施工已全部完成,并按设计要求挖完土,而且办完桩基施工验收记录。 (2)修整桩顶混凝土:桩顶疏松混凝土全部剔完,如桩顶低于设计标高时,须用同级混凝土接高,在达到桩强度的 50%以上,再将埋入承台内的桩顶部分剔毛、冲净。如桩顶高于设计标高时,应预先剔凿,使桩伸入承台梁深度完全符合设计要求。 (3)桩顶伸入承台梁中的钢筋应符合设计要求,一般不小于 30d,钢筋长度不够时,应予以接长。 (4)对于冻胀土地区,必须按设计要求完成承台梁下防冻胀的处理措施。 (5)应将槽底虚土、杂物等垃圾清除干净

3. 施工工艺

(1) 工艺流程

桩承台施工工艺流程,如下所示:

1) 钢筋绑扎工艺流程:

核对钢筋半成品 → 钢筋绑扎 → 预埋管线及铁活 → 绑好砂浆垫块

2) 模板安装工艺流程:

确定组装钢模板方案 → 组装钢模板 → 模板预检

3) 混凝土浇筑工艺流程:

搅拌混凝土 → 浇筑 → 振捣 → 养护

(2) 操作方法

桩承台施工操作方法,如表 2.2.126 所示。

操作方法　　　　　　　　　　　　　　　　　　表 2.2.126

序　号	项　　目	内　　　　容
1	钢筋绑扎	(1)核对钢筋半成品:应先按设计图纸核对加工的半成品钢筋,对其规格、形状、型号、品种经过检验,然后挂牌堆放好。 (2)钢筋绑扎:钢筋应按顺序绑扎,一般情况下,先长轴后短轴,由一端向另一端依次进行。操作时按图纸要求划线、铺铁、穿箍、绑扎,最后成型。 (3)预埋管线及铁活:预留孔洞位置应正确,桩伸入承台梁的钢筋、承台梁上的柱子、板墙插铁,均应按图纸绑好,扎结牢固(应采用十字扣)或焊牢,其标高、位置、搭接锚固长度等尺寸应准确,不得遗漏或位移。 (4)受力钢筋搭接接头位置应正确。其接头相互错开,上铁应在跨中,下铁应尽量在支座处;每个搭接接头的长度范围内,搭接钢筋面积不应超过该长度范围内钢筋总面积的 1/4。所有受力钢筋和箍筋交接处全绑扎,不得跳扣。 (5)绑砂浆垫块:底部钢筋下的砂浆垫块,一般厚度不小于 50mm,间隔 1m,侧面的垫块应与钢筋绑牢,不应遗漏。

序号	项　目	内　容
2	安装模板	(1)确定组装钢模板方案:应先制定出承台梁组装钢模板的方案,并经计算确定对拉螺栓的直径、长度、位置和纵横龙骨、连杆点的间距及尺寸,遇有钢模板不符合模数时,可另加木模板补缝。 (2)安装钢模板:安装组合钢模板,组合钢模板由平面模板、阴、阳角模板拼成。其纵横肋拼接用的U形卡、插销等零件,要求齐全牢固,不松动、不遗漏。 (3)模板预检:模板安装后,应对断面尺寸、标高、对拉螺栓、连杆支撑等进行预检,均应符合设计图纸和质量标准的要求。
3	混凝土浇筑	(1)搅拌:按配合比称出每盘水泥、砂子、石子的重量以及外加剂的用量。操作时要每车过磅,先倒石子接着倒水泥,后倒砂子和加水搅拌。外加剂一般随水加入。第一盘搅拌要执行开盘批准的规定。 (2)浇筑、桩头、槽底及帮模(木模时)应先浇水润湿。承台梁浇筑混凝土时,应按顺序直接将混凝土倒入模中;如甩槎超过初凝时间,应按施工缝要求处理。若用塔机吊斗直接卸料入模时,其吊斗出料口距操作面高度以30~40cm为宜,并不得集中一处倾倒。 (3)振捣:应沿承台梁浇筑的顺序方向,采用斜向振捣法,振捣棒与水平面倾角约30℃左右。棒头朝前进方向,插棒间距以50cm为宜,防止漏振。振捣时间以混凝土表面翻浆出气泡为准。混凝土表面应随振随按标高线,用木抹子搓平。 (4)留接槎:纵横接连处及桩顶一般不宜留槎。留槎应在相邻两桩中间的1/3范围内,甩槎处应预先用模板挡好,留成直槎。继续施工时,接槎处混凝土应用水先润湿并浇浆,保证新旧混凝土接合良好;然后用原强度等级混凝土进行浇筑。 (5)养护:混凝土浇筑后,在常温条件下12h内应覆盖浇水养护,浇水次数以保持混凝土湿润为宜,养护时间不少于七昼夜。
4	冬期施工	(1)钢筋焊接宜在室内进行。在室外焊接时,最低气温不宜低于-20℃,且应有防雪挡风措施。焊接后的接头严禁立即碰到冰雪。 (2)拌制混凝土时,骨料中不得带有冰雪及冰团,拌合时间应比常温规定时间延长50%。 (3)基土应进行保温,不得受冻。 (4)混凝土的养护应按冬施方案执行。混凝土的试块应增加二组,与结构同条件养护

4. 质量标准

（1）桩承台钢筋工程的质量标准，如表 2.2.127 所示。

钢筋工程质量标准　　　　　　　　　　表 2.2.127

序号	项　目	内　容
1	主控项目	(1)钢筋的品种质量,焊条、焊剂的牌号、性能必须符合设计要求和有关标准的规定。进口钢筋焊接前必须进行化学成分检验和焊接试验,符合有关规定后方可焊接。 (2)钢筋表面必须清洁。带有颗粒状或片状老锈,经除锈后仍留有麻点的钢筋,严禁按原规定使用。 (3)钢筋的规格、形状、尺寸、数量、间距、锚固长度、接头设置,必须符合设计要求和施工规范的规定。 (4)焊接接头、焊接制品的机械性能,必须符合钢筋焊接及验收的专门规定。
2	一般项目	(1)绑扎钢筋的缺扣、松扣数量不超过绑扣总数的10%,且不应集中。 (2)弯钩的朝向应正确。绑扎接头应符合施工规范的规定,搭接长度均不小于规定值。 (3)用Ⅰ级钢筋制作的箍筋,其数量符合设计要求,弯钩的角度和平直长度应符合施工规范的规定。 (4)对焊接头无横向裂纹和烧伤,焊包均匀。接头处弯折不大于4°,接头处钢筋轴线位移不得大于0.1d,且不大于2mm。 (5)电弧焊接头焊缝表面平整,无凹陷、焊瘤,接头处无裂纹、气孔、焊渣及咬边。接头处绑条沿接头中心线的纵向位移不得大于0.5d,且不大于3mm;接头处钢筋的轴线位移不大于0.1d,且不大于3mm;焊缝厚度不小于0.05d,焊缝宽度不小于是0.1d;焊缝长度不小于0.5d;接头处弯折不大于4°。 (6)允许偏差项目,见表2.2.123

(2) 桩承台模板工程的质量标准，如表 2.2.128 所示。

模板工程质量标准 表 2.2.128

序 号	项 目	内 容
1	主控项目	(1)模板及其支架必须具有足够的强度、刚度和稳定性,其支架的支承部分有足够的支承面积。 (2)模板安装在基土上,基土必须坚实并有排水措施。
2	一般项目	(1)模板接缝处接缝的最大宽度不应大于是 1.5mm。 (2)模板与混凝土的接触面应清理干净,并采取防止粘结措施。粘浆和漏涂隔离剂面积累计不大于 1000cm²

(3) 桩承台混凝土工程质量标准，如表 2.2.129 所示。

混凝土工程质量标准 表 2.2.129

序 号	项 目	内 容
1	主控项目	(1)混凝土所用的水泥、水、骨料、外加剂等必须符合施工规范和有关标准的规定。 (2)混凝土的配合比、原材料计量、搅拌、养护和施工缝处理必须符合施工规范的规定。 (3)评定混凝土强度的试块,必须按《混凝土强度检验评定标准》(GBJ 107—87)的规定取样、制作、养护和试验,其强度必须符合施工规范的规定。 (4)对设计不允许有裂缝的结构,严禁出现裂缝;设计允许出现裂缝的结构,其裂缝宽度必须符合设计要求。
2	一般项目	(1)混凝土应振捣密实,蜂窝面积一处不大于 200cm²,累计不大于 400cm²,无孔洞。 (2)任何一根主筋均不得有漏筋。 (3)无缝隙无夹渣层。

(4) 质量记录

桩承台施工的质量记录，如表 2.2.130 所示。

质 量 记 录 表 2.2.130

序 号	内 容
1	水泥的出厂证明及复验证明。
2	钢筋的出厂证明或合格证,以及钢筋验收单抄件。
3	钢筋隐蔽验收记录。
4	模板标高、尺寸的预检记录。
5	钢筋焊接接头拉伸试验报告。
6	结构用混凝土应有试配申请单和试验室签发的配合比通知单。
7	混凝土试块 28d 标养抗压强度试验报告。商品混凝土应有出厂合格证

5. 成品保护

桩承台施工的成品保护，如表 2.2.131 所示。

成 品 保 护 表 2.2.131

序 号	内 容
1	安装模板和浇筑混凝土时,应注意保护钢筋,不得攀踩钢筋。
2	钢筋的混凝土保护层厚度一般不小于 50mm。其钢筋垫块不得遗漏。
3	冬期施工应覆盖保温材料,防止混凝土受冻。
4	拆模时应避免重撬、硬砸,以免损伤混凝土和钢模板

2.2.3 地基处理施工要点

2.2.3.1 灰土地基

1. 灰土地基适用范围，如表 2.2.132 所示。

适 用 范 围   表 2.2.132

序号	项　　目	内　　容
1	定义	灰土工程是将基础底面下要求范围内的软弱土层挖去，用一定比例的石灰与土，在最优含水量情况下，充分拌合，分层回填夯实或压实而成。
2	适用范围	灰土具有一定的强度、水稳定性和抗渗性，施工工艺简单，取材容易，费用较低，是一种应用广泛、经济、实用的地基加固方法。 本工艺标准适用于一般工业与民用建筑的基坑、基槽、室内地坪、管沟、室外台阶和散水等灰土地基(垫层)。

2. 施工准备

灰土地基施工准备，如表 2.2.133 所示。

施 工 准 备   表 2.2.133

序号	项　　目	内　　容
1	材料要求	(1)土料 采用就地挖出的粘性土及塑性指数大于 4 的粉土，土内有机质含量不得超过 5%。土料应过筛，其颗粒不应大于 15mm。 (2)石灰 应用Ⅲ级以上新鲜的块灰，含氧化钙、氧化镁愈高愈好，使用前 1~2d 消解并过筛，其颗粒不得大于 5mm，且不应夹有未熟化的生石灰块粒及其他杂质，也不得含有过多的水分。
2	机具准备	(1)机械设备 蛙式打夯机、压路机；运输设备有：翻斗汽车、1.5t 机动翻斗车。 (2)主要工具 铁锹、铁耙、量斗、水桶、胶管、喷壶、铁筛(孔径为 5mm、15mm)以及手推胶轮车等。
3	作业条件	(1)基坑(槽)在铺灰土前必须先行钎探验槽，并按设计和勘探部门的要求处理完地基，办完隐检手续。 (2)基础外侧打灰土，必须对基础，地下室墙和地下防水层、保护层进行检查，发现损坏时应及时修补处理，办完隐检手续；现浇的混凝土基础墙、地梁等均应达到规定的强度，不得碰坏损伤混凝土。 (3)当地下水位高于基坑(槽)底时，施工前应采取排水或降低地下水位的措施，使地下水位经常保持在施工面以下 0.5m 左右。在 3d 内不得受水浸泡。 (4)施工前应根据工程特点、设计压实系数，土料种类、施工条件等，合理确定土料含水量控制范围。铺灰土的厚度和夯打遍数等参数。重要的灰土填方其参数应通过压实试验来确定。 (5)房心灰土和管沟灰土，应先完成上下水管道的安装或管沟墙间加固等措施后，再进行。并且将管沟、槽内、地坪上的积水或杂物，垃圾等有机物清除干净。 (6)施工前，应作好水平高程的标志。如在基坑(槽)或管沟的边坡上每隔 3m 钉上灰土上平的木橛，在室内和散水的边墙上弹上水平线或在地坪上钉好标高控制的标准木桩

3. 施工工艺

(1) 工艺流程

灰土地基工艺流程，如下所示。

$$\boxed{检验土料和石灰粉的质量并过筛} \rightarrow \boxed{灰土拌合} \rightarrow \boxed{槽底清理} \rightarrow \boxed{分层铺灰土} \rightarrow \boxed{夯打密实} \rightarrow \boxed{找平验收}$$

（2）操作方法

灰土地基操作方法，如表 2.2.134 所示。

操作方法　　　　　　　　　　　　表 2.2.134

序号	项目	内容
1	检验材料	首先检查土类种类和质量以及石灰材料的质量是否符合标准的要求；然后分别过筛。如果是块灰闷制的熟石灰，要用 6~10mm 的筛子过筛，是生石灰粉可直接使用；土料要用 16~20mm 筛子过筛，均应确保粒径的要求。
2	灰土拌合	(1)灰土拌合：灰土的配合比应用体积比，除设计有特殊要求外，一般为 2:8 或 3:7。基础垫层灰土必须过标准斗，严格控制配合比。拌合时必须均匀一致，至少翻拌两次，拌合好的灰土颜色应一致。 (2)灰土施工时，应适当控制含水量。工地检验方法是：用手将灰土紧握成团，两指轻捏即碎为宜。如土料水分过大或不足时，应晾干或洒水润湿。
3	槽底清理	基坑(槽)底或基土表面应清理干净。特别是槽边掉下的虚土、风吹入的树叶、木屑纸片、塑料袋等垃圾杂物。
4	分层铺灰	分层铺灰土：每层的灰土铺摊厚度，可根据不同的施工方法，按表 2.2.135 选用。 各层铺摊后均应用木耙找平，与坑(槽)边壁上的木橛或地坪上的标准木桩对应检查。
5	夯打密实	(1)夯打密实：夯打(压)的遍数应根据设计要求的干土质量密度或现场试验确定，一般不少于三遍。人工打夯应一夯压半夯，夯夯相接，行行相接，纵横交叉。 (2)灰土分段施工时，不得在墙角、柱基及承重窗间墙下接槎。上下两层灰土的接槎距离不得小于500mm。(图 2.2.25)
6	找平与验收	(1)灰土回填每层夯(压)实后，应根据规范规定进行环刀取样，测出灰土的质量密度，达到设计要求时，才能进行上一层灰土的铺摊。 用贯入度仪检查灰土质量时，应先进行现场试验以确定贯入度的具体要求。环刀取土的压实系数用 d_y 鉴定，一般为 0.93~0.95；也可按照表 2.2.136 的规定执行。 (2)找平与验收：灰土最上一层完成后，应拉线或用靠尺检查标高和平整度，超高处用铁锹铲平；低洼处应及时补打灰土。
7	雨、冬期施工	(1)基坑(槽)或管沟灰土回填应连续进行，尽快完成。施工中应防止地面水流入槽坑内，以免边坡塌方或基土遭到破坏。 (2)雨天施工时，应采取防雨或排水措施。刚打完毕或尚未夯实的灰土，如遭雨淋浸泡，则应将积水及松软灰土除去，并重新补填新灰土夯实，受浸湿的灰土应在晾干后，再夯打密实。 (3)冬期打灰土的土料，不得含有冻土块，要做到随筛、随拌、随打、随盖，认真执行留、接槎和分层夯实的规定。在土壤松散时可允许洒盐水。气温在 -10℃ 以下时，不宜施工。并且要有冬施方案

灰土最大虚铺厚度　　　　　　　　　　　　表 2.2.135

项次	夯具的种类	重量(kg)	虚铺厚度(mm)	备注
1	木夯	40~80	200~250	人力打夯，落高 400~500mm，一夯压半夯
2	轻型夯实工具	—	200~250	蛙式打夯机、柴油打夯机
3	压路机	机重 6~10t	200~300	双轮

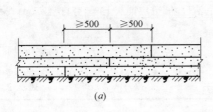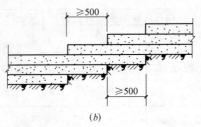

图 2.2.25　灰土垫层接缝方法

(a) 分层平接法；(b) 阶梯式接缝方法

灰土质量密度标准　　　　　　　　　　　表 2.2.136

项　　次	土 料 种 类	灰土最小质量密度(g/cm^3)
1	轻亚黏土	1.55
2	亚黏土	1.50
3	黏土	1.45

4. 质量标准及检验方法

(1) 质量控制

灰土地基质量控制如表 2.2.137 所示。

质 量 控 制　　　　　　　　　　表 2.2.137

序　号	内　　　容
1	施工前应检查原材料，如灰土的土料、石灰以及配合比、灰土拌匀程度。
2	施工过程中应检查分层铺设厚度，分段施工时上下两层的搭接长度，夯实时加水量、夯压遍数等。
3	每层施工结束后检查灰土地基的压实系数。压实系数 λ_c 为土在施工时实际达到的干密度 ρ_d 与室内采用击实试验得到的最大干密度 ρ_{dmax} 之比，即： $$\lambda_c = \frac{\rho_d}{\rho_{dmax}} \tag{2.37}$$ 灰土应逐层用贯入仪检验，以达到控制(设计要求)压实系数所对应的贯入度为合格，或用环刀取样检测灰土的干密度，除以试验的最大干密度求得。施工结束后，应检验灰土地基的承载力。
4	采取防雨、排水措施，避免垫层受雨水浸泡。夯实后的灰土，在 3d 内不得受水浸泡。如遭受雨淋浸泡，则应将积水及松软灰土除去并补填夯实。上部基础施工完毕后，应尽快回填基坑并夯实

(2) 质量检验

灰土地基的质量检验标准如表 2.2.138 所示。

灰土地基质量检验标准　　　　　　表 2.2.138

项　　目	序号	检 查 项 目	允许偏差或允许值		检 查 方 法
			单位	数值	
主控项目	1	地基承载力	设计要求		载荷试验或按规定方法
	2	配合比	设计要求		按拌合时的体积比
	3	压实系数	设计要求		现场实测
一般项目	1	石灰粒径	mm	≤5	筛分法
	2	土料有机质含量	%	≤5	试验室焙烧法
	3	土颗粒粒径	mm	≤15	筛分法
	4	含水量(与要求的最优含水量比较)	%	±2	烘干法
	5	分层厚度偏差(与设计要求比较)	mm	±50	水准仪

（3）允许偏差

灰土地基（垫层）的允许偏差见表 2.2.139。

灰土地基（垫层）允许偏差 表 2.2.139

项 次	项 目	允许偏差（mm）	检 验 方 法
1	顶面标高	±15	用水准仪或拉线和尺量检查
2	表面平整度	15	用 2m 靠尺和楔形塞尺检查

（4）质量记录

灰土地基质量记录如表 2.2.140 所示。

质量记录 表 2.2.140

序 号	内 容
1	施工区域内建筑场地的工程地质勘察报告。
2	地基钎探记录。
3	地基隐蔽验收记录。
4	灰土的试验报告

5. 成品保护

灰土地基的成品保护如表 2.2.141 所示。

成品保护 表 2.2.141

序号	内 容
1	施工时应注意妥善保护定位桩、轴线桩，防止碰撞位移，并应经常复测。
2	对基础、基础墙或地下防水层、保护层以及从基础墙伸出的各种管线,均应妥善保护,防止回填灰土时碰撞或损坏。
3	夜间施工时,应合理安排施工顺序,要配备有足够的照明设施,防止铺填超厚或配合比错误。
4	灰土地基打完后,应及时进行基础的施工和地坪面层的施工,否则应临时遮盖,防止日晒雨淋。
5	冬季应采取保温措施,防止受冻

6. 安全措施

灰土地基的安全措施如表 2.2.142 所示。

安全措施 表 2.2.142

序号	内 容
1	灰土施工,粉化石灰和石灰过筛,必须戴口罩、风镜、手套、套袖等防护用品,并应站在上风头处操作。
2	向基坑(槽)、管沟内夯填灰土前,应先检查电线绝缘是否良好,接地线、开关应符合要求,夯土时严禁夯击电线。
3	使用蛙式打夯机要两人操作,其中一人负责移动胶皮线。操作夯机人员,必须戴胶皮手套,以防触电。两台打夯机在同一作业面夯实,前后距离不得小于 5m

2.2.3.2 砂和砂石地基

1. 适用范围

砂和砂石地基适用范围如表 2.2.143 所示。

适 用 范 围   表 2. 2. 143

序号	项　目	内　　　　容
1	定义	砂和砂石地基(垫层)采用砂或砂砾石(碎石)混合物,经分层夯(压)实,作为地基的持力层。
2	适用范围	砂和砂石地基具有应用范围广泛,不用水泥、石材;由于砂颗粒大,可防止地下水因毛细作用上升,地基不受冻结的影响;能在施工期间完成沉陷;用机械或人工都可使地基密实,施工工艺简单,可缩短工期,降低造价等特点。适用处理 3.0m 以内的软弱、透水性强的黏性土地基,包括淤泥、淤泥质土;不宜用于加固湿陷性黄土地基及渗透系数小的黏性土地基

2. 施工准备

砂和砂石地基的施工准备,如表 2.2.144 所示。

施 工 准 备   表 2. 2. 144

序号	项　目	内　　　　容
1	材料要求	(1)天然级配砂石或人工级配砂石:宜采用质地坚硬的中砂、粗砂、砾砂、碎(卵)石、石屑或其他工业废粒料。在缺少中、粗砂和砾石的地区,可采用细砂,但宜同时掺入一定数量的碎石或卵石(粒径 20~50mm),其掺量应符合设计要求。颗粒级配应良好。 (2)级配砂石材料,不得含有草根、树叶、塑料袋等有机杂物及垃圾。用做排水固结地基时,含泥量不宜超过 3%。碎石或卵石最大粒径不得大于垫层或虚铺厚度的 2/3,并不宜大于 50mm。
2	机具准备	(1)机械设备一般应备有木夯、蛙式或柴油打夯机、推土机、压路机(6~10t)、插入式振动器、平板式振动器、翻斗汽车、机动翻斗车等。 (2)主要工具: 铁锹、铁耙、胶管、喷壶、铁筛、手推胶轮车、平头铁锹、喷水用胶管、2m 靠尺、小线或细铅丝、钢尺或木折尺等。
3	作业条件	(1)对级配砂石进行检验,人工级配砂石应通过试验确定配合比例,使符合设计要求。 (2)设置控制铺筑厚度的标志,如水平标准木桩或标高桩,或在固定的建筑物墙上、槽和沟的边坡上弹上水平标高线或钉上水平标高木橛。 (3)在地下水位高于基坑(槽)底面的工程中施工时,应采取排水或降低地下水位的措施,使基坑(槽)保持无水状态。 (4)铺筑前,应组织有关单位共同验槽,包括轴线尺寸、水平标高、地质情况,如有无孔洞、沟、井、墓穴等。应在未做地基前处理完毕并办理隐检手续。 (5)检查基槽(坑)、管沟的边坡是否稳定,并清除基底上的浮土和积水

3. 施工工艺

(1) 工艺流程

砂和砂石地基的工艺流程如下所示。

$$\boxed{检验砂石质量} \rightarrow \boxed{分层铺筑砂石} \rightarrow \boxed{洒水} \rightarrow \boxed{夯实或碾压} \rightarrow \boxed{找平验收}$$

(2) 操作方法

砂和砂石地基的操作方法,如表 2.2.145 所示。

操 作 方 法   表 2. 2. 145

序号	项　目	内　　　　容
1	基层处理	(1)铺设垫层前应验槽,将基底表面浮土、淤泥、杂物清除干净,两侧应设一定坡度,防止振捣时塌方。 (2)垫层铺设时,严禁扰动垫层下卧层及侧壁的软弱土层,防止被践踏、受冻或受浸泡,降低其强度。如垫层下有厚度较小的淤泥或淤泥质土层,在碾压荷载下抛石能挤入该层底面时,可采取挤淤处理。先在软弱土面上堆填块石、片石等,然后将其压入以置换和挤出软弱土,再做垫层。

续表

序号	项 目	内 容
2	砂石质量	对级配砂石进行技术鉴定,如是人工级配砂石,应将砂石拌合均匀,其质量均应达到设计要求或规范的规定。
3	分层铺设	(1)铺筑砂石的每层厚度,一般为15~20cm,不宜超过30cm,分层厚度可用样桩控制。视不同条件,要选用夯实或压实的方法。大面积的砂石垫层,铺筑厚度可达35cm,宜采用6~10t的压路机碾压。 (2)砂和砂石地基底面宜铺设在同一标高上,如深度不同时,基土面应挖成踏步和斜坡形,搭槎处应注意压(夯)实。施工应按先深后浅的顺序进行。 (3)分段施工时,接槎处应做成斜坡,每层接岔处的水平距离应错开0.5~1.0m,并应充分压(夯)实。 (4)铺筑的砂石应级配均匀。如发现砂窝或石子成堆现象,应将该处砂子或石子挖出,分别填入级配好的砂石。
4	洒水	洒水:铺筑级配砂石在夯实碾压前,应根据其干湿程度和气候条件,适当地洒水以保持砂石的最佳含水量,一般为8%~12%(表2.2.146)。
5	夯实与碾压	夯实或碾压的遍数,由现场试验确定。 (1)用木夯或蛙式打夯机时,应保持落距为400~500mm,要一夯压半夯,行行相接,全面夯实,一般不少于3遍。 (2)采用压路机往复碾压,一般碾压不少于4遍,其轮距搭接不小于50cm。边缘和转角处应用人工或蛙式打夯机补夯密实。 (3)垫层振压要做到交叉重叠1/3,防止漏振、漏夯。夯实、碾压遍数、振实时间应通过试验确定。用细砂作垫层材料时,不宜使用振捣法或水撼法,以免产生液化现象。排水砂垫层可用人工铺设,也可用推土机来铺设。 (4)当采用水撼法或插振法施工时,以振捣棒振幅半径的1.75倍为间距(一般为400~500mm)插入振捣,依次振实,以不再冒气泡为准,直至完成;同时应采取措施有控制地注水和排水。垫层接头应重复振捣,插入式振动棒振完所留孔洞,应用砂填实;在振动首层的垫层时,不得将振动棒插入原土层或基槽边部,以避免使软土混入砂垫层而降低砂垫层的强度。
6	地下水处理	当地下水位较高或在饱和的软弱地基上铺设垫层时,应加强基坑内及外侧四周的排水工作,防止砂垫层泡水引起砂的流失,保持基坑边坡稳定;或采取降低地下水位措施,使地下水位降低到基坑底500mm以下。
7	找平与验收	(1)施工时应分层找平,夯压密实,并应设置纯砂检查点,用200cm³的环刀取样,测定干砂的质量密度。下层密实度合格后,方可进行上层施工。用贯入法测定质量时,用贯入仪、钢筋或钢叉等以贯入度进行检查,小于试验所确定的贯入度为合格。 (2)最后一层压(夯)完成后,表面应拉线找平,并且要符合设计规定的标高。 (3)垫层铺设完毕,应即进行下道工序施工,严禁小车及人在砂层上面行走,必要时应在垫层上铺板行走

砂垫层和砂石垫层铺设厚度及施工最优含水量 表 2.2.146

序 号	捣实方法	每层铺设厚度(mm)	施工时最优含水量(%)	施 工 要 点	备 注
1	平振法	200~250	15~20	1. 用平板式振捣器往复振捣,往复次数以简易测定密实度合格为准; 2. 振捣器移动时,每行应搭接三分之一,以防振动面积不搭接。	不宜使用干细砂或含泥量较大的砂铺筑砂垫层

续表

序　号	捣实方法	每层铺设厚度（mm）	施工时最优含水量（%）	施　工　要　点	备　注
2	插振法	振捣器插入深度	饱和	1. 用插入式振捣器； 2. 插入间距可根据机械振捣大小决定； 3. 不用插至下卧粘性土层； 4. 插入振捣完毕，所留的孔洞应用砂填实； 5. 应有控制地注水和排水。	不宜使用干细砂或含泥量较大的砂铺筑砂垫层
3	水撼法	250	饱和	1. 注水高度略超过铺设面层； 2. 用钢叉摇撼捣实，插入点间距100mm左右； 3. 有控制地注水和排水； 4. 钢叉分四齿，齿的间距30mm，长300mm，木柄长900mm。	湿陷性黄土、膨胀土、细砂地基上不得使用
4	夯实法	150～200	8～12	1. 用木夯或机械夯； 2. 木夯重40kg，落距400～500mm； 3. 一夯压半夯，全面夯实。	适用于砂石垫层
5	碾压法	150～350	8～12	6～10t压路机往复碾压；碾压次数以达到要求密实度为准，一般不少于4遍，用振动压实机械，振动3～5min	适用于大面积的砂石垫层，不宜用于地下水位以下的砂垫层

4. 质量标准及检验方法

（1）质量控制

砂和砂石地基的质量控制，如表2.2.147所示。

质 量 控 制　　　　　　　　　　　表 2.2.147

序号	内　　　容
1	施工前应检查砂、石等原材料质量及砂、石拌合均匀程度。
2	施工过程中必须检查分层厚度，分段施工时搭接部分的压实情况、加水量、压实遍数、压实系数。
3	振实砂垫层时，应注意不要破坏基坑底面和侧面土的强度。因此，对基坑下灵敏度大的地基，在垫层最下一层只能用木夯夯实，以免破坏基底土的结构。
4	在基础做完后应及时回填基坑。建筑物完工后，在邻近进行低于砂垫层顶面的开挖时，应采取措施保证少垫层的稳定。
5	施工结束后，应检查砂及砂石地基的承载力

（2）质量检验

砂及砂石地基的质量检验标准如表2.2.148所示。

砂及砂石地基质量检验标准　　　　　　　　　　表 2.2.148

项　目	序号	检　查　项　目	允许偏差或允许值		检　查　方　法
			单位	数值	
主控项目	1	地基承载力	设计要求		载荷试验或按规定方法
	2	配合比	设计要求		检查拌合时的体积比或重量比
	3	压实系数	设计要求		现场实测
一般项目	1	砂石料有机质含量	%	≤5	焙烧法
	2	砂石料含泥量	%	≤5	水洗法
	3	石料粒径	mm	≤100	筛分法
	4	含水量（与最优含水量比较）	%	±2	烘干法
	5	分层厚度（与设计要求比较）	mm	±50	水准仪

（3）允许偏差

砂和砂石地基的允许偏差，如表2.2.149所示。

砂石地基的允许偏差　　　　　　　　　表 2.2.149

项　次	项　　目	允许偏差 mm	检　验　方　法
1	顶面标高	±15	用水准仪或拉线和尺量检查
2	表面平整度	20	用2m靠尺和楔形塞尺量检查

（4）质量记录

砂和砂石地基的质量记录，如表2.2.150所示。

质　量　记　录　　　　　　　　　表 2.2.150

序　号	内　　　　容	序　号	内　　　　容
1	施工现场的工程地质勘察报告。	3	地基隐蔽验收记录。
2	地基纤探记录。	4	砂石的试验报告

5. 成品保护

砂和砂石地基的成品保护，如表2.2.151所示。

成　品　保　护　　　　　　　　　表 2.2.151

序　号	内　　　　　　　　　容
1	回填砂石时，应注意保护好现场轴线桩、标准高程桩，防止碰撞位移，并应经常复测。
2	地基范围内不应留有孔洞。完工后如无技术措施，不得在影响其稳定的区域内进行挖掘工程。
3	施工中必须保证边坡稳定，防止边坡坍塌。
4	夜间施工时，应合理安排施工顺序，配备足够的照明设施；防止级配砂石不准或铺筑超厚。
5	级配砂石成活后，应连续进行上部施工；否则应适当经常洒水润湿。
6	做好垫层周围排水设施，防止施工期间垫层被水浸泡

6. 安全措施

砂和砂石地基的安全措施，如表2.2.152所示。

安　全　措　施　　　　　　　　　表 2.2.152

序　号	内　　　　　　　　　容
1	施工中应使边坡有一定坡度，保持稳定，不得直接在坡顶用汽车卸料，以防失稳。
2	其他同"2.2.3.1 灰土地基"一节的有关规定

2.2.3.3　强夯地基

1. 适用范围

强夯地基适用范围，如表2.2.153所示。

适　用　范　围　　　　　　　　　表 2.2.153

序号	项　目	内　　　　　　　　　容
1	定义	用大吨位(10～40t)夯锤，反复起吊至高处(6～30m)使其自由下落，给地基以冲击和振动能量，来夯实浅层填土地基，使表面形成一层较为均匀的硬土层来承受上部荷载的地基。
2	适用范围	(1)强夯法适用于处理碎石土、砂土、低饱和度的粉土与黏性土、湿陷性黄土、素填土和杂填土等地基。 (2)对于高饱和度的粉土和黏性土等地基，当采用块石、碎石或其他粗颗粒材料进行强夯置换，应通过现场试验确定其适用性。 (3)当强夯所产生的振动，对现场周围已建成或正在施工的建筑物或构筑物有影响时不得采用，必须采用时应采取防振措施

2. 施工准备

强夯地基的施工准备，如表 2.2.154 所示。

施 工 准 备　　　　　　　　　　　　　　　表 2.2.154

序号	项　目	内　容
1	技术准备	(1)应有工程地质勘察报告、强夯场地平面图及设计对强夯的效果要求等技术资料。 (2)结合场区内的具体情况，编制施工组织设计或施工方案。 (3)对现场施工人员进行技术交底，专业工种应进行短期专业技术培训。 (4)进行测量基准交底、复测及验收工作。 (5)其他技术准备工作。
2	人员准备	起重司机 1 名、起重工 2 名、辅助工 4 名(单机单班考虑)。
3	机具准备	(1)夯锤:可用钢材制作,或用钢板为外壳,内部焊接骨架后灌注混凝土制成。夯锤底面为方形或圆形。锤底面积宜按土的性质确定,锤底静接地压力值可取 25~40kPa,对于细颗粒土锤底静接地压力宜取较小值。夯锤的底面宜对称设置若干个与其顶面贯通的排气孔,孔径可取 250~300mm。 (2)起重机械:宜选用起重能力 15t 以上的履带式起重机或其他专用起重设备,但必须满足夯锤起吊重量和提升高度的要求,并均需设安全装置,防止夯击时臂杆后仰。 (3)自动脱钩装置:要求有足够强度,起吊时不产生滑钩;脱钩灵活,能保持夯锤平稳下落,挂钩方便、迅速。 (4)推土机:用 T₃-100 型,用作回填、整平夯坑和作地锚。 (5)检测设备:有标准贯入、静力触探或轻便触探等设备以及土工常规试验仪器。
4	作业条件	(1)场地已整平,机械设备进出场道路已修好。表面松散土层已经预压。雨期施工周边已挖好排水沟,防止场地表面积水。 (2)现场积水已排除,满足机械行走作业

3. 施工工艺

(1) 工艺流程

强夯地基工艺流程如下所示。

清理、平整场地 → 标出第一遍夯点位置、测量场地高程 → 起重机就位、夯锤对准夯点位置 →

测量夯前锤顶高程 → 将夯锤吊到预定高度，脱钩自由下落进行夯击，测量锤顶高程 →

往复夯击，按规定夯击次数及控制标准，完成一个夯点的夯击 →

重复以上工序，完成第一遍全部夯点的夯击 → 用推土机将夯坑填平，测量场地高程 →

在规定的间隔时间后，按上述程序逐次完成全部夯击遍数 →

用低能量满夯，将场地表层松土夯实，并测量夯后场地高程

(2) 选定施工技术参数

强夯前应通过试夯选定施工技术参数，试夯区平面尺寸不宜小于 20m×20m。在试夯区夯击前，应选点进行原位测试，并取原状土样，测定有关土性数据，留待试夯后，仍在此处附近进行测试并取土样进行对比分析，如符合设计要求，即可按试夯时的有关技术参数，确定正式强夯的技术参数。否则，应对有关技术参数适当调整或补夯确定。一般强夯施工技术参数的选择见表 2.2.155。

强夯施工技术参数的选择 表 2.2.155

项次	项 目	施工技术参数
1	锤重和落距	锤重 G 与落距 h 是影响夯击能和加固深度的重要因素 锤重一般不宜小于 8t，常用的为 8、11、13、15、17、18、25t 落距一般不小于 6m，多采用 8、10、11、13、15、17、18、20、25m 等几种
2	夯击能和平均夯击能	锤重 G 与落距 h 的乘积称为夯击能 E，一般取 $600\sim1000kJ/m^2$；对黏性土取 $1500\sim3000kJ/m^2$。夯击能过小，加固效果差，夯击能过大，对于饱和黏土，会破坏土体形成橡皮土，降低强度
3	夯击点布置及间距	夯击点布置对大面积地基，一般采用梅花形或正方形网格排列(图 2.2.26)；对条形基础，夯点可成行布置；对工业厂房独立柱基础，可按柱网设置单夯点 夯击点间距取夯锤直径的 3 倍，一般为 5～15m，一般第一遍夯点的间距宜大，以便夯击能向深部传递
4	夯击遍数与击数	一般为 2～5 遍，前 2～3 遍为"间夯"，最后一遍以低能量(为前几遍能量的 1/4～1/5)进行"满夯"(即锤印彼此搭接)，以加固前几遍夯点之间的黏土和被振松的表土层，每夯击点的夯击数以使土体竖向压缩量最大而侧向移动最小，或最后两击沉降量之差小于试夯确定的数值为准，一般软土控制瞬时沉降量为 5～8cm，废渣填石地基控制的最后两击下沉量之差为 2～4cm。 每夯击点之夯击数一般为 3～10 击，开始两遍夯击数宜多些，最后各遍击数逐渐减小，最后一遍只夯 1～2 击
5	两遍之间的间隔时间	通常待上层内超孔隙水压力大部分消散，地基稳定后再夯下一遍，一般时间间隔 1～4 周。对黏土或冲积土常为 3 周，若无地下水或地下水位在 5m 以下，含水量较少的碎石类填土或透水性强的砂性土，可采取间隔 1～2d，或采用连续夯击而不需要间歇
6	强夯加固范围	对于重要工程应比设计地基长(L)、宽(B)各大出一个加固深度(H)，即$(L+H)\times(B+H)$；对于一般建筑物，在离地基轴线以外 3m 布置一圈夯击点即可
7	加固影响深度	加固影响深度 H(m)与强夯工艺有密切关系，一般按修正的梅那氏(法)公式估算： $$H=K\sqrt{\frac{G \cdot h}{10}}$$ 式中 G——夯锤重力(kN)； h——落距(锤底至起夯面距离)(m)； K——折减系数，一般黏性土取 0.5，砂性土取 0.7；黄土取 0.35～0.50 强夯法的有效加固深度也可按表 2.2.156 预估

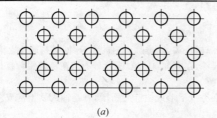 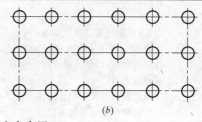

(a) (b)

图 2.2.26 夯点布置

(a) 梅花形布置；(b) 方形布置

强夯法的有效加固深度 (m) 表 2.2.156

单击夯击能 (kN·m)	碎石土、砂土等	粉土、黏性土、湿陷性黄土等	单击夯击能 (kN·m)	碎石土、砂土等	粉土、黏性土、湿陷性黄土等
1000	5.0～6.0	4.0～5.0	4000	8.0～9.0	7.0～8.0
2000	6.0～7.0	5.0～6.0	5000	9.0～9.5	8.0～8.5
3000	7.0～8.0	6.0～7.0	6000	9.5～10.0	8.5～9.0

注：强夯法的有效加固深度应从起夯面算起。

（3）操作方法

强夯地基的操作方法如表 2.2.157 所示。

操作方法   表 2.2.157

序号	项目	内容
1	一般要求	（1）做好强夯地基的地质勘察，对不均匀土层适当增多钻孔和原位测试工作，掌握土质情况，作为制定强夯方案和对比夯前、夯后加固效果之用。必要时进行现场试验性强夯，确定强夯施工的各项参数。同时应查明强夯范围内的地下构筑物和各种地下管线的位置及标高，并采取必要的防护措施，以免因强夯施工而造成损坏。 （2）强夯前应平整场地，周围作好排水沟，按夯点布置测量放线确定夯位。地下水位较高时，应在表面铺 0.5～2.0m 中（粗）砂或砂砾石、碎石垫层，以防设备下陷和便于消散强夯产生的孔隙水压，或采取降低地下水位后再强夯。 （3）强夯机械必须符合夯锤起吊重量和提升高度要求，并设置安全装置，防止夯击时起重机臂杆在突然卸重时发生后倾和减少臂杆的振动。安全装置一般采用在臂杆的顶部用两根钢丝绳锚系到起重机前方的推土机上。不进行强夯施工时，推土机可作平整场地用。 （4）强夯施工，必须严格按照试验确定的技术参数进行控制。夯击深度应用水准仪测量控制。
2	强夯顺序	强夯应分段进行，顺序从边缘夯向中央（图 2.2.27）。对厂房柱基亦可一排一排夯，起重机直线行驶，从一边向另一边进行，每夯完一遍，用推土机整平场地，放线定位即可接着进行下一遍夯击。强夯法的加固顺序是：先深后浅，即先加固深层土，再加固中层土，最后加固表层土。最后一遍夯完后，再以低能量满夯一遍，如有条件以采用小夯锤夯击为佳。施工平均下沉量必须符合设计要求。
3	地基强夯	（1）强夯时，首先应检验夯锤是否处于中心，若有偏心时，应采取在锤边焊钢板或增减混凝土等办法使其平衡，防止夯坑倾斜。 （2）夯击时，落锤应保持平稳，夯位正确。如错位或坑底倾斜度过大，应及时用砂土将坑整平，予以补夯后方可进行下一道工序。 （3）夯击时应按试验和设计确定的强夯参数进行，在每一遍夯击之后，要用新土或周围的土将夯击坑填平，再进行下一遍夯击。强夯结束后，基坑应及时修整，浇筑混凝土垫层封闭。 （4）强夯时，会对地基及周围建筑物产生一定的振动，夯击点宜距现有建筑物 15m 以上，如间距不足，可在夯点与建筑物之间开挖隔振沟带，其沟深要超过建筑物的基础深度，并有足够的长度，或把强夯场地包围起来。
4	高饱和度土夯击	对于高饱和度的粉土、粘性土和新饱和填土，进行强夯时，很难以控制最后两击的平均夯沉量在规定的范围内，可采取： （1）适当将夯击能量降低； （2）将夯沉量差适当加大； （3）填料采取将原土上的淤泥清除，挖纵横盲沟，以排除土内的水分，同时在原土上铺 50cm 的砂石混合料，以保证强夯时土内的水分排除，在夯坑内回填块石、碎石或矿渣等粗颗粒材料，进行强夯置换等措施。 通过强夯将坑底软土向四周挤出，使在夯点下形成块（碎）石墩，并与四周软土构成复合地基，一般可取得明显的加固效果。
5	回填土夯击	对于回填土，应控制含水量在最优含水量范围内，如低于最优含水量，可钻孔灌水或洒水浸湿。坑底含水量过大时，可铺砂石后再进行夯击。
6	雨期强夯措施	雨期强夯施工措施 （1）强夯施工宜在干旱季节进行。在雨期施工时应采取措施防止场地积水，导致土质变软，以致出现挤出现象，降低强夯效果。 （2）根据总图利用自然地形确定明沟排水方向，按规定坡度挖好明沟，以确保施工质量。 （3）对强夯的区域及时进行表面碾压。 （4）掌握天气变化情况，做到事前预防。 （5）履带式起重机在雨后强夯时，严禁在未经夯实的虚土上或低洼处作业，同时应进行试吊，将夯锤吊离地面 1m 左右往返起落数次，确定稳妥后，方可正式强夯。 （6）使用轮胎式起重机在强夯和移机过程中都应铺设垫板。

序号	项 目	内 容
7	冬期施工措施	冬期施工应清除地表的冻土层再强夯,夯击次数要适当增加,如有硬壳层,要适当增加夯次或提高夯击功能。
8	监测与记录	做好施工过程中的监测和记录工作,包括检查夯锤重和落距,对夯点放线进行复核,检查夯坑位置,按要求检查每个夯点的夯击次数和每击的夯沉量等,并对各项参数及施工情况进行详细记录,作为质量控制的根据

4. 质量标准及检验方法

（1）质量控制

强夯地基的质量控制如表 2.2.158 所示。

（2）质量检验

强夯地基的质量检验标准,如表 2.2.159 所示。

（3）质量记录

强夯地基的质量记录,如表 2.2.160 所示。

5. 成品保护

强夯地基的成品保护,如表 2.2.161 所示。

16	13	10	7	4	1
17	14	11	8	5	2
18	15	12	9	6	3
18′	15′	12′	9′	6′	3′
17′	14′	11′	8′	5′	2′
16′	13′	10′	7′	4′	1′

图 2.2.27 强夯顺序

质 量 控 制 表 2.2.158

序号	内 容
1	强夯前场地应进行地质勘探,通过现场试验确定强夯参数(试夯区面积不小于 20m×20m)。
2	夯击前后应对地基土进行原位测试,包括室内土分析试验、野外标准贯入、静力(轻便)触探、旁压试验(或野外荷载试验),测定有关数据,以检验地基的实际影响深度。有条件时,应尽量选用上述两项以上的测试项目,以便比较。检验点数,每个独立基础至少有 1 点,基槽每 20 延米有 1 点,整片地基 50～100m² 取 1 点。检测深度和位置按设计要求确定,同时现场测定每夯击点后的地基平均变形值,以检验强夯结果。
3	施工前应检查夯锤重量、尺寸,落距控制手段,排水设施。
4	强夯中严格控制夯位和夯距,不漏夯;检查落距、夯击遍数和夯击范围,确保单位夯击能量符合设计要求。对各项参数和施工情况进行详细记录。
5	为防止飞石伤人,现场工作人员应戴安全帽;在夯击时所有人员应退到安全线外

强夯地基质量检验标准 表 2.2.159

项 目	序号	检 查 项 目	允许偏差或允许值		检 查 方 法
			单位	数值	
主控项目	1	地基强度	设计要求		按规定方法
	2	地基承载力	设计要求		按规定方法
一般项目	1	夯锤落距	mm	±300	钢索设标志
	2	锤重	kg	±100	称重
	3	夯击遍数及顺序	设计要求		计数法
	4	夯点间距	mm	±500	用钢尺量
	5	夯击范围(超过基础范围距离)	设计要求		用钢尺量
	6	前后两遍间歇时间	设计要求		

质量记录　　　　　　　　　　　　　　　　表 2.2.160

序　号	内　容	序　号	内　容
1	强夯施工记录。	3	强夯地基承载力检验记录。
2	强夯地基质量检验评定。	4	其他必须提供的文件和记录

成品保护　　　　　　　　　　　　　　　　表 2.2.161

序　号	内　容
1	做好现场测量控制桩、控制网的保护工作。
2	做好现场夯击位置布点的保护工作。
3	做好现场排水设施的保护工作。
4	重锤夯实完毕,立即进行下道工序施工,如有间歇,应预留 200～300mm 厚土层,施工基础时再挖除,防止扰动。
5	夯实地基附近进行砌筑工程或浇筑混凝土时,应采取防护措施,以防造成砌体和混凝土受震裂缝

6. 安全环保措施

强夯地基的安全环保措施,如表 2.2.162 所示。

安全环保措施　　　　　　　　　　　　　　表 2.2.162

序　号	内　容
1	建立健全安全生产责任制和安全保证体系,对全体施工人员进行安全教育,组织学习安全技术规范及施工设备的安全操作规程。
2	定期和不定期地组织安全检查,发现隐患应及时整改。
3	进入现场必须带安全帽,特殊工种应持证上岗。
4	吊机起重臂活动范围内严禁站人,非工作人员严禁进入强夯区域。
5	夯机驾驶室前应安装安全防护网,测量仪器应架设在距夯机 30m 以外的地方,夯锤下落位置与施工人员的安全距离为 20m。
6	汽车吊行走时应铺放 4m×2m×0.02m 钢板。
7	施工时应随时观察机械的工作状态,发现问题及时予以解决。
8	施工应按计划有序进行,保持现场安全文明施工。
9	施工垃圾、生活垃圾应定期清理,以免污染环境。
10	起吊夯锤速度不应太快,不能在高空停留过久,严禁猛升猛降,以防夯锤脱落;停止作业时,不得将夯锤挂在高空。
11	夯击过程中应随时检查坑壁有无坍塌可能,必要时采取防护措施。
12	为减少吊臂在夯锤下落时的晃动和反弹,应在起重机的前方用推土机拉缆风绳作地锚

2.2.3.4　土工合成材料地基

1. 适应范围及基本规定

土工合成材料地基的适用范围及基本规定,如表 2.2.163 所示。

适应范围及基本规定　　　　　　　　　　　表 2.2.163

序 号	项 目	内 容
1	定义	土工合成材料地基又称土工聚合物地基、土工织物地基,系在软弱地基中或坡上埋设土工织物作为加筋,使形成弹性复合土体,起到排水、反滤、隔离、加固和补强等方面的作用,以提高土体承载力,减少沉降和增加地基的稳定。图 2.2.28 为土工织物加固地基、边坡的几种应用。
2	特点	土工织物的特点是: (1)质地柔软,重量轻,整体连续性好;施工方便,抗拉强度高,没有显著的方向性,各向强度基本一致;弹性、耐磨、耐腐蚀性、耐火性和抗微生物侵蚀性好,不易霉烂和虫蛀。 (2)土工织物具有毛细作用,内部具有大小不等的网眼,有较好的渗透性(水平向 $1 \times 10^{-1} \sim 1 \times 10^{-3}$ cm/s)和良好的疏导作用,水可竖向、横向排出。 (3)材料为工厂制品,材质易保证,施工简便,造价较低,与砂垫层相比可节省大量砂石材料,节省费用 1/3 左右。 (4)用于加固软弱地基或边坡,作为加筋使形成复合地基,可提高土体强度,承载力增大 3～4 倍,显著地减少沉降,提高地基稳定性。 (5)但土工聚合物存在抗紫外线(老化)能力较低,埋在土中,不受阳光紫外线照射,则不受影响,可使用 40 年以上。
3	适用范围	(1)适用于加固软弱地基,以加速土的固结,提高土体强度。 (2)用于公路、铁路路基作加强层,防止路基翻浆、下沉。 (3)用于堤岸边坡,可使结构坡角加大,又能充分压实。 (4)作挡土墙后的加固,可代替砂井。 (5)还可用于河道和海港岸坡的防冲;水库、渠道的防渗以及土石坝、灰坝、尾矿坝与闸基的反滤层和排水层,可取代砂石级配良好的反滤层,达到节约投资、缩短工期、保证安全使用的目的。
4	基本规定	(1)施工前应对土工合成材料的物理性能(单位面积的质量、厚度、相对密度)、强度、延伸率以及土、砂石料等做检验。土工合成材料以 100m² 为一批,每批应抽查 5%;产品验收抽样以卷为单位时,每批应抽查 5%,并不少于一卷。 (2)施工过程中应检查清基、回填料铺设厚度及平整度、土工合成材料的铺设方向、接缝搭接长度或接缝状况、土工合成材料与结构的连接状况等。 (3)施工结束后,应进行承载力检验。 (4)材料要求: 1)土工合成材料的分类 土工合成材料目前可分为下列四大类,如图 2.2.29。 2)土工合成材料的性能 ①土工合成材料的性能指标包括其本身特性指标及其与土相互作用指标。后者需模拟实际工作条件由试验确定(该指标主要用于初步设计时参考)。 ②土工合成材料自身特性指标包括下列内容: A. 产品形态指标:材质、幅度、每卷长度、包装等; B. 物理性能指标:单位面积(长度)质量、厚度、有效孔径(或开孔尺寸)等; C. 力学性能指标:拉伸强度、撕裂强度、握持强度、顶破强度、胀破强度、材料与土相互作用的摩擦强度等; D. 水力学:透水率、导水率、梯度比等; E. 耐久性能:抗老化、化学稳定性、生物稳定性等。 3)土工合成材料应按设计指定产品选择,设计没有明确指定时,应选用抗拉强度大,延伸率较小的产品。土工格栅应有较大糙度;土工织物、土工膜应有较高的刺破、顶破、握持强度,其性能指标应满足设计要求。 4)土工合成材料的抽样检验可根据使用功能进行试验项目选择(见表 2.2.164)。 5)土工合成材料自身主要性能的试验方法标准可参照《土工合成材料试验规程》(SL/T 235—1999)执行

注:1. 土工合成材料:岩土工程和土木工程中所应用的高分子聚合物材料的总称;
　　2. 土工织物:透水性土工合成材料。按制造方法不同分为织造土工织物和非织造(无纺)土工织物。
　　3. 土工膜:由聚合物或沥青制成的一种相对不透水薄膜。
　　4. 土工格栅:由高密度聚乙烯等聚合物经挤压加工再进行拉伸制成的格栅状、用于加筋的土工合成材料。其开孔可容周围土、石或其他土工材料穿入。
　　5. 土工带:经挤压拉伸或加筋制成的条带抗拉材料。
　　6. 土工格室:由土工格栅、土工织物或土工膜、条带等形成的蜂窝状或网格状三维结构材料。
　　7. 土工复合材料:由两种或两种以上材料复合而成的土工合成材料。

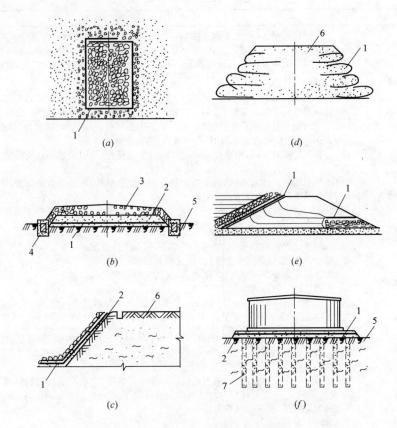

图 2.2.28   土工织物加固的应用

(a) 排水；(b) 稳定路基；(c) 稳定边坡或护坡；(d) 加固路堤；(e) 土坝反滤；(f) 加速地基沉降

1—土工织物；2—砂垫；3—道渣；4—渗水盲沟；5—软土层；6—填土或填料夯实；7—砂井

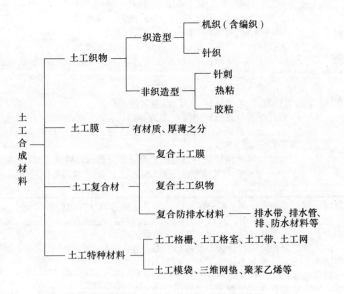

图 2.2.29   土工合成材料分类图

土工合成材料试验项目选择表　　　　　　表 2.2.164

试验项目	使用目的		试验项目	使用目的	
	加筋	排水		加筋	排水
单位面积质量	✓	✓	顶破	✓	✓
厚度	○	✓	刺破	✓	○
孔径	✓	○	淤堵	○	✓
渗透系数	○	✓	直接剪切摩擦	✓	○
拉伸	✓	✓			

注：✓为必做项，○为选做或不做项。

2. 施工准备

土工合成材料地基的施工准备，如表 2.2.165 所示。

施 工 准 备　　　　　　表 2.2.165

序号	项目	内容
1	技术准备	(1)详细阅读设计文件,准确理解设计采用土工合成材料在地基加固中的作用。 (2)详细阅读地质勘察报告,了解在地基土层的工程特性、土质及地下水对拟使用的土工合成材料的腐蚀和施工影响。 (3)对拟使用的回填土、石做检验,确保符合设计要求。 (4)根据设计要求和土工合成材料特性及现场施工条件编制施工方案。 (5)对工人进行施工技术交底。
2	材料准备	(1)根据设计要求及施工现场情况,制定土工合成材料的采购计划; (2)选择回填土、石的来源地; (3)土工合成材料进场时,应检查产品标签、生产厂家、产品批号、生产日期、有效期限等,并取样送检; (4)根据施工方案将土工合成材料提前裁剪拼接成适合的幅片; (5)准备好土工合成材料的存放地点,避免土工合成材料进场后受阳光直接照晒。
3	机具准备	(1)土工合成材料拼接机具; (2)回填土、石料运输机具; (3)回填层夯实、碾压机具; (4)水准仪、钢尺等。
4	作业条件	(1)土工合成材料验收合格; (2)回填土、石材料试验合格; (3)向工人的技术交底已经完成; (4)土工合成材料铺设基层处理合格

3. 施工工艺

(1) 工艺流程

土工合成材料地基的工艺流程，如图 2.2.30 所示。

(2) 操作方法

土工合成材料地基的操作方法，如表 2.2.166 所示。

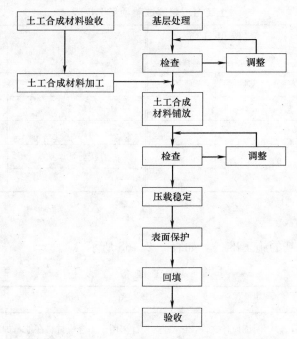

图 2.2.30   土工合成材料地基施工工艺流程

操作方法   表 2.2.166

序 号	项 目	内 容
1	基层处理	(1)铺放土工合成材料的基层应平整,局部高差不大于50mm。清除树根、草根及硬物,避免损伤破坏土工合成材料。 (2)对于不宜直接铺放土工合成材料的基层应先设置砂垫层,砂垫层厚度不宜小于300mm,宜用中粗砂,含泥量不大于5%。
2	土工合成材料铺放	(1)首先应检查材料有无损伤破坏。 (2)土工合成材料须按其主要受力方向铺放。 (3)铺放时应用人工拉紧,没有皱折,且紧贴下承层。应随铺随及时压固,以免被风掀起。 (4)土工合成材料铺放时,两端须有富余量。富余量每端不少于1000mm,且应按设计要求加以固定。 (5)相邻土工合成材料的连接,对土工格栅可采用密贴排放或重叠搭接,用聚合材料绳或棒或特种连接件连接。对土工织物及土工膜可采用搭接或缝接。 (6)当加筋垫层采用多层土工材料时,上下层土工材料的接缝应交替错开,错开距离不小于500mm。 (7)土工织物、土工膜的连接可采用搭接法、缝合法和胶结法。连接处强度不得低于设计要求的强度。 1)搭接法: 搭接长度300～1000mm,视建筑荷载、铺设地形、基层特性和铺放条件而定.一般情况下采用300～500mm。荷载大、地形倾斜、基层极软,不小于500mm,水下铺放不小于1000mm。当土工织物、土工膜上铺有砂垫层时不宜采用搭接法。 2)缝合法: 采用尼龙或涤纶线将土工织物或土工膜双道缝合,两道缝线间距10～25mm。缝合形式如图2.2.31所示。 3)胶结法:采用热粘接或胶粘接。粘接时搭接宽度不宜小于100mm。 (8)在土工合成材料铺放时,不得有大面积的损伤破坏。对小的裂缝或孔洞,应在其上缝补新材料。新材料面积不小于破坏面积的4倍,边长不小于1000mm。

续表

序 号	项 目	内 容
3	回填	(1)土工合成材料垫层地基,无论是使用单层还是多层土工合成加筋材料,作为加筋垫层结构的回填料,材料种类、层间高度、碾压密实度等都应由设计确定。 (2)回填料为中、粗、砾砂或细粒碎石类时,在距土工合成材料(主要指土工织物或土工膜)80mm 范围内,最大粒径应小于 60mm,当采用黏性土时,填料就能满足设计要求的压实度并不含有对土工合成材料有腐蚀作用的成分。 (3)当使用块石做土工合成材料保护层时,块石抛放高度应小于 300mm,且土工合成材料上应铺放厚度不小于 50mm 的砂层。 (4)对于黏性土,含水量应控制在最佳含水量的±2%以内,密实度不小于最大密实度的 95%。 (5)回填土应分层进行,每层填土的厚度应随填土的深度及所选压实机械性能确定。一般为 100~300mm,但筋上第一层填土厚度不小于 150mm。 (6)填土顺序对不同的地基有不同要求: 1)极软地基采用后卸式运土车,先从土工合成材料两侧卸土,形成戗台,然后对称往两戗台间填土。施工平面始终呈"凹"形(凹口朝前进方向)。 2)一般地基采用从中心向外侧对称进行。平面上呈"凸"形(突口朝前进方向)。 (7)回填时应根据设计要求及地基沉降情况,控制回填速度。 (8)土工合成材料上第一层填土,填土机械只能沿垂直于土工合成材料的铺放方向运行。应用轻型机械(压力小于 55kPa)摊料或碾压。填土高度大于 600mm 后方可使用重型机械

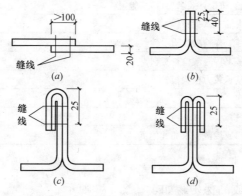

图 2.2.31　缝合尺寸（尺寸单位 mm）
(*a*) 平接；(*b*) 对接；(*c*) J 字形接；(*d*) 蝶形接

4. 质量标准及检验方法

（1）质量控制

土工合成材料地基的质量控制，如表 2.2.167 所示。

质量控制　　　　　　　　　　　　　　　　　　表 2.2.167

序 号	内 容
1	施工前应对土工织物的物理性能(单位面积的质量、厚度、比重)、强度、延伸率以及土、砂石料等进行检验。土工织物以 100m² 为一批,每批抽查 5%。
2	施工过程中应检查清基、回填料铺设厚度及平整度、土工织物的铺设方向、搭接缝搭接长度或缝接状况、土工织物与结构的连接状况等。
3	施工结束后,应作承载力检验。
4	土工合成材料地基表面应平整

（2）质量检验标准

土工合成材料地基质量检验标准应符合表 2.2.168 的规定。

质量检验标准　　　　　　　　　　　　　　　　表 2.2.168

项　目	序号	检查项目	允许误差或允许值		检查方法
			单位	数值	
主控项目	1	土工合成材料强度	%	≤5	置于夹具上做拉伸试验（结果与设计标准比）
	2	土工合成材料延伸率	%	≤3	置于夹具上做拉伸试验（结果与设计标准比）
	3	地基承载力	设计要求		按规定的方法
一般项目	1	土工合成材料搭接长度	mm	≥300	用钢尺量
	2	土石料有机质含量	%	≤5	焙烧法
	3	层面平整度	mm	≤20	用 2m 靠尺
	4	每层铺设厚度	mm	±25	水准仪

（3）质量记录

土工合成材料地基的质量记录，如表 2.2.169 所示。

质量记录　　　　　　　　　　　　　　　　　　表 2.2.169

序　号	内　　容
1	土工合成材料产品出厂合格证。
2	土工合成材料性能（按设计要求项目）实验报告。
3	土工合成材料接头抽样试验报告。
4	土工合成材料地基工程检验批质量验收记录。
5	土工合成材料地基工程隐蔽检查资料。
6	土工合成材料地基承载力检验报告。
7	设计文件资料。
8	施工技术交底资料。
9	当地建设主管部门或规范要求的其他资料

5. 成品保护

土工合成材料地基的成品保护，如表 2.2.170 所示。

成品保护　　　　　　　　　　　　　　　　　　表 2.2.170

序　号	内　　容
1	铺放土工合成材料，现场施工人员禁止穿硬底或带钉的鞋。
2	土工合成材料铺放后，宜在 48h 内覆盖，避免曝晒。
3	严禁机械直接在土工合成材料表面行走。
4	用黏土做回填时，应采取排水措施。雨雪天要加以遮盖

6. 安全环保措施

土工合成材料地基的安全环保措施，如表 2.2.171 所示。

安全环保措施　　　　　　　　　　　　　　　　表 2.2.171

序　号	内　　容
1	土工合成材料存放点和施工现场禁止烟火。
2	土工格栅冬季易变硬，应防止施工人员割、碰损伤。
3	土工合成废料要及时回收集中处理，以免污染环境

2.2.3.5　真空预压加固地基

1. 适用范围及基本规定

真空预压加固地基的适用范围及基本规定，如表 2.2.172 所示。

适用范围及基本规定　　　　　　　　　　　　表 2.2.172

序　号	项　　目	内　　容
1	定义	预压法是在建筑物施工前，对建筑场地表面分级堆土或其他荷重进行预压，使土体中的水通过砂井或塑料排水带排出，土体逐渐固结，地基发生沉降，土体密度逐步提高的方法。预压法分为堆载预压法和真空预压法两类。
2	特点	(1)不需要大量堆载，可省去加载和卸载工序，节省大量原材料、能源和运输能力，缩短预压时间； (2)真空法(图 2.2.32)所产生的负压使地基土的孔隙水加速排除，可缩短固结时间；同时由于孔隙水排出，渗流速度的增大，地下水位降低，由渗流力和降低水位引起的附加应力也随之增大，提高了加固效果；且负压可通过管路送到任何场地，适应性强； (3)孔隙渗流水的流向及渗流力引起的附加应力均指向被加固土体，土体在加固过程中的侧向变形很小，真空预压可一次加足，地基不会发生剪切破坏而引起地基失稳，可有效缩短总的排水固结时间； (4)预压法适用于处理淤泥质土、淤泥和冲填土等饱和粘性土地基的沉降和稳定问题。 (5)所用设备和施工工艺比较简单，无需大量的大型设备，便于大面积使用； (6)无噪声、无振动、无污染，可作到文明施工； (7)技术经济效果显著，根据国内在天津新港区的大面积实践，当真空度达到 600mmHg，经60d 抽气，不少井区土的固结度都达到 80% 以上，地面沉降达 57cm，同时能耗降低 1/3，工期缩短 2/3，比一般堆载预压降低造价 1/3。
3	适用范围	(1)真空预压法适于饱和均质黏性土及含薄层砂夹层的黏性土，特别适于新淤填土、超软土地基的加固。以及边坡、码头、岸边等地基稳定性要求较高的工程地基加固，土愈软，加固效果愈明显。 (2)不适于在加固范围内有足够的水源补给的透水土层，以及无法堆载的倾斜地面和施工场地狭窄的工程进行地基处理。
4	基本规定	(1)真空预压加固地基施工前，必须详细分析地质勘察资料，了解土层在水平和竖直方向的分布和层理变化，透水层的位置、地下水类型及水源补给条件等。通过土工试验确定土层的先期固结压力、孔隙比和固结压力关系、渗透系数、固结系数、三轴试验抗剪强度指标以及原位十字板抗剪强度等。同时踏勘工程附近管线、建筑物、构筑物和其他公共设施的构造情况。 (2)对重要工程，应预先在现场选择试验区进行预压试验，在预压过程中应进行竖向变形、侧向位移、孔隙水压力地下水位等项目的监测并进行原位十字板剪切试验和室内土工试验。根据试验区获得的监测资料确定加载速率控制指标、推算土的固结系数、固结度及最终竖向变形等，分析地基处理效果，对原设计进行修正，并指导全场的设计和施工。 (3)对主要以变形控制的建筑，当塑料排水带或砂井等排水竖井处理深度范围内和竖井底面以下受压土层经预压所完成的变形量和平均固结度符合设计要求时，方可卸载。 对主要以地基承载力或抗滑稳定性控制的建筑，当地基土经预压而增长的强度满足建筑物地基承载力或稳定性要求时，方可卸载。 (4)施工前应检查施工监测措施，沉降、孔隙水压力等原始数据，塑料排水带等位置。 (5)真空预压施工应检查密封膜的密封性能、真空表读数等。塑料排水带的质量标准应符合表 2.2.173、2.2.174 的规定。 (6)施工单位必须具备相应专业资质、完善的质量管理体系和质量检验制度

注：1. 预压地基：在原状土上加载，使土中水排出，以实现土的排水固结，减少建筑物地基后期沉降和提高地基承载力。按加载方法不同，分为堆载预压、真空预压、降水预压三种不同方法的预压地基。

2. 真空预压：是以大气压力作为预压载荷，通过先在需加固的软土地基表面铺设一层透水砂垫层或砂砾层，再在其上覆盖一层不透气的塑料薄膜或橡胶布，四周密封与大气隔绝，在砂垫层内埋设渗水管道，然后与真空泵连通进行抽气，使透水材料保持较高的真空度，在土的孔隙水中产生负的孔隙水压力，将土中孔隙水和空气逐渐吸出，从而使土体固结的一种软土地基加固方法。

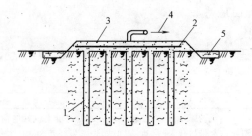

图 2.2.32 真空预压地基

1—砂井；2—砂垫层；3—薄膜；4—抽水、气；5—黏土

不同型号排水带的厚度（mm） 表 2.2.173

型 号	A	B	C	D
厚 度	>3.5	>4.0	>4.5	>6

塑料排水带的性能 表 2.2.174

序 号	项 目		单位	A 型	B 型	C 型	条 件
1	纵向通水量		cm^3/s	≥15	≥25	≥40	侧压力
2	滤膜渗透系数		cm/s		≥5×10⁻⁴		试件在水中浸泡 24h
3	滤膜等效孔径		μm		<75		以 D_{98} 计, D 为孔径
4	复合体抗拉强度（干态）		kN/10cm	≥1.0	≥1.3	≥1.5	延伸率 10% 时
5	滤膜抗拉强度	干态	N/cm	≥15	≥25	≥30	延伸率 10% 时
		湿态		≥10	≥20	≥25	延伸率 15% 时, 试件在水中浸泡 24h
6	滤膜重度		N/m^2	—	0.8	—	

注：1. A 型排水带适用于插入深度小于 15m；

2. B 型排水带适用于插入深度小于 25m；

3. C 型排水带适用于插入深度小于 35m。

2. 施工准备

真空预压地基的施工准备，如表 2.2.175 所示。

施 工 准 备 表 2.2.175

序 号	项 目	内 容
1	技术准备	(1)认真熟悉图纸和施工技术规范, 编制施工方案和技术交底。 (2)搜集详细的工程地质、水文地质资料, 邻近建筑物和地下设施的类型及分布和结构质量等情况。 (3)施工前应进行工艺设计, 包括管网平面布置, 排水管泵及电器线路布置, 真空度探头位置、沉降观测点布置以及有特殊要求的其他设施的布置等。 (4)测量基准点复测及办理书面移交手续。
2	材料准备	(1)排水带、滤水管、聚氯乙烯薄膜等, 原材料质量检验项目、批量和检验方法, 应符合国家现行标准的规定。 (2)工作垫层应选用柔韧性好的荆笆, 铺滤水层的材料通常用中粗砂, 密封膜选用 0.08～0.10mm 的普通白色聚氯乙烯农用薄膜, 滤水管选用 φ90 聚氯乙烯硬塑料管制作。

续表

序 号	项 目	内 容
3	机具准备	(1)插板机:可采用河北兴隆机械厂制造的 SD-20 型履带式插板机或其他满足施工要求的插板机。 (2)射流式真空泵是由射流器、离心式清水泵、循环水箱等组成,空抽时必须达到 95kPa 以上的真空吸力。可采用 ZK-3-W 型卧式射流箱和 ZK-3-1 型立式射流箱。 (3)每 10000m² 加固面积所需设施数量见表 2.2.176。
4	劳动组织	劳动力组织见表 2.2.177。
5	作业条件	开工前必须水通、电通、路通,技术准备、材料准备、主要机具准备齐全

每 10000m² 所需设施数量控制表　　　　　表 2.2.176

序 号	名 称	单位	数 量	备 注
1	真空射流泵	台	6～8	
2	滤水层	m	1400～1600	
3	塑料薄膜	m²	39000～40000	
4	真空表	块	12～16	每台真空泵入口装一块 每个真空探测点装一块
5	沉降观测标尺	件	20	
6	闸刀箱	个	7～9	一个总闸箱,其余为分箱

各项施工作业人数配备表　　　　　表 2.2.177

序 号	项 目	工 种	人数	备 注
1	准备工作阶段			工种及人数视工程量大小,工期量要求及现场居住条件作相应考虑
2	插板作业	机械操作工	2	按 1 台桩机 1 个作业班配备
		电工	1	
		指挥	1	
		力工	8	
3	挖膜沟、筑埝	力工	20	以每 10000m² 配备
4	铺膜	力工	30	以每 10000m² 临时配备
5	设备安装	电工	4	以每 10000m² 配备
		钳工	3～4	
		力工	20	
		钳工	1	
6	抽气	电工	2	按三班运行,每班正常人员配备(白班进行修补增加力工 3～4 人)
		钳工	1	
		测量工	2	
		运行工	3	
		力工	4	

3. 施工工艺

（1）工艺流程

真空预压地基的工艺流程及设备布置图，如图 2.2.33、2.2.34 所示。

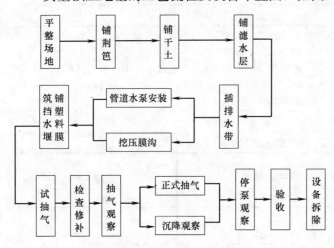

图 2.2.33　真空预压工艺流程

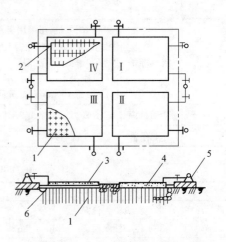

图 2.2.34　真空预压工艺与设备布置图
1—袋装砂井；2—膜下管道；3—封闭膜；
4—砂垫层；5—真空装置；6—回填沟槽

（2）操作方法

1）排水系统施工要点

排水系统由水平和竖向排水体组成，水平排水体一般为砂垫层，竖向排水体一般为砂井和塑料排水带，见表 2.2.178。

排水系统施工

表 2.2.178

序　号	项　目	内　容
1	工作垫层	工作垫层由铺荆芭和填干土两道工序组成，做法为：先铺荆笆，选用柔韧性好的荆笆，在软土表面按顺序满铺两层，荆笆的块与块之间搭接 200mm，并用 14～16 号钢丝按 500mm 间距绑扎牢固，层与层之间要错缝。然后填土，厚度不小于 400mm。填土宜用人工手推车进行，严禁用机械作业，亦禁止在加固区内堆放土，以防止被加固土受到扰动而影响下道工序施工和造成回填材料浪费。
2	铺滤水层	滤水层的材料通常用中粗砂，也可用不带利刃的其他小颗粒材料代替（如电厂的工业废料、液态渣），其作用是在土表面形成水平排水通道。滤水层厚度为 400mm，作业要求表面平整、厚度均匀，厚度误差不大于 ±20mm，如原来地势高低起伏太大时，在铺干土和铺滤水层时进行调整。铺滤水层亦应由人工用手推车进行。
3	插塑料排水带	（1）塑料排水带是专门用于土体排水的专用材料，用于竖向排水有 A、B、C、D 型四种规格。 （2）插板的操作要点 1）插板前应根据设计要求和地块形状进行布点，接近加固区周边的排水带应离开铺膜沟中心线 1200～1500mm。门式插板机转向比较困难，因而行走方向应沿地块长方向安排。 2）排水带的平面布置和埋置深度应严格控制，水平间距允许误差不大于 ±100mm，埋置深度允许误差不大于 ±200mm。为防止埋置深度不够，要根据土质条件选择合适的桩靴，操作时桩管满足插入深度后先缓缓向上拔管，待确认排水带下端锚固后再加快拔管速度。 3）单根排水带长度计算，应增加桩尖锚固时折起长度 200mm 和滤水层上表面加长 200mm。因桩孔中土体在回涌时，会将排水带下拉，故要求桩孔应及时回填。回填时应将排水带适当向上提拉，以保证排水带上端在滤水层内的埋置长度。 4）排水带出厂时每盘长度 200m，塑料排水带需要接长时，应采用滤膜内芯板平搭接的连接方式，搭接长度宜大于 200mm

2) 铺设管网和设备安装

铺设管网和设备安装要点，如表 2.2.179 所示。

铺设管网和设备安装 表 2.2.179

序号	项目	内容
1	埋设要求	砂垫层中水平分布滤管的埋设，一般宜采用条形或鱼刺形(图 2.2.35)，铺设距离要适当，使真空度分布均匀，管上部应覆盖 100~200mm 厚的砂层。
2	滤水管	滤水管采用 ϕ90 聚乙烯硬塑料管制作，在管壁上按每 60mm 钻一圈 ϕ10 小孔，每圈为 6 个孔。然后在管表面先裹一层塑料窗纱，再包一层剪去硬皮的棕皮，并用 16 号钢丝按每 100mm 一道绑扎牢固。安装和绑扎时应注意将绑扎钢丝头朝下，以防扎破上面的密封膜。滤水管的间距不大于 8m，外侧管距膜沟中心线距离不大于 4m。
3	真空泵	射流式真空泵是由射流器、离心式清水泵、循环水箱等组成，真空泵是真空预压的关键设备，其性能好坏直接影响加固效果

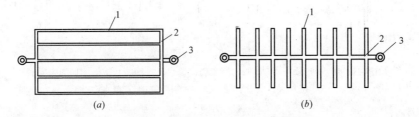

(a) (b)

图 2.2.35 真空分布管排列示意图

(a) 条形排列；(b) 鱼刺形排列

1—真空压力分布管；2—集水管；3—出膜口

3) 加固单元与密封薄膜

加固单元与密封薄膜施工要点，如表 2.2.180 所示。

加固单元与密封薄膜 表 2.2.180

序号	项目	内容
1	加固单元划分	加固单元是指在一张完整的密封膜覆盖下的加固地块为一个单元。一般情况下，加固单元的面积不大于 10000m²，不小于 2000m²；过大会增加施工难度，过小则加大工程成本，此外还应根据地形和地势条件灵活掌握，划分加固单元和技术条件有： (1)地块的长边和短边之比不大于 3:2。 (2)地块的地势要平坦，相对高差不大于 0.3m，否则应适当划小单元面积。 (3)当面积较大，宜分区预压，区与区间隔距离以 2~6m 为佳。
2	密封薄膜	(1)塑料薄膜采用厚度为 0.08~0.10mm 的普通白色聚氯乙烯农用薄膜按一定尺寸要求经热缝合而成。为防止热冷缩，加工尺寸应比实际尺寸大一些。 (2)铺膜(图 2.2.36) 密封膜应铺三层，铺膜前应先挖好压膜沟。铺膜工作应选择无风天气、在白天一次完成。一块 10000m² 的地块，铺膜的人数不少于 30 人。并应准备足够数量的氯丁胶和高频热合机及部分备用整卷塑料薄膜。施工人员必须穿无钉软底鞋，认真检查塑料薄膜有无开焊、破孔，并及时修补。第一层膜修补后才能铺第二层、第三层。相邻两层膜的合缝必须错开 500mm 以上，严禁焊缝重叠。修补孔洞可用小块薄膜，要求用湿布将破孔周围和小薄膜擦洗干净，再分别涂刷氯丁胶，待胶干燥(以不粘手为准)后将小块膜粘贴在破孔处，以两层膜间没有气泡即可。

续表

序 号	项 目	内 容
2	密封薄膜	（3）压膜沟与挡水埝 为了保证压膜沟的密封质量,压膜前需先在沟内灌水深200～300mm。压膜时先把膜浸入水底,再在膜上压一层黏土。当泥浸透后由人工将黏泥踩成泥浆,然后再在沟里填黏土,并分层轻轻夯实。膜沟填实后再做挡水埝,埝高600～800mm,同一块的埝顶要在同一平面上,高差不大于100mm,为防止风浪冲刷和便于行走,埝顶压两层土袋。 （4）局部密封 抽气管需穿过密封膜,膜与钢管的接口处需采取特殊的密封措施,既要把接口处压密实,又要防止抽真空时将膜拉裂

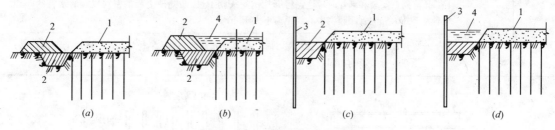

图2.2.36　薄膜周边密封方法

（a）挖沟折铺；（b）板桩密封；（c）围埝内面覆水密封；（d）板桩墙加沟内覆水

1—密封膜；2—填土压实；3—钢板桩；4—覆水

4. 真空预压

真空预压操作方法如表2.2.181所示。

真空预压操作方法　　　　　　　　　表2.2.181

序 号	项 目	内 容
1	试抽气	抽气开始时,应将所有的抽气泵同时开动,并认真观察真空度的变化,正常情况下开泵后2～4h,泵口处的真空度应达到2.666kPa(20mmHg)。此时应安排专人在地块内和膜沟附近认真巡查,寻找漏气部位。如有漏气,停泵进行修理,直至无漏气点为止。巡查时应特别注意压膜沟有无漏气,如有漏气应及时停泵,进行全面检修。检修内容包括: （1）挡水埝和膜沟外侧的地面有无裂缝,塌陷,并查明原因进行加固处理; （2）预压区内有无过大的不均匀沉降,如沉降呈凹塌状时要剪开密封膜用砂子填平; （3）真空表灵敏度是否正常; （4）电器、机械是否完好。
2	抽气	经检查修理,再抽气时真空度提高很快,此时更应注意观察整个预压区内有无异常,因为随着真空度的提高,一旦发生故障,情况比较突然,会造成较大的损坏,而且不易修复。经过24h抽气,如情况正常,便可向埝内灌水密封,亦可采用膜上全面覆水密封,可提高膜的密封性能;防止塑料膜直接曝晒,减缓膜的老化;冬期施工可以起到保温防冻作用。
3	观测与检测	施工单位一般只负责表面沉降观测,其他诸如分层沉降观测、分层孔隙水压检测、侧向位移等测试项目一般由设计单位委派的监测单位负责,其目的是对设计方案和加固效果进行评估。 （1）临时水准点 由于真空预压的地块处在大面积软土地区,附近很难设置较好的临时水准点。为此除需就近选择正式水准点供施工观测时对观测结果进行调整外,还必须认真做好临时水准点。临时观测点可将100mm的钢管,用插板机插入地下,钢管下端应达到比较坚实的土层。当桩周土稳定后(一般需15d),在桩顶浇注混凝土墩,并埋入短钢筋头制成水准点。 （2）沉降观测标尺 沉降观测标尺以每500m²设一个标尺,底座用混凝土制作。尺杆要选用经烘干的红松制作,尺杆每格读数为5mm。为防止放尺时割破塑料膜,宜在尺座下垫两层塑料编织袋。 （3）沉降观测 沉降观测每天应观测一次。如遇到大风天气,应在观测记录中注明。观测时必须按平面图中的编号顺序进行,并做好记录

5. 质量标准及检验方法

(1) 质量控制

真空预压地基的质量控制，如表 2.2.182 所示。

质量控制　　　　　　表 2.2.182

序号	内　容
1	施工前应检查施工监测措施、沉降、孔隙水压力等原始数据，排水设施，砂井（包括袋装砂井）或塑料排水带等位置及真空分布管的距离等。
2	施工中应检查密封膜的密封性能，真空表读数等。泵及膜内真空度应达到 96kPa 和 73kPa 以上的技术要求。
3	施工结束后应检查地基土的十字板剪切强度，标贯或静力触探值及要求达到的其他物理力学性能，重要建筑物地基应进行承载力检验。
4	真空预压地基其竣工后的承载力必须达到设计要求的标准。检验数量，每单位工程不应少于 3 点，1000m² 以上工程，每 100m² 至少应有一点，3000m² 以上工程，每 300m² 至少应有一点

(2) 质量检验

真空预压地基和塑料排水带质量检验标准应符合表 2.2.183 规定。

真空预压地基和塑料排水带质量检验标准　　　　表 2.2.183

项　目	序号	检查项目	允许偏差或允许值		检验方法
			单位	数值	
主控项目	1	真空度降低值	%	<2	观察真空表
	2	固结度（与设计要求比）	%	≤2	根据设计要求采用不同的方法
	3	承载力或其他性能指标	设计要求		按规定方法
一般项目	1	沉降速率（与控制值比）	%	±10	水准仪
	2	砂井或塑料排水带位置	mm	±100	用钢尺量
	3	砂井或塑料排水带插入深度	mm	±200	插入时用经纬仪检查
	4	插入塑料排水带时的回带长度	mm	≤500	用钢尺量
	5	塑料排水带或砂井高出垫层距离	mm	≥200	用钢尺量
	6	插入塑料排水带的回带根数	%	<5	目测

(3) 质量记录

真空预压地基的质量记录，如表 2.2.184 所示。

质量记录　　　　　　表 2.2.184

序号	项　目	内　容
1	交工资料	交工资料包括： (1)原始地面标高测量记录（见表2.2.187）； (2)沉降观测记录（见表2.2.188）； (3)真空预压运行记录（见表2.2.189、表2.2.190）。
2	验收签证	施工单位经自验达到加固要求后应立即向监理进行报验，待建设、监理、设计单位认可后，即可办理交工签证手续

6. 成品保护

真空预压地基的成品保护，如表 2.2.185 所示。

成 品 保 护

表 2.2.185

序　号	内　　　　容
1	塑料薄膜和塑料排水带要妥当存放,防止损坏。
2	塑料薄膜铺完后,应采取防护措施,以防损坏薄膜

7. 安全环保措施

真空预压地基的安全环保措施,如表 2.2.186 所示。

安全环保措施

表 2.2.186

序　号	项　　目	内　　　　容
1	安全措施	(1)用电安全 1)真空预压大都在空旷荒野施工,作业人数少,预压阶段是带水作业,必须高度重视用电安全。 2)变压器以下的所有施工线路,必须采用“三相五线”制。所有用电设备必须配备国家指定的标准闸箱。 3)固定电源线必须架空,拖地电缆必须采用防水橡胶电缆,且必须符合耐压要求。严禁使用已老化的旧电缆,或不合格的产品。所有的电缆接头必须有严格的防漏电措施,并用木桩将接头竖起架离地面。 4)电工或运行工,上岗值班两人同岗,严禁单人上岗,必须坚持定期安全检查制度。强风、暴雨后应立即进行线路和用电设备检查。 (2)机械作业 1)插板机的安装、拆卸必须有专人指挥,登高作业的人员必须配备安全装置。 2)两班制或三班制作业,必须执行班前交接制度和班后保养制度。机上人员必须遵守“清洗、润滑、调整、紧固、防腐”的十字作业法。 3)插板机的卷扬机钢丝绳必须经常检查,及时更换。振动锤的所有紧固件必须有防振自锁装置,并经常检查紧固。 4)插板机作业必须专人指挥,特别是穿桩靴的人员必须动作协调,严防人身伤害。
2	环保措施	施工现场合理布置、场容整洁、封闭施工,废弃物及时清理,现场进行有组织排水。严格执行国家现行环境保护有关规定和企业环境保护程序文件,防止有损坏周围环境和人身健康的现象发生

自然地面原始标高测量记录

表 2.2.187

单位工程名称		施工单位名称		
建设单位名称		测量日期		年　月　日
测量依据				
水准点 标高	相对	使用仪器		
	绝对			

测点分布示意图:　　　　　　　　　　　　　　尺寸单位:mm

要求:第一次测量点分布必须和施工中沉降观测点的位置,编号相一致,以便计算该点的累计沉降量(即加固总沉降量)。

结论:

监理单位:　　　　　　　　　　　施工单位负责人:

测量员:　　　　　　　　　　　　复测员:

沉降观测记录　　　　　　　　　　　　　　　　　　　　　　表 **2.2.188**

单位工程名称：　　　　　　　　第　页共　页　　　　　　　资料编号

观察点编号	第　次			第　次			第　次			第　次		
	年　月　日			年　月　日			年　月　日			年　月　日		
	标高(m)	沉降量(mm)		标高(m)	沉降量(mm)		标高(m)	沉降量(mm)		标高(m)	沉降量(mm)	
		本次	累计		本次	累计		本次	累计		本次	累计
观测者												
监测者												

填表单位：　　　　　　　　　负责人：　　　　　　　　　制表人：

真空预压运行记录（泵上真空度）　　　　　　　表 **2.2.189**

工程名称：　　　　　　　　　　　　　　　　　　　值班人员：

查 表 时 间				真 空 度 记 录(mmHg)							
年	月	日	时	泵号	泵号	泵号	泵号	泵号	泵号	泵号	泵号

注：1mmHg＝133.322N/m²。

真空预压运行记录（膜内真空度）　　　　　　　**表 2.2.190**

工程名称：　　　　　　　　　　　　　　　　　　　　　　值班人员：

查 表 时 间				真空度记录(mmHg)							
年	月	日	时	表号	表号	表号	表号	表号	表号	表号	表号

注：1mmHg=133.322N/m²。

2.2.3.6　高压旋喷注浆地基

1. 适用范围及基本规定

高压旋喷注浆地基的适用范围及基本规定，如表 2.2.191 所示。

适用范围及基本规定　　　　　　　　　　　　**表 2.2.191**

序 号	项　目	内　　容
1	定义	旋喷注浆桩地基，简称旋喷桩地基是利用钻机把带有特殊喷嘴的注浆管钻进至土层的预定位置后，用高压脉冲泵，将水泥浆液通过钻杆下端的喷射装置，向四周以高速水平喷入土体，借助流体的冲击力切削土层，使喷流射程内土体遭受破坏，与此同时钻杆一面以一定的速度(20r/min)旋转，一面低速(15～30cm/min)徐徐提升，使土体与水泥浆充分搅拌混合，胶结硬化后即在地基中形成直径比较均匀，具有一定强度(0.5～8.0MPa)的圆柱体(称为旋喷桩)，从而使地基得到加固。
2	分类及形式	旋喷法根据使用机具设备的不同又分为： (1)单管法 用一根单管喷射高压水泥浆液作为喷射流，由于高压浆液射流在土中衰减大，破碎土的射程较短，成桩直径较小，一般为 0.3～0.8m。 (2)二重管法 用同轴双通道二重注浆管复合喷射高压水泥浆和压缩空气二种介质，以浆液作为喷射流，但在其外围裹着一圈空气流成为复合喷射流，成桩直径 1.0m 左右。 (3)三重管法 同轴三重注浆管复合喷射高压水流和压缩空气，并注入水泥浆液。由于高压水射流的作用，使地基中一部分土粒随着水、气排出地面，高压浆流随之填充空隙。成桩直径较大，一般有 1.0～2.0m，但成桩强度较低(0.9～1.2MPa)。 成桩形式分旋喷注浆、定喷注浆和摆喷注浆等三种类别。加固形状可分为柱状、壁状和块状等。

序号	项目	内容
3	特点	旋喷法具有以下特点： (1)提高地基的抗剪强度，改善土的变形性质，使在上部结构荷载作用下，不产生破坏和较大沉降； (2)能利用小直径钻孔旋喷成比孔大8~10倍的大直径固结体； (3)可通过调节喷嘴的旋喷速度、提升速度、喷射压力和喷浆量，旋喷成各种形状桩体； (4)可制成垂直桩、斜桩或连续墙，并获得需要的强度； (5)可用于已有建筑物地基加固而不扰动附近土体，施工噪声低，振动小； (6)可用于任何软弱土层，可控制加固范围； (7)设备较简单、轻便，机械化程度高，材料来源广； (8)施工简便，操作容易，速度快，效率高，用途广泛，成本低。
4	适用范围	(1)适于淤泥、淤泥质土、黏性土、粉土、砂土、湿陷性黄土、人工填土及碎石土等的地基加固； (2)可用于既有建筑和新建筑的地基处理，深基坑侧壁挡土或挡水，基坑底部加固防止管涌与隆起，坝的加固与防水帷幕等工程。 (3)但对含有较多大粒块石、坚硬黏性土、大量植物根基或含过多有机质的土以及地下水流过大、喷射浆液无法在注浆管周围凝聚的情况下，不宜采用。
5	基本规定	(1)高压喷射注浆施工前，必须具备完整的工程地质勘察资料及工程附近管线、建筑物、构筑物和其他公共设施的构造情况，当地下水流动速度较快时，应进行专项水文地质勘察。 (2)施工过程中出现异常情况时，应立即停止施工，由监理或建设单位组织勘察、设计、施工等有关单位共同分析，解决问题，消除质量隐患，并应形成文件资料后方可继续施工。 (3)正式施工前应进行现场喷射试验，以确定适宜的施工参数。 (4)使用本标准须符合《建筑地基处理技术规范》(JGJ 79—2002)、《建筑地基基础工程施工质量验收规范》(GB 50202—2002)的相关规定

2. 施工准备及工程要点

(1) 施工准备

高压旋喷注浆地基的施工准备，如表2.2.192所示。

施工准备　　　　　　　　　　　　　　　　　　　　表2.2.192

序号	项目	内容
1	技术准备	施工前应准备下述资料： (1)岩土工程勘察资料； (2)邻近建筑物和地下设施类型、分布及结构质量情况； (3)工程设计图纸、设计要求和须达到的标准及检测手段； (4)设计文件及相关规范； (5)编制施工组织设计和施工技术交底。
2	材料要求	(1)高压喷射施工所用材料包括水泥、外加剂和水。 (2)水泥宜采用强度等级为32.5以上的普通硅酸盐水泥，并应按有关规定对水泥进行质量抽样检测。搅拌水泥浆所用的水须符合《混凝土拌合用水标准》(JGJ 63—89)的规定。 (3)外加剂包括速凝剂、早强剂(如氯化钙、水玻璃、三乙醇胺等)、扩散剂(NNO、三乙醇胺、亚硝酸钠、硅酸钠等)、填充剂(粉煤灰、矿渣等)、抗冻剂(如沸石粉、NNO、三乙醇胺和亚硝酸钠)、抗渗剂(水玻璃)。 (4)外加剂的使用必须按照设计要求，使用量必须按试验资料或已有工程经验确定。外加剂必须按要求复试合格后方可使用。
3	机具准备	高压喷射注浆主要机具包括：钻机，高压泥浆泵，高压清水泵，空压机，浆液搅拌机，真空泵与超声波传感器。机具设备的主要型号及性能见表2.2.193。
4	作业条件	(1)场地应具备"三通一平"条件，旋喷钻机行走范围内无地表障碍物。 (2)按有关要求铺设各种管线(施工电线，输浆、输水、输气管)，开挖储浆池及排浆沟(槽)

高压喷射注浆需用的设备   表 2.2.193

序号	设备名称	型号举例	主要性能	所用注浆管			
				单管	二重管	三重管	多重管
1	钻机	XJ-100,SH30	慢速提升、旋转,可调节提升、旋转速度,可预先成孔	∨	∨	∨	∨
2	高压泥浆泵	SNC-H300,Y-2 液压泵	泵量 80～230L/min 泵压 20～30MPa	∨	∨		
3	高压清水泵	3XB,3W-6B,3W-7B	泵量 80～250L/min 泵压 20～40MPa			∨	∨
4	泥浆泵	BW-150,BW-200,BW-250	泵量 90～150L/min 泵压 2～7MPa			∨	∨
5	空压机	YV-3/8 LGY20-10/7	风量 3～10m³/min 风压 0.7～0.8MPa			∨	∨
6	浆液搅拌机		容量 0.8～2m³	∨	∨	∨	∨
7	真空与超声波传感器						∨

(2) 工程要点

高压旋喷注浆地基的工程要点,如表 2.2.194 所示。

工程要点   表 2.2.194

序号	项目	内容
1	材料要点	(1)无特殊要求时宜采用普通硅酸盐水泥,水泥强度等级不宜低于 32.5,具有出厂合格证明,并应按要求抽样送检,合格后方可使用。 (2)外加剂必须为合格产品,其使用量须经过试验确定或已具备成功经验。
2	技术要点	(1)施工前应复核高压喷射注浆的孔位。 (2)单管、二重管喷射高压泥浆泵注浆压力不应低于 20MPa。 (3)三重管及多重管喷射清水泵压力不应低于 25MPa。低压水泥浆液液流压力宜大于 1MPa,气流压力宜为 0.7MPa。高压喷射注浆通常采用的技术参数见表 2.2.195。 (4)旋喷钻机旋转速度 10～20r/min,提升速度 8～25cm/min。 (5)高压液流管道输送距离不宜大于 50m。 (6)分段提升喷射搭接长度不得小于 100mm。 (7)单孔注浆体应在其初凝前连续完成施工,不得中断。由于特殊原因中断后,应采用复喷技术进行接头处理。 (8)单管及二重管喷射水泥浆水灰比一般采用 1∶1～1∶5,三重管水灰比采用 1∶1。 (9)水泥浆必须随搅随用,当水泥浆放置时间超过初凝时间后,不得再用于喷射施工。 (10)高压注浆用喷射浆液必须搅拌均匀,每罐搅拌时间不得少于 3min。浆液使用过程中应对浆液进行不间断的轻微搅拌,避免浆液沉淀。 (11)水泥浆液应经过筛网过滤,避免喷嘴堵塞。 (12)当局部须增大桩体直径和提高桩体强度时,可采用复喷。 (13)当处理既有建筑地基时,应采取速凝浆液或大间距隔孔旋喷和冒浆回灌等工艺。
3	质量要点	(1)高压喷射注浆体强度不得低于设计要求。 (2)高压喷射注浆体形态及其大小必须与设计要求相符。 (3)高压喷射注浆的其他技术指标(如防渗时的渗透系数)必须满足设计要求。
4	安全要点	水泥浆泵站操作人员应戴口罩上岗。
5	环境要点	高压喷射产生的废浆应抽排至储浆池中,采用泥浆车运至指定地点排放

高压喷射注浆通常采用的技术参数　　　　　　表 2.2.195

技 术 参 数		单 管 法	二 重 管 法	三 重 管 法
水	压力(MPa)	—	—	25～30
	流量(L/min)	—	—	80～120
	喷嘴孔径(mm)	—	—	2～3.2
	喷嘴个数	—	—	1～2
空气	压力(MPa)	—	0.7	0.5～0.7
	流量(m³/min)	—	1～2	0.5～2
	喷嘴间隙(mm)	—	1～2	1～3
浆液	压力(MPa)	20～25	20～25	0.5～3
	流量(L/min)	80～120	80～120	70～150
	喷嘴孔径(mm)	2～3.2	2～3.2	8～14
	喷嘴个数	1～2	1～2	1～2
注浆管	提升速度(cm/min)	15～25	10～20	7～14
	旋转速度(r/min)	15～20	10～20	11～18
	外径(mm)	42/50	42/50/75	75/90

3. 施工工艺

(1) 工艺流程

1) 高压旋喷注浆地基的工艺流程如下所示。

场地平整 → 机具就位 → 贯入注浆管、试喷射 → 喷射注浆 → 拔管及冲洗等

2) 高压喷射注浆法施工程序，如图 2.2.37 所示。

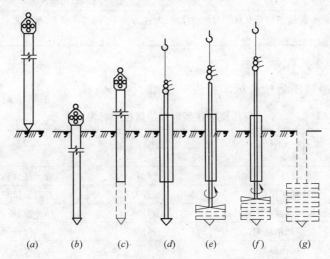

(a)　　(b)　　(c)　　(d)　　(e)　　(f)　　(g)

图 2.2.37　高压喷射注浆施工程序图

(a) 振动打桩机就位；(b) 桩管打入土中；(c) 拔起一段套管；(d) 拆除地面上套管，插入喷射注浆管；(e) 喷浆；(f) 自动提升喷射注浆管；(g) 拔出喷射注浆管与套管，下部形成喷射桩加固体

(2) 操作方法

高压旋喷注浆地基的操作方法，如表 2.2.196 所示。

操 作 方 法   表 2.2.196

序 号	项 目	内 容
1	机具定位	施工前先进行场地平整,挖好排浆沟,做好钻机定位。要求钻机安放保持水平,钻杆保持垂直,其倾斜度不得大于 1.5%。
2	成孔	成孔宜根据地质条件及钻机功能确定成孔工艺,在标准贯入 N 值小于 40 的土层中进行单管喷射作业时,可采用振动钻机直接将注浆管插入;一般情况下可采用地质钻机先成孔,成孔直径一般为 75~130mm,孔壁易坍塌时,应下套管。
3	插管	将注浆管插入钻孔预定深度,注浆管连接接头应密封良好。
4	喷射注浆	(1)喷射作业前,应检查喷嘴是否堵塞,输浆(水)、输气管是否存在泄漏等现象,无异常情况后,开始按设计要求进行喷射作业。 (2)施工过程中,应随时检查各压力表所示压力是否正常,出现异常情况,应立即停止喷射作业,待一切恢复正常后,再继续施工。
5	拔管清洗	(1)完成喷射作业后,拔出注浆管; (2)拔出注浆管后,立即使用清水清洗注浆泵及注浆管道。连续注浆时,可于最后一次进行清洗; (3)注浆体初凝下沉后,应立即采用水泥浆液进行回灌,回灌高度应高出设计标高

4. 质量标准及检验方法

(1) 质量控制

高压旋喷注浆地基的质量控制,如表 2.2.197 所示。

质 量 控 制   表 2.2.197

序 号	内 容
1	施工前应检查水泥、外掺剂等的质量,桩位、压力表、流量表的精度和灵敏度、高压喷射设备的性能等。
2	施工中应检查施工参数(压力、水泥浆量、提升速度、旋转速度等)的应用情况及施工程序。
3	施工结束后 28d,对施工质量及承载力进行检验、内容为桩体强度、承载力、平均直径、桩体中心位置、桩体均匀性等。

(2) 质量检验

高压旋喷注浆地基质量检验标准见表 2.2.198。

高压旋喷注浆地基质量检验标准   表 2.2.198

项 目	序号	检查项目	允许偏差或允许值		检 查 方 法
			单位	数值	
主控项目	1	水泥及外加剂质量	符合出厂要求		查产品合格证书和抽样送检
	2	水泥用量	设计要求		查看流量表及水泥浆水灰比
	3	注浆体强度或完整性检验	设计要求		超声波、钻孔抽芯检测
	4	地基承载力	设计要求		静载试验
一般项目	1	钻孔位置	mm	≤50	用钢尺量
	2	钻孔垂直度	%	≤1.5	用经纬仪测钻杆或实测
	3	孔深	mm	±200	用钢尺量
	4	注浆压力	设计参数		查看压力表
	5	桩(墙)体搭接	mm	>200	用钢尺量
	6	桩体直径/墙体长度、厚度	mm	≤50	开挖后用钢尺量
	7	桩身中心允许偏差		≤0.2D	开挖后桩顶下 500mm 处用钢尺量,D 为桩径

（3）质量记录

高压旋喷注浆地基的质量记录，如表 2.2.199 所示。

质 量 记 录　　　　表 2.2.199

序　号	内　　容
1	施工质量记录应包括： 测量记录、施工记录(注浆孔号、施工时间、使用材料的品种、水灰比、水泥浆液用量、外加剂用量、施工参数及施工过程中的异常情况)。
2	同时还应包含材料的出厂合格证明及抽样送检及现场试验等各项试验资料。
3	施工记录可参见表 2.2.200。

高压喷射注浆施工记录表　　　　表 2.2.200

工程名称：			注浆孔编号：			
浆液水灰比：			外加剂名称：		外加剂用量：	
高压泵型号：			注浆泵型号：		空压机型号：	
钻机型号：			喷嘴直径：		施工日期：	
时间 (h/min)	深度 (m)	高压泵压力 (MPa)	注浆泵压力 (MPa)	旋转速度 (r/min)	提升速度 (cm/min)	水泥浆用量 (L)

备注：

技术负责人：　　　　　　　　　施工班长：

5. 成品保护

高压旋喷注浆地基的成品保护要求如下：

施工完成后，未达到养护龄期 28d 时不得投入使用。

6. 安全环保措施

高压旋喷注浆地基的安全环保措施，如表 2.2.201 所示。

安全环保措施　　　　表 2.2.201

序　号	内　　容
1	施工时,对高压泥浆泵要全面检查和清洗干净,防止泵体的残渣和铁屑存在;各密封圈应完整无泄漏,安全阀中的安全销要进行试压检验,确保能在额定最高压力时断销卸压;压力表应定期检查,保证正常使用,一旦发生故障,要停泵停机排除故障。
2	高压胶管不能超过压力范围使用,使用时屈弯应不小于规定的弯曲半径,防止高压管爆裂伤人。
3	高压旋喷注浆是在高压下进行,高压射流的破坏力较强,浆流应过滤,使颗粒不大于喷嘴直径;高压泵必须有安全装置,当超过允许泵压后,应能自动停止工作;因故需较长时间中断旋喷时,应及时用清水清洗输送浆液系统,以防硬化剂沉降管路内。
4	冬季施工,高压泵不得在负温下工作,施工完了应及时将泵和管路内的积水排出,以防结冰,造成爆管。
5	施工过程中应对冒浆进行妥善处理,不得在场地内随意排放。可采用泥浆泵将浆液抽至沉淀池中,对浆液中的水与固体颗粒进行沉淀分离,将沉淀的固体运至指定排放地点。
6	操纵钻机人员要有熟练的操作技能,了解注浆全过程及钻机旋喷注浆性能,严格违章操作

2.2.3.7 水泥粉煤灰碎石 (CFG) 桩地基

1. 适用范围及基本规定

水泥粉煤灰碎石（CFG）桩地基的适用范围及基本规定，如表 2.2.202 所示。

适用范围及基本规定   表 2.2.202

序 号	项 目	内 容
1	定义	水泥粉煤灰碎石桩(Cement Fly-ash Gravel Pile)，简称 CFG 桩，是近年发展起来的处理软弱地基的一种新方法。它是在碎石桩的基础上掺入适量石屑、粉煤灰和少量水泥，加水拌合后制成的一种具有一定强度的桩体。并由桩、桩间土和褥垫一起组成复合地基的地基处理方法。
2	特点	水泥粉煤灰碎石桩的特点是： (1)改变桩长、桩径、桩距等设计参数，可使承载力在较大范围内调整。 (2)有较高的承载力，承载力提高幅度在 250%～300%，对软土地基承载力提高更大。 (3)沉降量小，变形稳定快，如将水泥粉煤灰碎石桩落在较硬土层上，可较严格地控制地基沉降量(在 10mm 以内)。 (4)工艺性好，由于大量采用粉煤灰，桩体材料具有良好的流动性与和易性，灌注方便，易于控制施工质量。 (5)节约大量水泥、钢材，利用工业废料，消耗大量粉煤灰，降低工程费用，与预制钢筋混凝土桩加固相比可节省投资 30%～40%。
3	适用范围	水泥粉煤灰碎石桩适于多层和高层建筑地基，如砂土、粉土、松散填土、粉质黏土、黏土，淤泥质黏土等处理。
4	基本规定	(1)CFG 桩应选择承载力相对较高的土层作为桩端持力层。 (2)CFG 桩复合地基设计时应进行地基变形验算。 (3)技术人员应掌握所承担工程的地基处理目的、加固原理、技术要求和质量标准等。施工中应有专人负责质量控制和监测，并做好施工记录。当出现异常情况时，必须及时会同有关部门妥善解决。 (4)施工过程中应有专人或专门机构负责质量监理。施工结束后应按国家有关规定进行工程质量检验和验收。 (5)桩径、桩距及桩长： 1)桩径根据振动沉桩机的管径大小而定，一般为 350～400mm。 2)桩距根据土质、布桩形式、场地情况，可按表 2.2.203 选用。 3)桩长根据需挤密加固深度而定，一般为 6～12m

桩距选用表   表 2.2.203

桩距 / 布桩形式 \ 土质	挤密性好的土，如砂土、粉土、松散填土等	可挤密性土，如粉质黏土、非饱和黏土等	不可挤密性土，如饱和黏土、淤泥质土等
单、双排布桩的条基	(3～5)d	(3.5～5)d	(4～5)d
含 9 根以下的独立基础	(3～6)d	(3.5～6)d	(4～6)d
满堂布桩	(4～6)d	(4～6)d	(4.5～7)d

注：d——桩径，以成桩后桩的实际桩径为准。

2. 施工准备

水泥粉煤灰碎石桩地基的施工准备，如表 2.2.204 所示。

施工准备 表 2.2.204

序号	项　目	内　容
1	技术准备	(1)施工前应具备下列资料和条件 1)建筑物场地工程地质报告和必要的水文资料; 2)CFG桩布桩图,并应注明桩位编号,以及设计说明和施工说明; 3)建筑场地邻近的高压电缆、电话线、地下管线、地下构筑物及障碍物等调查资料; 4)建筑物场地的水准控制点和建筑物位置控制坐标等资料; 5)具备"三通一平"条件。 (2)施工技术措施 1)确定施工机具和配套设施; 2)编制材料供应计划,标明所用材料的规格、质量要求和数量; 3)试成孔应不小于2个,以复核地质资料以及设备、工艺是否适宜,核定选用的技术参数; 4)按施工平面图放好桩位; 5)确定施工打顺序及桩机行走路线; 6)施工前,施工单位放好桩位、CFG桩的轴线定位点及测量基线,并由监理、业主复核; 7)在施工机具上做好进尺标志。
2	材料准备	(1)水泥 1)根据工程特点、所处环境以及设计、施工的要求,选用强度等级为32.5以上的水泥。 2)施工前,对所用水泥应检验其初终凝时间、安定性和强度,作为生产控制和进行配合比设计的依据。必要时,应检验水泥的其他性能。 3)水泥应按规定堆放在防雨、防潮的水泥库内。如因储存不当引起质量明显下降或水泥出厂超过三个月时,应在使用前对其质量进行复验,并按复验结果使用。 (2)褥垫层材料 褥垫层材料宜用中砂、粗砂、碎石或级配砂石等。最大粒径不宜大于30mm。不宜选用卵石,卵石咬合力差,施工扰动容易使褥垫层厚度不均匀。 (3)碎石 碎石粒径20~50mm,松散密度1.39t/m³,杂质含量小于5%。 (4)石屑 粒径2.5~10mm,松散密度1.47t/m³,杂质含量小于5%。 (5)粉煤灰 粉煤灰应选用Ⅲ级或Ⅲ级以上等级粉煤灰。 (6)混合料配合比。根据拟加固场地的土质情况及加固后要求达到的承载力而定。水泥、粉煤灰、碎石混合料按抗压强度相当于C7~C12低强度等级混凝土,密度大于2000kg/m³。掺加最佳石屑率(石屑率量与碎石和石屑总重量之比)约为25%左右情况下,当W/C(水与水泥用量之比)为1.01~1.47,F/C(粉煤灰与水泥质量之比)为1.02~1.65,混凝土抗压强度约为8.8~14.2MPa。
3	机具设备	CFG桩复合地基技术采用的施工方法有:长螺旋钻孔灌注成桩,长螺旋钻孔、管内泵压混合灌注成桩,振动沉管灌注成桩等。按成孔方法选择成孔钻机,各成孔钻机性能如下: (1)长螺旋钻机性能见表2.2.73。 (2)振动沉拔桩锤规格与技术性能见表2.2.205。 (3)泥浆护壁所采用的钻机见本手册表2.2.92序号3。
4	作业条件	(1)工程地质勘察报告、基础施工图纸、施工组织设计应齐全。 (2)建筑场地地面上所有障碍物和地下管线、电缆、旧基础等均已全部拆除或搬迁。沉管振动对邻近建筑物及厂房内仪器设备有影响时,已采取有效保护措施。 (3)施工场地已进行平整,对桩机运行的松软场地已进行预压处理,周围已做好有效的排水措施。 (4)桩轴线控制桩及水准基点桩已经设置并编号,且经复核;桩孔位置已经放线并钉标桩定位或撒石灰。 (5)已进行成孔、夯填料工艺和挤密效果试验,确定有关施工工艺参数(分层填料厚度、夯击次数和夯实后的干密度、打桩次序),并对试桩进行了测试,承载力挤密效果等符合设计要求。 (6)供水、供电、运输道路、现场小型临时设施已经设置就绪。

振动沉拔桩锤规格与技术性能　　　　　　　表 2.2.205

型号	电机功率 (kW)	偏心力矩 (N·m)	偏心轴速 (r/min)	激振力 (kN)	空载振幅> (mm)	容许拔桩力< (kN)	锤全高≤ (mm)	桩锤振动质量 ≤ (kN)	导向中心距 (mm)
DZ-11	11	36～122	600～1500	49～92	3	0.60	1400	18.00	330
DZ-15	15	50～166	600～1500	67～125	3	0.60	1600	22.00	330
DZ-22	22	73～275	500～1500	76～184	3	0.80	1800	26.00	330
DZ-30	30	100～375	500～1500	104～251	3	0.80	2000	30.00	330
DZ-37	37	123～462	500～1500	129～310	4	1.00	2200	34.00	330
DZ-40	40.	133～500	500～1500	139～335	4	1.00	2300	36.00	330
DZ-45	45	150～562	500～1500	157～378	4	1.20	2400	40.00	330
DZ-56	56	183～687	500～1500	192～461	4	1.60	2600	44.00	330
DZ-60	60	200～750	500～1500	209～503	4	1.60	2700	50.00	330
DZ-75	75	250～937	500～1500	262～553	5	2.40	3000	60.00	330
DZ-90	90	500～2400	400～1100	429～6975	5	2.40	3400	70.00	330
DZ-120	120	700～2800	400～1100	501～828	5	3.00	3800	90.00	600
DZ-150	150	1000～3600	400～1100	644～947	8	3.00	4200	110.00	600
DZF40Y	40	0～3180		14.5/25.6	13.5	1.00	3100	34.0	
DZF30Y	30	0～2398		12.9/23	11.3/8.5	1.20	1812	34.0	
DZC26	26		频率 11.77	冲击力 53				29.4	
DZC60	60		频率 11.77	冲击力 119				43.8	
DZC74	74		频率 11.77	冲击力 119				46.8	

3. 施工工艺

（1）工艺流程

水泥粉煤灰碎石桩地基的施工工艺流程，如表 2.2.206 所示。

工艺流程　　　　　　　　　　　表 2.2.206

序　号	内　　　　　容
1	（1）长螺旋钻孔灌注成桩及长螺旋钻孔、管内泵压混合料灌注成桩工艺流程见图 2.2.38。 （2）长螺旋钻孔灌注成桩适用于地下水位以上的黏性土、粉土、素填土、中等密实以上的砂土。 （3）长螺旋钻孔、管内泵压混合料灌注成桩，适用于黏性土、粉土、砂土，以及对噪声或泥浆污染要求严格的场地。
2	沉管灌注成桩工艺流程见图 2.2.39。 振动沉管灌注成桩，适用于粉土、黏性土及素填土地基。使用的施工设备多用浙江瑞安建筑机械厂和兰州建筑通用机械总厂生产的设备，桩尖采用钢筋混凝土预制桩尖或钢制活瓣桩尖。
3	水泥粉煤灰碎石桩工艺流程图见图 2.2.40

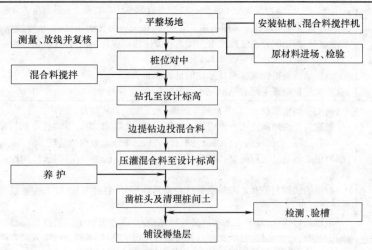

图 2.2.38　长螺旋钻孔压灌成桩施工流程图

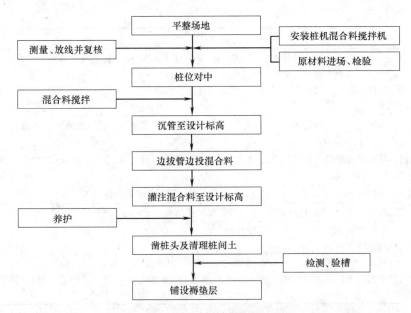

图 2.2.39　沉管灌注成桩施工流程图

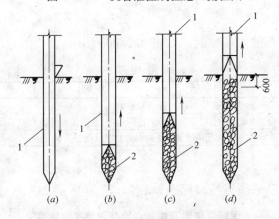

图 2.2.40　水泥粉煤灰碎石桩工艺流程
(a) 打入桩管；(b)、(c) 灌粉煤灰碎石、振动、拔管；(d) 成桩
1—桩管；2—粉煤灰碎石桩

(2) 操作要点

水泥粉煤灰碎石桩地基的操作要点，如表 2.2.207 所示。

操作要点　　　　　　　　　　表 2.2.207

序 号	内　　　　容
1	施工前应按设计要求由试验室进行配合比试验，施工时按配合比配制混合料。 长螺旋钻孔、管内泵压混合料成桩施工的坍落度宜为 160～200mm。 振动沉管灌注成桩施工的坍落度宜为 30～50mm，振动沉管灌注成桩后桩顶浮浆厚度小于 200mm。
2	桩机就位，调整沉管与地面垂直，确保垂直度偏差不大于 1%；对满堂布桩基础，桩位偏差不应大于 0.4 倍桩径；对条形基础，桩位偏差不应大于 0.25 倍桩径。 对单排布桩桩位偏差不应大于 60mm。
3	控制钻孔或沉管入土深度，确保桩长偏差在 +100mm 范围内。

续表

序　号	内　　　容
4	长螺旋钻孔、管内泵压混合料成桩施工在钻至设计深度后，应准确掌握提拔钻杆时间，混合料泵送量应与拔管速度相配合，遇到饱和砂土或饱和粉土层，不得停泵待料； 沉管灌注成桩施工拔管速度应按匀速控制，拔管速度应控制在 1.2～1.5m/min 左右，如遇淤泥土或淤泥质土，拔管速度可适当放慢。
5	施工时，桩顶标高应高出设计标高，高出长度应根据桩距、布桩形式、现场地质条件和施打顺序等综合确定，一般不应小于 0.5m。
6	成桩过程中，抽样做混合料试块，每台机械一天应做一组（3 块）试块（边长 150mm 立方体），标准养护，测定其立方体 28d 抗压强度。
7	冬期施工时混合料入孔温度不得低于 5℃，对桩头和桩间土应采取保温措施。
8	清土和截桩时，不得造成桩顶标高以下桩身断裂和扰动桩间土。
9	（1）褥垫层厚度宜为 150～300mm，由设计确定。 　　施工时虚铺厚度(h)：$h = \Delta H / \lambda$ 　　式中 λ 为夯填度，一般取 0.87～0.90 虚铺完成后宜采用静力压实法至设计厚度； （2）当基础底面下桩间土的含水量较小时，也可采用动力夯实法。对较干的砂石材料，虚铺后可适当洒水再进行碾压或夯实

4. 质量标准及检验方法

（1）质量控制

水泥粉煤灰碎石桩基的质量控制，如表 2.2.208 所示。

质 量 控 制　　　　　　　　　　　　　　表 2.2.208

序号	内　　　容
1	施工前应对水泥、粉煤灰、砂及碎石等原材料进行检验。
2	施工中应检查桩身混合料的配合比、坍落度和提拔钻杆速度（或提拔套管速度）、成孔深度、混合料的灌入量等。
3	施工结束后，应对桩顶标高、桩位、桩体质量、地基承载力以及褥垫层的质量做检查。

（2）质量检验标准

水泥粉煤灰碎石桩基的质量检验标准如表 2.2.209 所示。

水泥粉煤灰碎石桩复合地基质量检验标准　　　　　　表 2.2.209

项　目	序号	检查项目	允许偏差或允许值		检查方法
			单位	数值	
主控项目	1	原材料	符合有关规范、规程要求、设计要求		检查出厂合格证及抽样送检
	2	桩径	mm	−20	尺量或计算填料量
	3	桩身强度	设计要求		查 28d 试块强度
	4	地基承载力	设计要求		按规定方法
一般项目	1	桩身完整性	按有关检测规范		按有关检测规范
	2	桩位偏差	满堂布桩≤0.4D 条基布桩≤2.25D		用钢尺量，D 为桩径
	3	桩垂直度	％	≤1.5	用经纬仪测桩管
	4	桩长	mm	+100	测桩管长度或垂球测孔深
	5	褥垫层夯填度	≤0.9		用钢尺量

注：1. 夯填度指夯实后的褥垫层厚度与虚体厚度的比值。

　　2. 桩径允许偏差负值是指个别断面。

（3）质量记录

水泥粉煤灰碎石桩基的工程质量记录如表 2.2.210 所示。

质量记录　　　　　　　　　　　　　　表 2.2.210

序　号	内　　　　容	序　号	内　　　　容
1	工程定位测量记录。	7	施工组织设计。
2	设计交底记录。	8	混合料配合比申报表。
3	设计变更、洽商记录。	9	原材出厂合格证。
4	技术交底记录。	10	原材试验报告。
5	CFG 桩施工记录表。	11	混合料抗压强度试验报告
6	施工日志。		

5. 成品保护

水泥粉煤灰碎石桩基的成品保护如表 2.2.211 所示。

成品保护　　　　　　　　　　　　　　表 2.2.211

序　号	内　　　　　　　　容
1	CFG 桩施工时，应调整好打桩顺序，以免桩机碾压已施工完成的桩头。
2	CFG 桩施工完毕后，待桩体达到一定强度后(一般为 3～7d)，方可进行开挖。开挖时，宜采用人工开挖，如基坑较深、开挖面积较大，可采用小型机械和人工联合开挖，应有专人指挥，保证铲斗离桩边应有一定的安全距离，同时应避免扰动桩间土和对设计桩顶标高以下的桩体产生损害。
3	挖至设计标高后，应剔除多余的桩头，剔除桩头时应采取如下措施： (1)找出桩顶标高位置，在同一水平面按同一角度对称放置 2 个或 4 个钢钎，用大锤同时击打，将桩头截断。桩头截断后，再用钢钎、手锤等工具沿桩周向桩心逐渐剔除多余的桩头，直至设计桩顶标高，并在桩顶上找平。 (2)不可用重锤或重物横向击打桩体。 (3)桩头剔至设计标高，桩顶表面应凿至平整。 (4)桩头剔至设计标高以下时，必须采取补救措施。如断裂面距桩顶标高不深，可接桩至设计标高，方法如图 2.2.41。同时保护好桩间土不受扰动。
4	保护土层和桩头清除至设计标高后，应尽快进行褥垫层的施工，以防桩间土被扰动。
5	冬期施工时，保护土层和桩头清除至设计标高后，立即对桩间土和 CFG 桩采用草帘、草袋等保温材料进行覆盖，防止桩间土冻涨而造成桩体拉断，同时防止桩间土受冻后复合地基承载力降低

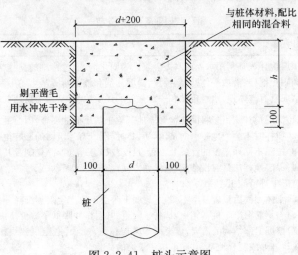

图 2.2.41　桩头示意图

6. 安全环保措施

水泥粉煤灰碎石桩基的安全环境措施如表 2.2.212 所示。

安全环保措施　　　　　　　　　　　　　　　表 2.2.212

序号	项目	内　容
1	安全措施	(1)机械设备操作人员(或驾驶员)必须经过专门训练,熟悉机械操作性能,经专业管理部门考核取得操作证或驾驶证后上机(车)操作。 (2)机械设备操作人员和指挥人员严格遵守安全操作技术规程,工作时集中精力,谨慎工作,不擅离职守,严禁酒后驾驶。 (3)机械设备发生故障以后、及时检修,决不带故障运行,不违规操作,杜绝机械和车辆事故。 (4)专业电工持证上岗。电工有权拒绝执行违反电器安全规程的工作指令,安全员有权制止违反用电安全的行为,严禁违章指挥和违章作业。 (5)所有现场施工人员佩戴安全帽,特种作业人员佩戴专门的防护用具。 (6)所有现场作业人员和机械操作手严禁酒后上岗。 (7)施工现场所有设备、设施、安全装置、工具配件以及个人劳保用品必须经常检查,确保完好和使用安全。 (8)施工现场的一切电源、电路的安装和拆除必须由持证电工操作;电器必须严格接地、接零和使用漏电保护器。各孔用电必须分闸,严禁一闸多用。孔上电缆必须架空 2.0m 以上,严禁拖地和埋压土中,电缆、电线必须有防磨损、防潮、防断等保护措施。照明应采用安全矿灯或 12V 以下的安全灯。并遵守《施工现场临时用电安全技术规范》(JGJ 46—88)的规定。
2	环保措施	(1)易于引起粉尘的细料或松散料运输时用帆布、盖套等遮盖物覆盖。 (2)施工废水、生活污水不直接排入农田、耕地、灌溉渠和水库,不排入饮用水源。 (3)食堂保持清洁,腐烂变质的食物及时处理,食堂工作人员定期体检。 (4)受工程影响的一切公用设施与结构物,在施工期间应采取适当措施加以保护。 (5)使用机械设备时,尽量减少噪声、废气等的污染;施工场地的噪声应符合《建筑施工场地界噪声限值》(GB 12523—1990)的规定。 (6)运转时有粉尘发生的施工场地,如水泥混凝土拌和机站等投料器应有防尘设备。在这些场地作业的工作人员配备必要的劳保防护用品。 (7)驶出施工现场的车辆应进行清理,避免携带泥土

2.2.3.8　水泥土搅拌桩地基

1. 适用范围及基本规定

水泥土搅拌桩地基的适用范围及基本规定如表 2.2.213 所示。

适用范围及基本规定　　　　　　　　　　　　表 2.2.213

序号	项目	内　容
1	定义	深层搅拌法是利用水泥或水泥砂浆作为固化剂,通过特制的搅拌机械,在地基深处就地将软土和固化剂(浆液或粉体)强制搅拌,由固化剂和软土间所产生的一系列物理化学反应,使软土硬结成具有整体性、水稳定性和一定强度的优质地基,从而提高地基的强度和增大变形模量。
2	特点	(1)深层搅拌法由于将固化剂和原地基软土就地搅拌混合,因而最大限度地利用了原土。 (2)搅拌时不会使地基侧向挤出,所以对周围既有建筑物的影响很小。 (3)按照不同地基土的性质及工程设计要求,合理选择固化剂及其配方,设计比较灵活。 (4)深层搅拌法具有设备简单、操作方便,施工时无振动、无噪声、无污染,可在市区内和密集建筑群中进行施工。 (5)土体加固后重度基本不变,对软弱下卧层不致产生附加沉降。 (6)与钢筋混凝土桩基相比,节省了大量的钢材,并降低了造价。 (7)根据上部结构的需要,可灵活地采用柱状、壁状、格栅状和块状等加固体,这些加固体与天然地基形成复合地基,共同承担建筑物的荷载。

序号	项目	内 容
3	适用范围	(1)水泥土搅拌法分为深层搅拌法(以下简称湿法)和粉尘喷搅法(以下简称干法)。水泥土搅拌法适用于处理正常固结的淤泥与淤泥质土、粉土、饱和黄土、素填土、黏性土以及无流动地下水的饱和松散砂土等地基。 (2)深层搅拌法可用于增加软土地基的承载能力,减少沉降量,提高边坡的稳定性,适用于以下情况: 1)作为建筑物或构筑物的地基、厂房内具有地面荷载的地坪、高填方路提下的基层等。 2)进行大面积地基加固,以防止码头岸壁的滑动、深基坑开挖时边坡坍塌、坑底隆起和减少软土中地下构筑物的沉降等。 3)作为地下防渗墙以阻止地下渗透水流;对桩侧或板桩背后的软土加固以增加侧向承载能力。
4	基本规定	(1)水泥土搅拌法用于处理泥炭土、有机质土、塑性指数 I_p 大于 25 的黏土、地下水具有腐蚀性时以及无工程经验的地区,必须通过现场试验确定其适用性。 (2)当地基土的天然含水量小于30%(黄土含水量小于25%)、大于70%或地下水的pH值小于4时不宜采用干法。冬期施工时,应注意负温度对处理效果的影响。 (3)确定处理方案前应收集拟处理区域内详尽的岩土工程资料。尤其是填土层的厚度和组成;软土层的分布范围、分层情况;地下水位及pH值;土的含水量、塑性指数和有机质含量等。 (4)设计前应进行拟处理土的室内配比试验。针对现场拟处理的最弱层软土的性质,选择合适的固化剂、外掺剂及其掺量等。 (5)对竖向承载的水泥土强度宜取 90d 龄期试块的立方体抗压强度平均值;对承受水平荷载的水泥土强度宜取 28d 龄期试块的立方体抗压强度平均值

注: 1. 水泥土搅拌桩地基:利用水泥作为固化剂,通过搅拌机械将其与地基土强制搅拌,硬化后构成的地基。水泥土搅拌法形成的水泥土加固体,可作为竖向承载的复合地基;基坑工程围护挡墙、被动区加固、防渗帷幕;大体积水泥稳定土等。加固体形状可分为柱状、壁状、格栅状或块状等。
2. 深层搅拌法:使用水泥浆作为固化剂的水泥土搅拌法。简称湿法。
3. 粉体搅拌法:使用干水泥粉作为固化剂的水泥土搅拌法。简称干法。

2. 施工准备及工程要点

(1) 施工准备

水泥土搅拌桩地基的施工准备如表 2.2.214 所示。

施工准备　　　　　　　　　　　　　　　　　　　　　　　表 2.2.214

序号	项目	内 容
1	技术准备	(1)水泥土搅拌法的设计,主要是确定搅拌桩的置换率和长度。竖向承载搅拌桩的长度应根据上部结构对承载力和变形的要求确定,并宜穿透软弱土层到达承载力相对较高的土层;为提高抗滑稳定性而设置的搅拌桩,其桩长应超过危险滑弧以下 2m。 湿法的加固深度不宜大于 20m,干法不宜大于 15m。水泥土搅拌桩的桩径不应小于 500mm。 (2)竖向承载水泥土搅拌桩复合地基的承载力特征值应通过现场单桩或多桩复合地基荷载试验确定。 (3)单桩竖向承载力特征值应通过现场荷载试验确定。 (4)竖向承载搅拌桩复合地基应在基础和桩之间设置褥垫层。褥垫层厚度可取 200~300mm。其材料可选用中砂、粗砂、级配砂石等,最大粒径不宜大于 20mm。 (5)竖向承载搅拌复合地基中的桩长超过 10m 时,可采用变掺量设计。在全桩水泥掺量不变的前提下,桩身上部三分之一桩长范围内可适当增加水泥掺量及搅拌次数;桩身下部三分之一桩长范围内可适当减少水泥掺量。 (6)竖向承载搅拌桩的平面布置可根据上部结构特点及对地基承载力和变形的要求,采用柱状、壁状、格栅状或块状等加固形式。桩只可在基础平面范围内布置,独立基础下的桩数不宜少于 3 根。柱状加固可采用正方形、等边三角形等布桩形式。

序 号	项 目	内 容
1	技术准备	(7)当搅拌桩处理范围以下存在软弱下卧层时,应按现行国家标准《建筑地基基础设计规范》(GB 50007—2002)的有关规定进行下卧层承载力验算。 (8)竖向承载搅拌桩复合地基的变形为搅拌桩复合土层的平均压缩变形 S_1 与桩端下未加固土层的压缩变形 S_2 之和。其中复合土层的压缩变形值可根据上部荷载、桩长、桩身强度等按经验取 $10\sim30$mm。桩端以下未处理土层的压缩变形值可按现行国家标准《建筑地基基础设计规范》GB 50007—2002 的有关规定确定。 (9)深层搅拌机定位时,必须经过技术复核确保定位准确,必要时请监理人员进行轴线定位验收。 (10)施工前应标定搅拌机械的灰浆输送量、灰浆输送管到达搅拌机喷浆口的时间和起吊设备提升速度等施工工艺参数,并根据设计通过试验确定搅拌桩材料的配合比。
2	材料要求	(1)水泥:采用强度等级为 32.5 的普通硅酸盐水泥,要求无结块。 (2)砂子:用中砂或粗砂,含泥量小于 5%。 (3)外加剂:塑化剂采用木质素磺酸钙,促凝剂采用硫酸钠、石膏,应有产品出厂合格证,掺量通过试验确定。
3	机具准备	深层搅拌机,起重机,灰浆搅拌机,灰浆泵,冷却泵,机动翻斗车,导向架,集料斗,磅秤,提速测定仪,电气控制柜,铁锹,手推车等。常用深层搅拌机主要性能见表 2.2.215。
4	作业条件	(1)施工场地应先整平,清除桩位处地上、地下障碍物,场地低洼处用黏性土料回填夯实,不得用杂填土回填。 (2)设备开机前应经检修、调试,检查桩机运行和输料管畅通情况。 (3)开工前应检查水泥及外加剂的质量,桩位、搅拌机工作性能及各种计量设备完好程度(主要是水泥浆流量计和其他计量装置)

常用深层搅拌机技术性能   表 2.2.215

型号 性能	SJB-1	SJB30	SJB40	GPP-5
电机功率(kW)	2×30	2×30	2×40	
额定电流(A)		2×60	2×75	
搅拌轴转数(r/min)	46	43	43	28、50、92
额定扭矩(N·m)		2×6400	2×8500	
搅拌轴数量(根)	2	2	2	
搅拌头距离(mm)		515	515	
搅拌头直径(mm)	700~800	700	700	500
一次处理面积(m²)	0.71~0.88	0.71	0.71	
加固深度(m)	12	10~12	15~18	12.5
外型尺寸(主机)(mm)		950×482×1617	950×482×1737	4140×2230×15490
总重量(主机)(t)	4.5	2.25	2.45	
最大送粉量(kg/min)				100
储料量(kg)				200
给料方式 叶轮压送式				
送料管直径(mm)				50
最大送粉压力(MPa)				0.5
外型尺寸(主机)(m)				2.7×1.82×2.45

（2）工程要点

水泥土搅拌桩地基的工程要点如表 2.2.216 所示。

工程要点　　　　　　　　　　表 2.2.216

序 号	项 目	内 容
1	材料要点	（1）施工所用水泥，必须经强度试验和安定性试验合格后才能使用。 （2）所用砂子必须严格控制含泥量。 （3）外加剂：塑化剂采用木质素磺酸钙，促凝剂采用硫酸钠、石膏，应有产品出厂合格证，掺量通过试验确定。
2	技术要点	（1）固化剂宜选用强度等级为 32.5 及以上的普通硅酸盐水泥。水泥掺量除块状加固时可用被加固湿土质量的 7%～12% 外，其余宜为 12%～20%。湿法的水泥浆水灰比可选用 0.45～0.55。外掺剂可根据工程需要和土质条件选用具有早强、缓凝、减水以及节省水泥等作用的材料，但应避免污染环境。外掺剂掺入比例：（按水泥用量计）木质素磺酸钙木钙粉减水剂为 0.2%～0.25%，硫酸钠为 2%，石膏为 1%。 （2）施工中固化剂应严格按预定的配比拌制，并应有防离析措施。 （3）应保证起吊设备的平整度和导向架的垂直度。成桩要控制搅拌机的提升速度和次数，使连续均匀，以控制注浆量，保证搅拌均匀，同时泵送必须连续。
3	质量要点	（1）搅拌机预搅下沉时，不宜冲水，当遇到较硬土层下沉太慢时，方可适量冲水，但应考虑冲水成桩对桩身强度的影响。 （2）深层搅拌桩的深度、截面尺寸、搭接情况、整体稳定和桩身强度必须符合设计要求，检验方法在成桩后 7d 内用轻便触探仪检查桩均匀程度和用对比法判断桩身强度。 （3）场地复杂或施工有问题的桩应进行单桩荷载试验，检验其承载力，试验所得承载力应符合设计要求

3. 施工工艺

（1）工艺流程

水泥土搅拌桩深层搅拌法的施工工艺流程如图 2.2.42 所示。

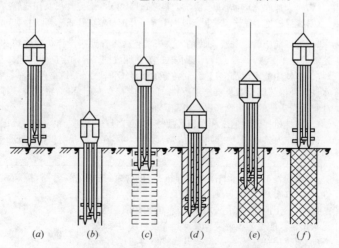

图 2.2.42　深层搅拌法工艺流程

（a）定位下沉；（b）沉入到设计深度；（c）喷浆搅拌提升；（d）原位重复搅拌下沉；
（e）重复搅拌提升；（f）搅拌完成形成加固体

（2）施工程序

水泥土搅拌桩的施工程序为：

| 地上（下）清障 | → | 深层搅拌机定位、调平 | → | 预搅下沉至设计加固深度 | → | 配制水泥浆（粉） | → |

边喷浆（粉）边搅拌提升至预定的停浆（灰）面 → 重复搅拌下沉至设计加固深度 →

根据设计要求，喷浆（粉）或仅搅拌提升至预定的停浆（灰）面 → 关闭搅拌机、清洗 → 移至下一根桩

（3）操作方法

水泥土搅拌桩的操作方法：由于湿法与干法的施工设备不同而有所区别，如表 2.2.217 所示。

操 作 方 法　　　　　　　　　　　　　　　表 2.2.217

序号	项　目	内　　容
1	一般要求	（1）施工时，先将深层搅拌机用钢丝绳吊挂在起重机上，用输浆胶管将储料罐砂浆泵与深层搅拌机接通，开通电动机，搅拌机叶片相向而转，借设备自重，以 0.38～0.75m/min 的速度沉至要求的加固深度；再以 0.3～0.5m/min 的均匀速度提起搅拌机，与此同时开动砂浆泵，将砂浆从深层搅拌机中心管不断压入土中，由搅拌叶片将水泥浆与深层处的软土搅拌，边搅拌边喷浆直到提至地面，即完成一次搅拌过程。用同法再一次重复搅拌下沉和重复搅拌喷浆上升，即完成一根柱状加固体，外形呈 8 字形（轮廓尺寸：纵向最大为 1.3m，横向最大为 0.8m），一根接一根搭接，搭接宽度根据设计要求确定，一般宜大于 200mm，以增强其整体性，即成壁状加固，几个壁状加固体连成一片，即成块状。 （2）搅拌桩的桩身垂直偏差不得超过 1%，桩位的偏差不得大于 50mm，成桩直径和桩长不得小于设计值。当桩身强度及尺寸达不到设计要求时，可采用复喷的方法。搅拌次数以一次喷浆，一次搅拌或二次喷浆，三次搅拌为宜，且最后一次提升搅拌宜采用慢速提升。 （3）施工时设计停浆面一般应高出基础底面标高 0.5m，在基坑开挖时，应将高出的部分挖去。 （4）施工时因故停喷浆，宜将搅拌机下沉至停浆点以下 0.5m，待恢复供浆时，再喷浆提升。若停机时间超过 3h 应清洗管路。 （5）壁状加固时，桩与桩的塔接时间不应大于 24h，如间歇时间过长，应采取钻孔留出榫头或局部补桩、注浆等措施。 （6）每天加固完毕，应用水清洗贮料罐、砂浆泵、深层搅拌机及相应管道，以备再用。 （7）搅拌桩施工完毕应养护 14d 以上才可开挖。基坑基底标高以上 300mm，应采用人工开挖。
2	深层搅拌法（湿法）	（1）施工前应确定灰浆泵、输浆量、灰浆经输浆管到达搅拌机喷浆口的时间和起吊设备提升速度等施工参数，并根据设计要求通过工艺性成桩试验确定施工工艺。 （2）所使用的水泥都应过筛，制备好的浆液不得离析，泵送必须连续。拌制水泥浆液的罐数、水泥和外掺剂用量以及泵送浆液的时间等应有专人记录；喷浆量及搅拌深度必须采用经国家计量部门认证的监测仪器进行自动记录。 （3）搅拌机提升的速度和次数必须符合施工工艺的要求，并应有专人记录。 （4）当水泥浆液到达出浆口后应喷浆搅拌 30s，在水泥浆与桩端土充分搅拌后，再开始提升搅拌头。
3	粉体喷搅法（干法）	（1）喷粉施工前应仔细检查搅拌机械、供粉泵、送气（粉）管路、接头和阀门的密封性和可靠性。送气（粉）管道的长度不宜大于 60m。 （2）水泥土搅拌法（干法）喷粉施工机械必须配置经国家计量部门确认的具有能瞬时检测并记录出粉量的粉体计量装置及搅拌深度自动记录仪。 （3）搅拌头每旋转一周，其提升高度不得超过 16mm。 （4）搅拌头的直径应定期复核检查，其磨耗量不得大于 10mm。 （5）当搅拌头到达设计桩底以上 1.5m 时，应即开启喷粉机提前进行喷粉作业。当搅拌头提升至地面下 500mm 时，喷粉机应停止喷粉。 （6）成桩过程中因故停止喷粉，应将搅拌头下沉至停灰面以下 1m 处，待恢复喷粉时再喷粉搅拌提升。 （7）需在地基土天然含水量小于 30% 土层中喷粉成桩时，应采用地面注水搅拌工艺

4. 质量标准及检验方法

(1) 质量控制

水泥土搅拌桩地基的质量控制如表 2.2.218 所示。

质 量 控 制　　　　　　　　　表 2.2.218

序　号	内　　　容
1	水泥土搅拌桩的质量控制应贯穿施工的全过程,施工过程中必须随时检查施工记录和计量记录,并对照规定的施工工艺对每根桩进行质量评定。检查重点是:水泥用量、桩长、搅拌头转数和提升速度、复搅次数、深度、停浆处理方法等。
2	水泥土搅拌桩的施工质量检验可采用以下方法: (1)成桩 7d 后,采用浅部开挖桩头[深度宜超过停浆(灰)面下 0.5m],目测检查搅拌的均匀性,量测成桩直径。检查数量为总桩数的 5%。 (2)成桩 3d 后,可用轻型触探(N_{10})检查每米桩身的均匀性。检查数量为总桩数的 1%,且不少于 3 根。
3	竖向承载水泥土搅拌桩地基竣工验收时,承载力检验应采用复合地基载荷试验和单桩载荷试验。
4	载荷试验必须在桩身强度满足试验载荷条件,并宜在成桩 28d 后进行。检查数量为总桩数的 0.5%～1%,且每项单体工程不应少于 3 点。 经触探和载荷试验检验后对桩身质量有怀疑时,应在成桩 28d 后,用双管单动取样器钻取芯样作抗压强度检验,检验数量为总桩数的 0.5%,且不少于 3 根。
5	对相邻桩搭接要求严格的工程,应在成桩 15d 后,选取数根桩进行开挖,检查搭接情况。
6	基槽开挖后,应检查桩位、桩数与桩顶质量,如不符合设计要求,应采取有效补强措施

(2) 质量检验标准

水泥土搅拌桩地基质量检验标准必须符合表 2.2.219 的规定。

水泥土搅拌桩地基质量检验标准　　　　　　表 2.2.219

项　　目	序号	检查项目	允许偏差或允许值		检查方法
			单位	数值	
主控项目	1	水泥及外掺剂质量	设计要求		查产品证书或抽样送检
	2	水泥用量	参考指标		查看流量计
	3	桩体强度	设计要求		按规定办法
	4	地基承载力	设计要求		按规定办法
一般项目	1	机头提升速度	m/min	≤0.5	量机头上升距离及时间
	2	桩底标高	mm	±200	量机头深度
	3	桩顶标高	mm	+100,−50	水准仪(最上部 500mm 不计入)
	4	桩位偏差	mm	<50	用钢尺量
	5	桩径		<0.04D	用钢尺量,D 为桩径
	6	垂直度	%	≤1.5	经纬仪
	7	搭接	mm	>200	用钢尺量

(3) 质量记录

水泥土搅拌桩地基的质量记录,如表 2.2.220 所示。

质 量 记 录　　　　　　　　表 2.2.220

序　号	内　　　容	序　号	内　　　容
1	原材料的质量合格证和质量鉴定文件。	3	检验试验及见证取样文件。
2	施工记录及隐蔽工程验收文件	4	其他必须提供的文件和记录

5. 成品保护

水泥土搅拌桩地基的成品保护如表 2.2.221 所示。

成品保护　　　　　　　　　　表 2.2.221

序　号	内　　　容
1	基础地面上应预留 0.7～1.0m 厚土层,待施工结束后,将表层挤松的土挖除,或分层夯压密实后,立即进行下道工序施工。
2	雨期或冬期施工,应采取防雨防冻措施,防止水泥土受雨水淋湿或冻结

6. 安全环保措施

水泥土搅拌桩地基的安全环保措施,如表 2.2.222 所示。

安全环保措施　　　　　　　　表 2.2.222

序　号	内　　　容
1	施工机械、电气设备、仪表仪器等在确认完好后方准使用,并由专人负责使用。
2	深层搅拌机的入土切削和提升搅拌,当负荷太大及电机工作电流超过预定值时,应减慢升降速度或补给清水,一旦发生卡钻或停钻现象,应切断电源,将搅拌机强制提起之后,才能启动电机。
3	施工场地内一切电源、电路的安装和拆除,应由持证电工负责,电器必须严格接地接零和设置漏电保护器,现场电线、电缆必须按规定架空,严禁拖地和乱拉、乱搭。
4	所有机器操作人员必须持证上岗。
5	施工场地必须做到无积水,深层搅拌机行进时必须顺畅。
6	水泥堆放必须有防雨、防潮措施,砂子要有专用堆场,不得污染

2.2.4　特殊地基处理要点

2.2.4.1　滑坡与塌方处理

1. 原因分析

不良的地质条件是产生滑坡的内因条件,而人类的工程活动和水的作用则是触发并产生滑坡的主要外因条件。产生滑坡与塌方的原因分析如表 2.2.223 所示。

原因分析　　　　　　　　　　表 2.2.223

序　号	内　　　容
1	斜坡土(岩)体本身存在倾向相近、层理发达、破碎严重的裂隙,或内部夹有易滑动的软弱带,如软泥、黏土质岩层,受水浸后滑动或塌落。
2	土层下有倾斜度较大的岩层,或软弱土夹层;或土层下的岩层虽近于水平,但距边坡过近,边坡倾度过大,在堆土或堆置材料、建筑物荷载和地表水作用下,增加了土体的负担,降低了土与土、土体与岩面之间的抗剪强度,而引起滑坡或塌方。
3	边坡坡度不够,倾角过大,土体因雨水或地下水浸入,剪切应力增大,黏聚力减弱,使土体失稳而滑动。
4	开垦挖方,不合理的切割坡脚;或坡脚被地表、地下水掏空;或斜坡地段下部被冲沟所切,地表、地下水浸入坡体;或开坡放炮坡脚松动等原因,使坡体坡度加大,破坏了土(岩)体的内力平衡,使上部土(岩)体失去稳定而滑动。
5	在坡体上不适当的堆土或填土,设置建筑物;或土工构筑物(如路堤、土坝)设置在尚未稳定的古(老)滑坡上,或设置在易滑动的坡积土层上,填方或建筑物增荷后,重心改变,在外力(堆载振动、地震等)和地表、地下水双重作用下,坡体失去平衡或触发古(老)滑坡复活,而产生滑坡

2. 处理要点

滑坡与塌方的处理要点如表 2.2.224 所示。

处理要点 表 2.2.224

序 号	内 容
1	加强工程地质勘察，对拟建场地(包括边坡)的稳定性进行认真分析和评价；工程和线路一定要选在边坡稳定的地段，对具备滑坡形成条件的或存在有古老滑坡的地段，一般不应选作建筑场地，或采取必要的措施加以预防。
2	做好泄洪系统，在滑坡范围外设置多道环形截水沟，以拦截附近的地表水，在滑坡区域内，修设或疏通原排水系统，疏导地表水及地下水，阻止其渗入滑坡体内。主排水沟宜与滑坡滑动方向一致，支排水沟与滑坡方向成 30°~40° 斜交，防止冲刷坡脚。
3	处理好滑坡区域附近的生活及生产用水，防止浸入滑坡地段。
4	如因地下水活动有可能形成山坡浅层滑坡时，可设置支撑盲沟、渗水沟，排除地下水。盲沟应布置在平行于滑坡滑动方向有地下水露头处。做好植被工程。
5	保持边坡有足够的坡度，避免随意切割坡脚。土体尽量削成较平缓的坡度，或做成台阶形，使中间有 1~2 个平台，以增加稳定(图 2.2.43)；土质不同时，视情况削成 2~3 种坡度(图 2.2.43)。在坡脚处有弃土条件时，将土石方填至坡脚，使其起反压作用，筑挡土堆或修筑台地，避免在滑坡地段切去坡脚或深挖方。如整平场地必须切割坡脚，且不设挡土墙时，应按切割深度，将坡脚随原自然坡度由上而下削坡，逐渐挖至要求的坡脚深度(图 2.2.44)。
6	尽量避免在坡脚处取土，在坡肩上设置弃土或建筑物。在斜坡地段挖方时，应遵守由上而下分层的开挖程序。在斜坡上填方时，应遵守由下往上分层填压的施工程序，避免在斜坡上集中弃土，同时避免对滑坡体的各种振动作用。
7	对可能出现的浅层滑坡，如滑坡土方量不大时，最好将滑坡体全部挖除；如土方量较大，不能全部挖除，且表层破碎含有滑坡夹层时，可以滑坡体采取深翻、推压、打乱滑坡夹层、表面压实等措施，减少滑坡因素。
8	对于滑坡体的主滑地段可采取挖方卸荷，拆除已有建筑物等减重辅助措施，对抗滑地段可采取堆方加重等辅助措施。
9	滑坡面土质松散或具有大量裂缝时，应进行填平、夯填，防止地表水下渗；在滑坡面植树、种草皮、浆砌片石等保护坡面。
10	对已滑坡工程，稳定后采取设置混凝土锚固排桩、挡土墙、抗滑明洞、抗滑锚杆或混凝土墩与挡土墙相结合的方法加固坡脚(图 2.2.45~图 2.2.49)，并在下段作截水沟、排水沟，陡坝部分采取去土减重，保持适当坡度

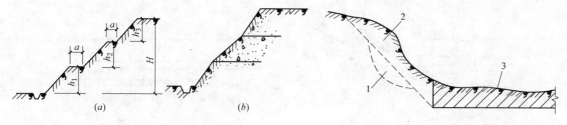

图 2.2.43 边坡处理
(a) 作台阶或边坡；(b) 不同土层
留设不同坡度 (a=1500~2000mm)

图 2.2.44 切割坡脚措施
1—滑动面；2—应削去的不稳定部分；
3—实际挖去部分

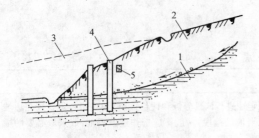

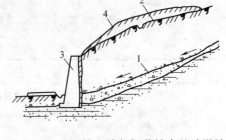

图 2.2.45 用钢筋混凝土锚固桩（抗滑桩）整治滑坡

1—基岩滑坡面；2—滑动土体；3—原地面线；

4—钢筋混凝土锚固排桩；5—排水盲沟

图 2.2.46 用挡土墙与卸荷结合整治滑坡

1—基岩滑坡面；2—滑动土体；3—钢筋混

凝土或块石挡土墙；4—卸去土体

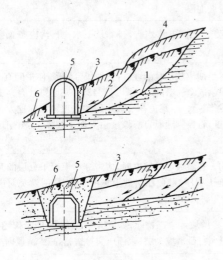

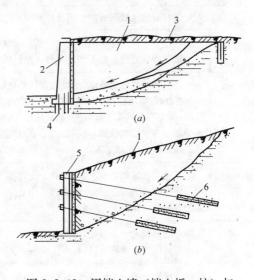

图 2.2.47 用钢筋混凝土明洞（涵洞）

和恢复土体平衡整治滑坡

1—基岩滑坡面；2—土体滑动面；3—滑动土体；

4—卸去土体；5—混凝土或钢筋混凝

土明洞（涵洞）；6—恢复土体

图 2.2.48 用挡土墙（挡土板、柱）与

岩石（土层）锚杆结合整治滑坡

（a）挡土墙与岩石锚杆结合整治滑坡；

（b）挡土板、柱与土层锚杆结合整治滑坡

1—滑动土体；2—挡土墙；3—岩石锚杆；

4—锚柱；5—挡土板、柱；6—土层锚

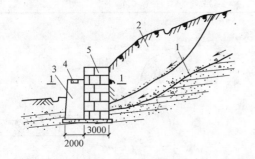

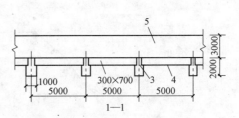

图 2.2.49 用混凝土墩与挡土墙结合整治滑坡

1—基岩滑坡面；2—滑动土体；3—混凝土墩；4—钢筋混凝土横梁；5—块石挡土墙

2.2.4.2 冲沟、土洞、古河道、古湖泊处理

冲沟、土洞、古河道、古湖泊处理　　　　　　　表 2.2.225

序　号	项　　目	内　　　容
1	冲沟处理	冲沟多由于暴雨冲刷剥蚀坡面形成,先在低凹处蚀成小穴,逐渐扩大成浅沟,以后进一步冲刷,就成为冲沟。在黄土地区常大量出现,有的深达 5~6m,表层土松散。 　一般处理方法是:对边坡上不深的冲沟,可用好土或 3∶7 灰土逐层回填夯实,或用浆砌块石填砌至坡面一平,并在坡顶作排水沟及反水坡,以阻截地表雨水冲刷坡面;对地面冲沟用土分层夯填,因其土质结构松散,承载力低,可采取加宽基础的处理方法。
2	土洞处理	在黄土层或岩溶地层,由于地表水的冲蚀或地下水的潜蚀作用形成的土洞、落水洞往往十分发育,常成为排泄地表径流的暗道,影响边坡或场地的稳定,必须进行处理,避免继续扩大,造成边坡塌方或地基塌陷。 　处理方法是将土洞上部挖开,清除软土,分层回填好土(灰土或砂卵石)夯实,面层用黏土夯填并使之比周围地表高些,同时作好地表水的截流,将地表径流引到附近排水沟中,不使下渗;对地下水可采用截流改道的办法;如用作地基的深埋土洞,宜用砂、砾石、片石或贫混凝土填灌密实,或用灌浆挤压法加固。对地下水形成的土洞和陷穴,除先挖除软土抛填块石外,还应作反滤层,面层用黏土夯实。
3	古河道、古湖泊处理	根据其成因,有年代久远经过长期大气降水及自然沉实,土质较为均匀、密实,含水量 20% 左右,含杂质较少的古河道、古湖泊;有年代近的土质结构均较松散,含水量较大,含较多碎块、有机物的古河道、古湖泊。这些都是在天然地貌低洼处由于长期积水、泥砂沉积而形成,其土层由黏性土、细砂、粗砂、卵石和角砾所构成。 　对年代久远的古河道、古湖泊,已被密实的沉积物填满,底部尚有砂卵石层,一般土的含水量小于 20%,且无被水冲蚀的可能性,土的承载力不低于相接天然土的,可不处理;对年代近的古河道、古湖泊,土质较均匀,含有少量杂质,含水量大于 20%,如沉积物填充密实,承载力不低于同一地区的天然土,亦可不处理;如为松软含水量大的土,应挖除后用好土分层夯实,或采取地基加固措施;用作地基部位用灰土分层夯实,与河、湖边坡接触部分做成阶梯形接槎,阶宽不小于 1m,接槎处应仔细夯实,回填应按先深后浅的顺序进行。

2.2.4.3 橡皮土处理

当地基为黏性土且含水量很大、趋于饱和时,夯(拍)打后,地基土变成踩上去有一种颤动感觉的土,称为"橡皮土"。见表 2.2.226。

橡皮土处理　　　　　　　表 2.2.226

序　号	项　　目	内　　　容
1	成因分析	在含水量很大的黏土、粉质黏土、淤泥质土、腐殖土等原状土上进行夯(压)实或回填土,或采用这类土进行回填土工程时,由于原状土被扰动,颗粒之间的毛细孔遭到破坏,水分不易渗透和散发,当气温较高时,对其进行夯击或碾压,特别是用光面碾(夯锤)滚压(或夯实),表面形成硬壳,更加阻止了水分的渗透和散发,形成软塑状的橡皮土。埋藏深的土水分散发慢,往往长时间不易消失。
2	处理要求	(1)暂停一段时间施工,避免再直接拍打,使"橡皮土"含水量逐渐降低,或将土层翻起进行晾槽; 　(2)如地基已成"橡皮土"可采取在上面铺一层碎石或碎砖后进行夯击,将表土层挤紧; 　(3)橡皮土较严重的,可将土层翻起并粉碎均匀,掺加石灰粉以吸收水分水化,同时改变原土结构成为灰土,使之具有一定强度的水稳性; 　(4)当为荷载大的房屋地基,采取打石桩,将毛石(块度 20~30cm)依次打入土中,或垂直打入 M10 机砖,纵距 26cm,横距 30cm,直至打不下去为止,最后在上面满铺厚 50mm 的碎石后再夯实; 　(5)采取换土,挖去"橡皮土",重新填好土或级配砂石夯实

2.2.4.4　流砂处理

当基坑（槽）开挖深于地下水位 0.5m 以下，采取坑内抽水时，坑（槽）底下面的土产生流动状态随地下水一起涌进坑内，边挖、边冒，无法挖深的现象称为"流砂"。

发生流砂时，土完全失去承载力，不但使施工条件恶化，而且流砂严重时，会引起基础边坡塌方，附近建筑物会因地基被掏空面下沉、倾斜，甚至倒塌。见表 2.2.227。

流砂处理

表 2.2.227

序号	项目	内容
1	成因分析	流砂形成原因： （1）当坑外水位高于坑内抽水后的水位，坑外水压向坑内流动的动水压等于或大于颗粒的浸水密度，使土粒悬浮失去稳定变成流动状态，随水从坑底或四周涌入坑内，如施工时采取强挖，抽水愈深，动水压就愈大，流砂就愈严重。 （2）由于土颗粒周围附着亲水胶体颗粒，饱和时胶体颗粒吸水膨胀，使土粒密度减小，因而在不大的水冲力下能悬浮流动。 （3）饱和砂土在振动作用下，结构被破坏，使土颗粒悬浮于水中并随水流动。
2	处理要点	流砂处理方法： 主要是"减小或平衡动水压力"或"使动水压力向下"，使坑底土粒稳定，不受水压干扰。常用的处理措施方法有： （1）安排在全年最低水位季节施工，使基坑内动水压减小； （2）采取水下挖土（不抽水或少抽水），使坑内水压与坑外地下水压相平衡或缩小水头差； （3）采用井点降水，使水位降至基坑底 0.5m 以下，使动水压力的方向朝下，坑底土面保持无水状态； （4）沿基坑外围四周打板桩，深入坑底下面一定深度，增加地下水从坑外流入坑内的渗流路线和渗水量，减小动水压力。

2.2.4.5　局部地基处理

1. 松土坑、古墓、坑穴处理

松土坑、古墓、坑穴处理方法参见表 2.2.228。

松土坑、古墓、坑穴处理方法

表 2.2.228

序号	地基情况	处理简图	处理方法
1	松土坑在基槽中范围内		将坑中松软土挖除，使坑底及四壁均见天然土为止，回填与天然土压缩性相近的材料。当天然土为砂土时，用砂或级配砂石回填；当天然土为较密实的黏性土，用 3:7 灰土分层回填夯实；天然土为中密可塑的黏性土或新近沉积黏性土，可用 1:9 或 2:8 灰土分层回填夯实，每层厚度不大于 20cm。
2	松土坑在基槽中范围较大，且超过基槽边沿时		因条件限制，槽壁挖不到天然土层时，则应该将范围内的基槽适当加宽，加宽部分的宽度可按下述条件确定：当用砂土或砂石回填时，基槽壁边应按 $L_1:h_2=1:1$ 坡度放宽；用 1:9 或 2:8 灰土回填时，基槽每边应按 $b:h=0.5:1$ 坡度放宽；用 3:7 灰土回填时，如坑的长度≤2m，基槽可不放宽，但灰土与槽壁接触处应夯实。

序号	地基情况	处理简图	处理方法
3	松土坑范围较大,且长度超过5m时		如坑底土质与一般槽底土质相同,可将此部分基础加深,做1:2踏步与两端相接,每步高不大于50cm,长度不小于100cm,如深度较大,用灰土分层回填夯实至坑(槽)底一平。
4	松土坑较深,且大于槽宽或1.5m时		按以上要求处理挖到老土,槽底处理完毕后,还应适当考虑加强上部结构的强度,方法是在灰土基础上1～2皮砖处(或混凝土基础内)、防潮层下1～2皮砖处及首层顶板处,加配4φ8～12mm钢筋跨过该松土坑两端各1m,以防产生过大的局部不均匀沉降。
5	松土坑下水位较高时		当地下水位较高,坑内无法夯实时,可将坑(槽)中软弱的松土挖去后,再用砂土、砂石或混凝土代替灰土回填。 如坑底在地下水位以下时,回填前先用粗砂与碎石(比例为1:3)分层回填夯实;地下水位以上用3:7灰土回填夯实至要求高度。
6	基础下有古墓、地下坑穴		1. 墓穴中填充物如已恢复原状结构的可不处理。 2. 墓穴中填充物如为松土,应将松土杂物挖出,分层回填素土或3:7灰土夯实到土的密度达到规定要求。 3. 如古墓中有文物,应及时报主管部门或当地政府处理(下同)。
7	基础下压缩土层范围内有古墓、地下坑穴		1.墓坑开挖时,应沿坑边四周每边加宽50cm,加深入到自然地面下50cm,重要建筑物应将开挖范围扩大,沿四周每边加宽50cm;开挖深度:当墓坑深度小于基础压缩土层深度,仅挖到坑底;如墓坑深度大于基层压缩土层深度,开挖深度应不小于基础压缩土层深度。 2. 墓坑和坑穴用3:7灰土回填夯实;回填前应先打2～3遍底夯,回填土料宜选用粉质黏土分层回填,每层厚20～30cm,每层夯实后用环刀逐点取样检查,土的密度应不小于1.55t/m³。
8	基础外有古墓、地下坑穴		1. 将墓室、墓道内全部充填物清除,对侧壁和底部清理面要切入原土150mm左右,然后分别以纯素土或3:7灰土分层回填夯实。 2. 墓室、坑穴位于墓坑平面轮廓外时,如l/h>1.5,则可不作专门处理

2. 土井、砖井、废矿井处理

井、砖井、废矿井处理方法参见表2.2.229。

序号	地基情况	处理简图	处理方法
3	基础落于厚度不一的软土层上,下部有倾斜较大的岩层		如建(构)筑物处于稳定的单向倾斜的岩层上,基底离岩面不小于300mm,且岩层表面坡度及上部结构类型符合表2.2.231的要求时,此种地基的不均匀变形较小,可不作变形验算,也可不进行地基处理。为了防止建(构)筑物倾斜,可在软土层采用现场钻孔灌筑钢筋混凝土短桩直至基岩,或在基础底板下铺砂石垫层处理,使应力扩散,减低地基变形;亦可调整基础的底宽和埋深,如将条形基础沿基岩倾斜方向分阶段加深,做成阶梯形基础,使其下部土层厚度基本一致,以使沉降均匀。如建筑物下处基岩呈八字形倾斜,地基变形将为两侧大,中间小,建(物)筑物较易在两个倾斜面交界部位出现开裂,此时在倾斜面交界处,建(构)筑物还宜设沉降缝分开。
4	基础上一部分落于原土层上,一部分落于回填土地基上		在填土部位用现场钻孔灌筑桩或钻孔爆扩桩直至原土层,使该部位上部荷载直接传至原土层,以避免地基的不均匀沉降

(2) 下卧基岩表面允许坡度值参见表2.2.231。

下卧基岩表面允许坡度值　　　　　　　　　　表2.2.231

上覆土层的承载力标准值 f_k (kPa)	四层和四层以下的砌体承重结构,三层和三层以下的框架结构	具有15t和15t以下吊车的一般单层排架结构	
		带墙的边柱和山墙	无墙的中柱
≥150	≤15%	≤15%	≤30%
≥200	≤25%	≤30%	≤50%
≥300	≤40%	≤50%	≤70%

注:本表适用于建筑地基处于稳定状态,基岩坡面为单向倾斜,且基岩表面距基础底面的土层厚度大于0.3m时。

3 混凝土结构模板工程

3.1 设计要点及构造措施

3.1.1 构件截面确定原则

在结构设计时，应结合钢模板的模数进行设计，以利于钢模板的推广使用。目前设计单位已制定了使用组合钢模板对钢筋混凝土结构设计的模数规定。这样设计与施工结合起来，有利于施工单位对钢模板的使用。

3.1.1.1 板的截面选择

1. 单向板

钢筋混凝土现浇单向板的截面选择要求如表 3.1.1 所示。

钢筋混凝土现浇单向板　　　　　　　　　　　　　表 3.1.1

序号	项目	内容
1	定义	(1)两对边支承的板应按单向板计算。 (2)四边支承的板：当长边与短边长度之比大于等于 3 时，可按沿短边方向受力的单向板计算。
2	确定板的厚度的原则	(1)板的厚度应由设计计算确定，即应满足承载力、刚度和裂缝控制的要求。 (2)板的厚度应满足使用(包括防火要求)、施工及经济的要求。 (3)板的厚度应满足构造方面最小厚度的要求，如表 3.1.2、表 3.1.3 所示，并取上述两个表中的较大值确定板的厚度。
3	板的厚度与跨度的最小比值	现浇单向板的截面厚度 h 与计算跨度 l_0 的最小比值(即 h/l_0)，如表 3.1.2 所示。
4	板的最小构造厚度	现浇单向板构造要求的最小厚度 h 如表 3.1.3 所示。
5	板的经济跨度	由工程设计实践经验表明：钢筋混凝土现浇单向板跨度为 1.7～2.7m 较为经济合理。
6	板的经济配筋率	现浇钢筋混凝土板的经济配筋率为 $\rho=0.4\%～0.8\%$

注：1. 板的厚度一般为 10mm 的倍数；

2. 板的混凝土保护层的最小厚度见表 4.1.3 的有关规定；

3. 常用板的厚度为 60mm、70mm、80mm、100mm、150mm 等。

现浇单向板的厚度与跨度的最小比值 h/l_0　　　　　　　表 3.1.2

序号	板的支承情况	h/l_0
1	简支	≥1/35
2	连续	≥1/40

注：1. 表中 h 为板的截面厚度，l_0 为板的计算跨度；

2. 跨度大于 4m 的板应适当增加厚度。

现浇单向板的最小厚度（mm）   表 3.1.3

序　号	板 的 类 别	最 小 厚 度
1	屋面板	≥60
2	民用建筑楼板	≥60
3	工业建筑楼板	≥70
4	行车道下的楼板	≥80
5	抗冲切楼板	≥150

2. 双向板

钢筋混凝土现浇双向板的定义及划分要求，如表 3.1.4 所示。

钢筋混凝土现浇双向板   表 3.1.4

序号	项　　目	内　　容
1	定义	在肋梁楼(层)盖中，四边都支承在墙(或梁)上的矩形区格板，在均布荷载作用下： (1)当板的长边 l_2 与短边 l_1 之比小于等于 2，即 $l_2/l_1 \leq 2$ 时，应按双向板计算。 (2)当板的长边 l_2 与短边 l_1 之比大于 2，但小于 3，即 $2 < l_2/l_1 < 3$ 时，宜按双向板计算；当按沿短边方向 l_1 受力的单向板计算时，应沿长边方向 l_2 布置足够数量的构造钢筋，如图 3.1.1 所示。
2	板带的划分	(1)按弹性理论计算的双向板，当短边跨度 $l_1 \geq 2500mm$ 时，可将板在两个方向分为三个板带。两边板带的宽度均为短边宽度 l_1 的 1/4，其余则为中间板带，如图 3.1.2 所示。在中间板带内，应按计算弯矩配筋，而在边板带内的配筋各为其相应中间板带的一半，且每米宽度内不少于 3 根。此时，连续板的中间支座按计算弯矩配筋，可不分板带均匀配置。当短边跨度 $l_1 < 2500mm$ 时，则不分板带。跨中及支座均按计算配筋。 (2)按塑性理论计算的双向板，为施工方便，跨中及支座钢筋皆可均匀配置而不分板带。 (3)双向板当同一部分的两个方向弯矩同号时，纵横钢筋必须分别配置，此时应将较大弯矩方向的受力钢筋配置在外层，另一方向的钢筋设在内层。
3	板的厚度	板的厚度如表 3.1.5 所示

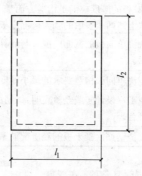

图 3.1.1　四边支承（简支）双向板

双向板的最小厚度   表 3.1.5

序　号	板的类型	板的厚度与跨度的比值(h/l_1)	最小厚度(mm)
1	简支双向板	$h/l_1 \geq 1/45$	≥80
2	连续双向板	$h/l_1 \geq 1/50$	≥80

注：1. 表中 h 为双向板的截面厚度，l_1 为双向板短跨的计算长度；
　　2. 双向板的厚度通常为 80～160mm，在任何情况下，应使 $h \geq 80mm$；
　　3. 见表 3.1.1 序号 2 的有关规定。

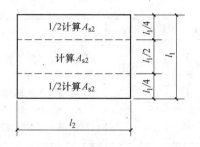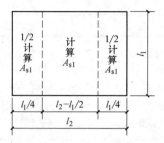

图 3.1.2 双向板的板带划分（$l_1 < l_2$）

3. 悬臂板

现浇钢筋混凝土悬臂板的最小厚度如表 3.1.6 所示。

现浇悬臂板的最小厚度　　　　　　　　　　　　　表 3.1.6

序 号	板 的 类 别	最小厚度值(h)
1	板的悬臂长度小于或等于 500mm	板的根部 $h \geqslant 70$mm
2	板的悬臂长度大于 500mm	板的根部 $h \geqslant 80$mm 及 $> l/10$,取两者中的大者

注：表中 l 为悬臂板的悬挑长度。

3.1.1.2 梁的截面选择

1. 梁的截面形式和梁的截面尺寸

钢筋混凝土梁的截面形式和梁的截面尺寸如表 3.1.7 所示。

梁的截面形式和梁的截面尺寸　　　　　　　　　表 3.1.7

序 号	项 目	内 容
1	梁的截面形式	根据工程需要,钢筋混凝土梁有各种形状的截面,如矩形、T 形、倒 T 形、花篮形、I 形、空心截面和双肢截面等(图 3.1.3),梁的截面应根据不同要求,选择不同的形式。在整体结构中,为便于施工,一般采用矩形和 T 形截面;在装配式楼盖中,为了搁置板,可采用倒 T 形或花篮形截面。
2	梁的截面尺寸	梁的截面尺寸应根据设计计算确定。根据设计实践,梁截面的最小高度 h 一般可按表 3.1.8 的规定进行选用,当满足表 3.1.8 的要求时,通常可不作挠度验算

图 3.1.3 梁的截面形式

梁截面尺寸的一般规定　　　　　　　　　　　　表 3.1.8

序 号	构件种类	简支	多跨连续	悬臂	说 明
1	次梁	$h \geqslant \dfrac{1}{15}l$	$h = \left(\dfrac{1}{18} \sim \dfrac{1}{12}\right)l$	$h \geqslant \dfrac{l}{8}$	现浇整体肋形梁
2	主梁	$h \geqslant \dfrac{1}{12}l$	$h = \left(\dfrac{1}{14} \sim \dfrac{1}{8}\right)l$	$h \geqslant \dfrac{l}{6}$	现浇整体肋形梁
3	独立梁	$h \geqslant \dfrac{1}{12}l$	$h = \dfrac{1}{15}l$	$h \geqslant \dfrac{l}{6}$	

续表

序　号	构件种类	简支	多跨连续	悬臂	说　　明
4	框架梁		$h=\left(\dfrac{1}{10}\sim\dfrac{1}{12}\right)l$		现浇整体式框架梁
5	框架梁		$h=\left(\dfrac{1}{8}\sim\dfrac{1}{10}\right)l$		装配整体式或装配式框架梁
6	框架扁梁		$h=\left(\dfrac{1}{16}\sim\dfrac{1}{22}\right)l$		现浇整体式钢筋混凝土框架扁梁
7	框架扁梁		$h=\left(\dfrac{1}{20}\sim\dfrac{1}{25}\right)l$		预应力混凝土框架扁梁

注：1. 表中 h 为梁的截面高度，b 为梁的截面宽度，l 为梁的计算跨度。梁截面宽度 b 与截面高度 h 的比值（b/h），对于矩形截面梁一般为 $1/2\sim1/3.5$；对于 T 形截面梁一般为 $1/2.5\sim1/4$；

2. 如构件计算跨度 $l\geqslant9$m 时，表中的数值应乘以系数 1.2；

3. 在设计上确有实践经验时，可不受本表限制。

2. 梁截面的构造要求

梁截面的构造要求如表 3.1.9 所示。

梁截面的构造要求　　　　　　　　　　　　　　　表 3.1.9

序　号	内　　容
1	为了方便施工,在确定梁截面时,应统一规格尺寸,一般按下列情况采用: (1)梁截面宽度 b 一般宜采用 120、150、180、200、220、250、300mm,如大于 250mm 时,一般应以 50mm 为模数。圈梁的截面宽度应按墙厚确定; (2)梁截面高度 h 一般宜采用 250、300、350、…、750、800、900mm,如 h 大于 800mm 时,一般应以 100mm 为模数。
2	现浇钢筋混凝土结构中,主梁的截面宽度应不小于 200mm,次梁的截面宽应不小于 150mm。
3	现浇钢筋混凝土结构中,如主梁下部钢筋为单层配置时,一般主梁至少应比次梁高出 50mm,并应将次梁下部纵向钢筋设置在主梁下部纵向钢筋上面,以保证次梁支座反力传给主梁。如主梁下部钢筋为双层配置,或附加横向钢筋采用吊筋时,主梁应比次梁高出 100mm;当次梁高度大于主梁时,应将次梁接近支座(主梁)附近设计成变截面,使主梁比次梁高出不小于 50mm;如主梁与次梁必须等高时,次梁底层钢筋应置于主梁底层钢筋上面并加强主梁在该处的箍筋或设置吊筋。
4	框架扁梁的截面高度除满足表 3.1.8 规定的数值外,还应满足刚度要求,跨度较大时截面高度 h 取较大值,跨度较小时截面高度 h 宜取较小值。同时扁梁的截面高度 h 不宜小于 2.5 倍板的厚度

3. 梁的跨度和梁的支承长度

钢筋混凝土梁的跨度和梁的支承长度如表 3.1.10 所示。

3.1.1.3　柱的截面选择

1. 柱的计算长度

轴心受压和偏心受压柱的计算长度 l_0 可按下列规定确定：

（1）刚性屋盖单层房屋排架柱、露天吊车柱和栈桥柱，其计算长度 l_0 可按表 3.1.11 的规定取用。

（2）轴心受压和偏心受压的一般多层房屋中梁柱为刚接的框架结构各层柱段，其计算长度 l_0 可按表 3.1.12 的规定取用。

梁的跨度和梁的支承长度　　　　　　　　　　表 3.1.10

序号	项目	内容
1	梁的跨度	梁的跨度在首先满足各方面的实际需要前提下,要尽量经济合理、节省材料、降低造价。根据工程设计经验:次梁跨度为 4～7m,主梁跨度为 5～9m 较为经济合理。
2	梁的支承长度	(1)梁的支承长度应满足纵向钢筋在支座处的锚固长度要求。 (2)梁支承在砖墙、砖柱上的支承长度 a,一般采用: 1)梁高 h≤500mm 时,a≥180mm。 2)梁高 h>500mm 时,a≥240mm。 以上均应设置钢筋混凝土垫。 3)当支座反力较大时,应验算梁下部砌体的局部受压承载力,以确定是否需要扩大支承面积。 (3)梁支承在钢筋混凝土梁(柱)上的支承长度,应采用 a≥180mm。 (4)钢筋混凝土檩条的支承长度 a,一般采用: 1)支承在砖墙上时 a≥120mm。 2)支承在钢筋混凝土梁上时,a≥80mm

采用刚性屋盖的单层房屋排架柱、露天吊车柱和栈桥柱的计算长度 l_0　　表 3.1.11

序号	柱的类型		排架方向	垂直排架方向	
				有柱间支撑	无柱间支撑
1	无吊车房屋柱	单跨	1.5H	1.0H	1.2H
		两跨及多跨	1.25H	1.0H	1.2H
2	有吊车房屋柱	上柱	$2.0H_u$	$1.25H_u$	$1.5H_u$
		下柱	$1.0H_l$	$0.8H_l$	$1.0H_l$
3	露天吊车柱和栈桥柱		$2.0H_l$	$1.0H_l$	—

注:1. 表中 H 为从基础顶面算起的柱子全高;H_l 为从基础顶面至装配式吊车梁底面或现浇式吊车梁顶面的柱子下部高度;H_u 为从装配式吊车梁底面或从现浇式吊车梁顶面算起的柱子上部高度;
　　2. 表中有吊车房屋排架柱的计算长度,当计算中不考虑吊车荷载时,可按无吊车房屋的计算长度采用,但上柱的计算长度仍按有吊车房屋采用;
　　3. 表中有吊车房屋排架柱的上柱在排架方向的计算长度,仅适用于 H_u/H_l 不小于 0.3 的情况,当 H_u/H_l 小于 0.3 时,计算长度宜采用 $2.5H_u$。

框架结构各层柱段的计算长度　　　　　　　表 3.1.12

序号	楼盖类型	柱的类别	计算长度 l_0
1	现浇楼盖	底层柱	1.0H
		其余各层柱	1.25H
2	装配式楼盖	底层柱	1.25H
		其余各层柱	1.5H

注:1. 具有非轻质填充墙且梁柱为刚接的框架结构各层柱段,当框架为三跨及三跨以上,或为两跨且框架总宽度不小于其总高度的三分之一时,各层柱段的计算长度可取为 H;
　　2. 对底层柱段,H 为从基础顶面到一层楼盖顶面的高度;对其余各层柱段,H 为上、下两层楼盖顶面之间的高度;
　　3. 按有侧移考虑的框架结构,当竖向荷载较小或竖向荷载大部分作用在框架节点上或其附近时,各层柱段的计算长度应根据可靠设计经验取用较上述规定更大的数值。

2. 柱截面形式及截面尺寸

(1) 单层厂房常用柱的截面形式和截面尺寸分别如表 3.1.13 及表 3.1.14 所示。

单层厂房柱选用柱截面形式 表 3.1.13

序号	柱截面高度（h）	宜采用柱的截面形式	序号	柱截面高度（h）	宜采用柱的截面形式
1	$h=500mm$	矩形截面柱	4	$h=1300\sim1500mm$	Ⅰ形截面柱或双肢柱
2	$h=600\sim800mm$	矩形或Ⅰ形截面柱	5	$h>1600mm$	双肢柱
3	$h=900\sim1200mm$	Ⅰ形截面柱			

注：设防烈度为 8 度和 9 度时，宜采用斜腹杆双肢柱。

柱截面尺寸 表 3.1.14

序号	内容
1	柱的截面尺寸应由设计计算确定，必须满足强度和刚度要求。
2	6m 柱距，无吊车或有软钩吊车的厂房和露天吊车栈桥柱，其截面最小尺寸符合表 3.1.15 的要求时，可不进行刚度验算。
3	对于有一般软钩桥式吊车的厂房柱，其截面尺寸可参照表 3.1.16、表 3.1.17、表 3.1.18 采用

6m 柱距实腹柱截面尺寸 表 3.1.15

项目	简图	分项		截面高度 h	截面宽度 b
无吊车厂房		单跨		$\geqslant H/18$	$\geqslant H/30$ 并 $\geqslant 300mm$；管柱 $r\geqslant H/105$ 并 $D\geqslant300mm$
		多跨		$\geqslant H/20$	
有吊车厂房		$Q\leqslant10t$		$\geqslant H_t/14$	$\geqslant H_l/25$ 并 $\geqslant300mm$；管柱 $r\geqslant H_l/85$ $D\geqslant400mm$
		$Q=15\sim20t$	$H_t\leqslant10m$	$\geqslant H_t/11$	
			$10m<H_t\leqslant12m$	$\geqslant H_t/12$	
		$Q=30t$	$H_t\leqslant10m$	$\geqslant H_t/10$	
			$H_t\geqslant12m$	$\geqslant H_t/11$	
		$Q=50t$	$H_t\leqslant11m$	$\geqslant H_t/9$	
			$H_t\geqslant13m$	$\geqslant H_t/10$	
		$Q=75\sim100t$	$H_t\leqslant12m$	$\geqslant H_t/8$	
			$H_t\geqslant14m$	$\geqslant H_t/8.5$	
露天栈桥		$Q\leqslant10t$		$H_t/10$	$\geqslant H_l/25$ 并 $\geqslant500mm$；管柱 $r\geqslant H_l/70$ $D\geqslant400mm$
		$Q=15\sim30t$	$H_t\leqslant12m$	$H_t/9$	
		$Q=50t$	$H_t\leqslant12m$	$H_t/8$	

注：1. 表中 Q 为吊车起重量，H 为基础顶面至柱顶的总高度，H_t 为基础顶面至吊车梁顶的高度，H_l 基础顶面至吊车梁底的高度，r 为管柱的单管回转半径，D 为管柱的单管外径。

2. 当采用平腹杆双肢柱时，截面高度 h 应乘以系数 1.1，采用斜腹杆双肢柱时，截面高度 h 应乘系数 1.05。

3. 表中有吊车厂房的柱截面高度系按重级工作制考虑的，对中、轻级工作制应乘以系数 0.95。

4. 当厂房柱距为 12m 时，柱的截面尺寸宜乘以系数 1.1。

5. 柱顶端为不动支点（复式排架如带有贮仓）时，有吊车厂房的柱截面可按下列情况确定：

当 $Q\leqslant10t$ 时，$h=\dfrac{H_t}{16}\sim\dfrac{H_t}{18}$，$b\geqslant\dfrac{H}{30}$，且 $b\geqslant300mm$；

当 $Q>10t$ 时，h 为 $\dfrac{H_t}{14}\sim\dfrac{H_t}{16}$，$b\geqslant\dfrac{H}{25}$，且 $b\geqslant400mm$。

6. 山墙柱、壁柱的上柱截面尺寸（$h\times b$）不宜小于 350mm×300mm，下柱截面尺寸应满足下列尺寸要求：

截面高度 $h\geqslant\dfrac{1}{25}H_{xl}$，且 $h\geqslant600mm$（中、轻型厂房中 h 允许减少，但不宜小于排架柱的截面高度）；截面宽度 $b\geqslant\dfrac{1}{30}H_{yl}$，且 $b\geqslant350mm$。

式中，H_{xl} 为自基础顶面至屋架或抗风桁架与壁柱较低连接点的距离，H_{yl} 为柱宽方向两支点间的最大间距。

7. 壁柱与屋架及基础的连结点均可视为柱宽方向的支点；在柱高范围内，与柱有钢筋拉结的墙梁与柱刚性连结的大型墙板亦可视为柱宽方向的支点。

表 3.1.16

6m 柱距厂房钢筋混凝土柱的截面尺寸选用表（mm）

柱截面简图：矩形（$b \times h$）、工字形（b_1、h_1、b、h，翼缘 25）、双肢（h、h_2、b）

吊车起重量(t)	轨顶标高(m)	柱截面简图	边柱 上柱 无吊车走道	边柱 上柱 有吊车走道	边柱 下柱 实腹柱及平腹杆双肢柱 (b×h)／(b×h×h_i×b_i)	边柱 下柱 斜腹杆双肢柱	中柱 上柱 无吊车走道	中柱 上柱 有吊车走道	中柱 下柱 实腹柱及平腹杆双肢柱 (b×h)／(b×h×h_i×b_i)	中柱 下柱 斜腹杆双肢柱
5	6~8.4	矩形	矩400×400	矩400×400	矩400×600		矩400×400		矩400×600	
10	8.4	工字形	矩400×400	矩400×400	I 400×800×150×100		矩400×600	矩400×800	I 400×800×150×100	
10	10.2	工字形	矩400×400	矩400×400	I 400×800×150×100		矩400×600	矩400×800	I 400×800×150×100	
10	12	工字形	矩500×400	矩500×400	I 500×1000×150×120		矩500×600	矩500×800	I 500×1000×150×120	
15~20	8.4	工字形	矩400×400	矩400×400	I 400×800×150×100		矩400×600	矩400×800	I 400×800×150×100	
15~20	10.2	工字形	矩400×400	矩400×400	I 500×1000×150×120		矩400×600	矩400×800	I 400×1000×150×120	
15~20	12	工字形	矩500×400	矩500×400	I 500×1000×150×120		矩500×600	矩500×800	I 500×1000×150×120	
30	10.2	工字形	矩500×500	矩500×800	I 500×1200×150×120		矩500×600	矩500×800	I 500×1200×150×120	
30	12	工字形	矩500×500	矩500×800	I 500×1200×200×120		矩500×600	矩500×800	I 500×1200×150×120	
50	10.2	工字形	矩500×600	矩500×800	I 500×1200×200×120		矩600×600	矩600×800	I 600×1400×200×120	双 500×1600×300
50	12	双肢	矩500×600	矩500×800	I 500×1200×200×120		矩500×600	矩500×800	双 500×1600×300	双 500×1600×300
50	14.4	双肢	矩600×600	矩600×800	I 600×1400×200×120		矩600×600	矩600×800	双 600×1600×300	双 600×1600×300

续表

吊车起重量(t)	轨顶标高(m)	柱截面简图	边柱				中柱			
			上柱		下柱		上柱		下柱	
			无吊车走道	有吊车走道	实腹柱及平腹杆双肢柱 $(b \times h \times h_z)$	斜腹杆双肢柱	无吊车走道	有吊车走道	实腹柱及平腹杆双肢柱 $(b \times h \times h_z)$	斜腹杆双肢柱
75	12	矩形 工字形 双肢	矩 600×700	矩 600×900	双 600×1600×300	双 600×1600×300	矩 600×700	矩 600×900	双 600×1800×300	双 600×1800×300
	14.4		矩 600×700	矩 600×900	双 600×1800×300	双 600×1600×300	矩 600×700	矩 600×900	双 600×2000×300	双 600×2000×300
	16.2		矩 700×700	矩 700×900	双 700×1800×300	双 700×1800×300	矩 700×700	矩 700×900	双 700×2000×350	双 700×2000×300
100	12		矩 600×700	矩 600×900	双 600×1800×300	双 600×1600×300	矩 600×700	矩 600×900	双 600×2000×350	双 600×2000×300
	14.4		矩 600×700	矩 600×900	双 600×2000×350	双 600×1800×300	矩 600×700	矩 600×900	双 600×2000×350	双 600×2000×300
	16.2		矩 700×700	矩 700×900	双 700×2000×350	双 700×1800×350	矩 700×700	矩 700×900	双 700×2200×350	双 700×2000×350
125	14.4		矩 600×700	矩 600×900	双 600×2000×350	双 600×1800×350	矩 600×700	矩 600×900	双 600×2000×350	双 600×2000×350
	16.2		矩 700×700	矩 700×900	双 700×2200×350	双 700×2000×350	矩 700×700	矩 700×900	双 700×2200×350	双 700×2000×350
	18		矩 700×700	矩 700×900	双 700×2200×350	双 700×2000×350	矩 700×700	矩 700×900	双 700×2250×350	双 700×2000×350

12m 柱距厂房钢筋混凝土柱的截面尺寸选用表（mm）

表 3.1.17

吊车起重量(t)	轨顶标高(m)	柱截面简图	边柱 上柱 无吊车走道 矩 (b×h)	边柱 上柱 有吊车走道 矩	边柱 下柱 实腹柱及平腹杆双肢柱 (b×h×hᵢ×bᵢ)	边柱 下柱 斜腹杆双肢柱	中柱 上柱 无吊车走道 矩	中柱 上柱 有吊车走道 矩	中柱 下柱 实腹柱及平腹杆双肢柱 (b×h×hᵢ×bᵢ)	中柱 下柱 斜腹杆双肢柱
10	6~8.4	矩形（b, h）；工字形（hᵢ, 25, b, bᵢ）；双肢（b, h, h₂）	矩 400×400		I 400×600×100×100		矩 500×600	矩 500×800	I 500×1000×150×120	
10	8.4		矩 400×400		I 400×1000×150×100		矩 500×600	矩 500×800	I 500×1000×150×120	
10	10.2		矩 400×400		I 400×1000×150×100		矩 500×600	矩 500×800	I 500×1000×150×120	
10	12		矩 400×400		I 400×1000×150×100		矩 500×600	矩 500×800	I 500×1200×200×120	
15~20	8.4		矩 400×400		I 400×1000×150×100		矩 500×600	矩 500×800	双 500×1600×250	双 500×1600×250
15~20	10.2		矩 500×400		I 500×1100×150×100		矩 500×600	矩 500×800	双 500×1600×250	双 500×1600×250
15~20	12		矩 500×400		I 500×1100×200×100		矩 500×600	矩 500×800	双 500×1600×300	双 500×1600×300
30	10.2		矩 500×500		I 500×1100×200×100		矩 500×600	矩 500×800	双 500×1600×300	双 500×1600×300
30	12		矩 500×500		I 500×1200×200×100		矩 500×600	矩 500×800	双 500×1600×300	双 500×1600×300
30	14.4		矩 600×500		I 600×1300×200×120		矩 600×600	矩 600×800	双 600×1600×300	双 600×1600×300
50	10.2		矩 500×600		I 500×1400×200×120		矩 600×600	矩 600×800	双 600×1600×300	双 600×1600×300
50	12		矩 500×600		I 500×1400×200×120		矩 600×600	矩 600×800	双 600×1800×300	双 600×1800×300
50	14.4		矩 600×600			双 600×1600×300	矩 600×600	矩 600×800	双 600×1800×300	双 600×1800×300

续表

吊车起重量(t)	轨顶标高(m)	柱截面简图	边柱 上柱 无吊车走道	边柱 上柱 有吊车走道	边柱 下柱 实腹柱及平腹杆双肢柱 $(b×h×h_z)$	边柱 下柱 斜腹杆双肢柱	中柱 上柱 无吊车走道	中柱 上柱 有吊车走道	中柱 下柱 实腹柱及平腹杆双肢柱 $(b×h×h_z)$	中柱 下柱 斜腹杆双肢柱
75	12	矩形		矩600×900	双600×1800×300	双600×1800×300	矩600×700	矩600×900	双600×2000×350	双600×2000×300
	14.4	工字形		矩600×900	双600×2000×350	双600×2000×350	矩600×700	矩600×900	双600×2000×350	双600×2000×300
	16.2			矩700×900	双700×2000×250	双700×2000×250	矩600×700	矩600×900	双600×2200×350	双600×2000×350
100	12			矩600×900	双600×2000×350	双600×2000×350	矩700×700	矩700×900	双700×2000×350	双700×2000×350
	14.4	双肢		矩600×900	双600×2200×350	双600×2200×350	矩600×700	矩600×900	双600×2200×350	双600×2000×350
	16.2			矩700×900	双700×2200×350	双700×2200×350	矩700×700	矩700×900	双700×2400×400	双700×2400×350
125	14.4						矩600×700	矩600×900	双600×2200×350	双600×2200×350
	16.2						矩700×700	矩700×900	双700×2400×400	双700×2400×350
	18						矩800×700	矩800×900	双800×2400×400	双800×2400×350

露天栈桥钢筋混凝土柱截面尺寸选用表 (mm)　　　　表 3.1.18

吊车起重量 (t)	轨顶标高 (m)	6m 柱距	9m 柱距	12m 柱距
5	8	Ⅰ 400×800×150×100	Ⅰ 400×800×150×100	Ⅰ 400×1000×150×100
	9	Ⅰ 400×900×150×100	Ⅰ 400×900×150×100	Ⅰ 400×1000×150×100
	10	Ⅰ 400×1000×150×100	Ⅰ 400×1000×200×120	Ⅰ 400×1100×200×120
10	8	Ⅰ 400×900×150×100	Ⅰ 400×1000×150×100	Ⅰ 400×1100×150×100
	9	Ⅰ 400×1000×150×100	Ⅰ 400×1100×200×120	Ⅰ 400×1100×200×120
	10	Ⅰ 400×1000×200×120	Ⅰ 500×1100×200×120	Ⅰ 500×1100×200×120
15	8	Ⅰ 400×1000×150×100	Ⅰ 400×1100×200×120	Ⅰ 500×1100×200×120
	9	Ⅰ 500×1000×200×120	Ⅰ 500×1100×200×120	Ⅰ 500×1100×200×120
	10	Ⅰ 500×1000×200×120	Ⅰ 500×1200×200×120	Ⅰ 500×1200×200×120
	12	Ⅰ 500×1300×200×120	Ⅰ 500×1300×200×120	Ⅰ 500×1300×200×120
20	8	Ⅰ 400×1000×150×100	Ⅰ 500×1100×200×120	Ⅰ 500×1100×200×120
	9	Ⅰ 500×1000×200×120	Ⅰ 500×1200×200×120	Ⅰ 500×1300×200×120
	10	Ⅰ 500×1100×200×120	Ⅰ 500×1200×200×120	Ⅰ 500×1300×200×120
	12	Ⅰ 500×1300×200×120	Ⅰ 500×1300×200×120	Ⅰ 500×1400×200×120
30	8	Ⅰ 500×1000×200×120	Ⅰ 500×1200×200×120	Ⅰ 500×1100×200×120
	9	Ⅰ 500×1100×200×120	Ⅰ 500×1200×200×120	Ⅰ 500×1300×200×120
	10	Ⅰ 500×1200×200×120	Ⅰ 500×1300×200×120	Ⅰ 500×1400×200×120
	12	Ⅰ 500×1300×200×120	双 500×1600×250	双 500×1600×250
50	10	Ⅰ 500×1400×200×120	双 500×1600×300	双 600×1600×250
	12	双 600×1600×300	双 600×1800×300	双 600×1800×350

（2）框架柱的截面尺寸

钢筋混凝土框架柱的截面尺寸如表 3.1.19 所示。

框架柱的截面尺寸要求　　　　表 3.1.19

序 号	项　目	内　容
1	柱截面尺寸的高度宽度	（1）框架柱的截面一般采用矩形、方形、圆形或多角形等。截面短边尺寸（或直径）不宜小于 300mm；对高层建筑的框架柱，其截面高度不宜小于 400mm，截面宽度不宜小于 350mm。 （2）框架柱的截面尺寸应由设计计算确定，也可先按下列方法进行结算。 1）框架柱的截面高度与宽度可取不宜小于 $H/15 \sim H/20$（H 为框架柱层高），且不小于 300mm。 2）当框架柱以承受轴向压力为主时，可按轴向受压构造估算截面尺寸，但考虑到实际存在的弯矩影响，可将轴向压力乘以 1.2～1.4 的系数予以增大。 3）当水平风荷载影响较大时，由风荷载引起的弯矩可近似按 $M=\dfrac{\sum F}{n}\cdot\dfrac{H}{2}$ 计算（$\sum F$ 为计算层以上所有各层水平风荷载的总和，n 为同层柱的根数，H 为层高）。
2	其他要求	（1）框架柱的柱截面宽度 $b_c \leqslant 500$mm 时，取 50mm 的倍数，宽度 b_c 大于 500mm 时，取 100mm 的倍数。框架柱的柱截面高度 h_c 应取 100mm 的倍数。 （2）柱截面尺寸 $\dfrac{H_c}{b_c} \leqslant 3$，宜满足 $h_c \geqslant \dfrac{l_0}{25}$，$b_c \geqslant \dfrac{l_0}{30}$，$l_0$ 为柱的计算长度。 （3）框架边柱的截面应满足梁的纵向受拉钢筋在节点内锚固长度要求，见本手册 4.1.1.5 规定

3. 柱的外形构造

(1) 工形柱外形构造

工形柱外形构造，如表 3.1.20 所示。

工形柱外形构造   表 3.1.20

序 号	项 目	内 容
1	Ⅰ形柱	(1) Ⅰ形截面柱的翼缘厚度不宜小于 120mm，腹板厚度不宜小于 100mm。当腹板开孔时，宜在孔洞周边每边设置 2~3 根直径不小于 8mm 的加强钢筋，每个方向加强钢筋的截面面积不宜小于该方向被截断钢筋的截面面积。 (2) 腹板开孔的Ⅰ形截面柱，当孔的横向尺寸小于柱截面高度的一半、孔的竖向尺寸小于相邻两孔之间的净间距时，柱的刚度可按实腹Ⅰ形截面柱计算，但在计算承载力时应扣除孔洞的削弱部分。当开孔尺寸超过上述规定时，柱的刚度和承载力应按双肢柱计算。 (3) Ⅰ形柱的构造尺寸应满足图 3.1.4 的规定。
2	露天栈桥工形柱与吊车梁的连接形式	(1) 当柱截面高度 $h \geqslant 1200mm$ 时，宜优先采用如图 3.1.5 的连接形式。若 $h < 1200mm$ 而又需要采用这种连接形式时，可将小柱边外移，如图 3.1.5 的虚线部分。 (2) 当柱截面高度 $h < 1200mm$ 时，且不设走道板或仅设单侧走道板时，也可采用如图 3.1.6 的连接形式。 (3) 当利用吊车梁伸出的翼缘作走道板时，可采用如图 3.1.7 的连接形式

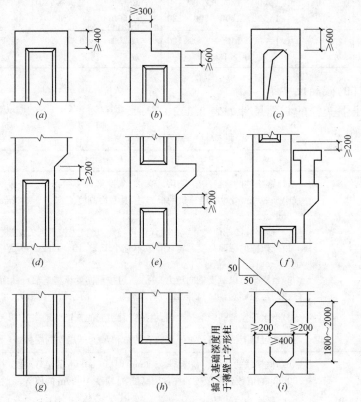

图 3.1.4 Ⅰ形柱的外形尺寸

(a)、(b)、(c)、(j) 柱顶部位；(d)、(e)、(f) 牛腿部位；

(g)、(h) 柱根部位；(i) 人孔；(k) 柱截面

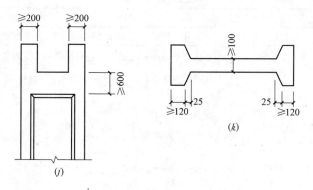

图 3.1.4　Ⅰ形柱的外形尺寸（续）

(*a*)、(*b*)、(*c*)、(*j*) 柱顶部位；(*d*)、(*e*)、(*f*) 牛腿部位；
(*g*)、(*h*) 柱根部位；(*i*) 入孔；(*k*) 柱截面

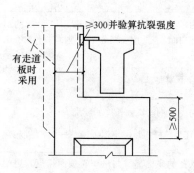

图 3.1.5　柱与吊车梁连接形式

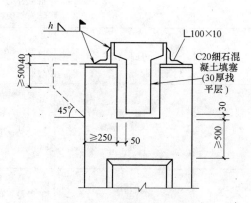

图 3.1.6　走道板连接形式

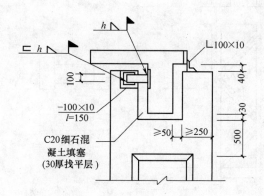

图 3.1.7　翼缘走道板连接形式

（2）双肢柱外形构造

双肢柱外形构造如表 3.1.21 所示。

双肢柱外形构造 表 3.1.21

序号	项目	内容
1	斜腹杆双肢柱	斜腹杆双枝柱的截面尺寸应满足图 3.1.8 的要求。
2	平腹杆双肢柱	平腹杆双肢柱的截面尺寸应满足图 3.1.9 的要求。 腹杆刚度 $K_{w1}\left(K_{w1}=\dfrac{I_w}{l'_w F_w}\right)$ 宜大于肢杆刚度 $K_c(K_c=I_c/l'_c)$ 的 5 倍，且 $h_{w1}\geqslant 400\text{mm}$。 $b\geqslant H_l/25$，且 $b\geqslant 500\text{mm}$ $b_{w1}=b-100\text{mm}$ $h_c\geqslant 250\text{mm}$ $h_{w1}\geqslant 400\text{mm}$ $h_{w2}\geqslant 250\text{mm}$ 肢杆节间的净长 l'_c 不宜大于 $10h_c$，一般采用 $1800\sim 2500\text{mm}$。
3	双肢柱外形构造	双肢柱的柱肢中心应尽量与吊车梁中心重合；如不能重合，吊车中心也不宜超出柱肢外缘。斜腹杆双肢柱的斜腹杆与水平面的夹角 β 宜为 $45°$ 左右，一般在 $35°\sim 55°$ 之间，且不大于 $60°$。设有吊车梁的柱肢上端应为斜腹杆的设置起点，如两柱肢均设有吊车时，则以承受吊车荷载较大的柱肢为斜腹杆的设置起点，如图 3.1.10 所示。
4	柱脚形式	双肢柱的柱脚，当基础设计为单杯口时，宜采用如图 3.1.11 所示的形式；当柱脚采用分肢插入基础杯口时，应采用如图 3.1.8 或图 3.1.9 所示的形式。
5	双肢柱肩梁	双肢柱的肩梁高度 h_s，应符合下列要求： (1) $h_s\geqslant 2h_c$，且 $\geqslant 600\text{mm}$。 (2) 应满足柱肢及上柱内纵向受力钢筋锚固长度的要求。 (3) 肩梁刚度 $K_c\left(K_c=\dfrac{I_s}{l'}\right)$ 宜为肢杆刚度的 $K_c\left(K_c=\dfrac{I_c}{l'_c}\right)$ 20 倍以上。
6	其他	双肢柱上段柱开设入孔时，入孔的底标高宜与吊车轨顶面相近。肩梁下段设置牛腿时，牛腿区段范围内的柱宜为实腹矩形截面

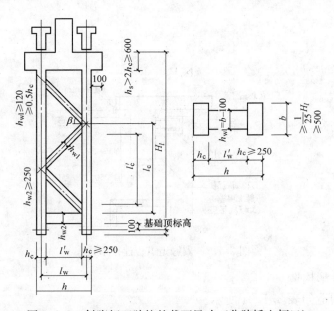

图 3.1.8　斜腹杆双肢柱的截面尺寸（分肢插入杯口）

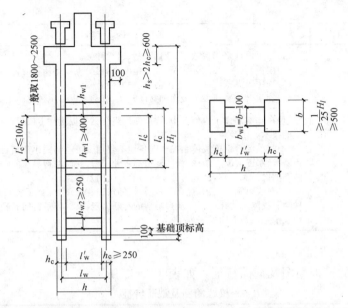

图 3.1.9 平腹杆双肢柱的截面尺寸（分肢插入杯口）

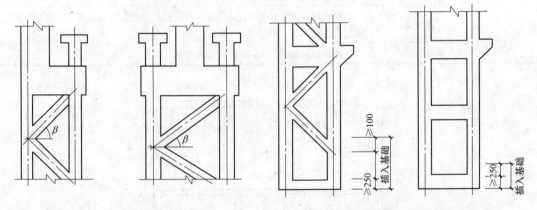

图 3.1.10 双肢柱的外形构造图　　图 3.1.11 柱脚形式（合肢插入杯口）

3.1.2 组合钢模板

3.1.2.1 基本规定

1. 组合钢模板的基本规定如表 3.1.22 所示。

基 本 规 定 表 3.1.22

序　号	项　　目	内　　容
1	基本规定	（1）组合钢模板的设计应采用以概率理论为基础的极限状态计算方法，并采用分项系数的设计表达式进行设计计算。 （2）钢模板应具有足够的刚度和强度。平面模板在规定荷载作用下的刚度和强度应符合中华人民共和国国家标准组合钢模板技术规范（GB 50214—2001）表 3.3.4 的要求。 （3）钢模板应拼缝严密，装拆灵活，搬运方便。 （4）钢模板纵、横肋的孔距与模板的模数应一致，模板横竖都可以拼装。 （5）根据工程特点的需要，可增加其他专用模板，但其模数应与钢模板的模数相一致。

续表

序　号	项　目	内　容
2	特点	(1)模板设计采用模数制,使用灵活、通用性强。 (2)模板制作采用压轧成型,加工精度高,混凝土成型质量好。 (3)采用工具式配件,装拆灵活,运输方便。 (4)能组合拼装成大块板面和整体模架,有利于现场机械化施工。
3	作用	(1)在基本建设工程施工中,推广使用组合钢模板代替木模板,以节约木材,是一项长远的技术经济政策。 (2)目前组合钢模板体系在全国各地不仅用于工业与民用建筑,而且用于冶金大型设备基础、水工混凝土结构、铁路隧道等专业工程,并已取得显著的经济效益;组合钢模板体系的设计和制作,已成为独立的行业并走向系列化。 (3)对改革施工工艺,提高工程质量,加快工程进度,降低工程费用等都有较大作用,且随着我国现代化进程和新型材料的不断出现,模板体系将向着轻质高强、装拆更灵活和便于施工的方向发展

2. 模板简图及截面特征

组合钢模板的模板简图及截面特征,如表 3.1.23 所示。

模板简图及截面特征　　　　　　　　　　　　　　　　表 3.1.23

序　号	项　目	内　容
1	模板简图	组合钢模板的模板简图,如图 3.1.12 所示。
2	容许挠度	钢模板应具有足够的刚度和强度。平面模板在规定荷载作用下的刚度和强度应符合表 3.1.24 规定。
3	截面特征	平面模板的截面特征,如表 3.1.25 所示

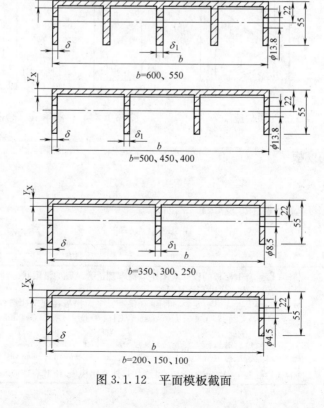

$b=600、550$

$b=500、450、400$

$b=350、300、250$

$b=200、150、100$

图 3.1.12　平面模板截面

钢模板及配件的容许挠度（mm）　　　　　　　表 3.1.24

序　号	部件名称	容许挠度	序　号	部件名称	容许挠度
1	钢模板的面积	1.5	4	柱箍	$b/500$
2	单块钢模板	1.5	5	桁架	$l/1000$
3	钢楞	$l/500$	6	支承系统累计	4.0

注：l 为计算跨度，b 为柱宽。

平面模板截面特征　　　　　　　　表 3.1.25

序号	模板宽度 b(mm)	600		550		500		450		400		350	
1	板面厚度 δ(mm)	3.00	2.75	3.00	2.75	3.00	2.75	3.00	2.75	3.00	2.75	3.00	2.75
2	肋板厚度 δ_1(mm)	3.00	2.75	3.00	2.75	3.00	2.75	3.00	2.75	3.00	2.75	3.00	2.75
3	净截面面积 A(cm²)	24.56	22.55	23.06	21.17	19.58	17.98	18.08	16.60	16.58	15.23	13.94	12.80
4	中性轴位置 Y_x(cm)	0.98	0.97	1.03	1.02	0.96	0.95	1.02	101	1.09	1.08	1.00	0.99
5	净截面惯性矩 I_x(cm⁴)	58.87	54.30	59.59	55.06	47.50	43.82	46.43	42.83	45.20	41.69	35.11	32.38
6	净截面抵抗矩 W_x(cm³)	13.02	11.98	13.33	12.29	10.46	9.63	10.36	9.54	10.25	9.43	7.80	7.18

序号	模板宽度 b(mm)	300		250		200		150		100	
1	板面厚度 δ(mm)	2.75	2.50	2.75	2.50	2.75	2.50	2.75	2.50	2.75	2.50
2	肋板厚度 δ_1(mm)	2.75	2.50	2.75	2.50	—	—	—	—	—	—
3	净截面面积 A(cm²)	11.42	10.40	10.05	9.15	7.61	6.91	6.24	5.69	4.86	4.44
4	中性轴位置 Y_x(cm)	1.08	0.96	1.20	1.07	1.08	0.96	1.27	1.14	1.54	1.43
5	净截面惯性矩 I_x(cm⁴)	36.30	26.97	29.89	25.98	20.85	17.98	19.37	16.91	17.19	15.25
6	净截面抵抗矩 W_x(cm³)	8.21	5.94	6.95	5.86	4.72	3.96	4.58	3.88	4.34	3.75

注：见图 3.1.12。

3.1.2.2　组合钢模板的设计要点

1. 一般规定

组合钢模板设计的一般规定，如表 3.1.26 所示。

一 般 规 定　　　　　　　表 3.1.26

序　号	项　目	内　容
1	一般规定	(1)模板工程施工前,应根据结构施工图,施工总平面图及施工设备和材料供应等现场条件,编制模板工程施工设计,列入工程项目的施工组织设计。 (2)模板工程的施工设计应包括下列内容： 1)绘制配板设计图、连接件和支承系统布置图、细部结构和异型模板详图及特殊部位详图。 2)根据结构构造型式和施工条件确定模板荷载,对模板和支承系统做力学验算。 3)编制钢模板与配件的规格、品种与数量明细表。 4)制定技术及安全措施包括：模板结构安装及拆卸的程序,特殊部位、预埋件及预留孔洞的处理方法,必要的加热、保温或隔热措施,安全措施等。 5)制定钢模板及配件的周转使用方式与计划。 6)编写模板工程施工说明书。 (3)简单的模板工程可按预先编制的模板荷载等级和部件规格间距选用图表,绘制模板排列图及连接件与支件布置图,并对关键的部位做力学验算。 (4)为加快组合钢模板的周转使用,宜选取下列措施：

序 号	项 目	内 容
1	一般规定	1)分层分段流水作业。 2)竖向结构与横向结构分开施工。 3)充分利用有一定强度的混凝土结构支承上部模板结构。 4)采用预先组装大片模板的方式整体装拆。 5)采用各种可以重复使用的整体模架。
2	刚度及强度验算	(1)组合钢模板承受的荷载应根据现行的有关规范规定进行计算。 (2)组成模板结构的钢模板、钢楞和支柱应采用组合荷载验算其刚度,其容许挠度应符合表 3.1.24 的规定。 (3)组合钢模板所用材料的强度设计值,应按照有关规定取用,并应根据组合钢模板的新旧程度、荷载性质和结构不同部位,乘以系数 1.0~1.18。 (4)钢楞所用矩形钢管与内卷边槽钢的强度设计值应根据现行国家标准《冷弯薄壁型钢结构技术规范》(GB 50018—2002)的有关规定取用;强度设计值不应提高。 (5)当验算模板及支承系统在自重与风荷载作用下抗倾覆的稳定性时,抗倾覆系数不应小于 1.15。风荷载应根据现行国家标准《建筑结构荷载规范》GB 50009—2001 的有关规定取用

2. 设计要点

组合钢模板的设计要点,如表 3.1.27 所示。

设 计 要 点   表 3.1.27

序 号	项 目	内 容
1	配板设计	(1)配板原则 1)配板时,宜选用大规格的钢模板为主板,其他规格的钢模板作补充。 2)绘制配板图时,应标出钢模板的位置、规格型号和数量。对于预组装的大模板,应标绘出其分界线。有特殊构造时,应加以标明。 3)预埋件和预留孔洞的位置,应在配板图上标明,并注明其固定方法。 4)钢模板的配板,应根据配模面的形状和几何尺寸,以及支撑形式而决定。 5)钢模板长向接缝宜采用错开布置,以增加模板的整体刚度。 6)为设置对拉螺栓或其他拉筋,需要在钢模板上钻孔时,应使钻孔的模板能多次周转使用,并应采取措施减少和避免在钢模板上钻孔。 7)柱、梁、墙、板的各种模板面的交接部分,应采用连接简便,结构牢固的专用模板。 8)相邻钢模板的边肋,都应有 U 形卡插卡牢固,U 形卡的间距不应大于 300mm,端头接缝上的卡孔,应插上 U 形卡或 L 形插销。 (2)配板步骤 1)根据施工组织设计对施工区段的划分,施工工期和流水段的安排,首先明确需要配制模板的层段数量。 2)根据工程情况和现场施工条件,决定模板的组装方法。 3)根据已确定配模的层段数量,按照施工图纸中梁、柱、墙、板等构件尺寸,进行模板组配设计。 4)明确支撑系统的布置、连接和固定方法。 5)进行夹箍和支撑件等的设计计算和选配工作。 6)确定预埋件的固定方法、管线埋设方法以及特殊部位(如预留孔洞等)的处理方法。 7)根据所需钢模板、连接件、支撑及架设工具等列出统计表、以便备料。

序 号	项 目	内 容
2	支撑系统设计	(1)模板的支承系统应根据模板的荷载和部件的刚度进行布置。内钢楞的配置方向应与钢模板的长度方向相垂直,直接承受钢模板传递的荷载,其间距应按荷载数值和钢模板的力学性能计算确定。外钢楞承受内钢楞传递的荷载,用以加强钢模板结构的整体刚度和调整平直度。 (2)内钢楞悬挑部分的端部挠度应与跨中挠度大致相等,悬挑长度不宜大于400mm,支柱应着力在外钢楞上。 (3)对于一般柱、梁模板,宜采用柱箍和梁卡具作支承件;对于断面较大的柱、梁,宜用对拉螺栓和钢楞。 (4)模板端缝齐平布置时,一般每块钢模板应有两个支承点,错开布置时,其间距可不受端缝位置的限制。 (5)对于在同一工程中可多次使用的预组装模板,宜采用钢模板和支承系统连成整体的模架。整体模架可随结构部位及施工方式而采取不同的构造型式。 (6)支承系统应经过设计计算,保证具有足够的强度和稳定性。当支柱或其节间的长细比大于 110 时,应按临界荷载进行核算,安全系数可取 3～3.5。 (7)支承系统中,对连续形式和排架形式的支柱应适当配置水平撑与剪力撑,保证其稳定性

3.1.2.3 组合钢模板的构成及规格

1. 钢模板的简图及编码

钢模板的简图及编码,如表 3.1.28 所示。

钢模板简图及编码　　　　　　　　表 3.1.28

序 号	项 目	内 容
1	组合钢模板的构成	组合钢模板由钢模板和配件(连接件、支承件)两大部分组成: (1)钢模板包括平面模板、阴角模板、阳角模板、连接角模等通用模板和倒棱模板、梁腋模板、柔性模板、搭接模板、可调模板及嵌补模板等专用模板。 (2)配件的连接件包括 U 形卡、L 形插销、钩头螺栓、紧固螺栓、对拉螺栓、扣件等。 (3)配件的支承件包括钢楞、柱箍、钢支柱、早拆柱头、斜撑、组合支架、扣件式钢管支架、门式支架、碗扣式支架、方塔式支架、梁卡具、圈梁卡和桁架等。 (4)组合钢模板的部件,主要由钢模板、连接件和支承件三部分组成。
2	材料	钢模板采用 Q235 钢材制成,钢板厚度 2.5mm,对于≥400mm 宽面钢模板的钢板厚度应采用 2.75mm 或 3.0mm 钢板。主要包括平面模板、阴角模板、阳角模板、连接角模等。
3	简图、规格	钢模板的用途及规格如表 3.1.29 所示。
4	规格编码	钢模板规格编码如表 3.1.30 所示。
5	质量换算	组合钢模板面积、质量换算如表 3.1.31 所示

钢模板的用途及规格   表 3.1.29

序号	名称	图示	用途	宽度 (mm)	长度 (mm)	肋高 (mm)
1	平面模板	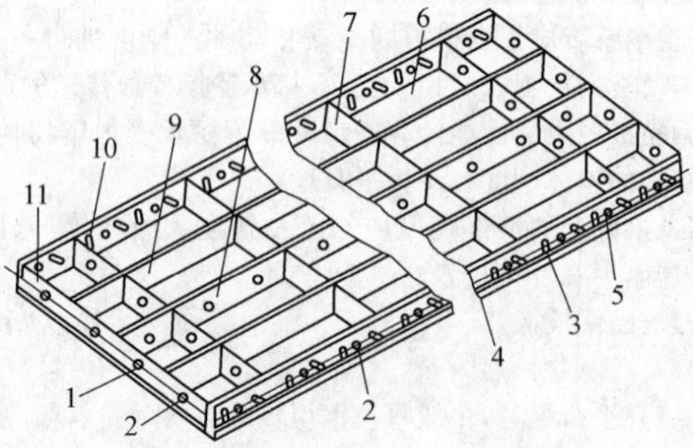 1—插销孔;2—U 形卡孔;3—凸鼓;4—凸棱; 5—边肋;6—主板;7—无孔横肋; 8—有孔纵肋;9—无孔纵肋; 10—有孔横肋;11—端肋	用于基础、墙体、梁、柱和板等多种结构的平面部位	600、550、500、450、400、350、300、250、200、150、100		
2	阴角模板	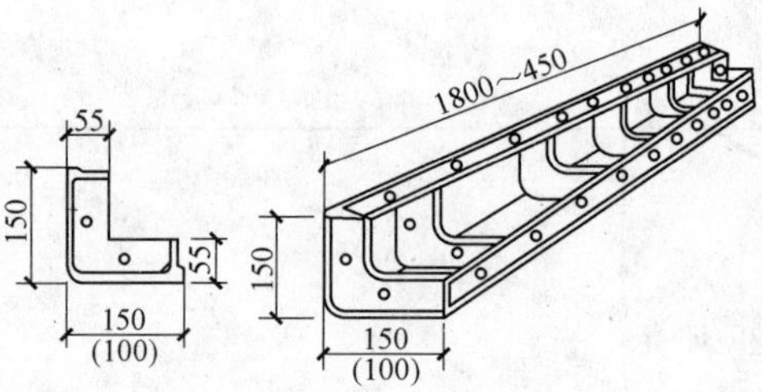	用于墙体和各种构件的内角及凹角的转角部位	150×150、100×150	1800、1500、1200、900、750、600、450	55
3	转角模板 阳角板模	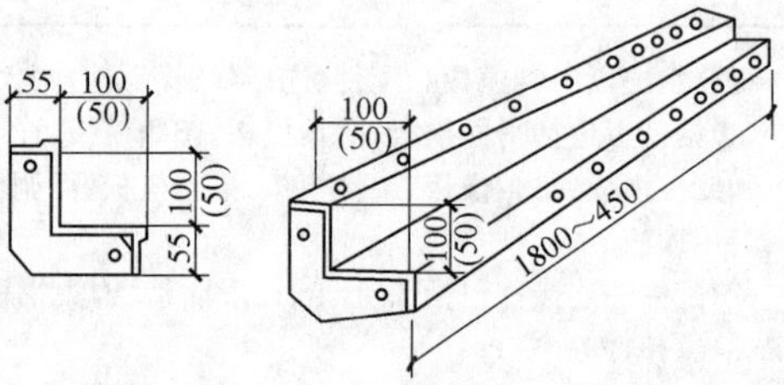	用于柱、梁及墙体等外角及凸角的转角部位	100×100、50×50		
4	连接角模	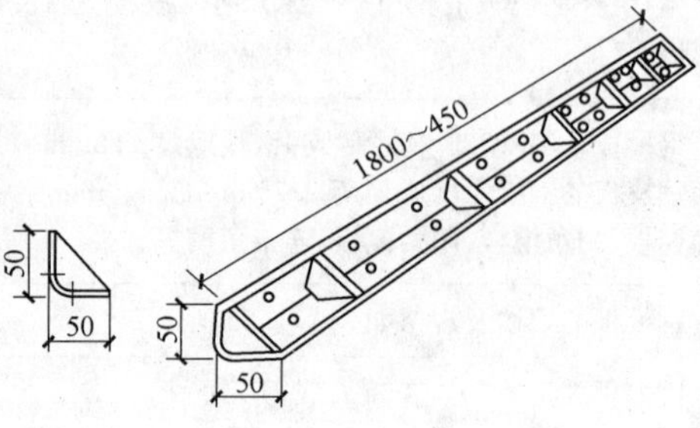	用于柱、梁及墙体等外角及凸角的转角部位	50×50		

序号	名称	图　示	用途	宽度 （mm）	长度 （mm）	肋高 （mm）
5	倒棱模板	角棱模板	用于柱、梁及墙体等阳角的倒棱部位	17、45	1500、1200、900、750、600、450	55
6		圆棱模板		R20、R25		
7		梁腋模板	用于暗渠、明渠、沉箱及高架结构等梁腋部位	500×150、50×100		
8		柔性模板	用于圆形筒壁、曲面墙体等部位	100		

序号	名称		图　示	用途	宽度 (mm)	长度 (mm)	肋高 (mm)
9	搭接模板			用于调节50mm 以内的拼装模板尺寸	75	1500、1200、900、750、600、450	
10	可调模板	双曲		用于构筑物曲面部位	300 200	1500、900、600	
11		变角		用于展开面为扇形或梯形的构筑物结构	200 160		55
12	嵌补模板	平面嵌板				200、150、100	
13		阴角嵌板		用于梁、柱、板、墙等结构接头部位	150×150、100×150	300、200、150	
14		阳角嵌板			100×100、50×50		
15		连接模板			50×50		

表 3.1.30

钢模板规格编码表 (mm)

序号	模板名称	宽度	代号(450)	尺寸(450)	代号(600)	尺寸(600)	代号(750)	尺寸(750)	代号(900)	尺寸(900)	代号(1200)	尺寸(1200)	代号(1500)	尺寸(1500)	代号(1800)	尺寸(1800)
1	平面模板 P	600	P6004	600×450	P6006	600×600	P6007	600×750	P6009	600×900	P6012	600×1200	P6015	600×1500	P6018	600×1800
2		550	P5504	550×450	P5506	550×600	P5507	550×750	P5509	550×900	P5512	550×1200	P5515	550×1500	P5518	550×1800
3		500	P5004	500×450	P5006	500×600	P5007	500×750	P5009	500×900	P5012	500×1200	P5015	500×1500	P5018	500×1800
4		450	P4504	450×450	P4506	450×600	P4507	450×750	P4509	450×900	P4512	450×1200	P4515	450×1500	P4518	450×1800
5		400	P4004	400×450	P4006	400×600	P4007	400×750	P4009	400×900	P4012	400×1200	P4015	400×1500	P4018	400×1800
6		350	P3504	350×450	P3506	350×600	P3507	350×750	P3509	350×900	P3512	350×1200	P3515	350×1500	P3518	350×1800
7		300	P3004	300×450	P3006	300×600	P3007	300×750	P3009	300×900	P3012	300×1200	P3015	300×1500	P3018	300×1800
8		250	P2504	250×450	P2506	250×600	P2507	250×750	P2509	250×900	P2512	250×1200	P2515	250×1500	P2518	250×1800
9		200	P2004	200×450	P2006	200×600	P2007	200×750	P2009	200×900	P2012	200×1200	P2015	200×1500	P2018	200×1800
10		150	P1504	150×450	P1506	150×600	P1507	150×750	P1509	150×900	P1512	150×1200	P1515	150×1500	P1518	150×1800
11		100	P1004	100×450	P1006	100×600	P1007	100×750	P1009	100×900	P1012	100×1200	P1015	100×1500	P1018	100×1800
12	阴角模板 (代号 E)		E1504	150×150×450	E1506	150×600×600	E1507	150×150×750	E1509	150×150×900	E1512	150×150×1200	E1515	150×150×1500	E1518	150×150×1800
13			E1004	100×150×450	E1006	100×150×600	E1007	100×150×750	E1009	100×150×900	E1012	100×150×1200	E1015	100×150×1500	E1018	100×150×1800
14	阳角模板 (代号 Y)		Y1004	100×100×450	Y1006	100×100×600	Y1007	100×100×750	Y1009	100×100×900	Y1012	100×100×1200	Y1015	100×100×1500	Y1018	100×100×1800
15			Y0504	50×50×450	Y0506	50×50×600	Y0507	50×50×750	Y0509	50×50×900	Y0512	50×50×1200	Y0515	50×50×1500	Y0518	50×50×1800
16	连接角模 (代号 J)		J0004	50×50×450	J0006	50×50×600	J0007	50×50×750	J0009	50×50×900	J0012	50×50×1200	J0015	50×50×1500	J0018	50×50×1800

模板长度

续表

序号	模板名称	450 代号	450 尺寸	600 代号	600 尺寸	750 代号	750 尺寸	900 代号	900 尺寸	1200 代号	1200 尺寸	1500 代号	1500 尺寸	1800 代号	1800 尺寸
17	角棱模板（代号 JL）	JL1704	17×450	JL1706	17×600	JL1707	17×750	JL1709	17×900	JL1712	17×1200	JL1715	17×1500	JL1718	17×1800
18		JL4504	45×450	JL4506	45×600	JL4507	45×750	JL4509	45×900	JL4512	45×1200	JL4515	45×1500	JL4518	45×1800
19	圆棱模板（代号 YL）	YL2004	20×450	YL2006	20×600	YL2007	20×750	YL2009	20×900	YL2012	20×1200	YL2015	20×1500	YL2018	20×1800
20		YL3504	35×450	YL3506	35×600	YL3507	35×750	YL3509	35×900	YL3512	35×1200	YL3515	35×1500	YL3518	35×1800
21	梁腋模板（代号 IY）	IY1004	100×50×450	IY1006	100×50×600	IY1007	100×50×750	IY1009	100×50×900	IY1012	100×50×1200	IY1015	100×50×1500	IY1018	100×50×1800
22		IY1504	150×50×450	IY1506	150×60×600	IY1507	150×50×750	IY1509	150×50×900	IY1512	150×50×1200	IY1515	150×50×1500	IY1518	150×50×1800
23	柔性模板（代号 Z）	Z1004	100×450	Z1006	100×600	Z1007	100×750	Z1009	100×900	Z1012	100×1200	Z1015	100×1500	Z1018	100×1800
24	搭接模板（代号 D）	D7504	75×450	D7506	75×600	D7507	75×750	D7509	75×900	D7512	75×1200	D7515	75×1500	D7518	75×1800
25	双曲可调模板（代号 T）	—	—	T3006	300×600	—	—	T3009	300×900	—	—	T3015	300×1500	T3018	300×1800
26		—	—	T2006	200×600	—	—	T2009	200×900	—	—	T2015	200×1500	T2018	200×1800
27	变角可调模板（代号 B）	—	—	B2006	200×600	—	—	B2009	200×900	—	—	B2015	200×1500	B2018	200×1800
28		—	—	B1606	160×600	—	—	B1609	160×900	—	—	B1615	160×1500	B1618	160×1800

组合钢模板面积、质量换算表　　　　　表 3.1.31

序　号	代号	尺寸(mm)	每块面积(m²)	每块质量(kg)		每平方米质量(kg)	
				$\delta=2.5$	$\delta=2.75$	$\delta=2.5$	$\delta=2.75$
1	P6018	600×1800×55	1.0800	—	38.69	—	35.82
2	P6015	600×1500×55	0.9000	—	32.47	—	36.08
3	P6012	600×1200×55	0.7200	—	26.19	—	36.38
4	P6009	600×900×55	0.5400	—	20.04	—	37.11
5	P6007	600×750×55	0.4500	—	16.56	—	36.80
6	P6006	600×600×55	0.3600	—	13.74	—	38.17
7	P6004	600×450×55	0.2700	—	10.30	—	38.15
8	P5518	550×1800×55	0.9900	—	36.35	—	36.72
9	P5515	550×1500×55	0.8250	—	30.45	—	36.91
10	P5512	550×1200×55	0.6600	—	24.62	—	37.30
11	P5509	550×900×55	0.4950	—	18.78	—	37.94
12	P5507	550×750×55	0.4125	—	16.14	—	39.13
13	P5506	550×600×55	0.3300	—	12.83	—	38.88
14	P5504	550×450×55	0.2475	—	9.64	—	38.95
15	P5018	500×1800×55	0.9000	—	31.59	—	35.10
16	P5015	500×1500×55	0.7500	—	26.72	—	35.63
17	P5012	500×1200×55	0.6000	—	21.76	—	36.27
18	P5009	500×900×55	0.4500	—	16.53	—	36.73
19	P5007	500×750×55	0.3750	—	14.25	—	38.00
20	P5006	500×600×55	0.3000	—	11.40	—	38.00
21	P5004	500×450×55	0.2250	—	8.55	—	38.00
22	P4518	450×1800×55	0.8100	—	29.59	—	36.53
23	P4515	450×1500×55	0.6750	—	24.78	—	36.71
24	P4512	450×1200×55	0.5400	—	20.06	—	37.15
25	P4509	450×900×55	0.4050	—	15.31	—	37.80
26	P4507	450×750×55	0.3375	—	12.67	—	37.54
27	P4506	450×600×55	0.2700	—	10.52	—	38.96
28	P4504	450×450×55	0.2025	—	7.85	—	38.77
29	P4018	400×1800×55	0.7200	—	27.04	—	37.56
30	P4015	400×1500×55	0.6000	—	22.68	—	37.80
31	P4012	400×1200×55	0.4800	—	18.34	—	38.21
32	P4009	400×900×55	0.3600	—	13.96	—	38.78
33	P4007	400×750×55	0.3000	—	11.96	—	39.87
34	P4006	400×600×55	0.2400	—	9.60	—	40.00
35	P4004	400×450×55	0.1800	—	7.17	—	39.83
36	P3518	350×1800×55	0.6300	—	22.84	—	36.25
37	P3515	350×1500×55	0.5250	—	19.14	—	36.46
38	P3512	350×1200×55	0.4200	—	15.45	—	36.79
39	P3509	350×900×55	0.3150	—	11.77	—	37.37
40	P3507	350×750×55	0.2625	—	10.30	—	39.24

序　号	代号	尺寸(mm)	每块面积 (m²)	每块质量(kg)		每平方米质量(kg)	
				δ=2.5	δ=2.75	δ=2.5	δ=2.75
41	P3506	350×600×55	0.2100	—	8.07	—	38.42
42	P3504	350×450×55	0.1575	—	6.05	—	38.41
43	P3018	300×1800×55	0.5400	18.44	20.29	34.15	37.57
44	P3015	300×1500×55	0.4500	15.63	17.19	34.73	38.20
45	P3012	300×1200×55	0.3600	12.61	13.87	35.03	38.53
46	P3009	300×900×55	0.270	9.61	10.57	35.59	39.15
47	P3007	300×750×55	0.2250	7.95	8.75	35.33	38.89
48	P3006	300×600×55	0.1800	6.61	7.27	36.72	40.39
49	P3004	300×450×55	0.1350	4.96	5.46	36.74	40.44
50	P2518	250×1800×55	0.4500	16.21	17.83	36.02	39.62
51	P2515	250×1500×55	0.3750	13.79	15.17	36.77	40.45
52	P2512	250×1200×55	0.3000	11.13	12.24	37.10	40.80
53	P2509	250×900×55	0.2250	8.47	9.32	37.64	41.42
54	P2507	250×750×55	0.1875	7.01	7.71	37.39	41.12
55	P2506	250×600×55	0.1500	5.81	6.39	38.73	42.60
56	P2504	250×450×55	0.1125	4.36	4.80	38.76	42.67
57	P2018	200×1800×55	0.3600	12.33	13.57	34.25	37.69
58	P2015	200×1500×55	0.3000	10.42	11.46	34.73	38.20
59	P2012	200×1200×55	0.2400	8.41	9.25	35.04	38.54
60	P2009	200×900×55	0.1800	6.41	7.05	35.61	39.17
61	P2007	200×750×55	0.1500	5.31	5.84	35.40	38.93
62	P2006	200×600×55	0.1200	4.41	4.85	36.75	40.42
63	P2004	200×450×55	0.0900	3.31	3.64	36.78	40.44
64	P1518	150×1800×55	0.2700	10.18	11.21	37.70	41.52
65	P1515	150×1500×55	0.2250	8.58	9.44	38.13	41.96
66	P1512	150×1200×55	0.1800	6.92	7.61	38.45	42.28
67	P1509	150×900×55	0.1350	5.27	5.80	39.04	42.96
68	P1507	150×750×55	0.1125	4.37	4.81	38.84	42.76
69	P1506	150×600×55	0.0900	3.62	3.98	40.22	44.22
70	P1504	150×450×55	0.0675	2.71	2.98	40.15	44.15
71	P1018	100×1800×55	0.1800	7.95	8.76	44.17	48.67
72	P1015	100×1500×55	0.1500	6.74	7.41	44.93	49.40
73	P1012	100×1200×55	0.1200	5.44	5.98	45.33	49.83
74	P1009	100×900×55	0.0900	4.13	4.54	45.89	50.44
75	P1007	100×750×55	0.0750	3.43	3.77	45.73	50.27
76	P1006	100×600×55	0.0600	2.82	3.10	47.00	51.67
77	P1004	100×450×55	0.0450	2.12	2.33	47.11	51.78
78	E1518	150×150×1800	0.5400	16.32	18.06	30.22	33.45
79	E1515	150×150×1500	0.4500	13.68	15.16	30.40	33.69
80	E1512	150×150×1200	0.3600	11.04	12.26	30.67	34.06

续表

序　号	代号	尺寸(mm)	每块面积（m²）	每块质量(kg)		每平方米质量(kg)	
				δ=2.5	δ=2.75	δ=2.5	δ=2.75
81	E1509	150×150×900	0.2700	8.40	9.34	31.11	34.59
82	E1507	150×150×750	0.2250	6.96	7.77	30.93	34.53
83	E1506	150×150×600	0.1800	5.76	6.46	32.00	35.89
84	E1504	150×150×450	0.1350	4.32	4.87	32.00	36.07
85	E1018	100×150×1800	0.4500	14.14	15.65	31.42	34.78
86	E1015	100×150×1500	0.3750	11.85	13.13	31.60	35.01
87	E1012	100×150×1200	0.3000	9.55	10.61	31.83	35.37
88	E1009	100×150×900	0.2250	7.26	8.07	32.27	35.87
89	E1007	100×150×750	0.1875	6.02	6.71	32.11	35.79
90	E1006	100×150×600	0.1500	4.97	5.44	33.13	36.27
91	E1004	100×150×450	0.1125	3.73	4.20	33.16	37.33
92	Y1018	100×100×1800	0.3600	12.85	14.56	35.69	40.45
93	Y1015	100×100×1500	0.3000	10.79	12.29	35.97	40.97
94	Y1012	100×100×1200	0.2400	8.73	9.72	36.38	40.50
95	Y1009	100×100×900	0.1800	6.67	7.46	37.06	41.45
96	Y1007	100×100×750	0.1500	5.63	6.19	37.53	41.27
97	Y1006	100×100×600	0.1200	4.61	5.19	38.42	43.25
98	Y1004	100×100×450	0.0900	3.46	3.92	38.44	43.56
99	Y0518	50×50×1800	0.1800	8.49	9.41	47.17	52.28
100	Y0515	50×50×1500	0.1500	7.12	7.90	47.47	52.67
101	Y0512	50×50×1200	0.1200	5.76	6.40	48.00	53.33
102	Y0509	50×50×900	0.0900	4.39	4.90	48.78	54.44
103	Y0507	50×50×750	0.0750	3.64	4.07	48.53	54.27
104	Y0506	50×50×600	0.0600	3.02	3.40	50.33	56.67
105	Y0504	50×50×450	0.0450	2.27	2.56	50.44	56.89
106	J0018	50×50×1800	—	3.95	4.34	—	—
107	J0015	50×50×1500	—	3.33	3.66	—	—
108	J0012	50×50×1200	—	2.67	2.94	—	—
109	J0009	50×50×900	—	2.02	2.23	—	—
110	J0007	50×50×750	—	1.68	1.85	—	—
111	J0006	50×50×600	—	1.36	1.50	—	—
112	J0004	50×50×450	—	1.02	1.13	—	—

2. 连接件用途及规格

连接件用途及规格，如表 3.1.32 所示。

连接件用途及规格　　　　　　　　　　　　　　　表 3.1.32

序　号	内　容
1	连接件由 U 形卡、L 形插销、钩头螺栓、紧固螺栓、扣件、对拉螺栓等组成。
2	连接件组成及用途如表 3.1.33 所示。
3	对拉螺栓的规格的性能如表 3.1.34 所示。
4	扣件容许荷载如表 3.1.35 所示

连接件组成及用途

表 3.1.33

序号	名称	图　　示	用　　途	规格	备注
1	U形卡		主要用于钢模板纵横向的自由拼接,将相邻钢模板夹紧固定	$\phi 12$	Q235圆钢
2	L形插销		用来增强钢模板的纵向拼接刚度,保证接缝处板面平整	$\phi 12, l=345$	
3	钩头螺栓		用于钢模板与内、外钢楞之间的连接固定	$\phi 12, l=205、180$	
4	紧固螺栓		用于紧固内、外钢楞,增强拼接模板的整体性	$\phi 12,$ $l=180$	
5	对拉螺栓		用于拉结两竖向侧模板,保持两侧模板的间距,承受混凝土侧压力和其他荷载,确保模板有足够的强度和刚度	M12、M14、M16、T12、T14、T16、T18、T20	

续表

序号	名称		图　示	用　途	规格	备注
6	扣件	3形扣件		用于钢楞与钢模板或钢楞之间的紧固连接,与其他配件一起将钢模板拼装连接成整体,扣件应与相应的钢楞配套使用。按钢楞的不同形状,分别采用碟形和3形扣件,扣件的刚度与配套螺栓的强度相适应	26型、12型	Q235钢板
7		碟形扣件			26型、18型	

对拉螺栓的规格和性能　　　　表 3.1.34

序　号	螺栓直径(mm)	螺纹内径(mm)	净面积(mm²)	容许拉力(kN)
1	M12	10.11	76	12.90
2	M14	11.84	105	17.80
3	M16	13.84	144	24.50
4	T12	9.50	71	12.05
5	T14	11.50	104	17.65
6	T16	13.50	143	24.27
7	T18	15.50	189	32.08
8	T20	17.50	241	40.91

扣件容许荷载 (kN)　　　　表 3.1.35

序　号	项　目	型　号	容许荷载
1	碟形扣件	26型	26
2		18型	18
3	3形扣件	26型	26
4		12型	12

3. 支承件用途及规格
支承件用途及规格,如表 3.1.36 所示。

支承件用途及规格　　　　表 3.1.36

序　号	项　目	内　容
1	钢楞	钢楞又称龙骨,主要用于支承钢模板并加强其整体刚度。钢楞的材料有Q235圆钢管、矩形钢管、内卷边槽钢、轻型槽钢、轧制槽钢等,可根据设计要求和供应条件选用。常用各种型钢钢楞的规格和力学性能,见表3.1.37。

序号	项　目	内　　容
2	柱箍	柱箍又称柱卡箍、定位夹箍,用于直接支承和夹紧各类柱模的支承件,可根据柱模的外形尺寸和侧压力的大小来选用(图3.1.13)。 常用柱箍的规格和力学性能,见表3.1.38。
3	梁卡具	梁卡具又称梁托架。是一种将大梁、过梁等钢模板夹紧固定的装置,并承受混凝土侧压力,其种类较多,其中钢管型梁卡具(图3.1.14),适用于断面为700mm×500mm以内的梁;扁钢和圆钢组合梁卡具(图3.1.15),适用于断面为600mm×500mm以内的梁,上述两种梁卡具的高度和宽度都能调节。采用Q235钢。
4	钢支柱	钢支柱用于大梁、楼板等水平模板的垂直支撑,采用Q235钢管制作,有单管支柱和四管支柱多种形式(图3.1.16)。单管支柱分C-18型、C-22型和C-27型三种,其规格(长度)分别为1812～3112mm、2212～3512mm和2712～4012mm,单管钢支柱的截面特征见表3.1.39。四管支柱截面特征见表3.1.40。
5	早拆柱头	早拆柱头用于梁和楼板的支撑柱头,以及模板早拆柱头(图3.1.17)。
6	斜撑	斜撑用于承受墙、柱等侧楼板的侧向荷载和调整竖向支模的垂直度(图3.1.18)。
7	桁架	桁架有平面可调和曲面可变式两种,平面可调桁架用于支承楼板、梁平面构件的模板,曲面可变式桁架支承曲面构件的模板。 (1)平面可调桁架(图3.1.19):用于楼板、梁等水平模板的支架。用它支设模板,可以节省模板支撑和扩大楼层的施工空间,有利于加快施工速度。 平面可调桁架采用角钢、扁钢和圆钢筋制成,由两榀桁架组合后,其跨度可在2100～3500mm范围内调整,一个桁架的总承载力为20kN(均匀放置)。 (2)曲面可变桁架(图3.1.20):曲面可变桁架由桁架、连接件、垫板、连接板、方垫块等组成。适用于筒仓、沉井、圆形基础、明渠、暗渠、水坝、桥墩、挡土墙等侧向构件,曲面构筑物模板的支撑。 桁架用扁钢和圆钢筋焊制成,内弦与腹筋焊接固定,外弦可以伸缩,曲面弧度可以自由调节,最小曲率半径为3m。 桁架的截面特征,如表3.1.41所示。
8	钢管支架	钢管支架:用作梁、楼板及平台等模板支架、外脚手架等。
9	门式支架	门式支架:用作梁、楼板及平台等模板支架、内外脚手架和移动脚手架等(图3.1.21)。
10	碗扣式支架	碗扣式支架:用作梁、楼板及平台等模板支架、外脚手架和移动脚手架等(图3.1.22)。
11	方塔式支架	方塔式支架:用作梁、楼板及平台等模板支架等(图3.1.23)

常用各种型钢钢楞的规格和力学性能　　　　表3.1.37

序号	规格(mm)		截面积 A (cm²)	重量 (kg/m)	截面惯性矩 I_x (cm⁴)	最小截面模量 W_x (cm³)
1	圆钢管	φ48×3.0	4.24	3.33	10.78	4.49
		φ48×3.5	4.89	3.84	12.19	5.08
		φ51×3.5	5.22	4.10	14.81	5.81
2	矩形钢管	□60×40×2.5	4.57	3.59	21.88	7.29
		□80×40×2.0	4.52	3.55	37.13	9.28
		□100×50×3.0	8.64	6.78	112.12	22.42

序 号	规 格 (mm)		截面积 A (cm²)	重量 (kg/m)	截面惯性矩 I_x (cm⁴)	最小截面模量 W_x(cm³)
3	轻型槽钢	⊏80×40×3.0	4.50	3.53	43.92	10.98
		⊏100×50×3.0	5.70	4.47	88.52	12.20
4	内卷边槽钢	⊏80×40×15×3.0	5.08	3.99	48.92	12.23
		⊏100×50×20×3.0	6.58	5.16	100.28	20.06
5	轧制槽钢	⊏80×43×5.0	10.24	8.04	101.30	25.30

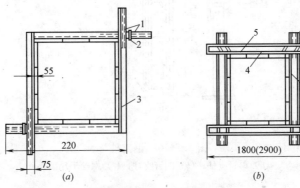

图 3.1.13 柱箍

(a) 角钢型；(b) 型钢型

1—插销；2—限位器；3—夹板；4—模板；5—型钢；6—型钢

常用柱箍的规格和力学性能　　　　　　　　　　　　　　表 3.1.38

序号	材料	规格 (mm)	夹板长度 (mm)	截面积 A(mm²)	截面惯性矩 I_x (mm²)	最小截面模量 W_x(mm²)	适用柱宽范围 (mm)
1	扁钢	—60×6	790	360	10.80×10⁴	3.60×10³	250~500
2	角钢	L75×50×5	1068	612	34.86×10⁴	6.83×10³	250~750
3	轧制槽钢	⊏80×43×5	1340	1024	101.30×10⁴	25.30×10³	500~1000
		⊏100×48×5.3	1380	1074	198.30×10⁴	39.70×10³	500~1200
4	钢管	φ48×3.5	1200	489	12.19×10⁴	5.08×10³	300~700
		φ51×3.5	1200	522	14.81×10⁴	5.81×10³	300~700

注：采用 Q235。

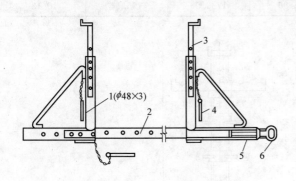

图 3.1.14 钢管型梁卡具

1—三角架；2—底座；3—调节杆；

4—插管；5—调节螺栓；6—钢筋环

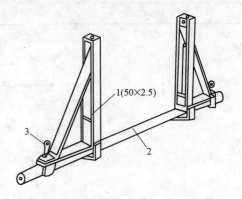

图 3.1.15 扁钢和圆钢管组合梁卡具

1—三角架；2—底座；3—固定螺栓

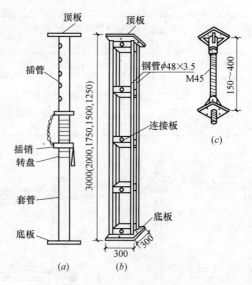

图 3.1.16 钢支柱

(a) 单管支柱；(b) 四管支柱；(c) 螺栓千斤顶

单管钢支柱截面特征   表 3.1.39

序 号	类型	项目	直径(mm)		壁厚 (mm)	截面积 (cm²)	截面积惯性矩 I (cm⁴)	回转半径 r (cm)
			外径	内径				
1	CH	插管	48	43	2.5	3.57	9.28	1.16
2		套管	60	55	2.5	4.52	18.70	2.03
3	YJ	插管	48	41	3.5	4.89	12.19	1.58
4		套管	60	53	3.5	6.21	24.88	2.00

四管钢支柱截面特征   表 3.1.40

序 号	管柱规格 (mm)	四管中心距 (mm)	截面积 (cm²)	截面惯性矩 I (cm⁴)	截面模量 W (cm³)	回转半径 r (cm)
1	$\phi48\times3.5$	200	19.57	2005.34	121.24	10.12
2	$\phi48\times3.0$	200	16.96	1739.06	105.14	10.13

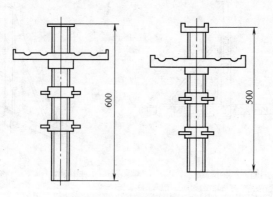

图 3.1.17 螺旋式早拆柱头

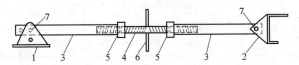

图 3.1.18 斜撑

1—底座；2—顶撑；3—钢管斜撑；4—花篮螺丝；5—螺帽；6—旋杆；7—销钉

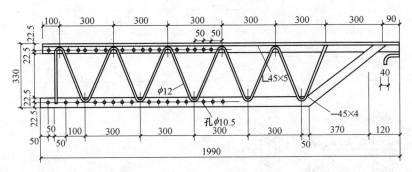

图 3.1.19 轻型桁架

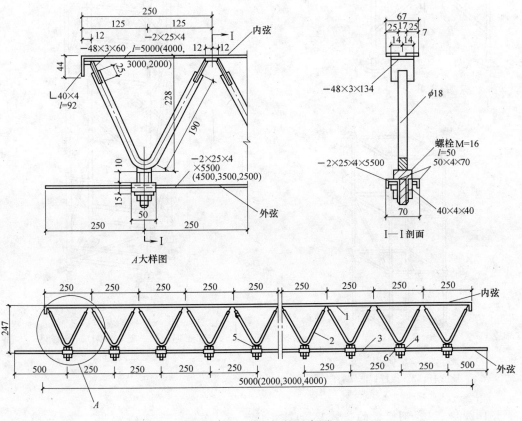

图 3.1.20 可变桁架示意图

1—内弦；2—腹筋；3—外弦；4—连接件；5—螺栓；6—方垫块

桁架截面特征   表 3.1.41

序　号	项目	杆件名称	杆件规格（mm）	毛截面积 $A(cm^2)$	杆件长度 $l(mm)$	惯性矩 $I(cm^4)$	回转半径 $r(mm)$
1	平面可调桁架	上弦杆	∟63×6	7.2	600	27.19	1.94
2		下弦杆	∟63×6	7.2	1200	27.19	1.94
3		腹杆	∟36×4	2.72	876	3.3	1.1
4			∟36×4	2.72	639	3.3	1.1
5	曲面可变桁架	内外弦杆	25×4	2×1=2	250	4.93	1.57
6		腹杆	ϕ18	2.54	277	0.52	0.45

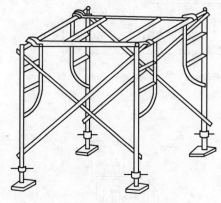

图 3.1.21　门式支架

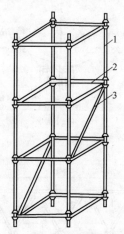

图 3.1.22　碗扣式支架

1—立杆；2—横杆；3—斜杆

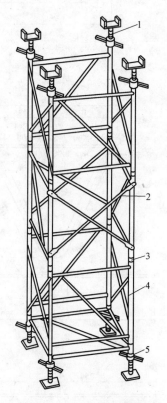

图 3.1.23　方塔式支架

1—顶托；2—交叉斜撑；3—连续棒；
4—标准架；5—底座

3.1.2.4　组合钢模板的安装及验收

1. 一般规定

组合钢模板的安装及验收的一般规定，如表 3.1.42 所示。

一般规定

表 3.1.42

序 号	项 目	内 容
1	安装准备	(1)安装前,要做好楼板的定位基础工作,其工作步骤是: 1)进行中心线和位置的放线:首先引测建筑的边柱或墙轴线,并以该轴线为起点,引出每条轴线。 模板放线时,根据施工图用墨线弹出模板的内边线和中心线,墙模板要弹出模板的边线和外侧控制线,以便于模板安装和校正。 2)做好标高量测工作:用水准仪把建筑物水平标高根据实际标高的要求,直接引测到模板安装位置。 3)进行找平工作:模板承垫底部应预先找平,以保证模板位置正确,防止模板底部漏浆。常用的找水平方法是沿模板边线(构件边线外侧)用 1:3 水泥砂浆抹找平层(图3.1.24)。另外,在外墙、外柱部位,继续安装模板前,要设置模板承垫条带(图3.1.24)并校正其平直。 4)设置模板定位基准:传统做法是,按照构件的断面尺寸先用同强度等级的细石混凝土浇筑 50～100mm 的导墙,作为模板定位基准。 另一种做法是采用钢筋定位:墙体模板可根据构件断面尺寸切割一定长度的钢筋焊成定位梯子支撑筋(钢筋端头刷防锈漆),绑(焊)在墙体两根竖筋上(图3.1.25a),起到支撑作用,间距 1200mm 左右;柱模板,可在基础和柱模上口用钢筋焊成井字形套箍箍住模板并固定竖向钢筋,也可在竖向钢筋靠模板一侧焊一短截钢筋,以保持钢筋与模板的位置(图3.1.25)。 5)合模前要检查构件竖向接槎处面层混凝土是否已经凿毛。 (2)按施工需用的模板及配件对其规格、数量逐项清点检查;未经修复的部件不得使用。 (3)采取预组装模板施工时,预组装工作应在组装平台或经平整处理的地面上进行,并按表 3.1.43 要求逐块检验后进行试吊,试吊后再进行复查,并检查配件数量、位置和紧固情况。 (4)经检查合格的模板,应按照安装程序进行堆放或装车运输。重叠平放时,每层之间应加垫木,模板与垫木均应上下对齐,底层模板应垫离地面不小于 100mm。运输时,要避免碰撞,防止倾倒。应采取措施,保证稳固。 (5)模板安装前,应做好下列准备工作: 1)向施工班组进行技术交底,并且做样板,经监理、有关人员认可后,再大面积展开。 2)支承支柱的土壤地面,应事先夯实整平,并做好防水、排水设置,准备支柱底垫木。 3)竖向模板安装的底面应平整坚实,并采取可靠的定位措施,按施工设计要求预理支承锚固件。 4)模板应涂刷脱模剂。结构表面需作处理的工程,严禁在模板上涂刷废机油或其他油类。
2	安全工作	模板安装时,应切实做好安全工作,应符合以下安全要求: (1)模板上架设的电线和使用的电动工具,应采用 36V 的低压电源或采取其他有效的安全措施。 (2)登高作业时,各种配件应放在工具箱或工具袋中,严禁放在模板或脚手架上;各种工具应系挂在操作人员身上或放在工具袋内,不得掉落。 (3)高耸建筑施工时,应有防雷击措施。 (4)高空作业人员严禁攀登组合钢模板或脚手架等上下,也不得在高空的墙顶、独立梁及其模板等上面行走。 (5)模板的预留孔洞、电梯井口等处,应加盖或设置防护栏,必要时应在洞口处设置安全网。 (6)装拆模板时,上下应有人接应,随拆随运走,并应把活动部件固定牢靠,严禁堆放在脚手板上和抛掷。 (7)装拆模板时,必须采用稳固的登高工具,高度超过 3.5m 时,必须搭设脚手架。装拆施工时,除操作人员外,下面不得站人。高处作业时,操作人员应挂上安全带。 (8)安装墙、柱模板时,应随安装随支撑固定,防止倾覆。 (9)预拼装模板的安装,应边就位、边校正、边安设连接件,并加设临时支撑稳固。 (10)预拼装模板垂直吊运时,应采取两个以上的吊点;水平吊运应采取四个吊点。吊点应作受力计算,合理布置。 (11)预拼装模板应整体拆除。拆除时,先挂好吊索,然后拆除支撑及拼接两片模板的配件,待模板离开结构表面后再起吊。 (12)拆除承重模板时,必要时应先设立临时支撑,防止突然整块坍落

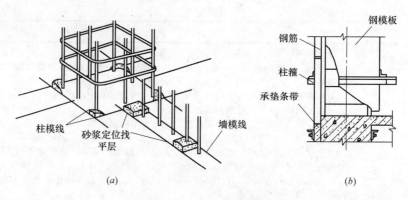

图 3.1.24　墙、柱模板找平

(a) 砂浆找平层；(b) 外柱外模板设承垫条带

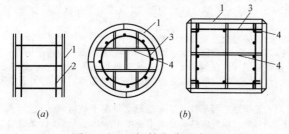

图 3.1.25　钢筋定位示意图

(a) 墙体梯子支撑筋；(b) 柱井字套箍支撑筋

1—模板；2—梯形筋；3—箍筋；4—井字支撑筋

钢模板施工组装质量标准 (mm)

表 3.1.43

序号	项　　目	允许偏差
1	两块模板之间拼接缝隙	≤2.0
2	相邻模板面的高低差	≤2.0
3	组装模板板面平面度	≤2.0(用 2m 长平尺检查)
4	组装模板板面的长宽尺寸	≤长度和宽度的 1/1000，最大±4.0
5	组装模板两对角线长度差值	≤对角线长度的 1/1000，最大≤7.0

2. 支设规定

组合钢模板的支设规定如表 3.1.44 所示。

组合钢模板支设规定

表 3.1.44

序　号	内　　容
1	模板的支设安装,应遵守下列规定: (1)按配板设计循序拼装,以保证模板系统的整体稳定。 (2)配件必须装插牢固。支柱和斜撑下的支承面应平整垫实,要有足够的受压面积。支承件应着力于外钢楞。 (3)预埋件与预留孔洞必须位置准确,安设牢固。 (4)基础模板必须支撑牢固,防止变形,侧模斜撑的底部应加设垫木。 (5)墙和柱子模板的底面应找平,下端应与事先做好的定位基准靠紧垫平,在墙、柱子上继续安装模板时,模板应有可靠的支承点,其平直度应进行校正。 (6)楼板模板支模时,应先完成一个格构的水平支撑及斜撑安装,再逐渐向外扩展,以保持支撑系统的稳定性。 (7)预组装墙模板吊装就位后,下端应垫平,紧靠定位基准;两侧模板均应利用斜撑调整和固定其垂直度。 (8)支柱所设的水平撑与剪刀撑,应按构造与整体稳定性布置。 (9)多层支设的支柱,上下应设置在同一竖向中心线上,下层楼板应具有承受上层荷载的承载能力或加设支架支撑。下层支架的立柱应铺设垫板。

序　号	内　　容
2	模板安装时,应符合下列要求: (1)同一条拼缝上的 U 形卡,不宜向同一方向卡紧。 (2)墙模板的对拉螺栓孔应平直相对,穿插螺栓不得斜拉硬顶。钻孔应采用机具,严禁采用电、气焊灼孔。 (3)钢楞宜采用整根杆件,接头应错开设置,搭接长度不应少于 200mm。
3	对现浇混凝土梁、板,当跨度不小于 4m 时,模板应按设计要求起拱;当设计无具体要求时,起拱高度宜为跨度的 1/1000～3/1000。
4	曲面结构可用双曲可调模板,采用平面模板组装时,应使模板面与设计曲面的最大差值不得超过设计的允许值

3. 构件模板支设要点

构件模板支设要点如表 3.1.45 所示。

构件模板支设要点　　　　　　　　　　　　　　　表 3.1.45

序　号	项　目	内　　容
1	支设方法	模板的支设方法基本上有两种,即单块就位拼(散装)和预组拼,其中预组拼又可分为分片组拼和整体组拼两种。采用预组拼方法,可以加快施工速度,提高工效和模板的安装质量,但必须具备相应的吊装设备和有较大的拆装场地。
2	柱模板支设	(1)保证柱模的长度符合模数,不符合部分放到节点部位处理;或以梁底标高为准,由上往下配模,不符合模数部分放到柱根部位处理;高度在 4m 到 4m 以上时,一般应四面支撑。当柱高超过 6m 时,不宜单根柱支撑,宜几根柱同时支撑连成构架。 (2)柱模根部要用水泥砂浆堵严,防止跑浆;柱模的浇筑口和清扫口,在配模时应一并考虑留出。 (3)梁、柱模板分两次支设时,在柱子混凝土达到拆模强度时,最上一段柱模先保留不拆,以便与梁模板连接。 (4)柱模的清渣口应留置在柱脚一侧,如果柱子断面较大,为了便于清理,亦可两面留设,清理完毕,立即封闭。 (5)柱模安装就位后,立即用四根支撑或有张紧器花篮螺栓的缆风绳与柱顶四角拉结,并校正其中心线和偏斜(图 3.1.26),全面检查合格后,再群体固定。
3	梁模板支设	(1)梁柱接头模板的连接特别重要,一般可按图 3.1.27 和图 3.1.28 处理;或用专门加工的梁柱接头模板。 (2)梁模支柱的设置,应经模板设计计算决定,一般情况下采用双支柱时,间距以 600～1000mm 为宜。 (3)模板支柱纵、横方向的水平拉杆、剪刀撑等,均应按设计要求布置:一般工程当设计无规定时,支柱间距一般不宜大于 2m,纵横方向的水平拉杆的上下间距不宜大于 1.5m,纵横方向的垂直剪刀撑的间距不宜大于 6m,跨度大或楼层高的工程必须认真进行设计,尤其是对支撑系统的稳定性,必须进行结构计算,按设计精心施工。 (4)采用扣件钢管脚手或碗扣式脚手作支架时,扣件要拧紧,杯口要紧扣,要抽查扣件的扭力矩。横杆的步距要按设计要求设置。采用桁架支模时,要按事先设计的要求设置,要考虑桁架的横向刚度,上下弦要设水平连接,拼接桁架的螺栓要拧紧,数量要满足要求。 (5)由于空调等各种设备管道安装的要求,需要在模板上预留孔洞时,应尽量使穿梁管道孔分散,穿梁管道孔的位置应设置在梁中(图 3.1.29),以防削弱梁的截面,影响梁的承载能力。

序 号	项 目	内 容
4	墙模板支设	(1)组装模板时,要使两侧穿孔的模板对称放置,确保孔洞对准,以使穿墙螺栓与墙模板保持垂直。 (2)相邻模板边肋用U形卡连接的间距,不得大于300mm,预组拼模板接缝处宜满焊。 (3)预留门窗洞口的模板应有锥度,安装要牢固,既不变形,又便于拆除。 (4)墙模板上预留的小型设备孔洞,当遇到钢筋时,应设法确保钢筋位置正确,不得将钢筋移向一侧(图3.1.30)。 (5)优先采用预组装的大块模板,必须要有良好的刚度,以便于整体装、拆、运。 (6)墙模板上口必须在同一水平面上,严防墙顶标高不一。
5	楼板模板支设	(1)采用立柱作支架时,从边跨一侧开始逐排安装立柱,并同时安装外钢楞(大龙骨)。 立柱和钢楞(龙骨)的间距,根据模板设计计算决定,一般情况下立柱与外钢楞间距为600~1200mm,内钢楞(小龙骨)间距为400~600mm。调平后即可铺设模板。 在模板铺设完,标高校正后,立柱之间应加设水平拉杆,其道数根据立柱高度决定。一般情况下离地面200~300mm处设一道,往上纵横方向每隔1.6m左右设一道。 (2)采用桁架作支承结构时,一般应预先支好梁、墙模板,然后将桁架按模板设计要求支设在梁侧模通长的型钢或方木上,调平固定后再铺设模板(图3.1.31)。 (3)楼板模板当采用单块就位组拼时,宜以每个节间从四周先用阴角模板与墙、梁模板连接,然后向中央铺设。相邻模板边肋应按设计要求用U形卡连接,也可用钩头螺栓与钢楞连接。亦可采用U形卡预拼大块再吊装铺设。 (4)采用钢管脚手架作支撑时,在支柱高度方向每隔1.2~1.3m设一道双向水平拉杆。 (5)要优先采用支撑系统的快拆体系,加快模板周转速度。
6	楼梯支设	楼梯模板一般比较复杂,常见的有板式和梁式楼梯,其支模工艺基本相同。 施工前应根据实际层高放样,先安装休息平台梁模板,再安装楼梯模板斜楞,然后铺设楼梯底模、安装外帮侧模和踏步模板。安装模板时,要特别注意斜向支柱(斜撑)的固定。防止浇筑混凝土时模板移动。 楼梯段模板组装情况,如图3.1.32所示。
7	预埋件、预留孔	预埋件和预留孔洞的设置。 (1)梁顶面和板顶面预埋件的留设方法,如图3.1.33所示。预留孔洞的留置,如图3.1.34所示。 (2)当楼板板面上留设较大孔洞时,留孔处留出模板空位,用斜撑将孔模支于孔边上(图3.1.35)

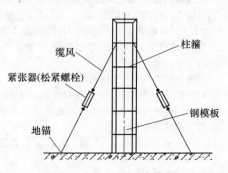

图 3.1.26 校正柱模板

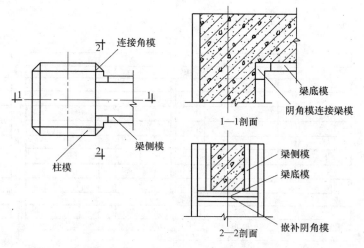

图 3.1.27　柱顶梁口采用嵌补模板

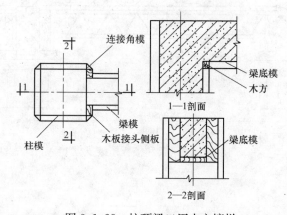

图 3.1.28　柱顶梁口用木方镶拼

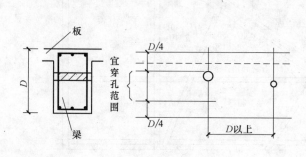

图 3.1.29　穿梁管道孔设置的高度范围

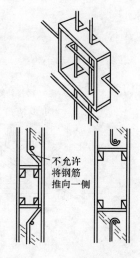

图 3.1.30　墙模板上设备
孔洞模板做法

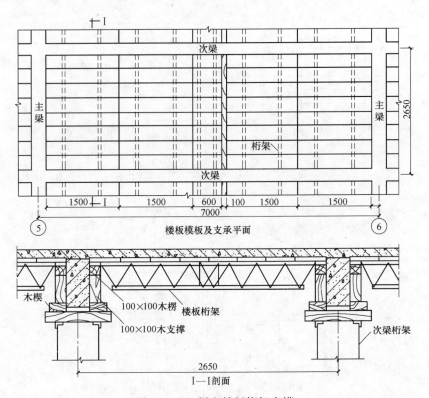

图 3.1.31 梁和楼板桁架支模

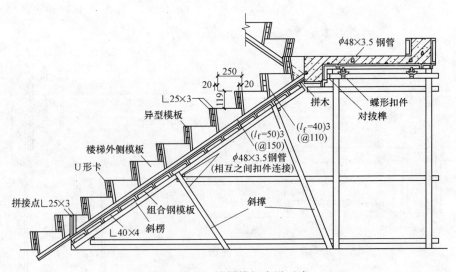

图 3.1.32 楼梯模板支设示意

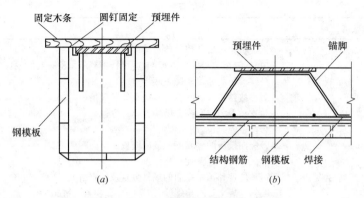

图 3.1.33 水平构件预埋件固定示意

(a) 梁顶面;(b) 板顶面

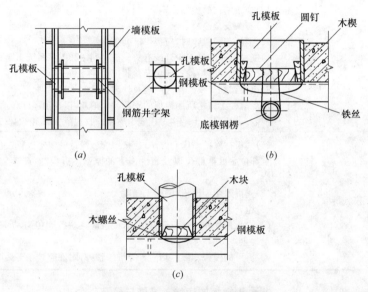

图 3.1.34 预留孔洞留设方法

(a) 梁、墙侧面;(b)、(c) 楼板板底

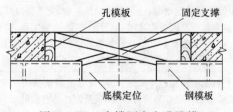

图 3.1.35 支撑固定方孔孔模

4. 验收及拆除

组合钢模板支设的验收与拆除规定,如表 3.1.46 所示。

3.1.2.5 组合钢模板的运输、维修与保管

组合钢模板的运输、维修与保管如表 3.1.47 所示。

验收与拆除   表 3.1.46

序　号	项　　目	内　　容
1	检查及验收	钢模板工程安装质量检查及验收： (1)钢模板工程安装过程中,应进行下列质量检查和验收: 1)钢模板的布局和施工顺序。 2)连接件、支承件的规格、质量和紧固情况。 3)支承着力点和模板结构整体稳定性。 4)模板轴线位置的标志。 5)竖向模板的垂直度和横向模板的侧向弯曲度。 6)模板的拼缝宽度和高低差。 7)预埋件和预留孔洞的规格数量及固定情况。 8)扣件规格与对拉螺栓、钢楞的配套和紧固情况。 9)支柱、斜撑的数量和着力点。 10)对拉螺栓、钢楞与支柱的间距。 11)各种预埋件和预留孔洞的固定情况。 12)模板结构的整体稳定。 13)有关安全措施。 (2)模板工程验收时,应提供下列条件: 1)模板工程的施工设计或有关模板排列图和支承系统布置图。 2)模板工程质量检查记录及验收记录。 3)模板工程支模的重大问题及处理记录。 现浇混凝土结构所用模板的安装尺寸偏差,以及预埋件和预留孔洞的允许偏差,参见混凝土结构工程施工质量验收规范(GB 50204—2002)。
2	模板拆除	(1)模板拆除的顺序和方法,应按照配板设计的规定进行,遵循先支后拆,先非承重部位后承重部位以及自上而下的原则。拆模时,严禁用大锤和撬棍硬砸硬撬。 (2)先拆除侧面模板(混凝土强度大于 $1N/mm^2$),再拆除承重模板。 (3)组合大模板宜大块整体拆除。 (4)支承件和连接件应逐件拆卸,模板应逐块拆卸传递,拆除时不得损伤模板和混凝土。 (5)拆下的模板和配件均应分类堆放整齐,附件应放在工具箱内

组合钢模板的运输、维修与保管   表 3.1.47

序　号	项　　目	内　　容
1	运输	(1)不同规格的钢模板不得混装混运。运输时,必须采取有效措施,防止模板滑动、倾倒。长途运输时,应采用简易集装箱,支件应捆扎牢固,连接件应分类装箱。 (2)预组装模板运输时,应分隔垫实,支捆牢固,防止松动变形。 (3)装卸模板和配件应轻装轻卸,严禁抛掷,并应防止碰撞损坏。严禁用钢模板作其他非模板用途。
2	维修和保管	(1)钢模板和配件拆除后,应及时清除粘结的灰浆,对变形和损坏的模板和配件。宜采用机械整形和清理、钢模板及配件修复后的质量标准,如表 3.1.48 所示。 (2)维修质量不合格的模板及配件,不得使用。 (3)对暂不使用的钢模板,板面应涂刷脱模剂或防锈油。背面油漆脱落处,应补刷防锈漆,焊缝开裂时就补焊,并按规格分类堆放。 (4)钢模板宜存放在室内或棚内,板底支垫离地面 100mm 以上。露天堆放,地面应平整坚实,有排水措施模板底支垫离地面 200mm 以上,两点距模板两端长度不大于模板长度的 1/6。 (5)入库的配件,小件要装箱入袋,大件要按规格分类整数成垛堆放

钢模板及配件修复后的质量标准   表 3.1.48

序 号	项 目		允许偏差(mm)
1	钢模板	板面平整度	≤2.0
2		凸棱直线度	≤1.0
3		边肋不直度	不得超过凸棱高度
4	配件	U 形卡卡口残余变形	≤1.2
5		钢楞和支住不直度	≤$L/1000$

注:L 为钢楞和支柱的长度。

3.1.3 大模板

3.1.3.1 简述

大模板简述,如表 3.1.49 所示。

简 述   表 3.1.49

序 号	项 目	内 容
1	简述	(1)大模板施工就是采用大型工具式模板现浇混凝土墙体的施工工艺。 (2)大模板施工工艺的实质是一种以现浇为主,现浇与预制相结合的工业化施工方法,它能充分发挥现浇与预制装配两种工艺的优点,它不仅是施工工艺的改革,而且也是墙体改革的重要途径。 (3)现阶段,我国大模板施工建成的房屋一般是横墙承重,故内墙一般均采用大模板现浇钢筋混凝土墙体;而楼梯、楼梯平台、阳台、分间墙板等均为预制构件,楼板可采用现浇或预制板,按常规施工;外墙则可视情况采用预制外墙板、大模板现浇墙板或砌砖。 (4)大模板施工的特点是:模板尺寸与楼层高度,进深和开间相适应,因此,其平面尺寸大,重量大;模板本身如同装配式构件一样,必须采用起重机械吊装,要求机械化施工程度较高;墙板须经专门设计和验算,构造拼装较复杂;大模板施工,发挥了现浇和预制吊装工艺的优点,减轻了劳动强度,减少了用工量,缩短了工期,现场施工容易管理,方便了施工。
2	优点	(1)结构整体性好,抗震能力强,适宜建造高层建筑。 在高层建筑中水平荷载成了控制设计的主要因素。对于住宅,旅馆之类横墙较多的高层建筑物,采用大模板现浇钢筋混凝土纵横墙体,使它同时承受垂直和水平荷载,结构的整体性好,抗震能力强,施工方便,即使建造一般多层住宅,大模板建筑的抗震能力也远比传统的砖混结构好。 (2)施工方便,机械化程度高,施工进度快。 大模板建筑采用的是工具式模板,这种模板装拆较支模方便,并可多次重复使用,操作技术要求不高,较易掌握,而且都用起重机械整体装拆;至于混凝土的浇筑,预制构件吊装,也采用机械完成,所以施工进度快。 (3)劳动强度减轻,现场用工减少,提高了劳动生产率。 采用大模板建筑,减少或取消了使用黏土砖的作业,从而减少或解除了瓦工繁重的体力劳动;由于浇筑的混凝土墙面平整,可以节省大量装修抹灰工作量,减少了现场湿作业;架子工、木工现场作业也大量减少,从而降低了单方用工量,提高了劳动生产率。 (4)提高了建筑面积平面利用系数。 大模板建筑的墙体厚度比砖墙能减少 1/3,与混合结构的同类建筑住宅相比,每户可增加建筑面积 2~3m²,提高了建筑面积平面利用系数。
3	缺点	(1)钢材一次性消耗量大。 (2)面积大、重量大、起吊较困难。 (3)通用性较差,改制费用高

序　号	项　目	内　容
2	组合式大模板	组合式大模板是目前最常用的一种模板形式(图 3.1.37)。它通过固定于大模板板面的角模,可以纵横墙的模板组装在一起,用以同时浇筑纵横墙的混凝土。并可适应不同开间、进深尺寸的需要,利用模数系模板加以调整。 (1)面板骨架由竖肋和横肋组成,直接承受面板传来的荷载。竖肋,一般采用 60mm×6mm 扁钢,间距 400～500mm;横肋(横龙骨),一般采用 8 号槽钢,间距为 300～350mm;竖龙骨采用成对 8 号槽钢,间距为 1000～1400mm(图 3.1.38)。 横肋与板面之间断续焊,焊点间距在 200mm 以内。竖向龙骨与横肋之间要满焊,形成整体。 横墙模板的两墙,一端与内纵墙连接,端部扁钢,做连接件(图 3.1.38);另一端与外墙板或外墙大模板连接,通过长销孔固定角钢,或通过扁钢与外墙大模板连接(图 3.1.38)。 纵墙大模板的两端,用角钢封闭。在大模板底部两端,各安装一个地脚螺栓(图 3.1.39),以调整模板安装时的水平度。 (2)支撑系统——支撑系统由支撑架和地脚螺栓组成,其作用是承受风荷载和水平力,以防止模板倾覆(图 3.1.40),保持模板堆放和安装时的稳定。 支撑架一般用型钢制成(图 3.1.40)。每块大模板设 2～4 个支撑架。支撑架上端与大模板竖向龙骨用螺栓连接,下部横杆槽钢端部设有地脚螺栓,用以调节模板的垂直度。模板自稳角的大小与地脚螺栓的可调高度及下部横杆长度有关。 (3)操作平台——操作平台由脚手板和三角架构成,附有铁爬梯及护身栏。三角架插入竖向龙骨的套管内,组装及拆除都比较方便。护身栏用钢管做成,上下可以活动,外挂安全网。每块大楼板设置铁爬梯一个,供操作人员上下使用,见图 3.1.36。
3	拆装式大模板	拆装式大模板,其板面与骨架以及骨架中各钢杆件之间的连接全部采用螺栓组装(图 3.1.41),这样比组合式大模板便于拆改,也可减少因焊接而变形的问题。 (1)板面——板面与横肋用 M6 螺栓连接固定,其间距为 350mm。为了保证板面平整,板面材料在高度方向拼接时,应拼接在横肋上;在长度方向拼接时,应在接缝处面铺一木龙骨。 (2)骨架——横肋及周边边框全用 M16 螺栓连接成骨架,连接螺栓直径为 18mm。为了防止木质板面四周损伤,可在其四周加槽钢边框,槽钢型号应比中部槽钢大一个板面厚度。如采用 20mm 厚胶合板,普通横肋为匚8,则边框应采用匚10;若采用钢板板面,其边框槽钢与中部槽钢尺寸相同。各边框之间焊以 8mm 厚钢板,钻 φ18mm 螺孔,用以互相连接。 竖向龙骨用匚10 成对放置,用螺栓与横龙骨连接。 (3)骨架与支撑架及操作平台的连接方法与组合式模板相同

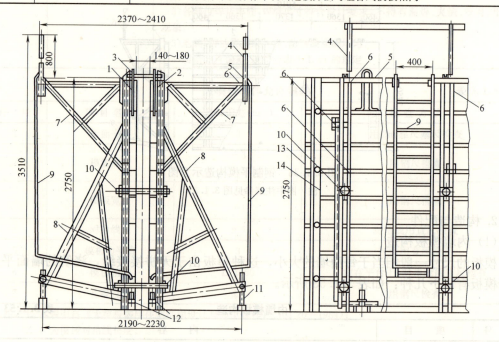

图 3.1.37　组合式大模板的构造

1—反向模板;2—正向模板;3—上口卡板;4—活动护身栏;5—爬梯横担;6—连接螺栓;
7—操作平台三角挂架;8—三角支撑架;9—铁爬梯;10—穿墙螺栓;11—地脚螺栓;
12—板面地脚螺栓;13—反活动角模;14—正活动角模

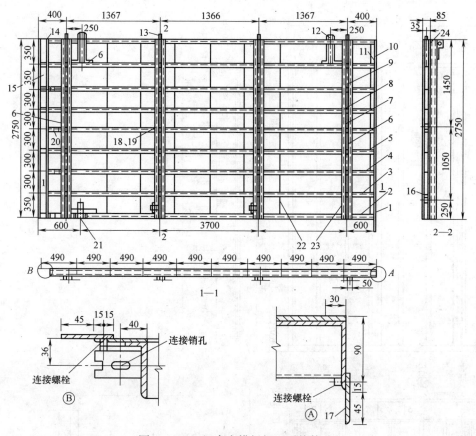

图 3.1.38　组合大模板板面系统构造

1—面板；2—底横肋（横龙骨）；3、4、5—横肋（横龙骨）；6、7—竖肋（竖龙骨）；8、9、22、23、24—小肋
（扁钢竖肋）；10、17—拼缝扁钢；11、15—角龙骨；12—吊环；13—板；14—顶横龙骨；
16—撑板钢管；18—螺母；19—垫圈；20—沉头螺丝；21—地脚螺丝

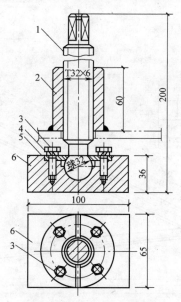

图 3.1.39　板面地脚螺栓

1—螺杆；2—螺母；3—螺钉；4—弹簧垫圈；5—盖板；6—方形底座

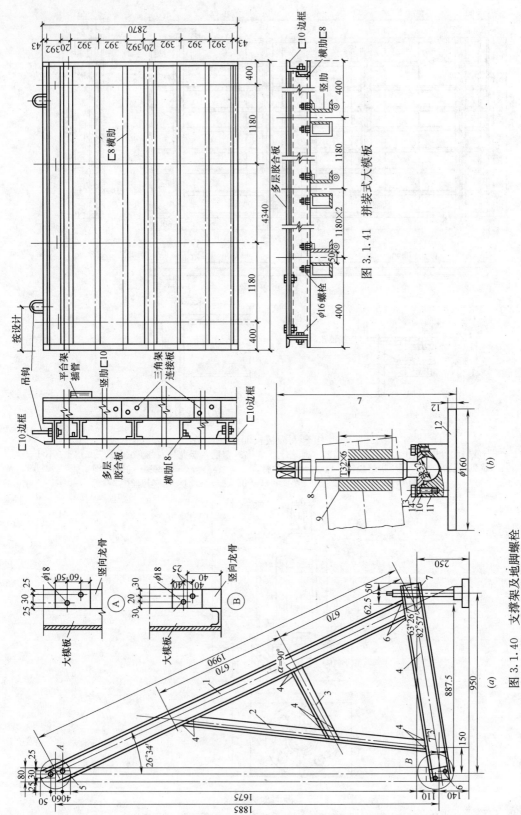

图 3.1.41 拼装式大模板

图 3.1.40 支撑架及地脚螺栓

1—槽钢；2、3—角钢；4—下部横杆槽钢；5—上加强板；6—下加强板；7—地脚螺栓；
8—螺杆；9—螺母；10—盖板；11—底座；12—底盘；13—螺钉；14—弹簧垫圈

(2) 外墙模板构造

全现浇剪力墙混凝土结构的外墙模板结构与组合式大模板基本相同,但有所区别。除其宽度要按外墙开间设计外,还要解决以下几个问题,如表 3.1.54 所示。

外墙模板构造　　　　　　　　　　　　　　　　表 3.1.54

序　号	项　　目	内　　　　容
1	门窗洞口设置	(1)门窗洞口的设置:这个问题的习惯做法是将门窗洞口部位的骨架取掉,按门窗洞口尺寸,在模板骨架上作一边框,并与模板焊接为一体(图 3.1.42)。门、窗洞口的开洞,宜在内侧大模板上进行,以便于捣固混凝土时进行观察。 (2)另一种作法是:在外墙内侧大模板上,将门、窗洞口部位的板面取掉,同样作一个型钢边框,并采取以下两种方法支设门、窗洞口模板。 1)散装散拆方法——按门、窗洞口尺寸先加工洞口的侧模和角模(图 3.1.43),钻连接销孔。在大模板骨架上按门、窗洞口尺寸焊接角钢边框,其连接销孔位置要和门、窗洞口模板一致。支模时,将门、窗洞口模用"U"形卡与角钢固定(图 3.1.43)。 2)板角结合方法——在模板板面门、窗洞口各个角的部位设专用角模,门、窗洞口的各面作条形板模,各板模用合页固定在大模板板面上。支模时用钢筋钩将其支撑就位,然后安装角模。角模与侧模用企口缝连接(图 3.1.44)。 3)目前最新的做法是:大模板板面不再开门窗洞口,门窗和窄窗采用假洞口框固定在大模板上,拆拆方便。
2	衬模材料	外墙采用装饰混凝土时,要选用适当的衬模:装饰混凝土是利用混凝土浇筑时的塑性,依靠衬模形成有花饰线条和纹理质感的装饰图案,是一种新的饰面技术。它的成本低,耐久性好,能把结构与装修组合起来施工。 目前国内应用的衬模材料及其做法如下: (1)铁木衬模——用 2mm 厚钢板加工成凹凸形图案,与大模板用螺栓固定。在钢板的凸槽内,用木板填塞严实(图 3.1.45)。 (2)角钢衬模——用 L30×30 角钢,按设计图案焊接在外墙外侧大模板板面即可(图 3.1.46)。焊缝须磨光。角钢端部接头、角钢与模板的缝隙及板面不平处,均应用环氧砂浆嵌填、刮平、磨光,干后再涂刷环氧清漆两遍。 (3)橡胶衬模——若采用油类脱模剂,应选用耐热、耐油橡胶作衬模。一般在工厂按图案要求辊轧成型,在现场安装固定。线条的端部应做成 45°斜角,以利于脱模。 (4)梯形塑料条——将梯形塑料条用螺栓固定在大模板上。横向放置时要注意安装模板的标高,使其水平一致;竖向放置时,可长短不等,疏密相同。
3	防漏浆、搭台措施	保证外墙上下层不错台、不漏浆和相邻模板平顺问题:为了解决外墙竖线条上下层不顺直的问题,防止上、下楼层错台和漏浆,要在外墙外侧大模板的上端固定一条宽 175mm、厚 30mm、长度与模板宽度相同的硬塑料板;在其下部固定一条宽 145mm、厚 30mm 的硬塑料板。为了能使下层墙体作为上层模板的导墙,在其底部连接固定一条 匚12 槽钢,槽钢外面固定一条宽 120mm、厚 32mm 的橡胶板,见图 3.1.47 和图 3.1.48。浇筑混凝土后,墙体水平缝处形成两道腰线,可以作为外墙的装饰线。上部腰线的主要功能是在支模时将下部的橡胶板和硬塑料板卡在里边作导墙,橡胶板又起封浆条的作用。所以浇筑混凝土时,既可保证墙面平整,又可防止漏浆。 为保证相邻模板平整,要在相邻模板垂直接缝处用梯形橡胶条、硬塑料条或 L30×4 作堵缝条,用螺栓固定在两大模板中间(图 3.1.49),这样既可防止接缝处漏浆,又使相邻外墙中间有一个过渡带,拆模后可以作为装饰线或抹平。
4	外墙大角处理	外墙大角处相邻的大模板,采取在边框上钻连接销孔,将 1 根 80mm×80mm 的角模固定在一侧大模板上。两侧模板安装后,用"U"形卡与另一侧模板连接固定(图 3.1.50)。

序 号	项 目	内 容
5	安装平台	(1)外墙外侧大模板的支设,一般采用外支安装平台方法。安装平台由三角挂架、平台板、安全护身栏和安全网所组成。是安放外墙大模板、进行施工操作和安全防护的重要设施。在有阳台的地方,外墙大模板安装在阳台上。 (2)三角挂架是承受模板和施工荷载的构件,必须保证有足够的强度和刚度。各杆件用 2L50×5 焊接而成,每个开间内设置两个,通过 $\phi40$ 的"L"形螺栓挂钩固定在下层外墙上(图 3.1.51)。 (3)平台板用型钢做横梁,上面焊接钢板或铺脚手板,宽度要满足支模和操作需要。其外侧设有可供两个楼层施工用的护身栏和安全网。为了施工方便,还可在三角挂架上用钢管和扣件做成上、下双层操作平台。即上层作结构施工用,下层平台进行墙面修补用

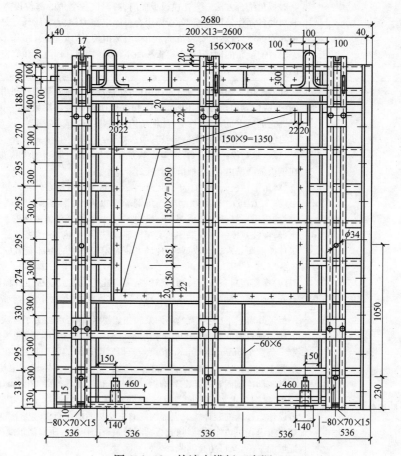

图 3.1.42 外墙大模板(窗洞口)

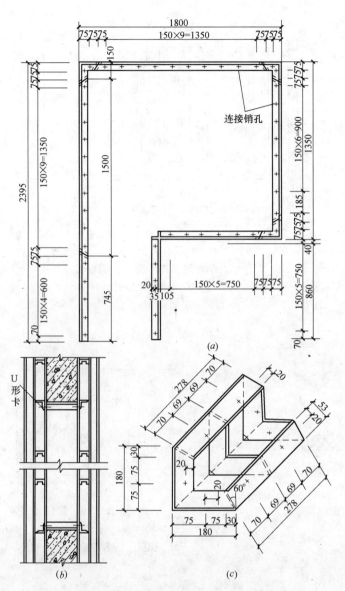

图 3.1.43 散装散拆门窗洞口模板

（a）门窗洞口模板组装图；（b）门窗洞口模板安装后剖面图；（c）角模

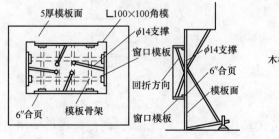

图 3.1.44 外墙窗口模板固定方法

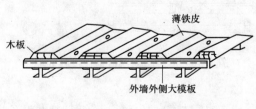

图 3.1.45 铁木衬模

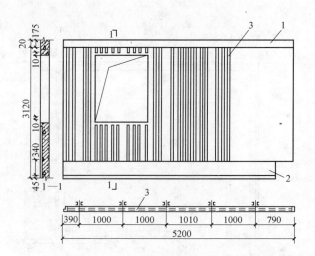

图 3.1.46　全现浇装饰混凝土外墙模板

1—上口水平装饰线模位置；2—下口水平装饰线模位置；

3—∟30×30角钢竖线条模

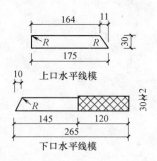

图 3.1.47　水平装饰线模

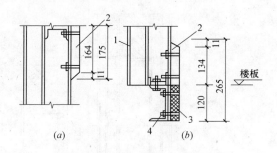

图 3.1.48　腰线条设置示意

（a）上部做法；（b）下部作法

1—模板；2—硬塑料板；3—橡胶板；4—连接槽钢

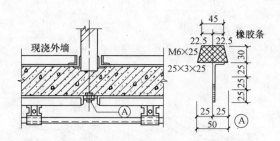

图 3.1.49　外墙大模板垂直接缝处理

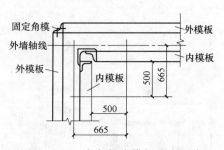

图 3.1.50　大角部位模板固定示意

（3）电梯井模板构造

用于高层建筑的电梯井模板，其井壁外围模板可以采用大模板、内侧模板可采用筒形模板（筒形提模），如表 3.1.55 所示。

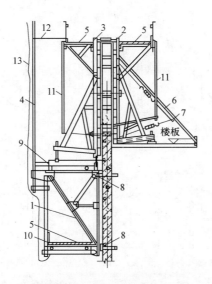

图 3.1.51 三角挂架平台

1—三角挂架；2—外墙内侧大模板；3—外墙外侧大模板；4—护身栏；

5—操作平台；6—防侧移撑杆；7—防侧移位花篮螺栓；8—L 形

螺栓挂钩；9—模板支承滑道；10—下层吊笼吊杆；

11—上人爬梯；12—临时拉结；13—安全网

电梯井模板构造 表 3.1.55

序 号	项 目	内 容
1	组合式提模	(1)组合式提模:组合式提模由模板、门架和底盘平台组成。模板可以作成单块平模;也可以将四面模板固定在支撑架上。整体安装模板时,将支撑架外撑,模板就位;拆除模板时,吊装支撑架,模板收缩移位,即可将模板随支撑架同时拆除。图 3.1.52 单块模板支拆的程序。 (2)电梯井内的底盘平台,可做成工具式,伸入电梯间筒壁内的支撑杆可做成活动式。拆除时将活动支撑杆缩入套筒内即可(图 3.1.53)。
2	铰接式筒形模	组合式铰接筒形模的面板由钢框胶合板模板或组合式钢模板拼装而成,在每个大角用钢板铰链拼成三角铰,并用铰链与模板板面连成一体(图 3.1.54),通过脱模器使楼板启合,达到支撑模板的目的。筒形模的吊点设在 4 块墙模的上部,由 4 个吊索起吊。 大模板当采用钢框覆面胶合板模板组成,连同铰接角模一起,可组成任意规格尺寸的大模板。模板背面用 50mm×100mm 方钢管连接,横向方钢管龙骨外侧再用同样钢管作竖向龙骨。 铰接式角模除作为筒模的一个组成部分外,其本身还具有进行支模和拆模的功能。支模时,角模张开,两翼呈 90°;拆模时,两翼收拢。角模有三个铰链轴,即 A、B_1、B_2,见图 3.1.55,当脱模时,脱模器牵动相邻的大模板,使其脱离相应墙面的内链板 B_1、B_2 轴,同时外链板移动,使 A 轴也脱离墙面。这样就完成了脱模工作。 角模和脱模器构造,如图 3.1.55 所示

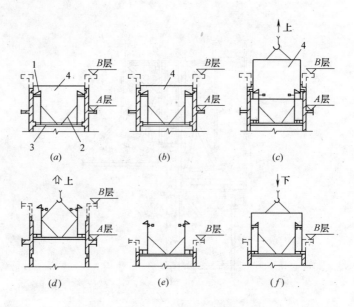

图 3.1.52 电梯井组合式提模施工程序

(a) 混凝土浇筑完；(b) 脱模；(c) 吊离模板；(d) 提升门架和底盘平台；

(e) 门架和底盘平台就位；(f) 模板吊装就位

1—支顶模板的可调三角架；2—门架；3—底盘平台；4—模板

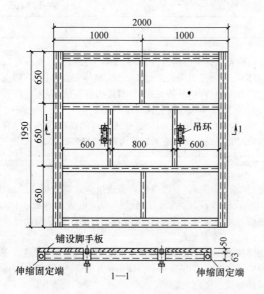

图 3.1.53 电梯间工具式支模平台

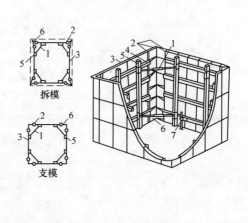

图 3.1.54 铰接式筒形模

1—脱模器；2—铰链；3—组合式模板；4—横龙骨；

5—竖龙骨；6—三角铰；7—支腿

（4）模板配件

模板配件主要包括穿墙螺栓、上口铁卡子、楼梯间支模平台等。如表 3.1.56 所示。

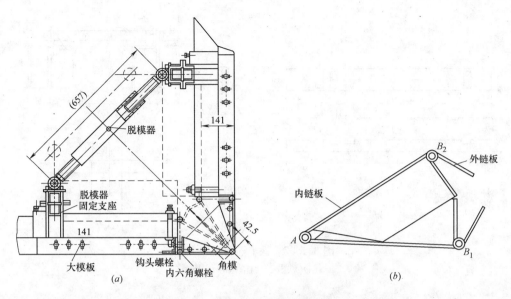

图 3.1.55 角模及脱模器构造

模 板 配 件   **表 3.1.56**

序 号	内 容
1	穿墙螺栓:用以连接固定两侧的大模板,承受混凝土的侧压力,保证墙体的厚度。一般采用 φ30 的 45 号圆钢制成,一端制成丝扣,长 100mm,用以调节墙体厚度。丝扣外面应罩以钢套管,防止落入水泥浆,影响使用。另一端采用钢销和键槽固定(图 3.1.56)。 为了能使穿墙螺栓重复使用,防止混凝土粘结穿墙螺栓,并保证墙体厚度,螺栓应套以与墙厚相同的塑料套管。拆模后,将塑料套管剔出周转使用。
2	上口铁卡子:主要用于固定模板上部。模板上部要焊上卡子支座,施工时将上口铁卡子安入支座内固定。铁卡子应多刻几道刻槽,以适应不同厚度的墙体(图 3.1.57)。
3	楼梯间支模平台:由于楼梯段两端的休息平台标高相差约半层,为了解决大楼板的立足支设问题,可采用楼梯间支模平台(图 3.1.58),使大模板的一端支设在楼层平台板上,另一端则放置在楼梯间支模平台上。楼梯间支模平台的高度视两端休息平台的高度确定

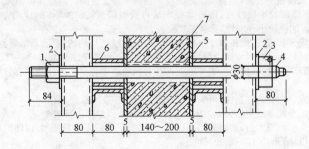

图 3.1.56 穿墙螺栓连接构造

1—螺母;2—垫板;3—板销;4—螺杆;5—套管;6—钢板撑管;7—模板

3.1.3.4 施工要点与注意事项

1. 施工要点

大模板施工要点,如表 3.1.57 所示。

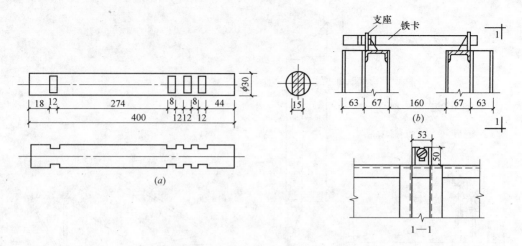

图 3.1.57 铁卡子与支座大样

（a）铁卡子大样；（b）支座

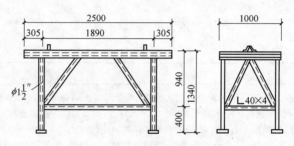

图 3.1.58 楼梯间支模架

施工要点   表 3.1.57

序号	项 目	内 容
1	内墙模板安装和拆除	（1）大模板运到现场后，要清点数量，核对型号。清除表面锈蚀和焊渣，板面拼缝处要用环氧树脂腻子嵌缝。背面涂刷防锈漆，并用醒目字体注明编号，以便安装时对号入座。 大模板的三角挂架、平台、护身栏以及背面的工具箱，必须经全部检查合格后，方可组装就位。对模板的自稳角要进行调试，检测地脚螺栓是否灵便。 （2）大模板安装前，应将安装处的模面清理干净。为防止模板缝隙偏大出现漏浆，一般可采取在模板下部抹找平层砂浆，待砂浆凝固后再安装模板；或在墙体部位用专用模具，先浇筑高 50～100mm 的混凝土导墙，然后再安装模板。 （3）安装模板时，应按顺序吊装就位。先安装横墙一侧的模板，靠吊垂直后，放入穿墙螺栓和塑料套管，然后安装另一侧的模板，并经靠吊垂直后才能旋紧穿墙螺栓。横墙模板安装完毕后，再安装纵墙模板。墙体的厚度主要靠塑料套管和导墙来控制。因此塑料套管的长度必须和墙体厚度一致。 （4）靠吊模板的垂直度，可采用 2m 长双"十"字靠尺检查（图 3.1.59）。如板面不垂直或横向不水平时，必须通过支撑架地脚螺栓或模板下部地脚螺栓进行调整。 （5）大模板安装后，如底部仍有空隙，应用水泥纸袋或木条塞紧，以防漏浆。但不可将其塞入墙体内，以免影响墙体的断面尺寸。 （6）楼梯间墙体模板的安装，可采用楼梯间支模平台方法。为了解决好上下墙体接槎处不漏浆，可采用以下两种方法： 1）把圈梁模板与墙体大模板连接为一体，同时施工。作法是：针对圈梁高 130mm，把 1 根 24 号槽钢切割成 140mm 和 100mm 高两根，长度依据楼梯休息平台到外墙的净空尺寸下料。然后将切割的槽钢搭接 30mm 对焊在一起。在槽钢下侧打孔，用 φ6 螺栓和 3×50 的扁钢固定两道"b"字形橡皮条（图 3.1.60a）。在圈梁槽钢模板与楼梯平台相交处，根据平台板的形状作成企口，并留出 20mm 空隙，以便于支拆模板（图 3.1.60）。

序号	项　目	内　容
1	内墙模板安装和拆除	圈梁模板要与大模板用螺栓连接固定在一起。其缝隙应用环氧树脂腻子嵌平。 2)直接用 20 号或 16 号槽钢与大模板连接固定,槽钢外侧用扁钢固定"b"形橡皮条(图 3.1.61)。 3)楼梯间墙模板支设,要注意直接引测轴线,以保证放线精度。先安装一侧模板,并将圈梁模板与下层墙体贴紧,靠吊垂直后,用 100mm×100mm 的木方撑牢(图 3.1.62)。 (7)大模板连接固定圈梁模板后,与后支架高低不一致。为保证安全,可在地脚螺栓下部嵌 100mm 高垫木,以保持大模板的稳定,防止倾倒伤人
2	外墙模板安装和拆除	(1)施工时要弹好模板的安装位置线,保证模板就位准确。安装外墙大模板时,要注意上下楼层和相邻模板的平整度和垂直度。要利用外墙大模板的硬塑料条压紧下层外墙,防止漏浆。并利用倒链和钢丝绳将外墙大模板与内墙拉接固定,严防振捣混凝土时模板发生位移。 (2)为了保证外墙面上、下层平整一致,还可以采用"导墙"的做法。即将外墙大模板加高(视现浇楼板厚度而定),使下层的墙体作为上层大楼板的导墙,在导墙与大模板之间,用泡沫条填塞,防止漏浆,可以做到上下层墙体平整一致,如图 3.1.63 所示。 (3)外墙后施工时,在内横墙端部要留好连接钢筋,作好墙头模板的连接固定。 (4)如果外墙采用装饰混凝土,拆模时不能沿用传统的方法。可在外侧模板后支架的下部,安装与板面垂直的滑动轨道(图 3.1.64),使模板作前后和左右移动。每根轨道上均有顶丝,模板就位后用顶丝将地脚顶住,防止前后移动。滑动轨道两端滚轴位置的下部,各设 1 个轨枕,见图 3.1.64,内装与轨道滚动轴承方向垂直的滚动轴承。轨道坐落在滚动轴承上,可左右移动。滑动轨道与模板地脚连接。通过模板后支架与模板同时安装和拆除。这样,在拆除外侧模板时,可以先水平向外移动一段距离,使大模板与墙面脱离,防止因拆模碰坏装饰混凝土

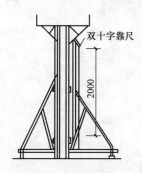

图 3.1.59　双十字靠尺

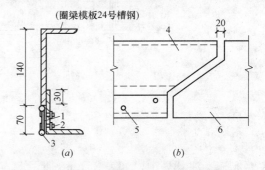

图 3.1.60　楼梯间圈梁模板做法之一

(a) 圈梁模板断面;(b) 圈梁模板与楼梯间平台相交处做法

1—压胶条的扁钢 3×50 (mm);2—φ6 螺栓;3—"b"形橡胶条;4—用 Ｃ24 槽钢改制的圈梁模板,长度按楼梯段决定;5—φ6.5 螺孔,间距 150;6—楼梯平台板

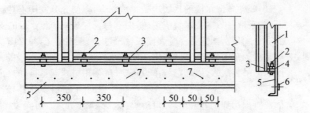

图 3.1.61　楼梯间圈梁模板做法之二

1—大模板;2—连接螺栓 (φ18);3—螺母垫;4—模板角钢;5—圈梁模板 (Ｃ20 或Ｃ16);6—橡皮条压板 (3mm×30mm);7—橡皮条连接螺孔

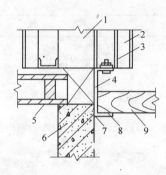 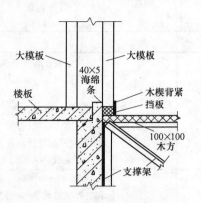

图 3.1.62 楼梯间墙支模示意图　　　　　图 3.1.63 大模板底部导墙支模图

1—上层墙体；2—大模板；3—连接螺栓；4—圈梁；
5—圆孔楼板；6—下层墙体；7—橡皮条；
8—圈梁模板；9—木横撑

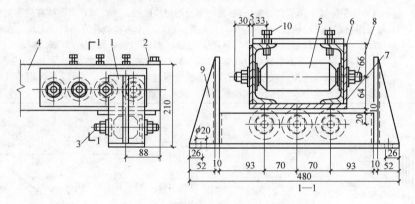

图 3.1.64 模板滑动轨道及轨枕滚轴

1—支架；2—端板；3、8—轴辊；4—活动装置骨架；5、7—轴滚；6—垫板；9—加强板；10—螺栓顶丝

2. 注意事项

大模板施工注意事项，如表 3.1.58 所示。

大模板施工注意事项　　　　　　　　　　　　　　　表 3.1.58

序 号	项 目	内 容
1	施工流水段划分的原则	(1)尽量使各流水段的的工程量大致相等，模板的型号、数量基本一致，劳动力配备相对稳定，以利于组织均衡施工。 (2)要使各流水段的吊装次数大致相等，以便充分发挥垂直起重设备的能力。 (3)采取有效的技术组织措施，做到每天完成一个流水段的支、拆模工序，使大模板得到充分利用。即配备一套大模板，按日夜两班制施工，每 24h 完成一个施工流水段，其流水段的范围是几条轴线(指内横轴线)；另外，根据流水段的范围，计算全部工程量和所需的吊装次数，以确定起重设备(一般采用塔式起重机)的台数。 　　其次是确定施工周期：由于大模板工程的施工周期与结构施工的一些技术要求(如墙体混凝土达到 1N/mm² 方可拆模，达到 4N/mm² 方可安装楼板)有关，因此，施工周期的长短，与每个施工流水段能否实现 24h 完成有密切关系。如一栋全现浇大模板工程共为五个单元(每个单元 5 条轴线)，流水段的范围定为 5 条轴线，则施工周期为 5d 一层。

序号	项目	内容
2	安全技术	(1)大模板的存放应满足自稳角的要求,并采取面对面存放。长期存放模板,应将模板连成整体。 　没有支架或自稳角不足的大模板,要存放在专用的插放架上,或平卧堆放,不得靠在其他物体上,防止滑移倾倒。 　在楼层内存放大模板时,必须采取可靠的防倾倒措施。遇有大风天气,应将大模板与建筑物固定。 　(2)大模板必须有操作平台、上人梯道、防护栏杆等附属设施,如有损坏应及时补修。 　(3)大模板起吊前,应将吊装机械位置调整适当,稳起稳落,就位准确,严禁大幅度摆动。 　(4)大模板安装就位后,应及时用穿墙螺栓、花篮螺栓将全部模板连接成整体,防止倾倒。 　(5)全现浇大模板工程在安装外墙外侧模板时,必须确保三角挂架、平台或爬模提升架安装牢固。外侧模板安装后,应立即穿好销杆,紧固螺栓。安装外侧模板、提升架及三角挂架的操作人员必须挂好安全带。 　(6)模板安装就位后,要采取防止触电保护措施,将大模板串联起来,并同避雷网接通,防止漏电伤人。 　(7)大模板组装或拆卸时,指挥和操作人员必须站在安全可靠的地方,防止意外伤人。 　(8)模板拆模起吊前,应检查所有穿墙螺栓是否全都拆除。在确无遗漏,模板与墙体完全脱离后,方准起吊。拆除外墙模板时,应先挂好吊钩,绷紧吊索,门、窗洞口模板拆除后,再行起吊。待起吊高度越过障碍物后,方准行车转臂。 　(9)大模板拆除后,要加以临时固定,面对面放置,中间留出600mm宽的人行道,以便清理和涂刷脱模剂。 　(10)提升架及外模板拆除时,必须检查全部附墙连接件是否拆除,操作人员必须挂好安全带。 　(11)筒形模可用拖车整体运输,也可拆成平板用拖车重叠放置运输。平板重叠放置时,垫木必须上下对齐,绑扎牢固

3.1.4　滑动模板

3.1.4.1　滑动模板的特点及适用范围

滑动模板的特点及适用范围如表 3.1.59 所示。

滑动模板的特点及适用范围　　　　　　　　　　　　表 3.1.59

序号	项目	内容
1	特点	(1)滑动模板是随着混凝土的浇筑而沿结构或构件表面向上垂直移动的模板。用滑升模板浇筑混凝土的施工方法,简称滑模施工。施工时,在建筑物或构筑物底部,按照建筑物或构筑物平面,沿其结构周边安装高1.2m左右的模板和操作平台,随着向模板内不断分层浇筑混凝土,利用液压提升设备不断使模板向上滑升,使结构连续成型,逐步完成建筑物或构筑物的混凝土浇筑工作。 　(2)滑模施工的特点是将模板一次组装好,一直到施工完毕,中途一般不再变化。因此,要求滑模基本构件的组装工作,一定要认真、细致,严格地按照设计要求及有关操作技术规定进行。否则,将给施工带来很多困难,甚至影响工程质量 　(3)采用液压滑升模板可大量节约模板,节省劳动力,减轻劳动强度,降低工程成本,加快施工进度,提高了施工机械化程度。但液压滑升模板耗钢量大,一次投资费用较多。

续表

序 号	项 目	内　　容
2	组成	(1)滑模装置主要由模板系统、操作平台系统、液压系统以及施工精度控制系统和水、电配套系统等部分组成,如图3.1.65所示。 (2)施工精度控制系统主要包括:提升设备本身的限位调平装置、滑模装置在施工中的水平度和垂直度的观测和调整控制设施等。 (3)水、电配套系统包括动力、照明、信号、广播、通讯、电视监控以及水泵、管路设施等。
3	适用范围	(1)筒壁结构:包括烟囱、造粒塔、水塔、筒仓、油罐、竖井壁等。 (2)框架结构:包括现浇框架及排架、柱等。 (3)墙板结构:包括剪力墙及高层房屋建筑。

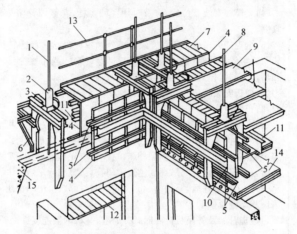

图 3.1.65　滑模装置示意图

1—支承杆；2—液压千斤顶；3—提升架；4—模板；5—围圈；6—外挑三角架；

7—外挑操作平台；8—固定操作平台；9—活动操作平台；10—内围梁；

11—外围梁；12—吊脚手架；13—栏杆；14—楼板；15—混凝土墙体

3.1.4.2　模板系统

滑模装置的模板系统,如表3.1.60所示。

模 板 系 统　　　　　　　　　　　　　　　　　　　　　　　　**表 3.1.60**

序 号	项 目	内　　容
1	组成	模板系统主要包括模板、围圈、提升架等基本构件。
2	模板	(1)模板又称作围板,依赖围圈带动其沿混凝土的表面向上滑动。模板的主要作用是承受混凝土的侧压力、冲击力和滑升时的摩阻力,并使混凝土按设计要求的截面形状成型。模板按其所在部位及作用不同,可分为内模板、外模板、堵头模板以及变截面工程的收分模板等。 (2)图3.1.66为一般墙体钢模板。也可采用组合模板改装。当施工对象的墙体尺寸变化不大时,宜采用围圈与模板组合成一体的"围圈组合大模板"(图3.1.67)。图3.1.68为烟囱钢模板,主要用于圆锥形变截面工程。 (3)烟囱等圆锥形变截面工程,模板在滑升过程中,要按照设计要求的斜度及壁厚,不断调整内外模板的直径,使收分模板与活动模板的重叠部分逐渐增加,当收分模板与活动模板完全重叠且其边缘与另一块模板搭接时,即可拆去重叠的活动模板。收分模板必须沿圆周对称成双布置,每对的收分方向应相反。收分模板的搭接边必须严密,不得有间隙,以免漏浆。 (4)墙板结构与框架结构柱的阴阳角处,宜采用同样材料制成的角模。角模的上下口倾斜度应与墙体模板相同。 (5)模板可采用钢材、木材或钢木混合制成;也可采用胶合板等其他材料制成。

续表

序 号	项 目	内 容
3	围圈	(1)围圈又称作围檩。其主要作用是使模板保持组装的平面形状,并将模板与提升架连接成一个整体。围圈在工作时,承受由模板传递来的混凝土侧压力、冲击力和风荷载等水平荷载及滑升时的摩阻力,作用于操作平台上的静载和施工荷载等竖向荷载,并将其传递到提升架、千斤顶和支承杆上。 (2)在每侧模板的背后,按建筑物所需要的结构形状,通常设置上下各一道闭合式围圈,其间距一般为450~750mm。围圈应有一定的强度和刚度,其截面应根据荷载大小由计算确定。围圈构造如图3.1.69所示。 (3)模板与围圈的连接,一般采用挂在围圈上的方式,当采用横卧工字钢作围圈时,可用双爪钩将模板与围圈钩牢,并顶紧螺栓调节位置(图3.1.70)。
4	提升架	(1)提升架又称作千斤顶架。它是安装千斤顶并与围圈、模板连接成整体的主要构件。提升架的主要作用是控制模板、围圈由于混凝土的侧压力和冲击力而产生的向外变形;同时承受作用于整个模板上的竖向荷载,并将上述荷载传递给千斤顶和支承杆。当提升机具工作时,通过它带动围圈、模板及操作平台等一起向上滑动。 (2)提升架的立面构造形式,一般可分为单横梁"П"形、双横梁的"开"形或单立柱的"Γ"形等几种(图3.1.71)。 (3)提升架的平面布置形式,一般可分为"Ⅰ"形、"Y"形、"X"形、"П"形和"口"形等几种(图3.1.72)。 (4)对于变形缝双墙、圆弧形墙壁交叉处或厚墙壁等摩阻力及局部荷载较大的部分,可采用双千斤顶提升架。双千斤顶提升架可沿横梁布置(图3.1.73);也可垂直于横梁布置(图3.1.74)。 (5)墙体转角和十字交接处,提升架立柱可采用100mm×100mm×(4~6)mm方钢管。 (6)提升架一般可设计成适用于多种结构施工的通用型,对于结构的特殊部位也可设计成专用型。提升架必须具有足够的刚度,应按实际的水平荷载和垂直荷载进行计算,对多次重复使用的提升架,宜设计成装配式。 (7)提升架的横梁与立柱必须刚性连接,两者的轴线应在同一平面内,在使用荷载作用下,立柱的侧向变形应不大于2mm。 提升架横梁至模板顶部的净高度,对于配筋结构不宜小于500mm,对于无筋结构不宜小于250mm。 (8)用于变截面结构的提升架,其立柱上应设有调整内外模板间距和倾斜度的装置(图3.1.75)。 (9)在框架结构框架柱部位的提升架,可采取纵横梁"井"字式布置,在提升架上可布置几台千斤顶,其荷载分配必须均匀(图3.1.76)。 (10)当采用工具式支承杆时,应在提升架横梁下设置内径比支承杆直径大2~5mm的套管,其长度应达到模板下缘

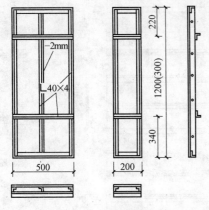

图3.1.66 一般墙体钢模板

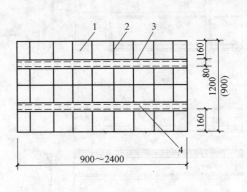

图3.1.67 围圈组合大模板

1—4mm厚钢板;2—6mm厚、80mm宽肋板;

3—8号槽钢上围圈;4—8号槽钢下围圈

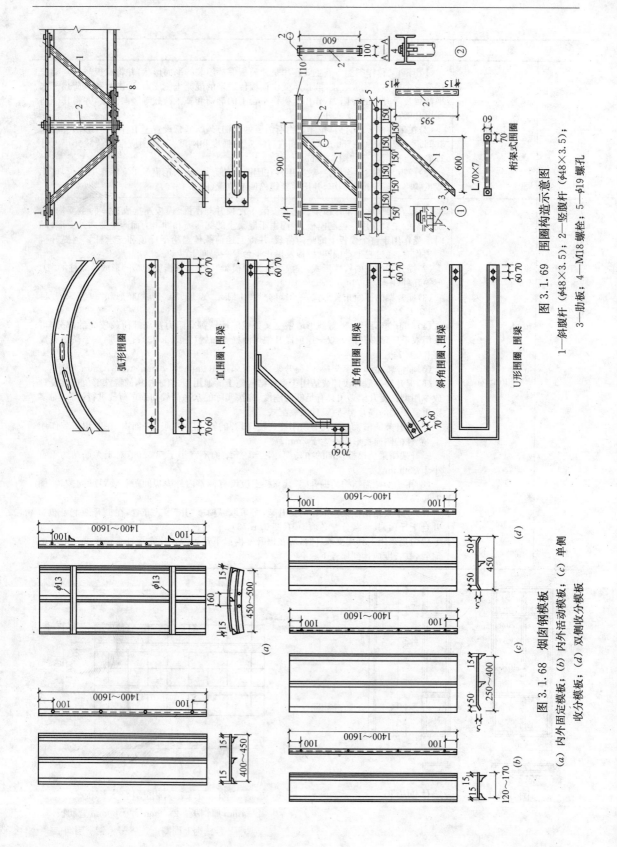

图 3.1.69   围圈构造示意图
1—斜腹杆 (φ48×3.5)；2—竖腹杆 (φ48×3.5)；
3—肋板；4—M18 螺栓；5—φ19 螺孔

图 3.1.68   烟囱钢模板
(a) 内外固定模板；(b) 内外活动模板；(c) 单侧
收分模板；(d) 双侧收分模板

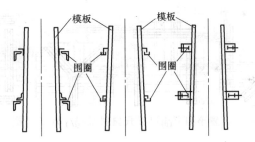

图 3.1.70 模板与围圈的连接

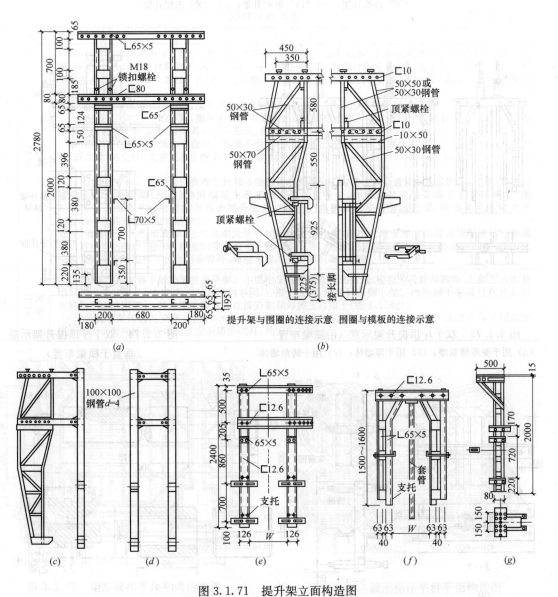

图 3.1.71 提升架立面构造图

(a) 开形提升架；(b) 钳形提升架；(c) 转角处提升架；(d) 十字交叉处提升架；

(e) 变截面提升架；(f) Ⅱ形提升架；(g) Γ形提升架

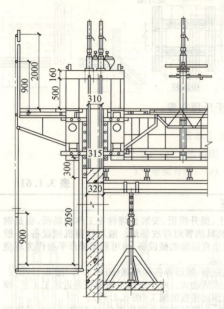

图 3.1.79　活动平台板吊开后施工楼板

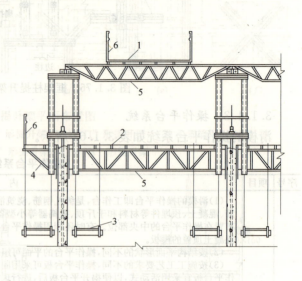

图 3.1.80　操作平台剖面示意图

1—上辅助平台；2—主操作平台；3—吊脚手架；
4—三角挑架；5—承重桁架；6—防护栏杆

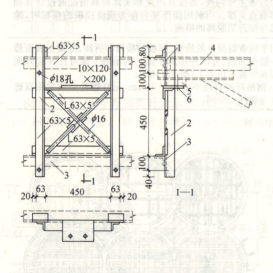

图 3.1.81　托架构造图

1—上围圈；2—托架；3—下围圈；4—承重桁架；
5—桁架端部垫木；6—连接螺栓

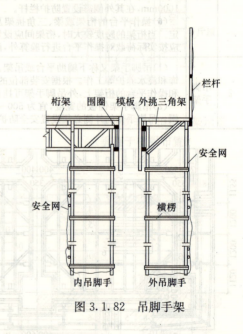

图 3.1.82　吊脚手架

3.1.4.4　液压提升系统

液压提升系统主要由支承杆、液压千斤顶、液压控制台和油路等部分组成。分别见表 3.1.62，表 3.1.64，表 3.1.66 和表 3.1.68。

支 承 杆   表 3. 1. 62

序 号	项 目	内 容
1	支承杆规格	支承杆又称爬杆、千斤顶杆或钢筋轴等。它支承着作用于千斤顶的全部荷载。为了使支承杆不产生压屈变形,应用一定强度的圆钢或钢管制作。目前使用的额定起重重量为 3t 的滚珠式卡具液压千斤顶,其支承杆一般采用直径 25mm 的 Q235 圆钢制作。如使用楔块式卡具液压千斤顶时,亦可用 $\phi25\sim\phi28mm$ 的螺纹钢筋作支承杆。因此,对于框架柱等结构,可直接以受力钢筋作支承杆使用。为了节约钢材用量,应尽可能采用工具式支承杆。
2	支承杆连接方法	支承杆的连接方法,常用的有 3 种:丝扣连接、榫接和剖口焊接(图 3.1.83)。支承杆的焊接,一般在液压千斤顶上升到接近支承杆顶部时进行,接口处倘略有偏斜或凸疤,可采用手提砂轮处理平整,使其能顺利通过千斤顶孔道。也可在液压千斤顶底部超过支承杆后进行,但当这台液压千斤顶脱空时,其全部荷载要由左右两台液压千斤顶承担,因此,在进行千斤顶数量及围圈强度设计时,就要考虑到这一因素。采用工具式支承杆时,应在支承杆外侧加设内径大于支承杆直径的套管,套管的上端与提升架横梁底部固定,套管的下端至模板底平,套管外径最好做成上大下小的锥度,以减少滑升时的摩阻力。套管随千斤顶和提升架同时上升,在混凝土内形成管孔,以便最后拔出支承杆。工具式支承杆的底部,一般用套靴或钢垫板支承(图 3.1.84)。工具式支承杆的拔出,一般采用人工、用管钳、双作用液压千斤顶、倒置液压千斤顶或杠杆式拔杆器。杠杆式拔杆器示意图 3.1.85 所示。
3	防支承杆失稳措施	(1)为防止支承杆失稳,在正常施工条件下,直径 25mm 圆钢支承杆的允许脱空长度,建议不超过表 3.1.63 所示数值。 (2)当施工中超过上表所示脱空长度时,应对支承杆采取有效的加固措施。 (3)支承杆的加固一般可采用方木、钢管、拼装柱盒及假柱等方法(图 3.1.86)。 (4)方木、钢管及拼装柱盒等方法,均应随支承杆边脱空一定高度,边进行夹紧加固。假柱加固法为随模板的滑升,与墙体一起浇筑一段混凝土假柱,其下端用夹层(塑料布)隔开,事后将这段假柱凿掉。 (5)对于梁跨中部位的成组脱空支承杆,也可采用扣件式钢管脚手架组成支柱进行加固(图 3.1.87)。
4	千斤顶性能	近年来我国各地相继研制了一批额定起重重量为 6~10t 的大吨位千斤顶,其型号见表 3.1.64,与之配套的支承杆采用 $\phi48\times3.5$ 的钢管,其基本参数为: 外径:48mm;内径:41mm;壁厚:3.5mm; 截面面积:4.89cm²;重量:3.83kg/m; 外表面积:0.152m²/m; 截面特征:$I=12.296mm^4$;$w=5.096cm^3$;$i=1.58cm$; 弹性模量:$E=2.1\times10^5 N/mm^2$。
5	支承杆布置要求	(1)支承杆置于内墙体外时,在逐层空滑楼板并进法施工中,支承杆穿过楼板部位时,可通过加设扫地横向钢管和扣件与其连接,并在横杆下部加设垫块或垫板(图 3.1.88)。这样支承杆所承受的上部荷载通过扣件传递给扫地横向钢管,再通过垫铁(或垫板)传递到楼板上。为了保证楼板和扣件横杆有足够的支承力,使每个支承杆的荷载分别由三层楼板来承担。所以支承杆要保留三层楼的长度,支承杆的倒换在三层楼板以下才能进行,每次倒换的量不应大于支承杆总数的三分之一,以确保总体支承杆承载力不受影响。 (2)$\phi48\times3.5$ 支承杆的接长,既要确保上、下中心重合在一条直线上,以便千斤顶爬升时顺利通过;又要使接长处具有相当的支承垂直荷载能力和抗弯能力。同时要求支承杆接头装拆方便,以便周转使用。在接长时,可采用一连接件(图 3.1.89),先将连接件插入下部支承杆钢管内,再将接长钢管支承杆插到连接件上,即可将上下钢管连接成一体。为了防止钢管向上移动,连接件及钢管支承杆的两端,均分别钻一个销钉孔,当千斤顶爬升过连接件后,用销钉把上下钢管和连接件销在一起,或焊接在一起。

续表

序号	项目	内容
5	支承杆布置要求	(3)支承杆布置在框架柱结构体外时,可采用钢管脚手架进行加固(图 3.1.90)。 (4)支承杆布置于外墙体外时,在外墙外侧,由于没有楼板可作为外部支承杆的传力层,可在外墙浇筑混凝土时,在每个楼层上部约 150～200mm 处的墙上,预留两个穿墙螺栓孔洞,通过穿墙螺栓把钢牛腿固定在已滑出的墙体外侧,以便通过横杆将支承杆所承受的荷载传递给钢牛腿(图 3.1.91)。 (5)钢牛腿的作用,是将上部支承杆所承受的荷载,通过横杆和扣件传到已施工的墙体上。因此,必须有一定的强度和刚度,受力后不发生变形和位移,且便于安装。其构造见图 3.1.92。牛腿的安装可利用滑模的外吊脚手架进行,并按要求及时安装横杆,以增强其稳定性。在窗口处可将外支承杆或横杆与内支承杆相连接,每层至少两道。 (6)钢牛腿依靠 2 根 M18 螺栓与墙体固定。 (7)为了提高 $\phi18\times3.5$ 钢管支承杆的承载力和便于工具式支承杆的抽拔,在提升架安装千斤顶的下方,应加设 $\phi60\times3.5$ 或 $\phi63\times3.5$ 的钢套管

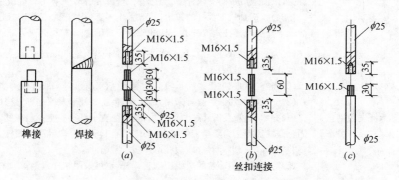

图 3.1.83 支承杆的连接

(a) 双母丝扣连接;(b) 双母丝扣连接;(c) 公母丝扣连接

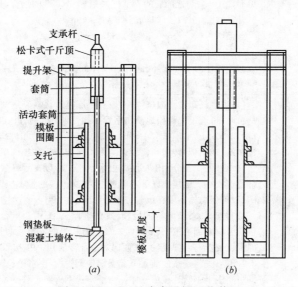

图 3.1.84 工具式支承杆回收装置

(a) 活动套管伸出至楼板底部墙体;(b) 活动套管缩回,下端与模板下口相平

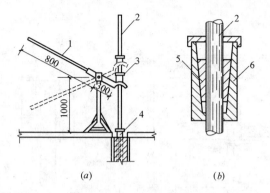

图 3.1.85　杠杆式拔杆器

（a）工作图；（b）夹杆盒

1—杠杆；2—工具式支承杆；3—上夹杆盒（拔杆用）；4—下夹杆盒（保险用）；5—夹块；6—夹杆盒外壳

φ25 支承杆允许脱空长度　　　　　　　　　　　　表 3.1.63

支承杆荷载 P(kN)	10	12	15	20
允许脱空长度 L(cm)	152	134	115	94

注：允许脱空长度 L，系指千斤顶下卡头至混凝土上表面的允许距离，它等于千斤顶下卡头至模板上口距离加模板的一次提升高度。

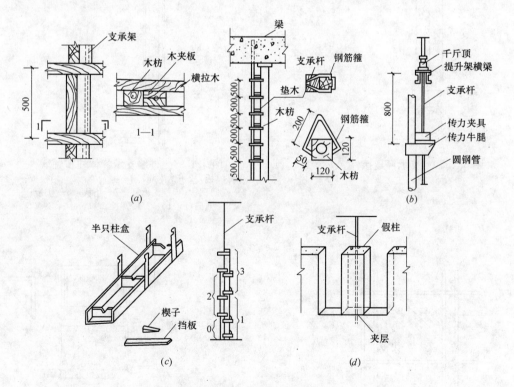

图 3.1.86　支承杆的加固

（a）方木加固；（b）钢管加固；（c）柱盒加固（0、1、2、3 为先后拼装顺序）；（d）假柱加固

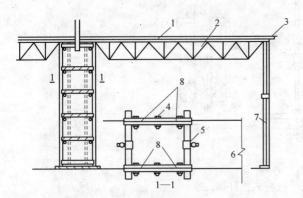

图 3.1.87　梁跨中成组支承杆加固

1—梁底模；2—梁桁架；3—梁端；4—夹紧支承杆螺栓；
5—钢管扣件；6—大梁；7—支柱；8—支承杆

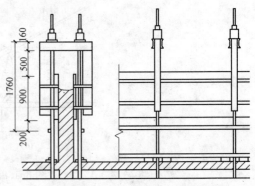

图 3.1.88　内墙支承杆体外布置

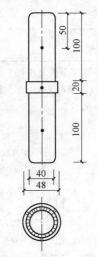

图 3.1.89　支承杆连接件

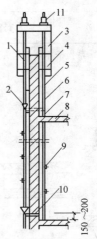

图 3.1.91　外墙支承杆体外布置

1—外模板；2—钢牛腿；3—提升架；4—内模板；
5—横向钢管；6—支承杆；7—垫块；8—楼板；
9—横向杆；10—穿墙螺栓；11—千斤顶

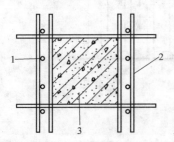

图 3.1.90　框架柱体外支承杆加固示意图

1—支承杆；2—钢管脚手架；3—框架柱

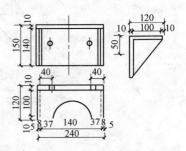

图 3.1.92　钢牛腿构造图

液压千斤顶　　　　　　　　　　　　　　　　　　表3.1.64

序　号	内　　容
1	液压千斤顶又称穿心式液压千斤顶或爬升器。其中心穿支承杆,在周期式的液压动力作用下,千斤顶可沿支承杆作爬升动作,以带动提升架、操作平台和模板随之一起上升。
2	目前国内生产的滑模液压千斤顶型号主要有滚珠卡具GYD-35型(图3.1.93)、GSD-35型(图3.1.94)、GYD-60型和楔块卡具QYD-35型、QYD-60型、QYD-100型、松卡式SQD-90-35型和混合式QGYD-60型等型号,额定起重量为30~100kN。其主要技术参数如表3.1.65所示。
3	GYD型和QYD型千斤顶的基本构造相同。主要区别为:GYD型千斤顶的卡具为滚珠式,而QYD型千斤顶的卡具为楔块式。其工作原理为:工作时,先将支承杆由上向下插入千斤顶中心孔,然后开动油泵,使油液由油嘴P进入千斤顶油缸(图3.1.95),由于上卡头与支承杆锁紧,只能上升不能下降,在高压油液的作用下,油室不断扩大,排油弹簧被压缩,整个缸筒连同下卡头及底座被举起,当上升到上、下卡头相互顶紧时,即完成提升一个行程(图3.1.95)。回油时,油压被解除,依靠排油弹簧的压力,将油室中的油液由油嘴P排出千斤顶。此时,下卡头与支承杆锁紧,上卡头及活塞被排油弹簧向上推动复位(图3.1.95)。一次循环可使千斤顶爬升一个行程,加压即提升,排油即复位,如此往复动作,千斤顶即沿着支承杆不断爬升。
4	我国新型滑模液压千斤顶SQD-90-35型,为中建建筑科学技术研究院研制的专利产品(专利号:88·208742·8),其构造如图3.1.96所示。
5	GSD-35型松卡式千斤顶由北京安厦公司在GYD-35型基础上加以改造,增加松卡功能,并已申报专利(专利号:95·200164·0),其技术参数与GYD-35型基本相同。 这两种千斤顶的工作原理与GYD型千斤顶基本相似,但由于在上卡头和下卡头处均增设了松卡装置,因此,既便利于支承杆抽拔,又为施工现场更换和维修千斤顶提供了十分便利的条件。
6	SQD-90-35型和GSD-35型松卡式千斤顶既可单独使用,也可与GYD型或QYD型等型号千斤顶混合使用。当需要抽拔支承杆时,停止供油,将上、下卡头松开,然后将支承杆拔出,在支承杆拔出的孔洞处,垫上合适的钢垫块,再将支承杆落在其上面,最后将上、下卡头复原,即可进行下步工作。
7	QGYD-60型液压千斤顶是我国用于滑模施工的一种中级千斤顶(图3.1.97),主要技术参数如表3.1.65所示。
8	液压千斤顶出厂前,应按有关规定要求进行检验,合格后方可出厂。
9	液压千斤顶使用前,应按有关规定要求进行检验,合格后方可使用

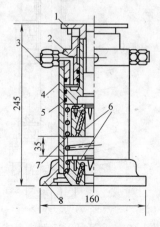

图3.1.93　GYD-35型千斤顶

1—行程调节帽;2—缸盖;3—油嘴;4—缸筒;
5—活塞;6—卡头;7—弹簧;8—底座

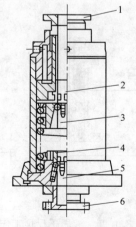

图3.1.94　GSD-35型松卡式千斤顶

1—上卡头松卡螺丝;2—上压筒;3—上卡头;
4—下压筒;5—下卡头;6—下卡头松卡螺丝

液压千斤顶技术参数   表 3.1.65

序号	项目	单位	型号与参数							
			GYD-35 滚珠式	GYD-60 滚珠式	QYD-35 楔块式	QYD-60 楔块式	QYD-100 楔块式	QGYD-60 滚珠楔块混合式	SQD-90-35 松卡式	GSD-35 松卡式
1	额定起重量	t	3	6	3	6	10	6	9	3
2	工作起重量	t	1.5	3	1.5	3	5	3	4.5	1.5
3	理论行程	mm	35	35	35	35	35	35	35	35
4	实际行程	mm	16~30	20~30	19~32	20~30	20~30	20~30	20~30	16~30
5	工作压力	N/mm²	8	8	8	8	8	8	8	8
6	自重	kg	13	25	14	25	36	25	31	13.5
7	外形尺寸	mm	160×160×245	160×160×400	160×160×280	160×160×430	180×180×440	160×160×420	202×176×580	160×160×300
8	适用支承杆	mm	φ25 圆钢	φ48×3.5 钢管	φ25(三瓣)φ28(四瓣)	φ48×3.5 钢管	φ48×3.5 钢管	φ48×3.5 钢管	φ48×3.5 钢管	φ25 圆钢
9	底座安装尺寸	mm	120×120	120×120	120×120	120×120	135×135	120×120	140×140	120×120

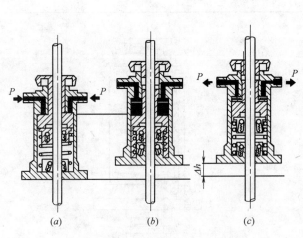

图 3.1.95 液压千斤顶工作原理

（a）进油；（b）爬升；（c）排油

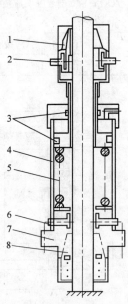

图 3.1.96 SQD-90-35 型松卡式千斤顶

1—上卡头；2—上松卡装置；3—密封件；4—缸筒；
5—排油弹簧；6—下松卡装置；7—底座；8—下卡头

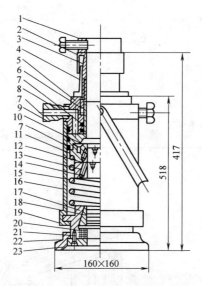

图 3.1.97 QGYD-60 型液压千斤顶

1—限位挡环；2—防尘帽；3—限位管；4—套筒；5—缸盖；6—活塞；7—密封圈；8—垫圈；9—油嘴；
10—卡头盖；11—上卡头体（Ⅰ）；12—滚珠；13—小弹簧；14—上卡头体（Ⅱ）；15—回油弹簧；
16—缸筒；17—下卡头体；18—楔块；19—连接螺母；20—支架；21—楔块弹簧；
22—夹紧垫圈；23—底座

液压控制台 表 3.1.66

序 号	项 目	内 容
1	一般规定	(1)液压控制台是液压传动系统的控制中心，是液压滑模的心脏。主要由电动机、齿轮油泵、换向阀、溢流阀、液压分配器和油箱等组成(图3.1.98)。其工作过程为：电动机带动油泵运转，将油箱中的油液通过溢流阀控制压力后，经换向阀输送到液压分配器，然后，经油管将油液输进千斤顶，使千斤顶沿支承杆爬升。当活塞走满行程之后，换向阀变换油液的流向，千斤顶中的油液从输油管、液压分配器，经换向阀返回油箱。每一个工作循环，可使千斤顶带动模板系统爬一个行程。 (2)液压控制台按操作方式的不同，可分为手动和自动控制等形式；按油泵流量(L/min)的不同，可分为 15、36、56、72、100、120 等型号。常用的型号有 HY-36、HY-56 型以及 HY-72 型等。其基本参数如表 3.1.67。 (3)每台液压控制台供给多少只千斤顶，可以根据每台千斤顶用油量及齿轮泵送油能力及时间计算。倘油箱容量不足，可以增设副油箱。对于工作面大，安装千斤顶较多的工程而以采用同一操作平台时，可在一起安装两套以上液压控制台。 齿轮泵的工作原理见图 3.1.99。电磁换向阀的工作原理见图 3.1.100。 (4)液压系统安装完毕，应进行试运转，首先进行充油排气，然后加压至 12N/mm²，每次持压 5min，重复 3 次，各密封处无渗漏，进行全面检查，待各部分工作正常后，插入支承杆。
2	技术要求	液压控制台应符合下列技术要求： 1)液压控制台带电部位对机壳的绝缘电阻不得低于 0.5MΩ。 2)液压控制台带电部位(不包括 50V 以下的带电部位)应能承受 50Hz、电压 2000V，历时 1min 耐电试验，无击穿和闪烙现象。 3)液压控制台的液压管路和电路应排列整齐统一，仪表在台面上的安装布置应美观大方，固定牢靠。 4)液压系统在额定工作压力 10N/mm² 下保压 5min，所有管路、接头及组件不得漏油。

续表

序号	项目	内容
2	技术要求	5)液压控制台在下列条件下应能正常工作： ①环境温度为－10～40℃。 ②电源电压为380±38V。 ③液压油污染度不低于 20/18(注：液压油液样抽取方法按 JJ37,污染度测定方法按 JJ38 进行)。 ④液压油的最高油温不得超过 70℃,油温温升不得超过 30℃

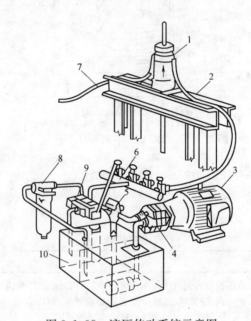

图 3.1.98　液压传动系统示意图

1—液压千斤顶；2—提升架；3—电动机；4—齿轮油泵；5—溢流阀；6—液压分配器；

7—油管；8—滤油器；9—换向阀；10—油箱

液压控制台基本参数　　　　　　　　　　　　　　　　表 3.1.67

序号	项目	单位	基本参数						
			HYS-15	HYS-36	HY-36	HY-56	HY-72	HY-80	HY-100
1	公称流量	L/min	15	36		56	72	80	100
2	额定工作压力	N/mm²	8						
3	配套千斤顶数量	只	20	60	40	180	250	280	360
4	控制方式		HYS	HY		HY	HY	HY	HY
5	外形尺寸	mm	700×450 ×1000	850×640 ×1090	850×695 ×1090	950×750 ×1200	1100×1000 ×1200	1100×1050 ×1200	1100×1100 ×1200
6	整机重量	kg	240	280	300	400	620	550	670

注：1. 配套千斤顶数量是额定重量为 3t 滚珠式千斤顶的基本数量，如配备其他型号千斤顶，其数量可适当增减；

2. 控制方式：HYS-代表手动；HY-同时具有自动和手动功能。

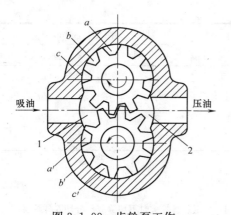

图 3.1.99　齿轮泵工作

1—吸油腔；2—压油腔；a、b、c、a'、b'、c'—齿间

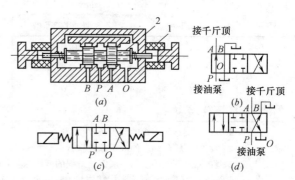

图 3.1.100　电磁换向阀工作原理图

(a) 阀芯在中间位置；(b) 三位四通电磁换向阀简图；
(c) 阀芯推向右侧；(d) 阀芯推向左侧
1—电磁铁；2—阀芯

油路系统　　　　　　　　　　　　　　　　　　　　表 3.1.68

序　号	内　　　容
1	油路系统是连接控制台到千斤顶的液压通路，主要由油管、管接头、液压分配器和截止阀等元、器件组成。
2	油管一般采用高压无缝钢管及高压橡胶管两种，根据滑升工程面积大小和荷载决定液压千斤顶的数量及编组形式。主油管内径应为 14～19mm，分油管内径应为 10～14mm，连接千斤顶的油管内径应为 6～10mm。高压橡胶管的耐压力标准如表 3.1.69 所示。
3	无缝钢管一般采用内径为 8～25mm，试验压力为 32N/mm²。与液压千斤顶连接处最好用高压胶管。油管耐压力应大于油泵压力的 1.5 倍。
4	油路的布置一般采取分级方式，即：从液压控制台通过主油管到分油器，从分油器经分油管到支分油器，从支分油器经胶管到千斤顶，如图 3.1.101 所示。
5	由液压控制台到各分油器及由分、支分油器到各千斤顶的管线长度，设计时应尽量相近。油管接头的通径、压力应与油管相适应。胶管接头的连接方法是用接头外套将软管与接头芯子连成一体，然后再用接头芯子与其他油管或元件连接，一般采用扣压式胶管接头或可拆式胶管接头；钢管接头可采用卡套式管接头，如图 3.1.102 所示。
6	截止阀又叫针形阀，用于调节管路及千斤顶的液体流量，控制千斤顶的升差。一般设置于分油器上或千斤顶与管路连接处。截止阀的构造如图 3.1.103 所示。
7	液压油应具有适当的黏度，当压力和温度改变时，黏度的变化不应太大。一般可根据气温条件选用不同黏度等级的液压油，其性能如表 3.1.70 所示。
8	液压油在使用前和使用过程中均应进行过滤。冬期低温时可用 22 号液压油，常温用 32 号液压油，夏季酷热天气用 46 号液压油

钢丝增强液压橡胶软管和软管组合件（GB/T 3683—1992）　　表 3.1.69

内径 (mm)	设计工作压力(N/mm²)		内径 (mm)	设计工作压力(N/mm²)	
	1、1T 型	2、3 型、2T、3T 型		1、1T 型	2、3 型、2T、3T 型
5	21.0	35.0	10	16.0	28.0
6.3	20.0	35.0	10.3	16.0	—
8	17.5	32.0	12.5	14.0	25.0

续表

内径 (mm)	设计工作压力（N/mm²）		内径 (mm)	设计工作压力（N/mm²）	
	1、1T 型	2、3 型、2T、3T 型		1、1T 型	2、3 型、2T、3T 型
16	10.5	20.0	31.5	4.4	11.0
19	9.0	16.0	38	3.5	9.0
22	8.0	14.0	51	2.6	8.0
25	7.0	14.0			

注：1. 1 型：一层钢丝编织的液压橡胶软管；
　　2. 2 型：二层钢丝编织的液压橡胶软管；
　　3. 3 型：二层钢丝缠绕加一层钢丝编织的液压橡胶软管；
　　4. 1T、2T、3T 型软管增强层结构与 1、2、3 型对应相同，在组装管接头时不切除或部分切除外胶层；
　　5. 软管的试验压力与设计工作压力比率为 2，最小爆破压力与设计工作压力比率为 4。

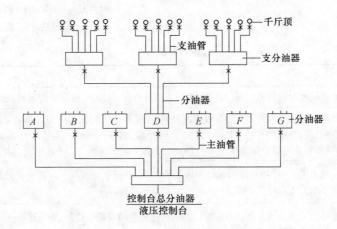

图 3.1.101　油路布置示意

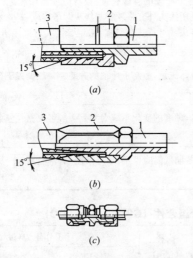

图 3.1.102　胶管接头与钢管接头

（a）扣压式胶管接头；（b）可拆式胶管接头；（c）卡套式钢管接头

1—B 型接头芯；2—接头外套；3—胶管

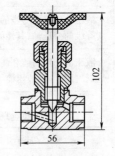

图 3.1.103　截止阀构造

L-HM 矿物油型液压油主要指标（摘自 GB 11118.1—1994）　　表 3.1.70

序号	项目（质量等级）	优等品					一等品							试验方法
1	黏度等级（按 GB 3141）	15	22	32	46	68	15	22	32	46	68	100	150	—
2	运动黏度(mm²/s) 0℃不大于	—					140	300	420	780	1400	2560	—	
3	40℃	13.5~16.5	19.8~24.2	28.8~35.2	41.4~50.6	61.2~74.8	13.5~16.5	19.8~24.2	28.8~35.2	41.4~50.6	61.2~74.8	90~110	135~165	GB/T 265
4	黏度指数不小于	95	95	95	95	95	95	95	95	95	95	90	90	GB/T 2541
5	闪点(℃)开口不低于	140	140	160	180	180	140	140	160	180	180	180	180	GB/T 3536
6	闭口不低于	128	128	148	168	168	—							GB/T 261
7	倾点(℃)不高于	−18	−15	−15	−9	−9	−18	−15	−15	−15	−9	−9	−9	GB/T 3535
8	空气释放值(50℃)(min)不大于	5	5	6	10	12	5	5	6	10	12	报告	报告	SH/T 0308
9	密封适应性指数不大于	15	13	12	10	8	15	13	12	10		报告	报告	SH/T 0305
10	氧化安定性 氧化 1000h 后,酸值(mgKOH/g)不大于	—	2.0				2.0							GB/T 12581
11	水分(%)不大于	痕迹					痕迹							GB/T 260
12	机械杂质(%)不大于	无					无							GB/T 511

3.1.4.5　滑模部件设计与构造

1. 滑模部件设计要点

滑模部件设计要点，如表 3.1.71 所示。

滑模部件的设计与构造　　表 3.1.71

序号	项目	内　容
1	模板	模板应具有通用性、拼缝紧密、装拆方便和足够的刚度，并应符合下列规定： (1)模板高度宜采用 900～1200mm，对简体结构宜采用 1200～1500mm；滑框倒模的滑轨高度宜为 1200～1500mm，单块模板宽度宜为 300～600mm。 (2)框架、墙板结构宜采用围圈组合大钢模，标准模板宽度为 900～2400mm；对简体结构宜采用小型组合钢模，模板宽度宜为 100～500mm，也可以采用弧形带肋定形模板。 (3)异形模板，如转角模板、收分模板、抽拔模板等，应根据结构截面的形状和施工要求设计。 (4)围圈组合大钢模的板面采用 4～5mm 厚的钢板，边框为 5～7mm 厚扁钢，竖肋为 4～6mm 厚、60mm 宽扁钢，水平加强肋为[8 槽钢，直接与提升架相连，模板连接孔为 φ18mm、间距 300mm。模板焊接除节点外，均为间断焊；小型组合钢模的面板厚度宜采用 2.5～3mm，角钢肋条不宜小于 L40×4，也可采用定型小钢模。 (5)模板制作必须板面平整，无卷边、翘曲、孔洞及毛刺等，阴阳角模的单面倾斜度应符合设计要求。 (6)滑框倒模施工所使用的模板宜选用组合钢模板，当混凝土外表面为平面时，组合钢模板应横向组装，若为弧面时宜选用长 300～600mm 的模板竖向组装。

续表

序　号	项　目	内　容
2	围圈构造	(1)围圈截面尺寸应根据计算确定,上、下围圈的间距一般为450～750mm,上围圈距模板上口的距离不宜大于250mm。 (2)当提升架间距大于2.5m或操作平台的承重骨架直接支承在围圈上时,围圈宜设计成桁架式。 (3)围圈在转角处应设计成刚性节点。 (4)固定式围圈接头应用等刚度型钢连接,连接螺栓每边不得少于2个。 (5)在使用荷载作用下,两个提升架之间围圈的垂直与水平方向的变形不应大于跨度的1/500。 (6)连续变截面筒体结构的围圈宜采用分段伸缩式。 (7)设计滑模倒模的围圈时,应在围圈内挂竖向滑轨,滑轨的断面尺寸安放间距应与模板的刚度相适应。 (8)高耸烟囱筒壁结构上、下直径变化较大时,应按优化原则配置多套不同曲率的围圈。
3	提升架	提升架设计时,应按实际的垂直与水平荷载验算,必须有足够的刚度,其构造应符合下列规定: (1)提升架宜用钢材制作,可采用单横梁"Π"形架、双横梁的"开"形架或单立柱的"Γ"形架,横梁与立柱必须刚性连接,两者的轴线应在同一平面内,在使用荷载作用下,立柱的侧向变形应不大于2mm。 (2)模板上口至提升架横梁底部的净高度,对于ϕ25支承杆宜为400～500mm,对于ϕ48×3.5支承杆宜为500～900mm。 (3)提升架立柱上应设有调整内外模板间距和倾斜度的调节装置。 (4)当采用工具式支承杆设在结构体内时,应在提升架横梁上设置内径比支承杆直径大2～5mm的套管,其长度应到模板下缘。 (5)当采用工具式支承杆设在结构体外时,提升架横梁相应加长,支承杆中心线距模板距离应大于50mm。
4	操作平台	操作平台、料台和吊脚手架的结构形式应按所施工工程的结构类型和受力情况确定,其构造应符合下列规定: (1)操作平台由桁架或梁、三角架及铺板等主要构件组成,与提升架或围圈应连成整体。当桁架的跨度较大时,桁架间应设置水平和垂直支撑,当利用操作平台作为现浇顶盖、楼板的模板或模板支承结构时,应根据实际荷载对操作平台进行验算和加固,并应考虑与提升架脱离的措施。 (2)当操作平台的桁架或梁支承于围圈上时,必须在支承处设置支托或支架。 (3)外挑脚手架或操作平台的外挑宽度不宜大于800mm,并应在其外侧设安全防护栏杆。 (4)吊脚手架铺板的宽度,宜为500～800mm,钢吊杆的直径不应小于16mm,吊杆螺栓必须采用双螺帽。吊脚手架的双侧必须设安全防护栏杆,并应满挂安全网。
5	液压控制台设计规定	(1)液压控制台内,油泵的额定压力不应小于12N/mm²,其流量可根据所带动的千斤顶数量,每只千斤顶油缸内容积及一次给油时间确定,可在15～100L/min内选用,大面积滑模施工时可多个控制台并联使用。 (2)液压控制台内,换向阀和溢流阀的流量及额定压力均应等于或大于油泵的流量和液压系统最大工作压力(12N/mm²),阀的公称内径不应小于10mm,宜采用通流能力大、动作速度快、密封性能好、工作可靠的三通逻辑换向阀。 (3)液压控制台的油箱应易散热、排污,并应有油液过滤的装置,油箱的有效容量应为油泵排油量的2倍以上。 (4)液压控制台供电方式应采用三相五线制,电气控制系统应保证电动机、换向阀等按滑模千斤顶爬升的要求正常工作,并应加设多个控制台并联使用的插座。 (5)液压控制台应设有油压表、漏电保护装置、电压、电流指示表、工作信号灯和控制加压、回油、停滑报警、滑升次数及时间控制器等。

序 号	项 目	内 容
6	油路设计规定	(1)输油管应采用高压耐油胶管或金属管,其耐压力不得小于油泵额定压力的 3 倍。主油管内径不得小于 16mm,二级分油管内径宜用 10～16mm,连接千斤顶的油管内径宜为 6～10mm。 (2)油管接头、针形阀的耐压力和通径应与输油管相适应。 (3)液压油应定期进行过滤,并应有良好的润滑性和稳定性,其各项指标应符合国家现行有关标准的规定。
7	千斤顶	液压千斤顶使用前必须逐个编号经过检验,并应符合下列规定: (1)液压千斤顶在液压系统额定压力为 8N/mm² 时的额定提升能力分别为 35kN、60kN、90kN、120kN、150kN 等。 (2)液压千斤顶空载起动压力不得高于 0.3N/mm²。 (3)液压千斤顶最大工作油压为额定压力 1.25 倍时,卡头应锁固牢靠、放松灵活、升降过程连续平稳。 (4)液压千斤顶的试验压力为额定油压的 1.5 倍时,保压 5min,各密封处必须无渗漏。 (5)液压千斤顶在额定压力提升荷载时,下卡头锁固时的回降量对滚珠式千斤顶应不大于 8mm,对楔块式或滚楔混合式千斤顶应不大于 3mm。 (6)同一批组装的千斤顶应调整其行程,使其在施工设计荷载作用下的爬升行程差不大于 2mm。
8	支承杆选材和加工要求	(1)支承杆的制作材料为 Q235 圆钢、螺纹钢筋或外径壁厚精度较高的低硬度状态焊接钢管,热轧退火状态,表面不得有冷硬加工层。 (2)支承杆直径应与千斤顶的要求相适应,长度宜为 3～6m。 (3)采用工具式支承杆时,应用螺纹连接。圆钢 $\phi25$ 支承杆连接螺纹宜为 M18,螺纹长度不宜小于 20mm;钢管 $\phi48$ 支承杆连接螺纹宜为 M35,螺纹长度不宜小于 40mm。任何连接螺纹接头中心位置处公差均为 ±0.15mm,支承杆借助连接螺纹对接后支承杆轴线偏斜度允许偏差为 0.002L(L 为单根支承杆长度)。 (4)HPB235 级圆钢和螺纹钢筋支承杆采用冷拉调直时,其延伸率不得大于 3%,支承杆表面不得有油漆和铁锈。 (5)工具式支承杆的套管与提升架之间的连接构造宜做成可使套管转动并能有 50mm 以上的上下移动量。
9	施工精度控制系统的规定	(1)千斤顶同步控制装置,可采用限位卡挡、激光水平扫描仪、水杯自动控制装置、计算机控制同步整体提升装置等。 (2)垂直度观测设备可采用激光铅直仪、自动安平激光铅直仪,经纬仪和线锤等,其精度不应低于 1/10000。 (3)测量靶标及观测站的设置必须稳定可靠,便于测量操作,并应根据结构特征和关键控制部位(如:外墙角、电梯井、筒壁中心等)确定其位置。
10	水、电系统选配的规定	(1)动力及照明用电、通讯与信号的设置均应符合现行的《液压滑动模板安全技术规程》(JGJ 65—1989)的规定。 (2)电源线的规格选用应根据平台上全部电器设备总功率计算确定,其长度应大于从地面起滑开始到滑模终止所需的高度再增加 10m。 (3)平台上的总配电箱、分区配电箱均应设置漏电保护器,配电箱中的插座规格、数量应能满足施工设备的需要。 (4)平台上的照明应满足夜间施工所需的照度要求,吊脚手架上及便携式的照明灯具,其电压不应高于 36V。 (5)通讯联络设施应保证声光信号准确、统一、清楚,不扰民。 (6)电视监控应能监视全面、局部和关键部位。 (7)向操作平台上供水的水泵和管路,其扬程和供水量应能满足滑模施工高度、施工用水及局部消防的需要。
11	滑模构件制作的允许偏差	滑模装置各种构件的制作应符合有关的钢结构制作规定,其允许偏差应符合表 3.1.72 的规定。构件表面,除支承杆及接触混凝土的模板表面外,均应刷防锈涂料

2. 滑模构件制作的允许偏差

滑模构件制作的允许偏差，如表 3.1.72 所示。

滑模构件制作的允许偏差   表 3.1.72

序　号	名　　称	内　　容	允许偏差(mm)
1	钢模板	高度	±1
		宽度	-0.7～0
		表面平整度	±1
		侧面平直度	±1
		连接孔位置	±0.5
2	围圈	长度	-5
		弯曲长度≤3m	±2
		＞3m	±4
		连接孔位置	±0.5
3	提升架	高度	±3
		宽度	±3
		围圈支托位置	±2
		连接孔位置	±0.5
4	支承杆	弯曲	小于(1/1000)L
		直径 $\phi25$	-0.5～+0.5
		$\phi28$	-0.5～+0.5
		$\phi48×3.5$	-0.2～+0.5
		圆度公差	-0.25～+0.25
		对接焊缝凸出母材	＜+0.25

注：L 为支承杆加工长度。

3.1.4.6 滑模装置的组装

滑模装置的组装如表 3.1.73 所示。

滑模装置的组装   表 3.1.73

序号	项　目	内　　容
1	准备工作	滑模装置组装前,应做好各组装部件编号、操作基准水平、弹出组装线,作好墙、柱标准垫层及有关的预埋铁件等工作。
2	组装顺序	滑模装置的组装应根据施工组织设计的要求,并按下列顺序进行。 (1)安装提升架。所有提升架的标高应满足操作平台水平度的要求,对带有辐射梁或辐射桁架的操作平台,应同时安装辐射架或辐射桁架及其环梁。 (2)安装内外围圈,调整其位置,使其满足模板倾斜度正确和对称的要求。 (3)绑扎竖向钢筋和提升架横梁以下钢筋,安设预埋件及预留孔洞的胎模,对体内工具式支承杆套管下端进行包扎。 (4)当采用滑框倒模法时,安装框架式滑轨,并调整倾斜度。 (5)安装模板,宜先安装角模后再安装其他模板。 (6)安装操作平台的桁架、支撑和平台铺板。 (7)安装外操作平台的支架、铺板和安全栏杆等。 (8)安装液压提升系统、垂直运输系统及水、电、通讯、信号精度控制和观测装置,并分别进行编号,检查和试验。 (9)在液压系统试验合格后,插入支承杆。 (10)安装内外吊脚手架及挂安全网,当在地面或横向结构面上组装滑模装置时,应待模板滑至适当高度后,再安装内外吊脚手架,挂安全网。

序号	项目	内容
3	组装要求	(1)安装好的模板应上口小、下口大,单面倾斜度宜为模板高度的 0.1%~0.3%,对带坡度的筒壁结构如烟囱等,其模板倾斜度应根据结构坡度情况适当调整。 (2)模板上口以下 2/3 模板高度处的净间距应与结构设计截面等宽。 (3)圆形连续变截面结构的收分模板必须沿圆周对称布置,每对的收分方向应相反,收分模板的搭接处不得漏浆。 (4)液压系统组装完毕,应在插入支承杆前进行试验和检查,并符合下列规定: 1)对千斤顶逐一进行排气,并做到排气彻底。 2)液压系统在试验油压下持压 5min,不得渗油和漏油。 3)整体试验的指标(如空载、持压、往复次数、排气等)应调整适宜,记录准确。 (5)液压系统试验合格后方可插入支承杆,支承杆轴线应与千斤顶轴线保持一致,其偏斜度允许偏差为 2∶1000。
4	滑模装置组装的允许偏差	滑模装置组装完毕,必须按表 3.1.74 所列各项质量标准进行认真检查,发现问题应立即纠正,并做好记录

滑模装置组装的允许偏差 表 3.1.74

序号	内容		允许偏差(mm)
1	模板结构轴线与相应结构轴线位置		3
2	围圈位置偏差	水平方向	3
		垂直方向	3
3	提升架的垂直偏差	平面内	3
		平面外	2
4	安放千斤顶的提升架横梁相对标高偏差		5
5	考虑倾斜度后模板尺寸的偏差	上口	−1
		下口	+2
6	千斤顶位置安装的偏差	提升架平面内	5
		提升架平面外	5
7	圆模直径、方模边长的偏差		−2~+3
8	相邻两块模板平面平整偏差		1.5

3.2 工艺流程及施工方法

3.2.1 竹、木模板施工要点

1. 一般规定

竹、木模板施工一般规定,如表 3.2.1 所示。

一般规定　　　　　　　　　　　　　　　　　　表 3.2.1

序　号	项　目	内　容
1	适用范围	本工艺适用于建(构)筑物的现浇钢筋混凝土结构施工。
2	模板支设	模板支设包括以下内容: (1)基础模板 (2)柱模板 (3)梁模板 (4)板模板 (5)楼梯模板 (6)墙模板 (7)漏斗模板 (8)设备基础模板

2. 施工准备

竹、木模板施工准备,如表 3.2.2 所示。

施工准备　　　　　　　　　　　　　　　　　　表 3.2.2

序　号	项　目	内　容
1	技术准备	(1)根据工程的特点、计划、合同工期及现场环境,对各分部混凝土模板进行设计,确定竹、木胶合板模板制作的几何形状,尺寸要求,龙骨的规格、间距,选用支撑系统。依据施工图绘制模板设计图(包括模板平面布置图、剖面图、组装图、节点大样图、零件加工图等),编写操作工艺要求说明。 (2)模板备料:按照模板设计图或明细及说明进行材料准备。 (3)根据模板设计要求和工艺标准,向班组进行安全、技术交底。
2	材料要求	(1)竹、木模板的面板及龙骨:其规格、种类按表 3.2.3 参考选用。 (2)面板及龙骨材料质量必须符合其设计要求。安装前先检查模板的质量,不符合质量标准的不得投入使用。 (3)支架系统:木支架或各种定型桁架、支柱、托具、卡具、螺栓、钢门式架、碗扣架、钢管、扣件等。 (4)脱模剂:水质隔离剂。
3	主要机具	木工电锯、木工电刨、手电钻、铁木榔头、活动(套口)扳子、水平尺、钢卷尺、托线板、轻便爬梯、脚手板、撬杠等。
4	作业条件	(1)在会审图纸后,根据工程的特点、计划合同工期及现场环境等完成各分部、分项混凝土结构模板配料工作。 (2)模板涂刷脱模剂,并分规格堆放。 (3)根据图纸要求,放好轴线和模板边线,定好水平控制标高。 (4)墙、柱钢筋绑扎完毕,水电管及预埋件已安装,绑好钢筋保护层垫块,并办完隐蔽验收手续

竹、木模板面板及龙骨规格、种类参考表　　　　　　表 3.2.3

部　位	名　称	规　格	备　注
面板	防水木胶合板 防水竹胶合板 素胶合板	12、15、18	宜做防水处理
龙骨	木方 木梁	500×100、100×100	
背楞	型钢、钢管等	计算确定	

3. 施工工艺

(1) 基础模板制作安装，如表 3.2.4 所示。

基础模板制作安装　　　　　　　　　　　　　　　　表 3.2.4

序 号	项 目	内 容
1	阶梯形独立基础	(1)根据图纸尺寸制作每一阶梯形基础模板，支模顺序由下至上逐层向上安装，底层第一阶由四块边模拼成，其中一对侧板与基础边尺寸相同，另一对侧板比基础尺寸长 150~200mm，在两端加钉木档，用以在拼装时固定另一对模板，并用斜撑撑牢；模板尺寸较大时，四角加钉斜拉杆。 (2)在模板上口顶置木轿杠，将第二阶模板置于轿杠上，安装时应找准基础轴线及标高，上下阶中心线互相对准；在安装第二阶模板前应绑好钢筋，如图 3.2.1 所示。
2	杯形独立基础	杯形基础模板基本上与阶梯形基础模板相似，在模板的顶部中间装杯口芯模，杯口芯模有整体式和装配式两种，可用木模，亦可用组合钢模与异形角模拼成。杯口芯模借轿杠支承在杯颈模板上口中心并固定。混凝土灌筑后，在初凝后终凝前取出。杯口较小时，一般采用整体式；杯口较大时，可采用装配式。凡采用木板拼钉的杯口芯模，应采用竖直板拼钉，不宜用横板，以免拔出时困难，如图 3.2.2 至图 3.2.5 所示。
3	长颈杯形独立基础	长颈杯形基础的模板构造和支模方法与杯形基础模板相同，但对长颈部分的模板应用钢管柱箍或夹木借螺栓夹紧以防胀模。当颈部较高时，模板底部应用混凝土支柱或铁脚支承以防下沉；颈部很高的模板上部应设斜撑支固，如图 3.2.6 所示。
4	条形基础	矩形截面条形基础模板，由两侧的木柱或组合钢模板组成，支设时应拉通线，将侧板校正后，用斜撑支牢，间距 600~800mm，上口加钉搭头木拉住。 带地梁条形基础，如土质较好，下台阶可利用原土切削成形，不再支撑；如土质较差，则下台阶应按矩形截面方法支模，上部地梁采用吊模方法支模。模板由侧板、木轿杠、斜撑、吊木等组成。轿杠设在侧板上口用斜撑、吊木将侧板吊起加以固定；如基础上阶高度较大，可在侧模底部加设混凝土或钢筋支柱支承。 对长度很长、截面一致，上阶较高的条形基础，底部矩形截面可先支模浇筑完成，上阶可采用拉模方法，如图 3.2.7 所示。
5	基础模板施工要求	(1)安装模板前先复查地垫层标高及中心线位置，放出基础边线，基础模板面标高应符合设计要求。 (2)基础下段模板如果土质良好，可以用土模，但开挖基坑和基槽尺寸必须准确。 (3)杯口芯模要刨光、直拼。如没底板，应使侧板包底板；底板要钻几个孔以便排气。模外表面涂脱模剂，四角做成小圆角，灌混凝土时上口要临时遮盖。 如杯口芯模做成敞口式的，不加底板，混凝土会由底部涌入，在混凝土浇捣过程中及初凝前，要指派专人将涌入芯模底部的混凝土及时清除干净，达到杯底平整，以免造成芯模被混凝土埋住而不易取出，或杯口底面标高不准。 杯口芯模的拆除要掌握混凝土的凝固情况，一般在初凝前后即可用锤轻打，撬杠松动；较大的芯模，可用倒链将杯口芯模稍加松动后拔出。 浇捣混凝土时要注意防止杯口芯模向上浮升或四面偏移，模板四周混凝土应均匀浇捣。 脚手板不能搁置在基础模板上，脚手杆不能埋在混凝土中

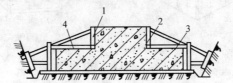

图 3.2.1　阶梯形独立基础模板
1—木或钢侧模；2—木轿杠；3—斜撑；4—顶撑

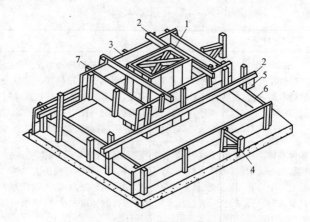

图 3.2.2 杯形独立基础模板

1—杯口芯模；2—轿杠模；3—杯口侧板；4—撑于壁上；

5—托木；6—侧板；7—木档

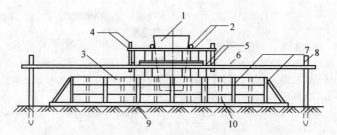

图 3.2.3 杯形独立基础模板（组合钢模板）

1—杯口芯模；2—杯芯定位杆（轿杠）$\phi48mm$；3—钢模板；4—吊杆；5—侧楞 $\phi48mm$；

6—轿杠 $\phi48mm$；7—斜撑 $\phi48mm$；8—立桩 $\phi48mm$；

9—混凝土垫块或钢筋撑脚；10—钢楞

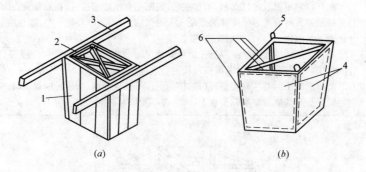

(a)   (b)

图 3.2.4 整体式杯口芯模

(a) 木模板；(b) 钢制杯口芯模

1—杯芯侧板；2—木档；3—轿杠；4—2mm 厚钢板；

5—吊环；6—∟40×4 角钢

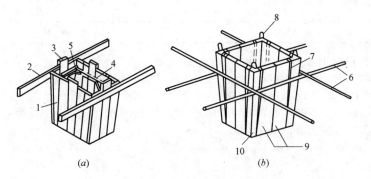

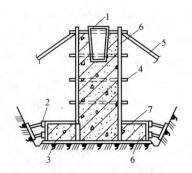

图 3.2.5 装配式杯芯模
(a) 木模板；(b) 钢模板
1—杯芯侧板；2—木轿杠；3—抽芯板；4—木档；5—三角木；
6—杯芯定位杆（轿杠）$\phi48mm$；7—拼木；
8—吊杯；9—钢模；10—角模

图 3.2.6 长颈杯形独立基础模板
1—杯芯；2—钢横楞；3—混凝土支柱；
4—钢管柱箍；5—斜撑；
6—钢侧模；7—顶撑

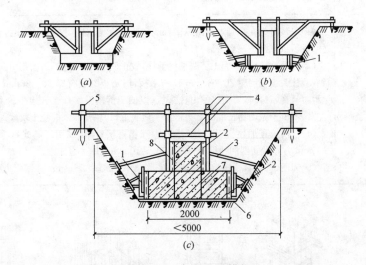

图 3.2.7 条形基础模板
(a) 土质较好，下半段利用原土削平不另支模；(b) 土质较差，上下两阶均支模；(c) 钢模板
1—斜托架@1500mm；2—钢模板；3—斜撑@3000mm；4—钢管吊架；
5—钢管$\phi48\times3.5$；6—素混凝土垫层；7—钢架$\phi16@500$；8—钩头螺栓

(2) 柱模板制作安装，如表 3.2.5 所示。

柱模板制作安装　　　　　　　　　　　　　　　　　　　　表 3.2.5

序号	项　目	内　容
1	矩形、方形柱	矩形柱由一对竖向侧板与一对横向侧板组成，横向侧板两端伸出，便于拆除。方形柱可由四面竖向侧板拼成。一般拼合后竖立，在模板外每隔500～1000设柱箍。柱顶与梁交接处留缺口，以便与梁模板结合，并在缺口左右及底部加钉衬口档木。在横向侧板的底部和中部设活动清扫孔与混凝土浇灌口，完成两道工序后钉牢。清理孔和灌筑口上的盖板应该一齐安装，到灌筑前再拆开使用。柱子一般有一个木框，用以固定柱子的水平位置，木框钉在底部的混凝土上，独立柱子还应在模板四周加斜撑，以保证其垂直度，如图3.2.8所示。

序 号	项 目	内 容
2	圆形柱	圆形柱木模由竖直狭条模板和圆弧横档做成两个半片组成,直径较大时,可做成3～4片,模外每隔500～1000mm加二段以上10号钢丝箍筋。圆形柱钢模板用2～3mm厚钢板加角钢圆弧档组成,两片拼接用角钢加螺栓连接。 直径较大的圆柱,如外饰面有粉刷,也可用100mm宽的组合钢模板,在圆弧档内拼成圆柱模。拆模后应即清除模面水泥浆,如图3.2.9所示。
3	柱模支撑	(1)为保证柱模的稳定和不变形,柱模与柱模之间应加钉水平撑和剪刀撑,同时在外排柱模外侧设置成对的斜撑,斜撑下端用木桩钉牢,将整个柱网模板连成整体并保持稳定,如图3.2.10所示。 (2)工业厂房柱有时由于吊装设备所限,或场地狭窄等原因,改预制为现场浇制,因其高度大,侧向稳定性差,柱模板构造和支设方法与矩形柱相同,但在四侧应利用钢管脚手杆作支撑,并加斜撑固定,在纵向与相邻柱设剪刀撑支撑,并固定在模板上,使整个模板保持稳定,浇灌混凝土时,加强监测,发现变形应及时纠正,如图3.2.11所示。
4	施工要求	(1)安装时先在基础上放出纵横轴线和四周边线、固定小方盘,在小方盘面调整标高,立柱头板,小方盘一侧要留清扫口。 (2)对通排柱模板,应先装两端柱模柱,较正固定后,拉通长线校正中间各柱模板。 (3)柱头板可用厚20～30mm长料木板,门子板一般有厚20～30mm的短料或定型模板,短料在装钉时,要交错伸出柱头板,以便拆模及操作工人上下。由地面起每隔3m左右,不少于振动器长度的0.7倍留一道施工口,以便灌入混凝土及放入振动器。 (4)柱模板宜加柱箍,用四根小方木互相搭接钉牢,或用工具式柱箍。采用50mm×100mm方木做立楞的柱模板,每隔500～1000mm加一道柱箍。 (5)为便于拆模,柱模与梁模板连接时,梁模宜缩短2～3mm并锯成小斜面

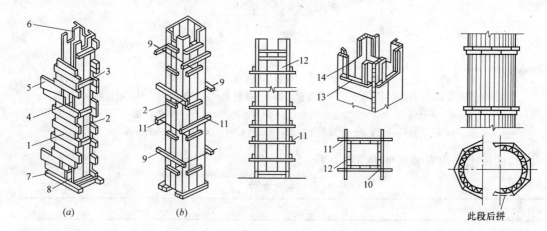

图 3.2.8   矩形、方形柱模板

(a) 矩形柱;(b) 方形柱

1—横向侧板;2—竖向侧板;3—横档;4—浇灌口;

5—活动板;6—梁缺口;7—木框;8—清扫口;

9—对拉螺栓;10—连接角模;11—柱箍;

12—钢模板;13—支座木;14—档木

图 3.2.9   圆形柱模板

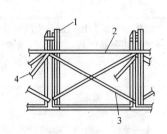

图 3.2.10　柱模板支撑

1—柱模板；2—水平撑；3—剪刀撑；4—斜撑

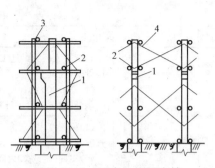

图 3.2.11　厂房柱模板支撑

1—柱模板；2—斜支撑；3—钢管脚手；4—剪刀撑

（3）梁模板制作安装，如表 3.2.6 所示。

梁模板制作安装　　　　　　　　　　　表 3.2.6

序 号	项　目	内　容
1	矩形单梁	梁模板由底板、侧板、夹木和斜撑等组成，下面用顶撑（支柱）支承，间距 1m 左右，当梁高度较大时，应在侧板上加钉斜撑。顶撑（柱）间设拉杆，一般离地面 500mm 设一道，以上每隔 2m 设一道，互相拉撑成一整体，如图 3.2.12 所示。
2	T 形梁	T 形梁支模时，一般按截面形状尺寸制作竖向小木档，钉完并校正好两侧模板后，再钉翼缘部分的斜板和立板，最后钉斜撑支牢，并在模板上口钉搭头木，以保上口位置正确。用钢模板时，可用钢管脚手架支承并固定，如图 3.2.13 所示。
3	花篮梁	花篮梁支模方法与 T 形梁基本相同，但为支设花篮上部模板，应在水平搭木上加吊档木及短撑木，以支承固定上部侧模。亦可采取预先安装多孔板的支模方法，即先按板的安装标高，用 T 形梁的支模方法先支好梁的模板，然后安装多孔板，临时支承梁模板上，再在板底部用支柱支牢。本法可省去花篮上部侧模板，同时便于混凝土的运输灌筑，并保证良好的整体性，但模板应牢固，使能承受预制楼板的重量、混凝土的重量及全部施工荷载，如图 3.2.14 所示。
4	主、次梁	主次梁同时支撑时，一般先支好主梁模板，经轴线标高检查校正无误后，加以固定，在主梁上留出安装次梁的缺口，尺寸与次梁截面相同，缺口底部加钉衬口档木，以便与次梁模板相接，主梁、次梁的支设和支撑方法均同矩形单梁支模方法，如图 3.2.15 所示。
5	深梁、高梁	当梁深在 700mm 以上时，由于混凝土侧压力大，仅在侧板外支设横档，斜撑不易撑牢，一般采取在中部用铁丝穿过横档对拉或用对拉螺栓将两侧模板拉紧，以防胀模，其他同一般梁支模方法。为便于深梁绑扎钢筋，可先装一面侧板，钢筋绑好后再装一面侧板。 更深的梁模板，可参照混凝土墙模进行侧模的安装。 对拉钢丝或对拉螺栓在钢筋入模后安装。 当梁底距地面高度很大时（6m 以上）时，宜搭设排架支模，或用钢管脚手架支撑，以保证支承的稳定。为减少排架数量，通常梁底模采用桁架支承，而在梁端设排架与已浇柱模板固定，或在已浇柱上部留埋设件直接支承桁架，而省去下部支承排架，如图 3.2.16 所示。
6	劲性钢梁	对采用工字梁作劲性筋的梁板结构，梁和板的模板支设在钢梁上焊门形吊挂螺栓以悬吊梁模板，同时在梁侧设托木支撑桁架和板底模，如图 3.2.17 所示。

序 号	项 目	内 容
7	深梁悬吊	高度较大的大梁施工,在梁钢筋骨架中适当增加悬索筋和加固筋与主筋组成悬索结构骨架,在其上焊接吊挂螺栓来悬吊模板,并支承其全部荷载。支设时,梁要保持1/1000~3/1000的起拱,以防下沉。此种模板要多耗用一定数量的钢筋,但可省去全部支承,同时下部可进行其他工序作业,如图3.2.18所示。
8	施工要求	(1)梁跨度大于或等于4m时,底板中部应起拱,如设计无规定时,起拱高度宜为全跨长度的1/1000~3/1000。 (2)支柱(琵琶撑)之间应设拉杆,互相拉撑形成一整体,离地面500mm一道,以上每隔2m设一道。支柱下均垫楔子(校正高低后钉固)和通长垫板(50mm×200mm或75mm×200mm),垫板下的土面应拍平夯实。采用工具式钢管支柱时,也要设水平拉杆及斜拉杆。 (3)当梁底距地面高度过高时(一般6m以上),宜搭排架支模,或用钢管满堂脚手式支撑。 (4)在架设支柱影响交通的地方,可以采用斜撑、两边对撑(俗称龙门撑)或架空支模。 (5)梁较高时,可先安装梁的底板与一面侧板,等钢筋绑好再装另一面侧板。 (6)上下层模板的支柱,一般应安装在同一条竖向中心线上

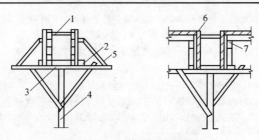

图 3.2.12　矩形单梁模板

1—撑木；2—夹木；3—底板；4—支撑；5—斜撑；6—侧板；7—托木

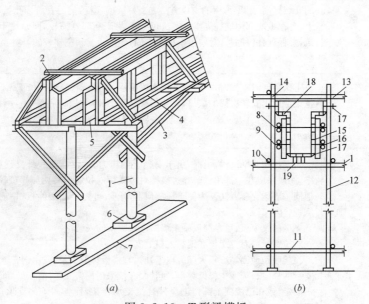

(a)　　　　　　　　　　(b)

图 3.2.13　T形梁模板

1—支柱；2—搭头木；3—斜撑；4—夹条；5—木档；6—楔子；7—垫板；8—对拉螺栓；9—钩头螺栓；
10—纵向联系杆；11—支承横杆 φ48mm；12—支承杆 φ48mm；13—横杆；14—扣件；
15—内钢楞；16—外钢楞；17—连接角膜；18—阴角模；19—钢管脚手

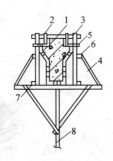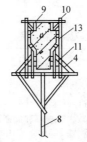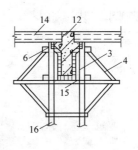

图 3.2.14　花篮梁模板

1—搭木；2—吊档；3—木档；4—斜撑；5—撑木；6—横档；7—夹木；8—支撑；9—钢侧模；10—钢管夹架；
11—对拉螺栓；12—斜板；13—花篮边模；14—多孔板；15—横梁；16—支柱

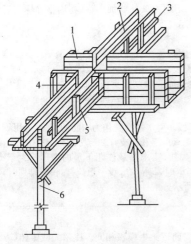

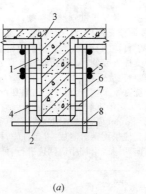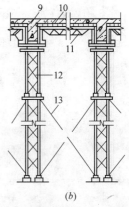

图 3.2.15　主次梁模板

1—主梁侧模；2—次梁侧模；3—横档；
4—立档；5—夹木；6—支撑

图 3.2.16　深梁与高梁模板

（a）深梁支模；（b）高梁支模

1—钢侧模；2—连接角模；3—阴角模板；4—蝶形扣件；
5—对拉螺栓；6—$\phi48\times3.5$ 钢管；7—钩头螺栓；
8—钢管扣件；9—梁侧板；10—板模板；
11—钢桁架；12—排架；13—$\phi6$ 缆风绳

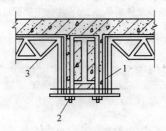

图 3.2.17　劲性钢梁模板

1—钢梁；2—吊挂螺栓；3—桁架@1000mm

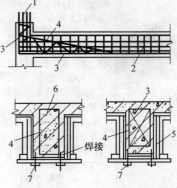

图 3.2.18　深梁悬吊模板

1—柱主筋；2—梁主筋；3—加固筋；4—悬索筋；
5—主筋；6—箍筋；7—吊挂螺栓

（4）板模板制作安装，如表 3.2.7 所示。

板模板制作安装 表 3.2.7

序 号	项 目	内 容
1	有梁楼板	（1）一般木模支模 主次梁支模方法同表 3.2.6 序号 4 主次梁模板。板模板安装时，先在次梁模板的外侧弹水平线，其标高为梁板板底标高减去模板厚和搁栅高度，再按墨线钉托木，并在侧板木档上钉竖向小木方顶住托木，然后放置格栅，再在底部用牵杠撑支牢。铺设板模从一侧向另一侧密铺，在两端及接头处用钉钉牢，其他部位少钉，以便拆模，如图 3.2.19 所示。 （2）桁架支模 用钢桁架代替木搁栅及梁底支柱，桁架布置的间距和承载能力应经过核算，同时在梁两端设双支柱支撑或排架，将桁架置于其上，如柱子先浇灌，亦可在柱上设置埋设件，上放托木支承梁桁架。支承板桁架上要设小方木，并用钢丝绑牢。两端支承处要加木楔，在调整好标高后钉牢。桁架之间设拉接条，使其稳定，如图 3.2.20 所示。 （3）钢管脚手支模 在梁板底部搭设满堂红脚手架，脚手杆的间距根据梁板荷载而定，一般在梁两端设两根脚手杆，以便固定梁侧模，在梁间根据板跨度和荷载情况设 1～2 根脚手杆（板跨在 2m 以内），也可不设脚手杆，立管横管交接处用扣件固定。梁板支撑同一般梁板支模方法。本法多用于组合钢模板支撑配套使用，如图 3.2.21 所示。 （4）塑料模壳支模 对现浇井字梁楼板，可采用塑料开口模壳作为模板。用塑料模壳作为密肋的模板，采用钢结构工具式、用销钉组装的支撑系统。它由钢搁栅、支承角钢和钢支柱三部组成，用销钉连接。铁搁栅用 3mm 厚薄壁型钢制成。三面压制，一面焊接，要求荷载作用下竖向变形不大于 $L/300$，钢支柱采用钢管制成，上带柱帽，柱高超过 3.5m 时，每隔 2m 设一道拉杆，模壳排列时，均由中间向两边或由柱中向两边进行，如图 3.2.22 所示。
2	无梁楼板	（1）一般木模模板 由柱帽模板和楼板模板组成。楼板模板的支设与肋形梁板模板相同。柱帽为截锥体（方形或圆形），制作应按 1∶1 大样放线制作成两半、四半或整体。安装时，柱帽模板的下口与柱模上口牢固相接，柱帽模板的上口与楼板模板镶平接牢，如图 3.2.23 所示。 （2）钢管脚手支模 当采用组合钢模板时，多用钢管作模板的支撑体系，按建筑柱网设置满堂钢管排撑作支柱，顶部用 $\phi48$mm 钢管作钢楞，以支承楼板钢模板，间距按设计荷载和楼层高而定，一般不大于 750mm，钢管交接处扣件固定，板模板直接铺设在横管上，钢模间用 U 形扣件连接，但 U 形卡数量可适当减少，以方便拆模。 柱帽模板实样作成工具式整体斗模，采用 4 块 3mm 厚梯形钢板组成，每块钢板用 L50×5 与钢板焊接，板间用螺栓连接，组成上口和下口要求的尺寸，柱帽斗模下口与柱上口、柱帽上口与钢平模密切相接，如图 3.2.24 所示。 （3）台模（飞模）支模 1）当楼层的标准层较多，可将每一柱网楼板划分为若干张几何条件相同的台子组成台模（又称飞模）直接在现场组装而成。每一台模为一预拼装整体模板，它是由组合钢模板组成一定大小的大面积板块，再和 $\phi48$mm 钢管支撑系统组成一个整体。模板之间用 U 形卡（一倒一正对卡）连接，钢管支架用扣件连接，模板与钢管支撑间用钩头螺栓连接。每一台模采取现场整体安装，整体拆除。 2）柱帽斗模制作与钢管脚手支模法相同，安装时下口支承于柱筒模上口，上口用 U 形卡与台模连接，当楼板混凝土浇筑并养护好后，用小液压千斤顶顶住台模下部横管，拆除木楔和砖墩（或拔出钢套管、连接螺栓），提起钢套管，推入四轮台车，使台模落于台车上即可移至楼板外侧搭设的平台上，用塔吊吊至上层重复使用。 3）台模具有重量轻、承载力高（11kN/m²），简化工序，组装方便，配件标准化，可预先组装，一次配板，层层使用，省脚手，提高工效，加速进度等优点，但需与塔吊配合，适应于标准层多，柱网比较规则，层高变化不大的高层建筑和框架使用，最适于柱帽尺寸一致的多层无梁楼板应用，如图 3.2.25 所示。

序号	项　目	内　　容
3	施工要求	（1）楼板模板铺木板时，只要在两端及接头外钉牢，中间层尽量少钉或不钉，以利拆模。如采用定型木模板，需按其规格距离铺设搁栅，不够一块定型木模板的空隙，可用木板镶满或用0.75～2mm厚铁皮板盖住。若用20mm厚胶合板作楼板模，搁栅间距不大于500mm，采用组合式定型钢模板作楼板时，拼模处采用少量U形卡即可。 （2）采用桁架支模时，应根据荷载情况确定桁架间距、桁架上弦要放小方木，用铁丝绑紧，两端支承处要设木楔，在调整标高后钉牢，桁架之间设拉接条，保持桁架垂直。 （3）挑檐模板必须撑牢拉紧，防止向外倾覆，确保安全

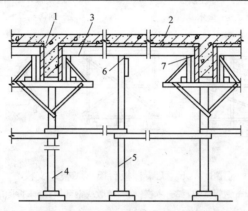

图 3.2.19　有梁楼板一般木模支模

1—梁侧模；2—楼板底模；3—搁栅；4—顶撑；5—牵杠撑；6—牵杆；7—托木

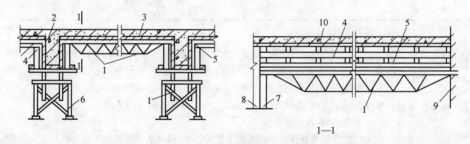

1—1

图 3.2.20　有梁楼板桁架支模

1—钢桁架；2—侧模；3—底模；4—托木；5—夹木；6—排架；7—支柱；8—柱模；9—墙；10—搁栅

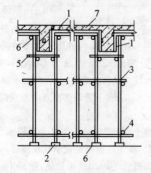

图 3.2.21　有梁楼板钢管脚手支模

1—钢模板；2—垫木；3—钢管脚手；4—扣件；5—横楞

6—木楔；7—40×60木方或ϕ48钢管

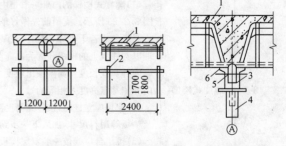

图 3.2.22　有梁楼板塑料模壳支模

1—塑料模壳；2—钢支柱；3—钢龙骨；4—钢支柱

5—销钉或销片；6—L50×50

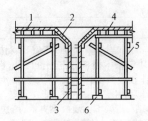

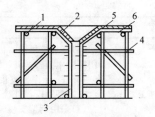

图 3.2.23　无梁楼板一般木模支模 　　　　图 3.2.24　无梁楼板钢管脚手支模

1—楼板模板；2—柱帽模板；3—柱模板；　　1—钢模板；2—柱帽钢模板；3—柱钢模；

4—搁栅；5—木支撑；6—垫木　　　　　　　4—钢管支撑；5—内钢楞；6—外钢楞

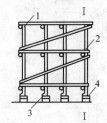

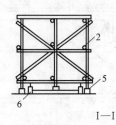

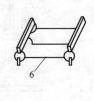

图 3.2.25　无梁楼板台模（飞模）支模

1—组合钢模板台面；2—钢管支架；3—木楔；4—砖墩或钢套筒；5—拆除的砖墩；6—四轮台车

（5）楼梯模板制作安装，如表 3.2.8 所示。

楼 梯 模 板　　　　　　　　　　　　　　表 3.2.8

序　号	项　　目	内　　　　　容
1	板式楼梯	（1）板式楼梯模板 　　楼梯有梁式与板式之分，其支模方法基本相同，就板式楼梯而言，模板支设前，先根据层高放大样，一般先支基础和平台梁模板，再装楼梯底模板，外帮侧板。在外帮侧板内侧，放出楼梯板厚度线，用样板划出踏步侧板的挡木，再钉侧板。如楼梯宽度大，则应沿踏步中间上面设反扶梯基，加钉 1～2 道吊木加固，如图 3.2.26、图 3.2.27 所示。 （2）组合钢模板楼梯模板 　　采用组合钢模板作楼梯模板的支撑方法是：楼梯底模用钢模平铺在斜杆上，楼梯外帮侧模可以制成异形钢模，也可用一般钢平模侧放。踏步级采用钢模，一头固定在外帮侧模上，另外一头用一至二道反扶梯基加三角撑定位，如图 3.2.28 所示。
2	螺旋式楼梯	（1）螺旋式楼梯的内外一般是由同一圆心的两条直径不同的螺线组成螺旋面分级而成，如图 3.2.29 所示。支模前先做好地面垫层，在垫层上画出楼梯内外边轮廓线的两个半圆，并将圆弧分成若干等分，定出支柱基点，如图 3.2.30 的 $ABCDE$ 及 $A_1B_1C_1D_1E_1$，根据螺线原理以圆弧线上的梯级高度为总高度减掉弧线外直线上的步数（图上 $h = 3800 - 152 = 3648$），以内外弧线长度及高度画出坡度线。在 $\triangle aob$ 及 $\triangle a_1o_1b_1$ 上量取各基点的垂直高度（相应的内外侧基点高度是相等的）。 （2）配顶撑立柱时，按各点高度减去楼梯板混凝土厚度 350mm，再减去底模板、搁栅、牵杠及垫板等用料尺寸，加最下一步到地面垫层高度。在支柱顶部架设牵杠及搁栅，满铺底板。 （3）挑出台口线按一般双层模板施工法，在满铺底板上画出楼梯边线，随梯步口进行模板架设。由于上述外圈基点支柱的间距过大，在牵杠下按间距不大于 700mm 补充支柱，如图 3.2.31 所示。

续表

序 号	项 目	内 容
3	施工要求	(1)楼梯模板施工前应根据实际层高放样,先安装平台梁及基础模板,再装楼梯斜梁或楼梯底模板,然后安装楼梯外帮侧板,外帮侧板应先在其内侧放出楼梯底板厚度线,用套板画出踏步侧板位置线,钉好固定踏步侧板的档木,在现场装钉侧板。 (2)如果楼梯较宽时,沿踏步中间的上面加一或二道的反扶梯基,反扶梯基上端与平台梁外侧板固定,下端与基础外侧板固定撑牢。 (3)如果先砌墙后安装楼梯模板时,则靠墙一边应设置一道反扶梯基以便吊装踏步侧板。 (4)梯步高度要均匀一致,特别要注意最下一步及最上一步的高度,必须考虑到楼地面层粉刷厚度,防止由于粉面层厚度不同而形成梯步高度不协调

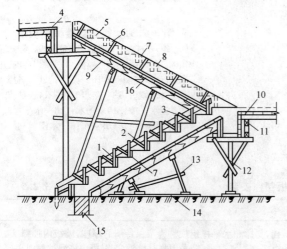

图 3.2.26　板式楼梯模板

1—反扶楼基;2—斜撑;3—吊木;4—楼面;5—外帮侧板;
6—木档;7—踏步侧板;8—档木;9—搁栅;10—休息
平台;11—托木;12—琵琶撑;13—牵杠撑;
14—垫板;15—基础;16—楼梯底板

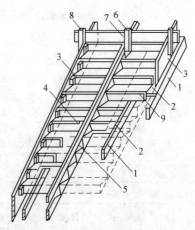

图 3.2.27　反扶梯基模板

1—搁栅;2—底模板;3—外帮侧模;4—反扶梯基;
5—三角木;6—吊木;7—上横楞;
8—立木;9—踏步侧板

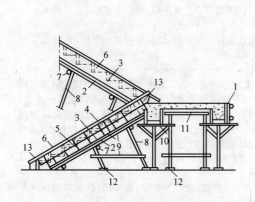

图 3.2.28　组合钢模板楼梯

1—钢模板;2—钢管斜楞;3—梯侧钢模;4—踏步级
钢模;5—三角支撑;6—反扶梯基;7—钢管横梁;
8—斜撑;9—水平撑;10—楼梯梁钢模;
11—平台钢模;12—垫木及木楔;
13—木模镶补三角侧模

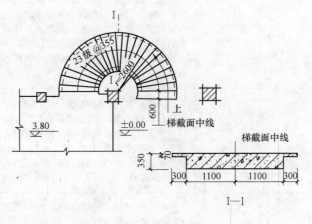

图 3.2.29　螺旋楼梯平面

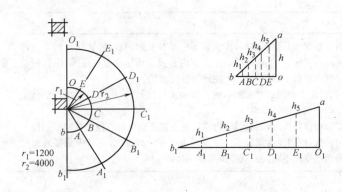

图 3.2.30   螺旋线各基点高度

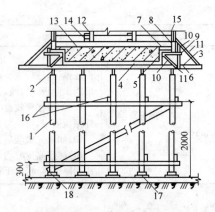

图 3.2.31   螺旋式楼梯模板

1—支柱；2—牵杠；3—搁栅；4—底模板；5—侧模；
6—小顶撑；7—挑出台口底模板；8—挑出台口边模；
9—挑出台口底搁栅；10—夹条；11—斜撑；
12—反扶梯基；13—踏步侧板；14—踏步
侧板水平撑；15—档木；16—水平
搭头；17—垫木；18—木楔

（6）墙模板制作安装，如表 3.2.9 所示。

墙模板制作安装   表 3.2. 9

序号	项　　目	内　　　　容
1	一般支模	墙体模板一般由侧板、立档、横档、斜撑和水平撑组成。为了保持墙的厚度,墙板内加撑头。防水混凝土墙则加设有止水板的撑头或不加撑头(即采用临时撑头,在混凝土浇灌过程中逐层逐根取出)。斜撑垫板在泥地上可用木桩固定,在混凝土楼板上可利用预埋件或筑临时水泥墩子作固定。如有相邻两道墙模时,可采用上下对撑及顶部平搭以保证墙面垂直,同时尚应采取其他措施要避免仅用平搭,造成后浇灌的墙模顶部推移,如图 3.2.32 所示。
2	定型模板支模	混凝土墙体较多的工程,宜采用定型模板施工以利多次周转使用。定型模板可用木模或组合钢模板,以斜撑及钢楞保持模板的垂直及位置,由穿墙螺栓(对拉螺栓)及横档、直挡(钢楞)承受现浇混凝土的侧压力,墙模底部用砂浆找平层调整高度零数,或用木方垫平。墙模宽度的零数用小木方补足,用钉子固定。 长度较大的外墙模板,其横向外钢楞必须连通并连接牢固,以保证外墙的平整,如图 3.2.33 所示。
3	桁架支模	当墙体较高、支撑较困难时,可用桁架支模或排架支模法。桁架支模方法系在墙两侧设竖向桁架作立楞,两端用螺栓或钢箍套拉紧,对厚壁墙可利用墙内主筋焊成桁架与模板螺栓连接,以承受混凝土侧向荷载,而不用支设斜撑,只在顶部搭设搭头木和少量斜支撑,使模板保持竖向稳定。排架支模系在墙一侧搭设侧向刚度大的排架,支模时,先在排架立柱下放置垫木,以排架为依托,先立一面侧板,找正并固定,绑完墙钢筋后,再立另一面侧板。亦可按墙体高度分层支设,灌筑完一层,再支设一层模板,直到完成,如图 3.2.34 所示。
4	施工要求	(1)先放出中心线和两边线,选择一边先装,立竖档、横档及斜撑、钉模板,在顶部用线锤吊直,拉紧找平,撑牢钉实。木模板一般采用横板。 (2)待钢筋绑扎好后,墙基础清理干净,再竖立另一边模板,程序同上,但一般均加撑杆或对拉螺栓以保证混凝土墙体厚度。 (3)近来有很多施工单位采取先绑扎好墙体钢筋,将组合式钢模板或定型木模预先组成大模板(四角留出一定空隙,最后镶入角模)、利用起重吊车将一片片墙模吊装就位;甚至组成筒子模,整体吊入一个房间的四面模板(角模先缩进或后装)

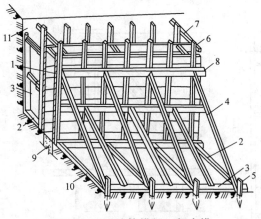

图 3.2.32 墙体模板一般支模
1—侧板；2—水平撑；3—垫板；4—斜撑；5—木桩；
6—立档；7—搭头木；8—横档@1000～1500；
9—基础；10—泥地；11—土壁

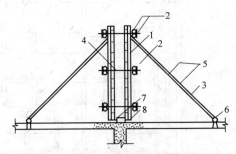

图 3.2.33 定型模板墙板支模
1—钢模板；2—钢楞；3—钢管斜撑；4—对拉螺栓；
5—扣件；6—预埋铁件；7—导墙；8—找平层

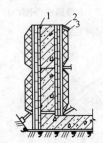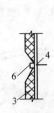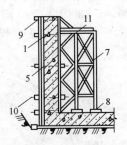

图 3.2.34 墙体桁架或排架模板支模
1—墙模板；2—支撑；3—桁架；4—钢筋套；5—对拉螺栓；6—木楔；7—排架；
8—垫板；9—立档；10—水平夹木；11—平台板

(7) 漏斗模板制作安装，如表 3.2.10 所示。

漏斗模板制作方法 　　　　　　　　　　　　　表 3.2.10

序 号	项 目	内 容
1	方锥形漏斗	先立料斗孔口模板及上口梁底模板，然后支撑料斗外模，一般为横板立档加牵杠撑。内模板的立档与牵杠的布置，基本上与外模相对应，以便用铁丝或螺栓与外模拉紧。内模可采用一次全部装好，在一定部位留出混凝土浇灌孔，或先仅安装立档，预制定型模板，随混凝土的浇灌将定型模板逐块安装，采用水泥垫块或钢筋弯脚，或 ϕ25mm 钢管保持内外模板的间距，如图 3.2.35 所示。
2	圆锥形漏斗	(1)放平面大样，要放足尺大样，根据圆周长度作出适当分块数及内模分段的设计，如图 3.2.36 所示。 (2)放剖面大样也要放足尺大样。 (3)量出(或算出)料斗两段内外模长度，设计圈带道数(一般间距 450～600mm)，量出(或算出)每道圈带的半径长度，上下两段内模的交接处，一般设置在环形梁的里侧上口，以利于环形梁混凝土的浇灌。量取圈带半径时，注意外模圈带应加模板厚度、内模圈带应减模板厚度，如图 3.2.37 所示。
3	施工要求	(1)料斗模板配置前，其主要部位应放出足尺大样。 (2)料斗孔口底部，一般离地面较高，下面的支承排架采用分层支设。其支柱大小及间距，应根据具体情况经设计确定。如在钢筋混凝土平台上竖立柱(牵杠撑)，应复核平台强度。 (3)料斗上部如为筒仓，其筒壁宜用滑升模板施工

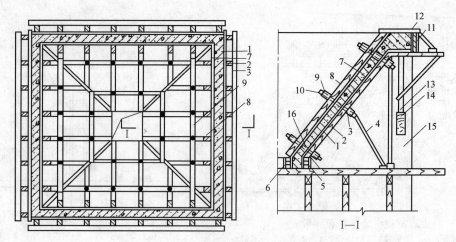

图 3.2.35 方锥形料斗模板

1—外模板；2—外模立档；3—外模牵杠；4—斜撑；5—斗底外边模；6—斗底内模；7—内模板；
8—内模立档；9—内模牵杠；10—内外模夹紧螺栓；11—上口圈梁外模；12—搭头木；
13—琵琶撑；14—木楔；15—混凝土柱；16—撑头

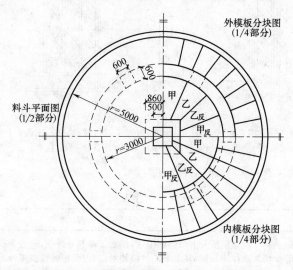

图 3.2.36 圆锥形料斗平面及模板分类

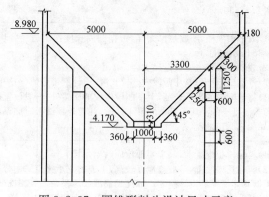

图 3.2.37 圆锥形料斗设计尺寸示意

（8）设备基础模板制作安装，如表 3.2.11 所示。

设备基础模板制作安装　　　　　　　　　　表 3.2.11

序号	项　目	内　容
1	矩形块状基础	矩形块状设备基础的截面大于 500mm×500mm 时，可按图 3.2.38 支模，截面增大时，可增设对拉螺栓，其间距可按 600mm 设置，较小的截面可以更简单一些。
2	设备基础侧壁支模	（1）双拉方式固定模板 大型设备基础侧壁的外模，对拉螺栓可使用 M16，间距 750mm，要采用双拉方式来固定模板。所设双道 $\phi12$mm 拉筋，要用花篮螺栓拉紧，特制的对拉螺栓内杆应焊在结构钢筋上，如图 3.2.39 所示。 （2）支拉方式固定模板 大型设备基础侧壁的外模，也可采用支拉方式来固定模板。外侧采用斜撑和加强杆，斜撑支在通长角钢上，并设有可调千斤顶螺杆以资调节。角钢可用间隔布置的预埋的短钢筋定位。对拉螺栓的螺杆亦与结构钢筋焊接，如图 3.2.40 所示。
3	带沟道支模	厚壁大型设备基础当内部有沟道时，配模方式可参照图 3.2.41，采用重型四管支柱作支撑件，并加设剪刀撑撑固。图中，A 为单管横向支杆，两头带可调千斤顶螺杆；B 为三节对拉螺栓；C 为 2⊏100×50×20×3 薄壁型钢外钢楞；D 为施工缝；E 为模板支承架；F 为 2⊏100×50×20×3 薄壁型钢内钢楞。
4	顶板支模	基础顶板混凝土厚度在 1～2m 之间时，模板的支撑件要用四管支柱，间距在 1500～2000mm。作拉接用的系杆采用 $\phi48×3.5$mm 的钢管。次梁和主梁可采用槽钢，规格根据计算决定，还应验算挠度，如图 3.2.42 所示。
5	内部不同标高支模	设备基础内部不同标高吊模施工： 大型设备基础内部，往往各部位的标高位置情况比较复杂，遇有不同标高时，可采用吊模施工，实行高差混凝土施工法。施工中，要注意标高的准确性，要用测量仪器给出标高的位置，吊模的结构构造如图 3.2.43 所示。
6	施工缝支模	基础施工缝处的模板，可使用两层钢板网。混凝土浇筑后，拆除支撑和固定架，保留钢板网不拆，可直接继续浇筑混凝土，节省了处理混凝土表面的工序，如图 3.2.44 所示。
7	曲面支模	用可变组合桁架的曲面支模 遇曲面基础壁如椭圆形的浓缩池等，当混凝土壁厚为 100mm，模板采用定型组合钢模板时，使用桁架支模最为方便，桁架杆件采用 $\phi48×3.5$ 钢管，支承件则用 $\phi25$ 钢筋加工制成，各部件节点采用自由式铰链连接，如图 3.2.45 所示。
8	轧钢机基础支模	轧钢机设备基础局部支模如图 3.2.46、图 3.2.47 所示。图 3.2.46 供有沟道的基础作参考。钢楞可采用 2$\phi48×3.5$ 钢管，或选用 2⊏100×50×20×3 的薄壁型钢。对拉螺栓用 M16，间距 750mm。遇外墙时，对拉螺栓上要加焊止水杯；图 3.2.43 为对拉螺栓为 M16，间距 750mm；沟道里壁的钢楞采用 2$\phi48×3.5$mm 钢管。采用四管支柱的场合要用 $\phi10$mm 钢筋以花篮螺栓拉紧，间距 300mm。
9	沟道支模	基础内沟道的支模，在内、外楞下面设置单管支柱，上面用可调杆千斤顶作调节，每 750mm 设立一道，这里是双行支柱。下部为⊏8 槽钢模梁，上置通长⊏8 槽钢。并在此槽钢上焊 $\phi28$mm 钢筋作放置单管支柱，$l=100$mm，间距同为 750mm，如图 3.2.47 所示。

序　号	项　目	内　容
10	施工要求	(1)大型设备基础,一般设计成筏片大底板。中间由墙和柱(墩)支承,上面设计为满堂的厚大顶板。根据设备特点、工艺需要和使用要求,也常将设备基础设计成多种多样。如箱形基础、大块体基础、逆作基础等。箱形基础常为封闭工箱形,支模浇筑混凝土后拆除模板,均有一定困难,须根据结构特征,确定在适当位置留置拆除孔,以利模板拆除后运出。模板全部拆除运出后必须对孔洞加以修补,采用简易吊模浇筑孔洞处混凝土。 (2)大型设备基础内部常埋设有工艺管道、电缆套管等各种用途的管道和套管。这样就要按设计要求的标高、位置采用不同形式的固定支架固定管道和套管。 (3)大型设备基础除造型复杂外,大部分基础埋入地下的深度较大,这样就要求基础必须具有防水性能。此时,一般采用橡胶止水带或钢止水板。设计上所要求的大多是橡胶止水带,而施工需要留置施工缝处则设置钢止水板。这样就需要在支模时用固定支架处理好止水带(板)的位置,保证混凝土浇筑时,止水板(带)不变位。 (4)大型设备基础由于形体大而且混凝土需用量多,施工时往往不能够一次浇筑完成,除按规定分段分层浇筑外,还应考虑必要的分层分块施工,以简化支模形式,使模板和支撑件流水周转使用。 (5)大型设备基础形体大,使模板承受的荷载也较大,一般宜采用刚度、强度较高的模板和支撑件进行支模,主要以定型组合钢模板及其附属配件或与之相近的其他高强模板材料为宜。 (6)大型设备基础造型错综复杂,分阶段施工常会造成位置、标高上的不统一。为防止基础各部位相对位置和标高产生错误,必须在支模时做好测量放线工作,根据复测可信的测量控制点进行准确的测量和放线。如为分层分段施工时,应根据放线结果进行检查和处理钢筋的偏位。 (7)大型设备基础埋置较深,施工时要考虑到模板的支撑方式应适合施工需要,可采用托架、对拉、钢筋固定架连接等。 (8)大型设备基础体积大,设计上常设置若干条收缩缝或沉降缝,不同于一般模板工程。往往有时两块或更多块连续施工。这样,伸缩缝(沉降逢)处就需要用固定支架进行固定填充材料,保证施工质量

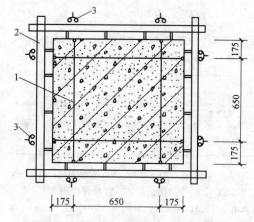

图 3.2.38　矩形混凝土块状基础支模
1—对拉螺栓;2—φ48×3.5钢楞;3—3形扣件

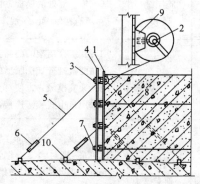

图 3.2.39　设备基础侧壁双拉方式固定支模
1—钢模板;2—特制对拉螺栓内杆;3—对拉螺栓外杆;
4—2[100×50×20×3 外钢楞;5—φ12 拉筋;
6—花篮螺栓;7—2[100×50×20×3 内钢楞;
8—螺栓内杆(焊在结构钢筋上);
9—顶帽;10—预埋钢筋

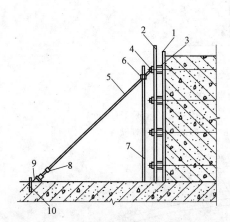

图 3.2.40　设备基础侧壁支拉式固定支模

1—钢模板；2—2ᄃ100×50×20×3 外钢楞；3—2ᄃ100×
50×20×3 内钢楞；4—对拉螺栓（与结构钢筋焊接）；
5—ϕ48×3.5（mm）斜撑；6—扣件；7—ϕ48×3.5（mm）
加强杆；8—可调螺栓；9—通长角钢；
10—预埋短钢筋

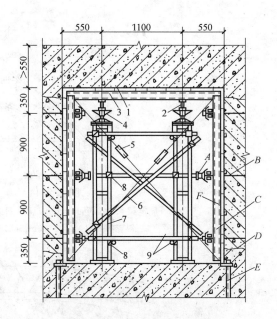

图 3.2.41　带沟道基础的支模

1—钢模板；2—主梁；3—次梁；4—可调螺杆；
5—支叉花篮螺栓拉索调节；6—剪刀撑；
7—四管支柱；8—扣件；9—系杆

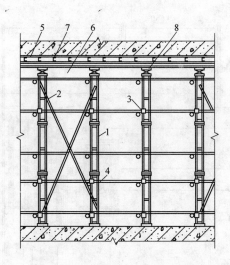

图 3.2.42　基础顶板的支模

1—四管支柱；2—剪刀撑；3—扣件；4—系管；5—钢
模板；6—主梁；7—次梁；8—可调螺杆

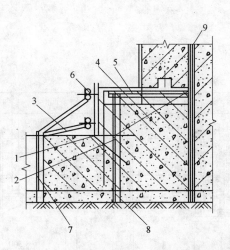

图 3.2.43　设备基础内部不同标高吊模

1—L50×5 托架；2—ϕ20 钢筋；3—ϕ48×3.5mm 支撑；
4—ϕ20 钢筋焊接；5—L50×5 固定架；6—ϕ48×
3.5mm 钢楞；7—L50×5 角钢；
8—预埋铁件；9—伸缩缝

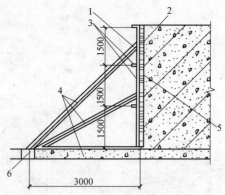

图 3.2.44   施工缝的模板支模

1—固定架 ϕ20mm@1000mm；2—钢板网两层；3—钢楞L63×6@1500mm；

4—斜支撑L63×6@1500mm；5—ϕ20mm@300mm；6—预埋铁件

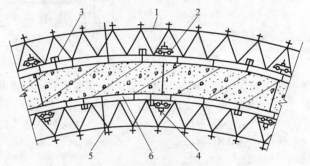

图 3.2.45   用可变组合桁架的曲面支模

1—可变桁架；2—ϕ48×3.5mm纵向钢楞；3—连接件；4—对拉螺栓；5—支撑件；6—钢模板

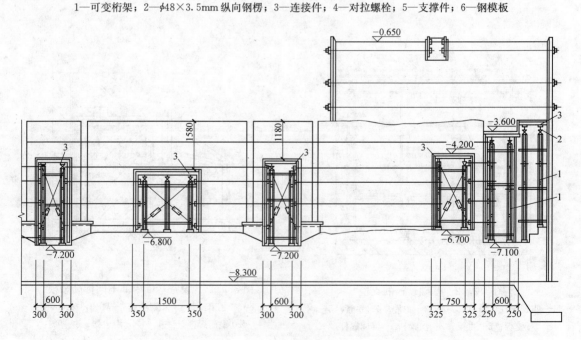

图 3.2.46（a）   轧钢机设备基础局部支模（一）

1—四管支柱@1500mm；2—四管支柱@1500mm；3—I20d

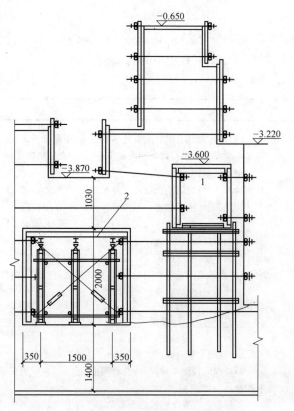

图 3.2.46（*b*）　轧钢机设备基础局部支模（二）

1—沟道；2— Ⅰ 12b@750mm

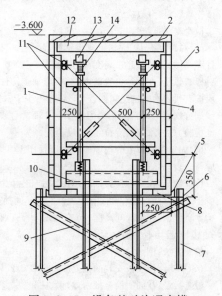

图 3.2.47　设备基础沟通支模

1—单管支柱；2—木模板；3—对拉螺栓 M16@750mm；4—*φ*10 钢筋连花篮螺栓@3000mm；5—∟75（通长）；

6—*φ*20mm 拉接及剪刀撑；7—∟75 立柱@750mm；8—模板平支 250mm；9—∟50 剪刀撑@3000mm；

10—〔8 横梁@750mm，*l*＝800mm；11—*φ*48×3.5mm 钢楞；12—〔8 内楞@500mm；

13—〔8 通长外楞；14—可调螺杆

4. 质量标准

竹、木模板质量标准，除应符合表 3.2.12 所示要求外，还应符合混凝土结构工程施工质量验收规范（GB 50204—2002）中之 4 的有关规定。

质量标准   表 3.2.12

序 号	项 目	内 容
1	主控项目	(1)模板及其支架必须有足够的强度、刚度和稳定性，其支架的支承部分必须有足够的支承面积。如安装在基土上，基土必须坚实并有排水措施。 检查数量：全数检查。 检验方法：对照模板设计文件和施工技术方案观察。 (2)安装现浇结构的上层模板及支架时，下层楼板应具有承受上层荷载的承受能力，或加设支架；上、下层支架的立柱应对准，并铺设垫板。 检查数量：全数检查。 检验方法：对照模板设计文件和施工技术方案观察。 (3)在涂刷模板隔离剂时，不得沾污钢筋与混凝土接槎处。 检查数量：全数检查。 检验方法：观察。
2	一般项目	(1)模板安装应满足下列要求 1)模板的接逢不应漏浆；在浇筑混凝土前，木模板应浇水湿润，但模板内不应有积水。 2)模板与混凝土的接触面应清理干净并涂刷隔离剂，但不得采用影响结构性能或妨碍装饰工程施工的隔离剂。 3)浇筑混凝土前，模板内的杂物应清理干净。 检查数量：全数检查。 检查方法：观察。 (2)对跨度不小于 4m 的现浇钢筋混凝土梁、板，其模板应按设计要求起拱；当设计无具体要求时，起拱高度宜为跨度的 1/1000～3/1000。 检查数量：在同一检验批内，对梁应抽查构件数量的 10%，且不少于 3 件；对板应按有代表性的自然间抽查 10%，且不少于 3 间；对大空间结构，板可按纵、横轴线划分检查面，抽查 10%，且不少于 3 面。 检验方法：水准仪或拉线、钢尺检查。 (3)固定在模板上的预埋件、预留孔和预留洞均不得遗漏，且应安装牢固，其偏差应符合表 3.2.13 所示。 检查数量：在同一检验批内，对梁、柱和独立基础，应抽查构件数量的 10%，且不少于 3 件；对墙和板，应按有代表性的自然间抽查 10%，且不少于 3 间；对大空间结构，墙可按相邻轴线间高度 5m 左右划分检查面，板可按纵、横轴线划分检查面，抽查 10%，且均不少于 3 面。 检验方法：钢尺检查。 (4)现浇结构模板安装的偏差应符合表 3.2.14 的规定。 检查数量：在同一检验批内，对梁、柱和独立基础，应抽查构件数量的 10%，且不少于 3 件；对墙和板，应按有代表性的自然间抽查 10%，且不少于 3 间；对大空间结构，墙可按相邻轴线间高度 5m 左右划分检查面，板可按纵、横轴线划分检查面，抽查 10%，且均不少于 3 面。 检验方法：钢尺检查

模板上的预埋件、预留孔和预留洞允许偏差　　　　表 3.2.13

项　　目		允许偏差（mm）
预埋钢板中心线位置		3
预埋管、预留孔中心线位置		3
插筋	中心线位置	5
	外露长度	+10,0
预埋螺栓	中心线位置	2
	外露长度	+10,0
预留洞	中心线位置	10
	尺寸	+10,0

注：检查中心线位置时，应沿纵、横两个方向量测，并取其中的较大值。

现浇结构模板安装的允许偏差　　　　表 3.2.14

项　　目		允许偏差	检验方法
轴线位置		5	钢尺检查
底模上表面标高		±5	水准仪或拉线、钢尺检查
截面内部尺寸	基础	±10	钢尺检查
	柱、墙、梁	+4，-5	钢尺检查
层高垂直度	不大于 5m	6	经纬仪或吊线、钢尺检查
	大于 5m	8	经纬仪或吊线、钢尺检查
相邻两板表面高低差		2	钢尺检查
表面平整度		5	2m 靠尺和塞尺检查

注：检查中心线位置时，应沿纵、横两个方向量测，并取其中的较大值。

5. 成品保护

竹、木模板成品保护，如表 3.2.15 所示。

成品保护　　　　表 3.2.15

序　号	内　　　容
1	坚持模板每次使用后清理板面，涂刷脱模剂。
2	按楼板部位对应层层安装，减少损耗。
3	材料应按编号分类堆放整齐

6. 安全环保措施

竹、木模板安全环保措施，如表 3.2.16 所示。

安全环保措施　　　　表 3.2.16

序　号	内　　　容
1	支模过程中应遵守安全操作规程，如遇中途停歇，应将就位的支顶、模板联结稳固，不得空架浮搁。拆模间歇时应将松开的部件和模板运走，防止坠下伤人。
2	拆模时应搭高脚手板。
3	拆楼层外边模板时，应有防高空坠落及防止模板向外倒跌的措施。
4	拆模后模板或木方上的钉子，应及时拔除或敲平，防止钉子扎脚

3.2.2　定型组合模板施工要点

1. 一般规定

定型组合模板一般规定，如表 3.2.17 所示。

一　般　规　定　　　　　表 3.2.17

序　号	项　　目	内　　　容
1	适用范围	(1)本工艺适用于工业与民用建筑现浇钢筋混凝土框架及剪力墙结构以及钢筋混凝土结构的构筑物。 (2)定型组合模板包括定型组合大钢模板、钢框胶合板模板、小钢模。 (3)定型组合大钢模板适用于墙、柱结构，可以单独拼装使用，也可与大钢模板组合使用。 (4)钢框胶合板模板适用于墙、柱、梁结构，可以单独使用，也可组合使用。 (5)小钢模适用于基础结构或表面质量要求不严格的结构不适用于高层混凝土结构。
2	基本概念	(1)定型组合模板：以几种定型尺寸的模板，可以组拼成柱、梁、板、墙的大型模板，整体吊装就位；也可以采用散装散拆方法施工的模板。 (2)面板：与新浇筑混凝土直接接触的承力板。 (3)肋：支撑面板的龙骨。 (4)背楞：增强模板刚度的梁。 (5)对拉螺栓：连接模板随新浇混凝土产生侧压力的专用螺栓

2. 施工准备及工程要点

(1) 施工准备

定型组合模板施工准备，如表 3.2.18 所示。

施　工　准　备　　　　　表 3.2.18

序　号	项　　目	内　　　容
1	技术准备	(1)详细阅读工程图纸，根据工程结构形式、荷载大小、地基土类别、施工设备和材料供应等条件编制模板施工方案，确定模板类别、配置数量、流水段划分以及特殊部位的处理措施等。 (2)确定模板、支架及其辅助配件具有足够的承载能力、刚度和稳定性，能可靠地承受浇筑混凝土的重量、侧压力以及施工荷载，必要时对模板及其支撑体系进行力学计算。
2	材料要求	(1)定型组合大钢模板 　定型组合大钢模板的主要部件有组合钢模板(面板、边框、横竖肋)、模板背楞、支撑架、浇筑混凝土工作平台、穿墙螺栓和柱箍等。 1)定型组合大钢模板面板采用 6mm 热轧厚平板，边框采用 80mm 宽、6～8mm 厚的扁钢或钢板，横竖肋采用 6～8 扁钢，模板总厚度为 86mm。 2)模板背楞采用 8 号或 10 号槽钢，支撑架采用钢管或槽钢焊接而成，操作平台可采用钢管焊接并搭设木板构成，穿墙螺栓采用 T16×6～20×6 的螺栓，长度根据结构具体尺寸而定，柱箍用双 8 号或 10 号槽钢。 3)模板面板的配板应根据具体情况确定，一般采用横向或竖向排列，也可以采用横、竖向混合排列。 4)模板与模板之间采用 M16 的螺栓连接。 5)以定型组合大模板拼装而成的大模板必须安装 2 个吊钩，吊钩必须采用未经冷拉的 I 级热轧钢筋制作。 6)组装后的模板应配置支撑架和操作平台，以确保混凝土浇筑过程中模板体系的稳定性。 (2)钢框胶合板模板 　钢框胶合板模板是以热轧异型型钢为边框，以胶合板(竹胶合板或木胶合板)为面板，并用沉头螺丝或拉铆钉连接面板与横竖肋的一种模板体系。

序　号	项　目	内　容
2	材料要求	1)边框厚度为 95mm,面板采用 15mm 的胶合板,面板与边框相接处缝隙涂密封胶。 2)模板之间用螺栓连接,同时配以专用的模板夹具,以加强模板间连接的紧密性。 3)采用双 10 号槽钢做水平背楞,以确保板面的平整度。 4)模板背面配专用支撑架和操作平台。 (3)小钢模 小钢模由面板和横竖肋组成,面板厚度为 2.3mm 或 2.5mm。模板之间采用 U 形卡和 L 形插销进行横纵方向的拼接,采用碟形扣件、对拉螺栓等对模板进行加固,$\phi48\times3.5$ 钢管作为支架。
3	主要机具	锤子、活动扳手、撬棍、电钻、水平尺、靠尺、线坠、爬梯、吊车等。
4	作业条件	(1)确定所建工程的施工流水段划分。 (2)根据工程的结构形式、特点和现场施工条件,合理确定模板施工的流水段划分,以减少模板投入,增加各周转次数,均衡各工序工程(钢筋、模板、混凝土)的作业量。 (3)确定模板的配板原则并绘制模板平面施工总图,在总图中标志出各种构件的位置、数量等,明确模板的流水方向、位置以及特殊部位的处理措施,以减少模板种类和数量。 (4)确定模板配板的平面布置及支撑布置,根据工程的结构形式设计模板支撑的布置,标志出支撑系统的间距、数量;模板排列组合尺寸;组装模板与其他模板的关系等。 (5)在对模板配板的平面布置及支撑布置的设计基础上,对其强度、刚度、稳定性进行验算,合格后绘制全套模板设计图,包括:模板平面布置配板图、分块图、组装图、节点大样图及非定型拼接件加工图。 (6)轴线、模板线放线,引测水平标高到预留插筋或其他过渡引测点,并办好预检手续。 (7)模板底部宜铺垫海绵条堵缝。外墙、外柱的外边根部,根据标高设置模板承垫木方和海绵条,以保证标高准确和不漏浆。 (8)设置模板定位基准,即在墙、柱主筋上距地面 50~80mm,根据模板线按保护层厚度焊接水平支杆,防止模板水平位移。 (9)钢筋绑扎完毕,预埋水电管线、预埋件等,绑好钢筋保护层垫块,办理预检手续

（2）工程要点

在施工过程中,为保证模板的施工质量,在模板安装前,先检查模板的质量,不符合质量标准的不得投入使用。如表 3.2.19 所示。

工 程 要 点　　　　　　　　　　　　　　　表 3.2.19

序　号	项　目	内　容
1	梁板模板要点	(1)梁、板底不平、下挠,梁侧模不平直,梁上下口涨模。 (2)预防措施:梁、板底模板的龙骨、支柱的截面尺寸及间距应通过设计计算决定,使模板的支撑系统有足够的强度和刚度。施工过程中应认真执行设计要求,防止混凝土浇注时模板变形。模板支柱应立在垫有通长木板的坚实地面上,防止支柱下沉,使梁产生下挠。梁、板模板应按设计或规范要求起拱。
2	柱子模板要点	(1)涨模、断面尺寸不准确 预防措施:根据柱高和断面尺寸设计柱箍自身的截面尺寸和间距以及大断面柱子所使用的穿墙螺栓等,以保证柱模的强度、刚度足以抵抗混凝土的侧压力。施工过程中应按设计要求作业。 (2)柱身扭向 预防措施:支模前先校正主筋,使其首先不扭向。安装斜撑(或拉筋)吊线找垂直时,相邻两片柱模从上端每面吊两点,使线坠到地面,线坠所示的两点到柱位置线的距离相等,即柱模不扭向。 (3)轴线位移,一排柱不在同一直线上 预防措施:成排的柱子,支模前要在地面上弹出柱轴线及轴边通线,然后分别弹出每柱的另一方向轴线,再确定柱的另两条边线。支模时,先立两端柱模,校正垂直与位置无误后,柱模顶拉通线,再支中间各柱模。柱距不大时,通排支设水平拉杆及剪刀撑,柱距较大时,每柱四面设立支撑,保证每柱垂直和位置正确。

续表

序 号	项 目	内 容
3	墙体模板	(1)墙体厚度不一、平整度差 预防措施:模板设计应有足够的强度和刚度,龙骨的尺寸和间距、穿墙螺栓间距、墙体的支撑方法等在施工过程中要严格按照设计的要求实施。 (2)墙体烂根,模板接缝处跑浆 预防措施:模板根部用砂浆找平塞严,模板间连接牢固可靠。 (3)门窗洞口混凝土变形 预防措施:将门窗洞口模板与墙体模板或墙体钢筋连接牢固,加强门窗洞口内的支撑

3. 施工工艺

(1) 定型组合大钢模板

1) 工艺流程

① 墙体组合大钢模板工艺流程,如图 3.2.48 所示。

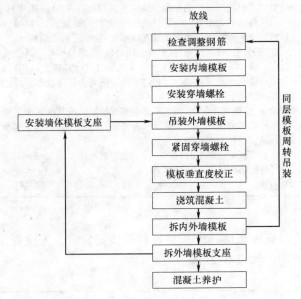

图 3.2.48 墙体组合大钢模板工艺流程

② 柱子大钢模板工艺流程,如图 3.2.49 所示。

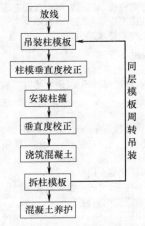

图 3.2.49 柱子大钢模板工艺流程

2) 操作要点

定型组合大钢模板操作要点，如表 3.2.20 所示。

定型组合大钢模板操作要点　　　　　表 3.2.20

序 号	项 目	内 容
1	墙体组合大钢模板的安装	(1)在下层墙体混凝土强度不低于 7.5MPa 时，开始安装上层模板，利用下一层外墙螺栓孔眼安装挂架； (2)在内墙模板的外端头安装活动堵头模板，可用木方或铁板根据墙厚制作，模板要严密，防止浇筑时混凝土漏浆； (3)先安装外墙内侧模板，按照楼板上的位置线将大模板就位找正，然后安装门窗洞口模板； (4)合模前将钢筋、水电等预埋件进行隐检； (5)安装外墙外侧模板，模板安装在挂架上，紧固穿墙螺栓，施工过程中要保证模板上下连接处严密，牢固可靠，防止出现错台和漏浆现象。
2	墙体组合大钢模板的拆除	(1)在常温下，模板应在混凝土强度能够保证结构不变形，棱角完整时方可拆除；冬季施工时要按照设计要求和冬施方案确定拆模时间； (2)模板拆除时首先下穿墙螺栓，再松开地脚螺栓，使模板向后倾斜与墙体脱开。如果模板与混凝土墙面吸附或粘结不能离开时，可用撬棍撬动模板下口，不得在墙上口撬模板或用大锤砸模板，应保证拆模时不晃动混凝土墙体，尤其是在拆门窗洞口模板时不得用大锤砸模板； (3)模板拆除后，应清扫模板平台上的杂物，检查模板是否有钩挂兜绊的地方，然后将模板吊出； (4)大模板吊至存放地点，必须一次放稳，按设计计算确定的自稳角要求存放，及时进行板面清理，涂刷隔离剂，防止粘连灰浆； (5)大模板应定时进行检查和维修，保证使用质量。
3	柱子组合大钢模板的安装	(1)柱子位置弹线要准确，柱子模板的下口用砂浆找平，保证模板下口的平直； (2)柱箍要有足够的刚度，防止在浇筑过程中模板变形；柱箍的间距布置合理，一般为 600 或 900mm； (3)斜撑安装牢固，防止在浇筑过程中柱身整体发生变形。 (4)柱角安装牢固、严密，防止漏浆。
4	柱子模板的拆除	先拆除斜撑，然后拆柱箍，用撬棍拆离每面柱模，然后用塔吊吊离，使用后的模板及时清理，按规格进行码放

(2) 钢框胶合板模板

1) 工艺流程

① 墙体模板安装工艺流程，如下所示：

安装前检查 → 安装门窗洞口模板 → 侧模板吊装就位 → 安装斜撑 →

安装穿墙螺栓 → 吊装另一侧模板 → 安装穿墙螺栓及斜撑 →

调整模板平直 → 紧固穿墙螺栓 → 固定斜撑 → 与相邻模板连接

② 柱模板安装工艺流程，如下所示：

A. 组拼柱模安装工艺流程：

搭设安装架子 → 吊装组装柱模 → 检查对角线、垂直度和位置

安装柱箍 → 安装有梁口的柱模板 → 模板安装质量检查 → 柱模固定

B. 整体预组拼柱模安装工艺流程：

吊装整体柱模并检查组拼后的质量 → 吊装就位 → 安装斜撑 →

全面质量检查 → 柱模固定

③ 梁模板安装工艺流程，如下所示：

弹出梁轴线及水平线并复核 → 搭设梁模支架 → 预组拼模板检查 →

安装梁底模板 → 梁底起拱 → 绑扎钢筋 → 安装梁侧模板 →

安装侧向支撑或对拉螺栓 → 检查梁口、符合模板尺寸 → 与相邻模板连接

④ 楼板模板安装工艺流程，如下所示：

搭设支架 → 安装纵横木楞 → 调整楼板的下皮标高 →

铺设模板 → 检查模板的上皮标高、平整度等

2）操作要点

钢框胶合板模板施工操作要点，如表 3.2.21 所示。

<table>
<tr><td colspan="3">钢框胶合板模板施工操作要点</td><td>表 3.2.21</td></tr>
<tr><td>序 号</td><td>项　　目</td><td colspan="2">内　　容</td></tr>
<tr><td>1</td><td>墙体模板的安装</td><td colspan="2">(1)检查墙模安装位置的定位基准面墙线及墙模板的编号,符合图纸要求后,安装门窗洞口模板及预埋件等;
(2)将一侧预拼装墙模板按位置线吊装就位,安装斜撑或使用其他工具型斜撑调整至模板与地面成 75°,使其稳定座落于基准面上;
(3)安装穿墙螺栓或对拉螺栓和套管,使螺栓杆端向上,套管套于螺杆上,清扫墙体内的杂物;
(4)用上面同样的方法吊装另一侧模板,使穿墙螺栓穿过模板并在螺栓杆端戴上扣件和螺母,然后调整两块模板的位置和垂直度,与此同时调整斜撑角度,合格后,固定斜撑,紧固全部穿墙螺栓的螺母;
模板安装完毕后,全面检查扣件、螺栓、斜撑是否紧固稳定,模板拼缝及下口是否严密。</td></tr>
<tr><td>2</td><td>墙体模板拆除</td><td colspan="2">(1)单块就位组拼墙模,先拆除墙两边的接缝窄条模板,再拆除背楞和穿墙螺栓,然后逐次向墙中心方向逐块拆除。
(2)整体预组拼模板拆除时,先拆除穿墙螺栓,调节斜撑支腿丝杠,使地脚离开地面,再拆除组拼大模板端部接缝处的窄条模板,然后敲击大模板上部,使之脱离墙体,用撬棍撬组拼大模板底边肋,使之全部脱离墙体,用塔吊吊运拆离后的模板。</td></tr>
<tr><td>3</td><td>柱模板安装</td><td colspan="2">(1)组拼柱模的安装:
将柱子的四面模板就位组拼好,每面带一阴角模或连接角模,用 U 形卡正反交替连接;
使柱模四面按给定柱截面线就位,并使之垂直,对角线相等;
用定型柱箍固定,锲块到位,销铁插牢;
对模板的轴线位移、垂直偏差、对角线、扭向等全面校正,并安装定型斜撑或将一般拉杆和斜撑固定在预先埋在楼板中的钢筋环上;
检查柱模板的安装质量,最后进行群体柱子水平拉杆的固定。
(2)整体吊装柱模的安装:
吊装前,先检查整体预组拼的柱模板上下口的截面尺寸、对角线偏差、连接件、卡件、柱箍的</td></tr>
</table>

序 号	项 目	内 容
3	柱模板安装	数量及紧固程度。检查柱筋是否防碍柱模套装,用铅丝将柱顶筋预先内向绑拢,以利柱模从顶部套入; 当整体柱模安装于基准面上时,用四根斜撑与柱顶四角连接,另一端锚于地面,校正其中心线、柱边线、柱模桶体扭向及垂直度后,固定支撑; 当柱高超过6m时,不宜采用单根支撑,宜采用多根支撑连成构架。
4	柱模板拆除	(1)分散拆除柱模时应自上而下、分层拆除。拆除第一层时,用木锤或带橡皮垫的锤向外侧轻击模板上口,使之松动,脱离柱混凝土。依次拆下一层模板时,要轻击模板边肋,不可用撬棍从柱角撬离。拆除的模板及配件用绳子绑扎放到地上。 (2)分片拆除柱模时,要从上口向外侧轻击和轻撬连接角模,使之松动,要适当加设临时支撑,以防止整片柱模整片倾倒伤人。
5	梁板模板安装	(1)在柱子混凝土上弹出梁的轴线及水平线,并复核; (2)安装梁模支架时,若首层为土壤地面,应平整夯实,并有排水措施。铺设通长脚手板,楼地面上的支架立杆宜加可调支座,楼层间的上下支座应在同一平面位置。梁的支架立杆一般采用双排,间距600~900mm为宜;板的支架立杆间距900~1200mm。支柱上的纵肋采用100mm×100mm,横肋采用50mm×100mm木方。支柱中间加横杆或斜杆连接成整体; (3)在支柱上调整预留梁底模板的厚度,符合设计要求后,拉线安装梁底模板并找直; (4)在底板上绑扎钢筋,经检验合格后,清除杂物,安装梁侧模。用梁卡具或安装上下锁口楞及外竖楞,附以斜撑,其间距一般宜为600mm,当梁高超过600mm时,需要加腰肋,并用对拉螺栓加固,侧模上口要拉线找直,用定型夹子固定; (5)复核检查梁模尺寸,与相邻梁柱模板连接固定,安装楼板模板时,在梁侧模及墙模上连接阴角模,与楼板模板连接固定,逐步向楼板跨中铺设模板; (6)钢框胶合板模板的相邻两块模板之间用螺栓或钢销连接,对不够整模数的模板和窄条缝采用拼缝模板或木方嵌补,保证拼缝严密; (7)模板铺设完毕后,用靠尺、塞尺和水平仪检查平整度与楼板底标高,同时进行校正。
6	梁板模板拆除	(1)先拆除支架部分水平拉杆和剪刀撑,以便施工,然后拆除梁与楼板模板的连接角模及梁侧模,以使相邻模板断连; (2)下调支柱顶托架螺杆后,先拆钩头螺栓,再拆下U形卡,然后用钢钎轻轻撬动模板,拆下第一块,然后逐块拆除;不得用钢棍或铁锤猛击乱撬,严禁将拆下的模板自由坠落到地面; (3)对跨度较大的梁底模拆除时,应从跨中开始下调支柱托架,然后向两端逐根下调,先拆钩头螺栓,再拆下U形卡,然后用钢钎轻轻撬动模板,拆下第一块,然后逐块拆除。不得用钢棍或铁锤猛击乱撬,严禁将拆下的模板自由坠落到地面; (4)拆除梁底模支柱时,应从跨中向两端作业

(3) 小钢模板

1) 工艺流程

① 柱模板施工工艺流程,如下所示。

弹柱位置线 → 抹找平层 → 安装小钢模 → 安装柱箍 →

安装拉杆斜撑或对拉螺栓 → 柱模固定

② 墙体模板安装工艺流程,如下所示。

弹墙体位置线 → 安装洞口模板 → 安装墙体模板 →

安装对拉螺栓 → 安装斜撑 → 墙体模板固定

2) 操作要点

小钢模板操作要点，如表 3.2.22 所示。

小钢模板操作要点
表 3.2.22

序号	项目	内容
1	柱模板的安装	(1)按设计标高抹好水泥砂浆找平层,按位置线做好定位墩台,以保证柱轴线与标高的准确,在柱四边离地 50~80mm 处的主筋上焊接支杆,从四面顶住模板,防止位移; (2)安装柱模板:通排柱,先安装两端柱,经校正、固定后拉通线校正中间的各柱。模板按柱子的大小,预拼成一面一片或两面一片,就位后用铅丝与主筋绑扎临时固定,用 U 形卡将两侧模板连接卡紧,安装完两面后再安装另外两面模板; (3)安装柱箍:柱箍可用角钢或钢管等制作,柱箍应根据柱模尺寸、侧压力大小,在模板设计中确定柱箍尺寸间距; (4)安装柱模的拉杆或斜撑:柱模每边设 2 根立杆,固定于事先预埋在楼板内的钢筋环上,拉杆或斜撑与地面宜为 45°,预埋的钢筋环与柱距离宜为 3/4 柱高; (5)将柱模内清理干净,封闭清扫口,办理柱模预检。
2	柱模板拆除	先拆掉柱斜拉杆或斜撑,卸掉柱箍,再把连接每片柱模的 U 形卡拆掉,然后用撬棍轻轻撬动模板,使模板与混凝土脱离。
3	墙体模板安装	(1)按位置线安装门窗洞口模板,安装预埋件; (2)将预先拼装好的一面模板按位置线就位,然后安装拉杆或斜撑,安装套管和穿墙螺栓,穿墙螺栓的规格和间距在模板设计时应明确规定; (3)清扫墙内杂物,安装另一侧模板,调整拉杆或斜撑,使模板垂直后,拧紧穿墙螺栓; (4)模板安装完毕后,检查一遍扣件、螺栓是否紧固,模板拼缝及下口是否严密,办完预检手续。
4	墙体模板拆除	先拆除穿墙螺栓等附件,再拆除斜拉杆或斜撑,用撬棍轻轻撬动模板,使模板离开墙体,即可把模板运走

4. 质量标准

定型组合模板质量标准，除应符合表 3.2.23 所示要求外，还应符合混凝土结构工程施工质量验收规范（GB 50204—2002）中之 4 的有关规定。

质 量 标 准
表 3.2.23

序号	项目	内容
1	主控项目	(1)模板及其支架必须有足够的强度、刚度和稳定性,其支架的支承部分必须有足够的支承面积。如安装在基土上,基土必须坚实并有排水措施;对湿陷性黄土,必须有防水措施;对冻胀土,必须有防冻融措施。 检查数量:全数检查。 检验方法:对照模板设计文件和施工技术方案观察。 (2)安装现浇结构的上层模板及支架时,下层楼板应具有承受上层荷载的承受能力,或加设支架;上、下层支架的立柱应对准,并铺设垫板。 检查数量:全数检查。 检验方法:对照模板设计文件和施工技术方案观察。 (3)在涂刷模板隔离剂时,不得沾污钢筋与混凝土接茬处。 检查数量:全数检查。 检验方法:观察。

序号	项　目	内　　容
2	一般项目	(1)模板安装应满足下列要求： 1)模板的接缝不应漏浆；在浇注混凝土前，模板应浇水湿润，但模板内不应有积水。 2)模板与混凝土的接触面应清理干净并涂刷隔离剂，但不得采用影响结构性能或防碍装饰工程施工的隔离剂。 3)浇筑混凝土前，模板内的杂物应清理干净。 检查数量：全数检查。 检查方法：观察。 (2)对跨度不小于4m的现浇钢筋混凝土梁、板，其模板应按设计要求起拱；当设计无具体要求时，起拱高度宜为跨度的1/1000～3/1000。 检查数量：在同一检验批内，对梁应抽查构件数量的10%，且不少于3件；对板应按有代表性的自然间抽查10%，且不少于3间，对大空间结构，板可按纵、横轴线划分检查面，抽查10%，且不少于3面。 检验方法：水准仪或拉线、钢尺检查。 (3)固定在模板上的预埋件、预留孔和预留洞均不得遗漏，且应安装牢固，其偏差应符合表3.2.24的规定。 检查数量：在同一检验批内，对梁、柱和独立基础，应抽查构件数量的10%，且不少于3件；对墙和板，应按有代表性的自然间抽查10%，且不少于3间；对大空间结构，墙可按相邻轴线间高度5m左右划分检查面，板可按纵横轴线划分检查面，抽查10%，且均不少于3面。 检验方法：钢尺检查。 (4)现浇结构模板安装的偏差应符合表3.2.25的规定。 检查数量：在同一检验批内，对梁、柱和基础，应抽查构件数量的10%，且不少于3件；对墙和板，应按有代表性的自然间抽查10%，且不少于3间；对大空间结构，墙可按相邻轴线间高度5m左右划分检查面，板可按纵、横轴线划分检查面，抽查10%，且均不少于3面。 允许偏差及检验方法见表3.2.25

允许偏差表　　　　　　　　　　　　　　　　　表 3.2.24

项　目		允许偏差（mm）	项　目		允许偏差（mm）
预埋钢板中心线位置		3	预埋螺栓	中心线位置	2
预埋管、预留孔中心线位置		3		外露长度	+10,0
插筋	中心线位置	5	预留洞	中心线位置	10
	外露长度	+10,0		尺寸	+10,0

注：检查中心线位置时，应沿纵、横两个方向量测，并取其中的较大值。

允许偏差及检验方法　　　　　　　　　　　　　表 3.2.25

项　目		允许偏差（mm）	检验方法
轴线位置		5	钢尺检查
底模上表面标高		±5	水准仪或拉线、钢尺检查
截面内部尺寸	基础	−10,+5	钢尺检查
	柱、墙、梁	+2,−5	钢尺检查
层高垂直度	不大于5m	6	经纬仪或吊线、钢尺检查
	大于5m	8	经纬仪或吊线、钢尺检查
相邻两板表面高低差		2	钢尺检查
表面平整度		5	2m靠尺和塞尺检查

注：检查中心线位置时，应沿纵、横两个方向量测，并取其中的较大值。

5. 成品保护

定型组合模板成品保护，如表 3.2.26 所示。

成 品 保 护　　　　　　　　　　表 3.2.26

序 号	内 容
1	保持大模板本身的整洁及配套设备零件的齐全,吊运时防止碰撞墙体,堆放合理,保持板面不变形。
2	大模板吊运就位时要平稳、准确,不得碰撞楼板及其他已施工完毕的部位,不得兜挂钢筋。用撬棍调整大模板时,要注意保护模板下面的砂浆找平层
3	预组拼的模板要有存放场地,场地要平整夯实。模板平放要用木方垫架;立放时要搭设分类模板架,模板落地处要垫木方,保证模板不扭曲、不变形。不得乱堆乱放或在组拼的模板上堆放分散模板的配件。
4	工作面已安装完毕的墙、柱模板,不准在吊运模板时碰撞,不准在预组拼模板就位前作为临时倚靠,防止模板变形或产生垂直偏差。工作面已完成的平面模板不得作为临时堆料和作业平台,以保证支架的稳定,防止平面模板标高和平整度产生偏差。
5	拆除模板时要按程序进行,禁止用大锤敲击,防止混凝土墙面及门窗洞口等出现裂纹。
6	模板与墙面粘结时,禁止用塔吊吊拉模板,防止将墙面拉裂。
7	冬期施工时,大模板背面的保温措施应保持完好。
8	冬期施工防止混凝土受冻,当混凝土达到规范规定的拆模强度后方可拆模,否则会影响混凝土质量

6. 安全环保措施

定型组合模板安全环保措施,如表 3.2.27 所示。

安全环保措施　　　　　　　　　　表 3.2.27

序 号	内 容
1	支模过程中应遵守安全操作规程,如遇途中停歇,应将就位的支顶、模板联结稳固,不得空架浮搁。拆模间歇时应将松开的部件和模板运走,防止坠下伤人。
2	模板支设、拆除过程中要严格按照设计要求的步骤进行,全面检查支撑系统的稳定性。
3	拆楼层外边模板时,应有防高空坠落及防止模板向外倒跌的措施。
4	模板所用的脱模剂在施工现场不得乱扔,以防止影响环境质量。
5	模板放置时应满足自稳角要求,两块大模板应采取板面相对的存放方法。
6	施工楼层上不得长时间存放模板,当模板临时在施工楼层存放时,必须有可靠的防倾倒措施,禁止沿外墙周边存放在外挂架上。
7	模板起吊前,应检查吊装用绳索、卡具及每块模板上的吊钩是否完整有效,并应拆除一切临时支撑,检查无误后方可起吊。
8	在模板拆装区域周围,应设置围栏,并挂明显的标志牌,禁止非作业人员入内。
9	拆模起吊前,应检查对拉螺栓是否拆净,在确无遗漏并保证模板与墙体完全脱离后方准起吊。
10	模板安装就位后,要采取防止触电的保护措施,施工楼层上的漏电箱必须设漏电保护装置,防止漏电伤人。
11	模板拆除后,在清扫和涂刷隔离剂时,模板要临时固定好,板面相对停放之间,应留出 50~60cm 宽的人行通道,模板上方要用拉杆固定

3.2.3　大模板施工要点

1. 一般规定

大模板施工一般规定,如表 3.2.28 所示。

	一般规定		表 3.2.28

序 号	项 目	内 容
1	适用范围	适用于多层和100m以下高层建筑及一般构筑物竖向结构采用全钢、钢木或钢竹大模板工艺施工的现浇混凝土工程。
2	基本概念	(1)大模板 相对于小型模板的大型模板的统称。 (2)面板 与新浇筑混凝土直接接触的承力板。 (3)全钢大模板 面板采用钢板同钢骨架焊接而成的大模板。 (4)钢木大模板 以防水木胶合板为面板,同钢骨架连接而成的大模板。 (5)钢竹大模板 以防水竹胶合板为面板,同钢骨架连接而成的大模板。 (6)肋 支撑面板的龙骨。 (7)背楞 增强模板刚度的横梁。 (8)对拉螺栓 连接模板承受新浇混凝土产生侧压力的专用螺栓。 (9)自稳角 大模板停放时,靠自重作用抵抗风荷载保持自身稳定所倾斜的角度

2. 施工准备及工程要点

(1) 施工准备

大模板施工准备,如表 3.2.29 所示。

	施 工 准 备		表 3.2.29

序 号	项 目	内 容
1	技术准备	根据工程对混凝土表面质量要求和模板的周转使用次数,选择合理的模板类型; (1)进行配板设计应遵循下列原则: 1)根据工程结构具体情况,按照经济、均衡、合理的原则划分施工流水段; 2)模板在各流水段的通用性; 3)单块模板配置的对称性; 4)单块大模板的吊装重置必须满足现场起重设备要求。 (2)配板设计应包括以下内容: 1)绘制配板平面布置图; 2)绘制大模板配板设计图、拼装节点图和构、配件的加工详图; 3)绘制节点和特殊部位支模图; 4)编制大模板构、配件明细表; 5)编写施工说明书。 (3)配板设计方法应符合以下规定: 1)大模板的尺寸必须符合 300mm 建筑模数; 2)经计算确定大模板配板设计长度后,应优先选用同规格定型整体标准大模板或组拼大模板; 3)配板设计中不符合模数的尺寸,宜优先选用组拼调节模板的设计方法,尽量减少角模的规格,力求角模定型化; 4)组拼式大模板背楞的布置与排板的方向垂直;

序　号	项　目	内　容
1	技术准备	5)当配板设计高度较大采用齐缝排板接高设计方法时,应在拼缝处进行刚度补偿; 6)大模板吊环位置设计必须安全可靠,吊环位置的确定应保证大模板起吊时的平衡,宜设置在模板长度的 $0.2 \sim 0.25L$ 处; 7)外墙、电梯井、楼梯段等位置配板设计高度时应考虑同下层搭接尺寸。
2	材料准备	(1)大模板的组成 大模板由面板、钢骨架、角模、斜撑、操作平台挑架、对拉螺栓等配件组成。详见图 3.2.50 大模板组成示意图。 (2)主要材料规格,见表 3.2.30。 (3)大模板的构造要求 1)大模板的外形尺寸、孔眼尺寸应符合 300mm 建筑模数,做到定型化、通用化; 2)大模板的结构应简单、重量轻、坚固耐用、便于加工,面板能满足现浇混凝土成型和表面质量要求; 3)大模板应具有足够的承载力、刚度和稳定性; 4)在正常维护、加强管理的情况下,能多次重复使用; 5)大模板的支撑系统应用调整装置满足施工和安全要求; 6)操作平台可根据施工需要设置,与大模板的连接安全可靠、装拆方便; 7)钢吊环与大模板的连接必须安全可靠,合理确定吊环位置; 8)大模板应配有承受混凝土侧压力、控制墙体厚度的对拉螺栓及其连接件。大模板上的对拉螺栓孔眼应左右对称设置,以满足通用性要求; 9)电梯井筒模必须配套设置专用平台以确保施工安全; 10)大模板背面应设置工具箱,满足对拉螺栓、连接件及工具的放置。 (4)大模板的产品质量 大模板的产品质量应符合《建筑工程大模板技术规范》制作要求和制作允许偏差。
3	机具设备	(1)塔吊:按最远点大模板起重量选型; (2)混凝土输送泵:按混凝土浇灌速度选型; (3)布料机:按布料半径选型。
4	作业条件	(1)大模板施工前必须制定科学合理的施工方案; (2)大模板安装前必须先找平和定位放线,以保证工程结构各部分形状、尺寸和预留、预埋位置正确; (3)在满足工期要求的前提下,根据建筑物的工程量、平面尺寸、机械设备条件等组织实施有节奏的均衡流水作业; (4)合模前应检查验收施工层的钢筋质量,做好隐检记录; (5)浇筑混凝土前必须对大模板的安装情况及安全措施进行检查,并办理检查记录; (6)浇筑混凝土时应设专人对大模板的使用情况进行观察,发生意外情况及时处理

主要材料规格表　　　　　　　　　　　　　　　　　　　表 3.2.30

大模板类型	面板	竖肋	背楞	斜撑	挑架	对拉螺栓
全钢大模板	—6mm 钢板	[8	[10	[8、ϕ40	ϕ48×3.5	M30、T20×6
钢木大模板	15~18 胶合板	80×40×2.5	[10	[8、ϕ40	ϕ48×3.5	M30、T20×6
钢竹大模板	12~15 胶合板	80×40×2.5	[10	[8、ϕ40	ϕ48×3.5	M30、T20×6

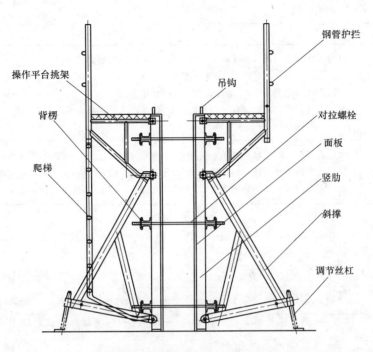

图 3.2.50 大模板组成示意图

（2）工程要点

大模板工程要点，如表 3.2.31 所示。

工 程 要 点 表 3.2.31

序号	项 目	内 容
1	技术要点	（1）大模板制作、安装前必须绘制配板平面图及周转流水调配图。 （2）大模板的外形尺寸和孔洞尺寸宜符合建筑模数，做到定型化、通用化。在正常维护、加强管理的情况下，能多次重复使用。 （3）大模板的结构应简单、重量轻，坚固耐用、便于加工。 大模板之间、大模板与角模、斜撑、挑架及其他配件的连接、拆装方便可靠。
2	材料要点	（1）大模板应具有足够的承载力、刚度和稳定性、大模板所配的对拉螺栓及其配件应能承受混凝土的侧压力拼控制墙体厚度。 （2）全钢大模板的面板宜选用厚平板；钢木或钢竹大模板的面板必须选用双面覆膜的防水胶合板，其割口及孔洞必须作密封处理。 （3）大模板的钢骨架及面板材质均为 Q235。 （4）吊环材料不得冷弯。
3	质量要点	（1）严格控制大模板的加工质量，使外型尺寸、平整度、平直度和孔洞尺寸符合允许偏差要求。 （2）大模板安装前应做好定位放线工作，安装时对号入座，安装后保证整体的稳定性，确保施工中不变形、不错位、不涨模。 （3）大模板就位前应认真清理模板，涂刷隔离剂。 （4）大模板脱模时不得撬动或锤砸，以保护成品。

续表

序号	项　目	内　　　容
4	安全要点	(1)大模板上的吊钩加工时应严格检查,安装使用时也要经常检查。吊运大模板必须采用卡环吊钩。 (2)当风力超过5级时,应停止大模板吊运作业。 (3)大模板停放时必须满足自稳角的要求,两块大模板板面相向放置。施工临时停放时必须有可靠的防倾倒保安全的措施。
5	环境要点	(1)大模板的堆放场地必须坚实平整,不得堆放在松土、冻土或凹凸不平的场地上。 (2)大模板堆放应注意码放整齐,拆除无固定支架的大模板时,应设置固定可靠的堆放架。 (3)大模板板面清理出的碎渣、污垢及时清理运出施工现场,保持现场清洁文明

3. 施工工艺

(1) 工艺流程

大模板施工工艺流程,如下所示。

大模板预拼装 → 定位放线 → 安装模板的定位装置 → 安装门窗洞口模板 →

安装大模板 → 调整模板、紧固对拉螺栓 → 验收 → 分层对称浇筑混凝土 →

拆模 → 清理

(2) 操作方法

大模板的操作方法,如表 3.2.32 所示。

操 作 方 法　　　　　　　　　　　　　　　　表 3.2.32

序号	项　目	内　　　容
1	安装前准备工作	(1)大模板安装前应进行技术交底; (2)模板进场后,应依据模板设计要求清点数量,核对型号,清理表面; (3)组拼式大模板在生产厂或现场预拼装,用醒目字体对模板编号,安装时对号入座; (4)大模板应进行样板间试安装,经验证模板几何尺寸、接缝处理、零部件准确无误后方可正式安装; (5)大模板安装前必须放出模板内侧线及外侧控制线作为安装基准; (6)合模前必须将内部处理干净,必要时在模板底部可留置清扫口; (7)合模前必须通过隐蔽工程验收; (8)模板就位前应涂刷隔离剂,刷好隔离剂的模板遇雨淋后必须补刷;使用的隔离剂不得影响结构工程及装修工程质量。
2	安装规定	(1)大模板安装应符合模板设计要求; (2)模板安装时按模板编号遵循先内侧、后外侧的原则安装就位; (3)大模板安装时根部和顶部要有固定措施; (4)模板支撑必须牢固、稳定,支撑点应设在坚固可靠处,不得与脚手架拉结; (5)混凝土浇筑前应在模板上作出浇筑高度标记; (6)模板安装就位后,对缝隙处应采取有效的堵缝措施; (7)大模板冬期施工应按照《建筑工程冬期施工规程》(JGJ 104—97)的规定执行

4. 质量标准

大模板安装的质量标准,除应符合表 3.2.33 所示要求外,还应符合混凝土结构工程施工质量验收规范(GB 50204—2002)中之4的有关规定。

质量标准　　　　　　　　　　　　　　　　　表 3.2.33

序号	项目	内容
1	主控项目	(1)大模板安装必须保证轴线和截面尺寸准确,垂直度和平整度符合规定要求。 检查数量:全数检查。 检验方法:量测。 (2)大模板安装后应保证整体的稳定性,确保施工中模板不变形,不错位、不涨模。 检查数量:全数检查。 检验方法:观察。
2	一般项目	(1)模板的拼缝要平整,堵缝措施要整齐牢固,不得漏浆。 模板与混凝土的接触应清理干净,隔离剂涂刷均匀。 检查数量:全数检查。 检验方法:观察。 (2)大模板安装和预埋件、预留孔洞允许偏差及检验方法应符合表 3.2.34 的规定

大模板安装和预埋件、预留孔洞允许偏差及检验方法　　　　　表 3.2.34

项目		允许偏差(mm)	检查方法
轴线位置		5	用尺量检查
截面内部尺寸		±2	用尺量检查
层高垂直	全高≤5m	3	用 2m 托线板检查
	全高>5m	5	
相邻模板板面高低差		2	用直尺和尺量检查
平直度		5	上口通长拉直线用尺量检查,下口按模板就位线为基准检查
平整度		3	2mm 靠尺检查
预埋钢板中心线位置		3	拉线和尺量检查
预埋螺栓	中心线位置	10	拉线和尺量检查
	外露位置	+10 0	尺量检查
预留洞	中心线位置	10	拉线和尺量检查
	截面内部尺寸	+10 0	尺量检查
电梯井	井筒长、宽对定位中心线	+25 0	拉线和尺量检查
	井筒全高垂直度	$H/1000$ 且≤30	吊线和尺量检查

5. 成品保护

大模板安装的成品保护,如表 3.2.35 所示。

成品保护　　　　　　　　　　　　　　　　　表 3.2.35

序号	内容
1	模板拆除应在混凝土强度能保证其表面及棱角不因拆模而受损时进行。
2	在任何情况下,操作人员不得站在墙顶采用晃动、撬动模板或用大锤砸模板的方法拆除模板,以保护成品。

续表

序　号	内　　容
3	拆除模板时应先拆除模板之间的对拉螺栓及连接件,松动斜撑调节丝杠,使模板后倾与墙体脱开,在检查确认无误后方可起吊大模板。
4	当混凝土已达到拆除强度而不能及时拆模时,为防止混凝土粘模,可在未拆模之前先将对拉螺栓松开。
5	混凝土结构拆模后应及时采取养护措施。冬期施工阶段除混凝土结构采取防冻措施外,大模板应采取相应的保温措施。
6	大模板及配件拆除后,应及时清理干净,对变形及损坏的部位及时进行维修,对斜撑丝扛、对拉螺栓丝扣应抹油保护

6. 安全环保措施

大模板安装时安全环保措施, 表 3.2.36 所示。

安全环保措施　　　　　　　　　　　　　　　　　　表 3.2.36

序　号	内　　容
1	大模板施工应执行国家和地方政府制定的相关安全和环保措施。
2	模板起吊要平稳,不得偏斜和大幅度摆动,操作人员必须站在安全可靠处,严禁人员随同大模板一同起吊。
3	吊运大模板必须采用卡环吊钩,当风力超过 5 级时应停止吊运作业。
4	拆除模板时,在模板与墙体脱离后,经检查确认无误方可起吊大模板。
5	拆除无固定支架的大模板时,应对模板采取临时固定措施。
6	模板现场堆放区应在起重机的有效工作范围之内,堆放场地必须坚实平整,不得堆放在松土、冻土或凹凸不平的场地上。
7	大模板停放时,必须满足自稳角的要求,对自稳角不足的模板,必须另外拉结固定;没有支撑架的大模板应存放在专用的插放支架上,叠层平放时,叠放高度不应超过 2m(10 层),底部及层间应加垫木,且上下对齐。
8	模板在地面临时周转停放时,两块大模板应板面相向放置,中间留置操作间距;当长时间停放时,应将模板连接成整体;
9	大模板不得长时间停放在施工楼层上,当大模板在施工楼层上临时周转停放时,必须有可靠的防倾倒保证安全的措施;
10	大模板运输根据模板的长度、重量选用车辆;大模板在运输车辆上的支点、伸出的长度及绑扎方法均应保证其不发生变形,不损伤涂层;
11	运输模板附件时,应注意码放整齐,避免相互发生碰撞;保证模板附件的重要连接部位不受破坏,确保产品质量,小型模板附件应装箱、装袋或捆扎运输

3.2.4　高层建筑滑动模板施工要点

1. 一般规定

高层建筑滑动模板一般规定, 如表 3.2.37 所示。

一 般 规 定　　　　　　　　　　　　　　　　　　表 3.2.37

序　号	项　目	内　　容
1	适用范围	(1)适用于采用滑升模板工艺施工的高层建筑钢筋混凝土结构工程。包括:墙板结构、筒体结构、框架结构。 (2)不适用于高耸构造物及其他非房屋建筑。

序　号	项　目	内　　　容
2	基本概念	(1)滑动模板施工 以液压千斤顶为提升机具,带动模板沿着混凝土表面滑动而成型的现浇混凝土结构施工方法,简称滑模施工。 (2)提升架 是滑模装置的主要受力构件,用以固定千斤顶、围圈和保持模板的几何形状,并直接承受模板、围圈和操作平台的全部垂直荷载和混凝土对模板的侧压力。 (3)支承杆 穿心式千斤顶运动的轨道,承受滑模全部施工荷载,其承载能力、直径、材质均应与千斤顶相适应。 (4)滑动模板 高层建筑采用模板与围圈合一的定型大模板,模板连接成箱形模体,用以保证结构截面尺寸几何形状。 (5)空滑 滑模时模板内只存有少量混凝土或无混凝土状态称为空滑。 (6)纠偏 模板滑动过程中产生的偏差,除采取的防偏措施能消除一部分外,可通过自身调节装置或外力作用进行纠正的做法

2. 施工准备及工程要点

(1) 施工准备

高层建筑滑动模板的施工准备,如表 3.2.38 所示。

施工准备　　　　　　　　　　　　　　　　　　表 3.2.38

序　号	项　目	内　　　容
1	技术准备	(1)滑模施工应根据工程结构特点及滑模工艺的要求提出对工程设计的局部修改意见,确定不宜滑模施工部位的处理方法以及划分滑模作业的区段等。 (2)滑模施工必须根据工程结构的特点及现场的施工条件编制施工组织设计,并应包括下列主要内容: 1)施工总平面布置(含操作平台平面布置); 2)滑模施工技术设计; 3)施工程序和施工进度安排; 4)施工安全技术质量保证体系及其检查措施; 5)现场施工管理机构、劳动组织及人员培训; 6)材料、半成品、预埋件、机具和设备供应计划等; 7)特殊部位滑模施工措施; 8)季节性滑模施工措施。 (3)施工总平面布置应符合下列要求: 1)施工总平面布置应满足施工工艺要求,减少施工用地和缩短地面水平运输距离; 2)在所施工建筑物的周围应设立危险警戒区,警戒线至建筑物边缘的距离不应小于其高度的 1/10,且不应小于 10m,不能满足要求时,应采取安全防护措施; 3)临时建筑物及材料堆放场地等均应设在警戒区以外,当需要在警戒区内堆放材料时,必须采取安全防护措施。经过警戒区的人行道或运输通道均应搭设安全防护棚; 4)材料堆放场地应靠近垂直运输机械,堆放数量应满足施工速度的需要; 5)根据现场施工条件确定混凝土供应方式,当设置自备搅拌站时宜靠近施工工程,混凝土的供应量必须满足连续浇灌的需要; 6)供水、供电应满足滑模连续施工的要求。施工工期较长,且有断电可能时,应有双路供

续表

序　号	项　目	内　　容
1	技术准备	电或配自备电源,操作平台的供水系统,当水压不够时,应设加压水泵; 　7)应设置测量施工工程垂直度和标高的观测站。 　(4)滑模装置的组成应包括下列系统: 　1)模板系统包括模板、围圈、提升架及截面和倾斜度调节装置等。 　2)操作平台系统包括操作平台、料台、吊脚手架、滑升垂直运输设施的支承结构等。 　3)液压提升系统包括液压控制台、油路、调平控制器、千斤顶、支承杆。 　4)施工精度控制系统包括千斤顶同步、建筑物轴线和垂直度等的观测与控制设施等。 　5)水电配套系统包括动力、照明、信号、广播、通讯、电视监控以及水泵、管路设施等。 　6)滑模装置剖面示意图详见图 3.2.51。 　(5)滑模装置设计应包括下列内容: 　1)绘制滑模初滑结构平面图及中间结构变化平面图。 　2)确定模板、围圈、提升架及操作平台的布置,进行各类部件和节点设计,提出规格和数量。 　3)确定液压千斤顶、油路及液压控制台的布置,提出规格和数量。 　4)确定施工精度控制措施,提出设备仪器的规格和数量。 　5)进行特殊部位处理及特殊设施(包括与滑模装置相关的垂直和水平运输装置等)布置和设计。 　6)绘制滑模装置的组装图,提出材料、设备、构件一览表。 　(6)滑模装置设计荷载包括下列各项: 　1)模板系统,操作平台系统自重; 　2)操作平台的施工荷载,包括操作平台上的机械设备及特殊设施等的自重、操作平台上施工人员、工具和堆放材料等; 　3)混凝土卸料时对操作平台的冲击力,以及向模板内倾倒混凝土时对模板的冲击力; 　4)混凝土对模板的侧压力; 　5)模板滑动时混凝土与模板之间的摩阻力; 　6)对于高层建筑应考虑风荷载; 　7)液压提升系统的布置应使千斤顶受力均衡,所需千斤顶和支承杆的数量可按下式确定: $$D_{min}=N/P$$ 式中　N——总垂直荷载(kN); 　　　P——单个千斤顶或支承杆的允许承载力(kN),千斤顶的允许承载力为千斤顶额定提升能力的 1/2,两者取其较小者。
2	材料要求	(1)模板:应具有通用性、耐磨性、拼缝紧密、装拆方便和足够的刚度。并符合下列规定: 　1)平模板宜采用模板和围圈合一的组合大钢模板。模板高度:内墙模板 900mm,外墙模板 1200mm,标准模板宽度 900~2400mm。 　2)异型模板、弧形模板、调节模板等应根据结构截面形状和施工要求设计制作。 　3)模板材料规格,见表 3.2.39。 　4)模板制作必须板面平整、无卷边、翘曲、孔洞、毛刺等,阴阳角模的单面倾斜度应符合设计要求。 　(2)提升架宜设计成适用于多种结构施工的类型。对于结构的特殊部位,可设计专用的提升架。提升架设计时,应按实际的垂直和水平荷载验算,必须有足够的刚度,其构造应符合下列规定: 　1)提升架可采用单横梁"Π"形架,双横梁的"开"形架或单立柱的"Γ"形架,横梁与立柱必须刚性连接,两者的轴线应在同一平面内,在使用荷载作用下,立柱下端的侧向变形应不大于 2mm。

续表

序 号	项 目	内 容
2	材料要求	2)模板上口至提升架横梁底部的净高度,对于ϕ25 支承杆宜为 400~500mm,对于ϕ48×3.5 支承杆宜为 500~900mm。 3)提升架立柱上应设有调整内外模板间距和倾斜度的可调支腿。 4)当采用工具式支承杆设在结构体外时,提升架横梁相应加长,支承杆中心线距模板距离应大于 50mm。 (3)围圈将提升架连成整体,并同操作平台桁架相连。围圈的构造应符合下列规定: 1)围圈截面尺寸应根据计算确定,上下围圈的间距一般为 450~750mm,上围圈距模板上口的距离不宜大于 250mm。 2)当提升架间距大于 2.5m 或操作平台的承重骨架直接支承在围圈上时,围圈宜设计成桁架式。 3)围圈在转角处应设计成刚性节点。 4)固定式围圈接头应用等刚度型钢连接,连接螺栓每边不得少于 2 个。 (4)操作平台应按所施工工程的结构类型和受力情况确定,其构造应符合下列规定: 1)操作平台由桁架、三角架及铺板等主要构件组成,与提升架或围圈应连成整体。 2)外挑平台的外挑宽度不宜大于 900mm,并应在其外侧设安全防护栏杆。 3)吊脚手板时,钢吊架宜采用ϕ48×3.5 焊接钢管,吊杆下端的连接螺栓必须采用双螺帽。吊脚手架的双侧必须设安全防护栏杆,并应满挂安全网。 (5)支承杆的直径、规格应与所用的千斤顶相适应,对支承杆的加工、接长、加固应作专项设计,确保支承体系的稳定。当采用的钢管做支承杆时应符合下列规定: 1)支承杆宜为ϕ48×3.5 焊接钢管,管径允许偏差为 -0.2~0.5mm。 2)采用焊接方法接长钢管支承杆时,钢管上端平头,下端倒角 2×45°,接头处进入千斤顶前,先点焊三点以上并磨平焊点,通过千斤顶后进行围焊,接头处加焊衬管,衬管长度应大于 200mm。 3)采用工具式支承杆时,钢管两端分别焊接螺母和螺栓,螺纹宜为 M35,螺纹长度不宜小于 40mm,螺栓和螺母应与钢管同心。 4)工具式支承杆必须调直,其平直度偏差不应大于 1/1000。 5)工具式支承杆长度宜为 3m,第一次安装时可配合采用 6m、4.5m、1.5m 长的支承杆,使接头错开。当建筑物每层净高小于 3m 时,支承杆长度应小于净高尺寸。 6)当支承杆设置在结构体外时,一般采用工具式支承杆,支承杆的制备数量应能满足 5~6 个楼层高度的需要。必须在支承杆穿过楼板的位置用扣件卡紧,使支承杆的荷载通过传力钢板、传力槽钢传递到各层楼板上。 (6)滑模装置各种构件的制作应符合有关的钢结构制作规定,其允许偏差应符合表3.2.40 的规定。
3	主要机具	主要机具(表 3.2.41)。
4	作业条件	(1)按总平面布置的临时设施、道路、场地达到滑模安装、施工要求。 (2)进行滑模安装、施工前的技术交底、安全交底、人员培训工作,组织各类人员循序进场。 (3)作业层楼地面抄平,模板、提升架安装底标高进行必要的水泥砂浆抹灰找平。 (4)投放结构轴线、截面边线、模板定位线、提升架中心线、门窗洞口线等。 (5)绑扎 900mm 模板高度范围的钢筋。 (6)搭设必要的脚手架。 (7)组织滑模装置构件、安装紧固件、配套材料、机具进场验收。 (8)供水供电应满足滑模连续施工的要求。 (9)混凝土的搅拌、运输、垂直运输和布料设备应满足混凝土连续浇灌和滑升的要求

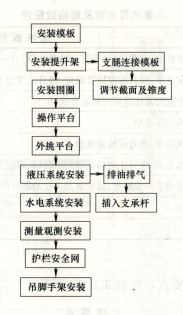

图 3.2.52 滑模装置安装工艺流程

2）操作要点

滑模装置安装的操作要点，如表 3.2.43 所示。

操作要点   表 3.2.43

序 号	内 容
1	安装模板，宜由内向外扩展，逐间组装，逐间定位。
2	安装提升架，所有提升架的标高应满足操作平台水平度的要求。
3	安装提升架活动支腿并同模板连接，调节模板截面尺寸和单面倾斜度，模板应上口小，下口大，单面倾斜度宜为模板高度的 0.1%～0.3%。
4	安装内外围圈及围圈节点连接件。
5	安装操作平台的桁架、支承和平台铺板。
6	安装外操作平台的挑架、铺板和安全栏杆等。
7	安装液压提升系统及水、电、通讯、信号、精度控制和观测装置，并分别进行编号、检查和试验。
8	在液压系统排油、排气试验合格后，插入支承杆。
9	安装内外吊脚手架及安全网：当在地面或楼面上组装滑模装置时，应待模板滑至适当高度后，再安装内外吊脚手架，挂安全网

（2）滑模施工

1）工艺流程

滑模施工工艺流程，如图 3.2.53 所示。

2）操作方法

滑模施工操作方法，如表 3.2.44 所示。

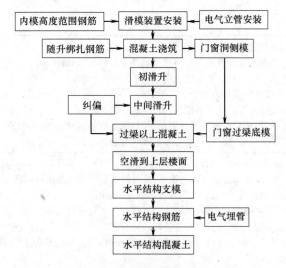

图 3.2.53　滑模施工工艺流程

操 作 方 法

表 3.2.44

序号	项　　目	内　　容
1	钢筋绑扎	(1)横向钢筋的长度一般不宜大于 7m,当要求加长时,应适当增加操作平台宽度。 (2)竖向钢筋的直径小于或等于 12mm 时,其长度不宜大于 8m。 (3)钢筋绑扎时,应保证钢筋位置准确,并应符合下列要求: 1)每一浇筑层混凝土浇注完后,在混凝土表面以上至少应有一道绑扎好的横向钢筋。 2)竖向钢筋绑扎后,其上端应用限位支架等临时固定。 3)双层钢筋的墙,其立筋应成对并立排列,钢筋网片间应有拉结筋或用焊接钢筋骨架定位。 4)门窗等洞口上下两侧横向钢筋端头应绑扎平直,整齐、有足够钢筋保护层,下口钢筋宜与竖钢筋焊接。 5)钢筋弯钩均应背向模板面。 6)必须有保证钢筋保护层厚度的措施。 7)当滑模施工结构有预应力钢筋时,对预应力筋的留孔位置应有相应的成型的固定措施。 8)墙体顶部的钢筋如挂有砂浆,在滑升前应及时清除掉。
2	混凝土浇筑	(1)用于滑模施工的混凝土,应事先做好混凝土配合比的试配工作,其性能除满足设计规定的强度、抗渗性、耐久性以及施工季节等要求外,尚应满足下列规定: 1)混凝土早期强度的增长速度,必须满足模板滑升速度的要求。 2)混凝土坍落度宜符合表 3.2.45 的规定。 3)在混凝土中掺入的外加剂或掺合料,其品种和掺量应通过试验确定。 4)高强度等级混凝土(可用至 C60),尚应满足流动性、包裹性、可泵送性和可滑性等要求,并应使入模后的混凝土凝结速度与模板滑升速度相适应。 (2)混凝土的浇筑应满足下列规定: 1)必须分层均匀对称交圈浇筑,每一浇筑层的混凝土表面应在一个小平面上,并应有计划均匀的更换浇筑方向。 2)模板高度范围内的混凝土浇筑厚度不应大于 300mm,正常滑升时混凝土的浇筑高度不应大于 200mm。 3)各层混凝土浇筑的间隔时间不得大于混凝土的凝结时间,当间隔时间超过规定,接茬处应按施工缝的要求处理。 4)在气温高的季节,宜先浇筑内墙,后浇筑阳光直射的外墙;先浇筑墙角、墙垛及门窗洞口两侧,后浇筑直墙;先浇筑较厚的墙,后浇筑较薄的墙。 5)预留孔洞、门窗口、烟道口、变形缝及通风管道等两侧的混凝土应对称均衡浇筑。

续表

序 号	项 目	内 容
2	混凝土浇筑	(3)混凝土的振捣应符合下列要求: 1)振捣混凝土时振捣器不得直接触及支承杆、钢筋或模板。 2)振捣器插入前一层混凝土内深度不应超过 50mm。 (4)混凝土的养护应符合下列规定: 1)混凝土出模后应及时修整,必须及时进行养护。 2)养护期间,应保持混凝土表面湿润,除冬施外,养护时间不少于 7d。 3)养护方法宜选用连续喷雾养护或喷涂养护液。
3	液压滑升	(1)初滑时模板内浇筑的混凝土至 500～700mm 高度后,第一层混凝土强度达到 0.2MPa,应进行 1～2 个千斤顶行程的提升,并对滑模装置和混凝土凝结状态进行检查,确定正常后,方可转为正常滑升。 (2)正常滑升过程中,两次提升的时间间隔不宜超过 0.5h。 (3)提升过程中,应使所有的千斤顶充分的进油、排油。提升过程中,如出现油压增至正常滑升工作压力值的 1.2 倍,尚不能使全部千斤顶升起时,应停止提升操作,立即检查原因,及时进行处理。 (4)在正常滑升进程中,操作平台应保持基本水平。每滑升 200～400mm,应对各千斤顶进行一次调平(如采用限位调平卡等),特殊结构或特殊部位应按施工组织设计的相应要求实施。各千斤顶的相对高差不得大于 40mm。相邻两个提升架上千斤顶升差不得超过 20mm。 (5)在滑升过程中,应检查和记录结构垂直度、水平度、扭转及结构截面尺寸等偏差数据,及时进行纠偏、纠扭工作。在纠正结构垂直度偏差时,应徐缓进行,避免出现硬弯。 (6)在滑升过程中,应随时检查操作平台结构,支承杆的工作状态及混凝土的凝结状态,如发现异常,应及时分析原因并采取有效的处理措施。 (7)因施工需要或其他原因不能连续滑升时,应有准备采取下列停滑措施。 1)混凝土应浇筑至同一标高。 2)模板每隔一定时间提升 1～2 个千斤顶行程,直至模板与混凝土不再粘结为止,对滑空部位的支承杆,应采取适当的加固措施。 3)继续施工时,应对模板与液压系统进行检查。
4	水平结构施工	(1)滑模工程水平结构的施工,宜采取在竖向结构完成到一定高度后,采取逐层空滑支模施工现浇楼板。 (2)按整体结构设计的横向结构,当采用后期施工时,应保证施工过程中的结构稳定和满足设计要求。 (3)墙板结构采用逐层空滑现浇楼板工艺施工时应满足下列规定: 1)当墙板模板空滑时,其外周模板与墙体接触部分的高度不得小于 200mm。 2)楼板混凝土强度达到 1.2MPa 方能进行下道工序,支设楼板的模板时,不应损害下层楼板混凝土。 3)楼板模板支柱的拆除时间,除应满足《混凝土结构工程施工质量验收规范》的要求外,还应保证楼板的结构强度满足承受上部施工荷载的要求

混凝土坍落度表   表 3.2.45

结 构 类 型	坍落度(mm)	
	非泵送混凝土	泵送混凝土
墙板、梁、柱	50～70	100～160
配筋密集的结构	60～90	120～180
配筋特密结构	90～120	140～200

4. 质量标准

高层建筑滑动模板质量标准,除应符合表 3.2.46 所示要求外,还应符合混凝土结构工程施工质量验收规范（GB 50204—2002）中之 4 的有关规定。

质 量 标 准　　　　　　　　　　　　　　　　　表 3.2.46

序 号	项 目	内 容
1	主控项目	（1）模板及滑模装置必须有足够的强度、刚度和稳定性,液压滑升系统有足够的承载能力和起重能力。 检查数量:全数检查。 检验方法:查看设计文件。 （2）模板安装必须形成上口小下口大的锥形,其单面倾斜度符合允许偏差要求。模板截面调节、倾斜度调节有灵活可靠的装置。 检查数量:全数检查。 检验方法:观察。
2	一般项目	滑模装置安装允许偏差(表 3.2.47)。 滑模施工工程混凝土结构允许偏差(表 3.2.48)

滑模装置组装的允许偏差　　　　　　　　　　表 3.2.47

内 容		允许偏差(mm)
模板结构轴线与相应结构轴线位置		3
围圈位置偏差	水平方向	3
	垂直方向	3
提升架的垂直偏差	平面内	3
	平面外	2
安放千斤顶的提升架横梁相对标高偏差		5
考虑倾斜度后模板尺寸偏差	上口	−1
	下口	+2
千斤顶位置安装的偏差	提升架平面内	5
	提升架平面外	5
圈模直径、方模边长的偏差		−2～+3
相邻两块模板平面平整偏差		1.5
支承杆垂直偏差		2/1000

滑模施工工程混凝土结构的允许偏差　　　　表 3.2.48

项 目			允许偏差(mm)
轴线间的相对位移			5
标高	每层	高层	±5
		多层	±10
	全高		±30
垂直度	每层	层高≤5m	5
		层高>5m	层高的 0.1%
	全高	高度<10m	10
		高度≥10m	高度的 0.1%,不得>30

续表

项　　目		允许偏差（mm）
墙、柱、梁截面尺寸偏差		+8，−5
表面平整 （2m靠尺检查）	抹灰	8
	不抹灰	4
门窗洞口及预留洞口位置偏差		15
预埋件位置偏差		20

5. 成品保护

高层建筑滑动模板的成品保护，如表3.2.49所示。

成品保护　　　　　　　　　　　　　　表3.2.49

序　号	内　　　　容
1	模板提升后，应对脱出模板下口的混凝土表面进行检查。
2	情况正常时，混凝土表面有25～30mm宽水平方向水印。
3	若有表面拉裂、坍塌等缺陷时，应及时研究处理并作表面修整。
4	若表面有流淌、穿裙子等现象时，应及时采取调整模板锥度等措施。
5	混凝土出模后，必须及时进行养护。养护方法宜选用喷雾养护或喷涂养护液。冬期养护宜选用塑料薄膜保湿和阻燃棉毡保温

6. 安全环保措施

高层建筑滑动模板安全环保措施，如表3.2.50所示。

安全环保措施　　　　　　　　　　　　表3.2.50

序　号	内　　　　容
1	严格执行国家、地方政府、上级主管部门和本公司有关安全生产的规定和文件。
2	进入现场的所有人员必须戴安全帽，高空作业人员必须系好安全带。
3	建筑物外墙边线外6m范围内划为危险区，危险区内不得站人或通行。必须的通道和必要作业点要搭设保护棚。
4	滑模装置的安全关键部位：安全网、栏杆和滑模装置中的挑架、吊脚手架、跳板、螺栓等必须逐件检查，做好检查记录。
5	防护栏杆的安全网必须采用符合安全要求标准的密目安全网，安全网的架设和绑扎必须符合安全要求，建筑物四周设水平安全网，网宽6m，分设在首层及其上每隔四层建筑物的四周。吊脚手架的安全网应包围在吊脚手跳板下，外挑平台栏杆上设立网，高度2m以上。
6	洞口防护 楼板洞口：利用楼板钢筋保护。 电梯洞口：在电梯门口搭设钢管护拦。 电梯口：随建筑物上升，紧接着用钢管搭临时栏杆。 操作平台洞口：可搭设临时栏杆或挂设安全网。
7	为了确保千斤顶正常工作，应有计划地更换千斤顶，确保正常工作。要更换千斤顶时，不得同时更换相邻的两个，以防止千斤顶超载。千斤顶更换应在滑模停歇期间进行。

续表

序 号	内 容
8	滑模装置的电路,设备均应接零接地,手持电动工具设漏电保护器,平台下照明采用36V低压照明,动力电源的配电箱按规定配置。主干线采用钢管穿线,跨越线路采用流体管穿线,平台上不允许乱拉电线。
9	滑模平台上设置一定数量的灭火器,施工用水管可代用作消防用水管使用。操作平台上严禁吸烟。
10	现场上有明显的防火标志和安全标语牌。
11	各类机械操作人员应按机械操作技术规程操作、检查和维修,确保机械安全,吊装索具应按规定经常进行检查,防止吊物伤人,任何机械均不允许非机械操作人员操作。
12	滑模装置拆除要严格按拆除方法和拆除顺序进行。在割除支承杆前,提升架必须加临时支护,防止倾倒伤人,支承杆割除后,及时在台上拔除,防止吊运过程中掉下伤人。
13	滑模平台上的物料不得集中堆放,一次吊运钢筋数量不得超过平台上的允许承载能力,并应分布均匀。
14	拆除的木料、钢管等要捆牢固,防止落地伤人,严禁任何物体从上往下扔。
15	要保护好电线,防止轧断,确保台上临时照明和动力线的安全。拆除电气系统时,必须切断电源。
16	为防止扰民,振动器宜采用低噪声新型振动棒

4 混凝土结构钢筋工程

4.1 设计要点及构造措施

4.1.1 配筋要点及构造措施

4.1.1.1 一般规定

混凝土结构配筋构造一般规定如表 4.1.1 所示。

混凝土结构配筋构造一般规定 表 4.1.1

序号	项 目	内 容
1	混凝土保护层	(1)混凝土结构的环境类别 混凝土结构的耐久性,应根据表 4.1.2 的环境类别和设计使用年限进行设计。 (2)混凝土保护层的最小厚度 混凝土保护层的最小厚度取决于构件的耐久性和受力钢筋粘结锚固性能的要求。 1)从钢筋粘结锚固角度对混凝土保护层提出的要求,是为了保证钢筋与其周围混凝土能共同工作,并使钢筋充分发挥计算所需的强度。 2)根据耐久性要求的混凝土保护层最小厚度,是按照构件在 50 年内能保护钢筋不发生危及结构安全的锈蚀确定的。 纵向受力钢筋的混凝土保护层最小厚度(钢筋外边缘至混凝土表面的距离)不应小于钢筋的公称直径,且应符合表 4.1.3 的规定。 板、墙、壳中分布钢筋的保护层不应小于表 4.1.3 中相应数值减 10mm,且不应小于 10mm;梁、柱中箍筋和构造钢筋的保护层不应小于 15mm。 处于一类环境且由工厂生产的预制构件,当混凝土强度等级不低于 C20 时,其保护厚度可按表 4.1.3 中的数值减少 5mm。 处于二类环境且由工厂生产的预制构件,当表面采取有效保护措施时,保护层厚度可按表 4.1.3 中一类环境数值取用。 预制钢筋混凝土受弯构件钢筋端头的保护层厚度不应小于 10mm;预制肋形板主肋钢筋的保护层厚度应按梁的数值取用。 当梁、柱中纵向受力钢筋的混凝土保护层厚度大于 40mm 时,应对保护层采取有效的防裂构造措施。 处于二、三类环境中的悬臂板,其上表面应采取有效的保护措施。 (3)特殊条件下的混凝土保护层 1)一类环境中,设计使用年限为 100 年的结构混凝土保护层厚度应按表 4.1.3 的数值增加 40%;当采取有效的表面防护措施时,混凝土保护层可适当减少。 2)三类环境中的结构构件,其受力钢筋宜采用环氧树脂涂层带肋钢筋。 3)对有防火要求的建筑物,其混凝土保护层厚度尚应符合国家现行有关标准的要求。 4)处于四、五类环境中的建筑物,其混凝土保护层厚度尚应符合国家现行有关标准的要求。
2	钢筋锚固	(1)当计算中充分利用钢筋的抗拉强度时,受拉钢筋的锚固长度应按《混凝土结构设计规范》(GB 50010—2002)公式(9.3.1-1)计算,不应小于表 4.1.4 规定的数值。 当符合下列条件时,表 4.1.4 的锚固长度应进行修正: 1)当 HRB335、HRB400 和 RRB400 级钢筋的直径大于 25mm 时,其锚固长度 1 应乘以修正系数 1.1。 2)HRB335、HRB400 和 RRB400 级环氧树脂涂层钢筋的锚固长度,应乘以修正系数 1.25。 3)当钢筋在混凝土施工过程中易受扰动(如滑模施工)时,其锚固长度应乘以修正系数 1.1。 4)当 HRB335、HRB400 和 RRB400 级钢筋在锚固区的混凝土保护层厚度大于钢筋直径的 3 倍且配有箍筋时,其锚固长度可乘以修正系数 0.8。 (2)当计算充分利用纵向钢筋的抗压强度时,其锚固长度不应小于表 4.1.4 所列的受拉钢筋锚固长度的 0.7 倍。 (3)当 HRB335、HRB400 和 RRB400 级纵向受拉钢筋末端采用机械锚固措施时,包括附加锚固端头在内的锚固长度可取表 4.1.4 所列锚固长度的 0.7 倍。 机械锚固的形式和构造要求宜按图 4.1.1 采用。

续表

序号	项　目	内　　容
2	钢筋锚固	采用机械锚固措施时,锚固长度范围内的箍筋不应少于 3 个,其直径不应小于纵向钢筋直径的 0.25 倍,其间距不应大于纵向钢筋直径的 5 倍。当纵向钢筋的混凝土保护层厚度不小于钢筋公称直径的 5 倍时,可不配置上述钢筋。 (4)对承受重复荷载的预制构件,应将纵向受拉钢筋的末端焊接在钢板或角钢上。钢板或角钢应可靠地锚固在混凝土中;其尺寸应按计算确定,厚度不宜小于 10mm。
3	钢筋连接	钢筋连接方式,可分为绑扎搭接、焊接、机械连接等。由于钢筋通过连接接头传力的性能总不如整根钢筋,因此设置钢筋连接原则为:钢筋接头宜设置在受力较小处,同一根钢筋上宜少设接头,同一构件中的纵向受力钢筋接头宜相互错开。 (1)接头使用规定 1)直径大于 12mm 以上的钢筋,应优先采用焊接接头或机械连接接头。 2)当受拉钢筋的直径大于 28mm 及受压钢筋的直径大于 32mm 时,不宜采用绑扎搭接接头。 3)轴心受拉及小偏心受拉杆件(如桁架和拱的拉杆)的纵向受力钢筋不得采用绑扎搭接接头。 4)直接承受动力荷载的结构构件中,其纵向受拉钢筋不得采用绑扎搭接接头。 (2)接头面积允许百分率 同一连接区段内,纵向钢筋搭接接头面积百分率为该区段内有搭接接头的纵向受力钢筋截面面积与全部纵向受力钢筋截面面积的比值。 1)钢筋绑扎搭接接头连接区段的长度为 $1.3l_1$(l_1 为搭接长度),凡搭接接头中点位于该连接区段长度内搭接接头均属于同一连接区段(图 4.1.2)。同一连接区段内,纵向受拉钢筋搭接接头面积百分率应符合设计要求;当设计无具体要求时,应符合下列规定: ①对梁、板类及墙类构件,不宜大于 25%,其最小搭接长度应符合表 4.1.6 规定。 ②对柱类构件,不宜大于 50%。 ③当工程中确有必要增大接头面积百分率时,对梁类构件不应大于 50%;对其他构件,可根据实际情况放宽。 纵向受压钢筋搭接接头面积百分率,不宜大于 50%。 2)钢筋机械连接与焊接接头连接区段的长度为 35 倍 d(d 为纵向受力钢筋的较大直径),且不小于 500mm。同一连接区段内,纵向受力钢筋的接头面积百分率应符合设计要求;当设计无具体要求时,应符合下列规定: ①受拉区不宜大于 50%;受压区不受限制。 ②接头不宜设置在有抗震设防要求的框架梁端、柱端的箍筋加密区;当无法避开时,对等强度高质量机械连接接头,不应大于 50%。 ③直接承受动力荷载的结构构件中,不宜采用焊接接头;当采用机械连接接头时,不应大于 50%。 (3)绑扎接头搭接长度 1)纵向受拉钢筋绑扎搭接接头的搭接长度应根据位于同一连接区段内的钢筋搭接接头面积百分率,按下列公式计算: $$l_l = \xi l_a \qquad (4.1)$$ 式中　l_a——纵向受拉钢筋的锚固长度,按本表序号 2 确定; 　　　　ξ——纵向受拉钢筋搭接长度修正系数,按表 4.1.5 取用。 2)构件中的纵向受压钢筋,当采用搭接连接时,其受压搭接长度不应小于纵向受拉钢筋搭接长度的 0.7 倍,且在任何情况下不应小于 200mm。 3)在梁、柱类构件的纵向受力钢筋搭接长度范围内,应按设计要求配置箍筋。当设计无具体要求时,应符合下列规定: ①箍筋直径不应小于搭接钢筋较大直径的 0.25 倍; ②受拉搭接区段的箍筋间距不应大于搭接钢筋较小直径的 5 倍,且不应大于 100mm; ③受压搭接区段的箍筋的间距不应大于搭接钢筋较小直径的 10 倍,且不应大于 200mm; ④当柱中纵向受力钢筋直径大于 25mm 时,应在搭接接头两个端面外 100mm 范围内各设置两个箍筋,其间距宜为 50mm

混凝土结构的环境类别　　　　　　　　　　表 4.1.2

序　号	环境类别		条　　件
1	一		室内正常环境
2	二	a	室内潮湿环境:非严寒和非寒冷地区的露天环境、与无侵蚀性的水或土壤直接接触的环境
3		b	严寒和寒冷地区的露天环境、与无侵蚀性的水或土壤直接接触的环境
4	三		使用除冰盐的环境;严寒和寒冷地区冬季水位变动的环境;滨海室外环境
5	四		海水环境
6	五		受人为或自然的侵蚀性物质影响的环境

注:严寒和寒冷地区的划分应符合国家现行标准《民用建筑热工设计规程》JGJ 24 的规定。

纵向受力钢筋的混凝土保护层最小厚度（mm）　　　　表 4.1.3

序号	环境类别		板、墙、壳			梁			柱		
			≤C20	C25～C45	≥C50	≤C20	C25～C45	≥C50	≤C20	C25～C45	≥C50
1	一		20	15	15	30	25	25	30	30	30
2	二	a	—	20	20	—	30	30	—	30	30
3		b	—	25	20	—	35	30	—	35	30
4	三		—	30	25	—	40	35	—	40	35

注：基础中纵向受力钢筋的混凝土保护层厚度不应小于 40mm；当无垫层时不应小于 70mm。

纵向受拉钢筋的最小锚固长度 l_a（mm）　　　　表 4.1.4

序号	钢筋类型	混凝土强度等级			
		C15	C20～C25	C30～C35	≥C40
1	HPB235 级	40d	30d	25d	20d
2	HRB335 级	50d	40d	30d	25d
3	HRB400 与 RRB400 级	—	45d	35d	30d

注：1. 当圆钢筋末端应做 180° 弯钩，弯后平直段长度不应小于 3d；

　　2. 在任何情况下，纵向受拉钢筋的锚固长度不应小于 250mm；

　　3. d—钢筋公称直径。

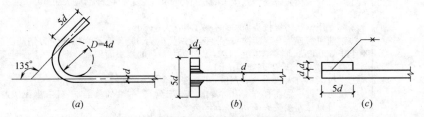

图 4.1.1　钢筋机械锚固的形式及构造要求

（a）末端带 135°弯钩；（b）末端与钢板穿孔塞焊；（c）末端与短钢筋双面贴焊

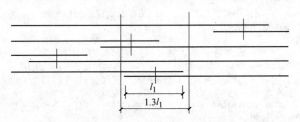

图 4.1.2　同一连接区段内的纵向受拉钢筋绑扎搭接接头

纵向受拉钢筋搭接长度修正系数　　　　表 4.1.5

纵向钢筋搭接接头面积百分率(%)	≤25	50	100
ζ	1.2	1.4	1.6

纵向受拉钢筋的最小搭接长度（mm）　　　　表 4.1.6

序号	钢筋类型		混凝土强度等级			
			C15	C20～C25	C30～C35	≥C40
1	光圆钢筋	HPB235 级	45d	35d	30d	25d
2	带肋钢筋	HRB335 级	55d	45d	35d	30d
3		HRB400 级、RRB400 级	—	55d	40d	35d

注：两根直径不同钢筋的搭接长度，以较细钢筋的直径计算。

4.1.1.2 板配筋要点及构造措施

1. 单（双）向板配筋构造

（1）板配筋一般规定，如表 4.1.7 所示。

板配筋一般规定 表 4.1.7

序号	项目	内容
1	受力钢筋布置要求	（1）钢筋直径 板中受力钢筋的直径应根据计算确定,但一般情况下不宜小于表 4.1.8 规定的最小直径。 （2）钢筋间距 板中受力钢筋的间距应根据计算确定,并应符合表 4.1.9 的规定。 （3）钢筋锚固 1）上部钢筋 采用绑扎钢筋的板,上部钢筋伸入支座内的长度 l 按下式规定确定: ①嵌固在砌体内的简支板或与边梁整浇但按简支设计的板,板上部钢筋伸入支座的长度 $l=a-10$(图 4.1.3a、b),a 为板在砌体上的支承长度或梁宽。 ②与边梁整浇的嵌固板(图 4.1.3c),$l=l_a$,l_a 应按《混凝土结构设计规范》(GB 50010—2002)式(9.3.1-1)计算确定。 2）下部钢筋 当采用绑扎钢筋配筋时。简支板的下部纵向受力钢筋伸入支座内的锚固长度 l_{as} 不应小于 $5d$(d 为受力钢筋直径),如图 4.1.4 所示;板与梁整体连接或连续板下部纵向受力钢筋伸入支座内的锚固长度 l_{as} 应伸至墙或梁中心线且不应小于 $5d$(d 受力钢筋直径),如图 4.1.5 所示。 3）当连续板内温度、收缩应力较大时,伸入支座内的钢筋锚固长度宜适当增加。
2	分布钢筋配置要求	（1）分布钢筋作用 1）承受和分布板上局部荷载产生的内力。 2）在浇筑混凝土时起固定受力钢筋位置的作用。 3）可抵抗混凝土收缩和温度变化所产生的拉应力。 （2）分布钢筋配置要求 1）当按单向板设计时,除沿受力方向布置受力钢筋外,还应在垂直受力方向布置分布钢筋。单位长度上分布钢筋的截面面积不小于单位宽度上受力钢筋截面面积的 15%,且不宜小于该方向板截面面积的 0.15%,分布钢筋的间距不宜大于 250mm,直径不宜小于 6mm。对于温度变化较大或集中荷载较大的情况,分布钢筋间距不宜大于 200mm。 2）分布钢筋应配置在受力钢筋的转折处及直线段,在梁截面范围可不配置。 3）当有实践经验和可靠措施时,预制板的分布钢筋可适当减少。 4）当板所受的温度变化较大时,分布钢筋应适当增加。 5）当板面作用较大的集中荷载或对防止出现裂缝要求较严时,分布钢筋应适当增加。 （3）钢筋直径及间距 单向现浇板的分布钢筋直径及间距如表 4.1.10 所示。
3	构造钢筋配置要求	（1）与梁垂直的上部构造钢筋 当现浇板的受力钢筋与梁平行时,应沿梁长度方向配置间距不大于 200mm 且与梁垂直的上部构造钢筋;其直径不宜小于 8mm,且单位长度内的总截面面积不宜小于板中单位宽度内受力钢筋截面面积的 1/3。该构造钢筋伸入板内的长度从梁边算起每边不宜小于板计算跨度 l_0 的 1/4(图 4.1.6)。 （2）整体浇筑及嵌固在墙内板 对与支承结构整体浇筑或嵌固在承重砌体墙内的现浇混凝土板,应沿支承周边配置上部构造钢筋;其直径不宜小于 8mm,间距不宜大于 200mm,并应符合下列规定: 1）现浇楼盖周边与混凝土梁或混凝土墙整体浇筑的单向板或双向板,应在板边上部设置垂直于板边的构造钢筋,其截面面积不宜小于板跨中相应方向纵向钢筋截面面积的 1/3;该钢筋自梁边或墙边伸入板内的长度,在单向板中不宜小于受力方向板计算跨度的 1/5,在双向板中不宜小于板短跨方向计算跨度的 1/4;在板角处该钢筋应沿两个垂直方向布置或按放射状布置;当柱角或墙的阳角突出到板内且尺寸较大时,亦应沿柱边或墙阳角边布置构造钢筋,该构造钢筋伸入板内的长度应从柱边或墙边算起。上述上部构造钢筋应按受拉钢筋锚固在梁内、墙内或柱内。

续表

序号	项 目	内 容
3	构造钢筋配置要求	2)嵌固在砌体墙内的现浇混凝土板,其上部与板边垂直的构造钢筋伸入板内的长度,从墙边算起不宜小于板短边跨度的1/7;在两边嵌固于墙体内的板角部分,应配置双向上部构造钢筋,该钢筋伸入板内的长度从墙边算起不宜小于板短边跨度的1/4;沿板的受力方向配置的上部构造钢筋,其截面面积不宜小于该方向跨中受力钢筋截面面积的1/3;沿非受力方向配置的上部构造钢筋,可根据经验适当减少(图4.1.7) (3)温度、收缩应力较大现浇板 在温度、收缩应力较大的现浇板区域内,钢筋间距宜取为150~200mm,并应在板的未配筋表面布置温度收缩钢筋。板的上、下表面沿纵、横两个方向配筋率均不宜小于0.1%。 温度收缩钢筋可利用原有钢筋贯通布置,也可另行设置构造钢筋网,并与原有钢筋按受拉钢筋的要求搭接或在周边构件中锚固。 (4)基础筏板 对卧置于地基上的基础筏板,当板的厚度h>2m时,除应沿板上、下表面布置纵、横方向的钢筋外,尚宜沿板厚度方向间距不超过1m设置与板面平行的构造钢筋网片,其直径不宜小于12mm,纵横方向的间距不宜大于200mm。
4	抗冲切箍筋式弯起钢筋的设置	(1)板厚要求 在局部荷载和集中反力作用下,为了提高板受冲切承载力,可在局部荷载和集中反力作用面积附近的范围内配置箍筋或弯起钢筋。此时板的厚度不应小于150mm。 (2)配置箍筋 按计算所需的箍筋及相应的架立钢筋应配置在与45°冲切破坏锥面相交的范围内,且从集中荷载作用面或柱截面边缘向外的分布长度不应小于$1.5h_0$(图4.1.8a);箍筋应做成封闭式,直径不应小于6mm,间距不应大于$h_0/3$。 (3)配置弯起钢筋 按计算所需弯起钢筋的弯起角度可根据板的厚度在30°~45°之间选取;弯起钢筋的倾斜段应与冲切破坏锥面相交(图4.1.8b),其交点应在集中荷载作用面或柱截面边缘以外$(1/2~2/3)h$的范围内。弯起钢筋直径不宜小于12mm,且每一方向不宜少于3根。
5	挑檐转角处配筋	(1)屋面板挑檐转角处应配置承受负弯矩的放射状构造钢筋,如图4.1.9所示。 (2)当挑檐宽度$l ≤ 500mm$时,构造钢筋可用3根,锚固长度$l_a ≥ 500mm$;当$500mm < l < 800mm$时,构造钢筋可用5根,锚固长度$l_a ≥ 800mm$。 (3)钢筋间距沿$l/2$处应不大于200mm(l为挑檐长度),钢筋的锚固长度一般取$l_a ≥ l$,钢筋的直径与悬臂板支座处受力钢筋相同且不小于$\phi 8mm$

板中受力钢筋的直径 (mm)　　　　　　　　　　　表 4.1.8

序 号	钢筋直径	支承板			悬臂板		预制板
		板厚			悬出长度		板厚
		$h<100$	$100≤h≤150$	$h>150$	$l≤500$	$l>500$	$h≤50$
1	最小钢筋直径	6	8	12	6	8	4
2	常用钢筋直径	6,8,10	8,10,12	12,14,16	6,8	8,10,12	4,5,6

注:板中受力钢筋一般只配一种钢筋直径。

板中受力钢筋的间距 (mm)　　　　　　　　　　　表 4.1.9

序 号	钢筋间距	跨 中		支 座	
		板厚$h≤150$	板厚$h>150$	下部	上部
1	最大钢筋间距	200	$1.5h$ 及≤250	300	200
2	最小钢筋间距	70	70	70	70

注:1. 表中支座处下部受力钢筋截面面积不应小于跨中受力钢筋截面面积的1/3;

　　2. 板中受力钢筋一般距墙边或梁边50mm开始配置。

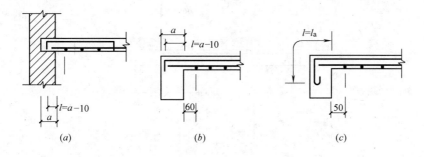

图 4.1.3 上部受力钢筋的锚固长度

(*a*) 简支板；(*b*) 与梁整浇但按简支设计；(*c*) 嵌固板

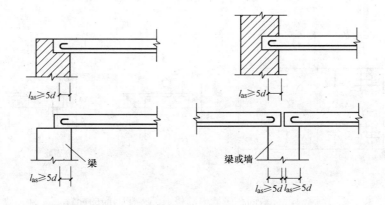

图 4.1.4 简支板支座处下部受力钢筋的锚固长度

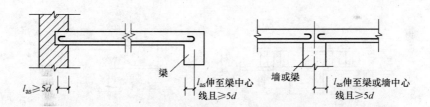

图 4.1.5 板与梁整体连接或连续板下部受力钢筋的锚固长度

单向现浇板的分布钢筋直径及间距 (mm) 表 4.1.10

序号	受力钢筋直径	受力钢筋间距													
		70	75	80	85	90	95	100	110	120	130	140	150	160	170~200
1	6~8	$\phi 6@250$													
2	10	$\phi 6@200$			$\phi 6@250$										
3	12	$\phi 8@250$				$\phi 6@200$					$\phi 6@250$				
4	14	$\phi 8@150$	$\phi 8@200$		$\phi 8@250$				$\phi 6@200$			$\phi 6@250$			
5	16	$\phi 8@150$ 或 $\phi 10@200$		$\phi 8@150$ 或 $\phi 10@250$			$\phi 8@200$				$\phi 8@250$				

注：当有实践经验或可靠措施时，预制单向板的分布钢筋可不受此表规定的限制。

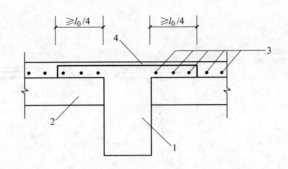

图 4.1.6　现浇板中与梁垂直的构造钢筋
1—主梁；2—次梁；3—板的受力钢筋；4—上部构造钢筋

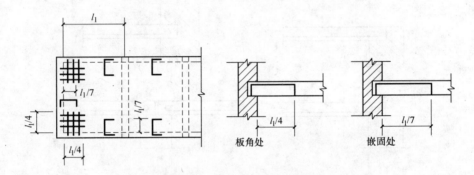

图 4.1.7　嵌固在砖墙内的板上部构造钢筋的配置

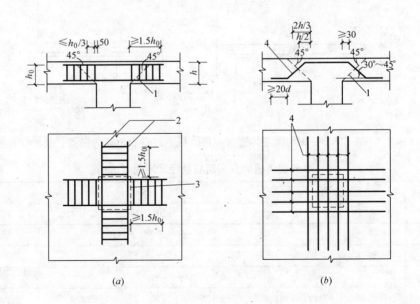

图 4.1.8　板中抗冲切钢筋布置
(a) 用箍筋作抗冲切钢筋；(b) 用弯起钢筋作抗冲切钢筋
1—冲切破坏锥面；2—架立钢筋；3—箍筋；4—弯起钢筋

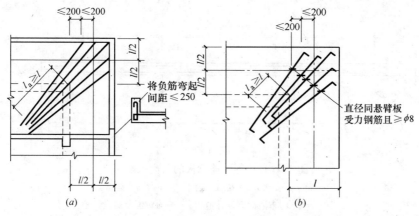

图 4.1.9　屋面板挑檐转角处的构造配筋

(a) 有肋挑檐；(b) 平板挑檐

(2) 单向板配筋构造，如表 4.1.11 所示。

单向板配筋　　　　　　　　　表 4.1.11

序号	项　目	内　　容
1	分离式配筋	(1)适用范围 1)分离式配筋一般用于板厚 $h \leqslant 120mm$ 的板。 2)当多跨单向板采用分离式配筋时，跨中正弯矩钢筋宜全部伸入支座，支座负弯矩钢筋向跨内的延伸长度应满足覆盖负弯矩图和钢筋锚固的要求。 (2)配筋图例 1)单跨板的分离式配筋形式如图 4.1.10 所示。 2)等跨连续板的分离式配筋形式如图 4.1.11 所示。板中的下部受力钢筋根据实际长度也可以采取连续配筋。 3)跨度相差不大于 20% 的不等跨连续板的分离式配筋形式如图 4.1.12 所示。板中下部钢筋根据实际长度可以采取连续配筋。当跨度相差大于 20% 时，上部受力钢筋伸过支座边缘的长度应根据弯矩图形确定，并满足延伸长度的要求。
2	弯起式配筋	(1)适用范围 弯起式配筋一般用于板厚 $h > 120mm$ 及经常承受动荷载的板。 (2)配筋图例 1)单跨板的弯起式配筋形式如图 4.1.13 所示。 2)等跨连续板的弯起配筋形式如图 4.1.14 所示。 3)跨度相差不大于 20% 的不等跨连续板的弯起式配筋形式如图 4.1.15 所示。当跨度相差大于 20% 时，上部受力钢筋伸过支座边缘的长度，应根据弯矩图形确定，并满足延伸长度的要求。

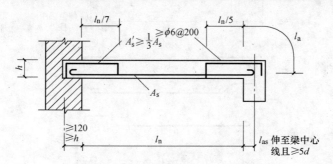

图 4.1.10　单跨板的分离式配筋

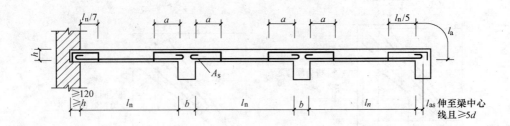

图 4.1.11　等跨连续板的分离式配筋

当 $q \leqslant 3g$ 时，$a = l_n/4$；当 $q > 3g$ 时，$a = l_n/3$

式中 q——均布活荷载设计值；g——均布恒荷载设计值

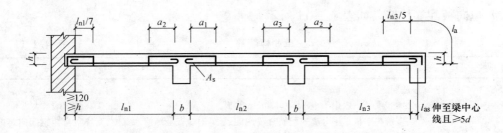

图 4.1.12　跨度相差不大于 20％的不等跨连续板的分离式配筋

当 $q \leqslant 3g$ 时，$a_1 = l_{n1}/4$，$a_2 = l_{n2}/4$，$a_3 = l_{n3}/4$；

当 $q > 3g$ 时，$a_1 = l_{n1}/3$，$a_2 = l_{n2}/3$，$a_3 = l_{n3}/3$

式中 q——均布活荷载设计值；g——均布恒荷载设计值

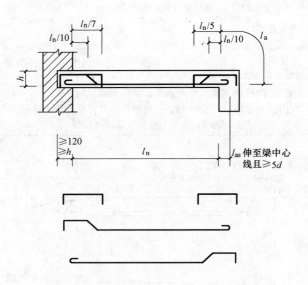

图 4.1.13　单跨板的弯起式配筋

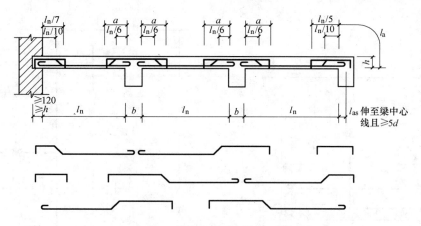

图 4.1.14 等跨连续板的弯起式配筋

当 $\gamma_Q Q_k \leqslant 3\gamma_G G_k$ 时,$a = l_a/4$;当 $\gamma_Q Q_k > 3\gamma_G G_k$ 时,$a = l_n/3$

式中 $\gamma_Q Q_k$——均布活荷载设计值;$\gamma_G G_k$——均布恒荷载设计值

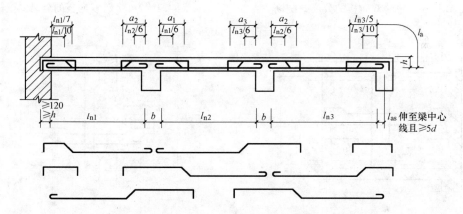

图 4.1.15 跨度相差不大于 20% 的不等跨连续板的弯起式配筋

当 $\gamma_Q Q_k \leqslant 3\gamma_G G_k$ 时,$a_1 = l_{n1}/4$,$a_2 = l_{n2}/4$,$a_3 = l_{n3}/4$;

当 $\gamma_Q Q_k > 3\gamma_G G_k$ 时,$a_1 = l_{n1}/3$,$a_2 = l_{n2}/3$,$a_3 = l_{n3}/3$;

式中 $\gamma_Q Q_k$——均布活荷载设计值;$\gamma_G G_k$——均布恒荷载设计值

(3) 双向板配筋构造,如表 4.1.12 所示。

双向板配筋构造   表 4.1.12

序 号	项 目	内 容
1	分离式配筋	(1)一般要求 多跨双向板采用分离式配筋时,跨中正弯矩钢筋宜全部伸入支座;支座负弯矩钢筋向跨内的延伸长度应覆盖负弯矩图并满足钢筋锚固的要求。 (2)配筋图例 1)钢筋混凝土四边支承单跨双向板的分离式配筋形式如图 4.1.16 所示。 2)钢筋混凝土多跨双向板的分离式配筋形式如图 4.1.17 所示。
2	弯起式配筋	(1)四边支承单跨双向板 钢筋混凝土四边支承单跨双向板的弯起式配筋形式如图 4.1.18 所示。 (2)四边支承多跨双向板 钢筋混凝土四边支承多跨双向板的弯起式配筋形式如图 4.1.19 及图 4.1.20 所示。

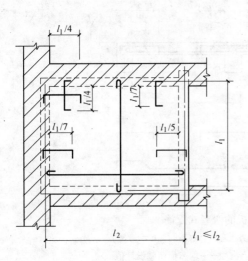

图 4.1.16 单跨双向板的分离式配筋

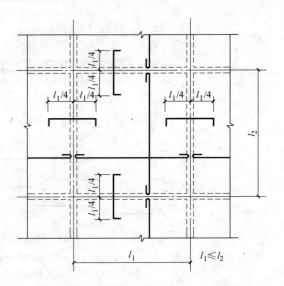

图 4.1.17 多跨双向板的分离式配筋

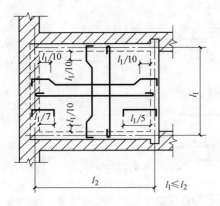

图 4.1.18 单跨双向板的弯起式配筋

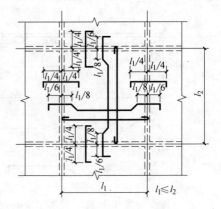

图 4.1.19 多跨双向板弯起式配筋（一）

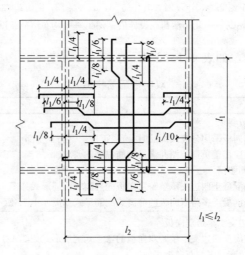

图 4.1.20 多跨双向板弯起式配筋（二）

2. 板上孔洞边加固配筋构造

（1）楼板上孔洞边加固配筋构造，如表 4.1.13 所示。

楼板上孔洞边配筋构造　　　　　　　　　　　　　　表 4.1.13

序　号	项　目	内　容
1	d(或 b)≤300mm	当板上圆形孔洞直径 d 及矩形孔洞宽度 b(b 为垂直于板跨度方向的孔洞宽度)不大于 300mm 时,可将受力钢筋绕过洞边,不需切断并可不设孔洞的附加钢筋,如图 4.1.21 所示。
2	$300 < d$(或 b) ≤1000mm	当 $300 < d$(或 b)≤1000mm,并在孔洞周边无集中荷载时,应在孔洞每侧配置附加钢筋,其面积应不小于孔洞宽度内被切断的受力钢筋的一半,且根据板面荷载大小选用 $2\phi 8 \sim 2\phi 12$。当为圆形孔洞时尚应在孔洞边配置 $2\phi 8 \sim 2\phi 12$ 的环形附加钢筋及 $\phi 8$ @200 的放射形钢筋,如图 4.1.22 所示。矩形孔洞的附加钢筋如图 4.1.23 所示。
3	当 b(或 d)>300mm,且孔洞周边有集中荷载时,或当(b 或 d)>1000mm 时	当 b(或 d)>300mm,且孔洞周边有集中荷载或当 b(或 d)>1000mm 时,应在孔洞边加设边梁,其配筋如图 4.1.24 及图 4.1.25 所示。
4	其他	(1)板上预留小孔或预埋管时,孔边或管壁至板边缘净距一般应不少于 40mm。 (2)冲洗平台上的孔洞如需起台时,可参照图 4.1.26 处理

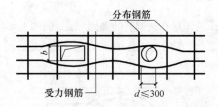

图 4.1.21　板上孔洞不大于 300mm 的钢筋加固

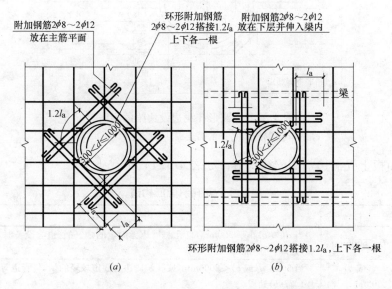

环形附加钢筋 $2\phi 8 \sim 2\phi 12$ 搭接 $1.2l_a$,上下各一根

(a)　　　　　　　　　　　　　(b)

图 4.1.22　300mm$< d$≤1000mm 的圆形孔洞钢筋的加固（一）

（a）附加钢筋斜向放置；（b）附加钢筋平行于受力钢筋放置

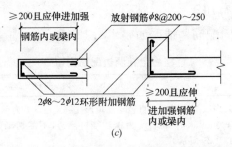

(c)

图 4.1.23　300mm<d≤1000mm 的圆形孔洞钢筋的加固（二）

(c) 孔洞边的环形附加钢筋及放射形钢筋

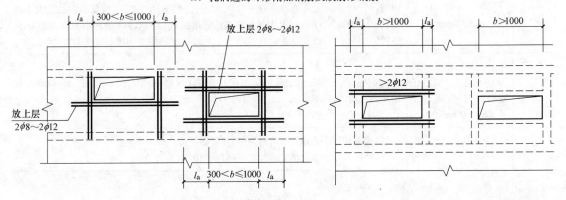

图 4.1.24　300mm<d≤1000mm 的矩形孔洞钢筋的加固　　图 4.1.25　矩形孔洞边加设边梁的配筋

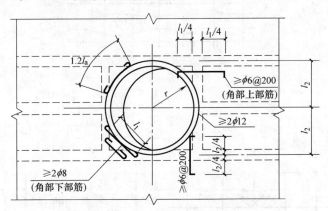

图 4.1.26　圆形孔洞边设边梁的配筋

（角部下部筋按跨度 l_2 的简支板计算配筋，l_2＝0.83r）

（2）屋面板上孔洞边加固配筋构造，如表 4.1.14 所示。

屋面板上开孔洞配筋构造　　　　　　　　　　　　　　表 4.1.14

序　号	项　　目	内　　　　　容
1	d（或 b）<500mm	当 d（或 b）小于 500mm，且孔洞周边无固定的烟、气管道等设备时，应按图 4.1.27 (a)处理，可不配筋。
2	500≤d（或 b）<2000mm	当 500≤d（或 b）<2000mm，或孔洞周边有固定较轻的烟、气管道等设备时，应按图 4.1.27(b)处理。
3	d（或 b）≥2000mm	当 d（或 b）大于或等于 2000mm，或孔洞周边有固定较重的烟、气管道等设备时，应按图 4.1.27(c)处理

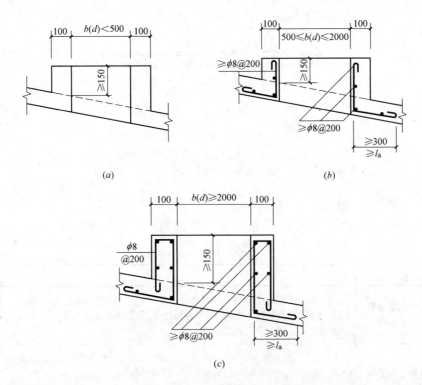

图 4.1.27　屋面孔洞口的加固

(a) $b(d)<500$mm；(b) 500mm$\leqslant b(d)<$2000mm；(c) $b(d)\geqslant$2000mm

3. 悬臂板配筋构造

(1) 嵌固在砖墙内的深度与配筋构造

现浇钢筋混凝土悬臂板嵌固在砖墙内的深度与配筋构造，如表 4.1.15 所示。

悬臂板嵌固在砖墙内的深度与配筋　　　　　　表 4.1.15

序　号	项　目	内　　容
1	嵌固在砖墙内的深度	悬臂板嵌固在砖墙内的深度 a (图 4.1.28)应按现行砌体结构设计规范经计算确定。在一般情况下,受力钢筋在砖墙内的长度应满足最小锚固长度 l_a 的要求。
2	配筋要求	带有悬臂的板,必须考虑悬臂支座处负弯矩对板跨中的影响。如在板跨中部,出现负弯矩时,应按图 4.1.29 配置钢筋;如板跨中部不出现负弯矩时,可按图 4.1.30 配置钢筋。配筋的大小由计算确定,并符合有关构造要求

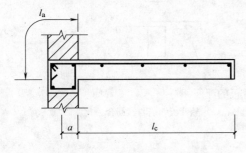

图 4.1.28　悬臂板的嵌固深度

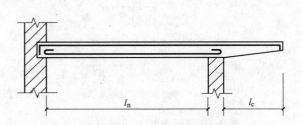

图 4.1.29　带悬臂的板配筋图（一）

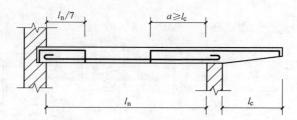

图 4.1.30　带悬臂的板配筋图（二）

当 $\gamma_Q Q_k \leqslant 3\gamma_G G_k$ 时，$a = l_n/4$；当 $\gamma_Q Q_k > 3\gamma_G G_k$ 时，$a = l_n/3$

式中 $\gamma_Q Q_k$——均布活荷载设计值；$\gamma_G G_k$——均布恒荷载设计值

（2）梁单侧和双侧带悬臂板配筋构造

现浇钢筋混凝土梁单侧和双侧带悬臂板的配筋如表 4.1.16 所示。

悬臂板的配筋 　　　　　　　　　　　　　　　　　　　　　　　　表 4.1.16

序号	项目	内容
1	梁单侧带悬臂板的配筋	梁单侧带悬臂板的配筋应满足悬臂板钢筋锚入梁内 l_a（图 4.1.31a）的要求。当悬臂板钢筋与梁箍筋合一时，应按梁的悬臂板计算板的配筋（图 4.1.31b）。 配筋的大小按计算和构造要求确定。
2	梁双侧带悬臂板的配筋	（1）梁双侧悬臂板分别配筋，并满足锚固长度要求，如图 4.1.32(a) 所示。 （2）梁双侧悬臂板整体配筋，如图 4.1.32(b) 所示。 （3）悬臂板钢筋与梁内箍筋合一配筋，如图 4.1.32(c) 所示。 （4）配筋的大小按计算和构造要求确定

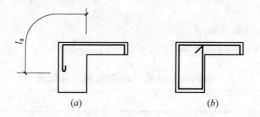

图 4.1.31　梁单侧带悬臂板的配筋

（a）悬臂板钢筋锚入梁内 l_a；（b）悬臂板钢筋与箍筋合一

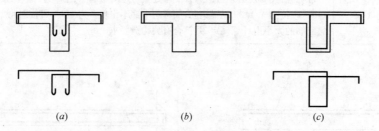

图 4.1.32　梁双侧带悬臂板的配筋

（a）两侧悬臂板分别配筋；（b）两侧悬臂板整体配筋；（c）悬臂板钢筋与箍筋合一

4. 板上小型设备基础的设置及连接

现浇板上小型设备基础的设置及连接要求如表 4.1.17 所示。

板上小型设备基础的设置及连接要求 　　　　表 4.1.17

序号	项目	内容
1	设置要求	板上设有集中荷载较大或振动较大的小型设备时,设备基础应设置在梁上;设备荷载分布的面积较小时,可设置单梁;分布面积较大时,应设置双梁,如图 4.1.33 所示。
2	连接要求	板上的小型设备基础宜与板同时浇筑混凝土。因施工条件限制允许作二次浇灌,但必须将设备基础处的板面凿成毛面,洗刷干净后再进行浇筑。当设备的振动较大时,需配置板与基础的连接钢筋,如图 4.1.34 所示。
3	设备基础预埋螺栓	设备基础上预埋螺栓的中心线至基础外边缘的距离应≥50mm 或 $4d$(d 为螺栓直径),如图 4.1.35(a)所示;当设备基础上预埋孔洞时,其孔洞边缘至基础外边缘的距离及孔洞底至板上表面的距离均应≥100mm,如图 4.1.35(b)所示。若不能满足上述要求时,可按图 4.1.36 所示方法进行处理。 若地脚螺栓拔出力量较大时,需按图 4.1.37 配置构造钢筋。
4	设备基础与板的总厚度	当设备基础与板的总厚度不能满足预埋螺栓的锚固长度时,可按图 4.1.38 的几种方法进行处理

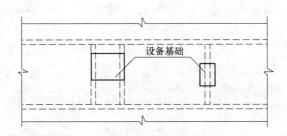

图 4.1.33　板上小型设备基础的设置

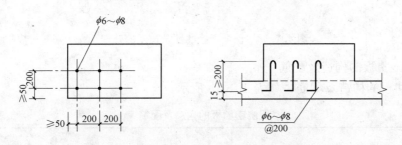

图 4.1.34　板与设备基础的连接钢筋布置

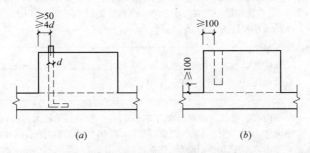

(a)　　　　　　　　(b)

图 4.1.35　设备基础上预埋螺栓或预留孔至基础边的最小距离

(a) 预埋螺栓; (b) 预留孔洞

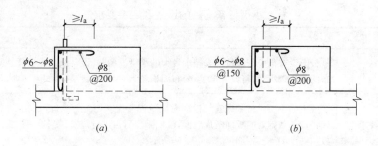

图 4.1.36 设备基础上预埋螺栓或预留孔至基础边的最小距离不满足时的处理方法

(a) 预埋螺栓；(b) 预留孔洞

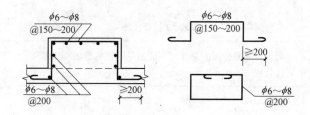

图 4.1.37 设备基础的构造钢筋配置

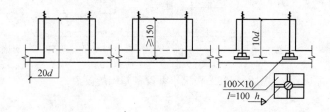

图 4.1.38 预埋螺栓的埋设长度的处理

5. 现浇密肋板的构造及配筋

现浇密肋板的构造及配筋，如表 4.1.18 所示。

现浇密肋板的构造及配筋   表 4.1.18

序 号	项 目	内 容
1	板的最小厚度	(1)现浇密肋板在小肋间可为空格或填置粘土空心砖或加气混凝土块等形成平板底面。 (2)当肋间距小于或等于 700mm 时,板的最小厚度为 40mm;当肋间距大于 700mm 时,板的最小厚度为 50mm。
2	单向密肋板	单向密肋板,板净跨一般取 500～700mm,肋宽 60～120mm,纵向受力钢筋和箍筋应按设计确定,构造要求如图 4.1.39 所示。
3	双向密肋板	双向密肋板。又称双向密肋井字楼盖,一般适用于较大跨度,区格的长边与短边之比宜不大于 1.5。肋梁一般为正交,如图 4.1.40 所示,肋梁的截面和配筋按计算确定。但肋梁宽度不宜小于 100mm,受力钢筋不宜小于 2φ10,箍筋不小于 φ6@250mm,施工时可采用塑料模壳的施工工艺,如图 4.1.41 所示

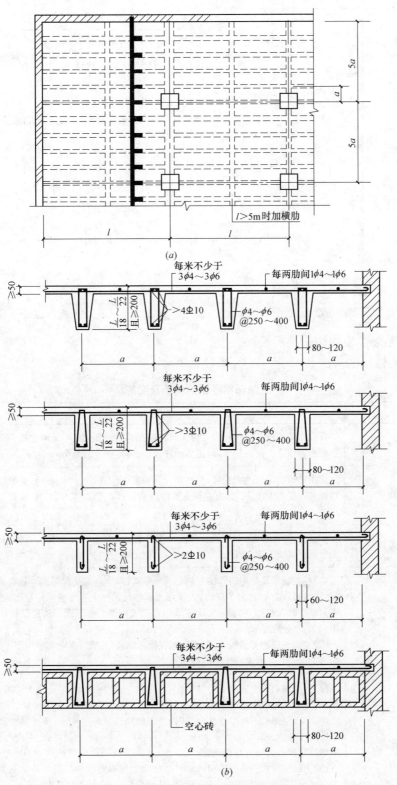

图 4.1.39 单向密肋板构造

(a) 结构平面；(b) 剖面配筋

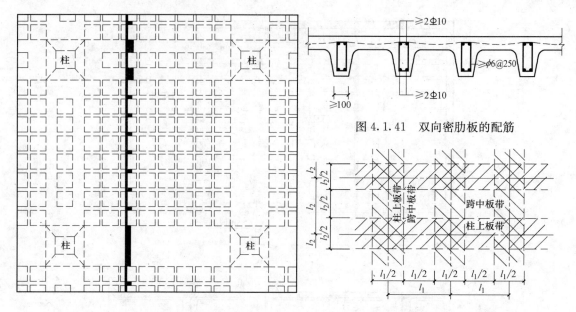

图 4.1.40　双向密肋板的结构平面

图 4.1.41　双向密肋板的配筋

图 4.1.42　无梁楼板的板带划分（$l_1 \leqslant l_2$）

6. 现浇无梁楼板的构造及配筋

现浇无梁楼板的构造及配筋，如表 4.1.19 所示。

现浇无梁楼板的构造及配筋　　　　　　　　　　表 4.1.19

序 号	项　　目	内　　　　　容
1	柱网尺寸及类型	现浇无梁楼板按有无柱帽可分为有柱帽无梁楼板及无柱帽无梁楼板两种类型。其柱网一般布置成正方形或矩形，以正方形比较经济，跨度通常为 6m 左右。
2	截面尺寸	无梁楼板的厚度 h 由受弯、受冲切计算确定，并不应小于 150mm；板的厚度 h 与区格长边计算跨度 l_0 的比值为：有柱帽无梁楼板 h/l_0 不小于 1/35；无柱帽无梁楼板 h/l_0 不小于 1/30。
3	板带划分	承受垂直荷载的无梁楼板通常以纵横两个方向划分为柱上板带及跨中板带进行配筋，划分范围如图 4.1.42 所示。
4	板带配筋	（1）柱上板带及跨中板带的配筋有两种形式，即分离式及弯起式。分离式一般用于非地震情况；当设防烈度为 7 度时，无柱帽无梁楼板的柱上板带应采用弯起式配筋；当设防烈度为 8 度时，所有的柱上板带均应采用弯起式配筋。板的配筋构造及最小延伸长度可按图 4.1.43 处理。 （2）考虑地震的无梁楼板，板面应配置抗震钢筋，其配筋率应大于 0.25ρ（ρ 为支座处负钢筋的配筋率），伸入支座正钢筋的配筋率大于 0.5ρ。
5	其他要求	（1）为改善无梁楼板的受力性能、节约材料、方便施工、可将沿周边的板伸出边柱外侧，伸出长度（从板边缘至外柱中心）不宜超过板沿伸出方向跨度的 0.4 倍。 （2）当无梁楼板不伸出外柱外侧时，在板的周边应设置圈梁，圈梁截面高度不应小于板厚度的 2.5 倍。圈梁除与半个柱上板带共同承受弯矩和剪力外，还承受扭矩，因此应配置附加抗扭构造纵向钢筋和箍筋。 （3）无梁楼板的柱帽型式和尺寸一般由建筑美观要求和板的冲切承载能力控制。常用的柱帽形式及配筋如图 4.1.44 所示，图中 4.1.44(a) 用于轻荷载；图 4.1.44(b) 用于重荷载；图 4.1.44(c) 亦用于重荷载，其受力条件稍次于图 4.1.44(b)，但施工比较方便

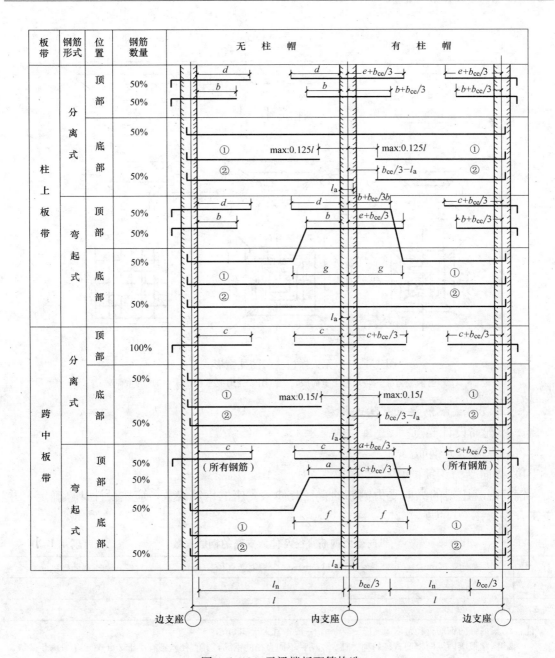

图 4.1.43　无梁楼板配筋构造

注：1. b_{ce} 为柱帽在计算弯矩方向的有效宽度；l_a 为钢筋的锚固长度；l_n 为净跨度，当有柱帽时，取 $l_n=l-2b_{ce}/3$；

2. 板边缘上下各加 1ϕ16 抗扭钢筋（无边梁时）；

3. ①号钢筋适用于非抗震区，②号钢筋适用于抗震区；

4. 图中钢筋的最大和最小长度应符合下列要求。

符号	a	b	c	d	e	f	g
长度	$\geqslant 0.15l_n$	$\geqslant 0.20l_n$	$\geqslant 0.25l_n$	$\geqslant 0.30l_n$	$\geqslant 0.35l_n$	$\leqslant 0.20l_n$	$\leqslant 0.25l_n$

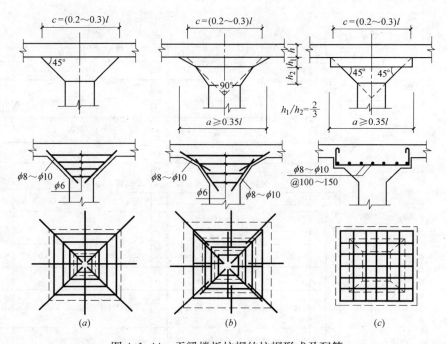

图 4.1.44　无梁楼板柱帽的柱帽形式及配筋

(*a*) 用于轻荷载；(*b*) 用于重荷载；(*c*) 用于受力要求稍次于 (*b*) 的重荷载

4.1.1.3　梁配筋要点及构造措施

1. 梁配筋设计要点

（1）纵向受力钢筋

1）纵向受力钢筋的直径

钢筋混凝土梁的纵向受力钢筋的直径及伸入支座的钢筋根数，应按设计计算确定，并应符合表 4.1.20 的规定。

纵向受力钢筋直径及伸入支座的钢筋根数　　　　　　　　　表 4.1.20

序　号	梁截面宽 b(mm)	梁截面高 h(mm)	钢筋直径 d(mm)	伸入支座钢筋根数(n)
1	$b<100$	$h<300$	$d\geqslant8$	$n=1$
2	$b\geqslant100$	$h\geqslant300$	$d\geqslant10$	$n\geqslant2$

注：1. 梁内纵向钢筋直径常取 $d=12\sim25$mm，一般不宜大于 28mm；

　　2. 同一根梁内纵向钢筋直径的种类宜少，两种不同直径的钢筋，其直径差不宜小于 2mm，亦不宜大于 2 级。

2）纵向受力钢筋的层数及间距

梁内纵向受力钢筋的层数及间距要求如表 4.1.21 所示。

梁内纵向受力钢筋的层数及间距规定　　　　　　　　　表 4.1.21

序　号	项　目	内　容
1	一般规定	（1）纵向受力钢筋的层数，与梁的宽度、钢筋根数、直径、间距、保护层厚度等有关。通常将钢筋沿梁宽度内平均放置，并尽可能地排成一层，以增大梁截面的内力臂，提高梁的受弯承载力，当钢筋根数较多，以致排成一层不能满足钢筋净距及保护层厚度的要求时，可排成两层，但其受弯承载力较差。一般不宜多于二层。

续表

序　号	项　　目	内　　容
1	一般规定	(2)梁的上部纵向钢筋水平方向的净距,不应小于30mm和1.5d(d为钢筋的最大直径)。下部纵向钢筋水平方向的净距不应小于25mm和d。梁的下部纵向钢筋配置多于两层时,两层以上钢筋水平方向的中距应比下面两层的中距增大一倍。各层钢筋之间的净距不应小于25mm和d。
2	梁的下部纵向钢筋水平方向的净距	≥25mm,≥d[注1],取两者中的大者,如图4.1.45(a)所示。[注2]
3	梁的上部纵向钢筋水平方向的净距	≥30mm,≥1.5d[注1],取两者中的大者,如图4.1.45(b)所示。[注2]
4	一层时根数	梁内钢筋排成一层时的最多根数如表4.1.22所示

注：1. 表中 d 为梁内纵向受力钢筋中的最大直径;
　　2. 如图4.1.45（a）、（b）所示,上、下层钢筋宜相互对齐,以有利于将混凝土浇筑密实。

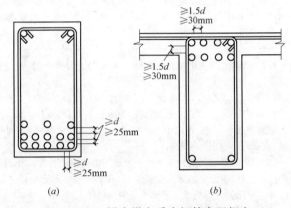

图4.1.45　梁内纵向受力钢筋布置规定
（a）梁的下部纵向受力钢筋布置规定；（b）梁的上部纵向受力钢筋布置规定

梁内钢筋排成一层时的最多根数　　　　　　　表4.1.22

梁宽(mm)	钢筋直径(mm)								
	10	12	14	16	18	20	22	25	28
150	3(3)	$3\left(\frac{2}{3}\right)$	$\frac{2}{3}$(2)	$\frac{2}{3}\left(\frac{2}{3}\right)$	2(2)	2(2)	2(2)	2(2)	2(1)
200	$\frac{4}{5}$(4)	4(4)	$4\left(\frac{3}{4}\right)$	$\frac{3}{4}\left(\frac{3}{4}\right)$	$\frac{3}{4}$(3)	3(3)	3(3)	3(2)	$\frac{2}{3}$(2)
250	$\frac{5}{6}\left(\frac{5}{6}\right)$	$\frac{5}{6}$(5)	5(5)	$5\left(\frac{4}{5}\right)$	$\frac{4}{5}\left(\frac{4}{5}\right)$	4(4)	4(4)	$\frac{3}{4}\left(\frac{3}{4}\right)$	3(3)
300	$7\left(\frac{6}{7}\right)$	$\frac{6}{7}\left(\frac{6}{7}\right)$	$\frac{6}{7}$(6)	$6\left(\frac{5}{6}\right)$	$\frac{5}{6}$(5)	$\frac{5}{6}$(5)	5(4)	$\frac{4}{5}$(4)	4(4)
350	$\frac{8}{9}\left(\frac{8}{9}\right)$	$\frac{7}{8}\left(\frac{7}{8}\right)$	$\frac{7}{8}\left(\frac{7}{8}\right)$	$7\left(\frac{6}{7}\right)$	$\frac{6}{7}\left(\frac{6}{7}\right)$	$\frac{6}{7}$(6)	$6\left(\frac{5}{6}\right)$	$\frac{5}{6}\left(\frac{5}{6}\right)$	$\frac{4}{5}\left(\frac{4}{5}\right)$
400	$\frac{9}{10}\left(\frac{9}{10}\right)$	$\frac{9}{10}$(8)	$\frac{8}{9}\left(\frac{8}{9}\right)$	$\frac{8}{9}$(8)	$\frac{7}{8}\left(\frac{7}{8}\right)$	$\frac{7}{8}\left(\frac{7}{8}\right)$	$7\left(\frac{6}{7}\right)$	$\frac{6}{7}\left(\frac{6}{7}\right)$	$\frac{5}{6}\left(\frac{5}{6}\right)$
500	$\frac{12}{13}\left(\frac{11}{13}\right)$	$\frac{11}{12}\left(\frac{11}{12}\right)$	$\frac{10}{12}\left(\frac{10}{11}\right)$	$\frac{10}{11}\left(\frac{10}{11}\right)$	$\frac{10}{11}\left(\frac{9}{10}\right)$	$\frac{9}{10}\left(\frac{9}{10}\right)$	$\frac{8}{10}\left(\frac{7}{9}\right)$	$\frac{7}{9}\left(\frac{7}{9}\right)$	$\frac{7}{8}\left(\frac{6}{8}\right)$

注：1. 表中分数值,其分子为梁截面上部钢筋排成一层时的钢筋最多根数,分母为梁截面下部钢筋排成一层时的钢筋最多根数;不是分数的,说明梁截面上部、下部钢筋根数都一样多;
　　2. 表中采用梁的混凝土保护层厚度为25mm（30mm）两种。

3）纵向受力钢筋的锚固措施

纵向受力钢筋伸入支座的锚固措施，如表4.1.23所示。

纵向受力钢筋的锚固措施　　　　　　　　　　表 4.1.23

序 号	项 目	内 容
1	纵向受力钢筋锚固长度	钢筋混凝土简支梁和连续梁简支端的下部纵向受力钢筋，其伸入梁支座范围内的锚固长度 l_{as} 如图 4.1.46 所示。 (1) 当 $V \leqslant 0.7 f_t b h_0$ 时， 　　　　$l_{as} \geqslant 5d$ (2) 当 $V > 0.7 f_t b h_0$ 时， 　带肋钢筋 $l_{as} \geqslant 12d$ 　光面钢筋 $l_{as} \geqslant 15d$ 此外，d 为纵向受力钢筋的直径。 对混凝土强度等级为 C25 及以下的简支梁和连续梁的简支端，当距支座边 1.5h 范围内作用有集中荷载，且 $V > 0.7 f_t b h_0$ 时，对带肋钢筋宜采取附加锚固措施，或取锚固长度 $l_{as} \geqslant 15d$。
2	焊接骨架锚固措施	(1) 如焊接骨架中采用光面钢筋作为纵向受力钢筋时，则在锚固长度 l_{as} 内应加焊横向钢筋。 1) 当 $V \leqslant 0.7 f_t b h_0$ 时，至少一根，如图 4.1.47(a) 所示。 2) 当 $V > 0.7 f_t b h_0$ 时，至少二根，如图 4.1.47(b) 所示。 横向钢筋直径 d_1，不应小于纵向受力钢筋直径 d 的一半；同时，加焊在最外边的横向钢筋，应靠近纵向钢筋的末端。 (2) 如纵向受力钢筋伸入梁的支座范围内的锚固长度 l_{as} 不满足要求时，当采取下列锚固措施之一，可将正常锚固长度减少 $5d$，但伸长支座的水平长度应不大于 $5d$。 1) 将纵向受力钢筋焊在梁端支座的预埋件上，如图 4.1.48(a) 所示。 2) 在纵向受力钢筋端头加焊锚固钢板，如图 4.1.48(b) 所示。 3) 在纵向受力钢筋端头加焊锚固措施，如图 4.1.48(c) 所示。 4) 在梁端 $l_{as}+15h$ 区段范围内，箍筋面积较计算需要增加 50%，如图 4.1.48(d) 所示。
3	配置箍筋	(1) 在纵向受力钢筋锚固长度范围内应配置箍筋。箍筋直径不应小于锚固钢筋直径或钢筋等效直径的 0.25 倍，间距不应大于锚固钢筋最小直径的 10 倍，在采用机械锚固措施时尚不应大于锚固钢筋最小直径的 5 倍。在整个锚固长度范围内箍筋不应少于二个。 (2) 支承在砌体结构上的钢筋混凝土独立梁，在纵向受力钢筋的锚固长度 l_{as} 范围内应配置不少于两个箍筋，其直径不宜小于纵向受力钢筋最大直径的 0.25 倍，间距不宜大于纵向受力钢筋最小直径的 10 倍；当采取机械锚固措施时，箍筋间距尚不宜大于纵向受力钢筋最小值的 5 倍

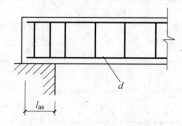

图 4.1.46　纵向受力钢筋伸
入梁简支支座的锚固

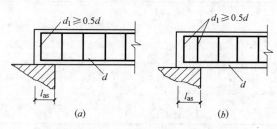

图 4.1.47　边支座纵向钢筋的锚固
(a) $V \leqslant 0.7 f_t b h_0$；(b) $V > 0.7 f_t b h_0$

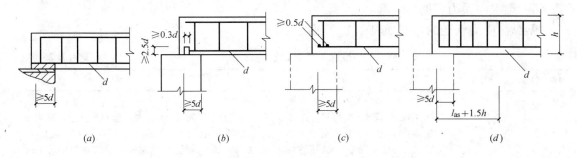

图 4.1.48　减小锚固长度措施

(a) 受力钢筋焊在预埋件上；(b) 加焊锚固钢板；(c) 加焊锚固钢筋；(d) 箍筋加密

4) 梁支座（负弯矩）纵向受拉钢筋设置规定

梁支座（负弯矩）纵向受拉钢筋设置规定，如表 4.1.24 所示。

表 4.1.24

梁支座（负弯矩）纵向受拉钢筋

序　号	项　　目	内　　容
1	连续梁	钢筋混凝土梁支座负弯矩钢筋的长度，应按弯矩图、受拉钢筋的弯起点(图4.1.51)及受拉钢筋的延伸长度 l_d (图4.1.49)的规定确定。纵向受拉钢筋不宜在受拉区截断。当必须截断时，应符合以下规定： (1)当 $V \leqslant 0.7 f_t b h_0$ 时，应延伸至正截面受弯承载力计算不需要该钢筋的截面以外不小于 $20d$ 处截断，且从该钢筋强度充分利用截面伸出的长度不应小于 $1.2 l_a$。 (2)当 $V > 0.7 f_t b h_0$ 时，应延伸至按正截面受弯承载力计算不需要该钢筋的截面以外不小于 h_0 且不小于 $20d$ 处截断，且从该钢筋强度充分利用截面伸出的长度不应小于 $1.2 l_a + h_0$。 (3)若按上述规定确定的截断点仍位于负弯矩受拉区内，则应延伸至按正截面受弯承载力计算不需要该钢筋的截面以外不小于 $1.3 h_0$ 且不小于 $20d$ 处截断，且从该钢筋强度充分利用截面伸出的延伸长度不应小于 $1.2 l_a + 1.7 h_0$。
2	悬臂梁	在钢筋混凝土悬臂梁中，应有不少于两根上部钢筋伸至悬臂梁外端，并向下弯折不小于 $12d$；其余钢筋不应在梁的上部截断，而应按表 4.1.25 序号 2 规定的弯起点位置向下弯折，按 4.1.25 序号 1 的规定在梁的下边锚固。 配筋参见图 4.1.69

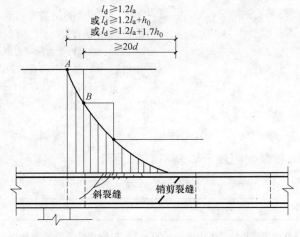

图 4.1.49　纵向受拉钢筋截断后延伸的长度

A—钢筋强度充分利用截面；B—按计算不需要该钢筋的截面

5）梁纵向受力钢筋的弯起

梁纵向受力钢筋的弯起如表 4.1.25 所示。

梁纵向受力钢筋的弯起   表 4.1.25

序 号	项　目	内　　容
1	箍筋与弯起钢筋	在混凝土梁中,宜采用箍筋作为承受剪力的钢筋。 　　当采用弯起钢筋时,其弯起角宜取 45°或 60°;在弯起钢筋的弯终点外应留有平行于梁轴线方向的锚固长度,在受拉区不应小于 20d(图 4.1.50a),在受压区不应小于 10d(图 4.1.50b),此处,d 为弯起钢筋的直径;梁底层钢筋中的角部钢筋不应弯起,顶层钢筋中的角部钢筋不应弯下。
2	弯起钢筋的弯起点	在混凝土梁的受拉区中,弯起钢筋的弯起点可设在按正截面受弯承载力计算不需要该钢筋的截面之前,但弯起钢筋与梁中心线的交点应位于不需要该钢筋的截面之外(图 4.1.51);同时,弯起点与按计算充分利用该钢筋的截面之间的距离不应小于 $h_0/2$。 　　当按计算需要设置弯起钢筋时,前一排(对支座而言)的弯起点至后一排的弯终点的距离不应大于表 4.1.28 中 $V > 0.7f_tbh_0$ 一栏规定的箍筋最大间距。 　　弯起钢筋不应采用浮筋(图 4.1.54b)

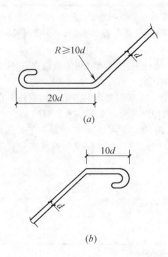

图 4.1.50　弯起钢筋端部构造

（a）受拉区；（b）受压区

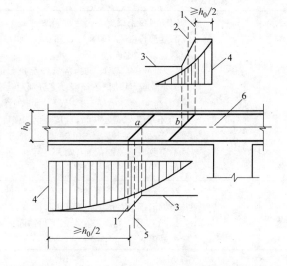

图 4.1.51　弯起钢筋弯起点与弯矩图的关系

1—在受拉区中的弯起截面；2—按计算不需要钢筋"b"的截面；3—正截面受弯承载力图；4—按计算充分利用钢筋"a"或"b"强度的截面；5—按计算不需要钢筋"a"的截面；6—梁中心线

（2）梁的箍筋与鸭筋

1）梁的箍筋

梁的箍筋设置、布置及间距规定如表 4.1.26 所示。

梁 的 箍 筋   表 4.1.26

序 号	项　目	内　　容
1	箍筋的设置	箍筋沿梁跨长设置范围应由计算确定,如按计算不需要箍筋时,应满足表 4.1.27 的构造规定。

续表

序号	项 目	内 容
2	支座处箍筋的布置	支座处箍筋的位置,可按图 4.1.52 设置。支座处的第一道箍筋离支座边宜大于或等于 50mm,一般取用 50mm。支座范围内每隔 100~200mm 设置箍筋,并在纵向钢筋的端部宜设置一道箍筋。
3	箍筋的间距	箍筋的间距应由计算确定,但为了使箍筋骨架具有足够的刚度,同时也为了使可能出现在两根箍筋之间而不与任何箍筋相交的斜裂缝不至于过于平缓,以致降低了梁的受剪承载力,则要求梁内箍筋不得超过表 4.1.28 规定的最大间距。
4	箍筋的直径	箍筋的直径应由计算确定,但为了在施工中使箍筋骨架能够具有一定刚度,根据设计经验,箍筋的最小直径应符合表 4.1.29 的规定。
5	箍筋的形式	(1)箍筋的形式有开口式(图 4.1.53a)和封闭式(图 4.1.53c、d)。 (2)开口式箍筋只能用于无振动荷载且计算不需要配置纵向受压钢筋的现浇 T 形截面梁的跨中部分。 (3)除上述情况外,一般均应采用封闭式箍筋。 (4)在有扭矩作用的构件中,箍筋间距应符合表 4.1.28 的规定,且箍筋必须为封闭式,当采用绑扎骨架时,骨架的末端应做成不小于 135°弯钩,弯钩端头平直段长度不应小于 10d(d 为箍筋直径)和 100mm。
6	箍筋的肢数	(1)箍筋的肢数有单肢、双肢和四肢。 (2)梁截面宽 $b \leqslant 150$mm,且上、下只有一根纵向钢筋时,才采用单肢箍筋。 (3)梁截面宽 $b \leqslant 400$mm,且一层内的纵向受压钢筋不多于 4 根时采用双肢箍筋。 (4)梁截面宽 $b > 400$mm,且一层内的纵向受压钢筋多于 3 根时,采用四肢箍筋,但构造梁及圈梁除外。 (5)梁中一层的纵向受拉钢筋多于 5 根时,宜采用四肢箍筋。 (6)四肢箍筋的宽度 b_a 如表 4.1.30 所示,供参考

箍筋设置范围构造规定   表 4.1.27

序号	梁截面高度(h)	箍筋设置范围	备 注
1	$h < 150$mm	可不设置箍筋	
2	$h = 150~300$mm	可仅在梁端部各 1/4 跨度范围内设置箍筋	但当在梁的中部 1/2 跨度范围内有集中荷载作用时,则应沿梁全长设置箍筋
3	$h > 300$mm	应沿梁全长设置箍筋	

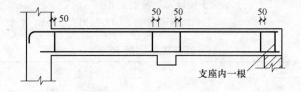

图 4.1.52 支座处箍筋的布置

梁中箍筋的最大间距 (mm)   表 4.1.28

序 号	梁高 h	$V > 0.7 f_t b h_0$	$V \leqslant 0.7 f_t b h_0$
1	$150 < h \leqslant 300$	150	200
2	$300 < h \leqslant 500$	200	300

续表

序　号	梁高 h	$V>0.7f_tbh_0$	$V\leqslant0.7f_tbh_0$
3	$500<h\leqslant800$	250	350
4	$h>800$	300	400

注：1. 梁中箍筋的最大间距宜符合表 4.1.28 的规定，当 $V>0.7f_tbh_0$ 时，箍筋的配筋率 $\rho_{sv}\left(\rho_{sv}=\dfrac{A_{sv}}{b_s}\right)$ 尚不应小于 $0.24\dfrac{f_t}{f_{yv}}$。

2. 当梁中配有按计算需要的纵向受压钢筋时，箍筋应做成封闭式；此时，箍筋的间距不应大于 15d（d 为纵向受压钢筋的最小直径），同时不应大于 400mm；当一层内的纵向受压钢筋多于 5 根时且直径大于 18mm 时，箍筋间距不应大于 10d；当梁的宽度大于 400mm 且一层内的纵向受压钢筋多于 3 根时，或当梁的宽度不大于 400mm 但一层内的纵向受压钢筋多于 4 根时，应设置复合箍筋；

3. 梁中配有两片及两片以上的焊接骨架时，应设置横向联系筋，并用点焊或绑扎方法使其与骨架的纵向钢筋连成一体。横向联系钢筋的间距不应大于 400mm，且不宜大于梁截面宽的二倍。当梁设置有计算需要的纵向受压钢筋时，横向联系钢筋的间距尚应符合下列要求：点焊时不应大于 20d，绑扎时不应大于 15d，d 为纵向受压钢筋中的最小直径；

4. 在绑扎骨架中非焊接的搭接接头长度范围内，搭接钢筋受拉时，箍筋间距不应大于 5d，且不应大于 100mm；搭接钢筋受压时，箍筋间距不应大于 10d，且不应大于 200mm（d 为受力钢筋的最小直径）。

5. 在弯剪扭构件中，箍筋的配筋率 $\rho_{sv}\left(\rho_{sv}=\dfrac{A_{sv}}{b_s}\right)$ 不应小于 $0.28\dfrac{f_t}{f_{yv}}$。箍筋间距应符合表 4.1.28 的规定，其中受扭所需的箍筋应做成封闭式，且应沿截面周边布置；当采用复合箍筋时，位于截面内部的箍筋不应计入受扭所需的箍筋面积；受扭所需箍筋的末端应做成 135°弯钩，弯钩端头平直段长度不应小于 10d（d 为箍筋直径）。

梁中箍筋最小直径（mm）　　　　表 4.1.29

序　号	梁截面高 h	箍筋最小直径 d	一般采用直径 d
1	$h\leqslant800$	$d\geqslant6$	$d=6\sim10$
2	$h>800$	$d\geqslant8$	$d=8\sim12$

注：梁中配有计算需要的纵向受压钢筋时，箍筋直径尚不应小于 d/4（d 为纵向受压钢筋的最大直径）。

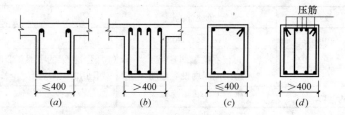

图 4.1.53　箍筋的形式
(a)、(b) 开口式箍筋；(c)、(d) 封闭式箍筋

四肢箍筋宽度 b_s　　　　表 4.1.30

序号	梁宽 b(mm)	一层中纵向钢筋根数					
		5	6	7	8	9	10
		箍筋中央二肢间的钢筋根数					
		3	2	3	4	3	4
1	350	230	190	205	220		
2	400	270	220	240	255	225	240
3	450		250	270	290	260	270
4	500			310	330	290	305

注：1. 本表仅适用于构件混凝土保护层为 25mm；
　　2. 本表适用于纵向钢筋直径不大于 25mm。

2）梁的鸭筋

梁的鸭筋的设置要求如表 4.1.31 所示。

梁的鸭筋的设置　　　　　　　　表 4.1.31

序　号	项　　目	内　　　容
1	鸭筋与浮筋	当纵向受力钢筋不能在需要的地方弯起(如跨中受集中荷载作用)，或弯起钢筋不足以承受剪力时，则专为承受剪力单独设置一种弯筋称为鸭筋，如图 4.1.54(a)所示。此时，应将鸭筋的两端均锚固在受压区内，禁止使用一端在受拉区的所谓"浮筋"，如图 4.1.54(b)所示。
2	鸭筋的设置	(1)需要指出的是，在图 4.1.55 所示的以承受集中荷载为主的梁中，如果在集中荷载到简支支座之间的区段需要配置弯起钢筋，从斜截面受剪角度要求离集中荷载最近的一排弯起钢筋的弯起点到集中荷载作用点之间的距离 s 不得大于表 4.1.28 的规定的箍筋的最大间距；而从斜截面受弯角度又要求 s 不得小于 $0.5h_0$。这两个要求往往是有矛盾的。这时，可以采用图 4.1.55(a)所示的附加"鸭筋"的办法来承受剪力。如果需要像图 4.1.55(b)中所示的那样，把纵向钢筋弯起以承受剪力，则在靠近集中荷载这一排中弯起的纵向钢筋在正截面中不能作为受弯钢筋使用，而只能看做是附加钢筋。 (2)在连续梁之间支座两侧也会出现上述矛盾。这时也可以采用附加"鸭筋"作为最靠近支座的那一排弯起钢筋参加斜截面受剪，也可以采用图 4.1.56 所示的做法，即令左跨最靠近支座的一排弯起钢筋只参与受剪，在支座左侧的正截面中不考虑这些钢筋参考承受负弯矩。待它伸过支座后，再在支座右侧正截面中考虑它参加承担负弯矩。对于由右跨弯上来的最靠近支座的一排弯起钢筋也按同样原则处理。但不得采用与图 4.1.54(b)中所示的"浮筋"来作为参与受剪的弯起钢筋，因为这种钢筋两端锚固不足，不可能在斜截面中有效地发挥受剪作用。 (3)主梁承受荷载较大，同一最大剪力值的区段较大，除箍筋外往往需要较多的弯起钢筋，才能满足斜截面的受剪承载力要求，但跨中受力钢筋的弯起数量有时又不能满足要求。这时，应在支座附近或在集中荷载处(次梁部位)设置补充的斜钢筋即鸭筋，以满足需要。如图 4.1.57 所示

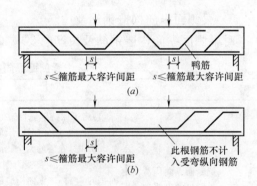

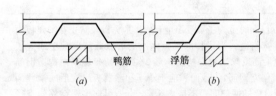

图 4.1.54　鸭筋与浮筋

(a) 鸭筋；(b) 浮筋

图 4.1.55　鸭筋（一）

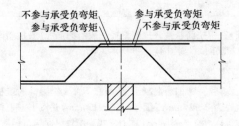

图 4.1.56　鸭筋（二）

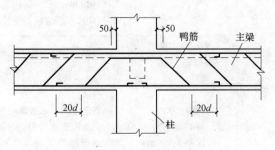

图 4.1.57　鸭筋（三）

（3）梁的纵向构造钢筋

1）梁的架立钢筋

梁的架立钢筋的设置要求如表4.1.32所示。

梁的架立钢筋的设置 表4.1.32

序号	项目	内容
1	架立钢筋的设置与作用	当梁内配置箍筋，并在梁顶面箍筋转角处无纵向受力钢筋时，应设置架立钢筋。架立钢筋的作用是形成钢筋骨架和承受温度收缩应力以及构件吊装过程中可能产生的拉力。
2	架立钢筋的根数	绑扎骨架配筋中，采用双肢箍筋时，架立钢筋为2根，采用四肢箍筋时，架立钢筋为4根。
3	架立钢筋与受力钢筋的搭接长度	梁内架立钢筋与受力钢筋的搭接长度应符合下列规定： (1)架立钢筋直径<10mm时，搭接长度为100mm。 (2)架立钢筋直径≥10mm时，搭接长度为150mm。
4	架立钢筋的最小直径	梁内架立钢筋的最小直径如表4.1.33所示

梁内架立钢筋的最小直径规定 表4.1.33

序号	梁的计算跨度 l(m)	架立钢筋的最小直径 d(mm)
1	$l<4$	$d\geqslant8$
2	$l=4\sim6$	$d\geqslant10$
3	$l>6$	$d\geqslant12$

2）梁侧面纵向构造钢筋及拉筋

对梁侧面纵向构造钢筋及拉筋的要求如表4.1.34所示。

梁侧面纵向构造钢筋及拉筋 表4.1.34

序号	项目	内容
1	梁侧面纵向构造钢筋的设置	（1）为了保持钢筋骨架的刚度，同时也为了承受温度和收缩应力以及防止在梁腹板内出现如图4.1.58(b)所示的过宽裂缝。当梁扣除翼板厚度后的截面高度大于或等于450mm时，在梁的两个侧面应沿高度配置纵向构造钢筋（称腰筋），每侧纵向构造钢筋（不包括梁上、下部受力钢筋及架立钢筋）的截面积应不小于扣除翼板厚度后的梁截面面积的0.1%。纵向构造钢筋沿梁的两侧间距不应大于200mm；纵向构造钢筋的直径宜取用10mm；当梁截面高度1600mm及以上时，纵向构造钢筋的直径不宜小于12mm，如图4.1.58(a)所示。 （2）梁的两侧面纵向构造钢筋，按构造设置时，一般伸至梁端，不做弯钩，若按计算配置时，则在梁端应满足受拉时的锚固要求。
2	梁侧面纵向腰筋及箍筋、拉筋设置图例	梁两侧面的纵向构造钢筋（腰筋）宜用拉筋联系。拉筋直径一般与箍筋相同；拉筋间距为400~600mm，一般为两倍的箍筋间距，如图4.1.59所示。
3	需作疲劳验算的钢筋混凝土梁	对钢筋混凝土薄腹梁或需要作疲劳验算的钢筋混凝土梁，应在下部1/2梁高的腹板内沿两侧配置纵向构造钢筋，其直径为8~14mm，间距为100~150mm，并按下密上疏的方式布置；在上部1/2梁高的腹板内可按本表序号1的有关规定配置纵向构造钢筋

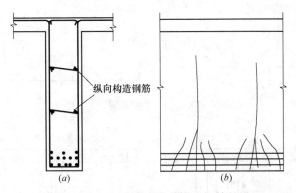

图 4.1.58 梁侧面纵向构造钢筋的设置

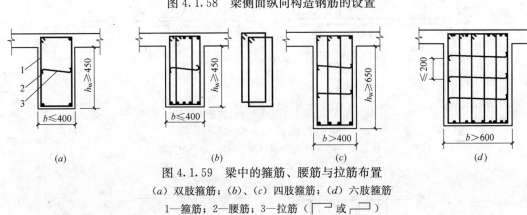

图 4.1.59 梁中的箍筋、腰筋与拉筋布置

(a) 双肢箍筋；(b)、(c) 四肢箍筋；(d) 六肢箍筋

1—箍筋；2—腰筋；3—拉筋（ ⌐ 或 ⌐ ）

(4) 梁受集中荷载时的附加横向钢筋

1) 附加横向钢筋的作用与设置

附加横向钢筋的作用与设置如表 4.1.35 所示。

附加横向钢筋的作用与设置 　　　　　　　　　表 4.1.35

序号	项目	内容
1	附加横向钢筋的作用	在次梁与主梁的交接处，由于次梁在负弯矩作用下将于主梁侧面的上部开裂，因而次梁上的全部荷载只能通过受压区混凝土以剪力的形式传给主梁，故该力将作用于主梁高度的中、下部，有可能使主梁下部混凝土产生如图 4.1.60 所示的八字形裂缝。为使次梁荷载可靠的传给主梁，应设置横向钢筋（附加箍筋或附加吊筋）使次梁传来的力传至主梁截面上部的受压区。
2	适用范围	位于梁下部或梁截面高度范围内的集中荷载，应全部由附加横向钢筋（箍筋、吊筋）承担。附加横向钢筋宜采用箍筋。箍筋应布置在长度为 s 的范围内，此处，$s = 2h_1 + 3b$（图 4.1.61）。当采用吊筋时，其弯起段应伸至梁上边缘，且末端水平段长度不应小于表 4.1.25 序号 1 的规定。
3	附加横向钢筋的选用原则	(1) 次梁在主梁上部或集中荷载较小时，一般在次梁每侧配置 2～3 根附加箍筋，如图 4.1.62(a)所示；按构造配置附加箍筋时，次梁每侧不得少于 2φ8。 　　(2) 次梁在主梁上部或集中荷载较大时，宜配置附加吊筋，如图 4.1.62(b)所示，该附加吊筋不得小于 2φ12。 　　(3) 当梁下部有悬臂板时，悬挂悬臂板的吊筋构造见图 4.1.62(c)。箍筋不作为吊筋考虑。 　　(4) 在整体式梁板结构中，当次梁位于主梁下部时可按图 4.1.63 增设吊筋；当梁中预埋钢管或螺栓传递集中荷载时可按图 4.1.63(b)、(c)配置吊筋。 　　(5) 附加横向钢筋宜优先采用箍筋。当采用吊筋时，其弯起段应伸至梁上边缘，且末端水平段长度不应小于表 4.1.25 序号 1 的规定

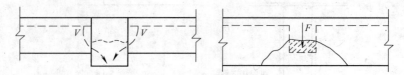

图 4.1.60　主次梁相交裂缝示图

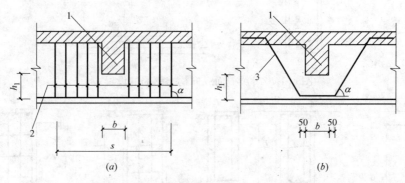

图 4.1.61　梁截面高度范围内有集中荷载作用时附加横向钢筋的布置

(a) 附加箍筋；(b) 附加吊筋

1—传递集中荷载的位置；2—附加箍筋；3—附加吊筋

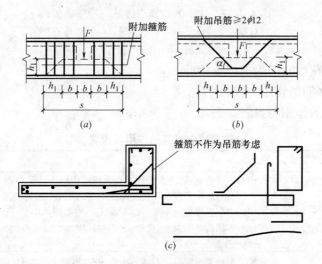

图 4.1.62　附加横向钢筋的配置（一）

(a) 附加箍筋；(b) 附加吊筋；(c) 悬臂板的吊筋

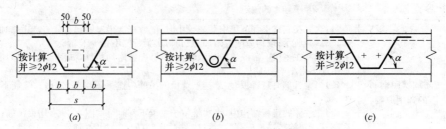

图 4.1.63　附加横向钢筋的配置（二）

(a) 次梁位于主梁下部；(b) 梁中设预埋钢管传递集中荷载；(c) 梁中设螺栓传递集中荷载

2) 附加横向钢筋的计算与计算用表

附加横向钢筋的计算与计算用表如表 4.1.36 所示。

附加横向钢筋的计算与计算用表　　　　　　　　　表 4.1.36

序 号	项 目	内 容
1	基本计算公式	如图 4.1.61 所示，附加横向钢筋所需的总截面面积应按下式计算： $$A_{sv} \geqslant \frac{F}{f_{yv}\sin\alpha} \qquad (4.1)$$ 式中　A_{sv}——承受集中荷载所需的附加横向钢筋总截面面积；当采用附加吊筋时，A_{sv} 应为左、右弯起段截面面积之和； 　　　F——作用在梁的下部或梁截面高度范围内的集中荷载设计值； 　　　α——附加横向钢筋与梁轴线间的夹角。
2	计算用表	由式(4.2)得制表公式为 $$F \leqslant A_{av}f_{yv}\sin\alpha = [F] \qquad (4.2)$$ 附加箍筋承载力，如表 4.1.37 所示。 附加吊筋承载力，如表 4.1.38 所示。
3	计算例题	【例题 4.1】 已知 $F=188\text{kN}$，采用附加箍筋（双肢），$\alpha=90°$，箍筋采用 HPB235（Q235）级钢筋，$f_{yv}=210\text{N/mm}^2$。试求附加箍筋的数量。 【解】 由式(4.3)计算，得 $$A_{sv}=\frac{F}{f_{yv}\sin\alpha}=\frac{188000}{210\sin90°}=895\text{mm}^2$$ 选 $8\phi12$，$A_{sv}=904\text{mm}^2$，因系双肢箍，故取 $4\phi12$。即每边 $2\phi12$，查表 4.1.37 可得同样结果（每边 $2\phi12$，$[F]=190\text{kN}>188\text{kN}$）。 【例题 4.2】 已知 $F=215\text{kN}$，采用附加吊筋，$\alpha=45°$，吊筋采用 HRB335 级钢筋，$f_{yv}=300\text{N/mm}^2$。试求附加吊筋的数量。 【解】 由式(4.3)计算，得 $$A_{sv}=\frac{F}{f_{yv}\sin\alpha}=\frac{215000}{300\sin45°}=1014\text{mm}^2$$ 选 $4\phi18$，$A_{sv}=1017\text{mm}^2$，因每根吊筋两边都有弯起部分，故取 $2\phi18$，查表 4.1.38 可得同样结果（$2\phi18$，$[F]=215.92\text{kN}>215\text{kN}$）

附加箍筋承受集中荷载承载力 $[F]$ (kN)　　　　　　表 4.1.37

钢筋强度设计值	箍筋		箍 筋 个 数		
	肢数	直径(mm)	每边 1 个（共 2 个）	每边 2 个（共 4 个）	每边 3 个（共 6 个）
$f_{yv}=210\text{N/mm}^2$	双肢	6	23.8	47.5	71.3
		8	42.2	84.4	126.7
		10	66.0	131.9	197.9
		12	95.0	190.0	285.0
	四肢	6	47.5	95.0	142.5
		8	84.4	168.9	253.3
		10	131.9	263.9	295.8
		12	190.0	380.0	570.0
$f_{yv}=300\text{N/mm}^2$	双肢	6	33.9	67.9	101.8
		8	60.3	120.6	181.0
		10	94.2	188.5	282.7
		12	135.7	271.4	407.2
	四肢	6	67.9	135.7	203.6
		8	120.6	241.3	361.9
		10	188.5	377.0	565.5
		12	271.4	542.9	814.3

钢筋强度设计值	箍筋		箍 筋 个 数		
	肢数	直径(mm)	每边1个(共2个)	每边2个(共4个)	每边3个(共6个)
图例					

附加吊筋承受集中荷载承载力 [F] (kN)　　　　表 4.1.38

钢筋强度设计值	钢筋直径 (mm)	钢筋弯起角度			
		$\alpha=45°$		$\alpha=60°$	
		1根	2根	1根	2根
$f_{yv}=210\text{N/mm}^2$	12	33.59	67.18	41.14	82.27
	14	45.72	91.43	55.99	111.98
	16	59.71	119.42	73.13	146.26
	18	75.57	151.15	92.56	185.12
	20	93.30	186.60	114.27	228.54
$f_{yv}=300\text{N/mm}^2$	12	47.98	95.97	58.77	117.53
	14	65.31	130.62	79.99	159.98
	16	85.30	170.61	104.47	208.95
	18	107.96	215.92	132.23	264.45
	20	133.29	266.57	163.24	326.48
	22	161.28	322.55	197.52	395.05
	25	208.26	416.52	255.07	510.13
	28	261.24	522.48	319.95	639.91
	32	341.21	682.43	417.90	835.80
$f_{yv}=360\text{N/mm}^2$	12	57.58	115.16	70.52	141.04
	14	78.37	156.74	95.99	191.97
	16	102.36	204.73	125.37	250.74
	18	129.55	259.11	158.67	317.34
	20	159.94	319.89	195.89	391.78
	22	193.53	387.06	237.03	474.05
	25	249.91	499.82	306.08	612.16
	28	313.49	626.98	383.95	767.89
	32	409.46	818.91	501.48	1002.96
图例					

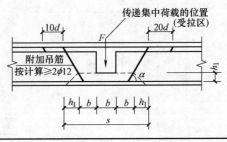

2. 梁配筋构造做法

（1）梁配筋构造做法及图例

1）纵向受力钢筋在端支座的锚固

梁的纵向受力钢筋在端支座的锚固要求如表 4.1.39 所示。

纵向受力钢筋在端支座的锚固要求　　　　　　　　　　　　　表 4.1.39

序 号	项 目	内 容
1	梁支承在砖墙或砖柱上	支承在砖墙（图 4.1.64a）或砖柱（图 4.1.64b）上的钢筋混凝土简支梁，支座处的弯起钢筋及构造负弯矩钢筋的锚固应满足图 4.1.64 的要求。 l_{as} 的具体要求见表 4.1.23。
2	梁与梁或梁柱整体连接，而计算中考虑为简支	梁与梁（图 4.1.65a）或梁与柱（图 4.1.65b）的整体连接，在计算中端支座按简支考虑时，支座处的弯起钢筋及构造负弯矩钢筋的锚固应满足图 4.1.65 的要求。 图 4.1.64 和图 4.1.65 中的②号构造负弯矩钢筋，如利用架立钢筋或另设钢筋时，其截面积不小于跨中下部纵向受力钢筋计算所需截面面积的 1/4，且不少于 2 根；该纵向构造钢筋自支座边缘向跨内伸出的长度不应小于 $0.2l_0$，此外，l_0 为该跨的计算跨度

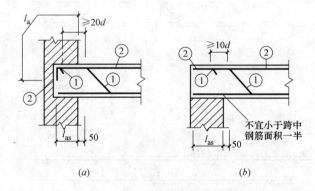

图 4.1.64　砖墙或砖柱上受力筋的锚固
（a）支承在砖墙上；（b）支承在砖柱上

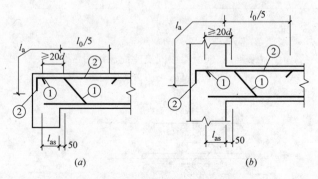

图 4.1.65　梁柱连接的受力筋锚固
（a）梁与梁连接；（b）梁与柱连接

2）梁的中间支座锚固

梁的中间支座锚固要求如表 4.1.40 所示。

梁的中间支座锚固要求 表 4.1.40

序 号	项 目	内 容
1	配筋要求	连接主梁和次梁沿跨度方向钢筋的弯起和切断位置,原则上应根据正截面的弯矩叠合图形来决定,并且还应满足斜截面的受剪承载力要求。但对于等跨或跨度相差不大于 20%,可变荷载与永久荷载设计值之比 $\dfrac{\gamma_Q Q_k}{\gamma_G G_k} \leqslant 3$ 的连续主梁和次梁,根据实践经验,可不按弯矩叠合图来确定,而按图 4.1.66(a)、(b) 配置钢筋。钢筋的弯折和切断具体位置,详见图 4.1.66(a)、(b) 所示。
2	主梁、次梁、板钢筋布置参考	主梁、次梁、板钢筋布置如图 4.1.67 所示。 当主梁和次梁纵横交叉时,主、次梁的弯起钢筋高度如图 4.1.68 所示(梁的混凝土保护层厚度按 30mm 计算)

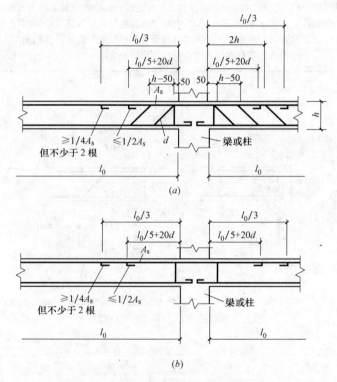

图 4.1.66 梁中间支座配筋示图
(a) 弯起式配筋;(b) 分离式配筋

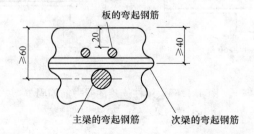

图 4.1.67 主梁、次梁及板的弯起钢筋的布置

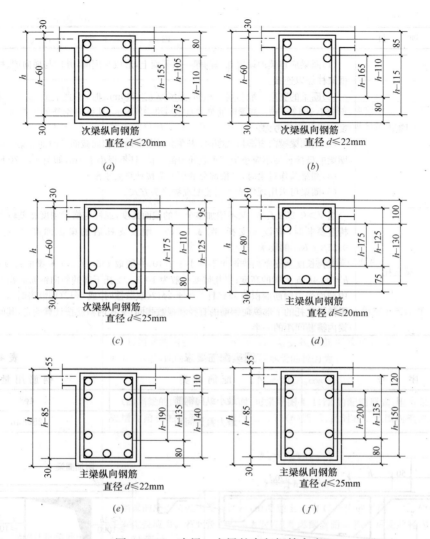

次梁纵向钢筋
直径 $d \leqslant 20mm$

(a)

次梁纵向钢筋
直径 $d \leqslant 22mm$

(b)

次梁纵向钢筋
直径 $d \leqslant 25mm$

(c)

主梁纵向钢筋
直径 $d \leqslant 20mm$

(d)

主梁纵向钢筋
直径 $d \leqslant 22mm$

(e)

主梁纵向钢筋
直径 $d \leqslant 25mm$

(f)

图 4.1.68 次梁、主梁的弯起钢筋高度

(a) 次梁,纵向钢筋直径 $d \leqslant 20mm$;(b) 次梁,纵向钢筋直径 $d \leqslant 22mm$

(c) 次梁,纵向钢筋直径 $d \leqslant 25mm$;(d) 主梁,纵向钢筋直径 $d \leqslant 20mm$;

(e) 主梁,纵向钢筋直径 $d \leqslant 22mm$;(f) 主梁,纵向钢筋直径 $d \leqslant 25mm$

3) 悬臂梁、圈梁及梁支托

悬臂梁、圈梁及梁支托的一般要求如表 4.1.41 所示。

悬臂梁、圈梁及梁支托   表 4.1.41

序 号	项 目	内 容
1	悬臂梁	(1)梁顶面的纵向受力钢筋不少于 2 根,应按计算确定,沿梁角配置,其伸入支座的长度应满足锚固要求。 (2)弯起钢筋应根据施工对钢筋骨架的稳定和结构计算确定。当悬臂长度悬臂端有集中荷载作用时,宜设置多排弯起钢筋,如图 4.1.69 所示。 (3)梁底部架立钢筋应不少于 2 根,其直径不小于 12mm。 (4)其他事项应符合表 4.1.24 序号 2 的规定。

序　号	项　目	内　容
3	计算例题	选用 $4\phi8$ 双肢箍筋，$A_{sv}=402\text{mm}^2$，箍筋设置范围的长度为 $$s=h\text{tg}(3\alpha/8)=693\times\text{tg}(3\times120°/8)=693\text{mm}$$ （2）全部纵向钢筋未在混凝土受压区时，纵向受拉钢筋的合力全部由箍筋承担，这合力为 $$\begin{aligned}N_{s1}&=2f_yA_s\cos(\alpha/2)\\&=2\times300\times763\cos(120°/2)\\&=228900\text{N}\end{aligned}$$ 应增设箍筋面积： $$A_{sv}=N_{s1}/f_{yv}=10900\text{mm}^2$$ 选用 $8\phi10$ 双肢箍筋，$A_{sv}=1256\text{mm}^2>1090\text{mm}^2$，箍筋设置范围的长度为 $$s=h\text{tg}(3\alpha/8)=693\times\text{tg}(3\times120°/8)=693\text{mm}$$ （3）当 $3\phi18$ 钢筋中只有 $1\phi18$（$A_{s1}=254.5\text{mm}^2$）钢筋未在混凝土受压区时，箍筋承担纵向钢筋合力为 $$\begin{aligned}N_{s3}&=2f_yA_s\cos(\alpha/2)+0.7f_yA_s\cos(\alpha/2)\\&=2\times300\times254.5\cos(120°/2)+0.7\times300\times509\cos(120°/2)\\&=129795\text{N}\end{aligned}$$ 应增设箍筋面积： $$A_{sv}=N_{s3}/f_{yv}=129795/210=618\text{mm}^2$$ 选用 $5\phi10$ 双肢箍筋，$A_{sv}=785\text{mm}^2$，箍筋设置范围的长度为 $s=693\text{mm}$

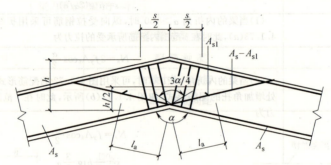

图 4.1.72　梁的内折角处配筋（一）

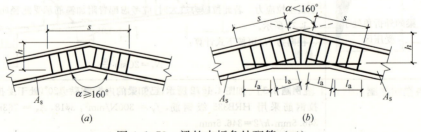

图 4.1.73　梁的内折角处配筋（二）

（a）梁内折角 $\alpha\geqslant160°$ 时；（b）梁内折角 $\alpha<160°$ 且有角托时

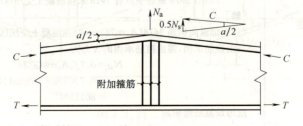

图 4.1.74　梁的外折角处附加箍筋

（2）梁垫及带小悬臂板的梁

1）梁垫

钢筋混凝土梁垫的设置及构造要求如表 4.1.44 所示。

钢筋混凝土梁垫　　　　　　　　　　　　　　　　　表 4.1.44

序　号	项　目	内　容
1	梁垫的设置	（1）砖墙或砖柱上承受屋面梁、屋梁、吊车梁等集中荷载，支承处砌体局部受压承载力不能满足要求时，应设置混凝土或钢筋混凝土梁垫。 （2）跨度大于 6m 屋面梁（屋梁）和跨度大于 4.8m 的梁，在支承面下应设混凝土或钢筋混凝土梁垫。当墙中设有圈梁时，梁垫与圈梁宜浇成整体。如果支承在独立砖柱上时，不论跨度大小均应设置梁垫。
2	梁垫构造	（1）梁垫能按刚性角传力时，可采用混凝土梁垫，如图 4.1.75(a) 所示；梁垫不能按刚性角传力时，梁垫应配置钢筋，如图 4.1.75(b) 所示。 （2）梁垫厚度 t_d 不宜小于 180mm，梁垫厚度与梁垫尽端至梁边长度的比值 t_d/c 不宜小于 1，如图 4.1.76 所示。用于地震区的单层砖柱厂房柱顶垫块的厚度不应小于 240mm，并应配置直径不小于 $\phi 8$、间距不大于 100mm 的钢筋两层；墙顶圈梁应与柱顶垫块整浇；抗震设防烈度为 9 度时，在垫块两侧各 500mm 范围内，圈梁的箍筋间距不应大于 100mm。 （3）按构造要求配置双层钢筋网的梁垫，钢筋网的钢筋总用量不应小于梁垫体积的 0.5%，且钢筋网片不得小于 $\phi 6@100$，如图 4.1.77(a) 所示。 （4）当采用绑扎骨架时，梁垫的配筋应采用封闭式箍筋。如图 4.1.77(b) 所示

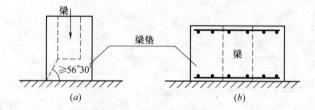

图 4.1.75　梁垫的构造

（a）按刚性角传力；（b）不能按刚性角传力

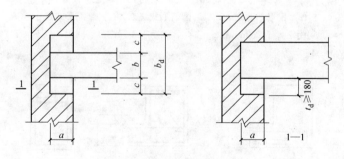

图 4.1.76　梁垫的尺寸

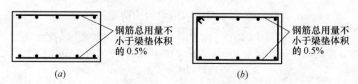

图 4.1.77　梁垫的配筋

（a）网片式配筋；（b）封闭式箍筋

2）带小悬臂板的梁

常用带小悬臂板梁截面构造配筋要求如表 4.1.45 所示。

常用带小悬臂板梁截面构造配筋要求   表 4.1.45

序 号	项 目	内 容
1	十字形截面梁	十字形截面梁翼缘的构造配筋要求如图 4.1.78 所示。
2	T形截面梁	T形截面梁翼缘的构造配筋要求如图 4.1.79 所示。
3	Γ形截面梁	Γ形截面梁的构造配筋要求如图 4.1.80 所示。
4	∟形截面梁	∟形截面梁的构造配筋要求如图 4.1.81 所示

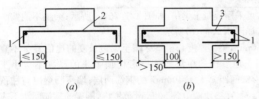

图 4.1.78　十字形梁翼缘的构造配筋

(a) 配筋形式之一；(b) 配筋形式之二

1—不小于架立钢筋直径；2—≥φ8，间距同肋箍筋，

且不大于 200mm；3—按计算，≥φ8，间距同肋

箍筋，且不大于 200mm

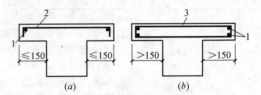

图 4.1.79　T 形梁翼缘的构造配筋

(a) 配筋形式之一；(b) 配筋形式之二

1—不小于架立钢筋直径；2—≥φ8，间距同肋箍筋，

且不大于 200mm；3—按计算，≥φ8，间距同肋

箍筋，且不大于 200mm

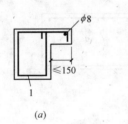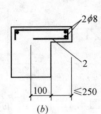

图 4.1.80　Γ形梁的构造配筋

(a) 配筋形式之一；(b) 配筋形式之二；(c) 配筋形式之三

1—≥φ8，间距不大于 200mm；2—≥φ8，间距等于梁内箍筋间距，且不大于 200mm

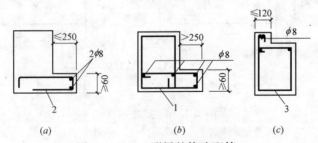

图 4.1.81　∟形梁的构造配筋

(a) 配筋形式之一；(b) 配筋形式之二；(c) 配筋形式之三

1—按计算，且≥φ8，间距不大于 200mm；2—≥φ8，间距等于梁内箍筋间距，且不大于 200mm

3—≥φ8，间距不大于 200mm

（3）梁腰上开洞

1）一般要求

根据需要在梁腰上开洞时，一般应将洞作成圆形，并尽可能把它布置在拉力和剪力较小处，在梁两侧沿洞四周设置构造钢筋，洞底与下部受力钢筋的距离不小于 50mm。如果梁由于开洞减弱截面而导致承载力降低时，应进行验算。

2）加固图例

梁腰上开洞加固图例如图 4.1.82 所示。

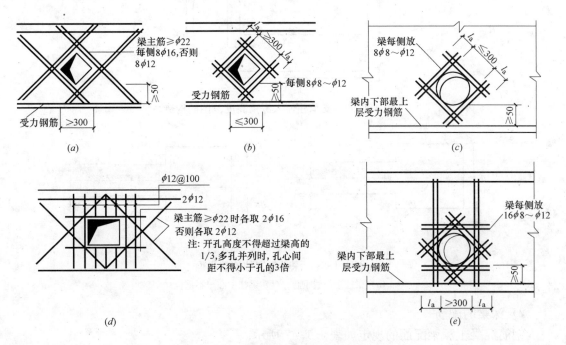

图 4.1.82　梁腰上孔洞加固图例

(*a*)、(*b*)、(*d*) 矩形孔洞；(*c*)、(*e*) 圆形孔洞

(4) 深梁

1）定义及一般规定

钢筋混凝土深梁的定义及一般规定如表 4.1.46 所示。

深梁的定义及一般规定

表 4.1.46

序　号	项　目	内　容
1	深梁定义	$l_0/h<5.0$ 的简支钢筋混凝土单跨梁或多跨连续梁宜按深受弯构件进行设计。其中 $l_0/h\leq2$ 的简支钢筋混凝土单跨梁和 $l_0/h\leq2.5$ 的简支钢筋混凝土多跨连续梁称为深梁。此处，h 为梁截面高度；l_0 为梁的计算跨度，可取支座中心线之间的距离和 $1.5l_n$(l_n 为梁的净跨)两者中的较小值。
2	一般规定	(1)简支钢筋混凝土单跨深梁可采用由一般方法计算的内力进行截面设计；钢筋混凝土多跨连续深梁应采用由二维弹性分析求得的内力进行截面设计。 (2)深梁的截面宽度不应小于 140mm。当 $l_0/h\geq1$ 时，h/b 不宜大于 25；当 $l_0/h<1$ 时，l_0/b 不宜大于 25。深梁的混凝土强度等级不应低于 C20。当深梁支承在钢筋混凝土柱上时，宜将柱伸至深梁顶(图 4.1.83)。深梁顶部应与楼板等水平构件可靠连接。 (3)深梁中心线宜与柱中心线重合；当不能重合时，深梁任一侧的边缘离柱边的距离不宜小于 50mm，如图 4.1.84 所示

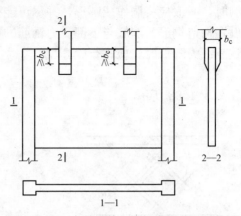

图 4.1.83　支承柱伸入深梁高度范围的构造

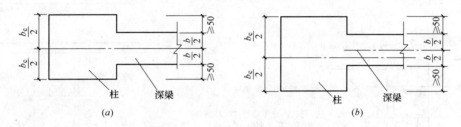

图 4.1.84　深梁与支柱连接平面

(a) 梁柱中心线重合；(b) 梁柱中心—不重合

2）深梁的配筋

钢筋混凝土深梁配筋的规定如表 4.1.47 所示。

钢筋混凝土深梁配筋规定　　　　　　　　　　　表 4.1.47

序　号	项　目	内　容
1	纵向受拉钢筋	(1)钢筋混凝土深梁的纵向受拉钢筋宜采用较小直径,并应按下列规定布置: 1)单跨深梁和连续深梁的下部纵向钢筋宜均匀布置在梁下边缘以上 0.2h 的范围内(图 4.1.85 及图 4.1.86)。 2)连续深梁中间支座截面的纵向受拉钢筋宜按图 4.1.87 规定的高度范围和配筋比例均匀布置在相应高度范围内。对于 $l_0/h{\leqslant}1.0$ 的连续深梁,在中间支座底面以上 $0.2l_0$ 到 $0.6l_0$ 高度范围内的纵向受拉钢筋配筋率尚不宜小于 0.5%。水平分布钢筋可用作支座部位的上部纵向受拉钢筋,不足部分可由附加水平钢筋补足,附加水平钢筋自支座向跨中延伸的长度不宜小于 $0.4l_0$(图 4.1.86)。 (2)深梁的下部纵向受拉钢筋应全部伸入支座,不应在跨中弯起或截断。在简支单跨深梁支座及连续深梁梁端的简支支座处,纵向受拉钢筋应沿水平方向弯折锚固(图 4.1.85),其锚固长度应按《混凝土结构设计规范》(GB 50010—2002)9.3 规定的受拉钢筋锚固长度 l_a 乘以系数 1.1 采用;当不能满足上述锚固长度要求时,应采取在钢筋上加焊锚固钢板或将钢筋末端焊成封闭式等有效的锚固措施。连续深梁的下部纵向受拉钢筋应全部伸过中间支座的中心线,其自支座边缘算起的锚固长度不应小于 l_a。 (3)当深梁的纵向受拉钢筋在支座的锚固长度不能满足规定时,应采取在纵向受拉钢筋上加焊横向短筋(图 4.1.88a),或将纵向受拉钢筋可靠地焊在锚固钢板上(图 4.1.88b),或将纵向受拉钢筋末端搭接焊成环形(图 4.1.88c)等有效锚固措施。 (4)深梁的纵向受拉钢筋的配筋率 $\rho{=}A_s/bh$,如《混凝土结构设计规范》(GB 50010—2002)中表 10.7.13 所示。

续表

序 号	项 目	内 容
2	水平和竖向分布钢筋	(1)深梁应配置双排钢筋网,水平和竖向分布钢筋的直径均不应小于 8mm,其间距不应大于 200mm,配筋率同本表序号 1 之(4)。 (2)当沿深梁端部竖向边缘处设柱时,水平分布钢筋应锚入柱内。在深梁上、下边缘处,竖向分布钢筋宜做成封闭式。 (3)在深梁双排钢筋之间应设置拉筋,拉筋沿纵横两个方向的间距均不宜大于 600mm,在支座区高度为 $0.4h$,长度为 $0.4h$ 的范围内(图 4.1.85 和图 4.1.86 中的虚线部分),尚应适当增加拉筋的数量。
3	竖向吊筋	(1)当深梁全跨沿边缘作用有均布荷载时,应沿梁全跨均匀布置附加竖向吊筋,吊筋间距不宜大于 200mm。 (2)当有集中荷载作用于深架下部 3/4 高度范围内时,该集中荷载应全部由竖向吊筋承受,吊筋应采用竖向吊筋或斜向吊筋。竖向吊筋的水平分布长度 s 按下列公式确定(图 4.1.89a)。 当 $h_1 \leqslant h_b/2$ 时: $$s = b_b + h_b \qquad (4.10)$$ 当 $h_1 > h_b/2$ 时: $$s = b_b + 2h_1 \qquad (4.11)$$ 式中　b_b——传递集中荷载构件的截面宽度; 　　　h_b——传递集中荷载构件的截面高度; 　　　h_1——从深梁下边缘到传递集中荷载构件底边的高度。 (3)竖向吊筋应沿梁两侧布置,并从梁底伸到梁顶,在梁顶和梁底应做成封闭式。 (4)附加吊筋总截面面积 A_{sv} 应按公式(4-2)进行计算,但吊筋的设计强度 f_{yv} 应乘以承载力计算附加系数 0.8。
4	其他	除深梁以外的深受弯构件,其纵向受力钢筋、箍筋及纵向构造钢筋的构造规定与一般梁相同,但其截面下部 1/2 高度范围内和中间支座截面上部 1/2 高度范围内布置的纵向构造钢筋宜较一般梁适当加强

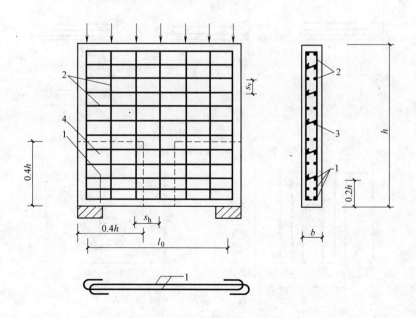

图 4.1.85　单跨深梁的钢筋配置

1—下部纵向受拉钢筋及其弯折锚固;2—水平及竖向分布钢筋;3—拉筋;4—拉筋密区

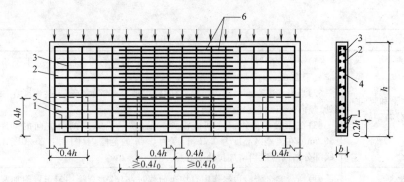

图 4.1.86 连续深梁的钢筋配置

1—下部纵向受拉钢筋；2—水平分布钢筋；3—竖向分布钢筋；4—拉筋；

5—拉筋加密区；6—支座截面上部的附加水平钢筋

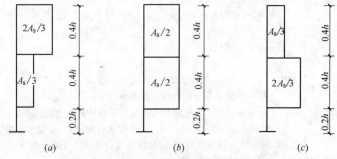

图 4.1.87 连续深梁中间支座截面纵向受拉钢筋在不同高度范围内的分配比例

(a) $1.5 < l_0/h \leqslant 2.5$；(b) $1 < l_0/h \leqslant 1.5$；(c) $l_0/h \leqslant 1$

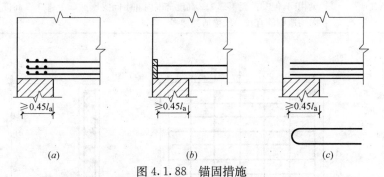

图 4.1.88 锚固措施

(a) 加焊横向短筋；(b) 加焊锚固钢板；(c) 搭接焊

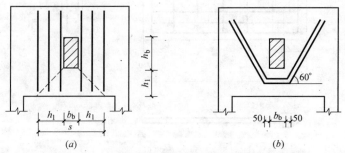

图 4.1.89 深梁承受集中荷载作用时的附加吊筋

(a) 竖向吊筋；(b) 斜向吊筋

3）深梁开洞

钢筋混凝土深梁开洞规定如表 4.1.48 所示。

深梁开洞规定　　　　　　　　　　　　　　表 4.1.48

序　号	项　目	内　容
1	一般规定	（1）在深梁腹板内开有矩形孔洞时，其尺寸和位置应符合下列规定（图 4.1.90）： 1）孔洞尺寸 $$b_h \leqslant 0.5h; h_h \leqslant 0.5h$$ 2）孔洞位置 $h_u \geqslant 0.2h, h_1 \geqslant 0.2h, b_1 \geqslant 0.15h$，且不小于 500mm 此处 b_h、h_h——孔洞的宽度、高度； 　　　　h_u、h_1——孔洞的上边至受拉的上边缘、孔洞的下边至深梁的下边缘的距离； 　　　　b_1——支座边缘至孔洞近边的距离； 　　　　h——开洞深梁的截面高度，当 $h > l_0$ 时，上述规定中的 h 应以 l_0 代替。 3）当一跨内开有二个孔洞时，应对称布置，且水平净间距不应小于 $0.3h$。 （2）圆形孔洞可按形心位置和面积不变的原则换算为正方形孔洞，可近似取 $b_h = h_h = 0.9d$，并应符合上述（1）的规定（图 4.1.90）。
2	构造规定	（1）开洞深梁除应符合本手册深梁的有关构造规定外，尚应满足表序号 2 的要求。矩形孔洞的四角宜做成圆角。 （2）当矩形孔洞的长边不大于 800mm 时，应按下列规定在孔洞四周配置附加钢筋，如图 4.1.91 所示。 1）孔洞一边的水平附加钢筋截面面积不应小于 $0.003b h_h$，或被孔洞切断的水平分布钢筋截面面积的一半，并取二者中的较大值，且不应少于 2φ12。 2）孔洞一边的附加竖向钢筋截面面积不应小于被孔洞切断的竖向分布钢筋截面面积的一半，且不应少于 2φ12。 3）孔洞角部斜向附加钢筋不应少于 2φ12。 附加钢筋的锚固长度 l_a 不应小于中间支座的最小锚固长度。 （3）当矩形孔洞的长边大于 800mm 时，应在孔洞周边设置暗梁与暗柱（图 4.1.92）。水平附加钢筋和竖向附加钢筋可按（2）的规定取用，但不应少于 4φ12；箍筋间距不应大于 200mm，直径不应小于 6mm。角部斜向附加箍筋不应少于 2φ16。 （4）当圆形孔洞的直径不大于 900mm 时，周边应设置不少于 2φ12 的环形附加箍筋及斜向附加箍筋。每侧斜向附加箍筋截面面积不应小于 $0.0025bd$（d 为孔洞直径），或被孔洞切断的水平与竖向分布箍筋截面面积之和的 $1/4$，并取二者中的较大值，且不应少于 2φ12，如图 4.1.93 所示。 （5）直径大于 900mm 圆形孔洞周边的附加箍筋可参照（2）的要求配置

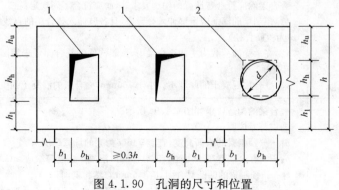

图 4.1.90　孔洞的尺寸和位置
1—矩形孔洞；2—圆形孔洞化为等效正方形孔洞

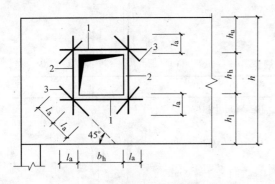
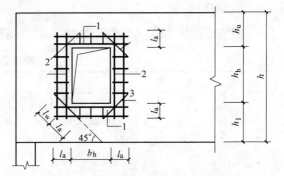

图 4.1.91   长边不大于 800mm 矩形
孔洞配置的附加钢筋

1—水平附加钢筋；2—竖向附加钢筋；
3—角部附加钢筋

图 4.1.92   长边大于 800mm 矩形
孔洞配置的附加钢筋

1—水平附加钢筋；2—竖向附加钢筋；
3—角部附加钢筋

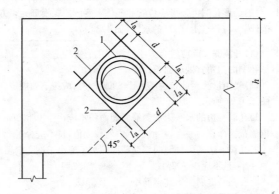

图 4.1.93   直径不大于 900mm 圆形孔洞的周边的附加钢筋

1—环向附加钢筋；2—斜向附加钢筋

（5）叠合梁和叠合板

1）叠合梁

叠合梁的构造要求如表 4.1.49 所示。

叠合梁的构造要求   表 4.1.49

序　号	项　　目	内　　容
1	构造要求	叠合梁除应符合普通梁的构造要求外,尚应符合下列规定: （1）预制梁的箍筋应全部伸入叠合层,且各肢伸入叠合层的直线段长度不宜小于 10d（d 为箍筋直径）。 （2）在承受静荷载为主的叠合梁中,预制构件的叠合面可采用凹凸不小于 6mm 的自然粗糙面。 （3）叠合层混凝土的厚度不宜小于 100mm,叠合层的混凝土强度等级不应低于 C20。
2	图例	叠合梁的构造要求如图 4.1.94 所示。 图中符号说明: h_1——预制梁的截面高度,宜 $\geq l/15$（l 为梁的计算跨度）; h_2——叠合层混凝土厚度,宜 $\geq 100mm$,混凝土强度等级应 $\geq C20$; t_1——预制梁的凹凸叠合面,应 $\geq 6mm$ 自然粗糙面; t_2——预制梁的箍筋伸入叠合层的直线段长度,应 $\geq 10d$（d 为箍筋直径）

2) 叠合板

叠合板的构造要求如表 4.1.50 所示。

<table>
<tr><td colspan="3" align="center">叠合板的构造要求</td><td align="right">表 4.1.50</td></tr>
<tr><td>序 号</td><td>项 目</td><td colspan="2">内 容</td></tr>
<tr><td>1</td><td>构造要求</td><td colspan="2">叠合板的预制板表面做成凹凸不小于 4mm 的人工粗糙面。叠合层的混凝土强度等级不应低于 C20。承受较大荷载的叠合板,宜在预制板内设置伸入叠合层的构造钢筋。</td></tr>
<tr><td>2</td><td>图例</td><td colspan="2">叠合板的构造要求如图 4.1.95 所示。
图中符号说明:
h_1——预制板的厚度,应≥60,且≥l/100(l 为板的计算跨度);
h_2——叠合层混凝土厚度,混凝土强度等级不应低于 C20;
t_1——预制板表面做成的凹凸不少于 4mm 的人工粗糙面;
1——承受较大荷载的叠合板,宜在预制板内设置伸入叠合层的构造钢筋;
2——施工时应加的临时支撑</td></tr>
</table>

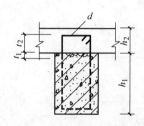

图 4.1.94 叠合梁的构造示图

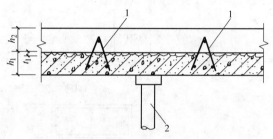

图 4.1.95 叠合板的构造示图

4.1.1.4 柱配筋要点及构造措施

1. 一般柱配筋构造

(1) 柱中纵向受力钢筋如表 4.1.51 所示。

<table>
<tr><td colspan="2" align="center">柱中纵向受力钢筋</td><td align="right">表 4.1.51</td></tr>
<tr><td>序 号</td><td colspan="2">内 容</td></tr>
<tr><td>1</td><td colspan="2">纵向受力钢筋一般对称配置,其直径不宜小于 12mm,也不宜大于 32mm,最大不超过 36mm。</td></tr>
<tr><td>2</td><td colspan="2">纵向受力钢筋的最小配筋百分率应符合混凝土结构设计规范(GB 50010—2002)表 9.5.1 中的有关规定,全部纵向钢筋的配筋率不宜超过 5%。</td></tr>
<tr><td>3</td><td colspan="2">当偏心受压柱、双肢柱的纵向受力钢筋按构造配置时,柱截面一侧的钢筋直径为 12~16mm,但对于小型厂房柱,不宜小于 14mm。</td></tr>
<tr><td>4</td><td colspan="2">纵向钢筋的最小净距:预制柱,不小于 25mm,也不应小于受力钢筋的直径;现浇柱,不小于 50mm。偏心受压柱中,配置在垂直于弯矩作用平面的纵向受力钢筋及轴心受压柱中各边的纵向受力钢筋,其中距不宜大于 300mm。</td></tr>
<tr><td>5</td><td colspan="2">当偏心受压柱的截面高度 h≥600mm 时,在侧面应设置直径为 10~16mm 的纵向构造钢筋,并相应设置复合箍筋或拉筋</td></tr>
</table>

(2) 柱中纵向构造钢筋,如表 4.1.52 所示。

<table>
<tr><td colspan="3" align="center">柱中纵向构造钢筋</td><td align="right">表 4.1.52</td></tr>
<tr><td>序 号</td><td>项 目</td><td colspan="2">内 容</td></tr>
<tr><td>1</td><td>一般规定</td><td colspan="2">当偏心受压柱的截面高度 h≥600mm 时,可根据柱的截面大小,在柱侧边应配置直径为 ϕ10~ϕ16mm 构造钢筋(预制柱一般为 12mm、现浇柱一般为 ϕ16mm),其间距不应大于 500mm(对于平腹杆双肢柱,其间距不应大于 400mm)。</td></tr>
</table>

序　号	项　目	内　容
2	矩形、工形截面配筋要求	(1)矩形截面柱的纵向构造钢筋如图4.1.96所示。 (2)工形截面柱的纵向构造钢筋如图4.1.97所示。 (3)双肢柱的纵向构造钢筋如图4.1.98所示。 (4)矩形截面柱纵向受力钢筋按构造配置时,可参照表4.1.53选用。
3	圆形、环形截面配筋要求	圆形、环形截面偏心受压柱纵向受力钢筋的配置,除应符合一般规定外,还应符合下列要求: (1)圆形截面偏心受压柱 1)沿周边均匀配置纵向钢筋; 2)截面内纵向钢筋数量不应少于6根。 (2)环形截面偏心受压柱 1)沿周边均匀配置纵向钢筋; 2)截面内纵向钢筋数量不应少于6根,且还应满足 $$\frac{r_1}{r_2} \geqslant 5 \qquad (4.12)$$ 式中　r_1——环形截面的内半径; 　　　r_2——环形截面的外半径

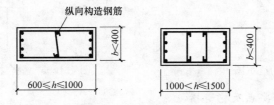

图 4.1.96   矩形截面柱的纵向构造钢筋

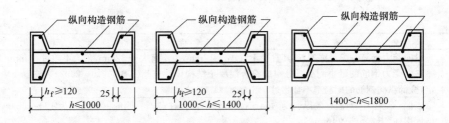

图 4.1.97   工字形截面的纵向构造钢筋

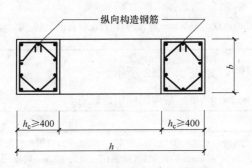

图 4.1.98   双肢柱的纵向构造钢筋

矩形截面柱构造配筋　　　　　　　表 4.1.53

柱截面高度 h (mm)	柱截面宽度 b(mm)				
	300	350	400	500	600
400	4ϕ16	4ϕ18	4ϕ18		
500	6ϕ14	4ϕ16+2ϕ14	6ϕ16	8ϕ16	
600	4ϕ16+2ϕ14	4ϕ18+2ϕ16	6ϕ18	6ϕ16+2ϕ18	6ϕ18+2ϕ20
700		6ϕ18	4ϕ20+2ϕ18	6ϕ18+2ϕ20	8ϕ20
800			4ϕ20+2ϕ22	8ϕ20	6ϕ22+2ϕ20
900				6ϕ20+4ϕ18	6ϕ20+4ϕ22
1000				10ϕ20	6ϕ22+4ϕ20
1200					6ϕ25+4ϕ22

注：1. 按构造配筋时宜采用 HPB235（Q235）级热轧钢筋；

2. 表中配筋按 $bh\times0.6\%$ 计算。

(3) 柱中纵向钢筋的接头

柱中纵向钢筋的接头要求如表 4.1.54 所示。

柱中纵向钢筋的接头要求　　　　　　　表 4.1.54

序 号	项 目	内 容
1	现浇柱中纵向钢筋的接头	(1)现浇柱中的纵向钢筋，应优先采用焊接或机械连接的接头。 (2)柱中纵向受力钢筋的连接接头应符合表 4.1.1 中序号 3 的有关规定。
2	柱中纵向钢筋的搭接接头	(1)柱中纵向钢筋各部位的接头采用搭接接头方案时，搭接方案宜满足下列要求： 1)受压钢筋直径 $d\leqslant32$mm；受拉钢筋直径 $d\leqslant28$mm。 2)搭接位置可以从基础顶面开始或各层楼面开始。 3)当柱的每边钢筋不多于 4 根时，可在同一水平截面上接头，如图 4.1.99(*a*)所示；每边钢筋为 5～8 根时，应在两个水平截面上接头，如图 4.1.99(*b*)所示；每边钢筋为 9～12 根时，应在三个水平截面上接头，如图 4.1.99(*c*)所示。当钢筋受拉时，其搭接长度 l_1 为按接头面积百分率规定确定，且不小于 300mm；钢筋受压时，l_1 为按接头面积百分率规定确定，且不小于 200mm。 当 $e_0\leqslant0.2$ 时，可按受压钢筋的搭接长度取用；当 $e_0>0.2$ 时，可按受拉钢筋的搭接长度取用。 (2)下柱伸入上柱搭接钢筋的根数及直径应满足上柱受力筋的要求。当上下柱内钢筋直径不同时，搭接长度应按上柱内钢筋直径计算。 (3)当钢筋的折角大于 1：6 时，应设插筋或将上柱内钢筋锚在下柱内（图 4.1.100*a*），当折角不大于 1：6 时，钢筋可以弯曲伸入上柱搭接（图 4.1.100*b*）。
3	预制柱的钢筋接头	在预制柱中，当上柱纵向受力钢筋的直径和根数与下柱相同时，上柱钢筋伸入下柱内的形式如图 4.1.101(*a*)所示；当上柱纵向受力钢筋的直径和根数与下柱不同时，上柱钢筋伸入下柱内的形式如图 4.1.101(*b*)所示；中间柱的小柱纵向受力钢筋伸入下柱的形式如图 4.1.101(*c*)所示

(4) 柱中箍筋

1) 柱中箍筋的设计构造，如表 4.1.55 所示。

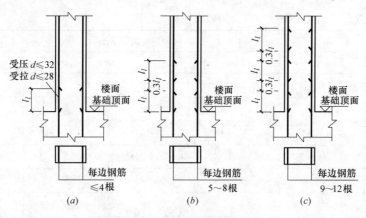

图 4.1.99   纵向钢筋搭接接头方案

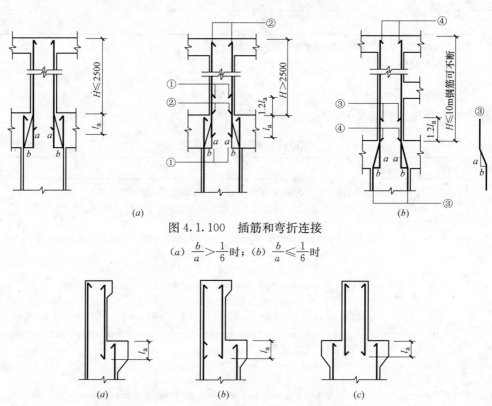

图 4.1.100   插筋和弯折连接

(a) $\dfrac{b}{a} > \dfrac{1}{6}$ 时；(b) $\dfrac{b}{a} \leqslant \dfrac{1}{6}$ 时

图 4.1.101   柱钢筋的接头（预制柱）

(a) 下柱外侧钢筋直接伸入柱内；(b) (c) 上柱钢筋伸入下柱牛腿内锚固

柱中箍筋设计构造   表 4.1.55

序 号	项 目	内 容
1	箍筋直径	(1)柱中箍筋直径由计算确定,还应符合下列规定: 1)箍筋直径不应小于 $d/4$,且不应小于 600mm,d 为纵向钢筋的最大直径。 2)柱中全部纵向受力钢筋的配筋率超过 3‰时,箍筋直径不宜小于 8mm。 (2)柱及其他受压构件中的周边箍筋应做成封闭式;对圆柱中的箍筋,搭接长度不应小于表 4.1.1 序号 2 规定的锚固长度,且末端做成 135°的弯钩,弯钩末端平直段长度不应小于箍筋直径的 5 倍。当柱中全部纵向受力钢筋的配筋率大于 3‰,箍筋末端应做成 135° 弯钩且弯钩末端平直段长度不应小于箍筋直径的 10 倍;箍筋也可焊成封闭环式。

序 号	项 目	内 容
2	箍筋间距	(1)柱中箍筋间距指中到中。 (2)柱中箍筋间距应由计算确定,但还应符合表4.1.56的构造规定。
3	箍筋形式	(1)当柱截面短边尺寸大于400mm,且各边纵向钢筋多于3根,或当柱截面短边尺寸不大于400mm,但各边纵向钢筋多于4根时,应设置复合箍筋。 (2)仅当柱子短边 $b\leqslant400$mm,且纵向钢筋不多于4根,可不设置复合箍筋,如图4.1.104(*a*)和图4.1.105(*a*)所示。当与拉筋组成箍筋时,拉筋宜紧靠纵向钢筋并勾住封闭箍筋。 (3)设置在柱的周边的纵向受力钢筋,除圆形截面外,$b>400$mm时,宜使纵向受力钢筋每隔一根置于箍筋转角处。 (4)复合箍筋可采用多个矩形箍组成或矩形箍加拉筋、三角形筋、菱形筋等。 (5)复合箍筋中的拉筋宜紧靠纵向钢筋并勾住封闭箍筋,如图4.1.102所示。 (6)矩形截面柱的复合箍筋设置如图4.1.103所示。 (7)常用的方形、圆形、矩形柱,其箍筋可参考图4.1.104和图4.1.105配置。
4	复合箍筋的体积配筋率计算	在箍筋加密区长度内配置矩形箍、复合箍或螺旋箍,其体积配筋率不宜小于有关的规定,计算如下: (1)如图4.1.106所示的多个矩形箍及矩形箍加拉筋,其体积配筋率的计算公式(箍筋相重叠部分不计算,下同)为 $$\rho_v=\frac{n_1A_{sv1}l_1+n_2A_{sv2}l_2}{l_1l_2S}\qquad(4.13)$$ (2)如图4.1.107所示的矩形箍加菱形箍,其体积配筋率的计算公式为 $$\rho_v=\frac{n_1A_{sv1}l_1+n_2A_{sv2}l_2+n_3A_{sv3}l_3}{l_1l_2S}\qquad(4.14)$$ 式中 n_1、n_2、n_3——配置在同一截面内,同一方向,截面面积相同的箍筋肢数。 (3)如图4.1.108所示的螺旋箍,其体积配筋率的计算公式为 $$\rho_v=\frac{4A_{sv}}{d_{cor}S}\qquad(4.15)$$ (4)如图4.1.109(图中 $n=4$)所示的多个矩形箍,其体积配筋率的计算公式为 $$A_{sv}=nA_{sv1}\qquad(4.16)$$ (5)在箍筋加密区长度以外,箍筋配筋率不宜小于加密区配筋率的一半,一般采用扩大箍筋间距的办法来减小配筋率,但应满足有关规定的最大间距的要求。 (6)如图4.1.110(图中 $n_1=n_2=2$)所示的矩形箍加拉筋,其体积配筋率的计算公式为 $$A_{sv}=n_1A_{sv1}+n_2A_{sv2}\qquad(4.17)$$ (7)如图4.1.111(图中 $n_1=n_2=2$)所示的矩形箍加菱形箍,其体积配筋率的计算公式为 $$A_{sv}=n_1A_{sv1}+n_2\cos\alpha A_{sv2}\qquad(4.18)$$

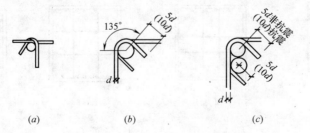

图 4.1.102 拉筋和箍筋弯钩

(*a*) 中部;(*b*) 角部;(*c*) 搭接处角部

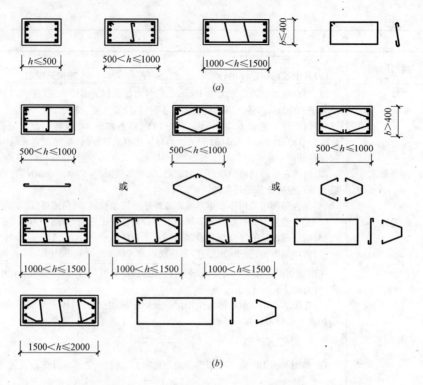

图 4.1.103   矩形截面柱的箍筋形式

(a) b≤400；(b) b>400

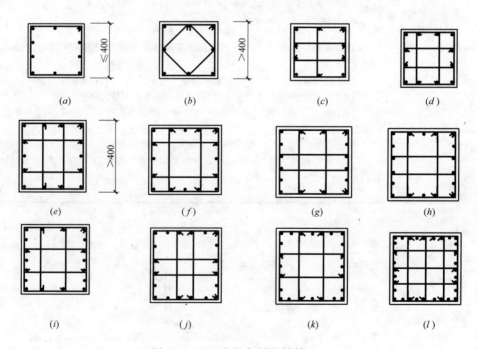

图 4.1.104   方柱与圆柱箍筋（一）

(a) 仅用于非抗震设计和加密区以外区段；(b) 8 根钢筋；(c) 10 根钢筋；(d) 12 根钢筋；(e) 14 根钢筋；(f) 16 根钢筋；(g) 16 根钢筋；(h) 18 根钢筋；(i) 18 根钢筋；(j) 20 根钢筋；(k) 24 根钢筋；(l) 32 根钢筋

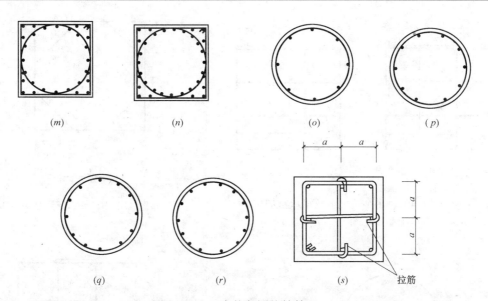

图 4.1.104 方柱与圆柱箍筋（二）

(m) 28 根钢筋；(n) 32 根钢筋；(o) 8 根钢筋；(p) 10 根钢筋；(q) 12 根钢筋；
(r) 14 根钢筋；(s) 拉筋大样

注：1. 箍筋弯钩大样见图 4.1.102；2. 所有圆柱最好设螺旋形箍筋。

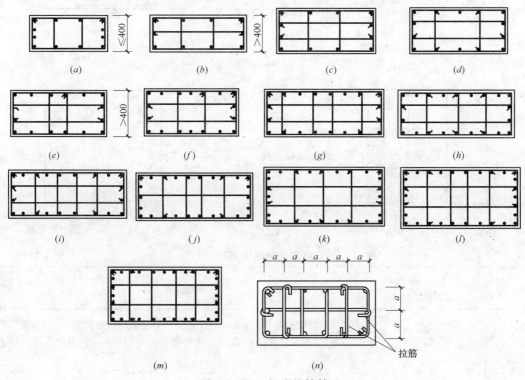

图 4.1.105 矩形柱箍筋

(a) 仅用于非抗震设计和加密区以外区段；(b) 10 根钢筋；(c) 12 根钢筋；(d) 14 根钢筋；(e) 16 根钢筋；
(f) 18 根钢筋；(g) 20 根钢筋；(h) 22 根钢筋；(i) 24 根钢筋；(j) 26 根钢筋；(k) 28 根钢筋；
(l) 30 根钢筋；(m) 32 根钢筋；(n) 拉筋大样

注：箍筋弯钩大样见图 4.1.102。

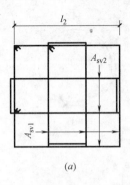
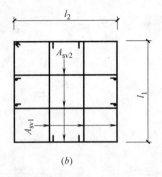

图 4.1.106   多个矩形箍及矩形箍加拉筋

(a) 多个矩形箍；(b) 矩形箍加拉筋

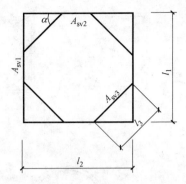

图 4.1.107   矩形箍加菱形箍

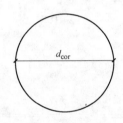

图 4.1.108   螺旋箍

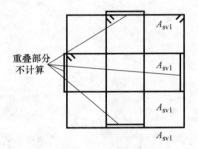

重叠部分
不计算

图 4.1.109   多个矩形箍

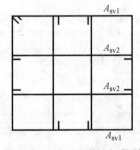

图 4.1.110   矩形箍加拉筋

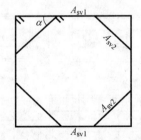

图 4.1.111   矩形箍加菱形箍

柱中箍筋最大间距   表 4.1.56

序 号	柱中全部纵向钢筋配筋百分率	箍筋最大间距
1	≤3%	箍筋间距不应大于 400mm，且不应大于构件截面的短边尺寸；同时，在绑扎骨架中，不应大于 15d；在焊接骨架中不应大于 20d，d 为纵向钢筋的最小直径。
2	>3%	箍筋间距不应大于纵向钢筋最小直径的 10 倍，且不应大于 200mm

注：1. 在配有螺旋式或焊接环式间接钢筋的柱中，如计算中考虑间接钢筋的作用，则间接钢筋的间距不应大于 80mm 及 $d_{cor}/5$（d_{cor} 为间接钢筋内表面确定的核心截面直径），且不应小于 40mm（图 4.1.112）；间接钢筋的直径应符合表 4.1.55 序号 1 的规定。

2. 柱内纵向钢筋搭接长度范围内的箍筋间距应符合表 4.1.1 序号 3 之（3）条的有关规定。

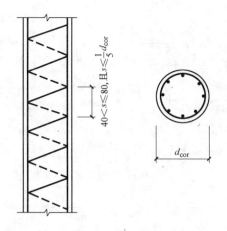

图 4.1.112　间接钢筋的间距

2. 露天栈桥柱、双肢柱配筋

(1) 露天栈桥柱配筋

露天栈桥柱配筋要求如表 4.1.57 所示。

露天栈桥柱配筋要求　　　　　　　　　　　　　　表 4.1.57

序　号	项　目	内　容
1	柱头配筋	露天栈桥柱的柱头配筋如图 4.1.113 所示。
2	工形柱顶边框上、下配筋	露天栈桥柱的吊车梁,当作用于工字形柱顶部时,工字形柱顶部应设置矩形截面边框,其高度不宜小于 500mm,在矩形截面框的上、下边,各配置不少于 4 根水平钢筋,其直径不宜大于 16mm,如图 4.1.114 所示

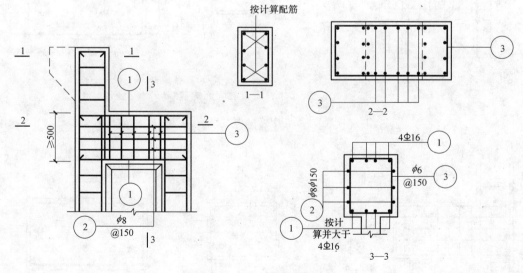

图 4.1.113　柱头配筋形式

(2) 双肢柱配筋

双肢柱配筋要求如表 4.1.58 所示。

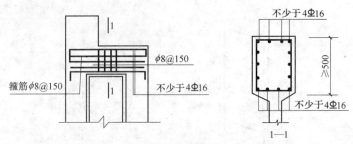

图 4.1.114　工形柱顶部边框上下配筋形式

双肢柱配筋要求 表 4.1.58

序 号	项 目	内 容
1	肩梁配筋	(1)双肢柱中的肩梁,当 $l'_w/h_0 \leqslant 2$ 时,应参照牛腿的有关规定设计并配筋。肩梁的截面尺寸应满足裂缝控制的要求。肩梁上、下水平纵向钢筋不宜少于 4 根,直径不宜小于 16mm,水平箍筋一般采用 $\phi 8 \sim \phi 12$ 的 HPB235 级钢筋,其间距为 150～200mm;垂直箍筋一般为 $\phi 8@150$。当水平钢筋一排多于 5 根时,宜用四肢箍筋,如图 4.1.115 所示。 (2)双肢柱边柱肩梁的配筋,宜满足图 4.1.116 的要求。
2	腹杆配筋	双肢柱腹杆受力钢筋应根据计算确定,并应对称配置。斜腹杆的受力钢筋,每边不应少于 2 根,如图 4.1.117 所示,平腹杆的每边不应少于 4 根,如图 4.1.118 所示。钢筋直径均不应小于 12mm,钢筋伸入柱肢内的长度应符合锚固长度要求。
3	人孔配筋	人孔处的柱肢纵向受力钢筋应根据计算确定,人孔配筋构造如图 4.1.119 所示

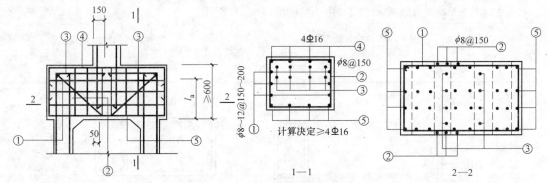

图 4.1.115　中柱肩梁的配筋构造

注：其中③为弯起钢筋 $A_{sb} \geqslant \frac{1}{2} A_s$, $\geqslant 2\phi 12$

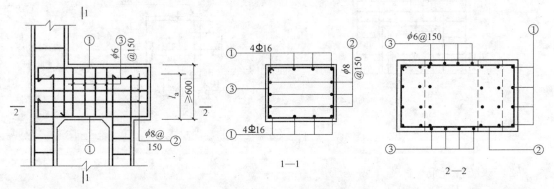

图 4.1.116　边柱肩梁的配筋构造

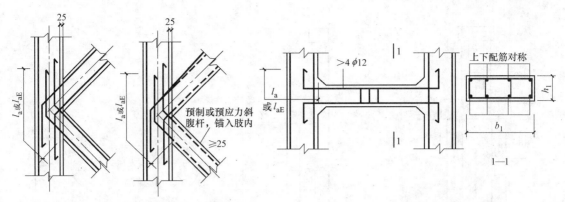

图 4.1.117 斜腹杆的配筋构造　　　　　图 4.1.118 平腹杆的配筋构造

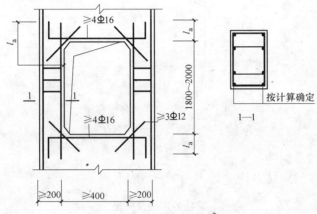

图 4.1.119 人孔的配筋构造

3. 钢筋混凝土管柱

（1）管柱一般要求

钢筋混凝土管柱一般要求如表 4.1.59 所示。

管柱一般要求　　　　　　　　　　　　　　　　　表 4.1.59

序 号	项 目	内 容
1	管柱一般要求	（1）管柱用的管子,一般有圆管和圆心方管两种。管子可采用离心制管机加工,圆心方管也可以采用抽芯法生产,然后在现场增加现浇部分或焊上腹杆拼装而成。目前,一般采用圆管,但圆心方管的力学性能较好,宜优先采用。 （2）管径一般为 300～500mm;壁厚一般为 50～100mm,常用 60mm。 （3）主筋不少于 6 根,箍筋宜采用螺旋筋。螺旋筋的坡度不宜过大,其间距一般不大于 $15d$ 及 200mm。 （4）混凝土强度等级一般采用 C30、C35 及 C40。只要适当的控制离心力和离心时间,强度可提高 1.3 倍。 （5）目前,不建议在地震区采用。
2	双肢管柱的外形要求	（1）斜腹杆双肢管柱 斜腹杆双肢管柱的外形如图 4.1.120(a) 所示。其中应使 $D \geqslant 300$mm;$b_1 = D - 2\delta$ 且 $\geqslant 150$mm;$\alpha = 40° \sim 50°$,宜用 45°;$h_2 \geqslant 120$mm;$h_s \geqslant 250$mm;当用钢腹杆时 $l_0/r \leqslant 120$（l_0、r 为钢腹杆的计算长度和回转半径。） （2）平腹杆双肢管柱 平腹杆双肢管柱的外形如图 4.1.120(b) 所示。其中应使 $D \geqslant 300$mm;$b_1 = D - 2\delta$ 或 D;$h_1 \leqslant 35r_s$;$h_2 \geqslant (0.8 \sim 1.2)D$;$h_3 \geqslant 250$mm;$r_s$ 为单圆管的回转半径

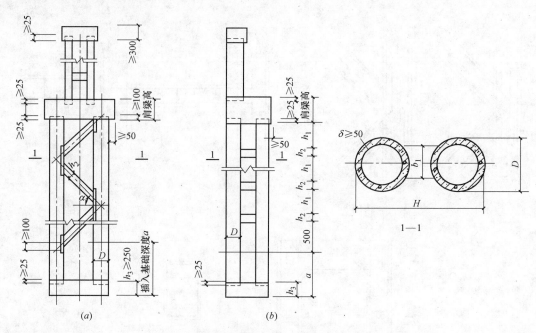

图 4.1.120 管柱的外形要求

(a) 斜腹杆；(b) 平腹杆

(2) 管柱的连接及构造

钢筋混凝土管柱的连接及构造如表 4.1.60 所示。

管柱的连接及构造   表 4.1.60

序 号	项 目	内 容
1	管柱的连接	(1)斜腹杆双肢管柱的连接要求如图 4.1.121 所示。 (2)平腹杆双肢管柱的连接要求如图 4.1.122 所示。 (3)管柱与肩梁连接要求如图 4.1.123 所示。
2	构造要求	(1)管柱柱顶构造要求如图 4.1.124 所示。 (2)管柱柱脚构造要求如图 4.1.125 所示

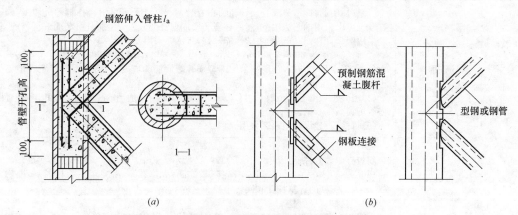

图 4.1.121 斜腹杆双肢柱

(a) 管柱开孔现浇腹杆；(b) 管柱预埋钢板、焊接腹杆

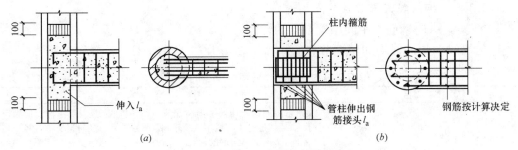

图 4.1.122 平腹杆双肢柱

(a) 管柱开孔现浇腹杆；(b) 短管拼接腹杆

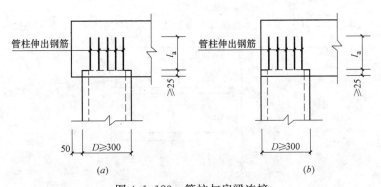

图 4.1.123 管柱与肩梁连接

(a) 肩梁伸出管柱；(b) 肩梁与管柱齐平

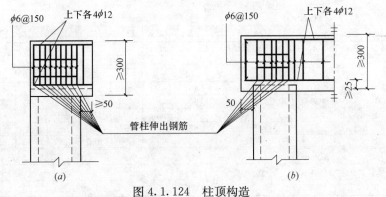

图 4.1.124 柱顶构造

(a) 肩梁与管柱齐平；(b) 肩梁伸出管柱

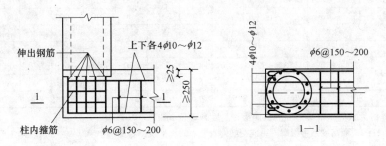

图 4.1.125 柱脚构造

4.1.1.5 钢筋混凝土梁柱节点构造

1. 框架梁纵向钢筋在中间层端节点的锚固

框架梁纵向钢筋在中间层端节点的锚固如表 4.1.61 所示。

框架梁纵向钢筋在中间层端节点的锚固要求　　　　　表 4.1.61

序号	项目	内容
1	锚固要求	(1)框架梁上部纵向钢筋伸入中间层端节点的锚固长度,当采用直线锚固形式时,不应小于 l_a,且伸过柱中心线不宜小于 $5d$,d 为梁上部纵向钢筋的直径。当柱截面尺寸不足时,梁上部纵向钢筋伸至节点对边并向下弯折,其包含弯弧在内的水平投影长度不应小于 $0.4l_a$,包含弯弧段在内的竖直投影长度应取为 $15d$(图 4.1.126),l_a 为手册表 4.1.1 序号 2 规定的受拉钢筋锚固长度。 (2)框架梁下部纵向钢筋在端节点处的锚固要求与表 4.1.63 的中间节点处梁下部纵向钢筋的锚固要求相同。
2	框架边柱的最小截面高度计算用表	为了便于设计人员合理确定框架边柱的截面尺寸和混凝土强度等级,根据锚固要求按钢筋的直径编制了表 4.1.62 供设计使用与参考

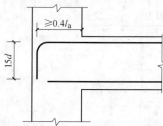

图 4.1.126 梁上部纵向钢筋在框架中间层端节点内的锚固

边柱的最小截面高度与梁的纵向钢筋锚固长度、混凝土强度等级的关系　　　　表 4.1.62

钢筋直径 (mm)	非地震区及四级抗震等级										一、二级抗震等级				
	$f_y=300N/mm^2$					$f_y=360N/mm^2$					$f_y=300N/mm^2$				
	C20	C25	C30	C35	≥C40	C20	C25	C30	C35	≥C40	C20	C25	C30	C35	≥C40
16	350	300	300	300	300	400	350	300	300	300	400	350	300	300	300
18	400	350	300	300	300	450	400	350	350	300	400	350	350	300	300
20	400	350	350	300	300	450	400	400	350	350	450	400	350	350	300
22	450	400	350	350	300	500	450	400	400	400	500	450	400	400	350
25	500	450	400	350	350	550	500	450	400	400	550	500	450	400	400
28	550	500	450	450	400	650	600	550	500	450	650	550	500	500	450
32	650	550	500	500	450	750	650	600	550	500	700	650	600	550	500
36	700	600	550	500	500	800	700	650	600	550	800	700	650	600	650

钢筋直径 (mm)	一、二级抗震等级					三级抗震等级									
	$f_y=360N/mm^2$					$f_y=300N/mm^2$					$f_y=360N/mm^2$				
	C20	C25	C30	C35	≥C40	C20	C25	C30	C35	≥C40	C20	C25	C30	C35	≥C40
16	450	400	350	350	300	350	300	300	300	300	400	350	350	300	300
18	500	450	400	350	350	400	350	300	300	300	450	400	350	350	300
20	500	450	400	400	350	400	400	350	300	300	500	450	400	350	350
22	550	500	450	450	400	450	400	350	350	300	500	450	400	400	350
25	600	550	500	450	450	500	450	400	400	350	600	500	450	450	400
28	750	650	600	550	500	600	550	500	500	400	700	600	550	500	500
32	850	750	650	600	500	650	600	550	500	450	750	700	600	600	550
36	950	800	750	700	650	750	650	600	550	500	850	750	700	650	600

注: 1. 表中查得的数值是框架边柱的截面最小高度,单位 mm;

　　2. 框架边柱的截面高度系考虑梁的纵向钢筋伸入节点的水平投影长度不小于 $0.4l_a$($0.4l_{aE}$)加 80mm 确定并整数;

　　3. 当钢筋直径大于 25mm 时,表内数值乘修正系数 1.1;

　　4. 见图 4.1.126。

2. 框架梁纵向钢筋在中间节点的锚固

钢筋混凝土框架梁纵向钢筋在中间节点的锚固要求如表 4.1.63 所示。

框架梁纵向钢筋在中间节点的锚固要求 　　　　表 4.1.63

序　号	项　　目	内　　容
1	上部纵向钢筋	框架梁或连续梁的上部纵向钢筋应贯穿中间节点或中间支座范围(图 4.1.127),该钢筋自节点或支座边缘伸向跨中的截断位置应符合表 4.1.24 序号 1 的规定。
2	下部纵向钢筋	框架梁或连续梁下部纵向钢筋在中间节点或中间支座处应满足下列锚固要求: (1)当计算中不利用该钢筋的强度时,其伸入节点或支座的锚固长度应符合表 4.1.23 序号 2 号 $V>0.7f_tbh_0$ 时的规定。 (2)当计算中充分利用钢筋的强度时,下部纵向钢筋应锚固在节点或支座内。此时,可采用直线锚固形式(图 4.1.127a),钢筋的锚固长度不应小于《混凝土结构设计规范》(GB 50010—2002)9.3 确定的受拉钢筋锚固长度 l_a;下部纵向钢筋也可采用带 90°弯折的锚固形式(图 4.1.127b)。其中,竖直段应向上弯折,锚固端的水平投影长度及竖直投影长度不应小于表 4.1.61 对端节点处梁上部钢筋带 90°弯折锚固的规定;下部纵向钢筋也可伸过节点或支座范围,并在梁中弯矩较小处设置搭接接头(图 4.1.127c)。 (3)当计算中充分利用钢筋的抗压强度时,下部纵向钢筋应按受压钢筋锚固在中间节点或中间支座内,此时,其直线锚固长度不应小于 $0.7l_a$;下部纵向钢筋也可伸过节点或支座范围,并在梁中弯矩较小处设置搭接接头

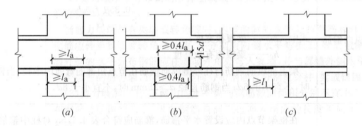

图 4.1.127　梁下部纵向钢筋在中间节点或中间支座范围的锚固与搭接

(a) 节点中的直线锚固;(b) 节点中的弯折锚固;(c) 节点或支座范围外的搭接

3. 框架柱纵向钢筋伸入节点的锚固及其他

框架柱纵向钢筋伸入节点的锚固及其他,如表 4.1.64 所示。

框架柱纵向钢筋伸入节点的锚固及其他 　　　　表 4.1.64

序　号	项　　目	内　　容
1	柱纵向钢筋	框架柱的纵向钢筋应贯穿中间层中间节点和中间层端节点,柱纵向钢筋接头应设在节点区以外。
2	内侧柱筋	顶层中间节点的柱纵向钢筋及顶层端节点的内侧柱纵向钢筋可用直线方式锚入顶层节点,其自梁底标高算起的锚固长度不应小于《混凝土结构设计规范》(GB 50010—2002)9.3 规定的锚固长度 l_a,且柱纵向钢筋必须伸至柱顶。当顶层节点处梁截面高度不足时,柱纵向钢筋应伸至柱顶并向节点内水平弯折。当充分利用柱纵向钢筋的抗拉强度时,柱纵向钢筋锚固段弯折前的竖直投影长度不应小于 $0.5l_a$,弯折后的水平投影长度不宜小于 $12d$。当柱顶有现浇板且板厚不小于 80mm、混凝土强度等级不低于 C20 时,柱纵向钢筋也可向外弯折,弯折后的水平投影长度不宜小于 $12d$。此外,d 为纵向钢筋的直径。

序 号	项 目	内 容
2	钢筋焊接网品种与规格	(2)钢筋焊接网可分为定型焊接网和定制焊接网两种： 1)定型焊接网在两个方面上的钢筋间距和直径可以不同，但在同一个方向的钢筋应具有相同的直径、间距和长度。定型钢筋焊接网的型号，参见表 4.1.67。 2)定制焊接网的形状、尺寸应根据设计和施工要求，由供需双方协商确定。 (3)钢筋焊接网的规格，应符合下列规定： 1)钢筋直径应为 4～12mm； 2)焊接网长度不宜超过 12mm，宽度不宜超过 3.4m； 3)焊接网制作方向的钢筋间距宜为 100mm、150mm、200mm，与制作方向垂直的钢筋间距宜为 100～400mm，且应为 10mm 的整数倍。 4)焊接网钢筋强度设计值：对冷轧带肋钢筋 $f_y=360\text{N/mm}^2$，对冷拔光圆钢筋 $f_y=320\text{N/mm}^2$。
3	钢筋焊接网锚固与搭接	(1)对受拉钢筋焊接网，当在锚固长度范围内具有图 4.1.129 所示的横向钢筋时，其最小锚固长度应符合表 4.1.68 的规定。 (2)钢筋焊接网的搭接接头，应设置在受力较小处。钢筋焊接网在受拉方向的搭接接头可采用叠接法或扣接法，并应符合下列规定： 1)两片冷拉带肋钢筋焊接网末端钢筋搭接接头的最小搭接长度，不应小于最小锚固长度 l_a 的 1.2 倍，且不应小于 200mm；在搭接区内每张焊接网片的横向钢筋不得少于一根，两网片最外一根横向钢筋之间搭接长度不应小于 50mm（图 4.1.130a）。 2)冷拔光面钢筋焊接网在搭接长度范围内每张网片的横向钢筋不应少于二根，两片焊接网最外边横向钢筋间的搭接长度不应少于一个网格（图 4.1.130b），也不应小于 l_a 的 1.2 倍，且不应小于 250mm。 3)钢筋焊接网在受压方向的搭接长度，应取受拉钢筋搭接长度的 0.7 倍。 (3)钢筋焊接网在非受力方向的分布钢筋的搭接，当采用叠接法（图 4.1.131a）或扣接法（图 4.1.131b）时，每个网片在搭接范围内至少应有一根受力主筋，搭接长度不应小于 20d（d 为为分布钢筋直径），且不应小于 150mm。 当采用平接法搭接且一张网片在搭接区内无受力钢筋时（图 4.1.131c），其搭接长度，对冷轧带肋钢筋焊接网不应小于 20d 且不应小于 200mm，对冷拔光面钢筋焊接网不应小于 25d 且不应小于 250mm。
4	楼板中的应用	(1)单向板与双向板短跨方向的下部钢筋焊接网，不宜设置搭接接头。 (2)双向板长跨方向的下部钢筋焊接网，可在跨中 1/3 跨度以外设置搭接接头（图 4.1.132）。搭接长度不应少于一个网格且不应小于 200mm。 (3)楼板上层钢筋焊接网与柱的连接，可采用整张网片套在柱上，然后再将其他网片与该片搭接；也可将上层网片在一个方向铺至柱边，另一方向铺至前一个方向网片的边缘，其余部分用局部套在柱上的焊接网片补强（图 4.1.133a）或采用附加钢筋补强（图 4.1.133b）。 (4)当楼板上开孔洞时，可将通过洞口的钢筋切断，按等强度设计原则增加附加绑扎钢筋补强。
5	墙板中的应用	(1)剪力墙中用作分布钢筋的焊接网，可按一个楼层为一个竖向单元。其竖向搭接可设置在楼层面上，搭接长度不应小于 400mm。在搭接范围内，下层焊接网不设水平分布钢筋，但要绑扎固定（图 4.1.134）。 对一、二级抗震等级的剪力墙结构的分布钢筋，应选用冷轧带肋钢筋焊接网。 (2)墙体中钢筋焊接网在水平方向的搭接，可采用平接法或附加搭接网片的扣接法（图 4.1.135）。 (3)当墙体端部无暗柱或端柱时，可用现场绑扎的附加钢筋连接。附加钢筋的间距宜与钢筋焊接网水平钢筋的间距相同，其直径可按等强度设计原则确定（图 4.1.136a）。 (4)当墙体设有暗柱或端柱时，焊接网的水平钢筋可插入柱内锚固（图 4.1.136b）。该插入部分可不焊接竖向钢筋。当钢筋焊接网设置在暗柱或端柱钢筋的外侧时，应与暗柱或端柱钢筋有可靠的连接措施

定型钢筋焊接网型号　　　　　表 4.1.67

序号	焊接网代号	纵 向 钢 筋			横 向 钢 筋			重量 (kg/m²)
		公称直径 (mm)	间距 (mm)	每延米面积 (mm²/m)	公称直径 (mm)	间距 (mm)	每延米面积 (mm²/m)	
1	A12	12		566	12		566	8.88
2	A11	11		475	11		475	7.46
3	A10	10		393	10		393	6.16
4	A9	9	200	318	9	200	318	4.99
5	A8	8		252	8		252	3.95
6	A7	7		193	7		193	3.02
7	A6	6		142	6		142	2.22
8	A5	5		98	5		98	1.54
9	B12	12		1131	8		252	10.90
10	B11	11		950	8		252	9.43
11	B10	10		785	8		252	8.14
12	B9	9	100	635	8	200	252	6.97
13	B8	8		503	8		252	5.93
14	B7	7		385	7		193	4.53
15	B6	6		283	7		193	3.73
16	B5	5		196	7		193	3.05
17	C12	12		754	12		566	10.36
18	C11	11		634	11		475	8.70
19	C10	10		523	10		393	7.19
20	C9	9	150	423	9	200	318	5.82
21	C8	8		335	8		252	4.61
22	C7	7		257	7		193	3.53
23	C6	6		189	6		142	2.60
24	C5	5		131	5		98	1.80
25	D12	12		1131	12		1131	17.75
26	D11	11		950	11		950	14.92
27	D10	10		785	10		785	12.33
28	D9	9	100	635	9	100	635	9.98
29	D8	8		503	8		503	7.90
30	D7	7		385	7		385	6.04
31	D6	6		283	6		283	4.44
32	D5	5		196	5		196	3.08
33	E11	11		634	11		634	9.95
34	E10	10		523	10		523	8.22
35	E9	9		423	9		423	6.66
36	E8	8	150	335	8	150	335	5.26
37	E7	7		257	7		257	4.03
38	E6	6		189	6		189	2.96
39	E5	5		131	5		131	2.05

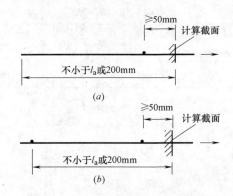

图 4.1.129   受拉钢筋焊接网的锚固

（a）冷轧带肋钢筋焊接网；（b）冷拔光面钢筋焊接网

钢筋焊接网的最小锚固长度　　　　　　　　　　　　　　表 4.1.68

序　号	焊接网钢筋类别	锚固长度范围横向钢筋	混凝土强度等级		
			C20	C25	C30
1	冷轧带肋钢筋	1 根	$30d$	$25d$	$20d$
2		无	$40d$	$35d$	$30d$
3	冷拔光面钢筋	2 根	$35d$	$30d$	$25d$

注：1. d 为纵向受力钢筋；

2. 当钢筋直径 $d \geqslant 8mm$ 时，其锚固长度应按表中数值增加 $5d$；

3. 受力钢筋并筋时，其锚固长度应按表中数值乘以 1.4。

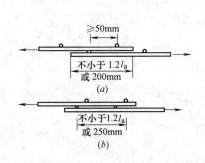

图 4.1.130   钢筋焊接网搭接接头

（a）冷轧带肋钢筋；（b）冷拔光面钢筋

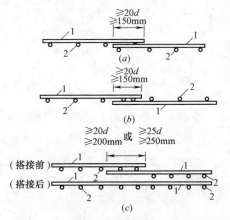

图 4.1.131   钢筋焊接网在非受力方向的搭接

（a）叠接法；（b）扣接法；（c）平接法

1—分布钢筋；2—受力钢筋

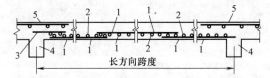

图 4.1.132   钢筋焊接网在双向板长跨方向的搭接

1—长跨方向钢筋；2—短跨方向钢筋；3—伸入支座的附加网片；4—支承梁；5—支座上部钢筋

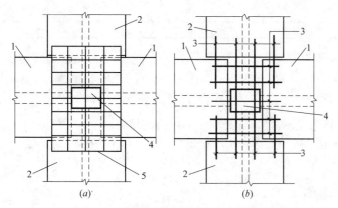

图 4.1.133　楼板上层钢筋焊接网与柱的连接

(a) 采用局部套在柱上的焊接网片；(b) 采用附加钢筋

1—主要受力焊接网；2—非主要受力焊接网；3—附加绑扎

钢筋；4—柱；5—焊接网片

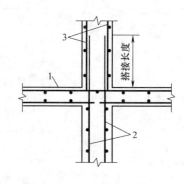

图 4.1.134　钢筋焊接网的竖向搭接

1—楼板；2—下层焊接网；3—上层焊接网

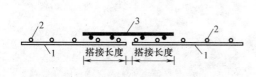

图 4.1.135　焊接网水平方向采用附加

搭接网片的扣接法

1—水平分布钢筋；2—竖向分布钢筋；

3—附加搭接网片

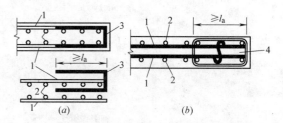

图 4.1.136　钢筋焊接网在墙体端部的构造

(a) 墙端无暗柱；(b) 墙端设有暗柱

1—焊接网水平钢筋；2—焊接网竖向钢筋；

3—附加连接钢筋；4—暗柱

4.1.1.8　预埋件和吊环

预埋件和吊环如表 4.1.69 所示。

预埋件和吊环　　　　　　　　　　　　　　　　　　　　　　表 4.1.69

序　号	项　目	内　容
1	预埋件	预埋件由锚板和直锚筋或锚板、直锚筋和弯折锚筋组成,如图 4.1.137 所示。 (1)受力预埋件的锚筋应采用热轧钢筋,严禁采用冷加工钢筋。 (2)预埋件的受力直锚筋不宜少于 4 根,且不宜多于 4 层;其直径不宜小于 8mm,且不宜大于 25mm。受剪预埋件的直锚筋可采用 2 根。 预埋件的锚筋应位于构件的外层主筋内侧。 (3)受力预埋件的锚板宜采用 Q235 级钢板。锚板厚度宜大于锚筋直径的 0.6 倍,受拉和受弯预埋件的锚板厚度尚宜大于 $b/8$(b 为锚筋间距)。 对受拉和受弯预埋件,其锚筋的间距 b、b_1 和锚板至构件边缘的距离 c、c_1,均不应小于 $3d$ 和 45mm。 (4)受拉直锚筋和弯折锚筋的锚固长度不应小于受拉钢筋锚固长度 l_a,且不应小于 $30d$;受剪和受压直锚筋的锚固长度不应小于 $15d$(d 为锚筋直径)。弯折锚筋与钢板间的夹角,一般不小于 $15°$,且不大于 $45°$。 (5)考虑地震作用的预埋件,其实配的锚筋截面面积应比计算值增大 25%,且应相应调整锚板厚度。在靠近锚板处,宜设置一根直径不小于 10mm 的封闭箍筋。 铰接排架柱顶预埋件的直锚筋:对一级抗震等级应为 4 根直径 16mm,对二级抗震等级应为 4 根直径 14mm。

续表

序　号	项　　目	内　　容
2	吊环	(1)吊环的形式与构造,如图 4.1.138 所示。图(a)为吊环用于梁、柱等截面高度较大的构件;图(b)为吊环用于截面高度较小的构件;图(c)为吊环焊在受力钢筋上,埋入深度不受限制;图(d)为吊环用于构件较薄且无焊接条件时,在吊环上压几根短钢筋或钢筋网片加固。 吊环的弯心直径为 2.5d(d 为吊环钢筋直径),且不得小于 60mm。 吊环的埋入深度不应小于 30d,并与主筋钩牢。埋深不够时,可焊在受力钢筋上。 吊环露出混凝土的高度,应满足穿卡环的要求;但也不宜太长,以免遭到反复弯折。其值可参考表 4.1.70 的数值选用。 (2)吊环的设计计算,应满足下列要求: 1)吊环应采用 HPB235 级钢筋制作,严禁使用冷加工钢筋。 2)在构件自重标准值作用下,每个吊环按 2 个截面计算的吊环应力不大于 50N/mm²(已考虑超载系数、吸附系数、动力系数、钢筋弯折引起的应力集中系数、钢筋角度影响系数等)。 3)构件上设有四个吊环时,设计时仅取三个吊环进行计算: 吊环的应力计算公式: $$\sigma = \frac{9800G}{n \cdot A_s} \qquad (4.20)$$ 式中　A_s——一个吊环的钢筋截面面积(mm²); 　　　　G——构件重量(t); 　　　　σ——吊环的拉应力(N/mm²); 　　　　n——吊环截面个数;2 个吊环时为 4,4 个吊环时为 6。 根据上式算出吊环直径与构件重量的关系,列于表 4.1.70 所示

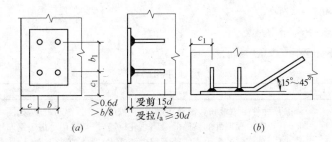

图 4.1.137　预埋件的形式与构造

(a) 由锚板和直锚筋组成; (b) 由锚板、直锚筋和弯折锚筋组成

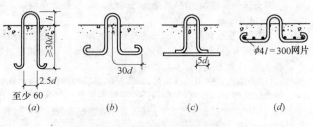

图 4.1.138　吊环形式

吊环选用表　　　　　　　　　　　　　　表 4.1.70

序　号	吊环直径(mm)	构件重量(t)		吊环露出混凝土的高度 h (mm)
		二个吊环	四个吊环	
1	6	0.58	0.87	50
2	8	1.02	1.53	50
3	10	1.60	2.41	50
4	12	2.31	3.46	60
5	14	3.14	4.71	60
6	16	4.10	6.15	70
7	18	5.19	7.80	70
8	20	6.41	9.61	80
9	22	7.76	11.63	90
10	25	10.02	15.03	100
11	28	12.56	18.84	110

4.1.1.9　抗震配筋要点

混凝土结构抗震配筋要点如表 4.1.71 所示。

抗震配筋要点　　　　　　　　　　　　　表 4.1.71

序　号	项　目	内　容
1	一般规定	根据设防烈度、结构类型和房屋高度,抗震等级分为一、二、三、四级。 (1)结构构件中的纵向受力钢筋宜选用 HRB335、HRB400 级钢筋。按一、二级抗震等级设计时,框架结构中纵向受力钢筋的强度实测值应符合国家标准热轧钢筋的有关规定。 (2)纵向受拉钢筋的抗震锚固长度 l_{aE}:对一、二级抗震等级为 $1.15l_a$,对三级抗震等级为 $1.05l_a$,对四级抗震等级为 l_a。 (3)采用搭接接头时,纵向受拉钢筋的抗震搭接长度 l_{lE},应按下列公式计算: $$l_{lE} = \zeta l_{aE} \qquad (4.21)$$ 式中　ζ——纵向受力钢筋搭接长度修正系数,如表 4.1.5 所示。 (4)纵向受力钢筋连接接头的位置宜避开梁端、柱端箍筋加密区;当无法避开时,应采用满足等强度要求的高质量机械连接接头,且钢筋接头面积百分率不应超过 50%。 (5)箍筋末端应做成 135°弯钩,弯钩端头平直段长度不应小于箍筋直径的 10 倍;在纵向受力钢筋搭接长度范围内的箍筋,其直径不应小于搭接钢筋较大直径的 0.25 倍,其间距不应大于搭接钢筋较小直径的 5 倍,且不应大于 100mm。
2	框架梁	(1)框架梁梁端截面的底部和顶部纵向受力钢筋截面面积的比值,除按计算确定外,一级抗震等级不应小于 0.5;二、三级抗震等级不应小于 0.3。 (2)梁端箍筋的加密区长度、箍筋最大间距和箍筋最小直径应按表 4.1.72 采用。当梁端纵向受拉钢筋配筋率大于 2%时,表中箍筋最小直径应增大 2mm。 (3)沿梁全长顶面和底面至少应配置两根通长的纵向钢筋。对一、二级抗震等级,钢筋直径不应小于 14mm,且分别不应少于梁两端顶面和底面纵向受力钢筋中较大截面面积的 1/4;对三、四级抗震等级,钢筋直径不应小于 12mm。 (4)梁箍筋加密区长度内的箍筋间距:对一级抗震等级,不宜大于 200mm 和 20 倍箍筋直径的较大值;对二、三级抗震等级,不宜大于 250mm 和 20 倍箍筋直径的较大值;对四级抗震等级,不宜大于 300mm。 (5)梁端设置的第一个箍筋应距框架节点边缘不大于 50mm;非加密区的箍筋间距不宜大于加密区间距的 2 倍。

续表

序　号	项　目	内　容
3	框架柱与框支柱	(1)框架柱与框支柱上、下两端箍筋应加密。加密区的箍筋最大间距和箍筋最小直径应符合表4.1.73的规定。 (2)框支柱与剪跨比≤2的框架柱应在柱全高范围内加密箍筋，且箍筋间距不应大于100mm。 (3)二级抗震等级的框架柱，当箍筋直径不小于10mm、间距不大于200mm时，除柱根外，箍筋间距应允许采用150mm；三级抗震等级框架柱的截面尺寸不大于400mm时，箍筋最小直径应允许采用6mm；四级抗震等级框架柱剪跨比不大于2时，箍筋直径不应小于8mm。 (4)框架柱的箍筋加密区长度，应取柱截面长边尺寸(或圆形截面直径)、柱净高的1/6和500mm中的最大值。一、二级抗震等级的角柱应沿柱全高加密箍筋。 (5)柱箍筋加密区内的箍筋间距：一级抗震等级不宜大于200mm；二、三级抗震等级不宜大于250mm和20倍箍筋直径中的较大值；四级抗震等级不宜大于300mm。此外，每隔一根纵向钢筋宜在两个方向有箍筋或拉筋约束；当采用拉筋时，拉筋宜紧靠纵向钢筋并勾住封闭箍筋。 (6)在柱箍筋加密区外，箍筋的体积配筋率不宜小于加密区配筋率的1/2；对一、二级抗震等级，箍筋间距不应大于10d；对三、四级抗震等级，箍筋间距不应大于15d(d为纵向钢筋直径)。
4	框架梁柱节点	(1)框架中间层的中间节点处，框架梁的上部纵向钢筋应贯穿中间节点；对一、二级抗震等级，梁的下部纵向钢筋伸入中间节点的锚固长度不应小于l_{aE}，且伸过中心线不应小于5d(图4.1.139a)。梁内贯穿中柱的每根纵向钢筋直径，对一、二级抗震等级，不宜大于柱在该方向截面尺寸的1/20；对圆柱截面，不宜大于纵向钢筋所在位置柱截面弦长的1/20。 (2)框架中间层的端节点处，当框架梁上部纵向钢筋用直线锚固方式锚入端节点时，其锚固长度除不应小于l_{aE}外，尚应伸过柱中心线不小于5d(d为梁上部纵向钢筋的直径)。当水平直线段锚固长度不足时，梁上部纵向钢筋应伸至柱外边并向下弯折。弯折前的水平投影长度不应小于0.4l_{aE}，弯折后的竖直投影长度取15d(图4.1.139b)。梁下部纵向钢筋在中间层端节点中的锚固措施与梁上部纵向钢筋相同。 (3)框架顶层中间节点处，柱纵向钢筋应伸至柱顶。当采用直线锚固方式时，其自梁底边算起的锚固长度不应小于l_{aE}；当直线段锚固长度不足时，该纵向钢筋伸到柱顶后可向内弯折，弯折前的锚固段竖向投影长度不应小于0.5l_{aE}，弯折后的水平投影长度取12d；当楼盖为现浇混凝土，且板的混凝土强度不低于C20、板厚不小于80mm时，也可向外弯折，弯折后的水平投影长度取12d(图4.1.139c)。对一、二级抗震等级，贯穿顶层中间节点的梁上部纵向钢筋的直径，不宜大于柱在该方向截面尺寸的1/25。梁下部纵向钢筋在顶层中间节点中的锚固措施与梁下部纵向钢筋在中间层节点处的锚固措施相同。 (4)框架顶层端节点处，柱外侧纵向钢筋可沿节点外边和梁上边与梁上部纵向钢筋搭接连接(图4.1.139d)，搭接长度不应小于1.5l_{aE}，且伸入梁内的柱外侧纵向钢筋截面面积不宜小于柱外侧全部柱纵向钢筋截面面积的65%；其中不能伸入梁内的外侧柱纵向钢筋，宜沿柱顶伸至柱内边；当该柱筋位于顶部第一层时，伸至柱内边后，宜向下弯折不小于8d后截断(d为外侧柱纵向钢筋直径)；当该柱筋位于顶部第二层时，可伸至柱内边截断；当有现浇板时，且现浇板混凝土强度等级不低于C20、板厚不小于80mm时，梁宽范围外的柱纵向钢筋可伸入板内，其伸入长度与伸入梁内的柱纵向钢筋相同。梁上部纵向钢筋应伸至柱外侧边并向下弯折到梁底标高。 当梁、柱配筋率较高时，顶层端节点处的梁上部纵向钢筋和柱外侧纵向钢筋的搭接连接也可沿柱外侧边设置(图4.1.139e)，搭接长度不应小于1.7l_{aE}，其中，柱外侧纵向钢筋应伸至柱顶，并向内弯折，弯折段的水平投影长度不宜小于12d。 当梁上部纵向钢筋配筋率较高时，弯入柱外侧的梁上部纵向钢筋宜分两批截断，其截断点之间的距离不宜小于20d(d为梁上部纵向钢筋直径)。柱内侧纵向钢筋在顶层端节点中的锚固要求可适当放宽，但柱内侧纵向钢筋应伸至柱顶。 (5)柱纵向钢筋不应在中间各层节点内截断。

序　号	项　目	内　容
5	剪力墙	（1）一、二、三级抗震等级的剪力墙的水平和竖向分布钢筋配筋率均不应小于0.25％；四级抗震等级剪力墙不应小于0.2％，分布钢筋间距不应大于300mm，其直径不应小于8mm。 部分框支剪力墙结构的剪力墙加强部位，水平和竖向分布钢筋配筋率不应小于0.3％，钢筋间距不应大于200mm。 （2）剪力墙厚度大于140mm时，其竖向和水平分布钢筋应采用双排钢筋；双排分布钢筋间拉筋的间距不应大于600mm，且直径不应小于6mm。在底部加强部位、边缘构件以外的墙体中，拉筋间距应适当加宽。 （3）剪力墙端部设置的构造边缘构件（暗柱、端柱、翼墙和转角墙）（图4.1.140）的纵向钢筋除应满足计算要求外，尚应符合表4.1.74的要求

梁端箍筋加密区的构造要求　　　　　　　　　　表 4.1.72

序　号	抗震等级	箍筋加密区长度 （二者取大值）	箍筋最大间距 （三者取最小值）	箍筋最小直径
1	一	$2h$、500mm	$6d$、$h/4$、100mm	$\phi 10$
2	二	1.5h、500mm	$8d$、$h/4$、100mm	$\phi 8$
3	三(四)		$8d$、$h/4$、150mm	$\phi 8(\phi 6)$

注：d 为纵向钢筋直径；h 为梁的高度。梁端纵向钢筋配筋率＞2％时，箍筋最小直径增加2mm。

柱端箍筋加密区的构造要求　　　　　　　　　　表 4.1.73

序　号	抗震等级	箍筋最大间距(mm)（两者取最小值）	箍筋最小直径(mm)
1	一	$6d$，100	10
2	二	$8d$，100	8
3	三	$8d$，150(柱根100)	8
4	四	$8d$，150(柱根100)	6(柱根8)

注：底层柱的柱根系指地下室的顶面或无地下室情况的基础顶面；柱根加密区长度应取不小于该层柱净高的1/3；当有刚性地面时，除柱端箍筋加密区外尚应在刚性地面上、下各500mm的高度范围内加密箍筋。d 为纵向钢筋直径。

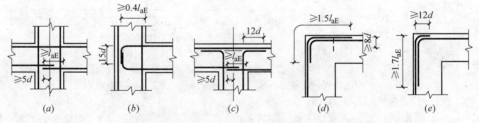

图 4.1.139　框架梁和框架柱的纵向受力钢筋在节点区的锚固和搭接

（a）中间层中间节点；（b）中间层端节点；（c）顶层中间点节；

（d）顶层端节点（一）；（e）顶层端节点（二）

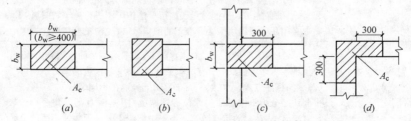

图 4.1.140　剪力墙的构造边缘构件

（a）暗柱；（b）端柱；（c）翼墙；（d）转角墙

构造边缘构件的构造配筋要求   表 4.1.74

序号	抗震等级	底部加强部位			其 他 部 位		
		纵向钢筋最小配筋量	箍筋、拉筋		纵向钢筋最小配筋量	箍筋、拉筋	
			最小直径(mm)	沿竖向最大间距(mm)		最小直径(mm)	沿竖向最大间距(mm)
1	一	$0.01A_c$ 和 6 根直径为 16mm 的钢筋中的较大值	8	100	$0.008A_c$ 和 6 根直径为 14mm 的钢筋中的较大值	8	150
2	二	$0.008A_c$ 和 6 根直径为 14mm 的钢筋中的较大值	8	150	$0.006A_c$ 和 6 根直径为 12mm 的钢筋中的较大值	8	200
3	三	$0.005A_c$ 和 4 根直径为 12mm 的钢筋中的较大值	6	150	$0.004A_c$ 和 4 根直径为 12mm 的钢筋中的较大值	6	200
4	四	$0.005A_c$ 和 4 根直径为 12mm 的钢筋中的较大值	6	200	$0.004A_c$ 和 4 根直径为 12mm 的钢筋中的较大值	6	250

注：1. A_c 为图 4.1.140 中所示的阴影面积；
    2. 对其他部位，拉筋的水平间距不应大于纵向钢筋间距的 2 倍，转角处宜设置箍筋。

4.1.1.10 混凝土结构平法施工图

混凝土结构平法施工图如表 4.1.75 所示。

混凝土结构平法施工图   表 4.1.75

序 号	项 目	内 容
1	简述	建筑结构施工图平面整体设计方法(平法)，对我国传统混凝土结构施工图的设计表示方法作了重大改革，既简化了施工图，又统一了表示方法，以确保设计与施工质量。 本节是根据国家建筑标准设计图集《混凝土结构施工图平面整体表示方法制图规则和构造详图》(O0G101)编写的。
2	一般规定	(1)按平法设计绘制的施工图，一般是由各类结构构件的平法施工图和标准构造详图两大部分构成。但对于复杂的房屋建筑，尚需增加模板、开洞和预埋件等平面图。只有在特殊情况下，才需增加剖面配筋图。 (2)按平法设计绘制结构施工图时，必须根据具体工程设计，按照各类的构件的平法制图规则，在按结构层绘制的平面布置图上直接表示各构件的尺寸、配筋和所选用的标准构造详图。 (3)在平法施工图上表示各构件尺寸和配筋的方式，分为平面注写方式、列表注写方式和截面注写方式三种。 (4)在平法施工图上，应将所有构件进行编号，编号中含有类型代号和序号等。其中，类型代号应与标准构造详图上所注类型代号一致，使两者结合构成完整的结构设计图。 (5)在平法施工图上，应注明各结构层楼地面标高、结构层高及相应的结构层号等。 (6)为了确保施工人员准确无误地按平法施工图进行施工，在具体工程的结构设计总说明中必须注明所选用平法标准图的图集号，以免图集升版后在施工中用错版。
3	梁平法施工图	(1)梁平法施工图是在梁平面布置图上，通常采用平面注写方式表达。 对于轴线未居中的梁应标注其偏心定位尺寸(贴柱边的梁可不注)。 (2)平面标注方式，系在梁平面布置图上分别在不同编号的梁中各选一根表达。 平面注写分为集中标注与原位标注两类(图 4.1.141)。集中标注表达梁的通用数值，原位标注表达梁的特殊数值。当集中标注中的某项数值不适用于梁的某部位时，则将该项数值原位标注。施工时，原位标注取值优先。

序　号	项　　目	内　　　容
3	梁平法施工图	（3）梁集中标注的内容有四项必注值及一项选注值（集中标注可以从梁的任意一跨引出），规定如下： 　1）梁编号为必注值，由梁类型代号、序号、跨数及有无悬挑代号组成。例 KL2(2A) 表示第 2 号框架梁，两跨，一端有悬挑（A 为一端悬挑，B 为两端悬挑）。 　2）梁截面尺寸为必注值，用 $b×h$ 表示；当为加腋梁时，用 $b×h$、$yc_1×c_2$ 表示，其中 c_1 为腋长，c_2 为腋高；当有悬挑梁且根部和端部的高度不同时，用斜线分隔根部与端部的高度值，即为 $b×h_1/h_2$。 　3）梁箍筋，包括钢筋级别、直径、加密区与非加密区间距及肢数，该项为必注值。箍筋加密区与非加密区的不同间距及肢数需用斜线"/"分隔，箍筋肢数应写在括号内。 　　例：$\phi8-100/200(2)$ 表示箍筋为 HPB235 级钢筋、直径 8mm，加密区间距 100mm，非加密区间距为 200mm，均为两肢箍。 　对非抗震结构中的各类梁，采用不同的箍筋间距及肢数时，也可用斜线"/"隔开，先注写支座端部的箍筋，在斜线后注写梁跨中部的箍筋。 　4）梁上部贯通筋或梁立筋根数为必注值，所注根数应根据结构受力要求及箍筋肢数等构造要求而定。当同排钢筋中既有贯通筋又有架立筋时，应用加号"＋"将贯通筋和架立筋相连。注写时须将角部纵筋写在加号的前面，架立筋写在加号后面的括号内，以示不同直径。 　例：$2\phi22＋(4\phi12)$ 用于六肢箍，其中 $2\phi22$ 为贯通筋，$4\phi12$ 为架立筋。 　当梁的上部纵筋和下部纵筋均为贯通筋，且多数跨配筋相同时，此项可加注下部钢筋的配筋值，用分号";"隔开。 　例：$3\phi22;3\phi20$ 表示梁的上部配置 $3\phi22$ 的贯通筋；梁的下部配置 $3\phi20$ 的贯通筋。 　5）梁顶面标高高差，该项为选注值。 　梁顶面标高的高度，系指相对于结构层楼面标高的高差值。有高差时，须将其写入括号内，无高差时不注。 　（4）梁原位标注的内容规定如下： 　1）梁支座上部纵筋含贯通筋在内的所有纵筋，当上部纵筋多于一排时，用斜线"/"将各排纵筋自上而下分开；当同排纵筋有两种直径时，用加号"＋"将两种直径的纵筋相连；当梁中间支座两边的上部纵筋不同时，须在支座两边分别标注。 　2）梁下部纵筋多于一排时，用斜线"/"隔开；当同排纵筋有两种直径时，用加号"＋"相连；当梁下部纵筋不全部伸入支座时，将梁支座下部纵筋减少的数量写在括号内，例 $2\Phi25＋3\Phi22(-3)/5\Phi25$。 　3）梁侧面纵向构造钢筋（腰筋）按标准构造详图施工，设计图中不注。具体工程有不同要求时，应由设计者注明。 　当梁某跨侧面布置有抗扭纵筋时，须在该跨的适当位置标注抗扭纵筋的总配筋值，并在其前面加"＊"号。 　4）附加箍筋或吊筋，将其直接画在平面图中的主梁上，用线引注总配筋值。 　5）当在梁上集中标注的内容不适用于某跨或某悬挑部分时，将其不同数值原位标注在该跨或该悬挑部位，并下划实线。
4	柱平法施工图	（1）柱平法施工图是在柱平面布置图上采用列表注写方法或截面注写方式表达。 　（2）列表注写方式，系在柱平面布置图上，分别在同一编号的柱中选择一个（有时需要选择几个）截面标准几何参数代号；在柱表中注写柱号、柱段起止标高、几何尺寸（含柱截面对轴线的偏心情况）与配筋的具体数值，并配以各种柱截面形状及其箍筋类型图。 　注写柱纵筋，分角筋、截面 b 边中部筋和 h 边中部筋（对于采用对称配筋的矩形截面柱，可仅注写一侧中部筋）。当为圆柱时，表中角筋一栏注写圆柱的全部纵筋。 　注写箍筋类型号及箍筋肢数，箍筋级别、直径和间距等。当为抗震设计时，用斜线"/"区分柱端箍筋加密区与柱身非加密区长度范围内箍筋的不同间距。 　具体工程所设计的各种箍筋类型图以及箍筋复合的具体方式，须画在表的上部或图中的适当位置，并在其上标注与表中相对应的 b、h 并编上类型号。 　（3）截面注写方式，系在平面布置图的柱截面上，分别在同一编号的柱中选择一个截面，原位放大，直接注写截面尺寸 $b×h$、角筋或全部纵筋、箍筋具体数值，以及柱截面配筋图上标注柱截面与轴线关系的具体数值（图 4.1.142）。 　当纵筋采用两种直径时，须再注写截面各边中部筋的具体数值（对于采用对称配筋的矩形截面柱，可仅在一侧注写中部筋）。 　当采用截面注写方式时，可以根据具体情况，在一个柱平面布置图上加括号来区分表达不同标准层的注写数值。

续表

序 号	项 目	内　　容
2	钢筋长度计算中的特殊问题	2)按圆形布置。一般可用比例方法先求出每根钢筋的圆直径,再乘圆周率算得钢筋长度(图4.1.149)。 (3)曲线构件钢筋 1)曲线钢筋长度,根据曲线形状不同,可分别采用下列方法计算。 圆曲线钢筋的长度,可用圆心角θ与圆半径R直接算出或通过弦长l与矢高h查表得出。 抛物线钢筋的长度L,可按下式计算(图4.1.150): $$L=\left(1+\frac{8h^2}{3l^2}\right)l \qquad (4.25)$$ 式中　l——抛物线的水平投影长度; 　　　h——抛物线的矢高。 其他曲线状钢筋的长度,可用渐近法计算,即分段按直线计,然后总加。 图4.1.151所示的曲线构件,设曲线方程式$y=f(x)$,沿水平方向分段,每段长度为l(一般取为0.5m),求已知x值时的相应y值,然后计算每段长度,例如,第三段长度为$\sqrt{(y_3-y_2)^2+l^2}$。 2)曲线构件箍筋高度,可根据已知曲线方程求解。其法是先根据箍筋的间距确定x值,代入曲线方程求y值,然后计算该处的梁高$h=H-y$,再扣除上下保护层厚度,即得箍筋高度。 对一些外形比较复杂的构件,用数学方法计算钢筋长度有困难时,也可用放足尺(1:1)或放小样(1:5)办法求钢筋长度。
3	下料计算注意事项	(1)在设计图纸中,钢筋配置的细节问题没有注明时,一般可按构造要求处理。 (2)配料计算时,要考虑钢筋的形状和尺寸在满足设计要求的前提下有利于加工安装。 (3)配料时,还要考虑施工需要的附加钢筋。例如,后张预应力构件预留孔道定位用的钢筋井字架,基础双层钢筋网中保证上层钢筋位置用的钢筋撑脚,墙板双层钢筋网中固定钢筋间距用的钢筋撑铁,柱钢筋骨架增加四面斜筋撑等

钢筋弯曲调整值　　　　　　　　　　　　　　　　表4.1.77

钢筋弯曲角度	30°	45°	60°	90°	135°
钢筋弯曲调整值	0.35d	0.5d	0.85d	2d	2.5d

注:d为钢筋直径。

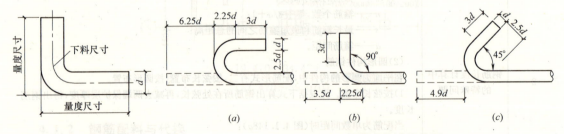

图 4.1.143　钢筋弯曲时
的量度方法

图 4.1.144　钢筋弯钩计算简图
(a)半圆弯钩;(b)直弯钩;(c)斜弯钩

半圆钩增加长度参考表（用机械弯）　　　　　　表4.1.78

钢筋直径(mm)	≤6	8~10	12~18	20~28	32~36
一个弯钩长度(mm)	40	6d	5.5d	5d	4.5d

注:d为钢筋直径。

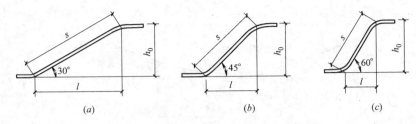

图 4.1.145 弯起钢筋斜长度计算简图

(a) 弯起角度 30°；(b) 弯起角度 45°；(c) 弯起角度 60°

弯起钢筋斜长系数			表 4.1.79
弯起角度	$\alpha=30°$	$\alpha=45°$	$\alpha=60°$
斜边长度 s	$2h_0$	$1.41h_0$	$1.15h_0$
底边长度 l	$1.732h_0$	h_0	$0.575h_0$
增加长度 $s-l$	$0.268h_0$	$0.41h_0$	$0.575h_0$

注：h_0 为弯起高度。

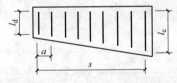

图 4.1.146 箍筋量度方法

(a) 量外包尺寸；(b) 量内皮尺寸

箍筋调整值			表 4.1.80
箍筋量度方法	箍筋直径(mm)		
	4～5	6	8	10～12
量外包尺寸	40	50	60	70
量内皮尺寸	80	100	120	150～170

图 4.1.147 变截面构件箍筋

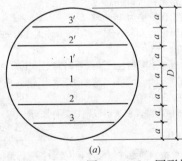

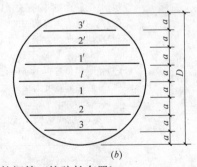

图 4.1.148 圆形构件钢筋（按弦长布置）

(a) 单数间距；(b) 双数间距

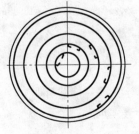

图 4.1.149 圆形构件钢筋（按圆形布置）

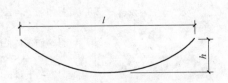

图 4.1.150 抛物线钢筋长度

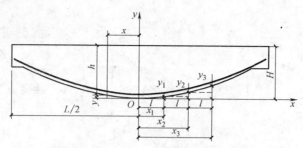

图 4.1.151　曲线钢筋长度

2. 下料单与料牌

下料单与料牌要求，如表 4.1.81 所示。

下料单与料牌

表 4.1.81

序　号	内　容
1	钢筋配料计算完毕，填写配料单，详见表 4.1.82。
2	列入加工计划的配料单，将每一编号的钢筋制作一块料牌，作为钢筋加工的依据与钢筋安装的标志。
3	钢筋配料单和料牌，应严格校核，必须准确无误，以免返工浪费。

3. 下料计算实例

（1）下料计算实例，如表 4.1.82 所示。

计算实例

表 4.1.82

序　号	项　　目	内　容
1	例题	已知某教学楼钢筋混凝土框架梁 KL$_1$ 的截面尺寸与配筋如图 4.1.152 所示，共计 5 根。混凝土强度等级为 C25。求各种钢筋下料长度。
2	绘制钢筋翻样图	根据"配筋构造"的有关规定，得出： （1）纵向受力钢筋端头的混凝土保护层为 25mm； （2）框架纵向受力钢筋 $\phi 25$ 锚固长度为 35×25＝875mm，伸入柱内的长度可达 500－25＝475mm，需要向上（下）弯 400mm； （3）悬臂梁负弯矩钢筋应有两根伸至梁端包住边梁后斜向上伸至梁顶部； （4）吊筋底部宽度为次梁宽加"2×50mm"，按 45°方向弯至梁顶部，再水平延伸 20d＝20×18＝360mm。 对照 KL$_1$ 框架梁尺寸与上述构造要求，绘制单根钢筋翻样图（图 4.1.153），并将各种钢筋编号。
3	计算钢筋下料长度	计算钢筋下料长度时，应根据单根钢筋翻样图尺寸，并考虑各项调整值。 ①号受力钢筋下料长度为 $$(7800-2\times25)+2\times400-2\times2\times25=8450\text{mm}$$ ②号受力钢筋下料长度为： $$(9650-2\times25)+400+350+200+500-3\times2\times25-0.5\times25=10888\text{mm}$$ ⑥号吊筋下料长度为： $$350+2(1060+360)-4\times0.5\times25=3140\text{mm}$$ ⑨号箍筋下料长度为： $$2(770+270)+70=2150\text{mm}$$ ⑩号箍筋下料长度，由于梁高变化，因此要先按公式（4.22）算出箍筋高差 Δ。箍筋根数 $n=\dfrac{1850-100}{200}+1=10$，箍筋高度 $\Delta=\dfrac{570-370}{10-1}=22\text{mm}$ 每个钢筋下料长度计算结果列于表 4.1.83

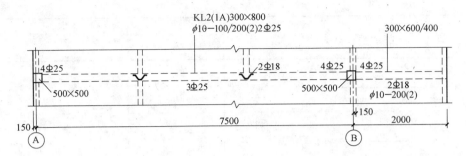

图 4.1.152 钢筋混凝土框架梁 KL₁ 平法施工图

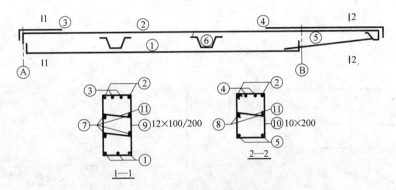

图 4.1.153 KL₁ 框架梁钢筋翻样图

(2) 钢筋配料单：KL₁ 梁（5 根）配料单，如表 4.1.83 所示。

钢筋配料单 表 4.1.83

钢筋编号	简 图	钢号	直径 (mm)	下料长度 (mm)	单位根数	合计根数	重量 (kg)
①	400 7750	Φ	25	8450	3	15	488
②	400 9600 500 200 350	Φ	25	10888	2	10	419
③	2742 400	Φ	25	3092	2	10	119
④	4617 350	Φ	25	4917	2	10	189
⑤	2300	Φ	18	2300	2	10	46
⑥	360 1060 350 1060 360	Φ	18	3140	4	20	126

续表

钢筋编号	简　图	钢号	直径(mm)	下料长度(mm)	单位根数	合计根数	重量(kg)
⑦	7200	Φ	14	7200	4	20	174
⑧	2050	Φ	14	2050	2	10	25
⑨	270 / 770	Φ	10	2150	46	230	305
⑩₁	270 / 570	Φ	10	1750	1	5	
⑩₂	548×270	Φ	10	1706	1	5	
⑩₃	526×270	Φ	10	1662	1	5	
⑩₄	504×270	Φ	10	1626	1	5	
⑩₅	482×270	Φ	10	1574	1	5	48
⑩₆	460×270	Φ	10	1530	1	5	
⑩₇	437×270	Φ	10	1484	1	5	
⑩₈	415×270	Φ	10	1440	1	5	
⑩₉	393×270	Φ	10	1396	1	5	
⑩₁₀	370×270	Φ	10	1350	1	5	
⑪	266	Φ	8	334	28	140	18
							总重 1957kg

4.1.2.2　钢筋代换

当钢筋的品种、级别或规格需作变更时,应办理设计变更文件进行。钢筋代换工作,如表4.1.84所示。

钢 筋 代 换 表 4.1.84

序　号	项　　目	内　　容
1	代换原则	当施工中遇有钢筋的品种或规格与设计要求不符时,可参照以下原则进行钢筋代换: (1)等强度代换:当构件受强度控制时,钢筋可按强度相等原则进行代换。 (2)等面积代换:当构件按最小配筋率配筋时,钢筋可按面积相等原则进行代换。 (3)当构件受裂缝宽度或挠度控制时,代换后应进行裂缝宽度或挠度验算。

续表

序号	项目	内容

2	等强代换方法	(1)计算法
		
		$$n_2 \geqslant \frac{n_1 d_1^2 f_{y1}}{d_2^2 f_{y2}} \qquad (4.26)$$
		
		式中 n_2——代换钢筋根数;
		      n_1——原设计钢筋根数;
		      d_2——代换钢筋直径;
		      d_1——原设计钢筋直径;
		      f_{y2}——代换钢筋抗拉强度设计值;
		      f_{y1}——原设计钢筋抗拉强度值。
		(2)两种特例
		1)设计强度相同、直径不同的钢筋代换:
		
		$$n_2 \geqslant n_1 \frac{d_1^2}{d_2^2} \qquad (4.27)$$
		
		2)直径相同、强度设计不同的钢筋代换:
		
		$$n_2 \geqslant n_1 \frac{f_{y1}}{f_{y2}} \qquad (4.28)$$

3	构件截面的有效高度影响	钢筋代换后,有时由于受力钢筋直径加大或根数增多而需要增加排数,则构件截面的有效高度 h_0 减小,截面强度降低。通常对这种影响可凭经验适当增加钢筋面积,然后再作截面强度复核。
		　　对矩形截面的受弯构件,可根据弯矩相等,按下式复核截面强度:
		
		$$N_2\left(h_{02} - \frac{N_2}{2f_c b}\right) \geqslant N_1\left(h_{01} - \frac{N_2}{2f_c b}\right) \qquad (4.29)$$
		
		式中 N_1——原设计的钢筋拉力,等于 $A_{s1} f_{y1}$(A_{s1}—原设计钢筋的截面面积,f_{y1}—原设计钢筋的抗拉强度设计值);
		      N_2——代换钢筋拉力,同上;
		      h_{01}——原设计钢筋的合力点至构件截面受压边缘的距离;
		      h_{02}——代换钢筋的合力点至构件截面受压边缘的距离;
		      f_c——混凝土的抗压强度设计值,对 C20 混凝土为 $9.6\mathrm{N/mm^2}$,对 C25 混凝土为 $11.9\mathrm{N/mm^2}$,对 C30 混凝土为 $14.3\mathrm{N/mm^2}$;
		      b——构件截面宽度。

4	代换注意事项	钢筋代换时,必须充分了解设计意图和代换材料性能,并严格遵守现行混凝土结构设计规范的各项规定;凡重要结构中的钢筋代换,应征得设计单位同意。 　　(1)对某些重要构件,如吊车架、薄腹梁、桁架下弦等,不宜用 HPB235 级光面钢筋代替 HRB335 和 HRB400 级带肋钢筋。 　　(2)钢筋代换后,应满足配筋构造规定,如钢筋的最小直径、间距、根数、锚固长度等。 　　(3)同一截面内,可同时配有不同种类和直径的代换钢筋,但每根钢筋的拉力差不应过大(如同品种钢筋的直径差值一般不大于 5mm),以免构件受力不匀。 　　(4)梁的纵向受力钢筋与弯起钢筋应分别代换,以保证正截面与斜截面强度。 　　(5)偏心受压构件(如框架柱、有吊车厂房柱、桥架上弦等)或偏心受拉构件作钢筋代换时,不取整个截面配筋量计算,应按受力面(受压或受拉)分别代换。 　　(6)当构件受裂缝宽度控制时,如以小直径钢筋代换大直径钢筋,强度等级低的钢筋代替强度等级高的钢筋,则可不作裂缝宽度验算。
5	钢筋代换实例	见[例题 4.4]、[例题 4.5]和[例题 4.6]

　　【例题 4.4】　今有一块 6m 宽的现浇混凝土楼板,原设计的底部纵向受力钢筋采用 HPB235 级ϕ12 钢筋@120mm,共计 50 根。现拟改用 HRB335 级ϕ12 钢筋,求所得ϕ12

钢筋根数及其间距。

【解】　本题属于直径相同、强度等级不同的钢筋代换，采用公式（4.28）计算：

$$n_2 = 50 \times \frac{210}{300} = 35 \text{ 根，间距} = 120 \times \frac{50}{35} = 171.4 \text{ 取 170mm}$$

【例题 4.5】　今有一根 400mm 宽的现浇混凝土梁，原设计的底部纵向受力钢筋采用 HRB335 级Φ22 钢筋，共计 9 根，分二排布置，底排为 7 根，上排为 2 根。现拟改用 HRB400 级Φ25 钢筋，求所需Φ25 钢筋根数及其布置。

【解】　本题属于直径不同、强度等级不同的钢筋代换，采用公式（4.26）计算：

$$n_2 = 9 \times \frac{22^2 \times 300}{25^2 \times 360} = 5.81 \text{ 根，取 6 根。一排布置，增大了代换钢筋的合力点至构件截}$$

面受压边缘的距离 h_0，有利于提高构件的承载力。

【例题 4.6】　已知梁的截面面积尺寸如图 4.1.154（a）所示，采用 C20 混凝土制作，原设计的纵向受力钢筋采用 HRB400 级Φ20 钢筋，共计 6 根，单排布置，中间 4 根分别在二处弯起。现拟改用 HRB335 Φ22 钢筋，求所需钢筋根数及其布置。

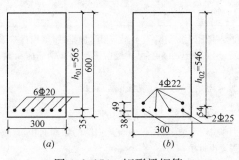

图 4.1.154　矩形梁钢筋
（a）原设计钢筋；（b）代换钢筋

【解】　（1）弯起钢筋与纵向受力钢筋分别代换，以 2Φ20 为单位，按公式（4.26）代换Φ22 钢筋，$n_2 = \dfrac{2 \times 20^2 \times 360}{22^2 \times 300} = 1.98$，取 2 根。

（2）代换后的钢筋根数不变，但直径增大，需要复核钢筋净间距 s

$$s = \frac{300 - 2 \times 25 - 6 \times 22}{5} = 23.6 < 25\text{mm} \text{ 需}$$

要布置为两排（底层 4 根、二层 2 根）。

（3）代换后的构件截面有效高度 h_{02} 减小，需要按公式（4.29）复核截面强度。

$$h_{01} = 600 - 35 = 565\text{mm}, \quad h_{02} = 600 - \frac{36 \times 2 + 2 \times 83}{6} 548\text{mm}$$

$$N_1\left(h_{01} - \frac{N_1}{2f_c b}\right) = 6 \times 314 \times 360\left(565 - \frac{6 \times 314 \times 360}{2 \times 9.6 \times 300}\right) = 303.2 \times 10^6 = 303.2\text{kN} \cdot \text{m}$$

$$N_2\left(h_2 - \frac{N_2}{2f_c b}\right) = 6 \times 380 \times 300\left(548 - \frac{6 \times 380 \times 300}{2 \times 9.6 \times 300}\right) = 293.4 < 303.2\text{kN} \cdot \text{m}$$

（4）角部两根为 ϕ25 钢筋，再复核截面强度

$$N_2\left(h_2 - \frac{N_2}{2f_c b}\right) = (4 \times 380 + 2 \times 491) \times 300\left(546 - \frac{250^2 \times 300}{2 \times 9.6 \times 300}\right) = 312.2\text{kN} \cdot \text{m}$$

小结，代换钢筋采用 4ϕ22 + 2ϕ25，按图 4.1.154（b）布置，满足原设计要求。

4.1.3　钢筋加工与成型

4.1.3.1　钢筋加工

1. 除锈

钢筋除锈要求，如表 4.1.85 所示。

钢 筋 除 锈 表 4.1.85

序 号	项 目	内 容
1	对钢筋表面的要求	钢筋的表面洁净。油渍、漆污和用锤敲击时能剥落的浮皮、铁锈等应在使用前清除干净。在焊接前,焊点处的水锈应清除干净。
2	钢筋除锈	(1)钢筋的除锈,一般可以通过以下两个途径:一是在钢筋冷拉或钢丝调直过程中除锈,对大量钢筋的除锈较为经济省力;二是用机械方法除锈,如采用电动除锈机除锈,对钢筋的局部除锈较为方便。此外,还可采用手工除锈(用钢丝刷、砂盘)、喷砂和酸洗除锈等。 (2)电动除锈机,如图 4.1.155 所示,该机的圆盘钢丝有成品供应,也可用废钢丝绳头拆开编成,其直径为 200～300mm,厚度 50～150mm,转速为 1000r/min 左右,电动机功率为 1.0～1.5kW。为了减少除锈时灰尘飞扬,应装设排尘罩和排尘管道。 (3)在除锈过程中发现钢筋表面的氧化铁皮鳞落现象严重并已损伤钢筋截面,或在除锈后钢筋表面有严重的麻坑、斑点伤蚀截面时,应降级使用或剔除不用

2. 调直

钢筋调直如表 4.1.86 所示。

钢 筋 调 直 表 4.1.86

序 号	项 目	内 容
1	机具设备	(1)钢筋调直机 钢筋调直机的技术性能,如表 4.1.87 所示。图 4.1.156 为 GT3/8 型钢筋调直机外形。 (2)数控钢筋调直切断机 数控钢筋调直切断机是在原有调直机的基础上应用电子控制仪,准确控制钢丝断料长度,并自动计数。该机的工作原理,如图 4.1.157 所示。在该机摩擦轮(周长100mm)的同轴上装有一个穿孔光电盘(分为 100 等分),光电盘的一侧装有一只小灯泡,另一侧装有一只光电管。当钢筋通过摩擦轮带动光电盘时,灯泡光线通过每个小孔照射光电管,就被光电管接收而产生脉冲讯号(每次讯号为钢筋长 1mm),控制仪长度部位数字上立即显示出相应读数。当信号积累到给定数字(即钢丝调到所指定长度)时,控制仪立即发出指令,使切断装置切断钢丝。与此同时长度部位数字回到零,根数部位数字示出根数,这样连续作业,当根数信号积累至给定数字时,即自动切断电源,停止运转。 钢筋数控调直机切断机已在有些构件厂采用,断料精度高(偏差仅约 1～2mm),并实现了钢丝调直切断自动化。采用此机时,要求钢丝表面光洁,截面均匀,以免钢丝移动时速度不匀,影响切断长度的精确性。 (3)卷扬机拉直设备 卷扬机拉直设备如图 4.1.158 所示。两端采用地锚承力。冷拉滑轮组回程采用荷重架,标尺量伸长。该法设备简单,宜用于施工现场或小型构件厂。 钢筋夹具常用的有:月牙式夹具和偏心式夹具。 月牙式夹具的构造与尺寸,如图 4.1.159 所示。其夹片宜用 45 号钢制作,经热处理后硬度 HRC 为 40～45。钢筋夹持点宜在夹片的中下部位。这种夹具主要靠杠杆力和偏心力夹紧,使用方便,适用于 HPB235 级 HRB335 级粗细钢筋。 偏心式夹具的构造与尺寸,如图 4.1.160 所示。偏心块及其齿条宜采用 45 号钢制作,经热处理后的硬度 HRC 为 35～40。这种夹具轻巧灵活,适用于 HPB235 级盘圆钢筋拉直,特别是当每盘最后不足定尺长度时,可将其钩在挂链上,使用方便。
2	调直工艺	(1)采用钢筋调直机调直冷拔钢丝和细钢筋时,要根据钢筋的直径选用调直模和传送压辊,并要正确掌握调直模的偏移量和压辊的压紧程序。

续表

序 号	项 目	内 容
2	调直工艺	调直模的偏移量(图 4.1.161),根据其磨耗程度及钢筋品种通过试验确定,调直筒两端的调直模一定要在调直前后导孔的轴心线上,这是钢筋能否调直的一个关键。如果发现钢筋调得不直就要从以上两方面检查原因,并及时调整直模的偏移量。 　　压辊的槽宽,一般在钢筋穿入压辊之后,在上下压辊间宜有 3mm 之内的间隙。压辊的压紧程度要做到既保证钢筋能顺利的被牵引前进,看不出钢筋有明显的转动,而在被切断的瞬时钢筋和压辊间又能允许发生打滑。 　　应当注意:冷拔钢丝和冷轧带肋钢筋经调直机调直后,其抗拉强度一般要降低10%～15%。使用前应加强检验,按调直后的抗拉强度选用。如果钢丝抗拉强度降低过大,则可适当降低调直筒的转速和调直块的压紧程度。 　　(2)采用冷拉方法调直钢筋时,HPB235 级钢筋的冷拉率不宜大于 4%,HRB335 级HRB400 级及 RRB400 级冷拉率不宜大于 1%

钢筋调直机技术性能　　　　　　　　　　　　　　　　表 4.1.87

序 号	机械型号	钢筋直径 (mm)	调直速度 (m/min)	断料长度 (mm)	电机功率 (kW)	外形尺寸(mm) 长×宽×高	机重 (kg)
1	GT3/8	3～8	40、65	300～6500	9.25	1854×741×1400	1280
2	GT6/12	6～12	36、54、72	300～6500	12.6	1770×535×1457	1230

注：表中所列的钢筋调直机断料长度误差均≤3mm。

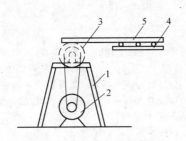

图 4.1.155　电动除锈机
1—支架；2—电动机；3—圆盘钢丝刷；4—滚轴台；5—钢筋

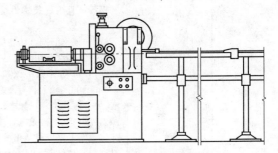

图 4.1.156　GT3/8 型钢筋调直机

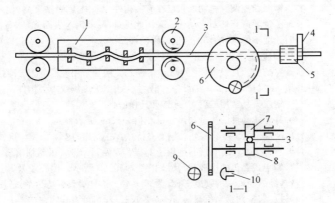

图 4.1.157　数控钢筋调直切断机工作简图
1—调直装置；2—牵引轮；3—钢筋；4—上刀口；5—下刀口；6—光电盘；7—压轮；
8—摩擦轮；9—灯泡；10—光电管

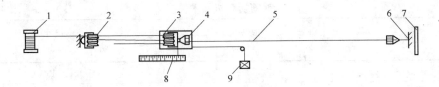

图 4.1.158　卷扬机拉直设备布置

1—卷扬机；2—滑轮组；3—冷拉小车；4—钢筋夹具；5—钢筋；6—地锚；
7—防护壁；8—标尺；9—荷重架

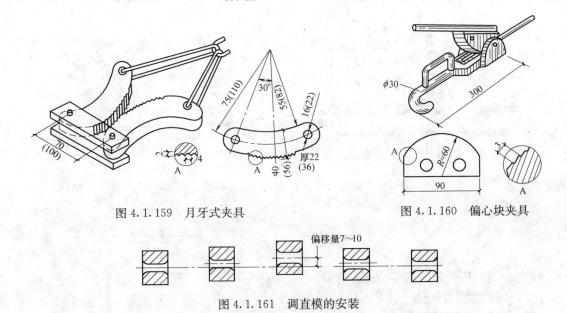

图 4.1.159　月牙式夹具　　　　　图 4.1.160　偏心块夹具

图 4.1.161　调直模的安装

4.1.3.2　钢筋成型

1. 切断

钢筋切断，如表 4.1.88 所示。

钢 筋 切 断　　　　　　　　　　表 4.1.88

序　号	项　　目	内　　容
1	机具设备	(1)钢筋切断机 钢筋切断机的技术性能，如表 4.1.89 所示。图 4.1.162 与图 4.1.163 为钢筋切断机外形。 (2)手动液压切断器 手动液压切断器，如图 4.1.164 所示。型号 GJ5Y-16，切断力 80kN，活塞行程为 30mm，压柄作用力 220N，总重量 6.5kg，可切断直径 16mm 以下的钢筋，这种机具体积小，重量轻，操作简单，便于携带。
2	切断工艺	(1)将同规格钢筋根据不同长度长短搭配，统筹排料；一般应先断长料，后断短料，减少短头，减少损耗。 (2)断料时应避免用短尺量长料，防止在量料中产生累计误差，为此，宜在工作台上标出尺寸刻度线并设置控制断料尺寸用的挡板。 (3)钢筋切断机的刀片，应由工具钢热处理制成。刀片的形状可参考图 4.1.165。安装刀片时，螺丝要紧固，刀口要密合(间隙不大于 0.5mm)；固定刀片与冲切刀片刀口的距离：对直径≤200mm 的钢筋宜重叠 1～2mm，对直径＞20mm 的钢筋宜留 5mm 左右。 (4)在切断过程中，如发现钢筋有劈裂、缩头或严重的弯头等必须剔除，如发现钢筋的硬度与该钢种有较大的出入，应及时向有关人员反映，查明情况。 (5)钢筋的断口，不得有马蹄形或起弯等现象

钢筋切断机技术性能   表 4.1.89

序　号	机械型号	钢筋直径 (mm)	每分钟切断次数	切断力 (kN)	工作压力 (N/mm²)	电机功率 (kW)	外形尺寸(mm) 长×宽×高	重量 (kg)
1	GQ40	6～40	40	—	—	3.0	1150×430×750	600
2	GQ40B	6～40	40	—	—	3.0	1200×490×570	450
3	GQ50	6～50	30	—	—	5.5	1600×690×915	950
4	DYQ32B	6～32	—	320	45.5	3.0	900×340×380	145

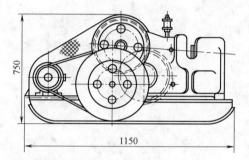

图 4.1.162　GQ40 型钢筋切断机

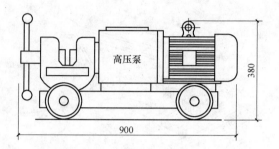

图 4.1.163　DYQ32B 电动液压切断机

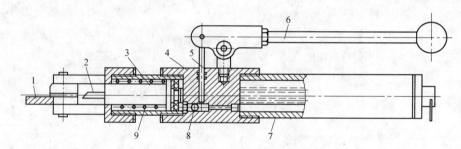

图 4.1.164　手动液压切断器

1—滑轨；2—刀片；3—活塞；4—缸体；5—柱塞；6—压杆；7—贮油筒；8—吸油阀；9—回位弹簧

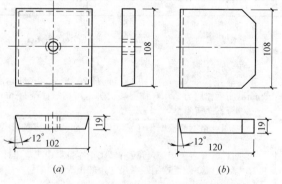

(a)　　　　　　　　(b)

图 4.1.165　钢筋切断机的刀片形状

(a) 冲切刀片；(b) 固定刀片

2. 钢筋弯曲成型

钢筋弯曲成型，如表 4.1.90 所示。

钢筋弯曲成型   表 4.1.90

序　号	项　　目	内　　容
1	钢筋弯钩和弯折的有关规定	(1)受力钢筋 　1)HPB235 级钢筋末端应作 180°弯钩,其弯弧内直径不应小于钢筋直径的 2.5 倍,弯钩的弯后平直部分长度不应小于钢筋直径的 3 倍(图 4.1.144a)。 　2)当设计要求钢筋末端需作 135°弯钩时(图 4.1.166a),HRB335 级、HRB400 级钢筋的弯弧内直径 D 不应小于钢筋直径的 4 倍,弯钩的弯后平直部分长度应符合设计要求。 　3)钢筋作不大于 90°的弯折时(图 4.1.166b),弯折处的弯弧内直径不应小于钢筋直径的 5 倍。 (2)箍筋 　除焊接封闭环式箍筋外,箍筋的末端应作弯钩。弯钩形式应符合设计要求;当设计无具体要求时,应符合下列规定: 　1)箍筋弯钩的弯弧内直径除应满足上述(1)之1)点外,尚应不小于受力钢筋的直径。 　2)箍筋弯钩的弯折角度:对一般结构,不应小于 90°;对有抗震等要求的结构应为 135°(图 4.1.167)。 　3)箍筋弯后的平直部分长度:对一般结构,不宜小于箍筋直径的 5 倍;对有抗震等要求的结构,不应小于箍筋直径的 10 倍。
2	机具设备	(1)钢筋弯曲机 　钢筋弯曲机的技术性能,如表 4.1.91 所示。图 4.1.168 为钢筋弯曲机外形。表 4.1.92 为 GW-40 型钢筋弯曲机每次弯曲根数。 (2)四头弯筋机 　四头弯筋机(图 4.1.169)是由一台电动机通过三级变速带动圆盘,再通过圆盘上的偏心铰带动连杆与齿条,使四个工作盘转动。每个工作盘上装有心轴与成型轴,但与钢筋弯曲机不同的是:工作盘不停地往复运动,且转动角度一定(事先可调整)。 　四头弯筋机主要技术参数是:电动机功率为 3kW,转速为 960r/min,工作盘反复动次数为 31r/min。该机可弯曲 $\phi4\sim12$ 钢筋,弯曲角度在 0°~180°范围内变动。 　该机主要是用来弯制钢箍;其工效比手工操作提高约 7 倍,加工质量稳定,弯折角度偏差小。 (3)手工弯曲工具 　在缺机具设备条件下,也可采用手摇扳手弯制细钢筋,卡筋与扳头弯制粗钢筋。手动弯曲工具的尺寸,详见表 4.1.93 与表 4.1.94。
3	弯曲成型工艺	(1)划线 　钢筋弯曲前,对形状复杂的钢筋(如弯起钢筋),根据钢筋料牌上标用的尺寸,用石笔将各弯曲点位置划出。划线时应注意: 　1)根据不同的弯曲角度扣除弯曲调整值(见表 4.1.77),其扣法是从相邻角度长度中各扣一半。 　2)钢筋端部带半圆弯钩时,该段长度划线长度增加 $0.5d$(d 为钢筋直径)。 　3)划线工作宜从钢筋中线开始向两边进行;两边不对称的钢筋,也可以从钢筋一端开始划线,如到另一端有出入时,则应重新调整。 (2)钢筋弯曲成型 　钢筋在弯曲机上成型时(图 4.1.170),心轴直径应是钢筋直径的 2.5~5.0 倍;成型轴宜加偏心轴套,以便适应不同直径的钢筋弯曲需要。弯曲细钢筋时,为了使弯弧一侧的钢筋保持平直,挡铁轴宜做成可变档架或固定档架(加铁板调整)。 　钢筋弯曲点线和心轴的关系,如图 4.1.171 所示。由于成型轴和心轴在同时转动,就会带动钢筋向前滑移。因此,钢筋弯 90°时,弯曲点线约与心轴内边缘齐,弯 180°时,弯曲点线距心轴内边缘为 1.0~1.5d(钢筋硬时取大值)。 　注意:对 HRB335 与 HRB400 钢筋,不能弯过头再弯过来,以免钢筋弯曲点处发生裂纹。 (3)曲线形钢筋成型 　弯制曲线形钢筋时(图 4.1.172),可在原有钢筋弯曲机的工作盘中央,放置一个十字架和钢套;另外在工作盘四个孔内插上短轴和成型钢套(和中央钢套相切)。插座板上的挡轴钢套尺寸,可根据钢筋曲线形状选用。钢筋成型过程中,成型钢套起顶弯作用,十字架只协助推进。 (4)螺旋形钢筋成型 　螺旋形钢筋,除小直径的螺旋筋已有专门机械生产外,一般可用手摇滚筒成型(图 4.1.173)。近年来,有些地区改用机械传动的滚筒。由于钢筋有弹性。滚筒直径应比螺旋筋内径略小,可参考表 4.1.95。
4	计算实例	见[例题 4.7]

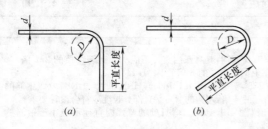

图 4.1.166 受力钢筋弯折

(a) 90°；(b) 135°

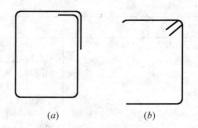

图 4.1.167 箍筋示意

(a) 90°/90°；(b) 135°/135°

钢筋弯曲机技术性能   表 4.1.91

序　号	弯曲机类型	钢筋直径 (mm)	弯曲速度 (r/min)	电机功率 (kW)	外形尺寸(mm) 长×宽×高	重量 (kg)
1	GW32	6～32	10/20	2.2	875×615×945	340
2	GW40	6～40	5	3.0	1360×740×865	400
3	GW40A	6～40	0	3.0	1050×760×828	450
4	GW50	25～50	2.5	4.0	1450×760×800	580

GW-40 型钢筋弯曲机每次弯曲根数   表 4.1.92

钢筋直径(mm)	10～12	14～16	18～20	22～40
每次弯曲根数	4～6	3～4	2～3	1

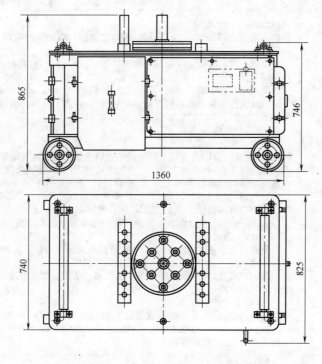

图 4.1.168 GW-40 型钢筋弯曲机（性能见表 4.1.92）

手摇扳手主要尺寸（mm）　　　　　　　　　　　　　表 4.1.93

序　号	钢筋直径	a	b	c	d
1	φ6	500	18	16	16
2	φ8～10	600	22	18	20

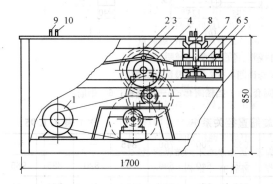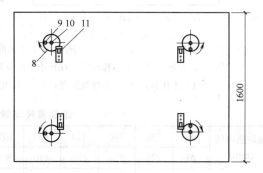

图 4.1.169　四头弯筋机

1—电动机；2—偏心圆盘；3—偏心铰；4—连杆；5—齿条；6—滑道；7—正齿轮；

8—工作盘；9—成型轴；10—心轴；11—挡铁

卡盘与扳头（横口扳手）主要尺寸（mm）　　　　　　　　表 4.1.94

序　号	钢筋直径	卡盘			扳头			
		a	b	c	d	e	h	l
1	φ12～16	50	80	20	22	18	40	1200
2	φ18～22	65	90	25	28	24	50	1350
3	φ25～32	80	100	30	38	34	76	2100

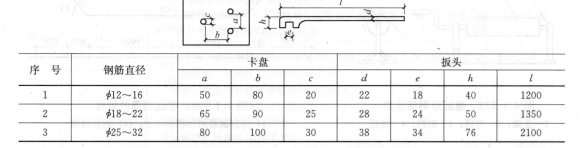

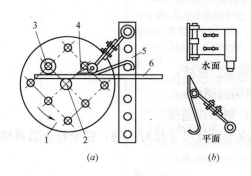

图 4.1.170　钢筋弯曲成型

（a）工作简图；（b）可变挡架构造；

1—工作盘；2—心轴；3—成型轴；

4—可变挡架；5—插座；6—钢筋

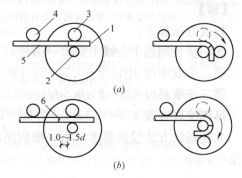

图 4.1.171　弯曲点线与心轴关系

（a）弯 90°；（b）弯 180°

1—工作盘；2—心轴；3—成型轴；

4—固定挡铁；5—钢筋；6—弯曲点线

图 4.1.175 压入深度

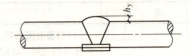

图 4.1.176 焊缝余高

钢筋电弧焊焊条型号   表 4.1.97

序 号	钢筋牌号	电弧焊接头型式			
		帮条焊搭接焊	坡口焊熔槽帮条焊预埋件穿孔塞焊	窄间隙焊	钢筋与钢板搭接焊预埋件 T 形角焊
1	HPB235	E4303	E4303	E4316 E4315	E4303
2	HRB335	E4303	E5003	E5016 E5015	E4303
3	HRB400	E5003	E5503	E6016 E6015	E5003
4	RRB400	E5003	E5503	—	—

4.1.4.2 一般规定

钢筋焊接一般规定如表 4.1.98 所示。

一般 规 定   表 4.1.98

序 号	项 目	内 容
1	适用范围	钢筋焊接时,各种焊接方法的适用范围应符合表 4.1.99 的规定。
2	一般规定	(1)从事钢筋焊接施工的焊工必须持有焊工考试合格证,才能上岗操作。 (2)电渣压力焊适用于柱、墙、构筑物等现浇混凝土结构中竖向受力钢筋的连接;不得在竖向焊接后横置于梁、板等构件中作水平钢筋用。 (3)在工程开工正式焊接之前,参与该项施焊的焊工应进行现场条件下的焊接工艺试验。并经试验合格后,方可正式生产。试验结果应符合质量检验与验收时的要求。 (4)钢筋焊接施工之前,应清除钢筋、钢板焊接部位以及钢筋与电极接触处表面上的锈斑、油污、杂物等;钢筋端部当有弯折、扭曲时,应予以矫直或切除。 (5)带肋钢筋进行闪光对焊、电弧焊、电渣压力焊和气压焊时,宜将纵肋对纵肋安放和焊接。 (6)当采用低氢型碱性焊条时,应按使用说明书的要求烘焙,且宜放入保温筒内保温使用;酸性焊条若在运输或存放中受潮,使用前亦应烘焙后方能使用。 (7)焊剂应存放在干燥的库房内,当受潮时,在使用前应经 250~300℃烘焙 2h。使用中回收的焊剂应清除熔渣和杂物,并应与新焊剂混合均匀后使用。 (8)在环境温度低于-5℃条件下施焊时,焊接工艺应符合下列要求: 1)闪光对焊时,宜采用预热闪光焊或闪光—预热闪光焊;可增加调伸长度,采用较低变压器级数,增加预热次数和间歇时间。 2)电弧焊时,宜增大焊接电流,减低焊接速度。电弧帮条焊或搭接焊时,第一层焊缝应从中间引弧,向两端施焊;以后各层控温施焊,层间温度控制在150~350℃之间。多层施焊时,可采用回火焊道施焊。 3)当环境温度低于-20℃时,不宜进行各种焊接。 (9)雨天、雪天不宜在现场进行施焊;必须施焊时,应采取有效遮蔽措施。焊后未冷却接头不得碰到冰雪。 在现场进行闪光对焊或电弧焊,当风速超过 7.9m/s 时,应采取挡风措施。进行气压焊,当风速超过 5.4m/s 时,应采取挡风措施。 (10)进行电阻点焊、闪光焊、电渣压力焊、埋弧压力焊时,应随时观察电源电压的波动情况,当电源电压下降大于 5%、小于 8%,应采取提高焊接变压器级数的措施,当大于或等于 8%时,不得进行焊接。 (11)焊机应经常维护保养和定期检修,确保正常使用。 (12)对从事钢筋焊接施工的班组及有关人员应经常进行安全生产教育,执行现行国家标准《焊接与切割安全》GB 9448 中有关规定,对氧、乙炔、液化石油气等易燃、易爆材料,应妥善管理,注意周边环境,制定和实施各项安全技术措施,加强焊工的劳动保护,防止发生烧伤、触电、火灾、爆炸以及烧坏焊接设备等事故。

序 号	项 目	内 容
3	质量检验与验收	(1)钢筋焊接接头或焊接制品(焊接骨架、焊接网)质量检验与验收应按有关规定执行。 (2)钢筋焊接接头或焊接制品应按检验批进行质量检验与验收,并划分主控项目和一般项目两类。质量检验时,应包括外观检查和力学性能检验。 (3)纵向受力钢筋焊接接头,包括闪光对焊接头、电弧焊接头、电渣压力焊接头、气压焊接头连接方式的检查和接头的力学性能检验规定为主控项目。 接头连接方式应符合设计要求,并应全数检查,检验方法为观察。 接头试件进行力学性能检验时,其数量和检查数量应符合有关规定;检验方法包括:检查钢筋出厂质量证明书、钢筋进场复验报告、各项焊接材料产品合格证、接头试件力学性能试验报告等。 焊接接头的外观质量检查规定为一般项目。 (4)非纵向受力钢筋焊接接头,包括交叉钢筋电阻点焊焊点、封闭环式箍筋闪光对焊接头、钢筋与钢板电弧搭接焊接头、预埋件钢筋电弧焊接头,预埋件钢筋埋弧压力焊接头的质量检验与验收,这一项的检验规定为一般项目。 (5)焊接接头外观检查时,首先应由焊工对所焊接头或制品进行自检,然后由施工单位专业质量检查员检验,监理(建设)单位进行验收记录。 纵向受力钢筋焊接接头外观检查时,每一检验批中应随机抽取10%的焊接接头。检查结果,当外观质量各小项不合格数均小于或等于抽检数的10%,则该批焊接接头外观质量评为合格。 当某一小项不合格数超过抽检数的10%时,应对该批焊接接头的该小项逐个进行复检,并剔出不合格接头;对外观检查不合格接头采取修整或补焊措施后,可提交二次验收。 (6)力学性能检验时,应在接头外观检查合格后随机抽取试件进行试验。试验方法应按现行行业标准《钢筋焊接接头试验方法标准》JGJ/T 27 有关规定执行。试验报告应包括下列内容: 1)工程名称、取样部位。 2)批号、批量。 3)钢筋牌号、规格。 4)焊接方法。 5)焊工姓名及考试合格证编号。 6)施工单位。 7)力学性能试验结果。 (7)钢筋闪光对焊接头、电弧焊接头、电渣压力焊接头、气压焊接头拉伸试验结果均应符合下列要求: 1)3个热轧钢筋接头试件的抗拉强度均不得小于该牌号钢筋规定的抗拉强度;RRB400 钢筋接头试件的抗拉强度均不得小于 570N/mm^2。 2)至少应有2个试件断于焊缝之外,并应呈延性断裂。 当达到上述2项要求时,应评定该批接头为抗拉强度合格。 当试验结果有2个试件抗拉强度小于钢筋规定的抗拉强度,或3个试件均在焊缝或热影响区发生脆性断裂时,则一次判定该批接头为不合格品。 当试验结果有1个试件的抗拉强度小于规定值,或2个试件在焊缝或热影响区发生脆性断裂,其抗拉强度均小于钢筋规定抗拉强度的1.10倍时,应进行复验。 复验时,应再切取6个试件。复验结果,当仍有1个试件的抗拉强度小于规定值,或有3个试件断于焊缝或热影响区,呈脆性断裂,其抗拉强度小于钢筋规定抗拉强度的1.10倍时,应判定该批接头为不合格品。 注:当接头试件虽断于焊缝或热影响区,呈脆性断裂,但其抗拉强度大于或等于钢筋规定抗拉强度的1.10倍时,可按断于焊缝或热影响区之外,呈延性断裂同等对待。 (8)闪光对焊接头、气压焊接头进行弯曲试验时,应将受压面的金属毛刺和镦粗凸起部分消除,且应与钢筋的外表齐平。 弯曲试验可在万能试验机、手动或电动液压弯曲试验器上进行,焊缝应处于弯曲中心点,弯心直径和弯曲角应符合表 4.1.100 的规定。 当试验结束,弯至90°,有2个或3个试件外侧(含焊缝和热影响区)未发生破裂,应评定该批接头弯曲试验合格。 当3个试件均发生破裂,则一次判定该批接头为不合格品。 当有2个试件发生破裂,应进行复验。 复验时,应再切取6个试件。复验结束,当有3个试件发生破裂时,应判定该批接头为不合格品。 注:当试验外侧横向裂纹宽度达到 0.5mm 时,应认定已经破裂。 (9)钢筋焊接接头或焊接制品质量验收时,应在施工单位自行质量评定合格的基础上,由监理(建设)单位对检验批有关资料进行复查,组织项目专业质量检查员等进行验收,对焊接接头合格与否做出结论。 纵向受力钢筋焊接接头检验批质量验收记录可按有关规定表格进行

钢筋焊接方法的适用范围

表 4.1.99

序号	焊接方法		接头型式	适用范围	
				钢筋牌号	钢筋直径(mm)
1	电阻点焊			HPB235	8～16
				HRB335	6～16
				HRB400	6～16
				CRB550	4～12
2	闪光对焊			HPB235	8～20
				HRB335	6～40
				HRB400	6～40
				RRB400	10～32
				HRB500	10～40
				Q235	6～14
3	电弧焊	帮条焊	双面焊	HPB235	10～20
				HRB335	10～40
				HRB400	10～40
				RRB400	10～25
4			单面焊	HPB235	10～20
				HRB335	10～40
				HRB400	10～40
				RRB400	10～25
5		搭接焊	双面焊	HPB235	10～20
				HRB335	10～40
				HRB400	10～40
				RRB400	10～25
6			单面焊	HPB235	10～20
				HRB335	10～40
				HRB400	10～40
				RRB400	10～25
7		熔槽帮条焊		HPB235	20
				HRB335	20～40
				HRB400	20～40
				RRB400	20～25
8		坡口焊	平焊	HPB235	18～20
				HRB335	18～40
				HRB400	18～40
				RRB400	18～25
9			立焊	HPB235	18～20
				HRB335	18～40
				HRB400	18～40
				RRB400	18～25
10		钢筋与钢板搭接焊		HPB235	8～20
				HRB335	8～40
				HRB400	8～25
11		窄间隙焊		HPB235	16～20
				HRB335	16～40
				HRB400	16～40

续表

序号	焊接方法		接头型式	适用范围	
				钢筋牌号	钢筋直径(mm)
12	电弧焊	预埋件电弧焊 角焊		HPB235 HRB335 HRB400	8~20 6~25 6~25
13		穿孔塞焊		HPB235 HRB335 HRB400	20 20~25 20~25
14	电渣压力焊			HPB235 HRB335 HRB400	14~20 14~32 14~32
15	气压焊			HPB235 HRB335 HRB400	14~20 14~40 14~40
16	预埋件钢筋 埋弧压力焊			HPB235 HRB335 HRB400	8~20 6~25 6~25

注：1. 电阻点焊时，适用范围的钢筋直径系指 2 根不同直径钢筋交叉叠接中较小钢筋的直径；
   2. 当设计图纸规定对冷拔低碳钢丝焊接网进行电阻点焊，或对原 RL540 钢筋（Ⅳ级）进行闪光对焊时，可按有关规程相关条款的规定实施；
   3. 钢筋闪光对焊含封闭环式箍筋闪光对焊。

接头弯曲试验指标   表 4.1.100

序　号	钢筋牌号	弯心直径	弯曲角(°)
1	HPB235	$2d$	90
2	HRB335	$4d$	90
3	HRB400、RRB400	$5d$	90
4	HRB500	$7d$	90

注：1. d 为钢筋直径（mm）；
   2. 直径大于25mm的钢筋焊接接头，弯心直径应增加1倍钢筋直径。

4.1.4.3　钢筋电弧焊

钢筋电弧焊如表 4.1.101 所示。

钢筋电弧焊   表 4.1.101

序 号	项　目	内　容
1	钢筋电弧焊原理与焊接规定	（1）电弧焊原理与接头型式 1）电弧焊的原理如图 4.1.177 所示。 2）钢筋电弧焊是以焊条作为一极、钢筋为另一极，利用焊接电流通过产生的电弧热进行焊接的一种熔焊方法。 3）钢筋电弧焊的接头型式较多，主要有帮条焊、搭接焊、熔槽帮条焊、坡口焊、窄间隙电弧焊等五种。帮条焊、搭接焊有双面焊、单面焊之分；坡口焊有平焊、立焊两种。此外，还有钢筋与钢板搭接焊、预埋件电弧焊等。焊接时应符合下列要求： 　①应根据钢筋级别、直径、接头形式和焊接位置，选择焊条、焊接工艺和焊接参数。 　②焊接时，引弧应在垫板、帮条或形成焊缝的部位进行，不得烧伤主筋。 　③焊接地线与钢筋应接触紧密。 　④焊接过程中应及时清渣，焊缝表面应光滑，焊缝余高应平缓过渡，弧坑应填满。 （2）电弧焊设备和焊条 　主要设备为弧焊机，分交流直流两类。交流弧焊机结构简单，价格低廉，保养维修方便；直流弧焊机焊接电流稳定，焊接质量高。常用两类电焊机的主要技术性能见表 4.1.102、表 4.1.103，电弧焊接钢筋所用焊条，可按表 4.1.97 选用。 （3）帮条焊和搭接焊 1）帮条焊时，宜采用双面焊（图 4.1.178a）；当不能进行双面焊时，方可采用单面焊（图 4.1.178b）。 　帮条长度 l 应符合表 4.1.104 的规定。当帮条牌号与主筋相同时，帮条直径可与主筋相同或小一个规格；当帮条直径与主筋相同时，帮条牌号可与主筋相同或低一个牌号。 2）搭接焊时，宜采用双面焊（图 4.1.179a）。当不能进行双面焊时，方可采用单面焊（图 4.1.179b）。搭接长度可与表 4.1.104 帮条长度相同。 3）帮条焊接头或搭接焊接头的焊缝 s 不应小于主筋直径的 0.3 倍；焊缝宽度 b 不应小于主筋直径的 0.8 倍（图 4.1.180）。 4）帮条焊或搭接焊时，钢筋的装配定位和焊接应符合下列要求： 　①帮条焊时，两主筋端面的间隙应为 2～5mm。 　②搭接焊时，焊接端钢筋应预弯，并应使两钢筋的轴线在同一直线上。 　③帮条焊时，帮条与主筋之间应用四点定位焊固定；搭接焊时，应用两点固定；定位焊缝与帮条端部或搭接端部的距离宜大于或等于 20mm。 　④焊接时，应在帮条焊或搭接焊形成焊缝中引弧；在端头收弧前应填满弧坑，并应使主焊缝与定位焊缝的始端和终端熔合。 （4）熔槽帮条焊 　熔槽帮条焊适用于直径 20mm 及以上钢筋的现场安装焊接。焊接时应加角钢作垫板模。接头形式（图 4.1.181）角钢尺寸和焊接工艺应符合下列要求： 1）角钢边长宜为 40～60mm。 2）钢筋端头应加工平整。 3）从接缝处垫板引弧后应连续施焊，并应使钢筋端头熔合，防止未焊透、气孔或夹渣。 4）焊接过程中应停焊清渣 1 次；焊平后，再进行焊缝余高的焊接，其高度不得大于 3mm。 5）钢筋与角钢垫板之间，应加焊侧面焊缝 1～3 层，焊缝应饱满，表面应平整。 （5）窄间隙焊

序 号	项 目	内 容
1	钢筋电弧焊原理与焊接规定	窄间隙焊适用于直径 16mm 及以上钢筋的现场水平连接。焊接时,钢筋端头应置于铜模中,并应留出一定间隙,用焊条连续焊接,熔化钢筋端面和使熔敷金属填充间隙,形成接头(图 4.1.182);其焊接工艺应符合下列要求: 1)钢筋端面应平整。 2)应选用低氢型碱性焊条,其型号应符合表 4.1.96 序号 2 之(3)的规定。 3)端面间隙和焊接参数可按表 4.1.105 选用。 4)从焊缝根部引弧后应连续进行焊接,左右来回运弧,在钢筋端面处电弧应少许停留,并使熔合。 5)当焊至端面间隙的 4/5 高度后,焊缝逐渐扩宽;当熔池过大时,应改连续焊为断续焊,避免过热。 6)焊缝余高不得大于 3mm,且应平缓过渡至钢筋表面。 (6)预埋件钢筋电弧焊 T 型接头 预埋件钢筋电弧焊 T 型接头可分为角焊和穿孔塞焊两种(图 4.1.183)。装配和焊接时,应符合下列要求: 1)当采用 HPB235 钢筋时,角焊缝焊脚(k)不得小于钢筋直径的 0.5 倍;采用 HRB335 和 HRB400 钢筋时,焊脚(k)不得小于钢筋直径的 0.6 倍。 2)施焊中,不得使钢筋咬边和烧伤。 (7)钢筋与钢板搭接焊 钢筋与钢板搭接焊时,焊接接头(图 4.1.184)应符合下列要求: 1)HPB235 钢筋的搭接长度(l)不得小于 4 倍钢筋的直径,HRB335 和 HRB400 钢筋搭接长度(l)不得小于 5 倍钢筋直径。 2)焊缝宽度不得小于钢筋直径的 0.6 倍,焊缝厚度不得小于钢筋直径的 0.35 倍。 (8)坡口焊 坡口焊的准备工作和焊接工艺应符合下列要求: 1)坡口面应平顺,切口边缘不得有裂纹、钝边和缺棱。 2)坡口角度可按图 4.1.185 中数据选用。 3)钢垫板厚度宜为 4~6mm,长度宜为 40~60mm;平焊时,垫板宽度应为钢筋直径加 10mm;立焊时,垫板宽度宜等于钢筋直径。 4)焊缝的宽度应大于 V 型坡口的边缘 2~3mm,焊缝余高不得大于 3mm,并平缓过渡至钢筋表面。 5)钢筋与钢垫板之间,应加焊二、三层侧面焊缝。 6)当发现接头中有弧坑、气孔及咬边等缺陷时,应立即补焊。
2	钢筋电弧焊接头质量检验与验收	(1)电弧焊接头的质量检验,应分批进行外观检查和力学性能检验,并应按下列规定作为一个检验批; 1)在现浇混凝土结构中,应以 300 个同牌号钢筋、同型式接头作为一批;在房屋结构中,应在不超过两个楼层中 300 个同牌号钢筋、同型式接头作为一批。每批随机切取 3 个接头,做拉伸试验。不足 300 个时仍作为一批。 2)在装配式结构中,可按生产条件制作模拟试件,每批 3 个,做拉伸试验。 3)钢筋与钢板电弧搭接焊接头只可进行外观检查。 注:在同一批中若有几种不同直径的钢筋焊接接头,应在最大直径接头中切取 3 个试件。以下电渣压力焊接头、气压焊接头取样均同。 (2)电弧焊接头外观检查结果,应符合下列要求: 1)焊缝表面平整,不得有凹陷或焊瘤。 2)焊接接头区域不得有肉眼可见的裂纹。 3)咬边深度、气孔、夹渣等缺陷允许值及接头尺寸的允许偏差,应符合表 4.1.106 的规定。 4)坡口焊、熔槽帮条焊和窄间隙焊接头焊缝余高不得大于 3mm。 (3)当模拟试件试验结果不符合要求时,应进行复验。复验从现场焊接接头中切取,其数量和要求与初始试验时相同

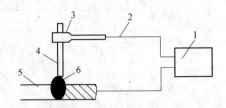

图 4.1.177 电弧焊原理图

1—电源；2—导线；3—焊钳；4—焊条；5—焊件；6—电弧

常用交流弧焊机的技术性能   表 4.1.102

序 号	项 目		BX₃-120-1	BX₃-300-2	BX₃-500-2	BX₂-1000 (BC-1000)
1	额定焊接电流(A)		120	300	500	1000
2	初级电压(V)		220/380	380	380	220/380
3	次级空载电压(V)		70～75	70～78	70～75	69～78
4	额定工作电压(V)		25	32	40	42
5	额定初级电流(A)		41/23.5	61.9	101.4	340/196
6	焊接电流调节范围(A)		20～160	40～400	60～600	400～1200
7	额定持续率(%)		60	60	60	60
8	额定输入功率(kVA)		9	23.4	38.6	76
9	各持续率 时功率	100%(kVA)	7	18.5	30.5	—
10		额定持续率(kVA)	9	23.4	38.6	76
11	各持续率时 焊接电流	100%(A)	93	232	388	775
12		额定持续率(A)	120	300	500	1000
13	功率因数(cosφ)		—		—	0.62
14	效率(%)		80	82.5	87	90
15	外形尺寸(长×宽×高)(mm)		485×470×680	730×540×900	730×540×900	744×950×1220
16	重量(kg)		100	183	225	560

常用直流电焊机主要性能   表 4.1.103

序号	项 目			AX1-165	AX4-300-1	AX-320	AX5-500	AX3-500
1	弧焊发电机	额定焊接电流(A)		165	300	320	500	500
		焊接电流调节范围(A)		40～200	45～375	45～320	60～600	60～600
		空载电压(V)		40～60	55～80	50～80	65～92	55～75
		工作电压(V)		30	22～35	30	23～44	25～40
		额定持续率(%)		60	60	50	60	60
		各持续率 时功率	100%(kW)	3.9	6.7	7.5	13.6	15.4
			额定持续率(kW)	5.0	9.6	9.6	20	20
		各持续率时 焊接电流	100%(A)	130	230	250	385	385
			额定持续率(A)	165	300	320	500	500

续表

序号		项 目	AX1-165	AX4-300-1	AX-320	AX5-500	AX3-500
2		使用焊条直径(mm)	φ5 以下	φ3～7	φ3～7	—	φ3～7
3	电动机	功率(kW)	6	10	14	20	26
		电压(V)	220/380	380	380	380	220/380
		电流(A)	21.3/12.3	20.8	27.6	50.9	89/51.5
		频率(Hz)	50	50	50	50	50
		转速(r/min)	2900	2900	1450	1450	2900
		功率因素(cosφ)	0.87	0.88	0.87	0.88	0.90
		机组效率(%)	52	52	53	54	54
4		外形尺寸(mm)(长×宽×高)	932×382×720	1140×500×825	1202×590×992	1128×590×1000	1078×600×805
5		机组重量(kg)	210	250	560	700	415

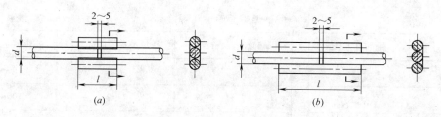

图 4.1.178　钢筋帮条焊接头

(a) 双面焊；(b) 单面焊

d—钢筋直径；l—帮条长度

钢筋帮条长度　　　　　　　　　　　表 4.1.104

序　号	钢筋牌号	焊缝型式	帮条长度 l
1	HPB235	单面焊	$\geqslant 8d$
2		双面焊	$\geqslant 4d$
3	HRB335 HRB400 RRB400	单面焊	$\geqslant 10d$
4		双面焊	$\geqslant 5d$

注：d 为主筋直径（mm）。

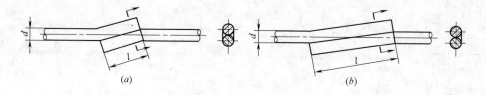

图 4.1.179　钢筋搭接焊接头

(a) 双面焊；(b) 单面焊

d—钢筋直径；l—搭接长度

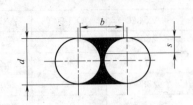

图 4.1.180 焊缝尺寸示意图

b—焊缝宽度；s—焊缝厚度；d—钢筋直径

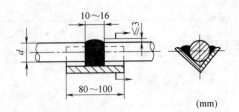

图 4.1.181 钢筋熔槽帮条焊接头

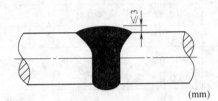

图 4.1.182 钢筋窄间隙焊接头

窄间隙焊端面间隙和焊接参数

表 4.1.105

序　　号	钢筋直径(mm)	端面间隙(mm)	焊条直径(mm)	焊接电流(A)
1	16	9~11	3.2	100~110
2	18	9~11	3.2	100~110
3	20	10~12	3.2	100~110
4	22	10~12	3.2	100~110
5	25	12~14	4.0	150~160
6	28	12~14	4.0	150~160
7	32	12~14	4.0	150~160
8	36	13~15	5.0	220~230
9	40	13~15	5.0	220~230

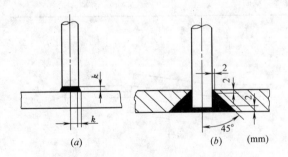

图 4.1.183 预埋件钢筋电弧焊 T 形接头

(a) 角焊；(b) 穿孔塞焊

k—焊脚

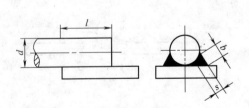

图 4.1.184 钢筋与钢板搭接焊接头

d—钢筋直径；l—搭接长度；

b—焊缝宽度；s—焊缝厚度

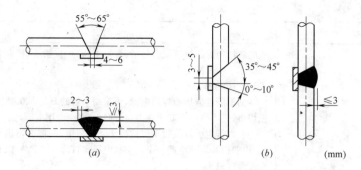

图 4.1.185 钢筋坡口焊接头
(a) 平焊；(b) 立焊

钢筋电弧焊接头尺寸偏差及缺陷允许值　　　　　　　表 4.1.106

序 号	名　　称		单位	接 头 型 式		
				帮条焊	搭接焊 钢筋与钢 板搭接焊	坡口焊 窄间隙焊熔 槽帮条焊
1	帮条沿接头中心线的纵向偏移		mm	$0.3d$	—	—
2	接头处弯折角		°	3	3	3
3	接头处钢筋轴线的偏移		mm	$0.1d$	$0.1d$	$0.1d$
4	焊缝厚度		mm	$+0.05d$ 0	$+0.05d$ 0	
5	焊缝宽度		mm	$+0.1d$ 0	$+0.1d$ 0	
6	焊缝长度		mm	$-0.3d$	$-0.3d$	
7	横向咬边深度		mm	0.5	0.5	0.5
8	在长 $2d$ 焊缝表面上的气孔及 夹渣	数量	个	2	2	—
9		面积	mm²	6	6	—
10	在全部焊缝表面上的气孔及 夹渣	数量	个	—	—	2
11		面积	mm²	—	—	6

注：d 为钢筋直径（mm）。

4.1.4.4 钢筋电渣压力焊

钢筋电渣压力焊如表 4.1.107 所示。

钢筋电渣压力焊　　　　　　　表 4.1.107

序 号	项　目	内　　容
1	钢筋电渣压力焊原 理与焊接规定	(1)原理与应用 　钢筋电渣压力焊是将两根钢筋安放成竖向对接形成，利用焊接电流通过两根钢筋端面间隙，在焊剂层下形成电弧过程和电渣过程，产生电弧热和电阻热，熔化钢筋，加压完成的一种压焊方法。这种焊接方法比电弧焊节省钢材、工效高、成本低，适用于现浇钢筋混凝土结构中竖向或斜向(倾斜度在 4：1 范围内)钢筋的连接。 　电渣压力焊在供电条件差，电压不稳、雨季或防火要求高的场合应慎用。 (2)焊接设备与焊剂

序　号	项　目	内　容
1	钢筋电渣压力焊原理与焊接规定	电渣压力焊的焊接设备包括：焊接电流、焊接机头、控制箱、焊剂填装盒等，如图 4.1.186 所示。 1)焊接电源 竖向钢筋电渣压力焊的电源，可采用一般的 BX₃-500 型与 BX₂-1000 型交流弧焊机，也可采用 JSD-600 型与 JSD-1000 型专用电源，如表 4.1.108 所示。 一台焊接电源可供数个焊接机头交替用电，电缆线与机头的连接采用插接式，以获得较高的生产效率。空载电压应较高(≥75V)，以利引弧。 2)焊接机头 焊接机头有杠杆单柱式、丝杆传动双柱式等。 ①LDZ 型杠杆单柱焊接机头(图 4.1.187)由单导柱、夹具、手柄、监控仪表、操作把等组成。下夹具固定在钢筋上，上夹具利用手动杠杆可沿单柱上、下滑动，以控制上钢筋的运动和位置。 ②MH 型丝杆传动式双柱焊接机头(图 4.1.188)由伞形齿轮箱、手柄、升降丝杆、夹具、夹紧装置、双导柱等组成。上夹具在双导柱上滑动，利用丝杆螺母的自锁特性使上钢筋易定位；夹具定位精度高、卡住钢筋后无需调整对中度。 YJ 型焊接机头，利用梯形螺纹传动和单柱导向，也取得良好的效果。 上述各类焊接机头，可采用手控与自控结合的半自动化操作方式。 3)焊剂盒与焊剂 焊剂盒呈圆形，由两半圆形铁皮组成，内径为 80~100mm，与所焊钢筋的直径相适应。 焊剂盒宜与焊接机头分开。当焊接完成后，先拆机头，待焊接接头保温一段时间后再拆焊剂盒。特别是在环境温度较低时，可避免发生冷淬现象。 焊剂宜采用 HJ431 型。该焊剂含有高锰、高硅与低氟成分，其作用除起隔绝、保温及稳定电弧作用外，在焊接过程中还起补充熔渣、脱氧及添加合金元素作用，使焊缝金属合金化。 焊剂使用前必须在 250℃温度烘烤 2h，以保证焊剂容易熔化，形成渣池。 (3)焊接工艺与参数 1)焊接工艺 施焊前，焊剂夹具的上、下钳口应夹紧在上、下钢筋上；钢筋一经夹紧，不得晃动。 电渣压力焊的工艺过程包括：引弧、电弧、电渣和顶压过程(图 4.1.189)。 ①引弧过程：宜采用铁丝圈引弧法，也可采用直接引弧法。 铁丝圈引弧法是将铁丝圈在上、下钢筋端头之间，高约 10mm，电流通过铁丝圈与上、下钢筋端面的接触点形成短路引弧。 直接引弧法是在通电后迅速将上钢筋提起，使两端之间的距离为 2~4mm 引弧。当钢筋端头夹杂不导电物质或过于平滑造成引弧困难时，可以多次把上钢筋移下与下钢筋短接后再提起，达到引弧目的。 ②电弧过程：靠电弧的高温作用，将钢筋端头的凸出部分不断烧化；同时将接口周围的焊剂充分熔化，形成一定深度的渣池。 ③电渣过程：渣池形成一定深度后，将上钢筋缓缓插入渣池中，此时电弧熄灭，进入电渣过程。由于电流直接通过渣池，产生大量的电阻热，使渣池温度升高近 2000℃；将钢筋端头迅速而均匀熔化。 ④顶压过程：当钢筋端头达到全截面熔化时，迅速将上钢筋向下顶压，将熔化的金属、熔渣及氧化物杂质全部挤出结合面，同时切断电源，焊接即告结束。 接头焊毕，应停歇后，方可回收焊剂和卸下焊接夹具，并敲去渣壳；四周焊包应均匀，凸出钢筋表面的高度应大于或等于 4mm。 2)焊接参数 电渣压力焊的焊接参数主要包括：焊接电流、焊接电压和焊接时间等，如表 4.1.109 所示。

序 号	项 目	内 容
2	焊接缺陷及消除措施	在焊接生产中焊工应进行自检,当发现偏心、弯折、烧伤等焊接缺陷时,应参照表4.1.110查找原因和采取措施,及时消除。
3	钢筋电渣压力焊接头质量检验与验收	(1)电渣压力焊接头的质量检验,应分批进行外观检查和力学性能检验,并应按下列规定作为一个检查批; 　　在现浇钢筋混凝土结构中,应以300个同牌号钢筋接头作为一批;在房屋结构中,应在不超过二楼层中300个同牌号钢筋接头作为一批;当不足300个接头时,仍应作为一批。每批随机切取3个接头做拉伸试验。 　　(2)电渣压力焊接头外观检查结果,应符合下列要求: 　　1)四周焊包凸出钢筋表面的高度不得小于4mm。 　　2)钢筋与电极接触处,应无烧伤缺陷。 　　3)接头处的弯折角不得大于3°。 　　4)接头处的轴线偏移不得大于钢筋直径的0.1倍,且不得大于2mm。 　　(3)电渣压力焊接头拉伸试验结果,3个试件的抗拉强度均不得小于该级别钢筋规定的抗拉强度。 　　当试验结果有1个试件的抗拉强度低于规定值,应再取6个试件进行复验。复验结果,当仍有1个试件的抗拉强度小于规定值,应确认该批接头为不合格品

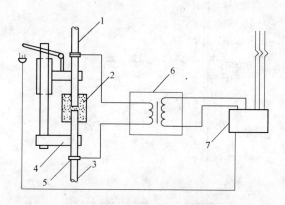

图 4.1.186　钢筋电渣压力焊设备示意图

1—上钢筋;2—焊剂盒;3—下钢筋;4—焊接机头;5—焊钳;6—焊接电源;7—控制箱

竖向钢筋电渣压力焊电源性能　　　　　　　　表 4.1.108

序 号	项 目	单 位	JSD-600		JSD-1000	
1	电源电压	V	380		380	
2	相数	相	1		1	
3	输入容量	kVA	45		76	
4	空载电压	V	80		78	
5	负载持续率	%	60	35	60	35
6	初级电流	A	116		196	
7	次级电流	A	600	750	1000	1200
8	次级电压	V	22~45		22~45	
9	焊接钢筋直径	mm	14~32		22~40	

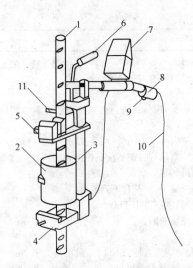

图 4.1.187 杠杆式单柱焊接机头

1—钢筋；2—焊剂盒；3—单导柱；4—固定夹头；

5—活动夹头；6—手柄；7—监控仪表；8—操作把；

9—开关；10—控制电缆；11—电缆插座

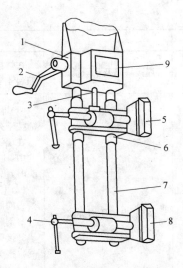

图 4.1.188 丝杆传动式双柱焊接机头

1—伞形齿轮箱；2—手柄；3—升降丝杆；

4—夹紧装置；5—上夹头；6—导管；

7—双导柱；8—下夹头；9—操作盒

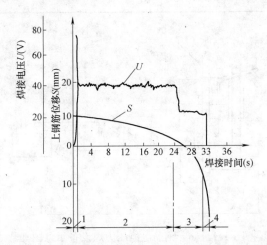

图 4.1.189 钢筋电渣压力焊工艺过程图解（ϕ28 钢筋）

1—引弧过程；2—电弧过程；3—电渣过程；4—顶压过程

电渣压力焊焊接参数   表 4.1.109

序　号	钢筋直径 (mm)	焊接电源 (A)	焊接电压(V)		焊接通电时间(s)	
			电弧过程 $U_{2.1}$	电渣过程 $U_{2.2}$	电弧过程 t_1	电渣过程 t_2
1	14	200～220			12	3
2	16	200～250			14	4
3	18	250～300			15	5
4	20	300～350	35～45	18～22	17	5
5	22	350～400			18	6
6	25	400～450			21	6
7	28	500～550			24	6
8	32	600～650			27	7

电渣压力焊焊接缺陷及消除措施 表 4.1.110

序 号	焊接缺陷	措　施
1	轴线偏移	(1)矫直钢筋端部； (2)正确安装夹具和钢筋； (3)避免过大的顶压力； (4)及时修理或更换夹具
2	弯折	(1)矫直钢筋端部； (2)注意安装和扶持上钢筋； (3)避免焊后过快卸夹具； (4)修理或更换夹具
3	咬边	(1)减小焊接电流； (2)缩短焊接时间； (3)注意上钳口的起点和止点，确保上钢筋顶压到位
4	未焊合	(1)增大焊接电流； (2)避免焊接时间过短； (3)检修夹具，确保上钢筋下送自如
5	焊包不匀	(1)钢筋端面力求平整； (2)填装焊剂尽量均匀； (3)延长电渣过程时间，适当增加熔化量
6	烧伤	(1)钢筋导电部位除净铁锈； (2)尽量夹紧钢筋
7	焊包下淌	(1)彻底封堵焊剂筒的漏孔； (2)避免焊后过快回收焊剂

4.1.5　钢筋机械连接

4.1.5.1　一般规定

钢筋机械连接一般规定，如表 4.1.111 所示。

一 般 规 定 表 4.1.111

序 号	项　目	内　容
1	术语	(1)钢筋机械连接 通过钢筋与连接件的机械咬合作用或钢筋端面的承压作用，将一根钢筋中的力传递至另一根钢筋的连接方法。 (2)接头抗拉强度 接头试件在拉伸试验过程中所达到最大拉应力值。 (3)拉头残余变形 接头试件按规定的加载制度加载并卸载后，在规定标距内所测得的变形。 (4)接头试件总伸长率 接头试件在最大力下在规定标距内测得的总伸长率。 (5)接头非弹性变形 接头试件按规定加载制度第 3 次加载至 0.6 倍钢筋屈服强度标准值时，在规定标距内测得的伸长值减去同标距内钢筋理论弹性伸长值的变形值。 (6)接头长度 接头连接件长度加连接件两端钢筋横截面变化区段的长度

序　号	项　目	内　容
2	符号	f_{yk}——钢筋屈服强度标准值； f_{uk}——钢筋抗拉强度标准值，与现行国家标准《钢筋混凝土用热轧带肋钢筋》GB 1499 中的钢筋抗拉强度 σ_b 值相当； f_{mst}^0——接头试件实际抗拉强度； u——接头的非弹性变形； u_{20}——接头经高应力反复拉压 20 次后的残余变形； u_4——接头经大变形反复拉压 4 次后的残余变形； u_8——接头经大变形反复拉压 8 次后的残余变形； ε_{yk}——钢筋应力为屈服强度标准值时的应变； δ_{sgt}——接头试件总伸长率。
3	常用的机械连接接头类型	(1)钢筋套筒挤压连接 　带肋钢筋套筒挤压连接是将两根待接钢筋插入钢套筒，用挤压连接设备沿径向挤压钢套筒，使之产生塑性变形，依靠变形后的钢套筒与被连接钢筋纵、横肋产生的机械咬合成为整体的钢筋连接方法(图 4.1.191)。 　这种接头质量稳定性好，可与母材等强，但操作工人工作强度大，有时液压油污染钢筋，综合成本较高。钢筋挤压连接，要求钢筋最小中心间距为 90mm。 (2)钢筋锥螺纹套筒连接 　钢筋锥螺纹套筒连接是将两根待接钢筋端头用套丝机做出锥形外丝，然后用带锥形内丝的套筒将钢筋两端拧紧的钢筋连接方法(图 4.1.193)。 　这种接头质量稳定性一般，施工速度快，综合成本低。近年来，在普通型锥螺纹接头的基础上，增加钢筋端头顶压或锻粗工序，开发出 GK 型钢筋等强锥螺纹接头，可与母材等强。 (3)钢筋镦粗直螺纹套筒连接 　钢筋镦粗直螺纹套筒连接是先将钢筋端头镦粗，再切削成直螺纹，然后用带直螺纹的套筒将钢筋两端拧紧的钢筋连接方法(图 4.1.197)。 　镦粗直螺纹钢筋接头的特点：钢筋端部经冷镦后不仅直径增大，使套丝后丝扣底部横截面积不小于钢筋原截面积，而且由于冷镦后钢材强度的提高，致使接头部位有很高的强度，断裂均发生在母材，达到接头性能的要求。 　这种接头的螺纹精度高，接头质量稳定性好，操作简便，连接速度快，价格适中。 (4)钢筋滚压直螺纹套筒连接 　钢筋滚压直螺纹套筒连接是利用金属材料塑性变形后冷作硬化增强金属材料强度的特性，使接头与母材等强的连接方法。根据滚压直螺纹成型方式，又可分为直接滚压螺纹、挤压肋滚压螺纹、剥肋滚压螺纹三种类型。
4	适用范围	钢筋机械连接方法分类及适用范围如表 4.1.112 所示

钢筋机械连接方法分类及适用范围　　　　　　　　表 4.1.112

序　号	机械连接方法	适　用　范　围	
		钢筋级别	钢筋直径(mm)
1	钢筋套筒挤压连接	HRB335、HRB400 RRB400	16～40 16～40
2	钢筋锥螺纹套筒连接	HRB335、HRB400 RRB400	16～40 16～40

续表

序　号	机械连接方法		适　用　范　围	
			钢筋级别	钢筋直径(mm)
3	钢筋镦粗直螺纹套筒连接		HRB335、HRB400	16～40
4	钢筋滚压直螺纹套管连接	直接滚压	HRB335、HRB400	16～40
5		挤肋滚压		16～40
6		剥肋滚压		16～50

4.1.5.2　接头设计原则和性能等级

钢筋机械连接接头的设计原则和性能等级如表 4.1.113 所示。

接头的设计原则和性能等级　　　　表 4.1.113

序　号	项　目	内　容
1	钢筋机械连接接头的设计原则	(1)接头的设计应满足强度及变形性能的要求。 (2)接头连接件的屈服承载力和抗拉承载力的标准值应不小于被连接钢筋的屈服承载力和抗拉承载力标准值的 1.10 倍。 (3)接头应根据其等级和应用场合,对单向拉伸性能、高应力反复拉压、大变形反复拉压、抗疲劳、耐低温等各项性能确定相应的检验项目。 (4)对直接承受动力荷载的结构构件,接头应满足设计要求的抗疲劳性能。当无专门要求时,对连接 HRB335 级钢筋的接头,其疲劳性能应能经受应力幅为 $100N/mm^2$,最大应力为 $180N/mm^2$ 的 200 万次循环加载,对连接 HRB400 级钢筋的接头,其疲劳性能应能经受应力幅为 $100N/mm^2$,最大应力为 $190N/mm^2$ 的 200 万次循环加载。 (5)当混凝土结构中钢筋接头部位的温度低于 $-10℃$ 时,应进行专门的试验。
2	连接接头的性能等级	(1)根据抗拉强度以及高应力和大变形下反复拉压性能的差异,接头应分为下列三个等级: Ⅰ级:接头抗拉强度不小于被连接钢筋实际抗拉强度或 1.10 倍钢筋抗拉强度标准值,并具有高延性及反复拉压性能。 Ⅱ级:接头抗拉强度不小于被连接钢筋抗拉强度标准值,并具有高延性及反复拉压性能。 Ⅲ级:接头抗拉强度不小于被连接钢筋屈服强度标准值的 1.35 倍,并具有一定的延性及反复拉压性能。 (2)Ⅰ级、Ⅱ级、Ⅲ级接头的抗拉强度应符合表 4.1.114 的规定。 (3)Ⅰ级、Ⅱ级、Ⅲ级接头应能经受规定的高应力和大变形反复拉压循环。且在经历拉压循环后,其抗拉强度仍应符合表 4.1.114 的规定。 (4)Ⅰ级、Ⅱ级、Ⅲ级接头的变形性能应符合表 4.1.115 的规定

接头的抗拉强度　　　　表 4.1.114

接头等级	Ⅰ级	Ⅱ级	Ⅲ级
抗拉强度	$f_{mst}^0 \geqslant f_{st}^0$ 或 $\geqslant 1.10 f_{uk}$	$f_{mst}^0 \geqslant f_{uk}$	$f_{mst}^0 \geqslant 1.35 f_{yk}$

注: f_{mst}^0——接头试件实际抗拉强度;

　　f_{st}^0——接头试件中钢筋抗拉强度实测值;

　　f_{uk}——钢筋抗拉强度标准值;

　　f_{yk}——钢筋屈服强度标准值。

接头的变形性能   表 4.1.115

序 号	接 头 等 级		Ⅰ级、Ⅱ级	Ⅲ级
1	单向拉伸	非弹性变形 (mm)	$u\leqslant0.10(d\leqslant32)$ $u\leqslant0.15(d>32)$	$u\leqslant0.10(d\leqslant32)$ $u\leqslant0.15(d>32)$
2		总伸长率 (%)	$\delta_{sgt}\geqslant4.0$	$\delta_{sgt}\geqslant2.0$
3	高应力 反复拉压	残余变形 (mm)	$u_{20}\leqslant0.3$	$u_{20}\leqslant0.3$
4	大变形 反复拉压	残余变形 (mm)	$u_4\leqslant0.3$ $u_8\leqslant0.6$	$u_4\leqslant0.6$

注：u——接头的非弹性变形；
  u_{20}——接头经高应力反复拉压 20 次后的残余变形；
  u_4——接头经大变形反复拉压 4 次后的残余变形；
  u_8——接头经大变形反复拉压 8 次后的残余变形；
  δ_{sgt}——接头试件总伸长率。

4.1.5.3   接头应用与接头的型式检验

钢筋机械连接接头的应用与接头的型式检验如表 4.1.116 所示。

接头的应用与接头的型式检验   表 4.1.116

序 号	项 目	内 容
1	钢筋机械连接 接头的应用	(1)接头等级的选定应符合下列规定： 1)混凝土结构中要求充分发挥钢筋强度或对接头延性要求较高的部位,应采用Ⅰ级或Ⅱ级接头。 2)混凝土结构中钢筋应力较高但对接头延性要求不高的部位,可采用Ⅲ级接头。 (2)钢筋连接件的混凝土保护层厚度宜符合表 4.1.3 中受力钢筋混凝土保护层最小厚度的规定,且不得小于 15mm。连接件之间的横向净距不宜小于 25mm。 (3)结构构件中纵向受力钢筋的接头宜相互错开,钢筋机械连接的连接区段长度应按 35d 计算(d 为被连接钢筋中的较大直径)。在同一连接区段内有接头的受力钢筋截面面积占受力钢筋总截面面积的百分率(以下简称接头百分率),应符合下列规定： 1)接头宜设置在结构构件受拉钢筋应力较小部位,当需要在高应力部位设置接头时,在同一连接区段内Ⅲ级接头的接头百分率不应大于 25%；Ⅱ级接头的接头百分率不应大于 50%；Ⅰ级接头的接头百分率可不受限制。 2)接头宜避开有抗震设防要求的框架的梁端、柱端箍筋加密区；当无法避开时,应采用Ⅰ级接头或Ⅱ级接头,且接头百分率不应大于 50%。 3)受拉钢筋应力较小部位或纵向受压钢筋,接头百分率可不受限制。 4)对直接承受动力荷载的结构构件,接头百分率不应大于 50%。 (4)当对具有钢筋接头的构件进行试验并取得可靠数据时,接头的应用范围可根据工程实际情况进行调整。

序号	项　目	内　容
2	钢筋机械连接接头的型式检验	(1)在下列情况时应进行型式检验： 1)确定接头性能等级时； 2)材料、工艺、规格进行改动时。 3)质量监督部门提出专门要求时。 (2)用于型式检验的钢筋应符合有关标准的规定，当钢筋抗拉强度实测值大于抗拉强度标准值的 1.10 倍时，Ⅰ级接头试件的抗拉强度尚应不小于钢筋抗拉强度实测值 f_{st}^0 的 0.95 倍，Ⅱ级接头试件的抗拉强度尚不应小于钢筋抗拉强度实测值 f_{st}^0 的 0.90 倍。 (3)型式检验的变形测量标距应符合下列规定(图 4.1.190)： <div align="center">$L_1=L+4d$　　　　(4.30)</div><div align="center">$L_2=L+8d$　　　　(4.31)</div>式中　L_1——非弹性变形、残余变形测量标距； 　　　L_2——总伸长率测量标距； 　　　L——机械接头长度； 　　　d——钢筋公称直径。 (4)对每种型式、级别、规格、材料、工艺的钢筋机械连接接头，型式检验试件不应少于 9 个，其中单向拉伸试件不应少于 3 个，高应力反复拉压试件不应少于 3 个，大变形反复拉压试件不应少于 3 个。同时应另取 3 根钢筋试件做抗拉强度试验。全部试件均应在同一根钢筋上截取。 (5)型式检验的加载制度应按有关的规定进行，其合格条件为： 1)强度检查：每个接头试件的强度实测值均应符合表 4.1.114 的规定； 2)变形检验：对非弹性变形，总伸长率和残余变形，3 个试件的平均实测值应符合表 4.1.115 的规定。 (6)型式检验应由国家、省部级主管部门认可的检测机构进行，并应按有关规定的格式出具检验报告和评定结论

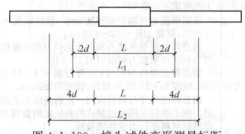

图 4.1.190　接头试件变形测量标距

4.1.5.4　接头施工现场检验与验收

钢筋机械连接接头的施工现场检验与验收如表 4.1.117 所示。

接头的施工现场检验与验收　　　　　　　　　　表 4.1.117

序号	项　目	内　容
1	施工管理	工程中应用钢筋机械连接接头时，应由该技术提供单位提交有效的型式检验报告。
2	施工现场检验与验收	(1)钢筋连接工程开始前及施工过程中，应对每批进场钢筋进行接头工艺检验，工艺检验应符合下列要求： 1)每种规格钢筋的接头试件不应少于 3 根； 2)钢筋母材抗拉强度试件不应少于 3 根，且应取自接头试件的同一根钢筋； 3)3 根接头试件的抗拉强度均应符合表 4.1.114 的规定；对于Ⅰ级接头，试件抗拉强度尚应大于等于钢筋抗拉强度实测值的 0.95 倍；对于Ⅱ级接头，应大于 0.90 倍。 (2)现场检验应进行外观质量检查和单向拉伸试验。对接头有特殊要求的结构，应在设计图纸中另行注明相应的检验项目。

序 号	项 目	内 容
6	套筒挤压接头 质量检验	(3)钢筋套筒挤压接头现场检验,一般只进行接头外观检查和单向拉伸试验: 1)取样数量 同批条件为:材料、等级、型式、规格、施工条件相同。批的数量为500个接头,不足此数时也作为一个验收批。 对每一验收批,应随机抽取10%的挤压接头作外观检查;抽取3个试件作单向拉伸试验。 在现场检验合格的基础上,连续10个验收批单向拉伸试验合格率为100%时,可以扩大验收批所代表的接头数量一倍。 2)外观检查 挤压接头的外观检查,应符合下列要求: ①挤压后套筒长度应为1.10~1.15倍原套筒长度,或压痕处套筒的外径为0.8~0.9原套筒的外径。 ②挤压接头的压痕道数应符合同型式检验确定的道数。 ③接头处弯折不得大于4°。 ④挤压后的套筒不得有肉眼可见的裂缝。 如外观质量合格数大于等于抽检数的90%,则该批为合格。如不合格数超过抽检数的10%,则应逐个进行复验。在外观不合格的接头中抽取6个试件作单向拉伸试验再判别。 3)单向拉伸试验 3个接头试件的抗拉强度均应满足Ⅰ级或Ⅱ级抗拉强度的要求,如有一个试件的抗拉强度不符合要求,则加倍抽样复验。复验中如仍有一个试件检验结果不符合要求,则该验收批单向拉伸试验判为不合格

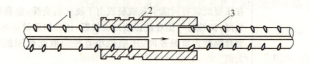

图 4.1.191 钢筋套筒挤压连接
1—已挤压的钢筋;2—钢套筒;3—未挤压的钢筋

钢套筒的规格和尺寸   表 4.1.119

序 号	钢套筒型号	钢套筒尺寸(mm)			压接标志道数
		外径	壁厚	长度	
1	G40	70	12	240	8×2
2	G36	63	11	216	7×2
3	G32	56	10	192	6×2
4	G28	50	8	168	5×2
5	G25	45	7.5	150	4×2
6	G22	40	6.5	132	3×2
7	G20	36	6	120	3×2

钢筋挤压设备的主要技术参数　　　　　　　　　表 4.1.120

序号	设备型号		YJH-25	YJH-32	YJH-40	YJ-32	YJ-40
1	压接钳	额定压力(N/mm²)	80	80	80	80	80
2		额定挤压力(kN)	760	760	900	600	600
3		外形尺寸(mm)	φ150×433	φ150×480	φ170×530	φ120×500	φ150×520
4		重量(kg)	28	33	41	32	36
5		适用钢筋(mm)	20～25	25～32	32～40	20～32	32～40
6	超高压泵站	电机	380V,50Hz,1.5kW			380V,50Hz,1.5kW	
7		高压泵	80N/mm²,0.8L/min			80N/mm²,0.8L/min	
8		低压泵	2.0N/mm²,4.0～6.0L/min			—	
9		外形尺寸(mm)	790×540×785(长×宽×高)			390×525(高)	
10		重量(kg)	96	油箱容积(L)	20	40,油箱12	
11	超高压胶管		100N/mm²,内径6.0mm,长度3.0m(5.0m)				

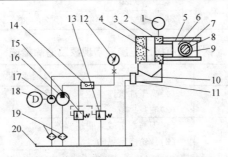

图 4.1.192　钢筋挤压设备工作原理图

1—悬挂器；2—缸体；3—液压油；4—活塞；5—机架；6—上压模；7—套筒；8—钢筋；
9—下压模；10—油管；11—换向阀；12—压力表；13—溢流阀；14—单向阀；
15—限压阀；16—低压泵；17—高压泵；18—电动机；19—滤油器；20—油箱

同规格钢筋连接时的参数选择　　　　　　　　　表 4.1.121

序　号	连接钢筋规格	钢套筒型号	压模型号	压痕最小直径允许范围(mm)	压痕最小总宽度(mm)
1	φ40-φ40	G40	M40	60～63	≥80
2	φ36-φ36	G36	M36	54～57	≥70
3	φ32-φ32	G32	M32	48～51	≥60
4	φ28-φ28	G28	M28	41～44	≥55
5	φ25-φ25	G25	M25	37～39	≥50
6	φ22-φ22	G22	M22	32～34	≥45
7	φ20-φ20	G20	M20	29～31	≥45
8	φ18-φ18	G18	M18	27～29	≥40

不同规格钢筋连接时的参数选择　　　　　　　　　表 4.1.122

序　号	连接钢筋规格	钢套筒型号	压模型号	压痕最小直径允许范围(mm)	压痕最小总宽度(mm)
1	φ40-φ36	G40	φ40端 M40	60～63	≥80
2			φ36端 M36	57～60	≥80
3	φ36-φ32	G36	φ36端 M36	54～57	≥70
4			φ32端 M32	51～54	≥70

序　号	连接钢筋规格	钢套筒型号	压模型号	压痕最小直径允许范围(mm)	压痕最小总宽度(mm)
5	$\phi32$-$\phi28$	G32	$\phi32$ 端 M32	48～51	≥60
6			$\phi28$ 端 M28	45～48	≥60
7	$\phi28$-$\phi25$	G28	$\phi28$ 端 M28	41～44	≥55
8			$\phi25$ 端 M25	38～41	≥55
9	$\phi25$-$\phi22$	G25	$\phi25$ 端 M25	37～39	≥50
10			$\phi22$ 端 M22	35～37	≥50
11	$\phi25$-$\phi20$	G25	$\phi25$ 端 M25	37～39	≥50
12			$\phi20$ 端 M20	33～35	≥50
13	$\phi22$-$\phi20$	G22	$\phi22$ 端 M22	32～34	≥45
14			$\phi20$ 端 M20	31～33	≥45
15	$\phi22$-$\phi18$	G22	$\phi22$ 端 M22	32～34	≥45
16			$\phi18$ 端 M18	29～31	≥45
17	$\phi20$-$\phi18$	G20	$\phi20$ 端 M20	29～31	≥45
18			$\phi18$ 端 M18	28～30	≥45

钢筋套筒挤压连接异常现象及消除措施　　表 4.1.123

序　号	异常现象和缺陷	原因或消除措施
1	挤压机无挤压力	(1)高压油管连接位置不正确 (2)油泵故障
2	钢套筒套不进钢筋	(1)钢套筒弯折或纵肋超偏差 (2)砂轮修磨纵肋
3	压痕分布不匀	压接时将压模与钢套筒的压接标志对正
4	接头弯折超过规定值	(1)压接时摆正钢筋 (2)切除或调直钢筋弯头
5	压接程度不够	(1)泵压不足 (2)钢套筒材料不符合要求
6	钢筋伸入套筒内长度不够	(1)未按钢筋伸入位置、标志挤压 (2)钢套筒材料不符要求
7	压痕明显不均	检查钢筋在套筒内伸入度是否有压空现象

4.1.5.6　钢筋锥螺纹套筒连接

钢筋锥螺纹套筒连接如表 4.1.124 所示。

钢筋锥螺纹套筒连接　　表 4.1.124

序　号	项　目	内　容
1	锥螺纹套筒接头尺寸	钢筋锥螺纹套筒连接示意如图 4.1.193 所示。 锥螺纹套筒接头尺寸没有统一的规定，必须经技术提供单位型式检验认定。表 4.1.125 与表 4.1.126 所列的锥螺纹套筒接头尺寸仅供参考。
2	机具设备	(1)钢筋预压机或镦粗机 钢筋预压机用于加工 GK 型等锥螺纹接头，是以超高压泵站为动力源，配以与钢筋规格相对应的模具，实现直径 16～40mm 钢筋端部的径向预压。KG40 径向预压机的推力为 1780kN，工作时间为 20～60s，重量为 80kg。YTDB 型超高压泵站的压力为 70N/mm²，流量为 3L/min，电机功率为 3kN，重量为 105kg。径向预压模的材质为 CrWMn(锻件)，淬火硬度 HRC=55～60。

续表

序号	项　目	内　容
2	机具设备	钢筋镦粗机可采用液压冷锻压床,用于钢筋端头的镦粗。 (2)钢筋套丝机 钢筋套丝机是加工钢筋连接端的锥形螺纹用的一种专用设备。型号:SZ-50A、GZL-40 等。 (3)扭力扳手 扭力扳手是保证钢筋连接质量的测力扳手。它可以按照钢筋直径大小规定的力矩值,把钢筋与连接套筒拧紧,并发出声响信号。其型号:PW360(管钳型),性能 100～360N·m;HL-02 型,性能 70～350N·m。 (4)量规 量规包括牙形规、卡规和锥螺纹塞规。 牙形规是用来检查钢筋连接端的锥螺纹牙形加工质量的量规。 卡规是用来检查钢筋连接端的锥螺纹小端直径的量规。 锥螺纹塞规是用来检查锥螺纹连接套筒加工质量的量规。
3	锥螺纹套筒的 加工与检验	(1)锥螺纹套筒的材质,对 HRB335 级钢筋采用 30～40 号钢,对 HRB400 级钢筋采用 45 号钢。 (2)锥螺纹套筒的尺寸,应与钢筋端头锥螺纹的牙形与牙数匹配,并应满足承载力略高于钢筋母材的要求。 (3)锥螺纹套筒的加工,宜在专业工厂进行,以保证产品质量。各种规格的套筒外表面,均有明显的钢筋级别及规格标记。套筒加工后,其两端锥孔必须与其相应的塑料密封盖封严。 (4)锥螺纹套筒的验收,应检查:套筒的规格、型号与标记;套筒的内螺纹圈数、螺距与齿高;螺纹有无破损、歪斜、不全、锈蚀等现象。其中套筒检验的重要一环是用锥螺纹塞规检查同规格套筒的加工质量,见图 4.1.194。当套筒大端边缘在锥螺纹塞规大端缺口范围内时,套筒为合格品。
4	钢筋锥螺纹的 加工与检验	(1)钢筋下料,应采用砂轮切割机。其端头截面应与钢筋轴线垂直,并不得翘曲。 (2)钢筋锥螺纹Ⅰ级接头,应对钢筋端头进行镦粗或径向预压处理。 钢筋端头预压时采用的压力值应符合产品供应单位通过型式检验确定的技术参数要求,如表 4.1.127 所示。 预压操作时,钢筋端部完全插入预压机,直至前挡板处;钢筋摆放位置要求是:对于一次预压成形(钢筋直径 16～20mm),钢筋纵肋沿竖向顺时针或逆时针旋转 20°～40°;对于两次预压成形(钢筋直径 22～40mm),第一次预压钢筋纵肋向上,第二次预压钢筋顺时针或逆时针旋转 90°。 预压后的钢筋端头应逐个进行自检。经自检合格的预压端头,质检人员应按要求对每种规格本次加工批抽检 10%,如有一个端头不合格,则应责成操作工人对该加工批全数检查,不合格钢筋端头应二次预压或部分切除重新预压。预压端头检验标准应符合表 4.1.128 的规定。预压后的钢筋端头圆锥体小端直径大于 B 尺寸,并且小于 A 尺寸即为合格。 (3)经检验合格的钢筋,方可在套丝机上加工锥螺纹。钢筋套丝所需的完整牙数如表 4.1.129 所示。 钢筋锥螺纹丝头的锥度、牙形、螺距等必须与连接套筒的锥度、牙形、螺距一致,且经配套的量规检测合格。 加工钢筋锥螺纹时,应采用水溶性切削润滑液。对大直径钢筋宜分次车削到规定的尺寸,以保证丝扣精度,避免损坏梳刀。 (4)钢筋锥螺纹的检查:对已加工的丝扣端要用牙形规及卡规逐个进行自检,如图 4.1.195 所示。要求钢筋丝扣的牙形必须与牙形规吻合,小端直径不超过卡规的允许误差,丝扣完整牙数不得小于规定值。不合格的丝扣,要切掉后重新套丝。然后再由质检员按 10%的比例抽检,如有 1 根不合格,要加倍抽检。 锥螺纹检查合格后。一端拧上塑料保护帽,另一端拧上钢套筒与塑料封盖,并用扭矩扳手将套筒拧至规定的力矩,以利保护与运输。

序　号	项　目	内　容
5	钢筋锥螺纹连接施工	连接钢筋前,将下层钢筋上端的塑料保护帽拧下来露出丝扣,并将丝扣上的水泥浆等污物清理干净。 连接钢筋时,将已拧套筒的上层钢筋拧到被连接的钢筋上,并用扭力扳手按表4.1.130规定的力矩值把钢筋接头拧紧,直至扭力扳手在调定的力矩值发出响声,并随手画上油漆标记,以防有的钢筋接头漏拧。力矩扳手每半年应标定一次。常用接头连接方法有以下几种: (1)同径或异径普通接头:分别用力矩扳手将①与②、③与④拧到规定的力矩值(图4.1.196a)。 (2)单向可调接头:分别用力矩扳手将①与②、③与④拧到规定的力矩值,再把⑤与②拧紧(图4.1.196b)。 (3)双向可调接头:分别用力矩扳手将①与⑥、③与④拧到规定的力矩值,且保持③、⑥的外露丝扣数相等,然后分别夹住③与⑥,把②拧紧(图4.1.196c)。
6	钢筋锥螺纹接头质量检验	(1)连接钢筋时,应检查连接套筒出厂合格证、钢筋锥螺纹加工检验记录。 (2)钢筋连接工程开始前及施工过程中,应对每批进场钢筋和接头进行工艺检验: 1)每种规格钢筋母材进行抗拉强度试验。 2)每种规格钢筋接头的试件数量不应少于3个。 3)接头试件应达到表4.1.113序号2中相应等级的强度要求。 (3)随机抽取同样规格接头数的10%进行外观检查。应满足钢筋与连接套的规格一致,接头丝扣无完整丝扣外露。 如发现有一个完整丝扣外露,即为连接不合格,必须查明原因,责令工人重新拧紧或进行加固处理。 (4)用质检的力矩扳手,按表4.1.130规定的接头拧紧值抽检接头的连接质量。抽验数量:梁、柱构件按接头数的15%,且每个构件的接头抽验数不得少于1个接头;基础、墙、板构件按各自接头数,每100个接头作为一个验收批,不足100个也作为一个验收批,每批抽检3个接头。抽检的接头应全部合格,如有1个接头不合格,则该验收批接头应逐个检查,对查出不合格接头应采用电弧贴角焊缝方法补强,焊缝高度不得小于5mm。 (5)接头的现场检验按验收批进行。同一施工条件下的同一材料的同等级、同规格接头,以500个为一个验收批进行检验与验收,不足500个也作为一个验收批。 (6)对接头的每一验收批,应在工程结构中随机抽取3个试件作单向拉伸试验,按设计要求的接头性能等级进行检验与评定。 (7)在现场连续检验10个验收批,全部单向拉伸试件一次抽样均合格时,验收批接头数量可扩大一倍。 (8)当质检部门对钢筋接头的连接质量产生怀疑时,可以用非破损张拉设备做接头的非破损拉伸试验。 (9)关于GK型等强钢筋锥螺纹接头单向拉伸强度指标的特殊规定。 GK接头首先要达到Ⅰ级接头的要求,在此基础上要做到试件在破坏时断在钢筋母材上,接头部位不破坏。当钢筋母材超强10%(不含10%)以上时,允许GK接头在接头部位破坏,但破断强度实测值要大于等于钢筋母材标准极限强度的1.05倍

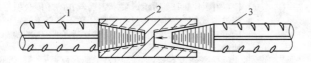

图 4.1.193　钢筋锥螺纹套筒连接

1—已连接的钢筋;2—锥螺纹套筒;3—待连接的钢筋

钢筋普通锥螺纹套筒接头（Ⅱ级）规格尺寸　　　　表 4.1.125

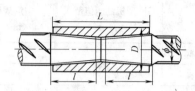

序　号	钢筋公称直径	锥螺纹尺寸	l(mm)	L(mm)	D(mm)
1	$\phi18$	ZM19×2.5	25	60	28
2	$\phi20$	ZM21×2.5	28	65	30
3	$\phi22$	ZM23×2.5	32	70	32
4	$\phi25$	ZM26×2.5	37	80	35
5	$\phi28$	ZM29×2.5	42	90	38
6	$\phi32$	ZM33×2.5	47	100	44
7	$\phi36$	ZM37×2.5	52	110	48
8	$\phi40$	ZM41×2.5	57	120	52

钢筋等强度锥螺纹套筒接头（Ⅰ级）规格尺寸（钢筋端头镦粗）　　表 4.1.126

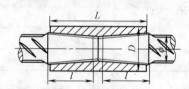

序　号	钢筋公称直径	锥螺纹尺寸	l(mm)	L(mm)	D(mm)
1	$\phi20$	ZM24×2.5	25	60	34
2	$\phi22$	ZM26×2.5	30	70	36
3	$\phi25$	ZM29×2.5	35	80	39
4	$\phi28$	ZM32×2.5	40	90	43
5	$\phi32$	ZM36×2.5	45	100	48
6	$\phi36$	ZM40×2.5	50	110	52
7	$\phi40$	ZM44×2.5	55	120	56

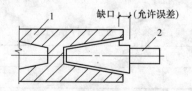

图 4.1.194　用锥螺纹塞规检查套筒

1—锥螺纹套筒；2—塞规

技术参数   表 4.1.127

钢筋规格 (mm)	压力值范围 (kN)	GK 型机油压值范围 (N/mm²)	钢筋规格 (mm)	压力值范围 (kN)	GK 型机油压值范围 (N/mm²)
$\phi16$	620～730	24～28	$\phi28$	1140～1250	44～48
$\phi18$	680～780	26～30	$\phi32$	1400～1510	54～58
$\phi20$	680～780	26～30	$\phi36$	1610～1710	62～66
$\phi22$	680～780	26～30	$\phi40$	1710～1820	66～70
$\phi25$	990～1090	38～42			

注：若改变预压机机型，该表中压力值范围不变，但油压值范围要相应改变，具体数值由生产厂家提供。

尺寸检测要求   表 4.1.128

序 号	检测规简图	钢筋规格	A(mm)	B(mm)
1		$\phi16$	17.0	14.5
2		$\phi18$	18.5	16.0
3		$\phi20$	19.0	17.5
4		$\phi22$	22.0	19.0
5		$\phi25$	25.0	22.0
6		$\phi28$	27.5	24.5
7		$\phi32$	31.5	28.0
8		$\phi36$	35.5	31.5
9		$\phi40$	39.5	35.0

钢筋套丝完整牙数的规定值   表 4.1.129

钢筋直径(mm)	16～18	20～22	25～28	32	36	40
完整牙数	5	7	8	10	11	12

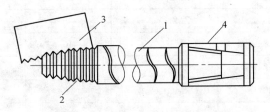

图 4.1.195 钢筋套丝的检查
1—钢筋；2—锥螺纹；3—牙形规；4—卡规

锥螺纹钢筋接头拧紧力矩值   表 4.1.130

钢筋直径(mm)	16	18	20	22	25～28	32	36～40
扭紧力矩(N·m)	118	145	177	216	275	314	343

4.1.5.7 钢筋镦粗直螺纹套筒连接

钢筋镦粗直螺纹连接如表 4.1.131 所示。

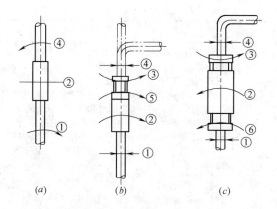

图 4.1.196　锥螺纹钢筋连接方法

(a) 普通接头；(b) 单向可调接头；(c) 双向可调接头

①、④—钢筋；②—连接套筒；③、⑥—可调套筒；⑤—锁母

钢筋镦粗直螺纹套筒连接　　　　　　　　　　表 4.1.131

序号	项　目	内　容
1	机具设备	(1)钢筋液压冷镦机,是钢筋端头镦粗用的一种专用设备。其型号有:HJC200 型(Φ 18～40)、HJC250 型(Φ 20～40)、GZD40、CDJ-50 型等。 (2)钢筋直螺纹套丝机,是将已镦粗或未镦粗的钢筋端头切削成直螺纹的一种专用设备,其型号有:GZL-40、HZS-40、GTS-50 型等。 (3)扭力扳手、量规(通规、卡规)等。
2	镦粗直螺纹套筒	(1)钢筋直螺纹套筒连接示意图见图 4.1.197 所示。 (2)材料要求:对 HRB335 级钢筋,采用 45 号优质碳素钢;对 HRB400 级钢筋,采用 45 号经调质处理,或用性能不低于 HRB400 钢筋性能的其他钢种。 (3)规格型号及尺寸: 1)同径连接套筒,分右旋和左右旋两种(图 4.1.198),其尺寸见表 4.1.132 和表 4.1.133。 2)异径连接套筒,如表 4.1.134 所示。 3)可调节连接套筒,如表 4.1.135 所示。 (4)质量要求。 1)连接套筒表面无裂纹,螺牙饱满,无其他缺陷。 2)牙形规检查合格,用直螺纹塞规检查其尺寸精度。 连接套筒两端头的孔,必须用塑料盖封上,以保持内部洁净,干燥防锈。
3	钢筋加工与检验	(1)钢筋下料时,应采用砂轮切割机,切口的端面应与轴线垂直,不得有马蹄形或挠曲。 (2)钢筋下料后,在液压冷锻压床上将钢筋镦粗。不同规格的钢筋冷镦后的尺寸,见表 4.1.136。根据钢筋直径、冷镦机性能及镦粗后的外形效果,通过试验确定适当的镦粗压力。操作中要保证镦粗头与钢筋轴线不得大于 4°的倾斜,不得出现与钢筋轴线相垂直的横向表面裂缝。发现外观质量不符合要求时,应及时割除,重新镦粗。 (3)钢筋冷镦后,在钢筋套丝机上切削加工螺纹。钢筋端头螺纹规格应与连接套筒的型号匹配。钢筋螺纹加工质量:牙形饱满、无断牙、秃牙等缺陷。 (4)钢筋螺纹加工后,随即用配置的量规逐根检测(图 4.1.199)。合格后,再由专职质检员按一个工作班 10%的比例抽样校验。如发现有不合格螺纹,应全部逐个检查,并切除所有不合格螺纹,重新镦粗和加工螺纹。

序　号	项　目	内　容
4	现场连接施工	(1)对连接钢筋可自由转动的,先将套筒预先部分或全部拧入一个被连接钢筋的螺纹内,而后转动连接钢筋或反拧套筒到预定位置,最后用扳手转动连接钢筋,使其相互对顶锁定连接套筒。 (2)对于钢筋完全不能转动,如弯折钢筋或还要调整钢筋内力的场合,如施工缝、后浇带,可将锁定螺母和连接套筒先拧入加长螺纹内,再反拧入另一根钢筋端头螺纹上,最后用锁定螺母锁定连接套筒;或配套应用带有正反螺纹的套筒,以便从一个方向上能松开或拧紧两根钢筋。 (3)直螺纹钢筋连接时,应采用扭力扳手按表4.1.137规定的力矩值把钢筋接头拧紧。
5	接头质量检验	(1)钢筋连接开始前及施工过程中,应对每批进场钢筋进行接头连接工艺检验。每种规格钢筋的接头试件不应少于3个,作单向拉伸试验。其抗拉强度应能发挥钢筋母材强度或大于1.15倍钢筋抗拉强度标准值。 (2)接头的现场检验按验收批进行。同一施工条件下采用同一批材料的同等级别、同规格接头,以500个为1个验收批。对接头的每一个验收批,必须在工程结构中随机抽取3个试件做单向拉伸试验。当3个试件的抗拉强度都能发挥钢筋母材强度或大于1.15倍钢筋抗拉强度标准值时,该验收批达到Ⅰ级强度指标。如有1个试件的抗拉强度不符合要求,应加倍取样复验。如有3个试件的抗拉强度仅达到该钢筋的抗拉强度标准值,则该验收批降为Ⅱ级强度指标。 在现场连续检验10个验收批,全部单向拉伸试件一次抽样均合格时,验收批接头数量可扩大一倍。

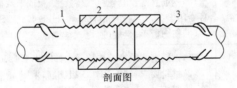

剖面图

图 4.1.197　钢筋直螺纹套筒连接

1—已连接的钢筋;　2—直螺纹套筒;　3—正在拧入的钢筋

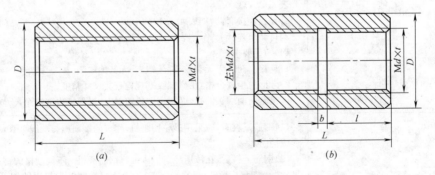

(a)　　　　　　　　　　　　　　　　　(b)

图 4.1.198　同径连接套筒

(a) 右旋;　(b) 左右旋

同径右旋连接套筒　　　　　　　　　　　　表 4.1.132

型号与标记	$Md \times t$	D(mm)	L(mm)	型号与标记	$Md \times t$	D(mm)	L(mm)
A20S-G	24×2.5	36	50	A32S-G	36×3	52	72
A22S-G	26×2.5	40	55	A36S-G	40×3	58	80
A25S-G	29×2.5	43	60	A40S-G	44×3	65	90
A28S-G	32×3	46	65				

同径左右旋连接套筒　　　　　　　　　　　　表 4.1.133

序号	型号与标记	Md×t	D(mm)	L(mm)	l(mm)	b(mm)
1	A20SLR-G	24×2.5	38	56	24	8
2	A22SLR-G	26×2.5	42	60	26	8
3	A25SLR-G	29×2.5	45	66	29	8
4	A28SLR-G	32×3	48	72	31	10
5	A32SLR-G	36×3	54	80	35	10
6	A36SLR-G	40×3	60	86	38	10
7	A40SLR-G	44×3	67	96	43	10

异径连接套筒（mm）　　　　　　　　　　　表 4.1.134

序号	简图	型号与标记	Md_1×t	Md_2×t	b	D	l	L
1		AS20-22	M26×2.5	M24×2.5	5	ϕ42	26	57
2		AS22-25	M29×2.5	M26×2.5	5	ϕ45	29	63
3		AS25-28	M32×3	M29×2.5	5	ϕ48	31	67
4		AS28-32	M36×3	M32×3	6	ϕ54	35	76
5		AS32-36	M40×3	M36×3	6	ϕ60	38	82
6		AS36-40	M44×3	M40×3	6	ϕ67	43	92

可调节连接套筒　　　　　　　　　　　　　表 4.1.135

序号	简图	型号和规格	钢筋规格 ϕ(mm)	D_0(mm)	L_0(mm)	L'(mm)	L_1(mm)	L_2(mm)
1		DSJ-22	ϕ22	40	73	52	35	35
2		DSJ-25	ϕ25	45	79	52	40	40
3		DSJ-28	ϕ28	48	87	60	45	45
4		DSJ-32	ϕ32	55	89	60	50	50
5		DSJ-36	ϕ36	64	97	66	55	55
6		DSJ-40	ϕ40	68	121	84	60	60

钢筋冷镦规格尺寸　　　　　　　　　　　　表 4.1.136

序号	简图	钢筋规格 ϕ(mm)	镦粗直径 d(mm)	长度 L(mm)
1		ϕ22	ϕ26	30
2		ϕ25	ϕ29	33
3		ϕ28	ϕ32	35
4		ϕ32	ϕ36	40
5		ϕ36	ϕ40	44
6		ϕ40	ϕ44	50

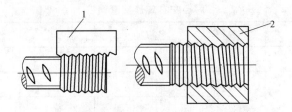

图 4.1.199　直螺纹接头量规

1—牙形规；2—直螺纹环规

直螺纹钢筋接头拧紧力矩值　　　　　　　　　　　**表 4.1.137**

钢筋直径(mm)	16～18	20～22	25	28	32	36～40
拧紧力矩(N·m)	100	200	250	280	320	350

4.1.5.8　钢筋滚压直螺纹套筒连接

钢筋滚压直螺纹套筒连接如表 4.1.138 所示。

钢筋滚压直螺纹套筒连接　　　　　　　　　　　**表 4.1.138**

序　号	项　目	内　容
1	滚压直螺纹加工与检验	(1)直接液压螺纹加工 采用钢筋滚丝机(型号:GZL-32、GYZL-40、GSJ-40、HGS40 等)直接液压螺纹。此法螺纹加工简单,设备投入少;但螺纹精度差,由于钢筋粗细不均导致螺纹直径差异,施工受影响。 (2)挤肋滚压螺纹加工 采用专用挤压设备滚轮先将钢筋的横肋和纵肋进行预压平处理,然后再滚压螺纹。其目的是减轻钢筋肋对成型螺纹的影响。此法对螺纹精度有一定提高,但仍不能从根本上解决钢筋直径差异对螺纹精度影响,螺纹加工需要二套设备。 (3)剥肋滚压螺纹加工 采用钢筋剥肋滚丝机(型号:GHG40、GHG50),先将钢筋的横肋和纵肋进行剥切处理后,使钢筋滚丝前的柱体直径达到同一尺寸,然后再进行螺纹滚压成型。此法螺纹精度高,接头质量稳定,施工速度快,价格适中,具有较大的发展前景。 钢筋剥肋滚丝机由台钳、剥肋机构、滚丝头、减速机、涨刀机构、冷却系统、电器控制系统、机座等组成(图 4.1.200)。其工作过程:将待加工钢筋夹持在夹钳上,开动机器,扳动进给装置,使动力头向前移动,开始削肋滚压螺纹,待滚压到调定位置后,设备自动停机并反转,将钢筋端部退出滚压装置,扳动进给装置将动力头复位停机,螺纹即加工完成。该机主要技术性能如表 4.1.139 所示。 剥肋滚丝加工尺寸应符合表 4.1.140 的规定。丝头加工长度为标准型套筒长度的 1/2,其公差为+2p(p 螺距)。 操作工人应按表 4.1.140 的要求检查丝头加工质量,每加工 10 个丝头用通、止环规检查一次(图 4.1.201)。经自检合格的丝头,应由质检员随机抽样进行检验,以一个工作班内生产的丝头为一个验收批,随机抽样 10%,且不得少于 10 个。当合格率小于 95% 时,应加倍抽检,复检中合格率仍小于 95% 时,应对全部钢筋丝头逐个进行检验,切去不合格丝头,查明原因,并重新加工螺纹。

序 号	项 目	内 容
2	滚压直螺纹套筒	滚压直螺纹接头用连接套筒,采用优质碳素结构钢。连接套筒的类型有:标准型、正反丝扣型、变径型、可调型等,与表 4.1.131 中镦粗直螺纹套筒类型相同。 滚压直螺纹接头用连接套筒的规格与尺寸应符合表 4.1.141、表 4.1.142 和表 4.1.143 的规定。
3	现场连接施工	(1)连接钢筋时,钢筋规格和套筒的规格必须一致,钢筋和套筒的丝扣应干净、完好无损。 (2)采用预埋接头时,连接套筒的位置、规格和数量应符合设计要求。带连接套筒的钢筋应固定牢靠,连接套筒的外露端应有保护盖。 (3)滚压直螺纹接头应使用扭力扳手或管钳进行施工,将两个钢筋丝头在套筒中间位置相互顶紧,接头拧紧力矩应符合表 4.1.137 的规定。扭力扳手的精度为 $\pm 5\%$。 (4)经拧紧后的滚压直螺纹接头应作出标记,单边外露丝扣长度不应超过 $2p$。 (5)根据待接钢筋所在部位及转动难易情况,选用不同的套筒类型,采用不同的安装方法,如图 4.1.202～图 4.1.205 所示。
4	接头质量检验	(1)工程中应用滚压直螺纹接头时,技术提供单位应提交有效的型式检验报告。 (2)钢筋连接作业开始前及施工过程中,应对每批进场钢筋进行接头连接工艺检验,工艺检验应符合下列要求: 1)每种规格钢筋的接头试件不应少于 3 根。 2)接头试件的钢筋母材应进行抗拉强度试验。 3)3 根接头试件的抗拉强度均不应小于该级别钢筋抗拉强度的标准值,同时尚应小于 0.9 倍钢筋母材的实际抗拉强度。 (3)现场检验应进行拧紧力矩检验和单向拉伸强度试验。对接头有特殊要求的结构,应在设计图纸中另行注明相应的检验项目。 (4)用扭力扳手按表 4.1.137 规定的接头拧力矩值抽检接头的施工质量。抽检数量为:梁、柱构件按接头数的 15%,且每个构件的接头抽检数不得少于一个接头;基础、墙、板构件每 100 个接头作为一个验收批,不足 100 个也作为一个验收批,每批抽检 3 个接头。抽检的接头应全部合格;如有一个接头不合格,则该验收批接头应逐个检查并拧紧。 (5)滚压直螺纹接头的单向拉伸强度试验按验收批进行。同一施工条件下采用同一批材料的同等级、同型式、同规格接头,以 500 个为一个验收批进行检验。 在现场连续检验十个验收批,其全部单向拉伸试验一次抽样合格时,验收批接头数量可扩大为 1000 个。 (6)对每一验收批,应在工程结构中随机抽取 3 个试件做单向拉伸试验。当 3 个试件抗拉强度均不小于 I 级接头的强度要求时,该验收批判为合格。如有一个试样的抗拉强度不符合要求,则应加倍取样复验。 液压直螺纹接头的单向拉伸试验破坏形式有三种:钢筋母材拉断、套筒拉断、钢筋从套筒中滑脱。只要满足强度要求,任何破坏形式均可判断为合理

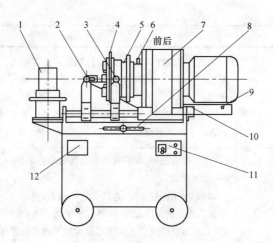

图 4.1.200　钢筋剥肋滚丝机

1—台钳；2—涨刀触头；3—收刀触头；4—剥肋机构；5—滚丝头；6—上水管；7—减速机；
8—进给手柄；9—行程挡块；10—行程开关；11—控制面板；12—标牌

GHG40 型钢筋剥肋滚丝机技术性能　　　　　表 4.1.139

序　号	滚丝头型号	40 型［或 Z40 型（左旋）］			
1	滚丝轮型号	A20	A25	A30	A35
2	滚压螺纹螺距(mm)	2	2.5	3.0	3.5
3	钢筋规格(mm)	16	18、20、22	25、28、32	36、40
4	整机质量(kg)	590			
5	主电机功率(kW)	4			
6	水泵电机功率(kW)	0.09			
7	工作电压	380V 50Hz			
8	减速机输出转速(R. P. M)	～50/60			
9	外形尺寸(mm)	（长×宽×高)1200×600×1200			

剥肋滚丝头加工尺寸（mm）　　　　　表 4.1.140

序　号	规　格	剥肋直径	螺纹尺寸	丝头长度	完整丝扣圈数
1	16	15.1±0.2	M16.5×2	22.5	≥8
2	18	16.9±0.2	M19×2.5	27.5	≥7
3	20	18.8±0.2	M21×2.5	30	≥8
4	22	20.8±0.2	M23×2.5	32.5	≥9
5	25	23.7±0.2	M26×3	35	≥9
6	28	26.6±0.2	M29×3	40	≥10
7	32	30.5±0.2	M33×3	45	≥11
8	36	34.5±0.2	M37×3.5	49	≥9
9	40	38.1±0.2	M41×3.5	52.5	≥10

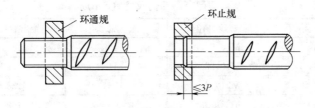

图 4.1.201　剥肋滚压丝头质量检查

标准型套筒的几何尺寸（mm）　　　　　　　　　表 4.1.141

序　号	规　格	螺纹直径	套筒外径	套筒长度
1	16	M16.5×2	25	45
2	18	M19×2.5	29	55
3	20	M21×2.5	31	60
4	22	M23×2.5	33	65
5	25	M26×3	39	70
6	28	M29×3	44	80
7	32	M33×3	49	90
8	36	M37×3.5	54	98
9	40	M41×3.5	59	105

常用变径型套筒几何尺寸（mm）　　　　　　　表 4.1.142

序　号	套筒规格	外径	小端螺纹	大端螺纹	套筒总长
1	16～18	29	M16.5×2	M19×2.5	50
2	16～20	31	M16.5×2	M21×2.5	53
3	18～20	31	M19×2.5	M21×2.5	58
4	18～22	33	M19×2.5	M23×2.5	60
5	20～22	33	M21×2.5	M23×2.5	63
6	20～25	39	M21×2.5	M26×3	65
7	22～25	39	M23×2.5	M26×3	68
8	22～28	44	M23×2.5	M29×3	73
9	25～28	44	M26×3	M29×3	75
10	25～32	49	M26×3	M33×3	80
11	28～32	49	M29×3	M33×3	85
12	28～36	54	M29×3	M37×3.5	89
13	32～36	54	M33×3	M37×3.5	94
14	32～40	59	M33×3	M41×3.5	98
15	36～40	59	M37×3.5	M41×3.5	102

可调型套筒几何尺寸（mm）   表 4.1.143

序　号	规　格	螺纹直径	套筒总长	旋出后长度	增加长度
1	16	M16.5×2	118	141	96
2	18	M19×2.5	141	169	114
3	20	M21×2.5	153	183	123
4	22	M23×2.5	166	199	134
5	25	M26×3	179	214	144
6	28	M29×3	199	239	159
7	32	M33×3	222	267	117
8	36	M37×3.5	244	293	195
9	40	M41×3.5	261	314	209

注：表中"增加长度"为可调型套筒比普通套筒加长的长度，施工配筋时应将钢筋的长度按此数进行缩短。

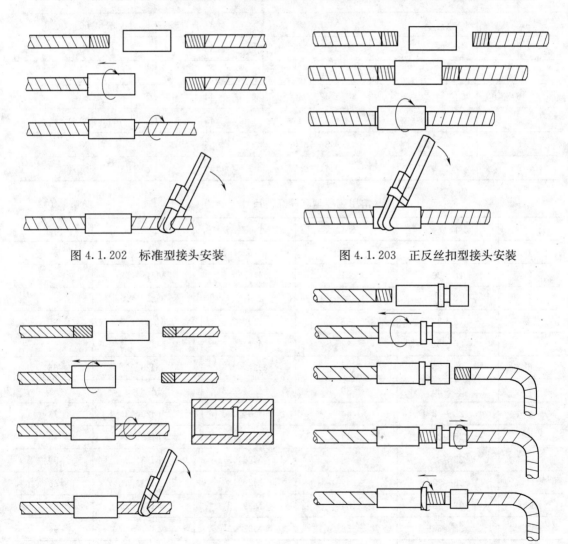

图 4.1.202　标准型接头安装　　　　　　图 4.1.203　正反丝扣型接头安装

图 4.1.204　变径型接头安装　　　　　　图 4.1.205　可调型接头安装

4.1.6 钢筋安装

4.1.6.1 钢筋现场绑扎安装

钢筋现场绑扎安装如表 4.1.144 所示。

钢筋现场绑扎安装 表 4.1.144

序 号	项 目	内 容
1	准备工作	(1)核对成品钢筋的钢号、直径、形状、尺寸和数量等是否与料单料牌相符。如有错漏,应纠正增补。 (2)准备绑扎用的铁丝、绑扎工具(如钢筋钩、带扳口的小撬棍),绑扎架等。 钢筋绑扎用的铁丝,可采用 20～22 号铁丝,其中 22 号铁丝只用于绑扎直径 12mm 以下的钢筋。铁丝长度可参考表 4.1.145 的数值采用;因铁丝是成盘供应的,故习惯上是按每盘铁丝周长的几分之一来切断。 (3)准备控制混凝土保护层用的水泥砂浆垫块或塑料卡。 水泥砂浆垫块的厚度,应等于保护层厚度。垫块的平面尺寸:当保护层厚度等于或小于 20mm 时为 30mm×30mm,大于 20mm 时 50mm×50mm。当在垂直方向使用垫块时可在垫块中埋入 20 号铁丝。 塑料卡的形状有两种:塑料垫块和塑料环圈,见图 4.1.206。塑料垫块用于水平构件(如梁、板),在两个方向均有凹槽,以便适应两种保护层厚度。塑料环圈用于垂直构件(如柱、墙),使用时钢筋从卡嘴进入卡腔;由于塑料环圈有弹性,可使卡腔的大小能适应钢筋直径的变化。 (4)划出钢筋位置线。平板或墙板的钢筋,在模板上划线;柱的箍筋,在两根对角线主筋上划点;梁的箍筋,则在架立筋上划点;基础的钢筋,在两向各取一根钢筋划点或在垫层上划线。 钢筋接头的位置,应根据来料规格,结合表 4.1.1 序号 3 对有关接头位置、数量的规定使其错开,在模板上划线。 (5)绑扎形式复杂的结构部位时,应先研究逐根钢筋穿插就位的顺序;并与模板工联系讨论支模和绑扎钢筋的先后次序,以减少绑扎困难。
2	钢筋绑扎接头	(1)钢筋绑扎接头宜设置在受力较小处。同一纵向受力钢筋不宜设置两个或两个以上接头。接头末端至钢筋弯起点的距离不应小于钢筋直径的 10 倍。 (2)同一构件中相邻纵向受力钢筋的绑扎搭接接头宜相互错开,同一连接区段内,纵向受拉钢筋绑扎搭接接头面积百分率及箍筋配置要求,可参照表 4.1.1 序号 3 的有关规定。 绑扎搭接接头中钢筋的横向间距不应小于钢筋直径,且不应小于 25mm。 (3)当纵向受拉钢筋的绑扎搭接接头面积百分率不大于 25% 时,其最小搭接长度应符合表 4.1.6 的规定。 (4)当纵向受拉钢筋搭接接头面积百分率大于 25% 时,表 4.1.6 中数值应增大,详见表 4.1.1 序号 3 的规定。 (5)当出现下列情况,如钢筋直径大于 25mm、混凝土凝固过程中受力钢筋易受扰动、涂环氧树脂的钢筋、带肋钢筋末端采取机械锚固措施、混凝土保护层厚度大于钢筋直径的 3 倍,抗震结构构件等,纵向受拉钢筋的最小搭接长度应按表 4.1.1 序号 2 与表 4.1.71 序号 1 的规定修正。 (6)在绑扎接头的搭接长度范围内,应采用铁丝绑扎三点。

序　号	项　　目	内　　容
3	基础钢筋绑扎	(1)钢筋网的绑扎。四周两行钢筋交叉点应每点扎牢,中间部分交叉点可相隔交错扎牢,但必须保证受力钢筋不位移。双向主筋的钢筋网,则须将全部钢筋相交点扎牢。绑扎时应注意相邻绑扎点的铁丝扣要成八字形,以免网片歪斜变形。 (2)基础底板采用双层钢筋网时,在上层钢筋下面应设置钢筋撑脚或混凝土撑脚,以保证钢筋位置正确。 　钢筋撑脚的形式与尺寸如图 4.1.207 所示,每隔 1m 放置一个,其直径选用:当板厚 $h\leqslant300$mm 时为 8~10mm;当板厚 $h=300\sim500$mm 时为 12~14mm 当板厚 $h>500$mm 时为 16~18mm。 (3)钢筋的弯钩应朝上,不要倒向一边;但双层钢筋网的上层钢筋弯钩应朝下。 (4)独立柱基础为双向基础,其底面短边的钢筋应放在长边钢筋的上面。 (5)现浇柱与基础连接用的插筋,其箍筋应比柱的箍筋缩小一个柱筋直径,以便连接。插筋位置一定要固定牢靠,以免造成柱轴线偏移。 (6)对厚片筏上部钢筋网片,可采用钢管临时支撑体系。图 4.1.208a 示出绑扎上部钢筋网片用的钢管支撑。在上部钢筋网片绑扎完毕后,需置换出水平钢管;为此另取一些垂直钢筋通过直角扣件与上部钢筋网片的下层钢筋连接起来(该处需另用短钢筋段加强),替换出原支撑体系,见图 4.1.208b。在混凝土浇筑过程中,逐步抽出垂直钢管,见图 4.1.208c。此时,上部荷载可由附近的钢管及上、下端均与钢筋网焊接的多个拉结筋来承受。由于混凝土不断浇筑与凝固,拉结筋细长比减少,提供了承力感。
4	柱钢筋绑扎	(1)柱中的竖向钢筋搭接时,角部钢筋的弯钩应与模板成 45°(多边形柱为模板内角的平分角,圆形柱应与模板切线垂直),中间钢筋的弯钩应与模板成 90°。如果用插入式振捣器浇筑小型截面柱时,弯钩与模板的角度不得小于 15°。 (2)箍筋的接头(弯钩叠合处)应交错布置在四角纵向钢筋上;箍筋转角与纵向钢筋交叉点均应扎牢(箍筋平直部分与纵向钢筋交叉点可间隔扎牢),绑扎箍筋时绑扣相互间应成八字形。 (3)下层柱的钢筋露出楼面部分,宜用工具式柱箍将其收进一个柱筋直径,以利上层柱的钢筋搭接。当柱截面有变化时,其下层柱钢筋的露出部分,必须在绑扎梁的钢筋之前,先行收缩准确。 (4)框架梁、牛腿及柱帽等钢筋,应放在柱的纵向钢筋内侧。 (5)柱钢筋的绑扎,应在模板安装前进行。
5	墙钢筋绑扎	(1)墙(包括水塔壁、烟囱筒身、池壁等)的垂直钢筋每段长度不宜超过 4m(钢筋直径$\leqslant$12mm)或6m(直径>12mm),水平钢筋每段长度不宜超过 8m,以利绑扎。 (2)墙的钢筋网绑扎同基础,钢筋的弯钩应朝向混凝土内。 (3)采用双层钢筋网时,在两层钢筋间应设置撑铁,以固定钢筋间距。撑铁可用直径 6~10mm 的钢筋制成,长度等于两层网片的净距(图 4.1.209),间距约为 1m,相互错开排列。 (4)墙的钢筋,可在基础钢筋绑扎之后浇筑混凝土前插入基础内。 (5)墙钢筋的绑扎,也应在模板安装前进行。
6	梁板钢筋绑扎	(1)纵向受力钢筋采用双层排列时,两排钢筋之间应垫以直径$\geqslant$25mm的短钢筋,以保持其设计距离。 (2)箍筋的接头(弯钩叠合处)应交错布置在两根架立钢筋上,其余同柱。 (3)板的钢筋网绑扎与基础相同,但应注意板上部的负筋,要防止被踩下;特别是雨篷、挑檐、阳台等悬臂板,要严格控制负筋位置,以免拆模后断裂。 (4)板、次梁与主梁交叉处,板的钢筋在上,次梁的钢筋居中,主梁的钢筋在下(图 4.1.210);当有圈梁或垫梁时,主梁的钢筋在上(图 4.1.211)。 (5)框架节点处钢筋穿插十分稠密时,应特别注意梁顶面主筋间的净距要有 30mm,以利浇筑混凝土。 (6)梁钢筋的绑扎与模板安装之间的配合关系:①梁的高度较小时,梁的钢筋架空在梁顶上绑扎,然后再落位;②梁的高度较大($\geqslant$1.0m)时,梁的钢筋宜在梁底模上绑扎,其两侧模或一侧模后装。 (7)梁板钢筋绑扎时应防止水电管线将钢筋抬起或压下

钢筋绑扎铁丝长度参考表（mm）　　　　表 4.1.145

序号	钢筋直径(mm)	3~5	6~8	10~12	14~16	18~20	22	25	28	32
1	3~5	120	130	150	170	190				
2	6~8		150	170	190	220	250	270	290	320
3	10~12			190	220	250	270	290	310	340
4	14~16				250	270	290	310	330	360
5	18~20					290	310	330	350	380
6	22						330	350	370	400

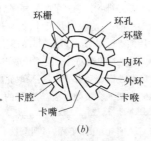
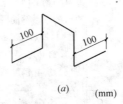
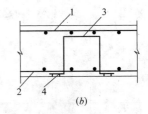

图 4.1.206　控制混凝土保护层用的塑料卡
（a）塑料垫块；（b）塑料环圈

图 4.1.207　钢筋撑脚
（a）钢筋撑脚；（b）撑脚位置
1—上层钢筋网；2—下层钢筋网；3—撑脚；4—水泥垫块

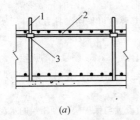
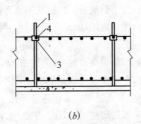
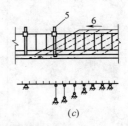

图 4.1.208　厚片筏上部钢筋网片的钢管临时支撑
（a）绑扎上部钢筋网片时；（b）浇筑混凝土前；（c）浇筑混凝土时
1—垂直钢管；2—水平钢筋；3—直角扣件；4—下层水平钢筋；5—待拔钢筋；6—混凝土浇筑方向

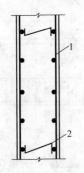
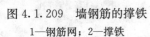
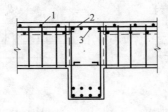
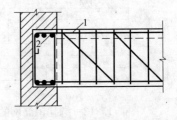

图 4.1.209　墙钢筋的撑铁　　图 4.1.210　板、次梁与主梁交叉处钢筋　　图 4.1.211　主梁与垫梁交叉处钢筋
1—钢筋网；2—撑铁　　1—板的钢筋；2—次梁钢筋；3—主梁钢筋　　1—主梁钢筋；2—垫梁钢筋

4.1.6.2 钢筋网与钢筋骨架安装

钢筋网与钢筋骨架安装如表 4.1.146 所示。

钢筋网与钢筋骨架安装   表 4.1.146

序 号	项　目	内　容
1	绑扎钢筋网与钢筋骨架安装	(1)钢筋网与钢筋骨架的分段(块),应根据结构配筋特点及起重运输能力而定。一般钢筋网的分块面积以 6～20m² 为宜,钢筋骨架的分段长度宜为 6～12m。 (2)钢筋网与钢筋骨架,为防止在运输和安装过程中发生歪斜变形,应采取临时加固措施,图 4.1.212 是绑扎钢筋网的临时加固情况。 (3)钢筋网与钢筋骨架的吊点,应根据其尺寸、重量及刚度而定。宽度大于 1m 的水平钢筋网宜采用四点起吊;跨度小于 6m 的钢筋骨架宜采用二点起吊(图 4.1.213a),跨度大、刚度差的钢筋骨架宜采用横担(铁扁担)四点起吊(图 4.1.213b)。为了防止吊点处钢筋受力变形,可采取兜底吊或短钢筋。 (4)绑扎钢筋网与钢筋骨架的交接处做法,与钢筋的现场绑扎同。
2	钢筋焊接网安装	(1)钢筋焊接网运输时应捆扎整齐、牢固,每捆重量不应超过 2t,必须时应加刚性支撑或支架。 (2)进场的钢筋焊接网宜按施工要求堆放,并应有明显的标志。 (3)对两端须插入梁内锚固的焊接网,当网片纵向钢筋较细时,可利用网片的弯曲变形性能,先将焊接网中部向上弯曲,使两端能先后插入梁内,然后铺平网片;当钢筋较粗焊接网不能弯曲时,可将焊接网的一端少焊 1～2 根横向钢筋,先插入该端,然后退插另一端,必要时可采用绑扎方法补回所减少的横向钢筋。 (4)钢筋焊接网的搭接、构造,应符合表 4.1.66 序号 3 的规定。两张网片搭接时,在搭接区中心及两端应采用铁丝绑扎牢固。在附加钢筋与焊接网连接的每个节点处均应采用铁丝绑扎。 (5)钢筋焊接网安装时,下部网片应设置与保护层厚度相当的水泥砂浆垫块或塑料卡;板的上部网片应在短向钢筋两端,沿长向钢筋方向每隔 600～900mm 设一钢筋支墩(图 4.1.214)

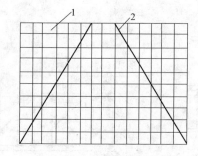

图 4.1.212 绑扎钢筋网的临时加固

1—钢筋网;2—加固筋

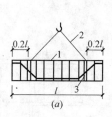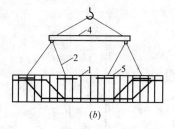

图 4.1.213 钢筋骨架的绑扎起吊

(a) 二点绑扎;(b) 采用铁扁担四点绑扎

1—钢筋骨架;2—吊索;3—兜底索;

4—铁扁担;5—短钢筋

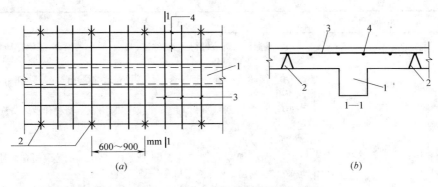

图 4.1.214 上部钢筋焊接网的支墩
1—梁；2—支墩；3—短向钢筋；4—长向钢筋

4.2 工艺流程及施工方法

4.2.1 基础钢筋绑扎工程

1. 适用范围及工程要点

基础钢筋绑扎工程适用范围及工程要点，如表 4.2.1 所示。

基 本 规 定　　　　　　　　　　　　　　　表 4.2.1

序 号	项 目	内 容
1	适用范围	适用于建筑结构工程的基础及底板钢筋绑扎。
2	工程要点	(1)技术要点： 基础钢筋的绑扎一定要牢固，脱扣松扣数量一定要符合本标准要求；钢筋绑扎前要先弹出钢筋位置线，确保钢筋位置准确。 (2)材料要点： 施工现场所用材料的材质、规格应和设计图纸相一致，材料代用应征得设计、监理、甲方的同意，办理材料代用手续。 (3)质量要点： 施工中应注意下列质量问题，妥善解决，达到质量要求： 1)施工中要保证钢筋保护层厚度准确，若采用双排筋时要保证上下两排筋的距离。 2)钢筋的接头位置及接头面积百分率要符合设计及施工验收规范要求。 3)钢筋的布放位置要准确，绑扎要牢固。 4)达到《混凝土结构工程施工质量验收规范》(GB 50204—2002)的要求，并符合图纸及"施工组织设计"的要求。 5)浇筑混凝土前，应进行钢筋隐蔽工程验收，其内容包括： ①纵向受力钢筋的品种、规格、数量、位置等； ②钢筋的连接方式、接头位置、接头数量、接头面积百分率等； ③箍筋、横向钢筋的品种、规格、数量、间距等； ④预埋件的规格、数量、位置等； ⑤避雷网线的布设与焊接等。 (4)安全要点：

续表

序 号	项 目	内 容
2	工程要点	1)各类操作人员应进行职业、健康、安全、教育的培训,了解健康状况,培训合格后方可上岗操作。 2)配备必要的安全防护装备(安全帽、安全带、防滑鞋、手套、工具带等)并正确使用。 3)项目主要工种应有相应的安全技术操作规程,特种作业人员应进行培训后持证上岗。 (5)环境要点: 1)应根据工程特点、施工工艺、作业条件、队伍素质等编制有针对性的安全防护措施,列出工程危险点和安全作业注意事项。 2)严格执行安全技术交底工作,按"施工组织设计"及"施工方案"的要求进行细化和补充,将操作者的安全注意事项讲明、讲清。 3)施工作业应有可靠的安全操作环境。 4)其他安全事项应严格执行《建筑施工安全检查标准》(JGJ 5—99)和《中国建筑工程总公司施工安全生产监督管理条例》的规定

2. 施工准备

基础钢筋绑扎工程的施工准备,如表 4.2.2 所示。

基础钢筋绑扎施工准备　　　　　　　　　　　表 4.2.2

序 号	项 目	内 容
1	技术准备	(1)熟悉图纸、钢筋下料完成。 (2)在垫层上弹出钢筋位置线。 (3)做好技术交底。
2	材料要点	(1)工程所用钢筋种类、规格必须符合设计要求,并经检验合格。 (2)钢筋半成品符合设计及规范要求。 (3)钢筋绑扎用的钢丝(镀锌钢丝)可采用20~22号钢丝,其中22号钢丝只用于绑扎直径12mm以下的钢筋。钢筋绑扎钢丝长度参考表4.2.3。
3	主要机具	钢筋钩子、钢筋运输车、石笔、墨斗、尺子等。
4	作业条件	(1)基垫垫层完成,并符合设计要求。垫层上钢筋位置线已弹好。 (2)检查钢筋的出厂合格证,按规定进行复试,并经检验合格后方能使用。钢筋无老锈及油污,成型钢筋经现场检验合格。 (3)钢筋应按现场施工平面布置图中指定位置堆放,钢筋外表面如有铁锈时,应在绑扎前清除干净,锈蚀严重的钢筋不得使用。 (4)绑扎钢筋地点已清理干净

钢筋绑扎钢丝长度参考表 (mm)　　　　　　　表 4.2.3

钢筋直径(mm)	6~8	10~12	14~16	18~20	22	25	28	32
6~8	150	170	190	220	250	270	290	320
10~12		190	220	250	270	290	310	340
14~16			250	270	290	310	330	360
18~20				290	310	330	350	380
22					330	350	370	400

3. 施工工艺

(1) 工艺流程

基础钢筋绑扎工程的工艺流程，如下所示。

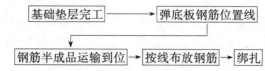

(2) 操作方法

基础钢筋绑扎的操作方法，如表 4.2.4 所示。

操 作 方 法   表 4.2.4

序 号	项 目	内 容
1	一般规定	(1)基础钢筋的若干规定： 1)当条形基础的宽度 $B \geqslant 1600$mm 时,横向受力钢筋的长度可减至 $0.9B$,交错布置； 2)当单独基础的边长 $B \geqslant 3000$mm(除基础支承在桩上外)时,受力钢筋的长度可减至 $0.9B$ 交错布置。 (2)基础浇筑完毕后,把基础上预留墙柱插筋扶正理顺,保证插筋位置准确。 (3)承台钢筋绑扎前,一定要保证桩基伸出钢筋到承台的锚固长度。
2	垫层清扫	(1)将基础垫层清扫干净,用石笔和墨斗在上面弹放钢筋位置线。 (2)按钢筋位置线布放基础钢筋。
3	绑扎钢筋	(1)绑扎钢筋网。四周两行钢筋交叉点应每点绑扎牢。中间部分交叉点可相隔交错扎牢,但必须保证受力钢筋不位移。双向主筋的钢筋网,则将全部钢筋相交点扎牢。相邻绑扎点的钢丝扣成八字形,以免网片歪斜变形。 (2)基础底板采用双层钢筋网时,在上层钢筋网下面应设置钢筋撑脚或混凝土撑脚,以保证钢筋位置正确,钢筋撑脚下应垫在下片钢筋网上。见图 4.2.1 和图 4.2.2。 1)钢筋撑脚的形式和尺寸如图 4.2.1、图 4.2.2 所示。撑脚每隔 1m 放置 1 个。其直径选用：当板厚 $h \leqslant 300$mm 时为 $8 \sim 10$mm；当板厚 $h = 300 \sim 500$mm 时为 $12 \sim 14$mm。 2)当板厚 $h > 500$mm 时选用图 4.2.2 所示撑脚,钢筋直径为 $16 \sim 18$mm。沿短向通长布置,间距以能保证钢筋位置为准。 3)钢筋的弯钩应朝上,不要倒向一边；双层钢筋网的上层钢筋弯钩应朝下。 (3)独立基础为双向弯曲,其底面短向的钢筋应放在长向钢筋的上面。 (4)现浇柱与基础连接的插筋,其箍筋应比柱的箍筋小一个柱筋直径,以便连接。箍筋的位置一定要绑扎固定牢靠,以免造成柱轴线偏移。 (5)基础中纵向受力钢筋的混凝土保护层厚度不应小于 40mm,当无垫层时不应小于 70mm。
4	钢筋的连接	(1)受力钢筋的接头宜设置在受力较小处。接头末端至钢筋弯起点的距离不应小于钢筋直径的 10 倍。 (2)若采用绑扎搭接接头,则接头相邻纵向受力钢筋的绑扎接头宜相互错开。钢筋绑扎接头连接区段的长度为 1.3 倍搭接长度(l_1)。凡搭接接头中点位于该区段的搭接接头均属于同一连接区段,位于同一区段内的受拉钢筋搭接接头面积百分率为 25%。 (3)当钢筋的直径 $d > 16$mm 时,不宜采用绑扎接头。 (4)纵向受力钢筋采用机械连接接头或焊接接头时,连接区段的长度为 $35d$(d 为纵向受力钢筋的较大值)且不小于 500mm。同一连接区段内,纵向受力钢筋的接头面积百分率应符合设计规定,当设计无规定时,应符合下列规定： 1)在受拉区不宜大于 50%； 2)直接承受动力荷载的基础中,不宜采用焊接接头；当采用机械连接接头时,不应大于 50%

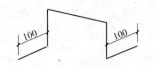

图 4.2.1   钢筋撑脚图（一）

图 4.2.2   钢筋撑脚图（二）

4. 质量标准

（1）质量标准

基础钢筋绑扎工程的质量标准，除应符合表 4.2.5 所示要求外，还应符合《混凝土结构工程施工质量验收规范》（GB 50204—2002）中之 5 的有关规定。

质 量 标 准 表 4.2.5

序 号	项 目	内 容
1	主控项目	基础钢筋绑扎时，受力钢筋的品种、级别、规格和数量必须符合设计要求。 检查数量：全数检查。 检验方法：观察，钢尺检查。
2	一般项目	基础钢筋绑扎的允许偏差应符合表 4.2.6 规定。 检查数量：在同一检验批内，独立基础应抽查构件数量的 10%，且不少于 3 件；筏板基础可按纵、横轴线划分为检查面，抽查 10%，且不少于 3 面

构件绑扎的允许偏差和检验方法 表 4.2.6

项 目		允许偏差(mm)	检 验 方 法
绑扎钢筋网	长、宽	±10	钢尺检查
	网眼的尺寸	±20	钢尺量连续 3 档，取最大值
绑扎钢筋骨架	长	±10	钢尺检查
	宽、高	±5	钢尺检查
受力钢筋	间距	±10	钢尺量两端、中间各一点，取最大值
	排距	±5	
	保护层厚度	±10	钢尺检查
绑扎箍筋、横向钢筋间距		±20	钢尺量连续 3 档，取最大值
钢筋弯起点位置		20	钢尺检查
预埋件	中心线位置	5	钢尺检查
预埋件	水平高差	+3，-0	钢尺和塞尺检查
绑扎缺扣、松扣数量		不超过扣数的 10%且不应集中。	观察和手扳检查
弯钩和绑扎接头		弯钩朝向应正确。任一绑扎接头的搭接长度均不应小于规定值，且不应大于规定值的 5%。	观察和尺量检查
箍筋		数量符合设计要求，弯钩角度和平直长度符合规定	观察和尺量检查

（2）质量记录

基础钢筋绑扎的质量记录，如表4.2.7所示。

质量记录   表4.2.7

序 号	内 容
1	钢筋出厂质量证明书或试验报告单。
2	钢筋力学性能试验报告。
3	进口钢筋应有化学成分检验报告和可焊性试验报告。国产钢筋在加工过程中,发生脆断、焊接性能不良或机械性能显著不正常的,应有化学成分检验报告。
4	钢筋焊接试验报告。
5	焊条、焊剂合格证、焊工操作证。
6	钢筋隐蔽验收记录。
7	钢筋分项工程质量检验评定资料

5. 成品保护

基础钢筋绑扎的成品保护，如表4.2.8所示。

成品保护   表4.2.8

序 号	内 容
1	钢筋绑扎完后,应采取保护措施,防止钢筋的变形、位移。
2	浇筑混凝土时,应搭设上人和运输通道,禁止直接踩压钢筋。
3	浇筑混凝土时,严禁碰撞预埋件,如碰动应按设计位置重新固定牢靠。
4	各工种操作人员不准任意掰动切割钢筋

6. 安全环保措施

基础钢筋绑扎安全环保措施，如表4.2.9所示。

安全环保措施   表4.2.9

序 号	内 容
1	加强对作业人员的环境意识教育,钢筋运输、装卸、加工应防止不必要的噪声产生,最大限度减少施工噪声污染。
2	钢筋吊运应选好吊点,捆绑结实,防止坠落。
3	废旧钢筋头应及时收集清理,保持工完场清。
4	根据《中华人民共和国安全生产法》、《建筑施工安全检查标准》(JGJ 59—99)、《中华人民共和国环境保护法》及地方标准,根据工程特点,可编制具体安全环保措施

4.2.2 现浇框架结构钢筋绑扎工程

1. 适用范围及工程要点

现浇框架结构钢筋绑扎的适用范围及工程要点，如表4.2.10所示。

适用范围及工程要点

表 4.2.10

序 号	项 目	内 容
1	适用范围	本工艺适用于多层工业及民用建筑现浇框架、框架—剪力墙结构钢筋绑扎工程。
2	工程要点	(1)技术要求： 1)认真熟悉施工图，了解设计意图和要求，编制钢筋绑扎技术交底。 2)根据设计图纸及工艺标准要求，向班组进行技术交底。 (2)材料要求： 1)钢筋应有出厂合格证、出厂检验报告和按规定作力学性能复试。当加工过程中发生脆断等特殊情况，还需作化学成分检验。钢筋应无老锈及油污。 2)对有抗震设防要求的钢筋工程，其纵向受力钢筋的强度要满足设计要求，当设计无具体要求时，受力钢筋强度实测值应符合《混凝土结构工程施工质量验收规范》(GB 50204—2002)的有关规定。 (3)质量要求： 1)钢筋绑扎前，应检查有无锈蚀，除锈之后再运至绑扎部位。 2)熟悉图纸、按设计要求检查已加工好的钢筋规格、形状、数量是否正确。 3)做好抄平放线工作，根据弹好的外皮尺寸线，检查下层预留搭接钢筋的位置、数量、长度。绑扎前应先整理调直下层伸出的搭接筋，并将锈蚀、水泥砂浆等污垢清理干净。 4)钢筋加工的形状、尺寸应符合设计要求，其偏差应符合表 4.2.11 的规定。 5)在浇筑混凝土之前，应进行钢筋隐蔽工程验收，其内容包括： ①纵向受力钢筋的品种、规格、数量、位置等； ②钢筋的连接方式、接头位置、接头数量、接头面积百分率等； ③箍筋、横向钢筋的品种、规格、数量、间距等； ④预埋件的规格、数量、位置等。 (4)安全要求： 1)进行钢筋绑扎施工时，要求正确佩带和使用个人防护用品。尤其高空作业要系好安全带，戴好安全帽。 2)高空作业时钢筋钩子、撬棍、扳手等手持工具应防止失落伤人。 3)认真检查高凳、脚手架、脚手板的安全可靠性和适用性。 (5)环境要求： 废旧钢筋头应及时收集清理，保持工完场清

钢筋加工允许偏差

表 4.2.11

项 目	允许偏差(mm)
受力钢筋顺长度方向全长的净尺寸	±10
弯起钢筋的弯折位置	±20
箍筋内净尺寸	±5

2. 施工准备

现浇框架钢筋绑扎的施工准备，如表 4.2.12 所示。

施工准备

表 4.2.12

序 号	项 目	内 容
1	技术准备	(1)准备工程所需的图纸、规范、标准等技术资料，并确定其是否有效。 (2)按图纸和操作工艺标准向班组进行安全、技术交底，对钢筋绑扎安装顺序予以明确规定： 1)钢筋的翻样、加工； 2)钢筋的验收； 3)钢筋绑扎的工具； 4)钢筋绑扎的操作要点； 5)钢筋绑扎的质量通病防治。

续表

序 号	项 目	内 容
2	材料准备	(1)成型钢筋:必须符合配料单的规格、尺寸、形状、数量,并应有加工厂合格证。 (2)钢丝:可采用20～22号钢丝(火烧丝)或镀锌钢丝。钢丝切断长度要满足使用要求。 (3)垫块:宜用与结构等强度细石混凝土制成,50mm见方,厚度同保护层,垫块内预留20～22号火烧丝,或用塑料卡拉筋、支撑筋。
3	主要机具	钢筋钩子、撬棍、扳子、绑扎架、钢丝刷、手推车、粉笔、尺子等。
4	作业条件	(1)钢筋进场后就检查是否有出厂证明、复试报告,并按施工平面布置图指定的位置,按规格、使用部位、编号分别加垫木堆放。 (2)做好抄平放线工作,弹好水平标高线、墙、柱、梁部位外皮尺寸线。 (3)根据弹好的外皮尺寸线,检查下层预留搭接钢筋的位置、数量、长度,如不符合要求时,应进行处理。绑扎前先整理调直下层伸出的搭接筋,并将锈蚀、水泥砂浆等污垢清理干净。 (4)根据标高检查下层伸出搭接筋处的混凝土表面标高(柱顶、墙顶)是否符合图纸要求,如有松散不实之处,要剔除并清理干净

3. 施工工艺

(1)绑柱子钢筋施工工艺

1)工艺流程:

弹柱子线 → 剔凿柱混凝土表面浮浆 → 修理柱子筋 → 套柱箍筋 → 搭接绑扎竖向受力筋 → 画箍筋间距线 → 绑箍筋

2)操作方法,如表4.2.13所示。

操 作 方 法　　　　　　　　　　　　　　　表 4.2.13

序 号	项 目	内 容
1	准备工作	(1)弹柱子线; (2)剔凿被接柱混凝土表面浮浆; (3)修理柱子筋(下层伸出的搭接筋)。
2	套柱箍筋	(1)按图纸要求间距,计算好每根柱箍筋数量,先将箍筋套在下层伸出的搭接筋上,然后立柱钢筋,在搭接长度内,绑扣不少于3个,绑扣要向柱中心。 (2)如果柱子主筋采用光圆钢筋搭接时,角部弯钩应与模板成45°,中间钢筋的弯钩应与模板成90°角。
3	绑扎竖向受力筋	搭接绑扎竖向受力筋:柱子主筋立起后,绑扎接头的搭接长度、接头面积百分率应符合设计要求。如设计无要求时应符合《混凝土结构工程施工质量验收规范》(GB 50204—2002)5.4的有关规定。
4	画箍筋粉线	画箍筋间距线:在立好的柱子竖向钢筋上,按图纸要求用粉笔划箍筋间距线。
5	柱箍筋绑扎	(1)按已划好的箍筋位置线,将已套好的箍筋往上移动,由上往下绑扎,宜采用缠扣绑扎,如图4.2.3。 (2)箍筋与主筋要垂直,箍筋转角处与主筋交点均要绑扎,主筋与箍筋非转角部分的相交点成梅花交错绑扎。 (3)箍筋的弯钩叠合处应沿柱子竖向交错布置,并绑扎牢固,见图4.2.4。 (4)有抗震要求的地区,柱箍筋端头应弯成135°,平直部分长度不小于10d(d为箍筋直径),见图4.2.5。如箍筋采用90°搭接,搭接处应焊接,焊缝长度单面焊缝不小于10d。 (5)柱基、柱顶、梁柱交接处箍筋间距应按设计要求加密。柱上下两端箍筋应加密,加密区长度及加密区内箍筋间距应符合设计图纸要求。如设计要求箍筋设拉筋时,拉筋应钩住箍筋,见图4.2.6。 (6)柱筋保护层厚度应符合规范要求,主筋外皮为25mm,垫块应绑在柱竖向外皮上,间距一般1000mm,(或用塑料卡卡在外竖筋上)以保证主筋保护层厚度准确。当柱截面尺寸有变化时,柱筋应在板内弯折,弯后的尺寸要符合设计要求

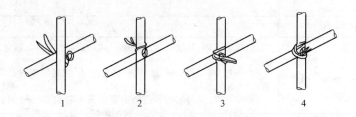

图 4.2.3 缠扣绑扎示意图

1、2、3、4—绑扎顺序

图 4.2.4 柱箍筋交错布置示意图

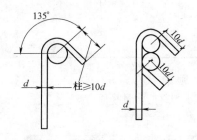

图 4.2.5 箍筋抗震要求示意图

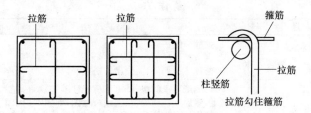

图 4.2.6 拉筋布置示意图

（2）梁钢筋绑扎施工工艺

1）工艺流程：

① 模内绑扎：

画主次梁箍筋间距 → 放主梁次梁箍筋 → 穿主梁底层纵筋及弯起筋 → 穿次梁底层纵筋并与箍筋固定 → 穿主梁上层纵向架立筋 → 按箍筋间距绑扎 → 穿次梁上层纵向钢筋 → 按箍筋间距绑扎

② 模外绑扎（先在梁模板上口绑扎成型后再入模内）：

画箍筋间距 → 在主次梁模板上口铺横杆数根 → 在横杆上面放箍筋 → 穿主梁下层纵筋 → 穿次梁下层钢筋 → 穿主梁上层钢筋 → 按箍筋间距绑扎 → 穿次梁上层纵筋 → 按箍筋间距绑扎 → 抽出横杆落骨架于模板内

2）操作方法，如表 4.2.14 所示。

操作方法　　　　　　　　　　　　　　　　　　　　表 4.2.14

序　号	项　　目	内　　容
1	画粉线、放箍筋	在梁侧模板上画出箍筋间距,摆放箍筋。
2	穿主次梁纵向筋	(1)先穿主梁的下部纵向受力钢筋及弯起钢筋,将箍筋按已画好的间距逐个分开;穿次梁的下部纵向受力钢筋及弯起钢筋,并套好箍筋;放主次梁的架立筋;隔一定间距将架立筋与箍筋绑扎牢固;调整箍筋间距使间距符合设计要求,绑架立筋,再绑主筋,主次梁同时配合进行。 (2)框架梁上部纵向钢筋应贯穿中间节点,梁下部纵向钢筋伸入中间节点锚固长度及伸过中心线的长度要符合设计要求。框架梁纵向钢筋在端节点内的锚固长度也要符合设计要求。
3	绑梁上箍筋	(1)绑梁上部纵向筋的箍筋,宜用套扣法绑扎,如图 4.2.7。 (2)箍筋在叠合处的弯钩,在梁中应交错绑扎,箍筋弯钩为 135°,平直部分长度为 10d,如做成封闭箍时,单面焊缝长度为 5d。 (3)梁端第一个箍筋应设置在距离柱节点边缘 50mm 处。梁端与柱交接处箍筋应加密,其间距与加密区长度均要符合设计要求。
4	梁下垫块	在主、次梁受力筋下均应垫垫块(或塑料卡),保证保护层的厚度。受力筋为双排时,可用短钢筋垫在两层钢筋之间,钢筋排距应符合设计要求。
5	梁筋的搭接	(1)梁筋的搭接:梁的受力钢筋直径等于或大于 22mm 时,宜采用焊接接头;小于 22mm 时,可采用绑扎接头,搭接长度要符合规范的规定。 (2)搭接长度末端与钢筋弯折处的距离,不得小于钢筋直径的 10 倍。接头不宜位于构件最大弯矩处,受拉区域内 HPB235 级钢筋绑扎接头的末端应做弯钩(HRB335 级钢筋可不做弯钩),搭接处应在中心和两端扎牢。 (3)接头位置应相互错开,当采用绑扎搭接接头时,在规定搭接长度的任一区域内有接头的受力钢筋截面面积占受力钢筋总截面面积百分率,受拉区不大于 50%

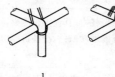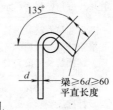

1　　　　　　2　　　　　　3

图 4.2.7　梁钢筋套扣法绑扎

1、2、3—绑扎顺序

(3) 板钢筋绑扎施工工艺

1) 工艺流程:

清理模板 → 模板上画线 → 绑板下受力筋 → 绑负弯矩钢筋

2) 操作方法,如表 4.2.15 所示。

操作方法　　　　　　　　　　　　　　　　　　　　表 4.2.15

序　号	内　　容
1	清理模板上面的杂物,用粉笔在模板上划好主筋、分布筋间距。
2	按划好的间距,先摆放受力主筋、后放分布筋。预埋件、电线管、预留孔等及时配合安装。
3	在现浇板中有板带梁时,应先绑板带梁钢筋,再摆放板钢筋。
4	绑扎板筋时一般用顺扣(图 4.2.8)或八字扣,除外围两根钢筋的相交点应全部绑扎外,其余各点可交错绑扎(双向板相交点需全部绑扎)。如板为双层钢筋,两层钢筋之间须加钢筋马凳,以确保上部钢筋的位置。负弯矩钢筋每个相交点均要绑扎。
5	在钢筋的下面垫好砂浆垫块,间距 1.5m。垫块的厚度等于保护层厚度,应满足设计要求,如设计无需要时,板的保护层厚度应为 15mm。钢筋搭接长度与搭接位置的要求与前面所述梁相同

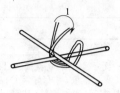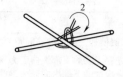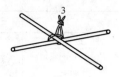

图 4.2.8　板钢筋绑扎

1、2、3—绑扎顺序

(4) 一般剪力墙钢筋绑扎施工工艺

1) 工艺流程：

$$\boxed{立 2\sim4 根主筋} \rightarrow \boxed{画水平筋间距} \rightarrow \boxed{绑定位横筋} \rightarrow \boxed{绑其余主筋} \rightarrow \boxed{绑其余横筋}$$

2) 操作要点，如表 4.2.16 所示。

操作要点　　　　　　　　　　　　　　表 4.2.16

序　号	内　容
1	立 2～4 根主筋：将主筋与下层伸出的搭接筋绑扎，在主筋上画好水平筋分档标志，在下部及齐胸处绑两根横筋定位，并在横筋上画好主筋分档标志，接着绑其余主筋，最后再绑其余横筋。横筋在主筋里面或外面应符合设计要求。
2	主筋与伸出搭接的搭接处需绑 3 根水平筋，其搭接长度及位置均应符合设计要求，设计无要求时应符合《混凝土结构工程施工质量验收规范》(GB 50204—2002)5.4 的有关规定。
3	剪力墙筋应逐点绑扎，双排钢筋之间应绑拉筋或支撑筋，其纵横间距不大于 600mm，钢筋外皮绑扎垫块或用塑料卡(也可采用梯子筋来保证钢筋保护层厚度)。
4	剪力墙与框架柱连接处，剪力墙的水平横筋应锚固到框架柱内，其锚固长度要符合设计要求。如先浇筑柱混凝土后绑扎剪力墙时，柱内要预留连接筋或柱内预埋铁件，待柱拆模绑墙筋时作为连接用。其预留长度应符合设计或规范的规定。
5	剪力墙水平筋在两端头、转角、十字节点、联梁等部位的锚固长度以及洞口周围加固筋等，均应符合设计抗震要求。
6	合模后对伸出的主向钢筋应进行修整，宜在搭接处绑一道横筋定位，浇筑混凝土时应有专人看管，浇筑后再次调整以保证钢筋位置的准确

(5) 楼梯钢筋绑扎施工要点：

1) 工艺流程：

$$\boxed{划位置线} \rightarrow \boxed{绑主筋} \rightarrow \boxed{绑分布筋} \rightarrow \boxed{绑踏步筋}$$

2) 施工要点，如表 4.2.17 所示。

施工要点　　　　　　　　　　　　　　表 4.2.17

序　号	内　容
1	在楼梯底板上划主筋和分布筋的位置线。
2	根据设计图纸中主筋、分布筋的方向，先绑扎主筋后绑扎分布筋，每个交点均应绑扎。如有楼梯梁时，先绑梁筋后绑板筋。板筋要锚固到梁内。
3	底板筋绑完，待踏步模板吊绑支好后，再绑扎踏步钢筋。主筋接头数量和位置均要符合设计和施工质量验收规范的规定

4. 质量标准

(1) 质量标准

现浇框架结构钢筋绑扎质量标准，除应符合表 4.2.18 所示要求外，还应符合《混凝土结构工程施工质量验收规范》（GB 50204—2002）中之 5 的有关要求。

质量标准　　　　　　　　　　表 4.2.18

序号	项目	内容
1	主控项目	(1)钢筋的品种和质量必须符合设计要求和有关标准的规定。 (2)钢筋的表面必须清洁。带有颗粒状或片状老锈，经除锈后仍留有麻点的钢筋，严禁按原规格使用。钢筋表面应保持清洁。 (3)钢筋规格、形状、尺寸、数量、锚固长度、接头位置，必须符合设计要求和施工规范的规定。 (4)钢筋焊接或机械连接接头的机械性能结果，必须符合钢筋焊接及机械连接验收的专门规定。
2	一般规定	(1)缺口、松扣的数量不超过绑扣数的 10%，且不应集中。 (2)弯钩的朝向应正确，绑扎接头应符合施工规范的规定，搭接长度不小于规定值。 (3)箍筋的间距数量应符合设计要求，有抗震要求时，弯钩角度为 135°，弯钩平直长度为 10d。 (4)绑扎钢筋时禁止碰动预埋件及洞口模板。 (5)允许偏差项目见表 4.2.19

现浇框架钢筋绑扎允许偏差　　　　　　　　表 4.2.19

序号	项目		允许偏差(mm)	检验方法
1	网的长度、宽度		±10	尺量检查
2	网眼尺寸		±20	尺量连续三档，取其最大值
3	钢筋骨架的宽度、高度		±5	尺量检查
4	钢筋骨架的长度		±10	
5	受力钢筋	间距	±10	尺量两端、中间各一点，取其最大值
6		排距	±5	
7	绑扎箍筋、构造筋间距		±20	尺量连续三档，取其最大值
8	钢筋弯起点位移		20	
9	预埋件	中心线位置	5	尺量检查
		水平高差	+3,0	
10	受力钢筋保护层	梁、柱	±3	尺量检查
		墙、板	±3	

(2) 质量记录

现浇框架结构钢筋绑扎的质量记录，如表 4.2.20 所示。

质量记录　　　　　　　　　　表 4.2.20

序号	内容
1	钢筋出厂质量证明或实验报告单。
2	钢筋机械性能实验报告。
3	进口钢筋应有化学成分检验报告。国产钢筋在加工过程中发生脆断、焊接性能不良和机械性能显著不正常的,应有化学成分检验报告。
4	技术交底、钢筋隐蔽验收记录

5. 成品保护

现浇框架结构钢筋绑扎的成品保护，如表 4.2.21 所示。

| 成 品 保 护 | | 表 4.2.21 |

序　号	内　　容
1	柱子钢筋绑扎后，不准踩踏。
2	楼板的弯起钢筋、负弯矩钢筋绑好后，不准在上面踩踏行走。浇筑混凝土时派钢筋工专门负责修理，保证负弯矩钢筋位置的正确性。
3	钢模板内面涂隔离剂时不要污染钢筋。
4	安装电线管、暖卫管线或其他设施时，不得任意切断和移动钢筋

6. 安全环保措施

现浇框架结构钢筋绑扎的安全环保措施，如表 4.2.22 所示。

| 安 全 环 保 措 施 | | 表 4.2.22 |

序　号	内　　容
1	加强对作业人员的环保意识教育，钢筋运输、装卸、加工应防止不必要的噪声产生，最大限度减少施工噪声污染。
2	钢筋吊运应选好吊点，捆绑结实，防止坠落。
3	废旧钢筋头应及时收集清理，保持工完场清

4.2.3　剪力墙钢筋绑扎工程

1. 适用范围及工程要点

剪力墙钢筋绑扎施工的适用范围及工程要点，如表 4.2.23 所示。

| 适 用 范 围 及 工 程 要 点 | | 表 4.2.23 |

序　号	项　目	内　　容
1	适用范围	适用于外板内模、外砖内模、全现浇等结构形式的剪力墙钢筋绑扎。
2	工程要点	(1)技术要求： 1)剪力墙钢筋绑扎时应注意先后顺序，特别是剪力墙里有暗梁、暗柱时。 2)剪力墙钢筋的搭接应符合设计及本手册的要求。 3)当钢筋的品种、级别或规格需作变更时，应办理材料代用手续。 (2)材料要求： 1)施工现场所用材料的材质、规格应和设计图纸一致，材料代用应征得设计、监理、建设单位的同意。 2)关键焊接网宜采用 LL50 级冷轧带肋钢筋制作，也可采用 LG510 级冷拔光面钢筋制作。 (3)质量要求： 1)浇筑混凝土前，应进行钢筋隐蔽工程验收，其内容包括： ①纵向受力钢筋的品种、规格、数量、位置等； ②钢筋的连接方式、接头位置、接头数量、接头面积百分率等； ③箍筋、横向钢筋的品种、规格、数量、间距等； ④预埋件的规格、数量、位置等。 2)施工中应注意下列质量问题，妥善解决，达到质量要求：

续表

序 号	项 目	内 容
2	工程要点	①水平筋的位置、间距不符合要求：墙体绑扎钢筋时应搭设高凳或简易脚手架，确保水平筋位置准确。 ②下层伸出的墙体钢筋和竖向钢筋绑扎不符合要求：绑扎时应先将下层伸出钢筋调直理顺，然后再绑扎或焊接。若下层伸出的钢筋位移较大时，应征得设计同意进行处理。 达到《混凝土结构工程施工质量验收规范》(GB 50204—2002)的要求，并符合图纸及"施工组织设计"的要求。 ③门窗洞口加强筋位置尺寸不符合要求：应在绑扎前根据洞口边线将加强筋位置调整，绑扎加强筋时应吊线找正。 ④剪力墙水平锚固长度不符合要求：认真学习图纸。在拐角、十字结点、墙端、连梁等部位钢筋的锚固应符合设计要求。 (4)安全要求： 1)各类操作人员应进行职业健康安全教育培训，并培训合格后方可上岗操作。 2)配备必要的安全防护装备(安全帽、安全带、防滑鞋、手套、工具袋等)并正确使用。 3)项目主要工种应有相应的安全技术操作规程，特种作业人员应进行培训后持证上岗。 (5)环境要求： 1)应根据工程特点、施工工艺、作业条件、队伍素质等编制有针对性的安全防护措施，列出工程危险点和安全作业注意事项。 2)严格执行安全技术交底工作，按"施工组织设计"及"施工方案"的要求进行细化和补充，将操作者的安全注意事项讲明、讲清。 3)施工作业应有可靠的安全操作环境。 4)其他安全事项应严格执行《建筑安全检查标准》(JGJ 59—99)和《中国建筑工程总公司施工安全生产监督管理条例》的规定

2. 施工准备

剪力墙钢筋绑扎的施工准备，如表 4.2.24 所示。

施工准备 　　　　　　　　　　　　　　　　　　　表 4.2.24

序 号	项 目	内 容
1	技术准备	(1)熟悉图纸；钢筋下料、成型完毕并经检验合格。 (2)标出钢筋位置线。 (3)做好技术交底。
2	材料要求	(1)根据设计要求，工程所用钢筋种类、规格必须符合要求，并经检验合格。 (2)钢筋及半成品符合设计及规范要求。 (3)钢筋绑扎用的铁丝可采用20～22号铁丝(火烧丝)或镀锌铁丝(铅丝)，其中22号铁丝只用于绑扎直径12mm以下的钢筋。钢筋绑扎铁丝长度参考表 4.2.25。
3	主要机具	钢筋钩子、撬棍、钢筋扳子、绑扎架、钢丝刷子、钢筋运输车、石笔、墨斗、尺子等。
4	作业条件	(1)检查钢筋的出厂合格证，按规定进行复试，并经检验合格后方能使用；网片应有加工合格证并经现场检验合格；加工成型钢筋应符合设计及规范要求，钢筋无老锈及油污。 (2)钢筋或点焊网片应按现场施工平面布置图中指定位置堆放，网片立放时应有支架，平放时应垫平，垫木应上下对正，吊装时应使用网片架。 (3)钢筋外表面如有铁锈时，应在绑扎前清除干净，锈蚀严重的钢筋不得使用。 (4)外砖内模工程必须先砌完外墙。 (5)绑扎钢筋地点已清理干净。 (6)墙身、洞口位置线已弹好，预留钢筋处的松散混凝土已剔凿干净

钢筋绑扎铁丝长度参考表（mm）   表 4. 2. 25

钢筋直径(mm)	6～8	10～12	14～16	18～20	22	25	28	32
6～8	150	170	190	220	250	270	290	320
10～12		190	220	250	270	290	310	340
14～16			250	270	290	310	330	360
18～20				290	310	330	350	380
22					330	350	370	400

3. 施工工艺

（1）剪力墙钢筋现场绑扎施工工艺：

1）工艺流程：

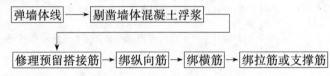

2）操作方法，如表4.2.26所示。

操作方法   表 4. 2. 26

序 号	项 目	内 容
1	绑扎顺序	(1)将预留钢筋调直理顺,并将表面砂浆等杂物清理干净。 (2)先立2～4根纵向筋,并划好横筋分档标志,然后于下部及齐胸处绑两根定位水平筋,并在横筋上划好分档标志,然后绑其余纵向筋,最后绑其余横筋。 (3)如剪力墙中有暗梁、暗柱时,应先绑暗梁、暗柱再绑周围横筋。
2	钢筋保护层	(1)剪力墙钢筋绑扎完后,把垫或垫圈固定好确保钢筋保护层的厚度。纵向钢筋的最小保护层厚度见表4.2.27。 (2)为控制墙体钢筋保护层厚度,宜采用比墙体竖向钢筋大一型号钢筋梯子凳措施,在原位替代墙体钢筋,间距1500mm左右。见图4.2.9。
3	钢筋绑扎搭接与锚固	(1)剪力墙的纵向钢筋每段钢筋长度不宜超过4m(钢筋的直径≤12mm)或6m(直径＞12mm),水平段每段长度不宜超过8m,以利绑扎。 (2)剪力墙的钢筋网绑扎。全部钢筋的相交点都要扎牢,绑扎时相邻绑扎点的铁丝扣成八字形,以免网片歪斜变形。 (3)剪力墙水平分布钢筋的搭接长度不应小于$1.2l_a$(l_a为钢筋锚固长度)。同排水平分布钢筋的搭接接头之间及上、下相邻水平分布钢筋的搭接接头之间沿水平方向的净间距不宜小于500mm。若搭接采用焊接时应符合《钢筋焊接及验收规程》(JGJ 18—2003)的规定。 (4)剪力墙竖向分布钢筋可在同一高度搭接,搭接长度不应小于$1.2l_a$。 (5)剪力墙分布钢筋的锚固:剪力墙水平分布钢筋应伸至墙端,并向水平弯折10d后截断,其中d为水平分布钢筋直径。 当剪力墙端部有翼墙或转角墙时,内墙两侧的水平分布钢筋和外墙内侧的水平分布钢筋应伸至翼墙或转角墙外边,并分别向两侧水平弯折后截断,其水平弯折长度不宜小于15d。在转角墙处,外墙外侧的水平分布钢筋应在墙外角处弯入翼墙,并与翼墙外侧水平分布钢筋搭接。搭接长度为$1.21l_a$。 带边框的剪力墙,其水平和竖向分布钢筋宜分别贯穿柱、梁或锚固在柱、梁内。

续表

序号	项目	内容
4	洞口连梁	(1)剪力墙洞口连梁应沿全长配置箍筋,箍筋直径不宜小于6mm,间距不宜大于150mm。 (2)在顶层洞口连梁纵向钢筋伸入墙内的锚固长度范围内,应设置间距不大于150mm的箍筋,箍筋直径与该连梁跨内箍筋直径相同。同时,门窗洞边的竖向钢筋应按受拉钢筋锚固在顶层连梁高度范围内。
5	甩筋修整	(1)混凝土浇筑前,对伸出的墙体钢筋进行修整,并绑一道临时横筋固定伸出筋的间距(甩筋的间距)。墙体混凝土浇筑时派专人看管钢筋,浇筑完后,立即对伸出的钢筋(甩筋)进行修整。 (2)外砖内剪力墙结构,剪力墙钢筋与外砖墙连接:绑内墙钢筋时,先将外墙预留的拉结筋理顺,然后再与内墙钢筋搭接绑牢

纵向钢筋的混凝土保护层最小厚度　　　　　　表 4.2.27

环境类别		剪 力 墙		
		≤C20	C25~C45	≥C50
一		20	15	15
二	A		20	20
	B		25	20
三			30	25

注:1. 剪力墙中分布钢筋的保护层厚度不应小于本表中相应数值减10mm,且不应小于10mm。预应力钢筋保护层厚度不应小于15mm。

2. 混凝土结构的环境类别,见表4.1.2。

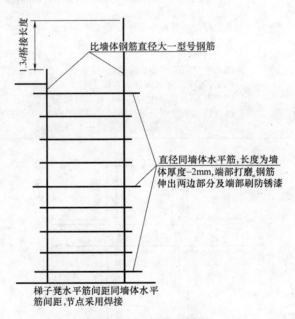

图 4.2.9　梯子凳详图

(2) 剪力墙采用预制焊接网片的绑扎施工工艺

1) 工艺流程:

```
弹墙体线 ──→ 剔凿墙体混凝土浮浆
     │
     ↓
修理预留搭接筋 ──→ 临时固定网片 ──→ 绑扎根部钢筋 ──→ 绑拉筋或支撑筋
```

2) 操作方法，如表 4.2.28 所示。

操 作 方 法　　　　　　　　　　　　　　　　表 4.2.28

序　号	项　　目	内　　容
1	绑扎顺序	将墙身处预留钢筋调直理顺，并将表面杂物清理干净。按图纸要求将网片就位，网片立起后用木方临时固定支牢。然后逐根绑扎根部搭接钢筋，在搭接部分和两端共绑 3 个扣。同时将门窗洞口处加固筋也绑扎，要求位置准确。洞口处的偏移预留筋应作成灯插弯(1：6)弯折到正确位置并理顺，使门窗洞口处的加筋位置符合设计图纸的要求。若预留偏移过大或影响门窗洞口时，应在根部切除并在正确位置采用化学注浆法植筋。
2	钢筋网片搭接	(1)剪力墙中用焊接网作分布钢筋时可按一楼层为一个竖向单元。其竖向搭接可设在楼层面之上，搭接长度不应小于 $1.2l_a$ 且不应小于 400mm。在搭接范围内，下层的焊接网不设水平分布钢筋，搭接时应将下层网的竖向钢筋与上层网的钢筋绑扎固定(见图 4.2.10)。 (2)剪力墙结构的分布钢筋采用的焊接网，对一级抗震等级应采用冷轧带肋钢筋焊接网，对二级抗震等级宜采用冷轧带肋钢筋焊接网。 (3)当采用冷拔光面钢筋焊接网作剪力墙的分布钢筋时，其竖向分布钢筋未焊水平筋的上端应有垂直于墙面的 90°弯钩，直钩长度为 5～10d(d 为竖向分布钢筋直径)，且不应小于 50mm。 (4)墙体中钢筋焊接网在水平方向的搭接可采用平接法或附加钢筋扣接法，搭接长度应符合设计规定。若设计无规定，则应符合《钢筋焊接网混凝土结构技术规程》(JGJ/T 114—97)中 5.1.9、5.1.10 的规定。
3	钢筋网片端部锚固	钢筋焊接网在墙体端部的构造应符合下列规定： (1)当墙体端部无暗柱或端柱时，可用现场绑扎的附加钢筋连接。附加钢筋(宜优先选用冷轧带肋钢筋)的间距宜与钢筋焊接网的水平钢筋的间距相同，其直径可按等强度设计原则确定，附加钢筋的锚固长度不应小于最小锚固长度(见图 4.2.11)。 (2)当墙体端部设有暗柱或端柱时，焊接网的水平钢筋可插入柱内锚固，该插入部分可不焊接竖向钢筋，其锚固长度，对冷轧带肋钢筋应符合设计及规范规定；对冷拔光面钢筋宜在端头设置弯钩或焊接短筋，其锚固长度不应小于 40d(对 C20 混凝土)或 30d(对 C30 混凝土)，且不应小于 250mm，并应采用铁丝与柱的纵向钢筋绑扎牢固。当钢筋焊接网设置在暗柱或端柱钢筋外侧时，应与暗柱或端柱钢筋有可靠的连接措施

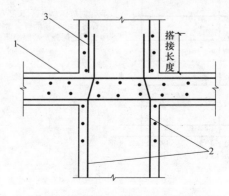

图 4.2.10　钢筋焊接网的竖向搭接图

1—楼板；2—下层焊接图；3—上层焊

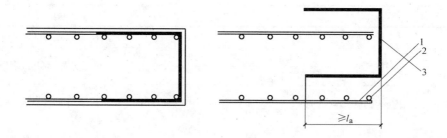

图 4.2.11　钢筋焊接网在墙体端部（无暗柱）的构造图
1—焊接网水平钢筋；2—焊接网竖向钢筋；3—附加连接钢筋

4. 质量标准

（1）质量标准

剪力墙钢筋绑扎质量标准，除应符合表 4.2.29 所示要求外，还应符合《混凝土结构工程施工质量验收规范》（GB 50204—2002）中之 5 有关规定。

质 量 标 准

表 4.2.29

序 号	项　目	内　容
1	主控项目	（1）钢筋、焊条的品种和性能以及接头中使用的钢板和型钢，必须符合设计要求和有关标准的规定。 （2）钢筋带有颗粒状和片状老锈，经除锈后仍留有麻点的钢筋，严禁按原规格使用。钢筋表面应保持清洁。 （3）钢筋的规格、形状、尺寸、数量、锚固长度、接头设置，必须符合设计要求和施工规范的规定。 （4）钢筋焊接接头机械性能试验结果，必须符合焊接规程的规定。
2	一般项目	（1）钢筋网片和骨架绑扎缺扣、松扣数量不超过绑扣数的 10%，且不应集中。 （2）钢筋焊接网片钢筋交叉点开焊数量不得超过整个网片交叉点总数的 1%，且任一根钢筋上开焊点数不得超过该根钢筋上交叉点数的 50%。焊接网最外边钢筋上的交叉点不得开焊。 （3）弯钩的朝向应正确。绑扎接头应符合施工规范的规定，其中每个接头的搭接长度不小于规定值。 （4）箍筋数量、弯钩角度和平直长度，应符合设计要求和施工规范的规定。 （5）钢筋点焊焊点处熔化金属均匀，无裂纹、气孔及烧伤等缺陷。焊点压入深度符合钢筋焊接规程的规定。 　对接焊接头：无横向裂纹和烧伤，焊包均匀，接头弯折不大于 4°，轴线位移不大于 $0.1d$，且不大于 2mm。 　电弧焊接头：焊缝表面平整，无凹陷、焊瘤、裂纹、气孔、夹渣及咬边，接头处弯折不大于 4°，轴线位移不大于 $0.1d$，且不大于 3mm，焊缝宽度不小于 $0.1d$，长度不小于 $0.5d$。 （6）钢筋绑扎允许偏差应符合表 4.2.30 的规定

钢筋及预埋件的允许偏差　　　　　　　　表 4.2.30

序　号	项　目		允许偏差(mm)	检　验　方　法
1	网的长度、宽度		±10	尺量检查
2	网眼尺寸	焊接	±10	尺量连续三档,取其最大值
		绑扎	±20	
3	受力钢筋	间距	±10	尺量两端、中间各一点,取其最大值
		排距	±5	
4	箍筋、构造筋间距	焊接	±10	尺量连续三档,取其最大值
		绑扎	±20	
5	焊接预埋件	中心线位移	5	尺量检查
		水平高差	+3 −0	
6	受力筋保护层		±3	尺量检查

（2）质量记录

剪力墙钢筋绑扎质量记录，如表 4.2.31 所示。

质　量　记　录　　　　　　　　表 4.2.31

序　号	内　　容
1	钢筋出厂质量证明书或试验报告单。
2	钢筋力学性能试验报告。
3	进口钢筋应有化学成分检验报告和可焊性试验报告。国产钢筋在加工过程中,发生脆断、焊接性能不良或机械性能显著不正常的,应有化学成分检验报告。
4	钢筋焊接试验报告。
5	焊条、焊剂合格证、焊工操作证。
6	成型网片出厂合格证及复试报告。
7	钢筋隐蔽验收记录。
8	钢筋分项工程质量检验评定资料

5. 成品保护

剪力墙钢筋绑扎成品保护，如表 4.2.32 所示。

成　品　保　护　　　　　　　　表 4.2.32

序　号	内　　容
1	绑扎箍筋时严禁碰撞预埋件,如碰动应按设计位置重新固定牢靠。
2	应保证预埋电线管等位置准确,如发生冲突时,可将竖向钢筋沿平面左右弯曲,横向钢筋上下弯曲,绕开预埋管。但一定要保证保护层的厚度,严禁任意切割钢筋。
3	模板板面刷隔离剂时,严禁污染钢筋。
4	各工种操作人员不准任意踩踏钢筋,掰动及切割钢筋

6. 安全环保措施

剪力墙钢筋绑扎施工的安全环保措施，可根据《中华人民共和国安全生产法》、《建筑施工安全检查标准》（JGJ 59—99）、《中华人民共和国环境保护法》及地方标准，根据工程特点，编制具体安全环保措施。

4.2.4 钢筋电渣压力焊工程

1. 适用范围及工程要点

钢筋电渣压力焊的适用范围及工程要点，如表 4.2.33 所示。

适用范围及工程要点 表 4.2.33

序号	项目	内容
1	适用范围	本工艺适用于工业与民用建筑现浇钢筋混凝土结构中直径 14～40mm 的 HPB235～HRB400 级(Ⅰ～Ⅲ级)竖向或斜向(倾斜度 4:1 范围内)钢筋的连接。
2	工程要点	(1)技术要求： 电渣压力焊焊接前应针对不同的直径钢筋确定焊接参数(焊接参数包括焊接电流、电压和通电时间)，不同直径钢筋焊接时，应按较小直径钢筋选择参数，焊接时间可延长。对焊工要进行焊接参数的详细交底。 (2)材料要求： 1)焊剂的性能应符合 GB 5293 碳素钢埋弧焊用焊剂的规定。焊剂型号为 HJ401,常用的为熔炼型高锰高硅低氟焊剂或中锰高硅低氟焊剂。焊剂应存放在干燥的库房内,当受潮时,在使用前应经 250～300℃烘焙 2h。使用中回收的焊剂应清除熔渣和杂物,并应与新焊剂混合均匀后使用。 2)施焊的各种钢筋应有材质证明书或试验报告单。焊剂应有合格证。 (3)质量要求： 1)电渣压力焊接头不得出现偏心、弯折、烧伤等焊接缺陷,四周焊包应均匀,凸出钢筋表面的高度应大于或等于 4mm,钢筋与电极接触处,应无烧伤缺陷,接头处的弯折角不得大于 4°,接头处的轴线偏移不得大于钢筋直径的 0.1 倍,且不得大于 2mm,外观检查不合格的接头应切除重焊,或采取补强焊接措施。 2)在每批钢筋正式焊接之前,应进行现场条件下的焊接性能试验,合格后方可正式生产。电渣压力焊接头应逐个进行外观检查。电渣压力焊接头拉伸试验结果,3 个试件的抗拉强度均不得小于该级别钢筋规定的抗拉强度。 (4)安全要求 1)焊工操作时应穿电焊工作服、绝缘鞋和戴电焊的手套、防护面罩等安全防护用品,高处作业时系安全带。 2)电焊作业现场周围 10m 范围内不得堆放易燃易爆物品。 3)操作前应首先检查焊机和工具,如焊钳和焊接电缆的绝缘、焊机外壳保护接地和焊机的各接线点等,确认安全合格方可作业。 (5)环境要求 严禁在易燃易爆气体或液体扩散区域内进行焊接作业

2. 施工准备

钢筋电渣压力焊施工准备，如表 4.2.34 所示。

施 工 准 备 表 4.2.34

序号	项目	内容
1	技术准备	编写焊接工艺,通过焊接试验选定焊接参数,对焊工进行技术、安全交底。
2	材料要求	(1)钢筋 钢筋的级别、直径必须符合设计要求,有出厂证明书及复试报告单。进口钢筋还应有化学复试单,其化学成分应满足焊接要求,并应有可焊性试验。 (2)焊剂 1)焊剂的性能应符合 GB 5293 碳素钢埋弧焊用焊剂的规定。焊剂型号为 HJ401,常用的为熔炼型高锰高硅低氟焊剂或中锰高硅低氟焊剂。 2)焊剂应存放在干燥的库房内,防止受潮。如受潮,使用前须经 250～300℃烘焙 2h。 3)使用中回收的焊剂,应除去熔渣和杂物,并应与新焊剂混合均匀后使用。 4)焊剂应有出厂合格证。

序　号	项　目	内　容
3	主要机具	(1)手工电渣压力焊设备包括:焊接电源、控制箱、焊接夹具、焊剂罐等。 (2)自动电渣压力焊设备(应优先采用)包括:焊接电源、控制箱、操作箱、焊接机头等。 (3)焊接电源:钢筋电渣压力焊宜采用次级空载电压较高(TSV以上)的交流或直流焊接电源。(一般32mm直径及以下的钢筋焊接时,可采用容量为600A的焊接电源;32mm直径及以上的钢筋焊接时,应采用容量为1000A的焊接电源。当焊机容量较小时,也可以采用较小容量的同型号、同性能的两台焊机并联使用。
4	作业条件	(1)焊工必须持有有效的焊工考试合格证。 (2)设备应符合要求。焊接夹具应有足够的刚度,在最大允许荷载下应移动灵活,操作方便。焊剂罐的直径与所焊钢筋直径相适应,不致在焊接过程中烧坏。电压表、时间显示器应配备齐全,以便操作者准备掌握各项焊接参数。 (3)电源应符合要求。当电源电压下降大于5%,则不宜进行焊接。 (4)作业场地应有安全防护措施,制订和执行安全技术措施,加强焊工的劳动保护,防止发生烧伤、触电、火灾、爆炸以及烧坏机器等事故。 (5)注意接头位置,注意同一连接区段内,纵向受力钢筋的接头面积百分率应符合设计要求。当设计无具体要求时应符合在受拉区不宜大于50%的规定,要调整接头位置后才能施焊

3. 施工工艺

(1) 工艺流程

1)电渣压力焊工艺流程,如下所示。

检查设备、电源 → 钢筋端头制备 → 试焊、作试件 → 选择焊接参数 → 安装焊接夹具和钢筋 →

安放铁丝球(也可省去) → 安放焊剂罐、填装焊剂 → 确定焊接参数 → 施焊 → 回收焊剂 → 卸下夹具 →

质量检查

2)电渣压力焊的施焊过程,如下所示。

闭合电路 → 引弧 → 电弧过程 → 电渣过程 → 挤压断电

(2) 操作方法

电渣压力焊的操作方法,如表4.2.35所示。

操作方法 表 4.2.35

序　号	项　目	内　容
1	准备工作	(1)检查设备、电源 确保随时处于正常状态,严禁超负荷工作。 (2)钢筋端头制备 钢筋安装之前,焊接部位和电极钳口接触的(150mm区段内)钢筋表面上的锈斑、油污、杂物等应清除干净,钢筋端部若有弯折、扭曲,应予矫直或切除,但不得用锤击矫直。 (3)选择焊接参数 钢筋电渣压力焊的焊接参数主要包括:焊接电流、焊接电压和焊接通电时间,参见表4.2.36。采用HJ431焊剂时,宜符合表4.2.36的规定。采用专用焊剂或自动电渣压力焊机时,应根据焊剂或焊机使用说明书中推荐数据,通过试验确定。 不同直径钢筋焊接时,上下两钢筋轴线在同一线上。

续表

序　号	项　目	内　容
2	安装夹具、钢筋	（1）夹具的下钳口应夹紧于下钢筋端部的适当位置，一般为 1/2 焊剂罐高度偏下 5～10mm，以确保焊接处的焊剂有足够的掩埋深度。 上钢筋放入夹具钳口后，调准动焊头的起始点，使上下钢筋的焊接部位位于同轴状态，方可夹紧钢筋。 钢筋一经夹紧，严防晃动，以免上下钢筋错位和夹具变形。 （2）安放引弧用的钢丝球（也可省去） 安放焊剂罐、填装焊剂。
3	试焊	试焊、作试件、确定焊接参数 （1）在正式进行钢筋电渣压力焊之前，必须按照选择的焊接参数进行试焊并作试件送试，以便确定合理的焊接参数。合格后，方可正式生产。 （2）当采用半自动、自动控制焊接设备时，应按照确定的参数设定好设备的各项控制数据，以确保焊接接头质量可靠。
4	施焊操作要点	（1）闭合回路、引弧：通过操纵杆或操纵盒上的开关，先后接通焊机的焊接电流回路和电源的输入回路，在钢筋端面之间引燃电弧，开始焊接。 （2）电弧过程：引燃电弧后，应控制电压值。借助操纵杆使上下钢筋端面之间保持一定的间距，进行电弧过程的延时，使焊剂不断熔化而形成必要深度的渣池。 （3）电渣过程：随后逐渐下送钢筋，使上钢筋端部插入渣池，电弧熄灭，进入电渣过程的延时，使钢筋全断面加速熔化。 （4）挤压断电：电渣过程结束，迅速下送上钢筋，使其端面与下钢筋端面相互接触，趁热排除熔渣和熔化金属。同时切断焊接电源。 （5）接头焊毕，应停歇 20～30s 后（在寒冷地区施焊时，停歇时间应适当延长），才可回收焊剂和卸下焊接夹具。
5	质量检查及注意事项	（1）质量检查：在钢筋电渣压力焊的焊接生产中，焊工应认真进行自检，若发现偏心、弯折、烧伤、焊包不饱满等焊接缺陷，应切除接头重焊，并查找原因，及时消除。切除接头时，应切除热影响区的钢筋，即离焊缝中心约为 1.1 倍钢筋直径的长度范围内的部分应切除。 （2）注意事项 1）在钢筋电渣压力焊生产中，应重视焊接全过程的任何一个环节。接头部位应清理干净；钢筋安装应上下同心；夹具紧固，严防晃动；引弧过程，力求可靠；电弧过程，延时充分；电渣过程，短而稳定；挤压过程，压力适当。若出现异常现象，应参照表 4.2.37 查找原因，及时清除。 2）电渣压力焊可在负温条件下进行，但当环境温度低于－20℃时，则不宜进行施焊。 3）雨天、雪天不宜进行施焊，必须施焊时，应采取有效的遮蔽措施。焊后未冷却的接头，应避免碰到冰雪

钢筋电渣压力焊焊接参数　　　　　　　　　表 4.2.36

钢筋直径（mm）	焊接电流（A）	焊接电压（V）		焊接通电时间（s）	
		电弧过程 $U_{2.1}$	电渣过程 $U_{2.2}$	电弧过程 t_1	电渣过程 t_2
14	200～220			12	3
16	200～250			14	4
18	250～300			15	5
20	300～350	35～45	18～22	17	5
22	350～400			18	6
25	400～450			21	6
28	500～550			24	6
32	600～650			27	7

钢筋电渣压力焊接接头缺陷与防止措施   表 4.2.37

焊 接 缺 陷	措 施
轴线偏移	(1)矫直钢筋端部; (2)正确安装夹具和钢筋; (3)避免过大的顶压力; (4)及时修理或更换夹具。
弯折	(1)矫直钢筋端部; (2)注意安装和扶持上钢筋; (3)避免焊后过快卸夹具; (4)修理或更换夹具。
咬边	(1)减小焊接电流; (2)缩短焊接时间; (3)注意上钳口的起点和止点,确保上钢筋顶压到位。
未焊合	(1)增大焊接电流; (2)避免焊接时间过短; (3)检修夹具,确保上钢筋下送自如。
焊包不匀	(1)钢筋端面力求平整; (2)填装焊剂尽量均匀; (3)延长电渣过程时间,适当增加熔化量。
烧伤	(1)钢筋导电部位除净铁锈; (2)尽量夹紧钢筋。
焊包下淌	(1)彻底封堵焊剂筒的漏孔; (2)避免焊后过快回收焊剂

4. 质量标准

(1) 质量标准

电渣压力焊质量标准,除应符合表 4.2.38 所示要求外,还应符合《混凝土结构工程施工质量验收规范》(GB 50204—2002) 中之 5 的有关规定。

质量标准   表 4.2.38

序 号	项 目	内 容
1	主控项目	(1)钢筋的牌号和质量,必须符合设计要求和有关标准的规定。 进口钢筋需先经过化学成分检验和焊接试验,符合有关规定后方可焊接。 检验方法:检查出厂质量证明书和试验报告单。 (2)钢筋的规格,焊接接头的位置,同一区段内有接头钢筋面积的百分比,必须符合设计要求和施工规范的规定。 检验方法:观察或尺量检查。 (3)电渣压力焊接头的质量检验,应分批进行外观检查和力学性能检验,并应按下列规定作为一个检验批。 在现浇钢筋混凝土结构中,应以 300 个同牌号钢筋接头作为一批;在房屋结构中,应不超过二楼层中 300 个同牌号钢筋接头作为一批;当不足 300 个接头时,仍应作为一批。每批随机切取 3 个接头做拉伸试验,其结果应符合下列要求: 1)3 个热轧钢筋接头试件的抗拉强度均不得小于该牌号钢筋规定的抗拉强度; 2)至少应有 2 个试件断于焊缝之外,并应呈延性断裂; 3)当达到上述 2 项要求时,应评定该批接头为抗拉强度合格。 当试验结果有 2 个试件抗拉强度小于钢筋规定的抗拉强度,或 3 个试件均在焊缝或热影响区发生脆性断裂时,则一次判定该批接头为不合格品。 当试验结果有 1 个试件的抗拉强度小于规定值,或 2 个试件在焊缝或热影响区发生脆性断裂,其抗拉强度均小于钢筋规定抗拉强度的 1.10 倍时,应进行复验。 复验时应切取 6 个试件。复验结果,当仍有 1 个试件的抗拉强度小于规定值,或有 3 个试件断于焊缝或热影响区,呈脆性断裂,其抗拉强度小于钢筋规定抗拉强度的 1.10 倍时,则判定该批接头为不合格品。 检验方法:检查焊接试件试验报告单。

续表

序 号	项 目	内 容
2	一般项目	钢筋电渣压力焊接头应逐个进行外观检查,结果应符合下列要求: (1)四周焊包,凸出钢筋表面的高度不得小于 4mm。 (2)钢筋与电极接触处,应无烧伤缺陷。 (3)接头处的弯折角不大于 3°。 (4)接头处的轴线偏移不得大于钢筋直径 0.1 倍,且不得大于 2mm。 检验方法:目测或量测

(2) 质量记录

电渣压力焊质量记录,如表 4.2.39 所示。

质 量 记 录 表 4.2.39

序 号	内 容
1	钢筋出厂质量证明文件。
2	钢筋原材复试报告。
3	钢筋连接试验报告

5. 成品保护

电渣压力焊的成品保护,如表 4.2.40 所示。

成 品 保 护 表 4.2.40

序 号	内 容
1	接头焊毕,应停歇 20～30s 后才能卸下夹具,以免接头弯折。

6. 安全环保措施

电渣压力焊安全环保措施,如表 4.2.41 所示。

安全环保措施 表 4.2.41

序 号	内 容
1	焊工操作时应穿电焊工作服、绝缘鞋和戴电焊手套、防护面罩等安全防护用品,高处作业时系安全带。
2	电焊作业现场周围 10m 范围内不得堆放易燃易爆物品。
3	操作前应首先检查焊机和工具,如焊钳和焊接电缆的绝缘、焊机外壳保护接地和焊机的各接线点等,确认安全方可作业。
4	焊接时二次线必须双线到位,严禁借用金属管道、金属脚手架、轨道及结构钢筋作回路地线。
5	风、雪、风力六级以上(含六级)天气不得露天作业。雨雪后应清除积水、积雪后方可作业。
6	严禁在易燃易爆气体或液体扩散区域内进行焊接工作

4.2.5 带肋钢筋挤压连接工程

1. 适用范围及工程要点

带肋钢筋挤压连接的适用范围及工程要求,如表 4.2.42 所示。

适用范围及工程要点 表 4.2.42

序 号	项 目	内 容
1	适用范围	适用于工业与民用建筑、构筑物的钢筋混凝土结构中直径 16～40mm 带肋 HRB335～HRB400 级(Ⅱ～Ⅲ级)钢筋以及与上述国产钢筋相当的进口钢筋接头径向挤压连接施工 挤压接头按抗拉强度及高应力和大变形条件下反复拉压性能的差异划分为Ⅰ、Ⅱ两个性能等级。
2	工程要点	(1)技术要求: 1)参加挤压接头作业人员必须经过培训,并经考核合格后方可持证上岗; 2)钢筋端头的锈皮、泥砂、油污等杂物应清理干净; 3)应对套筒外观尺寸检查,对不同直径钢筋的套筒不得相互串用; 4)钢筋与钢套筒试套,如钢筋有马蹄、飞边、弯折或纵肋尺寸超大者,应先矫正或用手砂轮修磨,超大部分禁止用电气焊切割。 5)钢筋端头应有定位标志和检查标志,以确保钢筋伸入套筒的长度。定位标志距钢筋端部的距离为钢套筒长度的 1/2。 6)按标记检查钢筋插入套筒内深度,钢筋端头离套筒长度中心不宜超过 10mm。 7)工程中应用带肋钢筋套筒挤压接头时,应由该技术提供单位提交有效的型式检验报告。 8)钢筋挤压连接可用于钢筋混凝土结构中垂直、水平或倾斜位置的相互连接。挤压连接的两根钢筋可为同直径钢筋,也可为不同直径钢筋。当连接的两根钢筋直径差为 5mm,可采用表 4.2.49 所示的钢套筒;直径差大于 5mm 时应采用变截面钢套筒。 (2)材料要求 1)钢筋的级别、直径(16～40mm)必须符合设计要求及现行国家标准,应有出厂质量证明及复试报告。进口钢筋对挤压连接进行型式检验,符合性能要求后使用。 2)钢套筒的材质为低碳素镇静钢,其机械性能应满足要求。 (3)质量要求: 1)要认真检查钢套筒的质量,材质不符合要求,无出厂质量证明书,以及外观质量不合格的钢套筒,不得使用。 2)注意检查钢筋插入钢套筒标定的长度、钢筋的标记线、挤压接头的压痕道次、接头弯折度、套筒裂缝是否符合规定要求,并填写施工现场挤压接头外观检查记录表(见表 4.2.55)。 3)钢筋连接工程开始前及施工过程中,应对每批进场钢筋进行挤压连接工艺检验,工艺检验应符合下列要求: ①每种规格钢筋的接头试件不应少于 3 根; ②钢筋母材抗拉强度试件不应少于 3 根,且应取有接头试件的同一根钢筋; ③三根接头试件的抗拉强度均应符合现行行业标准《钢筋机械连接通用技术规程》(JGJ 107)中表 3.0.5 的强度要求;对于Ⅰ级接头,试件抗拉强度尚应大于等于钢筋抗拉强度实际值的 0.95 倍;对Ⅱ级接头,应大于 0.90 倍; ④现场检验应对挤压接头进行外观质量检查和单向拉伸试验。对挤压接头有特殊要求的结构,应在设计图纸中另行注明相应的检验项目; ⑤接头的外观质量检验应按每一验收批中随机抽取 10% 接头。接头不得有肉眼可见裂纹、折叠或影响性能的压痕,不得有凹陷、劈裂,接头处弯折不得大于 4°,钢筋插入钢套筒长度必须符合规定。若不符合规定,应切除该接头重新压接。当不合格的接头超过检查数量的 10% 时,应对全部接头逐个进行检查,并对不合格接头采取相应的补救措施后,在这些接头中增加一组(6 个)拉伸性能试验,检查结果若有一个试件的抗拉强度低于规定值,则该批外观不合格接头应切除重新连接。

序　号	项　目	内　容
2	工程要点	(4)安全要求： 1)进行钢筋接头施工时,要求正确佩带和使用个人防护用品。 2)在高空进行挤压操作,必须遵守国家现行标准《建筑施工高处作业安全技术规范》(JGJ 80)的规定。 3)施工现场用电必须符合国家现行标准《施工现场临时用电安全技术规范》(JGJ 46)的规定。 4)高压胶管应防止负重拖拉、变折和尖利物体的刻划。操作人员应尽可能避开高压胶管反弹方向,以防伤人。 (5)环境要求： 1)废旧钢筋头应及时收集清理,保持工完场清; 2)高压油泵使用或更换液压油时,防止污染钢筋

2. 施工准备

带肋钢筋挤压连接的施工准备，如表 4.2.43 所示。

施工准备　　　　　　　　　　　　　　　　　表 4.2.43

序　号	项　目	内　容
1	技术准备	(1)操作工人必须持证上岗; (2)准备工程所需的图纸、规范、标准等技术资料,并确定其是否有效; (3)做好施工技术交底。
2	材料准备	(1)HRB335、HRB400 级(Ⅱ、Ⅲ级)带肋钢筋挤压接头所用套筒材料,其实测力学性能应符合表 4.2.48 的要求; (2)挤压接头所用套筒必须由定点工厂严格按设计要求进行生产,规格尺寸符合表 4.2.49 的要求; (3)套筒应有型式检验报告和出厂合格证,运输和储存时应防止锈蚀和污染,分批验收,按不同规格分别堆放。 (4)用于挤压连接的钢筋必须具有质量证明书,其表面形状尺寸和性能等应符合《钢筋混凝土热轧带肋钢筋》(GB 1999—91)或《钢筋混凝土用余热处理钢筋》(GB 13014—91)标准的要求。
3	主要机具准备	高压油泵、油管、压钳、钢筋挤压压模、吊挂小车、平衡器、角向砂轮、划标志工具及检查压痕卡板卡尺等工具。 (1)压钳的性能试验、可靠性和耐久性试验应符合《超高机具用液压缸试验方法》(JB/JQ 2030—90)的有关规定。 (2)超高压泵站与超高压油管应符合现行有关标准的规定。 (3)下列情况之一时,应对挤压机的挤压进行标定： 1)新挤压设备使用前; 2)旧挤压设备大修后; 3)油压表受损或强烈振动后; 4)套筒压痕异常且查不出其他原因时; 5)挤压设备使用超过一年; 6)挤压的接头数超过 5000 个。 (4)超高压泵站检修后,应重新标定压力,确保压接精度。 (5)超高压油管严禁硬性弯折和重物砸压。 (6)检测卡尺的测量精度应达到±0.1mm。

序　号	项　　目	内　　容
4	作业条件	（1）挤压作业前，检查挤压设备是否正常，并试压，符合要求后方准作业。 （2）按连接钢筋规格和钢套筒型号选配压模，对不同直径钢筋的套筒不得相互串用。连接相同直径钢筋的压模型号应符合表 4.2.44 的规定，连接不同直径钢筋的压模型号应按表 4.2.45 的规定采用。 （3）钢套筒表面沿长度方向应标有清晰均匀的压接标志，其中部两条标志的距离应不小于 20mm。 （4）连接相同直径钢筋的钢套筒的型号应符合表 4.2.44 的规定；连接不同直径钢筋的钢套筒的型号应符合表 4.2.45 的规定。所连钢筋直径之差不应超过 9mm，不宜超过 4mm。 （5）液压油中严禁混入杂质。施工中油箱应遮盖好，防止雨水、灰尘混入油箱。在连接拆卸超高压软管时，其端部要保管好，不能粘有灰尘沙土。

相同规格钢筋连接时的钢套筒型号、压模型号、压痕最小直径和压痕总宽度

表 4.2.44

连接钢筋规格	钢套筒型号	压模型号	压痕最小直径允许范围（mm）	压痕总宽度（mm）
$\phi40$-$\phi40$	G40	M40	60～63	≥80
$\phi36$-$\phi36$	G36	M36	54～57	≥70
$\phi32$-$\phi32$	G32	M32	48～51	≥60
$\phi28$-$\phi28$	G28	M28	41～44	≥55
$\phi25$-$\phi25$	G25	M25	37～39	≥50
$\phi22$-$\phi22$	G22	M22	32～34	≥45
$\phi20$-$\phi20$	G20	M20	29～31	≥45
$\phi18$-$\phi18$	G18	M18	27～29	≥40

不同规格钢筋连接时的钢套筒型号、压模型号、压痕最小直径和压痕总宽度

表 4.2.45

连接钢筋规格	钢套筒型号	压模型号	压痕最小直径允许范围（mm）	压痕总宽度（mm）
$\phi40$-$\phi36$	G40	$\phi40$ 端 M40	60～63	≥80
		$\phi36$ 端 M36	57～60	≥80
$\phi36$-$\phi32$	G36	$\phi36$ 端 M36	54～57	≥70
		$\phi32$ 端 M32	51～54	≥70
$\phi32$-$\phi28$	G32	$\phi32$ 端 M32	48～51	≥60
		$\phi28$ 端 M28	45～48	≥60
$\phi28$-$\phi25$	G28	$\phi28$ 端 M28	41～44	≥55
		$\phi25$ 端 M25	38～41	≥55
$\phi25$-$\phi22$	G25	$\phi25$ 端 M25	37～39	≥50
		$\phi22$ 端 M22	35～37	≥50
$\phi25$-$\phi20$	G25	$\phi25$ 端 M25	37～39	≥50
		$\phi20$ 端 M20	33～35	≥50
$\phi22$-$\phi20$	G22	$\phi22$ 端 M22	32～34	≥45
		$\phi20$ 端 M20	31～33	≥45
$\phi22$-$\phi18$	G22	$\phi22$ 端 M22	32～34	≥45
		$\phi18$ 端 M18	29～31	≥45
$\phi20$-$\phi18$	G20	$\phi20$ 端 M20	29～31	≥45
		$\phi18$ 端 M18	28～30	≥45

3. 施工工艺

(1) 工艺流程

带肋钢筋挤压连接的工艺流程如下所示。

钢套筒、钢筋挤压部位检查、清理、矫正 → 检查钢筋端头压接标志 →

钢筋插入钢套筒挤压（每侧挤压从接头中间压痕标志开始依次向端部进行）→ 检查验收

(2) 操作方法

带肋钢筋挤压连接操作方法，如表 4.2.46 所示。

操 作 方 法　　　　表 4.2.46

序　号	内　　　容
1	钢筋应按标记要求插入钢套筒内，钢筋端头离套筒长度中点不宜超过 10mm。当钢筋纵肋过高影响插入时，允许进行打磨，但钢筋横肋严禁打磨。被连接钢筋的轴心与钢套筒轴心应保持同一轴线，防止偏心弯折。钢套筒技术条件如表 4.2.47 所示。
2	在压接接头处挂好平衡器与压钳，接好进、回油油管，启动超高压泵，调节好压接力所需的油压力，然后将下压模卡板打开，取出下模，把挤压机机架的开口插入被挤压的带肋钢筋的连接套中，插回下模，锁紧卡板，压钳在平衡器的平衡力作用下，对准钢套筒所需压接的标记处，控制挤压机换向阀进行挤压。压接结束后将紧锁的卡板打开，取出下模，退出挤压机，则完成挤压施工。
3	挤压时，压钳的连接应对准套筒压痕标志，并垂直于被压钢筋的横肋。挤压应从套筒中央逐道向端部压接，不应由端部向中部挤压或隔标记来回挤压。最小直径及压痕总宽度须符合规定要求，见图 4.2.12。
4	为了减少高处作业并加快施工进度，可先在地面压接半个压接接头，在施工作业区把钢套筒另一端插入预留钢筋，按工艺要求挤压另一端

钢套筒技术条件　　　　表 4.2.47

序　号	项　　目	内　　　容
1	适用范围	本钢套筒型号分别适用于《钢筋混凝土热轧带肋钢筋》(GB 1499—98)、《钢筋混凝土余热处理钢筋》(GB 13014—91)中直径 16～40mm 的 HRB335～HRB400 级(Ⅱ级～Ⅲ级)钢筋的挤压连接。
2	性能	钢套筒的性能应符合表 4.2.48 的要求。
3	规格尺寸	钢套筒的规格和尺寸应符合表 4.2.49 的要求。
4	允许偏差	钢套筒尺寸允许偏差应符合表 4.2.50 的要求。
5	表面标志	钢套筒表面应标有清晰均匀的挤压标志，中部两条标志的距离应不小于 20mm。
6	检查和验收	(1)钢套筒原材料应有质保书，检查和验收应分批进行。由同一牌号、同一炉号原材料制作的同一型号的钢套筒为一批，每批取 5% 作外观检查，如有一个不合格，加倍检验，仍有一个不合格，逐个进行检验，合格后方可使用。必要时取件作拉伸试验。 (2)外观检查应符合下列要求： 1)钢套筒表面不得有裂纹、折叠或影响性能的其他缺陷。 2)钢套筒的尺寸及允许偏差应分别符合表 4.2.49、表 4.2.50 的规定。 3)钢套筒表面挤压标志应符合上述序号 5 的规定。 (3)拉伸试验的结果应符合表 4.2.48 的规定。 (4)每批钢套筒经检查验收合格后，应填写质量合格证明书，作为用户使用的依据

套筒材料的力学性能 表 4.2.48

性 能 项 目	力学性能指标
屈服强度（N/mm²）	225～350
抗拉强度（N/mm²）	375～500
延伸率 δ_5（%）	≥20
硬度（HRB）	60～80
或 HB	102～133

钢套筒的规格和尺寸 表 4.2.49

钢套筒型号	钢套筒尺寸(mm)			理论重量
	外径	壁厚	长度	（kg）
G40	70	12	250	4.37
G36	63.5	11	220	3.14
G32	57	10	200	2.31
G28	50	8	190	1.58
G25	45	7.5	170	1.18
G22	40	6.45	140	0.75
G20	36	6	130	0.58
G18	34	5.5	125	0.47

钢套筒尺寸允许偏差 （mm） 表 4.2.50

套筒外径 D	外径允许偏差	壁厚(t)允许偏差	长度允许偏差
≤50	±0.5	+0.12t −0.10t	±2
>50	±0.01d	+0.12t −0.10t	±2

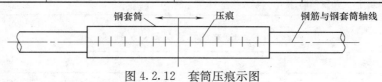

图 4.2.12 套筒压痕示图

4. 质量标准

（1）质量标准

带肋钢筋挤压连接质量标准，除应符合表 4.2.51 所示要求外，还应符合《混凝土结构工程施工质量验收规范》（GB 50204—2002）中之 5 的有关规定。

质量标准 表 4.2.51

序 号	项 目	内 容
1	主控项目	（1）钢筋的品种和质量必须符合设计要求和有关标准的规定。 （2）钢套筒的材质、机械性能必须符合钢套筒标准的规定，表面不得有裂缝、折叠等缺陷。 （3）在正式施工前应进行现场条件下的挤压连接工艺检验。检验接头的数量应不少于三个。检验接头按质量验收规定检验合格后，方可进行施工。 （4）挤压接头的现场检验按验收批进行。同一施工条件下采用同一批材料的同等级、同型式、同规格接头，以 500 个为一个验收批，进行检验与验收，不足 500 个也作为一个验收批。 （5）对每一验收批，均应按设计要求的接头性能等级，在工程中随机抽取 3 个接头试件做抗拉强度试验。按表 4.2.54 表填写记录，并作出评定，其抗拉强度均不得低于被压接钢筋抗拉强度标准值的 1.05 倍，若其中有一个试件不符合要求时，应再抽取 6 个试件进行复检，复检中仍有 1 个试件的强度不符合要求，则该验收批评为不合格。

续表

序　号	项　目	内　容
2	一般项目	（1）钢筋接头压痕深度不够时应补压。超压者应切除重新挤压。钢套筒压痕的最小直径和总宽度，应符合钢套筒供应厂家提供的技术要求。 （2）挤压接头的外观质量检验应符合下列要求： 1）外形尺寸：挤压后套筒长度应为原套筒长度的1.10～1.15倍；或压痕处套筒的外径波动范围为原套筒外径的0.8～0.90倍； 2）挤压接头的压痕道数应符合型式检验确定的道数； 3）接头弯折不得大于3°； 4）挤压后的套筒不得有肉眼可见裂缝。 （3）每一验收批中应随机抽取10%的挤压接头作外观质量检验，如外观质量不合格数超过抽检数的10%时，应对该批挤压接头逐个进行复检，对外观不合格的接头采取补救措施；不能补救的挤压接头应作标记，在外观不合格的接头中抽取6个试件作抗拉强度试验，若有一个试件的抗拉强度低于规定值，则该批外观不合格的挤压接头，应会同设计单位商定处理，并记录存档。 （4）在现场连续检验10个验收批，抽样试件抗拉强度试验1次合格率为100%时，验收批接头数量可扩大一倍

（2）注意事项

带肋钢筋挤压接头注意事项，如表4.2.52所示。

注意事项　　　　　　　　　　　表4.2.52

序　号	内　容
1	接头钢筋宜用砂轮切割机断料。
2	接头的压痕道数应符合钢筋规格要求的挤压道数，认真检查压痕深度，深度不够的要补压，超深的要切除接头重新连接。
3	挤压连接操作过程中，遇有异常现象时，应停止操作、检查原因，排除故障后，方可继续进行。
4	挤压连接施工必须严格遵守操作规程，工作油压不得超过额定压力。
5	钢筋连接件的混凝土保护层厚度宜满足国家现行标准《混凝土结构设计规范》（GB 50010—2002）中受力钢筋混凝土保护层最小厚度的要求，且不得小于15mm。连接件之间的横向净距不宜小于25mm

（3）质量记录

带肋钢筋挤压接头应具备以下质量记录，如表4.2.53所示。

质量记录　　　　　　　　　　　表4.2.53

序　号	内　容
1	钢筋出厂质量证明书和钢套筒出厂合格证；
2	钢筋机械性能试验报告；
3	钢套筒型式检验报告；
4	施工现场的单向拉伸检验记录和挤压接头单向拉伸性能试验报告，见表4.2.54；
5	施工现场挤压接头外观检查记录，见表4.2.55；
6	钢筋挤压连接操作工合格证

挤压接头单向拉伸性能试验报告   表 4.2.54

工程名称						楼层号		构件类型	
设计要求接头性能等级			A 级　B 级			检验批接头数量			
试件编号	钢筋公称直径 D (mm)	实测钢筋横截面积 A_s^o (mm²)	钢筋母材屈服强度标准值 f_{yk} (N/mm²)	钢筋母材抗拉强度标准值 f_{tk} (N/mm²)	钢筋母材抗拉强度实测值 f_{st}^o (N/mm²)	接头试件极限拉力 P (kN)	接头试件抗拉强度实测值 $f_{mst}^o = P/A_s^o$ (N/mm²)	接头破坏形态	评定结果
评定结论									
备注	1. $f_{mst}^o \geqslant f_{tk}$ 为 A 级接头；$f_{mst}^o \geqslant 1.35 f_{yk}$ 为 B 级接头。 2. 实测钢筋横截面面积 A_s^o 用称重法确定。 3. 破坏形态仅作记录备查，不作为评定依据。								

试验单位_____（盖章）负责_____校核_____

日期_____　　　　抽样_____试验_____

施工现场挤压接头外观检查记录   表 4.2.55

工程名称		楼层号		构件类型	
验收批号		验收批数量		抽检数量	
连接钢筋直径(mm)			套筒外径(或长度)(mm)		

外观检查内容		压痕处套筒外径（或挤压后套筒长度）		规定挤压道次		接头弯折 ≤3°		套筒无肉眼可见裂缝	
		合格	不合格	合格	不合格	合格	不合格	合格	不合格
外观检查不合格接头之编号	1								
	2								
	3								
	4								
	5								
	6								
	7								
	8								
	9								
	10								
评定结论									

备注：1. 接头外观检查抽验数量应不少于验收批接头数量的10%。

2. 外观检查内容共四项，其中压痕处套筒外径(或挤压后套筒长度)，挤压道次，二项的合格标准由产品供应单位根据型式检验结果提供。接头弯折≤4°为合格，套筒表面有无裂缝以无肉眼可见裂缝为合格。

3. 仅要求对外观检查不合格接头作记录，四项外观检查内容中，任一项不合格即为不合格，记录时可在合格与不合格栏中打√。

4. 外观检查不合格接头数超过抽检数的10%时，该验收批外观质量评为不合格。

检查人：_____负责人：_____日期：_____

5. 成品保护

带肋钢筋挤压连接的成品保护，如表 4.2.56 所示。

成品保护　　　　　　　　　　　　　　　　表 4.2.56

序 号	内 容
1	在地面预制好的接头要用垫木垫好，分规格码放整齐。
2	套筒内不得有砂浆等杂物。套筒在运输和储存中，应按不同规格分别堆放整齐，不得露天堆放，防止锈蚀和沾污。
3	在高处挤压接头时，要搭好临时架子，不得磴踩接头

6. 安全环保措施

带肋钢筋挤压连接安全环保措施，如表 4.2.57 所示。

安全环保措施　　　　　　　　　　　　　　表 4.2.57

序 号	内 容
1	对从事钢筋挤压连接施工的有关人员应经常进行安全教育，防止发生人身和设备安全事故。
2	在高处进行挤压操作，必须遵守国家现行标准《建筑施工高处作业安全技术规范》(JGJ 80—91)的规定。
3	高压泵应采用液压油。油液应过滤，保持清洁，油箱应密封，防止渗漏，防止雨水灰尘混入油箱。
4	高压胶管应防止负重拖拉、弯折和尖利物体的刻划。操作人员应尽可能避开高压胶管反弹方向，以防伤人。
5	油泵与挤压机的应用应严格按操作规程进行。
6	施工现场用电必须符合国家现行标准《施工现场临时用电安全技术规范》(JGJ 46—88)的规定。
7	高压胶管是挤压设备中的易损部件，由于油压高，油管损坏还易引起喷油伤人，故应妥善使用

4.2.6　钢筋接头直螺纹连接工程

1. 适用范围及基本规定

钢筋接头直螺纹连接的适用范围及基本规定，如表 4.2.58 所示。

适用范围及基本规定　　　　　　　　　　　表 4.2.58

序 号	项 目	内 容
1	适用范围	本标准适用于工业与民用建筑承受动荷作用及各抗震等级的钢筋混凝土结构中直径为 20～50mm 的 HRB335、HRB400 级(Ⅱ、Ⅲ级)钢筋的连接，尤其适用于要求发挥钢筋强度和延性的重要结构。 　　钢筋接头直螺纹连接包括钢筋冷镦直螺纹连接、钢筋滚压直螺纹连接以及钢筋剥肋滚压直螺纹连接三种。因钢筋冷镦直螺纹连接目前已很少采用，在此不作介绍。

续表

序号	项　目	内　容
2	基本规定	（1）采用螺纹套筒连接的钢筋接头，其设置在同一构件中纵向受力钢筋的接头相互错开。钢筋机械连接区段长度应按 $35d$ 计算（d 为被连接钢筋中的较大直径）。在同一连接区段内有接头的受力钢筋截面面积占受力钢筋总截面面积的百分率（以下简称百分率），应符合下列规定： 1）接头宜设置在结构构件受拉钢筋应力较小部位，当需要在高应力部位设置接头时，在同一连接区段内Ⅱ级接头的接头百分率不应大于 50%；Ⅰ级接头的接头百分率可不受限制。 2）接头宜避开有抗震设防要求的框架的梁端、柱端箍筋加密区；当无法避开时，应采用Ⅰ级或Ⅱ级接头，且接头百分率不应大于 50%。 3）受拉钢筋应力较小部位或纵向受压钢筋，接头百分率可不受限制。 4）对直接承受动力荷载的结构构件，接头百分率不应大于 50%。 （2）接头端头距钢筋弯曲点不得小于钢筋直径的 10 倍。 （3）不同直径钢筋连接时，一次连接钢筋直径规格不宜超过二级

2. 施工准备及工程要点

（1）施工准备

钢筋接头直螺纹连接的施工准备，如表 4.2.59 所示。

施　工　准　备 表 4.2.59

序号	项　目	内　容
1	技术准备	（1）凡参与接头施工的操作工人必须参加技术培训，经考核合格后持证上岗。 （2）核对有编号的布筋图纸加工单与成品数量； （3）做好技术交底。
2	材料准备	（1）材料的品种规格 套筒的规格、型号以及钢筋的品种、规格必须符合设计要求。 （2）质量要求 1）钢筋质量要求 ①钢筋应符合国家标准《钢筋混凝土用热轧带肋钢筋》（GB 1499）和《钢筋混凝土余热处理钢筋》（GB 13014）的要求，有原材质、复试报告和出厂合格证； ②钢筋应先调直再下料，并宜用切断机和砂轮片切断，切口端面应与钢筋轴线垂直，不得有马蹄形或挠曲，不得用气割下料。 2）套筒与锁母材料质量要求 ①套筒与锁母材料应采用优质碳素结构钢或合金结构钢，其材质应符合 GB 699 规定； ②成品螺纹连接套应有产品合格证；两端螺纹孔应有保护盖；套筒表面应有规格标记。
3	主要机具	切割机、钢筋滚压直螺纹成型机、普通扳手及量规（牙形规、环规、塞规）。
4	作业条件	（1）钢筋端头螺纹已加工完毕，检查合格，且已具备现场钢筋连接条件； （2）钢筋连接用的套筒已检查合格，进入现场挂牌整齐码放； （3）布筋图及施工穿筋顺序等已进行技术交底

（2）工程要点

钢筋接头直螺纹连接的工程要点，如表 4.2.60 所示。

工 程 要 点

表 4.2.60

序 号	项 目	内 容
1	材料要点	(1)钢筋应符合国家标准的要求,复验合格; (2)套筒与锁母材料的材质应符合规定要求。
2	技术要点	(1)钢筋直螺纹接头套丝及连接操作人员必须经过培训、考核,持证上岗; (2)钢筋端头螺纹加工按照标准规定,牙形要逐个进行量规检查。
3	质量要点	(1)钢筋套丝后的螺牙应符合质量标准; (2)钢筋切口端面及丝头锥度、牙形、螺距等应符合质量标准,并与连接套筒螺纹规格相匹配。
4	安全要点	除应严格执行建筑工程有关安全施工的规程及规定外,还应注意下列安全事项: (1)参加施工的作业人员必须经过考核合格,并经"三级"安全教育后方能上岗; (2)用电设备均应设三级保护,严格按用电安全规程操作; (3)设备检验及试运转合格后方准作业; (4)设备运行中严禁拖拽压圆机油管或砸压油管,油管反弹方向应予以遮挡; (5)严格按各种机械使用说明与相关标准操作; (6)高处作业或带电作业,应遵守国家颁布的《建筑安装工程安全技术规程》。
5	环境要点	(1)按规程操作,避免发生噪声; (2)夜间施工严禁敲打钢筋以防扰民; (3)施工应用低角度照明防光污染; (4)机械润滑油流入专设油池集中处理,不准直接排入下水道,铁屑杂物回收处理

3. 施工工艺

(1) 工艺流程

钢筋滚压直螺纹连接（钢筋剥肋滚压直螺纹连接）工艺流程，如下所示。

钢筋切割 → (剥肋)滚压螺纹 → 丝头检验 → 保护帽 → 现场丝接

套筒机加工,保护 →

(2) 操作方法

1) 钢筋滚压直螺纹连接的操作方法，如表 4.2.61 所示。

钢筋滚压直螺纹连接操作方法

表 4.2.61

序 号	项 目	内 容
1	直螺纹连接作用	(1)钢筋滚压直螺纹连接,是采用专门的滚压机床对钢筋端部进行滚压,螺纹一次成型。 (2)钢筋通过滚压螺纹,螺纹底部的材料没有被切削掉,而是被挤出来,加大了原有的直径。 (3)螺纹经滚压后材质发生硬化,强度约提高 6%~8%,使螺纹对母材的削弱大为减少,其抗拉强度是母材实际抗拉强度的 97%~100%,强度性能十分稳定。

续表

序　号	项　目	内　容
2	加工要求	(1)钢筋示意图见图4.2.13。 (2)钢筋同径连接的加工要求,见表4.2.62。 (3)钢筋同径连接左右旋加工要求,见表4.2.63。 (4)钢筋滚压螺纹加工的基本尺寸,见表4.2.64。
3	套筒质量要求	(1)连接套表面无裂纹,螺牙饱满,无其他缺陷。 (2)牙型规检查合格,用直螺纹塞规检查其尺寸精度。 (3)各种型号和规格的连接套外表面,必须有明显的钢筋级别及规格标记。若连接套为异径的则应在两端分别作出相应的钢筋级别和直径。 (4)连接套两端头的孔必须用塑料盖封上,以保持内部洁净,干燥防锈。 (5)同径及同径左右旋加工要求,分别见表4.2.65和表4.2.66。
4	直螺纹量规技术要求	牙型规、螺纹卡和直螺纹塞规,采用工具钢T9(GB 1298—86)制成,其化学成分和硬度见表4.2.67。
5	工艺操作要点	(1)钢筋螺纹加工 1)加工钢筋螺纹的丝头、牙型、螺距等必须与连接套牙形、螺距一致,且经配套的量规检查合格。 2)加工钢筋螺纹时,应采用水溶性切削润滑液;当气温低于0℃时,应掺入15%～20%亚硝酸钠,不得用机油作润滑液或不加润滑液套丝。 3)操作工人应逐个检查钢筋丝头的外观质量并做出操作者标记。 4)经自检合格的钢筋丝头,应对每种规格加工批量随机抽检10%,且不少于10个,并参照表4.2.68填写钢筋螺纹加工检验记录,如有一个丝头不合格,即应对加工批全数检查,不合格丝头应重加工,经再次检验合格方可使用。 5)已检验合格的丝头,应加以保护戴上保护帽,并按规格分类堆放整齐待用。 (2)钢筋连接 1)连接钢筋时,钢筋规格和连接套的规格应一致,钢筋螺纹的型式、螺距、螺纹外径应与连接套匹配。并确保钢筋和连接套的丝扣干净,完好无损。 2)连接钢筋时应对准轴线将钢筋拧入连接套。 3)接头拼接完成后,应使两个丝头在套筒中央位置互相顶紧,套筒每端不得有一扣以上的完整丝扣外露,加长型接头的外露丝扣数不受限制,但应有明显标记,以检查进入套筒的丝头长度是否满足要求。 4)接头按使用条件分类,如图4.2.14～图4.2.17所示

2) 钢筋剥肋滚压直螺纹连接操作方法

钢筋剥肋滚压直螺纹连接与钢筋滚压直螺纹连接操作工艺基本相同,惟一区别是钢筋剥肋滚压直螺纹连接增加了钢筋剥肋工序。

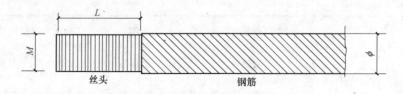

图4.2.13　钢筋加工示意
M—丝头大径;t—螺距;φ—钢筋直径;L—螺纹长度

钢筋同径连接加工要求 表 4.2.62

代 号	A20R-J	A22R-J	A25R-J	A28R-J	A32R-J	A36R-J	A40R-J
ϕ(mm)	20	22	25	28	32	36	40
$M \times t$	19.6×3	21.6×3	24.6×3	27.6×3	31.6×3	35.6×3	39.6×3
L(mm)	30	32	35	38	42	46	50

钢筋同径连接左右旋加工要求 表 4.2.63

代 号	ϕ(mm)	$M \times t$(左)	$M \times t$(右)	L(mm)
A20RLR-G	20	19.6×3	19.6×3	34
A22RLR-G	22	21.6×3	21.6×3	36
A25RLR-G	25	24.6×3	24.6×3	39
A28RLR-G	28	27.6×3	27.6×3	42
A32RLR-G	32	31.6×3	31.6×3	46
A36RLR-G	36	35.6×3	35.6×3	50
A40RLR-G	40	39.6×3	39.6×3	54

钢筋滚压螺纹加工要求 表 4.2.64

代 号	ϕ20	ϕ22	ϕ25	ϕ28	ϕ32	ϕ36	ϕ40
大径	19.6	21.6	24.6	27.6	31.6	35.6	39.6
中径	18.623	20.623	23.623	26.623	30.623	34.623	38.23
小径	17.2	19.2	22.2	25.2	29.2	33.2	37.2

钢筋同径连接加工要求 表 4.2.65

代 号	A20R-G	A22R-G	A25R-G	A28R-G	A32R-G	A36R-G	A40R-G
D(mm)	30±0.5	32±0.5	38±0.5	42±0.5	48±0.5	54±0.5	59±0.5
$M \times t$	19.6×3	21.6×3	24.6×3	27.6×3	31.6×3	35.6×3	39.5×3
L(mm)	44	48	54	60	68	76	84

钢筋同径连接左右旋加工要求 表 4.2.66

代 号	D(mm)	D(mm)	$M \times t$	L_1(mm)	L_2(mm)	L_3(mm)
A20RLR-G	32	21	19.6×3	49	20	9
A22RLR-G	35	23	21.6×3	53	22	9
A25RLR-G	41	26	24.6×3	59	25	9
A28RLR-G	45	29	27.6×3	65	28	9
A32RLR-G	51	33	31.6×3	73	32	9
A36RLR-G	57	37	35.6×3	81	36	9
A40RLR-G	62	41	39.6×3	89	40	9

化学成分和硬度 表 4.2.67

化 学 成 分					淬火后硬度 HRC
C	Mn	Si	S	P	62
0.85~0.94	≤0.40	≤0.35	≤0.30	≤0.035	

钢筋直螺纹加工检验记录　　　　　　　　**表 4.2.68**

工程名称				结构所在层数	
接头数量		抽检数量		构件种类	
序　号	钢筋规格	螺纹牙形检验	公差尺寸合格	检验结论	

注：1. 按每批加工钢筋直螺纹丝头数的 10% 检验；
　　2. 牙形合格、公差尺寸合格的打"√"否则打"×"。

检查单位：　　　　　检查人员：
日　　期：　　　　　负责人：

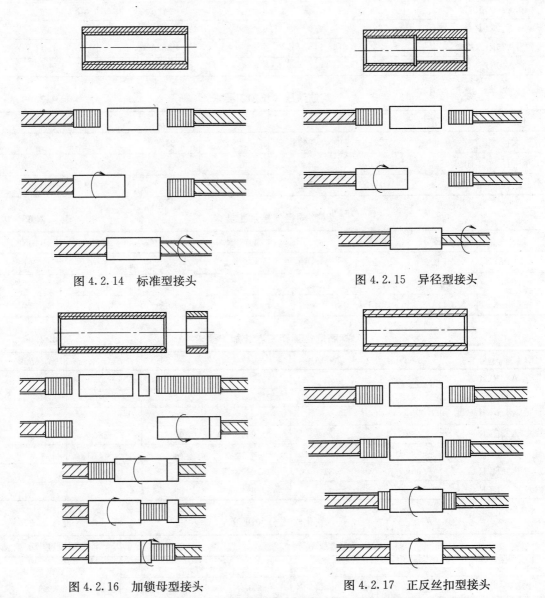

图 4.2.14　标准型接头　　　　　　　　图 4.2.15　异径型接头

图 4.2.16　加锁母型接头　　　　　　　图 4.2.17　正反丝扣型接头

4. 质量标准

（1）质量标准

钢筋滚压直螺纹连接的质量标准，除应符合表 4.2.69 所示要求外，还应符合《混凝土结构工程施工质量验收规范》（GB 50204—2002）中之 5 的有关规定。

质 量 标 准　　　　　　　　　　　表 4.2.69

序 号	项 目	内 容
1	主控项目	（1）钢筋的品种、规格必须符合设计要求，质量符合国家现行《钢筋混凝土用热轧带肋钢筋》(GB 1499)和《钢筋混凝土用余热处理钢筋》(GB 13014)标准的要求。 （2）套筒与锁母材质应符合 GB 699 规定，且应有质量检验单和合格证，几何尺寸要符合要求。 （3）连接钢筋时，应检查螺纹加工检验记录。 （4）钢筋接头型式检验： 钢筋螺纹接头的形式检验应符合现行行业标准《钢筋机械连接通用技术规程》JGJ 107 中的各项规定。 （5）钢筋连接工程开始前及施工过程中，应对每批进场钢筋和接头进行工艺检验： ①每种规格钢筋接头试件不应少于 3 根； ②钢筋母材抗拉强度试件不应少于 3 根，且应取自接头试件的同一根钢筋； ③接头试件应达到现行行业标准《钢筋机械连接通用技术规程》（JGJ 107）中相应等级的强度要求，计算钢筋实际抗拉强度时，应采用钢筋的实际横截面积计算。 （6）钢筋接头强度必须达到同类型钢材强度值，接头的现场检验按验收批进行，同一施工条件下采用同一批材料的同等级、同形式、同规格接头，以 500 个为一个验收批进行检验与验收，不足 500 个也作为一个验收批
2	一般项目	（1）加工质量检验 1）螺纹丝头牙形检验：牙形饱满，无断牙、秃牙缺陷，且与牙形规的牙形吻合，牙形表面光洁的为合格品。 2）套筒用专用塞规检验。 （2）随机抽取同规格接头数的 10%进行外观检查，应与钢筋连接套筒的规格相匹配，接头丝扣无完整丝扣外露。 （3）现场外观质量抽验数量：梁、柱构件按接头数的 15%且每个构件的接头数抽验数不得少于一个接头；基础墙板构件按各自接头数，每 100 个接头作为一个验收批，不足 100 个也作为一个验收批。每批检验 3 个接头，抽检的接头应全部合格，如有一个接头不合格，则应再检验 3 个接头，如全部合格，则该批接头为合格；若还有一个不合格，则该验收批接头应逐个检查，对查出不合格接头应进行补强，如无法补强应弃置不用，并按表 4.2.70 填写质量检查记录。 （4）对接头的抗拉强度试验每一验收批应在工程结构中随机截取 3 个接头试件做抗拉强度试验。按设计要求的接头等级进行评定，如有 1 个试件的强度不符合要求，应再取 6 个试件进行复检，复检中仍有一个试件的强度不符合要求，则该验收批评为不合格。并填写接头拉伸试验报告单，见表 4.2.71。 （5）在现场连续 10 个验收批抽样试件抗拉强度试验 1 次合格率为 100%时，验收批接头数量可扩大一倍

钢筋直螺纹接头质量检查记录　　表 4.2.70

工程名称						
结构所在层数					构件种类	
钢筋规格	接头位置	数量	拧紧到位	无完整丝扣外露	检验结论	检验日期

注：检验结论：合格的打"√"，不合格打"×"。

　　检查单位：　　　　　检查人员：

　　日　　期：　　　　　负 责 人：

钢筋直螺纹接头拉伸试验报告单　　表 4.2.71

工程名称	钢筋规格	横截面积	结构层数			构件名称		接头等级	
试件编号	D (mm)	A (mm^2)	屈服强度标准值 f_{yk} (N/mm^2)	抗拉强度实测值 f_{tk} (N/mm^2)	极限拉力实测值 P (kN)	抗拉强度实测值 $f_{mst}=P/A$ (N/mm^2)		评定结果	试验日期
评定结论									

备注：

　　试验单位：　　　　负责人：　　　　试验员：　　　　填表日期：

（2）质量记录

钢筋滚压直螺纹连接的质量记录，如表 4.2.72 所示。

质 量 记 录　　表 4.2.72

序　号	内　　容
1	钢筋原材质及复试报告。
2	套筒和锁母原材质及复试报告。
3	钢筋直螺纹加工检验记录。
4	钢筋直螺纹接头质量检查记录。
5	钢筋直螺纹接头拉伸试验报告

5. 成品保护

钢筋滚压直螺纹连接的成品保护，如表 4.2.73 所示。

成 品 保 护　　表 4.2.73

序　号	内　　容
1	各种规格和型号的套筒外表面，必须有明显的钢筋级别及规格标记。
2	钢筋螺纹保护帽要堆放整齐，不准随意乱扔。
3	连接钢筋的钢套筒必须用塑料盖封上，以保持内部洁净、干燥、防锈。
4	钢筋直螺纹加工经检验合格后，应戴上保护帽或拧上套筒，以防碰伤和生锈。
5	已连接好套筒的钢筋接头不得随意抛砸

6. 安全环保措施

钢筋滚压直螺纹连接的安全环保措施，如表 4.2.74 所示。

安全环保措施 表 4.2.74

序 号	内 容
1	不准硬拉电线或高压油管。
2	高压油管不得打死弯。
3	参加钢筋直螺纹连接施工的人员必须培训、考核、持上岗证。
4	作业人员必须遵守施工现场安全作业有关规定

5 混凝土结构混凝土浇筑工程

5.1 设计要点及构造措施

5.1.1 混凝土配合比设计

5.1.1.1 混凝土配合比设计原则

混凝土配合比设计原则，如表 5.1.1 所示。

混凝土配合比设计原则　　　　　　　　　　　　　　　　表 5.1.1

序号	项目	内容
1	简述	(1)混凝土的配合比是指混凝土的组成材料之间用量的比例关系,一般用水泥：水：砂：石来表示。 (2)混凝土配合比的选择应根据工程的特点,组成原材料的质量、施工方法等因素及对混凝土的技术要求进行计算,并经试验室试配试验再进行调整后确定。 (3)为使拌出的混凝土符合设计要求的强度等级及施工对和易性的要求,并符合合理使用材料和节省水泥等经济原则,必要时还应满足混凝土在抗冻性、抗渗性等方面的特殊要求。
2	一般规定	(1)最少用水量:混凝土在满足施工和易性的条件下,当水泥用量维持不变时,用水量越少,水灰比越小,则混凝土密实性越好,收缩值越小;当水灰比维持不变时,在保证混凝土强度的前提下,用水量越少,水泥用量越高,同时混凝土的体积变化也越小。因此,应力求最少的用水量。 (2)最大石子粒径:石子最大粒径越大,其总表面面积越小,表面上需要包裹的水泥浆就越小,混凝土的密实性提高。但是石子最大粒径要受到结构断面尺寸和钢筋最小间距等条件限制下选择确定。 (3)最多石子用量:混凝土是以石子为主体,砂子填充石子的空隙,水泥浆则使砂子胶成一体。石子用量越多,则需要用的水泥浆越少。但石子用量不可任意增多,否则不利于混凝土拌合物粘聚性和浇捣后的密实性。因此,在原材料与混凝土和易性一定的条件下,应选择一个最优石子用量。 (4)最密骨料级配:要使石子用量最多,砂石骨料混合物级配合适,密度最大,空隙率最小,且骨料级配并应与混凝土和易性相适应。
3	强度要求	由于各个混凝土工程对混凝土的强度等级有不同的要求,设计配合比时,首先要满足混凝土设计强度,即达到要求的混凝土强度等级。
4	耐久性要求	根据混凝土所处的自然环境(如冷热、干湿、冻融和水侵蚀等)以及使用条件(如荷载情况、冲击、磨损等)对混凝土的耐久性的影响,设计配合比时,应事先查明,选用适当的水泥品种和相应条件的骨料、砂石级配以及掺入不同要求的掺合料等来满足耐久性要求。
5	和易性要求	和易性的好坏关系到施工操作的难易和工程质量的好坏,设计配合比时,必须保证混凝土拌合物有良好的和易性,以满足耐久性要求。
6	节约要求	在满足上述各项要求的前提下,应尽量就地取材,节约水泥用量,降低混凝土成本

5.1.1.2 混凝土配合比设计方法

混凝土配合比设计方法如表 5.1.2 所示。

混凝土配合比设计方法　　　　　　　　　　表 5.1.2

序　号	项　目	内　容
1	计算混凝土施工配制强度	混凝土的配制强度必须大于设计要求的强度标准值,以满足强度保证率的要求,超出的数值应根据混凝土强度标准差确定。 混凝土配制强度应按下式计算: $$f_{cu,0} \geqslant f_{cu,k} + 1.645\sigma \quad (5.1)$$ 式中　$f_{cu,0}$——混凝土配制强度(N/mm^2); 　　　$f_{cu,k}$——混凝土立方体抗压强度标准值(N/mm^2); 　　　σ——混凝土强度标准值(N/mm^2)。 施工单位的混凝土强度标准差应按下列规定确定: (1)当施工单位具有近期的同一品种混凝土强度资料时,其混凝土强度标准差 σ 应按下列公式计算 $$\sigma = \sqrt{\dfrac{\sum\limits_{i=1}^{N} f_{cu,i} - N\mu^2 f_{cu}}{N-1}} \quad (5.2)$$ 式中　$f_{cu,i}$——统计周期内同一品种混凝土第 i 组试件的强度值(N/mm^2); 　　　μf_{cu}——统计周期内同一品种混凝土 N 组强度的平均值(N/mm^2); 　　　N——统计周期内同一品种混凝土试件的总组数,$N \geqslant 25$。 　　注:1."同一品种混凝土"系指混凝土强度等级相同且生产工艺和配合比基本相同的混凝土。 　　2. 对预拌混凝土厂和预制混凝土构件厂,统计周期可取为一个月;对现场拌制混凝土的施工单位,统计周期可根据实际情况确定,但不宜超过三个月。 　　3. 当混凝土强度等级为 C20 或 C25 时,其强度标准差计算值小于 2.5N/mm^2 时,计算配制强度用的标准差应取不小于 2.5N/mm^2;当混凝土强度等级等于或大于 C30 级,其强度标准差计算值小于 3.0N/mm^2 时,计算配制强度用的标准差应取不小于 3.0N/mm^2。 (2)遇有下列情况时应提高混凝土配制强度 1)现场条件与试验室条件有显著差异时。 2)C30 级及其以上强度等级的混凝土,采用非统计方法评定时。 (3)当施工单位不具有近期的同一品种混凝土强度资料时,其混凝土强度标准差 σ 可按表 5.1.5 取用。
2	确定水灰比	根据水泥强度等级、混凝土的试配强度和骨料种类,混凝土强度等级小于 C50 级时,由下式求混凝土所需水灰比: $$W/C = \dfrac{\alpha_a \cdot f_{ce}}{f_{cu,0} + \alpha_a \cdot \alpha_b \cdot f_{ce}} \quad (5.3)$$ 式中　W/C——水灰比; 　　　W——每立方米混凝土的用水量(kg); 　　　C——每立方米混凝土的水泥用量(kg); 　　　α_a、α_b——回归系数; 　　　f_{ce}——水泥 28d 抗压强度实测值(N/mm^2)。 (1)当无水泥 28d 抗压强度实测值时,公式(5.3)中的 f_{ce} 值可按下式确定 $$f_{ce} = \gamma_c \cdot f_{ce,g} \quad (5.4)$$ 式中　γ_c——水泥强度等级值的富余系数,可按实际统计资料确定;如无统计资料时,可取 1 或 1.13; 　　　$f_{ce,g}$——水泥强度等级值(N/mm^2)。 (2)f_{ce} 值也可根据 3d 强度或快测强度推定 28d 强度关系式推定。

序 号	项 目	内 容
2	确定水灰比	(3)回归系数 α_a 和 α_b 应根据工程所使用的水泥、骨料,通过试验由建立的水灰比与混凝土强度关系式确定。 (4)当不具备上述试验统计资料时其回归系数,对碎石混凝土 α_a,可取 0.46,α_b 可取 0.07;对卵石混凝土 α_a 可取 0.48,α_b 可取 0.33。 因此根据上述(4),则有: 对碎石混凝土:$$\frac{W}{C}=\frac{0.46f_{ce}}{f_{cu,0}+0.322f_{ce}} \quad (5.5)$$ 对卵石混凝土:$$\frac{W}{C}=\frac{0.48f_{ce}}{f_{cu,0}+0.1584f_{ce}} \quad (5.6)$$
3	确定用水量	根据不同结构物和不同振捣方法及施工和易性要求,参考表5.1.8选定坍落度,然后根据坍落度和石子品种规格参考表5.1.9、表5.1.10和表5.1.11选定用量。
4	计算水泥用量	每立方米混凝土的水泥用量(m_{c0}),可按下式计算: $$m_{c0}=\frac{m_{c0}}{w/c} \quad (5.7)$$ 为满足混凝土的耐久性和密实度要求,采用的水灰比和水泥用量还应满足表5.1.12最大水灰比和最小水泥用量的要求;如不能满足,则采用表中规定的数值,在不影响操作的情况下,用水量可不减。
5	确定砂率	可根据施工单位对所用材料的使用经验,选用合理的数值;如无使用经验,则可按骨料品种、规格及混凝土的水灰比值参照表5.1.13选用。
6	计算每立方米混凝土的砂、石用量	粗骨料和细骨料用量的确定,应符合下列规定: (1)当采用重量法时,应按下式计算: $$m_{c0}+m_{g0}+m_{s0}+m_{w0}=m_{cp} \quad (5.8)$$ $$\beta_s=\frac{m_{s0}}{m_{g0}+m_{su}}\times100\% \quad (5.9)$$ 式中 m_{c0}——每立方米混凝土的水泥用量(kg); m_{g0}——每立方米混凝土的粗骨料用量(kg); m_{s0}——每立方米混凝土的细骨料用量(kg); m_{w0}——每立方米混凝土的用水量(kg); β_s——砂率(%); m_{cp}——每立方米混凝土拌合物的假定重量(kg);其值可取为2350~2450kg。 (2)当采用体积法时,应按下列公式计算: $$\frac{m_{cu}}{\rho_c}+\frac{m_{gu}}{\rho_g}+\frac{m_{su}}{\rho_s}+\frac{m_{w0}}{\rho_w}+0.01\alpha=1 \quad (5.10)$$ $$\beta_s=\frac{m_{s0}}{m_{g0}+m_{su}}+100\% \quad (5.11)$$ 式中 ρ_c——水泥密度(kg/m³),可取 2900~3100kg/m³; ρ_g——粗骨料的表观密度(kg/m³); ρ_s——细骨料的表观密度(kg/m³); ρ_w——水的密度(kg/m³),可取 1000kg/m³; α——混凝土的含气量百分数,在不使用引气型外加剂时,α 可取为1。 (3)粗骨料和细骨料的表观密度(ρ_g、ρ_s)应按现行国家标准《普通混凝土用碎石和卵石质量标准及检验方法》(GB/T 14685—2001)和《普通混凝土用砂质量标准及检验方法》(GB/T 14684—2001)规定的方法测定。
7	试配	(1)混凝土配合比试配时应采用工程中实际使用的原材料。混凝土的搅拌方法,应与生产时使用的方法相同。 (2)混凝土配合比试配时,每盘混凝土的最小搅拌量应符合表5.1.3的规定。当采用机械搅拌时,搅拌量不应小于搅拌机额定搅拌量的1/4。

序　号	项　目	内　容
7	试配	（3）按计算的配合比首先应进行试拌，以检查拌合物的性能。当试拌得出的拌合物坍落度或维勃稠度不能满足要求，或粘聚性和保水性能不好时，应在保证水灰比不变的条件下相应地调整用水量或砂率，直到符合要求为止。然后应提出供混凝土强度试验用的基准配合比。 （4）混凝土强度试验时应至少采用三个不同的配合比，其中一个应为按上述第（3）条计算得出的基准配合比，另外两个配合比的水灰比，宜较基准配合比分别增加或减少 0.05，其用水量与基准配合比基本相同，砂率可分别增加或减小 1%。 当不同水灰比的混凝土拌合物坍落度与要求值相差超过允许偏差时，可以增、减用水量进行调整。 （5）制作混凝土强度试件时，应检验混凝土拌合物的坍落度或维勃稠度、黏聚性、保水性及拌合物表观密度，并以此结果作为代表相应配合比的混凝土拌合物的性能。 （6）混凝土强度试验时，每种配合比应至少制作一组（三块）试件，并应标准养护到 28d 时试压混凝土立方体试件的边长不应小于表 5.1.4 的规定。
8	配合比的确定	（1）由试验得出的各水灰比及其相应的混凝土强度关系，用作图法或计算法求出与混凝土配制强度（$f_{cu,0}$）相对应的水灰比，并应按下列原则确定每立方米混凝土的材料用量。 1）用水量（m_w）应取基准配合比中的用水量，并根据制作强度试件时测得的坍落度或维勃稠度，进行调整。 2）水泥用量（m_c）应以用水量乘以选定出的水灰比计算确定。 3）粗骨料和细骨料用量（m_g 和 m_s）应取基准配合比中的粗骨料和细骨料用量，并按选定的水灰比进行调整。 （2）当配合比经试配确定后，尚应按下列步骤校正： 1）根据上述（1）确定的材料用量按下式计算混凝土的表观密度计算值 $\rho_{c,c}$ $$\rho_{c,c}=m_w+m_c+m_s+m_g \qquad (5.12)$$ 2）按下式计算混凝土配合比校正系数 δ： $$\delta=\frac{\rho_{c,t}}{\rho_{c,c}} \qquad (5.13)$$ 式中　$\rho_{c,t}$——混凝土表面密度实测值（kg/m³）； 　　　$\rho_{c,c}$——混凝土表观密度计算值（kg/m³）。 3）当混凝土表观密度实测值与计算值之差的绝对值不超过计算值的 2% 时，按上述（1）确定的配合比即为确定的设计配合比；当二者之差超过 2% 时，应将配合比中每项材料用量均乘以校正系数 δ 值，即为确定的混凝土设计配合比。 （3）根据本单位常用的材料，可设计出常用的混凝土配合比备用；在使用过程中，应根据原材料情况及混凝土质量检验的结果予以调整。但遇有下列情况之一时，应重新进行配合比设计： 1）对混凝土性能指标有特殊要求时； 2）水泥、外加剂或矿物掺合料品种、质量有显著变化时； 3）该配合比的混凝土生产间断半年以上时

注：1. 大体积混凝土：混凝土结构物实体最小尺寸等于或大于是 1m，或预计会因水泥水化热引起混凝土内外温差过大而导致裂缝的混凝土。

2. 大体积混凝土所用的原材料应符合下列规定：

1) 水泥应选用水化热低和凝结时间长的水泥，如低热矿渣硅酸盐水泥、中热硅酸盐水泥、矿渣硅酸盐水泥、粉煤灰硅酸盐水泥、火山灰质硅酸盐水泥等；当采用硅酸盐水泥或普通硅酸盐水泥时，应采取相应措施延缓水化热的释放；

2) 粗骨料宜采用连续级配，细骨料宜采用中砂；

3) 大体积混凝土应掺用缓凝剂、减水剂和减少水泥水化热的掺合料。

3. 大体积混凝土在保证混凝土强度及坍落度要求的前提下，应提高掺合料及骨料的含量，以降低每立方米混凝土的水泥用量。

4. 大体积混凝土配合比的计算和试配应按表 5.1.2 的有关规定进行，并宜在配合比确定后进行水化热的验算或测定。

混凝土试配用最小搅拌量

表 5.1.3

序号	骨料最大粒径(mm)	拌合物数量(L)
1	31.5 及以下	15
2	≤40	25

混凝土立方体试件的边长

表 5.1.4

序号	骨料最大粒径(mm)	试件边长(mm)
1	31.5 及以下	100×100×100
2	≤40	150×150×150
3	≤63	200×200×200

5.1.1.3　混凝土配合比设计规定

（1）混凝土强度标准差

当施工单位不具有近期的同一品种混凝土强度资料时，其混凝土强度标准差 σ 可按表 5.1.5 取用。

σ 值（N/mm²）

表 5.1.5

混凝土强度等级	低于 C20	C20~C35	C40~C50
σ	4.0	5.0	6.0

注：1. 采用本表时，施工单位根据实际情况，对 σ 值作适当调整；
　　2. C55~C65 混凝土的配制强度应不低于强度等级值的 1.15 倍；
　　3. C70~C80 混凝土的配制强度应不低于强度等级值的 1.12 倍。

（2）混凝土施工的配制强度

配制强度亦称试配强度，是配合比设计所要达到的强度。可根据标准差值按表 5.1.6 选用。

混凝土的配制强度（N/mm²）

表 5.1.6

序　号	混凝土强度等级	σ 值					
		2.0	2.5	3.0	4.0	5.0	6.0
1	C15	18.29	19.11	19.94	21.58		
2	C20		24.11	24.94	26.58		
3	C25		29.11	29.94	31.58	33.22	
4	C30			34.94	36.58	38.22	
5	C35			39.94	41.58	43.22	44.87
6	C40			44.94	46.58	48.22	49.87
7	C45			49.94	51.58	53.22	54.87
8	C50			54.94	56.58	58.22	59.87
9	C55			63.25			
10	C60			69.00			
11	C65			74.75			
12	C70			78.40			
13	C75			84.00			
14	C80			89.60			

（3）水泥品种及强度等级

水泥品种的选择，如设计文件已指定时，按设计文件选用；如设计文件未指定时，视工程项目的性质，参照表 5.1.7 选用。

水泥强度等级的选择　　　　　　　　　表 5.1.7

混凝土强度等级	C15～C25	C30～C45	≥C50
水泥强度等级	32.5,42.5	42.5,52.5	52.5～62.5

（4）混凝土浇筑时的坍落度

混凝土浇筑时的坍落度如表 5.1.8 所示。

混凝土浇筑时的坍落度（mm）　　　　　表 5.1.8

序号	结构种类	坍落度
1	基础或地面等的垫层、无配筋的大体积结构(挡土墙、基础等)或配筋稀疏的结构	10～30
2	板、梁和大型及中型截面的柱子等	35～50
3	配筋密列的结构(薄壁、斗仓、筒仓、细柱等)	55～70
4	配筋特密的结构	75～90

注：1. 本表系采用机械振捣混凝土时的坍落度，当采用人工捣实混凝土时其值可适当增大；
　　2. 当需要配制大坍落度混凝土时，应掺用外加剂；
　　3. 曲面或斜面结构混凝土的坍落度应根据实际需要另行选定；
　　4. 坍落度测定方法应符合现行国家标准《普通混凝土拌合物性能试验方法》的规定。

（5）混凝土用水量

每立方米混凝土用水量的确定，应符合表 5.1.9 的规定。

每立方米混凝土用的水量　　　　　　　表 5.1.9

序号	项目	内容
1	干硬性和塑性混凝土	干硬性和塑性混凝土用水量的确定： (1)当水灰比在 0.4～0.8 范围时，根据粗骨料品种、粒径及施工要求的混凝土拌合物稠度，其用水量可按表 5.1.10、表 5.1.11 选取。 (2)水灰比小于 0.4 的混凝土以及采用特殊成型工艺的混凝土用水量应通过试验确定。
2	流动性、大流动性混凝土	流动性、大流动性混凝土的用水量应按下列步骤计算： (1)以表 5.1.11 中坍落度 90mm 的用水量为基础，按坍落度每增大 20mm 用水量增加 5kg，计算出未掺外加剂时的混凝土的用水量。 (2)掺外加剂时的混凝土用水量可按下式计算： $$m_{wa}=m_{w0}(1-\beta)$$ 式中　m_{wa}——掺外加剂混凝土每立方米混凝土中的用水量(kg)； 　　　m_{w0}——未掺外加剂混凝土每立方米混凝土的用水量(kg)； 　　　β——外加剂的减水率(%)。 (3)外加剂的减水率应经试验确定。 (4)流动性混凝土系指拌合物的坍落度为 100～150mm 的混凝土，大流动性混凝土则指拌合物坍落度等于或大于 160mm 的混凝土。 (5)流动性混凝土和大流动性混凝土掺用外加剂时应符合《混凝土外加剂应用技术规范》(GB 50119)的有关规定

干硬性混凝土的用水量（kg/m³）　　　　表 5.1.10

序号	拌合物稠度		卵石最大粒径(mm)			碎石最大粒径(mm)		
	项目	指标	10	20	40	16	20	40
1	维勃稠度 (s)	16～20	175	160	145	180	170	155
2		11～15	180	165	150	185	175	160
3		5～10	185	170	155	190	180	165

塑性混凝土的用水量（kg/m³）　　　　　　表 5.1.11

序　号	拌合物稠度		卵石最大粒径(mm)				碎石最大粒径(mm)			
	项目	指标	10	20	31.5	40	16	20	31.5	40
1	坍落度 (mm)	10～30	190	170	160	150	200	185	175	165
2		35～50	200	180	170	160	210	195	185	175
3		55～70	210	190	180	170	220	205	195	185
4		75～90	215	195	185	175	230	215	205	195

注：1. 本表用水量系采用中砂时的平均取值。采用细砂时，每立方米混凝土用水量可增加 5～10kg；采用粗砂时，则可减小 5～10kg；
　　2. 掺用各种外加剂或掺合料时，用水量应相应调整。

（6）混凝土的最大水灰比和最小水泥用量

进行混凝土配合比设计时，混凝土的最大水灰比和最小水泥用量，应符合表 5.1.12 的规定。

混凝土的最大水灰比和最小水泥用量　　　　　　表 5.1.12

序号	环 境 条 件		结构物类别	最大水灰比值			最小水泥用量(kg/m³)		
				素混凝土	钢筋混凝土	预应力混凝土	素混凝土	钢筋混凝土	预应力混凝土
1	干燥环境		正常的居住或办公用房屋内部件	不作规定	0.65	0.60	200	260	300
2	潮湿环境	无冻害	(1)高湿度的室内部件； (2)室外部件； (3)在非侵蚀性土和(或)水中的部件	0.70	0.60	0.60	225	280	300
		有冻害	(1)经受冻害的室外部件； (2)在非侵蚀性土和(或)水中且经受冻害的部件)； (3)高湿度且经受冻害中的室内部件	0.55	0.55	0.55	250	280	300
3	有冻害和除冰剂的潮湿环境		经受冻害和除冰剂作用的室内和室外部件	0.50	0.50	0.50	300	300	300

注：1. 用活性掺合料取代部分水泥时，表中的最大水灰比及最小水泥用量即为代替前的水灰比和水泥用量；
　　2. 配制 C15 级及其以下等级的混凝土，可不受本表限制。

（7）混凝土砂率

砂率是指砂在骨料（砂及石子）总量中所占的重量百分率。

1）坍落度为 10～60mm 的混凝土砂率，可根据骨料品种、粒径及水灰比按表 5.1.13 选取。

混凝土的砂率（%）　　　　　　表 5.1.13

序　号	水灰比 (W/C)	卵石最大粒径(mm)			碎石最大粒径(mm)		
		10	20	40	16	20	40
1	0.40	26～32	25～31	24～30	30～35	29～34	27～32
2	0.50	30～35	29～34	28～33	33～38	32～37	30～35

序　号	水灰比 （W/C）	卵石最大粒径（mm）			碎石最大粒径（mm）		
		10	20	40	16	20	40
3	0.60	33～38	32～37	31～36	36～41	35～40	33～38
4	0.70	36～41	35～40	34～39	39～44	38～43	36～41

　　注：1. 本表数值系中砂的选用砂率，对细砂或粗砂的砂率可相应地减小或增大；

　　　　2. 只用一个单粒级粗骨料配制混凝土时，砂率应适当增大；

　　　　3. 对薄壁构件，砂率取偏大值；

　　　　4. 本表中的砂率指砂与骨料总量的重量比。

　　2）坍落度大于 60mm 的混凝土砂率，可经试验确定，也可在表 5.1.13 的基础上，按坍落度每增大 20mm，砂率增大 1% 的幅度予以调整。

　　3）坍落度小于 10mm 的混凝土，其砂率应经试验确定。

5.1.2　普通混凝土施工配合比

5.1.2.1　碎石混凝土常用配合比
碎石混凝土常用配合比可参考表 5.1.14。

碎石混凝土常用配合比参考　　　　　　表 5.1.14

序号	混凝土强度等级	混凝土施工配制强度（N/mm²）	粗骨料最大粒径（mm）	水泥强度等级	水灰比	坍落度（mm）	砂率（%）	用料量（kg/m³）				配合比（W:C:S:G）
								水	水泥	砂	石子	
1	C15	21.58	16	32.5	0.66	10～30	37	200	303	683	1164	0.66:1:2.25:3.84
						35～50	38	210	318	692	1130	0.66:1:2.18:3.55
						55～70	39	220	333	700	1097	0.66:1:2.10:3.29
						75～90	40	230	348	709	1063	0.66:1:2.04:3.05
				42.5	0.85	10～30	39	200	235	747	1168	0.85:1:3.18:4.97
						35～50	40	210	247	757	1136	0.85:1:3.06:4.60
						55～70	41	220	258	768	1104	0.85:1:2.98:4.28
						75～90	42	230	271	777	1072	0.85:1:2.87:3.96
			20	32.5	0.66	10～30	38	185	280	716	1169	0.66:1:2.56:4.18
						35～50	39	195	295	725	1135	0.66:1:2.46:3.85
						55～70	40	205	311	734	1100	0.66:1:2.36:3.54
						75～90	41	215	326	742	1067	0.66:1:2.28:3.27
				42.5	0.85	10～30	39	185	218	759	1188	0.85:1:3.48:5.45
						35～50	40	195	229	770	1156	0.85:1:3.36:5.05
						55～70	41	205	241	780	1124	0.85:1:3.24:4.66
						75～90	42	215	253	790	1092	0.85:1:3.12:4.32
			31.5	32.5	0.66	10～30	36	175	265	688	1222	0.66:1:2.60:4.61
						35～50	37	185	280	697	1188	0.66:1:2.49:4.24
						55～70	38	195	295	707	1153	0.66:1:2.40:3.91
						75～90	39	205	311	715	1119	0.66:1:2.30:3.60
				42.5	0.85	10～30	39	175	206	768	1201	0.85:1:3.73:5.83
						35～50	40	185	218	779	1168	0.85:1:3.57:5.36
						55～70	41	195	229	790	1136	0.85:1:3.45:4.96
						75～90	42	205	241	800	1104	0.85:1:3.32:4.58

续表

序号	混凝土强度等级	混凝土施工配制强度(N/mm²)	粗骨料最大粒径(mm)	水泥强度等级	水灰比	坍落度(mm)	砂率(%)	用料量(kg/m³) 水	用料量 水泥	用料量 砂	用料量 石子	配合比(W∶C∶S∶G)
1	C15	21.58	40	32.5	0.66	10～30	35	165	250	677	1258	0.66∶1∶2.71∶5.03
						35～50	36	175	265	688	1222	0.66∶1∶2.60∶4.61
						55～70	37	185	280	697	1188	0.66∶1∶2.49∶4.24
						75～90	38	195	295	707	1153	0.66∶1∶2.40∶3.91
				42.5	0.85	10～30	39	165	200	774	1211	0.85∶1∶3.87∶6.06
						35～50	40	175	206	788	1181	0.85∶1∶3.82∶5.73
						55～70	41	185	218	798	1149	0.85∶1∶3.66∶5.27
						75～90	42	195	229	809	1117	0.85∶1∶3.54∶4.88
2	C20	26.58	16	32.5	0.54	10～30	34	200	370	622	1208	0.54∶1∶1.68∶3.26
						35～50	35	210	389	630	1171	0.54∶1∶1.62∶3.01
						55～70	36	220	407	638	1135	0.54∶1∶1.57∶2.79
						75～90	37	230	426	645	1099	0.54∶1∶1.51∶2.58
				42.5	0.70	10～30	40	200	286	766	1148	0.70∶1∶2.68∶4.01
						35～50	41	210	300	775	1115	0.70∶1∶2.58∶3.72
						55～70	42	220	314	783	1083	0.70∶1∶2.49∶3.45
						75～90	43	230	329	792	1049	0.70∶1∶2.41∶3.19
			20	32.5	0.54	10～30	34	185	343	636	1236	0.54∶1∶1.85∶3.60
						35～50	35	195	361	645	1199	0.54∶1∶1.79∶3.32
						55～70	36	205	380	653	1162	0.54∶1∶1.72∶3.06
						75～90	37	215	398	661	1126	0.54∶1∶1.66∶2.83
				42.5	0.70	10～30	38	185	264	741	1210	0.70∶1∶2.81∶4.58
						35～50	39	195	279	751	1175	0.70∶1∶2.69∶4.21
						55～70	40	205	293	761	1141	0.70∶1∶2.60∶3.89
						75～90	41	215	307	770	1108	0.70∶1∶2.51∶3.61
			31.5	32.5	0.54	10～30	32	175	324	608	1293	0.54∶1∶1.88∶3.99
						35～50	33	185	343	618	1254	0.54∶1∶1.80∶3.66
						55～70	34	195	361	627	1217	0.54∶1∶1.74∶3.37
						75～90	35	205	380	635	1180	0.54∶1∶1.67∶3.11
				42.5	0.70	10～30	38	175	250	750	1225	0.70∶1∶3.00∶4.90
						35～50	38	185	264	761	1190	0.70∶1∶2.88∶4.51
						55～70	40	195	279	770	1156	0.70∶1∶2.76∶4.14
						75～90	41	205	293	780	1122	0.70∶1∶2.66∶3.83
			40	32.5	0.54	10～30	32	165	306	617	1312	0.54∶1∶2.02∶4.29
						35～50	33	175	324	627	1274	0.54∶1∶1.94∶3.93
						55～70	34	185	343	636	1236	0.54∶1∶1.58∶3.60
						75～90	35	195	361	645	1199	0.54∶1∶1.79∶3.32
				42.5	0.70	10～30	37	165	236	739	1260	0.70∶1∶3.13∶5.34
						35～50	38	175	250	750	1225	0.70∶1∶3.00∶4.90
						55～70	39	185	264	761	1190	0.70∶1∶2.88∶4.51
						75～90	40	195	279	770	1156	0.70∶1∶2.76∶4.14

序号	混凝土强度等级	混凝土施工配制强度(N/mm²)	粗骨料最大粒径(mm)	水泥强度等级	水灰比	坍落度(mm)	砂率(%)	用料量(kg/m³)				配合比(W : C : S : G)
								水	水泥	砂	石子	
3	C25	33.22	16	32.5	0.44	10～30	32	200	455	558	1187	0.44 : 1 : 1.23 : 2.61
						35～50	33	210	477	565	1148	0.44 : 1 : 1.84 : 2.41
						55～70	34	220	500	571	1109	0.44 : 1 : 1.14 : 2.22
						75～90	35	230	523	576	1071	0.44 : 1 : 1.10 : 2.05
				42.5	0.57	10～30	36	200	351	666	1183	0.57 : 1 : 1.90 : 3.37
						35～50	37	210	368	674	1148	0.57 : 1 : 1.83 : 3.12
						55～70	38	220	386	681	1113	0.57 : 1 : 1.76 : 2.88
						75～90	39	230	404	689	1077	0.57 : 1 : 1.71 : 2.67
			20	32.5	0.44	10～30	31	185	420	556	1239	0.44 : 1 : 1.32 : 2.95
						35～50	32	195	443	564	1198	0.44 : 1 : 1.27 : 2.70
						55～70	32	205	466	571	1158	0.44 : 1 : 1.23 : 2.48
						75～90	33	215	489	560	1136	0.44 : 1 : 1.15 : 2.32
				42.5	0.57	10～30	34	185	325	643	1247	0.57 : 1 : 1.98 : 3.84
						35～50	35	195	342	652	1202	0.57 : 1 : 1.91 : 3.51
						55～70	36	205	360	661	1174	0.57 : 1 : 1.84 : 3.26
						75～90	37	215	377	669	1139	0.57 : 1 : 1.77 : 3.02
			31.5	32.5	0.44	10～30	30	175	398	548	1279	0.44 : 1 : 1.38 : 3.21
						35～50	31	185	420	556	1239	0.44 : 1 : 1.32 : 2.95
						55～70	32	195	443	564	1198	0.44 : 1 : 1.27 : 2.70
						75～90	33	205	466	571	1158	0.44 : 1 : 1.23 : 2.48
				42.5	0.57	10～30	34	175	307	652	1266	0.57 : 1 : 2.12 : 4.12
						35～50	35	185	325	662	1228	0.57 : 1 : 2.04 : 3.78
						55～70	36	195	342	671	1192	0.57 : 1 : 1.96 : 3.49
						75～90	37	205	360	679	1156	0.57 : 1 : 1.89 : 3.21
			40	32.5	0.44	10～30	30	165	375	558	1302	0.44 : 1 : 1.49 : 3.47
						35～50	31	175	398	566	1261	0.44 : 1 : 1.42 : 3.17
						55～70	32	185	420	574	1221	0.44 : 1 : 1.37 : 2.91
						75～90	33	195	443	581	1181	0.44 : 1 : 1.31 : 2.67
				42.5	0.57	10～30	34	165	289	662	1284	0.57 : 1 : 2.29 : 4.44
						35～50	35	175	307	671	1247	0.57 : 1 : 2.19 : 4.06
						55～70	36	185	325	680	1210	0.57 : 1 : 2.09 : 3.72
						75～90	37	195	342	689	1174	0.57 : 1 : 2.01 : 3.43
4	C30	38.22	16	42.5	0.49	10～30	34	200	408	609	1183	0.49 : 1 : 1.49 : 2.90
						35～50	35	210	429	616	1145	0.49 : 1 : 1.44 : 2.67
						55～70	36	220	449	623	1108	0.49 : 1 : 1.39 : 2.47
						75～90	37	230	469	629	1072	0.49 : 1 : 1.34 : 2.29
				52.5	0.61	10～30	37	200	328	692	1180	0.61 : 1 : 2.11 : 3.60
						35～50	38	210	344	701	1145	0.61 : 1 : 2.04 : 3.33
						55～70	39	220	361	709	1110	0.61 : 1 : 1.96 : 3.07
						75～90	41	230	377	735	1058	0.61 : 1 : 1.95 : 2.81

序号	混凝土强度等级	混凝土施工配制强度(N/mm²)	粗骨料最大粒径(mm)	水泥强度等级	水灰比	坍落度(mm)	砂率(%)	用料量(kg/m³)				配合比(W:C:S:G)
								水	水泥	砂	石子	
4	C30	38.22	20	42.5	0.49	10～30	32	185	378	588	1249	0.49:1:1.56:3.30
						35～50	33	195	398	596	1211	0.49:1:1.50:3.04
						55～70	34	205	418	604	1173	0.49:1:1.44:2.81
						75～90	35	215	439	611	1135	0.49:1:1.39:2.59
				52.5	0.61	10～30	36	185	303	688	1224	0.61:1:2.27:4.04
						35～50	37	195	320	697	1188	0.61:1:2.18:3.71
						55～70	38	205	336	706	1153	0.61:1:2.10:3.43
						75～90	39	215	352	715	1118	0.61:1:2.03:3.18
			31.5	42.5	0.49	10～30	32	175	357	598	1270	0.49:1:1.68:3.56
						35～50	33	185	378	606	1231	0.49:1:1.60:3.26
						55～70	34	195	398	614	1193	0.49:1:1.54:3.00
						75～90	35	205	418	622	1155	0.49:1:1.49:2.76
				52.5	0.61	10～30	36	175	287	698	1240	0.61:1:2.43:4.32
						35～50	37	185	303	707	1205	0.61:1:2.33:3.98
						55～70	38	195	320	716	1169	0.61:1:2.24:3.65
						75～90	39	205	336	725	1134	0.61:1:2.16:3.38
			40	42.5	0.49	10～30	31	165	337	588	1310	0.49:1:1.74:3.89
						35～50	32	175	357	598	1270	0.49:1:1.68:3.56
						55～70	33	185	377	607	1231	0.49:1:1.61:3.26
						75～90	34	195	398	614	1193	0.49:1:1.54:3.60
				52.5	0.61	10～30	37	165	270	727	1238	0.61:1:2.69:4.58
						35～50	38	175	287	736	1202	0.61:1:2.56:4.19
						55～70	39	185	303	746	1166	0.61:1:2.46:3.85
						75～90	40	195	320	754	1131	0.61:1:2.36:3.53
5	C35	44.87	16	42.5	0.42	10～30	32	200	476	552	1172	0.42:1:1.16:2.46
						35～50	33	210	500	558	1132	0.42:1:1.12:2.03
						55～70	34	220	524	563	1093	0.42:1:1.07:2.09
						75～90	35	230	548	568	1074	0.42:1:1.04:1.96
				52.5	0.52	10～30	35	200	385	635	1180	0.52:1:1.65:3.06
						35～50	36	210	404	643	1143	0.52:1:1.59:2.83
						55～70	37	220	423	650	1107	0.52:1:1.54:2.62
						75～90	38	230	442	657	1071	0.52:1:1.49:2.42
			20	42.5	0.42	10～30	31	185	440	550	1225	0.42:1:1.25:2.78
						35～50	32	195	464	557	1184	0.42:1:1.20:2.55
						55～70	33	205	488	563	1144	0.42:1:1.15:2.34
						75～90	34	215	512	569	1104	0.42:1:1.11:2.16
				52.5	0.52	10～30	34	185	356	632	1227	0.52:1:1.78:3.45
						35～50	35	195	375	640	1190	0.52:1:1.71:3.17
						55～70	36	205	394	648	1153	0.52:1:1.64:2.93
						75～90	37	215	413	656	1116	0.52:1:1.59:2.70

续表

序号	混凝土强度等级	混凝土施工配制强度 (N/mm²)	粗骨料最大粒径(mm)	水泥强度等级	水灰比	坍落度 (mm)	砂率 (%)	用料量(kg/m³)				配合比 (W:C:S:G)
								水	水泥	砂	石子	
5	C35	44.87	31.5	42.5	0.42	10~30	29	175	417	524	1284	0.42:1:1.26:3.08
						35~50	30	185	440	532	1243	0.42:1:1.21:2.82
						55~70	31	195	464	540	1201	0.42:1:1.16:2.59
						75~90	32	205	488	546	1161	0.42:1:1.12:2.38
				52.5	0.52	10~30	32	175	337	604	1284	0.52:1:1.79:3.81
						35~50	33	185	356	613	1246	0.52:1:1.72:3.50
						55~70	34	195	375	622	1208	0.52:1:1.66:3.22
						75~90	35	205	394	630	1171	0.52:1:1.60:2.97
			40	42.5	0.42	10~30	29	165	393	534	1308	0.42:1:1.36:3.33
						35~50	30	175	417	542	1266	0.42:1:1.30:3.04
						55~70	31	185	440	550	1225	0.42:1:1.25:2.78
						75~90	32	195	464	557	1184	0.42:1:1.20:2.55
				52.5	0.52	10~30	32	165	317	614	1304	0.52:1:1.94:4.11
						35~50	33	175	336	623	1266	0.52:1:1.85:3.77
						55~70	34	185	356	632	1227	0.52:1:1.78:3.45
						75~90	35	195	375	640	1190	0.52:1:1.71:3.17
6	C40	48.22	16	42.5	0.40	10~30	32	200	500	544	1156	0.40:1:1.09:2.31
						35~50	33	210	525	549	1116	0.40:1:1.05:2.13
						55~70	34	220	550	554	1076	0.40:1:1.01:1.96
						75~90	35	230	575	558	1037	0.40:1:0.97:1.80
				52.5	0.48	10~30	34	200	417	606	1177	0.48:1:1.45:2.82
						35~50	35	210	438	613	1139	0.48:1:1.40:2.60
						55~70	36	220	458	620	1102	0.48:1:1.35:2.41
						75~90	37	230	479	626	1065	0.48:1:1.31:2.22
			20	42.5	0.40	10~30	31	185	462	543	1210	0.40:1:1.18:2.62
						35~50	32	195	488	549	1168	0.40:1:1.12:2.39
						55~70	33	205	512	555	1128	0.40:1:1.08:2.20
						75~90	34	215	538	560	1087	0.40:1:1.04:2.02
				52.5	0.48	10~30	33	185	385	604	1226	0.48:1:1.57:3.18
						35~50	34	195	406	612	1187	0.48:1:1.51:2.92
						55~70	35	205	427	619	1149	0.48:1:1.45:2.69
						75~90	36	215	448	625	1112	0.48:1:1.40:2.48
			31.5	42.5	0.40	10~30	30	175	438	536	1251	0.40:1:1.22:2.86
						35~50	31	185	462	543	1210	0.40:1:1.18:2.62
						55~70	32	195	488	549	1168	0.40:1:1.12:2.39
						75~90	33	205	512	555	1128	0.40:1:1.08:2.20
				52.5	0.48	10~30	31	175	365	577	1283	0.48:1:1.58:3.52
						35~50	32	185	385	586	1244	0.48:1:1.52:3.23
						55~70	33	195	406	594	1205	0.48:1:1.46:2.97
						75~90	34	205	427	601	1167	0.48:1:1.41:2.73

序号	混凝土强度等级	混凝土施工配制强度(N/mm²)	粗骨料最大粒径(mm)	水泥强度等级	水灰比	坍落度(mm)	砂率(%)	用料量(kg/m³)				配合比(W∶C∶S∶G)
								水	水泥	砂	石子	
6	C40	48.22	40	42.5	0.40	10～30	29	165	412	529	1294	0.40∶1∶1.28∶3.14
						35～50	30	175	438	536	1251	0.40∶1∶1.22∶2.86
						55～70	31	185	462	543	1210	0.40∶1∶1.16∶2.62
						75～90	32	195	488	549	1168	0.40∶1∶1.12∶2.39
				52.5	0.48	10～30	31	165	344	586	1305	0.48∶1∶1.70∶3.79
						35～50	32	175	365	595	1265	0.48∶1∶1.63∶3.47
						55～70	33	185	385	604	1226	0.48∶1∶1.57∶3.18
						75～90	34	195	406	612	1187	0.48∶1∶1.51∶2.92
7	C45	53.22	16	52.5	0.44	10～30	32	200	455	558	1187	0.44∶1∶1.23∶2.61
						35～50	33	210	477	565	1148	0.44∶1∶1.18∶2.41
						55～70	34	220	500	571	1109	0.44∶1∶1.14∶2.22
						75～90	35	230	523	576	1071	0.44∶1∶1.10∶2.05
				62.5	0.52	10～30	36	200	385	653	1162	0.52∶1∶1.70∶3.02
						35～50	37	210	404	661	1125	0.52∶1∶1.64∶2.78
						55～70	38	220	423	668	1089	0.52∶1∶1.60∶2.57
						75～90	39	230	442	674	1054	0.52∶1∶1.52∶2.38
			20	52.5	0.44	10～30	32	185	420	574	1221	0.44∶1∶1.37∶2.91
						35～50	33	195	443	581	1181	0.44∶1∶1.31∶2.67
						55～70	34	205	466	588	1141	0.44∶1∶1.26∶2.45
						75～90	35	215	489	594	1102	0.44∶1∶1.21∶2.25
				62.5	0.52	10～30	35	185	355	651	1209	0.52∶1∶1.83∶3.40
						35～50	36	195	375	659	1171	0.52∶1∶1.76∶3.12
						55～70	37	205	394	666	1135	0.52∶1∶1.69∶2.88
						75～90	38	215	413	673	1099	0.52∶1∶1.63∶2.66
			31.5	52.5	0.44	10～30	29	175	398	530	1297	0.44∶1∶1.33∶3.26
						35～50	30	185	420	538	1257	0.44∶1∶1.28∶2.99
						55～70	31	195	443	546	1216	0.44∶1∶1.23∶2.74
						75～90	32	205	466	553	1176	0.44∶1∶1.19∶2.52
				62.5	0.52	10～30	33	175	337	623	1265	0.52∶1∶1.85∶3.75
						35～50	34	185	356	632	1227	0.52∶1∶1.78∶3.45
						55～70	35	195	375	640	1190	0.52∶1∶1.71∶3.17
						75～90	36	205	394	648	1153	0.52∶1∶1.64∶2.93
			40	52.5	0.44	10～30	30	165	375	558	1302	0.44∶1∶1.49∶3.47
						35～50	31	175	398	566	1261	0.44∶1∶1.42∶3.17
						55～70	32	185	420	574	1221	0.44∶1∶1.37∶2.91
						75～90	33	195	443	581	1181	0.44∶1∶1.31∶2.67
				62.5	0.52	10～30	33	165	317	633	1285	0.52∶1∶2.00∶4.05
						35～50	34	175	337	642	1246	0.52∶1∶1.91∶3.70
						55～70	35	185	357	650	1208	0.52∶1∶1.83∶3.39
						75～90	36	195	375	659	1171	0.52∶1∶1.76∶3.12

续表

序号	混凝土强度等级	混凝土施工配制强度(N/mm²)	粗骨料最大粒径(mm)	水泥强度等级	水灰比	坍落度(mm)	砂率(%)	用料量(kg/m³) 水	水泥	砂	石子	配合比 ($W:C:S:G$)
8	C50	58.22	16	52.5	0.40	10~30	32	200	500	544	1156	0.40:1:1.09:2.31
						35~50	33	210	525	549	1116	0.40:1:1.05:2.13
						55~70	34	220	550	554	1076	0.40:1:1.01:1.96
						75~90	35	230	575	558	1037	0.40:1:0.97:1.80
				62.5	0.48	10~30	35	200	417	624	1159	0.48:1:1.50:2.78
						35~50	36	210	438	631	1121	0.48:1:1.44:2.56
						55~70	37	220	458	637	1085	0.48:1:1.39:2.37
						75~90	38	230	479	643	1048	0.48:1:1.34:2.19
			20	52.5	0.40	10~30	31	185	462	543	1210	0.40:1:1.18:2.62
						35~50	32	195	488	549	1168	0.40:1:1.12:2.39
						55~70	33	205	512	555	1128	0.40:1:1.08:2.20
						75~90	34	215	538	560	1087	0.40:1:1.04:2.02
				62.5	0.48	10~30	34	185	385	622	1208	0.48:1:1.62:3.13
						35~50	35	195	406	630	1169	0.48:1:1.55:2.88
						55~70	36	205	427	636	1132	0.48:1:1.49:2.65
						75~90	37	215	448	643	1094	0.48:1:1.42:2.44
			31.5	52.5	0.40	10~30	30	175	438	536	1251	0.40:1:1.22:2.86
						35~50	31	185	462	543	1210	0.40:1:1.18:2.62
						55~70	32	195	488	549	1168	0.40:1:1.12:2.39
						75~90	33	205	512	555	1128	0.40:1:1.08:2.20
				62.5	0.48	10~30	31	175	365	577	1283	0.48:1:1.58:3.52
						35~50	32	185	385	586	1244	0.48:1:1.00:3.23
						55~70	33	195	406	594	1205	0.48:1:1.46:2.97
						75~90	34	205	427	601	1167	0.48:1:1.41:2.73
			40	52.5	0.40	10~30	29	165	412	529	1294	0.40:1:1.28:3.14
						35~50	30	175	438	536	1251	0.40:1:1.22:2.86
						55~70	31	185	462	543	1210	0.40:1:1.18:2.62
						75~90	32	195	488	549	1168	0.40:1:1.12:2.39
				62.5	0.48	10~30	33	165	344	624	1267	0.48:1:1.81:3.68
						35~50	34	175	365	632	1228	0.48:1:1.73:3.36
						55~70	35	185	385	640	1190	0.48:1:1.66:3.09
						75~90	36	195	406	648	1151	0.48:1:1.60:2.83

5.1.2.2 卵石混凝土常用配合比

卵石混凝土常用配合比可参考表5.1.15。

卵石混凝土常用配合比参考 表 5.1.15

序号	混凝土强度等级	混凝土施工配制强度(N/mm²)	粗骨料最大粒径(mm)	水泥强度等级	水灰比	坍落度(mm)	砂率(%)	用料量(kg/m³) 水	水泥	砂	石子	配合比 ($W:C:S:G$)
1	C15	21.58	16	32.5	0.58	10~30	35	190	328	641	1191	0.58:1:1.95:3.63
						35~50	36	200	345	650	1155	0.58:1:1.88:3.35
						55~70	37	210	362	658	1120	0.58:1:1.82:3.09
						75~90	38	215	371	670	1094	0.58:1:1.81:2.95

序号	混凝土强度等级	混凝土施工配制强度(N/mm²)	粗骨料最大粒径(mm)	水泥强度等级	水灰比	坍落度(mm)	砂率(%)	用料量(kg/m³) 水	水泥	砂	石子	配合比(W∶C∶S∶G)
1	C15	21.58	16	42.5	0.72	10～30	39	190	264	739	1157	0.72∶1∶2.80∶4.38
						35～50	40	200	278	749	1123	0.72∶1∶2.69∶4.04
						55～70	41	210	292	758	1090	0.72∶1∶2.60∶3.73
						75～90	42	215	299	771	1065	0.72∶1∶2.58∶3.56
			20	32.5	0.58	10～30	34	170	293	642	1245	0.58∶1∶2.19∶4.25
						35～50	35	180	310	651	1209	0.58∶1∶2.10∶3.90
						55～70	36	190	328	660	1172	0.58∶1∶2.01∶3.57
						75～90	37	195	336	673	1146	0.58∶1∶2.00∶3.41
				42.5	0.72	10～30	38	170	236	739	1205	0.72∶1∶3.13∶5.11
						35～50	39	180	250	749	1171	0.72∶1∶3.10∶4.68
						55～70	40	190	264	758	1138	0.72∶1∶2.87∶4.31
						75～90	41	195	271	772	1112	0.72∶1∶2.85∶4.10
			31.5	32.5	0.58	10～30	32	160	276	612	1302	0.58∶1∶2.22∶4.72
						35～50	33	170	293	623	1264	0.58∶1∶2.13∶4.31
						55～70	34	180	310	632	1228	0.58∶1∶2.04∶3.96
						75～90	35	185	319	646	1200	0.58∶1∶2.02∶3.76
				42.5	0.72	10～30	36	160	222	708	1260	0.72∶1∶3.19∶5.68
						35～50	37	170	236	719	1225	0.72∶1∶3.05∶5.19
						55～70	38	180	250	730	1190	0.72∶1∶2.92∶4.76
						75～90	39	185	257	744	1164	0.72∶1∶2.89∶4.53
			40	32.5	0.58	10～30	33	150	259	640	1301	0.58∶1∶2.47∶5.02
						35～50	34	160	276	651	1263	0.58∶1∶2.36∶4.58
						55～70	35	170	293	660	1227	0.58∶1∶2.25∶4.19
						75～90	36	175	302	674	1199	0.58∶1∶2.23∶3.97
				42.5	0.72	10～30	37	150	208	737	1255	0.72∶1∶3.54∶6.03
						35～50	38	160	222	748	1220	0.72∶1∶3.37∶5.50
						55～70	39	170	236	758	1186	0.72∶1∶3.21∶5.02
						75～90	40	175	243	773	1159	0.72∶1∶3.18∶4.77
2	C20	26.58	16	32.5	0.49	10～30	32	190	388	583	1239	0.49∶1∶1.50∶3.19
						35～50	33	200	408	591	1201	0.49∶1∶1.45∶2.94
						55～70	34	210	428	599	1163	0.49∶1∶1.40∶2.72
						75～90	35	215	439	611	1135	0.49∶1∶1.39∶2.59
				42.5	0.61	10～30	35	190	311	665	1234	0.61∶1∶2.14∶3.97
						35～50	36	200	328	674	1198	0.61∶1∶2.05∶3.65
						55～70	37	210	344	683	1163	0.61∶1∶1.99∶3.38
						75～90	38	215	352	696	1137	0.61∶1∶1.98∶3.23
			20	32.5	0.49	10～30	31	170	347	584	1299	0.49∶1∶1.68∶3.74
						35～50	32	180	367	593	1260	0.49∶1∶1.62∶3.43
						55～70	33	190	388	601	1221	0.49∶1∶1.55∶3.14
						75～90	34	195	398	614	1193	0.49∶1∶1.54∶3.00
				42.5	0.61	10～30	35	170	279	683	1268	0.61∶1∶2.45∶4.54
						35～50	36	180	295	693	1232	0.61∶1∶2.35∶4.18
						55～70	37	190	311	703	1196	0.61∶1∶2.26∶3.85
						75～90	38	195	320	716	1169	0.61∶1∶2.24∶3.65

续表

序号	混凝土强度等级	混凝土施工配制强度(N/mm²)	粗骨料最大粒径(mm)	水泥强度等级	水灰比	坍落度(mm)	砂率(%)	用料量(kg/m³) 水	用料量(kg/m³) 水泥	用料量(kg/m³) 砂	用料量(kg/m³) 石子	配合比(W：C：S：G)
2	C20	26.58	31.5	32.5	0.49	10～30	29	160	327	555	1358	0.49：1：1.70：4.15
						35～50	30	170	347	565	1318	0.49：1：1.63：3.80
						55～70	31	180	367	574	1279	0.49：1：1.56：3.49
						75～90	32	185	378	588	1249	0.49：1：1.56：3.30
				42.5	0.61	10～30	33	160	262	653	1325	0.61：1：2.49：5.06
						35～50	34	170	279	663	1288	0.61：1：2.38：4.62
						55～70	35	180	295	674	1251	0.61：1：2.28：4.24
						75～90	36	185	303	688	1224	0.61：1：2.27：4.04
			40	32.5	0.49	10～30	30	150	306	583	1361	0.49：1：1.90：4.45
						35～50	31	160	327	593	1320	0.49：1：1.81：4.04
						55～70	32	170	347	602	1281	0.49：1：1.73：3.69
						75～90	33	175	357	616	1252	0.49：1：1.73：3.51
				42.5	0.61	10～30	34	150	246	681	1323	0.61：1：2.77：5.38
						35～50	35	160	262	692	1286	0.61：1：2.64：4.91
						55～70	36	170	279	702	1249	0.61：1：2.52：4.48
						75～90	37	175	287	717	1221	0.61：1：2.50：4.25
3	C25	33.22	16	32.5	0.41	10～30	30	190	463	524	1223	0.41：1：1.13：2.64
						35～50	31	200	488	531	1181	0.41：1：1.09：2.42
						55～70	32	210	512	537	1141	0.41：1：1.05：2.23
						75～90	33	215	524	548	1113	0.41：1：1.05：2.12
				42.5	0.51	10～30	33	190	372	606	1232	0.51：1：1.63：3.31
						35～50	34	200	392	615	1193	0.51：1：1.57：3.04
						55～70	35	210	412	622	1156	0.51：1：1.51：2.81
						75～90	36	215	422	635	1128	0.51：1：1.50：2.67
			20	32.5	0.41	10～30	31	170	415	563	1252	0.41：1：1.36：3.02
						35～50	32	180	439	570	1211	0.41：1：1.30：2.76
						55～70	33	190	463	576	1171	0.41：1：1.24：2.53
						75～90	34	195	476	588	1141	0.41：1：1.24：2.40
				42.5	0.51	10～30	32	170	333	607	1290	0.51：1：1.82：3.87
						35～50	33	180	353	616	1251	0.51：1：1.75：3.54
						55～70	34	190	372	625	1213	0.51：1：1.68：3.26
						75～90	35	195	382	638	1185	0.51：1：1.67：3.10
			31.5	32.5	0.41	10～30	27	160	390	500	1350	0.41：1：1.28：3.46
						35～50	28	170	415	508	1307	0.41：1：1.22：3.15
						55～70	29	180	439	516	1265	0.41：1：1.18：2.88
						75～90	30	185	451	529	1235	0.41：1：1.17：2.74
				42.5	0.51	10～30	30	160	314	578	1348	0.51：1：1.84：4.29
						35～50	31	170	333	588	1309	0.51：1：1.77：3.93
						55～70	32	180	353	597	1270	0.51：1：1.69：3.60
						75～90	33	185	363	611	1241	0.51：1：1.68：3.42

续表

序号	混凝土强度等级	混凝土施工配制强度(N/mm²)	粗骨料最大粒径(mm)	水泥强度等级	水灰比	坍落度(mm)	砂率(%)	用料量(kg/m³)				配合比(W:C:S:G)
								水	水泥	砂	石子	
3	C25	33.22	40	32.5	0.41	10~30	29	150	366	546	1338	0.41:1:1.49:3.66
						35~50	30	160	389	555	1295	0.41:1:1.42:3.32
						55~70	31	170	415	563	1252	0.41:1:1.36:3.02
						75~90	32	175	427	575	1223	0.41:1:1.35:2.86
				42.5	0.51	10~30	33	150	294	645	1311	0.51:1:2.19:4.49
						35~50	34	160	314	655	1271	0.51:1:2.09:4.05
						55~70	35	170	333	664	1233	0.51:1:1.99:3.70
						75~90	36	175	343	678	1204	0.51:1:1.98:3.51
4	C30	38.22	16	42.5	0.45	10~30	30	190	422	536	1252	0.45:1:1.27:2.97
						35~50	31	200	444	544	1212	0.45:1:1.22:2.73
						55~70	32	210	467	551	1172	0.45:1:1.18:2.51
						75~90	33	215	478	563	1144	0.45:1:1.18:2.39
				52.5	0.54	10~30	33	190	352	613	1245	0.54:1:1.74:3.54
						35~50	34	200	370	622	1208	0.54:1:1.68:3.26
						55~70	35	210	389	630	1171	0.54:1:1.62:3.01
						75~90	36	215	398	643	1144	0.54:1:1.62:2.87
			20	42.5	0.45	10~30	31	170	378	574	1278	0.45:1:1.52:3.38
						35~50	32	180	400	582	1238	0.45:1:1.46:3.10
						55~70	33	190	422	590	1198	0.45:1:1.40:2.84
						75~90	34	195	433	602	1170	0.45:1:1.43:2.70
				52.5	0.54	10~30	32	170	315	613	1302	0.54:1:1.95:4.13
						35~50	33	180	333	623	1264	0.54:1:1.87:3.80
						55~70	34	190	352	632	1226	0.54:1:1.80:3.48
						75~90	35	195	361	645	1199	0.54:1:1.79:3.32
			31.5	42.5	0.45	10~30	28	160	356	528	1356	0.45:1:1.48:3.81
						35~50	29	170	378	537	1315	0.45:1:1.42:3.48
						55~70	30	180	400	546	1274	0.45:1:1.36:3.18
						75~90	31	185	411	559	1245	0.45:1:1.36:3.03
				52.5	0.54	10~30	31	160	296	603	1341	0.54:1:2.04:4.53
						35~50	32	170	315	613	1302	0.54:1:1.95:4.13
						55~70	33	180	333	623	1264	0.54:1:1.87:3.80
						75~90	34	185	343	636	1236	0.54:1:1.85:3.60
			40	42.5	0.45	10~30	30	150	333	575	1342	0.45:1:1.73:4.03
						35~50	31	160	356	584	1300	0.45:1:1.64:3.65
						55~70	32	170	378	593	1259	0.45:1:1.57:3.33
						75~90	33	175	389	606	1230	0.45:1:1.56:3.16
				52.5	0.54	10~30	32	150	278	631	1341	0.54:1:2.27:4.82
						35~50	33	160	296	642	1302	0.54:1:2.17:4.40
						55~70	34	170	315	651	1264	0.54:1:2.07:4.01
						75~90	35	175	324	665	1236	0.54:1:2.05:3.81

续表

序号	混凝土强度等级	混凝土施工配制强度(N/mm²)	粗骨料最大粒径(mm)	水泥强度等级	水灰比	坍落度(mm)	砂率(%)	用料量(kg/m³)				配合比(W：C：S：G)
								水	水泥	砂	石子	
5	C35	44.87	16	42.5	0.40	10～30	29	190	475	503	1232	0.40：1：1.06：2.59
						35～50	30	200	500	510	1190	0.40：1：1.02：2.38
						55～70	31	210	525	516	1149	0.40：1：0.98：2.19
						75～90	32	215	538	527	1120	0.40：1：0.98：2.08
				52.5	0.47	10～30	31	190	404	560	1246	0.47：1：1.39：3.08
						35～50	32	200	426	568	1206	0.47：1：1.33：2.83
						55～70	33	210	447	575	1168	0.47：1：1.29：2.61
						75～90	34	215	457	588	1140	0.47：1：1.29：2.49
			20	42.5	0.40	10～30	28	170	425	505	1300	0.40：1：1.19：3.06
						35～50	29	180	450	513	1257	0.40：1：1.14：2.79
						55～70	30	190	475	520	1215	0.40：1：1.09：2.56
						75～90	31	195	488	532	1185	0.40：1：1.09：2.43
				52.5	0.47	10～30	30	170	362	560	1308	0.47：1：1.55：3.61
						35～50	31	180	383	569	1268	0.47：1：1.49：3.31
						55～70	32	190	404	578	1228	0.47：1：1.43：3.04
						75～90	33	195	415	591	1199	0.47：1：1.42：2.89
			31.5	42.5	0.40	10～30	27	160	400	497	1343	0.40：1：1.24：3.36
						35～50	28	170	425	505	1300	0.40：1：1.19：3.06
						55～70	29	180	450	513	1257	0.40：1：1.14：2.79
						75～90	30	185	462	526	1227	0.40：1：1.14：2.66
				52.5	0.47	10～30	29	160	340	551	1349	0.47：1：1.62：3.97
						35～50	30	170	362	560	1308	0.47：1：1.55：3.61
						55～70	31	180	383	569	1268	0.47：1：1.49：3.31
						75～90	32	185	394	583	1238	0.47：1：1.48：3.14
			40	42.5	0.40	10～30	27	150	375	506	1369	0.40：1：1.35：3.65
						35～50	28	160	400	515	1325	0.40：1：1.29：3.31
						55～70	29	170	425	523	1282	0.40：1：1.23：3.02
						75～90	30	175	438	536	1251	0.40：1：1.22：2.86
				52.5	0.47	10～30	29	150	319	560	1371	0.47：1：1.76：4.30
						35～50	30	160	340	570	1330	0.47：1：1.68：3.91
						55～70	31	170	362	579	1289	0.47：1：1.60：3.56
						75～90	32	175	372	593	1260	0.47：1：1.59：3.39
6	C40	48.22	16	42.5	0.40	10～30	29	190	475	518	1267	0.40：1：1.09：2.67
						35～50	30	200	500	525	1225	0.40：1：1.05：2.45
						55～70	31	210	525	532	1183	0.40：1：1.01：2.25
						75～90	32	215	538	543	1154	0.40：1：1.01：2.14
				52.5	0.45	10～30	29	190	422	533	1305	0.45：1：1.26：3.09
						35～50	30	200	444	542	1264	0.45：1：1.22：2.85
						55～70	31	210	467	550	1223	0.45：1：1.18：2.62
						75～90	32	215	478	562	1195	0.45：1：1.18：2.50

序号	混凝土强度等级	混凝土施工配制强度(N/mm²)	粗骨料最大粒径(mm)	水泥强度等级	水灰比	坍落度(mm)	砂率(%)	用料量(kg/m³)				配合比(W：C：S：G)
								水	水泥	砂	石子	
6	C40	48.22	20	42.5	0.40	10~30	28	170	425	519	1336	0.40：1：1.22：3.14
						35~50	29	180	450	528	1292	0.40：1：1.17：2.87
						55~70	30	190	475	536	1249	0.40：1：1.13：2.63
						75~90	31	195	488	548	1219	0.40：1：1.12：2.50
				52.5	0.45	10~30	29	170	378	552	1350	0.45：1：1.46：3.57
						35~50	30	180	400	561	1309	0.45：1：1.40：3.27
						55~70	31	190	422	570	1268	0.45：1：1.35：3.00
						75~90	32	195	433	583	1239	0.45：1：1.35：2.86
			31.5	42.5	0.40	10~30	27	160	400	510	1380	0.40：1：1.28：3.45
						35~50	28	170	425	519	1336	0.40：1：1.22：3.14
						55~70	29	180	450	528	1292	0.40：1：1.17：2.87
						75~90	30	185	462	541	1262	0.40：1：1.17：2.73
				52.5	0.45	10~30	28	160	356	542	1392	0.45：1：1.52：3.91
						35~50	29	170	378	552	1350	0.45：1：1.46：3.57
						55~70	30	180	400	561	1309	0.45：1：1.40：3.27
						75~90	31	185	411	575	1279	0.45：1：1.40：3.11
			40	42.5	0.40	10~30	27	150	375	520	1405	0.40：1：1.39：3.75
						35~50	28	160	400	529	1361	0.40：1：1.32：3.40
						55~70	29	170	425	538	1317	0.40：1：1.27：3.10
						75~90	30	175	438	551	1286	0.40：1：1.26：2.94
				52.5	0.45	10~30	28	150	333	551	1416	0.45：1：0.65：4.25
						35~50	29	160	356	561	1373	0.45：1：1.58：3.86
						55~70	30	170	378	571	1331	0.45：1：1.51：3.52
						75~90	31	175	389	585	1301	0.45：1：1.50：3.34
7	C45	53.22	16	52.5	0.41	10~30	28	190	463	503	1294	0.41：1：1.09：2.79
						35~50	29	200	488	511	1251	0.41：1：1.05：2.56
						55~70	30	210	512	518	1210	0.41：1：1.01：2.36
						75~90	31	215	524	530	1181	0.41：1：1.01：2.25
				62.5	0.48	10~30	30	190	396	559	1305	0.48：1：1.41：3.30
						35~50	31	200	317	568	1265	0.48：1：1.36：3.03
						55~70	32	210	438	577	1225	0.48：1：1.32：2.80
						75~90	33	215	448	590	1197	0.48：1：1.32：2.67
			20	52.5	0.41	10~30	28	170	415	522	1343	0.41：1：1.26：3.24
						35~50	29	180	439	531	1300	0.41：1：1.21：2.96
						55~70	30	190	463	539	1258	0.41：1：1.16：2.71
						75~90	31	195	476	551	1228	0.41：1：1.16：2.58
				62.5	0.48	10~30	30	170	354	578	1348	0.48：1：1.63：3.81
						35~50	31	180	375	587	1308	0.48：1：1.57：3.49
						55~70	32	190	396	596	1268	0.48：1：1.51：3.20
						75~90	33	195	406	610	1239	0.48：1：1.50：3.05

序号	混凝土强度等级	混凝土施工配制强度(N/mm²)	粗骨料最大粒径(mm)	水泥强度等级	水灰比	坍落度(mm)	砂率(%)	水	水泥	砂	石子	配合比(W:C:S:G)
7	C45	53.22	31.5	52.5	0.41	10~30	27	160	390	513	1387	0.41:1:1.32:3.56
						35~50	28	170	415	522	1343	0.41:1:1.26:3.24
						55~70	29	180	439	531	1300	0.41:1:1.21:2.96
						75~90	30	185	451	544	1270	0.41:1:1.21:2.82
				62.5	0.48	10~30	29	160	333	568	1389	0.48:1:1.71:4.17
						35~50	30	170	354	578	1348	0.48:1:1.63:3.81
						55~70	31	180	375	587	1308	0.48:1:1.57:3.49
						75~90	32	185	385	602	1278	0.48:1:1.56:3.32
			40	52.5	0.41	10~30	27	150	366	522	1412	0.41:1:1.43:3.86
						35~50	28	160	390	532	1368	0.41:1:1.36:3.51
						55~70	29	170	415	541	1324	0.41:1:1.30:3.19
						75~90	30	175	427	554	1294	0.41:1:1.30:3.03
				62.5	0.48	10~30	29	150	312	577	1411	0.48:1:1.85:4.52
						35~50	30	160	333	587	1370	0.48:1:1.76:4.11
						55~70	31	170	354	597	1329	0.48:1:1.69:3.75
						75~90	32	175	565	611	1299	0.48:1:1.67:3.56
8	C50	58.22	16	52.5	0.40	10~30	29	190	475	518	1267	0.40:1:1.09:2.67
						35~50	30	200	500	525	1225	0.40:1:1.05:2.45
						55~70	31	210	525	532	1183	0.40:1:1.01:2.25
						75~90	32	215	538	543	1154	0.40:1:1.01:2.14
				62.5	0.44	10~30	32	190	432	585	1243	0.44:1:1.35:2.88
						35~50	33	200	455	592	1203	0.44:1:1.30:2.64
						55~70	34	210	477	599	1164	0.44:1:1.26:2.44
						75~90	35	215	489	611	1135	0.44:1:1.25:2.32
			20	52.5	0.40	10~30	28	170	425	519	1336	0.40:1:1.22:3.14
						35~50	29	180	450	528	1292	0.40:1:1.17:2.87
						55~70	30	190	475	536	1249	0.40:1:1.13:2.63
						75~90	31	195	488	548	1219	0.40:1:1.12:2.50
				62.5	0.44	10~30	30	170	386	568	1326	0.44:1:1.47:3.44
						35~50	31	180	409	579	1283	0.44:1:1.41:3.14
						55~70	32	190	432	585	1243	0.44:1:1.35:2.88
						75~90	33	195	443	598	1214	0.44:1:1.35:2.74
			31.5	52.5	0.40	10~30	27	160	400	510	1380	0.40:1:1.28:3.45
						35~50	28	170	425	519	1336	0.40:1:1.22:3.41
						55~70	29	180	450	528	1292	0.40:1:1.17:2.87
						75~90	30	185	462	541	1262	0.40:1:1.17:2.73
				62.5	0.44	10~30	28	160	364	539	1387	0.44:1:1.48:3.81
						35~50	29	170	386	549	1345	0.44:1:1.42:3.48
						55~70	30	180	409	558	1303	0.44:1:1.36:3.19
						75~90	31	185	420	572	1273	0.44:1:1.36:3.03

续表

序号	混凝土强度等级	混凝土施工配制强度(N/mm²)	粗骨料最大粒径(mm)	水泥强度等级	水灰比	坍落度(mm)	砂率(%)	用料量(kg/m³) 水	水泥	砂	石子	配合比 (W∶C∶S∶G)
8	C50	58.22	40	52.5	0.40	10~30	27	150	375	520	1405	0.40∶1∶1.39∶3.75
						35~50	28	160	400	529	1361	0.40∶1∶1.32∶3.40
						55~70	29	170	425	538	1317	0.40∶1∶1.27∶3.10
						75~90	30	175	438	551	1286	0.40∶1∶1.26∶2.94
				62.5	0.44	10~30	30	150	341	588	1371	0.44∶1∶1.72∶4.02
						35~50	31	160	364	597	1329	0.44∶1∶1.64∶3.65
						55~70	32	170	386	606	1288	0.44∶1∶1.57∶3.34
						75~90	33	175	398	619	1258	0.44∶1∶1.55∶3.16

5.1.3　掺矿物掺合料混凝土配合比设计

掺矿物掺合料混凝土配合比设计如表 5.1.16 所示。

掺矿物掺合料混凝土配合比设计　　　　　　　　表 5.1.16

序号	项目	内容
1	设计原理	掺矿物掺合料混凝土的设计强度等级、强度保证等、标准差及离差系数指标应与基准混凝土相同,配合比设计以基准混凝土配合比为基础,按等稠度、等强度的等级原则等效置换;并应符合表 5.1.2 的规定。
2	设计步骤	(1)根据设计要求,按照表 5.1.2 进行基准配合比设计。 (2)可按表 5.1.17 选择矿物掺合料的取代水泥百分率(β_c)。 (3)按所选用取代水泥百分率(β_c),求出每立方米矿物掺合料混凝土的水泥用量(m_c): $$m_c = m_{c0}(1-\beta_c) \qquad (5.14)$$ (4)按表 5.1.18 选择矿物掺合料超量系数(δ_c)。 (5)按超量系数(δ_c)求出每立方米的矿物掺合料混凝土的矿物掺合料用量(m_f): $$m_f = \delta_c(m_{c0}-m_c) \qquad (5.15)$$ 式中　β_c——取代水泥百分率(%); 　　　m_f——每立方米混凝土中的矿物掺合料用量(kg/m³); 　　　δ_c——超量系数; 　　　m_{c0}——每立方米基准混凝土中的水泥用量(kg/m³)。 　　　m_c——每立方米矿物掺合料混凝土中的水泥用量(kg/m³)。 (6)计算每立方米矿物掺合料混凝土中水泥矿物掺合料和细骨料的绝对体积,求出矿物掺合料超出水泥的体积。 (7)按矿物掺合料超出水泥的体积,扣除同体积的细骨料用量。 (8)矿物掺合料混凝土的用水量,按基准混凝土配合比的用水量取用。 (9)根据计算的矿物掺合料混凝土配合比,通过试拌,在保证设计的工作性的基础上,进行混凝土配合比的调整,直到符合要求。 (10)外加剂的掺量应按取代前基准水泥的百分比计。 (11)矿物掺合料混凝土的水灰比及水泥用量、胶凝材料用量应符合表 5.1.19 的要求

取代水泥百分率　（β_c）　　　　　　　　　表 5.1.17

序号	矿物掺合料种类	水灰比或强度等级	取代水泥百分率（β_c） 硅酸盐水泥	普通硅酸盐水泥	矿渣硅酸盐水泥
1	粉煤灰	≤0.40	≤40	≤35	≤30
2		>0.40	≤30	≤25	≤20

序号	矿物掺合料种类	水灰比或强度等级	取代水泥百分率(β_c)		
			硅酸盐水泥	普通硅酸盐水泥	矿渣硅酸盐水泥
3	粒化高炉矿渣粉	≤0.40	≤70	≤55	≤35
4		>0.40	≤50	≤40	≤30
5	沸石粉	≤0.40	10~15	10~15	5~10
6		>0.40	15~20	15~20	10~15
7	硅灰	C50 以上	≤10	≤10	≤10
8	复合掺合料	≤0.40	≤70	≤60	≤50
9		>0.40	≤55	≤50	≤40

注：高钙粉煤灰用于结构混凝土时，根据水泥品种不同，其掺量不宜超过以上限制：

矿渣硅酸盐水泥　　　不大于 15%；

普通硅酸盐水泥　　　不大于 20%；

硅酸盐水泥　　　　　不大于 30%。

超量系数（δ_c）　　　　　　　　　　　　　　　　　　表 5.1.18

序　号	矿物掺合料种类	规格或级别	超量系数
1	粉煤灰	I	1.0~1.4
2		II	1.2~1.7
3		III	1.5~2.0
4	粒化高炉矿渣粉	S105	0.95
5		S95	1.0~1.15
6		S75	1.0~1.25
7	沸石粉		1.0
8	复合掺合料	S105	0.95
9		S95	1.0~1.15
10		S75	1.0~1.25

最小水泥用量、胶凝材料用量和最大水灰比　　　　表 5.1.19

序号	矿物掺合料种类	用　途	最小水泥用量（kg/m³）	最小胶凝材料用量（kg/m³）	最大水灰比
1	粒化高炉矿渣粉 复合掺合料	有冻害、潮湿环境中结构	200	300	0.50
2		上部结构	200	300	0.55
3		地下、水下结构	150	300	0.55
4		大体积混凝土	110	270	0.60
5		无筋混凝土	100	250	0.70

注：掺粉煤灰、沸石粉和硅灰的混凝土应符合《普通混凝土配合比设计规程》（JGJ 55）中的规定。

5.1.4　有特殊要求的混凝土配合比设计

有特殊要求的混凝土配合比设计如表 5.1.20 所示。

有特殊要求的混凝土配合比设计　　　　　　　　　表 5.1.20

序　号	项　　目	内　　容
1	抗渗混凝土	(1)抗渗混凝土所用的原材料应符合下列规定： 1)粗骨料宜采用连续级配，其最大粒径不宜大于 40mm，含泥量不得大于 1.0%，泥块含量不得大于 0.5%。 2)细骨料的含泥量不得大于 3.0%，泥块含量不得大于 1.0%。 3)外加剂宜采用防水剂、膨胀剂、引气剂、减水剂或引气减水剂。 4)抗渗混凝土宜掺用矿物掺合料。 (2)抗渗混凝土配合比的计算方法和试配步骤除应遵守表 5.1.2 配合比设计的规定外，尚应符合下列规定： 1)每立方米混凝土中的水泥和矿物掺合料总量不宜小于 320kg。 2)砂率宜为 35%～45%。 3)供试配用的最大水灰比应符合表 5.1.21 的规定。 (3)掺用引气剂的抗渗混凝土，其含气量宜控制在 3%～5%。 (4)进行抗渗混凝土配合比设计时，尚应增加抗渗性能试验，并应符合下列规定： 1)试配要求的抗渗水压值应比设计值提高 0.2N/mm^2。 2)试配时，宜采用水灰比最大的配合比做抗渗试验，其试验结果应符合下式要求： $$P_t \geqslant P/10 + 0.2$$ 式中　P_t——6 个试件中 4 个未出现渗水时的最大水压值（N/mm^2）； 　　　　P——设计要求的抗渗等级值。 3)掺引气剂的混凝土还应进行含气量试验，试验结果应符合上述(3)的规定。
2	抗冻混凝土	(1)抗冻混凝土所用原材料应符合下列规定： 1)应选用硅酸盐水泥或普通硅酸盐水泥，不宜使用火山灰质硅酸盐水泥。 2)宜选用连续级配的粗骨料，其含泥量不得大于 1.0%，泥块含量不得大于 0.5%。 3)细骨料含泥量不得大于 3.0%，泥块含量不得大于 1.0%。 4)抗冻等级 F100 及以上的混凝土所用的粗骨料和细骨料均应进行坚固性试验，并应符合现行国家标准《普通混凝土用碎石或卵石质量标准及检验方法》（GB/T 14685—2001）及《普通混凝土用砂质量标准及检验方法》（GB/T 14684—2001）的规定。 5)抗冻混凝土宜采用减水剂，对抗冻等级 F100 及以上的混凝土应掺引气剂，掺用后混凝土的含气量应符合普通混凝土配合比设计的规定。 (2)抗冻混凝土配合比的计算方法和试配步骤除应遵守普通混凝土配合比设计规定外，供试配用的最大水灰比尚应符合表 5.1.22 的规定。 (3)进行抗冻混凝土配合比设计时，尚应增加抗冻融性能试验。
3	高强混凝土	(1)配制高强混凝土所用原材料应符合下列规定： 1)应选用质量稳定、强度等级不低于 42.5 级的硅酸盐水泥或普通硅酸盐水泥。 2)对强度等级为 C60 级的混凝土，其粗骨料的最大粒径不应大于 31.5mm，对强度等级高于 C60 级的混凝土，其粗骨料的最大粒径不应大于 25mm；针片状含量不宜大于 5.0%，含泥量不应大于 0.5%，泥块含量不宜大于 0.2%；其他质量指标应符合现行国家标准《普通混凝土用砂质量标准及检验方法》（GB/T 14685—2001）的规定。 3)细骨料的细度模数宜大于 2.6，含泥量不应大于 2.0%，泥块含量不应大于 0.5%。其他质量指标应符合现行国家标准《普通混凝土用砂质量标准及检验方法》（GB/T 14684—2001）的规定。 4)配制高强混凝土时应掺用高效减水剂或缓凝高效减水剂，并应掺用活性较好的矿物掺合料，且宜复合使用矿物掺合料。 (2)高强混凝土配合比的计算方法和步骤除应按有关规定进行外，尚应符合下列规定：

续表

序号	项　目	内　容
3	高强混凝土	1)基准配合比中的水灰比,可根据现有试验资料选取; 2)配制高强混凝土所用砂率及所采用的外加剂和矿物掺合料的品种、掺量,应通过试验确定; 3)高强混凝土的水泥用量不应大于 550kg/m³;水泥和矿物掺合料的品种的总量不应大于 600kg/m³。 (3)高强混凝土配合比的试配与确定的步骤应按有关的规定进行。当采用三个不同的配合比进行混凝土强度试验时,其中一个应为基准配合比,另外两个配合比的水灰比,宜较基准配合比分别增加和减少 0.02%～0.03%。 (4)高强混凝土设计配合比确定后,尚应用该配合比进行不少于 6 次的重复试验进行验证,其平均值不应低于配制强度。
4	泵送混凝土	(1)泵送混凝土原材料 1)水泥 配制泵送混凝土应采用硅酸盐水泥、普通硅酸盐水泥、矿渣硅酸盐水泥和粉煤灰硅酸盐水泥,不宜采用火山灰质硅酸盐水泥。 矿渣水泥保水性稍差,泌水性较大,但由于其水化热较低,多用于配制泵送的大体积混凝土,但宜适当降低坍落度、掺入适量粉煤灰和适当提高砂率。 2)粗骨料 粗骨料的粒径、级配和形状对混凝土拌合物的可泵性有着十分重要的影响。 粗骨料的最大粒径与输送管的管径之比有直接的关系,应符合表 5.1.23 的规定。 粗骨料应符合国家现行标准《普通混凝土用碎石或卵石质量标准及检验方法》(GB/T 14685—2001)的规定,粗骨料应采用连续级配,针片状颗粒含量不宜大于 10%。 粗骨料的级配影响空隙率和砂浆用量,对混凝土可泵性有影响,常用的粗骨料级配曲线可按图 5.1.1 选用。 泵送混凝土粗、细骨料最佳配图(图 5.1.1、图 5.1.2)说明: ①粗实线为最佳级配线; ②两条虚线之间区域为适宜泵送区; ③粗细骨料最佳级配区宜尽可能接近二条虚线之间范围的中间区域。 3)细骨料 细骨料对混凝土拌合物的可泵性也有很大影响。混凝土拌合物之所以能在输送管中顺利流动,主要是由于粗骨料被包裹在砂浆中,而由砂浆直接与管壁接触起到的润滑作用。对细骨料除应符合国家现行标准《普通混凝土用砂质量标准及检验方法》(GB/T 14684—2001)外,一般有下列要求: ①宜采用中砂,细度模数为 2.5～3.2; ②通过 0.315mm 筛孔的砂不少于 15%; ③应有良好的级配,可按图 5.1.2 选用。 4)掺合料 泵送混凝土中常用的掺合料为粉煤灰,掺入混凝土拌合物中,能使泵送混凝土的流动性显著增加,且能减少混凝土拌合物的泌水和干缩,大大改善混凝土的泵送性能。当泵送混凝土中水泥用量较少或细骨料中通过 0.315mm 筛孔的颗粒小于 15%时,掺入粉煤灰是很适宜的。对于大体积混凝土结构,掺加一定数量的粉煤灰还可以降低水泥的水化热,有利于控制温度裂缝的产生。 粉煤灰的品质应符合国家现行标准《用于水泥和混凝土中的粉煤灰》、《粉煤灰在混凝土和砂浆中应用技术规程》和(预拌混凝土)的有关规定。 5)外加剂 泵送混凝土中的外加剂,主要有泵送剂、减水剂和引气剂,对于大体积混凝土结构,为防止产生收缩裂缝,还可以掺入适宜的膨胀剂。

续表

序 号	项 目	内 容
4	泵送混凝土	(2)泵送混凝土配合比设计 泵送混凝土配合比设计应根据混凝土原材料、混凝土运输距离、混凝土泵与混凝土输送管径、泵送距离、气温等具体施工条件试配。必要时,应通过试泵送确定泵送混凝土的配合比。 泵送混凝土的坍落度,可按国家现行标准混凝土泵送施工技术规程的规定,选用对不同泵送高度,入泵时混凝土的坍落度,可按表 5.1.24 选用。混凝土入泵时的坍落度允许误差应符合表 5.1.25 的规定。混凝土经时坍落度损失值,可按表 5.1.26 选用。 泵送混凝土配合比设计时,应参照以下参数: 1)泵送混凝土的用水量与水泥和矿物掺合料的总量之比不宜大于 0.60。 2)泵送混凝土的砂率宜为 35%～45%。 3)泵送混凝土的水泥和矿物掺合料的总量不宜小于 300kg/m³。 4)泵送混凝土应掺适量外加剂,并应符合国家现行标准混凝土泵送剂的规定。外加剂的品种和掺量宜由试验确定。不得任意使用。掺用引气型外加剂时,其混凝土的含气量不宜大于 4%。 5)掺粉煤灰的泵送混凝土配合比设计,必须经过试配确定,并应符合国家现行标准的有关规定

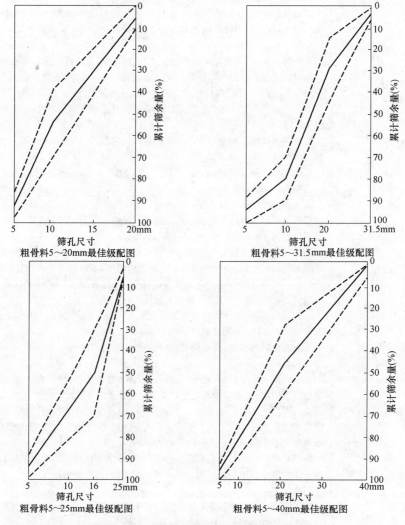

图 5.1.1　泵送混凝土粗骨料最佳级配图

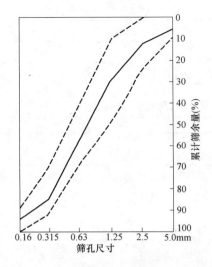

图 5.1.2　泵送混凝土细骨料最佳级配图

抗渗混凝土最大水灰比　　　　　　　　　　表 5.1.21

序　号	抗渗等级	最大水灰比	
		C20～C30	C30 以上
1	P6	0.60	0.55
2	P8～P12	0.55	0.50
3	P12 以上	0.50	0.45

抗冻混凝土的最大水灰比　　　　　　　　　　表 5.1.22

序　号	抗冻等级	无引气剂时	掺引气剂时
1	F50	0.55	0.60
2	F100	—	0.55
3	F150 及以上	—	0.50

粗骨料的最大粒径与输送管径之比　　　　　　表 5.1.23

序　号	石子品种	泵送高度(m)	粗骨料的最大粒径与输送管径之比
1	碎石	＜50	≤1∶3.0
2		50～100	≤1∶4.0
3		＞100	≤1∶5.0
4	卵石	＜50	≤1∶2.5
5		50～100	≤1∶3.0
6		＞100	≤1∶4.0

不同泵送高度入泵时混凝土坍落度选用值　　　表 5.1.24

泵送高度(m)	30 以下	30～60	60～100	100 以上
坍落度(mm)	100～140	140～160	160～180	180～200

混凝土坍落度允许误差   表 5.1.25

序 号	所需坍落度(mm)	坍落度允许误差(mm)
1	≤100	±20
2	>100	±30

混凝土经时坍落度损失值   表 5.1.26

大气温度(℃)	10~20	20~30	30~35
混凝土经时坍落度损失值(mm)(掺粉煤灰和木钙,经时 1h)	5~25	25~35	35~50

注:掺粉煤灰与其他外加剂时,坍落度经时损失值可根据施工经验确定。无施工经验时,应通过试验确定。

5.1.5 混凝土拌制

5.1.5.1 常用混凝土搅拌机

常用混凝土搅拌机如表 5.1.27 所示。

常用混凝土搅拌机   表 5.1.27

序 号	项 目	内 容
1	搅拌机分类	常用的混凝土搅拌机按其搅拌原理主要分为自落式搅拌机和强制式搅拌机两类: (1)自落式搅拌机 这种搅拌机的搅拌鼓筒是垂直放置的。随着鼓筒的转动,混凝土拌合料在鼓筒内做自由落体式翻转搅拌,从而达到搅拌的目的。自落式搅拌机多用以搅拌塑性混凝土和低流动性混凝土。筒体和叶片磨损较小,易于清理,但动力消耗大,效率低。搅拌时间一般为 90~120s/盘,其构图如图 5.1.3~图 5.1.5 所示。 鉴于此类搅拌机对混凝土骨料有较大的磨损,从而影响混凝土质量,现已逐步被强制式搅拌机所取代。 (2)强制式搅拌机 强制式搅拌机的鼓筒筒内有若干组叶片,搅拌时叶片绕竖轴或卧轴旋转,将材料强行搅拌,直至搅拌均匀。这种搅拌机的搅拌作用强烈,适宜于搅拌干硬性混凝土和轻骨料混凝土,也可搅拌流动性混凝土,具有搅拌质量好、搅拌速度快、生产效率高、操作简便及安全等优点。但机件磨损严重,一般需用高强合金钢或其他耐磨材料做内衬,多用于集中搅拌站,外形如图 5.1.6 所示,构造如图 5.1.7 和图 5.1.8 所示。
2	搅拌机主要技术性能	常用混凝土搅拌机的主要技术性能如表 5.1.28 所示。
3	搅拌机使用注意事项	(1)安装。搅拌机应设置在平坦的位置,用方木垫起前后轮轴,使轮胎搁高架空,以免在开动时发生走动。固定式搅拌机要装在固定的机座或底架上。 (2)检查。电源接通后,必须仔细检查,经 2~3min 空车试转认为合格后,方可使用。试运转时应校验拌筒转速是否合适,一般情况下,空车速度比重车(装料后)稍快 2~3 转,如相差较多,应调整滑轮与传动轮的比例。搅拌筒的旋转方向应符合箭头指示方向,如不符时,应更正电机接线检查传动离合器和制动器是否灵活可靠,钢丝绳有无损坏,轨道滑轮是否良好,周围有无障碍及各部位的润滑情况等。 (3)保护。电动机应装设外壳或采用其他保护措施,防止水分和潮气浸入而损坏。电动机必须安装启动开关,速度由缓变快。 开机后,经常注意搅拌机各部件的运转是否正常,停机时,经常检查搅拌机叶片是否打弯,螺丝有否打落或松动。 当混凝土搅拌完毕或预计停歇 1h 以上时,除将余料出净外,应用石子和清水倒入拌筒内,开机转动 5~10min,把粘在料筒上的砂浆冲洗干净后全部卸出。料筒内不得有积水,以免料筒和叶片生锈。同时还应清理搅拌筒外积灰,使机械保持清洁完好。下班后及停机不用时,将电动机保险丝取下,以保安全

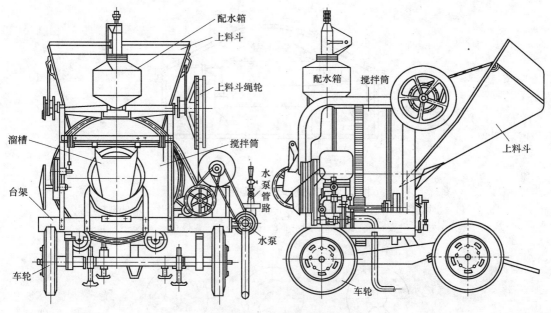

图 5.1.3　自落式搅拌机

图 5.1.4　自落式锥形反转出料搅拌机

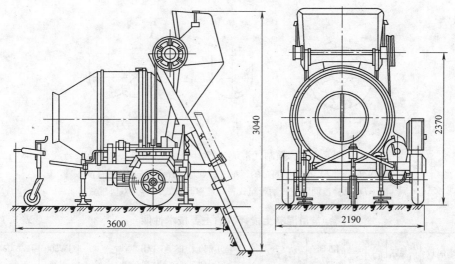

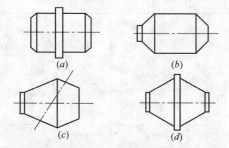

图 5.1.5　自落式混凝土搅拌机搅拌筒的几种形式
（a）鼓筒式搅拌机；（b）锥形反转出料搅拌机；
（c）单开口双锥形倾翻出料搅拌机；（d）双开
口双锥形倾翻出料搅拌机

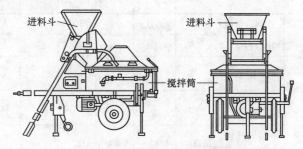

图 5.1.6　涡浆式强制搅拌机

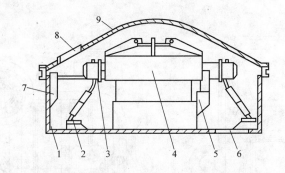

图 5.1.7   涡浆式强制搅拌机构造图

1—搅拌盘；2—搅拌叶；3—搅拌臂；4—转子；5—内壁铲刮叶片；6—出料口；

7—外壁铲刮叶片；8—进料口；9—盖板

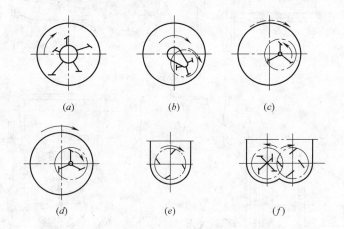

图 5.1.8   强制式混凝土搅拌机的几种形式

(a) 涡浆式；(b) 搅拌盘固定的行星式；(c) 搅拌盘反向旋转的行星式；

(d) 搅拌盘同向旋转的行星式；(e) 单卧轴式；(f) 双卧轴式

常用混凝土搅拌机的主要技术性能   表 5.1.28

序号	型号 项目	J1-250 自落式	JGZR350 自落式	JZC350 双锥 自落式	J1-400 自落式	J4-375 强制式	JD250 单卧轴 强制式	JS350 双卧轴 强制式	JD500 单卧轴 强制式	TQ500 强制式	JW500 涡浆 强制式	JW1000 涡浆 强制式	S4S1000 双卧轴 强制式
1	进料容量(L)	250	560	560	400	375	400	560	800	800	800	1600	1600
2	出料容量(L)	160	350	350	260	250	250	350	500	500	500	1000	1000
3	拌合时间(min)	2	2	2	2	1.2	1.5	2	2	1.5	1.5～2.0	1.5～3.0	3.0
4	平均搅拌能力 (m³/h)	3～5		12～14	6～12	12.5	12.5	17.5～21	25.30	20	20		60
5	拌筒尺寸 (直径×长×宽) (mm)	1218×960	1447×1096	1560×1890	1447×1178	1700×500				2040×650	2042×646	3000×830	
6	拌筒转速(r/min)	18	17.4	14.5	18		30	35	26	28.5	28	20	36

序号	项目	型号	J1-250自落式	JGZR350自落式	JZC350双锥自落式	J1-400自落式	J4-375强制式	JD250单卧轴强制式	JS350双卧轴强制式	JD500单卧轴强制式	TQ500强制式	JW500涡浆强制式	JW1000涡浆强制式	S4S1000双卧轴强制式
7	电动机	kW	5.5		5.5	7.5	10	11	15	5.5	30	30	55	
8		r/min	1440		1440	1450	1450	1460				980		
9	配水箱容量(L)		40				65				20			
10	外形尺寸(mm)	长	2280	3500	3100	3700	4000	4340	4340	4580	2375	6150	3900	3852
11		宽	2200	2600	2190	2800	1865	2850	2570	2700	2138	2950	3120	2385
12		高	2400	3000	3040	3000	3120	4000	4070	4570	1650	4300	1800	2465
13	整机重量(kg)		1500	3200	2000	3500	2200	3300	3540	4200	3700	5185	7000	6500

注：估算搅拌机的产量，一般以出料系数表示，其数值为 0.55～0.72，通常取 0.66。

5.1.5.2 混凝土搅拌施工要点

混凝土搅拌施工要点如表 5.1.29 所示。

混凝土搅拌施工要点　　　　　　　　　表 5.1.29

序号	项目	内容
1	一般要求	搅拌混凝土前,加水空转数分钟,将积水倒净,使拌筒充分润湿。搅拌第一盘时,考虑到筒壁上的砂浆损失,石子用量应按配合比规定减半。 搅拌好的混凝土要做到基本卸尽。在全部混凝土卸出之前不得再投入拌合料,更不得采取边出料边取料的方法。严格控制水灰比和坍落度,未经试验人员同意不得随意加减用水量。
2	材料配合比	严格掌握混凝土材料配合比,在搅拌机挂牌公布,便于检查。混凝土原材料按重量计的允许偏差,不得超过"混凝土结构工程施工质量验收规范"(GB 50204—2002)7.3 的有关规定。
3	搅拌要点	搅拌装料顺序为石子→水泥→砂。每盘装料数量不得超过搅拌筒标准容量的 10%。 (1)在每次用搅拌机拌合第一罐混凝土前,应先开动搅拌机空车运转,运转正常后,再加料搅拌,搅拌第一罐混凝土时,宜按配合比多加入 10% 的水泥、水、细骨料的用量;或减少 10% 的粗骨料用量,使富余的砂浆布满鼓筒内壁及搅拌叶片,防止第一罐混凝土拌合物中的砂浆偏少。 在每次搅拌机开拌之始,应注意监视与检测开拌初始的前二、三罐混凝土拌合物的和易性。如不符合要求应立即分析情况进行处理,直至拌合物的和易性符合要求,方可持续生产。 当开始按新的配合比进行拌制或原材料有变化时,亦应注意搅拌鉴定与检测工作。 (2)搅拌时间:从原料全部投入搅拌筒时起,至混凝土拌合料开始卸出时止,所经历的时间称作搅拌时间。通过充分搅拌,应使混凝土的各种组成材料混合均匀,颜色一致;高强度等级混凝土、干硬性混凝土更应严格执行。搅拌时间随搅拌机的类型及混凝土拌合料要求的和易性的不同而异。在生产中,应根据混凝土拌合料要求的均匀性、混凝土强度增长的效果及生产效率几种因素,规定合适的搅拌时间。但混凝土搅拌的最短时间,应符合表 5.1.30 的规定。 (3)在拌合掺有掺合料(如粉煤灰等)的混凝土时,宜先以部分水、水泥及掺合料在机内拌合后,再加入砂、石及剩余水,并适当延长拌合时间。 (4)使用外加剂时,应注意检查核对外加剂品名、生产厂名、牌号等。使用时一般宜先将外加剂制成外加剂溶液,并预先加入拌合用水中,当采用粉状外加剂时,也可采用定量小包装外加剂另加载体的掺用方式。当用外加剂溶液时,应经常检查外加剂溶液的浓度,并应经常搅拌外加剂溶液,使溶液浓度均匀一致,防止沉淀。溶液中的水量,应包括在拌合用水量内。

序号	项 目	内 容
3	搅拌要点	(5)混凝土用量不大,而又缺乏机械设备时,可用人工拌制。人工拌制一般是在铁板或包有白铁皮的木拌板上进行,如用木制拌板时,宜将表面刨光,镶拼严密,使不漏浆。拌合要先干拌均匀,再按规定用水量随加水随湿拌至颜色一致,达到石子与水泥浆无分离现象为准。若水灰比不变,工人拌制要比机械搅拌多耗10%～15%的水泥。 (6)雨期施工期间要勤测粗、细骨料的含水量,随时调整用水量和粗、细骨料的用量。夏期施工时砂石材料尽可能加以遮盖,至少在使用前不受烈日曝晒,必要时可采用冷水淋洒,使其蒸发散热。冬期施工要防止砂石材料表面冻结,并应清除冰块。
4	泵送混凝土的拌制	泵送混凝土宜采用混凝土搅拌站供应的预拌混凝土,也可在现场设置搅拌站供应泵送混凝土,但不得采用手工搅拌的混凝土进行泵送。 泵送混凝土的交货检验,应在交货地点,按国家现行《预拌混凝土》(GB 14902)的有关规定,进行交货检验;现场拌制的泵送混凝土供料检查,宜按国家现行标准《预拌混凝土》(GB 14902)的有关规定执行。 在寒冷地区冬期拌制泵送混凝土时,除应满足《混凝土泵送施工技术规程》(JGJ/T 10)的规定外,尚应制定冬期施工措施。
5	质量要求	在搅拌工序中,拌制的混凝土拌合物的均匀性应按要求进行检查。在检查混凝土均匀性时,应在搅拌机卸料过程中,从卸料流出的1/4～3/4之间部位采取试样。检测结果应符合下列规定: (1)混凝土中砂浆密度,两次测值的相对误差不应大于0.8%; (2)单位体积混凝土中粗骨料含量,两次测值的相对误差不应大于5%。 混凝土搅拌的最短时间应符合表5.1.30的规定,混凝土的搅拌时间,每一工作班至少应抽查两次。 混凝土搅拌完毕后,应按下列要求检测混凝土拌合物的各项性能: (1)混凝土拌合物的稠度,应在搅拌地点和浇筑地点分别取样检测。每工作班不应少于1次。评定时应以浇筑地点为准。 在检测坍落度时,还应观察混凝土拌合物的黏聚性和保水性,全面评定拌合物的和易性。 (2)根据需要,如果应检查混凝土拌合物的其他质量指标时,检测结果也应符合各自的要求,如含气量、水灰比和水泥含量等

混凝土搅拌的最短时间 (s)   表 5.1.30

序号	混凝土坍落度(mm)	搅拌机类型	搅拌机容积(L)		
			小于 250	250～500	大于 500
1	小于及等于 30	自落式	90	120	150
2		强制式	60	90	120
3	大于 30	自落式	90	90	120
4		强制式	60	60	90

注:掺有外加剂时,搅拌时间应适当延长。

5.1.6 混凝土运输与浇筑

5.1.6.1 混凝土运输设备

(1) 一般运输设备

混凝土一般运输设备如表 5.1.31 所示。

混凝土一般运输设备 表 5.1.31

序号	项 目	内 容
1	水平运输设备	(1)手推车 手推车是施工工地上普遍使用的水平运输工具,手推车具有小巧、轻便等特点,不但适用于一般的地面水平运输,还能在脚手架、施工栈道上使用;也可与塔吊、并架等配合使用,解决垂直运输。 (2)机动翻斗车 用柴油机装配而成的翻斗车,功率 7355W,最大行驶速度达 35km/h。车前装有容量为 400L、载重 1000kg 的翻斗。具有轻便灵活、结构简单、转弯半径小、速度快、能自动卸料、操作维护简便等特点。适用于短距离水平运输混凝土以及砂、石等散装材料,如图 5.1.9 所示。 (3)混凝土搅拌输送车 混凝土搅拌输送车是一种用于长距离输送混凝土的高效能机械,它是将运送混凝土的搅拌筒安装在汽车底盘上,而以混凝土搅拌站生产的混凝土拌合物灌装入搅拌筒内,直接运至施工现场,供浇筑作业需要。在运输途中,混凝土搅拌筒始终在不停地慢速转动,从而使筒内的混凝土拌合物可连续得到搅动,以保证混凝土通过长途运输后,仍不致产生离析现象。在运输距离很长时,也可将混凝土干料装入筒内,在运输途中加水搅拌,这样能减少由于长途运输而引起的混凝土坍落度损失。 目前常用的混凝土搅拌车及其性能见表 5.1.32 和图 5.1.10~5.1.12 所示。 (4)使用的混凝土搅拌输送车必须注意的事项为: 1)混凝土必须在最短的时间内均匀无离析地排出,出料干净、方便,能满足施工的要求,如与混凝土泵联合输送时,其排料速度应能相匹配。 2)从搅拌输送车运卸的混凝土中,分别取 1/4 和 3/4 处试样进行坍落度试验,两个试样的坍落度值之差不得超过 30mm。 3)混凝土搅拌输送车在运送混凝土时,通常的搅动转速为 2~4r/min 整个输送过程中拌筒的总转数应控制在 300 转以内。 4)若混凝土搅拌输送车采用干料自行搅拌混凝土时,搅拌速度一般应为 6~18r/mim;搅拌应从混合料和水加入搅筒起,直至搅拌结束转数应控制在 70~100 转。
2	垂直运输设备	(1)井架 主要用于高层建筑混凝土灌筑时的垂直运输机械,由井架、台灵拔杆、卷扬机、吊盘、自动倾卸吊斗及钢丝缆风绳等组成,具有一机多用、构造简单、拆装方便等优点。起重高度一般为 25~40mm。如图 5.1.13 所示。 (2)混凝土提升机 混凝土提升机是供快速输送大量混凝土的垂直提升设备。它是由钢井架、混凝土提升斗、高速卷扬机等组成,其提升速度可达 50~100m/min。当混凝土提升到施工楼层后,卸入楼面受料斗,再采用其他楼面水平运输工具(如手推车等)运送到施工部位浇筑。一般每台容量为 0.5m³×2 的双斗提升机,当其提升速度为 75m/min,最高高度达 120m,混凝土输送能力可达 20m³/h。因此对于混凝土浇筑量较大的工程,特别是高层建筑,是很经济适用的混凝土垂直运输机具。 (3)施工电梯 按施工电梯的驱动形式,可分为钢索牵引、齿轮齿条曳引和星轮滚道曳引三种形式。其中钢索曳引的是早期产品,已很少使用。目前国内外大部分采用的是齿轮齿条曳引的形式,星轮滚道是最新发展起来的,传动形式先进,但目前其载重能力较小。 按施工电梯的动力装置又可分为电动和电动-液压两种。电力驱动的施工电梯,工作速度约 40m/min,而电动液压驱动的施工电梯其工作速度可达 96m/min。 施工电梯的主要部件有基础、立柱导轨井架、带有底笼的平面主框架、梯笼和附墙支撑组成。 其主要特点是用途广泛、适应性强,安全可靠,运输速度高,提升速度最高可达 150~200m 以上(图 5.1.14)。国内建筑施工电梯的主要技术性能如表 5.1.33 所示

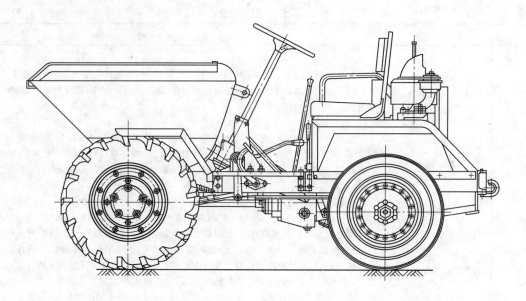

图 5.1.9 机动翻斗车

混凝土搅拌输送车技术参数参考表　　　　　　　　　· 表 5.1.32

序号	项目 型号		JC-2 型	JBC-1.5C	JBC-1.5E	JBC-3T	MR45	MR45-T	MR60-S	TY-3000	TATRA	FV112 JML
1	拌筒容积(m³)		5.7				8.9	8.9		5.7	10.25	8.9
2	搅动能力(m³)		2	1.5	1.5	3～4.5	6	6	8	5.0	4.5	5.0
3	最大搅拌能力(m³)						4.5	4.5	6			
4	拌筒尺寸 (直径×长)(mm)									2020×2813		2100×3610
5	拌筒转速 (r/min)	运行搅拌		2～4	2～4	2～3	2～4	2～5		2～4		8～12
6		进出料搅拌		6～12	8～14	8～12	8～12	8～12		6～12		10～14
7	卸料时间(min)		1～2	1.3～2	1.1～2	3～5	3～5	3～5	3～6		3～5	2～5
8	最大行驶速度(km/h)		70				86		96		60	91
9	最小转弯半径(m)		9						7.8			7.2
10	爬坡能力(°)		20						26			26
11	外形尺寸 (mm)	长	7400				7780	8615	8465	7440	8400	7900
12		宽	2400				2490	2500	2480	2400	2500	2490
13		高	3400				3730	3785	3940	3400	3500	3550
14	重量(t)		12.55				总量24.64	14.4	19.2	9.5	总量22	9.8
15	产地		上海华东建筑机械厂	一冶机械修配厂	一冶机械修配厂	一冶机械修配厂	上海华东建筑机械厂	上海华东建筑机械厂	上海华东建筑机械厂		捷克	日本三菱

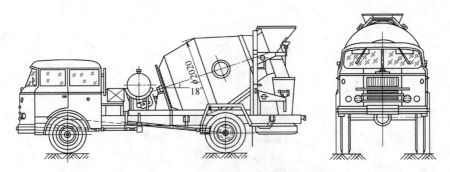

图 5.1.10 国产 JC-2 型混凝土搅拌输送车

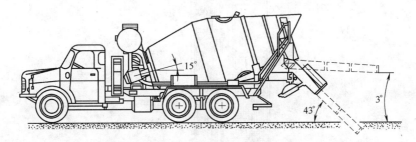

图 5.1.11 TATRA 混凝土搅拌输送车

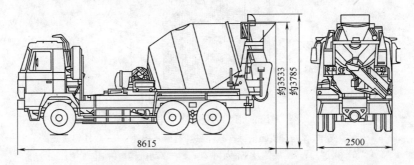

图 5.1.12 MR45-T 型混凝土搅拌输送车

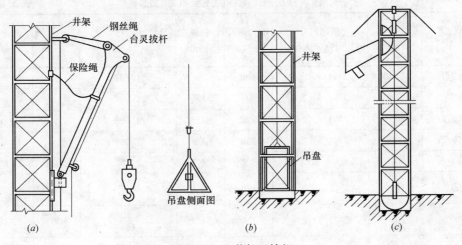

图 5.1.13 井架运输机
(a) 井架台灵拔杆；(b) 井架吊盘；(c) 井架吊斗

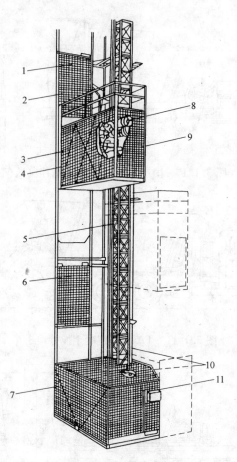

图 5.1.14   建筑施工电梯

1—附墙支撑；2—自装起重机；3—限速器；4—梯笼；5—立柱导轨架；

6—楼层门；7—底笼及平面主框架；8—驱动机构；9—电气箱；

10—电缆及电缆箱；11—地面电气控制箱

国内建筑施工电梯的主要技术性能   表 5.1.33

序号	型号	载重量 (kg)	轿厢尺寸 长×宽×高(m)	最大提升高度(m)	行驶速度 (m/min)	导轨架长度(m) 导轨架重量(kg)	基本部件重量(笼) (kg)	对重 (kg)	产地
1	ST100/1t	1000	3×1.3×2.6	100	36	1.508		2000	上海
2	ST50/0.7t	700	3×1.3×2.5	50	28	1.508			上海
3	ST200/2t	2000	3×1.3×2.6	220	31.6	1.508		2000	上海
4	ST150/2t	2000	3×1.3×2.9	150	36	1.508		1100	上海
5	ST220/2t	2000	3.9×1.2×1.65	220	31.6	1.508		2400	上海
6	JTZC	1000	3×1.3×2.7	150	36.5	$\frac{1.508}{172}$	234	1383	上海
7	SC100	1000	3×1.3×2.7	100	34.2	$\frac{1.508}{117}$	1800	1700	北京
8	SC200	2000	3×1.3×2.7	100	40	$\frac{1.508}{117}$	1950	1700	北京

序号	型号	载重量 (kg)	轿厢尺寸 长×宽×高(m)	最大提升 高度(m)	行驶速度 (m/min)	导轨架长度(m) 导轨架重量(kg)	基本部件 重量(笼) (kg)	对重 (kg)	产地
9	JTV-1	1000	3×1.3×2.6	100	37	$\frac{1.508}{205}$	2075	2840	南京
10	SC100	1000	3×1.3×2.7	100	39	1.508			四川
11	SC160	1600	3×1.3×2.7	150	40	1.508			四川
12	SF1200	1200/2400	3×1.3×2.7	100/70	35	1.508			山东

(2) 泵送及布料设备

混凝土泵送及布料设备，如表 5.1.34 所示。

混凝土泵送及布料设备   表 5.1.34

序号	项 目	内 容
1	泵送设备及管道	(1)混凝土泵构造原理 混凝土泵有活塞泵、气压泵和挤压泵等几种不同的构造和输送形式,目前应用较多的是活塞泵。活塞泵按其构造原理的不同,又可以分为机械式和液压式两种: 1)机械式混凝土泵的工作原理,如图 5.1.15 所示,进入料斗的混凝土,经拌合器搅拌可避免分层。喂料器可帮助混凝土拌合料由料斗迅速通过吸入阀进入工作室。吸入时,活塞左移,吸入阀开,压出阀闭,混凝土吸入工作室;压出时,活塞右移,吸入阀闭,压出阀开,工作室内的混凝土拌合料受活塞挤出,进入导管。 2)液压活塞泵,是一种较为先进的混凝土泵。其工作原理如图 5.1.16 所示。当混凝土泵工作时,搅拌好的混凝土拌合料装入料斗,吸入端片阀移开,排出端片阀关闭,活塞在液压作用下,带动活塞左移,混凝土混合料在自重及真空吸力作用下,进入混凝土缸内。然后,液压系统中压力油的进出方向相反,活塞右移,同时吸入端片阀片关闭,压出端片阀移开,混凝土被压入管道,输送到浇筑地点。由于混凝土泵的出料是一种脉冲式的,所以一般混凝土泵都有两套缸体左右并列,交替出料,通过 Y 形导管,送入同一管道,使出料稳定。 (2)混凝土汽车泵或移动泵车 将液压活塞式混凝土泵固定安装在汽车底盘上,使用时开至需要施工地点,进行混凝土泵送作业,称为混凝土汽车泵或移动泵车。一般情况下,此种泵车都附带装有全回转三段折叠臂架式的布料杆。整个泵车主要由混凝土推送机构、分配闸阀机构、料斗搅拌装置、悬臂布料装置、操作系统、清洗系统、传动系统、汽车底盘等部分组成,如图 5.1.17 所示。这种泵车使用方便,适用范围广,它既可以利用在工地配置装接的管道输送到较远、较高的混凝土浇筑部位,也可以发挥随车附带的布料杆的作用,把混凝土直接输送到需要浇筑的地点。 施工时,现场规划要合理布置混凝土泵车的安放位置。一般混凝土泵应尽量靠近浇筑地点,并要满足两台混凝土搅拌输送车能同时就位,使混凝土泵能不间断地得到混凝土供应,进行连续压送,以充分发挥混凝土泵的有效能力。 混凝土泵车的输送能力一般为 $80m^3/h$;在水平输送距离为 520m 和垂直输送高度为 110m 时,输送能力为 $30m^3/h$。混凝土汽车输送泵参考表,如表 5.1.35 所示。 (3)固定式混凝土泵 固定式混凝土泵使用时,需用汽车将它拖带至施工地点,然后进行混凝土输送。这种形式的混凝土泵主要由混凝土推送机构、分配闸阀机构、料斗搅拌装置、操作系统、清洗系统等组成。它具有输送能力大、输送高度高等特点,一般最大水平输送距离为 250～600m,最大垂直输送高度为 150m,输送能力为 $60m^3/h$ 左右,适用于高层建筑的混凝土输送。如图 5.1.18 所示。混凝土固定泵技术性能如表 5.1.36 所示。

序号	项 目	内 容
1	泵送设备及管道	（4）混凝土泵的选择 1）混凝土输送管的水平长度的确定 在选择混凝土泵和计算泵送能力时，通常是将混凝土输送管的各种工作状态换算成水平长度，换算长度可按表 5.1.37 换算。 2）混凝土泵的最大水平输送距离 混凝土泵的最大水平输送距离可以参照产品的性能表（曲线）确定，必要时可以由试验确定，也可以根据计算确定。 根据混凝土泵的最大出口压力、配管情况、混凝土性能指标和输出量，按下列公式进行计算： $$L_{\max}=P_{\max}/\Delta P_H \qquad (5.16)$$ $$\Delta P_H=\frac{2}{r_0}\left[k_1+k_2\left(1+\frac{t_2}{t_1}\right)u_2\right]\alpha_2 \qquad (5.17)$$ $$k_1=(3.00-0.01s_1)\times10^2 \qquad (5.18)$$ $$k_2=(4.00-0.01s_1)\times10^2 \qquad (5.19)$$ 式中　$L_{\max}$——混凝土泵的最大水平输送距离（m）； 　　　$P_{\max}$——混凝土泵的最大出口压力（N/m²）； 　　　ΔP_H——混凝土在水平输送管内流动每米产生的压力损失（Pa/m）； 　　　r_0——混凝土输送管半径（m）； 　　　k_1——黏着系数（N/m²）； 　　　k_2——速度系数（Pa/m/s）； 　　　s_1——混凝土坍落度； 　　　t_2/t_1——混凝土泵分配阀切换时间与活塞推压混凝土时间之比，一般取 0.3； 　　　u_2——混凝土拌合物在输送管内的平均速度（m/s）； 　　　α_2——径向压力与轴向压力之比，对普通混凝土取 0.90。 注：ΔP_H 值也可用其他方法确定，且宜通过试验验证。 3）混凝土泵的泵送能力验算 根据具体的施工情况和有关计算应符合下列要求： ①混凝土输送管道的配管整体水平换算长度，应不超过计算所得的最大水平泵送距离。 ②按表 5.1.38 和表 5.1.39 换算的总压力损失，应小于混凝土泵正常工作的最大出口压力。 4）混凝土泵的台数 根据混凝土浇筑的数量和混凝土泵单机的实际平均输出量和施工作业时间，按下式计算： $$N_2=\frac{Q}{Q_1}T_0 \qquad (5.20)$$ 式中　N_2——混凝土泵数量（台）； 　　　Q——混凝土浇筑数量（m³）； 　　　Q_1——每台混凝土泵的实际平均输出量（m³/h）； 　　　T_0——混凝土泵送施工作业时间（h）。 重要工程的混凝土泵送施工，混凝土泵的所需台数，除根据计算确定外，宜有一定的备用台数。 （5）混凝土泵的布置要求 在泵送混凝土的施工中，混凝土泵和泵车的停放布置是一个关键，这不仅影响输送管的配置，同时也影响到泵送混凝土的施工能否按质按量地完成，必须着重考虑。因此，混凝土泵车的布置应考虑下列条件： 1）混凝土泵设置处，应场地平整、坚实，具有重车行走条件。 2）混凝土泵应尽可能靠近浇筑地点。在使用布料杆工作时，应使浇筑部位尽可能地在布料杆的工作范围内，尽量少移动泵车即能完成浇筑。

续表

序号	项　目	内　　　容
1	泵送设备及管道	3)多台混凝土泵或泵车同时浇筑时,选定的位置要使其各自承担的浇筑最接近,最好能同时浇筑完毕,避免留置施工缝。 4)混凝土泵或泵车布置停放的地点要有足够的场地,以保证混凝土搅拌输送车的供料、调车的方便。 5)为便于混凝土泵或泵车,以及搅拌输送车的清洗,其停放位置应接近排水设施,并且供水、供电方便。 6)在混凝土泵的作业范围内,不得有障碍物、高压电线,同时要有防范高空坠物的措施。 7)当在施工高层建筑或高耸构筑物采用接力泵泵送混凝土时,接力泵的设置位置应使上、下泵的输送能力匹配。设置接力泵的楼面或其他结构部位,应验算其结构所能承受的荷载,必要时应采取加固措施。 8)混凝土泵的转移运输时要注意安全要求,应符合产品说明及有关标准的规定。 (6)混凝土输送管道 混凝土输送管包括直管、弯管、锥形管、软管、管接头和截止阀。对输送管道的要求是阻力小、耐磨损、自重轻、易装拆。 1)直管:常用的管径有 100、125 和 150mm 三种。管段长度有 0.5、1.0、2.0、3.0 和 4.0m 五种,壁厚一般为 1.6～2.0mm,由焊接钢管和无缝钢管制成。常用直管的重量如表 5.1.40 所示。 2)弯管:弯管的弯曲角度有 15°、30°、45°、60° 和 90°,其曲率半径为 1.0、0.5 和 0.3m 三种,以及与直管相应的口径。常用弯管的重量如表 5.1.41 所示。 3)锥形管:主要是用于不同管径的变换处,常用的有 $\phi175～\phi150$、$\phi150～\phi125$、$\phi125～\phi100$mm。常用的长度为 1m。 4)软管:软管的作用主要是装在输送管末端直接布料,其长度有 5～8m,对它的要求是柔软、轻便和耐用,便于人工搬动。常用软管的重量如表 5.1.42 所示。 5)管接头:主要是用于管子之间的连接,以便快速装拆和及时处理堵管部位。 6)截止阀:常用的截止阀有针形阀和制动阀。逆止阀是在垂直向上泵送混凝土过程中使用,如混凝土泵送暂时中断,垂直管道内的混凝土因自重会对混凝土泵产生逆向压力,逆止阀可以防止这种逆向压力对泵的破坏,使混凝土泵得到保护和启动方便。
2	混凝土布料设备	(1)混凝土泵车布料杆 混凝土泵车布料杆,是在混凝土泵车上附装的既可伸缩也可曲折的混凝土布料装置。混凝土输送管道就设在布料杆内,末端有一段软管,用于混凝土浇筑时的布料工作。图 5.1.19 是一种三叠式布料杆混凝土浇筑范围示意图。这种装置的布料范围广,在一般情况下不需再行配管。 (2)独立式混凝土布料器(图 5.1.20) 独立式混凝土布料器是与混凝土泵配套工作的独立布料设备。在操作半径内,能比较灵活自如的浇筑混凝土。其工作半径一般为 10m 左右,最大的可达 40m。由于其自身较为轻便,能在施工楼层上灵活移动,所以,实际的浇筑范围较广,适用于高层建筑的楼层混凝土布料。 (3)固定式布料杆 固定式布料杆又称塔布料杆,可分为两种:附着式布料杆和内爬式布料杆。这两种布料杆除布料臂架外,其余部件如转台、回转支撑、回转机构、操作平台、爬梯、底架均采用批量生产的相应的塔吊部件,其顶升接高系统、楼层爬升系统亦取自相应的附着式自升塔吊和内爬式搭吊。附着式布料杆和内爬式料杆的塔架有两种不同结构,一种是钢管立柱塔架,另一种是格桁结构方形断面构架。布料臂架大多采用低合金高强钢组焊薄壁箱形断面结构,一般由三节组成。薄壁泵送管则附装在箱形断面梁上,两节泵管之间用 90° 弯管相连通。这种布料臂架的俯、仰、曲、伸系由液压系统操纵。为了减小布料臂架负荷对塔架的压弯作用,布料杆多装有平衡臂并配有平衡重。

续表

序号	项　目	内　容
2	混凝土布料设备	目前有些内爬式布料杆如 HG17～HG25 型,装用另一种布料臂架,臂架为轻量型钢格桁结构,由两节组成,泵管附装于此臂架上,采用绳轮变幅系统进行臂架的折叠和俯仰变幅,这种布料臂的最大工作幅度为 17～28m,最小工作幅度为 1～2m。 　　固定式布料杆装用的泵管有三种规格:$\phi100$、$\phi112$、$\phi125$,管壁厚一般为 6mm。布料臂架上的末端泵管的管端还都套装有 4m 长的橡胶软管,以有利于布料。 　　(4)起重布料两用机 　　该机亦称起重布料两用塔吊,多以重型塔吊为基础改制而成,主要用于造型复杂、混凝土浇筑最大的工程。布料系统可附装在特制的爬升套架上,亦可安装在塔顶部经过加固改装的转台上。所谓特制爬升套架乃是带有悬挑支座的特制转台与普通爬升套架的集合体。布料系统及顶部塔身装设于此特制转台上。近年我国自行设计制造一种布料系统装设在塔帽转台上的塔式起重布料两用机,其小车变幅水平臂架最大幅度 56m 时,起重量为 1.3t,布料杆为三节式,液压曲伸俯仰泵管臂架,其最大作业半径为 38m。 　　(5)混凝土浇筑斗 　　1)混凝土浇筑布料斗(图 5.1.21) 　　为混凝土水平与垂直运输的一种转运工具。混凝土装进浇筑斗内,由起重机吊送至浇筑地点直接布料。浇筑斗是用钢板拼焊成奋箕式,容量一般为 1m³。两边焊有耳环,便于挂钩起吊。上部开口,下部有门,门出口为 400mm×400mm,采用自动闸门,以便打开和关闭。 　　2)混凝土吊斗 　　混凝土吊斗有圆锥形、高架方形、双向出料形等(图 5.1.22),斗容量 0.7～1.4m³。混凝土由搅拌机直接装入后,用起重机吊至浇筑地点

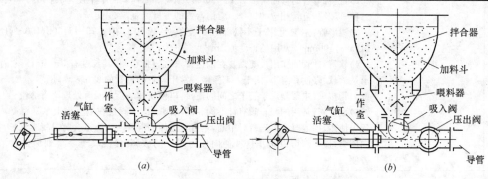

图 5.1.15　机械式混凝土泵工作原理

(a) 吸入冲程；(b) 压出冲程

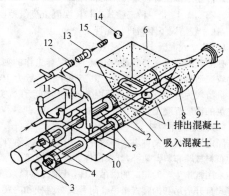

图 5.1.16　液压活塞式混凝土泵工作原理

1—混凝土缸；2—推压混凝土的活塞；3—液压卸；4—液压活塞；5—活塞杆；6—料斗；

7—吸入阀门；8—排出阀门；9—Y 形管；10—水箱；11—水洗装置换向阀；

12—水洗用高压软管；13—水洗用法兰；14—海绵球；15—清洗活塞

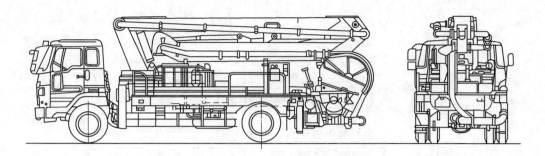

图 5.1.17　混凝土汽车泵

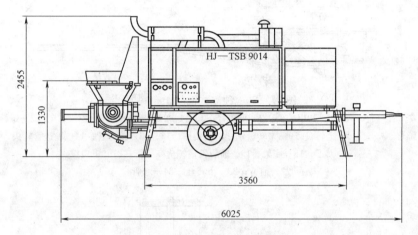

图 5.1.18　固定式混凝土泵

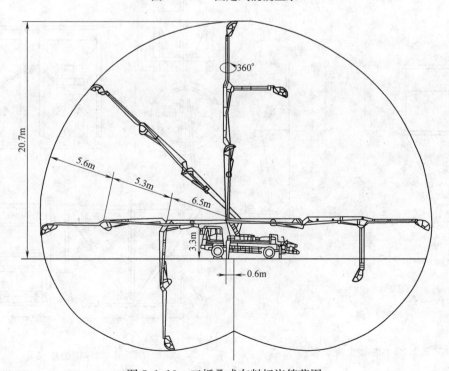

图 5.1.19　三折叠式布料杆浇筑范围

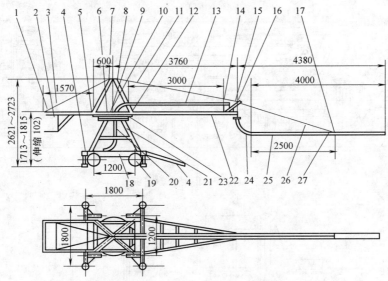

图 5.1.20　独立式混凝土布料器

1、7、8、15、16、27—卸甲轧头；2—平衡臂；3、11、26—钢丝绳；4—撑脚；5、12—螺栓、
螺母、垫圈；6—上转盘；9—中转盘；10—上角撑；13、25—输送管；14—输送管轧头；
17—夹子；18—底架；19—前后轮；20—高压管；21—下角撑；
22—前臂；23—下转盘；24—弯管

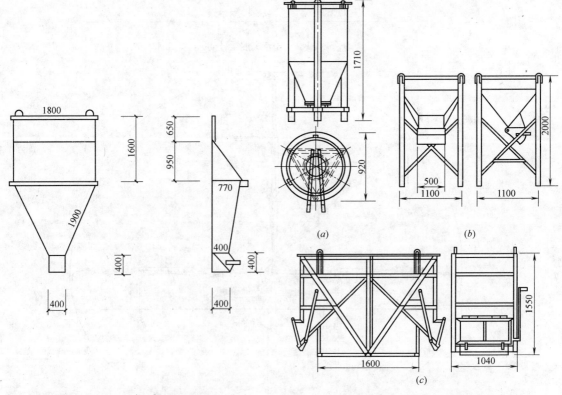

图 5.1.21　混凝土浇筑布料斗

图 5.1.22　混凝土吊斗
(a) 圆锥形；(b) 高架方形；(c) 双向出料形

混凝土汽车输送泵参考　　　　　　　　表 5.1.35

序号	项 目	IPF-185B	DC-S115B	IPF-75B	PTF-75BZ	A800B	NCP-9F8	BRF28.09	BRF36.09
1	形式	360°回转 三级 Z 型	360°回转 三级 回折型	360°回转 三级 Z 型	360°回转 三级 Z 型	360°回转 三级 回折型	360°回转 三级 回折型	360°回转 三级 Z 型	360°回转 四级 重叠型
2	最大输送量（m³/h）	10～25	70	10～75	75	80	57	90	90
3	最大输送距离（m）（水平/垂直）	520/110	420/100	410/80	410/80	650/125	1000/150		
4	粗骨料最大尺寸（mm）	40	40	30（砾石 40）	40	40	40	40	40
5	常用泵送压力（N/mm²）	4.71		3.87		13～18.5	20	7.5	7.5
6	混凝土坍落度允许范围（cm）	5～23	5～23	5～23	5～23	5～23	5～23	5～23	5～23
7	布料杆工作半径（m）	17.4	15.8	16.5	16.5	17.5		23.7	32.1
8	布料杆离地高度（m）	20.7	19.3	19.8	19.8	20.7		27.4	35.7
9	外形尺寸（长×宽×高）（mm）	9000× 2485× 3280	8840× 4900× 3400	9470× 2450× 3230				10910× 7200× 3850	10305× 8500× 3960
10	重量（t）		15.35	15.46	15.43	15.50	15.53	19.00	25.00
11	产地	湖北建筑机械厂	日本三菱	日本石川岛	日本石川岛	日本三菱重工	日本新鸿铁工所	德国普茨玛斯特	德国普茨玛斯特

混凝土固定泵技术性能　　　　　　　　表 5.1.36

序号	型号 \ 项目	HJ TSB9014	BSA2100HD	BSA140BD	PTF650	ELBA B5516E	DC A800E
1	形式		卧式单动	卧式单动	卧式单动	卧式单动	卧式单动
2	最大液压泵压力（N/mm²）		28	32	21～10	20	13～18.5
3	输送能力（m³/h）	80	97～150	85	4～60	10～45	15～80
4	理论输送压力（N/mm²）	70/110	80～130	65～97	36	93	44
5	骨粒最大粒径（mm）		40	40	40	40	40
6	输送距离水平/垂直（m）				350/80	100/130	440/125
7	混凝土坍落度（mm）		50～230	50～230	50～230	50～230	50～230
8	缸径、冲程长度（mm）	200、1400	200、2100	200、1400	180、1150	160、1500	205、1500
9	缸数		双缸活塞式	双缸活塞式	双缸活塞式	双缸活塞式	双缸活塞式
10	加料斗容量（m³）	0.5	0.9	0.49	0.3	0.475	0.35
11	动力（功率 HP/转速 r/min）		130/2300	118/2300	55/2600	75/2960	170/2000
12	活塞冲程次数（次/min）		19.35	31.6		33	
13	重量（kg）	5250	5600	3400	6500	4420	15500
14	产地	上海华东建筑机械厂	德国普茨玛斯特	德国普茨玛斯特	日本石川岛	德国爱尔巴	日本三菱

混凝土输送管的水平换算长度   表 5.1.37

序　号	类　别	单　位	规　格	水平换算长度(m)
1	向上垂直管	每米	100mm	3
			125mm	4
			150mm	5
2	锥形管	每根	175→150mm	4
			150→125mm	8
			125→100mm	16
3	弯管	每根	90°R=0.5	12
			R=1.0m	9
4	软管	每5～8m 长的 1 根		20

注：1. R—曲率半径；
　　2. 弯管的弯曲角度小于 90°时，需将表列数值乘以该角度与 90°角的比值；
　　3. 向下垂直管，其水平换算长度等于其自身长度；
　　4. 斜向配管时，根据其水平及垂直投影长度，分别按水平、垂直配管计算。

混凝土泵送的换算总压力损失   表 5.1.38

序　号	管件名称	换　算　量	换算压力损失(N/mm²)
1	水平管	每 20m	0.10
2	垂直管	每 5m	0.10
3	45°弯管	每只	0.05
4	90°弯管	每只	0.10
5	管道接环(管卡)	每只	0.10
6	管路截止阀	每个	0.80
7	3.5m 橡皮软管	每根	0.20

附属于泵体的换算压力损失   表 5.1.39

序　号	部位名称	换　算　量	换算压力损失(N/mm²)
1	Y 形管 175～125mm	每只	0.05
2	分配阀	每个	0.08
3	混凝土泵启动内耗	每台	2.80

常用直管重量   表 5.1.40

序　号	管子内径(mm)	管子长度(m)	管子自重(kg)	充满混凝土后重量(kg)
1	100	4.0	22.3	102.3
2		3.0	17.0	77.0
3		2.0	11.7	51.7
4		1.0	6.4	26.4
5		0.5	3.7	13.5
6	125	3.0	21.0	113.4
7		2.0	14.6	76.2
8		1.0	8.1	33.9
9		0.5	4.7	20.1

常用弯管重量   表 5.1.41

序　号	管子内径(mm)	弯曲角度	管子自重(kg)	充满混凝土后重量(kg)
1		90°	20.3	52.4
2		60°	13.9	35.0
3	100	45°	10.6	26.4
4		30°	7.1	17.6
5		15°	3.7	9.0
6		90°	27.5	76.1
7		60°	18.5	50.9
8	125	45°	14.0	38.3
9		30°	9.5	25.7
10		15°	5.0	13.1

常用软管重量   表 5.1.42

序　号	管径(mm)	软管长度(m)	软管自重(kg)	充满混凝土后重量(kg)
1		3.0	14.0	68.0
2	100	5.0	23.3	113.3
3		8.0	37.3	181.3
4		3.0	20.5	107.5
5	125	5.0	34.1	179.1
6		8.0	54.6	286.6

（3）混凝土输送

混凝土输送如表 5.1.43 所示。

混凝土输送   表 5.1.43

序　号	项　　目	内　　　容
1	输送条件	（1）输送时间 混凝土应以最少的转载次数和最短时间，从搅拌地点运至浇筑地点，混凝土从搅拌机中卸出后到浇筑完毕的连续时间应符合表 5.1.44 的要求。 （2）输送道路 场内输送道路尽量平坦，以减少运输时的振荡，避免造成混凝土分层离析。同时还应考虑布置环形回路，施工高峰时宜设专人管理指挥，以免车辆互相拥挤阻塞。临时架设的桥道要牢固，桥板接头须平顺。 浇筑基础时，可采用单向输送主道和单向输送支道的布置方式；浇筑柱子时，可采用来回输送主道和盲肠支道的布置方式；浇筑楼板时，可采用来回输送主道和单向输送支管道结合的布置方式。对于大型混凝土工程，还必须加强现场指挥和调度。 （3）季节施工 在风雨或暴热天气输送混凝土，容器上应加遮盖，以防进水或水分蒸发。冬期施工应加以保温。夏季最高气温超过 40℃时，应采用隔热措施。

序 号	项 目	内 容
2	泵送混凝土	采用泵送混凝土应符合下列规定： (1)混凝土的供应,必须保证输送混凝土的泵能连续工作。 (2)输送管线宜直,转弯宜缓,接头应严密,如管道向下倾斜,应防止混入空气,产生阻塞。 (3)泵送前应先用适量的与混凝土成分相同的水泥浆或水泥砂浆润滑输送管内壁;预计泵送间歇时间超过 45min 或当混凝土出现离析现象时,应立即用压力水或其他方法冲洗管内残留的混凝土。 (4)在泵送过程中,受料斗内应具有足够的混凝土,以防止吸入空气产生阻塞。
3	质量要求	(1)混凝土运送至浇筑地点,如混凝土拌合物出现离析或分层现象,应对混凝土拌合物进行二次搅拌。 (2)混凝土运至浇筑地点时,应检测其稠度,所测稠度值应符合设计和施工要求。其允许偏差值应符合有关标准的规定。 (3)混凝土拌合物运至浇筑地点时的温度,最高不宜超过 35℃;最低不宜低于 5℃

混凝土从搅拌机卸出到浇筑完毕的延续时间　　　　表 5.1.44

序号	气 温	延续时间(min)			
		采用搅拌车		采用其他运输设备	
		≤C30	>C30	≤C30	>C30
1	≤25℃	120	90	90	75
2	>25℃	90	60	60	45

注:掺有外加剂或采用快硬水泥时延续时间应通过试验确定。

5.1.6.2 混凝土振动设备

混凝土振动设备如表 5.1.45 所示。

混凝土振动设备　　　　表 5.1.45

序 号	项 目	内 容
1	混凝土振动设备分类	混凝土振动设备如表 5.1.46、表 5.1.47 和表 5.1.48 所示。
2	振动器故障、产生原因及排除方法	振动器故障、产生原因及排除方法如表 5.1.49 所示

振动设备分类　　　　表 5.1.46

序 号	分 类	说 明
1	内部振动器(插入式振动器)	形式有硬管的、软管的。振动部分有锤式、棒式、片式等。振动频率有高有低。主要适用于大体积混凝土、基础、柱、梁、墙、厚度较大的板,以及预制构件的捣实工作。 当钢筋十分稠密或结构厚度很薄时,其使用就会受到一定的限制。
2	表面振动器(平板式振动器)	其工作部分是一钢制或木制平板,板上装一个带偏心块的电动振动器。振动力通过平板传递给混凝土,由于其振动作用深度较小,仅使用于表面积大而平整的结构物,如平板、地面、屋面等构件。
3	外部振动器(附着式振动器)	这种振动器通常是利用螺栓或钳形夹具固定在模板外侧,不与混凝土直接接触,借助模板或其他物体将振动力传递到混凝土。由于振动作用不能深远,仅适用于振捣钢筋较密、厚度较小以及不宜使用插入式振动器的结构构件。

续表

序号	分类	说明
4	振动台	由上部框架和下部支架、支承弹簧、电动机、齿轮同步器、振动子等组成。上部框架是振动台的台面,上面可固定放置模板,通过螺旋弹簧支承在下部的支架上,振动台只能作上下方向的定向振动,适用于混凝土预制构件的振捣

插入式振动器技术规格　　表 5.1.47

序号	项　目		HZ-50A 行星式	HZ6X-30 行星式	HZ6P-70A 偏心块式	HZ6X-35 行星式	HZ6X-50 行星式	HZ-50 插入式	HZ6X-60 插入式	HZ6-50 插入式
1	振动棒	直径(mm)	53	33	71	35	50	50	62	50
2		长度(mm)	529	413	400	468	500	500	470	500
3		振动力(N)	4800~5800	2200		2500	5700	5800	9200	
4		频率(次/min)	12500~14500	19000	6200	15800	14000	14000	14000	6000
5		振幅(mm)	1.8~2.2	0.5	2~2.5	0.5	1.1	2.4	1.4	1.5~2.5
6	软轴软管	软管直径(mm)	13	10	13	10	13	12	13	13
7		软管长度(m)	4	4	4	4	4	4	4	4
8		软轴直径(mm)	外径36内径20		36	外径30	外径40内径20	42	40	42
9	电动机	功率(kW)	1.1	1.1	2.2	1.1	1.1	1.1	1.1	1.5
10		转速(r/min)	2850	2850	2850	2850	2850	2800		2860
11		总重(kg)	34	26.4	45	25	33	32.5	35.2	48

附着式及平板式振动器技术规格　　表 5.1.48

序号	项　目	附着式								平板式	
		B-11A	HZ2-10	HZ2-11	HZ2-4	HZ2-5	HZ2-5A	HZ2-7	HZ2-20	PZ-50	N-7
1	电动机(kN)	1.1	1	1.5	0.5	1.1	1.5	1.5	2.2	0.5	0.4
2	振动力(N)	4300	9000	1000	3700		4800	5700	18000	4700	3400
3	振幅(mm)		2	0		4300	2	1.5	3.5	2.8	
4	振动频率(次/min)	2840	2800	2850	2800	2850	2860	2800	2850	2850	2850
5	外形尺寸(mm)	395×212×228	410×325×245	390×325×246	365×210×218	425×210×220	410×210×240	420×280×260	450×270×290	600×400×280	950×550×270
6	总重(kg)	27	57	57	23	27	23	38	65	36	44

注：1. 附着式振动器可安装振板,改装成平板式振动器;
2. PZ-50 平板振动器作用深度 250mm 以上。

振动器故障及其产生原因和排除方法　　　　　　表 5.1.49

序号	故 障 现 象	故 障 原 因	排 除 方 法
1	电动机定子过热,机体温度过高(超过额定温升)	(1)工作时间过久; (2)定子受潮,绝缘程度降低; (3)负荷过大; (4)电源电压过大,过低,时常变动及三相不平衡; (5)导线绝缘不良,电流流入地中; (6)线路接头不紧。	(1)停止作业,让其冷却; (2)应立即干燥; (3)检查原因,调整负荷; (4)用电压表测定,并进行调整; (5)用绝缘布缠好损坏处; (6)重新接紧线头。
2	电动机有强烈的钝音,同时发生转速降低,振动力减小	(1)定子磁铁松动; (2)一相保险丝断开或内部断裂。	(1)应拆除检修; (2)更换保险丝和修理断线处。
3	电动机线圈烧坏	(1)定子过热; (2)绝缘严重受潮; (3)相间短路,内部混线或接线错误。	必须部分或全部重绕定子线圈。
4	电动机或把手有电	(1)导线绝缘不良漏电,尤其在开关盒接头处; (2)定子的一相绝缘破坏。	(1)用绝缘胶布包好破裂处; (2)应检修线圈。
5	开关冒火花,开关保险丝易断	(1)线间短路或漏电; (2)绝缘受潮,绝缘强度降低; (3)负荷过大。	(1)检查检修; (2)进行干燥; (3)调整负荷。
6	电动线滚动轴承损坏,转子、定子相互摩擦	(1)轴承缺油或油质不好; (2)轴承磨损而致损失。	更换滚动轴承。
7	振动棒不振	(1)电动机转向反了; (2)单向离合器部分机体损坏; (3)软轴和机体振动子之间接头处没有连接好; (4)钢丝软轴扭断; (5)行星式振动子柔性铰损坏或滚子与滚道间有油污。	(1)需改变接线(交换任意两相); (2)检查单向离合器,必要时加以修理或更换零件; (3)将接头连接好; (4)重新用锡焊焊接或更换软轴; (5)检修柔性铰链和清除滚子与滚道间的油污,必要时更换橡胶油封。
8	振动棒振动有困难	(1)电动机的电压与电源电压不符; (2)振动棒外壳磨坏,漏入灰浆; (3)振动棒顶盖未拧紧或磨坏而漏入灰浆,使滚动轴承损坏; (4)行星式振动子起振困难; (5)滚子与滚道间有油污; (6)软管衬簧和钢丝软轴之间摩擦太大。	(1)调整电源电压; (2)更换振动棒外壳,清洗滚动轴承和加注润滑脂; (3)清洗或更换滚动轴承,更换或拧紧顶盖; (4)摇晃棒头或将棒头尖对地面轻轻一碰; (5)清洗油污,必要时更换油封; (6)修理钢丝软轴并使软轴与软管衬簧的长短相适应。
9	胶皮套管破裂	(1)弯曲半径过小; (2)用力斜推振动棒或使用时间过久。	割去一段,重新连接或更换新的软管。

序号	故障现象	故障原因	排除方法
10	附着式振动器机体内有金属撞击声	振动子锁紧,螺栓松脱,振动子产生轴向位移。	重新锁紧振动子,必要时更换锁紧螺栓。
11	平板式振动器的底板振动有困难	(1)振动子的滚动轴承损坏; (2)三角皮带松弛	(1)更换滚动轴承; (2)调整或更换电动机机座的橡胶垫,调整或更换减振弹簧

5.1.6.3 混凝土浇筑要点

混凝土浇筑如表 5.1.50 所示。

混凝土浇筑　　　　　　　　　　　　　　　　表 5.1.50

序号	项目	内容
1	混凝土浇筑前的检查	混凝土浇筑前的检查内容与要求如表 5.1.51 所示。
2	混凝土浇筑前的一般规定	混凝土浇筑前的一般规定如表 5.1.52、表 5.1.53、表 5.1.54 所示。
3	泵送混凝土的浇筑	(1)对模板的要求 由于泵送混凝土的流动性大和施工的冲击力大,因此在设计模板时,必须根据泵送混凝土对模板侧压力大的特点,确保模板和支撑有足够的强度、刚度和稳定性。 布料设备不得碰撞或直接搁置在模板上,手动布料杆下的模板和支架应进行加固。 (2)对钢筋的要求 浇筑混凝土时,应注意保护钢筋,一旦钢筋骨架发生变形或位移,应及时纠正。混凝土板和块体结构的水平钢筋,应设置足够的钢筋撑脚或钢支架。钢筋骨架重要节点应采取加固措施。手动布料杆应设钢支架架空,不得直接支承在钢筋骨架上。 (3)混凝土的泵送 混凝土泵的操作是一项专业技术工作,安全使用及操作,应严格执行使用说明书和其他有关规定。同时应根据使用说明书制订专门操作要点。操作人员必须经过专门培训合格后,方可上岗独立操作。 1)在安置混凝土泵时,应根据要求将其支腿完全伸出,并插好安全销,在场地软弱时应采取措施在支腿下垫枕木等,以防混凝土泵的移动或倾翻。 混凝土泵与输送管连通后,应按所用混凝土泵使用说明书的规定进行全面检查,符合要求后方能开机进行空运转。混凝土泵启动后,应先泵送适量的水,以湿润混凝土泵的料斗、活塞及输送管的内壁等直接与混凝土接触的部位。经泵送水检查,确认混凝土泵和输送管中没有异物后,可以采用与将要泵送的混凝土内除粗骨料外的其他成分相同配合比的水泥砂浆,也可以采用纯水泥浆或 1:2 水泥砂浆。润滑用的水泥浆或水泥砂浆应分散布料,不得集中浇筑在同一处。 2)开始泵送时,混凝土泵应处于慢速、匀速并随时可能反泵的状态。泵送的速度应先慢后快,逐步加速。同时,应观察混凝土泵的压力和各系统的工作情况,待各系统运输顺利后,再按正常速度进行泵送。混凝土泵送应连续进行。如必须中断时,其中断时间不得超过混凝土从搅拌至浇筑完毕的允许的延续时间。 泵送混凝土时,混凝土泵的活塞应尽可能保持在最大行程运转。一是提高混凝土泵的输出效率,二是有利于机械的保护。混凝土泵的水箱和活塞清洗室中应经常保持充满水。泵送时,如输送管内吸入了空气,应立即进行反泵,吸出混凝土,将其置于料斗中重新搅拌,排出空气后再泵送。 3)在混凝土泵送过程中,如果需要接长输送管长于 3m 时,应按照前述要求仍应预先用水和水泥浆或水泥砂浆,进行湿润和润滑管道内壁。混凝土泵送中,不得把拆下的输送管内的混凝土撒落在未浇筑的地方。

序　号	项　　目	内　　容
3	泵送混凝土的浇筑	4)当混凝土泵出现压力升高且不稳定、油温升高、输送管有明显振动等现象而泵送困难时,不得强行泵送,并应立即查明原因,采取措施排除。一般可先用木槌敲击输送管弯管、锥形管等部位,并进行慢速泵送或反泵,防止堵塞。当输送管被堵塞时,应采取下列方法排除: ①反复进行反泵和正泵,逐步吸出混凝土至料斗中,重新搅拌后再进行泵送。 ②可用木槌敲击等方法,查明堵塞部位,若确实查明了堵管部位,可在管外击松混凝土后,重复进行反泵和正泵,排除堵塞。 ③当上述两种方法无效时,应在混凝土卸压后,拆除堵塞部位的输送管,排出混凝土堵塞物后,再接通管道。重新泵送前,应先排除管内空气,拧紧接头。 5)在混凝土泵送过程中,若需要有计划中断泵送时,应预先考虑确定的中断浇筑部位,停止泵送,并且中断时间不要超过 1h。同时应采取下列措施: ①混凝土泵车卸料清洗后重新泵送,采取措施或利用臂架将混凝土泵入料斗中,进行慢速间歇循环泵送;有配管输送混凝土时,可进行慢速间歇泵送。 ②固定式混凝土泵,可利用混凝土搅拌运输车内的料,进行慢速间歇泵送;或利用料斗内的混凝土拌合物,进行间歇反泵和正泵。 ③慢速间歇泵送时,应每隔 4～5min 进行四个行程的正、反泵。 6)当向下泵送混凝土时,应先把输送管上气阀打开,待输送管下段混凝土有了一定压力时,方可关闭气阀。 7)混凝土泵送即将结束前,应正确计算尚需用的混凝土数量,并应及时告知混凝土搅拌处。 8)泵送过程中被废弃的和泵送终止时多余的混凝土,应按预先确定的处理方法和场所及时进行妥善处理。 9)泵送完毕,应将混凝土泵和输送管清洗干净。在排除堵物,重新泵送或清洗混凝土泵时,布料设备的出口应朝安全方向,以防堵塞物或废浆高速飞出伤人。 10)当多台混凝土泵同时泵送施工或与其他输送方法组合输送混凝土时,应预先规定各自的输送能力、浇筑区域和浇筑顺序,并应分工明确、互相配合、统一指挥。 (4)泵送混凝土的浇筑 泵送混凝土的浇筑应根据工程结构特点、平面形状和几何尺寸,混凝土供应和泵送设备能力、劳动力和管理能力,以及周围场地大小等条件,预先划分好混凝土浇筑区域。 1)泵送混凝土的浇筑顺序 ①当采用混凝土输送管输送混凝土时,应由远而近浇筑。 ②在同一区域的混凝土,应按先竖向结构后水平结构的顺序,分层连续浇筑。 ③当不允许留施工缝时,区域之间、上下层之间的混凝土浇筑间歇时间,不得超过混凝土初凝时间。 ④当下层混凝土初凝后,浇筑上层混凝土时,应先按留施工缝的规定处理。 2)泵送混凝土的布料方法 ① 在浇筑竖向结构混凝土时,布料设备的出口离模板内侧面不应小于 50mm,并且不同模板内侧面直冲布料,也不得直冲钢筋骨架。 ②浇筑水平结构混凝土时,不得在同一处连续布料,应在 2～3m 范围内水平移动布料,且宜垂于模板。 混凝土浇筑分层厚度,一般为 300～500mm。当水平结构的混凝土浇筑厚度超过500mm 时,可按 1∶6～1∶10 坡度分层浇筑,且上层混凝土,应超前覆盖下层混凝土500mm 以上。 振捣泵送混凝土时,振动棒插入的间距一般为 400mm 左右,振捣时间一般为 15～30s,并且在 20～30min 后对其进行二次复振。 对于泵送混凝土时,振动棒插入的间距一般为 400mm 左右,振捣时间一般为 15～30s,并且在 20～30min 后对其进行二次复振。 对于有预留洞、预埋件和钢筋密集的部位,应预先制订好相应的技术措施,确保顺利布料和振捣密实。在浇筑混凝土时,应经常观察,当发现混凝土有不密实等现象,应立即采取措施。 水平结构的混凝土表面,应适时用木抹子磨平搓毛两遍以上,必要时,还应先用铁滚筒压两遍以上,以防止产生收缩裂缝

混凝土浇筑前的检查内容与要求　　　　　　　　　表 5.1.51

序　号	项　目	内　容
1	浇筑项目的轴线和标高	经复核与图纸相符
2	基础坑槽	(1)在地基或基土上浇筑混凝土时,应清除淤泥和杂物,并应有排水和防水措施。 (2)对干燥的非黏性土,应用水湿润;对未风化的岩石,应用水清洗,但其表面不得留有积水。 (3)如发现洞穴,应通知设计单位处理。
3	模板	(1)能承受施工荷载。 (2)对模板及其支架、钢筋和预埋件必须进行检查,并做好记录,符合设计要求后方能浇筑混凝土。 (3)在浇筑混凝土前,对模板内的杂物和钢筋上的油污等应清理干净;对模板的缝隙和孔洞应予堵严;对木模板应浇水湿润,但不得有积水。 (4)竖向构件过高时,应按规定留有浇灌洞口。
4	钢筋	(1)进行隐蔽工程验收。 (2)保护层垫块准确、均匀放置。 (3)各种预埋件配齐,牢固。 (4)油污已排除。
5	其他	(1)已作了技术交底。 (2)混凝土浇筑厚度的标志已备好。 (3)主要的机具有备品。 (4)道路畅通。 (5)与搅拌站联络信号已接通。 (6)安全装置可靠。 (7)模板拼缝已堵塞好。 (8)模板已浇湿。 (9)夜间施工的照明已准备好。 (10)作坍落度检验的坍落度料筒及作强度检验试件的模具已准备好

混凝土浇筑的一般规定　　　　　　　　　　　表 5.1.52

序　号	项　目	内 容 要 点
1	混凝土自高处倾落的自由高度	混凝土自高处倾落的自由高度,不宜超过 2m。
2	浇筑竖向结构	在浇筑竖向结构混凝土前,应先在底部填以 50~100mm 厚与混凝土内砂浆成分相同的水泥砂浆;浇筑中不得发生离析现象;当浇筑高度超过 3m 时,应采用串筒、溜管或振动溜管使混凝土下落。
3	降雨、雪天浇筑	在降雨、雪时不宜露天浇筑混凝土。当需浇筑时,应采取有效措施,确保混凝土质量。
4	混凝土浇筑层的厚度	混凝土浇筑层的厚度,应符合表 5.1.53 的规定。
5	混凝土浇筑的间歇时间	浇筑混凝土应连续进行。当必须间歇时,其间歇时间宜缩短,并应在前层混凝土凝结之前,将次层混凝土浇筑完毕,并应符合表 5.1.54 的规定。
6	梁、板浇筑	(1)在浇筑与柱和墙联成整体的梁和板时,应在柱和墙浇筑完毕后停歇 1~1.5h,再继续浇筑。 (2)梁和板宜同时浇筑混凝土;拱和高度大于 1m 的梁等结构,可单独浇筑混凝土。

序 号	项 目	内 容 要 点
7	叠合构件浇筑	浇筑混凝土叠合构件应符合下列规定: (1)在主要承受静力荷载的梁中,预制构件的叠合面应凸凹差不小于6mm的自然粗糙面,并不得疏松和有浮浆。 (2)浇筑叠合板时,预制板的表面应有凸凹差不小于4mm的人工粗糙面。 (3)浇筑叠合式受弯构件时,应按设计要求确定是否设置支撑。
8	大体积混凝土浇筑	大体积混凝土的浇筑应合理分段分层进行,使混凝土沿高度均匀上升;浇筑应在室外气温较低时进行,混凝土浇筑温度不宜超过28℃。 混凝土浇筑温度系指混凝土振捣后,在混凝土50~100mm深处的温度。
9	混凝土振捣	采用振捣器捣实混凝土应符合下列规定: (1)每一振点的振捣延续时间,应使混凝土表面呈现浮浆和不再沉落。 (2)当采用插入式振捣器时,捣实普通混凝土的移动间距,不宜大于振捣器作用半径的1.5倍,捣实轻骨料混凝土的移动间距,不宜大于其作用的半径;振捣器与模板的距离,不应大于其作用半径的0.5倍,并应避免碰撞钢筋、模板芯管、吊环、预埋件或空心胶囊等;振捣器插入下层混凝土内的深度应不小于50mm。 (3)当采用表面振动器时,其移动间距应保证振动器的平板能覆盖已振实部分的边缘。 (4)当采用附着式振动器时,其设置间距应通过试验确定,并应与模板紧密连接。 (5)当采用振动台振实干硬性混凝土和轻骨料混凝土时,宜采用加压振动的方法,压力为1~3kN/m²。 采用机械振捣的设备有内部振动器、表面振动器、外部振动器、振动台等,其技术性能参见表5.1.46、表5.1.47、表5.1.48。 当混凝土量小,缺乏设备机具时,亦可用人工用钢钎捣实。
10	观察	在混凝土浇筑过程中,应经常观察模板、支架、钢筋、预埋件和预留孔洞的情况,当发现有变形、移位时,应及时采取措施进行处理。
11	施工缝设备	见表5.1.55。
12	填写施工记录	浇筑混凝土应填写施工记录,其格式可按照有关规定表格采用

混凝土浇筑层厚度 (mm)   表 5.1.53

序 号	捣实混凝土的方法		浇筑层的厚度
1	插入式振捣		振捣器作用部分长度的1.25倍
2	表面振动		200
3	人工捣固	在基础、无筋混凝土或配筋稀疏的结构中	250
4		在梁、墙板、柱结构中	200
5		在配筋密列的结构中	150
6	轻骨料混凝土	插入式振捣	300
7		表面振动(振动时需加荷)	200

混凝土运输、浇筑和间歇的允许时间 (min)   表 5.1.54

序 号	混凝土强度等级	气 温	
		不高于25℃	高于25℃
1	不高于C30	210	180
2	高于C30	180	150

注:当混凝土中掺有促凝或缓凝型外加剂时,其允许时间应根据试验结果确定。

5.1.6.4 混凝土施工缝

混凝土施工缝如表5.1.55所示。

混凝土施工缝

表 5.1.55

序号	项目	内容
1	施工缝的设置	由于施工技术和施工组织上的原因,不能连续将结构整体浇筑完成,且间歇的时间预计将超出表5.1.54规定的时间时,应预先选定适当的部位设置施工缝。 设置施工缝应该严格按照规定,认真对待。如果位置不当或处理不好。会引起质量事故,轻则开裂渗漏,影响寿命;重则危及结构安全,影响使用。因此,不能不给予高度重视。 施工缝的位置应设置在结构受剪力较小且便于施工的部位。留缝应符合下列规定: (1)柱子留置在基础的顶面、梁或吊车梁牛腿的下面、吊车梁的上面、无梁楼板柱帽的下面(图5.1.23)。 (2)和板连成整体的大断面梁,留置在板底面以下20~30mm处。当板下有梁托时,留在梁托下部。 (3)单向板,留置在平行于板的短边的任何位置。 (4)有主次梁的楼板,宜顺着次梁方向浇筑,施工缝应留置在次梁跨度的中间1/3范围内(图5.1.24)。 (5)墙,留置在门洞口过梁跨中1/3范围内,也可留在纵横墙的交接处。 (6)双向受力楼板、大体积混凝土结构、拱、穹拱、薄壳、蓄水池、斗仓、多层刚架及其他结构复杂的工程,施工缝的位置应按设计要求留置。下列情况可作参考: 1)斗仓施工缝可留在漏斗根部及上部,或漏斗斜板与漏斗主壁交接处(图5.1.25)。 2)一般设备地坑及水池,施工缝可留在坑壁上,距坑(池)底混凝土面300~500mm的范围内。 (7)承受动力作用的设备基础,不应留施工缝;如必须留施工缝时,应征得设计单位同意。一般可按下列要求留置: 1)基础上的机组在担负互不相依的工作时,可在其间留置垂直施工缝。 2)输送辊道支架基础之间,可留垂直施工缝。 (8)在设备基础的地脚螺栓范围内,留置施工缝时,应符合下列要求: 1)水平施工缝的留置,必须低于地脚螺栓底端,其与地脚螺栓底端距离应大于150mm;直径小于30mm的地脚螺栓,水平施工缝可以留在不小于地脚螺栓埋入混凝土部分总长度的3/4处。 2)垂直施工缝的留置,其地脚螺栓中心线间的距离不得小于250mm,并不小于5倍螺栓直径。
2	施工缝的处理	在施工缝处继续浇筑混凝土时,已浇筑的混凝土抗压强度不应小于1.2N/mm^2。混凝土达到1.2N/mm^2的时间,可通过试验决定,同时,必须对施工缝进行必要的处理: (1)在已硬化的混凝土表面上继续浇筑混凝土前,应清除垃圾、水泥薄膜、表面上松动砂石和软弱混凝土层,同时还应加以凿毛,用水冲洗干净并充分湿润,一般不宜少于24h,残留在混凝土表面的积水应予清除。 (2)注意施工缝位置附近回弯钢筋时,要做到钢筋周围的混凝土不受松动和损坏。钢筋上的油污、水泥砂浆及浮锈等杂物也应清除。 (3)在浇筑前,水平施工缝宜先铺上10~15mm厚的水泥砂浆一层,其配合比与混凝土内的砂浆成分相同。 (4)从施工缝处开始继续浇筑时,要注意避免直接靠近缝边下料。机械振捣前,宜向施工处逐渐推进,并距800~1000mm处停止振捣,但应加强对施工缝接缝的捣实工作,使其紧密结合。

续表

序　号	项　目	内　容
2	施工缝的处理	（5）承受动力作用的设备基础的施工缝处理，应遵守下列规定： 1）标高不同的两个水平施工缝，其高低接合处应留成台阶形，台阶的高度比不得大于 1。 2）在水平施工缝上继续浇筑混凝土前，应对地脚螺栓进行一次观测校正。 3）垂直施工缝处应加插钢筋，其直径为 12～16mm，长度为 500～600mm，间距为 500mm。在台阶式施工缝的垂直面上亦应补插钢筋。
3	后浇带的设置	后浇带是为在现浇钢筋混凝土结构施工过程中，为克服由于温度、收缩等因素可能产生有害裂缝而设置的临时施工缝。该缝需根据设计要求保留一段时间后浇筑，将整个结构连成整体。 （1）后浇带的设置距离，应考虑在有效降低温差和收缩应力的条件下，通过计算来获得。在正常的施工条件下，有关规范对此的规定是，如混凝土设置于室内和土中，则为 30m；如在露天，则为 20m。 （2）后浇带的宽度应考虑施工简便，避免应力集中，一般宽度为 700～1000mm。后浇带内的钢筋应完好保存。后浇带的构造如图 5.1.26 所示。 （3）后浇带的保留时间应根据设计确定，若设计无要求时，一般至少保留 28d 以上。 （4）后浇带在浇筑混凝土前，必须将整个混凝土表面按照施工缝的要求进行处理。填充后浇带混凝土可采用微膨胀或无收缩水泥，也可采用普通水泥加入相应的外加剂拌制，但必须要求填筑混凝土的强度等级比原结构强度提高一级，并保持至少 15d 的湿润养护

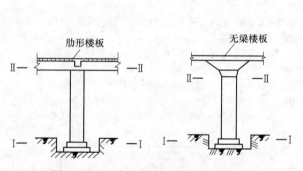

图 5.1.23　浇筑柱的施工缝的位置图
Ⅰ—Ⅰ、Ⅱ—Ⅱ表示施工缝位置

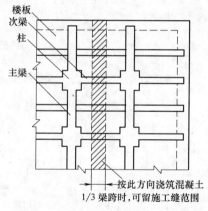

图 5.1.24　浇筑有主次梁楼板的施工缝位置图

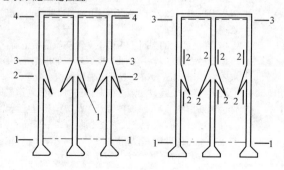

图 5.1.25　斗仓施工缝位置
1—1、2—2、3—3、4—4—施工缝位置；1—漏斗板

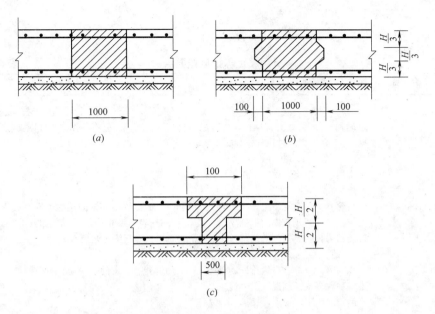

图 5.1.26　后浇带构造图
(a) 平接式；(b) 企口式；(c) 台阶式

5.1.7　混凝土养护

混凝土浇筑后为了创造水泥充分水化的条件，加速混凝土硬化，同时防止混凝土成型后因曝晒、风吹、干燥、寒冷等自然因素影响，出现不正常的收缩、裂缝、破坏等现象，必须对混凝土进行养护。

5.1.7.1　混凝土养护分类

混凝土的养护通常以养护工艺分类，见表 5.1.56。

混凝土养护分类　　　　　　　　表 5.1.56

序　号	类　别	名　　称	方　法　简　介
1	标准养护		气温保持 20±3℃相对湿度保持 90%以上，时间 28d。
2	自然养护	覆盖浇水养护	
		围水养护	四周筑成小埝，将水蓄在混凝土表面。
		浸水养护	
		喷雾或洒水养护	利用自来水压力(或加泵)，将水喷洒在混凝土上。
		喷膜养护	在混凝土表面喷洒 1~2 层能很快成膜的养护剂。
		铺膜养护	用里层为黑色，外层透明的双层塑料薄膜覆盖。
3	热养护	蒸汽养护	利用热蒸汽对混凝土进行湿热养护。
		热水(加油)养护	将水或油加热，将构件搁置在水或油的上面。
		电热养护	对模板加热或微波加热。
		太阳能养护	利用各种罩、集热箱等封闭装置对构件进行养护，适用于南方日照较长地区

5.1.7.2　混凝土养护操作要点

混凝土养护操作要点，如表 5.1.57 所示。

混凝土养护操作要点 表 5.1.57

序号	项目	内　容
1	自然养护	（1）采用自然养护，应遵守下列规定：在浇筑完成12h以内进行覆盖或养护；混凝土强度等级达到C12后，始允许操作人员行走、安装模板和支架，但不得作冲击性或类似劈打木材的操作；不允许用悬挑构件作为交通运输的通道，或作工具、材料的停放场。 （2）覆盖浇水养护 常用的覆盖浇水养护工作要点，见表5.1.58。 （3）喷膜养护 喷膜养护是在混凝土表面喷洒1～2层养护剂，成膜后使混凝土的蒸发水成为养护用水，适用于平面面积较大的工程项目。表5.1.59～表5.1.62列出了常用的养护剂的配合比、过氯乙烯树脂养护剂的配制方法及喷洒设备工具与喷洒工艺要点。 （4）铺膜养护 铺膜养护是综合自然养护、喷膜养护、太阳能养护而成的一种简易有效的养护方法，适用于各种现浇或预制混凝土工程。 铺膜养护工艺要点，见表5.1.63。
2	热养护	（1）太阳能养护 太阳能养护通常用于混凝土构件预制厂，其养护时间与同条件的自然养护相比，只需30%～50%的时间。太阳能养护的操作工艺要点见表5.1.64。 （2）常压蒸汽养护 常用蒸汽养护通常用于预制混凝土构件生产线或冬期施工，其养护温度控制要点见表5.1.65。 1）普通蒸汽养护坑 是混凝土构件厂最常见的蒸养设备。构件叠放在坑内，尽可能提高填充系数，以节约蒸汽。蒸汽管每米约钻4～6个喷汽孔，安装在坑壁的下部，使蒸汽上升。排水沟外设有自动疏水器以排除冷凝水。坑盖、坑壁除保证结构强度外，中部填充保温材料，以减少热能损耗。 2）热介质循环蒸汽养护坑 热介质循环蒸汽养护坑是上、下均安装汽管，并将喷汽孔改为弯气嘴，使蒸汽按一定的方向循环流动，加强热交换，并可进行自动调节。 3）红外线养护 红外线养护通常用于冬期施工现浇房屋成贮藏混凝土墙体工程的养护。其工艺装置见表5.1.67；红外线辐射器的使用要点见表5.1.68

自然养护覆盖浇水工艺要点 表 5.1.58

序号	项目	要点
1	开始养护时间	初凝后可以覆盖，终凝后开始浇水
2	常用的覆盖物	麻袋片、草席、竹帘、锯末、砂、炉渣
3	浇水工具	当天用喷壶洒水，翌日用胶管浇水
4	浇水次数	以保证覆盖物经常湿润为准
5	浇水天数	（1）用硅酸盐水泥、普通水泥、矿渣水泥拌制的混凝土，在正温条件下，不少于7d （2）掺用缓凝型外加剂，或有抗渗要求的混凝土，不少于14d （3）用其他水泥拌制的混凝土，按水泥特性确定

续表

序 号	项 目	要 点
6	竖向构件(墙、池、罐、烟囱等)	用麻袋、草席、竹帘等做成帘式覆盖物,在顶部用花管喷水养护
7	低温环境	(1)外界气温低于 5℃时,不允许浇水低温环境 (2)按冬期施工处理

喷膜养护剂配合比 (重量比) 表 5.1.59

序 号	养护剂种类	配合比(%)				
		溶剂		过氯乙烯树脂	苯二甲酸二丁酯	丙酮
		粗苯	溶剂油			
1	过氯乙烯树脂	86 —	— 87.5	9.5 10	4 2.5	0.5 —
2	LP-37 聚醋酸乙烯 (木工胶)	用水稀释,比例为 LP-37：水＝100：100～300;亦可加 10%磷酸三钠中和,比例为 100：100～300：5;如需消泡,可加适量的磷酸三丁酯。 用水稀释至能喷射即可。其用量为每立方米混凝土面积 0.6～1.0kg				

过氯乙烯树脂养护剂的配制方法 表 5.1.60

序 号	项 目	要 点
1	原材料性质	属易燃品,使用前应注意保管。
2	容器	应清洁:无油污,无铁锈;有盖子,能防止溶液蒸发。
3	配合方法	(1)先将溶剂倒入容器内; (2)加入过氯乙烯树脂,边加边搅拌,加完后每隔半小时搅拌一次,直至树脂完全溶解; (3)丙酮是在树脂极难溶时加入; (4)最后加入苯二甲酸二丁脂,边加边搅拌,均后即可使用

喷膜养护的喷洒设备及工具 表 5.1.61

序 号	名 称	规 格	数 量	配 件
1	空气压缩机	容量:0.18～0.6m³;工作压力:0.4～0.5MPa(4～5kgf/cm³)。	1 台	配电动机压力表,气阀,安全阀均为 φ12.7mm, 0.4～0.6MPa(4～6kgf/cm²)
2	压力容罐	双阀门压力:0.6～0.8MPa(6～8kgf/cm³),容量 0.5～1.0m³。		
3	高压橡胶管	φ12.7mm 乙炔氧焊胶管,长度视场地而定。	1～2 台	
4	喷具	φ12.7mm 喷漆或农药喷枪。	1～2 副	

喷膜养护喷洒施工要点 表 5.1.62

序 号	项 目	要 点
1	开始喷洒时间	初凝以后,表面无浮水时,以手指轻压无指印。过迟则蒸发水逸出过多,影响效果
2	喷洒压力	以 0.2～0.3MPa(2～3kgf/cm³),能形成雾状为佳

序　号	项　目	要　点
3	喷洒方法	(1)喷嘴离混凝土表面约50cm; (2)喷洒的厚度以溶液的耗用量衡量,通常每平方耗用养护剂2.5kg; (3)通常喷两次,待第一次成膜后再喷第二次; (4)喷洒时要求有规律,固定一个方向,前后两次的走向应互相垂直。
4	薄膜的保护	(1)不得在薄膜上行人,拖拉工具、胶管; (2)如气温较低,应设法保温

铺膜养护工艺要点　　　　　　　　　　　表5.1.63

序　号	项　目	要　点
1	薄膜制作	(1)薄膜分内外两层,内层为黑色,外层为带气泡的双层透明薄膜; (2)应按工程或预制件表面的大小铺设或装制薄膜; (3)裁制时应每边预留20~40cm,供压边用; (4)裁制完成后按覆盖工程的大小折叠整齐,便于铺设。
2	铺膜时间	初凝后即可铺膜。
3	铺膜	(1)铺膜时应按工程大小,若干人同时操作,动作要协调一致; (2)薄膜不必强求紧贴构件表面,留有适当空隙,以供气温流动、自行平衡; (3)铺膜时避免薄膜被钢筋、模具、构件边角等刺破; (4)铺膜后应检查一次,混凝土边角应全部覆盖严密,并用重物将薄膜压实,养护过程中应经常检查有无被风掀动。
4	撤除	(1)撤除前先用水或毛刷将薄膜上灰尘清除; (2)按原来方法折叠,便于下次使用。
5	重复使用	(1)可重复使用10~15次。 (2)重复使用7~8次后,外膜透明度已减弱,但仍起保温作用。如需保证温度,可更换新外膜

太阳能养护装置工艺要点　　　　　　　　表5.1.64

序　号	项　目	要　点
1	吸热保温材料	旧棉花、矿渣棉,外用黑色薄膜或深色人造革封闭,注意防潮。
2	玻璃板斜度	视各地纬度而异,以太阳光能垂直或接近垂直射入为佳。
3	反射板	白天按阳光方向调整反射角,晚上闭合在玻璃板上,可起保温作用;反光材料可用铝板、镀铝涤纶布、白色涂料等。
4	活动式集热箱	注意箱底与地面紧贴,可在箱壁底部加装橡胶片或充气胶管等。
5	清扫工作	(1)为保持玻璃的良好透明度及反射板的反射效率,每日上、下午上班时应清扫一次; (2)为保持吸热材料的效率,每一生产周应清扫除尘一次

常压蒸汽养护温度控制要点　　　　　　　表5.1.65

序　号	项　目	控　制　要　点
1	升降温程序	如图5.1.27所示。
2	静停时间	(1)当采用硅酸盐水泥或普通水泥时,视外界气温而定,约2~6h。 (2)当采用矿渣水泥时,可适当延长。
3	升降温速度	见表5.1.66。
4	恒温时间	视制作混凝土的水泥品种,外界气温,蒸养设备效率、构件形式、生产需要等因素,通过试验确定。

续表

序 号	项 目	控 制 要 点
5	最高温度	蒸养温度因制作混凝土的水泥品种而定: (1)对于硅酸盐水泥或普通水泥,宜控制为80℃,最高不超过85℃。 (2)对于矿渣水泥,宜控制为90℃,最高不超过95℃。
6	温度	通常保持在90%以上,即饱和蒸汽养护

混凝土构件蒸汽养护降温速度(℃/h)   表5.1.66

序 号	项 目	构件种类(坑养或窑养)			表面系数(冬期施工)	
		薄壁构件	其他构件	干硬性	≥6	<6
1	升温速度	25	20	40	15	10
2	降温速度	10	10	10	10	5

注:1. 表面系数=混凝土构件表面面积(m²)/混凝土构件体积(m³);
2. 构件出坑(窑)时,外表面温度与外界气温之差,宜不大于20℃。

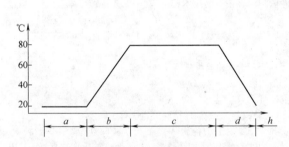

图5.1.27 蒸汽养护升降温程序示意图
a—静停;b—升温;c—恒温;d—降温

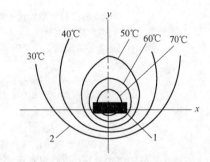

图5.1.28 红外线辐射器等温线示意图
1—红外线辐射器;2—等温线

红外线养护的工艺装置   表5.1.67

序 号	项 目	工 艺 装 置 要 点
1	红外线能源	电、液化石油厂。
2	主要设备	红外线灯(辐射器)。
3	保温罩	用保温材料制作。
4	散热特点	(1)上部面积大,温度高。 (2)下部、两侧面积小,温度低。 (3)热度等温线如图5.1.28所示。
5	组合型式	(1)下层辐射器离地面约300~400mm。 (2)两辐射器之间的水平间距为1.5~2.0m。 (3)与墙面的距离通过测定后选用,一般不大于1m

红外线养护辐射器使用要点   表5.1.68

序 号	项 目	使 用 要 点
1	管理	应有专人管理,负责测量记录温度及湿度。
2	温度控制	红外线辐射属于热养护,应在保温罩内设置若干水盆,保持一定的湿度,防止混凝土干裂。
3	安全	注意防爆、防火、防触电、防液化石油气泄漏

5.2　工艺流程及施工方法

5.2.1　现浇板梁结构混凝土工程

1. 适用范围及基本规定

现浇板梁结构混凝土工程适用范围及基本规定，如表5.2.1所示。

表 5.2.1

适用范围及基本规定

序号	项　　目	内　　容
1	适用范围	（1）适用于建筑工程梁、板普通混凝土结构的施工工艺；涉及预应力混凝土、底板大体积混凝土、竖向结构混凝土部分另见相应的施工工艺标准。 （2）本标准未涉及转换层大体积梁板混凝土、高性能混凝土、高强度等级混凝土、自流平混凝土、超长结构混凝土、补偿收缩混凝土、叠合楼板（预制板现浇叠合、钢压型板现浇叠合）混凝土、纤维掺合料混凝土等其他特殊的混凝土施工工艺。
2	基本规定	（1）现浇混凝土结构施工现场质量管理应有相应的技术标准、健全的质量管理体系、施工质量控制和质量验收制度。 　混凝土结构施工应有施工项目的施工组织设计或施工方案并经过审查批准。同时在施工前应进行详细的技术交底。 （2）现浇结构工程应根据单位工程划分若干个检验批进行质量验收。 （3）现浇混凝土结构验收应包含如下内容： 1）实物检查 ①对原材料的进场复检，应按进场的批次和产品的抽样检验规定执行。 ②对混凝土强度应按国家有关标准和《混凝土结构工程施工质量验收规范》（GB 50204—2002）规定的抽样检验方案执行。结构构件的混凝土强度应按《混凝土强度检验评定标准》（GBJ 107）的规定分批进行检验评定。评定结构构件的混凝土强度应采用标准试件的混凝土强度。应按《普通混凝土力学性能试验方法标准》进行试验。 ③对《混凝土结构工程施工质量验收规范》（GB 50204—2002）中采用计数检验的项目，应按抽查总点数的合格点率进行检查。 ④对混凝土的实体应进行观感质量检查。 2）资料检查，包括原材料的产品合格证（中文质量合格证明文件、规格、型号及性能检测报告等）及进场复验报告、施工过程中的自检和交接检记录、抽样检验报告、见证检测报告、隐蔽工程验收记录等。 3）对涉及混凝土结构安全的重要部位应进行结构实体检验。结构实体检验应在监理工程师（建设单位项目专业技术负责人）见证下，由施工项目技术负责人组织实施。承担结构实体检验的试验室应具有相应的资质。 （4）现浇混凝土梁、板结构检验批合格质量应符合下列规定： 1）主控项目的质量经抽样检验合格； 2）一般项目的质量经抽样检验合格；当采用计数检验时，除有专门要求外，一般项目的合格点率应达到80%及以上，且不得有严重缺陷； 3）具有完整的施工操作依据和质量验收记录。 　对验收合格的检验批，宜作出合格标志。 （5）质量验收程序和组织应符合国家标准《建筑工程施工质量验收统一标准》（GB 50300—2001）的规定

2. 施工准备及工程要点

（1）施工准备

现浇板梁结构混凝土工程施工准备，如表5.2.2所示。

施 工 准 备　　　　　　　表 5.2.2

序号	项目	内容
1	技术准备	(1)图纸会审已完成。 (2)根据设计混凝土强度等级、混凝土性能要求、施工条件、施工部位、施工气温、浇筑方法、使用水泥、骨料、掺合料及外加剂,确定各种类型混凝土强度等级的所需坍落度和初、终凝时间,委托有资质的专业试验室完成混凝土配合比设计。 (3)编制混凝土施工方案,明确流水作业划分、浇筑顺序、混凝土的运输与布料、作业进度计划、工程量等并分级进行交底。 (4)确定浇筑混凝土所需的各种材料、机具、劳动力需用量。 (5)确定混凝土施工所需的水、电,以满足施工需要。 (6)确定混凝土的搅拌能力是否满足连续浇筑的需求。 (7)确定混凝土试块制作组数,满足标准养护和同条件养护的需求。
2	材料要求	(1)水泥:应根据工程特点、所处环境以及设计、施工的要求,选用适当品种和强度等级的水泥。普通混凝土宜选用硅酸盐水泥、普通硅酸盐水泥、矿渣硅酸盐水泥、火山灰质硅酸盐水泥及粉煤灰硅酸盐水泥。 水泥的主要技术指标应符合附录 A.1 的要求。 (2)细骨料:当选用砂制备混凝土时宜优先选用Ⅱ区砂。对于泵送混凝土用砂,宜选用中砂。砂的各项主要技术指标应符合附录 A.2 的要求。 (3)粗骨料:当采用碎石或卵石配制混凝土时,其技术指标应符合附录 A.2 的要求。 (4)掺合料: 1)用于混凝土中的掺合料,应符合现行国家标准《用于水泥和混凝土中的粉煤灰》、《用于水泥中的火山灰质混合材料》和《用于水泥中的粒化高炉矿渣》的规定。 当采用其他品种的掺合料时,其烧失量及有害物质含量等质量指标应通过试验,确认符合混凝土质量要求时,方可使用。见附录 C。 2)选用的掺合料,应使混凝土达到预定改善性能的要求或在满足性能要求的前提下取代水泥。其掺量应通过试验确定,其取代水泥的最大取代量应符合有关标准的规定。 3)掺合料在运输与存储中,应有明显标志。严禁与水泥等其他粉状材料混淆。 (5)混凝土外加剂: 1)选用外加剂时,应根据混凝土的性能要求、施工工艺及气候条件,结合混凝土的原材料性能、配合比以及对水泥的适应性等因素,通过试验确定其品种和掺量。 2)混凝土外加剂的各项技术指标要求应符合本章附录 B 的要求。 (6)水:混凝土拌制用水宜采用饮用水;当采用其他水源时,应进行取样检测,水质应符合国家现行标准《混凝土拌合用水标准》(JGJ 63)的规定。
3	主要机具	(1)混凝土搅拌设备:混凝土搅拌机、拉铲、抓铲、皮带输送机、推土机、装载机、散装水泥储存罐、磅砰(或自动计量设备)。 (2)运输设备:客货两用电梯或龙门架(提升架)、塔式起重机、混凝土搅拌运输车、混凝土输送泵、布料杆、自卸翻斗汽车、机动翻斗车、手推车等。 (3)混凝土振捣设备:插入式振动器和平板式振动器等。 (4)主要工具:尖锹、平锹、混凝土吊斗、贮料斗、木抹子、刮杠、铁插尺、胶皮水管、铁板、12～15 时活扳手、电工常规工具、机械常规工具、对讲机等。
4	作业条件	(1)所有的原材料经检查,全部应符合设计配合比通知单所提出的要求。 (2)根据原材料及设计配合比进行混凝土配合比检验,应满足坍落度、强度及耐久性等方面要求。 (3)新下达的混凝土配合比,应进行开盘鉴定,并符合要求。 (4)搅拌机及其配套的设备业经试运行,安全可靠。同时配有专职技工,随时检修。电源及配电系统符合要求,安全可靠。 (5)所有计量器具必须具有经检定的有效期标识。地磅下面及周围的砂、石清理干净,计量器具灵敏可靠,并按施工配合比设专人定磅。

续表

序号	项　目	内　容
4	作业条件	(6)需浇筑混凝土的工程部位已办理隐检手续、混凝土浇筑的申请单已经有关人员批准。 (7)管理人员向作业班组进行配合比、操作规程和安全技术交底。 (8)现场已准备足够的砂、石子、水泥、掺合料以及外加剂等材料,能满足混凝土连续浇筑的要求。 (9)木模在混凝土浇筑前洒水湿润。 (10)依据泵送浇筑作业方案,确定泵车型号、使用数量;搅拌运输车数量、行走路线、布置方式、浇筑程序、布料方法以及明确布设。 (11)浇筑混凝土必须的脚手架和马道已经搭设,经检查符合施工需要的安全要求。混凝土搅拌站至浇筑地点的临时道路已经修筑,能确保运输道路畅通。 (12)泵送操作人员经培训、考核合格,持证上岗

(2) 工程要点

现浇板梁结构混凝土工程的工程要点, 如表 5.2.3 所示。

工程要点　　　　　　　　　　　表 5.2.3

序号	项　目	内　容
1	技术要点	(1)每一工作班正式称量前,应对计量设备进行零点校验。 (2)运送混凝土的容器和管道,应不吸水、不漏浆。容器和管道在冬期应有保温措施,夏季最高气温超过 40℃时,应有隔离措施。 (3)混凝土拌合物运至浇筑地点时的温度,最高不宜超过 35℃;最低不宜低于 5℃。 (4)在浇筑混凝土时,应经常观察模板、支架、钢筋、预埋件和预留孔洞的情况,当发现有变形、移位时,应立即停止浇筑,并应在已浇筑的混凝土凝结前修整完好。 (5)在浇筑与柱、墙连成整体的梁和板时,应在柱和墙浇筑完毕后停歇 1～1.5h,使混凝土获得初步沉实后,再继续浇筑,或者采取二次振捣的方法进行。 (6)在浇筑混凝土时,应制作供结构拆模、张拉、强度合格评定用的标准养护和与结构混凝土同条件养护的试件。需要时还应制作坑冻、抗渗或其他性能试验用的试件。 (7)对于有预留洞、预埋件和钢筋密集的部位,应采取技术措施,确保顺利布料和振捣密实。在浇筑混凝土时,应经常观察,当发现混凝土有不密实等现象,应立即予以纠正。 (8)水平结构的混凝土表面,应适时用木抹子磨平(必要时,可用铁筒滚压)搓毛两遍以上,且最后一遍宜在混凝土收水时完成。 (9)应控制混凝土处在有利于硬化及强度增长的温度和湿度环境中。
2	材料要点	(1)所用的水泥应有中文质量证明文件。质量证明文件内容应包括本标准规定的各项技术要求及试验结果。水泥厂在水泥发出之日起 7d 内寄发的质量证明文件应包括除 28d 强度以外的各项试验结果。28d 强度数值,应在水泥发出之日起 32d 内补报。 (2)骨料的选用应符合下列要求: 1)粗骨料最大粒径应符合下列要求: 不得大于混凝土结构截面最小尺寸的 1/4,并不得大于钢筋最小净间距的 3/4;对混凝土实心板,其最大粒径不宜大于板厚的 1/2,且不得超过 50mm; 泵送混凝土用的碎石,不应大于输送管内径的 1/3;卵石不应大于输送管内径的 2/5。 2)泵送混凝土用的细骨料,对 0.315mm 筛孔的通过量不应少于 15%,对 0.16mm 筛孔的通过量不应少于 5%。 3)泵送混凝土用的骨料还应符合泵车技术条件的要求。 (3)骨料在生产、采集、运输与存储过程中,严禁混入影响混凝土性能的有害物质。 (4)骨料应按品种、规格分别堆放,不得混杂。在其装卸及存储时,应采取措施,使骨料颗粒级配均匀,保持洁净。堆放场地应平整、排水畅通,宜铺筑混凝土地面。

序号	项 目	内 容
2	材料要点	(5)不得使用海水拌制钢筋混凝土和预应力混凝土。不宜用海水拌制有饰面要求的素混凝土。 (6)混凝土拌合物中的氯化物总含量(以氯离子重量计)应符合下列规定: 1)对素混凝土,不得超过水泥重量的 2%; 2)对处于干燥环境或有防潮措施的钢筋混凝土,不得超过水泥重量的 1%; 3)对处在潮湿而不含有氯离子环境中的钢筋混凝土,不得超过水泥重量的 0.3%; 4)在对在潮湿并含有氯离子环境中的钢筋混凝土,不得超过水泥重量的 0.1%; 5)预应力混凝土及处于易腐蚀环境中的钢筋混凝土,不得超过水泥重量的 0.06%; 6)混凝土中氯化物总含量≤0.3kg/m³。 (7)混凝土拌合物中的碱含量<3.0kg/m³。 (8)混凝土拌合物的各项质量指标应按下列规定检验: 1)各种混凝土拌合物均应检验其坍落度; 2)掺引气型外加剂的混凝土拌合物应检验其含气量; 3)根据需要应检验混凝土拌合物的水灰比、水泥含量及均匀性。 (9)混凝土拌合物的坍落度应均匀,坍落度的允许偏差应符合表 5.2.4 的要求。 (10)掺引气型外加剂混凝土的含气量应满足设计和施工工艺的要求。根据混凝土采用粗骨料的最大粒径,其含气量的限值不宜超过表 5.2.5 的规定。含气量的检测结果与要求值的允许偏差范围应为±15%。 (11)各类具有室内使用功能的建筑用混凝土外加剂中释放氨的量应≤0.10%(质量分数)。 (12)混凝土拌合物应拌合均匀,颜色一致,不得有离析和泌水现象。
3	质量要点	(1)进场原材料必须按有关标准规定取样检测,并符合有关标准要求。 (2)生产过程中应测定骨料的含水率,每一工作班不应少于一次,当含水率有显著变化时,应增加测定次数,依据检测结果及时调整用水量和骨料用量。 (3)宜采用强制式搅拌机搅拌混凝土。 (4)混凝土搅拌的最短时间应符合本标准表 5.2.8 的规定。搅拌混凝土时,原材料应计量准确,上料顺序正确。混凝土的搅拌时间、原材料计量、上料顺序,每一工作班至少应抽查两次。 (5)混凝土拌合物的坍落度应在搅拌地点和浇筑地点分别取样检测。所测坍落度值应符合设计和施工要求。其允许偏差应符合本标准表 5.2.4 的规定。 每一工作班不应少于一次。评定时应以浇筑地点的为准。 在检测坍落度时,还应观察混凝土拌合物的黏聚性和保水性。 (6)混凝土从搅拌机卸出后到浇筑完毕的延续时间应符合本手册表 5.2.11 的规定。 (7)混凝土运送至浇筑地点,应立即浇筑入模。如混凝土拌合物出现离析或分层现象,应对混凝土拌合物进行二次搅拌。 (8)浇筑混凝土应连续进行。如必须间歇时,其间歇时间宜缩短,并应在前层混凝土凝结之前,将次层混凝土浇筑完毕。 混凝土运输、浇筑及间歇的全部时间不得超过混凝土初凝时间,当超过规定时间必须设置施工缝。 (9)混凝土应振捣成型,根据施工对象及混凝土拌合物性质应选择适当的振捣器,并确定振捣时间。 (10)混凝土在浇筑及静置过程中,应采取措施防止产生裂缝。由于混凝土的沉降及干缩产生的非结构性的表面裂缝,应在混凝土终凝前予以修整。 (11)施工现场应根据施工对象、环境、水泥品种、外加剂以及对混凝土性能的要求,提出具体的养护方法,并应严格执行规定的养护制度。
4	安全要点	(1)施工现场所有的用电设备,除作保护接零外,必须在设备负荷线的首端处设置漏电保护装置。 (2)架空线必须采用绝缘铜线或绝缘铝线。

序号	项 目	内 容
4	安全要点	(3)每台用电设备应有各自专用的开关箱,必须实行"一机一闸"制,严禁用同一个开关电器直接控制二台及二台以上用电设备(含插座)。 (4)开关箱中必须装设漏电保护器。进入开关箱的电源线,严禁用插销连接。 (5)各种电源导线严禁直接绑扎在金属架上。 (6)需要夜间工作的塔式起重机,应设置正对工作面的投光灯。塔身高于30m时,应在塔顶和臂架端部装设防撞红色信号灯。 (7)分层施工的楼梯口和梯段边,必须安装临时护栏。顶层楼梯口应随工程结构进度安装正式防护栏杆。 (8)作业人员应从规定的通道上下,不得在阳台之间等非规定通道进行攀登,也不得任意利用吊车臂架等施工设备进行攀登。 上下梯子时,必须面向梯子,且不得手持器物。 (9)混凝土浇筑时的悬空作业,必须遵守下列规定: 1)浇筑离地2m以上独立柱、框架、过梁、雨篷和小平台时,应设操作平台,不得直接站在模板或支撑件上操作。 2)特殊情况下如无可靠的安全设施,必须系好安全带、扣好保险钩,并架设安全网。 (10)机、电操作人员应体检合格,无妨碍作业的疾病和生理缺陷,并应经过专业培训、考核合格取得行业主管部门颁发的操作证,方可持证上岗。 (11)在工作中操作人员和配合作业人员必须按规定穿戴劳动保护用品,长发应束紧不得外露,高处作业时必须系安全带。 (12)机械必须按照出厂使用说明书规定的技术性能、承载能力和使用条件,正确操作,合理使用,严禁超载作业或任意扩大使用范围。 (13)机械上的各种安全防护装置及监测、指示、仪表、报警等自动报警、信号装置应完好齐全,有缺损时应及时修复。安全防护装置不完整或已失效的机械不得使用。 (14)搅拌机作业中,当料斗升起时,严禁任何人在料斗下停留或通过;当需要在料斗下检修或清理料坑时,应将料斗提升后用铁链或插入销锁住。 (15)电缆线应满足操作所需的长度,电缆线上不得堆压物品或让车辆挤压,严禁用电缆线拖拉或吊挂振动器。
5	环境要求	(1)在机械产生对人体有害的气体、液体、尘埃、渣滓、放射性射线、振动、噪声等场所,必须配置相应的安全保护设备和三废处理装置。 (2)混凝土机械作业场地应有良好的排水条件,机械近旁应有水源,机棚内应有良好的通风、采光及防雨、防冻设施,并不得有积水。 (3)作业后,应及时将机内、水箱内、管道内的存料、积水放尽,并应清洁保养机械,清理工作场地。 (4)应选用低噪声或有消声降噪设备的混凝土施工机械。 (5)现场混凝土搅拌站应搭设封闭的搅拌棚,防止扬尘和噪声污染

混凝土拌合物的坍落度允许偏差   表5.2.4

坍落度(mm)	允许偏差(mm)	坍落度(mm)	允许偏差(mm)
≤50	±10	≥100	±30
50~90	±20		

掺引气型外加剂混凝土含气量的限值   表5.2.5

粗骨料最大粒径(mm)	混凝土含气量(%)	粗骨料最大粒径(mm)	混凝土含气量(%)
10	7.0	25	5.0
15	6.0	40	4.5
20	5.5		

3. 施工工艺

（1）工艺流程

现浇板梁结构混凝土工程工艺流程，如下所示。

混凝土搅拌 → 混凝土运输、泵送与布料 → 混凝土浇筑 → 混凝土振捣 → 混凝土养护

（2）混凝土搅拌操作要点

混凝土搅拌操作要点，如表5.2.6所示。

混凝土搅拌操作要点　　　　　　　　　　表5.2.6

序号	项　目	内　容
1	混凝土搅拌的一般要求	(1)搅拌混凝土前，宜将搅拌筒充分润滑。搅拌第一盘时，宜按配合比减少粗骨料用量。在全部混凝土卸出之前不得再投入拌合料，更不得采取边出料边进料的方法进行搅拌。 (2)混凝土搅拌中必须严格控制水灰比和坍落度，未经试验人员同意严禁随意加减用水量。 (3)混凝土的原材料计量： 1)水泥计量：搅拌时采用袋装水泥时，应抽查10袋水泥的平均重量，并以每袋水泥的实际重量，按设计配合比确定每盘混凝土的施工配合比；搅拌时采用散装水泥的，应每盘精确计量。 2)外加剂及混合料计量：对于粉状的外加剂和混合料，宜按施工配合比每盘的用料，预先在外加剂和混合料存放的仓库中进行计量，并以小包装运到搅拌地点备用；液态外加剂应随用随搅拌，并用比重计检查其浓度，宜用量筒计量。 3)混凝土原材料每盘称量的偏差应符合表5.2.7的规定。 (4)混凝土搅拌的装料顺序宜按下列要求进行： 1)当无外加剂、混合料时，依次进入上料斗的顺序宜为 粗骨料 → 水泥 → 细骨料 2)当有掺混合料时，其顺序宜为 粗骨料 → 水泥 → 混合料 → 细骨料 3)当掺干粉状外加剂时，其顺序宜为 粗骨料 → 外加剂 → 水泥 → 细骨料或粗骨料 → 水泥 → 细骨料 → 外加剂 (5)混凝土的搅拌时间宜按表5.2.8确定。
2	混凝土搅拌的冬期施工	(1)室外日平均气温连续5d稳定低于5℃时，混凝土拌制应采取冬施措施，并应及时采取气温突然下降的防冻措施。配制冬期施工的混凝土，宜优先选用硅酸盐水泥或普通硅酸盐水泥，水泥强度等级不宜低于42.5MPa，最小水泥用量不应少于300kg/m³，水灰比不应大于0.6。 (2)混凝土所用骨料应清洁，不得含有冰、雪、冻结物及其他易冻裂物质。在掺用含有钾、钠离子的防冻剂混凝土中，不得采用活性骨料或在骨料中混有这类物质的材料。 (3)在钢筋混凝土中掺用氯盐类防冻剂时，氯盐掺量不得大于水泥重量的1%(按无水状态计算)，且不得采用蒸汽养护。在下列情况下，钢筋混凝土中不得采用氯盐： 1)排出大量蒸汽的车间、澡堂、洗衣房和经常处于空气相对湿度大于80%的房间以及有顶盖的钢筋混凝土蓄水池等的在高湿度空气环境中使用的结构； 2)处于水位升降部位的结构； 3)露天结构或经常受雨、水淋的结构； 4)有镀锌钢材或铝铁相接触部位的结构，和有外露钢筋、预埋件而无防护措施的结构； 5)与含有酸、碱或硫酸盐等侵蚀介质相接触的结构； 6)使用过程中经常处于环境温度为60℃以上的结构； 7)使用冷拉钢筋或冷拔低碳钢丝的结构； 8)薄壁结构； 9)电解车间和直接靠近直流电源的结构。

序号	项　目	内　　容
2	混凝土搅拌的冬期施工	10)直接靠近高压电源(发电站、变电所)的结构。 (4)采用非加热养护法施工所选用的外加剂,宜优先选用含引气成分的外加剂,含气量宜控制在2%~4%。 (5)冬期拌制混凝土应优先采用加热水的方法。水及骨料的加热温度应根据热工计算确定,但不得超过表5.2.9的规定。 (6)水泥不得直接加热,宜在使用前运入暖棚内存放。 (7)当骨料不加热时,水可加热到100℃,但水泥不应与80℃以上的水直接接触。投料顺序为先投入骨料和已加热的水,然后再投入水泥。混凝土拌制前,应用热水或蒸汽冲洗搅拌机,拌制时间应取常温的1.5倍。混凝土拌合物的出机温度不宜低于10℃,入模温度不得低于5℃。 (8)冬期混凝土拌制的质量检查除遵守规范的规定外,应进行以下检查: 检查外加剂掺量;测量水、骨料、水泥、外加剂溶液入机温度;测量混凝土出罐及入模时温度;室外气温及环境温度;搅拌机棚温度。以上检查每一工作班不宜少于四次。 冬期施工混凝土试块的留置除应符合一般规定外,尚应增设不少于二组与结构同条件养护的试件,用于检验受冻前的混凝土强度。
3	检查要求	混凝土拌制中应进行下列检查: (1)检查拌制混凝土所用原材料的品种、规格和用量,每一个工作班至少两次; (2)检查混凝土的坍落度及和易性,每一工作班至少两次; (3)混凝土的搅拌时间应随时检查

原材料每盘称量的允许偏差 表5.2.7

材料名称	允许偏差	材料名称	允许偏差
水泥、掺合料	±2%	水、外加剂	±2%
粗、细骨料	±3%		

混凝土的搅拌时间 表5.2.8

混凝土坍落度(mm)	搅拌机类型	搅拌机容积(L)		
		小于250	250~500	大于500
小于及等于30	自落式	90s	120s	150s
	强制式	60s	90s	120s
大于30	自落式	90s	90s	120s
	强制式	60s	60s	90s

注:掺有外加剂时,搅拌时间应适当延长。

拌合水和骨料最高温度要求 表5.2.9

项　目	拌合水	骨料
强度等级小于42.5的普通硅酸盐水泥、矿渣硅酸盐水泥	80℃	60℃
强度等级大于42.5的普通硅酸盐水泥、矿渣硅酸盐水泥	60℃	40℃

(3)混凝土运输,泵送及布料

混凝土运输,泵送及布料操作要点,如表5.2.10所示。

混凝土运输，泵送及布料操作要点　　　　　表 5.2.10

序号	项　　目	内　　　　　　容
1	混凝土运输	（1）混凝土运输车装料前应将拌筒内、车斗内的积水排净。 （2）运输途中拌筒应保持 3～5 转/分的慢速转动。 （3）混凝土应以最少的转载次数和最短时间，从搅拌地点运到浇筑地点。混凝土的延续时间不宜超过表 5.2.11 的规定。
2	混凝土泵送操作要点	（1）混凝土泵的选型、配管设计应根据工程和施工场地特点、混凝土浇筑方案、要求的最大输送距离，最大输出量及混凝土浇筑计划参照《混凝土泵送施工技术规程》（JGJ/T 10—95）确定。 （2）混凝土泵车的布置应考虑下列条件： 1）混凝土泵设置处应场地平整、坚实，道路畅通，供料方便，距离浇筑地点近，便于配管，具有重车行走条件。 2）混凝土泵应尽可能靠的浇筑地点。在使用布料杆工作时，能使得浇筑部位尽可能地在布料杆的工作范围内，尽量少移动泵车即能完成浇筑。 3）多台混凝土泵或泵车同时浇筑时，选定的位置要使其各自承担的浇筑量接近，最好能同时浇筑完毕，避免留置施工缝。 4）接近排水设施和供水，供电方便。在混凝土泵的作业范围内，不得有高压线等障碍物。 5）当高层建筑或高耸构筑物采用接力泵泵送混凝土时，接力泵的设置位置应使上、下泵的输送能力相匹配。 6）设置接力泵的楼面或其他结构部位应验算其结构所能承受的荷载，必要时应采取加固措施。 7）在混凝土泵的作业范围内，不得有阻碍物、高压电线、同时要有防范高空坠物的设施。 8）混凝土泵的转移运输时要注意安全要求，应符合产品说明及有关标准的规定。 （3）混凝土输送管的固定，不得直接支承在钢筋、模板及预埋件上，并应符合下列规定： 1）水平管宜每隔一定距离用支架、台垫、吊具等固定，以便排除堵管、装拆和清洗管道。 2）垂直管宜用预埋件固定在墙和柱或楼板预留孔处，在墙和柱上每节管不得少于 1 个固定点，在每层楼板预留孔处均应固定。 3）垂直管下端的弯管，不应作为上部管道的支撑点，宜设钢支撑承受垂直管重量。 4）管道接头卡箍处不得漏浆。 5）炎热季节施工时，要在混凝土输送管上遮盖湿罩布或湿草袋，以避免阳光照射，同时，每隔一定的时间洒水湿润。 6）严寒季节施工时，混凝土输送管道应用保温材料包裹。以防止管内混凝土受冻，并保证混凝土的入模温度。 （4）混凝土搅拌运输车给混凝土泵喂料时，应符合下列要求： 1）向泵喂料前，应中、高速旋转拌筒 20～30s，使混凝土拌合物均匀，当拌筒停稳后，方可反转卸料。 2）卸料应配合泵送均匀进行，且应使混凝土保持在集料斗内高度标志线以上。 3）当遇特殊情况中断喂料作业时，应使拌筒保持慢速拌合混凝土。 4）混凝土泵的进料斗上，应安置网筛并设专人监视喂料，以防粒径过大，骨料或杂物进入混凝土泵造成堵塞。 5）混凝土搅拌运输车喂料完毕后，应及时清洗拌筒及溜槽等，并排尽积水。 6）喂料作业应由本车驾驶员完成，严禁非驾驶人员操作。 （5）混凝土的泵送宜按下列要求进行： 1）混凝土泵的操作应严格执行使用说明书有关规定。同时应根据使用说明书制订专门操作要点。操作人员必须经过专门培训后，方可上岗独立操作。 混凝土泵送施工现场，应有统一指挥和调度，以保证顺利施工。 泵送施工时，应规定联络信号和配备通讯设备，可采用有线或无线通讯设备等进行混凝土泵、搅拌运输车和搅拌站与浇筑地点之间的通讯联络。

序号	项　目	内　容
2	混凝土泵送 操作要点	2)在配制泵送混凝土布料设备时,应根据工程特点、施工工艺、布料要求等来选择布料设备。在布置布料设备时,应根据结构平面尺寸、配管情况等考虑,要求布料设备应能覆盖整个结构平面,并能均匀、迅速地进行布料。设备应牢固、稳定、且不影响其他工序的正常操作。 　　泵送混凝土时,泵机必须放置在坚固平整的地面上。在安置混凝土泵时,应根据要求将其支腿完全伸出,并插好安全销。在场地软弱时采取措施在支腿下垫枕木等,以防混凝土泵的移动或倾翻。 　　3)混凝土泵与输送管连通后,应按所用混凝土泵使用说明书的规定进行全面检查,符合要求后方能开机进行空运转。若气温较低,空运转时间应长些,要求液压油的温度升至15℃以上时才能投料泵送。 　　4)混凝土泵启动后,应先泵送适量水(约10L)以湿润混凝土泵的料斗、活塞及输送管的内壁等直接与混凝土接触部位。泵送时,混凝土泵应处于慢速,匀速并随时可能反泵的状态。泵送的速度应先慢,后加速。同时,应观察混凝土泵的压力和各系统的工作情况。待各系统运转顺利,方可以正常速度进行泵送。混凝土泵送应连续进行。如必须中断时,其中断时不得超过搅拌至浇筑完毕所允许的延续时间。 　　5)泵送混凝土时,混凝土泵的活塞尽可能保持在最大行程运转。混凝土泵的水箱或活塞清洗室中应经常保持充满水。 　　经泵送水检查,确认混凝土泵和输送管中无杂物后,宜采用混凝土内除粗骨料外的其他成分相同配合比的水泥砂浆润滑混凝土泵和输送管内壁。 　　润滑用水泥砂浆应分散分料,不得集中浇筑在同一处。 　　泵送混凝土时,如输送管内吸入了空气,应立即反泵吸出混凝土至料斗中重新搅拌,排出空气后再泵送。 　　6)在混凝土泵送过程中,若需接长3m以上(含3m)的输送管时,仍应预先用水或水泥砂浆,进行湿润和润湿内壁。不得把拆下的输送管内的混凝土撒落在未浇筑的地方。 　　7)当混凝土泵出现压力升高且不稳定、油温升高、输送管明显振动等现象而泵送困难时,不得强行泵送,并应立即查明原因,采取措施排除。可先用木槌敲击输送管的弯管和锥形管等部位,并进行慢速泵送或反泵,防止堵塞。混凝土泵送应连续进行。如为有计划中断,应在预先确定的中断浇筑部位,停止泵送;且中断时间不宜超过1h。 　　向下泵送混凝土时,应先把输送管上气阀打开,待输送管下段混凝土有一定压力时,方可关闭气阀。 　　8)混凝土泵送即将结束前,应准确计算尚需用的混凝土数量,并及时告知混凝土搅拌处。 　　废弃的混凝土和泵送终止时多余的混凝土,应按预先确定的处理方法和场所,及时进行妥善处理。 　　泵送完毕,应将混凝土泵和输送管清洗干净。清洗混凝土泵时,布料设备的出口应朝安全方向,以防废浆高速飞出伤人。
3	混凝土布料 操作要点	混凝土布料机的选型、布设应根据混凝土浇筑场地特点、混凝土浇筑方案、布料机的性能确定。 　　(1)使用布料机时应注意下列事项: 　　1)布料设备不得碰撞或直接搁置在模板上; 　　2)浇筑混凝土时,应注意保护钢筋,一旦钢筋骨架发生变形或位移,应及时纠正; 　　3)混凝土板的水平钢筋,应设置足够的钢筋撑脚或钢支架;钢筋骨架重要节点宜采取加固措施; 　　4)手动布料杆应设钢支架架空,不得直接支承在钢筋骨架上。 　　(2)使用布料杆泵车时,应遵守下列操作要点: 　　1)布料杆作业范围应与高压输电线路保持一定安全距离; 　　2)布料杆泵车的一切指示仪表及安全装置均不得擅自改动; 　　3)进行检修和保养作业或排除故障时,必须关闭发动机,使机器完全停止运转; 　　4)布料杆泵车在斜坡上停车时,轮胎下必须用木楔垫牢,并要支好支腿;风力超过8级时,禁止使用布料杆布料;

序号	项　目	内　容
3	混凝土布料操作要点	5)布料杆不应当作起重机吊臂使用;布料杆作业范围,应与脚手架及其他工地临时设施保持一定安全距离; 6)布料杆必须折叠妥善后,泵车才能行驶和转移;布料杆首端悬挂的橡胶软管长度不得超过规定要求; 7)布料杆用吹出法清洗臂架上附装的输送管时,杆端附近不许站人; 8)应经常检查布料杆各部结构完好情况,每年应对布料杆进行一次全面安全大检查; 9)作业时,司机必须集中精力,细心操作;严禁违章操作和擅离岗位

混凝土从搅拌机中卸出到浇筑完毕的延续时间　　　　　　表 5.2.11

混凝土强度等级	气温(℃)	
	不高于 25℃	高于 25℃
不高于 C30	120min	90min
高于 C30	90min	60min

注:对掺外加剂或快硬水泥拌制的混凝土,其延续时间应按试验确定。

(4)混凝土浇筑操作要点

混凝土浇筑操作要点,如表 5.2.12 所示。

混凝土浇筑操作要点　　　　　　表 5.2.12

序号	项　目	内　容
1	坍落度	混凝土浇筑时的坍落度: (1)对于商品混凝土应由试验员随机检查坍落度,并分别做好记录。 (2)对于现场搅拌混凝土应按施工组织设计要求或技术方案要求检查混凝土坍落度,并做好记录。 (3)混凝土浇筑时的坍落度宜按表 5.2.13 选用。
2	施工缝	(1)施工缝的设置 混凝土施工缝不应随意留置,其位置应按设计要求和施工技术方案事先确定,确定施工缝的原则为: 尽可能留置在受剪力较小的部位,留置部位应便于施工。施工缝的留置应符合下列规定: 1)和板连成整体的大断面梁,留置在板底面以下 20~30mm 处。 2)单向板,留置在平行于板的短边的任何位置。 3)有主次梁的楼板,宜顺着次梁方向浇筑,施工缝应留置在次梁跨度的中间 1/3 范围内。 4)楼梯的施工缝应留置在楼梯段 1/3 的部位。 (2)施工缝的处理 1)在施工缝处继续浇筑混凝土时,已浇筑的混凝土的抗压强度必须达到 1.2MPa 以上,混凝土达到 1.2MPa 抗压强度所需龄期可参照表 5.2.14 确定。在施工缝施工时,应在已硬化的混凝土表面上,清除水泥薄膜和松动的石子以及软弱的混凝土层,同时还应加以凿毛,用水冲洗干净并充分湿润,一般不宜少于 24h,残留在混凝土表面的积水应予清除。并在施工缝处铺一层水泥浆或与混凝土内成分相同的水泥砂浆。 2)注意施工缝位置附近需弯钢筋时,要做到钢筋周围的混凝土不受松动和损坏。钢筋上的油污、水泥砂浆及浮锈等杂物也应清除。 3)在浇筑前,水平施工缝宜先铺上 10~15mm 厚的水泥砂浆一层,其配合比与混凝土内的砂浆成分相同。 4)从施工缝处开始继续浇筑时,要注意避免直接靠近缝边下料。机械振捣前,宜向施工缝处逐渐推进。

续表

序号	项目	内容
3	后浇带	后浇带的设置要求: (1)后浇带的留置位置、留置时间应按设计要求和施工技术方案确定。当后浇带的保留时间设计无要求时,宜保留42d以上。后浇带的宽度宜为700～1000mm。 (2)后浇带内的钢筋应予保护。 (3)后浇带在浇筑混凝土前,应将整个混凝土表面按照施工缝的要求进行处理。 (4)后浇带混凝土宜采用补偿收缩混凝土,其强度等级不得低于两侧混凝土。并保持至少28d湿润养护。 (5)当后浇带用膨胀加强带代替时,膨胀加强带应用提高膨胀率0.02%。
4	混凝土浇筑	混凝土的浇筑要求: (1)混凝土自吊斗口下落的自由倾落高度不宜超过2m。 (2)梁、板应同时浇筑,浇筑方法应由一端开始用"赶浆法",即先浇筑梁,根据梁高分层阶梯形浇筑,当达到板底位置时再与板的混凝土一起浇筑,随着阶梯形不断延伸,梁板混凝土浇筑连续向前进行。 (3)和板连成整体高度大于1m的梁,允许单独浇筑。浇捣时,浇筑与振捣必须紧密配合,第一层下料慢些,梁底充分振实后再下二层料;用"赶浆法"保持水泥浆沿梁底包裹石子向前推进,每层均应振实后再下料,梁底及梁帮部位应振实,振捣时不得触动钢筋及预埋件。 (4)梁、柱节点钢筋较密时,浇筑此处混凝土时宜用小粒径石子同强度等级的混凝土浇筑,并用小直径振捣棒振捣。 (5)浇筑板混凝土的虚铺厚度应略大于板厚,用平板振捣器垂直浇筑方向来回振捣,厚板可用插入式振捣器振捣,并用铁插尺检查混凝土厚度,振捣完毕后用木抹子抹平。施工缝处或有预埋件及插筋处用木抹子找平。浇筑板混凝土时严禁用振捣棒铺摊混凝土。 (6)当柱与梁、板混凝土强度等级差二级以内时,梁柱节点核心区的混凝土可随楼板混凝土同时浇筑,但在施工前应核算梁柱节点核心区的承载力,包括抗剪、抗压应满足设计要求;当柱与梁、板混凝土级差大于二级时,应先浇筑节点混凝土,强度与柱相同,其部位要求见图5.2.1,必须在节点混凝土初凝前,浇筑梁板混凝土。 (7)楼梯段混凝土自下而上浇筑,先振实底板混凝土,达到踏步位置时再与踏步混凝土一起浇捣,不断连续向上推进,并随时用木抹子(或塑料抹子)将踏步上表面抹平。
5	泵送浇筑顺序	泵送混凝土的浇筑顺序: (1)当采用输送管输送混凝土时,应由远而近浇筑。 (2)同一区域的混凝土,应先竖向结构后水平结构的顺序,分层连接浇筑。 (3)当不允许留施工缝时,区域之间、上下层之间的混凝土浇筑间歇时间,不得超过混凝土初凝时间

混凝土浇筑时的坍落度及允许偏差　　　　　　　表 5.2.13

项次	结构种类	入模方式		坍落度(mm)
1	梁、板	塔吊		30～50
		泵送	30m 以下	120～140
			30～60m	140～160
			60～100m	160～180
			100 以上	180～200
2	配筋较密的梁	塔吊		70～90

普通混凝土达到 1.2MPa 强度所需龄期参考表　　　　表 5.2.14

外界温度	水泥品种及强度等级	混凝土强度等级	期限(h)	外界温度	水泥品种及强度等级	混凝土强度等级	期限(h)
1~5℃	普通 42.5	C15	48	10~15℃	普通 42.5	C15	24
		C20	44			C20	20
	矿渣 32.5	C15	60		矿渣 32.5	C15	32
		C20	50			C20	24
5~10℃	普通 42.5	C15	32	15℃以上	普通 42.5	C15	20 以上
		C20	28			C20	20 以上
	矿渣 32.5	C15	40		矿渣 32.5	C15	20
		C20	32			C20	20

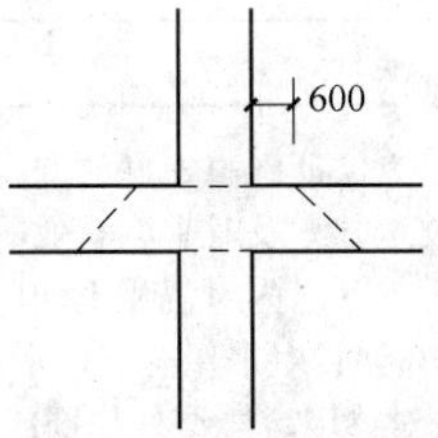

图 5.2.1　节点混凝土范围

(5) 混凝土振捣操作要点

混凝土应用混凝土振动器进行振实捣固，只有在工程量很小或不能使用振动器时才允许采用人工捣固。混凝土振捣操作要点，如表 5.2.15 所示。

混凝土振捣操作要点　　　　表 5.2.15

序　号	项　目	内　容
1	插入式振捣器使用要点	(1)使用前,应检查各部件是否完好,各连接处是否紧固,电动机绝缘是否可靠,电压和频率是否符合规定,检查合格后,方可接通电源进行试运转。 (2)作业时,要使振动棒自然沉入混凝土,不得用力猛插,且垂直插入,并插到尚未初凝的下层混凝土中 50~100mm,以使上下层相互结合。 (3)振动棒各插点间距应均匀,插点间距不应超过振动棒有效作用半径的 1.25 倍,最大不超过 50cm。振捣时,应"快插慢拔"。 (4)振动棒在混凝土内振捣时间,每插点约 20~30s,见到混凝土不再显著下沉,不出现气泡,表面泛出水泥浆和外观均匀为止。振捣时应将振动棒上下抽动 50~100mm,使混凝土振实均匀。 (5)作业中要避免将振动棒触及钢筋、芯管及预埋件等,更不得采取通过振动棒振动钢筋的方法来促使混凝土振实;作业时振动棒插入混凝土中的深度不应超过棒长的 2/3~3/4,更不宜将软管插入混凝土中,以防水泥浆侵蚀软管而损坏机件。 (6)振动器在使用中如温度过高,应立即停机冷却检查,冬季低温下,振动器使用前,要缓慢加温,使振动棒内的润滑油解冻后,方能使用;振动器软管的弯曲半径不得小于 500mm,并不得多于两个弯。软管不得有断裂,死弯现象,若软管使用过久,长度变长时,应及时更换。 (7)振动器不得在初凝的混凝土上及干硬的地面上试振。 (8)严禁用振动棒撬动钢筋和模板,或将振动棒当锤使用;不得将振动棒头夹到钢筋上;移动振动器中,必须切断电源,不得用软管或电缆线拖拉振动器。 (9)作业完毕,应将电动机、软管、振动棒擦刷干净,按规定要求进行保养作业。振动器应放在干燥处,不要堆压软管。

序 号	项 目	内 容
2	平板振动器使用要点	(1)平板振动器振捣混凝土,应使平板底面与混凝土全面接触,每一处振到混凝土表面泛浆,不再下沉后,即可缓缓向前移动,移动速度以能保证每一处混凝土振实泛浆为准。移动时应保证振动器的平板覆盖已振实部分的边缘。在振的振动器不得放在已初凝的混凝土上。 (2)振动器的引出电缆不能拉得过紧;禁止用电缆拖拉振动器;禁止用钢筋等金属物当绳来拖拉振动器。 (3)振动器外壳应保持清洁,以保证电动机散热良好

(6) 混凝土的养护操作要点

混凝土的养护操作要点,如表 5.2.16 所示。

混凝土养护的操作要点   表 5.2.16

序 号	项 目	内 容
1	一般规定	混凝土浇筑完毕后,为保证已浇筑好的混凝土在规定龄期内达到设计要求的强度,并防止产生收缩,应按施工技术方案及时采取有效的养护措施,并应符合下列规定: (1)应在浇筑完毕后 12h 以内对混凝土加以覆盖并保湿养护。 (2)混凝土浇水养护时间:对采用硅酸盐水泥、普通硅酸盐水泥或矿渣硅酸盐水泥拌制的混凝土,不得少于 7d;对掺用缓凝型外加剂或有抗渗要求的混凝土,不得少于 14d;当采用其他品种水泥时,混凝土的养护应根据所采用水泥的技术性能确定。 注:当采用其他品种水泥时,混凝土的养护时间应根据所采用水泥的技术性能确定。 (3)浇水次数应能保持混凝土处于湿润状态;混凝土养护用水应与拌制用水相同。 (4)混凝土强度达到 1.2N/mm² 前,不得在其上踩踏或安装模板及支架
2	正温下养护方法	(1)覆盖浇水养护:利用平均气温高于 +5℃ 的自然条件,用适当的材料对混凝土表面加以覆盖并浇水,使混凝土在一定的时间内保持水泥水化作用所需要的适当温度和湿度条件。 (2)薄膜布养护:在有条件的情况上,可采用不透水、汽的薄膜布(如塑料薄膜布)养护。用薄膜布把混凝土表面敞露的部分全部严密地覆盖起来,保证混凝土在不失水的情况下得到充足的养护。但应该保持薄膜布内有凝结水。 (3)薄膜养生液养护:混凝土的表面不便浇水或使用塑料薄膜布养护时,可采用涂刷薄膜养生液,以防止混凝土内部水分蒸发的方法进行养护。
3	冬期施工养护方法	(1)蓄热法养护:当气温不太低时,应优先采用蓄热法施工。蓄热法养护是将混凝土的组成材料进行加热然后搅拌,在经过运输、振捣后仍具有一定温度,浇筑后的混凝土周围保温材料严密覆盖。蓄热法施工,宜选用强度较高、水化热较大的硅酸盐水泥、普通硅酸盐水泥或快硬硅酸盐水泥。同时选用导热系数小、价廉耐用的保温材料。保温层敷设后要注意防潮和防止透风,对于构件的边棱、端部和凸角要特别加强保温,新浇混凝土与已硬化混凝土连接处,为避免热量的传导损失,必要时应采取局部加热措施。 (2)综合蓄热法养护:适用于在日平均气温不低于 -10℃ 或极端最低气温不低于 -16℃ 的条件下施工。综合蓄热养护法是在蓄热法工艺的基础上,在混凝土中掺入防冻剂,以延长硬化时间和提高抗冻害能力。在混凝土拌合物中掺少量的防冻剂,原材料预先加热,搅拌站和运输工具都要适当保温,拌合物浇筑后的温度一般须达到 10℃ 以上,当构件的断面尺寸小于 300mm 时须达到 13℃ 以上。 采用蓄热法养护应进行热工计算。 (3)覆盖式养护:在混凝土成型、表面搓平后,覆盖一层透明的或黑色塑料薄膜(厚 0.12~0.14mm),其上再盖一层气垫薄膜(气泡朝下)。塑料薄膜应采用耐老化的,接缝应采用热粘合。覆盖时应紧贴四周,用砂袋或其他重物压紧盖严,防止被风吹开。塑料薄膜采用搭接时,其搭接长度应大于 300mm。

序　号	项　目	内　容
3	冬期施工养护方法	(4)暖棚法养护:对于混凝土量较多的地下工程,日平均气温大于-10℃时可采用暖棚法养护。 暖棚法养护是在建筑物或构件周围搭起大棚,通过人工加热使棚内空气保持正温,混凝土的浇筑与养护均在棚内进行。暖棚通常以脚手材料(钢管或木杆)为骨架,用塑料薄膜或帆布围护。塑料薄膜可使用厚度大于 0.1mm 的聚乙烯薄膜,也可使用以聚丙烯纺织布和聚丙烯薄膜复合而成的复合布。塑料薄膜不仅重量轻,而且透光,白天不需要人工照明,吸收太阳能后还能提高棚内温度。 加热用的能源一般为煤或焦炭,也可使用以电、燃气、煤油或蒸汽为能源的热风机或散热器。 (5)电热毯养护法:当日平均气温低于-10℃时可采用电热毯养护。电热毯由四层玻璃纤维布中间夹以电阻丝制成。制作时先将 0.6mm 铁铬铝合金电阻丝在适当直径的石棉绳上缠绕成螺旋状,按蛇形线路铺设在玻璃纤维布上,电阻丝之间的档距要均匀,转角处避免死弯,经缝合固定。电热毯的尺寸根据需要而定。电热毯外宜覆盖岩棉被作为保温材料。
4	养护期间温度量测	(1)蓄热法或综合蓄热法养护从混凝土入模开始至混凝土达到受冻临界强度,或混凝土温度降到 0℃或设计温度以前,应至少每隔 6h 测量一次。 (2)受冻混凝土的临界强度应按《建筑工程冬期施工规程》(JGJ 104)之规定确定。 (3)掺防冻剂的混凝土在强度未达到规定的受冻临界强度之前应每隔 2h 测量一次,达到受冻临界强度以后每隔 6h 测量一次。 (4)应绘制测温孔布置图,并编号。测温孔应设在有代表性的结构部位和温度变化大易冷却的部位,孔深宜为 10～15cm,也可为板厚的 1/2。 (5)测温时,测温仪表应采取与外界气温隔离措施,并留置在测温孔内不少于 3min。 (6)模板和保温层在混凝土达到要求强度并冷却到 5℃后方可拆除。拆模时混凝土温度与环境温度差大于 20℃时,拆模后的混凝土表面应及时覆盖,使其缓慢冷却

4. 质量标准及检验方法

(1) 质量标准

现浇板梁结构混凝土工程质量标准,除应符合表 5.2.17 所示要求外,还应符合《混凝土结构工程施工质量验收规范》(GB 50204—2002)中之 7 的有关规定。

质 量 标 准　　　　　　　　表 5.2.17

序　号	项　目	内　容
1	主控项目	(1)水泥进场时应对其品种、级别、包装或散装仓号、出厂日期等进行检查,并应对其强度、安定性及其他必要的性能指标进行复验,其质量必须符合标准的规定。 当在使用中对水泥质量有怀疑或水泥出厂超过三个月(快硬硅酸盐水泥超过一个月)时,应进行复验,并按复验结果使用。 钢筋混凝土结构、预应力混凝土结构中,严禁使用含氯化物的水泥。 检查数量:按同一生产厂家、同一等级、同一品种、同一批号且连续进场的水泥,袋装不超过 200t 为一批,散装不超过 500t 为一批,每批抽样不少于一次。 检验方法:检查产品合格证、出厂检验报告和进场复验报告。 (2)结构混凝土的强度等级必须符合设计要求。用于检查结构构件混凝土强度的试件,应在混凝土的浇筑地点随机抽取。取样与试件留置应符合下列规定: 1)每拌制 100 盘且不超过 100m³ 的同配合比的混凝土,取样不得少于一次; 2)每工作班拌制的同一配合比的混凝土不足 100 盘时,取样不得少于一次; 3)当一次连续浇筑超过 1000m³ 时,同一配合比的混凝土每 200m³ 取样不得少于一次;

序号	项目	内容
1	主控项目	4)每一楼层、同一配合比的混凝土,取样不得少于一次; 5)每次取样应至少留置一组标准养护试件,同条件养护试件的留置组数应根据实际需要确定。 检验方法:检查施工记录及试件强度试验报告。 (3)对有抗渗要求的混凝土结构,其混凝土试件应在浇筑地点随机取样。同一工程、同一配合比的混凝土,取样不应少于一次,留置组数可根据实际需要确定。 (4)现浇结构的外观质量不应有严重缺陷。 对已经出现的严重缺陷,应由施工单位提出技术处理方案,并经监理(建设)单位认可后进行处理。对经处理的部位,应重新检查验收。 检查数量:全数检查。 检验方法:观察,检查技术处理方案。 (5)现浇结构不应有影响结构性能和使用功能的尺寸偏差。 对超过尺寸允许偏差且影响结构性能和安装、使用功能的部位,应由施工单位提出技术处理方案,并经监理(建设)单位认可后进行处理。对经处理的部位,应重新检查验收。 检查数量:全数检查。 检验方法:测量,检查技术处理方案。
2	一般项目	(1)混凝土的强度应按现行国家标准《混凝土强度检验评定标准》(GBJ 107)的规定分批检验评定。 当混凝土中掺用矿物掺合料时,确定混凝土强度时的龄期可按现行国家标准《粉煤灰混凝土应用技术规程》(GBJ 146)等的规定取值。 (2)检验评定混凝土强度用的混凝土试件的尺寸强度的尺寸换算系数应按表5.2.18取用;其标准成型方法、标准养护条件及强度实验方法应符合普通混凝土力学性能试验方法标准的规定。 (3)梁、板的拆模强度,应根据同条件养护的标准尺寸试件的混凝土强度确定。 (4)当混凝土试件强度评定不合格时,可采用非破损的检测方法,按国家现行有关标准的规定对结构构件中的混凝土强度进行推定,并作为处理的依据。 (5)混凝土的冬期施工应符合国家现行标准《建筑工程冬期施工规程》(JGJ 104)和施工技术方案的规定。 (6)现浇结构的外观质量缺陷,应由监理(建设)单位、施工单位等各方根据其对结构性能和使用功能影响的严重程度,按表5.2.19确定。 (7)结构拆模后,应由监理(建设)单位、施工单位对外观质量和尺寸偏差进行检查,作出纪录,并应及时按施工技术方案对缺陷进行处理。 (8)现浇结构的外观质量不宜有一般缺陷。 对已经出现的一般缺陷,应由施工单位按技术处理方案进行处理,并重新检查验收。 检查数量:全数检查。 检验方法:观察,检查技术处理方案。 (9)现浇结构梁板拆模后的尺寸偏差应符合表5.2.20的规定。 检查数量:按楼层、结构缝或施工段划分检验批。在同一检验批内,对梁应抽查构件数量的10%,且不少于3件;对板应按有代表性的自然间抽查10%,且不少于3间;对大空间结构,板可按纵、横轴线划分检查面,抽查10%,且均不少于3面

混凝土试件尺寸及强度的尺寸换算系数　　　　　　　　　表 5.2.18

骨料最大粒径(mm)	试件尺寸(mm)	强度的尺寸换算系数
≤31.5	100×100×100	0.95
≤40	150×150×150	1.00
≤63	200×200×200	1.05

注:对强度等级为 C60 以上的混凝土试件,其强度的尺寸换算系数可通过实验确定。

现浇结构外观质量缺陷 　　　　　　　　　　　　　表 5.2.19

名称	现　象	严重缺陷	一般缺陷
露筋	构件内钢筋未被混凝土包裹而外露	纵向受力钢筋有露筋	其他钢筋有少量露筋
蜂窝	混凝土表面缺少水泥砂浆而形成石子外露	构件主要受力部位有蜂窝	其他部位有少量蜂窝
孔洞	混凝土中孔穴深度和长度均超过保护层厚度	构件主要受力部位有孔洞	其他部位有少量孔洞
夹渣	混凝土中夹有杂物且深度超过保护层厚度	构件主要受力部位有夹渣	其他部位有少量夹渣
疏松	混凝土中局部不密实	构件主要受力部位有疏松	其他部位有少量疏松
裂缝	缝隙从混凝土表面延伸至混凝土内部	构件主要受力部位有影响结构性能或使用功能的裂缝	其他部位有少量不影响结构性能或使用功能的裂缝
连接部位缺陷	构件连接处混凝土缺陷及连接钢筋、连接件松动	连接主要受力部位有影响结构性能或使用功能的裂缝	其他部位有少量不影响结构性能或使用功能的裂缝
外形缺陷	缺棱掉角、棱角不直、翘曲不平、飞边凸肋等	清水混凝土构件有影响使用功能或装饰效果的外形缺陷	其他混凝土构件有不影响使用功能的外形缺陷
外表缺陷	构件表面麻面、掉皮、起砂、沾污等	具有重要装饰效果的清水混凝土构件有外表缺陷	其他混凝土构件有不影响使用功能的外表缺陷

现浇结构尺寸允许偏差和检验方法 　　　　　　　　表 5.2.20

项　目		允许偏差(mm)	检验方法
轴线位置	梁	8	钢尺检查
标高	层高	±10	水准仪或拉线、钢尺检查
	全高	±30	
截面尺寸		+8,−5	钢尺检查
梁板表面平整度		8	2m靠尺和塞尺检查
预埋设施中心线位置	预埋件	10	钢尺检查
	预埋螺栓	5	
	预埋管	5	
预留洞中心线位置		15	钢尺检查

注：检查轴线、中心线位置时，应沿纵、横两个方向量测，并取其中的较大值。

（2）混凝土实体检验

混凝土实体检验要求，如表 5.2.21 所示。

混凝土实体检验 　　　　　　　　　　　　　　　　表 5.2.21

序　号	内　容
1	对涉及混凝土结构安全的重要部位应进行结构实体检验。结构实体检验应在监理工程师（建设单位项目专业技术负责人）见证下，由施工项目技术负责人组织实施。承担结构实体检验的试验室应具有相应的资质。

序　号	内　容
2	对混凝土强度的检验,应以在混凝土浇筑点制备并与结构实体同条件养护的试件强度为依据。对混凝土强度的检验,也可根据合同的约定,采用非破损或局部破损的检测方法,按国家现行有关标准的规定进行。 　　混凝土强度检验用同条件养护试件的留置、养护和强度代表值应符合下列规定: 　　(1)同条件养护试件的留置方式和取样数量,应符合下列要求: 　　1)同条件养护试件所对应的结构构件或结构部位,应由监理(建设)、施工等各方共同选定; 　　2)对混凝土结构工程中的各混凝土强度等级,均应留置同条件养护试件; 　　3)同一强度等级的同条件养护试件,其留置的数量应根据混凝土工程量和重要性确定,不宜少于 10 组,且不应少于 3 组; 　　4)同条件养护试件拆模后,应放置在靠近相应结构构件或结构部位的适当位置,并应采取相同的养护方法。 　　(2)同条件养护试件应在达到等效养护龄期时进行强度试验。 　　等效养护龄期应根据同条件养护试件强度与在标准养护条件下 28d 龄期试件强度相等的原则确定: 　　(3)同条件自然养护试件的等效养护龄期及相应的试件强度代表值,宜根据当地的气温和养护条件,按下列规定确定: 　　1)等效养护龄期可取按日平均温度逐日累计达到 600℃·d 时所对应的龄期,0℃及以下的龄期不计入;等效养护龄期不应小于 14d,也不宜大于 60d; 　　2)同条件养护试件的强度代表值应根据强度试验结果按现行国家标准《混凝土强度检验评定标准》(GBJ 107)的规定确定后,乘折算系数取用;折算系数宜取为 1.10,也可根据当地的试验统计结果作适当调整。 　　(4)冬期施工、人工加热养护的结构,其同条件养护试件的等效养护龄期可按结构的实际养护条件,由监理(建设)、施工等各方根据共同确定。
3	当同条件养护试件强度的检验结果符合现行国家标准《混凝土强度检验评定标准》(GBJ 107)的有关规定时,混凝土强度应判为合格。
4	当未能取得同条件养护试件强度、同条件养护试件强度被判为不合格时,应委托具有相应资质等级的检测机构按国家有关标准的规定进行检测。
5	同条件养护试件的留置组数和养护应符合下列规定: 　　(1)每层梁、板结构的混凝土或每一个施工段(划分施工段时)梁、板结构的混凝土或在同一结构部分每浇筑一次混凝土但不大于 100m³ 的同材料、同配比、同强度的混凝土,应根据需要留设同条件养护试块。 　　(2)留置组数根据以下用途确定: 　　1)用于检测等效混凝土强度; 　　2)用于检测拆模时的混凝土强度; 　　3)用于检测受冻前混凝土强度; 　　4)用于检测预应力张拉时的混凝土强度等。 　　每种功能的试块不少于 1 组。 　　(3)同条件养护试块应放置在钢筋笼子中,间距 100mm,挂于所代表的混凝土母体结构处,与母体混凝土结构同条件养护

　　(3) 质量记录

　　现浇板梁结构混凝土工程的质量记录，如表 5.2.22 所示。

质量记录　　　　　　　　　　　　　　　　　　表5.2.22

序　号	内　容
1	混凝土梁、板结构工程施工质量验收时，应提供下列文件和记录： (1)设计变更文件； (2)混凝土原材料出厂合格证和进场复验报告； (3)混凝土工程施工记录； (4)混凝土试件的性能试验报告； (5)混凝土隐蔽工程验收记录； (6)混凝土分项工程验收记录； (7)混凝土结构实体检验记录； (8)工程的重大质量问题的处理方案和验收记录； (9)其他必要的文件和记录。
2	混凝土梁、板结构工程施工质量验收合格应符合下列规定： (1)有关分项工程施工质量验收合格； (2)应有完整的质量控制资料； (3)观感质量验收合格； (4)结构实体检验结果满足规范的要求。
3	当混凝土结构施工质量不符合要求时，应按下列规定进行处理： (1)经返工、返修或更换构件、部位的检验批，应重新进行验收； (2)经有资质的检测单位检测鉴定达到设计要求的检验批，应予以验收； (3)经有资质的检测单位检测鉴定达不到设计要求，但经原设计单位核算并确认仍可满足结构安全和使用功能的检验批，可予以验收； (4)经返修或加固处理能够满足结构安全使用要求的分项工程，可根据技术处理方案和协商文件进行验收。
4	混凝土结构工程子分部工程施工质量验收合格后，应将所有的验收文件存档备案

5. 成品保护

现浇板梁结构混凝土工程的成品保护，如表5.2.23所示。

成品保护　　　　　　　　　　　　　　　　　　表5.2.23

序　号	内　容
1	施工中，不得用重物冲击模板，不准在吊帮的模板和支撑上搭脚手板，以保证模板牢固、不变形。
2	侧模板，应在混凝土强度能保证其棱角和表面不受损伤时，方可拆模。
3	混凝土浇筑完后，待其强度达到1.2MPa以上，方可在其上进行下一道工序施工。
4	预留的暖卫、电气暗管，地脚螺栓及插筋，在浇筑混凝土过程中，不得碰撞，或使之产生位移。
5	应按设计要求预留孔洞或埋设螺栓和预埋铁件，不得以后凿洞埋设。
6	要保证钢筋和垫块的位置正确，不得踩楼板、楼梯的弯起钢筋，不碰动预埋件和插筋

6. 安全环保措施

现浇板梁结构混凝土工程的安全环保措施，如表5.2.24所示。

安全环保措施 表 5.2.24

序 号	内 容
1	混凝土搅拌开始前,应对搅拌机及配套机械进行无负荷试运转,检查运转正常,运输道路畅通,然后方可开机工作。
2	搅拌机运转时,严禁将锹、耙等工具伸入罐内,必须进罐扒混凝土时,要停机进行。工作完毕。应将拌筒清洗干净。搅拌机应有专用开关箱,并应装有漏电保护器,停机时应拉断电闸,下班时电闸箱应上锁。
3	采用手推车运输混凝土时,不得争先抢道,装车不应过满,卸车时应有挡车措施,不得用力过猛或撒把,以防车把伤人。
4	使用井架提升混凝土时,应设制动安全装置,升降应有明确信号,操作人员未离开提升台时,不得发升降信号。提升台内停放手推车要平衡,车把不得伸出台外,车轮前后应挡牢。
5	混凝土浇筑前,应对振动器进行试运转,振动器操作人员应穿绝缘靴、戴绝缘手套;振动器不能挂在钢筋上,湿手不能接触电源开关。
6	混凝土运输、浇筑部位应有安全防护栏杆,操作平台。
7	用电应按三级配电、二级保护进行设置;各类配电箱、开关箱的内部设置必须符合有关规定,开关电器应标明用途。所有配电箱应外观完整、牢固、防雨、箱内无杂物;箱体应涂有安全色标、统一编号;箱壳、机电设备接地应良好;停止使用时切断电源,箱门上锁。
8	施工用电的设备、电缆线、导线、漏电保护器等应有产品质量合格证;漏电保护器要经常检查,动作灵敏,发现问题立即调换,闸刀熔丝要匹配。
9	电动工具应符合有关规定,电源线、插头、插座应完好,电源线不得任意接长和调换,工具的外绝缘完好无损,维护和保管由专人负责。
10	现场施工负责人应为机械作业提供道路、水电、机棚或停机场地等必备的条件,并消除对机械作业有妨碍或不安全的因素。夜间作业应设置充足的照明。
11	机械进入作业地点后,施工技术人员应向操作人员进行施工任务和安全技术措施交底。操作人员应熟悉作业环境和施工条件,听从指挥,遵守现场安全规则。
12	操作人员在作业过程中,应集中精力正确操作,注意机械工况,不得擅自离开工作岗位或将机械交给其他无证人员操作。严禁无关人员进入作业区或操作室内。
13	实行多班作业的机械,应执行交接班制度,认真填写交接班记录;接班人员经检查确认无误后,方可进行工作。
14	机械不得带病运转。运转中发现不正常时,应先停机检查,排除故障后方可使用。
15	机械在寒冷季节使用,应符合《建筑机械寒冷季节的使用》规定。
16	使用机械与安全生产发生矛盾时,必须首先服从安全要求。
17	应在施工前,做好施工道路规划,充分利用永久性的施工道路。路面及其余场地地面宜硬化。闲置场地宜绿化。
18	施工垃圾使用封闭的专用垃圾道或采用容器吊运,严禁随意凌空抛撒造成扬尘。
19	水泥和其他易飞扬的细颗粒散体材料应尽量安排库内存放。露天存放时宜严密苦盖,卸运时防止遗撒飞扬。
20	混凝土运送罐车每次出场应清理下料斗,防止混凝土遗撒。
21	现场搅拌机前台及运输车辆清洗处应设置沉淀池。废水应排入沉淀池内,经二次沉淀后,方可排入市政污水管线或回收用于洒水降尘。未经处理的泥浆水,严禁直接排入城市排水设施。
22	现场使用照明灯具宜用定向可拆除灯罩型,使用时应防止光污染

5.2.2 现浇混凝土结构竖向构件工程

1. 适用范围及基本规定

现浇混凝土结构竖向构件工程的适用范围及基本规定，如表 5.2.25 所示。

适用范围及基本规定　　　　　　　　　　表 5.2.25

序　号	项　目	内　容
1	适用范围	本工艺适用于剪力墙结构、框架结构、框剪结构及砖混结构、混凝土墙和柱的施工；预应力部分见预应力施工工艺标准。 本规定不适用于地下连续墙的施工；有抗冻、抗渗或其他特殊要求的混凝土的施工。 本规定未涉及巨柱大体积混凝土施工；厚墙（如射线防护）施工；高强、高性能混凝土的施工；钢管柱免振混凝土的施工；地下室墙补偿收缩混凝土的施工；以及采用滑模施工技术的混凝土的施工。
2	基本规定	（1）现浇混凝土结构施工现场质量管理应有相应的技术标准、健全的质量管理体系、施工质量控制和质量验收制度。 混凝土结构施工应有施工项目的施工组织设计或施工方案并经过审查批准。同时在施工前应进行详细的技术交底。 （2）现浇结构工程应根据单位工程划分若干检验批进行质量验收。 （3）现浇混凝土结构验收应包含如下内容： 1）对原材料的进场复检，应按进场的批次和产品的抽样检验规定执行。 2）对混凝土强度应按国家有关标准和《混凝土结构工程施工质量验收规范》规定的抽样检验方案执行。结构构件的混凝土强度应按《混凝土强度检验评定标准》（GBJ 107）的规定分批进行检验评定。评定结构构件的混凝土强度应采用标准试件的混凝土强度，应按《普通混凝土力学性能试验方法标准》进行试验。 （4）评定结构构件的混凝土强度应采用标准试件（边长为 150mm 的立方体试件）的混凝土强度。施工单位可根据混凝土所用石子的最大粒径，选用不同规格的试模（200mm、150mm 和 100mm），按标准方法制作立方体试件，在温度为 20±5℃ 的环境中静置 1~2d，然后编号、拆模。拆模后应立即放入 20±2℃，相对湿度 95% 以上的标准养护室中养护，或在温度 20±2℃、不流动的 $Ca(OH)_2$ 饱和溶液中养护。 一般情况下，混凝土试件养护至 28d 龄期，按标准方法进行试压，采用非标准试件时最终应折合成标准试件的强度值。检验评定混凝土强度用的混凝土试件的尺寸及强度的尺寸换算系数应按表 5.2.26 取用。结构构件拆模、出池、出厂、吊装、张拉、放张及施工期间临时负荷时的混凝土强度，应根据同条件养护的标准尺寸试件的混凝土强度确定。试件强度试验的方法应符合规定。 1）试件应采用钢模制作； 2）对采用蒸汽法养护的混凝土结构构件，其标准试件应先随同结构构件同条件蒸汽养护，再转入标准条件下养护共 28d。 （5）用于检查结构构件混凝土质量的试件，应在混凝土的浇筑地点随机取样制作。结构混凝土的强度等级必须符合设计要求。每组三个试件应在同盘混凝土中取样制作，并按下列规定确定该组试件的混凝土，强度代表值： 1）取三个试件强度的平均值； 2）当三个试件强度中的最大值或最小值之一与中间值之差超过中间值的 15% 时，取中间值； 3）当三个试件强度中的最大值和最小值与中间值之差均超过中间值的 15% 时，该组试件不应作为强度评定的依据。 （6）混凝土强度应分批进行验收。同一验收批的混凝土应由强度等级相同、生产工艺和配合比基本相同的混凝土组成，对现浇混凝土结构构件，尚应按单位工程的验收项目划分验收批。 （7）混凝土分项工程施工前应对钢筋工程、模板工程、各种预留预埋等进行技术复核，并填写技术复核记录。复核合格后进入下道工序。记录签字手续符合要求。

续表

序号	项目	内　容
2	基本规定	(8)混凝土施工中应按要求对混凝土坍落度进行测试,并填写混凝土坍落度测试记录;商品混凝土应逐车进行坍落度检测,现场搅拌混凝土坍落度的检测每台班至少两次。 1)混凝土施工中应按要求填写混凝土施工记录:填写真实完整,并附浇筑平面示意图。 2)大体积混凝土应有施工测温记录;混凝土冬期测温包括大气温度、原材料温度、出机温度、养护温度并附测温点、部位、深度布置图。大体积混凝土还应有裂缝检查记录

混凝土试件的尺寸及强度的尺寸换算系数　　　　表 5.2.26

骨料最大粒径(mm)	试件尺寸(mm)	强度的尺寸换算系数
≤31.5	100×100×100	0.95
≤40	150×150×150	1.00
≤63	200×200×200	1.05

注:对强度等级为 C60 及以上的混凝土试件,其强度的尺寸换算系数可通过试验确定

2. 施工准备及工程要点
(1) 施工准备
现浇混凝土结构竖向构件的施工准备,如表 5.2.27 所示。

施 工 准 备　　　　表 5.2.27

序号	项目	内　容
1	技术准备	(1)图纸会审已经完成。 (2)在施工前已编制详细的施工组织设计或施工方案并已审批。 (3)在施工前已做好施工技术交底工作,交底时根据工程实际并结合具体操作部位,阐明技术规范和标准的规定,明确对关键部位的质量要求、操作要点及注意事项,其中应包括:操作技术标准,施工工艺;原材料质量标准及验收规定;施工质量工程进度的影响与关系,以及质量标准和工程验收的规定;安全及环保措施等。 (4)现场搅拌混凝土应有具有试验资质的试验室提供的混凝土配合比,并根据现场材料的含水率调整混凝土施工配合比。商品混凝土应有出厂合格证。 (5)确定混凝土的搅拌能力是否满足连续浇筑的需求。 (6)施工前做好试块的留置计划和制作准备工作。 (7)混凝土施工时应有开盘鉴定和混凝土浇筑申请书。 (8)钢筋、预埋件及预留洞口已经做好隐蔽验收工作,并有完备的签字手续。 (9)标高、轴线、模板等已进行技术复核。 (10)确定浇筑混凝土所需的各种材料、机具、劳动力需用量。 (11)确定浇筑混凝土所需的水、电满足施工需要。
2	材料要求	(1)品种规格 水泥:普通混凝土应根据工程设计的要求,施工工艺的需要选用适当品种的强度等级的水泥,普通混凝土宜按《硅酸盐水泥、普通硅酸盐水泥》、《矿渣硅酸盐水泥、火山灰质硅酸盐水泥及粉煤灰硅酸盐水泥》等标准的规定选用。 水泥的主要技术指标应符合上述标准的规定。强度见附录附表 A.1.4 细骨料(砂):宜用粗砂或中砂。 粗骨料(石子):宜用中碎(卵)石,粒径5~40mm;或细碎(卵)石,粒径5~20mm。 搅拌用水:拌制混凝土宜采用饮用水,当采用地表水、地下水,以及经过处理的工业废水,或其他水源时应进行水质检验,水质应符合国家现行标准《混凝土拌合用水标准》(JCJ 63)规定;海水可用于无饰面要求的素混凝土,但不得用于拌制钢筋混凝土和预应力混凝土。

序 号	项 目	内 容
2	材料要求	掺合料:目前使用较多的是粉煤灰,其次是硅灰和磨细矿渣粉,其掺量应通过试验确定,其质量应符合有关标准要求。 混凝土外加剂:在混凝土施工中根据混凝土的性能要求、施工工艺及气候条件,结合混凝土原材料性能、配合比以及对水泥的适应性能等因素,一般采用减水剂、早强剂、引气剂、缓凝剂、防冻剂、膨胀剂等,外加剂的质量应符合有关标准的规定,其掺量及品种经试验确定后,方可使用。 (2)质量要求 1)水泥:水泥进场时应对其品种、级别、包装或散装仓号、出厂日期等进行检查,并应对其强度、安定性及其他必要的性能指标进行复验,其质量必须符合现行国家标准《硅酸盐水泥、普通硅酸盐水泥》(GB 175)等的规定。 当在使用中对水泥质量有怀疑或水泥出厂超过三个月(快硬硅酸盐水泥超过一个月)时,应进行复验,并按复验结果使用。 钢筋混凝土结构及预应力混凝土结构中,严禁使用含氯化物的水泥。 检查数量:按同一生产厂家、同一等级、同一品种、同一批号且连续进场的水泥,袋装不超过200t 为一批,散装不超过500t 为一批,每批抽样不少于一次。 检验方法:检查产品合格证、出厂检验报告和进场复验报告。 2)细骨料(砂):普通混凝土用砂的质量要求如下: 配制混凝土宜优先选用Ⅱ区砂;当用Ⅰ区砂时,应提高砂率,并保证足够的水泥用量,以满足混凝土的和易性;当采用Ⅲ区砂时,宜适当降低砂率,以保证混凝土强度。对于泵送混凝土用砂,宜选用中砂。砂的颗粒级配应处于附录附表 A.2.4 中的任何一个区以内。混凝土强度等级低于C30 时,含泥量(按重量计)不大于5.0%,泥块含量不大于2.0%;混凝土强度等级高于C30 时,含泥量(按重量计)不大于3.0%,泥块含量不大于2.0%。 检查数量:按进场的批次和产品的抽样检验方案确定。 检验方法:检查进场复验报告。 3)粗骨料(石子):其针、片状颗粒含量应≤15%;压碎指标应≤10%;混凝土强度等级低于C30 时,含泥量(按重量计)不大于2.0%,泥块含量不大于0.7%;混凝土强度等级高于或等于C30 时,含泥量(按重量计)不大于1.0%,泥块含量不大于0.5%。其颗粒级配应符合附录附表 A.2.7 中规定。 混凝土用的粗骨料,其最大颗粒粒径不得超过构件截面最小尺寸的1/4,且不得超过钢筋最小净间距的3/4。 对混凝土实心板,骨料的最大粒径不宜超过板厚的1/3,且不得超过40mm。 检查数量:按进场的批次和产品的抽样检验方案确定。 检验方法:检查进场复验报告。 4)搅拌用水:拌制混凝土宜采用饮用水;当采用其他水源时,水质应符合国家现行标准《混凝土拌合用水标准》(JGJ 63)的规定。 检查数量:同一水源检查不应少于一次。 检验方法:检查水质试验报告。 5)外加剂:混凝土中掺用外加剂的质量及应用技术应符合现行国家标准《混凝土外加剂》(GB 8076)、《混凝土外加剂应用技术规范》(GB 50119)等和有关环境保护的规定。 钢筋混凝土结构中,当使用含氯化物的外加剂时,混凝土中氯化物的总含量应符合现行国家标准《混凝土质量控制标准》(GB 50164)的规定。 不同品种的外加剂搭配使用可能会出现意料之外的反作用,未经试验验证,禁止随意搭配使用混凝土外加剂。 检查数量:外加剂按进场的批次和产品的抽样检验方案确定。以连续供应的50t 为一验收批作进场检验,不足50t 亦按一批计。进场检验包括匀质性及与水泥适应性检验。 检验方法:检查产品合格证、出厂检验报告和进场复验报告。 6)掺合料:混凝土中掺用矿物掺合料的质量应符合现行国家标准《用于水泥和混凝土中的粉煤灰》(GB 1596)等的规定。矿物掺合料的掺量应通过试验确定。 检查数量:按进场的批次和产品的抽样检验方案确定。 检验方法:检查出厂合格证和进场复验报告。

序　号	项　目	内　容
3	主要机具	(1)机械设备 混凝土搅拌上料设备:混凝土搅拌机、拉铲、抓斗、皮带输送机、推土机、装载机、散装水泥储存罐、振动筛和水泵等。 运输设备:自卸翻斗车、机动翻斗车、手推车、提升机、卷扬机、塔式起重机或混凝土搅拌运输车、混凝土输送泵和布料机、客货两用电梯或龙门架(提升架)等。 混凝土振捣设备:插入式振动器。 (2)主要工具 磅称、水箱、胶皮管、手推车、串筒、溜槽、混凝土吊斗、贮料斗、大小平锹、铁板、铁钎、抹子、铁插尺、12～15英寸活扳手电工常规工具、机械常规工具、对讲机等。 (3)主要试验检测工具 混凝土坍落度筒、混凝土标准试模、振动台、靠尺、塞尺、水准仪、经纬仪、混凝土结构实体检验工具等。
4	作业条件	(1)进场所有的原材料经见证取样试验检查,并应符合配合比通知单所提出的要求。 (2)试验室已下达混凝土配合比通知单,并根据现场实际使用材料和含水量及设计要求,经试验测定,将其转换为每盘实际使用的施工配合比,公布于搅拌配料地点的标牌上。 (3)新下达的混凝土配合比,应进行开盘鉴定。开盘鉴定的工作已进行并符合要求。 (4)混凝土搅拌机、振捣器、磅秤等机具已经检查、维修并符合要求。 (5)所有计量器具必须有检定的有效期标识。 (6)混凝土分项工程施工前应对需进行隐蔽验收的项目组织验收,隐蔽验收各项记录和图示必须有监理单位(建设单位)施工单位签字、盖章,并有结论性意见。浇筑混凝土层段的模板、钢筋、预埋件及管线等全部安装完毕,并经检查核实其位置、数量及固定情况等符合设计要求,并办完隐(预)检手续。 (7)钢筋和预埋件的位置如有偏差应予纠正完毕,钢筋上的油污等杂物已清除干净。 (8)浇筑层剪力墙及柱根部松散混凝土已在支设模板前剔掉清净。检查模板下口、洞口及角模处拼接是否严密,边角柱加固是否可靠,各种连接件是否牢固。检查并清理模板内残留杂物,用水冲净。外砖内模的砖墙及模板,常温时应浇水湿润。浇筑混凝土用的操作架及马道按要求搭设完毕,并经检查验收合格。柱子模板的清扫口应在清除杂物及积水后封闭完成。 (9)管理人员向作业班组进行配合比、操作规程和安全技术交底。 (10)现场已准备足够的砂、石子、水泥、掺合料及外加剂等材料,能满足混凝土连续浇筑的要求。 (11)检查电源、线路,并做好夜间施工照明的准备。 (12)工长根据施工方案对操作班组已进行全面施工技术交底,混凝土浇筑申请书已被批准

(2) 工程要点

现浇混凝土结构竖向构件的工程要求,如表 5.2.28 所示。

工 程 要 点　　　　　　　　　　　　　表 5.2.28

序　号	项　目	内　容
1	材料要点	施工所用混凝土材料的主要技术指标是:强度和耐久性,施工时必须保证。 施工时严格控制原材料的质量,通过有资质的试验室控制混凝土配合比来保证混凝土的强度,混凝土拌合物的基本性能可以用混凝土的和易性与稠度来测定。

序　号	项　目	内　容
2	技术要点	(1)混凝土的搅拌质量控制和浇筑质量控制是本工艺的技术控制重点。 (2)混凝土现场搅拌应注意混凝土的原材料的计量、上料顺序、混凝土的拌合时间以及混凝土水灰比和坍落度的控制。 (3)混凝土浇筑应注意施工缝、后浇带的留设、处理和方案的确定、审批。浇筑混凝土应按要求留置试件,并应采取技术措施保证混凝土结构的垂直度和轴线符合设计、规范的规定。
3	质量要点	(1)混凝土原材料的质量控制; (2)混凝土浇筑方式的选择和控制以及混凝土的振捣质量要求是本工艺质量的关键要求。
4	安全要点	(1)混凝土浇筑时应严格检查模板及其支撑的稳固情况。 (2)混凝土施工的全过程应保证机械设备的使用安全。 (3)注意检查施工用电的安全。
5	环保要点	(1)混凝土施工中应在现场搅拌设备的场地内设置沉淀池,控制污水的排放应符合环保要求。 (2)混凝土施工中应按文明工地要求覆盖现场砂、石等材料,防止粉尘对大气的污染。 (3)混凝土施工作业层四周应设密目网防护,以减少噪声对周围环境的影响,振捣混凝土应采取措施降低振捣工具产生的噪声污染

3. 施工工艺

(1) 工艺流程

现浇混凝土结构竖向构件工艺流程,如下所示。

混凝土搅拌 → 混凝土运输 → 柱、剪力墙混凝土浇筑与振捣 → 养护

(2) 操作方法

1) 混凝土搅拌操作方法

采用现场搅拌或使用商品混凝土。

采用商品混凝土时应按要求提供混凝土配合比、合格证,作好混凝土的进场检验和试验工作,并应每车测定混凝土的坍落度,作好记录。

采用现场搅拌混凝土时应符合下列规定,见表5.2.29。

现场搅拌混凝土规定　　　　　　　　　　　　　　　　　　表 5.2.29

序号	项　目	内　容
1	一般要求	混凝土应按国家现行标准《普通混凝土配合比设计规程》(JGJT 55—2000)和《混凝土强度检验评定标准》(GBJ 107—87)的有关规定,根据混凝土强度等级、耐久性和工作性等要求进行配合比设计。混凝土施工前应有相关资质的试验室出具有混凝土配合比通知单。 混凝土拌制前,应测定砂、石含水率并根据测试结果调整材料用量,提出混凝土施工配合比。
2	搅拌准备	(1)混凝土原材料每盘称量的偏差应符合表5.2.30的规定,并于每工作班对原材料的计量情况进行不少于一次的复称。 (2)搅拌混凝土前使搅拌机加水空转数分钟,将积水倒净,使搅拌筒充分润滑。搅拌第一盘时考虑到筒壁上的砂浆损失,石子用量应按配合比规定减半。搅拌好的混凝土要做到基本卸尽。在全部混凝土卸出之前不得再投入拌合料,更不得采取边出料边进料的做法。 (3)混凝土搅拌中严格控制水灰比和坍落度,未经试验人员同意不得随意加减用水量。 (4)每台班开始前,对搅拌机及上料设备进行检查并试运转;对所用计量器具进行检查并定磅;校对施工配合比;对所用原材料的规格、品种、产地、牌号及质量进行检查,并与施工配合比进行核对;对砂、石的含水率进行检查,如有变化,及时通知试验人员调整用水量。一切检查符合要求后,方可开盘拌制混凝土。

序号	项目	内容
3	配合比	混凝土搅拌前,应将施工用混凝土强度等级要求对应配合比进行挂牌明示,并对混凝土搅拌施工人员进行详细技术交底。
4	计量	(1)在计量工序中,各种组成材料计量均按质量计,其计量允许偏差应符合表5.2.31规定。 (2)计量秤需经省、市计量所鉴定,每12个月校验一次。 (3)日常校核:操作工应每周至少一次对计量秤的计量值进行复核。方法是:利用理论输入的质量与实际称量值进行比较,偏差在允许范围内。
5	上料顺序	(1)装料顺序:现场拌制混凝土,一般是计量好的原材料先汇集在上料斗中,经上料斗进入搅拌筒。水及液态外加剂经计量后,在往搅拌筒中进料的同时,直接进入搅拌筒。每次加入的拌合料不得超过搅拌机进料容量的10%。为了减少水泥粘着拌筒,加料顺序应为: 1)当无外加剂、混合料时,依次进入上料斗的顺序为石子、水泥、砂。 2)当掺混合料时,其顺序为石子、水泥、混合料、砂。 3)当掺干粉状外加剂时,其顺序为石子、外加剂、水泥、砂或顺序为石子、水泥、砂子、外加剂。石子→水泥→砂;或砂→水泥→石子。 (2)搅拌时间:混凝土搅拌的最短时间(单位s)应符合表5.2.32的规定。 (3)第一盘混凝土拌制的操作:每次上班拌制第一盘混凝土时,先加水使搅拌筒空转数分钟,搅拌筒被充分湿润后,将剩余积水倒净。搅拌第一盘时,由于砂浆粘筒壁而损失,因此,石子的用量应按配合比减半。从第二盘开始,按给定的配合比投料。 (4)出料时,先少许出料,目测拌合物的外观质量,如目测合格方可出料。每盘混凝土拌合物必须出尽。
6	质量检查	混凝土拌制的质量检查: (1)检查拌制混凝土所用原材料的品种、规格和用量,每一个工作班至少两次。 (2)检查混凝土的坍落度及易性,每一工作班至少两次。混凝土拌合物应搅拌均匀、颜色一致,具有良好的流动性、黏聚性和保水性,不泌水、不离析。不符合要求时,应查找原因,及时调整。 (3)在每一工作班内,当混凝土配合比由于外界影响有变动时(如下雨或原材料有变化),应及时检查。混凝土的搅拌时间应随时检查。 (4)首次使用的混凝土配合比或当日重新启用配合比应进行开盘鉴定,其工作性应满足设计配合比的要求。先搅拌一盘混凝土,若验证符合要求,则继续搅拌;若不符合要求,则立即进行调整,直到符合要求为止。在条件许可时,操作工应记录合格混凝土所需的目测坍落度值及搅拌电流差值。搅拌过程中操作工应逐盘目测混凝土坍落度值,根据搅拌机电流差值及目测检验控制坍落度。基于砂、石含水率有波动,允许操作工在±3kg用水量范围内调整坍落度,超出此范围应立即通知试验员进行处理。开始生产时应至少留置一组标准养护的试件,供验证配合比用。
7	冬期混凝土搅拌	(1)室外日平均气温连续5d稳定低于5℃时,混凝土拌制应采取冬施措施,并应及时采取气温突然下降的防冻措施。配制冬期施工的混凝土,应优先选用硅酸盐水泥或普通硅酸盐水泥,水泥强度等级不应低于32.5,最小水泥用量不宜少于300kg/m³(含掺合料),水灰比不应大于0.6。 (2)冬期施工宜使用无氯盐类防冻剂,对抗冻性要求高的混凝土,宜使用引气剂或引气减水剂。掺用防冻剂,应严格控制掺量,并严格执行有关掺用防冻剂的规定。 (3)混凝土所用骨料必须清洁,不得含有冰、雪等冻结物及易冻裂的矿物质。 (4)冬期拌制混凝土应优先采用加热水的方法。水及骨料的加热温度应根据热工计算确定,但不得超过表5.2.33的规定。 (5)水泥不得直接加热,并宜在使用前运入暖棚内存放。 当骨料不加热时,水可加热到100℃,但水泥不应与80℃以上的水直接接触。投料顺序为先投入骨料和已加热的水,然后再投入水泥。混凝土拌制前,应用热水或蒸汽冲洗搅拌机,拌制时间应取常温的1.5倍。混凝土拌合物的出机温度不宜低于10℃,入模温度不得低于5℃。冬期混凝土拌制的质量检查除遵守规范的规定外,尚应进行以下检查:

续表

序 号	项 目	内 容
7	冬期混凝土搅拌	检查外加剂的掺量:测量水和外加剂溶液以及骨料的加热温度和加入搅拌机的温度;测量混凝土自搅拌机中卸出时的温度和浇筑时的温度。以上检查每一工作班至少应测量检查四次。 (6)混凝土试块的留置除应符合一般规定外,尚应增设不少于两组,与结构同条件养护的试件,用于检验受冻前的混凝土强度

原材料每盘称量的允许偏差 表 5.2.30

材料名称	允许偏差	材料名称	允许偏差
水泥、掺合料	±2%	水、外加剂	±2%
粗、细骨料	±3%		

注:1. 各种衡器应定期校验,每次使用前应进行零点校核,保持计量准确;
 2. 当遇雨天或含水率有显著变化时,应增加含水率检测次数,并及时调整水和骨料的用量。

计量允许偏差 表 5.2.31

材料品种	水泥、外掺料	粗细骨料	水、外加剂
每盘计量允许偏差,%	+2	+3	+2
累计计量允许偏差,%	+1	+2	+1

注:1. 累计计量允许误差,是指每一运输车中各盘混凝土的每种材料计算和的偏差。
 2. 每一工作班正式称量前,应对计量设备进行零点校核。

混凝土搅拌的最短时间(s) 表 5.2.32

混凝土坍落度(mm)	搅拌机类型	搅拌机容积(L)		
		小于 250	250~500	大于 500
小于及等于 30	自落式	90	120	150
	强制式	60	90	120
大于 30	自落式	90	90	120
	强制式	60	60	90

注:混凝土搅拌的最短时间指:自混凝土全部材料装入搅拌筒中起到开始卸料止的时间。掺有外加剂时,搅拌时间应适当延长。

拌合水和骨料最高温度要求 表 5.2.33

项 目	拌 合 水	骨 料
强度等级小于 42.5 的普通硅酸盐水泥、矿渣硅酸盐水泥	80℃	60℃
强度等级大于 42.5 的普通硅酸盐水泥、矿渣硅酸盐水泥	60℃	40℃

2)混凝土运输操作要点

混凝土运输操作要点,如表 5.2.34 所示。

混凝土运输要点 表 5.2.34

序 号	内 容
1	混凝土自搅拌机中卸出后,应及时送到浇筑地点。在运输过程,应严格控制混凝土的运输时间(指混凝土从搅拌机中卸出到浇筑完毕的延续时间),并符合表 5.2.35 的要求,混凝土运输过程中要防止混凝土离析及产生初凝等现象。如混凝土运到浇筑地点有离析现象时,必须在浇筑前进行二次拌合。

续表

序　号	内　　容
2	运输容器必须严密,严防漏浆或吸水,产生混凝土坍落度变化,并应及时清理混凝土运输容器,防止混凝土的残渣和硬块混入拌合物混凝土中。
3	泵送混凝土时必须保证混凝土泵续接工作,如果发生故障,停歇时间超过45min或混凝土出现离析现象,应立即用压力水或其他方法冲洗管内残留的混凝土

混凝土的运输时间（min）　　　　　　　　　　　表 5.2.35

混凝土强度等级	气　温	
	不高于 25℃	高于 25℃
≤C30	120	90
>C30	90	60

注：对掺加外加剂或快硬水泥拌制的混凝土,其延续时间应按试验确定。

3）混凝土浇筑与振捣操作要点

混凝土浇筑与振捣操作要点，如表 5.2.36 所示。

混凝土浇筑与振捣操作要点　　　　　　　　表 5.2.36

序　号	项　目	内　　容
1	一般规定	(1)混凝土浇筑时的坍落度必须符合国家现行标准《混凝土结构工程施工质量验收规范》(GB 50204—2002)的规定。其坍落度的测定方法应符合国家现行技术标准《普通混凝土拌合物性能试验方法标准》(GB/T 50080—2002)的规定。施工中的坍落度应按混凝土实验室配合比进行测定和控制,并填写混凝土坍落度测定记录。 (2)柱、墙混凝土浇筑前底部应先填以 50～100mm 厚与混凝土配合比相同减石子水泥砂浆。 (3)混凝土自吊斗口下落的自由倾落高度不得超过 2m,浇筑高度如超过 3m 时必须采取措施,用串桶、溜管、振动溜管使混凝土下落,或在柱、墙体模板上留设浇捣孔等。浇筑混凝土时应分段分层连续进行,浇筑层高度应根据结构特点、钢筋疏密决定,一般为振捣器作用部分长度的 1.25 倍,最大不超过 500mm。 (4)使用插入式振捣器应快插慢拔,插点要均匀排列,逐点移动,须序进行,不得遗漏,做到均匀振实。移动间距不大于振捣作用半径的 1.25 倍(一般为 300～400mm)。振捣上一层时应插入下层 50～100mm,以消除两层间的接缝。 (5)浇筑混凝土应连续进行,如必须间歇,其间歇时间应尽量缩短,并应在前层混凝土凝结之前,将次层混凝土浇筑完毕。间歇的最长时间应按所用水泥品种、气温及混凝土凝结条件确定,一般超过 2h 应按施工缝处理。混凝土运输、浇筑和间歇的全部时间不得超过表 5.2.37 的规定,当超过规定时间应留置施工缝。 (6)浇筑混凝土时应经常观察模板、钢筋、预留孔洞、预埋件和插筋等有无移动、变形或堵塞情况,发现问题应立即处理,并应在已浇筑的混凝土凝结前修正完好。 (7)在已浇筑的混凝土强度未达到 1.2N/mm² 以前,不得在其上踩踏或安装模板及支架。
2	柱混凝土浇筑	柱的混凝土浇筑还应符合以下要求: (1)柱混凝土应分层振捣,使用插入式振捣器的每层厚度不大于 500mm,并边投料边振捣(可先将振动棒插入柱底部,使振动棒产生振动,再投入混凝土),振捣棒不触动钢筋和预埋件。除上面振捣外,下面要有人随时敲打模板。在浇筑柱混凝土的全过程中应注意保护钢筋的位置,随时检查模板是否变形、位移,螺栓和拉杆是否有松动、脱落,以及漏浆等现象,并应有专人进行管理。 (2)柱高在 3m 之内,可在柱顶直接下料进行浇筑,超过 3m 时,应采取措施(按上述规定执行)或在模板侧面开门子洞安装斜溜模分段浇筑,每段高度不得超过 2m,每段混凝土浇筑后将门子洞模板封闭严实,并用铁箍箍牢。 (3)柱子混凝土应一次浇筑完毕,如需留施工缝时应留在基础的顶面、主梁下面,无梁楼板应留在柱帽下面。施工缝的留置应在施工组织设计、施工方案或施工技术措施中明确。在与梁板整体浇筑时,应在柱浇筑完毕后停歇 1～1.5h,使其获得初步沉实后,再继续浇筑。 (4)浇筑完后,应随时将伸出的搭接钢筋整理到位。

序号	项目	内　　容
3	剪力墙混凝土浇筑	(1)墙体浇筑混凝土时应用铁锹或混凝土输送泵管均匀入模,不应用吊斗直接灌入模内。每层混凝土的浇筑厚度控制在 500mm 左右进行分层浇筑、振捣。混凝土下料点应分散布置。墙体连续进行分层浇筑,间隔时间不得超过 2h。墙体混凝土的施工缝宜设在门洞过梁跨中 1/3 区段。当采用大模板时宜留在纵横墙的交界处,墙应留垂直缝。接槎处应振捣密实,浇筑时随时清理落地灰。 　　柱、墙连为一体的混凝土浇筑时,若柱、墙的混凝土强度等级相同,可同时浇筑;当柱、墙混凝土标高不同,宜采取先浇高标号混凝土柱、后浇低标号剪力墙混凝土,保持柱高 0.5m 混凝土高差上升,至剪力墙最上部时与柱浇齐的浇筑方法,始终保持最高标号混凝土侵入低标号剪力墙混凝土 0.5m 的要求。 　　(2)墙体上的门窗洞口在浇筑混凝土时,宜从两侧同时投料浇筑和振捣,使洞口两侧浇筑高度对称均匀,一次浇筑高度不宜太大,以防止洞口处模板产生位移。因此,必须预先安排好混凝土下料点位置和振捣器操作人员数量及振捣器数量,使其满足使用要求,以防止洞口变形。混凝土的浇筑次序是先浇筑窗台以下部位的混凝土,后浇窗间墙混凝土,以便较大的洞口下部模板开口,并补浇混凝土及振捣,防止窗台下面混凝土出现蜂窝、空洞现象。 　　(3)外砖内模、外板内模大角及山墙构造柱应分层浇筑,每层不超过 500mm;内外墙交界处加强振捣,保证密实。外砖内模采取措施,防止外墙鼓胀。 　　(4)作业时振动棒插入混凝土中的深度不应超过棒长的 2/3～3/4,振动棒各插点间距应均匀,插点间距不应超过振动棒有效作用半径的 1.25 倍,且小于 500mm。振捣时,要做到"快插慢拔"。快插是为了防止将表层混凝土先振实,与下层混凝土发生分层与离析现象。慢拔是为了使混凝土能来得及填满振动棒抽出时所形成的孔洞。每插点的延续时间以表面呈现浮浆为度约 20～30s,见到混凝土不再显著下沉,不出现气泡,表面泛出水泥浆和外观均匀为止。由于振动棒下部振幅要比上部大,故在振捣时应将振动棒上下抽动 50～100mm,使混凝土振实均匀。为使上下层混凝土结合成整体,振捣器应插入下层混凝土 50～100mm。振捣时注意钢筋密集及洞口部位,为防止出现漏振,以表面呈现浮浆和不再明显沉落为达到要求,避免碰撞钢筋、模板、预理件、预埋管、外墙板空腔防水构造等。发现有变形、移位时,各有关工种应相互配合进行处理。 　　(5)墙上口找平:混凝土浇筑振捣完毕,将上口甩出的钢筋加以整理,用木抹子按预定标高线,将表面找平。
4	混凝土拆模	(1)常温时柱、墙体混凝土强度不大于 1MPa;冬期时掺防冻剂,混凝土强度达到 4MPa 时方可拆模。 　　(2)拆除模板时先拆一个柱或一面墙体,观察混凝土不粘模、不掉角、不坍落即可大面积拆模,拆模后及时修整墙面及边角

混凝土运输、浇筑和间歇的允许时间（min）　　　　　表 5.2.37

混凝土强度等级	气　　温	
	低于 25℃	高于 25℃
≤C30	210	180
>C30	180	150

注:当混凝土中掺加促凝剂或缓凝剂时,其允许时间应根据试验结果确定。

4) 混凝土养护及试块留置

混凝土养护及试块留置,如表 5.2.38 所示。

混凝土养护及试块留置 表 5.2.38

序 号	项 目	内 容
1	一般规定	(1)混凝土养护工艺应根据《混凝土结构工程施工质量验收规范》(GB 50204—2002)的有关规定,制定科学的组织和操作方法。 (2)常温养护时应在混凝土浇筑完毕后 12h 以内加以覆盖和浇水,浇水次数应能保持混凝土在足够的润湿状态,对采用硅酸盐水泥、普通硅酸盐水泥或矿渣硅酸盐水泥拌制的混凝土,不得少于 7d;对掺用缓凝型外加剂或有抗渗要求的混凝土,不得少于 14d;当采用其他品种水泥时,混凝土的养护应根据所采用水泥的技术性能确定。 (3)当温度低于 5℃时,不得浇水养护混凝土,应采取加热保温养护或延长混凝土养护时间。
2	常用养护方法	正温下施工几种常用的养护方法: (1)覆盖浇水养护 利用平均气温高于 5℃的自然条件,用适当的材料对混凝土表面加以覆盖并浇水,使混凝土在一定时间内保持水泥水化作用所需要的适当温度和湿度条件。 (2)薄膜布养护 在有条件的情况下,可采用不透水、气的薄膜布(如塑料薄膜布)养护。用薄膜布把混凝土表面敞露的部分全部严密覆盖起来,保证混凝土在不失水的情况下得到充足的养护。这种养护方法的优点是不必浇水,操作方便,薄膜布能重复使用,能提高混凝土的早期强度,加速模具的周转。但应该保持薄膜布内有凝结水。 (3)喷涂薄膜养生液 混凝土的表面不便浇水或使用塑料薄膜布养护时,可采用喷涂薄膜养生液,防止混凝土内部水分蒸发的方法进行养护。 薄膜养生液养护是将可成膜的溶液喷洒在混凝土表面上,溶液挥发后在混凝土表面凝结成一层薄膜,使混凝土表面与空气隔绝,封闭混凝土中的水分不再被蒸发,而完成水化作用。这种养护方法一般适用于表面积大的混凝土施工和缺水地区。 (4)覆盖式养护 在混凝土柱或墙体拆除模板后,在其上覆盖塑料薄膜进行封闭养护,有两种做法: 第一种是在构件上覆盖一层黑色塑料薄膜(厚 0.12～0.14mm),在冬季再盖一层气被薄膜。第二种是在混凝土构件上先覆盖一层透明的或黑色塑料薄膜,再盖一层气垫薄膜(气泡朝下)。塑料薄膜应采用耐老化的,接缝应采用热粘合。覆盖时应紧贴四周,用砂袋或其他重物压紧盖严,防止被风吹开,影响养护效果。 塑料薄膜采用搭接时,其搭接长度应大于 30cm。
3	试块留置	(1)每拌制 100 盘且不超过 100m³ 的同配合比的混凝土,其取样不少于一次; (2)现浇结构每一现浇楼层同配合比的混凝土。其取样不少于一次;同一单位工程每一验收项目中同配合比的混凝土,其取样不得少于一次。 (3)每次取样至少留置一组标准试块。对涉及混凝土结构安全的重要部位(一般指梁、板、墙等结构构件),应与监理(建设)、施工等方共同确定留置结构实体检验用同条件养护试件,一般每一个工程同一强度等级的混凝土,在留置结构实体检验用同条件养护试件时,应根据混凝土量和结构重要性确定留置数量,一般不宜少于 10 组,且不应少于 3 组。 (4)每工作班拌制的冬期混凝土试块除正常规定组数留置外,还应增做不少于两组与结构同条件养护试块,用于检验受冻前的强度。 同条件养护试块留置组数根据以下用途确定,每种功能的试块不少于 1 组: 用于检测等效混凝土强度; 用于检测拆模时的混凝土强度; 用于检测预应力张拉时的混凝土强度等

5) 冬期混凝土施工要点

冬期混凝土施工要点，如表5.2.39所示。

冬期混凝土施工要点　　　　　　　　　　表5.2.39

序 号	项 目	内 容
1	一般规定	冬季浇筑混凝土时,最常用的方法是冷混凝土法、综合蓄热法、外部加热法三种,最常用的是冷混凝土法和综合蓄热法。冷混凝土法是促使混凝土早强,降低混凝土冰点。主要通过改善混凝土配合比和掺加混凝土外加剂,掺量应经试验确定。
2	混凝土配制要点	冬期施工的混凝土的配制应有由有资质的试验室提供冬期施工配合比,同时选用符合环境保护要求的外加剂,其掺量用试验确定。 　冬期配制混凝土时,应优先采用加热水的方法,水及骨料的加热温度应根据热工计算确定,但不得超过表5.2.40的规定。水泥不得直接加热,宜在使用之前运送到暖棚内存放。
3	混凝土浇筑要点	冬期施工混凝土在浇筑前,应清除模板和钢筋上的冰雪和污垢。运输和浇筑混凝土的容器应具有保温措施。混凝土在运输、浇筑过程中的温度,应与 GB 50204—2002 附录三热工计算的要求相符,当与要求不符时应采取措施进行调整。 　当采用加热养护时,混凝土养护的温度不得低于2℃。 　对加热养护的现浇混凝土结构,混凝土的浇筑顺序和施工缝的位置,应能防止在加热时产生较大的温度应力,当加热温度在 40℃ 以上时,应征得设计单位的同意。
4	混凝土养护要点	冬期施工的模板及混凝土表面应用塑料薄膜和草袋等保温材料覆盖保温,不得浇水养护。对掺加防冻剂的混凝土养护时,严禁在负温下浇水且外露表面必须覆盖。同时混凝土的初期养护温度不得低于防冻剂的规定温度,达不到规定温度时,应立即采取保温措施。采用防冻剂的混凝土,当温度降低到防冻剂的规定温度以下时,其强度不应小于 $4N/mm^2$。 　冬期施工的混凝土,拆模后表面温度与环境温度差大于 15℃ 时,应采用保温材料覆盖养护。
5	质量检查	冬期施工混凝土的质量检查,除应符合 GB 50204—2002 的要求外,尚应符合下列要求: 　(1)检查外加剂的掺量。 　(2)测量水和外加剂溶液以及集料的加热温度和加入搅拌时的温度。 　(3)测量混凝土自搅拌机中卸出时和浇筑时的温度。 　以上要求每一工作班应测量检查四次。
6	混凝土养护温度与测量	冬期施工混凝土养护温度的测量应符合下列规定: 　(1)当采用蓄热法养护时,在养护期间至少每 6h 一次,对掺用防冻剂的混凝土,在强度未达到 $4.0N/mm^2$ 以前每 2h 测定一次,以后每 6h 测定一次;当采用蒸汽法或电流加热法时,在升温、降温期间每 1h 一次,在恒温期间每 2h 一次;同时室外气温及周围环境温度在每昼夜内至少应定点测量四次。 　(2)混凝土养护温度的测量方法应符合下列规定: 　全部测温孔均应编号,并绘制测温孔布置图;测量混凝土温度时,测温表应采取措施与外界气温隔离,测温表留置在测温孔内的时间应小于 3min;测温孔的设置,当采用蓄热法养护时,应在易于散热的部位设置,当采用加热养护时,应在离热源不同的位置分别设置,大体积结构应在表面及内部分别设置。
7	试件留置	冬期施工混凝土试件的留置除应符合 GB 50204—2002 要求外,尚应增设不少于 2 组与结构同条件养护的试件,用于检验受冻前混凝土强度。与结构同条件养护的试件,解冻后方可试压。
8	施工记录	冬期施工所有各项测量及检验结果,均应填写"混凝土工程施工记录"和"混凝土冬期施工日报"

拌合水及骨料最高温度（℃）   表 5.2.40

项　目	拌　合　水	骨　料
强度等级＜42.5 的普通硅酸盐水泥、矿渣硅酸盐水泥	80	60
强度等级≥42.5 的普通硅酸盐水泥、硅酸盐水泥	60	40

注：若不加热集料，可将水加热到 100℃，但水泥不应与 80℃以上的水直接接触，投料顺序为先投入集料和已经加热的水，然后投入水泥。

4. 质量标准及检验方法

（1）质量标准

现浇混凝土结构竖向构件的质量标准，除应符合表 5.2.41 要求外，还应符合《混凝土结构工程施工质量验收规范》（GB 50204—2002）中之 7 的有关规定。

质量标准   表 5.2.41

序号	项目	内　容
1	主控条件	（1）结构混凝土的强度等级必须符合设计要求。用于检查结构构件混凝土强度的试件，应在混凝土的浇筑地点随机抽取，取样与试件留置应符合下列规定： 1）每拌制 100 盘且不超过 100m³ 的同配合比的混凝土，取样不得少于一次； 2）每工作班拌制的同一配合比的混凝土不足 100 盘时，取样不得少于一次； 3）当一次连续浇筑超过 1000m³ 时，同一配合比的混凝土每 200m³ 取样不得少于一次； 4）每一楼层、同一配合比的混凝土，取样不得少于一次； 5）每次取样应至少留置一组标准养护试件，同条件养护试件的留置组数应根据实际需要确定。 检验方法：检查施工记录及试件强度试验报告。 （2）对有抗渗要求的混凝土结构，其混凝土试件应在浇筑地点随机取样。同一工程、同一配合比的混凝土，取样不应少于一次，留置组数可根据实际需要确定。 防水混凝土连续浇筑每 500m³ 留置一组抗渗试件，且每项工程不得少于两组，采取预拌混凝土的抗渗试件，留置的组数视结构的规模和要求而定。 检验方法：检查试件抗渗试验报告。 预拌混凝土除应在预拌混凝土厂内按规定留置试件外，混凝土运到现场后，尚应按以上要求留置试件。 （3）现浇结构的外观质量不应有严重缺陷。对已经出现的严重缺陷，应由施工单位提出技术处理方案，并经监理（建设）单位认可后进行处理。已经处理的部位，应重新检查验收。 检查数量：全数检查。 检验方法：观察，检查技术处理方案。 （4）现浇结构不应有影响结构性能和使用功能的尺寸偏差。对超过尺寸允许偏差且影响结构性能的安装、使用功能的部位，应由施工单位提出技术处理方案，并经监理（建设）单位认可后进行处理。已经处理的部位，应重新检查验收。 检查数量：全数检查。 检验方法：测量，检查技术处理方案。 （5）混凝土原材料每盘称量的偏差应符合表 5.2.42 的规定。 检查数量：每工作班抽查不应少于一次。 检验方法：复称。 （6）混凝土运输、浇筑及间歇的全部时间不应超过混凝土的初凝时间。同一施工段的混凝土应连续浇筑，并应在底层混凝土初凝之前将上一层混凝土浇筑完毕。当底层混凝土初凝后浇筑上一层混凝土时，应按施工技术方案中对施工缝的要求进行处理。 检查数量：全数检查。 检验方法：观察，检查技术处理方案。 （7）设计不允许裂缝的结构，严禁出现裂缝，设计允许裂缝的结构，其裂缝宽度必须符合设计要求。

续表

序 号	项 目	内 容
2	一般项目	(1)现浇结构的外观质量不宜有一般缺陷(表 5.2.43)。对已经出现的一般缺陷,应由施工单位按技术处理方案进行处理,并重新检查验收。 检查数量:全数检查。 检验方法:观察,检查技术处理方案。 (2)结构拆模后,应由监理(建设)单位、施工单位对外观质量和尺寸偏差进行检查,作出记录,并应及时按施工技术方案对缺陷进行处理。 (3)施工缝的位置应在混凝土浇筑前按设计要求和施工技术方案确定。施工缝的处理应按施工技术方案执行。 检查数量:全数检查。 检验方法:观察,检查施工记录。 (4)后浇带的留置位置应按设计要求和施工技术方案确定。后浇带混凝土浇筑应按施工技术方案进行。 检查数量:全数检查。 检验方法:观察,检查施工记录。 (5)首次使用的混凝土配合比应进行开盘鉴定,其工作性应满足设计配合比的要求。开始生产时应至少留置一组标准养护试件,作为验证配合比的依据。 检验方法:检查开盘鉴定资料和试件强度试验报告。 (6)混凝土浇筑完毕后,应按施工技术方案及时采取有效的养护措施。 检查数量:全数检查。 检验方法:观察,检查施工记录。 (7)混凝土应振捣密实;不得有蜂窝、孔洞、露筋、缝隙、夹渣等缺陷,其允许偏差项目符合表 5.2.44 的要求

原材料每盘称量的允许偏差　　　　　　　表 5.2.42

材 料 名 称	允 许 偏 差	材 料 名 称	允 许 偏 差
水泥、掺合料	±2%	水、外加剂	±2%
粗、细骨料	±3%		

注:1. 各种衡器应定期校验,每次使用前应进行零点校核,保持计量准确;
2. 当遇雨天或含水率有显著变化时,应增加含水率检测次数,并及时调整水和骨料的用量。

现浇结构外观质量缺陷　　　　　　　　表 5.2.43

名称	现 象	严 重 缺 陷	一 般 缺 陷
露筋	构件内钢筋未被混凝土包裹而外露	纵向受力钢筋有露筋	其他钢筋有少量露筋
蜂窝	混凝土表面缺少水泥浆而形成石子外露	构件主要受力部位有蜂窝	其他部位有少量蜂窝
孔洞	混凝土中孔穴深度和长度均超过保护层厚度	构件主要受力部位有孔洞	其他部位有少量孔洞
夹渣	混凝土中夹有杂物且深度超过保护层厚度	构件主要受力部位有夹渣	其他部位有少量夹渣
疏松	混凝土中局部不密实	构件主要受力部位有疏松	其他部位有少量疏松
裂缝	缝隙从混凝土表面延伸至混凝土内部	构件主要受力部位有影响结构性能或使用功能的裂缝	其他部位有少量不影响结构性能或使用功能的裂缝

续表

名称	现　象	严重缺陷	一般缺陷
连接部位缺陷	构件连接处混凝土缺陷及连接钢筋、连接件松	连接主要受力部位有影响结构性能或使用功能的裂缝	其他部位有少量不影响结构性能或使用功能的裂缝
外形缺陷	缺棱掉角、棱角不直、翘曲不平、飞边凸肋等	清水混凝土构件有影响使用功能或装饰效果的外形缺陷	其他混凝土构件有不影响使用功能的外形缺陷
外表缺陷	构件表面麻面、掉皮、起砂、沾污等	具有重要装饰效果的清水混凝土构件有外表缺陷	其他混凝土构件有不影响使用功能的外表缺陷

混凝土浇筑质量允许偏差   表 5.2.44

项次	项　目		允许偏差(mm)	检验方法
1	轴线位移	柱、墙	8	钢尺检查
		剪力墙	5	
2	截面尺寸		+8　－5	钢尺检查
3	表面平整度		8	用 2m 靠尺和楔形塞尺检查
4	垂直度	层高 ≤5m	8	用经纬仪或吊线和钢尺检查
		层高 >5m	10	
		全高(H)	H/1000 且≤30	用经纬仪、钢尺检查
5	预埋件中心线位置位移		10	钢尺检查
6	预埋管、预留孔中心线位置位移		5	
7	预埋螺栓中心线位置位移		5	
8	预留洞中心线位置位移		15	
9	电梯井	井筒长、宽对定位中心线	+25,0	钢尺检查
		井筒全高(H)垂直度	H/1000 且≤30	经纬仪、钢尺检查

注：检查轴线、中心线位置，应沿纵、横两个方向量测，并取其中的较大值。

（2）混凝土结构实体检验

现浇混凝土结构实体检验，如表 5.2.45 所示。

混凝土结构实体检验   表 5.2.45

序号	项　目	内　容
1	检验组织	对涉及混凝土结构安全的重要部位应进行结构实体检验。结构实体检验应在监理工程师（建设单位项目专业技术负责人）见证下，由施工项目技术负责人组织实施。承担结构实体检验的试验室应具有相应的资质。
2	混凝土强度检验	对混凝土强度的检验，应以在混凝土浇筑地点制备并与结构实体同条件养护的试件强度为依据。对混凝土强度的检验，也可根据合同的约定，采用非破损或局部破损的检测方法，按国家现行有关标准的规定进行。 混凝土强度检验用同条件养护试件的留置、养护和强度代表值应符合下列规定： （1）同条件养护试件的留置方式和取样数量，应符合下列要求： 同条件养护试件所对应的结构构件或结构部位，应由监理（建设）、施工等各方共同选定。 对混凝土结构工程中的各混凝土强度等级，均应留置同条件养护试件。 同一强度等级的同条件养护试件，其留置的数量应根据混凝土工程量和重要性确定，不宜少于 10 组，且不应少于 3 组。

序 号	项 目	内 容
2	混凝土强度检验	同条件养护试件拆模后,应放置在靠近相应结构构件或结构部位的适当位置,并应采取相同的养护方法。 (2)同条件养护试件应在达到等效养护龄期时进行强度试验。等效养护龄期应根据同条件养护试件强度与在标准养护条件下 28d 龄期试件强度相等的原则确定。 (3)同条件自然养护试件的等效养护龄期及相应的试件强度代表值,宜根据当地的气温和养护条件,按下列规定确定: 等效养护龄期可取按日平均温度逐日累计达到 600℃·d 时所对应的龄期,0℃ 及以下的龄期不计入;等效养护龄期不应小于 14d,也不宜大于 60d; 同条件养护试件的强度代表值应根据强度试验结果按现行国家标准《混凝土强度检验评定标准》(GBJ 107)的规定确定后,乘折算系数取用;折算系数宜取为 1.10,也可根据当地的试验统计结果作适当调整。 (4)冬期施工、人工加热养护的结构构件,其同条件养护试件的等效养护龄期可按结构构件的实际养护条件,由监理(建设)、施工等各方根据第(2)款的规定共同确定。
3	试件强度检验	(1)当同条件养护试件强度的检验结果符合现行国家标准《混凝土强度检验评定标准》(GBJ 107)的有关规定时,混凝土强度应判为合格。 (2)当未能取得同条件养护试件强度、同条件养护试件强度被判为不合格时,应委托具有相应资质等级的检测机构按国家有关标准的规定进行检测。 (3)同条件养护试件的留置组数和养护应符合下列规定: 1)每层梁、板结构的混凝土,或每一个施工段(划分施工段时)梁、板结构的混凝土,或在同一结构部分每浇筑一次混凝土但不大于 100m³ 的同材料、同配比、同强度的混凝土,应根据需要留设同条件养护试块。 2)留置组数根据以下用途确定: ①用于检测等效混凝土强度; ②用于检测拆模时的混凝土强度; ③用于检测受冻前混凝土强度; ④用于检测预应力张拉时的混凝土强度等。 每种功能的试块不少于 1 组。 3)同条件养护试块应放置在钢筋笼子中,间距 100mm,挂于所代表的混凝土母体结构处,与母体混凝土结构同条件养护

(3) 质量注意问题

现浇混凝土结构质量注意问题,如表 5.2.46 所示。

质量注意问题　　　　　　　　表 5.2.46

序 号	项 目	内 容
1	蜂窝	蜂窝是混凝土一次下料过厚,振捣不实或漏振,模板有缝隙使水泥浆流失,钢筋较密而混凝土坍落度过小或石子过大,柱、墙根部模板有缝隙,以致混凝土中的砂浆从下部涌出而造成。
2	露筋	露筋是钢筋垫块位移、间距过大、漏放、钢筋紧贴模板造成露筋,或梁、板底部振捣不实,也可能出现露筋。
3	麻面	麻面是因拆模过早或模板表面漏刷隔离剂或模板湿润不够,构件表面混凝土易粘附在模板上造成麻面脱皮。
4	孔洞	孔洞是钢筋较密的部位混凝土被卡,未经振捣就继续浇筑上层混凝土。
5	夹层	缝隙与夹渣层是因施工缝处杂物清理不净或未浇底浆等原因,易造成缝隙、夹渣层。

续表

序号	项目	内容
6	尺寸偏差	梁、柱连接处断面尺寸偏差过大,主要原因是柱接头模板刚度差或支此部位模板时未认真控制断面尺寸。
7	烂根	墙体、柱根部烂根:可在墙体及柱混凝土浇筑前,先均匀浇筑 5cm 厚砂浆或减石子混凝土。混凝土坍落度要严格控制,防止混凝土离析,底部振捣应认真操作。
8	洞口移位	洞口移位变形:在浇筑时应防止混凝土冲击洞口模板,洞口两侧混凝土应对称、均匀进行浇筑、振捣。模板穿墙螺栓应紧固可靠。
9	砖墙外闪	外砖墙歪闪:外砖内模墙体施工时,砖墙预留洞,用方木和花蓝螺栓将砖墙从外面与大模板拉牢,振捣时振捣棒不碰砖墙。洞口模应有足够刚度。
10	墙面气泡	墙面、柱面气泡过多:可采用高频振捣棒,每层混凝土均要振捣至气泡排除为止。
11	模板粘连	混凝土与模板粘连:应注意清理模板,拆模不能过早,隔离剂涂刷均匀。
12	剪力墙浇筑要点	剪力墙浇筑除按一般原则进行外,还应注意以下几点: (1)门窗洞口部位应以两侧同时下料,高差不能太大,以防止门窗洞口横向位移,施工时应先浇捣窗台下部,后振捣窗间墙,以防窗台下部出现蜂窝孔洞。 (2)混凝土浇捣过程中,不可随意挪动钢筋,要经常检查钢筋保护层及预埋件的牢固程度和位置的准确性。
13	强度不足不匀	混凝土强度不足或强度不均匀,强度离差大,是常发生的质量问题,是影响结构安全的质量问题。防止这一质量问题需要综合治理,除了在混凝土运输、浇筑、养护等各个环节要严格控制外,在混凝土拌制阶段要特别注意。要控制好各种原材料的质量。要认真执行配合比,严格原材料的配料计量。
14	和易性、坍落度较差	混凝土拌合物和易性差,坍落度不符合要求。造成这类质量问题原因是多方面的。其一水灰比影响最大;第二是石子的级配差,针、片状颗粒含量过多;第三是搅拌时间过短或太长等。解决的办法应从以上三方面着手。
15	冬期发生冻害	冬期施工混凝土易发生冻害。解决的办法是认真执行冬施的有关规定,在拌制阶段注意骨料及水的加热温度,保证混凝土的出机温度。要注意水泥、外加剂、混合料的存放保管。水泥应有水泥库,防止雨淋和受潮;出厂超过三个月的水泥应复试。外加剂、混合料要防止受潮和变质,要分规格、品种分别存放,以防止错用

(4) 质量记录

现浇混凝土结构竖向构件的质量记录,如表 5.2.47 所示。

质量记录　　　　　　　　　　　　　　　　　　表 5.2.47

序号	项目	内容
1	质量验收必备条件	混凝土墙体、柱结构工程施工质量验收时,应提供下列文件和记录: (1)设计变更文件; (2)混凝土原材料出厂合格证和进场复验报告; (3)混凝土工程施工记录; (4)混凝土试件的性能试验报告; (5)混凝土隐蔽工程验收记录; (6)混凝土分项工程验收记录; (7)混凝土结构实体检验记录; (8)工程的重大质量问题的处理方案和验收记录; (9)其他必要的文件和记录。

序号	项目	内容
2	质量合格条件	混凝土墙体、柱结构工程施工质量验收合格应符合下列规定： (1)有关分项工程施工质量验收合格； (2)应有完整的质量控制资料； (3)观感质量验收合格； (4)结构实体检验结果满足混凝土施工质量标准的要求。
3	质量不合格重新处理	当混凝土结构施工质量不符合要求时,应按下列规定进行处理： (1)经返工、返修或更换构件、部件的检验批,应重新进行验收； (2)经有资质的检测单位检测鉴定达到设计要求的检验批,应予以验收； (3)经有资质的检测单位检测鉴定达不到设计要求,但经原设计单位核算并确认仍可满足结构安全和使用功能的检验批,可予以验收； (4)经返修或加固处理能够满足结构安全使用要求的分项工程,可根据技术处理方案和协商文件进行验收。
4	存档备案	混凝土结构工程子分部工程施工质量验收合格后,应将所有的验收文件存档备案

5. 成品保护

现浇混凝土结构竖向构件的成品保护，如表 5.2.48 所示。

成品保护　　　　　　　　　　表 5.2.48

序号	内容
1	要保证钢筋和垫块的位置正确,不得踩踏楼板、楼梯中的弯起钢筋,不得碰动预埋件和插筋。
2	不用重物冲击模板,不在梁或楼梯踏步模板吊帮上蹬踩,应搭设跳板,保护模板牢固和严密。
3	已浇筑混凝土要加以保护,必须在混凝土强度达到不掉棱时方准进行拆模操作。
4	不得任意拆改大模板的连接件及螺栓,以保护大模板的外形尺寸准确。
5	混凝土浇筑、振捣至最后完工时,要保持甩出钢筋的位置正确。
6	应保护好预留洞口、预埋件及水电预埋管、盒等

6. 安全环保措施

现浇混凝土结构竖向构件的安全环保措施，如表 5.2.49 所示。

安全环保措施　　　　　　　　　　表 5.2.49

序号	项目	内容
1	安全措施	(1)混凝土浇筑应检查模板及其支撑是否稳固等情况,施工中并严密监视,发现问题应及时加固;施工中不得踩踏模板支撑。 (2)混凝土搅拌开始前,应对搅拌机及配套机械进行无负荷试运转,经检查确实运转正常,运输道路畅通,然后始可开机工作。 (3)搅拌机运转时,严禁将锹、耙等工具伸入罐内,必须进罐扒混凝土时,要停机进行。工作完毕,应将搅拌筒清洗干净。搅拌机应有专用开关箱,并应装有漏电保护器,停机时应拉断电闸,下班时电闸箱应上锁。 (4)搅拌机上料斗提升后,斗下禁止人员通行。如必须在斗下清渣时,须将升降料斗用保险链条挂牢或用木杠架住,并停机,以免落下伤人。 (5)采用手推车运输混凝土时,不得争先抢道,装车不应过满;卸车时应有挡车措施,不得用力过猛或撒把,以防车把伤人。 (6)使用井架提升混凝土时,应设制动安全装置,升降应有明确信号,操作人员未离开提升台时,不得发升降信号。提升台内停放手推车要平稳,车把不得伸出台外,车轮前后应挡牢。

序　号	项　目	内　容
1	安全措施	(7)使用溜槽及串筒下料时,溜槽与串筒必须牢固地固定,人员不得直接站在溜槽帮上操作。 (8)混凝土浇筑前,应对振动器进行试运转,振动器操作人员应穿胶靴、戴绝缘手套;振动器不能挂在钢筋上,湿手不能接触电源开关。
2	环保措施	(1)施工中应做好环境保护工作,应根据工程的实际情况识别评价所属工作范围内的环境因素,建立重要环境因素清单,并将新出现的环境因素以"环境因素调查表"的形式反馈给工程项目负责人。 (2)工程施工期间应建立"环境因素台账"并将新出现的环境因素及时填写在"环境因素台账"中,施工中做好控制。 (3)在施工中重点做好以下六方面的控制:向大气的排放;向水体的排放;废弃物和管理;对土地的污染;原材料与大自然资源的使用;当地其他环境问题和社区性问题(如噪声、光污染等)。 (4)混凝土搅拌场地应设置集水坑和沉淀池,并化验污水的排放是否符合标准要求。 (5)混凝土泵、混凝土罐车噪声排放的控制;施工时应搭设简易棚将其围起来,并要求商品混凝土分包商加强对混凝土泵的维修保养,加强对其操作工人的培训和教育,保证混凝土泵、混凝土罐车平稳运行。 (6)混凝土施工时的废弃物应及时清运,保持工完场清。 (7)现场混凝土搅拌机停放的场所应平坦坚硬,有良好的排水条件,对场地的要求还应符合建筑安全管理规定及国标 GB/T 24001—1996 和 ISO 14001—1996 的关规定(包括沉淀池、污水排放、扬尘、施工噪声控制等)

5.2.3　底板大体积混凝土工程

1. 适用范围及基本规定

底板大体积混凝土工程的适用范围及基本规定,如表 5.2.50 所示。

适用范围及基本规定　　　　　　　　　　表 5.2.50

序　号	项　目	内　容
1	适用范围	本节工艺标准适用于建筑工程底板大体积混凝土和大体积防水混凝土的施工,但不适用于环境温度高于 80℃,有侵蚀性介质对混凝土构成危害以及建筑结构其他部位的大体积混凝土施工。
2	基本规定	(1)大体积混凝土的施工验收除应符合本标准规定外,尚应符合相关规范、标准的规定。 (2)大体积混凝土工程施工前应加强业主、监理、设计与施工四方的交流与合作,共同选择确定最优设计与施工方案。 (3)大体积混凝土施工前,施工单位应编制体现技术先进、可行、确保工程质量且经济的施工方案,报施工监理批准后实施。 施工设计应对混凝土在施工过程中混凝土温度和最后的收缩应力进行双控计算,采取有效的技术措施控制有害裂缝的产生。 (4)混凝土的强度,抗渗等级和裂缝控制必须符合设计要求。 (5)大体积混凝土使用的各种原材、掺合料、外加剂均应具有产品合格证书和性能检验报告;其品种、规格、性能必须符合现行国家产品标准和地方建设主管部门颁发的相关规定,同时应符合施工设计的规定。 (6)当日平均气温低于 -15℃时不适宜进行大体积混凝土的施工;必须施工时要对原材的加热、混凝土搅拌和运输的保温、浇筑环境的升温,以及混凝土的养护制订严密的冬施方案。 (7)施工单位应建立完善的质量保证体系和贯彻执行严格的管理制度,明确质量目标,制订有效的技术措施,实施技术交底及各工序的自检、专检和交接检查。 (8)承担配合比设计和试配的试验室应具有相应资质

2. 施工准备及工程要点

(1) 施工准备

底板大体积混凝土工程的施工准备，如表 5.2.51 所示。

施工准备　　　　　　　　　　　　　　　　　　　表 5.2.51

序 号	项 目	内 容
1	技术准备	底板大体积混凝土工程的技术准备，见表 5.2.52
2	材料选择	底板大体积混凝土工程的材料选择，见表 5.2.53
3	施工机具	底板大体积混凝土工程的施工机具，见表 5.2.55
4	作业条件	底板大体积混凝土工程的作业条件，见表 5.2.56

技术准备　　　　　　　　　　　　　　　　　　　表 5.2.52

序 号	项 目	内 容
1	准备工作	(1)熟悉图纸，与设计沟通： 1)了解混凝土的类型、强度、抗渗等级和允许利用后期强度的龄期。 2)了解底板的平面尺寸、各部位厚度、设计预留的结构缝和后浇带或加强带的位置、构造和技术要求。 3)了解消除或减少混凝土变形外约束所采取的措施和超长结构一次施工或分块施工所采取的措施。 4)了解使用条件对混凝土结构的特殊要求和采取的措施。 5)在可能的情况下，争取降低大体积混凝土的设计强度等级。 (2)依据施工合同和施工条件与业主、监理沟通： 1)采用预拌混凝土施工在交通管制方面提供连续施工可能性时，才能满足大方量一次浇筑的要求。否则宜分块施工。 2)采用现场搅拌混凝土时，业主应提供足够的施工场地以满足设置混凝土搅拌站和料场的需要，同时尚应提供足够的能源或设置发电设备设施。 3)施工部门为保证工程质量建议采取的技术措施应报告监理，并通过监理取得设计单位和业主的同意。
2	混凝土配合比设计与试配	(1)委托设计需提供的条件包括混凝土的类型、指定龄期混凝土的强度、抗渗等级、混凝土场内外输送方式与耗时、混凝土的浇筑坍落度、施工期平均气温、混凝土的入模温度及其他要求。委托单位尚应提供混凝土试配所需原材。 (2)混凝土配合比设计除必须满足上述各条件的要求外应尽可能降低混凝土的干缩与温差收缩。 1)混凝土配合比试验报告需提供混凝土的初、终凝时间，附按预定程序施工的坍落度损失和坍落度现场调整方法，普通混凝土 7d、28d 的实测收缩率，所选用外加剂的种类和技术要求。 2)对补偿收缩混凝土尚应按 GBJ 119 的试验方法提供试验室的，试块在水中养护 14d 的限制膨胀率，该值应大于 0.015%（结构厚在 1m 以下）或 0.02%（结构厚在 1m 以上）；一般底板混凝土的限制膨胀率以 0.02%～0.025%，加强带、后浇缝以 0.035%～0.045% 为宜；6 个月混凝土干缩率不大于 0.045%。 3)混凝土的试配强度以依后期强度换算的 28d 强度为准。对补偿收缩混凝土，若以 7d 强度推算换算的 28d 强度则应以限制膨胀试块的 7d 强度为依据。 (3)混凝土配合比设计的基本要求： 1)混凝土配合比按设计抗渗水压加 0.2MPa 控制，储备不可过高。 2)在保证混凝土强度和抗渗性能的条件下应尽可能填加掺合料，粉煤灰应不低于二级，其掺量不宜大于 20%，硅粉掺量不应大于 3%。当有充分根据时掺合料的掺量可适当调高。 3)送达现场混凝土的坍落度：泵送宜为 80～140mm，其他方式输送宜为 60～120mm，坍落度允许偏差±15mm，到达现场前坍落度损失不应大于 30mm/h，总损失不应大于 60mm。

序　号	项　目	内　容
2	混凝土配合比设计与试配	4)混凝土最小水泥量不低于300kg/m³,掺活性粉料或用于补偿收缩混凝土的水泥用量不少于280kg/m³。 　5)根据水泥品种,施工条件和结构使用条件选择化学外加剂。 　6)水灰比宜控制在0.45~0.5之间,最高不超过0.55;用水量宜在170kg/m³ 左右;用于补偿收缩混凝土用水量在180kg/m³ 左右。 　7)粗骨料适宜含量:≤C30时　为1150~1200kg/m³; 　　　　　　　　　　　>C35时　为1050~1150kg/m³。 　8)砂率宜控制在35%~45%,灰砂比宜为1:2~1:2.5。 　9)混凝土中总含碱量使用碱活性骨料时限制在3kg/m³ 以下。 　10)混凝土中氯离子总含量不得大于水泥用量的0.3%,当结构使用年限为100年时为0.06%。 　11)混凝土的初凝应控制在6~8h之间,混凝土终凝时间应在初凝后2~3h。 　12)缓凝剂用量不可过高,尤其是在补偿混凝土中应严格限量以防减少膨胀率。 　13)膨胀剂取代水泥量应按结构设计和施工设计所要求的限制膨胀率及产品说明书并经试验确定,其取代水泥量必须充足以满足膨胀率的要求。 　(4)混凝土配合比设计应遵循下列规程标准的技术规定: 　《普通混凝土配合比设计规程》(JCJ 55); 　《混凝土强度检验评定标准》(GBJ 107—87); 　《混凝土质量控制标准》(GB 50164); 　《粉煤灰混凝土应用技术规程》(GBJ 146); 　《混凝土外加剂应用技术规范》(GB 50119)。
3	施工方案编制要点	施工方案的主要内容包括: 　1)工程概况:建筑结构和大体积混凝土的特点——平面尺寸与划分、底板厚度、强度、抗渗等级等; 　2)温度与应力计算:大体积混凝土施工必须进行混凝土绝热温升和外约束条件下的综合温差与应力的计算;对混凝土入模温度、原材料温度调整,保温隔热与养护,温度测量;温度控制、降温速率提出明确要求; 　3)原材选择:配合比设计与试配; 　4)混凝土的供应搅拌:运输与浇筑; 　5)保证质量、安全、消防、环保、环卫的措施。
4	施工技术要点	(1)混凝土供应: 　1)大体积混凝土必须在设施完善严格管理的强制式搅拌站拌制。 　2)预拌混凝土搅拌站,必须具有相应资质,并应选择备用搅拌站。 　3)对预拌混凝土搅拌站所使用的膨胀剂,施工单位或工程监理应派驻专人监督其质量、数量和投料计量,最后复核掺入量应符合要求。 　4)混凝土浇筑温度宜控制在25℃以内,依照运输情况计算混凝土的出厂温度和对原材料的温度要求。 　5)原材料温度调整方案的选择:当气温高于30℃时应采用冷却法降温,当气温低于5℃时应采用加热法升温。 　6)原材料降温应依次选用: 　水:加冰屑降温或用制冷机提供低温水; 　骨料:料场搭棚防烈日暴晒,或水淋或浸水降温; 　水泥和掺合料:贮罐设隔热罩或淋水降温,袋装粉料提前存放于通风库房内降温。 　7)罐车:盛夏施工应淋水降温,低温施工应加保温罩。

序号	项目	内容
4	施工技术要点	8)混凝土输送车辆计算： $$n=(Q_m/60V)[(60L/S)+T] \quad (5.21)$$ 式中　n——混凝土罐车台数； 　　　Q_m——罐车计划每小时输送量（m³/h）； $$Q_m=Q_{ma18}\eta$$ 　　　Q_{ma18}——罐车额定输送量（m³/h）； 　　　η——混凝土泵的效率系数，底板取 0.43； 　　　V——罐车额定容量（m³）； 　　　L——罐车往返一次行程（km）； 　　　S——平均车速（一般为 30km/h）； 　　　T——一个运行周期总停歇时间（min），该值包括装卸料、停歇、冲洗等耗时。 （2）底板混凝土施工的流水作业： 1）底板分块施工时，每段工程量按可保证连续施工的混凝土供应能力和预期工期确定。 2）流水段划分应体现均衡施工的原则。 3）流水段的划分应与设计的结构缝和后浇带一一致，非必要时不再增加施工缝。 4）施工流水段长度不宜超过 40m。采用补偿收缩混凝土不宜超过 60m，混凝土宜跳仓浇筑。 5）在取得设计部门同意时，宜以加强带取代后浇带，加强带间距 30～40m，加强带的宽度宜为 2～3m。 6）超长、超宽一次浇筑混凝土可分条划分区域，各区同向同时相互搭接连续施工。 7）采用补偿收缩混凝土无缝施工的超长底板，每 60m 应设加强带一道。 8）加强带衔接面两侧先后浇筑混凝土的间隔时间不应大于 2h。 （3）混凝土的场内运输和布料： 1）预拌混凝土的卸料点至浇筑处；现场搅拌站自搅拌机至浇筑处均应使用混凝土地泵输送混凝土和布料。 2）混凝土泵的位置应邻近浇筑地点且便于罐车行走、错车、喂料和退管施工。 3）混凝土泵管配置应最短，且少设弯头，混凝土出口端应装布料软管。 4）施工方案应绘制泵及泵管布置图和泵管支架构造图。 5）混凝土泵的需要数量与选型应通过计算确定： $$N=Q_h/Q_{ma18}\eta \quad (5.22)$$ 式中　N——混凝土泵台数； 　　　Q_h——每小时计划混凝土浇筑量（m³/h）； 　　　Q_{ma18}——所选泵的额定输送量（m³/h）； 　　　η——混凝土泵的效率系数，底板取 0.43。 6）沿基坑周边的底板浇筑可辅以溜槽输送混凝土，溜槽需设受料台（斗），留槽与边坡处垂线夹角不宜小于 45°。 7）底板周边的混凝土也可使用汽车泵布料。 （4）混凝土的浇筑： 1）底板混凝土的浇筑方法： 厚 1.0m 以内宜采用平推浇筑法：同一坡度，薄层循序推进依次浇筑到顶。 厚 1.0m 以上宜分层浇筑，在每一浇筑层采用平推浇筑法。 厚度超过 2m 时应考虑留置水平施工缝，间断施工。 2）有可能时应避开高温时间浇筑混凝土。 （5）混凝土硬化期的温度控制： 1）温控方案选择：当气温高于 30℃以上时采用预埋冷水管降温法，或蓄水法施工； 当气温低于 30℃以下常温应优先采用保温法施工； 当气温低于 -15℃时应采取特殊温控法施工。 2）蓄水养护应进行周边围挡与分隔，并设供排水和水温调节装备。

序 号	项 目	内 容
4	施工技术要点	3)必要时可采用混凝土内部埋管冷水降温与蓄热结合或与蓄水结合的养护法。 4)大体积混凝土的保温养护方案应详示结构底板上表面和侧模的保温方式、材料、构造和厚度。 5)烈日下施工应采取防晒措施；深基坑空气流通不良环境宜采取送风措施。 6)玻璃温度计测温：每个测温点位由不少于三根间距各为100mm呈三角形布置，分别埋于距板底200mm，板中间距500～1000mm及距混凝土表面100mm处的测温管构成。测温点位间距不大于6m，测温管可使用水管或铁皮卷焊管，下端封闭，上端开口，管口高于保温层50～100mm。 7)电子测温仪测温：建议使用用途广、精度高、直观、操作简单、便于携带的半导体传感器，建筑电子测温仪测温。 每一测温点位传感器由距离板底200mm，板中间距500～1000mm，距反表面50mm各测温点构成。各传感器分别附着于φ16圆钢支架上。各测温点位间距不大于6m。 8)不宜采用热电阻温度计测温，也不推荐用热电偶测温

材 料 选 择　　　　　　　　　　　　　　表 5.2.53

序 号	项 目	内 容
1	水泥	(1)应优先选用铝酸三钙含量较低，以及水化游离氧化钙、氧化镁和二氧化硫尽可能低的低收缩水泥。 (2)应优先选用低、中热水泥，尽可能不使用高强度高细度的水泥。利用后期强度的混凝土，不得使用低热微膨胀水泥。 (3)对不同品种水泥用量及总的水化热应进行估算；当矿渣水泥或其他低热水泥与普通硅酸盐水泥掺入粉煤灰后的水化热总值差异较大时应选用矿渣水泥；无大差异时，则应选用普通硅酸盐水泥而不采用干缩较大的矿渣水泥。 (4)不准使用早强水泥和含有氯化物的水泥。 (5)非盛夏施工应优先选用普通硅酸盐水泥。 (6)补偿收缩混凝土加硫铝酸钙类(明矾石膨胀剂除外)膨胀剂时应选用硅酸盐或普通硅酸盐水泥；其他类水泥应通过试验确定。明矾石膨胀剂可用于普通硅酸盐或矿渣水泥，其他类水泥也需试验。 (7)水泥的含碱量(Na_2O+K_2O)应小于0.6%，尽可能选用含碱量不大于0.4%的水泥。 (8)混凝土受侵蚀性介质作用时应使用适应介质性质的水泥。 (9)进场水泥和出厂时间超过三个月或怀疑变质的水泥应复试验检验并合格。 (10)用于大体积混凝土的水泥应进行水化热检验；其7d水化热不宜大于250kJ/kg·K。当混凝土中掺有活性粉料或膨胀剂时应按相应比例测定7d和28d的综合水化热值。 (11)使用的水泥应符合现行国家标准： 《硅酸盐水泥、普通硅酸盐水泥》(GB 175)； 《矿渣硅酸盐水泥、火山灰质硅酸盐水泥和粉煤灰质硅酸盐水泥》(GB 1344)； 其他水泥的性能指标必须符合有关标准。 (12)水化热测定标准为： 《水化热试验方法(直接法)》(GB 2022)。
2	粗骨料	(1)应选用结构致密强度高不含活性二氧化硅的骨料；石子骨料不宜用砂岩，不得含有蛋白石、凝灰岩等遇水明显降低强度的石子。其压碎指标应低于16%。 (2)粗骨料应尽可能选择大粒径，但最大不得超过钢筋净距的3/4；当使用泵送混凝土时应符合表5.2.54要求。 (3)石子粒径：C30以下可选5～40mm的卵石，尽可能选用碎石； 　　　　　　　C30～C50可选5～31.5mm的碎石或碎卵石。 (4)石子应连续级配，以5～10mm含量稍低为佳，针、片状粒含量应≤15%。 (5)含泥量不得大于1%，泥块含量不得大于0.25%。

续表

序号	项目	内容
2	粗骨料	(6)粗骨料应符合相关规范的技术要求： 普通粗骨料：《普通混凝土使用碎石或卵石质量标准及检验方法》(JGJ 53)；高炉矿渣碎石：《混凝土用高炉渣碎石技术条件》含粉量(粒径小于 0.08mm)不大于 1.5%。
3	细骨料	(1)应优先选用中、粗砂，其粉粒含量通过筛孔 0.315mm 不小于 15%；对泵送混凝土尚应通过 0.16m 筛孔不小于 5%为宜。 (2)不宜使用细砂。 (3)砂的 SO_3 含量应<1%。 (4)砂的含泥量应不大于 3%，泥块含量不大于 0.5%。 (5)使用海砂时，应测定其氯含量，氯离子总量(以干砂重量的酸比计)不应大于 0.06%。 (6)使用天然砂或岩石破碎筛分的产品均应符合《普通混凝土用砂质量标准及检验方法》(JGJ 52—92)的规定。
4	水	(1)使用混凝土设备洗刷水拌制混凝土时只可部分利用并应考虑该水中所含水泥和外加剂对拌合物的影响，其中氯化物含量不得大于 1200mg/L，硫酸盐含量不得大于 2700mg/L。 (2)拌合用水应洁净，质量需符合《混凝土拌合用水标准》(JGJ 63)的要求。
5	掺合料	(1)粉煤灰： 1)粉煤灰不应低于 Ⅱ 级，以球状颗粒为佳； 2)粉煤灰的 SO_3 含量不应大于 3%； 3)粉煤灰应符合《用于水泥和混凝土中的粉煤灰》(GB 1596—91)。 (2)使用其他种掺合料应遵照相应标准规定。 (3)掺合料供应商应提供掺合料水化热曲线。
6	膨胀剂	(1)地下工程允许使用硫铝酸钙类膨胀剂，不允许使用氧化钙类膨胀剂(氧化钙-硫铝酸钙)。 (2)膨胀剂的含碱量不应大于 0.75%，使用明矾石膨胀剂尤应严格限制。 (3)膨胀剂应选用一等品，膨胀剂供应商应提供不同龄期膨胀率变化曲线。使用膨胀剂的混凝土试件在水中 14d 限制膨胀率不应小于 0.025%；28d 膨胀率应大于 14d 的膨胀率；于空气中 28d 的变形以正值为佳。 (4)膨胀剂应符合《混凝土膨胀剂》(JC 476—2001)的要求。
7	外加剂	(1)大体积混凝土应选用低收缩率特别是早期收缩率低的外加剂，除膨胀剂、减缩剂外，外加剂厂家应提供使用该外加剂的混凝土 1d、3d、7d 和 28d 的收缩率试验报告，任何龄期混凝土的收缩率均不得大于基准混凝土的收缩率。 (2)外加剂必须与水泥的性质相适应。 (3)外加剂带入每立方米混凝土的碱量不得超过 1kg。 (4)非早强型碱水剂应按标准严格控制硫酸钠含量；减水剂含固体量应≥30%；减水率应≥20%；坍落度损失应≤20mm/h。 (5)泵送剂、缓凝减水剂应具有良好的减水、增塑、缓凝和保水性，引气量宜介于 3%～5%之间。对补偿收缩混凝土，使用缓凝剂必须经试验证明可延缓初凝而无其他不良影响。 (6)外加剂氨的释放量不得大于 0.1%。 (7)外加剂应符合下列标准规定： 《混凝土外加剂》(GB 8076)； 《混凝土泵送剂》(JC 473)； 《混凝土外加剂中释放氨的限量》(GB 18588)

混凝土泵允许骨料粒径　　　　　表 5.2.54

混凝土管直径(mm)	最大粒径(mm)	
	卵石	碎石
125	40	30
150	50	40
180	70	60
200	80	70
280	100	100

施 工 机 具　　　　　表 5.2.55

序号	项目	内容
1	机械设备仪表	(1)现场搅拌站:成套强制式混凝土搅拌机,皮带机,装载机,水泵,水箱等。 (2)现场输送混凝土:泵车、混凝土泵及钢、软泵管。 (3)混凝土浇筑:流动电箱、插入式、平板式振动器、抹平机、小型水泵等。 (4)专用:发电机、空压机、制冷机、电子测温仪和测温元件或温度计和测温埋管。
2	工具	手推车、串筒、溜槽、吊斗、胶管、铁锹、钢钎、抹子等

作 业 条 件　　　　　表 5.2.56

序号	内容
1	施工方案所确定的施工工艺流程,流水作业段的划分,浇筑程序与方法,混凝土运输与布料方式、方法以及质量标准,安全施工等已交底。
2	施工道路,施工场地,水、电、照明已布设。
3	施工脚手架、安全防护搭设完毕。
4	输送泵及泵管已布设并试车。
5	钢筋、模板、预埋件,伸缩缝、沉降缝,后浇带或加强带支挡,测温元件或测温埋管,标高线等已检验合格。
6	模内清理干净,前一天模板及垫层或防水保护层已喷水润湿并排除积水。
7	保湿保温材料已备。
8	工具备齐,振动器试运合格。
9	现场调整坍落度的外加剂或水泥、砂等原材料已备齐,专业人员到位。
10	防水混凝土的抗压、抗渗试模备齐。
11	钢木侧模已涂隔离剂。
12	现场搅拌混凝土的搅拌站已试车正常,材料备齐。
13	联络,指挥,器具,已准备就绪。
14	需持证上岗人员业经培训,证件完备。
15	与社区、城管、交通、环境监管部门已协调并已办理必要的手续

(2) 工程要点

底板大体积混凝土工程的工程要点,如表 5.2.57 所示。

工 程 要 点　　　　　　　表 5.2.57

序号	项目	内容
1	技术要点	(1)控制混凝土浇筑成型温度。 (2)利用混凝土后期强度或(和)掺入掺合料降低水泥单方用量。 (3)控制坍落度及坍落损失符合泵送要求。 (4)浇筑混凝土适时二次振捣、抹压消除混凝土早期塑性变形。 (5)尽可能延长脱模时间并及时保湿、保温、加强温度监测。
2	材料要点	(1)选用低热和低收缩水泥。 (2)采用低强度等级水泥。 (3)控制各种材料和外加剂的含碱量。 (4)控制骨料含泥量。
3	质量标点	(1)严格控制混凝土搅拌投料计量。 (2)监督膨胀剂加入量。 (3)控制混凝土的温差及降温速率。
4	安全要点	(1)动力、照明合用电安全规定。 (2)马道、泵管支架牢固,安全防护达标。 (3)施工机械试运行合格,工况良好。 (4)劳动保护完备。
5	环境要点	(1)采用低噪声设备防止扰民。 (2)定向低角度照明降低光污染。 (3)运料车遮盖防止飞尘。 (4)出厂车辆清洗以防沾污市政道路。 (5)施工污水经沉清后有组织排放

3. 施工工艺

(1) 工艺流程

底板大体积混凝土工程的工艺流程,如图 5.2.2 所示。

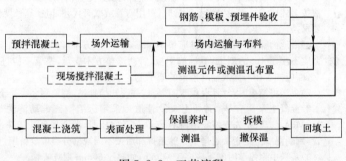

图 5.2.2　工艺流程

(2) 操作方法

底板大体积混凝土的操作方法,如表 5.2.58 所示。

操 作 方 法　　　　　　　表 5.2.58

序号	项目	内容
1	混凝土搅拌	(1)根据施工方案的规定对原材料进行温度调节。 (2)搅拌采用二次投料工艺,加料顺序为,先将水和水泥、掺合料、外加剂搅拌约 1min 成水泥浆,然后投入粗、细骨料拌匀。 (3)计量精度每班至少检查二次,计量控制在:外加剂±0.5%,水泥、掺合料、膨胀剂、水±1%,砂石 2% 以内。 其中加水量应扣除骨料含水量及冰霄重量。 (4)搅拌应符合所用机械说明中所规定的时间,一般不少于 90s,加膨胀剂的混凝土搅拌时间延长 30s,以搅拌均匀为准,时间不宜过长。 (5)出罐混凝土应随时测定坍落度,与要求不符时应由专业技术人员及时调整。

序　号	项　目	内　容
2	混凝土场外运输	(1)预拌混凝土的远距离运输应使用滚筒式罐车。 (2)运送混凝土的车辆应满足均匀、连续供应混凝土的需要。 (3)必须有完善的调度系统和装备,根据施工情况指挥混凝土的搅拌与运送,减少停滞时间。 (4)罐车在盛夏和冬季均应有隔热覆盖。 (5)混凝土搅拌运输车,第一次装料时,应多加二袋水泥。运送过程中筒体应保持慢速运动;卸料前,筒体应加快运转 20～30s 后方可卸料。 (6)送到现场混凝土的坍落度应随时检验,需调整或分次加入减水剂均应由搅拌站派驻现场的专业技术人员执行。
3	混凝土场内运输与布料	(1)固定泵(地泵)场内运输与布料: 1)受料斗必须配备孔径为 50mm×50mm 的振动筛防止个别大颗粒骨料流入泵管,料斗内混凝土上表面距离上口宜为 200mm 左右以防止泵入空气。 2)泵送混凝土前,先将储料斗内清水从管道泵出,以湿润和清洁管道,然后压入纯水泥浆或 1:1～1:2 水泥砂浆滑润管道后,再泵送混凝土。 3)开始压送混凝土时速度宜慢,待混凝土送出管子端部时,速度可逐渐加快,并转入用正常速度进行连续泵送。遇到运转不正常时,可放慢泵送速度。进行抽吸往复推动数次,以防堵管。 4)泵送混凝土浇筑入模时,端部软管均匀移动,使每层布料均匀,不应成堆浇筑。 5)泵管向下倾斜输送混凝土时,应在下斜管的下端设置相当于 5 倍落差长度的水平配管,若与上水平线倾斜度大于 7°时应在斜管上端设置排气活塞。如因施工长度有限,下斜管无法按上述要求长度设置水平配管时,可用弯管或软管代替,但换算长度仍应满足 5 倍落差的要求。 6)沿地面铺管,每节管两端应垫 50mm×100mm 方木,以便拆装;向下倾斜输送时,应搭设宽度不小于 1m 的斜道,上铺脚手板,管两端垫方木支架,泵管不应直接铺设在模板、钢筋上,而应搁置在马凳或临时搭设的架子上。 7)泵送将结束时,计算混凝土需要量,并通知搅拌站,避免剩余混凝土过多。 8)混凝土泵送完毕,混凝土泵及管道可采用压缩空气推动清洗球清洗,压力不超过 0.7MPa。方法是先安好专用清洗管,再启动空压机,渐渐加压。清洗过程中随时敲击输送管,判断混凝土是否接近排空。管道拆卸后按不同规格分类堆放备用。 9)泵送中途停歇时间不应多于 60min,如超过 60min 则应清管。 10)泵管混凝土出口处,管端距模板应大于 500mm。 11)盛夏施工,泵管应覆盖隔热。 12)只允许使用软管布料,不允许使用振动器推赶混凝土。 13)在预留凹坛模板或预埋件处,应沿其四周均匀布料。 14)加强对混凝土泵及管道巡回检查,发现声音异常或泵管跳动应及时停泵排除故障。 (2)汽车泵布料: 1)汽车泵行走及作业应有足够的场地,汽车泵应靠近浇筑区并应有两台罐车能同时就位卸混凝土的条件。 2)汽车泵就位后应按要求撑开支腿并加垫枕木,使汽车泵稳固后方开始工作。 3)汽车泵位置与基坑上口的距离视基坑护坡情况而定,一般应取得现场技术主管的同意。 (3)混凝土的自由落距不得大于 2m。 (4)混凝土在浇筑地点的坍落度,每工作班至少检查四次。混凝土的坍落度试验应符合现行《普通混凝土拌合物性能试验方法标准》(GB/T 50080—2002)的有关规定。 混凝土实测的坍落度与要求坍落度之间的偏差应不大于 ±20mm。

序　号	项　目	内　容
4	混凝土浇筑	(1)混凝土浇筑可根据面积大小和混凝土供应能力采取全面分层、分段分层或斜面分层连续浇筑(图5.2.3),分层厚度300～500mm且不大于震动棒长1.25倍。分段分层多采取踏步式分层推进,一般踏步宽为1.5～2.5mm。斜面分层浇灌每层厚30～35cm,坡度一般取1∶6～1∶7。 (2)浇筑混凝土时间应按表5.2.59控制。掺外加剂时由试验确定,但最长不得大于初凝时间减90min。 (3)混凝土浇筑宜从低处开始,沿长边方向自一端向另一端推进,逐层上升。亦可采取中间向两边推进,保持混凝土沿基础全高均匀上升。浇筑时,要在下一层混凝土初凝之前浇筑上一层混凝土,避免产生冷缝,并将表面泌水及时排走。 (4)局部厚度较大时先浇深部混凝土,2～4h后再浇上部混凝土。 (5)振捣混凝土应使用高频振动器,振动器的插点间距为1.5倍振动器的作用半径,防止漏振。斜面推进时振动棒应在坡脚与坡顶处插振。 (6)振动混凝土时,振动器应均匀地插拔,插入下层混凝土50cm左右,每点振动时间10～15s以混凝土泛浆不再溢出气泡为准,不可过振。 (7)混凝土浇筑终了以后3～4h在混凝土接近初凝之前进行二次振捣然后按标高线用刮尺刮平并轻轻抹压。 (8)混凝土的浇筑温度按施工方案控制,以低于25℃为宜,最高不得超过28℃。 (9)间断施工超过混凝土的初凝时应待先浇混凝土具有1.2N/mm² 以上的强度时才允许后续浇筑混凝土。 (10)混凝土浇筑前应对混凝土接触面先行湿润,对补偿收缩混凝土下的垫层或相邻其他已浇筑的混凝土应在浇筑前24h即大量晒水浇湿。
5	混凝土的表面处理	(1)处理程序: 初凝前一次抹压 → 临时覆盖塑料膜 → 混凝土终凝前1～2h掀膜二次抹压 → 覆膜 (2)混凝土表面泌水应及时引导集中排除。 (3)混凝土表面浮浆较厚时,应在混凝土初凝前加粒径为2～4cm的石子浆,均匀撒布在混凝土表面用抹子轻轻拍平。 (4)四级以上风天或烈日下施工应有遮阳挡风措施。 (5)当施工面积较大时可分段进行表面处理。 (6)混凝土硬化后的表面塑性收缩裂缝可灌注水泥素浆刮平。
6	混凝土的养护与温控	(1)混凝土侧面钢木模板在任何季节施工均应设保温层。采用砖侧模时在混凝土浇筑前宜回填完毕。 (2)蓄水养护混凝土:混凝土表面在初凝后覆盖塑料薄膜,终凝后注水,蓄水深度不少于80mm。 当混凝土表面温度与养护水的温差超过20℃时即应注入热水令温差降到10℃左右。非高温雨季施工事先采取防暴雨降低养护水温的挡雨措施。 (3)蓄热法养护混凝土:盛夏采用降温搅拌混凝土施工时,混凝土终凝后立即覆盖塑料膜和保温层。 常温施工时混凝土终凝后立即覆盖塑料膜和浇水养护,当混凝土实测内部温差或内外温差超过20℃再覆盖保温层。 当气温低于混凝土成型温度时,混凝土终凝后应立即覆盖塑料膜和保温层,在有可能降雨时为保持保温层的干燥状态,保温层上表面应覆有不透水的遮盖。 (4)混凝土养护期间需进行其他作业时,应掀开保温层尽快完成随即恢复保温层。 (5)当设计无特殊要求时,混凝土硬化期的实测温度应符合下列规定: 1)混凝土内部温差(中心与表面下100或50mm处)不大于20℃; 2)混凝土表面温度(表面以下100或50mm)与混凝土表面外50mm处温度差不大于25℃;对补偿收缩混凝土,允许介于30～35℃之间;

序　号	项　目	内　容
6	混凝土的养护与温控	3)混凝土降温速度不大于1.5℃/d; 4)撤除保温层时混凝土表面与大气温差不大于20℃。 当实测温度不符合上述规定时则应及时调整保温层或采取其他措施使其满足温度及温差的规定。 (6)混凝土的养护期限:除满足上条规定外,混凝土的养护时间自混凝土浇筑开始计算,使用普通硅酸盐水泥不少于14d,使用其他水泥不少于21d,炎热天气适当延长。 (7)养护期内(含撤除保温层后)混凝土表面应始终保持温热潮湿状态(塑料膜内应有凝结水),对掺有膨胀剂的混凝土尤应富水养护;但气温低于5℃时,不得浇水养护。
7	测温	(1)测温延续时间自混凝土浇筑始至撤保温后为止,同时应不少于20d。 (2)测温时间间隔,混凝土浇筑后1~3d为2h,4~7d为4h,其后为8h。 (3)测温点应在平面图上编号,并在现场挂编号标志,测温作详细记录并整理绘制温度曲线图,温度变化情况应及时反馈,当各种温差达到18℃时应预警,22℃时应报警。 (4)使用普通玻璃温度计测温:测温管端应用软木塞封堵,只允许在放置或取出温度计时打开。温度计应系线绳垂吊到管底,停留不少于3min后取出迅速查看温度。 (5)使用建筑电子测温仪测温,附着于钢筋上的半导体传感器应与钢筋隔离,保护测温探头的插头不受污染,不受水浸,插入测温仪前应擦拭干净,保持干燥以防短路。也可事先埋管,管内插入可周转使用的传感器测温。 (6)当采用其他测温仪时应按产品说明书操作。
8	拆模与回填	底板侧模的拆除应符合本表序号6之(5)的温度条件,侧模拆除后宜尽快回填,否则应与底板面层在养护期内同样予以养护。
9	施工缝后浇带加强带	(1)大体积混凝土施工除留后浇带尽可能不再设施工缝,遇在特殊情况必须设施工缝时应按后浇缝处理。 (2)施工缝、后浇带与加强带均应用钢板网或钢丝网支挡。如支膜时,在后浇混凝土之前应凿毛清洗。 (3)后浇缝使用的遇水膨胀止水条必须具有缓涨性能,7d膨胀率不应大于最终膨胀率的60%。 (4)膨胀止水条应安放牢固,自粘型止水条也应使用间隔为500mm的水泥钉固定。 (5)后浇缝和施工缝在混凝土浇筑前应清除杂物、润湿,水平缝刷净再铺10~20mm厚的1:1水泥砂浆或涂刷界面剂并随即浇筑混凝土。 (6)后浇缝与加强带混凝土的膨胀率应高于底板混凝土的膨胀率0.02%以上或按设计或产品说明书确定

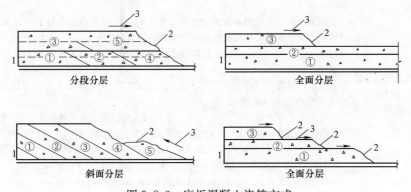

分段分层　　　全面分层

斜面分层　　　全面分层

图 5.2.3　底板混凝土浇筑方式

1—分层线;2—新浇灌的混凝土;3—浇灌方向

混凝土搅拌至浇筑完的最大延续时间（min）   表 5.2.59

混凝土强度	气温		混凝土强度	气温	
	≤25℃	>25℃		≤25℃	>25℃
≤C30	120	90	>C30	90	60

(3) 冬期施工

底板大体积混凝土的冬期施工，如表 5.2.60 所示。

冬 期 施 工   表 5.2.60

序 号	内 容
1	冬期施工的期限：室外日平均气温连续 5d 稳定低于 5℃起至高于 5℃止。
2	混凝土的受冻临界强度：使用硅酸盐或普通硅酸盐水泥的混凝土应为混凝土强度标准值的 30%，使用矿渣硅酸盐水泥应为混凝土强度标准值的 40%。掺用防冻剂的混凝土，当气温不低于 −15℃时不得小于 4N/mm²；当气温不低于 −30℃时不得小于 5N/mm²。
3	冬施的大体积混凝土应优先使用硅酸盐水泥和普通硅酸盐水泥，水泥强度等级宜为 42.5。
4	大体积混凝土底板冬施当气温在 −15℃以上时应优先选用蓄热法，当蓄热法不能满足要求时应采用综合蓄热法施工。
5	蓄热法施工应进行混凝土的热工计算，决定原材料加热及搅拌温度和浇筑温度，确定保温层的种类，厚度等。并且保温层外应覆盖防风材料封闭。
6	综合蓄热法可在混凝土中加少量抗冻剂或掺少量早强剂。搅拌混凝土用粉剂防冻剂可与水泥同时投入。液体防冻剂应先配制成需要的浓度；各溶液分别置于有明显标志的容器内备用；并随时用比重计检验其浓度。
7	混凝土浇筑后应尽早覆盖塑料膜和保温层且应始终保持保温度层的干燥。侧模及平面边角应加厚保温层。
8	混凝土冬施所用外加剂应具有适应低温的施工性能，不准使用缓凝剂和缓凝型减水剂，不准使用可挥发氯气的防冻剂。不准使用含氯盐的早强剂和早强减水剂。
9	混凝土的浇筑温度应为 10℃左右，分层浇筑时已浇混凝土被上层混凝土覆盖时不应低于 2℃。
10	原材的加热，应优先采用水加热，当气温低于 −8℃时再考虑加热骨料，依次为砂，再次为石子。加热温度限制示于表 5.2.61。 当水及骨料加热到上表温度仍不能满足要求时水可加热到 100℃，但水泥不得与 80℃以上的水直接接触。 水宜使用蒸汽加热或用热交换罐加热，在容器中调至要求温度后使用。 砂可利用火坑或加热料斗升温。 水泥、掺合料应提前运入暖棚或罐保温。
11	混凝土的搅拌： (1)骨料中不得带有冰雪及冻团； (2)搅拌机应设置于保温棚内，棚温不低于 5℃； (3)使用热水搅拌应先投入骨料、加水，待水温降到 40℃左右时再投入水泥和掺合料等。
12	混凝土运送应尽量缩短耗时，罐车应有保温被罩。
13	混凝土泵应设于挡风棚内，泵管应保温。
14	测温项目与次数如表 5.2.62。
15	混凝土浇筑后的测温同常温大体积混凝土的施工要求。
16	混凝土拆模和保温层应在混凝土冷却到 5℃以后，如拆模时混凝土与环境温差大于 20℃则拆模后的混凝土表面仍应覆盖使其缓慢冷却

拌合水及骨料加热最高温度（℃）　　　表 5.2.61

水　　泥	水	骨料
<52.5 级的普通硅酸盐水泥，矿渣硅酸盐水泥	80	60
>52.5 级的硅酸盐水泥，普通硅酸盐水泥	60	40

混凝土冬期施工测温项目和次数　　　表 5.2.62

测温项目	测温次数
室外气温及环境温度	每昼夜不少于 4 次,此外还需测最高、最低气温
搅拌机棚温度	每一工作班不少于 4 次
水、水泥、砂、石及外加剂溶液温度	每一工作班不少于 4 次
混凝土出罐、浇筑、入模温度	每一工作班不少于 4 次

注：室外最高最低气温测量起、止日期为本区冬期施工起始至终了时止。

4. 质量标准

（1）质量标准

底板大体积混凝土的质量标准，除应符合表 5.2.63 要求外，还应符合《混凝土结构工程施工质量验收规范》（GB 50204—2002）中之 7 的有关规定。

质 量 标 准　　　表 5.2.63

序号	项目	内　　容
1	主控项目	(1)大体积防水混凝土的原材料、配合比及坍落度必须符合设计要求。 检验方法:检查出厂合格证、质量检验报告、计量措施和现场抽样试验报告。 (2)大体积防水混凝土的抗压强度和抗掺压力必须符合设计要求。 检验方法:检查混凝土抗压、抗渗试验报告。 (3)大体积防水混凝土的变形缝、施工缝、后浇带、加强带、埋设件等设置和构造,均须符合设计要求,严禁有渗漏。 检验方法:观察检查和检查隐蔽工程验收记录。 (4)补偿收缩混凝土的抗压强度,抗渗压力与混凝土的膨胀率必须符合设计要求。 检验方法:现场制作试块进行膨胀率测试。 (5)大体积混凝土的含碱量应符合规范要求。 检验方法:检查各种原材试验报告,配合比及总含碱量计算书。
2	一般项目	(1)大体积防水混凝土结构表面应坚实、平整,不得有露筋、蜂窝等缺陷;埋设件位置应正确。 检验方法:观察和尺量检查。 (2)防水混凝土结构表面的裂缝宽度不应大于 0.2mm,并不得贯通。 检验方法:用刻度放大镜检查。 (3)防水混凝土结构厚度,其允许偏差为＋15m、－10mm;迎水面钢筋保护层厚度不应小于 50mm,其允许偏差为±10mm。 检验方法:尺量检查和检查隐蔽工程验收记录。 (4)底板结构允许偏差(mm): 轴线　　　15 标高　　　±10 电梯井长度对定位中心　　　＋25,0 表面平整　　　8/2m 预埋件中心　　　10 预埋螺栓　　　5 检验方法:尺量检查

（2）检验数量

底板大体积混凝土的质量检验数量，如表 5.2.64 所示。

检验数量　　　　　　　　　　　　　　　　　　　表 5.2.64

序　号	内　　容
1	防水混凝土抗渗性能，应采用标准条件下养护混凝土抗渗试件的试验结果评定。试件应在浇筑地点制作。 　连续浇筑混凝土每 500m³ 应留置一组抗渗试件（一组为 6 个抗渗试件），且每项工程不得少于两组。采用预拌混凝土的抗渗试件，留置组数应视结构的规模和要求而定。 　抗渗性能试验应符合现行《普通混凝土长期性能和耐久性能试验方法》（GBJ 82）的有关规定。
2	用于检查混凝土强度的试件，应在混凝土的浇筑地点随机抽取。 　取样与试件留置应符合下列规定： 　(1)每拌制 100 盘且不超过 100m³ 的同配合比的混凝土，取样不得少于一次； 　(2)每工作班拌制的同一配合比的混凝土不足 100 盘时，取样不得少于一次； 　(3)当一次连续浇筑超过 100m³ 时，同一配合比的混凝土每 200m³ 取样不得少于一次； 　(4)每次取样应至少留置一组标准养护试件，同条件养护试件的留置组数应根据实际需要确定。
3	底板混凝土外观质量检验数量，应按混凝土外露面积每 100m² 抽查一处，每处 10m²，且不得少于 3 处；细部构造应按全数检查

（3）质量记录

底板大体积混凝土的质量记录，如表 5.2.65 所示。

质量记录　　　　　　　　　　　　　　　　　　　表 5.2.65

序　号	项　目	内　　容
1	测温记录	测温记录表见表 5.2.66。混凝土温度测量曲线图见图 5.2.4。
2	施工质量验收记录	试块强度、抗渗和工程质量验收均按当地工程管理机构的规定格式填报

表 5.2.66

日期　　年　月　日							
测点　　　　　时间							
1-1							
1-2							
1-3							

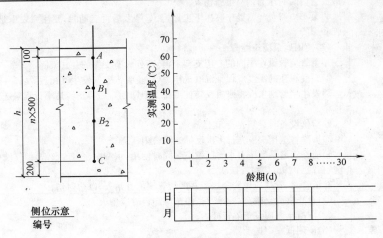

图 5.2.4　混凝土温度测量曲线图

——A；——平均值 B；⋯⋯ C；----气温

5. 成品保护

底板大体积混凝土的成品保护，如表 5.2.67 所示。

成品保护   表 5.2.67

序 号	内 容
1	跨越模板及钢筋应搭设马道。
2	泵管下应设置木坊，不准直接摆放在钢筋上。
3	混凝土浇筑振动棒不准触及钢筋、埋件和测温元件。
4	测温元件导线或测温管应妥为维护，防止损坏。
5	混凝土强度达到 1.2N/mm² 之前不准踩踏。
6	拆模后应立即回填土。
7	混凝土表面裂缝处理： 裂缝宽＞0.2mm 非贯穿裂缝可将表面凿开 30～50mm 三角凹槽用掺有膨胀剂的水泥浆或水泥砂浆修补。贯穿性或深裂缝宜用化学浆修补

6. 安全环保措施

底板大体积混凝土的安全环保措施，如表 5.2.68 所示。

安全环保措施   表 5.2.68

序 号	项 目	内 容
1	安全措施	(1)一般规定 1)所有机械设备均需设漏电保护。 2)所有机电设备均需按规定进行试运转,正常后投入使用。 3)基坑周围设围护栏杆。 4)现场应有足够的照明,动力、照明线需埋地或设专用电杆架空敷设。 5)马道应牢固、稳定具有足够承载力。 6)振动器操作人员应着绝缘靴和手套。 (2)使用泵车浇筑混凝土 1)泵车外伸支腿底部应设木板或钢板支垫,泵车离未护壁坑的安全距离应为基坑深再加 1m;布料杆伸长时,其端头到高压电缆之间的最小安全距离应不小于 8m。 2)泵车布料杆采取侧向伸出布料时,应进行稳定性验算,使倾覆力矩小于稳定力矩。严禁利用布料杆作起重使用。 3)泵送混凝土作业过程中,软管末端出口与浇筑面应保持 0.5～1m,防止埋入混凝土内,造成管内瞬时压力增高爆管伤人。 4)泵应避免经常处于高压下工作,泵车停歇后再启动时,要注意表压是否正常,预防堵管和爆管。 (3)使用地泵浇筑混凝土 1)泵管应敷设在牢固的专用支架上,转弯处设有支撑的井式架固定。 2)泵受料斗的高度应保证混凝土压力,防止吸入空气发生气锤现象。 3)发生堵管现象应将泵机反转使混凝土退回料斗后再正转达小行程泵送。无效时需拆管排堵。 4)检修设备时必须先行卸压。 5)拆除管道接头应先行多次反抽卸除管内压力。 6)清除管道不准压力水与压缩空气同时使用,水洗中途可改气洗,但气洗中途严禁改用水洗,在最后 10m 应缓慢减压。 7)清管时,管端应设安全挡板并严禁管端前方站人,以防射伤。
2	环保措施	(1)禁止混凝土罐车高速运行,停车待卸料时应熄火。 (2)混凝土泵应设于隔音棚内。 (3)使用低噪声振动器。 (4)夜间使用聚光灯照射施工点以防对环境造成光污染。 (5)汽车出场需经冲洗,冲洗水沉清再用或排除

目　录

上　册

1　土方与基坑工程

2　地基基础工程

3　混凝土结构模板工程

4　混凝土结构钢筋工程

5 混凝土结构混凝土浇筑工程

下 册

6 屋 面 工 程

7　建筑地面工程

8 建筑装饰装修工程

6 屋面工程

6.1 设计要点及构造措施

6.1.1 屋面设计

6.1.1.1 一般规定

屋面设计的一般规定，如表 6.1.1 所示。

一般 规 定 　　　　　　　　　表 6.1.1

序　号	内　容
1	屋面工程设计应包括以下内容： (1)确定屋面防水等级和设防要求(表 6.1.2)； (2)屋面工程的构造设计； (3)防水层选用的材料及其主要物理性能； (4)保温隔热层选用的材料及其主要物理性能； (5)屋面细部构造的密封防水措施，选用的材料及其主要物理性能； (6)屋面排水系统的设计。
2	屋面工程防水设计应遵循"合理设防、防排结合、因地制宜、综合治理"的原则。
3	屋面防水多道设防时，可将卷材、涂膜、细石防水混凝土、瓦等材料复合使用，也可使用卷材叠层。
4	屋面防水设计采用多种材料复合时，耐老化、耐穿刺的防水层应放在最上面，相邻材料之间应具相容性。
5	不同地区采暖居住建筑和需要满足夏季隔热要求的建筑，其屋盖系统的最小传热阻应按现行《民用建筑热工设计规范》GB 50176、《民用建筑节能设计标准(采暖居住建筑部分)》JGJ 26 和《夏热冬冷地区居住建筑节能设计标准》JGJ 134 确定。
6	屋面防水层细部构造，如天沟、檐沟、阴阳角、水落口、变形缝等部位应设置附加层。
7	屋面工程采用的防水材料应符合环境保护要求

屋面防水等级和设防要求 　　　　　　　表 6.1.2

序　号	项　目	屋面防水等级			
		Ⅰ级	Ⅱ级	Ⅲ级	Ⅳ级
1	建筑物类别	特别重要或对防水有特殊要求的建筑	重要的建筑和高层建筑	一般的建筑	非永久性的建筑

续表

序 号	项 目	屋面防水等级			
		Ⅰ 级	Ⅱ 级	Ⅲ 级	Ⅳ 级
2	防水层合理使用年限	25 年	15 年	10 年	5 年
3	设防要求	三道或三道以上防水设防	二道防水设防	一道防水设防	一道防水设防
4	防水层选用材料	宜选用合成高分子防水卷材、高聚物改性沥青防水卷材、金属板材、合成高分子防水涂料、细石防水混凝土等材料	宜选用高聚物改性沥青防水卷材、合成高分子防水卷材、金属板材、合成高分子防水涂料、高聚物改性沥青防水涂料、细石防水混凝土、平瓦、油毡瓦等材料	宜选用高聚物改性沥青防水卷材、合成高分子防水卷材、三毡四油沥青防水卷材、金属板材、高聚物改性沥青防水涂料、合成高分子防水涂料、细石防水混凝土、平瓦、油毡瓦等材料	可选用二毡三油沥青防水卷材、高聚物改性沥青防水涂料等材料

注：1. 本规定中采用的沥青均指石油沥青，不包括煤沥青和煤焦油等材料。
2. 石油沥青纸胎油毡和沥青复合胎柔性防水卷材，系限制使用材料。
3. 在Ⅰ、Ⅱ级屋面防水设防中，如仅作一道金属板材时，应符合有关技术规定。

6.1.1.2 构造设计
屋面工程构造设计，如表 6.1.3 所示。

构造设计   表 6.1.3

序 号	项 目	内 容
1	板缝处理	结构层为装配式钢筋混凝土板时,应用强度等级不小于 C20 的细石混凝土将板缝灌填密实;当板缝宽度大于 40mm 或上窄下宽时,应在缝中放置构造钢筋;板端缝应进行密封处理。 注:无保温层的屋面,板侧缝宜进行密封处理。
2	屋面坡度	(1)单坡跨度大于 9m 的屋面宜作结构找坡,坡度不应小于 3%。 (2)当材料找坡时,可用轻质材料或保温层找坡,坡度宜为 2%。 (3)天沟、檐沟纵向坡度不应小于 1%,沟底水落差不得超过 200mm;天沟、檐沟排水不得流经变形缝和防火墙。
3	找平层	卷材、涂膜防水层的基层应设找平层,找平层厚度和技术要求应符合表 6.1.10 的规定;找平层应留设分格缝,缝宽宜为 5~20mm,纵横缝的间距不宜大于 6m,分格缝内宜嵌填密封材料。
4	隔汽层	(1)在纬度 40°以北地区且室内空气湿度大于 75%,或其他地区室内空气湿度常年大于 80%时,若采用吸湿性保温材料做保温层,应选用气密性、水密性好的防水卷材或防水涂料做隔汽层。 (2)隔汽层应沿墙面向上铺设,并与屋面的防水层相连接,形成全封闭的整体。

续表

序　号	项　目	内　容
5	防水材料复合使用	多种防水材料复合使用时,应符合下列规定: (1)合成高分子卷材或合成高分子涂膜的上部,不得采用热熔型卷材或涂料; (2)卷材与涂膜复合使用时,涂膜宜放在下部; (3)卷材、涂膜与刚性材料复合使用时,刚性材料应设置在柔性材料的上部; (4)反应型涂料和热熔型改性沥青涂料,可作为铺贴材性相容的卷材胶粘剂并进行复合防水。
6	涂膜厚度	涂膜防水应以厚度表示,不得用涂刷的遍数表示。
7	隔离层	卷材、涂膜防水层上设置块体材料或水泥砂浆、细石混凝土时,应在二者之间设置隔离层;在细石混凝土防水层与结构层间宜设置隔离层。 隔离层可采用干铺塑料膜、土工布或卷材,也可采用铺抹低强度等级的砂浆。
8	不得作为防水设施的构造层	在下列情况中,不得作为屋面的一道防水设防: (1)混凝土结构层; (2)现喷硬质聚氨酯等泡沫塑料保温层; (3)装饰瓦以及不搭接瓦的屋面; (4)隔汽层; (5)卷材或涂膜厚度不符合本规定的防水层。
9	保护层	柔性防水层上应设保护层,可采用浅色涂料、铝箔、粒砂、块体材料、水泥砂浆、细石混凝土等材料;水泥砂浆、细石混凝土保护层应设分格缝。 架空屋面、倒置式屋面的柔性防水层上可不做保护层。
10	水落管	屋面水落管的数量,应按现行《建筑给水排水设计规范》GB 50015 的有关规定,通过水落管的排水量及每根水落管的屋面汇水面积计算确定。
11	高低跨屋面	高低跨屋面设计应符合下列规定: (1)高低跨变形缝处的防水处理,应采用有足够变形能力的材料和构造措施; (2)高跨屋面为无组织排水时,其低跨屋面受水冲刷的部位,应加铺一层卷材附加层,上铺 300～500mm 宽的 C20 混凝土板材加强保护; (3)高跨屋面为有组织排水时,水落管下应加设水簸箕

6.1.1.3　材料选用

屋面工程的材料选用,如表 6.1.4 所示。

材料选用　　　　　　　　　　表 6.1.4

序　号	项　目	内　容
1	一般规定	屋面工程选用的防水材料应符合下列要求: (1)图纸应标明防水材料的品种、型号、规格,其主要物理性能应符合本规定对该材料质量指标的规定; (2)在选择屋面防水卷材、涂料和接缝密封材料时,应按本章 6.1.3、6.1.4、6.1.6 中设计要点的有关内容选定; (3)考虑施工环境的条件和工艺的可操作性。

续表

序　号	项　目	内　容
2	材料相容性	在下列情况下,所使用的材料应具有相容性: (1)防水材料(指卷材、涂料,下同)与基层处理剂; (2)防水材料与胶粘剂; (3)防水材料与密封材料; (4)防水材料与保护层的涂料; (5)两种防水材料复合使用; (6)基层处理剂与密封材料。
3	特种屋面选材要求	根据建筑物的性质和屋面使用功能选择防水材料,除应符合表中序号1、2的规定外,尚应符合以下要求: (1)外露使用的不上人屋面,应选用与基层粘结力强和耐紫外线、热老化保持率、耐酸雨、耐穿刺性能优良的防水材料。 (2)上人屋面,应选用耐穿刺、耐霉烂性能好和拉伸强度高的防水材料。 (3)蓄水屋面、种植屋面,应选用耐腐蚀、耐霉烂、耐穿刺性能优良的防水材料。 (4)薄壳、装配式结构、钢结构等大跨度建筑屋面,应选用自重轻和耐热性、适应变形能力优良的防水材料。 (5)倒置式屋面,应选用适应变形能力优良、接缝密封保证率高的防水材料。 (6)斜坡屋面,应选用与基层粘结力强、感温性小的防水材料。 (7)屋面接缝密封防水,应选用与基层粘结力强、耐低温性能优良,并有一定适应位移能力的密封材料。
4	保温材料	(1)屋面应选用吸水率低、密度和导热系数小,并有一定强度的保温材料;封闭式保温层的含水率,可根据当地年平均相对湿度所对应的相对含水率以及该材料的质量吸水率,通过计算确定。 (2)屋面工程常用防水、保温隔热材料,应遵照有关规范规程的规定要求选定。
5	材料参考用量	卷材防水屋面主要材料参考用量见表6.1.5

卷材防水屋面主要材料参考用量　　　　　　　　表 6.1.5

卷 材 种 类	卷材 (m²/m²)	基层处理剂 (kg/m²)	基层胶粘剂 (kg/m²)	接缝胶粘剂 (kg/m²)	密封材料 (kg/m²)	备　　注
沥青油毡	3.6	0.45	0.7			三毡四油
三元乙丙丁基橡胶卷材	1.15~1.2	0.2	0.4	0.1	0.01	
LXY-603 氯化聚乙烯卷材	1.15~1.2	0.2	0.4	0.05	0.01	
氯化聚乙烯橡胶共混卷材	1.15~1.2	0.15	0.45	0.1	0.01	
PVC 卷材	1.1	0.4			0.01	焊接法施工
热熔卷材	1.15~1.2	0.1			0.01	热熔法施工
冷粘贴改性卷材	1.15~1.2	0.05	0.45		0.01	
聚氯乙烯	1.15	0.4	1~1.1		0.01	

6.1.1.4　屋面构造图例

屋面构造图例，如表 6.1.6 所示。

屋面构造图例　　　　　　　　　　　表 6.1.6

序号	项　目	图　例	构　造
1	卷材防水屋面工程（上人屋面）		（1）300mm×300mm×30mm C20 细石混凝土板。 （2）细砂卧铺 30mm 厚,留缝隙 3mm,用砂填满找平。 （3）改性沥青卷材防水层。 （4）1∶3 水泥砂浆找平层 20mm 厚。 （5）保温层。 （6）找坡层 $i=2\%$。 （7）钢筋混凝土屋面板。
			（1）300mm×300mm×30mm C20 细石混凝土板。 （2）细砂卧铺 30mm 厚,留缝隙 3mm,用砂填满找平。 （3）改性沥青卷材防水层。 （4）1∶3 水泥砂浆找平层 20mm 厚。 （5）找坡层 $i=2\%$。 （6）钢筋混凝土屋面板。
2	卷材防水屋面工程（不上人屋面） 注:1. 屋面构造层自上而下。 2. 保温层、隔气层及找坡层材料厚度按单体设计。	1500×1500分格10厚沥青嵌缝膏或卷材条烤熔嵌缝 	（1）1∶3 水泥砂浆 25mm 厚。 （2）改性沥青卷材防水层。 （3）1∶3 水泥砂浆找平层 20mm 厚。 （4）保温层。 （5）找坡层 $i=2\%$。 （6）钢筋混凝土屋面板。
		1500×1500分格10厚沥青嵌缝膏或卷材条烤熔嵌缝 	（1）1∶3 水泥砂浆 25mm 厚。 （2）改性沥青卷材防水层。 （3）1∶3 水泥砂浆找平层 20mm 厚。 （4）找坡层 $i=2\%$。 （5）钢筋混凝土屋面板。
3	涂膜防水屋面工程（上人屋面）		（1）25mm 厚粗砂铺卧 200mm×200mm×25mm 水泥砖留 3mm 宽砖缝,用砂填满扫净。 （2）防水层:JS 复合防水涂料。 （3）找平层:1∶2.5 水泥砂浆 20mm 厚。 （4）保温层由设计人定。 （5）1∶6 水泥焦渣最薄处 30mm 厚,找 2‰坡度,振捣密实,表面抹光。 （6）钢筋混凝土现浇板或预制板（平放）。

续表

序号	项　目	图　例	构　造
3	涂膜防水屋面工程（上人屋面）		(1)25mm厚粗砂铺卧200mm×200mm×25mm水泥砖留3mm宽砖缝，用砂填满扫净。 (2)防水层：JS复合防水涂料。 (3)找平层：1∶2.5水泥砂浆20mm厚。 (4)1∶6水泥焦渣最薄处30mm厚，找2‰坡度，振捣密实，表面抹光。 (5)钢筋混凝土现浇板或预制板（平放）。
4	涂膜防水屋面工程（不上人屋面）		(1)保护层（涂膜等）。 (2)防水层：JS复合防水涂料。 (3)找平层：1∶2.5水泥砂浆20mm厚。 (4)保温层由设计人定。 (5)1∶6水泥焦渣最薄处30mm厚，找2‰坡度，振捣密实，表面抹光。 (6)钢筋混凝土现浇板或预制板（平放）。
			(1)保护层（涂膜等）。 (2)防水层：JS复合防水涂料。 (3)找平层：1∶2.5水泥砂浆20mm厚。 (4)1∶6水泥焦渣最薄处30mm厚，找2‰坡度，振捣密实，表面抹光。 (5)钢筋混凝土现浇板或预制板（平放）。
5	刚性防水屋面工程		(1)10mm厚缸砖面层，缝宽10mm，1∶1水泥砂浆勾平缝。 (2)12mm厚1∶2水泥砂浆粘结层。 (3)C20细石防水混凝土，配置双向钢筋网片。 (4)隔离层。 (5)结构层。
			(1)C20细石防水混凝土，配置双向钢筋网片。 (2)铺卷材或塑料薄膜一层。 (3)25mm厚1∶3水泥砂浆找平。 (4)结构层（结构找坡）。
6	架空隔热屋面工程		(1)1∶0.5∶10水泥石灰膏砂浆坐浆，将495mm×495mm×35mm预制钢筋混凝土板架空卧在砖墩上，板缝用1∶3水泥砂浆勾缝。 (2)1∶0.5∶10水泥石灰膏砂浆砌115mm×115mm×180mm砖墩，纵横中距500mm。 (3)防水层：JS复合防水涂料。 (4)找平层：1∶2.5水泥砂浆20mm厚。 (5)保温层由设计人定。 (6)1∶6水泥焦渣最薄处30mm厚，找2‰坡度，振捣密实，表面抹光。 (7)钢筋混凝土现浇板或预制板（平放）。

续表

序号	项 目	图 例	构 造
6	架空隔热屋面工程		(1) 1：0.5：10 水泥石灰膏砂浆坐浆，将 495mm×495mm×35mm 预制钢筋混凝土板架空卧在砖墩上，板缝用 1：3 水泥砂浆勾缝。 (2) 1：0.5：10 水泥石灰膏砂浆砌 115mm×115mm×180mm 砖墩，纵横中距 500mm。 (3) 防水层：JS 复合防水涂料。 (4) 找平层：1：2.5 水泥砂浆 20mm 厚。 (5) 1：6 水泥焦渣最薄处 30mm 厚，找 2% 坡度，振捣密实，表面抹光。 (6) 钢筋混凝土现浇板或预制板（平放）

6.1.2 基层

6.1.2.1 找平层

1. 一般规定

屋面工程找平层的一般规定，如表 6.1.7 所示。

一 般 规 定　　　　　表 6.1.7

序 号	内 容
1	找平层是防水层的依附层，其质量好坏将直接影响到防水层的质量，所以找平层必须做到：坡度要准确，使排水通畅；混凝土和砂浆的配合比要准确；表面要二次压光、充分养护，使找平层表面平整、坚固，不起砂、不起皮、不酥松、不开裂，并做到表面干净、干燥。
2	不同材料防水层对找平层的各项性能要求有侧重，有些要求必须严格，达不到要求就会直接危害防水层的质量，造成对防水层的损害，有些则可要求低些，在些可不予要求，见表 6.1.8

不同防水层对找平层的要求　　　　　表 6.1.8

项目	卷材防水层		涂膜防水层	密封材料防水	刚性防水层	
	实铺	点、空铺			混凝土防水层	砂浆防水层
坡度	足够排水坡度	足够排水坡度	足够排水坡度	—	一般要求	一般要求
强度	较好强度	一般要求	较好强度	坚硬整体	一般强度	较好强度
表面平整	平整、不积水	平整、不积水	平整度高，不积水	一般要求	一般要求	一般要求
起砂起皮	不允许	少量允许	严禁出现	严禁出现	无要求	无要求
表面裂纹	少量允许	不限制	不允许	不允许	无要求	无要求
干净	一般要求	一般要求	一般要求	严格要求	一般要求	一般要求
干燥	干燥	干燥	干燥	严格干燥	无要求	无要求
光面或毛面	光面	毛面	光面	光面	毛面	毛面
混凝土原表面	直接铺贴	直接铺贴	刮浆平整	刮浆平整	直接施工	直接施工

2. 设计要点

屋面工程找平层的设计要点，如表 6.1.9 所示。

设 计 要 点　　　　　　　　　　　　　　表 6.1.9

序　号	项　目	内　　容
1	技术要求	找平层是防水层依附的一个层次，为了保证防水层受基层变形影响小，基层应有足够的刚度和强度，使它变形小、坚固，还要有足够的排水坡度，使雨水迅速排走。其技术要求分别见表 6.1.10 及表 6.1.11。
2	分格缝	(1)为了避免或减少找平层开裂，找平层宜留设分格缝，缝宽 5～20mm，缝中宜嵌密封材料。分格缝兼作排汽道时，分格缝可适当加宽，并应与保温层连通。 (2)分格缝宜留在板端缝处，其纵横缝的最大间距为：找平层采用水泥砂浆或细石混凝土时，不宜大于 6m；找平层采用沥青砂浆时，不宜大于 4m。分格缝施工可预先埋入木条、聚苯乙烯泡沫条或事后用切割机锯出。
3	转角弧度	找平层在屋面平面与立面交角处，称阴阳角，是变形频繁、应力集中的部位，由此也会引起防水层被拉裂，因此，根据不同防水材料，对阴阳角的弧度做不同的要求。合成高分子卷材薄且柔软，弧度可小，沥青基卷材厚且硬，弧度要求大，见表 6.1.12

找平层的厚度和技术要求　　　　　　　　　　表 6.1.10

类　别	基层种类	厚度(mm)	技术要求
水泥砂浆找平层	整体现浇混凝土	15～20	1：2.5～1：3(水泥：砂)体积比，水泥强度等级不低于 32.5 级，宜掺膨胀剂，抗裂纤维等材料。
	整体或板状材料保温层	20～25	
	装配式混凝土板,松散材料保温层	20～30	
细石混凝土找平层	板状材料保温层	30～35	混凝土强度等级不低于 C20。
	装配式混凝土板	20～30	
	较低强度板块、松散材料保温层	30～35	
沥青砂浆找平层	整体现浇混凝土	15～20	1：8(沥青：砂)重量比。
	装配式混凝土板,整体或板状材料保温层	20～25	
混凝土随浇随抹找平层	整体现浇混凝土	—	原浆或聚合物水泥砂浆表面刮平

找平层的坡度要求　　　　　　　　　　表 6.1.11

项　目	平屋面		天沟、檐沟		雨水口周边 ϕ500mm 范围
	结构找坡	材料找度	纵向	沟底水落差	
坡度要求	≥3%	≥2%	≥1%	≤200mm	≥5%

找平层转角弧度　　　　表 6.1.12

卷材种类	沥青防水卷材	高聚物改性沥青卷材	合成高分子卷材
圆弧半径(mm)	100～150	50	20

3. 施工要求

屋面工程找平层的施工要求，如表 6.1.13 所示。

施 工 要 求　　　　表 6.1.13

序号	项目	内容
1	水泥砂浆找平层	(1)屋面结构为装配式钢筋混凝土屋面板时,应用细石混凝土嵌缝,嵌缝的细石混凝土宜掺微膨胀剂,强度等级不应小于 C20。当板缝宽度大于 40mm 或上窄下宽时,板缝内应设置构造钢筋,灌缝高度应与板平齐,板端应用密封材料嵌缝。 (2)检查屋面板等基层是否安装牢固,不得有松动现象。铺砂浆前,基层表面应清扫干净并洒水湿润(有保温层时,不得洒水)。 (3)留在屋架或承重墙上的分格缝,应与板缝对齐,板端方向的分格缝也应与板端对齐,用小木条或聚苯泡沫条嵌缝留设,或在砂浆硬化后用切割机锯缝。缝高同找平层厚度,缝宽 5～20mm 左右。 (4)砂浆配合比要称量准确,搅拌均匀,底层为塑料薄膜隔离层、防水层或不吸水保温层,宜在砂浆中加减水剂并严格控制稠度。 砂浆铺设应按由远到近、由高到低的程序进行,最好在每一分格内一次连续抹成,严格掌握坡度,可用 2m 左右的直尺找平。天沟一般先用轻质混凝土找坡。 (5)待砂浆稍收水后,用抹子抹平压实压光;终凝前,轻轻取出嵌缝木条,完工后表面要保护好少踩踏。砂浆表面不允许撒干水泥或水泥浆压光。 (6)注意气候变化,如气温在 0℃以下,或终凝前可能下雨时,不宜施工。如必须施工时,应有技术措施,保证找平层质量。 (7)铺设找平层 12h 后,需洒水养护或喷冷底子油养护。 (8)找平层硬化后,应用密封材料嵌填分格缝。
2	沥青砂浆找平层	(1)检查屋面板等基层安装牢固程度,不得有松动之处,屋面应平整、找好坡度并清扫干净。 (2)基层必须干燥,然后满涂冷底子油 1～2 道,涂刷要薄而均匀,不得有气泡和空白,涂刷后表面保持清洁。 (3)冷底子油干燥后可铺设沥青砂浆,虚铺厚度约为压实后厚的 1.30～1.40 倍。 (4)施工时沥青砂浆的温度要求见表 6.1.14。 (5)待砂浆刮平后,即用火滚进行滚压(夏天温度较高时,筒内可不生火)。滚压至平整、密实、表面没有蜂窝、不出现压痕为止。 滚筒应保持清洁,表面可涂抹柴油。滚压不到之处可用烙铁烫压平整,施工完毕后避免在上面踩踏。 (6)施工缝应留成斜槎,继续施工时接槎处应清理干净并刷热沥青一遍,然后铺沥青砂浆,用火滚或烙铁烫平。 (7)雾、雨、雪天不得施工。一般不宜在气温 0℃以下施工。如在严寒地区必须在气温 0℃以下施工时应采取相应的技术措施(如分层分段流水施工及采取保温措施等)。 (8)滚筒内的炉火及灰烬注意不得外泄在沥青砂浆面上。 (9)沥青砂浆铺设后,最好在当天铺第一层卷材,否则要用卷材盖好,防止雨水、露气浸入。
3	细石混凝土找平层	细石混凝土找平层施工,参见"建筑地面工程"

沥青砂浆施工温度（℃）   表 6.1.14

室外温度	沥青砂浆温度		
	拌制	铺设	滚压完毕
+5 以上	140~170	90~120	60
-10~+5	160~180	100~130	40

6.1.2.2 保温层

保温层有关要求，见"6.1.7 保温隔热屋面"的相应规定。

6.1.3 卷材防水屋面

卷材防水屋面是指采用粘结胶粘贴卷材或采用带底面粘结胶的卷材进行热熔或冷粘贴于屋面基层进行防水的屋面，其典型构造层次如图 6.1.1 所示，具体构造层次，根据设计要求而定。

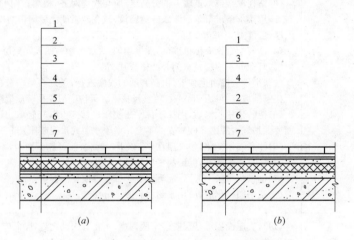

图 6.1.1 卷材防水屋面构造层次示意图

（a）正置式屋面；（b）倒置式屋面

1—保护层或使用面层；2—卷材防水层；3—找平层；4—保温层；

5—隔气层；6—找坡找平层；7—结构层；

6.1.3.1 一般规定

卷材防水屋面构造的一般规定，如表 6.1.15 所示。

一 般 规 定   表 6.1.15

序 号	项 目	内 容
1	适用范围	卷材防水屋面适用于防水等级（表 6.1.2）为 I～IV 级的屋面防水。
2	找平层	找平层表面应压实平整，排水坡度应符合设计要求。采用水泥砂浆找平层时，水泥砂浆抹平收水后应二次压光和充分养护，不得有相互酥松、起砂、起皮现象。
3	转角圆弧	卷材防水屋面基层与突出屋面结构（女儿墙、立墙、天窗壁、变形缝、烟囱等）的交接处，以及基层的转角处（水落口、檐口、天沟、檐沟、屋脊等），均应做成圆弧。内部排水的水落口周围应做成略低的凹坑。 找平层圆弧半径应根据卷材种类按表 6.1.12 选用。

续表

序号	项目	内　容
4	基层处理	(1)铺设屋面隔汽层或防水层前,基层必须干净、干燥。 注:干燥程度的简易检验方法,是将1m² 卷材平坦地干铺在找平层上,静置 3～4h 掀开检查,找平层覆盖部位与卷材上未见水印,即可铺设隔汽层或防水层。 (2)采用基层处理剂时,其配制与施工应符合下列规定: 1)基层处理剂的选择应与卷材的材性相容; 2)喷、涂基层处理剂前,应用毛刷对屋面节点、周边、转角等处先行涂刷; 3)基层处理剂可采取喷涂法或涂刷法施工。喷、涂应均匀一致,待其干燥后应及时铺贴卷材。
5	卷材铺贴方向	卷材铺贴方向应符合下列规定: (1)屋面坡度小于 3%,卷材宜平行屋脊铺贴; (2)屋面坡度在 3%～15%时,卷材可平行或垂直屋脊铺贴; (3)屋面坡度大于 15%或屋面受振动时,沥青防水卷材应垂直屋脊铺贴,高聚物改性沥青防水卷材和合成高分子防水卷材可平行或垂直屋脊铺贴; (4)上下层卷材不得相互垂直铺贴。
6	卷材铺贴方法	(1)卷材的铺贴方法应符合下列规定: 1)卷材防水层上有重物覆盖或基层变形较大时,应优先采用空铺法、点粘法、条粘法或机械固定法,但距屋面周边 800mm 内以及叠层铺贴的各层卷材之间应满粘; 2)防水层采取满粘法施工时,找平层的分格缝处宜空铺,空铺的宽度宜为 100mm; 3)卷材屋面的坡度不宜超过 25%,当坡度超过 25%时应采取防止卷材下滑的措施。 (2)屋面防水层施工时,应先做好节点、附加层和屋面排水比较集中等部位的处理,然后由屋面最低处向上进行。铺贴天沟、檐沟卷材时,宜顺天沟、檐沟方向,减少卷材的搭接。 (3)铺贴卷材应采用搭接法。平行于屋脊的搭接缝,应顺流水方向搭接;垂直于屋脊的搭接缝,应顺年最大频率风向搭接。 叠层铺贴的各层卷材,在天沟与屋面的交接处,应采用叉接法搭接,搭接缝应错开;搭接缝宜留在屋面或天沟侧面,不宜留在沟底。 (4)上下层及相邻两幅卷材的搭接缝应错开,各种卷材搭接宽度应符合表 6.1.16 的要求。 (5)在铺贴卷材时,不得污染檐口的外侧和墙面

卷材搭接宽度（mm） 　　　　　　　　　　表 6.1.16

铺贴方法 卷材种类		短边搭接		长边搭接	
		满粘法	空铺、点粘、条粘法	满粘法	空铺、点粘、条粘法
沥青防水卷材		100	150	70	100
高聚物改性沥青防水卷材		80	100	80	100
自粘聚合物改性沥青防水卷材		60	—	60	—
合成高分子防水卷材	胶粘剂	80	100	80	100
	胶粘带	50	60	50	60
	单缝焊	60,有效焊接宽度不小于 25			
	双缝焊	80,有效焊接宽度 10×2+空腔宽			

6.1.3.2　材料要求

1. 防水卷材的质量要求

防水卷材的质量要求，如表 6.1.17 所示。

防水卷材的质量要求　　　　　　　　　　　　　表 6.1.17

序　号	项　目	内　　容
1	沥青防水卷材	沥青防水卷材的质量应符合下列要求： (1)沥青防水卷材的外观质量和规格应符合表 6.1.18 和表 6.1.19 的要求。 (2)沥青防水卷材的物理性能应符合表 6.1.20 的要求。
2	高聚物改性沥青 防水卷材	高聚物改性沥青防水卷材的质量应符合下列要求： (1)高聚物改性沥青防水卷材的外观质量和规格应符合表 6.1.21 和表 6.1.22 的要求。 (2)高聚物改性沥青防水卷材的物理性能应符合表 6.1.23 的要求。
3	合成高分子防水卷材	合成高分子防水卷材的质量应符合下列要求： (1)合成高分子防水卷材的外观质量及规格应符合表 6.1.24 及表 6.1.25 的要求。 (2)合成高分子防水卷材的物理性能应符合表 6.1.26 的要求。
4	卷材胶粘剂和胶粘带	卷材胶粘剂、胶粘带的质量应符合下列要求： (1)改性沥青胶粘剂的剥离强度不应小于 8N/10mm。 (2)合成高分子胶粘剂的剥离强度不应小于 15N/10mm，浸水 168h 后的保持率不应小于 70%。 (3)双面胶粘带的剥离强度不应小于 6N/10mm，浸水 168h 后的保持率不应小于 70%

沥青防水卷材外观质量　　　　　　　　　　　　表 6.1.18

项　目	质量要求	项　目	质量要求
孔洞、硌伤	不允许	裂纹	距卷芯 1000mm 以外， 长度不大于 10mm
露胎、涂盖不匀	不允许	裂口、缺边	边缘裂口小于 20mm；缺边长度 小于 50mm，深度小于 20mm
折纹、皱折	距卷芯 1000mm 以外， 长度不大于 100mm	每卷卷材的接头	不超过 1 处，较短的一段不应小于 2500mm，接头处应加长 150mm

沥青防水卷材规格　　　　　　　　　　　　　　表 6.1.19

标　号	宽度(mm)	每卷面积(m²)	卷重(kg)	
350 号	915	20±0.3	粉毡	≥28.5
	1000		片毡	≥31.5
500 号	915	20±0.3	粉毡	≥39.5
	1000		片毡	≥42.5

沥青防水卷材物理性能　　　　　　　　　　　　表 6.1.20

项　目		性能要求	
		350 号	500 号
纵向拉力(25±2℃时)(N)		≥340	≥440
耐热度(85±2℃,2h)		不流淌，无集中性气泡	
柔度(18±2℃)		绕 ϕ20mm 圆棒无裂纹	绕 ϕ25mm 圆棒无裂纹
不透水性	压力(N/mm²)	≥0.10	≥0.15
	保持时间(min)	≥30	≥30

高聚物改性沥青防水卷材外观质量　　表 6.1.21

项　目	质 量 要 求
孔洞、缺边、裂口	不允许
边缘不整齐	不超过 10mm
胎体露白、未浸透	不允许
撒布材料粒度、颜色	均匀
每卷卷材的接头	不超过 1 处,较短的一段不应小于 1000mm,接头处应加长 150mm

高聚物改性沥青防水卷材规格　　表 6.1.22

厚度(mm)	宽度(mm)	长度(m)		要　求
		SBS	APP	
2.0	≥1000	15	15	热熔施工,卷材厚度
3.0	≥1000	10	10	不得小于 3mm
4.0	≥1000	7.5	10、7.5	

高聚物改性沥青防水卷材物理性能　　表 6.1.23

项　目		性 能 要 求				
		聚酯毡胎体	玻纤毡胎体	聚乙烯胎体	自粘聚酯胎体	自粘无胎体
可溶物含量 (g/m^2)		3mm 厚≥2100 4mm 厚≥2900		—	2mm 厚≥1300 3mm 厚≥2100	—
拉力(N/50mm)		≥450	纵向≥350 横向≥250	≥100	≥350	≥250
延伸率(%)		最大拉力时≥30	—	断裂时≥200	最大拉力时≥30	断裂时≥450
耐热度 (℃,2h)		SBS 卷材 90,APP 卷材 110, 无滑动、流淌、滴落		PEE 卷材 90, 无流淌、起泡	70,无滑动、流淌 滴落	70,无起泡、 滑动
低温柔度 (℃)		SBS 卷材-18,APP 卷材-5,PEE 卷材-10			—20	
		3mm 厚,r=15mm;4mm 厚,r=25mm;3s,弯 180°无裂纹			r=15mm,3s, 弯 180°无裂纹	φ20mm,3s, 弯 180°无裂纹
不透水性	压力 (N/mm^2)	≥0.3	≥0.2	≥0.3	≥0.3	≥0.2
	保持时间 (min)	≥30				≥120

注：SBS 卷材—弹性体改性沥青防水卷材;
APP 卷材—塑性改性沥青防水卷材;
PEE 卷材—高聚物改性沥青聚乙烯胎防水卷材。

合成高分子防水卷材外观质量　　表 6.1.24

项　目	质 量 要 求
折痕	每卷不超过 2 处,总长度不超过 20mm
杂质	大于 0.5mm 颗粒不允许,每 1m² 不超过 9mm²
胶块	每卷不超过 6 处,每处面积不大于 4mm²
凹痕	每卷不超过 6 处,深度不超过本身厚度 30%;树脂类深度不超过 5%
每卷卷材的接头	橡胶类每 20m 不超过 1 处,较短的一段不应小于 3000mm,接头处应加长 150mm;树脂类 20m 长度内不允许有接头

合成高分子防水卷材规格　　表 6.1.25

厚度(mm)	宽度(mm)	长度(mm)
1.0	≥1000	20
1.2	≥1000	20
1.5	≥1000	20
2.0	≥1000	10

合成高分子防水卷材物理性能   表 6.1.26

项 目		性 能 要 求			
		硫化橡胶类	非硫化橡胶类	树脂类	纤维增强类
断裂拉伸强度(N/mm²)		≥6	≥3	≥10	≥9
扯断伸长率(%)		≥400	≥200	≥200	≥10
低温弯折(℃)		−30	−20	−20	−20
不透水性	压力(N/mm²)	≥0.3	≥0.2	≥0.3	≥0.3
	保持时间(min)	≥30			
加热收缩率(%)		<1.2	<2.0	<2.0	<1.0
热老化保持率 (80℃,168h)	断裂拉伸强度	≥80%			
	扯断伸长率	≥70%			

2. 贮运和保管

防水卷材的贮运和保管,应符合表 6.1.27 的规定。

贮运和保管   表 6.1.27

序 号	项 目	内 容
1	防水卷材	卷材的贮运、保管应符合下列规定: (1)不同品种、型号和规格的卷材应分别堆放; (2)卷材应贮存在阴凉通风的室内,避免雨淋、日晒和受潮,严禁接近火源。沥青防水卷材贮存环境温度,不得高于 45℃; (3)沥青防水卷材宜直立堆放,其高度不宜超过两层,并不得倾斜或横压,短途运输平放不超过四层; (4)卷材应避免与化学介质及有机溶剂等有害物质接触。
2	胶粘剂和胶粘带	卷材胶粘剂和胶粘带的贮运、保管应符合下列规定: (1)不同品种、规格的卷材胶粘剂和胶粘带,应分别用密封桶或纸箱包装; (2)卷材胶粘剂和胶粘带应贮存在阴凉通风的室内,严禁接近火源和热源

3. 检验及复验

进厂卷材的检验及复验要求,如表 6.1.28 所示。

检验及复验   表 6.1.28

序 号	项 目	内 容
1	抽样复验规定	进场的卷材抽样复验应符合下列规定: (1)同一品种、型号和规格的卷材,抽样数量:大于 1000 卷抽取 5 卷;500~1000 卷抽取 4 卷;100~499 卷抽取 3 卷;小于 100 卷抽取 2 卷。 (2)将受检的卷材进行规格尺寸和外观质量检验,全部指标达到标准规定时,即为合格。其中若有一项指标达不到要求,允许在受检产品中另取相同数量卷材进行复检,全部达到标准规定为合格。复检时仍有一项指标不合格,则判定该产品外观质量为不合格。 (3)在外观质量检验合格的卷材中,任取一卷做物理性能检验,若物理性能有一项指标不符合标准规定,应在受检产品中加倍取样进行该项复检,复检结果如仍不合格,则判定该产品为不合格。

序　号	项　　目	内　　容
2	物理性能检验	进场的卷材物理性能应检验下列项目： (1)沥青防水卷材：纵向拉力，耐热度，柔度，不透水性。 (2)高聚物改性沥青防水卷材：可溶物含量，拉力，最大拉力时延伸率，耐热度，低温柔度，不透水性。 (3)合成高分子防水卷材：断裂拉伸强度，扯断伸长率，低温弯折，不透水性。
3	胶粘剂和胶粘带	进场的卷材胶粘剂和胶粘带物理性能应检验下列项目： (1)改性沥青胶粘剂：剥离强度。 (2)合成高分子胶粘剂：剥离强度和浸水 168h 后的保持率。 (3)双面胶粘带：剥离强度和浸水 168h 后的保持率

6.1.3.3　设计要点

卷材防水屋面设计要点，如表 6.1.29 所示。

设 计 要 点　　　　　　　　　　　表 6.1.29

序　号	项　　目	内　　容
1	防水卷材选择规定	防水卷材品种选择应符合下列规定： (1)根据当地历年最高气温、最低气温、屋面坡度和使用条件等因素，应选择耐热度、柔性相适应的卷材； (2)根据地基变形程度、结构形式、当地年温差、日温差和振动等因素，应选择拉伸性能相适应的卷材； (3)根据屋面防水卷材的暴露程度，应选择耐紫外线、耐穿刺、热老化保持率或耐霉烂性能相适应的卷材； (4)自粘橡胶沥青防水卷材和自粘聚酯胎改性沥青防水卷材(铝箔覆面者除外)，不得用于外露的防水层。
2	防水层厚度	每道卷材防水层厚度选用应符合表 6.1.30 的规定。
3	屋面设施防水处理	屋面设施的防水处理应符合下列规定： (1)设施基座与结构相连时，防水层应包裹设施基座的上部，并在地脚螺栓周围做密封处理； (2)在防水层上放置设施时，设施下部的防水层应做卷材增强层，必要时应在其上浇筑细石混凝土，其厚度不应小于 50mm； (3)需经常维护的设施周围和屋面出入口至设施之间的人行道应铺设刚性保护层。
4	排汽屋面设计规定	屋面保温层干燥有困难时，宜采用排汽屋面，排汽屋面的设计应符合下列规定： (1)找平层设置的分格缝可兼作排汽道；铺贴卷材时宜采用空铺法、点粘法、条粘法。 (2)排汽道应纵横贯通，并同与大气连通的排汽管相通；排汽管可设在檐口下或屋面排汽道交叉处。 (3)排汽道宜纵横设置，间距宜为 6m。屋面面积每 36m² 宜设置一个排汽孔，排汽孔应做防水处理。 (4)在保温层下也可铺设带支点的塑料板，通过空腔层排水、排汽

卷材厚度选用表   表 6.1.30

屋面防水等级	设防道数	合成高分子防水卷材	高聚物改性沥青防水卷材	沥青防水卷材和沥青复合胎柔性防水卷材	自粘聚酯胎改性沥青防水卷材	自粘橡胶沥青防水卷材
Ⅰ级	三道或三道以上设防	不应小于1.5mm	不应小于3mm	—	不应小于2mm	不应小于1.5mm
Ⅱ级	二道设防	不应小于1.2mm	不应小于3mm		不应小于2mm	不应小于1.5mm
Ⅲ级	一道设防	不应小于1.2mm	不应小于4mm	三毡四油	不应小于3mm	不应小于2mm
Ⅳ级	一道设防	—	—	二毡三油		

6.1.3.4 细部构造

卷材防水屋面细部构造，如表 6.1.31 所示。

细 部 构 造   表 6.1.31

序　号	项　目	内　容
1	天沟、檐沟防水	天沟、檐沟防水构造应符合下列规定： (1)天沟、檐沟应增铺附加层。当采用沥青防水卷材时，应增铺一层卷材；当采用高聚物改性沥青防水卷材或合成高分子防水卷材时，宜设置防水涂膜附加层。 (2)天沟、檐沟与屋面交接处的附加层宜空铺，空铺宽度不应小于 200mm(图 6.1.2) (3)卷材防水层应由沟底翻上至外檐顶部，天沟、檐沟卷材收头用水泥钉固定密封。 (4)高低跨内排水天沟与立墙交接处，应采取能适应变形的密封处理。(图 6.1.3)。
2	檐口排水	无组织排水檐口 800mm 范围内的卷材应采用满粘法，卷材收头应压入凹槽并用金属压条固定密封(图 6.1.4)，檐口下端应做滴水处理。
3	泛水防水	泛水防水构造应遵守下列规定： (1)铺贴泛水处的卷材应采用满粘法。泛水收头应根据泛水高度和泛水墙体材料确定其密封形式。 1)墙体为砖墙时，卷材收头可直接铺至女儿墙压顶下，用压条钉压固定并用密封材料封闭严密，压顶应做防水处理(图 6.1.5)；卷材收头也可压入砖墙凹槽内固定密封，凹槽距屋面找平层高度不应小于 250mm，凹槽上部的墙体应做防水处理(图 6.1.6)。 2)墙体为混凝土时，卷材收头可采用金属压条钉压，并用密封材料封固(图 6.1.7)。 (2)泛水宜采取隔热防晒措施，可在泛水卷材面砌砖后抹水泥砂浆或浇筑细石混凝土保护，也可采用涂刷浅色涂料或粘贴铝箔保护。
4	变形缝防水	(1)变形缝的泛水高度不应小于 250mm，防水层应铺贴到变形缝两侧砌体的上部。 (2)变形缝内宜填充泡沫塑料，上部填放衬垫材料，并用卷材封盖，顶部应加扣混凝土盖板或金属盖板(图 6.1.8)。

续表

序 号	项 目	内 容
5	水落口防水	水落口防水构造应符合下列规定: (1)水落口宜采用金属或塑料制品; (2)水落口埋设标高,应考虑水落口设防时增加的附加层和柔性密封层的厚度及排水坡度加大的尺寸; (3)水落口周围直径500mm范围内坡度不应小于5%,并应用防水涂料或密封材料涂封,其厚度不应小于2mm。水落口与基层接触处,应留宽20mm、深20mm凹槽,嵌填密封材料(图6.1.9和图6.1.10)。
6	女儿墙、山墙封顶	女儿墙、山墙可采用现浇混凝土或预制混凝土压顶,也可采用金属制品或合成高分子卷材封顶。
7	反梁过水孔	反梁过水孔构造应符合下列规定: (1)根据排水坡度要求留设反梁过水孔,图纸应注明孔底标高; (2)留置的过水孔高度不应小于150mm,宽度不应小于250mm,采用预埋管道时其管径不得小于75mm; (3)过水孔可采用防水涂料、密封材料防水。预埋管道两端周围与混凝土接触处应留凹槽,并用密封材料封严。
8	伸出屋面管道防水	伸出屋面管道的防水构造应符合下列要求: (1)管道根部直径500mm范围内,找平层应抹出高度不小于30mm的圆台。 (2)管道周围与找平层或细石混凝土防水层之间,应预留20mm×20mm的凹槽,并用密封材料嵌填严密。防水层收头应用金属箍箍紧,并用密封材料封严(图6.1.11) (3)管道根部四周应增设附加层,宽度和高度不应小于300mm。
9	屋面垂直出入口防水	屋面垂直出入口防水层收头,应压在混凝土压顶圈下(图6.1.12);水平出入口防水层收头,应压在混凝土踏步下,防水层的泛水应设护墙(图6.1.13)

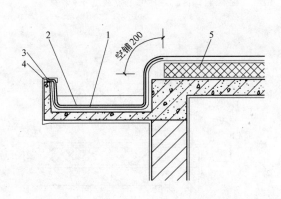

图 6.1.2 屋面檐沟
1—附加层;2—卷材防水层;3—水泥钉;
4—密封材料;5—保温层

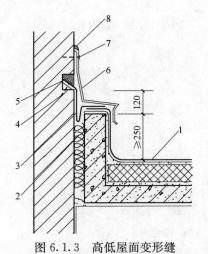

图 6.1.3 高低屋面变形缝
1—卷材防水层;2—泡沫塑料;3—卷材封盖;4—水泥钉;
5—密封材料;6—金属板材或合成高分子卷材;
7—金属压条水泥钉固定;8—密封材料

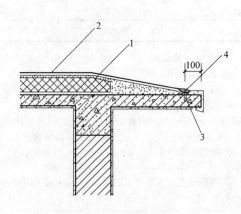

图 6.1.4　屋面檐口

1—保温层；2—卷材防水层；3—水泥钉；
4—密封材料

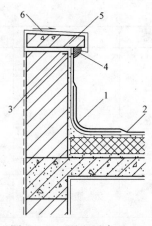

图 6.1.5　屋面泛水（一）

1—附加层；2—卷材防水层；3—金属压条钉子固定；
4—密封材料；5—压顶；6—防水处理

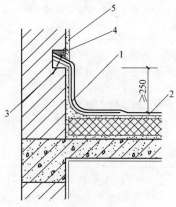

图 6.1.6　屋面泛水（二）

1—附加层；2—卷材防水层；3—水泥钉；
4—密封材料；5—防水处理

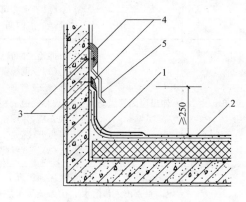

图 6.1.7　屋面泛水（三）

1—附加层；2—卷材防水层；3—水泥钉；
4—密封材料；5—金属板材或高分子卷材

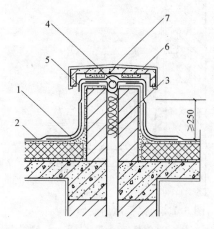

图 6.1.8　屋面变形缝

1—附加层；2—卷材防水层；3—泡沫塑料；4—衬垫
材料；5—卷材封盖；6—水泥砂浆；7—混凝土盖板

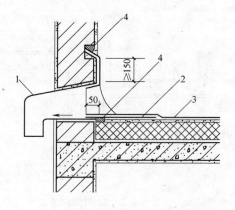

图 6.1.9　屋面水落口（一）

1—水落口；2—附加层；3—卷材防水层；
4—密封材料

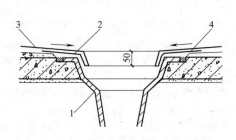

图 6.1.10　屋面水落口（二）

1—水落口；2—附加层；3—卷材防水层；
4—密封材料

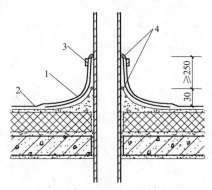

图 6.1.11　伸出屋面管道

1—附加层；2—卷材防水层；3—金属箍；
4—密封材料

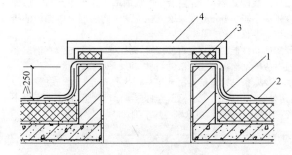

图 6.1.12　屋面垂直出入口

1—附加层；2—卷材防水层；3—混凝土压顶圈；
4—人孔盖

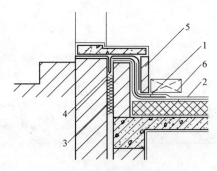

图 6.1.13　屋面水平出入口

1—附加层；2—卷材防水层；3—泡沫塑料；
4—卷材封盖；5—护墙；6—踏步

6.1.3.5　施工要求

1. 沥青防水卷材

沥青防水卷材施工要点，如表 6.1.32 所示。

沥青防水卷材施工要点　　　　　　　　　表 6.1.32

序　号	项　目	内　容
1	沥青玛琋脂配制	配制沥青玛琋脂(以下简称"玛琋脂")应遵守下列规定： (1)玛琋脂的标号，应视使用条件、屋面坡度和当地历年极端最高气温，遵照附录 D.1.1 条选定，其性能符合附录 D.1.2 条的规定。 (2)现场配制玛琋脂的配合比及其软化点和耐热度的关系数据，应由试验部门根据所用原料试配后确定。在施工中按确定的配合比严格配料，每工作班均应检查与玛琋脂耐热度相应的软化点和柔韧性。 (3)热玛琋脂加热温度不应高于 240℃，使用温度不宜低于 190℃，并应经常检查。熬制好的玛琋脂宜在本工作班内用完。当不能用完时应与新熬的材料分批混合使用，必要时还应做性能检验。 (4)冷玛琋脂使用时应搅匀，稠度太大时可加少量溶剂稀释搅匀。
2	粘贴层厚度	(1)采用叠层铺贴沥青防水卷材的粘贴层厚度：热玛琋脂宜为 1～1.5mm，冷玛琋脂宜为 0.5～1mm；面层厚度：热玛琋脂宜为 2～3mm，冷玛琋脂宜为 1～1.5mm。玛琋脂应涂刮均匀，不得过厚或堆积。 (2)铺贴立面或大坡面卷材时，玛琋脂应满涂，并尽量减少卷材短边搭接。

续表

序　号	项　目	内　容
3	卷材收头	水落口、天沟、檐沟、檐口及立面卷材收头等施工应符合下列规定： (1)水落口应牢固地固定在承重结构上。当采用金属制品时,所有零件均应做防锈处理。 (2)天沟、檐沟铺贴卷材应从沟底开始,当沟底过宽、卷材需纵向搭接时,搭接缝应用密封材料封口。 (3)铺至混凝土檐口或立面的卷材收头应裁齐后压入凹槽,并用压条或带垫片钉子固定,最大钉距不应大于900mm,凹槽内用密封材料嵌填封严。
4	卷材铺贴	卷材铺贴应符合下列规定： (1)卷材在铺贴前应保持干燥,其表面的撒布料应预先清扫干净,并避免损伤卷材; (2)在无保温层的装配式屋面上,应沿屋面板的端缝先单边点粘一层卷材,每边的宽度不应小于100mm,或采取其他能增大防水层适应变形的措施,然后再铺贴屋面卷材; (3)选择不同胎体和性能的卷材复合使用时,高性能的卷材应放在面层; (4)铺贴卷材时应随刮涂玛琋脂随滚铺卷材,并展平压实; (5)采用空铺、点粘、条粘第一层卷材或第一层为打孔卷材时,在檐口、屋脊和屋面的转角处及突出屋面的交接处,卷材应满涂玛琋脂,其宽度不得小于800mm。当采用热玛琋脂时,应涂刷冷底子油。
5	卷材保护层	沥青防水卷材保护层的施工应符合下列规定： (1)卷材铺贴经检查合格后,应将防水层表面清扫干净。 (2)用绿豆砂做保护层时,应将清洁的绿豆砂预热至100℃左右,随刮涂热玛琋脂,随铺撒热绿豆砂。绿豆砂应铺撒均匀,并滚压使其与玛琋脂粘结牢固。未粘结的绿豆砂应清除。 (3)用云母或蛭石做保护层时,应先筛去粉料,再随刮涂冷玛琋脂随撒铺云母或蛭石。撒铺应均匀,不得露底,待溶剂基本挥发后,再将多余的云母或蛭石清除。 (4)用水泥砂浆做保护层时,表面应抹平压光,并应设表面分格缝,分格面积宜为1m²。 (5)用块体材料做保护层时,宜留设分格缝,其纵横间距不宜大于10m,分格缝宽度不宜小于20mm。 (6)用细石混凝土做保护层时,混凝土应振捣密实,表面抹平压光,并应留设分格缝,其纵横缝间距不宜大于6m。 (7)水泥砂浆、块体材料或细石混凝土保护层与防水层之间应设置隔离层。 (8)水泥砂浆、块体材料或细石混凝土保护层与女儿墙之间应预留宽度为30mm的缝隙,并用密封材料嵌填严密。
6	环境气候	沥青防水卷材严禁在雨天、雪天施工,五级风及其以上时不得施工,环境气温低于5℃时不宜施工。 施工中途下雨时,应做好已铺卷材周边的防护工作

2. 高聚物改性沥青防水卷材

高聚物改性沥青防水卷材施工要点，如表6.1.33所示。

高聚物改性沥青防水卷材施工要点　　　　表 6.1.33

序　号	项　目	内　容
1	一般规定	(1)水落口、天沟、檐口及立面卷材收头等施工,应符合表 6.1.32 中序号 3 的规定。 (2)立面或大坡面铺贴高聚物改性沥青防水卷材时,应采用满粘法,并宜减少短边搭接。
2	冷粘法	冷粘法铺贴卷材应符合下列规定: (1)胶粘剂涂刷应均匀,不露底。不堆积。卷材空铺、点粘、条粘时,应按规定的位置及面积涂刷胶粘剂。 (2)根据胶粘剂的性能,应控制胶粘剂涂刷与卷材铺贴的间隔时间。 (3)铺贴卷材时应排除卷材下面的空气,并辊压粘贴牢固。 (4)铺贴卷材时应平整顺直,搭接尺寸准确,不得扭曲、皱折。搭接部位的接缝应满涂胶粘剂,辊压粘贴牢固。 (5)搭接缝口应用材性相容的密封材料封严。
3	热粘法	热粘法铺贴卷材应符合下列规定: (1)熔化热熔型改性沥青胶时,宜采用专用的导热油炉加热,加热温度不应高于 200℃,使用温度不应低于正常 180℃; (2)粘贴卷材的热熔改性沥青胶厚度不宜为 1～1.5mm; (3)铺贴卷材时,应随刮涂热熔改性沥青胶随滚铺卷材,并展平压实。
4	热熔法	热熔法铺贴卷材应符合下列规定: (1)火焰加热器的喷嘴距卷材面的距离应适中,幅宽内加热应均匀,以卷材表面熔融至光亮黑色为度,不得过分加热卷材。厚度小于 3mm 的高聚物改性沥青防水卷材,严禁采用热熔法施工。 (2)卷材表面热熔后应立即滚铺卷材,滚铺时应排除卷材下面的空气,使之平展粘贴牢固。 (3)搭接缝部位宜以溢出热熔的改性沥青为度,溢出的改性沥青宽度以 2mm 左右并均匀顺直为宜。当接缝处的卷材有铝箔或矿物粒(片)料时,应清除干净后再进行热熔和接缝处理。 (4)铺贴卷材时应平整顺直,搭接尺寸准确,不得扭曲。 (5)采用条粘法时,每幅卷材与基层粘结面不应少于两条,每条宽度不应小于 150mm。
5	自粘法	自粘法铺贴卷材应符合下列规定: (1)铺粘卷材前,基层表面应均匀涂刷基层处理剂,干燥后及时铺贴卷材。 (2)铺贴卷材时应将自粘胶底面的隔离纸完全撕净。 (3)铺贴卷材时应排除卷材下面的空气,并辊压粘贴牢固。 (4)铺贴的卷材应平整顺直,搭接尺寸准确,不得扭曲、皱折。低温施工时,立面、大坡面及搭接部位宜采用热风机加热,加热后随即粘贴牢固。 (5)搭接缝口应采用材性相容的密封材料封严。
6	保护层	高聚物改性沥青防水卷材保护层的施工应符合下列规定: (1)采用浅色涂料做保护层时,应待卷材铺贴完成,并经检验合格、清扫干净后涂刷。涂层应与卷材粘结牢固,厚薄均匀,不得漏涂。 (2)采用水泥砂浆、块体材料或细石混凝土做保护层时,应符合表 6.1.32 序号 5 中(4)款至(8)款的规定。

序　号	项　目	内　容
7	环境气候	高聚物改性沥青防水卷材,严禁在雨天、雪天施工;五级风及其以上时不得施工;环境气温低于5℃时不宜施工。 施工中途下雨、下雪,应做好已铺卷材周边的防护工作。 注:热熔法施工环境不宜低于-10℃

3. 合成高分子防水卷材

合成高分子防水卷材施工要点,如表6.1.34所示。

合成高分子防水卷材施工要点　　　　　　　　　表 6.1.34

序　号	项　目	内　容
1	一般规定	(1)水落口、天沟、檐沟、檐口及立面卷材收头等施工,应符合表6.1.32序号3的规定。 (2)立面或大坡面铺贴合成高分子防水卷材时,应符合表6.1.33序号1中(2)的规定。
2	冷粘法	冷粘法铺贴卷材应符合下列规定: (1)基层胶粘剂可涂刷在基层或涂刷在基层和卷材底面,涂刷应均匀,不露底,不堆积。卷材空铺、点粘、条粘时,应按规定的位置及面积涂刷胶粘剂。 (2)根据胶粘剂的性能,应控制胶粘剂涂刷与卷材铺贴的间隔时间。 (3)铺贴卷材不得皱折,也不得用力拉伸卷材,并应排除卷材下面的空气,辊压粘贴牢固。 (4)铺贴的卷材应平整顺直,搭接尺寸准确,不得扭曲。 (5)卷材铺好压粘后,应将搭接部位的粘合面清理干净,并采用与卷材配套的接缝专用胶粘剂,在搭接缝粘合面上涂刷均匀,不露底,不堆积。根据专用胶粘剂性能,应控制胶粘剂涂刷与粘合间隔时间,并排除缝间的空气,辊压粘贴牢固。 (6)搭接口应采用材性相容的密封材料封严。 (7)卷材搭接部位采用胶粘带粘结时,粘合面应清理干净,必要时可涂刷与卷材及胶粘带材性相容的基层胶粘剂,撕去胶粘带隔离纸后应及时粘合上层卷材,并辊压粘牢。低温施工时,宜采用热风机加热,使其粘贴牢固、封闭严密。
3	自粘法	自粘法铺贴卷材应符合表6.1.33序号5的规定。
4	其他方法	焊接法和机械固定法铺设卷材应符合下列规定: (1)对热塑性卷材的搭接缝宜采用单缝焊或双缝焊,焊接应严密; (2)焊接前,卷材应铺放平整、顺直,搭接尺寸准确,焊接缝的结合面应清扫干净; (3)应先焊长边搭接缝,后焊短边搭接缝; (4)卷材采用机械固定时,固定件应与结构层固定牢固,固定件间距应根据当地的使用环境与条件确定,并不宜大于600mm。距周边800mm范围内的卷材应满粘。
5	保护层	合成高分子防水卷材保护层的施工,应符合表6.1.33序号6的有关规定。
6	环境气候	合成高分子防水卷材,严禁在雨天、雪天施工;五级风及其以上时不得施工;环境气温低于5℃时不宜施工。 施工中途下雨、下雪,应做好已铺卷材周边的防护工作。 注:焊接法施工环境气温不宜低于-10℃

6.1.4　涂膜防水屋面

涂膜防水屋面是在屋面基层上涂刷防水涂料，经固化后形成一层有一定厚度和弹性的整体涂膜，从而达到防水目的的一种防水屋面形式。涂膜防水屋面的典型构造层次如图6.1.14所示。具体施工有哪些层次，根据设计要求确定。

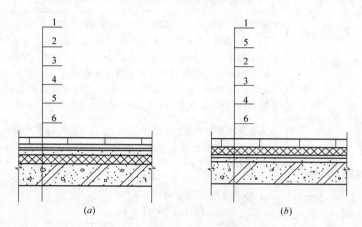

图 6.1.14　涂膜防水屋面构造

(a) 正置式涂膜屋面；(b) 倒置式涂膜屋面

1—保护层；2—涂膜防水层；3—基层处理剂；4—找平层；5—保温层；6—结构层

6.1.4.1　一般规定

涂膜防水屋面工程的一般规定，如表6.1.35所示。

一 般 规 定　　　　　　　　　　　　　表 6.1.35

序　号	项　目	内　容
1	适用范围	涂膜防水屋面主要适用于防水等级(表6.1.2)为Ⅲ级、Ⅳ级的屋面防水,也可用作Ⅰ级、Ⅱ级屋面多道防水设防中的一道防水层。
2	基层处理	对基层的要求应符合表6.1.15中序号2~序号4的有关规定。
3	涂布要求	防水涂膜应分遍涂布,待先涂布的涂料干燥成膜后,方可涂布后一遍涂料,且前后两遍涂料的涂布方向应相互垂直。
4	增强措施	(1)需铺设胎体增强材料时,当屋面坡度小于15%,可平行屋脊铺设;当屋面坡度大于15%,应垂直屋脊铺设,并由屋面最低处向上进行。 (2)胎体增强材料长边搭接宽度不得小于50mm,短边搭接宽度不得小于70mm,采用二层胎体增强材料时,上下层不得垂直铺设,搭接缝应错开,其间距不应小于宽度的1/3。
5	涂膜收头	涂膜防水层的收头,应用防水涂料多遍涂刷或用密封材料封严。
6	成品保护	涂膜防水层在未做保护层前,不得在防水层上进行其他施工作业或直接堆放物品。

6.1.4.2　材料要求

涂膜防水屋面工程的材料要求，如表6.1.36所示。

材料要求   表 6.1.36

序号	项目	内容
1	质量要求	(1)高聚物改性沥青防水涂料的质量应符合表 6.1.37 的要求。 (2)合成高分子防水涂料的质量应符合表 6.1.38 和表 6.1.39 的要求。 (3)聚合物水泥防水涂料的质量应符合表 6.1.40 的要求。 (4)胎体增强材料的质量应符合表 6.1.41 的要求。
2	抽样复验	进场的防水涂料和胎体增强材料抽样复验应符合下列规定： (1)同一规格、品种的防水涂料，每 10t 为一批，不足 10t 者按一批进行抽样。胎体增强材料，每 3000m² 为一批，不足 3000m² 者按一批进行抽样。 (2)防水涂料和胎体增强材料的物理性能检验，全部指标达到标准规定时，即为合格。其中若有一项指标达不到要求，允许在受检产品中加倍取样进行该项复检，复检结果如仍不合格，则判定该产品为不合格。
3	物理性能检验	进场的防水涂料和胎体增强材料物理性能应检验下列项目： (1)高聚物改性沥青防水涂料：固体含量，耐热性，低温柔性，不透水性，延伸性或抗裂性； (2)合成高分子防水涂料和聚合物水泥防水涂料：拉伸强度，断裂伸长率，低温柔性，不透水性，固体含量； (3)胎体增强材料：拉力和延伸率。
4	材料的贮运和保管	防水涂料和胎体增强材料的贮运、保管应符合下列规定： (1)防水涂料包装容器必须密封，容器表面应标明涂料名称、生产厂名、执行标准号、生产日期和产品有效期，并分类存放。 (2)反应型和水乳型涂料贮运和保管环境温度不宜低于 5℃。 (3)溶剂型涂料贮运和保管环境温度不宜低于 0℃，并不得日晒、碰撞和渗漏；保管环境应干燥、通风，并远离火源。仓库内应有消防设施。 (4)胎体增强材料贮运、保管环境应干燥、通风，并远离火源

高聚物改性沥青防水涂料质量要求   表 6.1.37

项目		质量要求	
		水乳型	溶剂型
固体含量(%)		≥43	≥48
耐热性(80℃,5h)		无流淌、起泡、滑动	
低温柔性(℃,2h)		—10,绕 φ20mm 圆棒无裂纹	—15,绕 φ10mm 圆棒无裂纹
不透水性	压力(MPa)	≥0.1	≥0.2
	保持时间(min)	≥30	≥30
延伸性(mm)		≥4.5	—
抗裂性(mm)		—	基层裂缝 0.3mm,涂膜无裂纹

合成高分子防水涂料（反应固化型）质量要求   表 6.1.38

项目	质量要求	
	Ⅰ类	Ⅱ类
拉伸强度(MPa)	≥1.9(单、多组分)	≥2.45(单、多组分)
断裂伸长率(%)	≥550(单组分) ≥450(多组分)	≥450(单、多组分)

项　目		质 量 要 求	
		Ⅰ类	Ⅱ类
低温柔性(℃,2h)		−40(单组分),−35(多组分),弯折无裂纹	
不透水性	压力(MPa)	≥0.3(单、多组分)	
	保持时间(min)	≥30(单、多组分)	
固体含量(%)		≥80(单组分),≥92(多组分)	

注：产品按拉伸性能分为Ⅰ、Ⅱ两类。

合成高分子防水涂料（挥发固化型）质量要求　表 6.1.39

项　目		质 量 要 求
位伸强度(MPa)		≥1.5
断裂伸长率(%)		≥300
低温柔性(℃,2h)		−20,绕 φ10mm 圆棒无裂纹
不透水性	压力(MPa)	≥0.3
	保持时间(min)	≥30
固体含量(%)		≥65

聚合物水泥防水涂料质量要求　表 6.1.40

项　目		质 量 要 求
固体含量(%)		≥65
拉伸强度(MPa)		≥1.2
断裂伸长率(%)		≥200
低温柔性(℃,2h)		−10,绕 φ10mm 圆棒无裂纹
不透水性	压力(MPa)	≥0.3
	保持时间(min)	≥30

胎体增强材料质量要求　表 6.1.41

项　目		质 量 要 求		
		Ⅰ	Ⅱ	Ⅲ
外观		均匀,无团状,平整无折皱		
拉力(N/50mm)	纵向	≥150	≥45	≥90
	横向	≥100	≥35	≥50
延伸率(%)	纵向	≥10	≥20	≥3
	横向	≥20	≥25	≥3

注：Ⅰ类为聚酯无纺布；Ⅱ类为化纤无纺布；Ⅲ类为玻璃纤维网格布。

6.1.4.3　设计要点
涂膜防水屋面工程设计要点，如表 6.1.42 所示。

6.1.4.4　细部构造
涂膜防水屋面工程的细部构造，如表 6.1.44 所示。

设 计 要 点　　　　　　　　　　　　　　　表 6.1.42

序　号	项　目	内　容
1	涂料品种选择	防水涂料品种选择应符合下列规定： 　(1)根据当地历年最高气温、最低气温、屋面坡度和使用条件等因素,应选择耐热性和低温柔性相适应的涂料； 　(2)根据地基变形程度、结构形式、当地年温差、日温差和振动等因素,应选择拉伸性能相适应的涂料； 　(3)根据屋面防水涂膜的暴露程度,应选择耐紫外线、热老化保持率相适应的涂料； 　(4)屋面排水坡度大于 25% 时,不宜采用干燥成膜时间过长的涂料。
2	涂膜防水厚度	每道涂膜防水层厚度选用应符合表 6.1.43 的规定。
3	胎体增强	(1)按屋面防水等级和设防要求选择防水涂料。对易开裂、渗水的部位,应留凹槽嵌填密封材料,并增设一层或多层带有胎体增强材料的附加层。 (2)涂膜防水层应沿找平层分格缝增设带有胎体增强材料的空铺附加层,其空铺宽度宜为 100mm。
4	设置保护层	涂膜防水屋面应设置保护层。保护层材料可采用细砂、云母、蛭石、淡色涂料、水泥砂浆、块体材料或细石混凝土等。采用水泥砂浆、块体材料或细石混凝土时,应在涂膜与保护层之间设置隔离层。水泥砂浆保护层厚度不宜小于 20mm

涂膜厚度选用表　　　　　　　　　　　　　　　表 6.1.43

屋面防水等级	设防道数	高聚物改性沥青防水涂料	合成高分子防水涂料和聚合物水泥防水涂料
Ⅰ级	三道或三道以上设防	—	不应小于 1.5mm
Ⅱ级	二道设防	不应小于 3mm	不应小于 1.5mm
Ⅲ级	一道设防	不应小于 3mm	不应小于 2mm
Ⅳ级	一道设防	不应小于 2mm	—

细 部 构 造　　　　　　　　　　　　　　　表 6.1.44

序　号	项　目	内　容
1	天沟、檐沟防水	天沟、檐沟与屋面交接处的附加层宜空铺,空铺宽度不应小于 200mm(图 6.1.15)。
2	排水檐口	无组织排水檐口的涂膜防水层收头,应用防水涂料多遍涂刷或用密封材料封严(图 6.1.16)。檐口下端应做滴水处理。
3	泛水防水	泛水处的涂膜防水层,宜直接涂刷至女儿墙的压顶下,收头处理应用防水涂料多遍涂刷封严；压顶应做防水处理(图 6.1.17)。
4	变形缝防水	变形缝内应填充泡沫塑料或沥青麻丝,其上放衬垫材料,并用卷材封盖；顶部应加扣混凝土盖板或金属盖板(图 6.1.18)。
5	水落口	水落口防水构造应符合表 6.1.31 序号 5 的规定。
6	伸出屋面防水,垂直出入口	伸出屋面管道、垂直和水平出入口等处的防水构造,应符合表 6.1.31 中序号 8 和序号 9 的规定

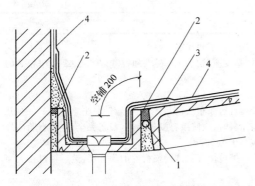

图 6.1.15 屋面天沟、檐沟

1—背衬材料；2—密封材料；3—有胎体增强材料的
附加层；4—涂膜防水层

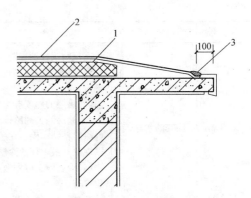

图 6.1.16 屋面檐口

1—保温层；2—涂膜防水层；3—密封材料

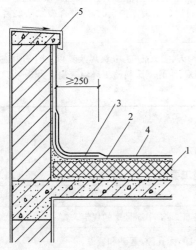

图 6.1.17 屋面泛水

1—保温层；2—找平层；3—有胎体增强材料的
附加层；4—涂膜防水层；5—防水处理

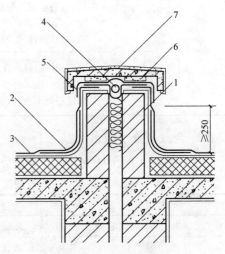

图 6.1.18 屋面变形缝

1—泡沫塑料；2—有胎体增强材料的附加层；
3—涂膜防水层；4—衬垫材料；5—卷材封盖；
6—水泥砂浆；7—混凝土盖板

6.1.4.5 施工要求

1. 高聚物改性沥青防水涂膜

高聚物改性沥青防水涂膜施工要点，如表 6.1.45 所示。

高聚物改性沥青防水涂膜施工要点 　　　　表 6.1.45

序 号	项 目	内 容
1	板缝处理	屋面板缝处理应符合下列规定： (1)板缝应清理干净，细石混凝土应浇捣密实，板端缝中嵌填的密封材料应粘结牢固、封闭严密。无保温层屋面的板端缝和侧缝应预留凹槽，并嵌填密封材料。 (2)抹找平层时，分格缝应与板端缝对齐、顺直，并嵌填密封材料。 (3)涂膜施工时，板端缝部位空铺附加层的宽度宜为100mm。
2	基层处理	(1)屋面基层的干燥程度，应视所选用的涂料特性而定。当采用溶剂型、热熔型改性沥青防水涂料时，屋面基层应干燥、干净。 (2)基层处理剂应配比准确，充分搅拌，涂刷均匀，覆盖完全，干燥后方可进行涂膜施工。

续表

序号	项目	内容
3	涂膜防水施工	高聚物改性沥青防水涂膜施工应符合下列规定： (1)防水涂膜应多遍涂布，其总厚度应达到设计要求和遵守表 6.1.42 中序号 2 的规定。 (2)涂层的厚度应均匀，且表面平整。 (3)涂层间夹铺胎体增强材料时，宜边涂布边铺胎体，胎体应贴平整，排除气泡，并与涂料粘结牢固。在胎体上涂布涂料时，应使涂料浸透胎体，覆盖完全，不得有胎体外露现象。最上面的涂层厚度不应小于 1.0mm。 (4)涂膜施工应先做好节点处理，铺设带有胎体增强材料的附加层，然后再进行大面积涂布。 (5)屋面转角及立面的涂膜应薄涂多遍，不得有流淌和堆积现象。
4	保护层施工	当采用细砂、云母或蛭石等撒布材料做保护层时，应筛去粉料。在涂布最后一遍涂料时，应边涂布边撒布均匀，不得露底，然后进行辊压粘牢，待干燥后将多余的撒布材料清除。当采用水泥砂浆、块体材料或细石混凝土做保护层时，应符合表 6.1.32 中序号 5 之(4)款至(8)款的规定。
5	环境气候	高聚物改性沥青防水涂膜，严禁在雨天、雪天施工；五级风及其以上时不得施工。溶剂型涂料施工环境气温宜为 −5～35℃；水乳型涂料施工环境气温宜为 5～35℃；热熔型涂料施工环境气温不宜低于 −10℃

2. 合成高分子防水涂膜

合成高分子防水涂膜施工要点，如表 6.1.46 所示。

合成高分子防水涂膜施工要点   表 6.1.46

序号	项目	内容
1	板缝处理	屋面板缝处理应符合表 6.1.45 中序号 1 的规定。
2	基层处理	(1)屋面基层应干燥、干净，无孔隙、起砂和裂缝。 (2)基层处理剂施工应符合表 6.1.45 中序号 2 的规定。
3	涂膜防水施工	合成高分子防水涂膜施工，除应符合表 6.1.45 中序号 3 的规定外，尚应符合下列要求： (1)可采用涂刮或喷涂施工。当采用涂刮施工时，每遍涂刮的推进方向宜与前一遍相互垂直。 (2)多组分涂料应按配合比准确计量，搅拌均匀，已配成的多组分涂料应及时使用。配料时，可加入适量的缓凝剂或促凝剂来调节固化时间，但不得混入已固化的涂料。 (3)在涂层间夹铺胎体增强材料时，位于胎体下面的涂层厚度不宜小于 1mm，最上层的涂层不应少于两遍，其厚度不应小于 0.5mm。
4	保护层设置	当采用浅色涂料做保护层时，应在涂膜固化后进行；当采用水泥砂浆、块体材料或细石混凝土做保护层时，应符合表 6.1.32 中序号 5 之(4)款至(8)款的规定。
5	环境气候	合成高分子防水涂膜，严禁在雨天、雪天施工；五级风及其以上时不得施工。溶剂型涂料施工环境气温宜为 −5～35℃；乳胶型涂料施工环境气温宜为 5～35℃；反应型涂料施工环境气温宜为 5～35℃

3. 聚合物水泥防水涂膜

聚合物水泥防水涂膜施工要点，如表 6.1.47 所示。

聚合物水泥防水涂膜施工要点 表 6.1.47

序 号	内 容
1	屋面基层应平整、干净，无孔隙、起砂和裂缝。
2	屋面板缝处理应符合表 6.1.45 中序号 1 的规定。
3	基层处理剂施工应符合表 6.1.45 中序号 2 的规定。
4	聚合物水泥防水涂膜施工，除应符合表 6.1.45 中序号 3 的规定外，尚应有专人配料、计量，搅拌均匀，不得混入已固化或结块的涂料。
5	当采用淡色涂料做保护层时，应待涂膜干燥后进行；当采用水泥砂浆、块体材料或细石混凝土做保护层时，应符合表 6.1.32 中序号 5 之(4)款至(8)款的规定。
6	聚合物水泥防水涂膜，严禁在雨天和雪天施工；五级风及其以上时不得施工；聚合物水泥防水涂膜的施工环境气温宜为 5～35℃

6.1.5 刚性防水屋面

刚性防水屋面是指利用刚性防水材料作防水层的屋面。刚性防水屋面的典型构造层次如图 6.1.19 所示。具体施工有哪些层次由设计确定。

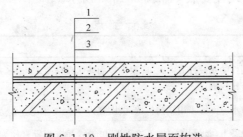

图 6.1.19 刚性防水屋面构造

1—刚性防水层；2—隔离层；3—结构层

6.1.5.1 一般规定

刚性防水屋面的一般规定，如表 6.1.48 所示。

一般规定 表 6.1.48

序 号	内 容
1	刚性防水屋面主要适用于防水等级为Ⅲ级的屋面防水，也可用作Ⅰ、Ⅱ级屋面多道防水设防中的一道防水层；刚性防水层不适用于受较大振动或冲击的建筑屋面。
2	屋面板缝处理应符合表 6.1.3 序号 1 的规定。
3	刚性防水层与山墙、女儿墙以及突出屋面结构的交接处应留缝隙，并应做柔性密封处理。
4	细石混凝土防水层与基层间宜设置隔离层。
5	防水层的细石混凝土宜掺外加剂(膨胀剂、减水剂、防水剂)以及掺合料、钢纤维等材料，并应用机械搅拌和机械振捣。
6	刚性防水层应设置分格缝，分格缝内应嵌填密封材料。
7	天沟、檐沟应用水泥砂浆找坡，找坡厚度大于 20mm 时宜采用细石混凝土。
8	刚性防水层内严禁埋设管线。
9	刚性防水层施工环境气温宜为 5～35℃，并应避免在负温度或烈日暴晒下施工

6.1.5.2 材料要求

刚性防水屋面工程的材料要求，如表 6.1.49 所示。

材料要求　　　　　　　　　　　　　表 6.1.49

序　号	内　容
1	防水层的细石混凝土宜用普通硅酸盐水泥或硅酸盐水泥，不得使用火山灰质硅酸盐水泥；当采用矿渣硅酸盐水泥时，应采取减少泌水性的措施。
2	防水层内配置的钢筋宜采用冷拔低碳钢丝。
3	防水层的细石混凝土中，粗骨料的最大粒径不宜大于 15mm，含泥量不应大于 1%；细骨料应采用中砂或粗砂，含泥量不应大于 2%。
4	防水层细石混凝土使用的外加剂，应根据不同品种的适用范围、技术要求选择。
5	水泥贮存时应防止受潮，存放期不得超过三个月。当超过存放期限时，应重新检验确定水泥强度等级。受潮结块的水泥不得使用。
6	外加剂应分类保管、不得混杂，并应存放于阴凉、通风、干燥处。运输时应避免雨淋、日晒和受潮

6.1.5.3 设计要点

刚性防水屋面工程的设计要点，如表 6.1.50 所示。

设计要点　　　　　　　　　　　　　表 6.1.50

序　号	内　容
1	选择刚性防水设计方案时，应根据屋面防水设防要求、地区条件和建筑结构特点等因素，经技术经济比较确定。
2	刚性防水屋面应采用结构找坡，坡度宜为 2%~3%。
3	细石混凝土防水层的厚度不应小于 40mm，并应配置直径为 4~6mm、间距为 100~200mm 的双向钢筋网片；钢筋网片在分格缝处应断开，其保护层厚度不应小于 10mm。
4	防水层的分格缝应设在屋面板的支承端、屋面转折处、防水层与突出屋面结构的交接处，并应与板缝对齐。 普通细石混凝土和补偿收缩混凝土防水层的分格缝，其纵横间距不宜大于 6m。
5	补偿收缩混凝土的自由膨胀率应为 0.05%~0.1%

6.1.5.4 细部构造

刚性防水屋面工程的细部构造，如表 6.1.51 所示。

细部构造　　　　　　　　　　　　　表 6.1.51

序　号	项　目	内　容
1	分格缝	普通细石混凝土和补偿收缩混凝土防水层，分格缝的宽度宜为 5~30mm，分格缝内应嵌填密封材料，上部应设置保护层(图 6.1.20)。
2	泛水防水	(1)刚性防水层与山墙、女儿墙交接处应留宽度为 30mm 的空隙，并应用密封材料嵌填；泛水处应铺设卷材或涂膜附加层(如图 6.1.21)。 (2)女儿墙或高低墙间的交接处细石混凝土防水层一般上翻 120mm，与墙体之间放置纤维材料隔离(图 6.1.22，图 6.1.23，图 6.1.24)。

续表

序 号	项 目	内 容
3	泛水收头	女儿墙或高低墙间的泛水收头方法： (1)用水泥钉固定，密封材料封严，如图 6.1.22。 (2)墙体预埋防腐木砖外钉防腐木条，固定铁皮，泛水收头上方墙体挑出 1/4，砖下方抹出鹰嘴(如图 6.1.23)。 (3)刚性防水层上方与墙面的交接处用密封材料封严(图 6.1.24)。
4	变形缝防水	刚性防水层与变形缝两侧墙体交接处应留宽度为 30mm 的缝隙，并应用密封材料嵌填；泛水处应铺设卷材或涂膜附加层；变形缝中应填充泡沫塑料，其上填放衬垫材料，并应用卷材封盖，顶部应加扣混凝土盖板或金属盖板(图 6.1.25)。
5	水落口防水	水落口防水构造应符合表 6.1.31 序号 5 和图 6.1.26 要求。
6	出屋面管道防水	伸出屋面管道与刚性防水层交接处应留设缝隙，用密封材料嵌填，并应加设卷材或涂膜附加层；收头处应固定密封(图 6.1.27)

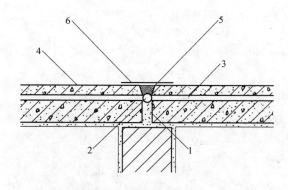

图 6.1.20 屋面分格缝

1—细石混凝土；2—背衬材料；3—隔离层；
4—刚性防水层；5—密封材料；6—保护层

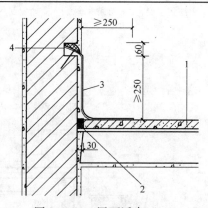

图 6.1.21 屋面泛水 (一)

1—刚性防水层；2—密封材料；3—卷材或涂膜；
4—水泥钉固定密封材料封严

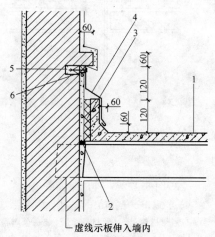

图 6.1.22 屋面泛水 (二)

1—刚性防水层；2—油膏或密封材料，嵌缝；
3—聚苯乙烯板；4—0.7 厚镀锌薄钢板泛水；
5—防腐木砖 120×90×60 中距 1000；
6—防腐木条 50×30 通长

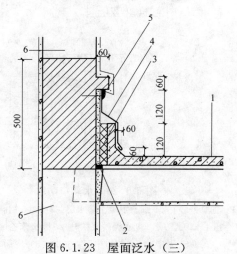

图 6.1.23 屋面泛水 (三)

1—刚性防水层；2—油膏或密封材料嵌缝；
3—聚苯乙烯板；4—0.7 厚镀锌薄钢板泛水；
5—水泥钉固定密封材料封严；6—炉渣空心砖

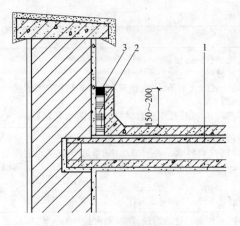

图 6.1.24　屋面泛水（四）

1—刚性防水层；2—沥青木丝板；3—密封材料

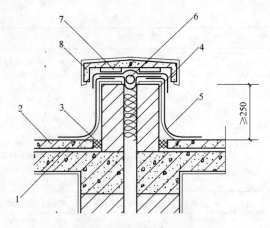

图 6.1.25　屋面变形缝

1—隔离层；2—刚性防水层；3—密封材料；

4—泡沫塑料；5—卷材或涂膜；6—衬垫

材料；7—水泥砂浆；8—混凝土盖板

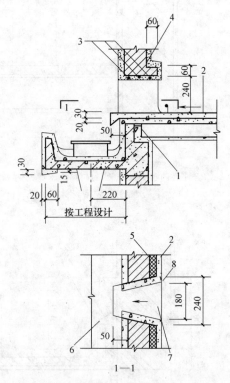

图 6.1.26　水落口防水

1—油膏嵌缝；2—细石混凝土防水层；3—3Φ6 钢筋 $L=500$；

4—20 厚 1∶2.5 水泥砂浆；5—20 厚聚苯乙烯板；

6—檐沟；7—洞口中距≥3000；8—屋面

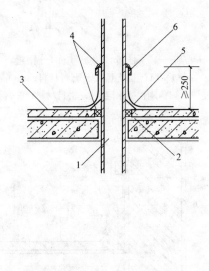

图 6.1.27　伸出屋面管道

1—管道；2—隔离层；3—刚性防水层；

4—密封材料；5—卷材或涂膜；6—金属箍

6.1.5.5　施工要求

1. 普通细石混凝土防水层

普通细石混凝土防水层施工要求，如表 6.1.52 所示。

普通细石混凝土防水层施工要求 表 6.1.52

序　号	内　容
1	混凝土水灰比不应大于 0.55,每立方米混凝土的水泥和掺合料用量不应小于 330kg,砂率宜为 35%～40%,灰砂比宜为 1∶2～1∶2.5。
2	细石混凝土防水层中的钢筋网片,施工时应放置在混凝土中的上部。
3	分格条安装位置应准确,起条时不得损坏分格缝处的混凝土;当采用切割法施工时,分格缝的切割深度宜为防水层厚度的 3/4。
4	普通细石混凝土中掺入减水剂、防水剂时,应准确计量、投料顺序得当、搅拌均匀。
5	混凝土搅拌时间不应小于 2min,混凝土运输过程中应防止漏浆和离析;每个分格板块的混凝土应一次浇筑完成,不得留施工缝;抹压时不得在表面洒水、加水泥浆或撒干水泥,混凝土收水后应进行二次压光。
6	防水层的节点施工应符合设计要求。预留孔洞各预埋件位置应准确;安装管件后,其周围应按设计要求嵌填密实。
7	混凝土浇筑后应及时进行养护,养护时间不宜少于 14d;养护初期屋面不得上人

2. 补偿收缩混凝土防水层

补偿收缩混凝土防水层施工要求,如表 6.1.53 所示。

补偿收缩混凝土防水层施工要求 表 6.1.53

序　号	内　容
1	补偿收缩混凝土的水灰比、每立方米混凝土水泥最小用量、含砂率和灰砂比,应符合表 6.1.52 中序号 1 的规定。分格缝和节点施工,应符合表 6.1.52 中序号 3 和 6 的规定。
2	用膨胀剂拌制补偿收缩混凝土时,应按配合比准确计量;搅拌投料时膨胀剂应与水泥同时加入,混凝土搅拌时间不应少于 3min。
3	每个分格板块的混凝土应一次浇筑完成,不得留施工缝;抹压时不得在表面洒水、加水泥浆或撒干水泥,混凝土收水后应进行二次压光。
4	补偿收缩混凝土防水层的养护,应符合表 6.1.52 中序号 7 的规定

3. 钢纤维混凝土防水层

钢纤维混凝土防水层施工要求,如表 6.1.54 所示。

钢纤维混凝土防水层施工要求 表 6.1.54

序　号	内　容
1	钢纤维混凝土的水灰比宜为 0.45～0.50;砂率宜为 40%～50%;每立方米混凝土的水泥和掺合料用量宜为 360～400kg;混凝土中的钢纤维体积率宜为 0.8%～1.2%。
2	钢纤维混凝土宜采用普通硅酸盐水泥或硅酸盐水泥。粗骨料的最大粒径宜为 15mm,且不大于钢纤维长度的 2/3;细骨料宜采用中粗砂。
3	钢纤维的长度宜为 25～50mm,直径宜为 0.3～0.8mm,长径比宜为 40～100。钢纤维表面不得有油污或其他妨碍钢纤维与水泥浆粘结的杂质,钢纤维内的粘连团片、表面锈蚀及杂质等不应超过钢纤维质量的 1%。
4	钢纤维混凝土的配合比应经试验确定,其称量偏差不得超过以下规定: 钢纤维 ±2%; 水泥或掺合料 ±2%; 粗、细骨料 ±3%; 水 ±2%; 外加剂 ±2%。

续表

序　号	内　容
5	（1）钢纤维混凝土宜采用强制式搅拌机搅拌，当钢纤维体积率较高或拌合物稠度较大时，一次搅拌量不宜大于额定搅拌量的80%。搅拌时宜先将钢纤维、水泥、粗细骨料干拌1.5min，再加入水湿拌，也可采用在混合料拌合过程中加入钢纤维拌合的方法。搅拌时间应比普通混凝土延长1～2min。 （2）钢纤维混凝土拌合物应拌合均匀，颜色一致，不得有离析、泌水、钢纤维结团现象。
6	（1）钢纤维混凝土拌合物，从搅拌机卸出到浇筑完毕的时间不宜超过30min；运输过程中应避免拌合物离析，如产生离析或坍落度损失，可加入原水灰比的水泥浆进行二次搅拌，严禁直接加水搅拌。 （2）浇筑钢纤维混凝土时，应保证钢纤维分布的均匀性和连续性，并用机械振捣密实。每个分格板块的混凝土应一次浇筑完成，不得留施工缝。 （3）钢纤维混凝土振捣后，应先将混凝土表面抹平，待收水后再进行二次压光，混凝土表面不得有钢纤维露出。
7	钢纤维混凝土防水层应设分格缝，其纵横间距不宜大于10m，分格缝内应用密封材料嵌填密实。
8	钢纤维混凝土防水层的养护，应符合表6.1.52中序号7的规定

6.1.6　屋面接缝密封防水

6.1.6.1　一般规定

屋面接缝密封防水的一般规定，如表6.1.55所示。

一般规定 表6.1.55

序　号	内　容
1	屋面接缝密封防水适用于屋面防水工程的密封处理，并与刚性防水屋面、卷材防水屋面、涂膜防水屋面等配套使用。
2	密封防水部位的基层应符合下列要求： （1）基层应牢固，表面应平整、密实，不得有裂缝、蜂窝、麻面、起皮和起砂现象； （2）嵌填密封材料前，基层应干净、干燥。
3	对嵌填完毕的密封材料，应避免碰损及污染；固化前不得踩踏

6.1.6.2　材料要求

屋面接缝密封防水的材料要求，如表6.1.56所示。

材料要求 表6.1.56

序　号	内　容
1	采用的背衬材料应能适应基层的膨胀和收缩，具有施工时不变形、复原率高和耐久性好等性能。
2	背衬材料的品种有聚乙烯泡沫塑料棒、橡胶泡沫棒等。
3	采用的密封材料应具有弹塑性、粘结性、施工性、耐候性、水密性、气密性和位移性。
4	改性石油沥青密封材料的物理性能应符合表6.1.57的要求。
5	合成高分子密封材料的物理性能应符合表6.1.58的要求。
6	密封材料的贮运、保管应符合下列规定： （1）密封材料的贮运、保管应避开火源、热源，避免日晒、雨淋，防止碰撞，保持包装完好无损； （2）密封材料应分类贮放在通风、阴凉的室内，环境温度不应高于50℃。

续表

序　号	内　容
7	进场的改性石油沥青密封材料抽样复验应符合下列规定： (1)同一规格、品种的材料应每2t为一批，不足2t者按一批进行抽样； (2)改性石油沥青密封材料物理性能，应检验耐热度、低温柔性、拉伸粘结性和施工度。
8	进场的合成高分子密封材料抽样复验应符合下列规定： (1)同一规格、品种的材料应每1t为一批，不足1t者按一批进行抽样； (2)合成高分子密封材料物理性能，应检验拉伸模量、拉伸粘结性和断裂伸长率

改性石油沥青密封材料物理性能　　　　　　　表 6.1.57

项　目		性 能 要 求	
		Ⅰ类	Ⅱ类
耐热度	温度(℃)	70	80
	下垂值(mm)	≤4.0	
低温柔性	温度(℃)	−20	−10
	粘结状态	无裂纹和剥离现象	
拉伸粘结性(%)		≥125	
浸水后拉伸粘结性(%)		125	
挥发性(%)		≤2.8	
施工度(mm)		≥22.0	≥20.0

注：改性石油沥青密封材料按耐热度和低温柔性分为Ⅰ类和Ⅱ类。

合成高分子密封材料物理性能　　　　　　　表 6.1.58

项　目		技 术 指 标						
		25LM	25HM	20LM	20HM	12.5E	12.5P	7.5P
拉伸模量 (MPa)	23℃ −20℃	≤0.4 和 ≤0.6	>0.4 或 >0.6	≤0.4 和 ≤0.6	>0.4 或 >0.6		—	
拉伸粘结性		无破坏					—	
浸水后拉伸粘结性		无破坏					—	
热压冷拉后粘结性		无破坏					—	
拉伸压缩后粘结性		—					无破坏	
断裂伸长率(%)		—					≥100	≥20
浸水后断裂伸长率(%)		—					≥100	≥20

注：合成高分子密封材料按拉伸模量分为低模量（LM）和高模量（HM）两个次级别；按弹性恢复率分为弹性（E）和塑性（P）两个次级别。

6.1.6.3 设计要点

屋面接缝密封防水设计要点，如表 6.1.59 所示。

设 计 要 点　　　　　　　表 6.1.59

序　号	内　容
1	屋面接缝密封防水设计，应保证密封部位不渗水，并满足防水层合理使用年限的要求。
2	屋面密封防水的接缝宽度宜为 5~30mm，接缝深度可取接缝宽度的 0.5~0.7 倍。

序　号	内　容
3	密封材料品种选择应符合下列规定： （1）根据当地历年最高气温、最低气温、屋面构造特点和使用条件等因素，应选择耐热度、柔性相适应的密封材料； （2）根据屋面接缝位移的大小和特征，应选择位移能力相适应的密封材料。
4	接缝处的密封材料底部应设置背衬材料，背衬材料宽度应比接缝宽度大 20%，嵌入深度应为密封材料的设计厚度。背衬材料应选择与密封材料不粘结或粘结力弱的材料；采用热灌法施工时，应选用耐热性好的背衬材料。
5	密封防水处理连接部位的基层，应涂刷基层处理剂；基层处理剂应选用与密封材料材性相容的材料。
6	接缝部位外露的密封材料上应设置保护层

6.1.6.4　细部构造

屋面接缝密封防水细部构造，如表 6.1.60 所示。

细部构造　　　　　　　　　　　　　　　　　　表 6.1.60

序　号	内　容
1	结构层板缝中浇灌的细石混凝土上应填放背衬材料，上部嵌填密封材料，并应设置保护层。
2	天沟、檐沟节点密封防水处理，应符合表 6.1.31 中序号 1 的规定。
3	檐口、泛水卷材收头节点密封防水处理，应符合表 6.1.31 中序号 2 和 3 的规定。
4	水落口节点密封防水处理，应符合表 6.1.31 中序号 5 的规定。
5	伸出屋面管道根部节点密封防水处理，应符合表 6.1.31 中序号 8 的规定。
6	刚性防水屋面密封防水处理，应符合表 6.1.51 序号 1～6 的有关规定

6.1.6.5　施工要求

屋面接缝密封防水施工要求，如表 6.1.61 所示。

施工要求　　　　　　　　　　　　　　　　　　表 6.1.61

序　号	项　目	内　容
1	改性石油沥青密封材料防水	（1）密封防水施工前，应检查接缝尺寸，符合设计要求后，方可进行下道工序施工。 （2）背衬材料的嵌入可使用专用压轮，压轮的深度应为密封材料的设计厚度，嵌入时背衬材料的搭接缝及其与缝壁间不得留有空隙。 （3）基层处理剂应配比准确，搅拌均匀。采用多组分基层处理剂时，应根据有效时间确定使用量。 　　基层处理剂的涂刷宜在铺放背衬材料后进行，涂刷应均匀，不得漏涂。待基层处理剂干后，应立即嵌填密封材料。 （4）改性石油沥青密封材料防水施工应符合下列规定： 　1）采用热灌法施工时，应由下向上进行，尽量减少接头。垂直于屋脊的板缝宜先浇灌，同时在纵横交叉处宜沿平行于屋脊的两侧板缝各延伸浇灌 150mm，并留成斜槎。密封材料熬制及浇灌温度应按不同材料要求严格控制。 　2）采用冷嵌法施工时，应先将少量密封材料批刮在缝槽两侧，分次将密封材料嵌填在缝内，并防止裹入空气。接头应采用斜槎。 （5）改性石油沥青密封材料，严禁在雨天、雪天施工；五级风及其以上时不得施工；施工环境气温宜为 0～35℃。

续表

序　号	项　目	内　容
2	合成高分子密封材料防水	(1)密封防水施工前,接缝尺寸的检查应符合本表序号1之(1)的规定。 (2)背衬材料的嵌入,应符合本表序号1之(2)的规定。 (3)基层处理剂的配制、涂刷和开始嵌缝时间,应符合本表序号1之(3)的规定。 (4)合成高分子密封材料防水施工应符合下列规定: 1)单组分密封材料可直接使用。多组分密封材料应根据规定的比例准确计量,拌合均匀。每次拌合量、拌合时间和拌合温度,应按所用密封材料的要求严格控制。 2)密封材料可使用挤出枪或腻子刀嵌填,嵌填应饱满,不得有气泡和孔洞。 3)采用挤出枪嵌填时,应根据接缝的宽度选用口径合适的挤出嘴,均匀挤出密封材料嵌填,并由底部逐渐充满整个接缝。 4)一次嵌填或分次嵌填应根据密封材料的性能确定。 5)采用腻子刀嵌填时,应符合本表中序号1之(4)2款的规定。 6)密封材料嵌填后,应在表干前用腻子刀进行修整。 7)多组分密封材料拌合后,应在规定时间内用完,未混合的多组分密封材料和未用完的单组分密封材料应密封存放。 8)嵌填的密封材料表干后,方可进行保护层施工。 (5)合成高分子密封材料,严禁在雨天或雪天施工;五级风及其以上时不得施工;溶剂型密封材料施工环境气温宜为0~35℃,乳胶型及反应固化型密封材料施工环境气温宜为5~35℃

6.1.7　保温隔热屋面

屋面保温可采用板状材料或整体现喷保温层,屋面隔热可采用架空、蓄水、种植等隔热层,其构造层次,如图6.1.28所示。

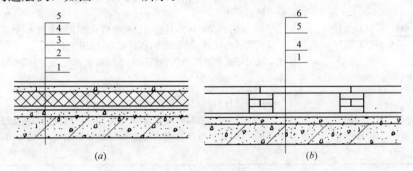

图6.1.28　保温隔热屋面构造层次示意

(a)保温屋面;(b)隔热屋面

1—结构层;2—隔汽层;3—保温层;4—找平层;5—防水层;6—架空隔热层

6.1.7.1　一般规定

保温隔热屋面的一般规定,如表6.1.62所示。

一般规定　　　　　　　　　　　　　　　　　　　　表6.1.62

序　号	内　容
1	保温隔热屋面适用于具有保温隔热要求的屋面工程。当屋面防水等级(表6.1.2)为Ⅰ级、Ⅱ级时,不宜采用蓄水屋面。

续表

序 号	内 容
2	封闭式保温层的含水率,应相当于该材料在当地自然风干状态下的平衡含水率。
3	架空屋面宜在通风较好的建筑物上采用;不宜在寒冷地区采用。
4	蓄水屋面不宜在寒冷地区、地震地区和振动较大的建筑物上采用。
5	种植屋面应根据地域、气候、建筑环境、建筑功能等条件,选择相适应的屋面构造形式。
6	当保温隔热屋面的基层为装配式钢筋混凝土板时,板缝处理应符合表 6.1.3 中序号 1 的规定。
7	对正在施工或施工完的保温隔热层应采取保护措施

6.1.7.2　材料要求

保温隔热屋面的材料要求,如表 6.1.63 所示。

材料要求　　　　　　　　　　　　　　　表 6.1.63

序 号	项 目	内 容
1	保温隔热材料质量	(1)板状保温材料的质量应符合表 6.1.64 的要求。 (2)现喷硬质聚氨酯泡沫塑料的表观密度宜为 35~40kg/m³,导热系数小于 0.030W/m·K,压缩强度大于 150kPa,闭孔率大于 92%。 (3)架空隔热制品及其支座材料的质量应符合设计要求及有关材料标准。 (4)蓄水屋面应采用刚性防水层,或在卷材、涂膜防水层上再做刚性复合防水层;卷材、涂膜防水层应采用耐腐蚀、耐霉烂、耐穿刺性能好的材料。 (5)种植屋面的防水层应采用耐腐蚀、耐霉烂、防植物根系穿刺、耐水性好的材料;卷材、涂膜防水层上部应设置刚性保护层。
2	材料的抽样和检验	(1)进场的保温隔热材料抽样数量,应按使用的数量确定,同一批材料至少应抽样一次。 (2)进场后的保温隔热材料物理性能应检验下列项目: 1)板状保温材料:表观密度,压缩强度,抗压强度; 2)现喷硬质聚氨酯泡沫塑料应先在试验室试配,达到要求后再进行现场施工。
3	材料的贮运和保管	保温隔热材料的贮运、保管应符合下列的规定: (1)保温材料应采取防雨、防潮的措施,并应分类堆放,防止混杂; (2)板状保温材料在搬动时应轻放,防止损伤断裂、缺棱掉角,保证板的外形完整

板状保温材料质量要求　　　　　　　　　　　表 6.1.64

项 目	聚苯乙烯泡沫塑料		硬质聚氨酯泡沫塑料	泡沫玻璃	微孔混凝土类	膨胀憎水(珍珠岩)板	水泥聚苯颗粒板
	挤压	模压					
表观密度(kg/m³)	25~38	15~30	≥30	≥150	500~550	300~450	≤250
导热系数[W/(m·K)]	≤0.03	0.039~0.041	≤0.027	≤0.062	≤0.14	≤0.12	0.07
抗压强度(MPa)	—	—		≥0.4	≥2.0	≥0.3	0.3

续表

项　目	聚苯乙烯泡沫塑料		硬质聚氨酯泡沫塑料	泡沫玻璃	微孔混凝土类	膨胀憎水(珍珠岩)板	水泥聚苯颗粒板
	挤压	模压					
70℃,48h后尺寸变化率(%)	≤2.0	2.0~4.0	≤5.0	—	—	—	—
吸水率(V/V,%)	≤1.5	2.0~6.0	≤3	≤0.5			
外观质量	板材表面基本平整,无严重凹凸不平,厚度允许偏差不大于5%,且不大于4mm,憎水率≥98%						

6.1.7.3　设计要点

保温隔热屋面的设计要点,如表6.1.65所示。

设　计　要　点　　　　　　　　　　　　　　表6.1.65

序　号	项　目	内　容
1	一般规定	(1)保温隔热屋面的类型和构造设计,应根据建筑物的使用要求、屋面的结构形式、环境气候条件、防水处理方法和施工条件等因素,经技术经济比较确定。 (2)保温层厚度设计应根据所在地区按现行建筑节能设计标准和热工设计规范计算确定。
2	保温层屋面	保温层的构造应符合下列规定: (1)保温层设置在防水层上部时,保温层的上面应做保护层; (2)保温层设置在防水层下部时,保温层的上面应做找平层; (3)屋面坡度较大时,保温层应采取防滑措施; (4)吸湿性保温材料不宜用于封闭式保温层,当需要采用时应符合表6.1.29中序号4的规定。
3	架空屋面	架空屋面的设计应符合下列规定: (1)架空屋面的坡度不宜大于5%; (2)架空隔热层的高度,应按屋面宽度或坡度大小的变化确定; (3)当屋面宽度大于10m时,架空屋面应设置通风屋脊; (4)架空隔热层的进风口,宜设置在当地炎热季节最大频率风向的正压区,出风口宜设置在负压区。
4	蓄水屋面	蓄水屋面的设计应符合下列规定: (1)蓄水屋面的坡度不宜大于0.5%; (2)蓄水屋面应划分为若干蓄水区,每区的边长不宜大于10m,在变形缝的两侧应分成两个互不连通的蓄水区;长度超过40m的蓄水屋面应设分仓缝,分仓隔墙可采用混凝土或砖砌体; (3)蓄水屋面应设排水管、溢水口和给水管,排水管应与水落管或其他排水出口连通; (4)蓄水屋面的蓄水深度宜为150~200mm; (5)蓄水屋面泛水的防水层高度,应高出溢水口100mm; (6)蓄水屋面应设置人行通道。

续表

序　号	项　　目	内　　容
5	种植屋面	种植屋面的设计应符合下列规定： 　(1)在寒冷地区应根据种植屋面的类型,确定是否设置保温层。保温层的厚度,应根据屋面的热工性能要求,经计算确定。 　(2)种植屋面所用材料及植物等应符合环境保护要求。 　(3)种植屋面根据植物及环境布局的需要,可分区布置,也可整体布置。分区布置应设挡墙(板),其形式应根据需要确定。 　(4)排水层材料应根据屋面功能、建筑环境、经济条件等进行选择。 　(5)介质层材料应根据种植植物的要求,选择综合性能良好的材料。介质层厚度应根据不同介质和植物种类等确定。 　(6)种植屋面可用于平屋面或坡屋面。屋面坡度较大时,其排水层、种植介质应采取防滑措施。
6	倒置式屋面	倒置式屋面的设计应符合下列规定： 　(1)倒置式屋面的坡度不宜大于 3%; 　(2)倒置式屋面的保温层,应采用吸水率低且长期浸水不腐烂的保温材料; 　(3)保温层可采用干铺或粘贴板状保温材料,也可采用现喷硬质聚氨酯泡沫塑料; 　(4)保温层的上面采用卵石保护层时,保护层与保温层之间应铺设隔离层; 　(5)现喷硬质聚氨酯泡沫塑料与涂料保护层间应具相容性; 　(6)倒置式屋面的檐沟、水落口等部位,应采用现浇混凝土或砖砌堵头,并做好排水处理

6.1.7.4　细部构造

保温隔热屋面的细部构造，如表 6.1.66 所示。

细 部 构 造 表 6.1.66

序　号	项　　目	内　　容
1	保温层屋面	(1)保温屋面在与室内空间有关联的天沟、檐沟处,均应铺设保温层;天沟、檐沟、檐口与屋面交接处,屋面保温层的铺设应延伸到墙内,其伸入的长度不应小于墙厚的 1/2。 　(2)屋面的排汽出口应理设排汽管,排汽管宜设置在结构层上,穿过保温层及排汽道的管壁四周应打排汽孔,排汽管应做防水处理(图 6.1.29 和图 6.1.30)。
2	架空屋面	(1)架空隔热屋面的架空隔热层高度宜为 180～300mm;架空板与女儿墙的距离不宜小于 250mm。 　(2)架空隔热屋面做于柔性防水层上时,当防水层为高分子卷材或涂膜防水层时,应做 20mm 厚 1:3 水泥砂浆保护层,保护层做 1000mm×1000mm 见方半缝分格,当防水层为其他卷材时,可仅在支墩下做 20mm 厚 1:3 水泥砂浆坐垫,见图 6.1.31。
3	倒置屋面	倒置式屋面的保温层上面,可采用块体材料、水泥砂浆或卵石做保护层;卵石保护层与保温层之间应铺设聚酯纤维无纺布或纤维织物进行隔离保护(图 6.1.32 和图 6.1.33)。
4	蓄水屋面	蓄水屋面的溢水口应距分仓墙顶面 100mm(图 6.1.34);过水孔应设在分仓墙底部,排水管应与水落管连通(图 6.1.35);分仓缝内应嵌填泡沫塑料,上部用卷材封盖,然后加扣混凝土盖板(图 6.1.36)。

续表

序　号	项　目	内　容
5	种植屋面	(1)种植屋面上的种植介质四周应设挡墙,挡墙下部应设泄水孔(图6.1.37)。屋面平面设计应绘制种植范围、面积、尺寸和布置形式,以及种植土厚度,种植土厚度:草坪为250~300mm;花木为300~400mm且低于四周挡墙100mm。灌溉用水管可沿走道板沟内敷设。 (2)滤水层四周上翻100mm,端部用胶粘剂粘结50高通长;排水层下之钢筋混凝土保护层用40mm厚C20细石混凝土。配φ6双向钢筋中距150mm,分格不大于6m,缝宽20mm内嵌高分子密封膏

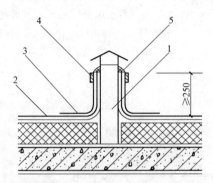

图 6.1.29　屋面排汽口 (一)

1—排汽管;2—防水层;3—附加层;

4—金属箍;5—密封材料

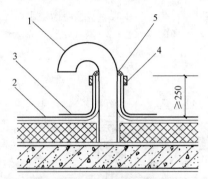

图 6.1.30　屋面排汽口 (二)

1—排汽管;2—防水层;3—附加层;

4—金属箍;5—密封材料

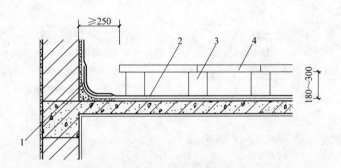

图 6.1.31　架空屋面

1—附加层;2—防水层;3—支座;4—架空板

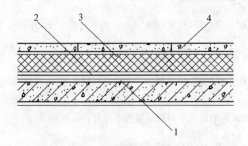

图 6.1.32　倒置式屋面 (一)

1—砂浆找平层;2—防水层;3—保温层;

4—块体材料或水泥砂浆

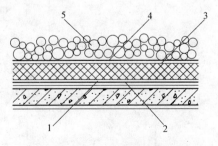

图 6.1.33　倒置式屋面 (二)

1—砂浆找平层;2—防水层;3—保温层;

4—纤维织物;5—卵石保护层

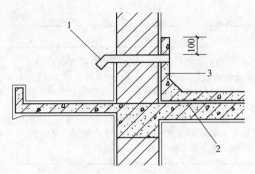

图 6.1.34　蓄水屋面溢水口

1—溢水管；2—隔离层；3—分仓墙

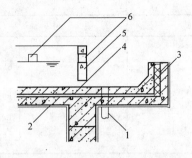

图 6.1.35　蓄水屋面排水管、过水孔

1—排水管；2—隔离层；3—泡沫塑料；
4—过水孔；5—分仓墙；6—溢水口

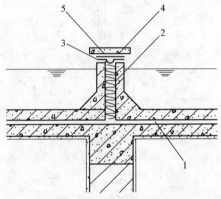

图 6.1.36　蓄水屋面分仓缝

1—隔离层；2—泡沫塑料；3—粘贴卷材层；
4—干铺卷材层；5—混凝土盖板

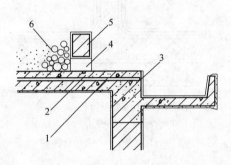

图 6.1.37　种植屋面

1—隔离层；2—刚性防水层；3—密封材料；
4—泄水孔；5—砖砌挡墙；6—种植介质

6.1.7.5　施工要求

1. 保温层

保温层施工要求，如表 6.1.67 所示。

保温层施工要求　　　　　　　　　　　　　　　　表 6.1.67

序　号	项　　目	内　　容
1	板状材料施工	板状材料保温层施工应符合下列规定： (1)基层应平整、干燥和干净； (2)干铺的板状保温材料，应紧靠在需保温的基层表面上，并应铺平垫稳； (3)分层铺设的板块上下层接缝应相互错开，板间缝隙应采用同类材料嵌填密实； (4)粘贴板状保温材料时，胶粘剂应与保温材料材性相容，并应贴严、粘牢。
2	整体现喷保温层施工	整体现喷硬质聚氨酯泡沫塑料保温层施工应符合下列规定： (1)基层应平整、干燥和干净； (2)伸出屋面的管道应在施工前安装牢固； (3)硬质聚氨酯泡沫塑料的配比应准确计量，发泡厚度均匀一致； (4)施工环境气温宜为 15～30℃，风力不宜大于三级，相对湿度宜小于 85%。

续表

序　号	项　目	内　容
3	施工气温	(1)干铺的保温层可在负温度下施工;用有机胶粘剂粘贴的板状材料保温层,在气温低于−10℃时不宜施工;用水泥砂浆粘贴的板状材料保温层,在气温低于5℃时不宜施工。 (2)雨天、雪天和五级风及其以上时不得施工;当施工中途下雨、下雪时,应采取遮盖措施

2. 架空屋面

架空屋面施工要求,如表 6.1.68 所示。

架空屋面施工要求　　　　　　　　　　　　　表 6.1.68

序　号	内　容
1	架空隔热层施工时,应将屋面清扫干净,并根据架空板的尺寸弹出支座中线。
2	在支座底面的卷材、涂膜防水层上,应采取加强措施。
3	铺设架空板时应将灰浆刮平,随时扫净屋面防水层上的落灰、杂物等,保证架空隔热层气流畅通。操作时不得损伤已完工的防水层。
4	架空板的铺设应平整、稳固;缝隙宜采用水泥砂浆或混合砂浆嵌填,并应按设计要求留变形缝

3. 蓄水屋面

蓄水屋面施工要求,如表 6.1.69 所示。

蓄水屋面施工要求　　　　　　　　　　　　　表 6.1.69

序　号	内　容
1	蓄水屋面的所有孔洞应预留,不得后凿。所设置的给水管、排水管和溢水管等,应在防水层施工前安装完毕。
2	每个蓄水区的防水混凝土应一次浇筑完毕,不得留施工缝;立面与平面的防水层应同时做好。
3	蓄水屋面采用卷材防水层施工的气候条件,应符合表 6.1.33 中序号 7 和表 6.1.34 中序号 6 的规定。
4	蓄水屋面采用刚性防水层施工的气候条件上,应符合表 6.1.48 序号 9 的规定。
5	蓄水屋面的刚性防水层完工后,应及时养护,养护时间不得小于 14d。蓄水后不得断水

4. 种植屋面

种植屋面施工要求,如表 6.1.70 所示。

种植屋面施工要求　　　　　　　　　　　　　表 6.1.70

序　号	内　容
1	种植屋面挡墙(板)施工时,留设的泄水孔位置应准确,并不得堵塞。
2	施工完的防水层,应按相关材料特性进行养护,并进行蓄水或淋水试验。平屋面宜进行蓄水试验,其蓄水时间不应小于 24h;坡屋面宜进行淋水试验。
3	经蓄水或淋水试验合格后,应尽快进行介质铺设及种植工作。介质层材料和种植植物的质(重)量应符合设计要求,介质材料、植物等应均匀堆放,并不得损坏防水层。
4	植物的种植时间,应根据植物对气候条件的要求确定

5. 倒置式屋面

倒置式屋面施工要求，如表 6.1.71 所示。

倒置式屋面施工要求　　　　　　　　　　　　表 6.1.71

序 号	内 容
1	施工完的防水层，应进行蓄水或淋水试验，合格后方可进行保温层的铺设。
2	板状保温材料的铺设应平稳，拼缝应严密。
3	保护层施工时，应避免损坏保温层和防水层。
4	当保护层采用卵石铺压时，卵石的质(重)量应符合设计规定

6.1.8　瓦屋面

6.1.8.1　一般规定

瓦屋面构造的一般规定，如表 6.1.72 所示。

一 般 规 定　　　　　　　　　　　　表 6.1.72

序 号	内 容
1	平瓦屋面适用于防水等级为Ⅱ级、Ⅲ级、Ⅳ级的屋面防水，油毡瓦屋面适用于防水等级为Ⅱ级、Ⅲ级的屋面防水，金属板材屋面适用于防水等级为Ⅰ级、Ⅱ级、Ⅲ级的屋面防水 (表 6.1.2)。
2	平瓦、油毡瓦可铺设在钢筋混凝土或木基层上，金属板材可直接铺设在檩条上。
3	平瓦、油毡瓦屋面与山墙及突出屋面结构的交接处，均应做泛水处理。
4	在大风或地震地区，应采取措施使瓦与屋面基层固定牢固。
5	瓦屋面严禁在雨天或雪天施工，五级风及其以上时不得施工。油毡瓦的施工环境气温宜为 5～35℃。
6	瓦屋面完工后，应避免屋面受物体冲击。严禁任意上人或堆放物件

6.1.8.2　材料要求

瓦屋面工程的材料要求，如表 6.1.73 所示。

材 料 要 求　　　　　　　　　　　　表 6.1.73

序 号	内 容
1	平瓦及其脊瓦的质量及贮运、保管应符合下列规定： (1)平瓦及其脊瓦应边缘整齐，表面光洁，不得有分层、裂纹和露砂等缺陷，平瓦的瓦爪与瓦槽的尺寸应准确； (2)平瓦运输时应轻拿轻放，不得抛扔、碰撞，进入现场后应堆垛整齐。
2	油毡瓦的质量及贮运、保管应符合下列规定： (1)油毡瓦应边缘整齐，切槽清晰，厚薄均匀，表面无孔洞、楞伤、裂纹、折皱和起泡等缺陷； (2)油毡瓦应在环境温度不高于 45℃的条件下保管，避免雨淋、日晒、受潮，并应注意通风和避免接近火源； (3)储存运输时应平放，高度不得超过 15 捆，并应按不同撒布料颜色，不同等级分别堆放。
3	金属板材的质量及贮运、保管应符合下列规定： (1)金属板材应边缘整齐，表面光滑，色泽均匀，外形规则，不得有扭翘、脱膜和锈蚀等缺陷； (2)金属板材堆放地点宜选择在安装现场附近，堆放场地应平坦、坚实且便于排除地面水。
4	各种瓦的规格和技术性能，应符合国家现行标准的要求。进场后应进行外观检验，并按有关规定进行抽样复验

6.1.8.3 设计要点

瓦屋面工程的设计要点，如表 6.1.74 所示。

设 计 要 点   表 6.1.74

序 号	内 容
1	(1)平瓦单独使用时，可用于防水等级为Ⅲ级、Ⅳ级的屋面防水；平瓦与防水卷材或防水涂膜复合使用时，可用于防水等级为Ⅱ级、Ⅲ级的屋面防水(表6.1.2)。 (2)油毡瓦单独使用时，可用于防水等级为Ⅲ级的屋面防水；油毡瓦与防水卷材或防水涂膜复合使用时，可用于防水等级为Ⅱ级的屋面防水(表6.1.2)。 (3)金属板材应根据屋面防水等级选择性能相适应的板材。
2	具有保温隔热的平瓦、油毡瓦屋面，保温层可设置在钢筋混凝土结构基层的上部；金属板材屋面的保温层可选用复合保温板材等形式。
3	瓦屋面的排水坡度，应根据屋架形式、屋面基层类别、防水构造形式、材料性能以及当地气候条件等因素，经技术经济比较后确定，并宜符合表6.1.75的规定。
4	基层与突出屋面结构的交接处以及屋面的转角处，应绘出细部构造详图。
5	当平瓦屋面坡度大于50%或油毡瓦屋面坡度大于150%时，应采取固定加强措施。
6	平瓦屋面应在基层上面先铺设一层卷材，其搭接宽度不宜小于100mm，并用顺水条将卷材压钉在基层上；顺水条的间距宜为500mm，再在顺水条上铺钉挂瓦条。
7	平瓦可采用在基层上设置泥背的方法铺设，泥背厚度宜为30~50mm。
8	(1)油毡瓦屋面应在基层上面先铺设一层卷材，卷材铺设在木基层上时，可用油毡钉固定卷材；卷材铺设在混凝土基层上时，可用水泥钉固定卷材。 (2)油毡瓦屋面的搭盖要求见表6.1.76。
9	天沟、檐沟的防水层，可采用防水卷材或防水涂膜，也可采用金属板材

瓦屋面的排水坡度 （%）   表 6.1.75

材 料 种 类	屋面排水坡度	材 料 种 类	屋面排水坡度
平瓦	≥20	金属板材	≥10
油毡瓦	≥20		

油毡瓦屋面搭盖要求   表 6.1.76

序 号	项 目	搭盖尺寸(mm)	检 验 方 法
1	脊瓦与两坡面油毡瓦搭盖宽度	≥100	用尺量检查
2	脊瓦与脊瓦的压盖面	≥1/2脊瓦面积	
3	油毡瓦在屋面与突出屋面结构的交接处铺贴高度	≥250	

6.1.8.4 细部构造

瓦屋面工程的细部构造，如表 6.1.77 所示。

细 部 构 造   表 6.1.77

序 号	项 目	内 容
1	瓦屋面檐	(1)平瓦屋面的瓦头挑出封檐的长度宜为50~70mm(图6.1.38和图6.1.39) (2)油毡瓦屋面的檐口应设金属滴水板(图6.1.40和图6.1.41)。

续表

序　号	项　目	内　容
2	瓦屋面泛水	(1)平瓦屋面泛水,宜采用聚合物水泥砂浆或掺有纤维的混合砂浆分次抹成;烟囱与屋面的交接处,在迎水面中部应抹出分水线,并应高出两侧各30mm(图6.1.42) (2)油毡瓦屋面和金属板材屋面的泛水板,与突出屋面的墙体搭接高度不应小于250mm(图6.1.43和图6.1.44)。
3	瓦屋面檐沟	平瓦伸入天沟、檐沟的长度宜为50～70mm(图6.1.45),檐口油毡瓦与卷材之间,应采用满粘法铺贴(图6.1.46)。
4	瓦屋面脊瓦	(1)平瓦屋面的脊瓦下端距坡面瓦的高度不宜大于80mm,脊瓦在两坡面瓦上的搭盖宽度,每边不应小于40mm。 (2)油毡瓦屋面的脊瓦在两坡面瓦上的搭盖宽度,每边不应小于150mm(图6.1.47)。
5	金属板材屋面	金属板材屋面檐口挑出的长度不应小于200mm(图6.1.48);屋面脊部应用金属屋脊盖板,并在屋面板端头设置泛水挡水板和泛水堵头板(图6.1.49)。
6	屋顶窗构造	平瓦、油毡瓦屋面与屋顶窗交接处,应采用金属排水板、窗框固定铁角、窗口防水卷材、支瓦条等连接(图6.1.50和图6.1.51)

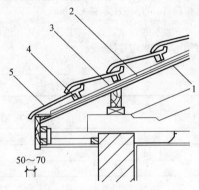

图 6.1.38　平瓦屋面檐口（一）

1—木基层；2—干铺油毡；3—顺水条；
4—挂瓦条；5—平瓦

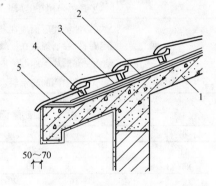

图 6.1.39　平瓦屋面檐口（二）

1—混凝土基层；2—防水层；3—顺水条；
4—挂瓦条；5—平瓦

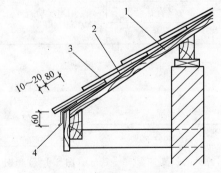

图 6.1.40　油毡瓦屋面檐口（一）

1—木基层；2—卷材垫毡；3—油毡瓦；
4—金属滴水板

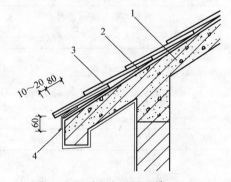

图 6.1.41　油毡瓦屋面檐口（二）

1—混凝土基层；2—卷材垫毡；3—油毡瓦；
4—金属滴水板

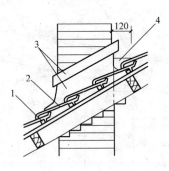

图 6.1.42 平瓦屋面烟囱泛水

1—挂瓦条；2—平瓦；3—聚合物水
泥砂浆；4—分水线

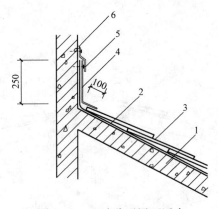

图 6.1.43 油毡瓦屋面泛水

1—混凝土基层；2—卷材垫毡；3—油毡瓦；
4—金属泛水板；5—金属盖板；6—密封材料

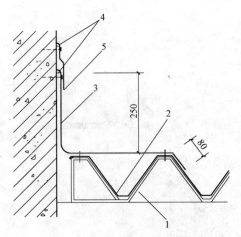

图 6.1.44 压型钢板屋面泛水

1—固定支架；2—压型钢板；3—泛水板；
4—密封材料；5—盖板

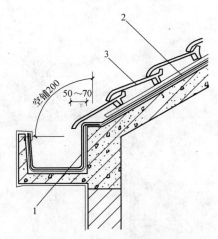

图 6.1.45 平瓦屋面檐沟

1—空铺附加层；2—卷材垫毡；3—平瓦

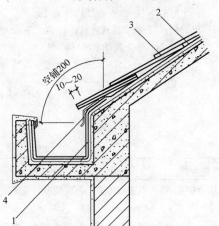

图 6.1.46 油毡瓦屋面檐沟

1—空铺附加层；2—卷材垫毡；3—油毡瓦；
4—金属滴水板

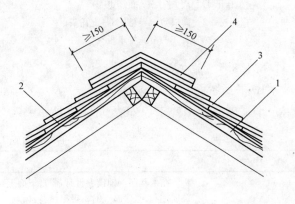

图 6.1.47 油毡瓦屋脊

1—木基层；2—卷材垫毡；3—油毡瓦；4—脊瓦

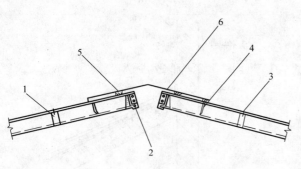

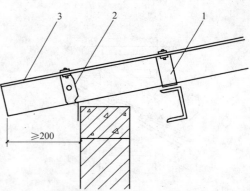

图 6.1.48 金属板材屋脊

1—固定支架；2—泛水堵头板；3—固定螺栓；

4—泛水挡水板；5—密封材料；6—屋脊盖板

图 6.1.49 金属板材屋面檐口

1—固定支架；2—檐口堵头板；3—金属板材

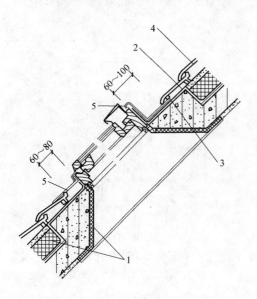

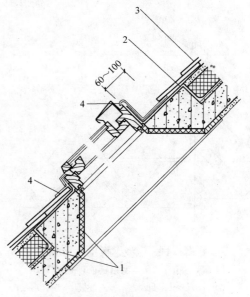

图 6.1.50 平瓦屋面屋顶窗

1—保温层；2—窗口防水卷材；3—支瓦条；

4—平瓦；5—金属排水板

图 6.1.51 油毡瓦屋面屋顶窗

1—保温层；2—窗口防水卷材；3—油毡瓦；

4—金属排水板

6.1.8.5 施工要求

1. 平瓦屋面

平瓦屋面施工要求，如表 6.1.78 所示。

平瓦屋面施工要求   表 6.1.78

序 号	内 容
1	在木基层上铺设卷材时，应自下而上平行屋脊铺贴，搭接顺流水方向。卷材铺设时应压实铺平，上部工序施工时不得损坏卷材。
2	挂瓦条间距应根据瓦的规格和屋面坡长确定。挂瓦条应铺钉平整、牢固，上棱应成一直线。
3	平瓦应铺成整齐的行列，彼此紧密搭接，并应瓦榫落槽，瓦脚挂牢，瓦头排齐，檐口应成一直线。

序　号	内　容
4	脊瓦搭盖间距应均匀;脊瓦与坡面瓦之间的缝隙,应采用掺有纤维的混合砂浆填实抹平;屋脊和斜脊应平直,无起伏现象。沿山墙封檐的一行瓦,宜用1:2.5的水泥砂浆做出坡水线将瓦封固。
5	铺设平瓦时,平瓦应均匀分散堆放在两坡屋面上,不得集中堆放。铺瓦时,应由两坡从下向上同时对称铺设。
6	在基层上采用泥背铺设平瓦时,泥背应分两层铺抹,待第一层干燥后再铺抹第二层,并随铺平瓦。
7	在混凝土基层上铺设平瓦时,应在基层表面抹1:3水泥砂浆找平层,钉设挂瓦条挂瓦。 当设有卷材或涂膜防水层时,防水层应铺设在找平层上,当设有保温层时,保温层应铺设在防水层上

2. 油毡瓦屋面

油毡瓦屋面施工要求,如表6.1.79所示。

表 6.1.79

油毡瓦屋面施工要求

序　号	内　容
1	油毡瓦的木基层应平整。铺设时,应在基层上先铺一层卷材垫毡,从檐口往上用油毡钉铺钉,钉帽应盖在垫毡下面,垫毡搭接宽度不应小于50mm。
2	油毡瓦应自檐口向上铺设,第一层瓦应与檐口平行,切槽向上指向屋脊;第二层瓦应与第一层叠合,但切槽向下指向檐口;第三层瓦应压在第二层上,并露出切槽。相邻两层油毡瓦,其拼缝及切槽应均匀错开。
3	每片油毡瓦不应少于4个油毡钉,油毡钉应垂直钉入,钉帽不得外露油毡瓦表面。当屋面坡度大于150%时,应增加油毡钉或采用沥青胶粘贴。
4	铺设脊瓦时,应将油毡瓦切槽剪开,分成四块作为脊瓦,并用两个油毡钉固定;脊瓦应顺年最大频率风向搭接,并应搭盖住两坡面油毡瓦接缝的1/3;脊瓦与脊瓦的压盖面,不应小于脊瓦面积的1/2。
5	屋面与突出屋面结构的交接处,油毡瓦应铺贴在立面上,其高度不应小于250mm。 在屋面与突出屋面的烟囱、管道等交接处,应先做二毡三油防水层,待铺瓦后再用高聚物改性沥青卷材做单层防水。在女儿墙泛水处,油毡瓦可沿基层与女儿墙的八字坡粘贴,并用镀锌薄钢板覆盖,钉入墙内预埋木砖上;泛水上口与墙间的缝隙应用密封材料封严。
6	在混凝土基层上铺设油毡瓦时,应在基层表面抹1:3水泥砂浆找平层,按本表中序号1~5的规定,铺设卷材垫毡和油毡瓦。 当与卷材或涂膜防水层复合使用时,防水层应铺设在找平层上,防水层上再做细石混凝土找平层,然后铺设卷材垫毡和油毡瓦。 当设有保温层时,保温层应铺设在防水层上,保温层上再做细石混凝土找平层,然后铺设卷材垫毡和油毡瓦

3. 金属板材屋面

金属板材屋面施工要求,如表6.1.80所示。

表 6.1.80

金属板材屋面施工要求

序　号	内　容
1	金属板材应用专用吊具吊装,吊装时不得损伤金属板材。
2	金属板材应根据板型和设计的配板图铺设;铺设时,应先在檩条上安装固定支架,板材和支架的连接,应按所采用板材的质量要求确定。

续表

序　号	内　容
3	铺设金属板材屋面时,相邻两块板应顺年最大频率风向搭接;上下两排板的搭接长度,应根据板型和屋面坡长确定,并应符合板型的要求,搭接部位用密封材料封严,对接拼缝与外露钉帽应做密封处理。
4	天沟用金属板材制作时,应伸入屋面金属板材下不小于100mm;当有檐沟时,屋面金属板材应伸入檐沟内,其长度不应小于50mm;檐口应用异型金属板材的堵头封檐板;山墙应用异型金属板材的包角板和固定支架封严。
5	每块泛水板的长度不宜大于2m,泛水板的安装应顺直;泛水板与金属板材的搭接宽度,应符合不同板型的要求

6.2　工艺流程及施工方法

6.2.1　基层施工

6.2.1.1　屋面找平层

1. 工程概要

屋面找平层工程概要,如表6.2.1所示。

工程概要　　　　　　　　　　　　　　　　　　　表6.2.1

序号	项　目	内　容
1	适用范围	本规定适用于工业与民用建筑卷材防水屋面、涂膜防水屋面基层及防水屋面保温层上采用水泥砂浆、细石混凝土或沥青砂浆进行整体找平层施工。
2	基本规定	(1)屋面找平层的施工质量检验批量,应按屋面面积每100m² 抽查一处,每处10m²,且不得少于3处。 (2)屋面找平层应进行隐蔽验收,施工质量应验收合格,质量控制资料应完整。
3	工程要点	为全面优质完成工程施工,各项工作中的关键要点如下: (1)材料要点: 所用原材料、配合比必须符合设计要求。 (2)技术要点: 1)屋面找平层的排水坡度必须符合设计要求。 2)屋面找平层施工时宜设分格缝,控制裂缝的产生。 (3)质量要点: 1)找平层应粘结牢固,没有松动、起壳、起砂等现象。水泥砂浆找平层施工后应加强养护,避免早期脱水;控制加水量,掌握抹压时间,成品不能过早上人。 2)找平层应防止空鼓、开裂。基层表面清理不干净、水泥砂浆找平层施工前未用水湿润好,造成空鼓;应重视基层清理,认真施工结合层工序,注意压实。由于砂子过细、水泥砂浆级配不好、找平层厚薄不匀、养护不够,均可造成找平层开裂;注意使用符合要求的砂料,保温层平整度应严格控制,保证找平层的厚度基本一致,加强成品养护,防止表面开裂。 3)找平层的坡度必须准确,符合设计要求,不能倒泛水。保温层施工时须保证找坡泛水,抹找平层前应检查保温层坡度泛水是否符合要求,铺抹找平层应掌握坡向及厚度。 4)水落口周围的坡度应准确,水落口杯与基层接触处应留宽20mm、深20mm凹槽,嵌填密封材料。 (4)安全要点: 1)进行屋面找平层施工时,要求正确佩带和使用个人防护用品。 2)高处作业屋面的周围边沿和预留孔洞处,必须按"洞口、临边"防护规定进行安全防护。 (5)环保要点: 1)现场施工时严禁吸烟和使用明火,并配备消防器材和灭火设施,周围30m以内不准有易燃物。 2)工完场清,避免材料飞扬

2. 施工准备

屋面找平层的施工准备,如表 6.2.2 所示。

施 工 准 备 表 6.2.2

序号	项目	内 容
1	技术准备	施工前,应进行图纸会审,掌握施工图中的细部构造及有关技术要求,并编制防水工程的施工方案或技术措施。
2	材料要求	(1)水泥砂浆 1)水泥:强度等级不低于 32.5 级的普通硅酸盐水泥。 2)砂:宜用中砂,含泥量不大于 3%,不含有机杂质,级配良好。 (2)沥青砂浆 1)沥青采用 60 号甲、60 号乙的道路石油沥青或 75 号普通石油沥青。 2)砂:中砂,含泥量不大于 3%,不含有机杂质。 3)粉料:可采用矿渣粉、页岩粉、滑石粉等。 (3)砂浆配合比 水泥砂浆体积比 1:2.5～1:3(水泥:砂);沥青砂浆重量配合比 1:8(沥青:砂)。 (4)细石混凝土:强度等级不应低于 C20 1)水泥、砂的材料要求同水泥砂浆。 2)石:石应符合现行的行业标准《普通混凝土用碎石或卵石质量标准及检验方法》的规定,其最大粒径不应大于找平层厚度的 2/3。 3)粉状填充料:粉状填充料应采用磨细的石料、砂或炉灰、粉煤灰、页岩灰和其他粉状的矿物质材料。不得采用石灰、石膏、泥岩灰和黏土作为粉状填充料。粉状填充料中小于 0.08mm 的细颗粒含量不小于 85%,采用振动法使粉状填充料密实时,其空隙率不应大于 45%,含泥量不应大于 3%。
3	主要机具	(1)机械:砂浆搅拌机或混凝土搅拌机。 (2)工具:运料手推车、铁锹、铁抹子、水平刮杠、水平尺、沥青锅、炒盘、压滚、烙铁。
4	作业条件	(1)找平层施工前,基层或屋面保温层应进行检查验收,并办理验收手续。 (2)各种穿过屋面的预理管件、烟囱、女儿墙、暖沟墙、伸缩缝等根部,应按设计施工图及规范要求处理好。 (3)根据设计要求的标高、坡度,找好规矩并弹线(包括天沟、檐沟的坡度)。 (4)施工找平层时应将原表面清理干净,有利于基层与找平层的结合,如浇水湿润、刷素水泥浆、喷涂沥青稀料等。 (5)找平层的基层应干燥、平整,表面不得有冰层或积雪,当找平层基层采用装配式钢筋混凝土板时,施工找平层前应具备以下条件:板端、侧缝用细石混凝土灌缝密封处理。其强度等级不应低于 C20,如板缝宽度大于 40mm 或上窄下宽时,板缝内应设置构造钢筋

3. 施工方法

(1) 工艺流程

屋面找平层的工艺流程,如下所示。

基层清理 → 管根封堵 → 标高坡度弹线 → 洒水湿润 → 施工找平层(水泥砂浆及沥青砂浆找平层) → 养护 → 验收

(2) 操作方法

屋面找平层的操作方法,如表 6.2.3 所示。

操 作 方 法 表 6.2.3

序 号	项 目	内 容
1	基层准备	(1)基层清理:将结构层、保温层上表面的松散杂物清扫干净,突出基层表面的灰渣等粘结杂物要铲平,且不得影响找平层的有效厚度。 (2)管根封堵:大面积做找平层前,应先将出屋面的管根、变形缝、屋面檐沟墙根部处理好。

序　号	项　目	内　容
2	洒水湿润	(1)设计无保温层时:抹水泥砂浆找平层前,应适当洒水湿润基层表面,主要是利于基层与找平层的结合,但不可洒水过量,以免影响找平层表面的干燥,使防水层施工后窝住水汽,导致防水层产生空鼓。所以洒水应达到基层和找平层能牢固结合为度。也可在混凝土构件表面上用扫帚均匀涂刷水泥浆,随刷随做水泥砂浆找平层。 (2)设计有保温层时:不得浇水。
3	冲筋、分格缝	(1)贴点标高、冲筋:根据坡度要求,拉线找坡,一般按1~2m贴点标高(贴灰饼)铺抹找平砂浆时,先按流水方向以间距1~2m冲筋,并设置找平层分格缝,找平层分格缝可兼做排汽屋面的排汽道,排汽道应纵横连通并与排汽孔相通。排汽孔可设在檐口下或屋面排汽道交叉处,排汽孔应做防水处理。 (2)分格缝宽度一般为12~15mm,并且将缝与保温层连通,分格缝最大间距不宜大于6m。放置分格缝木条的方法是:在已定分格缝的位置上放置分格缝木条,木条上平与灰筋上平一致,同时用水泥砂浆固定牢固,然后使用与灰筋同类的水泥砂浆进行装档抹灰,以灰筋和木条为准用木杠搓平,待收水后用铁抹子压实抹平,终凝前取出分格条。
4	找平层厚度及转角	找平层的厚度和技术要求应符合表6.1.10的规定。 找平层转角处圆弧半径应符合表6.1.12的规定。
5	排汽道	在潮湿的隔热保温层上做卷材防水层,为保证质量,屋面应采用排汽的方法,见表6.2.4。
6	水泥砂浆找平层	(1)厚度要求:整体混凝土板为15~20mm;装配式混凝土板、松散材料保温层20~30mm,整体或板状材料隔热保温层为20~25mm。 (2)铺抹水泥砂浆:按分格块装灰、铺平,用刮杠靠冲筋条刮平,找坡后用木抹子搓平,用铁抹子压光;待浮水沉失后(人踏上去有脚印但不下陷为度),再用铁抹子压第二遍即可交活。找平层水泥砂浆一般体积比为1:2.5~1:3,拌合稠度控制在7cm。 (3)在抹找平层的同时,凡基层与突出屋面结构的连接处、转角处,均应做成半径为30~150mm的圆弧或斜长为100mm的钝角。立面抹灰高度应符合设计要求但不得小于250mm,卷材收头的凹槽内抹灰应呈45°。排水口周围应做半径为500mm和坡度不小于5%的环形洼坑。 (4)细石混凝土采用机械搅拌和机械振捣。浇筑时混凝土的坍落度应控制在10mm,振捣密实。 (5)养护:找平层抹平、压实以后12h可浇水养护或喷冷底子油养护,一般养护期为7d,经干燥后铺设防水层。
7	沥青砂浆找平层	(1)厚度要求:整体混凝土板为15~20mm;装配式混凝土板、整体或板状材料隔热保温层为20~25mm;天沟、屋面突出物的根部50mm范围内不小于25mm。 (2)喷刷冷底子油:基层清理干净,涂刷两道均匀的冷底子油,涂刷后表面保持清洁,作为沥青砂浆找平层的结合层。 (3)冷底子油干燥后,可铺设沥青砂浆,其虚铺厚度约为压实后的厚度的1.30~1.40倍。 (4)配制沥青砂浆:先将沥青熔化脱水,预热至120~140℃;中砂和粉料拌合均匀,加入预热熔化的沥青拌合,并继续加热至要求温度,但不应升温过高,防止沥青炭化变质。沥青砂浆施工的温度要求见表6.2.5。 (5)沥青砂浆铺设: 1)铺设找平饼、找坡饼,间距1~1.5m。 2)按找平、找坡线拉线铺饼后,采取分段流水作业铺设沥青砂浆,虚铺厚度为实际厚度的1.3~1.4倍,用长把刮板刮平,经火辊滚压,边角处可用烙铁烫平,压实达到表面平整、密实,无蜂窝、看不出压痕为好。 3)留置施工缝时,宜留成斜槎,继续施工时,将接缝处清理干净,并刷热沥青一道,然后铺沥青砂浆,再用火滚或烙铁烫平。 4)铺设沥青砂浆时,滚筒内的炉火及灰烬注意不要外泄在沥青砂浆上。 5)分格缝留置的间距,不大于6m,缝宽一般为20mm,如兼做排汽屋面的排汽道时,适当加宽,并与保温层连通。分格缝应加设250mm宽的油毡,用沥青胶结材料单边点贴覆盖,见图6.2.1。 6)沥青砂浆铺设后,宜在当天铺第一层卷材,否则要用卷材盖好,防止雨水、露水浸入。

续表

序　号	项　目	内　容
8	冬期施工技术措施	(1)屋面找平层应牢固坚实,表面无凹凸、起砂、起鼓现象;如有积雪、残留冰霜、杂物等应清扫干净。 (2)制作水泥砂浆时应依据气温和养护温度要求掺入防冻剂,其掺量由试验确定。 (3)当采用氯化钠防冻剂时宜选用普通硅酸盐水泥或矿渣硅酸盐水泥,严禁使用高铝水泥;砂浆强度不应低于 3.5N/mm²,施工温度不低于-7℃,氯化钠掺量应按表 6.2.6 采用。 (4)采取有效的保温措施

排　汽　道　　　　　　　表 6.2.4

序　号	项　目	内　容
1	一般要求	(1)排汽道应留设在预制板支承边的拼缝处,其纵横向的最大间距宜为 6m,道宽不宜小于 80mm。 (2)屋面每 36m² 宜设置一个排汽孔,排汽道应与排汽孔相互沟通,并均与大气连通,不得堵塞,排汽孔做防水处理。 (3)在条件允许下,排汽道应与屋面已有的排汽管道相通,以减少排汽孔的设置。 (4)找平层分格缝的位置应与保温层及排汽道位置一致,以便兼做排汽道
2	施工方法	(1)有保温层屋面排汽道的做法:首先确定排汽道的位置、走向及出汽孔的位置。在板状隔热保温层施工时,当粘铺板块时,应在已定的排汽道位置处拉开 80～140mm 的通缝,缝内用大粒径、大孔洞炉渣填平,中间留设 12～15mm 的通缝,再抹找平层,铺设防水层前,在排汽槽位置处,找平层上部附加宽为 300mm 单边点粘的卷材覆盖层。 (2)有找平层无保温层屋面排汽道做法:首先确定排汽道的位置、走向及出汽孔的位置。分格缝做排汽道的间距以 4～5m 为宜,不宜大于 6m,缝宽度 12～15mm,铺设防水层前,缝上部附加宽度 250mm 单边点粘的卷材覆盖层

沥青砂浆施工的温度要求　　　　　　　表 6.2.5

室外温度(℃)	沥青砂浆温度(℃)		
	拌制	开始滚压	滚压完毕
5℃以上	140～170	90～100	60
-10～5℃	160～180	110～130	40

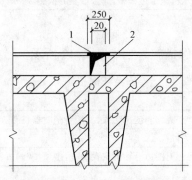

图 6.2.1　分格缝兼做排汽孔
1—干铺油毡条宽 250mm;2—找平层分格缝做排汽孔

找平层水泥砂浆氯化钠掺量（占水重量%）　　　　　表 6.2.6

项　　目	施工时室外气温(℃)		
	0～—2	—3～—5	—6～—7
用于平面部位	2	4	6
用于檐口、天沟等部位	3	5	7

4. 质量标准

（1）质量标准

屋面找平层施工的质量标准，除应符合表 6.2.7 规定外，还应符合《屋面工程质量验收规范》（GB 50207—2002）中之 4 的有关要求。

质 量 标 准　　　　　表 6.2.7

序　号	项　目	内　　容
1	主控项目	(1)见《屋面工程质量验收规范》(GB 50207—2002)4.1中主控项目 1～2 项。 (2)平屋面采用结构找坡不应小于 3％，采用材料找坡宜为 2％；天沟、檐沟纵向坡度不应小于 1％，沟底水落差不得超过 200mm。
2	一般项目	(1)见《屋面工程质量验收规范》(GB 50207—2002)4.1 中一般项目 1～4 项。 (2)内部排水的水落口周围，找平层应做成略低的凹坑

（2）质量记录

屋面找平层施工应具有的质量记录，如表 6.2.8 所示。

质 量 记 录　　　　　表 6.2.8

序　号	内　　容	序　号	内　　容
1	出厂合格证、质量检验报告	2	工程质量验收记录

5. 成品保护

屋面找平层的成品保护，如表 6.2.9 所示。

成 品 保 护　　　　　表 6.2.9

序　号	内　　容
1	抹好的找平层上，推小车运输时，应先铺脚手板车道以防止破坏找平层表面。
2	找平层施工完毕，未达到一定强度时不得上人踩踏。
3	雨水口、内排水口施工过程中，应采取临时措施封口，防止杂物进入堵塞

6. 安全环保措施

屋面找平层施工的安全环保措施，如表 6.2.10 所示。

安 全 环 保 措 施　　　　　表 6.2.10

序　号	内　　容
1	现场施工时严禁吸烟和使用明火，并配备消防器材和灭火设施。
2	工完场清，避免材料飞扬。
3	高处作业屋面的周围边沿和预留孔洞处，必须按"洞口、临边"防护规定进行安全防护

6.2.1.2　屋面保温层

1. 工程概要

屋面保温层的工程概要，如表 6.2.11 所示。

工 程 概 要 表 6.2.11

序号	项 目	内 容
1	适用范围	本规定适用于一般工业与民用建筑工程采用松散、板状保温材料或整体现浇的屋面保温层工程施工。
2	基本规定	(1)屋面工程所采用的保温隔热材料应有产品合格证和性能检测报告,材料的品种、规格、性能等应符合现行国家产品标准和设计要求。 (2)保温层应干燥,封闭式保温层含水率应相当于该材料在当地自然风干状态下的平衡含水率。 (3)屋面保温层严禁在雨天、雪天和五级风及其以上时施工,施工环境气温宜符合表6.2.12的要求,施工完成后应及时进行找平层和防水层的施工。 (4)屋面保温层的施工质量检验批量:应按屋面面积每 100m²,抽查一处,每处 10m²,且不得少于 3 处。 (5)屋面保温层应进行隐蔽验收,施工质量应验收合格,质量控制资料应完整。
3	工程要点	为全面优质完成工程施工,各项工作中的关键要点如下: (1)材料要点: 1)材料的表观密度、堆积密度、导热系数等技术性能必须符合设计要求,应有试验资料。 2)保温层的含水率必须符合设计要求。 3)保温材料储运保管时应分类堆放,防止混杂,并采取防雨、防潮措施。块状保温板搬运时应轻放,防止损伤断裂、缺棱掉角,保证外形完整。 (2)技术要点: 1)保温层基层应平整、干燥、干净。 2)如屋面保温层干燥有困难,应采取排汽措施。 3)施工屋面保温层铺筑厚度应满足设计要求,可采取拉线找坡进行控制。 (3)质量要点: 1)应防止保温隔热层功能不良:避免出现保温材料表现密度过大,铺设前含水量大,未充分晾干等现象。施工选用的材料应达到技术标准,控制保温材料导热系数、含水量和铺实密度,保证保温的功能效果。 2)铺设厚度应均匀:铺设时应认真操作,拉线找坡,铺顺平整,操作中避免材料在屋面上堆积二次倒运,保证匀质铺设及表面平整,铺设厚度应满足设计要求。 3)保证保温层边角处质量:防止出现边线不直、边楞不齐整,影响屋面找坡、找平和排水。 4)板块保温材料应铺贴密实,以确保保温、防水效果,防止找平层出现裂缝。应严格按照规范和质量验收评定标准的质量标准,进行严格验收。 (4)安全要点: 进行隔汽层、保温层施工时,要求正确佩带和使用个人防护用品。 (5)环境要点: 1)聚苯板块为易燃材料,必须贮存在专用仓库或专用场地,应设专人进行管理。 2)库房及现场施工隔汽层、保温层时严禁吸烟和使用明火,并配备消防器材和灭火设施

屋面保温层施工环境气温 表 6.2.12

项 目	施工环境气温
粘结保温层	热沥青不低于−10℃;水泥砂浆不低于5℃

2. 施工准备

屋面保温层的施工准备,如表 6.2.13 所示。

施 工 准 备　　　　　　　　　　　表 6.2.13

序　号	项　目	内　容
1	技术准备	施工前,应进行图纸会审,掌握施工图中的细部构造及有关技术要求,并编制防水工程的施工方案或技术措施。
2	材料要求	(1)板状保温材料:产品应有出厂合格证,根据设计要求选用厚度(一般不小于 3cm)、规格应一致,外观整齐;密度、导热系数、强度应符合设计要求。板状保温材料质量应符合表 6.1.64 的要求。 　(2)整体保温隔热材料:产品应有出厂合格证、样品的试验报告及材料性能的检测报告。根据设计要求选用厚度,壳体应连续、平整;密度、导热系数、强度应符合设计要求。 　1)现喷硬质聚氨酯泡沫塑料:表现密度 35～40kg/m²;导热系数 = 0.03W/(m·K);压缩强度大于 150kPa;封孔率大于 92%。 　2)板状制品:表观密度 400～500kg/m³;导热系数 0.07～0.08W/(m·K);抗压强度应=0.1MPa。
3	主要机具	(1)机动机具:搅拌机、平板振捣器。 　(2)工具:平锹、木刮杠、水平尺、手推车、木拍子、木抹子等。
4	作业条件	(1)铺设保温材料的基层施工完,将预制构件的吊钩等清除干净,残留的痕迹应磨平、处理点抹入水泥砂浆,经验收检查合格后,方可铺设保温材料。 　(2)有隔汽层要求的屋面,应先将基层清扫干净,基层表面应干燥、平整,不得有松散、开裂、起鼓等缺陷。隔汽层的构造做法必须符合设计要求。 　(3)穿过屋面和墙面等结构层的管根部位,应用细石混凝土填塞密实,以便将管根固定。 　(4)板状保温材料的运输、存放应注意保护,防止破损、污染和受潮

3. 施工方法

(1) 工艺流程

屋面保温层施工的工艺流程,如下所示。

基层清理及找平 → 弹线找坡 → 管根固定 → 隔汽层施工 → 保温层铺设 → 抹找平层

(2) 操作方法

屋面保温层施工的操作方法,如表 6.2.14 所示。

操 作 方 法　　　　　　　　　　　表 6.2.14

序　号	项　目	内　容
1	铺前准备	(1)基层清理:预制或现浇混凝土的基层表面,应将尘土、杂物等清理干净。基层不平整处,可采用水泥乳液腻子处理。如基层为现浇钢筋混凝土楼板,可在结构施工时直接压光找平。当采用水泥砂浆或细石混凝土找平时,应注意找平层分格缝的设置位置和间距要符合设计要求。 　(2)弹线找坡:按设计坡度及流水方向,找出屋面坡度走向,确定保温层的厚度范围。 　(3)管根固定:穿结构的管根在保温层施工前,应用细石混凝土塞堵密实。 　(4)隔汽层施工:上述 1～3 道工序完成后,设计有隔汽层要求的屋面,应做隔汽层,涂刷均匀无漏刷。 　1)隔汽层采用单层卷材应满铺,可采取空铺法,其搭接宽度不得小于 70mm。 　2)隔汽层采用防水涂料时应满涂刷,不得漏刷。 　3)封闭式保温层,在屋面与墙的连接处,隔汽层应沿墙向上连续铺设,并高出保温层上表面且不得小于 150mm。 　(5)保温层铺设:屋面保温层干燥有困难时,应采取排汽措施。

续表

序号	项 目	内 容
2	正置式屋面保温层铺设(图6.1.1、图6.1.14)	(1)板状保温层铺设: 1)干铺板块状保温层:直接铺设在结构层或隔汽层上,分层铺设时上下两层板块缝应相互错开,表面两块相邻的板边厚度应一致。板间缝隙应采用同类材料嵌填密实。一般在板状保温层上用松散湿料做找坡。 2)粘结铺设板状保温层:板块保温材料用粘结材料平粘在屋面基层上,应贴严、粘牢。一般用水泥、石灰混合砂浆粘结;聚苯板材料应用沥青胶结材料。板缝间或缺角处应用碎屑加胶料拌匀填补严密。 (2)整体保温层铺设: 1)水泥白灰炉渣保温层:施工前用石灰水将炉渣闷透,不得小于3d,闷制前应将炉渣或水渣过筛,粒径控制在5~40mm,最好用机械搅拌,一般配合比为水泥:白灰:炉渣为1:1:8。铺设时分层滚压,控制虚铺厚度和设计要求的密度,应通过试验,保证保温性能。 2)沥青膨胀蛭石、沥青膨胀珍珠岩宜用机械搅拌,并应色泽一致,无沥青团;压实程度根据试验确定,其厚度应符合设计要求,表面应平整。 3)现喷硬质聚氨酯泡沫塑料保温层应按配比准确计量,发泡厚度均匀一致。如基层表面温度过低时,可先薄薄地涂一层甲组涂料,然后喷涂施工。喷涂时要连续均匀(包括细部构造)。 (3)保温层应干燥,封闭式保温层含水率应相当于该材料在当地自然风干状态下的平衡含水率。
3	倒置式屋面保温层施工(图6.1.1、图6.1.14)	(1)倒置式屋面应采用吸水率小、长期浸水不腐烂的保温材料。保温层上应用混凝土等块材、水泥砂浆或卵石做保护层;卵石保护层与保温层之间,应干铺设一层聚酯纤维无纺布做隔离层。板状保护层可干铺,也可用水泥砂浆铺砌。 (2)如设计要求采用倒置式屋面,其防水层要平整,不得有积水现象;对于檐口抹灰、薄钢板檐口安装等分项,应严格按照施工顺序,在找平层施工前完成。 (3)当采用倒置式屋面进行冬期施工时,应符合以下要求。 1)当采用倒置式屋面进行冬期施工时,应选用憎水性保温材料,施工之前应检查防水层平整及有无结冰、霜冻或积水现象,合格后方可施工。 2)当采用聚苯乙烯泡沫塑料做倒置式屋面的保温层,可用机械方法固定,板缝和固定处的缝隙应用同类材料碎屑和密封材料填实,表面应平整无疵病。 3)倒置式屋面的保温层上宜采用走道板、砾石等材料做覆盖保护,铺设厚度按设计要求应均匀一致。
4	保温层施工的季节性措施	(1)冬期施工技术措施: 1)冬期施工采用的屋面保温材料应符合设计要求,并不得含有冰雪、冻块和杂质。 2)干铺的保温层可在负温下施工,采用沥青胶结的整体保温层和板状保温层应在气温不低于-10℃时施工,采用水泥、石灰或乳化沥青胶结的整体保温层和板状保温层应在气温不低于5℃时施工。当气温低于上述要求时,应采取保温、防冻措施。 3)采用水泥砂浆粘贴板状保温材料以及处理板间缝隙,可采用掺有防冻剂的保温砂浆,防冻剂掺量应通过试验确定。 4)雪天或五级风及以上的天气不得施工。 (2)雨期施工技术措施: 1)雨期,保温层施工过程中,保温层应采取遮盖措施,防止雨淋。 2)雨天不得施工保温层

4. 质量标准

(1) 质量标准

屋面保温层施工的质量标准,除应符合表6.2.15的规定外,还应符合《屋面工程质量验收规范》(GB 50207—2002)中之4的有关要求。

质 量 标 准　　　　　　　　　　　　表 6.2.15

序　号	项　目	内　　容
1	主控项目	见《屋面工程质量验收规范》(GB 50207—2002)4.2 中主控项目 1～2 项。
2	一般项目	(1)见《屋面工程质量验收规范》(GB 50207—2002)4.2 中一般项目 1～3 项。 (2)允许偏差项目:见表 6.2.16

保温（隔热）层的允许偏差　　　　　　　　表 6.2.16

项　次	项　目		允许偏差(mm)	检验方法
1	整体保温层表面平整度	无找平层	5	用 2m 靠尺和楔形塞尺检查
		有找平层	7	
2	保温层厚度	整体	$-5\delta/100$,$+10\delta/100$	用钢针插入和尺量检查
		板状材料	$\pm 5\delta/100$ 且不大于 4	
3	隔热层相邻高低差		3	用直尺和楔形塞尺检查

（2）质量记录

屋面保温层施工应具有下列质量记录,如表 6.2.17 所示。

质 量 记 录　　　　　　　　　　　　表 6.2.17

序　号	内　　容
1	材质及试验资料。
2	保温隔热材料应有产品合格证和性能检测报告。
3	工程质量验收记录

5. 成品保护

屋面保温层施工的成品保护,如表 6.2.18 所示。

成 品 保 护　　　　　　　　　　　　表 6.2.18

序　号	内　　容
1	隔汽层施工前,应将基层表面的砂、土、硬块等杂物清扫干净,防止降低隔汽效果。
2	在已铺好的松散、板状或整体保温层上不得进行施工,其他作业施工前应采取必要保护措施,保证保温层不受损坏。
3	保温层施工完成后,应及时铺抹水泥砂浆找平层,以保证保温效果

6. 安全环保措施

屋面保温层施工的安全环保措施,如表 6.2.19 所示。

安 全 环 保 措 施　　　　　　　　　　　表 6.2.19

序　号	内　　容
1	对易燃材料,必须贮存在专用仓库或专用场地,应设专人进行管理。
2	库房及现场施工隔汽层、保温层时,严禁吸烟和使用明火,并配备消防器材和灭火设施。
3	工完场清,避免材料飞扬

6.2.2　卷材防水屋面防水层施工

6.2.2.1　沥青防水卷材屋面防水层

1. 工程概要

沥青防水卷材屋面防水层的工程概要,如表 6.2.20 所示。

工 程 概 要 表 6.2.20

序 号	项 目	内 容
1	适用范围	本规定适用于工业与民用建筑工程坡度小于 25% 的 Ⅲ～Ⅳ 级屋面(表 6.1.2)采用沥青防水卷材的施工。
2	基本规定	沥青防水卷材屋面防水层工程中的基本规定,如下所示: (1)沥青玛琋脂必须按配合比严格配料、熬制,使用温度不应低于 200℃,不应高于 240℃。 (2)沥青防水卷材搭接宽度:满粘法,长边不小于 70mm,短边不小于 100mm;空铺、点粘、条粘,长边不小于 100mm,短边不小于 150mm,其误差不得大于 10mm。 (3)沥青玛琋脂应涂刮均匀,不得过厚或堆积。 (4)粘结层厚度:热沥青玛琋脂宜为 1～1.5mm,冷沥青玛琋脂宜为 0.5～1mm;面层厚度:热沥青玛琋脂宜为 2～3mm,冷沥青玛琋脂宜为 1～1.5mm。
3	工程要点	为全面优质完成工程施工,各项工作中的关键要点如下: (1)材料要点: 1)沥青防水卷材的品种、标号等技术性能,必须符合设计和技术规范的要求。卷材有纸胎、玻纤胎、麻布胎,性能差异较大,进场时要有合格证,进场后要有复验合格证,必须达到要求方可使用。 2)沥青防水卷材胶结材料必须与卷材相匹配。 3)配制玛琋脂中所用的填充料含水率不宜大于 3%,粉状填料全部通过 0.21mm 孔径的筛子,其中,大于 0.085mm 的颗粒不应超过 15%。 (2)技术要点: 1)沥青玛琋脂必须按试验室的配合比严格执行。 2)沥青玛琋脂的熬制温度和使用温度必须严格控制,不得过低或过高。且每个工作班组均应检查耐热度(软化点)和柔韧性。 3)排汽道、排汽帽必须畅通。 (3)质量要点: 1)应采用搭接法铺设,并按不同粘贴方法满足搭接宽度。 2)在女儿墙、檐沟墙、天窗壁、变形缝、烟囱根、雨水口、屋脊等部位做好附加层和防水收头处理是防水的关键,必须认真按技术规程认真执行。 (4)安全要点: 1)沥青玛琋脂的熬制及施工中均有臭味及毒素,除按规定给操作人员发放劳保食品外,操作中必须配备足够的劳保用品,防止中毒和烫伤。 2)施工前必须有书面及口头的安全交底,施工中严格按安全技术规定执行。 3)施工卷材操作中,人必须站在上风方向,要有足够的防火工具和设施。 (5)环境要点: 1)沥青玛琋脂的熬制有很大的臭味,含有毒素,城市市区禁止使用沥青油毡卷材屋面。 2)沥青玛琋脂及卷材均属易燃品,在存放及现场施工中都应注意防火。

2. 施工准备

沥青防水卷材屋面防水层的施工准备,如表 6.2.21 所示。

施工准备   表 6.2.21

序 号	项 目	内 容
1	技术准备	(1)屋面施工前,应掌握施工图的要求,选择合格的防水工程专业队,操作工人必须经培训合格并有上岗证。 (2)编制防水工程施工方案。 (3)建立自检、交接检和专职人员检查的"三检"制度。 (4)水、电设备等安装队伍已会签,确认屋面不会再剔孔洞。
2	材料要求	(1)卷材:沥青防水卷材品种、标号、质量、技术性能,必须符合设计和施工技术规范的要求,并应复试达到合格。常用的有沥青纸胎油毡、沥青玻纤胎油毡、沥青复合胎柔性防水卷材等。 1)沥青防水卷材规格见表 6.1.19。 2)沥青防水卷材的外观质量和物理性能应符合表 6.1.18、表 6.1.20 的要求。 3)沥青玻纤布胎防水卷材技术性能见表 6.2.22。 4)沥青玛琋脂的质量要求见表 6.2.23。 (2)胶结材料: 1)建筑石油沥青 10 号、30 号或道路石油沥青 60 号甲、60 号乙。 2)填充料:滑石粉、板岩粉、云母粉、石棉粉,其含水率不大于 3%,粉状通过 0.045mm 方孔筛筛余量不大于 20%。 (3)其他材料: 沥青防水卷材的其他材料有豆石、汽油、煤油、麻丝、苯类、玻璃布等。豆石要求粒径 3~5mm,必须干净、干燥。
3	主要机具	(1)沥青专用锅、保温车、炉灶、鼓风机等。 (2)油桶、油壶、笊篱(漏勺)、铁锹、刮板、棕刷、温度计(350~400℃)。 (3)消防器材用具、灭火器等。
4	作业条件	作业面施工前应具备的基本条件如下: (1)屋面施工应按施工工序进行检验,基层表面必须平整、坚实、干燥、清洁,且不得有起砂、开裂和空鼓等缺陷。 (2)屋面防水层的基层必须施工完毕,经养护、干燥,且坡度应符合设计和施工技术规范的要求,不得有倒坡积水现象。 (3)防水层施工前,突出屋面的管根、预埋件、楼板吊环、拖拉绳、吊架子固定构造等处,应做好基层处理;阴阳角、女儿墙、通气囱根、天窗、伸缩缝、变形缝等处,应做成半径为 30~150mm 的圆弧或钝角(阳角可为 $R=30mm$)

沥青玻纤布胎防水卷材技术性能   表 6.2.22

项 目		性 能 指 标
玻璃纤维布重量(g/m²)不大于		103
抗剥离性(剥离面积)不小于		2/3
不透水性	压力(MPa)不小于	0.2
	保持时间(min)不少于	30
吸水性(%)不大于		0.1
耐热度		在 85±2℃温度下受热 2h,涂盖层无滑动
拉力(N)在 18±2℃时纵向不小于		200
柔度在 0℃时		绕 φ20mm 圆棒无裂纹

沥青玛琋脂质量要求   表 6.2.23

指标名称 \ 标号	S-60	S-65	S-70	S-75	S-80	S-85
耐热度	用 2mm 厚的沥青玛琋脂粘合两张沥青油纸,在不低于下列温度(℃)中,在 1:1 坡度上停放 5h 后,不应流淌,油纸不应滑动。					
	60	65	70	75	80	85
柔度	涂在沥青油纸上的 2mm 厚的沥青玛琋脂层,在 18±2℃时围绕下列直径(mm)的圆棒,用 2s 的时间以均衡速度弯成半周,玛琋脂不应有裂纹。					
	10	15	15	20	25	30
粘结力	用手将两张粘贴在一起的油纸慢慢地一次撕开,从油纸和玛琋脂粘贴面的任何一面的撕开部分,应不大于粘贴面积的 1/2					

注:玛琋脂与玻璃布胎沥青油毡卷材配套使用,便于冷作业施工。

3. 施工方法

（1）工艺流程

沥青防水卷材屋面防水层的工艺流程，如下所示。

基层清理 → 沥青熬制配料 → 喷刷冷底子油 → 铺贴卷材附加层 → 铺贴屋面第一层卷材 →

铺贴屋面第二、三层卷材 → 铺设保护层

（2）操作方法

沥青防水卷材屋面防水层的操作方法，如表6.2.24所示。

操作方法　　　　　表 6.2.24

序 号	项 目	内 容
1	铺前准备	（1）基层清理：防水屋面施工前，将验收合格的基层表面的尘土、杂物清扫干净。 （2）沥青熬制配料。 1）沥青熬制：先将沥青破成碎块，放入沥青锅中逐渐均匀加热，加热过程中随时搅拌，熔化后用笊篱（漏勺）及时捞清杂物，熬至脱水无泡沫时进行测温，建筑石油沥青熬制温度不应高于240℃，使用温度不低于200℃。 2）冷底子油配制：熬制的沥青装入容器内，冷却至110℃，缓慢注入汽油，随注入随搅拌，使其全部溶解为止，配合比（重量比）为汽油70%、石油沥青30%。 3）沥青玛琋脂配制：按试验室确定的配合比（重量比）严格进行配料、熬制，每个工作班均应检查耐热度和柔韧性。由于耐热度试验时间长，通常由试验室所用原材料试配，确定耐热度和相对应的软化点数据后，每个工作班再进行软化点和柔韧性检查。 （3）喷刷冷底子油：沥青卷材防水屋面在粘贴卷材前，应将基层表面清理干净，保持干燥，大面积喷刷前，应先将边角、管根、雨水口等处先喷刷一遍，然后大面喷刷第一遍，待第一遍涂刷冷底子油干燥后，再喷刷第二遍，要求喷刷均匀无漏底，干燥后方可铺粘卷材。
2	卷材铺设	（1）铺贴卷材附加层：沥青防水卷材屋面，在女儿墙、檐沟墙、天窗壁、变形缝、烟囱根、管道根与屋面的交接处及檐口、天沟、斜沟、雨水口、屋脊等部位，按设计要求先做卷材附加层。排汽道、排汽帽必须畅通，排汽道上的附加层必须单面点粘，宽度不小于250mm。 （2）铺贴屋面第一层防水卷材。 1）铺贴防水卷材的方向：应根据屋面的坡度及屋面是否受振动和历年主导风向等情况（必须从下风方向开始），坡度小于3%时，宜平行屋脊铺贴；坡度在3%～15%时，平行或垂直屋脊铺贴；当坡度大于15%或屋面受振动，卷材应垂直于屋脊铺贴。 2）铺贴防水卷材的顺序：先铺贴排水比较集中的部位，如雨水口、檐口、天沟等处。高低跨连体屋面，应先铺高跨后铺低跨，铺贴应从最低标高处开始往高标高的方向滚铺；浇热沥青玛琋脂应沿防水卷材滚动的横向成蛇形操作，铺贴操作人员用两手紧压防水卷材卷向前滚压铺设，应用力均匀，以将浇热沥青玛琋脂挤出、粘实、不存空气为度，并将挤出沿边的玛琋脂刮去，以刮平为度；粘结材料厚度宜为1～1.5mm，冷玛琋脂厚宜为0.51mm。 3）铺贴各层防水卷材搭接宽度：长边不小于70mm，短边不小于100mm，上下层卷材不得相互垂直铺贴，若第一层卷材采用点、条、空铺方法，其长边搭接不小于100mm，短边不小于150mm。 （3）铺贴屋面第二层防水卷材：卷材防水层若为五层做法，即两毡三油，做法同第一层。第一层与第二层卷材错开搭接缝不小于250mm，搭接缝用玛琋脂封严；设计无板块保护层的屋面，应在涂刷最后一道热玛琋脂（厚度宜为2～3mm）时随涂随将豆石保护层撒在上面，注意均匀粘结。 （4）铺贴屋面第三层防水卷材：卷材防水层若为七层做法，操作同第一层，第三层卷材与第二层卷材错开搭接缝。
3	细部构造	防水层细部构造要求如下（详见6.1.3.4）： （1）无组织排水檐口：在800mm宽范围内卷材应满贴，卷材收头应固定封严。 （2）突出屋面结构处防水做法：屋面与突出屋面结构的连接处，铺贴在立墙上的卷材高度应不小于250mm，一般可用叉接法与屋面卷材相互连接，将上端收头固定在墙上，如用薄钢板泛水覆盖时，也应将卷材上端先固定在墙上，然后再做钢板泛水，并将缝隙用密封材料嵌封严密。 （3）水落口卷材防水做法：内部排水铸铁雨水口，应牢固地固定在设计位置，安装前应清除铁锈，刷好防锈漆，水落口连接的各层卷材应牢固地粘贴在杯口上，压接宽度不小于100mm。水落口周围500mm范围，泛水坡度不小于5%；基层与水落口杯接触处应留20mm宽、20mm深凹槽，填嵌密封材料。 （4）伸出屋面管道根部做法：根部周围做成圆锥台，管道与找平层相接处留凹槽，嵌封材料，防水层收头处用钢丝箍紧，并嵌密封材料。

续表

序　号	项　目	内　　容
4	防水卷材保护层	(1)绿豆砂保护层:一般油毡屋面铺设绿豆砂(小豆石)保护层,豆石必须洁净、干燥,粒径为 3~5mm,要求材质耐风化,将绿豆砂预热至 100℃左右,清扫干净的卷材防水层表面上刮涂 2~3mm 厚的热沥青玛琋脂,同时铺撒热绿豆砂,并进行滚压,使两者粘结牢固,清除未粘牢的豆石。 (2)刚性保护层: 1)如为上人屋面,则做砂浆、细石混凝土或块材保护层,但水泥砂浆、细石混凝土、块材保护层与卷材间应设隔离层。 2)刚材保护层的分格缝留置应符合设计要求,设计无要求的,水泥砂浆保护层的分格面积必须为 1m²,缝宽、缝深为 10mm,内填沥青砂浆;块材保护层分格面积不宜大于100m²,缝宽不宜小于 20mm;细石混凝土保护层分格面积不大于 36m²。 3)刚性保护层与女儿墙、山墙间应预留 30mm 宽的缝,并用密封材料嵌填严密。女儿墙内侧砂浆保护层分格间距应不大于 1m,缝宽、深为 10mm,内填沥青砂浆。 (3)保护层的分格缝必须与找平层、保温层的分格缝上下对齐。
5	冬期施工	沥青防水卷材屋面必须在 5℃以上施工,凡没有保温措施,达不到 5℃者,不得进行沥青防水卷材施工

4. 质量标准

（1）质量标准

沥青防水卷材屋面防水层的质量标准，除应符合表 6.2.25 的规定外，还应符合《屋面工程质量验收规范》（GB 50207—2002）中之 4 的有关要求。

质 量 标 准　　　　　　　　　　　　　　表 6.2.25

序　号	项　目	内　　容
1	主控项目	(1)沥青防水卷材和胶结材料的品种、标号及玛琋脂配合比,必须符合设计要求和屋面工程技术规范的规定。 检验方法:检查防水队的资质证明、人员上岗证、材料的出厂合格证及复验报告。 (2)沥青防水卷材屋面防水层,严禁有渗漏现象。 检验方法:检查隐蔽工程验收记录及雨后检查或淋水、蓄水检验记录。
2	一般项目	(1)沥青卷材防水层的表面平整度应符合排水要求,无倒坡现象。 (2)沥青防水卷材铺贴的质量,冷底子油应涂刷均匀,铺贴方法、压接顺序和搭接长度符合屋面工程技术规范的规定,粘贴牢固,无滑移、翘边、起泡、皱折等缺陷。油毡的铺贴方向正确,搭接宽度误差不大于 10mm。观察及尺量。 (3)泛水、檐口或变形缝的做法应符合屋面工程技术规范的规定,粘贴牢固、封盖严密。油毡卷材附加层、泛水立面收头等,应符合设计要求及屋面工程技术规范的规定。 (4)沥青防水卷材屋面保护层。 1)绿豆砂保护层:粒径符合屋面工程技术规范的规定,筛洗干净,撒铺均匀,预热干燥,粘结牢固,表面清洁。 2)块体材料保护层:表面洁净,图案清晰,色泽一致,接缝均匀,周边直顺,板块无裂纹、缺棱掉角等现象,坡度符合设计要求,不倒泛水、不积水,管根结合处严密牢固、无渗漏。立面结合与收头处高度一致,结合牢固,出墙厚度适宜。 3)整体保护层:表面密实光洁,无裂纹、脱皮、麻面、起砂等现象;不倒泛水、不积水,坡度符合设计要求;管根结合、立面结合、收头结合牢固,无渗漏。水泥砂浆保护表面应压光,并设 1m×1m 的分格缝(缝宽、深宜为 10mm,内填沥青砂浆或镶缝膏)。 检验方法:观察和尺量检查。 (5)排气屋面:排气道纵横贯通,无堵塞,排气孔安装牢固、位置正确、封闭严密。 (6)水落口及变形缝、檐口:水落口安装牢固、平正,标高符合设计要求;变形缝、檐口薄钢板安装顺直,防锈漆及面漆涂刷均匀、有光泽。镀锌钢板水落管及伸缩缝必须内外刷锌磺底漆,外面再按设计要求刷面漆。 (7)允许偏差项目见表 6.2.26

沥青防水卷材屋面允许偏差　　　　　　　表 6.2.26

项次	项　目	允许偏差	检查方法
1	卷材搭接宽度	−10mm	尺量检查
2	玛碲脂软化点	±5℃	检查铺贴时测温记录
3	沥青胶结材料使用温度	−10℃	

（2）质量记录

沥青防水卷材屋面防水层的质量记录，如表 6.2.27 所示。

质　量　记　录　　　　　　　　表 6.2.27

序　号	内　　　容
1	沥青防水卷材和胶结材料产品合格证及复试报告。
2	沥青胶结材料配合比及粘贴试验资料。
3	隐蔽工程检验资料和质量检验评定资料。
4	雨后或淋水、蓄水检验记录

5. 成品保护

沥青防水卷材屋面防水层的成品保护，如表 6.2.28 所示。

成　品　保　护　　　　　　　　表 6.2.28

序　号	内　　　容
1	施工过程中应防止损坏已做好的保温层、找平层、防水层、保护层。防水层施工中及施工后不准穿硬底及带钉的鞋在屋面上行走。
2	施工屋面运送材料的手推车支腿应用麻布包扎，不得在屋面上堆放重物，防止将已做好的面层损坏。
3	防水层施工时应采取措施防止污染墙面、檐口及门窗等。
4	屋面施工中应及时清理杂物，不得有杂物堵塞水落口、天沟等。要保护排汽帽，不得堵塞和损坏。
5	屋面各构造层应及时进行施工，特别是保护层应与防水层连续施工，以保证防水层不被破坏

6. 安全环保措施

沥青防水卷材屋面防水层的安全环保措施，如表 6.2.29 所示。

安全环保措施　　　　　　　　表 6.2.29

序　号	内　　　容
1	城市市区不得使用沥青油毡防水；郊外使用，施工前必须经当地环保部门批准。
2	必须在施工前做好施工方案，做好文字及口头安全技术交底。
3	油毡、沥青均系易燃品，存放及施工中严禁明火；熬制沥青时，必须备齐防火设施及工具。
4	铺贴卷材时，人应站在上风方向；操作者必须戴好口罩、袖套、鞋盖、布手套等劳保用品

6.2.2.2　高聚物改性沥青防水卷材屋面防水层

1. 工程概要

高聚物改性沥青防水卷材屋面防水层的工程概要，如表 6.2.30 所示。

工　程　概　要　　　　　　　　　　　　表 6.2.30

序　号	项　　目	内　　　　容
1	适用范围	本规定适用于工业与民用建筑工程坡度小于25％的Ⅰ～Ⅲ级屋面采用高聚物改性沥青卷材热熔法的防水层施工。
2	基本规定	(1)采用热熔法施工的改性沥青卷材,其厚度不得小于3mm,防止操作中熔透。 　　(2)卷材表面热熔应立即滚铺,卷材下面的空气应排尽,并辊压粘结牢固,不得空鼓。 　　(3)采用满贴法空铺、点粘、条粘法施工,搭接长度均为短边100mm,长边80mm,其误差不大于10mm。
3	工程要点	为全面优质完成工程施工,各项工作中的关键要点如下: 　　(1)材料要点 　　1)材料(含配套材料)的品种、规格、性能必须符合设计及规范要求,以不透水性、拉力、延伸率、低温柔度、耐热度等指标控制。 　　2)卷材厚度不小于3mm。 　　(2)技术要点 　　1)基层坡度必须符合设计要求,阴阳角应做成 $R＝30～50mm$ 的圆弧(阳角可为 $R＝30mm$)。 　　2)基层表面干燥。 　　(3)质量要点 　　1)卷材搭接及封边是关键,搭接长度必须按工艺标准要求;每层封边必须逐层检查验收无误后方可施工上一层。 　　2)掌握好火焰加热器与卷材加热面的距离,以及熔化的温度。 　　3)女儿墙、水落口、管根、阴阳角、排汽帽等细部处理和防水收头是关键,必须验收合格后方可施工保护层。 　　(4)安全要点 　　1)改性沥青防水卷材是易燃品,在运输、贮存和施工中应注意防火,施工现场必须准备可靠的灭火工具。 　　2)改性沥青防水卷材及胶粘剂均有毒素,操作人员必须佩戴口罩、手套、工作服等劳保用品;吃饭、喝水、抽烟前必须洗手。 　　(5)环境要点 　　热熔法施工,气温不低于－5℃,环境温度不宜低于－10℃。如无可靠保证措施,达不到上述要求,禁止施工

2. 施工准备

高聚物改性沥青防水卷材屋面防水层的施工准备,如表 6.2.31 所示。

施　工　准　备　　　　　　　　　　　　表 6.2.31

序　号	项　　目	内　　　　容
1	技术准备	(1)施工前必须有施工方案,要有文字及口头技术交底。 　　(2)必须由专业施工队伍来施工。作业队的资质合格,操作人员必须持证上岗。
2	材料要求	(1)高聚物改性沥青防水卷材:是合成高分子聚合物改性沥青防水卷材;常用的有SBS、ASTM(弹性体)、APP、APAO、APO(塑性体)等改性沥青油毡。其品种、规格、技术性能,必须满足设计和施工技术规范的要求,必须有出厂合格证和质量检验报告,并经现场抽查复试达到合格。 　　1)高聚物改性沥青防水卷材规格,见表 6.1.22。 　　2)高聚物改性沥青防水卷材的外观质量和物理性能应符合表 6.1.21、表 6.1.23 的要求。

序号	项目	内容
2	材料要求	(2)配套材料: 1)氯丁橡胶沥青胶粘剂:由氯丁橡胶加入沥青及溶剂等配制而成,为黑色液体,用于基层处理(冷底子油)。 2)橡胶改性沥青嵌缝膏即密封膏用于细部嵌固边缝。 3)保护层料:石片、各色保护涂料(施工中宜直接采购带板岩片保护层的卷材)。 4)70号汽油,用于清洗受污染的部位。
3	主要机具	(1)电动搅拌器、高压吹风机、自动热风焊接机。 (2)喷灯或可燃性气体焰炬、铁抹子、滚动刷、长把滚动刷、钢卷尺、剪刀、扫帚、小线等。
4	作业条件	作业面施工前应具备的基本条件: (1)防水层的基层表面应将尘土、杂物等清理干净;表层必须平整、坚实、干燥。干燥程度的简易检测方法:将1m² 卷材平铺在找平层上,静置3～4h后掀开检查,找平层覆盖部位与卷材上未见水印即可。 (2)找平层与突出屋面的物体(如女儿墙、烟囱等)相连的阴角,应抹成光滑的小圆角;找平层与檐口、排水沟等相连的转角,应抹成光滑一致的圆弧形。 (3)遇雨天、雪天及五级风及其以上必须停止施工

3. 施工方法

(1) 工艺流程

高聚物改性沥青防水卷材屋面防水层的工艺流程,如下所示。

基层清理 → 涂刷基层处理剂 → 铺贴卷材附加层 → 铺贴卷材 → 热熔封边 → 蓄水试验 → 做保护层

(2) 操作方法

高聚物改性沥青防水卷材屋面防水层的操作方法,如表6.2.32所示。

操作方法　　　　　　　　　　　　　　　表6.2.32

序号	项目	内容
1	铺前准备	(1)清理基层:施工前将验收合格的基层表面尘土、杂物清理干净。 (2)涂刷基层处理剂:高聚物改性沥青防水卷材施工,按产品说明书配套使用,基层处理剂是将氯丁橡胶沥青胶粘剂加入工业汽油稀释,搅拌均匀,用长把滚刷均匀涂刷于基层表面上,常温经过4h后(以不粘脚为准),开始铺贴卷材。注意涂刷基层处理剂要均匀一致,切勿反复涂刷。
2	卷材铺设	(1)附加层施工:待基层处理剂干燥后,先对女儿墙、水落口、管根、檐口、阴阳角等细部先做附加层,在其中心200mm范围内,均匀涂刷1mm厚的胶粘剂,干燥后形成一层聚酯纤维无纺布,在其上再涂刷1mm厚的胶粘剂,干燥后形成一层无接缝和弹塑性的整体附加层。排汽道、排汽帽必须畅通,排汽道上的附加卷材每边宽度不小于250mm,必须单面点粘。排汽道、排汽帽的做法,参见表6.2.4施工。阴阳角圆弧半径$R=30～50$mm(阳角可为$R=30$mm)。铺贴在立墙上的卷材高度不小于250mm。 (2)铺贴卷材:一般采用热熔法进行铺贴。卷材的层数、厚度应符合设计要求。铺贴方向应考虑屋面坡度及屋面是否受振动和历年主导风向等情况(必须从下风方向开始),坡度小于3%时,宜平行于屋脊铺贴,坡度在3%～15%时,平行或垂直于屋脊铺贴;当坡度大于15%或屋面受振动,卷材应垂直于屋脊铺贴。多层铺设时上下层接缝应错开不小于250mm。

续表

序　号	项　目	内　　　容
2	卷材铺设	将改性沥青防水卷材剪成相应尺寸,用原卷心卷好备用;铺贴时随放卷随用火焰加热器加热基层和卷材的交界处,火焰加热距加热面300mm左右,经往返均匀加热,至卷材表面发光亮黑色,即卷材的材面熔化时,将卷材向前滚铺、粘贴,搭接部位应满粘牢固,搭接宽度满粘法长边为80mm,短边为100mm。铺第二层卷材时,上下层卷材不得互相垂直铺贴。 (3)热熔封边:将卷材塔接处用火焰加热器加热,趁热使两者粘结牢固,以边缘溢出沥青为度,末端收头可用密封膏嵌填严密。如为多层,每层封边必须封牢,不得只是面层封牢。
3	保护层施工	(1)上人屋面按设计要求做各种刚性防水层屋面保护层(细石混凝土、水泥砂浆、贴地砖等): 1)保护层施工前,必须做油纸或玻纤布隔离层。 2)刚性保护层的分格缝留置应符合设计要求,设计无要求者,水泥砂浆保护层的分格面积为1m²,缝宽、深均为10mm,并嵌填沥青砂浆;块材保护层分格面积不宜大于100m²,缝宽不宜小于20mm,细石混凝土保护层分格面积不大于36m²。 3)刚性保护层与女儿墙、山墙间应预留30mm宽的缝,并用密封材料嵌填严密。 4)女儿墙内侧砂浆保护层分格间距不大于1m,缝宽、深为10mm,内填沥青嵌缝膏。 5)保护层的分格缝必须与找平层及保温层的分格缝上下对齐。 (2)不上人屋面做保护层有以下两种形式: 1)防水层表面涂刷氯丁橡胶沥青胶粘剂,随即撒石片,要求铺撒均匀,粘结牢固,形成石片保护层。 2)防水层表面涂刷银色反光涂料(银粉)二遍。如设计有要求,按设计施工。
4	细部构造	铺贴高聚物改性沥青防水卷材的细部构造,可参见表6.2.24序号3的要求

4. 质量标准

(1) 质量标准

高聚物改性沥青防水卷材屋面防水层的质量标准,除应符合表6.2.33规定外,还应符合《屋面工程质量验收规范》(GB 50207—2002)中之4的有关要求。

质　量　标　准　　　　　　　　　　　　　　　表6.2.33

序　号	项　目	内　　　容
1	主控项目	(1)高聚物改性沥青防水卷材及胶粘剂的品种、牌号及胶粘剂的配合比,必须符合设计要求和有关标准的规定。 检验方法:检查防水材料及辅料的出厂合格证和质量检验报告及现场抽样复验报告。 (2)卷材防水层及其变形缝、天沟、檐沟、檐口、泛水、水落口、预埋件等处的细部做法,必须符合设计要求和屋面工程技术规范的规定。检验方法:观察检查和检查隐蔽工程验收记录。 (3)卷材防水层严禁有渗漏或积水现象。 检验方法:检查雨后或淋水、蓄水检验记录。
2	一般项目	(1)铺贴卷材防水层的搭接缝粘(焊)牢、密封严密,不得有皱折、翘边和鼓泡等缺陷;防水层的收头应与基层粘结并固定,缝口封严,不得翘边。阴阳角处应呈圆弧或钝角。 (2)聚氨酯底胶涂刷均匀,不得有漏刷或麻点等缺陷。 (3)卷材防水层铺贴、搭接、收头应符合设计要求和屋面工程技术规范的规定,且粘结牢固,无空鼓、滑移、翘边、起泡、皱折、损伤等缺陷。 (4)卷材防水层上撒布材料和浅色涂料保护层应铺撒和涂刷均匀、粘结牢固、颜色均匀;如为上人屋面,保护层施工应符合设计要求。 (5)水泥砂浆、块材或细石混凝土与卷材防水层间应设置隔离层;刚性保护层的分隔缝留置应符合设计要求。 (6)卷材的铺贴方向应正确,卷材搭接宽度的允许偏差项目,见表6.2.34,观察和尺量检查。

高聚物改性沥青卷材防水屋面搭接宽度允许偏差表　　　表 6.2.34

项　次	项　目	允许偏差	检查方法
1	卷材搭接宽度偏差	−10mm	尺量检查

（2）质量记录

高聚物改性沥青防水卷材屋面防水层，应具备的质量记录，如表 6.2.35 所示。

质 量 记 录　　　表 6.2.35

序　号	内　容
1	高聚物改性沥青卷材(SBS 及 APP)及胶结材料应有产品合格证、出厂质量检验报告,材料进场应进行复试并有合格资料。
2	配套材料配制资料及粘结试验。
3	隐检资料和质量检验评定资料。
4	雨后或淋水、蓄水检验记录

5. 成品保护

高聚物改性沥青防水卷材屋面防水层的成品保护，如表 6.2.36 所示。

成 品 保 护　　　表 6.2.36

序　号	内　容
1	已铺贴好的卷材防水层,应采取措施进行保护,严禁在防水层上进行施工作业和运输,并应及时做防水层的保护层。
2	穿过屋面、墙面防水层处的管位,防水层施工完工后不得再变更和损坏。
3	屋面变形缝、水落口等处,施工中应进行临时塞堵和挡盖,以防落杂物,屋面及时清理,施工完成后将临时堵塞、挡盖物及时清除,保证管内畅通。
4	屋面施工时不得污染墙面、檐口侧面及其他已施工完的成品

6. 安全环保措施

高聚物改性沥青防水卷材屋面防水层的安全环保措施，如表 6.2.37 所示。

安全环保措施　　　表 6.2.37

序　号	内　容
1	施工前必须做好施工方案,做好文字及口头安全技术交底。
2	改性沥青卷材及辅助材料均系易燃品,存放及施工中注意防火,必须备齐防火设施及工具。
3	改性沥青卷材及辅助材料均有毒素,操作者必须戴好口罩、袖套、手套等劳保用品。

6.2.2.3　合成高分子防水卷材屋面防水层

1. 工程概要

合成高分子防水卷材屋面防水层的工程概要，如表 6.2.38 所示。

工程 概 要 表 6.2.38

序号	项目	内容
1	适用范围	本规定适用于重要的民用建筑、工业建筑以及高层建筑Ⅰ～Ⅲ级屋面防水层施工。
2	基本规定	(1)所选用的基层处理剂、接缝胶粘剂、密封材料等配套材料应与铺贴的卷材材性相容。 (2)基层必须干净、干燥。 (3)卷材铺贴方向应符合下列规定:屋面坡度小于3%时,卷材宜平行屋脊铺贴;屋面坡度在3%～15%时,卷材可平行或垂直屋脊铺贴;屋面坡度大于15%或屋面受振动时,卷材可垂直屋脊铺贴。 (4)铺贴卷材采用搭接法时,上下层及相邻两幅卷材的搭接缝应错开,各种合成高分子防水卷材搭接宽度应符合表6.1.16的规定。 (5)冷粘法铺贴卷材应符合下列规定: 1)胶粘剂涂刷应均匀、不露底、不堆积。 2)根据胶粘剂的性能,应控制胶粘剂涂刷与卷材铺贴的间隔时间。 3)铺贴的卷材下面的空气应排尽,并辊压粘结牢固。 4)铺贴卷材应平整顺直,搭接尺寸准确,不得扭曲、皱折。 5)接缝口应用密封材料封严,宽度不应小于10mm。 (6)自粘法铺贴卷材应符合下列规定: 1)铺贴卷材前基层表面应均匀涂刷基层处理剂,干燥后应及时铺贴卷材。 2)铺贴卷材时,应将自粘胶底面的隔离纸全部撕净。 3)卷材下面的空气应排尽,并辊压粘结牢固。 4)铺贴的卷材应平整顺直,搭接尺寸准确,不得扭曲、皱折。立面、大坡面及搭接部位宜采用热风加热,随即粘贴牢固。 5)接缝口应用密封材料封严,宽度不应小于10mm。 (7)热风焊接法铺贴卷材应符合下列规定: 1)焊接前卷材的铺设应平整顺直,搭接尺寸准确,不得扭曲、皱折。 2)卷材的焊接面应清扫干净,无水滴、油污及附着物。 3)焊接时应先焊长边搭接缝,后焊短边搭接缝。 4)控制热风加热温度和时间,焊接处不得有漏焊、跳焊、焊焦或焊接不牢现象。 5)焊接时不得损害非焊接部位的卷材。 (8)天沟、檐沟、檐口、泛水和立面卷材收头的端部应裁齐,塞入预留凹槽内,用金属压条钉压固定,最大钉距不应大于900mm,并用密封材料嵌填封严。 (9)卷材进场应复验,不合格的材料严禁使用。
3	工程要点	为全面优质完成工程施工,各项工作中的关键要点如下: (1)材料要点: 1)合成高分子防水卷材及其配套材料必须符合设计要求。以拉伸强度、断裂伸长率、柔性和热老化保持率作为主要控制指标;所选用的基层处理剂、接缝胶粘剂、密封材料等配套材料应与铺贴的卷材材性相容,使之粘结良好,密封严密,不发生腐蚀等侵害; 2)合成高分子胶粘剂浸水保持率是一项重要性能指标,为保证屋面整体防水性能,规定浸水168h后胶粘剂剥离强度保持率不应低于70%。 (2)技术要点: 1)为确保防水工程质量,使卷材在防水层合理使用年限内不发生渗漏,除卷材的材性、材质因素外,其厚度应是最主要的因素,同时还应考虑到人们的踩踏、机具的压扎、穿刺和自然老化等均要求卷材有足够的厚度。 2)为确保卷材防水屋面的质量,所有卷材均应采用搭接法。卷材搭接缝质量是防水质量的关键;而搭接宽度和粘结密封性能是搭接缝粘结质量的关键。 3)立面卷材收头的端部应裁齐,由于合成高分子卷材较薄,粘结压紧较容易直接钉压于立面上,收头用密封材料封固,也可留置凹槽,将卷材压入凹槽内密封处理。 4)由于合成高分子防水卷材较薄,铺贴时易出现皱折,影响与基层的粘结,且易在皱折处破坏而造成渗漏,所以要求铺贴时把卷材展平使之与基层粘牢,不得用力拉伸卷材,卷材下面的空气要排净,以便辊压粘牢。

续表

序号	项　目	内　　容
3	工程要点	（3）安全要点： 1）施工人员必须经过培训后方可上岗操作，并应全面掌握施工安全技术和质量标准，强化安全与质量意识。 2）施工人员应身着工作服，戴好防护用具，方可进行施工操作。 3）施工现场及作业面要备有灭火器材和其他相应的防火措施。 4）施工现场及作业面的周围不准存放易燃、易爆物品。 5）遇五级（含五级）以上大风和粉尘较大时严禁施工。 6）高空作业和粘结檐头时，要有安全防护措施，并设安全监督员。 7）无女儿墙屋面防水施工时，屋面防水作业四周，应设高1.2m的防护栏杆或挂安全网。 8）其他如高空作业、垂直运输、卫生防护、杜绝高空坠落等均应按国家和地方有关规定执行。 （4）环境要点： 1）雨天、雾天严禁施工。 2）气温低于5℃时不宜施工（热熔法施工气温不得低于-10℃）。 3）五级风（含五级）以上不得施工。 4）施工途中下雨、下雾应做好已铺卷材周边的防护工作

2. 施工准备

合成高分子防水卷材屋面防水层的施工准备，如表6.2.39所示。

施工准备　　表6.2.39

序号	项　目	内　　容
1	技术准备	（1）施工前应进行图纸会审，并应编制屋面工程施工方案或技术措施。 （2）屋面工程施工时，应建立各道工序的自检、交接检和专职人员检查的"三检"制度，并有完整的检验记录。每道工序完成，应经监理单位（或建设单位）检查验收，合格后方可进行下道工序的施工。 （3）屋面工程的防水层必须由经资质审查合格的专业防水队伍进行施工。作业人员应持有当地建设行政主管部门颁发的上岗证。 （4）屋面工程所采用的防水、保温隔热材料应有产品合格证书和性能检验报告，材料的品种、规格、性能等应符合现行国家产品标准和设计要求。材料进场后，应进行复检，不合格的材料，不得在屋面工程中使用。 （5）当下道工序或相邻工程施工时，对屋面已完成的部分应采取保护措施。 （6）伸出屋面的管道、设备或预埋件等，应在防水层施工前安设完毕。屋面防水层施工后，不得在其上凿孔、打洞或重物冲击。
2	材料要求	（1）品种规格：合成高分子防水卷材的品种规格应符合表6.1.25的要求。 （2）质量要求：合成高分子防水卷材的外观质量和物理性能应符合表6.1.24和表6.1.26的要求。 （3）合成高分子防水卷材施工配套材料选择要求： 1）基层处理剂：一般以聚氨酯-煤焦油系的二甲苯溶液或氯丁橡胶乳液组成，用于处理基层表面，要求施工性能好，耐候性、耐霉菌性好，其粘结后的剪切强度不小于0.2N/mm²。 2）基层胶粘剂：用于防水卷材与基层之间的粘合，应具有施工性能好，有良好的耐候性、耐日光、耐水性等。其粘结剥离强度应大于15N/10mm。浸水168h后粘结剥离强度不应低于70%。

序 号	项 目	内 容
2	材料要求	3)卷材接缝胶粘剂:用于卷材与卷材接缝的胶粘剂。应具有良好的耐腐蚀性、耐老化性、耐候性、耐水性等。其粘结剥离强度应大于15N/10mm。浸水168h后粘结剥离强度不应低于70%。 4)卷材密封剂:用于卷材收头的密封材料。一般选用双组分聚氨酯密封膏、双组分聚硫橡胶密封膏等。 5)溶剂:用于将胶粘剂稀释成基层处理剂,一般常用二甲苯。
3	主要机具	合成高分子防水卷材施工主要机具,详见表6.2.40。
4	作业条件	(1)雨天、雾天严禁施工。 (2)冷粘法不低于5℃;热风焊接法不低于—10℃。 (3)五级风(含五级)以上不得施工。 (4)施工途中下雨,下雾应做好已铺卷材周边的防护工作。 (5)基层必须干净、干燥。干燥程度的简易检验方法。是将1m² 卷材平坦地干铺在找平层上,静置3~4h后掀开检查,卷材覆盖部位与卷材上未见水印即可铺设

合成高分子防水卷材施工主要机具　　　　　　　**表 6.2.40**

工具名称	规 格	用 途	工具名称	规 格	用 途
高压吹风机	300W	清理基层	喷灯	普通	加热卷材
扫帚	普通	清理基层	橡皮刮板	普通	铺贴卷材
小平铲	小型	清理基层	钢管	150×30	铺贴卷材
电动搅拌器	300W	搅拌胶粘剂	嵌缝挤压枪	普通	密封
滚刷	φ60×300	涂布胶粘剂	皮卷尺	50m	量尺寸
油漆刷	20	涂布胶粘剂	剪刀	普通	剪裁卷材
铁桶	普通	装胶粘剂	钢卷尺	2m	量尺寸
小油漆桶	普通	装胶粘剂	弹线放样工具	普通	弹基准线
手持压辊	φ40×50	压实卷材	粉笔	普通	做标记
压辊	30kg	压实接缝	安全带	普通	安全防护
阴角压辊	普通	压实卷材	安全帽	普通	安全防护
热风焊枪	普通	加热卷材	工具箱	普通	保存工具

3. 施工方法

(1) 工艺流程

合成高分子防水卷材屋面防水层的工程流程,如下所示。

清理基层 → 涂布基层处理剂 → 铺设增强层 → 卷材表面涂布胶粘剂(晾胶) → 基层表面涂布胶粘剂(晾胶) →

铺设卷材 → 排气、压实 → 卷材接头粘结(晾胶) → 压实 → 卷材末端收头及封边处理 →

淋(蓄)水试验 → 做施工保护层

(2) 操作方法

合成高分子防水卷材屋面防水层的操作方法,如表6.2.41所示。

操作方法　　　　　　　　　　　　　　　　　　　　表 6.2.41

序号	项　目	内　容
1	基层处理	(1)清理基层:施工前将验收合格的基层清扫干净。 (2)涂刷基层处理剂: 1)基层处理剂应根据不同材性的防水卷材,选配相匹配的基层处理剂,施工时应查清产品说明书中的内容,参考表 6.2.42 选用。 2)基层处理剂可用喷或涂等方法均匀涂布在基层表面。施工时,将配制好的基层处理剂搅拌均匀,在大面积涂刷施工前,先用油漆刷蘸胶在阴阳角、水落口、管道及烟囱根部等复杂部位均匀地涂刷一遍,然后用长拖滚刷进行大面积涂刷施工。厚度应均匀一致,切勿反复来回涂刷,也不得漏刷露底。 3)涂刷基层处理剂后,常温下干燥 4h 以上,手感不粘时,即可进行下道工序的施工。基层处理剂施工后宜在当天施工防水层。
2	细部构造	特殊部位增强处理:屋面容易产生漏水的薄弱处,如山墙水落口、天沟、突出屋面的阴阳角、穿越屋面的管道根部等(表 6.1.44),除采用涂膜防水材料做增强处理外,还应按下列规定处理。 (1)卷材末端的收头与封边处理:为了防止卷材末端剥落或渗水,末端收头必须用与其配套的嵌缝膏封闭。当密封材料固化后在末端收头处再涂刷一层聚氨酯防水涂料,然后用 108 胶水泥砂浆(水泥:砂:108 胶=1:3:0.15)压缝封闭。 (2)檐口卷材收头处理:可直接将卷材贴到距檐口边 20~300mm 处,采用密封膏封边,也可在找平层施工时预留 30mm 半圆形凹坑,将卷材收头压入后用密封膏封固,再抹掺 108 胶的水泥砂浆。 (3)天沟卷材铺贴:卷材应顺天沟整幅铺贴,尽量减少接头,接头应顺流水方向搭接,并用密封膏封严;当整幅卷材不足天沟宽时,应尽量在天沟外侧搭接,外侧沟底坡向檐口水落口处搭接缝和檐沟外侧卷材的末端均应用密封膏封固,内侧应贴进檐口不少于 50mm,并压在屋面卷材下面。 (4)水落口卷材铺贴:水落口杯应用细石混凝土或掺 108 胶的水泥砂浆嵌固,与基层接触处应留出宽 20mm 深 20mm 的凹槽,嵌填密封材料,并做成以水落口为中心比天沟低 30mm 的凹坑。在周围直径 500mm 范围内应先涂基层处理剂,再涂 2mm 厚的密封膏,并宜加衬一层胎体增强材料,然后做一层卷材附加层,深入水斗不少于 100mm,上部剪开将四周贴好,再铺天沟卷材层,并剪开深入水落口,用密封膏封严。 (5)阴阳角卷材铺贴:阴阳角的基层做成圆弧形,其圆弧半径约 20mm,涂底胶后再用密封膏涂封,其范围距转角每边宽 200mm,再增铺一层卷材附加层,接缝处用密封膏封固。 (6)高低跨墙、女儿墙、天窗下泛水及收头处理:屋面与立墙交接处应做成圆弧形或钝角,涂刷基层处理剂后,再涂 100mm 宽的密封膏一层,铺贴大面积卷材前顺交角方向铺贴一层 200mm 宽的卷材附加层,搭接长度不少于 100mm。 高低跨墙、女儿墙、天窗下泛水卷材收头应做滴水线及凹槽,卷材收头嵌入后,用密封膏封固,上面抹掺 108 胶水泥砂浆。当遇到卷材垂直于山墙泛水铺贴时,山墙泛水部位应另用一平行于山墙方向的卷材压贴,与屋面卷材向下搭接不少于 100mm;当女儿墙较低时,应铺至女儿墙顶部,用压顶压封。 (7)排汽管、洞卷材收头处理:排汽洞根部卷材铺贴和立墙交接处相同,转角处应按阴阳角做法处理。排气管根部,应先用细石混凝土填嵌密实,并做出圆弧或 45°左右的坡面,上口留 20mm 宽、20mm 深的凹槽,待大面积卷材铺贴完,再加铺两层附加层,然后在端部用麻丝或细钢丝绑缠后再用密封膏密封,必要时再加做细石混凝土保护层。 (8)当屋面为装配式结构时,板的端缝处必须加做缓冲层,第一种是在板的端缝处空铺一条 150mm 左右的卷材条;第二种做法是单边点贴 200mm 左右的普通石油沥青卷材条,然后再铺贴大面积卷材。

续表

序 号	项 目	内 容
3	合成高分子防水卷材的操作要点	(1)冷粘法铺贴操作要点,见表6.2.43。 (2)热熔焊接法铺贴操作要点和自粘法铺贴操作要点,见表6.2.45
4	保护层施工	(1)防水层铺贴完毕,清扫干净,经淋(蓄)水检验,检查验收合格后,方可进行保护层的施工。 (2)云母或蛭石保护层不得有粉料,撒铺应均匀,不得露底,多余的云母或蛭石应清除。 (3)水泥砂浆保护层的表面应抹平压光,并设表面分格缝,分格面积宜为1m^2。 (4)块体材料保护层应留设分格缝,分格面积不宜大于100m^2,分格缝宽度不宜小于20mm。 (5)细石混凝土保护层,混凝土应密实,表面抹平压光,并留设分格缝,分格面积不大于36m^2。 (6)浅色涂料保护层应与卷材粘结牢固,厚薄均匀,不得漏涂。 (7)水泥砂浆、块材或细石混凝土保护层与防水层之间应设置隔离层。 (8)刚性保护层与女儿墙、山墙之间应预留宽度为30mm的缝隙,并用密封材料嵌填严密。 (9)高低跨的屋面,如为无组织排水时,低屋面受水冲滴的部位应加铺一层整幅的卷材,再设300～500mm宽的板材加强保护;如为有组织排水时,水落管下应加设钢筋混凝土簸箕

卷材与基层处理剂配套使用参考表　　　　　　　表6.2.42

主体防水材料名称	基层处理剂名称
三元乙丙—丁基橡胶卷材	聚氨酯底胶甲:乙:二甲苯=1:1.5:1.5～3
氯化聚乙烯—橡胶共混卷材	氯丁胶乳,BX—12胶粘剂
氯磺化聚乙烯	氯丁胶沥青胶乳

冷粘法操作要点　　　　　　　　表6.2.43

序 号	项 目	内 容
1	贴标准线	根据卷材铺贴方案,在基层表面排好尺寸,弹出卷材铺贴标准线。
2	胶粘剂规定	由于各种卷材的材性不同,采用的胶粘剂也不同,胶粘剂包括将卷材粘贴于基层的胶粘剂和卷材之间的粘结胶粘剂,并有单组分和双组分之分,单组分胶粘剂只要开桶搅拌均匀即可使用;双组分需在现场使用前将甲、乙两组分材料按比例掺合搅拌均匀后使用。主要卷材配套使用的胶粘剂可参考表6.2.44。
3	胶粘剂涂刷	为了使卷材粘结可靠,一般在基层上和卷材背面均涂刷胶粘剂。当基层处理剂基本干燥,表面洁净时,将调制搅拌均匀的胶粘剂用长柄滚刷均匀涂刷在基层表面上,复杂部位用油漆涂刷,涂刷均匀一致,不得在一处反复涂刷,经过10～20min后,指触基本不粘,即可铺设卷材。
4	铺贴要求	将卷材反面展开摊铺在平整的基层上,用清洁剂除去表面污物,晾干后用长拖滚刷蘸胶粘剂,均匀涂刷在卷材表面上,不得漏涂,但沿搭接缝80～100mm处不得涂胶。使用溶剂型胶粘剂时,涂胶后静置20min左右,待胶粘剂胶膜基本干燥(手感不粘),即可进行铺贴。使用乳液型胶粘剂时,可仅在基层表面均匀涂刮胶粘剂随即铺贴卷材。
5	平面铺贴	将涂胶干燥后的卷材用筒芯重新卷好,穿入一根直径30mm、长1500mm的钢管,由两人抬起,依线将卷材一端粘贴固定,然后沿弹好的标准线向另一端铺展,铺展时卷材不应拉得过紧,在松弛状态下铺贴,每隔1000mm左右对准标准线粘贴一下,不得皱折。每铺完一幅卷材后,应立即用长把压辊从卷材一端开始,顺卷材横向依次滚压一遍,排除卷材粘结层间的空气,然后用外包橡皮的大压辊(30kg)滚压,使其粘贴牢固。

续表

序　号	项　　目	内　　　容
6	立面铺贴	铺贴泛水时，应先留出泛水高度的卷材，先贴平面，再统一由下往上铺贴立面，铺贴时切忌接紧，随转角压紧压实往上粘贴。最后用手持压辊从上往下滚压，不得有空鼓和粘结不牢等现象。
7	卷材接缝粘接	卷材搭接方式有：搭接法、对接法、增强搭接法和增强对接法四种形式。 　　卷材搭接缝粘贴：首先将搭接缝上层卷材表面每隔 500～1000mm 处点涂氯丁胶，基本干燥后(手感不粘)，将搭接卷材翻开临时反向粘贴固定在面层上，然后将配制搅拌均匀的接缝胶粘剂，用油漆刷均匀地涂刷在翻开的卷材接缝的两个粘接面上，涂刷均匀一致，不得露底，也不得堆抹成粘胶团。涂胶量一般以 0.5～0.8kg/m² 为宜，干燥 20～30min 后(手感基本不粘)，即可进行粘合。粘合从一端开始，用手边压合边驱除空气，不得有空鼓和皱折现象，然后用手持压辊依次认真滚压一遍。在纵横搭接缝相交处，有三层卷材重叠，必须用手持压辊滚压，所有接缝口均应用密封膏封口，宽度不小于 10mm。
8	收头处理	卷材收头处理：为使卷材粘结牢固，防止翘边及渗漏应用密封膏封严后，再涂刷一遍涂膜防水层

卷材与胶粘剂配套使用参考表　　　　　　　　　表 6.2.44

卷材名称	卷材与基层粘结剂	卷材与卷材胶粘剂
三元乙丙—丁基橡胶卷材	CX—404 胶粘剂	丁基接缝胶粘剂 A、B 组分
氯化聚乙烯—橡胶共混卷材	BX—12 胶粘剂	BX—12 乙组分接缝胶粘剂
氯磺化聚乙烯	CX—404 胶粘剂、氧丁胶沥青胶液	XY—409 胶、CX—403 胶
LYX—603 卷材	LXY—603-3 胶粘剂 甲、乙组分	LXY—603-2 胶粘剂
PVC 卷材	CX—404 胶粘剂	氯丁胶乳

注：或由卷材生产厂家配套供应使用。

热熔焊接法及自粘法操作要点　　　　　　　　　表 6.2.45

序　号	项　　目	内　　　容
1	热熔焊接法操作要点	热熔焊接法铺贴合成高分子防水卷材的操作要点 　　(1)当找平层涂刷基层处理剂干燥后，首先粘贴加强层。 　　(2)铺贴大面积卷材时，先打开卷材的一端对准弹好的标准线，然后将卷材头倒退卷回 1m 左右，一人扶卷材，另一人手持火焰喷枪(宜采用两把或多把喷枪同时分段加热)，点燃后调好火焰，使火焰成蓝色，将喷枪对准卷材与基层交界面，使喷枪与卷材保持最佳距离，从卷材一侧向另一侧缓缓移动，使基层与卷材同时加热，当卷材底面的热熔胶熔化并发黑色光泽时，负责卷材铺贴的人员就可以缓缓滚压粘贴，摊滚操作应紧密配合加热熔化速度进行。 　　(3)待端部粘贴好后，摊滚操作人员站向卷材对面，火炬喷枪移向反面，继续进行粘贴。摊滚粘贴时，操作人员必须注意卷材沿所弹标准线铺贴，滚压时应排除卷材下面的空气，卷材边缘应有热熔胶溢出，并趁热用刮板将熔胶刮至接缝处封严。 　　(4)摊铺滚贴 1～2m，另外一人用压辊趁热滚压严实，使之平展，不得有皱折。 　　(5)熔化热熔胶时，应特别注意卷材边缘的热熔胶要充分热熔，确保搭接质量。铺贴复杂部位及表面不平整处，应扩大烘热卷材面，使整片卷材处于柔软状态，便于与基层粘贴平服、严实。 　　(6)用条粘法时，每幅卷材的每边粘贴宽度不应小于 150mm。 　　(7)施工时应严格控制摊滚速度和火焰烘烤距离，摊滚过快、烘烤距离太远、热溶胶未达到熔化温度，会造成卷材与基层粘结不牢；摊滚过慢、烘烤距离太近、火焰容易将热熔胶烧流、烧焦或烧穿卷材，施工人员必须熟练地掌握这一操作关键。

序 号	项 目	内 容
2	自粘法操作要点	自粘法铺贴合成高分子防水卷材的操作要点。 （1）基层处理剂干燥后，即可铺贴加强层，铺贴时应将自粘胶底面的隔离纸完全撕净，宜采用热风焊枪加热，加热后随即粘贴牢固，溢出的自粘胶随即刮平封口。 （2）铺贴大面积卷材时，应先仔细剥开卷材一端背面隔离纸约500mm，将卷材头对准标准线轻轻摆铺，位置准确后再压实。 （3）端头粘牢后即可将卷材反向放在已铺好的卷材上，从纸芯中穿进一根500mm长钢管，由两人各持一端徐徐往前沿标准线摊铺，摊铺时切忌拉紧，但也不能有皱折和扭曲。 （4）在摊铺卷材过程中，另一人手拉隔离纸缓缓掀剥，必须将自粘胶底面的隔离纸完全撕净。 （5）铺完一层卷材，即用长把压辊从卷材中间向两边顺次来回滚压，彻底排除卷材下面空气，为粘结牢固，应用大压辊再一次压实。 （6）搭接缝处，为提高可靠性，可采用热风焊枪加热，加热后随即粘贴牢固，溢出的自粘胶随即刮平封口，最后将接缝口用密封材料封严，宽度不小于10mm。 （7）铺贴立面、大坡面卷材时，应用热风焊枪加热后粘贴牢固

4. 质量标准

（1）质量标准

合成高分子防水卷材屋面防水层的质量标准，除应符合表6.2.46规定外，还应符合《屋面工程质量验收规范》（GB 50207—2002）中之4的有关要求。

质 量 标 准   表 6.2.46

序 号	项 目	内 容
1	主控项目	（1）所用卷材及其配套材料，必须符合设计要求。 检验方法：检查所有材料应有出厂合格证、质量检验报告和现场抽样复验报告。 （2）卷材防水层不得有渗漏或积水现象。 检验方法：应通过淋（蓄）水检验。 （3）卷材防水层在天沟、檐沟、檐口、水落口、泛水、变形缝和伸出屋面管道的防水构造，必须符合设计要求。
2	一般项目	（1）卷材防水层的搭接缝应粘（焊）结牢固，密封严密，不得有皱坼、翘边和鼓泡等缺陷；防水层的收头应与基层粘结并固定牢固，封口严密，不得翘边。 （2）卷材防水层上的撒布材料和浅色涂料保护层应铺撒或涂刷均匀，粘结牢固；水泥砂浆、块材或细石混凝土保护层与卷材防水层间应设置隔离层；刚性保护层的分格缝留置应符合设计要求。 （3）排汽屋面的排汽道应纵横贯通，不得堵塞。排汽管应安装牢固，位置正确，封闭严密。 （4）卷材的铺贴方向应正确，卷材搭接宽度的允许偏差为－10mm

（2）质量记录

合成高分子防水卷材屋面防水层，应具备的质量记录，如表6.2.47所示。

质 量 记 录   表 6.2.47

序 号	内 容
1	合成高分子防水卷材及配套材料应有产品合格证，材料进场后应进行复验并保存复验合格资料。
2	屋面防水层施工质量验收记录。
3	屋面防水层蓄水检验记录。
4	屋面各项施工的技术交底、安全交底记录

5. 成品保护

合成高分子防水卷材屋面防水层的成品保护，如表 6.2.48 所示。

成品保护　　　　　　　　　　　　　　　　　　　表 6.2.48

序　号	内　　　　容
1	施工人员应认真保护已经做好的防水层,严防施工机具等把防水层戳破;施工人员不允许穿带钉子的鞋在卷材防水层上走动。
2	穿过屋面的管道,应在防水层施工以前进行,卷材施工后不应在屋面上进行其他工种的作业。 如果必须上人操作时,应采取有效措施,防止卷材受损。
3	屋面工程完工后,应将屋面上所有剩余材料和建筑垃圾等清理干净,防止堵塞水落口或造成天沟、屋面积水。
4	施工时必须严格避免基层处理剂、各种胶粘剂和着色剂等材料污染已经做好饰面的墙壁、檐口等部位。
5	水落口处应认真清理,保持排水畅通,以免天沟积水

6. 安全环保措施

合成高分子防水卷材屋面防水层的安全环保措施，如表 6.2.49 所示。

安全环保措施　　　　　　　　　　　　　　　　　表 6.2.49

序　号	内　　　　容
1	防水工程施工前,应编制安全技术措施,书面向全体操作人员进行安全技术交底工作,并办理签字手续备查。
2	施工过程中,应有专人负责督促,严格按照安全规程进行各项操作,合理使用劳动保护用品,操作人员不得赤脚或穿短袖衣服进行作业,防止胶粘液溅泼和污染,应将袖口和裤脚扎紧,应戴手套,不得直接接触油溶型胶泥油膏。接触有毒材料应戴口罩并加强通风。施工时禁止穿带高跟鞋、带钉鞋、光滑底面的塑料鞋和拖鞋,以确保上下屋面或在屋面上行走及上下脚手架的安全。
3	患有皮肤病、支气管炎、结核病、眼病以及对胶泥油膏有过敏的人员,不得参加操作。
4	操作时应注意风向,防止下风操作以免人员中毒、受伤。在较恶劣条件下,操作人员应戴防毒面具。
5	运输线路要畅通,各项运输设施应牢固可靠,屋面孔洞及檐口应有安全防护措施。
6	为确保施工安全,对有电器设备的屋面工程,在防水层施工时,应将电源临时切断或采取安全措施,对施工照明用电,应使用 36V 安全电压,对其他施工电源也应安装触电保护器,以防发生触电事故。
7	操作现场禁止吸烟。严禁在卷材或胶泥油膏防水层的上方进行电、气焊工作,以防引起火灾和损伤防水层。
8	必须切实做好防火工作,备有必要且充足的消防器材,一旦发生火灾,严禁用水灭火。
9	施工现场及作业面的周围不得存放易燃易爆物品

6.2.3　涂膜防水屋面防水层施工

1. 工程概要

涂膜防水屋面的工程概要,如表 6.2.50 所示。

工程概要　　　　　　　　　　　　　　　　　　　　　　　　表 6.2.50

序号	项目	内容
1	适用范围	本规定适用于防水等级(表 6.1.2)Ⅰ～Ⅳ级屋面防水。
2	基本规定	(1)涂膜应根据防水涂料的品种分层分遍涂布,不得一次涂成,应待先涂的涂层干燥成膜后,方可涂后一遍涂料。 (2)需铺设胎体增强材料时,屋面坡度小于 15%时,可平行屋面铺设;屋面坡度大于 15%时,应垂直于屋脊铺设。 (3)胎体边长搭接宽度不应小于 50mm,短边搭接宽度不应小于 70mm。 (4)采用二层胎体增强材料,上下层不得相互垂直铺设,搭接缝应错开,其间距不应小于幅宽的 1/3。 (5)应按照不同屋面防水等级,选定相应的防水涂料及其涂膜厚度。
3	工程要点	为全面优质完成工程施工,各项工作中的关键要点如下: (1)材料要点: 1)防水涂料主要检验其固体含量、耐热度、柔性、不透水性和延伸率性能。 ①固体含量:根据防水涂料的特性,表 6.1.37、表 6.1.38 和表 6.1.39 中列出了两类防水涂料的固体含量要求。如果固体含量达不到表中规定,涂膜的厚度就难以得到保证。 ②耐热度:在夏季最高气温条件下,屋面的表面温度表面可达 70～80℃。若涂料的耐热度小于 80℃,同时保持不了 5h,涂膜即会发生流淌、气泡或滑动,若防水涂料达不到表 6.1.37 中列出的耐热度指标,即可判定该防水涂料的耐热度为不合格。 ③柔性:为使防水涂料对施工温度具有一定的适应性,根据防水涂料的特性,表 6.1.37、表 6.1.38 和表 6.1.39 中列出了对两类防水涂料的柔性要求。 ④不透水性:根据防水涂料的特性,表 6.1.37、表 6.1.38 和表 6.1.39 中列出了对防水涂料的不透水性要求,如能达到表中规定的质量要求,完工后的防水层就不会产生直接渗漏。 ⑤延伸率:主要是使两类防水涂料具有一定的适应基层变形的能力,保证防水效果。 2)胎体增强材料应主要检验其拉力、延伸率和外观(有无团状、折皱及平整性)。 (2)技术要点: 1)所有节点防水施工时,均应先填密封材料。 2)涂膜防水层应根据防水涂料的品种分遍分层涂布,不得一次涂成。 3)应在先涂布的涂层干燥或固化成膜(不粘脚)后,方可涂布后一遍涂料。 4)涂膜防水层的施工顺序应按"先高后低,先远后近"的原则进行,同一屋面上先涂布阴阳角和排水较集中的水落口,天沟、檐口、天窗口等节点部位,再进行大面积涂布。 5)各遍涂层之间的涂布方向应相互垂直。涂层间每遍涂布的退槎和接槎应控制在 50～100mm。 6)涂膜收头应用防水涂料多遍涂刷密实或用密封材料封严。 7)变形缝内填充聚苯板,上面铺设衬垫材料后再用卷材封盖,顶部宜加混凝土盖板或金属盖板;变形缝的泛水高度不应小于 250mm;防水涂料应涂至变形缝两侧砌体的上部。 8)水落口杯与基层交接部位应作密封处理;水落口周围直径 500mm 范围内的坡度不应小于 5%,并用防水涂料或密封材料涂封,涂封厚度不应小于 2mm;涂膜防水伸入水落口杯内不应小于 50mm。 9)女儿墙压顶应做防水处理,涂膜防水层应涂过女儿墙压顶。 10)管道等根部直径 500mm 范围内,找平层应抹出高度不小于 30mm 的圆台,其根部四周应铺贴胎体增强材料,宽度和高度不应小于 300mm;管道上涂膜收头处应用防水涂料多道涂刷,并应用密封材料封严。 11)铺贴胎体增强材料时,屋面坡度小于 15%时可平行屋脊铺贴,屋面坡度大于 15%时应垂直于屋脊铺贴。 12)胎体增强材料长边搭接宽度不应小于 50mm,短边搭接宽度不应小于 70mm。 13)采用两层胎体增强材料时,上下层不得相互垂直铺贴,搭接缝应错开,其间距不应小于幅度的 1/3。

序 号	项 目	内　　　容
3	工程要点	14)胎体增强材料应加铺在涂层中间,下面涂层厚度不小于 1mm;上层的涂层厚度不小于 0.5mm。 15)胎体增强材料铺贴时,不应拉伸过紧或太松,不得出现皱折、翘边。 16)涂膜厚度选用应符合表 6.1.43 的规定。 (3)质量要点: 1)所用防水涂料、胎体增强材料、密封材料和其他材料均必须符合质量标准和满足设计要求。施工现场应按规定进行抽样复检。 2)屋面坡度必须准确,找平层平整度不应超过 5mm;不得有酥松、起砂、起皮等缺陷;出现裂缝应予修补。找平层的水泥砂浆配合比,细石混凝土的强度等级及厚度应符合设计要求。 3)防水层不得有裂纹、脱皮、流淌、鼓泡、脱落、开裂、孔洞、收头不严和胎体增强材料裸露、皱折、翘边等缺陷。 4)节点的密封处理,附加增强层的施工应满足设计要求。 5)胎体增强材料铺贴的时机、方式应严格控制;铺贴时必须保持平整、无皱折、无翘边,搭接应满足要求。 6)双组分防水涂料配料时计量应准确,搅拌应充分均匀,操作时必须精心,对于不同组分的容器、取料勺、搅拌棒等不得混用,以免产生凝胶。 7)必须按设计要求严格控制涂膜防水层的厚度以及每遍涂层的厚度和间隔涂布时间;涂布时应避免将气泡裹进涂层中,若有气泡产生应立即消除;涂布应厚薄均匀、表面平整。 8)防水涂层上设置保护层,应在涂布最后一遍涂料时边涂布边撒布细砂等粉料,以使两者间粘结牢固,并要求撒布均匀不得露底。对于与防水层粘结不牢的细砂等粉料应及时清扫干净,避免因雨水冲刷堵塞水落口或使屋面局部积水而影响排水效果。 (4)安全要点: 1)采用溶剂型防水涂料时,由于其中的一些溶剂有毒、易燃,操作时必须严格遵守操作要求,注意防火、防毒。 2)施工现场应通风良好,并配备消防器材。 (5)环境要点: 1)防水涂料贮运和保管的环境温度不应低于 0℃。 2)胎体增强材料贮运和保管应干燥、通风,并远离火源。 3)溶剂型防水涂料应存放在阴凉、通风、干燥、无强烈日光直晒的施工现场库房内,并备有消防器材。 4)用溶剂型防水涂料时,施工现场严禁烟火,并应配备消防器材

2. 施工准备

涂膜防水屋面工程的施工准备,如表 6.2.51 所示。

施 工 准 备　　　　　　　　　　　　　　表 6.2.51

序 号	项 目	内　　　容
1	技术准备	(1)施工前,施工单位应组织相关技术人员对涂膜防水屋面施工图进行会审,详细了解、掌握施工图中的各种细部构造及有关设计要求。 (2)依据本施工工艺标准并结合工程实际情况,制订施工技术方案或施工技术措施。 (3)施工前,必须根据设计要求试验确定每道涂料的涂布厚度和遍数。 (4)施工时,应建立各道工序的自检和专职人员检查制度。并有完整的检查记录。每道工序完成后,应经监理单位或建设单位检查验收,合格后方可进行下道工序的施工。 (5)涂膜防水屋面工程应由经资质审查合格的防水专业队伍进行施工,作业人员应持有工程所在地建设行政主管部门颁发的上岗证。

序号	项目	内容
2	材料要求	(1)所采用的防水涂料、胎体增强材料、密封材料等应有产品合格证书和性能检测报告,材料的品种、规格、性能等技术指标应符合现行国家产品标准和设计要求。 材料进场后,应按表6.1.37、表6.1.38、表6.1.39、表6.1.41、表6.1.57、表6.1.58和表6.2.52的规定进行抽样复检,并提出试验报告。不合格的材料,不得在涂膜防水屋面工程中使用。 适用于涂膜防水层的防水涂料分成两类:高聚物改性沥青防水涂料和合成高分子防水涂料。 1)高聚物改性沥青防水涂料的质量指标:常用的品种有(水乳型、溶剂型)氯丁橡胶改性沥青防水涂料、SBS(APP)改性沥青防水涂料、聚氨酯改性沥青防水涂料、再生胶改性沥青防水涂料等。其质量应符合表6.1.37的要求。 2)合成高分子防水涂料的质量指标:常用的品种有聚氨酯防水涂料(单双组分)、丙烯酸酯防水涂料、硅橡胶防水涂料、聚合物水泥防水涂料等。其质量应符合表6.1.38、表6.1.39和表6.1.40的要求。 (2)胎体增强材料的质量指标:常用的品种有聚酯无纺布、化纤无纺布、玻璃纤维网格布等。其质量应符合表6.1.41的要求。 (3)密封材料的质量指标 1)改性石油沥青密封材料的物理性能应符合表6.1.57的要求。 2)合成高分子密封材料的物理性能应符合表6.1.58的要求。 3)抽样方法:涂膜防水工程材料施工现场抽样复验应符合表6.2.52的要求。
3	主要机具	主要机具见表6.2.53所示。
4	作业条件	(1)找平层应平整、坚实、无空鼓、无起砂、无裂缝、无松动掉灰。 (2)找平层与突出屋面结构(女儿墙、山墙、天窗壁、变形缝、烟囱等)的交接处以及基层的转角处应做成圆弧形,圆弧半径=50mm。内部排水的水落口周围,基层应做成略低的凹坑。 (3)找平层表面应干净、干燥(水乳型防水涂料对基层含水率无严格要求)。 含水率测定方法如下: 可用高频水分测定仪测定,或采用1.5～2.0mm厚的1.0m×1.0m橡胶板覆盖基层表面,3～4h后观察其基层与橡胶板接触面,若无水印,即表明基层含水率符合施工要求。 (4)施工前,应将伸出屋面的管道、设备及预埋件安装完毕。 (5)涂膜防水屋面严禁在雨天、雪天和五级风及以上时施工。施工环境气温应符合表6.2.54的要求

涂膜防水工程材料现场抽样方法与项目   表 6.2.52

序号	材料名称	现场抽样数量	外观质量检验	物理性能检验
1	高聚物改性沥青防水涂料。	每10t为一批,不足10t按一批抽样。	包装完好无损,且标明涂料名称、生产日期、生产厂名、产品有效期、无沉淀、凝胶、分层。	固体含量,耐热度,柔性,不透水性,延伸。
2	合成高分子防水涂料。	每10t为一批,不足10t按一批抽样。	包装完好无损,且标明涂料名称、生产日期、生产厂名、产品有效期。	固体含量,拉伸强度,断裂延伸率,柔性,不透水性。
3	胎体增强材料	每3000m²为一批,不足3000m²按一批抽样	均匀、无团状、平整、无折皱	拉力,延伸率

主 要 机 具　　　　　　　　　　　　　　　　表 6.2.53

高聚物改性沥青防水涂料		合成高分子防水涂料	
溶剂型	水乳型	聚氨酯防水涂料	聚合物水泥、丙烯酸、硅橡胶防水涂料
扫帚、圆滚刷、腻子刀、钢丝刷、油漆刷、拌料桶(塑料或铁桶)、手提式电动搅拌器、剪刀、消防器材	机具与溶剂型相同(毋需消防器材)	扫帚、圆滚刷、刮板、腻子刀、钢丝刷、油漆刷、拌料桶、磅秤、手提式电动搅拌器、消防器材等	扫帚、抹布、凿子、锤子、钢丝刷、腻子刀、台秤、水桶、称料桶、拌料桶、手提式电动搅拌器、剪刀、圆滚刷、油漆刷等

涂膜防水屋面施工标准气温　　　　　　　　　　　表 6.2.54

项　　目	施工环境气温
高聚物改性沥青防水涂料	溶剂型不低于−5℃,水乳型不低于5℃
合成高分子防水涂料	溶剂型不低于−5℃,水乳型不低于5℃
聚合物水泥防水涂料	

3. 施工方法

(1) 工艺流程

涂膜防水屋面工程的工艺流程,如下所示。

1) 涂膜单独防水工艺流程

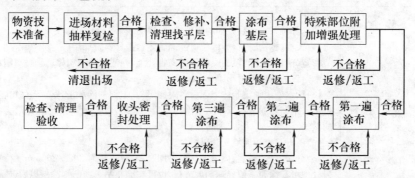

2) 铺贴胎体增强材料的工艺流程

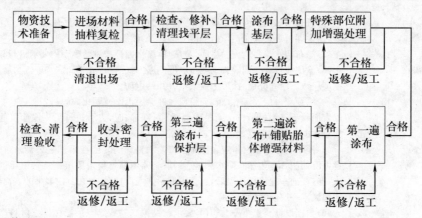

(2) 操作方法

涂膜防水屋面工程的操作方法,如表 6.2.55 所示。

操作方法　　　　　　　　　　　　　　　　　表 6.2.55

序　号	项　目	内　容
1	铺前准备	(1)检查找平层 1)检查找平层质量是否符合规定和设计要求,并进行清理、清扫。若存在凹凸不平、起砂、起皮、裂缝、预埋件固定不牢等缺陷,应及时进行修补,修补方法按表 6.2.56 要求进行。 2)检查找平层干燥度是否符合所用防水涂料的要求。 3)合格后方可进行下步工序。 (2)找平层处理剂 1)找平层处理剂的配制:对于溶剂型防水涂料可用相应的溶剂稀释后使用,以利于渗透,如:溶剂型 SBS 改性沥青防水涂料用汽油做稀释剂,稀释比例,涂料:汽油=1:0.5。也可直接使用。 2)涂布找平层:先对屋面节点、周边、拐角等部位进行涂布,然后再大面积涂布。注意均匀涂布、厚薄一致,不得漏涂,以增强涂层与找平层间的粘结力。
2	涂料配制	(1)采用双组分防水涂料时,在配制前应将甲组分、乙组分搅拌均匀,然后严格按照材料供应商提供的材料配合比,准确计量;每次配制数量应根据每次涂布面积计算确定,随用随配;混合时,将甲组分、乙组分倒入容器内,用手提式电动搅拌器强力搅拌均匀后即可使用。 (2)单组分防水涂料使用前,只需搅拌均匀即可使用。
3	细部构造	特殊部位附加增强处理的细部构造,详见表 6.1.44,具体要求如下: (1)天沟、檐沟、檐口等部位应加铺胎体增强材料附加层,宽度不小于 200mm。 (2)水落口周围与屋面交接处做密封处理,并铺贴两层胎体增强材料附加层。涂膜伸入水落口的深度不得小于 50mm。 (3)泛水处应加铺胎体增强材料附加层,其上面的涂膜应涂布至女儿墙压顶下,压顶处可采用铺贴卷材或涂布防水涂料做防水处理,也要采取涂料沿女儿墙直接涂过压顶的做法。 (4)所有节点均应填充密封材料。 (5)分格缝处空铺胎体增强材料附加层,铺设宽度为 200～300mm。特殊部位附加增强处理可在涂布基层处理剂后进行,也可在涂布第一遍防水涂层以后进行。
4	涂布涂料	(1)待找平层涂膜固化干燥后,应先全面仔细检查其涂层上有无气孔、气泡等质量缺陷,若无即可进行涂布;若有,则应立即修补,然后再进行涂布。 (2)涂布防水涂料应先涂立面、节点,后涂平面。按试验确定的要求进行涂布涂料。 (3)涂层应按分条间隔方式或按顺序倒退方式涂布,分条间隔宽度应与胎体增强材料宽度一致。涂布完后,涂层上严禁上人踩踏走动。 (4)涂膜应分层、分遍涂布,应待前一遍涂层干燥或固化成膜后,并认真检查每一遍涂层表面确无气泡、无皱折、无凹坑、无刮痕等缺陷时,方可进行下一遍涂层的涂布,每遍涂布方向应相互垂直。 (5)铺贴胎体增强材料应在涂布第二遍涂料的同时或在第三遍涂料涂布前进行。前者为湿铺法,即,边涂布防水涂料边铺展胎体增强材料用滚刷均匀滚压;后者为干铺法,即,在前一遍涂层成膜后,直接铺设胎体增强材料,并在其已展平的表面用橡胶刮板均匀满刮一遍防水涂料。 (6)根据设计要求可按上述(4)要求铺贴第二层或第三层胎体增强材料,最后表面加涂一遍防水涂料。

序 号	项 目	内 容
5	收头处理	(1)所有涂膜收头均应采用防水涂料多遍涂刷密实或用密封材料压边封固,压边宽度不得小于 10mm。 (2)收头处的胎体增强材料应裁剪整齐,如有凹槽应压入凹槽,不得有翘边、皱折、露白等缺陷。
6	涂膜保护层	(1)涂膜保护层应在涂布最后一遍防水涂料的同时进行,即边涂布防水涂料边均匀撒布细砂等粒料。 (2)在水乳型防水涂料层上撒布细砂等粒料时,应撒布后立即进行滚压,才能使保护层与涂膜粘结牢固。 (3)采用浅色涂料做保护层时,应在涂膜干燥或固化后才能进行涂布。
7	检查验收	(1)涂膜防水层施工完后,应进行全面检查,必须确认不存在任何缺陷。 (2)在涂膜干燥或固化后,应将与防水层粘结不牢且多余的细砂等粉料清理干净。 (3)检查排水系统是否畅通,有无渗漏。 (4)验收

找平层缺陷的修补方法   表 6.2.56

缺陷种类	修 补 方 法
凹凸不平	铲除凸起部位。低凹处应用 1:2.5 水泥砂浆掺 10%~15% 的 108 胶补抹,较浅时可用素水泥掺胶涂刷;对沥青砂浆找平层可用沥青胶结材料或沥青砂浆填补。
起砂、起皮	要求防水层与基层牢固粘结时必须修补。起皮处应将表面清除,用水泥素浆掺胶涂刷一层,并抹平压光。
裂缝	当裂缝宽度<0.5mm 时,可用密封材料刮封;当裂缝宽度>0.5mm 时,沿缝凿成 V 形槽((20×15-20)mm),清扫干净后嵌填密封材料,再做 100mm 宽防水涂料层。
预埋件固定不牢	凿开重新灌筑掺 108 胶或膨胀剂的细石混凝土,四周按要求做好坡度

4. 质量标准

(1) 质量标准

涂膜防水屋面工程的质量标准,除应符合表 6.2.57 规定外,还应符合《屋面工程质量验收规范》(GB 50207—2002)中之 5 的有关要求。

质 量 标 准   表 6.2.57

序号	项 目	内 容
1	主控项目	(1)防水涂料、胎体增强材料、密封材料和其他材料必须符合质量标准和设计要求。施工现场应按规定对进场的材料进行抽样复验。 (2)涂膜防水屋面施工完后,应经过雨后或持续淋水 24h 的检验。若具备作蓄水检验的屋面,应做蓄水检验,蓄水时间不小于 24h。必须做到无渗漏、不积水。 (3)天沟、檐沟必须保证纵向找坡符合设计要求。 (4)细部防水构造(如:天沟、檐沟、檐口、水落口、泛水、变形缝和伸出屋面的管道)必须严格按照设计要求施工,必须做到全部无渗漏。

续表

序　号	项　目	内　　容
2	一般项目	(1)涂膜防水层 1)涂膜防水层应表面平整、涂布均匀,不得有流淌、皱折、鼓泡、裸露胎体增强材料和翘边等质量缺陷,发现问题,及时修复。 2)涂膜防水层与基层应粘结牢固。 3)涂膜防水层的平均厚度应符合表6.1.43的规定和设计要求,涂膜最小厚度不应小于设计厚度的80%。采用针测法或取样量测方式检验涂膜厚度。 (2)涂膜保护层 1)涂膜防水层上采用细砂等粒料做保护层时,应在涂布最后一遍涂料时,边涂布边均匀铺撒,使相互间粘结牢固,覆盖均匀严密,不露底。 2)涂膜防水层上采用浅色涂料做保护层时,应在涂膜干燥固化后做保护层涂布,使相互间粘结牢固,覆盖均匀严密,不露底。 3)防水涂膜上采用水泥砂浆、块材或细石混凝土做保护层时,应严格按照设计要求设置隔离层。块材保护层应铺砌平整,勾缝严密,分格缝的留设应准确。 4)刚性保护层的分格缝留置应符合设计要求,做到留设准确,不松动

(2) 质量记录

涂膜防水屋面工程的质量记录,如表6.2.58所示。

质 量 记 录　　　　　　　　表 6.2.58

序号	内　　容
1	质量记录应贯穿反映涂膜防水屋面工程施工的全过程,应对合格过程和不合格处理过程做详细记录,以便在施工过程中和施工完后,对出现的施工质量问题作出准确的判断和处理。
2	施工现场质量管理记录按表6.2.59的要求进行。该表由施工单位按表内内容详细填写,由总监理工程师(建设单位项目负责人)进行检查,并作出检查结论。
3	检验批质量验收记录按本标准表6.2.60的要求进行。该表由施工项目专业质量检查负责人填写,由监理工程师(建设单位项目专业技术负责人)组织专业质量检查员等进行验收。
4	分部(子分部)工程质量验收记录按本标准表6.2.61的要求进行。该表由总监理工程师(建设单位项目专业负责人)组织施工项目经理和有关勘察、设计单位项目负责人进行验收

施工现场质量管理检查记录　　　　　　　　表 6.2.59

工程名称		施工许可证(开工证)		
建设单位		项目负责人		
设计单位		项目负责人		
监理单位		总监理工程师		
施工单位		项目经理	项目技术负责人	
序号	项　目	内　容		
1	现场质量管理制度			
2	质量责任制			
3	主要专业工种操作上岗证书			
4	分包方资质与对分包单位的管理制度			
5	施工图审查情况			
6	地质勘察资料			
7	施工组织设计、施工方案及审批			
8	施工技术标准			
9	工程质量检验制度			
10	搅拌站及计量设置			
11	现场材料、设备存放与管理			
12				

检查结论:

　　总监理工程师

　(建设单位项目负责人)　　　　　　　　　　　　　　　　年　月　日

检验批质量验收记录

表 6.2.60

工程名称		分项工程名称		验收部位	
施工单位			专业工长	项目经理	
施工执行标准名称及编号					
分包单位		分包项目经理		施工班组长	

		质量验收规范的规定	施工单位检查评定记录								监理（建设）单位验收记录
主控项目	1										
	2										
	3										
	4										
	5										
	6										
	7										
	8										
	9										
一般项目	1										
	2										
	3										
	4										

施工单位检查评定结果	项目专业质量检查员：　　　　　　　　　　　　　　　年　月　日
监理（建设）单位验收结论	监理工程师（建设单位项目专业技术负责人）　　　　　　　　　　　　　年　月　日

_____分部（子分部）工程验收记录

表 6.2.61

工程名称			结构类型		层　数	
施工单位			技术部门负责人		质量部门负责人	
分包单位			分包单位负责人		分包技术负责人	
序号	分项工程名称		检验批数	施工单位检查评定		验收意见
1						
2						
3						
4						
5						
6						
	质量控制资料					
	安全和功能检验(检测)报告					
	观感质量验收					
验收单位	分包单位				项目经理	年　月　日
	施工单位				项目经理	年　月　日
	勘察单位				项目负责人	年　月　日
	设计单位				项目负责人	年　月　日
	监理(建设)单位				总监理工程师 (建设单位项目专业负责人)	年　月　日

5. 成品保护

涂膜防水屋面工程的成品保护，如表 6.2.62 所示。

成品保护 表 6.2.62

序 号	内 容
1	涂膜防水层施工进行中或施工完后，均应对已做好的涂膜防水层加以保护和养护，养护期一般不得少于 7d。
2	养护期间不得上人行走，更不得进行任何作业或堆放物料

6. 安全环保措施

涂膜防水屋面工程的安全环保措施，如表 6.2.63 所示。

安全环保措施 表 6.2.63

序 号	内 容
1	溶剂型防水涂料易燃有毒，应存放于阴凉、通风、无强烈日光直晒、无火源的库房内，并备有消防器材。
2	使用溶剂型防水涂料时，施工现场周围严禁烟火，应备有消防器材。施工人员应着工作服、工作鞋、戴手套。操作时若皮肤上沾上涂料，应及时用沾有相应溶剂的棉纱擦除，再用肥皂和清水洗净

6.2.4 刚性防水屋面防水层施工

1. 工程概要

刚性防水屋面的工程概要，如表 6.2.64 所示。

工程概要 表 6.2.64

序 号	项 目	内 容
1	适用范围	本规定适用于防水等级（表 6.1.2）为 Ⅰ～Ⅲ 级的屋面防水层施工。
2	基本规定	(1)刚性防水层中细石混凝土不得使用火山灰水泥；当采用矿渣硅酸盐水泥时，应采用减少泌水性的措施，混凝土的强度等级不应低于 C20。 (2)刚性防水层与立墙及突出屋面结构等交接处，均应做柔性密封处理；刚性防水层与基层间宜设置隔离层。 (3)混凝土中掺加膨胀剂、减水剂、防水剂等外加剂时，应按配合比准确计量，投料顺序得当，并应用机械搅拌，机械振捣。 (4)刚性防水层应设置分格缝，分格缝内应嵌填密封材料。 (5)细石混凝土防水层的厚度不应小于 40mm。
3	工程要点	为全面优质完成工程施工，各项工作中的关键要点如下： (1)细石混凝土中不得使用火山灰水泥；混凝土水灰比不应大于 0.55；每立方米混凝土水泥用量不得小于 330kg；含砂率宜为 35%～40%；灰砂比宜为 1:2～1:2.5；混凝土强度等级不应低于 C20。 (2)混凝土中掺加外加剂的品种、数量必须依照外加剂性能进行选配，并按配合比准确计量，投料顺序得当。 (3)混凝土的原材料配合比必须符合设计要求；细石混凝土防水层不得出现渗漏或积水现象。 (4)混凝土工、抹灰工必须是经过培训持有有效上岗证的人员；屋面四周必须有安全防护栏杆或脚手架。 (5)混凝土搅拌、运输、浇筑过程中不得污染其他部位

2. 施工准备

刚性防水屋面工程的施工准备，如表 6.2.65 所示。

施 工 准 备　　　　　　　　　　　　　　　表 6.2.65

序 号	项 目	内 容
1	技术准备	(1)根据设计图纸及相关施工验收规范编制施工方案(或作业指导书)。 (2)按照施工方案(或作业指导书)要求做好技术、安全交底。
2	材料要求	(1)混凝土水灰比不应大于 0.55，每立方米混凝土水泥用量不得小于 330kg，含砂率宜为 35%～40%；灰砂比宜为 1：2～1：2.5；混凝土采用机械搅拌，搅拌时间不应少于 2min，补偿收缩混凝土连续搅拌时间不应少于 3min。 (2)水泥宜采用普通硅酸盐水泥或硅酸盐水泥，不得采用火山灰质水泥，强度等级不低于 32.5 级；石子最大粒径不宜超过 15mm，含泥量不应大于 1%，应有良好的级配；砂子应采用中砂或粗砂，粒径在 0.3～0.5mm，含泥量不应大于 2%。 (3)钢筋采用直径 4～6mm、间距为 100～200mm 的双向钢筋网片，也可采用冷拔低碳钢丝，网片应采用绑扎或电焊制作，在分格缝处断开，绑扎钢筋的搭接长度满足搭接要求，其保护层不应小于 10mm。 (4)细石混凝土宜掺入膨胀剂、减水剂、防水剂等外加剂，应根据不同品种的使用范围、技术要求选定，按照配合比准确计量，投料顺序得当。细石混凝土应用机械充分搅拌均匀，坍落度控制在 30～50mm，达到密实以提高其防水性能。 (5)用于密封处理的密封材料应具有弹塑性、粘结性、耐候性以及防水、气密性和耐疲劳性，如改性沥青嵌缝油膏、聚氨酯类和硅酮类等合成高分子密封材料。质量要求应符合规范和设计规定，其储存、保管应避免日晒、雨淋，避开火源，防止碰撞。
3	主要机具	主要机具见表 6.2.66。
4	作业条件	(1)现浇整体式钢筋混凝土屋面，结构层表面应平整、坚实，必须进行蓄水试验，当发现有裂缝、渗漏等缺陷时，必须进行封闭和防锈处理。 (2)预制钢筋混凝土屋面板不得有外部损伤和缺陷，凡有局部轻微缺陷者，应在吊装前修补好；预制板应安装平稳，板缝应大小一致，板缝宽度上口不小于 30mm，下口不小于 20mm；对板缝呈上窄下宽或宽度大于 50mm 的，应加设构造钢筋；相邻板面高差不大于 10mm。 (3)采用细石混凝土灌缝时，应在灌缝前清理板缝，并刷水泥素灰，用钢丝吊托底模，分次浇筑水泥砂浆和细石混凝土。混凝土应浇捣密实，不得有蜂窝麻面等缺陷，高度应与板面平齐。 (4)所有出屋面的管道、设备或预埋件均应安装完毕，检验合格，并做好防水处理。 (5)找平层应平整、压实、抹光，使其具有一定的防水能力。 (6)细石混凝土防水层施工温度宜在 5～30℃，应避免在负温或烈日暴晒下施工

主 要 机 具　　　　　　　　　　　　　　　表 6.2.66

序号	机具名称	型号	备注	序号	机具名称	型号	备注
1	混凝土搅拌机	J750		6	平板振动器		
2	运输小车			7	滚筒		
3	铁锹			8	塑料薄膜		
4	铁抹子			9	水平尺		
5	水平刮杠			10	钢筋钳		

3. 施工方法

(1) 工艺流程

刚性防水屋面工程的工艺流程，如下所示。

清理基层 → 找坡 → 做找平层 → 做隔离层 → 弹分格缝线 → 安装分格缝木条、支边模板 →

绑扎防水层钢筋网片 → 浇筑细石混凝土 → 养护 → 分格缝、变形缝等细部构造密封处理

(2) 操作方法

刚性防水屋面工程的操作方法，如表 6.2.67 所示。

操 作 方 法 表 6.2.67

序　号	项　目	内　容
1	基层处理	(1)刚性防水层的基层宜为整体现浇钢筋混凝土板或找平层，应为结构找坡或找平层找坡，此时为了缓解基层变形对刚性防水层的影响，在基层与防水层之间设隔离层。 (2)基层为装配式钢筋混凝土板时，板端缝应先嵌填密封材料处理。 (3)刚性防水层的基层为保温屋面时，保温层可兼做隔离层，但保温层必须干燥。 (4)基层为柔性防水层时，应加设一道无纺布做隔离层。
2	做隔离层	(1)在细石混凝土防水层与基层之间设置隔离层，依据设计可采用干铺无纺布、塑料薄膜或者低强度等级的砂浆，施工时避免钢筋破坏防水层，必要时可在防水层上做砂浆保护层。 (2)采用低强度等级的砂浆隔离层表面应压光，施工后的隔离层应表面平整光洁，厚薄一致，并具有一定的强度。在浇筑细石混凝土前，应做好隔离层成品保护工作，不能踩踏破坏，待隔离层干燥，并具有一定的强度后，细石混凝土防水层方可施工。
3	设置分格缝	(1)细石混凝土防水层的分格缝，应设在变形较大和较易变形的屋面板的支承端、屋面转折处、防水层与突出屋面结构的交接处，并应与板缝对齐，其纵横间距应控制在6m以内。 (2)粘贴安放分格缝木条 1)分格缝的宽度应不大于40mm，且不小于10mm，如接缝太宽，应进行调整或用聚合物水泥砂浆处理。 2)按分格缝的宽度和防水层的厚度加工或选用分格木条。木条应质地坚硬、规格正确，为方便拆除应做成上大下小的楔形，使用前在水中浸透，涂刷隔离剂。 3)采用水泥素灰或水泥砂浆固定于弹线位置，要求尺寸、位置正确。 4)为便于拆除，分格缝镶嵌材料也可以使用聚苯板或定型聚氯乙烯塑料分格条，底部用水泥砂浆固定在弹线位置。
4	绑扎钢筋网片	(1)钢筋网片可采用$\phi4\sim\phi6$mm冷拔低碳钢丝，间距为100～200mm的绑扎或点焊的双向钢筋网片。钢筋网片应放在防水层上部，绑扎钢丝收口应向下弯，不得露出防水层表面。钢筋的保护层厚度不应小于10mm，钢丝必须调直。 (2)钢筋网片要保证位置的正确性并且必须在分格缝处断开，可采用如下方法施工：将分格缝木条开槽、穿筋，使冷拔钢丝调直拉伸并固定在屋面周边设置的临时支座上，待混凝土浇筑完毕，强度达到50%时，取出木条，剪断分格缝处的钢丝，然后拆除支座。
5	浇筑细石混凝土	(1)混凝土浇筑应按照由远而近，先高后低的原则进行。在每个分格内，混凝土应连续浇筑，不得留施工缝，混凝土要铺平铺匀，用高频平板振动器振捣或用滚筒碾压，保证达到密实程度，振捣或碾压泛浆后，用木抹子拍实抹平。 (2)待混凝土收面初凝后，大约10h左右，起出木条，避免破坏分格缝，用铁抹子进行第一次抹压，混凝土终凝前进行第二次抹压，使混凝土表面平整、光滑、无抹痕。抹压时严禁在表面洒水、加干水泥或水泥浆。

续表

序　号	项　目	内　容
6	养护	细石混凝土终凝后(12～24h)应养护,养护时间不应少于 14d,养护初期禁止上人。养护方法可采用洒水湿润,也可采用喷涂养护剂、覆盖塑料薄膜或锯末等方法,必须保证细石混凝土处于充分的湿润状态。
7	细部构造	刚性防水屋面工程的细部构造,见表 6.1.51,具体要求如下: (1)细部处理 1)屋面刚性防水层与山墙、女儿墙等所有竖向结构及设备基础、管道等突出屋面结构交接处都应断开,留出 30mm 的间隙,并用密封材料嵌填密封。在交接处和基层转角处应加设防水卷材,为了避免用水泥砂浆找平并抹成圆弧易造成粘结不牢、空鼓、开裂的现象,而采用与刚性防水层做法一致的细石混凝土(内设钢筋网片)在基层与竖向结构的交接处和基层的转角处找平并抹圆弧,同时为了有利于卷材铺贴,圆弧半径宜大于100mm,小于 150mm。竖向卷材收头固定密封于立墙凹槽或女儿墙压顶内,屋面卷材头应用密封材料封闭。 2)细石混凝土防水层应伸到挑檐或伸入天沟、檐沟内不小于 60mm,并做滴水线。 (2)嵌填密封材料 1)应先对分格缝、变形缝等防水部位的基层进行修补清理,去除灰尘杂物,铲除砂浆等残留物,使基层牢固、表面平整密实、干净干燥,方可进行密封处理。 2)密封材料采用改性沥青密封材料或合成高分子密封材料等。嵌填密封材料时,应先在分格缝侧壁与缝上口两边 150mm 范围内涂刷与密封材料材性相配套的基层处理剂。改性沥青密封材料基层处理剂现场配置,为保证其质量,应配比准确,搅拌均匀。多组分反应固化型材料,配置时应根据固化前的有效时间确定一次使用量,用多少配置多少,未用完的材料不得下次使用。 3)处理剂应涂刷均匀,不露底。待基层处理剂表面干燥后,应立即嵌填密封材料。密封材料的接缝深度为接缝宽度的 0.5～0.7 倍,接缝处的底部应填放与基层处理剂不相容的背衬材料,如泡沫棒或油毡条。 4)当采用改性石油沥青密封材料嵌填时应注意以下两点 ①热灌法施工应由下向上进行,尽量减少接头,垂直于屋脊的板缝宜先浇灌,同时在纵横交叉处宜沿平行于屋脊的两侧板缝各延伸浇灌 150mm,并留成斜槎。 ②冷嵌法施工应先将少量密封材料批到缝槽两侧,分次将密封材料嵌填在缝内,用力压嵌密实,嵌填时密封材料与缝壁不得留有空隙,并防止裹入空气,接头应采用斜槎。 5)采用合成高分子密封材料嵌填时,不管是用挤出枪还是用腻子刀施工,表面都不会光滑平直,可能还会出现凹陷、漏嵌填、孔洞、气泡等现象,故应在密封材料表面干前进行修整。 6)密封材料嵌填应饱满、无间隙、无气泡,密封材料表面呈凹状,中部比周围低3～5mm。 7)嵌填完毕的密封材料应保护,不得碰损及污染,固化前不得踩踏,可采用卷材或木板保护。 8)女儿墙根部转角做法:首先在女儿墙根部结构层做一道柔性防水,再用细石混凝土做成圆弧形转角,细石混凝土圆弧形转角面层做柔性防水层与屋面大面积柔性防水层相连,最后,用聚合物砂浆做保护层。 9)变形缝中间应填充泡沫塑料,其上放置衬垫材料,并用卷材封盖,顶部应加混凝土盖板或金属盖板

4. 质量标准

(1) 细石混凝土刚性防水层质量标准

细石混凝土刚性防水层的质量标准,除应符合表 6.2.68 的规定外,还应符合《屋面工程质量验收规范》(GB 50207—2002)的有关要求。

细石混凝土刚性防水层质量标准　　　　　　　　　　表 6.2.68

序　号	项　　目	内　　　容
1	主控项目	(1)所使用的原材料、外加剂、混凝土配合比防水性能,必须符合设计要求和规程的规定。 检验方法:检查产品的出厂合格证、混凝土配合比和试验报告。 (2)钢筋的品种、规格、位置及保护层厚度,必须符合设计要求和规程规定。 检验方法:可检查钢筋隐蔽验收记录和观察检查。 (3)防水层完工后严禁有渗漏现象。可蓄水 30～100mm 高,持续 24h 观察。
2	一般项目	(1)细石混凝土防水层的坡度,必须符合排水要求,不积水,可用坡度尺检查或浇水观察。 (2)细石混凝土防水层的外观质量应厚度一致、表面平整、压实抹光、无裂缝、起壳、起砂等缺陷。 (3)泛水、檐口、分格缝及溢水口标高等做法应符合设计和规程规定;泛水、檐口做法正确,分格缝的设置位置和间距符合要求,分格缝和檐口平直,溢水口标高正确;可检查隐蔽工程验收记录及观察检查。
3	实测项目	细石混凝土屋面的允许偏差应符合表 6.2.69 要求。
4	检查数量	按屋面面积每 100m² 抽查一处,每处 10m²,每一层面不应少于 3 处

细石混凝土屋面的允许偏差　　　　　　　　　　表 6.2.69

项　　目	允许偏差(mm)	检　查　方　法
平整度	±5	用 2m 直尺和楔形塞尺检查
分格缝位置	±20	尺量检查
泛水高度	≥120	尺量检查

（2）密封材料质量标准

密封材料质量标准,除应符合表 6.2.70 的规定外,还应符合《屋面工程质量验收规范》(GB 50207—2002)中之 6 的有关要求。

密封材料质量标准　　　　　　　　　　表 6.2.70

序　号	项　　目	内　　　容
1	主控项目	(1)密封材料的质量必须符合设计要求。 检查方法:可检查产品的合格证、配合比和现场抽样复验报告。 (2)密封材料嵌填必须密实、连续、饱满,粘结牢固,无气泡、开裂、鼓泡、下塌或脱落等缺陷;厚度符合设计和规程要求。 (3)嵌填的密封材料表面应平滑,缝边应顺直,无凹凸不平现象。
2	一般项目	(1)密封材料嵌缝的板缝基层应表面平整密实,无松动、露筋、起砂等缺陷,干燥干净,并涂刷基层处理剂。 (2)嵌缝后的保护层粘结牢固,覆盖严密,保护层盖过嵌缝两边各不少于 20mm。
3	实测项目	密封防水接缝宽度的允许偏差为 ±10%,接缝深度为宽度的 0.5～0.7 倍。
4	检查数量	按每 50m 检查一处,每处 5m,且不少于 3 处

（3）质量记录

刚性防水屋面工程的质量记录,如表 6.2.71 所示。

质 量 记 录

表 6.2.71

序　号	内　容
1	技术交底记录中施工操作要求及注意事项。
2	材料质量文件:水泥、外加剂出厂合格证、水泥、砂、石子试验报告或质量检验报告。
3	中间检查记录:隐蔽工程检查验收记录、施工检验记录、淋(蓄)水检验记录。
4	工程检验记录:抽样质量检验记录及观察检查记录

5. 成品保护

刚性防水屋面工程的成品保护,如表 6.2.72 所示。

成 品 保 护

表 6.2.72

序　号	内　容
1	刚性防水层混凝土浇筑完,应按要求进行养护,养护期间不准上人,其他工种不得进入,养护期过后也要注意成品保护。分格缝填塞时,注意不要污染屋面。
2	雨水口等部位安装临时堵头要保护好,以防灌入杂物,造成堵塞。
3	不得在已完成屋面上拌合砂浆及堆放杂物

6. 安全环保措施

刚性防水屋面工程的安全环保措施,如表 6.2.73 所示。

安全环保措施

表 6.2.73

序　号	内　容
1	屋面四周无女儿墙处按要求搭设防护栏杆或防护脚手架。
2	浇筑混凝土时混凝土不得集中堆放。
3	水泥、砂、石、混凝土等材料运输过程不得随处溢洒,及时清扫撒落地材料,保持现场环境整洁。
4	混凝土振捣器使用前必须经电工检验确认合格后方可使用。开关箱必须装设漏电保护器,插头应完好无损,电源线不得破皮漏电,操作者必须穿绝缘鞋(胶鞋),戴绝缘手套

6.2.5　保温隔热屋面施工

6.2.5.1　架空隔热屋面

1. 工程概要

架空隔热屋面的工程概要,如表 6.2.74 所示。

工 程 概 要

表 6.2.74

序　号	项　目	内　容
1	适用范围	本规定适用于气候炎热,阳光热量照射较强以及夏季风较大地区的建筑物屋面。但当屋面坡度大于 5% 及高女儿墙时,不宜采用。
2	基本规定	(1)架空隔热层的高度应按照屋面高度或坡度大小的变化确定。如设计无要求,一般以 100~300mm 为宜,见图 6.2.2 中所示。当屋面宽度大于 10m 时,应设置通风屋脊。架空隔热层的进风口宜设置在当地炎热季节最大频率风向的正压区,出风口宜设在负压区。

序　号	项　目	内　　容
2	基本规定	(2)架空隔热制品支座底面的卷材、涂膜防水层上应采取加强措施,操作时不得损坏已完工的防水层。支座宜采用强度等级为 M5 的水泥砂浆砌筑。 (3)架空隔热制品的质量应符合下列要求: 1)非上人屋面的烧结普通砖强度等级不应低于 MU7.5;上人屋面的烧结普通砖强度等级不应低于 MU10。 2)混凝土板的强度等级不应低于 C20,板内宜加放钢丝网片。
3	工程要点	为全面优质完成工程施工,各项工作中的关键要点如下: (1)材料要点: 1)强度要满足设计、规范要求。 2)板材规格、材质外形尺寸准确,表面平整,符合验收要求。 (2)技术要点: 1)分格均匀、合理。 2)满足砌筑施工的各项要求。 3)风道设置合理。 (3)质量要点: 1)隔热板坐砌(铺设)平稳、表面平整。 2)风道规整、通风流畅。 (4)安全要点: 1)职业健康方面主要是防止粉尘危害,保证人员健康。 2)加强垂直运输、高空和临边作业安全的控制。 (5)环境要点: 1)清扫及砂浆拌合过程要避免灰尘飞扬。 2)施工中生成的建筑垃圾要及时清理。 对施工过程中金属板材及保温棉剩余的边角料的处理要符合国家相关有害废弃物的处理规定

2. 施工准备

架空隔热屋面工程的施工准备,如表 6.2.75 所示。

施 工 准 备　　　　　　　　　　　　　　表 6.2.75

序　号	项　目	内　　容
1	技术准备	(1)熟悉设计图纸及施工验收规范,掌握架空屋面的具体设计和构造要求。 (2)编制架空屋面工程分项施工组织设计、作业指导书,其内容包含: 1)人员、物资、机具、材料的组织计划。 2)与其他分项工程的搭接、交叉、配合。 3)原材料的规格、型号、质量要求、检验方法。 4)质量目标及质量保证措施。 5)施工工艺流程及施工工艺中的技术要点。 6)本分项工程验收标准。 7)质量检查、验收、评定的组织记录及表格形式。 8)施工进度计划安排。 9)成品保护措施。 10)安全施工保证措施。 11)文明施工保证措施。 12)资料的整理要求。 (3)对分项作业人员的技术交底、安全教育。 (4)原材料、半成品通过定样、检查(试验)、验收。

续表

序　号	项　目	内　容
2	材料要求	(1)烧结普通砖及混凝土板见表6.2.74序号2之(3)并经试验室试验确定。 (2)砖墩砌筑砂浆:宜采用强度等级M5水泥砂浆;板材坐砌砂浆:宜采用强度等级M2.5水泥砂浆;板材填缝砂浆:宜采用1:2水泥砂浆。
3	主要机具	架空屋面施工主要为砌筑工作,其主要机具为垂直运输机具和作业面水平运输机具(常用手推车)以及泥工工具。
4	作业条件	架空屋面施工前应具备的基本条件: (1)上道工序防水保护层或防水层已经完工,并通过验收。 (2)屋顶设备、管道、水箱等已经安装到位。 (3)屋面余料、杂物清理干净。

3. 施工方法

(1) 架空屋面的构造示图。

常见的架空隔热屋面构造示图,如图6.2.2~图6.2.6。

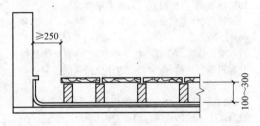

图6.2.2　预制细石混凝土板架空隔热层构造

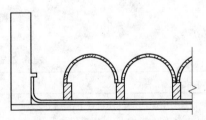

图6.2.3　预制细石混凝土半
圆弧架空隔热层构造

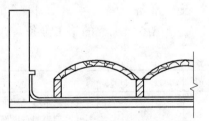

图6.2.4　预制细石混凝土大瓦架
空隔热层构造

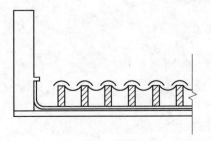

图6.2.5　小青瓦架空
隔热层构造

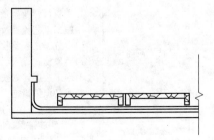

图6.2.6　细石混凝土板凳或珍珠岩板、
陶粒混凝土直铺架空隔热层构造

（2）工艺流程

架空隔热屋面工程的工艺流程，如图 6.2.7 所示。

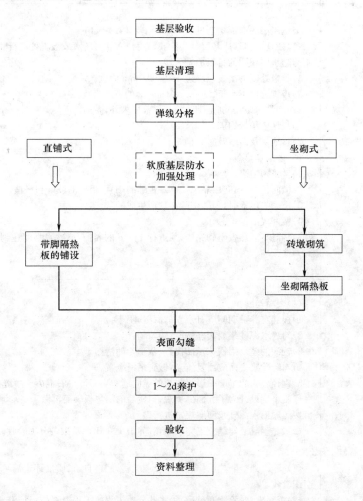

图 6.2.7 工艺流程图

（3）操作方法

架空隔热屋面工程的操作方法，如表 6.2.76 所示。

操 作 方 法　　　　　　　　　　　　　　　　表 6.2.76

序 号	项 目	内 容
1	基层清理	（1）架空屋面施工前，要保证上道分项工程（即：防水层或防水保护层）达到质量要求并经验收通过。 （2）对屋面余料、杂物进行清理；并清扫表面灰尘。
2	弹线分格	根据设计和规范要求，进行弹线分格，做好隔热板的平面布置。分格时要注意： （1）进风口宜设于炎热季节最大频率风向的正压区，出风口宜设在负压区。 （2）当屋面宽度大于 10m 应设通风屋脊。 （3）隔热板应按设计要求设置分格缝，若设计无要求可依照防水保护层的分格或以不大于 12m 为原则进行分格。

续表

序号	项目	内容
3	架空措施	架空屋面的细部构造见表 6.1.66,具体要求如下: (1)如基层为软质基层(如:涂膜、卷材等)须对砖墩或板脚处进行防水加强处理,一般用与防水层相同的材料加做一层: 1)砖墩处以突出砖墩周边 150～200mm 为宜。 2)板脚处以不小于 150mm×150mm 的方形为宜。 (2)砌筑砖墩:除满足砌体施工规范要求外,尚须: 1)灰缝应尽量饱满,平滑。 2)落地灰及砖碴及时清理。 (3)坐砌隔热板: 1)坐浆须饱满。 2)横向用拉线,纵向用靠尺控制好板缝的顺直、板面的坡度和平整。 3)坐砌隔热板时,须随砌随清理所生成的灰、碴。 4)做好成品保护。 (4)养护:隔热板坐砌完毕,须进行 1～2d 的养护,待砂浆强度达到上人要求,进行表面勾缝。
4	勾缝养护	(1)表面勾缝: 1)板缝在养护期间应有意识的润湿、阴干。 2)勾缝水泥砂浆要调好稠度,随勾随拌。 3)较深的缝须用铁抹子插捣,余灰随勾随清扫干净。 4)勾缝砂浆表面应反复压光,做到平滑顺直。 5)直径较大的半圆弧形隔热板的纵向缝宜用 C20 细石混凝土填缝,表面压光。 (注:个别设计为了大面的美观,勾缝后的隔热板表面再做一层水泥砂浆面层,施工中可按照屋面水泥砂浆面层规定进行。) (2)勾缝养护:勾缝施工完毕后,宜养护 1～2d,然后准备分项验收。
5	组织验收	(1)验收:架空隔热层作为一个分项工程,经过自检、质量评定后可报现场业主、监理组织验收。 (2)资料整理:验收通过后,须将此分项工程的工程资料按保证资料和评定资料两大类别进行分类、整理,做好保管

4. 质量标准

(1) 质量标准

架空隔热屋面工程的质量标准,除应符合表 6.2.77 规定外,还应符合《屋面工程质量验收规范》(GB 50207—2002)中之 8 的有关要求。

质 量 标 准　　　　　　　　　　表 6.2.77

序号	项目	内容
1	主控项目	见《屋面工程质量验收规范》(GB 50207—2002)8.1 中主控项目
2	一般项目	见《屋面工程质量验收规范》(GB 50207—2002)8.1 中一般项目 1～2 项

(2) 质量记录

架空隔热屋面工程应具备的质量记录,如表 6.2.78 所示。

质量记录 表 6.2.78

序 号	内 容
1	材料的出厂质量证明文件及复试报告。
2	架空屋面工程施工方案和技术交底记录。
3	施工检验记录、隐蔽工程验收记录

5. 成品保护

架空隔热屋面工程的成品保护，如表 6.2.79 所示。

成品保护 表 6.2.79

序 号	内 容
1	原材料的运输、搬运中要注意避免损伤；堆放板材要竖向堆放。
2	对无硬质保护层的防水层须着重保护，确保无破损。
3	砖墩砌完清理落地灰及砖碴时，要避免碰撞。
4	隔热板坐砌完毕。在养护期间，严禁上人踩踏或堆重。
5	隔热板坐砌完毕，不应再在其上进行有破坏可能的其他施工

6. 安全环保措施

架空隔热屋面工程的安全环保措施，如表 6.2.80 所示。

安全环保措施 表 6.2.80

序 号	内 容
1	屋面材料垂直运输或吊运中应严格遵守相应的安全操作规程。
2	无高女儿墙的屋面，须着重强调临边安全，防止高空坠落，施工中由临边向内施工，严禁由内向外施工。
3	屋面作业人员严禁高空抛物。
4	高温天气施工，须做好防暑降温措施。
5	职业健康方面要防止粉尘危害。
6	清扫及砂浆拌合过程要避免灰尘飞扬。
7	施工中生成的建筑垃圾要及时清理、清运

6.2.5.2 蓄水屋面

1. 工程概要

蓄水屋面的工程概要，如表 6.2.81 所示。

工程概要 表 6.2.81

序 号	项 目	内 容
1	适用范围	本规定一般适用于南方气候炎热地区屋面防水等级为Ⅲ级（表 6.1.2）的工业与民用建筑的蓄水屋面。
2	基本规定	(1)蓄水屋面工程应根据工程特点、地区自然条件等，按照屋面防水等级的设防要求，进行防水构造设计，重要部位应有详图。当屋面防水等级为Ⅰ级、Ⅱ级时不宜采用蓄水屋面。 (2)蓄水屋面施工前，施工单位应进行图纸会审，并应编制蓄水屋面工程施工方案或技术措施。

（2）操作方法

蓄水屋面工程的操作方法，如表6.2.84所示。

操作方法　　　　　　　　　　　　　　　表6.2.84

序　号	项　目	内　容
1	基层处理	（1）结构层的质量应高标准、严要求，混凝土的强度、密实性均应符合现行规范的规定。隔墙位置应符合设计和规范要求。 （2）屋面结构层为装配式钢筋混凝土面板时，其板缝应以强度等级不小于C20细石混凝土嵌填，细石混凝土中宜掺膨胀剂。接缝必须以优质密封材料嵌封严密，经充水试验无渗漏，然后再在其上施工找平层和防水层。 （3）屋面的所有孔洞应先预留，不得后凿。所设置的给水管、排水管、溢水管等应在防水层施工前安装好，不得在防水层施工后再在其上凿孔打洞（图6.1.34、图6.1.35、图6.1.36）。防水层完工后，再将排水管与水落管连接，然后加防水处理。 （4）基层处理：防水层施工前，必须将基层表面的突起物铲除，并把尘土杂物清扫干净，基层必须干燥。
2	防水层施工	（1）蓄水屋面采用刚性防水时，其施工方法详见6.2.64刚性防水屋面施工方法。 （2）蓄水屋面采用刚柔复合防水时，应先施工柔性防水层，再做隔离层，然后再浇筑细石混凝土刚性保护层。其柔性防水施工作业方法详见沥青卷材屋面施工方法、高聚物改性沥青卷材屋面施工方法、合成高分子防水卷材屋面工程施工方法以及涂膜防水屋面工程施工方法。 （3）浇筑防水混凝土时，每个蓄水区必须一次浇筑完毕，严禁留置施工缝，其立面与平面的防水层必须同时进行。 （4）防水细石混凝土宜掺加膨胀剂、减水剂等外加剂，以减少混凝土的收缩。 （5）应根据屋面具体情况，对蓄水屋面的全部节点采取刚柔并举，多道设防的措施做好密封防水施工。 （6）分仓缝填嵌密封材料后，上面应做砂浆保护层埋置保护。
3	蓄水养护	（1）防水层完工以及节点处理后，应进行试水，确认合格后，方可开始蓄水，蓄水后不得断水再使之干涸。 （2）蓄水屋面应安装自动补水装置，屋面蓄水后，应保持蓄水层的设计厚度，严禁蓄水流失、蒸发后导致屋面干涸。 （3）工程竣工验收后，使用单位应安排专人负责蓄水屋面管理，定期检查并清扫杂物，保持屋面排水系统畅通，严防干涸

4. 质量标准

（1）质量标准

蓄水屋面工程的质量标准，除应符合表6.2.85的规定外，还应符合《屋面工程质量验收规范》（GB 50207—2002）中之8的有关要求。

质量标准　　　　　　　　　　　　　　　表6.2.85

序　号	项　目	内　容
1	主控项目	原材料、外加剂、混凝土防水性能和强度以及卷材防水性能，必须符合施工规范的规定。 检验方法：检查产品的出厂合格证、混凝土配合比和试验报告。
2	一般项目	（1）蓄水屋面的坡度必须符合设计要求。 检验方法：用坡度尺检查。 （2）防水层内的钢筋品种、规格、位置以及保护层厚度必须符合设计要求和施工规范规定。 检验方法：观察检查和检查钢筋隐蔽验收记录。 （3）细石混凝土防水层的外观质量应符合设计及施工规范要求，厚度一致，表面平整，压实抹光，无裂缝、起壳、起砂等缺陷。 检验方法：观察检查

（2）质量记录

蓄水屋面工程的质量记录，如表 6.2.86 所示。

质量记录 表 6.2.86

序　号	内　　容
1	蓄水屋面工程施工方案和技术交底记录。
2	材料的出厂质量证明文件及复试报告。
3	防水混凝土试块抗渗试验结果评定。
4	施工检验记录、蓄水检验记录、隐蔽工程验收记录、验评报告

5. 成品保护

蓄水屋面工程的成品保护，如表 6.2.87 所示。

成品保护 表 6.2.87

序　号	内　　容
1	在柔性防水层上做隔离层和刚性保护层或施工其他设施时，必须严防施工机具或材料损坏防水层，以免留下渗漏的隐患。
2	对已安装好的各种管道，应先用麻布将其端口封堵，以免后续施工时杂物落入管道而堵塞水管。完工后将麻布等清除，保证管道通畅。
3	（1）蓄水屋面工程竣工后，应由使用单位指派专人负责屋面管理。 （2）严禁在屋面防水层上凿孔打洞，避免重物冲击，不得任意在屋面防水层上堆放杂物及增设构筑物，并应确保屋面排水系统通畅。 （3）要经常检查屋面防水节点的变形情况，同时应定期清理杂物，严防干涸。 （4）发现问题及时维修，并做好维修保养记录

6. 安全环保措施

蓄水屋面工程的安全环保措施，如表 6.2.88 所示。

安全环保措施 表 6.2.88

序　号	内　　容
1	施工现场，特别是作业面周围，不得存放易燃易爆物品，要准备好灭火器和有关消防用具，施工现场严禁烟火。
2	对存放材料的仓库，必须通风良好。
3	采用热熔法铺贴卷材，点燃焰炬时，开关不要过大，喷火口要朝向下风向。
4	屋面施工时，四周应搭设好安全防护网；施工人员要穿戴防护用具，高空作业，要系好安全带。
5	清扫垃圾及砂浆拌合物过程中要避免灰尘飞扬；对建筑垃圾，特别是有毒有害物质，应按时定期地清理到指定地点，不得随意堆放

6.2.5.3　种植屋面

1. 工程概要

种植屋面的工程概要，如表 6.2.89 所示。

工 程 概 要 表 6.2.89

序 号	项 目	内 容
1	适用范围	本规定以国家现行的建筑设计、质量验收规范和中南地区通用标准图集为依据,根据南方地区的技术条件、特点等要求进行编写。适用于屋面防水等级为Ⅲ级防水屋面。
2	基本规定	(1)种植屋面应严格按照设计的要求进行施工,种植屋面的防水层要采用耐腐蚀、耐霉烂、耐穿刺性能好的、使用年限较长的材料,以防止防水层被植物根系或腐蚀性肥料所损坏。 (2)种植屋面的防水层要进行蓄水试验,经检验合格后方可进行下道工序。 (3)种植屋面宜为1%~3%的坡度,种植区四周应设挡墙,挡墙下部必须设泄水孔,以便多余水的排除。 (4)种植屋面应有专人管理,定期检查,清理泄水孔和粗细骨料,清除枯草藤蔓,翻松种植土,并及时洒水。
3	工程要点	为全面优质完成工程施工,各项工作中的关键要点如下: (1)材料要点: 1)种植屋面的防水层要采用耐腐蚀、耐霉烂、耐穿刺性能好的材料,以防止防水层被植物根系或腐蚀性肥料所损坏。 2)种植介质的厚度、重量应符合设计要求。 (2)技术要点: 1)种植屋面坡度宜控制在3%以内,以便多余水的排除。 2)必须确保泄水孔不堵塞,以免造成屋面积水。 (3)质量要点: 种植屋面的防水层施工必须符合设计要求,并应进行蓄水实验合格。 (4)安全要点: 注意屋面高空作业的安全防护。 (5)环境要点: 禁止使用污染环境的种植肥料

2. 施工准备

种植屋面工程的施工准备,如表 6.2.90 所示。

施 工 准 备 表 6.2.90

序 号	项 目	内 容
1	技术准备	(1)已办理好相关的隐蔽工程验收记录。 (2)根据设计施工图和标准图集,做好人行通道、挡墙、种植区的测量放线工作。 (3)施工前根据设计施工图和标准图集的要求,对相关的作业班组进行技术、安全交底。
2	材料要求	(1)品种规格:防水层材料;种植介质:主要有种植土、锯木屑、膨胀蛭石;水泥:32.5级以上的普通硅酸盐或矿渣硅酸盐水泥;中砂:1~3cm卵石;烧结普通砖;密目钢丝网片。 (2)质量要求:种植屋面的防水层要采用耐腐蚀、耐霉烂、耐穿刺性能好的材料。种植介质要符合设计要求,满足屋面种植的需要。水泥要有出厂合格证并经现场取样试验合格。砂、卵石、烧结普通砖要符合有关规范的要求。钢丝网片要满足泄水孔处拦截过水的砂卵石的需要。
3	主要机具	主要机具名称、数量、规格见表 6.2.91。
4	作业条件	(1)屋面的防水层及保护层已施工完毕。 (2)屋面的防水层的蓄水实验已完成,并经检验合格。 (3)施工所需的砂、卵石、烧结普通砖、水泥、种植介质已按要求的规格、质量、数量准备就绪

主 要 机 具 　　　　　　　　表 6.2.91

序 号	名 称	数量	单位	规格型号	备 注
1	搅拌机	1	台	250L	
2	砂浆搅拌机	1	台	50L	
3	手提圆盘锯	1	台		预制走道板时用
4	卷扬机	1	台		用于垂直运输
5	配电箱	1	个		施工用电
6	水平仪	1	台	S3	
7	钢卷尺	2	把	5m	
8	台秤	2	台	500kg	混凝土砂石计量
9	混凝土试模	1	组	150×150×150	
10	坍落度筒	1	个	30cm	
11	天平	1	台	1000g	测砂石含水率
12	塔尺	1	根	5m	

3. 施工方法

（1）工艺流程

种植屋面工程的工艺流程，如下所示。

屋面防水层施工 → 保护层施工 → 人行道及挡墙施工 → 泄水孔前放置过水砂卵石 → 种植 → 区内放置种植介质 → 完工清理

（2）操作方法

种植屋面工程的操作方法，如表 6.2.92 所示。

操 作 方 法 　　　　　　　　表 6.2.92

序 号	项 目	内 容
1	屋面防水层	屋面防水层施工方法，根据设计图要求进行施工，具体见相关的施工方法。
2	保护层施工	当种植屋面采用柔性防水材料时，必须在其表面设置细石混凝土保护层，以抵抗植物根系的穿刺和种植工具对它的损坏。细石混凝土保护层的具体施工如下： （1）防水层表面清理：把屋面防水层上的垃圾、杂物及灰尘清理干净。 （2）分格缝留置：按设计或不大于 6m 或"一间一分格"进行分格，用上口宽为 30mm，下口宽为 20mm 的木板或泡沫板作为分格板。 钢筋网铺设：按设计要求配置钢筋网片。 （3）细石混凝土施工：按设计配合比拌合好细石混凝土，按先远后近，先高后低的原则逐格进行施工。 1）按分格板高度，摊开抹平，用平板振动器十字交叉来回振实，直至混凝土表面泛浆后再用木抹子将表面抹平压实，待混凝土初凝以前，再进行第二次压浆抹光。 2）铺设、振动、振压混凝土时必须严格保证钢筋间距及位置准确。 3）混凝土初凝后，及时取出分格缝隔板，用铁抹子二次抹光；并及时修补分格缝缺损部分，做到平直整齐，待混凝土终凝前进行第三次压光。 4）混凝土终凝后，必须立即进行养护，可蓄水养护或用稻草、麦草、锯末、草袋等覆盖后浇水养护不少于 14d，也可涂刷混凝土养护剂。 （4）分格缝嵌油膏：分格缝嵌油膏应于混凝土浇水养护完毕后用水冲洗干净且达到干燥（含水率不大于 6%）时进行，所有纵横分格缝相互贯通，清理干净，缺边损角要补好，用刷缝机或钢丝刷刷干净，用吸尘机具吹干净。灌嵌油膏部分的混凝土表面均匀涂刷冷底子油，并于当天灌嵌好油膏。

续表

序 号	项 目	内 容
3	通道施工	人行通道及挡墙施工:人行通道及挡墙设计一般有两种情况: (1)按中南地区通用标准图集《平屋面》(98ZJ201)的要求做,如图6.2.9所示。 砖砌挡墙,挡墙墙身高度要比种植介质面高100mm。距挡墙底部高100mm处按设计或标准图集留设泄水孔。 (2)采用预制槽形板作为分区挡墙和走道板,如图6.2.10所示。
4	泄水孔	泄水孔前放置过水砂卵石:在每个泄水孔处先设置钢丝网片,泄水孔的四周堆放过水的砂卵石,砂卵石应完全覆盖泄水孔,以免种植介质流失或堵塞泄水孔。
5	种植介质	(1)种植区内放置种植介质:根据设计要求的厚度,放置种植介质。施工时介质材料、植物等应均匀堆放,不得损坏防水层。种植介质表面要求平整且低于四周挡墙100mm。 (2)工完场清

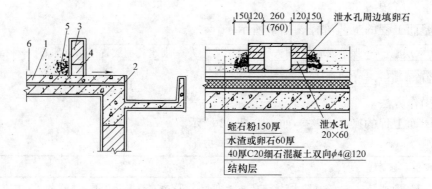

图 6.2.9 砖砌挡墙构造

1—保护层;2—防水层;3—砖砌挡墙;4—泄水孔;5—卵石;6—种植介质

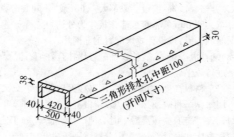

图 6.2.10 预制槽形板构造

4. 质量标准

(1) 质量标准

种植屋面工程的质量标准,除应符合表6.2.93的规定外,还应符合《屋面工程施工质量验收规范》(GB 50207—2002)中8.3的有关要求。

质 量 标 准   表 6.2.93

序 号	项 目	内 容
1	主控项目	(1)种植屋面的防水层施工必须符合设计要求,不得有渗漏现象,并应进行蓄水实验,经检验合格后方能覆盖种植介质。 检验方法:蓄水至规定高度,24h 后观察检查。 (2)种植屋面挡墙泄水孔的留置必须符合设计要求,并不得堵塞。 检验方法:观察和尺量检查。
2	一般项目	(1)种植介质表面平整且比挡墙墙身应低 100mm。 (2)严格按设计的要求控制种植介质的厚度,不能超厚

(2)质量记录

种植屋面工程应具备的质量记录,如表 6.2.94 所示。

质 量 记 录   表 6.2.94

序 号	内 容
1	屋面的防水材料、砂、石、水泥、烧结普通砖等材料的合格证、取样试验报告。
2	屋面防水层施工质量验收记录。
3	屋面防水层蓄水试验记录。
4	屋面保护层混凝土施工记录和质量验收记录。
5	屋面各项施工的技术交底、安全交底记录

5. 成品保护

种植屋面工程的成品保护,如表 6.2.95 所示。

成 品 保 护   表 6.2.95

序 号	内 容
1	种植屋面采用卷材防水层时,上部应设置细石混凝土保护层。
2	屋面保护层施工时应避免损坏防水层。
3	种植覆盖层施工时应避免损坏防水层和保护层

6. 安全环保措施

种植屋面工程的安全环保措施,如表 6.2.96 所示。

安 全 环 保 措 施   表 6.2.96

序 号	内 容
1	如果屋面没有女儿墙,外脚手架应高出屋面 1m,并用安全网围护好。
2	在屋面上施工作业时,严禁从屋面上扔物体下去,以防伤及地上的作业人员。
3	屋面没有女儿墙,在屋面上施工作业时作业人员应面对檐口,由檐口往里施工,以防不慎坠落

6.2.6 瓦屋面施工

6.2.6.1 平瓦屋面

1. 工程概要

平瓦屋面的工程概要,如表 6.2.97 所示。

| | 工 程 概 要 | 表 6.2.97 |

序 号	项 目	内 容
1	适用范围	本规定适用于防水等级为Ⅱ、Ⅲ级以及坡度不小于20％的屋面,采用黏土、水泥等材料制成的平瓦铺设在钢筋混凝土或木基层上进行屋面防水的工程。
2	基本规定	(1)平瓦必须铺置牢固,地震设防地区或坡度大于50％的屋面应采取固定加强措施。 (2)平瓦应铺成整齐的行列,彼此紧密搭接,并应互榫落槽,瓦脚挂牢;瓦头排齐,檐口应成一直线;靠近屋脊处的第一排瓦应用砂浆窝牢。 (3)平瓦屋面与山墙及突出屋面结构等交接处,均应做泛水处理。 (4)天沟、檐沟应根据工程的综合条件选用不同的防水材料做好防水层。 (5)瓦屋面完工后严禁上人任意走动、踩踏或堆放物品。
3	工程要点	为全面优质完成工程施工,各项工作中的关键要点如下: (1)材料要点: 平瓦及其脊瓦应边缘整齐,表面光洁,不得有分层、裂纹和露砂等缺陷。平瓦的瓦爪与瓦槽的尺寸应配合适当。 (2)技术要点: 挂瓦次序必须是从檐口由下到上、自左至右的方向进行。 (3)质量要点: 1)平瓦不得有缺角(边、瓦爪)、砂眼、裂纹和翘曲等缺陷。 2)挂瓦应平整,搭接紧密,并满足相应的搭接宽度及长度,行列横平竖直,靠屋脊一排瓦应挂上整瓦;檐口出檐尺寸一致,檐头平直整齐。 3)屋脊要平直,脊瓦搭口和脊瓦与平瓦的缝隙、沿出墙挑檐的平瓦、斜沟瓦与排水沟的空隙均应用麻刀灰浆填实抹平,封固严密。 4)应注意保证木基层上的油毡不残缺破裂,铺钉牢固,且油毡铺设应与屋檐平齐,自往上铺。横跨屋脊互相搭接至少100mm,在屋脊处应挑出25mm。 5)瓦的材质应符合设计及规范要求;挂瓦时应互相扣搭安装块瓦的边筋(左右侧),风雨檐(上下搭接部位)搭接要满足瓦材的产品施工要求。 6)瓦缝应避开当地暴雨的主导风向

2. 施工准备

平瓦屋面工程的施工准备,如表6.2.98所示。

| | 施 工 准 备 | 表 6.2.98 |

序 号	项 目	内 容
1	技术准备	(1)根据设计图纸及相关施工验收规范编制施工方案(或作业指导书)。 (2)按照施工方案(或作业指导书)要求做好技术交底、安全交底。
2	材料要求	(1)平瓦和脊瓦的规格和质量见表6.2.99、表6.2.100、表6.2.101,材料进场后应进行外观检验,并按有关规定进行抽样复验。 (2)钢筋规格及强度等级符合设计要求,进场前按规范要求进行复试。 (3)水泥砂浆具有良好的和易性,强度等级不低于M5。 (4)挂瓦条规格符合选定要求,材质符合相应标准要求,表面经防腐处理。 (5)钢钉材质符合相应标准要求,规格适用于选定的顺水条、挂瓦条。
3	主要机具	主要机具见表6.2.102。
4	作业条件	(1)开放式钢、木屋架檩条、椽条结构完整质量应符合表6.2.103。 (2)现浇混凝土屋面板密实、表面平整,坡度符合设计防水要求,基层已验收合格

平瓦规格表

表 6.2.99

项 次	平瓦名称	规格(mm)	每块重量(kg)	每块有效面积(m²)	每平方米(块)
1	黏土平瓦	(360~400)×(220~240)×(14~16)	3.1	0.053~0.067	18.9~15.0
2	水泥平瓦	(385~400)×(235~250)×(15~16)	3.3	0.062~0.070	16.1~14.3
3	硅酸盐平瓦	400×240×16	3.2	0.067	15.0
4	炉渣平瓦	390×230×12	3.0	0.062	16.1
5	水泥炉渣平瓦	400×240×(13~15)	3.2	0.067	15.0
6	炭化灰平瓦	380×215×15	—	0.055	18.2
7	煤矸石平瓦	390×240×(14~15) 350×250×20	—	0.065 0.060	15.4 16.7
8	水泥大平瓦	700×500×15 690×430×(12~15)	14.0	0.26 0.22	3.8 4.5

黏土平瓦外观质量等级表

表 6.2.100

项 次	名　　称	允许偏差(mm)		检验方法
		一等	二等	
1	长度 宽度	±7 ±5	±7 ±5	用尺检查
2	翘曲不得超过	4	4	用直尺靠紧瓦面对角、瓦侧面检查
3	裂纹: 实用面上的贯穿裂纹 实用面上非贯穿裂纹长度不得超过 搭接面上的贯穿裂纹 边筋	不允许 30 不允许 不允许断裂	不允许 30 不得延伸入搭接部分的一半处 不允许断裂	用尺量检查
4	瓦正面缺棱掉角(损坏部分的最大深度小于 4mm 者不计)的长度不得超过	30	45	用尺量检查
5	边筋和瓦爪的残缺: 边筋和残留高度不低于 后爪 前爪	2 不允许 允许一爪有缺,但不得大于爪高的 1/3	2 允许一爪有缺,但不得大于爪高的 1/3 允许二爪有缺,但不得大于爪高的 1/3	用尺量检查
6	混等率(指本等级中混入该等级以上各等级产品的百分率)不得超过	5%	5%	

脊瓦规格重量表　　　　　　　　　表 6.2.101

名　　称	规格(mm)	重量(kg)	每米屋脊(块)
黏土脊瓦	455×190×20	3.0	2.4
水泥脊瓦	455×165×15 455×170×15 465×175×15	3.3	2.4

主 要 机 具　　　　　　　　　　　表 6.2.102

序　　号	机具名称(型号)	序　　号	机具名称(型号)
1	砂浆搅拌机 J750	4	墨斗
2	运输小车	5	锤子
3	铁锹	6	灰铲

檩条、椽条、封檐板质量检查表　　　　　表 6.2.103

项　次	项　　目		允许偏差(mm)	检查方法
1	檩条、椽条的截面尺寸	10cm 以下	−2	每种各抽查 3 根,用尺量高度和宽度检查
		10cm 以上	−3	
2	圆木檩(梢径)		−5	抽查 3 根,用尺量梢径,取其最大与最小的平均值
3	檩条上表面齐平	方木	5	每坡拉线,用尺量一处检查
		圆木	8	
4	悬臂檩接头位置		1/50 跨长	抽查 3 处,用尺量检查
5	封檐板平直		8	每个工程抽查 3 处,拉 10m 线和尺量检查

3. 施工方法

(1) 工艺流程

1) 混凝土基层平瓦屋面施工的工艺流程,如下所示。

混凝土屋面隐蔽验收 → 预埋 φ10 锚筋 → 浇屋面混凝土 → 养护 → 隐蔽验收 → 找平层施工 → 防水层施工 → 隔离层施工 → 保护层施工 → 保温层施工 → 找平层施工 → 放线 → 平瓦安装 → 验收

2) 木基层平瓦屋面施工的工艺流程,如下所示。

木基层验收 → 铺设卷材防水层 → 放线 → 平瓦安装 → 验收

(2) 操作方法

平瓦屋面工程的操作方法,如表 6.2.104 所示。

操作方法　　　　　　　　　　　　　　　　　　　　表 6.2.104

序　号	项　目	内　容
1	挂瓦前准备工作	(1)屋面板施工:屋面坡度较大时应采用双面模板浇筑,坡度较小时采用单面模板浇筑,坍落度为 7～9cm,小型振捣器振捣,振捣从檐口往屋脊进行,然后拉通线,用木枋找坡,抹子压实抹平。养护采用麻袋覆盖浇水保持湿润不少于 7d。 (2)防水层施工:施工前先校正预埋锚筋见图 6.2.11,位置是否正确,长度应满足伸出保温层 25mm。防水层施工时先对斜坡面与立面的交接处、开沟、檐沟、女儿墙等部位的防水层应采用合成高分子防水卷材、高聚物改性沥青防水卷材、沥青防水卷材、金属板材或塑料板材等材料铺设,一般采用二毡三油。泄水管上端口周围用密封膏封平。 注意事项: 1)合成高分子防水涂膜厚度不小于 2mm 厚,施工方法按材料要求在屋面板内预留钢筋处,用密封膏封平。 2)高聚物改性沥青防水卷材厚度不小于 3mm,施工方法按材料要求在屋面板内预留钢筋处满粘 100mm×100mm 的 3mm 卷材,坡口处用密封膏封平。 (3)隔离层一般采用干铺玻璃纤维布。 (4)保护层容易开裂空鼓,应用纤维水泥砂浆以提高抗裂性,保护层施工完成后,要有保证养护的措施。 (5)保温层材料采用 40mm 厚挤塑聚苯乙烯泡沫塑料板,安装时拼缝要严密牢固。 (6)找平层施工:用 40mm 厚 C20 细石混凝土中配 φ6@500mm×500mm 钢筋网,钢筋网应骑跨屋脊和绷直,与屋面板内屋脊和檐口处预埋 φ10 锚筋连接牢固(预留 φ10 拉结筋@1500)。细石混凝土坍落度 5～7cm,用木抹子拍打压实,不要漏出钢筋网,在与屋面突出物相连处留 30mm 宽缝隙嵌填密封膏。 (7)木基层上卷材铺设:应自下而上平行屋脊铺贴,搭接应顺流水方向,卷材铺设时应压实铺平,上部工序施工时不得损坏卷材。卷材搭接长度不宜小于 100mm,并用顺水条将卷材压钉在木基层上,顺水条的间距为 500mm,再在顺水条上铺钉挂瓦条,也可在木基层上设置泥背的方法铺设,泥背厚度宜为 30～50mm。
2	挂瓦屋面做法	(1)施工放线 1)无顺水条做法:先在距屋脊 30mm 处弹一平行屋脊的直线确定最上一条挂瓦条的位置,再在距屋檐 50mm 处弹一平行屋脊的直线确定最下一条挂瓦条的位置,然后再根据瓦片和搭接要求均分弹出中间部位的挂瓦条位置线,挂瓦的间距要保证上一层瓦的挡雨檐将下排瓦的钉孔盖住,见图 6.2.12。 2)有顺水条做法:先在两山檐边距檐口 50mm 处弹平行山檐的直线,然后根据两山檐距离弹顺水条位置线,顺水条间距≤500mm,再按无顺水条的做法弹挂瓦条线,见图6.2.13。 (2)挂瓦条安装 1)先将顺水条用水泥钉按@600mm 固定。木顺水条可选用 30mm×25mm 木枋。钢顺水条可用一 25mm×5mm 扁铁预先钻孔并调直。 2)装挂瓦条:将挂瓦条上棱平齐挂瓦条位置线固定在顺水条上,钢挂瓦条可选用 L30×6 型钢焊在顺水条上,木挂瓦条可选用 30mm×25mm 木枋钉在顺水条上;无顺水条时将挂瓦条直接固定在找平层上,此时挂瓦条下可用钢板垫块 40mm×40mm×5mm@600mm 或木垫块 50mm×50mm×10mm@500mm 做支撑垫块代替。 (3)主瓦安装 先预铺瓦即根据屋面情况充分利用瓦片边筋 3mm 调节位置,大屋面可调节成整片瓦,窄屋面需切瓦时可将瓦片调节到瓦片中拱节割。 正式铺瓦时,从屋檐右下角开始自右向左,自下向上进行,屋檐第一层瓦应与其上两层瓦水平,做法是取三片瓦放置在檐口向上的挂瓦条上,此时檐口瓦会出现低垂现象,在距屋檐 20mm 上重叠固定 2 根挂瓦条,将屋檐第一层瓦撑起,使其与上面各层瓦面保持水平,两边同样做法后拉水平线往上铺设至屋脊,主瓦的固定范围按当地的气候和设计要求确定,当瓦搭接长度或坡度大时,可在瓦上钻孔用铜丝或专用搭扣固定在挂瓦条上。屋檐口挂瓦条外用水泥砂浆封实,以防鸟类筑集以及风雨腐蚀挂瓦条。

序　号	项　目	内　容
3	砂浆卧瓦屋面做法	(1)砂浆保护层:砂浆卧瓦屋面做法时,在保温层上应有一道砂浆保护层(保护层应抹压密实,平整度最大误差±5mm,并及时养护)。砂浆卧瓦层内配 φ6@500mm×500mm 钢筋网并在屋面板内屋檐和檐口处与预埋的 φ10 锚筋连接牢固,在需要与瓦材绑扎固定处,钢筋的纵横向间距按瓦的规格确定。 (2)施工放线:放屋面轮廓线:先弹屋脊中线,然后从屋檐往上确定屋檐第一层瓦的位置(一般按瓦长减屋檐挑出长度 50mm 计算)弹一条与屋脊中线平行的直线,再在左右山檐 50mm 处弹出垂直于屋脊中线的山檐边线,组成屋面轮廓线,轮廓线外是预留的挑檐位置和安装檐口瓦位置,线内再按每片瓦安装模数纵横向弹控制线,控制线根据块瓦的允许调整范围和面积预先排板。 (3)主瓦铺贴:铺瓦前找平层和平瓦应湿润,铺瓦必须与控制线对齐,自右向左,自下向上铺设,屋檐第一层应与其上两层瓦水平,做法是:取三片瓦放置在檐口向上的三层瓦片铺设控制线上,此时檐口瓦会出现低垂现象,应用水泥砂浆起垫固定卧实檐口第一块瓦片,使之与上二层瓦成水平直线,两边同样做法后按控制线拉水平线往上铺设。 (4)主瓦片固定加强措施:在30°以下的坡屋面铺瓦时,只需在瓦片排水沟底部敷砂浆条,使主瓦平稳地挂在砂浆上,瓦爪紧贴屋面即可;当坡度大于30°时或设计要求固定时,可用双股18号铜丝绑扎瓦片固定在钢筋网上并且瓦底砂浆要饱满。
4	配件及细部构造	(1)檐口瓦安装:将30mm×40mm的木枋用钢钉顺山檐边固定,安装从山檐下端第一片檐口瓦封开始,每片檐口瓦需与上排主瓦平齐铺设,铺瓦砂浆要饱满卧实,并用钢钉将檐口瓦与木枋固定牢,一直铺到山檐顶端。安装时应从屋脊线到檐口以保证安装好的檐口瓦必须成一条线。 (2)脊瓦安装:斜脊由斜脊封头瓦开始,斜脊瓦自下向上搭接铺至正脊,再用脊瓦铺正屋脊,正屋脊由大封头瓦开始,用锥脊瓦(或圆脊瓦)搭接铺至末端以小封头瓦开始,用锥脊瓦(或圆脊瓦)搭接铺至末端以小封头瓦收口(当用圆脊时两端均用圆脊封头)。所有脊瓦安装必须拉线铺设,铺设时应砂浆饱满,勾缝平顺,随装随抹干净,保持瓦面整洁。 (3)排水沟瓦安装:确定排水沟宽度后在排水沟瓦位置处弹线,用电动圆锯切割瓦片,铺设排水沟瓦。铺设时用砂浆将瓦片底部空隙全部封实抹平,防止鸟类筑巢。 (4)泛水、檐沟、天沟等细部做法见表6.1.77

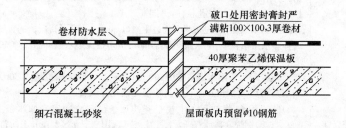

图 6.2.11　预埋钢筋防水做法

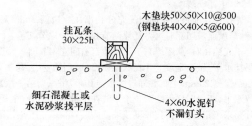

图 6.2.12　无顺水条做法

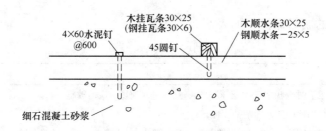

图 6.2.13 有顺水条做法

4. 质量标准

（1）质量标准

平瓦屋面工程的质量标准，除应符合表 6.2.105 规定外，还应符合《屋面工程质量验收规范》（GB 50207—2002）中之 7 的有关要求。

质量标准　　　　　　　　　　　　表 6.2.105

序　号	项　目	内　　容
1	主控项目	（1）平瓦及其脊瓦的质量必须符合设计要求，必须有出厂合格证和质量检验报告。 （2）平瓦必须铺置牢固。大风和地震设防地区以及坡度超过 30°的屋面必须用镀锌钢丝或铜丝将瓦与挂瓦条扎牢。 （3）观察和手扳检查进行检验。
2	一般项目	（1）挂瓦条应分档均匀，铺钉平整、牢固；瓦面平整，行列整齐，搭接紧密，檐口平直。 （2）脊瓦应搭盖正确，间距均匀，封固严密；屋脊和斜脊应顺直，无起伏现象。 （3）泛水做法应符合设计要求，顺直整齐，结合严密，无渗漏。 （4）平瓦屋面的有关尺寸要求和检验方法应符合表 6.2.106 的规定

平瓦屋面的有关尺寸要求和检验方法　　　　　　　表 6.2.106

项　次	项　目	长度(mm)	检验方法
1	脊瓦搭盖坡瓦的宽度	40	
2	瓦伸入天沟、檐沟的长度	50～70	
3	天沟、檐沟的防水层伸入瓦内宽度不小于	150	用尺量检查
4	瓦头挑出檐口的长度	50～70	
5	突出屋面的墙或烟囱的侧面瓦伸入泛水宽度不小于	50	

（2）质量记录

平瓦屋面工程的质量记录，如表 6.2.107 所示。

质量记录　　　　　　　　　　　　表 6.2.107

序　号	内　　容
1	技术交底记录中施工操作要求及注意事项。
2	材料质量文件：水泥出厂合格证及试验报告、平瓦及其脊瓦出厂合格证或质量检验报告。
3	中间检查记录：隐蔽工程检查验收记录、施工检验记录、淋水检验记录。
4	工程检验记录：抽样质量检验及观察检查记录

5. 成品保护

平瓦屋面工程的成品保护，如表 6.2.108 所示。

成品保护 表 6.2.108

序号	内 容
1	瓦运输时应轻拿轻放，不得抛扔、碰撞；进入现场后应堆放整齐。
2	砂浆勾缝应随勾随清洁瓦面。
3	采用砂浆卧瓦做法时，砂浆强度未达到要求时，不得在上面走动或踩踏

6. 安全环保措施

平瓦屋面工程的安全环保措施，如表 6.2.109 所示。

安全环保措施 表 6.2.109

序号	内 容
1	屋面上瓦应两坡同时进行，保持屋面受力均衡，瓦要放稳。屋面无望板时，应铺设通道，不准在桁条、瓦条上行走
2	屋面无女儿墙部位临边处应搭设安全防护栏杆或防护脚手架，按要求挂密目网

6.2.6.2 油毡瓦屋面

1. 工程概要

油毡瓦屋面的工程概要，如表 6.2.110 所示。

工程概要 表 6.2.110

序号	项目	内 容
1	特点	(1)油毡瓦是一种新型屋面防水材料，除具有较好防水效果外，还对建筑物有很好的装饰效果，且施工简便、易于操作。 (2)油毡瓦是以玻璃纤维毡为胎基，经浸涂石油沥青后，一面覆盖彩砂矿物粒料，另一面撒以隔离材料，并经切割所制成的瓦片状屋面防水材料。
2	适用范围	油毡瓦屋面的坡度宜为 20%～85%。
3	材料要求	(1)规格 油毡瓦的规格：长×宽×厚＝1000mm×333mm×3.5(4.5)mm，长度和宽度允许偏差：优等品±3mm，合格品±5mm。形状如图 6.2.14。 (2)外观质量要求 1)10～45℃环境温度时应易于打开，不得产生脆裂和粘连。 2)玻纤毡必须完全用沥青浸透和涂盖。 3)油毡瓦不应有孔洞和边缘切割不齐、裂缝、断裂等缺陷。 4)矿物料应均匀、覆盖紧密。 5)自粘结点距末端切槽的一端不大于 190mm，并与油毡瓦的防粘纸对齐。 (3)物理性能指标 油毡瓦的物理性能指标见表 6.2.111。
4	参考用量	油毡瓦屋面用量参考表，见表 6.2.112

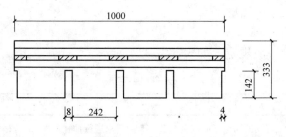

图 6.2.14 油毡瓦

油毡瓦物理性能　　　　　　　　　　　　　　表 6.2.111

项　　目	性　能　指　标	
	合格品	优等品
可溶物含量（g/m²）	≥1450	≥1900
拉力（N）	≥300	≥340
耐热度（℃）	≥85	
柔度（℃）	10	8

油毡瓦屋面用量参考表　　　　　　　　　　　　表 6.2.112

屋面工程	面积用量	重　　量
每平方米屋面	2.33m² 瓦材	2.5kg

2. 施工方法

（1）油毡瓦屋面施工工艺，如下所示。

基层清理 → 防水层施工 → 铺钉垫毡 → 铺钉油毡瓦 → 检查验收 → 淋水试验

（2）操作要点，如表 6.2.113 所示。

操作要点　　　　　　　　　　　　　　　　表 6.2.113

序　　号	内　　　　容
1	屋面基层应清除杂物、灰尘、基层应具有足够的强度、平整、平净、无起砂、起皮等缺陷。
2	细部节点处理和防水层施工：根据设计要求，对屋面与突出屋面结构的交接处、女儿墙泛水、檐沟等部位，用涂料或卷材进行防水处理。验收合格后进行防水层施工，防水层的施工方法、要求及质量检验参见 6.2.2 卷材防水屋面、6.2.3 涂膜防水屋面的有关内容。
3	油毡瓦应自檐口向上铺设；第一层瓦应与檐口平行；切槽应向上指向屋脊，用油毡钉固定。第二层油毡瓦应与第一层叠合，但切槽应向下指向檐口。第三层油毡瓦应压在第二层上，并露出切槽125mm，油毡瓦之间的对缝，上下层不应重合。每片油毡瓦不应少于 4 个油毡钉，当屋面坡度大于80%时，应增加油毡钉固定。
4	油毡瓦铺设在木基层上时，可用油毡钉固定，油毡瓦铺设在混凝土基层上时，可用射钉固定；也可采用冷玛瑞脂或粘结胶粘结固定。
5	将油毡瓦切槽剪开分成四块即可作为脊瓦，并搭盖两坡面油毡瓦 1/3，脊瓦相互搭接面不应小于1/2。
6	屋面与突出屋面结构的交接处，油毡瓦应铺贴至立面上，高度不应小于 250mm。
7	油毡瓦屋面有关搭盖尺寸及检验方法见表 6.1.76 所示

3. 质量标准

(1) 一般规定

油毡瓦屋面工程的一般规定，如表 6.2.114 所示。

一般规定   表 6.2.114

序 号	内　　容
1	进入施工现场的油毡瓦应按表 6.2.115 的要求进行抽样复验，不合格的材料不得在建筑工程中使用。
2	(1)油毡瓦及其脊瓦的质量是保证平瓦屋面工程质量的基础；油毡瓦固定牢固是保证油毡瓦屋面防水成败的关键，故将其列为主控项目。 (2)油毡瓦的铺设方法、油毡瓦间的对缝、瓦面的平整顺直、泛水施工质量等，也是油毡瓦屋面质量的重要部分，应作为检验项目

油毡瓦现场抽样复验项目   表 6.2.115

材料名称	现场抽样数量	外观质量检验
油毡瓦	同一批至少抽 1 次	边缘整齐，切槽清晰，厚薄均匀，表面无孔洞、硌伤、裂纹、皱折及起泡

(2) 质量标准

油毡瓦屋面工程的质量标准，除应符合表 6.2.116 规定外，还应符合《屋面工程质量验收规范》（GB 50207—2002）中之 7 的有关要求。

油毡瓦屋面工程质量检验项目、要求和检验方法   表 6.2.116

	检 验 项 目	要　　求	检 验 方 法
主控项目	1. 油毡瓦及脊瓦的质量	必须符合设计要求	检查出厂合格证和质量检验报告
	2. 油毡瓦的固定	必须钉平、钉牢、严禁钉帽外露油毡瓦表面	观察检查
一般项目	1. 油毡瓦的铺设方法与对缝	铺设方法应正确；上下层对缝不得重合	观察检查
	2. 瓦面质量	油毡瓦与基层紧贴，瓦面平整，檐口顺直	观察检查
	3. 泛水做法	应符合设计要求，顺直整齐，结合严密，无渗漏	观察检查和雨后或淋水检查

4. 成品保护

油毡瓦屋面工程的成品保护，可参照同类型瓦屋面工程。

5. 安全环保措施

油毡瓦屋面工程的安全环保措施，可参照同类型瓦屋面工程。

6.2.6.3　金属板材屋面

1. 工程概要

金属板材屋面的工程概要，如表 6.2.117 所示。

工 程 概 要

表 6.2.117

序 号	项 目	内 容
1	适用范围	（1）本规定仅供与此类似的工业与民用建筑工程的金属板材屋面施工安装工程，以及建筑物天沟、采光板、压顶、封檐等配套使用施工工艺参考。 （2）本规定侧重于其中一种彩色涂层钢板屋面板咬合锁边，内填保温棉，有内衬板的屋面系统安装做法。
2	工程要点	为全面优质完成工程施工，各项工作中的关键要点如下： （1）材料要点： 1）金属板材和辅助材料的质量，是确保金属板材屋面质量的关键，金属板材的材质及涂层厚度必须符合设计要求。涂层的完整与否直接影响压型钢板屋面的使用寿命。施工前要对材料外观用肉眼和 10 倍放大镜进行检查，并对材料出厂质量证明书和相关检测报告进行认真审核。 2）泛水板、屋脊盖沿等配件的折弯宽度和折弯角度是保证建筑物外观质量的重要指标，其造型将直接影响建筑物的观感。 （2）技术要点： 提前做好屋面板材的排板布置图，避免材料的浪费。对细部节点做法及不同部位的紧固件的使用，施工前对操作工人做好技术交底。 1）屋面板安装 ①板与板连接接头处的螺栓拧紧力不能过大，防止螺栓被拧断，使该处成为漏水点。 ②屋面板材水平、垂直方向的螺钉要保证在一条线上，并且螺钉等距。 ③在安装了几块屋面板后要用仪器检查屋面板的平面度，以防止屋面凸凹不平，出现波浪。 ④在采光板与钢架梁发生冲突的部位要将采光板位置移动（此点在设计期间要引起注意）。 2）保温棉安装 ①连接保温棉的双面胶胶带要揭掉，破损的保温棉不能使用。 ②拉保温棉的张力不可太大，要适度。为了保证保温棉的平整性，施工工人在铺保温棉时不光要在纵向拉，而且同时要在横向拉一拉，以减少褶皱。并且在用钎子将保温棉进行临时固定的时候，为了减少由于拧栓钉的力矩使该点的保温棉旋转从而产生褶皱，可用钎子拨一拨该点的保温棉。 ③为了保证保温棉的美观，要清除所有粘在其上多余的胶条。 3）注意屋顶风机风口处及雨水管处的密封和坚固问题。 4）天沟氩弧焊接不可有断点、透点。 （3）质量要点： 金属彩板屋面安装的紧固、保温、密封是三个关键要素。施工时要针对彩板屋面的关键部位：板材搭接、采光板固定、檐沟安装、屋脊盖沿等安装节点要进行周密的布置，对连接紧固件的数量、间距、连接质量进行重点检查。 （4）安全要点： 屋面安装要采取齐全、有效的安全措施，严防高空坠落物体打击事故的发生

2. 施工准备

金属板材屋面工程的施工准备，如表 6.2.118 所示。

施 工 准 备

表 6.2.118

序　号	项　目	内　容
1	技术准备	(1)熟悉与会审施工安装图纸,计算工程量,编制施工机具设备需要量计划。 (2)各种加工半成品技术资料的准备和申请计划。
2	材料要求	(1)品种规格 1)彩色涂层钢板:屋面压型钢板由滚压成型制成,宽度主要有 600mm、620mm、650mm、720mm、750mm、900mm 等规格;长度依据制造商设计图纸,如现场加工成型最长可达 48m,标准长度只受运输的限制。 2)保温隔热材料:保温隔热层的材料品种、导热系数、厚度、密度等应符合设计要求。常用的保温层有玻璃丝棉;自熄型聚苯乙烯塑料或聚氨酯泡沫塑料。 3)檩条及系杆:檩条及系杆拉结材料是金属板材屋面的支撑系统。 4)紧固件:主要是膨胀螺栓、铆钉、自攻螺钉、垫板、垫圈、螺帽等板材与板材,板材与骨架固定连接的各种设计和安装所需要的连接件。 (2)质量要求 1)彩色涂层钢板进场后要对外观进行检查。其边缘应整齐、表面光滑、色泽均匀;外形规则,不得有扭翘、脱膜和锈蚀等缺陷。必须有出厂合格证及检测报告。 2)保温隔热材料的品种、导热系数、厚度、密度、出厂质量证明书及检测报告必须与设计要求相符。 3)檩条及系杆:主要材质为 C 型或 Z 型冷轧镀锌型钢。型钢厚度、刚度必须符合设计要求。 4)紧固件:膨胀螺栓、铆钉、自攻螺钉、垫板、垫圈、螺帽等板材与板材,板材与骨架固定连接的各种设计和安装所需要的连接件必须是镀锌件,防止锈蚀。
3	主要机具	手动切机、电动锁边机、电动扳手、定位扳手、电焊机、手提电钻、拉铆枪、专用订书机、裁纸刀、云石锯、钳子、胶锤、钢丝线、紧线器、钢丝绳及吊装设备。
4	作业条件	(1)屋面金属彩色钢板安装施工前,技术人员应仔细熟悉生产制造商图纸,并针对施工操作人员对技术措施、质量要求和成品保护进行认真交底。 (2)压型钢板及各种配件进场后,要仔细核对其详细尺寸、规格、数量与安装图纸是否一致。 (3)屋面钢结构已安装施工完毕,验收合格。 (4)用于安装屋面板的脚手架搭设完毕

3. 施工方法

(1) 工艺流程

金属板材屋面工程的工艺流程, 如下所示。

测量放线 → 内天沟吊装 → 屋面衬板吊装 → 檩条吊装、安装 → 屋面衬板安装 → 滑动支架安装 →

保温棉的铺设 → 屋面面板吊装、安装 → 外檐沟安装 → 屋脊盖沿、封檐压型钢板安装

(2) 操作方法

金属板材屋面工程的操作方法, 如表 6.2.119 所示。

操 作 方 法

表 6.2.119

序　号	项　目	内　容
1	测量放线	使用紧线器拉钢丝线测放出屋面轴线控制线的数量和位置,依据以上基准线在每个柱间钢梁上弹出用于焊接屋面檩托的控制线。并认真校核主体结构偏差,确认对屋面次钢结构檩条的安装有无影响。

序　号	项　目	内　　容
2	内天沟安装	（1）天沟安装时，首先铺设保温棉，将保温棉带铝铂一面朝下即朝向屋内，铺设在双檩条间，然后天沟压在其上，正好卡在双檩条间，找正位置用自攻螺钉连接，保温棉连接用订书针，钉住铝铂。天沟板后一块压住前一块，互相搭接，用定位孔定位后，相互搭接处用不锈钢焊条焊接，天沟落水口等装完后，用云石锯在相应位置开泄水口，然后将落水斗焊于其上（搭接焊），落水斗下安装落水管。 （2）内天沟分段安装时，搭接要工整，顺直；排水通畅，无积水。天沟纵向坡度不应小于1％；天沟采用镀锌钢板制作时，应伸入压型钢板的下面，其长度不应小于100mm。
3	屋面衬板安装	（1）屋面衬板吊装：确定吊装方法，常采用的吊装方法有：逐件流水吊装、节间综合吊装、扩大节间综合吊装。根据吊装方法安排吊装机械、吊装顺序、机械位置和行驶路线，按柱间、同一坡向内、分次吊装，每次6～7块衬板。 （2）檩条吊装、安装：屋檩安装时，首先按图将所需檩条运至安装位置下方，檩条使用吊装设备按柱间、同一坡向内、分次吊装。每次成捆吊至相应屋面梁上，每捆8～9根檩条，水平平移檩条至安装位置，檩托与另一根檩条采用套插螺栓连接；屋面檩撑安装，施工人员用小锤将探出头砸弯、固定。 （3）屋面衬板安装：衬板安装前，预先在板面上弹出铆钉的位置控制线及相邻衬板相互搭接位置线。压型板的横向搭接不小于一个波距，纵向搭接不小于120mm。安装时4～6人一组配合安装，使用自攻螺栓进行屋面衬板的固定。 （4）滑动支架安装：滑动支架按设计间距，采用自攻螺钉与檩条连接，位置必须准确，固定牢固。
4	保温棉铺设	保温棉的铺设：保温棉顺着坡度方向依照排板图铺设，相互间用订书针钉住；保温棉安装时，要填塞饱满，不留空隙。
5	屋面面板安装	屋面面板吊装、安装： （1）依据屋面面板板型、制作卡模，采用垂直运输设备逐块吊装。 （2）铺设压型钢板屋面时，相邻两块板应顺年最大频率风向搭接，可避免刮风时冷空气灌入室内。 （3）屋面板端部通过板上的与檩条预钻孔相配就位和排列。 （4）所有的板材在建筑长度上的位置和排列需保持300mm的模数。 （5）压型板应采用带防水垫圈的镀锌自钻螺钉固定，固定点应设在波峰上。所有外露的自钻螺钉，均应涂抹密封材料保护。 （6）金属板材屋面与立面墙体及突出屋面结构等交接处，均应做泛水处理。两板间应放置通长密封条；螺栓拧紧后，两板的搭接口处应用密封材料封严。 （7）铺设首张板：首先定位第一张板，根据排板图及相应的檩条上的孔位定屋面板位置，第一张板由山墙边靠近天沟处起装，用钢筋销子调整孔位，在靠近板内一排孔上打自攻螺钉，在天沟边上安装橡胶泡棉堵头，上下四周均用密封胶带，堵头用自攻螺钉与天沟及檩条固定。 （8）屋面板与檩条连接：相邻一张板边相应地压在第一张板边上，在每个檩条相应的板材搭接处安装滑动支架，支架与檩条用自攻钉固定之后，支架勾住板边，后一张板压在其上。根据施工季节的不同，板材与滑动支架连接的位置也要相应调整，春秋季节可安放在滑动支架的中间，夏冬季节可安装在滑动支架的任何一侧边缘。 （9）屋面板的搭接：屋面板长度方向的搭接均采用螺栓连接，连接处压密封胶条及打密封胶，防止渗漏，其接缝咬合严密、顺直。 屋面板材连接接头置于檩条正上方，相应两条板材长度方向的搭接缝应错开一个檩条距离且均匀布置。压型板与泛水的搭接宽度不小于200mm；压型钢板屋面的泛水板与突出屋面的墙体搭接高度不应小于300mm。安装应平直。 （10）采光板的安装：采光板与屋面面板间连接，采用螺栓、密封胶条。安装时必须在其下及四周增加堵头，挡住保温棉外露，另外在采光板两侧各加一固定板；用于固定采

序　号	项　目	内　　容
5	屋面面板安装	光板与相邻屋面板,用自攻钉固定,采光板与上下两张板的压紧顺序依照屋面坡度方向,其上被压,下边它压下一张屋面板。在采光板上部需设不锈钢分水岭。 采光板与普通板的接头处压边有1～2mm的间隙,必须用密封胶封严。采光板下部的单面胶条不能漏压、挤出。 (11)脊瓦(屋脊盖沿)、封檐压型钢板安装:屋脊盖沿下要塞实保温棉,两侧边屋面板在内侧用橡胶泡棉堵头堵住,保温棉堵头用密封胶带粘住,屋脊盖沿与屋面板连接用支件。 在安装屋檐饰边前,预制橡皮防水块应安装充满整个屋面板皱褶空隙。脊瓦、封檐搭接要严密,顺直。 (12)屋面板锁边:屋面板间侧边的直立拼缝采用锁边机械锁边,操作前,首先用手动咬边机咬半米左右长度,然后把电动锁边机垫平放置于已锁完处,辊轮加紧锁紧处,开动锁边机,让其均匀往前锁边。
6	外檐沟安装	(1)首先安装预制成型的角部密封圈,以便与山墙饰边和排水天沟轮廓相配。 (2)在安装排水天沟之前,用预制成型的橡胶密封圈完全填满屋面板皱褶下的空隙。 (3)在安装排水沟之前,先将预制成型的墙面密封钢条安装在墙面皱褶中。预制成型的墙面密封钢条可由0.6mm镀锌钢板制成。 (4)檐沟安装时,压型钢板应伸入檐沟内,其长度不应小于150mm

4. 质量标准

(1) 质量标准

金属板材屋面工程的质量标准,除应符合表6.2.120规定外,还应符合《屋面工程质量验收规范》(GB 50207—2002)中之7的有关要求。

质 量 标 准　　　　　　　　　　　　　　　　　　　　表 6.2.120

序　号	项　目	内　　容
1	主控项目	(1)金属板材及保温棉等辅助材料进场后,其规格、品种、质量、颜色、线条必须符合设计要求。 检验方法:检查出厂质量证明书及技术性能检测报告。 (2)金属彩板安装的连接、保温、密封处理三个关键要素必须符合设计要求,不得有渗漏现象。 检验方法:观察检查和雨后或淋水检验。. (3)压型金属板安装的主控项目:压型金属板、泛水板和屋脊盖沿等固定可靠、牢固,防腐涂层和密封材料敷设好,连接件数量、间距应符合设计要求和国家现行钢结构及屋面施工规范有关标准规定。 检查数量:全数检查。 检验方法:观察检查及尺量。 (4)压型金属屋面面板应在支承构件上可靠搭接,搭接长度应符合设计要求,且不应小于表6.2.121所规定的数值。 检查数量:按搭接部位总长度抽查10%,且不应小于10m。 检验方法:观察和用尺量。
2	一般项目	(1)金属板材屋面应安装平整,顺直,固定方法正确,密封完整;板面不应有施工残留物和污物。不应有未经处理的错钻孔洞。排水坡度应符合设计要求。 检查数量:按面积抽查10%,且不应小于10m²。 检验方法:观察和尺量检查。

序　号	项　目	内　　　容
2	一般项目	(2)金属板材屋面的檐口线的下端应呈直线,泛水段应顺直、无起伏现象。 检查数量:全数检查。　检验方法:观察检查。 (3)压型金属板屋面安装的允许偏差应符合表6.2.122规定。 检查数量:檐口与屋脊的平行度:按长度抽查10%,且不应少于10m;其他项目:每20m长度应抽查1处,不应少于2处。 检验方法:用拉线、吊线和钢尺检查

压型金属屋面面板应在支承构件上的搭接长度　　　　表6.2.121

项　　　目		搭接长度(mm)
相邻两块压型金属板搭接(截面高度≥70)		375
相邻两块压型金属板搭接 (截面高度≤70)	屋面坡度<1/10	250
	屋面坡度≥1/10	200
屋面压型板与泛水板的搭接		200
压型钢板屋面的泛水板与 突出屋面的墙体搭接高度		300

压型金属板屋面安装的允许偏差　　　　表6.2.122

	项　　　目	允许偏差(mm)
屋面	檐口与屋脊的平行度	12.0
	压型金属板波纹对屋脊的垂直度	$L/800$,且不应大于25.0
	檐口相邻两块压型金属板端部错位	6.0
	压型金属板卷边板件最大波浪高	4.0

注:L为屋面半坡或半坡长度。

(2)质量记录

金属板材屋面工程的质量记录,如表6.2.123所示。

质　量　记　录　　　　表6.2.123

序　　号	内　　　容
1	金属板材的出厂合格证及检测报告。
2	保温材料、密封材料的出厂材质证明及产品合格证。
3	金属板材紧固件、檩条的材质证明。
4	焊条的品牌、型号及合格证。
5	隐检记录、质量检验评定记录

5.成品保护

金属板材屋面工程的成品保护,如表6.2.124所示。

成品保护   表 6.2.124

序号	内　　容
1	金属彩板垂直、水平运输时,所用的卡具、架子车必须捆绑棉丝,安放牢固。严禁拖滑彩色钢板。
2	在屋面面板上面必须及时清理杂物,避免工具、配件坠地,造成彩板漆膜损坏。
3	压型钢板的堆放场地应平坦、坚实,且便于排除地面水。堆放时应分层,并且每隔 1～2m 加放垫木

6. 安全环保措施

金属板材屋面工程的安全环保措施,如表 6.2.125 所示。

安全环保措施   表 6.2.125

序号	内　　容
1	施工人员操作时,必须穿胶鞋,防止滑伤。
2	施工现场严禁吸烟。
3	施工现场必须戴安全帽,高空作业必须戴安全带。
4	合理安排施工工艺流程,避免高低空同时作业。
5	屋面施工材料必须随时捆绑固定,做好防风工作。
6	电动工具必须设漏电保护装置

7 建筑地面工程

7.1 设计要点及构造措施

7.1.1 地面设计要点

7.1.1.1 技术要点

建筑地面工程技术要点如表 7.1.1 所示。

技术要点 表 7.1.1

序 号	内 容
1	建筑地面各构造层采用拌合料的配合比或强度等级,应按施工规范规定和设计要求通过试验确定后,填写配合比通知单,并按规定做好试块的制作、养护和强度检验。
2	水泥混凝土和水泥砂浆试块的制作、养护和强度检验应按现行国家标准《混凝土结构工程施工质量验收规范》(GB 50204—2002)和《砌体工程施工质量验收规范》(GB 50203—2002)的有关规定执行。
3	检验水泥混凝土和水泥砂浆试块的组数,按施工规范的规定:每一层(或检验批)建筑地面工程不应小于一组;当每一层(或检验批)建筑地面工程面积大于 1000m² 时,每增加 1000m² 各增做一组试块,小于 1000m² 按 1000m² 计算;当改变配合比时,也相应地按上述规定制作试块组数,以保证质量检验。
4	建筑地面各构造层的厚度应严格控制,按设计要求铺设,并应符合施工规范的规定。
5	厕浴间和有防滑要求的建筑地面,应选用符合设计要求的具有防滑性能的板块材料,以满足使用功能,防止使用时对人体可能造成的滑倒伤害。
6	在地面工程上铺设有坡度要求的面层时,应在基层施工中,在夯实的基土上修整基土层高差以达到设计要求的坡度。 在楼面工程上铺设有坡度要求的面层(或在地下室的底层地面和架空板地面)时,施工中应采取在结构层(现浇钢筋混凝土或预制板)上按结构起坡的高差或在钢筋混凝土板上利用变更填充层(或找平层)铺设的厚度差以达到设计要求的坡度。
7	为了使各层(主要指铺设垫层、找平层、结合层和面层)铺设材料和拌合料、胶结材料具有正常凝结和硬化条件,建筑地面工程施工时,各层环境温度及其所铺设材料温度的控制,应符合下列规定: (1)采用掺有水泥的拌合料铺设面层、结合层、找平层和垫层时,其环境温度不应低于 5℃,并应保持拌合料强度等级达到不小于设计要求的 50%。 (2)采用沥青胶结料(无特别注明时,均为石油沥青胶结料,以下同)作为结合层和填缝料铺设板块面层、实木地板面层时,其环境温度不应低于 5℃。 (3)采用掺有石灰的拌合料铺设垫层时,其环境温度不应低于 5℃。 (4)采用胶粘剂(无特别注明时,均为有机胶粘剂,以下同)粘贴塑料板面层、拼花木板面层时,其环境温度不应低于 10℃。 (5)在砂石垫层和砂结合层上铺设板块料、料石面层时,其环境温度不应低于 0℃。 (6)铺设碎石、碎砖垫层时,其环境温度不应低于 0℃。 如各层环境温度低于上述规定,施工时应采取相应的技术措施,以保证各层的施工质量。

镶 边 设 置　　　　　　　　表 7.1.5

序　号	内　容
1	在有强烈机械作用下的水泥类整体面层,如水泥砂浆、水泥混凝土、水磨石、水泥钢(铁)屑面层等与其他类型的面层邻接处,应设置金属镶边构件,见图7.1.5。
2	采用水磨石整体面层时,应用同类材料以分格缝设置镶边。
3	条石面层和各种砖面层与其他面层相邻接处,应用顶铺的同类板块材料镶边。
4	采用实木地板、竹地板和塑料板面层时,应用同类材料镶边。
5	当地面面层与管沟、孔洞、检查井等邻接处,均应设置镶边。
6	管沟、变形缝等处的建筑地面面层的镶边构件,均应在面层铺设前装设。
7	建筑地面各层的连接件(接合用的、镶边用的等)的构造,应符合设计和施工规范的规定,以免遗漏,造成不必要的返工

表7.1.6为地面面层材料选择参考表。如下
所示。

表7.1.7为地面面层材料强度等级和厚度参
考表,如下所示。

2. 地面面层图例

(1) 整体地面面层图例

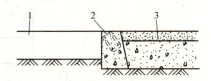

图 7.1.5　镶边角钢
1—其他面层;2—镶边角钢;3—水泥类面层

地面面层材料选择参考表　　　　　　　　表 7.1.6

序　号	地面使用要求	适宜的面层	举　例	备　注
1	人流较多的场所。	水泥砂浆、混凝土、地面砖、花岗石、大理石、水磨石等。	公共建筑的门厅、居室的客厅、一般会议室、学校教室、医院门诊室。	
2	人流较少的场所。	水泥砂浆、水磨石、木、竹地板、塑料地板、地毯。	办公室、居室的卧室、图书阅览室、会议室、医院病房。	
3	有防水要求的地面。	水泥砂浆、水磨石、陶瓷地砖、陶瓷锦砖、缸砖等。	厨房、卫生间、浴室、化验室。	
4	要求较安静的场所。	木地板、塑料地板、地毯、软木地板等。	办公室、会议室、接待室、阅览室。	
5	有防静电要求的地面。	导静电地板、导静电水磨石。	计算机房、总机房、医院手术室。	
6	一般生产操作及手推胶轮车行驶地面;面层应不滑、不起灰和便于清扫。	混凝土、水泥砂浆、三合土、四合土。	一般车间及附属房屋。	经常有水冲洗者不宜选用三合土、四合土。

序 号	地面使用要求		适宜的面层	举 例	备 注
7	行驶车辆或坚硬物体磨损的地段:面层应耐磨耐压	中等磨损:如汽车或电瓶车行驶。	混凝土、沥青碎石、碎石、块石。	车行道及库房等。	一般车间的内部行车道宜用混凝土。
		强烈磨损:如拖拉尖锐金属物件及履带或车轮行驶。	铁屑水泥、块石、混凝土、铸铁板。	电缆、钢绳等车间,履带式拖拉机装配车间。	混凝土宜制成方块,并用高强度等级。
8	坚硬物体经常冲击地段:面层应具有抗冲击能力。		素土、三合土、块石、混凝土、碎石、矿渣。	铸造、锻压、冲压、金属结构、钢铁厂的配料、冷轧,废钢铁处理,落锤等车间。	
9	高温作业地段:面层应耐热,不软化、不开裂。		素土、混凝土、水泥砂浆、黏土砖、废耐火砖、矿渣、铸铁板。	铸造车间的熔炼、浇注,热处理、锻压、轧钢、热钢坯工段,玻璃熔炼工段。	经常有高温熔液跌落者,不宜采用水泥砂浆及黏土砖。
10	有水和中性液体地段:面层受潮湿后应不膨胀、不溶解、易清扫。		水泥砂浆、混凝土、石屑水泥、水磨石、沥青砂浆。	选矿车间、水力冲洗车间、水泵房、车轮冲洗场、造纸车间。	应注意防滑,必要时做防滑设施。
11	有防爆要求的地段:面层应不发火花。		水泥砂浆、混凝土、石油沥青砂浆、石油沥青混凝土、菱苦土、木地面。	精苯、氢气、钠钾加工和人造丝工厂的化学车间、爆破器材及火药库。	骨粒均采用经试验确定不发火花的石灰石、大理石等。采用木地板时,铁钉不得外露。
12	有中性植物油、矿物油或其他乳浊液作用地段:面层应不溶解、不滑、易于清扫。		混凝土、水磨石、水泥砂浆、石屑水泥、陶(瓷)板、黏土砖。	油料库、油压机工段、润滑油站、沥青制造车间、制蜡车间、榨油车间等。	必要时做防滑措施。
13	清洁要求较高的地段:面层应不起尘,平整光滑,易清扫。		水磨石、石屑水泥、菱苦土、水泥砖、陶(瓷)板、木板、水泥抹光刷涂料、塑料板、过氯乙烯漆。	电磁操纵室、计量室、纺纱车间、织布车间、光学精密器械、仪表仪器装配车间、恒温室。	经常有水冲洗者,不宜选用菱苦土、木地板。
14	要求防止精致物件因坠落或摩擦而损伤的地段:面层应具有弹性。		菱苦土、塑料地面(聚氯乙烯)木板、石油沥青砂浆。	精密仪表、仪器装配车间,量具刃具车间,电线拉绝工段等。	
15	贮存笨重材料库。		素土、碎石、矿渣、块石。	生铁块库、钢坯库、重型设备库、贮木场。	

续表

序　号	地面使用要求	适宜的面层	举　例	备　注
16	贮存块状或散状材料。	素土、灰土、三合土、四合土、混凝土、普通黏土砖。	煤库、矿石库、铁合金库、水泥联合仓库。	
17	贮存不受潮湿材料	混凝土、水泥砂浆、木板、沥青砂浆	耐火材料库、棉、丝织品库,电器电讯器材库、水泥库、电石库、火柴库、卷烟成品库	处在毛细管上升极限高度内之地面,如构造一般满足防潮要求时,可不另设防潮层;如生产上有较高要求时,应做防潮层

注：1. 表中所列适宜的面层,系一般情况下常用之类型,是根据地面使用和生产特征拟定的。由于具体要求各有不同,因而并不是每一种面层都能完全适应于举例中的所有房间和车间,设计时必须根据具体情况进行选择。如有特殊要求时,应在表列面层类型范围以外,另行选择其他面层。
2. 有几种因素同时作用的地面,应先按主要因素选择,再结合次要因素考虑。
3. 采用铸铁板面层时,在需要防滑的地段,应选用网纹铸铁板或焊防滑点,在有轮径小于200mm的小车行驶的通道上,应选用光面铸铁板。
4. 表中所列的混凝土、水磨石、菱苦土等面层,均包括捣制和预制两种做法。

面层的材料强度等级与厚度参考表　　　　表7.1.7

面　层　名　称	材料强度等级	厚度(mm)
混凝土(垫层兼面层)	≥C15	按垫层确定
细石混凝土	≥C20	30～40
聚合物水泥砂浆	≥M20	5～10
水泥砂浆①	≥M15	20
铁屑水泥	M40	30～35(含结合层)
水泥石屑	≥M30	20
防油渗混凝土⑦⑧	≥C30	60～70
防油渗涂料⑨		5～7
耐热混凝土	≥C20	≥60
沥青混凝土⑥		30～50
沥青砂浆		20～30
菱苦土(单层)		10～15
(双层)		20～25
矿渣、碎石(兼垫层)		80～150
三合土(兼垫层)④		100～150
灰土		100～150
预制混凝土板(边长≤500mm)	≥C20	≤100
普通黏土砖(平铺)	≥MU7.5	53

续表

面 层 名 称	材料强度等级	厚度(mm)
（侧铺）		115
煤矸石砖、耐火砖（平铺）	≥MU10	53
（侧铺）		115
水泥花砖	≥MU15	20
现浇水磨石⑤	≥C20	25～30(含结合层)
预制水磨石板	≥C15	25
陶瓷锦砖（马赛克）		5～8
地面陶瓷砖（板）		8～20
花岗岩条石	≥MU60	80～120
大理石、花岗石		20
块石②	≥MU30	100～150
铸铁板⑪		7
木板（单层）		18～22
（双层）③		12～18
薄型木地板		8～12
格栅式通风地板		高 300～400
软聚氯乙烯板		2～3
塑料地板（地毡）		1～2
导静电塑料板		1～2
导静电涂料⑩		10
地面涂料⑩		10
聚氨酯自流平		3～4
树脂砂浆		5～10
地毡		5～12

① 水泥砂浆面层配合比宜为 1∶2，水泥强度等级不宜低于 32.5 级。

② 块石为有规则的截锥体，顶面部分应租琢平整，底面积不应小于顶面积的 60%。

③ 双层木地板面层厚度不包括毛地板厚，其面层用硬木制作时，板的净厚度宜为 12～18mm。

④ 三合土配合比宜为熟化石灰∶砂∶碎砖＝1∶2∶4，灰土配合比宜为∶熟化石灰∶黏性土＝2∶8 或 3∶7。

⑤ 水磨石面层水泥强度等级不低于 32.5 级，石子粒径宜为 6～15mm，分格不宜大于 1m。

⑥ 本手册中沥青类材料均指石油沥青。

⑦ 防油渗混凝土配合比和复合添加剂的使用需经试验确定。

⑧ 防油渗混凝土的设计抗渗等级为 P15，系参照现行《普通混凝土长期性能和耐久性能试验方法》进行检测，用 10 号机油为介质，以试件不出现渗油现象的最大不透油压力 1.5MPa。

⑨ 防油渗涂料粘结抗拉强度为 ≥0.3MPa。

⑩ 涂料的涂刷或喷涂，不得少于三遍，其配合比和制备及施工，必须严格按各种涂料的要求进行。

⑪ 铸铁板厚度系指面层厚度。

整体地面面层图例，如表7.1.8所示。

整体地面面层图例   表 7.1.8

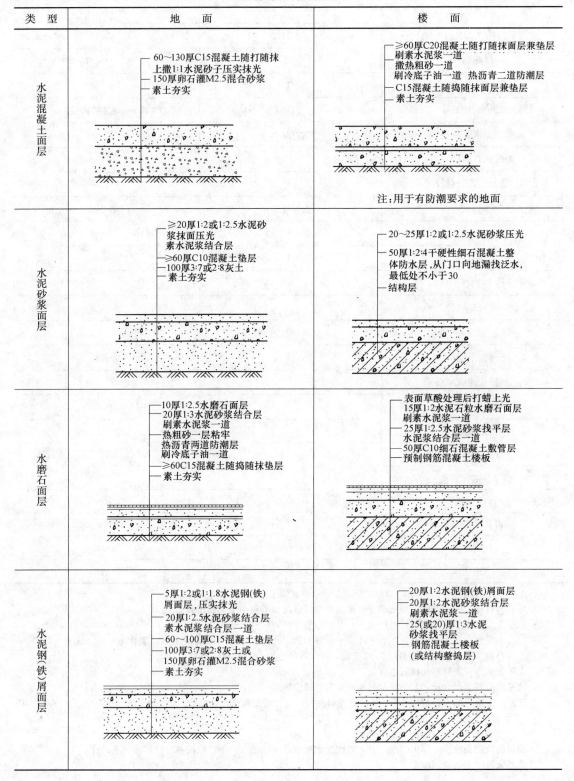

类型	地面	楼面

水泥混凝土面层	─60～130厚C15混凝土随打随抹
	  上撒1:1水泥砂子压实抹光
	─150厚卵石灌M2.5混合砂浆
	─素土夯实
		─≥60厚C20混凝土随打随抹面层兼垫层
		  刷素水泥浆一道
		  撒热粗砂一道
		  刷冷底子油一道 热沥青二道防潮层
		─C15混凝土随捣随抹面层兼垫层
		─素土夯实
		
		注:用于有防潮要求的地面

水泥砂浆面层	─≥20厚1:2或1:2.5水泥砂
	  浆抹面压光
	  素水泥浆结合层
	─≥60厚C10混凝土垫层
	─100厚3:7或2:8灰土
	─素土夯实
		─20～25厚1:2或1:2.5水泥砂浆压光
		
		─50厚1:2:4干硬性细石混凝土整
		  体防水层,从门口向地漏找泛水,
		  最低处不小于30
		─结构层

水磨石面层	─10厚1:2.5水磨石面层
	─20厚1:3水泥砂浆结合层
	  刷素水泥浆一道
	─热粗砂一层粘牢
	  热沥青两道防潮层
	  刷冷底子油一道
	─≥60C15混凝土随捣随抹垫层
	─素土夯实
		─表面草酸处理后打蜡上光
		─15厚1:2水泥石粒水磨石面层
		  刷素水泥浆一道
		─25厚1:2.5水泥砂浆找平层
		  水泥浆结合层一道
		─50厚C10细石混凝土敷管层
		─预制钢筋混凝土楼板

水泥钢(铁)屑面层	─5厚1:2或1:1.8水泥钢(铁)
	  屑面层,压实抹光
	─20厚1:2.5水泥砂浆结合层
	  素水泥浆结合层一道
	─60～100厚C15混凝土垫层
	─100厚3:7或2:8灰土或
	  150厚卵石灌M2.5混合砂浆
	─素土夯实
		─20厚1:2水泥钢(铁)屑面层
		─20厚1:2水泥砂浆结合层
		  刷素水泥浆一道
		─25(或20)厚1:3水泥
		  砂浆找平层
		─钢筋混凝土楼板
		  (或结构整捣层)

续表

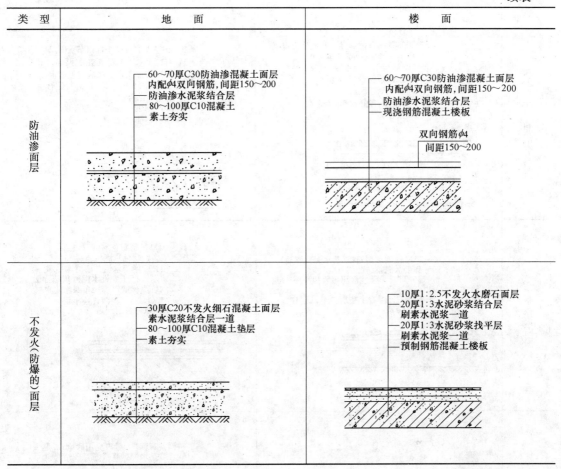

类　型	地　　面	楼　　面
防油渗面层	—60～70厚C30防油渗混凝土面层 　内配φ4双向钢筋,间距150～200 —防油渗水泥浆结合层 —80～100厚C10混凝土 —素土夯实	—60～70厚C30防油渗混凝土面层 　内配φ4双向钢筋,间距150～200 —防油渗水泥浆结合层 —现浇钢筋混凝土楼板 双向钢筋φ4 间距150～200
不发火（防爆的）面层	—30厚C20不发火细石混凝土面层 　素水泥浆结合层一道 —80～100厚C10混凝土垫层 —素土夯实	—10厚1:2.5不发火水磨石面层 —20厚1:3水泥砂浆结合层 　刷素水泥浆一道 —20厚1:3水泥砂浆找平层 　刷素水泥浆一道 —预制钢筋混凝土楼板

（2）块状地面面层图例

块状地面面层图例，如表7.1.9所示。

块状地面面层图例　　　　　　　　　　　　　　表 7.1.9

类　型	地　　面	楼　　面
砖面层	—8～10厚铺地砖面层,干水泥擦缝 　撒素水泥面并洒清水适量 —20厚1:4干硬性水泥砂浆结合层 —素水泥浆结合层一道 —50厚C10混凝土垫层 —150厚卵石灌M2.5混合砂浆 —素土夯实	—10厚陶瓷地砖面层配色水泥浆擦缝 —3～4厚水泥胶粘结层 —30厚1:2.5水泥砂浆找平层 —水乳型橡胶沥青一布四涂防水层 —50厚C10细石混凝土敷管层,铁板抹光 —预制钢筋混凝土楼板

续表

类　型	地　　面	楼　　面
大理石面层和花岗石面层	—20厚花岗石铺面灌稀水泥浆擦缝 　素水泥面(洒适量清水) —30厚1:4干硬性水泥砂浆结合层 　素水泥浆结合层一道 —50厚C10混凝土 —150厚卵石灌M2.5混合砂浆 —素土夯实	—20厚大理石碎块自由布置(1:2水泥 　石粒美术水磨石填空隙)面层 　撒1～2厚干水泥并洒适量清水 —25厚1:2.5干硬性水泥砂浆结合层 　水泥浆结合层一道 —50厚C10细石混凝土敷管层 —预制钢筋混凝土楼板
预制板块面层	—25厚预制水磨石板(素水泥浆灌缝) 　刮素水泥浆结合层 —25厚1:3干硬性水泥砂浆找平层 　刷素水泥浆一道 —60厚C15混凝土垫层 —素土夯实	—20厚预制彩色水磨石块 　楼面,配色水泥浆擦缝 　撒1～2厚干水泥并洒清水适量 —30厚1:2.5干硬性水泥砂浆结合层 —水乳型橡胶沥青一布四涂防水层 —20厚1:2.5水泥砂浆找平层 　水泥浆结合层一道 —结构层
料石面层	—铺砌块石面层并夯平,碎石 　嵌缝,料径宜为15～25 —素土夯实	—铺条石面层,缝内先用砂填1/2厚 　后填塞水泥砂浆或沥青胶结料 —砂结合层 —3:7灰土垫层或其他垫层 —素土夯实 水泥砂浆或沥青胶结料 粗砂
塑料板面层	—1.5～2厚软聚氯乙烯塑料抗静电楼面, 　XY409地板胶粘剂粘结,擦上光蜡 —20厚1:2.5水泥砂浆抹面 　素水泥浆结合层一道 —68～68.5厚1:6水泥焦渣垫层 —钢筋混凝土楼板	—板缝切成V形断面,用塑料焊条焊接 —3厚软聚氯乙烯塑料板面层 　XY-401胶粘剂结合层 —20厚1:2水泥砂浆找平层 　刷素水泥浆一道 —钢筋混凝土楼板或结构整捣层

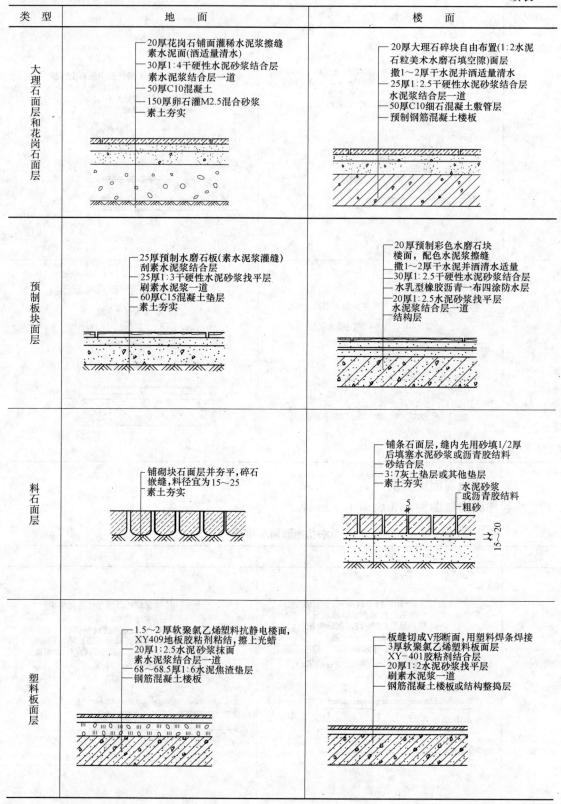

续表

类 型	地 面	楼 面
地毯面层	— 8～10厚地毯浮铺面层 — 5厚橡胶海绵地毯衬垫 — 30厚1:2.5水泥砂浆找平层铁板抹光 — 水乳型橡胶沥青一布四涂防水层 — 80～100厚C10混凝土垫层 — 素土夯实 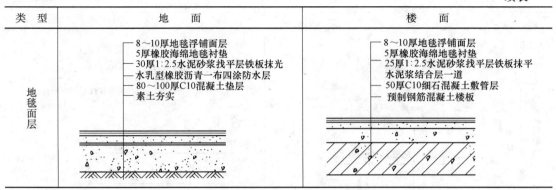	— 8～10厚地毯浮铺面层 — 5厚橡胶海绵地毯衬垫 — 25厚1:2.5水泥砂浆找平层铁板抹平 水泥浆结合层一道 — 50厚C10细石混凝土敷管层 — 预制钢筋混凝土楼板

（3）竹木地板地面图例

竹木地板地面图例，如表 7.1.10 所示。

竹木地板地面图例　　　　　　　　　　　　　　　　表 7.1.10

类型	地 面	楼 面
双层实木地板地面	— 油漆 — 18或20厚拼花企口硬木地板面层 — 22厚长条松木毛地板30°斜铺(板底刷防腐油) — 木龙骨50×60中距500，横撑50×50中距1000 — 木龙骨架空20，与木垫块钉牢，垫块中距500 — 60厚C15混凝土随捣随抹(表面撒1:1水泥 　砂子压实抹光)垫层，预埋12号钢丝 　(B型埋件)中距500 — 刷冷底子油一道，一毡二油防潮层 — 20厚1:3水泥砂浆找平层 — 素水泥浆结合层一道 — 60厚C10混凝土 — 素土夯实 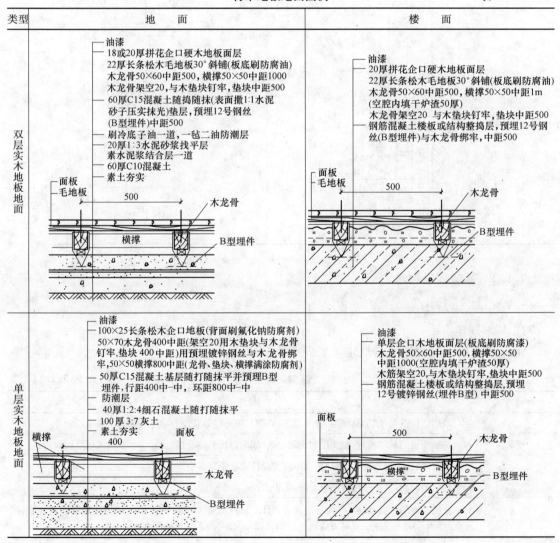	— 油漆 — 20厚拼花企口硬木地板面层 — 22厚长条松木毛地板30°斜铺(板底刷防腐油) — 木龙骨50×60中距500，横撑50×50中距1m 　(空腔内填干炉渣50厚) — 木龙骨架空20，与木垫块钉牢，垫块中距500 — 钢筋混凝土楼板或结构整捣层，预埋12号钢 　丝(B型埋件)与木龙骨绑牢，中距500
单层实木地板地面	— 油漆 — 100×25长条松木企口地板(背面刷氟化钠防腐剂) — 50×70木龙骨400中距(架空20用木垫块与木龙骨 　钉牢，垫块400中距)用预埋镀锌钢丝与木龙骨绑 　牢，50×50横撑1000中距(龙骨、垫块、横撑满涂防腐剂) — 50厚C15混凝土基层随打随抹平并预理B型 　埋件,行距400中-中，环距800中-中 — 防潮层 — 40厚1:2:4细石混凝土随打随抹平 — 100厚3:7灰土 — 素土夯实	— 油漆 — 单层企口木地板面层(板底刷防腐漆) — 木龙骨50×60中距500，横撑50×50 　中距1000(空腔内填干炉渣50厚) — 木筋架空20，与木垫块钉牢，垫块中距500 — 钢筋混凝土楼板或结构整捣层，预埋 　12号镀锌钢丝(埋件B型) 中距500

续表

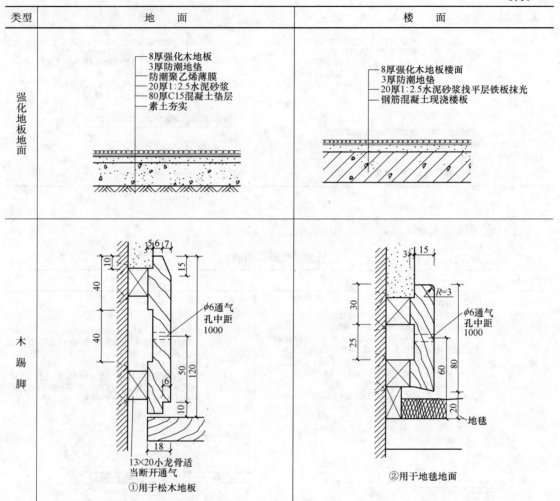

类型	地面	楼面
强化地板地面	8厚强化木地板 3厚防潮地垫 防潮聚乙烯薄膜 20厚1:2.5水泥砂浆 80厚C15混凝土垫层 素土夯实	8厚强化木地板楼面 3厚防潮地垫 20厚1:2.5水泥砂浆找平层铁板抹光 钢筋混凝土现浇楼板
木踢脚	φ6通气孔中距1000 13×20小龙骨适当断开通气 ①用于松木地板	φ6通气孔中距1000 地毯 ②用于地毯地面

7.1.2 基层铺设构造

7.1.2.1 一般要求

1. 基本规定

建筑地面基层铺设的基本规定，如表 7.1.11 所示。

基 本 规 定   表 7.1.11

序　号	内　容
1	基层铺设适用于基土、垫层、找平层、隔离层和填充层等基层分项工程的施工质量检验。
2	基层铺设的材料质量、密实度和强度等级（或配合比）等应符合设计要求和施工规范的规定。
3	当垫层、找平层内埋设暗管时，管道应按设计要求予以稳固。
4	基层铺设前，其下一层表面应干净、无积水。
5	基层铺设的标高、坡度、厚度等应符合设计要求。基层表面应平整，其允许偏差和检验方法应符合《建筑地面工程施工质量验收规范》(GB 50209—2002)表 4.1.5 的规定

2. 结构层

结构层是基层的主要受力层,它起着承受和传递来自面层的荷载作用。底层地面的结构层是基土,楼层地面的结构层则是楼板。

(1)底层地面结构层

底层地面结构层的构造要求,如表 7.1.12 所示。

底层地面结构层   表 7.1.12

序 号	项 目	内 容
1	基土结构层	底层地面结构层(即地面工程)一般均直接铺设在基土上,其结构层是基土,要求均匀密实,具体按 7.1.2.2 的基土施工要求。
2	架空结构层	(1)有时因室内外标高差较大,室内填土需大量土料,而地区又缺乏土源,因此采用架空钢筋混凝土空心板作为底层地面结构层,其空心板的铺设应按本章找平层进行施工,并做好板缝填嵌工作。 (2)对铺设木地板的面层,其搁栅下的砖、石地垄墙(墩)作为底层地面的结构层,应以强度等级不低于 MU7.5 的普通黏土砖或其他块材砌成,所用砂浆的强度等级不应低于 M5,其砌筑施工应符合现行国家标准《砌体工程施工质量验收规范》(GB 50203—2002)的有关规定。凡后期强度不稳定或受潮后会降低强度的人造块材,均不得使用,其构造图见图 7.1.6

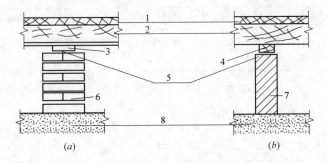

图 7.1.6 木砖板面层下地垄墙或墩构造示意图

(a)砖墩;(b)地垄墙

1—木地板;2—木搁栅;3—垫块(mm)50×120×120;4—通长垫板(mm)50×70;5—干铺
油毡一层;6—砖礅(mm)240×240;7—地垄墙 120mm;8—满堂灰土或三合土

(2)楼层地面结构层

楼层地面结构层的构造要求,如表 7.1.13 所示。

楼层地面结构层   表 7.1.13

序 号	项 目	内 容
1	楼板结构层	楼层地面结构层(即楼面工程)基本上是现浇钢筋混凝土楼板或预制的整块钢筋混凝土板和预制钢筋混凝土空心板,其构造层是现浇和预制钢筋混凝土楼板,施工应符合现行国家标准《混凝土结构工程施工质量验收规范》(GB 50204—2002)的有关规定。
2	铺设要求	铺设钢筋混凝土空心板应按本节找平层进行施工,并做好板缝填嵌工作。其构造图见图 7.1.7

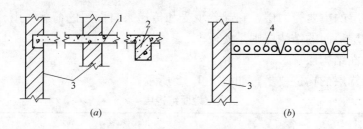

图 7.1.7　楼层地面结构层构造示意图

(a) 现浇混凝土楼板；(b) 预制混凝土空心板

1—现浇混凝土；2—结构楼板；3—砖墙；4—空心板

7.1.2.2　基土

1. 一般规定

基土的一般规定，如表 7.1.14 所示。

一般规定　　　　　　　　　　　　　　　　　　　表 7.1.14

序　号	内　　容
1	基土系室内底层地面工程和室外散水、明沟、踏步、台阶和坡道等附属工程中垫层下的土层，是承受由整个地面传来荷载的地基结构层，虽不同于地基基础，但仍然关系到地面工程的质量。
2	基土范围包括开挖后原状土层或土层结构被扰动以及软弱土层需加固处理和室内回填土等。
3	基土标高应符合设计要求，软弱土层的更换或加固以及回填土等的厚度均按施工规范和设计要求进行分层夯实或碾压密实

2. 构造示图

基本构造示图，如图 7.1.8 所示。

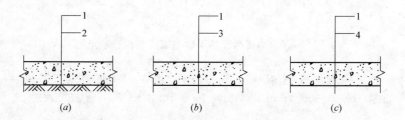

图 7.1.8　地面工程基本构造示意图

(a) 基土为均匀密实的原状土；(b) 基土为已处理原软弱土层；(c) 基土为回填土层

1—垫层；2—原状土层；3—基土处理；4—回填分层夯实

3. 材料要求

基土使用的材料要求，如表 7.1.15 所示。

材料要求　　　　　　　　　　　　　　　　　　　表 7.1.15

序　号	项　目	内　　容
1	原状土层	按设计标高开挖后的原状土层，如为碎石类土、砂土或黏性土中的老黏土和一般黏性土等，均可作为基土层。

序　号	项　目	内　容
2	软弱土层	对于淤泥、淤泥质土和杂填土、冲填土以及其他高压缩性土层均属软弱地基。由于软弱土质具有抗剪强度低、压缩性高、均匀性差和渗透性小的特点，如在其上面直接铺设垫层、面层时，其变形特征是沉降大、不均匀沉降大、沉降速度快和沉降延续时间长，设计和施工必须考虑其可能造成的后果。因此，应按设计要求进行利用与处理，根据不同情况可采取换土、机械夯实或加固等措施，以保证地面工程的质量。
3	填土土料	填土的质量应符合现行国家标准《建筑地基基础工程施工质量验收规范》(GB 50202—2002)的有关规定。对淤泥、腐殖土、冻土、耕植土、膨胀土和有机物含量大于 80% 的土，均不得用作地面下的填土土料。应选用砂土、粉土、黏性土及其他有效填料作为填土，土料中的土块粒径不应大于 50mm，并应清除土中的草皮杂物等

4. 施工要点

基土施工要点，如表 7.1.16 所示。

施 工 要 点

表 7.1.16

序　号	项　目	内　容
1	一般要求	(1)基土层必须是均匀密实的土层。当基土开挖后，土层结构被扰动时，应做表面清理后压实至规定要求为止；如为软弱土层需进行更换或加固时，应做到分层夯实。 (2)按设计要求对软弱土质进行更换或加固时，应符合现行的国家标准《建筑地基基础工程施工质量验收规范》(GB 50202—2002)和《建筑地基处理技术规范》(JGJ 79—1991)的有关规定。 (3)不论是土层结构被扰动或是软弱土层处理，或为回填土，均应经表面清底排夯后，方可进行下道工序的施工。 (4)填土施工时应分层填土、分层夯(压)实、分层检验其密实度。若不符合要求时，应分析原因重新压实处理，达到规定后方可填上一层的土料。每层夯(压)实后的填土为压实填土，其压实系数 λ_c 应符合设计要求，但不应小于 0.9；压实系数即为土的控制干密度与最大干密度的比值。 (5)施工时应采用机械或人工方法进行夯(压)实。压实系数应经现场试验确定，当无条件时，可根据压实机具、每层虚铺厚度和压实遍数和土质，参照表 7.1.17 选定。 (6)填土土质宜控制在最优含水量的状况下施工，因土料含水量的大小将直接影响压实遍数和填土质量，也就是不易达到设计要求的每层压实后的压实系数或相应的最大干密度。为此，施工前宜取土样用击实试验确定填土土料含水量的控制范围。 (7)在填黏性土前检验其含水量是否在控制范围内，一般测定方法是：以手捏成团，碰之即碎为宜。当土料含水量偏高，可采取晒干、风干、翻松或均匀掺入干土(或吸水性材料)等措施降低其含水量；当土料含水量偏低，应预先洒水湿润，并相应增加压实遍数或使用大功能压实机械进行压实。回填土的最优含水量亦可参照表 7.1.18
2	室内填土要点	(1)工业厂房和冷库等较重要的地面工程的填土，施工前应通过试验确定其最优含水量和施工含水量的控制范围。当黏性土料施工时，如无试验条件，其压实系数为 0.9。施工含水量与最优含水量之差可控制在 −4%～+2% 范围内；使用振动碾时，可控制在 −6%～+2% 范围内。

续表

序 号	项 目	内 容
2	室内填土要点	（2）填土前，如遇高低不平处，应先填夯低处，真到填至同一水平后再大面积按顺序分段分层填实，以免局部虚铺厚度较厚。 （3）人工夯实时，夯锤重量必须在 40kg 以上，提夯高度不小于 400mm，落锤时要平稳，一夯压半夯，夯夯相连，行行相连，每遍纵横交叉，处处夯到，每层至少夯三遍，夯至规定的干密度为止，并达到表面平整坚实。 机械压实时，宜先压外围后压中间，行走路线不重复，也不得漏压，后压路线紧跟先压路线，并应多次压实。 （4）经处理后的软弱土质，在夯实后尚应按具体情况采用碎石、卵石、砾石、碎砖、矿渣或砂等一类的材料铺成一层并夯入土层中，以进行基土表面加强、加固处理。其铺设厚度不宜小于 60mm，夯入土层深度不小于 40mm，铺设材料的粒径宜为 40～60mm。 （5）室内地坪填土和房心回填土时，对与沿墙边和柱基础的连接部位，应分层重叠夯填密实；必要时采取与墙、柱连接处设置隔离缝的构造措施，填土时与墙、柱分开。防止该部位夯填不实而出现下沉现象，造成地面空鼓或开裂，并沿墙、柱处脱开，影响使用。 （6）如基土下为非湿陷性土层时，回填砂土可浇水至饱和后加以夯实或振实，每层虚铺厚度不应大于 200mm。 （7）回填房心和管沟土时，如遇有上下水管道处，应先用人工将管道周围填土夯实。当填至管顶以上 500mm 时，在不损坏管道的情况下，方可采用蛙式打夯机夯实，填夯时应注意保护管道。
3	冰冻区处理	（1）对厂房、仓库和冷库等地面工程，如属于季节性冰冻地区非采暖房屋或室内温度长期处于 0℃ 以下，且在冻结范围内的冻胀性或强冻胀性土层上铺设地面时，应采取防止冻胀的措施，否则将会因土层冻胀导致地面工程开裂造成质量事故。防冻胀层的厚度应根据当地经验确定，也可按表 7.1.19 选用。 （2）施工时，应将这一部分冻胀性土层更换为水稳定性或冻稳定性好的建筑材料，如砂、炉渣、碎石、矿渣及灰土等均可采用。但具体的换土的冻胀层厚度和选用的更换建筑材料均应由设计确定。 （3）对于上述情况的地面工程，如设计虽为采暖房屋，但应事先考虑在已完成地面工程而尚未验收交工前，又需越冬而无条件采暖时，也应做好防冻胀处理或采取有效措施，以免因可能发生冻胀造成不应有的质量事故。 （4）不得在冻土上进行填土施工

每层虚铺土厚度和压实遍数 表 7.1.17

压 实 机 具	每层虚铺土厚度(mm)	每层压实遍数
平碾	200～300	6～8
羊足碾	200～350	8～16
蛙式打夯机	200～250	3～4
人工打夯	≥200	3～4

注：1. 本表适用于选用粉土、黏性土等作土料，对砂土、灰土类填料应参照现行国家规范《建筑地基基础设计规范》（GB 50007—2002）有关规定执行；
　　2. 本表适用于填土厚度在 2m 以内。

土的最优含水量和最大干密度参考表 表 7.1.18

土 料 种 类	最优含水量(重量比)(%)	最大干密度(t/m³)
砂土	8～12	1.80～1.88
粉土	9～15	1.85～2.08
粉质黏土	12～21	1.85～1.95
黏土	19～23	1.58～1.70

防冻胀层厚度　　　　　　　　　　　　　　　　　　　　表 7.1.19

土的标准冻深(mm)	防冻胀层厚度(mm)	
	土为冻胀土	土为强冻胀土
600～800	100	150
1200	200	300
1800	350	450
2200	500	600

注：土的标准冻深和土的冻胀性分类，应按现行国家规范《建筑地基基础设计规范》（GB 50007—2002）的规定确定。

7.1.2.3　灰土垫层

1. 一般规定

灰土垫层的一般规定，如表 7.1.20 所示。

一 般 规 定　　　　　　　　　　　　　　　　　　　　表 7.1.20

序　号	内　　　　容
1	灰土垫层应根据面层类型和基土结构层而定,但应铺设在不受地下水浸湿的基土上。适用于一般黏性土层,施工简单,取材方便,费用较低。
2	灰土垫层是用熟化石灰与黏性土(即黏土或粉质黏土、粉土)按一定的比例或按设计要求经拌合后铺设在基土层上而成。灰土的抗压强度如表 7.1.21 所示。
3	灰土垫层的厚度按设计要求,但不应小于 100mm

灰土的抗压强度（N/mm²）　　　　　　　　　　　　　　表 7.1.21

龄期(d)	灰 土 比	土 的 种 类		
		粉土	粉质黏土	黏土
7	4：6	0.311	0.411	0.507
	3：7	0.284	0.533	0.667
	2：8	0.163	0.438	0.526
28	4：6	0.387	0.423	0.608
	3：7	0.452	0.744	0.930
	2：8	0.449	0.646	0.840
90	4：6	0.696	0.908	1.265
	3：7	0.969	1.070	1.599
	2：8	0.816	0.833	1.191

2. 构造简图

灰土垫层的构造简图，如图 7.1.9 所示。

3. 材料要求

灰土垫层的材料要求，如表 7.1.22 所示。

4. 施工要点

灰土垫层施工要点，如表 7.1.24 所示。

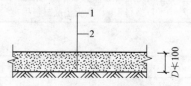

图 7.1.9　灰土垫层构造简图
1—灰土垫层；2—基土
D—灰土垫层厚度

材 料 要 求   表 7.1.22

序　号	内　　容
1	灰土拌合料的体积比为 3：7 或 2：8(熟化石灰：黏土)，亦有采用 1：9。灰土体积比与重量比的换算可参照表 7.1.23 选用。
2	熟化石灰一般采用一～三等生石灰，其中块灰的比重不应少于 70％。在使用前 3～4d 应用清水予以熟化，充分消解后成粉末状，并加以过筛。其最大粒径不得大于 5mm，并不得夹有未熟化的生石灰块。如采用石灰类工业废料时有效氧化钙含量不宜低于 40％。 　　熟化石灰可采用磨细生石灰，但在使用前应按体积比预先与黏土拌合洒水堆放 8h 后方可铺设。
3	熟化石灰也可采用粉煤灰、电石渣等材料代用，其粒径均不得大于 5mm，拌合料的配合比按设计要求通过试验确定。
4	黏土应尽量采用就地开挖的黏性土料，但不得含有有机杂物，地表面耕植土不宜采用。土料使用前应过筛，其粒径不得大于 15mm。冬期施工不得采用冻土或夹有冻土块的土料

灰土体积比与重量比对照参考表   表 7.1.23

体积比(熟化石灰：黏土)	重量比(熟化石灰：干土)	体积比(熟化石灰：黏土)	重量比(熟化石灰：干土)
1：9	6：94	3：7	20：80
2：8	12：88		

施 工 要 点   表 7.1.24

序　号	内　　容
1	(1)熟化石灰与黏土按规定的比例(体积比或相应的重量比)要拌合均匀，色泽一致，灰土量大又有条件的宜采用机械拌制，搅拌时间 30s 即可。拌合时应控制加水量，保持一定的湿度，加水量一般为灰土总重量的 16％较适宜。 　　(2)现场简易的检验方法，可用手紧握灰土成团，两指轻捏即碎为宜。如拌合料水分过多应稍晾干，而水分不足时应予洒水湿润后再铺设。
2	灰土拌合料宜随拌随用，也可湿润后隔天使用。
3	基层应清理干净，不得有积水现象。灰土拌合料铺设前，检查无误后，先用蛙式打夯机夯打 1～2 遍。
4	灰土拌合料应分层铺平夯实，不得隔日夯实，也不得受雨淋。每层虚铺厚度根据夯实后的厚度要求确定，一般虚铺厚度为 200～250mm，用蛙式打夯机夯打或用碾压机具碾压至 120～150mm。夯压遍数以符合灰土干密度为准，但一般夯压三遍均可达到质量标准。灰土的干密度标准如表 7.1.25 所示。
5	灰土垫层分段施工时，不得在墙角、柱墩处留槎。上下两层灰土的接缝距离不应小于 500mm（图 7.1.10）。施工间歇后继续铺设前，在接缝处应清扫干净，并须湿润后方可铺摊灰土拌合料，接槎处的灰土应重叠夯实。
6	夯实后的灰土表面、洒水湿润养护后，经适当晾干，方可进行下道工序的施工。
7	每 10m³ 灰土垫层材料用量参见表 7.1.26

灰土的干密度标准   表 7.1.25

项　　次	土 料 种 类	灰土最小干密度(g/cm³)
1	粉土	1.55
2	粉质黏土	1.50
3	黏土	1.45

注：用环刀取样（取样体积不小于 200cm³）测定其干密度。

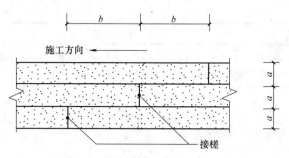

图 7.1.10　灰土垫层各层接槎应错开

$a=120\sim150\text{mm}$；$b>500\text{mm}$

灰土垫层材料用量（10m³）　　　表 7.1.26

材料名称	单　　位	灰 土 垫 层	
		2∶8	3∶7
黏土	m³	13.23	11.62
石灰	kg	1636	2454

7.1.2.4　砂垫层和砂石垫层

1. 一般规定

砂垫层和砂石垫层一般规定，如表 7.1.27 所示。

一 般 规 定　　　表 7.1.27

序　号	内　　容
1	砂和砂石垫层一般适用于处理软土透水性强的黏性土基土，但不宜用于湿陷性黄土地基和不透水的黏性土基土。砂和砂石垫层虽是承上（面层）接下（基土）并传递上部荷载至基土上，但在结构构造上仍然起着一定的作用，以免聚水而引起地面工程空鼓沉陷和降低承载力。
2	砂和砂石垫层是分别采用砂和天然砂石铺设在基土层上而成。
3	砂垫层厚度不得小于 60mm；砂石垫层不宜小于 100mm

2. 构造简图

砂垫层和砂石垫层的构造简图，如图 7.1.11 所示。

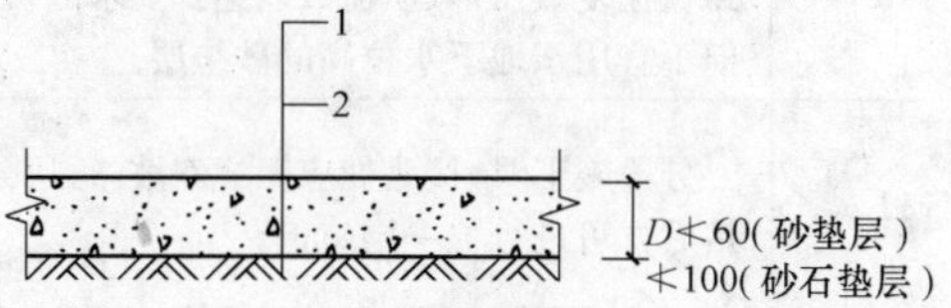

3. 材料要求

砂垫层和砂石垫层的材料要求，如表 7.1.28 所示。

图 7.1.11　砂垫层和砂石垫层构造简图

1—砂垫层或砂石垫层；2—基土

D—垫层厚度

材 料 要 求　　　表 7.1.28

序　号	内　　容
1	砂和天然砂石中均不得含有草根、垃圾等有机杂质，含泥量不应超过 5%。冬期施工时，材料中不得含有冰冻块。
2	砂宜采用颗粒级配良好、质地坚硬的中砂或中粗砂和砾砂。在缺少中粗砂和砾砂地区，也可采用细砂，但宜掺入一定数量碎石或卵石，其掺量不应大于 50%，或按设计要求。

续表

序　号	内　容
3	砂石宜采用级配良好的天然砂石材料,石子最大粒径不得大于垫层厚度的2/3。也可采用砂与碎(卵)石、石屑或其他工业废料按设计要求的比例拌制

4. 施工要点

砂和砂石垫层施工要点,如表 7.1.29 所示。

施工要点　　　　　　　　　　　　　表 7.1.29

序　号	内　容
1	垫层铺设前,应将基层清理干净并进行平整,根据基土情况作适当的碾压或夯实。
2	人工级配的砂石材料,应按一定比例拌合均匀后使用。
3	垫层应分层摊铺,摊铺的厚度一般控制为压实厚度乘以 1.15~1.25 的系数。
4	砂垫层铺平后,应适当洒水湿润,并应采用机具振实。
5	砂石垫层应摊铺均匀,不允许有粗细颗粒分离现象。如出现砂窝或石子成堆之处,应将这一部分挖出后分别掺入适量的石子或砂重行摊铺。碾压前,应根据干湿程序和气候情况,适当洒水使砂石表面保持湿润。
6	采用平振法捣实时,每层虚铺厚度宜为 200~250mm,最佳含水量为 15%~20%。施工时要使平板式振捣器往复振捣到密度合格为止,移动时每行应重叠 1/3,以防搭接处振捣不密实。
7	采用插振法捣实时,每层虚铺厚度宜以振动器插入深度来确定,最佳含水量为饱和状。施工时插入间距可根据机械振幅大而决定,振捣时不应插入基土层。振捣完毕后,所留孔洞要用砂填塞。
8	采用水撼法振实时,每层虚铺厚度宜为 250mm,施工时注水高度略超过铺设表面层,用钢叉摇撼捣实,插入点间距宜为 100mm。此法适用于基土下为非湿陷性黄土或膨胀土层。
9	采用夯实法捣实时,每层虚铺厚度宜为 150~200mm,最佳含水量为 8%~12%。用木夯或机械夯时要一夯压半夯全面夯实。
10	采用碾压法捣实时,每层虚铺厚度宜为 250~350mm,最佳含水量为 8%~12%,施工时用 6~10t 压路机往复碾压,碾压遍数以达到要求的密度为准,但不少于三遍。此方法适用于大面积砂或砂石垫层,但不宜用于地下水位高的砂垫层。
11	分段施工时,接头处应做成斜坡,每层分段应错开 0.5~1.0m,接头处应充分压实。经检验密实度合格后方可进行上一层施工。
12	当工程量不大以及边缘、转角处,可采用打夯机或人工夯实,但夯实后的密实度仍应达到要求。
13	每 10m³ 砂垫层和砂石垫层材料用量参见表 7.1.30

砂垫层和砂石垫层材料用量 (10m³)　　　　　　表 7.1.30

材　料	单　位	砂　垫　层	砂石垫层
天然砂	m³	12.25	2.6
砾石	m³		11.4

7.1.2.5　碎石垫层和碎砖垫层

1. 一般规定

碎石垫层和碎砖垫层一般规定，如表 7.1.31 所示。

一般规定　　　　　　　　　　表 7.1.31

序　号	内　　　　容
1	碎石垫层和碎砖垫层适用于地面工程中面层下的垫层、构造层。
2	碎石垫层是用碎石铺设在基土层上而成。碎砖垫层是用碎砖铺设在基土层上而成。
3	碎石垫层的厚度不应小于 100mm；碎砖垫层的厚度不应小于 100mm

2. 构造简图

碎石垫层和碎砖垫层构造简图，如图
7.1.12 所示。

3. 材料要求

碎石垫层和碎砖垫层的材料要求，如
表 7.1.32 所示。

4. 施工要点

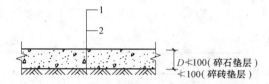

图 7.1.12　碎石垫层和碎砖垫层构造简图
1—碎石或碎砖；2—基土层
D—垫层厚度

材料要求　　　　　　　　　　表 7.1.32

序　号	内　　　　容
1	碎石应选用质地坚硬、强度均匀、级配适当和未风化的石料，粒径宜为 5～40mm。石料最大粒径不应大于垫层厚度的 2/3，软硬不同的石料不宜掺用。
2	碎砖一般采用粒径为 20～60mm，其中不得夹有已风化、酥松瓦片及有机杂物。如利用工地断砖，须事先敲打，过筛备用

碎石垫层和碎砖垫层施工要点，如表 7.1.33 所示。

施工要点　　　　　　　　　　表 7.1.33

序　号	内　　　　容
1	铺设前，应对基土层表面进行清理、平整，并根据基土情况作适当的碾压或夯实。
2	碎石垫层摊铺的虚厚度应按设计厚度乘以 1.3～1.4 系数。按分层摊平的碎石，大小颗粒要均匀分布，厚度一致。压实前应适当洒水使其表面保持湿润，采用机械碾压或人工夯实时，均不少于三遍。面层微小空隙应以粒径为 5～25mm 细石子撒嵌缝后，不宜多压，以防止嵌缝料下漏，挤松碎石层，压至碎石表面平整、坚实，稳定不松动为止。
3	碎砖垫层应将碎砖料摊铺均匀，厚度超过 150mm 时，应分层铺设，每层虚铺厚度：第一层最大宜为 220mm，其上各层一般不超过 200mm。表面适当洒水湿润后，采用机具夯（压）实，压实后的厚度均应为 150mm，约为虚铺厚度的 3/4，并应达到表面平整、密实。 在已铺好的碎砖垫层上，不得用锤击的方法进行碎砖加工或重行敲打。
4	工程量不大，也可采用人工夯实，排夯可用重量 60kg 以上的木夯、铁夯、提夯时要过膝，落夯时要平稳。当用蛙式打夯机，必须充分夯实，处处夯到，如发现表面有局部松散过干等现象，应浇水后再打实。
5	每 10m³ 碎石垫层和碎砖垫层的材料用量见表 7.1.34

碎石垫层和碎砖垫层材料用量（10m³）　　表 7.1.34

材 料 名 称	单 位	材 料 用 量
碎石	m³	11
碎砖	m³	13.2

7.1.2.6　三合土垫层

1. 一般规定

三合土垫层一般规定，如表 7.1.35 所示。

一 般 规 定　　表 7.1.35

序 号	内 容
1	三合土垫层适用于地面工程中面层下垫层构造层，铺设的拌合料在其硬化期间应避免受水浸湿。
2	三合土垫层是用石灰、砂（也可掺少量黏土）和碎砖按一定的体积比加水成拌合料铺设在基土层上而成。
3	三合土垫层的厚度不应小于 100mm

2. 构造简图

三合土垫层构造简图，如图 7.1.13 所示。

3. 材料要求

三合土垫层的材料要求，如表 7.1.36 所示。

4. 施工要点

三合土垫层的施工要点，如表 7.1.37 所示。

7.1.2.7　炉渣垫层

1. 一般规定

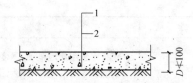

图 7.1.13　三合土垫层构造简图
1—三合土垫层；2—基土
D—垫层厚度

材 料 要 求　　表 7.1.36

序 号	项 目	内 容
1	石灰	石灰应为熟化石灰，参见"7.1.2.3 灰土垫层"中的材料要求。
2	砂	砂应为中、粗砂，参见"7.1.2.4 砂垫层和砂石垫层"中的材料要求。砂也可采用细炉渣代替，参见"7.1.2.7 炉渣垫层"中的材料要求，但应按规定的颗粒粒径不大于 5mm 的要求过筛。
3	碎砖	碎砖参见"7.1.2.5 碎石垫层和碎砖垫层"中的材料要求。使用前要浇水湿透。
4	黏土	黏土参见"7.1.2.3 灰土垫层"中的材料要求

施 工 要 点　　表 7.1.37

序 号	内 容
1	铺设前应检查并清理基层、根据基土表面情况作适当的夯压。
2	三合土垫层采取先拌合后铺设的施工方法时，其拌合料的体积比一般为 1：3：6(熟化石灰：砂：碎砖)，或按设计要求配料。三合土拌合时采用边干拌边加水，均匀拌合后铺设；亦可先将石灰和砂调配成石灰砂浆，再加入碎砖充分拌合均匀后铺设，但石灰砂浆的稠度要适当，以防止浆水分离。每层虚铺厚度不小于 150mm，铺设时要均匀一致，经铺平、夯实、提浆后，其厚度宜为虚铺厚度的 3/4，达 120mm 左右。夯实后的表面撒一层薄砂或石屑，但要求表面平整。

续表

序　号	内　　容
3	三合土垫层采取先铺设后灌浆的施工方法时,应先将碎砖料分层摊铺均匀,每层虚铺厚度不大于120mm,经铺平、洒水、拍实,即满灌体积比为1:2~1:4的石灰砂浆后再继续夯实。
4	夯实方法可采用人工夯或机械夯,但均应充分夯实至表面平整及表面不松动为止。夯实时,应注意边角和接缝部位以及分层搭接处。当有三合土表面不平处,应补浇石灰浆,并随浇随打夯。
5	三合土垫层最后一遍夯打后,宜浇一层薄的浓石灰浆,待表面晾干后方可进行下道工序施工。
6	每10m³三合土垫层材料用量见表7.1.38

三合土垫层材料用量（10m³）　　　　　　表 7.1.38

材料名称	单　　位	配合比	
		1:2:4	1:3:6
碎料	m³	11.72	11.72
净砂	m³	5.86	5.86
石灰	kg	1400	980

炉渣垫层的一般规定,如表7.1.39所示。

一 般 规 定　　　　　　表 7.1.39

序　号	内　　容
1	炉渣垫层适用于建筑地面工程中面层下的垫层,构造层主要铺设在水泥类基层上承受高温影响的地段。
2	炉渣垫层按其所配制材料组成有四种做法:一是用纯炉渣铺设为炉渣垫层;二是用石灰与炉渣拌合铺设为石灰炉渣垫层;三是用水泥与炉渣拌合铺设为水泥炉渣垫层;四是用水泥、石灰与炉渣拌合铺设为水泥石灰炉渣垫层,以上统称为炉渣垫层。
3	炉渣垫层的厚度不应小于80mm

2. 构造简图

炉渣垫层构造简图,如图7.1.14所示。

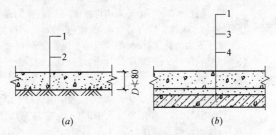

图 7.1.14　炉渣垫层构造简图

（a）地面工程；（b）楼面工程

1—炉渣垫层；2—基土（原状土或压实填土）；3—水泥类找平层；

4—楼面结构层（现浇或预制混凝土楼板）；D—垫层厚度

3. 材料要求

炉渣垫层的材料要求,如表7.1.40所示。

材料要求   表 7.1.40

序号	项目	内容
1	炉渣	炉渣宜采用软质烟煤炉渣，其表观密度为 800kg/m³。炉渣内不应含有未燃尽的煤屑或煤块，一般炉渣内含煤量不超过 10%还是可以使用的；炉渣内的有机杂质亦应尽量清除。炉渣颗粒应粗细兼有，但其料径不应大于 40mm，且不得大于垫层厚度的 1/2，粒径在 5mm 和 5mm 以下的不得超过总体积的 40%。采用钢渣或高炉重矿渣时，应在露天堆放 60d 以上至不再分解后方可使用。
2	水泥	水泥采用强度等级不小于 32.5 普通硅酸盐水泥或矿渣硅酸盐水泥，也可用火山灰质硅酸盐水泥和粉煤灰硅酸盐水泥。
3	石灰	石灰应为熟化石灰，参见 7.1.2.3 灰土垫层中的材料要求

4. 施工要点

炉渣垫层施工要点，如表 7.1.41 所示。

施工要点   表 7.1.41

序号	项目	内容
1	铺前准备	与楼面和地面工程炉渣垫层内有关的电气管线、设备管线及埋件等均应事先安装完毕。 管道周围宜用水泥砂浆或细石混凝土沿全长度稳固，其固定的断面一般做成梯形，高度不得超过垫层的厚度。 控制标高。按垫层的标高标出上水平线，以上平拉线做找平墩，墩的间距以 2m 左右为宜。有泛水要求的房间，还要按找坡弹出最高点和最低点。
2	材料拌合	(1)过筛焖透。先将炉渣过筛，使其符合材料的质量要求。使用前，对炉渣垫层和水泥炉渣垫层所用的炉渣应浇水焖透；石灰炉渣垫层和水泥石灰炉渣垫层所用的炉渣应用石灰浆焖透或用熟化石灰与炉渣拌合浇水焖透。以上焖透时间均不得少于 5d。如焖透时间过短，垫层铺设后有可能因炉渣焖不透而引起炉渣体积膨胀，导致面层起拱、开裂等质量事故。 (2)体积比。炉渣垫层的拌合料体积比应按设计要求配制。一般采用：石灰炉渣垫层体积比为 1∶3(石灰∶炉渣)，水泥炉渣垫层体积比为 1∶6(水泥∶炉渣)，水泥石灰炉渣垫层体积比为 1∶1∶8(水泥∶石灰∶炉渣)。 (3)拌合均匀。不论是采用机械或人工搅拌，均先将按体积比计量的材料干拌后，再加水湿拌。拌合必须均匀，颜色一致，严格控制加水量，其干湿程度应以利于滚压密实为宜，铺设时不呈现泌水现象为准。 (4)垫层施工应做到随拌合、随铺设、随压实，全过程宜在 2h 内完成。
3	垫层铺设	(1)基层处理。垫层铺设前，基层表面应清扫干净，并洒水湿润。 (2)垫层铺设。垫层厚度大于 120mm 时，应分层铺设，虚铺厚度与滚压密实后的厚度的比例一般为 1.3∶1。当铺设在水泥类基层上，铺设前尚应刷素水泥浆一遍，注意管洞、墙根处不要漏刷，要随刷随铺，避免间歇时间过长而影响结合。铺设时，先粗略找平后用木杠找细，待全部铺设再进行压实。 (3)压实找平。施工时采用平板振动器或滚筒、木拍等机具进行压实拍平。采用木拍压实时，应分：拍实→拍实找平→轻拍提浆→抹平四道工序；采用滚筒压实时，要反复进行滚压至厚度符合要求，表面平整泛浆且无松散颗粒为止；厚度较厚时，应用平板振动器振实。墙根、管洞周围不易滚压处，应用木拍拍打平实。

续表

序 号	项 目	内 容
4	垫层养护	(1)垫层施工完毕后,表面保持湿润,做好养护工作,但避免受水浸湿。常温条件下,水泥炉渣垫层养护不少于2d;石灰炉渣垫层和水泥石灰炉渣垫层养护不少于7d,待其凝固后方可进行下道工序的施工。 (2)注意成品保护,垫层表面应保持干净,防止出现灰皮以免影响与上层的结合。 (3)每10m³ 炉渣垫层材料用量见表7.1.42

炉渣垫层材料用量（10m³） 表 7.1.42

材料名称	单 位	炉渣垫层	石灰炉渣垫层(1:3)	水泥炉渣垫层(1:6)	水泥石灰炉渣垫层(1:1:8)
32.5级水泥	kg			2330	1788
石灰	kg		1964		747
炉渣	m³	13	13	12.4	11.92

7.1.2.8 水泥混凝土垫层

1. 一般规定

水泥混凝土垫层的一般规定,如表7.1.43所示。

一 般 规 定 表 7.1.43

序 号	内 容
1	水泥混凝土垫层适用于地面工程和室外散水、明沟、坡道等附属工程下垫层,以及现浇整体面层和以胶粘剂或砂浆结合的板块面层下的垫层。
2	水泥混凝土垫层是采用粗细骨料,以水泥材料作胶结料加水按一定配合比经拌制成拌合料,铺设在地面工程的基土上或建筑地面的基层上而成。
3	水泥混凝土垫层的混凝土强度等级按设计要求配制,但其强度等级不应小于C10。
4	水泥混凝土垫层厚度不得小于60mm

2. 构造简图

水泥混凝土垫层的构造简图,如图7.1.15所示。

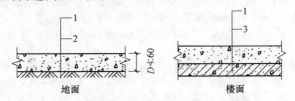

图 7.1.15 水泥混凝土垫层构造简图

1—混凝土垫层；2—基土（原状土或压实填土）；3—楼层结构层
（现浇或预制混凝土楼板）

D—垫层厚度

3. 材料要求

水泥混凝土垫层的材料要求,如表7.1.44所示。

材料要求

表7.1.44

序　号	项　目	内　容
1	水泥	水泥采用普通硅酸盐水泥或矿渣硅酸盐水泥,其强度等级不应小于32.5。
2	砂	砂采用中砂或粗砂,含泥量不大于5%。其质量应符合国家现行行业标准《普通混凝土用砂质量标准及检验方法》(JGJ 52)的规定。
3	石子	石子宜选用0.5~3.2mm粒径的碎石或卵石,其最大粒径不应超过50mm,并不得大于垫层厚度的2/3。含泥量不大于2%。其质量应符合国家现行行业标准《普通混凝土用碎石或卵石质量标准及检验方法》(JGJ 53)的规定。
4	水	水宜用饮用水

4. 施工要点

水泥混凝土垫层施工要点,如表7.1.45所示。

施工要点

表7.1.45

序　号	项　目	内　容
1	铺前准备	(1)水泥混凝土垫层铺设在基土上,当室内气温长期处于0℃以下,设计无要求时,垫层应设置伸缩缝,并按本章"7.1.1.3变形缝和镶边设置"的要求进行。 (2)室内地面工程的水泥混凝土垫层,按设计要求和施工规范规定,应设置纵向缩缝和横向缩缝。施工时,应按本章"7.1.1.3变形缝和镶边设置"的要求进行。 (3)工业厂房等大面积地面工程的水泥混凝土垫层施工时,应分区、段进行浇筑。其分区、段间距除应按规定设置的纵向、横向缩缝间距相一致外,还应结合建筑地面不同材料面层的连接处和设备基础的位置等进行划分。 (4)浇筑混凝土垫层前,应按设计要求和施工需要预留孔,以备安装固定连接件所用的锚栓或木砖等。
2	混凝土拌制	(1)水泥混凝土垫层施工及质量检验,应符合现行的国家标准《混凝土结构工程施工质量验收规范》(GB 50204—2002)的有关规定。 (2)基层处理。清除基土层或结构层表面的杂物,并洒水湿润,但表面不应有积水。 (3)混凝土的配合比,按设计要求的强度等级通过计算和试配确定。浇筑时的坍落度宜为10~30mm。 (4)混凝土按确定的配合比投料顺序应为石子→水泥→砂,并控制加水量和混凝土坍落度。搅拌必须均匀。
3	垫层铺设	(1)混凝土浇筑应连接作业,当施工间歇时间超过规范规定,应按施工缝处理,做到捣实压平,不显接头槎。 (2)浇筑大面积混凝土垫层时,纵横方向每6~10m应设中间水平柱以控制垫层厚度。 (3)混凝土铺设后应进行振捣密实。振实方法,一般采用平板振动器,当垫层厚度超过200mm时,应使用插入式振捣器。捣密实后宜用木抹子将垫层表面搓平。 (4)对垫层厚度仅为构造上需要以及室外散水厚度较薄的垫层,施工时应严格掌握水泥混凝土的虚铺厚度。有泛水的垫层按坡度要求做好找坡平整。
4	垫层养护	(1)混凝土浇筑完毕后要重视养护工作。宜在12h内用草帘等加以覆盖并浇水,浇水次数应能保持混凝土具有足够的湿润状态,常温条件下养护5~7d。冬期施工要覆盖保温防冻的材料。 (2)混凝土的抗压强度达到1.2MPa以后,方可在其上做面层等铺设。 (3)每$10^3 m$水泥混凝土垫层材料用量参见表7.1.46

混凝土垫层材料用量（10m³）　　表 7.1.46

材料用量	单位	混凝土等级	
		C10	C15
水泥强度等级 32.5	kg	2131	2677
净砂	m³	4.75	4.44
砾石	m³	9.09	8.99

7.1.2.9 找平层

1. 一般规定

找平层一般规定，如表 7.1.47 所示。

一 般 规 定　　表 7.1.47

序 号	内 容
1	找平层是在各类垫层上或钢筋混凝土板上以及填充层上铺设起着整平、找坡或加强作用的构造层，并具有一定的强度。
2	找平层应采用水泥砂浆、水泥混凝土拌合料铺设而成。
3	水泥砂浆和水泥混凝土拌合料应按本章"7.1.3 整体面层铺设"中同类面层的有关要求采用。
4	找平层采用水泥砂浆时，其体积比不应小于 1：3（水泥：砂）；找平层采用水泥混凝土时，其混凝土强度等级不应小于 C15。
5	找平层厚度应符合设计要求，但水泥砂浆不应小于 20mm；水泥混凝土不应小于 30mm

2. 构造简图

找平层构造简图，如图 7.1.16 所示。

3. 材料要求

找平层的材料要求，如表 7.1.48 所示。

4. 施工要点

找平层施工要点，如表 7.1.49 所示。

7.1.2.10 隔离层

1. 一般规定

隔离层一般规定，如表 7.1.51 所示。

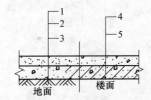

图 7.1.16　找平层构造简图

1—水泥砂浆找平层；2—混凝土垫层；

3—基土；4—混凝土找平层；

5—楼层结构层

材 料 要 求　　表 7.1.48

序 号	项 目	内 容
1	水泥	水泥采用硅酸盐水泥或普通硅酸盐水泥，其强度等级不应小于 32.5。
2	砂	砂采用中粗砂，含泥量不大于 3%。其质量应符合国家现行行业标准《普通混凝土用砂质量标准及检验方法》（JGJ 52）的规定。
3	石子	石子的质量应符合国家现行行业标准《普通混凝土用碎石或卵石质量标准及检验方法》（JGJ 53）的规定，其最大粒径不应大于找平层厚度的 2/3。含泥量不大于 2%。
4	水	水宜用饮用水

施工要点   表 7.1.49

序 号	项 目	内 容
1	铺前准备	(1)在铺设找平层前,应对基层(即下一基层表面)进行处理,清扫干净。当找平层下有松散填充料时,应予铺平振实。 (2)水泥砂浆、水泥混凝土拌合料的拌制、铺设、捣实、抹平、压光等均应按同类面层的要求进行施工。 (3)采用水泥砂浆、水泥混凝土铺设找平层,当其下一层为水泥混凝土垫层时,铺设前其表面应予湿润;如表面光滑时,尚应进行划毛或凿毛,以利于上下层结合好。铺设时先刷一遍素水泥浆,其水灰比宜为 0.4~0.5,要求随刷随铺设水泥砂浆、水泥混凝土拌合料。
2	预制钢筋混凝土板上铺设找平层	(1)在预制钢筋混凝土板(或空心板)上铺设水泥类找平层前,必须认真做好两块板缝间的灌缝填嵌这道重要工序,以保证灌缝的施工质量,防止可能造成水泥类面层出现纵向裂缝的质量通病。为此,施工中应注意下列几项要求: 1)对预制钢筋混凝土板(或空心板)的安装必须虚缝铺放,其板与板之间缝隙宽度不应小于20mm,不得出现死缝。板安装铺放前,在砌体或梁上先用 1∶2.5 水泥砂浆(体积比)找平;安装时采取边坐浆边安装,砂浆要坐满垫实,使板与支座间粘结牢固。 2)填嵌前,应认真清理板缝内杂物,浇水清洗干净并保持湿润。 3)灌缝材料宜采用细石混凝土,石子粒径不宜大于10mm,混凝土强度等级不得小于C20,并尽可能使用膨胀水泥或掺膨胀剂拌制的混凝土填嵌板缝。 4)当板缝间分两次灌缝时,亦可采取先灌水泥砂浆,其体积比为 1∶2~1∶2.5(水泥∶砂),后浇筑细石混凝土。 5)细石混凝土宜采用机械搅拌和机械振捣。浇筑时混凝土的坍落度应控制在10mm,浇捣密实。灌缝高度应低于板面 10~20mm,表面不宜压光。 6)当板与板之间缝隙宽度大于40mm时,板缝内应设 1φ6 筋或按设计要求配置钢筋。施工时板缝底应支模,用角钢或木楞将棱角吊入板缝内 5~10mm,形成"∧"形槽,亦可采用圆钢筋放置在模板内。拆模后板缝形成凹槽,以增强与平顶粉刷的连接,防止有可能出现沿板缝处的纵向裂缝。 7)浇筑完板缝混凝土后,应及时覆盖并浇水养护 7d,待混凝土强度等级达到C15时,方可继续施工。 8)为了合理安排工期,保证施工进度,在施工工序上可采取隔层楼板板缝的灌缝方法,即下层的灌缝工艺宜在上层楼层的预制钢筋混凝土板(或空心板)安装后进行,以防止因灌缝的混凝土过早承受施工荷载的影响,保证板间粘结强度。有时考虑房屋沉降对板缝产生的影响,亦可在主体工程完成后进行自上而下的逐层灌缝施工。 (2)在预制钢筋混凝土板(或空心板)上铺设找平层时,对楼层两间以上大开间房,在其支座搁置处(承重墙或钢筋混凝土梁)尚应采取构造措施,如设置分格条,亦可配置构造钢筋或按设计要求配制,以防止该处沿预制板(或空心板)搁置端方向可能出现的裂缝(图 7.1.17)。
3	防水卷材对找平层要求	(1)对有防水要求的楼面工程,如厕所、厨房、卫生间、盥洗室等,在铺设找平层前,首先应检查地漏的标高是否正确;其次对立管、套管和地漏等管道穿过楼板节点间的周围,采用水泥砂浆或细石混凝土对其管壁四周处要稳固堵严并进行密封处理。施工时节点处应清洗干净予以湿润,吊模后振捣密实。沿管的周边尚应划出深 8~10mm 沟槽,采用防水类卷材、涂料或油膏裹住立管、套管和地漏的沟槽内,以防止楼面的水有可能顺管道接缝处出现渗漏现象。管道与楼面节点间防水构造示意图见图 7.1.18。

续表

序　号	项　目	内　容
3	防水卷材对找平层要求	（2）在水泥砂浆或水泥混凝土找平层上铺设（铺涂）防水类卷材或防水类涂料隔离层时，找平层表面应洁净、干燥，其含水率不应大于9％。并应涂刷基层处理剂，以增强防水材料与找平层之间的粘结。基层处理剂按选用的隔离层材料采用与防水卷材性能配套的材料，或采用同类防水涂料的底子油进行配制和施工。铺设找平层后，喷涂或涂刷基层处理剂的相隔时间以及其配合比均应通过试验确定。一般底子油喷、涂一昼夜待表面干燥后，方可铺设隔离层（表7.151）或面层。 （3）每100m³水泥砂浆找平层材料用量见表7.1.50

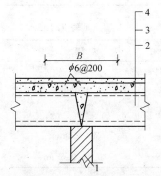

图 7.1.17　在梁或墙的楼面
位置配置的防裂钢筋网片

$B=1000\sim1500mm$

1—梁或墙；2—预制楼板；
3—找平层；4—面层

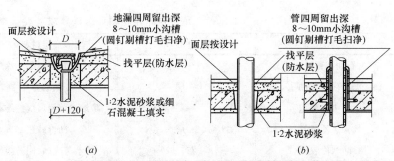

图 7.1.18　管道与楼面节点间防水构造示意图
(a) 地漏与楼面防水构造做法；(b) 主管、套管与
楼面防水构造做法

找平层材料用量（100m³）　　　　表 7.1.50

材　料	单　位	水泥砂浆（1：3）		厚度加减5mm
		在填充材料上	在硬基层上	
		20mm 厚		
净砂	m³	2.58	2.06	0.52
32.5级水泥	kg	1022	816	204

一般规定　　　　表 7.1.51

序　号	内　容
1	隔离层适用于有水、油或非腐蚀性和腐蚀性液体经常浸湿（或作用）的面层下铺设的构造层，以防止楼层地面出现渗漏现象而设置的。
2	隔离层也适用于地下水和潮气渗透底层地面下铺设的构造层。有空气洁净要求的地段或对湿度有控制要求时，底层地面亦应铺设防潮隔离层，而仅为防止地下潮气透过底层地面时，可铺设防潮层。
3	隔离层应采用防水类卷材、防水类涂料等铺设而成（表7.1.52）。防潮要求较低时，亦可采用沥青胶结料铺设成隔离层。防油渗隔离层材料应符合本章"7.1.3 整体面层铺设"中"7.1.3.6 防油渗面层"的要求。
4	隔离层所用材料及其铺设层数（或厚度）应符合设计要求。

续表

序　号	内　　容
5	（1）厕浴间和有防水要求的建筑地面应铺设隔离层。其楼层结构应按现行的国家标准《建筑地面工程施工质量验收规范》(GB 50209—2002)的规定,采用现浇水泥混凝土或整块预制钢筋混凝土板。其混凝土强度等级不应小于C20。 （2）楼层结构层四周支承处除门洞外,应设置向上翻的边梁,其高度不应小于120mm,宽度不应小于100mm。 （3）组织施工时,结构层的标高和预留管道等孔洞位置要准确,以防止因标高不准而造成房间内外高差不符合设计要求及影响楼、地面排水等缺陷,也因预留孔洞位置不准而导致重新打(凿)洞及可能影响结构安全和楼面渗漏等质量问题

隔离层常用材料和做法要求　　　　　　　　　　　　　　表 7. 1. 52

隔离层材料	做 法 要 求	隔离层材料	做 法 要 求
石油沥青油毡	一～二层	防水涂膜(聚氨酯类涂料)	二～三道
沥青玻璃布油毡	一层	热沥青	二道
再生胶油毡	一层	防油渗胶泥玻璃纤维布	一布二胶
软聚氯乙烯卷材	一层	沥青砂浆	10～20mm
防水冷胶料	一布三胶	防水薄膜(农用薄膜)	0.4～0.6mm

注：1. 石油沥青油毡不应低于350号(即原纸重量不低于350g/m²);
　　2. 防水涂膜总厚度一般为1.5～2mm;
　　3. 防油渗胶泥玻璃纤维布隔离层一布二胶总厚度宜为4mm,宜采用无碱玻璃纤维网格布。

2. 构造简图

隔离层的构造简图,如图7.1.19所示。

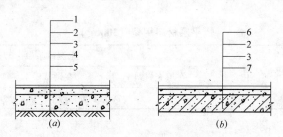

图 7.1.19　隔离层构造简图

(a) 地面工程；(b) 楼面工程

1—防潮隔离层(或防潮层)；2—基层处理剂；3—水泥类找平层；4—水泥类垫层；

5—基土；6—隔离层(防水类卷材或涂料)；7—楼层结构层

3. 材料要求

隔离层的材料要求,如表7.1.53所示。

材料要求　　　　　　　　　　　　　　表 7. 1. 53

序　号	项　目	内　　容
1	沥青	沥青应采用石油沥青,其质量应符合现行的国家标准《建筑石油沥青》(GB 494)或现行的行业标准《道路石油沥青》(SY 1661)的规定。软化点按"环球法"试验时宜为50～60℃,不得大于70℃。

序 号	项 目	内 容
2	防水类卷材	采用沥青防水卷材应符合现行的国家标准《石油沥青纸胎油毡、油纸》(GB 326)的规定;采用高聚物改性沥青防水卷材和合成高分子防水卷材应符合现行的产品标准的要求,其质量应按现行国家标准《屋面工程质量验收规范》(GB 50207—2002)中材料要求的规定执行。
3	防水类涂料	防水类涂料应符合现行的产品标准的规定,并应经国家法定的检测单位检测认可。采用沥青基防水涂料、高聚物改性沥青防水涂料和合成高分子防水涂料,其质量应按现行国家标准《屋面工程质量验收规范》(GB 50207)中材料要求的规定执行

4. 施工要点

隔离层施工要点,如表 7.1.54 所示。

施 工 要 点　　　　　　　　　表 7.1.54

序 号	项 目	内 容
1	铺前准备	(1)在铺设隔离层前,对基层表面应进行处理。其表面要求平整、洁净和干燥,并不得有空鼓、裂缝和起砂等现象。 (2)铺涂防水类材料,宜制定施工操作程序,应先做好连接处节点、附加层的处理,后再进行大面积的铺涂,以防止连接处出现渗漏现象。对穿过楼层面连接处的管道四周,防水类材料均应向上铺涂,并应超过套管的上口;对靠近墙面处,防水类材料亦应向上铺涂,并应高出面层 200～300mm,或按设计要求的高度铺涂。穿过楼层面管道的根部和阴阳角处尚应增加铺涂防水类材料的附加层的层数或遍数。 (3)隔离层采用的沥青胶结料(沥青或沥青码琦脂)时,其标号的选用及技术性能,应符合现行国家标准《屋面工程质量验收规范》(GB 50207)的有关规定,并应符合设计要求。 (4)沥青玛琦脂采用同类沥青与纤维、粉状或纤维和粉状混合的填充料配制,以增强沥青的抗老化性能,并改善其耐热度、柔韧性和粘结力。
2	隔离层铺设	(1)在水泥类基层上喷涂沥青冷底子油,要均匀不露底,小面积亦可用胶皮板刷或油刷人工均匀涂刷,厚度以 0.5mm 为宜,不得有麻点。 (2)沥青胶结料防水层一般涂刷两层,每层厚度宜为 1.5～2mm。 (3)沥青胶结料防水层可在气温不低于 20℃时涂刷,如温度过低,应采取保温措施。在炎热季节施工时,为防止烈日暴晒引起沥青流淌,应采取遮阳措施。 (4)防水类卷材的铺设应展平压实,挤出的沥青胶结料要趁热刮去。已铺贴好的卷材面不得有皱折、空鼓、翘边和封口不严等缺陷。卷材的搭接长度,长边不小于 100mm;短边不小于 150mm。搭接接缝处必须用沥青胶结料封严。 (5)防水类涂料施工可采用喷涂或涂刮分层分遍进行。喷涂(涂刮)时,应厚薄均匀一致。表面平整;其每层每一遍的施工方向宜相互垂直,并须待先涂布的涂层干燥成膜后,方可涂布后一遍涂料。涂刷防水层的端头应用防水涂料多遍涂布或用密封材料封严。 在涂刷实干前,不得在防水层上进行其他施工作业,亦不得在其上面直接堆放物品。 (6)当隔离层采取以水泥砂浆或水泥混凝土找平层作为建筑地面防水要求时,应在水泥砂浆或水泥混凝土中掺防水剂做成水泥类刚性防水层。

续表

序　号	项　目	内　容
2	隔离层铺设	(7)在沥青类(即掺有沥青的拌合料,以下同)隔离层上铺设水泥类面层或结合层前,其隔离层的表面应洁净、干燥,并应涂刷同类的沥青胶结料,其厚度宜为1.5~2.0mm,以提高胶结性能。涂刷沥青胶结料时的温度不应低于160℃,并应随即将经预热至50~60℃的粒径为2.5~5.0mm的绿豆砂均匀撒入沥青胶结料内,要求压入1~1.5mm深度。对表面过多的绿豆砂应在胶结料冷却后扫去。绿豆砂应采用清洁、干燥的砾砂或浅色人工砂料,必要时在使用前进行筛洗和晒干。 (8)有防水要求的建筑地面隔离层铺设完毕后,应做蓄水检验。蓄水深度宜为20~30mm,在24h内无渗漏为合格,并应做好记录后,方可进行下道工序施工。 (9)每100m² 隔离层底子油用料见表7.1.55,隔离层材料用料见表7.1.56

隔离层底子油用料（100m²）　　　　　　　　表 7.1.55

材　料	单　位	刷冷底子油		刷热沥青		刷石油沥青玛琋脂	
		一遍	每增加一遍	一遍	每增加一遍	一遍	每增加一遍
60 号石油沥青	kg	15	19	202	151	40	21
10 号石油沥青	kg					155	127
汽油	kg	37	20	37		37	
滑石粉	kg					43	36

隔离层材料用量（100m²）　　　　　　　　表 7.1.56

材　料	单　位	沥青油毡		玛琋脂油毡	
		二毡三油	每增减一毡一油	二毡三油	每增减一毡一油
10 号石油沥青	kg	485	159	518	165
60 号石油沥青	kg	95	26	84	27
350 号石油沥青油毡	m²	240	116.5	240	116.5
汽油	kg	37		37	
滑石粉	kg			141	46

7.1.2.11　填充层

1. 一般规定

填充层一般规定如表7.1.57所示。

一　般　规　定　　　　　　　　表 7.1.57

序　号	内　容
1	填充层是在隔离层(或找平层)上增设的构造层,为满足建筑地面上有暗敷管线、排水找坡等使用要求而铺设的,并起保温、隔声作用。
2	填充层应采用松散、板块、整体保温材料和隔声材料等铺设,其材料的密度和导热系数、强度等级或配合比等均应符合设计要求。
3	填充层材料自重不应大于 9kN/m³,其厚度应按设计要求。常用填充层材料和厚度参考值,如表7.1.58所示

常用填充层材料和厚度参考表   表 7.1.58

填充层材料		强度等级或配合比	厚度(mm)
松散材料	炉渣		50~80
	膨胀蛭石		30~50
	膨胀珍珠岩		30~50
整体材料	水泥炉渣	1:6	30~80
	水泥石灰炉渣	1:1:8	30~80
	轻骨料混凝土	C7.5	30~80
	沥青膨胀蛭石		≥50
	沥青膨胀珍珠岩		≥50
	水泥膨胀蛭石		≥50
	水泥膨胀珍珠岩	1:8;1:10;1:12	≥50
板块材料	泡沫混凝土板		≥50
	泡沫塑料板		30~50
	膨胀蛭石板		30~50
	膨胀珍珠岩板		30~50
	矿棉板		30~50

2. 构造简图

填充层构造简图，如图 7.1.20 所示。

3. 材料要求

填充层的材料要求，如表 7.1.59 所示。

4. 施工要点

填充层施工要点，如表 7.1.64 所示。

7.1.3 整体面层铺设构造

7.1.3.1 一般要求

1. 一般规定

整体面层铺设一般规定，如表 7.1.66 所示。

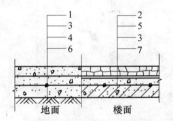

图 7.1.20 填充层构造简图
1—松散填充层；2—板块填充层；
3—找平层；4—垫层；5—隔
离层；6—基土（素土夯实）；
7—楼层结构层

材 料 要 求   表 7.1.59

序 号	项 目	内 容
1	松散材料	松散材料可采用膨胀蛭石、膨胀珍珠岩、炉渣、水渣等铺设。膨胀蛭石粒径一般为 3~15mm；技术性能见表 7.1.60；膨胀珍珠岩粒径小于 0.15mm 的含量不大于 8%；技术性能见表 7.1.61；炉渣应经筛选，炉渣和水渣的粒径一般应控制在 5~40mm，其中不应含有有机杂物、石块、土块、重矿渣块和未燃尽的煤块。
2	板块材料	板块材料可采用泡沫塑料板、膨胀珍珠岩板、膨胀蛭石、加气混凝土板、泡沫混凝土板、矿物棉板等铺设。其质量要求应符合国家现行的产品标准的规定。泡沫塑料板、加气混凝土板的技术性能，分别见表 7.1.62 和表 7.1.63。
3	整体材料	整体材料可采用沥青膨胀蛭石、沥青膨胀珍珠岩、水泥膨胀蛭石、水泥膨胀珍珠岩和轻骨料混凝土等拌合料铺设，沥青性能应符合有关沥青标准的规定；水泥的强度等级不应低于 32.5；膨胀珍珠岩和膨胀蛭石的粒径应符合松散材料中的规定；轻骨料应符合现行国家标准《粉煤灰陶粒和陶砂》(GB 2838)、《黏土陶粒和陶砂》(GB 2839)、《页岩陶粒和陶砂》(GB 2840) 和《天然轻骨料》(GB 2841) 的规定

膨胀蛭石的技术性能　　　　　　　　　　表 7.1.60

项　目	技 术 指 标		
	优等品	一等品	合格品
密度(kg/m³)	≤100	≤200	≤300
导热系数[(25±5)℃](W/m·K)	≤0.062	≤0.078	≤0.095
含水率(%)	≤3	≤3	≤3

膨胀珍珠岩的技术性能　　　　　　　表 7.1.61

标　号	堆积密度(kg/m³)	重量含水率(%)	粒度(%)					导热系数(W/m·K)(kcal/m·h·℃)		
			5mm 筛孔筛余量	0.15mm 筛孔通过量				平均温度 298±5K 温度梯度 5~10K/cm		
	最大值	最大值	最大值	最大值				最大值		
				优等品	一等品	合格品		优等品	一等品	合格品
70 号	70	2	2	2	4	6		0.047 (0.040)	0.049 (0.042)	0.051 (0.044)
100 号	100							0.052 (0.045)	0.054 (0.046)	0.056 (0.048)
150 号	150	2	2	2	4	6		0.058 (0.050)	0.060 (0.052)	0.062 (0.053)
200 号	200	2	2	2	4	6		0.064 (0.055)	0.066 (0.057)	0.068 (0.058)
250 号	250							0.070 (0.060)	0.072 (0.062)	0.074 (0.064)

聚苯乙烯泡沫塑料主要技术指标　　　　表 7.1.62

项　目			板　材		包装材料
			PT(普通型)	ZX(自熄型)	
压缩强度(压缩50%)(MPa)	密度:<0.02g/cm³	不小于	0.15	0.15	0.15
	密度:0.02~0.035g/cm³	不小于	0.2	0.2	0.2
弯曲强度(MPa)	密度<0.02g/cm³	不小于	0.18	0.18	
	密度:0.02~0.035g/cm³	不小于	0.22	0.22	
尺寸稳定性(%)	70℃		±0.5	±0.5	±0.5
	−40℃		±0.5	±0.5	±0.5
导热系数(W/m·K)		不大于	0.035	0.035	0.035
自熄性				2s 内自熄	
耐低温性(℃)			−200	−200	−200
密度(g/cm³)		不大于	0.030	0.035	0.040
吸水性(kg/m³)		不大于	0.080	0.080	
含水量(%)		不大于			4

加气混凝土板的技术性能　　　　　　　　　　　表 7.1.63

项　　目		指　　标						
强度级别		A1.0	A2.0	A2.5	A3.5	A5.0	A7.5	A10.0
立方体抗压强度 （MPa）	平均值	≥1.0	≥2.0	≥2.5	≥3.5	≥5.0	≥7.5	≥10.0
	最小值	≥0.8	≥1.6	≥2.0	≥2.8	≥4.0	≥6.0	≥8.0
干体积密度(kg/m³)		300～ 350	400～ 450	400～ 550	500～ 650	600～ 750	700～ 850	800～ 830
干燥收缩值 （mm/m）	温度 50±1℃，相对湿度 28%～ 32%条件下测定	≤0.8						
	温度 20±2℃,相对湿度 41%～ 45%条件下测定(特殊要求时采用)	≤0.5						
抗冻性	重量损失(%)	≤5						
	冻后强度(N/mm²)	≥0.8	≥1.6	≥2.0	≥2.4	≥2.8	≥4.0	≥6.0

注：立方体抗压强度是采用 100mm×100mm×100mm 立方体试件，含水率为 25%～45%时测定的抗压强度。

施工要点　　　　　　　　　　表 7.1.64

序　号	项　　目	内　　容
1	一般要求	(1)铺设填充层的基层应平整、洁净、干燥，认真做好基层处理工作。 (2)保温和隔声材料一般均为轻质、疏松、多孔、纤维的材料，而且强度较低。因此在贮运和保管中应防止吸水、受潮、受雨、受冻，应分类堆放，不得混杂，要轻搬轻放，以免降低保温、吸声性能，并使板状和制品体积膨胀而遭破坏。亦怕磕碰、重压等而缺楞掉角、断裂损坏，以保证外形完整。 (3)每 10m³ 填充层材料用量见表 7.1.65。
2	填充铺设	(1)铺设松散材料填充层应分层铺平拍实，每层虚铺厚度不宜大于 150mm。压实程度与厚度须经试验确定，拍压实后不得直接在填充层上行车或堆放重物，施工人员宜穿软底鞋。 (2)铺设板状材料填充层应分层上下板块错缝铺贴，每层应采用同一厚度的板块，其厚度应符合设计要求。 1)干铺的板状材料，应紧靠在基层表面上，并应铺平垫稳，板缝隙间应用同类材料嵌填密实。 2)粘贴的板状材料，应贴严、铺平。 3)用沥青胶结料粘贴板状材料时，应边刷、边贴、边压实。务必使板状材料相互之间及与基层之间满涂沥青胶结料，以便互相粘牢，防止板块翘曲。 4)用水泥砂浆粘贴板状材料时，板间缝隙应用保温灰浆填实并勾缝。保温灰浆的配合比一般为 1∶1∶10(水泥∶石灰膏∶同类保温材料的碎粒，体积比)。 (3)铺设整体材料填充层应分层铺平拍实。 1)水泥膨胀蛭石、水泥膨胀珍珠岩填充层的拌合宜采用人工拌制，并应拌合均匀，随拌随铺。 2)水泥膨胀蛭石、水泥膨胀珍珠岩填充层虚铺厚度应根据试验确定，铺后拍实抹平至设计要求的厚度。拍实抹平后宜立即铺设找平层。 3)沥青膨胀蛭石、沥青膨胀珍珠岩填充层中，沥青加热温度不应高于 240℃，使用温度不宜低于 190℃；膨胀蛭石或膨胀珍珠岩的加热温度为 100～120℃。拌合料宜采用机械搅拌，色泽一致，无沥青团。压实程度根据试验确定，厚度应符合设计要求，表面应平整

填充层材料用量（10m³）　　　　　　　　　　　　　表 7.1.65

材　料	单　位	干铺珍珠岩	干铺蛭石	干铺炉渣	水泥珍珠岩	水泥蛭石	沥青珍珠岩板	水泥蛭石块
珍珠岩	m³	10.4			12.55			
蛭石	m³		10.4			13.06		
炉渣	m³			11.0				
32.5 级水泥	kg				1459	1510		
沥青珍珠岩板	m³						10.2	
水泥蛭石板	m³							10.2

一 般 规 定　　　　　　　　　　　　　表 7.1.66

序　号	内　　容
1	整体面层铺设适用于水泥混凝土(含细石混凝土)面层、水泥砂浆面层、水磨石面层、水泥钢(铁)屑面层、防油渗面层和不发火(防爆的)面层等分项工程的施工质量检验。
2	在掺有水泥的拌合料的基层上铺设水泥类整体面层时,其基层的表面应粗糙、洁净,并应湿润,但不得有积水现象;当在预制钢筋混凝土板上铺设时,应在已压光的板面上划毛(或凿毛)或涂刷界面处理剂,以保证上下层之间连接好。
3	铺设整体面层时,其下一层为水泥类基层的抗压强度不得小于 1.2MPa。与此同时,在铺设整体面层前还应涂刷一遍水泥浆,其水灰比宜为 0.4～0.5,并应随刷随铺,以达到上下间连接好。
4	整体面层铺设后,表面应覆盖湿润,在常温下养护时间不应小于 7d。
5	整体面层铺设后,其面层的抗压强度达到不小于 5N/mm² 时,方准上人行走;面层的抗压强度达到设计要求后,方可正常使用。
6	踢脚线施工时,除应按本节整体面层中同类面层的规定采用外,尚应符合下列要求: 　(1)采用掺有水泥的拌合料踢脚板施工时,严禁采用石灰砂浆打底; 　(2)踢脚线宜在面层基本完工及墙面最后一遍抹灰(或刷涂料)前完成。如墙面采用机械喷涂抹灰,应先做踢脚线。
7	铺设整体面层,应按设计要求和施工规范的规定设置分格缝和分格条。当需分格时,其面层一部分分格缝应与水泥混凝土垫层的缝相应对齐;水磨石面层与水泥混凝土垫层对齐的分格缝宜设置双分格条。
8	室内水泥类整体面层与走廊邻接的门扇处应设置分格缝;大开间楼层的水泥类整体面层在梁、墙支承的位置亦应设置分格缝,如不设置分格缝时,应按本章"7.1.2.9 找平层"中施工要点序号 2 之(2)的要求采用。
9	整体面层的抹平工作应在水泥初凝前完成,压光工作应在水泥终凝前完成。
10	整体面层的允许偏差应符合《建筑地面工程施工质量验收规范》(GB 50209—2002)表 5.1.7 的规定

2. 施工准备

整体面层铺设的施工准备,如表 7.1.67 所示。

施 工 准 备   表 **7.1.67**

序 号	项 目	内 容
1	材料准备	根据施工图纸计算各类材料用量,提出材料进场日期,按照现场施工平面布置的要求分类堆放和作必要的加工处理。
2	机具准备	(1)主要通用机械(如砂浆搅拌机、混凝土搅拌机等)和工具(如抹子、木杠、靠尺等)。 (2)建筑地面常用机具: 1)电碾(图 7.1.21):用于碾压混凝土面层,代替平板振动器的振实工作,而且在碾压的同时,能提浆水,便于表面抹灰。 2)地面抹光机(图 7.1.22):用于抹光水泥砂浆面层。 3)磨石机(图 7.1.23):用于磨光水磨石面层。 4)滚筒(图 7.1.24):滚筒用于压实水磨石面层和细石混凝土面层。 5)分格器(图 7.1.25):分格器俗称劈缝溜子,用于水泥砂浆面层的分格。
3	技术准备	(1)审查图纸,制订方案,进行技术交流。 (2)抄平放线,统一标高,检查自然间(标准间)的地坪标高,并将统一水平标高线弹在各房间四壁上,一般离设计的建筑地面标高 500mm 处。 (3)检查地漏标高,用水泥砂浆或细石混凝土将地漏四周稳牢堵严。 (4)穿过楼层地面(含有地下室的底层地面)处的立管和套管(露出面层 20～30mm),并用水泥砂浆或细石混凝土将四周稳牢堵严。 (5)检查预埋在垫层内的电线管和管线重叠交叉集中部位的标高,并用细石混凝土(管线重叠交叉部位需铺设钢板网,各边宽出管子 150mm)事先稳牢。 (6)检查地脚螺丝预留孔洞或预埋铁件的位置

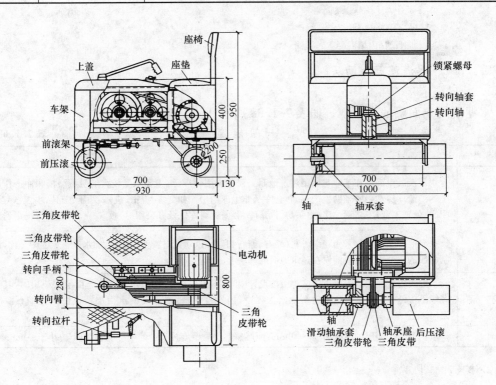

图 7.1.21 电碾

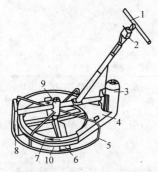

图 7.1.22　地面抹光机

1—操纵手柄；2—电气开关；3—电动机；
4—防护罩；5—保护圈；6—抹刀；7—抹刀转子；
8—配重；9—轴承架；10—三角皮带

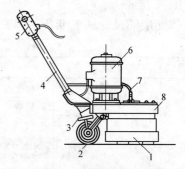

图 7.1.23　单盘磨石机

1—转盘外罩；2—移动滚轮；3—滚轮调节手轮；
4—操纵杆；5—电气开关；6—电动机；
7—供水管；8—变速箱

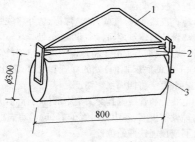

图 7.1.24　滚筒

1—φ22 钢筋拉手；2—刮板；
3—圆钢管（内填混凝土）滚筒

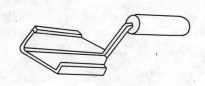

图 7.1.25　分格器

7.1.3.2　水泥混凝土面层

1. 一般规定

水泥混凝土面层的一般规定如表 7.1.68 所示。

一般规定　　　　　　　　　　　　表 7.1.68

序　号	内　容
1	水泥混凝土面层在工业与民用建筑地面工程中应用较广泛,主要承受较大的机械磨损和冲击作用强度的工业厂房和一般辅助生产车间、仓库及非生产用房。如金工、机械、机修、冲压、工具、木工、焊接、装配、热处理工业厂房,锅炉房、水泵房、汽车库、金属材料库以及办公用房、教室、宿舍、厕所等民用建筑。
2	水泥混凝土面层是采用粗细骨料(碎石、卵石和砂),以水泥材料作胶结料,加水按一定的配合比,经拌制而成的混凝土拌合料铺设在建筑地面的基层上。
3	水泥混凝土面层的混凝土强度等级按设计要求,但不应低于 C20;水泥混凝土面层兼垫层时,其强度等级不应低于 C15。在民用建筑地面工程中,因厚度较薄,水泥混凝土面层多数做法为细石混凝土面层。
4	水泥混凝土面层的厚度为 30～40mm;面层兼垫层的厚度按设计的垫层确定,但不应小于 60mm

2. 构造简图

水泥混凝土面层的构造简图, 如图 7.1.26 所示。

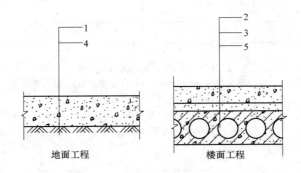

地面工程　　　　　楼面工程

图 7.1.26　混凝土楼地面构造简图

1—混凝土面层兼垫层；2—细石混凝土面层；3—水泥类找平层；

4—基土（素土夯实）；5—楼层结构（空心板或现浇板）

3. 材料要求

水泥混凝土面层的材料要求，如表 7.1.69 所示。

材料要求　　　　　　　　　　　　　　表 7.1.69

序　号	项　目	内　容
1	水泥	水泥采用硅酸盐水泥、普通硅酸盐水泥、矿渣硅酸盐水泥等，其强度等级不应小于 32.5。
2	粗骨料(石料)	石料采用碎石或卵石，级配应适当，其最大粒径不应大于面层厚度的 2/3；当采用细石混凝土面层时，石子粒径不应大于 15mm。含泥量不应大于 2%。
3	细骨料(砂)	砂应采用粗砂或中粗砂，含泥量不应大于 3%。
4	水	水采用饮用水

4. 施工要点

水泥混凝土面层的施工要点，如表 7.1.70 所示。

施工要点　　　　　　　　　　　　　　表 7.1.70

序　号	项　目	内　容
1	铺前准备	(1)对铺设水泥混凝土面层下基层的要求和处理，应按本节"7.1.3.1 一般要求"1. 一般规定的 2. 要求做好。基层表面应坚固密实、平整、洁净，不允许有凸凹不平和起砂等现象，表面还应粗糙。水泥混凝土拌合料铺设前，应保持基层表面有一定的湿润，但不得有积水，以利面层与基层结合牢固，防止空鼓。 (2)面层下基层的水泥混凝土抗压强度达到 1.2MPa 以上时，方可进行面层混凝土拌合料的铺设。
2	材料拌制	(1)水泥混凝土的搅拌、运输、浇筑、振捣、养护等一系列的施工要求、质量检查和操作工艺等均应符合现行国家标准《混凝土结构工程施工质量验收规范》(GB 50204—2002)和当地建筑主管部门制定、颁发的建筑安装工程施工技术操作规程的规定。

序 号	项 目	内 容
2	材料拌制	(2)混凝土拌制时,应采用机械搅拌。按混凝土配合比投料,顺序是:先石料、再水泥、后砂子,各种材料计量要正确,严格控制加水量和混凝土坍落度,搅拌必须均匀,时间一般不得少于 1min。 (3)混凝土浇筑时的坍落度不宜大于 30mm。摊铺刮平亦采用平板振动器振捣密实或用滚筒压实,以不冒气泡为度,保证面层水泥混凝土密实度和达到混凝土强度等级。
3	面层铺设	(1)混凝土铺设前应按标准水平线用木板隔成按需要的区段,以控制面层厚度。 (2)铺设时,在基层表面上涂一层水灰比为 0.4～0.5 的水泥浆,并随刷随铺设混凝土拌合料,刮平找平。 (3)水泥混凝土面层应连续浇筑,不应留置施工缝。如停歇时间超过允许规定时,在继续浇筑前应对已凝结的混凝土接槎处进行清理和处理,剔除松散石子、砂浆部分,润湿并铺设与混凝土同级配合比的水泥砂浆后再进行混凝土浇筑,应重视接缝处的捣实、压平工作,不应显出接槎。 (4)水泥混凝土振实后,必须做好面层的抹平和压光工作。水泥混凝土初凝前,应完成面层抹平、搓打均匀,待混凝土开始凝结即用铁抹子分遍抹压面层,注意不得漏压,并将面层的凹坑、砂眼和脚印压平,在混凝土终凝前需将抹子纹痕抹平压光。 在抹平压光过程中,确因水灰比控制不严,用水量过大而出现表面泌水,或需赶抢时间完成难以抹光时,宜采用干拌合均匀的水泥和砂,一般用 1:2～1:2.5 水泥:砂体积比,均匀撒布面层上,待被水吸收后即可抹平压光,但应防止面层起砂、起灰和龟裂等缺陷的发生。 (5)浇筑钢筋混凝土楼板或水泥混凝土垫层兼面层时,可采用随捣随抹的施工方法,这样做一次性完成面层不仅能节约水泥用量,而且可提高施工质量,加快进度,防止面层可能出现的空鼓、起壳等施工缺陷。
4	面层养护	(1)水泥混凝土面层浇筑完成后,应在 24h 内加以覆盖并浇水养护,在常温下连续养护不少于 7d,使其在湿润的条件下硬化。 养护亦可采用分间(分块)蓄水养护。 (2)每 100m² 水泥混凝土面层材料用量见表 7.1.71。
5	耐磨地面施工要点	当建筑地面要求具有耐磨性、抗冲击、不起尘、耐久性和高强度时,应按设计要求选用普通型耐磨地面和高强型耐磨地面,见表 7.1.72,施工要点见表 7.1.73 所示

水泥混凝土面层材料用量（100m²）   表 7.1.71

材 料	单 位	C15 水泥混凝土 6cm 厚	C20 细石混凝土	
			4cm 厚	每增减 1cm
32.5 级水泥	kg	2188	1586	300
净砂	m³	3.41	2.27	0.43
砾石 0.5～1.5cm	m³		3.31	0.83
砾石 1～3cm	m³	5.74		

耐磨地面分类及其特征比照表　　　　　表 7.1.72

类　型	名　称	面层厚度(mm)	耐磨骨料	技术原理	工艺特点	抗压强度(MPa)	耐磨性提高倍数(倍)
普通型耐磨地面	耐磨石英砂浆地面	20~25	石英砂	提高骨料的耐磨性	常规操作	由配比而定	1~2
	耐磨铁屑砂浆地面	30~40	金属切削屑	提高骨料的耐磨性	常规操作	30~50	2~4
	钢纤维混凝土地面	≥40	钢纤维	提高骨料耐磨性及粘结力	加强搅拌和压光	30~40	2~3
	聚合物砂浆地面	≥10	石英砂、黄砂	提高水泥水化产物与骨料的粘结力	严格的施工配比及操作	2.0	2~4
	树脂类涂料地面		微粒石英砂	环氧、硬化剂与骨料胶结作用	高水准施工涂刷	40~80(压缩强度)	≤0.2gm磨损(3±2)
高强型耐磨地面	耐磨混凝土地面	5~20	人工烧结矿物、不易生锈的金属屑、硬质天然矿物或其混合物	提高水泥石强度、改善水泥-骨料粘结力、提高骨料耐磨性和按使用要求调整骨料粒径、组分和厚度	整体浇筑、微振揉压抹光工艺	≥80	4~8

注：地面耐磨性提高倍数系与普通水泥地面耐磨性为基准相比而得。系按 ASTM D-1044 Taber Abrader CS-17 Wheel 1000gm load，1000 cycles 检测。

耐磨地面构造及施工要点　　　　　表 7.1.73

序　号	项　目	内　容
1	耐磨地面构造要求	(1)耐磨混凝土面层(即高强性耐磨地面)采用 HS 系列耐磨面料铺设在新拌水泥混凝土基层上形成复合面强化的现浇整体面层，其构造见图 7.1.27。如在原有建筑地面上铺设时，应先铺设厚度不小于 30mm 的水泥混凝土一层，在混凝土未硬化前随即铺设耐磨混凝土面层。 (2)耐磨面料是以水泥和复合增强外加剂为胶结材料，用人造烧结矿物和(或)金属材料及天然硬质矿物材料以一定大小颗粒组配为耐磨骨料组成的拌合料，铺设而成，具有高耐磨、高强度、抗冲击、不起尘和各种油脂不易渗透等多种功能，应用于各类工业厂房、仓库、停车场以及隧道、码头等地面和其修复工程。
2	耐磨地面施工要点	(1)耐磨面料应按设计要求的 HS 系列代号选用。 (2)HS 系列耐磨面料是由水泥、耐磨骨料和复合增加剂等材料组成，系工厂产品，其包装、运输、存放条件均应参照水泥标准执行。材料进场需经研制单位检验后出具合格证方可使用。进场后应妥善保管，切实做好防水、防潮、防戳破。现场存放期不宜超过 90d，发现有结块现象，不得使用。 (3)耐磨混凝土面层厚度应符合设计要求，误差不大于 1mm。一般为 10~15mm，但不应大于 30mm。

续表

序　号	项　　目	内　　容
2	耐磨地面施工要点	(4)施工前应根据场地条件制订施工方案,并准备好施工机具。对于强制式砂浆搅拌机和圆盘式抹光机等专用机具,应指定专人操作和维护。 (5)面层铺设在水泥混凝土垫层或结合层上,垫层或结合层的厚度不应小于50mm。当有较大冲击作用时,宜在垫层或结合层内加配防裂钢筋网,一般采用φ4@150~200mm双向网格,并应置于上部,其保护层控制在20mm。 (6)当有较高清洁美观要求时,宜采用彩色耐磨混凝土面层。 (7)施工环境温度不低于5℃。 (8)耐磨混凝土面料铺设时加水量多少应视基层混凝土的干湿程度由专人负责合理调配,面料加水拌合均匀即可使用,以利控制施工进度。 (9)耐磨混凝土面层,应采用随捣随抹的方法。 (10)对复合强化的现浇整体面层下基层的表面处理同水泥砂浆面层。 (11)对设置变形缝的两侧100~150mm宽范围内的耐磨层应进行局部加厚3~5mm处理。 (12)耐磨混凝土面层的主要技术指标: 耐磨硬度(1000转)　　≤0.28g/cm² 抗压强度　　　　　　≥80N/mm² 抗折强度　　　　　　≥8N/mm² (13)耐磨混凝土面层的施工工艺的要求,可参照表7.1.74进行

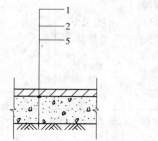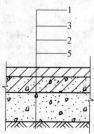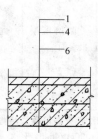

图 7.1.27　耐磨混凝土面层构造示意图
1—耐磨混凝土面层;2—水泥混凝土垫层;3—细石混凝土结合层;4—细石混凝土找平层;
5—基土;6—钢筋混凝土楼板或结构整浇层

耐磨混凝土地面的施工方法　　　　　　　表 7.1.74

工序号	时　　间	操作内容	注意事项
1	0	浇筑基层混凝土,均匀密实,表面平整,3~4m宽长条施工。	1)水泥用量不少于300kg/m³。 2)水灰比为0.5为宜。 3)保证边角振实,不漏振。
2	紧接第一步	1)视需要,增设周边钢筋补强边角。 2)沿周边约100mm宽带,手撒面料适当加厚,木蟹抹压妥当。	认真做到,可避免产生边缘裂缝。
3	0+1~2h	1)圆盘抹光机提浆,并随时补料、整平。 2)铺摊耐磨面料。	1)基层已进入初凝,轻步脚印深约1~2mm时,可进行提浆补平。 2)根据基层干湿程度,调整面料干湿度。 3)注意气温和多风环境下会加速混凝土表面硬化。

工序号	时　间	操作内容	注意事项
4	接第3步	1)做好边角的抹平压光工作。 2)必要的加料补平。 3)静停。	1)必须保证边缘抹压密实。 2)若采用干撒面料,待湿润后可用抹光机抹光,但不宜过分抹压。
5	接第3步+1~2h	1)抹光机或铁板抹光。 2)铁板抹光有时需反复多次。	面层开始初凝收浆后,进行最后一次铁板精抹
6	接第5步	养护不少于14d,28d后方可交付使用	可浇水、喷养护液或覆盖塑料薄膜

注:1. 面料应采用强制式搅拌机进行搅拌。
　　2. 本说明是基本的施工方法和步骤,根据现场情况,多少有些变化。

7.1.3.3　水泥砂浆面层

1. 一般规定

水泥砂浆面层一般规定,如表7.1.75所示。

一般规定　　　　　　　　　　　　　　　　　　　表7.1.75

序号	内　容
1	水泥砂浆面层在房屋建筑中是采用最广泛的一种建筑地面工程的类型,而在住宅工程中几乎占100%。 水泥石屑面层主要是以石屑代替砂,目前已在不少地区使用,特别是缺砂地区,可以充分利用开采石的副产品即石屑,这不但可就地取材,价格低廉,降低工程成本,获得经济效益,而且由于质量较好,表面光滑,也不会起砂,故适用于有一定清洁要求的地段。
2	水泥砂浆面层是用细骨料(砂),以水泥材料作胶结料加水按一定的配合比,经拌制成的水泥砂浆拌合料,铺设在水泥混凝土垫层、水泥混凝土找平层或钢筋混凝土板等基层上而成。 水泥石屑面层是用石屑,以水泥材料作胶结料加水按一定的配合比,经拌制铺设而成。
3	水泥砂浆的强度等级不应小于M15;如采用体积配合比宜为1:2~1:2.5(水泥:砂)。 水泥石屑的体积配合比一般采用1:2(水泥:石屑)。
4	水泥砂浆面层的厚度不应小于20mm。 (1)水泥砂浆面层有单层和双层两种做法。单层做法:其厚度为20mm,采用体积配合比宜为1:2(水泥:砂)。 (2)双层做法:下层的厚度为12mm,采用体积配合比宜为1:2.5(水泥:砂);上层的厚度为13mm,采用体积配合比宜为1:1.5(水泥:砂)。
5	水泥砂浆地面的踢脚线,应用水泥砂浆粉刷,不同墙体的做法。可参见表7.1.76

水泥踢脚线做法　　　　　　　　　　　　　　表7.1.76

类别	层次		做法	附注
砖墙面	清水砖墙	面层	6mm厚1:2.5水泥砂浆罩面压实赶光	踢脚线高度为80、100、120mm
		底层	6mm厚1:3水泥砂浆打底扫毛或划出纹道	
	抹灰墙面	面层	8mm厚1:2.5水泥砂浆罩面压实赶光	
		底层	(1)8~12mm厚1:3水泥砂浆打底扫毛或划出纹道	
			(2)7~12mm厚1:3水泥砂浆打底扫毛或划出纹道	

续表

类　别	层　次	做　法	附　注
混凝土墙面	面层	8~10mm 厚 1：2.5 水泥砂浆罩面压实赶光	
	底层	8~12mm 厚 1：3 水泥砂浆找平扫毛或划出纹道刷素水泥浆一道（内掺水重 3%~5% 的 108 胶）	
加气混凝土墙面	面层	6mm 厚 1：2.5 水泥砂浆罩面压实赶光	踢脚线高度为 80、100、120mm
	底层	（1）6mm 厚 2：1：8 水泥石灰膏砂浆打底扫毛或划出纹道刷（喷）一道 108 胶水溶液，配比：108 胶：水＝1：4	
		（2）6mm 厚 1：1：6 或 2：1：8 水泥石灰膏砂浆打底扫毛或划出纹道刷（喷）一道 108 胶水溶液，配比：108 胶：水＝1：4	

注：表中加气混凝土墙面的底层（1）适用于条板、底层；（2）适用于砌块。

2. 构造简图

水泥砂浆面层构造简图，如图 7.1.28 所示。

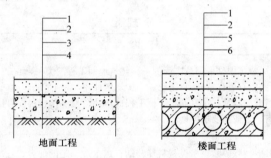

地面工程　　　　　　楼面工程

图 7.1.28　水泥砂浆面层构造简图
1—水泥砂浆面层；2—刷水泥浆；3—混凝土垫层；　4—基土
（分层夯实）；5—混凝土找平层；6—楼层结构层

3. 材料要求

水泥砂浆面层的材料要求，如表 7.1.77 所示。

材料要求　　　　　　表 7.1.77

序号	项　目	内　容
1	水泥	水泥宜采用硅酸盐水泥、普通硅酸盐水泥，其强度等级不应低于 32.5。严禁混用不同品种、不同强度等级的水泥和过期水泥。
2	砂	砂应采用中砂或粗砂，含泥量不应大于 3%。
3	石屑	石屑粒径宜为 3~5mm，其含粉量（含泥量）不应大于 3%。过多的含粉量，对提高面层的质量是极不利的，因含粉量过多，比表面积也增大，需水量也随之增加，而水灰比大，强度必然降低，且还容易引起面层起灰、裂缝等质量通病。如含泥、含粉量超过要求，应取淘、筛等办法处理。
4	水	采用饮用水

4. 施工要点

水泥砂浆面层施工要点，如表 7.1.78 所示。

施工要点　　　　　　　　　　　　　　　　　　　表 7.1.78

序号	项　目	内　　容
1	基层处理	对铺设水泥砂浆面层下基层的要求和处理,应按本节"7.1.3.1 一般要求"中 1. 一般规定的序号 2 要求做好,基层表面应密实、平整,不允许有凸凹不平和起砂现象,水泥砂浆铺设前一天即应洒水保持表面有一定的湿润,以利面层与基层结构牢固。 垫层表面上的松散焦渣、水泥混凝土、水泥砂浆均应清理干净,如有油污尚应用火碱液清洗干净。
2	砂浆搅拌	水泥砂浆宜采用机械搅拌,按配合比投料,计量要正确,严格控制加水量,搅拌时间不应小于 2min,拌合要均匀,颜色一致。水泥砂浆的稠度(以标准圆锥体沉入度计),当铺设在炉渣垫层上时,宜为 25～35min;当铺设在水泥混凝土垫层上时,应采用干硬性水泥砂浆,以手捏成团稍出浆为准。 水泥石屑拌合除按上述要求外,水灰比宜控制在 0.4,不得任意加水。
3	铺前准备	(1)有地漏的房间,应在地漏四周做出不小于 5%的泛水坡度,以利流水畅通。 (2)水泥砂浆面层如遇管线等出现局部面层厚度减薄处在 10mm 以下时,必须采取防止开裂措施,一般沿管线走向放置钢筋网片,或符合设计要求后方可铺设面层。 (3)当面层需要分格时,即做成假缝,应在水泥初凝后进行弹线分格。宜先用木抹搓一条约一抹子宽的面层,用钢皮抹子压光,并采用分格器压缝。分格缝要求平直,深浅一致。大面积水泥砂浆面层,其分格缝的一部分位置应与水泥混凝土垫层的缩缝相应对齐。
4	水泥砂浆面层铺设	(1)水泥砂浆铺设前,在基层表面涂刷一层水泥浆作粘结层,其水灰比为 0.4～0.5,涂刷要均匀,随刷、随铺设拌合料。 (2)摊铺水泥砂浆后,即进行振实。并做好面层的抹平和压光工作,但必须掌握好水泥砂浆在水泥初凝前完成抹平、终凝前完成压光。一般抹压三遍,先用木抹子扳实、刮平、搓平,再用钢皮抹子压头遍,等表面收水后随即压光,并检查平整度。待水泥砂浆开始凝结,即人踏上有脚印但不下陷时,用钢皮抹子压第二遍,要求不漏压,并将凹坑、砂眼处压平,当水泥砂浆凝结,即人踩上去稍有脚印而无抹子纹时,可用钢皮抹子压第三遍,并将第二遍留下的抹子纹压平、压实、压光。 当采用地面抹光机压光时,在压第二、第三遍中,水泥砂浆的干硬度应比手工压光时稍干一些。 (3)当水泥砂浆面层抹压时,其干湿度不适宜时,应采取措施:如表面稍干,宜淋水予以压光;如确因水灰比稍大,表面难于收水,可撒干拌的水泥和砂进行压光,其体积比为 1:1(水泥:砂),砂需过 3mm 筛,但撒布时应均匀。 (4)当水泥砂浆面层采用矿渣硅酸盐水泥拌制时,施工中应采取如下措施: 1)严格控制水灰比,水泥砂浆的稠度不应大于 35mm。尽可能采用干硬性或半干硬性水泥砂浆。 2)精心进行压光工作,一般不应少于三遍,最后一遍"定光"施工操作是关键,对提高面层的光洁度、密实度,减少微裂纹具有重要作用。 3)由于矿渣硅酸盐水泥拌制的水泥砂浆,其早期强度较低,故应适当延长养护时间,特别是要强调早期养护,以防止出现干缩性的表面裂纹。 (5)当采用水泥石屑面层施工时,除按本表施工要点有关规定进行外,应重视面层的压光和养护工作,其压光不应少于两遍。 (6)当水泥砂浆面层采用干硬性水泥砂浆铺设时,其干硬性水泥砂浆体积比宜为 1:2.8～1:3.0(水泥:砂),水灰比为 0.36～0.4;面层洒水泥净浆,水灰比为 0.67。施工工艺是:基层处理好,刷一遍水泥浆,先摊铺一层 20mm 厚的干硬性水泥砂浆,经整平、滚压、刮平、打毛,再在面层洒 1～1.5mm 厚水泥净浆,用钢皮抹子收光,随上浆随压光,一般不压第二道,收光 18h 后洒水(或浇水)养护 7d。经测试,干硬性水泥砂浆比普通塑性水泥砂浆:抗压强度可提高一倍以上,面层的抗磨耐久性提高 2～3 倍,水泥可节约用量 7%～15.5%。 (7)每 100m² 水泥砂浆面层材料用量参见表 7.1.79。

续表

序　号	项　目	内　容
5	水泥砂浆养护	(1)水泥砂浆面层铺设好并压光后24h,即应开始养护工作。一般采用满铺湿润材料覆盖,浇水养护,在常温下养护5~7d。夏季时24h后养护5d;春秋季节48h后需养护7d,使其在湿润条件下硬化。 养护要适时,浇水过早面层易起皮;浇水过晚又不用湿润材料覆盖,面层易造成裂缝或起砂。当采取蓄水养护方法时,蓄水深度宜为20mm。 (2)冬期养护时,如采用生煤火保温,则应注意室内不能完全封闭,宜有通风措施,应做到空气流通,能使局部二氧化碳气体可以逸出,以免影响水泥水化作用的正常进行和面层的结硬,造成水泥砂浆面层松散、不结硬而引起起砂和起灰的质量通病。 (3)水泥砂浆面层完成后,应注意成品保护工作。防止面层碰撞和表面玷污,影响美观和使用。对地漏、出水口等部位安放的临时堵口要保护好,以免灌入杂物,造成堵塞

水泥砂浆面层材料用量（100m²）　　　　　　表 7.1.79

材　料	单　位	单　层	双　层
32.5级水泥	kg	1494	1726
净砂	m³	2.06	2.29

7.1.3.4　水磨石面层

1. 一般规定

水磨石面层的一般规定如表 7.1.80 所示。

一般规定　　　　　　表 7.1.80

序　号	内　容
1	水磨石面层是属于较高级的建筑地面工程之一,也是目前工业与民用建筑中采用较广泛的楼面与地面面层的类型,其特点是:表面平整光滑、外观美、不起灰,又可按设计和使用要求做成各种彩色图案,因此应用范围较广。
2	水磨石面层适用于有一定防潮(防水)要求的地段和较高防尘、清洁等建筑地面工程,如工业建筑中的一般装配车间、恒温恒湿车间。而在民用建筑和公共建筑中,使用得也更广泛,如机场候机楼、宾馆门厅和医院、宿舍走道、卫生间、饭厅、会议室、办公室等等。
3	水磨石面层可做成单一本色和各种彩色的面层;根据使用功能要求又分为普通水磨石和高级水磨石面层。
4	水磨石面层是用石粒以水泥材料作胶结料加水按1:1.5~1:2.5(水泥:石粒)体积比拌制成拌合料,铺设在水泥砂浆结合层上而成。
5	水磨石面层厚度(不含结合层)除特殊要求外,宜为12~18mm,并按选用石粒粒径确定

2. 构造简图

水磨石面层的构造简图，如图 7.1.29 所示。

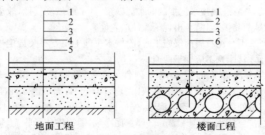

图 7.1.29　水磨石面层构造示意图

1—水磨石面层；2—1:3 水泥砂浆结合层；3—找平层；

4—垫层；5—基土（分层夯实）；6—楼层结构层

3. 材料要求

水磨石面层的材料要求，如表7.1.81所示。

表 7.1.81

材 料 要 求

序 号	项 目	内 容
1	水泥	(1)本色或深色水磨石面层宜采用强度等级不低于32.5的硅酸盐水泥、普通硅酸盐水泥或矿渣硅酸盐水泥，不得使用粉煤灰硅酸盐水泥。 (2)白色或浅色水磨石面层应采用白水泥。 (3)水泥必须有出厂证明或试验资料，同一颜色的水磨石面层应使用同一批水泥。
2	石粒	(1)石粒应用坚硬可磨的岩石(如白云石、大理石等)加工而成。石粒应有棱角、洁净、无杂物，其粒径除特殊要求外，宜为4～14mm。根据设计要求确定配合比，列出石粒的种类、规格和数量。 (2)石粒应分批按不同品种、规格、色彩堆放在干净(如席子等)地面上保管，使用前冲洗干净，晾干待用。 (3)常用水磨石彩色石料的品种和产地参见表7.1.82。 (4)常用石粒的号数规格见表7.1.83。 (5)水磨石面层厚度和石粒最大粒径参见表7.1.84。
3	颜料	颜料应采用耐光、耐碱的矿物颜料，不得使用酸性颜料。掺入量宜为水泥重量的3%～6%，或由试验确定，超量将会降低面层的强度。同一彩色面层应使用同厂同批的颜料。
4	分格条	分格条应采用铜条或玻璃条，亦可选用彩色塑料条。铜条必须平直，分格条的规格见表7.1.85

表 7.1.82

常用水磨石彩色石料品种、产地参考表

名 称	颜 色	产 地	名 称	颜 色	产 地
汉白玉	洁白	北京房山	湖北黄	地板黄	湖北铁山
雪云	灰白	广东云浮	黄花玉	淡黄	湖北黄石
桂林白	白色,有晶粒	广西桂林	晚霞	磺间土黄	北京顺义
户县白	白色	陕西户县	蟹青	灰黄	河北
曲阳白	玉白色	河北曲阳	松香黄	丛黄	湖北
墨玉	黑色	河北获鹿	粉荷	紫褐	湖北
大连黑	黑色	辽宁大连	青奶油	青紫	江苏丹徒
桂林黑	黑色	广西桂林	东北绿	淡绿	辽宁凤凰城
湖北黑	黑色	湖北铁山	丹东绿	深绿间微黄	辽宁丹东
芝麻黑	黑绿相间	陕西潼关	莱阳绿	深绿	山东莱阳
东北红	紫红	辽宁金县	潼关绿	浅绿	陕西潼关
桃红	桃红色	河北曲阳	银河	浅灰	湖北下陆
曲阳红	粉红	山东曲阳	铁灰	深灰	北京
南京红	灰红	江苏南京	齐灰	灰色	山东青岛
岭红	紫红间白	辽宁铁岭	锦灰	浅黑灰底	湖北大冶

常用石粒号数与规格对照表　　　　表 7.1.83

石粒号数			1号	2号	3号	4号
习惯称呼	大二分	一分半	大八厘	中八厘	小八厘	米厘石
相当粒径(mm)	20	15	10	8	6	2～4

水磨石面层厚度和石粒最大粒径对照表　　　　表 7.1.84

水磨石面层厚度(mm)	10	15	20	25	30
石粒最大粒径(mm)	9	14	18	23	28

水磨石面层分格嵌条规格（mm）　　　　表 7.1.85

种　类	铜　条	玻璃条
长×宽×厚	1200×面层厚度×1～2	不限×面层厚度×3

4. 施工要点

水磨石面层施工要点，如表 7.1.86 所示。

施工要点　　　　表 7.1.86

序 号	项　目	内　容
1	施工工序	水磨石面层的施工程序，应从顶层到底层依次进行。在同一楼层中，先做平顶、墙面粉刷，后做水磨石面层和踏脚板，避免磨石浆渗漏，影响下一层顶和墙面装饰，同时避免搭设脚手架损坏面层，否则必须有可靠的防止楼面渗水和保护面层的有效措施。
2	基层准备	铺设前，应检查基层的标高和平整度，必要时对其表面进行补强，并清刷干净，做好基层处理工作。
3	铺结合层	(1)基层处理后，按统一标高线为准确定面层标高。施工时，提前 24h 将基层面洒水润湿后，满刷一遍水泥浆粘结层，其水泥浆稠度应根据基层面湿润程度而定，一般水灰比以 0.4～0.5 为宜，涂刷厚度控制在 1mm 以内。应做到边刷水泥浆、边铺设水泥砂浆结合层，不能让水泥浆干燥而影响粘结。结合层应采用 1∶3 水泥砂浆或 1∶3.5 干硬性水泥砂浆，以上均为体积比。 (2)铺设水泥砂浆结合层的施工要点同本节"7.1.3.3 水泥砂浆面层"，但用木抹子搓压平整密实应做好毛面，以利于与面层粘结牢固。克服空鼓现象。铺好后进行 24h 养护。应视气温情况确定养护时间和洒水程度。水磨石面层宜在水泥砂浆结合层的抗压强度达到 1.2N/mm² 后方可进行。
4	弹线分格	(1)水磨石面层铺设前，应在水泥砂浆结合层上按设计要求的分格和图案进行弹线分格，但分格间距以 1m 为宜。面层分格的一部分分格位置必须与基层(包括垫层和结合层)的缩缝相对齐，以适应上下能同步收缩。 (2)安分格嵌条时，应用靠尺板按分格弹线比齐，将铜条或玻璃条紧贴靠尺靠直，并控制上口平直，用素水泥浆在嵌条下口的两边抹成八字角并予以粘结牢，高度应比嵌条上口面低 3mm，分格嵌条设置见图 7.1.30，分格嵌条应上平一致，接头严密，并作为铺设水磨石面层的标志，也是控制建筑地面平整度的标尺。在水泥浆初凝时，尚应进行二次校正，以确保分格嵌平直、牢固和接头严密。铜条应事先调直。 (3)分格嵌条稳好后，洒水养护 3～4d，再铺设面层的水泥与石粒拌合料。铺设前，尚应严加保护分格嵌条，以防碰弯、碰坏。

序　号	项　　目	内　　容
5	面层铺设	(1)水磨石面层的配合比和各种彩色,应先经试配做出样板,经认可后即作为施工及验收的依据,并按此进行备料。 (2)在同一面层上采用几种颜色图案时,应先做深色,后做浅色;先做大面,后做镶边;待前一种水泥石粒拌合料凝结后,再铺后一种水泥石粒拌合料;也不能几种颜色同时铺设,以防窜色。 (3)水泥与石粒的拌合料调配工作必须计量正确,拌合均匀。先将水泥和颜料过筛干拌后,再加入石粒拌合均匀后加水搅拌,拌合料的稠度宜为 60mm。采用多种颜色、规格的石粒时,必须事先拌合均匀后备用。 (4)面层铺设前,在基层表面刷一遍与面层颜色相同的水灰比为 0.4～0.5 的水泥浆粘结层,随刷随铺设水磨石拌合料。水磨石拌合料的铺设厚度要高出分格嵌条 1～2mm,要铺平整,用滚筒滚压密实,待表面出浆后,再用抹子抹平。在滚压过程中,如发现表面石子偏少,可在水泥浆较多处补撒石粒并拍平,增加美观。 (5)在铺设水磨石拌合料时,亦可将拌合料铺平后,立即在其上面均匀的干撒一遍已洗净的干石粒,撒的数量以占铺设面积的 1/3～1/4,并全部平摆开为限。然后用铁抹子将干石粒全部拍入浆内,再用滚筒滚压密实,用抹子压平整。应使后撒的干石粒全部揉合至水泥浆内,直至现浇水磨石面层表面达到抹平、压实,且无峰洞和明显的坑泡,以达到磨完后面层石粒显露清晰、分布均匀、美观大方。 (6)铺完面层严禁行走,1d 后进行洒水养护,常温下养护 5～7d,低温及冬期施工应养护 10d以上。
6	磨光上蜡	(1)开磨前应先试磨,以表面石粒不松动为准,经检查合格后方可开磨,但大粒径石粒面层应不少于 15d。一般开磨时间见表 7.1.87。 (2)当水磨石面层采用软磨法施工时,其面层的抗压强度达到 100～130N/mm² 即可开磨,表面石粒也不松动,这样改变了凭经验或由试磨确定开磨时间,不仅能保证施工质量,而且也加快工程进度、提高工效。软磨法施工只是将磨头遍时间提前,进度加快,以后还有擦素灰浆、磨光遍数等工序照旧,故不会影响面层的光洁度,也不会发生分格嵌条的松动。 (3)普通水磨石面层磨光遍数不应少于三遍,高级水磨石面层应增加磨光遍数和提高油石的号数,具体可根据使用要求或按设计要求而确定。 (4)水磨石面层应使用磨石机分次磨光,先试磨,后随磨随洒水,并及时清理磨石浆。头遍采用 54 号、60 号、70 号油石磨光,边磨边加水冲洗、边用 2m 靠尺检查平整度,要求达到磨透、磨平、磨匀,无花纹道子,全部分格嵌条外露。磨后将泥浆冲洗干净。经检查合格后,用同色水泥浆满涂抹,以填补面层表面呈现的细小孔隙和凹痕,孔眼大或脱落的石粒应用石粒补齐或嵌补,适当养护后再磨,常温养护 2～3d,低温及冬期施工需养护 5d 以上。第二遍采用 90 号、100号、120 号油石磨光,要求磨到表面光滑为止,其他同头遍。第三遍用 180 号、220 号、240 号油石磨光,要求达到磨至表面石子粒径显露,平整光滑,无砂眼细孔。用水冲洗后晾干,涂抹草酸溶液(热水:草酸=1:0.35 重量比,溶化冷却后使用)一遍。当为高级水磨石面层时,在第三遍磨光后,经满浆、养护,继续进行第四、第五遍磨光,油石则采用 240～300 号,以满足使用要求。 (5)水磨石面层上蜡工作,应在不影响面层质量的其他工序全部完成后进行。可用川蜡500g、煤油 2000g 放在桶里熬至 130℃(冒白烟)。使用时加松香水 300g、鱼油 50g 调制,将蜡包在薄布内,在面层上薄薄涂一层。待干后再用钉有细帆布(或麻布)的木块代替油石,装在磨石机的磨盘上进行研磨;或用打蜡机打磨,直到光滑洁亮为止。上蜡后铺锯末进行养护。 (6)水磨石面层完工后,应做好成品保护,防止碰撞面层。 (7)磨石机在使用时,应有安全措施,防止漏电、触电等事故发生。开机时,胶皮线应架空绑牢,配电盘应有漏电掉闸设备。 (8)每 100m² 水磨石材料用料见表 7.1.88。

序　号	项　目	内　容
7	切割分格施工方法	（1）水磨石面层也可改安放分格嵌条为切割分格的施工方法。其特点是：采用切割分格能有效的消除安放分格嵌条水磨石面层施工中常见的分格嵌条显露不清、压弯（或压碎）以及分格嵌条两边和十字交叉处石粒显露不匀和空鼓等质量通病，保证质量，提高工效，缩短工期等。适用于一般现浇水磨石面层，特别是大面积现浇水磨石面层，如展览馆、会堂和车间等建筑地面工程。 （2）施工方法是在水磨石面层磨光头遍上浆待浆干后，用大理石切割机按面层上弹出的分格线切割出深 5mm 的分格缝，再嵌以调配好的 108 胶水泥颜色浆（或无颜色浆）经细磨、酸洗、上蜡出亮等工序，即成平整光亮、素雅朴实、分格效果与发放分格嵌条相同的水磨石面层。 　1）切割分格现浇水磨石面层的工艺流程参见图 7.1.31。 　2）对面积较大的同一楼、地层的现浇水磨石面层宜按一次能铺设量分块（分区段）安放分格嵌条（或按垫层的缩缝位置），并以分格嵌条来控制面层的厚度和整个平整度。分块安放分格嵌条和铺设水泥石粒拌合料以及养护等，均按本节施工。 　3）切割分格线时，切割机要贴紧靠尺匀速切割向前推进，保证线路顺直。 　4）切割出深度 5mm 的分格缝，经清理干净并湿润后，用调配好的色浆将缝嵌实填平，养护后继续第二、第三遍磨光

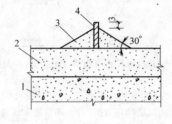 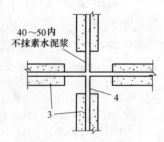

图 7.1.30　分格嵌条设置

1—混凝土垫层；2—水泥砂浆找平层；3—素水泥浆；4—分格条

水磨石面层开磨时间　　　　　　表 7.1.87

序　号	平均温度（℃）	开磨时间（d）	
		机磨	人工磨
1	20～30	2～3	1～2
2	10～20	3～4	1.5～2.5
3	5～10	5～6	2～3

注：天数以水磨石压实抹光后算起。

水磨石面层材料用量（100m²）　　　　　　表 7.1.88

材料名称	单　位	本　色	加　色
32.5 级水泥	kg	1753	1753
净砂	m³	1.55	1.55
石粒	kg	1853	1853
颜料	kg		30

7.1.3.5　水泥钢（铁）屑面层

1. 一般规定

水泥钢（铁）屑面层的一般规定，如表 7.1.89 所示。

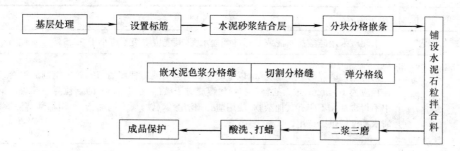

图 7.1.31　切割分格现浇水磨石面层的工艺流程示意图

一般规定
表 7.1.89

序号	内容
1	水泥钢(铁)屑面层具有强度高、硬度大、良好的抗冲击性能和耐磨损性等特点,适用于工业厂房中有较强磨损作用的地段,如滚动电缆盘、钢丝绳车间、履带式拖拉机装配车间以及行驶铁轮车或拖运尖锐金属物件等的建筑地面工程。
2	水泥钢(铁)屑面层是用水泥与钢(铁)屑加水拌合后铺设在水泥砂浆结合层上而成。当在其面层进行表面处理时,将提高面层的耐压强度以及耐磨性和耐腐蚀性能,防止外露钢(铁)屑遇水而生锈,并能承受反复摩擦撞击而不至于面层起灰或破裂。
3	水泥钢(铁)屑面层的拌合料强度等级不应小于 M40。
4	当设计有要求时,亦可采用水泥、钢(铁)屑、砂和水的拌合料做成耐磨钢(铁)砂浆面层,亦属于普通型耐磨面层。
5	水泥钢(铁)屑面层的厚度一般为 5mm 或按设计要求。水泥砂浆结合的厚度宜为 20mm

2. 构造简图

水泥钢（铁）屑面层的构造简图,如图 7.1.32 所示。

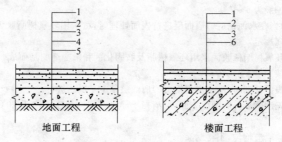

图 7.1.32　水泥钢（铁）屑面层构造简图
1—水泥钢（铁）屑面层；2—水泥砂浆结合层；3—水泥砂浆找平层；
4—垫层；5—基土（分层夯实）；6—楼面结构层

3. 材料要求

水泥钢（铁）屑面层的材料要求,如表 7.1.90 所示。

4. 施工要点

水泥钢（铁）屑面层施工要点,如表 7.1.91 所示。

材 料 要 求　　　　　　　　　　　　　　　　表 7.1.90

序 号	项　目	内　　　　容
1	水泥	水泥应采用硅酸盐水泥或普通硅酸盐水泥,其强度等级不应小于32.5。
2	钢(铁)屑	钢屑应为磨碎的宽度在 6mm 以下的卷状钢刨屑或铸铁刨屑与磨碎的钢刨屑混合使用。其粒径应为1~5mm,过大的颗粒和卷状螺旋应予破碎,小于 1mm 的颗粒应予筛去。钢(铁)屑中不得含油和不应有其他杂物,使用前必须清除钢(铁)屑上的油脂,并用稀酸溶液除锈,再以清水冲洗后烘干待用。
3	砂	砂采用普通砂或石英砂。普通砂应符合现行的行业标准《普通混凝土用砂质量标准及检验方法》(JGJ 52)的规定

施 工 要 点　　　　　　　　　　　　　　　　表 7.1.91

序 号	项　目	内　　　　容
1	基层处理	对铺设水泥钢(铁)屑面层和水泥砂浆结合层下基层的要求和处理,应按本节 7.1.3.1 一般要求"中 1. 一般规定序号 2 要求做好,以利面层(结合层)与基层结合牢固。
2	材料配合比	(1)水泥钢(铁)屑面层的配合比应通过试验(或按设计要求)确定,以水泥浆能填满钢(铁)屑的空隙为准。采用振动法使水泥钢(铁)屑密实至体积不变时,其密度不应小于 2000kg/m³。 　(2)按确定的配合比,先将水泥和钢(铁)屑干拌均匀后,再加水拌合至颜色一致,拌合时,应严格控制加水量,稠度要适度,不应大于 10mm。
3	面层铺设	(1)铺设前,应在已处理好的基层上刷水泥浆一遍,先铺一层水泥砂浆结合层,其体积比宜为 1:2(水泥:砂),经铺平整后将水泥与钢(铁)屑拌合料按面层厚度要求刮平并随铺随拍实,亦可采用滚筒滚压密实。 　(2)结合层和面层的拍实的抹平工作应在水泥初凝前完成;水泥终凝前应完成压光工作。面层要求压密实,表面光滑平整,无铁板印痕。压光工作应较一般水泥砂浆面层多压 1~2 遍,主要作用是增加面层的密实度,以有效的提高水泥钢(铁)屑面层的强度和硬度以及耐磨损性能。压光时严禁洒水。 　(3)面层铺好后 24h,应洒水进行养护。或用草袋覆盖浇水养护,但不得用水直接冲洒。养护期一般为 5~7d。 　(4)当在水泥钢(铁)屑面层进行表面处理时,可采用环氧树脂胶泥喷涂或涂刷。施工时,应按下列规定: 　1)环氧树脂稀胶泥采用环氧树脂及胺固化剂和稀释剂配制而成。其配方是环氧树脂 100:乙二胺 80:丙酮 30。 　2)表面处理时,需待水泥钢(铁)屑面层基本干燥后进行。 　3)先用砂纸打磨面层表面,后清扫干净。在室内温度不小于 20℃ 情况下,涂刷环氧树脂稀胶泥一度。 　4)涂刷应均匀,不得漏涂。 　5)涂刷后可用橡皮刮板或油漆刮刀轻轻将多余的环氧树脂稀胶泥刮去,在气温不小于 20℃ 条件下,养护 48h 后即成。 　(5)当设计有要求做成耐磨钢(铁)砂浆面时,钢(铁)屑应用 50% 磨碎的卷状钢刨屑或铸铁屑与 50% 磨碎的钢刨屑混合而成,要求在筛孔为 5mm 的筛上筛余物不多于 8%,在筛孔为 1mm 的筛上筛余物不多于 50%,在筛孔为 0.3mm 的筛上筛余物不多于 80%~90%;砂采用中砂偏粗为宜。其配合比(重量比)见表 7.1.92。
4	材料用量	水泥钢(铁)屑面层每 100m² 材料用量见表 7.1.93

耐磨钢（铁）屑砂浆配合比（重量比）参考表　　表 7.1.92

序　号	配合比（重量比）	密度（kg/m³）	抗压强度（N/mm²）
1	水泥∶砂∶铸铁屑 1∶2∶3	2850	12.9
2	水泥∶砂∶铸铁屑 1∶1∶4	3420	15.8
3	水泥∶砂∶铸铁屑 1∶1∶2	3150	32.0
4	水泥∶砂∶铸铁屑 1∶1∶1	2860	23.9
5	水泥∶砂∶钢屑 1∶1∶1	2960	39.7
6	水泥∶砂∶钢屑 1∶0.8∶1	2800	45.0
7	水泥∶砂∶钢屑 1∶0.3∶1.5	3520	57.8

水泥钢（铁）屑面层材料用量（100m²）　　表 7.1.93

材　料	单　位	0.31∶1∶2（重量比） 水∶水泥∶钢（铁）屑	0.31∶1∶1.8（重量比） 水∶水泥∶钢（铁）屑
强度等级 32.5 水泥	kg	2078	2186
钢（铁）屑	kg	3326	3466
水	kg	644	678

7.1.3.6　防油渗面层

1. 一般规定

防油渗面层的一般规定，如表 7.1.94 所示。

一　般　规　定　　表 7.1.94

序　号	内　　容
1	防油渗面层系指具有能阻止油类介质侵蚀和迅速渗透，并具有一定耐磨性能的高密实性材料和构造措施所构筑成的特种建筑地面。因此，广泛应用于工业建筑中机械加工厂房的建筑地面工程，尤其适用于机床上楼后的楼层地面工程。亦用于油罐、油池、油槽等构筑物，还可用作防水要求很高的水泥混凝土和混凝土结构工程上。
2	防油渗面层是在水泥类基层上采用防油渗混凝土或防油渗涂料铺设（或涂刷）而成。在铺设防油渗面层前，如生产使用上需要，还应设置防油渗隔离层，其构造做法见图 7.1.33。
3	建筑地面经常受机油介质直接作用的地段，应采用防油渗混凝土；机油介质少量作用的地段，可在水泥类整体面层上涂刷具有良好耐磨性能的防油渗涂料做成防油渗涂料面层。
4	防油渗混凝土是在普通混凝土中掺入外加剂或防油渗剂，以提高抗油渗性能。
5	防油渗混凝土的强度等级不应小于 C30，其厚度宜为 60～70m。面层内配置 φ4@150～200mm，双向钢筋网，并置于上部，保护层厚度为 20mm，应在分区段处断开。
6	防油渗混凝土的抗渗性能应符合设计要求。参照现行国家标准《普通混凝土长期性能和耐久性能试验方法》(GBJ 82) 的规定进行检测，用 10 号机油为介质，以试块不出现渗油现象的最大不透油压力为 1.5MPa。
7	防油渗涂料应具有耐油、耐磨、耐火和粘结性能好的特点，其粘结强度不应小于 3MPa，耐油性在浸入 10 号机油内 3 个月无变化。一般可用聚氨酯类、聚酯树脂类、环氧树脂类地面涂料

2. 构造简图

防油渗面层的构造简图，如图 7.1.33 所示。

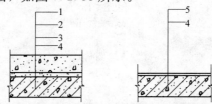

图 7.1.33　防油渗面层构造简图

1—防油渗混凝土；2—防油渗隔离层；3—水泥砂浆找平层；

4—混凝土楼板或结构整浇层；5—防油渗涂料

3. 材料要求

防油渗面层的材料要求，如表 7.1.95 所示。

材 料 要 求 　　　　　　　　　　　　　　　　　　表 7.1.95

序 号	项 目	内 容
1	防油渗混凝土	(1)水泥：水泥应选用泌水性小的水泥品种。宜采用安定性好的硅酸盐水泥或普通硅酸盐水泥，其强度等级为 32.5 或 42.5，严禁使用过期水泥，对受潮、结块的水泥亦不得使用。水泥质量应符合 GB 175—1999 和 GB 1344—1999 的规定。 (2)石料：碎石应选用花岗石或石英石等岩质，严禁采用松散多孔和吸水率较大的石灰石、砂石等，其粒径宜为 5～15mm 或 5～20mm，最大粒径不应大于 25mm；含泥量不应大于 1%；空隙率小于 42% 为宜。其技术要求应符合国家现行行业标准《普通混凝土用碎石和卵石质量标准及检验方法》(JGJ 53) 的规定。 (3)砂：砂应为中砂，其细度模数应控制在 $M_x = 2.3 \sim 2.6$ 之间，并通过 0.5cm 筛子筛除泥块杂质，含泥量不应大于 1%，洁净无杂物。其技术要求应符合国家现行行业标准《普通混凝土用砂质量标准及检验方法》(JGJ 52) 的规定。 (4)水：水应用饮用水。 (5)外加剂：外加剂一般可选用减水剂、加气剂、塑化剂、密实剂或防油渗剂，以采用 SNS 防油外加剂为好。SNS 防油外加剂是含萘磺酸甲醛缩合物的高效减水剂和呈烟灰色粉状体的硅粉为主要成分组成，属非引气型混凝土外加剂，常用掺量为 3%～4%（以水泥用量计）；减水率约 10%，抗压强度可提高 20%，见表 7.1.96。
2	防油渗涂料	防油渗楼地面面层涂料常用的有聚氨酯类地面涂料、聚酯树脂类地面涂料、环氧树脂类地面涂料等等，其主要技术性能如下： (1)聚氨酯类地面涂料 硬度　　　　　　　　　　≥60(肖氏) 耐撕力　　　　　　　　　≥5.0N/mm² 断裂强度　　　　　　　　≥5.0N/mm² 粘结强度　　　　　　　　≥3.0N/mm² 耐磨性　　　　　　　　　(1000r/250g)<0.006g/cm² 耐冲击性　　　　　　　　500N·cm，合格 耐油性　　　　　　　　　3 个月浸 10# 机油无变化 (2)聚酯树脂类地面涂料 附着力(水泥基)　　　　　二级 耐磨性(1000r/250g)　　　<0.01g 抗冲击性　　　　　　　　300N·cm，合格 耐油性　　　　　　　　　10# 机油 24h 无明显变化 干燥时间　　　　　　　　表干≤1h 　　　　　　　　　　　　实干≤24h (3)环氧树脂类地面涂料 耐磨性(1000r/250g)　　　<0.006g 干燥时间　　　　　　　　表干 2～4h 　　　　　　　　　　　　实干≤24h 耐油性　　　　　　　　　浸 10# 机油，3 个月无明显变化 黏度　　　　　　　　　　20～25s

掺外加剂的防油渗混凝土性能测试值表　　　　表 7.1.96

外　加　剂		水　泥		坍落度(cm)	抗油渗性		f_{28}抗压强度(N/mm²)
品种	掺量(%)	品种	用量(kg/m³)		压应力(N/mm²)	油渗高度(cm)	
—	0	原425号普通硅酸盐水泥	380	4.2	0.6	全渗	38.1
ST(糖蜜)	0.25		380	4.5	1.6	9.7	44.5
木钙	0.25		380	4.1	1.6	6.4	47.5
NNO	1.0		380	3.2	1.6	12.0	43.5
SNS	2.0		380	4.6	2.0	2.4	45.6

注：混凝土抗油渗试验油料为煤油。

4. 施工要点

防油渗面层施工要点，如表 7.1.97 所示。

施　工　要　点　　　　表 7.1.97

序号	项　目	内　容
1	一般要求	(1)防油渗混凝土面层分区段浇筑时，应按厂房柱网进行划分，其面积不宜大于 50m²。分格缝应设置纵向和横向伸缩缝。纵向分格缝间距宜为 3～6m，横向分格缝宜为 6m，且应与建筑轴线对齐。 (2)施工时环境温度宜在 5℃以上。低于 5℃时需采取必要的技术措施。 (3)混凝土的搅拌、运输、浇筑、振捣、养护等一系列的施工要求、质量检验应符合现行国家标准《混凝土结构工程施工质量验收规范》(GB 50204—2002)的规定，操作工艺应按当地建筑主管部门制定、颁布的建筑安装工程施工技术操作规程执行。 (4)组成材料经检验应符合有关质量要求，计量必须准确。
2	基层处理	对铺设防油渗面层下基层的要求和处理，应按本节"7.1.3.1 一般要求"中 1. 一般规定序号 2 要求做好。基层表面应坚固密实、平整、洁净，不允许有凸凹不平和起砂、裂缝等现象，表面还应粗糙。防油渗混凝土拌合料铺设前，基层表面应润湿，但不得有积水，以利于面层与基层结合牢固，防止空鼓。
3	面层制作	(1)防油渗混凝土配合比应按设计要求的强度等级和抗渗性能，根据工程具体要求经试配调整而确定，施工参考配合比可参照表 7.1.98 配制。 (2)防油渗混凝土拌合料的配合比应正确，外加剂按要求规定的以水泥用量掺入量稀释后掺加。水灰比应根据混凝土坍落度控制，坍落度宜为 4～5cm，水灰比应在 0.45～0.5 之间，不应小于 0.5。拌合要均匀，采用自落式搅拌机拌合混凝土，拌合时间控制在 3min。 (3)防油渗水泥浆按下列配制： 1)氯乙烯-偏氯乙烯混合乳液的配制，应采用 10%浓度的磷酸三钠水溶液中的氯乙烯-偏氯乙烯共聚乳液，pH 值宜为 7～8，加入浓度为 40%的 OP 溶液，搅拌均匀，然后加入少量消泡剂，以消除表面泡沫为度。 2)防油渗水泥浆的配制，应将氯乙烯-偏氯乙烯混合乳液和水，按 1:1 配合比搅拌均匀后，边拌合边加入水泥，并按要求的加水量加入后，充分拌合使用。
4	面层铺设	(1)铺设时，在整浇水泥类层(基层)上尚应满刷一层防油渗水泥浆粘结层，并随刷随铺设防油渗混凝土拌合料，刮平找平。 (2)防油渗混凝土浇筑时，振捣应密实，不得漏振。 (3)防油渗混凝土浇筑后，做好面层的抹平、压光工作。并应根据温度、湿度情况进行养护。 (4)当防油渗混凝土面层的抗压强度达到 5MPa 时，应将分格缝内清理干净并适当干燥，涂刷一遍同类底子油后，应趁热灌注防油渗胶泥。 (5)防油渗混凝土中，由于掺入外加剂的作用，初凝前有发生缓凝现象，而初凝后又可能有早强现象，施工过程中应引起注意。

续表

序号	项目	内容
4	面层铺设	（6）防油渗混凝土硬化后，必须浇水养护，每天浇水次数应根据具体情况而定，但始终要保持混凝土湿润状态，养护期不得少于7d，有条件应采用蓄水养护。 （7）凡露出面层的电线管、接线盒、预埋套管、地脚螺栓以及与墙、柱连接处等工程细部均应增强抗油渗措施，应采用防油渗胶泥或环氧树脂进行处理。与墙、柱、变形缝及孔洞等连接处，应做泛水。 （8）防油渗面层采用防油渗涂料时，其涂料材料应按设计要求选用。涂料的涂刷（喷涂）不得少于三遍，涂层厚度宜为5～7mm。涂料的配比和施工，应按涂料产品的特点、性能等要求进行。 （9）每10m³防油渗混凝土面层材料用量见表7.1.99。
5	分格缝	分格缝的深度为面层的厚度，上下贯通，其宽度为15～20mm。缝内应灌注防油渗胶泥材料，亦可采用弹性多功能聚胺酯类涂膜材料嵌缝，缝内上部留20～25mm深度应采用膨胀水泥砂浆封缝，参见图7.1.34。防油渗胶泥应按产品质量标准和使用说明配置。
6	隔离层设置	防油渗隔离层的设置，除按设计要求外，施工时应按下列规定进行： （1）防油渗隔离层宜采用一布二胶防油渗胶泥玻璃纤维布，其厚度为4mm。 （2）玻璃纤维布应采用无碱网格布。采用的防油渗胶泥，亦可采用弹性多功能聚胺酯类涂膜材料，其厚度为1.5～2.0mm，防油渗胶泥的配制按产品使用说明。 （3）在水泥类基层上设置隔离层和在隔离层上铺设防油渗混凝土面层时，其下一层表面应洁净。铺设时均应涂刷同类的底子油，以利粘结。防油渗胶泥底子油的配制：应将已熬制好的防油渗胶泥自然冷却至85～90℃，边搅拌边缓慢加入按配合比要求的二甲苯和环己酮的混合溶剂（切勿近水），搅拌至胶泥全部溶解即成底子油。如暂时存放时，应置于有盖的容器中，以防止溶剂挥发。 （4）隔离层施工时，在已处理好的基层上将加温的防油渗胶泥均匀涂刷一遍。随即将玻璃纤维布粘贴覆盖，其搭接宽度不应小于100mm；与墙、柱连接处的涂沫、铺贴应向上翻边，其高度不应小于30mm。一布二胶防油渗隔离层完成后，经检查符合要求方可进行下道工序的施工

防油渗混凝土施工参考配合比   表 7.1.98

水 泥	砂 子	碎 石	水	SNS	备 注
380	683	1127	190	15.2	每立方米混凝土用量（kg）
1	1.797	2.966	0.5	0.04	混凝土配合比

防油渗混凝土面层材料用量（10m³）   表 7.1.99

材 料	单 位	用 量	材 料	单 位	用 量
32.5级水泥	kg	3800	水	kg	1900
净砂	kg	6800	SNS防油外加剂	kg	152
碎石	kg	11270			

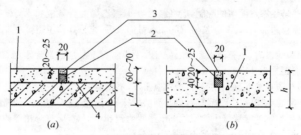

图 7.1.34　防油渗面层分格缝做法

（a）楼层地面；（b）底层地面

1—防油渗混凝土；2—防油渗胶泥；3—膨胀水泥砂浆；4—按设计做一布二胶

7.1.3.7　不发火（防爆的）面层

1. 一般规定

不发火（防爆的）面层的一般规定，如表7.1.100所示。

一般规定　　　　　　　　　　　　　　　　　　　　　　　　　　　　　　　表7.1.100

序号	项　目	内　容
1	定义	不发火面层，又称防爆面层，系指在生产和使用过程中，地面受到外界物体的撞击、摩擦而不发生火花的面层。而地面上由于受重物坠落，铁质工作或搬动机器时的撞击、摩擦所产生的火花是发生火灾事故的原因之一。
2	适用范围	(1)按现行国家标准《建筑设计防火规范》(GBJ 16)的规定，散发较空气重的可燃气体、可燃蒸汽的甲类厂房以及有粉尘、纤维爆炸危险的乙类厂房，应采用不发生火花的地面。 (2)不发火（防爆的）面层，主要用于有防爆要求的精苯车间、精馏车间、氢气车间、钠加工车间、钾加工车间、胶片厂棉胶工段、人造橡胶的链状聚合车间、造丝工厂的化学车间以及生产爆破器材的车间和火药仓库、汽油库等等的建筑地面工程。由于所处的厂房车间或仓库的用途不同，对不发火（防爆的）面层的使用要求和它的构造做法也就不一样。
3	选用规定	(1)选用不发火（防爆的）建筑地面工程，应注意以下几点： 1)选择的原材料和其拌合料应是不发火的，并应事先做好试验鉴定工作。 2)面层的材料应能经受生产操作或长期使用的考验而不易损坏。 3)不发火（防爆的）面层应有一定的强度、弹性和耐磨性，并应防止有可能因摩擦发火花的材料粘结在面层上或材料的空隙中。 4)有利于不发火花（防爆的）建筑地面工程的选型的经济合理性，并要因地制宜、就地取材、便于施工。 现行国家标准《建筑地面设计规范》(GB 50037)中地面类型一章要求不发生火花的地面，宜采用细石混凝土、水泥石屑、水磨石等面层。因此，现行国家标准《建筑地面工程施工质量验收规范》(GB 50209—2002)中规定不发火（防爆的）面层应采用水泥类的拌合料铺设。 (2)不发火（防爆的）水泥类面层的构造做法与同类的水泥类面层构造做法相同。 (3)不发火（防爆的）混凝土、水泥石屑、水磨石等水泥类面层的厚度和强度等均应符合设计要求

2. 构造简图

不发火（防爆的）面层的构造简图，如图7.1.35所示。

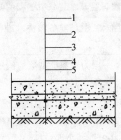

图7.1.35　不发火（防爆的）面层构造简图
1—水泥类面层；2—结合层；3—找平层；4—垫层；5—基土

3. 材料要求

不发火（防爆的）面层的材料要求，如表7.1.101所示。

材料要求   表7.1.101

序号	项目	内容
1	水泥	水泥应采用普通硅酸盐水泥,其强度等级不应小于32.5。
2	石料	石料应选用大理石、白云石或其他石料加工而成,并以金属或石料撞击时不发生火花为合格,应具有不发火性的石料。
3	砂	砂应具有不发火性的砂,其质地坚硬、多棱角、表面粗糙并有颗粒级配,粒径宜为0.15～5mm,含泥量不应大于3%,有机物含量不应大于0.5%。
4	分格嵌条	不发火(防爆的)面层分格的嵌条,应选用具有不发火性的材料制成

4. 施工要点

不发火(防爆的)面层的施工要点,如表7.1.102所示。

施工要点   表7.1.102

序号	内容
1	原材料加工和配制时,应随时检查,不得混入金属细粒或其他易发生火花的杂质。
2	铺设不发火(防爆的)面层下基层要求和处理,应按本节"7.1.3.1 一般要求"中1. 一般规定序号2. 要求做好,以利于面层与基层结合牢固,防止空鼓。
3	各水泥类不发火(防爆的)面层的铺设应按同类面层的施工要点进行。
4	不发火(防爆的)水泥类面层采用的石料和硬化后的试块,均应在金刚砂轮上作摩擦试验,在试验中没有发现任何瞬时的火花,即认为合格。试验时应按附录E"不发生火花(防爆的)建筑地面材料及其制品不发火性的试验方法"的规定进行

7.1.4 板块面层铺设构造

7.1.4.1 一般规定

板块面层铺设一般规定,如表7.1.103所示。

一般规定   表7.1.103

序号	项目	内容
1	适用范围	板块面层铺设适用于砖面层、大理石面层和花岗石面层、预制板块面层、料石面层、塑料板面层、活动地板面层和地毯面层等面层分项工程的施工。
2	施工准备	施工准备中有关材料准备、机具准备和技术准备参照本章"7.1.3 整体面层铺设"中的有关内容。
3	基层处理	铺设板块面层时,其下一层为水泥类基层的抗压强度不得小于1.2MPa。与此同时,在铺设板块面层前还应涂刷一遍水泥浆,其水灰比宜为0.4～0.5,并应随刷随铺,以达到上下层连接好。
4	结合层要求	(1)铺设板块面层的结合层和面层板块间的填缝材料、当采用水泥砂浆时,应符合下列要求: 1)配制水泥砂浆应采用硅酸盐水泥、普通硅酸盐水泥或矿渣硅酸盐水泥,其强度等级不宜小于32.5。 2)水泥砂浆所采用的砂,应符合现行的行业标准《普通混凝土用砂质量标准及检验方法》(JGJ 52)的规定。 3)配制水泥砂浆的体积比(相应的水泥砂浆强度等级)和稠度,应按表7.1.104。 (2)结合层和板块面层的填缝,当采用沥青胶结时,应符合下列要求: 1)配制沥青胶结料应采用同类沥青与纤维的、粉状的或纤维和粉状混合的填充料。

续表

序号	项目	内容
4	结合层要求	2) 纤维填充料宜采用 6 级石棉和锯木屑,使用前应通过 2.5mm 筛孔的筛子。石棉的含水率不应大于 7%;锯木屑的含水率不应大于 12%。 3) 粉状填充料应为松散的,应采用磨细的石料、砂或炉灰、粉煤灰、页岩灰和其他粉状的矿物质材料。不得采用石灰、石膏、泥岩灰或黏土作为粉状填充料。粉状填充料中小于 0.08mm 的细颗粒含量不应小于 85%,其粒径不应大于 0.3mm。 4) 沥青的重量在沥青胶结料中,当采用纤维填充料时,不应大于 90%,当采用粉状填充料时,不应大于 75%。 5) 沥青的软化点应符合设计要求。沥青胶结料熬制和铺设时的温度,应根据使用部位、施工温度和材料性能等不同条件按表 7.1.105 选用。 (3) 采用沥青胶结料或防水涂料结合层铺设板块面层时,其下层表面应坚固、密实、平整、干燥、洁净,并应涂刷基层处理剂。 基层处理剂的表面以及沥青胶结料或防水卷材、防水涂料隔离层(防水层)的表面应保持洁净。
5	铺设要求	(1) 铺设缸砖、水泥花砖、陶瓷地砖、陶瓷锦砖、碎拼大理石(花岗石)、条石和预制混凝土板、预制水磨石板等板块面层的结合层和填缝材料采用水泥砂浆时,在面层铺设完成后,其表面应覆盖并加湿润,在常温条件下养护时间不应少于 7d。 (2) 铺设板块面层的水泥砂浆结合层的抗压强度达到不小于 1.2MPa 时,其面层方准许人行走;当上述抗压强度达到设计要求后,其面层方准许正常使用。 (3) 踢脚线施工参照本章"7.1.3 整体面层铺设"中"7.1.3.1 一般要求"采用。 (4) 板块面层板块的铺砌应符合设计要求,当设计无要求时,宜避免出现板块小于 1/4 边长的边角料。 (5) 板块面层的允许偏差,应符合《建筑地面工程施工质量验收规范》(GB 50209—2002)表 6.1.8 的规定

水泥砂浆的体积比(相应强度等级)和稠度 表 7.1.104

面层种类	构造层	水泥砂浆体积比	相应的水泥砂浆强度等级	水泥砂浆稠度(以标准圆锥体沉入度计)(mm)
条石、缸砖面层	结合层和面层的填缝	1:2	≥M15	25～35
预制水磨石板、大理石板、花岗石板、陶瓷锦砖、陶瓷地砖面层	结合层	1:2	≥M15	25～35
水泥花砖、预制混凝土板面层	结合层	1:3	≥M10	30～35

沥青的软化点以及沥青玛瑞脂熬制和铺设时的温度 表 7.1.105

地面受热的最高温度	按"环球法"测定的最低软化点(℃)		沥青玛瑞脂的温度(℃)		
	石油沥青	玛瑞脂	熬制时 夏季	熬制时 冬季	铺设时温度不低于
30℃以下	60	80	180～200	200～220	160
31～40℃	70	90	190～210	210～225	170
41～60℃	95	110	200～220	210～225	180

注:1. 取 100cm 的沥青玛瑞脂加热至铺设所需温度时(见上表),应能在平坦面上自动的流成 4mm 以下的厚度。温度为 (18±2)℃时,玛瑞脂应为凝结,均匀而无明显的杂物和填充料颗粒。
2. 地面受热的最高温度,应根据设计要求选用。

7.1.4.2 砖面层

1. 一般规定

砖面层的一般规定,如表 7.1.106 所示。

一 般 规 定

表 7.1.106

序 号	内 容
1	砖面层属于建筑地面工程板块类面层,其特点是结构致密、平整光洁、抗腐耐磨、色调均匀、种类繁多、施工方便,并且装饰效果好。但其性脆、抗冲击韧性差,热稳定性较低,骤冷骤热易开裂,其表面分为无釉和带釉两种,一般常用为无釉产品。根据生产条件和使用功能,广泛应用于工业厂房和民用建筑中的建筑地面工程,如有较高清洁要求的车间、工作间、门厅、盥洗室、厕浴间、厨房和化验室等。
2	砖面层应是采用陶瓷锦砖、缸砖、陶瓷地砖和水泥花砖等板块料在水泥砂浆、沥青胶结料或胶粘剂结合层上铺设而成。常用的铺砌形式如图 7.1.36,图 7.1.37 所示。
3	结合层厚度:采用水泥砂浆铺设时应为 10~15mm;采用沥青胶结料铺设时为 2~5mm;采用胶粘剂铺设时为 2~3mm

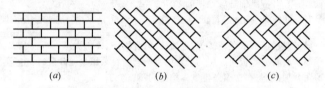

(a)   *(b)*   *(c)*

图 7.1.36 黏土砖常用的铺砌形式

(a) 直行式;*(b)* 对角线式;*(c)* 人字形式

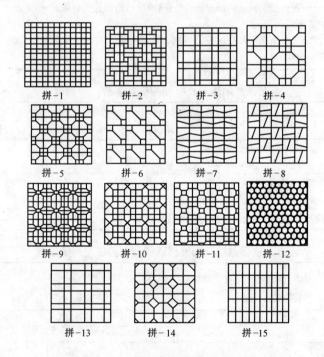

图 7.1.37 陶瓷锦砖的几种基本拼花图案

拼-1—各种正方形与正方形相拼;拼-2—正方与长条相拼;拼-3—大方、中方及长条相拼;拼-4—中方及大对角相拼;拼-5—小方及小对角相拼;拼-6—中方及大对角相拼;小方及小对角相拼;拼-7—斜长条与斜长条相拼;拼-8—斜长条与斜长条相拼;拼-9—长条对角与小方相拼;拼-10—正方与五角相拼;拼-11—半八角与正方相拼;拼-12—各种六角相拼;拼-13—大方、中方、长条相拼;拼-14—小对角、中大方相拼;拼-15—各种长条相拼

2. 构造简图

砖面层的构造简图，如图 7.1.38 所示。

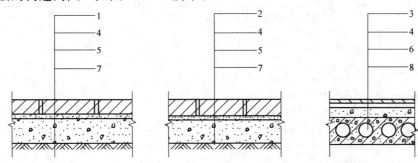

图 7.1.38　砖面层构造简图

1—普通黏土砖；2—缸砖；3—陶瓷锦砖；4—结合层；5—垫层（或
找平层）；6—找平层；7—基土；8—楼层结构层

3. 材料要求

砖面层的材料要求，如表 7.1.107 所示。

材　料　要　求　　　　　　　　　　表 7.1.107

序　号	项　　目	内　　容
1	砖	砖包括有：陶瓷锦砖、缸砖、陶瓷地砖、水泥花砖。各种砖规格，主要性能，见表 7.1.108。
2	水泥	水泥应采用硅酸盐水泥、普通硅酸盐水泥或矿渣硅酸盐水泥，水泥强度等级不应低于 32.5 级。
3	砂	砂应采用洁净无有机杂质的中砂或粗砂，含泥量不大于 3%。不得使用有冻块的砂。
4	水泥砂浆	铺设黏土砖、缸砖、陶瓷地砖、陶瓷锦砖面层时，水泥砂浆采用体积比为 1：2，其稠度为 25～35mm；铺设水泥花砖面砖时，水泥砂浆采用体积比为 1：3，其稠度为 30～35mm。
5	沥青胶结料	沥青胶结料宜用石油沥青与纤维、粉状或纤维和粉状混合的填充料配制，按本节"7.1.4.1 一般规定"中有关规定采用。
6	胶粘剂	胶粘剂应为防水、防菌，其选用应根据基层所铺材料和面层的使用要求，通过试验确定，并应符合现行国家标准《民用建筑工程室内环境污染控制规范》(GB 50325—2001) 的规定。胶粘剂主要有：乙烯类（聚醋酸乙烯乳液）、氯丁橡胶型、聚氨酯、环氧树脂、合成橡胶溶剂型、沥青类等。还有 926 多功能建筑胶。胶粘剂应存放在阴凉通风、干燥的室内。胶的稠度应均匀，颜色一致，无其他杂质和胶团，超过生产期三个月或保质期产品要取样检验，合格后方可使用

砖规格性能表　　　　　　　　　　表 7.1.108

序　号	项　　目	内　　容
1	陶瓷锦砖	陶瓷锦砖的外形大小不一，断面分凸面和平面两种，平面者多用于铺设建筑地面。其技术等级、外观质量要求应符合现行国家标准《建筑陶瓷锦砖产品》(JC 201) 的规定。物理性能指标见表 7.1.109，陶瓷锦砖的技术要求如下： (1)陶瓷锦砖分为：一级和二级两种等级。 (2)单块锦砖的尺寸允许公差应符合表 7.1.110 的规定。 (3)每联锦砖线路、联长的尺寸及其允许公差应符合表 7.1.111 的规定。 (4)其他 1)锦砖铺贴后的四周边缘与铺贴纸四周边缘的距离不得小于 2mm。 2)锦砖的脱纸时间不得大于 40min。 3)漏验率不得大于 5%。

序　号	项　目	内　容
2	缸砖	缸砖的质量要求应符合现行的产品标准的规定。 (1)分类及规格 缸砖按产品表面分为有格面和光洁面两种,其规格为(mm):240×115×53,230×230×40,200×200×40。 (2)主要性能 1)耐压强度大于150MPa。 2)吸收率不应大于2%。 3)表面英氏硬变为6～7。 4)抗冻性好,于-15℃,+15℃,50次循环冻融,不裂。 5)抗机械冲击性能。 (3)产品质量检验 缸砖质量按产品标准(或企业标准)进行检验。一般要求外形整齐规格,表面无缺陷,具有较高的机械强度。
3	陶瓷地砖	陶瓷地砖的质量要求应符合现行的产品标准的规定。 (1)品种 陶瓷地砖花色有红、白、浅黄等色,分方形、长方形和六角形三种,并有带釉及不带釉两类。 (2)规格:一般规格(mm)有:150×75×13,150×150×13,150×150×15,150×150×20,100×100×10;六角形有:115×100×10,200×100×13,其允许偏差见表7.1.112规定。 (3)红色陶瓷地砖吸收率不应大于8%,其他各色陶瓷地砖不应大于4%。冲击强度6～8次以上。陶瓷地砖的平整度,几何角度(方正度)和统一的规格和颜色,表面无裂纹和磕伤。具体要求分别见表7.1.113和表7.1.114。
4	水泥花砖	水泥花砖面层带有各种图案,花色品种繁多,其质量要求应符合现行国家标准《水泥花砖》(JC 410)的规定。 (1)分类 水泥花砖按使用部位不同分为:面砖、边砖(地面周边)、角砖(地面拐角部位)和墙砖(踢脚线部位)四类。 (2)型号 水泥花砖按其外形几何尺寸分为四个型号,见表7.1.115。 (3)质量标准 1)外观质量及尺寸允许误差,见表7.1.116。 2)物理性能指标: ①水泥花砖的物理力学性能中,抗折破坏能力不得小于表7.1.117和表7.1.118中规定。 ②抗冲击性能检验时,按规定方法进行,第一条裂缝时的冲击次数不得少于2次,裂缝贯穿时的冲击次数合格品不得少于5次,优质品不得少于10次。 ③表面耐磨性能好,表面图案及花纹保存完好。由于水泥花砖分层铺料,加压成型,密实度很高,吸水率较小,抗冻性能较好

陶瓷锦砖的物理性能指标　　　　　　　　　　　　　　　　表 7.1.109

项　目	性　能　指　标	
	无釉锦砖	有釉锦砖
吸水率(%)	≤0.2	≤1.0
耐急冷急热性	不要求	经急冷急热试验不裂

单块锦砖的尺寸允许公差　　　　　表 7.1.110

项　目	尺寸(mm)	允许公差(mm)
边长	≤25.0	±0.5
	>25.0	±0.5
厚度	4.0	±0.2
	4.5	

每联锦砖线路、联长的尺寸允许公差　　　　表 7.1.111

项　目	尺寸(mm)	允许公差(mm)	
		一级	二级
线路	2.0	±0.5	±1.0
联长	305.5	+2.5 −0.5	+3.5 −1.0

陶瓷地砖尺寸的允许偏差　　　　　表 7.1.112

基本尺寸(mm)		允许偏差(mm)	基本尺寸(mm)		允许偏差(mm)
边长(L)	L<100	±1.5	边长(L)	L>300	±3.0
	100≤L≤200	±2.0	厚度(H)	H≤10	±1.0
	200<L≤300	±2.5		H>10	±1.5

陶瓷地砖的外观质量要求　　　　　表 7.1.113

缺陷名称	质量标准		
	优等品	一级品	合格品
斑点、起泡、熔洞磕碰、坯粉、麻面、疵火、图案模糊	距离砖面 1m 处目测,缺陷不明显	距离砖面 2m 处目测,缸陷不明显	距离砖面 3m 处目测,缺陷不明显
裂纹	不允许		总长不超过对应边长的 6%
开裂			正面,不大于 5mm
色差	距砖面 1.5m 处目测不明显		距砖面 1.5m 处目测不严重
平整度(mm)	±0.5	±0.6	±0.8
边直度(mm)	±0.5	±0.6	
直角度(mm)	±0.6	±0.7	
背纹	凸背纹的高度和凹背纹的深度均不得小于 0.5mm		
夹层	任一级别的无釉砖均不允许有夹层		

注:产品背面和侧面不允许有影响使用的缺陷。

陶瓷地砖的物理性能指标　　　　　表 7.1.114

项　目	吸水率(%)	耐急冷急热性	抗冻性能	弯曲强度(N/mm²)	耐磨性(mm³)
性能指标	3~6	经 3 次急冷急热循环,不出现炸裂或裂纹	经 20 次冻融循环,不出现破裂或裂纹	平均值≥25	磨损量平均值≤345

水泥花砖的型号及外形尺寸（mm）　　　　表 7.1.115

型　　号	长	宽	厚
面砖（F）	200	200	12
边砖（E）	200	200	12
	200	150	15
角砖（C）	200	200	18
	150	150	18
墙砖（W）	200	200	12
	200	150	15

水泥花砖外观质量及尺寸允许误差　　　　表 7.1.116

缺陷种类		优　质　品	合　格　品	说　明
外形尺寸误差（mm）不大于	长	−1.0	−2.0	
	宽	−1.0	−2.0	
	厚	±0.5	±0.8	
面层最小厚度（mm）不小于		2.0	1.6	W 型不作规定
表面平整度（mm）不大于	平度	0.3	0.5	用于 F、E、C 型
		0.5	1.0	用于 W 型
	角度	0.3	0.5	用于 F、E、C 型
		0.5	1.0	用于 W 型
缺棱（mm）	正面	长×宽≤5×2,不多于二处	长×宽≤10×2,不多于二处	
	反面	长×宽≤10×2,不多于二处,其深度不大于厚度的四分之一	长×宽≤20×3,不多于二处,其深度不大于厚度的三分之一	
掉角（mm）	正面	长×宽≤3×2,不多于一处	长×宽≤4×3,不多于二处	
	反面	长×宽≤6×2,不多于一处	长×宽≤10×3,不多于一处	
裂缝和砖面露底		不允许	不允许	
麻面、污迹、越线、色差和图案偏差		应符合现行国标《水泥花砖》有关规定		

水泥花砖的抗折荷载（N）　　　　表 7.1.117

品　种	厚度（mm）	优　质　品		合　格　品	
		平均值	单块最小值	平均值	单块最小值
F E C	12,15,18	1000	850	850	700
W	12,15	800	700	600	500

水泥花砖的抗折强度（N/mm²）　　　　表 7.1.118

品　种	厚度（mm）	优　质　品		合　格　品	
		平均值	单块最小值	平均值	单块最小值
F,E,C	12	8.5	7.1	7.1	5.8
	15	5.5	4.5	4.5	3.7
	18	3.3	3.2	3.2	2.6
W	12	6.7	5.8	5.0	4.2
	15	4.3	3.7	3.2	2.7

4. 施工要点

砖面层的施工要点，如表 7.1.119 所示。

施 工 要 点

表 7.1.119

序号	项　目	内　　　容
1	基层要求	铺设砖面层(含结合层)下的基层表面要求坚实、平整,不允许有施工质量通病现象,并应清扫干净。
2	水泥砂浆结合层上铺砖要求	(1)在水泥砂浆结合层上铺贴缸砖、陶瓷地砖、水泥花砖面层时,施工应按下列要求进行: 1)采用的水泥砂浆(含面层的填缝),应按本节"7.1.4.1 一般规定"中序号 4 之(1)的要求执行。 2)对水泥砂浆结合层下基层的要求和处理,应按本节"7.1.4.1 一般规定"中序号 3 的规定执行。 3)在铺贴前,对砖的规格尺寸、外观质量、色泽等应进行预选(配),并事先在水中浸泡或淋水湿润后晾干待用。 4)铺贴时宜采用 1∶3 或 1∶4 干硬性水泥砂浆,水泥砂浆表面要求拍实并抹成毛面。铺面砖应紧密、坚实,砂浆要饱满。严格控制面层的标高,并注意检测泛水。 5)面砖的缝隙宽度:当紧密铺贴时不宜大于 1mm;当虚缝铺贴时一般为 5～10mm,或按设计要求; 6)大面积施工时,应采取分段顺序铺贴,按标准拉线镶贴,严格控制方正,并随时做好铺砖、砸平、拔缝、修整等各道工序的检查和复验工作,以保证镶贴面层质量。 7)砖面层铺贴 24h 内,根据各类砖面层的要求,分别进行擦缝、勾缝或压缝工作。缝的深度宜为砖厚度的 1/3,擦缝和勾缝应采用同品种、同强度等级、同颜色的水泥。同时应随做随即清理面层的水泥,并做好砖面层的养护和保护工作。 8)整个施工操作应连续作业,宜在 5～6h 内完成,防止水泥砂浆结硬。冬期低温时,可适当延长操作时间。 (2)在水泥砂浆结合层上铺贴陶瓷棉砖时,施工应按下列要求进行: 1)结合层采用的水泥砂浆和对其下基层的要求和处理,均应与上条相同。 2)结合层和陶瓷锦砖应分段同时铺贴,水泥砂浆要求拍实,表面平整。在铺贴前,应撒干水泥面、洒水或刷以水泥浆粘结层,其厚度为 2～2.5mm,并应做到随撒(刷)、随铺贴、随拍平拍实。 3)陶瓷锦砖底面应洁净,每联陶瓷锦砖间、陶瓷锦砖与结合层间以及在墙角、镶边和靠墙处,均应紧密贴合,并不得有空隙现象。在靠墙处亦不得采用水泥砂浆填补或代替陶瓷锦砖。 4)陶瓷锦砖面层在铺贴后,应进行纸面淋水、揭清纸毛、灌缝扫严、拔缝拍实等,并做好面层的清理、养护和保护工作。 5)常温下应连续操作,以防水泥砂浆结硬,整个施工操作以在 5～6h 内完成为宜,冬期低温时可适当延长。
3	非水泥砂浆结合层上铺砖要求	(1)在沥青胶结料结合层上铺贴缸砖面层时,其下一层应符合本章"7.1.2.9 找平层"中 4 施工要点序号 3 之(2)的要求。缸砖要干净,铺贴时应在摊铺热沥青胶结料后即进行,并应在沥青胶结料凝结前完成。缸砖间隙宽度宜为 3～5mm,采用挤压方法使沥青胶结料挤入,再用沥青胶结料填满缝。填缝前,缝隙内应予清扫并使其干燥。 (2)在胶粘剂结合层上铺贴砖面层时,其下一层应符合本节"7.1.4.6 塑料板面层"中 4 施工要点中的有关要求。铺贴要求亦按本节 7.1.4.6 塑料板面层中 4. 施工要点中的有关规定进行施工。
4	材料用量	每 100m² 砖面层材料用量见表 7.1.120

注：有防腐蚀要求的砖面层采用的耐酸瓷砖、浸渍沥青砖、缸砖的材料质量和铺设方法以及施工质量验收,应按现行国家标准《建筑防腐蚀工程施工及验收规范》(GB 50212)的规定执行。

砖面层材料用量 （100m²）   表 7.1.120

材 料	单 位	缸 砖		陶瓷锦砖
		沥青胶结料结合层	水泥砂浆结合层	
缸砖 150mm×150mm×10mm	块	4364	4364	
陶瓷锦砖	m²			101
32.5 级水泥	kg		1203	1353
净砂	m³		2.39	2.39
白水泥	kg			10
汽油	kg	88		
60 号石油沥青	kg	100		
10 号石油沥青	kg	400		
滑石粉	kg	112		

7.1.4.3 大理石面层和花岗石面层

1. 一般规定

大理石面层和花岗石面层一般规定，如表 7.1.121 所示。

一般 规 定   表 7.1.121

序 号	内 容
1	大理石面层和花岗石面层属于建筑地面工程板块类面层，其特点是质地坚硬、密度大、抗压强度高、硬度大、耐磨性和耐久性好、吸水率小、耐冻性强，施工速度快、湿作业小，并具有装饰性能即颜色花纹的效果好。广泛应用于高等级的公共场所和民用建筑以及耐化学反应的工业建筑中的生产车间等建筑地面工程。缺点是自重大、质脆、耐火性差、硬度大而不利开采加工。对某些大理石、花岗石等天然石材含有微量放射性元素，应按国家现行建材行业标准《天然石材产品放射防护分类控制标准》的规定，应用于室内建筑地面工程。
2	大理石和花岗石面层是分别采用天然大理石板材和花岗石板材在结合层上铺设而成，两者主要区别见表 7.1.122。
3	结合层厚度：当采用水泥和砂时宜为 20～30mm，其体积比宜为 1:4～1:6（水泥：砂），铺设前应淋水拌合均匀；当采用水泥砂浆时宜为 10～15mm，水泥砂浆应按本节"7.1.4.1 一般规定"中序号 4 之（1）的规定采用。
4	大理石板材不适宜用于室外地面工程

花岗石与大理石的区别   表 7.1.122

名 称	花岗石	大理石
别称	麻石	云石
岩石类别	岩浆岩（也称火成岩）	变质岩
主要矿物质成分	石英、长石、云母	方解石、白云石
主要化学成分	SiO_2、Al_2O_3	CaO、MgO、$CaCO_3$
外观	花纹小而均匀，常有均匀分布的小黑点，磨光面光亮如镜	花纹大而无规则，磨光面光亮度不如花岗石
莫氏硬度	6～7	3～4
强度（MPa）	120～300	50～190
抗风化性	强	弱，主要由空气中 SO_2 引起
耐腐蚀性	强，耐酸碱	弱，遇酸分解
耐磨性	好	一般
放射性	高，少数不合格	低，极少数不合格
主要装饰部位	用于室内外柱、墙面、地面、台面均可	除汉白玉、艾叶青可用于室外，其他品种一般用于室内柱、墙面、地面
执行标准	JC 205—1992《天然花岗石建筑板材》	JC 79—1992《天然大理石建筑板材》

续表

名　称	花岗石	大理石
镜面光泽度	≥75	≥40
干燥压缩强度(N/mm²)	≥60	≥20
弯曲强度(MPa)	≥8	≥7
密度(g/cm³)	≥2.5	≥2.6
吸水率(%)	≤1.0	≤0.75

(左侧竖排：标准中的主要规定)

2. 构造简图

大理石面层和花岗石面层的构造简图，如图 7.1.39 所示。

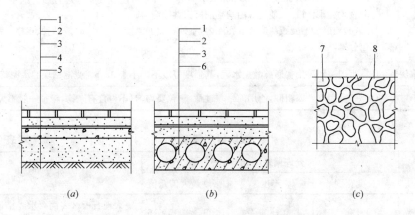

图 7.1.39　大理石、花岗石面层构造简图

(a) 地面构造；(b) 楼层构造；(c) 碎拼大理石面层平面

1—大理石（碎拼大理石）、花岗石面层；2—水泥砂或水泥砂浆结合层；3—找平层；4—垫层；5—素土夯实；6—结构层（钢筋混凝土楼板）；7—拼块大理石；8—水泥砂浆或水泥石粒浆填缝

3. 材料要求

大理石面层和花岗石面层的材料要求，如表 7.1.123 所示。

材料要求　　　　表 7.1.123

序号	项目	内容
1	大理石	(1)天然大理石建筑板材是以大理石荒料经锯、切、磨等工序加工而成的板块产品，其技术要求的规格公差、平度偏差、角度偏差、磨光板材的光泽度、外观、色调与花纹、物理力学性能等应符合国家现行的行业标准《天然大理石建筑板材》(JC 79—1992)的规定。大理石板块材质量指标应符合表 7.1.124 的要求。 (2)大理石各个品种以其加工磨光后所显示的花色、特征及原料产地而命名，常用的品种有：汉白玉、艾叶青、莱阳缘、雪花、晶黑、铁岭红等名称。 (3)定型板材为正方形或矩形，建筑地面工程常用规格为 400mm×400mm×20mm、600mm×600mm×20mm(长×宽×厚)，亦可按设计要求进行加工。 (4)板块材应重视包装、贮存、装卸和运输中的各个环节，浅色大理石不宜用草绳、草帘等捆绑，以防污染；板材宜放在室内贮存，如在室外贮存必须遮盖，以保证产品质量；直立码放宜光面相对，其倾斜度不应大于75°角；搬运时应轻拿轻放。 (5)天然大理石的规格尺寸、直线度和角度、正面外观质量和物理性能指标。见表 7.1.125～表7.1.128。

序 号	项 目	内 容
2	花岗石	(1)花岗石建筑板材是以花岗石荒料经加工制成的粗磨或磨光板材产品。粗磨板材表面平滑、无光,磨光板材表面光亮,色泽鲜明,晶体裸露,外观质量见表7.1.129。其技术要求的规格公差、平度偏差、角度偏差、磨光板的光泽度、棱角缺陷、裂纹、划痕、色调、色线和色斑等应符合国家现行的行业标准《天然花岗石建筑板材》(JC 205—1992)的规定。 (2)花岗石建筑板材的各个品种,以经研磨加工后所显的花色、特征及原料产地命名,常有的品种有:印度红、将军红、五莲红、安溪红、济南青、雪花青、芝麻黑、蒙古黑、新米黄、金花米黄、广西白、汉白玉、乳白、孔雀绿、中国蓝等名称。 (3)花岗石板材的技术要求如表7.1.130。花岗石粗磨和磨光板材的规格按表7.1.131的要求,建筑地面常用的粗磨和磨光板材的规格有600mm×300mm×20mm、600mm×600mm×20mm、900mm×600mm×20mm(长×宽×厚),亦可按设计要求进行加工。异型板材的规格和技术要求由设计、使用部门与生产厂家共同商定。 (4)粗磨和磨光板材应存放在库内,室外存放必须遮盖,入库时按品种、规格、等级或工程部位分别贮存。
3	水泥	水泥一般采用普通硅酸盐水泥,其强度等级不得小于32.5。受潮结块的水泥禁止使用。
4	砂	砂宜用中砂或粗砂,使用前必须过筛,颗粒要均匀,不得含有杂物,粒径一般不大于5mm

板块材质量要求   表 7.1.124

种 类	允许偏差(mm)			外 观 要 求
	长度宽度	厚度	平度最大偏差值	
大理石板材	+0 −1	+1 −2	长度≥400 0.6 ≥800 0.8	大理石板材表面要求光洁明亮,色泽鲜明无刀痕、旋纹;板块边角方正,无扭曲缺角掉边

注:多边形、弧形等异形板块的质量,除应符合上表规定外,外形尺寸必须符合设计要求。

普型天然大理石建筑板材的规格尺寸允许偏差   表 7.1.125

部 位		优 等 品	一 等 品	合 格 品
长、宽度(mm)		0,−1.0	0,−1.0	0,−1.5
厚度(mm)	≤15	±0.5	±0.8	±1.0
	>15	+0.5,−1.5	+1.0,−2.0	±2.0

天然大理石建筑板材直线度和角度的允许极限公差   表 7.1.126

项 目	板材长度范围(mm)	允许极限公差值(mm)		
		优等品	一等品	合格品
直线度	≤800	0.60	0.80	1.00
	>800	0.80	1.00	1.20
线轮廓度		0.80	1.00	1.20
角度	≤400	0.30	0.40	0.50
	>400	0.40	0.50	0.70

注:拼缝板材,正面与侧面的夹角不得大于90°。

天然大理石建筑板材正面外观质量要求　　　　表 7.1.127

名称	规定内容	优等品	一等品	合格品
裂纹	长度超过 10mm 的允许条数	0		
缺棱	长度不超过 8mm,宽度不超过 1.5mm(长度≤4mm,宽度≤1mm 不计),每米长允许个数(个)	0	1	2
缺角	沿板材边长顺延方向,长度≤3mm,宽度≤3mm(长度≤2mm,宽度≤2mm 不计),每块板允许个数(个)			
色斑	面积不超过 20mm×30mm(面积小于 4mm×5mm 者不计),每块板允许个数(个)		2	3
砂眼	直径在 2mm 以下		不明显	有,不影响装饰效果

天然大理石建筑板材的物理性能指标　　　　表 7.1.128

项　目	镜面光泽度	体积密度(g/cm³)	吸水率(%)	干燥压缩强度(MPa)	弯曲强度(MPa)
性能指标	板材的抛光面应具有镜面光泽,镜面光泽度应不低于 70 光泽单位或由供需双方商定	不小于 2.60	不大于 0.50	不小于 50.00	不小于 7.0

普型花岗石建筑板材正面的外观质量要求　　　　表 7.1.129

缺陷名称	规定内容	优等品	一等品	合格品
缺棱	长度不超过 10mm(长度小于 5mm 者不计),周边每 m 长(个)	不允许	1	2
缺角	面积不超过 5mm×2mm(面积小于 2mm×2mm 者不计),每块板(个)			
裂纹	长度不超过两端顺延至板边总长度的 1/10(长度小于 20mm 者不计),每块板(条)			
色斑	面积不超过 20mm×30mm(面积小于 15mm×15mm 者不计),每块板(个)			
色线	长度不超过两端顺延至板边总长度的 1/10(长度小于 40mm 者不计),每块板(条)		2	3
坑窝	粗面板材的正面出现坑窝		不明显	出现,但不影响使用

花岗石板材的技术要求　　　　表 7.1.130

项　目		粗磨和磨光板材		机刨和剁斧板材	备　注
		一等品	二等品		
规格允许公差(mm)	长度公差范围	+0 −1	+0 −2	+0 −2	两面磨光板材,拼接缝处偏差不得大于 2mm,异形板材线角应符合样板,允许公差+0,−1mm
	宽度公差范围	+0 −1	+0 −2	+0 −2	
	厚度公差范围	±2	+2 −3	+1 −2	

续表

项 目			粗磨和磨光板材		机刨和剁斧板材	备 注
			一等品	二等品		
平度允许公差（mm）	平板长度	<400	0.3		1.0	
		>400	0.6		1.5	
		≥800	0.8		2.0	
		≥1000	1.0		2.5	
角度允许偏差（mm）		<400	0.4		1.0	板材正面与不磨光侧面的夹角不应大于90°
		≥400	0.6		1.5	
光泽度			由设计、使用和生产单位共同用仪器测定，以所选定的样品为准			
棱角缺陷	正面棱	>4×1，10×2	每米1处	每米2处		
		≤2×2	每块板1处	每块板2处		
	底面棱	≤25×5或40×10	每块板2处	每块板3处		
裂纹			不允许	每块一条长1/10	不允许有	
明显划痕			不允许	一条		
色斑允许范围	平板长度	≤800	不允许	允许2处	不允许	允许范围为≤50×30，面积小于15mm×15mm者不作色斑论
		>800	不允许	允许有	允许1处	
漏检率			不得有10%的二级品	不得有5%的等外品	—	
粘结与修补			棱角缺陷允许粘结修补，修补后应无明显痕迹，颜色应和板面近似			

粗磨和磨光板材的规格（mm） 表 7.1.131

长	宽	厚	长	宽	厚
300	300	20	305	305	20
400	400	20	610	305	20
600	300	20	610	610	20
600	600	20	915	610	20
900	600	20	1067	762	20
1070	750	20			

4. 施工要点

大理石面层和花岗石面层的施工要点，如表7.1.132所示。

施 工 要 点 表 7.1.132

序 号	项 目	内 容
1	施工顺序基层处理	（1）大理石和花岗石面层的施工，一般应在顶棚、立墙抹灰后进行，先铺面层后安装踢脚板。 （2）面层铺砌前对其下一层的基层的要求和处理，应按本节"7.1.4.1一般规定"中序号3采用。
2	放线标筋	（1）面层铺砌前的弹线找中找方，应将相连房间的分格线连接起来，并弹出楼、地面标高线，以控制面层表面平整度。 （2）放线后，应先铺若干条干线作为基准，起标筋作用。一般先由房间中部向两侧采取退步法铺砌。凡有柱子的大厅，宜先铺砌柱子与柱子中间的部分，然后向两边展开。

续表

序号	项　目	内　容
3	板材准备	(1)大理石和花岗石板材在铺砌前,应做好切割和磨平的处理。按设计要求或实际的尺寸在施工现场进行切割。为保证尺寸准确,宜采用板块切割机切割,将划好尺寸的板材放在带有滑轮的平板上,推动平板来切割板材。经切割后,为使边角光滑、细洁,宜采用手提式磨光机打磨边角。 (2)大理石和花岗石板材的铺砌前,应先对色、拼花并编号。按设计要求(或设计图纸)的排列顺序,对铺贴板材的部位,按工程实际情况进行试拼,核对楼、地面平面尺寸是否符合要求,并对大理石和花岗石的自然花纹和色调进行挑选排列。试拼中将色板好的排放在显眼部位,花色和规格较差的铺砌在较隐蔽处,尽可能使楼、地面的整体图面与色调和谐统一,体现大理石和花岗石饰面建筑的高级艺术效果。 (3)板材在铺砌前应先浸水湿润,阴干后或擦干备用。结合层与板材应分段同时铺砌,铺砌要先进行试铺,待适后,将板材揭起,再在结合层上均匀撒布一层干水泥面并淋水一遍,亦可采用水泥浆作粘结,同时在板材背面洒水,正式铺砌。
4	板材铺砌	(1)铺砌时板材要四角同时下落,并用木锤或皮锤敲击平实,注意随时找平找直,要求四角平整,纵横间隙缝对齐。如发现空隙应将板材掀起用砂浆补实再行安装。 (2)铺砌的板材应平整,线路顺直,镶嵌正确。板材间与结合层以及在墙角、镶边和靠墙、柱处均应紧密砌合,不得有空隙。 (3)大理石和花岗石板材之间,接缝严密,其缝隙宽度不应大于1mm或按设计要求。 (4)面层铺砌后1～2d内进行灌浆擦缝。根据板材的颜色选择相同颜色矿物颜料和水泥拌合均匀调成稀水泥浆灌入板材之间缝隙。灌浆1～2h后,用棉丝团蘸原稀水泥浆擦缝,与板面擦平,同时将板面上水泥浆擦净。 (5)面层铺砌后,其表面应进行养护并加以保护。待结合(含灌缝)的水泥砂浆强度达到要求后,方可进行打蜡,以达到光滑洁亮。
5	磨光处理	为保持大理石和花岗石板材面层清晰绚丽的光洁度,对铺砌好的表面应进行整修处理。 (1)采用湿纱布清洗表面,若有污染可用较硬的羊毡块包氧化铝粉进行干擦磨光,或用石蜡擦光; (2)对由于在施工中表面污染严重;或由于加工和施工造成的表面不平及边角不直;或由于规格不全或裁边表面不齐;或由于经粘结修补的板材等通病,其表面均应进行磨平或表面处理。板材整修处理,一般采用各种不同型号油石磨平磨光,亦可用400号或500号水砂纸加肥皂水进行擦磨。应先进行粗磨,再进行细磨,一直达到磨平磨光为止。
6	板材修补	大理石和花岗石板材如有破裂时,可采用环氧树脂或502胶粘剂修补。 (1)采用环氧树脂胶,其配合比宜为:6101环氧树脂:苯二甲酸二丁酯:乙二胺:同面层颜料＝100(kg):10～20(L):10(L):适量; (2)粘结时,粘结面必须清洁干燥; (3)采用环氧树脂胶时,两个粘结面涂胶厚0.5mm左右,在＋15℃以上环境温度粘结,胶粘剂在1h内完成;采用502胶时,在粘结面注入502胶,稍加压力粘合; (4)粘结后,应注意养护。养护时间:采用环氧树脂时,室温在＋20～＋30℃应为7d,室温在＋30～＋35℃应为3d;采用502胶时,室温在＋15℃应为24h。
7	碎拼大理石面层	(1)碎拼大理石面层是采用碎块天然大理石板材在水泥砂浆结合层上铺设而成,碎块间缝填嵌水泥砂浆或水泥石粒浆,构造做法见图7.1.39。这不仅利用工厂生产过程中或施工现场中产生的边角料、残次品等,而且观赏和使用效果均较好。 1)碎块大理石:应选用颜色协调、厚薄一致、不带有尖角的板材; 2)水泥和砂:同"7.1.3.3水泥砂浆面层"; 3)石粒:同本章"7.1.3.4水磨石面层"。其粒径可根据碎拼大理石接缝宽度选用,碎块间缝宜为20～30mm。色彩可按设计要求选择,亦可在水泥石粒浆中掺入颜料,调配成各种不同色彩; 4)碎拼大理石面层铺砌的施工要求,可参见"7.1.3.4水磨石面层"和本节的有关要求采用; 5)碎拼大理石面层可分仓或不分仓铺砌,亦可镶嵌分格条。为了边角整齐,应选用有直边的一边板材沿分仓或分格线铺砌,并控制面层标高和基准点。边铺水泥砂浆结合层,边铺砌碎块板材,按碎块形状大小相间自然排列。铺砌时,随即清理间缝内挤出的砂浆,以利填嵌水泥石粒浆。当采用磨平磨光面层时,抹填嵌缝应高出碎块大理石面2mm左右; 6)面层磨光,在常温下一般2～4d即可开磨,第一遍用80～100号金刚石,第二遍用240～280号金刚石磨光;如设计有要求,第三遍应用更细的金刚石磨光,各遍要求和上蜡方法参见"7.1.3.4水磨石面层。" (2)碎拼花岗石面层是采用碎块花岗石板材在水泥砂浆结合层上铺设而成,施工按本节碎拼大理石面层的规定执行。
8	材料用量	每100m² 大理石和花岗石面层(含碎拼大理石和碎拼花岗石面层)材料用量见表7.1.133

大理石、花岗石、碎拼大理石（花岗石）面层材料用量（100m²）   表 7.1.133

材料名称	单位	大理石、花岗石面层		碎拼大理石面层 碎拼花岗石面层
		水泥砂浆结合层(15mm)	水泥砂结合层(30mm)	
32.5级水泥	kg	1300	700	1230
中砂或粗砂	m³	3.4	3.5	3.9
石粒	kg			840
大理石板材 花岗石板材	m²	102	102	80

7.1.4.4 预制板块面层

1. 一般规定

预制板块面层的一般规定，如表 7.1.134 所示。

一 般 规 定   表 7.1.134

序号	内容
1	预制板块面层也属于板块类建筑地面面层，是采用混凝土板块、水磨石板块等在结合层上铺设而成。
2	混凝土板块是一种铺装制品，主要用于工业建筑室内、外堆场或临时性和为设备安装、地下管线检修而预留的地段以及民用建筑室内门厅、过厅、穿堂、内外廊等的地面工程，既能满足各种要求的使用，又具有实用性。
3	水磨石板块是以水泥和大理石为主要原料，经过成型、养护、研磨、抛光等工序制成的一种建筑装饰用人造石材，具有美观、适用、强度高、花色品种多，与整体水磨石面层相比湿作业量小、施工速度快和方便等特点，在建筑地面工程中广泛采用，更适用于有一定防潮要求和有较高防潮要求的地面工程。
4	砂结合层的厚度应为 20～30mm；当采用砂垫层兼作结合层时，其厚度不宜小于 60mm。
5	水泥砂浆结合层的厚度应为 10～15mm。水泥浆应按本节"7.1.4.1 一般规定"中序号 4 之(1)的要求采用；亦可采用 1:4 干硬性水泥砂浆

2. 构造简图

预制板块面层的构造示图，如图 7.1.40 所示。

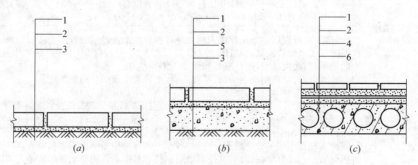

图 7.1.40   预制板块面层构造简图

(*a*) 地面构造之一；(*b*) 地面构造之二；(*c*) 楼面构造

1—预制板块面层；2—结合层；3—素土夯实；4—找平层；5—混凝
土或灰土垫层；6—结合层（楼层钢筋混凝土板）

3. 材料要求

预制板块面层的材料要求，如表 7.1.135 所示。

材料要求　　　　　　　　　　　　　　　　　　　　　　表 7.1.135

序　号	项　目	内　　容
1	混凝土板块	混凝土板块边长 250～500mm;板块厚度等于或大于 60mm。混凝土强度等级不应小于 C20。
2	水磨石板块	水磨石板块的质量应符合国家现行建材行业标准《建筑水磨石制品》(JC 507—92)的规定。 (1)分类:按水磨石板块加工细度分为粗磨制品、细磨制品和抛光制品三类。 (2)规格:各分类制品的规格尺寸可按设计要求进行加工,但其尺寸偏差应符合技术要求的规定。 (3)技术要求 1)尺寸偏差:外形尺寸极限偏差和平度允许偏差及矩形制品的角度偏差见表 7.1.136。 2)技术性能及指标,如表 7.1.137。
3	现场加工板块	(1)在现场加工的混凝土板块和水磨石板块时,应按"7.1.3 整体面层铺设"中同类面层的有关施工要求进行。一般工业与民用建筑中建筑地面工程,板块材质量要求应符合表 7.1.138 的规定。 (2)板块应按规格、颜色和花纹进行分类,有裂缝、掉角、翘曲和表面上有缺陷的板块应予剔除,强度和品种不同的板块不得混杂使用。
4	水泥	采用硅酸盐水泥、普通硅酸盐水泥或矿渣硅酸盐水泥,其强度等级不应小于 32.5。
5	砂	采用中砂或粗砂,含泥量不大于 3%。过筛除去有机杂质。填缝用砂需过孔径 3mm 筛

水磨石板块尺寸偏差的技术要求　　　　　　　　表 7.1.136

项　目	产品名称	一　级　品			二　级　品		
		长	宽	厚	长	宽	厚
外形尺寸极限偏差(mm)	地面、墙面、镶条、柱面、踏步立板	0 −1	0 −1	+1 −2	0 −2	0 −2	+1 −3
	踢脚板、阳角	+1 −2	0 −1	+1 −2	+2 −3	0 −2	+2 −3
	镶边、三角板	0 −1	±2	±2	0 −2	+2 −3	+2 −3
	踏步	0 −2	±2	+1 −2	0 −3	+2 −3	+1 −3
平度允许偏差(mm)	<400	0.8			1.0		
	≥400～<500	1.0			1.5		
	≥500～<800	1.5			2.0		
	≥800～<1000	2.0			2.5		
	≥1000	3.0			3.5		
角度偏差(mm)	矩形制品	不大于 0.8			不大于 1.0		

注:1. 两面以上磨光的拼接产品,拼缝处长、宽、厚相差不得大于 1mm。
　　2. 拼缝产品正面与侧面所成角度不大于 90°。
　　3. 按样板加工的产品,其外形尺寸不得大于样板,允许小于样板 1mm。

水磨石板块技术性能指标   表 7.1.137

项　目	质　量　要　求
外观	光泽度:抛光制品不低于 30 度,细磨制品不低于 10 度,粗磨制品在距 1.5m 处目测磨痕不明显
	缺口和正面缺陷:每块制品磨光面的棱边上单个缺口的面积不得超过 14mm²
颜色	1. 纯白或纯黑的石子,不得有其他杂色石子 2. 每批交货的制品级配和颜色应基本一致
出石率	1. 石屑分布应均匀 2. 每块出石率不得低于 55%
吸水性	表面吸水值小于 0.4g/cm²,总吸水率小于 8%
抗折强度	平均值不低于 4.91MPa,其中单块值不得低于 3.92MPa
抗压强度	平均值不低于 4.91MPa,其中单块值不得低于 3.92MPa
其他	外形尺寸偏差、平度允许偏差、允许缺口的总个数和分布。参照 ZBQ 21001—1985 标准执行

板块材质量要求   表 7.1.138

种类	允许偏差(mm)			外观要求
	长度 宽度	厚度	平度最大偏差值	
水磨石 板块	+0 −1	+1 −2	长度≥400　1.0 ≥800　2.0	表面要求石子均匀,颜色一致,无旋纹、气孔,边角方正,无扭曲、缺角、掉边
混凝土 板块	±2.5	±2.5		表面要求密实,无麻面、裂纹和脱皮,边角方正,无扭曲,缺角、掉边

4. 施工要点

预制板块面层的施工要点,如表 7.1.139 所示。

施工要点   表 7.1.139

序　号	内　容
1	在砂结合层(或垫层兼作结合层)上铺设预制板块面层时,结合层下的基层应平整,当为基土层尚应夯填密实。铺设预制板块面层前,砂结合层应洒水压实,并用刮尺找平,而后拉线逐块铺砌。
2	在水泥砂浆结合层上铺设预制板块面层时,结合层下的基层的要求和处理,应按本节 7.1.4.1 一般规定"中序号 3 的规定执行。
3	预制板块的铺砌前应先用水浸湿,待表面无明水方可铺设。
4	基层处理后,预制板块面层应分段同时铺砌,找好标高,按标准挂线,随浇水泥浆随铺砌。铺砌方法一般从中线开始向两边分别铺砌,铺砌工作应在结合层的水泥砂浆凝结前完成。
5	对水磨石板块面层的铺砌,应进行试铺,对好纵横缝,用橡皮锤敲击板块中间,振实砂浆,锤击至铺设高度,试铺合适后掀起板块,用砂浆填补空虚处,满浇水泥浆粘结层。再铺板块时要四角同时落下,用橡皮锤轻敲,并随时用水平尺和直线板找平,以达到水磨石板块面层平整、线路顺直、镶边正确。
6	已铺砌的预制板块,要用木锤敲打结实,防止四角出现空鼓现象,注意随时纠正。
7	预制板块面层的板块间的缝隙宽度,混凝土板块面层缝宽不宜大于 6mm;水磨石板块面层缝宽不应大于 2mm。
8	预制板块面层在水泥砂浆结合层上铺砌,2d 内用稀水泥浆或 1:1(水泥:细砂)体积比的稀水泥砂浆灌缝 2/3 高度,再用同色水泥浆擦缝,并用覆盖材料保护,至少养护 3d。待缝内的水泥或水泥砂浆凝结后,应将面层清理(擦)干净。
9	每 100m² 预制板块面层材料用量见表 7.1.140

混凝土板块、水磨石板块面层材料用量（100m²）　　表 7.1.140

材 料 名 称	单　　位	砂结合层（或垫层）	水泥砂浆结合层
混凝土板块、水磨石板块	m²	101	101
32.5 级水泥	kg		1478
中砂或粗砂	m³	6.5	2.55

7.1.4.5　料石面层

1. 一般规定

料石面层一般规定，如表 7.1.141 所示。

一 般 规 定　　表 7.1.141

序　号	内　　　容
1	料石面层是采用天然石料铺设而成。主要用于一些工业建筑的底层地面工程。 (1)行驶车辆或有坚硬物体磨损的地段，如汽车、电瓶车行驶地段；以及托运尖锐金属物体或履带式运输工具的地段，如电缆车间、钢丝绳车间、履带式拖拉机装配车间等，这些车间、地段要求地面面层耐压耐磨。 (2)贮存笨重材料的仓库，如生铁块库、钢坯库、重型设备库以及有的贮木场等地段，也有采用料石面层。 (3)耐腐蚀工段地面。因天然石材具有良好的耐腐蚀性能，因此不少化工车间采用天然石料作为地面面层。天然石材根据其矿物组成及致密程度，可分为耐酸和耐碱两种，其二氧化硅含量越高，则耐酸性越好，如花岗岩、石英岩、玄武岩、安山岩、文石等均为耐酸石材；而氧化钙、氧化镁含量越高，则耐碱性越好，如石灰岩、白云岩、大理岩等均为耐碱石材。有些耐酸石材如花岗岩、玄武岩等，由于材质结晶致密、孔隙率小，耐碱性能亦较好。
2	料石面层的石料一般分为条石和块石两类。采用条石做面层应铺设在砂、水泥砂浆或沥青胶结料结合层上；采用块石做面层应铺设在基土或砂垫层上。
3	条石面层下结合层厚度为：砂结合层 15～20mm；水泥砂浆结合层 10～15mm；沥青胶结料结合层 2～5mm。块石面层下砂垫层厚度，在夯实后不应小于 60mm；块石面层下基土层应按 7.1.2.2 基土"的施工要点的规定采用

2. 构造简图

料石面层的构造简图，如图 7.1.41 所示。

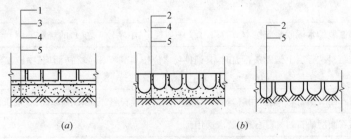

图 7.1.41　料石面层构造简图

（*a*）条石面层；（*b*）块石面层

1—条石；2—块石；3—结合层；4—垫层；5—基土

3. 材料要求

料石面层的材料要求，如表 7.1.142 所示。

材料要求　　　　　　　　　　　　　　　　　　　　表 7.1.142

序号	项目	内容
1	条石	条石应采用质量均匀、强度等级不应小于 MU60 的岩石加工而成。其形状应接近矩形六面体，厚度宜为 80～120mm。
2	块石	块石应采用强度等级不小于 MU30 的岩石加工而成。其形状接近直棱柱体；或有规则的四边形或多边形，其底面截锥体、顶面粗琢平整，底面积不应小于顶面积的 60%；厚度宜为 100～150mm。
3	水泥	水泥应采用硅酸盐水泥、普通硅酸盐水泥或矿渣硅酸盐水泥，其强度等级不应小于 32.5。
4	砂	砂应采用中砂或粗砂，含泥量不大于 3%。过筛除去有机杂质。
5	沥青胶结料	沥青胶结料应采用同类沥青与纤维、粉状或纤维和粉状混合的填充料配制，按本节"7.1.4.1 一般规定"中序号 4 之(2)采用

4. 施工要点

料石面层的施工要点，如表 7.1.143 所示。

施工要点　　　　　　　　　　　　　　　　　　　　表 7.1.143

序号	内容
1	铺设前，应对面层(结合层、垫层、基土层)下的基层进行处理和清理，要求其表面平整、洁净。
2	料石面层采用的石料应洁净，在水泥砂浆结合层上铺设时，石料在铺砌前应洒水湿润。
3	在料石面层铺设前，应找好标高，按标准放线。铺砌时不宜出现十字缝。条石应按规格尺寸分类，并垂直于行走方向拉线铺砌成行。相邻两行的错缝应为条石长度的 1/3～1/2。铺砌时方向和坡度要正确。
4	铺砌在砂垫层上的块石面层时，石料的大面应朝上，缝隙要相互错开，通缝不得超过两块石料。块石嵌入砂垫层的深度不应小于石料厚度的 1/3。
5	块石面层铺设后应先夯平，并以 15～25mm 粒径的碎石嵌缝，然后用碾压机碾压，再填以 5～15mm 粒径的碎石，继续碾压至石料不松动为止。
6	在砂结合层上铺砌条石面层时，缝隙宽度不宜大于 5mm。石料间的缝隙，当采用水泥砂浆或沥青胶结料嵌缝时，应预先用砂填缝至 1/2 高度，后再用水泥砂浆或沥青胶结料填满缝抹平。
7	在水泥砂浆结合层上铺砌条石面层时，石料间的缝隙应采用同类水泥砂浆嵌填满缝抹平，缝隙宽度不应大于 5mm。
8	结合层和嵌缝的水泥砂浆应按本节"7.1.4.1 一般规定"中序号 4 之(1)的规定采用。
9	在沥青胶结料结合层上铺砌条石面时，其铺砌要求应按本节"7.1.4.2 砖面层"中施工要点的序号 3 之(1)的要求进行。
10	不导电料石面层的石料，应选用辉绿岩石加工制成。嵌缝材料亦应采用辉绿岩石加工的砂进行填嵌。
11	耐高温料石面层的石料，应按设计要求选用

7.1.4.6 塑料板面层

1. 一般规定

塑料板面层一般规定，如表 7.1.144 所示。

一 般 规 定　　　　　　　　　　　　表 7.1.144

序 号	内　　容
1	塑料属于化学建筑材料,而塑料板材作为建筑工程中铺贴楼、地面面层,具有重量轻、材质柔软、耐磨、耐腐蚀、防火、绝缘性好、隔声好、弹性好以及施工方便、使用舒适等优点。同时它的彩色繁多,有单色的,也有花色图案的,可根据需要拼成各种式样的花纹,外形美观,能适应对楼面、地面材料越来越高的要求。因此较广泛应用于宾馆、饭店、图书馆、办公室、会议室、住宅以及电子计算机房、电话总机房、净化车间和有防腐要求的建筑地面工程。
2	塑料板面层是采用塑料板块材、塑料板焊接、塑料板卷材以粘贴、干铺或采用现场浇注的无缝整体塑料地板在水泥类基层上铺设而成,因此对建筑地面工程的要求适应性较强。
3	塑料板块材、塑料板卷材可采用聚氯乙烯树脂、聚氯乙烯—聚乙烯共聚物、聚乙烯树脂、聚丙烯树脂和石棉塑料地板等。现场浇注整体塑料地板面层可采用环氧树脂涂布面层、不饱和聚酯涂布面层和聚醋酸乙烯塑料面层等。
4	水泥类基层一般为水泥砂浆找平层,其体积配合比为 1:3(水泥:砂)

2. 构造简图

塑料板面层的构造简图,如图 7.1.42 所示。

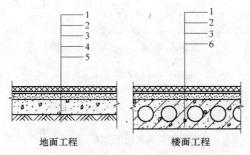

图 7.1.42　塑料地板面层构造简图

1—塑料板面层;2—胶粘剂;3—找平层;4—垫层;

5—基土(分层夯实);6—楼层结构层

3. 材料要求

塑料板面层的材料要求,如表 7.1.145 所示。

材 料 要 求　　　　　　　　　　　　表 7.1.145

序 号	项　目	内　　容
1	塑料地板材质	(1)塑料地板按塑料外形分类,见表 7.1.146。 (2)塑料地板的品种 1)半硬质聚氯乙烯塑料板块材性能指标,见表 7.1.147。 2)不发泡聚氯乙烯塑料板卷材性能指标,见表 7.1.148。 3)有底衬的发泡聚氯乙烯塑料板卷材性能指标,见表 7.1.149。 (3)塑料地板块材的板面应平整、光洁、无裂纹、色泽均匀,厚薄一致,边缘平直,密实无孔,无皱纹,板内不允许有杂物和气泡,并应符合产品的各项技术指标。 (4)塑料地板在运输过程中,应防止日晒、雨淋、撞击和重压;在贮存时,应堆放在干燥、洁净的仓库内,并距热源 3m 以外,温度不宜超过 32℃。

序 号	项 目	内 容
2	胶粘剂	(1)胶粘剂主要有：乙烯类(聚醋酸乙烯乳液)、氯丁橡胶型、聚氨酯、环氧树脂、合成橡胶溶剂型、沥青类等，还有 926 多功能建筑胶。常用的塑料地板胶粘剂的名称和优缺点见表 7.1.150。 (2)胶粘剂的选用应根据基层所铺材料与面层铺贴塑料板名称和使用要求，通过试验确定，亦可参见表 7.1.151，并应符合现行国家标准《民用建筑工程室内环境污染控制规范》(GB 50325—2001)的规定。 (3)胶粘剂应存放在阴凉通风、干燥的室内。胶粘剂的稠度应均匀、颜色一致，无其他杂质和胶团，超过生产期三个月或保质期的产品要取样试验，合格后方可使用。
3	焊条	焊条选用等边三角形或圆形截面，表面应平整光洁，无孔眼、节瘤、皱纹，颜色均匀一致。焊条成分和性能应与被焊的板相同

塑料地板分类表　　　　表 7.1.146

地板结构		主要组成材料		生产工艺
		树脂	助剂	
块材	软质 单层	聚氯乙烯或氯化聚乙烯	增塑剂、稳定剂、少量填料、颜料	压延或热压
	半硬质 单层	聚氯乙烯、氯乙烯—醋酸乙烯共聚物	增塑剂、稳定剂、大量填料、颜料	压延或热压
	半硬质 多层复合	聚氯乙烯、氯乙烯—醋酸乙烯共聚物	增塑剂、稳定剂、填料、颜料	压延或热压
卷材	无底衬 单层	聚氯乙烯或氯化聚乙烯	增塑剂、稳定剂、少量填料、颜料	压延
	无底衬 复合多层	聚氯乙烯	增塑剂、稳定剂、少量填料、颜料	压延
	有底衬 不发泡	聚氯乙烯	增塑剂、稳定剂、少量填料、颜料	压延或涂布
	有底衬 低发泡	聚氯乙烯	增塑剂、稳定剂、发泡剂	压延或涂布
	有底衬 高发泡	聚氯乙烯	增塑剂、稳定剂、发泡剂	涂布

块状塑料地板性能指标　　　　表 7.1.147

项 目	单 位	单层地板	同质复合地板
热膨胀系数	1/℃	$\leqslant 1.0 \times 10^{-4}$	$\leqslant 1.2 \times 10^{-4}$
加热重量损失率	%	$\leqslant 0.5$	$\leqslant 0.5$
加热长度变化率	%	$\leqslant 0.20$	$\leqslant 0.25$
吸收长度变化率	%	$\leqslant 0.15$	$\leqslant 0.17$
23℃凹陷度	mm	$\leqslant 0.30$	$\leqslant 0.30$
45℃凹陷度	mm	$\leqslant 0.60$	$\leqslant 1.00$
残余凹陷度	mm	$\leqslant 0.15$	$\leqslant 0.15$
磨耗量	g/cm^2	$\leqslant 0.020$	$\leqslant 0.015$

不发泡聚氯乙烯卷材地板性能指标　　　　表 7.1.148

项目 / 构造形式		无底衬		有织布底衬	有毛毡底衬	有非纤维底衬
		厚度<1.5mm	厚度>1.5mm			
凹陷度	20℃	>0.15mm	>0.3	>0.3	>0.3	>0.3
	45℃	<2.5mm	<2.5	<1.5	<1.5	<1.5
残余凹陷度		<0.3mm	<0.3	<0.5	<0.6	<0.5
尺寸变化量		<0.4mm	<0.4	<0.4	<0.4	<0.4

发泡聚氯乙烯卷材地板性能指标　　　　表 7.1.149

试验项目	单位	指标	试验项目	单位	指标
残余凹陷度	mm	≤0.60	褪色性	级	≥3(灰卡)
加热长度变化率	%	≤0.30	底衬剥离力	N	≥50
翘曲度	mm	≤15.0	降低冲击声	dB	≥9
磨耗量	g/cm²	≤0.0040			

常用塑料地板胶粘剂的名称和优缺点　　　　表 7.1.150

名　　称	主　要　优　缺　点
氯丁胶	需双面涂胶、速干、初凝力大。有刺激性挥发气体，施工现场要防毒、防燃。
202 胶	速干、粘结强度大，可用于一般耐水、耐酸碱工程。使用时，双组分要混合均匀，价格较贵。
JY-7 胶	需双面涂胶、速干、初粘力大，低毒、价格相对较低。
水乳型氯丁胶	不燃、无味、无毒、初粘力大、耐水性好，对较潮湿的基层也能施工、价格较低。
聚醋酸乙烯胶	使用方便、速干、粘结强度好、价格较低、有刺激性、须防燃、附水性较差。
405 聚氨酯胶	固化后有良好的粘结力，可用于防水、耐酸碱等工程。初粘力差，粘贴时须防止位移。
6101 环氧胶	有很强的粘结力，一般用于地下室、地下水位高或人流量大的场合。粘贴时要预防胺类固化剂对皮肤的刺激。价格较高

塑料地板胶粘剂的选择　　　　表 7.1.151

地 板 名 称	选用胶粘剂	备　　注
半硬质块状塑料地板	沥青类、聚醋酸乙烯类、丙烯酸类、氯丁橡胶类胶粘剂。	有耐水要求的场合时应选用环氧树脂类胶粘剂。
卷材塑料地板	可选用丙烯酸类、氯丁橡胶类胶粘剂	住宅用卷材地板时也可用双面胶带固定

4. 施工要点

塑料板面层的施工要点，如表 7.1.152 所示。

施 工 要 点

表 7.1.152

序 号	项 目	内 容
1	基层准备	(1)在水泥类基层上铺贴塑料地板面层,其基层表面应平整、坚硬、干燥、光滑、清洁、无油脂及其他杂质(含砂粒),表面含水率不大于 9%。如表面有麻面、起砂、裂缝或较大的凹痕现象时,宜采用乳液腻子加以修补好,每次涂刷的厚度不大于 0.8mm,干燥后用 0 号铁砂布打磨,再涂刷第二遍腻子,直至表面平整后,再用水稀释的乳液涂刷一遍,以增加基层的整体性和粘结力。基层表面用 2m 直尺检查时允许空隙不应大于 2mm。 (2)基层处理后,涂刷一层薄而匀的底胶,以提高基层与面层的粘结强度,同时也可弥补塑料板块由于涂胶量不匀,可能会产生起鼓翘边等质量缺陷。 (3)底胶干燥后,根据设计要求在基层表面进行弹线、分格、施放中心线、定位线和边线,见图 7.1.43,并距墙边面留出 200～300mm 作为镶边,以保证板块均匀,横竖缝顺直。
2	板块准备	(1)塑料板块在铺贴前,应作预热和除蜡处理,否则会影响粘贴效果,造成日后面层起鼓。软质聚氯乙烯板的预热处理,一般宜放进温度为 75℃ 左右的热水中浸泡 10～20min,使板面全部松软伸平后取出晾干待用,但不得采用炉火或电炉预热;半硬质聚氯乙烯板,一般用棉丝蘸上丙酮:汽油(1:8)混合熔液进行脱脂除蜡。预热处理和除蜡后的塑料板块,应平放在待铺的房间内至少 24h,以适应铺贴环境。 (2)在配塑料板块料时,应考虑房间方正偏差,宜采用预制和现制相结合的方法,配制好的每块板块应编号就位,以免粘贴时用错,并在铺贴前先试铺一次。
3	板块铺贴	(1)塑料地板面层施工时,室内相对湿度不大于 80%。 (2)塑料板铺贴时,应按弹线位置沿轴线由中央向四周进行。涂刷的胶粘剂必须均匀,并超出分格线约 10mm,涂刷厚度控制在 1mm 以内,塑料板的背面亦应均匀涂刮胶粘剂,待胶层干燥至不粘手(约 10～20min)即可铺贴,应一次就位准确,粘贴密实。 (3)塑料板接缝处均应进行坡口处理。粘接时坡口做成同向顺坡,搭接宽度不小于 30mm;焊接时做成 V 形坡口,坡口角 β:板厚 10～20mm 时 β=65°～75°;板厚 2～8mm 时,β=75°～85°。板越厚,坡口角越小,板薄则坡口角大,见图 7.1.44。 (4)软质塑料板在基层上粘贴后,缝隙如须焊接,一般须经 48h 后方可施焊,并用热空气焊,空气压力应控制在 0.08～0.1MPa,温度控制在 180～250℃。具体焊接方法参见有关规定进行。 (5)焊接所需机具,应准备好。 (6)焊缝间应以斜槎连接,脱焊部分应予补焊,焊缝凸起部分应予修平。
4	踢脚线铺贴	(1)塑料踢脚线铺贴时,应先将塑料条钉在墙内预留的木砖上,钉距约 40～50cm,然后用焊枪喷烤塑料条,随即将踢脚线与塑料条粘结,见图 7.1.44。 (2)阴角塑料踢脚板铺贴时,先将塑料板用两块对称组成的木模顶压在阴角处,然后取掉一块木模,在塑料板转折重叠处,划出剪裁线,剪裁试装合适后,再把水平面 45° 相交处的裁口焊好,作为阴角部件,然后进行焊接或粘结(图 7.1.45)。 (3)阳角踢脚板铺贴时,需在水平转角裁口处补焊一块软板,做成阳角部件,再行焊接或粘结(图 7.1.46)

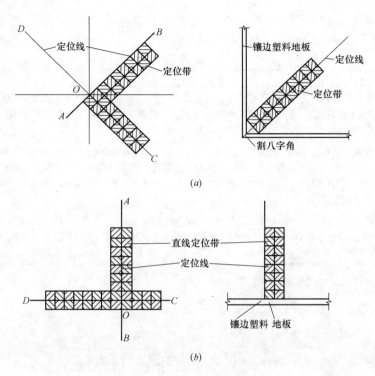

图 7.1.43　定位方法示意图

(a) 对角定位；(b) 直角定位

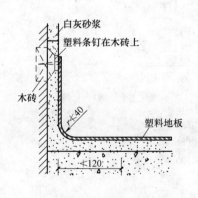

图 7.1.44　塑料踢脚线

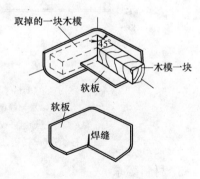

图 7.1.45　阴角踢脚线

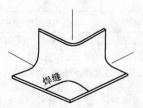

图 7.1.46　阳角踢脚线

7.1.4.7 活动地板面层

1. 一般规定

活动地板面层的一般规定，如表7.1.153所示。

一般规定   表7.1.153

序 号	内 容
1	活动地板面层又称架空地板面层或装配式地板面层,适用与防尘、导(防)静电要求和管线敷设较集中的专业用房,如电子计算机房、通讯枢纽、电化教室、变电所控制室、程控交换机房和卫星地面接收站以及有空调要求的会议室、高级宾馆客厅、自动化办公室等建筑地面工程。
2	活动地板面层是以特制的平压刨花板为基材,表面饰以三聚氰胺或氯化聚乙烯材料装饰板和底层用镀锌钢板经粘结胶组合成的活动地板块,配以横梁、橡胶垫条和可供调节高度的金属支架组装的架空活动地板面层在水泥类的基层(面层)上铺设而成。活动地板面层下与基层(面层)间空间可敷设有关管道和导线,并可结合需要开启检查、清理和迁移。
3	活动地板面层表面具有板面平整、坚实、光滑、装饰性好以及耐磨、耐污染、耐老化、防潮、阻燃、导静电性能、板块间密封性好等优点。活动地板面层与原楼、地面之间的空间可按使用要求进行设计,可容纳大量的电缆和空调管线。所有构件均可预制、运输、安装,拆卸十分方便

2. 构造示图

活动地板面层的构造示图，如图7.1.47所示。

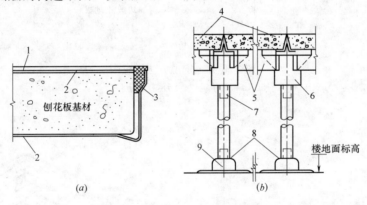

图7.1.47　活动地板面层构造示图

(a) 导静电活动地板块；(b) 活动地板面层安装

1—柔光高压三聚氰胺贴面板；2—镀锌钢板；3—橡胶密封条；4—活动地
板块；5—横梁；6—柱帽；7—螺柱；8—活动支架；9—底座

3. 材料要求

活动地板面层的材料要求，如表7.1.154所示。

材料要求   表7.1.154

序 号	项 目	内 容
1	基本构造	活动地板板块共有三层;中间一层是25mm左右厚的刨花板,亦有用铝合金压型板、高致密刨花板、木质多层胶合板等;面层采用柔光高压三聚氰胺装饰板1.5mm厚粘贴;底层粘贴一层1mm厚镀锌钢板,四周侧边用塑料板封闭或用镀锌钢板包裹并以胶条封边;板块总厚度有20mm、24mm、25mm、28mm、30mm、36mm、40mm不等。 (1)活动地板块表面要平整、坚实,并具有耐磨、耐污染、耐老化、防潮、阻燃和导静电等特点。活动地板块包括标准地板板块和异形地板板块。标准地板板块常用规格为500mm×500mm和600mm×600mm两种,少数采用450mm×450mm和465mm×465mm。

序　号	项　目	内　容
1	基本构造	(2)标准地板块尺寸偏差： 板面：600mm×600mm板，每边是<0.25mm 600mm×500mm板，每边是<0.2mm 板厚：±0.2mm 板面不平度：<0.2mm 相邻板边不垂直度：<0.2mm (3)板块面层承载力不应小于7.5MPa，集中荷载下，板中最大挠度应控制在2mm以内。 (4)板块的导静电性能指标是至关重要的。任何时候都应控制其系统电阻为$1.0\times10^5\sim1.0\times10^8\Omega$ (5)异形地板板块有旋流风口地板、可调风口地板、大通风量地板和走线口地板，见图7.1.48。 旋流风口地板：通风量37.5～50m³/h 可调风口地板：通风面积250m² 大通风量地板：通风面积1080cm² 板块表面颜色及图案，有些产品可供选择。各项技术性能与技术指标应符合国家现行的有关产品标准的规定。
2	支承部分	支承部分由标准钢支柱和框架组成。钢支柱采用管材制作，框架采用轻型槽钢制成。支承结构有高架(1000mm)和低架(200、300、350mm)两种。作为活动地板面层配件应包括支架组件和横梁组件

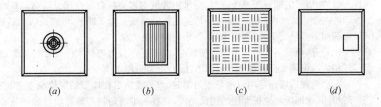

(a)　　　　(b)　　　　(c)　　　　(d)

图 7.1.48　异形地板块

(a) 旋流风口地板；(b) 可调风口地板；(c) 大通风量地板；(d) 走线口地板

4. 施工要点

活动地板面层的施工要点，如表7.1.155所示。

施工要点　　　　　　　　　　　　　　**表 7.1.155**

序　号	项　目	内　容
1	基层处理	(1)活动地板面层施工时，应待室内各项工程完工和超过地板承载力的设备进入房间预定位置以及相邻房间内部也全部完工后，方可进行活动地板的安装。不得交叉施工亦不可在室内加工活动地板板块和活动地板的附件。 (2)基层表面应平整、光洁、干燥、不起灰。安装前清扫干净，并根据需要，在其表面涂刷1～2遍清漆或防尘漆，涂刷后不允许有脱皮现象。

续表

序　号	项　目	内　　容
2	框架安装	（1）铺设活动地板面层的标高,应按设计要求确定。当房间平面是矩形时,其相邻墙体应相互垂直,垂直度应小于 1/1000;与活动地板接触的墙面的直线度值每米不应大于 2mm。 （2）为使活动地板面层与通过的走道或房间的建筑地面面层连接好,其通过面层的标高应根据所选用金属支架型号,相应地要低于该活动地板面层的标高,否则在入门处应设置踏步或斜坡等形式的构造要求和做法。 （3）安装前,应做好活动地板的数量计算的准备工作。 （4）根据房间平面尺寸和设备情况,应按活动地板模数选择板块的铺设方向。当平面尺寸符合活动地板块模数,而室内又无控制设备时,宜由里向外铺设;当平面尺寸不符合活动地板模数时,宜由外向里铺设。当室内有控制柜设备且需要预留洞口时,铺设方向和先后顺序应综合考虑选定。 （5）在铺设活动地板面层前,室内四周的墙面应划出标高控制位置,并按选定的铺设方向和先后顺序设置基准点。在基层表面上按板块尺寸弹线形成方格网,标出地板块的安装位置和高度,并标明设备预留部位。 （6）活动地板面层的金属支架应支承在水泥类基层上,水泥混凝土为现浇的,不应采用预制空心楼板。对于小型计算机系统房间,其混凝土强度等级不应小于 C30;对于中型计算机系统的房间,其混凝土强度等级不应小于 C50。 （7）先将活动地板各部件组装好,以基准线为准,顺序在方格网交点处安放支架和横梁,固定支架的底座,连接支架和框架（图 7.1.49）。 　　在安装过程中要经常抄平,转动支座螺杆,用水平尺调整每个支座面的高度至全室等高,并尽量使每个支架受力均匀。 （8）在所有支座柱和横梁构成的框架成为一体后,应用水平仪抄平。然后将环氧树脂注入支架底座与水泥类基层之间的空隙内,使之连接牢固,亦可用膨胀螺栓或射钉连接。
3	安装与校正	（1）在横梁上铺放缓冲胶条时,应采用乳液与横梁粘合。当铺设活动地板块时,从一角或相邻的两个边依次向外或另外两个边铺装活动地板。为了铺平,可调换转动活动地板块位置,以保证四角接触处平整、严密、但不得采用加垫的方法。 （2）当铺设的活动地板不符合模数时,其不足部分可根据实际尺寸将板面切割后镶补,并配装相应的可调支撑和横梁。支撑方法有三种,见图 7.1.50(a)、(b)、(c)。 　　在房间四周墙面采用钉木带或角钢时,木带或角钢在墙面的定位高度应与支架调整后的标高相同,保证活动地板面层的铺设平面,并在木带或角钢与地板块接触部分加橡胶垫条,将胶条粘贴在木带或角钢上。直接用支架安装时,宜将支架上托的四个定位销打掉三个,保留沿墙面的一个,使靠墙边的地板块越过支架能紧贴墙面。 （3）对活动地板块切割或打孔时,可用锯或钻加工,但加工后的边角应打磨平整,采用清漆或环氧树脂胶加滑石粉按比例调成腻子封边,或用防潮腻子封边,亦可采用铝型材镶嵌。切割边处理后方可安装,以防止板块吸水、吸潮,造成局部膨胀变形。 （4）在与墙边的接缝处,应根据缝的宽窄分别采用木条或泡沫塑料镶嵌。 （5）安装机柜时,应根据机柜支撑情况处理,如属于柜架支撑可随意码放;如四点支撑,则应使支撑点尽量靠近活动地板的框架。如机柜重量超过活动地板块额定承载力时,宜在活动地板下部增设一个金属支撑架。 （6）通风口处,应选用异形活动地板铺装。 （7）活动地板下面需要装的线槽和空调管道,应在铺设地板块前先放在建筑地面上,以便下一步施工。 （8）活动地板块的安装或开启,应使用吸板器或橡胶皮碗,并做到轻拿轻放。不应采用铁器硬撬。 （9）在全部设备就位和地下管,电缆安装完毕后,还要抄平一次,调整至符合设计要求,最后将板面全面进行清理

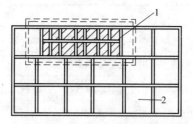

图 7.1.49　活动地板面层安装
1—设备；2—框架

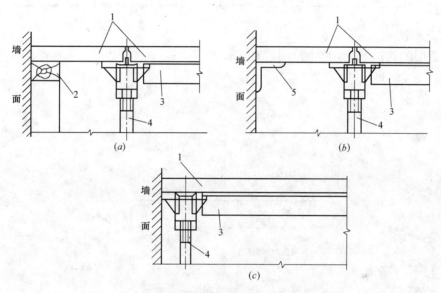

图 7.1.50　活动地板面层镶补的支撑方法
(a) 四周墙面钉木带；(b) 四周墙面钉角钢；(c) 墙边直接用支架安装
1—抗静电活动地板；2—木带；3—横梁；4—地板支架；5—角钢

7.1.4.8　地毯面层

1. 一般规定

地毯面层一般规定，如表 7.1.156 所示。

一般规定　　　　　　　　　　　　表 7.1.156

序号	内　　容
1	地毯是建筑工程中面层装饰的一种高级装饰品。地毯不仅具有隔热、保温、吸声和富有良好的弹性等特点，而且在铺设后可使室内显示高贵、华丽、美观和悦目等环境的舒适感；新型地毯还能满足使用中的特殊要求，如防毒、防蛀、防静电等各种功能。
2	地毯面层采用方块或卷材地毯以固定式或活动式方法在水泥类面层（或基层）上铺设。地毯按其所使用场所的不同，可分为六个等级，其表示方法见表 7.1.157。
3	根据工作、文化、生活以及生产等不同环境，以及满足使用功能的要求来选用地毯材质的类型。广泛用于现代建筑和居民住宅工程

地 毯 等 级　　　　　　　表 7.1.157

序 号	等 级	所用场所
1	轻度家用级	铺设在不常使用的房间或部位
2	中度家用级(或轻度专业使用级)	用于主卧室或家庭餐厅等
3	一般家用级(或中度专业使用级)	用于起居室及楼梯、走廊等行走频繁的部位
4	重度家用级(或一般专业使用级)	用于家中重度磨损的场所
5	重度专业使用级	用于特殊要求场合,价格较贵,家庭一般不用
6	豪华级	地毯品质好,绒毛纤维长,具有豪华气派,用于高级装饰的场合

2. 构造示图

地毯面层的构造示图,如图 7.1.51 所示。

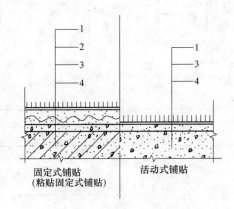

图 7.1.51　地毯面层构造示图
1—地毯（方块或卷材）；2—垫衬；3—找平层（水泥
类基层）；4—楼层结构层（底层面层）

3. 材料要求

地毯面层的材料要求,如表 7.1.158 所示。

材 料 要 求　　　　　　　表 7.1.158

序 号	项 目	内 容
1	地毯	地毯按现行国家标准的标准附录的"地毯产品分类体系表"分为手工地毯和机制地毯两大类;按现行国家标准的提示附录的"地毯产品一般分类"中,地毯产品根据构成毯面的原材料名称的不同分为羊毛地毯、真丝地毯、化纤地毯、纯麻地毯、纯棉地毯、羊毛混纺地毯和天然色羊毛地毯等主要品种。 (1)按地毯材质分,主要有纯羊毛地毯、化纤地毯、混纺地毯、塑料地毯和植物纤维地毯(地毡)等几大类。其性能与用途见表 7.1.159。 (2)按地毯编制方法分,主要有手工打结(簇绒)地毯、机织地毯、针刺地毯、簇绒地毯、粘合地毯和无纺绒地毯等。
2	海绵衬垫	具有隔热防潮,增强地面弹性等作用,常用幅宽 1.3m,幅长 20m,厚度 3～5mm。

图中标注：固定式铺贴（粘贴固定式铺贴）　活动式铺贴

续表

序号	项 目	内 容
3	金属卡条	又称倒刺板，用作固定地毯用，常用规格为：宽 25mm，厚度 3~5mm，长 1500~1800mm。木卡条上钉 2~3 排朝天小钉，小钉与水平面约成 60°左右倾角，如右图。
4	胶粘剂	(1)应无毒(符合现行国家标准《民用建筑工程室内环境污染控制规范》GB 50325 的规定)、无味、无霉、快干；粘结能力以粘贴的地毯揭下时，基层不留痕迹而地毯又不被扯破为度。 (2)胶粘剂应按本节"7.1.4.6 塑料板面层"3. 材料要求中序号 2 采用

地毯按材质分类表　　　　　　　　　表 7.1.159

序号	名 称		性 能 特 点	适 用 场 所
1	纯毛地毯	手织	图案优美，色彩鲜艳，质地厚实，经久耐用，柔软舒适，富丽堂皇。重量约 1.6~2.6kg/m²。	宾馆、会堂、舞台及其他公共建筑物的楼地面。
		机织	纯羊毛无纺织地毯，新品种，具有质地优良、物美价廉、消音抑尘、使用方便等特点。	宾馆、体育馆、剧院及其他公共建筑等处。
2	混纺地毯		品种很多。常以毛纤维和各种合成纤维混纺。加 20%的尼龙纤维，耐磨性可提高 5 倍。	
3	合成纤维地毯		也叫化纤地毯。品种极多，如十分漂亮的长毛多元醇酯地毯、防污的聚丙烯地毡等。触感像羊毛，耐磨而富弹性。	可在宾馆、饭店等公共建筑中代替羊毛地毯使用。
4	塑料地毯		用聚氯乙烯树脂、增塑剂等多种辅助材料，经均匀混炼、塑制而成的一种新型轻质地毯，材料柔软、鲜艳、耐用、自熄、不燃，污染后可用水洗刷。	宾馆、商场、舞台、浴室、高层建筑等公共场所。
5	植物纤维地毯		如用凉麻纤维等，可做门毡、地毡	

4. 施工要点

地毯面层的施工要点，如表 7.1.160 所示。

施 工 要 点　　　　　　　　　表 7.1.160

序号	项 目	内 容
1	基层准备	(1)地毯面层铺设分为满铺和局部铺设两种；其铺设方式有固定和不固定两种铺贴，而固定式亦可采用粘贴固定式铺设。 (2)铺设地毯面层的下一层，应做好基层的处理和清理工作。当水泥类基层(或面层)时，除要求其具有一定的强度外，表面还应平整、无麻面、无凹坑、无裂缝、清洁、干燥，表面平整度允许偏差应符合《建筑地面工程施工质量验收规范》(GB 50209)的要求，表面含水率不得大于 9%，表面如有油污，应用丙酮或松节油擦净。当在木质板面层上铺设地毯面层时，应清除钉头和其他突出物，以免损坏地毯产品。 (3)铺设前，应做好裁剪地毯的准备工作。根据房间的尺寸和形状，用裁边机从长卷材上裁下地毯，每段地毯的长度应比房间长向尺寸多 20mm，宽度应以裁去地毯边缘后的尺寸计算，并在地毯背面弹线后裁掉边缘部分。 大面积地毯铺设应用裁边机裁割，小面积地毯铺设宜用手握裁刀或手推裁刀从地毯背面裁切。圈绒地毯应从环毛的中间切开，割绒地毯为使切口绒毛整齐，应将裁好的地毯卷起编上号。 (4)基层处理后，应将海绵衬垫(或垫衬)满铺，并要求平整。

序　号	项　目	内　容
2	固定式地毯铺设要求	固定式地毯铺设应按下列要求进行： (1)固定式地毯采用的金属卡条(倒刺板)、金属压条、专用双面胶带等必须符合设计要求。 (2)钉金属卡条(倒刺板)和金属压条。采用金属卡条(倒刺板)固定地毯时，应沿房间四周靠墙边 10mm 处将卡条固定于基层上，并固定牢，见图 7.1.52。在门口(门槛)处，为不使地毯被踢起和使边缘受损，应用金属压条等固定。铺设好地毯后，将短边打下，紧压住地毯固定，见图 7.1.53。金属卡条和金属压条可用钢钉(水泥钉)木螺钉、射钉固定在基层上。 (3)接缝缝合。地毯面层的接缝应在地毯的背面，一般采用线接缝缝合或以胶带粘贴接缝予以缝合。 1)接缝时应将地毯翻过来使两段地毯的缝平接，采用线接缝结实后，刷白胶贴上牛皮纸(一般用于纯羊毛地板铺设)。 2)采用胶带粘贴接缝时，可先将胶带按在地面上的弹线铺好，并使两端固定；再将两段地毯的边缘压在胶带上，然后用电熨斗在胶带的无胶面上烫熨，使胶质随着电熨斗的移动而溶解；最后用扁铲在两段地毯接缝处碾压平实，使其牢固地连接缝合。 3)如采用胶粘剂粘贴接缝时，应用麻布窄条沿直线(可在地面上弹线)铺放在接缝处的地面上，将胶粘剂刮在麻布窄条上，然后将两段地毯对好对齐后粘结牢。这种接缝缝合宜用于麻布衬底的化纤地毯铺设。 (4)铺贴。采用张紧器将地毯在纵、横方向逐段推移伸展，地毯张拉时应适宜，以保证地毯在使用过程中平直而不致隆起。用张紧器张紧后，地毯四周边应挂在金属卡条或金属压条上。 (5)如采用粘贴固定式铺设，应将地毯用胶粘剂粘结在基层上固定，一般不满铺垫衬(海绵衬垫)。凡用胶粘剂粘贴固定式铺设，地毯要具有较密实的基底层，如橡胶、塑胶、泡沫胶底层等。地毯与基层的粘贴应牢固。 1)胶粘剂涂刷可参照本节"7.1.4.6塑料板面层"4.施工要点进行。先用油刷将胶粘剂涂刷在基层上，静停 5～10min，待胶液溶剂挥发后，即可铺设地毯。 2)刷胶采用满刷与部分刷胶两种。一般人流多的公共场所的楼地面，应采用满刷胶液；人流少的且搁置器物较多的场地、房间的楼地面，可部分刷胶液。 3)部分刷胶铺设地毯时，应根据房间尺寸裁割地毯。先从房间中部地面(基层)涂刷一部分胶液，地毯粘贴固定后，用撑子往墙边拉平、拉直，再在墙边涂刷两条胶带将地毯压平，并将地毯毛边塞入踢脚线下(图 7.1.54)。 4)需拼接接缝的地毯，在接缝缝合抄刮一层胶液，拼合应密实。 5)凡走道等处可顺一个方向铺设地毯。 (6)地毯铺贴后，地毯拼缝、接缝缝合处不应露垫衬(海绵衬垫)。 (7)修整清洁。地毯全部铺好后，应用裁剪刀裁去多余部分，并用扁铲将边缘塞入金属卡条和踢脚线之间的缝中(图 7.1.54)。最后用吸尘器吸去灰尘，清扫干净。
3	活动式地毯铺设要求	活动式地毯铺设应按下列要求进行： (1)地毯拼成整块后直接铺设在洁净的基层(面层)上，不与基层面粘贴。 (2)当采用卷材地毯时，其裁割地毯和接缝缝合均与固定式地毯铺设相同。铺设地毯四周边应沿踢脚线下塞入压平。 (3)当采用方块(小方块)地毯铺设时，应在基层(面层)弹出方格线，从房间中央开始铺设，块与块之间应挤紧服帖，不应卷起。 (4)与不同类型的建筑地面连接处，应选用适合的收口条或按设计要求收口。对同一标高的楼地面宜采用铜条或不锈钢条衔接收口。相邻面层有标高差时，应用"厶"形铝合金收口条收口。 (5)清洁。地毯全部铺好后，应用吸尘器吸去灰尘，清扫干净。

序 号	项 目	内 容
4	楼梯地毯铺设要求	楼梯地毯铺设应按下列要求进行: (1)先将金属卡条(倒刺板)钉牢在踏步板和挡脚板的阴角两边,两条金属卡条顶角之间应留出地毯塞入的间隙,一般为 15mm,钉应倾向阴角面(图 7.1.55 及图 7.1.56)。 (2)海绵衬垫(或垫衬)铺设应超出踏步板转角不应小于 50mm 将角包住。 (3)地毯下料长度,应量出每级踏步的宽度和高度之和,并宜预留一定的长度;地毯宽度应以裁去地毯边缘后的尺寸与楼梯宽相同。 (4)地毯铺设应由上至下,逐级进行。每梯段顶级铺设地毯应用金属压条固定于平台上;每级阴角处应用扁铲将地毯绷紧后,压入两条金属卡条(倒刺板)之间的间隙内;加长部分可叠钉在最下一级踏步的竖板上。 (5)防滑条应铺设在每级踏步板阳角边缘,然后用不锈钢膨胀螺钉固定,钉距为150~300mm

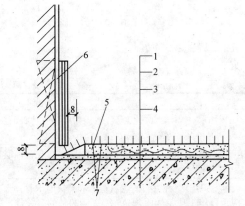

图 7.1.52 金属卡条（倒刺板）

1—地毯；2—垫料；3—基层；4—钢筋混凝土楼板；
5—倒刺板；6—踢脚板；7—钢钉@300~400

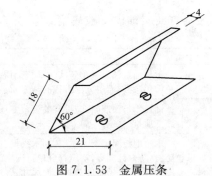

图 7.1.53 金属压条

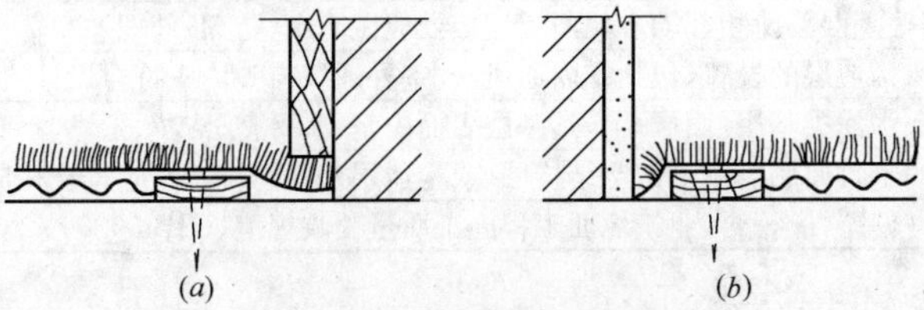

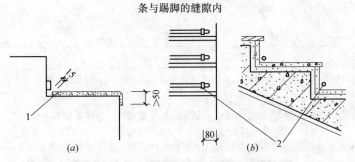

图 7.1.54 地毯的边缘处理

（a）披到卡条下端；（b）披到卡
条与踢脚的缝隙内

图 7.1.55 楼梯踏级上卡条和地毯棍

（a）踏级上钉的卡条；（b）踏级上设地毯棍

1—卡木条；2—地毯棍

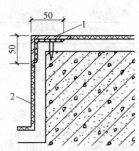

图 7.1.56　踏级粘贴地毯加压条

1—铜色角（成品）用 ϕ3.5 塑料胀管固定，中距

离≤300；2—地毯沿梯级粘贴

7.1.5　木、竹面层铺设构造

7.1.5.1　一般规定

木竹面层铺设一般规定，如表 7.1.161 所示。

一般规定　　　　　　　　　　　　　　　表 7.1.161

序　号	内　　容
1	木竹面层铺设适用于实木地板面层、实木复合地板面层、中密度（强化）复合地板面层和竹地板面层等（含免刨免漆类）面层分项工程的施工质量检验。
2	铺设木竹面层时，应按有关规范要求进行，如达不到上列要求，应采取相应的技术措施，以保证面层铺设的施工质量。
3	木竹地板面层下木基层，即木搁栅、垫木、毛地板等所采用木材的树种、选材标准和铺设时木材含水率以及防腐、防蛀处理等，均应符合现行国家标准《木结构工程施工质量验收规范》(GB 50206) 的有关规定。所选用的材料，进场时应对其断面尺寸、含水率等主要技术指标进行抽检，抽检数量应符合产品标准规定。
4	木竹面层不宜用于长期潮湿处，并应避免与水长期接触，以防止木基层腐蚀和面层变形、开裂、翘曲等质量问题。对多层建筑的底层地面铺设木竹面层时，其基层（含墙体）应采取防潮措施。
5	与厕浴间、厨房等潮湿场所相邻的木竹面层连接处应做防水（防潮）处理。
6	木竹面层的通风构造层的设置，包括室内通风沟、室外通风窗等均应符合设计要求。
7	木竹面层铺设在水泥类基层（面层）上，其基层表面应坚硬、平整、洁净、干燥、不起砂。
8	建筑地面工程的木竹面层搁栅下架空结构层（或构造层）的质量检验，应符合相应国家现行标准规定。
9	木竹面层的允许偏差，应符合《建筑地面工程施工质量验收规范》(GB 50209—2002) 表 7.1.7 的规定

7.1.5.2　实木地板面层

1. 一般规定

实木地板面层一般规定，如表 7.1.162 所示。

一般规定　　　　　　　　　　　　　　　表 7.1.162

序　号	内　　容
1	实木地板面层采用条材和块材实木地板或采用拼花实木地板，以空铺或实铺方式在基层（楼层结构层）上铺设而成。
2	实木地板面层可采用单层木地板面层或双层木地板面层铺设。这种面层具有弹性好、导热系数小、干燥、易清洁和不起尘等材料性能，是一种较理想的建筑地面材料。 (1)单层木地板面层适合于办公室、托儿所、会议室、高洁度实验室和中、高档旅馆及住宅。 (2)双层木地板面层，特别是拼花木板面层又称硬木面层，属于较高级的面层装饰工程，其面层坚固、耐磨、洁净美观，但造价较贵，施工操作要求较高，适用于高级民用建筑；室内体育训练、比赛、练习用房和舞厅、舞台等公共建筑；以及有特殊要求建筑的硬木楼、地面工程，如计量室、精密机床车间等。

续表

序 号	内 容
3	(1)单层木板面层是在木搁栅上直接钉企口木板;双层木板面层是在木搁栅上先钉一层毛地板,再钉一层企口木板。 (2)木搁栅有空铺和实铺两种形式,空铺式是将木搁栅搁在墙体的垫木上,木搁栅之间加设剪刀撑,木板面层在木板下面留有一定高度的空间,以利通风换气,使木板和搁栅保持干燥而不至于腐烂,为节约木材,亦有用混凝土搁栅代替木搁栅;实铺式是将木板面层铺钉在固定于水泥类基层上的木龙骨上,木龙骨之间常用炉渣等隔声材料填充,并架设横向木撑,木材部分均需涂防腐油。
4	拼花木板面层是用加工好的拼花木板铺钉于毛地板上或以沥青胶结料(或以胶粘剂)粘贴于毛地板、水泥类基层上铺设而成。
5	拼花木板的铺设图案以及板块的长度、宽度和厚度均应符合设计要求。
6	实木地板的外观质量要求、主要尺寸及偏差、常用规格、形状位置偏差和物理力学性能指标分别见表7.1.163、表7.1.164、表7.1.165、表7.1.166和表7.1.167

实木地板的外观质量要求　　　　　　　　　　　　　**表 7. 1. 163**

名　称	表　面			背　面
	优等品	一等品	合格品	
活节	直径≤5mm 长度≤500mm,≤2个 长度>500mm,≤4个	5mm<直径≤15mm 长度<500mm,≤2个 长度>500mm,≤4个	直径≤20mm 个数不限	尺寸与个数不限
死节	不许有	直径≤2mm 长度≤500mm,≤1个 长度>500mm,≤3个	直径≤4mm ≤5个	直径≤20mm 个数不限
蛀孔	不许有	直径≤0.5mm ≤5个	直径≤2mm ≤5	直径≤15mm 个数不限
树脂囊	不许有		长度≤5mm 宽度≤1mm ≤2条	不限
髓斑	不许有	不限		不限
腐朽	不许有			初腐且面积≤20%,不剥落,也不能捻成粉末
缺棱	不许有			长度≤板长的30% 宽度≤板宽的20%
裂纹	不许有		宽≤0.1mm 长≤15mm,≤2条	宽≤0.3mm 长≤50mm, 条数不限
加工波纹	不许有		不明显	不限
漆膜划痕	不许有	轻微		—
漆膜鼓泡	不许有			—
漏漆	不许有			—

续表

名　　称	表　　面			背　　面
	优等品	一等品	合格品	
漆膜上针孔	不许有	直径≤0.5mm,≤3 个		—
漆膜皱皮	不许有	<板面积 5%		—
漆膜粒子	长≤500mm,≤2 个 长>500mm,≤4 个	条≤500mm,≤4 个 长>500mm,≤8 个		

注：1. 凡在外观质量检验环境条件下，不能清晰地观察到的缺陷即为不明显。
　　2. 倒角上漆膜粒子不计。
　　3. 本表摘自《实木地板》GB/T 15036.1—2001。

实木地板的主要尺寸及偏差（mm）　　　　　　　　　　　**表 7.1.164**

名　　称	偏　　差
长　　长	长度≤500 时,公称长度与每个测量值之差绝对值≤0.5 长度>500 时,公称长度与每测量值之差绝对值≤1.0
宽　　长	公称宽度与平均宽度之差绝对值≤0.3,宽度最大值与最小值之差≤0.3
厚　　度	公称厚度与平均厚度之差绝对值≤0.3 厚度最大值与最小值之差≤0.4

注：1. 实木地板长度和宽度是指不包括榫舌的长度和宽度。
　　2. 镶接地板只测量方形单元的外形尺寸。
　　3. 榫接地板的榫舌宽度应≥4.0mm,槽最大高度与榫最大厚度之差应为 0～0.4mm。
　　4. 本表摘自《实木地板》GB/T 15036.1—2001。

木搁栅、垫木、沿缘木、剪刀撑及毛地板常用规格一览表　　　　　**表 7.1.165**

名　　称		宽(mm)	厚(mm)
垫木 （压檐木）	空铺式	100	50
	实铺式	平面尺寸 120×120	20
剪刀撑		50	50
木搁栅 （或木楞）	空铺式	根据设计或计算决定	同左
	实铺式	梯形断面上 50,下 70;矩形 70	50
毛地板		不大于 120	22～25

实木地板形状位置偏差　　　　　　　　　　　　　**表 7.1.166**

名　　称		偏　　差
翘曲度	横弯	长度≤500mm,允许≤0.02%;长度>500mm 时,允许≤0.03%
	翘弯	宽度方向:凸翘曲度≤0.2%,凹翘曲度≤0.15%
	顺弯	长度方向:≤0.3%
拼装离缝		平均值≤0.3mm;最大值≤0.4mm
拼装高度差		平均值≤0.25mm;最大值≤0.3mm

注：本表摘自《实木地板》GB/T 15036.1—2001。

实木地板的物理力学性能指标　　　　表 7.1.167

名　称	单　位	优　等	一　等	合　格
含水率	%	7≤含水率≤我国各地区的平衡含水率		
漆板表面耐磨	g/100r	≤0.08 且漆膜未磨透	≤0.10 且漆膜未磨透	≤0.15 且漆膜未磨透
漆膜附着力	—	0～1	2	3
漆膜硬度	—	≥H		

注：含水率是指地板在未拆封和使用前的含水率，我国各地区的平衡含水率见（GB/T 6491—1999）的附录 A。
　　本表摘自《实木地板》GB/T 15036.1—2001。

2. 构造简图

实木地板面层和拼花木板面层的构造简图，如图 7.1.57 和图 7.1.58 所示。

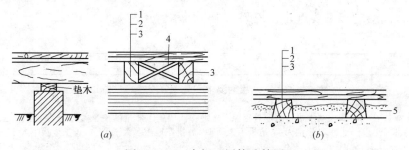

图 7.1.57　木板面层构造简图
（a）空铺式；（b）实铺式
1—企口板；2—毛地板；3—木搁栅；4—剪刀撑；5—炉渣

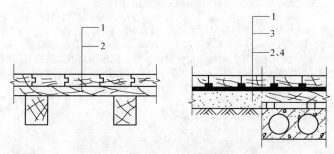

图 7.1.58　拼花木板面层构造简图
1—拼花木板；2—毛地板；3—沥青胶结料或胶粘剂；4—水泥类基层

3. 材料要求

实木地板面层的材料要求，如表 7.1.168 所示。

材　料　要　求　　　　表 7.1.168

序　号	项　目	内　容
1	企口板	企口板应采用不易腐朽、不易变形开裂的木材制作顶面刨平、侧面带有企口的木板,其宽度不应大于 120mm,厚度应符合设计要求。
2	拼花木板	拼花木板多采用质地优良、不易腐朽的硬杂木材制成,由于多用短狭条相拼,故不易变形、开裂,一般选用水曲柳、核桃木、柞木等树种。拼花木板的常用尺寸为:长 250～300mm、宽 30～50mm、厚 18～23mm。其接缝可采用企口接缝、截口接缝或平头接缝形式,见图 7.1.59。
3	毛地板	毛地板材质同企口板,但可采用纯棱料,其宽度不宜大于 120mm。
4	防腐	毛地板、木搁栅和垫木等用材树种和规格以及防腐处理,均应符合设计要求

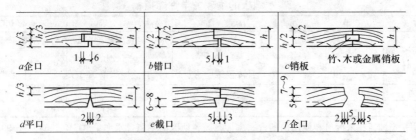

图 7.1.59　常用实木地板拼缝

注：a 型拼缝形式为最常用；c、f 型拼缝形式用于粘贴构造方式。

4. 施工要点

实木地板面层的施工要点，如表 7.1.169 所示。

施工要点　　　　　　　　　　　　　　　　表 7.1.169

序　号	项　　目	内　　　容
1	一般要求	（1）实木地板面层下基层的要求和处理,应按本章"7.1.4.1 一般规定"中的序号 3 规定执行。 （2）控制木板含水率是确保实木地板面层施工质量的一个关键性的技术措施。木材须经烘干,含水率分别为:毛地板不大于 18%；拼花地板不大于 10%；长条地板不大于 12%；并应符合当地平衡含水率值。 （3）选用木板应同一批材料树种,花纹及色泽力求一致。地板条应先经检查挑选,将有节疤、劈裂、腐朽、弯曲等弊病及加工不合要求的剔除；拼花地板块（条）应事先预拼、找方、钻孔（即在地板条上肩膀钻 φ4 斜孔两个）；长条地板要事先做好接头企口榫或铁皮接头假榫。挑选好的长条地板成捆绑好,拼花地板装箱待用。 （4）拼花木板可预制成块,所用的胶应为防水和防菌的,拼缝处要仔细对齐,胶合要紧密,缝隙不应大于 0.2mm。外形尺寸要准确,表面应平整。 （5）铺设前,应预先在墙面上弹好 +500mm 的水平标高控制线。 （6）空铺式木搁栅的两端应垫实钉牢。当采用地垄墙、墩时,尚应与搁栅固定牢固。木搁栅与墙间应留出不小于 30mm 的缝隙。木搁栅的表面应平直,用 2m 直尺检查时,尺与搁栅的空隙不应大于 3mm。搁栅的间距应符合要求,搁栅间应加钉剪刀撑。 （7）实铺式木搁栅的断面尺寸、间距及稳固方法等均应按设计要求铺设。木搁栅固定时,不得损坏基层和预埋管线。木搁栅应作防腐处理。
2	毛地板铺设要求	铺设双层木板面层下层毛地板,应按下列要求进行: （1）铺设前必须清除毛地板下空间内的刨花等杂物。 （2）毛地板铺设时,应与搁栅成 30°或 45°斜向钉牢,并使其髓心向上,板间的缝隙不大于 3mm。毛地板与墙之间留 10～20mm 的缝隙。每块毛地板与其下的每根搁栅上各用两枚钉固定。钉的长度为板厚的 2.5 倍。 （3）为防止使用中发生音响和潮气侵蚀,可在毛地板上干铺一层沥青油纸（或油毡）,或按设计要求。 （4）毛地板铺钉完后,应将表面刨平,经验查合格方可铺钉（贴）面层板。
3	木板面层铺设要求	铺设木板面层,应按下列要求进行: （1）单层木板面层铺设时,每块长条木板应钉牢在每根搁栅上,钉的长度应为板厚的 2～2.5 倍,并从侧面斜向钉入板中,顶头不应露出。 （2）企口木板（单层木板面层或双层木板面层上层）铺设时,应从靠门较近的一边开始铺钉,每铺设 600～800mm 宽度应弹线直修整,然后依次向前铺钉。铺钉时应与搁栅成垂直方向钉牢。板端接缝应间错开,其端接缝一般是有规律在一条直线上。板与板之间拼缝仅允许个别地方有缝隙,但缝隙宽度不应大于 1mm,如用硬木企口木板不得大于 0.5mm。企口木板与墙之间留 10～15mm 的缝隙,并用木踢脚线封盖。每块企口木板应钉牢在其下的每根搁栅上,钉的长度应为企口木板厚度的 2～2.5 倍,钉帽砸扁,从侧面斜向钉入,见图 7.1.60。 （3）企口木板面层表面不平处应进行刨光,刨削方向应顺木纹。刨光后方可装钉木踢脚线。

续表

序号	项目	内容
4	拼花木板面层铺设要求	铺设拼花木板面层,应按下列要求进行: (1)拼花木板面层的图案,可采用正方格形,斜方格形和人字形等形式铺设,或按设计要求;四周应留直条的镶边,见图7.1.61。 (2)铺设拼花木板面层前,应在房间内中央毛地板上弹线、分格、定位,并距墙面留出200~300mm以作镶边(按设计图纸要求进行)。 (3)在毛地板上铺钉拼花木板,应拼合紧密,所用钉的长度为拼花木板厚度的2~2.5倍,从侧面斜向钉入毛地板中,钉帽砸扁。拼花木板的长度不大于300mm时,侧面应钉两枚钉;长度大于300mm时,每300mm应增加一枚钉,顶端均应钉一枚钉。 (4)用沥青玛蹄脂铺贴拼花木板时,要求基层面平整、洁净、干燥,并预先涂刷一层冷底子油,然后用沥青玛蹄脂涂刷于基层面上,要求涂刷均匀,厚度一般为2mm。在拼花木板背面也涂刷一层薄而匀的沥青玛蹄脂,随涂随铺贴,要求一次就位准确。 (5)用胶粘剂铺贴薄型拼花木板面层时,胶粘剂的选择和保管应按本章"7.1.4.6塑料板面层"的规定采用。板的厚度不应小于10mm。铺贴时,在基层表面和薄型拼花木板背面分别涂刷胶粘剂,其厚度:基层表面控制在1mm左右,薄型拼花木板背面控制在0.5mm左右。一般待5min即可铺贴,并应注意在铺贴好的木板面随时加压,使之粘结牢固,防止翘曲空鼓。 (6)用沥青玛蹄脂或胶粘剂铺贴拼花木板时,其相邻两块的高差不应超过+1.5mm、—1mm,过高或过低的应予重铺。溢出板面的沥青玛蹄脂或胶粘剂应随即刮去。 (7)拼花木板面层的缝隙不应大于0.3mm。面层与墙之间的缝隙,则踢脚线封盖。 (8)拼花木板面层应进行刨(磨)光。铺钉的拼花木板面层完工后即可进行刨(磨)光。铺贴的拼花木板面层,应待沥青玛蹄脂或胶粘剂凝结后,方可刨(磨)光。一般用细刨刨一遍,所刨去厚度应小于1.5mm,要求无刨痕。再用砂纸打磨一遍,要求光平。
5	踢脚线铺设要求	(1)木踢脚线应在实木地板面层刨(磨)光后再行装置(装钉)。 (2)木踢脚线一般规格为150mm×20~25mm,背面开槽,以防翘曲。木踢脚线背面应作防腐处理。木踢脚线应用钉钉牢在墙内防腐木砖上,钉帽砸扁冲入板内,见图7.1.62。木踢脚线长度以作45°斜角相接。木踢脚线与木板面层转角处应钉设木压条。木踢脚线要求与墙紧贴,钉设牢固,上口平直。 (3)木地板除免刨免漆类外,木地板面层的涂油和上蜡工序应待室内装饰工程完工后进行

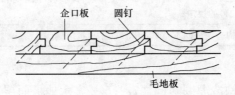

图7.1.60 企口板铺设

图7.1.61 拼花木板面层图案

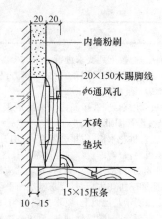

内墙粉刷

20×150木踢脚线

φ6通风孔

木砖

垫块

15×15压条

图 7.1.62　木踢脚线

7.1.5.3　实木复合地板面层

1. 一般规定

实木复合地板面层的一般规定，如表 7.1.170 所示。

一　般　规　定　　　　　　　　　　　　　　　　　　表 7.1.170

序　号	内　　　容
1	实木复合地板面层采用条材和块材实木复合地板或采用拼花式实木复合地板,以空铺或实铺方式在基层(楼层结构层)上铺设而成。
2	实木复合地板是以面层采用优质木材配以符合国家标准绿色环保产品的芯板板材为原料,经运用技术配方科学的结构层加工而成。这种面层与实木地板面层一样,具有弹性好、舒适、导热系数小、干燥、易清洁等材料性能,并达到豪华、典型、美观大方的装饰效果和使用功能,亦是一种较理想的建筑地面材料,适用范围同实木地板面层。
3	实木复合地板宜选用研制高科技产品,以能克服各类实木地板收缩膨胀率的缺陷,具有防水防潮的特点。
4	实木复合地板面层的条材和块材应采用具有商品检验合格的产品,其技术等级及质量要求,应符合国家现行的标准和企业标准的规定。其产品游离甲醛释放量应符合现行国家标准《民用建筑工程室内环境污染控制规范》(GB 50325—2001)的规定。
5	实木复合地板面层的构造做法同本章 7.1.5.2 实木地板面层

2. 构造简图

实木复合地板面层的构造简图，同"7.1.5.2 实木地板面层"的构造简图。

3. 材料要求

实木复合地板面层的材料要求，如表 7.1.171 所示。

材　料　要　求　　　　　　　　　　　　　　　　　　表 7.1.171

序　号	内　　　容
1	实木复合地板块的面层应采用不易腐朽、不易变形开裂的天然木材制成,结合各类地板的膨胀率、黏合度等重要指标数据之最优值,使其收缩膨胀率相对实木地板低得多。其宽度不宜大于 120mm,厚度应符合设计要求。
2	木搁栅(木龙骨、垫方)和垫木等用材树种和规格以及防腐处理等均应符合设计要求。
3	实木复合地板的理化性能,幅宽尺寸,尺寸偏差和外观质量,分别见表 7.1.172、表 7.1.173、表 7.1.174、表 7.1.175

实木复合地板的理化性能指标　　表 7.1.172

检验项目	单位	优等	一等	合格
浸渍剥离	—	每一边的任意胶层开胶的累计长度不超过该胶层长度的 1/3（3mm 以下不计）		
静曲强度	MPa	≥30		
弹性模量	MPa	≥4000		
含水率	%	5~14		
漆膜附着力	—	割痕及割痕交叉处允许有少量断续剥落		
表面耐磨	g/100r	≤0.08,且漆膜未磨透		≤0.15,且漆膜未磨透
表面耐污染	—	无污染痕迹		
甲醛释放量	mg/100g	A 类:≤9;B 类:>9~40		

三层结构实木复合地板的幅面尺寸（mm）　　表 7.1.173

长　度	宽　度			厚　度
2100	180	189	205	14、15
2200	180	189	205	

实木复合地板的尺寸偏差（mm）　　表 7.1.174

长　度	宽　度			厚　度
2200	—	189	225	—	8、12、15
1818	180	—	225	303	

实木复合地板的外观质量要求　　表 7.1.175

名　称	项　目	表　面			背　面
		优等	一等	合格	
死节	最大单个长径（mm）	不允许	2	4	50
孔洞（含虫孔）	最大单个长径（mm）	不允许		2,需修补	15
浅色夹皮	最大单个长度（mm）	不允许	20	30	不限
	最大单个宽度（mm）		2	4	
深色夹皮	最大单个长度（mm）	不允许		15	不限
	最大单个宽度（mm）			2	
树脂囊和树脂道	最大单个长度（mm）	不允许		5,且最大单个宽度小于 1	不限
腐朽	—	不允许			*)
变色	不超过板面积(%)	不允许	5,板面色泽要协调	20,板面色泽要大致协调	不限
裂缝	—	不允许			不限

续表

名　　称		项　目	表　面			背　面
			优等	一等	合格	
拼接离缝	横拼	最大单个宽度(mm)	0.1	0.2	0.5	不限
		最大单个长度不超过板长(%)	5	10	20	
	纵拼	最大单个宽度(mm)	0.1	0.2	0.5	
叠层		—	不允许			不限
鼓泡、分层		—	不允许			
凹陷、压痕、鼓包		—	不允许	不明显	不明显	不限
补条、补片			不允许			不限
毛刺沟痕			不允许			不限
透胶、板面污染		不超过板面积(%)	不允许		1	不限
砂透			不允许			不限
波纹		—	不允许		不明显	—
刀痕、划痕			不允许			不限
边、角缺损		—	不允许			＊＊)
漆模鼓泡		$\phi \leqslant 0.5mm$	不允许	每块板不超过3个		
针孔		$\phi \leqslant 0.5mm$	不允许	每块板不超过3个		
皱皮		不超过板面积(%)	不允许		5	
粒子		—	不允许		不明显	
漏漆			不允许			

＊)允许有初腐,但不剥落,不能捻成粉末。

＊＊)长边缺损不超过板长的30%,且宽不超过5mm;端边缺损不超过板宽的20%,且宽不超过5mm。

注:凡在外观质量检验环境条件下,不能清晰地观察到的缺陷即为不明显。

4. 施工要点

实木复合地板面层的施工要点。如表7.1.176所示。

施工要点　　　　　　　表7.1.176

序　号	内　　容
1	实木复合地板面层下基层表面应符合本章"7.1.5.2实木地板面层"中4.施工要点序号1之(1)的要求。
2	铺设前,应预先在室内墙面上弹好+500mm的水平标高控制线。
3	实木复合地板面层空铺或实铺方式的木搁栅(木龙骨、垫方)和毛地板铺设,应按本章"7.1.5.2实木地板面层"中4.施工要点有关要求进行。
4	实木复合地板面层可采用整贴法和点贴法直接在水泥类基层(面层)施工。粘贴材料应用具有耐老化、防水和防菌、无毒等性能的材料,或按设计要求选用。
5	实木复合地板面层下铺设的防潮隔声衬垫的材质和厚度应符合设计要求,两幅拼缝之间结合处不得显露出基层(面层)面。

序　号	内　　容
6	实木复合地板面层的条材和块材纵向端接缝的位置应协调，相邻两行的端接缝错开不应小于300mm。
7	铺设面层时，应将条材（块材）板边沿多余的油漆处理干净，以保证铺好后两条（块）板缝接口处平整严密。
8	大面积铺设实木复合地板面层（长度大于10m）时，应分段进行，分段缝的处理应符合设计要求。
9	木踢脚线施工同实木地板面层

7.1.5.4　中密度（强化）复合地板面层

1. 一般规定

中密度（强化）复合地板面层的一般规定，如表7.1.177所示。

一般　规　定　　　　　　　　　　　　　　　　**表 7.1.177**

序　号	内　　容
1	中密度（强化）复合地板面层采用条材和块材中密度（强化）复合地板以悬浮或锁扣方式在基层（楼层结构层）上铺设（拼装）而成，其面层结构如图7.1.63所示。
2	中密度（强化）复合地板是以一层或多层专用纸浸渍热固性氨基树脂，铺装在中密度纤维板的人造板基材表面，背面加平衡层，正面加耐磨层经热压而成的木质地板材。这种面层与实木地板面层一样，具有弹性好、舒适、导热系数小、干燥、易清洁等材料性能，并能达到面层表面浮雕图案的装饰效果和表面耐磨的使用功能，亦是一种较理想的建筑地面材料，其适用范围同实木地板面层。
3	中密度（强化）复合地板面层的条材和块材应采用具有商品检验合格的产品，其技术要求、检验和检验方法和标志、包装、运输、贮存等应符合现行国家标准《浸渍纸层压木质地板》（GB/T 18102—2000）的规定。用于公共场所的浸渍纸层压木质地板其耐磨转数≥9000转；用于家庭住宅的浸渍纸层压木质地板其耐磨转数≥6000转。其产品游离甲醛释放量应符合现行国家标准《民用建筑工程室内环境污染控制规范》（GB 50325—2001）的规定，E_1类浸渍纸层压木质地板，甲醛释放量≤9mg/100g；E_2类浸渍纸层压木质地板，甲醛释放量＞mg/100g，≤30mg/100g。
4	中密度（强化）复合地板面层的构造做法是：使用悬浮式铺设应将中密度（强化）复合地板条（块）材按顺序用胶水逐块拼装成整体地板面层；采用锁扣式铺设以中密度（强化）复合地板锁扣板材的阴阳企口及特殊的处理每块地板间的密缝接合部分紧紧相扣更为牢固，防潮性能更佳，无需用胶水逐块拼装，铺设完成后的地板面层，可即在上面行走并进行其他工作，拆卸亦相当容易，反复铺设可达三次之多。以上均整体拼装后直接铺设在基层（楼层结构层）上，无需任何粘贴钉牢

2. 结构简图

中密度（强化）复合地板面层的结构简图，如图7.1.64所示。

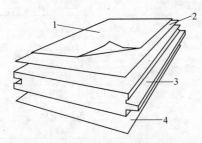

图 7.1.63　强化复合木地板的面层结构

1—耐磨层；2—装饰层；3—基材层；4—防潮层

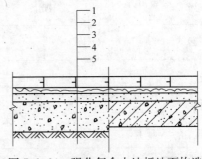

图 7.1.64　强化复合木地板地面构造

1—强化木地板面层；2—专用垫层；3—水泥砂浆找平层；4—混凝土垫层；5—基土层

3. 材料要求

中密度（强化）复合地板面层的材料要求，如表7.1.178所示。

材料要求　　　　　　　　　　　　　　表 7.1.178

序 号	内 容
1	中密度（强化）复合地板条（块）材应采用伸缩率低、吸水率低、抗拉强度高的树种做密度板的基材，并使复合地板各复层之间对称平衡，可自行调节消除环境温度、湿度变化，干燥或潮湿引起的内应力以达到耐磨层、装饰层、高密度板层及防水平衡层的自身膨胀系数很接近，避免了实木地板经常出现的弹性变形、振动脱胶及抗承重能力低的缺点。其宽度和厚度应符合设计要求。
2	中密度（强化）复合地板的规格、外观质量和理化性能应符合表7.1.179、表7.1.180 和表7.1.181 的规定。
3	木搁栅（木龙骨、垫方）、木工板等用材和规格以及防腐处理等应符合设计要求。
4	为达到最佳防潮隔声效果，中密度（强化）复合地板应铺设在聚乙烯膜地垫上，而不适合直接铺在水泥类地面上。
5	胶水应采用防水胶水，杜绝甲醛释放量的危害

中密度（强化）复合地板规格一览表（mm）　　　　　　表 7.1.179

宽度	长　度									
182	—	1200	—	—	—	—	—	—	—	—
185	1180	—	—	—	—	—	—	—	—	—
190	—	1200	—	—	—	—	—	—	—	—
191	—	—	—	1210	—	—	—	—	—	—
192	—	—	1208	—	—	—	1290	—	—	—
194	—	—	—	—	—	—	—	—	1380	—
195	—	—	—	—	1280	1285	—	—	—	—
200	—	1200	—	—	—	—	—	—	—	—
225	—	—	—	—	—	—	—	—	—	1820

中密度（强化）复合地板外观质量要求一览表　　　　　　表 7.1.180

缺 陷 名 称	正 面			背面
	优等品	一等品	合格品	
干、湿花	不允许		总面积不超过板面的3%	允许
表面划痕	不允许			不允许露出基材
表面压痕	不允许			
透底	不允许			
光泽不均	不允许		总面积不超过板面的3%	允许
污斑	不允许	≤3mm²，允许1个/块	≤10mm²，允许1个/块	允许
鼓泡	不允许			≤10mm²，允许1个/块
鼓包	不允许			≤10mm²，允许1个/块
纸张撕裂	不允许			≤100mm，允许1处/块
局部缺纸	不允许			≤20mm²，允许1处/块
崩边	不允许			允许
表面龟裂	不允许			不允许
分层	不允许			不允许
榫舌及边角缺损	不允许			不允许

中密度（强化）复合地板的理化性能一览表　　　　表 7.1.181

检验项目	单位	优等品	一等品	合格品
静曲强度	MPa	≥40.0		≥30.0
内结合强度	MPa	≥1.0		
含水率	%	3.0~10.0		
密度	g/cm³	≥0.80		
吸水厚度膨胀率	%	≤2.5	≤4.5	≤10.0
表面胶合强度	MPa	≥1.0		
表面耐冷热循环	—	无龟裂、无鼓泡		
表面耐划痕	—	≥3.5N 表面无整圈连续划痕	≥3.5N 表面无整圈连续划痕	≥2.0N 表面无整圈连续划痕

4. 施工要点

中密度（强化）复合地板面层的施工要点，如表 7.1.182 所示。

施工要点　　　　表 7.1.182

序号	项目	内容
1	铺前准备	（1）中密度（强化）复合地板面层下基层表面应符合本章"7.1.5.2 实木地板面层"中 4. 施工要点序号 1 之（1）的要求。 （2）基层（楼层结构层）的表面平整度应控制在每平方米为 2mm，达不到时必须二次找平，否则中密度（强化）复合地板厚度在 8mm 及其以下时，铺设后地面将出现架空，使用后不利于地板的整体伸缩，容易导致地板因胶水松脱而出现裂缝。当基层表面平整度超出 2mm 而不平整时，中密度（强化）复合地板厚度应选用 8mm 以上，增加了厚度和基材的强度后，大大地消除了架空的感觉，避免地板因胶水松脱而出现裂缝。 （3）铺设前，房间门套底部应留足伸缩缝，门口接合处地下无水管、电管以及离地面 12cm 的墙内无电管等。如不符合上述要求，应做好相关处理。
2	铺设程序	铺设时，应按下列程序进行： （1）基层表面保持洁净、干燥后，应满铺地垫，其接口处宜采用不小于 20cm 宽的重叠面，并用防水胶带纸封好。 （2）铺设第一块板材的凹企口应朝墙面，板材与墙壁间插入木（塑）楔，使其间有 8mm 左右的伸缩缝。为保证工程质量，木（塑）楔应在整体地板拼装 12h 后拆除，同样最后一块板材也要保持 8mm 的伸缩缝。 （3）为确保地板面层整齐美观，宜用细绳由两边墙面拉直，构成直角，并在墙边用合适的木（塑）楔对每块板条加以调整。 （4）将胶水均匀连续地涂在两边凹企口内，以确保每块地板之间紧密贴结。 （5）拼装第二行时，应首先使用第一行锯剩下的那一块板材，为保证整体地板的稳固性，此块锯剩的板材其长度不得小于 20cm。 （6）用锤子和硬木块轻敲已拼装好的板材，使之粘紧密实。挤压时拼缝处溢出的多余胶水应立即擦掉，保持地板面层洁净。 （7）铺设中密度（强化）复合地板面层的面积达 70m² 或房间长度达 8m 时，宜在每间隔 8m 宽处放置铝合金条，以防止整体地板受热变形。 （8）整体地板拼装后，用木踢脚线封盖地板面层。
3	保护措施	（1）中密度（强化）复合地板面层完工后，应保持房间通风。夏季 24h，冬季 48h 后方可正式使用。 （2）注意防止雨水或邻接有用水房间的水进入地板面层内，以免浸泡地板

7.1.5.5 竹地板面层

1. 一般规定

竹地板面层的一般规定，如表 7.1.183 所示。

一 般 规 定   表 7.1.183

序 号	内 容
1	(1)竹地板面层采用竹条材和竹块材或采用拼花竹地板，以空铺或实铺方式在基层(楼层结构层)上铺设而成。 (2)竹地板按加工形式(或结构)可分为三种类型：平压型、侧压型和工字型，如图 7.1.65 所示。
2	竹材具有纤维硬、密度大、水分少、不易变形等优点。竹地板经过严格选材、硫化、防腐、防蛀处理，通过刨光、拼板、作榫、固化涂装等特定工艺热压而成。
3	竹地板面层既保持竹材的天然属性，美观高雅，又具有比木质地板耐磨、不会生虫、永不变形、富有弹性的性能，更健康、更环保，是一种具有高档装饰效果和满足使用功能的建筑地面工程材料。广泛适用于家庭居室、办公写字楼以及交易场所、候机厅、体育馆、娱乐场所等公共建筑的楼面与地面工程。
4	竹地板面层的竹条材和竹块材应是具有商品检验合格的产品，其技术等级和质量要求，应符合国家现行行业标准《竹地板》(LY/T 1573)的规定。其产品游离甲醛释放量应符合现行国家标准《民用建筑工程室内环境污染控制规范》(GB 50325—2001)的规定。
5	竹地板面层的规格尺寸允许偏差、外观质量和理化性能，分别见表 7.1.184，表 7.1.185，表 7.1.186

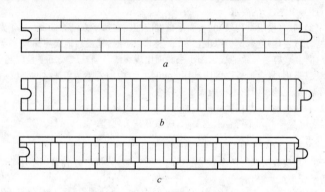

图 7.1.65 竹地板类型（按结构分）

a—平压型；b—侧压型；c—工字型（平、侧压型）

竹地板规格尺寸、允许偏差及检查方法   表 7.1.184

序 号	项 目	单位	规格尺寸	允许偏差	检 测 方 法
1	地板条表层长度 l	mm	450,610,760, 900,915	$\Delta l_{ave} \leqslant 0.5$	用钢板尺在板宽中心检查
2	地板条表层宽度 w	mm	75,90,100	$\Delta w_{ave} \leqslant 0.15$ $w_{max} - w_{min} \leqslant 0.3$	用游标卡尺在距两端20mm 处测量
3	地板条厚度 t	mm	9,12,15, 18,20	$\Delta t_{ave} \leqslant 0.5$ $t_{max} - t_{min} \leqslant 0.5$	用千分尺在竹地板条四边中点距边 10mm 测量
4	地板条直角度 q	mm		$q_{max} \leqslant 0.2$	用直角尺紧靠地板条长边，用塞尺测量另一边端头的最大偏差

续表

序 号	项 目	单位	规格尺寸	允许偏差	检 测 方 法
5	地板条直线度 s	mm/m		$s_{max} \leqslant 0.3$	用钢板尺紧靠地板条长边,用塞尺测量二者之间的最大间隙
6	地板条翘曲度 f	%		$f_{1,max} \leqslant 1$ $f_{\omega,max} \leqslant 0.2$	用钢板尺紧靠地板条凹面,测量二者之间的最大弦高
7	地板条拼装高差 h	mm		$h_{ave} \leqslant 0.2$ $h_{max} \leqslant 0.3$	将随机抽样的 10 条地板条放置在平台上紧密拼装,用千分尺和塞尺测量其高差和离缝
8	地板条拼装离缝 o	mm		$o_{ave} \leqslant 0.2$ $o_{max} \leqslant 0.3$	

竹地板外观质量要求   表 7.1.185

序 号	项 目		优等品	一等品	合格品
1	未刨部分和刨痕	表、侧面	不许有		轻微
		背面	允许		
2	榫舌残缺	残缺长度	不许有	≤全长的 10%	≤全长的 20%
		残缺宽度	不许有	≤2mm	
3	腐朽		不许有		
4	色差		不明显	轻微	允许
5	裂纹		不许有	允许一条,宽度≤0.2mm 长度≤板长的 10%	允许一条,宽度≤0.2mm 长度≤板长的 20%
6	虫孔		不许有		
7	波纹		不许有		不明显
8	缺棱		不许有		
9	拼接离缝		不许有		允许一条,宽度≤0.2mm 长度≤板长的 30%
10	污染		不许有		≤板面积的 5%（累计）
11	霉变		不许有	不明显	轻微
12	鼓泡($\phi \leqslant 0.5$mm)		不许有	每块板不超过 3 个	每块板不超过 5 个
13	针孔($\phi \leqslant 0.5$mm)		不许有	每块板不超过 3 个	每块板不超过 5 个
14	皱皮		不许有		≤板面积的 5%
15	漏漆		不许有		≤板面积的 5%
16	粒子		不许有		轻微

注:1. 不明显——正常视力在自然光下,距地板 0.4m,肉眼观察不明显。

2. 轻微——正常视力在自然光下,距地板 0.4m,肉眼观察不显著。

3. 竹地板背面、侧面如有虫孔、裂纹等应用腻子修补。

4. 鼓泡、针孔、皱皮、漏漆、粒子为涂饰竹地板检测项目。

竹地板理化性能指标   表 7.1.186

序 号	项 目		单位	指标值	参照规范标准的方法
1	含水率		%	6~14	按 GB/T 17657—1999 执行
2	静曲强度	厚度≤15mm	N/mm²	≥98	按 GB/T 17657—1999 执行
		厚度>15mm		≥90	
3	浸渍剥离试验		mm	任一胶层的累计剥离长度≤25	按 GB/T 17657—1999 中Ⅱ类浸渍剥离试验法进行,干燥时间为 10h
4	硬度		N/mm²	≥55.0	按 GB/T 1941 执行
5	表面漆膜耐磨性	磨耗转数	r	磨 100 转后表面留有漆膜	按 GB/T 17657—1999 执行
		磨耗值	g/100r	≤0.08	
6	表面漆膜耐污染性			无污染痕迹	按 GB/T 17657—1999 执行
7	表面漆膜附着力			割痕及割痕交叉处允许有少量断续剥落	按 GB/T 4893.4 执行
8	表面漆膜光泽度		%	≥85(有光)	
9	24h 吸水膨胀率		%	≤2.5~10.0	
10	甲醛释放量		mg/100g	A 类<9 B 类 9~40	按 GB/T 17657—1999 及 GB 50325—2001 的穿孔法执行
11	表面抗冲击性(落球高度)		mm	≥1000,压痕直径 ≤10,无裂纹	按 GB/T 17657—1999 执行

注:各种性能检测可委托专业试验室进行,具体取样、检测方法可按照中华人民共和国林业部标准《竹地板》(LY/T 1573—2000)执行。

2. 构造示图

竹地板面层的构造示图,如图 7.1.66 所示。

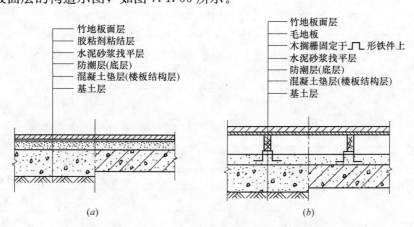

图 7.1.66   竹地板面层构造示图

(a) 采用粘贴式单层竹地板构造图;(b) 采用铺钉式双层竹地板构造图

3. 材料要求

竹地板面层的材料要求,如表 7.1.187 所示。

材 料 要 求		表 7.1.187

序　号	内　　　容
1	竹地板块的面层应选用不腐朽、不开裂的天然竹材,经加工制成侧、端面带凸凹榫(槽)的竹板块材。品种有:碳化竹地板、本色竹地板和保健竹地板等。常用规格为(mm):909×90.9×18、600×90.9×15、909×90.9×15、1820×90.9×15(长度×宽度×厚度),亦有定制的特殊规格以满足建筑地面工程的需要。
2	木搁栅(木龙骨、垫方)和垫木等用材树种和规格以及防腐处理等均应符合设计要求

4. 施工要点

竹地板面层的施工要点,如表 7.1.188 所示。

施 工 要 点		表 7.1.188

序　号	内　　　容
1	竹地板面层下基层表面应符合本章"7.1.5.2 实木地板面层"中 4. 施工要点序号 1 之(1)的要求,认真做好楼、地面的清理工作。
2	铺设前,应预先在室内墙面上弹好+500mm 的水平标高控制线,以保证面层的平整度。
3	竹地板面层空铺或实铺方式的木搁栅(木龙骨、垫方)和毛地板(木工板、多层板、中纤板等)的铺设,应按本章"7.1.5.2 实木地板面层"中 4. 施工要点的有关要求进行。
4	在水泥类基层(面层)上铺设竹地板面层时,应按下列要求进行: (1)放线确定木龙骨间距,一般为 250mm。可用 3～4cm 钢钉将刨平的木龙骨钉(锚固)在基层上并找平。 (2)每块竹地板宜横跨 5 根木龙骨,采用双层铺设,即在木龙骨上满铺木工板、多层板、中纤板等,后铺钉竹地板。 (3)铺设竹地板面层前,应在木龙骨间撒布生花生椒粒等防虫配料,每平方米撒放量控制在 0.5kg。 (4)铺设前,应在竹条材侧面用手电钻钻眼;铺设时,先在木龙骨与竹地板铺设处涂少量地板胶,后用 1.5 寸的螺旋钉钉在木龙骨位置实施拼装。拼装时竹条材不宜太紧。 (5)竹地板面层四周应留 1～1.5cm 的通气孔,然后再安装地角线。 (6)竹条材纵向端接缝的位置应协调,相邻两行的端接缝错开应在 300mm 左右,以显示整体效果

7.2 工艺流程及施工方法

7.2.1 基层铺设施工

7.2.1.1 灰土垫层

1. 适用范围和基本规定

灰土垫层的适用范围和基本规定,如表 7.2.1 所示。

适用范围和基本规定			表 7.2.1

序　号	项　　目	内　　　容
1	适用范围	本工艺规定适用于工业和民用建筑室内地坪、室外散水坡的灰土垫层工程;地基处理时,可参照本规定执行。
2	基本规定	(1)在垫层工程施工时,应建立质量管理体系并严格参照本施工技术规定。 (2)垫层材料应按设计要求和《建筑地面工程施工质量验收规范》(GB 50209—2002)的规定选用,并应符合国家标准的规定;使用前,应报监理验收,合格后方准使用。 (3)垫层工程所采用拌合料的配合比应按设计要求确定。 (4)垫层下的沟槽、暗管等工程完工后,经检验合格并做隐蔽记录,方可进行灰土垫层工程的施工。

序　号	项　目	内　容
2	基本规定	(5)垫层的铺设,应待其下一层检验合格后方可施工上一层。铺设前与相关专业的分部(子分部)工程、分项工程以及设备管道安装工程之间,应进行交接检验。 (6)室外散水、明沟、踏步、台阶和坡道等附属工程,均应符合设计要求。施工时应按《建筑地面工程施工质量验收规范》(GB 50209—2002)基层铺设中基土和相应垫层的规定执行。 (7)建筑地面的变形缝应按设计要求设置,并应符合下列规定: 1)建筑地面的沉降缝、伸缩缝和防震缝,应与结构相应缝的位置一致,且应贯通建筑地面的垫层; 2)沉降缝和防震缝的宽度应符合设计要求,缝内清理干净,以柔性密封材料填嵌后用板封盖,并应与面层齐平。 (8)垫层工程施工质量的检验,应符合下列规定: 1)垫层的施工质量验收应按每个施工段(或变形缝)作为检验批; 2)每检验批应以基层的分项工程按自然间(或标准间)检验,抽查数量应随即检验自然间的10%且不应少于3间,不足3间,应全数检查;其中走廊(过道)应以10延长米为1间,工业厂房(按单跨计)、礼堂、门厅应以两个轴线为1间计算。 (9)垫层工程的施工质量检验的主控项目,必须达到本标准规定质量标准,认定为合格;一般项目80%以上的检查点(处)符合规范规定的质量要求,其他检查点(处)不得有明显影响使用,并不得大于允许偏差值的50%为合格。凡达不到质量标准时,应按现行国家标准《建筑工程施工质量验收统一标准》(GB 50300—2001)的规定处理。 (10)垫层工程完工前、后,检验批及分项工程应由监理工程师(建设单位项目技术负责人)组织施工单位项目专业质量(技术)负责人等进行验收

2. 施工准备和工程要点

灰土垫层的施工准备和工程要点,如表7.2.2所示。

施工准备和工程要点　　　　　　　　　　表7.2.2

序　号	项　目	内　容
1	技术准备	(1)进行技术复核,基(土)层标高、管道敷设符合设计要求,并经验收合格。 (2)施工前应有施工方案,有详细的技术交底,并交至施工操作人员。 (3)各种进场原料规格、品种、材质等符合设计要求,进场后进行相应验收,并有相应施工配比通知单。 (4)通过压实试验确定垫层每层虚铺厚度和压实遍数。
2	材料准备	(1)土料 宜优先选用黏土、粉质黏土或粉土,不得含有有机杂物,使用前应先过筛,其粒径不大于15mm。 (2)石灰 石灰应用块灰,使用前应充分熟化过筛,不得含有粒径大于5mm的生石灰块,也不得含有过多的水分。也可采用磨细生石灰,或用粉煤灰、电石渣代替。
3	主要机具	蛙式打夯机、机动翻斗车、手扶式振动压路机、筛子(孔径6～10mm和16～20mm两种)、标准斗、靠尺、铁耙、铁锹、水桶、喷壶、手推胶轮车等。
4	作业条件	(1)基土表面干净、无积水、已检验合格并办理隐检手续。 (2)基础墙体、垫层内暗管埋设完毕,并按设计要求予以稳固,检查合格,并办理中间交接验收手续。 (3)在室内墙面已弹好控制地面垫层标高和排水坡度的水平控制或标志。 (4)施工机具设备已备齐,经维修试用,可满足施工要求,水、电已接通。

续表

序号	项 目	内 容
5	工程要点	(1)材料要点: 1)块灰闷制的熟石灰,要用6～10mm的筛子过筛。 2)土料要用16～20mm的筛子过筛,确保粒径要求。 3)熟化石灰可采用磨细生石灰,亦可用粉煤灰或电石渣代替。当采用粉煤灰或电石渣代替熟化石灰做垫层时,其粒径不得大于5mm,且粉煤灰放射性指标应符合有关规定。 4)拌合料的体积比宜通过试验确定。 (2)技术要点: 1)各种材料的材质符合设计要求,并经检验合格后方可使用。 2)灰土拌合料的体积比符合设计要求。 3)每层灰土的夯打遍数,应根据设计要求的干密度在现场试验确定。 (3)质量要点: 1)生石灰块熟化不良,没有认真过筛,颗粒过大,造成颗粒遇水熟化体积膨胀,会将上层构造层拱裂,务必认真对待熟石灰的过筛要求。 2)灰土拌合料应严格控制含水量,认真作好计量工作。 3)管道下部应注意按要求分层填土夯实,避免漏夯或夯填不密实,造成管道下方空虚,垫层破坏,管道折断,引起渗漏塌陷事故。 4)施工温度不应低于+5℃,铺设厚度不应小于100mm。 (4)安全要点: 1)灰土铺设、粉化石灰和石灰过筛,操作人员应戴口罩、风镜、手套、套袖等劳动保护用品,并站上风头作业。 2)施工机械用电必须采用三级配电两级保护,使用三相五线制,严禁乱拉乱接;打夯机操作人员,必须戴绝缘手套和穿绝缘鞋,防止漏电伤人。 (5)环境要点: 1)垫层工程施工采用掺有水泥、石灰的拌合料铺设时,各层环境温度的控制不应低于5℃;当低于所规定的温度施工时,应采取相应的冬期措施。 2)对扬尘的控制:配备洒水车,对于土、石灰粉等洒水或覆盖,防止扬尘。 3)对机械的噪声控制:符合国家和地方的有关规定

3. 工艺流程和操作方法

(1) 工艺流程

灰土垫层的工艺流程,如下所示。

灰土拌合 → 基土清理 → 弹线、设标志 → 分层铺灰土 → 夯打密实 → 找平验收

(2) 操作方法

灰土垫层的操作方法,如表7.2.3所示。

操 作 方 法 表7.2.3

序号	项 目	内 容
1	准备工作	(1)清理基土 铺设灰土前先检验基土土质,清除松散土、积水、污泥、杂质,并打底夯两遍,使表土密实。 (2)弹线、设标志 在墙面弹线,在地面设标桩,找好标高、挂线,作控制铺灰土厚度的标准。
2	灰土拌合	(1)灰土垫层应采用熟化石灰与黏土(或粉质黏土、粉土)的拌合料铺设,其厚度不应小于100mm,黏土含水率应符合规定。 (2)灰土的配合比应用体积比,除设计有特殊要求外,一般为石灰:黏土=2:8或3:7。通过标准斗、控制配合比。拌合时必须均匀一致,至少翻拌两次,灰土拌合料应均匀,颜色一致,并保持一定的湿度,加水量宜为拌合料总重量的16%。 (3)工地检验方法是:以手握成团,两指轻捏即碎为宜。如土料水分过大或不足时,应晾干或洒水湿润。

序号	项目	内容
3	灰土铺设与夯实	（1）灰土垫层应铺设在不受地下水浸泡的基土上。施工后应有防止水浸泡的措施。 （2）灰土垫层应分层夯实，经湿润养护、晾干后方可进行下一道工序施工。 （3）灰土摊铺虚铺厚度一般为 150～250mm（夯实后约 100～150mm 厚），垫层厚度超过 150mm 应由一端向另一端分段分层铺设。分层夯实。 各层厚度钉标桩控制，夯实采用蛙式打夯机或木夯，大面积宜采用小型手扶振动压路机，夯打遍数一般不少于三遍，碾压遍数不少于六遍；人工打夯应一夯压半夯，夯夯相接，行行相接，纵横交错。 灰土最小干密度（g/cm³）：对黏土为 1.45；粉质黏土 1.50；粉土 1.55。灰土夯实后，质量标准可按压实系数（λ_c）进行鉴定，一般为 0.93～0.95。 每层夯实厚度应符合设计，在现场试验确定。 （4）质量控制 灰土回填每层夯（压）实后，应根据规范规定进行环刀取样，测出灰土的质量密度。也可用贯入度仪检查灰土质量，但应先进行现场试验确定贯入度的具体要求，以达到控制压实系数所对应的贯入度。环刀取样检验灰土干密度的检验点数，对大面积每 50～100m² 应不少于 1 个，房间每间不少于 1 个。并注意要绘制每层的取样点图。 （5）垫层接缝 灰土分段施工时，上下两层灰土的接槎距离不得小于 500mm。当灰土垫层标高不同时，应作成阶梯形。接槎时应将槎子垂直切齐。接缝不要留在地面荷载较大的部分。
4	找平验收	灰土最上一层完成后，应拉线或用靠尺检查标高和平整度，超高处用铁锹铲平；低洼处应及时打灰土。
5	季节性施工	（1）雨期施工 灰土应连续进行，尽快完成，施工中应有防雨排水措施，刚打完或尚未夯实的灰土，如遭受雨淋浸泡，应将积水及松软灰土除去，并补填夯实；受浸湿的灰土，应晾干后再夯打密实。 （2）冬期施工 灰土垫层不宜冬期施工，当施工必须采取措施，并不得在基土受冻的状态下铺设灰土，土料不得含有冻块，应覆盖保温，当日拌合灰土，应当日铺完夯完，夯完的灰土表面应用塑料薄膜和草袋覆盖保温

4．质量标准和检验方法

（1）质量标准

灰土垫层的施工质量检验，除应符合表 7.2.4 的规定外，还应符合《建筑地面工程施工质量验收规范》（GB 50209—2002）中之 4.3 的有关规定。

质 量 标 准　　　　　表 7.2.4

序号	项目	内容
1	主控项目	灰土体积比应符合设计要求，通过观察检查和检查配合比。 检验方法：观察检查和检查配合比通知单记录。
2	一般项目	（1）熟化石灰颗粒粒径不得大于 5mm；黏土（或粉质黏土、粉土）内不得含有有机物质，颗粒粒径不得大于 15mm。 检验方法：观察检查和检查材质合格记录。 （2）灰土垫层表面的允许偏差应符合《建筑地面工程施工质量验收规范》（GB 50209—2002）中表 4.1.5 的规定。 检验方法：应按《建筑地面工程施工质量验收规范》（GB 50209—2002）表 4.1.5 中的检验方法检验

（2）质量记录

灰土垫层施工应具有的质量记录，如表7.2.5所示。

质量记录 表7.2.5

序　号	内　容
1	灰土垫层分项工程施工质量检验批验收记录。
2	建筑地面工程设计图纸和变更文件等。
3	施工配合比单及施工记录。
4	各摊铺层的隐蔽验收及其他有关验收文件。
5	各摊铺层的干密度或压实试验报告。
6	土壤中氡浓度检测报告

5. 成品保护

灰土垫层的成品保护，如表7.2.6所示。

成品保护 表7.2.6

序　号	内　容
1	垫层铺设完毕，应尽快进行面层施工，防止长期曝晒。
2	搞好垫层周围排水措施，刚施工完成的垫层，雨天应作临时覆盖，3d内不得受雨水浸泡。
3	冬期应采取保温措施，防止受冻。
4	已铺好的垫层不得随意挖掘，不得在其上行驶车辆或堆放重物

6. 安全环保措施

灰土垫层的安全环保措施，如表7.2.7所示。

安全环保措施 表7.2.7

序　号	内　容
1	灰土铺设、粉化石灰和石灰过筛，操作人员应戴口罩、风镜、手套、套袖等劳动保护用品，并站在上风头作业。
2	施工机械用电必须采用三级配电，两级保护，使用三相五线制，严禁乱拉乱接。
3	夯填灰土前，应先检查打夯机电线绝缘是否完好，接地线、开关是否符合要求；使用打夯机应由两个人操作，其中一人负责移动打夯机胶皮电线。
4	打夯机操作人员，必须戴绝缘手套和穿绝缘鞋，防止漏电伤人。两台打夯机在同一作业面夯实时，前后距离不得小于5m，夯打时严禁夯打电线，以防触电。
5	配备洒水车，对干土，石灰粉等洒水或覆盖，防止扬尘。
6	现场噪声控制应符合有关规定。
7	车辆运输应加以覆盖，防止遗洒。
8	开挖出的污泥等应排放至垃圾堆放点。
9	防止机械漏油污染土地。
10	夜间施工时，要采用定向灯罩防止光污染

7.2.1.2 砂垫层和砂石垫层

1. 适用范围和基本规定

砂垫层和砂石垫层的适用范围和基本规定，如表7.2.8所示。

适用范围和基本规定

表7.2.8

序 号	项 目	内 容
1	适用范围	本工艺规定适用于工业和民用建筑的砂石地基、地基处理和地面垫层。
2	基本规定	同7.2.1.1灰土垫层表7.2.1中序号2基本规定

2. 施工准备和工程要点

砂垫层和砂石垫层的施工准备和工程要点，如表7.2.9所示。

施工准备和工程要点

表7.2.9

序 号	项 目	内 容
1	技术准备	(1)进行技术复核，基层标高、管道敷设符合设计要求，并经验收合格。 (2)施工前应有施工方案，有详细的技术交底，并交至施工操作人员。 (3)各种进场原材料规格、品种、材质等符合设计要求，进场后进行相应验收，并对砂石进行检验，级配和含泥量符合设计要求后方可使用；并有相应施工配比通知单。 (4)通过压实试验确定垫层每层虚铺厚度和压实遍数。
2	材料准备	(1)天然级配砂石或人工级配砂石宜采用质地坚硬的中砂、粗砂、砾砂、碎(卵)石、石屑或其他工业废料。在缺少中、粗砂和砾石的地区，可采用细砂，但宜同时掺入一定数量的碎石或卵石，其掺量应符合设计要求。颗粒级配应良好。 (2)级配砂石材料，不得含有草根、树叶、塑料袋等有机杂物及垃圾。用做排水固接地基时，含泥量不宜超过3%。 (3)碎石或卵石最大粒径不得大于垫层或虚铺厚度的2/3，并不宜大于50mm。
3	主要机具	蛙式打夯机、手扶式振动压路机、机动翻斗车、筛子、铁锹、铁耙、量斗、水桶、喷壶、手推胶轮车、2m靠尺等。
4	作业条件	(1)基土表面干净、无积水，已检验合格并办理隐检手续。 (2)基础墙体、垫层内暗管埋设完毕，并按设计要求予以稳固，检查合格，并办理中间交接验收手续。 (3)在室内墙面已弹好控制地面垫层标高和排水坡度的水平控制线或标志。 (4)施工机具设备已备齐，经维修试用，可满足施工要求，水、电已接通。
5	工程要点	(1)材料要点： 砂石应优先选用天然级配材料，材料级配符合设计和施工要求；不得有粗细颗粒分离现象。 (2)技术要点： 1)各种材料的材质符合设计要求，并经检验合格后方可使用。 2)砂垫层和砂石垫层的体积比符合设计要求。 3)若设计没有规定时，砂垫层厚度不应小于60mm，砂石垫层厚度不宜小于100mm。 (3)质量要点： 1)砂垫层和砂石垫层施工温度不低于0℃。如低于上述温度时，应按冬期施工要求，采取相应措施。 2)砂垫层铺平后，应洒水湿润，并宜采用机具振实。 3)垫层铺设时每层厚度宜一次铺设，不得在夯压后再行补填或铲削。 4)砂垫层采用机械或人工夯实时，均不应少于3遍，并压(夯)至不松动为止。 5)夯压完的垫层如遇雨水浸泡基土或行驶车辆振动造成松动，应在排除积水和整平后，重新夯压密实。 (4)安全要点： 1)砂过筛时，操作人员应戴口罩、风镜、手套、套袖等劳动保护用品，并站在上风头作业。 2)施工机械用电必须采用三级配电两级保护，使用三相五线制，严禁乱拉乱接；打夯机操作人员，必须戴绝缘手套和穿绝缘鞋，防止漏电伤人。 3)大型机械操作人员要持证上岗。 (5)环境要点： 1)对扬尘的控制：配备洒水车，对砂石等洒水或覆盖，防止扬尘。 2)对机械的噪声控制：符合国家和地方的有关规定。 3)采用砂、石材、碎砖料铺设时，不应低于0℃；当低于所规定的温度施工时，应采取相应的冬期措施

3. 工艺流程和操作方法

(1) 工艺流程

砂垫层和砂石垫层的工艺流程，如下所示。

基层清理 → 弹线、设标志 → 分层铺筑 → 洒水 → 夯实或碾压 → 找平验收

(2) 操作方法

砂垫层和砂石垫层的操作方法，如表 7.2.10 所示。

操作方法 表 7.2.10

序 号	项 目	内 容
1	准备工作	(1)清理基土 铺设垫层前先检验基土土质，清除松散土、积水、污泥、杂质，并打底夯两遍，使表土密实。 (2)弹线、设标志 在墙面弹线，在地面设标桩，找好标高，挂线，作控制铺填砂和砂石垫层厚度的标准。
2	分层铺设	(1)铺筑砂(或砂石)的厚度，一般为 150~200mm，不宜超过 300mm，分层厚度可用样桩控制。视不同条件，可选用夯实或压实的方法。大面积的砂垫层，铺填厚度可达 350mm，宜采用 6~10t 的压路机碾压。 (2)砂和砂石宜铺设在同一标高的基土上，如深度不同时，基土底面应挖成踏步和斜坡形，接槎处应注意压(夯)实。施工应按先深后浅的顺序进行。 (3)分段施工时，接槎处应做成斜坡，每层接槎处的水平距离应错开 0.5~1.0m，并充分压(夯)实。
3	洒水	铺筑级配砂在夯实碾压前，应根据其干湿程度和气候条件，适当洒水湿润，以保持砂的最佳含水量，一般为 8%~12%。
4	碾压或夯实	(1)夯实或碾压的遍数，由现场试验确定，作业时应严格按照试验所确定的参数进行。用打夯机夯实时，一般不少于 3 遍，木夯应保持落距为 400~500mm，要一夯压半夯，夯夯相接，行行相连，全面夯实。采用压路机碾压，一般不少于 4 遍，其轮距搭接不小于 500mm，边缘和转角处应用人工或蛙式打夯机补夯密实，振实后的密实度应符合设计要求。 (2)当基土为非湿陷性土层时，砂垫层施工可随浇水随压(夯)实。每层虚铺厚度不应大于 200mm。
5	找平、验收	施工时应分层找平，夯压密实，最后一层压(夯)完成后，表面应拉线找平，并且要符合设计规定的标高。
6	季节性施工	(1)雨期施工 砂施工应连续进行，尽快完成，施工中应有防雨排水措施，刚铺筑完或尚未夯实的砂，如遭受雨淋浸泡，应将积水排走，晾干后再夯打密实。 (2)冬期施工 不得在基土受冻的状态下铺设砂，砂中不得含有冻块，夯完的砂表面应用塑料薄膜或草袋覆盖保温。砂石垫层冬期不宜施工。
7	质量控制	施工时应分层找平，夯压密实，采用环刀法取样，测定干密度，砂垫层干密度以不小于该砂料在中密度状态时的干密度数值为合格；中砂在中密度状态的干密度，一般为 $1.55~1.60g/cm^3$，下层密实度合格后，方可进行上层施工。用贯入法测定质量时，用贯入仪、钢筋或钢叉等以贯入度进行检查，小于试验所确定的贯入度为合格

4. 质量标准和检验方法

(1) 质量标准

砂垫层和砂石垫层的施工质量验收，除应符合表 7.2.11 的规定外，还应符合《建筑地面工程施工质量验收规范》（GB 50207—2002）中之 4.4 的相关规定。

质 量 标 准   表 7.2.11

序 号	项　　目	内　　容
1	主控项目	(1)砂和砂石不得含有草根等有机杂质；砂应采用中砂；石子最大粒径不得大于垫层厚度的 2/3。 检验方法：观察检查和检查材质合格证明文件及检测报告。 (2)砂垫层和砂石垫层的干密度（或贯入度）应符合设计要求。 检验方法：观察检查和检查试验记录。
2	一般项目	(1)表面不应有砂窝、石堆等质量缺陷。 检验方法：观察检查。 (2)砂垫层和砂石垫层的允许偏差应符合《建筑地面工程施工质量验收规范》（GB 50209—2002）表 4.1.5 的规定。 检验方法：应按《建筑地面工程施工质量验收规范》（GB 50209—2002）表 4.1.5 的检查方法检验

（2）质量记录

砂垫层和砂石垫层工程应具有的质量记录，如表 7.2.12 所示。

质 量 记 录   表 7.2.12

序　号	内　　容
1	砂垫层和砂石垫层分项工程施工质量检验批验收记录。
2	材料进场检验报告。
3	施工配合比单。
4	各摊铺层的隐蔽验收及其他有关验收文件。
5	砂垫层和砂石垫层的干密度（或贯入度）试验记录。
6	土壤中氡浓度检测报告

5. 成品保护

砂垫层和砂石垫层的成品保护，如表 7.2.13 所示。

成 品 保 护   表 7.2.13

序　号	内　　容
1	垫层铺设完毕，应尽快进行上一层的施工，防止长期暴露；如长时间不进行上部作业应进行遮盖和拦挡，并经常洒水湿润。
2	搞好垫层周围排水措施，刚施工完的垫层，雨天应作临时覆盖，不得受雨水浸泡。
3	冬期应采取保温措施，防止受冻。
4	已铺好的垫层不得随意挖掘，不得在其上行驶车辆或堆放重物

6. 安全环保措施

砂垫层和砂石垫层工程的安全环保措施，如表 7.2.14 所示。

安全环保措施 　　　　　　　　　　　　　**表 7.2.14**

序　号	内　　　　容
1	砂过筛时,操作人员应戴口罩、风镜、手套、套袖等劳动保护用品,并站在上风头作业。
2	现场电气装置和机具应符合施工用电和机械设备安全管理规定。
3	打夯机操作人员,必须戴绝缘手套和穿绝缘鞋,防止漏电伤人。两台打夯机在同一作业面夯实时,前后距离不得小于 5m,夯打时严禁夯打电线,以防触电。
4	配备洒水车、对干砂石等洒水或覆盖,防止扬尘。
5	现场噪声控制应符合有关规定。
6	运输车辆应加以覆盖,防止遗洒。
7	夜间施工时,要采用定向灯罩防止光污染

7.2.1.3 碎石垫层和碎砖垫层

1. 适用范围和基本规定

碎石垫层和碎砖垫层施工方法的适用范围和基本规定,如表 7.2.15 所示。

适用范围和基本规定 　　　　　　　　　　　　**表 7.2.15**

序　号	项　　目	内　　　　容
1	适用范围	本工艺规定适用范围于工业与民用建筑地面和路面采用碎石垫层和碎砖垫层工程。
2	基本规定	(1)在垫层工程施工时,应建立质量管理体系并严格参照本施工工艺规定。 (2)垫层材料应按设计要求和《建筑地面工程施工质量验收规范》(GB 50209—2002)的规定选用,并应符合国家标准的规定;使用前,应报监理验收,合格后方准使用。 (3)垫层下的沟槽、暗管等工程完后,经验收合格并做隐蔽记录,方可进行垫层工程的施工。 (4)垫层的铺设,应待其下一层检验合格后方可施工上一层。铺设前与相关专业的分部(子分部)工程,分项工程以及设备管道安装工程之间,应进行交接检验。 (5)室外散水、明沟、踏步,台阶和坡道等附属工程,均应符合设计要求。施工时应按《建筑地面工程施工质量验收规范》(GB 50209—2002)基层铺设中基土和相应垫层的规定执行。 (6)建筑地面的变形缝、伸缩缝和防震缝,并应符合下列规定: 1)建筑地面的沉降缝、伸缩缝和防震缝,应与结构相应缝的位置一致,且应贯通建筑地面的垫层。 2)沉降缝和防震缝的宽度应符合设计要求,缝内清理干净,以柔性密封材料填嵌后用板封盖,并应与面层齐平。 (7)垫层工程施工质量的检验,应符合下列规定: 1)垫层的施工质量验收应按每个施工段(或变形缝)作为检验批。 2)每检验批应以各子分部工程的基层按自然间(或标准间)检验,抽查数量应随机检验不少于3 间;不足 3 间,应全数检查;其中走廊(过道)应以 10 延长米为 1 间,工业厂房(按单跨计)、礼堂、门厅应以两个轴线为 1 间计算。 (8)垫层工程的施工质量检验的主控项目,必须达到本标准规定的质量标准,认定为合格;一般项目 80%以上的检查点(处)符合规范规定的质量要求,其他检查点(处)不得有明显影响使用,并不得大于允许偏差值的 50%为合格。凡达不到质量标准时,应按现行国家标准《建筑工程施工质量验收统一标准》(GB 50300—2001)的规定处理。 (9)垫层工程完工前、后,检验批及分项工程应由监理工程师(建设单位项目技术负责人)组织施工单位项目专业质量(技术)负责人等进行验收

2. 施工准备和工程要点

碎石垫层和碎砖垫层的施工准备和工程要点,如表 7.2.16 所示。

施工准备和工程要点   表 7.2.16

序号	项目	内容
1	技术准备	(1)进行技术复核,基层标高、管道敷设符合设计要求,并经验收合格。 (2)施工前应有施工方案,有详细的技术交底,并交至施工操作人员。 (3)各种进场原材料规格、品种、材质等符合设计要求,进场后进行相应验收,并对砂石进行检验,级配和含泥量符合设计要求后方可使用;并有相应施工配比通知单。
2	材料准备	(1)碎石 宜采用强度均匀、质地坚硬未风化的碎石,粒径一般为 5～40mm,且不大于垫层厚度的 2/3。 (2)碎砖 碎砖粒径 20～60mm,不得夹有风化、酥松碎块、瓦片和有机杂质。
3	主要机具	蛙式打夯机、手扶式振动压路机、机动翻斗车、铁锹、铁耙、筛子、手推胶轮车、铁锤等,工程量较大时,还应有自卸汽车、推土机和压路机等。
4	作业条件	(1)基土表面干净、无积水,已检验合格并办理隐检手续。 (2)基础墙体、垫层内暗管理设完毕,并按设计要求予以稳固,检查合格,并办理中间交接验收手续。 (3)在室内墙面已弹好控制地面垫层标高和排水坡度的水平控制线或标志。 (4)施工机具设备已备齐,经维修试用,可满足施工要求,水、电已接通。
5	工程要点	(1)材料要点: 石子宜采用坚硬、耐磨、级配良好的碎石和卵石,最大粒径不应大于垫层厚度的 2/3;碎砖的颗粒粒径不应大于 60mm。 (2)技术要点: 1)各种材料的材质符合设计要求,并经检验合格后方可使用。 2)碎石、碎砖垫层的密实度符合设计要求。 3)通过压实试验确定垫层每层虚铺厚度和压实遍数。 (3)质量要点: 1)在已铺设好的碎砖垫层上,不得用锤击的方法进行砖料加工。 2)垫层铺设使用的碎石、碎砖粒径、级配应符合要求,摊铺厚度必须均匀一致,以防厚薄不均、密实度不一致,而造成不均匀变形破坏。 (4)安全要点: 1)碎砖和碎石尽量使用成品,当必须现场加工时,操作人员应戴口罩、风镜、手套、套袖等劳动保护用品,并站在上风头作业。 2)施工机械用电必须采用三级配电两级保护,使用三相五线制,严禁乱拉乱接;打夯机操作人员,必须戴绝缘手套和穿绝缘鞋,防止漏电伤人。 3)大型机械操作人员要持证上岗。 (5)环境要点: 1)采用砂、石材、碎砖料铺设时,不应低于 0℃;当低于所规定的温度施工时,应采取相应的冬期措施; 2)对机械的噪声控制;符合国家和地方的有关规定

3. 工艺流程和操作方法

（1）工艺流程

碎石垫层和碎砖垫层的工艺流程，如下所示。

清理基土 → 弹线、设标志 → 分层铺设 → 夯(压)实 → 验收

（2）操作方法

碎石垫层和碎砖垫层的操作方法，如表 7.2.17 所示。

操作方法 表 7.2.17

序号	项目	内容
1	准备工作	(1)清理基土 铺设碎石前先检验基土土质,清除松散土、积水、污泥、杂质,并打底夯两遍,使表土密实。 (2)弹线、设标志 在墙面弹线,在地面设标桩,找好标高、挂线,作控制铺填厚度的标准。
2	分层铺设夯实	(1)碎石和碎砖垫层的厚度不应小于100mm,垫层应分层压(夯)实,达到表面坚实、平整。 (2)碎石铺时按线由一端向另一端铺设,摊铺均匀,不得有粗细颗粒分离现象,表面空隙应以粒径为5~25mm的细碎石填补(施工方法参照砂石垫层施工)。铺完一段,压实前洒水使表面湿润。小面积房间采用木夯或蛙式打夯机夯实,不少于三遍,大面积宜用小型振动压路机压实,不少于四遍,均夯(压)至表面平整不松动为止。夯实后的厚度不应大于虚铺厚度的3/4。 (3)碎砖垫层按碎石的铺设方法铺设,每层虚铺厚度不大于200mm,洒水湿润后,采用人工或机械夯实,并达到表面平整、无松动为止,高低差不大于20mm,夯实后的厚度不应大于虚铺厚度的3/4。 (4)基土表面的碎石、碎砖之间应先铺一层5~25mm碎石、粗砂层,以防局部土下陷或软弱土层挤入碎石或碎砖空隙中使垫层破坏

4. 质量标准

(1) 质量标准

碎石垫层和碎砖垫层的施工质量检验,除应符合表 7.2.18 的规定外,还应符合《建筑地面工程施工质量验收规范》(GB 50209—2002)中之 4.5 的相关规定。

质量标准 表 7.2.18

序号	项目	内容
1	主控项目	(1)碎石的强度应均匀,最大粒径不应大于垫层厚度的2/3;碎砖不应采用风化、酥松、夹有有机杂质的砖料,颗粒粒径不应大于60mm。 检验方法:观察检查和检查材质合格证明文件及检测报告。 (2)碎石、碎砖垫层的密实度应符合设计要求。 检验方法:观察检查和检查试验记录。
2	一般项目	碎石、碎砖垫层的允许偏差应符合《建筑地面工程施工质量验收规范》(GB 50209—2002)中表4.1.5的规定。 检验方法:应按《建筑地面工程施工质量验收规范》(GB 50209—2002)中表4.1.5的方法检查

(2) 质量记录

碎石垫层和碎砖垫层的质量记录,如表 7.2.19 所示。

质量记录 表 7.2.19

序号	内容
1	碎石垫层和碎砖垫层分项工程施工质量检验批验收记录。
2	施工配合比单、施工记录及检验抽样试验记录。
3	原材料进场检(试)验报告(含抽样报告)。
4	各摊铺层的隐蔽验收及其他有关验收文件。
5	碎石、碎砖垫层的密实度试验报告。
6	土壤中氡浓度检测报告

5. 成品保护

碎石垫层和碎砖垫层的成品保护，如表 7.2.20 所示。

成品保护   表 7.2.20

序 号	内 容
1	在已铺设的垫层上，不得用锤击的方法进行石料和砖料加工。
2	基土施工完后，严禁洒水扰动。
3	基土施工完后，应及时施工其上垫层或面层，防止基土被破坏。
4	施工时，对标准水准点等，填运土时不得碰撞。并应定期复测和检查这些标准水准点是否正确

6. 安全环保措施

碎石垫层和碎砖垫层的安全环保措施，如表 7.2.21 所示。

安全环保措施   表 7.2.21

序 号	内 容
1	现场操作人员应戴口罩、风镜、手套、套袖等劳动保护用品，并站在上风头作业。
2	现场电气装置和机具应符合施工用电和机械设备安全管理规定。
3	打夯机操作人员，必须戴绝缘手套和穿绝缘鞋，防止漏电伤人。两台打夯机在同一作业面夯实时，前后距离不得小于 5m，夯打时严禁夯打电线，以防触电。
4	配备洒水车，对干砂石等洒水或覆盖，防止扬尘。
5	现场噪声控制应符合有关规定。
6	运输车辆应加以覆盖，防止遗洒；废弃物要及时清理，运至指定地点。
7	夜间施工时，要采用定向灯罩防止光污染

7.2.1.4 三合土垫层

1. 适用范围和基本规定

三合土垫层施工方法的适用范围和基本规定，如表 7.2.22 所示。

适用范围和基本规定   表 7.2.22

序 号	项 目	内 容
1	适用范围	本工艺规定是用于工业与民用建筑地面的混凝土垫层、道路垫层的施工。
2	基本规定	同 7.2.1.1 灰土垫层表 7.2.1 中序号 2 基本规定

2. 施工准备和工程要点

三合土垫层施工准备和工程要点，如表 7.2.23 所示。

施工准备和工程要点   表 7.2.23

序 号	项 目	内 容
1	技术准备	(1)进行技术复核，基层标高、管道埋设符合设计要求，并经验收合格。 (2)施工前应有施工方案，有详细的技术交底，并交至施工操作人员。 (3)各种进场原材料规格、品种、材质等符合设计要求，进场后进行相应验收，并对砂等材料进行检验，级配和含泥量符合设计要求后方可使用；并有相应施工配比通知单。

序号	项目	内容
2	材料准备	(1)石灰 石灰应用块灰,使用前应充分熟化过筛,不得含有粒径大于5mm的生石灰块,也不得含有过多的水分。也可采用磨细生石灰。 (2)碎砖 用废砖、断砖加工而成,粒径20～60mm,不得夹有风化、酥松碎块、瓦片和有机杂质。 (3)砂 采用中砂或中粗砂,并不得含有草根等有机杂质。 (4)黏土 土料宜优先选用黏土,粉质黏土或粉土,不得含有有机杂物,使用前应先过筛,其粒径不大于15mm。
3	主要机具	铲土机、自卸汽车、推土机、蛙式打夯机、手扶式振动压路机、机动翻斗车、铁锹、铁耙、筛子、喷壶、手推胶轮车、铁锤等。
4	作业条件	(1)设置铺填厚度的标志,如水平木桩或标高桩,或固定在建筑物的墙上弹上水平标高线。 (2)基础墙体、垫层内暗管理设完毕,并按设计要求予以稳固,检查合格,并办理中间交接验收手续。 (3)在室内墙面已弹好控制地面垫层标高和排水坡度的水平控制线或标志。 (4)施工机具设备已备齐,经维修试用,可满足施工要求,水、电已接通。 (5)基土上无浮土杂物和积水。
5	工程要点	(1)材料要点: 1)砂进厂应进行级配、有机物含量等指标的检验,符合要求才准使用。 2)黏土:土料要用16～20mm的筛子过筛,确保粒径要求。 3)石灰:块灰闷制的熟石灰,要用6～10mm的筛子过筛;熟化石灰可采用磨细生石灰,亦可用粉煤灰或电石渣代替。当采用粉煤灰或电石渣代替熟化石灰做垫层时,其粒径不得大于5mm。 4)碎砖:用废砖、断砖加工而成,粒径20～60mm,不得夹有风化、酥松碎块、瓦片和有机杂质。 (2)技术要点: 1)各种材料的材质符合设计要求,并经检验合格后方可使用。 2)三合土的体积比、拌合料的体积比宜通过实验确定,符合设计要求。 3)铺筑前,应通过配合比试验或根据设计要求确定石灰、砂、碎砖的配合比和虚铺厚度。 (3)质量要点: 1)管道下部应按要求回填夯实;基土表面应避免受水浸润。 2)垫层铺设时每层厚度宜一次铺设,不得在夯压后再行补填或铲削。 3)夯压完的垫层如遇雨水浸泡基土或行驶车辆振动造成松动,应在排除积水和整平后,重新夯压密实。 (4)安全要点: 1)灰土铺设,粉化石灰和石灰过筛,操作人员应戴口罩、风镜、手套、套袖等劳动保护用品,并站在上风头作业。 2)施工机械用电必须采用三级配电两级保护,使用三相五线制,严禁乱拉乱接;打夯机操作人员,必须戴绝缘手套和穿绝缘鞋,防止漏电伤人。 (5)环境要点: 1)垫层工程施工采用掺有水泥、石灰的拌合料铺设时,各层环境温度的控制不应低于5℃;采用砂、石材、碎砖料铺设时,不应低于0℃。 2)对扬尘的控制。配备洒水车,对干土、石灰粉等洒水或覆盖防止扬尘。 3)对机械的噪声控制应符合当地环保部门的有关规定

3. 工艺流程和操作方法

(1) 工艺流程

三合土垫层工艺流程，如下所示。

清理基土 → 弹线、设标志 → 拌合料 → 分层铺设 → 铺平夯实 → 验收

（2）操作方法

三合土垫层操作方法，如表 7.2.24 所示。

操 作 方 法　　　　　　　　　　　　　　　　　表 7.2.24

序　号	项　目	内　　　容
1	准备工作	(1)清理基土 铺设前先检验基土土质，清除松散土、积水、污泥、杂质，并打底夯两遍，使表土密实。 (2)弹线、设标志 在墙面弹线，在地面设标桩，找好标高、挂线，作控制铺填灰土厚度的标准。
2	垫层铺设	(1)三合土垫层采用石灰、砂(可掺入少量黏土)与碎砖的拌合料铺设，其厚度不应小于100mm。三合土垫层应分层夯实，铺设方法采取先拌合三合土后铺设或先铺设碎砖后灌浆。 (2)当三合土垫层采取先拌合后铺设的方法时，其采用石灰、砂和碎砖拌合料的体积比宜为1∶3∶6(熟化石灰∶砂∶碎砖)，或按设计要求配料。加水拌合后，每层虚铺厚度为150mm；铺平夯实后每层的厚度宜为120mm。 (3)三合土垫层采用先铺设后灌浆的方法时，碎砖先分层铺设，并洒水湿润。每层虚铺厚度不应大于120mm，并应铺平拍实，而后灌石灰砂浆，其体积比宜为1∶2～1∶4，灌浆后夯实。三合土垫层表面应平整，搭接处应夯实

4. 质量标准和检验方法

（1）质量标准

三合土垫层的施工质量检验，除应符合表 7.2.25 的规定外，还应符合《建筑地面工程施工质量验收规范》（GB 50209—2002）中之 4.6 的相关规定。

质 量 标 准　　　　　　　　　　　　　　　　　表 7.2.25

序　号	项　目	内　　　容
1	主控项目	(1)熟化石灰颗粒粒径不得大于5mm；砂应用中砂，并不得含有草根等有机物质；碎砖不应采用风化、酥松和含有机杂质的砖料，颗粒粒径不应大于60mm。 检验方法：观察检查和检查材质合格证明文件及检测报告。 (2)三合土的体积比应符合设计要求。 检验方法：观察检查和检查配合比通知单记录。
2	一般项目	三合土垫层的允许偏差应符合《建筑地面工程施工质量验收规范》(GB 50209—2002)中表4.1.5的规定。 检验方法：应按《建筑地面工程施工质量验收规范》(GB 50209—2002)表4.1.5中的检验方法检验

（2）质量记录

三合土垫层质量记录，如表 7.2.26 所示。

质 量 记 录　　　　　　　　　　　　　　　　　表 7.2.26

序　号	内　　　容
1	三合土垫层分项工程施工质量检验批验收记录。
2	施工配合比单、施工记录及检验抽样试验记录。
3	原材料的出厂检验报告和质量合格保证文件、材料进场检(试)验报告(含抽样报告)。
4	各摊铺层的隐蔽验收及其他有关验收文件。
5	土壤中氡浓度检测报告

5. 成品保护

三合土垫层工程的成品保护，如表 7.2.27 所示。

成品保护　　　　　　　　　　　　　　　　　　　表 7.2.27

序　号	内　　　　容
1	基土施工完后，严禁洒水扰动。
2	基土施工完后，应及时施工其上垫层或面层，防止基土被破坏。
3	施工时，对标准水准点等，填运土时不得碰撞。并应定期复测和检查这些标准水准点是否正确

6. 安全环保措施

三合土垫层工程的安全环保措施，如表 7.2.28 所示。

安全环保措施　　　　　　　　　　　　　　　　　表 7.2.28

序　号	内　　　　容
1	粉化石灰和黏土过筛、垫层铺设时，操作人员应戴口罩、风镜、手套、套袖等劳动保护用品，并站在上风头作业。
2	施工机械用电必须采用三级配电两级保护，使用三相五线制，严禁乱拉乱接。
3	夯填垫层前，应先检查打夯机电线绝缘是否完好，接地线、开关是否符合要求；使用打夯机应由两人操作，其中一人负责移动打夯机胶皮电线。
4	打夯机操作人员，必须戴绝缘手套和穿绝缘鞋，防止漏电伤人。两台打夯机在同一作业面夯实时，前后距离不得小于 5m，夯打时严禁夯打电线，以防触电。
5	配备洒水车，对干土、石灰粉等洒水或覆盖，防止扬尘。
6	注意对机械的噪声控制，噪声指标应符合有关规定。
7	车辆运输应加以覆盖，防止遗洒。
8	开挖出的污泥等应排放至垃圾堆放点。
9	防止机械漏油污染土地。
10	夜间施工时，要采用定向灯罩防止光污染

7.2.1.5 炉渣垫层

1. 适用范围和基本规定

炉渣垫层施工方法的适用范围和基本规定，如表 7.2.29 所示。

适用范围和基本规定　　　　　　　　　　　　　　表 7.2.29

序　号	项　　目	内　　　　容
1	适用范围	本工艺标准适用于工业与民用建筑楼地面的炉渣层施工。
2	基本规定	(1)在垫层工程施工时，应建立质量管理体系并严格参照本施工技术规定。 (2)垫层材料应按设计要求和《建筑地面工程施工质量验收规范》(GB 50209—2002)的规定选用，并应符合国家标准的规定；进场材料应有中文质量合格证明文件、规格、型号及性能检测报告，对水泥等重要材料应有复验报告；使用前，应报监理验收，合格后方准使用。 (3)垫层工程所采用拌合料的配合比应按设计要求确定。 (4)垫层下的沟槽、暗管等工程完后，经检验合格并做隐蔽记录，方可进行垫层工程的施工。 (5)垫层的铺设，应待其下一层检验合格后方可施工上一层。铺设前与相关专业的分部(子分部)工程、分项工程以及设备管道安装工程之间，应进行交接检验。

序 号	项 目	内 容
2	基本规定	(6)室外散水、明沟、踏步、台阶和坡道等附属工程,均应符合设计要求。施工时应按《建筑地面工程施工质量验收规范》(GB 50209—2002)基层铺设中基土和相应垫层的规定执行。 (7)建筑地面的变形缝应按设计要求设置,并应符合下列规定: 1)建筑地面的沉降缝、伸缩缝和防震缝,应与结构相应缝的位置一致,且应贯通建筑地面的垫层。 2)沉降缝和防震缝隙的宽度应符合设计要求,缝内清理干净,以柔性密封材料填嵌后用板封盖,并应与面层齐平。 (8)垫层工程施工质量的检验,应符合下列规定: 1)垫层的施工质量验收应按每个施工段(或变形缝)作为检验批。 2)每检验批应以各子分部工程的基层按自然间(或标准间)检验,抽查数量应随机检验不应少于3间;不足3间,应全数检查;其中走廊(过道)应以10延长米为1间,工业厂房(按单跨计)、礼堂、门厅应以两个轴线为1间计算。 (9)垫层工程的施工质量检验的主控项目,必须达到本标准规定的质量标准,认定为合格;一般项目80%以上的检查点(处)符合规范规定的质量要求,其他检查点(处)不得有明显影响使用,并不得大于允许偏差值的50%为合格。凡达不到质量标准时,应按现行国家标准《建筑工程施工质量验收统一标准》(GB 50300—2001)的规定处理。 (10)垫层工程完工前、后,检验批及分项工程应由监理工程师(建筑单位项目技术负责人)组织施工单位项目专业质量(技术)负责人等进行验收

2. 施工准备和工程要点

炉渣垫层施工准备和工程要点如表 7.2.30 所示。

施工准备和工程要点   表 7.2.30

序 号	项 目	内 容
1	技术准备	(1)进行技术复核,基层标高、管道埋设符合设计要求,并经验收合格。 (2)施工前应有施工方案,有详细的技术交底,并交至施工操作人员。 (3)各种进场原材料规格、品种、材质等符合设计要求,进场后进行相应验收,并有相应施工配比通知单。 (4)施工前应有施工方案,有详细的技术交底,并交至施工操作班全体人员。
2	材料准备	(1)炉渣:炉渣内不应含有有机杂质和未燃尽的煤块,粒径不应大于40mm(且不得大于垫层厚度的1/2),且粒径在5mm及其以下的颗粒,不得超过总体积的40%。 (2)水泥:宜采用硅酸盐水泥、普通硅酸盐水泥或矿渣硅酸盐水泥。 (3)熟化石灰:石灰应用块灰,使用前应充分熟化过筛,不得含有粒径大于5mm的生石灰块,也不得含有过多的水分。也可采用磨细生石灰,或用粉煤灰、电石渣代替;采用加工磨细生石灰粉时,使用前加水溶化后方可使用。
3	主要机具	搅拌机、手推车、石制或铁制压滚(直径200mm,长600mm)、平板振动器、平铁锹、计量器、筛子、喷壶、浆壶、木拍板、3m和1m长木制大杠、笤帚、钢丝刷等。
4	作业条件	(1)结构工程已经验收,并办完验收手续,墙上水平标高控制线已弹好。 (2)预埋在垫层内的电气及其设备管线已安装完(用细石混凝土或1:3水泥砂浆将电管嵌固严密,有一定强度后才能铺炉渣),并办完隐蔽验收手续。 (3)穿过楼板的管线已安装验收完,楼板孔洞已用细石混凝土填塞密实。 (4)地面以下的排水管道、暖气沟、暖气管道已安装完,并办理完隐蔽验收手续。

序 号	项 目	内 容
5	工程要点	(1)材料要点： 1)水泥 水泥进场后按同品种、同强度等级取样进行检验,水泥质量有怀疑或水泥出厂日期超过三个月时应在使用前作复验,检验合格后,方准使用。 水泥应按不同品种、不同强度、不同出厂日期分别堆放和保管,不得混杂,并防止混掺使用。 2)炉渣 炉渣或水泥炉渣垫层采用的炉渣应为陈渣,即在使用前应浇水闷透的炉渣,禁止使用新渣。 (2)技术要点： 1)严格控制各道工序的操作质量,配料应准确掌握配合比,搅拌要均匀,并严格控制加水量。 2)铺设炉渣时加强厚度和平整度的检查,滚压密实均匀,加强成品的养护等,以确保达到要求的强度。 (3)质量要点： 1)要注意对基层的清理、洒水湿润以及炉渣的选用和配制,以防止垫层空鼓开裂。 2)必须严格按工艺流程操作,整个过程控制在 2h 内,滚压过程中随时拉水平线进行检查以免炉渣垫层表面不平。 3)炉渣拌合料拌合时要严格按配合比,严禁过早上人和进行下道工序的施工。以免造成炉渣垫层的松散和强度的降低。 (4)安全要点： 炉渣、石灰过筛、闷水时,操作人员应戴手套、穿胶鞋、戴防护眼镜等劳动保护用品。 (5)环境要点： 炉渣垫层冬期施工,水闷炉渣表面应加保温材料覆盖,防止受冻。做炉渣垫层前 3d 做好房间保暖措施,保持铺设和养护温度不低于 5℃。已铺好的垫层应适当护盖,防止受冻

3. 工艺流程和操作方法

(1) 工艺流程

炉渣垫层工艺流程，如下所示。

基底处理 → 配制炉渣 → 找标高、弹线、做找平墩 → 基层洒水湿润 → 铺炉渣垫层 → 刮平、滚压(振实) → 养护

(2) 操作方法

炉渣垫层采用炉渣或水泥与炉渣或水泥、石灰与炉渣的拌合料铺设，其厚度不应小于 80mm。操作方法，如表 7.2.31 所示。

操作方法　　　　　　　　　　　　　　表 7.2.31

序 号	项 目	内 容
1	基层处理	铺设炉渣垫层前,对粘结在基层上的水泥浆皮、混凝土渣子等用钢凿子剔凿,钢丝刷刷掉,再用扫帚清扫干净,洒水湿润
2	炉渣配制	(1)炉渣或水泥炉渣垫层的炉渣,使用前应浇水闷透;水泥石灰炉渣垫层的炉渣使用前应用石灰浆或用熟化石灰浇水拌合闷透,闷透时间均不得少于 5d。 (2)炉渣在使用前必须过两遍筛,第一遍过大孔径筛,筛孔径为 40mm,第二遍用小孔径筛,筛孔为 5mm,主要筛去细粉末,使粒径 5mm 以下的颗粒体积不得超过总体积的 40%。 (3)炉渣垫层的拌合料体积比应按设计要求配制。如设计无要求,水泥与炉渣拌合料的体积比宜为 1:6(水泥:炉渣),水泥、石灰与炉渣拌合料的体积比宜为 1:1:8(水泥:石灰:炉渣)。 (4)炉渣垫层的拌合料必须拌合均匀。先将闷透的炉渣按体积比与水泥干拌均匀后,再加水拌合,颜色一致,加水量应严格控制,使铺设时表面不致出现泌水现象。 水泥石灰炉渣的拌合方法同上,先按配合比干拌均匀后,再加水拌合均匀。

续表

序号	项目	内容
3	标高弹线	找标高、弹线、做找平墩：根据墙上＋500mm水平标高线及设计规定的垫层厚度（如无设计规定，其厚度不应小于80mm），往下量测出垫层的上平标高，并弹在周边墙上。然后拉水平线抹水平墩（用细石混凝土或水泥砂浆抹成60mm×60mm见方，与垫层同高），其间距2m左右，有泛水要求的房间，按坡度要求拉线找出最高和最低的标高，抹出坡度墩，用来控制垫层的表面标高。
4	基层湿润	基层洒水湿润：炉渣垫层拌合料铺设之前再次用扫帚清扫基层，用清水洒一遍（用喷壶洒均匀）。
5	炉渣铺设	(1)铺设炉渣前在基层刷一道素水泥浆（水灰比为0.4～0.5），将拌合均匀的拌合料，从房间内退着往外铺设，虚铺厚度宜控制在1.3：1，如设计要求垫层厚度为80mm，拌合料虚铺厚度为104mm（当垫层厚度大于120mm时，应分层铺设，每层压实后的厚度不应大于虚铺厚度的3/4）。 (2)在垫层铺设前，其下一层应湿润，铺设时应分层压实，铺设后应养护，待其凝结后方可进行下一道工序施工。
6	刮平、滚压	(1)刮平、滚压，以找平墩为标志，控制好虚铺厚度，用铁锹粗略找平，然后用木杠刮平，再用滚筒往返滚压（厚度超过120mm时，应用平板振动器），并随时用2m靠尺检查平整度，高出部分铲掉，凹处填平。直到滚压平整出浆且无松散颗粒为止。对于墙根、边角、管根周围不易滚压处，应用木拍板拍打密实。采用木拍压实时，应按拍实→拍实找平→轻拍逗浆→抹平等四道工序完成。 (2)水泥炉渣垫层应随拌随铺，随压实，全部操作过程应控制在2h内完成。施工过程中一般不留施工缝，如房间大必须留施工缝时，应用木方或木板挡好留槎处，保证直槎密实，接槎时应刷水泥浆（水灰比为0.4～0.5）后，再继续铺炉渣拌合料。
7	养护	垫层施工完毕应防止受水浸润。做好养护工作（进行洒水养护），常温条件下，水泥炉渣垫层至少养护2d；水泥石灰炉渣垫层至少养护7d，严禁上人乱踩、弄脏，待其凝固后方可进行面层施工

4. 质量标准和检验方法

（1）质量标准

炉渣垫层的施工质量检验，除应符合表7.2.32的规定外，还应符合建筑地面工程施工质量验收规范（GB 50209—2002）中之4.7的相关规定。

质 量 标 准　　　　　　　　　　　　　　　　　　　　表7.2.32

序号	项目	内容
1	主控项目	(1)炉渣内不应含有有机杂质和未燃尽的煤块，颗粒粒径不应大于40mm，且颗粒粒径在5mm及其以下的颗粒，不得超过总体积的40％；熟化石灰颗粒粒径不得大于5mm。 检验方法：观察检查和检查材质合格证明文件及检测报告。 (2)炉渣垫层的体积比应符合设计要求。 检验方法：观察检查和检查配合比通知单。
2	一般项目	(1)炉渣垫层与其下一层结合牢固，不得有空鼓和松散炉渣颗粒。 检验方法：观察检查和用小锤轻击检查。 (2)炉渣垫层表面的允许偏差应符合建筑地面工程施工质量验收规范（GB 50209—2002）中表4.1.5的规定。 检验方法：应按建筑地面工程施工质量验收规范（GB 50209—2002）表4.1.5中的检验方法检验

（2）质量记录

炉渣垫层施工的质量记录，如表7.2.33所示。

质 量 记 录 表 7.2.33

序 号	内 容
1	炉渣垫层分项工程施工质量检验批验收记录。
2	施工配合比单、施工记录及检验抽样试验记录。
3	原材料的出厂检验报告和质量合格证文件、材料进场检(试)验报告(含抽样报告)。
4	各摊铺层的隐蔽验收及其他有关验收文件。
5	土壤中氡浓度检测报告

5. 成品保护

炉渣垫层工程的成品保护,如表 7.2.34 所示。

成 品 保 护 表 7.2.34

序 号	内 容
1	铺炉渣拌合料时,注意不得将稳固电管的细石混凝土碰松动,通过地面的竖管也要加以保护。
2	炉渣垫层铺设完之后,要注意加以养护,常温下养护 3d 后方能进行面层施工。
3	不得直接在垫层上存放各种材料,尤其是油漆桶、拌合砂浆等,以免影响与面层的粘结力

6. 安全环保措施

炉渣垫层工程的安全环保措施,如表 7.2.35 所示。

安 全 环 保 措 施 表 7.2.35

序 号	内 容
1	炉渣过筛、拌合料拌合和垫层铺设时,操作人员应戴口罩、风镜、手套、套袖等劳动保护用品,并站在上风头作业。
2	施工机械用电应符合现场施工用电有关规定,夯填垫层前,应先检查打夯机电线绝缘是否完好,接地线、开关是否符合要求;使用打夯机应由两人操作,其中一人负责移动打夯机胶皮电线。
3	打夯机操作人员,必须戴绝缘手套和穿绝缘鞋,防止漏电伤人。两台打夯机在同一作业面夯实时,前后距离不得小于 5m,打夯时严禁务打电线、以防触电。
4	配备洒水车,对于炉渣等洒水或覆盖,防止扬尘。
5	车辆运输应加以覆盖,防止遗洒。
6	开挖出的污泥等应排放至垃圾堆放点

7.2.1.6 水泥混凝土垫层

1. 适用范围和基本规定

水泥混凝土垫层施工方法的适用范围和基本规定,如表 7.2.36 所示。

适用范围和基本规定 表 7.2.36

序 号	项 目	内 容
1	适用范围	本工艺标准适用于工业与民用建筑房地面水泥混凝土垫层的施工。
2	基本规定	(1)水泥混凝土垫层的厚度不应小于 60mm。 (2)垫层材料应按设计要求和《建筑地面工程施工质量验收规范》(GB 50209—2002)的规定选用、并应符合国家标准的规定,水泥、砂、石及外加剂等应进行现场抽样复试;使用前,应报监理验收,合格后方准使用。

序 号	项 目	内 容
2	基本规定	(3)混凝土垫层下的沟槽、暗管等工程完工后,经检验合格并做隐蔽记录,方可进行垫层工程的施工。 (4)垫层的铺设,应待其下一层检验合格后方可施工上一层。铺设前与相关专业的分部(子分部)工程、分项工项以及设备管道安装工程之间,应进行交接检验。 (5)室外散水、明沟、踏步、台阶和坡道等附属工程,均应符合设计要求。施工时应按《建筑地面工程施工质量验收规范》(GB 50209—2002)基层铺设中基土和相应垫层的规定执行。 (6)建筑地面的变形缝应按设计要求设置,并应符合下列规定: 1)建筑地面的沉降缝、伸缩缝和防震缝,应与结构相应缝的位置一致,且应贯通建筑地面的垫层。 2)沉降缝和防震缝的宽度应符合设计要求,缝内清理干净,以柔性密封材料填嵌后用板封盖,并应与面层齐平。 (7)垫层工程施工质量的检验,应符合下列规定: 1)垫层的施工质量验收应按每个施工段(或变形缝)作为检验批。 2)每检验批应以各子分部工程的基层按自然间(或标准间)检验,抽查数量应随机检验不应少于3间;不足3间,应全数检查;其中走廊(过道)应以10延长米为1间,工业厂房(按单跨计)、礼堂、门厅应以两个轴线为1间计算。 (8)垫层工程的施工质量检验的主控项目,必须达到本标准规定的质量标准,认定为合格;一般项目80%以上的检查点(处)符合规定的质量要求,其他检查点(处)不得有明显影响使用,并不得大于允许偏差值的50%为合格。凡达不到质量标准时,应按现行国家标准《建筑工程施工质量验收统一标准》(GB 50300—2001)的规定处理。 (9)垫层工程完工前、后,检验批及分项工程应由监理工程师(建设单位项目技术负责人)组织施工单位项目专业质量(技术)负责人等进行验收

2. 施工准备和工程要点

水泥混凝土垫层的施工准备和工程要点,如表 7.2.37 所示。

施工准备和工程要点　　　　　　　　　　　表 7.2.37

序 号	项 目	内 容
1	技术准备	(1)进行技术复核,基层标高、管道埋设符合设计要求,并经验收合格。 (2)施工前应有施工方案,有详细的技术交底,并交至施工操作人员。 (3)各种进场原材料进行进场验收,材料规格、品种、材质等符合设计要求,同时现场抽样进行复试,有相应施工配比通知单。
2	材料准备	(1)水泥采用硅酸盐水泥、普通硅酸盐水泥或矿渣硅酸盐水泥,其强度等级不得低于 32.5 级。 (2)砂宜采用中砂或粗砂,含泥量不应大于 3%。 (3)石采用碎石或卵石,粗骨料的级配要适宜,其最大粒径不应大于垫层厚度的 2/3,含泥量不应大于 2%。 (4)水宜采用饮用水。 (5)外加剂:混凝土中掺用外加剂的质量应符合现行国家标准《混凝土外加剂》(GB 8076)的规定。
3	主要机具	混凝土搅拌机、翻斗车、手推车、平板振捣器、磅秤、筛子、铁锹、小线、木拍板、刮杠、木抹子等。
4	作业条件	(1)楼地面基层施工完毕,暗敷管线、预留孔洞等已经验收合格,并作好记录。 (2)垫层混凝土配合比已经确认,混凝土搅拌后对混凝土强度等级、配合比、搅拌制度、操作规程等进行挂牌。 (3)水平标高控制线已弹完。 (4)水、电布线到位,施工机具、材料已准备就绪。

续表

序号	项目	内容
5	工程要点	(1)材料要点: 1)水泥进场时应对其品种、级别、包装或散装仓号、出厂日期等进行检查,并应对其强度、安定性及其他必要的性能指标进行复验。 2)当在使用中对水泥重量有怀疑或水泥出厂超过三个月(快硬硅酸盐水泥超过一个月)时,应进行复验,并按复验结果使用。 (2)技术要点: 1)垫层铺设前,其下一层表面应湿润。 2)混凝土的配合比应通过计算和试配确定,其浇筑时的坍落度宜为10～30mm。 3)捣实混凝土宜采用表面振动器,其移动间距应能保证振动器的平板覆盖已振实部分的边缘,每一振处应使混凝土表面呈现浮浆和不再沉落。 4)混凝土浇筑完毕后,应在12h以内用草帘等加以覆盖和浇水,浇水次数应能保持混凝土具有足够的湿润状态,浇水养护时间不少于7d。 (3)质量要点: 1)混凝土不密实。 ①基层未清理干净、未湿润,造成混凝土垫层与基层间粘结不牢;垫层施工前必须将基层清理干净并洒水湿润。 ②混凝土振捣不密实,漏振;应加强振捣工作。 ③混凝土配合比掌握不准,搅拌不均匀。 2)混凝土表面不平整。 混凝土铺设时未按线找平,未随打随刮平;铺设过程中随时拉线上杠找平。 3)混凝土表面出现裂缝。 ①垫层面积过大,未分段进行浇筑,未留伸缩缝。 ②首层地面回填土不均匀下沉。 ③垫层厚度过薄不足60mm,垫层内管线过多。 ④配合比不准确,水灰比控制不好。 (4)安全要点: 1)砂、石、水泥的投料人员应配戴口罩,防止粉尘污染。 2)振动器的操作人员应穿胶鞋和配戴胶皮手套。 (5)环境要点: 1)砂、石、水泥应统一堆放,并应有防尘措施。 2)因混凝土搅拌而产生的污水应经过滤后排入指定地点。 3)混凝土搅拌机的运行噪声应控制在当地有关部门的规定范围内。 4)混凝土搅拌现场、使用现场及运输途中遗漏的混凝土应及时回收处理

3. 工艺流程和操作方法

(1) 工艺流程

水泥混凝土垫层工艺流程,如下所示。

施工准备 → 清理基层 → 找标高、弹线 → 搅拌混凝土 → 铺设混凝土 → 振捣混凝土 → 找平 → 养护

(2) 操作方法

水泥混凝土垫层操作方法,如表 7.2.38 所示。

操作方法　　　　　　　　　　　　表 7.2.38

序号	项目	内容
1	铺前准备	(1)清理基层:浇筑混凝土垫层前,应清除基层的淤泥和杂物;基层表面平整度应控制在15mm内。 (2)找标高、弹线:根据墙上水平标高控制线,向下量出垫层标高,在墙上弹出控制标高线。垫层面积较大时,底层地面可视基层情况采用控制桩或细石混凝土(或水泥沙浆)做找平墩控制垫层标高;楼层地面采用细石混凝土或水泥砂浆做找平墩控制垫层标高。

续表

序号	项　目	内　容
2	混凝土搅拌与运输	(1)混凝土搅拌机开机前应进行试运行，并对其安全性能进行检查，确保其运行正常。 (2)混凝土搅拌时应先加石子，后加水泥，最后加砂和水，其搅拌时间不得少于1.5min，当掺有外加剂时，搅拌时间应适当延长。 (3)在运输中，应保持其匀质性，做到不分层、不离析、不漏浆。运到浇筑地点时，应具有要求的坍落度，坍落度一般控制在10～30mm。
3	混凝土铺设及振捣	(1)铺设混凝土。 1)铺设前，将基层湿润，并在基底上刷一道素水泥浆或界面结合剂，随刷随铺混凝土。 2)混凝土铺设应从一端开始，由内向外铺设。混凝土应连续浇筑，间歇时间不得超过2h。如间歇时间过长，应分块浇筑，接槎处按施工缝处理，接槎处混凝土应捣实压平，不显接头槎。 3)工业厂房、礼堂、门厅等大面积水泥混凝土垫层应分区段浇筑，分区段时应结合变形缝位置、不同类型的建筑地面连接处和设备基础的位置进行划分，并应与设置的纵向、横向缩缝的间距相一致。 4)水泥混凝土垫层铺设在基土上，当气温长期处于0℃以下，设计无要求时，垫层应设置施工缝。 5)室内地面的水泥混凝土垫层，应设置纵向缩缝和横向缩缝；纵向缩缝间距不得大于6m，并应做成平头缝或加助板平头缝，当垫层厚度大于150mm时，可做企口缝；横向缩缝间距不得大于12m，横向缩缝应做假缝。 6)平头缝和企口缝的缝间不得放置隔离材料，浇筑时应互相紧贴，企口缝的尺寸应符合设计要求，假缝宽度为5～20mm，深度为垫层厚度的1/3，缝内填水泥砂浆。 (2)振捣混凝土：用铁锹摊铺混凝土，用水平控制桩和找平墩控制标高，虚铺厚度略高于找平墩，然后用平板振捣器振捣。厚度超过200mm时，应采用插入式振捣器，其移动距离不应大于作用半径的1.5倍，做到不漏振，确保混凝土密实。
4	表面找平与养护	(1)混凝土振捣密实后，以墙柱上水平控制线和水平墩为标志，检查平整度，高出的地方铲平，凹的地方补平。混凝土先用水平刮杠刮平，然后表面用木抹子搓平。有找坡要求时，坡度应符合设计要求。 (2)混凝土强度应以标准养护，龄期为28d的试块抗压试验结果为准。混凝土宜采用表面振动器进行机械振捣，以保证混凝土的密实。
5	试块留置	混凝土取样强度试块应在混凝土的浇筑地点随机抽取，取样与试件留置应符合下列规定： (1)拌制100盘且不超过100m³的同配合比混凝土，取样不得少于一次。 (2)工作班拌制的同一配合比的混凝土不足100盘时，取样不得少于一次。 (3)每一层楼、同一配合比的混凝土，取样不得少于一次；当每一层建筑地面工程大于1000m²时，每增加1000m²应做一组试块。 每次取样应至少留置一组标准养护试件，同条件养护试件的留置根据实际需要确定。
6	冬期施工	冬期施工环境温度不得低于5℃，如在负温下施工时，混凝土中应掺加防冻剂，防冻剂应经检验合格后方准使用，防冻剂掺量应由试验确定。混凝土垫层施工完后，应及时覆盖塑料布和保温材料

4. 质量标准和检验方法

（1）质量标准

水泥混凝土垫层的施工质量检验，除应符合表7.2.39的规定外，还应符合《建筑地面工程施工质量验收规范》（GB 50209—2002）中之4.8的相关规定

质量标准　　　　　　　　　　　　　　　　　表7.2.39

序号	项　目	内　容
1	主控项目	(1)水泥混凝土垫层采用的粗骨料，其最大粒径不应大于垫层厚度的2/3；含泥量不应大于2%；砂为中粗砂，其含泥量不应大于3%。 检查方法：观察检查和检查材质合格证明文件及检测报告。 (2)混凝土的强度等级应符合设计要求，且不应小于C15。 检查方法：观察检查和检查配合比通知单及检测报告。
2	一般项目	水泥混凝土垫层表面的允许偏差应符合建筑地面工程施工质量验收规范（GB 50209—2002）中表4.1.5规定

（2）质量记录

水泥混凝土垫层的质量记录，如表 7.2.40 所示。

质量记录 表 7.2.40

序 号	内 容
1	水泥、砂、石、外加剂等原材料材质合格证明文件及检测报告。
2	配合比通知单。
3	施工日志。
4	安全、技术交底。
5	混凝土垫层工程检验批质量验收记录

5. 成品保护

水泥混凝土垫层的成品保护，如表 7.2.41 所示。

成品保护 表 7.2.41

序 号	内 容
1	浇筑的垫层混凝土强度达到 1.2MPa 以后，才可允许人员在其上面走动和进行其他工序施工。
2	施工时，混凝土运输工具不得碰触门框，对隐蔽的电气线管应进行保护

6. 安全环保措施

水泥混凝土垫层的安全环保措施，如表 7.2.42 所示。

安全环保措施 表 7.2.42

序 号	内 容
1	混凝土搅拌机械必须符合《建筑机械使用安全技术规程》(JGJ 33)及《施工现场临时用电安全技术规范》(JGJ 46)的有关规定，施工中应定期对其进行检查、维修，保证机械使用安全。
2	原材料及混凝土在运输过程中，应避免扬尘、洒漏、沾带，必要时应采取遮盖、封闭、洒水、冲洗等措施。
3	落地混凝土应在初凝前及时回收，回收的混凝土不得夹有杂物，并应及时运至拌合地点，掺入新混凝土中拌合使用

7.2.1.7 找平层

1. 适用范围和基本规定

找平层工程施工方法的适用范围和基本规定，如表 7.2.43 所示。

适用范围和基本规定 表 7.2.43

序 号	项 目	内 容
1	适用范围	本工艺标准适用于工业与民用建筑房屋地面找平层的施工。
2	基本规定	（1）找平层材料应按设计要求和《建筑地面工程施工质量验收规范》(GB 50209—2002)的规定选用，并应符合国家标准的规定，水泥、砂、石及外加剂等应进行现场抽样复试；使用前，应报监理验收，合格后方准使用。 （2）混凝土找平层下基层或结构层工程完工后，经检验合格并做隐蔽记录，方可进行找平层的施工。 （3）找平层铺设前与相关专业的分部(子分部)工程、分项工程以及设备管道安装工程之间，应进行交接检验。

续表

序　号	项　目	内　容
2	基本规定	(4)有防水要求的建筑地面,铺设前必须对立管、套管和地漏与楼板节点之间进行密封处理;排水坡度应符合设计要求。 (5)在预制钢筋混凝土板上铺设找平层前,板缝填嵌的施工应符合下列要求: 1)预制钢筋混凝土板相邻缝底宽不应小于20mm。 2)填嵌时板缝内应清理干净,并保持湿润。 3)填缝采用细石混凝土,其强度等级不应小于C20。填缝高度应低于板面10~20mm,且振捣密实,表面不应压光,填缝后应养护。 4)当板缝底宽大于40mm时,应按设计要求配置钢筋。 (6)在预制钢筋屋面板上铺设找平层时,其板端应按设计要求作防裂的构造措施。 (7)铺设找平层前,其下一层有松散材料时,应予铺平振实。室外散水、明沟、踏步、台阶和坡道等附属工程,均应符合设计要求。施工时应按《建筑地面工程施工质量验收规范》(GB 50209—2002)基层铺设中的规定执行。 (8)建筑地面的变形缝应按设计要求设置,并应符合下列规定: 1)建筑地面的沉降缝、伸缩缝和防震缝,应与结构相应缝的位置一致,且应贯通建筑地面的垫层。 2)沉降缝和防震缝的宽度应符合设计要求,缝内清理干净,以柔性密封材料填嵌后用板封盖,并应与面层齐平。 (9)找平层工程施工质量的检验,应符合下列规定: 1)找平层的施工质量验收应按每个层次或每个施工段(或变形缝)作为检验批,高层建筑的标准层可按每三层(不足三层按三层计)作为检验批。 2)每检验批应以各子分部工程的基层按自然间(或标准间)检验,抽查数量应随机检验不应少于3间;不足3间,应全数检查;其中走廊(过道)应以10延长米为1间,工业厂房(按单跨计)、礼堂、门厅应以两个轴线为1间计算。 (10)垫层工程的施工质量检验的主控项目,必须达到本标准规定的质量标准,认定为合格;一般项目80%以上的检查点(处)符合规范规定的质量要求,其他检查点(处)不得有明显影响使用,并不得大于允许偏差值的50%为合格,凡达不到质量标准时,应按现行国家标准《建筑工程施工质量验收统一标准》(GB 50300—2001)的规定处理。 (11)垫层工程完工前、后,检验批及分项工程应由监理工程师(建设单位项目技术负责人)组织施工单位项目专业质量(技术)负责人等进行验收

2. 施工准备和工程要点

找平层工程施工准备和工程要点,如表7.2.44所示。

施工准备和工程要点

表7.2.44

序　号	项　目	内　容
1	技术准备	(1)进行技术复核,基层标高、管道埋设符合设计要求,并经验收合格。 (2)施工前应有施工方案,有详细的技术交底,并交至施工操作人员。 (3)各种进场原材料进行进场验收,材料规格、品种、材质等符合设计要求,同时现场抽样进行复试,有相应施工配比通知单。
2	材料准备	(1)水泥采用硅酸盐水泥、普通硅酸盐水泥或矿或矿渣硅酸盐水泥,其强度等级不得低于32.5级。 (2)砂宜采用中砂或粗砂,含泥量不应大于3%。 (3)石采用碎石或卵石,粗骨料的级配要适宜,其最大粒径不应大于垫层厚度的2/3,含泥量不应大于2%。 (4)水宜采用饮用水。 (5)外加剂:混凝土中掺用外加剂的质量应符合现行国家标准《混凝土外加剂》(GB 8076)的规定。

续表

序 号	项 目	内 容
3	主要机具	混凝土搅拌机、砂浆搅拌机、翻斗车、手推车、平板振捣器、磅秤、筛子、铁锹、小线、木拍板、刮杠、木抹子、铁抹子等。
4	作业条件	(1)楼地面基层施工完毕,暗敷管线、预留孔洞等已经验收合格,并作好记录。 (2)垫层混凝土配合比已经确认,混凝土搅拌后台对混凝土强度等级、配合比、搅拌制度、操作规程等进行挂牌。 (3)控制找平层标高的水平控制线已弹完。 (4)楼板孔洞已进行可靠封堵。 (5)水、电布线到位,施工机具、材料已准备就绪。
5	工程要点	(1)材料要点: 1)水泥进场时应对其品种、级别、包装或散装仓号、出厂日期等进行检查,并应对其强度、安定性及其他必要的性能指标进行现场抽样检验。 2)当在使用中对水泥质量有怀疑或水泥出厂超过三个月(快硬硅酸盐水泥超过一个月)时,应进行复验,并按复验结果使用。 (2)技术要点: 1)找平层铺设前,其下一层表面应应湿润。 2)找平层应采用水泥砂浆或水泥混凝土铺设,基层为混凝土类时必须待其强度达到1.2MPa以上时,方可铺设找平层。 3)混凝土或水泥砂浆的配合比应通过计算和试配确定,水泥砂浆的强度如无设计要求,应采用体积比不小于1:3的水泥砂浆。水泥混凝土浇筑时的坍落度宜为10～30mm;混凝土搅拌时严格按配合比对其原材料进行重量计量施工。 4)捣实混凝土宜采用表面振动器,其移动间距应能保证振动器的平板覆盖已振实部分的边缘,每一振处应使混凝土表面呈现浮浆和不再沉落。 5)混凝土浇灌完毕后,应在12h以内用草帘等加以覆盖和浇水,浇水次数应能保持混凝土具有足够的湿润状态,浇水养护时间不少于7d。 (3)质量要点: 1)混凝土不密实 ①基层未清理干净、未湿润,造成混凝土找平层与基层间粘结不牢;找平层施工前必须将基层清理干净并洒水湿润。 ②混凝土振捣不密实、漏振,应加强振捣工作。 ③混凝土配合比掌握不准,搅拌不均匀。 2)混凝土表面不平整 混凝土铺设时未按线找平,未随打随抹;铺设过程中随时拉线上杠找平。 3)混凝土表面出现裂缝 ①找平层面积过大,未分段进行浇筑,未留伸缩缝。 ②预制板板缝处理不当,应按设计要求进行处理,施工操作认真仔细。 ③配合比不准确,水灰比控制不好。 (4)安全要点: 1)砂、石、水泥的投料人员应配戴口罩,防止粉尘污染。 2)振动器的操作员工应穿胶鞋和配戴胶皮手套。 (5)环境要点: 1)砂、石、水泥应统一堆放,并应有防尘措施。 2)因混凝土搅拌而产生的污水应经过滤后排入指定地点。 3)混凝土搅拌机的运行噪声应控制在当地有关部门的规定范围内。 4)混凝土搅拌现场、使用现场及运输途中遗漏的混凝土应及时回收处理

3. 工艺流程和操作方法

(1) 工艺流程

找平层工程工艺流程,如下所示。

施工准备 → 清理基层 → 找标高、弹线 → 搅拌混凝土 → 铺设混凝土 → 振捣混凝土 → 找平 → 养护

(2) 操作方法

找平层工程操作方法,如表7.2.45所示。

操作方法 表 7.2.45

序号	项目	内容
1	铺前准备	(1)清理基层:浇灌混凝土前,应清除基层的淤泥和杂物;基层表面平整度应控制在 10mm 内。 (2)找标高、弹线:根据墙上水平标高控制线,向下量出找平层标高,在墙上弹出控制标高线。找平层面积较大时,采用细石混凝土或水泥砂浆找平墩控制垫层标高,找平墩 60mm×60mm,高度同找平层厚度,双向布置,间距不大于 2m。用水泥砂浆做找平层时,还应冲筋。
2	材料搅拌运输	(1)混凝土搅拌机开机前应进行试运行,并对其安全性能进行检查,确保其运行正常。 (2)混凝土搅拌时应先加石子,后加水泥,最后加砂和水,其搅拌时间不得少于 1.5min,当掺有外加剂时,搅拌时间应当延长。 (3)水泥砂浆搅拌先向已转动的搅拌机内加入适量的水,再按配比将水泥和砂子先后投入,再加水至规定配合比,搅拌时间不得少于 2min。 (4)水泥砂浆一次拌制不得过多,应随用随拌。砂浆放置时间不得过长,应在初凝前用完。 (5)在运输中,应保持其匀质性,做到不分层、不离析、不漏浆。运到浇灌地点时,混凝土应具有要求的坍落度,坍落度一般控制在 10～30mm,砂浆应满足施工要求的稠度。
3	铺设与振捣	(1)铺设混凝土或砂浆: 1)铺设前,将基层湿润,并在基底上刷一道素水泥浆或界面结合剂,随刷随铺混凝土或砂浆。 2)混凝土或砂浆铺设应从一端开始,由内向外连续铺设。混凝土应连续浇灌,间歇时间不得超过 2 小时。如间歇时间过长,应分块浇筑,接槎按施工缝处理,接缝处混凝土应捣实压平,不现接头槎。 3)工业厂房、礼堂、门厅等大面积水泥混凝土或砂浆找平层应分区段施工,分区段时应结合变形缝位置、不同类型的建筑地面连接处和设备基础的位置进行划分,并应与设置的纵向、横向缩缝的间距相一致。 4)室内地面的水泥混凝土找平层,应设置纵向缩缝和横向缩缝;纵向缩缝间距不得大于 6m,并应做成平头缝或加肋板平头缝,当找平层厚度大于 150mm 时,可做企口缝;横向缩缝间距不得大于 12m,横向缩缝应做假缝。 5)平头缝和企口缝的缝间不得放置隔离材料,浇筑时应互相紧贴,企口缝的尺寸应符合设计要求,假缝宽度为 5～20mm 深度为找平层厚度的 1/3,缝内填水泥砂浆。 (2)振捣混凝土:用铁锹摊铺混凝土或砂浆,用水平控制桩和找平墩控制标高,虚铺厚度略高于找平墩,然后用平板振捣器振捣。厚度超过 200mm 时,应采用插入式振捣器,其移动距离不应大于作用半径的 1.5 倍,做到不漏振,确保混凝土密实。
4	养护与找平	(1)混凝土振捣密实后,以墙柱上水平控制线和水平墩为标志,检查平整度,高出的地方铲平,凹的地方补平。混凝土或砂浆先用水平刮杠刮平,然后表面用木抹子搓平,铁抹子抹平压光。 (2)找平层施工完后 12h 应进行覆盖和浇水养护,养护时间不得少于 7d。
5	试块与留置	混凝土取样强度试块应在混凝土的浇筑地点随机抽取,取样与试件留置应符合下列规定: (1)制 100 盘且不超过 100m³ 的同配合比混凝土,取样不得少于一次。 (2)工作班拌制的同一配合比的混凝土不足 100 盘时,取样不得少于一次。 (3)每一层楼、同一配合比混凝土,取样不得少于一次,当每一层建筑地面工程大于 1000m² 时,每增加 1000m² 应增做一组试块。 每次取样应至少留置一组标准养护试件,同条件养护试件的留置根据实际需要确定。
6	冬期施工	冬期施工环境温度不得低于 5℃。如在负温下施工时,混凝土中应掺加防冻剂,防冻剂应经检验合格后方准使用,防冻剂掺量应由试验确定。找平层施工完后,应及时覆盖塑料布和保温材料

4. 质量标准和检验方法

(1) 质量标准

找平层的施工质量检验，除应符合表 7.2.46 的规定外，还应符合建筑地面工程施工质量验收规范（GB 50209—2002）中之 4.9 的相关规定。

质量标准 表 7.2.46

序号	项目	内容
1	主控项目	(1)找平层采用碎石和卵石的粒径不应大于其厚度的 2/3,含泥量不应大于 2%;砂为中粗砂,其含泥量不应大于 3%。 检验方法:观察检查和检查材质合格证明文件及检测报告。 (2)水泥砂浆体积比或水泥混凝土的强度等级应符合设计要求,且水泥砂浆体积比不应小于 1∶3(或相应的强度等级),水泥混凝土强度等级不应小于 C15。 检验方法:观察检查和检查配合比通知单及检测报告。 (3)有防水要求的建筑地面工程的立管、套管、地漏处严禁渗漏,坡向应正确、无积水。 检验方法:观察检查和蓄水、泼水检验及坡度尺检查。
2	一般项目	(1)找平层与下一层结合牢固,不得有空鼓。 检验方法:用小锤轻击检查。 (2)找平层表面应密实,不得有起砂、蜂窝和裂缝等缺陷。 检验方法:观察检查。 (3)找平层的表面的允许偏差应符合建筑地面工程施工质量验收规范(GB 50209—2002)中表 4.1.5 的规定

(2) 质量记录

找平层工程质量记录，如表 7.2.47 所示。

质量记录 表 7.2.47

序号	内容
1	水泥、砂、石等原材材质合格证明文件及检测报告。
2	配合比通知单。
3	建筑地面找平层检验批质量验收记录。
4	技术交底记录

5. 成品保护

找平层工程的成品保护，如表 7.2.48 所示。

成品保护 表 7.2.48

序号	内容
1	(1)运送混凝土应使用不漏浆和不吸水的容器,使用前须湿润,运送过程中要清除容器内粘着的残渣,以确保浇灌前混凝土的成品质量。 (2)混凝土运输应尽量减少运输时间,从搅拌机卸出到浇灌完毕的延续时间不得超过表 7.2.49 规定。 (3)砂浆贮存:砂浆应盛入不漏水的贮灰器中,并随用随拌,少量贮存。
2	找平层浇灌完毕后应及时养护,混凝土强度达到 1.2MPa 以上时,方准施工人员在其上行走

混凝土从搅拌机卸出到浇灌完毕的延续时间　(min)　　　　表 7.2.49

混凝土强度等级	气温(℃)	
	低于 25	高于 25
≤C30	120	90
>C30	90	60

6. 安全环保措施

找平层施工的安全环保措施，如表 7.2.50 所示。

安全环保措施　　　　表 7.2.50

序　号	内　容
1	混凝土及砂浆搅拌机械必须符合《建筑机械使用安全技术规程》(JGJ 33)及《施工现场临时用电安全技术规范》(JGJ 46)的有关规定，施工中应定期对其进行检查、维修，保证机械使用安全。
2	原材料及混凝土在运输过程中，应避免扬尘、洒漏、沾带，必要时应采取遮盖、封闭、洒水、冲洗等措施。
3	落地砂浆应在初凝前及时回收，回收的混凝土不得夹有杂物，并应及时运至拌合地点，掺入新混凝土中拌合使用

7.2.1.8　隔离层

1. 适用范围和基本规定

隔离层的适用范围和基本规定，如表 7.2.51 所示。

适用范围和基本规定　　　　表 7.2.51

序　号	项　目	内　容
1	适用范围	本工艺规定适用于工业与民用建筑房屋地面隔离层的施工。
2	基本规定	(1)隔离层材料应按设计要求和《建筑地面工程施工质量验收规范》(GB 50209—2002)的规定选用，并应符合国家标准的规定，进场后进行现场抽样复试并报监理验收，合格后方准使用。 (2)隔离层下基层或结构层工程完工后，经检验合格并做隐蔽记录，方可进行隔离层的施工。 (3)隔离层工程施工质量的检验，应符合下列规定： 1)隔离层的施工质量验收应按每个施工段(或变形缝)作为检验批，高层建筑的标准层可按每三层(不足三层按三层计)作为检验批。 2)每检验批应以各子分部工程的基层按自然间(或标准间)检验，抽查数量应随机检验不应少于 3 间;不足 3 间，应全数检查;其中走廊(过道)应以 10 延长米为 1 间，工业厂房(按单跨计)、礼堂、门厅应以两个轴线为 1 间计算。 (4)隔离层工程的施工质量检验的主控项目，必须达到本标准规定的质量标准，认定为合格;一般项目 80％以上的检查点(处)符合规范规定的质量要求，其他检查点(处)不得有明显影响使用，并不得大于允许偏差值的 50％为合格。凡达不到质量标准时，应按现行国家标准《建筑工程施工质量验收统一标准》(GB 50300—2001)的规定处理。 (5)隔离层完工前、后，检验批及分项工程应由监理工程师(建设单位项目技术负责人)组织施工单位项目专业质量(技术)负责人等进行验收

2. 施工准备和工程要点

隔离层工程的施工准备和工程要点，如表 7.2.52 所示。

施工准备和工程要点   表 7.2.52

序 号	项 目	内 容
1	技术准备	(1)进行技术复核,基层标高、坡度、结点处理符合设计要求,并经验收合格。 (2)施工前应有施工方案,有详细的技术交底,并交至施工操作人员。 (3)各种进场原材料进行进场验收,材料规格、品种、材质等符合设计要求,同时现场抽样进行复试,有相应施工配比通知单。
2	材料准备	常用材料有沥青类防水卷材、水泥类复合防水材料、聚氨酯防水涂料、玻璃丝纤维布、防水剂等。
3	主要机具	搅拌用具、量具、中桶、小桶、橡胶刮板、刷子等。
4	作业条件	(1)楼地面找平层施工完毕,已经验收合格,并作好记录。 (2)管根、墙根已按防水要求做好圆滑收头,找平层强度、干燥程度已满足施工要求。 (3)隔离层墙上高度控制线已标出。 (4)隔离层材料已经复试合格。 (5)防水施工人员有上岗证。
5	工程要点	(1)材料要点: 1)防水涂料:应符合设计要求和有关建筑涂料的现行国家标准的规定,进场后应进行抽样复试,合格后方准使用。 2)防水卷材:应符合设计要求和有关防水材料的现行国家标准的规定,进场后应进行抽样复试,合格后方准使用。 3)防水剂:隔离层中掺用防水剂的质量应符合现行国家标准《混凝土外加剂》GB 8076 的规定,进场后应进行抽样复试,合格后方准使用。 4)水:用水宜采用饮用水。 (2)技术要点: 1)隔离层的材料,其材质应经有资质的检测单位认定,合格后方准使用。 2)当采用掺用防水剂的水泥类找平层作为防水隔离层时,其掺量和强度等级(或配合比)应符合设计要求。 3)在水泥类找平层上铺设沥青类防水卷材、防水涂料或以水泥类材料作为防水隔离层时,其表面应坚固、洁净、干燥。铺设前涂刷基层处理剂,基层处理剂应采用与卷材性能配套的材料或采用同类涂料的底子油。 4)铺设防水隔离层时,在管道穿过楼板面四周,防水材料应向上铺涂,并超过套管的上口。在靠近墙面处,应高出面层 200～300mm 或按设计要求的高度铺涂。阴阳角和管道穿过楼板面的根部应增加铺涂附加防水隔离层。 (3)质量要点: 1)隔离层施工质量检验应符合现行国家标准《屋面工程质量验收规范》(GB 50207)的有关规定。 2)防水材料铺设后,必须进行蓄水试验,蓄水深度应为 20～30mm,24h 内无渗漏为合格,并做记录。 (4)安全要点: 1)涂料的调配、喷涂及沥青类材料加热等过程中,施工人员应配戴口罩。 2)电动机具的操作人员应配戴胶鞋和胶皮手套。 (5)环境要点: 1)沥青类材料和涂料等应单独统一存放,存放点应通风并有防火措施。 2)因调配涂料等产生的污水应经过滤后排入指定地点。 3)施工机具的运行噪声应控制在当地有关部门的规定范围内。 4)施工余下的沥青类材料和涂料应及时回收处理,以免污染环境

3. 工艺流程和操作方法

(1) 工艺流程

隔离层工程工艺流程,如下所示。

材料验收 → 涂料调制 → 基层处理 → 铺设隔离层材料 → 验收

(2) 操作方法

隔离层工程操作方法,如表 7.2.53 所示。

操作方法   表 7.2.53

序号	项　目	内　容
1	一般要求	(1)确定涂料及胶粘剂等的调制比例,并按比例调制。 (2)铺设前,应清除基层的淤泥和杂物,并保持基层干燥,含水率不大于 9%。 (3)隔离层采取卷材时,铺贴前刷冷底子油,涂刷要均匀,不得漏刷。采取防水涂料时,基层铺涂前应刷底胶,涂刷要均匀,不得漏刷。 (4)细部处理。 在墙面和地面相交的阴角处,出地面管道根部和地漏周围,须增加附加层,附加层宜在冷底子油或底子油或底胶作完后施工。附加层做法应符合设计要求。
2	卷材铺设操作方法	(1)卷材表面和基层表面上用长把滚刷均匀涂布胶粘剂,涂胶后静置 20min 左右,待胶膜基本干燥,指触不粘时,即可进行卷材铺贴。 (2)卷材铺贴时先弹出基准线,将卷材的一端固定在预定部位,再沿基准线铺展。平面与立面相连的卷材先铺贴平面然后向立面铺贴,并使卷材紧贴阴、阳角。接缝部位必须距离阴、阳角 200mm 以上。 (3)铺完一张卷材后,立即用干净的松软长把滚刷从卷材一端开始朝横方向顺序用力滚压一遍,以彻底排除卷材与基层之间的空气,平面部位用外包橡胶的长 300mm、重 30~40kg 的铁辊滚压一遍,使其粘结牢固,垂直部位用手持压辊滚压粘牢。 (4)卷材接缝宽度为 100mm,在接缝部位每隔 1m 左右处,涂刷少许胶粘剂,待其基本干燥后,将搭接部位的卷材翻开,先作临时粘结固定,然后将粘结卷材接缝用专用胶粘剂,均匀涂刷在卷材接缝隙的两个粘结面上,待涂胶基本干燥后再进行压合。 (5)卷材接缝部位的附加增强处理:在接缝边缘填密封膏后,骑缝粘贴一条宽 120mm 的卷材胶条(粘贴方法同前)进行附加增强处理。
3	防水涂料操作方法	(1)在底子胶固化干燥后,先检查上面是否有气泡或气孔,如有气泡用底胶填实。 (2)铺设增强材料,涂刷涂料。采用橡胶刮板或塑料刮板将涂料均匀地涂刮在基层上,先涂立面,再涂平面,由内向外涂刮。 (3)第一道涂层固化后,手感不粘时,即可涂刮第二道涂层,第二道涂刮方向与第一道涂刮方向垂直。 (4)操作时应认真仔细,不得漏刮、鼓泡。
4	蓄水检验	隔离层施工完后,应进行试水试验。将地漏、下水口和门口处临时封堵,蓄水深度 20~30mm,蓄水 24h 后,观察无渗漏现象为合格

4. 质量标准和检验方法

(1) 质量标准

隔离层的施工质量检验,除应符合表 7.2.54 规定外,还应符合《建筑地面工程施工质量验收规范》(GB 50209—2002)中之 4.10 的相关规定。

质量标准　　　　　　　　　　　　　　　　　　　　　　表 7.2.54

序 号	项　目	内　　　　容
1	主控项目	(1)隔离层材质必须符合设计要求和国家产品标准的规定。 检验方法:观察检查和检查材质合格证明文件、检测报告。 (2)厕浴间和有防水要求的建筑地面必须设置防水隔离层。楼层结构必须采用现浇混凝土或整块预制混凝土板,混凝土强度等级不应小于 C20;楼板四周除门洞外,应做混凝土翻边,其高度不应小于 120mm。施工时结构层标高和预留孔洞位置应准确,严禁乱凿洞 检查方法:观察和钢尺检查。 (3)水泥类防水隔离层的防水性能和强度等级必须符合设计要求。 检验方法:观察检查和检查检测报告。 (4)防水隔离层严禁渗漏,坡向应正确、排水通畅。 检验方法:观察检查和蓄水、泼水检验或坡度尺检查及检查检测记录。
2	一般项目	(1)隔离层与下一层结合牢固,不得有空鼓;防水涂料层应平整、均匀,无脱皮、起壳、裂缝、鼓泡等缺陷。 检验方法:用小锤轻击检查和观察检查。 (2)隔离层厚度应符合设计要求。 检验方法:观察检查和用钢尺检查。 (3)隔离层表面的允许偏差应符合建筑地面工程施工质量验收规范(GB 50209—2002)中表4.1.5 的规定

（2）质量记录

隔离层工程的质量记录,如表 7.2.55 所示。

质量记录　　　　　　　　　　　　　　　　　　　　　　表 7.2.55

序 号	内　　　　容
1	防水材料材质合格证明文件及检测报告。
2	地面工程隔离层检验批质量验收记录。
3	安全、技术交底

5. 成品保护

隔离层的成品保护,如表 7.2.56 所示。

成品保护　　　　　　　　　　　　　　　　　　　　　　表 7.2.56

序 号	内　　　　容
1	铺设隔离层时,施工人员不得穿钉鞋,防止损伤防水卷材。
2	铺离层铺设完毕后应及时保护,并禁止施工人员在其上行走,造成隔离层表面的损坏

6. 安全环保措施

隔离层工程的安全环保措施,如表 7.2.57 所示。

安全环保措施　　　　　　　　　　　　　　　　　　　　　　表 7.2.57

序 号	内　　　　容
1	施工机具必须符合《建筑机械使用安全技术规程》(JGJ 33)及《施工现场临时用电安全技术规范》(JGJ 46)的有关规定,施工中应定期对其进行检查、维修,保证机械使用安全。
2	施工现场剩余的防水涂料、处理剂、纤维布等应及时清理,以防其污染环境。
3	防水涂料、处理剂不用时,应及时封盖,不得长期暴露

7.2.1.9 填充层

1. 适用范围和基本规定

填充层工程的适用范围和基本规定，如表 7.2.58 所示。

适用范围和基本规定　　　　　表 7.2.58

序号	项目	内容
1	适用范围	本工艺标准适用于建筑工程中建筑地面工程(含室外散水、明沟、踏步、台阶和坡道等附属工程)中的填充层的施工及施工质量验收。
2	基本规定	(1)填充层采用的材料应按设计要求和《建筑地面工程施工质量验收规范》的规定选用,并应符合国家标准的规定,进场材料应有中文质量合格证明文件、规格、型号及性能检测报告。 (2)沥青胶结料应按设计要求选用,并应符合现行国家标准《民用建筑工程室内环境污染控制规定》(GB 50325—2001)的规定。 (3)填充层的下一层表面应平整。当为水泥类时,尚应干燥、洁净,并不得有空鼓、裂缝和起砂等缺陷。 (4)采用松散材料铺设填充层时,应分层铺平拍实;采用板状材料铺设填充层时,应分层错缝铺贴。 (5)填充层施工质量检验尚应符合现行国家标准《屋面工程质量验收规范》(GB 50207—2002)的有关规定

2. 施工准备和工程要点

填充层工程的施工准备和工程要点，如表 7.2.59 所示。

施工准备和工程要点　　　　　表 7.2.59

序号	项目	内容
1	技术准备	(1)审查图纸,制定施工方案,进行技术交底。 (2)抄平放线,统一标高、找坡。 (3)填充层的配合比应符合设计要求。
2	材料要求	(1)松散材料的质量要求见表 7.2.60。 (2)整体保温材料的质量要求。 构成整体保温材料中的松散保温材料其质量应符合(1)款的规定,其胶结材料水泥、沥青等应符合设计及国家有关标准的规定。水泥的强度等级应不低于 32.5 级。沥青在北方地区宜采用 30 号以上,南方地区应不低于 10 号。所用材料必须有出厂质量证明文件,并符合国家有关标准的规定。 (3)板状保温材料的质量要求见表 7.2.61。
3	主要机具	主要机具有搅拌机、水准仪、抹子、木杠、靠尺、筛子、铁锹、沥青锅、沥青桶、墨斗等。
4	作业条件	(1)施工所需各种材料已按计划进入施工现场。 (2)填充层施工前,其基层质量必须符合施工规范的规定。 (3)预埋在填充层内的管线以及管线重叠交叉集中部位的标高,并用细石混凝土事先稳固。 (4)填充层的材料采用干铺板状保温材料时,其环境温度不应低于 −20℃。 (5)采用掺有水泥的拌合料或采用沥青胶结料铺设填充层时,其环境温度不应低于 5℃。 (6)五级以上的风天、雨天及雪天,不宜进行填充层施工。
5	工程要点	(1)材料要点: 填充层所用材料品种、规格、配合比、强度等级应符合设计要求,并应符合施工规范及现行国家、行业和有关产品材料标准的规定。

序 号	项 目	内 容
5	工程要点	(2)技术要点: 1)松散保温材料应分层铺平拍实,每层虚铺厚度不宜大于150mm,压实程度与厚度应通过试验确定。 2)水泥、沥青膨胀珍珠岩、膨胀蛭石整体填充层,应拍实至设计厚度,虚铺厚度和压实程度应根据试验确定。水泥膨胀珍珠岩、膨胀蛭石宜采用人工搅拌。沥青膨胀珍珠岩、膨胀蛭石宜采用机械拌制,色泽一致,无沥青团。 3)板状保温材料应分层错缝铺贴,每层应采用同一厚度的板块。铺设厚度应符合设计要求。 (3)质量要点: 1)采用材料的质量应符合本节表7.2.60、表7.2.61的规定。炉渣中不应含有有机杂物、石块、土块、重矿渣块和未燃尽的煤块。 2)整体保温材料表面应平整,厚度符合设计要求。 3)干铺板状保温材料,应紧靠基层表面铺平、垫稳。粘贴板状保温材料时,应铺砌平整、严实。 (4)安全要点: 1)装卸、搬运沥青和含有沥青的制品应使用机械和工具,有散漏粉末时,应洒水,防止粉末飞扬。 2)拌制、铺设沥青膨胀珍珠岩、沥青膨胀蛭石的作业工人应按规定使用防护用品,并根据气候和作业条件安排适当的间歇时间。 3)熔化桶装沥青,应先将桶盖和气眼全部打开,用铁条串通后,方准烘烤。严禁火焰与油直接接触。熬制沥青时,操作人员应站在上风方向。 (5)环境要点: 1)干铺保温材料时,环境温度不应低于-5℃。 2)整体保温材料及粘贴板状保温材料时,环境温度应不低于5℃。 3)五级风以上的天气及雨、雪天,不宜施工

松散材料质量要求　　　　　　　　　　　　　　　　　　　表 7.2.60

项 目	膨胀蛭石	膨胀珍珠岩	炉 渣
粒径	3~15mm	≥0.15mm,≤0.15mm 的含量不大于8%	5~40mm
表观密度	≤300kg/m³	≤120kg/m³	500~1000kg/m³
导热系数	≤0.14W/(m·K)	≤0.07W/(m·K)	0.19~0.256 W/(m·K)

板状保温材料质量要求　　　　　　　　　　　　　　　　　表 7.2.61

序 号	项 目	聚苯乙烯泡沫塑料		硬质聚氨酯泡沫塑料	泡沫玻璃	微孔混凝土	膨胀蛭石制品 膨胀珍珠岩制品
		挤压	模压				
1	表观密度 (kg/m³)	≥32	15~30	≥30	≥150	500~700	300~800
2	导热系数 W/(m·K)	≤0.03	≤0.041	≤0.027	≤0.062	≤0.22	≤0.26
3	抗压强度 (MPa)	—	—	—	≥0.4	≥0.4	≥0.3

续表

序号	项目	聚苯乙烯泡沫塑料		硬质聚氨酯泡沫塑料	泡沫玻璃	微孔混凝土	膨胀蛭石制品 膨胀珍珠岩制品
		挤压	模压				
4	在10%形变下的压缩应力	≥0.15	≥0.06	≥0.15	—	—	—
5	70℃,48h后尺寸变化率(%)	≤2.0	≤5.0	≤5.0	≤0.5	—	—
6	吸水率(V/V,%)	≤1.5	≤6	≤3	≤0.5	—	—
7	外观质量	板的外形基本平整,无严重凹凸不平;厚度允许偏差为5%,且不大于4mm					

3. 工艺流程和操作方法

(1) 填充层为松散保温材料

1) 工艺流程

松散保温材料填充层铺设工艺流程,如下所示:

清理基层表面 → 抄平、弹线 → 管根、地漏局部处理及预埋件管线 → 分层铺设散状保温材料、压实 → 质量检查验收

2) 操作方法

松散保温材料填充层铺设操作方法,如表7.2.62所示。

操作方法   表7.2.62

序号	内容
1	检查材料的质量,其表观密度、导热系数、粒径应符合本标准表7.2.60的规定。如粒径不符合要求可进行过筛,使其符合要求。
2	清理基层表面,弹出标高线。
3	地漏、管根局部用砂浆或细石混凝土处理好,暗敷管线安装完毕。
4	松散材料铺设前,预留间距800~1000mm木龙骨(防腐处理)、半砖矮隔断或抹水泥砂浆矮隔断一条,高度符合填充层的设计厚度要求,控制填充层的厚度。
5	虚铺厚度不宜大于150mm。应根据其设计厚度确定需要铺设的层数,并根据试验确定每层的虚铺厚度和压实程度,分层铺设保温材料,每层均应铺平压实,压实采用压滚和木夯,填充层表面应平整

(2) 填充层为整体保温材料

1) 工艺流程

整体保温材料填充层铺设工艺流程,如下所示。

清理基层表面 → 抄平、弹线 → 管根、地漏局部处理及管线安装 → 按配合比拌制材料 → 分层铺设、压实 → 检查验收

2) 操作方法

整体保温材料填充层铺设操作方法,如表7.2.63所示。

操 作 方 法 表 7.2.63

序 号	内 容
1	松散材料质量应符合表 7.2.62 序号 1 的规定,水泥、沥青等胶结材料应符合国家有关标准的规定。
2	同表 7.2.62 序号 2。
3	同表 7.2.62 序号 3。
4	按设计要求的配合比拌制整体保温材料。水泥、沥青膨胀珍珠岩、膨胀蛭石应采用人工搅拌,避免颗粒破碎。水泥为胶结料时,应将水泥制成水泥浆后,边拔边搅。当以热沥青为胶结料时,沥青加热温度不应高于 240℃,使用温度不宜低于 190℃。膨胀珍珠岩、膨胀蛭石的预热温度宜为 100～120℃,拌合时以色泽一致,无沥青团为宜。
5	铺设时应分层压实,其虚铺厚度与压实程度通过试验确定。表面应平整

(3) 填充层为板状保温材料

1) 工艺流程

板状保温材料填充层铺设工艺流程,如下所示。

清理基层表面 → 抄平、弹线 → 管根、地漏局部处理及管线安装 → 干铺或粘贴板状保温材料 → 分层铺设、压实 → 检查验收

2) 操作方法

板状保温材料填充层铺设操作方法,如表 7.2.64 所示。

操 作 方 法 表 7.2.64

序 号	内 容
1	所用材料应符合设计要求,并应符合本节表 7.2.61 的规定。水泥、沥青等胶结料应符合国家有关标准的规定。
2	表 7.2.62 序号 2。
3	表 7.2.62 序号 3。
4	板状保温材料应分层错缝铺贴,每层应采用同一厚度的板块,厚度应符合设计要求。
5	板状保温材料不应破碎、缺棱掉角,铺设时遇有缺棱掉角、破碎不齐的,应锯平拼接使用。
6	干铺板状保温材料时,应紧靠基层表面,铺平、垫稳,分层铺设时,上下接缝应互相错开。
7	用沥青粘贴板状保温材料时,应边刷,边贴,边压实,务必使沥青饱满,防止板块翘曲。
8	用水泥砂浆粘贴板状保温材料时,板间缝隙应用保温砂浆填实并勾缝。保温灰浆配合比一般为 1:1:10 (水泥:石灰膏:同类保温材料碎粒,体积比)。
9	板状保温材料应铺设牢固,表面平整

4. 质量标准和检验方法

(1) 质量标准

填充层的施工质量检验,除应符合表 7.2.65 规定外,还应符合《建筑地面工程施工质量验收规范》(GB 50209—2002) 中之 4.11 的相关规定。

质 量 标 准 表 7. 2. 65

序 号	项 目	内 容
1	主控项目	(1)填充层的材料质量必须符合设计要求和国家产品标准的规定。 检验方法:观察检查和检查材质合格证明文件、检测报告。 (2)填充层的配合比必须符合设计要求。 检验方法:观察检查和检查配合比通知单。
2	一般项目	(1)松散材料填充层铺设应密实,板块状填充层应压实、无翘曲。 检验方法:观察检查。 (2)填充层表面的允许偏差应符合建筑地面工程施工质量验收规范(GB 50209—2002)中表4.1.5的规定。 检验方法:按建筑地面工程施工质量验收规范(GB 50209—2002)表4.1.5中的检验方法检验

(2) 质量记录

填充层工程的施工质量记录,如表 7.2.66 所示。

质 量 记 录 表 7. 2. 66

序 号	内 容
1	填充层材料出厂质量证明文件(具有产品性能的检测报告),进场验收检查记录。
2	整体填充层材料的配合比通知单。
3	熬制沥青温度检测记录。
4	填充层工程隐蔽检查验收记录。
5	地面工程填充层检验批质量验收记录

5. 成品保护

填充层工程的成品保护,如表 7.2.67 所示。

成 品 保 护 表 7. 2. 67

序 号	内 容
1	材料堆放应避风避雨、防潮、搬运时要防止压榨,堆放高度不宜超过 1m。
2	松散保温材料铺设的填充层拍实后,不得在填充层上行车和堆放重物。
3	填充层验收合格后,应立即进行上部的找平层施工

6. 安全环保措施

填充层工程的安全环保措施,如表 7.2.68 所示。

安 全 环 保 措 施 表 7. 2. 68

序 号	内 容
1	对作业人员进行安全技术交底、安全教育。
2	采用沥青类材料时,应尽量采用成品。如必须在现场熬制沥青时,锅灶应设置在远离建筑物和易燃材料30m 以外地点,并禁止在屋顶、简易工棚和电气线路下熬制;严禁用汽油和煤油点火,现场应配置消防器材、用品。
3	装运热沥青时,不得用锡焊容器,盛油量不得超过其容量的 2/3。垂直吊运下方不得有人。
4	使用沥青胶结料时,室内应通风良好

7.2.2 整体面层铺设施工

7.2.2.1 水泥混凝土面层

1. 适用范围和基本规定

水泥混凝土面层施工方法的适用范围和基本规定,如表 7.2.69 所示。

适用范围和基本规定 表 7.2.69

序 号	项 目	内 容
1	适用范围	本工艺标准适用于工业与民用建筑水泥混凝土(含细石混凝土)地面面层的施工。
2	基本规定	(1)水泥混凝土面层工程所用的水泥应有产品的合格证书(或产品性能检测报告),水泥、砂、石等应有材料主要性能的进场复试报告。 (2)水泥混凝土面层工程必须严格按本标准操作规范进行操作,保证工程质量,同时确保各施工人员的职业健康安全和现场文明施工。 (3)水泥混凝土面层工程随地面工程检验批验收时,主控项目必须达到本标准的规定认定为合格;一般项目应有 80% 及以上的检查点(处)符合本标准规定,且其他点(处)不得有明显影响使用的地方,并不得大于允许偏差值的 50% 为合格。 (4)本标准中未提及的方面,按照现行国家质量验收规范、标准执行。 (5)铺设整体面层时,其水泥类基层的抗压强度不得小于 1.2MPa;表面应粗糙、洁净、湿润并不得有积水。铺设前宜涂刷界面处理剂。 (6)整体面层施工后,养护时间不少于 7d,抗压强度达到 5MPa 后,方准上人行走;抗压强度应达到设计要求后,方可正常使用。 (7)当采用掺有水泥拌合料做踢脚线时,不得用石灰沙浆打底。 (8)整体面层的抹平工作应在水泥初凝前完成,压光工作应在水泥终凝前完成。 (9)水泥混凝土面层厚度应符合设计要求。 (10)水泥混凝土面层铺设不得留施工缝。当施工间隙超过允许时间规定时,应对接槎处进行处理。 (11)地面镶边,如设计无要求时,在强烈机械作用下,混凝土面层与其他面层交接处,应设置金属镶边构件

2. 施工准备和工程要点

水泥混凝土面层的施工准备和工程要点,如表 7.2.70 所示。

施工准备和工程要点 表 7.2.70

序 号	项 目	内 容
1	技术准备	(1)审查图纸、制定施工方案,了解水泥混凝土的强度等级。 (2)在施工前对操作人员进行技术交底。 (3)抄平放线,统一标高。检查各房间的地坪标高,并将统一水平标高线弹在各房间四壁上,一般离设计的建筑地面标高 500mm。 (4)在穿过地面处的立管加上套管,再用水泥细石混凝土将四周稳牢堵严。 (5)检查预埋在垫层内的电线管和管线重叠交叉集中部位的标高,并用细石混凝土事先稳牢(管线重叠交叉部位需设钢板网),各边宽出管子 150mm)。 (6)检查地漏标高,用细石混凝土将地漏四周稳牢堵严。 (7)检查预埋地脚螺栓预留孔洞或预埋铁件的位置
2	材料要求	(1)水泥采用普通硅酸盐水泥、矿渣硅酸盐水泥,其强度等级不得低于 32.5。 (2)砂宜采用中砂或粗砂,含泥量不应大于 3%。 (3)石采用碎石或卵石,其最大粒径不应大于面层厚度的 2/3;当采用细石混凝土面层时,石子粒径不应大于 15mm;含泥量不应大于 2%。 (4)水宜采用饮用水。 (5)粗骨料的级配要适宜。粒径不大于 15mm;也不应大于面层厚度的 2/3。含泥量不应大于2%。

序号	项目	内容
3	主要机具	混凝土搅拌机、拉线和靠尺、抹子和木杠、捋角器及地辗(用于碾压混凝土面层,代替平板振动器的振实工作,且在碾压的同时,能提浆水,便于表面抹灰)。
4	作业条件	(1)施工前在四周墙身弹好水准基准水平墨线(如:+500mm线)。 (2)门框和楼地面预埋件、水电设备管线等均应施工完毕并经检查合格。对于有室内外高差的门口位置,如果是安装有下槛的铁门时,尚应考虑室内外完成面各在下槛两侧收口。 (3)各种立管孔洞等缝隙应先用细石混凝土灌实堵严(细小缝隙可用水泥砂浆灌堵)。 (4)办好作业层的结构隐蔽验收手续。 (5)作业层的顶棚(天花)、墙柱施工完毕。
5	工程要点	水泥混凝土面层的工程要点,如表 7.2.71 所示

水泥混凝土面层的工程要点 表 7.2.71

序号	项目	内容
1	材料要点	(1)根据施工设计要求计算水泥、砂、石等的用量,并确定材料进场日期。 (2)按照现场施工平面布置的要求,对材料进行分类堆放和做必要的加工处理。 (3)水泥的品种与强度等级应符合设计要求,且有出厂合格证明及检验报告方可使用。 (4)砂、石不得含有草根等杂物;砂、石的粒径级配应通过筛分试验进行控制,含泥量应按规范严格控制。 (5)水泥混凝土应均匀拌制,且达到设计要求的强度等级。
2	技术要点	(1)铺设混凝土面层时,宜在垫层或找平层的混凝土或水泥砂浆抗压强度达到1.2MPa后方能在其上做面层。基层应洁净、湿润,表面应粗糙,如表面光滑应斩毛处理。 (2)细石混凝土面层一般采用不低于C20的细石混凝土,混凝土面层一般采用不低于C15的混凝土浆抹光,混凝土应采用机械搅拌,浇捣时混凝土的坍落度应不大于30mm。 (3)铺设混凝土时,先刷水灰比为0.4~0.5的水泥浆,随刷随铺混凝土,用平板振动器振捣密实。施工间歇后继续浇捣前,应对已硬化的混凝土接槎处的松散石子、灰浆等清除干净,并涂刷水泥浆,再继续浇捣混凝土,保证施工缝处混凝土的密实。 (4)细石混凝土面层应在初凝前完成抹平工作,终凝前完成压光工作。地面面层与管沟、孔洞等邻接处应设置镶边。有地漏等带有坡度的面层,坡度应能满足排除液体的要求。 (5)水泥混凝土面层施工时,要求保证施工温度在+5℃以上
3	质量要点	(1)防止面层起砂。 1)产生原因:主要是配合比不当、水泥强度等级过低或安定性不合格、砂子过细或含泥量过大以及水泥混凝土的水灰比太大等原因造成。 2)预控手段:主要是控制面层所使用的水泥、砂、石等材料的强度和粒径等,还应控制面层的抹压工序和成活遍数。 (2)防止面层起皮。 1)产生原因:其酿成的原因主要是成活后的地面早期受冻、压光时撒了干水泥灰面吸收水分、混凝土干压不动时采用了洒水抹压。 2)预控手段:严禁洒水抹压,如混凝土太干可在混凝土上洒水,但应严格控制洒水量并拌合均匀,再将混凝土铺平拍实压光;在混凝土面层产生泌水现象时,严禁在其上撒干水泥灰面,必要时采用1:1的干水泥砂子拌合均匀后,铺撒在泌水过多的面层上进行压光;冬期施工时,对地面所用水泥必须提高强度等级,并在混凝土中加抗冻剂及保温防护措施;控制浇水养护在终凝前24h进行。 (3)防止面层空鼓。 1)产生原因:基层清理不干净或表面酥松、压实密度差。

序 号	项 目	内 容
3	质量要点	2)预控手段:结构基层的强度必须满足设计要求,稳定性好,表面坚实(否则应铲除且清理后修补);对基层彻底清理晾干后刷水泥素浆才可铺面层;混凝土铺设时应严格控制振捣程序,确保面层密实后将表面刮平。 (4)防止裂缝产生。 1)产生原因:主要是装配式楼板顺板缝方向的裂缝和板沿搁置方向的裂缝,特别是进深梁上板沿搁置方向开裂;基土松散、地面下沉等原因使承重基体的承载力弱,受力后产生变形,导致地面面层开裂;进深梁受力产生负弯矩,梁上的板面因梁的变形而受拉开裂。 2)预控手段:严格控制基层结构强度和稳定性,特别是控制楼板的安装、板与墙或梁的连接及嵌缝的质量;控制地面混凝土垫层、炉渣垫层及找平层的质量。
4	安全要点	(1)石灰、水泥等含碱性,对操作人员的手有腐蚀作用,施工人员应配戴防护手套。 (2)混凝土的拌制过程中操作人员应戴口罩防尘。
5	环境要点	(1)拌制混凝土时所排除的污水需经处理后才能排放。 (2)施工过程产生的建筑垃圾运至指定地点丢弃。 (3)施工后混凝土面层表面应及时清理,保持环境的干净整齐

3. 工艺流程和操作方法。

(1) 工艺流程

水泥混凝土面层施工的工艺流程,如下所示。

基层清理 → 基层表面湿润(不得有积水)→ 水泥混凝土振实 → 打抹压光(同时留置施工缝)→ 养护 → 成品保护

(2) 操作方法

水泥混凝土面层施工操作方法如表 7.2.72 所示。

操作方法　　　　　　　　　　　　　　　　　　　　　　　　　　　表 7.2.72

序 号	项 目	内 容
1	基层准备	(1)基层清理:铺设前必须将基层冲洗干净,根据水准基线(如:+500mm 基准线)弹出厚度控制线,并贴灰饼、冲筋。 (2)基层表面的湿润:基层表面要提前湿润,但不得有积水现象。铺设面层时,先在表面均匀涂刷水泥浆一遍,其水灰比值为 0.4~0.5。随刷随按顺序铺筑混凝土面层,并用木杠按灰饼或冲筋拉平。
2	水泥混凝土振实	用平板振捣器振捣密实,若无机械设备,或采用 30kg 重滚筒,直至表面挤出浆来即可;低洼处应用混凝土补平,并应保证面层与基层结合牢固。
3	打抹压光	打抹压光,待 2~3h 混凝土稍收水后,采用铁抹子压光。压光工序必须在混凝土终凝前完成。施工缝应留置在伸缩缝处,当撤除伸缩缝模板时,用捋角器将边沿压齐平,待混凝土养护完后再清除缝内杂物,按要求分别灌热沥青或填沥青砂浆。
4	养护	压光 12h 后即覆盖并洒水养护,养护应确保覆盖物湿润,每天应洒水 3~4 次(天热时增加次数),约需延续 10~15d 左右。但当日平均气温低于 5℃时,不得浇水

4. 质量标准和检验方法

(1) 质量标准

水泥混凝土面层的施工质量检验,应按建筑地面工程施工质量验收规范(GB 50209—2002)中之 5.2 的规定进行。

（2）质量记录

水泥混凝土面层的质量记录，如表 7.2.73 所示。

表 7.2.73

质量记录

序 号	内 容
1	水泥混凝土面层技术、安全交底及专项施工方案。
2	混凝土地面面层分项工程质量验收记录。
3	地面工程子分部工程质量验收检查文件及记录。
4	原材料出厂检验报告和质量合格证文件、材料进场检（试）验报告（含抽样报告）。
5	混凝土抗压强度报告及配合比通知单

5. 成品保护

水泥混凝土面层的成品保护，如表 7.2.74 所示。

表 7.2.74

成品保护

序 号	内 容
1	当水泥混凝土整体面层的抗压强度达到设计要求后，其上面方可走人，且在养护期内严禁在饰面上推动手推车、放重物品及随意践踏。
2	推手推车时不许碰撞门立边和栏杆及墙柱饰面，门框适当要包铁皮保护，以防手推车轴头碰撞门框。
3	施工时不得碰撞水电安装用的水暖立管等，保护好地漏、出水口等部位的临时堵头，以防灌入浆液杂物造成堵塞。
4	施工过程中被沾污的墙柱面、门窗框、设备立管线要及时清理干净

6. 安全环保措施

水泥混凝土面层的安全环保措施，如表 7.2.75 所示。

表 7.2.75

安全环保措施

序 号	内 容
1	清理楼面时，禁止从窗口、施工洞口和阳台等处直接向外抛扔垃圾、杂物。
2	操作人员剔凿地面时要带防护眼镜。
3	夜间施工或在光线不足的地方施工时，应满足施工用电安全要求。
4	特殊工种的操作人员，必须持证上岗。
5	用卷扬机井架（上落笼）作垂直运输时，要注意联络信号，待吊笼平层稳定后再进行装卸操作。
6	室内推手推车拐弯时，要注意防止车把挤手。
7	拌制混凝土时所产生的污水必须经处理后才能排放

7.2.2.2　水泥砂浆面层

1. 适用范围和基本规定

水泥砂浆面层施工方法的适用范围和基本规定，如表 7.2.76 所示。

适用范围和基本规定 表 7.2.76

序　号	项　目	内　容
1	适用范围	本工艺标准适用于工业与民用建筑水泥砂浆地面面层的施工。
2	基本规定	(1)水泥砂浆面层工程所用的水泥应有产品的合格证书(或产品性能检测报告),水泥、砂等应有进场复试报告。 (2)水泥砂浆面层工程必须严格按本工艺操作规范进行操作,保证工程质量,同时确保各施工人员的职业健康安全和现场文明施工。 (3)水泥砂浆面层工程随属地面工程检验批验收时,其主控项目应全部符合本标准的规定,一般项目应有 80% 及以上的抽检处符合本规范的规定,偏差值在允许偏差范围内。 (4)本标准中未提及的方面,按照现行国家质量验收规范、标准执行。 (5)铺设整体面层时,其水泥类基层的抗压强度不得小于 1.2MPa;表面应粗糙、洁净、湿润并不得有积水,铺设前宜涂刷界面处理剂。 (6)整体面层施工后,养护时间不少于 7d,抗压强度应达到 5MPa 后,方准上人行走;抗压强度应达到设计要求后,方可正常使用。 (7)当采用掺有水泥拌合料做踢脚线时,不得用石灰砂浆打底。 (8)整体面层的抹平工作应在水泥初凝前完成,压光工作应在水泥终凝前完成。 (9)地面镶边时,如设计无要求时,在强烈机械作用下,水泥砂浆面层与其他面层交接处,应设置金属镶边构件

2. 施工准备和工程要点

水泥砂浆面层的施工准备和工程要点,如表 7.2.77 所示。

施工准备和工程要点 表 7.2.77

序　号	项　目	内　容
1	技术准备	(1)审查图纸,制定施工方案,了解水泥砂浆的强度等级。 (2)在施工前对操作人员进行技术交底。 (3)抄平放线,统一标高。检查各房间的地坪标高,并将统一水平标高线弹在各房间四壁上,一般离设计的建筑地面标高 500mm。 (4)在穿过地面处的立管加上套管,再用水泥砂浆将四周稳牢堵严。 (5)检查预埋地脚螺栓预留孔洞或预埋铁件的位置。 (6)检查地漏标高,用细石混凝土将地漏四周稳牢堵严。 (7)组织熟练的专业队伍进行面层工程的施工操作。 (8)配置经验足够、资质具备的人员组成项目成员,并建立强有力的项目管理机构组织。
2	材料要求	(1)水泥采用强度等级 32.5 以上普通硅酸盐水泥或矿渣硅酸盐水泥,冬期施工时宜采用强度等级 42.5 普通硅酸盐水泥,严禁混用不同品种、不同强度等级的水泥。 (2)砂子采用中、粗砂,含泥量不大于 3%。 (3)水泥的品种、强度必须符合现行技术标准和设计规范的要求,砂要有试验报告,合格后方可使用。
3	主要机具	砂浆搅拌机、拉线和靠尺、抹子和木杠、捋角器及地面抹光机(用于水泥砂浆面层的抹光)。
4	作业条件	(1)施工前在四周墙身弹好水准基准水平墨线(一般弹+500mm 线)。 (2)门框和楼地面预埋件、水电设备管线等均应施工完毕并经检查合格。对于有室内外高差的门口位置,如果是安装的下槛的铁门时,尚应顾及室内外完成面能各在下槛两侧收口。 (3)各种立管孔洞等缝隙应先用细石混凝土灌实堵严(细小缝隙可用水泥砂浆灌堵)。 (4)办好作业层的结构隐蔽验收手续。 (5)作业层的天棚(天花)、墙柱施工完毕。
5	工程要点	水泥砂浆面层的工程要点,如表 7.2.78 所示

水泥砂浆面层的工程要点 表 7.2.78

序 号	项 目	内 容
1	材料要点	(1)根据设计图纸要求计算出水泥、砂等的用量，并确定材料进场日期。 (2)按照现场施工平面布置的要求，对材料进行分类堆放和作必要的加工处理。 (3)水泥的品种与强度等级应符合设计要求，且有出厂合格证明及检验报告方可使用。 (4)砂不得含有草根等杂物；砂的粒径级配应通过筛分试验进行控制，含泥量应按规范严格控制。 (5)水泥砂浆应均匀拌制，且达到设计要求的强度等级。
2	技术要点	(1)当水泥砂浆面层下一层有水泥类材料时，其表面应粗糙、洁净和湿润，并不得有积水现象；当在预制钢筋混凝土板上铺设时，应在已压光的板上划毛、凿毛或涂刷界面处理剂。 (2)当铺设水泥砂浆面层时，其下一层水泥类材料的抗压强度应≥1.2N/mm²。在铺设前应刷一遍水泥浆，其水灰比宜为0.4～0.5，并应随刷随铺，随铺随拍实并控制其厚度，抹压时先用刮尺刮平，用木抹子抹平，再用铁抹压光。 (3)水泥砂浆的配合比不宜低于1：2，其稠度(以标准圆锥体沉入度计)不应大于35mm。抹平工作应在初凝前完成，压光工作应在终凝前完成。 (4)水泥砂浆面层铺设后，表面应覆盖湿润，在常温下养护时间不应少于7d。 (5)水泥砂浆面层的允许偏差按一定的规范进行控制，对应专门的检验方法进行检查。
3	质量要点	(1)避免起砂、起泡：其原因是水泥质量不好，水泥砂浆搅拌不均匀，砂子过细或含泥量过大，水灰比过大，压光遍数不够及压光过早或过迟，养护不当等，因此，原材料一定要经试验合格后才可使用；严格控制水灰比，用于地面面层的水泥砂浆稠度不宜大于35mm；掌握好面层的压光时间。水泥地面的压光一般不应少于三遍，第一遍随铺随进行，第二遍压光在初凝后终凝前完成，第三遍主要是消除抹痕和闭塞细毛孔，亦切忌在水泥终凝后进行，连续养护时间不应少于7昼夜。 (2)避免面层空鼓(起壳)：其原因是砂子粒径过细，水灰比过大，基层清理不干净，基层表面不够湿润或表面积水，未做到素水泥浆随扫随做面层砂浆。因此，在面层水泥砂浆施工前，应严格处理好底层(清洁、平整、湿润)，重视原材料质量，素水泥砂浆应与铺设面层紧密配合，严格做好随刷随铺。
4	安全要点	(1)石灰、水泥等含碱性，对操作人员的手有腐蚀作用，施工人员应配戴防护手套。 (2)砂浆的拌制过程中操作人员应戴口罩等防尘劳保用具。
5	环境要点	(1)拌制砂浆时所排除的污水需经处理后才能排放。 (2)施工过程产生的建筑垃圾运至指定地点丢弃。 (3)施工后砂浆面层表面应及时清理，保持环境的干净整齐

3. 工艺流程和操作方法

(1) 工艺流程

水泥砂浆面层施工工艺流程，如下所示。

$$\boxed{\text{刷素水泥浆结合}} \rightarrow \boxed{\text{找标高、弹线}} \rightarrow \boxed{\text{打灰饼、冲筋}} \rightarrow \boxed{\text{铺设砂浆面层}} \rightarrow \boxed{\text{搓平}} \rightarrow \boxed{\text{压光}} \rightarrow \boxed{\text{养护}} \rightarrow$$

$$\boxed{\text{检查验收}}$$

(2) 操作方法

水泥砂浆面层操作方法，如表7.2.79所示。

操 作 方 法 表 7.2.79

序 号	项 目	内 容
1	准备工作	(1)刷素水泥浆结合层：宜刷水灰比为0.4～0.5的素水泥浆，也可在基层上均匀洒水湿润后，再撒水泥粉，用竹扫帚均匀涂刷，随刷随做面层，应控制一次涂面积不宜过大。 (2)地面与楼面的标高和找平，控制线应统一弹到房间四周墙上，高度一般比设计地面高500mm，有地漏等带有坡度的面层，坡度应满足排除液体要求。 (3)打灰饼、冲筋：根据+500mm水平线，在地面四周做灰饼，然后拉线打中间灰饼再用于硬性水泥砂浆做软筋(软筋间距为1.5m左右)。在有地漏和坡度要求的地面，应按设计要求做泛水和坡度。对于面积较大的地面，则应用水准仪测出面层的平均厚度，然后边测标高边做灰饼。

序号	项目	内容
2	水泥砂浆面层施工	(1)基层为混凝土时,常用干硬性水泥砂浆,且以砂浆外表湿润松散、手握成团、不泌水分为准,而水泥焦渣基层可用一般水泥砂浆。水泥砂浆的配比为1:2(如用强度等级32.5的水泥则可用1:2.5的配比)。操作时先在两冲筋之间均匀地铺上砂浆,比冲筋面略高,然后用刮尺以冲筋为准刮平、拍实,待表面水分稍干后,用木抹子打磨,要求把砂眼、凹坑、脚印打磨掉,操作人员在操作半径内打磨完后,即用纯水泥浆均匀满涂在面上,再用铁抹子抹光。向后退着操作,在水泥砂浆初凝前完成。 (2)第二遍压光:在水泥砂浆初凝前,即可用铁抹子压抹第二遍,要求不漏压,做到压实、压光;凹坑、砂眼和踩的脚印都要填补压平。 (3)第三遍压光:在水泥砂浆终凝前,此时人踩上去有细微脚印,当试抹无抹纹时,即可用灰匙(铁抹子)抹压第三遍,压时用劲稍大一些,把第二遍压光时留下的抹纹、细孔等抹平,达到压平、压实、压光。 (4)养护:水泥砂浆完工后,第二天要及时浇水养护,使用矿渣水泥时尤其应注意加强养护。必要时可蓄水养护,养护时间宜不少于7d

4. 质量标准和检验方法

(1) 质量标准

水泥砂浆面层的施工质量检验,应按《建筑地面工程施工质量验收规范》 (GB 50209—2002)中之5.3的规定进行。

(2) 质量记录

水泥砂浆面层应具有的质量记录,如表7.2.80所示。

质量记录 表7.2.80

序号	内容
1	水泥砂浆面层技术、安全交底及专项施工方案。
2	建筑地面工程水泥砂浆面层检验批和分项工程质量验收记录。
3	建筑地面工程子分部工程质量验收记录。
4	原材料出厂检验报告和质量合格证文件、材料进场检(试)验报告(含抽样报告)。
5	面层的强度等级试验报告。
6	建筑地面工程子分部工程质量验收应检查的安全的功能项目

5. 成品保护

水泥砂浆面层的成品保护,如表7.2.81所示。

成品保护 表7.2.81

序号	内容
1	当水泥砂浆整体面层的抗压强度达到设计要求后,其上表面方可走人,且在养护期内严禁在饰面上推动手推车、放重物品及随意践踏。
2	推手推车是不许碰门立边和栏杆及墙柱饰面、门框适当要包铁皮保护,以防手推车轴头碰撞门框。
3	施工时不得碰撞水电安装用的水暖立管等,保护好地漏、出水口等部位的临时堵头,以防灌入浆液杂物造成堵塞。
4	施工过程中被沾污的墙柱面、门窗框、设备立管线要及时清理干净

6. 安全环保措施

水泥砂浆面层的安全环保措施，如表 7.2.82 所示。

安全环保措施 表 7.2.82

序 号	内 容
1	清理楼面时，禁止从窗口、留洞口和阳台等处直接向外抛扔垃圾、杂物。
2	操作人员剔凿地面时要带防护眼镜。
3	夜间施工或在光线不足的地方施工时，应采用 36V 的低压照明设备，地下室照明用电不超过 12V。
4	非机电人员不准乱支机电设备。
5	用卷扬机井架(上落笼)作垂直运输时。要注意联络信号，待吊笼平层稳定后再进行装卸操作。
6	室内推手推车拐弯时，要注意防止车把挤手。
7	拌制砂浆时所产生的污水必须经处理后才能排放。
8	施工时随做随清，保持现场的整洁干净

7.2.2.3 水磨石面层

1. 适用范围和基本规定

水磨石面层施工方法的适用范围和基本规定，如表 7.2.83 所示。

适用范围和基本规定 表 7.2.83

序号	项 目	内 容
1	适用范围	本工艺规定适用于工业与民用建筑房屋，以水磨石作地面面层的施工。
2	基本规定	(1)水磨石面层工程所用的颜料、水泥、石子应有产品的合格证书(或产品性能检测报告)，水泥应有进场复试报告。 (2)水磨石面层工程必须严格按本标准操作规范进行操作保证工程质量，同时确保各施工人员的职业健康安全和现场文明施工。 (3)水磨石面层工程随属地面工程检验批验收时，主控项目必须达到本标准的规定为合格；一般项目应有 80% 及以上的检查点(处)符合本标准的规定，且其他点(处)不得有明显影响使用的地方，并不得大于允许偏差值的 50% 为合格。 (4)本标准中未提及的方面，按照现行国家质量验收规范、标准执行。 (5)铺设整体面层时，其水泥类基层的抗压强度不得小于 1.2MPa；表面应粗糙、洁净、湿润并不得有积水。铺设前宜涂刷界面处理剂。 (6)整体面层施工后，养护时间不少于 7d，抗压强度应达到 5MPa 后，方准上人行走；抗压强度应达到设计要求后，方可正常使用。 (7)当采用掺有水泥拌合料做踢脚线时，不得用石灰砂浆打底。 (8)整体面层的抹平工作应在水泥初凝前完成，压光工作应在水泥终凝前完成。 (9)水磨石面层厚度、面层的颜色和图案应符合设计要求。面层厚度设计若没有要求，宜为 12～18mm，且按石粒粒径确定。 (10)白色或浅色的水磨石面层，应采用白水泥；深色的水磨石面层，宜采用硅酸盐水泥、普通硅酸盐水泥或矿渣硅酸盐水泥；同颜色的面层应使用同一批水泥。同一彩色面层应使用同厂、同批的颜料，其掺入量宜为水泥重量的 3%～5% 或由试验确定。 (11)水磨石面层的结合层水泥砂浆体积比宜为 1:3，相应的强度等级不应小于 M10，水泥砂浆稠度(以标准圆锥体沉入度计)宜为 30～35mm。 (12)水磨石地面镶边时，如设计无要求，应用同类材料以分隔条设置镶边。 (13)普通水磨石面层磨光遍数不应少于 3～4 遍，高级水磨石面层的厚度和磨光遍数由设计确定

2. 施工准备和工程要点

水磨石面层的施工准备和工程要点，如表7.2.84所示。

施工准备和工程要点　　　　　　　　表7.2.84

序 号	项 目	内 容
1	技术准备	(1)审查图纸，了解图纸中水磨石的详细做法及要求。 (2)编制详细的施工方案。 (3)进行详细的技术、安全、质量交底。
2	材料要求	(1)水泥：所用的水泥强度等级不应小于32.5级；原色水磨石面层宜用42.5级普通硅酸盐水泥；彩色水磨石，应采用白色或彩色水泥。 (2)石子(石米)：应采用坚硬可磨的岩石(常用白云石、大理石等)。应洁净无杂物、无风化颗粒，其粒径除特殊要求外，一般用6~15mm，或将大、小石按一定比例混合使用。 (3)玻璃条：用厚3mm普通平板玻璃裁制而成，宽10mm左右(视石子粒径定)，长度由分块尺寸决定。 (4)铜条：用2~3mm厚铜板，宽度10mm左右(视石子粒径定)，长度由分块尺寸决定。铜条须经调直才能使用。铜条下部1/3处每米钻四个孔径2mm，穿铁丝备用。 (5)颜料：采用耐光、耐碱的矿物颜料，其掺入量不大于水泥重量的12%，如采用彩色水泥，可直接与石子拌合使用。 (6)砂子：中砂，通过0.63mm孔径的筛，含泥量不得大于3%。 (7)其他：草酸、地板蜡、ϕ0.5~1.0mm直径铁丝。
3	主要机具	机械磨石机或手提磨石机、拉线和靠尺、抹子和木杠、捋角器及地辗(用于碾压混凝土面层，代替平板振动器的振实工作，且在碾压的同时，能提浆水，便于表面抹灰)。
4	作业条件	(1)施工前应在四周墙壁弹出水准基线水平墨线。(一般弹+1000mm或+500mm线)。 (2)门框和楼地面预埋件、水电设备管线等均应施工完毕并经检查合格，对于有室内外高差的门口部位。如果是安装有下槛的铁门时，尚应顾及室内外完成面能各在下槛两侧收口。 (3)各种立管孔洞等缝隙应先用细石混凝土灌实堵严(细小缝隙可用水泥砂浆灌堵)。 (4)办好作业层的结构隐蔽验收手续。 (5)作业层的天棚(天花)、墙柱抹灰施工完毕。 (6)石子粒径及颜色须由设计人认定后才进货。 (7)彩色水磨石如用白色水泥掺色料拌制时，应事先按不同的配比做样板，交设计人员或业主认可。一般彩色水磨石色粉掺量为水泥量的3%~5%，深色则不超过12%。 (8)水泥砂浆找平层施工完毕，养护2~3d后施工面层。 (9)配备的施工人员必须熟悉有关安全技术规程和该工种的操作规程。
5	工程要点	水磨石面层的工程要点，如表7.2.85所示

水磨石面层的工程要点　　　　　　　　表7.2.85

序 号	项 目	内 容
1	材料要点	(1)石子：同一单位工程宜采用同批产地石子，石子大小、颜色均匀。颜色规格不同的石子应分类保管，石子使用前过筛，水洗净晒干备用。 (2)砂：细度模数相同，颜色相近，含泥量<3%。 (3)水泥：同一单位工程地面，应使用同一品牌、同一批号的水泥。 (4)颜料：宜用同一品牌、同一批号的颜料。如分两批采购，在使用前必须做试配，确认与施工好的面层颜色无色差才允许使用。
2	技术要点	(1)施工前必须编制详细的施工方案。 (2)操作工人操作前必须进行技术交底，明确施工要点和质量要点。 (3)大面积施工前必须先做样板，待业主认可后再进行大面积施工。

续表

序　号	项　目	内　容
3	质量要点	质量的关键要求主要是控制以下水磨石施工过程中容易产生的质量通病： （1）石粒显露不均匀，镶条显露不清，水磨石表面不平整。 1）石子规格不好，拌制不均匀及配合比不够准确。 2）铺抹不平整，没有用毛刷拉面（开面）检查石粒的均匀度，应在拉面（开面）后对差石粒部位补上石子后才搓平。 3）磨面深度不均匀。 4）按要求粘贴固定镶条，掌握开磨时间，控制好面层强度。 （2）分格块内四角空鼓 1）基层清扫不干净，不够湿润。 2）石子浆铺抹后高出分格度的高度不一致。 3）磨面没有严格掌握平顺均匀。
4	安全要点	（1）拌制石子浆时，水泥的粉尘对人体有害，操作工人应进行防尘防护。 （2）磨石机打磨时，声音对人体有害，操作工人应做噪声防护。 （3）清理楼面时，禁止从窗口、留洞口和阳台等处直接向外抛扔垃圾、杂物。 （4）夜间施工或在光线不足的地方施工时，现场照明应符合施工用电安全要求。 （5）用卷扬机井架（上落笼）作垂直运输时，要注意联络信号，待吊笼平层稳定后再进行装卸操作。 （6）室内推手推车拐弯时，要注意防止车把挤手。 （7）磨石机在操作前应试机检查，确认电线插头牢固，无漏电才能使用；开磨时磨机电线、配电箱应架空绑牢，以防受潮漏电；配电箱内应设漏电掉闸开关，磨石机应设可靠安全接地线。 （8）特殊工种，其操作人员必须持证上岗。磨石机操作人员应穿高筒绝缘胶靴及戴绝缘胶手套，并经常进行有关机电设备安全操作教育。
5	环境要点	（1）拌制的石子浆一次使用完，结硬的石子浆不允许乱丢弃，集中堆放至指定地点，运出场地。 （2）采取专项措施，减少打磨时的噪声对周围环境的影响

3. 工艺流程和操作方法

（1）工艺流程

水磨石面层施工工艺流程，如下所示。

基层处理 → 找标高、弹线 → 打灰饼，冲筋 → 刷素水泥浆结合层 → 铺水泥砂浆找平层 → 养护 → 分隔条镶嵌 → 抹石子浆面层 → 磨光 → 刷草酸出光 → 打蜡抛光

（2）操作方法

水磨石面层施工操作方法，如表7.2.86所示。

操作方法　　　　　　　　　　　　　　　　表7.2.86

序　号	项　目	内　容
1	找标高、弹线、冲筋	打灰饼（打墩）、冲筋：根据水准基准线（如：+500mm水平线），在地面四周做灰饼，然后拉线打中间灰饼（打墩）再用干硬性水泥砂浆做软筋（推栏），软筋间距约1.5m左右。在有地漏和坡度要求的地面，应按设计要求做泛水和坡度。对于面积较大的地面，则应用水准仪测出面层平均厚度，然后边测标高边做灰饼。
2	刷结合层	宜刷水灰比为0.4～0.5的素水泥浆，也可在基层上均匀洒水湿润后，再撒水泥粉，用竹扫（把）帚均匀涂刷，随刷随做面层，并控制一次涂刷面积不宜过大。
3	铺找平层	找平层用1:3干硬性水泥砂浆，先将砂浆摊平，再用靠尺（压尺）按冲筋刮平，随即用灰板（木抹子）磨平压实，要求表面平整、密实保持粗糙。找平层抹好后，第二天应浇水养护至少1d。

序 号	项 目	内 容
4	分格条镶嵌	(1)找平层养护 1d 后,先在找平层上按设计要求弹出纵横两向直线或图案分格墨线,然后按墨线裁分格条。 (2)用纯水泥浆在分格条下部,抹成八字角通长座嵌牢固(与找平层约成 30°角)铜条穿的铁丝要埋好。纯水泥浆的涂抹高度比分格条低 3～5mm。分格条应镶嵌牢固,接头严实,顶面在同一水平面上,并拉通线检查其平整度及顺直。 (3)分格条镶嵌好后,隔 12h 开始浇水养护,最少应养护两天。
5	抹石子浆面层	(1)水泥石子浆必须严格按照配合比计量。若彩色水磨石应先按配合比将白水泥和颜料反复干拌均匀,拌完后密筛多次,使颜料均匀混合在白水泥中,并注意调足用量以备补浆之用,以免多次调合产生色差,最后按配合比与石米搅拌均匀,然后加水搅拌。 (2)铺水泥石子浆前一天,洒水将基层充分湿润。在涂刷素水泥浆结合层前应将分格条内的积水和浮砂清除干净,接着刷水泥浆一遍,水泥品种与石子浆的水泥品种一致,随即将水泥石子浆先铺在分格条旁边,将水泥石子浆先铺在分格条旁边,将分格条边约 100mm 内的水泥石子浆轻轻抹平压实,以保护分格条,然后再整格铺抹,用灰板(木抹子)或铁抹子(灰匙)抹平压实,(石子浆配合比一般为 1:1.25 或 1:1.5)但不应用靠尺(压尺)刮。面层应比分格条高 5mm,如局部石子浆过厚,应用铁抹子(灰匙)挖去,再将周围的石子浆刮平压实,对局部水泥浆较厚处,应适当补撒一些石子,并压平压实,要达到表面平整,石子(石米)分布均匀。 (3)石子浆面至少要经两次用毛刷(横扫)粘拉开面浆(开面),检查石粒均匀(若过于稀疏应及时补上石子)后,再用铁抹子(灰匙)抹平压实,至泛浆为止。要求将波纹压平,分格条顶面上的石子应清除掉。 (4)在同一平面上如有几种颜色图案时,应先做深色,后做浅色。待前一种色浆凝固后,再抹后一种色浆。两种颜色的色浆不应同时铺抹、以免做成串色,界线不清,影响质量。但间隔时间不宜过长,一般可隔日铺抹。 (5)养护:石子浆铺抹完成后,次日起应进行浇水养护,并应设置警戒线严防行人踩踏。
6	磨光	(1)大面积施工宜用机械磨石机研磨,小面积、边角处可使用小型手提式磨石机研磨。对局部无法使用机械研磨时,可用手工研磨。开磨前应试磨,若试磨后石粒不松动,即可开磨。一般开磨时间同气温、水泥强度等级品种有关,可参考表 7.2.87。 (2)磨光作业应采用"二浆三磨"方法进行,即整个磨光过程分为磨光三遍,补浆二次。 1)用 60～80 号粗石磨第一遍,随磨随用清水冲洗,并将磨出的浆液及时扫除。对整个水磨面,要磨匀、磨平、磨透,使石粒面及全部分格条顶面外露。 2)磨完后要及时将泥浆水冲洗干净,稍干后,涂刷一层同颜色水泥浆(即补浆),用以填补砂眼和凹痕,对个别脱石部位要填补好,不同颜色上浆时,要按先深后浅的顺序进行。 3)补刷浆第二天后需养护 3～4d,然后用 100～150 号磨石进行第二遍研磨,方法同第一遍。要求磨至表面光滑,无模糊不清之处为止。 4)磨完清洗干净后,再涂刷一层同色水泥浆。继续养护 3～4d,用 180～240 号细磨石进行第三遍研磨,要求磨至石子粒显露,表面平整光滑,无砂眼细孔为止,并用清水将其冲洗干净。
7	草酸出光	对研磨完成的水磨石面层,经检查达到平整度、光滑度要求后,即可进行擦草酸打磨出光。操作时可涂刷 10%～15% 的草酸溶液,或直接在水磨石面层上浇适量水及撒草酸粉。随后用 280～320 号细油石细磨,磨至出白浆、表面光滑为止。然后用布擦去白浆,并用清水冲洗干净并晾干。
8	打蜡抛光	按蜡:煤油=1:4 的比例加热熔化,掺入松香水适量,调成稀糊状,用布将蜡薄薄地均匀涂刷在水磨石面上。待蜡干后,用包有麻布的木块代替油石装在磨石机的磨盘上进行磨光,直到水磨石表面光滑洁亮为止

水磨石开磨时间参数表　　　　　　　　　　　表 7.2.87

平均温度(℃)	开磨时间(d)		备　　注
	机磨	人工磨	
20～30	3～4	2～3	
10～20	4～5	3～4	
5～10	5～6	4～5	

4. 质量标准和检验方法

（1）质量标准

水磨石面层的施工质量检验，应按《建筑地面工程施工质量验收规范》（GB 50209—2002）中之 5.4 的规定进行。

（2）质量记录

水磨石面层应具有的质量记录，如表 7.2.88 所示。

质量记录　　　　　　　　　　　表 7.2.88

序　号	内　　容
1	水磨石面层施工技术、安全交底及专项施工方案。
2	建筑地面工程水磨石面层质量验收检查文件记录。 (1)建筑地面工程设计图纸和变更文件等。 (2)原材料出厂检验报告和质量合格证文件、材料进场检(试)验报告(含抽样报告)。 (3)各层的强度等级、密实度等试验报告和记录。 (4)建筑地面工程水磨石面层检验批质量验收记录。
3	建筑地面工程子分部工程质量验收应检查的安全的功能项。 (1)即有防水要求的建筑地面子分部工程的分项工程施工质量的蓄水检验记录及抽查复检记录。 (2)建筑地面板块面层铺设子分部工程的材料证明资料

5. 成品保护

水磨石面层的成品保护，如表 7.2.89 所示。

成品保护　　　　　　　　　　　表 7.2.89

序　号	内　　容
1	推手推车时不许碰撞门口立边和栏杆及墙柱饰面,门框适当要包铁皮保护,以防手推车缘头碰撞门框。
2	施工时不得碰撞水暖立管等。并保护好地漏、出水口等部位安放的临时堵头,以防灌入浆液杂物造成堵塞。
3	磨石机应有罩板,以免浆水四溅沾污墙面,施工时污染的墙柱面、门窗框、设备及管线要及时清干净。
4	养护期内(一般宜不少于 7d),严禁在饰面推手推车,放重物及随意践踏。
5	磨石浆应有组织排放,及时清运到指定地点,并倒入预先挖好的沉淀坑内,不得流入地漏、下水排污口内,以免造成堵塞。
6	完成后的面层,严禁在上面推车随意践踏、搅拌浆料、抛掷物件。推放料具什物时要采取隔离防护措施,以免损伤面层。
7	在水磨石面层磨光后,涂草酸和上蜡前,其表面不得污染

6. 安全环保措施

水磨石面层的安全环保措施，如表 7.2.90 所示。

安全环保措施 表 7.2.90

序 号	内 容
1	施工过程产生的污水经过沉淀后有序排放。
2	施工过程产生的建筑垃圾运至指定地点丢弃。
3	应采取针对性措施，防止噪声扰民，减少打磨时的噪声对周围环境的影响

7.2.2.4 水泥钢（铁）屑面层

1. 适用范围和基本规定

水泥钢（铁）屑面层施工方法的适用范围和基本规定，如表 7.2.91 所示。

适用范围和基本规定 表 7.2.91

序 号	项 目	内 容
1	适用范围	本工艺规定适用于工业与民用建筑具有较高耐压强度和耐磨性能要求的楼、地面工程，并能承受反复磨擦撞击而不致起灰和破裂。
2	基本规定	(1)地面采用的材料应按设计要求和规范的规定选用，并应符合国家标准的规定；进场材料应有中文质量证明文件、规格、型号及性能检测报告，水泥、砂等应有复试报告。 (2)地面下的沟槽、暗管等工程完工后，经检验合格并做隐蔽记录，方可进行建筑地面工程的施工。 (3)地面面层铺设前，基层必须清理干净，铺设整体面层时，其水泥类基层的抗压强度不得小于 1.2MPa；表面应粗糙、洁净、湿润不得有积水。铺设前宜刷界面处理剂。检验合格后，才能进行结合层和面层的施工。 (4)铺设有坡度的地面时，应采用基层高差达到设计要求的坡度；铺设有坡度的楼面（或架空地面）应采用在钢筋混凝土板上变更填充层（或找平层）铺设的厚度或以结构起坡达到设计要求的坡度。 (5)地面工程各层铺设前与相关专业的分部（子分部）工程、分项工程以及设备管道安装工程之间，应进行交接检验。 (6)当采用掺有水泥拌合料做踢脚线时，不得用石灰砂浆打底。 (7)地面的变形缝应按设计要求设置，并应符合规范规定。 (8)地面镶边时，如设计无要求时，在强烈机械作用下，面层与其他面层交接处，应设置金属镶边构件。 (9)建筑地面工程完工后，应对面层采取保护措施。整体面层施工后，养护时间不少于 7d，抗压强度应达到 5MPa 后，方准上人行走；抗压强度应达到设计要求后，方可正常使用。 (10)主控项目符合设计要求和《建筑地面工程施工质量验收规范》的质量标准，认定为合格；一般项目 80% 以上的检查点（处）符合规范规定的质量要求；其他检查点（处）不得有明显影响使用，并不得大于允许偏差值的 50% 为合格，凡达不到质量标准时，应按现行国家标准《建筑工程施工质量验收统一标准》GB 50300—2001 的规定处理。 (11)建筑地面工程完工后，施工质量验收应在建筑施工企业自检合格的基础上，由监理单位组织有关单位对分项工程、子分部工程进行检验。 (12)本标准中未提及的方面，按照现行国家质量验收规范、标准执行

2. 施工准备和工程要点

水泥钢（铁）屑面层的施工准备和工程要点，如表 7.2.92 所示。

施工准备和工程要点　　　　　　　　　　　　表 7.2.92

序号	项目	内容
1	技术准备	(1)进行图纸会审,复核设计做法是否符合现行国家规范的要求,结构与建筑标高差是否满足各构造层的总厚度及找坡的要求。 (2)做好技术交底,必要时必须编制施工组织设计。 (3)施工人员必须经过培训,并持证上岗。 (4)水泥砂浆结合层、水泥钢(铁)屑面层用料配合比已完成,有配合比通知单。
2	材料要求	(1)水泥:采用硅酸盐水泥、普通硅酸盐水泥,强度等级不应小于 32.5 级,具备出厂质量检验报告和现场抽样检验报告。 (2)砂子:宜采用中砂,砂含泥量不大于 3%,不得含有杂物。 (3)钢(铁)屑:粒径应为 1~5mm,过大的颗粒和卷状螺旋的应予破碎,小于 1mm 的颗粒应予筛去。
3	主要机具	搅拌机、手推车、木刮杠、木抹子、铁抹子、劈缝溜子、筛子、喷壶、铁锹、小水桶、长把刷子、扫帚、钢丝刷、粉线包、錾子、锤子。
4	作业条件	(1)地面的+50cm 水平标高线已弹在四周墙上。 (2)墙、顶抹灰已做完。屋面防水做完。 (3)地面(或楼面)的垫层以及预埋在地面内各种管线已做完。 (4)穿过楼面的竖管已安完,管洞已堵塞密实。有地漏房间应找好泛水。 (5)门框和楼地面预理件、水电设备等均应施工完毕并经检查合格。门框内侧已做好保护,防止手推车碰坏。 (6)办好作业层的结构隐蔽验收手续。
5	工程要点	水泥钢(铁)屑面层的工程要点,如表 7.2.93 所示

水泥钢(铁)屑面层的工程要点　　　　　　　　表 7.2.93

序号	项目	内容
1	材料要点	水泥材质应符合《硅酸盐水泥、普通硅酸盐水泥》(GB 175—1999)的要求,并严禁混用不同品种、不同强度等级的水泥;水泥使用日期超过生产日期三个月时,要重新取样复试合格后方准使用,严禁使用变质的水泥。钢(铁)屑中不应有其他杂物,使用前必须清除钢(铁)屑上的油脂,并用稀酸溶液除锈,再以清水冲洗后烘干使用。
2	技术要点	水泥钢(铁)屑面层的配合比,应通过试配,以水泥浆能填满钢(铁)屑的空隙为准,其强度等级不低于 M40,其密度不应小于 2000kg/m³,稠度不大于 10mm,必须拌合均匀。
3	质量要点	(1)空鼓、裂缝的防治。 1)基层清理要彻底、认真:在抹水泥砂浆之前必须将基层上的粘结物、灰尘、油污彻底处理干净,并认真进行清洗湿润,这是保证面层与基层结合牢固、防止空鼓裂缝的一道关键性工序,如果不仔细认真清除,使面层与基层之间形成一层隔离层,致使上下结合不牢,就会造成面层空鼓裂缝。 2)涂刷水泥浆结合层应符合要求:在已处理洁净的基层上刷一遍水泥浆,目的是要增强面层与基层的粘结力,因此这是一项重要工序,涂刷水泥浆稠度要适宜(一般 0.4~0.5 的水灰比),涂刷时要均匀,不得漏刷,且面积不要过大,砂浆铺多少,水泥浆刷多少。不应采用先涂刷一大片水泥浆,后铺砂浆的做法,以防砂浆铺抹速度较慢,造成已刷的水泥浆已干燥脱水,失去粘结作用,甚至起到隔离作用。 涂刷已拌好的水泥浆必须要用刷子,不能采用干撒水泥面后,再浇水用扫帚来回扫的办法,以免浇水不匀,导致水泥浆干稀不匀,而影响面层与基层的粘结质量。

续表

序 号	项 目	内 容
3	质量要点	3)因在预制混凝土楼板上及首层暖气沟盖上做水泥砂浆面层易产生空鼓、裂缝、预制板的横、竖缝必须按结构设计要求用 C20 细石混凝土填塞振捣、密实。预制楼板安装完之后,上表面标高不能完全平整一致,高差较大,应采用细石混凝土整浇层找平,最薄处不小于 25mm。 (2)地面起砂的防治。 1)养护时间不够,过早上人,水泥硬化初期,在水中或潮湿环境中养护,能使水泥颗粒充分水化,提高水泥砂浆面层强度。如果在养护时间短,强度很低的情况下,过早上人使用,就会对刚刚硬化的表面层造成损伤和破坏,致使面层起砂、出现麻坑。因此,水泥钢铁屑地面完工后,养护工作的好坏对地面质量的影响很大,必须要重视,当面层抗压强度达到 5MPa 时才能上人操作,并避免尖硬物碰划。 2)使用过期、强度不够的水泥、水泥砂浆搅拌不均匀、操作过程中抹压遍数不够等,都会造成起砂现象。 (3)有地漏的房间倒泛水。 在铺设面层砂浆时先检查垫层的坡度是否符合要求。设有垫层的地面,在铺设砂浆前抹灰饼和标筋时,按设计要求抹好坡度。 (4)面层不光、有抹纹。 必须认真按操作工艺要求,用铁抹子抹压的遍数去操作,最后在水泥终凝前用力抹压不得漏压,直到将前遍的抹纹压平、压光为止,面层终凝后不得再洒水修整抹纹及麻面。
4	安全要点	(1)剔凿地面时,要防止碎屑崩入眼内。 (2)电动工具使用前,应检查运转情况,合格后方准使用。 (3)施工立体交叉频繁,进入现场的人员必须戴安全帽,避免作业环境导致物体打击事故。 (4)用稀酸溶液除锈时,操作人员应加强防护,防止酸液崩溅,伤害身体。
5	环境要点	(1)材料应堆放整齐,拆除的包装袋等应及时清理,放在指定的地方。 (2)材料运输过程中,要采取防撒防漏措施,如有撒漏应及时清理。 (3)现场水泥不得露天堆放,砂等材料要有防尘覆盖措施。 (4)大风、雨雪天气应停止施工,冬期施工时,温度控制在 5℃以上

3. 工艺流程和操作方法

(1) 工艺流程

水泥钢(铁)屑面层工艺流程,如下所示。

基层处理 → 找标高、弹线 → 洒水湿润 → 抹灰饼和标筋 → 搅拌水泥钢(铁)屑面层 → 刷水泥浆结合层 →

铺水泥钢(铁)屑面层 → 木抹子搓平 → 铁抹子压第一遍 → 第二、第三遍压光 → 养护

(2) 操作方法

水泥钢(铁)屑面层操作方法,如表 7.2.94 所示。

操 作 方 法　　　　　　　　　　　　　　　表 7.2.94

序 号	项 目	内 容
1	铺前准备	(1)铺设水泥钢(铁)屑面层时,应先铺一层厚 20mm 水泥砂浆结合层,然后按厚度要求铺设水泥钢(铁)屑拌合料面层。 (2)水泥钢(铁)屑面层材料用量和配合比应符合要求。 (3)基层处理:先将基层上的灰尘扫掉,用钢丝刷和錾子刷净、剔掉灰浆皮和灰渣层,用 10% 的火碱水溶液刷掉基层上的油污,并用清水及时将碱液冲净。

序　号	项　　目	内　　容
1	铺前准备	（4）找标高弹线：根据墙上的水准基线（如：+50cm 水平基准线），往下量测出面层标高，并弹在墙上。 （5）洒水湿润：用喷壶将地面基层均匀洒水一遍。 （6）抹水泥钢（铁）屑灰饼和标筋（或称冲筋）：根据房间内四周墙上弹的面层标高水平线，确定面层厚度，然后拉水平线开始抹水泥钢（铁）屑灰饼（5cm×5cm），横竖间距为 1.5～2.00m，水泥钢（铁）屑灰饼上平面即为地面面层标高。 　　如果房间较大，为保证整体面层平整度，还须抹标筋（或称冲筋），将水泥钢（铁）屑铺在水泥钢（铁）屑灰饼之间，宽度与水泥钢（铁）屑灰饼宽相同，用木抹子拍抹成与水泥钢（铁）屑灰饼上表面相平一致。 　　铺抹水泥钢（铁）屑灰饼和标筋的水泥钢（铁）屑材料配合比均与抹地面面层的水泥钢（铁）屑配合比相同。
2	材料搅拌	搅拌水泥钢（铁）屑拌合料：水泥钢（铁）屑面层的配合比，应通过试配，以水泥浆能填满钢（铁）屑的空隙为准，其强度等级不低于 M40，其密度不应小于 2000kg/m³，稠度不大于 10mm。 　　为了控制加水量，应使用搅拌机搅拌均匀，颜色一致。
3	刷结合层	（1）刷水泥浆结合层：在铺设水泥砂浆之前，应涂刷水泥浆一层，其水灰比为 0.4～0.5（涂刷之前要将抹水泥钢（铁）屑灰饼的余灰清扫干净，再洒水湿润），不要涂刷面积过大，随刷随铺面层砂浆。 （2）铺水泥砂浆结合层：水泥浆刷完后，即铺水泥砂浆结合层，厚度控制在 20mm，配合比为水泥：砂子=1：2，稠度为 2.5～3.5cm。
4	铺设面层	（1）铺水泥钢（铁）屑面层：水泥砂浆结合层初凝前，铺水泥钢（铁）屑面层，在水泥钢（铁）屑灰饼之间（或标筋之间）将水泥钢（铁）屑铺设均匀，然后用木刮杠按水泥钢（铁）屑灰饼（或标筋）高度刮平。铺水泥钢（铁）屑时，如果水泥钢（铁）屑灰饼（或标筋）已硬化，木刮杠刮平后，同时将利用过的水泥钢（铁）屑灰饼（或标筋）敲掉，并用水泥钢（铁）屑填平。 （2）木抹子搓平：木刮杠刮平后，立即用木抹子搓平，从内向外退着操作，并随时用 2m 靠尺检查其平整度。 （3）铁抹子压第一遍：木抹子抹平后，立即用铁抹子压第一遍，直到出浆为止，如果水泥钢（铁）屑过稀表面有泌水现象时，可均匀撒一遍干水泥和钢（铁）屑（1：1）的拌合料，再用木抹子用力抹压，使干拌料与水泥钢（铁）屑拌合料紧密结合为一体，吸水后用铁抹子压平。如有分格要求的地面，在面层上弹分格线，用劈缝溜子开缝，再用溜子将分缝隙内压至平、直、光。上述操作均在水泥钢（铁）屑拌合料初凝之前完成。 （4）第二遍压光：面层水泥钢（铁）屑拌合料初凝后，人踩上去，有脚印但不下陷时，用铁抹子压第二遍，边抹压边把坑凹处填平，要求不漏压，表面压平、压光。有分格的地面压过后，应用溜子溜压，做到缝边光直、缝隙清晰、缝内光滑顺直。 （5）第三遍压光：在水泥钢（铁）屑拌合料终凝前进行第三遍压光（人踩上去稍有脚印），铁抹子抹上去不再有抹纹时，用铁抹子把第二遍抹压时留下的全部抹纹压平、压实、压光（必须在终凝前完成）。 （6）施工时，水泥钢（铁）屑面层拌合料应刮平并随铺随振实。抹平工作应在结合层和面层的水泥初凝前完成；压光工作亦应在结合层和面层的水泥终凝前完成。面层要求压密实，表面光滑平整，无铁板印痕。压光时严禁洒水。
5	养护	（1）地面压光完工后 24h，铺锯末或其他材料覆盖洒水养护，保持湿润，养护时间不少于 7d，当抗压强度达 5MPa 才能上人。 （2）冬期施工时，室内温度不得低于 5℃。

序 号	项 目	内 容
6	踢脚板抹法	(1)根据设计图规定墙基体有抹水泥钢(铁)屑面层时,踢脚板的基层砂浆和面层水泥钢(铁)屑分两次抹成。墙基体不抹灰时,踢脚板只抹面层水泥钢(铁)屑。 (2)踢脚板抹底层水泥砂浆:清洗基层,洒水湿润后,按水准基线(如+50cm 标高线)向下量测踢脚板上口标高,吊垂直线确定踢脚板抹灰厚度,然后拉通线、套方、贴灰饼、抹1:3水泥砂浆,用刮尺刮平、搓平整,扫毛浇水养护

4. 质量标准和检验方法

(1) 质量标准

水泥钢（铁）屑面层的施工质量检验，除应符合表 7.2.95 规定外，还应符合《建筑地面工程施工验收规范》（GB 50209—2002）中之 5.5 的有关规定。

质 量 标 准　　　　　　　　　　　　　　　　　表 7.2.95

序 号	项 目	内 容
1	主控项目	(1)水泥、砂的材质必须符合设计要求和施工验收规范的规定。 (2)水泥钢(铁)屑面层拌合料配合比要准确。 (3)地面面层与基层的结合必须牢固无空鼓。 (4)水泥强度等级不应小于 32.5 级;钢(铁)屑的粒径应为 1~5mm;钢(铁)屑中不应有其他杂质,使用前应去油除锈,冲洗干净并干燥。 (5)面层和结合层的强度等级必须符合设计要求,且面层抗压强度不应小于 40MPa;结合层体积比为 1:2(相应的强度等级不应小于 M15)。 检验方法:检查配合比通知单和检测报告。 (6)面层与下一层结合必须牢固,无空鼓。 检验方法:用小锤轻击检查。
2	一般项目	(1)表面洁净,无裂纹、脱皮、麻面和起砂等现象。 检验方法:观察检查。 (2)地漏和有坡度要求的地面,坡度应符合设计要求,不倒泛水,无积水,不渗漏,与地漏结合处严密平顺。 (3)面层表面坡度应符合设计要求。 检验方法:用坡度尺检查。 (4)踢脚线与墙面应结合牢固,高度一致,出墙厚度均匀。 检验方法:用小锤轻击、钢尺和观察检查。 (5)水泥钢(铁)屑面层的允许偏差项目,见《建筑地面工程施工质量验收规范》(GB 50209—2002)中表 5.1.7 规定

(2) 质量记录

水泥钢（铁）屑面层施工的质量记录，如表 7.2.96 所示。

质 量 记 录　　　　　　　　　　　　　　　　　表 7.2.96

序 号	内 容
1	水泥出厂合格证及进场复验报告。
2	砂子检验报告。
3	水泥砂浆和水泥钢(铁)屑配合比通知单。
4	水泥钢(铁)屑地面分项工程检验批质量验收记录

5. 成品保护

水泥钢（铁）屑面层的成品保护，如表 7.2.97 所示。

成 品 保 护　　　　　　　　　　　　　　　　表 7.2.97

序号	内　　容
1	地面操作过程中要注意对其他专业设备的保护,如埋在地面内的管线不得随意移位,地漏内不得堵塞砂浆等。
2	面层做完之后养护期内严禁进入。
3	在已完工的地面上进行油漆、电气、暖卫专业工序时,注意不要碰坏面层、油漆、浆活不要污染面层。
4	冬期施工的水泥钢(铁)屑地面面层操作环境如低于+5℃时,应采取必要的防寒保暖措施,严格防止发生冻害,尤其是早期受冻,会使面层强度降低,造成起砂、裂缝等质量事故。
5	如果先做水泥钢(铁)屑地面面层,后进行墙面抹灰时,要特别注意对面层进行覆盖,并严禁在面层上拌合砂浆和储存砂浆。
6	粘污在门口和墙面上的砂浆等应及时清扫干净。
7	木门口必须装铁护口,防止推灰小车撞坏门口。
8	地面铺设在水暖立管、电线管等,在抹地面时要保护好,不得碰撞。
9	对地漏、出水口等部位安装的临时堵口要保护好,以免灌入杂物,造成堵塞

6. 安全环保措施

水泥钢（铁）屑面层的安全环保措施，如表 7.2.98 所示。

安全环保措施　　　　　　　　　　　　　　表 7.2.98

序号	内　　容
1	操作人员必须持证上岗,并防止意外伤害。
2	清理楼地面时,清理出的垃圾、杂物等,不得从窗口、阳台扔出。
3	在夜间压光地面时,现场照明应符合施工现场安全用电有关规定。
4	施工时必须做到工完场清,建筑垃圾倾倒至指定地点

7.2.2.5　防油渗面层

1. 适用范围和基本规定

防油渗面层施工方法的适用范围和基本规定，如表 7.2.99 所示。

适用范围和基本规定　　　　　　　　　　　　表 7.2.99

序号	项目	内　　容
1	适用范围	本工艺适用于水泥类基层上有防油渗要求的地面面层施工,包括防油渗混凝土和防油渗涂料。
2	基本规定	(1)本面层施工应待基层施工完毕并经验收合格后进行施工。 (2)防油渗混凝土应在普通混凝土中掺入外加剂或防油渗剂。防油渗混凝土的强度等级不应小于C30,其厚度宜为 60~70mm,面层内配置的钢筋应根据设计确定,并应在分区段缝处断开。 　防油渗混凝土的抗渗性能应符合设计要求,其抗渗性能检测方法,应符合现行的国家标准《普通混凝土长期性能和耐久性能试验方法》的规定,并以 10 号机油为介质进行检测。 (3)防油渗混凝土面层按厂房柱网分区段浇筑,区段面积不宜大于 50m²。分区段缝的宽度宜20mm,并上下贯通;缝内应灌注防油渗胶泥材料,亦可采用弹性多功能聚胺酯类涂膜材料嵌缝,并应在缝的上部用膨胀水泥砂浆封缝(图 7.2.1),封填深度宜为 20~25mm。 　防油渗胶泥应按产品质量标准和使用说明配置。 (4)防油渗混凝土面层内不得敷设管线,凡露出面层的电线管、接线盒、预埋套管和地脚螺栓等应采用防油渗胶泥或环氧树脂进行处理。与墙、柱、变形缝及孔洞等连接处应做泛水。

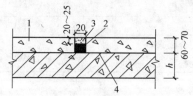

图 7.2.1　防油渗面层分格缝做法

1—防油渗混凝土；2—防油渗胶泥；3—膨胀水泥砂浆；4—按设计做一布二胶

2. 施工准备和工程要点

防油渗面层的施工准备和工程要点，如表 7.2.100 所示。

施工准备和工程要点　　　　　　　　　　　　　　　　　表 7.2.100

序号	项目	内　　容
1	技术准备	(1)熟悉图纸，了解工程做法和设计要求，对设计和施工中存在的矛盾及时解决。 (2)施工前应当编写施工方案，并向施工队伍做详尽的技术交底。 (3)各种进场原材料规格、品种、材质等符合设计要求，质量合格证明文件齐全，进场后进行相应验收，需复试的原材料进场后必须进行相应复试检测，合格后方可使用；并有相应施工配比通知单。
2	材料要求	(1)水泥宜采用普通硅酸盐水泥，其强度等级应为 32.5 或 42.5 级。 (2)碎石应采用花岗岩或石英石。并符合筛分曲线的碎石(严禁使用松散、多孔和吸水率大的石子)，空隙率小于 45%，石料坚实，组织细致，吸水率小，粒径宜为 5～15mm，其最大粒径不应大于 20mm，含泥量不大于 1%。 (3)砂应为中砂，其细度模数应控制在 2.3～2.6，砂石级配空隙率小于 35%；且应洁净无杂物、泥块。 (4)水：一般洁净水。 (5)外加剂和防油渗剂：采用氢氧化铁或三氯化铁混合剂，应符合产品质量标准。 (6)防油渗涂料应按设计要求选用，且具有耐油、耐磨耐火和粘结性能，抗拉强度不应小于 0.3MPa。 (7)防油渗隔离层采用的玻璃纤维布应为无碱网格布；防油渗胶泥(或弹性多功能聚胺酯类涂膜材料)厚度宜为 1.5～2.0mm，防油渗胶泥应按产品质量标准和使用说明配置。 (8)防油渗涂料应按设计要求选用，且具有耐油、耐磨、耐火和粘结性能，抗拉强度不应小于 0.3MPa。
3	主要机具	混凝土搅拌机、平板振捣器、翻斗车、小推车、小水桶、半截桶、扫帚、铁磙子、2m 靠尺、刮杠、木抹子、铁抹子、平锹、钢线刷、锤子、凿子、铜丝锣、橡胶刮板、钢皮刮板、刷子、砂纸、棉纱、抹布。
4	作业条件	(1)基层已办理完验收手续。 (2)室内墙(柱)面弹好水准墨线(如+500mm 水平线)。 (3)立完门框，钉好保护铁皮或木板。 (4)安装好水立管并将管洞堵严。 (5)操作面温度不应低于 5℃。 (6)分区段缝尺条加工：用红松木加工，上口宽 20mm，下口宽 15mm，表面用刨子刨光，用水浸泡，使用前取出擦干、刷油。 (7)施工机械准备充足，试运转正常，运输道路畅通，照明设备充足，亮度满足操作的需要。
5	工程要点	防油渗面层的工程要点，如表 7.2.101 所示

防油渗面层的工程要点　　　　　　　　　　　　　　　　表 7.2.101

序号	项目	内　　容
1	材料要点	所有材料进场必须有出厂质量证明文件(包括质量合格证明或检验/试验报告、生产许可证、产品合格证等)，并要按设计要求和国家现行标准进行复验，外加剂、水泥等材料还要按规定现场抽样进行复试，试验合格后方可使用。 凡使用新材料、新产品应有具有鉴定资格单位的鉴定证书，同时应有其产品的质量标准、使用说明和工艺要求，使用前应按其质量标准进行检查和试验。 符合筛分曲线的碎石(严禁使用松散、多孔和吸水率大的石子)，空隙率小于 45%，石料坚实。组织细致，吸水率小，粒径宜为 5～15mm，其最大粒径不应大于 20mm，含泥量不大于 1%。
2	技术要点	(1)防油渗混凝土和防油渗胶泥应严格按照设计配比进行试后确定，采用重量比。 (2)防油渗混凝土采用机械搅拌，充分搅拌均匀，搅拌时间 2.5～3min。 (3)面层(或隔离层)施工时，基层一定要清理干净。隔离层施工时，基层应保持干燥。 (4)防油渗涂料面层施工时应严格控制涂刷(喷涂)遍数及每遍的厚度和间隔时间。 (5)分区段缝应严格按规定设置，并上下贯通

3. 工艺流程和操作方法

（1）工艺流程

1）无隔离层，面层为防油渗混凝土时，如下所示。

基层清理 → 安放分区段缝尺条 → 洒水湿润 → 做灰饼 → 刷结合层 → 浇筑混凝土 → 养护 → 拆分区段缝尺条 → 封堵分区段缝

2）无隔离层，面层为防油渗涂料时，如下所示。

基层处理 → 打底 → 主涂层施工 → 罩面 → 打蜡养护

3）有隔离层，面层为防油掺混凝土，如下所示。

基层清理 → 刷防油渗涂料底子油 → 涂抹第一遍防油渗胶泥 → 铺玻璃纤维布 → 涂抹第二遍防油渗胶泥 → 安放分区段缝尺条 → 做灰饼 → 刷结合层 → 浇筑混凝土 → 养护 → 拆分区段缝尺条 → 封堵分区段缝

4）有隔离层，面层为防油渗涂料，如下所示。

基层清理 → 刷防油渗涂料底子油 → 涂抹第一遍防油渗胶泥 → 铺玻璃纤维布 → 涂抹第二遍防油渗胶泥 → 打底 → 主涂层施工 → 罩面 → 打蜡养护

（2）操作方法

防油渗面层工程中各道工序的操作方法，如表 7.2.102 所示。

操 作 方 法　　　　　　　表 7.2.102

序号	项目	内　　容
1	基层清理	(1)用剁斧将基层表面灰浆清掉，墙根、柱根处灰浆用凿子和扁铲清理干净，用扫帚将浮灰扫成堆，装袋清走，如表面有油污，应用 5%～10% 浓度的火碱溶液清洗干净。 (2)若在基层上直接铺设隔离层或防油渗涂料面层，基层含水率不应大于 9%。
2	区段划分	(1)若房间较大，防油渗混凝土面层按厂房柱网分区段浇筑，一般将分区段缝设置在柱中或跨中，有规律布置，且区段面积不宜大于 50m²。 (2)在分区段缝两端柱子上弹出轴线和上口标高线，并拉通线，严格控制分区段缝尺条的轴线位置和标高(和混凝土面层相平或略低)，用 1：1 水泥砂浆稳固。 (3)分区段缝尺条应提前两天安装，确保稳固砂浆有一定强度。
3	洒水湿润	若在基层上直接浇灌防油渗混凝土，应提前一天对基层表面进行洒水湿润，但不得有积水。
4	设置灰饼	根据地面标高和室内水准基准线(如：+500mm 线)用细石混凝土做灰饼，间距不大于 1.5m。
5	刷结合层	(1)若在基层上直接浇灌防油渗混凝土，应先在已湿润过的基层表面满涂一遍防油渗水泥浆结合层，并应刷随浇筑防油渗混凝土。 (2)防油渗水泥浆应按照设计要求或产品说明配置。
6	浇筑混凝土	(1)防油渗混凝土一般现场搅拌，应设专人负责，严格按照配合比要求上料，根据现场砂石含水率对加水量进行调整，严格控制坍落度，不宜大于 10mm，且应搅拌均匀(搅拌时间比普通混凝土应延长，一般延长 2～3min)。 (2)若混凝土运输距离较长，运到现场后有离析现象，应再拌合均匀。 (3)用铁锹将细石混凝土铺开，用长刮杠刮平，用平板振捣器捣密实，表面塌陷处应用细石混凝土铺平，拉标高线检查标高，再用长刮杠刮平，用滚筒二次碾压，再用长刮杠刮平，铲除灰饼，补平面层，然后用木抹子搓平。 (4)第一遍压面 表面收水后，用铁抹子轻轻抹压面层，把脚印压平。 (5)第二遍压面

序号	项目	内　　容
6	浇筑混凝土	当面层开始凝结,地面面层踩上有脚印但不下陷时,用 2m 靠尺检查表面平正度,用木抹子搓平,达到要求后,用铁抹子压面。将面层上的凹坑,砂眼和脚印压平。 　(6)第三遍压面 　当地面面层上人稍有脚印,而抹压不出现抹子纹时,用铁抹子进行第三遍抹压。此遍抹压要用力稍大,将抹子纹抹平压光,压光时间应控制在终凝前完成。
7	养护	第三遍完成 24h 后,及时洒水养护,以后每天洒水两次,(亦可覆盖麻袋片等养护,保持湿润即可)至少连续养护 14d,当混凝土实际强度达到 $50N/mm^2$ 时,允许上人,混凝土强度达到设计要求时允许正常使用。
8	拆除尺条	养护 7d 后停止洒水,待分区段缝尺条和地面干燥收缩互相脱开后,小心将分区段缝尺条启出,注意不要将混凝土边角损坏。
9	封堵段缝	(1)区段缝上口 20～25mm 以下的缝内灌注防油渗胶泥材料,亦可采用弹性多功能聚胺酯类涂膜材料嵌缝。 　(2)按设计要求或产品说明配置膨胀水泥砂浆,用膨胀水泥砂浆封缝将分区段缝填平(或略低于上口)。 　(3)分区段缝应注意尽量不要污染地面,若有污染现象应及时清理干净。
10	刷底子油	若在基层上直接铺设隔离层或防油渗料面层及在隔离层上面铺设防油渗面层(包括防油渗混凝土和防油渗涂料),均应涂刷一遍同类底子油,底子油应按设计要求或产品说明进行配置。
11	隔离层施工	(1)刷底子油 　若在基层上直接铺设隔离层应涂刷一遍同类底子油,底子油应按设计要求或产品说明进行配制。 　(2)涂抹第一遍防油渗胶泥 　在涂刷过底子油的基层上将加温的防油渗胶泥均匀涂抹一遍,其厚度宜为 1.5～2.0mm,注意墙、柱连接处和出地面立管根部应涂刷,卷起高度不得小于 50mm。 　(3)铺玻璃纤维布 　涂抹完第一遍防油渗胶泥后应随即将玻璃纤维布粘贴覆盖,其搭接宽度不得小于 100mm,墙、柱连接处和出地面立管根部应向上翻边,其高度不得小于 30mm。 　(4)涂抹第二遍防油渗胶泥 　在铺好的玻璃纤维布上将加温的防油渗胶泥均匀涂抹一遍,其厚度宜为 1.5～2.0mm。 　(5)防油渗隔离层施工完成后,经检查合格方可进行下一道工序的施工。
12	防油渗涂料面层施工	(1)打底 　防油渗涂料面层施工时应先用稀释胶粘剂或水泥胶粘剂腻子涂刷基层(刮涂)1～3 遍,干燥后打磨并清除粉尘。 　(2)主涂层施工 　按设计要求或产品说明涂刷防油渗涂料至少 3 遍,涂层厚度宜为 5～7mm,每遍的间隔时间宜通过试验确定。 　(3)罩面 　按产品说明满涂刷 1～2 遍面层涂料。 　(4)打蜡养护 　面层涂料干燥后,如不是交通要道或由于安装工艺的特殊要求未完的房间外即可涂擦地板蜡,交通要道或工艺未完的房间应先用塑料布满铺后用 3mm 以上的橡胶板或硬纸板盖上,待其全部工序完后再清擦打蜡交活

4. 质量标准

(1) 质量标准

防油渗面层的施工质量检验。除应符合表 7.2.103 的规定外,还应《符合建筑地面工程施工质量验收规范》(GB 50209—2002) 中之 5.6 的有关要求。

(2) 质量记录

防油渗面层工程的质量记录, 如表 7.2.105 所示。

质 量 标 准 表 7.2.103

序号	项目	内 容
1	主控项目	(1)面层的材质、颜色、厚度、强度(配合比)、抗渗性能必须符合设计要求和施工规范规定。 (2)面层与基层的结合,必须牢固、无空鼓。 (3)表面密实光洁,无裂纹、脱皮、麻面和起砂等缺陷,防油渗涂料颜色应一致,不得有漏刷和透底现象。 (4)地漏和带有坡度的面层,坡度应符合设计要求,不倒泛水,无渗漏,无积水,地漏与管道结合处应严密平顺
2	一般项目	防油渗面层允许偏差项目见表 7.2.104

防油渗面层允许偏差和检验方法 表 7.2.104

项次	项 目	允许偏差(mm)	检 验 方 法
1	表面平整度	3	用 2m 靠尺和楔形塞尺检查
2	踢脚线上口平直	4	拉 5m 线,不足 5m 拉通线和尺量检查
3	缝格平直	3	

质 量 记 录 表 7.2.105

序号	内 容
1	水泥出厂检验报告,现场抽样检验报告。
2	砂子现场抽样检验报告。
3	石子现场抽样检验报告。
4	外加剂出厂质量证明书,现场抽样检验报告。
5	防油渗胶泥和防油渗涂料出厂质量证明书。
6	玻璃纤维布出厂质量证明书,现场抽样检验报告。
7	混凝土配合比通知单。
8	混凝土抗压强度试验报告。
9	混凝土抗渗试验报告。
10	防油渗整体地面面层工程检验批质量验收记录

5. 成品保护

防油渗面层工程的成品保护，如表 7.2.106 所示。

成 品 保 护 表 7.2.106

序号	内 容
1	防油渗混凝土施工时运料小车不得碰撞门口及墙面等处。
2	地漏、出水口等部位安放的临时堵头要保护好,以防灌入杂物,造成堵塞。
3	不得在已做好的地面上拌合砂浆杂物。
4	地面养护期间不准上人,其他工种不得进入操作,养护其后也要注意成品保护。
5	其他工种进行施工时,已做好的地面应适当进行覆盖,以免污染地面。
6	交通要道或工艺未完的房间,应先用塑料布满铺后用 3mm 以上的橡胶板或硬纸板盖上,待其全部工序完成后在清擦打蜡交活。
7	封堵分区段缝应注意尽量不要污染地面,若有污染现象应及时清理干净

6. 安全环保措施

防油渗面层工程的安全环保措施，如表 7.2.107 所示。

安全环保措施　　　　　　　　　　　表 7.2.107

序号	内　容
1	机械操作及临电线路铺设必须由专业人员进行。
2	基层清理和搬运水泥时要戴好防护用品，防止粉尘吸入体内。
3	熬制防油渗胶泥时严格执行动火制度，以防火灾发生，并注意不要发生烫伤。
4	各种化学制品要有专人管理，并用容器单独存放，以免挥发及发生中毒、烧伤和火灾、爆炸事故。
5	水泥要入库存放，砂子要覆盖，基层清理要适当洒水，防止扬尘。
6	施工剩余废料，尤其是化学制品要妥善处理，以免污染环境

7.2.2.6　不发火（防爆的）面层

1. 适用范围和基本规定

不发火（防爆的）面层的施工方法适用范围和基本规定，如表 7.2.108 所示。

适用范围和基本规定　　　　　　　　表 7.2.108

序号	项目	内　容
1	适用范围	本工艺规定是用于防火、防爆、防尘、耐磨的工业建筑不发火（防爆的，下同）面层工程的施工。
2	基本规定	(1)在不发火地面工程施工时，应建立质量管理体系并严格参照本施工技术标准。 (2)建筑地面工程采用的材料应按设计要求和《建筑地面工程施工质量验收规范》(GB 50209—2002)的规定选用，并应符合国家标准的规定；进场材料应有中文质量合格证明文件、规格、型号及性能检测报告，对水泥、砂、石及外加剂等材料应有现场抽样检验报告。 (3)不发火地面下的沟槽、暗管等工程完工后，经检验合格并做隐蔽记录，方可进行建筑地面工程的施工。 (4)不发火地面面层的铺设，均应待其下一层检验合格后方可施工。不发火地面面层铺设前与相关专业的部分(子分部)工程、分项工程以及设备管道安装工程之间，应进行交接检验。 (5)不发火地面工程施工时，环境温度的控制不应低于 5℃。 (6)不发火地面的变形缝应按设计要求设置，并应符合下列规定： 　1)不发火地面的沉降缝、伸缩缝和防震缝，应与结构相应缝的位置一致，且应贯通地面的各构造层。 　2)沉降缝和防震缝的宽度应符合设计要求，缝内清理干净，以柔性密封材料填嵌后用板封盖，并应与面层齐平。 (7)检验水泥混凝土和水泥砂浆强度试块的组数，按每一层(或检验批)建筑地面工程不应小于 1 组。当每一层(或检验批)建筑地面工程面积大于 1000m² 时，每增加 1000m² 应做 1 组试块；小于 1000m² 按 1000m² 计算。当改变配合比时，亦应相应地制作试块组数。 (8)不发火面层的铺设宜在室内装饰工程基本完工后进行。 (9)不发火地面工程施工质量的检验，应符合下列规定： 　1)不发火地面工程的施工质量验收应按每一层次或每层施工段(或变形缝)作为检验批。 　2)每检验批应按自然间(或标准间)检验，抽查数量应随机检验不应少于 3 间；不足 3 间，应全数检查；其中走廊(过道)应以 10 延长米为 1 间，工业厂房(按单跨计)、礼堂、门厅应以两个轴线为 1 间计算。 　3)有防水要求的不发火地面工程施工质量每检验批抽查数量应按其房间总数随机检验不应少于 4 间，不足 4 间，应全数检查。 (10)不发火地面工程施工质量检验的主控项目，必须达到本标准规定的质量标准，认定为合格；一般项目 80% 以上的检查点(处)符合规范规定的质量要求，其他检查点(处)不得有明显影响使用，并不得大于允许偏差值的 50% 为合格。凡达不到质量标准时，应按现行国家标准《建筑工程施工质量验收统一标准》(GB 50300—2001)的规定处理。 (11)建筑地面工程完工前、后，检验批及分项工程应由监理工程师(建设单位项目技术负责人)组织施工单位项目专业质量(技术)负责人等进行验收

2. 施工准备和工程要点

不发火（防爆的）面层的施工准备和工程要点，如表7.2.109所示。

施工准备和工程要点

表 7.2.109

序号	项目	内容
1	技术准备	(1)进行图纸会审，复核设计做法是否符合现行国家规范的要求。 (2)对于设计所选用标准图等的做法如与本标准做法差别较大，不易保证质量时，应与设计单位协商，尽量采用本标准的做法。 (3)施工前应有施工方案，并先做样板间，再经过详细的技术交底，方可大面积施工。
2	材料准备	(1)水泥 采用普通硅酸盐水泥，其强度等级不低于32.5级。 (2)砂 应质地坚硬，多棱角，表面粗糙并有颗粒级配，粒径为0.15～5mm，含泥量不大于3%，有机物含量不大于0.5%。 (3)碎石 应选用大理石，白云石或其他不发火的石料加工而成，并以金属或石料撞击时不发生火花为合格。粒径5～20mm，含泥量小于1%，不含杂质。 (4)嵌条 采用不发生火花的材料制成。
3	主要机具	(1)机械设备 混凝土搅拌机、机动翻斗车等。 (2)主要工具 大小平锹、铁棍筒、电镘、小白线、小抹子、铁抹子、木刮杠、水平尺、磅秤、手推胶轮车等。
4	作业条件	(1)混凝土基层(垫层)已按设计要求施工完，混凝土强度达到5.0MPa以上。 (2)厂房内抹灰、门窗框、预埋件及各种管道、地漏等已安装完毕，经检查合格，地漏口已遮盖，并办理预检手续。 (3)已在墙面或结构面弹出或设置控制面层标高和排水坡度的水平基准线或标志；分格线已按要求设置，地漏处已找好泛水及标高。 (4)地面已做好防水层并有防雨措施。 (5)面层材料已进场，并经检查处理，符合质量要求，试验室根据现场材料，通过试验，已确定配合比。
5	工程要点	不发火(防爆的)面层的工程要点，如表7.2.110所示

不发火（防爆的）面层工程要点

表 7.2.110

序号	项目	内容
1	材料要点	(1)水泥 1)水泥进场后按同品种、同强度等级取样。袋装水泥和散装水泥应分别进行编号和取样。每一编号为一取样单位。袋装水泥每200t为一个取样批，不足200t按一批计；散装水泥每500t为一个检验批，不足500t按一批计。 2)水泥质量有怀疑或水泥出厂日期超过三个月时应在使用前作复验。 3)为了防止水泥受潮，现场仓库尽量密闭，保管水泥的仓库屋顶、墙外不得漏水或渗水。袋装水泥地面垫板应离地300mm，四周离墙300mm，堆放高度一般不超过10袋。存放散装水泥时，地面要抹水泥砂浆并且有防水、防潮、放尘措施。 4)水泥要分类保管，入库的水泥应按不同品种、不同强度、不同出厂日期分别堆放和保管，不得混杂，并防止混掺使用。 (2)砂、石等应进行现场抽样检验，除常规检验项目外，必须对材料进行不发火试验，合格后方准使用。

续表

序号	项目	内 容
2	技术要点	(1)严格验收制度,不发火(防爆的)面层采用的石料和硬化后的试件,均应在金刚砂轮上做摩擦试验,在试验中没有发现任何瞬间的火花,即认为合格。试验时应符合《建筑地面工程施工质量验收规范》(GB 50209—2002)中附录 A 的规定。 (2)不发火各类面层的铺设,应符合本章中其他相应面层的规定。 (3)面层压光时,如混凝土过稠,不得随意加水;如混凝土过稀,不得掺加干水泥面,但可分别掺加同配合比较稀或较稠混凝土调拌后压光,以免降低面层强度或造成表面起皮。
3	质量要点	(1)不发火(防爆的)面层应采用水泥类的拌合料铺设,其厚度应符合设计要求。 (2)不发火面层的质量关键要求尚应符合其他相应章节面层的规定。 (3)原材料加工和配制时,应注意随时检查材质,不得混入金属细粒或其他易发生火花的杂质。 (4)施工所用的材料应在试验合格后使用,中间不得更换材料和配合比,以免造成面层色差和出现质量问题。 (5)面层施工时温度不应低于 5℃,否则应按冬期施工要求采取保温、防冻措施。
4	安全要点	职业健康安全的关键要求主要是施工机械的安全使用、操作人员的安全防护等内容。
5	环境要点	环境的关键要求主要是对工程废水、大气污染、噪声污染、固体废弃物等方面的控制

3. 工艺流程和操作方法

(1) 工艺流程

不发火(防爆的)面层的工艺流程,如下所示。

基层处理 → 拌制 → 打底灰 → 面层铺设 → 养护

(2) 操作方法

不发火(防爆的)面层的操作方法,如表 7.2.111 所示。

操作方法　　　　　　　　　　　　　　　表 7.2.111

序号	项目	内 容
1	清理基层	(1)施工前应将基层表面的泥土,灰浆皮,灰渣及杂务清理干净,油污渍迹清洗掉。铺抹打底灰前 1d,将基层浇水湿润,但无积水。 (2)先用铲刀和扫帚等工具将基层的突起物,硬快和疙瘩等铲除,并将尘土清扫干净,保证基层与面层结合牢固。
2	混凝土配制	(1)严格验收制度,所用不发火面层的原材料,经附录 E 中的实验方法试验合格后方可使用。 (2)不发火混凝土面层强度等级一般为 C20,施工参考配合比为:水泥∶砂∶碎石∶水=1∶1.74∶2.83∶0.58(重量比)。所用材料严格计算,用机械搅拌,投料程序为:碎石→水泥→砂→水。要求搅拌均匀,混凝土灰浆颜色一致,搅拌时间不少于 90s,配制好的拌合物在 2h 内用完。
3	打底灰	当为水泥砂浆不发火地面时,应按常规方法先做找平层,具体施工方法祥见"水泥砂浆找平层做法"。如基层表面平整,亦可不抹找平层,直接在基层上铺设面层。
4	配合比	配合比计量一定要准确,拌合物必须搅拌均匀才能使用。
5	面层铺设	(1)不发火(防爆的)各类面层的铺设,应符合本章中相应面层的施工操作要点,如贴灰饼,冲筋等。 (2)铺时预先用木板隔成宽不大于 3m 的区段,先在已湿润的基层表面均匀地抹扫一道素水泥浆,随即分仓顺序摊铺,随铺随用长木杠刮平。紧接着用铁辊筒纵横交错来回滚压 3~5 遍至表面出浆,用木抹拍实搓平,然后用铁抹子压光。待收水后再压光 2~3 遍,至抹纹压痕抹平压光为止。 (3)试块的留置除满足本标准相关要求外,尚应留置一组用于检验面层不发火性的试件。
6	养护	最后一遍压光后根据气温(常温情况下 24h),可洒水养护,时间不少于 7d,养护期间不允许上人走动和堆放物品

4. 质量标准和检验方法

（1）质量标准

不发火（防爆的）面层的施工质量检验，应按建筑地面工程施工质量验收规范（GB 50209—2002）中之 5.7 的规定进行。

（2）质量记录

不发火（防爆的）面层工程的质量记录，如表 7.2.112 所示。

质量记录   表 7.2.112

序号	内　容
1	水泥出厂质量检验报告和现场抽样检验报告。
2	砂、石现场抽样检验报告。
3	石子不发火试验报告。
4	不发火地面面层分项工程检验批施工质量验收记录

5. 成品保护

不发火（防爆的）面层工程的成品保护，如表 7.2.113 所示。

成品保护   表 7.2.113

序号	内　容
1	面层施工防止碰撞损坏门框，管线，预埋铁件，墙角及已完成的墙面抹灰等。
2	施工时注意保护好管线，设备等的位置，防止变形，位移。
3	操作时注意保护好地漏，出水口等部位，作临时堵口或覆盖，以免灌入砂浆等造成堵塞。
4	事先埋设好预埋件，已完成地面不准再剔凿孔洞。
5	面层养护期间（一般宜不少于 7 天），严禁车辆行走或堆压重物。
6	不得在已做好的面层上拌合砂浆，混凝土以及调配涂料等

6. 安全环保措施

不发火（防爆的）面层的安全环保措施，如表 7.2.114 所示。

安全环保措施   表 7.2.114

序号	内　容
1	现场用电应符合现场安全用电规定。
2	电动机操作人员，必须戴绝缘手套和穿绝缘鞋，防止漏电伤人。
3	工程废水的控制：砂浆机清洗废水应设沉淀池，排到室外管网。
4	施工现场垃圾应分拣存放并及时清运，由专人负责，用毡布密封，并洒水降尘。水泥等易飞扬的粉状物应防止遗洒，使用时轻铲轻倒，防止飞扬。沙子使用时，应先用水喷洒，防止粉尘的产生。
5	定期对噪声进行测量，并注名测量时间，地点，方法。做好噪声测量记录，以验证噪声排放是否符合要求，超标时及时采取措施。
6	固体废弃物处理： （1）废料应按"可利用"，"不可利用"，"有毒害"等进行标识。可利用的垃圾分类存放，不可利用垃圾存放在垃圾场，及时通知运走，有毒害的物品，如胶粘剂等应用桶存放。 （2）废料在施工现场装卸运输时，应用水喷洒，卸到堆放地后及时覆盖或用水喷洒。 （3）机械保养，应防止机油泄露，污染地面

7.2.3 板块面层铺设施工

7.2.3.1 砖面层

1. 适用范围和基本规定

砖面层施工方法的适用范围和基本规定，如表 7.2.115 所示。

适用范围和基本规定　　　　　　　　　**表 7.2.115**

序号	项目	内　　容
1	适用范围	本工艺规定适用于一般工业与民用建筑地面工程砖面层的施工。
2	基本规定	(1)建筑地面工程采用的材料应按设计要求和《建筑地面工程施工质量验收规范》(GB 50209—2002)的规定选用，并应符合国家标准的规定:进场材料应有中文质量合格证明文件，规格，型号及性能检测报告，对重要材料应有复验报告。 (2)铺设砖面层的结合层和板块间的填缝采用水泥砂浆，应符合下列规定。 1)配制水泥砂浆应采用硅酸盐水泥，普通硅酸盐水泥或矿渣硅酸盐水泥;其水泥强度等级不宜小于32.5级。 2)配制水泥砂浆的砂应符合国家现行行业标准《普通混凝土用砂质量标准及检验方法》(JGJ 52)的规定。 3)配制水泥砂浆的体积比(或强度等级)应符合设计要求。 (3)结合层和砖面层填缝的沥青胶结材料应符合国家现行有关产品标准和设计要求。 (4)砖面层的铺砌应符合设计要求，当设计无要求时，宜避免出现板块小于1/3边长的边角料;高级装修时，宜避免出现板块小于1/2边长的边角料。 (5)铺设砖面层时，其水泥类基层的抗压强度不得小于1.2MPa。铺设水泥花砖，陶瓷锦砖，陶瓷地砖，缸砖的结合层和填缝的水泥砂浆，在面层铺设后，表面应覆盖，湿润，其养护时间不应少于7d。 当砖面层的水泥砂浆结合层的抗压强度达到设计要求后，方可正常使用。 (6)厕浴间和有防滑要求的建筑地面的地砖应符合设计要求。 (7)砖面层踢脚线施工时，不得采用石灰砂浆打底。 (8)有防腐蚀要求的砖面层采用的耐酸瓷砖、浸渍沥青砖、缸砖的材质、铺设以及施工质量验收应符合现行国家标准《建筑防腐蚀工程施工及验收规范》(GB 50212)的规定。 (9)在水泥砂浆结合层上铺贴缸砖、陶瓷地砖和水泥花砖面层时，应符合下列规定: 1)在铺贴前，应对砖的规格尺寸、外观质量、色泽等进行预选，浸水湿润晾干待用; 2)勾缝和压缝应采用同品种、同强度等级、同颜色的水泥，并做养护和保护。 (10)在水泥砂浆结合层上铺贴陶瓷锦砖面层时，砖底面应洁净，每联陶瓷锦砖之间、与结合层之间以及在墙角、镶边和靠墙处，应紧密贴合。在靠墙处不得用砂浆填补。 (11)在沥青胶结料结合层上铺贴缸砖面层时，缸砖应干净，铺贴时应在摊铺热沥青胶结料上进行，并在胶结料凝结前完成

2. 施工准备和工程要点

砖面层施工准备和工程要点如表 7.2.116 所示。

施工准备和工程要点　　　　　　　　　**表 7.2.116**

序号	项目	内　　容
1	技术准备	(1)熟悉图纸，了解工程做法和设计要求，制定详细的施工方案后，向施工队伍做详尽的技术交底。 (2)各种进场原材料规格、品种、材质等符合设计要求，质量合格证明文件齐全，进场后进行相应验收，需复试的原材料进场后必须进行相应复试检测，合格后方可使用;并有相应施工配比通知单。 (3)已做好样板，并经各方验收合格。 (4)做好基层(防水层)等隐蔽工程验收记录。

续表

序号	项目	内　容
2	材料要求	(1)水泥：采用硅酸盐水泥，普通硅酸盐水泥或矿渣硅酸盐水泥，强度等级不宜低于32.5级。应有出厂证明和复试报告，当出厂超过三个月应做复试并按实验结果使用。 (2)砂：采用洁净无有机杂质的中砂或粗砂，含泥量不大于3%。不得使用有冰块的砂子。 (3)沥青胶结料：宜用石油沥青与纤维，粉状或纤维和粉状混合的填充料配制 (4)胶粘剂：应符合防水、防菌要求。 (5)面砖：颜色、规格、品种应符合设计要求，外观检查基本无色差，无缺棱、掉角，无裂痕，材料强度、平整度、外形尺寸等均符合现行国家标准相应产品的各项技术指标。
3	主要机具	(1)电动机械 砂浆搅拌机、手提电动云石锯、小型台式砂轮锯等。 (2)主要工具 磅秤、铁板、小水桶、半截大桶、扫帚、平锹、铁抹子、大杠、中杠、小杠、筛子、窗纱筛子、窄手推车、钢丝刷、喷壶、锤子、橡皮锤、凿子、溜子、方尺、铝合金水平尺、粉线包、盒尺、红铅笔、工具袋等。
4	作业条件	(1)墙面抹灰及墙裙做完 (2)内墙面弹好水准基准墨线(如：500mm或1000mm水平线)并校核无误。 (3)门窗框要固定好，并用1：3水泥砂浆将缝隙堵严实。铝合金门窗框边缝所用嵌塞材料应符合设计要求。且应塞堵密实而事先粘好保护膜。 (4)门框保护好，防止手推车碰撞。 (5)穿楼地面的套管、地漏做完、地面防水层做完，并完成蓄水实验办好检验手续。 (6)按面砖的尺寸、颜色进行选砖，并分类存放备用，做好排砖设计。 (7)大面积施工前应先放样并做样板，确定施工工艺及操作要点，并向施工人员交好底再施工。样板完成后必须经鉴定合格后方可按样板要求大面积施工
5	工程要点	砖面层的工程要点，如表7.2.117所示

砖面层的工程要点　　　　　　　　　　　　　　　表7.2.117

序号	项目	内　容
1	材料要求	(1)砖面层工程中所用的砂、石、水泥、砖等无机非金属建筑材料和装修材料应符合《民用建筑工程室内环境污染控制规范》(CB 50325—2001)的规定。 (2)水泥花砖、缸砖、陶瓷锦砖、陶瓷地砖应符合现行的国家建材标准和相应产品的各项技术指标，并应符合设计要求。 (3)结合层(水泥砂浆、沥青胶结料或胶粘剂)应符合设计要求。 (4)采用胶粘剂在结合层上粘贴砖面层时，胶粘剂选用应符合现行国家标准《民用建筑工程室内环境污染控制范围》(GB 50325)的规定。 (5)砖面层工程中所用的砂、水泥、砖等无机非金属建筑材料和装修材料必须有放射性指标报告；采用水性胶粘剂必须有总挥发性有机化合物(TVOC)和游离甲醛含量检测报告，采用溶剂性胶粘剂必须有总挥发性有机化合物(TVOC)、苯、游离甲苯二异氰酸酯(TD1)含量检测报告，并应符合设计要求和《民用建筑工程室内环境污染控制规范》(GB 50325—2001)中，污染物浓度含量的规定。
2	技术要点	(1)基层处理应按砖面层施工工艺流程要求严格操作。 (2)排砖合理、铺砖重点是门洞口、墙边及管根等处，并应按砖面层施工工艺中的要求操作。 (3)铺设砖面层24h后，宜加设围挡，洒水养护并不少于7d。
3	质量要点	(1)板块空鼓：基层清理不净、洒水湿润不均、砖未浸水、水泥浆结合层刷的面积过大风干后起隔离作用、上人过早影响粘结层强度等因素，都是导致空鼓的原因。 (2)踢脚板空鼓的原因，除与地面相同外，还因为踢脚板背面粘结砂浆量少未抹到边，造成边脚空鼓。 (3)踢脚板出墙厚度不一致：由于墙体抹灰垂直度、平整度超出允许偏差，踢脚板镶贴时按水平线控制，所出墙厚度不一致。在镶贴前，应先检查墙面平整度，进行处理后在进行镶贴。 (4)板块表面不洁净：主要是做完面层之后，成品保护不够，在地砖上拌合砂浆、刷浆及油漆时不覆盖等，造成面层被污染。

续表

序号	项目	内　容
3	质量要点	(5)有地漏的房间倒坡:做找平层砂浆时,没有按设计要求的泛水坡度进行弹线找坡。因此必须在找标高、弹线时找好坡度,抹灰饼和标筋时,抹出泛水。 (6)地面铺贴不平,出现高低差:对地砖未进行预先挑选,砖不平整,砖的薄厚不一致造成高低差,或铺贴时未严格按水平标高线进行控制。
4	安全要点	(1)施工作业照明必须符合安全用电相关规定。 (2)施工操作人员应配备必要的且数量充足的劳动保护用品。 (3)杜绝施工作业人员违章指挥、违章操作。
5	环境要点	(1)砖面层施工过程中所产生的噪声应符合《城市区域环境噪声标准》及各地方有关条例法规的规定。 (2)面层施工过程中所产生的粉尘、颗粒物等应符合《中华人民共和国大气污染防治法》及《大气污染物综合排放标准》的规定。 (3)冬期施工:室内操作温度不低于5℃。低于此温度时,水泥砂浆应按气温的变化掺防冻剂(掺量应按产品说明),且必须经试验室试验确认后才能操作,并应按《建筑工程冬期施工规程》(JGJ 104—97)中有关规定

3. 工艺流程和操作方法

(1) 工艺流程

砖面层施工工艺流程,如下所示。

基层处理 → 找面层标高、弹线 → 抹找平层砂浆 → 弹铺砖控制线 → 铺砖 → 勾缝、擦缝 → 养护 → 踢脚板安装

(2) 操作方法

砖面层施工操作方法,如表 7.2.118 所示。

操 作 方 法　　　　　　　　　　表 7.2.118

序号	项目	内　容
1	铺前准备	(1)基层处理:将混凝土基层上的杂物清理掉,并用錾子剔掉楼地面超高、墙面超平部分及砂浆落地灰,用钢丝刷刷净浮浆层。如基层有油污时,应用10%火碱水刷净,并用清水及时将其上的碱液冲净。 (2)找面层标高、弹线:根据墙上的+50cm(或1m)水平标高线,往下量测出面层标高,并弹在墙上。 (3)抹找平层砂浆: 1)洒水湿润:在清理好的基层上,用喷壶将地面基层均匀洒水一遍。 2)抹灰饼和标筋:从已弹好的面层水平线下量至找平层上皮的标高(面层标高减去砖厚及粘结层的厚度),抹灰饼间距1.5m,灰饼上就是水泥砂浆找平层的标高,然后从房间一侧开始抹标筋(又叫冲筋)。有地漏的房间,应由四周向地漏方向放射形标筋,并找好坡度。抹灰饼和标筋应使用干硬性砂浆,厚度不宜小于20mm。 3)装档(即在标筋间装水泥砂浆):清净抹标筋的剩余浆渣,涂刷一遍水泥浆(水灰比为0.4~0.5)粘结层,要随涂刷随铺砂浆,然后根据标筋的标高,用小平锹或木抹子将已拌合的水泥砂浆(配合比为1:3~1:4)铺装在标筋之间,用木抹子摊平、拍实,再用小木杠刮平,再用木抹子搓平,使铺设的砂浆与标筋找平,并用大木杠横竖检查其平整度,同时检查其标高和泛水坡度是否正确,24h后浇水养护。
2	弹铺砖控制线	(1)当找平层砂浆抗压强度达到1.2MPa时,开始上人弹砖的控制线。预先根据设计要求和砖板块规格尺寸,确定板块板砌的缝隙宽度,当设计无规定时,紧密铺贴缝隙宽度不宜大于1mm,虚缝铺贴缝隙宽度宜为5~10mm。 (2)在房间分中,从纵、横两个方向排尺寸,当尺寸不足整砖倍数时,将非整砖用于边脚处,横向平行于门口的第一排应为整砖,将非整砖排在靠墙位置,纵向(垂直门口)应在房间内分中,非整砖对称排放在两墙边处,尺寸不小于整砖边长的1/2。根据已确定的砖数和缝宽,在地面上弹纵、横控制线(每隔4块砖弹一根控制线)。

续表

序号	项目	内　容
3	铺砖程序	为了找好位置和标高，应从门口开始，纵向先铺2～3行砖，以此为标筋拉纵横水平标高线，铺时应从里向外退着操作，人不得踏在刚铺好的砖面上，每块砖应跟线，操作程序如下： (1)铺砌前将砖板块放入半截水桶中浸水湿润，晾干后表面无明水时，方可使用。 (2)找平层上洒水湿润，均匀涂刷素水泥浆(水灰比为0.4～0.5)，涂刷面积不要过大，铺多少刷多少。 (3)结合层的厚度：如采用水泥砂浆铺设时应为20～30mm，采用沥青胶结料铺设时应为2～5mm。采用胶粘剂铺设时应为2～3mm。 (4)结合层组合材料拌合：采用沥青胶结材料和胶粘剂时，除了按出厂说明书操作外，还应经试验室试验后确定配合比，拌合要均匀，不得有灰团，一次拌合不得太多，并在要求的时间内用完。如使用水泥砂浆结合层时，配合比宜为1∶2.5(水泥∶砂)干硬性砂浆。亦应随拌随用，初凝前用完，防止影响粘结质量。 (5)铺砌时，砖的背面朝上抹粘结砂浆，铺砌到已刷好的水泥浆找平层上，砖上楞略高出水平标高线，找正、找直、找方后，砖上面垫木板，用橡皮锤拍实，顺序往内退着往外铺砌，做到面砖砂浆饱满、相接紧密、坚实，与地漏相接处，用砂轮锯将砖加工成与地漏相吻合，铺地砖时最好一次铺一间，大面积施工时，应采取分段、分部位铺砌。 (6)拔缝、修整：铺完2～3行，应随时拉线检查缝格的平直度，如超出规定应立即修整；将缝拔直，并用橡皮锤拍实。此项工作应在结合层凝结之前完成。
4	勾缝、擦缝、养护	面层铺贴应在24h内进行擦缝、勾缝工作，并应采用同品种、同强度等级、同颜色的水泥。宽缝一般在8mm以上，采用勾缝。若纵横缝为干挤成，或小于3m者，应用擦缝。 (1)勾缝：用1∶1水泥细砂浆勾缝，勾缝用砂应用窗纱过筛，要求缝内砂浆密实、平整、光滑，勾好后要求缝成圆弧形，凹进面砖外表面2～3mm。随勾随将剩余水泥砂浆清走、擦净。 (2)擦缝：如设计要求不留缝隙或缝隙很小时，则要求接缝平直，在铺实修整好的砖面层上用浆壶往缝内浇水泥浆，然后用干水泥撒在缝上，再用棉纱团擦揉，将缝隙擦满。最后将面层上的水泥浆擦干净。 (3)养护：铺完砖24h后，洒水养护，时间不应少于7d。
5	镶贴踢脚板	踢脚板用砖，一般采用与地面块材同品种、同规格、同颜色的材料，踢脚板的立缝应与地面缝对齐，铺设时应在房间墙面两端头阴角处各镶贴一块砖，出墙厚度和高度应符合设计要求，以此砖上楞为标准挂线，开始铺贴，砖背面朝上抹粘结砂浆(配合比为1∶2水泥砂浆)，使砂浆粘满整块砖为宜，及时粘贴在墙上，砖上楞要跟线并立即拍实，随之将挤出的砂浆刮掉。将面层清擦干净(在粘贴前，砖块材要浸水晾干，墙面刷水湿润)

4. 质量标准和检验方法

(1) 质量标准

砖面层的施工质量检验，应按《建筑地面工程施工质量验收规范》 (GB 50209—2002) 中之6.2的规定进行。

(2) 质量记录

砖面层的施工质量记录，如表7.2.119所示。

质　量　记　录   表 7.2.119

序号	内　容
1	砖面层工程的施工图、设计说明及其他设计文件。
2	水泥、地砖、胶粘剂等材料的产品合格证书、性能检测报告、进行验收记录和复验报告。
3	砂子的含泥量试验记录。
4	隐蔽工程验收记录。
5	施工记录。
6	寒冷地区陶瓷面砖的抗冻性和吸水性试验

5. 成品保护

砖面层工程的成品保护，如表 7.2.120 所示。

成品保护　　　　　表 7.2.120

序号	内　容
1	镶铺砖面层后，如果其他工序插入较多，应铺覆盖物对面层加以保护。
2	切割面砖时应用垫板，禁止在已铺地面上切割。
3	推车运料时应注意保护门框及已完成地面，小车腿应包裹。
4	操作时不要碰动管线，不要把灰浆掉落在已安完的地漏管口内。
5	做油漆、浆活时，应铺覆盖物对面层加以保护，不得污染地面。
6	要及时清擦干净残留在门窗框上的砂浆，特别是铝合金门窗框宜粘贴保护膜，预防锈蚀。
7	合理安排施工顺序，水电、通风、设备安装等应提前完成。防止损坏面砖。
8	结合层凝结前应防止快干、暴晒、水冲和震动，以保证其灰层有足够的强度。
9	搭拆架子时注意不要碰撞地面，架腿应包裹并下垫木方

6. 安全环保措施

砖面层的安全环保措施，如表 7.2.121 所示。

安全环保措施　　　　　表 7.2.121

序号	内　容
1	使用手持电动机具必须装有漏电保护器，作业前应试机检查，操作手提电动机具的人员应佩戴绝缘手套、胶鞋，保证用电安全。
2	砖面层作业时，切割的碎片、碎块不得向窗外抛扔。剔凿瓷砖应戴防护镜。
3	水泥要入库，砂子要覆盖，搬运水泥要戴好防护用品。
4	基层清理、切割块料时，操作人员宜戴上口罩、耳塞，防止吸入粉尘和切割噪声，危害人身健康。
5	切割砖块时，宜加装挡尘罩，同时在切割地点洒水，防止粉尘对人的伤害及对大气的污染。
6	切割砖块料的时间，应安排在白天的施工作业时间内，（根据各地方的规定），地点应选择在较封闭的室内进行

7.2.3.2 大理石面层和花岗石面层

1. 适用范围和基本规定

大理石面层和花岗石面层施工方法的适用范围和基本规定，如表 7.2.122 所示。

适用范围和基本规定　　　　　表 7.2.122

序号	项目	内　容
1	适用范围	本施工工艺规定适用于高级公共建筑及高级室内铺设大理石、花岗石的地面工程。
2	基本规定	（1）大理石、花岗石应按设计要求和规范的规定选用，并应符合国家标准的规定；进场材料应有中文质量合格证明文件、规格、型号及性能检测报告，对重要材料应有复验报告。 （2）地面基层应有足够的强度，其表面平整度检查允许偏差 5mm。 （3）大理石及花岗石地面面层宜在地面隐蔽工程、吊顶工程、墙面抹灰工程完成并验收合格后进行。 （4）建筑地面工程面层的铺设，应待其下一层检验合格后方可施工上一层。面层铺设前应与相关专业的分部（子分部）工程、分项工程以及设备管道安装之间进行交接检验。 （5）建筑地面工程完工后，应对面层采取保护措施。 （6）建筑地面面层分项工程应按每一层次或每一施工段或变形缝作为检验批，高层建筑的标准层可按每三层作为检验批，不足三层按三层计。每一检验批以各类面层划分的分项工程按自然间或标准间检验，抽查数量应随机检验不应少于 3 间；不足 3 间应全数检查；其中走廊过道应以 10 延米为 1 间，礼堂、门厅应以两个轴线为 1 间计算。

序号	项目	内　容
2	基本规定	(7)建筑地面分项工程施工质量检验的主控项目,必须达到《建筑地面工程施工质量验收规范》规定的质量标准,认定为合格;一般项目80%以上的检查点(处)符合上述规范规定的质量要求,其他检查点(处)不得有明显影响使用,并不得大于允许偏差值的50%为合格。凡达不到质量标准时,应按照现行国家标准《建筑工程施工质量验收统一标准》(GB 50300—2001)的规定处理。 (8)建筑地面完工后,施工质量验收应在建筑施工企业自检合格的基础上,由监理单位组织有关单位对分项工程、子分部工程进行检验

2. 施工准备和工程要点

大理石和花岗石面层的施工准备和工程要点,如表 7.2.123 所示。

施工准备和工程要点　　　　　　　　　　　　　　表 7. 2. 123

序号	项目	内　容
1	技术准备	(1)熟悉图纸,了解各部位尺寸和做法,弄清洞口、边角等部位之间的关系,画出大理石、花岗岩地面的施工排版图。排版时注意非整块石材应放于房间的边缘,不同材质的地面交接处应在门口分开。 (2)工程技术人员应编制地面施工技术方案,并向施工队伍做详尽的技术交底。 (3)各种进场原材料规格、品种、材质等符合设计要求,质量合格证明文件齐全,进场后进行相应检验,需复试的原材料进场后必须进行相应复试检测,合格后方可使用;并有相应施工配比通知单。 (4)已做好样板,并经各方验收。
2	材料准备	(1)大理石、花岗岩块均应为加工厂的成品,其品种、规格、质量应符合设计和施工规范要求,在铺装前应采取防护措施,防止出现污损、泛碱等现象。 (2)水泥:宜选用普通硅酸盐水泥,强度等级不小于32.5级。 (3)砂:宜选用中砂或粗砂。 (4)擦缝用白水泥、矿物颜料,清洗用草酸、蜡。
3	主要机具	手提式电动石材切割机或台式石材切割机、干、湿切割片、手把式磨石机、手电钻、修整用平台、木楔、灰簸箕、水平尺、2m靠尺、方尺、橡胶锤或木锤、小线、手推车、铁锹、浆壶、水梭、喷壶、铁抹子、木抹子、墨斗、钢卷尺、尼龙线、扫帚、钢丝刷。
4	作业条件	(1)大理石板块(花岗岩板块)进场后应侧立堆放在室内,侧立堆放,底下应加垫木方,详细核对品种、规格、数量、质量等是否符合设计要求,有裂纹、缺棱掉角的不能使用。 (2)设加工棚,安装好台钻及砂轮锯,并接通水、电源,需要切割钻孔的板,在安装前加工好。 (3)室内抹灰、地面垫层、水电设备管线等均已完成。 (4)房内四周墙上弹好水准基准墨线(如+500mm水平线)。 (5)施工操作前应画出大理石、花岗岩地面的施工排版图,碎拼大理石、花岗石应提前按图预拼编号。
5	工程要点	大理石和花岗石面层的工程要点,如表7.2.124所示

大理石和花岗石面层的工程要点　　　　　　　　表 7. 2. 124

序号	项目	内　容
1	材料要点	(1)天然大理石、花岗石的技术等级、光泽度、外观等质量要求应符合国家现行行业标准《天然大理石建筑板材》JC 79、《天然花岗石建筑板材》JC 205的相关规定。 (2)天然大理石、花岗岩必须有放射性指标报告,胶粘剂必须有挥发性有机物等含量检测报告。
2	技术要点	(1)基层必须清理干净且浇水湿润,且在铺设干硬性水泥砂浆结合层之前、之后均要刷一层素水泥浆,确保基层与结合层、结合层与面层粘结牢固。 (2)大理石和花岗石必须在铺设前浸水湿润,防止将结合层水泥浆的水分吸收,导致粘结不牢。 (3)铺设前必须拉十字通线,确保操作工人跟线铺砌,铺完每行后随时检查缝隙是否顺直。 (4)铺设标准块后,随时用水平尺和直尺找平,以防接缝高低不平,宽窄不匀。 (5)铺设踢脚板时,严格拉通线控制出墙厚度,防止出墙厚度不一致。 (6)房间内的水平线由专人负责引入,各个房间和楼道的标高应相互一致。

序号	项目	内　容
2	技术要点	(7)严格套方筛选板块,凡有翘曲、拱背、裂缝、掉角、厚薄不一、宽窄不方正等质量缺陷的板材一律不予使用;品种不同的板材不得混杂使用。 (8)铺设前,应根据石材的颜色、花纹、图案、纹理等按设计要求,进行对色、拼花并试拼、编号。
3	质量要点	(1)基层处理是防止面层空鼓、裂裂、平整度差等质量通病的关键工序,因此要求基层必须具有粗糙、洁净和潮湿的表面。基层上的一切浮灰、油质、杂物必须仔细清理,否则形成一层隔离层,会使结合层与基层结合不牢。表面较滑的基层应进行凿毛,并用清水冲洗干净,冲洗后的基层,最好不要上人。 (2)铺设地面前还需一次将门框校核找正,先将门框锯口线抄平校正,保证当地面面层铺设后,门扇与地面的间隙(风格)符合规范要求,然后将门框固定,防止松动位移。 (3)铺设过程中应及时将门洞下的石材与相邻地面相接。在工序的安排上,大理石或花岗石地面以外房间的地面应先完成,保证过门处的大理石或花岗石与大面积地面连续铺设。
4	安全要点	(1)使用切割机、磨石机等手持电动工具之前,必须检查安全防护设施和漏电保护器,保证设施齐全、灵敏有效,以防触电。 (2)大理石、花岗石等板材应堆放整齐稳定,高度适宜,装卸时应稳拿稳放,以免材料损坏并伤及自身。 (3)夜间施工或阴暗处作业时,照明用电必须符合施工用电安全规定。 (4)使用手持电动工具的施工操作人员应戴绝缘手套,穿胶靴;石材切割打磨操作人员应戴防尘口罩和耳塞;其他施工操作人员一律配戴安全帽。
5	环境要点	(1)施工现场的环境温度应控制在5℃以上。冬期施工时,原材料和操作环境温度不得低于5℃,不得使用冻块的砂子,板块表面严禁出现结冰现象。如室内无取暖和保温措施严禁施工。 (2)切割石材的地点应采取防尘措施,适当洒水。 (3)切割石材应安排在白天进行,并选择在较封闭的室内防止噪块污染,影响周围环境。 (4)建筑废料和粉尘应及时清理,放置指定地点,若临时堆放在现场,必要时还应进行覆盖,防止扬尘

3. 工艺流程和操作方法

(1) 工艺流程

大理石和花岗石面层工艺流程,如下所示。

准备工作 → 试拼 → 弹线 → 试排 → 基层处理 → 铺砂浆 → 铺大理石或花岗石 → 灌缝、擦缝 → 养护 → 打蜡

(2) 操作方法

大理石和花岗石面层操作方法,如表7.2.125所示。

操 作 方 法　　　　　　　　　　　　　　表 7. 2. 125

序号	项目	内　容
1	试拼、试排	(1)试拼:在正式铺设前,对每一房间的大理石或花岗石板块,应按图案、颜色、纹理试拼,试拼后按两个方向编号排列,然后按照编号码放整齐。 (2)弹线:在房间的主要部位弹互相垂直的控制十字线,用以检查和控制大理石或花岗石板块的位置,十字线可以弹在基层上,并引至墙面底部。依据墙面水准基准线(如:+500mm 线),找出面层标高,在墙上弹好水平线,注意与楼道面层标高一致。 (3)试排:在房间内的两个互相垂直的方向,铺设两条干砂,其宽度大于板块,厚度不小于 3cm。根据试拼石板编号及施工大样图,结合房间实际尺寸,把大理石或花岗石板块排好,以便检查板块之间的缝隙,核对板块与墙面、柱、洞口等部位的相对位置。
2	基层处理	(1)在铺砂浆之前将基层清扫干净,包括试排用的干砂及大理石块,然后用喷壶洒水湿润,刷一层素水泥浆,水灰比为 0.5 左右,随刷随铺砂浆。 (2)铺砂浆:根据水平线,定出地面找平层厚度,拉十字控制线,铺结合层水泥砂浆,结合层一般采用1:3 的干硬性水泥砂浆,干硬程度以手捏成团不松散为宜。砂浆从里往门口处摊铺,铺好后用大杠刮平,再用抹子拍实找平。找平层厚度宜高出大理石底面标高 3～4mm。

续表

序号	项目	内　　容
3	铺设大理石或花岗石	（1）一般房间应先里后外沿控制线进行铺设，即先从远离门口的一边开始，按照试拼编号，依次铺砌，逐步退至门口。铺前应将板预先浸湿阴干后备用，在铺好的干硬性水泥砂浆上先试铺合格后，翻开石板，在水泥砂浆找平层上满浇一层水灰比为 0.5 的素水泥浆结合层，然后正式镶铺。安放时四角同时往下落，用橡皮锤或木锤轻击垫板（不得用木锤直接敲击大理石或花岗石），根据水平线用铁水平尺找平，铺完第一块向两侧和后退方向顺序镶铺。如发现空隙应将石板掀起用砂浆补实再行安装。 （2）大理石或花岗石板块间，接缝要严，一般不留缝隙。 （3）灌缝、擦缝：在铺砌后 1～2 昼夜进行灌浆擦缝。根据大理石或花岗石颜色，选择相同颜色矿物颜料和水泥拌合均匀调成 1∶1 稀水泥浆，用浆壶徐徐灌入大理石或花岗石板块之间的缝隙，分几次进行，并用长把刮板把流出的水泥浆向缝隙内喂灰。灌浆时，多余的砂浆应立即擦去，灌浆 1～2h 后，用棉丝团蘸原稀水泥浆擦缝，与板面擦平，同时将板面上水泥浆擦净。 （4）养护：面层施工完毕后，封闭房间，派专人洒水养护不少于 7d。 （5）打蜡：当各工序完工不再上人时方可打蜡，达到光滑洁净。
4	贴大理石踢脚板	贴大理石踢脚板工艺流程： （1）粘贴法： 根据墙面抹灰厚度吊线确定踢脚板出墙厚度，一般 8～10mm。 用 1∶3 水泥砂浆打底找平并在表面划纹。 找平层砂浆干硬后，拉踢脚板上口的水平线，把湿润阴干的大理石踢脚板的背面。刮抹一层 2～3mm 厚的素水泥浆（可掺入 10% 左右的 108 胶）后，往底灰上粘贴，并用木锤敲实，根据水平线找直。24h 后用同色水泥浆擦缝，将余浆擦净。与大理石地面同时打蜡。 （2）灌浆法： 1）根据墙面抹灰厚度吊线确定踢脚板出墙厚度，一般 8～10mm。 2）在墙两端各安装一块踢脚板，其上楞高度在同一水平线内，出墙厚度一致。然后沿二块踢脚板上楞拉通线，逐块依顺序安装，随时检查踢脚板的水平度和垂直度。相邻两块之间及踢脚板与地面、墙面之间用石膏稳牢。 3）灌 1∶2 稀水泥砂浆，并随时把溢出的砂浆擦干净，待灌入的水泥砂浆终凝后把石膏铲掉。 4）用棉丝团蘸与大理石踢脚板同颜色的稀水泥浆擦缝。踢脚板的面层打蜡同地面一起进行。踢脚板之间的缝宜与大理石板块地面对缝镶贴

4. 质量标准和检验方法

（1）质量标准

大理石和花岗石面层的施工质量检验，应按《建筑地面工程施工质量验收规范》（GB 50209—2002）中之 6.3 的规定进行。

（2）质量记录

大理石和花岗石面层的质量记录，如表 7.2.126 所示。

质 量 记 录　　　　　　　　　　　　　　　表 7.2.126

序号	内　　容
1	大理石、花岗石板材产品质量证明书（包括放射性指标检测报告）。
2	胶粘剂产品质量证明书（包括挥发性有机物等含量检测报告）。
3	水泥出厂检测报告和现场抽样检测报告。
4	砂、石现场抽样检测报告。
5	各种材料进场验收记录

5. 成品保护

大理石和花岗石面层的成品保护，如表 7.2.127 所示。

成品保护　　　　　　　　　　　　　　　　　　表 7.2.127

序号	内　　容
1	存放大理石板块,不得雨淋、水泡、长期日晒。一般采用板块立放,光面相对。板块的背面应支垫木方,木方与板块之间衬垫软胶皮。在施工现场内倒运时,也须如此。
2	运输大理石或花岗石板块、水泥砂浆时,应采取措施防止碰撞已作完的墙面、门口等。铺设地面用水时防止浸泡、污染其他房间地面墙面。
3	试拼应在地面平整的房间或操作棚内进行。调整板块人员宜穿干净的软底鞋搬动、调整板块。
4	铺砌大理石或花岗石板块过程中,操作人员应做到随铺随砌随揩净,揩净大理石板面应该用软毛刷和白色干布。
5	新铺砌的大理石或花岗石板块的房间应临时封闭。当操作人员和检查人员踩踏新铺砌的大理石板块时,要穿软底鞋,并且轻踏在一块板材上。
6	在大理石或花岗石地面上行走时,结合层砂浆的抗压强度不得低于 1.2MPa。
7	在大理石或花岗石地面完工后,房间封闭,粘贴层上强度后,应在其表面覆盖保护

6. 安全环保措施

大理石和花岗石面层的安全环保措施,如表 7.2.128 所示。

安全环保措施　　　　　　　　　　　　　　　　　　表 7.2.128

序号	内　　容
1	使用切割机、磨石机等手持电动工具之前,必须检查安全防护设施和漏电保护器,保证设施齐全、灵敏有效。
2	夜间施工或阴暗处作业时,照明用电必须符合施工用电安全规定。
3	大理石、花岗石等板材应堆放整齐稳定,高度适宜,装卸时应稳拿稳放。
4	铺设施工时,应及时清理地面的垃圾、废料及边角料,严禁由窗口、阳台等处向外抛扔。
5	切割石材应安排在白天进行,并选择在较封闭的室内,防止噪声污染,影响周围环境。
6	建筑废料和粉尘应及时清理,放置指定地点,若临时堆放在现场,必要时还应进行覆盖,防止扬尘。
7	切割石材的地点应采取防尘措施,适当洒水

7.2.3.3　预制板块面层

1. 适用范围和基本规定

预制板块面层施工方法的适用范围和基本规定,如表 7.2.129 所示。

适用范围和基本规定　　　　　　　　　　　　　　　　表 7.2.129

序号	项目	内　　容
1	适用范围	本工艺规定适用于工业与民用建筑的厂区、庭院道路、停车场及室内建筑地面等,铺设预制混凝土板块和水磨石板块面层。
2	基本规定	(1)建筑地面工程采用的材料应按设计要求和《建筑地面工程施工质量验收规范》(GB 50209—2002)的规定选用,并应符合国家标准的规定;进场材料应有中文质量合格证明文件、规格、型号及性能检测报告,对重要材料应有复验报告。 (2)铺设预制板块面层的结合层和板块间的填缝采用水泥砂浆,应符合下列规定: 1)配制水泥砂浆应采用硅酸盐水泥、普通硅酸盐水泥或矿渣硅酸盐水泥;其水泥强度等级不小于32.5级。 2)配制水泥砂浆的砂应符合国家现行行业标准《普通混凝土用砂质量标准及检验方法》(JGJ 52)的规定。 3)配制水泥砂浆的体积比(或强度等级)应符合设计要求。 (3)结合层和预制板块面层填缝若采用沥青胶结材料时,应符合国家现行有关产品标准和设计要求。

续表

序号	项目	内　容
2	基本规定	(4)预制板块面层的铺砌应符合设计要求。 (5)铺设预制板块面层时,其水泥类基层的抗压强度不得小于1.2MPa。结合层和填缝的水泥砂浆,在面层铺设后,表面应覆盖、湿润,其养护时间不应少于7d。 当预制板块面层的水泥砂浆结合层的抗压强度达到设计要求后,方可正常使用。 (6)面层踢脚线施工时,不得采用石灰砂浆打底

2. 施工准备和工程要点

预制板块面层的施工准备和工程要点如表7.2.130所示。

施工准备的工程要点　　　　　　　　　　　表 7. 2. 130

序号	项目	内　容
1	技术准备	(1)进行图纸会审,复核设计做法是否符合现行国家规范的要求,结构与建筑标高差是否满足各构造层的总厚度及找坡的要求。 (2)做好技术交底,必要时必须编制施工组织设计。 (3)水泥砂浆结合层配合比已完成,有配合比通知单,所用板块已经验收合格。
2	材料要求	(1)预制混凝土板块:强度不应小于20MPa,常见规格为495mm×495mm,路面块材厚度不应小于100mm,人行及庭院块材厚度不应小于50mm。进场时应有出厂合格证、混凝土强度试压记录。并对混凝土板块进行外观检查,表面要求密实,无麻面、裂纹和脱皮,边角方正,无扭曲、缺角、掉边。 (2)水磨石板块应符合国家现行行业标准《建筑水磨石制品》(JC 507)的规定,其抗压、抗折强度符合设计要求,其规格、品种按设计要求选配,外观边角整齐方正,表面光滑、平整、无扭曲、缺角、掉边现象,进场时应有出厂合格证。 (3)砂:应符合国家现行行业标准《普通混凝土用砂质量标准及检验方法》(JGJ 52)的规定。 (4)水泥:32.5级以上的硅酸盐水泥、普通硅酸盐水泥或矿渣硅酸盐水泥,有出厂合格证及复试报告。 (5)磨细生石灰粉:提前48h熟化后再用。 (6)预制混凝土马路牙子,按图纸尺寸及强度等级提前预制加工。
3	主要机具	水准仪、靠尺、钢尺、小水桶、半截桶、扫帚、平铁锹、铁抹子、大木杠、小木杠、筛子、窗纱筛子、喷壶、锤子、橡皮锤、錾子、溜子、板块夹具、扁担、手推车、搅拌机等。
4	作业条件	(1)庭院或小区的地下各种管道,如污水、雨水、电缆、煤气、电讯等均施工完,并经检查验收。 (2)庭院或小区的场地已进行基本平整,障碍物已清除出场。 (3)庭院或小区道路已放线且已抄平,标高、尺寸已按设计要求确定好。路基基土已碾压密实,密实度符合设计要求,并已经进行质量检查验收。 (4)室内施工时:室内墙顶抹灰完,门框安完。墙上已弹好水准基线(如:+500mm水平线)。穿过楼面的管洞已堵严塞实。基层已做完,其强度达到1.2MPa以上。
5	工程要点	预制板块面层的工程要点,如表7.2.131所示

预制板块面层的工程要点　　　　　　　　　　　表 7. 2. 131

序号	项目	内　容
1	材料要点	(1)预制板块的强度等级、规格、质量应符合设计要求,板块允许偏差:长、宽±2.5mm,厚度±2.5mm,长度≥400mm,平整度为1mm;长度≥800mm平整度为2mm。 (2)水磨石板块除满足设计要求外尚应符合国家现行行业标准《建筑水磨石制品》JC 507 的规定。 (3)熟化石灰颗粒粒径不得大于5mm;黏土内不得含有有机物质,颗粒粒径不得大于15mm。
2	技术要点	(1)基土回填一定要密实,压实系数应符合设计要求,设计无要求时,不应小于0.90。 (2)在面层铺设后,表面应覆盖、湿润,其养护时间不小于7d。 (3)当板块面层的水泥砂浆结合层的抗压强度达到设计要求后,方可使用。 (4)板块类建筑地面、踢脚线施工时,不得采用石灰砂浆打底,应采用水泥砂浆。

序号	项目	内　容
3	质量要点	(1)地面使用后出现塌陷现象:主要原因是地基回填不符合质量要求,未分层进行夯实或者严寒季节在冻土上铺砌地面,开春后土化冻地面下沉。因此在铺砌地面板块前,必须严格控制地基填土和灰土垫层的施工质量,更不得在冻土层上作地面。 (2)板面松动:铺砌后应养护2d后,立即进行灌缝,并填塞密实,地面边的板块缝隙处理尤为重要,防止缝隙不严板块松动。 (3)板面平整度偏差过大、高低不平:在铺砌之前必须拉水平标高线,先在两端各砌一行,作为标筋,以两端标准再拉通线进行控制水平高度,在铺砌过程中随时用2m靠尺检查平整度,不符合要求时及时修整。 (4)预制水磨石踢脚板安装后出墙厚度不一致:主要原因是墙面垂直度、平整度偏差过大,在安踢脚板时要预先处理墙面,达到出墙厚度一致。
4	安全要点	搬动预制板块时,注意不要砸脚;切割石块施工时戴防护眼镜;后台人员搬运、倒水泥时应戴防护口罩。
5	环境要点	严禁在原有道路上拌合砂浆。运送砂浆的车要严,堆放的板块要码放整齐

3. 工艺流程和操作方法

(1) 工艺流程

预制板块面层施工工艺流程,如下所示。

垫层 → 找标高 → 栽路牙子 → 排预制块 → 铺砌路面 → 灌缝、清理

(2) 操作方法

预制板块面层操作方法,如表7.2.132所示。

操作方法　　　　　　　　　　　　　　　　　　　表7.2.132

序号	项目	内　容
1	铺前准备	(1)灰土垫层:在已夯实的基土上进行灰土垫层的分项操作,按设计要求的厚度分层进行,厚度不应小于100mm。具体操作执行《灰土垫层施工工艺标准》,或本章7.2.1.1规定。 (2)找标高、拉线:灰土垫层打完之后,根据建筑物已有标高和设计要求的路面标高,沿路长进行砸木桩(或钢筋棍),用水准仪抄平后,拉水平线。 (3)栽路牙子:测量出路面宽度,在道路两侧根据已拉好的水平标高线,进行预制混凝土马路牙子安装,先挖槽量好底标高,再进行埋设,上口找平、找直,灌缝后两侧培土掩实。
2	混凝土预制板块路面铺设	混凝土预制块路面适用于停车场、厂区、庭院。 (1)对进场的预制混凝土块进行挑选,将有裂缝、掉角、翘曲和表面上有缺陷的板块剔出,强度和品种不同的板块不得混杂使用。 (2)拉水平线,根据路面场地面积大小可分段进行铺砌,先在每段的两端头各铺一排混凝土板块,以此作为标准进行铺砌。 (3)铺砌前将灰土垫层清理干净后,铺一层25mm厚的砂浆结合层(配合比按设计要求),铺得面积不得过大,随铺浆随砌,板块铺上时略高于面层水平线,然后用橡皮锤将板块敲实,使面层与水平线相平。板块缝隙不宜大于6mm,要及时拉线检查缝格平直度,用2m靠尺检查板块的平整度。
3	水磨石板块路面铺设	水磨石板块路面适用于小区道路及甬路铺设。 (1)拉水平,标高线,将灰土垫层清理干净,在甬路两端头各砌一行砖,找好平整及标高,以此作为甬路路面的标准。 (2)铺25mm厚、1:3白灰砂浆结合层,边砌筑边找平,用橡皮锤敲木拍板,使250mm×250mm×50mm水磨石板块与结合层紧密结合牢固。随铺砌随检查缝格的顺直和板面面层的平整度,控制在允许偏差范围内。 (3)以上两种板块构成的路面,在铺砌前均要根据路面宽度进行排砖,如有非整块,要均分排在路宽的两侧边,用现浇混凝土补齐,与马路牙子相接,其强度等级不应低于20MPa,若不设路牙子时,要注意路边的顺直,并要培土保护。水磨石板块如非整砖,用云石锯改锯。

续表

序号	项目	内　容
4	灌缝	预制混凝土板块或水磨石板块铺砌后 2d 内,应根据设计要求的材料进行灌缝,填实灌满后将面层清理干净,待结合层达到强度后,方可上人行走。夏季施工,面层要浇水养护。彩色混凝土板块和水磨石板块应用同色水泥浆(或砂浆)擦缝。
5	冬期施工	(1)冬期施工时,其掺入的防冻剂要经试验后确定其掺入量。 (2)如使用砂浆时,最好用热水拌合,砂浆使用温度不得低于 5℃,并随拌随用,做好保温。 (3)铺砌完成后,要进行覆盖,防止受冻

4. 质量标准和检验方法

(1) 质量标准

预制板块面层的施工质量检验,应按《建筑地面工程施工质量验收规范》 （GB 50209—2002) 中之 6.4 的规定进行。

(2) 质量记录

预制板块面层的质量记录如表 7.2.133 所示。

质 量 记 录   表 7.2.133

序号	内　容
1	预制板块出厂证明及强度试压记录。
2	水泥出厂证明及复式报告。
3	砂子的试验报告。
4	地面工程板块分项工程检验批质量验收记录。
5	灰土垫层的压实度报告

5. 成品保护

预制板块面层成品保护,如表 7.2.134 所示。

成 品 保 护   表 7.2.134

序号	内　容
1	路面铺好后,水泥砂浆终凝前不得上人,强度不够不准上重车行驶。
2	无马路牙子的路面,注意对路边混凝土块的保护,防止路边损坏。
3	不得在已铺好的路面上拌合混凝土或砂浆

6. 安全环保措施

预制板块面层的安全环保措施,如表 7.2.135 所示。

安 全 环 保 措 施   表 7.2.135

序号	内　容
1	严禁在道路上拌合砂浆。
2	搬运板块时,要注意不要砸脚。
3	铺完一块,清理一块。
4	板块等材料进现场要码放整齐。
5	为防砂尘影响,对砂堆进行覆盖

7.2.3.4 料石面层

1. 适用范围和基本规定。

料石面层施工方法的适用范围和基本规定,如表 7.2.136 所示。

适用范围和基本规定　　　　　　　表 7.2.136

序号	项目	内　容
1	适用范围	本工艺规定适用于广场地面,贮存笨重材料的仓库、耐磨蚀地面,室外台阶。
2	基本规定	(1)建筑地面采用料石为面层,料石为玄武岩、辉绿岩、花岗石等天然石材。进场的天然石材要求具有检测报告。其各项指标应符合国家现行行业标准《天然石材产品放射性防护分类控制标准》(JC 518)中的有关规定。 (2)进场的水泥要求有出厂合格证,水泥、砂必须进行现场抽样检验。 (3)地面下如有沟槽,暗管等工程,必须完工经检验合格并做完隐蔽验收,才可进行地面工程施工。基层和面层铺设,下一层检验合格后,方可进行上一层施工。 (4)施工时,各层环境温度控制符合如下要求: 1)采用掺有水泥的拌合料铺设时不应低于 5℃。 2)采用砂、石铺设时,不应低于 0℃。 3)如设计需要镶边时,所有镶边必须选用同类石材

2. 施工准备和工程要点

料石面层施工准备和工程要点如表 7.2.137 所示。

施工准备和工程要点　　　　　　　表 7.2.137

序号	项目	内　容
1	技术准备	(1)根据设计要求和场地具体情况,绘制铺设大样图,确定料石铺设方式,石材选用尺寸和数量。 (2)编制详细的施工方案和节点部位处理措施,然后由技术负责人向现场工长、质检员进行技术交底,现场工长向施工人员进行技术交底。 (3)施工前选一块地面做出样板,经建设单位、监理单位、设计单位、施工单位几方共同验收合格后,才可进行大面积施工。
2	材料要求	(1)采用的岩石质地均匀,无风化、无裂纹。 (2)条石强度等级不少于 MU60,形状为矩形六面体,厚度宜为 80～120mm。 (3)块石强度等级不少于 MU30,形状接近于棱柱体或四边形、多边形,底面是截锥体,顶面粗琢平整,底面面积不宜小于顶面面积的 60%。厚度为 100～150mm; (4)水泥应采用硅酸盐水泥、普通硅酸盐水泥、矿渣硅酸盐水泥,强度等级不小于 32.5 级; (5)如要求面层为不导电面层时,面层石料应采用辉绿岩加工制成,填缝材料采用辉绿岩加工的砂。 (6)砂:用于垫层、结合层和灌缝用的。砂宜用粗中砂,洁净无杂质,含泥量不大于 3%。 (7)水泥砂浆:如结合层用水泥砂浆,水泥砂浆由试验室出配合比。 (8)沥青胶结料:(用于结合层)采用同类沥青与纤维,粉状或纤维和粉状混合的填充料配制,纤维填充料宜采用 6 级石棉和锯木屑,使用前应通过 2.5mm 筛孔的筛子,石棉含水率不大于 7%,锯木屑的含水率不大于 12%。粉状填充料采用磨细的石料,砂或炉灰、粉煤灰、页岩灰和其他的粉状矿物质材料,粒径不大于 0.3mm。
3	主要机具	砂浆搅拌机、碾压机、板材切割机、手推车、铁锹、靠尺、水桶、铁抹子、木抹子、墨斗、钢卷尺、尼龙绳、橡皮锤、铁水平尺、砂轮锯、钢錾子、弯角方尺。
4	作业条件	(1)条石或块石进场后,按施工组织设计材料堆放区堆放材料,条石侧立堆放于场地平整处,并在条石下加垫木条。 块石按顶面对着顶面分层堆放,对材料进行检查,核对品种、颜色、规格、数量等是否符合设计要求,有裂纹、缺棱掉角、翘曲和表面有缺陷的应该剔除。 (2)地面下的暗管、沟槽等工程,均已验收完毕,场地已平整。 (3)已经绘制好铺设施工大样图,做完技术交底。 (4)冬季施工时,温度满足如下规定: 1)采用掺有水泥的拌合料铺设时不应低于 5℃。 2)采用砂、石铺设时不应低于 0℃。
5	工程要点	料石面层的工程要点,如表 7.2.138 所示

料石面层的工程要点　　　　　　　　　表 7.2.138

序号	项目	内　　容
1	材料要点	(1)材质应符合设计要求,条石的强度等级应大于 MU60,块石的强度等级应大于 MU30。 (2)水泥强度等级不小于 32.5 级。 (3)灌缝用砂子必须采用中粗砂,且洁净无杂质。
2	技术要点	(1)做好放线大样图,按设计要求控制好标高及坡度。 (2)基层必须均匀密实,表面不得有浮土、杂物、积水等。 (3)铺筑块石面层时,块石间要力求靠紧,减少缝隙宽度,采用靠边用半块料石。 (4)铺完后,必要时,用适当吨位型号的压路机碾压坚实稳固。 (5)块石面层结合层,砂、石垫层厚度不少于 60mm。
3	质量要求	(1)所用材料必须符合设计要求及规范规定的合格材料。 (2)面层通过结合层同基层结合牢固,无松动。 (3)面层铺完后要求表面平整,缝格平直。
4	安全要点	(1)所用的料石必须符合国家现行行业标准《天然石材产品放射性防护分类控制标准》(JC 518)的有关规定。 (2)搬动料石时,应采取措施,防止砸伤施工人员,所有机具必须检查合格后才可以使用。 (3)用沥青胶粘剂,加热及铺设时,应带防护手套,以防烫伤施工人员。
5	环境要点	(1)施工现场的环境温度应控制在 5℃以上。冬期施工时,原材料和操作环境温度不得低于 5℃,不得使用冻块的砂子。 (2)切割石材的地点应采取防尘措施,适当洒水。 (3)切割石材应安排在白天进行,并选择在较封闭的室内,防止噪声污染,影响周围环境。 (4)水泥应入库存放,砂石露天堆放应加以苫盖,废料和粉尘应及时清理,放置指定地点,若临时堆放在现场,必要时还应进行覆盖,防止扬尘

3. 工艺流程和操作方法

（1）工艺流程

料石面层施工工艺流程,如下所示。

1）条石工艺流程

准备工作 → 放线 → 试排 → 铺结合层 → 铺筑条石 → 填缝压实

2）块石工艺流程

准备工作 → 放线 → 铺砂垫层 → 试排 → 铺筑块石 → 嵌缝压实

（2）操作方法

料石面层的操作方法,如表 7.2.139 所示。

操 作 方 法　　　　　　　　　　表 7.2.139

序号	项目	内　　容
1	准备工作	(1)所用的料石表面清洁干净。如果结合层为水泥砂浆,石料在铺砌前先浇水湿润。 (2)在料石面层铺设前,以施工大样图和加工单位为依据,熟悉了解各部位的尺寸和做法,弄清洞口,边角等部位之间的做法。 (3)根据设计要求和场地形状大小,采用经纬仪,水准仪找好场地范围内的标高,坡度,定设控制点,大面积铺设时宜采用网格控制标高、坡度。
2	条石面层铺设	(1)放线 在基层上架设经纬仪,根据地面尺寸,条石尺寸及铺砌形式在基层上分格。铺砌形式根据地面尺寸及建设单位要求确定。常用形式有四种:横行排列,纵向或横向人字排列,斜 45°排列。 (2)基层处理 将地面垫层上的杂物清理干净,用钢丝刷刷掉粘在基层上的砂浆块,并用笤帚清扫干净。 (3)铺砌条石

序号	项目	内　　容
2	条石面层铺设	按照条石规格尺寸分类,在垂直于行走方向拉线铺砌成行,在纵向,横向设置样墩拉线,控制地面标高和条石行距,条石铺砌后,横缝平直,纵缝横错尺寸应是条石长边的1/3～1/2,不得出现十字缝,因此每隔一排的靠边条石均用半块镶砌。地面坡度符合设计要求。 　　(4)填缝压实 　　1)结合层为砂时,缝隙宽度不宜大于5mm,铺砌后,先撒砂填缝,并洒水使其下沉,然后先用6～8t、后用10～12t压路机碾压2～3遍,使石块达到坚实稳定为止,然后开始嵌缝。如石料间缝采用水泥砂浆或沥青胶结材料嵌缝时,应预先用砂填缝至1/2高度,而后用水泥砂浆或沥青胶结料填缝抹平。 　　2)结合层为水泥砂浆时,石料间缝隙用同类水泥砂浆嵌缝抹平,缝隙宽度不应大于5mm。用水泥砂浆嵌缝,应洒水养护7d以上。 　　3)结合层为沥青胶结料时,基层应为水泥砂浆或水泥混凝土找平层,找平层表面应洁净,干燥,其含水率不大于9%,在找平层表面涂刷基层处理剂一昼夜后开始铺设面层,铺贴时应在推铺热沥青胶结料后随即进行,并应在沥青胶结料凝结前完成。缝隙宽度不大于5mm,缝隙用胶结料填满,然后表面撒上薄薄一层砂。
3	块石面层铺设	(1)放线 　　根据地面尺寸,划分施工段,将施工分成格子,设置样墩、拉线、控制标高、坡度。考虑块石压实后沉落的深度,应预留15～35mm。 　　(2)摊铺砂垫层 　　将基层上的浮土、杂物清理干净,平整,即可铺砂垫层,先虚铺50～200mm,用尺耙子耙平,然后边铺砂垫层边铺块石。 　　(3)铺砌块石 　　1)块石的平整大面朝上,使块石嵌入砂垫层,嵌入深度为块石厚度的1/3～1/2。铺砌的块石力求互相靠紧,缝隙相互错开,通缝不得超两块。 　　2)在坡道上铺砌块石,应由坡角向坡顶方向进行;在窨井和雨水口周围铺砌块石,要选用坚实、方正、表面平整较大的块石,将块石的长边沿着井口边缘铺砌。 　　(4)嵌缝压实 　　1)块石地面铺砌一段,对地面的质量即进行校正,发现有较大缝隙时用片石嵌填,片石粒径为15～25mm,遇到有突出或凹陷的石块,则挖出修整重铺。然后用砂灌缝,用橡皮板刮灌或笤帚扫堤,直到填满缝隙为止。 　　2)填满缝隙后,洒水使其下沉后用6～8t和10～12t的压路机先后分别碾压2～3遍,地面边缘碾压不到的地段,用木夯夯实,碾压或夯实至无松动石块和印痕为止。由于砂垫层沉落,石块间会产生空隙,再补填缝材料至完全满缝密实

4. 质量标准和检验方法

(1) 质量标准

　　料石面层的施工质量检验,应按《建筑地面工程施工质量验收规范》(GB 50209—2002)中之6.5的规定进行。

(2) 质量记录

　　料石面层施工的质量记录,如表7.2.140所示。

质　量　记　录　　　　　　　　　　　　　　　　　　　　　　　表7.2.140

序号	内　　容
1	料石出厂质量证明书(包括放射性指标)。
2	水泥出厂质量证明书,复试报告。
3	砂子检验报告。
4	水泥砂浆配合比通知单和强度试验报告。
5	沥青胶结料配合比,出厂合格证和复试报告。
6	本地面工程检验批质量验收记录

5. 成品保护

料石面层的成品保护，如表 7.2.141 所示。

成品保护   表 7.2.141

序号	内 容
1	运输料石和砂、石料、水泥砂浆时，要注意采取措施防止对地面基层和已完成的工程造成碰撞、污染等破坏。
2	运输和堆放时，要注意避免对条石的棱角，块石的大面造成破坏，影响铺砌美观。
3	对用砂做结合层的料石面层待碾压、夯击密实后，才可上人行走，对用水泥砂浆做结合层和嵌缝材料的料石面层待养护期满后才可上人行走。
4	用水泥砂浆或沥青胶结材料做结合层或嵌缝材料时，要注意防止污染料石表面，以免影响美观，如发生污染必须及时采取措施清理干净

6. 安全环保措施

料石面层的安全保护措施，如表 7.2.142 所示。

安全环保措施   表 7.2.142

序号	项目	内 容
1	安全措施	(1)作业区周围设防护栏杆，并设置明显的安全标志，防止非施工人员进入。施工人员进入现场必须进行安全教育。 (2)现场临时用电采用三相五线制，并由专业电工负责布置，由专业安全员验收。 (3)现场所用机械在使用前必须经过检查验收，合格后才可以使用，使用期间做好机械的保养、维修工作，提高现场机械设备的完好率。吊运材料的吊具必须安全可靠。 (4)建立消防制度，消防器具布置合理，保证完好，使用方便，对每个职工进行消防教育，并设有专职消防员。 (5)易燃易爆物品统一设置仓库。使用明火必须申请，经过有关部门批准方可。
2	环保措施	(1)所有材料运至工地按平面布置图要求堆放整齐，所用材料运输途中应苫盖严密，防止对环境、道路造成污染。 (2)运输车辆进出现场必须清理干净，确保路面清洁。 (3)施工现场设专人负责洒水和清扫工作，保证现场整洁、无尘

7.2.3.5 塑料地板面层

1. 适用范围和基本规定

塑料地板面层施工方法的适用范围和基本规定，如表 7.2.143 所示。

适用范围和基本规定   表 7.2.143

序号	项目	内 容
1	适用范围	本规定适用于工业与民用建筑铺贴塑料板面层地面。
2	基本规定	(1)所有进场材料必须进行进场报验，具备材料出厂质量证明文件。 (2)胶粘剂使用应符合现行国家标准《民用建筑工程室内环境污染控制规范》(GB 50325—2001)的有关规定，其产品按基层材料和面层材料使用的相容性要求，通过试验确定。胶粘剂存放在阴凉、通风、干燥的室内。 (3)塑料地板铺贴前必须进行脱脂除蜡处理。 (4)塑料板或卷材应防止日晒雨淋和撞击，应存放在干燥、洁净的库房里，并远离热源，室内贮存温度控制在 32℃。

序号	项目	内　容
2	基本规定	(5)基层应干燥,水泥混凝土类地面含水率不大于9%。 (6)施工温度控制在15~30℃,相对湿度不高于80%。 (7)大面积铺贴前,应先作样板间,检查胶粘剂等材料质量和操作质量。 (8)塑料板采用粘结时,接口处做成同向顺坡,搭接长度不小于30mm;采用焊接时,做成"V"形坡口,如下图所示: 接缝坡口处理

2. 施工准备和工程要点

塑料地板面层的施工准备和工程要点,如表7.2.144所示。

施工准备和工程要点　　　　　　表 7.2.144

序号	项目	内　容
1	技术准备	(1)绘制大样图,确定塑料板铺贴形式,整块塑料板用量和边角用料尺寸和数量。 (2)已做好样板间,并经建设单位、监理单位、设计单位、施工单位共同检验合格。 (3)对工长及操作人员的技术交底作业已完成。
2	材料要求	(1)材料品种、规格 1)塑料地板:主要品种有聚氯乙烯塑料地板块、地板、卷材和氯化聚乙烯卷材等,厚度1.5~6mm。 2)胶粘剂:包括水乳型和熔剂型两类,可采用聚醋酸乙烯乳液、氯丁橡胶型、聚氨酯、环氧树脂等。 3)焊条:宜选用等边三角形或圆形截面。 4)水泥乳胶:配合比为水泥:108胶:水=1:0.5~0.8:6~8。主要用于涂刷基层表面,增强整体性和胶结层的粘结力。 5)腻子:有石膏液腻子和滑石粉乳液腻子,石膏腻子配合比(重量比)为:石膏:土粉:聚醋酸乙烯乳液:水=2:2:1:适量,滑石粉乳液腻子配合比(重量比)为滑石粉:聚醋酸乙烯乳液:水:羧甲基纤维素=1:0.2~0.25:适量:0.1。 石膏乳液腻子用于基层第一道嵌补找平,滑石粉乳液腻子用于基层第二道修补找平。 6)底子胶:采用非水溶型胶粘剂时,底子胶按原胶粘剂重量加10%的65号汽油和10%的醋酸乙烯,采用水乳型胶粘剂时,适当加水稀释。 7)脱脂剂:一般采用丙酮与汽油(1:8)混合液。 (2)质量要求 1)塑料板表面要平整、光洁、色泽均匀、图案完整,厚度一致,边缘平直,无气泡,无裂纹,质量证明文件齐全。 2)胶粘剂要求速干,粘结强度高,而排水性能好,施工方便的产品。 3)焊条表面平整光洁,无孔眼、节瘤、皱纹、颜色均匀一致,且焊条成分和性能必须与被焊板块相同。 4)乳液、乳胶腻子、底子胶按设计配合比配制。
3	主要机具	见表7.2.145。
4	作业条件	(1)墙面和顶棚装饰工程已完,水、电、暖通等安装工程已安装调试完毕,并验收合格;尽量减少与其他工序的穿插,以防止损坏污染板面。 (2)基层干燥洁净,含水率不大于9%。 (3)墙体踢脚处预留木砖位置已标出。
5	工程要点	塑料地板面层的工程要点,如表7.2.146所示

塑料地板施工常用机具一览表   表 7.2.145

项次	机具名称	机具使用范围			机具用途
		铺贴塑料板	铺贴、焊接塑料板	铺贴塑料卷材	
1	齿形刮板	+	+		涂刮胶粘剂
2	化纤滚筒			+	滚涂胶粘剂
3	橡皮滚筒	+	+	+	滚压密实
4	割刀或多用刀	+	+	+	切割塑料板材
5	油灰刀	+	+	+	修补基层
6	橡皮锤	+	+		敲击板面密实平整
7	粉线包	+	+	+	弹线
8	砂袋(8～10kg,不允许漏砂)	+	+		压板平伏
9	小胶桶	+	+	+	盛胶粘剂
10	塑料勺	+	+		洒涂胶粘剂
11	剪刀			+	裁剪卷材
12	钢板尺(长 80cm)			+	切割时压边
13	油漆刷	+	+	+	刷涂底胶等
14	高压变压器(容量 2kVA)		+		焊接
15	空气压缩机(排气量 0.6m³/min)		+		焊接
16	焊枪(嘴内径 φ5～6mm)		+		焊接
17	坡口直尺		+		焊缝坡度
18	木工刨刀	+	+	+	剃平焊缝
19	擦布	+	+	+	擦掉余胶
20	软布	+	+	+	上光打蜡

注:"+"表示根据铺贴方式选定的机具。

塑料地板面层的工程要点   表 7.2.146

序号	项目	内 容
1	材料要点	(1)塑料板块和卷材的品种、规格、颜色、等级必须符合设计要求和现行国家标准的规定。 (2)胶粘剂必须根据面料和基层选用通过国家技术鉴定和有产品合格证的产品。 (3)基层处理乳液、乳胶腻子和底胶必须按设计配合比配制,并搅拌均匀。 (4)焊条成分和性能要与被焊塑料板相同。 (5)严禁使用过期变质的材料。
2	技术要点	(1)施工前,技术人员必须对操作人员进行技术交底。 (2)对整个房间尺寸进行实测实量,根据实际尺寸确定铺贴形式设计方案及整料、边角料的数量。 (3)大面积铺贴前,应做好样板间,检验胶粘剂等材料质量和施工质量,经建设单位、监理单位、施工单位共同验收合格后,方准大面积铺贴。
3	质量要点	(1)塑料地板容易发生以下质量问题: 1)面层空鼓,塑料板颜色深浅不一,软硬不一。 2)面层凹凸不平,板块错缝,板块高低差超过允许范围。 3)塑料板面不洁净。 4)焊缝焦化变色,有斑点,焊瘤和起鳞。 (2)针对以上质量问题,在操作中应符合以下质量要求:

序号	项目	内　容
3	质量要点	1)基层表面要坚硬、平整、光滑、无油脂及其他杂物,对起砂、空鼓、麻面、空隙等缺陷的基层应进行修补找平,符合要求。 2)塑料板应待稀释剂挥发后再进行粘贴,塑料贴面上胶粘剂应满涂,四边不漏涂。 3)塑料板在粘贴前应做除蜡脱脂处理。 4)同房间、同一部位应用同一品牌、同一批号的塑料板,防止不同品种、不同批号的塑料板混用。 5)控制施工温度,一般以 15～30℃ 为宜。 6)塑料板块铺贴前,应挑板,尺寸误差较大的塑料板,应剔出不用。 7)基层与塑料板涂刮的胶粘剂应薄而均匀,厚度控制在 1mm 左右,且涂刮方向应纵横相交,保证胶层均匀和防止胶液外溢过多,同时外溢胶液应及时清理干净。 8)拼缝的坡口切割时间不宜过早,切割后应严格防止脏物沾污。 9)焊接施工前,应先检查压缩空气是否是纯洁。 10)掌握好焊枪气流温度和空气压力值,一般空气温度控制在 180～250℃,空气压力值控制在 80～100kPa。 11)喷嘴与地面夹角不应小于 25°,以 25°～30° 为宜。距离焊条与板缝以 5～6mm 为宜。
4	安全要点	(1)所用材料必须符合现行国家标准《民用建筑工程室内环境污染控制规范》(GB 50325—2001)的规定。 (2)塑料板采用预热处理时,操作人员应采取防护隔热措施,防止热水烫伤。 (3)操作人员施工时应戴防毒口罩。 (4)焊接塑料板时,严禁焊枪对准人,以防被热空气灼伤。 (5)所用电气设备使用前应先检查是否正常运转,经检查符合要求后,方能使用。 (6)铺设塑料板时房间内应通风良好,便于有害气体的排除。
5	环境要点	施工时,房间内温度控制在 15～30℃,湿度 80% 以下,且室内不得有粉尘

3. 工艺流程和操作方法

（1）工艺流程

塑料地板面层铺设工艺流程，如下所示。

1）胶粘铺贴法

基层处理 → 弹线 → 试铺 → 刷底子胶 → 铺贴塑料板 → 铺贴塑料踢脚 → 擦光上蜡 → 成品保护

2）焊接铺贴法

基层处理 → 分格弹线 → 试铺 → 刷底子胶 → 铺贴塑料板 → 作焊缝坡口 → 施焊 → 焊缝切割、修整 →

擦光上蜡 → 成品保护

（2）操作方法

塑料地板面层铺设操作方法，如表 7.2.147 所示。

操 作 方 法　　　　　　　　　　　　　　　表 7.2.147

序号	项目	内　容
1	基层处理	(1)清扫干净:将基层表面的灰尘、砂粒、垃圾等清扫干净。 (2)基层修补:基层表面平整度偏差用 2m 靠尺检查不得大于 2mm,表面有蜂窝麻面、孔隙(洞)时,应用石膏乳液腻子修补平整,并刷一道石膏乳液腻子找平,然后刷一道滑石粉乳液腻子,第二次找平。 (3)涂刷一道水泥乳液,增强基层整体性和胶结层的粘结力。 (4)如基层为地砖、水磨石、水泥旧地面时,应用 10% 火碱清洗基层,晒干擦净,对表面平整不符合要求时,用磨平机磨平,当水泥地面有质量缺陷时应按照(2)(3)处理。

序号	项目	内　容
2	铺前准备	(1)弹线定位 　　按施工前绘制的大样图和铺贴形式,在基层上弹出十字中心线(正铺)或对角十字线(斜铺),纵横分格,间隔2~4块板弹一道线,用以控制板的位置和接缝顺直;排列周边出现非整块时,要设置边条,并弹出边线的位置;当四周有镶边要求时,要弹出镶边位置线,镶边宽度宜200~300mm;由地面往上量踢脚板高度,弹出踢脚板上口控制线。 　　弹线的线痕必须清楚准确(图7.2.2)。 　　(2)塑料板预热处理 　　将每张塑料板放进75℃左右的热水中浸泡10~20min,然后取出平放在待铺贴的房间内24h,晾干待用。 　　(3)塑料板的脱脂除蜡 　　塑料板铺贴前,将粘贴面用细砂纸打磨或用棉砂蘸丙酮与汽油1:8混合液擦拭,进行脱脂除蜡处理,以保证塑料板与基层的粘结牢固。 　　(4)试铺 　　在铺贴塑料板块前,应按定位图和弹线位置进行试铺,试铺合格后,按顺序编号,然后将塑料板掀起按编号放好。 　　(5)刷底子胶 　　底子胶按原胶粘剂(溶剂型)的重量加10%的汽油(65号)和10%的醋酸乙烯配制,当采用水乳型胶粘剂时,加适量的水稀释,底子胶应充分搅拌均匀后使用。 　　底子胶采用油漆刷涂刷,涂刷要均匀一致,越薄越好,且不得漏刷。
3	塑料板地面板块铺设	(1)涂胶粘剂:在基层表面涂胶粘剂时,用齿形刮板刮涂均匀,厚度控制在1mm左右;塑料板粘贴面用齿形刮板或纤维滚筒涂刷胶粘剂,其涂刷方向与基层涂胶方向纵横相交。 　　(2)粘贴顺序:先从十字中心线或对角线处开始,逐排进行。粘贴第一块板应纵横两个方向对准十字线,粘贴第二块时,一边跟线一边紧靠第一块板边。有镶边的地面,应先贴大面,后镶边。 　　(3)粘贴 　　在胶层干燥至不粘手(约10~20min)即可铺贴塑料板。将板块摆正,使用滚筒从板中间向四周赶压,以便排除空气,并用橡皮锤敲实,发现翘边翘角时,可用砂袋加压。 　　粘贴时挤出的余胶要及时擦净,粘贴后在表面残留的胶液可使用棉纱蘸上溶剂擦净,水溶型胶粘剂用棉布擦去。 　　(4)焊接塑料板 　　塑料板粘贴48小时后,即可施焊。 　　1)塑料板拼缝处做V型坡口,根据焊条规格和板厚确定坡口角度β,板厚10~20mm时,β=65°~75°;板厚2~8mm,β=75°~85°。采用坡口直尺和割刀进行坡口切割,坡口应平直,宽窄和角度应一致,同时防止脏物污染。 　　软质塑料板粘贴后相邻板的边缘切割成V形坡口,做小块试焊。采用热空气焊,空气压力控制在0.08~0.1MPa,温度控制在200~250℃。确保焊接质量,在施焊前检查压缩空气的纯洁度,向白纸上喷射20~30s,无水迹、油迹为合格,同时用丙酮将拼缝焊条表面清洗干净,等待施焊。 　　2)施焊时,按2人一组,1人持焊枪施焊,1人用压棍推压焊缝。施焊者左手持焊条,右手焊枪,从左向右施焊,用压棍随即压紧焊缝。 　　焊接时,焊枪的喷嘴、焊条和焊缝应在同一平面内,并垂直于塑料板面,焊枪喷嘴与地板的夹角宜30°左右,喷嘴与焊条、焊缝的距离宜5~6mm左右,焊枪移动速度宜0.3~0.5m/min。 　　焊接完后,焊缝冷却至室内常温时,应对焊缝进行修整。用刨刀将突出板面部分(约1.5~2mm)切削平。操作时要认真仔细,防止将焊缝两边的塑料板损伤。 　　当焊缝有烧焦或焊接不牢的现象时,应切除焊缝,重新焊接。
4	塑料卷材铺贴	(1)按已确定的卷材铺贴方向和房间尺寸裁料,并按铺贴的顺序编号。 　　(2)铺贴时应按照控制线位置将卷材的一端放下,逐渐顺着所弹的尺寸线放下铺平,铺贴后由中间往两边用滚筒赶平压实,排除空气,防止起鼓。 　　(3)铺贴第二层卷材时,采用搭接方法,在接缝处搭接宽度20mm以上,对好花纹图案,在搭接层中弹线,用钢板尺压在线上,用割刀将叠合的卷材一次切断。

续表

序号	项目	内 容
5	踢脚板铺贴	(1)地面铺贴完再粘贴踢脚板。踢脚塑料板与墙面基层涂胶同地面。 (2)首先将塑料条钉在墙内预留的木砖上,钉距约40~50cm,然后用焊枪喷烤塑料条,随即将踢脚板与塑料条粘结(图7.2.3)。 (3)阴角塑料踢脚板铺贴时,先将塑料板用两块对称组成的木模顶压在阴角处,然后取掉一块木模,在塑料板转折重叠处,划出剪裁线,剪裁合适后,再把水平面45°相交处裁口焊好,作成阴角部件,然后进行焊接或粘结。 (4)阳角踢脚板铺贴时,在水平封角裁口处补焊一块软板,作成阳角部件,然后进行焊接或粘结。
6	擦光上蜡	铺贴好塑料地面及踢脚板后,用墩布擦干净,晾干。用软布包好已配好的上光软蜡,满涂1~2遍,光蜡重量配合比为软蜡:汽油=100:20~30,另掺1%~3%与地板相同颜色的颜料,待稍干后,用干净的软布擦拭,直至表面光滑光亮为止

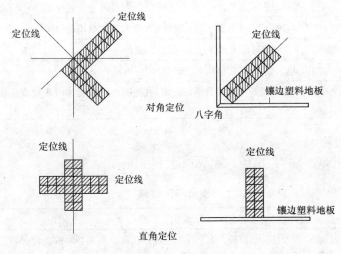

图 7.2.2 定位方法(一)

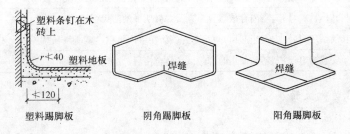

图 7.2.3 定位方法(二)

4. 质量标准和检验方法

(1) 质量标准

塑料地板面层的施工质量检验,应按《建筑地面工程施工质量验收规范》(GB 50209—2002)中之6.6的规定进行。

(2) 质量记录

塑料地板面层施工质量记录,如表7.2.148所示。

5. 成品保护

塑料地板面层,成品保护,如表7.2.149所示。

质 量 记 录 表 7.2.148

序号	内 容
1	塑料板块或卷材的出厂质量证明书和检验报告。
2	胶粘剂出厂质量证明文件和试验记录。
3	焊条出厂证明书,焊缝强度检测报告。
4	地面分项工程板块面层工程检验批质量验收记录

成 品 保 护 表 7.2.149

序号	内 容
1	塑料地面铺贴完毕,应及时用塑料薄膜覆盖保护,以防污染。
2	塑料地面铺贴完毕后,房间设专人看管,非工作人员严禁入内;必须进入室内工作时,应穿拖鞋。
3	当房内使用木梯、凳子时,梯脚下、凳子腿下端头应包泡沫塑料和软布,防止划伤地面。
4	严禁60℃以上热源直接接触塑料地面,以防止地板变形、变色。
5	塑料板上的油污宜用肥皂水擦洗,不得用热水或碱水擦洗。
6	塑料地面铺贴完毕后,严禁尖锐的金属工具碰触地面,在地面上堆放物体时应设置垫块,以免地板产生凹陷变形

6. 安全环保措施

塑料地板面层的安全环保措施,如表 7.2.150 所示。

安全环保措施 表 7.2.150

序号	内 容
1	地面所用塑料板,胶粘剂等材料必须符合国家标准规定。尤其胶粘剂必须符合《民用建筑工程室内污染控制规范》(GB 50325—2001)中的规定。
2	在塑料板预热处理和焊接时,操作人员应采取隔热措施,防止被热水或热空气烫伤。
3	易燃材料应与其他材料分开,隔离存放,远离热源,并做明显的防火标识。
4	地板铺贴时和铺贴后,房间应适当通风,防止有害气体在室内集积过多,影响健康。
5	电动工具必须安装漏电保护装置,使用时应经试运转合格后,方可使用

7.2.3.6 活动地板面层

1. 适用范围和基本规定

活动地板面层施工方法的适用范围和基本规定,如表 7.2.151 所示。

适用范围和基本规定 表 7.2.151

序号	项目	内 容
1	适用范围	本规定主要用于计算机房、变电控制室、程控交换机房、自动化控制室、电视发射台等场所有防尘、防静电、防火要求的地板铺设。
2	基本规定	活动地板的铺设应符合设计要求,当设计无要求时,宜避免出现板块小于1/4边长的边角料。施工前应根据板块大小,结合房间尺寸进行排版设计

2. 施工准备和工程要点

活动地板面层的施工准备和工程要点如表 7.2.152 所示。

施工准备和工程要点　　　　　　　　　　　　　　　　　表 7.2.152

序号	项目	内　容
1	技术准备	(1)进行图纸会审,复核设计做法是否符合现行国家规范的要求。 (2)对于设计所选用标准图等的做法如与本标准做法差别较大,不易保证质量时,应与设计单位协商,尽量采用本标准的做法。 (3)施工前应有施工方案,并先做样板间,再经过详细的技术交底,方可大面积施工。
2	材料准备	活动地板面层是用于防尘和防静电要求的专业用房的建筑地面工程。采用特制的平压刨花板为基材,表面饰以装饰板和底层用镀锌钢板经粘结胶合组成的活动地板块,配以横梁、橡胶垫条和可供调节高度的金属支架组装成架空板铺设在水泥类面层(或基层)上。活动地板块共有三层,中间一层是 25mm 左右厚的刨花板,面层采用柔光高压三聚氰胺装饰板 1.5mm 厚粘贴,底层粘贴一层 1mm 厚镀锌钢板,四周侧边用塑料板封闭或用镀锌钢板包裹并以胶条封边。常用规格为 600mm×600mm 和 500mm×500mm 两种。 (1)活动地板表面要平整、坚实,并具有耐磨、耐污染、耐老化、防潮、阻燃和导静电等特点。 (2)活动地板面层包括标准地板、异形地板和地板附件(即支架和横梁组件)。采用的活动地板块应平整、坚实,面层承力不得小于 7.5MPa,其系统电阻:A 级板为 $1.0×10^5 \sim 1.0×10^8\Omega$;B 级板为 $1.0×10^5 \sim 1.0×10^{10}\Omega$。 (3)各项技术性能与技术指标应符合现行的有关产品标准的规定。 (4)活动地板块包括标准地板和异形地板。异形地板有旋流风口地板、可调风口地板、大通风量地板和走线口地板。 (5)支承部分:支承部分由标准钢支柱和框架组成,钢支柱采用管材制作,框架采用轻型槽钢制成,支承结构有高架(1000mm)和低架(200、300、350mm)两种。作为地板附件应包括支架组件和横梁组件。
3	主要机具	各类型扳手、切割机、墨斗、水平尺、水平仪、塔尺、直尺、尼龙线和锤子。
4	作业条件	(1)楼(地)面基层混凝土或水泥砂浆已达到设计要求,表面平整度验收合格。 (2)室内湿作业已全部完工,预埋件已预埋好。 (3)室内地板下的管线敷设完毕,并验收合格。 (4)各房间长宽尺寸按设计核对无误。 (5)面板块、桁条、可调支柱、底座等分类清点码放备用。 (6)室内各项工程完工和超过地板承载力的设备进入房间预定位置以及相邻房间内部也全部完工。
5	工程要点	活动地板面层的工程要点,如表 7.2.153 所示

活动地板面层的工程要点　　　　　　　　　　　　　　表 7.2.153

序号	项目	内　容
1	材料要点	(1)取样规则和数量 1)活动地板的规格尺寸及外观质量,由厂家质量检验部门进行普检,在成批交付产品时,在每批中抽取 3%(不得少于 20 张)逐张进行尺度检查和外观质量检验,如合格率低于 95%,应加倍抽样复验,如复验合格率仍低于 95%,则应对该批产品进行逐张检验。 2)活动地板的物理力学性能检验,应在每批提交的产品中,任意抽取 1%(不少于 3 张)进行检验。 (2)检验内容:尺寸检量、翘曲度、邻边垂直度、集中荷载、抗静电性能等项检验。 (3)保管要求 1)防止地板板面受损伤,避免污染,产品应储存在清洁、干燥的包装箱中,板与板之间应放软垫隔离层,包装箱外应结实耐压。 2)产品运输时,应防止雨淋,日光暴晒,并须轻拿轻放,防止磕碰。
2	技术要点	(1)活动地板施工时要保证地板尺寸、规格一致,不使铺贴过程缝隙控制线失去作用,施工时应注意规格尺寸的检查和板块的切割,以免造成相邻板块之间、板块与四周墙面间隙过大。 (2)要注意桁条(搁栅)平整度偏差,铺贴前应对桁条(搁栅)表面平整度进行检查验收,水平度、平整度不符合要求的应及时处理,以免造成表面平整度偏差过大。

续表

序号	项目	内 容
3	质量要点	(1)活动地板所有的支座柱和横梁应构成框架一体,并与基本层连接牢固;支架抄平后高度应符合设计要求。 (2)活动地板面层的金属支架应支承在现浇水泥混凝土基层(或面层)上,基层表面应平整、光洁、不起灰。 (3)活动板块与横梁接触搁置处应达到四角平整、严密。 (4)当活动地板不符合模数时,其不足部分在现场根据实际尺寸将板块割后镶补,并配装相应的可调支撑和横梁。切割边不经处理不得镶补安装,并不得有局部膨胀变形情况。 (5)活动地板在门口处或预留洞口处应符合设置构造要求,四周侧边应用耐磨硬质板材封闭或用镀锌钢板包裹,胶条封边应符合耐磨要求。
4	安全要点	职业健康安全的关键要求主要包括施工现场防火、操作环境的安全措施等内容。(详见表7.2.157中内容)。
5	环境要点	环境的关键要求主要是对工程废水、大气污染、噪声污染、固体废弃物等方面的控制。(详见表7.2.157中内容)

3. 工艺流程和操作方法

（1）工艺流程

活动地板面层施工工艺流程，如下所示。

基层清理 → 弹支柱(架)定位线 → 测水平 → 固定支柱(架)底座 → 安装桁条(搁栅) → 仪器抄平、调平 → 铺设活动地板

（2）操作方法

活动地板面层铺设操作方法，如表7.2.154所示。

操 作 方 法   表 7.2.154

序号	项目	内 容
1	基层清理	基层上一切杂物、尘埃清扫干净。基层表面平整、光洁、干燥、不起灰。安装前清扫干净,并根据需要,在其表面涂刷1~2遍清漆或防尘剂,涂刷后不允许有脱皮现象。
2	弹线定位	(1)按设计要求,在基层上弹出支柱(架)定位方格十字线,测量底座水平标高,将底座就位。同时,在墙四周测好支柱(架)水平线。 (2)铺设活动地板面层前,室内四周的墙面应设置标高控制位置,并按选定的铺设方向和顺序基准点。在基层表面上按板块尺寸弹线形成方格网,标出地板块的安装位置和高度,并标明设备预留部位。
3	安装支柱架	(1)将底座摆平在支座点上,核对中心线后,安装钢支柱(架),按支柱(架)顶面标高,拉纵横水平通线调整支柱(架)活动杆顶面标高并固定。再次用水平仪逐点抄平,水平尺校准支柱(架)托板。 (2)为使活动地板面层与走道或房间的建筑地面面层连接好,应通过面层的标高选用金属支架型号。 (3)活动地板面层的工程支架应支承在现浇混凝土基层上。对于小型计算机系统房间,其混凝土强度等级不应小于C30;对于中型计算机系统的房间,其混凝土强度等级不应小于C50。
4	安装桁架 (搁栅)	(1)支柱(架)顶调平后,弹安装桁条(搁栅)线,从房间中央开始,安装桁条(搁栅)。桁条(搁栅)安装完毕,测量桁条(搁栅)表面平整度、方正度至合格为止。 (2)底座与基层之间注入环氧树脂,使之垫平并连接牢固,然后复测再次调平。如设计要求桁条(搁栅)与四周预埋铁件固定时,可用连板与桁条同螺栓连接或焊接。 (3)先将活动地板各部位组好,以基准线为准,按安装顺序在方格网交点处安装支架和横梁,固定支架的底座,连接支架和框架。在安装过程中要随时抄平,转动支座螺杆,调整每个支座面的高度至全室等高,并使每个支架受力均匀。 (4)在所有支座柱和横梁构成的框架成为一体后,应用水平仪抄平。然后将环氧树脂注入支架底座与水泥类基层之间的空隙内,使之连接牢固,亦可用膨胀螺栓或射钉连接。

序号	项目	内　容
5	安装活动地板	(1)在桁条(搁栅)上按活动地板尺寸弹出分格线,按线安装,并调整好活动地板缝隙使之顺直。 (2)铺设活动地板面层的标高,应按设计要求确定。当房间平面是矩形时,其相邻墙体应相互垂直;与活动地板接触的墙面的缝应顺直,其偏差每米不应大于2mm。 (3)根据房间平面尺寸和设备等情况,应按活动地板模数选择板块的铺设方向。当平面尺寸符合活动地板块模数,而室内无控制柜设备时,宜由里向外铺设;当平面尺寸不符合活动地板模数时,宜由外向里铺设。当室内有控制柜设备且需要预留洞口时,铺设方向和先后顺序应综合考虑选定。 (4)在横梁上铺放缓冲胶条时,应采用乳液与横梁粘合。当铺设活动地板块时,从一角或相邻的两个边依次向外或另外二个边铺装活动地板。为了铺平,可调换活动地板块位置,以保证四角接触处平整、严密,但不得采用加垫的方法。
6	调正和封边	(1)当铺设的活动地板不符合模数时,可根据实际尺寸将板面切割后镶补,并配装相应的可调支撑和横梁。 (2)四周侧边应用耐磨硬质板材封闭或用镀锌钢板包裹,胶条封边应耐磨。 对活动地板切割或打孔时,可用无齿锯或钻加工,但加工后的边角应打磨平整,采用清漆或环氧树脂胶加滑石粉按比例调成腻子封边,或用防潮腻子封边,亦可采用铝型材镶嵌封边。以防止板块吸水、吸潮,造成局部膨胀变形。 (3)在与墙边的接缝处,原则上宜加竹木踢脚。 (4)通风口处,应选用异形活动地板铺贴。
7	管道安装	(1)活动地板下面需要装的线槽和空调管道,应在铺设地板前先放在建筑地面上,以便下步施工。 (2)活动地板的安装或开启,应使用吸器或橡胶皮碗,并做到轻拿轻放。不应采用铁器硬撬。 (3)在全部设备就位和地下管、电缆安装完毕后,还应抄平一次,调整至符合设计要求,最后将板面全面进行清理

4. 质量标准和检验方法

（1）质量标准

活动地板面层的施工质量检验，应按《建筑地面工程施工质量验收规范》 （GB 50209—2002）中之 6.7 的规定进行。

（2）质量记录

活动地板面层铺设的质量记录，如表 7.2.155 所示。

质　量　记　录　　　　　　　　　　　　　　　　　　　　　　**表 7.2.155**

序号	内　容
1	活动地板地面工程的质量验收应检查下列工程质量文件和记录: (1)工程设计图纸和变更文件等。 (2)原材料的出厂检验报告和质量合格保证文件、材料进场检(试)验报告(含抽样报告)。 (3)建筑地面工程施工质量控制文件。 (4)构造层的隐蔽验收及其他有关验收文件。
2	活动地板地面工程的质量验收时,对面层铺设采用的胶粘剂等,应提供 TVOC 和游离甲醛限量、苯限量、放射性指标限量、氡浓度等的材料证明资料

5. 成品保护

活动地板面层的成品保护，如表 7.2.156 所示。

6. 安全环保措施

活动地板面层的安全环保措施，如表 7.2.157 所示。

序号	项目	内　　容
4	安全要点	(1)使用电熨斗时避免烫伤及烫坏其他物品。 (2)电动工具使用要有防护,防止触电。 (3)进入工程施工现场必须戴安全帽。 (4)使用剪刀、割刀要防止割伤手脚。
5	环境要点	(1)地毯施工现场要求干净清洁。 (2)防火间距、消防设施、电器设备及现场管理应按有关规定执行。 (3)安全用电必须按电气工程标准执行

3. 工艺流程和操作方法

(1) 工艺流程

地毯面层铺设工艺流程如下所示。

清理基层 → 弹线套方、分格定位 → 地毯剪裁 → 钉卡条、压条 → 铺衬垫 → 铺地毯 → 细部处理收口 → 修整、清理 → 检查验收

(2) 操作方法

地毯面层铺设操作方法,如表 7.2.161 所示。

操作方法　　　　　　　　　　　　　　　　　　　　　表 7.2.161

序号	项目	内　　容
1	清理基层	(1)铺设地毯的基层要求具有一定的强度。其水泥基层的抗压强度不得小于 1.2MPa。 (2)基层表面必须平整,无凹坑、麻面、裂缝,并保持清洁干净。若有油污,须用丙酮或松节油擦洗干净,高低不平处应预先用水泥砂浆填嵌平整
2	套方、定位	弹线套方、分格定位:严格按照设计图纸对各个房间的铺设尺寸进行度量,检查房间的方正情况,并在地面弹出地毯的铺设基准线和分格定位线。活动地毯应根据地毯的尺寸,在房间内弹出定位网格线。
3	裁剪地毯	(1)根据房间尺寸和形状,用裁边机从长卷上裁下地毯。 (2)每段地毯的长度要比房间长度长约 20mm,宽度要以裁出地毯边缘的尺寸计算,弹线裁剪边缘部分。
4	钉卡条、压条	(1)采用木卡条(倒刺板)固定地毯时,应沿房间四周距墙角 10~20mm,将卡条固定于基层上。 (2)在门口处,为不使地毯踢起和边缘受损,达到美观的效果,常用铝合金卡条、锑条固定。卡条、锑条内有倒刺扣牢地毯。锑条的长边与地面固定,待铺上地毯后,将短边打下,紧压住地毯面层。 (3)卡条及压条可用钉条、螺丝、射钉固定在基层上。
5	铺衬垫接缝处理	(1)铺衬垫:将衬垫采用点粘法粘在地面基层上,要离开倒刺板 10mm 左右。 (2)接缝处理 1)地毯是背面接缝,接缝是将两条缝平接,用线缝后,刷白胶,贴上牛皮胶纸。缝线应较结实,针脚不必太密。 2)也有用胶带接缝的方法。即先将胶带按地面上的弹线铺好,两端固定,将两侧地毯的边缘压在胶带上,然后用电熨斗在胶带的无胶面上熨缝,使胶质溶解,随着电熨斗的移动,用扁铲在接缝处碾压平实,使之牢固地连在一起。 3)用电铲修葺地毯接口处正面不齐处的绒毛。
6	地毯铺设	(1)用张紧器(或地毯撑子)将地毯在纵横方向逐段推移伸展,使之拉紧、平服,以保证地毯在使用过程中遇到一定的推力而不隆起。张紧器底部有许多小刺,可将地毯卡紧而推移。推力应适当,过大易将地毯撕破,过小推移不平。推移应逐步进行。 (2)用张紧器张紧后,地毯四周应挂在卡条上或铝合金条上固定。 (3)铺活动地毯时应先在房间中间按照十字线铺设十字控制块,之后按照十字控制块向四周铺设。大面积铺贴时应分段、分部位铺贴。如设计有图案要求时,应按照设计图案准确分隔线,并做好标记,防止差错。 (4)细部处理收口:地毯与其他地面材料交接处和门口等部位,应用收口条做收口处理。 (5)修整、清理 地毯完全铺好后,用搪刀裁去多余部分,并用扁铲将边缘塞入卡条和墙壁之间的缝中,用吸尘器吸去灰尘等

4. 质量标准和检验方法

（1）质量标准

地毯面层的施工质量检验，应按《建筑地面工程施工质量验收规范》（GB 50209—2002）中之 6.8 的规定进行。

（2）质量记录

地毯面层铺设的质量记录，如表 7.2.162 所示。

质量记录　　　　　　　　　　　　　表 7.2.162

序号	内　　容
1	地毯、胶料和辅料合格证及进场检查报告。
2	地毯地面分项工程检验批质量验收记录

5. 成品保护

地毯面层铺设的成品保护，如表 7.2.163 所示。

成品保护　　　　　　　　　　　　　表 7.2.163

序号	内　　容
1	地毯操作过程中要注意对其他专业工程的保护，如埋在地面内的管线、开关、插座不得随意移位。
2	地毯面层做完之后应换干净拖鞋进入室内。
3	在地毯施工结束的房间进行装饰或其他专业工序时，地毯面层应进行覆盖保护，以免污染地毯面层。
4	粘污在门口和墙面上的胶料等应及时清扫干净

6. 安全环保措施

地毯面层铺设的安全环保措施，如表 7.2.164 所示。

安全环保措施　　　　　　　　　　　表 7.2.164

序号	内　　容
1	所有施工人员必须持证上岗，并防止意外伤害。
2	清理地面基层时，清理出的垃圾、杂物等，不得从窗口、阳台扔出。
3	施工时必须做到工完场清，建筑垃圾倾倒至指定地点

7.2.4　木、竹面层铺设施工

7.2.4.1　实木地板面层

1. 适用范围和基本规定

实木地板面层的适用范围和基本规定，如表 7.2.165 所示。

2. 施工准备和工程要点

实木地板面层施工准备和工程要点，如表 7.2.166 所示。

适用范围和基本规定

表 7.2.165

序号	项目	内　容
1	适用范围	本施工工艺规定适用于建筑工程中室内装饰实木地板工程;不适用于超净、屏蔽、绝缘、防止放射线以及防腐蚀等特殊要求的建筑地面工程的施工。
2	基本规定	(1)所采用的材料应按设计要求和《建筑地面工程施工质量验收规范》(GB 50209—2002)的规定选用,并应符合国家标准的规定;实木地板应有中文商品检验合格证。 (2)实木地板面面层下的木搁栅、垫木、毛地板所采用木材、选材标准和铺设时木材含水率以及防腐、防蛀处理等,均应符合现行国家标准《木结构工程施工质量验收规范》(GB 50206—2002)的有关规定。所选用的材料,进场时应对其断面尺寸、含水率等主要技术指标按产品标准的规定进行检验,符合标准方准使用。 (3)实木地板面层下的木搁栅、垫木、毛地板的防腐、防蛀、防潮处理,其处理剂产品的技术质量标准必须符合现行国家标准《民用建筑室内环境污染控制规范》(GB 50325—2001)的规定。 (4)厕浴间、厨房等潮湿场所相邻的实木面层连接处,应做防水(防潮)处理。 (5)实木面层铺设在水泥类基层上,其基层表面应坚硬、平整、洁净、干燥、不起砂。 (6)室内地面工程的实木面层搁栅下架空结构层(或构造层)符合设计和标准要求后方可进行面层的施工。 (7)实木面层的通风构造层包括室内通风沟、室外通风窗等,均应符合设计要求。 (8)实木地板下填充的轻质隔声材料一定要进行干燥。 (9)实木地板面层镶边时如设计无要求,应用同类材料镶边。 (10)木地板的面层验收,应在竣工后三天内验收。 (11)建筑地面面层工程应按每一层次或每一施工段或变形缝作为检验批,高层建筑的标准层可按每三层作为检验批,不足三层按三层计。每一检验批应以各类面层划分的分项工程按自然间或标准间检验,抽查数量应随机检验不应少于3间;不足3间应全数检查;其中走廊过道应以10延长米为1间,礼堂、门厅应以两个轴线为1间计算。 (12)实木地板分项工程施工质量的主控项目必须达到规范规定要求。一般项目80%以上的检查点(处)符合规范规定的质量要求,其他检查点(处)不得有影响使用,并不得大于允许偏差值的50%为合格。达不到质量标准要求时,应按《建筑工程质量验收统一标准》(GB 50300—2001)的规定进行处理

施工准备和工程要点

表 7.2.166

序号	项目	内　容
1	技术准备	(1)进行图纸审核,核对设备安装与装修之间有无矛盾;图纸说明是否齐全、明确;设计图表之间的规格、材质、标高等,是否有"错、漏、碰、缺"。 (2)实木地板的质量应符合规范和设计要求,在铺设前,应得到业主对地板质量、数量、品种、花色、型号、含水率、颜色、油漆、尺寸偏差、加工精度、甲醛含量等验收认可。 (3)实木地板施工前,要进行详细的技术交底,铺设面积较大时,应编制施工方案,确定铺设方法、工艺步骤、基层材料、质量要求、工期、验收规范等,并在铺设前应得到设计和业主认可,施工应严格执行。 (4)实木地板大面积铺设前,应做样板间,经检验合格后,再大面积铺设。
2	材料及质量要求	(1)木地板敷设所需要的木搁栅(也称木楞)、垫木、沿缘木(也称压檐木)、剪刀撑及毛地板:采用红白松,经烘干、防腐处理后使用,木龙骨、毛地板不得有扭曲变形,规格尺寸按设计要求加工。木搁栅、垫木、沿缘木、剪刀撑及毛地板常用规格见表7.1.165。 (2)硬木地板:常见的有企口木地板,企口木地板系指以高贵硬木即:樱桃木、枫木、水曲柳、柚木、柞木、橡木、桦木、山毛榉、刺槐、栎木、柳安、楠木等经先进的全电脑控制干燥设备处理,含水率10%以内,并经企口、刨光、油漆等加工而成。也可按设计要求现场刨光、上漆。一般规格为:厚度15mm、18mm、20mm;宽度50mm、60mm、70mm、75mm、90mm、100mm;长度250～900mm。(以上规格也可按设计要求定做)。另外还有席纹木地板。 (3)砖和石料:用于地垄墙和砖墩的砖强度等级,不能低于MU7.5。采用石料时,风化石不得使用;凡后期强度不稳定或受潮后降低强度的人造块材均不得使用。 (4)胶粘剂及沥青:若使用胶粘剂粘贴拼花木地板面层,可选用环氧沥青、聚氨脂、聚醋酸乙烯和酪素胶等。若采用沥青粘贴拼花木地板面层,应选用石油沥青。 (5)其他材料:防潮垫、8～10号镀锌铅丝、50～100mm圆钉、木地板专用钉等。

续表

序号	项目	内　容
3	主要机具	以一个木工班组(12人)配备:冲击钻一台;手枪钻 φ6 四把;手提电圆锯一台;小电刨、平刨、压刨、台钻相应设置,地板磨光机一台;砂带机一台。手动工具包括:手锯、手刨、单线刨、撬棍、方尺、割角尺、木折尺、墨斗、磨刀石等。
4	作业条件	(1)加工定货材料已进场,并经过验收合格。 (2)室内湿作业已经结束,并已经过验收和测试。 (3)门窗已安装到位。 (4)木地板已经挑选,并经编号分别存放。 (5)墙上水平标高控制线已弹好。 (6)基层、预埋管线已施工完毕,水系统打压已经结束,均经过验收合格。
5	工程要点	实木地板面层的工程要点,如表 7.2.167 所示

实木地板面层的工程要点　　　　　　　　　　表 7.2.167

序号	项目	内　容
1	材料要点	(1)木搁栅、毛地板的含水率须符合设计规定要求,必须做防腐、防蛀、防火处理。 (2)实木地板须有商品检验合格证并符合设计要求,必要时应进行复检。 (3)符合《实木地板块》(GB/T 15036.1—6)规定的要求。
2	技术要点	(1)铺设实木地板面层时,其木搁栅的截面尺寸、间距和稳固方法等均应符合设计要求。木搁栅固定时,不得损坏基层和预埋管线。木搁栅应垫实钉牢,与墙之间应留 30mm 的缝隙,表面要平直。 (2)毛地板铺设时,木材髓心应向上,其板间缝隙不应大于 3mm,与墙之间应留 8~12mm 的空隙,表面应刨平。 (3)实木地板面层铺设时,面层与墙之间应留 8~12mm 的缝隙。 (4)采用实木制作的踢脚线,背面应抽槽并做防腐处理。 (5)实木地板在门口与其他地面材料交接处,以及与暖气罩等交接处做法应符合设计要求。
3	质量要点	(1)实木地板面层所用材料木材的含水率必须符合设计要求。木搁栅、垫木和毛地板等必须做防腐、防蛀处理。 (2)木搁栅安装牢固、平直;固定宜采用在混凝土内予埋膨胀螺栓固定,或采用在混凝土内钉木楔铁钉固定。不宜用铁丝固定,因为铁丝不易绞紧,一旦松动,面层上有人走动时就会发出响声,同时铁丝易锈蚀断裂,隐患较大。 (3)面层铺设牢固,粘结无空鼓;木地板铺设时,必须注意其心材朝上。木材靠近髓心处颜色较深的部分,即为心材。心材具有含水量较小,木质坚硬,不易产生翘曲变形。 (4)实木地板面层应刨平、磨光,刨光分三次进行,要注意必须顺着木纹方向,刨去总厚度不宜超过 1.5mm。以刨平刨光为度,无明显刨痕和毛刺等现象,之后,用砂纸磨光,要求图案清晰、颜色均匀。 (5)面层缝隙严密,接头位置符合设计要求,表面洁净;木地板四周离墙应保证 10~20mm 的缝隙,其作用有二:一是减少木板从墙体中吸收水分,并保持一定的通风条件,能够调节因温度变形而引起的伸缩;二是防止地板上的行走和撞击声传到隔壁室内。该缝隙宽度由踢脚板遮盖。 (6)拼花地板接缝应对齐,粘、钉严密,缝隙宽度均匀一致,表面洁净。
4	安全要点	(1)清理地面时,要防止碎屑崩入眼内; (2)大量使用电动工具,防护要到位; (3)进入施工现场必须戴安全帽,穿防护鞋,避免作业环境导致物体打击等事故; (4)施工期间要做好安全交底。
5	环境要点	(1)所用材料应为环保产品,产品存放有指定地点。 (2)施工中余下的边角料、锯末等要及时清理,并存放在指定地点,同时防止扬尘。 (3)胶粘剂空桶严禁长期在室内放置,剩下的胶粘剂不用时要及时盖盖封存,严禁长时间暴露,污染环境。 (4)木地板施工完后,房间应做好通风。防火间距、消防设施、电器设备应按规定设置

3. 工艺流程和操作方法

(1) 工艺流程

目前木地板铺设中,实木地板以空铺或实铺的方式在基层上铺设。前者有地板搁栅,毛地板(设计无要求时也可不用)地板空铺于搁栅之上;后者无地板搁栅,木地板直接用胶粘贴于地面之上(这种方法目前很少采用了)。带有毛地板的木地板,称为双层木地板,不带毛地板的木地板称为单层木地板。毛地板一般采用只刨平不刨光的松木板、中密度板或多层胶合板。一般施工工艺流程如下所示。

清理基层测量弹线 → 铺设木搁栅 → 铺设毛地板 → 铺设面层实木地板 → 镶边 → 地面磨光 → 油漆打蜡 → 清理木地板面

(2) 操作方法

具体操作工艺一般分底层木地板的铺设和楼层木地板的铺设。底层木地板一般采用空铺方法施工,而楼层木地板可采用空铺也可采用实铺方法进行施工,按设计要求组织施工。一般操作方法如表 7.2.168 所示。

操 作 方 法   表 7.2.168

序号	项目	内　　容
1	铺前准备	(1)地面基层验收、清理、弹线。 (2)铺钉防腐、防水 20mm×50mm 松木地板搁栅,400mm 中距。地板搁栅应用防水防腐 20mm×40mm×50mm 木垫板垫实架空,垫块中距 400mm,与搁栅钉牢。同时将地板搁栅用 10 号镀锌铁丝两根与钢筋鼻子绑牢,搁栅间加钉 50mm×50mm 防腐、防火松木横撑,中距 800mm。地板搁栅及横撑的含水率不得大于 18%,搁栅顶面必须刨平刨光,并每隔 1000mm 中距,凿 10mm×10mm×50mm(按搁栅宽处)通风槽一道。(以上尺寸,如有设计要求时,按设计施工)。
2	铺毛地板	地板木搁栅安装完毕,须对搁栅进行找平检查,各条搁栅的顶面标高,均须符合设计要求,如有不合要求之处,须彻底修正找平。符合要求后,按 45°斜铺 22mm 厚防腐、防火松木毛地板一层,毛地板的含水率应严格控制并不得大于 12%。铺设毛地板时接缝应落在木搁栅中心线上,钉位相互错开。毛地板铺完应刨修平整。用多层胶合板做毛地板使用时,应将胶合板的铺向与木地板的走向垂直。
3	实木地板铺设与镶边	(1)木地板的拼花组合造型:木地板的拼花组合造型,有等长地板条错缝组合式、长短地板条错缝组合式、单人字形组合式、双人字形组合式、蓆纹组合式、方格组合式、阶梯组合式以及设计要求的其他组合形式等。 (2)弹线:根据具体设计,在毛地板用墨线弹出木地板组合造型施工控制线,即每块地板条或每行地板条的定位线。凡不属地板条错缝组合造型的拼花木地板、蓆纹木地板,则应以房间中心为中心,先弹出相互垂直并分别与房间纵横墙面平行的标准十字线两条,或与墙面成 45°角交叉的标准十字线两条,然后根据具体设计的木地板组合造型具体图案,以地板条宽度及标准十字线为准,弹出每条或每行地板的施工定位线,以凭施工。弹线完毕,将木地板进行试铺,试铺后编号分别存放备用。 (3)将毛地板上所有垃圾、杂物清理干净,加铺防潮纸一层,然后开始铺装实木地板。可从房间一边墙根(也可从房间中部)开始(根据具体设计,将地板周围镶边留出空位),并用木块在墙根所留镶边空隙处将地板条(块)顶住,然后顺序向前铺装,直至铺到对面墙根时,同样用木块在该墙根镶边空隙处将地板顶住,然后将开始一边墙根处的木块楔紧,待安装镶边时再将两边木块取掉。 (4)铺定实木地板条按地板条定位线及两顶端中心线,将地板条铺正、铺平、铺齐,用地板条厚 2~2.5 倍长的圆钉,从地板条企口榫凹角处斜向将地板条钉于地板搁栅上。钉头须预先打扁,冲入企口表面以内,以免影响企口接缝严密,必要时在木地板条上可先钻眼后钉钉。钉钉个数应符合设计要求,设计无要求时,地板长度<300mm 时侧边应钉 2 个钉,长度大于 300mm 小于 600mm 时应钉 3 个钉,600~900mm 钉 4 个钉,板的端头应钉 1 个钉固定。所有地板条应逐块错缝排紧钉牢,接缝严密。板与板之间,不得有任何松动、不平、不牢。

序号	项目	内 容
3	实木地板铺设与镶边	(5)粘铺地板：按设计要求及有关规范规定处理基层，粘铺木地板用胶要符合设计要求，并进行试铺，符合要求后再大面积展开施工。铺贴时要用专用刮胶板将胶均匀地涂刮于地面及木地板表面，待胶不粘手时，将地板按定位线就位粘贴，并用小锤轻敲，使地板条与基层粘牢。涂胶时要求涂刷均匀，厚薄一致，不得有漏涂之处。地板条应铺正、铺平、铺齐，并应逐块错缝排紧粘牢。板与板之间不得有任何松动、不平、缝隙及溢胶之处。 (6)实木地板装修质量经检查合格后，应根据具体设计要求，在周边所留镶边空隙内进行镶边（具体设计图中无镶边要求者，本工序取消）。
4	踢脚板安装	当房间设计为实木踢脚板时，踢脚应预先刨光，在靠墙的一面开成凹槽，并每隔1m钻直径6mm的通风孔，在墙内应每隔750mm砌入防腐木砖，在防腐木砖外面钉防腐木块，再将踢脚板固定于防腐木块上。踢脚板板面要垂直，上口呈水平线，在踢脚板与地板交角处，钉上1/4圆木条，以盖住缝隙。
5	磨光打蜡、清理	(1)地面磨光用磨光机，转速应在5000r/min以上，所用砂布应先粗后细，砂布应绷紧绷平，长条地板应顺木纹磨，拼花地板应与木纹成45°斜磨。磨时不应磨的太快，磨深不宜过大，一般不超过1.5mm，要多磨几遍，磨光机不用时应先提起再关闭，防止啃咬地面，机器磨不到的地板要用角磨机或手工去磨，直到符合要求为止。 (2)油漆打蜡：应在房间内所有装饰工程完工后进行。硬木拼花地板花纹明显，所以，多采用透明的清漆涂刷，这样可透出木纹，增强装饰效果。打蜡可用地板蜡，以增加地板的光洁度，使木材固有的花纹和色泽最大限度地显示出来。 (3)清理地面、交付验收使用或进行下道工序的施工

4. 质量标准和检验方法

（1）质量标准

实木地板面层的施工质量检验，应按《建筑地面工程施工质量验收规范》 （GB 50209—2002）中之7.2的规定进行。

（2）质量记录

实木地板面层铺设的质量记录，如表7.2.169所示。

质 量 记 录   表7.2.169

序号	内 容
1	实木地板面层的条材和块材的商品检验合格证。
2	木搁栅、毛地板含水率检测报告。
3	木搁栅、毛地板铺设隐蔽验收记录。
4	胶粘剂、人造板等有害物质含量检测记录和复试报告。
5	实木地板面层工程检验批质量验收记录。
6	其他记录

5. 成品保护

实木地板面层的成品保护，如表7.2.170所示。

6. 安全环保措施

实木地板面层的安全环保措施，如表7.2.171所示。

7.2.4.2 实木复合地板面层

1. 适用范围和基本规定

实木复合地板面层的适用范围和基本规定，如表7.2.172所示。

成 品 保 护　　　　　　　　　　　表 7.2.170

序号	内　容
1	验收并挑选完的地板应编号按房间码放整齐,使用时应轻拿轻放,不能乱堆乱放,严禁碰坏棱角。
2	搬运和铺设木地板时,不应损坏墙面已装修好的部位,严禁互相损坏。
3	施工作业人员和质量检查人员应穿软底鞋,到面层施工时还应加套软鞋套,走路要轻。
4	不得在已铺好的面层施工作业,特别是敲砸等,严禁将电动工具等放在已铺好的木地板上,以防止损坏面层。
5	地板施工应注意施工环境温、湿度的变化。施工完毕用软布将地板擦拭干净,覆盖塑料薄膜,以防止开裂和变形。
6	地板磨光后应及时刷油和打蜡。
7	指定专人负责成品保护工作,特别是门口交接处和交叉作业施工时,须协调好各项工作。
8	防止卫生间水和涂料油漆的污染

安 全 环 保 措 施　　　　　　　　表 7.2.171

序号	内　容
1	施工操作人员要先培训后上岗,做好安全教育工作。
2	地面垃圾清理要随干随清,不得乱堆、乱扔,应集中倒至指定地点。
3	按规定配置消防器材。
4	电动工具的配线要符合有关规定的要求。
5	夜间施工时须采用36V低压电照明设备。
6	木地板施工现场严禁烟火;要制定措施,并设专人实施

适用范围和基本规定　　　　　　　表 7.2.172

序号	项目	内　容
1	适用范围	本规定适用于民用建筑室内和体育场所内等实木复合木地板面层的施工。 本规定不适用于对保温、地热、防静电、防辐射等特殊要求的木地板铺设验收。本标准不涉及木地板的基层施工验收。
2	基本规定	(1)所采用的材料应按设计要求和《建筑地面工程施工质量验收规范》(GB 50209—2002)的规定选用,并应符合国家标准的规定;实木复合地板应有中文商品检验合格证。 (2)实木复合地板面层下的木搁栅、垫木、毛地板所采用木材,选材标准和铺设时木材含水率以及防腐、防蛀处理等,均应符合现行国家标准《木结构工程施工质量验收规范》(GB 50206—2002)的有关规定。所选用的材料,进场时应对其断面尺寸、含水率等主要技术指标按产品标准的规定进行检验,符合标准方准使用。 (3)实木复合地板面层下的木搁栅、垫木、毛地板的防腐、防蛀、防潮处理,其处理剂产品的技术质量标准必须符合现行国家标准《民用建筑室内环境污染控制规范》(GB 50325—2001)的规定。 (4)厕浴间、厨房和有排水(或其他液体)要求的建筑地面层与相连接各类面层的标高差应符合设计要求。 (5)厕浴间、厨房等潮湿场所相邻的实木面层连接处,应做防水(防潮)处理。 (6)木地板面层铺设在水泥类基层上,其基层表面应坚硬、平整、洁净、干燥、不起砂。 (7)室内地面工程的实木复合面层搁栅下架空结构层(或构造层)符合设计和标准要求后方可进行面层的施工。 (8)实木复合面层的通风构造层包括室内通风沟、室外通风窗等,均应符合设计要求。 (9)木地板下填充的轻质隔声材料一定要进行干燥。 (10)实木复合地板面层镶边如设计无要求,应用同类材料镶边。 (11)木地板的面层验收,应在竣工后三天内验收。

序号	项目	内　容
2	基本规定	(12)建筑地面面层工程应按每一层次或每一施工段或变形缝作为检验批,高层建筑的标准层可按每三层作为检验批,不足三层按三层计。每一检验批应以各类面层划分的分项工程按自然间或标准间检验,抽查数量应随机检验不应少于3间;不足3间应全数检查;其中走廊过道应以10延长米为1间,礼堂、门厅应以两个轴线为1间计算。 (13)建筑地面分项工程施工质量检验的主控项目,必须达到《建筑地面工程施工质量验收规范》(GB 50209—2002)规定的质量标准,认定为合格;一般项目80%以上的检查点(处)符合上述规范规定的质量要求,其他检查点(处)不得有明显影响使用,并不得大于允许偏差值的50%为合格。凡达不到质量标准时,应按照现行国家标准《建筑工程施工质量验收统一标准》(GB 50300—2001)的规定处理

2. 施工准备和工程要点

实木复合地板面层的施工准备和工程要点, 如表7.2.173所示。

施工准备和工程要点　　　　　　　　　　　　　　　　表 7.2.173

序号	项目	内　容
1	技术准备	(1)面层使用实木复合地板的质量应符合规范要求,在铺设前,应得到业主对质量、数量等验收认可,还应对品种、花色、型号、含水率、颜色、油漆、尺寸偏差、加工精度、甲醛含量等验收认可。 (2)实木复合地板施工前,要进行详细的技术交底,铺设面积较大时,应编制施工方案,确定铺设方法、工艺步骤、基层材料、质量要求、工期、验收规范等,并在铺设前应得到用户认可,施工应严格执行。 (3)实木复合地板大面积铺设前,应作样板间,经验收合格后,再大面积铺设。
2	材料准备	(1)实木复合地板 1)品种规格:按结构分为三层结构实木复合地板和以胶合板为基材的实木复合地板。 2)规格尺寸: 三层结构实木复合地板的幅面尺寸见表7.1.173。 以胶合板为基材的实木复合地板的幅面尺寸见表7.1.174。 也可经供需双方协议可生产其他幅面尺寸或厚度的产品。 3)外观质量要求 各等级外观质量要求见表7.1.175。 4)理化性能指标 各项理化性能指标见表7.1.172。 (2)踢脚板:表面花纹及颜色宜与面层地板一致。 (3)其他材料:木龙骨、毛地板、胶粘剂、隔声材料、防潮衬垫、硬木踢脚板、圆钉等。
3	主要机具	木工手刨、电刨、电锯、手提钻、刮刀(铲刀)、橡皮(木)锤、锤子、螺丝刀、量具等。
4	作业条件	(1)基层无浮土,无明显施工废弃物。 (2)基层应达到或低于当地平衡湿度和含水率,严禁含湿施工,并防止有水源处向地面渗漏,如暖气出水处,厨房和卫生间接口处等。 (3)基层平整度用2m靠尺检验,允许偏差应小于3mm(为拼花地板)或5mm(其他实木复合地板)。 (4)基层应牢固,基层材料应是优质合格产品,并按序固接在地基上,不松动,龙骨两端应钉实或粘实。严禁用水泥砂浆填充。毛地板应四周钉头,钉距不应小于350mm。 (5)龙骨间、龙骨与墙体间、毛地板间、毛地板与墙体间均应留有伸缩缝。 (6)用干燥耐腐材(宽度>35mm)作龙骨。严禁用细木工板料作龙骨。用针叶板材作毛地板料,严禁整张使用,必要时须进行涂防腐油漆处理和防虫害处理。 (7)把地板包装都解开,在房间里放置7至10天,采用"时效法"让实木复合逐步适应使用环境的温度及湿度等。 (8)所有实木复合地板基层验收,应在木地板面层施工前达到验收合格,否则不允许进行面层铺设施工。 (9)严禁在木地板铺设时,与其他室内装饰装修工程交叉混合施工。
5	工程要点	实木复合地板面层的工程要点,如表7.2.174所示

实木复合地板面层的工程要点 表 7.2.174

序号	项目	内　容
1	材料要点	（1）实木复合地板：实木地板面层所采用的条材和块材，其技术等级和质量要求应符合设计要求，含水率不应大于 12%。 （2）木搁栅、垫木和毛地板等必须作防腐、防蛀及防火处理。 （3）胶粘剂：应采用具有耐老化、防水和防菌无毒等性能的材料，或按设计要求选用。胶粘剂应符合现行国家标准《民用建筑工程室内环境污染控制规范》（GB 50325—2001）的规定。
2	技术要点	（1）铺设实木复合地板面层时，其木搁栅的截面尺寸、间距和稳固方法等均应符合设计要求。木搁栅固定时，不得损坏基层和预埋管线。木搁栅应垫实钉牢，与墙之间应留 30mm 的缝隙，表面要平直，表面平整度控制在 3mm。 （2）毛地板铺设时，木材髓心应向上，其板间缝隙不应大于 3mm，与墙之间应留 8～12mm 的空隙，表面应刨平。 （3）实木复合地板面层铺设时，相邻板材接头位置应错开不小于 300mm 距离，与墙之间应留不小于 10mm 空隙。 （4）用干燥耐腐材（宽度＞35mm）作龙骨。严禁用细木工板料作龙骨。用针叶板材作毛地板料，严禁整张使用，必要时须进行涂防腐油漆处理和防虫害处理。木制踢脚线，背面应抽槽并做防腐处理。 （5）大面积铺设实木复合地板面层时，应分段铺设，分段缝的处理符合设计要求。
3	质量要点	（1）木搁栅安装牢固、平直：固定宜采用在混凝土内预埋膨胀螺栓固定，或采用在混凝土内钉木楔铁钉固定。不宜用铁丝固定，因为铁丝不易绞紧，一旦松动，面层上有人走动时就会发出响声，同时铁丝易锈蚀断裂，隐患较大。 （2）面层缝隙严密、表面洁净：木地板四周离墙应保证有 10～20mm 的缝隙，以调节因温度变形而引起的伸缩；木地板铺贴时胶粘剂涂抹均匀，并控制板缝宽度允许偏差 0.5mm；板面上多余的胶粘剂要马上清理，以防污染地板面层。
4	安全要点	（1）清理地面时，要防止碎屑崩入眼内。 （2）使用电动工具时，防护要到位。 （3）进入施工现场必须戴安全帽，穿防护鞋，避免作业环境导致物体打击等事故。 （4）放工期间要做好安全交底。
5	环境要点	（1）所用材料应为环保产品，产品存放应在指定地点。 （2）施工中余下的边角料、锯末要及时清理，存放在指定地点，并防止扬尘。 （3）胶粘剂空桶严禁长期在室内放置，剩下的胶粘剂不用时要及时盖盖封存，严禁长时间暴露，污染环境。 （4）木地板施工完好，房间应做好通风

3. 工艺流程和操作方法

本施工工艺共有三种形式：粘贴式、实铺式、架空式。现常用的做法是粘贴式和实铺式，架空式木地板做法已不太常用。

（1）粘贴式施工方法

1）工艺流程

粘贴式施工工艺流程如下所示。

基层处理 → 弹线、找平 → 满铺地垫（或点铺）→ 安装实木复合地板满粘或点粘

2）操作方法

粘贴式施工操作方法如表 7.2.175 所示。

（2）实铺式施工方法

1）工艺流程

实铺式施工工艺流程如下所示。

操 作 方 法　　　　　　　　　　　　　表 7.2.175

序号	内　容
1	将基层(找平层)清理干净,弹好水平标高控制线;
2	在找平层上满铺防潮垫,不用打胶;若采用条铺,可采用点铺方法;
3	在防潮垫上铺装实木复合地板,宜采用点粘法铺设;
4	防潮垫及实木复合地板面层与墙面之间应留不小于 10mm 空隙,相邻板材接头位置应错开不小于 300mm 距离;
5	实木复合地板粘铺后可用橡皮锤子敲击使其粘接均匀、牢固;
6	粘贴踢脚板

① 单层条式

基层处理 → 弹线、找平 → 安装木搁栅(木龙骨) → 填充轻质材料 → 安装实木复合地板 → 木踢脚板安装

② 双层条式

基层处理 → 弹线、找平 → 安装木搁栅(木龙骨) → 铺毛地板 → 铺防潮垫 → 安装实木复合地板 → 木踢脚板安装

2) 操作方法

实铺式施工操作方法如表 7.2.176 所示。

操 作 方 法　　　　　　　　　　　　　表 7.2.176

序号	项目	内　容
1	单层条式	(1)将基层(找平层)清理干净,弹好水平标高控制线。 (2)在基层(找平层)上弹出木龙骨位置线及标高,木龙骨断面呈梯形,宽面在下,其截面尺寸及间距应符合设计要求;按线将龙骨放平放稳,用垫木找平,垫实钉牢,木龙骨与墙之间留出 30mm 的缝隙,再依次摆正中间的龙骨,若设计无要求则龙骨间距按 300mm,且表面应平直。 (3)在龙骨之间填充干炉渣或其他保温、隔声等轻质材料。 (4)实木复合地板面层与墙面之间应留不小于 10~20mm 的空隙,以后逐条板排紧,实木复合地板与龙骨间应钉牢、排紧;铺钉方法宜采用暗钉,钉子以 45°或 60°角钉入,可使接缝进一步靠紧。 (5)实木复合地板的接头要在龙骨中间,相邻板材接头位置应错开不小于 300mm 距离。 (6)安装踢脚板;粘贴或铺钉均可。
2	双层条式	(1)将基层(找平层)清理干净,弹好水平标高控制线。 (2)在基层(找平层)上弹出木龙骨位置线,按线将龙骨放平放稳,用垫木找平,垫实钉实;木龙骨断面呈梯形,宽面在下,其截面尺寸及间距应符合设计要求;木龙骨距墙留出 30mm 的缝隙,再依次摆正中间的龙骨,龙骨间距若设计无要求按 300mm。 (3)满铺毛地板,将其钉在木龙骨上。毛地板与木龙骨垂直铺钉,若大面积宜斜向铺设,宜与木龙骨角度为 30°或 45°,毛地板应四周钉头,钉距应不小于 350mm。 (4)在毛地板上满铺一层防潮垫,不用打胶;铺装实木复合地板,不用打胶,直接铺钉,实木复合地拼缝若是普通企口,板材间接缝必须打胶,其他拼缝形式直接拼装,也可打胶进行封闭。 (5)实木复合地板面层与墙面之间应留不小于 10mm 空隙。 (6)安装踢脚板;粘贴或铺钉均可

(3) 架空式施工方法

1) 工艺流程

架空式施工工艺流程如下所示。

基层处理 → 弹线 → 砌地垄墙 → 铺垫木 → 安放木搁栅(木龙骨) → 设置剪刀撑 → 铺钉毛地板 →

铺钉实木复合地板 → 木踢脚板安装

2）操作方法

架空式施工操作方法如表 7.2.177 所示。

操 作 方 法　　　　　　表 7.2.177

序号	内　　容
1	将基层(找平层)清理干净,弹好水平标高控制线。
2	砌筑地垄墙:一般采用红砖、水泥砂浆或混合砂浆砌筑;其厚度应根据架空的高度及使用条件来确定;垄墙与垄墙的间距一般不宜大于 2m,地垄墙的高度应符合设计标高,必要时其顶面层可考虑以水泥砂浆或豆石混凝土找平;地垄墙在砌筑时要预留 120mm×120mm 的通风引洞,外墙每隔 3～5m 开设 180mm×180mm 的孔洞;如果该架空层内敷设了管道设备,需兼做维修空间时,则需考虑预留进人孔。
3	铺设垫木:在地垄墙与木搁栅(木龙骨)之间用垫木连接,垫木的厚度一般为 50mm;垫木与地垄墙的连接,通常用 18 号铅线绑扎,铅丝预埋在砌砖体之中,垫木宜分段直接铺放于搁栅之下;也可用混凝土圈梁或压顶代替垫木,在地垄墙上部现浇混凝土圈梁,并预埋钢筋。
4	安放木搁栅(木龙骨):木搁栅(木龙骨)的断面尺寸应根据地龙墙的间距来确定;其布置与地垄墙成垂直方向安放,间距应视房间的具体尺寸、设计要求来确定,一般为 400mm,铺设找平后与垫木钉牢即可。
5	设置剪刀撑:剪刀撑布置于木搁栅之间,将每根木搁栅连成一个整体。
6	铺钉毛地板:在木搁栅之上铺钉的一层窄木板条,宜斜向铺设,与木搁栅成 30°或 45°角。
7	铺钉实木复合地板:在毛地板上满铺一层防潮垫,不用打胶;铺装实木复合地板,不用打胶,直接拼铺,实木复合地板拼缝若是普通企口,板材间接缝必须打胶,其他拼缝形式直接拼装,也可打胶进行封闭。
8	木踢脚板安装:粘贴或铺钉均可

4. 质量标准和检验方法

（1）质量标准

实木复合地板面层的施工质量检验,应按《建筑地面工程施工质量验收规范》（GB 50209—2002）中之 7.3 的规定进行。

（2）质量记录

实木复合地板面层的质量记录,如表 7.2.178 所示。

质 量 记 录　　　　　　表 7.2.178

序号	内　　容
1	实木复合地板面层的条材和块材的商品检验合格证。
2	木搁栅、毛地板含水率检验报告。
3	木搁栅、毛地板铺设隐蔽验收记录。
4	胶粘剂、人造板等有害物质含量检测记录和复试报告。
5	实木复合地板面层工程检验批质量验收记录。
6	其他记录

5. 成品保护

实木复合地板面层的成品保护,如表 7.2.179 所示。

6. 安全环保措施

实木复合地板面层的安全环保措施,如表 7.2.180 所示。

成 品 保 护 表 7.2.179

序号	内　容
1	定期清洁、打蜡，局部脏迹可用清洁剂清洗。
2	用不滴水的拖布顺地板方向拖擦，避免含水率剧增。
3	防止阳光长期曝晒。
4	室内湿度≤40%时，应采取加湿措施，室内湿度≥100%时应通风排湿。
5	搬动重物、家具等，以抬动为宜，勿要拖拽

安 全 环 保 措 施 表 7.2.180

序号	内　容
1	室内严禁在基层使用严重污染物质，如沥青、苯酚等。
2	复合木地板拼接施工时，除芯板为 E1 类外，应对其断面及无饰面部位进行密封处理(E1 类限值甲醛含量为大于 0.12mg/m³)。
3	施工作业场地严禁存放易燃品，场地周围不准进行明火作业，现场严禁吸烟。
4	施工时注意对室内噪声的控制，必要时施工人员可带耳塞。
5	清理基层时，不得从窗口、洞口向外乱扔杂物，以免伤人。
6	施工中所用粘结剂应选用环保型，其性能指标应符合规范要求。
7	基层和面层清理时严禁使用丙酮等挥发、有毒物质，应采用环保型清洁剂

7.2.4.3　中密度（强化）复合地板面层

1. 适用范围和基本规定

中密度（强化）复合地板面层的适用范围和基本规定，如表 7.2.181 所示。

适用范围和基本规定 表 7.2.181

序号	项目	内　容
1	适用范围	(1)本工艺适用于民用室内和体育场所等的中密度(强化)复合地板铺设面层的施工。 (2)本工艺不适用于对保温、地热、防静电、防辐射等有特殊要求的中密度(强化)复合地板铺设施工及验收。本标准不涉及木地板的基层施工验收。
2	基本规定	(1)所采用的材料应按设计要求和《建筑地面工程施工质量验收规范》(GB 50209—2002)的规定选用，并应符合国家标准的规定；中密度复合地板应有中文商品检验合格证。 (2)中密度复合地板面层下的木搁栅、垫木、毛地板所采用木材、选材标准和铺设时木材含水率以及防腐、防蛀处理等，均应符合现行国家标准《木结构工程施工质量验收规范》(GB 50206—2002)的有关规定。所选用的材料，进场时应对其断面尺寸、含水率等主要技术指标按产品标准的规定进行检验，符合标准方准使用。 (3)中密度复合地板面层下的木搁栅、垫木、毛地板的防腐、防蛀、防潮处理，其处理剂产品的技术质量标准必须符合现行国家标准《民用建筑室内环境污染控制规范》(GB 50325—2001)的规定。 (4)厕浴间、厨房和有排水(或其他液体)要求的建筑地面层与相连接各类面层的标高差应符合设计要求。 (5)与厕浴间、厨房等潮湿场所相邻的实木面层连接处，应做防水(防潮)处理。 (6)地板面层铺设在水泥类基层上，其基层表面应紧硬、平整、洁净、干燥、不起砂。 (7)室内地面工程的中密度复合地板搁栅下架空结构层(或构造层)符合设计和标准要求后方可进行面层的施工。 (8)中密度复合地板面层的通风构造层包括室内通风沟、室外通风窗等，均应符合设计要求。 (9)中密度复合地板分项工程施工质量的主控项目必须达到规范规定的要求。一般项目 80%以上的检查点(处)符合规范规定的质量要求，其他检查点(处)不得有明显页影响使用，并不得大于允许偏差值的 50%为合格。达不到质量标准要求时，应按《建筑工程质量验收统一标准》(GB 50300—2001)的规定进行处理。

续表

序号	项目	内　　容
2	基本规定	(10)木地板下填充的轻质隔声材料一定要进行干燥。 (11)木地板面层镶边时,如设计无要求,应用同类材料镶边。 (12)木地板的面层验收,应在竣工后三天内验收。 (13)建筑地面面层工程应按每一层次或每一施工段或变形缝作为检验批,高层建筑的标准层可按每三层作为检验批,不足三层按三层计。每一检验批应以各类面层划分的分项工程按自然间或标准间检验,抽查数量应随机检验不应少于3间;不足3间应全数检查;其中走廊过道应以10延长米为1间,礼堂、门厅应以两个轴线为1间计算。 (14)建筑地面分项工程施工质量检验的主控项目,必须达到《建筑地面工程施工质量验收规范》(GB 50209—2002)规定的质量标准,认定为合格;一般项目80%以上的检查点(处)符合上述规范规定的质量要求,其他检查点(处)不得有明显影响使用,并不得大于允许偏差值的50%为合格。凡达不到质量标准时,应按照现行国家标准《建筑工程施工质量验收统一标准》(GB 50300—2001)的规定处理

2. 施工准备和工程要点

中密度（强化）复合地板面层施工准备和工程要点如表 7.2.182 所示。

施工准备和工程要点 　　　　　　　　表 7.2.182

序号	项目	内　　容
1	技术要点	(1)面层使用中密度(强化)复合地板的质量应符合规范要求。在铺设前,应得到用户对质量、数量等验收认可,还应对花色、型号、含水率、颜色、油漆、尺寸偏差、加工精度、甲醛含量等验收认可。 (2)中密度(强化)复合地板的铺设方法、工艺步骤、基层材料、质量要求、工期、验收规范等在铺设前应得到用户认可,施工方应严格执行。 (3)中密度复合地板大面积铺设前,应做样板间,经验收合格后,再大面积铺设。
2	材料要求	(1)中密度(强化)复合地板规格 中密度(强化)复合地板规格见表 7.1.179。 1)中密度(强化)复合地板的厚度为 6,7,8(8.1、8.2、8.3),9mm。 2)经供需双方协议可以生产其他规格的浸渍纸层压木质地板。 3)中密度(强化)复合地板的尺寸偏差应符合规范规定。 (2)外观质量要求见表 7.1.180。 (3)理化性能 各项理化性能见表 7.1.181 (4)辅助材料:踢脚板、木搁栅(木龙骨)、垫木、毛地板、防潮垫、粘结剂等。
3	主要机具	木工手刨、电刨、手提钻、电锯、刮刀(铲刀)、橡皮(木)锤、锤子、螺丝刀、量具等。
4	作业条件	(1)基层干净、无浮土、无施工废弃物,基层干燥,含水率在8%以下。 (2)干燥:应达到或低于当地平衡湿度和含水率,严禁含湿施工,并防止有水源处向地面渗漏,如暖气出水处,厨房和卫生间接口处等。 (3)平整:用 2m 靠尺检验应小于 5mm。 (4)牢固:基层材料应是优质合格产品,并按序固接在地基上,不松动。 (5)伸缩缝:龙骨间、龙骨与墙体间、毛地板间、毛地板与墙体间均应留有伸缩缝。 (6)耐腐:用干燥耐腐材(宽度>35mm)作龙骨。严禁用细木工板料做龙骨。用针叶板材、优质多层胶合板(厚度>9mm)作毛地板料,严禁整张使用,必要时须进行涂防腐油漆处理和防虫害处理。 (7)与厕浴间、厨房等潮湿场所相邻木地板面层连接处应作防水(防潮)处理。 (8)所有中密度(强化)复合地板基层验收,应在木地板面层施工前达到验收合格,否则不允许进行面层铺设施工。 (9)严禁在木地板铺设时,与其他室内装饰装修工程交叉混合施工。
5	工程要点	中密度(强化)复合地板面层的工程要点,如表 7.2.183 所示

中密度（强化）复合地板面层的工程要点   表 7.2.183

序号	项目	内　容
1	材料要点	（1）所选用的材料，进场时应观察检查和检查材质合格证明文件及检测报告，并对材料断面尺寸、含水率等主要技术指标进行抽检，抽检数量应符合产品标准的规定。 （2）中密度复合地板面层材料以及面层下的板或衬垫等材质必须符合设计要求，其技术等级和质量要求应符合设计要求。 （3）木搁栅、垫木和毛地板等必须作防腐、防蛀及防火处理。 （4）胶粘剂：应采用具有耐老化、防水和防菌无毒等性能的材料，或按设计要求选用。胶粘剂应符合现行国家标准《民用建筑工程室内环境污染控制规范》(GB 50325—2001)的规定。
2	技术要点	（1）采取实铺式铺设中密度复合地板面层时，其木搁栅的截面尺寸、间距和稳固方法等均应符合设计要求。木搁栅固定时，不得损坏基层和预埋管线。木搁栅应垫实钉牢，与墙之间应留 30mm 的缝隙，表面要平直，表面平整度控制在 3mm。 （2）毛地板铺设时，木材髓心应向上，其板间缝隙不应大于 3mm，与墙之间留 8~12mm 的空隙，表面应刨平。 （3）中密度复合地板面层铺设时，相邻条板接头位置应错开不小于 300mm 距离，衬垫及面层与墙之间应留不小于 10mm 空隙。 （4）用干燥耐腐材(宽度>35mm)作龙骨，严禁用细木工板作龙骨。用针叶板材作毛地板料，严禁整张使用，必要时须进行涂防腐油漆处理和防虫害处理。 （5）大面积铺设复合地板面层时，应分段铺设，分段缝的处理符合设计要求。
3	质量要点	（1）行走有声响：地板平整度不够或木搁栅安装不牢固、平直；地板基层平整度允许偏差应控制在 2mm 以内，木搁栅固定宜采用在混凝土内预埋膨胀螺栓固定，或采用在混凝土内钉木楔铁钉固定。不宜用铁丝固定，因为铁丝不易绞紧，一旦松动，面层上有人走动时就会发出响声，同时铁丝易锈蚀断裂，隐患较大。 （2）面层缝隙严密、表面洁净：木地板四周离墙应保证有 10~20mm 的缝隙，以调节因温度变形而引起的伸缩；木地板铺贴时胶粘剂涂抹均匀，并控制板缝宽度允许偏差 0.5mm；板面上多余的胶粘剂要马上清理，以防污染地板面层；加强成品保护。
4	安全要点	（1）清理地面时，要防止碎屑崩入眼内。 （2）使用电动工具时，防护要到位。 （3）进入施工现场必须戴安全帽，穿防护鞋，避免作业环境导致物体打击等事故。 （4）施工期间要做好安全交底。
5	环境要点	（1）所用材料应为环保产品，产品存放应在指定地点。 （2）施工中余下的边角料、锯末要及时清理，存放在指定地点，并防止扬尘。 （3）胶粘剂空桶严禁长期在室内放置，剩下的胶粘剂不用时要及时盖严封存，严禁长时间暴露，污染环境。 （4）木地板施工完后，房间应做好通风

3. 工艺流程和操作方法

中密度（强化）复合地板面层施工工艺共有三种形式：粘贴式、实铺式、架空式。现常用的做法是粘贴式和实铺式，架空式中密度（强化）复合地板做法已经不太常用。

（1）粘贴式施工方法

1）工艺流程

粘贴式施工工艺流程如下所示。

基层清理 → 弹线、找平 → 铺防潮垫 → 安装强化地板 → 木踢脚板安装

2）操作方法

粘贴式施工操作方法，如表 7.2.184 所示。

（2）实铺式施工方法

1）工艺流程

实铺式施工的工艺流程有：单层条式和双层条式之分，如下所示。

操作 方 法   表 7.2.184

序号	内　容
1	将基层(找平层)清理干净,弹好水平标高控制线。
2	在找平层上满铺防潮垫,不用打胶;若采用条铺防潮垫,可采用点铺方法。
3	在防潮垫上铺装强化地板,宜采用点粘法铺设。
4	防潮垫及强化地板面层与墙面之间应留不小于 10mm 空隙,相邻板材接头位置应错开不小于 300mm。
5	强化地板粘铺后可用橡皮锤子敲击使其粘接均匀、牢固。
6	粘贴踢脚板

① 单层条式

基层处理 → 弹线、找平 → 安装木搁栅（木龙骨） → 填充轻质材料 → 安装强化地板 → 木踢脚板安装

② 双层条式

基层处理 → 弹线、找平 → 安装木搁栅（木龙骨） → 铺毛地板 → 铺防潮垫 → 安装强化地板 → 木踢脚板安装

2) 操作方法

实铺式施工操作方法，如表 7.2.185 所示。

操作 方 法   表 7.2.185

序号	项目	内　容
1	单层条式	(1)将基层(找平层)清理干净,弹好＋50cm 线。 (2)在基层(找平层)上弹出木龙骨位置线及标高,木龙骨断面呈梯形,宽面在下,其截面尺寸及间距应符合设计要求;按线将龙骨放平放稳,用垫木找平,垫实钉牢;木龙骨与墙之间留出 30mm 的缝隙,再依次摆正中间的龙骨,若设计无要求则龙骨间距按 300mm,且表面应平直。 (3)在龙骨之间填充干炉渣或其他保温、隔声等轻质材料。 (4)强化地板面层与墙面之间应留不小于 10~20mm 的空隙,以后逐条板排紧,强化地板与龙骨间应钉牢、排紧;铺钉方法宜采用暗钉,钉子以 45°或 60°角钉入,可使接缝进一步靠紧。 (5)强化地板的接头要在龙骨中间,相邻板材接头位置应错开不小于 300mm 距离。 (6)安装踢脚板:粘贴或铺钉均可。
2	双层条式	(1)将基层(找平层)清理干净,弹好水平标高控制线。 (2)在基层(找平层)上弹出木龙骨位置线,按线将龙骨放平放稳,用垫木找平,垫实钉牢;木龙骨断面呈梯形,宽面在下,其截面尺寸及间距应符合设计要求;木龙骨距墙留出 30mm 的缝隙,再依次摆正中间的龙骨,龙骨间距若设计无要求按 300mm。 (3)满铺毛地板,将其钉在木龙骨上。毛地板与木龙骨垂直铺钉,若大面积宜斜向铺设,宜与木龙骨角度成 30°或 45°,毛地板应四周钉头,钉距应不小于 350mm。 (4)在毛地板上满铺一层防潮垫,不用打胶;铺装强化地板,不用打胶,直接拼装,强化地板拼缝若是普通企口,板材间接缝必须打胶,其他拼缝形式直接拼装,也可打胶进行封闭。 (5)强化地板面层与墙面之间应留不小于 10mm 空隙。 (6)安装踢脚板:粘贴或铺钉均可

(3) 架空式施工方法

1) 工艺流程

架空式的工艺流程如下所示。

基层清理 → 弹线 → 砌地垄墙 → 铺垫木 → 安放木搁栅（木龙骨）→ 设置剪刀撑 → 铺钉毛地板 →

铺钉强化地板 → 木踢脚板安装

2）操作方法

架空式的操作方法如表 7.2.186 所示。

操作方法 表 7.2.186

序号	内 容
1	将基层（找平层）清理干净，弹好水平标高控制线。
2	砌筑地垄墙：一般采用红砖、水泥砂浆或混合砂浆砌筑；其厚度应根据架空的高度及使用条件来确定；垄墙与垄墙的间距一般不宜大于 2m，地垄墙的高度应符合设计标高，必要时其顶面层可考虑以水泥砂浆或豆石混凝土找平；地垄墙在砌筑时要预留 120mm×120mm 的通风孔洞，外墙每隔 3～5m 开设 180mm×180mm 的孔洞；如果该架空层内敷设了管道设备，需兼做维修空间时，则需考虑预留进入孔。
3	铺设垫木：在地垄墙与木搁栅（木龙骨）之间用垫木连接，垫木的厚度一般为 50mm；垫木与地垄墙的连接，通常用 18 号铁丝绑扎，铁丝预先埋在砖砌体之中，垫木宜分段直接铺放于搁栅之下；也可用混凝土圈梁或压顶代替垫木，在地垄墙上部现浇混凝土圈梁，并预埋钢筋。
4	安放木搁栅（木龙骨）：木搁栅（木龙骨）的断面尺寸应根据地垄墙的间距来确定；其布置与地垄墙成垂直方向安放，间距应视房间的具体尺寸、设计要求来确定，一般为 400mm，铺设找平后与垫木钉牢即可。
5	设置剪刀撑：剪刀撑布置于木搁栅之间，将每根木搁栅连成一个整体。
6	铺钉毛地板：在木搁栅之上铺钉的一层窄木材条，宜斜向铺设，与木搁栅成 30°或 45°角。
7	铺钉强化地板：在毛地板上满铺一层防潮垫，不用打胶，铺装强化地板，不用打胶，直接拼铺，强化地板拼缝若是普通企口，板材间接缝必须打胶，其他拼缝形式直接拼装，也可打胶进行封闭。
8	木踢脚板安装：粘贴或铺钉均可

4. 质量标准和检验方法

（1）质量标准

中密度（强化）复合地板面层的施工质量检验，应按建筑地面工程施工质量验收规范（GB 50209—2002）中之 7.4 的规定进行。

（2）质量记录

中密度（强化）复合地板面层施工的质量记录，如表 7.2.187 所示。

质量记录 表 7.2.187

序号	内 容
1	中密度复合地板面层材料、面层下的板或衬垫的商品检验合格证。
2	木搁栅、毛地板含水率检测报告。
3	木搁栅、毛地板铺设隐蔽验收记录。
4	胶粘剂、人造板等有害物质含量检测记录和复试报告。
5	中密度复合地板面层工程检验批质量验收记录。
6	其他记录

5. 成品保护

中密度（强化）复合地板面层的成品保护，如表 7.2.188 所示。

6. 安全环保措施

中密度（强化）复合地板面层的安全环保措施，如表 7.2.189 所示。

成　品　保　护　　　　　　　　　　　　　　　　　　　　　　表 7. 2. 188

序号	内　容
1	地板材料应码放整齐,使用时轻拿轻放,不可乱扔乱堆,已免损坏棱角;并防止污染,不得受潮、雨淋和曝晒。
2	铺钉踢脚板时,不应损坏墙面抹灰层。
3	铺设完的地板应: (1)定期清洁,局部脏迹可用清洁剂清洗。 (2)用不滴水的拖布顺地板方向拖擦,避免含水率剧增。 (3)防止阳光长期曝晒。 (4)室内湿度≤40%时,应采取加湿措施,室内湿度≥100%时应通风排湿。 (5)搬动重物、家具等,以抬动为宜,勿要拖拽

安全环保措施　　　　　　　　　　　　　　　　　　　　　　　表 7. 2. 189

序号	内　容
1	室内严禁在基层使用严重污染物质,如沥青、苯酚等。
2	复合地板拼接施工时,除芯板为 E1 类外,应对其断面及无饰面部位进行密封处理。(E1 类限值甲醛含量为大于 $0.12mg/m^3$)。
3	施工作业场地严禁存放易燃品,场地周围不准进行明火作业,现场严禁吸烟。
4	施工时,注意对室内噪声的控制,必要时施工人员可带耳塞。
5	清理基层时,不得从窗口、洞口向外乱扔杂物,以免伤人。
6	基层和面层清理时严禁使用丙酮等挥发、有毒的物质,应采用环保型清洁剂

7.2.4.4　竹地板面层

1. 适用范围和基本规定

竹地板面层的适用范围和基本规定,如表 7.2.190 所示。

适用范围和基本规定　　　　　　　　　　　　　　　　　　　表 7. 2. 190

序号	项目	内　容
1	适用范围	本工艺规定适用于以竹材为主要原料的室内用长条企口地板,适用于一般民用建筑或有高级建筑装饰要求的竹地板的施工。 　　本工艺标准不适用于对保温、地热、防静电、防辐射等特殊要求的竹地板铺设的施工及验收。本标准不涉及竹地板的基层施工验收。
2	基本规定	(1)所采用的材料应按设计要求和《建筑地面工程施工质量验收规范》(GB 50209—2002)的规定选用,并应符合国家标准的规定;竹地板应有中文商品检验合格证。 　　(2)竹地板面层下的木龙骨、毛地板所采用木材、选材标准和铺设时木材含水率以及防腐、防蛀处理等,均应符合现行国家标准《木结构工程施工质量验收规范》(GB 50206—2002)的有关规定。所选用的材料,进场时应对其断面尺寸、含水率等主要技术指标按产品标准的规定进行检验,符合标准方准使用。 　　(3)竹地板面层下的木龙骨、毛地板的防腐、防蛀、防潮处理,其处理剂产品的技术质量标准必须符合现行国家标准《民用建筑室内环境污染控制规范》(GB 50325—2001)的规定。 　　(4)与厕浴间、厨房和有排水(或其他液体)要求的建筑地面层与相连接各类面层的标高差应符合设计要求。 　　(5)与厕浴间、厨房等潮湿场所相邻的竹地板面层连接处,应做防水(防潮)处理。 　　(6)竹地板面层铺设在水泥类基层上,其基层表面应坚硬、平整、洁净、干燥、不起砂。 　　(7)室内地面工程的竹面层搁栅下架空结构层(或构造层)符合设计和标准要求后方可进行面层的施工。 　　(8)竹地板面层的通风构造层包括室内通风沟、室外通风窗等,均应符合设计要求。

序号	项目	内 容
2	基本规定	(9)竹地板下填充的轻质隔声材料一定要进行干燥。 (10)竹地板面层镶边时如设计无要求,应用同类材料镶边。 (11)地板的面层验收,应在竣工后三天内验收。 (12)竹地板分项工程施工质量的主控项目必须达到规范规定要求。一般项目80%以上的检查点(处)符合规范规定的质量要求,其他检查点(处)不得有明显页影响使用,并不得大于允许偏差值的50%为合格。达不到质量标准要求时,应按《建筑工程质量验收统一标准》(GB 50300—2001)的规定进行处理。 (13)建筑地面面层工程应按每一层或每一施工段或变形缝作为检验批,高层建筑的标准层可按每三层作为检验批,不足三层按三层计。每一检验批应以各类面层划分的分项工程按自然间或标准间检验,抽查数量应随机检验不应少于3间;不足3间应全数检查;其中走廊过道应以10延长米为1间,礼堂、门厅应以两个轴线为1间计算。 (14)建筑地面分项工程施工质量检验的主控项目,必须达到《建筑地面工程施工质量验收规范》(GB 50209—2002)规定的质量标准,认定为合格;一般项目80%以上的检查点(处)符合上述规范规定的质量要求,其他检查点(处)不得有明显影响使用,并不得大于允许偏差值的50%为合格。凡达不到质量标准时,应按照现行国家标准《建筑工程施工质量验收统一标准》(GB 50300)的规定处理

2. 施工准备和工程要点

竹地板面层施工准备和工程要点,如表7.2.191所示。

施工准备和工程要点 表 7.2.191

序号	项目	内 容
1	技术准备	(1)竹地板面层所采用的材料,其技术等级及质量要求应符合设计规范要求。所选用的材料进场时应观察检查和检查材质合格证明文件及性能检测报告,并对其型号、含水率、尺寸偏差甲醛含量等主要技术指标进行抽检,抽检数量应符合产品标准的规定。 (2)竹地板的铺设方法、工艺步骤、基层材料、质量要求、工期、验收规范等在铺设前应得到设计认可,施工方应严格执行。 (3)安装时要根据房间的几何形状和板块的规格,预先进行板块排板。将那些需要用钉子从上面钉住的或者需要采取其他修正措施的地方,尽量放在房间不显眼的角落。 (4)把地板包装全都解开,在房间里放置7~10d,采用"时效法"让竹地板逐步适应使用环境的温度及湿度等。 (5)注意严格控制同一部位采用同一厂、同一批的板块,且在安装之前,把4~5纸箱的地板平铺在安装架上,进行适当分选,将色差随机打散。
2	材料要求	(1)竹地板 竹地板按加工形式(或结构)可分为三种类型:平压型、侧压型和平、侧压型(工字型),按表面颜色可分为三种类型:本色型、漂白型和碳化色型(竹片再次进行高温高压碳化处理后所形成);按表面有无涂饰可分为三种类型:亮光型、亚光型和素板。 竹地板易于加工,有不同的规格尺寸,也可以根据用户要求加工特殊规格的材板。 (2)毛地板 宜采用厚度>9mm的大芯板、复合板等成品板材,表面应平整、无翘曲,允许偏差2mm,用2m靠尺检查;含水率与竹地板接近。如采用木材,木材髓心应向上,表面应刨平。 (3)木龙骨 宜采用松木、杉木等不易腐蚀,不易开裂的木材制作加工,规格尺寸符合设计要求。 (4)其他材料:木楔、防潮纸(防潮漆)、氟化钠或其他防腐材料、50~100mm钉子、扒钉、镀锌木螺丝、隔声材料、地板蜡等。
3	主要机具	斧子、锤子、冲子、凿子、改锥、方尺、钢尺、割角尺、墨斗、小电锯、小电刨、手枪钻、手锯、手刨、靠尺、笤帚、抹布等。

续表

序号	项目	内　容
4	作业条件	(1)墙体抹灰、地面基层(包括水电预埋管线、水电管洞塞堵及土建预埋等)已按设计要求施工完毕,水平标高控制线弹线,经检查合格并办理相应手续。 (2)暖卫管道试水、打压完成,并已经验收合格。 (3)各种材料已备齐,质量经检查符合有关质量标准要求。工具准备完毕。
5	工程要点	竹地板面层的工程要点如表7.2.192所示

竹地板面层的工程要点　　　　　　　　　　　　　　　　　表 7. 2. 192

序号	项目	内　容
1	材料要点	(1)成品竹地板宜采用热压法制作、高温高压拼装定型,应在加工过程中加入防虫防酶剂浸泡,再经过高温蒸煮烘干等工艺,以保证成品板块强度和韧性以及防虫防腐性能。涂饰竹地板面层宜采用耐磨UV漆,留有标准企口(单企口和双企口,一般不采用截口和平缝)。 (2)竹地板含水率应根据各地的湿度而确定,北方地区空气干燥,其竹地板含水率宜在8%~12%之间;南方地区空气湿度较大,其竹地板含水率宜在10%~14%之间。 (3)竹地板尺寸、规格应满足设计要求,且应符合规范规定,允许偏差符合规范规定。常用规格及允许偏差如表7.1.184所示。 竹地板外观质量要求如表7.1.185所示。 竹地板的各项性能应满足表7.1.186的规定。 (4)各种尺寸及性能检测可委托专业试验室进行,具体取样、检测方法可按照中华人民共和国林业标准《竹地板》(LY/T 1573—2000)执行。
2	技术要点	(1)用干燥耐腐蚀的材料做龙骨料(宽度大于35mm),严禁细木工板料做龙骨料;用针叶板材或优质多层胶合板(厚度大于9mm)做毛地板料,严禁整张使用。 (2)竹地板宜顺着室内光线铺设或与进门方向一致铺设,走廊或较小面积的房间竹地板应与较长的墙壁平行,以满足视觉效果。
3	质量要点	(1)地面基层应平整干燥,达到或低于当地平衡湿度和含水率,严禁含湿作业,并防止有水源处向地面渗漏,底层房间、阴雨季节较长地区的房间、与厨卫间等潮湿场所相连的地面应做防潮处理,厨卫间不宜施工竹地板。 (2)龙骨间、龙骨与墙体间、毛地板间、毛地板与墙体间均应留有伸缩缝。 (3)龙骨、毛地板和垫木等应做防腐、防虫处理。架空竹地板下、龙骨之间严禁留有施工的木屑、刨花等,以防腐防虫。 (4)铺钉竹地板时必须用电钻在竹地板上钻孔后再用钉子或螺丝固定,不能直接铺钉。 (5)在竹地板铺设时,不宜与其他室内装饰装修工程交叉混合施工。
4	安全要点	(1)施工时产生的易燃物品(如小木楔、刨花等)应及时清理。 (2)基层和面层清理时严禁使用丙酮等挥发、有毒的物质,应采用环保型清洁剂。 (3)木材加工时,作业人员宜佩戴口罩,防止吸入粉尘,且注意对噪声的控制,必要时作业人员可带耳塞。 (4)操作手提电动机具的人员应佩戴绝缘手套、穿胶鞋等,保证用电安全。
5	环境要点	(1)提高环保意识,严禁在室内基层使用有严重污染物质,如沥青、苯酚等。 (2)施工作业面禁止吸烟、禁止出现明火,防止火灾事故发生。 (3)施工过程中所产生的噪声应符合《城市区域环境噪声标准》及各地方条例法规的规定;所产生的粉尘、颗粒物等应符合《中华人民共和国大气污染防治法》及《大气污染物综合排放标准》的规定

3. 工艺流程和操作方法

(1)工艺流程

竹地板面层的工艺流程,如下所示。

基层处理 → 木龙骨安装 → 毛板铺设 → 竹地板安装 → 安装踢脚板

(2)操作方法

竹地板面层工程的操作方法,如表7.2.193所示。

操作方法

表 7.2.193

序号	项目	内 容
1	基层处理	(1)基层残留的砂浆、浮灰及油渍应洗刷干净,晾干后方可进行施工。基层表面应平整坚实、洁净、干燥不起砂,在几个不同的地方测量地面的含水率,以了解整个地面干湿情况,含水率应与竹地板含水率接近;平整度用 2m 靠尺检查,允许偏差不大于 2mm。墙面垂直,阴阳角方正。 (2)阴雨季节较长的地区、底层地面无特殊处理的基层、墙角、墙边等,与厨卫间等潮湿场所相连的部位在铺设前必须做好防潮处理,防潮材料可视情况在地面上涂上一层防潮漆,或使用带塑膜的防水聚乙烯薄膜、防水纸、PE 防潮布、油毡(各种材料界面处搭接均不小于 100mm)等。靠墙角处的防潮布或漆应折叠至墙角以上不小于 80mm,且保持完好。
2	木龙骨安装	(1)竹地板木龙骨安装可采用以下三种方式: 1)井字架龙骨铺装法:铺设龙骨时,选用(20～40mm)×(40～50mm)的龙骨(松木或杉木等)在施工地面上用水泥钢钉铺成 300mm×300mm 或 250mm×250mm 见方的井字形骨架。(一般装修档次要求较高的房间宜采用此种铺设方法,上面通常设置毛板)。 2)条形龙骨铺装法:选用(20～40mm)×(40～50mm)的龙骨按 1/2 竹地板长度为间隔(且间距宜控制在 250mm 左右),用水泥钢钉平行固定于地面上。(此方法较为经济、适用)。 3)竹地板直接贴地铺装法:地面平整度较高的地面上可直接贴地铺装竹地板,而不必敷设木龙骨。(一般双企口的竹地板可采用此方法)。 (2)木龙骨与地面基层连接可采用预埋的铁丝将其绑扎牢固,但一般地面施工时均无预埋,可用钢钉(50mm)或膨胀螺栓直接将龙骨固定,间距宜在 250mm 左右,端部应钉实。 龙骨与地面连接严禁采用水泥圈抱。 木龙骨与墙之间应留出 30mm 的缝隙,表面刨平,安装顺直。 (3)施工时先按设计龙骨间距弹出龙骨间距墨线和龙骨标高控制线,将龙骨对准中线依次摆好,必要时可临时钉设木拉条,使之互相牵拉,然后用钢钉等固定牢固。顶面不平处,根据龙骨标高控制线在房间四周和对角拉小线控制标高,在木龙骨下塞入小木楔或用小电刨或手刨将龙骨顶面刨平,整个龙骨形成一个平整的平面,且标高准确。竹地板构造层次如图 7.2.4 所示。
3	毛板铺设	木龙骨铺设安装后,可直接安装竹地板,但宜在木龙骨上铺设一层大于 9mm 的毛板(复合板或大芯板等)。毛板宽度不宜大于 120mm,与木龙骨成 45°或 30°方向铺钉,也可垂直于龙骨铺设,毛板板间缝隙不应大于 3mm,与墙之间应留 8～12mm 的缝隙。每块毛地板应在每根木龙骨上各钉两个钉子固定,钉距小于 350mm,端部须钉牢。钉子的长度应为板厚的 2～2.5 倍(宜采用 40mm 规格)。铺钉竹地板前,宜在毛板上先铺设一层沥青纸(或油毡),以隔声和防潮用。
4	竹地板安装	(1)安装前先在木龙骨或毛板上弹出基准线(一般选择靠墙边、远门端的第一块整板作为基准板,其位置线为基准线),靠墙的一块板应该离墙面有 8～12mm 的缝隙(根据各地区干湿度季节性变化量的不同适当调节),先用木块塞住,然后逐块排紧,竹地板固定先在竹地板的母槽里面成 45 度角用装饰枪钻好钉眼,再用钉子或螺丝斜向钉在龙骨上,钉长为板厚的 2～2.5 倍(宜采用 40mm 规格),钉间距宜在 250mm 左右,且每块竹地板至少钉两个钉,钉帽要砸扁,企口条板要钉牢排紧。板的排紧方法一般可在木龙骨上钉扒钉一只,在扒钉与板之间加一对硬木楔,打紧硬木楔就可以使板排紧。钉到最后一块企口板时,因无法斜着钉,可用明钉钉牢,钉帽要砸扁,冲进板内。企口板的接头要在木龙骨上,接头相互错开,板与板之间应排紧,木龙骨上临时固定的木拉条应随企口板的安装随时拆去,墙边的小木楔应在竹地板安装完毕后再拆除。钉完竹地板后及时清理干净,在拼缝中涂入少许地板蜡即可。 (2)直接在地面上铺设竹地板时,可先检查基层的平整度,有凹陷部分须用水泥胶腻子将其补平。去除地表脏物、油污、蜡、漆、硫化物等物质,在找平层上满铺地垫(如铺 20～30mm 厚 EPE 带膜泡沫,起防潮、整平降噪作用),不用打胶;在地垫上拼装竹地板,宜在企口内采用胶粘;并在施工时应采用拉紧装置,保证拼缝严密。直接铺设竹地板时伸缩缝应适当增大,控制在 10～15mm 左右。 竹地板与其他材质地板相连接处应留出伸缩缝,并作"过桥"处理,即用成品金属条嵌入。 施工时,竹地板板缝宜控制在 1mm 左右,可根据季节不同适当调整,冬季铺板不宜太紧,夏季铺板不宜太松。 凡是锯开的竹地板,均要将板的锯开面用油漆封好,以防受潮后因异物附着而发生霉变。素板施工完毕后应上光打蜡。

序号	项目	内　　容
5	踢脚板安装	(1)竹踢脚板接缝为企口型,安装时钉明钉,须先用电钻打孔,安装较为不便,建议采用木踢脚板,施工及与竹地板配色较为方便。安装竹、木踢脚板前,墙上应每隔750mm预埋防腐木砖,如墙面有较厚的装修做法,可在防腐木砖外钉防腐木块找平,再把踢脚板用明钉钉牢在防腐木块上(竹地板须预先钻孔),钉帽砸扁冲入踢脚板内;如无预埋防腐木砖,可在不影响结构的情况下,在墙面上用电锤打孔(交错布置),间距适当缩小到450mm为宜,然后将小木楔(经防腐处理)塞入砸平代替防腐木砖。圆弧形踢脚施工时,可将竹木地板按圆弧角度切成相应的梯形,用胶相互粘结,并用钉子钉牢。 (2)踢脚板板面要垂直,上口水平,在踢脚板与地板交角处可钉三角木条(一般用于公用部分大面积竹地板,家庭内一般不采用),以盖住缝隙。踢脚板阴阳角交角处和两块踢角板对接处均应切成45°角后再进行拼装(竹踢脚板对接有企口),踢脚板的接头应固定在防腐木砖上。踢脚板应每隔1m钻直径6mm的通风孔。 (3)竹踢脚板安装可参见图7.2.5

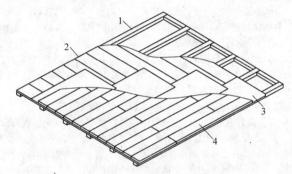

图 7.2.4　竹地板安装构造层次

1—木龙骨;2—毛地板;3—防潮层;4—竹地板

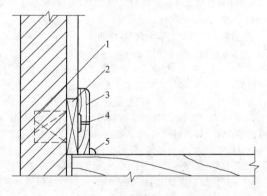

图 7.2.5　竹踢脚板安装

1—60×100×100 防腐木砖中距 750mm;2—20×120×120 防腐木砖中距 750mm;

3—20×150 竹、木踢脚板;4—φ6 透气孔中距 1000mm;5—15×15 木条

4. 质量标准和检验方法

(1) 质量标准

竹地板面层的施工质量检验,应按《建筑地面工程施工质量验收规范》(GB 50209—2002)中之 7.5 的规定进行。

(2) 质量记录

竹地板面层铺设的质量记录，如表 7.2.194 所示。

质量记录　　　　　　　　　　　　　　　　表 7.2.194

序号	内　容
1	竹地板面层的条材和块材的商品检验合格证。
2	木搁栅、毛地板含水率检测报告。
3	木搁栅、毛地板铺设隐蔽验收记录。
4	胶粘剂、人造板等有害物质含量检测记录和复试报告。
5	竹地板面层工程检验批质量验收记录。
6	其他记录

5. 成品保护

竹地板面层铺设后的成品保护，如表 7.2.195 所示。

成品保护　　　　　　　　　　　　　　　　表 7.2.195

序号	内　容
1	铺装时尽量远离水源,避免大量的水接触,如有水泼溅时用柔软湿布或拖把及时轻擦清洁地面。注意防雨、防雪或其他液体侵入地板。
2	施工时要防止锐器划伤竹地板表面漆膜,不要使用铁锤敲击,只能用硬质橡胶锤等使其拼接平整。
3	可在门口放置一块柔软鞋垫,防止沙尘进入,在家具与地板的接触面可垫上一块柔软垫子,以免刮擦。搬动重物、家具等,以抬动为宜,勿要拖拽。
4	常开窗换气,调节室内空气温度和湿度。
5	板材尽量避免在阳光下长时间曝晒。
6	定期清洁、打蜡。清洁时用不滴水的拖布或柔软湿布顺着地板板条方向拖擦,避免含水率剧增

6. 安全环保措施

竹地板面层铺设的安全环保措施，如表 7.2.196 所示。

安全环保措施　　　　　　　　　　　　　　表 7.2.196

序号	内　容
1	施工作业场地严禁存放易燃品,场地周围不准进行明火作业,现场严禁吸烟。
2	清理基层时,不得从窗口、洞口向外乱扔杂物,以免伤人。
3	施工的小型电动工具必须装有漏电保护器,作业前应试机检查,作业时应戴绝缘手套。
4	提高环保意识,严禁在室内基层使用有严重污染物质,如沥青、苯酚等。
5	基层和面层清理时严禁使用丙酮等挥发、有毒的物质,应采用环保型清洁剂

8 建筑装饰装修工程

8.1 设计要点及构造措施

8.1.1 抹灰工程设计

8.1.1.1 一般规定

抹灰工程的一般规定，如表8.1.1所示。

一般 规 定　　　　　　　　　　　　　表 8.1.1

序号	项 目	内　容
1	抹灰工程分类	（1）抹灰工程分为一般抹灰和装饰抹灰。 　一般抹灰——石灰砂浆、水泥混合砂浆、水泥砂浆、聚合物水泥砂浆、麻刀灰、纸筋石灰、粉刷石膏等。 　装饰抹灰——水刷石、斩假石、干粘石、假面砖等。 （2）一般抹灰又按建筑物的标准可分为二级，见表8.1.2。
2	抹灰层组成	通常抹灰分为底层、中层及面层(图8.1.1)，各层厚度和使用砂浆品种应视基层材料、部位、质量标准以及各地气候情况决定，见表8.1.3。
3	抹灰层厚度	抹灰层的平均总厚度，要求应小于下列数值： （1）顶棚：板条、现浇混凝土和空心砖为15mm；预制混凝土为18mm；金属网为20mm。 （2）内墙：普通抹灰为18mm；中级抹灰为20mm；高级抹灰为25mm。 （3）外墙为20mm；勒脚及突出墙面部分为25mm。 （4）石墙为35mm。
4	抹灰分遍施工	抹灰工程一般应分遍进行，以使粘结牢固，并能起到找平和保证质量的作用。如果一次抹灰太厚，由于内外收水快慢不同，易产生开裂，甚至起鼓脱落，每遍抹灰厚度一般控制如下： （1）抹水泥砂浆每遍厚度为5~7mm。 （2）抹石灰砂浆或混合砂浆每遍厚度为7~9mm。 （3）抹灰面层用麻刀灰、纸筋灰、石膏灰、粉刷石膏等罩面时，经赶平、压实后其厚度麻刀灰不大于3mm，纸筋灰、石膏灰不大于2mm；粉刷石膏不受限制。 （4）混凝土内墙面和楼板平整光滑的底面，可采用腻子刮平。 （5）板条、金属网用麻刀灰、纸筋灰抹灰的每遍厚度为3~6mm。 水泥砂浆和水泥混合砂浆的抹灰层，应待前一层抹灰层凝结后，方可涂抹后一层；石灰砂浆抹灰层，应待前一层7~8成干后，方可涂抹后一层。

一般抹灰的分类 表 8.1.2

级别	适用范围	做法要求
高级抹灰	适用于大型公共建筑物,纪念性建筑物(如剧院、礼堂、宾馆、展览馆等)和高级住宅)以及有特殊要求的高级建筑等。	一层底灰,数层中层和一层面层;阴阳角找方,设置标筋,分层赶平、修整,表面压光。要求表面应光滑、洁净,着色均匀,线角平直,清晰美观无抹纹。
普通抹灰	适用于一般居住、公用和工业建筑(如住宅、宿舍、教学楼、办公楼)以及建筑物中的附属用房,如汽车库、仓库、锅炉房、地下室、储藏室等	一层底灰,一层中层和一层面层(或一层底层,一层面层)。 阳角找方,设置标筋,分层赶平、修整,表面压光。要求表面洁净,线角顺直、清晰,接槎平整

抹灰的组成 表 8.1.3

层次	作用	基层材料	一般做法
底层	主要起与基层粘结作用,兼起初步找平作用。砂浆稠度10~12cm。	砖墙基层。	1. 室内墙面一般采用石灰砂浆或水泥混合砂浆打底。 2. 室外墙面、门窗洞口外侧壁、屋檐、勒脚、压檐墙等,及湿度较大的房间和车间宜采用水泥砂浆或水泥混合砂浆。
		混凝土基层。	1. 宜先刷素水泥浆一道,采用水泥砂浆或混合砂浆打底。 2. 高级装修顶板宜用乳胶水泥砂浆打底。
		加气混凝土基层。	宜用水泥混合砂浆、聚合物水泥砂浆或掺增稠粉的水泥砂浆打底。打底前先刷一遍胶水溶液。
		硅酸盐砌块基层。	宜用水泥混合砂浆或掺增稠粉水泥砂浆打底。
		木板条、苇箔、金属网基层。	宜用麻刀灰、纸筋灰或玻璃丝灰打底,并将灰浆挤入基层缝隙内,以加强拉结。
		平整光滑的混凝土基层,如顶棚、墙体基层。	可不抹灰,采用刮粉刷石膏或刮腻子处理。
中层	主要起找平作用。砂浆稠度7~8cm。		1. 基本与底层相同。砖墙则采用麻刀灰、纸筋灰或粉刷石膏。 2. 根据施工质量要求可以一次抹成,亦可分遍进行。
面层	主要起装饰作用。砂浆稠度10cm		1. 要求平整、无裂纹、颜色均匀。 2. 室内一般采用麻刀灰、纸筋灰、玻璃丝灰或粉刷石膏;高级墙面用石膏灰。保温、隔热墙面应按设计要求。 3. 室外常用水泥砂浆、水刷石、干粘石等

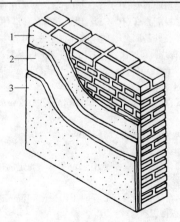

图 8.1.1 一般抹灰

1—底层;2—中层;3—面层

8.1.1.2　常用材料

1. 水泥、石灰、石膏、粉煤灰

水泥、石灰、石膏和粉煤灰的材料要点，如表 8.1.4 所示。

水泥、石灰、石膏、粉煤灰　　　　　　　　　　表 8.1.4

序号	项目	内容
1	水泥	(1)抹灰常用的水泥应不小于 32.5 级的普通硅酸盐水泥(简称普通水泥)、矿渣硅酸盐水泥(简称矿渣水泥)以及白水泥、彩色硅酸盐水泥(简称彩色水泥)。白水泥和彩色水泥主要用于制作各种颜色的水磨石、水刷石、斩假石以及花饰等。 (2)水泥的品种、强度等级应符合设计要求。出厂三个月后的水泥，应经试验后方能使用，受潮后结块的水泥应过筛试验后使用。
2	石灰膏和磨细生石灰粉	(1)石灰膏是块状生石灰经熟化后的产品。熟化时宜用不大于 3mm 筛孔的筛子过滤，并贮存在沉淀池中，熟化时间一般不少于 15d，用于罩面时，不应少于 30d。石灰膏应细腻洁白，不得含有未熟化颗粒，已冻结风化的石灰膏不得使用。 (2)将块状生石灰碾碎磨细后的成品，为磨细生石灰粉。用磨细生石灰粉代替石灰膏浆，可节约石灰 20%~30%，并具有适于冬季施工的优点。由于磨细生石灰粉颗粒很细(通过 4900 孔/cm² 筛)，用它粉饰不易出现膨胀、脱皮等现象。罩面用的磨细生石灰粉的熟化期不应少于 3d。 每立方米石灰膏用灰量见表 8.1.5。
3	石膏	(1)建筑用石膏应磨成细粉无杂质，宜用乙级建筑石膏，细度通过 0.15mm 筛孔，筛余量不大于 10%。 抹灰用石膏，一般用于高级抹灰或抹灰龟裂的补平。 (2)施工中如需要石膏加速凝结，可加入食盐或掺入少量未经煅烧的石膏；如需缓凝，可掺入石灰浆，必要时也可掺入水重量 0.1%~0.2%的明胶或骨胶。
4	粉煤灰	粉煤灰作为抹灰掺合料，可节约水泥，提高和易性。要求烧失量不大于 8%，吸水量比不大于 105%，过 0.15mm 筛，筛余不大于 8%。
5	粉刷石膏	粉刷石膏是以建筑石膏粉为基料，加入多种添加剂和填充料等配制而成的一种白色粉料，是一种新型装饰材料，其质量应符合《粉刷石膏》JC/T 517 的规定。 (1)分类 粉刷石膏分 3 大类 9 个品种的性能见表 8.1.6。 (2)几种粉刷石膏的不同用途 1)面层粉刷石膏(代号 M)：用于室内墙体和顶棚的抹灰，代替传统的抹灰及罩面。 2)基底粉刷石膏(代号 D)：用于室内各种墙体找平抹灰，可用在砖、加气混凝土、钢筋混凝土等各种基底上。如果墙面很平整，可省去基底粉刷石膏，是最为理想的方案。 3)保温粉刷石膏(代号 W)：用于外墙的内保温，在 37cm 砖墙上抹厚 3cm 保温粉刷石膏，可达到 49cm 砖墙的保温效果，即导热系数为 0.11W/(m²·K)，热阻值 $R=0.632m^2 \cdot K/W$。 (3)技术要求 1)细度：粉刷石膏的细度以 2.5mm 和 0.2mm 筛的筛余百分数计，其值应不大于下述规定： 2.5mm 方孔筛筛余：面层粉刷石膏为 0。 0.2mm 方孔筛筛余为 40。 2)粉刷石膏的强度不能小于表 8.1.7 规定的值。 (4)运输、贮存 1)粉刷石膏在运输与贮存时不得受潮和混入杂物，不同型号和等级的粉刷石膏应分别贮运，不得混杂。 2)粉刷石膏自生产之日算起，贮存期为三个月。三个月后应重新进行质量检验，以确定其等级

每立方米石灰膏用灰量

表 8.1.5

块：末	10：0	9：1	8：2	7：3	6：4	5：5	4：6	3：7	2：8	1：9	0：10
用灰量(kg)	554.6	572.4	589.9	608.0	625.8	643.6	661.4	679.2	697.1	714.9	732.7
系　数	0.88	0.91	0.94	0.97	1.00	1.02	1.05	1.08	1.11	1.14	1.17

粉刷石膏分类及性能

表 8.1.6

分　类		用　途	强度(N/mm^2)			初凝时间 (min)	保水率(%)		导热系数 [W/(m·K)]
			$R_压$	$R_折$	$R_粘$		10min	60min	
Ⅰ	半水石膏型	面　层	3.0	1.5	—	90	>85	>75	0.1052
		底　层	2.8	1.5	—	90	>80	>70	
		保温层	2.5	1.5	—	60	>80	>75	
Ⅱ	无水石膏型	面　层	14	6.4	0.5	120	>80	>65	0.1137
		底　层	6.1	3.2	0.3	140	>80	>65	
		保温层	3.0	1.5	0.2	120	>80	>65	
Ⅲ	半水、无水 石膏混合型	面　层	5.9	1.7	0.3	90	>80	>65	0.1087
		底　层	2.8	1.5	—	100	>80	>65	
		保温层	2.5	1.2	—	60	>80	>65	

注：底层均以石膏：砂=1：2 混合料为准。

粉刷石膏的强度

表 8.1.7

产品类别	面层粉刷石膏			底层粉刷石膏			保温层粉刷石膏		备　注
等　级	优等品	一等品	合格品	优等品	一等品	合格品	优等品	一等品、合格品	保温层粉刷 石膏的体积密 度 应 不 大 于 600kg/m^2
抗折强度(N/mm^2)	3.0	2.0	1.0	2.5	1.5	0.8	1.5	0.6	
抗压强度(N/mm^2)	5.0	3.5	2.5	4.0	3.0	2.0	2.5	1.0	

2. 砂、彩色石粒、彩色瓷粒

砂、彩色石粒、彩色瓷粒的材料要点，如表 8.1.8 所示。

砂、彩色石粒、彩色瓷粒

表 8.1.8

序　号	项　目	内　容
1	砂	抹灰用砂最好是中砂，或粗砂与中砂掺合使用。细砂亦可使用，但特细砂不宜使用。抹灰用砂要求颗粒坚硬洁净，使用前需过筛(不大于 5mm 筛孔)，不得含有黏土(不得超过 2%)、草根、树叶、碱质及其他有机物等有害杂质。
2	彩色石粒	彩色石粒是由天然大理石破碎而成，具有多种色泽，多用作水磨石、水刷石及斩假石的骨料，其品种规格见表 8.1.9。
3	彩色瓷粒	彩色瓷粒是用石英、长石和瓷土为主要原料烧制而成，粒径为 1.2～3mm。颜色多样。以彩色瓷粒代替彩色石粒用于室外装饰抹灰，具有大气稳定性好、颗粒小、表面瓷粒均匀、露出粘结砂浆较少、整个饰面厚度减薄、自重减轻等优点。但烧制彩色瓷粒价格比天然石粒贵

彩色石粒的规格、品种及质量要求　　　　　表8.1.9

规格与粒径的关系		常用品种	质量要求
规格俗称	粒径(mm)		
大二分	约20	东北红、东北绿、丹东绿、盖平红、粉黄绿、玉泉灰、旺青、晚霞、白云石、云彩绿、红王花、奶油白、竹根霞、苏州黑、黄花玉、南京红、雪浪、松香石、墨玉等	颗粒坚韧、有棱角、洁净,不得含有风化的石粒、黏土、碱质及其他有机物等有害杂质。 使用时应冲洗干净
一分半	约15		
大八厘	约8		
中八厘	约6		
小八厘	约4		
米粒石	0.3~1.2		

3. 麻刀、纸筋、稻草、玻璃纤维

麻刀、纸筋、稻草、玻璃纤维用在抹灰层中起拉结和骨架作用,提高抹灰层的抗拉强度,增加抹灰层的弹性和耐久性,使抹灰层不易裂缝脱落,如表8.1.10所示。

麻刀、纸筋、稻草、玻璃纤维　　　　　表8.1.10

序号	项目	内容
1	麻刀	麻刀以均匀、坚韧、干燥不含杂质为宜,使用时将麻丝剪成2~3cm长,随用随敲打松散,每100kg石灰膏约掺1kg麻刀,即成麻刀灰。
2	纸筋	纸筋(草纸)是在淋石灰时,先将纸筋撕碎,除去尘土,用清水浸透,然后按100kg石灰膏掺纸筋2.75kg的比例掺入淋灰池。使用时需用小钢磨搅拌打细,并用3mm孔径筛过滤成纸筋灰。
3	稻草	稻草切成不长于3cm并经石灰水浸泡15d后使用较好。也可用石灰(或火碱)浸泡软化后轧磨成纤维质当纸筋使用。
4	玻璃纤维	将玻璃丝切成约1cm长,每100kg石灰膏掺入200~300g,搅拌均匀成玻璃丝灰。玻璃丝耐热、耐腐蚀,抹出墙面洁白光滑,而且价格便宜,但操作时需防止玻璃丝刺激皮肤,应注意劳动保护

4. 膨胀珍珠岩、膨胀蛭石

膨胀珍珠岩、膨胀蛭石的材料要求,如表8.1.11所示。

膨胀珍珠岩、膨胀蛭石　　　　　表8.1.11

序号	项目	内容
1	膨胀珍珠岩	膨胀珍珠岩是一种酸性岩浆喷出的玻璃质熔岩,由于具有珍珠裂隙结构而得名,适用于在-200~800℃范围内作保温热隔等材料,具有堆积密度小、导热系数低、承压能力较高的优点。 膨胀珍珠岩的一般性能,见表8.1.12。
2	膨胀蛭石	膨胀蛭石系由蛭石经过晾干、破碎、筛选、煅烧、膨胀而成,堆积密度为80~200kg/m³,导热系数为0.047~0.07W/(m·K),耐火防腐。蛭石砂浆用于厨房、浴室、地下室及湿度较大的车间等内墙面和顶棚抹灰,能防止阴冷潮湿、凝结水等不良现象,是一种很好的无机保温隔热、吸声材料

膨胀珍珠岩一般性能　　　　　　　　　　　　　　　　表 8.1.12

项　目	单　位	性　能	备　注
密　度	kg/m³	40～300	抹灰常用 40～120kg/m³
导热系数	W/(m·K)	常温＜0.047,高温下 0.058～0.174,低温(298～77°K) 常压下 0.028～0.038	
吸声系数	频率	125/0.12～3000/0.92	

5. 颜料

掺入装饰砂浆中的颜料，应用耐碱和耐晒（光）的矿物颜料，装饰砂浆常用颜料见表 8.1.13。

装饰砂浆常用颜料和说明　　　　　　　　　　　　　　表 8.1.13

色彩	颜色名称	说　明
黄色	氧化铁黄	遮盖力、着色力一般,颜色不鲜,耐光性、耐大气影响、耐污浊气体以及耐碱性等都比较强,是装饰中既好又经济的黄色颜料之一。
	铬黄 (铅铬黄)	铬黄系含有铬酸铅的黄色颜料($FbCrO_4$),着色力高,遮盖力强,较氧化铁黄鲜艳,耐光、耐酸、耐碱,但不耐强碱。
红色	氧化铁红	有天然和人造两种,遮盖力和着色力较强,有优越的耐光、耐高温、耐大气影响、耐污浊气体及耐碱性能,是较好较经济的红色颜料之一。
	甲苯胺红	为鲜艳红色粉末,遮盖力、着色力较高,耐光、耐热、耐酸碱,在大气中无敏感性,一般用于高级装饰工程。
蓝色	群青	为半透明鲜艳的蓝色颜料,耐光、耐风雨、耐热、耐碱,但不耐酸,是既好又经济的蓝色颜料之一。
	铬蓝	着色力强,耐候、耐酸,但不耐碱。
	酞青蓝	色鲜艳,遮盖力高,着色力比铁蓝高 2～3 倍,比群青高 20 倍,耐光、耐热、耐酸、耐碱,但不溶于水和有机溶剂,故不渗色。
	钴蓝	为带绿光的蓝色颜料,耐热、耐光、耐酸碱性能较好。
绿色	铬绿	是铅铬黄和普鲁士蓝的混合物,颜色变动较大,决定于两种成分比例的组合。遮盖力强,耐气候、耐光、耐热性均好,但不耐酸碱。
	群青及氧化铁黄配用	
棕色	氧化铁棕	是氧化铁红和氧化铁黑的机械混合物,有的产品还掺有少量氧化铁黄。
紫色	氧化铁紫	可用氧化铁红和群青配用代替。
黑色	氧化铁黑	遮盖力、着色力很强,耐光、耐一切碱类,对大气作用也很稳定,是一种既好又经济的黑色颜料之一。
	碳黑	根据制造方法不同分为槽黑(俗称硬质炭黑)和炉黑(俗称软质炭黑)两种,装饰工程常用为炉黑一类,性能与氧化铁黑基本相同,仅密度稍轻,不易操作。
	锰黑	遮盖力颇强。
	松烟	采用松材、松根、松枝等在窑内进行不完全燃烧而熏得的黑色烟炱,遮盖力及着色力均好。
白色	钛白粉	钛白粉的化学性质相当稳定,遮盖力及着色力都很强,折射率很高,为最好的白色颜料之一。

6. 外掺合剂

外掺合剂的材料要点，如表 8.1.14 所示。

外 掺 合 剂   表 8.1.14

序 号	内 容
1	聚醋酸乙烯乳液是一种白色水溶性胶粘剂，性能和耐久性均好，可用于较高级的装饰工程。
2	二元乳液白色水溶液胶粘剂，性能和耐久性较好，用于高级装饰工程。
3	水质素磺酸钙是减水剂，掺入聚合物水泥砂浆中，约可减少用水量 10%左右，并提高粘结强度、抗压强度和耐污染性能。掺量为水泥量的 0.3%左右。
4	邦家 108 胶是一种新型胶粘剂，属于不含甲醛的乳液，其作用如下： (1)提高面层的强度，不致粉酥掉面。 (2)增加涂层的柔韧性，减少开裂的倾向。 (3)加强涂层与基层之间的粘结性能，不易爆皮剥落

8.1.1.3　施工准备及基层处理

抹灰工程的施工准备及基层处理，如表 8.1.15 所示。

施工准备及基层处理   表 8.1.15

序 号	项 目	内 容
1	材料准备	根据施工图纸计算抹灰所需材料数量，提出材料进场的日期，按照供料计划分期分批组织材料进场。
2	机具准备	根据工程特点和抹灰工程类别准备机械设备和抹灰工具，搭设垂直运输设备及室内外脚手架，接通水源、电源。
3	技术准备	(1)审查图纸和制定施工方案，确定施工顺序和施工方法。 抹灰工程的施工顺序一般采取先室外后室内，先上面后下面，先地面后顶墙。当采取立体交叉流水作业时，也可以采取从下往上施工的方法，但必须采取相应的成品保护措施。采取先地面后顶墙的，对于高级装修工程要根据具体情况确定。 (2)材料试验和试配工作。 (3)确定花饰和复杂线脚的模型及预制项目。对于高级装饰工程，应预先做出样板(样品或标准间)，并经有关单位鉴定后，方可进行。 (4)组织结构工程验收和工序交接检查工作。 抹灰前对结构工程以及其他配合工种项目进行检查是确保抹灰质量和进度的关键，抹灰前应对以下主要项目进行检查。 1)门窗框及其他木制品是否安装齐全，门口高低是否符合室内水平线标高。 2)板条、苇箔或钢丝网吊顶是否牢固，标高是否正确。 3)顶棚、墙面预留木砖和铁件以及窗帘钩、阳台栏杆、楼梯栏杆等预埋件有否遗漏，位置是否正确。 4)水电管线、配电箱是否安装完毕，是否漏项，水暖管道是否做好压力试验等等。 (5)对已安装好的门窗框，采用铁板或板条进行保护。 (6)组织队组进行技术交底

8.1.1.4　施工要点

1. 一般抹灰工程

(1) 基本要求

一般抹灰工程的基本要求，如表 8.1.16 所示。

基本要求 表 8.1.16

序 号	项 目	内 容
1	分级做法	一般抹灰分级做法 (1)普通抹灰——阳角找方,设置标筋,分层赶平、修整,表面压光。 (2)高级抹灰——阴阳角找方,设置标筋,分层赶平、修整、表面压光。
2	平均总厚度	抹灰层平均总厚度 (1)顶棚——板条、现浇混凝土顶棚抹灰为 15mm;预制混凝土顶棚抹灰为 18mm;金属网顶棚抹灰为 20mm。 (2)内墙——普通抹灰为 18mm;中级抹灰为 20mm;高级抹灰为 25mm。 (3)外墙——墙面为 20mm;勒脚及突出墙面部分为 25mm。 (4)石墙——墙面为 35mm。
3	分遍抹灰,及厚度要求	(1)涂抹水泥砂浆,每遍厚度宜为 5~7mm;涂抹水泥混合砂浆和石灰砂浆,每遍厚度宜 7~9mm。 水泥砂浆和水泥混合砂浆的抹灰层,应待前一层抹灰层凝结后,方可涂抹后一层。 石灰砂浆的抹灰层,应待前一层 7~8 成干后,方可涂抹后一层。 (2)面层抹灰经过赶平压实后的厚度:麻刀石灰不得大于 3mm;纸筋石灰、石灰膏不得大于 2mm。 (3)平整光滑的混凝土内墙面和楼板底面(指预制整间大楼板),可不用抹灰,宜用腻子分遍刮平,总厚度为 2~3mm

(2) 墙面抹灰要点

墙面抹灰要点,如表 8.1.17 所示。

墙面抹灰要点 表 8.1.17

序 号	项 目	内 容
1	冲筋和规方	抹灰前必须先找好规矩,即四角规方、横线找平、立线吊直、弹出准线和墙裙、踢脚板线。 (1)普通抹灰:先用托线板检查墙面平整垂直程度,大致决定抹灰厚度(最薄处一般不小于 7mm),再在墙的上角各做一个标准灰饼(用打底砂浆或 1∶3 水泥砂浆,也可用水泥∶石灰膏∶砂=1∶3∶9 混合砂浆,遇有门窗口垛角处要补做灰饼),大小 5cm 见方,厚度以与墙面平整垂直决定,然后根据这两个灰饼用托线板或线坠挂垂直做墙面下角两个标准灰饼(高低位置一般在踢脚线上口),厚度以垂直为准,再用钉子钉在左右灰饼附近缝缝里,拴上小线挂好通线,并根据小线位置每隔 1.2~1.5m 上下加做若干标准灰饼(图 8.1.2),待灰饼稍干后,在上下灰饼之间抹上宽约 10cm 砂浆冲筋,用木杠刮平,厚度与灰饼相平,待稍干后可进行底层抹灰。 (2)高级抹灰:先将房间规方,小房间可以一面墙作基线,用方尺规方即可,如房间面积较大,要在地面上先弹出十字线,作为墙角抹灰准线;在离墙角约 10cm 左右,用线坠吊直,在墙上弹一立线,再按房间规方地线(十字线)及墙面平整程度向里反线,弹出墙角抹灰准线,并在准线上下两端排好通线后做标准灰饼及冲筋。

灰线抹灰要点

表 8.1.19

序 号	项 目	内 容
1	分层做法	(1)粘结层,1:1:1 水泥石灰砂浆薄薄抹一层。 (2)垫灰层,1:1:4 水泥石灰砂浆略掺麻刀(厚度根据灰线尺寸来定)。 (3)出线灰,1:2 石灰砂浆(砂子过 3mm 筛孔)。 (4)2mm 厚纸筋灰罩面(纸筋灰过窗纱),分二次抹成。
2	工具和用法	抹灰线须根据灰线尺寸制成的木模施工,木模分死模、活模和圆形灰线活模三种。 (1)死模(图 8.1.4*a*、*b*、*c*)适用于顶棚四周灰线和较大的灰线,它是卡在上下两根固定的靠尺上推拉出线条来的。 (2)活模(图 8.1.5*a*、*b*、*c*)适用于梁底及门窗角等灰线,它是靠在 1 根底靠尺(或上靠尺)上,用两手拿模捋出灰线条来。 (3)圆形灰线活模(图 8.1.6)适用于室内顶棚上的圆形灯头灰线和外墙面门窗洞顶部半圆形装饰等灰线。它的一端做成灰线形状的木模,另一端按圆形灰线半径长度钻一钉孔,操作时将有钉孔的一端用钉子固定在圆形灰线的中心点上,另一端木模即可在半径范围内移动,扯制出圆形灰线。现在有采用预制石膏圆形灰线,直接粘贴或用螺钉固定到平顶的做法,可提高质量和工效。另外在顶棚四周阴角处,用木模无法捋到的灰线,需用灰线接角尺(图 8.1.7),使之在阴角处合拢。
3	施工要点	(1)抹灰线的工艺流程。 通常是先抹墙面底子灰,靠近顶棚处留出灰线尺寸不抹,以便在大墙面底子灰上粘贴抹灰线的靠尺板,这样可以避免后抹墙面底子灰时碰坏灰线。顶棚抹灰常在灰线抹完后进行。 (2)死模施工方法。 先薄薄抹一层 1:1:1 水泥石灰砂浆与混凝土基层粘结牢固,随着用垫层灰一层一层抹,模子要随时推拉找标准,抹到离模子边缘约 5mm 处。第二天先用出线灰抹一遍,再用普通纸筋灰,一人在前喂灰板按在模子口处喂灰,一人在后将模子推向前进,等基本推出棱角并有 3~4 成干后,再用细纸筋灰推到使棱角整齐光滑为止。如果抹石灰膏线,在形成出线棱角时用 1:2 石灰砂浆(砂子过 3mm 筛)推出棱角,在 6~7 成干时稍洒水用石灰浆掺石膏(一般为石膏:石灰膏=6:4)在 6~7min 内推抹至棱角整齐光滑。 (3)活模施工方法。 采用一边粘尺一边冲筋,模子一边靠在靠尺板上一边紧贴筋上捋出线条(图 8.1.5),其他则与死模施工的方法相同。 (4)圆形灰线活模施工方法。 应先找出圆形中心,钉上钉子,将活模尺板顶端套在钉子上,围着中心捋出圆形灰线。罩面时,要一次成活。 (5)灰线接头的施工方法。 1)接阴角做法 当房屋四周灰线抹完后,切齐甩槎,先用抹子抹灰线的各层灰,当抹上出线灰及罩面灰后,分别用灰线接角尺一边轻换已成活的灰线作为基准,一边刮接角的灰使之成形。接头阴角的交线与立墙阴角的交线要在一个平面之内。 2)接阳角做法 首先要找出垛、柱阳角距来确定灰线位置,施工时先将两边靠阴角处与垛、柱结合齐,再接阳角

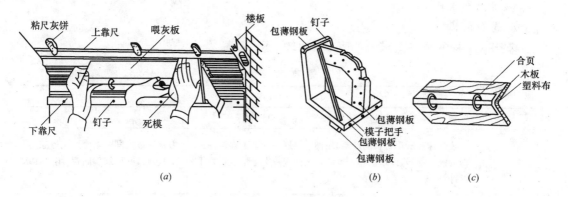

图 8.1.4　灰线死模

（a）死模操作示意；（b）死模；（c）合页式喂灰板

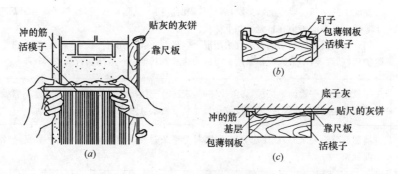

图 8.1.5　灰线活模

（a）活模操作示意；（b）活模；（c）活模、冲筋、靠尺板的关系

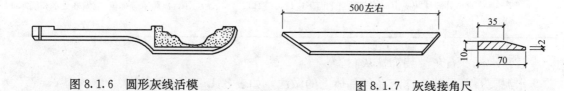

图 8.1.6　圆形灰线活模　　　　　图 8.1.7　灰线接角尺

（5）冬期抹灰要点

冬期抹灰要点，如表 8.1.20 所示。

冬期抹灰要点　　　　　　表 8.1.20

序　号	内　　　容
1	冬期抹灰应采取保温措施。抹灰时，砂浆的温度不宜低于 5℃。 气温进入 0℃，不宜进行冬期抹灰。
2	砂浆抹灰层硬化初期不得受冻。 气温低于 5℃时，室外不宜抹灰。做油漆或涂料墙面的抹灰层，不得掺入食盐和氯化钙。
3	用冻结法砌筑的墙体，室外抹灰应待其完全解冻后施工；室内抹灰应待内墙面解冻，方可施工。 不得用热水冲刷冻结的墙面或用热水消除墙的冰霜

2. 装饰抹灰工程

(1) 基本要求

装饰抹灰工程的基本要求。如表 8.1.21 所示。

基 本 要 求 表 8.1.21

序 号	内 容
1	装饰抹灰面层的厚度、颜色、图案应符合设计要求。
2	装饰抹灰所用材料的产地、品种、批号(在一个工程范围内)应力求一致。同一墙面所用砂浆,要做到统一配料,以求色泽一致。施工前应一次尽量将材料干拌均匀过筛,并用纸袋储存,用时加水搅拌。
3	柱子、垛子、墙面、檐口、门窗口、勒脚等处,都要在抹灰前在水平和垂直两个方向拉通线,找好规矩(包括四角挂垂直线,大角找方,拉通线贴灰饼、冲筋等)。
4	抹底子灰前基层要先浇水湿润,底子灰表面应扫毛或划出纹道,经养护 1~2d 后再罩面,次日浇水养护。夏季应避免在日光暴晒下抹灰。 用于加气混凝土基层的底灰宜采用混合砂浆。一般不宜粘挂较重(如面砖、石料等)的饰面材料,除护角、勒脚等,不宜大面积采用水泥砂浆抹灰。其他见一般抹灰有关要求。
5	尽量做到同一墙面不接槎,必须接槎时,应注意把接槎位置留在阴阳角或水落管处。室外抹灰为了不显接槎,防止开裂,一般应按设计尺寸粘分格条,(米厘条)均匀分格处理。
6	墙面有分格要求时,底层应分格弹线,粘分格条时要四周交接严密、横平竖直,拉岔要齐,不得有扭曲现象。
7	加气混凝土外墙面不平处,可先刷 20% 108 胶水泥浆,再用 1:1:6 混合砂浆修补。为了保证饰面层与基层粘结牢固,施工前宜先在基层喷刷 1:3(胶:水)的 108 胶水溶液一遍。
8	外墙抹灰应由屋檐开始自上而下进行,在檐口、窗台、旋脸、阳台、雨罩等部位,应做好泛水和滴水线槽

(2) 水泥、石灰类装饰抹灰

水泥、石灰类装饰抹灰在各基体上的做法,如表 8.1.22 所示。

水泥、石灰类装饰抹灰在各基体上的做法 表 8.1.22

种类	基体	分 层 做 法	厚度(mm)	适用范围
拉毛灰	砖墙基体	1. 1:2:8 水泥石灰砂浆抹底层。 2. 1:2:8 水泥石灰砂浆抹中层找平。 3. 刮水灰比为 0.37~0.40 的素水泥浆。 4. 抹纸筋石灰罩面拉毛或抹水泥石灰砂浆罩面拉毛。	6~7 6~7 4~20	有音响要求的礼堂、影剧院、会议室等室内墙面,也可用在外墙、阳台栏板或围墙等外饰面
	混凝土墙基体	1. 满刮水灰比为 0.37~0.40 的素水泥浆或甩水泥砂浆。 2、3、4 同砖墙基体。		
	加气混凝土墙基体	1. 涂刷一遍 1:3~4 的 108 胶水溶液。 2、3、4 同砖墙基体。		

续表

种类	基体	分 层 做 法	厚度(mm)	适用范围
仿石抹灰	砖 墙基 体	1. 1:1:6 水泥石灰砂浆抹底层。 2. 1:1:6 水泥石灰砂浆抹中层。 3. 1:1:6 水泥石灰砂浆罩面扫出毛纹或斑点。	7~9 0~6 6~7	影剧院、宾馆内墙面和厅院外墙面等装饰抹灰
	混凝土墙基体	满刮水灰比为 0.37~0.40 的水泥浆或甩水泥砂浆后,各分层做法与砖墙相同。		
	加 气混凝土墙基体	1. 涂刷 1:3~4 的 108 胶水溶液。 2. 1:2:8 水泥石灰砂浆抹底层。 3. 1:1:6 水泥石灰砂浆抹中层。 4. 1:1:6 水泥石灰砂浆罩面扫出毛纹或斑点。	7~9 0~6 6~7	
拉条灰	砖 墙基 体	1. 1:1:6 水泥石灰砂浆抹底层。 2. 1:1:6 水泥石灰砂浆抹中层。 3. 1:2:0.5=水泥:砂:细纸筋石灰打底及罩面拉条(拉细条形)。 4. 1:2:0.5=水泥:砂:细纸筋石灰打底及 1:0.5=水泥:细纸筋石灰罩面拉条(拉粗条形)。	7~9 0~6 10~12 10~12	公共建筑的门厅、会议室、观众厅等墙面装饰抹灰
	混凝土墙基体	涂刮水灰比为 0.37~0.40 的水泥浆或甩水泥砂浆后,各分层做法与砖墙相同。		
	加 气混凝土墙基体	涂刷 1:3~4 的 108 胶水溶液后,各分层做法与砖墙相同。		
假面砖		1. 1:3 水泥砂浆打底。 2. 1:1 水泥砂浆垫层。 3. 饰面砂浆	8~10 3 3~4	

（3）假面砖抹灰用水泥、石灰膏配合一定量的矿物颜料制成彩色砂浆，配合比可参考表 8.1.23。

彩色砂浆参考配合比（体积比） 表 8.1.23

设计颜色	普通水泥	白水泥	石灰膏	颜料(按水泥量%)	细 砂
土黄色	5		1	氧化铁红(0.2~0.3) 氧化铁黄(0.1~0.2)	9
咖啡色	5		1	氧化铁红(0.5)	9
淡黄		5		铬黄(0.9)	9
浅桃色		5		铬黄(0.5)、红珠(0.4)	白色细砂 9
淡绿色		5		氧化铬绿(2)	白色细砂 9
灰绿色	5		1	氧化铬绿(2)	白色细砂 9
白色		5			白色细砂 9

（4）石粒类装饰抹灰

石粒类装饰抹灰在各种基体上的做法，如表 8.1.24 所示。

石粒装饰抹灰在各种基体上分层做法　　　　　　　　　表 8.1.24

种类	基体	分层做法(体积比)	厚度(mm)	适用范围
水刷石	砖墙	1. 1：3 水泥砂浆抹底层； 2. 1：3 水泥砂浆抹中层； 3. 刮水灰比为 0.37～0.40 水泥浆一遍为结合层； 4. 水泥石粒浆或水泥石灰膏石粒浆面层(按使用石粒大小)： 　(1)1：1 水泥大八厘石粒浆(或 1：0.5：1.3 水泥石灰膏石粒浆)； 　(2)1：1.25 水泥中八厘石粒浆(或 1：0.5：1.5 水泥石灰膏石粒浆)； 　(3)1：1.5 水泥小八厘石粒浆(或 1：0.5：2.0 水泥石灰膏石粒浆)。	5～7 5～7 20 15 10	一般多用于建筑物墙面、檐口、腰线、窗楣、窗套、磉脸、门套、柱子、壁柱、阳台、雨篷、勒脚、花台等。
水刷石	混凝土墙	1. 刮水灰比为 0.37～0.40 水泥浆或甩水泥砂浆； 2. 1：0.5：3 水泥石灰砂浆抹底层； 3. 1：3 水泥砂浆抹中层； 4. 刮水灰比为 0.37～0.40 水泥浆一遍为结合层； 5. 水泥石粒浆或水泥石灰膏石粒浆面层(按使用石粒大小)： 　(1)1：1 水泥大八厘石粒浆(或 1：0.5：1.3 水泥石灰膏石粒浆)； 　(2)1：1.25 水泥中八厘石粒浆(或 1：0.5：1.5 水泥石灰膏石粒浆)； 　(3)1：1.5 水泥小八厘石粒浆(或 1：0.5：2.0 水泥石灰膏石粒浆)。	 0～7 5～6 20 15 10	一般多用于建筑物墙面、檐口、腰线、窗楣、窗套、磉脸、门套、柱子、壁柱、阳台、雨篷、勒脚、花台等。
	加气混凝土墙	1. 涂刷一遍 1：3 的 108 胶水溶液； 2. 1：2：8 水泥石灰砂浆抹底层； 3. 1：3 水泥砂浆抹中层； 4. 刮水灰比为 0.37～0.40 水泥浆一遍为结合层； 5. 水泥石粒浆或水泥石灰膏石粒浆面层(按使用石粒大小)： 　(1)1：1 水泥大八厘石粒浆(或 1：0.5：1.3 水泥石灰膏石粒浆)； 　(2)1：1.25 水泥中八厘石粒浆(或 1：0.5：1.5 水泥石灰膏石粒浆)； 　(3)1：1.5 水泥小八厘石粒浆(或 1：0.5：2.0 水泥石灰膏石粒浆)。	 7～9 5～7 20 15 10	
干粘石	砖墙	1. 1：3 水泥砂浆抹底层； 2. 1：3 水泥砂浆抹中层； 3. 刷水灰比为 0.40～0.50 水泥浆一遍为结合层； 4. 抹水泥：石灰膏：砂子：108 胶＝100：50：200：5～15 聚合物水泥砂浆粘结层； 5. 小八厘彩色石粒或中八厘彩色石粒。	5～7 5～7 4～5 (5～6,当采用中八厘石粒时)	同水刷石
干粘石	混凝土墙	1. 刮水灰比为 0.37～0.40 水泥浆或甩水泥砂浆； 2. 1：0.5：3 水泥混合砂浆抹底层； 3. 1：3 水泥砂浆抹中层； 4. 刷水灰比为 0.40～0.50 水泥浆一遍为结合层； 5. 抹水泥：石灰膏：砂子：108 胶＝100：50：200：5～15 聚合物水泥砂浆粘结层； 6. 小八厘彩色石粒或中八厘彩色石粒。	 3～7 5～6 4～5 (5～6,当采用中八厘石粒时)	
	加气混凝土墙	1. 涂刷一遍 1：3～4(108 胶：水)胶水溶液； 2. 1：2：8 水泥混合砂浆抹底层； 3. 1：2：8 水泥混合砂浆抹中层； 4. 刷水灰比为 0.40～0.50 水泥浆一遍为结合层； 5. 抹水泥：石灰膏：砂子：108 胶＝100：50：200：5～15 聚合物水泥砂浆粘结层； 6. 小八厘彩色石粒或中八厘彩色石粒。	 7～9 4～5 (5～6,当采用中八厘石粒时)	

续表

种类	基体	分层做法(体积比)	厚度(mm)	适用范围
机喷石、机喷石屑、机喷砂	砖墙基体	1、2、3同干粘石(砖墙)。 4. 抹水泥:石灰膏:砂子:108胶=100:50:200:5~15聚合物水泥砂浆粘结层。 5. 机械喷粘小八厘石粒、米粒石或石屑、粗砂。	(5~5.5,小八厘石粒)、(2.5~3,米粒石)、(2~2.5,石屑)	同干粘石
	混凝土墙	1、2、3、4同干粘石(混凝土墙)。 5. 抹水泥:石灰膏:砂子:108胶=100:50:200:5~15聚合物水泥砂浆粘结层。 6. 机械喷粘小八厘石粒、米粒石或石屑、粗砂。	(5~5.5或2.5~3,2~2.5)	
	加气混凝土墙	1、2、3、4同干粘石(加气混凝土墙)。 5、6同机喷石(混凝土墙)。		
斩假石	砖墙	1. 1:3水泥砂浆抹底层。 2. 1:2水泥砂浆抹中层。 3. 刮水灰比为0.37~0.40水泥浆一遍。 4. 1:1.25水泥石粒(中八厘中掺30%石屑)浆。	5~7 5~7 10~11	同水刷石
	混凝土墙	1. 刮水灰比为0.37~0.40的水泥浆或甩水泥砂浆。 2. 1:0.5:3水泥石灰砂浆抹底层。 3. 1:2水泥砂浆抹中层。 4. 刮水灰比为0.37~0.40的水泥浆一遍。 5. 1:1.25水泥石粒(中八厘中掺30%石屑)浆。	 0~7 5~7 10~11	

8.1.2 吊顶工程设计

8.1.2.1 一般规定

吊顶工程的一般规定,如表8.1.25所示。

一般规定　　　　　　　　　　　　表8.1.25

序号	项目	内容
1	吊顶作用	吊顶又名顶棚、平顶、天花板,是室内装饰工程的一个重要组成部分,具有保温、隔热、隔声和吸声作用,也是安装照明、暖卫、通风空调、通讯和防火、报警管线设备的隐蔽层。
2	吊顶形式	吊顶形式有直接式和悬吊式两种。 (1)直接式顶棚按施工方法和装饰材料的不同,可分为:直接刷(喷)浆顶棚、直接抹灰顶棚、直接粘贴顶棚(用胶粘剂粘贴装饰面层)。 (2)悬吊式吊顶类型按结构形式分为:吊顶、暗龙骨吊顶、金属装饰板吊顶和开敞式吊顶等(见表8.1.26)

吊顶类型　　　　　　　　　　　　表8.1.26

序号	项目	内容
1	明龙骨吊顶	明龙骨吊顶,一般是和铝合金龙骨或轻钢龙骨配套使用,是将新型的轻质装饰板明摆搁在龙骨上,便于更换(又称活动式吊顶)。龙骨可以是外露的,也可以是半露的,其构造见图8.1.8。 这种吊顶一般不考虑上人,在悬吊体系方面比较简单。通常较多是用镀锌钢丝悬吊、伸缩式吊杆悬吊等。

(2) 轻钢龙骨

轻钢龙骨是采用镀锌铁板或薄钢板，经剪裁、冷弯、滚轧、冲压而成。

轻钢龙骨的品种繁多，各厂家均有自己的系列，现介绍主要系列如下：

1) UC 型轻钢龙骨，其主件和配件，见表 8.1.28。

UC 型轻钢龙骨　　　　　表 8.1.28

代号名称		简　图	重　量（kg/m）	长　度（m）
主件	U25龙骨		0.132	3 4
	U50龙骨		0.41	3 4
	L35异形龙骨		0.46	
	UC38主龙骨		0.58	3
	UC50主龙骨		0.92	2
	UC60主龙骨		1.53	2
配件	UC38主龙骨吊件		0.062	2

续表

代 号 名 称	简 图	重 量 (kg/m)	长 度 (m)
UC50 UC60 主龙骨吊件		0.138(UC50) 0.169(UC60)	3
UC60 主龙骨吊件		0.091	2
U50 龙骨吊挂		0.04(UC60) 0.024(UC50) 0.02(UC38)	0.75
U25 龙骨吊挂		0.025(UC60) 0.015(UC50) 0.013(UC38)	0.75
U50 龙骨支托		0.0135	0.75
U25 龙骨支托		0.009	0.75

配 件

续表

代 号 名 称		简 图	重 量 （kg/m）	长 度 （m）
配 件	U50 龙骨连接件		0.08	0.5
	U25 龙骨连接件		0.02	0.5
	UC60	龙骨连接件	0.019	
	UC50		0.06	1.2
	UC38		0.03	
	UC60	龙骨连接件	0.101	
	UC50		0.067	1.2
	UC38		0.041	

注：UC38 用于吊点距离 900～1200mm，不上人吊顶；

UC50 用于吊点距离 1500mm，上人吊顶，承受 800N 检修荷载；

UC60 用于吊点距离 1500mm，上人吊顶，可承受 1000N 检修荷载。

2）T 型轻钢龙骨，见表 8.1.29。

T45 型系列（不上人） 表 8.1.29

名称	主 件	配 件		
	龙 骨	吊 挂 件	接 插 件	其 他
BD 大 龙 骨				

续表

名称	主 件	配 件		
	龙 骨	吊 挂 件	接 插 件	其 他
TZ 中龙骨				
TX 小龙骨				

注：1. BD 上 $\phi7$ 孔配 $\phi6$ 吊杆，$\phi5$ 孔配 M4×25 螺栓。

2. 吊点间距 900～1200mm，不上人吊顶，中距<1200mm。

（3）T 型铝合金吊顶龙骨

铝合金吊顶龙骨具有轻质、耐蚀、刚度较好等特点。

铝合金吊顶龙骨一般常用的多为 T 型，根据其罩面板安装方式的不同，分龙骨底面外露和不外露两种。LT 型铝合金龙骨属于罩面板安装后龙骨底面外露的一种。其龙骨及零配件见表 8.1.30。

LT 型铝合金龙骨及零配件　　　　　　　　　表 8.1.30

代号名称	简 图	重量（kg/件）	厚度（mm）	用 途
LT-23 龙骨		0.2	1.2	纵向通长使用，用来搭装或嵌装吊顶板
LT-23 横撑龙骨		0.135	1.2	横向搭置于纵向 T 型龙骨的两翼上，用来搭装或嵌装吊顶板
LT-边龙骨		0.15	1.2	用于吊顶的四周外缘与墙壁接触处，用来搭装或嵌装吊顶板

续表

代号名称	简　图	重量 （kg/件）	厚　度 （mm）	用　途
LT-异形龙骨		0.25	1.2	用于吊顶有变化标高处，其不同标高的两翼，用来搭装或嵌装吊顶板
TC-23 吊钩 LT-23 龙骨 LT-异形龙骨吊钩		0.012	φ3.5	
TC50 吊钩 LT-23 龙骨 LT-异形龙骨吊钩		0.014	φ3.5	
LT-异形龙骨 吊挂钩		0.019	φ3.5	
LT-23 龙骨 LT-异形龙骨 连接件		0.025	0.8	
LT-23 横撑龙骨连接钩			0.8	

注：用于 TC50 上人吊顶，吊点距离 900～1200mm，承载龙骨承受 800N 检修荷载。

2. 龙骨材料质量

轻钢龙骨质量要求，如表 8.1.31、表 8.1.32、表 8.1.33、表 8.1.34 所示。

轻钢龙骨断面规格尺寸允许偏差 表 8.1.31

项 目			优等品	一等品	合格品
长 度 L				+30 −10	
覆面龙骨 断面尺寸	尺寸 A	A≤30		±1.0	
		A>30		±1.5	
	尺寸 B		±0.3	±0.4	±0.5
其他龙骨 断面尺寸	尺寸 A		±0.3	±0.4	±0.5
	尺寸 B	≤30		±1.0	
		>30		±1.5	

轻钢龙骨侧面和地面的平直度（mm/1000mm） 表 8.1.32

类 别	品 种	检测部位	优等品	一等品	合格品
墙体	横龙骨和竖龙骨	侧面	0.5	0.7	1.0
		底面			
	贯通龙骨	侧面和底面	1.0	1.5	2.0
吊顶	承载龙骨和覆面龙骨	侧面和底面			

轻钢龙骨角度允许偏差 表 8.1.33

成形角的最短边尺寸(mm)	优等品	一等品	合格品
10~18	±1°15′	±1°30′	±2°00′
>18	±1°00′	±1°15′	±1°30′

轻钢龙骨外观、表面质量（g/m²） 表 8.1.34

缺陷种类	优等品	一 等 品	合 格 品
腐蚀、损坏 黑斑、麻点	不允许	无较严重腐蚀、损坏黑斑、麻点。面积不大于 1cm² 的黑斑每米长度内不多于 5 处。	
项目	优等品	一 等 品	合 格 品
双面镀锌量	120	100	80

3. 罩面材料

(1) 石膏板罩面

石膏板按所使用石膏的结晶形式分类，可以分为 α 型石膏和 β 型石膏，我国建筑装饰石膏制品，多为后一种。按其表面的装饰方法、花型和功能的分类如下：

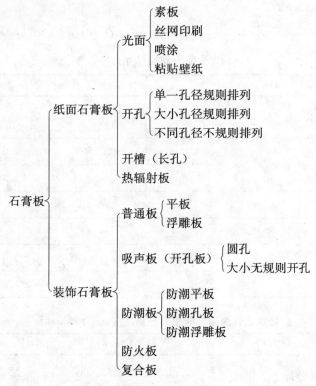

1) 纸面石膏板

纸面石膏板的作用、品种和性能要求，如表 8.1.35 所示。

纸面石膏板   表 8.1.35

序号	项目	内容
1	一般规定	(1)纸面石膏板品种很多，有普通纸面石膏板、耐火纸面石膏板、纸面石膏装饰吸声板等，是以建筑石膏$\left(CaSO_4 \cdot \frac{1}{2}H_2O\right)$为主要原料，掺入适量的添加剂与纤维做板芯，以特制的纸板为护面而制成。这种板材，由于两面有特制的纸板护面，因而强度较石膏装饰板高，挠度较小。其特点是质轻、防火、隔声、隔热，抗震性能好。 (2)普通纸面石膏板和耐火纸面石膏板，一般用于吊顶的基层，必须再做饰面处理。 (3)纸面石膏板，不宜用于厕所、厨房等空气相对湿度大于 70% 的潮湿环境，否则必须采取相应的防潮措施。
2	规格品种	主要规格品种有(mm)：400×600×10、500×500×10、600×600×(9、12)、600×800×10、900×450(600)×(9、12)、900×900×10、600(900)×1500×10、900×1800×10、1200×450(600)×(9、12)等。
3	技术性能	(1)主要性能：一般纸面板耐火极限 5～10min；防火纸面板 A_2 级不燃烧，导热系数 0.19～0.209W/(m·K)。 (2)纸面石膏板规格尺寸允许偏差，见表 8.1.36 所示。 (3)纸面石膏板断裂荷载值，如表 8.1.37 所示。 (4)纸面石膏板单位面积重量值，如表 8.1.38 所示

纸面石膏板规格尺寸允许偏差（mm）　　　　　表 8.1.36

项　目	长　度	宽　度	厚　度	
			9.5	≥12.0
尺 寸 偏 差	0 −6	0 −5	±0.5	±0.6

注：板面应切成矩形，两对角线长度差应不大于 5mm。

纸面石膏板断裂荷载值　　　　　表 8.1.37

板材厚度(mm)	断裂荷载(N)	
	纵　向	横　向
9.5	360	140
12.0	500	180
15.0	650	220
18.0	800	270
21.0	950	320
25.0	1100	370

纸面石膏板单位面积重量值　　　　　表 8.1.38

板 材 厚 度(mm)	单位面积重量(kg/m²)
9.5	9.5
12.0	12.0
15.0	15.0
18.0	18.0
21.0	21.0
25.0	25.0

2）装饰石膏板

装饰石膏板的作用、品种和性能要求，如表 8.1.39 所示。

装饰石膏板　　　　　表 8.1.39

序号	项　目	内　容
1	功能作用	装饰石膏板是以建筑石膏为基料,附加少量增强纤维、胶粘剂、改性剂等,经搅拌、成型、烘干等工艺而制成的一种新型顶棚装饰板材。具有轻质、高强、不变形、防火、阻燃、可调节室内温度等特点,并有施工方便、可锯、可钉、可刨、可粘贴等优点。
2	规格品种	装饰石膏板的品种很多,有各种平板、花纹浮雕板、穿孔和半穿孔吸声板等。 常用的有边长(mm)300、400、500、600、800 和 305、498、625 等的正方形,厚度为(mm)6、7、8、9、10、11、12～20、25 等。
3	分类及代号	装饰石膏板根据功能可分为:高效防水石膏吸声装饰板、普通石膏吸声装饰、石膏吸声板。 根据板材正面形状和防潮性能的不同,其分类及代号见表 8.1.40。
4	技术性能	(1)主要性能:断裂荷载 200N,导热系数＜0.174W/(m·K),防水性能(24h 吸水率)＜2.5%。 (2)质量要求和保管方法:尺寸一致,颜色均匀、清洁,无断裂和缺棱掉角。搬运时要轻拿轻放,防止污染;贮存时,应放于通风干燥的室内,防止受潮湿而变形

装饰石膏板的分类 表 8.1.40

分 类	普 通 板			防 潮 板		
	平 板	孔 板	浮雕板	平 板	孔 板	浮雕板
代 号	P	K	D	FP	FK	FD

3) 吸声穿孔石膏板

吸声穿孔石膏板的特点、用途、分类和规格要求，见表 8.1.41。

吸声穿孔石膏板 表 8.1.41

序 号	项 目	内 容
1	一般要求	吸声穿孔石膏板是吸声穿孔纸面石膏板和吸声穿孔装饰石膏板的统称。它是以建筑石膏 $\left(CaSO_4 \cdot \frac{1}{2}H_2O\right)$ 为主要原料,掺入适量纤维增强材料和外加剂,与水混合,经强制搅拌作为芯材,浇注于两层护面纸之间成型,经辊压、切割、干燥后,由专用冲孔机冲打孔眼,再经切割,背面粘贴背覆材料而成。
2	特点	吸声穿孔石膏板具有质轻、隔热、防火、吸声、装饰等特点,适宜作各种建筑物的吊顶装饰板材,能改善建筑物的室内音质、音响效果,吸声降噪,改善生活环境和劳动条件。吸声穿孔石膏板还可以起到调节室内湿度的作用。
3	用途	适用于住宅、办公楼、影剧院、宾馆、商店、车站等建筑的室内吊顶和墙体的吸声结构。在潮湿环境中使用或对耐火性能有较高要求时,则应采用相应的防潮、耐水和耐火措施。
4	分类规格	根据板材的基板不同和有无背覆材料,其分类及代号,见表 8.1.42。吸声穿孔石膏板的规格,见表 8.1.43

分类及代号 表 8.1.42

基板与代号	装饰石膏板,K	纸面石膏板,C
背覆材料与代号	无背覆材料,W	有背覆材料,Y
板类代号	WK YK WC YC	

吸声穿孔石膏板规格 表 8.1.43

	规 格 尺 寸(mm)
边 长	500,600
厚 度	9,12

(2) 装饰吸声罩面板

1) 矿棉装饰吸声板

矿棉装饰吸声板的特点、规格、用途、质量和性能,如表 8.1.44 所示。

矿棉装饰吸声板 表 8.1.44

序 号	项 目	内 容
1	特点	矿棉装饰吸声板,是以矿渣棉为主要原料,加入适量的胶粘剂、防潮剂、防腐剂,经过成型、加压、烘干、表面加工处理而成。具有质轻、吸声、防火、隔热、保温等特点,是高级宾馆比较理想的顶棚装饰材料。

序 号	项 目	内 容
2	形状及规格	尺寸形状及规格:矿棉装饰吸声板的形状有正方形、长方形,常用尺寸为(mm):500×500、600×600、610×610、625×625、600×1000、600×1200、625×1250,厚度为(mm):13、16、20。其表面有的加工成树皮纹理,有的加工成小浮雕或满天星图案。根据龙骨的具体情况和安装方法,其角边有斜角、直角、企口等多种形式。
3	用途及作用	用于影剧院、会堂、音乐厅、播音室、录音室等,可以控制和调整室内的混响时间,消除回声,改善室内的音质,提高语言清晰度。用于旅馆、医院、办公室、会议室、商场以及喧哗场所,如工厂车间、仪表控制间等,可降低室内噪声级,改善环境条件。
4	质量及性能	(1)质量要求和保管方法:尺寸一致,颜色均匀,无裂纹、折断、缺棱掉角。产品在运输、存放和使用过程中要轻拿轻放,严禁雨淋受潮,存放环境必须干燥、通风、避雨,下垫木板,与墙壁要有一定距离。 (2)主要性能:含水率<3%,导热系数<0.08W/(m·K),难燃性为一级

2) 膨胀珍珠岩装饰吸声板

膨胀珍珠岩装饰吸声板的功能,用途及性能如表 8.1.45 所示。

膨胀珍珠岩装饰吸声板 表 8.1.45

序 号	项 目	内 容
1	特点	(1)吸声板是以膨胀珍珠岩为骨料,配合适量的胶粘剂,经过搅拌、成型、干燥、烘烤或养护而制成的多孔吸声板材,表面可以喷涂各种涂料,亦可进行漆化处理(防潮)。 (2)以所用胶粘剂分:水泥珍珠岩吸声板、石棉珍珠岩吸声板、聚合物珍珠岩吸声板等;以表面结构形式分:不穿孔、半穿孔、穿孔吸声板、凹凸吸声板、复合吸声板等。 (3)具有重量轻、装饰效果好、防火、防潮、防蛀、耐酸、可锯割等特点。
2	用途	可用于礼堂、影剧院、播音室、录像室、会议室、餐厅等公共建筑的音质处理和工业厂房的噪声控制。同时用于民用及其他公共建筑的顶棚和内墙面装饰。
3	规格	规格品种有(mm):250×250×10、300×300×(10、12)、500×500×(10、15、18、20、23、35、40)等。
4	质量及性能	(1)质量要求和保管方法:表面平整,规格一致,颜色均匀,无裂纹、断裂、缺棱掉角。搬运贮存应轻拿轻放,防止撞击,防止受潮湿。 (2)主要性能:抗弯强度>1.0N/mm²,导热系数 0.08W/(m·K),吸湿率≤5%

3) 贴塑及玻璃棉装饰吸声板

贴塑及玻璃棉装饰吸声板的要求,如表 8.1.46 所示。

贴塑及玻璃棉装饰吸声板 表 8.1.46

序 号	项 目	内 容
1	贴塑矿(岩)棉吸声板	贴塑矿(岩)棉吸声板是以半硬质矿棉板或岩棉板作基材,两面覆贴加制凹凸花纹的聚氯乙烯半硬质膜片而成。具有吸声、隔热、不燃、低密度和美观大方的特点。 (1)规格品种有(mm):500×500×12、1000×500×25 等。 (2)用途:用于商店、商场、影剧院、大小会议厅、电子计算机房、宾馆、旅馆等建筑物的客厅走廊等处。 (3)质量要求和保管方法:同矿棉装饰吸声板。

序　号	项　　目	内　　容
2	玻璃棉装饰吸声板	玻璃棉装饰吸声板是以玻璃棉为主要原料,加入适量的胶粘剂、防潮剂、防腐剂等,经热压成型加工而成。具有质轻、吸声、防火、防潮、隔热、保温和美观大方、施工简便等特点。 (1)用途:同矿棉装饰吸声板。 (2)质量要求及保管方法:同矿棉装饰吸声板。 (3)规格品种有(mm):300×400×16、400×400×16、500×500×(30、50)等

(3) 塑料装饰罩面板

1) 钙塑泡沫装饰吸声板

钙塑泡沫装饰吸声板的特点、规格、用途、性能等,如表 8.1.47 所示。

钙塑泡沫装饰吸声板　　　　　　　　　　　　　　表 8.1.47

序　号	项　　目	内　　容
1	特点	钙塑泡沫装饰吸声板是以聚乙烯树脂(PE)加入无机硅填料轻质碳酸钙、发泡剂、交联剂、润滑剂、颜料等,经混炼、模压、发泡成型而成。其特点是质轻、吸声、隔热、耐水等。
2	规格品种	钙塑泡沫装饰吸声板的规格品种繁多,有一般板和加入阻燃剂的难燃泡沫装饰板两种,表面有压花凹凸图案和穿孔图案两种。常用的规格有边长为(mm):300、400、500和305、333、350、496、610等正方形,厚度分(mm):4、5、5.5、6、7、8、10。
3	用途	适用于大会堂、电视台、广播室、影剧院、医院、宾馆及工厂、商店等建筑的室内平顶或墙面装饰。
4	质量及性能	质量要求和保管方法:堆放时,要竖码,切忌平码,要离开热源 3m 以外码放,其他同矿棉装饰吸声板。 主要性能:拉伸强度≥0.8N/mm²,导热系数 0.07～0.1W/(m·K),吸水性≤0.02 kg/m²

2) 聚乙烯泡沫塑料装饰板

聚乙烯泡沫塑料装饰板的特点、性能,如表 8.1.48 所示。

聚乙烯泡沫塑料装饰板　　　　　　　　　　　　　　表 8.1.48

序　号	项　　目	内　　容
1	特点	(1)聚乙烯泡沫塑料装饰板,是以高压聚乙烯树脂为主要原料,加入一定量的交联剂、发泡剂、稳定剂、抗老化剂、改性剂等助剂,经混炼、压延或挤出成型的装饰板材。 (2)具有质轻、柔韧、防潮、隔热、吸声、无毒、耐化学腐蚀、耐寒及电绝缘性等特点。
2	用途	适用于旅馆、剧院、会议室等公共建筑的室内吊顶及墙面装饰。
3	规格及性能	(1)聚乙烯泡沫塑料装饰板一般为乳白色,也可根据需要加工成其他颜色。一般为正方形 500mm×500mm 和长方形 1200mm×600mm,厚度 0.5mm、0.6mm。 (2)抗拉强度为≥7.5N/mm²,吸水率<0.2%,使用温度 70～80℃,导热系数为 0.035～0.14W/(m·K),阻燃性氧指数<40

3）聚苯乙烯泡沫塑料装饰吸声板

聚苯乙烯泡沫塑料装饰吸声板的特点、用途、规格和性能，如表 8.1.49 所示。

聚苯乙烯泡沫塑料吸声板　　　　　　　　表 8.1.49

序号	项　目	内　容
1	特点	聚苯乙烯泡沫塑料装饰吸声板是以可发性聚苯乙烯泡沫塑料(PS)经加工而制成。具有隔声、隔热、保温、质轻、色白等特点。
2	用途	适用于影剧院、医院、宾馆、商店等建筑物的平顶和墙面装饰。
3	规格	聚苯乙烯泡沫塑料装饰吸声板有凹、凸型花纹、十字花、四方花、圆角花及钻孔等各种图案，一般边长为(mm)：300、500、600 的正方形，厚度为 15～20mm。
4	质量及性能	(1)质量要求和保管方法：同钙塑泡沫装饰吸声板。 (2)主要性能：抗拉强度 0.2～0.4N/mm²，导热系数 0.04W/(m·K)，吸水率＜0.08kg/m²

4）聚氯乙烯塑料天花板

聚氯乙烯塑料天花板的特点、规格、用途和质量，如表 8.1.50 所示。

聚氯乙烯塑料天花板　　　　　　　　表 8.1.50

序号	项　目	内　容
1	特点	聚氯乙烯塑料天花板是采用聚氯乙烯树脂(P.V.C)加入一定量抗老化剂、改性剂等助剂，经混炼、压延、真空吸塑等工艺而制成的浮雕形装饰材料。具有质轻、防潮、隔热、不易燃、不吸尘、可涂饰等特点。
2	规格品种	聚氯乙烯塑料天花板的品种繁多，颜色有乳白、米黄、湖蓝等；图案有昙花、蟠桃、熊竹、云龙、格花、拼花等。一般为边长 500mm 的正方形，厚为 0.4～0.6mm。
3	用途	可用于影剧院、会议室、商店等公共设施建筑的室内吊顶或墙面装饰。
4	质量及性能	(1)质量要求和保管方法：尺寸一致，颜色均匀，搬运时不要压重、撞击，并要远离热源，防止烟熏和变形。 (2)抗拉强度为 28N/mm²，吸水性≤0.2kg/m²，耐热性 60℃不变形，导热系数为 0.174W/(m·K)。阻燃性：离火自熄

（4）金属装饰板

金属装饰板是以不锈钢板、防锈铝板、电化铝板、镀锌钢板等为基板，经特殊加工处理而成。具有质轻、强度高、耐高温、耐腐蚀、防火、防潮、化学稳定性好等特点。

目前市场上采用的金属装饰板以铝合金板和不锈钢板较流行，按使用要求，分为吸声板和装饰板（不开孔）。开孔板的孔型有圆孔、方孔、长圆孔、长方孔、三角孔等。按吊顶板的款式大致分类如下：

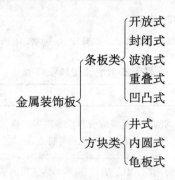

金属装饰板
- 条板类
  - 开放式
  - 封闭式
  - 波浪式
  - 重叠式
  - 凹凸式
- 方块类
  - 井式
  - 内圆式
  - 龟板式

1) 铝合金罩面板

铝合金罩面板的特点、形状和规格，如表 8.1.51 所示。

铝合金罩面板　　　　　　　　　　　　　　表 8.1.51

序 号	项 目	内 容
1	一般规定	铝合金罩面板，是由铝合金薄板经冲压成型，并做表面处理（目前用得较多的是阴极氧化膜及漆膜）而成。常用的色彩有古铜色、金色、黑色、银白色等。
2	形状和规格	铝合金罩面板的形状有长条形板、方形板及圆形板。 (1)条形板的断面形式，常见的有 6 种（图 8.1.11 和表 8.1.52），其长度多为 6m 以内，厚度在 0.5～1.5mm 之间。图 8.1.11 和表 8.1.52 中的 B 为中一中实际有效面积宽，B_1 为条板面积宽。 (2)方板的形状，见图 8.1.12。其规格一般为 500mm×500mm、600mm×600mm，厚度为(mm)：0.6、0.8 和 1.0。
3	主件与配件	条形吊顶龙骨的主件与配件，主要有插缝板、靠墙板、吊挂件和接插件，见图 8.1.13。图 8.1.14 和图 8.1.15 为铝合金吊顶轻钢龙骨部分构件

铝合金条形板的规格（mm）　　　　　　　　表 8.1.52

型 号	TB₁	TB₂	TB₃	TB₄	TB₅	TB₆
B	100～300	50～200	100～200	100～200	100～200	100～150
B_1	84～184	38～184	84～184	84～184	84～184	84～134

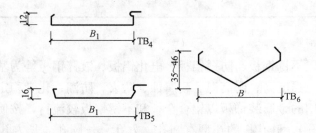

图 8.1.11　铝合金条形板类型

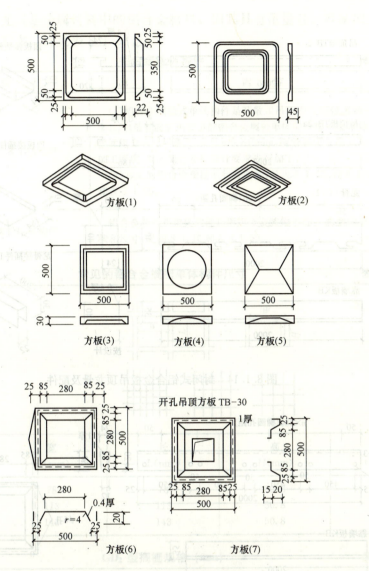

方板(1)　　方板(2)

方板(3)　　方板(4)　　方板(5)

开孔吊顶方板 TB-30

方板(6)　　方板(7)

图 8.1.12　铝合金方形板类型

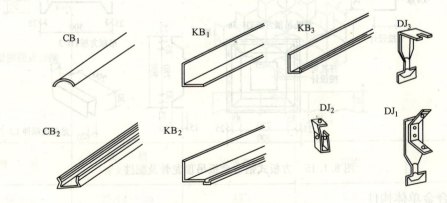

图 8.1.13　条板吊顶配套件

GD₃ 型搁栅规格 (mm) 表 8.1.56

GD₃ 型搁栅式顶棚

型 号	规 格 $W \times H \times W_1 \times H_1$	分 格
GD₃₋₁	$26 \times 30 \times 14 \times 22$	600×600
GD₃₋₂	$48 \times 50 \times 14 \times 36$	
GD₃₋₃	$62 \times 60 \times 18 \times 42$	1200×1200

GD₄ 型搁栅规格 (mm) 表 8.1.57

GD₄ 型搁栅式顶棚

型 号	规 格 $W \times L \times H$	厚 度	遮光角 α
GD₄₋₁	$90 \times 90 \times 60$	10	37°
GD₄₋₂	$125 \times 125 \times 60$	10	27°
GD₄₋₃	$158 \times 158 \times 60$	10	22°

GD₁ 格片式顶棚规格 (mm) 表 8.1.58

GD₁ 格片式顶棚

续表

型　号	规　格 $L \times H \times W$	B	遮光角 α
GD$_{1-1}$	$1260 \times 60 \times 90$	10	3°~37°
GD$_{1-2}$	$630 \times 60 \times 90$	10	5°~37°
GD$_{1-3}$	$1260 \times 60 \times 126$	10	3°~27°
GD$_{1-4}$	$630 \times 60 \times 126$	10	5°~27°

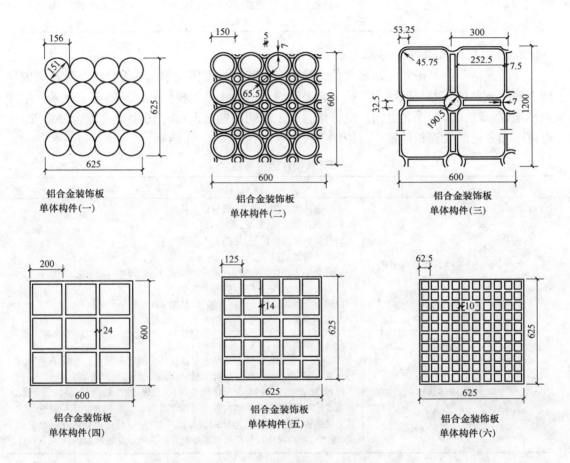

图 8.1.16　铝合金装饰板单体构件

铝合金装饰板单体构件规格尺寸　　　　表 8.1.59

序号	规格尺寸(mm)	组成构件的单体
1	600×600	圆环板或方板单体(正方形)
2	625×625	圆板单体或方板单体
3	1200×600	方板单体(长方形)

8.1.2.3　构造措施

1. 悬吊式吊顶基本构造

悬吊式吊顶的基本构造主要由基层、悬吊件、龙骨和面层组成，如表8.1.60所示。

基 本 构 造　　　　　　　　　　　　表 8.1.60

序 号	项 目	内 容
1	基层	基层为建筑物结构件,主要为混凝土楼(顶)板或屋架。
2	悬吊件	悬吊件是悬吊式顶棚与基层连接的构件,一般埋在基层内,属于悬吊式顶棚的支承部分。其材料可以根据顶棚不同的类型选用镀锌铁丝、钢筋、型钢吊杆(包括伸缩式吊杆)等。
3	龙骨	龙骨是固定顶棚面层的构件,并将承受面层的重量传递给支承部分。
4	罩面板	罩面板是顶棚的装饰层,使顶棚达到既具有吸声、隔热、保温、防火等功能,又具有美化环境的效果

2. 开敞式吊顶构造

　　开敞式吊顶,其吊顶装饰形式是通过特定形状的单元体及单元体组合,使建筑室内顶棚饰面既遮又透,并与照明布置统一起来考虑,增加了吊顶构件和灯具的艺术效果。敞开式吊顶既可作为自然采光之用,也可作为人工照明顶棚;既可与 T 型龙骨配合分格安装,也可不加分格的大面积地组装。构件组拼要求,如表 8.1.61 所示。

单元体构件组拼与固定　　　　　　　　表 8.1.61

序 号	项 目	内 容
1	单体构件的组拼	木制单体构件的组拼,一般有以下几种: 1)单板方框组拼,见图 8.1.17。 2)骨架单板方框组拼,见图 8.1.18。 3)单条板式组拼,见图 8.1.19。 铝合金单体构件的组拼,通常采用插接、挂接和榫接组拼的方法。 1)铝合金单体构件插接,见图 8.1.20。 2)铝合金单体构件十字格栅连接,见图 8.1.21。 3)铝合金条板十字挂接,见图 8.1.22。
2	单体构件固定方法	开敞式吊顶固定方法有两种。 (1)间接固定法。将铝合金格栅单体构件先固定在龙骨上,然后再将骨架与楼板(或屋面板)连接。格栅的龙骨可明装,也可暗装(图 8.1.23)。 (2)直接固定法。铝合金单体构件,由于质轻,往往集龙骨、装饰为一体,故安装较简便,只要将单体构件直接固定即可。也有的将单体构件先用卡具连成整体,然后再通过通长钢管与吊杆相连,这样做可以减少吊杆的数量,较之直接将单体构件用吊杆悬挂更简便一些。见图 8.1.24

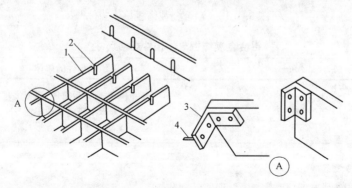

图 8.1.17　单板方框式组拼示意

1—9~15mm 厚木夹板;2—槽口,槽深为板宽的 1/2;3—1~2mm 厚铁片;4—木螺钉

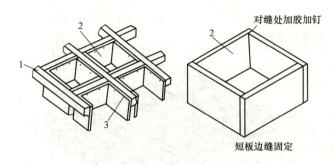

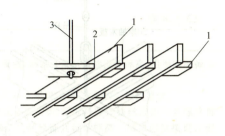

图 8.1.18 骨架单板方框组拼示意

1—方木骨架；2—短板方框；3—圆钉

图 8.1.19 单条板式组拼示意

1—木条板；2—开孔；3—吊件

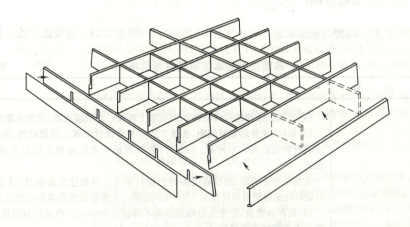

图 8.1.20 铝合金单体构件格栅插接示意

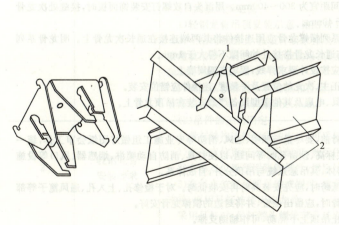

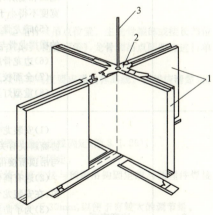

图 8.1.21 铝合金单体构件十字格栅挂接示意

1—十字连接件；2—铝合金单件构件

图 8.1.22 铝合金条板十字挂接示意

1—铝合金条板；2—专用连接件和托架；3—吊件

8.1.2.4 施工要点

1. 吊顶龙骨基本要求及注意事项

吊顶龙骨基本要求及注意事项，如表 8.1.62 所示。

序 号	项 目	内 容
2	轻钢龙骨安装要求	计要求起拱,一般为 1/300 左右。大龙骨的接头位置,不允许留在同一直线上,应适当错开。 主龙骨调平一般以一个房间为单元。调整方法可用 6cm×6cm 方木按主龙骨间距钉圆钉,再将长方木条横放在主龙骨上,并用铁钉卡住各主龙骨,使其按规定间隔定位,临时固定(图 8.1.28)。方木两端要顶到墙上或梁边,再按十字和对角拉线,拧动吊杆螺栓,升降调平(图 8.1.29)。 4)中小龙骨的位置,一般应按装饰板材的尺寸在大龙骨底部弹线,用挂件固定,并使其固定严密,不得有松动。为防止大龙骨向一边倾斜,吊挂件安装方向应交错进行。 中(次)龙骨垂直于主龙骨,在交叉点用中(次)龙骨吊挂件将其固定在主龙骨上,吊挂件上端搭在主龙骨上,挂件 U 型腿用钳子卧入主龙骨内(图 8.1.30)。 5)横撑下料尺寸要比名义尺寸小 2~3mm,其中距视装饰板材尺寸决定,一般安置在板材接缝处。 横撑龙骨应用中龙骨截取。安装时将截取的中(次)龙骨的端头插入挂插件,扣在纵向龙骨上,并用钳子将挂搭弯入纵向龙骨内,组装好后,纵向龙骨和横撑龙骨底面(即饰面板背面)要求一平。 (4)灯具处理:一般轻型灯具可固定在中(次)龙骨或附加的横撑龙骨上;重型的应按设计要求决定,而不得与轻钢龙骨连接。
3	铝合金龙骨安装要求	铝合金吊顶龙骨一般多为 T 型,根据其罩面板安装方式的不同,分龙骨底面外露和不外露两种。LT 型铝合金吊顶龙骨属于安装罩面板后龙骨底面外露的一种。这种龙骨配以轻钢龙骨。可组成上人或不上人的吊顶(图 8.1.31),参见表 8.1.54。 (1)测量放线定位 与轻钢龙骨测量放线定位相同。 1)按位置弹出标高线后,沿标高线固定角铝(边龙骨),角铝的底面与标高线齐平。角铝的固定方法可以水泥钉直接将其钉在墙、柱面或窗帘盒上,固定位置间隔为400~600mm(图 8.1.32)。 2)龙骨的分格定位,应按饰面板尺寸确定,其中心线间距尺寸,一般应大于饰面板尺寸 2mm 左右。 龙骨的分格应尽量保证龙骨分格的均匀,但也会出现不可能完全按龙骨分格尺寸等分,因此会出现非标准尺寸(称收边分格)的处理问题,处理方法有以下两种: 1)将收边分格放在吊顶(以一个房间为例)四周; 2)将收边分格放在不被人注意的次要部位。 龙骨分格的安排确定后,将定位的位置画在墙上。 (2)吊件的固定 铝合金龙骨吊顶的吊件,可使用膨胀螺钉或射钉固定角钢块,通过角钢块上的孔,将吊挂龙骨用的镀锌铁丝绑牢在吊件上。镀锌铁丝不能太细,如使用双股,可用 18号铁丝,如果用单股,宜使用不小于 14 号铁丝。 也可以用伸缩式吊杆。伸缩式吊杆的型式较多,较为普通的是将 8 号铁丝调直,用一个带孔的弹簧钢片将两根铁丝连接起来,调节与固定主要是靠弹簧钢片。用力压弹簧钢片时,将弹簧钢片两端的孔中心重合,吊杆就可伸缩自由。当手松开后,孔中心错位,与吊杆产生剪力,将吊杆固定。其形状如图 8.1.33 所示。 (3)龙骨的安装与调平 1)安装时先将各条主龙骨吊起后,在稍高于标高线的位置上临时固定,如果吊顶面积较大,可分成几个部分吊装。然后在主龙骨之间安装次(中)龙骨(横撑),横撑的截取长度等于龙骨分格尺寸。一般用刨光的木方或铝合金条按龙骨间隔尺寸做出量规,作为龙骨的分格定位、截取和安装横撑的依据。

序 号	项 目	内 容
3	铝合金龙骨安装要求	2)主龙骨与横撑龙骨的连接方式通常有三种: ①在主要龙骨上部开半槽,在次龙骨的下部开出半槽,并在主龙骨半槽两侧各打出一个φ3mm的圆孔(图8.1.34)。安装时将主、次龙骨半槽上接起来,然后用22号细钢丝穿过龙骨上的小孔,把次龙骨扎紧在主龙骨上。注意龙骨上的开槽间隔尺寸必须与龙骨架分格尺寸一致。安装方法见图8.1.35。 ②在分段截开的次龙骨上用铁皮剪刀剪出连接耳,在连接耳上打孔,通常打4.2mm的孔可用4mm铝铆钉固定或打3.8mm的孔用M4自攻螺钉固定,连接耳形式见图8.1.36。安装时将连接耳弯成90°直角,在主龙骨上打出相同直径的小孔,再用自攻螺钉或铝芯铆钉将次龙骨固定在主龙骨上(图9.1.37)。 ③在主龙骨上打出长方孔,两长方孔的间隔距离为分格尺寸。安装前用铁皮剪刀剪出中(次)龙骨上的连接耳。安装次龙骨时只要将次龙骨上的连接耳插入主龙骨上长方孔,再弯成90°即可。每个长方孔内可插入两个连接耳。安装形式见图8.1.38

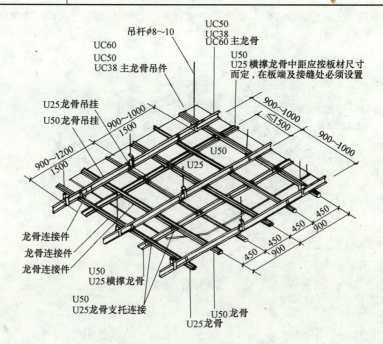

图 8.1.25　UC 型轻钢龙骨吊顶安装示意图

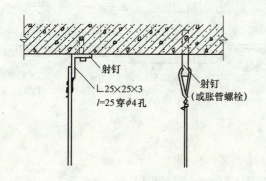

图 8.1.26　吊杆同楼板固定

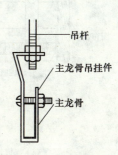

图 8.1.27　主龙骨连接图

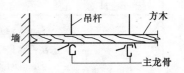

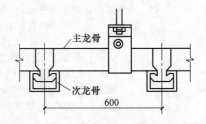

图 8.1.29   主龙骨固定调平示意图

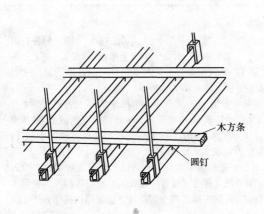

图 8.1.28   主龙骨定位方法

图 8.1.30   主龙骨与次龙骨的连接

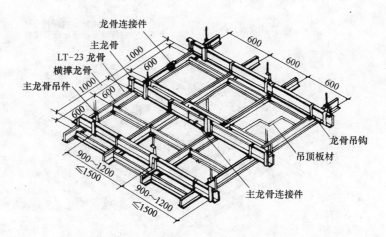

图 8.1.31   LT 型铝合金龙骨吊顶安装

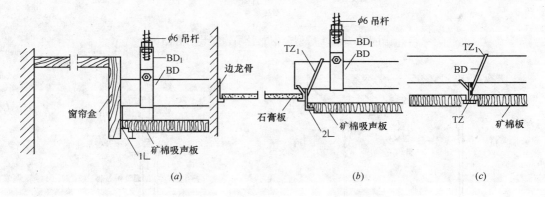

(a)   (b)   (c)

图 8.1.32   T 型龙骨吊顶节点示意图
(a) 窗口上部节点；(b) 靠墙部位节点；(c) 房间中部节点

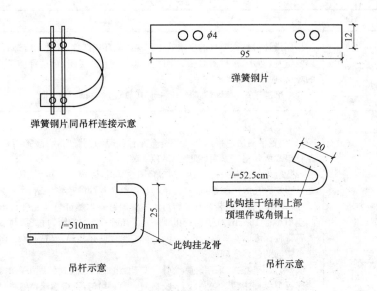

图 8.1.33 伸缩式吊杆配件

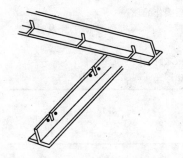

图 8.1.34 主次龙骨开槽方法

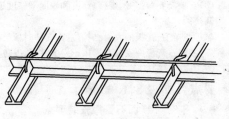

图 8.1.35 龙骨安装方法之一

图 8.1.36 次龙骨连接耳做法

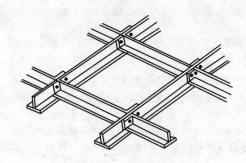

图 8.1.37 龙骨安装方法之二

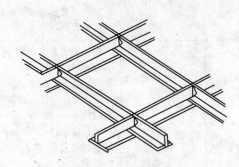

图 8.1.38 龙骨安装方法之三

3. 罩面板安装要点

罩面板根据安装方式和材质不同分为：活动罩面板、固定罩面板和金属罩面板等，常用罩面板的安装要点，如下所示。

(1) 装饰石膏板安装要点，如表 8.1.64 所示。

装饰石膏板安装要点 表 8.1.64

序 号	项 目	内 容
1	材料选用	根据设计对装饰效果的要求及使用场所的环境条件,来选用装饰石膏板的图案、色泽以及防潮(防水)板材。对相对湿度为 60% 左右的场所,可选择防潮板;大于 70% 湿度的场所,应采用防水板。 胶粘剂的选用,参见建筑施工手册"19.11 固结材料与技术"。
2	安装要点	安装固定方法 (1)搁置平放法。采用 T 型铝合金龙骨或轻钢龙骨时,将装饰石膏板搁置在由 T 型龙骨组成的各格栅框内,即完成吊顶安装。 (2)螺钉固定安装法。采用 U 型轻钢龙骨时,装饰石膏板可用镀锌自攻螺钉与 U 型龙骨固定。孔眼用腻子找平,再用与板面颜色相同的色浆涂刷。 如采用木龙骨时,装饰石膏板可用镀锌圆钉或木螺钉与木龙骨钉牢。钉子与板边距离应不小于 15mm,钉子间距以 150~170mm 为宜,并均匀布置,与板面垂直。钉帽嵌入石膏板深度以 0.5~1.0mm 为宜,并应涂刷防锈涂料。钉眼用腻子找平,再用板面颜色相同的色浆涂刷。 (3)粘接安装法。采用轻钢龙骨(UC 型)组成的隐蔽式装配吊顶时,可采用胶粘剂将装饰石膏板直接粘贴在龙骨上,胶粘剂应涂刷均匀,不得漏涂,粘贴牢固。
3	注意事项	(1)石膏制品不得在露天存放,要有防潮、防水措施; (2)运输安装时,要轻拿轻放,注意洁净,被污染后要作处理; (3)安装前要对型号、规格、厚度和表面平整度进行检查,不符合要求的,要及时修整和调换; (4)为防止石膏板的龙骨结构位移,安装时板与板之间要留一定的空隙; (5)装饰石膏板应安放在通风干燥的室内,以防止因空间湿度大而受潮变形

(2) 纸面石膏板安装要点,如表 8.1.65 所示。

纸面石膏板安装要点 表 8.1.65

序 号	项 目	内 容
1	材料选用	普通纸面石膏板、耐火纸面石膏板,一般作吊顶的基层,板材的棱边形状不同,见图 8.1.39。 纸面石膏装饰吸声板,主要用于吊顶的面层,它的主要形状为正方形,多用于活动式装配吊顶。
2	安装要点	安装固定方法 (1)纸面石膏板 1)石膏板的长边必须与次龙骨呈垂直交叉状态,使端边落在次龙骨中央部位。 2)石膏板应在自由状态下进行安装,固定时应从板的中间向板四周固定,石膏板与墙面应留 6mm 间隙。 3)自攻螺钉(3.5mm×25mm)与纸面石膏板边距离:面纸包封的板边以 10~15mm,切割的板边以 15~20mm,板周边钉距以 150~170mm 为宜,板中钉距不得大于 200mm。 4)固定石膏板的次龙骨间距,一般不应大于 600mm,在南方潮湿地区(相对湿度长期大于 70%),间距应适当减小,以 300mm 为宜。 5)安装双层石膏板时,面层板与基层板的接缝应错开,不得在同 1 根龙骨上接缝。 6)纸面石膏板与龙骨固定,应从一块板的中间向板的四边固定,不得多点同时操作。 7)石膏板的接缝,应按设计要求进行板缝处理。 8)螺钉头宜略埋入板面,以不使纸面破损为度。钉眼应作防锈处理,并用石膏腻子抹平。

序 号	项 目	内 容
2	安装要点	采用纸面石膏板人为罩面板，其表面应应饰以其他装饰材料。常用的有：裱糊壁纸、涂饰乳胶涂料、喷涂、镶贴各种类型的镜片，如玻璃镜片、金属抛光板、复合塑料镜片等。如选用镜片材料镶贴，要特别注意固定问题，以保证安全。 （2）纸面石膏装饰吸声板 石膏装饰吸声板的安装，可根据材料情况，采用螺钉、平放粘贴及暗式系列企口咬接等安装方法

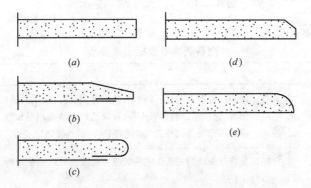

图 8.1.39　纸面石膏板棱边形状

(*a*) 矩形棱边（代号 PJ）；(*b*) 楔形棱边（代号 PC）；(*c*) 圆形棱边（代号 PY）；
(*d*) 45°角棱边（代号 PD）；(*e*) 半圆形棱边（代号 PB）

（3）矿棉装饰吸声板安装要点，如表 8.1.66 所示。

矿棉装饰吸声板安装要点　　　　　　　　　　　**表 8.1.66**

序 号	项 目	内 容
1	材料选用	材料的选用可参见本章 8.1.2.2—3"罩面材料"以及建筑施工手册"19.11 固结材料与技术"
2	安装要点	矿棉装饰吸声板安装固定方法除可采用搁置法（见图 8.1.40*a*）外，还可采用暗龙骨吊顶安装方法和粘贴法。安装前应须先排板，保证花样、图案整体性。 （1）暗龙骨顶安装方法是在吊顶的表面，看不见龙骨，龙骨的断面有"⊥"形，也有特别的形状。主要安装程序是：先将龙骨吊平、矿棉板周边开槽，然后将龙骨的肢插到暗槽内，靠肢将板担住，安装构造如图 8.1.40 所示。房间内温度过大时不宜安装。 （2）粘贴法有两种： 1）复合平贴法。其构造为龙骨＋石膏板＋吸声饰面板。龙骨可以采用上人龙骨或不上人轻钢龙骨，将石膏板固定在龙骨上，然后将装饰吸声板背面用胶布贴几处，再用专用钉固定。 2）复合插贴法。其构造为龙骨＋石膏板＋吸声板。龙骨与石膏板固定，吸声板背面用双面胶布贴几个点，将板平贴在石膏板上，用打钉器将"冂"形钉固定在吸声板开榫处，吸声板之间用插件连接、对齐图案。 粘贴法要求石膏板基层非常平整，否则表面将出现错台、不平等质量问题。粘结时，可用 874 型建筑胶粘剂；此剂专门用于粘贴矿棉装饰吸声板。 采用搁置法安装时，应留有板材安装缝，每边缝隙不宜大于 1μm

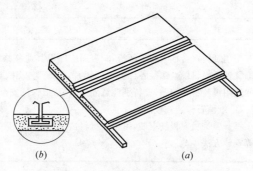

(b)   (a)

图 8.1.40   暗龙骨安装构造示意

(4) 塑料装饰罩面板安装要点，如表 8.1.67 所示。

塑料装饰罩面板安装要点   表 8.1.67

序　号	项　　目	内　　容
1	材料选用	合成树脂的种类不同,品种较多,其中常用的有:聚氯乙烯塑料(PVC)板、聚乙烯泡沫塑料装饰板、钙塑泡沫装饰吸声板、聚苯乙烯泡沫塑料装饰吸声板、装饰塑料贴面复合板等。参见本章"8.1.2.2 罩面材料"中(3)塑料装饰罩面板。
2	安装要点	塑料装饰罩面板的安装工艺一般分为钉固法和粘贴法两种。 　　(1)钉固法 　　1)聚氯乙烯塑料板安装时,用 20~25mm 宽的木条制成 500mm 的正方形木格,用小圆钉将聚氯乙烯塑料装饰板钉上,然后再用 20mm 宽的塑料压条或铝压条钉压,以固定板面,或钉上塑料小花来固定板面。 　　2)聚乙烯泡沫塑料装饰板安装时,用圆钉钉在准备好的小木框上,再用塑料压条、铝压条或塑料小花来固定板面。 　　3)钙塑泡沫装饰吸声板钉固的方法如下: 　　①用塑料小花固定。由于塑料小花面积较小,四角不易压平,加之钙塑板周边厚薄不一,应在塑料小花之间沿板按等距离加钉固定,以防止钙塑泡沫装饰吸声板周边产生弯曲、空鼓和中间下垂现象。如采用木龙骨,应用木螺钉固定;采用轻钢龙骨,应用自攻螺钉固定。 　　②用钉和压条固定。常用的压条有木压条、金属压条和硬质塑料压条等。用钉固定时,钉距不宜大于 150mm,钉帽应与板面齐平,排列整齐,并用与板面颜色相同的涂料涂饰。使用木压条时,其材质必须干燥,以防变形。 　　③用塑料小花、木框及压条固定,与聚氯乙烯塑料板安装钉固法相同。用压条固定时,压条应平直、接口严密、不得翘曲。 　　对吸声要求较高的场所,除采用穿孔板外,可在板后加一层超细玻璃棉,以加强吸声效果。 　　(2)粘贴法 　　1)聚氯乙烯塑料板。可用胶粘剂将罩面板直接粘贴在吊顶面层上或粘贴在吊顶龙骨上。常用胶粘剂有脲醛树脂、环氧树脂和聚醋酸乙烯酯等。 　　2)聚乙烯泡沫塑料装饰板。可用胶粘剂将聚乙烯泡沫塑料装饰板直接粘贴在吊顶面层上或粘贴在轻钢小龙骨上。如粘贴在水泥砂浆基层上,基层必须坚硬平整、洁净,含水率不得大于 8%。表面如有麻面,宜采用乳胶腻子修理平整,再用乳胶水溶液涂刷一遍,以增加粘结力。 　　塑料板粘贴前,基层表面应按分块尺寸弹线预排。粘贴时,每次涂刷胶粘剂的面积不宜过大,厚度应均匀;粘贴后,应采取临时固定措施,并及时擦去挤出的胶液。

序 号	项 目	内 容
2	安装要点	3)钙塑泡沫装饰吸声板。当吊顶用轻钢龙骨,一般需用胶粘剂固定板面,胶粘剂的品种较多,可根据安装的不同板材选择胶粘剂。如 XY—401 胶粘剂、氯丁胶粘剂等。 (3)塑料贴面复合板安装 塑料贴面复合板,是将塑料装饰板粘贴于胶合板或其他板材上,组成一种复合板材,用作表面装饰。 安装塑料贴面复合板时,应先钻孔,用木螺钉和垫圈或金属压条固定。 1)用木螺钉时,钉距一般为 400～500mm,钉帽应排列整齐; 2)用金属压条时,先用钉将塑料贴面复合板临时固定,然后加盖金属压条,压条应平直,接口严密。
3	注意事项	(1)钙塑泡沫装饰吸声板堆放时,要竖码,严禁平码,以免压坏图案花纹,并应距热源 3m 以外,保存在阴凉干燥处。 (2)搬运时,要轻拿轻放,防止机械损伤。 (3)安装时,操作人员必须戴手套,以免弄脏板面。 (4)胶粘剂不宜涂刷过多,以免粘贴时溢出,污染板面。胶粘剂应存放在玻璃、铝或白铁容器中,避免日光直射,并应与火源隔绝。 (5)钙塑泡沫装饰吸声板,如采用木龙骨,应有防火措施,并选用难燃的钙塑泡沫装饰吸声板

(5) 纤维水泥加压板罩面安装要点,如表 8.1.68 所示。

纤维水泥加压板安装要点　　　　　表 8.1.68

序 号	项 目	内 容
1	材料选用	纤维水泥加压板的品种有:纤维增强水泥平板、水泥刨花板和纤维增强硅酸钙板等。这类板材易变形挠曲,使用时应特别注意。
2	纤维水泥板安装要点	纤维增强水泥平板,即 TK 板(低碱纤维水泥板),其安装方法如下: (1)一般采用水泥胶浆和自攻螺钉的粘、钉结合的方法固定在龙骨上。为了板面平整,可在两张板接缝与龙骨之间,放一条 50mm×3mm 的再生橡胶垫条。 (2)板与龙骨固定时,应钻孔,钻头直径应比螺钉直径小 0.5～1.0mm,固定时,钉帽必须压入板面 1～2mm。 (3)钉帽需作防锈处理,并用油性腻子嵌平。
3	水泥刨花板安装要点	(1)水泥刨花板安装,其安装方法为: 1)可选用轻钢龙骨、木龙骨吊顶。小龙骨亦可采用水泥刨花板粘结成龙骨; 2)板材与龙骨的结合,可采用胶粘剂粘贴,并配以自攻螺钉固定。 (2)纤维增强硅酸钙板安装,其安装方法: 1)一般采用水泥胶浆和自攻螺钉的粘、钉结合的方法固定在龙骨上; 2)纤维增强硅酸钙板加工打孔时,不得用锍子冲孔,应用手电钻钻孔。为使钻孔底面整齐光洁,可在板下垫一木块

（6）铝合金条板吊顶安装要点

铝合金条板吊顶，根据条板类型和吊顶龙骨布置方法的不同，可以有各式各样的变化丰富的效果。但根据条板与条板间相接处的板缝处理形式，可将其分为两大类，即开放式条板吊顶和封闭式条板吊顶，如图 8.1.41 和图 8.1.42 所示，安装要点，如表 8.1.69 所示。

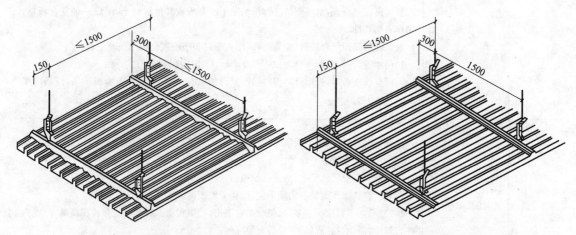

图 8.1.41　开放式条板吊顶　　　　　　图 8.1.42　封闭式条板吊顶

条板吊顶安装要点　　　　　　　　　　　表 8.1.69

序　号	项　目	内　容
1	安装要点	（1）安装前应全面检查中心线，复核龙骨标高线和龙骨布置的弹线；检查复核龙骨是否调平、调直，以保证板面平整；在龙骨调平的基础上，才能安装条板。 （2）条板的安装应根据龙骨及条板的形式不同，安装方法也不同。 1）一般多用卡的方式与龙骨相连。但这种卡固的方法，通常只适用于板厚在 0.8mm 以下、板宽在 100mm 以下的条板。对于板宽超过 100mm、板厚超过 1mm 的板材，多采用螺钉固定。 2）还有一种称为"扣板"的铝合金条形板，安装采用自攻螺钉固定。自攻螺钉头在安装后完全隐蔽在吊顶内(图 8.1.43)。 3）条形板安装应从一个方向依次安装，如果龙骨本身兼卡具，只要将条板托起后，先将条板的一端用力压入卡脚，再顺垫将其余部分压入卡脚内，因为此条板比较薄，具有一定的弹性，扩张较为容易，可采用推压的安装方式(图 8.1.44)。 4）在条板接长部位，往往会出现接缝过于明显的问题，应注意做好下料工作。条板切割时，除了控制好切割的角度，同时要对切口部位用锉刀修平，将毛边及不妥处修整好，然后再用相同颜色的胶粘剂(可用硅胶)将接口部位进行密合。
2	吸声处理	铝合金板吊顶，在板上穿孔，不仅解决了吸声处理，同时也是表面处理的一种艺术形式。 在板上放吸声材料，一般有两种做法： （1）将吸声材料铺放在条板内，紧贴板面，见图 8.1.45。 （2）将吸声材料放在条板上面，一般将龙骨与龙骨之间的距离作为一个单元，满铺放。见图 8.1.45(*b*)

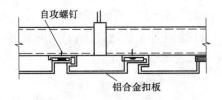

图 8.1.43 条形扣板吊顶的安装

开敞式铝合金吊顶

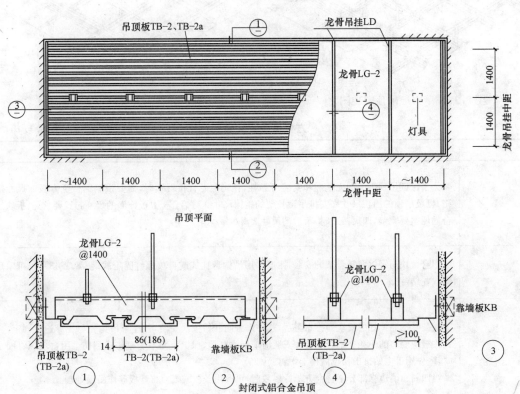

图 8.1.44 铝合金条形板安装

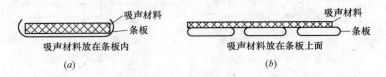

图 8.1.45 吸声材料在条板上的放法

（7）铝合金方板吊顶安装要点

铝合金方板吊顶构造，因其龙骨吊挂系统不同，大体上可分为两种最主要的构造方式。图8.1.46为FB₆方块板材的构造安装透视图。图8.1.47为$FB_{1、2、3、4、5}$等几种方块板材的吊顶透视图。安装要点，如表8.1.70所示。

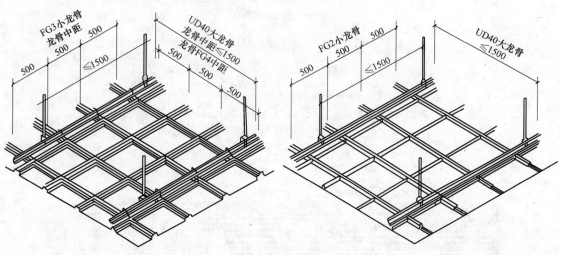

图 8.1.46   方板吊顶安装图之一   图 8.1.47   方板吊顶安装图之二

方板吊顶安装要点   表 8.1.70

序　号	内　　容
1	为了保证吊顶饰面的完整性和安装可靠性,在确定龙骨位置线时,需要根据铝合金方板的尺寸规格,以及吊顶的面积尺寸来安排吊顶骨架的结构尺寸。对铝合金方板饰面的尺寸布置要求是:板块组合的图案要完整,四周留边时,留边的尺寸要对称或均匀。
2	铝合金块与轻钢龙骨骨架的安装,主要采用吊钩悬挂式或自攻螺钉固定式(图8.1.48),也可采用铜丝扎结(图8.1.49)。
3	安装时按照弹好的板块安装布置线,从一个方向开始依次安装,并注意吊钩先与龙骨连接固定,再钩住板块侧边的小孔。铝合金板在安装时应轻拿轻放,保护板面不受碰伤或刮伤。用自攻螺钉固定时,应先用手电钻打出孔位后再上螺钉。 　当四周靠墙边缘部分不符合方板的模数时,可改用条板或纸面石膏板等作吊顶处理

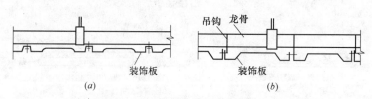

（a）   （b）

图 8.1.48   铝合金方板安装之一

（a）自攻螺钉式；（b）吊钩悬挂式

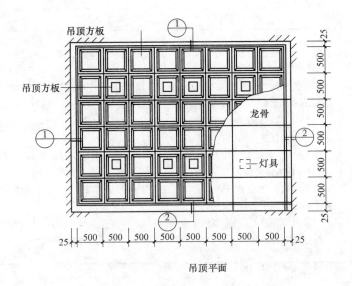

吊顶平面

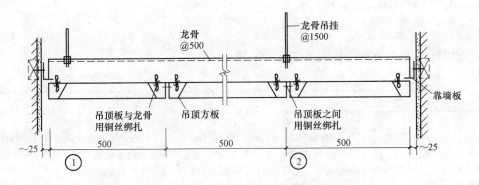

图 8.1.49　铝合金方板安装之二

(8) 开敞式吊顶安装要点

开敞式吊顶安装要点，如表 8.1.71 所示。

开敞式吊顶安装要点　　　　　　　　　　　　表 8.1.71

序　号	项　　目	内　　容
1	安装前准备	(1)在吊顶施工前,吊顶以上部分的电器布线、空调管道、消防管道、供水排水管道必须安装就位,并基本调试完毕。从吊顶经墙体通下来的各种开关、插座线路也已安装就绪。开敞式吊顶以上部分应进行涂刷黑漆处理,或者按设计要求的色彩进行涂刷处理。 (2)吊顶前,进行标高线、吊挂布局线和分片布置线的测量放线工作。 　放线时首先要把标高线弹到墙面或柱面上,作为吊顶安装的控制线。 　吊挂布局线,应根据开敞式吊顶安装固定方式确定。确定好吊点的位置,然后再把吊点位置线放在屋(楼)面上。 　分片位置线是开敞式吊顶分片吊装的根据线,它是根据吊顶的结构形式、材料尺寸和材料刚度来确定分片的大小和位置。每个分片可以事先在地面上进行组装,其吊挂点应根据分片布置线以及分片材料受力的情况来确定,以确保每个分片受力均匀。

序　号	项　　目	内　　容
2	安装要点	铝合金单体构件开敞式吊顶安装，因采用标准的预先加工成型的单体构件拼装，因此，悬吊与就位比较简单。 　　(1)安装时，从一个墙角开始，将分片吊顶托起，高度略高于标高线，并临时固定该分片吊顶架。然后，用棉线或尼龙线沿标高线拉出交叉的吊顶平面基准线。 　　(2)根据基准线调平该吊顶分片。如果吊顶面积大于 100m² 时，可以使吊顶面有一定的起拱。起拱量一般在 1.5∶2000 左右。 　　(3)将调平的吊顶分片先行固定，然后对分片间用连接件进行固定。 　　(4)进行整体调整： 　　1)沿标高线拉出多条平行或垂直的基准线，根据基准线进行吊顶面的整体调整，并检查吊顶面的起拱量是否正确。 　　2)检查安装情况，以及布局情况，对单体本身因安装而产生的变形，要进行修正。 　　3)检查各连接部位的固定件是否可靠，对一些受力集中的部位，应进行加固

8.1.3　轻质隔墙工程设计

8.1.3.1　基本要求

轻质隔墙的基本要求，如表 8.1.72 所示。

基本要求　　　　　　　　　　　表 8.1.72

序　号	项　　目	内　　容
1	形式分类	(1)随着墙体改革的进展，用于房屋建筑的分室、分户非承重分隔体，已逐渐由传统的砌筑空心砖、黏土砖、板条抹灰，向各种轻质板材和轻质砌块发展。这种轻质隔墙和隔断的最大优点是自重轻、墙身薄、拆装方便，有利于建筑工业化施工。 　　(2)隔墙与隔断的种类很多。隔墙依其构造方式，可分为砌块式、骨架式和板材式。隔断按其外部形式，可分为空透式、移动式、屏风式、帷幕式等。
2	基本要求	轻质隔墙和隔断工程的基本要求如下： 　　(1)轻质隔墙的构造、固定方法应符合设计要求。 　　(2)轻质隔墙材料在运输和安装时，应轻拿轻放，不得损坏表面和边角。应防止受潮变形。 　　(3)当轻质隔墙下端用木踢脚覆盖时，饰面板应与地面留有 20～30mm 缝隙；当用大理石、瓷砖、水磨石等做踢脚板时，饰面板下端应与踢脚板上口齐平，接缝应严密。 　　(4)板材隔墙、饰面板安装前应按品种、规格、颜色等进行分类选配。 　　(5)轻质隔墙与顶棚和其他墙体的交接处应采取防开裂措施。 　　(6)接触砖、石、混凝土的龙骨和埋置的木楔应作防腐处理。 　　(7)胶粘剂应按饰面板的品种选用。现场配置胶粘剂，其配合比应由试验决定

8.1.3.2　板材式隔墙

1. 一般规定及基本类型

板材式隔墙一般规定及基本类型，如表 8.1.73 所示。

一般规定及基本类型   表 8.1.73

序号	项目	内容
1	一般规定	板材式隔墙,是指用高度等于室内净高的不同材料的板材(条板),组装而成的非承重分隔体。板材隔墙的安装应符合下列规定: (1)墙位放线应清晰,位置应准确。隔墙上下基层应平整,牢固。 (2)板材隔墙安装拼接应符合设计和产品构造要求。 (3)安装板材隔墙时,宜使用简易支架。 (4)安装板材隔墙所用的金属件应进行防腐处理。 (5)板材隔墙拼接用的芯材应符合防火要求。 (6)在板材隔墙上开槽,打孔应用云石机切割或电钻钻孔,不得直接剔凿和用力敲击。
2	基本类型	常用的板材式隔墙基本类型如下: (1)加气混凝土板隔墙; (2)墙强石膏条板隔墙; (3)墙强水泥条板隔墙; (4)轻质陶粒混凝土条板隔墙; (5)预制混凝土板隔墙; (6)GRC空心混凝土板隔墙; (7)泰柏板隔墙。

2. 加气混凝土板隔墙

加气混凝土板材,是以钙质和硅质材料为基本原料,以铝粉为发气剂,经蒸压养护等工艺制成的一种多孔轻质板材。板材内一般配有单层钢筋网片。

(1) 品种规格

加气混凝土板隔墙品种规格,如表 8.1.74 所示。

品 种 规 格   表 8.1.74

序号	项目	内容
1	品种及规格	(1)品种 加气混凝土隔墙板按采用的原材料区分有:水泥-矿渣-砂加气混凝土、水泥-石灰-砂加气混凝土,水泥-石灰-粉煤灰加气混凝土三种;干密度分 500kg/m³ 和 700kg/m³;抗压强度分 3MPa 和 5MPa 两种;导热系数 0.1163W/(m・K);隔声系数 30~40dB。 (2)规格 用于隔断墙的加气混凝土板材的外形和规格,见表 8.1.75。
2	产品选用	(1)长度选用 加气混凝土板材用于隔断墙时一般均匀垂直安装,其长度的选择一般与以下几个因素有关: 1)建筑物层高。 2)建筑物的结构类型和构配件厚度。如剪力墙结构体系,隔墙都安装在楼(顶)板下部;而框架结构,常因隔墙设置在板下、主梁下、边梁下,长度有所不同。 3)节点构造。采用刚性连接(用粘结砂浆将板材顶端与主体结构粘结)和用柔性连接(在板材顶端与主体结构间垫以弹性材料),两者的高度约差 15mm 左右。 4)与施工顺序有关。目前的做法有:先做地面后立隔墙板和先立隔墙板后做地面,两者相差一个地面厚度;另外,固定木楔的方法,有的在隔墙板下部,留空隙约 30~50mm。有的在隔墙板顶部,留空隙不得大于 20mm。 所以,加气混凝土隔墙板长度的选用,要视具体情况确定。

续表

序 号	项 目	内 容
2	产品选用	(2)厚度选用 　　加气混凝土墙板厚度的选用，一般应考虑便于安装门窗，其最小厚度不应小于75mm。墙板的厚度小于125mm时，其最大长度不应超过3.5m。分户墙的厚度，应根据隔声要求决定，原则上应选用双层墙板

加气混凝土隔墙板材产品规格 表 8. 1. 75

外　形	代　号	规格尺寸(mm)		
		长度 L	宽度 B	厚度 D
	JGB	按设计要求	500 600	75 100 120

注：本表摘自《蒸压加气混凝土板》(GB 15762—1995)。

(2) 节点构造

加气混凝土板隔墙节点构造，如表8.1.76所示。

节 点 构 造 表 8. 1. 76

序 号	项 目	内 容
1	上、下部连接	加气混凝土隔墙板上、下部位连接，一般采用刚性连接，即在板的上端抹粘结砂浆(配合比见表8.1.77)，与楼板或梁底部粘结，板的下端先用木楔顶紧，最后再在下端木楔空间填入细石混凝土，然后再做地面(图8.1.50)。
2	转角连接	隔墙板转角和丁字墙交接处连接，主要采用粘结砂浆粘结，并在一定距离(700～800mm)，斜向钉入经过防锈处理的钉子或 $\phi 8$ 铁件，钉入长度不小于150mm(图8.1.51)。
3	板材间连接	加气混凝土隔墙板材间的连接，一般采用垂直安装，板与板之间用粘结砂浆粘结，并沿板缝上下各1/3处，按30角尽可能斜钉入铁销或铁钉(图8.1.52)。
4	过梁、门框连接	(1)门洞口过梁块的连接构造 过梁块可用加气混凝土板材根据具体尺寸切割，其构造见图8.1.53。 (2)隔墙板与门框接缝处，用木贴脸压缝(图8.1.54)。
5	构件固定	壁橱、搁板、挂衣钩等的固定，一般用木螺丝、塑料胀管或两者结合使用(图8.1.55)。设备、器具等的固定，可在板材上局部打洞，往洞内浇灌细石混凝土，再埋入燕尾铁活或螺栓(图8.1.56)。
6	铁件防腐	凡穿墙铁件一律要做防腐处理。
7	电线管埋设	隔墙板原则上不得横向镂槽埋设电线管，如在墙板上竖向镂槽走线，管径不宜超过25mm

粘结砂浆、墙面修补材料参考配合比 　　　**表 8.1.77**

名称和用途	配 合 比
粘结砂浆	1. 水泥：细砂：108 胶：水＝1：1：0.2：0.3。 2. 水泥：砂＝1：3,加适量 108 胶水溶液。
修补材料	1. 水泥：石膏：加气混凝土粉末＝1：1：3,加适量 108 胶水溶液。 2. 水泥：石灰膏：砂＝1：3：9 或 1：1：6,适量加水。 3. 水泥：砂＝1：3,加适量 108 胶水溶液

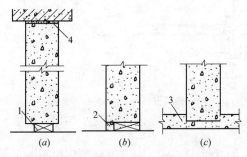

图 8.1.50　隔墙板上下部连接构造

(a) 侧向对打木楔；(b) 木楔间隙填塞细石混凝土；(c) 细石混凝土硬固后取出木楔，做地面

1—木楔；2—细石混凝土；3—地面；4—粘结砂浆

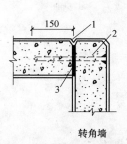 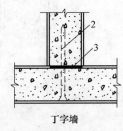 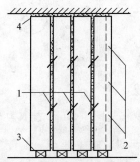

图 8.1.51　转角和丁字墙节点连接

1—八字缝；2—用 φ8 钢筋打尖，经防锈处理；
3—粘结砂浆

图 8.1.52　板与板之间的连接构造

1—铁销（圆钉）；2—转角处钉子；
3—木楔；4—粘结砂浆

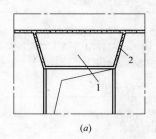 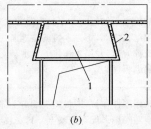 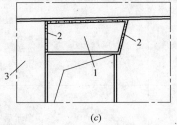

图 8.1.53　门洞口过梁块连接构造

(a) 倒八字构造；(b) 正八字构造；(c) 靠钢筋混凝土柱边构造

1—过梁块；2—粘结砂浆；3—钢筋混凝土柱

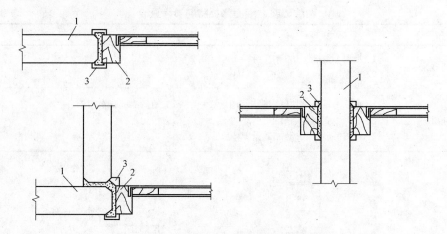

图 8.1.54　门窗框压贴脸做法示意图

1—隔墙板；2—木门框；3—贴脸

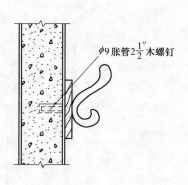

图 8.1.55　挂衣钩固定示意图

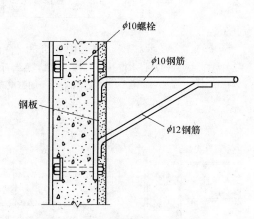

图 8.1.56　洗手盆架固定示意图

（3）施工要点

加气混凝土板隔墙，安装要点，如表 8.1.78 所示。

施 工 要 点　　　　　　　　　　　　　表 8.1.78

序　号	项　　目	内　　容
1	弹线定位	按设计图纸要求,先在楼板(梁)底部和楼地面上弹好墙板位置线。
2	设临时方木	架立靠放墙板的临时方木。临时方木分上方木和下方木。上方木可直接压线顶在上部结构底面,下方木可离楼地面约 100mm 左右,上下方木之间每隔 1.5m 左右立支撑方木,并用木楔将下方木与支撑方木之间楔紧。临时木方支设后,即可安装隔墙板(图 8.1.57)。
3	连接措施	一般采用刚性连接,即板的上端与上部结构底面用粘结砂浆粘结,下部用木楔顶紧后空隙间填入细石混凝土。其安装步骤如下: (1)墙板安装前,先将粘结面用钢丝刷刷去油垢并清除渣末; (2)条板上端涂抹一层胶粘剂,厚约 3mm。然后将板立于预定位置,用橇棍将板撬起,使板顶与上部结构底面粘紧;板的一侧与主体结构或已安装好的另一块

序 号	项 目	内 容
3	连接措施	墙板粘紧(见图 8.1.57),并在板下用木楔楔紧(图 8.1.58),撤出撬棍,板即固定。 　　采用 108 胶水泥砂浆时,108 胶掺量要适当,以便于操作为准,过稀易流淌,过稠则刮浆困难,易产生"滚浆"现象。 　　(3)板与板间的拼缝,要满铺粘结砂浆,拼接时要以挤出砂浆为宜,缝宽不得大于 5mm。挤出的砂浆应及时清理干净。 　　(4)墙板固定后,在板下填塞 1:2 水泥砂浆或细石混凝土。如采用经防腐处理后的木楔,则板下木楔可不撤除;如采用未经防腐处理的木楔,则待填塞的砂浆或细石混凝土凝固具有一定强度后,应将木楔撤除,再用 1:2 水泥砂浆或细石混凝土堵严木楔孔。
4	安装顺序	(1)墙板的安装顺序,当有门洞口时,应从门洞口处向两侧依次进行;当无门洞口时,应从一端向另一端顺序安装。 　　(2)墙板安装与地面施工两者的先后顺序,不作统一规定。先立墙板后做地面,板的下部因地面嵌固,较为牢靠,但做地面时需对墙板注意保护,另外由于地面被墙体分割后,施工进度会受到一定影响;先做地面后立墙,可以加快施工进度,板材少受碰撞,但事先运入楼层的板材需要增加二次倒运,且地面要做好保护。
5	缝隙处理	(1)有门窗洞口的墙体,一般均采取后塞口,其余量最多不超过 10mm,越小越好。因为,加气混凝土隔墙的内粉刷一般均较薄,缝隙过大不易处理,且影响门窗的锚固强度。 　　(2)对于双层墙板的分户墙,安装时应使两面墙板的拼缝相互错开

图 8.1.57　支设临时方木后隔墙安装示意　　　　图 8.1.58　墙板下部打入木楔

3. 增强石膏条板隔墙

增强石膏条板,简称石膏圆孔条板。该条板是以建筑石膏为胶结料和适量的水泥、珍珠岩为骨料,加水搅拌制成浆料,用玻璃纤维网格布增强,浇制成空心条板,孔形为圆形,见图 8.1.59。

(1) 条板规格及性能

增强石膏条板隔墙的规格及性能,如表 8.1.79 所示。

条板规格及性能 表 8.1.79

序号	项目	内容
1	条板规格及条板材料	(1)标准板规格尺寸 长×宽×厚(mm):(2400~3000)×595×60; (2400~3900)×595×90 (2)条板材料 1)石膏:建筑石膏。 2)水泥:32.5 或 42.5 级普通水泥。 3)珍珠岩:膨胀珍珠岩标号为 150 号(堆积密度)。 4)玻璃纤维网格布:涂塑中碱玻璃纤维网格布。 网格 10mm×10mm,布重≥80g/m,幅宽 580mm,含胶量≥8%。
2	条板技术性能	(1)石膏隔墙条板主要技术性能(表 8.1.80) (2)辅助材料 1)胶粘剂 1 号石膏型胶粘剂:用于条板与条板拼缝,条板顶端与主体结构的粘结。 抗剪强度:≥1.5MPa 粘结强度≥1.0MPa;初凝时间 0.5~1.0h。 2 号石膏型胶粘剂:用于条板上预留吊挂件、构配件粘结和条板埋件补平。抗剪强度 ≥2.0MPa;粘结强度≥2.0MPa;初凝时间:0.5~1.0h。 2)石膏腻子 用于隔墙条板基面修补和找平。 抗压强度≥2.5MPa;抗折强度:≥1.0MPa;粘结强度:≥0.2MPa;终凝时间:3.0h。 3)玻纤布条 条宽 50~60mm,用于板缝处理。条宽 200mm,用于墙面阴阳转角附加层。 涂塑中碱玻璃纤维网格布:网格 8 目/in,布重:80g/m。断裂强度:(25mm×100mm) 布条、经纱≥300N,纬纱≥150N

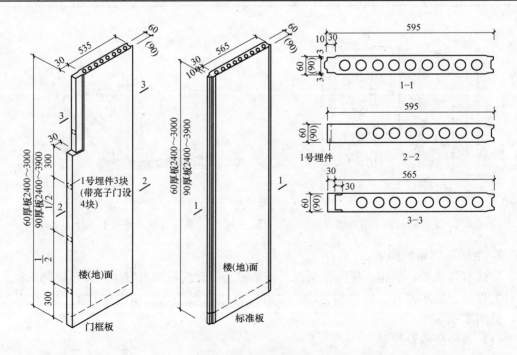

图 8.1.59 增强石膏条板

条板主要技术性能　　　　表 8.1.80

序 号	项 目	指 标	备 注
1	抗压强度(MPa)	≥7	
2	干密度(kg/m³)	≤1150	
3	板重(kg/m²)	60 厚≤55 90 厚≤65	
4	抗弯荷载	≥1.8G	G 为一块条板自重
5	抗冲击	3 次板背面不裂	30kg 砂袋落差 500mm
6	软化系数	≥0.5	
7	收缩率(%)	≤0.08	
8	隔声量(dB)	≥30	
9	含水率(%)	≤3.5	
10	吊挂力(N)	≥800	

注：技术性能的检验方法见《轻隔墙条板质量检验评定标准》(DBJ 01—29—96)。

（2）条板连接构造

条板连接构造，如表 8.1.81 所示。

条板连接构造　　　　表 8.1.81

序 号	项 目	内 容
1	条板组合	1)石膏圆孔条板隔墙组合,见图 8.1.60。
2	条板连接	条板的连接。非地震区的条板连接,采用刚性粘接,见图 8.1.61;地震区的条板连接,采用柔性结构连接,见图 8.1.62。
3	门窗框连接	条板与门窗框连接,见图 8.1.63。
4	吊挂件	条板上设置吊挂件,见图 8.1.64

单层条板隔墙组装平面示意(耐火:1.30h,隔声:30dB)

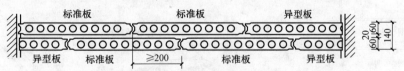

双层条板隔墙组装平面示意(耐火:3.00h,隔声:41dB)

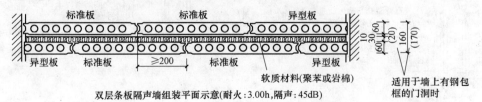

双层条板隔声墙组装平面示意(耐火:3.00h,隔声:45dB)

图 8.1.60　石膏圆孔条板隔墙组合示意图

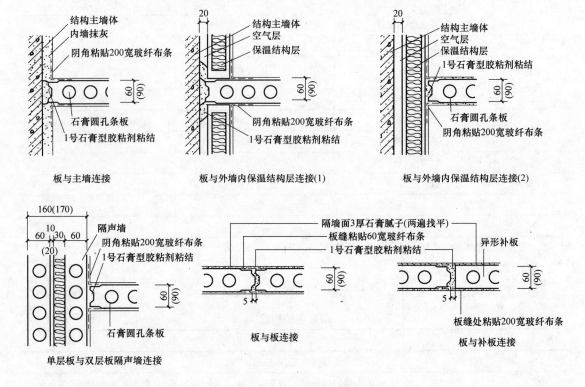

图 8.1.61　刚性连接

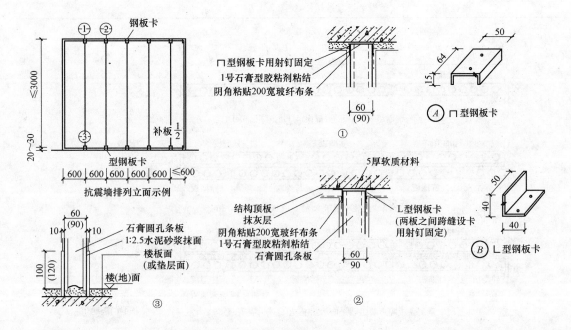

图 8.1.62　柔性结合连接

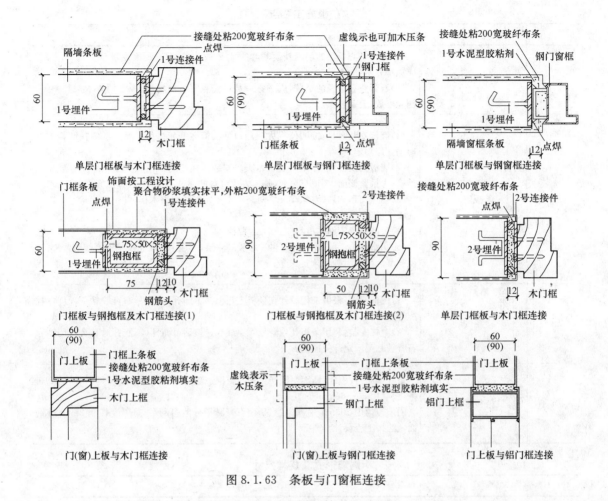

图 8.1.63 条板与门窗框连接

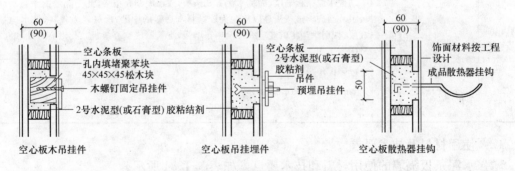

图 8.1.64 设备吊挂件节点

注：石膏空心条板用于厨房、卫生间时，条板下设 C20 细石混凝土防水条基，高出地面 100mm。

（3）条板施工要点

条板施工要点，如表 8.1.82 所示。

4. 增强水泥条板隔墙

（1）隔墙形式及规格尺寸

增强水泥条板隔墙的形式及规格尺寸，如表 8.1.83 所示。

条板施工要点　　　　　　　　　　　　　　表 8.1.82

序号	项目	内容
1	运输和堆放	(1)石膏空心条板的场内外运输,宜垂直码放装车,板下距板两端500～700mm处应加垫方木,雨季运输应盖苫布。 (2)石膏空心条板的堆放,应选择地势较高且平坦的场地,板下用方木架起垫平,侧立堆放,上盖苫布。
2	条板安装	(1)墙板安装时,应按墙位线先从门口通天框旁开始进行。通天框应在墙板安装前先立好固定。 (2)墙板的安装,最好使用定位木架。安装前在板的顶面和侧面刷涂108胶水泥砂浆,先推紧侧面,再顶牢顶面,具体方法可参见"8.1.3.2—2加气混凝土板隔墙"。 (3)在顶面顶牢后,立即在板下两侧各1/3处楔紧两组木楔,并用靠尺检查。随后在板下填塞干硬性混凝土。 (4)板缝挤出的粘结材料应及时刮净。 (5)踢脚线施工前,先用稀释的108胶刷一层,再用108胶水泥浆刷至踢脚线部位,待初凝后用水泥砂浆抹实抹光。
3	设备安装	(1)设备安装:根据工程设计在条板上定位钻单面孔,用2号石膏胶粘剂预埋吊挂配件,达到粘结强度后固定设备。 (2)电气安装:利用条板孔内敷软管穿线和定位钻单面孔(不能开对穿孔),用2号石膏胶粘剂固定开关插座。
4	条板基面	条板基面:在板缝、墙面阴阳转角和门窗框边缝处用2号石膏胶粘剂,粘贴玻纤布条,板缝用50～60mm布条。 阴阳转角用200mm宽布条,然后用石膏腻子分两遍刮平,总厚度控制3mm,外饰面做法按工程设计

隔墙形式及规格尺寸　　　　　　　　　　　　表 8.1.83

序号	项目	内容
1	隔墙形式	增强水泥条板隔墙,简称水泥方孔条板,或水泥圆孔条板,此类隔墙由增强水泥条板组装而成。该条板是以水泥为胶结料和适量的中砂、珍珠岩为骨料,加水搅拌制成浆料,用涂塑耐碱玻璃纤维网格布增强,浇筑制成空心条板。孔形有方孔和圆孔,见图8.1.65。
2	规格尺寸	标准板规格尺寸: 长×宽×厚(mm):2400～3000×595×60; 2400～3900×595×90

（2）使用材料及技术要求

增强水泥条板隔墙的使用材料和技术要点,如表8.1.84所示。

（3）隔墙组合及连接构造

增强水泥条板隔墙组合及连接构造,如表8.1.86所示。

（4）施工要点及技术措施

增强水泥条板隔墙的施工要点及技术措施,如表8.1.87所示。

5.轻质陶粒混凝土条板隔墙

（1）隔墙形式及规格尺寸

轻质陶粒混凝土条板隔墙形式及规格尺寸,如表8.1.88所示。

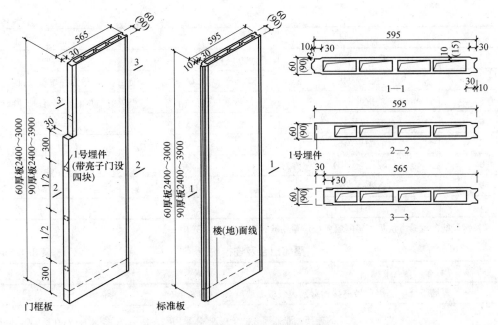

图 8.1.65 增强水泥条板

使用材料及技术要求   表 8.1.84

序 号	项 目	内 容
1	材料要点	条板原材料: (1)水泥:32.5 或 42.5 级硫铝酸盐或铁铝酸盐水泥,pH<11。 (2)珍珠岩:膨胀珍珠岩为 150 号(堆积密度)。 (3)玻璃纤维网格布:涂塑耐碱玻璃纤维,网格 10mm×10mm,幅宽 580mm 时,布重 80g/m。
2	技术性能	(1)水泥隔墙条板主要技术性能(表 8.1.85) (2)辅助材料 1)胶粘剂 1 号水泥型胶粘剂:用于条板与条板拼缝,条板顶端与主体结构粘结。 抗剪强度≥1.5MPa;粘结强度≥1.0MPa;初凝时间:0.5~1.0h。 2 号水泥型胶粘剂:用于条板上预留吊挂件,构、配件粘结和条板预埋件补平。 抗剪强度≥2.0MPa;粘结强度≥3.0MPa;初凝时间:0.5~1.0h。 2)石膏腻子 用于隔墙条板基面修补和找平。 抗压强度≥2.5MPa;抗折强度≥1.0MPa;粘结强度≥0.2MPa;终凝时间:3h。 3)玻纤布条 条宽 50~60mm,用于板缝处理。条宽 200mm,用于墙面阴阳转角附加层。涂塑中碱玻璃纤维网格布。 网格 8 目/in,布重 80g/m;断裂强度:(25mm×100mm)布条,经纱≥300N,纬纱≥150N

水泥隔墙条板主要性能   表 8.1.85

序 号	项 目	指 标	备 注
1	抗压强度(MPa)	≥10	
2	干密度(kg/m³)	≤1350	

续表

序　号	项　　目	指　　标	备　注
3	板重(kg/m²)	60 厚≤60(90 厚≤70)	
4	抗弯荷载	≥2G	G 为一块条板自重
5	抗冲击	3 次(板背面不裂)	30kg 砂袋落差 500mm
6	软化系数	≥0.8	
7	收缩率(%)	≤0.08	
8	隔声量(dB)	≥30	
9	含水率(%)	≤15	
10	吊挂力(N)	≥800	

注：技术性能的检验方法见《轻隔墙条板质量检验评定标准》(DBJ 01—29—26)。

隔墙组合及连接构造　　　　　　　　　　　　　　表 8.1.86

序　号	项　目	内　　　　容
1	隔墙组合	隔墙连接构造水泥条板隔墙组合,见图 8.1.66。
2	连接构造	(1)条板的连接。非地震区的条板连接,采用刚性粘结,见图 8.1.67;在地震区,隔墙条板顶端与板梁主体结构连接,采取在两块条板顶端拼缝处设 U 形或 L 形钢板卡,与主体结构连接。安装前先将条板顶端板孔堵塞,安装后板顶缝内用 1 号水泥胶粘剂填满塞严,两侧刮平,见图 8.1.63。 (2)条板与门窗框连接及设置吊挂件,见图 8.1.63、图 8.1.64

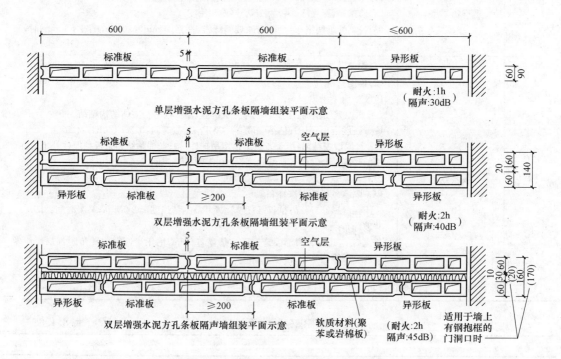

图 8.1.66　水泥条板隔墙组合示意图

注：图示隔墙耐火、隔声性能均为参考值

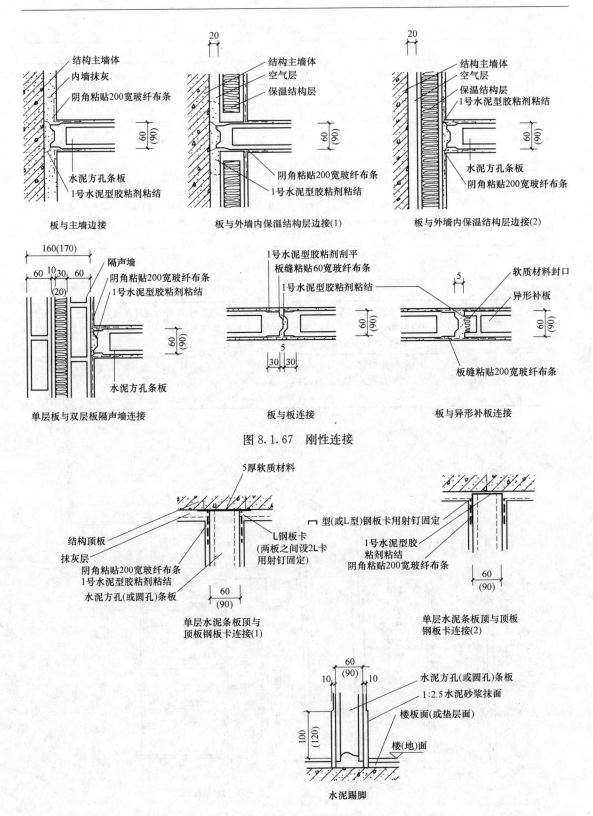

图 8.1.67 刚性连接

图 8.1.68 柔性结构连接

施工要点及技术措施   表 8.1.87

序　号	内　　　容
1	隔墙条板的安装,应待楼(地)面垫层完成后,放线、定位、安板(楼面如无垫层可在楼板上直接定位安装)。立板时板下端留 20～30mm 缝隙,用木楔对楔背紧。在条板侧边企口槽内满刮 1 号水泥胶粘剂,挂线靠平将挤实,挤出的胶粘剂要及时刮平。板下端缝隙内用 C20 细石混凝土填实,待混凝土达到强度后撤出小木楔,并将孔洞堵实。
2	设备安装:根据工程设计在条板上定位钻单面孔(不能开对穿孔),用 2 号水泥胶粘剂预埋吊挂配件,达到粘结强度后固定设备。
3	电气安装:利用条板孔内敷软管穿线和定位钻单面孔,用 2 号水泥胶粘剂固定开关、插座。
4	条板基面:在板缝、墙面阴阳转角和门窗框边缝处用 1 号水泥胶粘剂粘贴玻纤布条,板缝用 50～60mm 宽布条,阴阳转角 200mm 宽布条,然后用石膏腻子分两遍刮平,总厚控制 3mm。外饰面做法按工程设计

隔墙形式及规格尺寸   表 8.1.88

序　号	项　目	内　　　容
1	隔墙形式	轻质陶粒混凝土条板隔墙,简称陶粒实心条板或陶粒圆孔条板,是以水泥为胶结料和轻质陶粒为骨料,加水搅拌制成的轻质陶粒混凝土实心及空心条板,板内配置钢筋,产品分光面及麻面两种。见图 8.1.69。
2	规格尺寸	标准板规格尺寸: 长×宽×厚(mm):(2400～3000)×590×60(实心、圆孔); 　　　　　　　　(2400～3900)×590×90(圆孔)

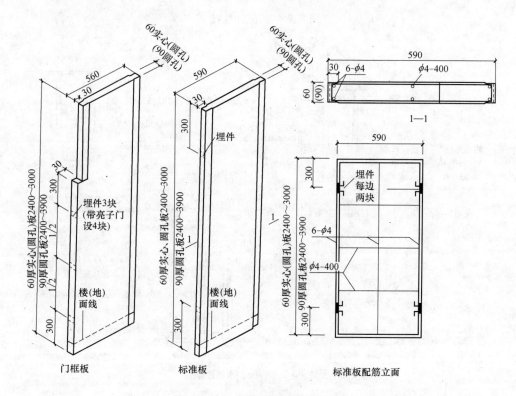

图 8.1.69　轻质陶粒混凝土条板

（2）使用材料及技术要求

轻质陶粒混凝土条板隔墙的使用材料和技术要求，如表 8.1.89 所示。

使用材料及技术要求　　　　　　　　　　表 8.1.89

序号	项目	内容
1	使用材料	条板原材料： (1)水泥：32.5 级及以上普通硅酸盐水泥。 (2)钢材：$\phi^b 4$ 乙级冷拔低碳钢丝，其强度标准值不低于 550N/mm²。 (3)陶粒：干密度 400～600kg/m³，筒压强度不低于 3MPa。
2	技术要求	(1)陶粒隔墙条板主要技术性能(见表 8.1.90) (2)辅助材料 1)膨胀水泥砂浆 1：2.5 水泥砂浆，加水泥用量 10% 的膨胀剂，用于条板与条板、条板顶部与主体结构的粘结。 2)胶粘剂 1 号水泥胶粘剂：用于板缝填实和条板开槽敷线缝补平、条板拉缝敷管穿线缝内填补严实、条板正背面凹口补平以及钢抱框两侧缝填实抹平。 抗剪强度：≥1.5MPa；粘贴强度：≥1.0MPa；初凝时间：0.5～1.0h。 2 号水泥胶粘剂：用于条板的吊挂件、构配件的粘结和条板预埋件补平。 抗剪强度：≥2.0MPa；粘结密度：≥3.0MPa；初凝时间：0.5～1.0h。 3)石膏腻子 用于光面条板隔墙基面修补和找平。 抗压强度：≥2.5MPa；抗折强度：≥3.0MPa；粘贴强度：≥0.2MPa；终凝时间：3.0h。 4)水泥砂浆 1：3 水泥砂浆，用于麻面轻质陶粒混凝土条板隔墙基面抹平压光。 5)玻纤布条 条宽 50～60mm 用于板缝处理，条宽 200mm，用于墙面阴阳角附加层，涂塑中碱玻璃纤维格布，网络 8 目/in，布重 80g/m，断裂强度：25mm×100mm 布条，经纱≥300N，纬纱≥150N

陶粒隔墙条板技术性能　　　　　　　　　　表 8.1.90

序号	项目	指标	备注
1	抗压强度(MPa)	≥7.5	
2	干密度(kg/m³)	≤1100	
3	板重(kg/m²)	60 厚≤70	实心(空心≤60)
		90 厚≤80	空心
4	抗弯荷载	≥2G	G—块条板自重
5	抗冲击	3 次板背面不裂	30kg 砂袋落差 500mm
6	软化系数	≥0.8	
7	收缩率(%)	≤0.08	
8	隔声量(dB)	≥30	控制下限
9	含水率(%)	≤15	
10	吊挂力(N)	≥800	

注：技术性能的检验方法见《轻隔墙条板质量检验评定标准》(DBJ 01—29—96)。

（3）隔墙组合及连接构造

轻质陶粒混凝土条板隔墙组合及连接构造，如表 8.1.91 所示。

隔墙组合及连接构造   表 8.1.91

序 号	项 目	内 容
1	隔墙组合	轻质陶粒混凝土条板隔墙组合,见图 8.1.70、图 8.1.71。
2	连接构造	(1)条板的连接。非地震区条板采用刚性连接,见图 8.1.72;在地震区,隔墙条板顶端与梁板主体结构连接,采取在两块条板上拼缝处设 U 形钢板卡与主体结构连接。条板顶端板缝内满用膨胀水泥砂浆塞严与主体结构顶实,挤出的砂浆要及时刮平清除。见图 8.1.73。 (2)条板与门窗框连接及设置吊挂件,见图 8.1.63、图 8.1.64

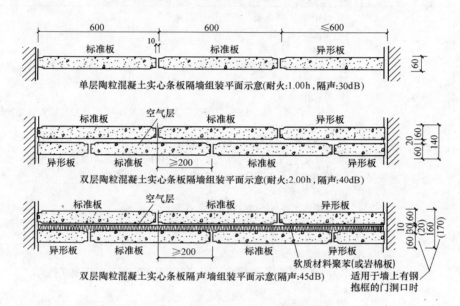

图 8.1.70　实心条板组合示意图

注：图示隔墙耐火、隔声性能均为参考值。

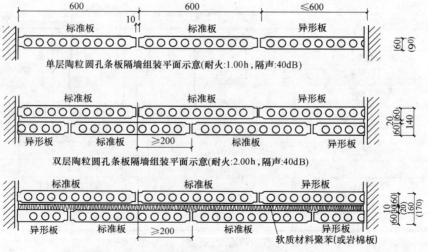

图 8.1.71　空心条板组合示意图

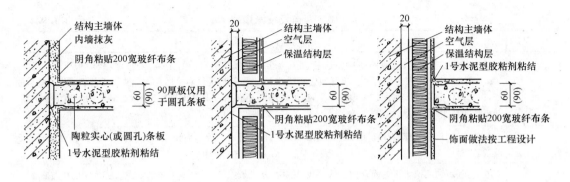

板与主墙连接　　　　　板与外墙内保温结构层连接(1)　　　　板与外墙内保温结构层连接(2)

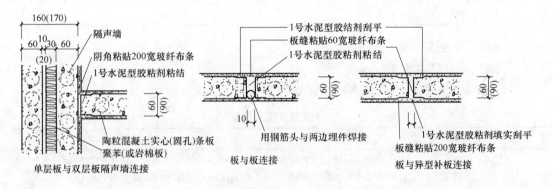

单层板与双层板隔声墙连接　　　板与板连接　　　板与异型补板连接

图 8.1.72 刚性连接

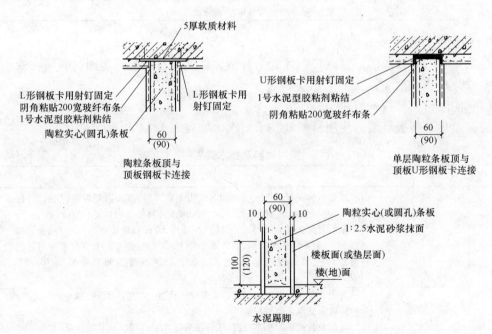

陶粒条板顶与顶板钢板卡连接　　　单层陶粒条板顶与顶板U形钢板卡连接

水泥踢脚

图 8.1.73 柔性结合连接

（4）施工要点及技术措施

轻质陶粒混凝土条板隔墙的施工要点及技术措施，如表 8.1.92 所示。

施工要点及技术措施　　　　　　　　　　　　　　　　　表 8.1.92

序　号	内　　　容
1	隔墙条板安装：应待楼地面垫层完成后，(无垫层时在楼板上)放线、定位、安板，立板时板下端留 20～30mm 缝隙，用小木楔对楔背紧。板与板之间留 10mm 宽拼缝，挂线靠平后用钢筋头与板两侧预埋件焊接固定，板缝内再满用膨胀水泥砂浆填缝刮平，板下缝隙用 C20 细石混凝土塞密实，达到强度后撤出小木楔，并将孔洞堵实。
2	设备安装：根据工程设计在条板上定位钻单面孔，用 2 号水泥胶粘剂预埋吊挂配件，达到粘结强调后固定设备。
3	电气安装：利用拉大板缝或开槽敷管穿线，用膨胀水泥砂浆填实抹平，用 2 号水泥胶粘剂固定开关插座。
4	条板基面：在板缝、墙面阴阳转角和门窗框边缝处均用 1 号水泥胶粘剂粘贴 50～60mm，200mm 宽玻纤布条。光面板隔墙基面全部用 3mm 厚石膏腻子分两遍刮平，麻面墙隔墙基面用 10mm 厚 1∶3 水泥砂浆找平压光。外饰面做法按工程设计

8.1.3.3　骨架式隔墙

1. 一般规定及基本类型

骨架式隔墙的一般规定及基本类型，如表 8.1.93 所示。

一般规定及基本类型　　　　　　　　　　　　　　　　　表 8.1.93

序　号	项　目	内　　　容
1	一般规定	骨架式隔墙，是指那些以饰面板材固定于骨架两侧面形成的轻质隔墙。当然，在隔声要求比较高时，也可在两层面板之间加设隔声层，或可同时设置三、四层面板，形成二至三层空气层，以提高隔声效果。
2	基本类型	基本类型以轻钢龙骨为骨架，石膏板、埃特板、GRC(玻璃纤维增强水泥)板、FC(纤维水泥加压)平板为面板的隔墙形式。

2. 轻钢龙骨石膏板隔墙

轻钢龙骨石膏板隔墙，是以轻钢龙骨为骨架，以纸面石膏板为墙面材料，在现场组装的分室或分户非承重墙。

（1）使用材料及技术要求

轻钢龙骨石膏板隔墙的使用材料及技术要求，如表 8.1.94 所示。

使用材料及技术要求　　　　　　　　　　　　　　　　　表 8.1.94

序　号	项　目	内　　　容
1	纸面石膏板	纸面石膏板是以半水石膏和面纸为主要原料，掺入适量纤维、胶粘剂、促凝剂、缓凝剂，经料浆配制、成型、切割、烘干而成的一种轻质板材。 纸面石膏板现有品种：普通纸面石膏板、防火石膏板和防水石膏板。除防水石膏板外，一般不宜用于厨房、厕所以及空气相对湿度经常大于 70% 的潮湿环境中。 石膏板的物理性能，见表 8.1.96。纸面石膏板的外形见图 8.1.74，规格见表 8.1.95。
2	轻钢龙骨	轻钢龙骨是以薄壁镀锌钢带或薄壁冷轧退火卷带为原料，经冲压或冷弯而成的轻质隔墙板支承骨架材料。 轻钢龙骨按国家标准《建筑用轻钢龙骨》(GB 11981)，其镀锌量(双面)＞80g/m；平直度：测量≤1mm/m，底面≤2mm/m；荷载：加 160N 静载，5min 后最大残余变形量≤2mm；抗冲击，以 300N 砂袋从 300mm 高处自由落到垫板上，最大残余变形量≤10mm，龙骨不得有明显变形。 轻钢龙骨的规格尺寸，见表 8.1.97

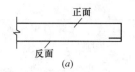
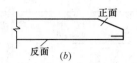
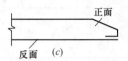

图 8.1.74　纸面石膏板棱边外形

（a）矩形棱边；（b）楔形棱边；（c）45°倒角棱边

纸面石膏板规格　　　　　　　　　　　　表 8.1.95

项次	产　品	规格（mm）		
		长	宽	厚
1	普通纸面石膏板			
2	耐火纸面石膏板	3000	1200	9.5,12,15,25
3	耐水纸面石膏板			
4	博罗石膏板	1220	2440	9.5,12,15

注：本表第1、2、3项为北新建材集团产品；第4项为上海博罗石膏板有限公司产品。

石膏板的物理性能　　　　　　　　　　　　表 8.1.96

名称 项目	普通板				耐水板			耐火板			特种耐火板	
厚度（mm）	9.5	12	15	25	9.5	12	15	9.5	12	15	9.5	12
单位面积重量（kg/m²）	8.5	10.5	13.5	23.0	9.5	12		8.5	10.5	13.5	8.5	10.5
断裂强度（N） 垂直纸纤维	板厚9.5mm＞400；板厚12mm＞500；板厚15mm＞600											
平行纸纤维	板厚9.5mm＞100；板厚12mm＞200；板厚15mm＞250											
燃烧性能	所用为难燃性材料								所用为不燃性材料			
材料耐火极限	5～10min						>30min			>45min		
含水率	＜1%											
吸水率	＜9%											
导热系数	0.194～0.21W/(cm·K)											

轻钢龙骨规格　　　　　　　　　　　　表 8.1.97

名称	规格（mm）	断　面	重量（kg/m）	备　注
横龙骨	50×40×0.6		0.58	墙体和建筑结构的连接构件
	75×40×0.6(1.0)		0.70(1.16)	
	100×40×0.7(1.0)		0.95(1.36)	
	150×40×0.7(1.0)		1.23	
竖龙骨	50×50×0.6 50×45×0.6		0.77	墙体的主要受力构件
	75×50×0.6(1.0) 75×45×0.6(1.0)		0.89(1.48)	
	100×50×0.6(1.0) 100×45×0.6(1.0)		1.17(1.67)	
	150×50×0.7(1.0)		1.45	

名　称	规格(mm)	断　面	重量(kg/m)	备　注
通贯龙骨	38×12×1.0		0.45	竖龙骨的中间连接构件
CH龙骨	厚1.0		2.40	电梯井或其他特殊构造中墙体的主要受力构件
减振龙骨	厚0.6		0.35	受振结构中竖龙骨与石膏板的连接构件
空气龙骨	厚0.5			竖龙骨和外墙板之间的连接构件

注：1. 根据用户要求，可在竖龙骨上冲孔，以便通贯龙骨的横穿装配。
　　2. 适用于（mm）50、75、100、150隔墙系列。

（2）隔墙性能指标

轻钢龙骨石膏板隔墙性能指标，如表8.1.98所示。

隔墙性能指标　　　　　　　　　　　表8.1.98

序　号	项　目	内　容
1	隔声性能	轻钢龙骨石膏板隔墙隔声性能，见表8.1.99
2	耐火性能	轻钢龙骨石膏板隔墙耐火性能，见表8.1.100
3	限制高度	隔墙限制高度，见表8.1.101
4	运输与堆放	（1）场外运输 石膏板宜采用车厢宽度大于2m、长度大于板长的车辆运输。车箱内堆置高度不大于1m。车帮与堆垛之间应留有空隙。板材必须捆紧绑牢。雨雪天运输时，须覆盖严密，防止受潮。 （2）场内运输 宜采用平板手推车。板材装车时须将两块正面朝里，成对码垛，立放侧运，板间不得夹有杂物，以防纸面损伤。装卸时必须轻抬轻放，防止碰撞。 （3）堆放 露天堆放时，应选择地势较高而平坦的场地搭设平台，平台距地面不小于300mm，其上满铺一层油毡，堆垛周围应用苫布遮盖。 室内存放时，应下垫方木或拍子，与地面隔离。湿度较大地区，堆垛表面及四周应涂刷防潮剂。 堆放高度不大于1m，垫木间距不大于60cm。堆垛间空隙不小于30cm。轻钢龙骨应堆放在无腐蚀性危害的室内

轻钢龙骨石膏板内（隔）墙隔声性能表　　　　　　　　表8.1.99

隔墙构造简图	层数	龙骨 (mm)	填棉 (mm)	弹性条	墙厚 (mm)	自重 (kg/m)	隔声量(dB)	
							R_w	STC
	12+12	75	—	—	99	27	37	37
	12+12	75	50	—	99	31	43	43

续表

隔墙构造简图	层数	龙骨 (mm)	填棉 (mm)	弹性条	墙厚 (mm)	自重 (kg/m)	隔声量(dB)	
							R_w	STC
	12+2×12	75	—	—	111	39	41	41
	12+2×12	75	50	—	111	43	46	46
	2×12+2×12	75	—	—	123	51	44	44
	2×12+2×12	75	50	—	123	55	49	48
	2×12+2×12	75	50	有	123	54	50	50
	12+12	50	—	有	74	27	36	37
	12+12	50	50	有	74	31	39	39
	2×12+2×12	50	—	有	98	51	45	45
	2×12+2×12	50	50	有	98	55	48	49
	12+12	100	—	有	124	27	38	38
	12+12	100	50	有	124	31	43	43
	2×12+2×12	100	—	有	148	51	46	46
	2×12+2×12	100	50	有	148	55	51	51
	2×12+2×12	双排 75	50	有	223	56	57	56

注：1. 表中数据为清华大学建筑物理环境检测中心测试结果。

2. 填充材料系密度为 80kg/m³，50mm 厚的岩棉。

3. 目前我国采用的隔墙隔声系数指标为计权隔声量 R_w，它与 ISOR-717 规定的空气声隔声指数 I_a 相当。此外在国外采用的传声等级 STC，系美国标准。

轻钢龙骨石膏板内（隔）墙耐火性能表 表 8.1.100

试件 编号	隔墙结构简图	纸面石膏板性质	填充岩棉(mm)	石膏板层数	隔墙厚度(mm)	判定条件			耐火极限(h)
						失去支持能力	完整性被破坏	背火面温度超限	
1		普通	—	2	99				0.52

续表

试件编号	隔墙结构简图	纸面石膏板性质	填充岩棉(mm)	石膏板层数	隔墙厚度(mm)	判定条件			耐火极限(h)
						失去支持能力	完整性被破坏	背火面温度超限	
2		普通	50	2	99				0.90
3		耐火	50	2	99				1.05
4		普通	—	3	114.5				1.10
5		普通	—	4	123.0				1.10
6		耐火	—	4	123.0				1.50
7		耐火	80	3	145.0				1.50
8		耐火	100	5	160.0				2.00
9		耐火	80	5	175.0				2.82
10		耐火	50	5	130.0				2.95
11		耐火	100	8	290.0				3.00
12		耐火	100	6	240.0				4.00

注：表中数据编号 4～6 为四川消防科学研究所试验结果，其他为国家固定灭火系统和耐火构件质量监督检验中心试验结果。

内（隔）墙限制高度表 表 8.1.101

序 号	竖龙骨形状	龙骨断面 $A \times B \times t$	龙骨间距 (mm)	限制高度(mm)		
				$H_0/120$	$H_0/240$	$H_0/360$
1		$50 \times 50 \times 0.6$	300	4570	3620	3170
			450	3990	3170	2770
			600	3630	2880	2510
2		$2—50 \times 50 \times 0.6$	300	5750	4570	3990
			450	5030	3990	3480
			600	4570	3620	3170
3		$75 \times 50 \times 0.6$	300	6370	5060	4420
			450	5570	4420	3860
			600	5060	4020	3510
4		$2—75 \times 50 \times 0.6$	300	8030	6370	5570
			450	7020	5570	4860
			600	6370	5060	4420
5		$100 \times 50 \times 0.7$	300	7890	6270	5480
			450	6900	5480	4780
			600	6270	4980	4350
6		$2—100 \times 50 \times 0.7$	300	9950	7890	6900
			450	8690	6900	6030
			600	7900	6270	5480

注：本表隔墙两侧系按各贴一层 12mm 厚石膏板考虑。当隔墙两侧各贴两层 12mm 厚石膏板时，其极限高度可按上表提高 1.07 倍；如隔墙仅贴一层 12mm 厚石膏板时，其极限高度可按上表乘以 0.9 系数。

（3）石膏板排列及节点构造

轻钢龙骨石膏板排列及节点构造，如表 8.1.102 所示。

石膏板排列及节点构造 表 8.1.102

序 号	内 容
1	有配件龙骨体系隔墙，龙骨和石膏板排列，见图 8.1.75。
2	无配件龙骨体系隔墙，龙骨和石膏板排列，见图 8.1.76。
3	墙体相互连接做法，见图 8.1.77。
4	隔墙与门窗口的连接，见图 8.1.78、图 8.1.79。
5	滑动连接构造与墙、顶、地连接构造，见图 8.1.80

注：在估计由于结构走动而容易发生开裂的地方，用金属镶边包住板边；在和顶部连接时，石膏板只与竖龙骨连接，不可与横龙骨连接。在和墙（柱）连接时，只与临墙的第 2 根龙骨连接，不得固定在第 1 根龙骨上。

（4）施工要点及接缝处理

轻钢龙骨石膏板隔墙的施工要点及接缝处理，如表 8.1.103 所示。

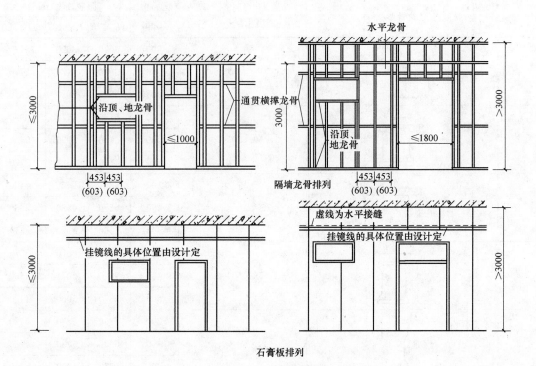

图 8.1.75   有配件龙骨体系龙骨与石膏板排列

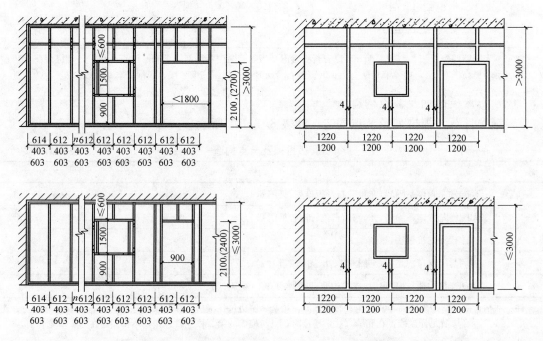

图 8.1.76   无配件龙骨体系龙骨与石膏板排列

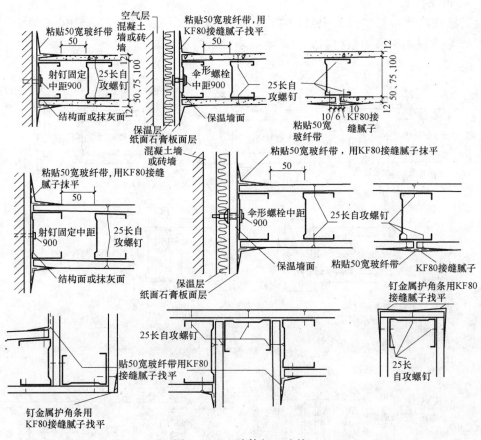

图 8.1.77 墙体相互连接

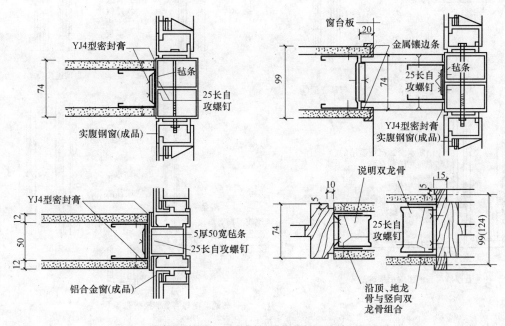

图 8.1.78 隔墙与钢、铝窗的连接

3. 轻钢龙骨埃特板隔墙

埃特板由广州埃特尼特有限公司生产，具有防水、不燃、隔声、防虫蛀、耐腐蚀等特点，可作为吊顶和隔墙面板材料，其基本要求如下所示。

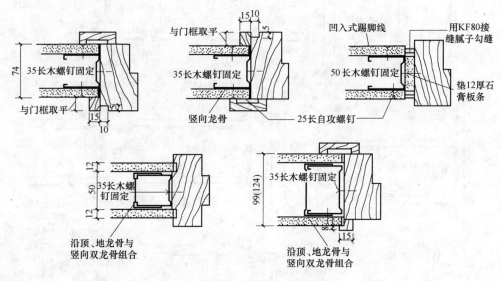

图 8.1.79　隔墙与木门的连接

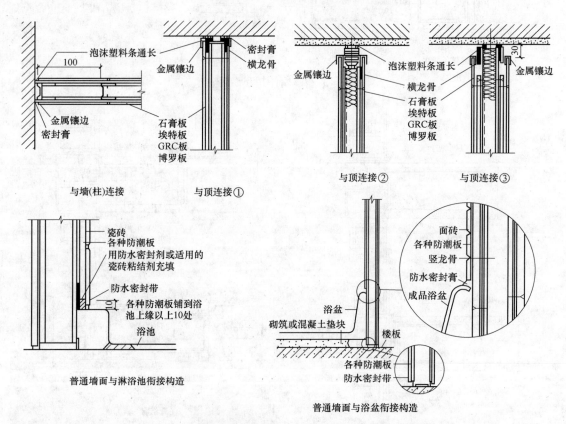

图 8.1.80　滑动连接构造与墙、顶、地连接构造示意图

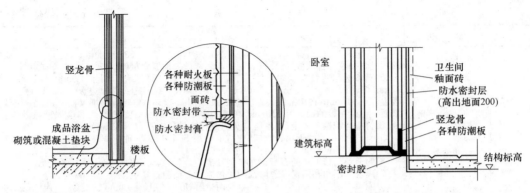

注:各种耐火板层数根据耐火极限选定。

有防火要求墙面与浴盆衔接构造

墙体防水渗透构造

图 8.1.80　滑动连接构造与墙、顶、地连接构造示意图（续）

施工要点及接缝处理　　　　　　　　　　　　　　　　表 8.1.103

序　号	项　目	内　　容
1	基本要求	轻钢龙骨安装的基本要求: (1)应按弹线位置固定沿地、沿顶龙骨及边框龙骨,龙骨的边线应与弹线重合。龙骨的端部应固定牢固,龙骨与基体的固定间距应不大于1m。 (2)安装竖向龙骨应垂直,龙骨间距应符合设计要求。潮湿房间和钢板网抹灰墙,龙骨间距不宜大于400mm。 (3)安装支撑龙骨时,应先将支撑卡安装在竖向龙骨的开口方向,卡距宜为400～600mm,距龙骨两端的距离宜为20～25mm。 (4)安装贯通系列龙骨时,低于3m的隔墙安装一道,3～5mm隔墙安装两道。 (5)饰面板横向(水平)接缝处不在沿地、沿顶龙骨上时,应加横撑龙骨固定。 (6)门窗或特殊节点处安装附加龙骨应符合设计要求。
2	踢脚处理	当设计采用水泥、水磨石、大理石踢脚板时,墙的下端应做墙垫;如采用木或塑料等踢脚板时,则墙的下端可直接与地面连接,两种踢脚板均可采用凹入式或凸出式处理(图8.1.81)。
3	轻钢龙骨安装	轻钢龙骨安装。隔墙骨架的安装,见图8.1.82。 (1)先将边框龙骨(沿地、沿顶龙骨和沿墙柱龙骨)和主体结构固定。固定前,在沿地、沿顶龙骨与地、顶面接触处,先要铺填一层橡胶条或沥青泡沫塑料条。 (2)边框龙骨与主体结构的固定(图8.1.83),可采用射钉或电钻打眼塞膨胀螺栓,一般可采用射钉。射钉按中距0.6～1m的间距布置,水平方向不大于0.8m,垂直方向不大于1m。射钉射入基体的最佳深度;混凝土基体为22～32mm,砖砌体基体为30～50mm。 (3)对已确定的龙骨间距,在沿地、沿顶龙骨上分挡画线,竖向龙骨应由墙开始排列。当隔墙上设有门(窗)时,应从门(窗)口一侧或两侧开始。当最后1根龙骨距离墙(柱)边的尺寸大于规定的龙骨间距时,必须增设1根龙骨。龙骨的上下端除有规定外,一般应与沿地、沿顶龙骨用铆钉或自攻螺钉固定(图8.1.84)。 (4)安装竖向龙骨,根据所确定的龙骨间距就位。竖向龙骨应按要求长度预先进行切割,切割口留在上端,且上下方向、冲孔位置不能颠倒,并保证冲孔高度在同一水平。 (5)安装门口立柱时,要根据设计确定的门口立柱形式进行组合,在安装立柱的同时,应将门口与立柱一并就位固定。 (6)当隔墙高度超过石膏板的长度时,应设水平龙骨,一般有以下几种连接方式: (a)采用沿地、沿顶龙骨与竖向龙骨连接;(b)采用竖向龙骨用卡托和角托连接于竖向龙骨(图8.1.85)。 (7)通贯横撑龙骨必须与竖向龙骨的冲孔保持在同一水平上,并卡紧牢固,不得松动。 (8)当隔墙中设置配电盘、消火栓、脸盆、水箱时,各种附墙设备及吊挂件,均应按设计要求在安装骨架时预先将连接件与骨架件连接牢固。
4	石膏板安装	安装石膏板之前,应检查骨架牢固程度,应对预埋墙中的管道、填充材料和有关附墙设备采取局部加强措施,进行验收并办理隐检手续,经认可后方可封板。 (1)石膏板可以横向或纵向铺设,但有防火要求墙体必须纵向铺设(即石膏板的包封边与竖龙骨平行)。横向铺设时不要加竖龙骨间的横梁,应尽可能使石膏板短边落在骨架上,否则必须加背衬石膏板。纵向铺时板的长边接缝必须落在竖龙骨上。 (2)石膏板应在无应力状态下安装,不得强压就位。安装应从中部向四周固定。 (3)石膏板对接缝应错开,隔墙两面的板横向接缝也应错开;墙两面的接缝不能落在同1根龙骨上。凡实际上可采用石膏板全长的地方,应避免有接缝,可将板固定好再开孔洞。

序　号	项　目	内　容
4	石膏板安装	(4)安装石膏板时,板与周围基体应松散地吻合,应留有<3mm的槽口,先将6mm左右的嵌缝膏加注好再放板,挤压嵌缝膏使其和邻近表面紧紧接触,然后按常规方式钉板。 (5)石膏板与龙骨应采用十字头自攻螺钉固定。螺钉长度,用于12mm厚石膏板为25mm长;用于两层12mm厚的石膏板为35mm长。螺钉距石膏板边缘(即在纸面所包的板边)至少10mm,在切割的边端至少15mm(图8.1.86),螺帽应略埋入板内,但不得损坏纸面。钉距在板的四周为250mm,在板的中部为300mm。如石膏板与金属减振条连接时,螺钉应与减振条固定(切不可与竖向龙骨连接),钉距为200mm。 如面板与底板连接不用自攻螺钉时,也可用SG791胶粘剂将面板直接粘于底板上,粘结厚度以2～3mm为宜。 (6)为避免门口上角的石膏板在接缝处出现开裂,其两侧面板应采用刀把形板。 (7)隔墙的阳角和门窗口边选用边角方正无损的石膏板。 (8)隔墙下端的石膏板不应直接与地面接触,应留有10～15mm的缝隙,隔声墙的四周应留有5mm的缝隙,所有缝隙均用YJ4型密封膏嵌严。 (9)位于卫生间等潮湿房间的隔墙,应采用防水石膏板。其构造做法应严格按设计要求进行施工。隔墙下端应做墙垫并在石膏板的下端嵌YJ4型密封膏,缝宽不小于5mm。 (10)墙面接缝为暗缝时,可采用楔形棱边石膏板,明缝则可采用矩形棱边石膏板。 (11)隔墙骨架上设置的各种附属设备的连接件,在石膏板安装后,应在板面做出明显标记。
5	接缝处理	(1)凡墙面损坏暴露石膏部分,应先将浮灰扫净,用10%浓度的108胶水溶剂涂刷一遍,干燥后进行修补及嵌缝。若墙面局部破坏,则应按图8.1.88进行修复。 (2)石膏板墙面接缝处理主要有:无缝(暗缝)、压缝、控制缝和明缝几种处理方法。无缝处理是采用石膏腻子和接缝纸带抹平;压缝处理,是用木压条、金属压条或塑料压长压在缝隙处;控制缝处理,当隔墙长度约12m时,则应设置;明缝处理,是在压接缝处压进金属压条或塑料压条(图8.1.89)。 采用无缝处理,应选用有倒角的石膏板;明缝和压缝处理,应选用无倒角的石膏板。 目前采用较多的处理方法是无缝处理,步骤如下: 1)刮嵌缝腻子。将缝内浮土清除干净,用小刮刀把腻子嵌入板缝与板面填实刮平; 2)粘贴接缝玻纤带。待嵌缝腻子终凝,用稠度较稀的底层腻子在接缝处薄薄刮一层,宽约60mm左右,厚约1mm,随即用贴纸器粘贴接缝玻纤带(图8.1.87),用刮刀由上而下一个方向用劲刮平压实,赶出腻子与玻纤带间的气泡; 3)中层腻子。紧接着在玻纤带上刮一层宽80mm左右、厚约1mm的腻子,将玻纤带埋入腻子层中。 4)找平腻子。待腻子凝固后,再用刮刀将腻子填满楔形槽与板面平。 嵌缝腻子宜略稀。石膏粉结块者应过筛,以利拌合、操作。每次拌合的腻子不宜过多,以在初凝前用完为好。当接缝玻纤带发硬时,可浸水泡软后取出,甩出滴水后再使用。三道工序必须连续操作,以免产生接缝带粘结不实和翘边现象

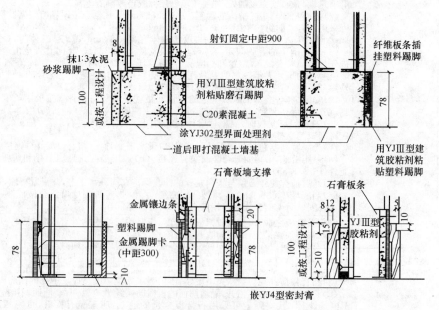

图8.1.81　隔墙踢脚线做法

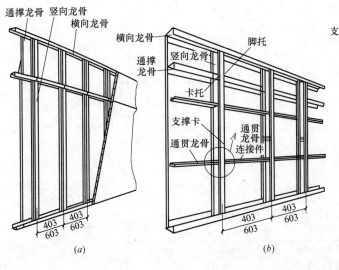

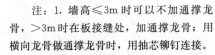

A部放大

注：1. 墙高≤3m 时可以不加通撑龙骨，>3m 时在板接缝处，加通撑龙骨；用横向龙骨做通撑龙骨时，用抽芯铆钉连接。

2. 竖向龙骨间距为 403mm、603mm 时，用于石膏板隔墙，612mm 时用于埃特板隔墙。

图 8.1.82　隔墙龙骨安装示意图

(a) 无配件体系：竖向龙骨不冲孔，不加通贯龙骨；(b) 有配件体系：竖向龙骨按用户要求尺寸冲孔，加通贯龙骨

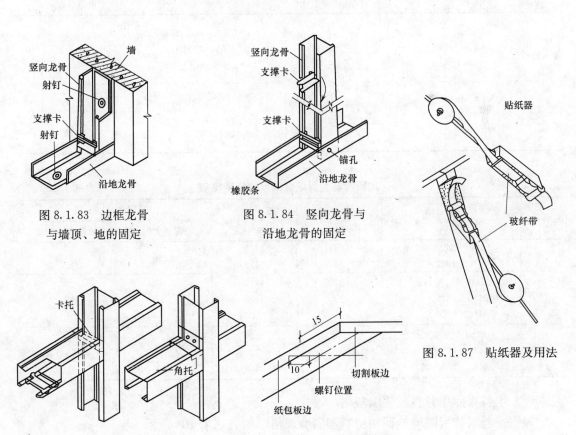

图 8.1.83　边框龙骨与墙顶、地的固定

图 8.1.84　竖向龙骨与沿地龙骨的固定

图 8.1.87　贴纸器及用法

图 8.1.85　竖向龙骨用卡托和角托连接

图 8.1.86　螺钉距石膏板边缘要求

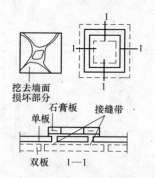

图 8.1.88 墙面局部破坏修复示意图

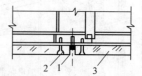

图 8.1.89 明缝处理
1—铝合金压条；2—自攻螺钉；3—纸面石膏板

埃特板使用材料和隔墙规格　　　　表 8.1.104

序 号	项 目	内 容
1	龙骨规格	轻钢龙骨的规格尺寸见表 8.1.105。
2	隔墙规格	组合后的隔墙规格见表 8.1.106

龙骨规格尺寸表　　　　表 8.1.105

名称	编号	主配件断面	断面尺寸 $A×B×t$(mm)	重量(kg/m)
沿顶、沿地龙骨或横撑龙骨	C50-1		50×40×0.60	0.63
	C75-1		75×40×0.60	0.73
	C100-1		100×40×0.60	0.85
竖龙骨	C50-2		50×50×0.60	0.79
	C75-2		75×50×0.60	0.91
	C100-2		100×50×0.60	1.02

埃特板与龙骨组合的埃特板隔墙表　　　　表 8.1.106

龙骨系列	埃特板规格(mm)	埃特板墙厚(mm)	重量(kg/m²)	适用高度(mm) 人流密度大的地方	人流密度小的地方
C50	2440×1220×8	66	17.3	2750	3000
	2440×1220×10	70	21.2		
C75	2440×1220×8	91	17.7	3000	3350
	2440×1220×10	95	21.5		
	2440×1220×12	99	25.3		
C100	2440×1220×8	116	18	3500	4000
	2440×1220×10	120	22		
	2440×1220×12	124	25.6		

（1）埃特板使用材料及隔墙规格

轻钢龙骨埃特板隔墙的使用材料和隔墙规格，如表 8.1.104 所示。

（2）埃特板隔墙种类及性能指标

轻钢龙骨埃特板隔墙种类及性能指标，如表 8.1.107 所示。

隔墙种类及性能指标   表 8.1.107

序 号	项 目	内 容
1	普通隔墙	普通埃特墙系列(NP$_{1\sim9}$),见表 8.1.108
2	特殊隔墙	(1)防火埃特墙见表 8.1.109 (2)隔声埃特墙见表 8.1.110 (3)保温及隔热埃特墙见表 8.1.111

普通埃特墙系列（NP$_{1\sim9}$）   表 8.1.108

墙代号	龙骨号	板厚(mm)	墙厚(mm)	重量(kg/m²)	防火(h)	隔声(dB)	静载(N)	冲击(N)	允许高度(mm)
NP$_1$	C50	8	66	19.0	0.37	32	960	300	2700
NP$_2$	C50	10	70	23.0	~	36			
NP$_3$	C50	12	74	27.1	0.50	38			
NP$_4$	C75	8	91	19.3	0.40	34	800	300	4000
NP$_5$	C75	10	95	23.4	~	38			
NP$_6$	C75	12	99	27.5	0.47	39	640	300	4500
NP$_7$	C100	8	116	19.6	0.32	36	480	300	5000
NP$_8$	C100	10	120	23.7	~	40			
NP$_9$	C100	12	124	27.8	0.50	42			

防火埃特墙（FP$_{1\sim3}$）   表 8.1.109

墙代号	耐火等级(h)	墙厚(mm)	重量(kg/m²)	静载(N)	冲击(N)	允许高度(mm)
FP$_1$	0.93	66	23	960	300	2700
FP$_2$	1.50	107	30	800	300	4000
FP$_3$	2.00	148	60			

隔声埃特墙（SP$_{1\sim3}$）   表 8.1.110

墙代号	隔声等级(dB)	墙厚(mm)	重量(kg/m²)	静载(N)	冲击(N)	允许高度(mm)
SP$_1$	44	91	36.9			
SP$_2$	47	120	43.6	640	300	5500
SP$_3$	54	140	47.5			

保温及隔热埃特墙（TP$_{1\sim4}$）   表 8.1.111

墙代号	传热系数 [W/(m²·K)]	热阻 (m²·K/W)	墙厚(mm)	重量(kg/m²)	静载(N)	冲击荷载 (N)	允许高度 (mm)
TP$_1$	2.31	0.283	91	19.3	800	300	4000
TP$_2$	0.48	1.925	91	25.0	800	300	4000
TP$_3$	0.46	2.045	120	32.0			
TP$_4$	0.40	2.380	107	42.0	960	300	4500

注：1. 耐火等级是由国家固定灭火系统和耐火构件质量监督检验中心检验。

2. 保温、隔热、隔声等级是由中国建筑科学研究院建筑物理研究所检验。

3. 静载、冲击荷载是由国家建筑工程质量监督检验测试中心检测一部检验、静载、冲击荷载国家标准：静载：160N；残余变形：≤2mm；冲击荷载：300N；残余变形：≤10mm。

4. 埃特墙的防潮性：埃特板的含水率≤10%～12%；吸湿率≤8%，在厨房、卫生间等长期潮湿的地方用埃特墙可保持稳定的防潮性能。

5. 埃特墙无毒无害：经测试，已确认埃特板在使用中无毒无害无辐射，对人体及动物无害。在火灾的情况下也不会产生有害气体。

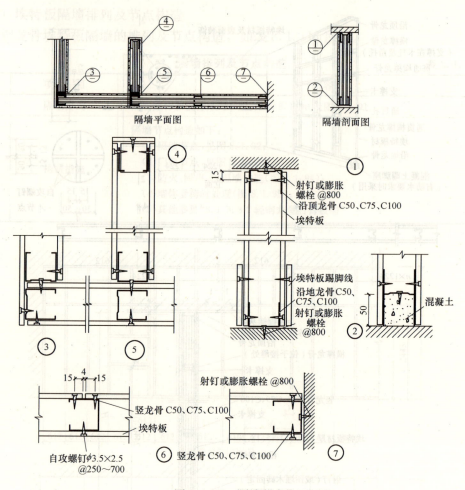

图 8.1.92 隔墙节点

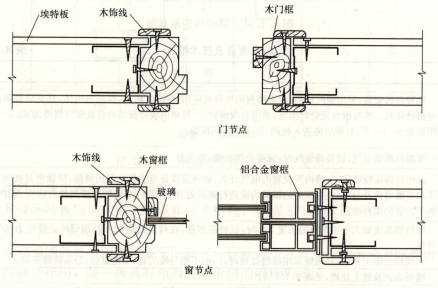

图 8.1.93 门窗节点

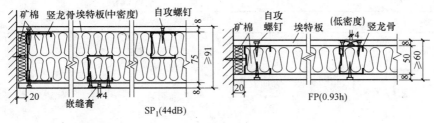

SP₁(44dB)

防火、隔声

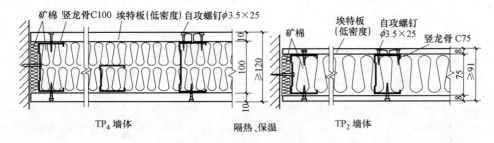

TP₄墙体   隔热、保温   TP₂墙体

图 8.1.94 防火、隔声、保温墙构造

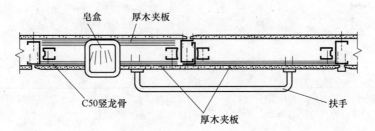

墙体承受轻物构造

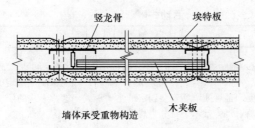

墙体承受重物构造

图 8.1.95 墙体承受荷载时构造示意图

埃特墙的表面及缝口处理   表 8.1.114

名称	简 图	饰 面	要 求	备 注
暗缝 1		可作各种饰面,如涂料,贴壁纸等	1. 需要用嵌缝膏对缝口进行三道工序的缝口处理; 2. 施工现场温度>5℃; 3. 板厚≥8mm。	三道工序: 1. 将嵌缝料充分填入缝内再贴上 40mm 宽的穿孔纸带,并在纸带表面用嵌缝找平。 2. 嵌缝料干透后,磨光接缝表面抹第二层嵌缝料找平。 3. 再次干透后磨光接缝面。

续表

名称	简　图	饰　面	要　求	备　注
暗缝2		可贴壁纸、装饰面板、墙砖等	1. 缝口需要进行二道工序的嵌缝处理； 2. 贴壁纸可用墙纸粉； 3. 贴饰面板可用木工胶或乳胶； 4. 贴墙砖可用瓷砖胶。	二道工序： 1. 将嵌缝料填满接缝； 2. 干透后磨光接缝面。
明缝1		可用涂料、贴壁纸、装饰面板等	1. 缝口要求整齐； 2. 装饰条要求平整、垂直。	此方法施工简单,安装较快
明缝2		可用涂料	1. 缝口要整齐、宽窄一致； 2. 板边要平直	

注：1. 埃特板表面做饰面前最好先在板上涂上 1～2 层防水涂料（如：用有机硅防水涂料来满足设计防潮要求）。
　　2. 埃特墙板的缝口处理除"留 4mm"做法外，一般板与板之间可不留缝。

1. 活动式隔断墙

活动式隔断墙的特点及固定形式，如表 8.1.115 所示。

活动式隔断墙　　　　　　　　　　　　　　　　　　　　表 8.1.115

序号	项　目	内　容
1	隔断特点	这种隔断墙是可以随意闭合或打开，使相邻的空间随之独立或合成一个大空间。 　　这种隔断使用灵活，在关闭时同隔墙一样能够满足限定空间、隔声和遮挡视线等要求，是目前轻质隔断安装固定的主要形式。这种形式的隔断大多都设有滑轮、导轨和隔扇构成的,基本上可分为悬吊导向式固定、支承导向式固定。
2	固定形式	(1)悬吊导向式固定 　　悬吊导向式固定方式，是在隔板的顶面安设滑轮，并与上部悬吊的轨道相连，如此构成整个上部支承点，滑轮的安装应与隔板的垂直轴保能自由转动的关系，以便隔板能随时调整改变自身的角度。在隔板的下部不需设置导向轨，仅对隔板与楼地面之间的缝隙，采用适当方法予以遮盖，如图 8.1.96 所示。 　　(2)支承导向式固定 　　这种固定方法与悬吊导向式固定基本相似。所不同的是在这种支承导向式构造中，滑轮是装于隔板的底面的下墙，与楼地面的轨道共同构成下部支承点，起支承隔板重量并保证隔板移动与转动的作用。在隔板的顶面上，则安装了导向杆，其目的是防止隔板的晃动，以使隔板在受到推力时能够保持稳定。这种方式由于可省掉悬吊系统，构造更趋向简单,所以应用十分广泛,见图 8.1.97

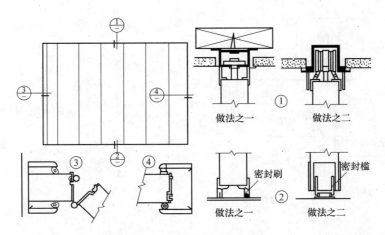

图 8.1.96　悬吊导向式隔断

2. 硬质折叠式隔断

硬质折叠式隔断的特点及折叠方式，如表 8.1.116 所示。

硬质折叠式隔断　　　　　　　　　表 8.1.116

序号	项目	内容
1	单面硬质折叠式隔断	这种隔断的隔扇上部滑轮可以设在顶面的一端，即隔扇的边梃上，也可以设在顶面的中央。当设在一端时，由于隔扇的重心与作为支承点的滑轮不在同一条直线上，必须在平顶与楼地面上同时设轨道，以免隔扇受水平推力的作用而倾斜。如果把滑轮设在隔扇顶面正中央，由于支撑点与隔扇的重心位于同一条直线，楼地面上不需再设轨道。当采用手动开关时，可取五扇或七扇，如果扇数过多，需用机械开关。隔扇之间用铰链连接，少数隔断也可两扇一组地连接起来，见图 8.1.98。 上部滑轮的形式较多。隔扇较重时，可采用带有滚珠轴承的滑轮，隔扇较轻时，可采用带有金属轴套的尼龙滑轮或滑钮(图 8.1.99)。上部轨道的断面可呈箱形或 T 形，它们都是用钢、铝制成的。 隔断的下部装置与隔断本身的构造及上部装置有关。当上部滑轮设在隔扇顶面的一端时，楼地面上要相应地设轨道，隔扇底面要相应地设滑轮，构成下部支承点。这种轨道的断面多数是 T 形的(图 8.1.100)。如果隔扇较高，可在楼地面上设置导向槽，在隔扇的底面相应地设置中间带凸缘的滑轮或导向杆，防止在启闭的过程中间侧向摇摆(图 8.1.100*b*、*c*)。
2	双面硬质折叠式隔断	这种隔断可以有框架或无框架。有框架就是在双面隔断的中间设置若干个立柱，在立柱之间设置数排金属伸缩架(图 8.1.101)。伸缩架的数量依隔断的高度而定，少则一排，多则两排到三排。 框架两侧的隔板大多由木板或胶合板制成。当采用木质纤维板时，表面宜粘贴塑料饰面层。相邻隔板多靠密实的织物(帆布带、橡胶带等)沿整个高度方向连接在一起，同时，还要将织物或橡胶带等固定在框架的立柱上

3. 帷幕式隔断

帷幕式隔断，如表 8.1.117 所示。

帷幕式隔断　　　　　　　　　表 8.1.117

序号	内容
1	帷幕式隔断分隔室内空间，既可少占使用面积，又能满足遮挡视线的要求，现代应用于住宅、旅店和医院，见图 8.1.102。
2	按帷幕的材料不同，帷幕式隔断可分为两类：一类是用棉、麻、丝织物或人造革等制成；第二类是用竹片、铝片等制成。
3	图 8.1.103 是常见的用于帷幕式隔断的各种滑轨

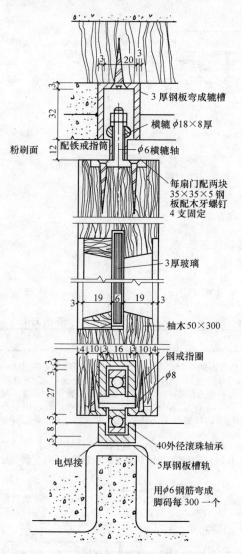

图 8.1.97   底部支撑导向式隔断构造示意

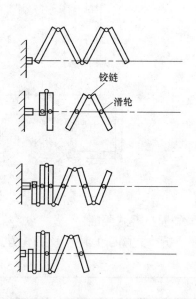

图 8.1.98   滑轮和铰链的位置示意图

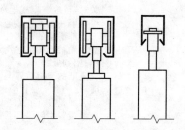

图 8.1.99   滑轮的不同类型示意图

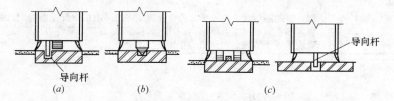

图 8.1.100   隔断的下部装置示意图

8.1.3.5   玻璃隔断墙

1. 玻璃木隔墙

（1）隔墙特点及材料要求

玻璃木隔墙特点及材料要求，如表 8.1.118 所示。

（2）隔墙构造

玻璃木隔墙有落地玻璃木隔墙和带窗台玻璃木隔墙。具体构造要求如表 8.1.119 所示。

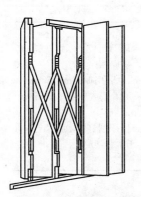

图 8.1.101 有框架的双面硬质隔断示意图

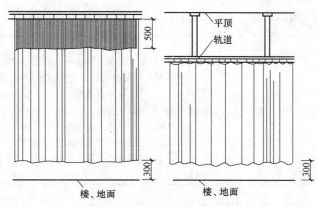

图 8.1.102 帷幕式隔断

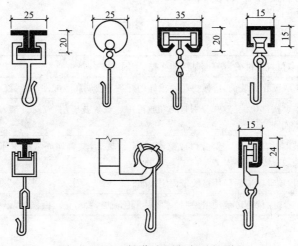

图 8.1.103 帷幕式隔断各种轨道

隔墙特点及材料要求 表 8.1.118

序 号	项 目	内 容
1	隔墙特点	玻璃花格透式隔断外观光洁明亮,并具有一定的透光性。可根据需要选用彩色玻璃、刻花玻璃、压花玻璃、玻璃砖等,或采用夹花、喷漆等工艺。
2	材料要求	玻璃可选用平板玻璃进行磨砂、银光刻花、夹花或选用彩色玻璃、玻璃砖、压花玻璃、有机玻璃等。金属材料、木材,主要做支承玻璃的骨架和装饰条。钢筋,用于玻璃砖花格墙的拉结

隔墙构造 表 8.1.119

序 号	项 目	内 容
1	落地玻璃木隔墙	落地玻璃木隔墙由木框架、玻璃及门扇等组成。木框架支承在踢脚上,踢脚一般用普通黏土砖砌三皮高,两侧面抹灰。 (1)木框架的分格内装玻璃,玻璃高度小于 1m 时,厚度约 3mm;玻璃高度在 1m 以上时,厚度为 5mm。玻璃用木压条固定。门扇可采用镶板门、胶合门或玻璃门等。 (2)木框架与两侧墙体固定方法是:在墙体内每隔 500mm 预埋防腐木砖(砖墙用 60mm×120mm×120mm 木砖;混凝土墙用 60mm×60mm×60mm 木砖),用圆钉将木框架钉牢于防腐木砖上。 (3)木框架与混凝土楼板固定方法是:在楼板内预埋 φ6 螺栓(带丝扣),螺栓长 150mm,中距 500mm,木框架钻孔套入螺栓后加螺帽拧紧,也可用射钉或膨胀螺栓固定。 (4)木框架与踢脚固定方法是:在踢脚内预埋 60mm×120mm×120mm 防腐木砖,中距 900mm,用圆钉将木框架钉牢于防腐木砖上。

续表

序号	项目	内容
2	带窗台玻璃木隔墙	(1)带窗台玻璃木隔墙由木框架、玻璃、门扇及窗台墙等组成。木框架、玻璃、门扇的构造要求及木框架与墙体、楼板固定方法与落地玻璃木隔墙相同。 (2)窗台墙可用普通黏土砖砌半砖厚,两侧面抹灰,也可用 80mm×50mm 木料做成骨架,其两侧钉胶合板。窗台墙为砌砖时,窗台板可采用木板或预制水磨石板。窗台墙为胶合板时,窗台板只能用木板。窗台高一般为 900mm。 (3)木框架与窗台墙固定方法是:当窗台墙为砖墙时,用圆钉将木框架钉牢于墙内防腐木砖上;当窗台墙为胶合板时,用圆钉将木框架钉牢于木骨架的上档上

(3) 施工要点

玻璃木隔墙的施工要点,如表 8.1.120 所示。

施 工 要 点 表 8.1.120

序号	内容
1	墙位放线清晰,位置应准确。隔墙基层应平整、牢固。
2	拼花彩色玻璃隔断在安装前,应按拼花要求计划好各类玻璃和零配件需要量。
3	把已裁好的玻璃按部位编号,并分别竖向堆放待用。安装玻璃前,应对骨架、边框的牢固程度进行检查,如有不牢固应予加固。
4	用木框安装玻璃时,在木框上要裁口或挖槽,其上镶玻璃,玻璃四周常用木压条固定。压条应与边框紧贴,不得弯棱、凸鼓。
5	用铝合金框时,玻璃镶嵌后应用橡胶带固定玻璃。
6	玻璃安装后,应随时清理玻璃面,特别是冰雪片彩色玻璃,要防止污垢积淤,影响美观

2. 玻璃砖隔墙

(1) 隔墙特点及材料规格

玻璃砖隔墙特点及材料规格,如表 8.1.121 所示。

隔墙特点及材料规格 表 8.1.121

序号	项目	内容
1	隔墙特点	玻璃砖亦称玻璃半透花砖,是目前较新颖的装饰材料。其形状是方扁体空心的玻璃半透明体,其表面或内部有花纹出现。玻璃砖以砌筑局部墙面为主,其特色是可以提供自然采光,而兼能隔热、隔声和装饰作用,其透光与散光现象所造成的视觉效果,非常富于装饰性(图 8.1.104)。
2	材料规格	(1)玻璃砖:亦称玻璃半透花砖,是目前较新颖的装饰材料。 有空心砖和实心砖两种。空心砖是由两块玻璃在高温下封接制成,中间充以干燥空气,具有优良的保温隔声、抗压耐磨、透光折光、防火避潮性能,主要用于砌筑透光墙壁、楼面,其部分产品主要技术参数见表 8.1.122。 (2)水泥:宜用 32.5 级或以上普通硅酸盐白水泥。 (3)砂子:选用筛余的白色砂砾,粒径为 0.1~1.0mm,不含泥及其他颜色的杂质。 (4)掺和料:白灰膏、石膏粉、胶粘剂。 (5)其他材料:墙体水平钢筋、玻璃丝毡或聚苯、槽钢

<table>
<tr><th colspan="3">规格(mm)</th><th rowspan="2">耐压性
(最小值 N/mm²)</th><th rowspan="2">传热系数
[W/(m²·K)]</th><th rowspan="2">重量
(kg/块)</th><th rowspan="2">隔声
(dB)</th><th rowspan="2">透光率
(%)</th></tr>
<tr><th>长</th><th>宽</th><th>高</th></tr>
<tr><td>190</td><td>190</td><td>80</td><td>7.5</td><td>2.73</td><td>2.4</td><td>40</td><td>81</td></tr>
<tr><td>240</td><td>115</td><td>80</td><td>6.0</td><td>2.91</td><td>2.1</td><td>45</td><td>77</td></tr>
<tr><td>240</td><td>240</td><td>80</td><td>7.5</td><td>2.67</td><td>4</td><td>40</td><td>85</td></tr>
</table>

玻璃砖规格性能 表 8.1.122

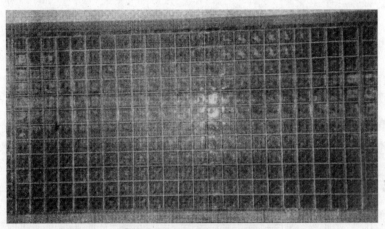

图 8.1.104 玻璃砖隔墙

（2）镶嵌形式及砌筑要点

玻璃砖隔墙的镶嵌形式及砌筑要点，如表 8.1.123 所示。

镶嵌形式及砌筑要点 表 8.1.123

序号	项目	内容
1	镶嵌形式	玻璃砖镶嵌形式基本有以下四种： （1）用厂形不锈钢板或其他高级金属板镶嵌、封边（图 8.1.105a）； （2）用匚形不锈钢板或其他高级金属板镶嵌、封边（图 8.1.105b）； （3）用不锈钢平板或其他金属平板镶嵌、封边（图 8.1.105c）； （4）墙体开槽，将玻璃砖镶嵌入槽内（图 8.1.105d）； 另外，用木线脚饰条封边（图 8.1.106）。
2	砌筑要点	玻璃砖砌体组砌方法采用十字缝立砖砌法。 （1）排砖 根据弹好的位置线，首先要认真核对玻璃砖墙长度尺寸是否符合排砖模数。如不符合，可调整隔墙两侧的槽钢或木框的厚度及砖缝的厚度，但隔墙两侧调整的宽度要保持一致，并与隔墙上部槽钢调整后的宽度也要尽量保持一致。 （2）挂线 砌筑第一层双面挂线。如玻璃砖隔墙较长，则应在中间多设几个支线点，每层玻璃砖砌筑时均需挂平线。 （3）砌筑要点 1）玻璃砖采用白水泥：细砂＝1：1 水泥浆，或白水泥：108 胶＝100：7 水泥浆（重量比）砌筑。白水泥浆要有一定的调度，以不流淌为好。 2）按上、下层对缝的方式，自下而上砌筑。 3）为了保证玻璃砖墙的平整性和砌筑方便，每层玻璃砖在砌筑之前，宜在玻璃砖上放置垫木块（图 8.1.107）。其长度有两种：玻璃砖厚度为 50mm 时，木垫块长 35mm 左右；玻璃砖厚度为 80mm 时，木垫块长 60mm 左右。每块玻璃砖上放 2 块（图 8.1.108），卡在玻璃砖的凹槽内。 （4）砌筑时，将上层玻璃砖下压在下层玻璃砖上，同时使玻璃砖的中间槽卡在木垫块上，两层玻璃砖的间距为 5～8mm（图 8.1.109），缝中承力钢筋间隔小于 650mm，伸入竖缝和横缝，并与玻璃砖上下、两侧的框体和结构体牢固连接（图 8.1.110）。 （5）每砌完一层后，要用湿布将玻璃砖面上沾着的水泥浆擦去。 （6）玻璃砖墙砌筑完后，立即进行表面勾缝。先勾水平缝，再勾竖缝，缝的深度一致

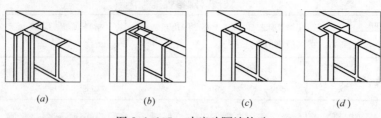

图 8.1.105 玻璃砖隔墙构造

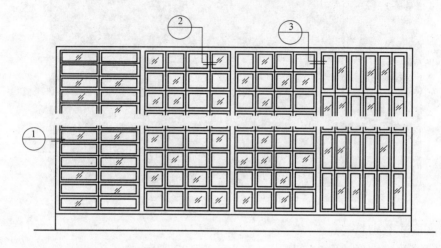

墙体剔槽,120×60×6
不锈钢板,中距 1000
60×60×5 不锈扁钢,竖向中距 1000
硬木线脚饰条收边
用平头机螺钉与槽钢锚牢
30×45×45 防腐
木块,预留φ8洞

φ6竖向加强钢筋,每条砖缝
1 根,钢筋两端套丝
φ6横向加强钢筋,每皮玻璃
砖 1 根,钢筋两端套丝
1:1 白水泥石英彩
砂浆灌严、勾缝

65×40×4.8槽钢,通长,按空
心砖规格行距预留φ8 孔
YD32S8 射钉
原有砖墙或钢筋混凝土墙

65×40×4.8不锈钢小柱
硬木线脚饰条收边
用平头机螺钉与不锈钢小柱锚牢

图 8.1.106 用木线封边构造

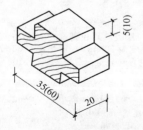

图 8.1.107 砌筑玻璃砖时的木垫块

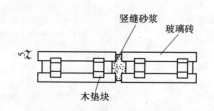

竖缝砂浆
玻璃砖
木垫块

图 8.1.108 玻璃砖的安装方法

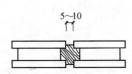

图 8.1.109 玻璃砖上下层的安装位置

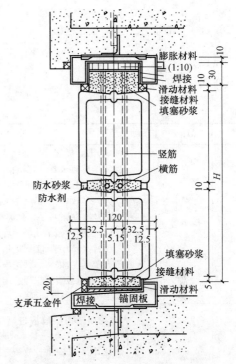

图 8.1.110 玻璃砖墙砌筑组合图

（3）施工准备及注意事项

玻璃砖隔墙的施工准备及注意事项，如表 8.1.124 所示。

施工准备及注意事项 表 8.1.124

序号	项目	内容
1	施工准备	(1)根据需砌筑玻璃砖隔墙的面积和形状计算玻璃砖的数量和排列次序。两玻璃砖对砌砖缝的间距为 5～10mm。 (2)根据玻璃砖的排列做出基础底脚，底脚通常厚度为 40mm 或 70mm，即略小于玻璃砖的厚度。 (3)将与玻璃砖隔墙相接的建筑墙面的侧边整修平整垂直。 (4)如玻璃砖是砌筑在木质或金属框架中，则应先将框架固定好。 (5)做好防水层及保护层。用素混凝土或垫木找平并控制好标高。 (6)在玻璃砖墙四周弹好墙身线，在墙下面弹好摆底砖线，按标高立好皮数杆，皮数杆的间距以 15～20m 为宜。
2	注意事项	(1)玻璃砖不要堆放过高防止打碎伤人。 (2)玻璃砖隔墙砌筑完后，在距玻璃砖墙两侧各约 100～200mm 处搭设木架，防止玻璃砖隔墙遭到磕碰。 (3)水平砂浆要铺得稍厚一些，慢慢挤揉，立缝灌砂浆一定要捣实，勾缝时要勾严，以保证砂浆饱满。 (4)玻璃砖墙宜以 1.5m 高为一个施工段，待下部施工段胶结材料达到设计强度后再进行上部施工。 (5)当玻璃砖墙面积过大时应增加支撑。玻璃砖墙的骨架应与结构连接牢固

8.1.4 饰面板（砖）工程设计

8.1.4.1 基本规定

饰面板（砖）工程的基本规定，如表8.1.125所示。

基本规定 表8.1.125

编号	项目	内容
1	一般规定	(1)饰面板(砖)装饰工程应在墙面隐蔽及抹灰工程、吊顶工程已完成并经验收后进行。当墙体有防水要求时，应对防水工程进行验收。 (2)采用湿作业法铺贴的天然石材应作防碱背涂处理。 (3)在防水层上粘贴饰面砖时，粘结材料应与防水材料的性能兼容。 (4)墙、柱面面层应有足够的强度，其表面质量应符合国家现行标准的有关规定。 (5)湿作业施工现场环境温度宜在5℃以上；应防止温度剧烈变化。 (6)饰面砖装饰工程适用于内墙、柱面粘贴工程和建筑高度不大于100m、抗震设防烈度不大于8度，采用满粘法施工的外墙饰面。 (7)饰面板装饰工程适用于内墙、柱面安装工程和建筑高度不大于24m、抗震设防烈度不大于7度的外墙饰面。
2	墙、柱面砖铺贴规定	(1)面砖铺贴前应进行挑选，并应浸水2h以上，晾干表面水分（采用聚酯水泥砂浆可例外）。 (2)铺贴前应进行放线定位和排砖，非整砖应排放在次要部位或墙的阴角处。每面墙不宜有两列非整砖，非整砖宽度不宜小于整砖的1/3。 (3)铺贴前应确定水平及竖向标志，垫好底尺，挂线铺贴。面砖表面应平整、接缝应平直、缝宽应均匀一致。阴角砖应压向正确，阳角线宜做成45°角对接。在墙、柱面突出物处，应整砖套割吻合，不得用非整砖拼凑铺贴。 (4)结合砂浆宜采用1：2水泥砂浆，砂浆厚度宜为6～10mm。水泥砂浆应满铺在砖背面，一面墙、柱不宜一次铺贴到顶，以防塌落（采用聚合物水泥砂浆例外）。
3	墙、柱面石材铺贴规定	(1)铺贴前应进行挑选，并应按设计要求进行预拼。 (2)强度较低或较薄的石材应在背面粘贴玻璃纤维网布。 (3)当采用湿作业法施工时，固定石材的钢筋网应与结构预埋件连接牢固。每块石材与钢筋网拉接点不得少于4个。拉接用金属丝应具有防锈性能。灌注砂浆前应将石材背面及基层湿润，并应用填缝材料临时封闭石材板缝，避免漏浆。灌注砂浆宜用1：2.5水泥砂浆，灌注时应分层进行，每层灌注高度宜为150～200mm，且不超过板高的1/3，插捣应密实。待其初凝后方可灌注上层水泥砂浆。 (4)当采用粘贴法施工时，基层处理应平整但不应压光。胶粘剂的配合比应符合产品说明书的要求。胶液应均匀、饱满的刷抹在基层和石材背面，石材就位时应准确，并应立即挤紧、找平、找正、进行顶、卡固定。溢出胶液应随时清除

8.1.4.2 常用材料

1. 陶瓷面砖

陶瓷面砖是指以陶瓷为原料制成的面砖，主要分为：釉面瓷砖、外墙面砖、陶瓷锦砖、陶瓷壁画等。其规格、性能和用途如表8.1.126所示。

2. 天然石材饰面板

天然石是大块荒料经过锯切、研磨、酸洗、抛光，最后按所需规格、形状切割加工而成。建筑饰面用的天然石材主要有大理石和花岗石两大类。规格、性能、适用范围如表8.1.132所示。

陶 瓷 面 砖

表 8.1.126

编号	项 目	内　　容
1	釉面瓷砖	(1)品种规格 　　釉面瓷砖是用于室内墙面装饰的陶瓷面砖,有白色、彩色、印花、图案多种品种(表8.1.127)。其中白色釉面瓷砖的分类和规格,见表8.1.128、表8.1.129。 　　(2)外观要求 　　釉面砖表面应平整光滑;几何尺寸规矩,圆边或平边应平直;不得缺角掉楞;白色釉面砖白度不得低于 78°;素色彩砖,色泽应一致;印花、图案面砖,应先行拼拢,保证画面完整,线条平稳流畅,衔接自然。 　　(3)技术性能 　　1)吸水率≥22%。 　　2)耐急冷急热于 105～19±1℃冷热交换一次,无裂纹。 　　3)密度应在 2.3～2.4g/cm³ 之间。 　　4)硬度 85～87 度 　　(4)用途 　　厕所、厨房、游泳池等饰面材料。
2	外墙面砖	(1)按外墙面砖质地可分为陶底及瓷底两种。按外墙面砖表面处理可分为有釉、无釉两种四大类,即: 　　1)表面无釉外墙面砖(又称"墙面砖"),常用色泽为白、浅黄、深黄、红、绿等色。 　　2)表面有釉墙面砖(又称"彩釉砖"),常用色泽有粉红、蓝、绿、金砂釉、黄、白等色。 　　3)线砖:表面有突起纹线又名"泰山砖"。 　　4)外墙立体贴面砖(又称"立体彩釉砖"),其特点是表面上釉做成各种立体图案。 　　(2)另外还有以下主要产品: 　　彩釉砖——彩釉砖是采用炻质原料,配合多种氧化物经高温烧结而成。具有强度高、耐磨损、抗风化、化学稳定性好等特点。 　　劈离砖——劈离砖是以重黏土为主要原料,经自动混料、真空炼泥、挤压成型、自动切割、烘干焙烧等工序制成。具有强度高、硬度大、耐磨、不滑、耐酸碱、不变色、色调柔和、古朴高雅等特点。 　　变色釉面砖——该产品可根据照射光源的不同,使釉面砖呈现不同的颜色。这是因为在釉料中加入了对不同波长的光线具有不同吸收作用的原料,从而使釉面砖产生了变色效果。 　　琉璃釉面砖——琉璃釉面砖是在陶质坯体上涂一层琉璃彩釉,经 1000℃ 左右烧制而成。其特点是光亮夺目、色彩鲜艳,具有民族特点。琉璃彩釉不易剥落,装饰持久性好,而且比瓷质饰面材料容易加工。 　　黏土彩釉砖——黏土彩釉砖是以普通制砖黏土为原料,采用二次烧成工艺,素烧(1000±15)℃,釉烧(900±20)℃。 　　(3)外墙面砖规格繁多,有方形,条形多种,厚度多为 9～15mm。 　　(4)外墙面砖图集 　　用于外墙饰面工程的《干压陶瓷砖》GB/T 4100.1、GB/T4100.2、GB/T 4100.3、GB/T 4100.4 和《陶瓷劈离砖》JC/T 457 简称面砖。
3	陶瓷锦砖	陶瓷锦砖旧称"马赛克"(Mosaic),又叫"纸皮砖",是以优质瓷土烧制成片状小块瓷砖,拼成各种图案贴在纸上的饰面材料,有挂釉和不挂釉两种。它质地坚硬,色泽多样,耐酸碱、耐火、耐磨、不渗水,抗压力强,吸水率小(0.2%～1.2%),在±20℃温度以下无开裂,除可铺地外,还可用于内、外墙饰面。由于陶瓷锦砖规格极小,不宜分块铺贴,工厂生产产品是将陶瓷锦砖按各种图案组合反贴在纸版上,编有统一货号,以供选用。每张大小约 30cm 见方,称作一联,每 40 联为一箱,每箱约 3.7m²。 　　(1)规格品种(表 8.1.130)。 　　(2)质量要求 　　规格颜色一致,无受潮变色现象。拼接在纸版上的图案应符合设计要求,纸版完整,颗粒齐全,间距均匀。防振和严禁散装、散放,防止受潮。 　　(3)用途 　　可用于室内厕浴间、盥洗室、化验室、游泳池和外墙面。可拼出各种美丽的图案(表8.1.131)。

续表

编号	项 目	内 容
4	大型陶瓷饰面板	大型陶瓷饰面板是一种新型建筑饰面材料,产品单块面积大、厚度薄(最大规格为595mm×295mm×5.5mm)、平整度好、线条清晰整齐。该饰面板的吸水率0.1%,耐急冷急热为150~17℃反复3次不裂,抗冻性−20℃至常温10次循环不裂。其花色品种有黄、绿、棕、黑色等色彩及仿大理石、花岗石等质感效果,表面有光面、条纹、网纹、波浪纹等。可用于旅游建筑、公共建筑的内外墙面、柱面等,也可用作大型彩绘壁画。
5	陶瓷壁画	陶瓷壁画是以陶瓷锦砖、陶瓷面砖、陶板等为基础、经绘画技术与陶瓷技术相结合,通过放大、制版、刻画、配釉、施釉、烧成等工序加工而成的建筑艺术装饰材料。可用于外墙装饰,亦可用于室内装饰。如北京首都国际机场候机大厅的"科学的春天"大型陶板壁画、北京地铁建国门站的"天文纵横"大型花釉壁画、上海龙柏饭店"上海城隍庙湖心亭、九曲桥"陶瓷锦砖壁画等

釉面瓷砖的种类、特点　　　　　　　表 8.1.127

序号	种 类		说 明 特 点
1	白色釉面砖		色纯白、釉面光亮,镶于墙面、清洁大方。
2	彩色釉面砖	有光彩色釉面砖	釉面光亮晶莹,色彩丰富雅致。
		无光彩色釉面砖	釉面半无光,不晃眼,色泽一致,色调柔和。
3	装饰釉面砖	花釉砖	系在同一砖上,施以多种彩釉,经高温烧成。色釉互相渗透,花纹千姿百态,有良好的装饰效果。
		结晶釉砖	晶花辉映,纹理多姿。
		斑纹釉砖	斑纹釉面,丰富多彩。
		大理石釉砖	具有天然大理石花纹,颜色丰富,美观大方
4	图案砖	白地图案砖	系在白色釉面砖上装饰各种彩色图案,经高温烧成。纹样清晰,色彩明朗,清洁优美。
		色地图案砖	系在有光或无光彩色釉面砖上,装饰各种图案,经高温烧成。产生浮雕、缎光、绒光、彩漆等效果。做内墙饰面,别具风格
5	瓷砖画及色釉陶瓷字	瓷砖画	以各种釉面砖拼成各种瓷砖面,或根据已有画稿烧制成釉面砖拼装成各种瓷砖画,清洁优美,永不褪色。
		色釉陶瓷字	以各种色釉、瓷土烧制成,色彩丰富,光亮美观,永不褪色

釉面砖的主要规格尺寸(摘自 GB/T 4100—92)　　表 8.1.128

图 例	装配尺寸(mm)C	产品尺寸(mm)A×B	厚度(mm)D
模数化	320×250	297×247	生产厂自定
	300×200	297×197	
	200×200	197×197	
	200×150	197×148	
	150×150	148×148	5
	150×75	148×73	5
	100×100	98×98	5

图 例	产品尺寸(mm)A×B	厚度(mm)D
非模数化	300×200	生产厂自定
	200×200	
	200×150	
	152×152	5
	152×75	5
	108×108	5

注:其他规格尺寸由供需双方商定。目前大理石釉面砖尺寸已大于400mm×400mm。

釉面砖的侧面形状（摘自 GB/T 4100—92）　　表 8.1.129

名称	图　例	名称	图　例
小圆边	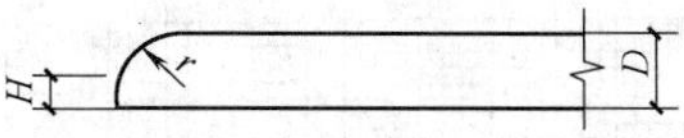	大圆边	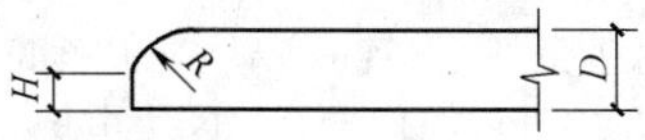
平边	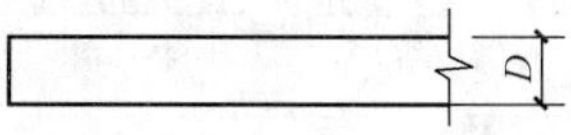	带凸缘边	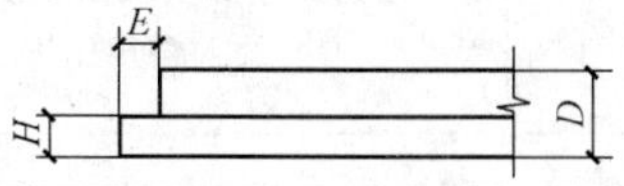

注：图中 R、r、H 值由生产厂自定，E 不大于 0.5mm。

陶瓷锦砖的基本形状与规格　　表 8.1.130

基本形状	名称		规格（mm）				
			a	b	c	d	厚度
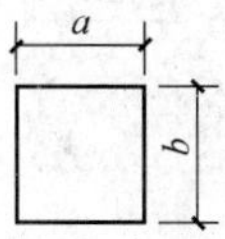	正方	大方	39.0	39.0	—	—	5.0
		中大方	23.6	23.6	—	—	5.0
		中方	18.5	18.5	—	—	5.0
		小方	15.2	15.2	—	—	5.0
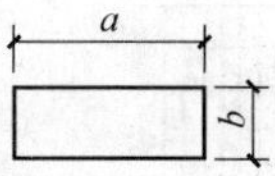	长方（长条）		39.0	18.5			5.0
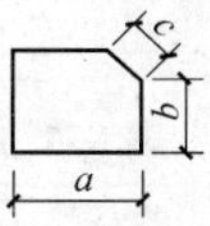	对角	大对角	39.0	19.2	27.9		5.0
		小对角	32.1	15.0	22.8		5.0
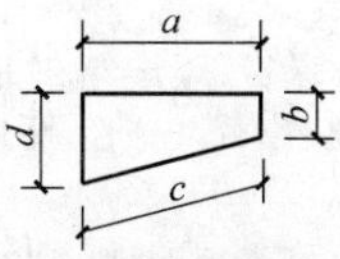	斜长条（斜条）		36.4	11.9	37.9	22.7	5.0
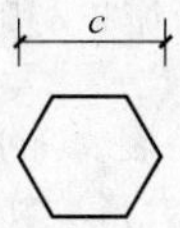	六角		25	—	—	—	5.0
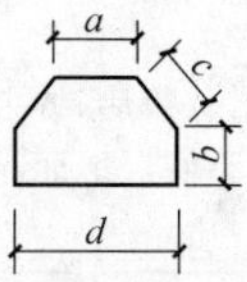	半八角		15	15	18	40	5.0
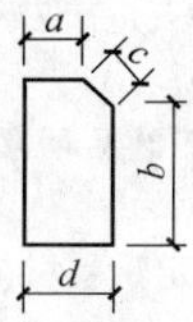	长条对角		7.5	15	18	20	5.0

陶瓷锦砖的几种基本拼花图案　　　　表 8.1.131

拼花编号	拼花说明	拼花图象
拼-1 拼-2 拼-3 拼-4	各种正方形与正方形相拼 正方与长条相拼 大方、中方及长条相拼 中方及大对角相拼	拼-1　拼-2　拼-3　拼-4
拼-5 拼-6 拼-7 拼-8	小方及小对角相拼 中方及大对角相拼 斜长条及斜长条相拼 斜长条与斜长条相拼	拼-5　拼-6　拼-7　拼-8
拼-9 拼-10 拼-11 拼-12	长条对角与小方相拼 正方与五角相拼 半八角与正方相拼 各种六角相拼	拼-9　拼-10　拼-11　拼-12
拼-13 拼-14 拼-15	大方、中方、长条相拼 小对角、中大方相拼 各种长条相拼	拼-13　拼-14　拼-15

天然石材饰面板　　　　表 8.1.132

序号	项目	内容
1	花岗石饰面板	(1)品种及性能 花岗石是各类岩浆岩(又称火成岩)的统称,如花岗岩、安山岩、辉绿岩、辉长岩、片麻岩等。其抗冻性达100～200次冻融循环,有良好的抗风化稳定性、耐磨性、耐酸碱性,耐用年限约75～200年。各种品种及性能见表8.1.133。 花岗石饰面板是以荒料锯解加工而成,分剁斧板、机刨板、粗磨板、磨光板四种。其中剁斧板、机刨板按设计要求加工(表8.1.134);粗磨和磨光板由工厂加工,其规格见表8.1.135。 (2)质量要求,棱角方正,规格尺寸应符合设计要求。颜色一致,不得有裂纹、砂眼、石核子等隐伤现象(棱角可用弯尺测量,隐伤可采取锤敲击检查,声音发脆者合格)。放射性核素应符合《建筑材料放射性核素限量》(GB 6566—2001)的规定。 (3)适用范围 由于花岗石的主要性能突出,因此一般均用于重要建筑物(如高级宾馆、饭店、办公用房、商业用房以及纪念性建筑、宾馆、体育场馆等)的基座、墙面、柱面、门头、勒脚、地面、台阶等部位。
2	大理石饰面板	(1)品种及性能 大理石是一种变质岩,系由石灰岩变质而成,其主要矿物成分为方解石、白云石等,但结晶细小,结构致密。 大理石的颜色有纯黑、纯白、纯灰等色泽和各种混杂花纹色彩。饰面板的品种常以其研磨抛光后的花纹、颜色特征及产地命名。 大理石板材的规格有定型和不定型两种。不定型根据用户要求加工,定型板材按JC 79规定,其规格和主要技术指标如下:

续表

序 号	项 目	内 容
2	大理石饰面板	1)板材规格:分正方形和矩形,见表 8.1.136。 2)性能:天然大理石板材的抗折强度、抗压强度、表观密度、吸水率、耐磨率等指标部标准均有规定。 常见天然大理石的品种及物理力学性能指标见表 8.1.137。 (2)质量要求 光洁度高,石质细密,无腐蚀斑点,色泽美丽,棱角齐全,底面整齐。要轻拿轻放,保护好四角,切勿单角码放和码高,要覆盖存放。 (3)适用范围 大理石饰面板是由荒料经锯、磨、切等多道工序加工而成的板材,主要用于建筑物的室内地面、墙面、柱面、墙裙、窗台、踢脚以及电梯厅、楼梯间等部位的干燥环境中。 大理石在大气中受二氧化碳、硫化物、水气作用,易于溶解,失去表面光泽而风化、崩裂,故一般不宜用于室外。如果必须将大理石用于室外时,务必选择坚实致密、吸水率不大于0.75%的大理石,并在其表面涂刷有机硅等罩面材料加以保护

花岗石的主要性能　　　　　　　　　　　　　　　　表 8.1.133

花岗石品种名称	外贸代号	岩石名称	颜色	结构特征	物理力学性能				
					重量(t/m³)	抗压强度(N/mm²)	抗折强度(N/mm²)	肖氏硬度	磨损量(cm³)
白虎涧	151	黑云母花岗岩	粉红色	花岗结构	2.58	137.3	9.2	86.5	2.62
花岗石	304	花岗岩	浅灰、条纹状	花岗结构	2.67	202.1	15.7	90.0	8.02
花岗石	306	花岗岩	红灰色	花岗结构	2.61	212.4	18.4	99.7	2.36
花岗石	359	花岗岩	灰白色	花岗结构	2.67	140.2	14.4	94.6	7.41
花岗石	431	花岗岩	粉红色	花岗结构	2.58	119.2	8.9	89.5	6.38
笔山石	601	花岗岩	浅灰色	花岗结构	2.73	180.4	21.6	97.3	12.18
日中石	602	花岗岩	灰白色	花岗结构	2.62	171.3	17.1	97.8	4.80
峰白石	603	黑云母花岗岩	灰色	花岗结构	2.62	195.6	23.3	103.0	7.83
厦门白石	605	花岗岩	灰白色	花岗结构	2.61	169.8	17.1	91.2	0.31
砻石	606	黑云母花岗岩	浅红色	花岗结构	2.61	214.2	21.5	94.1	2.93
石山红	607	黑云母花岗岩	暗红色	花岗结构	2.68	167.0	19.2	101.5	6.57
大黑白点	614	闪长花岗岩	灰白色	花岗结构	2.62	103.6	16.2	87.4	7.53

花岗石荒料尺寸参考表　　　　　　　　　　　　　　　　表 8.1.134

用料部位	按设计规格加大的尺寸(mm)			备 注
	长	宽	厚	
台阶	20	20	—	
地面	20	20	—	
墙面(斗板)	20	20	—	
盖板、垂带	30	40	30	
压面(台邦石)	30	30	20	
柱面	20	20	—	厚度按设计要求
拱碹脸	20	20	—	二面露面的厚加 30mm
柱墩	20	20	—	
拦板	60	40	30	包括榫子在内
柱子	60	30	30	包括榫子在内

粗磨和磨光花岗石饰面板的规格（mm）   表 8.1.135

长	宽	厚	长	宽	厚	长	宽	厚
300	300	20	600	600	20	915	610	20
305	305	20	610	305	20	1070	750	20
400	400	20	610	610	20	1070	762	20
600	300	20	900	600	20			

注：摘自《花岗石》JC 205。

天然大理石板材规格（mm）   表 8.1.136

长	300	300	305	305	400	400	600	600
宽	150	300	152	305	200	400	300	600
厚	20	20	20	20	20	20	20	20
长	610	900	915	1067	1070	1200	1200	1220
宽	610	600	610	762	750	600	900	915
厚	20	20	20	20	20	20	20	20

天然大理石品种及物理力学性能指标   表 8.1.137

品种	颜色、结构特征	抗压强度 （N/mm²）	抗折强度 （N/mm²）	产　地
汉白玉	乳白色带少量隐斑，花岗结构	156	16.9	北京房山、湖北黄石
雪浪	白色、灰白色，颗粒变晶、镶嵌结构	61.1	13.7	湖北黄石
雪野	灰白色	121.5	14.4	湖北黄石
秋景	灰白色、浅棕色带条状花纹，微晶结构	68.6	16.8	湖北黄石
粉荷	浅粉红色带花纹	104.9	17	湖北通山
墨壁	黑色带少量白色条纹	70.5	17.1	湖北黄石
咖啡	咖啡色	84.9	17.9	山东青岛
苏黑	黑色间少量白络	157.8	18.5	江苏
杭灰	灰色、白花纹	121	17.7	浙江杭州
皖螺	灰红色底、红灰色相间的花纹	90.6	14.3	安徽
云南灰	灰白色间有深灰色晕带	178.6	26	云南
莱阳绿	灰白色底、间深草绿色斑点状	82.2	18.7	山东莱阳
丹东绿	浅绿色、翠绿、墨绿	86.6～100.8	28～30.5	辽宁丹东
岭红	玫瑰红、深红、棕红、紫红、杂白斑	82～104	23	辽宁铁岭
东北红	绛红色	128	21	大连
晚霞	白黄间土黄	146	10.7	北京顺义
芝麻白	白色晶粒	138	16.5	北京顺义
艾叶青	青底、深灰间白色叶状、间片状纹缕	173.5	11	北京顺义
螺丝转	深灰色底、青白相同螺纹状花纹	157	7.6	北京顺义
川绿玉	油绿、菜花黄绿	141	23.2	四川南江

3. 人造石饰面板

人造石饰面材料是用天然大理石、花岗石之碎石、石屑、石粉作为填充材料，由不饱和聚酯树脂为胶粘剂（或用水泥为胶粘剂），经搅拌成型、研磨、抛光等工序制成与天然大理石、花岗石相似的材料。

人造石饰面板材不仅花纹图案可由设计控制确定，而且具有重量轻、强度高、厚度薄、耐腐蚀、抗污染、有较好的加工性等优点。能制成弧形、曲面，施工方便，装饰效果好，是现代建筑理想的装饰材料。人造石饰面板材一般有人造大理石（花岗石）和预制水磨石饰面板。如表 8.1.138 所示。

人造石饰面板　　　　　　　　　　表 8.1.138

序号	项目	内容
1	人造大理石（花岗岩）	(1)规格品种 人造大理石按照生产所用材料，一般分为四类： 1)水泥型人造大理石：是以各种水泥或石灰磨细砂（也有用铝酸盐水泥）为、胶粘剂，砂为细骨料，碎大理石、花岗石、工业废渣等为粗骨料，经配料、搅拌、成型、加压蒸养、磨光、抛光而制成。一般按照设计要求由工厂生产，亦可在现场预制。 2)树脂型人造大理石：是以不饱和聚酯为胶粘剂，与石英砂、大理石、方解石粉等搅拌混合，浇铸成型，在固化剂作用下产生固化作用，经脱模、烘干、抛光等工序而制成。 3)复合型人造大理石：这种人造大理石的胶粘剂中，既有无机材料，又有有机高分子材料。用无机材料将填料粘结成型后，再将坯体浸渍于有机单体中，使其在一定条件下聚合。板材一般采取底层用性能稳定的无机材料，面层用聚酯和大理石粉制作。 4)烧结人造大理石：该方法与陶瓷工艺相似。将斜长石、石英、辉石、方解石粉和赤铁矿粉及部分高岭土等混合（黏土∶石粉＝4∶6），用泥浆法制备坯料，用半干压法成型，在窑炉中以 1000℃ 左右高温焙烧而成。 上述四种制造方法中，最常用的是聚酯型。 (2)用途 室内墙面、柱面等。 (3)质量要求和保管方法 同大理石。另外码放堆存应光面对光面，以保护板面。
2	预制水磨石饰面板	(1)构造做法见表 8.1.139 (2)制作要点 1)材料选用： 水泥：强度等级不低于 32.5 级的普通硅酸盐水泥、矿渣硅酸盐水泥或白水泥。 砂子：粗砂或中砂，含泥量不大于 3%。 石粒：米厘大理石、白云石及花岗石等。板(块)材采用过 13mm 筛孔的混合石粒，水池、水槽采用小八厘，需冲洗干净。 颜料：采用矿质颜料不超过水泥重量的 5%，非矿质颜料不超过水泥重量的 2%。 2)同一颜色品种的制品，应用同一批材料和颜料，并一次配齐。各种颜色品种制品的石粒、颜料配合比参见表 8.1.140。 3)按照设计要求的尺寸制作模板，其中板(块)材的底模边长要加大 3～5cm，边模要考虑水磨石周边或表面磨光增加的磨耗量（参见表 8.1.141）加长加厚，双面磨光的板(块)材，其底模须平整光滑。 4)水池或水槽要求边角整齐，下水口位置正确，阴角要抹成小圆角。 5)有关开磨时间和磨光上蜡等做法，可参见本手册"建筑地面工程"和"抹灰工程"中有关现制水磨石做法。磨光时，板(块)材应放在平整处，防止断裂损坏。 (3)品种规格 按石屑形状大小分为大尖、小尖、小圆三类。产品有定型和不定型两类。定型产品，见表 8.1.142。 (4)适用范围 室内墙面、柱面

预制水磨石饰面板构造做法　　　　　　　表 8.1.139

种　类		做　法
板(块)材(包括隔断板、窗台板、柱子板等)	单面做法	1. 10~15mm 厚 1：3 干硬性水泥砂浆打底,拍实刮平。 2. φ6~8 钢筋网片。 3. 10~15mm 厚 1：2.8 水泥石粒浆面层,压实抹平。
	双面做法	钢筋网片同单面做法。全部用 1：2.8 水泥石粒浆
水池、水槽		全部用 1：2.8 水泥石粒浆

石粒、颜料配合比参考表　　　　　　　表 8.1.140

制品名称	水泥颜色	铁黄	红土	染绿	黑粉	石粒配合比	制品名称	水泥颜色	铁黄	红土	染绿	黑粉	石粒配合比
房山白	白					房山白(混)	盖平红加白	白	0.45	0.4			房山白(混)25%
晚霞	白					晚霞(混)	盖平红	白					盖平红(混)
晚霞加白	白					晚霞(混)70%	奶油白	白	0.16	0.05			奶油白(混)
						房山白(混)30%	东北绿加白	白	0.2		0.2		东北绿(混)80%
东北绿	白			0.1		东北绿(混)							房山白(混)20%
东北绿加黑	白					东北绿(混)85%	丹东绿	白	0.26		0.1		丹东绿(混)
						苏州黑(二厘)15%	房山白	青					房山白(混)
房山白加黑	白					房山白(混)85%	东北红	青		2.5			东北红(混)
						苏州黑(二厘)15%	晚霞	青	1	0.3			晚霞(混)
银河晚霞	白					银河(混)75%	五花	青	0.2	1.2			五花(混)
						晚霞(混)25%	苏州黑	青				8	苏州黑(混)
湖北黄	白	0.4				湖北黄(混)	湖北黄加黑	青					湖北黄(混)80%
盖平红加白	白	0.45	0.4			盖平红(混)75%							房山白(混)20%

注：1. 表中石粒配合比有（　　）为石粒规格或级配。
　　2. 表中颜料铁黄为氧化铁黄,如用 200 目地板黄用量增加五倍；红土为甲级红土子；染绿为天津染料六厂染料绿；黑粉为造型用 200 目黑铅粉。

预制水磨石板边模加长加厚参考表　　　　　　　表 8.1.141

项　次	项　目	加长(mm)	加厚(mm)
1	周边无光	1	
2	一个光边和不相对的二个光边	3	
3	相对的二个光边	4	
4	一面光		2
5	二面光(块材在 80cm 以内)		4
6	二面光(块材在 80cm 以外)		5

定型彩色水磨石板品种规格（mm）　　　　　　　表 8.1.142

平　板			踢　脚　板		
长	宽	厚	长	宽	厚
500	500	25.30	500	120	19.25
400	400	25	400	120	19.25
305	305	19.25	300	120	19.25

注：摘自 JC 82。

4. 金属饰面材料

金属饰面板的规格、性能如表 8.1.143 所示。

金属饰面板　　　　　　　　　　　　　　　　　　　　　　　　　　　表 8.1.143

序 号	项 目	内 容
1	彩色涂层钢板	彩色涂层钢板多以热轧钢板和镀锌钢板为原板，表面层压贴聚氯乙烯或聚丙烯酸酯、环氧树脂、醇酸树脂等薄膜，亦可涂覆有机、无机或复合涂料。具有耐腐蚀、耐磨等性能。其中塑料复合钢板，可用做墙板、屋面板等。 塑料复合钢板厚度有 0.35、0.4、0.5、0.6、0.7、0.8、1.0、1.5、2.0(mm)，长度有 1800、2000(mm)，宽度有 450、500、1000(mm)。
2	彩色不锈钢板	彩色不锈钢板是在不锈钢板材上进行技术和艺术加工，使其成为各种彩色绚丽、光泽明亮的不锈钢板。颜色有蓝、灰、紫、红、茶色、橙、金黄、青、绿等，其色调随光照角度变化而变幻。 彩色不锈钢板面层的主要特点：能耐 200℃ 的温度；耐盐雾腐蚀性优于一般不锈钢板；耐磨、耐刻画性相当于薄层镀金性能；弯曲 90°彩色层不损坏；彩色层经久不褪色。适用于高级建筑中的墙面装饰。 彩色不锈钢板厚度有 0.2、0.3、0.4、0.5、0.6、0.7、0.8mm，长度有 1000~2000mm，宽度有 500~1000mm。 不锈钢彩板配套件还有：槽形、角形、方钢管、圆钢管等型材。
3	镜面不锈钢饰面板	该板是用不锈钢薄板经特殊抛光处理而成，该板光亮如镜，其反射率、变形率与高级镜面相似，并具有耐火、耐潮、耐腐蚀、不破碎等特点。 该板用于高级公用建筑的墙面、柱面以及门厅的装饰。其规格尺寸有(mm)400×400、500×500、600×600、600×1200，厚度为 0.3~0.6mm。
4	铝合金板	装饰工程中常用的铝合金板，从表面处理方法分：有阳极氧化及喷涂处理；从色彩分：有银白色、古铜色、金色等；从几何尺寸分：有条形板和方形板，方形板包括正方形、长方形等。用于高层建筑的外墙板，一般单块面积较大，刚度和耐久性要求较高，因而板要适当厚些。已经生产应用的铝合金板有以下品种： (1)铝合金花纹板 铝合金花纹板是用防锈铝合金等坯料，由特制的花纹轧辊轧制而成。这种板材不易磨损，耐腐蚀，易冲洗，防滑性好，通过表面处理可以得到不同的色彩。多用于建筑物的墙面装饰。 (2)铝质浅花纹板 铝质浅花纹板的花饰精巧，色泽美观，除具有普通铝板共同的优点外，其刚度约提高 20%，抗划伤、擦伤能力较强，对白光的反射率达 75%~90%，热反射率达 85%~95%，是我国特有的建筑金属装饰材料。 (3)铝及铝合金波纹板 铝及铝合金波纹板既有良好的装饰效果，又有很强的反射阳光能力，其耐久性可达 20年。适用于建筑物的墙面和屋面装饰(图 8.1.111) (4)铝及铝合金压型板 铝及铝合金压型板具有重量轻、外形美观、耐腐蚀、耐久、容易安装等优点，也可通过表面处理得到各种色彩。主要用于建筑物的外墙和屋面等，也可作成复合外墙板，用于工业与民用建筑的非承重外挂板(图 8.1.112)。 (5)铝合金装饰板 铝合金装饰板具有强度高、重量轻、结构简单、拆装方便、耐燃防火、耐腐蚀等优点，可用于内外墙装饰及吊顶等。选用阳极氧化、喷塑、烤漆等方法进行表面处理，有木色、古铜、金黄、红、天蓝、奶白等颜色。
5	塑铝板	塑铝板为当代新型室内高档装修材料之一，系以铝合金片与聚乙烯复合材复合加工而成。 塑铝板基本上可分为镜面塑铝板、镜纹塑铝板和塑铝板(非镜面)三种，其基本结构见图 8.1.113,性能特点见表 8.1.144

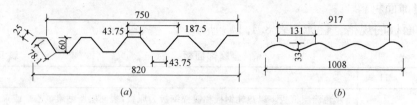

图 8.1.111　铝及铝合金波纹板

(a) V60-187.5 压型板；(b) W33-131 波纹板

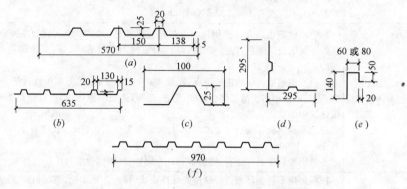

图 8.1.112　铝及铝合金压型板

(a) 1 型压型板；(b) 2 型压型板；(c) 6 型压型板；(d) 7 型压型板；(e) 8 型压型板；

(f) 9 型压型板 (1、3、5 型断面相同，1 型 3 波；2 型 5 波；3 型 7 波)

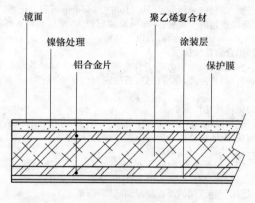

图 8.1.113　高级塑铝板基本构造示意图

塑铝板的装修性能特点　　　　　　　　　　　　　　　　　表 8.1.144

项　　目	特　　点
质轻	塑铝板一般规格为 3mm×1220mm×2440mm，每张仅重 11.5kg。因此，对大面积装修施工来说，非常有利，可大大地节约工作时间，提高工效，缩短周期。
耐冲击	塑铝板系由铝合金片、聚乙烯复合材加工而成，材质坚韧，具有一定的耐冲击性能。用以代替镜面玻璃装修墙面、顶棚，可克服玻璃易碎等缺点。
防水、防火	塑铝板本身为不吸水材料，表层铝片为不燃材料，故有一定的防水、防火性能。可提高装修面的防水能力及燃烧性能等级。

项　目	特　　点
耐候耐久	塑铝板表层铝片系以强硬的镍铬元素处理而成,故具有一定的耐候性。用以装饰墙面、顶棚,由于它耐候性好,故装修面可持久不坏,颜色、光亮均耐久不变。
易加工	塑铝板不同于镜面玻璃,可用手动或电动工具进行弯曲、开口、切削、切断,易于加工。用以装修各种墙面、顶棚,不论墙面等几何形体如何复杂,均可加工制作。这一特点是镜面玻璃所无法相比的。
装饰效果	塑铝板不论是镜面板、镜纹板,还是非镜面塑铝板,用以装修墙面、顶棚,均能达到光洁明亮、富丽堂皇、挺拔激滟、美观大方的特殊装饰效果

5. 塑料及镜面玻璃饰面板

塑料及镜面玻璃饰面板,如表 8.1.145 所示。

塑料及镜面玻璃饰面板　　　　　　　　　　　　　　　　表 8.1.145

序　号	项　目	内　　容
1	塑料饰面板	塑料装饰板老产品由于装饰效果不够理想,已跟不上时代要求,被逐渐淘汰。代之而起者是一些新型塑料装饰板,如塑料镜面板(又称镜面塑料板)、塑料岗纹板、塑料彩绘板、塑料晶晶板、塑料晶晶彩绘板等。这种塑料装饰板,世界各先进国家早已采用。在这方面,由于我国起步较晚,故影响了我国建筑装修工程中的普遍采用。为了促进该装饰板能得到普遍采用,特着重将它的一些性能特点简要介绍如下,见表 8.1.146。
2	镜面玻璃装饰板	建筑内墙装修所用的镜面玻璃,在构造上、材质上,与一般玻璃镜均有所不同,它是以高级浮法平板玻璃,经镀银、镀铜、镀漆等特殊工艺加工而成,与一般镀银玻璃镜、真空镀铝玻璃镜相比,具有镜面尺寸大、成像清晰逼真、抗盐雾及抗热性能好、使用寿命长等特点。有白色、茶色两种。抗蒸汽性能、抗盐雾性能及产品规格等见表 8.1.147

塑料装饰板的产品品种及规格、特性　　　　　　　　　　表 8.1.146

产品名称	说　明	特　性	规格(mm)
塑料镜面板	塑料镜面板系由聚丙烯树脂,以大型塑料注射机、真空成型设备等加工而成。表面经特殊工艺,喷镀成金、银镜面效果。	该板无毒无味,可弯曲,质轻,耐化学腐蚀,有金、银等色。表面光亮如镜激滟明快,富丽堂皇。	(1~2)×1000×1830
塑料岗纹板	塑料镜面板系由聚丙烯树脂,以大型塑料注射机、真空成型设备等加工而成。表面经特殊工艺,喷镀成金、银镜面效果。但表面系以特殊工艺,印制成高级花岗石花纹效果。	该板无毒、无味,可弯曲,质轻,耐化学腐蚀,表面呈花岗石纹,可以假乱真。	(1~3)×980×1830
塑料彩绘板	塑料彩绘板系以 PS(聚苯乙烯)或 SAN(苯乙烯-丙烯腈)经加工压制而成。表面以特殊工艺印刷成各种彩绘图案。	该板无毒无味,图案美观,颜色鲜艳,强度高,韧性好,耐化学腐蚀,有镭射效果。	3×1000×1830
塑料晶晶板	塑料晶晶板系以 PS 或 SAN 树脂通过设备压制加工而成。	该板无毒、无味,强度高,硬度高,韧性好,透光不透影,有镭射效果,耐化学腐蚀	(3~8)×1200×1830
塑料晶晶彩绘板	以 PS 或 SAN 树脂通过高级设备压制加工而成,表面经特殊工艺,印有各种彩绘图案	图案美观,色彩鲜艳,无毒、无味,强度高,硬度高,韧性好,透光不透影,有镭射效果,耐化学腐蚀	3×1000×1830

镜面玻璃的抗蒸汽、抗盐雾性能及产品规格　　　　　　　　表 8.1.147

项　　目		说　　明		
等级		A 级	B 级	C 级
镜面玻璃的反射表面	抗 50℃蒸汽性能	759h 后无腐蚀。	506h 后无腐蚀。	253h 后无腐蚀。
	抗盐雾性能	759h 后不应有腐蚀。	506h 后不应有腐蚀。	253h 后不应有腐蚀
镜面玻璃的边缘	抗 50℃蒸汽性能	506h 后无腐蚀。	253h，平均腐蚀边缘不应大于 100μm，其中最大者不得超过 250μm。	253h 后，平均腐蚀边缘不应大于 150μm，其中最大者不超过 400μm。
	抗盐雾性能	506h 后平均腐蚀边缘不得大于 250μm，其中最大者不得大于 400μm。	253h 后，平均腐蚀边缘不得大于 250μm，其中最大者不得大于 400μm。	253h 后，平均腐蚀边缘不得大于 400μm，其中最大者不得大于 600μm。
产品规格(mm)		厚度：2~12mm；最大尺寸：2200mm×3300mm	厚度：2~12mm；最大尺寸：2200mm×3300mm	厚度：2~12mm；最大尺寸：2200mm×3300mm

注：1. 表列抗蒸汽、盐雾指标，系按比利时 NBNS23—001 标准测定的。
　　2. 表列产品，系深圳宏达镜业有限公司的产品。

8.1.4.3　镶贴构造

1. 饰面砖镶贴要点

饰面砖镶贴要点，如表 8.1.148 所示。

饰面砖镶贴　　　　　　　　表 8.1.148

序　号	项　　目	内　　容
1	釉面砖镶贴	(1)在清理干净的找平层上，依照室内标准水平线，找出地面标高，按贴砖面积，计算纵横的皮数，用水平尺找平，并弹出釉面瓷砖的水平和垂直控制线。如有阴阳三角镶贴时，则将镶边位置预先分配好。纵向不足整块部分，留在最下一皮与地面连接处。瓷砖的排列方法，见图 8.1.114。 (2)铺贴釉面砖时，应先贴若干块废釉面砖作为标志块，上下用托线板挂直，作为粘贴厚度的依据，横向每隔 1.5m 左右做一个标志块，用拉线或靠尺校正平整度。在门洞口或阳角处，如有阴三角镶边时，则应将尺寸留出先铺贴一侧的墙面，并用托线板校正靠直。如无镶边，应双面挂直，见图 8.1.115。 (3)当贴到最上一行时，要求上口成一直线。上口如没有压条(镶边)，应用一面圆的釉面砖，阴角的大面一侧也用一面圆的釉面砖，这一排的最上面一块应用二面圆的釉面砖，见图 8.1.116。
2	外墙面砖镶贴	(1)根据设计要求，统一弹线分格、排砖，一般要求横缝与碳脸或窗台一平。如按整块分格，可采取调整砖缝大小解决，确定缝子的大小做am厘条(嵌缝条)，一般宜控制在 8~10mm。根据弹线分格在底子灰上从上到下弹上若干水平线。竖向要求阳角窗口都是整块，并在底子灰上弹上垂直线。常见的几种排砖法见图 8.1.117，阳角处的面砖应将拼缝留在侧边，见图 8.1.118。 (2)突出墙面的部位，如窗台、腰线阳角及滴水线排砖方法，可按图 8.1.119 处理。注意的是正面面砖要往下突出 3mm 左右，底面面砖要留有流水坡度。
3	陶瓷锦砖镶贴	(1)镶贴陶瓷锦砖时，根据已弹好的水平线稳好平尺板(图 8.1.120)，然后在已润湿的底子灰上刷素水泥浆一道，再抹结合层，并用靠尺刮平。同时将陶瓷锦砖铺放在木垫板上，底面朝上缝里撒灌 1:2 干水泥砂，并用软毛刷子刷净面底面浮砂，薄薄涂上一层粘结灰浆(图 8.1.121)，然后逐张拿起，清理四边余灰，按平尺板上口，由下往上随即往墙上粘贴。 (2)粘贴后的陶瓷锦砖，要用拍板靠放已贴好的陶瓷锦砖上用小锤敲击拍板，满敲一遍使其粘结牢固。然后用软毛刷将陶瓷锦砖护纸刷水湿润，约半小时后长揭纸，揭纸应从上往下揭。揭纸后检查缝子平直大小情况，凡弯弯扭扭的缝必须用开刀拨正调直，然后再普遍用小锤敲击拍板一遍，再用刷子带水将缝里的砂刷出，用湿布擦净陶瓷锦砖面，必要时可用小水壶由上往下浇水冲洗。 (3)粘贴后 48h，除了起出分格米厘条的大缝用 1:1 水泥砂浆勾严外，其他小缝均用素水泥浆擦缝。色浆的颜色按设计要求

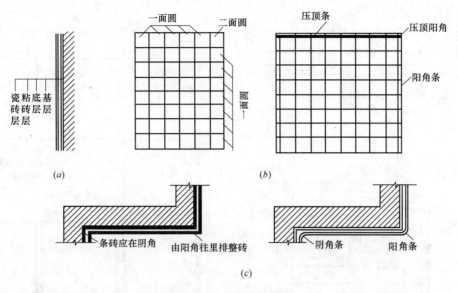

图 8.1.114 瓷砖的排列

(*a*) 纵剖面；(*b*) 平面；(*c*) 横剖面

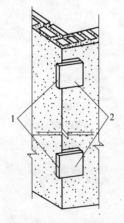

图 8.1.115 双面挂直

1—小面挂直靠平；2—大面挂直靠平

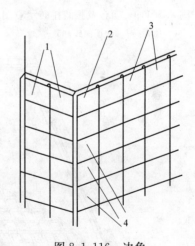

图 8.1.116 边角

1、3、4——面圆釉面砖；2—两面圆釉面砖

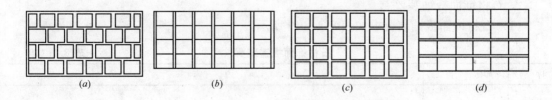

图 8.1.117 外墙面砖排缝示意图

(*a*) 错缝；(*b*) 通缝；(*c*) 竖通缝；(*d*) 横通缝

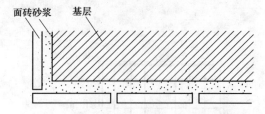

图 8.1.118 面砖转角做法示意图

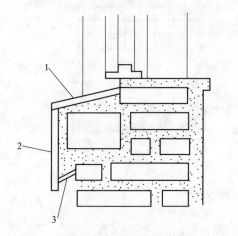

图 8.1.119 窗台及腰线排砖示意图

1—压盖砖；2—正面砖；3—底面砖

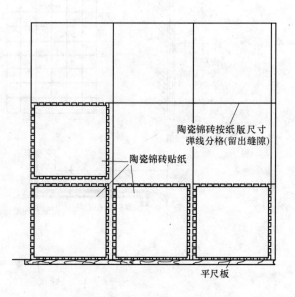

图 8.1.120 陶瓷锦砖镶贴示意图

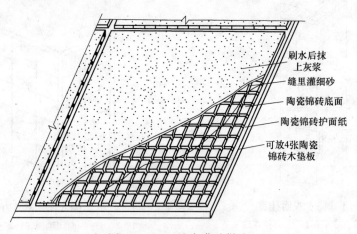

图 8.1.121 缝中灌砂做法

2. 石材饰面板铺装要点

（1）石材饰面板铺装要求如表 8.1.149 所示。

石材饰面板铺装要求   表 8.1.149

序 号	项 目	内 容
1	一般要求	饰面板安装的一般要求 （1）饰面板的接缝宽度如设计无要求时，应符合有关规范的规定，或见表 8.1.150。 （2）饰面板安装，应找正吊直后采取临时固定措施，以防灌注砂浆时板位移动。

序 号	项 目	内 容
1	一般要求	(3)饰面板安装,接缝宽度可垫木楔调整。并应确保外表面的平整、垂直及板的上口顺平。 (4)灌浆前,应浇水将饰面板背面和基体表面润湿,再分层灌注砂浆,每层灌注高度为150～200mm,且不得大于板高的1/3,插捣密实,待其初凝后,应检查板面位置,如移动错位应拆除重新安装;若无移动,方可灌注上层砂浆,施工缝应留在饰面板水平接缝以下50～100mm 处。 (5)突出墙面勒脚的饰面板安装,应待上层的饰面工程完工后进行。 (6)楼梯栏杆、栏板及墙裙的饰面板安装,应在楼梯踏步地(楼)面层完工后进行。 (7)天然石饰面板的接缝,应符合下列规定: 1)室内安装光面和镜面的饰面板,接缝应干接,接缝处宜用与饰面板相同颜色的水泥浆填抹。 2)室外安装光面和镜面的饰面板,接缝可干接或在水平缝中垫硬塑料板条,垫塑料板条时,应将压出部分保留,待砂浆硬化后,将塑料板条剔出,用水泥细砂浆勾缝。干接缝应用与饰面板相同颜色水泥浆填平。 3)粗磨面、麻面、条纹面、天然面饰面板的接缝和勾缝应用水泥砂浆。勾缝深度应符合设计要求。 (8)人造石饰面板的接缝宽度、深度应符合设计要求,接缝宜用与饰面板相同颜色的水泥浆或水泥砂浆抹勾严实。 (9)饰面板完工后,表面应清洗干净。光面和镜面的饰面板经清洗晾干后,方可打蜡擦亮。 (10)装配式挑檐、托座等的下部与墙或柱相接处,镶贴饰面板应留有适量的缝隙。镶贴变形缝处的饰面板留缝宽度,应符合设计要求。 (11)夏期镶贴室外饰面板应防止暴晒。 (12)冬期施工,砂浆的使用温度不得低于5℃。砂浆硬化前,应采取防冻措施。 (13)饰面工程镶贴后,应采取保护措施。
2	拼缝宽度	饰面板拼缝宽度表,见表 8.1.150

饰面板拼缝宽度表 表 8.1.150

饰面板类别	天然石材				人造石材		
	光面、镜面	粗磨面、麻面、条纹面		天然石	水磨石、人造石	水磨石面	大理石、花岗石
接缝宽度	1	5		10	2	10	1

（2）大理石饰面板铺装要点

大理石饰面板有镜面、光面和细琢面。其安装方法,小规格（边长小于 400mm）可采用粘贴法;大规格则可采用传统安装方法或改进的新工艺。如表 8.1.151 所示。

（3）花岗石饰面板铺装要点

磨光花岗石饰面板铺装要点可参见大理石饰面板铺装方法进行,毛面花岗石饰面板的铺装要点,如表 8.1.152 所示。

大理石饰面板铺装要点 表 8.1.151

序 号	项 目	内 容
1	传统安装方法要点	(1)基层预埋件。按照设计要求事先在基层表面绑扎好钢筋网,与结构预埋件绑扎牢固。其做法有在基层结构内预埋铁环,与钢筋网绑扎(图 8.1.122);也有用冲击电钻先在基层打 $\phi 6.5 \sim 8.5$ mm、深度 $\geqslant 60$ mm 的孔,再将 $\phi 6 \sim 8$ mm 短钢筋植入,外露 50mm 以上并弯钩,在同一标高的插筋上置水平钢筋,二者靠弯钩或焊接固定(图 8.1.123)。

序 号	项 目	内 容
1	传统安装方法要点	(2)安装前先将饰面板材按设计要求修边打眼,其方法有两种: 1)钻孔打眼法。当板宽在500mm以内时,每块板的上、下边打眼数量均不得少于2个,如超过500mm应不少于3个。打眼的位置应与基层上的钢筋网的横向钢筋的位置相适应。一般在板材的断面上由背面算起2/3处,用笔画好钻孔位置,然后用手电钻钻孔,使竖孔、横孔相连通,钻孔直径以能满足空线即可,严禁过大,一般为5mm,如图8.1.124。钻好孔后,必须将铜丝伸入孔内,然后加以固结,才能起到连接的作用。可以用环氧树脂固结,也可以用铅皮挤紧铜丝。若用不锈钢的挂钩同φ6钢筋挂牢时,应在大理石板上下侧面,用φ5mm的合金钢头钻孔,如图8.1.125。 2)开槽法。用电动手提式石材无齿切割机的圆锯片,在需绑扎钢丝的部位上开槽。用四道槽法。四道槽的位置是:板块背面的边角处开两条竖槽,其间距为30~40mm;板块侧边处的两竖槽位置上开一条横槽,再在板块背面上的两条竖槽位置下部开一条横槽,如图8.1.126。板块开好槽后,把备好的18号或20号不锈钢丝或铜丝剪成30cm长,并弯成U形。有关节点固定做法见8.1.127和图8.1.128。 (3)板材与基层间的缝隙(即灌浆厚度),一般为20~50mm,在拉线找方、挂直找规矩时,要注意处理好与其他工种的关系,门窗、贴脸、抹灰等厚度都应考虑留出饰面板材的灌浆厚度,其做法参见图8.1.129和图8.1.130。 (4)墙面、柱面、门窗套等板材安装与地面板材铺设的关系,一般采用先做立面后做地面,此法要求地面分块尺寸准确,边部板材须切整齐。亦可采用先做地面后做立面,这样可以解决边部板材不齐的问题,但地面应加保护,防止损坏。
2	楔固法(传统安装法改进工艺)	(1)基体处理。大理石安装前,先对清理干净的基体用水湿润,并抹上1:1水泥砂浆(要求中砂或粗砂)。大理石饰面板背面也要用清水刷洗干净,以提高其粘结力。 (2)石板钻孔。将大理石饰面板直立固定于木架上,用手电钻在距板两端1/4处板厚中心钻孔,孔径6mm,深35~40mm。板宽≤500mm的打直孔两个;板宽>500mm打直孔3个;>800mm的打直孔4个。然后将板旋转90°固定于木架上,在板两侧分别各打直孔1个,孔位距板下端100mm处,孔径6mm,孔深35~40mm,上下直孔都用合金錾子在板背面方向剔槽,槽深7mm,以便卧U形钉,见图8.1.131。 (3)基体钻孔。板材钻孔后,按基体放线分块位置临时就位,对应于板材上下直孔的基体位置上,用冲击钻钻成与板材孔数相等的斜孔,斜孔成45°角,孔径6mm,孔深40~50mm,见图8.1.133。 (4)板材安装、固定。基体钻孔后,将大理石板安放就位,根据板材与基体相钻的孔距,用克丝钳子现制直径5mm的不锈钢U形钉(图8.1.132)一端钩进大理石板直孔内,随即用硬大小楔楔紧;另一端钩进基体斜孔内,拉小线或用靠尺板和水平尺,校正板的上下口及板面的垂直度和平整度,并检查与相邻板材接合是否紧密,随后将基体斜孔内不锈钢U形钉楔紧。接着用大头木楔紧固于板材与基体之间,以紧固U形钉,见图8.1.134。 大理石饰面板位置校正准确、临时固定后,即可进行分层灌浆。灌浆及成品保护和表面清洁等,与传统安装方法相同。
3	粘贴法	(1)基层处理。首先将基层表面的灰尘、污垢和油渍清除干净,浇水湿润。光滑的基层表面应凿毛;垂直度、平整度偏差较大的基层表面,应剔凿或修补处理。 (2)抹底层灰。用1:2.5(体积比)水泥砂浆分两次打底、找规矩,厚度约10~20mm。并按中级抹灰标准检查验收垂直度和平整度。 (3)弹线、分块。用线坠在墙面、柱面和门窗部位从上至下吊线,确定饰面板表面距基层的距离(一般为30~40mm)。根据垂线,在地面上顺墙、柱面弹出饰面板外轮廓线,此线即为安装基础线。然后,弹出第一排标高线,并将第一层板的下沿线弹在墙上(如有踢脚板,则先将踢脚板的标高线弹好)。然后根据板面的实际尺寸和缝隙,在墙面弹出分块线。 (4)镶贴。将湿润并阴干的饰面板,在其背面均匀地抹上5~6mm厚特种胶粉或环氧树脂水泥浆、AH——03胶粘剂,依照水平线,先镶贴底层(墙、柱)两端的两块饰面板,然后拉通线,按编号依次镶贴。第一层贴完,进行第二层镶贴。以此类推,直到贴完。每贴三层,垂直方向用靠尺靠平

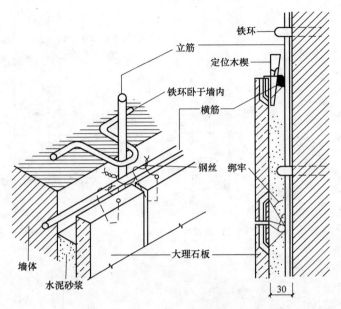

图 8.1.122　大理石传统安装方法

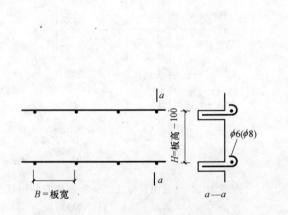

图 8.1.123　大理石安装预埋钢筋做法示意

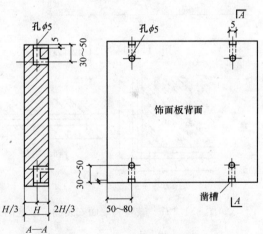

图 8.1.124　饰面板钻孔及凿槽示意

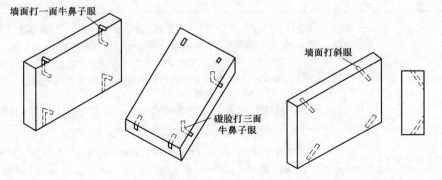

图 8.1.125　饰面板材打眼示意图

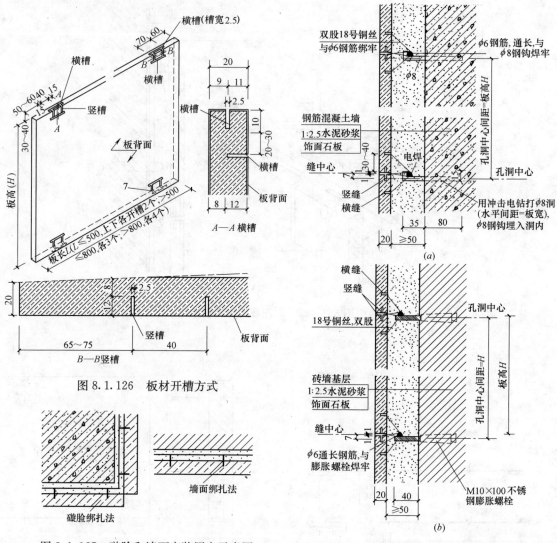

图 8.1.126 板材开槽方式

图 8.1.127 碳脸和墙面安装固定示意图

图 8.1.128 采用开槽法墙面饰面板安装示意图
(a) 混凝土墙基；(b) 砖墙墙基

毛面花岗石饰面板   表 8.1.152

序 号	项 目	内 容
1	块材类型	毛面花岗石饰面块材是指剁斧板、机刨板、烧毛板和粗磨板等,其厚度一般为 50mm、76mm、100mm 墙、柱面多用板厚 50mm,勒脚饰面多用 76mm、100mm
2	开口形式	块材与基体均用锚固件连接,由于锚固件有多种形式,分扁条锚件、圆杆锚件、线形锚件等,所以块材的锚接开口形状也不同。一般开口形状,见图 8.1.135。 根据块材的不同厚度,其开口尺寸及阳角交接形式也不同,见图 8.1.136 和表 8.1.153。
3	锚固方法	用镀锌或不锈钢锚固件将块材与基层锚固。常用的扁形锚件厚度为 3、5、6mm,宽 25、30mm。圆杆形锚件用 ϕ6mm、ϕ9mm,线形件多用 ϕ3～ϕ5mm 钢丝。锚件形式见图 8.1.137。

续表

序号	项目	内容
4	施工要点	(1)根据设计要求,核对选用块材的品种、规格和颜色,并统一编号。 (2)按照设计要求在基层表面绑扎钢筋网,并与结构预埋铁件绑扎牢固。 (3)固定块材的孔洞,在安装前用钻头打好。 (4)柱面安装前,应先按平面图的位置放好平线,确定柱墩的位置。 (5)拱、碹脸安装前,须根据设计图纸用三合板画出样板,并根据拱、碹脸样板定出拱、碹中心线及边线,画出拱的圆弧线,然后自下而上进行安装。 (6)安装墙面时,先将好头(抱角)稳好,按墙面拉线顺直,用钢尺测定长度,确定分块和调整缝隙,然后进行稳装。 (7)室外块材的安装应比室外地坪低 50mm,以免露底,并注意检查基础软硬程度。 (8)饰面块材与墙身间隔缝隙一般为 30～50mm。 (9)块材缝隙最好用铅块垫塞,如用铁块和木块垫塞,遇水后易污染饰面,影响美观。 (10)块材要用镀锌钢筋或经过防锈处理的钢筋与钢筋网连接。块材与块材之间可采用扒钉或销钉连接,常见几种分格和连接方法见图 8.1.138、图 8.1.139、图 8.1.140。 (11)饰面块材安装固定后,先用水将缝隙冲净,然后将缝隙堵严,用 1∶2.5 水泥砂浆分层灌注,每次灌入 20cm 左右,等初凝后再继续灌注。离块材上口约 8cm 处,要待安装好上面一块饰面后,再连续浇灌。 (12)花岗石块材安装后,如果在上层还要进行其他抹灰时,则应对块材表面采取保护措施。 (13)花岗石受污染,可根据污染不同程度用稀盐酸刷洗,并随即用清水冲干净

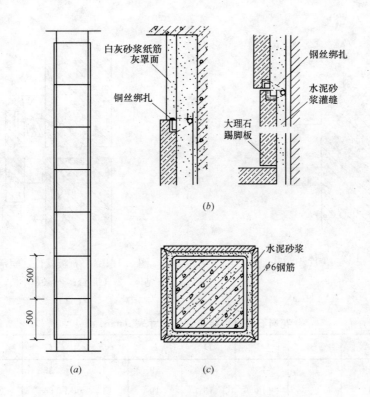

图 8.1.129　柱面板材划分和安装固定示意图
(a) 立面；(b) 纵断面；(c) 横断面

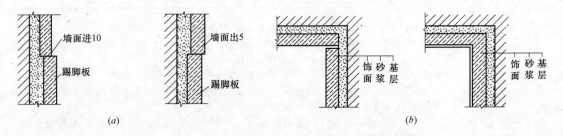

图 8.1.130 门窗套阴角衔接和墙面与踢脚线做法示意图
(a) 墙面与踢脚线做法；(b) 门窗套阴角衔接做法

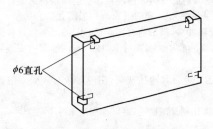

图 8.1.131 打直孔示意图

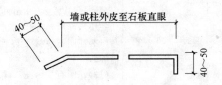

图 8.1.132 凵形钉

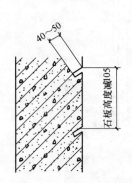

图 8.1.133 基体钻斜孔

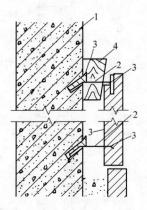

图 8.1.134 石板就位、固定示意图
1—基体，2—凵形钉；3—硬木小楔；4—大头木楔

花岗石块材拼接及开口尺寸表 (mm) 表 8.1.153

板厚(mm)	A	B	C	D	E	F	G	H
50	19	13	13	13	19	13	38	57
76	44	25	13	13	19	13	64	82
100	70	38	13	13	19	13	89	107

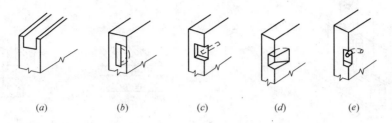

图 8.1.135　花岗石块材开口形状

(a) 扁条形；(b) 片状形；(c) 销钉形；(d) 角钢形；(e) 金属线开口

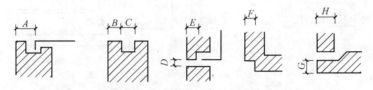

图 8.1.136　阳角拼接及开口形式尺寸

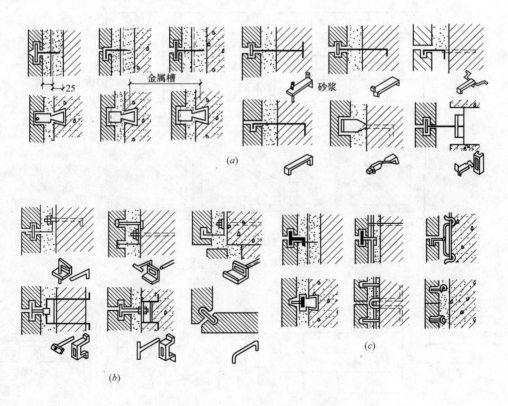

图 8.1.137　锚固构造示意

(a) 扁条锚固；(b) 圆杆锚圆；(c) 线形锚固

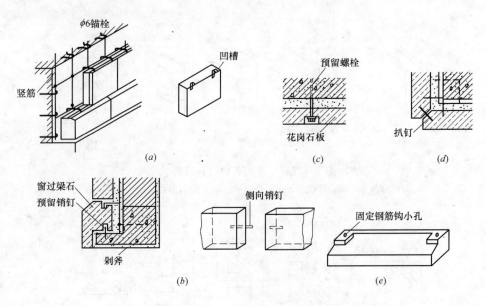

图 8.1.138 花岗石安装连接示意图

(a) 花岗石与墙体连接；(b) 销钉连接；(c) 螺栓连接；(d) 扒钉连接；(e) 窗台板预留孔眼做法

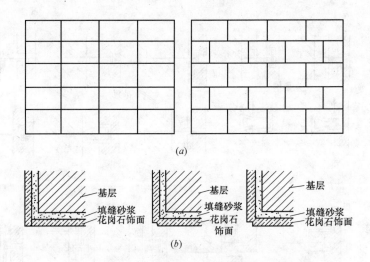

图 8.1.139 常见花岗石分格与阳角衔接示意图

(a) 立面分格；(b) 阳角剖面

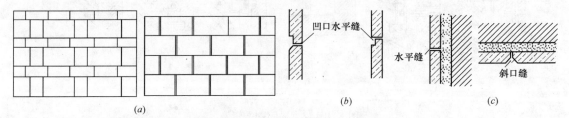

图 8.1.140 花岗石分格与几种缝的处理示意图

(a) 立面分格；(b) 水平缝；(c) 斜口缝

（4）人造石饰面板铺装要点

人造石饰面板铺装要点及构造，如表 8.1.154 所示。

3. 金属饰面板铺装要点

<table>
<tr><td colspan="3">人造石饰面板铺装</td><td style="text-align:right">表 8.1.154</td></tr>
<tr><td>序 号</td><td colspan="2">项 目</td><td>内 容</td></tr>
<tr>
<td>1</td>
<td colspan="2">预制水磨石饰面板</td>
<td>
预制水磨石饰面板多用于室内墙、柱面装饰，其安装方法与大理石饰面板传统安装方法相同。
安装前，先将饰面板钻孔（参见图 8.1.125），穿上铜丝或不锈钢钢丝；也可在预制板材的预埋铁件，也可采用镶贴方法（图 8.1.141）。
板材安装前，应先用水浸湿后阴干。板材与基层间的缝隙，一般为 20~50mm。采用 1：2.5 水泥砂浆（稠度 8~12）分层灌注，每次灌浆高度一般为 20~30cm，待初凝后再继续灌浆，直到距上口 5~10cm 停止。
板材安装后，应及时进行表面保护，待结合层水泥砂浆强度达到 60%~70%后，方可打蜡光洁。
</td>
</tr>
<tr>
<td>2</td>
<td colspan="2">人造大理石饰面板</td>
<td>
人造大理石饰面板安装
（1）水泥砂浆粘贴法（小规格板材）
1）镶贴前进行抄平放线，横竖预排，使接缝均匀。
2）用 1：3 水泥砂浆打底、找平、划毛。
3）润湿基层和板材。
4）板材粘贴。板厚在 10mm 以下时，宜用聚合物水泥浆（掺水泥重量 10%的 108 胶），粘结砂浆厚度大于 3mm；板厚大于 10mm 时，可用 1：2 水泥砂浆（掺 5%~10%的 108 胶）粘贴，砂浆厚度根据板面平整度决定，一般不小于 5mm。
（2）灌浆法（大规格板材）与天然石材传统做法相同
</td>
</tr>
</table>

金属板一般采用铝合金板、彩色压型钢板和不锈钢钢板。一般由钢或铝型材做骨架（包括横、竖骨架），金属板做饰面板，进行安装。以采用型钢骨架较多。横、竖骨架与结构的连接固定，可以与结构的预埋件焊接；也可以在结构上打入膨胀螺栓连接（图 8.1.142）。

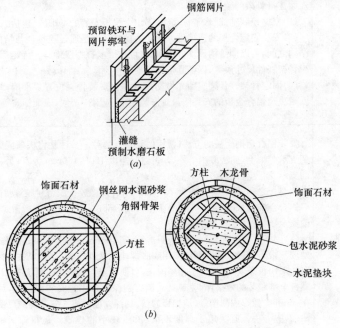

图 8.1.141 预制水磨石板安装示意图

（a）墙体安装饰面；（b）圆形饰面安装

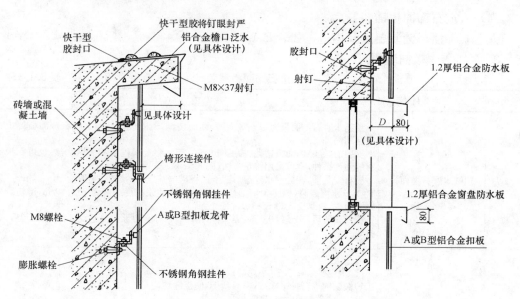

图 8.1.142　铝合金板的连接示意图

(1) 金属饰面板墙面安装要点

金属饰面板墙面安装要点，如表 8.1.155 所示。

金属饰面板安装要点

表 8.1.155

序　号	项　目	内　　容
1	骨架安装	(1)按照设计图纸和现场实测尺寸,确定金属板支承骨架的安装位置。查核和清理结构表面连接骨架的预埋件。 (2)根据控制轴线、水平标高线,弹出金属板安装的基准线(包括纵横轴线和水准线)。 (3)安装固定骨架的连接件。骨架的横竖杆件是通过连接件与结构固定的。而连接件与结构之间,可以同结构预埋件焊牢,也可在墙上打膨胀螺栓。无论哪种固定法,都要尽量减少骨架杆件尺寸误差,保证其位置的准确性。 (4)固定骨架。骨架应预先做防腐处理。安装骨架位置要准确,结合要牢固。骨架安装质量决定铝合金板的安装质量。安装完毕,应对中心线、表面标高等,作全面的检查。
2	铝合金饰 面板安装	安装铝合金饰面板的方法,常用的主要有两种。一种是将板条或方板用螺钉或铆钉固定到支承骨架上,此法多用于外墙,铆钉间距以 100～150mm 为宜;另一种是将板条卡在特制的支承龙骨上,此法多用于室内。 板与板之间的间隙,一般为 10～20mm,并用橡胶条或密封胶等弹性材料处理。 铝合金饰面板安装完毕,在易于被污染的部位,要用塑料薄膜覆盖保护;易碰、划部位,应设安全防护。 (1)固结法。铝合金饰面板条一般宽≤150mm,厚度＞1mm,标准长度 6m。经氧化镀膜处理。板条通过焊接型钢骨架用膨胀螺栓或铁件连接,与建筑主体结构上的预埋件焊接固定。采用板条安装,将后条扣压前条,可使固定前块板条的螺钉被后块板条扣压遮盖,达到螺钉全部暗装的效果,既美观又对螺钉起保护作用。安装板条时,可在每块条板扣嵌时留5～6mm空隙形成凹槽,增加扣板起伏,加深立面效果。安装构造见图 8.1.143。 (2)嵌卡法。此法用于高度不大、风压较小的建筑。是将饰面板做成可嵌插形状(图8.1.144),与用镀锌钢板冲压成型的嵌插母材——龙骨嵌插,再用连接件将龙骨与墙体锚固

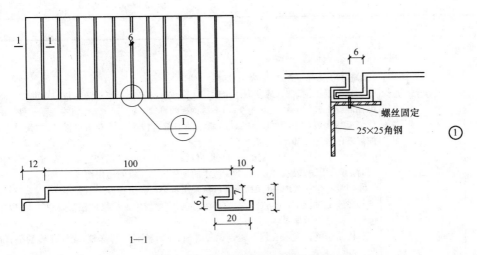

图 8.1.143 铝合金条板固结示意图

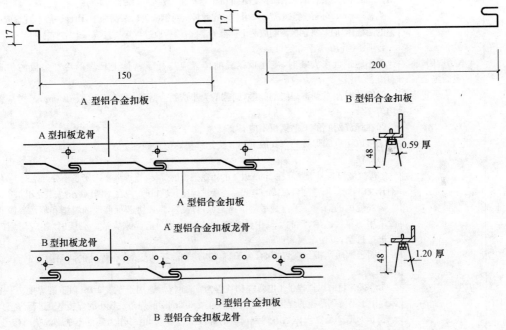

图 8.1.144 铝合金条板嵌卡（扣结）示意图

(2) 金属饰面板柱面安装要点

金属饰面板柱面安装要点，如表 8.1.156 所示。

柱面安装要点
表 8.1.156

序 号	项 目	内 容
1	不锈钢圆柱 包面施工	(1)工艺流程：不锈钢圆柱包面施工工艺流程如下： 柱体成型 → 柱体基层处理 → 不锈钢板的滚圆 打磨修光 ← 焊接 ← 不锈钢板安装和定位

序 号	项 目	内　　容
1	不锈钢圆柱包面施工	（2）施工要点 1）柱体成型。当采用混凝土柱时 ①在混凝土浇筑时，应预埋固定钢质或铜质冷却垫板。当不锈钢板的厚度≤0.75mm时，可在混凝土柱的一侧埋设垫板；当不锈钢板的厚度＞0.75mm时，宜在混凝土柱体的两侧埋设垫板。垫板可采用如图8.1.145所示的中部有浅沟槽的专用垫板，以加快热量的散失，使焊缝区快速冷却。 垫板一般采用宽20～25mm的与母材材料相同的钢带，沿焊缝顺长布置。当焊接温度较高时，可采用铜垫板。图8.1.145所示的是垫板和压板的使用情况。 ②当没有条件预埋垫板时，应通过抹灰层将垫板固定在柱子上。 ③在施工过程中，应结合周围的环境特点，将垫板位置尽量放在次要视线上，以使不锈钢包柱的接缝不很显眼。 2）柱面修整。在未安装不锈钢钢板之前，应对柱面进行修整，确保柱体的垂直度、平整度、圆度。 3）不锈钢板的滚圆。将不锈钢板加工成所需要的圆柱，是不锈钢包柱制作中的关键环节。常用的方法有两种，即手工滚圆和在卷板机上进行滚圆。 当板厚＞0.75mm时，通常宜采用三轴式卷板机对钢板进行滚圆加工，而且一般不宜滚成一完整的圆柱体，而是将钢板滚制成两个标准的半圆，以后通过焊接拼接成一个完整的柱体。 4）不锈钢板的安装和定位： ①不锈钢板在安装时，应注意接缝的位置应与柱子基体上预埋的冷却垫板的位置相对应。 ②安装时注意调整焊缝的间隙，间隙的大小应符合焊接规范要求（0～1.0mm），并应保持均匀一致。 ③在焊缝两侧的不锈钢板不应有高低差。 ④可以用点固焊接的方式或其他方法先将板的位置固定下来。 5）焊接： ①焊缝坡口。对于厚度在2mm以下的不锈钢板的焊接，当焊缝要求不是十分严格时，一般均不开坡口，而采用平剖口对接的方式。当要求焊缝开坡口时，应在不锈钢板的安装之前进行。 ②焊缝区的清除。无论是平剖口还是坡口焊缝，都必须进行彻底的脱脂和清洁。脱脂一般采用三氯代乙烯、汽油、苯、中性洗涤剂或其他化学药品来完成。必要时，还应采用砂轮机进行打磨，以使金属表面露出来。 ③固定铜质压板。在焊接前，为了防止不锈钢薄板的变形，在焊缝的两侧固定铜质（或钢质）压板。 ④焊接。目前以选择手工电弧焊和气焊为宜，而气焊适用于厚度1mm以下的焊接。手工电弧焊用于不锈钢薄板的焊接，但应采用较细的（＜φ3.2mm）的焊条及较小的焊接电流进行焊接。 表8.1.157是奥氏体系不锈钢薄板的焊接工艺参数，也可作为其他不锈钢焊接时参考。 6）打磨修光。当焊缝表面没有太大的凹痕及凸出于表面的粗大焊珠时，可直接进行抛光。当表面有凸出的焊珠时，可先用砂轮机磨光，然后再换用抛光轮进行抛光处理，以便将焊缝区加工成光滑洁净的表面，使焊接缝的痕迹不很显眼。
2	不锈钢圆柱镶面施工	用骨架做成的圆柱体，不锈钢圆柱面可采用镶面施工。 （1）工艺流程 不锈钢圆柱镶面施工工艺流程如下： 检查柱体 → 修整柱体基层 → 不锈钢板加工成曲面板 → 表面抛光处理 ← 不锈钢板安装 ←

序号	项 目	内 容
2	不锈钢圆柱镶面施工	(2)施工要点 1)检查柱体。安装前要检查柱体的垂直度、不圆度、平整度,若误差大,必须返工。 2)修整柱体基层。检查完柱体,要对柱体修整,不允许有凸凹不平,清除柱体表面杂物、油渍等。 3)不锈钢板加工。一个圆柱面一般都由二片或三片不锈钢曲面板组合成。曲面板加工方法有两种:一是手工加工;另外一种是在卷板机上加工。 加工时,也应用圆弧样板检查曲面板的弧度是否符合要求。 4)不锈钢板安装。不锈钢板安装的关键在于片与片间的对口处的处理。安装对口的方式主要有直接卡口式和嵌槽压口式两种。 ①直接卡口式安装。在两片不锈钢板对口处,安装一个不锈钢卡口槽该卡口槽用螺钉固定于柱体骨架的凹部。安装柱面不锈钢板时,只要将不锈钢板一端的弯曲部,钩入卡口槽内,再用力推按不锈钢板的另一端,利用不锈钢板本身的特性,使其卡入另一个卡口槽内(图 8.1.146) ②嵌槽压口式安装方法。先把不锈钢板在对口处的凹部用螺钉(圆钉)固定,再把一条宽度小于凹槽的木条固定在凹槽中间,两边空出的间隙相等,其间宽为1mm左右;在木条上涂刷万能胶,等胶面不粘手时,向木条上嵌入不锈钢槽条;在不锈钢槽条嵌入粘结前,应用酒精或汽油清擦槽条内的油迹污物,并涂刷一层薄薄的胶液。安装方式见图 8.1.147。 (3)注意事项 1)安装卡口槽及不锈钢槽条时,尺寸要准确,不能产生歪斜现象。 2)固定凹槽的木条尺寸、形状要准确。 3)在木条安装前,应先与不锈钢试配,木条的高度一般大于不锈钢槽内的深度 0.5mm。 (4)如柱体为方柱时,则需根据圆柱断面的尺寸确定圆形木结构"柱胎"外圆直径和柱高,然后用木龙骨和胶合板在混凝土方柱上支设圆形柱(图 8.1.148),然后进行不锈钢饰面施工。
3	不锈钢方柱饰面施工	方柱体上安装不锈钢钢板,通常需要将不锈钢板粘贴在木夹板层上,然后再用型角压边 (1)施工艺流程 不锈钢方柱饰面安装工艺流程如下: 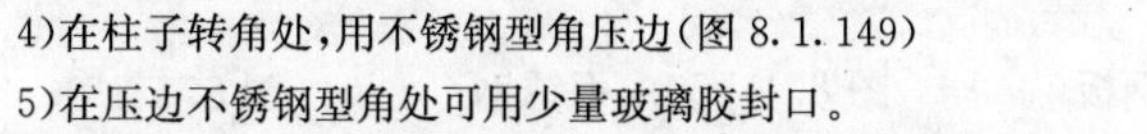 柱骨架检查与修整 → 镶贴木夹板 → 镶贴不锈钢板 → 抛光处理 ← 压力 (2)施工要点 1)粘贴木夹板前,应对柱体骨架进行垂直度和平整度的检查,若有误差应及时修整。 2)骨架检查合格后,在骨架上刷涂万能胶,然后把木夹板粘贴在骨架上并用螺钉固钉,钉头低于板面。 3)在木夹板的面层上涂刷万能胶并把不锈钢面板粘贴在夹板面层上。 4)在柱子转角处,用不锈钢型角压边(图 8.1.149) 5)在压边不锈钢型角处可用少量玻璃胶封口。 6)不锈钢方柱角位结构有两种形式即阳角结构和斜角结构。 ①阳角结构。两个面在角位处直角相交,再用压角线进行封角。压角线用不锈钢角或不锈钢角型材用自攻螺钉或铆接法固定(图 8.1.150)。 ②斜角结构:不锈钢方柱斜角用不锈钢处理(图 8.1.151)

奥氏体系不锈钢薄板焊接工艺参数　　　　　　　　表 8.1.157

板厚 (mm)	焊 接 层 数	焊条直径 (mm)	焊条消耗量 (kg/m)	焊接电流(A)		电弧电压 (V)
				平焊和横焊	垂直焊和仰焊	
0.40	1	1.2	—	—	—	—
0.55	1	1.2	0.07	8～15	8～15	17～19
0.80	1	1.2	0.09	15～35	15～25	18～21
1.60	1	1.6	0.15	30～60	25～40	20～23
2.00	1	2.5	0.27	50～100	45～65	22～25

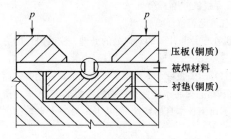

图 8.1.145　垫板和压板

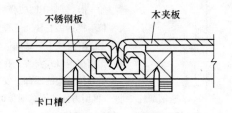

图 8.1.146　直接卡口式安装

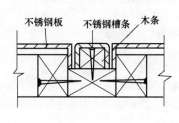

图 8.1.147　嵌槽压口式安装

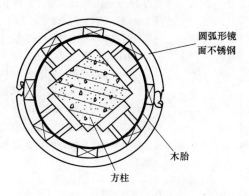

图 8.1.148　混凝土方柱外包不锈钢圆柱饰面示意图

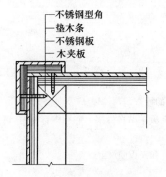

图 8.1.149　不锈钢板
方柱转角压力

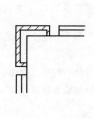

图 8.1.150　不锈钢
方柱阳角处理

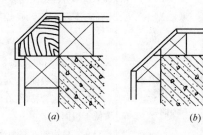

图 8.1.151　不锈钢方柱斜角处理
(a) 斜角；(b) 大斜角

4. 镜面玻璃饰面安装要点

镜面玻璃饰面多用于室内装修。具有扩大空间、改变亮度、活泼气氛等特点。

镜面玻璃饰面装饰分有（木）龙骨做法和无龙骨做法两种。如表 8.1.158。

镜面玻璃饰面方法 表 8.1.158

序　号	项　目	内　容
1	有(木)龙骨做法	(1)墙面清理、整修。墙体表面的灰尘、污垢、浮砂、油渍、垃圾、砂浆流痕及溅沫等,清除净尽,并洒水湿润。如有缺棱、掉角之处,应用聚合物水泥砂浆修补完整。 (2)墙体表面涂防潮层。墙体表面满涂防水建筑胶粉防潮层。非清水墙者防潮层厚 4~5mm,至少 3 遍成活。清水墙者厚 6~12mm,兼作找平层用,至少 3~5 遍成活。 (3)安装防腐、防火木龙骨。30mm×40mm 木龙骨,正面刨光,背面刨通长防翘凹槽一道,满涂氟化钠防腐剂一道,防火涂料三道。按中距 450mm 双向布置,用 M10(直径 D=4.5mm)×72mm 射钉与墙体钉牢。钉距 450mm,钉头须射入木龙骨表面 0.5~1mm 左右,钉眼用油性腻子腻平。须切实钉牢,不得有松动、不实、不牢之处。龙骨与墙面之间有缝隙之处,须以防腐木片(或木块)垫平塞实。全部木龙骨安装时必须边钉边抄平,整个木龙骨立面垂直度偏差(用 2m 托线板检查)不得大于 3mm;表面平整度偏差(用 2m 直尺和楔形塞形塞尺检查)不得大于 2mm。如有不符之处,应彻底修正。 (4)安装阻燃型胶合板。 (5)安装镜面玻璃;可采用紧固件镶钉法; 1)弹线。根据具体设计,在胶合板上将镜面玻璃装修位置及镜面玻璃分块弹出。 2)安装。按具体设计或参考图 8.1.152 用紧固件及装饰压条等将镜面玻璃固定于胶合板及木龙骨上。镜面玻璃如用玻璃钉或其他装饰钉镶钉于木龙骨上时,须先在镜面玻璃上加工打孔。孔径应小于玻璃钉端头直径或装饰钉直径 3mm。钉的数量及分布,应按具体设计办理。 3)修整表面。整个镜面玻璃墙面安装完毕后,应严格检查装修质量。如发现不牢、不平、松动、倾斜、压条不直及平整度、垂直度、方正度偏差不符合质量要求之处,均应彻底修正。 4)封边收口。整个镜面玻璃墙面装修的封边、收口及采用何种封边压条、收口饰条等均按具体设计办理。 (6)清理、嵌缝。镜面玻璃全部安装、粘贴完毕后,将玻璃表面清理干净,玻璃板与玻璃板间留缝不留缝及留缝宽度,均应按具体设计规定办理。板缝处理除具体设计有具体规定者外,可用 69DEL 美之宝透明大力胶,调入颜料(颜色按具体设计规定采用)将缝嵌实、勾匀。 (7)封边、收口。根据具体设计,对镜面玻璃墙面封边、收口。
2	无龙骨做法	(1)墙体表面处理。墙体表面的灰尘、污垢、垃圾、油渍、砂浆流痕及溅沫等清除净尽,并洒水湿润。凡有缺棱掉角之处,应用聚合物水泥砂浆修补完整。 (2)刷 108 胶素水泥浆。墙体表面刷 108 胶素水泥浆(内掺水重 3%~5%胶)一道。 (3)墙体底层抹灰(混凝土墙基层本工序取消)。上列工序完成后,在墙体表面涂 10mm 厚 1:0.3:3 水泥石灰膏砂浆打底,扫毛,至少两遍成活。 (4)找平层(混凝土墙基层本工序取消)。上述底层抹灰凝结后,抹 6mm 厚 1:0.3:2.5 水泥石灰膏砂浆找平、压实、赶光。找平层须十分平整,平整度偏差、阴阳角垂直度偏差、阴阳角方正度偏差均不得超过 2mm,立面垂直度偏差不得超过 3mm。 (5)防潮层。找平层彻底干后,满涂防水建筑胶粉防潮层一层,4~5mm 厚,至少三遍成活。 (6)弹线。同有龙骨做法。 (7)镜面玻璃保护层。同有龙骨做法。 (8)与大力胶粘结处打净、磨糙。防潮层上凡与大力胶点粘结之处,均应预先打磨干净,过于光滑之处须磨糙。镜面玻璃背面保护层上点涂大力胶处亦应清理干净,但不得打磨,以免将保护层损坏。 (9)调制大力胶。同有龙骨做法。 (10)上胶(涂胶)。同有龙骨做法。 (11)镜面玻璃上墙、胶贴。同龙骨做法。 (12)清理、嵌缝。同有龙骨做法。 (13)封边、收口。同有龙骨做法

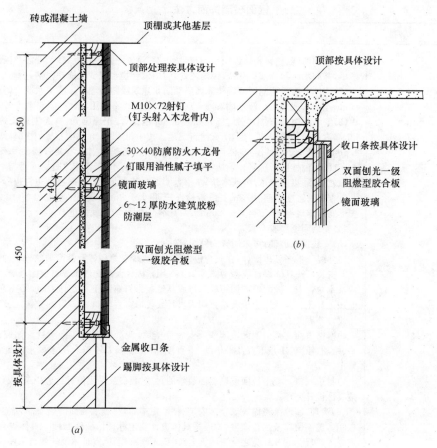

图 8.1.152　镜面玻璃饰面有（木）龙骨安装

(a) 基本构造；(b) 墙体顶部构造

8.1.4.4　饰面板（砖）工程用料参考

1. 饰面（板）砖施工用料参数，如表 8.1.159，表 8.1.160 所示。

陶瓷釉面砖建筑内墙装修用料参考（100m²）　　　　　　表 8.1.159

项次	名　　称		砖墙基层	混凝土墙基层	加气混凝土墙基层
1	108 胶素水泥浆	（m³）	0.105	0.105	
2	14mm 厚 1∶0.3∶3 水泥石灰膏砂浆	（m³）	1.616	1.616	
3	3mm 厚防水建筑胶粉	（kg）	283.5	283.5	283.5
4	陶瓷釉面砖（密缝）	（m²）	92	92	92
5	1∶1 水泥细砂浆甩毛	（m³）		0.105	
6	108 胶素水泥浆甩毛	（m³）		0.105	
7	镀锌钢丝网	（m²）			105
8	16mm 厚 1∶1∶4 水泥石灰膏砂浆	（m³）			1.847

注：1. 本表所列材料为主要材料，其他零星材料从略。

2. 灰缝宽度按 10mm 考虑。

3. 本表所列材料未包括墙面勾缝、封边、收口等材料在内。

高级陶瓷锦砖建筑内墙装修用料参考（100m²） 表 8.1.160

项次	名 称		砖墙基层	混凝土墙基层	加气混凝土墙基层
1	108 胶素水泥浆	（m³）	0.105	0.105	
2	14mm 厚 1：0.3：3 水泥石灰膏砂浆	（m³）	1.616	1.616	
3	2mm 厚防水建筑胶粉	（kg）	200	200	200
4	高级陶瓷锦砖	（m²）	102	102	102
5	1：1 水泥细砂浆甩毛	（m³）		0.105	
6	镀锌钢丝网	（m²）			105
7	16mm 厚 1：1：4 水泥石灰膏砂浆	（m³）			1.847

注：1. 本表所列材料为主要材料，其他零星材料从略。
    2. 本表所列材料未包括墙面勾缝、封边、收口等材料在内。

2. 饰面板施工用料参考，见表 8.1.161、表 8.1.162。

花岗石、大理石、预制水磨石饰面板墙面装修用料参考（传统做法）（100m²）

表 8.1.161

项次	名 称		花岗石板	大理石板	预制水磨石板
1	花岗岩饰面板 500mm×500mm	（m²）	102		
2	大理石饰面板 500mm×500mm	（m²）		102	
3	预制水磨石饰面板 500mm×500mm	（m²）			101.5
4	50mm 水泥砂浆（1：2.5）	（m³）	5.55	5.55	5.55
5	素水泥浆	（m³）	0.1	0.1	0.1
6	钢筋 φ6mm（不锈钢）	（t）	0.06	0.06	0.06
7	不锈钢膨胀螺栓	（套）	524	524	524
8	铜丝或不锈钢丝	（kg）	7.77	7.77	7.77

注：本表所列材料为主要材料，其他零星材料从略。

花岗石、大理石、预制水磨石饰面板柱面装修用料参考（传统做法）（100m²）

表 8.1.162

项次	名 称		花岗石板	大理石板	预制水磨石板
1	花岗岩饰面板 500mm×500mm	（m²）	120	102.93	92.55
2	大理石饰面板 500mm×500mm	（m²）		132.09	
3	预制水磨石饰面板 500mm×500mm	（m²）			131.44
4	50mm 水泥砂浆（1：2.5）	（m³）	6.09	6.09	6.09
5	素水泥浆	（m³）	0.10	0.10	0.10
6	钢筋 φ6mm（不锈钢）	（t）	0.08	0.08	0.08
7	钢丝或不锈钢丝	（kg）	7.77	7.77	7.77
8	不锈钢膨胀螺栓	（套）	920	920	920

注：1. 本表所列材料为主要材料，其他零星材料从略。
    2. 本表为混凝土基层饰面装修用料。

3. 镜面玻璃装饰用料参考，见表 8.1.163。

8.1.5 涂饰工程设计

8.1.5.1 基本要求
涂饰工程的基本要求，如表 8.1.164 所示。

8.1.5.2 建筑装饰涂料
建筑装饰涂料一般适用于混凝土基层、水泥砂浆或混合砂浆抹面、水泥石棉板、加气混凝土、石膏板砖墙等各种基层面。一般采用刷、喷、滚、弹涂施工。

镜面玻璃建筑内墙装修用料参考（100m²）　　　表 8.1.163

项　次	名　　　称		砖墙或混凝土墙基层
1	清水墙用防水建筑胶粉(6~12mm 厚)	(kg)	473~946
2	非清水墙用防水建筑胶粉(4~5mm 厚)	(kg)	(315)
3	30mm×40mm 木龙骨	(m)	474
4	氟化钠防腐剂	(kg)	25
5	防火涂料三遍	(kg)	73.2
6	射钉	(千只)	1.05
7	阻燃型双面刨光一级胶合板(5~8mm 厚)	(m²)	105
8	圆钉(25~35mm 长)	(千只)	3.51
9	镜面玻璃	(m²)	105
10	白乳胶一道	(kg)	20.8
11	上等薄牛皮纸	(m²)	105
12	美之宝大力胶	(kg)	5.76

基 本 要 求　　　表 8.1.164

序　号	内　　容
1	涂饰工程应在抹灰、吊顶、细部、地面及电气工程等已完成并验收合格后进行。
2	涂饰工程应优先采用绿色环保产品。
3	混凝土或抹灰基层涂刷溶剂型涂料时,含水率不得大于 8%;涂刷水性涂料和乳液涂料时,含水率不得大于 10%。木质基层含水率不得大于 12%。
4	涂料在使用前应搅拌均匀,并应在规定的时间内用完。
5	施工现场环境温度宜在 5~35℃之间,并应注意通风换气和防尘。
6	涂料的品种、颜色应符合设计要求,并应有产品性能检测报告和产品合格证书。
7	涂饰工程所用腻子的粘结强度应符合国家现行标准的有关规定。
8	基层处理及要求: (1)基层表面必须坚固和无酥松、脱皮。起壳、粉化等现象;基层表面的泥土、灰尘、油污、油漆、广告等杂物脏迹,必须洗净清除。 (2)混凝土及水泥砂浆抹灰基层。应满刮腻子,砂纸打光,表面应平整光滑、线角顺直。 (3)纸面石膏板基层。应按设计要求对板缝、钉眼进行处理后,满刮腻子、砂纸打光

1. 基本概念

建筑装饰涂料的基本概念，如表 8.1.165 所示。

基 本 概 念　　　表 8.1.165

序　号	项　目	内　　容
1	基本概念	建筑涂料系指涂敷于建筑物表面,并能与建筑物表面材料很好的粘结,形成完整涂膜的材料。早期使用的涂料,其主要原料是天然油脂和天然树脂,如亚麻仁油、桐油、松香和生漆等,故称为油漆。随着石油化工和有机合成工业的发展,许多涂料不再使用油脂,主要使用合成树脂及其乳液、无机硅酸盐和硅溶胶。故改为涂料工程,油漆仅是涂料的一个分支。
2	涂料功能	建筑装饰涂料的功能如下: (1)保护墙体 由于建筑物的墙体材料多种多样,选用适当的建筑装饰涂料,可使墙面起到一定的保护作用,一旦涂膜遭受破坏,还可重新涂饰。

续表

序 号	项 目	内 容
2	涂料功能	(2)美化建筑物 建筑装饰涂料的颜色,可按需要调配,同时可采用喷、滚、弹、刷涂的方法,不仅可使建筑物外观美观,而且可以做出线条,增加质感,起到美化城市的作用。 (3)多功能作用 建筑装饰涂料涂饰在主体结构表面,有的还可以起到保色、隔声、吸声等作用。经过特殊配制的涂料,还可起到防水、防火、防腐蚀、防霉、防静电和保健等作用。
3	涂料分类	建筑装饰涂料的分类如下: (1)按用途分:有外墙涂料、内墙涂料、地面(或地板)涂料、顶棚涂料; (2)按材质(成膜物质)分:有有机涂料、无机涂料和有机无机复合型涂料。其中有机涂料又分为水溶性涂料、乳液涂料、溶剂型涂料等。 (3)按涂层质感分:有薄质涂料、厚质涂料、复层涂料、多彩涂料等。 建筑涂料可以采用喷涂、滚涂、刷涂、抹涂和弹涂等方法,以取得不同表面的质感。使用时,应在充分了解各类建筑涂料性能的基础上,根据建筑标准、基层的状况以及建筑物所处的环境和施工季节来合理选用

2. 按用途分建筑装饰涂料

按用途分建筑装饰涂料的技术性能。如表 8.1.166 所示。

按用途分建筑装饰涂料 表 8.1.166

序 号	项 目	内 容
1	外墙涂料	(1)外墙涂料特点: 外墙涂料的主要功能是装饰和保护建筑物外墙面,使其建筑物外貌整洁美观。为此,外墙涂料一般应具有如下特点: 1)良好的装饰性和保色性; 2)良好的耐水性和抗水性能; 3)良好的耐污染性能; 4)良好的耐候性能; 5)便于施工和维修。 (2)常用外墙涂料技术性能如下: 1)合成树脂乳液外墙涂料的技术要求,见表 8.1.167。 2)溶剂型外墙涂料的技术要求,见表 8.1.168。 3)外墙无机建筑涂料的技术要求,见表 8.1.169。 4)合成树脂乳液砂壁状建筑涂料的技术要求,见表 8.1.170。 5)复层建筑涂料的技术要求,见表 8.1.171。
2	内墙和顶棚涂料	(1)内墙和顶棚涂料特点: 内墙涂料和顶棚涂料的主要功能是装饰和保护室内墙面和顶棚,使其美观整洁,让人们处于舒适的居住环境中。 为了获得良好的装饰效果,内墙涂料和顶棚涂料应具有如下特点: 1)色彩丰富协调,涂层质地平滑细洁; 2)耐碱性、耐水性、耐粉化性良好; 3)耐擦洗性能良好。 4)防火、防霉、耐污染性能良好; 5)良好的透气性能; 6)涂刷方便,重涂容易; 7)价格合理。 (2)常用内墙和顶棚涂料技术性能如下: 1)合成树脂乳液内墙涂料的技术要求,见表 8.1.172。 2)水溶性内墙涂料的技术要求,见表 8.1.173。 3)建筑室内用腻子的技术要求,见表 8.1.174

合成树脂乳液外墙涂料技术要求 表 8.1.167

项　目	指标	
	一等品	合格品
在容器中状态	搅拌混合后无硬块,呈均匀状态	
施工性	刷涂二道无障碍	
涂膜外观	涂膜外观正常	
干燥时间(h)	>2	
对比率(白色和浅色)不小于	0.90	0.87
耐水性,96h	无异常	
耐碱性,48h	无异常	
耐洗刷性(次)	≮1000	≮500
耐人工老化性(h)	250	200
粉化(级)	1	
变色(级)	2	
涂料耐冻融性	不变质	
涂层耐温变性(10 次循环)	无异常	

注:引自《合成树脂乳液外墙涂料》GB/T 9755—1995。

溶剂型外墙涂料技术要求 表 8.1.168

项　目	指　标
在容器中的状态	搅拌时均匀,无结块
固体含量(%)不小于	45
细度(μm)不大于	45
施工性	施工无困难
遮盖力(g/m²)不大于	140
颜色及外观	符合标准样板,在其色差范围内,表面平整
干燥时间(h)不大于	表干 2;实干 24
耐水性,144h	不起泡、不掉粉、允许轻微失光和变色
耐碱性,24h	不起泡、不掉粉、允许轻微失光和变色
耐洗刷性(次)不小于	2000
耐粘污性,5 次	
反射系数下降率(%)不大于	15
耐人工老化性,250h	不起泡、不剥落、无裂纹
粉化(级)不大于	2
变色(级)不大于	2
耐冻融循环性,10 次	不起泡、不剥落、无裂纹、无粉化

注:本表摘自《溶剂型外墙涂料》GB 9757—88。

外墙无机建筑涂料技术要求 表 8.1.169

序　号	项　目			指　标
1	涂料贮存稳定性	常温稳定性(23±2)℃	6 个月	可搅拌,无凝聚、生霉现象
		热稳定性(50±2)℃	30d	无结块、凝聚、生霉现象
		低温稳定性(−5±1)℃	3 次	无结块、凝聚、破乳现象
2	涂料黏度(s)		ISO 杯 40~70	

续表

序　号	项　　目	指　标	
3	涂料遮盖力（g/m²）	A①	≤350
		B②	≤320
4	涂料干燥时间（h）	A	≤2
		B	≤1
5	涂层耐洗刷性	1000 次不漏底	
6	涂层耐水性	500h 无起泡、软化、剥落现象　无明显变色	
7	涂层耐碱性	300h 无起泡、软化、剥落现象　无明显变色	
8	涂层耐冻融循环性	10 次无起泡、剥落、裂纹、粉化现象	
9	涂层粘结强度（N/mm²）	≥0.49	
10	涂层耐沾污性（%）	A	≤35
		B	≤25
11	涂层耐老化性	A	800h 无起泡、剥落；裂纹 0 级；粉化、变色 1 级
		B	500h 无起泡、剥落；裂纹 0 级；粉化、变色 1 级

注：①A：碱金属硅酸盐；②B：硅溶胶。

本表摘自《外墙无机建筑涂料》（JC/T 22—1999）。

合成树脂乳液砂壁状建筑涂料技术要求　　　　　表 8.1.170

试验类别	项　　目		技术指标
涂料试验	在容器的状态		经搅拌后呈均匀状态，无结块
	骨料沉降性（%）		<10
	贮存稳定性	低温贮存稳定性	3 次试验后，无硬块、凝聚及组成物的变化
		热贮存稳定性	1 个月试验后，无硬块、发霉、凝聚及组成物的变化
涂层试验	干燥时间（表干）（h）		≤2
	颜色及外观		颜色及外观与样本相比，无明显差别
	耐水性		240h 试验后，涂层无裂纹、起泡、剥落，无软化物的析出，与未浸泡部分相比，颜色、光泽允许有轻微变化
	耐碱性		240h 试验后，涂层无裂纹、起泡、剥落，无软化物的析出，与未浸泡部分相比，颜色、光泽允许有轻微变化
	耐洗刷性		1000 次洗刷试验后，涂层无变化
	耐沾污率（%）		5 次沾污试验后，沾污率在 45 以下
	耐冻融循环性		10 次冻融循环试验后，涂层无裂纹、起泡、剥落，与未试验试板相比，颜色、光泽允许有轻微变化
	粘结强度（N/mm²）		≥0.69 以上
	人工加速耐候性		500h 试验后，涂层无裂纹、起泡、剥落、粉化，变色<2

注：本表摘自《合成树脂乳液建筑涂料》（JG/T 24—2000）。

复层建筑涂料技术要求 表 8.1.171

试验项目 分类代号	低温稳定性	初期干燥抗裂性	粘结强度（MPa）		耐冷热循环性
			标准状态＞	浸水后＞	
CE	不结块，无组成物分离、凝聚	不出现裂纹	0.49	0.49	不剥落；不起泡
Si					
E			0.68	0.49	无裂纹；无明显变色
RE			0.98	0.68	

试验项目 分类代号	透水性（mL）	耐碱性	耐冲击性	耐候性	耐沾污性
CE	溶剂型：＜0.5 水乳型：＜2.0	不剥落；不起泡；不粉化；无裂纹	不剥落；不起泡；无明显变形	不起泡；无裂纹；粉化≤1级；变色≤2级	沾污率＜30%
Si					
E					
RE					

注：CE：聚合物水泥系复层涂料；
Si：硅酸盐系复层涂料；
E：合成树脂乳液系复层涂料；
RE：反应固化型合成树脂乳液系复层涂料。
摘自《复层建筑涂料》（GB/T 9779—88）。

合成树脂乳液内墙涂料技术要求 表 8.1.172

项 目	指 标	
	一 等 品	合 格 品
在容器中状态	搅拌混合后无硬块，呈均匀状态	
施工性	刷涂两道无障碍	
涂膜外观	涂膜外观正常	
干燥时间（h） ≤	2	
对比率（白色和浅色） ≥	0.93	0.90
耐碱性（24h）	无异常	
耐洗刷性（次） ≥	300	100
涂料耐冻融性	不变质	

注：摘自 GB/T 9756—1995。

水溶性内墙涂料技术要求 表 8.1.173

性 能 项 目	技 术 要 求	
	Ⅰ类	Ⅱ类
容器中状态	无结块，沉淀和絮凝	
黏度[1]（s）	30~75	
细度（μm）	≤100	
遮盖力（g/m²）	≤300	
白度[2]（%）	≥80	
涂膜外观	平整，色沟均匀	
附着力（%）	100	
耐水性	无脱落、起泡和皱皮	
耐干擦性（级）	—	≤1
耐洗刷性（次）	≥300	—

注：[1]《涂料黏度测定法》（GB 1723—93）中涂-4 黏度计的测定结果的单位为"s"。
[2] 白度规定只适用于白色涂料。
摘自 JC/T 423—91。

建筑室内用腻子技术要求　　　　　　　　　　表 8.1.174

项 目		性 能	
		Y 型	N 型
在容器中状态		无结块,均匀	
施工性		刮涂无障碍	
干燥时间(表干)(h)		<5	
打磨性(%)		20~80	
耐水性(48h)		—	无异常
耐碱性(24h)		—	无异常
粘结强度(MPa)	标准状态	>0.25	>0.50
	浸水后	—	>0.30
低温贮存稳定性		—5℃冷冻 4h,无变化,刮涂无困难	

注：摘自 JC/T 3049—1998。

3. 按材质（成膜物质）分建筑装饰涂料

建筑装饰涂料品种各色各样，多姿多彩，从其分散介质上来说，有溶剂型的、水性的（包括水溶性的和水乳型的），还有水和溶剂相复合的（例如水包油类多彩涂料）；从装饰质感上来说，有平面型、凹凸复层、还有砂壁状等，这样繁多的品种在人们使用时就有了充分的选择余地。现分类介绍一些主要品种如下：

（1）水溶性建筑涂料

水溶性建筑涂料的品种分为有机和无机两大类，前者主要是聚乙烯醇内墙涂料，后者主要是硅酸盐类，即以钠水玻璃或钾水玻璃为成膜物质的双组分外墙涂料和以硅溶胶为基料的内、外墙涂料。如表 8.1.175 所示。

水溶性建筑涂料　　　　　　　　　　表 8.1.175

序号	项 目	内 容
1	聚乙烯醇类水溶性内墙涂料	聚乙烯醇类水溶性内墙涂料是以聚乙烯醇树脂及其衍生物为主要成膜物质,混合一定量颜料、填料、助剂及水经研磨混合均匀而成的一种水性内墙涂料。 （1）聚乙烯醇水玻璃内墙涂料 是以聚乙烯醇树脂水溶液和水玻璃为基料,混合一定量的着色颜料、体质颜料及少量表面活性剂,共同制成的一种水溶性内墙涂料。产品的特点如下： 1）本涂料属于水性类型,无毒、无嗅、耐燃； 2）配制工艺简单,设备要求条件不高,生产上马快,施工方便； 3）涂膜表面光洁平滑,能配制成多种色彩,与墙面基层有一定的粘结力,具有一定的装饰效果； 4）原材料资源丰富,价格低廉； 5）涂层耐水洗刷性较差,涂膜表面不能用湿布擦洗； 6）涂膜表面容易产生脱粉现象。 聚乙烯醇水玻璃内墙涂料的主要技术性能见表 8.1.176。 （2）聚乙烯醇-灰钙粉建筑材料 以聚乙烯醇为主要成膜物质并大量使用活性填料——灰钙粉制造的建筑涂料,通常称为聚乙烯醇-灰钙粉涂料,其特征是涂膜强度高,耐水性好,耐热水和耐湿热蒸汽更好,很适合于有特殊要求的内用场合,例如厨房、浴室使用,而成为水溶性建筑涂料的一个重要品种。

续表

序　号	项　目	内　　容
2	硅酸盐 无机涂料	无机建筑涂料大致可分为碱金属硅酸盐系、硅溶胶系、水泥系等几类。水泥系外墙涂料见本手册"8.1.5.4 刷浆工程"中已作介绍，此处侧重介绍硅酸盐无机涂料中的碱金属硅酸盐系和硅溶胶系涂料。 (1)碱金属硅酸盐系涂料 碱金属硅酸盐系涂料，俗称水玻璃涂料，这是以硅酸钾、硅酸钠为胶粘剂的一类涂料。通常由胶粘剂、固化剂、颜料、填料及分散剂搅拌混合而成。目前主要产品随着水玻璃的类型不同，大致可以分为钾水玻璃涂料、钠水玻璃涂料、钾钠水玻璃涂料三种。 碱金属硅酸盐系涂料的特点如下： 1)具有优良的耐水性，如钾水玻璃外墙涂料能在水中浸泡 60d 以上涂膜无异常； 2)具有优良的耐老化性能，其抗紫外线照射能力比一般有机树脂涂料优异，因而适宜用做外墙装饰； 3)具有优良的耐热性，在 600℃温度下，不燃； 4)涂膜耐酸、耐碱、耐冻融、耐污染等性能良好； 5)无毒、无味，施工方便； 6)涂料原材料资源丰富，价格较低。 碱金属硅酸盐系涂料的主要技术性能见表 8.1.177。 (2)硅溶胶外墙涂料 硅溶胶外墙涂料是以胶体二氧化硅为主要胶黏剂，加入成膜助剂、增稠剂、表面活性剂、分散剂、消泡剂、体质涂料、着色颜料等多种材料经搅拌、研磨、调制而成的水溶性建筑涂料。其特点如下： 1)无毒无味，不污染环境； 2)施工性能好，宜于刷涂，也可以喷涂、滚涂、弹涂； 3)遮盖力强，涂刷面积大； 4)涂膜致密、坚硬，耐磨性好，可用水砂纸打磨抛光； 5)涂膜不产生静电，不易吸附灰尘，耐污染性好； 6)涂膜对基层渗透力强，附着性好； 7)涂膜是以胶体二氧化硅形成的无机高分子涂层，耐酸、耐碱、耐沸水、耐高温、耐久性好。 硅溶胶无机外墙涂料的主要技术性能见表 8.1.178。 本品施工应注意的事项是：正温存放，施工温度应高于 5℃；涂刷前应搅拌均匀，防止填料沉淀；水泥砂浆、混凝土新基层必须养护 7d 以上才能进行施工

聚乙烯醇水玻璃内墙涂料技术性能　　　　　　　　　　　　表 8.1.176

项　目	性　　能	项　目	性　　能
容器中状态	经搅拌无结块、沉淀和絮凝现象	遮盖力(g/m^2)	不大于 300
外观	涂层平整光滑，色泽均匀	白度(度)	不小于 80
耐水性(24h)	涂层无剥落、起泡和皱皮现象	附着力(%)	100
黏度(s)	35~75	耐擦性	不大于 1 级
细度(μm)	不大于 90		

(2) 溶剂型建筑涂料

溶剂型涂料是以高分子合成树脂为主要成膜物质，有机溶剂为稀释剂，加入一定量的颜料、填料以及助剂，经混合、搅拌溶解、研磨而配制成的一种挥发性涂料。近来年，发展起来的溶剂型丙烯酸酯外墙涂料，其耐热性、装饰性都很突出。如表 8.1.179 所示。

碱金属硅酸盐系涂料技术性能 表 8.1.177

项 目	性 能
常温稳定性[(23±2)℃]	6 个月可搅拌,无凝聚、生霉现象
热稳定性[(50±2)℃]	30d 无结块、凝聚、生霉现象
低温稳定性[(−5±1)℃]	3 次无结块、凝聚、破乳现象
涂料黏度(1SO 杯)(s)	40~70
涂料遮盖率(g/m²)	等于或小于 350
干燥时间(h)	等于或小于 2
涂层耐水性(500h)	无起泡、软化、剥落现象,无明显变色
涂层耐洗刷性(1000 次)	不露底
涂层耐碱性(300h)	无起泡、软化、剥落现象,无明显变色
涂层耐冻融循环性(10 次)	无起泡、剥落、裂纹、粉化现象
涂层粘结强度(MPa)	等于或大于 0.49
涂层耐老化性(800h)	无起泡、剥落;裂纹 0 级;粉化、变色 1 级
涂层耐沾污性(%)	等于或小于 35

硅溶胶无机外墙涂料技术性能 表 8.1.178

项 目	性 能
常温稳定性[(23±2)℃]	6 个月可搅拌,无凝聚、生霉现象
热稳定性[(50±2)℃]	30d 无结块、凝聚、生霉现象
低温稳定性[(−5±2)℃]	3 次无结块、凝聚、破乳现象
涂料黏度(ISO 杯)(s)	40~70
涂料遮盖率(g/m²)	等于或小于 320
干燥时间(h)	等于或小于 1
涂层耐洗刷性(1000 次)	不露底
涂层耐水性(500h)	无起泡、软化、剥落现象,无明显变色
涂层耐碱性(300h)	无起泡、软化、剥落现象,无明显变色
涂层耐冻融循环性(10 次)	无起泡、剥落、裂纹、粉化现象
涂层粘结强度(MPa)	等于或大于 0.49
涂层耐沾污性(%)	等于或小于 25
涂层耐老化性(500h)	无起泡、剥落、裂纹 0 级;粉化、变色 1 级

溶剂型建筑涂料 表 8.1.179

序 号	项 目	内 容
1	丙烯酸酯墙面涂料	丙烯酸酯墙面涂料是以热塑性丙烯酸酯合成树脂为主要成膜物质,加入溶剂、颜料、填料、助剂等,经研磨而制成的一种溶剂挥发型涂料。 丙烯酸酯墙面涂料是建筑墙面装饰用的优良品种,使用寿命估计可达 10 年以上,是目前国内外建筑涂料工业主要的外墙涂料品种之一,与丙烯酸酯乳液涂料同时广泛应用,目前主要用于外墙复合涂层的罩面材料。 (1)本品的特点如下: 1)涂料耐候性良好,在长期光照、日晒雨淋的条件下,不易变色、粉化或脱落; 2)对墙面有较好的渗透作用,结合牢度好; 3)使用时不受温度限制,即使在 0℃ 以下的严寒季节施工,也可很好地干燥成膜; 4)施工方便,可采用刷涂、滚涂,喷涂等施工工艺,可以按用户要求配制成各种颜色。 (2)丙烯酸酯外墙涂料的主要技术性能要求见表 8.1.180。

续表

序　号	项　目	内　容
2	丙烯酸酯复合型建筑涂料	丙烯酸酯树脂建筑涂料具有许多优良的性能,但其性能也存在一定的不足,其最主要的是涂膜的耐热性不良。但是,根据丙烯酸酯树脂和许多树脂有良好的混容性的特点,可将丙烯酸酯树脂和其他能够相混容的树脂进行复合,从而弥补其性能上的不足,或提高其性能。目前常见的丙烯酸酯复合型涂料主要有聚氨酯丙烯酸酯建筑涂料、聚酯丙烯酸酯建筑涂料和有机硅丙烯酸酯建筑涂料等几种。 　(1)聚氨酯丙烯酸酯复合型建筑涂料 　是由耐候性能优良的甲基丙烯酸甲酯、丙烯酸丁酯和含羟基丙烯酸酯等单体经溶液聚合而成的丙烯酸酯树脂与脂肪族二异氰酸酯预聚体固化交联的复合树脂为主要成膜物质,添加颜料、填料、助剂,经研磨配制而成的溶剂型双组分涂料。本品具有非常优异的耐光、耐候性,在室外紫外线照射下不分解、不粉化、不黄变,是性能优良的外墙建筑涂料。其性能要求参见本表序号3聚氨酯系墙面涂料。 　(2)聚酯丙烯酸酯复合型建筑涂料 　是以聚酯丙烯酸酯树脂为基料而配制成的户外耐候性涂料。这种复合型树脂合成的涂料为单组分,施工方便,涂膜具有强度高、耐污染性好等特点。但耐黄变性不良是其不足,故不宜制成纯白色涂料。 　(3)有机硅丙烯酸酯涂料 　是由耐候性、耐沾污性优良的有机硅改性丙烯酸酯树脂为主要成膜物质,添加颜料、填料、助剂组成的优质溶剂型涂料。适用于高级公共建筑和高层住宅建筑外墙面的装饰,其使用寿命估计可达到10年以上。其特点如下: 　1)涂料掺透性好; 　2)涂料的流平性好,涂膜表面光洁,耐污染性好,易清洁; 　3)涂层耐磨损性好; 　4)施工方便,可采用刷涂、滚涂或喷涂等施工工艺。 　(4)有机硅丙烯酸酯外墙涂料主要技术性能要求,见表8.1.181。 　本品施工时注意的事项是:一般要求基层水分含量要小于8%;一般要涂刷两度,每度间隔时间可在4h左右;涂料施工时,挥发出易燃的有机溶剂,应注意保护措施,特别应注意防火。
3	聚氨酯系墙面涂料	聚氨酯系墙面涂料是以聚氨酯树脂或聚氨酯与其他树脂复合物为主要成膜物质,添加颜料、填料、助剂组成的优质外墙涂料,主要品种有聚氨酯—丙烯酸酯树脂复合型建筑涂料等。 　(1)聚氨酯丙烯酸酯外墙涂料,其主要技术性能要求见表8.1.182。 　本品施工时应注意事项是:要求基层干燥,含水率应小于8%;可采用刷涂、滚涂、喷涂施工;双组分涂料应按生产厂规定的比例精确称量拌均后使用,涂料要随配随用;配好的涂料应在规定的时间内(一般在4～6h内)用完。 　(2)聚氨酯聚酯仿瓷墙面涂料:为涂刷型内墙涂料,其涂层光洁度非常好,类似瓷砖状,适用于工业厂房车间、民用住宅卫生间及厨房的内墙与顶棚装饰。 　(3)聚氨酯环氧树脂涂料:现已冠以瓷釉涂料的名称,在建筑物内外墙、地面、厨房、卫生间、浴池、水池等部位应用广泛

丙烯酸酯外墙涂料技术性能　　　　　　　　　　　　　表 8.1.180

项　目	性　能
固体含量(%)	不小于 45
干燥时间(h)	表干不大于 2;实干不大于 24
细度(μm)	不大于 60
遮盖力(白色及浅色)(g/m²)	不大于 170
耐水性[(23±2)℃,96h]	不起泡,不剥落,允许稍有变色
耐碱性[(23±2)℃,浸泡氢氧化钙溶液,48h]	不起泡,不剥落,允许稍有变色,不露底
耐洗刷性(0.5%皂液)(次)	2000
耐沾污性(白色或浅色,5次循环,反射系数下降率不大于)(%)	30
耐候性(人工加速,200h)	不起泡,不剥落,无裂纹变色及粉化均不大于2级

有机硅丙烯酸酯外墙涂料技术性能 表 8.1.181

项　目	性　能
细度(μm)	不大于 45
遮盖力(白色或浅色)(g/m²)	不大于 140
干燥时间(h)	表干不大于 2
耐碱性(24h)	无变化
耐水性(144h)	无变化
耐沾污性(白色及浅色,5 次循环反射系数下降率)(%)	不大于 5
耐洗刷性(0.5% 皂液,2000 次)	无变化
耐候性(人工加速,1000h)	不起泡,不剥落,无裂缝,粉化及变色均不大于 2 级

聚氨酯丙烯酸酯外墙涂料技术性能 表 8.1.182

项　目	性　能
干燥时间(h)	表干 2
耐水性[(23±2)℃,96h]	无变化
耐碱性[(23±2)℃,48h]	无变化
耐洗刷性(0.5% 皂液,2000 次)	无变化
耐沾污性(白色及浅色,5 次循环,反射系数下降率)(%)	不大于 10
耐候性(人工加速,1000h)	不起泡,不剥落,无裂缝,无粉化

(3) 浮液型建筑涂料

以高分子合成树脂乳液为主要成膜物质的墙面涂料称为乳液型墙面涂料,是采用乳液型基料,将填料及各种助剂分散于其中而成的一种水性建筑涂料。

乳液型建筑涂料具有有机溶剂含量低、无毒、无污染、节约资源、施工方便、装饰效果好等特点,以及良好的耐水性、耐候性、抗污染性等理化性能,是目前应用十分广泛的一类中、高档建筑涂料,内外墙面均适用。具体性能、如表 8.1.183 所示。

浮液型建筑涂料 表 8.1.183

序号	项目	内　容
1	分类及特点	(1)乳液型墙面涂料的品种如下: 乳液型涂料 { 合成树脂乳液涂料 { 乳液薄型涂料(乳胶漆) / 乳液厚涂料 / 砂壁状涂料 } / 水乳型合成树脂乳液涂料 } 目前极大部分乳液型墙面涂料是由乳液聚合方法生产的乳液作为主要成膜物质。 (2)乳液型墙面涂料的主要特点如下: 1)以水作为分散介质,不会污染周围环境,不易发生火灾,对人体的毒性小; 2)涂料透气性好,用于内墙装饰无结露现象; 3)施工方便,可以刷涂、滚涂、喷涂,施工工具可以用水清洗; 4)涂膜耐水、耐碱、耐候等性能良好,其耐候性、耐水性、耐久性等性能可以与溶剂型丙烯酸酯墙面涂料媲美; 5)目前乳液型外墙涂料存在的问题是其在太低的温度下不能形成优质的涂膜,通常必须在 10℃以上施工才能保证质量,在冬天一般不宜应用。

序　号	项　目	内　容
2	合成树脂乳液薄质涂料（乳胶漆）	（1）乙（醋）丙乳液涂料 　该涂料是以醋酸乙烯-丙烯酸酯共聚物乳液为主要成膜物，加入颜料、填料、助剂等制成。这种涂料施工性均较好，喷、涂、刷涂都能取得良好的效果。缺点是最低成膜温度较高（≥15℃），能施工的季节较短。一般用于外墙装饰，其主要技术性能要求，见表 8.1.184。 　（2）苯丙乳液涂料 　该涂料是以苯乙烯-丙烯酸酯共聚物乳液为主要成膜物，加入颜料、填料、助剂等制成。分为平面薄质涂料、云母粒状薄质涂料、着色砂涂料、薄抹涂料、轻质厚层涂料（后三种涂料中不加着色颜料）、复层涂料等不同质感的品种。该类涂料的耐水、耐碱、耐老化、粘结强度等性能均较好，因此，近年来发展较快。是目前质量较好的内外墙乳液涂料之一，其主要技术性能要求，见表 8.1.185。 　丙苯乳胶涂料施工注意事项是：施工时若涂料太稠，可加入少量水稀释，施工强度在20℃左右时，前后两道涂料施工时间间隔不小于 4h；一般施工温度不低于 10℃，湿度不大于 85%。 　（3）丙烯酸酯乳胶漆 　又称纯丙烯酸聚合物乳胶漆。是由甲基丙烯酸甲酯、丙烯酸丁酯、丙烯酸乙酯等丙烯酸系单体加入乳化剂、引发剂等，经过乳液聚合反应而制得纯丙烯酸酯浮液，以该乳液为主要成膜物质，加入颜料、填料及其他助剂，经分散、混合、过滤而成的乳液型涂料。是优质的内、外墙乳液涂料。 　纯丙烯酸酯系乳胶漆在性能上较其他共聚乳胶漆好，其最突出的优点是涂膜光泽柔和，耐候性和保光性、保色性都很优异，但其价格较其他共聚乳胶漆贵。 　丙烯酸酯内墙乳胶漆则常采用增加涂料中乳液的含量来配制有光乳胶漆。纯丙乳液具有优良的耐候性和光泽，因而可用来配制高级半光及有光内墙乳胶漆，高级丙烯酸酯内墙乳胶漆光泽大于 70%。 　有光丙烯酸酯外墙乳胶漆的主要技术性能要求，见表 8.1.186。 　纯丙乳胶漆施工温度应在 5℃以上，刷、滚、喷等施工方法均可。 　（4）醋酸乙烯乳胶漆 　是由醋酸乙烯均聚乳液加入颜料、填料以及各种助剂，经过研磨或分散处理而制成的一类乳液涂料。其特点如下： 　1）本品以水作分散介质，无毒，不易燃烧； 　2）涂料细腻，涂膜细洁、平滑、平光，色彩鲜艳，装饰效果良好； 　3）涂膜透气性良好，不易产生气泡； 　4）施工方法简便，施工工具容易清洗； 　5）价格适中，低于其他共聚乳液组成的乳胶漆； 　6）耐水性、耐碱性、耐候性较其他共聚乳液差，适宜涂刷内墙，不宜作外墙涂料应用。 　本品的主要技术性能要求见表 8.1.187。 　本品施工时注意事项是：不能用油漆、油墨、水彩画颜料及群青等调色，也不能用溶剂汽油稀释，施工时若太厚可加入少量清洁的自来水稀释；施工温度大于 10℃。 　（5）乙-乙（醋）乳液涂料 　该涂料以乙烯-醋酸乙烯共聚物（VAE）乳液为主要成膜物，加入颜料、填料、助剂等制成。目前仅有平面薄质涂料（乳胶漆）。该涂料具有较好的耐水、耐碱、耐洗刷等性能，粘结力较强，能用于较潮湿的水泥砂浆以及黏土砖、加气混凝土、木材等基层。
3	合成树脂乳液厚质涂料	乙-丙乳液厚涂料是由醋酸乙烯-丙烯酸酯共聚物乳液为主要成膜物质，掺入一定粗骨料组成的一种厚质外墙涂料。本品为一种中档的建筑外墙涂料。其主要技术性能要求，见表 8.1.188。 　本品施工时，气温应高于 15℃，两遍间隔约 30min。

续表

序号	项 目	内 容
4	彩色砂壁状外墙涂料	彩色砂壁状涂料又称彩砂涂料,是以合成树脂乳液和着色骨料为主体,外加增稠剂及各种助剂配制而成。由于采用高温烧结的彩色砂粒、彩色陶瓷粒或天然带色石屑作为骨料,使制成的涂层具有丰富的色彩及质感,其保色性及耐候性比其他类型的涂料有较大的提高,估计耐久性10年以上。其特点如下: (1)涂料不易褪色,质感强,装饰性能极其优良; (2)涂料耐久性、耐候性能良好; (3)采用喷涂方法施工,涂装工效高,施工周期短。 本品主要技术性能要求,见表8.1.189。 本品采用喷涂施工,局部亦可刷涂。喷枪出口直径5mm以上,工作压力0.6~0.8MPa。
5	水乳型合成树脂乳液涂料	水乳型合成树脂乳液外墙涂料是由合成树脂配以适当的乳化剂、增稠剂、水,通过高速机械搅拌分散而成的稳定乳状液为主要成膜物质,加入颜料、填料、助剂配制而成的一类外墙涂料,这类涂料以水为分散介质,无毒无味,生产施工较安全,对环境污染较少,目前国内主要用于外墙装饰

乙(醋)丙乳液涂料技术性能　　　　　　　　　　表8.1.184

项 目	性 能
耐冻融循环(次)	25
耐水性(浸水,300h)	无异常
耐污染性(30次污染后)	涂层表面对光的反射系数下降百分率≤50%
最低施工温度(℃)	≥15

苯丙乳液涂料技术性能　　　　　　　　　　　　表8.1.185

项 目	性 能
干燥时间(h)	表干2,实干12
遮盖力(白色或浅色)(g/m²)	小于200
固体含量(%)	45
冻融稳定性[(−5±1)℃,16h;(23±2)℃,8h,3次循环]	不变质
耐水性(96h)	不起泡,不脱落,允许稍有变色
耐碱性(饱和Ca(OH)$_2$溶液,48h)	不起泡,不脱落,允许稍有变色
耐洗刷性(0.5%皂液1000次)	不露底
耐沾污性(白色或浅色,5次循环,反射系数下率)	小于50%

有光丙烯酸酯外墙乳胶漆技术性能　　　　　　　表8.1.186

项 目	性 能
光泽(60°光泽)	不小于80%
干燥时间(h)	不大于2
对比率(白色和浅色)	不小于0.9
耐水性(96h)	无异常
耐碱性(48h)	无异常
耐洗刷性(次)	不小于1000
耐人工老化性(1000h)	粉化1级,变色2级
耐冻融性	不变质
涂层耐温变性(10次循环)	无异常

醋酸乙烯乳胶漆技术性能　　　　　　　表 8.1.187

项　目	性　能
涂膜颜色及外观	符合标准样本及其色差范围,平整无光
黏度(涂-4 黏度计,25±1℃)(s)	加 20%水测,15~45
固体含量(%)	不小于 45
干燥时间[(25±1)℃,相对湿度(65±5)%](h)	实干不大于 2
遮盖力(白色及浅色)(g/m²)	不大于 170
光泽(%)	不大于 10
耐水性(96h)	漆膜无变化
附着力	等于和大于 2 级
抗冲击(N·cm)	等于和大于 40°
硬度	等于和大于 0.3

乙-丙乳液厚涂料技术性能　　　　　　　表 8.1.188

项　目	性　能
涂膜颜色与外观	在色差范围内符合标准板
固体含量(%)	等于和大于 50
干燥时间[(25±1)℃](min)	等于和小于 30
耐水性(浸水 500h)	无异常
耐碱性(浸饱和 Ca(OH)$_2$ 溶液 500h)	无异常
冻融试验(50 次循环)	无异常

彩色砂壁状外墙涂料技术性能　　　　　　　表 8.1.189

项　目	性　能
骨料沉降率(%)	小于 10
低温贮存稳定性	3 次试验后,无硬块、凝聚及组成物的变化
热贮存稳定性	1 个月试验后,无硬块、发霉、凝聚及组成物的变化
干燥时间(h)	表干 2
耐水性(240h 试验后)	涂层无裂纹、起泡、剥落、软化物的析出,与未浸泡部分相比,颜色、光泽允许有轻微变化
耐碱性	同耐水性
耐洗刷性	1000 次洗刷后,涂层无变化
耐沾污率(5 次)(%)	沾污率在 45 以下
耐冻融循环(10 次)	涂层无裂纹、起泡、剥落、与未试验试板相比,颜色、光泽允许有轻微变化
粘结强度(MPa)	等于和大于 0.7
人工加速耐候性(试验 500h)	涂层无裂纹、起泡、剥落、粉化,变色小于 2 级

(4) 其他建筑装饰涂料

其他建筑装饰涂料性能, 如表 8.1.190 所示。

其他建筑装饰涂料　　　　　　　表 8.1.190

编号	项　目	内　容
1	复层涂料	复层涂料也称喷塑涂料、浮雕涂料、凹凸涂层涂料等,是一种适用于内、外墙面,装饰质感较强的装饰材料。复层涂料是由封底层、底涂层、主涂层和罩光层(复层复色)所组成,有的罩面层采用高光泽的乳胶漆。 复层涂料的分类及性能,见表 8.1.171。

编号	项 目	内 容
1	复层涂料	(1)聚合物水泥系复层涂料(代号 CE),一般是以 108 胶(也可以是其他聚合物)为聚合物组分和白色硅酸盐水泥(也可以是其他品种的水泥)复合而成,于喷涂前按一定的配方在现场调配,调配后的涂料不能再长时间存放,必须在规定的时间内用完,否则会因水泥的凝结硬化而报废。这类复层涂料的优点是成本低,但装饰效果及耐用期限均不理想,属于复层涂料中的低档产品。 (2)硅酸盐类复层涂料(代号 Si),一般是以硅溶胶作为主要基料,复合少量的聚合物树脂。该类复层涂料具有施工方便、固化速度快、不泛碱、粘结力强等特点。 (3)合成树脂乳液类复层涂料(代号 E),以苯丙乳液为主要基料配制而成,这类涂料的主要特征是装饰效果好,与各种墙面的粘结强度高,耐水、耐碱性能好,内、外墙面都适用等特点。 (4)反应固化型合成树脂乳液类复层涂料(代号 RE),目前主要是以双组分的环氧树脂乳液为主要基料配制而成,喷涂前需在施工现场混合均匀,应在要求的时间内将混合后的产品用完。
2	云彩内墙涂料	云彩内墙涂料又名梦幻内墙涂料,其装饰效果绚丽多彩。云彩涂料是由基料、颜(填)料和助剂等基本涂料组分组成,但云彩涂料更注重涂装技术。其特点是:除具有一般内墙涂料的特点外,其施工方法可以喷、滚、刮、抹涂,色彩可以现场调配,任意套色;涂层耐磨、耐洗刷性好。 云彩涂料一般由底、中、面三层组成。底层采用耐碱且与基层黏附力好的涂料;中层为水性涂料,可采用多种不同色彩;面层可采用丝质、珠光、闪光彩色涂料。
3	砂壁状涂料	多用于外墙涂饰。根据所用基料的种类不同,砂壁状建筑涂料可以分为有机型和无机型两类。无机型壁状建筑涂料主要是以硅溶胶为基料配制的,但由于单独使用硅溶胶配制时其附着力不能满足要求,因而常常与合成树脂乳液复合使用。有机型砂壁状建筑涂料又可分为溶剂型和合成树脂乳液型两大类,溶剂型是以溶剂型树脂(如氯化橡胶树脂溶液)为基料,最常用则是合成树脂乳液类和合成树脂乳液与硅溶胶复合类。其主要技术性能要求,见表 8.1.189。
4	绒面内墙涂料	绒面内墙涂料又称仿绒面装饰涂料,是由带色的直径 $40\mu m$ 左右的小粒子和丙烯酸酯乳液、助剂组成的,涂层优雅,手感柔软,有绒面感,涂层耐水耐碱、耐洗刷性好。本品涂饰时应注意的事项如下: (1)待装饰的墙面用白水泥-聚合物乳液腻子批刮平整,墙面含水率要低于 10% 才能进行下道工序; (2)用乳胶漆进行封底,待 24h 之后方能进行面涂装; (3)如涂料黏度过大,可以加入 5%~10% 的清水进行稀释,再进行搅拌均匀; (4)采用喷涂工艺,喷嘴口径为 1.2~1.5mm,压力保持约 0.4MPa,枪与被涂面距离为 20~30cm,角度保持 90°,垂直和水平移动交叉喷涂两道,两道之间间隔时间不超过 10min; (5)高温太阳直射时,免涂;冬季涂饰温度不应低于 5℃。
5	纤维质内墙涂料	纤维质内墙涂料是由纤维质材料为主要填料,添加胶黏剂、助剂等组成的一种纤维状质感的内墙装饰涂料。属纤维型乳胶系抹涂涂装的特殊涂料品种,具有独特的立体感,并具有吸声、透气、防霉、阻燃等特性。
6	负离子内墙涂料	负离子内墙涂料是中国建筑材料科学院与北京市建筑涂料厂共同研制新一代功能型高科技产品,系国家 863 计划产品。其功能特性是:持续永久地释放负离子。能净化室内空气,防菌防霉,保持室内空气清鲜。该种涂料可采用刷涂、喷涂、滚涂,一般涂饰 2~3 道

8.1.5.3 建筑涂饰施工要点

1. 基层处理

建筑涂饰工程基层处理与要求,如表 8.1.191 所示。

基 层 处 理

表 8.1.191

编号	项　目	内　　容
1	基本要求	(1)新抹砂浆常温要求 7d 以上,现浇混凝土常温要求 28d 以上,方可涂饰建筑涂料,否则会出现粉化或色泽不均匀等现象。 (2)基层要求平整,但又不应太光滑。孔洞和不必要的沟槽应提前进行修补,修补材料可采用 108 胶加水泥(胶与水泥配比为:20∶100)和适量水调成的腻子。太光滑的表面对涂料粘结性能有影响;太粗糙的表面,涂料消耗量大。其具体方法如下: (3)在喷、刷涂料前,一般要先喷、刷一道与涂料体系相适应的冲稀了的乳液,稀释了的乳液透渗能力强,可使基层坚实、干净,粘结性好并节省涂料。例如,在刷乙丙厚涂料前,应先用冲稀 10 倍的乙丙乳液均匀地喷、刷在基层上,干 3d 后再刷乙丙厚涂料。 如果要在旧涂层上刷新涂料,应除去粉化、破碎、生锈、变脆、起鼓等部分,否则刷上的新涂料就不会牢固。
2	混凝土基层处理	(1)在混凝土面层进行基层处理的部分,由于日后修补的砂浆容易剥离,或修补部分与原来的混凝土面层的渗吸状态与表面凹凸状态不同,对于某些涂料品种容易产生涂饰面外观不均匀的问题。因此,原则上必须尽量做到混凝土基层表面平整度良好,不需要修补处理。 (2)对于混凝土的施工缝等表面不平整或高低不平的部位,应使用聚合物水泥砂浆进行基层处理,做到表面平整,并使抹灰层厚度均匀一致。具体做法是先认真清扫混凝土表面涂刷聚合物水泥砂浆,每遍抹灰厚度不大于 9mm,总厚度为 25mm,最后在抹灰底层用木抹子抹平,并进行养护。 (3)由于模板的缺陷造成混凝土尺寸不准,或由于设计变更等原因以致抹灰找平部分厚度增加,不了防止出现开裂及剥离,应在混凝土表面固定焊接金属网,并将找平层抹在金属网上。 (4)其他基层事故处理办法: 1)微小裂缝。用封闭材料或涂抹防水材料沿裂缝搓涂,然后在表面撒细砂等,使装饰涂料能与基层很好地粘结。对于预制混凝土板材,可用低黏度的环氧树脂或水泥浆进行压力灌浆压入缝中。 2)气泡砂孔。应用聚合物水泥砂浆嵌填气孔直径大于 3mm。对于直径小于 3mm 的气孔。可用涂料或封闭腻子处理。 3)表面凹凸。凸出部分用磨光机研磨平整,固化后再用磨光机打磨,使表面光滑平整。 4)露出钢筋。用磨光机等将铁锈全部清除,然后进行防锈处理。也可将混凝土进行少量剔凿,将混凝土内露出的钢筋进行防锈处理,然后用聚合物水泥砂浆补抹平整。 5)油污。油污、隔离剂必须用洗涤剂洗净。
3	水泥砂浆基层处理	(1)当水泥砂浆面层有空鼓现象时,应铲除,用聚合物水泥砂浆修补。 (2)水泥砂浆面层有孔眼时,应用水泥素浆修补。也可从剥离的界面注入环氧树脂胶黏剂。 (3)水泥砂浆面层凹凸不平时,应用磨光机研磨平整。
4	加气混凝土板材的基层处理	(1)加气混凝土板材接缝连接面及表面气孔应全刮涂打底腻子,使表面光滑平整。 (2)由于加气混凝土基层吸水率很大,可能把基层处理材料中的水分全部吸干,因而在加气混凝土基层表面涂刷合成树脂乳液封闭乳液漆,使基层的渗吸得到适当调整。 (3)修补边角及开裂时,必须在界面上涂刷合成树脂乳液,并用聚合物水泥砂浆修补。
5	石膏板、石棉板的基层处理	(1)石膏板不适宜用于湿度较大的基层,若湿度较大时,需对石膏板进行防潮处理。 (2)石膏板多做对接缝,此时缝接及钉孔等必须用合成树脂乳液腻子刮涂打底,固化后用砂纸打磨平整。 (3)石膏板连接处可做成 V 形接缝。施工时,在 V 型缝中嵌填专用的掺合成树脂乳液石膏腻子,并贴玻璃接缝带抹压平整。 (4)石膏板在涂刷前,应对石膏画层用合成树脂乳液灰浆腻子刮涂打底,固化后用砂子等打磨光滑平整

2. 涂饰施工工序

涂饰施工主要工序，如表 8.1.192 所示。

涂饰施工工序　　　　　　　　　　　　　　　　表 8.1.192

编号	项　目	内　容
1	外墙面涂饰工序	外墙面涂饰见表 8.1.193～表 8.1.196。
2	内墙面涂饰工序	内墙面涂饰见表 8.1.197～表 8.1.199

不同等级抹灰表面涂装的主要工序　　　　　　　　表 8.1.193

工序	工 序 名 称	中级涂装	高级涂装	工序	工 序 名 称	中级涂装	高级涂装
1	清扫	+	+	9	复补腻子	+	+
2	填补缝隙、磨砂纸	+	+	10	磨光	+	+
3	第一遍满刮腻子	+	+	11	第二遍涂料	+	+
4	磨光	+	+	12	磨光	+	+
5	第二遍满刮腻子	+	+	13	第三遍涂料	+	+
6	磨光	+	+	14	磨光		+
7	干性油打底	+	+	15	第四遍涂料		+
8	第一遍涂料	+	+				

注：1. 表中"+"号表示应进行的工序。
　　2. 如涂刷乳胶漆，在每一遍满刮腻子之间应刷一遍乳胶水溶液。
　　3. 第一遍满刮腻子前，如加刷干性油时，应用油性腻子涂抹。

混凝土及抹灰外墙表面薄涂料工程的主要工艺　　　表 8.1.194

项　次	工 序 名 称	乳液薄涂料	溶剂型薄涂料	无机薄涂料
1	修补	+	+	+
2	清扫	+	+	+
3	填补缝隙、局部刮腻子	+	+	+
4	磨平	+	+	+
5	第一遍涂料	+	+	+
6	第二遍涂料	+	+	+

注：1. 表中"+"号表示应进行的工序。
　　2. 机械喷涂可不受表中涂料遍数的限制，以达到质量要求为准。
　　3. 如施涂二遍涂料后，装饰效果不理想时，可增加 1～2 遍涂料。

混凝土及抹灰外墙表面厚涂料工程的主要工序　　　表 8.1.195

项　次	工 序 名 称	合成树脂乳液厚涂料 合成树脂乳液砂壁状涂料	无机厚涂料
1	修补	+	+
2	清扫	+	+
3	填补缝隙、局部刮腻子	+	+
4	磨平	+	+
5	第一遍厚涂料	+	+
6	第二遍厚涂料	+	+

注：1. 表中"+"号表示应进行的工序。
　　2. 机械喷涂可不受表中涂料遍数的限制，以达到质量要求为准。
　　3. 合成树脂乳液和无机厚涂料有云母状、砂粒状。
　　4. 砂壁状建筑涂料必须采用机械喷涂方法施涂，否则将影响装饰效果，砂粒状厚涂料宜采用喷涂方法施涂。

混凝土及抹灰外墙表面复层涂料工程的主要工序　　表 8.1.196

项次	工序名称	合成树脂乳液复层涂料	硅溶胶类复层涂料	水泥系复层涂料	反应固化型复层涂料
1	修补	+	+	+	+
2	清扫	+	+	+	+
3	填补缝隙、局部刮腻子	+	+	+	+
4	磨平	+	+	+	+
5	施涂封底涂料	+	+	+	+
6	施涂主层涂料	+	+	+	+
7	滚压	+	+	+	+
8	第一遍罩面涂料	+	+	+	+
9	第二遍罩面涂料	+	+	+	+

注：1. 表中"＋"号表示应进行的工序。
　　2. 如为半球面点状造型时，可不进行滚压工序。
　　3. 水泥系主层涂料喷涂后，先干燥 12h，再洒水养护 24h 后，再干燥 12h 才能施罩面涂料。

混凝土及抹灰内墙、顶棚表面薄涂料工程的主要工序　　表 8.1.197

项次	工序名称	水性薄涂料		乳液薄涂料			溶剂型薄涂料			无机薄涂料	
		普通	中级	普通	中级	高级	普通	中级	高级	普通	中级
1	清扫	+	+	+	+	+	+	+	+	+	+
2	填补缝隙、局部刮腻子	+	+	+	+	+	+	+	+	+	+
3	磨平	+	+	+	+	+	+	+	+	+	+
4	第一遍满刮腻子	+	+	+	+	+	+	+	+	+	+
5	磨平	+	+	+	+	+	+	+	+	+	+
6	第二遍满刮腻子				+	+	+	+	+		
7	磨平				+	+	+	+	+		
8	干性油打底						+	+	+		
9	第一遍涂料	+	+	+	+	+	+	+	+	+	+
10	复补腻子				+			+	+		
11	磨平(光)				+	+	+	+	+		
12	第二遍涂料	+	+	+	+	+	+	+	+	+	+
13	磨平(光)						+	+	+		
14	第三遍涂料						+		+	+	
15	磨平(光)								+		
16	第四遍涂料								+		

注：1. 表中"＋"号表示应进行的工序。
　　2. 机械喷涂可不受表中施涂遍数的限制，以达到质量要求为准。
　　3. 高级内墙、顶棚薄涂料工程，必要时可增加刮腻子的遍数及 1～2 遍涂料。
　　4. 石膏板内墙、顶棚表面薄涂料工程的主要工序除板缝处理外，其他工序同本表。
　　5. 湿度较高或局部遇明水的房间，应用耐水性的腻子和涂料。

混凝土及抹灰室内顶棚表面轻质厚涂料工程的主要工序 表 8.1.198

项 次	工 程 名 称	珍珠岩粉厚涂料		聚苯乙烯泡沫塑料粒子厚涂料		蛭石厚涂料	
		普通	中级	中级	高级	中级	高级
1	清扫	+	+	+	+	+	+
2	填补缝隙、局部刮腻子	+	+	+	+	+	+
3	磨平	+	+	+	+	+	+
4	第一遍满刮腻子	+	+	+	+	+	+
5	磨平	+	+	+	+	+	+
6	第二遍满刮腻子		+	+	+	+	+
7	磨平		+	+	+	+	+
8	第一遍喷涂厚涂料	+	+	+	+	+	+
9	第二遍喷涂厚涂料				+		+
10	局部喷涂厚涂料		+	+	+	+	+

注：1. 表中"＋"号表示应进行的工序。
2. 高级顶棚轻质厚涂料装饰，必要时增加一遍满喷厚涂料后，再进行局部喷涂厚涂料。
3. 合成树脂乳液轻质厚涂料有珍珠岩粉厚涂料、聚苯乙烯泡沫塑料粒子厚涂料和蛭石厚涂料等。
4. 石膏板室内顶棚表面轻质厚涂料工程的主要工序，除板缝处理外，其他工序同本表。

混凝土及抹灰内墙、顶棚表面复层涂料工程的主要工序 表 8.1.199

项 次	工 序 名 称	合成树脂乳液复层涂料	硅溶胶类复层涂料	水泥系复层涂料	反应固化型复层涂料
1	清扫	+	+	+	+
2	填补缝隙、局部刮腻子	+	+	+	+
3	磨平	+	+	+	+
4	第一遍满刮腻子	+	+	+	+
5	磨平	+	+	+	+
6	第二遍满刮腻子	+	+	+	+
7	磨平	+	+	+	+
8	施涂封底涂料	+	+	+	+
9	施涂主层涂料	+	+	+	+
10	滚压	+	+	+	+
11	第一遍罩面涂料	+	+	+	+
12	第二遍罩面涂料	+	+	+	+

注：1. 表中"＋"号表示应进行的工序。
2. 如需要半球面点状造型时，可不进行滚压工序。
3. 石膏板的室内内墙、顶棚表面复层涂料工程的主要工序，除板缝处理外，其他工序同本表。

3. 涂饰程序和作业条件

涂饰程序和作业条件，如表 8.1.200 所示。

4. 刷、喷、滚、弹涂施工要点

刷、喷、滚、弹涂施工要点，如表 8.1.201 所示。

涂饰程序和作业条件 表 8.1.200

编号	项 目	内 容
1	涂饰程序	(1)外墙面涂饰时,不论采用什么工艺,一般均应由上而下,分段分步进行涂饰,分段分片的部位应选择在门、窗、拐角、水落管等处,因为这些部位易于掩盖。 (2)内墙面涂饰时,应在顶棚涂饰完毕后进行,由上而下分段涂饰;涂饰分段的宽度要根据刷具的宽度以及涂料稠度决定;快干涂料慢涂宽度 15～25cm,慢干涂料快涂宽度为45cm 左右。
2	作业条件	(1)外墙面涂饰时,脚手架或吊篮已搭设完毕;墙面孔洞已修补;门窗设备管线已安装,洞口已堵严抹平;涂饰样板已经鉴定合格;不涂饰的部位(采用喷、弹涂时)已遮挡等。 (2)内墙面涂饰时,室内各项抹灰均已完成,穿墙孔洞已填堵完毕;墙面干燥程序已达到不大于 8%～10%;门窗玻璃已安装,木装修已完,油漆工程已完二道油,不喷刷部位已做好遮挡;样板间已经鉴定合格

刷、喷、滚、弹涂施工要点 表 8.1.201

编号	项 目	内 容
1	刷涂	刷涂(宜用细料状或云母片状涂料) 涂刷时,其涂刷方向和行程长短均应一致。如涂料干燥快,应勤沾短刷,接槎最好在分格缝处。涂刷层次,一般不少于两度,在前一度涂层表干后才能进行后一度涂刷。前后两次涂刷的相隔时间与施工现场的温度、湿度有密切关系,通常不少 2～4h。
2	喷涂	喷涂(宜用含粗填料或云母片的涂料) 在喷涂施工中,涂料稠度、空气压力、喷射距离、喷枪运行中的角度和速度等方面均有一定的要求。 (1)涂料稠度必须适中,太稠,不便施工;太稀,影响涂层厚度,且容易流淌。 (2)空气压力在 0.4～0.8N/mm² 之间选择确定,压力选得过低或过高,涂层质感差,涂料损耗多。 (3)喷射距离一般为 40～60cm,喷嘴离被涂墙面过近,涂层厚薄难控制,易出现过厚或挂流等现象;喷嘴距离过远,则涂料损耗多。 (4)喷枪运行中喷嘴中心线必须与墙面垂直(图 8.1.153),喷枪应与被涂墙面平行移动(图 8.1.154),运行速度要保持一致,运行过快,涂层较薄,色泽不均;运行过慢,涂料黏附太多,容易流淌。 (5)喷涂施工,希望连续作业,一气呵成,争取到分格缝处再停歇。 室内喷涂一般先喷顶后喷墙,两遍成活,间隔时间约 2h;外墙喷涂一般为两遍,较好的饰面为三遍。 喷涂时要注意三个基本要素,如图 8.1.155 所示。 罩面喷涂时,喷离脚手架 10～20cm 处,往下另行再喷。作业段分割线应设在水落管、接缝、雨罩等处。喷枪移动路线如图 8.1.156 所示。
3	滚涂	滚涂(宜用细料状或云母片状涂料) 滚涂操作应根据涂料的品种、要求的花饰确定辊子的种类(表 8.1.202)。 施工时在辊子上蘸少量涂料后再在被滚墙面上轻缓平稳地来回滚动,直上直下,避免歪扭蛇行,以保证涂层厚度一致、色泽一致、质感一致。
4	弹涂	弹涂(宜用云母片状或细料状涂料) (1)彩弹饰面施工的全过程都必须根据事先所设计的样板上的色泽和涂层表面形状的要求进行。 (2)在基层表面先刷 1～2 度涂料,作为底色涂层。待底色涂层干燥后,才能进行弹涂。门窗等不必进行弹涂的部位应予遮挡。 (3)弹涂时,手提彩弹机,先调整和控制好弹浆门、浆量和弹棒,然后开动电机,使机口垂直对正墙面,保持适当距离(一般为 30～50cm),按一定手势和速度,自上而下,自右(左)至

续表

编号	项 目	内 容
4	弹涂	左(右)循序渐进,要注意弹点密度均匀适当,上下左右接头不明显。对于压花型彩弹,在弹涂以后,应有一人进行批刮压花,弹涂到批刮压花之间的间歇时间,视施工现场的温度、湿度及花型等不同而定。压花操作要用力均匀,运动速度要适当,方向竖直不偏斜,刮板和墙面的角度宜在 $15°\sim30°$ 之间,要单方向批刮,不能往复操作,每批刮一次,刮板须用棉纱擦抹,不得间隔,以防花纹模糊。 (4)大面积弹涂后,如出现局部弹点不匀或压花不合要求影响装饰效果时,应进行修补,修补方法有补弹和笔绘两种。修补所用的涂料,应该用与刷底或弹涂同一颜色的涂料。
5	注意事项	(1)选用涂料的颜色应完全一致,发现颜色有深浅时,应分别堆放、贮存,分别使用。 (2)涂料使用前必须经过充分搅拌,其工作黏度或稠度,应保证施涂时不流坠、不显刷纹。使用过程中亦需不断搅拌并不得任意加水或其他溶液稀释。 (3)任何一种水性外墙建筑涂料,在施工过程中,都不能随意掺水或随意掺加颜料,也不宜在夜间灯光下施工。掺水后,涂层手感会掉粉,掺颜色或在夜间施工,会使涂层色泽不均匀。涂料过稠或过稀不易施工时,涂料颜色不合要求时,均应在生产厂指导下进行调整。 (4)在施工过程中,要尽量避免涂料污染门窗等不需涂装的部位。万一污染了,务必在涂料未干时就揩去。 (5)要防止有水分从涂层的背面渗透过来。如遇女儿墙、卫生间、盥洗间等,应在室内墙根处做防水封闭层。否则,外墙正面的涂层容易起粉、发花、鼓泡或被污染,严重影响装饰效果。 (6)施工所用的一切机具、用具等必须事先洗净,不得将灰尘、油垢等杂质带入涂料中,施工完毕或间断时,机具、用具应及时洗净,以便后用。 (7)水性外墙建筑涂料不能冒雨进行施工,预计有雨时应停止施工。风力四级以上时不能进行喷涂施工。施工气温最低不得低于涂料的最低成膜温度。涂料的贮存管理应按规定要求进行,过高或过低的存放温度都会影响涂料的物化及施工性能,涂料的使用时间应在涂料贮存期之内

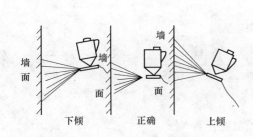

图 8.1.153　喷涂示意图

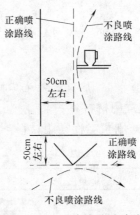

图 8.1.154　喷斗移动路线

滚涂工具与用途 表 8.1.202

序号	工 具 名 称	尺寸(in)	用 途 说 明
1	海绵滚涂器		
2	滚涂用涂料容器		
3	墙用滚刷器(海绵)	7.9	用于室内外墙壁涂饰
4	图样滚刷器(橡胶)	7	用于室内外墙壁涂饰
5	图样滚刷器(橡胶)	7	用于室内外墙壁涂饰
6	按压式滚刷器(塑料)	10	用于压平图样涂料尖端

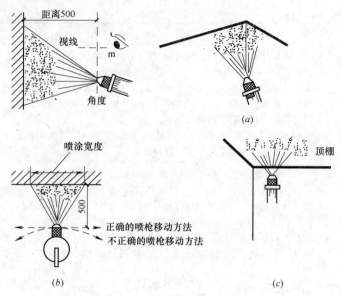

图 8.1.155 喷涂基本要领

(a) 喷涂阴角与表面时一面一面分开进行；(b) 喷枪移动方法；(c) 喷涂顶棚时尽量使喷枪与顶棚成一直角

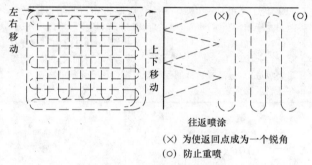

图 8.1.156 喷涂移动路线

8.1.5.4 建筑刷浆施工要点

1. 常用材料

建筑刷浆工程常用材料，如表 8.1.203 所示。

建筑刷浆工程常用材料   表 8.1.203

序 号	项 目	内 容
1	主要材料	一般刷浆工程，使用的主要材料，见表 8.1.204。
2	辅助材料	一般刷浆采用的辅助材料，见表 8.1.205。
3	刷浆用腻子	在室内外刷浆前，墙体表面缝隙、砂眼等应根据刷浆材料和基层的不同，采用不同的腻子进行填补，并用砂纸打磨平整、光滑方可进行刷浆。常用腻子配合比及调制方法见表 8.1.206。
4	刷浆颜料	刷浆所用的颜料应为矿物颜料或无机颜料，并具有较高的耐碱性、耐光性和着色力。密度应与胶凝材料的密度相近，不得低于胶凝材料，pH 值以 7～9 为宜。常用的颜料有氧化铁黄、氧化铁红、群青、氧化铁绿、氧化铬绿、炭黑等几种。 常用的石灰浆、大白浆等浆料中加入不同颜料可配成各种单色或复色色浆。一般单色和复色色浆配合比见表 8.1.207 和表 8.1.208

一般刷浆主要材料

表 8.1.204

材 料 名 称	组 成
大白粉（白垩粉、老粉）	由滑石、矾石或青石等精研成粉加水过淋而成的碳酸钙粉末，其规格（细度）200 目，白度 90% 以上。
可赛银（酪素涂料）	由碳酸钙（重钙、轻钙两种）、滑石粉以及其他化学颜料等合制而成。 成分：碳酸钙 40%，滑石粉 54.99%，胶粉 5%，颜料 0.009%。
银粉子	北京地区的土产品，呈微颗粒状，有闪光，用法同大白粉。
熟石灰（消石灰）	由生石灰（CaO）加水经过充分消化（熟化）而成。
水泥	32.5 级及以上白色硅酸盐水泥、普通硅酸盐水泥

一般刷浆辅助材料

表 8.1.205

材 料 名 称	成分及配制方法	使用注意事项
火碱（烧碱）面胶（刷浆材料胶料和悬浮液）	大白粉：面粉：火碱=100：(2.5~3)：(1~1.5)。 拌合时逐步加水拌合。	1. 忌用石灰。 2. 易受潮失去粘性。
皮胶（胶黏剂）	有片状、粉状，用动物皮或皮革废渣制成。 皮胶：水=1：4（体积比）。	1. 用时须隔水加热，使其溶化。 2. 可连续使用，用时加温溶化。
聚乙烯醇 $(CH_2=HOH)_x$ （胶黏剂）	由醋酸乙烯水解而成白色粉末。 聚乙烯醇：水=5：100（重量比），水浴加温 85~90℃，边加热，边搅拌成溶液。	同皮胶。
羧甲基纤维素（胶黏剂悬浮液）(CMC)	白色废渣状化学品，按羧甲基纤维素：水=1：60~80 浸泡 8~12h，待完全溶解成胶状。	1. 同皮胶。 2. 一般先配成含羧甲基纤维素 1% 的溶液，然后按配比加入大白浆中。
田仁粉（胶黏剂悬浮液）	野生植物，又称野绿豆粉。 田仁粉：水（或开水）=4：100~140（重量比），煮（或冲拌）。使用前 1h 冲调。	调成胶后要立即使用。
骨胶（胶黏剂）	用动物骨骼制成。 配制方法同皮胶。	同皮胶。
木质素磺酸钙（分散剂）	参见表 8.1.14 外掺合剂。	
猪血（血料）	将猪血用稻草搓烂，过筛后加石灰浆少许拌匀（猪血与石灰浆之体积比为 50：1），几小时后即结成青黑色厚浆，使用时先用清水调薄，用 80 目筛滤渣，即成为猪血水胶。猪血与水的体积比如下：猪血：水=1：5。	配好的猪血在炎热夏天须当天用完，否则即发臭变坏，不能使用。冬季 7d 内可使用。
龙须菜（石花菜、麒麟菜、鹿角菜、鸡脚菜）、刷浆材料胶料和悬浮液	系海生低级生物 将龙须菜用水洗净，按龙须菜：水=1：3（重量比）浸泡 4~8h，再用火熬成液汁，再过滤，冷却后冻结成胶，待用	1. 龙须菜胶须于 1~2d 内用完。 2. 夏季易腐，不宜使用

刷浆常用腻子配合比及调制方法 表 8.1.206

项次	名　称	配合比(体积比)及调制方法	适用部位
1	大白腻子	1. 明矾澄清的水 10kg,2‰～2.5%动物胶水溶液 1.5～2.0kg,石膏和大白粉(1：2)混合物 25～30kg。 2. 大白粉：龙须菜胶：动物胶＝60：16：1。	用于抹灰面墙面刷大白浆。
2	乳胶大白腻子	大白粉：滑石粉：聚醋酸乙烯乳液：2%羧甲基纤维素＝7：3：2：适量。	用于抹灰面、砖墙、水泥砂浆面刷浆。
3	血料大白腻子	血料：大白粉：龙须菜胶：水＝16：56：1：适量。	用于木材面、室内抹灰面刷浆。
4	可赛银腻子	可赛银：动物胶＝9.8：0.2。	用于墙面刷可赛银浆。
5	羧甲基纤维素腻子	羧甲基纤维素：水：108 胶：大白粉＝1：10：0.1：15～20。先将羧甲基纤维素隔夜浸泡,然后搅拌后加入 108 胶,再加入大白粉搅拌成糊状即可。	用于抹灰面刷 106 涂料。
6	田仁粉大白腻子	大白粉：田仁粉胶＝100～120：100。	用于田仁粉、大白粉刷浆。
7	瓦灰腻子	血料：瓦灰：干性油＝3.2：6.4：0.4。	用于混凝土面层。
8	水泥腻子	1. 水泥：108 胶＝1：0.2～0.3。 2. 水泥：聚醋酸乙烯乳胶：水＝5：1：1	用于混凝土墙板刷浆

注: 1. 血料用动物鲜血(猪血或牛血)搓研成稀血浆,滤去杂质,过稠可加入清水,然后用消石灰点浆,特殊需要可注入足度熟桐油,搅拌至浓酱色状态即可。其重量配合比如下:
　　　猪血：消石灰：足度熟桐油＝100：3～4：15～20。
　　2. 龙须菜胶配制方法见表8.1.205。

单色色浆颜料用量参考表 表 8.1.207

序号	名　称	颜料用量(粉料或水泥重量的%)						
		黄色	红色	绿色	棕色	紫色	蓝色	灰色
1	以石灰、大白粉钛白粉、白水泥配制的色浆	0.5～2	1～3	0.5～3	1～2	1.5～3	0.5～2.5	0.3～1 用黑色
2	以普通水泥配制的色浆	1～4	3～7	5～9	3～7	5～9	3～7	5～15 用白色

注：粉料、水泥、颜料应分别使用同一厂家生产的同一批产品。

复色色浆颜料用量参考表 表 8.1.208

序　号	配制颜色	使用颜料	配合比(占白色颜料%)
1	浅黄色	红土子 土黄	0.1～0.2 6～8
2	米黄色	朱红 土黄	0.3～0.9 3～6
3	草绿色	氧化铬绿 土黄	5～8 12～15
4	浅绿色	氧化铬绿 土黄	4～8 2～4
5	蛋青色	氧化铬绿 土黄 群青	8 5～7 0.5～1

序　号	配制颜色	使用颜料	配合比(占白色颜料%)
6	浅蓝灰色	普蓝 墨汁	8～12 墨汁少许
7	浅藕荷色	朱红 群青	4 2
8	银灰色	银粉 黑烟子	15～20 0.5～2

2. 刷浆材料配合比

刷浆材料配合比，如表8.1.209所示。

刷浆材料配合比　　　　　　　　表 8.1.209

序号	项　目	内　容
1	大白浆	大白浆根据加入的胶粘剂不同，可分为龙须菜大白浆、火碱大白浆、乳胶大白浆、聚乙烯醇大白浆等种类，各种大白浆浆料的配比及调制方法见表8.1.210。大白粉色浆的配比及调制方法见表8.1.210。
2	水泥、石灰浆	(1)白水泥石灰浆 白水泥石灰浆适用于外墙涂刷，常用的配合比及其调制的方法见表8.1.211。 (2)石灰浆 石灰浆采用块状生石灰或已淋制好的石灰膏调制。石灰浆基本色常用配合比及调制方法见表8.1.211。石灰色浆配合比及调制方法见表8.1.218。
3	可赛银浆、色粉浆、油粉浆	(1)可赛银浆 可赛银是以碳酸钙、滑石粉等为填料，以酪素为胶粘剂，掺入颜料混合而制成的一种粉末状材料，也称酪素涂料，使用时先用温水隔夜将粉末充分浸泡，使酪素充分溶解，然后再用水调至施工稠度即可使用。酪素胶的外文名称是 Casein，"可赛银"是根据其音译命名的。可赛银浆的调配方法及适用范围见表8.1.212。 (2)色粉浆、油粉浆 色粉浆、油粉浆的调配方法以及适用范围见表8.1.212。
4	聚合物水泥系涂料	聚合物水泥系涂料是将有机高分子材料掺入水泥中，组成有机、无机复合的聚合物水泥涂料。其主要组成是水泥、高分子材料、颜料和助剂等。 因涂料中的水泥是碱性材料，在选择加入聚合物水泥涂料中的颜料时，要求耐碱性能、耐候性好，价格便宜通常采用氧化铁、炭黑、氧化钛、氧化铬等无机颜料。 如果夏季施工，为了延长凝结时间，可加入缓凝剂(如木质素磺酸钙)，加量约为水泥重的 0.1%～0.2%。 因水泥涂料易被污染，为了延缓其被污染的速度，可加入疏水剂(如甲基硅醇钠)作为涂层面，也可直接掺入涂料混合物中。 聚合物水泥色浆的配制方法见表8.1.213。 在彩色复层凹凸花纹外墙涂层中，也采用聚合物水泥涂层作为中间主涂层材料。其中水泥可用白色硅酸盐水泥，与上述高分子材料一起掺混均匀，再加入填料和骨料等而构成。 聚合物水泥涂料的主要技术性能指标详见表8.1.214。
5	其他各种刷浆浆料	(1)蚬灰和陈灰浆调制方法见表8.1.215。 (2)避水色浆其配合比见表8.1.216。 (3)彩色水泥浆其配合比见表8.1.217。 (4)钛白粉色浆、银粉子色浆等见表8.1.218。 (5)清水墙刷浆材料配合比见表8.1.219

大白浆配合比及调制方法   表 8. 1. 210

名　称	配合比(重量比)	调制方法
龙须菜大白浆	大白粉：龙须菜：动物胶：水＝100：3～4：1～2：150～180	将龙须菜浸入水中4～8h,待龙须菜涨胖后洗净加水(1：13),熬烂过滤冷冻后用其汁液,加少量水与大白粉(先加少量水拌成稠浆状)拌均匀,用筛过滤即成,用时加少量清水和动物胶以防脱粉。每配一次1d用完,以免降低黏性。
火碱大白浆	大白粉：面粉：火碱：水＝100：2.5～3：1：150～180	先将面粉用水调稀,再加入火碱溶液制成火碱面粉胶,然后将其兑入已用水调稀的大白浆中。
乳胶大白浆	大白粉：聚醋酸乙烯羧液：六偏磷酸钠：羧甲基纤维素＝100：8～12：0.05～0.5：0.2～0.1	先将羧甲基纤维素浸泡于水,比例为:羧甲基纤维素：水＝1：60～80,浸泡12h左右,待完全溶解成胶状后过箩加入大白浆。
108胶大白浆	大白粉：108胶＝100：0.15～0.2	将108胶放入水中配成溶液,再与大白粉拌匀即可。
聚乙烯醇大白浆	大白粉：聚乙烯醇：羧甲基纤维素＝100：0.5～1：0.1	将聚乙烯醇放入水中加温溶解后倒入浆料中拌匀,再加羧甲基纤维素即可。
田仁粉大白浆	大白粉：田仁粉：牛皮胶：清水＝100：3.5：2.5：150～180	在容器中边放开水边搅动,放100～120kg开水,需田仁粉4kg,太厚还可以加开水,搅动要快,撒粉不致结块,使用前1d冲调效果较好

水泥、石灰浆配合比及调制方法   表 8. 1. 211

名　称	配合比(重量比)	调制方法
白水泥石灰浆	①白水泥：石灰：氯化钙：石膏粉：硬脂酸铝粉＝100：20～25：5：0.5：1 ②白水泥：石灰：食盐：光油＝100：250：25：25	先将白水泥与熟石灰干拌均匀,加入适量清水。然后将氯化钙用水调好,用34目钢丝箩过滤后,再倒入水泥石灰浆内。搅拌均匀,即可刷浆。
石灰浆	生石灰：食盐＝100：5	先在容器内放清水至其容积的70％处,再将块状石灰逐渐放入水中,使其沸腾。石灰与水的配比为1：6(重量比)。沸腾后24h才能搅拌,过早搅拌会使部分石灰浆吸水不够而僵化。最后,用80目钢丝箩过滤,即成石灰浆。冬季加0.3％～0.5％食盐

注: 1. 白水泥石灰浆适用于外墙涂刷,石灰浆适用于普通室内墙顶刷浆工程。
    2. 室外刷黄色石灰浆宜采用黑矾。
    3. 石灰浆应用块状生石灰或已淋制好石灰膏调制。

可赛银浆、色粉浆、油粉浆调配方法及适用范围   表 8. 1. 212

名　称	调配方法	适用范围
可赛银浆	加入可赛银重量40％～50％的热水(冬季用60℃左右的热水,否则可赛银中的胶质不易溶化),搅拌均匀呈糊状,放置4h左右,再搅拌均匀,使用时按施工所需黏度加入适量清水,并过80目箩。	室内墙面高级刷浆
色粉浆	常用三花牌色墙粉,有26种花色成品供应。调配时按1：1加温水拌成奶浆,待胶溶化加适量凉水调成适当浓度,过1～2道筛即可使用。	室内墙面装饰粉刷
油粉浆	①生石灰：桐油：食盐：血料：滑石粉＝100：30：5：5：30～50。 ②生石灰：桐油：食盐：滑石粉：水泥＝100：10：10：75：40,并加适量颜料,水适量,浆过筛	第一种配比用于室内高级刷浆,第二种用于室外刷浆

聚合物水泥色浆配合比（%） 表 8.1.213

白水泥	108 胶	乙-顺乳液	聚醋酸乙烯	六偏磷酸钠	木质磺酸钙	甲基硅醇钠	颜料
100	20			0.1	(0.3)	60	3~5
100		20~30	(20)				

注：1. 本浆料适用于外墙刷浆。
2. 乙-顺乳液全称为醋酸乙烯-顺丁烯二酸二丁酯共聚乳液，当货源不足时可用聚醋酸乙烯代替（用量加括号）。
3. 六偏磷酸钠和木质素磺酸钙均为分散剂，两者选用其一。
4. 甲基硅醇钠市售含固量约30%，pH值为13左右，用时先用硫酸铝中和至pH＝8左右，将中和并已稀释至含固量为3%的溶液按配比掺入。如配料发生假凝现象，可掺水泥量5%~10%的石灰膏继续搅拌即可。

聚合物水泥涂料主要技术性能 表 8.1.214

性 能	指 标
抗裂性(20℃风速 2~4m/s)	未裂
粘结强度(标准状况下 20℃养护 14d)	≥0.7MPa
（水温 20℃浸水 10d 后）	≥0.7MPa
（水温 20℃18h 冷冻−20℃ 3h 加热 50℃3h 冷热循环 10d 后）	≥0.7MPa
耐水性(20℃浸水 96h)	未见裂纹、鼓泡、皱皮、剥落等现象
耐碱性[浸饱和 Ca(OH)$_2$ 水溶液 48h]	未见裂纹、鼓泡、皱皮、剥落等现象

蚬灰、陈灰（贝壳灰）调制方法 表 8.1.215

饰 灰	水	备 注
50(kg)	40~60(kg)	拌均匀后喷、刷均可

注：饰灰制成方法：蚬灰、陈灰（贝壳灰）750kg，加水 350kg（分次加入），用砂浆搅拌机搅拌成膏状物灰膏（广州地区俗称饰灰）。

避水色浆配合比（重量比） 表 8.1.216

材料名称	32.5 级白水泥	消石灰粉	氯化钙	石膏	硬脂酸钙	颜料
用量(kg)	100	20	5	0.5~1	1	适量

注：用于外墙粉刷。

彩色水泥浆配合比（重量比） 表 8.1.217

项 目	彩色水泥	无水氯化钙	水	皮胶水
头遍浆	100	1~2	75	7(按水泥重量计)
二遍浆	100	1~2	65	7(按水泥重量计)

注：如使用促凝剂（无水氯化钙）时，应将氯化钙先加水调好。用油漆工用 34 目钢丝笋过笋后，再加入水泥浆内，调氯化钙所用之水，应在用水量扣除。

各种色浆配合比 表 8.1.218

色浆名称	配合比 名 称	配合比 重量比	适用范围及备注
石灰色浆	块石灰	100	1. 适用于内粉刷(喷)浆
	食盐	7	2. 也可在色浆中加入石灰重量12%的皮胶水
	颜料	0.5~3	3. 单色和复色色浆颜料用量见表 8.1.207 和表 8.1.208

色浆名称	配 合 比		适用范围及备注
	名　称	重量比	
大白粉色浆	大白粉 龙须菜 皮胶 颜料	100 2.5 4.5 0.5～3	1. 适用于内粉刷用浆。 2. 皮胶及龙须菜熬制方法见表8.1.205。 3. 色浆配好后须过细箩后方可使用。 4. 单色和复色色浆颜料用量见表8.1.207和表8.1.208。
钛白粉色浆	钛白粉 龙须菜 皮胶 颜料	100 2.5 4.5 0.5～3	1. 适用于内外粉刷用浆。 2. 皮胶及龙须菜熬制方法见表8.1.205。 3. 色浆配好后须过细箩后方可使用。 4. 单色和复色色浆颜料用量见表8.1.207和表8.1.208。
银粉子色浆	银粉子 大白粉 皮胶 颜料	100 25 4.5 0.5～3	1. 适用于内粉刷刷(喷)浆。 2. 色浆配好后须过细箩后方可用。 3. 单色和复色色浆颜料用量见表8.1.207和表8.1.208

注：本表所用色浆，凡用皮胶者，均可用聚乙烯醇代替。同时先按聚乙烯醇：水＝5～10：100的重量比将聚乙烯醇称好倒入水中，水浴加温至85～90℃，边加温边搅拌，直至完全溶解为聚乙烯醇水溶液为止。聚乙烯醇水溶液的用量为：色浆：聚乙烯醇＝100：13（重量比）。

清水墙刷浆材料配合比及注意事项   表8.1.219

项次	项　　目	材料名称	配 制 方 法	注 意 事 项
1	内墙面清水墙刷(喷)石灰浆	石灰、皮胶	配合比：生石灰：皮胶水＝1：$\frac{1}{8}$ 配制时生石灰先化为石灰膏，再将石灰膏加入适量的清水充分搅拌，然后将皮胶加入搅匀，直至稀稠适度完全均匀为止，然后过筛，即可使用。	1. 皮胶水配制方法为皮胶：水(80℃)＝1：4(体积比)。 2. 左列配比中还可按生石灰：食盐＝100：7(重量比)配制石灰浆。
2	外墙面清水墙刷红色色浆	氧化铁红 银朱 甲苯胺红 镉红	将左栏中任意一种颜料加入适量清水(颜料：水＝1：20)调成色水，然后加入色水重量0.1～0.2份的石灰膏搅拌均匀，配成色浆，再按下列比例加入皮胶水和猪血水胶，过筛后即可刷浆。 色浆：皮胶水：猪血水胶＝100：7：12(重量比)。	1. 墙面粉刷以前，须先满涂猪血水一道，以免白色硝、碱、石膏等泛于墙面，影响美观。 2. 夏日配好的胶浆须当日用完，否则会发臭变坏，不宜再用。 3. 施工前须先做出样板，经设计单位同意后再大量配制。 4. 墙面如刷红色胶浆两度，颜料用量每1kg可刷25～30m²。
3	外墙面清水墙刷桔红色色浆	黄色系 氧化铁黄 铬黄 锌黄 镉黄 红色系 氧化铁红 银朱 镉红	将左栏中任一红色颜料与黄色颜料按1：(0.5～1)的体积比混合均匀，加入适量清水，调成稀稠适度的色水。再按本表项次2比例及配制方法配成胶浆，过筛后即可使用。	同本表项次2。

项次	项　目	材料名称	配制方法	注意事项
4	外墙面清水墙刷棕色色浆	氧化铁棕 氧化铁黑	除颜料用氧化铁棕或按下列比例(体积比)用氧化铁红及氧化铁黑配成棕色颜料外,其他同"外墙面清水墙刷红色色浆栏"。 氧化铁红:氧化铁黑＝1:(0.5~1)。	同本表项次2。
5	外墙面清水墙刷青砖本色色浆	氧化铁黑 炭黑 锰黑 松烟	除颜料用左栏内任意一种黑色颜料外,其他同"外墙面清水墙刷红色色浆"栏。但石灰膏的用量须增为色浆重量的$\frac{1}{3}$~$\frac{1}{2}$	同本表项次2

注:同一颜料,如牌号不同,则色泽及着色力也不同。因此每一工程的全部色浆,配制时须用同一牌号的颜料。
否则虽用料配合比相同,但配出的色浆其颜色会深浅不同。

3. 施工要点

刷浆工程施工要点,如表8.1.220所示。

施 工 要 点　　　　　　　　　　　　　　　　表 8.1.220

序号	内　容
1	一般刷浆工程的施工方法,有以下两种 (1)刷涂。这是一种简易的施工方法,一般以人力用排笔、扁刷、圆刷进行刷涂。 (2)喷涂。采用手压式喷浆机、电动喷浆机进行大面积喷涂时,效率很高。
2	根据设计要求,确定刷浆标准和使用材料,一般房间以普通、中级刷浆为宜;有特殊要求的房间可用高级刷浆。
3	刷浆之前,基层表面必须干净、平整、所有污垢、油渍、砂浆流痕以及其他杂物等均应清除干净。表面缝隙、孔眼应用腻子填平并用砂纸磨平磨光。
4	需要刷浆的基层表面,应当干燥。局部湿度过大部位,应采取烘干措施进行烘干。刷石灰浆、聚合物水泥浆的基层,干燥程度可适当放宽(八成干)。
5	刷浆时的浆液稠度,应根据不同的刷涂方法进行确定。一般采用刷涂时,稠度宜小些;采用喷涂时,稠度宜大些。做到涂刷时不流坠、不显刷纹。
6	刷浆、喷浆,都要做到颜色均匀、分色整齐,不漏刷、不透底,每个房间要一次做完,最后一遍的刷浆或喷浆完毕后,应加以保护,不得损伤。
7	现场配制的刷浆浆料,必须掺用胶粘剂,用于室外的石灰浆,必须掺用干性油和食盐或明矾等,其掺量以浆膜不脱落、不掉粉为准。室外刷黄色石灰浆,宜掺用黑矾。
8	室外刷浆如分段进行时,应以分格缝、墙的阴角处或水落管等为分界线,材料及配合比应相同,涂刷要均匀,颜色要一致。
9	采用机械喷浆时,门窗等部位均应遮盖,以防玷污。
10	室内和室外刷浆主要工序,分别见表8.1.221、表8.1.222。
11	质量要求,见表8.1.223

室内刷浆的主要工序   表 8.1.221

项次	工序名称	石灰浆		聚合物水泥浆		大白浆			可赛银浆		水溶性涂料	
		普通	中级	普通	中级	普通	中级	高级	中级	高级	中级	高级
1	清扫	+	+	+	+	+	+	+	+	+	+	+
2	用乳胶水溶液湿润			+	+							
3	填补缝隙、局部刮腻子	+	+	+	+	+	+	+	+	+	+	+
4	磨平	+	+	+	+	+	+	+	+	+	+	+
5	第一遍满刮腻子						+	+	+	+	+	+
6	磨平						+	+	+	+	+	+
7	第二遍满刮腻子							+		+		+
8	磨平							+		+		+
9	第一遍刷浆	+	+	+	+	+	+	+	+	+	+	+
10	复补腻子		+		+		+	+	+	+	+	+
11	磨平		+		+		+	+	+	+	+	+
12	第二遍刷浆	+	+	+	+	+	+	+	+	+	+	+
13	磨浮粉							+		+		+
14	第三遍刷浆		+					+		+	+	+

注：1. 表中"＋"号表示应进行的工序。
　　2. 高级刷浆工程，必要时可增刷一遍浆。
　　3. 机械喷浆可不受表中遍数的限制，以达到质量要求为准。
　　4. 湿度较大的房间刷浆，应用具有防潮性能的腻子和涂料。

室外刷浆的主要工序   表 8.1.222

项次	工序名称	石灰浆	聚合物水泥浆	无机涂料
1	清扫	+	+	+
2	填补缝隙、局部刮腻子	+	+	+
3	磨平	+	+	+
4	找补腻子、磨平			+
5	用乳胶水溶液湿润		+	
6	第一遍刷浆	+	+	+
7	第二遍刷浆	+	+	+

注：1. 表中"＋"号表示应进行的工序。
　　2. 机械喷浆可不受表中遍数的限制，以达到质量要求为准。

刷浆质量要求   表 8.1.223

项次	项目	普通刷浆	中级刷浆	高级刷浆
1	掉粉、起皮	不允许	不允许	不允许
2	漏刷、透底	不允许	不允许	不允许
3	反碱、咬色	允许有少量	允许有轻微少量	不允许
4	喷点、刷纹	2m 正视喷点均匀、刷纹通顺	1.5m 正视喷点均匀、刷纹通顺	1m 正视喷点均匀、刷纹通顺
5	流坠、疙瘩、溅沫	允许有少量	允许有轻微少量	不允许
6	颜色、砂眼		颜色一致，允许有轻微少量砂眼	颜色一致，无砂眼
7	装饰线、分色线平直（5m 拉线检查，不足 5m 拉通线检查）		偏差不大于 3mm	偏差不大于 2mm
8	门窗、灯具等	洁净	洁净	洁净

8.1.6　裱糊和软包工程设计

8.1.6.1　裱糊工程

裱糊工程分壁纸裱糊和墙布裱糊，是广泛用于室内墙面、柱面及顶棚的一种装饰，具有色彩丰富、质感性强、既耐用、又易清洗的特点。

1. 一般规定及裱糊工序

一般规定及裱糊工序，如表 8.1.224 所示。

一般规定及裱糊工序　　　　　表 8.1.224

序号	项目	内容
1	一般规定	(1)墙纸和墙布应按房间大小、产品类型及图案、规格尺寸进行选配，并分幅拼花裁切。裁切后边缘应平直整齐，不得有纸毛、飞刺，并妥善卷好平放。 (2)墙面应采用整幅裱糊，并统一预排对花拼缝。不足一幅的应裱糊在较暗或不明显的部位，阴角处接缝应搭接，阳角处不得有接缝。 (3)裱糊第一幅壁纸或墙布前，应弹垂直线，作为裱糊时的准线。裱糊顶棚时，也应在裱糊第一幅前先弹一条能起准线作用的直线。 (4)在顶棚上裱糊壁纸，宜沿房间的长边方向裱糊。 (5)胶粘剂的调配。自配胶粘剂应集中调配，并通过 400 孔/cm² 筛子过滤。调配好的胶粘剂应当天用完。 (6)裱糊塑料壁纸，应先将壁纸用水润湿数分钟。裱糊时，应在基层表面涂刷胶粘剂。裱糊顶棚时，基层和壁纸背面均应涂刷胶粘剂。 (7)裱糊复合壁纸严禁浸水，应先将壁纸背面涂刷胶粘剂，放置数分钟，裱糊时，基层表面也应涂刷胶粘剂。 (8)裱糊墙布，应先将墙布背面清理干净。裱糊时，应在基层表面涂刷胶粘剂。 (9)带背胶的壁纸，应在水中浸泡数分钟后裱糊。裱糊顶棚时，带背胶的壁纸应涂刷一层稀释的胶粘剂。 (10)对于需重叠对花的各类壁纸，应先裱糊对花，然后再用钢尺对齐裁下余边。裁切时，应一次切掉，不得重割。对于可直接对花的壁纸则不应剪裁。 (11)除标明必须"正倒"交替粘贴的壁纸外，壁纸的粘贴均应按同一方向进行。 (12)赶压气泡时，对于压延壁纸可用钢板刮刀刮平；对于发泡及复合壁纸，则严禁使用钢板刮刀，只可用毛巾、海绵或毛刷赶平。 (13)裱糊好的壁纸、墙布，压实后，应将挤出的胶粘剂及时擦净，表面不得有气泡、斑污等。 (14)墙纸、墙布应与挂镜线、贴脸板和踢脚板紧接，不得有缝隙。
2	裱糊工序	(1)壁纸裱糊工序，如表 8.1.225 所示。 (2)墙布裱糊工序，如表 8.1.226 所示

壁纸裱糊的主要工序　　　　　表 8.1.225

项次	工序名称	抹灰面混凝土			石膏板面			木料面		
		复合壁纸	PVC壁纸	带背胶壁纸	复合壁纸	PVC壁纸	带背胶壁纸	复合壁纸	PVC壁纸	带背胶壁纸
1	清扫基层、填补缝隙磨砂纸	+	+	+	+	+	+	+	+	+
2	接缝处糊条				+	+	+	+	+	+
3	找补腻子、磨砂纸				+	+	+	+	+	+
4	满刮腻子、磨平	+	+	+						

续表

项次	工序名称	抹灰面混凝土			石膏板面			木料面		
		复合壁纸	PVC壁纸	带背胶壁纸	复合壁纸	PVC壁纸	带背胶壁纸	复合壁纸	PVC壁纸	带背胶壁纸
5	涂刷涂料一遍							+	+	+
6	涂刷底胶一遍	+	+	+	+	+	+			
7	墙面划准线	+	+	+	+	+	+	+	+	+
8	壁纸浸水润湿		+	+		+	+		+	+
9	壁纸涂刷胶粘剂	+			+			+		
10	基层涂刷胶粘剂	+	+		+	+		+	+	
11	纸上墙、裱糊	+	+	+	+	+	+	+	+	+
12	拼缝、搭接、对花	+	+	+	+	+	+	+	+	+
13	赶压胶粘剂、气泡	+	+	+	+	+	+	+	+	+
14	裁边		+			+			+	
15	擦净挤出的胶液	+	+	+	+	+	+	+	+	+
16	清理修整	+	+	+	+	+	+	+	+	+

注：1. 表中"＋"号表示应进行的工序。

2. 不同材料的基层相接处应糊条。

3. 混凝土表面和抹灰表面必要时可增加满刮腻子遍数。

4. "裁边"工序，在使用宽为 920mm、1000mm、1100mm 等需重叠对花的 PVC 压延壁纸时进行。

墙布裱糊的主要工序　　　　　　表 8.1.226

序　号	工 序 名 称	抹灰混凝土面	石膏板面	木料面
1	清扫基层、填补缝隙磨砂纸	+	+	+
2	接缝处糊条		+	+
3	找补腻子、磨砂纸		+	+
4	满刮腻子、磨平	+		
5	涂刷涂料 1 遍			+
6	涂刷底胶 1 遍	+	+	
7	墙面划准线	+	+	+
8	基层涂刷胶粘剂	+	+	+
9	布上墙、裱糊	+	+	+
10	拼缝、搭接、对花	+	+	+
11	赶压胶粘剂、气泡	+	+	+
12	擦净挤出的胶液	+	+	+
13	清理修整	+	+	+

注：1. 表中"＋"号表示应进行的工序。

2. 不同材料的基层相接处应糊条。

3. 混凝土表面和抹灰面必要时可增加满刮腻子的遍数。

2. 裱糊材料

（1）壁纸材料，如表 8.1.227 所示。

壁纸材料 表 8.1.227

序 号	项 目	内 容
1	普通壁纸	普通壁纸(纸基涂塑壁纸) 　这类壁纸,是以纸为基底,用高分子乳液涂布面层,再进行印花、压纹等工序制成的卷材。(又称纸基涂塑壁纸)分为: 　(1)印花涂塑壁纸 　印花涂塑壁纸是通过两次涂布、两次印花而成的产品。纸基重量为 105g/m², 涂布重量为 40～45g/m²。 　(2)压花涂塑壁纸 　压花涂塑壁纸,是在印花涂塑壁纸的工艺基础上,适当加厚涂层用有两个轧纹辊的模压机械,压制而成。 　国外的压花涂塑壁纸,分为干压花和湿压花壁纸两种。 　1)干压花壁纸——是密度较小的一种壁纸,按其表面形状又分为: 　①压纹壁纸,使用完全无规则的凹凸图形压制而成,在粘贴后凹凸会有变化。是最普通的一种壁纸; 　②木纹壁纸,是把经过上光或加有闪光底色的纸,精细压成具有木纹效果的壁纸。 　③双层压纹壁纸,是在压纹前将两层纸先粘贴在一起,以便产生更明显的凹凸效应,一般只压图形; 　④浅浮雕装饰壁纸,是一种双层纸粘合在一起的壁纸。在模压时,双层纸间的胶粘剂是湿的,以便使粘贴时保持最大的凸纹。上面一层用道林纸或牛皮纸以加强壁纸的强度。这种壁纸,既不上色也不印图形,一般只压成石状纹理、碎玻璃花纹或几何图形,也可以以粘贴后再刷涂料。 　2)湿压纹壁纸——一种比浮雕装饰壁纸重得多的壁纸。底层由棉绒纤维、松香树脂胶、白瓷土、明矾制成,以湿润状态在轧辊中模压成型,可确保凹凸纹在粘贴后不变形。一般为白色,以便涂刷油漆或水性涂料。此类壁纸又分为两种。 　①浅浮雕型壁纸; 　②深浮雕型壁纸,是一种用压模压制成的壁纸,起伏高度可达 25mm, 故只适用于墙面仿砖、石装饰。 　(3)复塑壁纸 　复塑壁纸是将聚氯乙烯树脂与增塑剂、颜料、填充料等材料混炼,压延成膜,然后与纸基热压复合,再进行印刷、压纹而成。这种壁纸有单色印刷压光、双色印刷压纹并发泡、沟底印刷压纹等多种产品,可在基本干燥但未干透的基体上铺贴。 　这种壁纸的规格一般为:宽度有 0.53m、0.9m、1.0m、1.2m 等几种,长度有 10m、15m、30m、50m 几种。 　纸基涂塑壁纸遇水或胶水,开始时即自由膨胀,经 5～10min 后胀足,干后又自行收缩。其幅宽方向的膨胀率为 0.5%～1.2%, 收缩率为 0.2%～0.8%。因此,裱糊这类壁纸,"应先将壁纸用水湿润数分钟"。
2	发泡壁纸	发泡壁纸 　发泡壁纸又称浮雕壁纸。是以 100g/m² 的纸作基材,涂塑 300～400g/m² 掺有发泡剂的聚氯乙烯(PVC)糊状料,印花后,再经加热发泡而成,其表面呈凹凸花纹。 　这种壁纸又分以下两种: 　(1)高发泡印花壁纸 　这种壁纸发泡率大,表面呈比较突出的、富有弹性的凹凸花纹,是一种装饰、吸声多功能壁纸。 　(2)低发泡印花压花壁纸 　这种壁纸是在发泡平面印有图案的品种,使表面形成具有不同色彩的凹凸花纹图案。也称化学浮雕或化学压花壁纸。 　塑料壁纸的主要性能,见表 8.1.228。 　塑料壁纸的规格分大、中、小卷三种,见表 8.1.229。

续表

序号	项　目	内　容
3	麻草壁纸	麻草壁纸是以纸为基层,以编织的麻草为面层,经复合加工而成的一种新型室内装饰墙纸。它具有阻燃、吸声、散潮湿、不变形等特点;并具有浓郁的自然气息,对人体无任何影响。 麻草壁纸的规格一般为:长 30m、50m、70m、宽 950mm 左右。
4	纺织纤维壁纸	纺织纤维壁纸在我国亦被称之为花色线壁纸。纺织纤维壁纸是目前国际上比较流行的新型壁纸。它是由棉、麻、丝等天然纤维或化学纤维制成各种色泽、花式的粗细纱或织物,用不同的纺纱工艺和花色粘线加工方式,将纱线粘到基层纸上,从而制成花样繁多的纺织纤维壁纸。还有的用编草、竹丝或麻皮条等天然材料,经过漂白或染色再与棉线交织后同基纸粘贴,制成植物纤维壁纸。 这种壁纸材料质感强,立体感强,色调柔和、高雅,具有无毒、吸声、透气等功能。 目前,这种壁纸在我国只有少数几个城市生产。上海第五制线厂生产的"大厦牌"花色线壁纸其技术性能,见表 8.1.230;西安市建筑材料厂生产的纺织纤维壁纸技术性能,见表 8.1.231。
5	特种壁纸	特种壁纸也称专用壁纸,是指具有特殊功能的塑料面层壁纸,如耐水壁纸、防火壁纸、抗腐蚀壁纸、抗静电壁纸、金属面壁纸、图景画壁纸、彩色砂粒壁纸、防污壁纸等。 (1)耐水壁纸,是用玻璃纤维毡纸作基材,以适应卫生间、浴室等墙面的装饰。一般用于卫生间墙面高度和顶棚,墙面下部仍需镶贴瓷砖,以防壁纸接缝处渗水、脱落。 (2)防火壁纸,是用 100～200g/m² 的石棉纸作基材,在面层 PVC 涂塑材料中掺有阻燃剂,使壁纸具有一定的阻燃防火性能,适用于防火要求较高的建筑和木板面装饰,并且要求壁纸燃烧后,无有毒气体产生。 (3)彩色砂粒壁纸,是在基材上撒布彩色砂粒,再喷涂胶粘剂,使表面具有砂粒毛面。 (4)自粘型壁纸。自贴型壁纸在裱糊时,不用刷胶粘剂,只要将壁纸背面的保护膜撕掉,象胶布一样贴于墙面,给施工带来了很大方便,同时更换也容易。 (5)金属面壁纸。金属面壁纸其装饰效果像安装了金属装饰板一样,具有不锈钢面、黄铜面等多种质感与光泽,这种壁纸裱糊后,有时可以达到以假乱真的地步。 (6)图景画壁纸。这是一种将塑料壁纸的表面图案同图画或风景照结合起来制成的壁纸。为了便于裱糊,生产时将一幅壁纸画分成若干小块,裱糊时按标准的顺序拼贴即可

塑料壁纸主要性能　　　　　　　　　　表 8.1.228

项　目	一　级　品	二　级　品
施工性	不得有浮起和剥落	不得有浮起和剥落
褪色性(光老化试验)	20h 以上无变色、褪色现象	20h 以上无明显变色、褪色现象
耐磨性	干磨 25 次,湿磨 2 次无明显掉色	干磨 25 次,湿磨 2 次有轻微掉色
湿强度(N/1.5cm)	纵横向 2.0 以上	纵横向 20 以上

塑料壁纸的规格　　　　　　　　　　表 8.1.229

种　类	长度(m)	宽度(m)	每卷面积(m²)
大卷	50	920～1200	46～90
中卷	25～50	760～900	20～45
小卷	10～12	530～600	5～6

"大厦牌"花色线壁纸技术性能　　　　　　　　　　表 8.1.230

技术性能	指　标
氧指数(OT)	20～22
抗静电性能(Ω)	4.5×10^7
吸声系数(%)	平均 19(250Hz、500Hz、1000Hz、2000Hz)
耐摩擦性能(次)	2000(外加压力 5N,圆轨迹运动摩擦)
抗拉强度(N)	纵向:178;横向:34
吸湿伸长率(%)	纵向:-0.5;横向:+2.5

纺织纤维壁纸技术性能

表 8.1.231

技 术 性 能	指 标
耐光性	耐光色牢度不低于 4 级
耐摩擦性	干摩擦不低于 4 级;湿摩擦不低于 4 级
透明度	不透明度不低于 90%
润湿强度	纵向不低于 4N/1.5cm;横向不低于 2N/1.5cm
挥发性	释放甲醛不高于 2mg/L

（2）墙布材料，如表 8.1.232 所示。

墙 布 材 料

表 8.1.232

序号	项 目	内 容
1	玻璃纤维墙布	玻璃纤维墙布是以中碱玻璃纤维织成的坯布为基材,以聚丙烯酸甲、乙酯、增塑剂、着色颜料等为原料进行染色及挺括处理,形成彩色坯布。再以醋酸乙酯、醋酸丁酯、环己酮、聚醋酸乙烯酯及聚氯乙烯树脂配置适量色浆作印花处理等制成。其优点是有布纹质感、耐火、耐潮、不易老化。缺点是盖底能力稍差,涂层一旦被磨破会散落出少量玻璃纤维。适用于一般民用建筑室内装饰。 玻璃纤维墙布的国家统一企业标准见表 8.1.233。 玻璃纤维墙布的品种规格:厚度为 0.15～0.17mm,幅宽 800～840mm,每平方米质量约 200g 左右。
2	纯棉装饰墙布	纯棉装饰墙布是以纯棉平布经过处理和印花、涂层等工序制成。具有无光、吸声、耐擦洗、静电小、强度大、蠕变性小等特点,且色调、纹样丰富。适用于住宅、宾馆等公共建筑以砂浆、混凝土以及石膏板、胶合板、纤维板为基层的粘贴或浮挂。 纯棉装饰墙布主要生产单位是北京印染厂,其规格、性能见表 8.1.234。
3	化纤装饰墙布	化纤装饰墙布是以化纤布为基材,经一定处理后印花而成。具有无毒、无味、透气、防潮、耐磨、不分层等特点。适用于旅店、办公室、会议室和居民住宅等室内装饰。其规格、技术性能,参见表 8.1.235。
4	无纺墙布	无纺墙布是采用棉、麻等天然纤维或涤纶、腈纶等合成纤维,经过无纺成型、上树脂、印制彩色花纹而成。具有一定的透气性和防潮性,擦洗不褪色,富有弹性,不易折断,纤维不易老化,不散失,对皮肤无刺激作用。还具有色彩鲜艳、图案雅致、挺括等优点,粘贴也较方便。有棉、麻、涤纶、腈纶等品种和多种花色图案。适用于各种建筑的室内墙面装饰。 涤纶棉无纺墙布除具有麻质无纺墙布的性能外,还有质地细腻、光滑的特点,适用于高级宾馆、高级住宅使用。其产品的规格为:厚度 0.12～0.18mm、宽度 850～900mm。主要性能见表 8.1.236。 无纺墙布的规格及生产单位,见表 8.1.237。
5	壁纸、墙布性能标志	壁纸和墙布的性能标志,见图 8.1.157

玻璃纤维墙布国家统一企业标准

表 8.1.233

项目名称	统一企业标准（W150）		项目名称	统一企业标准（CW150）	
厚纱支数	经纱	42/2	密度	经纱	20±1
（支数/股数）	纬纱	45/2	（根/cm）	纬纱	16±1
单丝公称	经纱	8	断裂强度	经纱	650
直径（μm）	纬纱	8	（N/20×100mm）	纬纱	550
厚度（mm）	0.15±0.015				
宽度（mm）	91±1.5		含油率组织	斜纹	
质量（g/m²）	155±15				

装饰墙布的规格、性能及生产单位   表 8.1.234

品　名	规格(mm)	技术性能	生产单位
装饰墙布	厚度:0.35	冲击强度:34.7J/cm^2 断裂强度:纵向 770N/5×20 断裂伸长率:纵向 3% 　　　　　　横向 8% 耐磨性:500 次 静电效应:静电值 184V 　　　　　半衰期 1s 日晒强度:7 级 刷洗强度:3～4 级 湿摩擦:4 级	北京印染厂
贴墙布	宽度:840		上海耀华玻璃厂

化纤装饰墙布的规格、性能、价格及生产单位   表 8.1.235

品　名	规格(mm)	技术性能	生产单位
化纤装饰贴墙布	厚度:0.15～0.18 宽度:820～840 长度:50m		天津市第十六塑料厂
"多纶"粘涤棉墙布	厚度:0.32 长度:50m 质量:8.5kg/卷 胶粘剂:配套使用 "DL"香味胶水胶粘剂	日晒牢度:黄绿色类 4～5 级 　　　　　红棕色类 2～3 级 摩擦牢度:干 3 级 　　　　　湿 2～3 级 强度:经向 300～40N 　　　纬向 290～40N 老化度:3～5 年	上海市第十印染厂

无纺墙布性能   表 8.1.236

产品名称	技术指标		
	重量(g/m^2)	强度(N/mm^2)	粘贴牢度(N/2.5cm)
涤纶无纺墙布	75	2.0	5.5(粘贴在混合砂浆墙面上) 3.5(粘贴在油漆墙面上)
麻无纺墙布	100	1.4	2.0(粘贴在混合砂浆墙面上) 1.5(粘贴在油漆墙面上)

注:表中"粘贴牢度"系指用白胶和化学浆糊粘贴的牢度。

无纺墙布的规格及生产单位   表 8.1.237

品　名	规格(mm)	生产单位
涤纶无纺墙布	厚度:0.12～0.18 宽度:850～900	上海市无纺布厂 浙江瑞安县建材公司
麻无纺墙布	厚度:0.12～0.18 宽度:850～900	江苏南通市海门无纺布厂
无纺印花涂塑墙布	厚度:0.8～1 宽度:920 长度:50m/卷 每箱 4 卷,共 200m 胶粘剂:聚醋酸乙烯乳胶	江苏南通市海门无纺布厂
无纺墙布	厚度:1.0 左右 质量:70g/m^2	上海无纺布厂陆杨联营厂

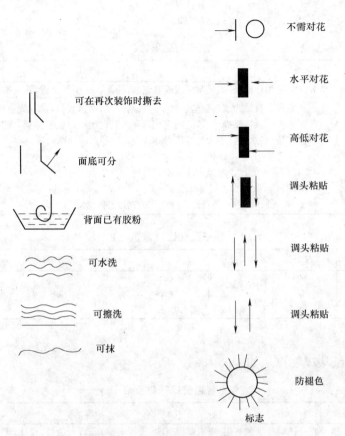

图 8.1.157 壁纸、墙布性能的标志

（3）胶粘剂，如表 8.1.238 所示。

胶 粘 剂 表 8.1.238

序号	项目	内容
1	自制胶粘剂	根据墙纸和墙布材料的特点和要求,在没有专用胶粘剂的情况下,一般可自行配制。其参考配方(重量比)如下: (1)墙纸胶粘剂(表 8.1.239) (2)墙布胶粘剂 聚醋酸乙烯乳液(含量 50%)　　　60 羧甲基纤维素(2.5%水溶液)　　　40 (3)普通墙纸胶粘剂 面粉浆糊,在面粉中加面粉用量 10% 的明矾或 0.2% 的 108 胶。
2	专用胶粘剂	专用胶粘剂,可参见建筑施工手册 19.11.2 胶粘剂固结技术

墙纸裱糊常用胶粘剂配方 表 8.1.239

配方	108胶	聚醋酸乙烯乳液	羧甲基纤维素溶液(1%～2%)	水
Ⅰ	100	—	20～30	60～80
Ⅱ	100	20	—	50
Ⅲ	—	100	20～30	适量

（4）腻子与底层涂料，如表 8.1.240 所示。

腻子与底层涂料　　　　　　　　　　　表 8.1.240

序 号	项 目	内　　　容
1	腻子	腻子用作修补、填平基层表面麻点、钉孔等。腻子配合比，见表 8.1.241。
2	底层涂料	底层涂料是为了避免基层吸水过快，将胶水迅速吸掉，使其失去粘结能力，或因干得太快而来不及裱贴操作，裱贴前应在基层面上先刷一遍底层涂料，作为封闭处理，待其干后再开始，吸水性特别大的基层，如纸面石膏板等，需涂刷两遍。 　配合比为： 　(1)清油配比。酚醛清漆：松节油=1：3 　(2)108 胶：水：甲基纤维素=1：1：0.2 　(3)乳胶漆，用水稀释。其配合比为：乳胶漆：水=1：5

腻子配合比（重量比）　　　　　　　　　表 8.1.241

名　　称	石膏	滑石粉	熟桐油	羧甲基纤维素溶液（浓度 2%）	聚醋酸乙烯乳液
乳胶腻子	—	5	—	3.5	1
乳胶石膏腻子	10	—	—	6	0.5～0.6
油性石膏腻子	20	—	7		50

3. 壁纸裱糊要点

（1）普通壁纸裱糊要点，如表 8.1.242 所示。

普通壁纸裱糊要点　　　　　　　　　　表 8.1.242

序 号	项 目	内　　　容
1	基层处理	裱糊壁纸的基层，要求坚固密实，表面平整光洁，无疏松、粉化、无孔洞、麻点和飞刺，表面颜色应一致。含水率不得大于 8%。木质基层（含水率不大于 12%）和石膏板等轻质隔墙，要求其接缝平整，不显接槎，不得外露钉头，钉眼用油性腻子填平。 　附着牢固、表面平整的旧溶剂型涂料墙面，裱糊前应打毛处理。 　(1)砂浆抹灰及混凝土基层处理 　裱糊前，应将基体或基层表面的污垢、尘土清除干净，泛碱部位，宜使用 9% 的稀醋酸中和、清洗。不得有飞刺、麻点、砂粒和裂缝。阴阳角应顺直。 　基层清扫洁净后，满刮一遍腻子并用砂纸磨平。如基层有气孔、麻点或凹凸不平时，应增加刮腻子和磨砂纸的遍数。腻子应用乳液滑石粉、乳液石膏或油性石膏等强度较高的腻子，不应用纤维素大白等强度低、遇湿溶胀剥落的腻子。 　刮完腻子磨平并干燥后，应喷、刷一遍 108 胶水溶液或其他材料做汁浆处理。 　(2)木质、石膏板等基层处理 　先将基层的接缝、钉眼等用腻子填平。木质基层满刮石膏腻子一遍，用砂纸磨平。纸面石膏板基层应用油性石膏腻子局部找平。如质量要求较高时，亦应满刮腻子并磨平。无纸面石膏板基层应刮一遍乳液石膏腻子并磨平。 　(3)不同基层的处理 　如石膏板与木基层相接处，应用穿孔纸带粘糊。在处理好的基层表面应喷刷一遍酚醛清漆：汽油=1：3 的汁浆。 　基层或基体表面的处理方法，见表 8.1.243。
2	准备工作	(1)弹线、预拼试贴 　为使裱糊壁纸时纸幅垂直、花饰图案连贯一致，应先分格弹线，线色应与基层同色。弹线时应从墙面阴角处开始，按壁纸的标准宽度找规矩，将窄条纸的裁切边留在阴角处，阳角处不得有接缝。遇有门窗等部位时，一般以立边分划为宜，便于折角贴立边（图 8.1.158）。 　全面裱糊前应先预拼试贴，观察接缝效果，确定裁纸尺寸及花饰拼贴。

序 号	项 目	内 容
2	准备工作	(2)裁纸 根据弹线找规矩的实际尺寸统一规划裁纸,并编号,以便顺序粘贴。 裁纸时以上口为准,下口可比规定尺寸略长1～2cm。如为带花饰的壁纸,应先将上口的花饰对好,小心裁割,不得错位。 (3)湿润纸 塑料壁纸涂胶粘贴前,必须先将壁纸在水槽中浸泡几分钟,并把多余的水抖掉,再静置约2min,然后再裱糊。这样做的目的是使壁纸不致在粘贴时吸湿膨胀,出现气泡、皱折。 (4)刷胶粘剂 将预先选定的胶粘剂,按要求调配或溶水(粉状胶粘剂)备用,当日用完。 基层表面与壁纸背面应同时涂胶。刷胶粘剂要求薄而均匀,不裹边。基层表面的涂刷宽度要比预贴的壁纸宽2～3cm。
3	裱糊方法	(1)搭接法裱糊 搭接法裱糊是指壁纸上墙后,先对花拼缝并使相邻的两幅重叠,然后用直尺与壁纸裁割刀在搭接处的中间将双层壁纸切透,再分别撕掉切断的两幅壁纸边条(图8.1.159),最后用刮板或毛巾从上向下均匀地赶出气泡和多余的胶液使之贴实。刮出的胶粘剂用洁净的湿毛巾擦拭干净。 (2)拼接法裱糊 拼接法裱糊是指壁纸上墙前先按对花拼缝裁纸,上墙面,相邻的两幅壁纸直接拼缝、对花。在裱糊时要先对花、拼缝,然后用刮板或毛巾从上向下斜向赶出气泡和多余的胶液使之贴实。刮出的胶粘剂用湿毛巾擦干净。 (3)推贴法裱糊 此法多用于顶棚裱糊壁纸。一般先裱糊靠近主窗处,方向和墙平行。裱糊时将壁纸卷成一卷,一人推着前进,另一人将壁纸赶平、赶密实(图8.1.160)。推贴法胶粘剂宜刷在基层上,不宜刷在纸背上。
4	注意事项	(1)为保证壁纸的颜色、花饰一致,裁纸时应统一安排,按编号顺序裱糊。主要墙面应用整幅壁纸,不足幅宽的壁纸应用在不明显的部位或阴角处。 (2)有花饰图案的壁纸,如采用搭接法裱糊时,相邻两幅纸应使花饰图案准确重叠,然后用直尺在重叠处上而下一切裁断,撕掉余纸后粘贴压实。 (3)壁纸不得在阳角处拼缝,应包角压实,壁纸裹过阳角不小于20mm。阴角壁纸搭缝时,应先裱糊压在里面的壁纸,再粘贴面层壁纸,搭接面应根据阴角垂直度而定,一般宽度不小于3mm。 (4)遇有基层卸不下来的设备或突出物件时,应将壁纸舒展地裱在基层上,然后剪去不需要部分,使突出物四周不留缝隙。 (5)壁纸与顶棚、挂镜线、踢脚线的交接处应严密顺直。裱糊后,将上下两端多余壁纸切齐,撕去余纸贴实端头(图8.1.161)。 (6)整间壁纸裱糊后,如有局部翘边、气泡等,应及时修补

基层或基体表面的处理方法　　　　　　　　表 8.1.243

序 号	基层或基体的表面类型	处 理 方 法						
		确定含水率	刷洗或漂洗	干刮	干磨	钉头补防锈油	填充接缝、钉孔裂缝	刷胶
1	混凝土	+	+				+	+
2	泡沫聚苯乙烯	+					+	
3	石膏面层	+		+			+	+
4	石灰面层	+			+		+	+
5	石膏板	+				+	+	+
6	加气混凝土板	+				+	+	+
7	硬质纤维板	+				+	+	+
8	木质板	+				+	+	+

注:1. 刷胶是为了避免基层吸水过快,将涂于基层表面的胶液迅速吸干,使壁纸来不及裱糊在基层面上,因此,在涂胶前,先在基层表面上刷一遍1:0.5～1的108胶水作为封闭处理,待其干后再开始涂胶和裱糊。如吸水性特别大可刷两遍。
　　2. 表中"+"号表示应进行的工序。

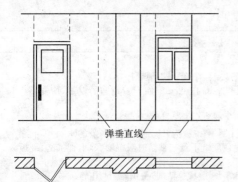

图 8.1.158　墙面弹线位置示意图

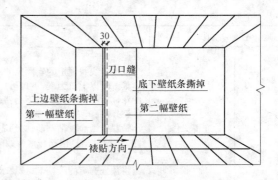

图 8.1.159　搭接法裱贴示意图

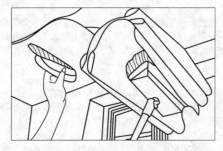

图 8.1.160　天花板裱贴（顶棚）

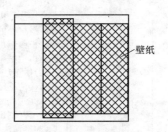

图 8.1.161　顶端与底端的剪切

（2）其他壁纸裱糊要点，如表 8.1.244 所示。

其他壁纸裱糊要点　　　　　　　　　　　　　表 8.1.244

序　号	项　　　目	内　　　容
1	金属壁纸裱糊要点	（1）金属壁纸在裱糊前也需浸水，但浸水时间较短，1～2min 即可。将浸水的金属壁纸抖去水，阴放 5～8min，在其背面涂胶。 （2）金属壁纸涂胶的胶液是专用的壁纸粉胶。涂胶时，准备一卷未开封的发泡壁纸或长度大于壁纸宽的圆筒，一边在裁剪好并浸过水的金属壁纸背面涂胶，一边将刷过胶的部分，向上卷在发泡壁纸卷上，见图 8.1.162。 （3）金属壁纸的收缩量很少，在裱糊时可采用对缝裱，也可用搭缝裱。 （4）其他要求与普通壁纸相同。
2	麻草壁纸裱糊要点	（1）用热水将 20%的羧甲基纤维素溶化后，配上 10%的白乳胶，70%的 108 胶，调匀后待用。用胶量为 0.1kg/m²。 （2）按需要下好墙纸料，粘贴前先在墙纸背面刷上少许的水，但不能湿。 （3）将配合好的胶液取出一部分，加水 3～4 倍调好，粘贴前刷在墙上，一层即可（达到打底的作用）。 （4）将配好的胶加 1/3 的水调好，粘贴时往壁纸背面刷一遍，再往打好底的墙上刷一遍，即可粘贴。 （5）贴好壁纸后用小胶辊将壁纸压一遍，达到吃胶、牢固去褶子目的。 （6）完工后再检查一遍，有开胶或粘不牢固的边角，可用白乳胶粘牢。
3	纺织纤维壁纸裱糊要点	纺织纤维壁纸的裱糊工序主要控制两点：一是拼缝要严密，二是拼缝部位溢出的脱粘胶及壁纸表面的脏痕应及时清理干净。要做到 1.5m 正视不显拼缝，斜视无胶痕。 （1）施工要点 1）裁纸时，应比实际长度多出 2～3cm，剪口要与边线垂直。 2）粘贴时，将纺织纤维壁纸铺好铺平，用毛辊沾水湿润基材，纸背的润湿程度以手感柔软为好。

序　号	项　　目	内　　容
3	纺织纤维壁纸裱糊要点	3)将配制好的胶粘剂(PVC)刷到基层上,然后将湿润的壁纸从上而下,用刮板向下刮平,因花线垂直布置,所以不宜横向刮平。 4)拼装时,接缝部位应平齐,纱线不能重叠或留有间隙。 5)纺织纤维壁纸可以横向裱糊,也可竖向裱糊,横向糊时使纱线排列与地面平行,可增加房间的纵深感。纵向糊时,纱线排列与地面垂直,在视觉上可增加房间的高度。 (2)注意事项 1)大面积裱糊时,宜做样板间。裱糊壁纸后的墙面,不得随意开洞、打洞,因为后补的部位容易产生"补丁"的效果。 2)裱糊墙面的另一面,如果是湿度较大的房间,要考虑水分或水蒸气对另一面的影响,所以,要采取必要的防潮措施。 3)在潮湿的季节,裱糊完毕,白天宜打开窗,适当加强通风。夜晚宜将门窗关闭,防止潮湿气体浸入。如果房间潮湿,通风不够,壁纸表面易产生黑斑。
4	特种壁纸裱糊要点	(1)裱糊时,墙面和纸背均须刷胶,要求薄,均匀一致,不裹边。纸背刷胶后,胶面与胶面应付叠,避免胶干得太快,便于上墙。 (2)特种塑料壁纸刷胶5~10min后,约能胀出0.5%~1.2%,干后收缩0.2%~0.8%。这个特点使壁纸裱糊干燥后能抽缩弯紧,小的凸起处干后会自行平服。因此,刷胶后应静置5min,使其充分吸涨伸胀后再上墙。 (3)根据阴角搭缝里外关系,决定先做哪一片墙面。贴每片墙第一条壁纸时,要先在墙上用铅笔划垂直线,其位置可比一幅壁纸宽再让出0.5cm左右。每片大墙面均先从较亮的一角以整幅壁纸开始,将窄幅甩在较暗一端的阴角处。 (4)裱糊时由上而下,上端不留余量,一侧先对花接缝到底,后贴大面。
5	成品保护	(1)为避免损坏污染,裱糊工程尽量放在施工作业的最后一道工序。 (2)裱糊时,空气相对湿度不应过高,一般应低于85%;温度不应剧烈变化。 (3)在潮湿季节裱糊好的墙面竣工以后,应在白天打开门窗,加强通风,夜晚关门闭窗,防止潮湿气体侵袭。同时,也要避免胶粘剂未干结前,墙面受穿堂风劲吹,破坏壁纸(墙布)的粘结牢度。 (4)裱糊到电门、插座处,应破纸做标记,以后再安装纸面上的露明设备

4. 墙布裱糊要点

(1) 墙布裱糊要点,如表 8.1.245 所示。

(2) 绸缎墙面粘贴要点,如表 8.1.246 所示。

8.1.6.2 软包工程

软包工程的基本要求,如表 8.1.247 所示。

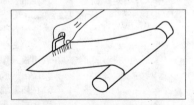

图 8.1.162　金属壁纸涂胶方法

墙布裱糊要点　　　　　　　　　　　　　　　　表 **8.1.245**

序　号	项　　目	内　　容
1	一般规定	(1)基层处理与要求 墙布裱糊的基层处理要求与壁纸裱糊要点基本相同。由于玻璃纤维墙布和无纺墙布的遮盖力稍差,如基层颜色较深时,应满刮石膏腻子或在胶粘剂中掺入适量白色涂料。裱糊锦缎的基层应彻底干燥。 (2)准备工作 墙布裱糊前的弹线找规矩工作与壁纸裱糊要点基本相同。根据墙面需要粘贴的长度,适当放长10~15cm,再按花色图案,以整倍数进行裁剪,以便于花型拼接。裁剪的墙布要卷拢平放在盒内备用。切忌立放,以防碰毛墙布边。 由于墙布无吸水膨胀的特点,故不需要预先用水湿润。除纯棉墙布应在其背面和基层同时刷胶粘剂外,玻璃纤维墙布和无纺墙布只需要在基层刷胶粘剂。胶粘剂应随用随配,当天用完。锦缎柔软易变形,裱糊时可先在其背面衬糊一层宣纸,使其挺括。胶粘剂宜用108胶。

序　号	项　目	内　容
2	玻璃纤维墙布 裱糊要点	玻璃纤维墙布裱糊工艺要点 基本上与纸基塑料壁纸的裱糊操作要点相同,不同之处如下: (1)玻璃纤维贴墙布裱贴时,仅在基层表面涂刷胶粘剂,墙布背面不可涂胶。 (2)玻璃纤维墙布,材性与纸基塑料壁纸不同,胶粘剂宜采用聚醋酸乙烯脂乳胶,以保证粘结强度; (3)玻璃纤维贴墙布裁切成段后,宜存放于箱内,以防止沾上污物和碰毛布边; (4)玻璃纤维不伸缩,对花时,切忌横拉斜扯,如硬拉即将使整幅墙布歪斜变形,甚至脱落; (5)玻璃纤维贴墙布盖底力差,如基层表面颜色较深时,可在胶粘剂中掺入适量的白色涂料(如乳胶漆类),以使完成后的裱糊面层色泽无明显差异; (6)裁成段的墙布应卷成卷横放,防止损伤、碰毛布边影响对花。 (7)粘贴时选择适当的位置吊垂直线,保证第一块布贴垂直。将成卷墙布自上而下按严格的对花要求渐渐放下,上面多留 3～5cm 左右进行粘贴,以免因墙面或挂镜线歪斜造成上下不齐或短缺,随后用湿白毛巾将布面抹平,上下多余部分用刀片割去。如墙角歪斜偏差较大,可以在墙角处开裁拼接,最后叠接阴角处可以不必要求严格对花,切忌横向硬拉,造成布边歪斜或纤维脱落而影响对花。
3	纯棉装饰墙布 裱糊要点	纯棉装饰墙布裱糊工艺要点 (1)清理墙面刮腻子 首先把墙上的灰浆疙瘩、灰渣清理打扫干净,用水、石膏或胶腻子把磕碰坏的麻面抹平,再用刮腻子板把墙面满刮胶腻子(滑石粉∶羧甲基纤维素∶聚醋酸乙烯乳液∶水＝1∶0.3∶0.1∶适量),待腻子干燥后用砂纸(布)磨平,并打扫干净,再刮一道底胶(108 胶∶水＝3∶7)。 (2)裁布 裱糊前,根据墙面高度裁布,要留有余量,一般在桌子上裁布,也可以在墙上裁。 (3)刷胶糊布 这是最重要的施工工序。 1)在布背和墙上均刷胶。胶的配合比为 108 胶∶4%纤维素水溶液∶乳胶∶水＝1∶0.3∶0.1∶适量。墙上刷胶时根据布的宽窄,不可刷得过宽,刷一段糊一张。 2)选好首张糊贴位置和垂直线即可开始裱糊。 3)从第二张起,裱糊先上后下进行对缝对花,对缝必须严密不搭槎,对花端正不走样,对好后用板式鬃刷舒展压实。 4)挤出的胶液用湿毛巾擦干净,多出的上、下边用刀割齐整。 5)在裱糊墙布时,应在电门、插销处裁破布面露出设施。 6)裱糊墙布时,阳角不允许对缝,更不允许搭槎,客厅、明柱正面不允许对缝;门、窗口面上不允许加压布条。 其他与壁纸基本相同。
4	化纤装饰墙布 裱糊要点	化纤装饰墙布裱糊工艺要点 (1)按墙面垂直高度设计用料,并加长 5～10cm,以备竣工切齐。裁布时应按图案对花裁取,卷成小卷横放盒内备用。 (2)应选室内面积最大的墙面,以整幅墙布开始裱糊粘贴,自墙角起在第一、二块墙布间吊垂直线,并用铅笔做好记号,以后第三、四、……与第二块布保持垂直对花,必须准确。 (3)将墙布专用胶水均匀地刷在墙上,不要满刷及防止干涸,也不要刷到已贴好的墙布上去。 (4)先贴距墙角的第二块布,墙布要伸出挂镜线 5～10cm,然后沿垂直线记号自上而下放贴布卷,一面用湿毛巾将墙布由中间向四周抹平。与第二块布严格对花、保持垂直,继续粘贴。 (5)凡遇墙角处相邻的墙布可以在拐角处重叠,其重叠宽度约 2cm 左右,并要求对花。 (6)遇电灯开关应将面板除去,在墙布上画对角线,剪去多余部分,然后盖上面板使墙面完整。 (7)用小刀片将上下端多余部分裁除干净,并用湿布抹平。 其他与壁纸基本相同。

序 号	项 目	内 容
5	无纺墙布裱糊要点	无纺墙布裱糊工艺要点 (1)清除墙面砂浆、灰尘。油污等应用碱水洗净并用清水冲洗干净;如曾粉过灰浆或涂过涂料,应用刮刀将其适当刮除。刮腻子当表面凹凸不平,有麻点、蜂窝及孔洞时,应用腻子(滑石粉∶竣甲基纤维素∶聚醋酸乙烯乳液∶水=1∶0.3∶0.1∶适量)填平。然后用刮刀刮平,最后用砂布(纸)磨平。 (2)粘贴墙布时,先用排笔将配好的胶粘剂刷在墙上,涂时必须涂刷均匀,稀稠适度。比墙布稍宽2~3cm。 (3)在墙顶处敲进一枚竹钉,将锤系上,用吊线锤的办法来保证第一张墙布与地面垂直。决不能以墙角为准,因为墙角不一定与地面垂直。 (4)将卷好的墙布自上而下粘贴,粘贴时,除上边应留出50mm左右的空隙外,布上花纹图案应严格对好,不得错位,并需用干净软布将墙布抹平填实,用刀片裁去多余部分。 其他与壁纸基本相同

绸缎墙面粘贴要点　　　　　　　　　　　　　　　　　　表 8.1.246

序 号	项 目	内 容
1	材料配制	绸缎墙面粘贴工艺要点 (1)胶油腻子调配。胶油腻子是由油基清漆、108 胶、石膏粉和大白粉调配而成。可用于抹灰砂浆墙面、水泥砂浆墙面、木质墙面和石膏板等表面作为粘贴绸缎墙面的腻子涂层。 (2)清油调配。清油是由油基清漆和 200 号溶剂汽油配成。其配合比为 1∶1~1.2。如用熟桐油调配,熟桐油与 200 号溶剂汽油为 1∶2.5。不论油基清漆调配或熟桐油调配,两者应混合均匀才可使用。 (3)胶粘剂调配。在 108 胶中掺加 10%~20%聚醋酸乙烯溶液,胶粘剂粘度大时可掺加 5%~10%的清水稀释。 (4)浆糊制作。浆糊是用于绸缎背面作拍浆之用,也可作粘贴绸缎的胶粘剂,但面粉浆糊使用多日可能产生霉菌。其配合比为:面粉∶水∶明矾=1∶4∶0.1。 将面粉放入烧锅内,加适量水和明矾调成糊状(不得有面疙瘩),再将规定重量的水倒入调和,然后加温,边烧边搅拌,不使其沉淀烧焦,当加温至锅内起泡时,说明面粉已胀开烧熟,即成为稀稠适中的浆糊,待冷却过筛后使用。
2	绸缎加工	(1)缩水上浆。绸缎也有一定的缩胀率,其幅宽方向收缩在 0.5%~1%左右,幅长收缩率在 1%左右,故必须通过缩水。将绸缎浸于清水中,取出后晾干,待尚未干透时,取下随即上浆,以调制好的浆糊用刮板涂刮于背面。刮浆要刮透刮匀,不可遗漏。 (2)熨烫。刮浆后,用一块湿布覆盖其上,然后用 500W 电熨斗进行烫干、烫平。熨烫是加工的关键,影响粘贴的操作和质量。熨烫后,要达到纵横边口平直,整个绸缎面硬扎、平伏、挺刮。 (3)开幅。首先要计算绸缎每幅的长度尺寸,如绸缎的花纹图案零乱不规则时,粘贴时可不对花,开幅时能节约用料,每幅放出 2%~3%;如需对花的绸缎,花纹图案又大时,开幅裁剪,必须放长一朵花型或一个图案,然后计算出被贴墙面的用幅数量。 (4)裁边。绸缎的两侧边,都有一条 5mm 左右的无花纹图案边条,为了对齐花纹图案,在烫熨之后,以钢直尺压住边条,用美工刀沿着钢直尺边口将边条划去,或者用剪刀细心剪去,然后按幅放妥待用。
3	施工要点	(1)墙面基层处理。墙面基层必须干燥、洁净、平整。先用稀薄的清油满刷一遍,洞缝处要刷足,且不流挂。待清油干后,用胶油腻子(加适量石膏粉)将洞缝填补。待胶油腻子干后,再用胶油腻子大面积批刮一遍,使墙面基本达到平整。 待头遍腻子干后,用砂纸粗打一遍,再批刮二道腻子,做到收净刮清。腻子嵌批完后,用砂纸磨光滑,磨光后先刷清油一道。如墙面色泽不一,可改用色油。

序号	项目	内　容
3	施工要点	（2）绸缎粘贴前，首先要挂垂线找出贴第一幅位置。一般从房间的内角一侧开始。在第一幅的边缘处，用线坠挂好垂直线，用与绸缎同色的色笔画出垂直线，以作为标志。然后用粉线袋弹出距地面1.3m处的水平线。使水平线与垂直线相互垂直。水平线应在四周墙面弹通，使绸缎粘贴时，其花型与线对齐，花型图案达到横平竖直的效果。 （3）向墙面刷胶粘剂。胶粘剂可以采用滚涂或刷涂。胶粘剂涂刷面积不宜太大，应刷一幅宽度，粘一幅。同时，在绸缎的背面刷一层薄薄的水胶（水：108胶＝8：2），要刷匀，不漏刷。刷胶水后的绸缎应静置5～10min后上墙粘贴。 （4）绸缎粘贴上墙。第一幅应从不明显的阴角开始，从左到右，按垂直线上下对齐。粘贴平整；贴第二幅时，花型对齐。上下多余部分，随即用美工刀划去。如此粘贴完毕。贴最后一幅，也要贴阴角处，凡花型图案无法对齐时，可采用取两幅叠起裁划方法，然后将多余部分去掉，再在墙上和绸缎背面局部刷胶，使两边拼合贴密。 （5）绸缎粘贴完，应进行全面检查，如有翘边用白胶补好，有鼓胶（即气泡）应赶出，有空鼓（脱胶）用针筒灌注，并压实严密；有皱纹要刮平；有离缝应重做处理；有胶迹用洁净湿毛巾擦净，如普通有胶迹时，应满擦一遍

软包工程基本要求　　　　　　　　　　表 8.1.247

序号	项目	内　容
1	一般规定	（1）人造革及锦缎软包墙面可保持柔软、消声、温暖。适用于防止碰撞的房间及声学要求较高的房间。 （2）人造革、织锦缎软包墙面分预制板组装和现场组装两种。预制板多用硬质材料做衬底，现装墙面的衬底多为软质材料。
2	材料、工具	材料和工具准备 （1）材料准备 人造革或织锦缎、泡沫塑料或矿渣棉、木条、五夹板、电化铝帽头钉、沥青、油毡等。 （2）工具准备 锤子、木工锯、刨子、抹灰用工具、粘贴沥青用工具。
3	基层处理	基层处理 （1）埋木砖。在砖墙或混凝土墙中埋入木砖，间距400～600mm，视板面划分而定。 （2）抹灰、做防潮层。为防止潮气使面板翘曲、织物发霉，应在砌体上先抹20mm厚1：3水泥砂浆。然后刷底子油做一毡二油防潮层。 （3）立墙筋。墙筋断面为(20～50)mm×(40～50)mm，用钉子钉于木砖上，并找平找直。
4	面层安装	面层安装 （1）五夹板外包人造革或织锦缎做法 1）将450mm见方的五夹板板边刨刨平，沿一个方向的两条边刨出斜面。 2）用刨斜边的两边压入人造革或织锦缎，压长20～30mm，用钉子钉在木墙筋。钉头埋入板内。另两侧不压织物钉于墙筋上。 3）将织锦缎或人造革拉紧，使其平伏在五夹板上，边缘织物贴于下一条墙筋上20～30mm，再以下一块斜边板压紧织物和该板上包的织物，一起钉入木墙筋，另一侧不压织物钉牢。以这种方法安装完整个墙面。 （2）人造革或织锦缎包矿渣棉的做法 1）在木墙筋上钉五夹板，钉头埋入板中，板的接缝在墙筋上。 2）以规格尺寸大于纵横向墙筋中距50～80mm的卷材（人造革、织锦缎等），包矿渣棉于墙筋上，铺钉方法与前述基本相同。铺钉后钉口均为暗钉口。 3）暗钉钉完后，再以电化铝帽头钉钉在每一分块卷材的四角。
5	注意事项	施工注意事项 （1）注意按图选用材料和施工。 （2）木墙筋要保持平整，才能保证墙面施工质量。 （3）注意裁卷材（人造革、织锦缎）面料时，一定要大于墙面分格尺寸

8.2 工艺流程及施工方法

8.2.1 抹灰工程施工

8.2.1.1 一般抹灰工程

1. 适用范围和基本规定

一般抹灰工程的适用范围和基本规定，如表 8.2.1 所示。

适用范围和基本规定

表 8.2.1

序号	项目	内容
1	适用范围	本施工工艺标准适用工业和民用建筑物的室内墙面抹灰
2	基本规定	(1)内墙抹石灰砂浆工程必须符合设计要求。 (2)材料使用必须符合国家现行标准的规定，严禁使用国家明令淘汰的材料。 (3)各工序应按施工技术标准进行质量控制，每道工序完成后，应进行"工序交接"检验。 (4)相关各专业工种之间，应进行交接检验，并形成记录，未经监理工程师或建设单位技术负责人检查认可，不得进行下道工序施工。 (5)施工过程质量管理应有相应的施工技术标准和质量管理体系，加强过程质量控制管理。 (6)施工单位应遵守有关环境保护的法律法规，并应采取有效措施控制施工现场的各种粉尘、废弃物、噪声、振动等对周围环境造成的污染和危害。 (7)质量要求 1)普通抹灰：表面光滑、洁净、接槎平整、分格线应清晰。 2)高级抹灰：表面光滑、颜色均匀，无抹痕、线角及灰线平直方正、分格线清晰美观

2. 施工准备及工程要点

一般抹灰工程施工准备及工程要点，如表 8.2.2 所示。

施工准备及工程要点

表 8.2.2

序号	项目	内容
1	技术准备	(1)抹灰工程的施工图、设计说明及其他设计文件完成。 (2)材料的产品合格证书、性能检验报告、进场验收记录和复验报告完成。 (3)施工技术交底(作业指导书)已完成。
2	材料准备	(1)水泥 宜采用普通水泥或硅酸盐水泥，也可采用矿渣水泥、火山灰水泥、粉煤灰水泥及复合水泥。水泥强度等级宜采用 32.5 级以上颜色一致、同一批号、同一品种、同一强度等级、同一厂家生产的产品。 水泥进厂需对产品名称、代号、净含量、强度等级、生产许可证编号、生产地址、出厂编号、执行标准、日期等进行外观检查，同时检验合格证。 (2)砂 宜采用平均粒径 0.35~0.5mm 的中砂，在使用前应根据使用要求过筛，筛好后保持洁净。 (3)磨细石灰粉 其细度过 0.125mm 的方孔筛，累计筛余量不大于 13%，使用前用水浸泡使其充分熟化，熟化时间最少不小于 3d。 浸泡方法：提前备好大容器，均匀地往容器中撒一层生石灰粉，浇一层水，然后再撒一层，再浇一层水，依次进行，当达到容器的 2/3 时，将容器内放满水，使之熟化。

序　号	项　目	内　容
2	材料准备	(4)石灰膏 石灰膏与水调和后具有凝固时间快,并在空气中硬化,硬化时体积不收缩的特性。 用块状生石灰淋制时,用筛网过滤,贮存在沉淀池中,使其充分熟化。熟化时间常温一般不少于15d,用于罩面灰时不少于30d,使用时石灰膏内不得含有未熟化的颗粒和其他杂质。在沉淀池中的石灰膏要加以保护,防止其干燥、冻结和污染。 (5)纸筋 采用白纸筋或草纸筋施工时,使用前要用水浸透(时间不少于三周),并将其捣烂成糊状,并要求洁净、细腻。用于罩面时宜用机械碾磨细腻,也可制成纸浆。要求稻草、麦秆应坚韧、干燥、不含杂质,其长度不得大于30mm,稻草、麦秆应经石灰浆浸泡处理。 (6)麻刀 必须柔韧干燥,不含杂质,行缝长度一般为10~30mm,用前4~5d敲打松散并用石灰膏调好,也可采用合成纤维。
3	机具准备	麻刀机、砂浆搅拌机、纸筋灰拌合机、窄手推车、铁锹、筛子、水桶(大小)、灰槽、灰勺、刮杠(大2.5m,中1.5m)、靠尺板(2m)、线坠、钢卷尺(标、验*)、方尺(标、验*)托灰板、铁抹子、木抹子、塑料抹子、八字靠尺、方口尺(标、验*)、阴阳角抹子、长舌铁抹子、金属水平尺(标、验*)、捋角器、软水管、长毛刷、鸡腿刷、钢丝刷、茅草帚、喷壶、小线、钻子(尖、扁)、粉线袋、铁锤、钳子、钉子、托线板等。 *标:指检验合格后进行的标识。验:量量具在使用前应进行检验合格。
4	作业条件	(1)主体结构必须经过相关单位(建设单位、施工单位、质量监理、设计单位)检验合格。 (2)抹灰前应检查门窗框安装位置是否正确,需埋设的接线盒、电箱、管线、管道套管是否固定牢固。连接处缝隙应用1:3水泥砂浆或1:1:6水泥混合砂浆分层嵌塞密实,若缝隙较大时,应在砂浆中掺少量麻刀嵌塞,将其填塞密实,并用塑料帖膜或铁皮将门窗框加以保护。 (3)将混凝土过梁、梁垫、圈梁、混凝土柱、梁等表面凸出部分剔平,将蜂窝、麻面、露筋、疏松部分剔到实处,并刷胶粘性素水泥浆或界面剂。然后用1:3的水泥砂浆分层抹平。脚手眼和废弃的孔洞应堵严,外露钢筋头、铅丝头及木头等要剔除,窗台砖补齐,墙与楼板、梁底等交接处应用斜砖砌严补齐。 (4)配电箱(柜)、消火栓(柜)以及卧在墙内的箱(柜)等背面露明部分应加钉钢丝网固定好,涂刷一层胶粘性素水泥浆或界面剂,钢丝网与最小边搭接尺寸不应小于10cm。窗帘盒、通风篦子、吊柜、吊扇等埋件、螺栓位置,标高应准确牢固,且防腐、防锈工作完毕。 (5)对抹灰基层表面的油渍、灰尘、污垢等应清除干净,对抹灰墙面结构应提前浇水均匀湿透。 (6)抹灰前屋面防水及上一层地面最好已完成,如没完成防水及上一层地面需进行抹灰时,必须有防水措施。 (7)抹灰前应熟悉图纸、设计说明及其他设计文件,制定方案,做好样板间,经检验达到要求标准后方可正式施工。 (8)抹灰前应先搭好脚手架或准备好高马凳,架子应离开墙面20~25cm,便于操作。
5	工程要点	内墙一般抹灰的工程要点,如表8.2.3所示

一般抹灰工程要点　　　　　　　　　　　　　　　　　　　　表8.2.3

序　号	项　目	内　容
1	技术要点	(1)冬期施工现场温度最低不低于5℃。 (2)抹灰前基层处理,必须经验收合格,并填写隐蔽工程验收记录。 (3)不同材料基体交接处表面的抹灰,应采取防止开裂的加强措施,当采用加网时,加强网与各基体的搭接宽度不应小于100mm,如图8.2.1所示。

续表

序 号	项 目	内 容
2	材料要点	(1)水泥 使用前或出厂日期超过三个月必须复验,合格后方可使用。不同品种、不同强度等级的水泥不得混合使用。 (2)砂:要求颗粒坚硬,不含有机有害物质,含泥量不大于3%。 (3)石灰膏:使用时不得含有未熟化颗粒及其他杂质,质地洁白、细腻。 (4)纸筋:要求品质洁净,细腻。 (5)麻刀:要求纤维柔韧干燥,不含杂质。 (6)进入施工现场的材料应按相关标准规定要求进行检验。
3	质量要点	抹灰工程质量关键是,粘结牢固,无开裂、空鼓和脱落,施工过程应注意: (1)抹灰基体表面应彻底清理干净,对于表面光滑的基体应进行毛化处理。 (2)抹灰前应将基体充分浇水均匀润透,防止基体浇水不透造成抹灰砂浆中的水分很快被基体吸收,造成质量问题。 (3)严格各层抹灰厚度,防止一次抹灰过厚,造成干缩率增大,造成空鼓、开裂等质量问题。 (4)抹灰砂浆中使用材料应充分水化,防止影响粘结力。
4	安全要点	(1)参加施工人员应坚守岗位,严禁酒后操作,淋制石灰人员要带防护眼镜。 (2)机械操作人员必须身体健率,并经专业培训合格,持证上岗,学员不得独立操作。 (3)凡患有高血压、心脏病、贫血病、癫痫病及不适宜高空作业人员不得从事高空作业。
5	环境要点	(1)淋制石灰产生的灰渣不得随意消纳。 (2)施工用砂要集中封闭或苫盖堆放,筛砂时要避开大风天。 (3)施工污水未经处理不得随意排放

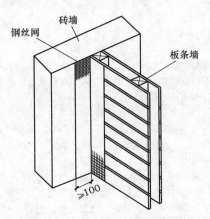

图 8.2.1 钢丝网铺钉示意图

3. 工艺流程和操作方法

(1)工程流程,如下所示。

基层清理 → 浇水湿润 → 吊垂直、套方、找规矩、抹灰饼 → 抹水泥、踢角或墙裙 → 做护角抹水泥窗台 →

墙面充筋 → 抹底灰 → 修补预留孔洞、电箱槽、盒等 → 抹罩面灰

(2)操作方法,如表8.2.4所示。

操作方法　　　　　　　　　　　　　　　　　　表 8.2.4

序号	项目	内容
1	基层清理	(1)砖砌体：应清除表面杂物，残留灰浆、舌头灰、尘土等。 (2)混凝土基体：表面凿毛或在表面洒水润湿后涂刷 1:1 水泥砂浆（加适量胶粘剂或界面剂）。 (3)加气混凝土基体：应在湿润后边涂刷界面剂，边抹强度不大于 M5 的水泥混合砂浆。
2	浇水湿润	一般在抹灰前一天，用软管或胶皮管或喷壶顺墙自上而下浇水湿润，每天宜浇两次。
3	吊垂直、套方找规矩、做灰饼	根据设计图纸要求的抹灰质量，根据基层表面平整垂直情况，用一面墙做基准，吊垂直、套方、找规矩，确定抹灰厚度，抹灰厚度不应小于 7mm。当墙面凹度较大时应分层衬平。每层厚度不大于 7～9mm。操作时应先抹上灰饼，再抹下灰饼。抹灰饼时应根据室内抹灰要求，确定灰饼的正确位置，再用靠尺板找好垂直与平整。灰饼宜用 1:3 水泥砂浆抹成 5cm 见方形状。 房间面积较大时应先在地上弹出十字中心线，然后按基层面平整度弹墙角线，随后在距墙阴角 100mm 处吊垂线并弹出铅垂线，再按地上弹出的墙角线往墙上翻引弹出阴角两面墙上的墙面抹灰层厚度控制线，以此做灰饼，然后根据灰饼充筋。
4	踢角、墙裙	根据已抹好的灰饼充筋（此筋可以冲的宽一些，8～10cm 为宜，因此筋即为抹踢脚或墙裙的依据，同时也作为墙面抹灰的依据）。底层抹 1:3 水泥砂浆，抹好后用大杠刮平，木抹搓毛，常温第二天用 1:2.5 水泥砂浆抹面层并压光，抹踢脚或墙裙厚度应符合设计要求，无设计要求时凸出墙面 5～7mm 为宜。凡凸出抹灰墙面的踢脚或墙裙上口必须保证光洁顺直，踢脚或墙面抹好将靠尺贴在大面与上口平，然后用小抹子将上口抹平压光，凸出墙面的棱角要做成钝角，不得出现毛茬和飞棱。
5	护角做法	墙、柱间的阳角应在墙、柱面抹灰前用 1:2 水泥砂浆做护角，其高度自地面以上 2m。其做法详见图 8.2.2，然后将墙柱的阳角处浇水湿润。 (1)第一步在阳角正面立上八字靠尺，靠尺突出阳角侧面，突出厚度与成活抹灰面平。然后在阳角侧面，依靠尺边抹水泥砂浆，并用铁抹子将其抹平，按护角宽度（不小于 5cm）将多余的水泥砂浆铲除。 (2)第二步待水泥砂浆稍干后，将八字靠尺移至抹好的护角面上（八字坡向外）。在阳角的正面，依靠尺边抹水泥砂浆，并用铁抹子将其抹平，按护角宽度将多余的水泥砂浆铲除。 (3)抹完后去掉八字靠尺，用素水泥浆涂刷护角尖角处，并用捋角器自上而下捋一遍，使形成钝角。
6	水泥窗台	先将窗台基层清理干净，松动的砖要重新补砌好；砖缝划深，用水润透，然后用 1:2:3 豆石混凝土铺实，厚度宜大于 2.5cm，次日刷胶粘性素水泥一遍，随后抹 1:2.5 水泥砂浆面层，待表面达到初凝后，浇水养护 2～3d，窗台板下口抹灰要平直，没有毛刺。
7	墙面充筋	当灰饼砂浆达到七八成干时，即可用与抹灰层相同砂浆充筋，充筋根数应根据房间的宽度和高度确定，一般标筋宽度为 5cm。两筋间距不大于 1.5m。当墙面高度小于 3.5m 时宜做立筋。大于 3.5m 时宜做横筋，做横向冲筋时做灰饼的间距不宜大于 2m。
8	抹底层灰	一般情况下充筋完成 2h 左右可开始抹底灰为宜，抹前应先抹一层薄灰，要求将基体抹严，抹时用力压实使砂浆挤入细小缝隙内，接着分层装挡，抹与充筋平，用木杠找平整，用木抹子搓毛。然后全面检查底子灰是否平整，阴阳角是否方直、整洁，管道后与阴角交接处、墙顶板交接处是否光滑平整、顺直，并用托线板检查墙面垂直与平整情况。散热器后边的墙面抹灰，应在散热器安装前进行，抹灰面接槎应平顺，地面踢脚板或墙裙、管道背后应及时清理干净，做到活完底清。
9	修抹孔洞槽盒	当底灰抹平后，要随即由专人把预留孔洞、配电箱、槽、盒周边 5cm 宽的石灰砂子掉，并清除干净，用大毛刷沾水沿周边刷水湿润，然后用 1:1:4 水泥混合砂浆，把洞口、箱、槽、盒周边压抹平整、光滑。
10	抹罩面灰	应在底灰六成干时开始抹罩面灰（抹时如底灰过干应浇水湿润），罩面灰两遍成活，厚度约 2mm，操作时最好两人同时配合进行，一人先刮一遍薄灰，另一人随即抹平，依先上后下的顺序进行，然后赶实压光，压时要掌握火候，既不要出现水纹，也不可压活，压好后随即用毛刷蘸水将罩面灰污染处清理干净。施工时整面墙不宜甩破活，如遇有预留施工洞时，可甩下整面墙待抹为宜

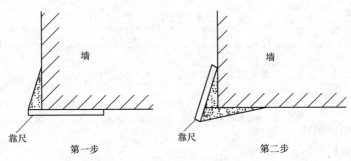

图 8.2.2 水泥护角做法示意图

4. 质量标准和检验方法

（1）质量标准

一般抹灰工程的质量标准，除应符合表 8.2.5 的规定外，还应满足建筑装饰装修工程质量验收规范（GB 50210—2001）中之 4.2 的相关要求。

质 量 标 准 表8.2.5

序　号	项　　目	内　　　容
1	主控项目	（1）抹灰前基层表面的尘土、污垢、油渍等应清除干净，并应洒水润湿。 检验要求：抹灰前基层必须经过检查验收，并填写隐蔽验收记录。 检查方法：检查施工记录。 （2）一般抹灰材料的品种和性能应符合设计要求。水泥凝结时间和安定性应合格。砂浆的配合比应符合设计要求。 检验要求：材料复验要由监理或相关单位负责见证取样，并签字认可。配制砂浆时应使用相应的量器，不得估配或采用经验配制。对配制使用的量器使用前应进行检查标识，并进行定期检查，做好记录。 检查方法：检查产品合格证书，进场验收记录，复验报告和施工记录。 （3）抹灰层与基层之间的各抹灰层之间必须粘结牢固，抹灰层无脱层、空鼓，面层应无爆灰和裂缝。 检验要求：操作时严格按规范和工艺标准操作。 检查方法：观察，用小锤轻击检查，检查施工记录。
2	一般项目	（1）一般抹灰工程的表面质量应符合下列规定： 1）普通抹灰表面应光滑、洁净、接槎平整，分格缝应清晰； 2）高级抹灰表面应光滑、洁净、颜色均匀、无抹纹，分格缝和灰线应清晰美观。 检验要求：抹灰等级应符合设计要求。 检查方法：观察，手摸检查。 （2）护角、孔洞、槽、盒周围的抹灰应整齐、光滑，管道后面抹灰表面平整。 检验要求：组织专人负责孔洞、槽、盒周围、管道背后抹灰工作，抹完后应由质检部门检验，并填写工程验收记录。 检查方法：观察。 （3）抹灰总厚度应符合设计要求，水泥砂浆不得抹在石灰砂浆上，罩面石膏灰不得抹在水泥砂浆层上。 检验要求：施工时要严格按施工工艺要求操作。 检查方法：检查施工记录。 （4）一般抹灰工程质量的允许偏差和检验方法应符合《建筑装饰装修工程质量验收规范》（GB 50210—2001）的规定。

（2）质量记录

一般抹灰工程应具备的质量记录，如表 8.2.6 所示。

质量记录 表8.2.6

序 号	内 容
1	抹灰工程设计施工图、设计说明及其他设计文件。
2	材料的产品合格证书、性能检测报告、进场验收记录。进场材料复验记录。
3	工序交接检验记录。
4	隐蔽工程验收记录。
5	工程检验批检验记录。
6	分项工程检验记录。
7	单位工程检验记录。
8	质量检验评定记录。
9	施工记录

5. 成品保护

一般抹灰工程的成品保护，如表8.2.7所示。

成品保护 表8.2.7

序 号	内 容
1	抹灰前必须将门、窗口与墙间的缝隙按工艺要求将其嵌塞密实,对木制门、窗口应采用铁皮、木板或木架进行保护,对塑钢或金属门、窗口应采用贴膜保护。
2	抹灰完成后应对墙面及门、窗口加以清洁保护,门、窗口原有保护层如有损坏的应及时修补确保完整直至竣工交验。
3	在施工过程中,搬运材料、机具以及使用小手推车时,要特别小心,防止碰、撞、磕划墙面、门、窗口等。后期施工操作人员严禁蹬踩门、窗口、窗台,以防损坏棱角。
4	抹灰时墙上的预埋件、线槽、盒、通风箅子、预留孔洞应采取保护措施,防止施工时灰浆漏入或堵塞。
5	拆除脚手架、跳板、高马凳时要加倍小心,轻拿轻放,集中堆放整齐,以免撞坏门、窗口墙面或棱角等。
6	当抹灰层未充分凝结硬化前,防止快干、水冲、撞击、振动和挤压,以保证灰层不受损伤和有足够的强度。
7	施工时不得在楼地面上和休息平台上拌合灰浆,对休息平台、地面和楼梯踏步要采取保护措施,以免搬运材料或运输过程中造成损坏

6. 安全环保措施

一般抹灰工程的安全环保措施，如表8.2.8所示。

安全环保措施 表8.2.8

序 号	项 目	内 容
1	安全措施	(1)室内抹灰采用高凳上铺脚手板时,宽度不得少于两块(50cm)脚手板,间距不得大于2m,移动高凳时上面不得站人,作业人员最多不得超过2人。高度超过2m时,应由架子工搭设脚手架。 (2)室内施工使用手推车时,拐弯时不得猛拐。 (3)作业过程中遇有脚手架与建筑物之间拉接,未经领导同意,严禁拆除。必要时由架子工负责采取加固措施后,方可拆除。 (4)采用井字架、龙门架、外用电梯垂直运输材料时,卸料平台通道的两侧边安全防护必须齐全、牢固,吊盘(笼)内小推车必须加挡车掩,不得向井内探头张望。 (5)脚手板不得搭设在门窗、暖气片、洗脸池等承重的物器上。 (6)夜间或阴暗作业,应用36V以下安全电压照明。

续表

序 号	项 目	内　容
2	环保措施	(1)使用现场搅拌站时,应设置施工污水处理设施。施工污水未经处理不得随意排放,需要向施工区外排放时必须经相关部门批准方可排放。 (2)施工垃圾要集中堆放,严禁将垃圾随意堆放或抛撒;施工垃圾应由合格消纳单位组织消纳,严禁随意消纳。 (3)大风天严禁筛制砂料、石灰等材料。 (4)砂子、石灰、散装水泥要封闭或苫盖集中存放,不得露天存放。 (5)清理现场时,严禁将垃圾杂物从窗口、洞口、阳台等处采用抛撒运输方式,以防造成粉尘污染。 (6)施工现场应设立合格的卫生环保设施,严禁随处大小便。 (7)施工现场使用或维修机械时,应有防滴漏油措施,严禁将机油滴漏于地表,造成土壤污染。清修机械时,废弃的棉丝(布)等应集中回收,严禁随意丢弃或燃烧处理

8.2.1.2　室外水泥砂浆抹灰工程
1. 适用范围和基本规定
室外水泥砂浆抹灰工程的适用范围和基本规定,如表8.2.9所示。

适用范围和基本规定　　　　　　　　　　　　　表8.2.9

序 号	项 目	内　容
1	适用范围	本施工工艺标准适用于工业和民用建筑物的外墙抹水泥砂浆工程。
2	基本规定	(1)设计 1)抹灰工程应有施工图、设计说明及其他设计文件。 2)相关各单位专业之间应进行交接验收并形成记录。 (2)材料 1)所有材料进场时应对品种、规格、外观和数量进行验收。材料包装应完好,应有产品合格证书。 2)进场后需要进行复验的材料应符合国家规范规定。 3)现场配制的砂浆、胶粘剂等,应按设计要求或产品说明书配制。 4)不同品种、不同强度等级的水泥不得混合使用。 (3)施工 1)在施工中严禁违反设计文件擅自改动建筑主体、承重结构或主要使用功能,严禁未经设计确认和有关部门批准擅自拆改水、暖、电、燃气、通讯等配套设施。 2)各工序应按施工技术标准进行质量控制,每道工序完成后,应进行"工序交接"检验。 3)相关各专业工种之间,应进行交接检验,并形成记录,未经监理工程师或建设单位技术负责人检查认可,不得进行下道工序施工。 4)施工过程质量管理应有相应的施工技术标准和质量管理体系,加强过程质量控制管理。 5)施工完成验收前应将施工现场清理干净。 6)施工单位应遵守有关环境保护的法律法规,并应采取有效措施控制施工现场的各种粉尘、废弃物、噪声、振动等对周围环境造成的污染和危害。 (4)质量 1)普通抹灰:表面光滑、洁净、接槎平整,分格线应清晰。 2)高级抹灰:表面光滑、颜色均匀,无抹痕、线角及灰线平直方正、分格线清晰美观

2. 施工准备和工程要点
室外水泥砂浆抹灰工程的施工准备和工程要点,如表8.2.10所示。

施工准备和工程要点 表 8.2.10

序号	项目	内容
1	技术准备	(1)抹灰工程的施工图、设计说明及其他设计文件完成。 (2)材料的产品合格证书、性能检测报告、进场验收记录和复验报告完成。 (3)施工组织设计(方案)已完成,经审核批准并已完成交底工程。 (4)施工技术交底(作业指导书)已完成。
2	材料准备	(1)水泥 宜采用普通水泥或硅酸盐水泥,彩色抹灰宜采用白色硅酸盐水泥。水泥强度等级宜采用 32.5 级以上颜色一致、同一批号、同一品种、同一强度等级、同一生产厂家的产品。水泥进厂需对产品名称、代号、净含量、强度等级、生产许可证编号、生产地址、出厂编号、执行标准、日期等进行外观检查,同时验收合格证。 (2)砂 宜采用平均粒径 0.35~0.5mm 的中砂,在使用前应根据使用要求过筛,筛好后保持洁净。 (3)磨细石灰粉 其细度过 0.125mm 的方孔筛,累计筛余量不大于 13%,使用前用水浸泡使其充分熟化,熟化时间最少不小于 3d。 浸泡方法:提前备好大容器,均匀地往容器中撒一层生石灰粉,浇一层水,然后再撒一层,再浇一层水,依次进行,当达到容器的 2/3 时,将容器内放满水,使之熟化。 (4)石灰膏 用块状生石灰淋制时,用筛网过滤,贮存在沉淀池中,使其充分熟化。使用时石灰膏内不得含有未熟化的颗粒和其他杂质。在沉淀池中的石灰膏要加以保护,防止其干燥、冻结和污染。 (5)掺加材料 当使用胶粘剂或外加剂时,必须符合设计及国家规范要求。
3	机具准备	(1)砂浆搅拌机:可根据现场使用情况选择强制式或小型鼓筒混凝土搅拌机等。 (2)手推车:室内抹灰时采用窄式卧斗或翻斗式,室外可根据使用情况选择窄式或普通式斗车。手推车宜采用胶轮或充气胶胎轮,不宜采用硬质胎轮。 (3)施工工具:铁锹、筛子、水桶(大小)、灰槽、灰勺、刮杠(大 2.5m,中 1.5m)、靠尺板、线坠、钢卷尺(标、验 *)、方尺(标、验 *)、托灰板、铁抹子、木抹子、塑料抹子、八字靠尺、方口尺(标、验 *)、阴阳角抹子、长舌铁抹子、金属水平尺(标、验 *)、抭角器、软水管、长毛刷、鸡腿刷、钢丝刷、笤帚、喷壶、小线、钻子(尖、扁)、粉线袋、铁锤、钳子、钉子、托线板等。 * 标:指检验合格后进行的标识。验:指量具在使用前应进行检验合格。
4	作业条件	(1)主体结构必须经过相关单位(建设单位、施工单位、质量监理、设计单位)检验合格并已验收。 (2)抹灰前应检查门窗框安装位置是否正确,需埋设的接线盒、电箱、管线、管道套管是否固定牢固。连接处缝隙应用 1:3 水泥砂浆或 1:1:6 水泥混合砂浆分层嵌塞密实,若缝隙较大时,应在砂浆中掺少量麻刀嵌塞,将其填塞密实。 (3)将混凝土过梁、梁垫、圈梁、混凝土柱、梁等表面凸出部分剔平,将蜂窝、麻面、露筋、疏松部分剔到实处,用胶粘性素水泥浆或界面剂涂刷表面。然后用 1:3 的水泥砂浆分层抹平。脚手眼和废弃的孔洞应堵严,窗台砖补齐,墙与楼板、梁底等交接处应用斜砖砌严补齐。 (4)配电箱、消火栓等背后裸露部分应加钉铅丝网固定好,可涂刷一层界面剂,铅丝网与最小边搭接尺寸不应小于 10cm。 (5)对抹灰基层表面的油渍、灰尘、污垢等清除干净。 (6)抹灰的屋面防水最好是提前完成,如没完成防水及上一层地面需进行抹灰时,必须有防水措施。 (7)抹灰前应熟悉图纸、设计说明及其他文件,制定方案,做好样板间,经检验达到要求标准后方可正式施工。 (8)外墙抹灰施工要提前按安全操作规范搭好外加子。架子离墙 20cm~25cm 以利于操作。为保证减少抹灰接槎,使抹灰面平整,外架宜铺设三步板,以满足施工要求。为保证抹灰不出现接缝和色差,严禁使用单排架子,同时不得在墙面上预留临时孔洞等。 (9)抹灰开始前应对建筑整体进行表面垂直、平整度检查,在建筑物的大角两面、阳台、窗台、镶脸等两侧吊垂直弹出抹灰层控制线,以作为抹灰的依据。
5	工程要点	室外水泥砂浆抹灰工程的工程要点,如表 8.2.11 所示

室外水泥砂浆抹灰工程的工程要点 表 8.2.11

序号	项目	内容
1	技术要点	(1)冬期施工温度最低不低于5℃。 (2)抹灰前基层处理,必须经验收合格,并填写隐蔽工程验收记录。 (3)不同材料基体交接处表面的抹灰,应采取防止开裂的加强措施,当采用加网时,加强网与各基体的搭接宽度不应小于100mm(做法同图8.2.1做法)。 (4)当施工砂浆采用外加剂时,应符合设计或相关标准规范的要求。
2	材料要点	(1)水泥:使用前或出厂日期超过三个月必须复验,合格后方可使用。不同品种、不同强度等级的水泥不得混合使用。 (2)砂:颗粒坚硬,不含有机有害物质,含泥量不大于3%。 (3)石灰膏:质地洁白、细腻,不含未熟化颗粒及其他杂质。 (4)胶粘剂:应符合环保要求。 (5)进入现场的材料应按相关标准规定要求进行检验。
3	质量要点	(1)注意防止出现空鼓、开裂、脱落。 1)基体表面要认真清理干净,浇水湿润。 2)基体表面光滑的要进行毛化处理。 3)准确控制各抹灰层的厚度,防止一次抹灰过厚。 4)大面积抹灰应分格,防止砂浆收缩,造成开裂。 5)加强养护。 (2)注意防止阳台、雨罩、窗台等抹灰面水平和垂直方向出现不一致。 1)抹灰前拉通线,吊垂直线检查调整,确定抹灰层厚度。 2)抹灰时在阳台、雨罩、窗台、柱垛等处水平和垂直方向拉通线找平、找正套方。 (3)注意防止抹灰面不平整,阴阳角不方正、不垂直。 1)抹灰前应认真对整个抹灰部位进行测量,确定抹灰总厚度,对坑凹不平的应分层补平。 2)抹阴阳角时要充筋,并使用专用工具操作以控制其方正。
4	安全要点	(1)参加施工人员应坚守岗位,严禁酒后操作、淋制石灰人员要带防护眼镜。 (2)机械操作人员必须身体健康,并经专业培训合格,持证上岗,学员不得独立操作。 (3)凡患有高血压、心脏病、贫血病、癫痫病及不适宜高空作业人员不得从事高空作业。
5	环保要点	(1)淋制石灰产生的灰渣不得随意消纳。 (2)施工用砂要集中堆放并采取苫盖措施,筛砂时要避开大风天。 (3)施工污水未经处理不得随意排放

3. 工艺流程和操作方法

(1) 工艺流程,如下所示。

墙面基层清理、浇水湿润 → 堵门窗口缝及脚手眼、孔洞 → 吊垂直、套方、找规矩、抹灰饼、充筋 →

抹底层灰、中层灰 → 弹线分格、嵌分格条 → 抹面层灰、起分格条 → 抹滴水线 → 养护

(2) 操作方法,如表8.2.12所示。

操作方法 表 8.2.12

序号	项目	内容
1	基层清理	(1)砖墙基层处理 　将墙面上残存的砂浆、舌头灰剔除干净,污垢、灰尘等清理干净,用清水冲洗墙面,将砖缝中的浮砂、尘土冲掉,并将墙面均匀湿润。 (2)混凝土墙基层处理: 　因混凝土墙面在结构施工时大都使用脱膜隔离剂,表面比较光滑,故应将其表面进行处理,其方法:采用脱污剂将墙面的油污脱除干净,晾干后采用机械喷涂或笤帚涂刷一层薄的胶粘性水泥浆或涂刷一层混凝土界面剂,使其凝固在光滑的基层上,以增加抹灰层与基层的附着力,不出现空鼓开裂。再一种方法可采用将共表面用尖钻子均匀剔成麻面,使其表面粗糙不平,然后浇水湿润。

续表

序 号	项 目	内 容
1	基层清理	(3)加气混凝土墙基层处理: 　　加气混凝土砌体其本身强度较低,孔隙率较大,在抹灰前应对松动及灰浆不饱满的拼缝或梁、板下的顶头缝,用砂浆填塞密实。将墙面凸出部分和舌头灰剔凿平整,并将缺棱掉角、坑凹不平和设备管线槽、洞等同时用砂浆整修密实、平顺。用托线板检查墙面垂直偏差及平整度,根据要求将墙面抹灰基层处理到位,然后喷水湿润。
2	堵门窗口缝及脚手眼、孔洞等	堵缝工作要作为一道工序安排专人负责,门窗框安装位置准确牢固,用1:3水泥砂浆将缝隙堵塞严。堵脚手眼和废弃的孔洞时,应将洞内杂物、灰尘等物清理干净,浇水湿润,然后用砖将其补齐砌严。
3	吊垂直、套方找规矩、灰饼	根据建筑高度确定放线方法,高层建筑可利用墙大角、门窗口两边,用经纬仪打直线找垂直。多层建筑时,可从顶层用大线坠吊垂直,细铁丝找规矩,横向水平线可依据楼层标高或施工+50cm线为水平基准线进行交圈控制,然后按抹灰操作层抹灰饼,做灰饼时应注意横竖交圈,以便操作。每层抹灰时则以灰饼做基准充筋,使其保证横平竖直。
4	底层灰中层灰	根据不同的基体,抹底层灰前可刷一道胶粘性水泥浆,然后抹1:3水泥砂浆(加气混凝土墙应抹1:1:6混合砂浆),每层厚度控制在5～7mm为宜。分层抹灰抹与充筋平时用木杠刮平找直,木抹搓毛,每层抹灰不宜跟的太紧,以防收缩影响质量。
5	弹线分格嵌分格条	根据图纸要求弹线分格、粘分格条。分格条宜采用红松制作,粘前应用水充分浸透。粘时在条两侧用素水泥浆抹成45°八字坡形。粘分格条时注意竖向应粘在所弹立线的同一侧,防止左右乱粘,出现分格不均匀。条粘好后待底层灰七八成干后可抹面层灰。
6	抹面层灰起分格条	待底灰呈七八成干时开始抹面层灰,将底灰墙面浇水均匀湿润,先刮一层薄薄的素水泥浆,随即抹罩面灰与分格条平,并用木杠横竖刮平,木抹子搓毛,铁抹子溜光、压实。 　　待其表面无明水时,用软毛刷蘸水垂直于地面向同一方向轻刷一遍,以保证面层灰颜色一致,避免出现收缩裂缝,随后将分格条起出,待灰层干后,用素水泥膏将缝勾好。 　　难起的分格条不要硬起,防止棱角损坏,待灰层干透后补起,并补勾缝。
7	抹滴水线	在抹檐口、窗台、窗眉、阳台、雨篷、压顶和突出墙面的腰线以及装饰凸线时,应将其上面作成向外的流水坡度,严禁出现倒坡。下面做滴水线(槽)。窗台上面的抹灰层应深入窗框下坎裁口内,堵塞密实,流水坡度及滴水线(槽)距外表面不小于4cm,滴水线深度和宽度一般不小于10mm,并保证其流水坡度方向正确,做法见图8.2.3。 　　抹滴水线(槽)应先抹立面,后抹顶面,再抹底面。分格条在底面灰层抹好后即可拆除。采用"隔夜"拆条法时,需待抹灰砂浆达到适当强度后方可拆除。
8	养护	水泥砂浆抹灰常温24h后应喷水养护。冬期施工要有保温措施

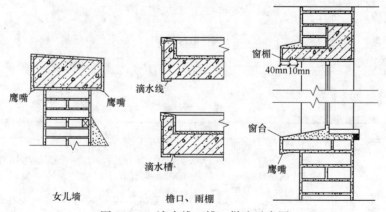

图 8.2.3 滴水线(槽)做法示意图

4. 质量标准和检验方法

（1）质量标准

室外水泥砂浆抹灰工程的质量标准，除应符合表 8.2.13 的规定外，还应符合《建筑装饰装修工程质量验收规范》(GB 50210—2001) 中之 4.2 的有关要求。

质量标准 表 8.2.13

序 号	项 目	内 容
1	主控项目	(1) 抹灰前基层表面的尘土、污垢、油渍等应清除干净，并应洒水润湿。 检验要求：抹灰前基层必须经过检查验收，并填写隐蔽工程验收记录。 检查方法：检查施工记录。 (2) 一般抹灰材料的品种和性能应符合设计要求。水泥凝结时间和安定性应合格。砂浆的配合比应符合设计要求。 检验要求：材料复验要由监理或相关单位负责见证取样，并签字认可。配制砂浆时应使用相应的量器，不得估配或采用经验配制法配制。对配制使用的量器使用前应进行检查标识，并进行定期检查，做好记录。 检查方法：检查产品合格证书，进场验收记录，复验报告和施工记录。 (3) 抹灰层与基层之间的各抹灰层之间必须粘结牢固，抹灰层无脱层、空鼓，面层应无爆灰和裂缝。 检验要求：操作时严格按规范和工艺标准操作。 检查方法：观察，用小锤轻击检查，检查施工记录。
2	一般项目	(1) 一般抹灰工程的表面质量应符合下列规定。 1) 普通抹灰表面应光滑、洁净，接槎平整，分格缝应清晰。 2) 高级抹灰表面应光滑、洁净，颜色均匀、无抹纹，分格缝和灰线应清晰美观。 检验要求：抹灰等级应符合设计要求。 检查方法：观察，手摸检查。 (2) 抹灰总厚度应符合设计要求，水泥砂浆不得抹在石灰砂浆上，罩面石膏灰不得抹在水泥砂浆层上。 检验要求：施工时要严格按设计要求或施工规范标准执行。 检查方法：检查施工记录。 (3) 抹灰分格缝的设置应符合设计要求，宽度和深度应均匀，表面光滑，棱角应整齐。 检验要求：面层灰完成后，随将分格条起出，然后用水泥膏勾缝，当时难起出的分格条，待灰层干透再起，并补勾格缝；分格条使用前应充分用水泡透。 (4) 有排水要求的部位应做滴水线(槽)。滴水线(槽)应整齐顺直，滴水线应内高外低，滴水槽的宽度和深度，均不应小于 10mm，滴水槽应用红松制作，使用前应用水充分泡透。 检查方法：观察，尺量检查。 (5) 一般抹灰工程质量的允许偏差和检验方法应符合《建筑装饰装修工程质量验收规范》(GB 50210—2001) 的规定

(2) 质量记录

室外水泥砂浆抹灰工程的质量记录，如表 8.2.14 所示。

质量记录 表 8.2.14

序 号	内 容
1	抹灰工程设计施工图、设计说明及其他设计文件。
2	材料的产品合格证书、性能检测报告，进场验收记录，进厂材料复验记录。
3	工序交接检验记录。
4	隐蔽工程验收记录。
5	工程检验批检验记录。
6	分项工程检验记录。
7	单位工程检验记录。
8	质量检验评定记录。
9	施工记录。
10	施工现场管理检查记录

5. 成品保护

室外水泥砂浆抹灰工程成品保护，如表 8.2.15 所示。

成品保护 表 8.2.15

序号	内容
1	对已完成的抹灰工程应采取隔离、封闭或看护等措施加以保护。
2	抹灰前应将木制门、窗口用铁皮、木板或木架进行保护，塑钢或金属门、窗口用贴膜或胶带贴严加以保护。抹完灰后要对已完工的墙面及门窗口加以清洁保护，如门窗口原保护层面有损坏的要及时修补确保完整直至竣工交验。
3	在施工过程中，搬运材料、机具以及使用手推车时，要特别小心，防止碰、撞、磕划墙面、门、窗口等。后期施工操作人员严禁蹬踩门、窗口、窗台，以防损坏棱角。
4	抹灰时对预埋件、线槽、盒、通风篦子、预留孔洞应采取保护措施，防止施工时灰浆漏入堵塞。
5	拆除脚手架、跳板、高马凳时要加倍小心，轻拿轻放，集中堆放整齐，以免撞坏门、窗口、墙面或棱角等。
6	当抹灰层未充分凝结硬化前，防止快干、水冲、撞击、振动和挤压，以保证灰层不受损伤和有足够的强度。
7	施工时不得在楼地面上和休息平台上拌合灰浆，对休息平台、地面和楼梯踏步要采取保护措施，以免搬运材料或运输过程中造成损坏。
8	根据温度情况，加强养护。

6. 安全环保措施

室外水泥砂浆抹灰工程安全环保措施，如表 8.2.16 所示。

安全、环保措施 表 8.2.16

序号	项目	内容
1	安全措施	(1)搭设抹灰用高大架子必须有设计和施工方案，参加搭架子的人员，必须经培训合格，持证上岗。 (2)遇有恶劣气候(如风力在六级以上)，影响安全施工时，禁止高空作业。 (3)高空作业衣着要轻便，禁止穿硬底鞋和带钉易滑鞋上班。 (4)施工现场的脚手架、防护设施、安全标志和警告牌，不得擅自拆动，需拆动应经施工负责人同意，并由专业人员加固后拆动。 (5)乘人的外用电梯、吊笼应有可靠的安全装置，禁止人员随同运料吊篮、吊盘上下。 (6)对安全帽、安全网、安全带定期检查，不符合要求的严禁使用。 (7)高大架子必须经相关安全部门检验合格后方可开始使用。
2	环保措施	(1)使用现场搅拌站时，应设置施工污水处理设施。施工污水未经处理不得随意排放，需要向施工区外排放时必须经相关部门批准方可外排。 (2)施工垃圾要集中堆放，严禁将垃圾随意堆放或抛撒。施工垃圾应由合格消纳单位组织消纳，严禁随意消纳。 (3)大风天严禁筛制砂料、石灰等材料。 (4)砂子、石灰、散装水泥要封闭或苫盖集中存放，不得露天存放。 (5)清理现场时，严禁将垃圾杂物从窗口、洞口、阳台等处采取抛撒运输方式，以防止造成粉尘污染。 (6)施工现场应设立合格的卫生环保设施，严禁随处大小便。 (7)施工现场使用或维修机械时，应有防滴漏油措施，严禁将机油滴漏于地表，造成土壤污染。清修机械时，废弃的棉丝(布)等应集中回收，严禁随意丢弃或燃烧处理。

8.2.1.3 水刷石抹灰工程

1. 适用范围和基本规定

水刷石抹灰工程施工的适用范围和基本规定，如表 8.2.17 所示。

适用范围和基本规定 表 8.2.17

序 号	项 目	内 容
1	适用范围	本施工工艺标准适用于建筑外墙面抹水刷石工程。
2	基本规定	(1)不同品种、不同强度等级的水泥不得混合使用。 (2)材料使用必须符合国家现行标准的规定,严禁使用国家明令淘汰的材料。 (3)底层的抹灰层强度不得低于面层的抹灰强度。 (4)水泥砂浆拌好后应在初凝前用完(一般不超过 2h)凡结硬砂浆不得继续使用。 (5)各工序应按施工技术标准进行质量控制,每道工序完成后,应进行"工序交接"检验。 (6)相关各专业工种之间,应进行交接检验,并形成记录,未经监理工程师或建设单位技术负责人检查认可,不得进行下道工序施工。 (7)施工过程质量管理应有相应的施工技术标准和质量管理体系,加强工程质量控制管理。 (8)施工单位应遵守有关环境保护的法律法规,并应采取有效措施控制施工现场的各种粉尘、废弃物、噪声、振动等对周围环境造成的污染和危害。 (9)质量目标 1)抹灰层不得出现空鼓、开裂现象。 2)阴阳角要垂直方正,不得出现黑边现象

2. 施工准备和工程要点

水刷石抹灰工程施工准备和工程要点,如表 8.2.18 所示。

施工准备和工程要点 表 8.2.18

序 号	项 目	内 容
1	技术准备	(1)设计施工图、设计说明及其他设计文件已完成。 (2)施工方案已完成,并通过审核、批准。 (3)施工设计交底、施工技术交底(作业指导书)已签订完成。
2	材料准备	(1)水泥 宜采用普通硅酸盐水泥或硅酸盐水泥,也可采用普通矿渣水泥、火山灰水泥、粉煤灰水泥及复合水泥,彩色抹灰宜采用白色硅酸盐水泥。水泥强度等级宜采用 32.5 级颜色一致、同一批号、同一品种、同一强度等级、同一厂家生产的产品。 水泥进厂需对产品名称、代号、净含量、强度等级、生产许可证编号、生产地址、出厂编号、执行标准、日期等进行外观检查,同时验收合格证。 (2)砂子 宜采用粒径 0.35~0.5mm 的中砂。要求颗粒坚硬,洁净,含泥量小于 3%,使用前应过筛,除去杂质和泥块等。 (3)石渣 要求颗粒坚实、整齐、均匀、颜色一致,不含黏土及有机、有害物质。所使用的石渣规格、级配应符合规范和设计要求。一般中八厘为 6mm,小八厘为 4mm,使用前应用清水洗净,按不同规格、颜色分堆晾干后,用苫布苫盖或装袋堆放,施工采用彩色石渣时,要求采用同一品种,同一产地的产品,宜一次进货备足。 (4)小豆石 用小豆石,做水刷石墙面材料时,其粒径 5mm~8mm 为宜。其含泥量不大于 1%,粒径要求坚硬、均匀。使用前宜过筛,筛去粉末,清除僵块,用清水洗净,晾干备用。 (5)石灰膏 宜采用熟化后的石灰膏。 (6)石灰粉 使用前要将其焖透熟化,时间应不少于 7d,使其充分熟化,使用时不得含有未熟化的颗粒和杂质。

续表

序号	项目	内容
2	材料准备	(7)颜料 应采用耐碱性和耐光性较好的矿物质颜料,使用时应采用同一配比与水泥干拌均匀,装袋备用。 (8)胶黏剂 应符合国家规范标准要求,掺加量应通过试验。
3	机具准备	(1)砂浆搅拌机:可根据现场情况选用适应的机型。 (2)手推车:室内抹灰时宜采用窄式卧斗或翻斗式,室外可根据使用情况选择窄式或普通式。无论采用哪种形式其车轮宜采用胶胎轮或充气胶胎轮,不宜采用硬质胎轮。 (3)主要工具:水压泵(可根据施工情况确定数量)、喷雾器、喷雾器软胶管(根据喷嘴大小确定口径)、铁锹、筛子、木杠(大小)、钢卷尺(标、验*)、线坠、划线笔、方口尺(标、验*)、水平尺(标、验*)、水桶(大小)、小压子、铁溜子、钢丝刷、托线板、粉线袋、钳子、钻子(尖、扁)、笤帚、木抹子、软(硬)毛刷、灰勺、铁板、铁抹子、托灰板、灰槽、小线、钉子、胶鞋等。 *标:指检验合格后进行的标识。验:指量具在使用前应进行检验合格。
4	作业条件	(1)抹灰工程的施工图、设计说明及其他设计文件已完成。 (2)主体结构应经过相关单位(建筑单位、施工单位、监理单位、设计单位)检验合格。 (3)抹灰前按施工要求搭好双排外架子或桥式架子,如果采用吊篮架子时必须满足安装要求,架子距墙面20~25cm,以保证操作,墙面不应留有临时孔洞,架子必须经安全部门验收合格后方可开始抹灰。 (4)抹灰前应正确检查门窗框安装位置是否正确固定牢固,并用1:3水泥砂浆将门窗缝堵塞严密,对抹灰墙面预留孔洞、预埋穿管等已处理完毕。 (5)将混凝土过梁、梁垫、圈梁、混凝土柱、梁等表面凸出部分剔平,将蜂窝、麻面、露筋、疏松部分剔到实处,然后用1:3的水泥砂浆分层抹平。 (6)抹灰基层表面的油渍、灰尘、污垢等应清除干净,墙面提前浇水均匀湿透。 (7)抹灰前应先熟悉图纸、设计说明及其他文件,制定方案要求,做好技术交底,确定配合比和施工工艺,责成专人统一配料,并把好配合比关。按要求做好施工样板,经相关部门检验合格后,方可大面积施工。
5	工程要点	水刷石抹灰工程要点,如表8.2.19所示

水刷石抹灰工程要点   表8.2.19

序号	项目	内容
1	技术要点	(1)分格要符合设计要求,粘条时要顺序粘在分格线的同一侧。 (2)抹灰前要对基体进行处理检查,并做好隐蔽工程验收记录。 (3)配置砂浆时,材料配比应用计量器具,不得采用估量法。 (4)喷刷水刷石面层时,要正确掌握喷水时间和喷头角度。
2	材料要点	(1)水泥:使用前或出厂日期超过三个月必须复验,合格后方可使用。不同品种、不同强度等级的水泥不得混合使用。 (2)所使用胶黏剂必须符合环保产品要求。 (3)颜料:应选用耐碱、耐光的矿物性颜料。 (4)砂:要求颗粒坚硬,洁净,含泥量不大于3%。 (5)进入施工现场的材料应按相关标准规定要求进行检验。
3	质量要点	(1)注意防止水刷石墙面出现石子不均匀或脱落,表面混蚀不清晰。 1)石渣使用前应冲洗干净。 2)分格条应在分格线同一侧贴牢。 3)掌握好水刷石冲洗时间,不宜过早或过迟,喷洗要均匀,冲洗不宜过快或过慢。 4)掌握喷刷石子深度,一般使石粒露出表面1/3为宜。

续表

序 号	项 目	内　　容
3	质量要点	(2)注意防止水刷石面层出现空鼓、裂缝。 1)待底层灰至六、七成干时再开始抹面层石渣灰,抹前如底层灰干燥应浇水均匀润湿。 2)抹面层石渣灰前应满刮一道胶黏剂素水泥浆,注意不要有漏刮处。 3)抹好石渣灰后应轻轻拍压使其密实。 (3)注意防止阴阳角不垂直,出现黑边。 1)抹阳角时,要使石渣灰浆接茬正交在阳角的尖角处。 2)阳角卡靠尺时,要比上段已抹完的阳角高出1~2mm。 3)喷洗阳角时要骑角喷洗,并注意喷水角度,同时喷水速度要均匀。 4)抹阳角时先弹好垂直线,然后根据弹线确定的厚度为依据抹阳角石渣灰。同时掌握喷洗时间和喷水角度,特别注意喷刷深度。 (4)注意防止水刷石与散水、腰线等接触部位出现烂根。 1)应将接触的平面基层表面浮灰及杂物清理干净。 2)抹根部石渣灰浆时注意认真抹压密实。 (5)注意防止水刷石墙面留茬混乱,影响整体效果。 1)水刷石槎子应留在分格条缝或水落管后边或独立装饰部分的边缘。 2)不得将槎子留在分格块中间部位。
4	安全要点	(1)抹灰时参加高空作业的人员要检查身体,凡患有高血压、心脏病、贫血病、癫痫病及不适宜高空作业的严禁从事高空作业。 (2)抹灰参加高空作业人员衣着要轻便,禁止穿硬底鞋和带钉的易滑鞋。 (3)施工操作人员要熟知抹灰工安全技术操作规程,严禁酒后操作。 (4)机械操作人员应经过专业培训合格,持证上岗,女同志操作机械时不得外露长发,学员不得独立操作。
5	环保要点	(1)施工现场应设置围档式垃圾集中堆放场所,并有明显标识。 (2)施工垃圾不得随意消纳,垃圾消纳必须符合国家、地方环境保护及相关的规定。 (3)施工产生的废水不得直接排放,需要排放时应经防污处理合格后,经环保部门同意后排放。 (4)施工机械不得有滴漏现象,维修时要采取接油漏措施,禁止油污直接滴漏在地表,造成大地土壤污染。 (5)大风天不得从事筛砂、筛灰工作。现场存放的灰、砂等散装材料要进行苫盖

3. 工艺流程和操作方法

(1) 工程流程,如下所示。

堵门窗口缝 → 基层处理 → 浇水湿润墙面 → 吊垂直、套方、找规矩 → 抹灰饼、充筋 → 分层抹底层砂浆 → 分格弹线、粘分格条 → 做滴水线条 → 抹面层石渣浆 → 修整、赶实压光、喷刷 → 起分可条、勾缝 → 养护

(2) 操作方法,如表8.2.20所示。

操 作 方 法　　　　　　　　表 8.2.20

序 号	项 目	内　　容
1	堵门窗口	抹灰前检查门窗口位置是否符合设计要求,安装牢固,四周缝按设计及规范要求已堵塞完成,然后用1:3水泥砂浆塞实抹严。
2	基层清理	(1)混凝土墙基层处理: 凿毛处理:用钢钻子将混凝土墙面均匀凿出麻点,并将板面酥松部分剔除干净,用钢丝刷将粉尘刷掉,用清水冲洗干净,然后浇水湿润。清洗处理:用10%的火碱水将混凝土表面油污及污垢清刷除净,然后用清水冲洗晾干,采用涂刷素水泥浆或混凝土界面剂等处理方法均可。如采用混凝土界面剂施工时,应按所使用产品要求使用。 (2)砖墙基层处理 抹灰前需将基层上的尘土、污垢、灰尘、残留砂浆、舌头灰等清除干净。

序 号	项 目	内 容
3	浇水湿润	基层处理完后,要认真浇水湿润,浇水时应将墙面清扫干净,浇透浇均匀。
4	找规矩做灰饼	根据建筑高度确定放线方法,高层建筑可利用墙大角、门窗口两边,用经纬仪打直线找垂直。多层建筑时,可从顶层用大线坠吊垂直,绷铁丝找规矩,横向水平线可依据楼层标高或施工+50cm线为水平基准线交圈控制,然后按抹灰操作层抹灰,做灰饼时应注意横竖交圈,以便操作。每层抹灰时则以灰饼做基准充筋,使其保护横平竖直。
5	抹底层砂浆	(1)混凝土墙:先刷一道胶黏性素水泥浆,然后用1:3水泥砂浆分层装档抹与筋平,然后用木杠刮平,木抹子搓毛或花纹。 (2)砖墙:抹1:3水泥砂浆,在常温时可用1:0.5:4混合砂浆打底,抹灰时以充筋为准,控制抹灰层厚度,分层分遍装档与充筋抹平,用木杠刮平,然后木杠子搓毛或花纹。底层灰完成24h后应浇水养护。抹头遍灰时,应用力将砂浆挤入砖缝内使其粘结牢固。
6	单线分格粘条	根据图纸要求弹分格、粘分格条、分格条宜采用红松制作,粘前应用水充分浸透,粘时在条两侧用素水泥浆抹成45°八字坡形,粘分格条时注意竖线应粘在所弹立线的同一侧,防止左右乱粘,出现分格不均匀,条粘好后待底层灰呈七八成干后可抹面层灰。
7	做滴水线	在抹檐口、窗台、窗眉、阳台、雨篷、压顶和突出墙面的腰线以及装饰凸线等时,应将其上面作成向外的流水坡度,严禁出现倒坡。下面做滴水线(槽)。窗台上面的抹灰层应深入窗框下坎裁口内,堵密实。流水坡度及滴水线(槽)距外表面不小于4cm,滴水线深度和宽度一般不小于10mm,应保证其坡度方向正确。 抹滴水线(槽)应先抹立面,后抹顶面、再抹底面。分格条在其面层灰抹好后即可拆除。采用"隔夜"拆条法时须待面层砂浆达到适当强度后方可拆除。 滴水线做法同水泥砂浆抹灰做法,见图8.2.3。
8	抹面层石渣	待底层灰六七成干时首先将墙面润湿涂刷一层胶粘性素水泥浆,然后开始用钢抹子抹面层石渣浆。自下往上分两遍与分格条抹平,并及时用靠尺或小杠检查平整度(抹石渣层高于分格条1mm为宜),有坑凹处要及时填补,边抹边拍打揉平。
9	赶实压光、喷刷	修整、赶实压光、喷刷。 将抹好在分格条块内的石渣浆面层拍压实,并将内部的水泥浆挤压出来,压实后尽量保证石渣大面朝上,再用铁抹子溜光压实,反复3~4遍。拍压时特别要注意阴阳部位石渣饱满,以免出现黑边。待面层初凝时(指捺无痕),以用水刷子刷不掉石粒为宜。然后开始刷洗面层水泥浆,喷刷分两遍进行,第一遍先用毛刷蘸水刷掉面层水泥浆,露出石粒,第二遍紧随其后用喷雾器将四周相邻部位喷湿,然后自上而下顺序喷水冲洗,喷头一般距墙面10~20cm,喷刷要均匀,以使石子露出表面1~2mm为宜。最后用水壶从上往下将石渣表面冲洗干净,冲洗时不宜过快。同时注意避开大风天施工,以避免造成墙面污染发花。若使用白水泥砂浆做水刷石面,在最后喷刷时,可用草酸稀释液冲洗一遍,再用清水洗一遍,墙面更显洁净、美观。
10	起分格条、勾缝	喷刷完成后,待墙面水分控干后,小心将分格条取出,然后根据要求用线抹子将分格缝溜平抹顺直。
11	养护	待面层达到一定强度后,可喷水养护防止脱水、收缩造成空鼓、开裂。
12	阳台、雨罩门窗碳脸	阳台、雨罩、门窗碳脸部位做法。 门窗碳脸、窗台、阳台、雨罩等部位水刷石施工时,应先做小面,后做大面,刷石喷水应由外往里喷刷,最后用水壶冲洗,以保证大面的清洁美观。 檐口、窗台、碳脸、阳台、雨罩等底面应做滴水槽、滴水线(槽)应做成上宽7mm,下宽10mm,深10mm的木条,便于抹灰时木条容易取出,保持棱角不受损坏。滴水线距外皮不应小于4cm,且应顺直。 当大面积墙面做水刷石一天不能完成时,在继续施工冲刷新活前,应将前面做的水刷石用水淋湿,以防喷刷时粘上水泥浆后便于清洗,防止对原墙面造成污染。施工槎子应留在分格缝上

4.质量标准和检验方法

(1) 质量标准

水刷石抹灰工程的质量标准，如表 8.2.21 所示。

质 量 标 准   表 8.2.21

序 号	项 目	内 容
1	主控项目	(1)抹灰前基层表面的尘土、污垢、油渍等应清除干净，并浇水均匀润湿。 检验要求：抹灰前应由质量部门对其基层处理质量进行检验，并填写隐蔽工程记录。达到要求方可施工。 检验方法：检查施工记录。 (2)装饰抹灰工程所用材料的品种和性能应符合设计要求：水泥的凝结时间和安定性复验应合格。砂浆的配合比应符合设计要求。 检验要求：复试取样应由相关单位"见证取样"，并由见证人员签字认可、记录。 检验方法：检查产品合格证书，进场验收记录，复验报告和施工记录。 (3)抹灰工程应分层进行。当抹灰总厚度大于或等于 35mm 时，应采取加强措施。不同材料基体交接处表面的抹灰，应采取防止开裂的加强措施，当采用加强网时，加强网与各基体的搭接宽度不应小于 100mm。 检验要求：不同材料基体交接面抹灰，宜采用铺钉金属网加强措施，保证抹灰质量不出现开裂。 检验方法：检查隐蔽工程验收记录和施工记录。 (4)各抹灰层之间及抹灰层与基体之间必须粘接牢固，抹灰层应无脱层、空鼓和裂缝。 检验要求：严格过程控制，每道工序完成后，应进行"工序检验"并填写记录。 检验方法：观察；用小锤轻击检查；检查施工记录。
2	一般项目	(1)水刷石表面石粒清晰，分布均匀，紧密严整，色泽一致，应无掉粒和接槎痕迹。 检验要求：操作时应反复揉挤压平，选料应颜色一致，一次备足，正确掌握喷刷时间，最后用清水清洗面层。 检查方法：观察，手摸检查。 (2)分格条(缝)的设置应符合设计要求，宽度和深度应均匀，表面应平整光滑，棱角应整齐。 检验要求：勾缝时要小心认真，将勾缝膏溜压平整、顺直。 检查方法：观察。 (3)有排水要求部位应做滴水线(槽)，滴水线(槽)应整齐顺直，滴水应内高外低，滴水线(槽)的宽度和深度应不小于 10mm。 检验要求：分格条宜用红白松木制作。应做成上宽 7mm，下宽 10mm，厚(深)度 10mm，用前必须用水浸透，木条起出后立即将粘在条上的水泥浆刷净浸水，以备再用。 检查方法：观察，尺量检查。 (4)水刷石工程质量的允许偏差和检查方法应符合《建筑装饰装修工程质量验收规范》(GB 50210—2001)的规定

(2) 质量记录

水刷石抹灰工程的质量记录，如表 8.2.22 的所示。

质 量 记 录   表 8.2.22

序 号	内 容
1	抹灰工程设计施工图、设计说明及其他设计文件。
2	材料的产品合格证书、性能检测报告，进场验收记录、进厂材料复验记录。
3	工序交接检验记录。
4	隐蔽工程验收记录。
5	工程检验批检验记录。
6	分项工程检验记录。
7	单位工程检验记录。
8	质量检验评定记录。
9	施工记录

5. 成品保护

水刷石抹灰工程的成品保护，如表 8.2.23 所示。

成品保护   表 8.2.23

序 号	内　　容
1	对已完成的成品可采用封闭、隔离或看护等措施进行保护。
2	对建筑物的出入口处做好的水刷石,应及时采取保护措施,避免损坏棱角。
3	对施工时粘在门、窗框及其他部位或墙面上的砂浆要及时清理干净,对铝合金门窗膜造成损坏的要及时补粘好护膜,以防损伤、污染。抹灰前必须对门、窗口采取保护措施。
4	对已交活的墙面喷刷新活时要将其覆盖好,特别是大风天施工更要细心保护,以防造成污染。抹完灰后要对已完工墙面及门、窗口加以清洁保护,如门、窗口原保护层面有损坏的要及时修补确保完整直至竣工交验。
5	在拆除架子、运输架杆时要制订相应措施,并做好操作人员的交底,以提高责任,避免造成碰撞、损坏墙面或门窗玻璃等。在施工过程中,对搬运材料、机具以及使用小手推车时,要特别小心,不得碰、撞、磕划墙面、门、窗口等。严禁任何人员蹬踩门、窗框、窗台,以防损坏棱角。
6	在抹灰时对预埋件、线槽、盒、通风篦子、预留孔洞应采取保护措施,防止施工时掉入灰浆造成堵塞。
7	在拆除脚手架、跳板、高马凳时要加倍小心,轻拿轻放,集中堆放整齐,以免撞坏门、窗口或碰坏墙面及棱角等。
8	当抹灰层未充分凝结硬化前,防止快干、水冲、撞击、振动和挤压,以保证灰层不受损伤和足够的强度,不出现空鼓开裂现象。
9	施工时不得在楼地面和休息平台上拌合灰浆,施工时应对休息平台、地面和楼梯踏步等采取保护措施,以免搬运材料运输过程中造成损坏

6. 安全环境措施

水刷石抹灰工程的安全环保措施，如表 8.2.24 所示。

安全环保措施   表 8.2.24

序 号	项 目	内　　容
1	安全措施	(1)进入施工现场,必须戴安全帽,禁止穿硬底鞋和拖鞋。 (2)距地面 3m 以上作业要有防护栏杆、挡板或安全网。 (3)安全设施和劳动保护用具应定期检查,不符合要求严禁使用。 (4)禁止采用运料的吊篮、吊盘上下人。乘人的外用电梯、吊笼应安装可靠的安全装置。 (5)施工现场的脚手架、防护设施、安全标志和警告牌等,不可擅自拆动,确需拆动应经施工负责人同意。 (6)施工现场的洞口、坑、沟、升降口、漏斗、架子出入口等,应设防护设施及明显标志。 (7)搭设抹灰用高大架子必须有设计和施工方案,参加搭架子的人员,必须经培训合格,持证上岗。 (8)遇有恶劣气候(如风力在四级以上),影响安全施工时,禁止高空作业。
2	环保措施	(1)采用机械集中搅拌灰料时,所使用机械必须是完好的,不得有漏油现象,维修机械时应采取接油滴漏措施,以防止机油滴落在大地上造成土壤污染。对清擦机械使用的棉丝(布)及清除的油污要装袋集中回收,并交合格消纳方消纳,严禁随意丢弃或燃烧消纳。 (2)施工现场搅拌站应制定施工污水处理措施,施工污水必须经过处理达到排放标准后再进行有组织的排放或回收再利用施工。施工污水不得直接排放,以防造成污染。 (3)抹灰施工过程中所产生的所有施工垃圾必须及时清理、集中消纳,作到活完底清。 (4)高处作业清理施工垃圾时不可抛撒,以防造成粉尘污染

8.2.1.4 外墙斩假石抹灰工程

1. 适用范围和基本规定

外墙斩假石抹灰工程的适用范围和基本规定，如表 8.2.25 所示。

适用范围和基本规定　　　　　　　　表 8.2.25

序号	项　目	内　容
1	适用范围	本施工工艺标准适用于各类建筑的墙面、柱子、墙裙、台阶、门窗套等斩假石工程。 斩假石又称剁斧石，在我国有悠久的历史，其特点是通过细致的加工使其表面石纹逼真、规整、形态丰富，给人一种类似天然岩石的美感效果。
2	基本规定	(1)不同品种、不同强度等级的水泥不得混合使用。 (2)底层的抹灰层强度不得低于面层的抹灰强度。 (3)水泥砂浆拌好后应在初凝前用完(一般不超过 2h)凡结硬砂浆不得继续使用。 (4)材料使用必须符合国家现行标准的规定，严禁使用国家明令淘汰的材料。 (5)各工序应按施工技术标准进行质量控制，每道工序完成后，应进行"工序交接"检验。 (6)相关各专业工种之间，应进行交接检验，并形成记录，未经监理工程师或建设单位技术负责人检查认可，不得进行下道工序施工。 (7)施工过程质量管理应有相应的施工技术标准和质量管理体系，加强过程质量控制管理。 (8)施工单位应遵守有关环境保护的法律法规，并应采取有效措施控制施工现场的各种粉尘、废弃物、噪声、振动等对周围环境造成的污染和危害。 (9)质量目标 1)各抹灰层之间及抹灰层与基体之间必须粘结牢固，无脱层、空鼓和裂缝现象。 2)斩假石所使用材料的品种、质量、颜色、图案必须符合设计和规范要求

2. 施工准备和工程要点

外墙斩假石抹灰工程施工准备和工程要点，如表 8.2.26 所示。

施工准备和工程要点　　　　　　　　表 8.2.26

序号	项　目	内　容
1	技术准备	(1)设计施工图、设计说明及其他设计文件已完成。 (2)施工方案已完成，并通过审核、批准。 (3)施工设计交底、施工技术交底(作业指导书)已签订完成。
2	材料要求	(1)水泥 宜采用 32.5 级以上普通硅酸盐水泥或矿渣水泥，要求颜色一致，同一强度等级、同一品种、同一厂家生产、同一批进场的水泥。 水泥进厂需对产品名称、代号、净含量、强度等级、生产许可证编号、生产地址、出厂编号、执行标准、日期等进行外观检查，同时验收合格证。 (2)砂子 宜采用粒径 0.35～0.5mm 的中砂。要求颗粒坚硬、洁净。使用前应过筛，除去杂质和泥块等，筛好备用。 (3)石渣 宜采用小八厘，要求石质坚硬、耐光无杂质，使用前应用清水洗净晾干。 (4)磨细石灰粉 使用前应充分熟化、闷透，不得含有未熟化的颗粒和杂质、熟化时间不少于 3d。 (5)胶粘剂、混凝土界面剂 应符合国家质量规范标准要求，严禁使用非环保型产品。 (6)颜料 应采用耐碱性和耐光性较好的矿物质颜料，使用前与水泥干拌均匀，配合比计算准确，然后过筛装袋备用，保存时避免受潮。

续表

序　号	项　目	内　容
3	机具准备	(1)手推车:根据现场情况可采用窄式卧斗或翻斗式及普通式手推车。要求手推车车轮采用胶胎轮或充气胶胎轮,不宜采用硬质胎轮手推车。 (2)砂浆搅拌机:根据现场情况可选择砂浆搅拌机或利用小型鼓筒式混凝土搅拌机。 (3)主要机具:筛子、磅秤、水桶(大小)、铁板、喷壶、铁锹、灰槽、灰勺、托灰板、水勺、木抹子、铁抹子阴阳角抹子、砂磨石(磨斧石)、钢丝刷、钢卷尺(标、验*)、水平尺(标、验*)、方口尺(标、验*)、靠尺(标、验*)、笤帚、米厘条、杠(大、中、小)、施工小线、粉线包、线坠、钢筋卡子、钉子、单刃或多刃剁斧、棱点锤(花锤)、斩斧(剁斧)、开口凿(扁平、凿平、梳口、尖锤)等。 *标:指检验合格后进行的标识。验:指量具在使用前应进行检验合格。
4	作业条件	(1)主体结构必须经过相关单位(建筑单位、施工单位、监理单位、设计单位)检验合格,并已验收。 (2)做台阶、门窗套时,门窗框应安装牢固,并按设计或规范要求将四周门窗口缝塞严嵌实,门窗框应做好保护,然后用1:3水泥砂浆塞严抹平。 (3)抹灰工程的施工图、设计说明及其他设计文件已完成,施工作业方案已完成。 (4)抹灰架子已搭设完成并已经验收合格。抹灰架子宜搭双排架采用吊篮或桥式架子,架子应距墙面 20~25cm 以便于操作。 (5)墙面基层已按要求清理干净,脚手眼、临时孔洞已堵好,窗台、窗套等已补修整齐。 (6)所用石渣已过筛,除去杂质、杂物,洗净备足。 (7)抹灰前根据施工方案已完成作业指导书(即施工技术交底)工作。 (8)根据方案确定的最佳配合比及施工方案做好样板,并经相关单位检验认可。
5	工程要点	外墙斩假石抹灰工程要点,如表 8.2.27 所示

外墙斩假石抹灰工程要点　　　　　　　　　　　　　　　表 8.2.27

序　号	项　目	内　容
1	技术要点	(1)分格弹线应符合设计要求,分格条凹槽深度和宽度应一致,槽底勾缝应平顺光滑,棱角应通顺、整齐,横竖缝交接应平整顺直。 (2)斩假石表面要颜色一致,剁纹要均匀,无漏剁现象。 (3)剁线留边顺直一致,棱角无损坏。 (4)表面要求平整,花纹清晰、整齐、颜色均匀,无缺棱掉角、脱皮、起砂现象。
2	材料要点	(1)水泥:使用前或出厂日期超过三个月必须进行复验,合格后方可使用,复验取样应由相关单位见证取样。 (2)砂子:要求颗粒坚硬、洁净,含泥量不大于 3%。 (3)石渣:要求颜色一致,质地坚硬、清洁无杂质,含泥量小于 1%。 (4)颜料:要符合设计要求,易选用耐碱、耐光性较强的矿物质颜料。
3	质量要点	(1)注意斩假石出现空鼓、裂缝。 1)基层要认真清理干净,表面光滑的基层应做毛化处理。抹灰前应浇水均匀湿润。 2)抹灰前应先抹一道水泥胶灰浆,以加强与底层灰的粘结强度。 3)底层灰与基层及每层与每层之间抹灰不宜跟得太紧,各层抹完灰后要洒水养护,待达到一定强度(七八成干)时再抹上面一层灰。 4)当面层抹灰厚度超过 4cm 时应增加钢筋网片,钢筋网片宜用 $\phi6$ 钢筋,间距 20cm。 5)首层地面、台阶回填土应按施工规范夯填密实,台阶混凝土垫层厚度应不小于 8cm。 6)两种不同材料的基层,抹灰前应加钢丝网,以增加基体的整体性。 7)夏季施工面层防止爆晒,冬季 0℃ 以下不宜施工。 (2)注意斩假石面层剁纹凌乱不匀和表面不平整。 1)施工时按图纸要求留边放线。

续表

序 号	项 目	内 容
3	质量要点	2）大面积施工前，应先斩剁样板，然后按样板进行大面积施工。 3）加强过程控制，设专人勤检查斩剁质量，发现不合格要返工重剁。 4）准确掌握斩剁时间，不应剁的过早。 5）斩剁时应勤磨斧刃，使剁斧锋利，以保证剁纹质量。斩剁时用力应均匀，不要用力过大或过小，造成剁纹深浅不一致，凌乱、表面不平整。 （3）注意斩剁石面层颜色不一致，出现花感 1）所使用材料要统一，掺颜料用的水泥应使用同一批号、同一品种、同一配比，并一次干拌、备足，保存时注意防湿。 2）斩剁石面层剁好后，应用硬毛刷顺剁纹刷净，清刷时不应蘸水或用水冲，雨天不宜施工。
4	安全要点	（1）抹灰时参加空高作业的人员要检查身体，凡患有高血压、心脏病、贫血病、癫痫病及不适宜高空作业的人员严禁从事高空作业。 （2）抹灰参加高空作业人员衣着要轻便，禁止穿硬底鞋或带钉的易滑鞋上下班。 （3）施工操作人员要熟知抹灰工安全技术操作规程，严禁酒后操作。 （4）机械操作人员应经过专业培训合格，持证上岗，女同志操作机械时不得外露长发，学员不得独立操作。
5	环保要求	（1）施工现场应设置围挡式垃圾集中堆放场所，并有明显标识。 （2）施工垃圾不得随意消纳，垃圾消纳必须符合国家、地方环境保护及相关的规定。 （3）施工产生的废水不得直接排放，需排放时必须经过防污处理合格后，并经环保部门同意方可排放。 （4）施工机械不得有滴漏现象，维修时要采取接油措施，禁止油污直接滴漏在地表上，以防造成大地土壤污染。 （5）大风天不得从事筛砂、筛灰工作，现场存放的灰、砂等散装材料要进行苫盖

3. 工艺流程和操作方法

（1）工艺流程，如下所示。

基层处理 → 吊垂直、套方、找规矩、做灰饼、充筋 → 抹底层砂浆 → 弹线分格、粘分格条 →

抹面层石渣灰 → 浇水养护 → 弹线分条块 → 面层斩剁（剁石）

（2）操作方法，如表 8.2.28 所示。

操 作 方 法   表 8.2.28

序 号	项 目	内 容
1	基层处理	（1）砖墙基层处理： 将墙面上残存的砂浆、舌头灰剔除干净，污垢、灰尘等清理干净，用清水清洗墙面，将砖缝中的浮砂、尘土冲掉，并使墙面均匀湿润。 （2）混凝土墙基层处理： 因混凝土墙面在结构施工时大都使用脱膜隔离剂，表面比较光滑，故应将其表面进行处理，其方法：采用脱污剂将面层的油污脱除干净，晾干后涂刷一层胶粘性水泥砂浆或涂刷混凝土界面剂，使其固在光滑的基层上，以增加抹灰层与基层的附着力。再一种方法可用尖钻子将其面层均匀剔麻，使其表面粗糙不平形成毛面，然后浇水均匀湿润。
2	套方、充筋	根据设计要求，在需要做斩假石的墙面、柱面中心线或建筑物的大角、门窗口等部位用线坠从上到下吊通线作为垂直线，水平横line可利用楼层水平线或施工+50cm标高线为基线作为水平交圈控制。为便于操作，做整体灰饼时要注意横竖交圈。然后每层打底时以此灰饼为基准，进行层间套方、打规矩、做灰饼、充筋，以便控制各层间抹灰与整体平直。施工时要特别注意保证檐口、腰线、窗口雨篷等部位的流水坡度。

续表

序 号	项 目	内 容
3	底层抹灰	抹灰前基层要均匀浇水湿润,先刷一道水溶性胶粘剂水泥素浆(配合比根据要求或实验确定),然后依据充筋分层分遍抹1:3水泥砂浆,分两遍抹与充筋平,然后用抹子压实,木杠刮平,再用木抹子搓毛或划纹。打底时要注意阴阳角的方正垂直,待抹灰层终凝后设专人浇水养护。
4	弹线分格粘条	根据图纸要求弹线分格、粘分格条,分格条宜采用红松制作,粘前应用水充分浸透,粘时在条两侧用素水泥浆抹成45°八字坡形,粘分格条时注意竖条应粘在所弹立线的同一侧,防止左右乱粘,出现分格不均匀,条粘好后待底层呈七八成干后方可抹面层灰。
5	抹石渣板	首先将底层浇水均匀湿润,满刮一道水溶性胶粘性素水泥膏(配合比根据要求或实验确定),随即抹面层石渣灰。抹与分格条平,用木杠刮平,待收水后用木抹子用力赶压密实,然后用铁抹子反复赶平压实,并上下顺势溜平,随即用软毛刷蘸水把表面水泥浆刷掉,使石渣均匀露出。
6	浇水养护	斩剁石抹灰完成后,养护第一重要,如果养护不好,会直接影响工程质量,施工时要特别重视这一环节,应设专人负责此项工作,并做好施工记录。斩剁石抹灰面层养护,夏日防止爆晒,冬日防止冰冻,最好冬日不要施工。
7	面层斩剁	(1)掌握斩剁时间,在常温下经3d左右或面层达到设计强度60%~70%时即可进行,大面积施工应先试剁,以石子不脱落为宜。 (2)斩剁前应先弹顺线,并离开剁线适当距离按线操作,以避免剁纹跑斜。 (3)斩剁应自上而下进行,首先将四周边缘和棱角部位仔细剁好,再剁中间大面。若有分格,每剁一行应随时将上面和竖向分格条取出,并及时将分块内的缝隙、小孔用水泥浆修补平整。 (4)斩剁时宜先轻剁一遍,再盖着前一遍的剁纹剁出深痕,操作时用力应均匀,移动速度应一致,不得出现漏剁。 (5)柱子、墙角边棱斩剁时,应先横剁出边缘横斩纹或留出窄小边条(边宽3~4cm),不剁。剁边缘时应使用税利的小剁斧剁,以防止掉边掉角,影响质量。 (6)用细斧斩剁墙面饰花时,斧纹应随剁花走势而变化,严禁出现横平竖直的剁斧纹,花饰周围的平面上应剁成垂直纹,边缘应剁成横平竖直的围边。 (7)用细斧剁一般墙面时,各格块体中间部分应剁成垂直纹,纹路相应平行,上下各行之间均匀一致。 (8)斩剁完成后面层要用硬毛刷顺剁纹刷净灰尘,分格缝按设计要求做归正。 (9)斩剁深度一般以石渣剁掉1/3比较适宜,这样可使剁出的假石成品美观大方

4. 质量标准和检验方法。

(1) 质量标准

外墙斩假石抹灰工程的质量标准,如表8.2.29所示。

质量标准 表8.2.29

序 号	项 目	内 容
1	主控项目	(1)抹灰前基层表面的尘土、污垢、油渍等应清除干净,并洒水润湿。 检验要求:加强过程控制,基层表面处理完成,抹灰前应进行"工序交接"检查验收,并记录。 检验方法:检查施工记录。 (2)装饰抹灰工程所用材料的品种和性能应符合设计要求。水泥的凝结时间和安定性复验应合格。砂浆的配合比应符合设计要求。 检验要求:建立材料进场验收制度。材料复验取样应由相关单位"见证取样"签字认可。

序 号	项 目	内 容
1	主控项目	检验方法:检查产品合格证书,进场验收记录,复验报告和施工记录。 (3)抹灰工程应分层进行。当抹灰总厚度大于或等于 35mm 时,应采取加强措施。不同材料基体交接处表面的抹灰,应采取防止开裂的加强措施,当采用加强网时,加强网与各基体的搭接宽度不应小于 100mm。 检验要求:加强措施应编入施工方案,施工过程中做好隐蔽工程验收记录。 检验方法:检查隐蔽工程验收记录和施工记录。 (4)各抹灰层之间及抹灰层与基体之间必须粘接牢固,抹灰层应无脱层、空鼓和裂缝。 检验要求:抹灰前必须由技术负责人或责任工程师向操作人员进行技术交底(作业指导书),同时加强过程质量检验制度。 检验方法:观察,用小锤轻击检查,检查施工记录。
2	一般项目	(1)斩假石表面剁纹应均匀顺直,深浅一致,应无漏剁处,阳角处应横剁并留出宽窄一致的不剁边条,棱角应无损坏。 检验要求:加强过程检验,发现不合格应返工重剁,阳角放线时应接通线。 检查方法:观察,手摸检查。 (2)装饰抹灰分格条(缝)的设置应符合设计要求,宽度应均匀,表面应平整光滑,棱角应整齐。 检验要求:分格条起出后,应用水泥膏将缝勾平,并保证棱角整齐,完成后应检验。 检查方法:观察。 (3)有排水要求的部位应做滴水线(槽)。滴水线(槽)应整齐顺直,滴水线应内高外低,滴槽的宽度和深度应均匀不应小于 10mm。 检验要求:应严格按操作规范施工,严禁抹完灰后用钉子划出线(槽)。 检查方法:观察,尺量检查。 (4)斩假石装饰抹灰工程质量的允许偏差和检查方法应符合《建筑装饰装修工程质量验收规范》(GB 50210—2001)的规定

（2）质量记录

外墙斩假石抹灰工程的质量记录，如表 8.2.30 所示。

质 量 记 录 表 8.2.30

序 号	内 容
1	抹灰工程设计施工图、设计说明及其他设计文件。
2	材料的产品合格证书、性能检测报告,进场验收记录。
3	工序交接检验记录。
4	隐蔽工程验收记录。
5	工程检验批检验记录。
6	分项工程检验记录。
7	单位工程检验记录。
8	质量检验评定记录。
9	施工记录。
10	施工现场管理检查记录

5. 成品保护

外墙斩假石抹灰工程的成品保护，如表 8.2.31 所示。

成品保护　　　　　　　　　　　　　　　　　　表 8.2.31

序　号	内　　容
1	对已完成的成品可采用封闭、隔离或看护等措施进行保护。
2	抹灰前必须首先检查门、窗口的位置、方向安装是否正确,然后采取保护措施后方可进行施工。
3	对施工时粘在门、窗框及其他部位或墙面上的砂浆要及时清理干净,对铝合金门窗膜有损坏的要及时补粘好,以防损伤、污染。
4	在拆除架子、运输架杆时要制定限制措施,并做好操作人员的交底,以提高责任,避免造成碰撞、损坏。
5	在施工过程中搬运材料、机具以及使用小手推车时应特别小心,不得碰、撞、磕划面层、门、窗口等。严禁任何人员蹬踩门、窗框、窗台,以防损坏棱角。
6	在抹灰时对墙上的预埋件、线槽、盒、通风篦子、预留孔洞应采取保护措施,防止施工时堵塞。
7	在拆除脚手架、跳板、高马凳时要加倍小心,轻拿轻放,并集中堆放整齐,以免撞坏门、窗口墙面或棱角等。
8	当抹灰层未充分凝结硬化前,防止快干、水冲、撞击、振动和挤压,以保证灰层不受损伤和有足够的强度。
9	施工时不得在楼地面上和休息平台上抹合灰浆,对休息平台、地面和楼梯踏步要采取保护措施,以免搬运材料或运输过程中造成损坏

6. 安全环保措施

外墙斩假石抹灰工程的安全环保措施,如表 8.2.32 所示。

安全环保措施　　　　　　　　　　　　　　　　表 8.2.32

序　号	项　　目	内　　容
1	安全措施	(1)进入施工现场,必须戴安全帽,禁止穿硬底鞋或拖鞋或易滑的钉鞋。 (2)距地面 3m 以上作业要有防护栏杆、挡板或安全网。 (3)安全设施和劳动保护用具应定期检查,不符合要求严禁使用。 (4)遇有恶劣气候影响安全施工时,不得进行露天高空作业。 (5)禁止采用运料的吊篮、吊盘上下人。乘人的外用电梯、吊笼应安装可靠的安全装置。 (6)施工现场的脚手架、防护设施、安全标志和警告牌等,不可擅自拆动,确需拆动应经施工负责人同意。 (7)施工现场的洞口、坑、沟、升降口、漏斗、架子出入口等,应设防护设施及明显标志。
2	环保措施	(1)使用现场搅拌站时,应设置施工污水处理设施。施工污水未经处理不得随意排放,需要向施工区外排放时必须经相关部门批准方可外排。 (2)施工垃圾要集中堆放,严禁将垃圾随意堆放或抛撒。施工垃圾应由合格消纳单位组织消纳,严禁随意消纳。 (3)大风天严禁筛制砂料、石灰等材料。 (4)砂子、石灰、散装水泥要封闭和苫盖集中存放,不得露天存放。 (5)清理现场时,严禁将垃圾杂物从窗口、洞口、阳台等处采取抛撒运输方式,以防止造成粉尘污染。 (6)施工现场应设立合格的卫生环保措施,严禁随处大小便。 (7)施工现场使用或维修机械时,应有防滴漏油措施,严禁将机油滴漏于地表,造成土壤污染。清修机械时,废弃的棉丝(布)等应集中回收,严禁随意丢弃或燃烧处理

8.2.1.5　干粘石抹灰工程

1. 适用范围和基本规定

干粘石抹灰工程的适用范围和基本规定，如表 8.2.33 所示。

适用范围和基本规定   表 8.2.33

序 号	项 目	内 容
1	适用范围	本施工工艺标准适用于建筑外墙面抹干粘石工程。
2	基本规定	(1)不同品种、不同强度等级的水泥不得混合使用。 (2)底层的抹灰层强度不得低于面层的抹灰强度。 (3)水泥砂浆抹好后应在初凝前完(一般不超过 2h)凡结硬砂浆不得继续使用。 (4)材料使用必须符合国家现行标准的规定,严禁使用国家明令淘汰的材料。 (5)各工序应按施工技术标准进行质量控制,每道工序完成后,应进行"工序交接"检验。 (6)相关各专业工种之间,应进行交接检验,并形成记录,未经监理工程师或建设单位技术负责人检查认可,不得进行下道工序施工。 (7)施工过程质量管理应有相应的施工技术标准和质量管理体系,加强过程质量控制管理。 (8)施工单位应遵守有关环境保护的法律法规,并应采取有效措施控制施工现场的各种粉尘、废弃物、噪声、振动等对周围环境造成的污染和危害。 (9)质量要求 干粘石表面应色泽一致、不漏浆、不漏粘,石料应粘结牢固,分布均匀、阳角无黑边。

2. 施工准备和工程要点

干粘石抹灰工程的施工准备和工程要点，如表 8.2.34 所示。

施工准备和工程要点   表 8.2.34

序 号	项 目	内 容
1	技术准备	(1)设计施工图、设计说明及其他设计文件已完成。 (2)施工方案已完成,并通过审核、批准。 (3)施工设计交底、施工技术交底(作业指导书)已签订完成。
2	材料准备	(1)水泥 宜采用 32.5 级、42.5 级普通水泥、硅酸盐水泥或白水泥,要求使用同一批号、同一品种、同一生产厂家、同一颜色的产品。 水泥进厂需对产品名称、代号、净含量、强度等级、生产许可证编号、生产地址、生产编号、执行标准、日期等进行外观检查,同时验收合格证。 (2)砂子 宜采用中砂。要求颗粒坚硬、洁净。含泥量小于 3%,使用前应过筛,筛好备用。 (3)石渣 所选用的石渣品种、规格、颜色应符合设计规定。要求颗粒坚硬、不含泥土、软片、碱质及其他有害有机物等。使用前应用清水清洗晾干,按颜色、品种分类堆放,并加以保护。 (4)石灰膏 石灰膏不得含有未熟化的颗粒和杂质。要求使用前进行熟化,时间不少于 30d,质地应洁白细腻。 (5)磨细石灰粉 使用前用水熟化焖透,时间应 7d 以上,不得含有未熟化的颗粒和杂质。 (6)颜料 颜料应采用耐碱性和耐光性较好的矿物质颜料,进场后要经过检验,其品种、货源、数量要一次进够。 (7)胶粘剂 所使用胶粘剂必须符合国家环保质量要求。

续表

序号	项目	内容
3	机具准备	(1)砂浆搅拌机:可根据现场使用情况选择强制式砂浆搅拌机或利用小型鼓筒式混凝土搅拌机等。 (2)手推车:根据现场情况可采用窄式卧斗、翻斗式或普通式手推车。手推车车轮宜采用胶胎轮或充气胶胎轮,不宜采用硬质胎轮手推车。 (3)主要工具:磅秤、筛子、水桶(大小)、铁锹、喷壶、铁锹、灰槽、灰勺、托灰板、水勺、木抹子、铁抹子、钢丝刷、钢卷尺(标、验*)、水平尺(标、验*)、方口尺(标、验*)、靠尺(标、验*)、笤帚、米厘条、木杠、施工小线、粉线包、线坠、钢筋卡了、钉子、小塑料礤子、小压子、接石渣筛、拍板(图8.2.4) *标:指检验合格后进行的标识。验:指量具在使用前应进行检验合格。
4	作业条件	(1)主体结构必须经过相关单位(建设单位、施工单位、监理单位、设计单位)检验合格,并已验收。 (2)抹灰工程的施工图、设计说明及其他设计文件已完成。施工作业指导书(技术交底)已完成。 (3)施工所使用的架子已搭好,并已经过安全部门验收合格。架子距墙面应保护20～25cm。操作面脚手板宜满铺,距墙空当处应放接落石子的小筛子。 (4)门窗口位置正确,安装牢固并已采取保护。预留孔洞、预埋件等位置尺寸符合设计要求。 (5)墙面基层以及混凝土过梁、梁垫、圈梁、混凝土柱、梁等表面凸出的部分剔平,表面已处理完成,坑凹部分已按要求补平。 (6)施工前根据要求应做好施工样板,并经过相关部门检验合格。
5	工程要点	干粘石抹灰工程要点,如表8.2.35所示

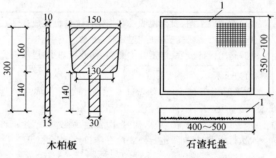

图8.2.4　木柏板、石渣托盘示意图

干粘石抹灰工程要点　　　　　　　　　　　表8.2.35

序号	项目	内容
1	技术要点	(1)抹灰前应认真将基层清理干净,坚持"工序交接检验"制度。 (2)粘分格条时注意粘在竖线的同一侧,分格要符合设计要求。 (3)甩石子时注意甩板与墙面保持垂直,甩时用力均匀。 (4)各层间抹灰不宜跟的太紧,底层灰七八成干时再抹上一层,注意抹面层灰前应将底层均匀润湿。
2	材料要点	(1)水泥:进场或出厂日期超过三个月必须进行复验,合格后方可使用。复验由相关单位见证取样。 (2)砂:要求颗粒坚硬,洁净,含泥量小于3%。 (3)石渣:要求颗粒坚硬,不含泥土、软片、碱质及其他有害物质及有机物等。使用前应用清水洗净晾干。 (4)胶粘剂:采用水溶性胶粘剂,掺加量应经过试验确定。

续表

序 号	项 目	内 容
3	质量要点	(1)注意防止干粘石面层不平,表面出现坑洼,颜色不一致。 1)施工前石渣必须过筛,去掉杂质,保证石粒均匀,并用清水冲洗干净。 2)底灰不要抹的太厚,避免出现坑洼现象。 3)甩石渣时要掌握好力度,不可硬砸、硬甩,应用力均匀。 4)面层石渣灰厚度控制在 8~10mm 为宜,并保证石渣浆的稠度合适。 5)甩完石渣后,待灰浆内的水分泅到石渣表面用抹子轻轻将石渣压入灰层,不可用力过猛,造成局部返浆,形成面层颜色不一致。 (2)注意防止粘石面层出现石渣不均匀和部分露灰层,造成表面花感。 1)操作时将石渣均匀用力甩在灰层上,然后用抹子轻拍使石渣进入灰层 1/2,外留 1/2,使其牢固,表面美观。 2)合理采用石渣浆配合比,最好选择掺入即能增加强度,又能延缓初凝时间的外加剂,以便于操作。 3)注意天气变化,遇有大风或雨天应采取保护措施或停止施工。 (3)注意防止干粘石出现开裂、空鼓。 1)根据不同的基体采取不同的处理方法,基层处理必须到位。 2)抹灰前基层表面应刷一道胶凝性素水泥浆,分层抹灰,每层厚度控制在 5~7mm 为宜。 3)每层抹灰前应将基层均匀浇水润湿。 4)冬期施工应采取防冻保温措施。 (4)注意防止干粘石面层接槎明显、有滑坠。 1)面层灰抹后应立即甩粘石渣。 2)遇有大块分格,事先计划好,最好一次做完一块分格块,中间避免留槎。 3)施工脚手架搭设要考虑分格块操作因素,应满足格块粘石操作合适而分步搭设架子。 4)施工前熟悉图纸,确定施工方案,避免分格不合理,造成操作困难。 (5)注意防止干粘石面出现棱角不通顺和黑边现象。 1)抹灰前应严格按工艺标准,根据建筑物情况整体吊垂直、套方、找规矩、做灰饼、充筋,不得采用一楼层或一步架分段施工的方法。 2)分格条要充分浸水泡透,抹面层灰时应先抹中间,再抹分格条四周,并及时甩粘石渣,确保分格条侧面灰层未干时甩粘石渣,使其饱满、均匀、粘结牢固、分格清晰美观。 3)阳角粘石起尺时动作要轻缓,抹大面边角粘结层时要特别细心的操作,防止操作不当碰损棱角。当拍好小面石渣后应当立即起卡,在灰缝处撒些小石渣,用钢抹子轻轻拍压平直。如果灰缝处稍干,可淋少许水,随后粘小石渣,即可防止出现黑边。 (6)注意防止干粘石面出现抹痕。 1)根据不同基体掌握好浇水量。 2)面层灰浆稠度配合比要合理,使其干稀适合。 3)甩粘面层石渣时要掌握好时间,随粘随拍平。 (7)注意防止分格条、滴水线(槽)不清晰,起条后不勾缝。 1)施工操作前要认真作好技术交底,签发作业指导书。 2)坚持施工过程管理制度,加强过程检查、验收。
4	安全要点	(1)抹灰时参加高空作业的人员要检验身体,凡患有高血压、心脏病、贫血病、癫痫病及不适宜高空作业的严禁从事高空作业。 (2)参加高空作业抹灰人员衣着要轻便,禁止穿硬底鞋和带钉的易滑鞋。 (3)施工操作人员要熟知抹灰工安全技术操作规程,严禁酒后操作。 (4)机械操作人员应经过专业培训合格,持证上岗,女同志操作机械时不得外露长发,学员不得独立操作。

序 号	项 目	内 容
5	环保要点	(1)施工现场应设置围栏式垃圾集中堆放场所,并有明显标识。 (2)施工垃圾不得随意消纳,垃圾消纳必须符合国家、地方环境保护及相关的规定。 (3)施工产生的废水不得直接排放,需要排放时必须经过防污处理合格,并经环保部门同意方可排放。 (4)施工机械不得有滴漏现象,维修机械时要采取接油漏措施,防止油污直接滴漏在地表,造成大地土壤污染。 (5)大风天不得从事筛砂、筛灰工作,现场存放的灰、砂等散装材料要进行苫盖

3. 工艺流程和操作方法

(1) 工艺流程,如下所示。

基层处理 → 吊垂直、套方、找规矩 → 抹灰饼、充筋 → 抹底层灰 → 分格弹线、粘分格条 → 抹粘结层砂浆 → 撒石粒 → 拍平、修整 → 起条、勾缝 → 喷水养护

(2) 操作方法,如表 8.2.36 所示

操 作 方 法   表 8.2.36

序 号	项 目	内 容
1	基层处理	(1)砖墙基层处理: 抹灰前需将基层上的尘土、污垢、灰尘等清除干净,并浇水均匀润湿。 (2)混凝土墙基层处理: 凿毛处理:用钢钻子将混凝土墙面均匀凿出麻面,并将板面酥松部分剔除干净,用钢丝刷将粉尘刷掉,用清水冲洗干净,然后浇水均匀湿润。 清洗处理:用10%的火碱水将混凝土表面油污及污垢清刷除净,然后用清水冲洗晾干,刷一道胶粘性素水泥浆。或涂刷混凝土界面剂等方法均可。如采用混凝土界面剂施工时应按产品要求使用。
2	套方、找规矩	当建筑物为高层时,可用经纬仪利用墙大角、门窗两边引直线找垂直。建筑为多层时,应从顶层开始用特制大线坠吊垂直,绷铁丝找规矩,横向水平线可按楼层标高或施工+50cm线为水平基准交圈控制。
3	灰饼、充筋	根据垂直线在墙面的阴阳角、窗台两侧、柱、垛等部位做灰饼,并在窗口上下弹水平线,灰饼要横竖垂直交圈。然后根据灰饼充筋。
4	抹底层 中层灰	用1:3水泥砂浆抹底灰,分层抹与充筋平,用木杠刮平木抹子压实、搓毛。待终凝后浇水养护。
5	弹线、粘分格条	根据设计图纸要求弹出分格线,然后粘分格条,分格条使用前要用水浸透,粘时在条两侧用素水泥浆抹成45°八字坡形,粘分格条应注意粘在所弹立线的同一侧,防止左右乱粘,出现分格不均匀。弹线、分格应设专人负责,以保证分格符合设计要求。
6	抹粘结 层砂浆	为保证粘结层粘石质量,抹灰前应用水湿润墙面,粘结层厚度以所使用石子粒径确定,抹灰时如果底面湿润有干得过快的部位应再补水湿润,然后抹粘结层。抹粘结层宜采用两遍抹成,第一道用同强度等级水泥素浆薄刮一遍,保证结合层粘牢,第二遍抹聚合物水泥砂浆。然后用靠尺测试,严格按照高刮低添的原则操作,否则,易使面层出现大小波浪造成表面不平整影响美观。在抹粘结层时宜使上下灰层厚度不同,并不宜高于分格条,最好是在下部约1/3高度范围内比上面薄些。整个分格块面层比分格条低1mm左右,石子撒上压实后,不但可保证平整度,且条边整齐,而且可避免下部出现鼓包皱皮现象。

序　号	项　目	内　容
7	撒石粒子	当抹完粘结层后，紧跟其后一手拿装石子的托盘，一手用木拍板向粘结层甩粘石子。要求甩严、甩均匀，并用托盘接住掉下来的石粒，甩完后随即用钢抹子将石子均匀地拍入粘结层，石子嵌入砂浆的深度不小于粒径的1/2为宜。并应拍实、拍严。操作时要先甩两边，后甩中间，从上至下快速均匀地进行，甩出的动作应快，用力均匀，不使石子下溜，并应保证左右搭接紧密，石粒均匀，甩石粒时要使拍板与墙面垂直平行，让石子垂直嵌入粘结层内，如果甩时偏上偏下、偏左偏右则效果不佳，石粒浪费也大，甩出用力过大会使石粒陷入太紧形成凹陷，用力过小则石粒粘结不牢，出现空白不宜添补，动作慢则会造成部分不合格，修整后宜出接槎痕迹和"花脸"。阳角甩石粒，可将薄靠尺粘在阳角一边，选做对面干粘石，然后取下薄靠尺抹上水泥腻子，一手持短靠尺在已做好的邻面上一手甩石子并用钢抹子轻轻拍平、拍直，使棱角挺直。 门窗碰脸、阳台、雨罩等部位应留置滴水槽，其宽度深度应满足设计要求。粘石时应先做好小面，后做大面。
8	拍平、修整处理黑边	拍平、修整要在水泥初凝前进行，先拍压边缘，而后中间，拍压要轻、重结合、均匀一致。拍压完成后，应对已粘石面层进行检查，发现阴阳角不顺直、表面不平整、黑边等问题，及时处理。
9	起条、勾缝	前工序全部完成，检查无误后，随即将分格条、滴水线条取出，取分格条时要认真小心，防止将边棱碰损，分格条起出后用抹子轻轻地按一下粘石面层，以防拉起面层造成空鼓现象。然后待水泥达到初凝强度后，用素水泥膏勾缝。格缝要保持平顺挺直、颜色一致。
10	喷水养护	粘石面层完成后常温24h后喷水养护，养护期不少于2～3d，夏日阳光强烈，气温较高时，应适当遮阳，避免阳光直射，并适当增加喷水次数，以保证工程质量

4. 质量标准和检验方法

（1）质量标准

干粘石抹灰工程的质量标准，如表8.2.37所示。

质量标准　　　　　　　　　　　　　　　　　　　　　　　　　　表8.2.37

序　号	项　目	内　容
1	主控项目	（1）抹灰前基层表面的尘土、污垢、油渍等应清除干净，并洒水润湿。 　　检验要求：抹灰前应由质量部门对其基层处理质量进行检验，并填写隐蔽工程记录。达到要求后方可施工。 　　检验方法：检查施工记录。 （2）装饰抹灰工程所用材料的品种和性能应符合设计要求，水泥的凝结时间和安定性复验应合格。砂浆的配合比应符合设计要求。 　　检验要求：送检样品取样应由相关单位"见证取样"，并由负责见证人员签字认可、记录。 　　检验方法：检查产品合格证书，进场验收记录，复验报告和施工记录。 （3）抹灰工程应分层进行。当抹灰总厚度大于或等于35mm时，应采取加强措施。不同材料基体交接处表面的抹灰，应采取防止开裂的加强措施，当采用加强网时，加强网与各基体的搭接宽度不应小于100mm。 　　检验要求：不同材料基体交接面抹灰，宜采用铺钉金属网加强措施，保证抹灰质量不出现开裂。 　　检查方法：检查隐蔽工程验收记录和施工记录。 （4）各抹灰层之间及抹灰层与基体之间必须粘结牢固，抹灰层应无脱层、空鼓和裂缝。 　　检验要求：加强过程控制，严格工序检查验收，填写记录。 　　检验方法：观察；用小锤轻击检查；检查施工记录。

续表

序　号	项　目	内　容
2	一般项目	(1)干粘石表面应色泽一致,不露浆、不漏粘,石粒应粘结牢固、分布均匀,阳角处无明显黑边。 检验要求:施工时严格按施工工艺标准操作,并加强过程控制检查制度。 检查方法:观察,手摸检查。 (2)装饰抹灰分格条(缝)的设置应符合设计要求,宽度和深度应均匀,表面应平整光滑,棱角应整齐。 检验要求:分格条宜用红白松木制作。应做成上窄下宽,用前必须用水浸透,木条起出后立即将粘在条上的水泥浆刷净浸水,以备再用。 检查方法:观察。 (3)有排水要求部位应做滴水线(槽),滴水线(槽)应整齐顺直,滴水应内高外低,滴水线(槽)的宽度和深度应不小于10mm。 检验要求:分格条宜用红白松木制作。应做成上宽7mm,下宽10mm,厚(深)度10mm,用前必须用水浸透,木条起出后立即将粘在条上的水泥浆刷净浸水,以备再用。 检查方法:观察,尺量检查。 (4)干粘石抹灰工程质量的允许偏差和检查方法应符合《建筑装饰装修工程质量验收规范》(GB 50210—2001)的规定

(2) 质量记录

干粘石抹灰工程的质量记录,如表 8.2.38 所示。

质 量 记 录　　　　　　　　　　　　　　　　　　表 8.2.38

序　号	内　容
1	抹灰工程设计施工图、设计说明及其他设计文件。
2	材料的产品合格证书、性能检测报告、进场验收记录、进场材料复试记录。
3	工序交接检验记录。
4	隐蔽工程验收记录。
5	工程检验批检验记录。
6	分项工程检验记录。
7	单位工程检验记录。
8	质量检验评定记录。
9	施工记录。
10	施工现场管理检查记录

5. 成品保护

干粘石抹灰工程的成品保护,如表 8.2.39 所示。

成 品 保 护　　　　　　　　　　　　　　　　　　表 8.2.39

序　号	内　容
1	根据现场和施工情况,应制定成品保护措施,成品保护可采取看护、隔离、封闭等形式。
2	施工过程中翻脚手板及施工完成后拆除架子时要对操作人员进行交底,要轻拆轻放,严禁乱拆和抛扔架杆、架板等,避免碰撞干粘石墙面,粘石做好后的棱角处应采取隔离保护,以防碰撞。
3	抹灰前对门、窗口应采取保护措施、铝门、窗口应贴膜保护抹灰完成后将门窗口及架子上的灰浆及时清理干净,散落在架子上的石渣及时回收。
4	其他工种作业时严禁蹬踩已完成的干粘石墙面,油漆工作业时严防碰倒油桶或滴甩刷子油漆,以防污染墙面。
5	不同的抹灰面交叉施工时,应将先做好的抹灰面层采取保护措施后方可施工

6. 安全环保措施

干粘石抹灰工程的安全环保措施，如表 8.2.40 所示。

安全环保措施　　　　　　　　　　　　　　　表 8.2.40

序号	项目	内容
1	安全措施	(1)外墙抹灰采用高大架子时,施工前架子整体必须经安全部门验收合格后,方可进行施工。 (2)拆翻架子及脚手板,必须由专业人员执证上岗,非专业人员严禁拆搭施工架子。 (3)使用桥式或吊篮架子施工时,安装时必须由专业人员执证上岗操作,架子安装必须满足安全规范要求,并由安全部门检查验收合格后方可使用。吊篮升降操作人员必须经培训合格由专人负责,非负责人员严禁随意操作。 (4)支搭、拆除高大架子要制定方案,方案必须经上级主管安全部门审核批准。 (5)施工操作人员严禁在架子上打闹、嬉戏或在非通道上下。
2	环保措施	(1)采用机械集中搅拌灰料时,所使用机械必须是完好的,不得有漏油现象,维修机械时应采取接油滴漏措施,以防止机油滴落在大地上造成土壤污染。对清擦机械使用的绵丝(布)及清除的油污要装集中回收,并交合格消纳方消纳,严禁随意丢弃或燃烧消纳。 (2)施工现场搅拌站应制定施工污水处理措施,施工污水必须经过处理达到排放标准后再进行有组织的排放或回收再利用施工。施工污水不得直接排放,以防造成污染。 (3)抹灰施工过程中所产生的所有施工垃圾必须及时清理、集中消纳,作到活完底清。 (4)高处作业清理施工垃圾时不可抛撒,以防造成粉尘污染

8.2.1.6 假面砖工程

1. 适用范围和基本规定

假面砖工程的适用范围和基本规定,如表 8.2.41 所示。

适用范围和基本规定　　　　　　　　　　　　表 8.2.41

序号	项目	内容
1	适用范围	本施工工艺标准适用于商业、住宅、办公、娱乐、医疗及服务等房屋建筑的外墙假面砖墙面装饰工程。
2	基本规定	(1)设计 1)抹灰工程应有施工图、设计说明及其他设计文件。 2)承担抹灰工程设计的单位应具有相应的资质。 (2)材料 1)材料进场时应对品种、规格、外观和数量进行验收。材料包装应完好,应有产品合格证书。 2)进场后需要进行复验的材料应符合国家规范规定。 3)现场配制的砂浆、胶粘剂等,应符合设计要求。 4)不同品种、不同强度等级的水泥不得混合使用。 (3)施工 1)在施工中严禁违反设计文件擅自改动建筑主体、承重结构或主要使用功能,严禁未经设计确认和有关部门批准擅自拆改水、暖、电、燃气、通信等配套设施。 2)各工序应按施工技术标准进行质量控制,每道工序完成后,应进行"工序交接"检验。 3)相关各专业工种之间,应进行交接检验,并形成记录,未经监理工程师或建设单位技术负责人检查认可,不得进行下道工序施工。 4)施工过程质量管理应有相应的施工技术标准和质量管理体系,加强过程质量控制管理。 5)施工完成验收前应将施工现场清理干净。 6)施工单位应遵守有关环境保护的法律法规,并应采取有效措施控制施工现场的各种粉尘、废弃物、噪声、振动等对周围环境造成的污染和危害。 7)用于冻结法砌筑的墙,室外抹灰应待其完全解冻后施工;不得采用热水冲刷冻结的墙面或用热水消除墙面的冻霜。 8)假面砖不宜在严冬期施工,当需要安排施工时,宜采用暖棚法施工。 (4)质量 假面砖表面应平整、沟纹清晰、留缝整齐,色泽一致,应无掉角、脱皮、起砂等缺陷

2. 施工准备和工程要点

假面砖工程的施工准备和工程要点，如表 8.2.42 所示。

施工准备和工程要点　　　　　　　　　　表 8.2.42

序　号	项　目	内　容
1	技术准备	(1)设计施工图、设计说明及其他设计文件已完成。 (2)施工方案审核、批准已完成。 (3)施工技术交底(作业指导书)已签订完成。
2	材料准备	(1)水泥 1)水泥宜采用 42.5 级普通水泥、硅酸盐水泥或白色、彩色水泥,应选用同一厂家、同一批号、同强度等级、同品种、颜色一致的水泥。 2)水泥进厂需对产品名称、代号、净含量、强度等级、生产许可证编号、生产地址、出厂编号、执行标准、日期等进行外观众检查,同时验收合格证。 (2)砂 宜采用粒径 0.35～0.5mm 的中砂,使用前应过 5mm 孔径筛径筛净。 (3)石灰膏 使用时不得含有未熟化的颗粒和杂质,使用前应充分熟化。熟化时间不少于 30d。 (4)石灰粉 石灰粉其细度过 0.125mm 孔径筛,累计筛余量不大于 13%。使用前要用水浸泡使其充分熟化,时间不少于 3d。 (5)颜料 应采用矿物颜料,使用时按设计要求和工程用量,与水泥一次性拌均匀,备足,过筛装袋,保存时避免潮湿。
3	机具准备	假面砖抹灰施工工具除需增加铁沟子、铁梳子或铁刨、铁辊外,其他与一般抹灰工具相同。
4	作业条件	(1)主体结构已经过相关单位(建设单位、施工单位、监理单位、设计单位)检验合格,并已验收。 (2)门窗口、预埋件、穿墙管道、预留洞口等位置正确安装牢固,缝隙用 1∶3 水泥砂浆堵塞严。 (3)施工用双排外脚手架或吊篮、桥式架已搭好,为操作方便,架子距墙面 20～25cm 为宜。 (4)抹灰基层表面的油渍、灰尘、污垢等应清除干净,墙面提前浇水均匀湿透。 (5)根据设计、施工方案进行技术交底,按要求做好样板,并经相关单位(部门)检验认可。 (6)所需材料准备充分,操作环境达到施工条件。 (7)抹灰工程的施工图、设计说明及其他设计文件已完成。
5	工程要点	假面砖工程要点,如表 8.2.43 所示

假面砖工程要点　　　　　　　　　　表 8.2.43

序　号	项　目	内　容
1	技术要点	(1)分格和质感:墙面、柱面分格应于墙面砖规格一致,假面砖模数必须符合层高及墙面宽窄要求。 (2)面层彩色:面层彩色浆稠度必须通过试验,色调应通过做样板确定。 (3)施工放线:施工时假面砖放线要统一,模数要符合设计及规范要求。
2	材料要点	(1)水泥:进厂或超过出厂日期三个月必须进行取样复试,合格后方可使用。 (2)砂:要求颗粒坚硬,砂质洁净,含泥量不大于 3%。 (3)石灰膏:要求质地洁白、细腻,无杂质。 (4)颜料:应选用耐碱、耐光的矿物性颜料。

续表

序号	项目	内容
3	质量要点	(1)抹灰砂浆超过2h或结硬砂浆严禁使用。 (2)分层抹灰不宜抹的过厚或跟的太紧,防止出现空鼓和表层裂缝。 (3)分格线应横平竖直,划沟间距、深浅一致,墙面干净整齐,质感逼真。 (4)施工时关键是应按面砖尺寸分格划线,随后再划沟。 (5)假面砖颜色应符合设计要求,施工前先做样板,经确定按样板大面积施工。 (6)施工放线时应准确控制上、中、下所弹的水平通线,以确保水平接线平直,无错槎现象。
4	安全要点	(1)抹灰时参加高空作业的人员要检查身体,凡患有高血压、心脏病、贫血病、癫痫病及不适宜高空作业人严禁从事高空作业。 (2)参加高空作业抹灰人员衣着要轻便,禁止穿硬底鞋和带钉的易滑鞋。 (3)施工操作人员要熟知抹灰工安全技术操作规程,严禁酒后操作。 (4)机械操作人员应经过专业培训合格,持证上岗,女同志操作机械时不得外露长发,学员不得独立操作。
5	环保要点	(1)施工现场应设置围挡式垃圾集中堆放场所,并有明显标识。 (2)施工垃圾不得随意消纳,垃圾消纳必须符合国家、地方环境保护及相关的规定。 (3)施工产生的废水不得直接排放,需要排放时应经防污处理合格后,经环保部门同意后排放。 (4)施工机械不得有滴漏现象,维修时要采取接油漏措施,禁止油污直接滴漏在地表,造成大地土壤污染。 (5)大风天不得从事筛砂、筛灰工作。现场存放的灰、砂等散装材料要进行苫盖

3. 工艺流程和操作方法

(1) 工艺流程,如下所示。

堵门窗口及脚手眼、孔洞等 → 墙面基层处理 → 吊线、找方、做灰饼 → 充筋 → 抹底层、中层灰 →

抹面层灰、做面砖 → 清扫墙面

(2) 操作方法,如表8.2.44所示。

操作方法 表8.2.44

序号	项目	内容
1	堵门窗口缝、孔洞	堵缝工作要作为一道工序安排专人负责,门窗框安装位置准确牢固,用1:3水泥砂浆将缝隙塞严。堵脚手眼和废弃的孔洞时,应将洞内杂物、灰尘等物清理干净,浇水湿润,然后用砖将其补齐砌严。
2	基层处理	(1)砖墙基层处理: 抹灰前需将基层上的尘土、污垢、灰尘、残留砂浆、舌头灰等清除干净。 (2)混凝土墙基层处理: 凿毛处理:用钢钻子将混凝土墙面均匀凿出麻面,并将板面酥松部分剔除干净,用钢丝刷将粉尘刷掉,用清水冲洗干净,然后浇水湿润。 清洗处理:用10%的火碱水将混凝土表面油污及污垢清刷干净,然后用清水冲洗晾干,采用涂刷素水泥浆或混凝土界面剂等处理方法均可。如采用混凝土界面剂施工时,应按所使用产品要求使用。 (3)抹底灰前应将基层浇水均匀湿润。
3	吊线、找方做饼、充筋	根据建筑高度确定放线方法,高层建筑可利用墙大角、门窗口两边,用经纬仪打直线找垂直。多层建筑时,可从顶层用大线坠吊垂直,绷铁丝打规矩,横向水平线可依据楼层标高或施工+50cm线为水平基准线进行交圈控制,然后按抹灰操作层抹灰饼。做灰饼时应注意横竖交圈,以便操作。每层抹灰时则以灰饼做基准充筋,使其保证横平竖直。

6. 安全环保措施

假面砖工程的安全环保措施，如表8.2.48所示。

安全环保措施 表8.2.48

序 号	项 目	内 容
1	安全措施	搭设抹灰用高大架子必须有设计和施工方案，参加搭架子的人员，必须经培训合格，持证上岗。 遇有恶劣气候(如风力在六级以上)，影响安全施工时，禁止高空作业。 高空作业衣着要轻便，禁止穿硬底鞋和带钉易滑鞋上班。 施工现场的脚手架、防护设施、安全标志和警告牌，不得擅自拆动，需拆动应经施工负责人同意，并由专业人员加固后拆动。 乘人的外用电梯、吊笼应有可靠的安全装置，禁止人员随同运料吊篮、吊盘上下。 对安全帽、安全网、安全带要定期检查，不符合要求的严禁使用。 高大架子必须经相关安全部门检验合格后方可使用。
2	环保措施	使用现场搅拌站时，应设置施工污水处理设施。施工污水未经处理不得随意排放，需要向施工区外排放时必须经相关部门批准方可外排。 施工垃圾要集中堆放，严禁将垃圾随意堆放或抛撒。施工垃圾应由合格消纳单位组织消纳，严禁随意消纳。 大风天严禁筛制砂料、石灰等材料。 砂子、石灰、散装水泥要封闭或苫盖集中存放，不得露天存放。 清理现场时，严禁将垃圾杂物从窗口、洞口、阳台等处采取抛撒运输方式，以防造成粉尘污染。 施工现场应设立合格的卫生环保设施，严禁随处大小便。 施工现场使用或维修机械时，应有防滴漏油措施，严禁将机油滴漏于地表，造成土壤污染。清修机械时，废弃的棉丝(布)等应集中回收，严禁随意丢弃或燃烧处理

8.2.1.7 清水砌体勾缝工程

1. 适用范围和基本规定

清水砌体勾缝工程的适用范围和基本规定，如表8.2.49所示。

适用范围和基本规定 表8.2.49

序 号	项 目	内 容
1	适用范围	本施工工艺标准适用于工业与民用建筑的清水砌体砂浆勾缝和原浆勾缝工程的施工。
2	基本规定	(1)设计 1)抹灰工程应有施工图、设计说明及其他设计文件。 2)承担抹灰工程设计的单位应具有相应的资质。 (2)材料 1)所有材料进场时应对品种、规格、外观和数量进行验收。材料包装应完好，应有产品合格证书。 2)进场后需要进行复验的材料应符合国家规范规定。 3)现场配制的砂浆、胶粘剂等，应符合设计要求。 4)不同品种、不同强度等级的水泥不得混合使用。 (3)施工 1)在施工中严禁违反设计文件擅自改动建筑主体、承重结构或主要使用功能，严禁未经设计确认和有关部门批准擅自拆改水、暖、电、燃气、通信等配套设施。 2)各工序应按施工技术标准进行质量控制，每道工序完成后，应进行"工序交接"检验。 3)相关各专业工种之间，应进行交接检验，并形成记录，未经监理工程师或建设单位技术负责人检查认可，不得进行下道工序施工。 4)施工过程质量管理应有相应的施工技术标准和质量管理体系，加强过程质量控制管理。 5)施工完成验收前应将施工现场清理干净。 6)施工单位应遵守有关环境保护的法律法规，并应采取有效措施控制施工现场的各种粉尘、废弃物、噪声、振动等对周围环境造成的污染和危害。 (4)质量 清水砌体勾缝应横平竖直，交接处应平顺，宽度和深度应均匀，表面应压实抹平，无瞎缝、漏勾缝、开裂等

2. 施工准备和工程要点

清水砌体勾缝工程施工准备和工程要点,如表 8.2.50 所示。

施工准备和工程要点　　　　　　　　　　　　　　表 8.2.50

序号	项目	内容
1	技术准备	(1)设计施工图、设计说明及其他设计文件已完成,并通过审核、批准实施。 (2)施工方案审核、批准已完成。 (3)施工技术交底(作业指导书)已签订完成。
2	材料准备	(1)水泥 宜采用 32.5 级普通水泥或矿渣水泥,应选择同一品种、同一强度等级、同一厂家生产的水泥。 水泥进厂需对产品名称、代号、净含量、强度等级、生产许可证编号、生产地址、出厂编号、执行标准、日期等进行外观检查,同时验收合格证。 (2)砂子 宜采用细砂,使用前应过筛。 (3)磨细生石灰粉 不含杂质和颗粒,使用前 7d 用水将其闷透。 (4)石灰膏 使用时不得含有未熟化的颗粒和杂质,熟化时间不少于 30d。 (5)颜料 应采用矿物质颜料,使用时按设计要求和工程用量,与水泥一次性拌均匀,计量配比准确,应做好样板(块),过筛装袋,保存时避免潮湿。
3	机具准备	(1)砂浆搅拌机:可根据现场使用情况选择强制式水泥砂浆搅拌机或利用小型鼓筒混凝土搅拌机等。 (2)手推车:根据现场情况可采用窄式卧斗、翻斗式或普通式手推车。手推车车轮宜采用胶胎轮或充气胶胎轮,不宜采用硬质轮手推车。 (3)操作工具:铁锹、铁板、灰槽、锤子、扁凿子(开口凿)、尖头钢钻子、瓦刀、托灰板、小铁桶、筛子、粉线袋、施工小线、长溜子、短溜子、喷壶、笤帚、毛刷等。
4	作业条件	(1)主体结构已经过相关单位(建设单位、施工单位、监理单位、设计单位)检验合格,并已验收。 (2)施工用脚手架(或吊篮,或桥式架)已搭设完成,做好防护,已验收合格。 (3)所使用材料(如颜料等)已准备充分。 (4)施工方案、施工技术交底已完成。 (5)门窗口位置正确,安装牢固并已采取保护。预留孔洞、预埋件等位置尺寸符合设计要求,门窗口与墙间缝隙应用砂浆堵严。
5	工程要点	清水砌体勾缝的工程要点,如表 8.2.51 所示

清水砌体勾缝的工程要点　　　　　　　　　　　表 8.2.51

序号	项目	内容
1	技术要点	(1)横竖缝交接处应平顺、深浅一致、无丢缝、水平缝、立缝应横平竖直。 (2)勾缝前应拉通线检查砖缝顺直情况,窄缝、瞎缝应按线进行开缝处理。 (3)每段墙缝勾好后应及时清扫墙面,以免时间过长灰浆过硬,难以清除造成污染。
2	材料要点	(1)水泥:进场或出厂日期超过三个月必须进行复验,合格后方可使用。 (2)砂:质地洁净,含泥量小于 3%。 (3)颜料:应选用耐碱、耐光的矿物性颜料。

序　号	项　目	内　容
3	质量要求	（1）门窗口四周塞灰不严、表面开裂：施工时要认真将灰缝塞满压实，最好设技术熟练人员做此项工作。 （2）横竖缝接槎不齐：操作时认真将缝槎接好，并反复勾压，勾完后要认真将缝清理干净，然后认真检查，发现问题及时处理。 （3）缝子深浅不一致：施工时划缝是关键，要认真将缝划致深浅一致，切不可敷衍了事。 （4）窄缝、瞎缝：勾缝前认真检查，施工前要将窄缝、瞎缝进行开缝处理，不得遗漏。 （5）缝子漏勾：一段作业面完成后，要认真检查有无漏勾，尤其注意门窗旁侧面，发现漏勾及时补勾。
4	安全要点	（1）参加施工人员要坚守岗位，严禁酒后操作。 （2）机械操作人员必须身体健康，培训合格，持证上网，非专业人员禁止操作机械。 （3）凡患有高血压、心脏病、贫血病、癫痫病及不适宜高空作业的严禁从事高空作业。 （4）施工用外脚手架搭设必须满足设计及安全规范要求，并经验收合格方可使用。
5	环保要点	（1）施工垃圾必须集中堆放。 （2）施工污水未经处理不得随意排放。 （3）施工机械不得有滴漏油现象。 （4）大风天不得从事筛砂、筛灰工作，现场存放的灰、砂等散装材料要进行苫盖

3. 工艺流程和操作方法

（1）工艺流程

假面砖工程工艺流程如下所示。

放线、找规矩 → 开缝、修补 → 塞堵门窗口缝及脚手眼等 → 墙面浇水 → 勾缝 → 扫缝 → 找补漏缝 → 清理墙面

（2）操作方法

假面砖工程操作方法，如表 8.2.52 所示。

操作方法　　　　　　　　　　　　　　　　　　　表 8.2.52

序　号	项　目	内　容
1	放线、找规矩	顺墙立缝自上而下吊垂直，并用粉线将垂直线弹在墙上，作为垂直的规矩。水平缝以同层砖的上下棱为基准拉线，作为水平缝控制的规矩。
2	开缝、修补	根据所弹控制基准线，凡在线外的棱角，均用开缝凿剔掉（俗称开缝），对剔掉后偏差较大，应用水泥砂浆顺线补齐，然后用原砖研粉与胶粘剂拌合成浆，刷在补好的灰层上，应使颜色与原砖墙一致。
3	堵门窗洞口	勾缝前，将门窗台残缺的砖补砌好，然后用 1:3 水泥砂浆将门窗框四周与墙之间的缝隙堵严塞实、抹平，应深浅一致。门窗框缝隙添塞材料应符合设计及规范要求。 堵脚手眼时需先将眼内残留砂浆及灰尘等清理干净，后洒水润湿，用同墙颜色一致的原砖补砌堵严。
4	墙面浇水	首先将污染墙面的灰浆及污物清刷干净，然后浇水冲洗湿润。

续表

序 号	项 目	内 容
5	勾缝	勾缝砂浆配制应符合设计及相关要求,并且不宜拌制太稀。勾缝顺序应由上而下,先勾水平缝,然后勾立缝。勾平缝时应使用长溜子,操作时左手托灰板,右手执溜子,将拖灰板顶在要勾的缝的下口,用右手将灰浆推入缝内,自右向左喂灰,随勾随移动托灰板,勾完一段,用溜子在缝内左右推拉移动,勾缝溜子要保持立面垂直,将缝内砂浆赶平压实、压光,深浅一致。勾立缝时用短溜子,左手将托灰板端平,右手拿小溜子将灰板上的砂浆用力压下(压在砂浆前沿),然后左手将拖灰板扬起,右手将小溜子向前上方用力推起(动作要迅速),将砂浆叼起勾入主缝,这样可避免污染墙面。然后使溜子在缝中上下推动,将砂浆压实在缝中。勾缝深度应符合设计要求,无设计要求时,一般可控制在4～5mm为宜。
6	扫缝	每一操作段勾缝完成后,用笤帚顺缝清扫,先扫平缝,后扫立缝,并不断抖弹笤帚上的砂浆,减少墙面污染。
7	找补漏缝	扫缝完成后,要认真检查一遍有无漏勾的墙缝,尤其检查易忽略,挡视线和不易操作的地方,发现漏勾的缝及时补勾。
8	清扫墙面	勾缝工作全部完成后,应将墙面全面清扫,对施工中污染墙面的残留灰痕应用力扫净,如难以扫掉时用毛刷蘸水轻刷,然后仔细将灰痕擦洗掉,使墙面干净整洁

4. 质量标准和检验方法

(1) 质量标准

清水砌体勾缝工程质量标准,如表8.2.53所示。

质 量 标 准   表 8.2.53

序 号	项 目	内 容
1	主控项目	(1)清水砌体勾缝所用水泥的凝结时间和安定性复验应合格。砂浆的配合比应符合设计要求。 检验要求:水泥复试取样时应由相关单位进行见证取样,并签字认可。 拌制砂浆配合比计量时,应使用量具,不得采用经验估量法,计量配合比工作应设专人负责。 检验方法:检查复验报告和施工记录。 (2)清水砌体勾缝应无漏勾,勾缝材料应粘结牢固,无开裂。 检验要求:施工中应加强过程控制,坚持工序检查制度,要作好施工记录。 检验方法:观察。
2	一般项目	(1)清水砌体勾缝应横平竖直,交接处应平顺,宽度和深度应均匀,表面应压实抹平。 检验要求:参加勾缝的操作人员必须是合格的熟练技工人员,非技工人员须经培训合格后方可进行操作。 检查方法:观察,尺量检查。 (2)灰缝应颜色一致,砌体表面应洁净。 检验要求:勾缝使用的水泥、颜料应是同一品种、同一批量、同一颜色的产品。并一次备足,集中存放,并避免受潮。勾缝完成后要认真清扫墙面。 检查方法:观察

(2) 质量记录

清水砌体勾缝工程的质量记录,如表8.2.54所示。

质量记录　　　　　　　　　　　　　　　　　表 8.2.54

序　号	内　容
1	材料的产品合格证书、性能检测报告,进场验收记录和复验报告。
2	隐蔽工程记录。
3	检验批检验记录。
4	分项和单位工程检验记录。
5	施工质量检验评定记录。
6	施工现场检查记录。
7	施工日志

5. 成品保护

清水砌体勾缝工程的成品保护,如表 8.2.55 所示。

成品保护　　　　　　　　　　　　　　　　　表 8.2.55

序　号	内　容
1	施工时严禁自上步架或窗口处向灰槽内倒灰,以免溅脏墙面,勾缝时溅落到墙面的砂浆要及时清理干净。
2	当采用高架提升机运料时,应将周围墙面围挡,防止砂浆、灰尘污染墙面

6. 安全环保措施

清水砌体勾缝工程的安全环保措施,如表 8.2.56 所示。

安全环保措施　　　　　　　　　　　　　　　表 8.2.56

序　号	项　目	内　容
1	安全措施	(1)进入施工现场,必须戴安全帽,禁止穿硬底鞋、拖鞋及易滑的钉鞋。 (2)施工现场的脚手架、防护设施、安全标志和警告牌等,不可擅自拆动,确需拆动应经施工负责人同意由专人拆动。 (3)乘人的外用电梯、吊笼,必须安装可靠的安全装置,严禁任何人利用运料吊篮、吊盘上下。 (4)高空作业所用材料要堆放平稳,操作工具应随手放入工具袋内,上下传递物件严禁抛掷
2	环保措施	(1)现场搅拌站应设污水沉淀池,污水经处理达标后继续利用。施工污水不得随意排放,防止造成土壤和自然水源污染。 (2)施工垃圾消纳应与地方环保部门办理消纳手续或委托合格(地方环保部门认可的)单位组织消纳。 (3)清理施工现场时严禁从高处向下抛撒运输,以防造成粉尘污染。 (4)现场应使用合格的卫生环保设施,严禁随地大小便

8.2.2　吊顶工程施工

8.2.2.1　轻钢骨架活动罩面板吊顶

1. 适用范围和工程要点

轻钢骨架活动罩面板吊顶的适用范围和工程要点,如表 8.2.57 所示。

适用范围和工程要点 表 8.2.57

序 号	项 目	内 容
1	适用范围	本章适用于工业与民用建筑中轻钢骨架下面安装活动罩面板顶棚工程。
2	技术要点	弹线必须准确,经复验后方可进行下道工序。安装龙骨应平直牢固,龙骨间距和起拱高度应在允许范围内。
3	材料要点	(1)按设计要求可选用龙骨和配件及罩面板,材料品种、规格、质量应符合设计要求。 (2)对人造板、胶粘剂的甲醛、苯含量进行复检,检测报告应符合国家环保规定要求。 (3)吊顶工程中的预埋件、钢筋吊杆和型钢吊杆应进行防锈处理。
4	质量要点	(1)吊顶龙骨必须牢固、平整。 利用吊杆或吊筋螺栓调整拱度。安装龙骨时应严格按放线的水平标准线和规方线组装周边骨架。受力节点应订装严密、牢固,保证龙骨的整体刚度。龙骨的尺寸应符合设计要求,纵横拱度均匀,互相适应。吊顶龙骨严禁有硬弯,如有必须调直再进行固定。 (2)吊顶面层必须平整 施工前应弹线,中间按平线起拱。长龙骨的接长应采用对接;相邻龙骨接头要错开,避免主龙骨向边倾斜。龙骨安装完毕,应经检查合格后再安装饰面板。吊件必须安装牢固,严禁松动变形。龙骨分格的几何尺寸必须符合设计要求和饰面板块的模数。饰面板的品种、规格符合设计要求,外观质量必须符合材料质量要求。 (3)大于 3kg 重型灯具、电扇及其他重型设备严禁安装在吊顶工程的龙骨上。
5	安全要点	(1)在使用电动工具时,用电应符合《施工现场临时用电安全技术规范》(JGJ 46—1988)。 (2)在高空作业时,脚手架搭设应符合《北京市建筑工程施工安全操作规程》(DBJ01-62—2002)。 (3)施工过程中防止粉尘污染应采取相应的防护措施。 (4)电、气焊的特殊工种,应注意对施工人员健康劳动保护设备配备齐全。
6	环保要点	(1)在施工过程中应符合《民用建筑工程室内环境污染控制规范》(GB 50325—2001)。 (2)在施工过程中应防止噪声污染,在施工场界噪声敏感区域宜选择使用低噪声的设备,也可以采取其他降低噪声的措施

2. 施工准备

轻钢骨架活动罩面板吊顶的施工准备,如表 8.2.58 所示。

施 工 准 备 表 8.2.58

序 号	项 目	内 容
1	技术准备	编制轻钢骨架活动罩面板吊顶工程施工方案,并对工人进行书面技术及安全交底。
2	材料准备	(1)轻钢龙骨分 U 形和 T 形龙骨两种。 (2)轻钢骨架主件为中、小龙骨;配件有吊挂件、连接件、插接件。 (3)零件件:有吊杆、花篮螺栓、射钉、自攻螺钉。 (4)按设计要求可选用各种罩面板、钢、铝压缝条或塑料压缝条。 (5)质量要求,见表 8.1.30～表 8.1.33 及表 8.2.59。
3	机具准备	(1)电机机具:电锯、无齿锯、手枪钻、射钉枪、冲击电锤、电焊机。 (2)手动机具:拉铆枪、手锯、手刨子、钳子、螺丝刀、扳子、钢尺、钢水平尺、线坠等。 (3)主要机具配备表,每班组按 8～10 人计算,见表 8.2.60。
4	作业条件	(1)吊顶工程在施工前应熟悉施工图纸及设计说明。 (2)吊顶工程在施工前应熟悉现场。 (3)施工前应按设计要求对房间的净高、洞口标高和吊顶内的管道、设备及其支架的标高进行交接检验。 (4)对吊顶内的管道、设备的安装及水管试压进行验收。 (5)吊顶工程在施工中应做好各项施工记录,收集好各种有关文件。 (6)材料进场验收记录和复验报告,技术交底记录。 (7)板安装时室内湿度不宜大于 70% 以上

硅钙板的质量要求   表 8.2.59

序号	项目		单位	标准要求
1	外观质量与规格尺寸	长度	mm	±1
		宽度	mm	±1
		厚度	mm	6±0.3
		厚度平均度	%	≤8
		平板边缘平直度	mm/m	≤2
		平板边缘垂直度	mm/m	≤3
		平板表面平整度	mm	≤1
		表面质量	—	平面应平整,不得有缺角、鼓泡和凹陷
2	物理力学	含水率	%	≤10
		密度	g/cm³	0.90<D≤1.20
		湿胀率	%	≤0.25

每班组主要机具配备一览表   表 8.2.60

序号	机械、设备名称	规格型号	定额功率或容量	数量	性能	工种
1	电圆锯	5008B	1.4kW	1	良好	木工
2	角磨机	9523NB	0.54kW	1	良好	木工
3	电锤	TE-15	0.65kW	2	良好	木工
4	电动自动螺丝钻	FD-788HV	0.5kW	3	良好	木工
5	手电钻	JIZ-ZD-10A	0.43kW	1	良好	木工
6	射钉枪	SDT-A301		4	良好	木工
7	电焊机	BX₆-120	0.28kW	1	良好	木工
8	砂轮切割机	JIG-SDG-350	1.25kW	1	良好	木工
9	拉铆枪			2	良好	木工
10	铝合金靠尺	2m		3	良好	木工
11	水平尺	600mm		4	良好	木工
12	扳手	活动扳手或六角扳手		8	良好	木工
13	铅丝	φ0.4～0.8		100m	良好	木工
14	粉线包			1	良好	木工
15	墨斗			1	良好	木工
16	小白线			100m	良好	木工
17	开刀			10	良好	木工
18	卷尺	5m		8	良好	木工
19	方尺	300mm		4	良好	木工
20	线锤	0.5kg		4	良好	木工
21	托线板	2mm		2	良好	木工
22	胶钳			3	良好	木工

3. 工艺流程和操作方法

(1) 工艺流程

轻钢骨架活动罩面板吊顶施工的工艺流程，如下所示：

顶棚标高弹水平线 → 划龙骨分挡线 → 安装水电管线 → 安装主龙骨 → 安装次龙骨 → 安装罩面板 → 安装压条

(2) 操作方法

轻钢骨架活动罩面板吊顶的操作方法，如表 8.2.61 所示。

操 作 方 法　　　　　　　　表 8.2.61

序 号	项 目	内 容
1	弹线	用水准仪在房间内每个墙(柱)角上抄出水平点(若墙体较长,中间也应适当抄几个点),弹出水准线(水准线距地面一般为 500mm),从水准线量至吊顶设计高度加上 12mm(一层石膏板的厚度),用粉线沿墙(柱)弹出水准线,即为吊顶次龙骨的下皮线。同时,按吊顶平面图,在混凝土顶板弹出主龙骨的位置。主龙骨应从吊顶中心向两边分,最大间距为 1000mm,并标出吊杆的固定点,吊杆的固定点间距 900～1000mm。如遇到梁和管道固定点大于设计和规程要求,应增加吊杆的固定点。
2	固定吊挂杆件	采用膨胀螺栓固定吊挂杆件。不上人的吊顶,吊杆长度小于 1000mm,可以采用 $\phi6$ 的吊杆,如果大于 1000mm 应采用 $\phi8$ 的吊杆,还应设置反向支撑。吊杆可以采用冷拔钢筋和盘圆钢筋,但采用盘圆钢筋应采用机械将其拉直。上人的吊顶,吊杆长度小于 1000mm,可以采用 $\phi8$ 的吊杆,如果大于 1000mm,应采用 $\phi10$ 的吊杆,还应设置反向支撑。吊杆的一端同 L30×30×3 角码焊接(角码孔径应根据吊杆和膨胀螺栓的直径确定),另一端可以用攻丝套出大于 100mm 的丝杆,也可以买成品丝杆焊接。制作好的吊杆应做防锈处理,吊杆用膨胀螺栓固定在楼板上,用冲击电锤打孔,孔径应稍大于膨胀螺栓的直径。
3	梁上设吊挂杆件	(1)吊挂杆件应通直并有足够的承载能力。当预埋的杆件需要接长时,必须搭接焊牢,焊缝要均匀饱满。 (2)吊杆距主龙骨端部距离不得超过 300mm,否则应增加吊杆。 (3)吊顶灯具、风口及检修口等应设附加吊杆。
4	安装边龙骨	边龙骨的安装应按设计要求弹线,沿墙(柱)上的水平龙骨线把 L 形镀锌轻钢条用自攻螺钉固定在预埋木砖上,如为混凝土墙(柱),可用射钉固定,射钉间距应不大于吊顶次龙骨的间距。
5	安装主龙骨	(1)主龙骨应吊挂在吊杆上。主龙骨间距 900～1000mm。主龙骨分为轻钢龙骨和 T 形龙骨。轻钢龙骨可选用 UC50 中龙骨和 UC38 小龙骨。主龙骨应平行房间长向安装,同时应起拱,起拱高度为房间跨度的 1/200～1/300。主龙骨的悬臂段不应大于 300mm,否则应增加吊杆。主龙骨的接长应采取对接,相邻龙骨的对接接头要相互错开,主龙骨挂好后应基本调平。 (2)跨度大于 15m 以上的吊顶,应在主龙骨上,每隔 15m 加一道大龙骨,并垂直主龙骨焊接牢固。 (3)如有大的造型顶棚,造型部分应用角钢或扁钢焊接成框架,并应与楼板连接牢固。
6	安装次龙骨	次龙骨分明龙骨和暗龙骨两种。暗龙骨吊顶:即安装罩面板时将次龙骨封闭在棚内,在顶棚表面看不见次龙骨。明龙骨吊顶:即安装罩面板时次龙骨明露在罩面板下,在顶棚表面能够看见次龙骨。次龙骨应紧贴主龙骨安装。次龙骨间距 300～600mm。次龙骨分为 T 形烤漆龙滑、T 形铝合金龙骨和各种条形扣板厂家配带的专用龙骨。用 T 形镀锌铁片连接件把次龙骨固定在主龙骨上时,次龙骨的两端应搭在 L 形边龙骨的水平翼缘上,条形扣板有专用的阴角线做边龙骨。

续表

序 号	项 目	内 容
7	安装罩面板	吊挂顶棚罩面板常用的板材有吸声矿棉板、硅钙板、塑料板、格栅和各种扣板等。 (1)矿棉装饰吸声板安装 　规格一般为 300mm×600mm,600mm×600mm,600mm×1200mm 三种;300mm×600mm 的多用于暗插龙骨吊顶,将面板插于次龙骨上。600mm×600mm 及 600mm×1200mm 一般用于明装龙骨,将面板直接搁于龙骨上。安装时,应注意板背面的箭头方向和白线方向一致,以保证花样、图案的整体性;饰面板上的灯具、烟感器、喷淋头、风口篦子等设备的位置应合理、美观,与饰面的交接应吻合、严密。 (2)硅钙板、塑料板安装 　规格一般为 600mm×600mm,一般用于明装龙骨,将面板直接搁于龙骨上。安装时,应注意板背面的箭头方向和白线方向一致,以保证花样、图案的整体性;饰面板上的灯具、烟感器、喷淋器、风口篦子等设备的位置应合理、美观与饰面的交接应吻合、严密。 (3)格栅安装 　规格一般为 100mm×100mm;150mm×150mm,200mm×200mm 等多种方形格栅,一般用卡具将饰面板板材卡在龙骨上。 (4)扣板安装 　规格一般为 100mm×100mm;150mm×150mm,200mm×200mm;600mm×600mm 等多种方形塑料板,还有宽度为 100mm;150mm;200mm;300mm;600mm 等多种条形塑料板;一般用卡具将饰面板板材卡在龙骨上

4. 质量标准和检验方法

(1) 质量标准

轻钢骨架活动罩面板吊顶的质量标准,除应符合表 8.2.62 的规定外,还应满足《建筑装饰装修工程质量验收规范》(GB 50210—2001)中之 6.3 的有关要求。

质 量 标 准　　　　　　　　　　　　　　　表 8.2.62

序 号	项 目	内 容
1	主控项目	(1)钢骨架和罩面板的材质、品种、式样、规格应符合设计要求。 (2)轻钢骨架的吊杆,龙骨安装必须位置正确,连接牢固,无松动。 (3)对人造木板的甲醛含量进行复检,检测报告应符合国家环保规定要求。 (4)罩面板应无脱层、翘曲、拆裂、缺棱掉角等缺陷,安装必须整齐。
2	一般项目	(1)整面轻钢龙骨应顺直、无弯曲、无变形;吊挂件、连接件应符合产品组合的要求。 (2)罩面板表面平整、洁净、颜色一致,无污染等缺陷。 (3)允许偏差项目见表 8.2.63

轻钢骨架活动罩面板吊顶允许偏差　　　　　　　　表 8.2.63

序号	项类	项目	允许偏差(mm)					检验方法
			矿棉板	塑料板	玻璃板	硅钙板	格栅	
1	龙骨	龙骨间距	2	2	2	2	2	尺量检查
2		龙骨平直	3	3	3	3	3	尺量检查
3		起拱高度	±10	10	±10	±10	±10	拉线尺量
4		龙骨四周水平	±5	±5	±5	±5	±5	尺量或水准仪检查
5	面板	表面平整	2	2	1	2	2	用2m靠尺检查
6		接缝平直	1.5	1.5	1	1.5	1.5	拉5m线检查
7		接缝高低	0.5	0.5	0.5	1	1	用直尺或塞尺检查
8		顶棚四周水平	±5	±5	±5	±5	±5	拉线或用水准仪检查
9	压条	压条平直	2	2	2	2	2	拉5m线检查
10		压条间距	2	2	2	2	2	尺量检查

（2）质量记录

轻钢骨架活动罩面板吊顶的质量记录，如表 8.2.64 所示。

质量记录　　　　　　　　　　　　　　　　　表 8.2.64

序　号	内　　容
1	应做好隐蔽工程记录,技术交底记录。
2	材料进场验收记录和复验报告。
3	工程验收质量验评资料。

5. 成品保护

轻钢骨架活动罩面板吊顶的成品保护，如表 8.2.65 所示。

成品保护　　　　　　　　　　　　　　　　　表 8.2.65

序　号	内　　容
1	轻钢骨架及罩面板安装应注意保护顶棚内各种管线。轻钢骨架的吊杆、龙骨不准固定在通风管道及其他设备上。
2	轻钢骨架、罩面板及其他吊顶材料在入场存放、使用过程中严格管理,板上不宜放置其他材料,保证板材不受潮、不变形。
3	施工顶棚部位已安装的门窗,已施工完毕的地面、墙面、窗台等应注意保护,防止污损。
4	已装轻钢骨架不得上人踩踏。其他工种吊挂件或重物严禁吊于轻钢骨架上。
5	为了保护成品,罩面板安装必须在棚内管道、试水、保温等一切工序全部验收后进行

6. 安全环保措施

轻钢骨架活动罩面板吊顶的安全环保措施，如表 8.2.66 所示。

安全环保措施　　　　　　　　　　　　　　　表 8.2.66

序　号	内　　容
1	吊顶工程的脚手架搭设应符合建筑施工安全标准。
2	脚手架上堆料量不得超过规定荷载,跳板应用钢丝绑扎固定,不得有探头板。
3	顶棚高度超过 3m 应设满堂红脚手架,跳板下应安装安全网。
4	工人操作应戴安全帽,高空作业应系安全带。
5	施工现场必须工完场清。清扫时应洒水,不得扬尘。
6	有噪声的电动工具应在规定的作业时间内施工,防止噪声污染、扰民。
7	废弃物应按环保要求分类堆放及消纳(如废塑料板、矿棉板、硅钙板等)。
8	安装饰面板时,施工人员应戴线手套,以防污染板面及保护皮肤

8.2.2.2　轻钢骨架固定罩面板吊顶

1. 适用范围和工程要点

轻钢骨架固定罩面板吊顶的适用范围和工程要点，如表 8.2.67 所示。

2. 施工准备

轻钢骨架固定罩面板吊顶的施工准备，如表 8.2.68 所示。

适用范围和工程要点   表 8.2.67

序 号	项 目	内 容
1	适用范围	本章适用于工业与民用建筑中轻钢骨架下面安装固定罩面板的吊顶安装工程。
2	材料要点	(1)按设计要求可选用龙骨及配件和罩面板,材料品种、规格、质量应符合设计要求。 (2)对人造木板的甲醛含量进行复检,检测报告应符合国家环保规定要求。 (3)吊顶工程中的预埋件、钢筋吊杆和型钢吊杆应进行防锈处理。
3	技术要点	弹线必须准确,经复验后方可进行下道工序。安装龙骨应平直牢固,龙骨间距和起拱高度应在允许范围内。
4	质量要点	(1)吊顶龙骨必须牢固、平整;利用吊杆或吊筋螺栓调整拱度。安装龙骨时应严格按放线的水平标准线和规方线组装周边骨架。受力节点应装订严密、牢固,保证龙骨的整体刚度。龙骨的尺寸应符合设计要求,纵横拱度均匀,互相适应。吊顶龙骨严禁有硬弯,如有必须调直再进行固定。 (2)吊顶面层必须平整;施工前应弹线,中间按平线起拱。长龙骨的接长应采用对接;相邻龙骨接头要错开,避免主龙骨向边倾斜。龙骨安装完毕,应经检查合格后再安装饰面板。吊件必须安装牢固,严禁松动变形。龙骨分格的几何尺寸必须符合设计要求和饰面板块的模数。饰面板的品种、规格符合设计要求,外观质量必须符合材料技术标准的规格。 (3)大于 3kg 的重型灯具、电扇及其他重型设备严禁安装在吊顶工程的龙骨上。
5	安全要点	(1)在使用电动工具时,用电应符合《施工现场临时用电安全技术规范》(JGJ 46—88)。 (2)在高空作业时,脚手架搭设应符合《建筑工程施工安全操作规程》DBJ 01-62—2002。 (3)施工过程中防止粉尘污染应采取相应的防护措施。 (4)电、气焊的特殊工种,应注意对施工人员健康劳动保护设备配备齐全。
6	环保要点	(1)在施工过程中应符合《民用建筑工程室内环境污染控制规范》(GB 50325—2001)。 (2)在施工过程中应防止噪声污染,在施工场界噪声敏感区域宜选择使用低噪声的设备,或采取其他降低噪声的措施

施工准备   表 8.2.68

序 号	项 目	内 容
1	技术准备	编制轻钢骨架固定罩面板吊顶工程施工方案,并对工人进行书面技术及安全交底。
2	材料准备	(1)轻钢龙骨分 U 形和 T 形龙骨两种,并按荷载分上人和不上人两种。 (2)轻钢骨架主件为大、中、小龙骨;配件有吊挂件、连接件、插接件。 (3)零配件:有吊杆、花篮螺丝、射钉、自攻螺钉。 (4)按设计要求可选用各种罩面板,其材料品种、规格、质量应符合设计要求。 (5)质量要求:见表 8.1.30～表 8.1.33,表 8.1.35～表 8.1.37 及表 8.2.59。
3	机具准备	(1)电动机具:电锯、无齿锯、手电锯、冲击电锤、电动螺丝刀。 (2)手动机具:射钉枪、拉铆枪、手锯、手刨子、钳子、扳手、水准仪、靠尺、钢卷尺等。 (3)主要机具配备表:每班组按 8～10 人计算,见表 8.2.60。
4	作业条件	(1)吊顶工程在施工前应熟悉施工图纸及设计说明。 (2)吊顶工程在施工前应熟悉现场。 1)施工前应按设计要求对房间的净高、洞口标高和吊顶内的管道、设备及其支架的标高进行交接检验。 2)对吊顶内的管道、设备的安装及水管试压进行验收。 (3)吊顶工程在施工中应做好各项施工记录,收集好各种有关文件。 1)进场验收记录和复验报告、技术交底记录。 2)材料的产品合格证书、性能检测报告。 (4)安装面板前应完成吊顶内管道和设备的调试及验收

3. 工艺流程和施工方法
(1) 工艺流程

轻钢骨架固定罩面板吊顶施工的工艺流程，如下所示。

顶棚标高弹水平线 → 划龙骨分挡线 → 安装水电管线 → 安装主龙骨 → 安装次龙骨 → 安装罩面板 → 安装压条

（2）操作方法

轻钢骨架固定罩面板吊顶的操作方法，如表 8.2.69 所示。

操作方法　　　　　　　　　　　表 8.2.69

序　号	项　目	内　容
1	弹线	用水准仪在房间内每个墙(柱)角上抄出水平点(若墙体较长,中间也应适当抄几个点),弹出水准线(水准线距地面一般为500mm),从水准线量至吊顶设计高度加上12mm(一层石膏板的厚度),用粉线沿墙(柱)弹出水准线,即为吊顶次龙骨的下皮线。同时,按吊顶平面图,在混凝土顶板弹出主龙骨的位置。主龙骨应从吊顶中心向两边,最大间距为1000mm,并标出吊杆的固定点,吊杆的固定点间距900～1000mm,如遇到梁和管道固定点大于设计和规程要求,应增加吊杆的固定点。
2	固定吊挂杆件	采用膨胀螺栓固定吊挂杆件。不上人的吊顶,吊杆长度小于1000mm,可以采用$\phi6$的吊杆,如果大于1000mm,应采用$\phi8$的吊杆,还应设置反向支撑。 吊杆可以采用冷拔钢筋和盘圆钢筋,但采用盘圆钢筋应采用机械将其拉直。上人的吊顶,吊杆长度等于1000mm,可以采用$\phi8$的吊杆,如果大于1000mm,应采用$\phi10$的吊杆,吊杆的一端同L30×30×3角码焊接(角码的孔径应根据吊杆的膨胀螺栓的直径确定),另一端可以用攻丝套出大于100mm的丝杆,也可以买成品丝杆焊接。 制作好的吊杆应做防锈处理,吊杆用膨胀螺栓固定在楼板上,用冲击电钻打孔,孔径应稍大于膨胀螺栓的直径。
3	梁上设吊挂杆件	(1)吊挂杆件应通直并有足够的承载能力。当预埋的杆件需要接长时,必须搭接焊牢,焊缝要均匀饱满。 (2)吊杆距主龙骨端部不得超过300mm,否则应增加吊杆。 (3)吊顶灯具、风口及检修口等应设附加吊杆。
4	安装边龙骨	边龙骨的安装应按设计要求弹线,沿墙(柱)上的水平龙骨线把L形镀锌轻钢条用自攻螺钉固定在预埋木砖上,如为混凝土墙(柱)上可用射钉固定,射钉间距应不大于吊顶次龙骨的间距。
5	安装主龙骨	(1)主龙骨应吊挂在吊杆上,主龙骨间距900～1000mm 主龙骨分为不上人 UC38 小龙骨,上人 UC60 大龙骨两种。主龙骨宜平行房间长向安装,同时应起拱,起拱高度为房间跨度的 1/200～1/300。主龙骨的悬臂段不应大于300mm,否则应增加吊杆。主龙骨的接长应采取对接,相邻龙骨的对接接头要相互错开,主龙骨挂好后应基本调平。 (2)跨度大于15m以上的吊顶,应在主龙骨上,每隔15m加一道大龙骨,并垂直主龙骨焊接牢固。 (3)如有大的造型顶棚,造型部分应用角钢或扁钢焊接成框架,并应与楼板连接牢固。 (4)吊顶如设检修走道,应另设附加吊挂系统,用 10mm 的吊杆与长度为 1200mm 的 L15×15 角钢横担用螺栓连接,横担间距为 1800～2000mm,在横担上铺设走道,可以用 6 号槽钢两根间距 600mm,之间用 10mm 的钢筋焊接、钢筋的间距为@100,将槽钢与横担角钢焊接牢固,在走道的一侧设有栏杆,高度为 900mm 可以用 L50×4 的角钢做立柱,焊接在走道槽钢上,之间用 30×4 的扁钢连接。
6	安装次龙骨	次龙骨应紧贴主龙骨安装。次龙骨间距 300～600mm。用 T 形镀锌铁片连接件把次龙骨固定在主龙骨上时,次龙骨的两端应搭在 L 形边龙骨的水平翼缘上。墙上应预先标出次龙骨中心线的位置,以便安装罩面板时找到次龙骨的位置。当用自攻螺钉安装板材时,板材接缝处必须在宽度不小于 40mm 的次龙骨上。次龙骨不得搭接。在通风、水电等洞口周围应设附加龙骨,附加龙骨的连接用拉铆钉铆固。 吊顶灯具、风口及检修口等应设附加吊杆和补强龙骨。
7	罩面板安装	吊挂吊顶罩面板常用的板材有纸面石膏板、埃特板、防潮板等。选用板材应考虑牢固可靠,装饰效果好,便于施工和维修,也要考虑重量轻、防火、吸声、隔热、保温等要求。

序　号	项　目	内　容
7	罩面板安装	(1)纸面石膏板安装 饰面板应在自由状态下固定,防止出现弯棱、凸鼓的现象;还应在棚顶四周封闭的情况下安装固定,防止板面受潮变形。 纸面石膏板的长边(既包封边)应沿纵向次龙骨铺设。 自攻螺钉与纸面石膏板边的距离,用面纸包封的板边以10～15mm为宜,切割的板边以15～20mm为宜。 固定次龙骨的间距,一般不应大于600mm,在南方潮湿地区,间距应适当减小,以300mm为宜。 钉距以150～170mm为宜,螺丝应于板面垂直,已弯曲、变形的螺丝应剔除,并在相隔50mm的部位另安螺丝; 安装双层石膏板时,面层板与基层板的接缝应错开,不得在一根龙骨上; 石膏板的接缝,应按设计要求进行板缝处理。 纸面石膏板与龙骨固定,应从一块板的中间向板的四边进行固定,不得多点同时作业。 螺丝钉头宜略埋入板面,但不得损坏纸面,钉眼应作防锈处理并用石膏腻子抹平。 拌制石膏腻子时,必须用清洁水和清洁容器。 (2)纤维水泥加压板(埃特板)安装。 龙骨间距、螺钉与板边的距离,及螺钉间距等应满足设计要求和有关产品的要求。 纤维水泥加压板与龙骨固定时,所用手电钻钻头的直径应比选用螺钉直径小0.5～1.0mm;固定后,钉帽应作防锈处理,并用油性腻子嵌平。 用密封膏、石膏腻子或掺界面剂胶的水泥砂浆嵌涂板缝并刮平,硬化后用砂纸磨光,板缝宽度应小于50mm。 板材的开孔和切割,应按产品的有关要求进行。 (3)防潮板 饰面板应在自由状态下固定,防止出现弯棱、凸鼓的现象; 防潮板的长边(既包封边)应沿纵向次龙骨铺设。 自攻螺丝与防潮板板边的距离,以10～15mm为宜,切割板边以15～20mm为宜; 固定次龙骨的间距,一般不应大于600mm,在南方潮湿地区,钉距以150～170mm为宜,螺丝应于板面垂直,已弯曲、变形的螺丝应剔除; 面层板接缝应错开,不得在一根龙骨上; 防潮板的接缝处理同石膏板; 防潮板与龙骨固定时,应从一块板的中间向板的四边进行固定,不得多点同时作业。 螺丝钉头宜略埋入板面,钉眼应作防锈处理并用石膏腻子抹平。 (4)饰面板上的灯具、烟感器、喷淋头、风口篦子等设备的位置应合理、美观,与饰面的交接应吻合、严密。并做好检修口的预留,使用材料应与母体相同,安装时应严格控制整体性,刚度和承载力

4. 质量标准和检验方法

(1) 质量标准

轻钢骨架固定罩面板吊顶施工的质量标准,除应符合表8.2.70的规定外,还应满足《建筑装饰装修工程质量验收规范》(GB 50210—2001)中之6.2的有关规定。

质量标准　　　　表8.2.70

序　号	项　目	内　容
1	主控项目	(1)钢骨架和罩面板的材质、品种、式样、规格应符合设计要求。 (2)轻钢骨架的吊杆,大、中、小龙骨安装必须位置正确,连接牢固,无松动。 (3)罩面板应无脱层、翘曲、拆裂、缺棱掉角等缺陷,安装必须牢固。
2	一般项目	(1)整面轻钢骨架应顺直、无弯曲、无变形;吊挂件、连接件应符合产品组合的要求。 (2)罩面板表面平整、洁净、颜色一致,无污染,反锈等缺陷。 (3)允许偏差项目见表8.2.71

轻钢骨架固定罩面板吊顶允许偏差　　　　　　表 8.2.71

序　号	项类	项目	允许偏差(mm)			检 验 方 法
			埃特板	防潮板	石膏板	
1	龙骨	龙骨间距	2	2	2	尺量检查
2		龙滑平直	3	3	3	尺量检查
3		起拱高度	±10	±10	±10	拉线尺量
4		龙骨四周水平	±5	±5	±5	尺量或水准仪检查
5	面板	表面平整	2	2	2	用 2m 靠尺检查
6		接缝平直	3	3	3	拉 5m 线检查
7		接缝高低	1	1	1	用直尺或塞尺检查
8		顶棚四周水平	±5	±5	±5	拉线或用水准仪检查

（2）质量记录

轻钢骨架固定罩面板吊顶的质量记录，如表 8.2.72 所示。

质 量 记 录　　　　　　表 8.2.72

序　号	内　容	序　号	内　容
1	应做好隐蔽工程记录，技术交底记录。	3	工程验收质量验评资料
2	材料进场验收记录和复验报告。		

5. 成品保护

轻钢骨架固定罩面板吊顶的成品保护，如表 8.2.73 所示。

成 品 保 护　　　　　　表 8.2.73

序　号	内　容
1	轻钢骨架及罩面板安装应注意保护顶棚内各种管线。轻钢骨架的吊杆、龙骨不准固定在通风管道及其他设备上。
2	轻钢骨架、罩面板及其他吊顶材料在入场存放、使用过程中严格管理，保证不变形、不受潮、不生锈。
3	施工顶棚部位已安装的门窗，已施工完毕的地面、墙面、窗台等应注意保护，防止污损。
4	已装轻钢骨架不得上人踩踏。其他工种吊挂件，不得吊于轻钢骨架上。
5	为了保护成品，罩面板安装必须在棚内管道、试水、保温等一切工序全部完成验收后进行

6. 安全环保措施

轻钢骨架固定罩面板吊顶的安全环保措施，如表 8.2.74 所示。

安 全 环 保 措 施　　　　　　表 8.2.74

序　号	内　容
1	吊顶工程的脚手架搭设应符合建设施工安全标准。
2	脚手架上堆料量不得超过规定荷载，跳板应用铁丝绑扎固定，不得有探头板。
3	顶棚高度超过 3m 应设满堂红脚手架，跳板下应安装安全网。
4	工人操作应戴安全帽，高空作业应系安全带。
5	有噪声的电动工具应在规定的作业时间内施工，防止噪声污染、扰民。
6	施工现场必须工完场清。废弃物应按环保要求分类堆放及消纳

8.2.2.3 轻钢骨架金属罩面板吊顶

1. 适用范围和工程要点

轻钢骨架金属罩面板吊顶施工的适用范围和工程要点，如表8.2.75所示。

适用范围和工程要点　　　　　　　　　　表 8.2.75

序　号	项　目	内　容
1	适用范围	本章适用于工业与民用建筑中轻钢骨架下面安装金属罩面板的吊顶安装工程。
2	技术要点	弹线必须准确，经复验后方可进行下道工序。金属板加工尺寸必须准确，安装时拉通线。
3	材料要点	金属板面层涂饰必须色泽一致，表面平整，几何尺寸误差在允许范围内，宜负误差。
4	质量要点	(1)吊顶龙骨必须牢固、平整：利用吊杆或吊筋螺栓调整拱度。安装龙骨时应严格按放线的水平标准线和规方线组装周边骨架。受力节点应装订严密、牢固、保证龙骨的整体刚度。龙骨的尺寸应符合设计要求，纵横拱度均匀，互相适应。吊顶龙骨严禁有硬弯，如有必须调直再进行固定。 (2)吊顶面层必须平整：施工前应弹线，中间按平线起拱。长龙骨的接长应采用对接，相邻龙骨接头要错开，避免主龙骨向边倾斜。龙骨安装完毕，应经检查合格后再装饰面板。吊件必须安装牢固，严禁松动变形。龙骨分格的几何尺寸必须符合设计要求和饰面板块的模数。饰面板的品种、规格符合设计要求，外观质量必须符合材料技术标准的规格。旋紧装饰板的螺丝时，避免板的两端紧中间松，表面出现凹形、板块调平规方后可组装，不妥处应经调整再进行固定。边角处的固定点要准确，安装要密合。 (3)接缝应平直：板块装饰前应严格控制其角度和周边的规整性，尺寸要一致。安装时应拉通线找直，并按拼缝中心线，排放饰面板，排列必须保持整齐。安装时应沿中心线和边线进行，并保持接缝均匀一致。压条应沿装订线钉装，并应平顺光滑，线条整齐，接缝密合。
5	安全要点	(1)在使用电动工具时，用电应符合《施工现场临时用电安全技术规范》(JGJ 46—88)。 (2)在高空作业时，脚手架搭设应符合《北京市建筑工程施工安全操作规程》(DBJ 01-62—2002)。 (3)施工过程中防止粉尘污染应采取相应的防护措施。 (4)电、气焊的特殊工种，应注意对施工人员健康劳动保护设备配备齐全。
6	环保要点	(1)在施工过程中应符合《民用建筑工程室内环境污染控制规范》(GB 50325—2001)。 (2)在施工过程中应防止噪声污染，在施工场界噪声敏感区域宜选择使用低噪声的设备，也可以采取其他降低噪声的措施

2. 施工准备

轻钢骨架金属罩面板吊顶的施工准备，如表8.2.76所示。

施工准备　　　　　　　　　　表 8.2.76

序　号	项　目	内　容
1	技术准备	编制轻钢骨架金属罩面板吊顶工程施工方案，并对工人进行书面技术及安全交底。

续表

序　号	项　目	内　容
2	材料准备	(1)轻钢龙骨按荷载分上人和不上人两种。 (2)轻钢骨架主体为大、中、小龙骨;配件有吊挂件、连接件、插接件。 (3)零配件:有吊杆、膨胀螺栓、铆钉。 (4)按设计要求选用各种罩面板,其材料品种、规格、质量应符合设计要求。 (5)质量要求:见表8.1.30～表8.1.33及表8.2.77、表8.2.78。
3	机具准备	(1)电动机具:电锯、无齿锯、射钉枪、手电钻、冲击电锤、电焊机。 (2)手动工具:拉铆枪、手锯、钳子、螺丝刀、扳子、钢尺、钢水平尺、线坠等。 (3)主要机具配备表:按每班组8～10人计算,见表8.2.60。
4	作业条件	(1)吊顶工程在施工前应熟悉施工图纸及设计说明。 (2)吊顶工程在施工前应熟悉现场。 1)施工前按设计要求对房间的净高、洞口标高和吊顶内的管道、设备及其支架的标高进行交接检验。 2)对吊顶内的管道、设备的安装及水管试压进行验收。 (3)检查材料进场验收记录和复验报告、技术交底记录

铝塑复合板规格尺寸允许偏差　　　　　　　　　　　　表8.2.77

项　目	允许偏差值	项　目	允许偏差值
长度(mm)	±3	对角线差(mm)	≤5
宽度(mm)	±2	边沿不直度(mm/m)	≤1
厚度(mm)	±0.2	翘曲度(mm/m)	≤5

铝塑复合板外观质量　　　　　　　　　　　　表8.2.78

缺陷名称	缺陷规定	允许范围	
		优等品	合格品
波纹		不允许	不明显
鼓泡	≤10mm	不允许	不超过1个/m²
疵点	≤3mm	不超过3个/m²	不超过10个/m²
划伤	总长度	不允许	≤100mm/m²
擦伤	总面积	不允许	≤300mm/m²
划伤、擦伤总处数		不允许	≤4处
色差	色差不明显;若用仪器检测,$\Delta E \leqslant 2$		

3. 工艺流程和施工方法

(1) 工艺流程

轻钢骨架金属罩面板吊顶施工的工艺流程,如下所示。

顶棚标高弹水平线 → 划龙骨分挡线 → 安装水电管线 → 固定吊挂杆件 → 安装主龙骨 → 安装次龙骨 →

安装罩面板 → 安装压条

(2) 操作方法

轻钢骨架金属罩面板吊顶操作方法,如表8.2.79所示。

操作方法　　　　　　　　　　　　　　　　　　　　表 8. 2. 79

序　号	项　目	内　容
1	弹线	用水准仪在房间内每个墙(柱)角上抄出水平点(若墙体较长,中间也应适当抄几个点),弹出水准线(水准线距地面一般为 500mm),从水准线量至吊顶设计高度加上金属板的厚度和折起的高度,用粉线沿墙(柱)弹出水准线,即为吊顶次龙骨的下皮线同时,按吊顶平面图,在混凝土顶板弹出主龙骨的位置。主龙骨应从吊顶中心向两边分,最大间距为 1000mm,遇到梁和管道固定点大于设计和规程要求,应增加吊杆的固定点。
2	固定吊挂杆件	采用膨胀螺栓固定吊挂杆件。不上人的吊顶,吊杆长度小于 1000mm,可以采用 $\phi6$ 的吊杆,如果大于 1000mm,应采用 $\phi8$ 的吊杆,还应设置反向支撑。吊杆可以采用冷拔钢筋和盘圆钢筋,但采用盘圆钢筋应采用机械将其拉直。上人的吊顶,吊杆长度等于 1000mm,可以采用 $\phi8$ 的吊杆,如果大于 1000mm,应采用 $\phi10$ 的吊杆,并设置反向支撑。吊杆的一端同 L30×30×3 角码焊接(角码的孔径应根据吊杆和膨胀螺栓的直径确定),另一端可以用攻丝套出大于 100mm 的丝杆,也可以买成品丝杆焊接。制作好的吊杆应做防锈处理。制作好的吊杆用膨胀螺栓固定在楼板上,用冲击电锤打孔,孔径应稍大于膨胀螺栓的直径。
3	龙骨安装	(1)安装边龙骨 边龙骨的安装应按设计要求弹线,沿墙(柱)上的水平龙骨线把 L 形镀锌轻钢条用自攻螺丝固定在预埋木砖上,如为混凝土墙(柱)上可用射钉固定,射钉间距应不大于吊顶次龙骨的间距。如罩面板是固定的单铝板或铝塑板可以用密封胶直接收边,也可以加阴角进行修饰。 (2)安装主龙骨 主龙骨应吊挂在吊杆上。主龙骨间距 900～1000mm。主龙骨分不上人 UC38 小龙骨,上人 UC60 大龙骨两种。主龙骨一般宜平行房间长向安装,同时应起拱,起拱高度为房间跨度的 1/200～1/300。主龙骨的悬臂段不应大于 300mm,否则应增加吊杆。主龙骨的接长应采取对接,相邻龙骨的对接接头要相互错开。主龙骨挂好后应基本调平。 如罩面板是固定的单铝板和铝塑板,可以用型钢和方铝管做主龙骨,与吊杆直接焊接或螺栓(铆接)连接。 吊顶如设检修走道,应另设附加吊挂系统,用 10mm 的吊杆与长度为 1200mm 的 L45×5 角钢横担用螺栓连接,横担间距为 1800～2000mm,在横担上铺设走道,可以用 6 号槽钢两根间距 600mm,之间用 10mm 的钢筋焊接钢筋的间距为 @100,将槽钢与横担角钢焊接牢固,在走道的一侧设的栏杆,高度为 900mm 可以用 L50×4 的角钢做立柱,焊接在走道槽钢上,之间用 30×4 的扁钢连接。 (3)安装次龙骨 次龙骨间距根据设计要求施工。可以用型钢或方铝管做主龙骨,与吊杆直接焊接或螺栓连接,条形或方形的金属罩面板的次龙骨,应使用专用次龙骨,与主龙骨直接连接。 用 T 形镀锌铁片连接件把次龙骨固定在主龙骨上时,次龙骨的两端应搭在 L 形边龙骨的水平翼缘上。在通风、水电等洞口周围应设附加龙骨,附加龙骨的连接用拉铆钉铆固。
4	罩面板安装	吊挂顶棚罩面板常用的板材有条形金属扣板,规格一般为 100mm、150mm、200mm 等;还有设计要求的各种特定异形的条形金属扣板。方形金属扣板,规格一般为 300mm×300mm、600mm×600mm 等吸声和不吸声的方形金属扣板;还有面板是固定的单铝板或铝塑板。 (1)铝塑板安装 铝塑板采用单面铝塑板,根据设计要求,裁成需要的形状,用胶贴在事先封好的底板上,可以根据设计要求留出适当的胶缝。

序　号	项　目	内　容
4	罩面板安装	胶粘剂粘贴时,涂胶应均匀;粘贴时,应采用临时固定措施,并应及时擦去挤出的胶液;在打封闭胶时,应先用美纹纸带将饰面板保护好,待胶打好后,撕去美纹纸带,清理板面。 　　(2)单铝板或铝塑板安装 　　将板材加工折边,在折边上加上铝角,再将板材用拉铆钉固定在龙骨上,可以根据设计要求留出适当的胶缝,在胶缝中填充泡沫胶棒,在打封闭胶时,应先用美纹纸带将饰面板保护好,待胶打好后,撕去美纹纸带,清理板面。 　　(3)金属(条、方)扣板安装 　　条板式吊顶龙骨一般可直接吊挂,也可以增加主龙骨,主龙骨间距不大于1000mm,条板式吊顶龙骨形式与条板配套。 　　方板吊顶次龙骨分明装 T 形和暗装卡口两种,可根据金属方板式样选定;次龙骨与主龙骨间用固定件连接。 　　金属板吊顶与四周墙面所留空隙,用金属压条与吊顶找齐金属压缝条的材质宜与金属板面相同。 　　饰面板上的灯具、烟感器、喷淋头、风口篦子等设备的位置应合理、美观,与饰面的交接应吻合、严密。并做好检修口的预留,使用材料宜与母体相同,安装时应严格控制整体性,刚度和承载力。
5	悬挂设备	大于3kg 重型灯具、电扇及其他重型设备严禁安装在吊顶工程的龙骨上

4. 质量标准和检验方法

(1) 质量标准

　　轻钢骨架金属罩板面吊顶施工的质量标准,除应符合表 8.2.80 的规定外,还应满足《建筑装饰装修工程质量验收规范》(GB 50210—2001) 中之 6.1 的有关要求。

质 量 标 准　　　　　　　　　表 8.2.80

序　号	项　目	内　容
1	主控项目	(1)轻钢骨架和罩面板的材质、品种、式样、规格应符合设计要求。 　　(2)轻钢骨架的吊杆,大、中、小龙骨安装必须位置正确,连接牢固,无松动。 　　(3)罩面板应无脱层、翘曲、折裂、缺棱掉角等缺陷,安装必须牢固、平整色泽一致。 　　(4)粘结剂必须符合国家有关环保规范要求。
2	一般项目	(1)轻钢骨架应顺直、无弯曲、无变菁;吊挂件、连接件应符合产品组合的要求。 　　(2)罩面板表面平整、洁净、颜色一致,无污染,反锈等缺陷。 　　(3)罩面板接缝形式符合设计要求,拉缝和压条宽窄一致,平直、整齐、接缝应严密。 　　(4)轻钢骨架金属罩面板吊顶允许偏差见表8.2.81

(2) 质量记录

　　轻钢骨架金属罩面板吊顶的质量记录,如表8.2.82所示。

5. 成品保护

　　轻钢骨架金属罩面板吊顶的成品保护,如表8.2.83所示。

轻钢骨架金属罩面板吊顶允许偏差　　表 8. 2. 81

序号	项类	项目	允许偏差(mm)				检验方法
			铝塑板	单铝板	条扣板	方扣板	
1	龙骨	龙骨间距	2	2	2	2	尺量检查
2		龙滑平直	2	2	2	2	尺量检查
3		起拱高度	±10	±10	±10	±10	短向跨度1/200拉线尺量
4		龙骨四周水平	±5	±5	±5	±5	尺量或水准仪检查
5	罩面板	表面平整	1.5	1.5	1.5	1.5	用2m靠尺检查
6		接缝平直	1.5	1.5	1.5	1.5	拉5m线检查
7		接缝高低	0.5	0.5	1	1	用直尺或塞尺检查
8		顶棚四周水平	±3	±3	±3	±3	拉线或用水准仪检查
9	压条	压条平直	1	1	1	1	拉5m线检查

质量记录　　表 8. 2. 82

序号	内容
1	应做好隐蔽工程记录,技术交底记录。
2	轻钢龙骨、金属面板、硅胶等应有材料合格证,国家有关环保规范要求的检测报告。
3	工程验收应有质量验评资料

成品保护　　表 8. 2. 83

序号	内容
1	轻钢骨架及罩面板安装应注意保护顶棚内各种管线。钢骨架的吊杆、龙骨不准固定在通风管道及其他设备上。
2	轻钢骨架、罩面板及其他吊顶材料在入场存放、使用过程中严格管理,保证不变形、不受潮、不生锈。
3	施工顶棚部位已安装的门窗,已施工完毕的地面、墙面、窗台等应注意保护,防止污损。
4	已装轻钢骨架不得上人踩踏;其他工种吊挂件,不得吊于轻钢骨架上。
5	为了保护成品,罩面板安装必须在棚内管道、试水、保温等一切工序全部验收后进行。
6	安装装饰面板时,施工人员应戴线手套,以防污染板面。

6. 安全环保措施

轻钢骨架金属罩面板吊顶的安全环保措施,如表8.2.84所示。

安全环保措施　　表 8. 2. 84

序号	内容
1	吊顶工程的脚手架搭设应符合建设施工安全标准。
2	脚手架上堆料量不得超过规定荷载,跳板应用钢丝绑扎固定,不得有探头板。
3	顶棚高度超过3m应设满堂红脚手架,跳板下应安装安全网。
4	工人操作应戴安全帽,高空作业应系安全带。
5	有噪声的电动工具应在规定的作业时间内施工,防止噪声污染、扰民。
6	施工现场必须工完场清。清扫时设专人洒水,不得扬尘污染空气。
7	废弃物应按环保要求分类堆放及消纳

8.2.3 轻质隔墙工程施工

8.2.3.1 板材隔墙工程

1. 加气混凝土板隔墙

(1) 工程概要

加气混凝土板隔墙工程概要,如表 8.2.85 所示。

工 程 概 要   表 8.2.85

序　号	项　目	内　容
1	板材隔墙特点	(1)板材隔墙,是指用高度等于室内净高的不同材料的板材(条板),组装而成的非承重分隔体。 (2)加气混凝土板材,是以钙质和硅质材料为基本原料,以铝粉为发气剂,经蒸压养护等工艺制成的一种多孔轻质板材。板材内一般配有单层钢筋网片。
2	工程要点	板材隔墙的安装应符合下列规定: (1)墙位放线应清晰,位置应准确。隔墙上下基层应平整,牢固。 (2)板材隔墙安装拼接应符合设计和产品构造要求。 (3)安装板材隔墙时宜使用简易支架。 (4)安装板材隔墙所用的金属件应进行防腐处理。 (5)板材隔墙拼接用的芯材应符合防火要求。 (6)在板材隔墙上开槽、打孔应用云石机切割或电钻钻孔,不得直接剔凿和用力敲击

(2) 施工准备

加气混凝土板隔墙施工准备,如表 8.2.86 所示。

施 工 准 备   表 8.2.86

序　号	项　目	内　容
1	施工材料	(1)加气混凝土墙板 加气混凝土隔墙板按采用的原材料区分有:水泥—矿渣—砂加气混凝土、水泥—石灰—砂加气混凝土和水泥—石灰—粉煤灰加气混凝土三种; 质量密度 400~600kg/m³,抗压强度分 30N/mm² 和 50N/mm² 两种;导热系数 0.1163W/(m·K);隔声系数 30~40dB。 用于隔断墙的加气混凝土板材的外形和规格,见表 8.2.87。 (2)粘结砂浆和墙面修补材料 隔墙板安装采用的粘结砂浆及墙面修补材料的参考配合比,见表 8.2.88。
2	主要机具	台式切锯机、锋钢锯、普通手锯、撬棍、开八字槽工具、镂槽工具等

加气混凝土隔墙板材外形和规格   表 8.2.87

外　形	代　号	规格尺寸(mm)		
		长度 L	宽度 B	厚度 D
	JCB	按设计要求	600	75 100 120 125

粘结砂浆及墙面修补材料参考配合比　　　　表 8.2.88

名称和用途	配　合　比
粘结砂浆	(1)水泥∶细砂∶108 胶∶水＝1∶1∶0.2∶0.3。 (2)水泥∶砂＝1∶3,加适量 108 胶水溶液。 (3)磨细矿渣粉∶中砂＝1∶2 或 1∶3,加适量水玻璃(水玻璃波美度 51°左右,相对密度 1.4～1.5)。 (4)水泥∶108 胶∶珍珠岩粉∶水＝1∶0.15∶0.03∶0.35(108 胶 pH 值为 7～8,固体含量 12%左右)。 (5)水玻璃∶磨细矿渣粉∶细砂＝1∶1∶2。
修补材料	(1)水泥∶石膏∶加气混凝土粉末＝1∶1∶3,加适量 108 胶水溶液。 (2)水泥∶石灰膏∶砂＝1∶3∶9 或 1∶1∶6,适量加水。 (3)水泥∶砂＝1∶3,加适量 108 胶水溶液

（3）工艺流程和操作方法

1）工艺流程

加气混凝土板隔墙安装工艺流程，如下所示。

清理基层 → 定位放线 → 墙板就位 → 墙板固定

2）操作要点

加气混凝土板隔墙安装操作要点，如表 8.2.89 所示。

操　作　要　点　　　　表 8.2.89

序　号	内　容
1	按设计图纸要求,先在楼板(梁)底部和楼地面上弹好墙板位置线。
2	架立靠放墙板的临时方木。临时方木分上方木和下方木。上方木可直接压线顶在上部结构底面,下方木可离楼地面约 100mm 左右、上下方木之间每隔 1.5m 左右立支撑方木,并用木楔将下方木与支撑方木之间楔紧。临时木方设后,即可安装隔墙板。
3	一般采用刚性连接,即板的上端与上部结构底面用粘结砂浆粘结,下部用木楔顶紧后空隙间填入细石混凝土。其安装步骤如下: (1)墙板安装前,先将粘结面用钢丝刷刷去油垢并清除渣末; (2)涂抹一层胶粘剂,厚约 3mm。然后将板立于预定位置,用橇棍将板撬起,使板顶与上部结构底面粘紧;板的一侧与主体结构或已安装好的另一块墙板粘紧,并在板下用木楔楔紧,撤出撬棍,板即固定。 采用 108 胶水泥砂浆时,108 胶掺量要适当,以便于操作为准,过稀易流淌,过稠则刮浆困难,易产生"滚浆"现象。 (3)板与板之间的拼缝,要满铺粘结砂浆,拼接时要以挤出砂浆为宜,缝宽不得大于 5mm。挤出的砂浆应及时清理干净。 (4)墙板固定后,在板下填塞 1∶2 水泥砂浆或细石混凝土。如采用经防腐处理后的木楔,则板下木楔可不撤除;如采用未经防腐处理的木楔,则待填塞的砂浆或细石混凝土凝固具有一定强度后,应将木楔撤除,再用 1∶2 水泥砂浆或细石混凝土堵严木楔孔。
4	墙板的安装顺序,有门洞口时,从门洞口处向两端依次进行。无门洞口时,从一端向另一端顺序安装。
5	墙板安装与地面施工两者的先后顺序。 (1)可先立墙板后做地面,板的下部因地面嵌固,较为牢靠,但做地面时需对墙板注意保护,另外由于地面被墙体分割后,施工进度会受到一定影响; (2)也可先做地面后立墙,可以加快施工进度,板材少受碰撞,但运入楼层的板材需要增加二次倒运,且地面要做好保护。

续表

序　号	内　容
6	每块墙板安装后,应用靠尺检查墙面垂直和平整情况。
7	有门窗洞口的墙体,一般均采取后塞口,其余量最多不超过10mm,越小越好。因为,加气混凝土隔墙的内粉刷一般均较薄,缝隙过大不易处理,且影响门窗的锚固强度。
8	对于双层墙板的分户墙,安装时应使两面墙板的拼缝相互错开。
9	隔墙板原则上不得横向镂槽埋设电线管,竖向走线时,镂槽深度管径不宜大于25mm

（4）质量标准和检验方法

加气混凝土板隔墙的安装质量标准和检验方法,可参见《建筑装饰装修工程质量验收规范》（GB 50210—2001）中之7.2的有关规定。

（5）成品保护

加气混凝土板隔墙的成品保护,如表8.2.90所示。

成品保护　　　　表8.2.90

序　号	内　容
1	用于隔断墙的加气混凝土板材较薄,一般均成捆包装运输,严禁用铁丝捆扎和用钢丝绳兜吊。现场堆放应侧立,不得平放。
2	墙板的堆放场地应坚实、平坦、干燥,不得与地面直接接触。雨季应采取覆盖和垫高措施。

（6）安全措施

加气混凝土板隔墙安装的安全措施,可参见表8.2.96规定。

2. 石膏空心板隔墙

（1）工程概要

石膏空心板隔墙安装的工程概要,如表8.2.91所示。

工程概要　　　　表8.2.91

序　号	项　目	内　容
1	隔墙特点	石膏空心板隔墙是指以天然石膏或化学石膏为主料,也可掺加适量粉煤灰和水泥,加入少量增强纤维,经料浆拌合、浇筑成型、抽芯、干燥等工艺制成的轻质板材形成的隔墙。其构造和施工特点:重量轻、强度高、隔热、隔声、防火、可锯、刨、钻、施工简便。存在问题:耐水、耐湿性能差。本工艺标准适用于一般民用建筑中石膏空心板隔墙工程。
2	工程要点	(1)搬运石膏空心板时应轻拿轻放,侧抬侧立,严禁平抬平放。堆放场地应平整,板下距两端50cm处垫100mm×100mm方木,板应侧立排放。要防止石膏空心板受潮变形。露天堆放时应用苦布盖好。 (2)用于隔墙安装的石膏空心板必须是已烘干、基本完成收缩变形的板材。严禁使用未烘干的湿板,以防止石膏空心板裂缝和变形。 (3)严禁使用有明显变形、无法修补的过大孔洞、断裂、严重裂缝及破损的石膏空心板。 (4)石膏空心板安装时,最好使用定位木架。这样不但能确保隔墙板的安装质量,而且也能确保施工安全。定位木架分上方木和下方木。上方木可直接压住隔墙板安装位置外边线顶在结构楼层底面,下方木可离楼地面100mm左右,上、下方木之间每隔1.5m立一根支撑方木,并用木楔将下方木与支撑方木之间楔紧。定位木架支设好后,即可依定位木架安装隔墙板。

（2）施工准备

石膏空心板隔墙的施工准备，如表 8.2.92 所示。

施　工　准　备　　　　　　　　　　　　表 8.2.92

序　号	项　目	内　容
1	材料要求	（1）石膏空心板的标准板、门框板、窗框板、门上板、窗上板、窗下板及异形板必须符合设计要求，并有出厂合格证。 （2）胶粘剂、建筑石膏粉、玻璃纤维布条、石膏腻子等配套材料应符合设计要求，并有产品合格证。 （3）搬运石膏空心板时应轻拿轻放，防止碰撞或摔坏。运输时应垂直码放装车，板下距两端 600mm 处应垫方木，雨季运输应盖苫布。运进现场的石膏空心板应竖向堆放，板下用方木架起垫平，存放于现场地势较高且平坦的位置，用苫布盖好。
2	机具设备	（1）机械设备 电锯、电刨、电钻、射钉枪、电焊机。 （2）主要工具 专用撬棍、橡皮锤、扁铲、木工锯、钢丝刷、扫帚、小灰槽、垂直检测尺、2m 靠尺、直角检测尺、钢直尺、塞尺。
3	作业条件	（1）屋面防水层和主体结构分别施工及验收完毕。室内墙面弹出＋50cm 标高线。 （2）作业地点环境温度不低于 5℃。 （3）检查安装石膏空心板所需的预埋件是否符合设计要求，若不符合设计要求，应及时进行处理

（3）工艺流程和操作方法

1）工艺流程

石膏空心板隔墙安装的工艺流程，如下所示。

清理基层 → 放线、分挡 → 配板 → 安装 U 形卡 → 配制胶粘剂 → 安装隔墙板 → 安装门窗框 → 板缝处理 → 板面装饰

2）操作方法

石膏空心板隔墙安装的操作方法，如表 8.2.93 所示。

操　作　方　法　　　　　　　　　　　　表 8.2.93

序　号	项　目	内　容
1	清理基层	清理石膏空心板与顶面、地面、墙面的结合部位，剔除凸出墙面的砂浆、混凝土块等并清扫干净，用水泥砂浆找平。
2	放线、分挡	根据设计图纸要求，在地面、墙面、顶面弹好隔墙边线和门窗洞口边放，并按板宽分挡。
3	配板	隔墙板的长度应为楼层净高尺寸减去 2～3cm。量测并计算门洞口上部和窗口下部隔墙板尺寸，并按此尺寸配板。当板宽与隔墙长度不符时，可将部分隔墙板预先拼接加宽或锯窄，使其变成合适的宽度，并放置于阴角处。有缺陷的板应修补合格后才能使用。
4	按装 U 形卡	当有抗震要求时，必须按设计要求用 U 形钢板卡固定隔墙板顶端。在两块板顶端拼缝之间用射钉或膨胀螺栓将 U 形钢板卡固定在梁或板上。随安装隔墙板随固定 U 形钢板卡。

序　号	项　目	内　容
5	配制胶粘剂	胶粘剂按设计要求配制或选用。当设计无要求时,可用 SG791 胶与建筑石膏粉配制成胶泥使用。重量配合比为石膏粉:SG791＝1:0.6~0.7。配制量以每次使用不超过 20min 为宜。
6	安装隔墙板	安装顺序应从与墙结合处或门洞边开始,依次顺序安装。清扫隔墙板表面浮灰,在板顶面、侧面及与板结合的墙面、楼层顶面刷 SG791 胶液一道,再满刮 SG791 石膏胶泥;按弹线位置安装就位,用木楔顶在板底,用手平推隔墙板,使板缝冒浆;一人用特制的撬棍在板底向上顶,另一人打底木楔,使隔墙板侧面挤紧、顶面顶实。用腻子刀将挤出的胶粘剂刮平。每安装完一块隔墙板,应用靠尺及垂直检测尺检查墙面平整度和垂直度。墙板固定后,应在板下填塞 1:2 水泥砂浆或 C20 干硬性细石混凝土。当砂浆或混凝土强度达到 10MPa 以上时,撤去板下木楔,用 1:2 水泥砂浆或 C20 细石混凝土堵严木楔孔。
7	安装门窗框	有门窗洞口的墙体,一般均采用后塞口。门窗框与门窗洞口板之间的缝隙不宜超过 3mm,超过 3mm 时应加木垫片过渡。
8	板缝处理	隔墙板安装 10d 后,检查所有缝隙粘结情况,如出现裂缝,应查明原因后进行修补。清理板缝、阴角缝表面浮灰、刷 SG791 胶液后粘贴 50~60mm 宽玻璃纤维布条,隔墙转角处粘贴 20mm 宽玻璃纤维布条一层,每边各 100mm 宽。干后刮 SG791 胶泥。隔声双层板隔板缝应相互错开。
9	板面安装	墙面直接用石膏腻子刮平,打磨后再刮两道腻子,第二次打磨平整后,做饰面层。
10	铺设电线管	所有电线管必须顺石膏空心板板孔铺设,严禁横铺、斜铺

（4）质量标准和检验方法

石膏空心板隔墙安装的质量标准，除应符合表 8.2.94 的规定外，还应符合《建筑装饰装修工程质量验收规范》（GB 50210—2001）中之 7.2 的相关规定。

质 量 标 准 表 8.2.94

序　号	项　目	内　容
1	主控项目	(1)石膏空心板的品种、规格、性能、颜色应符合设计要求。有隔声、隔热、阻燃防潮等特殊要求的工程,板材应有相应性能等级的检验报告。 (2)安装石膏空心板所需预埋件、连接件的位置、数量及连接方法应符合设计要求。 (3)石膏空心板安装必须牢固。 (4)石膏空心板所用接缝材料的品种及接缝方法应符合设计要求。
2	一般项目	(1)石膏空心板安装应垂直、平整、位置正确,板材不应有裂缝或缺损。 (2)石膏空心板隔墙表面应平整光滑、色泽一致、洁净,接缝应均匀、顺直。 (3)隔墙上的孔洞、槽、盒应位置正确、套割方正、边缘整齐。 (4)石膏空心板隔墙安装的允许偏差和检验方法应符合《建筑装饰装修工程质量验收规范》(GB 50210—2001)的规定

（5）成品保护

石膏空心板隔墙的成品保护，如表 8.2.95 所示。

（6）安全措施

石膏空心板隔墙的安全措施，如表 8.2.96 所示。

成 品 保 护　　　　　　　　　　　　　　　　　　表8.2.95

序　号	内　　　容
1	石膏空心板隔墙安装过程中应严格按操作规程施工,防止撞坏板材。隔墙板粘结后24h内不得碰撞敲打,不能进行下道工序施工。
2	安装接线盒、管道卡、吊挂件等物件时,应用电钻钻孔扩孔,用扁铲扩方孔,严禁对隔墙猛烈用力敲击。刮完腻子的隔墙,严禁剔凿。
3	施工楼地面时,应注意对隔墙板的遮盖,防止污染隔墙板。
4	运输材料或进行后续工序施工时,应防止碰撞隔墙板及隔墙门口

安 全 措 施　　　　　　　　　　　　　　　　　　表8.2.96

序　号	内　　　容
1	搬运石膏空心板时,应稳拿稳放,防止碰伤或砸伤施工人员。
2	电器机具必须安装触电保安器。要经常检查机电器具有无漏电现象,发现问题及时修理,严禁机电器具带病工作。
3	安装石膏空心板时,应采取措施,防止墙板倒下伤人。
4	使用电动工具时,严格按操作规程操作,避免出现工伤事故

8.2.3.2　骨架隔墙工程

1. 轻钢龙骨隔墙

(1) 适用范围和工程要点

轻钢龙骨隔墙适用范围和工程要点，如表8.2.97所示。

适用范围和工程要点　　　　　　　　　　　　　　表8.2.97

序　号	项　　目	内　　　容
1	适用范围	本章适用于工业与民用建筑中轻钢龙骨人造板隔墙安装工程。
2	工程要点	(1)技术要点 弹线必须准确,经复验后方可进行下道工序。固定沿顶和沿地龙骨,各自交接后的龙骨,应保持平整垂直,安装牢固。 (2)材料要点 1)各类龙骨、配件和罩面板材料以及胶粘剂的材质均应符合现行国家标准和行业标准的规定。 2)人造板必须有游离甲醛含量或游离甲醛释放量检测报告。 (3)质量要点 1)上下槛与主体结构连接牢固,上下槛不允许断开,保证隔断的整体性。严禁隔断墙上连接件采用射钉固定在砖墙上。应采用预埋件或膨胀螺栓进行连接。上下槛必须与主体结构连接牢固。 2)罩面板应经严格选材,表面应平整光洁。安装罩面板前应严格检查搁栅的垂直度和平整度。 (4)安全要点 1)在使用电动工具时,用电应符合《施工现场临时用电安全技术规范》(JGJ 46-88)。 2)在高空作业时,脚手架搭设应符合《北京市建筑工程施工安全操作规程》(DBJ 01-62—2002)。 3)施工过程中防止粉尘污染应采取相应的防护措施。 4)电、气焊的特殊工种,应注意对施工人员健康劳动保护设备配备齐全,注意防火防爆。

序 号	项 目	内 容
2	工程要点	(5)环境要点 1)在施工过程中应符合《民用建筑工程室内环境污染控制规范》(GB 50325—2001)。 2)在施工过程中应防止噪声污染,在施工场界噪声敏感区域宜选择使用低噪声的设备,也可以采取其他降低噪声的措施

（2）施工准备

轻钢龙骨隔墙施工准备，如表 8.2.98 所示。

施 工 准 备　　　　　　　　　　　　　表 8.2.98

序 号	项 目	内 容
1	技术准备	编制轻钢骨架人造板隔墙工程施工方案,并对工人进行书面技术及安全交底。
2	材料准备	(1)各类龙骨、配件和罩面板材料以及胶粘剂的材质均应符合现行国家标准和行业标准的规定。当装饰材料进场检验,发现不符合设计要求及室内环保污染控制规范的有关规定时,严禁使用。人造板必须有游离甲醛含量或游离甲醛释放量检测报告。如人造板面积大于 500m² 时(民用建筑工程室内)应对不同产品分别进行复检。如使用水性胶粘剂必须有 TVOC 和甲醛检测报告。 1)轻钢龙骨主件:沿顶龙骨、沿地龙骨、加强龙骨、竖向龙骨、横撑龙骨应符合设计要求和有关规定的标准。 2)轻钢骨架配件:支撑卡、卡托、角托、连接件、固定件、护墙龙骨和压条等附件应符合设计要求。 3)紧固材料:拉锚钉、膨胀螺栓、镀锌自攻螺丝、木螺丝和粘贴嵌缝材料,应符合设计要求。 4)罩面板表面平整、边缘整齐,不应有污垢、裂纹、缺角、翘曲、起皮、色差、图案不完整的缺陷。胶合板、木质纤维板不应脱胶、变色和腐朽。 (2)填充隔声材料:玻璃棉、岩棉等应符合设计要求选用。 (3)通常隔墙使用的轻钢龙骨为 C 型隔墙龙骨,其中分为三个系列,经与轻质板材组合即可组成隔断墙体。C 型装配式龙骨系列: 1)C50 系列可用于层高 3.5m 以下的隔墙; 2)C75 系列可用于层高 3.5～6mm 的隔墙; 3)C100 系列可用于层高 6m 以上的隔墙。 (4)质量要求: 1)轻钢龙骨的质量要求,见表 8.1.30～表 8.1.34; 2)纸面石膏板的质量要求,见表 8.1.35～表 8.1.38; 3)硅钙板的质量要求,见表 8.2.59; 4)人造板及其制品中甲醛释放试验方法及限量值,见表 8.2.99。
3	机具准备	(1)主要机具配备表:按每班组 8～10 人计算,见表 8.2.100。 (2)电动机具:电锯、镙锯、手电钻、冲击电锤、直流电焊机、切割机。 (3)手动工具:拉铆枪、手锯、钳子、锤、螺丝刀、扳子、线坠、靠尺、钢尺、钢水平尺等。
4	作业条件	(1)轻钢骨架隔断工程施工前,应先安排外装,安装罩面板应待屋面、顶棚和墙体抹灰完成后进行。基底含水率已达到装饰要求,一般应小于 8%～12%以下。并经有关单位、部门验收合格。办理完工种交接手续。如设计有地枕时,地枕应达到设计强度后方可在上面进行隔墙龙骨安装。 (2)安装各种系统的管、线盒弹线及其他准备工作已到位

人造板及其制品中甲醛释放试验方法及限量值   表 8.2.99

产 品 名 称	试 验 方 法	限 量 值	使 用 范 围	限量标志
中密度纤维板、高密度纤维板、刨花板、定向刨花板等	穿孔萃取法	≤9mg/100g	可直接用于室内	E_1
		≤30mg/100g	必须饰面处理后可允许用于室内	E_2
胶合板、装饰单板贴面胶合板、细木工板等	干燥器法	≤1.5mg/L	可直接用于室内	E_1
		≤5.0/L	必须饰面处理后可允许用于室内	E_2
饰面人造板(包括浸渍纸层压木质地板、实木复合地板、竹地板、浸渍胶膜纸饰面人造板等)	气候箱法	≤0.12mg/m³	可直接用于室内	E_1
	干燥器法	≤1.5mg/L		

注:1. 仲裁时采用气候箱法。
   2. E_1 为可直接用于室内的人造板,E_2 为必须饰面处理后方允许用于室内的人造板。

每班组主要机具配备一览表   表 8.2.100

序号	机械、设备名称	规格型号	定额功率或容量	数量	性能	工程	备注
1	电圆锯	5008B	1.4kW	1	良好	木工	
2	角磨机	9523NB	0.54kW	1	良好	木工	
3	电锤	TE-15	0.65kW	2	良好	木工	
4	手电钻	JIZ-ZD-10A	0.43kW	5	良好	木工	
5	电焊机	BX_6-120	0.28kW	1	良好	木工	
6	切割机	JIG-SDG-350	1.25kW	1	良好	木工	
7	拉铆枪			2	良好	木工	按8~10人/班组计算
8	铝合金靠尺	2m		3	良好	木工	
9	水平尺	600mm		4	良好	木工	
10	扳手	活动扳手或六角扳手		8	良好	木工	
11	卷尺	5m		8	良好	木工	
12	线锤	0.5kg		4	良好	木工	
13	托线板	2mm		2	良好	木工	
14	胶钳			3	良好	木工	

(3)工艺流程和操作方法

1)工艺流程

轻钢龙骨隔墙工艺流程,如下所示。

弹线 → 安装天地龙骨 → 竖向龙骨分挡 → 安装竖向龙骨 → 安装系统管、线 → 安装横向卡挡龙骨 → 安装门洞口框 → 安装罩面板(一侧) → 安装隔音棉 → 安装罩面板(另一侧)

2)操作方法

轻钢龙骨隔墙操作方法,如表8.2.101所示。

操作方法 表 8.2.101

序 号	项 目	内 容
1	弹线	在基体上弹出水平线和竖向垂直线,以控制隔断龙骨安装的位置、龙骨的平直度和固定点。
2	隔断龙骨的安装	(1)沿弹线位置固定沿顶和沿地龙骨,各自交接后的龙骨,应保持平直。固定点间距应不大于1000mm,龙骨的端部必须固定牢固。边框龙骨与基体之间,应按设计要求安装密封条。 (2)当选用支撑卡系列龙骨时,应先将支撑卡安装在竖向龙骨的开口上,卡距为400~600mm,距龙骨两端的为20~25mm。 (3)选用通贯系列龙骨时,高度低于3m的隔墙安装一道;3~5m时安装两道;5m以上时安装三道。 (4)门窗或特殊节点处,应使用附加龙骨,加强其安装应符合设计要求。 (5)隔断的下端如用木踢脚板覆盖,隔断的罩面板下端应离地面20~30mm;如用大理石、水磨石踢脚时,罩面板下端应与踢脚板上口齐平,接缝要严密。 (6)骨架安装的允许偏差,应符合表8.2.102的规定。
3	石膏板安装	(1)安装石膏板前,应对预埋隔断中的管道和附于墙内的设备采取局部加强措施。 (2)石膏板应竖向铺设,长边接缝应落在竖向龙骨上。 (3)双面石膏罩面板安装,应与龙骨一侧的内外两层石膏板错缝排列,接缝不应落在同一根龙骨上;需要隔声、保温、防火的应根据设计要求在龙骨一侧安装好石膏罩面板后,进行隔声、保温、防火等材料的填充;一般采用玻璃丝棉或30~100mm岩棉板进行隔声、防火处理;采用50~100mm苯板进行保温处理。再封闭另一侧的板。 (4)石膏板应采用自攻螺钉固定。周边螺钉的间距不应大于200mm,中间部分螺钉的间距不应大于300mm,螺钉与板边缘的距离应为10~16mm。 (5)安装石膏板时,应从板的中部开始向板的四边固定。钉头略埋入板内,但不得损坏纸面;钉眼应用石膏腻子抹平。 (6)石膏板应按框格尺寸裁割准确;就位时应与框格靠紧,但不得强压。 (7)隔墙端部的石膏板与周围的墙或柱应留有3mm的槽口。施铺罩面板时,应先在槽口处加注嵌缝膏,然后铺板并挤压嵌缝膏使面板与邻近表层接触紧密。 (8)在丁字形或十字形相接处,如为阴角应用腻子嵌满,贴上接缝带,如为阳角应做护角。 (9)石膏板的接缝,一般应为3~6mm缝,必须坡口与坡口相接。
4	胶合板和纤维复合板安装	(1)安装胶合板的基体表面,应用油毡、釉质防潮时,应铺设平整,搭接严密,不得有皱折、裂缝和透孔等。 (2)胶合板如用钉子固定,钉距为80~150mm,宜采用直钉或Ω形钉固定。需要隔声、保温、防火的隔墙,应根据设计要求,在龙骨一侧安装好胶合板罩面板后,进行隔声、保温、防火等材料的填充;一般采用玻璃丝棉或30~100mm岩棉板进行隔声、防火处理;采用50~100mm苯板进行保温处理。再封闭另一侧的罩面板。 (3)胶合板如涂刷清油等涂料时,相邻板面的木纹和颜色应近似。 (4)墙面用胶合板、纤维板装饰时,阳角处宜做护角。 (5)胶合板、纤维板用木压条固定时,钉距不应大于200mm,钉帽应打扁,并钉入木压条0.5~1mm,钉眼用油性腻子抹平。 (6)用胶合板、纤维板作罩面板时,应符合防火的有关规定,在湿度较大的房间,不得使用未经防水处理的胶合板和纤维板。

续表

序　号	项　目	内　容
5	塑料板罩面安装	塑料板罩面安装方法,一般有粘结和钉结两种。 (1)粘结:聚氯乙烯塑料装饰板用胶粘剂粘结。 1)胶粘剂:聚氯乙烯胶粘剂(601胶)或聚醋酸乙烯胶。 2)操作方法:用刮板或毛刷同时在墙面和塑料板背面涂刷,不得有漏刷。涂胶后见胶液流动性显著消失。用手接触胶层感到粘性较大时,即可粘结。粘结后应采用临时固定措施,同时将挤压在板缝中多余的胶液刮除、将板面擦净。 (2)钉接:安装塑料贴面板复合板应预先钻孔,再用木螺丝加垫圈紧固。也可用金属压条固定。木螺丝的钉距一般为400~500mm,排列应一致整齐。 加金属压条时,应拉横竖通线拉直,并应先用钉子将塑料贴面复合板临时固定,然后加盖金属压条,用垫圈找平固定。 需要隔声、保温、防火的应根据设计要求在龙骨一侧安装好塑料贴面复合板,进行隔声、保温、防火等材料的填充;一般采用玻璃丝棉或30~100mm岩棉板进行隔声、防火处理;采用50~100mm苯板进行保温处理,再封闭另一侧的罩面板。
6	铝合金装饰条板安装	用铝合金条板装饰墙面时,可用螺钉直接固定在结构层上,也可用锚固件悬挂或嵌卡的方法,将板固定在轻钢龙骨上,或将板固定在墙筋上。
7	细部处理	墙面安装胶合板时,阳角处应做护角,以防板边角损坏,阳角的处理应采用刨光起线的木质压条,以增加装饰

隔墙骨架安装的允许偏差　　　　　　表8.2.102

项　次	项　目	允许偏差(mm)	检　验　方　法
1	立面垂直	3	用2m拖线板检查
2	表面平整	2	用2m直尺和楔型塞尺检查

(4)质量标准和检验方法

1)质量标准

轻钢龙骨隔墙质量标准,除应符合表8.2.103的规定外,还应符合《建筑装饰装修工程质量验收规范》(GB 50210—2001)中之7.3的有关规定。

质量标准　　　　　　表8.2.103

序　号	项　目	内　容
1	主控项目	(1)轻钢骨架和罩面板材质、品种、规格、式样应符合设计要求和施工规范的规定。人造板、粘结剂必须有游离甲醛含量或游离甲醛释放量及苯含量检测报告。 (2)轻钢龙骨架必须安装牢固,无松动,位置正确。 (3)罩面板无脱层、翘曲、折裂、缺楞掉角等缺陷,安装必须牢固。
2	一般项目	(1)轻钢龙骨架应顺直,无弯曲、变形和劈裂。 (2)罩面板表面应平整、洁净,无污染、麻眯、锤印,颜色一致。 (3)罩面板之间的缝隙或压条,宽窄应一致,整齐、平直、压条与板接缝严密。 (4)骨架隔墙面板安装的允许偏差见表8.2.104

骨架隔墙面板安装的允许偏差 表 8.2.104

项次	项目	允许偏差(mm)					检验方法
		纸面石膏板	埃特板	多层板	硅钙板	人造木板	
1	立面垂直度	3	3	2	3	2	用2m托线板检查
2	表面平整度	3	3	2	3	2	用2m靠尺和塞尺检查
3	阴阳角方正	2	2	2	2	2	用直角检测尺、塞尺检查
4	接缝直线度	—	—	—	—	2	拉5m线,不足5m拉通线用钢直尺检查
5	压条直线度	—	—	—	—	2	拉5m线,不足5m拉通线用钢直尺检查
6	接缝高低差	0.5	0.5	0.5	0.5	0.5	用钢直尺和塞尺检查

2)质量记录

轻钢龙骨隔墙质量记录,如表8.2.105所示。

质 量 记 录 表 8.2.105

序 号	内 容
1	应做好隐蔽工程记录,技术交底记录。
2	轻钢龙骨、面板、胶等材料合格证,国家有关环保规范要求的检测报告。
3	工程验收质量验评资料。

(5)成品保护

轻钢龙骨隔墙成品保护,如表8.2.106所示。

成 品 保 护 表 8.2.106

序 号	内 容
1	隔墙轻钢骨架及罩面板安装时,应注意保护隔墙内装好的各种管线。
2	施工部位已安装的门窗,已施工完的地面、墙面、窗台等应注意保护、防止损坏。
3	轻钢骨架材料,特别是罩面板材料,在进场、存放、使用过程中应妥善管理,使其不变形、不受潮、不损坏、不污染

(6)安全环保措施

轻钢龙骨隔墙安全环保措施,如表8.2.107所示。

安 全 环 保 措 施 表 8.2.107

序 号	内 容
1	隔断工程的脚手架搭设应符合建筑施工安全标准。
2	脚手架上搭设跳板应用钢丝绑扎固定,不得有探头板。
3	工人操作应戴安全帽,注意防火。
4	施工现场必须工完场清。设专人洒水、打扫,不能扬尘污染环境。
5	有噪声的电动工具应在规定的作业时间内施工,防止噪声污染、扰民。
6	机电器具必须安装触电保护装置。发现问题立即修理。
7	遵守操作规程,非操作人员决不准乱动机具,以防伤人。
8	现场保持良好通风,但不宜过堂风

2. 木质龙骨隔断墙

（1）适用范围和工程要点

木质龙骨隔断墙适用范围和工程要点，如表 8.2.108 所示。

适用范围和工程要点 表 8.2.108

序 号	项 目	内 容
1	适用范围	本章适用于工业与民用建筑中木龙骨板材隔墙工程。
2	工程要点	（1）技术要点 弹线必须准确，经复验后方可进行下道工序。固定沿顶和沿地龙骨，各自交接后的龙骨，应保持平整垂直，安装牢固。靠墙立筋应与墙体连接牢固紧密。边框应与隔断立筋连接牢固，确保整体刚度。按设计做好木作防火、防腐。 （2）材料要点 1）各类龙骨、配件和罩面板材料以及胶粘剂的材质应符合现行国家标准和行业标准的规定。 2）人造板、粘结剂必须有环保要求检测报告。 （3）质量要点 1）沿顶和沿地龙骨与主体结构连接牢固，保证隔断的整体性。 2）罩面板应经严格选材，表面应平整光洁。安装罩面板前应严格检查龙骨的垂直度和平整度。 （4）安全要点 1）在使用电动工具时，用电应符合《施工现场临时用电安全技术规范》（JGJ 46-88）。 2）在高空作业时，脚手架搭设应符合《北京市建筑工程施工安全操作规程》（DBJ 01-62—2002）。 3）施工过程中防止粉尘污染应采取相应的防护措施。 （5）环境要点 1）在施工过程中应符合《民用建筑工程室内环境污染控制规范》（GB 50325—2001）。 2）在施工过程中应防止噪声污染，在施工场界噪声敏感区域宜选择使用低噪声的设备，也可以采取其他降低噪声的措施

（2）施工准备

木质龙骨隔墙施工准备，如表 8.2.109 所示。

施 工 准 备 表 8.2.109

序 号	项 目	内 容
1	技术准备	编制木龙骨板材隔墙工程施工方案，并对工人进行书面技术及安全交底。
2	材料准备	（1）罩面板应表面平整、边缘整齐，不应有污垢、裂纹、缺角、翘曲、起皮、色差、图案不完整的缺陷。胶合板、木质纤维板不应脱胶、变色和腐朽。 （2）龙骨和罩面板材料的材质均应符合现行国家标准和行业标准的规定。 （3）罩面板的安装宜使用镀锌的螺丝、钉子。接触砖石、混凝土的木龙骨和预埋的木砖应做防腐处理。所有木作都应做好防火处理。 （4）质量要求：见表 8.2.99。
3	机具准备	（1）电机机械：小电锯、小台刨、手电钻、电动气泵、冲击站。 （2）手动工具：木刨、扫槽刨、线刨、锯、斧、锤、螺丝刀、摇钻、直钉枪等。 （3）主要机具配备表：按每班组 8～10 人计算，见表 8.2.110。

续表

序 号	项 目	内 容
4	作业条件	(1)木龙骨板材隔断工程所用的材料品种、规格、颜色以及隔断的构造、固定方法,均应符合设计要求。 (2)隔断的龙骨和罩面板必须完好,不得有损坏、变形弯折、翘曲、边角缺损等现象;并要注意被碰撞和受潮。 (3)电气配件的安装,应嵌装牢固,表面应与罩面板的底面齐平。 (4)门窗框与隔断相接处应符合设计要求。 (5)隔断的下端如用木踢脚板覆盖,隔断的罩面板下端应离地面20~30mm;如用大理石、水磨石踢脚时,罩面板下端应与踢脚板上口齐平,接缝要严密。 (6)做好隐蔽工程和施工记录

主要机具配备表　　　　表 8.2.110

序号	机械、设备名称	规格型号	定额功率或容量	数量	性能	工程	备注
1	空气压缩机	PH-10-88	7.5kW	1	良好	木工	
2	电圆锯	5008B	1.4kW	1	良好	木工	
3	手电钻	JIZ-ZD-10A	0.43kW	3	良好	木工	
4	手提式电刨	1900B	0.58kW	1	良好	木工	
5	射钉枪	SDT-A301		2	良好	木工	
6	曲线锯	T101AD	0.28kW	1	良好	木工	
7	铝合金靠尺	2m		3	良好	木工	按8~10人/班组计算
8	水平尺	600mm		4	良好	木工	
9	粉线包			1	良好	木工	
10	墨斗			1	良好	木工	
11	小白线			100m	良好	木工	
12	卷尺	5m		8	良好	木工	
13	方尺	300mm		4	良好	木工	
14	线锤	0.5kg		4	良好	木工	
15	托线板	2mm		2	良好	木工	

(3) 工艺流程和操作方法

1) 工艺流程

木质龙骨隔墙工艺流程,如下所示。

弹隔墙定位线 → 划龙骨分挡线 → 安装大龙骨 → 安装小龙骨 → 防腐处理 → 安装罩面板 → 安装压条

2) 操作方法

木龙骨隔墙操作方法,如表 8.2.111 所示。

操 作 方 法　　　　表 8.2.111

序 号	项 目	内 容
1	弹线	在基体上弹出水平线和竖向垂直线,以控制隔断龙骨安装的位置、格栅的平直度和固定点。

序　号	项　目	内　容
2	墙龙骨的安装	(1)沿弹线位置固定沿顶和沿地龙骨,各自交接后的龙骨应保护平直。固定点间距应不大于1m,龙骨的端部必须固定,固定应牢固。边框龙骨与基体之间,应按设计要求安装密封条。 (2)门窗或特殊节点处,应使用附加龙骨,其安装应符合设计要求。 (3)骨架安装的允许偏差,应符合表8.2.112规定。
3	罩面板为石膏板时	(1)安装石膏板前,应对预埋隔断中的管道和附于墙内的设备采取局部加强措施。 (2)石膏板宜竖向铺设,长边接缝宜落在竖向龙骨上。双面石膏罩面板安装,应与龙骨一侧的内外两层石膏板错缝排列接缝不应落在同一根龙骨上。需要隔声、保温、防火的应根据设计要求在龙骨一侧安装好石膏罩面板后,进行隔声、保温、防火等材料的填充;一般采用玻璃丝棉或30～100mm岩棉板进行隔声、防火处理;采用50～100mm苯板进行保温处理。再封闭另一侧的板。 (3)石膏板应采用自攻螺钉固定。周边螺钉的间距不应大于200mm,中间部分螺钉的间距不应大于300mm,螺钉与板边缘的距离为10～16mm。安装石膏板时,应从板的中部开始向板的四边固定。钉头略埋入板内,但不得损坏纸面;钉眼应用石膏腻子抹平,钉头应做防锈处理。 (4)石膏板应按框格尺寸裁割准确。就位时应与框格靠紧,但不得强压。隔墙端部的石膏板与周围的墙或柱应留有3mm的槽口。施铺罩面板时,应先在槽口处加注嵌缝膏,然后铺板并挤压嵌缝膏使面板与邻近表层接触紧密。 (5)在丁字形或十字形相接处,如为阴角应用腻子嵌满,贴上接缝带,如为阳角应做护角。 石膏板的接缝,可参照钢骨架板材隔墙处理。
4	罩面板为胶合板、纤维板、人造木板时	胶合板和纤维(埃特板)板、人造木板安装。 (1)安装胶合板、人造木板的基体表面,需用油毡、釉质防潮时,应铺设平整,搭接严密,不得有皱折、裂缝和透孔等。 (2)胶合板、人造木板采用直钉固定,如用钉子固定,钉距为80～150mm,钉帽应打扁并钉入板面0.5～1mm;钉眼用油性腻子抹平。胶合板、人造木板如涂刷清油等涂料时,相邻板面的木纹和颜色应近似。需要隔声、保温、防火的应根据设计要求在龙骨安装后,进行隔声、保温、防火等材料的填充;一般采用玻璃丝棉或30～100mm岩棉板进行隔声、防火处理;采用50～100mm苯板进行保温处理。再封闭面板。 (3)墙面用胶合板、纤维板装饰时,阳角处宜做护角;硬质纤维板应用水浸透,自然阴干后安装。 (4)胶合板、纤维板用木压条固定时,钉距不应大于200mm,钉帽应打扁,并钉入木压条0.5～1mm,钉眼用油性腻子抹平。 (5)用胶合板、人造木板、纤维板作罩面时,应符合防火的有关规定,在湿度较大的房间,不得使用未经防水处理的胶合板和纤维板。 (6)墙面安装胶合板时,阳角处应做护角,以防板边角损坏,并可增加装饰。
5	罩面板为塑料板时	塑料板安装方法,一般有粘结和钉结两种。 (1)粘结:聚氯乙烯塑料装饰板用胶粘剂粘结。 1)胶粘剂: 聚氯乙烯胶粘剂(601胶)或聚醋酸乙烯胶。 2)操作方法 用刮板或毛刷同时在墙面和塑料板背面涂刷,不得有漏刷。涂胶后见胶液流动性显著消失,用手接触胶层感到粘性较大时,即可粘结。粘结后应采用临时固定措施,同时将挤压在板缝中多余的胶液刮除、将板面擦净。

序　号	项　目	内　容
5	罩面板为塑料板时	(2)钉接 安装塑料贴面板复合板应预先钻孔,再用木螺丝加垫圈紧固。也可用金属压条固定。木螺丝的钉距一般为400~500mm,排列应一致整齐。 加金属压条时;应拉横竖通线拉直,并应先用钉子将塑料贴面复合板临时固定,然后加盖金属压条,用垫圈找平固定。
6	罩面板为铝合金条板时	铝合金装饰条板安装 用铝合金条板装饰墙面时,可用螺钉直接固定在结构层上,也可用锚固件悬挂或嵌卡的方法,将板固定在墙筋上

隔断骨架安装的允许偏差　　　　　　　　表 8.2.112

项　次	项　目	允许偏差(mm)	检验方法
1	立面垂直	2	用2m托线板检查
2	表面平整	2	用2m直尺和楔型塞尺检查

(4) 质量标准和检验方法

1) 质量标准

木龙骨隔墙质量标准,除应符合表 8.2.113 所示的规定外,还应符合《建筑装饰装修工程质量验收规范》(GB 50210—2001)中之 7.3 的相关规定。

质　量　标　准　　　　　　　　　　表 8.2.113

序　号	项　目	内　容
1	主控项目	(1)骨架木材和罩面板材质、品种、规格、式样应符合设计要求和施工规范的规定。 (2)木骨架必须安装牢固,无松动,位置正确。 (3)罩面板无脱层、翘曲、折裂、缺楞掉角等缺陷,安装必须牢固。
2	一般项目	(1)木骨架应顺直,无弯曲、变形和劈裂。 (2)罩面板表面应平整、洁净,无污染、麻点、锤印、颜色一致。 (3)罩面板之间的缝隙或压条,宽窄应一致,整齐、平直、压条与板接封严密。 (4)骨架隔墙面板安装的允许偏差:见表 8.2.114

骨架隔墙面板安装的允许偏差　　　　　　　表 8.2.114

项次	项　目	允许偏差(mm)					检验方法
		纸面石膏板	埃特板	多层板	硅钙板	人造木板	
1	立面垂直度	3	3	3	3	3	用2m垂直检测尺检查
2	表面平整度	2	2	2	2	2	用2m靠尺和塞尺检查
3	阴阳角方正	3	3	3	3	3	用直角检测尺检查
4	接缝直线度	—				3	拉5m线,不足5m拉通线用钢直尺检查
5	压条直线度	2	2	2	2	2	拉5m线,不足5m拉通线用钢直尺检查
6	接缝高低差	1	1	1	1	1	用钢直尺和塞尺检查

2）质量记录

木质龙骨板材隔墙质量记录，如表 8.2.115 所示。

质量记录　　　　　　　　　　　　　　　　　表 8.2.115

序号	内　　容	序号	内　　容
1	材料应有合格证、环保检测报告。	2	工程验收应有质量验评资料

（5）成品保护

木质龙骨隔墙的成品保护，如表 8.2.116 所示。

成品保护　　　　　　　　　　　　　　　　　表 8.2.116

序　号	内　　　　　容
1	隔墙木骨架及罩面板安装时，应注意保护顶棚内装好的各种管线，木骨架的吊杆。
2	施工部位已安装的门窗，已施工完的地面、墙面、窗台等应注意保护，防止损坏。
3	条木骨架材料，特别是罩面板材料，在进场、存放、使用过程中应妥善管理，使其不变形、不受潮、不损坏、不污染

（6）安全环保措施

木龙骨隔墙的安全环保措施，如表 8.2.117 所示。

安全环保措施　　　　　　　　　　　　　　　表 8.2.117

序　号	内　　　　　容
1	隔断工程的脚手架搭设应符合建筑施工安全标准。
2	脚手架上搭设跳板应用铁丝绑扎固定，不得有探头板。
3	工人操作应戴安全帽，注意防火。
4	施工现场必须工完场清。设专人洒水、打扫，不能扬尘污染环境。
5	有噪声的电动工具应在规定的作业时间内施工，防止噪声污染、扰民。
6	机电器具必须安装触电保安器，发现问题立即修理。
7	遵守操作规程，非操作人员决不准乱动机具，以防伤人。
8	现场保护良好通风，但不宜过堂风

8.2.3.3　玻璃隔墙工程

1. 玻璃板隔墙

（1）适用范围和工程要点

玻璃板隔墙的适用范围和工程要点，如表 8.2.118 所示。

适用范围和工程要点　　　　　　　　　　　　表 8.2.118

序　号	项　　目	内　　　　　容
1	适用范围	本章适用于工业与民用建筑中玻璃隔断墙安装工程。
2	工程要点	（1）技术要点 弹线必须准确，经复验后方可进行下道工序。 （2）材料要点 按设计要求可选用材料，材料品种、规格、质量应符合设计要求。 （3）质量要点 1）隔断龙骨必须牢固、平整、垂直。 2）压条应平顺光滑，线条整齐，接缝密合。

续表

序 号	项 目	内 容
2	工程要点	(4)安全要点 1)在使用电动工具时,用电应符合《施工现场临时用电安全技术规范》(JGJ 46-88)。 2)脚手架搭设应符合《北京市建筑工程施工安全操作规程》(DBJ 01-62—2002)。 3)施工过程中防止粉尘污染应采取相应的防护措施。 (5)环境要点 1)在施工过程中应符合《民用建筑工程室内环境污染控制规范》(GB 50325—2001)。 2)在施工过程中应防止噪声污染,在施工场界噪声敏感区域宜选择使用低噪声的设备,也可以采取其他降低噪声的措施

(2) 施工准备

玻璃板隔墙施工准备,如表8.2.119所示。

施工准备   表8.2.119

序 号	项 目	内 容
1	技术准备	编制玻璃隔墙工程施工方案,并对工人进行书面技术及安全交底。
2	材料准备	(1)根据设计要求的各种玻璃、木龙骨(60mm×120mm)玻璃胶、橡胶垫和各种压条。 (2)紧固材料:膨胀螺栓、射钉、自攻螺丝、木螺丝和粘贴嵌缝料,应符合设计要求。 (3)玻璃规格:厚度有8、10、12、15、18、22mm等,长宽根据工程设计要求确定。 (4)质量要求:见表8.2.120~表8.2.124。
3	机具准备	(1)机械:电动气泵、小电锯、小台刨、手电钻、冲击钻。 (2)手动工具:扫槽刨、线刨、锯、斧、刨、锤、螺丝刀、直钉枪、摇钻、线坠、靠尺、钢卷尺、玻璃吸盘、胶枪等。 (3)主要机具配备表:按每班组8~10人计算,见表8.2.125。
4	作业条件	(1)主体结构完成及交接验收,并清理现场。 (2)砌墙时应根据顶棚标高在四周墙上预埋防腐木砖。 (3)木龙骨必须进行防火处理,并应符合有关防火规范的规定。直接接触结构的木龙骨应预先刷防腐漆。 (4)做隔断房间需在地面的湿作业工程前将直接接触结构的木龙骨安装完毕,并做好防腐处理

钢化玻璃规格尺寸允许偏差 (mm)   表8.2.120

厚度 ＼ 允许偏差 ＼ 边长度L	L≤1000	1000<L≤2000	2000<L≤3000
4 5 6	+1 −2	±3	±4

续表

允许偏差 厚度　　边长度 L	L≤1000	1000<L≤2000	2000<L≤3000
8 10 12	+2 -3		
15	±4	±4	
19	±5	±5	±6

钢化玻璃的厚度及其允许偏差 （mm）　　　　表 8.2.121

名　称	厚　度	厚度允许偏差
钢化玻璃	4.0	±0.3
	5.0	
	6.0	
	8.0	±0.6
	10.0	
	12.0	±0.8
	15.0	
	19.0	±1.2

钢化玻璃的孔径允许偏差 （mm）　　　　表 8.2.122

公称孔径	允许偏差	公称孔径	允许偏差
4～50	±1.0	>100	供需双方商定
51～100	±2.0		

普通平板玻璃厚度偏差 （mm）　　　　表 8.2.123

厚　度	允许偏差	厚　度	允许偏差
2	±0.20	4	±0.20
3	±0.20	5	±0.25

普通平板玻璃外观质量的要求　　　　表 8.2.124

缺陷种类	说明	优等品	一等品	合格品
波筋 （包括纹辊子花）	不产生变形的 最大入射角	60°	45°50mm 边部,30°	30°100mm 边部,0°
气泡	长度 1mm 以下的	集中的不允许	集中的不允许	不限
	长度大于 1mm 的每平 方米允许个数	≤6mm,6	≤8mm,8 >8～10mm,2	≤10mm,12 >10～20mm,2 >20～25mm,1
划伤	宽≤0.1mm 每平 方米允许条数	长≤50mm 3	长≤100mm 5	不限
	宽>0.1 每平 方米允许条数	不许有	宽≤0.4m 长<100mm	宽≤0.8mm 长<100mm

续表

缺陷种类	说明	优等品	一等品	合格品
砂粒	非破坏性的,直径 0.5~2mm,每平方米允许个数	不许有	3	8
疙瘩	非破坏性的疙瘩波及范围直径不大于 3mm,每平方米允许个数	不许有	1	3
线道	正面可以看到的每片玻璃允许条数	不许有	30mm 边部 宽≤0.5mm	宽≤0.5mm 2
麻点	表面呈现的集中麻点	不许有	不许有	每平米不超过 3 处
	稀疏的麻点,每平方米允许个数	10	15	30

主要机具配备一览表　　　　　　　　表 8.2.125

序号	机械、设备名称	规格型号	定额功率或容量	数量	班组	性能	备注
1	空气压缩机	PH-10-88	7.5kW	1	木工	良好	
2	冲击钻	PSB420	0.42kW	1	木工	良好	
3	手电钻	JIZ-ZD-10A	0.43kW	3	木工	良好	
4	手提式电刨	1900B	0.58kW	1	木工	良好	
5	射钉枪	SDT-A301		2	木工	良好	
6	曲线锯	T101AD	0.28kW	1	木工	良好	
7	手工锯床	G-9802	2kW	2	木工	良好	
8	铝合金靠尺	2m		3	木工	良好	按8~10人/班组计算
9	水平尺	600mm		4	木工	良好	
10	粉线包			1	木工	良好	
11	墨斗			1	木工	良好	
12	小白线			100m	木工	良好	
13	开刀			10	木工	良好	
14	卷尺	5m		8	木工	良好	
15	方尺	300mm		4	木工	良好	
16	线锤	0.5kg		4	木工	良好	
17	托线板	2mm		2	木工	良好	

(3) 工艺流程和操作方法

1) 工艺流程

玻璃板隔墙工艺流程,如下所示。

弹隔墙定位线 → 划龙骨分挡线 → 安装电管线设施 → 安装大龙骨 → 安装小龙骨 → 防腐处理 → 安装玻璃 → 打玻璃胶 → 安装压条

2) 操作方法

玻璃板隔墙操作方法,如表8.2.126所示。

操作 方 法 表 8.2.126

序 号	项 目	内 容
1	弹线	根据楼层设计标高水平线,顺墙高量至顶棚设计标高,沿墙弹隔断垂直标高线及天地龙骨的水平线,并在天地龙骨的水平线上划好龙骨的分档位置线。
2	安装大龙骨	(1)天地骨安装:根据设计要求固定天地龙骨,如无设计要求时,可以用$\phi 8 \sim \phi 12$ 膨胀螺栓或 3~5 寸钉子固定,膨胀螺栓固定点间距 600~800mm。安装前做好防腐处理。 (2)沿墙边龙骨安装:根据设计要求固定边龙骨,边龙骨应启抹灰收口槽,如无设计要求时,可以用 $\phi 8 \sim \phi 12$ 膨胀螺栓或 3~5 寸钉子与预埋木砖固定,固定点间距 800~1000mm。安装前做好防腐处理。
3	主龙骨安装	根据设计要求按分档线位置固定主龙骨,用 4 寸的铁钉固定,龙骨每端固定应不少于 3 颗钉子。必须安装牢固。
4	小龙骨安装	根据设计要求按分档线位置固定小龙骨,用扣榫或钉子固定。必须安装牢固。安装小龙骨前,也可以根据安装玻璃的规格在小龙骨上安装玻璃槽。
5	安装玻璃	根据设计要求按玻璃的规格安装在小龙骨上;如用压条安装时先固定玻璃一侧的压条,并用橡胶垫垫在玻璃下方,再用压条将玻璃固定;如用玻璃胶直接固定玻璃,应将玻璃先安装在小龙骨的预留槽内,然后用玻璃胶封闭固定。
6	打玻璃胶	首先在玻璃上沿四周粘上纸胶带,根据设计要求将各种玻璃胶均匀地打在玻璃与小龙骨之间。待玻璃胶完全干后撕掉纸胶带。
7	安装压条	根据设计要求将各种规格材质的压条,将压条用直钉或玻璃胶固定小龙骨上。如设计无要求,可以根据需要选用 10mm×12mm 木压条、10mm×10mm 的铝压条或 10mm×20mm 不锈钢压条

(4) 质量标准和检验方法

1) 质量标准

玻璃板隔墙的质量标准,除应符合表 8.2.127 的规定外,还应符合《建筑装饰装修工程质量验收规范》(GB 50210—2001)中之 7.5 的有关规定。

质 量 标 准 表 8.2.127

序 号	项 目	内 容
1	主控项目	(1)龙骨木材和玻璃的材质、品种、规格、式样应符合设计要求和施工规范的规定。 (2)木龙骨的大、小龙骨必须安装牢固,无松动,位置正确。 (3)压条无翘曲、折裂、缺楞掉角等缺陷,安装必须牢固。 (4)木龙骨的含水率必须小于 8%。
2	一般项目	(1)木龙骨应顺直,无弯曲、变形和劈裂、节疤。 (2)玻璃表面应平整、洁净,无污染、麻点、颜色一致。 (3)压条,宽窄应一致,整齐、平直、压条与玻璃接封严密。 (4)允许偏差项目见表 8.2.128

2) 质量记录

玻璃板隔墙施工质量记录,如表 8.2.129 所示。

(5) 成品保护

玻璃板隔墙成品保护,如表 8.2.130 所示。

玻璃板隔断墙允许偏差 表 8.2.128

项次	项类	项目	允许偏差(mm)		检验方法
			龙骨	玻璃	
1	龙骨	龙骨间距	2	—	尺量检查
2		龙骨平直	2	—	尺量检查
3	玻璃	表面平整	—	1	用 2m 靠尺检查
4		接缝平直	2	0.5	拉 5m 线检查
5		接缝高低	0.5	0.3	用直尺或塞尺检查
6	压条	压条平直	1	1	拉 5m 线检查
7		压条间距	0.5	1	尺量检查

质 量 记 录 表 8.2.129

序 号	内 容
1	材料进场验收记录和复验报告、技术交底记录。
2	工程验收应有质量验评资料

成 品 保 护 表 8.2.130

序 号	内 容
1	木龙骨及玻璃安装时,应注意保护顶棚、墙内装好的各种管线;木龙骨的天龙骨不准固定通风管道及其他设备上。
2	施工部位已安装的门窗,已施工完的地面、墙面、窗台等应注意保护、防止损坏。
3	木骨架材料,特别是玻璃材料,在进场、存放、使用过程中应妥善管理,使其不变形、不受潮、不损坏、不污染。
4	其他专业的材料不得置于已安装好的木龙骨和玻璃上

(6) 安全环保措施

玻璃板隔断墙安全环保措施,如表 8.2.131 所示。

安全环保措施 表 8.2.131

序 号	内 容
1	隔断工程的脚手架搭设应符合建筑施工安全标准。
2	脚手架上搭设跳板应用铁丝绑扎固定,不得有探头板。
3	工人操作应戴安全帽,注意防火。
4	施工现场必须工完场清。设专人洒水、打扫,不能扬尘污染环境。
5	有噪声的电动工具应在规定的作业时间内施工,防止噪声污染、扰民。
6	机电器具必须安装触电保护装置。发现问题立即修理。
7	遵守操作规程,非操作人员决不准乱动机具,以防伤人。
8	现场保护良好通风

2. 玻璃砖隔墙

(1) 适用范围和工程要点

玻璃砖隔墙的适用范围和工程要点,如表 8.2.132 所示。

适用范围和工程要点   表 8.2.132

序 号	项 目	内 容
1	适用范围	玻璃砖隔墙是指用玻璃砖砌筑而成的隔墙。玻璃砖隔墙的构造和施工特点是:既可以起到分隔作用,又可以提供自然采光和装饰作用,尤其是它的透光和散光现象所造成的视觉效果,使玻璃砖隔墙更富于装饰性。而且施工方便,易于操作。其存在问题:抗硬物冲击能力差,不能大面积使用。 本工艺标准适用于民用建筑中玻璃砖隔墙工程。
2	工程要点	(1)砌筑玻璃砖隔墙时,必须严格按设计图纸施工;原材料必须复检合格,砂浆严格按配合比计量、配制;砌筑方法应正确,砂浆必须饱满;玻璃砖缝中的拉结筋必须与基体结构连接牢固。以提高玻璃砖隔墙的整体刚度和强度,确保工程质量优良。 (2)砌筑玻璃砖隔墙时,水平缝水泥砂浆要铺厚些,慢慢挤揉;立缝灌砂浆后一定要捣实;勾缝时要勾严。以保证砌筑砂浆饱满。 (3)砌筑玻璃砖隔墙时,必须挂线、立皮数杆,严格按挂线、皮数杆砌筑施工,以保证隔墙表面平整、灰缝平直

（2）施工准备

玻璃砖隔墙工程的施工准备，如表 8.2.133 所示。

施 工 准 备   表 8.2.133

序 号	项 目	内 容
1	材料要求	(1)玻璃砖的品种、规格、图案和颜色必须符合设计要求,并有产品合格证书。 (2)垫块、横筋、竖筋等材料符合设计要求,并有产品合格证。 (3)砌筑用水泥砂浆按设计要求配制。
2	机具设备	(1)机械设备 电焊机、电钻。 (2)主要工具 扁铲、刮板、铁抹子、灰槽、木锤、垂直检测尺、水平尺、2m靠尺、塞尺、钢直尺。
3	作业条件	(1)主体结构已施工完毕,并经验收合格。屋面防水层已做。 (2)室内墙面+50cm标高线已弹好。 (3)检查砌筑玻璃砖隔墙连接、竖横筋的预埋铁件是否按设计要求设置,若不符合设计要求应及时处理。 (4)作业地点的环境温度不低于 5℃

（3）工艺流程和操作要点

1）工艺流程

玻璃砖隔墙砌筑的工艺流程，如下所示。

清理基层 → 放线 → 排砖 → 立框架 → 砌砖 → 勾缝

2）操作要点

玻璃砖隔墙砌筑的操作要点，如表 8.2.134 所示。

操 作 要 点   表 8.2.134

序 号	项 目	内 容
1	清理基层	把与玻璃砖隔墙相接触的基体表面整修平整,并清扫干净,用水泥砂浆找平。

续表

序 号	项 目	内 容
2	放线定位	根据设计图纸要求,在地面、墙、柱表面、顶面弹好玻璃隔墙位置边线。按标高立好皮数杆,皮数杆间距5~10m。
3	排列顺序	(1)根据需砌筑玻璃砖隔墙的面积和形状,计算玻璃砖数量和排列顺序。玻璃砖之间的缝隙留置为5~10mm。 (2)根据排列结果做出基础底脚,底脚厚度40mm或70mm,即略小于玻璃砖的厚度。
4	固定框架	固定好砌筑玻璃砖隔墙的木质或金属框架。
5	砌砖	(1)玻璃砖砌体采用十字缝立砖砌法。根据弹好的位置线,认真核对玻璃砖隔墙的长度尺寸是否符合排砖模数。如不符合可调整隔墙两侧的槽钢或木框的厚度及砖缝的厚度,但隔墙两侧调整的宽度要保持一致,与隔墙上部槽钢调整后的宽度也要尽量保持一致。玻璃砖应挑选棱角整齐、规格相同、砖的对角线基本一致、表面无裂痕和磕碰的砖上墙。 (2)砌筑第一层应双面挂线。如果玻璃砖隔墙较长,可在中间多设几个支线点。每层玻璃砖砌筑时均应挂水平线。 (3)砌筑水泥砂浆按设计要求配制。若设计无要求时,采用白水泥:细砂=1:1(重量比)水泥砂浆,或白水泥:108胶=100:7(重量比)水泥浆砌筑。白水泥浆的稠度以不流淌为好。 (4)玻璃砖隔墙按上、下层对缝的方式,自下而上砌筑。为了保证玻璃砖隔墙表面的平整性、便于砌筑,在砌筑每层玻璃砖之前,应在玻璃砖上放置"十"字形木垫块。每块玻璃砖上放2块,卡在玻璃砖的凹槽内(图8.2.6)。 (5)玻璃砖砌筑时,将上层玻璃砖压在下层玻璃砖上,同时使上层玻璃砖的中间槽沟卡在"十"字形木垫块上,上、下层玻璃砖间留缝5~10mm(图8.2.7)。缝中拉结钢筋间距小于650mm,伸入竖缝和横缝,并与玻璃砖上、下、两侧的框体和结构体连接牢固。连接方式按设计要求施工。 (6)每砌完一层玻璃砖后,应用湿布将玻璃砖表面的水泥砂浆污染物擦干净。
6	勾缝	玻璃砖隔墙砌筑完毕后,应立即进行表面勾缝。先勾水平缝,再勾竖直缝。勾缝深浅要一致,要密实平整、均匀顺直

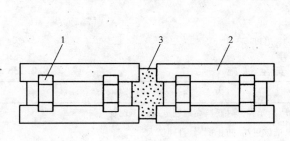

图 8.2.6 玻璃砖隔墙的砌筑方法
1—"十"字形木垫块;2—玻璃砖;3—隔墙竖缝砂浆

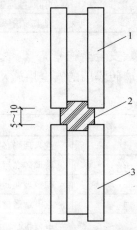

图 8.2.7 上下层玻璃砖的连接方式
1—上层玻璃砖;2—"十"字形木垫块;
3—下层玻璃砖

（4）质量标准和检验方法

玻璃砖隔墙的施工质量标准，除应符合表 8.2.135 的规定外，还应符合《建筑装饰装修工程质量验收规范》（GB 50210—2001）中之 7.5 的有关规定。

质量标准 表 8.2.135

序 号	项 目	内 容
1	主控项目	（1）玻璃砖隔墙工程所用材料的品种、规格、性能、图案和颜色应符合设计要求。 （2）玻璃砖隔墙的砌筑方法应符合设计要求。 （3）玻璃砖隔墙砌筑中埋设的拉结筋必须与基体结构连结牢固，并应位置正确。
2	一般项目	（1）玻璃砖隔墙表面应色泽一致、平整洁净、清晰美观。 （2）玻璃砖隔墙接缝应横平竖直，玻璃砖应无裂缝、缺损和划痕。 （3）玻璃砖隔墙勾缝应密实平整、均匀顺直、深浅一致。 （4）玻璃砖隔墙安装的允许偏差和检验方法应符合表 8.2.136 的规定

玻璃砖隔墙安装的允许偏差和检验方法 表 8.2.136

项 次	项 目	允许偏差(mm)	检验方法
1	立面垂直度	3	用 2m 垂直检测尺检查
2	表面平整度	3	用 2m 靠尺和塞尺检查
3	接缝高低差	3	用钢直尺和塞尺检查

（5）成品保护

玻璃砖隔墙的成品保护，如表 8.2.137 所示。

成品保护 表 8.2.137

序 号	内 容
1	玻璃砖隔墙砌筑完毕后，在距玻璃砖隔墙两侧各约 100～200mm 处搭设木架，防止玻璃砖隔墙遭到磕碰。
2	拆除、搬运砌筑玻璃砖隔墙用脚手架时，应防止碰撞玻璃砖隔墙，以免造成墙面损坏。
3	施工结构墙地面抹灰时，应采取遮盖措施，防止水泥砂浆污染玻璃砖隔墙表面

（6）安全措施

玻璃砖隔墙的安全措施，如表 8.2.138 所示。

安全措施 表 8.2.138

序 号	内 容
1	进入现场必须戴安全帽。严禁光脚、穿拖鞋、高跟鞋进入施工现场。
2	玻璃砖在运输、存放时不要堆放过高，防止倒塌、打碎伤人。
3	砌筑玻璃砖隔墙用的脚手架必须支设牢固，上下方便。
4	上下运送材料或传递工具时，严禁抛掷，防止砸伤施工人员。
5	电器机具必须安装触电保安器。并经常对电器机具进行安全检查。发现问题及时处理，防止漏电伤人。
6	施工时严格遵守操作规程。非操作人员严禁乱动机械设备和电器机具，以免出现伤亡事故

8.2.3.4　活动隔墙工程

活动式隔墙能满足空间灵活多变的要求，在展览布置或多功能活动空间有着其他隔墙无法替代的独特作用，是一种具有相当应用价值的隔墙形式。

活动式隔墙类型有多种，本节介绍常用的滑动式隔墙的安装施工方法。

1. 施工准备

滑动式隔墙的施工准备，如表 8.2.139 所示。

施 工 准 备 　　　　　　　　　　　　　　　　　　　表 8.2.139

序　号	项　目	内　容
1	施工材料	滑动式隔墙由轨道、滑轮和隔扇组成，其构造如图 8.2.8 所示。隔墙的收拢方式分单侧收拢与双侧收拢。为了美观，往往采用收拢合成暗藏式处理。
2	施工机具	若隔扇自行制作，则需全套木工工具。为了保证质量，一般均委托专业单位制作，因此施工只是轨道，滑轮与隔扇安装，故施工器具仅需锤子、螺丝刀、动电手枪钻等即可

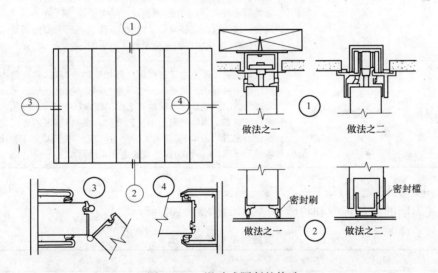

图 8.2.8　滑动式隔断的构造

2. 工艺流程和操作方法

（1）工艺流程

滑动式隔墙安装的工艺流程，如下所示。

清理基层 → 弹线 → 隔扇制作 → 安装轨道 → 安装滑轮 → 安装密封条

（2）操作方法

滑动式隔墙的安装操作方法，如表 8.2.140 所示。

操 作 方 法 　　　　　　　　　　　　　　　　　　　表 8.2.140

序　号	项　目	内　容
1	清理基层	把与滑动式隔墙相接触的基体表面整修平整,并清扫干净。
2	弹线	按设计图位置进行弹线,丈量复核尺寸,若出现误差,要在有关方同意的前提下,通过对隔扇尺寸调整予以解决。

序　号	项　目	内　容
3	隔扇制作	按设计要求选料制作,先制作主体木框架,然后钉面板和放置中间隔声材料,再固定饰面层,最后在边框上垫好密封条(泡沫聚乙烯)后钉铝质镶边。
4	安装轨道	轨道分上轨与下轨(地轨),隔扇若不是很重或是滑动式半隔断,一般都不用地轨。上轨用螺钉固定在顶部的框料上,上轨安装要水平、顺直,按设计要求选定螺钉尺寸与间距,否则会影响使用。
5	安装滑轮	滑轮安装可以安装在每扇隔扇顶框的端部,也可以安装在每扇隔扇顶框中部。如果是多扇组合的还须安装连接各隔扇的铰链。滑轮的种类很多,若设计中没有规定时,可按隔扇的重轻来选择,隔扇重的,选用带有滚珠轴承的滑轮;隔扇轻的,选用带有金属轴套的尼龙滑轮或滑钮。 　　当上部滑轮设在隔扇顶面的一端时,楼地面上要相应地设轨道,隔扇底面要相应地设滑轮,构成下部支承点。这种轨道的断面多数都是 T 形的。当上部滑轮设在隔扇顶面的中央时,楼地面上一般不用设轨道。如果隔扇较高,可在楼地面上设置导向槽,在隔扇的底面相应地设置中间带凸缘的滑轮或导向杆。此时,下部装置的主要作用是维持隔扇的垂直位置,防止在启闭过程中向两侧摇摆。
6	安装密封条	隔扇的两个垂直边常常做成凸凹相咬的企口缝,并在槽内镶嵌橡胶或毡制的密封条。最前面一个隔扇与洞口侧面接触处,可设密封管或缓冲板。隔扇的底面与楼地面之间的缝隙(约 25mm)常用橡胶或毡制密封条遮盖。当楼地面上不设轨道时,也可以隔扇的底面设一个富有弹性的密封垫,并相应地采取一个专门装置,使隔墙处于封闭状态时能够稍稍下落,从而将密封垫紧紧地压在楼地面上

3. 质量标准和检验方法

滑动式隔墙的质量标准和检验方法,如表 8.2.141 所示。

质量标准和检验方法　　　　　　　　　　　　　　　**表 8.2.141**

序　号	内　容
1	活动隔墙工程的检查数量应符合下列规定:每个检验批应至少抽查 20%,并不得少于 6 间;不足 6 间时应全数检查。
2	滑动式隔墙的质量标准和检验方法,见《建筑装饰装修工程质量验收规范》(GB 50210—2001)中之 7.4 的有关规定

8.2.4　饰面板（砖）工程施工

8.2.4.1　室外饰面砖粘贴工程

1. 适用范围和工程要点

室外饰面砖粘贴工程的适用范围和工程要点,如表 8.2.142 所示。

适用范围和工程要点　　　　　　　　　　　　　　　**表 8.2.142**

序　号	项　目	内　容
1	适用范围	本章适用于工业与民用建筑中室外贴面砖工程。

续表

序 号	项 目	内 容
2	工程要点	(1)材料要点 水泥 32.5 级或 42.5 级矿渣水泥或普通硅酸盐水泥。应有出厂证明或复验合格单,若出厂日期超过三个月或水泥已结有小块的不得使用;砂子应使用粗中砂;面砖的表面应光洁、方正、平整、质地坚固,不得有缺楞、掉角、暗痕和裂纹等缺陷。 (2)技术要点 弹线必须准确,经复验后方可进行下道工序。基层抹灰前,墙面必须清扫干净,浇水湿润;基层抹灰必须平整,贴砖应平整牢固,砖缝应均匀一致。 (3)质量要点 1)施工时,必须做好墙面基层处理,浇水充分湿润。在抹底层灰时,根据不同基体采取分层分遍抹灰方法,并严格配合比计量,掌握适宜的砂浆稠度,按比例加界面剂胶,使各灰层之间粘接牢固。注意及时洒水养护。冬期施工时,应做好防冻保温措施,以确保砂浆不受冻,其室外温度不得低于 5℃,但寒冷天气不得施工。防止空鼓、脱落和裂缝。 2)结构施工期间,几何尺寸控制好,外墙面要垂直、平整,装修前对基层处理要认真。应加强对基层打底工作的检查,合格后方可进行下道工序。 3)施工前认真按照图纸尺寸,核对结构施工的实际情况,加上分段分块弹线、排砖要细,贴灰饼控制点要符合要求。 (4)安全要点 1)用电应符合《施工现场临时用电安全技术规范》(JGJ 46—1988)。 2)在空高作业时,脚手架搭设应符合《北京市建筑工程施工安全操作规程》(DBJ 01-62—2002)。 (5)环境要点 在施工过程中应防止噪声污染,在施工场界噪声敏感区域宜选择使用低噪声的设备,也可以采取其他降低噪声的措施

2. 施工准备

室外饰面砖粘贴施工准备,如表 8.2.143 所示。

施工准备   表 8.2.143

序 号	项 目	内 容
1	技术准备	编制室外饰面砖粘贴施工方案,并对工人进行书面技术及安全交底。
2	材料准备	(1)水泥 32.5 级或 42.5 级矿渣水泥或普通硅酸盐水泥。应有出厂证明或复验合格单。若出厂日期超过三个月或水泥已结有小块的不得使用;白水泥应采用符合 GB 2015-91《白色硅酸盐水泥》标准中 425 号以上的,并符合设计和规范质量标准的要求。 (2)砂子:粗中砂,用前过筛,其他应符合规范的质量标准。 (3)面砖:面砖的表面应光洁、方正、平整、质地坚固,其品种、规格、尺寸、色泽、图案应均匀一致,必须符合设计规定。不得有缺楞、掉角、暗痕和裂纹等缺陷,其性能指标均应符合现行国家标准的规定,釉面砖的吸水率不得大于 10%。见表 8.2.145。 (4)石灰膏:用块状生石灰淋制,必须用孔径 3mm×3mm 的筛网过滤,并储存在沉淀池中,熟化时间,常温下不少于 15d,用于罩面灰,不少于 30d,石灰膏内不得有未熟化的颗粒和其他物质。 (5)生石灰粉:磨细生石粉,其细度应通过 4900 孔/cm² 筛子,用前应用水浸泡,其时间不少于 3d。 (6)粉煤灰:细度过 0.08mm 筛,筛余量不大于 5%;界面剂和矿物颜料:按设计要求配比,其质量应符合规范标准。 (7)粘贴面砖所用水泥、砂、胶粘剂等材料均应进行复验,合格后方可使用。 (8)质量要求:见表 8.2.145。

序　号	项　目	内　容
3	机具准备	(1)主要机具配备表:按每班组 8～10 人计算,见表 8.2.144。 (2)其他工具: 砂浆搅拌机、瓷砖切割机、磅秤、铁板、孔径 5mm 筛子、窗纱筛子、手推车、大桶、小水桶、平锹、木抹子、大杠、中杠、小杠、靠尺、方尺、铁制水平尺、灰槽、灰勺、米厘条、毛刷、钢丝刷、笤帚、錾子、锤子、米线包、小白线、擦布或棉丝、钢片开刀、小灰铲、勾缝溜子、勾缝托灰板、托线板、线坠、盒尺、钉子、红铅笔、铅丝、工具袋等。
4	作业条件	(1)主体结构施工完,并通过验收。 (2)外架子(高层多用吊篮或吊架)应提前支搭和安装好,多层房屋最好选用双排架子或桥架,其横竖杆及拉杆等应离开墙面和门窗角 150～200mm。架子的步高和支搭要符合施工要求和安全操作规程。 (3)阳台栏杆、预留孔洞及排水管等应处理完毕,门窗框要固定好,隐蔽部位的防腐、填嵌应处理好,并用 1:3 水泥砂浆将缝隙塞严实。铝合金、塑料门窗、不锈钢门等框边缝所用嵌塞材料及密封材料应符合设计要求,且应塞堵密实,并事先粘贴好保护膜。 (4)墙面基层清理干净,脚手眼、窗台、窗套等事先应使用与基层相同的材料砌堵好。 (5)按面砖的尺寸、颜色进行选砖,并分类存放备用。 (6)大面积施工前应先放大样,并做出样板墙,确定施工工艺及操作要点,并向施工人员做好交底工作。样板墙完成后必须经质检部门鉴定合格后,还要经过设计、甲方和施工单位共同认定验收,方可组织班组按照样板墙壁要求施工

每班组主要机具配备一览表　　　　　　　　表 8.2.144

序号	机械、设备名称	规格型号	定额功率或容量	数量	性能	工种	备注
1	砂浆搅拌机		7.5kW	1	良好	瓦工	
2	手提石材切割机	410	1.2kW	4	良好	瓦工	
3	角磨机	952	0.54kW	4	良好	瓦工	
4	电锤	TE-	0.65kW	2	良好	瓦工	
5	手电钻	FDV	0.55kW	3	良好	瓦工	
6	手推车			2	良好	瓦工	
7	铝合金靠尺	2m		4	良好	瓦工	
8	水平尺	600		2	良好	瓦工	
9	铅丝	ϕ0.4～0.8		100m	良好	瓦工	按 8～10 人/班 组计算
10	粉线包			1	良好	瓦工	
11	墨斗			1	良好	瓦工	
12	小白线			200m	良好	瓦工	
13	开刀			4	良好	瓦工	
14	卷尺	5m		4	良好	瓦工	
15	方尺	300		4	良好	瓦工	
16	线锤	0.5		4	良好	瓦工	
17	托线板	2mm		2	良好	瓦工	

釉面砖质量标准 **表 8.2.145**

性能	试样数量		计 数 检 验				计 量 检 验				试验方法
			第一次抽样		第一次+第二次抽样		第一次抽样		第一次+第二次抽样		GB/T 3810 部分
	第一次	第二次	接收数 A_{c1}	拒收数 R_{e1}	接收数 A_{c2}	拒收数 R_{e2}	可接收	第二次抽样	可接收	有理由拒收	
尺寸	10	10	0	2	1	2	—	—	—	—	2
表面质量[2]	30	30	1	3	3	4	—	—	—	—	2
	40	40	1	4	4	5	—	—	—	—	
	50	50	2	5	5	6	—	—	—	—	
	60	60	2	5	6	7	—	—	—	—	
	70	70	2	6	7	8	—	—	—	—	
	80	80	3	7	8	9	—	—	—	—	
	90	90	4	8	9	10	—	—	—	—	
	100	100	4	9	10	11	—	—	—	—	
	1m²	1m²	4%	9%	5%	>5%	—	—	—	—	
吸水率[3]	5[4]	5[4]	0	2	1	2	—	—	—	—	3
	10	10	0	2	1	2	—	—	—	—	
断裂模数[3]	7[7]	7[7]	0	2	1	2	—	—	—	—	4
	10	10	0	2	1	2	—	—	—	—	
破坏强度[3]	7	7	0	2	1	2	—	—	—	—	4
	10	10	0	2	1	2	—	—	—	—	
无釉砖耐磨深度	5	5	0	2	1	2	—	—	—	—	6
线性热膨胀系数	2	2	0	2	1	2	—	—	—	—	8
抗热震性	5	5	0	2	1	2	—	—	—	—	9
耐化学腐蚀性[10]	5	5	0	2	1	2	—	—	—	—	13
抗釉裂性	5	5	0	2	1	2	—	—	—	—	11
抗冻性	10	—	0	1	—	—	—	—	—	—	12
耐污染性[10]	5	5	0	2	1	2	—	—	—	—	14
湿膨胀[11]	5	—	由生产厂确定性能要求								10
有釉砖耐磨性	11	—	由生产厂确定性能要求								7
摩擦系数[12]	12	—	由生产厂确定性能要求								17

续表

性能	试样数量	计 数 检 验		计 量 检 验		试验方法
		第一次抽样	第一次＋第二次抽样	第一次抽样	第一次＋第二次抽样	
小色差	5	—	—	由生产厂确定性能要求		16
抗冲击性	5			由生产厂确定性能要求		5
铅和镉的溶出量	5			由生产厂确定性能要求		15
光泽度	5	5	0	2	1	2	—	—	—	GB/T 13891

3. 工艺流程和操作方法

（1）工艺流程

室外饰面砖粘贴工艺流程，如下所示。

基层处理 → 吊垂直、套方、找规矩 → 贴灰饼 → 抹底层砂浆 → 弹线分格 → 排砖 → 浸砖 → 镶贴面砖 → 面砖勾缝及擦缝

（2）操作方法

1）基体为混凝土墙面时的操作方法，如表 8.2.146 所示。

基体为混凝土墙面时的操作方法　　　　　　表 8.2.146

序　号	项　目	内　容
1	基层处理	将凸出墙面的混凝土剔平，对大钢模施工的混凝土墙面应凿毛，并用钢丝刷满刷一遍，清除干净，然后浇水湿润；对于基体混凝土表面很光滑的，可采取"毛化处理"办法，即先将表面尘土、污垢清扫干净，用10%火碱水将板面的油污刷掉，随之用净水将碱液冲净、晾干，然后用水泥砂浆内掺水重20%的界面剂胶，用笤帚将砂浆甩到墙上，其甩点要均匀，终凝后浇水养护，直至水泥浆疙瘩全部粘到混凝土光面上，并有较高的强度（用手掰不动）为止。
2	吊垂直、套方、贴灰饼、冲筋	吊垂直、套方、找规矩、贴灰饼、冲筋：高层建筑物应在四大角和门窗口边用经纬仪打垂直线找直；多层建筑物，可从顶层开始用特制的大线坠绷低碳钢丝吊垂直，然后根据面砖的规格尺寸分层设点、做灰饼，间距1.6mm。横向水平线以楼层为水平基准线交圈控制，竖向垂直线以四周大角和通天柱或墙垛子为基准线控制，应全部是整砖。阳角处要双面排直。每层打底时，应以此灰饼作为基准点进行冲筋，使其底层灰做到横平竖直。同时要注意找好突出檐口、腰线、窗台、雨篷等饰面的流水坡度和滴水线（槽）。
3	底层抹灰	抹底层砂浆：先刷一道掺水重10%的界面剂胶水泥素浆打底，应分层分遍进行抹底层砂浆（常温时采用配合比为1∶3水泥砂浆），第一遍厚度宜为5mm，抹后用木抹子搓平、扫毛，待第一遍六至七成干时，即可抹第二遍，厚度约为8~12mm，随即用木杠刮平、木抹子搓毛，终凝后洒水养护。砂浆总厚不得超过20mm，否则应加强处理。
4	弹线分格	弹线分格：待基层灰六至七成干时，即可按图纸要求进行分段分格弹线，同时亦可进行面层贴标准点的工作，以控制面层出墙尺寸及垂直、平整。

序 号	项 目	内 容
5	排砖	排砖:根据大样图及墙面尺寸进行横竖向排砖,以保证面砖缝隙均匀,符合设计图纸要求,注意大墙面、通天柱子和垛子要排整砖,以及在同一墙面上的横竖排列,均不得有一行以上的非整砖。非整砖应排在次要部位,如窗间墙或阴角处等。但亦要注意一致和对称。如遇有凸出的卡件,应用整砖套割吻合,不得用非整砖随意拼凑镶贴。面砖接缝的宽度不应小于5mm,不得采用密缝。
6	选砖、浸泡	选砖、浸泡:釉面砖和外墙面砖镶贴前,应挑选颜色、规格一致的砖;浸泡砖时,将面砖清扫干净,放入净水中浸泡2h以上,取出待表面晾干或擦干净后方可使用。
7	粘贴面砖	粘贴面砖:粘贴应自上而下进行。高层建筑采取措施后,可分段进行。在每一分段或分块内的面砖,均为自下而上镶贴。从最下一层砖下皮的位置线先稳好靠尺,以此托住第一皮面砖。在面砖背面宜采用1:0.2:2=水泥:白灰膏:砂的混合砂浆镶贴,砂浆厚度为6～10mm,贴上后用灰铲柄轻轻敲打,使之附线,再用钢片开刀调整竖缝,并用小杠通过标准点调整平面和垂直度。 另外一种做法是,用1:1水泥砂浆加水重20%的界面剂胶,在砖背面抹3～4mm厚粘贴即可。但此种做法其基层灰必须抹得平整,而且砂子必须用窗纱筛后使用。不得采用有机物作主要粘结材料。 另外也可用胶粉来粘贴面砖,其厚度为2～3mm,有此种做法其基层灰必须更平整。 如要求釉面砖拉缝镶贴时,面砖之间的水平缝宽度用米厘条控制,米厘条用贴砖用砂浆与中层灰临时镶贴,米厘条贴在已镶贴好的面砖上口,为保证其平整,可临时加垫小木楔。 女儿墙压顶、窗台、腰线等部位平面也要镶贴面砖时,除流水坡度符合设计要求外,应采取顶面砖压立面面砖的做法,预防向内渗水,引起空裂;同时还应采取立面中最低一排面砖必须压底平面面砖,并低出底平面面砖3～5mm的做法,让其起滴水线(槽)的作用,防止尿檐,引起空裂。
8	面砖勾缝与擦缝	面砖勾缝与擦缝:面砖铺贴拉缝时,用1:1水泥砂浆勾缝或采用勾缝胶,先勾水平缝再勾竖缝,勾好后要求凹进面砖外表面2～3mm。若横竖缝为干挤缝,或小于3mm者,应用白水泥配颜料进行擦缝处理。面砖缝子勾完后,用布或棉丝蘸稀盐酸擦洗干净

2) 其他墙体时的操作方法,如表8.2.147所示。

其他墙体时的操作方法 表8.2.147

序 号	项 目	内 容
1	基体为砖墙面时操作方法	(1)基层处理:抹灰前,墙面必须清扫干净,浇水湿润。 (2)吊垂直、套方、找规矩:大墙面和四角、门窗口边弹线找规矩,必须由顶层到底一次进行,弹出垂直线,并决定面砖出墙尺寸,分层设点、做灰饼(间距为1.6m)。横线则以楼层为水平基线交圈控制,竖向线则以四周大角和通天垛、柱子为基准线控制。每层打底时则以此灰饼作为基准点进行冲筋,使其底层灰做到横平竖直。同时要注意找好突出檐口、腰线、窗台、雨篷等饰面的流水坡度。 (3)抹底层砂浆:先把墙面浇水湿润,然后用1:3水泥砂浆刮一道约5～6mm厚,紧跟着用同强度等级的灰与所冲的筋抹平,随即用木杠刮平,木抹搓毛,隔天浇水养护。 (4)其他事宜可参见表8.2.146基层为混凝土墙面做法。

续表

序 号	项 目	内 容
2	基层为加气混凝土时操作方法	基层为加气混凝土时,可酌情选用下述两种方法中的一种。 (1)用水湿润加气混凝土表面,修补缺棱掉角处。修补前,先刷一道聚合物水泥浆,然后用1:3:9=水泥:白灰膏:砂子混合砂浆分层补平,隔天刷聚合物水泥浆并抹1:1:6混合砂浆打底,木抹子搓平,隔天养护。 (2)用水湿润加气混凝土表面,在缺棱掉角处刷聚合物水泥浆一道,用1:3:9混合砂浆分层补平,待干燥后,钉金属网一层并绷紧。在金属网上分层抹1:1:6混合砂浆打底(最好采取机械喷射工艺),砂浆与金属网应结合牢固,最后用木抹子轻轻搓平,隔天浇水养护。 (3)其他作法同混凝土墙面。
3	季节性施工措施	(1)夏季镶贴室外饰面板、饰面砖,应有防止暴晒的可靠措施。 (2)冬期施工:一般只在冬季初期施工,严寒阶段不得施工。 1)砂浆的使用温度不得低于5℃,砂浆硬化前,应采取防冻措施。 2)用冻结法砌筑的墙,应待其解冻后再抹灰。 3)镶贴砂浆硬化初期不得受冻,室外气温低于5℃时,室外镶贴砂浆内可掺入能降低冻结温度的外加剂,其掺入量应由试验确定。 4)严防粘结层砂浆早期受冻,并保证操作质量,禁止使用白灰膏和界面剂胶,宜采用同体积粉煤灰代替或改用水泥砂浆抹灰

4. 质量标准和检验方法

(1) 质量标准

室外饰面砖粘贴的质量标准,除应符合表8.2.148的规定外,还应符合《建筑装饰装修工程质量验收规范》(GB 50210—2001)中之8.3的相关要求。

质 量 标 准　　　　　　　　　　　　　表 8.2.148

序 号	项 目	内 容
1	主控项目	(1)饰面砖的品种、规格、颜色、图案和性能必须符合设计要求。 (2)饰面砖粘贴工程的找平、防水、粘结和勾缝材料及施工方法应符合设计要求、国家现行产品标准、工程技术标准及国家环保污染控制等规定。 (3)饰面砖镶贴必须牢固。 (4)满粘法施工的饰面砖工程应无空鼓、裂缝。
2	一般项目	(1)饰面砖表面应平整、洁净、色泽一致,无裂痕和缺陷。 (2)阴阳角处搭接方式、非整砖使用部位应符合设计要求。 (3)墙面突出物周围的饰面砖应整砖套割吻合,边缘应整齐。墙裙、贴脸突出墙面的厚度应一致。 (4)饰面砖接缝应平直、光滑,填嵌应连续、密实;宽度和深度应符合设计要求。 (5)有排水要求的部位应做滴水线(槽)。滴水线(槽)应顺直,流水坡向应正确,坡度应符合设计要求。 (6)室外饰面砖粘贴的允许偏差项目和检查方法应符合表8.2.149的规定

室外饰面砖粘贴允许偏差　　　　　　　　　　　　表 8.2.149

顺 次	项 目	允许偏差(mm) 外墙面砖	检 查 方 法
1	立面垂直度	3	用2m垂直检测尺检查
2	表面平整度	2	用2m直尺和塞尺检查
3	阴阳角方正	2	用直角检测尺检查
4	接缝直线度	2	拉5m线,不足5m拉通线,用钢直尺检查
5	接缝高低差	1	用钢直尺和塞尺检查
6	接缝宽度	1	用钢直尺检查

（2）质量记录

室外饰面砖粘贴质量记录，如表8.2.150所示。

质 量 记 录 表 8.2.150

序　号	内　容
1	材料应有合格证、环保检验合格单。
2	工程验收应有质量验评资料。
3	室外砖的拉拔试验报告单等。
4	预埋件(或后置埋件)应有隐蔽验收记录

5. 成品保护

室外饰面砖粘贴成品保护，如表8.2.151所示。

成 品 保 护 表 8.2.151

序　号	内　容
1	要及时清擦干净残留在门框上的砂浆,特别是铝合金门窗、塑料门窗宜粘贴保护膜,预防污染、锈蚀,施工人员应加以保护,不得碰坏。
2	认真贯彻合理的施工顺序,少数工种(水、电、通风、设备安装等)的活应做在前面,防止损坏面砖。
3	油漆粉刷不得将油漆喷滴在已完的饰面砖上,如果面砖上部为外涂料墙面,宜先做外涂料,然后贴面砖,以免污染墙面。若需先做面砖时,完工后必须采取贴纸或塑料薄膜等措施。防止污染。
4	各抹灰层在凝结前应防止风干、暴晒、水冲和振动,以保证各层有足够的强度。
5	拆架子时注意不要碰撞墙面。
6	装饰材料和饰件以及饰面的构件,在运输、保管和施工过程中,必须采取措施防止损坏

6. 安全环保措施

室外饰面砖粘贴的安全环保措施，如表8.2.152所示。

安 全 环 保 措 施 表 8.2.152

序　号	内　容
1	操作前检查脚手架和跳板是否搭设牢固,高度是否满足操作要求,合格后才能上架操作,凡不符合安全之处应及时修整。
2	禁止穿硬底鞋、拖鞋、高跟鞋在架子上工作,架子上人不得集中在一起,工具要搁置稳定,以防止坠落伤人。
3	在两层脚手架上操作时,应尽量避免在同一垂直线上工作,必须同时作业时,下层操作人员必须戴安全帽,并应设置防护措施。
4	抹灰时应防止砂浆掉入眼内;采用竹片或钢筋固定八字靠尺板时,应防止竹片或钢筋回弹伤人。
5	夜间临时用的移动照明灯,必须用安全电压。机械操作人员须培训持证上岗,现场一切机械设备,非机械操作人员一律禁止操作。
6	饰面砖等用材料必须符合环保要求。
7	禁止搭设飞跳板,严禁从高处往下乱投东西。脚手架严禁搭设在门窗、暖气片、水暖等管道上。
8	雨后、春暖解冻时应及时检查外架子,防止沉陷出现险情。
9	外架必须满搭安全网,各层设围栏。出入口应搭设人行通道

8.2.4.2 室内饰面砖粘贴工程

1. 适用范围和工程要点

室内饰面砖粘贴的适用范围和工程要点，如表 8.2.153 所示。

适用范围和工程要点   表 8.2.153

序 号	项 目	内 容
1	适用范围	本章适用于工业与民用建筑中室内卫生间、厨房的墙面或墙裙的饰面贴面砖工程。
2	工程要点	(1)技术要点 弹线必须准确，经复验后方可进行下道工序。基层处理抹灰前，墙面必须清扫干净，浇水湿润；基层抹灰必须平整，贴砖应平整牢固，砖缝应均匀一致。 (2)材料要点 水泥 32.5 级或 42.5 级矿渣水泥或普通硅酸盐水泥。应有出厂证明或复验合格单，若出厂日期超过三个月而且水泥已结有小块的不得使用；砂子应使用中砂；面砖的表面应光洁、色泽一致、方正、平整、规格一致、质地坚固，不得有缺楞、掉角、暗痕和裂纹等缺陷。 (3)质量要点 1)施工时，必须做好墙面基层处理，浇水充分湿润。在抹底层灰时，根据不同基体采取分层分遍抹灰方法，并严格配合比计量，掌握适宜的砂浆稠度，按比例加界面剂胶，使各灰层之间粘接牢固。注意及时洒水养护；冬期施工时，应做好防冻保温措施，以确保砂浆不受冻，其室内温度不得低于 5℃，但寒冷天气不得施工。防止空鼓、脱落和裂缝。 2)结构施工期间，几何尺寸控制好，外墙面要垂直、平整，装修前对基层处理要认真。应加强对基层打底工作的检查，合格后方可进行下道工序。 3)施工前认真按照图纸尺寸，核对结构施工的实际情况加上分段分块弹线、排砖要细，贴灰饼控制点要符合要求。 (4)安全要点 1)用电应符合《施工现场临时用电安全技术规范》(JGJ 46—88)。 2)脚手架搭设应符合《建筑工程施工安全操作规程》(DBJ 01-62—2002)。 3)施工过程中防止粉尘污染应采取相应的防护措施。 (5)环境要点 1)在施工过程中应符合《民用建筑工程室内环境污染控制规定》(GB 50325—2001)。 2)在施工过程中应防止噪声污染，在施工场界噪声敏感区域宜选择使用低噪声的设备，也可以采取其他降低噪声的措施

2. 施工准备

室内饰面砖粘贴的施工准备，如表 8.2.154 所示。

施 工 准 备   表 8.2.154

序 号	项 目	内 容
1	技术准备	编制室内贴面砖工程施工方案，并对工人进行书面技术及安全交底。
2	材料准备	(1)水泥 32.5 级或 42.5 级矿渣水泥或普通硅酸盐水泥。应有出厂证明或复验合格试单，若出厂日期超过三个月而且水泥已结有小块的不得使用；白水泥应为 32.5 级以上的，并符合设计和规范质量标准的要求。 (2)砂子：中砂，粒径为 0.35～0.5mm，黄色河砂，含泥量不大于 3%，颗粒坚硬、干净，无有机杂质，用前过筛，其他应符合规格的质量标准。

续表

序 号	项 目	内 容
2	材料准备	(3)面砖:面砖的表面应光洁、方正、平整、质地坚固,其品种、规格、尺寸、色泽、图案应均匀一致,必须符合设计规定。不得有缺楞、掉角、暗痕和裂纹等缺陷。其性能指标均应符合现行国家标准的规定,釉面砖的吸水率不得大于 10%。见表 8.2.145。 (4)石灰膏:用块状石灰淋制,必须用孔径 3mm×3mm 的筛网过滤,并储存在沉淀池中,熟化时间,常温下不少于 15d,用于罩面灰,不少于 30d,石灰膏内不得有未熟化的颗粒和其他物质。 (5)生石灰粉:磨细生石灰粉,其细度应通过 4900 孔/cm² 筛子,用前应用水浸泡,其时间不少于 3d。 (6)粉煤灰:细度达 0.08mm 筛,筛余量不大于 5%;界面剂胶和矿物颜料:按设计要求配比,其质量应符合规范标准。 (7)质量要求:见表 8.2.145。
3	机具准备	(1)主要机具配备表:按每班组 8~10 人计算,见表 8.2.155。 (2)其他工具:砂浆搅拌机、瓷砖切割机、手电钻、冲击电钻、铁板、阴阳角抹子、铁皮抹子、木抹子、托灰板、木刮尺、方尺、铁制水平尺、小铁锤、木锤、錾子、垫板、小白线、开刀、墨斗、小线坠、小灰铲、盒尺、钉子、红铅笔、工具袋等。
4	作业条件	(1)墙顶抹灰完毕,做好墙面防水层、保护层和地面防水层、混凝土垫层。 (2)搭设双排架子或钉高马凳,横竖杆及马凳端头应离开墙面和门窗角 150~200mm。架子的步高和马凳高、长度要符合施工要求和安全操作规程。 (3)安装好门窗框扇,隐蔽部位的防腐、填嵌应处理好,并用 1:3 水泥砂浆将门窗框、洞口缝隙塞严实,铝合金、塑料门窗不锈钢门等框边缝所用嵌塞材料及密封材料应符合设计要求,且应塞堵密实,并事先粘贴好保护膜。 (4)脸盆架、镜卡、管卡、水箱、煤气等应埋设好防腐木砖,位置正确。 (5)按面砖的尺寸、颜色进行选砖,并分类存放备用。 (6)统一弹出墙面上+50cm 水平线,大面积施工前应先放大样,并做出样板墙,确定施工工艺及操作要点,并向施工人员做交底工作。样板墙完成后必须经质检部门鉴定合格后,还要经过设计、甲方、施工单位共同认定验收,方可组织班组按照样板墙壁要求施工。 (7)安装系统管、线、盒等安装完并验收。 (8)室内温度应在 5℃ 以上

每班组主要机具配备一览表　　　　　　　　　　表 8.2.155

序号	机械、设备名称	规格型号	定额功率或容量	数量	性能	工种	备注
1	砂浆搅拌机		7.5kW	1	良好	瓦工	
2	手提石材切割机	410	1.2kW	4	良好	瓦工	
3	角磨机	952	0.54kW	4	良好	瓦工	
4	电锤	TE-	0.65kW	2	良好	瓦工	
5	手电钻	FDV	0.55kW	3	良好	瓦工	
6	手推车			2	良好	瓦工	
7	铝合金靠尺	2m		4	良好	瓦工	
8	水平尺	600		2	良好	瓦工	
9	铅丝	φ0.4~0.8		100m	良好	瓦工	按 8~10 人/班组计算
10	粉线包			1	良好	瓦工	
11	墨斗			1	良好	瓦工	
12	小白线			200m	良好	瓦工	
13	开刀			4	良好	瓦工	
14	卷尺	5m		4	良好	瓦工	
15	方尺	300		4	良好	瓦工	
16	线锤	0.5		4	良好	瓦工	
17	托线板	2mm		2	良好	瓦工	

3. 工艺流程和操作方法

(1) 工艺流程

室内饰面砖粘贴的工艺流程,如下所示。

基层处理 → 吊垂直、套方、找规矩 → 贴灰饼 → 抹底层砂浆 → 弹线分格 → 排砖 → 浸砖 →

镶贴面砖 → 面砖勾缝与擦缝

(2) 操作方法

室内饰面砖粘贴的操作方法,如表 8.2.156 所示。

操作方法   表 8.2.156

序 号	项 目	内 容
1	基体为混凝土墙面时的操作方法	(1)基层处理:将凸出墙面的混凝土剔平,对于基体混凝土表面很光滑的要凿毛,或用可掺界面剂胶的水泥细砂浆做小拉毛墙,也可刷界面剂、并浇水湿润基层。 (2)10mm 厚 1:3 水泥砂浆打底,应分层分遍抹砂浆,随抹随刮平抹实,用木抹搓毛。 (3)待底层灰六七成干时,按图纸要求,釉面砖规格及结合实际条件进行排砖、弹线。 (4)排砖:根据大样图及墙面尺寸进行横竖向排砖,以保证面砖缝隙均匀,符合设计图纸要求,注意大墙面、柱子和垛子要排整砖,以及在同一墙面上的横竖排列,均不得有小于 1/4 砖的非整砖。非整砖行应排在次要部位,如窗间墙或阴角处等。但亦注意一致和对称。如遇有突出的卡件,应用整砖套割吻合,不得用非整砖随意拼凑镶贴。 (5)用废釉面砖贴标准点,用做灰饼的混合砂浆贴在墙面上,用以控制贴釉面砖的表面平整度。 (6)垫底尺、计算准确最下一皮砖下口标高,底尺上皮一般比地面低 1cm 左右,以此为依据放好底尺;要水平、安稳。 (7)选砖、浸泡:面砖镶贴前,应挑选颜色、规格一致的砖;浸泡砖时,将面砖清扫干净,放入净水中浸泡 2h 以上,取出待表面晾干或擦干净后方可使用。 (8)粘贴面砖:粘贴应自下而上进行。抹 8mm 厚 1:0.1:2.5 水泥石灰膏砂浆结合层,要刮平,随抹随自上而下粘贴面砖,要求砂浆饱满,亏灰时,取下重贴,并随时用靠尺检查平整度,同时保证缝隙宽度一致。 (9)贴完经自检无空鼓、不平、不直后,用棉丝擦干净,用钩缝胶、白水泥或拍干白水泥擦缝,用布将缝的素浆擦匀,砖面擦净。 另外一种做法是,用 1:1 水泥砂浆加水重 20% 的界面剂胶或专用瓷砖胶在砖背面抹 3～4mm 厚粘贴即可。但此种做法其基层灰必须抹得平整,而且砂子必须用窗纱筛后使用。 另外也可用胶粉来粘贴面砖,其厚度为 2～3mm,有此种做法其基层灰必须更平整。
2	基体为砖墙面时的操作方法	(1)基层处理:抹灰前,墙面必须清扫干净,浇水湿润。 (2)12mm 厚 1:3 水泥砂浆打底,打底要分层涂抹,每层厚度宜 5～7mm,随即抹平搓毛。 以下各项同基层为混凝土墙面做法

4. 质量标准和检验方法

(1) 质量标准

室内饰面砖粘贴的质量标准,除应符合表 8.2.157 的规定外,还应符合《建筑装饰装修工程质量验收规范》（GB 50210—2001）中之 8.3 的相关规定。

质 量 标 准 表 8.2.157

序 号	项 目	内 容
1	主控项目	(1)饰面砖的品种、规格、颜色、图案和性能必须符合设计要求。 (2)饰面砖粘贴工程的找平、防水、粘结和勾缝材料及施工方法应符合设计要求、国家现行产品标准、工程技术标准及国家环保污染控制等规定。 (3)饰面砖镶贴必须牢固。 (4)满粘法施工的饰面砖工程应无空鼓、裂缝。
2	一般项目	(1)饰面砖表面应平整、洁净、色泽一致，无裂痕和缺陷。 (2)阴阳角处搭接方式、非整砖使用部位应符合设计要求。 (3)墙面凸出物周围的饰面砖应整砖套割吻合，边缘应整齐。墙裙、贴脸凸出墙面的厚度应一致。 (4)饰面砖接缝应平直、光滑，填嵌应连续、密实；宽度和深度应符合设计要求。 (5)室内饰面砖粘贴的允许偏差项目和检查方法应符合表 8.2.158 的规定

室内饰面砖粘贴允许偏差 表 8.2.158

项 次	项 目	允许偏差(mm) 内墙面砖	检查方法
1	立面垂直度	2	用 2m 垂直检测尺检查
2	表面平整度	2	用 2m 直尺和塞尺检查
3	阴阳角方正	2	用直角检测尺检查
4	接缝直线度	1	拉 5m 线，不足 5m 拉通线，用钢直尺检查
5	接缝高低差	0.5	用钢直尺和塞尺检查
6	接缝宽度	1	用钢直尺检查

（2）质量记录

室内饰面砖粘贴的质量记录，如表 8.2.159 所示。

质 量 记 录 表 8.2.159

序 号	内 容
1	材料应有合格证或复验合格单。
2	工程验收应有质量验评资料。
3	结合层、防水层、连接节点、预埋件(或后置埋件)应有隐蔽验收记录

5. 成品保护

室内饰面砖粘贴的成品保护，如表 8.2.160 所示。

成 品 保 护 表 8.2.160

序 号	内 容
1	要及时清擦干净残留在门框上的砂浆，特别是铝合金等门窗宜粘贴保护膜，预防污染、锈蚀，施工人员应加以保护，不得碰坏。
2	认真贯彻合理的施工顺序，少数工种(水、电、通风、设备安装等)的活应做在前面，防止损坏面砖。

序　号	内　容
3	油漆粉刷不得将油漆喷滴在已完的饰面砖上,如果面砖上部为涂料,宜先做涂料,然后贴面砖,以免污染墙面。若需先做面砖时,完工后必须采取贴纸或塑料薄膜等措施,防止污染。
4	各抹灰层在凝结前应防止风干、水冲和振动,以保证各层有足够的强度。
5	搬、拆架子时注意不要碰撞墙面。
6	装饰材料和饰件以及饰面的构件,在运输、保管和施工过程中,必须采取措施防止损坏

6. 安全环保措施

室内饰面砖粘贴的安全环保措施,如表 8.2.161 所示。

安全环保措施　　　　　　　　　　　　　　　　　　　表 8.2.161

序　号	内　容
1	操作前检查脚手架和跳板是否搭设牢固,高度是否满足操作要求,合格后才能上架操作,凡不符合安全之处应及时修整。
2	禁止穿硬底鞋、拖鞋、高跟鞋在架子上工作,架子上人不得集中在一起,工具要搁置稳定,以防止坠落伤人。
3	在两层脚手架上操作时,应尽量避免在同一垂直线上工作,必须同时作业时,下层操作人员必须戴安全帽。
4	抹灰时应防止砂浆掉入眼内;采用竹片或钢筋固定八字靠尺板时,应防止竹片或钢筋回弹伤人。
5	夜间临时用的移动照明灯,必须用安全电压。机械操作人员须培训持证上岗,现场一切机械设备,非机械操作人员一律禁止操作。
6	饰面砖、胶粘剂等材料必须符合环保要求,无污染。
7	禁止搭设飞跳板,严禁从高处往下乱投东西。脚手架严禁搭设在门窗、暖气片、水暖等管道上

8.2.4.3　室内外陶瓷锦砖粘贴工程

1. 适用范围和工程要点

室内外陶瓷锦砖的适用范围和工程要点,如表 8.2.162 所示。

适用范围和工程要点　　　　　　　　　　　　　　　　表 8.2.162

序　号	项　目	内　容
1	适用范围	本章适用工业与民用建筑室内、外墙面贴陶瓷锦砖装饰工程。
2	工程要点	(1)材料要点 水泥 32.5 级矿渣水泥或普通硅酸盐水泥。应有出厂证明或复验合格单,若出厂日期超过三个月或水泥已结有小块的不得使用;砂子应使用粗中砂;陶瓷锦砖(马赛克)应表面平整,颜色一致,每张长宽规格一致,尺寸正确,边棱整齐。 (2)技术要点 弹线必须准确,经复验后方可进行下道工序。基层处理抹灰前,墙面必须清扫干净,浇水湿润;基层抹灰必须平整;贴砖应平整牢固,砖缝应均匀一致,做好养护。 (3)质量要点 1)施工时,必须做好墙面基层处理,浇水充分湿润。在抹底层灰时,根据不同基体采取分层分遍抹灰方法,并严格配合比计量,掌握适宜的砂浆稠度,按比例加界面剂胶,使各灰层之间粘接牢固。注意及时洒水养护。冬期施工时,应做好防冻保温措施,以确保砂浆不受冻,其室外温度不得低于 5℃,但寒冷天气不得施工。防止空鼓、脱落和裂缝。

续表

序 号	项 目	
2	工程要点	2)结构施工期间,几何尺寸控制好,外墙面要垂直、平整,装修前对基层处理要认真。应加强对基层打底工作的检查,合格后方可进行下道工序。 3)施工前认真按照图纸尺寸,核对结构施工的实际情况,要分段分块弹线、排砖要细,贴灰饼控制点要符合要求。 4)陶瓷锦砖应有出厂合格证及其复试报告,室外陶瓷锦砖应有拉拔试验报告。 (4)安全要点 1)在高空作业时,脚手架搭设应符合《北京市建筑工程施工安全操作规程》(DBJ 01-62—2002)。 2)施工过程中防止粉尘污染应采取相应的防护措施。 3)环境要点: 在施工过程中应防止噪声污染,在施工场界噪声敏感区宜选择使用低噪声的设备,也可以采取其他降低噪声的措施

2. 施工准备

室内外陶瓷锦砖粘贴施工准备,如表 8.2.163 所示。

施工准备　　　　　　　　　　　　　　　　表 8.2.163

序 号	项 目	内 容
1	技术准备	编制室内、外墙面贴陶瓷锦砖工程方案,并对工人进行书面技术及安全交底。
2	材料准备	(1)水泥:32.5级普通硅酸盐水泥或矿渣硅酸盐水泥。应有出厂证明或复试单,若出厂超过三个月,应按试验结果使用。 (2)白水泥:32.5级白水泥。 (3)砂子:粗砂或中砂,用前过筛,其他应符合规范的质量标准。 (4)陶瓷锦砖(马赛克):应表面平整,颜色一致,每张长宽规格一致,尺寸正确,边棱整齐,一次进场。锦砖脱纸时间不得大于 40min。 (5)石灰膏:应用块状生石灰淋制,淋制时必须用孔径不大于 3mm×3mm 的筛过滤,并储存在沉淀池中。 (6)生石灰粉:抹灰用的石灰膏可用磨细生石灰粉代替,其细度应通过4900孔/cm² 筛。用于罩面时,熟化时间不应小于 3d。 (7)纸筋:用白纸筋或草纸筋,使用前三周应用水浸透捣烂。使用时宜用小钢磨磨细。 (8)质量要求:见表 8.2.164、表 8.2.165。
3	机具准备	(1)主要机具配备表:按每班 8～10 人计算,见表 8.2.166。 (2)其他工具:磅秤、铁板、孔径 5mm 筛子、手推车、大桶、平揪、大抹子、开刀或钢片、铁制水尺、方尺、大杠、灰槽、灰勺、米厘条、毛刷、笤帚、大小锤子、粉线包、小线、擦布或棉丝、老虎钳子、小铲、小型台式砂轮、勾缝溜子、勾缝托灰板、托线板、线坠、盒尺、钉子、铅丝、工具袋等。
4	作业条件	(1)根据设计图纸要求,按照建筑物各部位的具体作法和工程量,事先挑选出颜色一致、同规格的陶瓷锦砖,分别堆放并保管好。 (2)预留孔洞及排水管等应处理完毕,门窗框、扇要固定好,并用 1:3 水泥砂浆将缝隙堵塞严密。铝合金、塑钢等门窗框边缝所用嵌缝材料应符合设计要求,且堵塞密实,并事先粘贴好保护膜。 (3)脚手架或吊篮提前支搭好,选用双排架子,其横竖杆及拉杆等应距离门口 150～200mm。架子的步高要符合施工要求。 (4)墙面基层要清理干净,脚手眼堵好。 (5)大面积施工前应先做样板,样板完成后,必须经质检部门鉴定合格后,还要经过设计、甲方、施工单位共同认定验收后,方可组织班组按样板要求施工

陶瓷锦砖标定规格 表 8.2.164

项　目		规格(mm)	允许公差(mm)		主要技术要求
			一级品	二级品	
单块锦砖	边长	<25.0 >25.0	±0.5 ±1.0	±0.5 ±1.0	1. 吸水率不大于 0.2% 2. 锦砖脱纸时间不大于 40min
	厚度	4.0 4.5	±0.2	±0.2	
每联锦砖	线路	2.0	±0.5	±0.1	
	联长	305.5	+2.5 −0.5	+3.5 −1.0	

陶瓷锦砖的技术性能 表 8.2.165

项　目	单　位	指　标	项　目	单　位	指　标
密度	kg/cm³	2.3~2.4	耐酸度	%	>95
抗压强度	kg/MPa	15.0~25.0	耐碱度	%	>84
吸水率	%	<0.2	莫氏硬度	%	6~7
使用温度	℃	−20~100	耐磨值		<0.5

主要机具配备一览表 表 8.2.166

序号	机械,设备名称	规格型号	定额功率或容量	数量	性能	工种
1	沙浆搅拌机		7.5kW	1	良好	瓦工
2	手提石材切割机	410	1.2kW	4	良好	瓦工
3	木抹子			8	良好	瓦工
4	灰槽			8	良好	瓦工
5	小型台式砂轮		0.55kW	2	良好	瓦工
6	手推车			2	良好	瓦工
7	铝合金靠尺	2m		4	良好	瓦工
8	水平尺	600		4	良好	瓦工
9	铅丝	φ0.4~0.8		100m	良好	瓦工
10	粉线包			1	良好	瓦工
11	墨斗			1	良好	瓦工
12	小白线			200m	良好	瓦工
13	开刀			8	良好	瓦工
14	卷尺	5m		4	良好	瓦工
15	方尺	300		4	良好	瓦工
16	线锤	0.5		4	良好	瓦工
17	托线板	2mm		2	良好	瓦工

3. 工艺流程和操作方法

(1) 工艺流程

室内、外陶瓷锦砖粘贴的工艺流程，如下所示。

基层处理 → 吊垂直、套方、找规矩 → 贴灰饼 → 抹底子灰 → 弹控制线 → 贴陶瓷锦砖 → 揭纸、调缝 → 擦缝

（2）操作方法

1）基层为混凝土墙面时的操作方法，如表 8.2.167 所示。

基层为混凝土墙面时的操作方法　　　　　　　　　　表 8.2.167

序　号	项　目	内　容
1	基层处理	首先将凸出墙面的混凝土剔平，对大钢模施工的混凝土墙面应凿毛，并用钢丝刷满刷一遍，再浇水湿润，并用水泥∶砂∶界面剂＝1∶0.5∶0.5 的水泥沙浆对混凝土墙面进行拉毛处理。
2	吊垂直、套方找规矩、贴灰饼	根据墙面结构平整度找出贴陶瓷锦砖的规矩，如果是高层建筑物在外墙全部贴陶瓷锦砖时，应在四周大角和门窗口边用经纬仪打垂直线找直；如果是多层建筑时，可从顶层开始用特制的大线坠绷低碳钢丝吊垂直，然后根据陶瓷锦砖的规格、尺寸分层设点，做灰饼。横线则以楼层为水平基线交圈控制，竖向线则以四周大角和层间贯通柱、垛子为基线控制。每层打底时则以此灰饼为基准点进行冲筋，使其底层灰做到横平竖直、方正。同时要注意找好凸出檐口、腰线、窗台、雨篷等饰面的流水坡度和滴水线，坡度应小于3%。其深宽不小于 10mm，并整齐一致，而且必须是整砖。
3	抹底子灰	底子灰一般分二次操作，抹头遍水泥砂浆，其配合比为 1∶2.5 或 1∶3，并掺 20% 水泥重的界面剂胶，薄薄的抹一层，用抹子压实。第二次用相同配合比的砂浆按冲筋抹平，用短杠刮平，低凹处先填平补齐，最后用木抹子搓出麻面。底子灰抹完后，隔天浇水养护。找平层厚度不应大于 20mm，若超过此值必须采取加强措施。
4	弹控制线	贴陶瓷锦砖前应放出施工大样，根据具体高度弹出若干条水平控制线，在弹水平线时，应计算将陶瓷锦砖的块数，使两线之间保持整砖数。如分格需按总高度均分，可根据设计与陶瓷锦砖的品种、规格定出缝宽度，再加工分格条。但要注意同一墙面不得有一排以上的非整砖，并应将其镶贴在较隐蔽的部位。
5	粘贴陶瓷锦砖	镶贴应自上而下进行。高层建筑采取措施后，可分段进行。在每一分段或分块内的陶瓷锦砖，均为自下向上镶贴。贴陶瓷锦砖时底灰要浇水湿润，并在弹好水平线的下口上，支上一根垫尺，一般三人为一组进行操作。一人浇水润湿墙面，先刷上一道素水泥浆，再抹 2～3mm 厚的混合灰粘贴层，其配合比为纸筋∶石灰膏∶水泥＝1∶1∶2，亦可采用 1∶0.3 水泥纸筋灰，用靠尺板刮平，再用抹子平；另一人将陶瓷锦砖铺在木托板上，缝里灌上1∶1 水泥细砂子灰，用软毛刷子刷净麻面，再抹上薄薄一层灰浆。然后一张一张递给另一人，将四边灰刮掉，两手执住陶瓷锦砖上面，在已支好的垫尺上由下往上贴，缝子对齐，要注意按弹好的横竖线贴。如分格贴完一组，将米厘条放在上口线继续贴第二组。镶贴的高度应根据当时气温条件而定。
6	揭指调缝	贴完陶瓷锦砖的墙面，要一手拿拍板，靠在贴好的墙面上，一手拿锤子对拍板满敲一遍，然后将陶瓷锦砖上的纸用刷子刷上水，约等 20～30min 便可开始揭纸。揭开纸后检查缝子大小是否均匀，如出现歪斜，不正的缝子，应顺序拨正贴实，先横后竖、拨正拨直为止。
7	擦缝	粘贴后 48h，先用抹子把近似陶瓷锦砖颜色的擦缝水泥浆摊放在需擦缝的陶瓷锦砖上，然后用刮板将水泥浆往缝子里刮满、刮实、刮严。再用麻丝和擦布将表面擦净。遗留在缝子里的浮砂可用潮湿干净的软毛刷轻轻带出，如需清洗饰面时，应待勾缝材料硬化后方可进行。起出米厘条的缝子要用 1∶1 水泥沙浆勾严勾平，再用擦布擦净。外墙应选用抗渗性能勾缝材料

2）基层为砖墙及加气混凝土墙面时的操作方法，如表 8.2.168 所示。

3）季节性施工时的操作方法，如表 8.2.169 所示。

4. 质量标准和检验方法

（1）质量标准

续表

序　号	内　容
3	在两层脚手架上操作时，应尽量避免在同一垂直线上工作，必须同时作业时，下层操作人员必须戴安全帽，并应设置防护措施。
4	抹灰时应防止砂浆掉入眼内；采用竹片或钢筋固定八字靠尺板时，应防止竹片或钢筋回弹伤人。
5	必须用安全电压。机械操作人员须培训持证上岗，现场一切机械设备，非机械操作人员一律禁止操作。
6	饰面砖等用材料必须符合环保要求。
7	禁止搭设飞跳板。严禁从高处往下乱投东西。脚手架严禁搭设在门窗、暖气片、水暖等管道上。
8	雨后、春暖解冻时应及时检查外架子，防止沉陷出现险情。
9	外脚手架必须满搭安全网，各层设围栏。出入口应搭设人行通道

8.2.4.4 大理石，磨光花岗石饰面板安装工程

1. 适用范围和工程要点

大理石、磨光花岗石饰面板安装的适用范围和工程要点，如表 8.2.175 所示。

适用范围和工程要点　　　　　　　　　　表 8.2.175

序　号	项　目	内　容
1	适用范围	本章适用于工业与民用建筑中室内外墙面、柱面和门窗套的大理石、磨光花岗石饰面板装饰工程。
2	工程要点	(1)材料要点 水泥 32.5 级普通硅酸盐水泥。应有出厂证明、复验合格单，若出厂日期超过三个月或水泥已经结有小块的不得使用；块材的表面应光洁、方正、平整、质地坚固，不得有缺棱、掉角、暗痕和裂纹等缺陷。室内选用花岗石应作放射性能指标复验。 (2)技术要点 弹线必须准确，经复验后方可进行下道工序。基层处理抹灰前，墙面必须清扫干净，浇水湿润；基层抹灰必须平整，贴块材应平整牢固，无空鼓。 (3)质量要点 1)清理预做饰面石材的结构表面，施工前认真按照图纸尺寸，核对结构施工的实际情况，同时进行吊直、套方、找规矩，弹出垂直线水平线，控制点要符合要求。并根据设计图纸和实际需要弹出安装石材的位置线和分块线。 2)施工安装石材时，严格配合比计量，掌握适宜的砂浆稠度，分次灌浆，防止造成石板外移或板面错动，以致出现接缝不平，高低差过大。 3)冬期施工时，应做好防冻保温措施，以确保砂浆不受冻，其室外温度不得低于 5℃，但寒冷天气不得施工。防止空鼓、脱落和裂缝。 (4)安全要点 1)用电应符合《施工现场临时用电安全技术规范》(JGJ 46—88)。 2)在高空作业时，脚手架搭设应符合《北京市建筑工程施工安全操作规程》(DBJ 01-62—2002)。 3)切割石材时应湿作业，防止粉尘污染。 (5)环境要点 在施工过程中应防止噪声污染，在施工场界噪声敏感区宜选择使用低噪声的设备，也可以采取其他降低噪声的措施

2. 施工准备

大理石、磨光花岗石饰面板安装的施工准备，如表8.2.176所示。

施工准备 表 8.2.176

序 号	项 目	内 容
1	技术准备	编制室内外墙面、柱面和门窗套的大理石、磨光花岗石饰面板装饰工程施工方案，并对工人进行书面技术安全交底。
2	材料准备	(1)水泥：32.5级普通硅酸盐水泥应有出厂证明、试验单，若出厂超过三个月应按试验结果使用。 (2)白水泥：32.5级白水泥。 (3)砂子：粗砂或中砂，用前过筛。 (4)大理石、磨光花岗岩：按照设计图纸要求的规格、颜色等备料。但表面不得有隐伤、风化等缺陷。不宜用易褪色的材料包装。 (5)其他材料：如熟石膏、钢丝或镀锌铅丝、铅皮、硬塑料板条、配套挂件；尚应配备适量与大理石或磨光花岗岩等颜色接近的各种石渣和矿物颜料；胶和填塞饰面板缝隙的专用塑料软管等。 (6)质量要求：见表8.2.177~表8.2.185。
3	主要机具	(1)主要机具配备表：按每班8~10人计算，见表8.2.186。 (2)其他工具：磅秤、铁板、半截大桶、小水桶、铁簸箕、平锹、手推车、塑料软管、胶皮碗、喷壶、合金钢扁錾子、合金钢钻头、操作支架、台钻、铁制水平尺、方尺、靠尺板、底尺、托线板、线坠、粉线包、高凳、木楔子、小型台式砂轮、裁改大理石用砂轮、全套裁割机、开刀、灰板、木抹子、铁抹子、细钢丝刷、笤帚、大小锤子、小白线、铅丝、擦布或棉丝、老虎钳子、小铲、盒尺、钉子、红铅笔、毛刷、工具袋等。
4	作业条件	(1)办理好结构验收，水电、通风、设备安装等应提前完成，准备好加工饰面板所需的水、电源等。 (2)内墙面弹好50cm水平线(室内墙面弹好±0和各层水平标高控制线)。 (3)脚手架或吊篮提前支搭好，宜选用双排架子(室外高层宜采用吊篮，多层可采用桥式架子等)，其横竖杆及拉杆等应离开门窗口角150~200mm。架子步高要符合施工规程的要求。 (4)有门窗套的必须把门窗、窗框立好。同时要用1:3水泥砂浆将缝隙堵塞严密。铝合金门窗框边缝所用嵌缝材料应符合设计要求，且塞堵密实并事先粘贴好保护膜。 (5)大理石、磨光花岗岩等进场后应堆放于室内，下垫方木，核对数量、规格，并预铺、配花、编号等，以备正式铺贴时按号取用。 (6)大面积施工前应先放出施工大样，并做样板，经质检部门鉴定合格后，还要经过设计、甲方、施工单位共同认定验收。方可组织班组按样板要求施工。 (7)对进场的石料应进行验收，颜色不均匀时应进行挑选，必要时进行试拼编号

天然大理石板材规格尺寸允许偏差 (mm) 表 8.2.177

部 位		优等品	一等品	合格品
长、宽度		0 −1.0	0 −1.0	0 −1.5
厚度	≤15	±0.5	±0.8	±1.0
	>15	+0.5 −1.5	+1.0 −2.0	±2.0

天然大理石板材平面允许极限公差（mm）   表 8.2.178

板材长度范围	允许极限公差值		
	优等品	一等品	合格品
≤400	0.20	0.30	0.50
>400～<800	0.50	0.60	0.80
≥800<1000	0.70	0.80	1.00
≥1000	0.80	1.00	1.20

天然大理石板材角度允许极限公差（mm）   表 8.2.179

板材长度范围	允许极限公差值		
	优等品	一等品	合格品
≤400	0.30	0.40	0.60
>400	0.50	0.60	0.80

天然大理石石材外观质量（mm）   表 8.2.180

缺陷名称	优等品	一等品	合格品
翘曲	不允许	不明显	有，但不影响使用
裂纹			
砂眼			
凹陷			
色斑			
污点			
正面棱缺陷≤8,≤3			1处
正面角缺陷≤3,≤3			1处

天然大理石板材物理性能（mm）   表 8.2.181

化学主要成分含量(%)				镜面光泽度，光泽单位		
氧化钙	氧化镁	二氧化钙	灼烧减量	优等品	一等品	合格品
40～56	0～5	0～15	30～45	90	80	70
25～35	15～25	0～15	35～45			
25～35	15～25	10～25	25～35	80	70	60
34～37	15～18	0～1	42～45			
1～5	44～50	32～38	10～20	60	50	10

天然花岗石板材规格尺寸允许偏差（mm）   表 8.2.182

分 类		细面和镜面板材			粗 面 板 材		
等 级		优等品	一等品	合格品	优等品	一等品	合格品
厚度	≤15	±0.5	+1.0	+1.0 -2.0	—		
	>15	±1.0	±2.0	+2.0 -3.0	+1.0 -2.0	+2.0 -3.0	+2.0 -4.0
长、宽度		0 -1.0	0 -1.5		0 -1.0	0 -2.0	0 -3.0

天然花岗石板材平面度允许极限公差（mm）   表 8.2.183

板材长度范围	细面和镜面板材			粗 面 板 材		
	优等品	一等品	合格品	优等品	一等品	合格品
≤400	0.20	0.40	0.60	0.80	1.00	1.20
>400～<1000	0.50	0.70	0.90	1.50	2.00	2.20
≥1000	0.80	1.00	1.20	2.00	2.50	2.80

天然花岗石板材角度允许极限公差 （mm）　　　表 8.2.184

板材长度范围	细面和镜面板材			粗面板材		
	优等品	一等品	合格品	优等品	一等品	合格品
≤400	0.40	0.60	0.80	0.60	0.80	1.00
>400			1.00		1.00	1.20

天然花岗石板材外观质量 （mm）　　　表 8.2.185

名　称	规定内容	优等品	一等品	合格品
缺棱	长度不超过 10mm（长度小于 5mm 不计），周边每米长（个）	不允许	1	2
缺角	面积不超过 5mm×2mm（面积小于 2mm×2mm 不计），每块板（个）			
裂纹	长度不超过两端顺延至板边总长度的 1/10（长度小于 20mm 的不计）每块板（条）			
色斑	面积不超过 20mm×30mm（面积小于 15mm×15mm 不计），每块板（个）			
色线	长度不超过两端顺延至板边总长度的 1/10（长度小于 40mm 的不计）每块板（条）		2	3
坑窝	粗面板材的正面出现坑窝		不明显	出现，但不影响使用

每班组主要机具配备一览表　　　表 8.2.186

序号	机械、设备名称	规格型号	定额功率或容量	数量	性能	工种	备　注
1	石材切割机	DM3	7.5kW	1	良好	石材	
2	手提石材切割机	410	1.2kW	4	良好	石材	
3	角磨机	952	0.54kW	4	良好	石材	
4	电锤	TE-	0.65kW	2	良好	石材	
5	手电钻	FDV	0.55kW	3	良好	石材	
6	电焊机	BXI	24.3kVA	2	良好	石材	
7	扳手	17		4	良好	石材	
8	手推车			2	良好	石材	
9	铝合金靠尺	2m		4	良好	石材	
10	水平尺	600		2	良好	石材	按 8～10 人/班组计算
11	铅丝	$\phi 0.4\sim 0.8$		100m	良好	石材	
12	粉线包			1	良好	石材	
13	墨斗			1	良好	石材	
14	小白线			200m	良好	石材	
15	开刀			4	良好	石材	
16	卷尺	5m		4	良好	石材	
17	方尺	300		4	良好	石材	
18	线锤	0.5		4	良好	石材	
19	托线板	2mm		2	良好	石材	

3. 工艺流程和操作方法

(1) 工艺流程

大理石、磨光花岗石饰面板安装的工艺流程，如下所示。

1) 薄型小规格块材（边长小于 40cm）工艺流程：

基层处理 → 吊垂直、套方、找规矩、贴灰饼 → 抹底层砂浆 → 弹线 → 分格 → 石材刷防护剂 → 排块材 → 镶贴块材 → 表面勾缝与擦缝

2) 普通型大规格块材（边长大于 40cm）工艺流程：

施工准备（钻孔、剔槽）→ 穿铜线或镀锌铅丝与块材固定 → 绑扎、固定钢丝网 → 吊垂直、找规矩、弹线 → 石材刷防护剂 → 安装石材 → 分层灌浆 → 擦缝

(2) 操作方法

1) 薄型小规格块材操作方法，如表 8.2.187 所示。

薄型小规格块材操作方法　　　　　表 8.2.187

序 号	项　目	内　容
1	小规格板材	薄型小规格块材（一般厚度 10mm 以下）；边长小于 40cm，可采用粘贴方法。
2	基层处理	进行基层处理和吊垂直、套方、找规矩，其他可参见镶贴面砖施工要点有关部分。要注意同一墙面不得有一排以上的非整材，并应将其镶贴在较隐蔽的部位。
3	抹底层灰	在基层湿润的情况下，先刷胶界面剂素水泥浆一道，随刷随打底；底灰采用 1：3 水泥沙浆，厚度约 12mm，分两遍操作，第一遍约 5mm，第二遍约 7mm，待底灰压实刮平后，将底子灰表面划毛。
4	石材表面处理	石材表面处理：石材表面充分干燥（含水率应小于 8%）后，用石材防护剂进行石材六面体防护处理，此工序必须在无污染的环境下进行，将石材平放于木枋上，用羊毛刷蘸上防护剂，均匀涂刷于石材表面，涂刷必须到位，第一遍涂刷完间隔 24h 后用同样的方法涂刷第二遍石材防护剂，如采用水泥或胶粘剂固定，间隔 48h 后对石材粘贴面用专用胶泥进行拉毛处理，拉毛胶泥凝固硬化后方可使用。
5	分块弹线镶贴	待底子灰凝固后便可进行分块弹线，随即将已湿润的块材抹上厚度为 2～3mm 的素水泥浆，内掺水重 20% 的界面剂进行镶贴，用木锤轻敲，用靠尺找平找直

2) 大规格块材操作方法，如表 8.2.188 所示。

大规格块材操作方法　　　　　表 8.2.188

序 号	项　目	内　容
1	大规格块材	大规格块材：边长大于 40cm，镶贴高度超过 1m 时，可采用如下安装方法。
2	钻孔、剔槽	钻孔、剔槽：安装前先将饰面板按照设计要求用台钻打眼，事先应钉木架使钻头直对板材上端面，在每块板的上、下两个面打眼，孔位打在距板宽的两端 1/4 处，每个面各打两个眼，孔径为 5mm，深度为 12mm，孔位距石板背面以 8mm 为宜。如大理石、磨光花岗岩，板材宽度较大时，可以增加孔数。钻孔后用云石机轻轻剔一道槽，深 5mm 左右，连同孔眼形成像鼻眼，以备埋卧铜丝之用。

序　号	项　　目	内　　容
2	钻孔、剔槽	若饰面板规格较大,如下端不好栓绑镀锌铅丝或铜丝时,亦可在未镶贴饰面的一侧,采用手提轻便小薄砂轮,按规定在板高的 1/4 处上、下各开一槽,(槽长约 3～4cm,槽深约 12mm 与饰面板背面打通,竖槽一般居中,亦可偏外,但以不损坏外饰面和不反碱为宜),可将镀锌铅丝或铜丝卧入槽内,便可栓绑与钢筋网固定。此法亦可直接在镶贴现场做。
3	穿铜丝或镀锌铁丝	穿铜丝或镀锌铅丝:把备好的铜丝或镀锌铅丝剪成长 20cm 左右,一端用木楔粘环氧树脂将铜丝或镀锌铅丝进孔内固定牢固,另一端将铜丝或镀锌铅丝顺孔槽弯曲并卧入槽内,使大理石或磨光花岗石板上、下端面没有铜丝或铅丝凸出,以便和相邻石板接缝严密。
4	绑扎钢筋	绑扎钢筋:首先剔出墙面上的预埋筋,把墙面镶贴大理石的部位清扫干净。先绑扎一道竖向 $\phi6$ 钢筋,并把绑好的竖筋用预埋筋弯压于墙面。横向钢筋为绑扎大理石或磨光花岗石板材所用,如板材高度为 60cm 时,第一道横筋在地面以上 10cm 处与主筋绑牢,用作绑扎第一层板材的下口固定铜丝或镀锌铅丝。第二道横筋绑在 50cm 水平线上 7～8cm,比石板上口低 2～3cm 处,用于绑扎第一层石板上上口固定铜丝或镀锌铅丝,再往上每 60cm 绑一道横筋即可。
5	弹线	弹线:首先将要贴大理石或磨光花岗石的墙面、柱面和门窗套用大线坠从上至下找出垂直。应考虑大理石或磨光花岗石板材厚度、灌注砂浆的空隙和钢筋网所占尺寸,一般大理石、磨光花岗石外皮距结构面的厚度应以 5～7cm 为宜。找出垂直后,在地面上顺墙弹出大理石或磨光花岗石等外廓尺寸线。此线即为第一层大理石或花岗石等的安装基准线。编好号的大理石或花岗石板等在弹好的基准线上画出就位线,每块留 1mm 缝隙(如设计要求拉开缝,则按设计规定留出缝隙)。
6	石材表面处理	石材表面处理:石材表面充分干燥(含水率应小于 8%)后,用石材防护剂进行石材六面体防护处理,此工序必须在无污染的环境下进行,将石材平放于木方上,用羊毛刷蘸上防护剂,均匀涂刷于石材表面,涂刷必须到位,第一遍涂刷完间隔 24h 后用同样的方法涂刷第二遍石材防护剂,如采用水泥或胶粘剂固定,间隔 48h 后对石材粘接面用专用胶泥进行拉毛处理,拉毛胶泥凝固硬化后方可使用。
7	基层准备	基层准备:清理预做饰面石材的结构表面,同时进行吊直、套方、找规矩,弹出垂直线水平线。并根据设计图和实际需要弹出石材的位置线和分块线。
8	安装大理石或磨光花岗石	安装大理石或磨光花岗石:按部位取石板并舒直铜丝或镀锌铅丝,将石板就位,石板上口外仰,右手伸入石板背面,把石板下口铜丝或镀锌铅丝绑扎在横筋上。绑时不要太紧可留余量,只要把铜丝或镀锌铅丝和横筋栓牢即可,把石板竖起,便可绑大理石或磨光花岗石板上口铜丝或镀锌铅丝,并用木楔子垫稳,块材与基层间的缝隙一般为 30～50mm。用靠尺板检查调整木楔,再栓紧铜丝或镀锌铅丝,依次向另一方进行。柱面可按顺时针方向安装,一般先从正面开始。第一层安装完毕再用靠尺板找垂直,水平尺找平整,方尺找阴阳角方正,在安装石板时如发现石板规格不准确或石板之间的空隙不符,应用铅皮垫牢,使石板之间缝隙均匀一致,并保持第一层石板上口的平直。找完垂直、平直、方正后,用碗调制制熟石膏,把调成粥状的石膏贴在大理石或磨光花岗石板上下之间,使这二层石板结成一整体,木楔处亦可粘贴石膏,再用靠尺检查有无变形,等石膏硬化后方可灌浆。(如设计有嵌缝塑料软管者,应在灌浆前塞放好)。

续表

序　号	项　目	内　容
9	灌浆	灌浆：把配合比为1∶25水泥砂浆放入半截大桶加水调成粥状，用铁簸箕舀浆徐徐倒入，注意不要碰大理石，边灌边用橡皮锤敲击石板面使灌入排气。第一层浇灌高度为15cm，不能超过石板高度为1/3；第一层灌浆很重要，因要锚固石板的下口铜丝又要固定饰面板，所以要轻轻操作，防止碰撞和猛灌。如发生石板外移错动，应立即拆除重新安装。
10	擦缝	擦缝：全部石板安装完毕后，清除所有石膏和余浆痕迹，用麻布擦洗干净，并按石板颜色调制色浆嵌缝，边嵌边擦干净，使缝隙密实、均匀、干净、颜色一致

3）柱子贴面及冬夏期时操作方法，如表8.2.189所示。

柱子贴面及冬夏期时操作方法　　　　　　　　　　表8.2.189

序　号	项　目	内　容
1	柱子贴面	柱子贴面：安装柱子大理石或磨光花岗石，其弹线、钻孔、绑钢筋和安装等工序与镶贴墙面方法相同，要注意灌浆前用木方子钉成槽形木卡子，双面卡住大理石板，以防止灌浆时大理石或磨光花岗石板外胀。
2	夏期施工	夏期安装室外大理石或磨光花岗石时，应有防止暴晒的可靠措施。
3	冬期施工	冬期施工 (1)灌缝砂浆应采取保温措施，砂浆的温度不宜低于5℃。 (2)灌注砂浆硬化初期不得受冻。气温低于5℃时，室外灌注砂浆可掺入能降低冻结温度的外加剂，其掺量应由试验确定。 (3)冬期施工，镶贴饰面板宜供暖也可采用热空气或带烟囱的火炉加速干燥。采用热空气时，应设通风设备排除湿气。并设专人进行测温控制和管理，保温养护7～9d

4. 质量标准和检验方法

（1）质量标准

大理石磨光花岗石饰面板安装的质量标准，除应符合表8.2.190的规定外，还应符合《建筑装饰装修工程质量验收规范》（GB 50210—2001）中之8.2的有关规定。

质　量　标　准　　　　　　　　　　表8.2.190

序　号	项　目	内　容
1	主控项目	(1)饰面板(大理石、磨光花岗石)的品种、规格、颜色、图案，必须符合设计要求和有关标准的规定。 (2)饰面板安装必须牢固，严禁空鼓，无歪斜、缺楞掉角和裂缝等缺陷。 (3)石材的检测必须符合国家有关环保规定。
2	一般项目	(1)表面：平整、洁净、颜色协调一致。 (2)接缝：填嵌密实、平直、宽窄一致，颜色一致，阴阳角处板的压向正确，非整砖的使用部位适宜。 (3)套割：用整板套割吻合，边缘整齐；墙裙、贴脸等上口平顺，突出墙面厚度一致。 (4)坡向、滴水线：流水坡向正确；滴水线顺直。 (5)饰面板嵌缝应密实、平直、宽度和深度应符合设计要求，嵌缝材料色泽应一致。 (6)大理石、磨光花岗石允许偏差项目：见表8.2.191

大理石、磨光花岗石允许偏差 　　　　表 8.2.191

项 次	项　目		允许偏差(mm)		检 验 方 法
			大理石	磨光花岗石	
1	立面垂直	室内	2	2	用 2m 托线板和尺量检查
		室外	3	3	
2	表面平整		1	1	用 2m 靠尺和楔形塞尺检查
3	阳角方正		2	2	用 20cm 方尺和楔形塞尺检查
4	接缝平直		2	2	拉 5m 小线,不足 5m 拉通线和尺量检查
5	墙裙上口平直		2	2	拉 5m 小线,不足 5m 拉通线和尺量检查
6	接缝高低		0.3	0.5	用钢板短尺和楔形塞尺检查
7	接缝宽度偏差		0.5	0.5	拉 5m 小线和尺量检查

(2) 质量记录

大理石、磨光花岗石饰面板安装的质量记录,如表 8.2.192 所示。

质量记录 　　　　表 8.2.192

序　号	内　容
1	大理石、磨光花岗石等材料的出厂合格证、检测报告。
2	水泥的凝结时间、安定性能和抗压强度的复验记录。
3	工程质量验评资料。
4	预埋件(或后置埋件)、连接节点、防水层等隐蔽工程项目的验收记录。
5	采用粘贴法施工的粘结强度检验记录

5. 成品保护

大理石、磨光花岗石饰面板安装的成品保护,如表 8.2.193 所示。

成品保护 　　　　表 8.2.193

序　号	内　容
1	要及时清擦干净残留在门窗框、玻璃和金属饰面板上的污物,宜粘贴保护膜,预防污染、锈蚀。
2	认真贯彻合理施工顺序,其他工种的活应做在前面,防止损坏、污染石材饰面板。
3	拆改架子和上料时,严禁碰撞石材饰面板。
4	饰面完活后,易破损部分的棱角处要钉护角保护,其他工种操作时不得划伤和碰坏石材。
5	在刷罩面剂未干燥前,严禁下渣土和翻架子脚手板等。
6	已完工的石材饰面应做好成品保护

6. 安全环保措施

大理石、磨光花岗石饰面板安装的安全环保措施,如表 8.2.194 所示。

安全环保措施 　　　　表 8.2.194

序　号	内　容
1	操作前检查脚手架和跳板是否搭设牢固,高度是否满足操作要求,合格后才能上架操作,凡不符合安全之处应及时修整。
2	禁止穿硬底鞋、拖鞋、高跟鞋在架子上工作,架子上人不得集中在一起,工具要搁置稳定,以防止坠落伤人。

续表

序　号	内　　容
3	在两层脚手架上操作时,应尽量避免在同一垂直线上工作,必须同时作业时,下层操作人员必须戴安全帽,并应设置防护措施。
4	脚手架严禁搭设在门窗、暖气片、水暖管道上。禁止搭设飞跳扳。严禁从高处往下乱投东西。
5	夜间临时用的移动照明灯,必须用安全电压。机械操作人员须培训持证上岗,现场一切机械设备,非机械操作人员一律禁止乱动。
6	材料必须符合环保要求,无污染。
7	雨后、春暖解冻时应及时检查外架子,防止沉陷出现险情。
8	外架必须满搭安全网,各层设围栏。出入口应搭设人行通道

8.2.4.5　墙面干挂石材安装工程

1. 适用范围和工程要点

墙面干挂石材安装的适用范围和工程要点,如表8.2.195所示。

适用范围和工程要点　　　　　　　　　表 8.2.195

序　号	项　　目	内　　容
1	适用范围	本节适用于工业与民用建筑中室内、外墙面干挂石材饰面板装饰工程。
2	工程要点	(1)材料要点 1)根据设计要求,确定石材的品种、颜色、花纹和尺寸规格,并严格控制、检查其抗折、抗弯曲、抗拉及抗压强度,吸水率、耐冻融循环等性能。块材的表面应光洁、方正、平整、质地坚固,不得有缺楞、掉角、暗痕和裂纹等缺陷。石材的质量、规格、品种、数量、力学性能和物理性能是否符合设计要求,并进行表面处理工作。 2)膨胀螺栓、连接铁件、连接不锈钢针等配套的铁垫板、垫圈、螺帽及与骨架固定的各种设计和安装所需要的连接件的质量,必须符合国家现行有关标准的规定。 3)饰面石材板的品种、防腐、规格、形状、平整度、几何尺寸、光洁度、颜色和图案必须符合设计要求,要有产品合格证。 (2)技术要点 1)对施工人员进行技术交底时,应强调技术措施、质量要求和成品保护。 2)弹线必须准确,经复验后方可进行下道工序。固定的角钢和平钢板应安装牢固,并应符合设计要求,石材应用护理剂进行石材六面体防护处理。 (3)质量要点 1)清理预做饰面石材的结构表面,施工前认真按照图纸尺寸,核对结构施工的实际情况,同时进行吊直、套方、找规矩,弹出垂直线,水平线,控制点要符合要求。并根据设计图纸和实际需要弹出安装石材的位置线和分块线。 2)与主体结构连接的预埋件应在结构施工时按设计要求埋设。预埋件应牢固,位置准确。应根据设计图纸进行复查。当设计明确要求时,预埋件标高差不应大于 10mm,位置差不应大于 20mm。 3)面层与基底应安装牢固;粘贴用料、干挂配件必须符合设计要求和国家现行有关标准的规定。 4)石材表面平整、洁净;拼花正确、纹理清晰通顺,颜色均匀一致;非整板部位安排适宜,阴阳角处的板压向正确。

序　号	项　目	内　容
2	工程要点	5)缝格均匀,板缝通顺,接缝填嵌密实,宽窄一致,无错台错位。 (4)安全要点 1)用电应符合《施工现场临时用电安全技术规范》(JGJ 46—88)。 2)在高空作业时,脚手架搭设应符合《北京市建筑工程施工安全操作规定》(DBJ 01-62—2002)。 3)切割石材时应湿作业,防止粉尘污染。 (5)环境要点 在施工过程中应防止噪声污染,在施工场界噪声敏感区域宜选择使用低噪声的设备,也可以采取其他降低噪声的措施

2. 施工准备

墙面干挂石材安装的施工准备,如表 8.2.196 所示。

施 工 准 备　　　　　　　　　　　　　　　　　　　**表 8.2.196**

序　号	项　目	内　容
1	技术准备	编制室内、外墙面干挂石材饰面板安装工程施工方案,并对工人进行书面技术及安全交底。
2	材料准备	(1)石材:根据设计要求,确定石材的品种、颜色、花纹和尺寸规格,并严格控制、检查其抗折、抗拉及抗压强度,吸水率、耐冻融循环等性能。花岗石板材的弯曲强度应经法定检测机构检测确定。 (2)合成树脂胶粘剂:用于粘贴石材背面的柔性背衬材料,要求具有防水和耐老化性能。 (3)用于干挂石材挂件与石材间粘结固定,用双组分环氧型胶粘剂,按固化速度分为快固型(K)和普通型(P)。 (4)中性硅酮耐候密封胶,应进行粘力的试验和相容性试验。 (5)玻璃纤维网格布:石材的背衬材料。 (6)防水胶泥:用于密封连接件。 (7)防污胶条:用于石材边缘防止污染。 (8)嵌缝膏:用于嵌填石材接缝。 (9)罩面涂料:用于大理石表面防风化、防污染。 (10)不锈钢紧固件、连接件应按同一种类构件的5%进行抽样检查,且每种结构件不少于5件。 (11)膨胀螺栓、连接铁件、连接不锈钢针等配套的铁垫板、垫圈、螺帽及与骨架固定的各种设计和安装所需要的连接件的质量,必须符合要求。 材料质量要求见表 8.2.177~8.2.185。
3	机具准备	(1)主要机具:台钻、无齿切割锯、冲击钻、手枪钻、力矩扳手、开口扳手、嵌缝枪、专用手推车、长卷尺、盒尺、锤子、各种形状钢凿子、靠尺、水平尺、方尺、多用刀、剪子、铅丝、弹线用的粉线包、墨斗、小白线、笤帚、铁锹、开刀、灰槽、灰桶、工具袋、手套、红铅笔等。 (2)每班组主要机具配备一览表,如表 8.2.197 所示。
4	作业条件	(1)检查石材的质量、规格、品种、数量、力学性能和物理性能是否符合设计要求,并进行表面处理工作。同时应符合现行标准《天然石材产品放射性防护分类控制标准》。 (2)搭设双排架子或吊篮处理。 (3)水电及设备、墙上预留预埋件已安装完。垂直运输机具均事先准备好。 (4)外门窗已安装完毕,安装质量符合要求。 (5)对施工人员进行技术交底时,应强调技术措施、质量要求和成品保护,大面积施工前应先做样板,经质检部门鉴定合格后,方可组织班组施工。 (6)安装系统隐蔽项目已经验收

主要机具配备一览表　　　　　　　表 8.2.197

序号	机械、设备名称	规格型号	定额功率或容量	数量	工种	性能
1	石材切割机	DM38	7.5kW	1	石材工	良好
2	手提石材切割机	4100NH	1.2kW	4	石材工	良好
3	角磨机	9523NB	0.54kW	4	石材工	良好
4	电锤	TE-15	0.65kW	2	石材工	良好
5	手电钻	FDV16T	0.55kW	3	石材工	良好
6	电焊机	BXI-300A	24.3kWA	2	石材工	良好
7	扳手	17～19 号		4	石材工	良好
8	手推车			2	石材工	良好
9	铝合金靠尺	2m		4	石材工	良好
10	水平尺	600mm		2	石材工	良好
11	铅丝	$\phi 0.4 \sim 0.8$		100	石材工	良好
12	粉线包			1	石材工	良好
13	墨斗			1	石材工	良好
14	小白线			200	石材工	良好
15	开刀			4	石材工	良好
16	卷尺	5m		4	石材工	良好
17	方尺	300mm		4	石材工	良好
18	线锤	0.5kg		4	石材工	良好
19	托线板	2mm		2	石材工	良好

3. 工艺流程和操作方法

（1）墙面干挂石材安装的工艺流程，如下所示。

结构尺寸的检验 → 清理结构表面 → 结构上弹出垂直线 → 大角挂两竖直钢丝 → 临时固定上层墙板 → 钻孔插入膨胀螺栓 → 镶不锈钢固定件 → 镶顶层墙板 → 挂水平位置线 → 支底层板托架 → 放置底层板用其定位 → 调节与临时固定 → 嵌板缝密封胶 → 饰面板刷二层罩面剂 → 灌 M20 水泥砂浆 → 设排水管 → 结构钻孔并插固定螺栓 → 镶不锈钢固定件 → 用胶粘剂灌下层墙板上孔 → 插入连接钢针 → 将胶粘剂灌入上层墙板的下孔内

（2）操作方法

墙面干挂石材安装的操作方法，如表 8.2.198 所示。

操作方法　　　　　　　　表 8.2.198

序号	项目	内容
1	工地收货	工地收货：收货要设专人负责管理，要认真检查材料的规格、型号是否正确，与料单是否相符，发现石材颜色明显不一致的，要单独码放，以便还给厂家，如有裂纹、缺棱掉角的，要修理后再用，严重的不得使用。还要注意石材放地要夯实，垫 10cm×10cm 通长方木，让其高出地面 8cm 以上，方木最好钉上橡胶条，让石材按 75° 立放斜靠在专用的钢架上，每块石材之间要用塑料薄膜隔开靠紧码放，防止粘在一起和倾斜。

续表

序 号	项 目	内 容
2	石材表面处理	石材表面处理:石材表面充分干燥(含水率应小于8%)后,用石材护理剂进行石材六面防护处理,此工序必须在无污染的环境下进行,将石材平放在木方上,用羊毛刷蘸上防护剂,均匀涂刷于石材表面,涂刷必须到位,第一遍涂刷完间隔24h后用同样的方法涂刷第二遍石材防护剂,间隔48h后方可使用。
3	石材准备	石材准备:首先用比色法对石材的颜色进行挑选分类;安装在同一面的石材颜色应一致,并根据设计尺寸和图纸要求,装专用模具固定在台钻上,进行石材打孔,为保证位置准确垂直,要钉一个定型石材托架,使石板放在托架上,要打孔的小面与钻头垂直,使孔成型后准确无误,孔深为22~23mm,孔径为7~8mm,钻头为5~6mm。随后在石材背面刷不饱和树脂胶,主要采用一布二胶的做法,布为无碱、无捻24目的玻璃丝布,石板在刷头遍胶前,先把编号写在石板上,并将石板上的浮灰及杂污清除干净,如锯锈、铁抹子,用钢丝刷、粗纱子将其除掉再刷胶,胶要随用随配,防止固化后只造成浪费。要注意边角地方一定要刷好。特别是打孔部位是薄弱区域,必须刷到。布要铺满,刷完头遍胶,在铺贴玻璃纤维网格布时要从一边用刷子赶平,铺平后再刷两遍胶,刷子沾胶不要过多,防止流到石材小面给嵌缝带来困难,出现质量问题。
4	基层准备	基层准备:清理预做饰面石材的结构表面,同时进行吊直、套方、找规矩,弹出垂直线水平线。并根据设计图纸和实际需要弹出安装石材的位置线和分块线。
5	挂线	挂线:按设计图纸要求,石材安装前事先用经纬仪打出大角两个面的竖向控制线,最好弹在离大角20cm的位置上,以便随时检查垂直挂线的准确性,保证顺利安装。竖向挂线宜用$\phi1.0$~$\phi1.2$的钢丝为好,下边沉铁随高度而定,一般40m以下高度沉铁重量为8~10kg,上端挂在专用的挂线角钢上,角钢架用膨胀螺栓固定在建筑大角的顶端,一定要挂在牢固、准确、不易碰动的地方,并要注意保护经常检查。并在控制线的上、下作出标记。
6	支底层饰面板托架	支底层面板托架:把预先加工好的支托按上平线支在将要安装的底层石板上面。支托要支承牢固,相互之间要连接好,也可和架子接在一起,支架安好后,顺支托方向铺通长的50mm厚木板,木板上口要在同一水平面上,以保证石材上下面处在同一水平面上。
7	打孔、下膨胀螺栓	在围护结构上打孔、下膨胀螺栓:在结构表面弹好水平线,按设计图纸及石材料钻孔位置,准确的弹在围护结构墙上并作好标记,然后按点打孔,打孔可使用冲击钻,上$\phi12.5$的冲击钻头,打孔时先用尖錾子在预先弹好的点上凿一个点,然后用钻打孔,孔深在60~80mm,若遇结构里的钢筋时,可以将孔位在水平方向移动或往上抬高,要连接铁件时利用可调余量调回。成孔要求与结构表面垂直,成孔后把孔内的灰粉用小勾勾掏出,安放膨胀螺栓,宜将本层所需的膨胀螺栓全部安装就位。
8	上连接铁件	上连接铁件:用设计规定的不锈钢螺栓固定角钢和平钢板;调整平钢板的位置,使平钢板的小孔正好与石板的插入孔对正,固定平钢板,用里矩扳子拧紧。
9	底层石材安装	底层石材安装:把侧面的连接铁件安好,便可把底层面板靠角上的一块就位。方法是用夹具暂时固定,先将石材侧孔抹胶,调整铁件,插固定钢针,调整面板固定。依次顺序安装底层面板,待底层面板全部就位后,检查一下各板水平是否在一条线上,如有高低不平的要进行调整;低的可用木楔垫平,高的可轻轻适当退出点木楔,退出面板上口在一条水平线上为止;先调整好面板的水平与垂直度,再检查板缝,板缝宽应按设计要求,板缝均匀,将板缝嵌紧被衬料,嵌缝高度要高于25cm。其后用1∶2.5的用白水泥配制的砂浆,灌于底层板内20cm高,砂浆表面上设排水管。

序 号	项 目	内 容
10	石板上孔抹胶及插连接钢针	石板上孔抹胶及插连接钢针:把1:1.5的白水泥环氧树脂倒入固化剂、促进剂,用小棒将配好的胶抹入孔中,再把长40mm的φ4连接钢针通过平板上的小孔插入直至面板孔,上钢针前检查其有无伤痕,长度是否满足要求,钢针安装保证垂直。
11	调整固定	调整固定:面板暂时固定后,调整水平度,如板面上口不平,可在板底的一端下口的连接平钢板上垫一相应的双股铜丝垫,若铜丝粗,可用小锤砸扁,若高,可把另一端下口用以上方法垫一下,调整垂直度,并调整面板上口的不锈钢连接件的距墙空隙,直至面板垂直。
12	顶部面板安装	顶部面板安装:顶部最后一层面板除了一般石材安装要求外,安装调整后,在结构与石板缝隙里另一通长的20mm厚木条,木条上平与石板上口下去250mm,吊点可设在连接铁件上,可采用铅丝吊木条,木条吊好后,即在石板与墙面之间的空隙里,塞放聚苯板,聚苯板条要略宽于空隙,以便填塞严实,防止灌浆时漏浆,造成蜂窝、孔洞等,灌浆至石板口下20mm作为压顶盖板之用。
13	贴防污条、嵌缝	贴防污条、嵌缝:沿面板边缘贴防污条,用选用4cm左右的纸带型不干胶带,边沿要贴齐、贴严,在大理石板间缝隙处嵌弹性泡沫填充(棒)条,填充(棒)条也可用8mm厚的高连发泡片剪成10mm宽的条,填充(棒)条嵌充后离装修面5mm,最后在填充(棒)条外用嵌缝枪把中性硅胶打入缝内,打胶时用力要均,走枪要稳而慢。如胶面不太平顺,可用不锈钢小勺刮平,小勺要随用随擦干净,嵌底层石板缝时,要注意不要堵塞流水管。根据石板颜色可在胶中加适量矿物质颜料。
14	清理石材表面	清理大理石、花岗石表面,刷罩面剂:把大理石、花岗石表面的放污条掀掉,用棉丝将石板擦净,若有胶或其他粘结牢固的杂物,可用开刀轻轻铲除,用棉丝蘸丙酮擦至干净。在刷胶面剂施工前,应掌握和了解天气趋势,阴雨天和4级以上风天不得施工,防止污染漆膜;冬、雨期可在避风条件好的室内操作,刷在板块面上。罩面剂按配合比在刷前半小时为好,注意区别底漆和面漆,最好分阶段操作。配制罩面剂要搅匀,防止成膜时不均,涂刷要用3in羊毛刷,沾漆不宜过多,防止流挂,尽量少回刷,以免有刷痕,要求无气泡、不漏刷,刷的平整有光泽。
15	其他干挂工艺措施	可参考金属饰面板安装工艺中的固定骨架的方法,来进行大理石、花岗石饰面板等干挂工艺的结构连接法的施工,尤其是室内干挂饰面安装工艺

4. 质量标准和检验方法

(1) 质量标准

墙面干挂石材安装的质量标准,除应符合表8.2.199的规定外,还应符合《建筑装饰装修工程质量验收规范》(GB 50210—2001)中之8.2的有关要求。

质 量 标 准 表8.2.199

序 号	项 目	内 容
1	主控项目	(1)饰面石材板的品种、防腐、规格、形状、平整度、几何尺寸、光洁度、颜色和图案必须符合设计要求,要有产品合格证。 (2)面层与基底应安装牢固;粘贴用料、干挂配件必须符合设计要求和国家现行有关标准的规定,碳钢配件需做防锈、防腐处理。焊接点应作防腐处理。 (3)饰面板安装工程的预埋件(或后置埋件)、连接件的数量、规格、位置、连接方法和防腐处理必须符合设计要求。后置埋件的现行拉拔强度必须符合设计要求。饰面板安装必须牢固。

续表

序 号	项 目	内 容
2	一般项目	(1)表面平整、洁净,拼花正确,纹理清晰通顺,颜色均匀一致;非整板部位安排适宜,阴阳角处的板压向正确。 (2)缝格均匀,板缝通顺,接缝填嵌密实,宽窄一致,无错台错位。 (3)凸出物周围的板采取整板套割,尺寸准确,边缘吻合整齐、平顺,墙裙、贴脸等上口平直。 (4)滴水线顺直,流水坡向正确、清晰美观。 (5)室内、外墙面干挂石材允许偏差见表8.2.200

室内、外墙面干挂石材允许偏差   表 8.2.200

项 次	项 目		允许偏差(mm)		检 验 方 法
			光面	粗磨面	
1	立面垂直	室内	2	2	用2m托线板和尺量检查
		室外	2	4	
2	表面平整		1	2	用2m托线板和塞尺检查
3	阳角方正		2	3	用20cm方尺和塞尺检查
4	接缝平直		2	3	用5m小线和尺量检查
5	墙裙上口平直		2	3	用5m小线和尺量检查
6	接缝高低		1	1	用钢板短尺和塞尺检查
7	接缝宽度		1	2	用尺量检查

(2) 质量记录

墙面干挂石材安装的质量记录,如表8.2.201所示。

质 量 记 录   表 8.2.201

序 号	内 容
1	大理石、花岗石、紧固件、连接件等出厂合格证。国家有关环保检测报告。
2	本分项工程质量验评表。
3	三性试验报告单等。
4	设计图、计算书、设计更改文件等。
5	石材的冻融性试验记录。
6	后置埋件的拉拔试验记录。
7	埋件、固定件、支承件等安装记录及隐蔽工程验收记录

5. 成品保护

墙面干挂石材安装的成品保护,如表8.2.202所示。

成 品 保 护   表 8.2.202

序 号	内 容
1	要及时清擦干净残留在门窗框、玻璃和金属饰面板上的污物,如密封胶、手印、尘土、水等杂物,宜粘贴保护膜,预防污染、锈蚀。

续表

序 号	项 目	内 容
4	作业条件	(1)施工区域应有良好的通风设施,抹灰工程、地面工程木装修工程、水暖电气工程等全部完工后,环境比较干燥,相对温度不大于60%。需装饰木饰面的结构表面含水率不得大于8%～12%。室内温度不低于10℃。 (2)先做样板间,经业主及监理公司检查鉴定合格后,方可组织班组进行大面积施工。 (3)施工前应对木门窗等材质及木饰面板外形进行检查,不合格者,应更换。木材制品含水率不大于8%～12%。 (4)操作前应认真进行工序交接检验工作,不符合规范要求的,不准进行油漆施工。 (5)施工前各种材料必须先报验,经业主及监理确认并进行封样后才能采购。已报验样品在大批量材料进场时必须经过业主及监理公司验收出具有关书面验收单后才能出库使用

混色油漆中有害物限量   表 8.2.206

项 目		限量值		
		硝基漆类	聚氨酯漆类	醇酸漆类
挥发性有机化合物 (VOC)ᵃ/(g/L)≤		750	光泽(60°) ≥80,600 光泽(60°) <80,700	550
苯ᵇ(%)≤			0.5	
苯和二甲苯总和ᵇ/%≤		45		10
游离甲苯二异氰酸酯(TDI)ᶜ(%)≤		—	0.7	—
重金属漆(限色漆) (mg/kg)≤	可溶性铅		90	
	可溶性镉		75	
	可溶性铬		60	
	可溶性汞		60	

具体测定方法详见《室内装饰装修材料溶剂型木器涂料中有害物质限量》(GB 18581—2001)。

每班组主要机具配备一览表   表 8.2.207

序号	机械设备名称	规格型号	功率容量	数量	性能	工种	备 注
1	油漆搅拌机	JIZ-SD05	13A	1	良好	油工	
2	空气压缩机	VOA818	10匹	1	良好	油工	
3	单斗喷枪			2	良好	油工	按8～10人/班组
4	砂纸打磨机			4	良好	油工	计算
5	开刀			10	良好	油工	
6	油刷	3寸		10	良好	油工	
7	小油桶	5寸		10	良好	油工	

(3) 工艺流程和操作方法

1) 工艺流程

木基层施涂混色油漆的工艺流程,如下所示。

基层处理→刷底子油→抹腻子→打砂纸→刷第一遍油漆→刷第二遍油漆→刷最后一遍油漆→清理交工

2）操作方法

木基层施涂混色油漆的操作方法，如表 8.2.208 所示。

操作方法 表 8.2.208

序号	项目	内容
1	基层处理	在施涂前，应除去木质表面的灰尘、油污胶迹、木毛刺等，对缺陷部位进行填补、磨光、脱色处理。
2	刷底子油	严格按涂刷次序涂刷，要刷到位刷匀。
3	刮腻子	将裂缝、钉孔、边棱残缺处嵌批平整，要刮平刮到位。腻子的重量配合比为石膏∶熟桐油∶松香水∶水＝16∶5∶1∶6。待涂刷的清漆干透后进行批刮。上下冒头，榫头等处均应批刮到位。
4	磨砂纸	腻子要干透，磨砂纸时不要将涂膜磨穿，保护好棱角，注意不要留松散腻子痕迹。磨完后应打扫干净，并用潮布将散落的粉尘擦净。
5	刷第一遍混色漆	调和漆粘度较大，要多刷、多理、涂刷油灰时要等油灰有一定强度后进行，并要盖过油灰 0.5～1.0mm，以起到密封作用。门、窗及木饰面刷完后要仔细检查，看有无漏刷处，最后将活动扇做好临时固定。
6	刮腻子	待第一遍油漆干透后，对底腻子收缩处或有残缺处，需再用腻子仔细批刮一次。具体要求见本表序号（3）。
7	打砂纸安玻璃	打砂纸、安装玻璃：待腻子干透后，用 1 号砂纸打磨，其操作方法及要求同本表序号（4）。然后安装玻璃。
8	刷第二遍调和漆	刷第二遍调和漆：刷漆同本表序号（5）。如木门窗有玻璃，用潮布或废报纸将玻璃内外擦干净，应注意不得损坏玻璃四角油灰和八字角（如打玻璃胶应待胶干透）。打砂纸要求同本表序号（4）。使用新砂纸时，须将两张砂纸对磨，把粗大砂砾磨掉，防止划破油漆膜。
9	刷最后一道油漆	刷最后一遍油漆：要注意油漆不流不坠、光亮均匀、色泽一致。油灰（玻璃胶）要干透，要仔细检查，固定活动门（窗）扇，注意成品保护。
10	冬期施工	冬期施工：室内应在采暖条件下进行，室温保持均衡，温度不宜低于＋10℃，相对湿度不宜大于 60%。设专人负责开、关门、窗以利排湿通风

（4）质量标准和检验方法

1）质量标准

木基层施涂混色油漆的质量标准，除应符合表 8.2.209 的规定外，还应符合《建筑装饰装修工程质量验收规范》（GB 50210—2001）中之 10.3 的有关规定。

质量标准 表 8.2.209

序号	项目	内容
1	主控项目	（1）溶剂型涂料涂饰工程所选用涂料的品种型号和性能应符合设计要求。 检验方法：检查产品合格证、性能、环保检测报告和进场验收记录。 （2）溶剂型涂料工程的颜色、光泽应符合设计要求。 检验方法：观察 （3）溶剂型涂饰工程应涂刷均匀、粘结牢固，不得漏涂、透底、起皮和反锈。 （4）基层腻子应平整、坚实、牢固、无粉化、起皮和裂纹。
2	一般项目	木基层施涂溶剂型混色涂料的一般项目按表 8.2.210 要求

木基层施涂溶剂型混色涂料质量和检查方法 表 8.2.210

项 次	项 目	普通涂饰	高级涂饰	检查方法
1	颜色	均匀一致	均匀一致	观察
2	刷纹	刷纹通顺	无刷纹	观察
3	光泽、光滑	光泽基本均匀光滑无挡手	光泽均匀一致光滑	观察、手摸
4	裹棱、流坠、皱皮	明显处不允许均匀一致、刷纹通顺	不允许	观察
5	装饰线、分色线直线度允许偏差,不大于(mm)	2	1	拉 5m 线(不足时拉通线)用尺量

注:涂刷无光漆不检查光亮。

2) 质量记录

木基层施涂混色油漆的质量记录,如表 8.2.211 所示。

质 量 记 录 表 8.2.211

序 号	内 容
1	材料应有合格证、环保检测报告。
2	工程验收应有质量验评资料

(5) 成品保护

木基层施涂混色油漆的成品保护,如表 8.2.212 所示。

成 品 保 护 表 8.2.212

序 号	内 容
1	刷油漆前应首先清理完施工现场的垃圾及灰尘,以免影响油漆质量。
2	每遍油漆刷完后,所有能活动的门扇及木饰面成品都应该临时固定,防止油漆面相互粘结影响质量。必要时设置警告牌。
3	刷油后立即将滴在地面或窗台上的油漆擦干净,五金、玻璃等应事先用报纸等隔离材料进行保护,到工程交工前拆除。
4	油漆完成后应派专人负责看管,严禁摸碰

(6) 安全环保措施

木基层施涂混色油漆的安全环保措施,如表 8.2.213 所示。

安全环保措施　　　　　　　　　　　　　　　表 8.2.213

序　号	项　目	内　容
1	安全措施	(1)作业高度超过 2m 应按规定搭设脚手架。施工前要进行检查是否牢固。使用的人字梯应四角落地，摆放平稳，梯脚应设防滑橡皮垫和保险链。人字梯上铺设脚手架，脚手板两端搭设长度不得少于 20cm，脚手板中间不得同时两人操作。梯子挪动时，作业人员必须下来，严禁站在梯子上踩高跷式挪动，人字梯顶部铰轴不准站人，不准铺设脚手板。人字梯应当经常检查，发现开裂、腐朽、楔头松动、缺档等，不得使用。 (2)油漆施工前应集中工人进行安全教育，并进行书面交底。 (3)施工现场严禁设油漆材料仓库，场外的油漆仓库应有足够的消防设施。 (4)施工现场应有严禁烟火安全标语，现场应设专职安全员监督保证施工现场无明火。
2	环保措施	(1)每天收工后应尽量不剩油漆材料。剩余油漆不准乱倒，应收集后集中处理。废弃物(如废油桶、油刷、棉纱等)按环保要求分类堆放、消纳。 (2)现场清扫设专人洒水，不得有扬尘污染。打磨粉尘用潮布擦净。 (3)施工现场周边应根据噪声敏感区域的不同，选择低噪声设备或其他措施，同时应按国家有关规定控制施工作业时间。 (4)涂刷作业时操作工人应配戴相应的保护设施如：防毒面具、口罩、手套等。以免危害工人肺、皮肤等。 (5)严禁在民用建筑工程室内用有机溶剂清洗施工用具。 (6)油漆使用后，应及时封闭存放，废料应及时清出室内，施工时室内保持良好通风，但不宜过堂风。 (7)民用建筑工程室内装修中，进行饰面人造木板拼接施工时，除芯板为 A 类外，应对其断面及无饰面部位进行密封处理(如采用环保胶类腻子等)

2、木基层施涂清色油漆
(1) 适用范围和工程要点
木基层施涂清色油漆的适用范围和工程要点，如表 8.2.214 所示。

适用范围和工程要点　　　　　　　　　　表 8.2.214

序　号	项　目	内　容
1	适用范围	本节适用于工业与民用建筑中木制家具、门窗、板壁表面的清色油漆中高级饰面工程。
2	工程要点	(1)工程要点 1)基层腻子应刮实、磨平达到牢固、无粉化、起皮和裂缝。 2)溶剂型涂饰应涂刷均匀，粘结牢固，不得漏涂、无透底、起皮和反锈。 3)有水房间应采用具有耐水性腻子。 4)后一遍涂料必须在前一遍涂料干燥后进行。 (2)材料要点 1)应有使用说明、储存有效期和产品合格证、品种、颜色应符合设计要求。 2)油漆、填充料、催干剂、稀释剂等材料选用必须符合《民用建筑工程室内环境污染控制规范》(GB 50325—2001)(3.3.2 节)和《室内装饰装修材料溶剂型木器涂料中有害物质限量》(GB 18581)的要求，并具备有关国家环境检测机构出具的有关有害物资限量等级检测报告。

续表

序号	项目	内 容
2	工程要点	（3）质量要点 1）合页槽、上下冒头、榫头和钉孔、裂缝、节疤以及边棱残缺处应补齐腻子，砂纸打磨到位。应认真按照规程和工艺标准去操作。 2）基层腻子应平整、坚实、牢固、无粉化、起皮和裂缝。 3）溶剂型涂饰应涂刷均匀、粘结牢固，不得漏涂、透底、起皮和反锈。 4）一般油漆施工的环境温度不宜低于+10℃，相对湿度不宜大于60%。 （4）安全要点 1）涂刷作业时操作工人应配戴相应的劳动保护设施，如：防毒面具、口罩、手套等。以免危害肺、皮肤等。 2）施工时室内应保持良好通风，防止中毒和火灾发生。 （5）环境要点 1）在施工过程中应符合《民用建筑工程室内环境污染控制规定》（GB 50325—2001）。 2）每天收工后应尽量不剩油漆材料，剩余油漆不准乱倒，应收集后集中处理。废弃物（如废油桶、油刷、棉纱等）按环保要求分类消纳

（2）施工准备

木基层施涂清色油漆的施工准备，如表8.2.215所示。

施 工 准 备 表 8.2.215

序号	项目	内 容
1	技术准备	施工前技术人员必须对施工班组进行木饰面清色油漆施工书面技术交底。
2	材料准备	（1）涂料：光油、清油、脂胶清漆、酚醛清漆、铅油、调和漆、漆片等。 （2）填充料：石膏、地板黄、红土子、黑烟子、大白粉等。 （3）稀释剂：汽油、煤油、醇酸稀料、松香水、酒精等。 （4）催干剂："液体钴干剂"等。 （5）质量要求：见表8.2.216。
3	机具准备	油刷、排笔、铲刀、牛角刮刀、调料刀、开刀、牛角板、油画笔、掏子、毛笔、砂纸、砂布、擦布、腻子板、钢皮刮板、小油桶、半截大桶、水桶、油勺、棉丝、麻丝、竹签、小色碟、铜丝笊、高凳、脚手板、安全带、钢丝钳子和笤帚等。 每班组主要机具配备一览表，如表8.2.217所示。
4	作业条件	（1）施工区域应有良好的通风设施，抹灰工程、地面工程、木装修工程、水暖电气工程等全部完工，环境比较干燥，相对湿度不大于60%。室内温度不宜低于10℃。 （2）先做样板间，经业主及监理公司检查鉴定合格后，方可组织班组进行大面积施工。 （3）施工前应对木门窗材及木饰面板外形进行检查，不合格者，应拆换。木材制品含水率不大于8%～12%。 （4）操作前应认真进行工序交接检验工作，不符合规范要求的，不准进行油漆施工。要求书面交接。 （5）施工前各种材料必须先报验，经业主及监理确认并进行封样后才能采购。已报验样品在大批量材料进场时必须经过业主及监理公司验收出具有关书面验收单后才能正式使用。

溶剂型涂料中有害物质限量要求 表 8.2.216

项 目		限 量 值		
		硝基漆类	聚氨酯漆类	醇酸漆类
挥发性有机化合物 (VOC)[a]/(g/L)≤		750	光泽(60°) ≥80,600 光泽(60°) <80,700	550
苯 [b](%)≤		0.5		
和二甲苯总和[b](%)≤		45		10
游离甲苯二异氰酸酯(TDI)[c](%)≤		—	0.7	
重金属漆(限色漆) (mg/kg)≤	可溶性铅	90		
	可溶性镉	75		
	可溶性铬	60		
	可溶性汞	60		

具体测定方法详见《室内装饰装修材料溶剂型木器涂料中有害物质限量》(GB 18581—2001)

每班组主要机具配备一览表 表 8.2.217

序 号	机械设备名称	规格型号	功率容量	数量	性能	工种	备 注
1	油漆搅拌机	JIZ-SD05	13A	1	良好	油工	
2	空气压缩机	VOA818	10匹	1	良好	油工	
3	单斗喷枪			2	良好	油工	
4	砂纸打磨机			4	良好	油工	按 8~10 人/班组 计算
5	开刀			10	良好	油工	
6	油刷	3寸		10	良好	油工	
7	小油桶	5寸		10	良好	油工	

（3）工艺流程和操作方法

1）工艺流程

木基层施涂清色油漆的工艺流程如下所示。

基层处理 → 润色油粉 → 满刮油腻子 → 刷油色 → 刷第一遍清漆 → 修补腻子 → 修色 → 磨砂纸 → 安装玻璃 → 刷第二遍清漆 → 刷第三遍清漆

2）操作工艺

木基层施涂清色油漆的操作方法，如表 8.2.218 所示。

操作方法 表 8.2.218

序 号	项 目	内 容
1	处理基层	用刮刀或碎玻璃片将表面的灰尘、胶迹、锈斑刮干净,注意不要刮出毛刺。
2	磨砂纸	将基层打磨光滑,顺木纹打磨,先磨线后磨四口平面。
3	润油粉	用棉丝蘸油粉在木材表面反复擦涂,将油粉擦进棕眼,然后用麻布或木丝擦净,线角上的余粉用竹片剔除。待油粉干透后,用1号砂纸顺木纹轻打磨,打到光滑为止。保护棱角。

续表

序 号	项 目	内 容
4	满批油腻子	颜色要浅于样板1～2成,腻子油性大小适宜。用开刀将腻子刮入钉孔、裂纹等内,刮腻子时要横抹竖起,腻子要刮光,不留散腻子。待腻子干透后,用1号砂纸轻轻顺纹打磨,磨至光滑,潮布擦粉尘。
5	刷油色	涂刷动作要快,顺木纹涂刷,收刷、理油时都要轻快,不可留下接头刷痕,每个刷面要一次刷好,不可留有接头,涂刷后要求颜色一致、不盖木纹,涂刷程序同刷铅油相同。
6	刷第一道清漆	刷法与刷油色相同,但应略加些汽油以便消光和快干,并应使用已磨出的旧刷子。待漆干透后,用1号旧砂纸彻底打磨一遍,将头遍漆面先基本打磨掉,再用潮布擦干净。
7	复补腻子	使用牛角腻板、带色腻子要收刮干净、平滑、无腻子疤痕,不可损伤漆膜。
8	修色	将表面的黑斑、节疤、腻子疤及材色不一致处拼成一色,并绘出木纹。
9	磨砂纸	使用细砂纸轻轻往返打磨,再用潮布擦净粉末。
10	刷第二、三道清漆	刷第二、三道清漆,周围环境要整洁,操作同刷第一道清漆,但动作要敏捷,多刷多理,涂刷饱满、不流不坠、光亮均匀。涂刷后一道清漆前打磨消光。
11	冬期施工	室内油漆工程,应在采暖条件下进行,室温保持均衡,温度不宜低于+10℃,相对湿度不宜低于60%

（4）质量标准

1）质量标准

木基层施涂清色油漆的质量标准除应符合表8.2.219的规定外,还应符合《建筑装饰装修工程质量验收规范》（GB 50210—2001）中之10.3的有关规定。

质 量 标 准　　　　　　　表8.2.219

序 号	项 目	内 容
1	主控项目	(1)溶剂型涂料涂饰工程所选用涂料的品种型号和性能应符合设计要求(检验方法:检查产品合格证、性能检测报告和进场验收记录)。 (2)溶剂型涂料工程的颜色、光泽应符合设计要求。 (3)溶剂型涂料涂饰工程应涂刷均匀、粘结牢固,不得漏涂、透底、起皮和反锈。 (4)基层腻子应平整、坚实、牢固、无粉化、起皮和裂缝
2	一般项目	木料表面施涂清漆一般项目按表8.2.220要求。

木料表面施涂清漆质量和检验方法　　　　　　　表8.2.220

项 次	项 目	普通涂饰	高级涂饰	检验方法
1	颜色	基本一致	均匀一致	观察
2	木纹	棕眼刮平、木纹清楚	棕眼刮平、木纹清楚	观察
3	光泽、光滑	光泽基本均匀、光滑无挡手感	光滑均匀一致	观察、手摸

项 次	项 目	普通涂饰	高级涂饰	检验方法
4	刷纹	无刷纹	无刷纹	观察
5	裹棱、流坠、皱皮	明显处不允许	不允许	观察、手摸
6	装饰线平、分色线直线度不大于(mm)	2	1	拉5m线(不足拉通用尺)
7	五金、玻璃等	洁净	洁净	观察

2）质量记录

木基层施涂清色油漆的质量记录，如表8.2.221所示。

质 量 记 录　　　　　　　　　　表 8.2.221

序 号	内 容
1	材料应有合格证、环保检测报告。
2	工程验收应有质量验评资料

（5）成品保护

木基层施涂清色油漆的成品保护，如表8.2.222所示。

成 品 保 护　　　　　　　　　　表 8.2.222

序 号	内 容
1	每遍油漆前，都应将地面、窗台清扫干净，防止尘土飞扬，影响油漆质量。
2	每遍油漆后，都应将门窗扇用桦钩勾住，防止门窗扇、框油漆粘结，破坏漆膜。
3	刷油后应将滴在地面或窗台上及污染在墙上的油点清刷干净。
4	油漆完成后，应派专人负责看管，并设警示牌

（6）安全环保措施

木基层施涂清色油漆的安全环保措施，如表8.2.223所示。

安全环保措施　　　　　　　　　　表 8.2.223

序 号	项 目	内 容
1	安全措施	（1）作业高度超过2m应按规定搭设脚手架。施工前进行检查是否牢固。使用的人字梯应四角落地，摆放平稳，梯脚应设防滑橡皮垫和保险链。人字梯上铺设脚手板，脚手板两端搭设长度不得少于20cm，脚手板中间不得同时两人操作。梯子挪动时，作业人员必须下来，严禁站在梯子上踩高跷式挪动，人字梯顶部铰轴不准站人，不准铺设脚手板。人字梯应当经常检查，发现开裂、腐朽、楔头松动、缺档等，不得使用。 （2）油漆施工前应集中工人进行安全教育，并进行书面交底。 （3）施工现场严禁设油漆材料仓库，场外的油漆仓库应有足够的消防设施。 （4）施工现场应有严禁烟火安全标语，现场应设专职安全员监督保证施工现场无明火。
2	环境措施	（1）每天收工后应尽量不剩油漆材料。剩余油漆不准乱倒，应收集后集中处理。废弃物（如废油桶、油刷、棉纱等）按环保要求分类、消纳。 （2）现场清扫设专人洒水，不得有扬尘污染。打磨粉尘用潮布擦净。

续表

序　号	项　目	内　容
2	环境措施	（3）施工现场周边应根据噪声敏感区域的不同，选择低噪声设备或其他措施，同时应按国家有关规定控制施工作业时间。 （4）涂刷作业时操作工人应配戴相应的保护设施，如：防毒面具、口罩、手套等。以免危害工人肺、皮肤等。 （5）严禁在民用建筑工程室内用有机溶剂清洗施工用具。 （6）油漆使用后，应及时封闭存放，废料应及时清出室内，施工时室内保持良好通风，但不宜过堂风。 （7）民用建筑工程室内装修中，进行饰面人造木板拼接施工时，除芯板为 A 类外，应对其断面及无饰面部位进行密封处理（如采用环保胶类腻子等）

3. 金属面层施涂混色油漆

（1）适用范围和工程要点

金属面施涂混色油漆的适用范围和工程要点，如表 8.2.224 所示。

适用范围和工程要点　　　　　　　　　　　　　　表 8.2.224

序　号	项　目	内　容
1	适用范围	本节适用于工业与民用建筑中金属面层施涂的中、高级混色油漆涂料工程。
2	工程要点	（1）技术要点 1）基层腻子应刮实、磨平达到牢固、无粉化、起皮和裂缝。 2）涂刷均匀、粘结牢固，不得漏涂、无透底、起皮和反锈。 3）后一遍涂料必须在前一遍涂料干燥后进行。 （2）材料要点 1）应有使用说明、储存有效期和产品合格证、品种、颜色应符合设计要求。 2）油漆、填充料、催干剂、稀释剂等材料选用必须符合《室内环境污染控制规范》（GB 50325—2001）(3.3.2 节）的要求，并具备有关国家环境检测机构出具的有关有害物资限量等级检测报告。 （3）质量要点 1）残缺处应补齐腻子，砂纸打磨到位。应认真按照规程和工艺标准去操作。 2）基层腻子应平整、坚实、牢固、无粉化、起皮和裂缝。 3）溶剂型涂饰应涂刷均匀、粘结牢固，不得漏涂、透底、起皮和反锈。 4）一般油漆施工的环境温度不宜低于 10℃，相对湿度不宜大于 60%。 （4）安全要点 1）涂刷作业时操作工人应配戴相应的劳动保护设施，如：防毒面具、口罩、手套等。以免危害工人肺、皮肤等。 2）施工时室内应保持良好通风，防止中毒和火灾发生。 （5）环境要点 1）在施工过程中应符合《民用建筑工程室内环境污染控制规范》（GB 50325—2001）。 2）每天收工后应尽量不剩油漆材料，剩余油漆不准乱倒，应收集后集中处理。废弃物（如废油桶、油刷、棉纱等）按环保要求分类堆放、消纳

（2）施工准备

金属表面施涂混色油漆涂料的施工准备，如表 8.2.225 所示。

施工准备　　　　　　　　　　　　　表 8.2.225

序 号	项 目	内 容
1	技术准备	(1)施工前技术人员必须进行金属表面施涂的中、高级混色油漆涂料施工书面技术和安全交底。 (2)根据油漆厂家施工说明,必要时用小块金属板做小试样,经业主、监理认可后方可大面积施工样板间。
2	材料准备	(1)涂料:光油、清油、铅油、混色油漆(磁性调和漆、油性调和漆)、清漆、醇醛清漆、醇酸磁漆、防锈漆(红丹防锈漆、铁红防锈漆)等。 (2)填充料:石膏、大白、地板黄、红土子、黑烟子等。 (3)稀释剂:汽油、煤油、醇酸稀料、松香水、酒精等。 (4)催干剂:钴催干剂等液料。 (5)质量要求:见表 8.2.226。
3	机具准备	空压机、除锈机、电动砂轮机等。喷枪、锉、油刷、开刀、牛角板、油画笔、掏子(掏刷门窗扇上下口不易涂刷部位的工具)、铜丝箩、砂纸、砂布、腻子板、钢皮刮板、橡皮刮板、小油桶、油勺、半截大桶、水桶、钢丝钳子、小锤子、钢丝刷、高凳和脚手板、安全带等。
4	作业条件	(1)施工环境应有良好的通风,抹灰工程、地面工程、木装修工程、水暖电气工程等全部完工后,环境比较干燥,相对湿度不大于 60%。 (2)应事先做样板间,经业主及监理公司检查鉴定合格后,方可组织班组进行大面积施工。 (3)操作前应认真进行工序交接检验工作,不符合规范要求的,不准进行油漆施工。 (4)施工前各种材料必须先报验,经业主及监理确认并进行封样后才能采购。已报验样品在大批量材料进场时必须经过业主及监理公司验收出具有关书面验收单后才能正式使用

溶剂型混色涂料质量、技术要求　　　　　　　　　表 8.2.226

项 目		限 量 值		
		硝基漆类	聚氨酯漆类	醇酸漆类
挥发性有机化合物 (VOC)[a]/(g/L)≤		750	光泽(60°) ≥80,600 光泽(60°) <80,700	550
苯[b](%)≤			0.5	
苯和二甲苯总和[b](%)≤		45		10
游离甲苯二异氰酸酯(TDI)[c](%)≤		—	0.7	—
重金属漆(限色漆) (mg/kg)≤	可溶性铅		90	
	可溶性镉		75	
	可溶性铬		60	
	可溶性汞		60	

具体测定方法详见《室内装饰装修材料溶剂型木器涂料中有害物质限量》(GB 18581—2001)

每班组主要机具配备一览表　　　　　表 8.2.227

序号	机械设备名称	规格型号	功率容量	数量	性能	工种	备注
1	油漆搅拌机	JIZ-SD05	13A	1	良好	油工	
2	空气压缩机	VOA818	10 匹	1	良好	油工	
3	电动砂轮机			1	良好	油工	
4	单斗喷枪			2	良好	油工	按 8~10 人/班组计算
5	砂纸打磨机			4	良好	油工	
6	开刀			10	良好	油工	
7	油刷	3 寸		10	良好	油工	
8	小油桶	5 寸		10	良好	油工	

（3）工艺流程和操作方法

1）工艺流程

金属面施涂混色油漆涂料的工艺流程，如下所示。

基层处理 → 涂防锈漆 → 刮腻子 → 刷第一遍油漆（刷铅油→抹腻子→磨砂纸→装玻璃）→

刷第二遍油漆（刷铅油→擦玻璃、磨砂纸）→ 刷最后一遍混色油漆

以上是高级金属面的油漆，如是中级油漆工程，除少刷一道油外，不满刮腻子。

2）操作方法

金属面施涂混色油漆涂料的操作方法，如表 8.2.228 所示。

操 作 方 法　　　　　表 8.2.228

序 号	项 目	内 容
1	基层处理	金属表面的处理,除油脂、污垢、锈蚀外,,最重要的是表面氧化皮的清除,常用的方法有三种即机械和手工清除、火焰清除、喷砂清除。
2	修补防锈漆	对安装过程的焊点,防锈漆磨损处,进行清除焊渣,有锈时除绣,补 1~2 道防锈漆。
3	修补腻子	将金属表面的砂眼、凹坑、缺棱拼缝等处找补腻子,做到基本平整。
4	刮腻子	刮腻子用开刀或胶皮刮板满刮一遍石膏或原子灰腻子,要刮得薄,收的干净,均匀平整,无飞刺。
5	磨砂纸	用 1 号砂纸轻轻打磨,将多余腻子打掉,并清理干净灰尘。注意保护棱角,达到表面平整光滑,线角平直,整齐一致。
6	刷第一道油漆	要厚薄均匀,线角处要薄一些但是要盖底,不出现流淌,不显刷痕。
7	刷第二道油漆	方法同刷第一道油漆,但要增加油的总厚度。
8	磨最后一道砂纸	用 1 号或旧砂纸打磨,注意保护棱角,达到表面平整光滑,线角平直,整齐一致。由于是最后一道,砂纸要轻磨,磨完后用湿布打扫干净。
9	刷最后一道油漆	刷最后一道油漆,要多刷多理,刷油饱满,不流不坠,光亮均匀,色泽一致,如有毛病要及时修整。
10	冬期施工	冬期施工室内油漆工程,应在采暖条件下进行,室温保持均衡,一般油漆施工的环境温度不宜低于 10℃,相对湿度为 60%。不得突然变化。应设专人负责室温情况

（4）质量标准

1）质量标准

金属面施涂混色油漆涂料的质量标准，除应符合表 8.2.229 的规定外，还应符合《建筑装饰装修工程质量验收规范》（GB 50210—2001）中之 10.3 的有关要求。

质 量 标 准　　　　　　　　　　表 8.2.229

序 号	项 目	内 容
1	主控项目	（1）溶剂型涂料涂饰工程所选用涂料的品种型号和性能应符合设计要求（检查方法：检查产品合格证、性能、环保检测报告和进场验收记录，民用建筑工程室内装饰中涂料必须有总挥发性有机化合物（TVOC）、苯、游离甲苯二异氰酸酯（TDL）（聚氨酯类）含量检测报告）。 （2）溶剂型涂料工程的颜色、光泽应符合设计要求。 （3）溶剂型涂饰工程的颜色均匀，粘结牢固，不得漏涂、透底、起皮和返锈。 （4）基层腻子应平整、坚实、牢固、无粉化、起皮和裂缝。
2	一般项目	（1）涂层与其他装修材料和设备衔接处应吻合，界面应清晰。 （2）金属表面施涂混色油漆涂料的一般项目要求见表 8.2.230

金属表面涂混色油漆涂料的一般项目要求　　　　　　表 8.2.230

项 次	项 目	中级涂饰	高级涂饰	检验方法
1	颜色	均匀一致	均匀一致	观察
2	裹棱、流坠、皱皮	明显处不允许	不允许	观察
3	光泽、光滑	光泽基本均匀 光滑无挡手	光泽均匀 一致光滑	观察、手摸检查
4	装饰线、分色线直 线度允许偏差	不大于 2mm	不大于 1mm	拉 5m 线，不足 5m 拉通线，用钢尺检查
5	刷纹	刷纹通顺	无刷纹	观察

注：涂刷无光漆不检查光亮。

2）质量记录

金属面施涂混色油漆涂料的质量记录，如表 8.2.231 所示。

质 量 记 录　　　　　　　　　　表 8.2.231

序 号	内 容
1	材料应有合格证，检测报告。
2	工程验收应有质量验评资料

（5）成品保护

金属面施涂混色油漆涂料的成品保护，如表 8.2.232 所示。

成 品 保 护　　　　　　　　　　表 8.2.232

序 号	内 容
1	刷油漆前应首先清理完施工现场的垃圾及灰尘，以免影响油漆质量。
2	每遍油漆刷完后，所有能活动的门扇都应该临时固定，防止油漆面相互粘结影响质量，必要时设置警示牌。

续表

序　号	内　容
3	刷油漆后立即将滴在地面或窗台上的油漆擦干净,五金、玻璃等应事先用报纸等隔离材料进行保护到工程交工前拆除。
4	油漆完成后应派专人负责看管,严禁碰摸

（6）安全环境措施

金属面施涂混色油漆涂料的安全环保措施,如表 8.2.233 所示。

安全环保措施 表 8.2.233

序　号	内　容
1	油漆施工前,应检查脚手架、马凳等是否牢固。
2	油漆施工前应集中工人进行安全教育,并进行书面交底。
3	施工现场严禁设油漆材料仓库,场外的油漆仓库应有足够的消防设施。
4	施工现场应有严禁烟火安全的标语,现场应设专职安全员监督保证施工现场无明火。
5	每天收工后应尽量不剩油漆材料,不准乱倒,应收集后集中处理。废弃物(如废油桶、油刷、棉纱等)按环保要求分类,消纳。
6	现场清扫设专人洒水,不得有扬尘污染。打磨粉尘应用潮布擦净。
7	施工现场周边应根据噪声敏感区域的不同,选择低噪声设备或其他措施,同时应按国家有关规定控制施工作业时间。
8	涂刷作业时操作工人应佩带相应的保护设施,如:防毒面具、口罩、手套等。以免危害工人的肺、皮肤等。
9	严禁在民用建筑工程室内用有机溶剂清洗施工用具。
10	油漆使用后,应及时封闭存放,废料应及时清出室内,施工时室内应保持良好通风,但不宜过堂风

4. 混凝土及抹灰表面施涂油漆涂料

（1）适用范围和工程要点

混凝土及抹灰表面施涂油漆涂料的使用范围和工程要点,如表 8.2.234 所示。

适用范围和工程要点 表 8.2.234

序　号	项　目	内　容
1	适用范围	本章适用于工业与民用建筑中室内混凝土表面及水泥砂浆、混合砂浆抹灰表面涂施油性涂料工程。
2	工程要点	(1)技术要点 1)基层腻子应刮实、磨平达到牢固、无粉化、起皮和裂缝。 2)应涂刷均匀、粘结牢固,无透底、起皮和反锈。 3)有水房间应采用具有耐水性腻子。 4)后一遍涂料必须在前一遍涂料干燥后进行。 (2)材料要点 1)应有使用说明、储存有效期和产品合格证,品种、颜色应符合设计要求。 2)油漆、填充料、催干剂、稀释剂等材料选用必须符合《民用建筑工程室内环境污染控制规范》(GB 50325—2001)(3.3.2节)和《室内装饰装修材料溶剂型木器涂料中有害物质限量》(GB 18581)要求。并具备有关国家环境检测机构出具的有关有害物质限量等级检测报告。

序 号	项 目	内 容
2	工程要点	(3)质量要点 1)残缺处应补齐腻子,砂纸打磨到位。应认真按规程和工艺标准去操作。 2)基层腻子应平整、坚实、牢固、无粉化、起皮和裂缝。 3)溶剂型涂料涂饰应涂刷均匀,粘结牢固,不得漏涂、透底、起皮和反锈。 4)一般油漆施工的环境温度不宜低于10℃,相对湿度不宜大于60%。 (4)安全要点 1)涂刷作业时操作工人应配戴相应的保护设施,如:防毒面具、口罩、手套等。以免危害工人的肺、皮肤等。 2)施工时室内应保持良好通风,防止中毒和火灾发生。 (5)环境要点 1)在施工过程中应符合《民用建筑工程室内环境污染控制规范》GB 50325—2001)。 2)每天收工后应尽量不剩涂料材料,剩余涂料不准乱倒,应收集集中处理。废弃物(如废油桶、油刷、棉纱等)按环保要求分类、消纳。 3)施工时室内应保持良好通风

(2) 施工准备

混凝土抹灰表面施涂油漆涂料的施工准备,如表8.2.235所示。

施 工 准 备　　　　　　　　　　　　表 8.2.235

序 号	项 目	内 容
1	技术准备	了解设计要求,熟悉现场实际情况。施工前对施工班组进行书面技术和安全交底。
2	材料准备	(1)涂料:各色油性调和漆(酯胶调和漆、酚醛调和漆、醇酸调和漆等),或各色无光调和漆等。 (2)填充料:大白粉、滑石粉、石膏粉、光油、清油、地板黄、红土子、黑烟子、立德粉、羧甲基纤维素、聚醋酸乙烯乳液等。 (3)稀释剂:汽油、煤油、松香水、酒精、醇酸稀料等与油漆性能相应配套的稀料。 (4)各色颜料:应耐碱、耐光。 (5)质量要求:见表8.2.226。
3	主要机具	高凳子、脚手架、半截大桶、小油桶、铜丝箩、橡皮刮板、钢皮刮板、笤帚、腻子槽、开刀、刷子、排笔、砂纸、棉丝、擦布等。 每班组主要机具配备一览表,如表8.2.236。
4	作业条件	(1)墙面必须干燥,基层含水率不得大于6%~8%。 (2)墙面的设备管洞应提前处理完毕,为确保墙面干燥,各种穿墙孔洞都应提前抹灰补齐。 (3)门窗要提前安装好玻璃。 (4)先做好样板间,经检查鉴定合格后,再组织班组进行大面积施工。 (5)作业环境应通风良好,湿作业已完成并具备一定的强度,周围环境比较干燥。 (6)冬期施工油漆涂料工程,应在采暖条件下进行,室温保持均衡,一般室内温度不宜低于10℃,相对湿度为60%,并不得突然变化。同时应设专人负责测试温度和开关门窗,以利通风排除湿气

每班组主要机具配备一览表　　　　表 8.2.236

序号	机械设备名称	规格型号	功率容量	数量	性能	工种	备注
1	油漆搅拌机	JIZ-SD05	13A	1	良好	油工	
2	空气压缩机	VOA818	10 匹	1	良好	油工	
3	单斗喷枪			2	良好	油工	按 8～10 人/班组计算
4	砂纸打磨机			4	良好	油工	
5	开刀			10	良好	油工	
6	油刷	3 寸		10	良好	油工	
7	小油桶	5 寸		10	良好	油工	

（3）工艺流程和操作方法

1）工艺流程

混凝土及抹灰表面施涂油漆涂料的工艺流程，如下所示。

基层处理 → 修补腻子 → 磨砂纸 → 第一遍满刮腻子 → 磨砂纸 → 第二遍满刮腻子 → 磨砂纸 → 弹分色线 → 刷第一道涂料 → 补腻子磨砂纸 → 刷第二道涂料 → 磨砂纸 → 刷第三道涂料 → 磨砂纸 → 刷第四道涂料

2）操作方法

混凝土及抹灰表面施涂油漆涂料的操作方法，如表 8.2.237 所示。

操 作 方 法　　　　表 8.2.237

序 号	项 目	内 容
1	基层处理	基层处理：将墙面上的灰渣等杂物清理干净，用笤帚将墙面浮土等扫净。
2	修补腻子	修补腻子用石膏腻子将墙面、门窗口角等磕碰破损处、麻面、风裂、接搓缝隙等分别找平补好，干燥后用砂纸将凸出处磨平。
3	第一遍满刮腻子	满刮一遍腻子干燥后，用砂纸将腻子残渣、斑迹等打磨平、磨光，然后将墙面清扫干净，腻子配合比为聚醋酸乙烯乳液（即白乳胶）：滑石粉或大白粉：2%羧甲基纤维素溶液＝1：5：35(重量比)。以上为适用于室内的腻子；如厨房、厕所、浴室等应采用室外工程的乳胶水腻子，这种腻子耐水性能较好。其配合比为聚醋酸乙烯乳液（即白乳胶）：水泥：水＝1：5：1(重量比)。
4	第二遍腻子	涂刷高级涂料要满刮第二遍腻子。腻子配合比和操作方法同第一遍腻子。待腻子干透后个别地方再复补腻子，个别大的孔洞可复补腻子，彻底干透后，用 1 号砂纸打磨平整，清扫干净。
5	弹分色线	如墙面设有分色线，应在涂刷前弹线，先涂刷浅色涂料，后涂刷深色涂料。
6	涂刷第一遍油漆涂料	第一遍可涂刷铅油，它是遮盖力较强的涂料，是罩面涂料基层的底漆。铅油的稠度以盖底、不流淌、不显刷痕为宜，涂饰每面墙面的顺序应从上而下，从左到右，不得乱涂刷，以防漏或涂刷过厚，涂刷不均匀等。第一遍涂料干燥后个别缺陷或漏刮腻子处要复补，待腻子干透后打磨砂纸，把小疙瘩、腻子渣、斑迹等磨平、磨光，并清扫干净。

续表

序号	项目	内容
7	涂刷第二遍涂料	涂刷操作方法同第一遍涂料(如墙面为中级涂料,此遍可涂铅油;如墙面为高级涂料,次遍可涂调和漆),待涂料干燥后,可用较细的砂纸把墙面打磨光滑,清扫干净,同时用潮布将墙面擦抹一遍。
8	涂刷第三遍涂料	用调和漆涂刷,如墙面为中级涂料,此道工序可作罩面,即最后一遍涂料,其涂刷顺序同上。由于调和漆粘度较大,涂刷时应多刷多理,以达到涂抹饱满、厚薄均匀一致、不流不坠。
9	涂刷第四遍涂料	用醇酸磁漆涂料,如墙面为高级涂料,此道涂料为罩面涂料,即最后一遍涂料。如最后一遍涂料改为无光调和漆时,可将第二遍铅油改为有光调和漆,其余做法相同

(4) 质量标准和检验方法

1) 质量标准

混凝土及抹灰表面施涂油漆涂料的质量标准,除应符合表 8.2.238 的规定外,还应符合建筑装饰装修工程质量验收规范 (GB 50210—2001) 中之 10.3 的有关规定。

质量标准　　　　　　　　　　　　　　　　　　表 8.2.238

序号	项目	内容
1	主控项目	(1)溶剂型涂料涂饰工程所选用涂料的品种、型号和性能应符合设计和国家、行业现行规范规定的标准要求。 (2)溶剂型涂料涂饰工程的颜色、光泽、图案应符合设计要求。 (3)溶剂型涂料涂饰工程应涂饰均匀、粘结牢固,不得漏刷、透底、起皮和返锈。 (4)溶剂型涂料涂饰工程的基层处理应符合: 1)新建筑物的混凝土或抹灰基层在涂饰前应刷抗碱封闭底漆。 2)旧墙面在涂刷涂料前应清除疏松的旧装修层,并涂刷界面剂。 (5)所选用涂料、胶粘剂等材料必须有产品合格证及总挥发性有机物(TVOC)和游离甲醛、苯含量检测报告。
2	一般项目	混凝土及抹灰表面施涂油性涂料一般项目见表 8.2.239

混凝土及抹灰表面施涂油性涂料一般项目　　　　　表 8.2.239

顺次	项目	中级涂料	高级涂料	检验方法
1	颜色	均匀一致	均匀一致	观察
2	光泽、光滑	光泽基本均匀、光滑无挡手感	光滑、光泽均匀一致	观察、手摸检查
3	刷纹	刷纹通顺	无刷纹	观察
4	裹棱、流坠、皱皮	明显处不允许	不允许	观察
5	装饰线、分色线直线度允许偏差(mm)	2	1	拉 5m 线,不足 5m 拉通线,用钢直尺检查

注:无光色漆不检查光泽。

2）质量记录

混凝土及抹灰表面施涂油漆涂料的质量记录，如表 8.2.240 所示。

质量记录   表 8.2.240

序　号	内　　容
1	材料应有合格证、环保检测报告。
2	工程验收应有质量验评资料

（5）成品保护

混凝土及抹灰表面施涂油漆涂料的成品保护，如表 8.2.241 所示。

成品保护   表 8.2.241

序　号	内　　容
1	操作前将不需涂饰的门窗及其他相关的部位遮挡好。
2	涂饰完的墙面，随时用木板或小方木将口、角等处保护好，防止碰撞造成损坏。
3	拆脚手架时，要轻拿轻放，严防碰撞已涂饰完的墙面。
4	涂料未干前，不应打扫室内地面，严防灰尘等沾污墙面涂料。
5	严禁明火靠近已涂饰完的墙面，不得磕碰弄脏墙壁面等。
6	工人刷涂饰时，严禁蹬踩已涂好的涂层部位（窗台），防止小油桶碰翻污染墙面

（6）安全环保措施

混凝土及抹灰表面涂刷油漆涂料的安全环保措施，如表 8.2.242 所示。

安全环保措施   表 8.2.242

序　号	内　　容
1	油漆施工前，应检查脚手架、马凳等是否牢固。
2	涂料施工前应集中工人进行安全教育，并进行书面交底。
3	施工现场严禁设油漆材料仓库，场外的涂料仓库应有足够的消防设施。
4	施工现场应有严禁烟火安全标语，现场应设专职安全员监督保证施工现场无明火。
5	每天收工后应尽量不剩油漆材料，不准乱倒，应收集后集中处理。废弃物（如废油桶、油刷、棉纱等）按环保要求分类，消纳。
6	现场清扫设专人洒水，不得有扬尘污染。打磨粉尘应用潮布擦净。
7	施工现场周边应根据噪声敏感区域的不同，选择低噪声设备或其他措施，同时应按国家有关规定控制施工作业时间。
8	涂刷作业时操作工人应配戴相应的保护设施，如：防毒面具、口罩、手套等。以免危害工人的肺、皮肤等。
9	严禁在民用建筑工程室内用有机溶剂清洗施工用具。
10	涂料使用后，应及时封闭存放，废料应及时清出室内，施工时室内应保持良好通风，但不宜过堂风

8.2.5.2   水性涂料涂饰工程

（1）适用范围和工程要点

水性涂料涂饰工程的适用范围和工程要点，如表 8.2.243 所示。

适用范围和工程要点　　　　　　　　　　　表 8.2.243

序　号	项　　目	内　　容
1	适用范围	本节适用于工业与民用建筑的一般喷(刷)装饰面工程。
2	工程要点	(1)技术要点 1)基层腻子应刮实达到牢固、无粉化、起皮和裂缝。 2)涂刷均匀、粘结牢固，不得漏涂、无透底、起皮和反锈。 3)有水房间应采用具有耐水性腻子。 4)后一遍涂料必须在前一遍涂料干燥后进行。 (2)材料要点 1)应有使用说明、储存有效期和产品合格证，品种、颜色应符合设计要求。 2)材料选用必须符合室内环境污染控制规范(GB 50325—2001)(3.3.2 节)要求。并具备国家环境检测机构出具的有关有害物质限量等级检测报告。 (3)质量要点 1)残缺处应补齐腻子，砂纸打磨到位，应认真按照规程和工艺标准操作。 2)基本腻子应平整、坚实、牢固、无粉化、起皮和裂缝。 3)涂刷均匀、粘结牢固，不得漏涂、透底、起皮和反锈。 4)一般喷(刷)浆施工的环境温度不宜低于＋10℃，相对湿度不宜大于 60%。 (4)安全要点 1)涂刷作业时操作工人应配戴相应的劳动保护设施，如：防毒面具、口罩、手套等。以免危害工人的肺、皮肤等。 2)施工时室内应保持良好通风。 (5)环境要点 1)在施工过程中应符合《民用建筑工程室内环境污染控制规范》(GB 50325—2001)。 2)每天收工后应尽量不剩材料，不准乱倒，应收集后集中处理。废弃物(如废桶、刷、棉纱等)按环保要求分类堆放、消纳

(2) 施工准备

一般刷（喷）浆工程施工准备，如表 8.2.244 所示。

施工准备　　　　　　　　　　　表 8.2.244

序　号	项　　目	内　　容
1	技术准备	施工前应了解设计意图和施工现场情况，施工技术人员必须对班组进行一般刷(喷)浆工程施工工艺书面技术安全交底。
2	材料准备	(1)生石灰块或灰膏：用于普通刷(喷)浆工程。 (2)大白粉：建材商店有成品供应，有方块、圆块，可根据需要购买。 (3)可赛银：建材商店有成品供应。 (4)建筑石膏粉：建材商店有供应，是一种气硬性的胶结材料。 (5)滑石粉：要求细度，过 140~325 目，白度为 90%。 (6)胶粘剂：聚醋酸乙烯乳液、羧甲基纤维素。 (7)颜料：氧化铁黄、氧化铁红、群青、锌白、铬黄、铬绿等，用遮盖力强，耐光、耐碱、耐气候影响的各种矿物颜料。 (8)其他：用于一般刷石灰浆的食盐，用于制普通大白浆的火碱，白水泥或普通水泥，胶等。 (9)所有材料应满足设计要求及国家有关技术标准。见表 8.2.245~表 8.2.248。

序 号	项 目	内 容
3	主要机具	(1)机械设备:手压泵或电动喷浆机。 (2)主要工具:刷子、排笔、开刀、胶皮刮板、塑料刮板、0 号及 1 号砂纸、50~80 目铜丝箩、浆罐、大浆桶、小浆桶、大小水桶、胶皮管、钳子、铅丝、腻子槽、腻子托板、扫帚、擦布、棉丝等。 (3)每班组主要机具配备一览表,如表 8.2.249 所示。
4	作业条件	(1)室内有关抹灰工种的工作已全部完成,墙面应基本干透,基层抹灰面的含水率不大于 8%。 (2)室内木工、水暖工、电工的施工项目均已完成,预埋件均已安装,管洞修补好,门窗玻璃安完,一遍油漆已完。 (3)冬期施工室内温度不宜低于 5℃,相对湿度为 60%,并在采暖条件下进行,室温保持均衡,不得突然变化。同时应设专人负责测试和开关门窗,以利通风和排除湿气。 (4)做好样板间,并经检查鉴定合格后,方可组织大面积喷刷

水溶性内墙涂料质量、技术要求 表 8.2.245

序 号	性 能 项 目	技术要求	
		一类	二类
1	容器中状态	无结块、沉淀和絮凝	
2	黏度1)(s)	30~75	
3	细度(μm)	≤100	
4	遮盖力(g/m²)	≤300	
5	白度2)(%)	≥80	
6	涂膜外观	平整,色泽均匀	
7	附着力(%)	100	
8	耐水性	无脱落,起泡和皱皮	
9	耐干擦性(级)	—	≤1
10	耐洗刷性(次)	≥300	—

耐干擦性的测定要求 表 8.2.246

等 级	脱 粉 状 况
0	用力擦拭板表面,手指不干有涂料粒子。
1	用力擦拭板表面,手指沾有少量涂料粒子。
2	用力擦拭板表面,手指沾有较多的涂料粒子。
3	用力较轻,手指沾有较多涂料粒子

室内装饰装修材料内墙涂料中有害物质限量 表 8.2.247

项 目	限 量 值
挥发性有机化合物(VOC)(g/L)	200
游离甲醛(g/kg)	0.1

续表

项　目		限　量　值
重金属(mg/kg)	可溶性铅	90
	可溶性镉	75
	可溶性铬	60
	可溶性汞	60

室内装饰装修材料胶粘剂中有害物质限量　　　　表 8.2.248

项　目	指　标		
	橡胶胶粘剂	聚氨酯类胶粘剂	其他胶粘剂
游离甲醛(g/kg)	0.5	—	—
苯(g/kg)	5		
甲苯加二甲苯(g/kg)	200		
甲苯异氰酸酯(g/kg)	—	10	—
总挥发性有机物(g/kg)	750		

每班组主要机具配备一览表　　　　表 8.2.249

序号	机械设备名称	规格型号	功率容量	数量	性能	工种	备注
1	油漆搅拌机	JIZ-SD05	13A	1	良好	油工	按8~10人/班组计算
2	空气压缩机	VOA818	10匹	1	良好	油工	
3	单斗喷枪			2	良好	油工	
4	砂纸打磨机			4	良好	油工	
5	开刀			10	良好	油工	
6	油刷	3寸		10	良好	油工	
7	小油桶	5寸		10	良好	油工	

（3）工艺流程和操作方法

1）工艺流程

一般刷（喷）浆工程的工艺流程如下所示：

基层处理 → 喷、刷胶水 → 填补缝隙、局部刮腻子 → 轻质隔墙吊顶拼缝处理 → 刮满腻子 → 刷（喷）第一遍浆 → 复找腻子 → 砂纸打磨 → 刷（喷）第二遍浆 → 复找腻子 → 砂纸打磨 → 刷（喷）交活浆

2）内墙涂料涂饰工程的操作方法，如表 8.2.250 所示。

操作方法　　　　表 8.2.250

序号	项　目	内　容
1	刷浆前工作	（1）基层处理：混凝土墙及抹灰表面的浮砂、灰尘、疙瘩等要清除干净，粘附着的隔离剂、应用碱水（火碱：水=1：10）清刷墙面，然后用清水冲刷干净。如油污处应彻底清除。 （2）喷（刷）胶水：混凝土墙面在刮腻子前应先喷、刷一道胶水（重量比为水：乳液=5：1），以增强腻子与基层表面的粘结性，应喷（刷）均匀一致，不得有遗漏处。

序　号	项　目	内　容
1	刷浆前工作	（3）填补缝隙、局部刮腻子：用石膏腻子将墙面缝隙及坑洼不平处分遍找平。操作时要横平竖直，填实抹平，并将多余腻子收净，待腻子干燥后用砂纸磨平，并把浮尘扫净。如还有坑洼不平处，可再补找一遍石膏腻子。其配合比为石膏粉∶乳液∶纤维素水溶液＝100∶45∶60，其中纤维水溶液浓度为3.5%。 （4）石膏板面接缝处理：接缝处应用嵌缝腻子填塞满，上糊一层玻璃网格布、麻布或绸布条，用乳液或胶粘剂将布条粘在拼缝上，粘时应把布拉直、糊平，糊完后刮石膏腻子时要盖过布的宽度。 （5）满刮腻子：根据墙体基层的不同和浆活等级要求的不同，刮腻子的遍数和材料也不同。一般情况为三遍，腻子的配合比为重量比，有两种，一是适用于室内的腻子，其配合比为：聚醋酸乙烯乳液（即白乳胶）∶滑石粉或大白粉∶20%羧甲纤维素溶液＝1∶5∶3.5；二是适用于外墙、厨房、厕所、浴室的腻子，其配合比为：聚醋酸乙烯乳液∶水泥∶水＝1∶5∶1。刮腻子时应横竖刮，并注意接槎和收头时腻子要刮净，每遍腻子干后应磨砂纸，将腻子磨平，磨完后将浮尘清理干净。如面层要涂刷带颜色的浆料时，则腻子亦要掺入适量与面层带颜色相协调的颜料。
2	刷浆程序及刷第一遍浆	（1）刷（喷）浆前应先将门窗口圈20cm用排笔刷好，如墙面与顶棚为两种颜色时应在分色处用排笔齐线并刷20cm宽以利接槎，然后再大面积刷喷浆。 （2）刷（喷）顺序应先顶棚后墙面，先上后下顺序进行。如喷浆时喷头距墙面宜为20～30cm，移动速度要平稳，使涂层厚度均匀。如顶板为槽型板时，应先喷凹面四周的内角，再喷中间平面。 （3）浆料配合比与调制方法如下： 1）调制石灰浆 　将生石灰块放入容器内加入适量清水，等块灰熟化后再按比例加入应加的清水。其配合比为生石灰∶水＝1∶6（重量比）。 　将食盐化成盐水，掺盐量为石灰浆重量的0.3%～0.5%，将盐水倒入石灰浆内搅拌均匀后，再用50～60目的铜丝笊过滤，所得的浆液即可喷（刷）。 　采用石灰膏时，将石灰膏放入容器内，直接加清水搅拌，掺盐量同上，拌匀后，用50～60目的铜丝笊过滤使用。 2）调制大白浆 　将大白粉破碎后放入容器中，加清水拌合成浆，再用50～60目的铜丝笊过滤。 　将羧甲基纤维素放入缸内，加水搅拌使之完全溶解。其配合比为羧甲基纤维素∶水＝1∶40（重量比）。 　聚醋酸乙烯乳液加水稀释与大白粉拌合，乳液掺量为大白粉重量的10%。 　将以上三种浆液按大白粉∶乳液∶纤维素＝100∶13∶16混合搅拌后，过80目铜丝笊，拌匀后即成大白浆。 　如果配色浆，则先将颜料用水化开，过笊后放入大白浆中。 3）配可赛银浆 　将可赛银粉末放入容器内，加清水溶解搅匀后即为可赛银浆。
3	刷第二遍浆	（1）复找腻子 　第一遍浆干透后，对墙面上的麻点、坑洼、刮痕等用腻子重新复找刮平，干透后用细砂纸轻磨，并把粉尘扫净，达到表面光滑平整。如为普通喷浆可不做此道工序，如为中级或高级喷浆，必须有此道工序。 （2）刷（喷）第二遍浆 　所用浆料与操作方法同第一遍浆。喷（刷）浆遍数由刷浆等级决定，机械喷浆可不受遍数限制，以达到质量要求为准。
4	刷交活浆	（1）待第二遍浆干后，用细砂纸将粉尘、溅沫、喷点等轻轻磨掉，并打扫干净，即可刷（喷）交活浆。交活浆应比第二遍浆的胶量适当增大一点，防止刷、喷浆的涂层掉粉，这是必须做到和满足的保证项目。 （2）刷（喷）内墙涂料和耐擦洗涂料等 　其基层处理与喷刷浆相同，面层涂料使用建筑产品时，要注意外观检查，并参照产品说明书去处理和涂刷即可

3) 外墙涂料涂饰及冬期的操作方法，如表 8.2.251 所示。

操作方法　　　　　　　　　　　　　　　　　　表 8.2.251

序　号	项　目	内　容
1	室外刷浆	(1)砖混结构的外窗台、璇脸、窗套、腰线等部位在抹罩面灰时，应乘湿刮一层白水泥膏，使之与面层压实并结合在一起，将滴水线(槽)按规矩预先埋设好，并乘灰层未干，紧跟着涂刷第二遍白水泥浆(配合比为白水泥加水重20%界面剂胶的水溶液拌匀成浆液)，涂刷时可用油刷或排笔，自上而下涂刷，要注意应少蘸勤刷，严防污染。 (2)第二天要涂刷第二遍，达到涂层表面无花感且盖底为止。 (3)预制混凝土阳台底板、阳台分户板、阳台栏板涂刷： 一般习惯作法：清理基层，刮水泥腻子 1～2 遍找平，磨砂纸，再复找水泥腻子，刷外墙涂料，以涂刷均匀且盖底为交活。 根据室外气候变化影响大的特点，应选用防潮及防水涂料施涂：清理基层，刮聚合物水泥腻子 1～2 遍(配合比为用水重20%的胶水溶液拌合水泥，成为膏状物)，干后磨平，对塌陷之处重新补平，干后磨砂纸。涂刷聚合物水泥浆(配合比：用水重20%的胶水溶液拌水泥，辅以颜料后成为浆液)。或用防潮、防水涂料进行涂刷。应先刷边角，再刷大面，均匀地涂刷一遍，待干后再涂刷第二遍，直至交活为止。
2	冬期施工	(1)利用冻结法抹灰的墙面不宜进行涂刷。 (2)喷(刷)聚合物水泥浆应根据室外温度掺入外加剂(早强剂)，外加剂的材质应与涂料材质配套，外加剂的掺量应有试验决定。 (3)冬期施工所用的外墙涂料，应根据材质使用说明和要求去组织施工及使用，严防受冻。 (4)外檐涂刷早晚温度低不宜施工

(4) 质量标准和检验方法

1) 质量标准

一般刷（喷）浆工程的质量标准，除应符合表 8.2.252 的规定外，还应符合《建筑装饰装修工程质量验收规范》(GB 50210—2001) 中之 10.2 的有关要求。

质量标准　　　　　　　　　　　　　　　　　　表 8.2.252

序　号	项　目	内　容
1	主控项目	(1)选用刷(喷)浆的品种、型号和性能应符合设计要求。 (2)选用刷(喷)浆的颜色、图案应符合设计要求。 (3)刷(喷)工程应涂饰均匀、粘结牢固，不得漏涂、透底、起皮和掉粉。 (4)刷(喷)工程的基层处理应符合： 1)新建筑物的混凝土或抹灰层基层在涂饰前应涂刷抗碱封闭底漆。 2)旧墙面在涂饰涂料前应清除疏松的旧装饰层，并涂刷界面剂。 3)混凝土或抹灰基层涂刷溶剂型涂料时，含水率不得大于 8%；涂刷乳液型时，含水率不得大于 8%。木材基层的含水率不得大于 8%。 4)基层腻子应平整、坚实、牢固、无粉化、无起皮和裂缝；内墙腻子的粘结强度应符合《建筑室内用腻子》(JG/T 3049)的规定。 5)厨房、卫生间墙面必须使用耐水腻子。
2	一般项目	一般项目按表 8.2.253 的涂饰要求

室内、外刷（喷）浆工程质量和验收方法　　　　　表 8.2.253

项　次	项　目	中级涂饰	高级涂饰	检查方法
1	颜色	均匀一致	均匀一致	观　察
2	泛碱、咬色	允许少量轻微	不允许	
3	流坠、疙瘩	允许少量轻微	不允许	
4	砂眼、刷痕	允许少量轻微砂眼，刷纹通顺	无砂眼，无刷痕	
5	装饰线、分色直线度允许偏差(mm)	2	1	拉 5m 线，不足 5m 拉通线，用钢直尺检查

2）质量记录

一般刷（喷）浆工程的质量记录，如表 8.2.254 所示。

质量记录　　　　　表 8.2.254

序　号	内　容
1	材料应有合格证，环保检测报告。
2	工程验收应有质量验评资料

（5）成品保护

一般刷（喷）浆工程的成品保护，如表 8.2.255 所示。

成品保护　　　　　表 8.2.255

序　号	内　容
1	刷（喷）浆工序与其他工序要合理安排，避免刷（喷）后其他工序又进行修补工作。
2	刷（喷）浆时室内外门窗、玻璃水暖管线、电气开关盒、插座和灯座及其他设备不刷（喷）浆的部位，及时用废报纸或塑料薄膜遮盖好。
3	浆活完工后应加强管理，认真保护好墙面。
4	为减少污染，应事先将门窗口圈用排笔刷好后，再进行大面积浆活的施涂工作。
5	刷（喷）浆前应对已完成的地面面层进行保护，严禁落浆造成污染。
6	刷（喷）前墙、地，应进行遮挡和保护。
7	移动浆桶、喷浆机等施工工具时严禁在地面上拖拉，防止损坏地面。
8	浆膜干燥前，应防止尘土沾污和热气侵袭。
9	拆架子或移动高凳应注意保护好已刷浆的墙面

（6）安全环保措施

一般刷（喷）浆工程的安全环保措施，如表 8.2.256 所示。

安全环保措施　　　　　表 8.2.256

序　号	内　容
1	作业高度超过 2m 应按规定搭设脚手架。施工前要进行检查是否牢固。使用的人字梯应四脚落地，摆放平稳，梯脚应设防滑橡皮垫和保险链。人字梯上铺设脚手板，脚手板两端搭设长度不得少于 20cm，脚手板中间不得同时两人操作。梯子挪动时，作业人员必须下来，严禁站在梯子上踩高跷式挪动，人字梯顶部铰轴不准站人，不准铺设脚手板。人字梯应当经常检查，发现开裂、腐朽、楔头松动、缺档等，不得使用。

续表

序 号	内 容
2	禁止穿硬底鞋、拖鞋、高跟鞋在架子上工作,架子上人数不得集中在一起,工具要搁置稳定,以防止坠落伤人。
3	在两层脚手架上操作时,应尽量避免在同一垂直线上工作,必须同时作业时,下层操作人员必须戴安全帽。
4	抹灰时应防止砂浆掉入眼内,采用竹片或钢筋固定八字靠尺板时,应防止竹片或钢筋回弹伤人。
5	夜间临时用的移动照明灯,必须用安全电压。机械操作人员须培训持证上岗,现场一切机械设备,非操作人员一律禁止乱动。
6	涂饰用材料必须符合石材表面处理:石材表面充分干燥(含水率应小于8%)后,用石材护理剂进行石材六面体防护处理,此工序必须在无污染的环境下进行,将石材平放于木方上,用羊毛刷蘸上防护剂,均匀涂刷于石材表面,涂刷必须到位,第一遍涂刷完间隔24h后用同样的方法涂刷第二遍石材防护剂,间隔48h后方可使用

8.2.5.3 美术涂饰工程
1. 适用范围和工程要点
美术涂饰工程的适用范围和工程要点,如表8.2.257所示。

适用范围和工程要点　　　　　　　表8.2.257

序 号	项 目	内 容
1	适用范围	本节适用于工业与民用建筑中室内混凝土表面和水泥砂浆、混合砂浆抹灰表面施涂美术涂饰工程。
2	工程要点	(1)技术要点 1)基层腻子平整、坚实、牢固、无粉化、无起皮和裂缝。 2)水溶性、溶剂型涂饰应涂刷均匀,粘结牢固,不得漏涂、透底、起皮和反锈。 3)有水房间应用具有耐水性腻子。 4)后一遍涂料必须在前一遍涂料干燥后进行。 (2)材料要点 1)应有使用说明、储存有效期和产品合格证,品种、颜色应符合设计要求。 2)油漆、涂料、填充料、催干剂、稀释剂等材料选用必须符合《民用建筑工程室内污染控制规范》(GB 50325—2001),(3.3.3节)的要求。并具备有关国家环境检测机构出具的有关有害物质限量等级检测报告。 (3)质量要点 1)残缺处应补齐腻子,砂纸打磨到位。应认真按照规程和工艺标准去操作。 2)基层腻子应平整、坚实、牢固、无粉化、无起皮和裂缝。 3)水溶性、溶剂型涂饰应涂刷均匀,粘结牢固,不得漏涂、透底、起皮和反锈。 4)一般涂料、油漆施工的环境温度不宜低于10℃,相对湿度不宜大于60%。 (4)安全要点 1)涂刷作业时操作工人应配戴相应的保护设施,如:防毒面具、口罩、手套等。以免危害工人的肺、皮肤等。 2)施工时室内应保持良好通风,防止中毒和火灾发生。 (5)环境要点 1)在施工过程中应符合《民用建筑工程室内环境污染控制规范》(GB 50325—2001)。 2)每天收工后应尽量不剩油漆材料,不准乱倒,应收集后集中处理。废弃物(如废油桶、油刷、棉纱等)按环保要求分类、消纳。 3)施工时室内应保持良好通风

2. 施工准备

美术涂饰工程的施工准备，如表 8.2.258 所示。

施工准备 表 8.2.258

序　号	项　　目	内　　　　容
1	技术准备	了解设计要求，熟悉现场实际情况。施工前对施工班组进行书面技术和安全交底。
2	材料准备	(1)涂料：光油、清油、桐油、各色油性调和漆(酯胶调和漆、酚醛调和漆、醇酸调和漆等)，或各色无光调和漆等；各色水溶性涂料。 (2)填充料：大白粉、滑石粉、石膏粉、双飞粉(麻斯面)、地板黄、红土子、黑烟子、立德粉、羧甲基纤维素、聚醋酸乙烯乳液等。 (3)稀释剂：汽油、煤油、松香水、酒精、醇酸稀料等与油漆相应配套的稀料。 (4)各色颜料：应耐碱、耐光。 (5)质量要求：见表 8.2.259，表 8.2.260。
3	主要机具	(1)主要机具： 单斗喷枪、空气压缩机、油漆搅拌机、砂纸打磨机、高凳子、脚手板、半截大桶、小油桶、铜丝笊、橡皮刮板、钢皮刮板、笤帚、腻子槽、开刀、刷子、排笔、砂纸、棉丝、擦布等。 (2)每班组主要机具配备一览表，如表 8.2.261 所示。
4	作业条件	(1)墙面必须干燥，基层含水率不得大于 6%～8%。 (2)墙面的设备管洞应提前处理完毕，为确保墙面干燥、各种穿墙孔洞都应提前抹灰补齐。 (3)门窗要提前安装好玻璃。 (4)施工前应事先做好样板间，经检查鉴定合格后，方可组织班组进行大面积施工。 (5)作业环境应通风良好，湿作业已完成并具备一定的强度，周围环境比较干燥。 (6)冬期施工油漆涂料工程，应在采暖条件下进行，室温保持均衡，一般室内温度不宜低于 10℃，相对湿度为 60%，并不得突然变化。同时应设专人负责测试温度和开关门窗，以利通风排除湿气

溶剂型混色涂料质量、技术要求 表 8.2.259

项　　目		限 量 值		
		硝基漆类	聚氨酯漆类	醇酸漆类
挥发性有机化合物(VOC)[a]/(g/L)≤		750	光泽(60°) ≥80,600 光泽(60°) <80,700	550
苯[b]/%≤		0.5		
苯和二甲苯总和[b]/%≤		45		10
游离甲苯二异氰酸酯(TDI)[c]/%≤		—	0.7	—
重金属漆(限色漆) (mg/kg)≤	可溶性铅	90		
	可溶性镉	75		
	可溶性铬	60		
	可溶性汞	60		

具体测定方法详见《室内装饰装修材料溶剂型木器涂料中有害物质限量》(GB 18581—2001)

水溶性内墙涂料质量、技术要求　　　　　　　表 8.2.260

序　号	性能项目	技术要求	
		一　类	二　类
1	容器中状态	无结块、沉淀和絮凝	
2	粘度[1]（s）	30～75	
3	细度（μm）	≤100	
4	遮盖力（g/m²）	≤300	
5	白度[2]（%）	≥80	
6	涂膜外观	平整，色泽均匀	
7	附着力（%）	100	
8	耐水性	无脱落、起泡和皱皮	
9	耐干擦性（级）	—	≤1
10	耐洗刷性（次）	≥300	—

每班组主要机具配备一览表　　　　　　　　表 8.2.261

序　号	机械设备名称	规格型号	功率容量	数量	性能	工种	备　注
1	油漆搅拌机	JIZ-SD05	13A	1	良好	油工	按 8～10 人/班组计算
2	空气压缩机	VOA818	10 匹	1	良好	油工	
3	单斗喷枪			4	良好	油工	
4	砂纸打磨机			4	良好	油工	
5	开刀			10	良好	油工	
6	油刷	3 寸		10	良好	油工	
7	小油桶	5 寸		10	良好	油工	

3. 工艺流程和操作方法

（1）工艺流程

美术涂饰工程的工艺流程，如下所示。

清理基层 → 弹水 → 刷底油（浆）→ 刮腻子 → 砂纸磨光 → 涂饰调和漆（涂刷色浆）→ 漏、滚花、做木纹、套色 → 划线

（2）操作方法

美术涂饰工程分为：油漆美术涂饰和水性涂料美术粉饰两种，其操作方法前者如表 8.2.262 所示，后者如表 8.2.263 所示。

油漆美术涂饰操作方法　　　　　　　　表 8.2.262

序　号	项　目	内　容
1	套色花饰	（1）套色花饰施工 套色花饰，亦称假壁纸、仿壁纸油漆。它是在墙面涂饰完油漆的基础上进行的。用特制的漏花板，按美术图案（花纹或动物图像）的形式，有规律地将各种颜色的油漆喷（刷）在墙面上。这种美术涂饰用于宾馆、会议室、影剧院以及高级住宅等抹灰墙面上，建筑艺术效果很好，给人们以柔和、舒适之感觉。 （2）套色花饰涂饰施工工艺流程 清理基层 → 弹水平线 → 刷底油（清油）→ 刮腻子 → 砂纸磨光 → 刮腻子 → 砂纸磨光 → 弹分色线（俗称方子）→ 涂饰调和漆 → 再涂饰调和漆 → 漏花（几种色漏几遍）→ 划线

序 号	项 目	内 容
2	滚花涂饰	(1)滚花涂饰施工 滚花涂饰是在一般油漆工程已完成,以面层油漆为基础进行的。 (2)滚花涂饰施工工艺流程: 基层清理→涂饰底漆→弹线→滚花→划线
3	仿木纹涂饰	(1)仿木纹涂饰施工 仿木纹亦称木丝,一般是仿硬质木材的木纹。在涂饰美术装饰工程中,常把人们最喜爱的几种硬质木材的花纹,如黄菠萝、水曲柳、榆木、核桃秋等,通过艺术手法用油漆把它涂到室内墙面上,花纹如同镶木墙裙一样,在门窗上亦可用同样的方法涂仿木纹。仿木纹美术涂饰多用于宾馆和影剧院的走廊、休息厅,也有用在高级饭店及住宅工程上。 (2)仿木纹涂饰施工工艺流程: 清理基层→弹水平线→涂刷清油→刮腻子→砂纸磨光→刮色腻子→ 砂纸磨光→涂饰调和漆→再涂饰调和漆→弹分格线→刷面层油→做木纹→ 用干刷轻扫→划分格线→涂饰清漆
4	仿石纹涂饰	仿石纹涂饰施工 仿石纹是一种高级油漆涂饰工程。在装饰工程中,亦称假大理石或油漆石纹。用丝棉经温水浸泡后,拧去水分,用手甩开使之松散,以小钉挂在墙面上,并将丝棉理成如大理石的各种纹理状。 适用于宾馆、俱乐部、影剧院大厅、会议室、大型百货商店、饭店等抹灰墙面上。大部分是作为墙裙,也有的是用于室内、门厅的柱子上。石纹种类很多,其中以大理石纹为最,如汉白玉、浅黄、浅绿、紫红、黑色大理石等,也有做成花岗石纹的。 (1)各色大理石 油漆的颜色一般以底色油漆的颜色为基底,再喷涂深、浅2色。喷涂的顺序是浅色→深色→白色,共为3色。常用的颜色为浅黄、深绿2种,也有用黑色、咖啡色和翠绿色等。 喷完后即将丝棉揭去,墙面上即显出大理石纹。可做成浅绿色底墨绿色花纹的大理石,亦可做成浅色棕色底深棕色花纹和浅灰色底黑色花纹大理石等,待所喷的油漆干燥后,再涂饰一遍清漆。 (2)粗纹大理石 在底层涂好白色油漆的面上,再涂饰一遍浅灰色油漆,不等干燥就在上面刷上黑色的粗条纹,条纹要曲折不能端直。在油漆将干而又末干时,用干净刷子把条纹的边线刷混,刷到隐约可见,使两种颜色充分调和,干后再刷一遍清漆,即成粗纹大理石纹。 仿石纹涂饰施工工艺流程: 清理基层→涂刷底油(清油再加少量松节油)→刮腻子→砂纸磨光→刮腻子→ 砂纸磨光→涂饰二遍调合漆→喷涂三遍色→划色线→涂饰清漆 (3)施工要点 应在第一遍涂料表面上进行。 待底层所涂清油干透后,刮两遍腻子,磨两遍砂纸,拭掉浮粉,再涂饰两遍色调和漆,采用的颜色以浅黄或灰绿色为好。 色调和漆干透后,将用温水浸泡的丝棉拧去水分,再甩开,使之松散,以小钉子挂在油漆好的墙面上,用手整理丝棉成斜纹状,如石纹一般,连续喷涂三遍色,喷涂的顺序是浅色、深色而后喷白色。 油色喷涂完成后,须停10～20min即可取下丝棉,待喷涂的石纹干后再行划线,等线干后刷一遍清漆。

续表

序号	项目	内 容
5	鸡皮皱涂饰施工	(1)涂饰鸡皮皱施工： 鸡皮皱是一种高级油漆涂饰工程。在东北城市的高级建筑物室内装饰广泛采用。它的皱纹美丽、疙瘩均匀，可做成各种颜色，具有隔声、协调光的特点(有光但不反射)，给人以舒适感。适用于公共建筑及民用建筑的室内装饰，如休息室、会客室、办公室和其他高级建筑物的抹灰墙面上，也涂饰在顶棚上的。 (2)涂饰鸡皮皱施工工艺流程： 清理基层 → 涂刷底油(清油) → 刮腻子 → 砂纸磨光 → 刮腻子 → 砂纸磨光 → 刷调和漆 → 刷鸡皮皱油 → 拍打鸡皮皱纹 (3)施工要点： 1)在涂饰好油漆的底层上涂上拍打鸡皮皱纹的油漆，其配合比十分重要，否则拍打不成鸡皮皱纹。目前常用的配合比(质量比)为：清油：大白粉：双飞粉(麻斯面)：松节油=15：26：54：5。也可由试验确定。 2)涂饰面层的厚度约为 1.5~2.0mm，比一般涂饰的油漆要厚一些。涂饰鸡皮皱油漆和拍打鸡皮皱纹是同时进行的，应由2人操作，即前面1人涂饰，后面1人随着拍打。拍打的刷子应平行墙面，距离20cm左右，刷子一定要放平，一起一落，拍击成稠密而撒布均匀的疙瘩，犹如鸡皮皱纹一样。
6	墙面腻子拉毛涂饰施工	(1)在腻子干燥前，用毛刷拍拉腻子，即得到表面有平整感觉的花纹。 (2)施工要点： 墙面底层要做到表面嵌补平整。 用血料腻子加石膏或滑石粉，亦可用熟桐油菜胶腻子，用钢皮或木刮尺满批。石膏粉或滑石粉的掺量，应根据波纹大小由试验确定。 要严格控制腻子厚度，一般办公室、卧室等面积较小的房间，腻子的厚度不应超过5mm；公共场所及大型建筑的内墙墙面，因面积大，拉毛小了不能明显看出，腻子厚度要求 20~30mm，这样拉出的花纹才大。腻子厚度应根据波纹大小，由试验来确定。 不等腻子干燥，立即用长方形的猪鬃毛刷拍拉腻子，使其头部有尖形的花纹。再用长刮尺把尖头轻轻刮平，即成表面有平整感觉的花纹。或等平面干燥后，再用砂纸轻轻磨去毛尖，批腻子和拉拉花纹时的接头要留成弯曲状，不得留得直直，以免影响美观。 根据需要涂饰各种油漆或粉浆。由于拉毛腻子较厚，干燥后吸收力特别强，故在涂饰油漆、粉浆前必须刷清油或胶料水润滑。涂饰时应用新的排笔或涂刷，以防流坠。
7	墙面石膏油拉毛涂饰施工	(1)石膏油满批后，用毛刷紧跟着进行拍拉，即形成高低均匀的毛面，称为石膏油拉毛。 (2)施工要点： 基层清扫干净后，应涂一遍底油，以增强其附着力和便于操作。 底油干后，用较硬的石膏油腻子将墙面洞眼、低凹处及门窗边与墙间的缝隙补嵌平整，腻子干后，用铲刀或钢皮刮去残余的腻子。 批石膏油，面积大可使用钢皮或橡皮刮板，也可用塑料板或木刮板；面积小，可用铲刀批刮。满批要严格控制厚度，表面要均匀平整。剧院、娱乐场、体育馆等大型建筑的内墙一般要求大拉毛，石膏油应批厚些，其厚度 15~25mm，办公室等较小房间的内墙，一般为小拉毛，石膏油的厚度应控制在 5mm 以下。 石膏油批上后，随即用腰圆形长猪鬃刷子捣捣、捣匀，使石膏油厚薄一致。紧跟着进行拍拉，即形成高低均匀的毛面。 如石膏油拉毛面要求涂刷各色油漆时，应先涂刷一遍清油，由于拉毛面涂刷困难，最好采用喷涂法，应将油漆适当调稀，以便操作。 石膏必须先进箩。石膏油进稀，出现流淌时，可加入石膏粉调整。

安全环保措施　　　　　　　　　　表 8.2.269

序号	内　　　　容
1	涂料施工前，应检查脚手架、马凳等是否牢固。
2	涂料施工前应集中工人进行安全教育，并进行书面交底。
3	施工现场严禁设油漆材料仓库，场外的油漆仓库应有足够的消防设施。
4	施工现场应有严禁烟火安全标语，现场应设专职安全员监督保证施工现场无明火。
5	每天收工后应尽量不剩油漆材料，剩余涂料不准乱倒，应收集后集中处理。废弃物（如废油桶、油刷、棉纱等）按环保要求分类、消纳。
6	现场清扫设专人洒水，不得有扬尘污染。打磨粉尘用潮布擦净。
7	施工现场周边应根据噪声敏感区域的不同，选择低噪声设备或其他措施，同时应按国家有关规定控制施工作业时间。
8	涂刷作业时操作工人应配戴相应的保护设施，如：防毒面具、口罩、手套等。以免危害工人的肺、皮肤等。
9	严禁在民用建筑工程室内用有机溶剂清洗施工用具。
10	涂料使用后，应及时封闭存放，废料应及时清出室内，施工时室内应保持良好通风，但不宜过堂风

8.2.6　裱糊与软包工程施工

8.2.6.1　裱糊工程
1. 适用范围和工程要点

裱糊工程的适用范围和工程要点，如表 8.2.270 所示。

适用范围和工程要点　　　　　　　表 8.2.270

序号	项目	内　　　　容
1	适用范围	本节适用于聚氯乙烯塑料壁纸、复合纸质壁纸、金属壁纸、玻璃纤维壁纸、锦缎壁纸、装饰壁纸等裱糊工程。
2	工程要点	（1）技术要点 1）裁纸 对花墙纸，为减少浪费，如事先计算一间房用量，如需用 5 卷纸，则用 5 卷纸同时展开裁剪，可大大减少壁纸的浪费。 2）壁纸滚压 壁纸贴平后，3～5h 内，在其微干状态时，用小滚轮（中间微起拱）均匀用力滚压接缝处，这样做比传统的有机玻璃片抹刮能有效的减少对壁纸的损坏。 （2）材料要点 1）裱糊面材由设计规定，并以样板的方式由甲方认定，并一次备足同批的面材，以免不同批次的材料产生色差，影响同一空间的装饰效果。 2）软包用辅助材料，如边框、龙骨、底板、面板、线条等，尽量采用工厂加工的成品，应符合设计图纸要求和国家有关规范的技术标准。 3）胶粘剂、嵌缝腻子应根据设计和基层的实际需要提前备齐。其质量要满足设计和质量标准的规定，并满足建筑物的防火要求，避免在高温下因胶粘剂失去粘接力使壁纸脱落而引起火灾。 （3）安全要点 在施工中应注意在高处施工时的安全防护。 （4）环境要点 本分项工作中，环境关键要求主要为壁纸和胶粘剂的材料要求，见表 8.2.271，表8.2.272。 1）壁纸 本标准主要适用于以纸为基材的壁纸。主要以纸为基材，通过胶粘剂贴于墙面或天花板上的装饰材料，不包括墙毡及其他类似的墙挂。 2）胶粘剂

室内用水性胶粘剂中总挥发性有机化合物（TVOC）和游离甲醛限量 表 8.2.271

测 定 项 目	限 量
TVOC(g/L)	≤50
游离甲醛(g/kg)	≤1

壁纸中的有害物质限量值（mg/kg） 表 8.2.272

有害物质名称		限 量 值
重金属 （或其他）元素	钡	≤1000
	镉	≤25
	铬	≤60
	铅	≤90
	砷	≤8
	汞	≤20
	硒	≤165
	锑	≤20
氯乙烯单体		≤1.0
甲醛		≤120

2. 施工准备

裱糊工程的施工准备，如表 8.2.273 所示。

施 工 准 备 表 8.2.273

序 号	项 目	内 容
1	技术准备	施工前应仔细熟悉施工图纸，掌握当地的天气情况，依据施工技术交底和安全交底，作好各方面的准备。
2	材料准备	(1)品种规格 1)规格： 大卷：门幅宽 920~1200mm，长 50m，每卷 40~90m² 中卷：门幅宽 760~900mm，长 25~50m，每卷 20~45m² 小卷：门幅宽 530~600mm，长 10~12m，每卷 5~6m² 其他规格尺寸由供需双方协商或以标准尺寸的倍数供应。 2)质量要求：见表 8.2.274、表 8.2.275、表 8.2.276。 3)可洗性要求 可洗性是壁纸在粘贴后的使用期内可洗涤的性能。这是对壁纸用在有污染和温度较高地方的要求。 可洗性按使用要求可分为可洗、特别可洗和可刷洗 3 个使用等级。 (2)外观质量检查：检查试样外观质量时，在光线充足的条件下(晴朗天气北窗的昼光)目测，必要时采用标准光源箱。
3	主要机具	主要机具(表 8.2.277)
4	作业条件	(1)新建筑物的混凝土或抹灰基层墙面在刮腻子前应涂刷抗碱封闭底漆。 (2)旧墙面应在裱糊前清除疏松的旧装修层，并刷涂界面剂。 (3)基层按设计要求木砖或木筋已埋设，水泥砂浆找平层已抹完，经干燥后含水率不大于 8%，木材基层含水率不大于 12%。 (4)水电及设备、顶墙上预留预埋件已完工。门窗油漆已完成。 (5)房间地面工程已完，经检查符合设计要求。 (6)房间的木护墙和细木装修底板已完，经检查符合设计要求。 (7)大面积装修前，应做样板间，经监理单位鉴定合格后，可组织施工

聚氯乙烯塑料壁纸外观质量要求   表 8. 2. 274

等级 名称	优等品	一等品	合格品
色差	不允许有	不允许有明显差异	允许有差异,但不影响使用
伤痕和皱褶	不允许有	不许有	允许基纸有明显折印,但壁纸表面不许有死折
气泡	不允许有	不允许有	不允许有影响外观的气泡
套印精度	偏差不大于 0.7mm	偏差不大于1mm	偏差不大于2mm
露底	不允许有	不允许有	允许有2mm的露底,但不允许密集
漏印	不允许有	不允许有	不允许有影响外观的漏印
污染点	不允许有	不允许有目视明显的污染点	允许有目视明显的污染点,但不允许密集

壁纸可洗性要求   表 8. 2. 275

使用等级	指标	使用等级	指标
可洗	30次无外观上的损伤和变化	可刷洗	40次无外观上的损伤和变化
特别可洗	100次无外观上的损伤和变化		

其他壁纸、壁布的技术性能   表 8. 2. 276

产品种类	项目	指标	备注
织物复合壁纸	耐光色牢度(级) 耐摩擦色牢度(级) 不透明度(%) 湿强度(N/1.5cm)	>4 >1(干、湿摩擦) >90 4(纵向) 2(横向)	
金属壁纸	剥离强度(MPa) 耐擦洗(次) 耐水性(30℃,软水,24h)	>0.15 >1000 不变色	
玻璃纤维壁布	产品符合德国标准		
装饰壁布	断裂强度(N/5×200mm)	770(纵向) 490(横向)	
	断裂伸长率(%)	3(纵向) 8(横向)	
	冲击强度	347	Y631型织物破裂实验机
	耐磨(次)	500	Y522型圆盘式织物耐磨机
	静电效应 静电值(V) 半衰期(S)	184 1	感应式静电仪 室温19℃±1℃ 相对湿度50%±2% 放电电压5000V
	色泽牢度 单洗褪色(级) 皂洗色(级) 湿摩擦(级) 干摩擦(级) 刷洗(级) 日晒(级)	3~4 4~5 4 4~5 3~4 7	按印刷棉布国家标准测试与评定

主要机具 表 8.2.277

序 号	名 称	数 量	规 格	说 明
1	裁纸工作台	1	4m×4m	
2	滚轮	3		
3	壁纸刀	4		
4	油工刮板	3		
5	毛刷	3		
6	钢板尺	2	1m	

3. 工艺流程和检验方法

（1）工艺流程

裱糊工程的工艺流程，如下所示。

基层处理 → 吊直、套方、找规矩、弹线 → 计算用料、裁纸 → 刷胶 → 裱糊 → 修整

（2）操作方法

1）基层处理根据基层不同材质，采用不同的处理方法。如表 8.2.278 所示。

基层处理操作方法 表 8.2.278

序 号	项 目	内 容
1	混凝土及抹基层处理	裱糊壁纸的基层是混凝土面、抹灰面（如水泥砂浆、水泥混合砂浆；石灰砂浆等），要满刮腻子一遍打磨砂纸。但有的混凝土面、抹灰面的气孔、麻点、凸凹不平时，为了保证质量，应增加满刮腻子和磨砂纸遍数。 刮腻子时，将混凝土或抹灰面清扫干净，使用胶皮刮板满刮一遍。刮时要有规律，要一板排一板，两板中间顺一板。既要刮严，又不得有明显接槎和凸痕。做到凸处薄刮，凹处厚刮，大面积找平。待腻子干固后，打磨砂纸并扫净。需要增加满刮腻子遍数的基层表面，应先将表面裂缝及凹面部分刮平，然后打磨砂纸、扫净，再满刮一遍后打磨砂纸，处理好的底层应该平整光滑，阴阳角线通畅、顺直，无裂痕、崩角，无砂眼麻点。
2	木质基层处理	木基层要求接缝不显接槎，接缝、钉眼应用腻子补平并满刮油性腻子一遍（第一遍），用砂纸磨平。木夹板的不平整主要是钉接造成的，在钉接处木夹板往往向下凹，非钉接处向外凸。所以第一遍满刮腻子主要是找平大面。第二遍可用石膏腻子找平，腻子的厚度应减薄，可在该腻子五六成干时，用塑料刮板有规律地压光，最后用干净的抹布轻轻将表面灰粒擦净。 对要贴金属壁纸的木基面处理，第二遍腻子时应采用石膏粉调配猪血料的腻子，其配比为 10∶3（重量比）。金属壁纸对基面的平整度要求很高，稍有不平处或粉尘，都会在金属壁纸裱贴后明显地看出。所以金属壁纸的木基面处理，应与木家具打底方法基本要相同，批抹腻子的遍数要求在三遍以上。批抹最后一遍腻子并打平后，用软布擦净。
3	石膏板基层处理	纸面石膏板比较平整，披抹腻子主要是在对缝处和螺钉孔位处。对缝披抹腻子后，还需用棉纸带贴缝，以防止对缝处的开裂。在纸面石膏板上，应用腻子满刮一遍，找平大面，在第二遍腻子进行修整。
4	不同基层对接处的处理	不同基层材料的相接处，如石膏板与木夹板、水泥或抹灰基面与木夹板、水泥基面与石膏板之间的对缝，应用棉纸带或穿孔纸带粘贴封口，以防止裱糊后的壁纸面层裂撕开。

续表

序 号	项 目	内 容
5	涂刷防潮底漆和底胶	为了防止壁纸受潮脱胶,一般对要裱糊塑料壁纸、壁布、纸基塑料壁纸、金属壁纸的墙面,涂刷防潮底漆。防潮底漆用酚醛清漆与汽油或松节油来调配,其配比为清漆:汽油(或松节油)1:3。该底漆可涂刷,也可喷刷,漆液不宜厚,且要均匀一致。 涂刷底胶是为了增加粘结力,防止处理好的的基层受潮弄污。底胶一般用108胶配少许甲醛纤维素加水兑成,其配比为108胶:水:甲醛纤维素=10:10:0.2 底胶可涂刷,也可喷刷。在涂刷防潮底漆和底胶时,室内应无灰尘,且防止灰尘和杂物混入该底漆或底胶中。底胶一般是一遍成活,但不能漏刷、漏喷。 若面层贴波音软片,基层处理最后要做到硬、干、光。要在做完通常基层处理后,还需增加打磨和刷两遍清漆。
6	腻子配合比	基层处理中的底灰腻子的乳胶腻子与油性腻子之分;其配合比(重量比)如下: (1)乳胶腻子: 白乳胶(聚醋酸乙烯乳液):滑石粉:甲醛纤维素(2%溶液)=1:10:2.5。 白乳胶:石膏粉:甲醛纤维素(2%溶液)=1:6:0.6 (2)油性腻子 石膏粉:熟桐油:清漆(酚醛)=10:1:2 复粉:熟桐油:松节油=10:2:1

2) 弹线、裁纸操作方法,如表 8.2.279 所示。

弹线、裁纸操作方法　　　　　　　　　　　　　　　表 8.2.279

序 号	项 目	内 容
1	吊直、套方、找规矩、弹线	(1)顶棚:首先应将顶子的对称中心线通过吊直、套方、找规矩的办法弹出中心线,以便从中间向两边对称控制。墙顶交接处的处理原则是:凡有挂镜线的按挂镜线弹线,没有挂镜线则按设计要求弹线。 (2)墙面:首先应将房间四角的阴阳角通过吊垂直、套方、找规矩,并确定从哪个阴角开始按照壁纸的尺寸进行分块弹线控制(习惯做法是进门左阴角处开始铺贴第一张),有挂镜线的按挂镜线弹线,没有挂镜线的按设计要求弹线控制。 (3)具体操作方法如下: 按壁纸的标准宽度找规矩,每个墙面的第一条纸都要弹线找垂直,第一条线距墙阴角约15cm处,作为裱糊时的准线。 在第一条壁纸位置的墙顶处敲进一枚墙钉,将有粉锤线系上,铅锤下吊到踢脚上缘处,锤线静止不动后,一手紧握锤头,按锤线的位置用铅笔在墙面上划一短线,再松开铅锤头查看垂线是否与铅笔短线重合。如果重合,就用一只手将垂线按在铅笔短线上,另一只手把垂线往外拉,放手后使其弹回,便可得到墙面的基准垂线。弹出的基准垂线越直越好。 每个墙面的第一条垂线,应该定在距墙角距离约15cm处。 墙面上有门窗口的应增加门窗两边的垂直线。
2	裁纸	计算用料、裁纸 按基层实际尺寸进行测量计算所需用量,并在每边增加2～3cm作为裁纸量。 裁剪在工作台上进行。对有图案的材料,无论顶棚还是墙面均应从粘结的第一张开始对花,墙面从上部开始。边裁边编顺序号,以便按顺序粘贴。 对于对花墙纸,为减少浪费,应事先计算,如一间房需要5卷纸,则用5卷纸同时展开裁剪,可大大减少壁纸的浪费

3）刷胶的操作方法，如表 8.2.280 所示。

刷胶的操作方法 表 8.2.280

序　号	内　　容
1	由于现在的壁纸一般质量较好，所以不必进行润水，在进行施工前将 2～3 块壁纸进行刷胶，使壁纸起到湿润、软化的作用，塑料纸基背面和墙面都应涂刷胶粘剂，刷胶应厚薄均匀，从刷胶到最后上墙的时间一般控制在 5～7min。
2	刷胶时，基层表面刷胶的宽度要比壁纸宽约 3cm。刷胶要全面、均匀、不裹边、不起堆，以防溢出，弄脏壁纸。但也不能刷得过少，甚至刷不到位，以免壁纸粘结不牢。一般抹灰墙面用胶量为 $0.15 kg/m^2$ 左右，纸面为 $0.12 kg/m^2$ 左右。壁纸背面刷胶后，应是胶面与胶面反复对叠，以避免胶干得太快，也便于上墙，并使裱糊的墙面整洁平整。
3	金属壁纸的胶液应是专用的壁纸粉胶。刷胶时，准备一卷未开封的发泡壁纸或长度大于壁纸宽的圆筒，一边在裁剪好的金属壁纸背面刷胶，一边将刷过胶的部分向上卷在发泡壁纸卷上

4）裱贴操作方法，如表 8.2.281 所示。

裱贴操作方法 表 8.2.281

序　号	项　　目	内　　容
1	吊顶裱贴	在吊顶面上裱贴壁纸，每一段通常要贴近主窗，与墙壁平行。长度过短时（小于 2m），则可跟窗户成直角贴。 在裱贴第一段前，须先弹出一条直线。其方法为，在距吊顶面两端的主窗墙角 10mm 处用铅笔做两个记号，在其中一个记号处敲一枚钉子，按照前述方法在吊顶上弹出一道与主窗墙面平行的粉线。 按上述方法裁纸、浸水、刷胶后，将整条壁纸反复折叠。然后用一卷未开封的壁纸卷或长刷撑起折叠好的一段壁纸，并将边缘靠齐弹线，用排笔敷平一段，再展开下摺的端头部分，并将边缘靠齐弹线，用排笔敷一段，再展开弹线敷平，直到整截贴好为至。剪齐两端多余的部分，如有必要，应沿着墙顶线和墙角修剪整齐。
2	墙面裱贴	(1) 裱贴壁纸时，首先要垂直，后对花纹拼缝，再用刮板用力抹压平整。原则是先垂直面后水平面。贴垂直面时先上后下，贴水平面时先高后低。 (2) 裱贴时剪刀和长刷可放在围裙袋中或手边。将上过胶的壁纸下半截向上折一半，握住顶端的两角，在四脚梯或凳上站稳后，展开上半截，凑近墙壁，使边缘靠着垂线成一直线，轻轻压平，由中间向外用刷子将上半截敷平，在壁纸顶端作出记号，然后用剪刀修齐或用壁纸刀将多余的壁纸割去。再按上法同样处理下半截，修齐踢脚板与墙壁间的角落。用海绵擦掉沾在踢脚板上的胶糊。壁纸贴平后，3～5h 内，在其微干状态时，用小滚轮（中间微起拱）均匀用力滚压接缝处，这样做比传统的有机玻璃片抹刮能有效的减少对壁纸的损坏。 (3) 裱贴壁纸时，注意在阳角处不能拼缝，阴角边壁纸搭缝时，应先裱糊压在里面的转角壁纸，再粘贴非转角的正常壁纸。搭接面应根据阴角垂直度而定，搭接宽度一般不小于 2～3cm。并且要保持垂直无毛边。 (4) 裱糊前，应尽可能卸下墙上电灯等开关，首先要切断电源，用火柴棒或细木棒插入螺丝孔内，以便在裱贴时识别，以及在裱粗后切割留位。不易拆下的配件，不能在壁纸上剪口再裱上去。操作时，将壁纸轻轻糊于电灯开关上面，并找到中心点，从中心开始切割十字，一直切到墙体边。然后用手按出开关体的轮廓位置，慢慢拉起多余的壁纸，剪去不需要的部分，再用橡胶刮子刮平，并擦去刮出的胶液。 (5) 除了常规的直式裱贴外，还有斜式裱贴，若设计要求斜式裱贴，则在裱贴前的找规矩中增加找斜贴基准线这一工序。具体做法是：先在一面墙两上墙角间的中心墙顶处标明一点，由这点往下在墙上弹上一条垂直的粉笔灰线。从这条线的底部，沿着墙底，

续表

序　号	项　目	内　容
2	墙面裱贴	测出与墙高相等的距离。由这一点再和墙顶中心点连接,弹出另一条粉笔灰线,这条线就是一条确实的斜线。斜式裱贴壁纸比较浪费材料。在估计数量时,应预先考虑到这一点。 (6)当墙面的墙纸完成 40m² 左右或自裱贴施工开始 40～60min 后,需安排一人用滚轮,从第一张墙纸开始滚压或抹压,直至将已完成的墙纸面滚压一遍。工序的原理和作用是,因墙纸胶液的特性为开始润滑性好,易于墙纸的对缝裱贴,当胶液内水分被墙体和墙纸逐步吸收后但还没干时,胶性逐渐增大,时间均为 40～60min,这时的胶液粘性最大,对墙纸面进行滚压,可使墙纸与基面更好贴合,使对缝处的缝口更加密合。
3	特殊裱贴	部分特殊裱贴面材,因其材料特征,在裱贴时有部分特殊的工艺要求,如表 8.2.282 所示。

特殊裱贴面材工艺要求　　　　　　　　　　　　　　表 8.2.282

序　号	项　目	内　容
1	金属壁纸的裱贴	金属壁纸的收缩量很少,在裱贴时可采用对缝裱,也可用搭缝裱。 金属壁纸对缝时,都有对花纹拼缝的要求。裱贴时,先从顶面开始对花纹拼缝,操作需要两个人同时配合,一个负责对花纹拼缝,另一个人负责手托金属壁纸卷,逐渐放展。一边对缝一边用橡胶刮平金属壁纸,刮时由纸的中部往两边压刮。使胶液向两边滑动而粘贴均匀,刮平时用力要均匀适中,刮平面要放平。不可用刮子的尖端来刮金属壁纸,以防刮伤纸面。若两幅间有小缝,则应用刮子在刚粘的这幅壁纸片上,向先粘好的壁纸这边刮,直到无缝为止。裱贴操作的其他要求与普通壁纸相同。
2	锦缎的裱贴	由于锦缎柔软光滑,极易变形,难以直接裱糊在木质基层面上。裱糊时,应先在锦缎背后上浆,并裱糊一层宣纸,使锦缎挺括,以便于裁剪和裱贴上墙。上浆用的浆液是由面粉、防虫涂料和水配合成,其配方为(重量比)5∶40∶20,调配成稀而薄的浆液。上浆时,把锦缎正面平铺在大而干的桌面上或平滑的大木夹板上,并在两边压紧锦缎,用排刷沾上浆液从中间开始向两边刷,使浆液均匀地涂刷在锦缎背面,浆液不要过多,以打湿背面为准。 在另张大平面桌子(桌面一定要光滑)上平铺一张幅宽大于锦缎幅宽的宣纸。并用水将宣纸打湿,使纸平贴在桌面上。用水量要适当,以刚好打湿为好。 把上好浆液的锦缎从桌面上抬起来,将有浆液的一面向下,把锦缎粘贴在打湿的宣纸上,并用塑料刮片从锦缎的中间开始向四边刮压,以便使锦缎与宣纸粘贴均匀。待打湿的宣纸干后,便可从桌面取下,这时锦缎与宣纸就贴合在一起。 锦缎裱贴前要根据其幅宽和花纹认真裁剪,并将每个裁剪完的开片编号,裱贴时,对号进行。裱贴的方法同金属纸。
3	波音软片的裱贴	波音软片是一种自粘性饰面材料,因此,当基面做到硬、干、光后,不必刷胶。裱贴时,只要将波音软片的自粘底层撕开一条口。在墙壁面的裱贴中,首先对好垂直线,然后将撕开一条口的波音软片粘贴在饰面的上沿口。自上而下,一边撕开底纸层,一面用木块或有机玻璃夹片贴在基面上。如表面不平,可用吹风加热,以干净布在加热的表面处摩擦,可恢复平整。也可用电烫斗加热,但要调到中低档温度。

4．质量标准和检验方法

（1）质量标准

裱糊工程的质量标准,除应符合表 8.2.283 的规定外,还应符合《建筑装饰装修工程质量验收规范》（GB 50210—2001）中之 11.1 的有关要求。

质 量 标 准 表 8.2.283

序 号	项 目	内 容
1	主控项目	(1)壁纸、墙布的种类、规格、图案、颜色和燃烧性能等级必须符合设计要求及国家现行的有关规定。 (2)裱糊工程基层处理质量应符合要求。 (3)裱糊后各幅拼接应横平竖直,拼接处花纹、图案应吻合,不离缝,不搭接,不显拼缝。 (4)壁纸、墙布应粘贴牢固,不得有漏贴、补贴、脱层、空鼓和翘边。
2	一般项目	(1)裱糊后的壁纸、墙布表面应平整,色泽应一致,不得有波纹起伏、气泡、裂缝、皱折及污斑,斜视时应无胶痕。 (2)复合压花壁纸的压痕及发泡壁纸的发泡层应无损伤。 (3)壁纸、墙布与各种装饰线、设备线盒应交接严密。 (4)壁纸、墙布边缘应平直整齐,不得有纸毛、飞刺。 (5)壁纸、墙布阴角处搭接应顺光,阳角处应无接缝

(2)注意事项

裱糊工程施工的注意事项,如表 8.2.284 所示。

注 意 事 项 表 8.2.284

序 号	项 目
1	墙布、锦缎裱糊时,在斜视壁面上的污斑时,应将两布对缝时挤出的胶液及时擦干净,已干的胶液用温水擦洗干净。
2	为了保证对花端正,颜色一致,无空鼓、气泡,无死褶,裱糊时应控制好墙布面的花与花之间的空隙(应相同);裁花布或锦缎时,应做到部位一致,随时注意壁纸颜色、图案、花型,确有差别时应予以分类,分别安排在另一墙面或房间;颜色差别大或有死褶时,不得使用。墙布糊完后出现个别翘角,翘边现象,可用乳液胶涂抹滚压粘牢,个别鼓泡应用针管排气后注入胶液,再用辊压实。
3	上下不亏布、横平竖直。如有挂镜线,应以挂镜线为准,无挂镜线以弹线为准。当裱糊到一个阴角时要断布,因为用一张纸糊在两个墙面上容易出现阴角处墙布空鼓或皱褶,断布后从阴角另一侧开始仍按上述首张布开始糊的办法施工。
4	裱糊前必须做好样板间,找出易出现问题的原因,确定试拼措施,以保证花型图案对称。
5	周边缝宽窄不一致:在拼装预制镶嵌过程中,由于安装不详、捻边时松紧不一或在套割底板是弧度不均等造成边缝宽窄不一致,应及时进行修整和加强检查验收工作。
6	裱糊前一定要重视对基层的清理工作。因为基层表面有积灰、积尘、腻子包、小砂粒、胶浆疙瘩等,会造成表面不平,斜视有疙瘩。
7	裱糊时,应重视门框、贴脸、装饰木线、边线的制作工作。制作要精细,套割要认真细致,拼装时钉子和涂胶要适宜,木材含水率不得大于8%,以保证装修质量和效果

5. 成品保护

裱糊工程的成品保护,如表 8.2.285 所示。

成 品 保 护 表 8.2.285

序 号	内 容
1	墙布、锦缎装饰饰面已裱糊完的房间应及时清理干净,不准做临时料房或休息室,避免污染和损坏,应设专人负责管理,修时锁门,定期通风换气、排气等。
2	在整个墙面装饰裱糊施工过程中,严禁非操作人员随意触摸成品。
3	暖通、电气、上、下水管工程裱糊施工过程中,操作者应注意保护墙面,严防污染和损坏成品。
4	严禁在已裱糊完墙布、锦缎的房间内剔眼打洞。若纯属设计变更所至,也应采取可靠有效措施,施工时要仔细、小心保护,施工后要及时认真修补,以保证成品完整。
5	二次补油漆、涂浆活及地面磨石,花岗石清理时,要注意保护好成品,防止污染、碰撞与损坏墙面。
6	墙面裱糊时,各道工序必须严格按照规程施工,操作时要做到干净利落,边缝要切割整齐到位,胶痕迹要擦干净。
7	冬期在采暖条件下施工,要派专人负责看管,严防发生跑水、渗漏水等灾害性事故

6. 安全环保措施

裱糊工程的安全环保措施，如表 8.2.286 所示。

安全环保措施　　　　　　　　　　表 8.2.286

序号	内　　　　容
1	操作前检查脚手架和跳板是否搭设牢固,高度是否满足操作要求,合格后才能上架操作,凡不符合安全之处应及时修整。
2	禁止穿硬底鞋、拖鞋、高跟鞋在架子上工作,架子上人数不得集中在一起,工具要搁置稳定,防止坠落伤人。
3	在两层脚手架上操作时,应尽量避免在同一垂直线上工作。
4	夜间临时用的移动照明灯,必须用安全电压。机械操作人员必须培训持证上岗,现场一切机械设备,非操作人员一律禁止乱动。
5	选择材料时,必须选择符合国家规定的材料

8.2.6.2 木作软包工程

1. 适用范围和工程要点

木作软包工程的适用范围和工程要点,如表 8.2.287 所示。

适用范围和工程要点　　　　　　　表 8.2.287

序号	项　　目	内　　　　容
1	适用范围	本节适用于墙面(装饰布和皮革、人造革)木作软包施工。
2	工程要点	(1)基层或底板处理:在结构墙上预埋木砖抹水泥砂浆找平层。如果是直接铺贴,则应先将底板拼缝用油腻子嵌平密实,满刮腻子 1~2 遍,待腻子干燥后,用砂纸磨平,粘贴前基层表面满刷清油一道。 (2)吊直、套方、找规矩、弹线:根据设计图纸要求,把该房间需要软包墙面的装饰尺寸、造型等通过吊直、套方找规矩、弹线等工序,把实际尺寸与造型落实到墙面上。 (3)计算用料、套裁填充料和面料:首先根据设计图纸的要求,确定软包墙面的具体做法。 (4)粘贴面料:如采取直接铺贴法施工时,应待墙面细木装修基本完成时,边框油漆达到交活条件,方可粘贴面料。 (5)安装贴脸或装饰边线:根据设计选定和加工好的贴脸或装饰边线,按设计要求将油漆刷好(达到交活条件),便可进行装饰板安装工作。首先经过试拼,达到设计要求的效果后,便可与基层固定和安装贴脸或装饰边线,最后涂刷镶边油漆成活。 (6)修整软包墙面:除尘清理,钉粘保护膜和处理胶痕

2. 施工准备

木作软包工程的施工准备,如表 8.2.288 所示。

施工准备　　　　　　　　　　　表 8.2.288

序号	项　　目	内　　　　容
1	技术准备	熟悉施工图纸,依据技术交底和安全交底作好施工准备。
2	材料准备	(1)软包墙面木框、龙骨、底板、面板等木材的树种、规格、等级、含水率和防腐处理必须符合设计图纸要求。 (2)软包面料及内衬材料及边框的材质、颜色、图案、燃烧性能等级应符合设计要求及国家现行标准的有关规定,具有防火检测报告。普通布料需进行两次防火或处理,并检测合格。 (3)龙骨一般用白松烘干料,含水率不大于 12%,厚度应根据设计要求,不得有腐朽、节疤、劈裂、扭曲等疵病,并预先经防腐处理。龙骨、衬板、边框应安装牢固,无翘曲,拼缝应平直。 (4)外饰面用的压条分格框料和木贴脸等面料,一般采用工厂经烘干加工的半成品料,含水率不大于 12%。选用优质五夹板,如基层情况特殊或要求者,亦可选九夹板。 (5)胶粘剂一般采用立时得粘贴,不同部位采用不同胶粘剂。

序号	项 目	内 容
3	主要机具	主要施工机具见表8.2.289。 此外,还有钢板尺、裁刀、刮板、毛刷、排笔、长卷尺、锤子等。
4	作业条件	(1)混凝土和墙面抹灰完成,基层已按设计要求埋入木砖或木筋,水泥砂浆找平层已抹完刷冷底子油。 (2)水电及设备,顶墙上预留预埋件已完成。 (3)房间的吊顶分项工程基本完成,并符合设计要求。 (4)房间里的地面分项工程基本完成,并符合设计要求。 (5)对施工人员进行技术交底时,应强调技术措施和质量要求。 (6)调整基层并进行检查,要求基层平整、牢固,垂直度、平整度均符合细木制作验收规范

主要施工机具一览表　　　　　　　　**表 8.2.289**

序 号	名 称	数 量	规 格	说 明
1	电动机	1		
2	电焊机	1	3.2~6mm	
3	手电钻	2	回 JIZC-10	
4	冲击电钻	2	DH22	
5	专用夹具	3		
6	刮刀	2		

3. 工艺流程和操作方法

(1) 工艺流程

墙面和天棚已基本完成,墙面和细木装修底板做完,开始做面层装修时插入软包墙面镶贴装饰和安装工程。其工艺流程如下所示:

基层或底板处理 → 吊直、套方、找规矩、弹线 → 计算用料、截面料 → 粘贴面料 →

安装贴脸或装饰边线、刷镶边油漆 → 修整软包墙面

(2) 操作方法

木作软包工程的操作方法,如表8.2.290所示。

操 作 方 法　　　　　　　　**表 8.2.290**

序 号	项 目	内 容
1	基层处理	人造革软包,要求基层牢固,构造合理。如果是将它直接装设于建筑墙体及柱体表面,为防止墙体柱体的潮气使其基面板底翘曲变形而影响装饰质量,要求基层做抹灰和防潮处理。通常的做法是,采用1:3的水泥砂浆抹灰做至20mm厚。然后刷涂冷底子油一道并作一毡二油防潮层。
2	木龙骨及墙板安装	当在建筑墙柱面做皮革或人造革装饰时,应采用墙筋木龙骨,墙筋龙骨一般为(20~50)mm×(40~50)mm截面的木方条,钉于墙、柱体的预埋木砖或预埋的木楔上,木砖或木楔的间距,与墙筋的排布尺寸一致,一般为400~600mm间距,按设计图纸的要求进行分格或平面造型形式进行划分。常见形式为450mm×450mm见方划分。 固定好墙筋之后,即铺钉夹板作基面板;然后以人造革包填塞材料覆于基面板之上,采用钉将其固定于墙筋位置;最后以电化铝帽头钉按分格或其他形式的划分尺寸进行钉固。也可同时采用压条,压条的材料可用不锈钢、铜或木条,既方便施工,又可使其立面造型丰富。

序　号	项　目	内　　容
3	面层固定	皮革和人造革饰面的铺钉方法,主要有成卷铺装和分块固定两种形式。此外尚有压条法、平铺泡钉压角法等,由设计而定。 　　(1)成卷铺装法 　　由于人造革材料可成卷供应,当较大面积施工时,可进行成卷铺装。但需注意,人造革卷材的幅面宽度应大于横向木筋中距 50～80mm;并保证基面五夹板的接缝须置于墙筋上。 　　(2)分块固定 　　这种做法是先将皮革或人造革与夹板按设计要求的分格,划块进行预裁,然后一并固定于木筋上。安装时,以五夹板压住皮革或人造革面层,压边 20～30mm,用圆钉钉于木筋上,然后将皮革或人造革与木夹板之间填入衬热材料进而包覆固定。须注意的操作要点是:首先必须保证五夹板的接缝位于墙筋中线;其次,五夹板的另一端不压皮革或人造革而是直接钉于木筋上;再就是皮革或人造革剪裁时必须大于装饰分格划块尺寸,并足以在下一个墙筋上剩余 20～30mm 的料头。如此,第二块五夹板又可包覆第二片革面压于其上进而固定,照此类推完成整个软包面。这种做法,多用于酒吧台、服务台等部位的装饰

4. 质量标准和检验方法

(1) 质量标准

木作软包工程的质量标准,除应符合表 8.2.291 的规定外,还应符合《建筑装饰装修工程质量验收规范》(GB 50210—2001) 中之 11.3 的有关规定。

质 量 标 准　　　　　　　　　　　　　　　表 8.2.291

序　号	项　目	内　　容
1	主控项目	(1)软包的面料、内衬材料及边框的材质、颜色、图案、燃烧性能等级和木材的含水率应符合设计要求及国家现行标准的有关规定。 　　(2)软包工程的安装位置及构造做法应符合设计要求。 　　(3)软包工程的龙骨、衬板、边框应安装牢固,无翘曲,拼缝应平直。 　　(4)单块软包布料不应有接缝,四周应绷压严密。
2	一般项目	(1)软包工程表面应平整、洁净、无凹凸不平及皱折;图案应清晰、无色差,整体应协调美观。 　　(2)软包边框应平整、顺直、接缝吻合。其表面涂饰质量应符合本规范涂饰的相关规定。软包工程安装的允许偏差和检验方法应符合表 8.2.292。清漆涂饰木制边框的颜色、木纹应协调一致。 　　(3)软包工程安装的允许偏差和检验方法应符合表 8.2.293 的规定

清漆的涂饰质量和检验方法　　　　　　　　　　表 8.2.292

项　次	项　目	普通涂饰	高级涂饰	检验方法
1	颜色	基本一致	均匀一致	观察
2	木纹	棕眼刮平、木纹清楚	棕眼刮平、木纹清楚	观察
3	光泽、光滑	光泽基本均匀 光滑无手感	光泽均匀 一致光滑	观察、手摸检查
4	刷纹	无刷纹	无刷纹	观察
5	裹棱、流坠、皱皮	明显处不允许	不允许	观察

软包工程安装的允许偏差和检验方法　　　　　　　表 8.2.293

项　次	项　目	允许偏差(mm)	检　验　方　法
1	垂直度	3	用1m垂直检测尺检查
2	边框宽度、高度	0,−2	用钢尺检查
3	对角线长度差	3	用钢尺检查
4	裁口、线条接缝高低差	1	用直尺和塞尺检查

（2）注意事项

木作软包工程的施工注意事项，如表 8.2.294 所示。

注　意　事　项　　　　　　　表 8.2.294

序　号	内　容
1	切割填塞料"海绵"时，为避免"海绵"边缘出现锯齿形，可用较大铲刀及锋利刀沿"海绵"边缘切下，以保整齐。
2	在粘结填塞料"海绵"时，避免用含腐蚀成分的粘结剂，以免腐蚀"海绵"，造成"海绵"厚度减少，底部发硬，以至于软包不饱满，所以粘结"海锦"时应采用中性或其他不含腐蚀成分的胶粘剂。
3	面料裁割及粘结时，应注意花纹走向，避免花纹错乱影响美观。
4	软包制作好后用胶粘剂或直钉将软包固定在墙面上，水平度、垂直度达到规范要求，阴阳角应进行对角

5. 成品保护

木作软包工程的成品保护，如表 8.2.295 所示。

成　品　保　护　　　　　　　表 8.2.295

序　号	内　容
1	施工过程中对已完成的其他成品注意保护，避免损坏。
2	施工结束后将面层清理干净，现场垃圾清理完毕，洒水清扫或用吸尘器清理干净，避免扫起灰尘，造成软包二次污染。
3	软包相邻部位需作油漆或其他喷涂时，应用纸胶带或废报纸进行遮盖，避免污染

6. 安全环保措施

木作软包工程的安全环保措施，如表 8.2.296 所示。

安全环保措施　　　　　　　表 8.2.296

序　号	项　目	内　容
1	安全措施	对软包面料及填塞料的阻燃性能严格把关，达不到防火要求的，不予使用。软包布附近尽量避免使用碘钨灯或其他高温照明设备，不得动用明火，避免损坏。
2	环境因素	木作软包环境因素控制见表 8.2.297

木作软包环境因素控制　　　　　　　表 8.2.297

序　号	环境因素	排放去向	环境影响
1	水、电的消耗	周围空间	资源消耗、污染土地
2	电锯、切割机等施工机具产生的噪声排放	周围空间	影响人体健康
3	锯末粉尘的排放	周围空间	污染大气

序　　号	环 境 因 素	排放去向	环 境 影 响
4	甲醛等有害气体的排放	大气	污染大气
5	油漆、稀料、胶、涂料的气味的排放	大气	污染大气
6	油漆刷、涂料滚筒的废弃	垃圾场	污染土地
7	油漆桶、涂料桶的废弃	垃圾场	污染土地
8	油漆、稀料、胶、涂料的泄漏	土地	污染土地
9	油漆、稀料、胶、涂料的运送遗洒	土地	污染土地
10	防火、防腐涂料的废弃	周围空间	污染土地
11	废夹板等施工垃圾的排放	垃圾场	污染土地
12	木制作、加工现场火灾的发生	大气	污染土地、影响安全

附录 A 混凝土组成

A.1 水 泥

A.1.1 配制混凝土用的水泥要求，如附表 A.1.1 所示

水 泥   附表 A.1.1

序号	项目	内容
1	常用水泥品种	在一般的混凝土结构工程中，配制混凝土常用水泥品种有硅酸盐水泥，普通硅酸盐水泥、矿渣硅酸盐水泥、火山灰硅酸盐水泥和粉煤灰硅酸盐水泥等五种，如附表 A.1.2 所示。
2	常用水泥强度等级的划分	常用水泥强度等级的划分如附表 A.1.3 所示。
3	常用水泥强度指标	水泥强度指标按规定龄期的抗压强度和抗折强度来划分，各强度等级水泥的各龄期强度指标不得低于附表 A.1.4 的数值。
4	常用水泥的选用	常用水泥的选用参考如附表 A.1.5 所示，寒冷、严寒地区的区分如附表 A.1.6 所示。
5	复合硅酸盐水泥	复合硅酸盐水泥如附表 A.1.7、表 A.1.8 所示。
6	水泥的验收与保管	(1)水泥进场时应对其品种、级别、包装或散装仓号、出厂日期等进行检查，并应对其强度、安定性及其他必要的性能指标进行复验，其质量必须符合现行国家标准《硅酸盐水泥、普通硅酸盐水泥》(GB 175)等的规定。 当在使用中对水泥质量有怀疑或水泥出厂超过三个月(快硬硅酸盐水泥超过一个月)时，应进行复验，并按复验结果使用。 钢筋混凝土结构、预应力混凝土结构中，严禁使用含氯化物的水泥。检查数量：按同一生产厂家、同一等级、同一品种、同一批号且连续进场的水泥，袋装不超过 200t 为一批，散装不超过 500t 为一批，每批抽样不少于一次。 检验方法：检查产品合格证、出厂检验报告和进场复验报告。为能及时得知水泥强度，可按《水泥强度快速检验方法》(ZBQⅡ004)预测水泥 28d 强度。 (2)入库的水泥应按品种、强度等级、出厂日期分别堆放，并树立标志。做到先入先用，并防止混掺使用。 为了防止水泥受潮湿：现场仓库应尽量密闭。包装水泥存放时，应垫起离地约 300mm，离墙亦应在 300mm 以上。堆放高度一般不要超过 10 包。临时露天暂存水泥应用防雨布盖严，底板要垫高，并采取防潮措施。 水泥贮存时间不宜过长，以免结块降低强度。常用水泥在正常环境中存放三个月，强度将降低 10%～20%；存放六个月，强度将降低 15%～30%。为此，水泥存放时间按出厂日期起算，超过三个月应视为过期水泥，使用时必须重新检验确定其强度等级。 水泥不得和石灰石、石膏、石垩等粉状物料混放一起

常用水泥品种

附表 A.1.2

序 号	项 目	内 容
1	硅酸盐水泥	(1)定义与代号 凡由硅酸盐水泥熟料、0%～5%石灰石或粒化高炉矿渣、适量石膏磨细制成的水硬性胶凝材料，称为硅酸盐水泥(国外通称的波特兰水泥)。硅酸盐水泥分两种类型，不掺加混合材料的称Ⅰ型硅酸盐水泥，代号P·Ⅰ。在硅酸盐水粉磨时掺加不超过水泥质量5%石灰石或粒化高炉矿渣混凝合材料的称Ⅱ型硅酸盐水泥，代号P·Ⅱ。 (2)特性 优点：强度等级高，快硬，早强，抗冻性好，耐磨性和不透水性好。 缺点：水化热高，抗水性差，耐蚀性差。 (3)适用范围 适用于配制高强度等级混凝土、先张法预应力制品、道路及低温下施工的工程。不适用于大体积混凝土和地下工程。 (4)材料要求 1)石膏 天然石膏：应符合GB/T 5483中规定的G类或A类二级(含二级)以上的石膏或硬石膏。 工业副产品石膏：工业生产中以硫酸钙为主要成分的副产品。采用工业副产品石膏时，必须经过试验，证明对水泥性能无害。 2)活性混合材料 符合GB/T 203的粒化高炉矿渣，符合GB/T 1596的粉煤灰，符合GB/T 2847的火山灰质混合材料。 3)非活性混合材料 活性指标低于GB/T 203、GB/T 1596、GBT 2847标准要求的粒化高炉矿渣、粉煤灰、火山灰质混合材料以及石灰石和砂岩。石灰石的三氧化二铝含量不得超过2.5%。 4)窑灰 应符合JC/T 742的规定。 5)助磨剂 水泥粉磨时允许加入助磨剂，其加入量不得超过水泥质量的1%，助磨剂须符合JC/T 667的规定。 (5)技术要求 1)不溶物 Ⅰ型硅酸盐水泥中不溶物不得超过0.75%。 Ⅱ型硅酸盐水泥中不溶物不得超过1.50%。 2)烧失量 Ⅰ型硅酸盐水泥中烧失量不得大于3.0%，Ⅱ型硅酸盐水泥中烧失量不得大于3.5%。普通水泥中烧失量不得大于5.0%。 3)氧化镁 水泥中氧化镁的含量不宜超过5.0%。如果水泥经压蒸安定性试验合格，则水泥中氧化镁的含量允许放宽到6.0%。 4)三氧化硫 水泥中三氧化硫的含量不得超过3.5%。 5)细度 硅酸盐水泥比表面积大于300m²/kg，普通水泥80μm方孔筛筛余不得超过10.0%。 6)凝结时间 硅酸盐水泥初凝不得早于45min，终凝不得迟于6.5h。普通水泥初凝不得早于45min，终凝不得迟于10h。 7)安定性 用沸煮法检验必须合格。 8)碱 水泥中碱含量按$Na_2O+0.658K_2O$计算值来表示。若使用活性骨料，用户要求提供低碱水泥时，水泥中碱含量不得大于0.60%或由供需双方商定。

序 号	项 目	内 容
2	普通硅酸盐水泥	(1)定义与代号 凡由硅酸盐水泥熟料,6%～15%混合材料、适量石膏磨细制成的水硬性胶凝材料,称普通硅酸盐水泥(简称普通水泥),代号 P·O。 掺活性混合材料时,最大掺量不得超过 15%,其中允许用不超过水泥质量5%的窑灰或不超过水泥质量 10%的非活性混合材料来代替。 掺非活性混合材料时,最大掺量不得超过水泥质量 10%。 (2)特性 与硅酸盐水泥相比无根本区别,但以下性能有所改变:早期强度增进率有减少,抗冻性、耐磨性稍有下降,低温凝结时间有所延长,抗硫酸盐侵蚀能力有所增强。 (3)适用范围 适应性较强,无特殊要求的工程都可使用。 (4)材料要求同本表序号 1 之(4)。 (5)技术要求同本表序号 1 之(5)。
3	矿渣硅酸盐水泥	(1)定义与代号 凡由硅酸盐水泥熟料和粒化高炉矿渣、适量石膏磨细制成的水硬性胶凝材料称为矿渣硅酸盐水泥(简称矿渣水泥),代号 P·S。水泥中粒化高炉矿渣掺加量按质量百分比计为 20%～70%。允许用石灰石、窑灰、粉煤灰和火山灰质混合材料中的一种材料代替矿渣,代替数量不得超过水泥质量的 8%,代替后水泥中粒化高炉矿渣不得少于 20%。 (2)特性 优点:水化热低,抗硫酸盐侵蚀性好,蒸汽养护有较好的效果,耐热性能较普通硅酸水泥高。 缺点:早期强度低,后期强度增进率大,保水性差,抗冻性差。 (3)适用范围 适用于地面、地下水中各种混凝土工程,高温车间建筑。不适用于需要早期和受冻融循环或干湿交替的工程。 (4)材料要求 1)石膏 天然石膏:应符合 GB/T 5483 中规定的 G 类或 A 类二级(含二级)以上的石膏或硬石膏。 工业副产品石膏:工业生产中以硫酸钙为主要成分的副产品。采用工业副产品石膏时,必须经过试验,证明对水泥性能无害。 2)粒化高炉矿渣、火山灰质混合材料、粉煤灰 符合 6B/T 203 的粒化高炉矿渣,符合 GB/T 2847 的火山灰质混合材料和符合 GB/T 1596 的粉煤灰。 3)石灰石 石灰石中的三氧化二铝含量不得超过 2.5%。 4)窑灰 应符合 JC/T 742 的规定。 5)助磨剂 水泥粉磨时允许加入助磨剂,其加入量不得超过水泥质量的 1%,助磨剂须符合 JC/T 667 的规定。 (5)技术要求 1)氧化镁 熟料中氧化镁的含量不宜超过 5.0%。如果水泥经压蒸安定性试验合格,则熟料中氧化镁的含量允许放宽到 6.0%。 熟料中氧化镁的的含量为 5.0%～6.0%时,如矿渣水泥中混合材料总掺量大于 40%,或火山灰水泥和粉煤灰水泥中混合材料掺加量大于 30%,制成的水泥可不做压蒸试验。 2)三氧化硫 矿渣水泥中三氧化硫的含量不得超过 4.0%。 火山灰水泥和粉煤灰水泥中三氧化硫的含量不超过 3.5%。

序 号	项 目	内 容
3	矿渣硅酸盐水泥	3)细度 80μm 方孔筛筛余不得超过 10.0%。 4)凝结时间 初凝不得早于 45min,终凝不得迟于 10h。 5)安定性 用沸煮法检验必须合格。 6)碱 水泥中的碱含量按 $Na_2O+0.658K_2O$ 计算值来表示。若使用活性骨料要限制水泥中的碱含量时,由供需双方商定。
4	火山灰质硅酸盐水泥	(1)定义与代号 凡由硅酸盐水泥熟料和火山灰质混合材料、适量石膏磨细制成的水硬性胶凝材料称为火山灰质硅酸盐水泥(简称火山灰水泥),代号P·P。水泥中火山灰质混合材料掺量按质量百分比计为 20%~50%。 (2)特性 优点:保水性好、水化热低、抗硫酸盐侵蚀能力强。 缺点:早期强度低,但后期强度增进率大;需水性大,干缩性大,抗冻性差。 (3)适用范围 适用于地下、水下工程,大体积混凝土工程,一般工业和民用建筑。不适用于需要早强,冻融循环或干湿交替的工程。 (4)材料要求同本表序号 3 之(4)。 (5)技术要求同本表序号 3 之(5)。
5	粉煤灰硅酸盐水泥	(1)定义与代号 凡由硅酸盐水泥熟料和粉煤灰、适量石膏磨细制成的水硬性胶凝材料称粉煤灰硅酸盐水泥(简称粉煤灰水泥),代号P·F。水泥中粉煤灰掺量按质量百分比计为 20%~40%。 (2)特性 优点:保水性好、水化热低,抗硫酸盐侵蚀能力强,后期强度发展高,需水性及干缩率较小,抗裂性较好。 缺点:早期强度增进率比矿渣水泥还低,其余缺点同火山灰水泥。 (3)适用范围 适用大体积混凝土工程、地下工程、一般工业和民用建筑。不适用范围与矿渣水泥相同。 (4)材料要求同本表序号 3 之(4)。 (5)材料要求同本表序号 3 之(5)

常用水泥强度等级 附表 A.1.3

序 号	水 泥 名 称	水泥强度等级					
1	硅酸盐水泥	42.5	42.5R	52.5	52.5R	62.5	62.5R
2	普通硅酸盐水泥	32.5	32.5R	42.5	42.5R	52.5	52.5R
3	矿渣硅酸盐水泥	32.5	32.5R	42.5	42.5R	52.5	52.5R
4	火山灰质硅酸盐水泥	32.5	32.5R	42.5	42.5R	52.5	52.5R
5	粉煤灰硅酸盐水泥	32.5	32.5R	42.5	42.5R	52.5	52.5R

注:1. 我国生产的水泥品种很多,常用的水泥主要是五种,即硅酸盐水泥、普通硅酸盐水泥、矿渣硅酸盐水泥、火山灰质硅酸盐水泥和粉煤灰硅酸盐水泥。这五种水泥的现行国家标准是:《硅酸盐水泥、普通硅酸盐水泥》GB 175—1999 和《矿渣硅酸盐水泥、火山灰质硅酸盐水泥及粉煤灰硅酸盐水泥》GB 1344—1999。当采用其他品种的水泥,如快硬水泥、膨胀水泥等,其性能必须符合相应标准的要求。

2. 表中标号栏内有"R"的为早强型水泥。

常用水泥强度指标（N/mm²）　　　　　　　　　　　　　附表 A.1.4

序 号	水泥品种	强度等级	抗压强度		抗折强度	
			3d	28d	3d	28d
1	硅酸盐水泥	42.5	17.0	42.5	3.5	6.5
		42.5R	22.0	42.5	4.0	6.5
		52.5	23.0	52.5	4.0	7.0
		52.5R	27.0	52.5	5.0	7.0
		62.5	28.0	62.5	5.0	8.0
		62.5R	32.0	62.5	5.5	8.0
2	普通水泥	32.5	11.0	32.5	2.5	5.5
		32.5R	16.0	32.5	3.5	5.5
		42.5	16.0	42.5	3.5	6.5
		42.5R	21.0	42.5	4.0	6.5
		52.5	22.0	52.5	4.0	7.0
		52.5R	26.0	52.5	5.0	7.0
3	矿渣水泥、火山灰水泥、粉煤灰水泥	32.5	10.0	32.5	2.5	5.5
		32.5R	15.0	32.5	3.5	5.5
		42.5	15.0	42.5	3.5	6.5
		42.5R	19.0	42.5	4.0	6.5
		52.5	21.0	52.5	4.0	7.0
		52.5R	23.0	52.5	4.5	7.0
4	复合水泥	32.5	11.0	32.5	2.5	5.5
		32.5R	16.0	32.5	3.5	5.5
		42.5	16.0	42.5	3.5	6.5
		42.5R	21.0	42.5	4.0	6.5
		52.5	22.0	52.5	4.0	7.0
		52.5R	26.0	52.5	5.0	7.0

五种常用水泥的选用　　　　　　　　　　　　　　　　附表 A.1.5

序号	项　　目		硅酸盐水泥	普通水泥	矿渣水泥	火山灰质水泥	粉煤灰水泥
1	环境条件	在普通气候环境中的混凝土	√√	√	√	√	√
		在干燥环境下的混凝土	√√	√	√	×	×
		在高温度环境中，或永远处在水下的混凝土	√	√	√√	√	√
		在严寒地区的露天混凝土、寒冷地区的经常处在水位升降范围内的混凝土(水泥强度等级≥42.5级)	√√	√	√	×	×
		严寒地区处在水位升降范围内的混凝土(水泥强度等级≥42.5级)	√√	√	×	×	×

续表

序　号	项　目	内　　容
4	混凝土用砂的技术要求	混凝土用砂的技术要求如附表 A.2.5 所示。
5	石子的分类	石子的分类如附表 A.2.6 所示。
6	碎子或卵石的颗粒级配	石子的颗粒级配在混凝土中起着重要作用,级配不良,空隙率大,将增加填充石子空隙的水泥砂浆用量。石子级配一般应符合附表 A.2.7 的要求。
7	混凝土用碎石或卵石的技术要求	混凝土用碎石或卵石的技术要求如附表 A.2.8 所示。
8	验收、运输和堆放	(1)砂的验收、运输和堆放 1)验收 生产单位应按批对产品进行质量检验。在正常情况下,机械化集中生产的天然砂,以 400m³ 或 600t 为一批。人工分散生产的,以 200m³ 或 300t 为一检验批。不足上述规定者也以一批检验。每批至少应进行颗粒经配和含泥量检验。如为海砂,还应检验其氯盐含量。在发现砂的质量有明显变化时,应按其变化情况,随时进行取样检验。 砂产量比较大,而产品质量比较稳定时,可进行定期的检验。 在新产源开发前,应对产品按有关要求进行全面检验。 砂的使用单位的质量检测报告内容包括:委托单位;样品编号;工程名称;样品产地和名称;代表数量;检测条件;检测依据;检测项目;检测结果;结论等。 砂的数量验收,可按重量或体积计算。测定重量可用汽车地量衡或以船舶吃水线为依据。测定体积可按车皮或船的容积为依据。用其他小型工具运输时,可按量方确定。 2)运输和堆放 砂在运输、装卸和堆放过程中应防止离析和混入杂质,并应按产地、种类和规格分别堆放。 (2)石子的验收、运输和堆放 1)验收 生产厂家和供货单位应提供产品合格证及质量检验报告。 使用单位在收货时应按同产地同规格分批验收。用大型工具(如火车、货船或汽车等)运输的以 400m³ 或 600t 为一验收批。用小型工具(如马车、施拉车等)运输的以 200m³ 或 300t 为一验收批。不足上述者以一验收批论处。 每验收批至少应进行颗粒级配、含泥量、泥块含量及针、片状颗粒含量检验。对重要工程或特殊工程应根据工程要求增加检测项目。对其他指标的合格性有怀疑时应予检验。当质量比较稳定,进料量又较大时,可定期检验。 当使用新产品源的石子时,应由生产厂或供货单位按质量要求进行全面检验。 石子的使用单位的质量检测报告内容应包括:委托单位、样品编号、工程名称、样品产地、类别、代表数量、检测依据、检测条件、检测项目、检测结果、结论等。 碎石或卵石的数量验收,可按重量计算,也可以按体积计算。测定重量可用汽车地量衡称量或船舶吃水线为依据。测定体积可按车皮或船舶的容积为依据。用其他小型运输工具运输时,可按量方确定。 2)运输和堆放 碎石或卵石在运输、装卸和堆放过程中,应防止颗粒离折和混入杂质,并应按产地、种类和规格分别堆放。堆料高度不宜超过 5m,但对单粒级或最大粒径不超过 20mm 的连续粒级,堆料高度可以增加到 10m

混凝土中骨料分类　　　　　　　　　　附表 A. 2. 2

序号	项目	内　容
1	细骨料	在混凝土中，粒径为 0.15～5mm 的骨科称为细骨料。细骨料一般采用天然砂。天然砂系由自然条件作用而形成的粒径在 5mm 以下的岩石颗粒，按其产源不同可分为河砂、海砂和山砂。 细骨料与水泥混合成为砂浆，填充粗骨料架构的空隙。
2	粗骨料	在混凝土中，粒径大于 5mm 的骨料称为粗骨料。常用的粗骨料有卵石和碎石两种，但根据具体情况也可以采用重矿渣作粗骨料。 混凝土用的粗骨科，其最大颗粒粒径不得超过结构截面最小尺寸的 1/4，且不得超过钢筋间最小净距的 3/4。 混凝土实心板，骨料的最大粒径不宜超过板厚的 1/2。且不得超过 50mm，粗骨料在混凝土中堆聚成紧密的架构

注：1. 细骨料和粗骨料在混凝土中起骨架作用，水泥起胶凝作用；
　　2、骨料应按品种、规格分别堆放，不得混杂，骨科中严禁混入煅烧过的白云石或石灰块；
　　3. 混凝土中所用的粗、细骨料，应符合国家现行有关标准的规定。

细骨料分类　　　　　　　　　　附表 A. 2. 3

序号	分类方法	名称	说明
1	按来源分类	人造砂	如陶砂
2		天然砂	河砂、海砂、山砂
3		粗砂	细度模数为 3.7～3.1；平均粒径不小于 0.5mm
4	按细度模数的大小分类	中砂	细度模数为 3.0～2.3；平均粒径为 0.5～0.35mm
5		细砂	细度模数为 2.2～1.6；平均粒径为 0.35～0.25mm
6		特细砂	细度模数为 1.5～0.7；平均粒径小于 0.25mm

注：1. 河砂和海砂因生成过程中受水的冲刷，颗粒形成较圆滑，质地紧固，但海砂内常有疏松的石灰质贝壳碎屑，会影响混凝土的强度；山砂系岩石风化后在原地沉积而成，其颗粒多棱角，并含有黏土及有机杂质等；因此，这三种砂子中，河砂的质量较好；
　　2. 用粗砂配制的混凝土，用水量少，强度高，但和易性较差；用细砂配制的混凝土，用水量多，和易性好，但强度较差。因为采用中砂最为适合，但在实际使用中，还应尽量就地取材，如当地没有中砂，可将粗、细砂按一定比例搭配使用；
　　3. 按砂的技术要求分为Ⅰ类、Ⅱ类、Ⅲ类；
　　4. Ⅰ类砂宜用于强度等级大于 C60 的混凝土；Ⅱ类砂宜用于强度等级 C30～60 及抗冻、抗渗或其他要求的混凝土；Ⅲ类砂宜用于强度等级小于 C30 的混凝土和建筑砂浆。

砂颗粒级配区　　　　　　　　　　附表 A. 2. 4

序号	筛孔尺寸(mm)	Ⅰ区	Ⅱ区	Ⅲ区
		累计筛余(%)		
1	10.00	0	0	0
2	5.00	10～0	10～0	10～0
3	2.50	35～5	25～0	15～0
4	1.25	65～35	50～10	25～0
5	0.63	85～71	70～41	40～16
6	0.315	95～80	92～70	85～55
7	0.16	100～90	100～90	100～90

混凝土用砂的技术要求
附表 A. 2. 5

序 号	质 量	项 目		质量指标
1	含泥量(按重量计%)	混凝土强度等级	≥C30	≤C30
2			<C30	≤5.0
3	泥块含量(按重量计%)		≥C30	≤1.0
4			<C30	≤2.0
5	有害物质限量	云母含量(按重量计%)		≤2.0
6		轻物质含量(按重量计%)		≤1.0
7		硫化物及硫酸含量(折算成 SO_3,按重量计%)		≤1.0
8		有机物含量(用比色法使用)		颜色不应深与准色,如深于标准色,则应按水泥胶砂强度试验方法,进行强度对比试验,抗压强度比不应低于 0.95%。
9	坚固性	混凝土所处的环境条件	在严寒及寒冷地区室外使用并经常处于潮湿或干湿交替状态下的混凝土。	循环后重量损失(%) ≤8
10			其他条件下使用的混凝土。	≤10

石子的分类
附表 A. 2. 6

序 号	分类方法	名 称	说 明
1	按粒型分	卵石	卵石系天然岩石风化而成,依产地和来源不同,可分为河卵石、海卵石和山卵石。河卵石和海卵石较纯净,颗粒光洁圆滑,大小不等,不需加开即可利用,配制成的混凝土具有流动性好、孔隙率小、水泥用量较少等优点,但与水泥浆的粘力稍差。山卵石则常掺有较多杂质,颗粒表面较粗糙,与水泥浆的粘结力较好。一般采用的卵石规格为 5~150mm。 卵石的松散空隙率约在 35%~45%,空隙率大于 45%的卵石与碎石不宜用于配制混凝土。
		碎石	碎石系坚硬岩石或卵石由机械或人工破碎、筛分而得的粒径大于 5mm 的岩石颗粒而成。花岗岩、辉绿岩、石灰岩,砂岩等大量用作混凝土粗骨料,火成岩和沉积岩可视当地出产状况加以使用。碎石的强度应为混凝土强度的 1.5 倍以上。 碎石的强度大而均匀,表面粗糙,与水泥浆粘结力强,在水泥强度和水灰比相同的条件下,碎石混凝土的强度比卵石混凝土的强度高,但由它拌合的混凝土的工作性能稍差。
2	按石质分	(1)火成岩	深火成岩(花岗岩、正长岩);喷出火成岩(玄武岩、辉绿岩)
		(2)水成岩	石灰岩、砂岩
		(3)变质岩	片麻岩、石英岩
3	按级配分	(1)连续级配	即从某一最大粒级以下依次有其他粒级的级配。
		(2)单粒级配	即省去一级或几级中间粒级的级配

注: 1. 按卵石、碎石的技术要求分为 I 类、II 类、III 类;

2. I 类卵石、碎石宜用于强度等级大于 C60 的混凝土; II 类卵石、碎石宜用于强度等级 C30~C60 及抗冻、抗渗或其他要求的混凝土; III 类卵石、碎石宜用于强度等级小于 C30 的混凝土。

碎石或卵石的颗粒级配范围　　　　　　　　　附表 A. 2. 7

序号	级配情况	公称粒级（mm）	累计筛余　按重量计(%)											
			筛孔尺寸(圆孔筛)(mm)											
			2.36	4.75	9.5	16.0	19.0	26.5	31.5	37.5	53.0	63.0	75.0	90.0
1	连续粒级	5～10	95～100	80～100	0～15	0	—	—	—	—	—	—	—	—
2		5～16	95～100	90～100	30～60	0～10	0	—	—	—	—	—	—	—
3		5～20	95～100	90～100	40～80	—	0～10	0	—	—	—	—	—	—
4		5～25	95～100	90～100	—	30～70	—	0～5	0	—	—	—	—	—
5		5～31.5	95～100	90～100	70～90	—	15～45	—	0～5	0	—	—	—	—
6		5～40	—	95～100	75～90	—	30～65	—	—	0～5	0	—	—	—
7	单粒级	10～20	—	95～100	85～100	—	0～15	0	—	—	—	—	—	—
8		16～31.5	—	95～100	—	85～100	—	—	0～10	0	—	—	—	—
9		20～40	—	—	95～100	—	30～100	—	—	0～10	0	—	—	—
10		31.5～63	—	—	—	95～100	—	—	75～100	45～75	—	0～10	0	—
11		40～80	—	—	—	—	95～100	—	—	70～100	—	30～60	0～10	0

注：1. 公称粒级的上限为该粒级的最大粒径；

　　2. 单粒级宜用于组合成具有要求级配的连续粒径，也可与连接粒级混合使用，以改善其级配或配成较大粒度的连续粒级。不宜用单一粒级配制混凝土。如必须单独使用，则应作技术经济分析，并应通过试验证明不会发生离折或影响混凝土的质量；

　　3. 颗粒级配不符合附表 A. 2. 7 要求时，应采取措施并经试验证实能保证工程质量，方允许使用。

混凝土用碎石和卵石的技术要求　　　　　　　　　附表 A. 2. 8

序　号	质　量　项　目			质量指标
1	针、片状颗粒含量，按重量计(%)	混凝土强度等级	≥C30	≤15
2			<C30	≤25
3	含泥量按重量计(%)		≥C30	≤1.0
4			<C30	≤2.0
5	泥坏含量按重量计(%)		≥C30	≤0.5
6			<C30	≤0.7
7	碎石压碎指标值(%)	混凝土强度等级	水成岩　C55～C40	≤10
8			水成岩　≤C35	≤16
9			变质岩或深层的火成岩　C55～C40	≤12
10			变质岩或深层的火成岩　≤C35	≤20
11			火成岩　C55～C40	≤13
12			火成岩　≤C35	≤30

续表

序号	质量项目			质量指标
13	卵石压碎指标是(%)	混凝土强度等级	C55～C40	≤12
14			≤C35	≤16
15	坚固性	混凝土所处的环境条件	在严寒及寒冷地区室外使用,并经常处于潮湿或干湿交替状态下的混凝土。	循环后重量损失(%) ≤8
16				
17			在其他条件下使用的混凝土	≤12
18	有害物质限量	硫化物及硫酸盐含量(折算成SO₃按重量计%)		≤1.0
19		卵石中有机质含量(用比色法试验)		颜色应不深于标准色。如深于标准色,则应配制成混凝土进行强度对比试验,抗压强度比应不低于0.95

A.3 水

A.3.1 混凝土拌合用水要求,如附表 A.3.1 所示

混凝土拌合用水要求 附表 A.3.1

序号	项目	内容
1	混凝土拌合用水的类型	混凝土拌合用水按水源可分为饮用水、地表水、地下水、海水以及经适当处理或处置后的工业废水。混凝土拌合用水的类型如附表 A.3.2。
2	混凝土拌合用水技术要求	混凝土拌合用水技术要求如附表 A.3.3 和附表 A.3.4 所示

混凝土拌合用水的类型 附表 A.3.2

序号	项目	内容
1	生活饮用水	符合国家标准的生活饮用水,可拌制各种混凝土。
2	地表水和地下水	地表水和地下水首次使用前,应按有关标准规定进行检验合格后,方可使用拌制混凝土
3	海水	海水可用于拌制素混凝土,但不得用于拌制钢筋混凝土和预应力混凝土有饰面要求的素混凝土不宜用海水拌制。
4	混凝土生产厂及商品混凝土厂设备的洗刷水	混凝土生产厂及商品混凝土厂设备的洗刷水,可用作拌合混凝土的部分用水,但要注意洗刷水所含水泥和外加剂品种对所拌合混凝土的影响,且最终拌合水中氯化物、硫酸盐及硫化物的含量应满足附表 A.3.4 的要求。
5	工业废水要求	工业废水经检验合格后可用于拌制混凝土,否则必须予以处理,合格后方能使用

混凝土用水技术要求 附表 A.3.3

序号	项目	说明
1	拌合用水所含物质	拌合用水所含物质对混凝土、钢筋混凝土和预应力混凝土不应产生以下有害作用: (1)影响混凝土的和易性及凝结; (2)有损于混凝土强度发展; (3)降低混凝土的耐久性,加快钢筋腐蚀及导致预应力钢筋脆断; (4)污染混凝土表面

序号	项目	说明
2	凝结时间	用待检验水和蒸馏水（或符合国家标准的生活饮用水）试验所得的水泥初凝时间差及终凝时间差均不得大于30min，其初凝和终凝时间尚应符合水泥国家标准的规定。
3	抗压强度	用待检验水配制的水泥砂浆或混凝土的28d抗压强度（若有早期抗压强度要求时需增加7d抗压强度）不得低于用蒸馏水（或符合国家标准的生活饮用水）拌制的对应砂浆或混凝土抗压强度的90%。
4	水的pH值	水的pH值、不溶物、可溶物、氯化物、硫酸盐、硫化物的含量应符合附表A.3.4的规定

混凝土拌合用水的物质含量限值　　　　附表 A.3.4

序号	项目	预应力混凝土	钢筋混凝土	素混凝土
1	pH值	>4	>4	>4
2	不溶物(mg/L)	<2000	<2000	<5000
3	可溶物(mg/L)	<2000	<5000	<10000
4	氯化物(以 Cl^- 计)(mg/L)	<500	<1200	<3500
5	硫酸盐(以 SO_4^{2-} 计)(mg/L)	<600	<2700	<2700
6	硫化物(以 S^{2-} 计)(mg/L)	<100	—	—

注：使用钢丝或经热处理钢筋的预应力混凝土氯化物含量不得超过350mg/L。

附录 B 外 加 剂

B.1 基 本 规 定

B.1.1 混凝土外加剂应用的基本规定，如附表 B.1.1 所示

混凝土拌合用水的物质含量限值 附表 B.1.1

序 号	项 目	内 容
1	外加剂的选择	(1)外加剂的品种应根据工程设计和施工要求选择，通过试验及技术经济比较确定。 (2)严禁使用对人体产生危害，对环境产生污染的外加剂。 (3)掺外加剂混凝土所用水泥，宜采用硅酸盐水泥、普通硅酸盐水泥、矿渣硅酸盐水泥、火山灰质硅酸盐水泥、粉煤灰硅酸盐水泥和复合硅酸盐水泥，并应检验外加剂与水泥的适应性，符合要求方可使用。 (4)掺外加剂混凝土所用材料如水泥、砂、石、掺合料、外加剂均应符合国家现行的有关标准的规定。试配掺外加剂的混凝土时，应采用工程使用的原材料，检测项目应根据设计及施工要求确定，检测条件应与施工条件相同，当工程所用原材料或混凝土性能要求发生变化时，应再进行试配试验。 (5)不同品种外加剂复合使用时，应注意其相容性及对混凝土性能的影响，使用前应进行试验，满足要求方可使用。
2	外加剂的掺量	(1)外加剂掺量应以胶凝材料总量的百分比表示，或以 mL/kg 胶凝材料表示。 (2)外加剂的掺量应按供货单位推荐掺量、使用要求、施工条件、混凝土原材料等因素通过试验确定。 (3)对含有氯离子、硫酸根等离子的外加剂应符合有关的规定。 (4)处于与水相接触或潮湿环境中的混凝土，当使用碱活性骨料时，由外加剂带入的碱含量(以当量氧化钠计)不宜超过 $1kg/m^3$ 混凝土，混凝土总碱含量的尚应符合有关标准的规定。
3	外加剂的重量控制	(1)选用的外加剂应有供货单位提供的下列技术文件: 1)产品说明书，并应标明产品主要成分; 2)出厂检查报告及合格证; 3)掺外加剂混凝土性能检验报告。 (2)外加剂运到工地(或混凝土搅拌站)应立即取代表性样品进行检验，进货与工程试配时一致，方可入库和使用。若发现不一致时，应停止使用。 (3)外加剂应按不同供货单位、不同品牌、不同牌号分别存放，标识应清楚。 (4)粉状外加剂应防止受潮结块，如有结块，经性能检验合格后应粉碎至全部通过 0.63m 筛后方可使用。液体外加剂应放置阴凉干燥处，防止日晒、受冻、污染、进水或蒸发，如有沉淀等现象，经性能检验合格后可使用。 (5)外加剂配料控制系统标识应清楚、计量应准确，计量误差不应大于外加剂用量的 2%

B.2 减 水 剂

B.2.1 减水剂，如附表 B.2.1 所示

减 水 剂　　　　　　　　　　　　附表 B.2.1

序 号	项 目	内 容
1	普通减水剂及高效减水剂	(1)品种 1)混凝土工程中可采用下列普通减水剂： 木质素磺酸盐类：木质素磺酸钙、木质素磺酸钠、木质素磺酸镁及丹宁等。 2)混凝土工程中可采用下列高效减水剂： ①多环芳香族磺酸盐类：萘和萘的同系磺化物与甲醛缩合的盐类、胺基磺酸盐等。 ②水溶性树脂磺酸盐类：磺化三聚氰胺树脂、磺化古玛隆树脂等。 ③脂肪族类：聚羧酸盐类、聚丙烯酸盐类、脂肪族羟甲基磺酸盐高缩聚物等。 ④其他：改性木质素磺酸钙、改性丹宁等。 (2)适用范围 1)普通减水剂及高效减水剂可用于素混凝土、钢筋混凝土、预应力混凝土，并可制备高强、高性能混凝土。 2)普通减水剂宜用于日最低气温5℃以上施工的混凝土，不宜单独用于蒸养混凝土；高效减水剂宜用于日最低气温0℃以上施工的混凝土。 3)当掺用含有木质素磺酸盐类物质的外加剂时应先做水泥适应性试验，合格后方可使用。 (3)施工 1)普通减水剂、高效减水剂进入工地(或混凝土搅拌站)的检验项目应包括pH值、密度(或细度)、混凝土减水率，符合要求方可入库和使用。 2)减水剂掺量应根据供货单位的推荐掺量、气温高低、施工要求，通过试验确定。 3)减水剂以溶液掺加时，溶液中的水量应从拌合水中扣除。 4)液体减水剂宜与拌合水同时加入搅拌机内，粉剂减水剂宜与胶凝材料同时加入搅拌机内，需二次添加外加剂时，应通过试验确定，混凝土搅拌均匀方可出料。 5)根据工程需要，减水剂可与其他外加剂复合使用。其掺量应根据试验确定。配制溶液时，如产生絮凝或沉淀等现象，应分别配制溶液加入搅拌机内。 6)掺普通减水剂、高效减水剂的混凝土采用自然养护时，应加强初期养护；采用蒸养时，混凝土应具有必要的结构强度才能升温，蒸养制度应通过试验确定。
2	引气剂及引气减水剂	(1)品种 1)混凝土工程中可采用下列引气剂： ①松香树脂类：松香热聚物、松香皂类等。 ②烷基和烷基芳烃磺酸盐类：十二烷基磺酸盐、烷基苯磺酸盐、烷墓苯酚聚氧乙烯醚等。 ③脂肪醇磺酸盐类：脂肪醇聚氧乙烯醚、脂肪醇聚氧乙烯磺酸钠、脂肪醇硫酸钠等。 ④皂甙类：三萜皂甙类。 ⑤其他：蛋白质盐、石油磺酸盐等。 2)混凝土工程中可采用由引气剂与减水剂复合而成的引气减水剂。 (2)适用范围 1)引气剂及引气减水剂，可用于抗冻混凝土、抗渗混凝土、抗硫酸盐混凝土、泌水严重的混凝土、贫混凝土、轻骨料混凝土、人工骨料配制的普通混凝土、高性能混凝土以及有饰面要求的混凝土。 2)引气剂、引气减水剂不宜用于蒸养混凝土及预应力混凝土，必要时，应经试验确定。 (3)施工 1)引气剂的引气减水剂进入工地(或混凝土搅拌站)的检验项目应包括pH值、密度(或细度)、含气量，引气减水剂应增测减水率，符合要求方可入库和使用。 2)抗冻性要求高的混凝土，必须掺引气剂或引气减水剂，其掺量应根据混凝土的含气量要求，通过试验确定。

序 号	项 目	内 容
2	引气剂及引气减水剂	掺引气剂及引气减水剂混凝土的含气量,不宜超过附表 B.2.2 规定的含气量;对抗冻性要求高的混凝土,宜采用附表 B.2.2 规定的含气量数值。 3)引气剂及引气减水剂,宜以溶液参加,使用时加入拌合水中,溶液中的水量应从拌合水中扣除。 4)引气剂及引气减水剂配制溶液时,必须充分溶解后方可使用。 5)引气剂可与减水剂、早强剂、缓凝剂、防冻剂复合使用。配制溶液时,如产生絮凝或沉淀等现象,应分别配制溶液并分别加入搅拌机内。 6)施工时,应严格控制混凝土的含气量。当材料、配合比,或施工条件变化时,应相应增减引气剂或引气减水剂的掺量。 7)检验掺引气剂及引气减水剂混凝土的含气量,应在搅拌机出料口进行取样,并应考虑混凝土在运输和振捣过程中含气量的损失。对含气量有设计要求的混凝土,施工中应每间隔一定时间进行现场检验。 8)掺引气剂及引气减水剂混凝土,必须采用机械搅拌,搅拌时间及搅拌量应通过试验确定,出料到浇筑的停放时间也不宜过长,采用插入式振捣时,振捣时间不宜超过 20s。
3	缓凝剂、缓凝减水剂及缓凝高效减水剂	(1)品种 1)混凝土工程中可采用下列缓凝剂及缓凝减水剂: ①糖类:糖钙、葡萄糖酸盐等。 ②木质素磺酸盐类:木质素磺酸钙、木质素磺酸钠等。 ③羟基羟酸及其盐类:柠檬酸、酒石酸钾钠等。 ④无机盐类:锌盐、磷酸盐等。 ⑤其他:胺盐及其衍生物、纤维素醚等。 2)混凝土工程中可采用缓凝剂与高效减水剂复合而成的缓凝高效减水剂。 (2)适用范围 1)缓凝剂、缓凝减水剂及缓凝高效减水剂可用于大体积混凝土、碾压混凝土、炎热气候条件下施工的混凝土、大面积浇筑的混凝土、避免冷缝产生的混凝土、需较长时间停放或长距离运输的混凝土、自流平免振混凝土、滑模施工或拉模施工的混凝土及其他需要延缓凝结时间的混凝土。缓凝高效减水剂可制备高强高性能的混凝土。 2)缓凝剂、缓凝减水剂及缓凝高效减水剂宜用于日最低气温5℃以上施工的混凝土,不宜单独用于有早强要求的混凝土及蒸养混凝土。 3)柠檬酸及酒石酸钾钠等缓凝剂不宜单独用于水泥用量较低,水灰比较大的贫混凝土。 4)当掺用含有糖类及木质素磺酸盐类物质的外加剂时应先做水泥适应性试验,合格后方可使用。 5)使用缓凝剂、缓凝减水剂及缓凝高效减水剂施工时,宜根据温度选择品种并调整掺量、满足工程要求方可使用。 (3)施工 1)缓凝剂、缓凝减水剂及缓凝高效减水剂进入工地(或混凝土搅拌站)的检验项目应包括 PH 值、密度(或细度)、混凝土凝结时间,缓凝减水剂及缓凝高效减水剂应增测减水率,合格后方可入库、使用。 2)缓凝剂、缓凝减水剂及级凝高效减水剂的品种及掺量应根据环境温度、施工要求的混凝土凝结时间、运输距离、停放时间、强度等来确定。 3)缓凝剂、缓凝减水剂及缓凝高效减水剂以溶液掺加时计量必须正确,使用时加入拌合水中,溶液中的水量应从接合水中扣除。难溶和不溶物较多的应采用于掺法并延长混凝土搅拌时间 30s。 4)掺缓凝剂、缓凝减水剂及缓凝高效减水剂的混凝土浇筑、振捣后,应及时抹压并始终保持混凝土表面潮湿,终凝以后应浇水养护,当气温较低时,应加强保温保湿养护。

续表

序 号	项 目	内 容
4	早强剂及早强减水剂	(1)品种 1)混凝土工程中可采用下列早强剂： ①强电解质无机盐类早强剂：硫酸盐、硫酸复盐、硝酸盐、亚硝酸盐、氯盐等。 ②水溶性有机化合物：三乙醇胺、甲酸盐、乙酸盐、丙酸盐等。 ③其他：有机化合物、无机盐复合物。 2)混凝土工程中可采用由早强剂和减水剂复合而成的早强减水剂。 (2)适用范围 1)早强剂及早强减水剂适用于蒸养混凝土及常温、低温和最低温度不低于-5℃环境中施工的有早强要求的混凝土工程。炎热环境条件下不宜使用早强剂、早强减水剂。 2)掺入混凝土后对人体产生危害或对环境产生污染的化学物质严禁用作早强剂。含有六价铬盐、亚硝酸盐等有害成分的早强剂严禁用于饮水工程及与食品相接触的工程。硝铵类严禁用于办公、居住等建筑工程。 3)下列结构中严禁采用含有氯盐配制的早强剂及早强减水剂。 ①预应力混凝土结构。 ②相对湿度大于80%环境中使用的结构、处于水位变化部位的结构、露天结构及经常受雨淋、受水流冲刷的结构。 ③大体积混凝土。 ④直接接触酸、碱或其他侵蚀性介质的结构。 ⑤经常处于温度为60℃以上的结构，需经蒸养的钢筋混凝土预制构件。 ⑥有装饰要求的混凝土，特别是要求色彩一致的或是表面有金属装饰的混凝土。 ⑦薄壁混凝土结构，中极和重级工作制吊车梁、屋梁、落锤及锻锤混凝土基础等结构。 ⑧使用冷拉钢筋或冷拔低碳钢丝的结构。 ⑨骨料具有碱活性的混凝土结构。 4)在下列混凝土结构中严禁采用含有强电解质无机盐类的早强剂及早强减水剂： ①与镀锌钢材或铝铁相接触部位的结构，以及有外露钢筋预埋铁件而无防护措施的结构。 ②使用直流电源的结构以及距高压直流电源100m以内的结构。 5)含钾、钠离子的早强剂用于骨料具有碱活性的混凝土结构时，应符合附表 B.1.1 序号2之(4)的规定。 (3)施工 1)早强剂、早强减水剂进入工地(或混凝土搅拌站)的检验项目应包括密度(或细度)、1d、3d 抗压强度及对钢筋的锈蚀作用。早强减水剂应增测减水率。混凝土有饰面要求的还应观测硬化后混凝土表面是否折盐。符合要求，方可入库、使用。 2)常用早强剂掺量应符合附表 A.3.2 中的规定。 3)粉剂早强剂和早强减水剂直接掺入混凝土干料中应延长搅拌时间 30s。 4)常温及低温下使用早强剂或早强减水剂的混凝土采用自然养护时宜使用塑料薄膜覆盖或喷洒养护液。终凝后应立即浇水潮湿养护。最低气温低于0℃时除塑料薄膜外还应加盖保温材料。最低气温低于-5℃时应使用防冻剂。 5)掺早强剂或早强减水剂的混凝土采用蒸汽养护时，其蒸养制度应通过试验确定

掺引气剂及引气减水剂混凝土的含气量　　　　　附表 B.2.2

序 号	粗气料最大粒径(mm)	20(19)	25(22.4)	40(37.5)	50(45)	80(75)
1	混凝土含气量(%)	5.5	5.0	4.5	4.0	3.5

注：括号内数值为《建筑用卵石、碎石》GB/T 14685 中标准筛的尺寸。

B.3 防冻剂

B.3.1 防冻剂，如附表 B.3.1 所示

防 冻 剂   附表 B.3.1

序 号	项 目	内 容
1	品种	混凝土工程中可采用下列防冻剂： (1)强电解质无机盐类。 1)氯盐类：以氯盐为防冻组分的外加剂。 2)氯盐阻锈类：以氯盐与阻锈组分为防冻组分的外加剂。 3)无氯盐类：以亚硝酸盐、硝酸盐等无机盐为防冻组分的外加剂。 (2)水溶性有机化合物类：以某些醇类等有机化合物为防冻组分的外加剂。 (3)有机化合物与无机盐复合类。 (4)复合型防冻剂：以防冻组分复合早强、引气、减水等组分的外加剂。
2	适用范围	(1)含强电解质无机盐的防冻剂用于混凝土中，必须符合附表 B.2.1 序号 4 之(2)的 3)、4)的规定。 (2)含亚硝酸盐、碳酸盐的防冻剂严禁用于预应力混凝土结构。 (3)含有六价铬盐、亚硝酸盐等有害成分的防冻剂，严禁用于饮水工程及与食品相接触的工程，严禁食用。 (4)含有硝铵、尿素等产生刺激性气味的防冻剂，严禁用于办公、居住等建筑工程。 (5)强电解质无机盐防冻剂应符合附表 B.2.1 序号 4 之(2)的 5)的规定，其掺量应符合附表 B.3.2 的规定。 (6)有机化合物类防冻剂可用于素混凝土，钢筋混凝土及预应力混凝土工程。 (7)有机化合物与无机盐复合防冻剂及复合型防冻剂可用于素混凝土、钢筋混凝土及预应力混凝土工程，并应符合上述(1)、(2)、(3)、(4)、(5)的规定。 (8)对水工、桥梁及有特殊抗冻融性要求的混凝土工程，应通过试验确定防冻剂品种及掺量。
3	施工要点	(1)防冻剂的选用应符合下列规定： 1)在日最低气温为 0～−5℃，混凝土采用塑料薄膜和保温材料覆盖养护时，可采用早强剂或早强减水剂。 2)在日最低气温为 −5～−10℃、−10～−15℃、−15～−20℃，采用上款保温措施时，宜分别采用规定温度为 −5℃、−10℃、−15℃的防冻剂。 3)防冻剂的规定温度为按《混凝土防冻剂》(JC 475)规定的试验条件成型的试件，在恒负温条件下养护的温度。施工使用的最低气温可比规定温度低 5℃。 (2)防冻剂运到工地(或混凝土搅拌站)首先应检查是否有沉淀、结晶或结块。检验项目应包括密度(或细度)，R_7、R_{+28} 抗压强度比，钢筋锈蚀试验。合格后方可入库、使用。 (3)掺防冻剂混凝土所用原材料，应符合下列要求： 1)宜选用硅酸盐水泥、普通硅酸盐水泥。水泥存放期超过 3 个月时，使用前必须进行强度检验，合格后方可使用。 2)粗、细骨料必须清洁，不得含有冰、雪等冻结物及易冻裂的物质。 3)当骨料具有碱活性时，由防冻剂带入的碱含量、混凝土的总碱含量，应符合附表 B.1.1 序号 2 之(4)的规定。 4)储存液体防冻剂的设备应有保温措施。 (4)掺防冻剂的混凝土配合比，宜符合下列规定： 1)含引气组分的防冻剂混凝土的砂率，比不掺外加剂混凝土的砂率可降低 2%～3%。 2)混凝土水灰比不宜超过 0.6，水泥用量不宜低于 300kg/m³，重要承重结构、薄壁结构的混凝土水泥用量可增加 10%，大体积混凝土的最少水泥用量应根据实际情况而定。强度等级不大于 C15 的混凝土，其水灰比和最少水泥用量可不受此限制。 (5)掺防冻剂混凝土采用的原材料，应根据不同的气温，按下列方法进行加热：

序　号	项　目	内　容
3	施工要点	1)气温低于−5℃时,可用热水拌合混凝土;水温高于65℃时,热水应先与骨科拌合,再加入水泥。 2)气温低于−10℃时,骨料可移入暖棚或采取加热措施。骨料冻结成块时须加热,加热温度不得高于65℃,并应避免灼热,用蒸气直接加热骨料带入的水分,应从拌合水中扣除。 (6)掺防冻剂混凝土搅拌时,应符合下列规定: 1)严格控制防冻剂的掺量。 2)严格控制水灰比,由骨料带入的水及防冻剂溶液中的水,应从拌合水中扣除。 3)搅拌前,应用热水或蒸汽冲洗搅拌机,搅拌时间应比常温延长50%。 4)掺防冻剂混凝土拌合物的出机温度,严寒地区不得低于15℃;寒冷地区不得低于10℃。入模温度,严寒地区不得低于10℃,寒冷地区不得低于5℃。 (7)防冻剂与其他品种外加剂共同使用时,应先进行试验,满足要求方可使用。 (8)掺防冻剂混凝土的运输及浇筑除应满足不掺外加剂混凝土的要求外,还应符合下列规定: 1)混凝土浇筑前,应清除模板和钢筋上的冰雪和污垢,不得用蒸汽直接融化冰雪,避免再度结冰。 2)混凝土浇筑完毕应及时对其表面用塑料薄膜及保温材料覆盖。掺防冻剂的商品混凝土,应对混凝土搅拌运输车罐体包裹保温外套。 (9)掺防冻剂混凝土的养护,应符合下列规定: 1)在负温条件下养护时,不得浇水,混凝土浇筑后,应立即用塑料薄膜及保温材料覆盖,严寒地区应加强保温措施。 2)初期养护温度不得低于规定温度。 3)当混凝土温度降到规定温度时,混凝土强度必须达到受冻临界强度;当最低气温不低于−10℃时,混凝土抗压强度不得小于 $3.5N/mm^2$;当最低温度不低于−15℃时,混凝土抗压强度不得小于 $4.0N/mm^2$;当最低温度不低于−20℃时,混凝土抗压强度不得小于 $5.0N/mm^2$。 4)拆模后混凝土的表面温度与环境温度之差大于20℃时,应采用保温材料覆盖养护。
4	质量控制	掺防冻剂混凝土的质量控制: (1)混凝土浇筑后,在结构最薄弱和易冻的部位,应加强保温防冻措施,并应在有代表性的部位或易冷却的部位布置测温点。测温测头埋入深度应为100~150mm,也可为板厚的1/2或墙厚的1/2。在达到受冻临界强度前应每隔2h测量一次,以后应每隔6h测一次,并应同时测定环境温度。 (2)掺防冻剂混凝土的质量应满足设计要求,并应符合下列规定: 1)应在浇筑地点制作一定数量的混凝土试件进行强度试验。其中一组试件应在标准条件下养护,其余放置在工程条件下养护。在达到受冻临界强度时,拆模前,拆除支撑前及与工程同条件养护28d、再标准养护28d均应进行试压。试件不得在冻结状态下试压,边长为100mm立方体试件,应在15~20℃室内解冻3~4h或应浸入10~15℃的水中解冻3h;边长为150mm立方体试件应在15~20℃室内解冻5~6h或浸入10~15℃的水中解冻6h,试件擦干后试压。 2)检验抗冻、抗掺所用试件,应与工程同条件养护28d,再标准养护28d后进行抗冻或抗掺试验

常用早强剂掺量限值   附表 B. 3. 2

序 号	混凝土种类	使用环境	早强剂名称	掺量限值(水泥重量%)不大于
1	预应力混凝土	干燥环境	三乙醇胺 硫酸钠	0.05 1.0
2	钢筋混凝土	干燥环境	氯离子[Cl⁻] 硫酸钠	0.6 2.0
3	钢筋混凝土	干燥环境	与缓凝减水剂复合的硫酸钠 三乙醇胺	3.0 0.05
4		潮湿环境	硫酸钠 三乙醇胺	1.0 0.05
5	有饰面要求的混凝土		硫酸钠	0.8
6	素混凝土		氯离子[Cl⁻]	1.8

注:预应力混凝土及潮湿环境中使用的钢筋混凝土中不得掺氯盐早强剂。

B. 4 膨 胀 剂

B. 4. 1 膨胀剂,如附表 B. 4. 1 所示

膨 胀 剂   附表 B. 4. 1

序 号	项 目	内 容
1	品种	混凝土工程可采用下列膨胀剂: (1)硫铝酸钙类。 (2)硫铝酸钙-氧化钙类。 (3)氧化钙类。
2	适用范围	(1)膨胀剂的适用范围应符合附表 B. 4. 2 的规定。 (2)含硫铝酸钙类、硫铝酸钙-氧化钙类膨胀剂的混凝土(砂浆)不得用于长期环境温度为 80℃ 以上的工程。 (3)含氧化钙类膨胀剂配制的混凝土(砂浆)不得用于海水或有侵蚀性的工程。 (4)掺膨胀剂的混凝土适用于钢筋混凝土工程和填充性混凝土工程。 (5)掺膨胀剂的大体积混凝土,其内部最高温度应符合有关标准的规定,混凝土内外温差宜小于 25℃。 (6)掺膨胀剂的补偿收缩混凝土刚性屋盖宜用于南方地区,其设计、施工应按本书"屋面工程"的规定执行。
3	性能要求	掺膨胀剂混凝土(砂浆)的性能要求: (1)施工用补偿收缩混凝土,其性能应满足附表 B. 4. 3 的要求,限制膨胀率与干缩率的检验应按规定方法进行;抗压强度的试验应按《普通混凝土力学性能试验方法》GB/T 50081 进行。 (2)填充用膨胀混凝土,其性能应满足附表 B. 4. 4 的要求,限制膨胀率与干缩率的检验应按规定进行。 (3)掺膨胀剂混凝土的抗压强度试验应按《普通混凝土力学性能试验方法》GB/T 50081 进行。填充用膨胀混凝土的强度试件应在成型后第三天拆模。 (4)灌浆用膨胀砂浆:其性能应满足附表 B. 4. 5 的要求。灌浆用膨胀砂浆用水量按砂浆流动度 250±10mm 的用水量。抗压强度采用 40mm×40mm×160mm 的试块,无振动成型,拆模、养护、强度检验应按《水泥胶砂强度检验方法(ISO)法》(GB/T 17671)进行,竖向膨胀率测定方法应按规定进行。 (5)自应力混凝土:掺膨胀剂的自应力混凝土的性能应符合《自应力硅酸盐水泥》(JC/T 218)的规定。

序　号	项　　目	内　　　容
4	设计要求	(1)掺膨胀剂的补偿收缩混凝土应在限制条件下使用,构造(温度)钢筋的设计和特殊部件的附加钢筋,应符合有关的规定。 (2)墙体易于出现竖向收缩裂缝,其水平构造筋的配筋率宜大于 0.4%,水平筋的间距宜小于 150mm,墙体的中部或顶端 300～400mm 范围内水平筋间距宜为50～100mm。 (3)墙体与柱子连接部位宜插入长度 1500～2000mm、$\phi(8～10)$mm 的加强钢筋,插入柱子 200～300mm,插入边墙 1200～1600mm,其配筋率应提高 10%～15%。 (4)结构开口部件、变截面部件和出入口部位应适量增加附加筋。 (5)楼板宜配置细而密的构造钢筋网,钢筋间距宜小于 150mm,配筋率宜为 0.6%左右;现浇补偿收缩钢筋混凝土防水屋面应配双层钢筋网,构造筋间距宜小于 150mm,配筋率宜大于 0.5%。楼面和屋面后浇缝最大间距不宜超过 50m。 (6)地下室和水工构筑物的底板和边墙的后浇缝最大间距不宜超过 60m,后浇缝回填时间应不少于 25d。
5	施工要求	(1)掺膨胀剂混凝土所采用的原材料应符合下列规定: 1)膨胀剂:产品标准应符合《混凝土膨胀剂》JC 476 的规定;膨胀剂运到工地(或混凝土搅拌站)应进行限制膨胀率检测,合格后方可入库和使用。 2)水泥:应符合现行通用水泥国家标准,不得使用硫铝酸盐水泥、铁铝酸盐水泥和高铝水泥。 (2)掺膨胀剂的混凝土的配合比设计应符合下列规定: 1)胶凝材料最少用量(水泥、膨胀剂和掺合料的总量)应符合附表 B.4.6 的规定。 2)水胶比不宜大于 0.5。 3)用于有抗渗要求的补偿收缩混凝土的水泥用量应不小于 320kg/m³,当掺入掺合料时,其水泥用量不应小于 280kg/m³。 4)补偿收缩混凝土的膨胀剂掺量不宜大于 12%,不宜小于 6%;填充用膨胀混凝土的膨胀剂掺量不宜大于 15%,不宜小于 10%。 5)以水泥和膨胀剂为胶凝材料的混凝土。设基准混凝土配合比中水泥用量为 m_{c0}、膨胀剂取代水泥率为 K,膨胀剂用量 $m_E=m_{c0}K$、水泥用量 $m_c=m_{c0}-m_E$。 6)以水泥、掺合料和膨胀剂为胶凝材料的混凝土,设膨胀剂取代胶凝材料率为 K、设基准混凝土配合比中水泥用量为 m_c' 和掺合料用量为 m_F',膨胀剂用量 $m_E=(m_c'+m_F')K$、掺合料用量 $m_F=m_F'(1-K)$、水泥用量 $m_c=m_c'(1-K)$。 (3)其他外加剂用量的确定方法:膨胀剂可与其他混凝土外加剂复合使用,应有较好的适应性,膨胀剂不宜与氯盐类外加剂复合使用,与防冻剂复合使用时应慎重,外加剂品种和掺量应通过试验确定。 (4)粉状膨胀剂应与混凝土其他原材料一起投入搅拌机,拌合时间应延长 30s。 (5)混凝土浇筑应符合下列规定: 1)在计划浇筑区段内连续浇筑混凝土,不得中断。 2)混凝土浇筑应以阶梯式推进,浇筑间隔时间不得超过混凝土的初凝时间。 3)混凝土不得漏振、欠振和和过振。 4)混凝土终凝前,应采用抹面机械或人工多次抹压。 (6)混凝土养护应符合下列规定: 1)对大体积混凝土和大面积板面混凝土,表面抹压后用塑料薄膜凝盖,混凝土硬化后,宜采用蓄水养护或用湿麻袋覆盖,保持混凝土表面潮湿,养护时间不应少于 14d。 2)对于墙体等不易保水的结构,宜从顶部设水管喷淋,拆模时间不宜少于 3d,拆模后宜用湿麻袋紧贴墙体覆盖,并浇水养护,保持混凝土表面潮湿,养护时间不应少于 14d。 3)冬期施工时,混凝土浇筑后,应立即用塑料薄膜和保温材料覆盖,养护期不应少于14d,对于墙体,带模板养护不应少于 7d。 (7)灌浆用膨胀砂浆施工应符合下列规定: 1)灌浆用膨胀砂浆的水料(胶凝材料+砂)比应为 0.14～0.16,搅拌时间不宜少于 3min。 2)膨胀砂浆不得使用机械振捣,在用人工插捣排除气泡,每个部位从一个方向浇筑。 3)浇筑完成后,应立即用湿麻袋等覆盖暴露部分,砂浆硬化后应立即浇水养护,养护期不宜少于 7d。 4)灌将用膨胀砂浆浇筑和养护期间,最低气温低于 5℃时,应采取保温保湿养护措施。
6	品质检查	(1)掺膨胀剂的混凝土质量,应以抗压强度、限制膨胀率和限制干缩率的试验值为依据。有抗渗要求时,还应做抗渗试验。 (2)掺膨胀剂混凝土的抗压强度和抗渗检验,应按《普通混凝土力学性能试验方法》GB/T 50081 和《普通混凝土长期性能和耐久性能试验方法》GBJ 82 进行

膨胀剂的适用范围　　　　　　　　　　　　　　附表 B.4.2

序　号	用　途	适　用　范　围
1	补偿收缩混凝土	地下、水中、海水中、隧道等构筑物,大体积混凝土(除大坝外),配筋路面和板、屋面与厕浴间防水、构件补强、渗漏修补、预应力混凝土、回填槽等。
2	填充用膨胀混凝土	结构后浇带、隧洞堵头、钢管与隧道这间的填充等。
3	灌浆用膨胀砂浆	机械设备的底座灌浆、地脚螺栓的固定、梁柱接头、构件补强、加固等。
4	自应力混凝土	仅用于常温下使用的自应力钢筋混凝土压力等

补偿收缩混凝土的性能　　　　　　　　　　　　附表 B.4.3

序　号	项　目	限制膨胀率($\times 10^{-4}$)	限制干缩率($\times 10^{-4}$)	抗压强度(N/mm^2)
1	龄期	水中 14d	水中 14d,空气中 28d	28d
2	性能指标	≥1.5	≤3.0	≥25

填充用膨胀混凝土的性能　　　　　　　　　　　附表 B.4.4

序　号	项　目	限制膨胀率($\times 10^{-4}$)	限制干缩率($\times 10^{-4}$)	抗压强度(N/mm^2)
1	龄期	水中 14d	水中 14d,空气中 28d	28d
2	性能指标	≥2.5	≤3.0	≥30.0

灌浆用膨胀砂浆性能　　　　　　　　　　　　　附表 B.4.5

序　号	流动度(mm)	竖向膨胀率($\times 10^{-4}$)		抗压强度(N/mm^2)		
		3d	7d	1d	3d	28d
1	250	≥10	≥20	≥20	≥30	≥60

胶凝材料最少用量　　　　　　　　　　　　　　附表 B.4.6

序　号	膨胀混凝土种类	胶凝材料最少用量(kg/m^3)
1	补偿收缩混凝土	300
2	填充用膨胀混凝土	350
3	自应力混凝土	500

B.5　泵　送　剂

B.5.1　泵送剂,如附表 B.5.1 所示

泵　送　剂　　　　　　　　　　　　　　　　附表 B.5.1

序　号	项　目	内　容
1	品种	混凝土工程中,可采用由减水剂、缓凝剂、引气剂等复合而成的泵送剂。
2	适用范围	泵送剂适用于工业与民用建筑及其他构筑物的泵送施工的混凝土;特别适用于大体积混凝土、高层建筑和超高层建筑,适用于滑模施工等,也适用于水下灌注桩混凝土。
3	施工要求	(1)泵送剂运到工地(或混凝土搅拌站)的检验项目应包括 pH 值、密度(或细度)、坍落度增加值及坍落度损失。符合要求方可入库、使用。

续表

序号	项目	内容
3	施工要求	(2)含有水不溶物的粉状泵送剂应与胶凝材料一起加入搅拌机中;水溶性粉状泵送剂宜用水溶解后或直接加入搅拌机中,应延长混凝土搅拌时间 30s。 (3)液体泵送剂应与拌合水一起加入搅拌机中,溶液中的水应从拌合水中扣除。 (4)泵送剂的品种、掺量应按供货单位提供的推荐掺量和环境温度、泵送高度、泵送距离、运输距离等要求经混凝土试配后确定。 (5)配制泵送混凝土的砂、石应符合下列要求: 1)粗骨料最大粒径不宜超过 40mm;泵送高度超过 50m 时,碎石最大粒径不宜超过 25mm;卵石最大粒径不宜超过 30mm。 2)骨料最大粒径与输送管内径之比,碎石不宜大于混凝土输送管内径的 1/3;卵石不宜大于混凝土输送管内径的 2/5。 3)粗骨料应采用连续级配,针片状颗粒含量不宜大于 10%。 4)细骨料宜采用中砂,通过 0.315 筛孔的颗粒含量不宜小于 15%,且不大于 30%,通过 0.160mm 筛孔的颗粒含量不宜于小于 5%。 (6)掺泵送剂的泵送混凝土配合比设计应符合下列规定: 1)应符合《普通混凝土配合比设计规程》JGJ 5S、《混凝土结构工程施工质量验收规范》GB 50204 及《粉煤灰混凝土应用技术规范》GBJ 146 等。 2)泵送混凝土的胶凝材料总量不宜小于 $300kg/m^3$。 3)泵送混凝土的砂率宜为 35%~45%。 4)泵送混凝土的水胶比不宜大于 0.6。 5)泵送混凝土含气量不宜超过 5%。 6)泵送混凝土坍落度不宜小于 100mm。 (7)在不可预测情况下造成商品混凝土坍落损失过大时,可采用后添加泵送剂的方法掺入混凝土搅拌运输车中,必须快速运输,搅拌均匀后,测定坍落度符合要求后方可使用。后添加的量应预先试验确定

B.6 防 水 剂

B.6.1 防水剂,如附表 B.6.1 所示

防 水 剂　　　　　　　　　　　　　　附表 B.6.1

序号	项目	内容
1	品种	(1)无机化合物类:氯化铁、硅灰粉末、锆化合物等。 (2)有机化合物类:脂肪酸及其盐类、有机硅表面活性剂(甲基硅醇钠、乙基硅醇钠、聚乙基羟基硅氧烷)、石蜡、地沥青、橡胶及水溶性树脂乳液等。 (3)混合物类:无机类混合物、有机类混合物、无机类与有机类混合物。 (4)复合类:上述各类与引气剂、减水剂、调凝剂等外加剂的复合型防水型。
2	适用范围	(1)防水剂可用于工业与民用建筑的屋面、地下室、隧道、巷道、给排水池、水泵站等有防水抗渗要求的混凝土工程。 (2)含氯盐的防水剂可用于素混凝土、钢筋混凝土工程,严禁用于预应力混凝土工程,并应符合附表 B.2.1 序号 4 之(2)中 3)、4)、5)的规定;其掺量应符合附表 B.3.2 的规定。
3	施工要点	(1)防水剂进入工地(或混凝土搅拌站)的检验项目应包括 pH 值、密度(或细度)、钢筋锈蚀,符合要求方可入库、使用。 (2)防水混凝土施工应选择与防水剂适应性好的水泥。一般应优先选用普通硅酸盐水泥,有抗硫酸盐要求时,可选用火山灰质硅酸盐水泥,并经过试验确定。 (3)防水剂应按供货单位推荐掺量掺入,超量掺加时应经试验确定,符合要求可使用。 (4)防水剂混凝土宜采用 5~25mm 连续级配石子。 (5)防水剂混凝土搅拌时间应较普通混凝土延长 30s。 (6)防水剂混凝土应加强早期养护,潮湿养护不得少于 7d。 (7)处于侵蚀介质中的防水剂混凝土,当耐腐蚀系数小于 0.8 时,应采取防腐蚀措施。防水剂混凝土结构表面温度不应超过 100℃,否则必须采取隔断热源的保护措施

B.7 速凝剂

B.7.1 速凝剂，如附表 B.7.1 所示

速凝剂   附表 B.7.1

序号	项目	内容
1	品种	(1)在喷射混凝土工程中可采用的粉状速凝剂：以铝酸盐、碳酸盐等为主要成分的无机盐混合物等。 (2)在喷射混凝土工程中可采用的液体速凝剂：以铝酸盐、水玻璃等为主要成分，与其他无机盐复合而成的复合物。
2	适用范围	速凝剂可用于喷射法施工的喷射混凝土，亦可用于需要速凝的其他混凝土。
3	施工要点	(1)速凝剂进入工地(或混凝土搅拌站)的检验项目应包括密度(或细度)、凝结时间、1d 抗压强度，符合要求方可入库、使用。 (2)喷射混凝土施工应选用与水泥适应性好、凝结硬化快、回弹小、28d 强度损失少、低掺量的速凝剂品种。 (3)速凝剂掺量一般为 2%～8%，掺量可随速凝剂品种、施工温度和工程要求适当增减。 (4)喷射混凝土施工时，应采用新鲜的硅酸盐水泥、普通硅酸盐水泥、矿渣硅酸盐水泥，不得使用过期或受潮结块的水泥。 (5)喷射混凝土宜采用最大粒径不大于 20mm 的卵石或碎石，细度模数为 2.8～3.5 的中砂或粗砂。 (6)喷射混凝土的经验配合比为：水泥用量约 400kg/m³，砂率 45%～60%，水灰比约为 0.4。 (7)喷射混凝土施工人员应注意劳动防护和人身安全

附录 C 矿物掺合料

C.0.1 拌制混凝土用的矿物掺合料要求，如附表 C.0.1 所示

矿物掺合料 附表 C.0.1

序 号	项 目	内 容
1	概述	矿物掺合料，指以氧化硅、氧化铝为主要成分，在混凝土中可以代替部分水泥、改善混凝土性能，且掺量不小于 5% 的具有火山灰活性的粉体材料。 (1)矿物掺合料是混凝土的主要组成材料，它起着根本改变传统混凝土性能的作用。在高性能混凝土中加入较大量的磨细矿物掺合料，可以起到降低温升，改善工作性，增进后期强度，改善混凝土内部结构，提高耐久性，节约资源等作用。其中某些矿物细掺合料还能起到抑制碱-骨料反应的作用。可以将这种磨细矿物掺合料作为胶凝材料的一部分。高性能混凝土中的水胶比是指水与水泥加矿物细掺合料之比。 (2)矿物掺合料不同传统的水泥混合材，虽然两者同为粉煤灰、矿渣等工业废渣及沸石粉、石灰粉等天然矿粉，但两者的细度有的不同，由于组成高性能混凝土的矿物细掺合料细度更细，颗粒级配更合理，具有更高的表面活性，能充分发挥细掺合料的粉体效应，其掺量也远远高过水泥混合物。 (3)不同的矿物掺合料对改善混凝土的物理、力学性能与耐久性具有不同的效果，应根据混凝土的设计要求与结构的工作环境加以选择。使用矿物细掺合料与使用高效减水剂同样重要，必须认真试验选择。
2	粉煤灰	(1)品质指标 粉煤灰按其品质分为Ⅰ、Ⅱ、Ⅲ三个等级。其品质指标应满足附表 C.0.2 的规定。这些指标适用于一般工业与民用建筑结构和构筑物中掺粉煤灰的混凝土和砂浆。 (2)粉煤灰验收 粉煤灰的供货方应按规定对粉煤灰进行批量检验，并签发出厂合格证，其内容包括： 1)厂名和批号。 2)合格证编号及日期。 3)粉煤灰的级别及数量。 4)检验结果(按附表 C.0.2 的要求)。 检验批以一昼夜连续供应 200t 相同等级的粉煤灰为一批，不足 200t 者按一批计。粉煤灰供应的数量按干灰(含水率<1%)的重量计算，必要时，使用者可对粉煤灰的品质进行随机油样检查。取样的方法有以下两种： 1)散装灰取样：从不同的部分取 10 份试样，每份不小于 1kg，混合拌匀，按四分法缩取比试验所需量大一倍的试样(称为平均试样)。 2)袋装灰取样：从每批中任取 10 袋，并从每袋中各取试样不少于 1kg，再按与散装灰取样中的方法混合缩取平均试样。 每批粉煤灰必须按有关试验方法的要求，检验细度和烧失量，有条件时，可加测需水量比，其他指标每季度至少检验一次。 检验后，若粉煤灰符合有关要求的为合格品；若其中任一项不符合要求时，则应重新从同一批中加倍取样，进行复检。复检仍不合格时，则该批粉煤灰应降级处理。 (3)运输和贮存 粉煤灰散装运输时，必须采取措施，防止污染环境。干粉煤灰宜贮存在有顶盖的料仓中，湿粉煤灰可堆在带有围墙的场地上。袋装粉煤灰的包装袋上应清楚标明"粉煤灰"及其厂名、等级、批号及包装日期。 (4)粉煤灰的应用。 1)应用范围

序　号	项　目	内　容
2	粉煤灰	Ⅰ级粉煤灰允许用于后张预应力钢筋混凝土构件及跨度小于 6m 的先张预应力钢筋混凝土构件。 Ⅱ级粉煤灰主要用于普通钢筋混凝土和轻骨料钢筋混凝土。经过专门试验,或与减水剂复合,也可当Ⅰ级灰使用。 Ⅲ级粉煤灰主要用于无筋混凝土和砂浆。经过专门试验,也可用于钢筋混凝土。 2)性能指标 用于地上工程的粉煤灰混凝土,其强度等级龄期定为 28d。用于地下大体积混凝土工程的粉煤灰混凝土,其强度等级龄期可定为 60d、90d。 粉煤灰混凝土的设计强度等级不得低于基准混凝土的设计强度等级。粉煤灰混凝土的标准强度、设计强度和弹性模量,与基准混凝土一样按有关规程、规范取值。 粉煤灰混凝土的收缩、徐变、抗掺等性能指标可采用相同强度等级基准混凝土的性能指标。 在含气量相同的条件下,粉煤灰混凝土的抗冻指标也可采用相同强度等级基准混凝土的抗冻性指标。 粉煤灰混凝土的抗碳化性能在满足现有规程有关要求或同时掺入减水剂时,也可视为与基准混凝土基本相同。
3	磨细矿渣	(1)粒化高炉矿渣粉品质指标 粒化高炉矿渣粉品质指标应满足附表 C.0.3 的要求。 试验方法按《用于混凝土和砂浆中的粒化高炉矿渣粉》(GB/T 18046)进行。 (2)磨细矿渣的应用 把水淬粒状高炉矿渣单独磨细到比表面积 4000cm²/g 以上,作为混凝土的掺合料使用,活性可以得到很好激发,混凝土多项性能得到改善和提高,成为配制高性能混凝土的重要技术途径之一。 混凝土中的矿渣粉越细,掺量越大,则拌合物越稠,往往需加粉煤灰复合掺入,黏稠问题可以得到缓解。考虑提高磨细矿渣粉对水泥的置换率,充分利用后期强度,不仅具有经济效果,还能降低水化热,对于大体积混凝土也是十分有益的。其次,掺磨细矿渣的高性能混凝土对抗海水侵蚀、抗硫酸盐侵蚀以及抑制碱骨料反应都十分有效的。
4	沸石粉	沸石粉是用天然沸石粉配以少量无机物经磨细而成,沸石的主要成分为 SiO_2(61%~60%)和 Al_2O_3(12%~14%),是一种良好的火山灰质材料。天然沸石凝灰岩中,因活性成分差异很大,其中仅钙型沸石适于作混凝土的细渗料。用于高性能混凝土的超细沸石粉,与其他火山灰质掺合料类似,平均粒径<10μm,具有微填充效应与火山灰活性效应,因而能降低新拌混凝土的泌水与离析,提高混凝土的密实性,使强度提高、耐久性改善。 沸石粉品质指标应满足附表 C.0.4 的要求。试验方法按《天然沸石粉在混凝土与砂浆中应用技术规程》(JCJ/T 112)进行。
5	硅粉	硅灰品质应满足附表 C.0.5 的要求。 硅酸是铁合金厂在冶炼硅铁合金或硅合金时,从烟尘中收集的一种飞灰。硅粉的颗粒主要呈球状,粒径小于 1μm,平均粒径约 0.1μm。用氮气吸附方法测定的比表面积达 180000cm²/g,比水泥颗粒细两个数量级。硅粉的主要成分为无定型 SiO_2。与粉煤粉类似,硅粉能与水泥水化生产的 $Ca(OH)_2$ 起反应生成 C—S—H 凝胶。由于硅粉 SiO_2 含量极高(通常用于高强混凝土中的硅粉的 SiO_2 含量高达 85% 以上),因此具有极高的火山灰活性,对混凝土的早、中期的强度发展特别有利。此外,当它均匀地分布于水化产物中时,其极细的颗粒还具有良好的微填充效应,使混凝土的孔结构充分致密。上述两个特性使得高性能混凝土的强度与耐久性显著提高。
6	复合及其他矿物掺合料	还可根据混凝土的设计要求资源条件,选用以上矿物掺合料的复合,称为复合矿物掺合料,发挥其叠加效应。复合矿物掺合料质量指标应符合附表 C.0.6 的要求

粉煤灰品质指标和分类　　　　　　　　　　　　**附表 C.0.2**

序号	指标	粉煤灰级别		
		Ⅰ	Ⅱ	Ⅲ
1	细度(0.045mm 方孔筛的筛余)不大于	12	20	45
2	烧失量(%)不大于	5	8	15
3	需水量比(%)不大于	95	105	115
4	三氧化硫(%)不大于	3	3	3
5	含水率(%)不大于	1	1	不规定

磨细矿渣技术要求　　　　　　　　　　　　**附表 C.0.3**

序号	质量等级 / 试验项目		S105 级	S95 级	S75 级
1	密度(g/cm³)		≥2.8		
2	比表面积(m²/kg)		≥350		
3	活性指数(%)	7d	≥95	≥75	55
4		28d	≥105	≥95	≥75
5	流动度(%)		≥85	≥90	95
6	含水量(%)		≤1.0		
7	烧失量(%)		≤3.0		

注：1. 当掺加石膏或其他助磨剂时应在报告中注明其种类及掺量；

　　2. S 值为掺合料的活性指标，按照 GB/T 12957 规定的活性评定方法进行。

沸石粉技术要求　　　　　　　　　　　　**附表 C.0.4**

序号	质量等级 / 试验项目	Ⅰ级	Ⅱ级	Ⅲ级
1	吸铵值(meq/100g)	≥130	≥100	≥90
2	细度(0.08mm 筛筛余)(%)	≤4.0	≤10	≤15
3	沸石粉水泥胶砂需水量比(%)	≤125	≤120	≤120
4	活性指数(28d)(%)	≥75	≥70	≥62

硅灰的技术要求　　　　　　　　　　　　**附表 C.0.5**

SiO₂ 含量(%)	烧失量(%)	需水量比(%)	活性指数(28d)(%)
≥85	≤6.0	≤125	≥85

复合掺合料技术指标　　　　　　　　　　　　**附表 C.0.6**

序号	项目		级别		
			S105	S95	S75
1	比表面积(m²/kg)		≥350		
2	细度(0.045mm 方孔筛筛余)(%)		≥10		
3	活性指标(%)	7d	≥90	≥70	≥50
4		28d	≥105	≥95	≥75
5	流动度比		≥85	≥90	≥95
6	含水量(%)		≤1.0		
7	烧失量(%)		≤5.0		
8	三氧化硫(%)		≤3.0		

注：1. 在预应力混凝土中，由其他原材料带入的氯盐总量，不应大于水泥重量的 0.1%；在潮湿环境下的钢筋混凝土中，不应大于水泥重量的 0.25%。

　　2. 表中氯盐含量，以无水氯化钙计。

附录 D　混凝土强度指标与选用

D.1　混凝土的强度指标

D.1.1　混凝土的强度指标，如附表 D.1.1 所示

混凝土的强度指标
附表 D.1.1

序　号	项　　目	内　　　　容
1	混凝土强度标准值	混凝土强度标准值，如附表 D.1.2 所示。
2	混凝土强度设计值	混凝土强度设计值，如附表 D.1.3 所示。
3	混凝土受压或受拉弹性模量	混凝土受拉或受压的弹性模量 E_c，如附表 D.1.4 所示。
4	混凝土轴心抗压轴心抗拉疲劳强度	混凝土轴心抗压、轴心抗拉疲劳强度设计值（f_c^f，f_t^f）应按照附表 D.1.3 的混凝土强度设计值乘以相应的疲劳强度修正系数 γ_p 确定。修正系数 γ_p 根据不同疲劳应力比值 ρ_c^f 按照附表 D.1.5 的规定确定。 疲劳应力比值应按下式计算：$\rho_c^f = \dfrac{\sigma_{c,\min}^f}{\sigma_{c,\max}^f}$ 式中　$\sigma_{c,\min}^f$、$\sigma_{c,\max}^f$——构件疲劳验算时，截面同一纤维上的混凝土最小应力，最大应力。
5	混凝土疲劳变形模量	混凝土疲劳变形模量 E_c^f 应按照附表 D.1.6 的规定确定

附录 E 沥青玛琋脂的选用，调制和试验

E.1 标号的选用及技术性能

E.1.1 粘贴各层卷材、粘结绿豆砂保护层的沥青玛琋脂标号，应根据屋面的使用条件、坡度和当地历年极端最高气温，按附表 E.1.1 的规定选用。

沥青玛琋脂选用标号   附表 E.1.1

材料名称	屋面坡度	历年极端最高气温	沥青玛琋脂标号
沥青玛琋脂	1%～3%	小于 38℃	S-60
		38～41℃	S-65
		41～45℃	S-70
	3%～15%	小于 38℃	S-65
		38～41℃	S-70
		41～45℃	S-75
	15%～25%	小于 38℃	S-75
		38～41℃	S-80
		41～45℃	S-85

注：1. 卷材层上有块体保护层或整体刚性保护层，沥青玛琋脂标号可按附表 D.1.1 降低 5 号；

2. 屋面受其他热源影响（如高温车间等）或屋面坡度超过 25% 时，应将沥青玛琋脂的标号适当提高。

E.1.2 沥青玛琋脂的质量要求，应符合附表 E.1.2 的规定。

沥青玛琋脂的质量要求   附表 E.1.2

指标名称＼标号	S-60	S-65	S-70	S-75	S-80	S-85
耐热度	用 2mm 厚的沥青玛琋脂粘合两张沥青油纸，于不低于下列温度（℃）中，1：1 坡度上停放 5h 的沥青玛琋脂不应流淌，油纸不应滑动。					
	60	65	70	75	80	85
柔韧性	涂在沥青油纸上的 2mm 厚的沥青玛琋脂层，在 18±2℃ 时，围绕下列直径（mm）的圆棒，用 2s 的时间以均衡速度弯成半周，沥青玛琋脂不应有裂纹。					
	10	15	15	20	25	30
粘结力	用手将两张粘贴在一起的油纸慢慢地一次撕开，从油纸和沥青玛琋脂粘贴面任何一面的撕开部分，应不大于粘贴面积的 1/2					

E.2 配合成分

E.2.1 配制沥青玛琋脂用的沥青，可采用 10 号、30 号的建筑石油沥青和 60 号甲、

尊敬的读者：

感谢您选购我社图书！建工版图书按图书销售分类在卖场上架，共设22个一级分类及43个二级分类，根据图书销售分类选购建筑类图书会节省您的大量时间。现将建工版图书销售分类及与我社联系方式介绍给您，欢迎随时与我们联系。

★建工版图书销售分类表（详见下表）。

★欢迎登陆中国建筑工业出版社网站www.cabp.com.cn，本网站为您提供建工版图书信息查询，网上留言、购书服务，并邀请您加入网上读者俱乐部。

★中国建筑工业出版社总编室　电　话：010—58934845

传　真：010—68321361

★中国建筑工业出版社发行部　电　话：010—58933865

传　真：010—68325420

E-mail：hbw@cabp.com.cn